Christoph Janiak, Hans-Jürgen Meyer, Dietrich Gudat, Carola Schulzke

Riedel Moderne Anorganische Chemie

De Gruyter Studium

Weitere empfehlenswerte Titel

Anorganische Chemie
Riedel, Janiak, 2022
ISBN 978-3-11-069604-2, e-ISBN (PDF) 978-3-11-069444-4,
e-ISBN (EPUB) 978-3-11-069458-1

Übungsbuch
Allgemeine und Anorganische Chemie
Riedel, Janiak, 2022
ISBN 978-3-11-070105-0, e-ISBN (PDF) 978-3-11-070106-7,
e-ISBN (EPUB) 978-3-11-070115-9

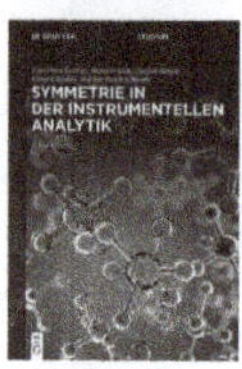

Symmetrie in der Instrumentellen Analytik
Lorenz, Kuhn, Berger, Christen, Schweda, 2022
ISBN 978-3-11-073635-9, e-ISBN (PDF) 978-3-11-073636-6,
e-ISBN (EPUB) 978-3-11-073115-6

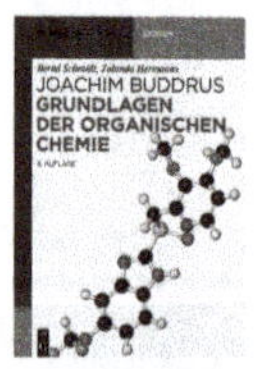

Grundlagen der Organischen Chemie
Schmidt, Hermanns, Buddrus, 2022
ISBN 978-3-11-070087-9, e-ISBN (PDF) 978-3-11-070088-6,
e-ISBN (EPUB) 978-3-11-070092-3

Physikalische Chemie Kapieren
Thermodynamik, Kinetik, Elektrochemie
Seiffert, Schärtl, 2021
ISBN 978-3-11-069826-8, e-ISBN (PDF) 978-3-11-071322-0,
e-ISBN (EPUB) 978-3-11-071338-1

Riedel

Moderne Anorganische Chemie

Herausgegeben von
Hans-Jürgen Meyer

Unter Mitarbeit von
Christoph Janiak, Hans-Jürgen Meyer, Dietrich Gudat,
Carola Schulzke

6. Auflage

DE GRUYTER

Autoren
Prof. Dr. Christoph Janiak
Universität Düsseldorf
Institut für Anorganische Chemie u. Strukturchemie
Universitätsstr. 1
40225 Düsseldorf
Deutschland
janiak@uni-duesseldorf.de

Prof. Dr. Dietrich Gudat
Universität Stuttgart
Institut für Anorganische Chemie
Pfaffenwaldring 55
70569 Stuttgart
Deutschland
gudat@iac.uni-stuttgart.de

Prof. Dr. Hans-Jürgen Meyer
Universität Tübingen
Institut für Anorganische Chemie
Auf der Morgenstelle 18
72076 Tübingen
Deutschland
juergen.meyer@uni-tuebingen.de

Prof. Dr. Carola Schulzke
Universität Greifswald
Institut für Biochemie
Felix-Hausdorff-Str. 4
17489 Greifswald
Deutschland
carola.schulzke@uni-greifswald.de

ISBN 978-3-11-079007-8
e-ISBN (PDF) 978-3-11-079022-1
e-ISBN (EPUB) 978-3-11-079038-2

Library of Congress Control Number: 2023932793

Bibliografische Information der Deutschen Nationalbibliothek
Die Deutsche Nationalbibliothek verzeichnet diese Publikation in der Deutschen Nationalbibliografie; detaillierte bibliografische Daten sind im Internet über http://dnb.dnb.de abrufbar.

Coverabbildung: Prof. Dr. Hans-Jürgen Meyer, Patrick Schmidt
Satz: VTeX UAB, Lithuania
Druck und Bindung: CPI books GmbH, Leck

www.degruyter.com

Vorwort zur 6. Auflage

Die Anorganische Chemie repräsentiert ein Teilgebiet der Chemie, das faktisch alle Elemente des Periodensystems umfasst. Die Vielfalt der Anorganischen Chemie mit all ihren Entwicklungen zu erfassen, ist eine Herausforderung. Vor diesem Hintergrund müssen Dozenten/-innen an Hochschulen und Autoren/-innen von Lehrbüchern entscheiden, welche Themen sie in den Vordergrund rücken und welche nur weniger detailliert behandelt werden.

Die Inhalte der Anorganischen Chemie berühren Stoffe, Prozesse und Stoffeigenschaften, von denen einige Gegenstand praktischer Anwendungen sind oder vielleicht sein werden, denn die Funktionalitäten von Stoffen spielen in der Entwicklung fortschrittlicher Gesellschaften eine wichtige Rolle.

Mit diesem Lehrbuch *Moderne Anorganische Chemie* beabsichtigen wir den aktuellen Stand der Forschung und Wissenschaft auf dem Gebiet der Anorganischen Chemie für fortgeschrittene Studierende der Fachrichtung Chemie in verständlicher Form wiederzugeben. Bei unserem Buch handelt es sich bewusst um ein deutschsprachiges Werk, um Studierenden das Lernen von Inhalten zu erleichtern. Dabei geht es vor allem darum, konzeptionelle Inhalte in Form von Modellen und Theorien zu vermitteln und diese anhand von wichtigen Beispielen zu erklären. Darüber hinaus werden ausgewählte Stoffsysteme und Methoden vorgestellt.

In jeder neuen Auflage, wie auch in dieser 6. Auflage, werden aktuelle Themengebiete und Entwicklungen aus der Forschung und der Wissenschaft ergänzt.

Die Inhalte unseres Lehrbuchs sind durch fünf Teilgebiete repräsentiert, nämlich die **Anorganische Molekülchemie**, **Festkörperchemie**, **Komplex- und Koordinationschemie**, **Organometallchemie** und die **Bioanorganische Chemie**. Diese Unterteilung folgt den an deutschen Universitäten angebotenen Lernblöcken (Modulen) und soll fortgeschrittenen Studierenden der Chemie, aber auch Lesern aus anderen Fachgebieten helfen, diese Wissensgebiete zu erschließen oder zu vertiefen.

Die wissenschaftlichen Inhalte dieses Lehrbuchs sind von erfahrenen Autoren und einer Autorin in Anlehnung an ihre Vorlesungsinhalte wiedergegeben. Sie umspannen den Kenntnis- und Entwicklungsstand aktueller Themengebiete und damit den Wissensrahmen für ein erfolgreiches Studium der Chemie und für das Anfertigen wissenschaftlicher Arbeiten.

Auch in dieser sechsten Auflage des Lehrbuchs *Moderne Anorganische Chemie* wird der Gesamtumfang des Buches nahezu beibehalten, aber die Inhalte werden geschärft, aktualisiert und um wichtige Themen ergänzt. Einige Ergänzungen und auch neu konzipierte Abschnitte betreffen Themengebiete wie geometrisch beschränkte Moleküle, Diradikale und Diradikaloide (Molekülchemie), Lithium-Ionen-Akkumulatoren, Solarzellen, heterogene Photokatalyse, poröse Materialien (Festkörperchemie), d-Orbitale in Erdalkalimetall-Carbonyl-Komplexen, heterocyclische Carbene und NHC-Metallkomplexe sowie M-Cp-Bindungslängen in Metallocenen (Komplex- und Koordinationschemie). In diesem Zusammenhang sei Herrn Prof. Paul Kögerler von der RWTH Aachen

https://doi.org/10.1515/9783110790221-201

gedankt, der mit wertvollen Hinweisen zu den Kapiteln 3 und 4 zum Gelingen dieser Neuauflage beigetragen hat.

Besonderer Dank gilt unserem scheidenden Autor, Herrn Prof. Dr. Philipp Kurz, für die vertrauensvolle Zusammenarbeit bei der letzten Auflage dieses Buches. Als neue Autorin begrüßen wir Frau Prof. Dr. Carola Schulzke, die das Kapitel **Bioanorganische Chemie** vollständig neu konzipiert und verfasst hat.

Letztlich gilt unser Dank den aufmerksamen Leserinnen und Lesern, deren Kommentare uns Anreiz geben, das Lehrbuch *Moderne Anorganische Chemie* fachlich und inhaltlich stetig zu verbessern.

Tübingen, April 2023 Hans-Jürgen Meyer

Inhalt

Dietrich Gudat

1 Anorganische Molekülchemie

Die Molekülchemie befasst sich ganz allgemein gesprochen mit Aufbau, Struktur und Eigenschaften von Molekülen, die als eigenständige Spezies in der Gasphase, in Lösung, oder im Festkörper existieren. Ihre Strukturen werden durch Bindungen mit hohem kovalentem Charakter zusammengehalten, während zwischen verschiedenen Molekülen nur schwache, nicht-kovalente Kräfte (z. B. Dispersionskräfte, Wasserstoffbrückenbindungen usw.) herrschen. Im Unterschied zu Festkörpern und Polymeren bestehen Moleküle aus einer spezifischen Zahl von Atomen und besitzen ein diskretes Molekulargewicht.

Historisch wurde die Fähigkeit eines chemischen Elements zur Bildung von Molekülen als Kriterium für seine Einordnung als Nichtmetall angesehen. Nichtmetalle wurden demnach auch als „Molekülbildner“ bezeichnet, und die Chemie dieser Elemente war die klassische Domäne der anorganischen und organischen Molekülchemie. Mit der Entwicklung der Komplexchemie durch Alfred Werner zeigte sich, dass auch viele Metallkomplexe Molekülcharakter besitzen. Nach moderner Auffassung umfasst die anorganische Molekülchemie daher weitere Teilgebiete. Neben der Chemie von Molekülverbindungen mit Hauptgruppenelementen aus dem p-Block des Periodischen Systems der Elemente (mit Ausnahme der organischen Kohlenstoffverbindungen), also der „klassischen Nichtmetallchemie“, sind dies die Koordinationschemie und die metallorganische Chemie. Die Koordinationschemie befasst sich mit diskreten molekularen Komplexen aus Metallatomen oder -ionen und Liganden, die durch koordinative Bindungen (Lewis-Säure/Base-Wechselwirkungen) zusammengehalten werden. Gegenstand der metallorganischen Chemie sind Verbindungen mit Metall-Kohlenstoff-Bindungen. Aus Tradition und didaktischen Gründen werden diese Bereiche aber immer noch weitgehend separat behandelt, und so sind ihnen auch in diesem Buch eigene Abschnitte gewidmet.

Man muss sich bewusst sein, dass die skizzierte Einteilung sehr formaler Natur ist, und dass fließende Übergänge und Überlappungen zwischen den Teilgebieten wie auch zwischen der anorganischen Molekülchemie und der organischen Chemie und der Festkörperchemie bestehen. So fällt es einerseits manchmal schwer, in Koordinationsverbindungen „kovalente“ gegenüber „koordinativen“ oder „dativen“ Bindungen abzugrenzen. Andererseits gibt es Spezies wie $H_3N{-}BH_3$, die eindeutig als Lewis-Säure/Base-Komplex zu beschreiben sind, aber nicht dem Bereich der Koordinationschemie zugeordnet werden, weil die Lewis-Säure (das Koordinationszentrum) kein Metall ist.

Im Mittelpunkt dieses Abschnitts steht die Chemie molekularer Verbindungen aus p-Block-Elementen mit mittlerer bis hoher Elektronegativität; es werden aber auch einige Verbindungen von Hauptgruppenmetallen behandelt. Eine wichtige Forschungsrichtung in der anorganischen Molekülchemie zielt darauf ab, zentrale Phänomene wie strukturelle Aspekte, Energetik und Reaktivität molekularer Spezies nicht nur immer

https://doi.org/10.1515/9783110790221-001

genauer zu beschreiben und das Gebiet durch Entdeckung neuer Struktur- oder Reaktionstypen zu erweitern, sondern dabei zutage tretende Trends im Rahmen gängiger Elektronenstrukturmodelle auch grundlegend verstehen und erklären zu lernen. Diese Ansätze näher zu bringen, ist ein zentrales Anliegen, das in diesem Kapitel verfolgt werden soll. Neben der Behandlung experimenteller Aspekte wie essentieller Arbeits- und Charakterisierungstechniken liegt dabei ein Hauptaugenmerk auf der Vorstellung von Konzepten bzw. (quantenchemisch begründeten) Modellen zur Beschreibung elektronischer Strukturen und deren Nutzung zur Erklärung von Strukturtrends und Reaktionsmustern. Schon aus Platzgründen kann an dieser Stelle kein erschöpfender Überblick über die Molekülchemie von p-Block-Elementen gegeben werden; der besprochene Stoff ist vielmehr eine Auswahl, die grundlegende Strukturprinzipien und Reaktionsmustern von Verbindungen der p-Block-Elemente illustrieren und gleichzeitig aktuelle Forschungsrichtungen abbilden soll. Dementsprechend wurde versucht, nicht die Chemie einzelner Elemente abzuhandeln, sondern grundlegende Verbindungstypen in den Vordergrund zu stellen. Verschiedene Vertreter dieser Verbindungstypen zeichnen sich durch ähnliche (im Sinne von Isoelektronie- oder Isolobalbeziehungen) elektronische Strukturen aus, können aber durchaus durch unterschiedliche Elemente repräsentiert werden.

1.1 Methodische Grundlagen

1.1.1 Arbeitstechniken

In der anorganischen Chemie sind neben Spezies mit einer bemerkenswerten chemischen oder thermischen Stabilität viele Verbindungen von Bedeutung, die gegenüber Luft und Feuchtigkeit unbeständig oder thermolabil sind. Herstellung und chemische Untersuchungen solcher Stoffe erfordern daher kontrollierte Bedingungen und spezielle Schutzgastechniken zum Arbeiten unter Ausschluss von Luft oder Feuchtigkeit. Besonders verbreitet sind die Schlenk-Arbeitstechnik und die Durchführung von Reaktionen in geschlossenen Systemen im Hochvakuum oder unter dem Eigendampfdruck von Reaktanden oder Lösungsmitteln. In den letzten Jahren stark zugenommen hat auch die Nutzung von Glove-Boxen (= Handschuhkästen), die allein oder zusammen mit anderen Schutzgastechniken einsetzbar sind.

Die **Schlenk-Technik** wird in allen Bereichen der anorganischen Molekülchemie und damit auch in der Komplexchemie und der Organometallchemie häufig eingesetzt. Bei dieser Technik werden spezielle Glasgeräte verwendet, die so konstruiert sind, dass sich in ihnen eine Stickstoff- oder Argonatmosphäre aufrechterhalten lässt (Abb. 1.1). Die aus diesen Geräten zusammengesetzten Apparaturen werden über Teflon- oder gefettete Glashähne mit einer Vakuumlinie verbunden, die durch Evakuieren und anschließendes Befüllen mit Schutzgas einen vollständigen Austausch der Atmosphäre im Inneren

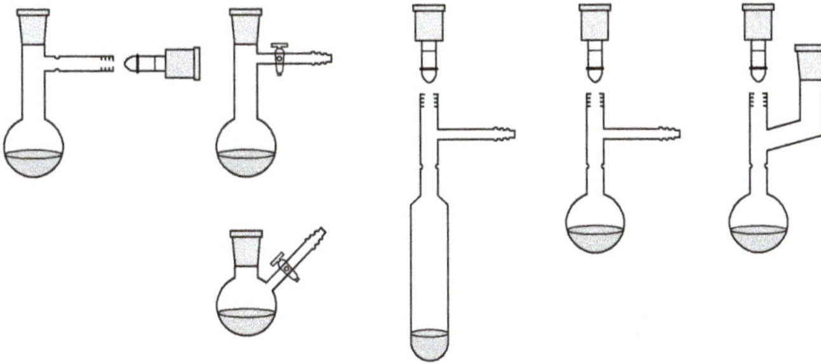

Abb. 1.1: Auswahl von Schlenkkolben und ein Schlenkrohr.

der Apparatur erlaubt. Die Zugabe von Reagenzien und Lösungsmitteln erfolgt in der Regel im Schutzgas-Gegenstrom (Eintritt von Luft und Feuchtigkeit in die geöffnete Apparatur wird dabei durch hinreichend schnelles Ausströmen von Schutzgas unterbunden) oder über ein Septum, dessen Membran (aus Polymermaterial oder teflonbeschichtetem Gummi) mit der Kanüle einer Spritze durchstochen wird und sich nach deren Zurückziehen selbsttätig wieder abdichtet.

Zum **Arbeiten im geschlossenen System** werden mit Teflon-Druckventilen abgedichtete Glas-Reaktionsgefäße verwendet, in der mehrere Reaktionskolben über Teflonventile und häufig zusätzlich eingebaute Glassinterfritten miteinander verbunden sind (Abb. 1.2). Die Apparatur wird in der Regel in einer Glove-Box mit festen oder schwer flüchtigen Reaktanden beschickt und verschlossen. Nach dem Ausschleusen wird die Apparatur über Edelstahlschraubverbindungen an eine Hochvakuumanlage angeschlossen und evakuiert (ggf. unter Kühlung). Anschließend können das zuvor getrocknete Lösungsmittel und gasförmige oder leicht flüchtige Reaktanden unter Kühlung direkt in den Reaktionskolben einkondensiert werden. Nach dem Schließen der Ventile zur Vakuumanlage wird die Reaktion bei der gewünschten Temperatur durchgeführt, wobei hier unter dem Eigendampfdruck des Lösungsmittels und nicht in einer N_2- oder Ar-Atmosphäre gearbeitet wird. Nach beendeter Reaktion kann das Lösungsmittel im Vakuum abkondensiert und das evakuierte Reaktionsgefäß erneut in eine Glove-Box gebracht werden, um die Reaktionsprodukte zu isolieren oder für eine anschließende analytische Charakterisierung vorzubereiten.

Glove-Boxen (Abb. 1.3) ermöglichen die Handhabung luft- und feuchtigkeitsempfindlicher Substanzen unter Schutzgasatmosphäre (in der Regel Ar oder N_2), deren Qualität durch Deoxygenierungs- und Trocknungselemente auch über längere Zeit gewährleistet wird. Die Substanzen werden über evakuierbare Schleusen ein- und ausgeführt und in der Box offen gehandhabt (z. B. zur Probenpräparation für die analytische Charakterisierung) oder in geeigneten Gefäßen gelagert. Bei hochempfindlichen Proben ist sogar die Durchführung der eigentlichen Messung in der Box möglich, wenn Messinstrumente innerhalb der Box aufgebaut oder direkt an diese angeflanscht werden. Da moderne Glove-Boxen oft auch mit Aktivkohlefiltern zur Entfernung von Lösungsmit-

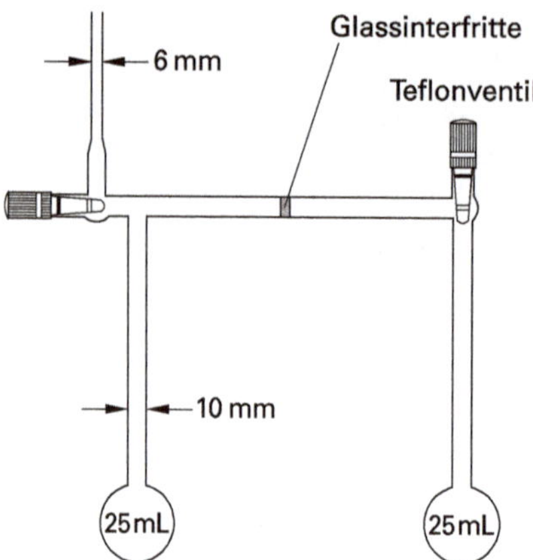

Abb. 1.2: Zwei-Kugel-Reaktionskolben mit Teflonventilen und eingebauter Glassinterfritte. [Reproduziert mit freundlicher Genehmigung von Wiley-VCH aus J. D. Woollins, *Inorganic Experiments*, Wiley-VCH, Weinheim 1994, S. 218].

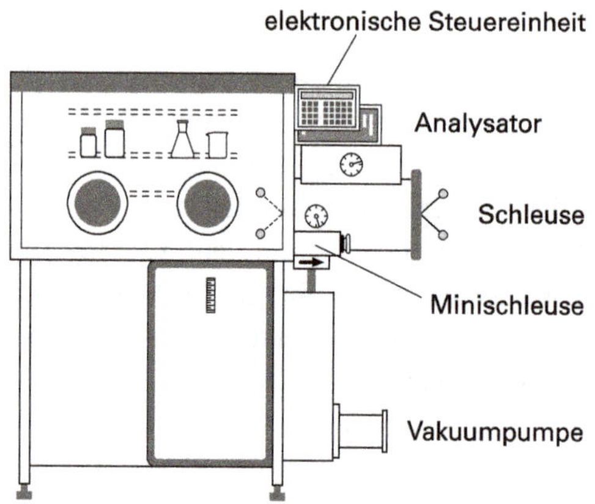

Abb. 1.3: Schematische Darstellung eines Handschuhkastens (Glove-Box). Im Schrank rechts unter dem eigentlichen Kasten befinden sich eine Umwälzpumpe und Absorptionssäulen mit Dehydratations- und Deoxygenierungskatalysatoren, mit deren Hilfe eine Schutzgasatmosphäre mit < 1 ppm O_2 und H_2O aufrechterhalten wird. [Reproduziert mit freundlicher Genehmigung der Fa. M. Braun, Garching, aus M. Braun Nr. 950908c.GEM].

teldämpfen ausgestattet sind, können chemische Reaktionen auch vollständig innerhalb der Glove-Box durchgeführt werden und das Arbeiten mit Schlenk-Technik oder in geschlossenen Apparaturen vollständig ersetzen.

Für viele Reaktionen in der anorganischen Molekülchemie werden **Glasapparaturen** verwendet, die zur Entfernung adsorbierter Feuchtigkeit hinreichend ausgeheizt werden. Umsetzungen in flüssigem Fluorwasserstoff, der Glas angreift, müssen in Apparaturen aus Polytetrafluorethylen (PTFE) oder Perfluoralkoxylalkan (PFA) durchgeführt werden. Für Reaktionen bei höheren Drücken und Temperaturen werden in der Regel Hochdruckautoklaven aus Edelstahl, Nickel oder Monel (Cu/Ni-Legierung mit ca. 33 % Cu und 67 % Ni) eingesetzt. Als Lösungsmittel kommen neben den auch in der organischen Synthesechemie üblichen Solvenzien (die allerdings durch rigorose Trocknung und Entgasung erst von restlichen Spuren von Wasser und Sauerstoff zu befreien sind) eine Reihe leicht verdampfbarer Flüssigkeiten bzw. leicht kondensierbarer Gase (Tab. 1.1) zum Einsatz, die neben einem guten Lösungsvermögen für spezifische anorganische Molekülverbindungen auch für das Arbeiten bei tiefen Temperaturen geeignet sind.

Tab. 1.1: Spezielle Lösungsmittel in der anorganischen Molekülchemie.

Lösungsmittel	**Trockenmittel**	**Schmelzpunkt/°C**	**Siedepunkt/°C**	**Dampfdruck/bar (bei 20 °C)**
SO_2	CaH_2	–72,7	–10,0	3,30
NH_3	Na	–77,8	–33,3	8,57
HF	BiF_5	–83,6	19,5	1,03
CS_2	CaH_2 oder P_4O_{10}	–110,8	46,3	0,40
$CFCl_3$	P_4O_{10}	–111,0	23,6	0,89
Dimethylether	CaH_2 + frakt. Destillation	–141,5	–24,8	5,10

1.1.2 Charakterisierungsmethoden

Zweifelsfreie Charakterisierung anorganischer Molekülverbindungen ist angesichts der Vielzahl möglicher Strukturen und Elementzusammensetzungen eine Herausforderung. Neben Beugungsmethoden (Röntgen-, Neutronen-, Elektronenbeugung) und Massenspektrometrie werden Elektronenanregungsspektroskopie (UV-VIS) und vor allem Schwingungsspektroskopie (Infrarot- und Ramanspektroskopie) und magnetische Resonanzspektroskopie unter Anregung von Kernspins (nuclear magnetic resonance = NMR) oder Elektronenspins (electron spin resonance = ESR; im Englischen wird auch der Begriff electron paramagnetic resonance = EPR verwendet) eingesetzt.

Die **Schwingungsspektroskopie** wird sowohl zur Identitäts- und Reinheitsprüfung bekannter Substanzen als auch zur Aufklärung der Struktur unbekannter Verbindungen eingesetzt. Bei der Interpretation der Spektren zu diesem Zweck werden in erster Linie Zahl und Lage der beobachteten Banden ausgewertet und daraus Informationen über Bindungsverhältnisse und Molekülsymmetrie abgeleitet. Zur Aufnahme der Schwingungsspektren werden routinemäßig zwei Methoden eingesetzt. Bei der **Infrarot- oder IR-Spektroskopie** erfolgt die Anregung von Molekülschwingungen direkt durch Absorption von Lichtquanten passender Energie, während bei der **Ramanspektroskopie** inelastische Streuung von Photonen erfolgt. Als Folge dieser unterschiedlichen Wirkungsmechanismen gelten für beide Methoden unterschiedliche

Auswahlregeln, und es werden deshalb mit beiden Methoden unterschiedliche Schwingungen erfasst. Die aus dem IR- und dem Ramanspektrum einer Probe zu gewinnende Information ist daher nicht notwendigerweise identisch, sondern beide Methoden sind komplementär und ergänzen sich gegenseitig. Die Auswertung von Schwingungsspektren ermöglicht den Nachweis bestimmter funktioneller Gruppen in Molekülen anhand des Auftretens von Absorptionsbanden in charakteristischen Frequenz- bzw. Wellenzahlbereichen und hilft so bei der Konstitutionsaufklärung. Bei symmetrischen Molekülen liefert die Anzahl beobachtbarer Absorptionsbanden Rückschlüsse auf die Molekülsymmetrie und damit den räumlichen Aufbau der Moleküle. Beispiele hierfür sind die Unterscheidung zwischen planaren und pyramidalen vieratomigen Molekülen der allgemeinen Formel AB_3 anhand der unterschiedlichen Zahl von Banden in IR- und Ramanspektren oder der Nachweis eines Inversionszentrums in einem Molekül anhand des sogenannten Alternativverbots. Hierunter versteht man das Phänomen, dass im IR-Spektrum auftretende Schwingungen nicht im Ramanspektrum auftreten und umgekehrt, wenn das Molekül ein Inversionszentrum besitzt. Quantitative Vergleiche spektroskopischer Daten ähnlicher Moleküle ermöglichen darüber hinaus auch Aussagen über die Änderung der Kraftkonstanten, die ein Maß für die Bindungsstärke darstellen.

Die **Kernresonanzspektroskopie** (NMR-Spektroskopie) ist eine der heute am stärksten verbreiteten analytischen Techniken zur Charakterisierung molekularer Verbindungen. Grundlage der Methode ist, dass die Atomkerne einen Eigendrehimpuls besitzen. Dieser **Kernspin** wird durch eine Kernspinquantenzahl I charakterisiert, deren ganz- oder halbzahlige Werte ($I = 0, 1/2, 1, 3/2, \ldots 6$) sich für jedes Isotop über einfache Regeln aus der Massenzahl A und Kernladung Z ableiten lassen (Tab. 1.2).

Tab. 1.2: Abhängigkeit der Kernspinquantenzahl I von Massenzahl A und Ladung Z eines Kerns.

Massenzahl *A*	Kernladung *Z*	Kernspinquantenzahl
ungerade	beliebig	halbzahlig
gerade	gerade	null
gerade	ungerade	ganzzahlig

Atomkerne mit einer Kernspinquantenzahl $I > 0$ (sogenannte NMR-aktive Kerne) besitzen mehrere Eigenzustände, deren energetische Entartung in einem Magnetfeld aufgehoben wird. Durch Einstrahlung elektromagnetischer Strahlung im Radiofrequenzbereich lassen sich nun Übergänge zwischen diesen Zuständen anregen. Die Übergangsenergie hängt dabei sowohl von den Eigenschaften des jeweiligen Isotops und der Stärke des Magnetfelds als auch von der Abschirmung eines Kerns gegenüber dem äußeren Magnetfeld durch die umgebende Elektronenhülle ab. Diese Abschirmung wird üblicherweise als **chemische Verschiebung** des Absorptionssignals gegenüber dem Signal einer Referenzsubstanz angegeben und ihre Größe und ihr Vorzeichen

– chemische Verschiebungen gegenüber einem Standard können sowohl positive als auch negative Werte annehmen – lassen Rückschlüsse auf die chemische Umgebung eines Kerns zu. Die empirische Auswertung chemischer Verschiebungen erlaubt die Identifizierung charakteristischer Strukturelemente (funktionelle Gruppen) und trägt damit zur Konstitutionsermittlung bei. Eine weiter gehende Interpretation chemischer Verschiebungen liefert in vielen Fällen aber auch Informationen über elektronische Strukturen und Bindungsverhältnisse.

Bei Anwesenheit mehrerer NMR-aktiver Kerne in einem Molekül können zusätzlich skalare **Spin-Spin-Kopplungen** auftreten, die über die Bindungselektronen zwischen den Kernen vermittelt werden. Ihr Einfluss führt zu einer Aufspaltung einer einzelnen Resonanzlinie in eine Linienschar (Multiplett, Abb. 1.4). Dabei lässt sich aus der Anzahl der Linien die Zahl der benachbarten Kopplungspartner ablesen, und der Betrag der Aufspaltung gibt Hinweise auf die Anzahl von Bindungen zwischen den Kernen und deren räumliche Anordnung. Die Analyse von Kopplungskonstanten kann sowohl für eine Konstitutions- als auch eine Konformationsanalyse entscheidende Beiträge liefern. Ein Beispiel für den Einfluss geometrischer Faktoren auf die Größe von Kopplungskonstanten ist die in der ^{1}H-NMR-Spektroskopie organischer Moleküle gut bekannte Karplus-Conroy-Beziehung, die die Abhängigkeit der Kopplung zwischen zwei vicinalen H-Atomen ($^{3}J_{HH}$) vom HCCH-Diederwinkel beschreibt; die Gültigkeit analoger Korrelationen wurde inzwischen auch für ^{3}J-Kopplungen zwischen anderen Kernen experimentell nachgewiesen.

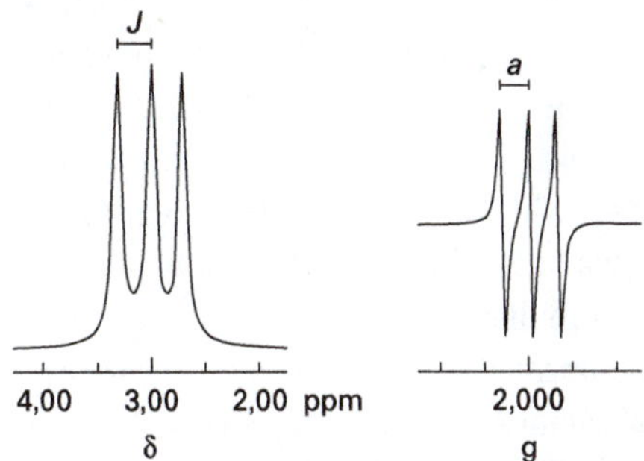

Abb. 1.4: Darstellung eines Resonanzsignals in einem NMR-Spektrum (links) und in einem ESR-Spektrum (rechts). Die Aufspaltung in mehrere Linien wird in beiden Fällen durch Kopplung des beobachteten Spins mit einem benachbarten ^{14}N-Kernspin ($I = 1$) verursacht. Die Zahl der Linien des Multipletts wird dadurch bestimmt, dass ein Kopplungspartner mit einem Kernspin I $2I + 1$ energetisch unterscheidbare Zustände im Magnetfeld besitzt und somit eine Aufspaltung eines Signals in $2I + 1$ Linien induziert. Da jeder dieser Zustände a priori dieselbe statistische Wahrscheinlichkeit besitzt, haben alle Linien die gleiche Intensität. Bei Kopplung mit n gleichartigen benachbarten Spins ergeben sich demzufolge insgesamt $2nI + 1$ unterscheidbare Zustände und damit ein aus $2nI + 1$ Linien bestehendes Multiplett. Die Intensitäten der einzelnen Linien sind dann nicht mehr gleich, lassen sich aber mithilfe einfacher Regeln ermitteln. Für Kopplungspartner mit $I = 1/2$ verhalten sich die relativen Intensitäten innerhalb eines Multipletts wie Binomialkoeffizienten und können am Pascal'schen Zahlendreieck abgelesen werden.

Auf ähnlichen Prinzipien wie die NMR-Spektroskopie beruht die **ESR-Spektroskopie**, bei der Übergänge zwischen im Magnetfeld aufgespaltenen Energieniveaus von Elektronenspins detektiert werden. Da das Auftreten von Spinquantenzahlen $S \neq 0$ an das Vorliegen ungepaarter Elektronen gebunden ist, können mit der ESR-Spektroskopie nur Radikale mit einem einzigen ungepaarten Elektron ($S = 1/2$) und Spezies mit mehreren ungepaarten Elektronen ($S > 1/2$) untersucht werden; diamagnetische Moleküle geben kein ESR-Signal. Höhere Spinquantenzahlen treten oft in paramagnetischen Übergangsmetallkomplexen auf, während in der Molekülchemie von Hauptgruppenelementverbindungen Radikale der Regelfall sind (eine wichtige Ausnahme hierbei ist O_2, das in seinem Triplett-Grundzustand zwei ungepaarte Elektronen mit $S = 1$ aufweist). Wie in der NMR-Spektroskopie sind die Lage von Resonanzsignalen und deren Aufspaltung durch Kopplung mit Kernspins im gleichen Molekül wichtige Beobachtungsgrößen. Die durch die molekulare Umgebung induzierte Abschirmung oder Entschirmung der Elektronenspins gegenüber dem äußeren Magnetfeld wird in der ESR-Spektroskopie nicht durch eine chemische Verschiebung gegenüber einer Referenzsubstanz, sondern unter Nutzung der Beziehung $\Delta E = \gamma_e \cdot \hbar \cdot B_0 = g \cdot \mu_B \cdot B_0$ als feldunabhängiger und dimensionsloser g-Wert angegeben (μ_B ist hierbei das Bohr'sche Magneton, das dem Verhältnis aus magnetischem Dipolmoment und Drehimpuls eines Elektrons entspricht):

$$g = \frac{h\nu}{\mu_B \cdot B_0}$$

Der gemessene g-Wert einer Probe wird direkt mit dem experimentell bestimmten g-Wert eines freien Elektrons ($g = 2{,}0023$) verglichen. Skalare Kopplungen des Elektronenspins mit Kernspins im Molekül werden als **Hyperfeinkopplungen** bezeichnet und in Gauss (G) oder Millitesla (mT) angegeben. Eine Besonderheit der ESR-Spektroskopie ist, dass nicht wie in der NMR-Spektroskopie ein Absorptionsspektrum registriert wird, sondern dessen Ableitung. Dies führt dazu, dass NMR- und ESR-Spektren ein unterschiedliches Aussehen haben (Abb. 1.4); die Signalaufspaltung durch Kopplungen mit anderen Spins gehorcht in beiden Fällen aber denselben Regeln.

Die Aussagefähigkeit von ESR-Spektren liegt darin, dass die Lage eines Resonanzsignals einen Rückschluss darüber erlaubt, an welchem Atom (bzw. an welchen Atomen) in einem Molekül der beobachtete Elektronenspin lokalisiert ist. Ungepaarte Elektronen in organischen oder aus anderen leichten Atomen (Stickstoff, Phosphor, Schwefel etc.) bestehenden Molekülen besitzen ähnliche g-Werte wie das freie Elektron. Größere Abweichungen ergeben sich, wenn ungepaarte Elektronen in den d-Orbitalen von Übergangsmetallen lokalisiert sind. Die Größe von Hyperfeinkopplungen gibt Aufschluss darüber, wie weit die Spindichte in einem Molekül delokalisiert wird. In Spezies mit stark lokalisierter Spindichte sind darüber hinaus häufig Aussagen über die Hybridisierung der von dem ungepaarten Elektron besetzten Orbitale möglich.

Als weitere wichtige Charakterisierungsmethode neben den angeführten spektroskopischen Methoden spielt die **Röntgenbeugung** (englisch: X-ray diffraction, XRD) eine wichtige Rolle. Hierbei werden die durch Streuung monoenergetischer Röntgenstrahlung an kristallinen Materialien erzeugten Interferenzmuster ausgewertet. In der anorganischen Molekülchemie besitzt vor allem die Röntgenbeugung an Einkristallen große Bedeutung. Die Resultate liefern detaillierte Informationen über die Lagen einzelner Atome im Kristallverband und geben damit Aufschluss über die räumliche Struktur einzelner Moleküle im Kristall. Einkristallröntgenstrukturanalysen sind heute die wichtigste Quelle von Informationen über Bindungslängen und Bindungswinkel in Molekülen.

Aufgrund ihrer hohen Leistungsfähigkeit gehören die Röntgenbeugung an Einkristallen wie auch Kernresonanz- und Schwingungsspektroskopie heute zu den mit am häufigsten verwendeten und in vielen Bereichen der Chemie universell einsetzbaren physikalischen Analysenmethoden. Obwohl grundlegende Kenntnisse in der Anwendung dieser Methoden und der Interpretation der Daten gerade auch für die anorganische Molekülchemie unverzichtbar sind, wird aus Platzgründen auf eine ausführliche Darstellung verzichtet und auf einschlägige Lehrbücher verwiesen.

1.1.3 Grundlagen quantenchemischer Methoden

Eines der wichtigsten und gleichzeitig umstrittensten Konzepte in der Chemie ist das der chemischen Bindung. Obwohl die physikalische Relevanz dieses Konzepts bis heute kontrovers diskutiert wird, wurden auf seiner Grundlage leistungsfähige quantenchemische Theorien zur Beschreibung von Strukturen, Energetik und Reaktivität chemischer Stoffe entwickelt und erfolgreich zur Lösung konkreter Probleme eingesetzt. Diese Theorien trugen wesentlich zum Fortschritt der Chemie bei und haben heute eine solche Bedeutung gewonnen, dass Grundkenntnisse quantenchemischer Methoden in der Molekülchemie unverzichtbar geworden sind. Hierzu hat sicherlich beigetragen, dass mit der Entwicklung und Verbreitung leistungsfähiger Rechnertechnologie Strukturen, physikalische Eigenschaften und Reaktionen molekularer Spezies mit quantenchemischen Methoden heute in einer Genauigkeit und Geschwindigkeit analysiert und vorhergesagt werden können, die noch vor wenigen Jahren undenkbar erschien. Es ist abzusehen, dass die Bedeutung dieser Verfahren auch für experimentell arbeitende Chemiker in Zukunft weiter steigen wird. Aus diesem Grund erscheint es gerechtfertigt, hier kurz einige Prinzipien quantenchemischer Verfahren und daraus abgeleitete Ansätze zur Interpretation der Elektronenstruktur von Molekülen zu umreißen. Für eine eingehendere und umfassende Darstellung sei auf Lehrbücher der theoretischen Chemie verwiesen.

1.1.3.1 Wellenfunktionen und Dichtefunktionale

Zur Beschreibung der Elektronenstruktur von Molekülen sind heute vorwiegend zwei Ansätze verbreitet. Ziel der meisten quantenmechanischen **„Ab-initio-Methoden“** ist es, eine Näherungslösung für die **elektronische Wellenfunktion** Ψ^{elec} (oder kurz Ψ)

eines Moleküls zu finden, deren Kenntnis es im Prinzip erlaubt, die Energie E und weitere molekulare Eigenschaften abzuleiten. Die Bestimmung dieser Wellenfunktion erfolgt üblicherweise durch Lösung der zeitunabhängigen, nichtrelativistischen Schrödingergleichung (gemeinhin dargestellt als H Ψ^{elec} = E Ψ^{elec}) unter Annahme der Gültigkeit der Born-Oppenheimer-Näherung (aufgrund der unterschiedlichen Massen von Kernen und Elektronen werden deren Bewegungen voneinander separiert, wobei die Kernkoordinaten in die Gleichung als fixe Parameter eingehen und die Wellenfunktion nur von den Elektronenkoordinaten abhängt) und Verwendung des Hartree-Fock- oder HF-Ansatzes. Dabei wird die elektronische Wellenfunktion Ψ^{elec} als Produkt von N Einelektronenwellenfunktionen $\chi_i(x_i)$ ausgedrückt, die nur noch von den Koordinaten x_i *eines* Elektrons im Molekül abhängen. Die Funktionen $\chi_i(x_i)$ werden **Spinorbitale** genannt und sind das Produkt einer der beiden Spinfunktionen $\alpha(s)$ oder $\beta(s)$ des Elektrons mit einem räumlichen Molekülorbital (MO) $\phi_i(r)$, das im LCAO-MO-Formalismus als Linearkombination von Atomorbitalen konstruiert wird:

$$\phi_i(r) = c_{i1}\varphi_1 + c_{i2}\varphi_2 + \cdots + c_{iM}\varphi_M$$

Zur numerischen Lösung der Schrödingergleichung im Rahmen des HF-Ansatzes werden die Linearkoeffizienten c_{ij} mithilfe eines iterativen Algorithmus (dem sogenannten self-consistent field oder SCF-Verfahren) variiert, bis die Wellenfunktion mit der kleinsten Gesamtenergie für das Molekül erhalten wird. Dieser Prozess liefert sowohl die zur Beschreibung der MOs notwendigen Linearkoeffizienten als auch deren Energieeigenwerte (Orbitalenergien) ε_i (s. Abb. 1.5).

Nach Besetzung der MOs unter Wahrung von Aufbau- und Pauli-Prinzip wird die Wellenfunktion des elektronischen Grundzustands schließlich durch einen einzigen Satz doppelt besetzter Molekülorbitale repräsentiert (in Radikalen enthält das energetisch höchste besetzte MO nur ein Elektron), und die elektronische Gesamtenergie des Moleküls kann als Summe der Orbitalenergien berechnet werden. Nach Koopmans' Theorem können die negativen Orbitalenergien physikalisch als Näherungswert der für die Entfernung eines Elektrons aus dem jeweiligen Molekülorbital aufzubringenden Ionisierungsenergien $IE(i)$ interpretiert werden: $-\varepsilon_i \approx IE(i)$.

Aufgrund des Näherungscharakters des HF-Ansatzes entspricht die berechnete Gesamtenergie allerdings nicht der exakten Energie des molekularen Grundzustands, sondern ist nur ein oberer Grenzwert. Die verbleibende Differenz wird als **Korrelationsenergie** bezeichnet und rührt im Wesentlichen daher, dass der HF-Ansatz die gegenseitige Wechselwirkung zwischen den Elektronen nicht angemessen berücksichtigt. Da die aus der Vernachlässigung der Korrelationseffekte resultierenden Fehler bei vielen anorganischen und metallorganischen Molekülverbindungen beträchtliche Größenordnungen erreichen, sind mit dem HF-Ansatz berechnete Energien oft unrealistisch, und für eine adäquate quantenchemische Behandlung muss die Korrelation durch mehr oder weniger aufwendige Verfahren explizit berücksichtigt werden.

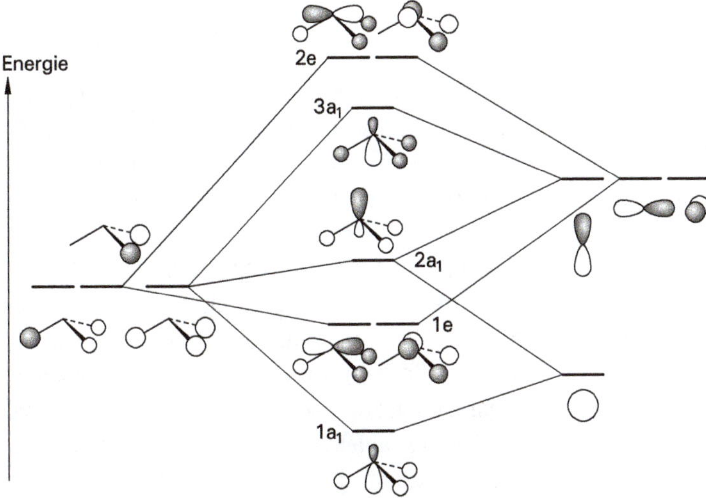

Abb. 1.5: Konstruktion eines qualitativen Molekülorbitalenergieschemas und der räumlichen Molekülorbitale (MOs) eines pyramidalen AH_3-Moleküls (z. B. NH_3) nach der LCAO-MO-Methode aus den Atomorbitalen (AOs) eines A-Atoms und dreier H-Atome. Die H-AOs sind zu symmetrieadaptierten Linearkombinationen zusammengefasst, die zu den Symmetrierassen der Punktsymmetriegruppe des Gesamtmoleküls (C_{3v}) passen. Die waagerechten Balken symbolisieren die Orbitalenergien der AOs in den beiden Fragmenten A (rechts) und H_3 (links) bzw. die MOs des AH_3-Moleküls (Mitte). Die dünnen Linien zeigen, welche AOs der Fragmente zu einem bestimmten MO beitragen; aus Symmetriegründen sind nur Wechselwirkungen zwischen Fragmentorbitalen derselben Symmetrierasse zu berücksichtigen. Die Bezeichnungen 1e, $2a_1$ usw. der gebildeten MOs setzen sich zusammen aus der Bezeichnung der entsprechenden Symmetrierassen (a_1 oder e) und einer Zählvariablen, mit der alle MOs derselben Symmetrierasse durchnummeriert werden.

Zur Umgehung der aus der Berechnung der Korrelationsenergie resultierenden Probleme hat in den letzten Jahren als alternativer Ansatz zur Beschreibung der elektronischen Struktur von Molekülen die **Dichtefunktionaltheorie (DFT)** an Bedeutung gewonnen. Ihre Grundlage bilden zwei von P. Hohenberg und W. Kohn aufgestellte Theoreme. Nach dem ersten Theorem können Energie und weitere Eigenschaften eines Moleküls eindeutig als ein Funktional der Elektronendichte $\rho(\vec{r})$ im Grundzustand beschrieben werden (als Funktional wird in der Mathematik eine Abbildungsvorschrift bezeichnet, deren Argument nicht wie bei einer Funktion eine Zahl, sondern eine Funktion ist); das zweite Theorem stellt sicher, dass eine Annäherung an diese Elektronendichte – die ja zunächst auch nicht bekannt ist – ausgehend von einer angenommenen Startdichte nach dem Variationsprinzip erfolgen kann.

Bei der praktischen Durchführung von DFT-Rechnungen wird die Gesamtelektronendichte wie in der Ab-initio-Theorie als Summe von Zweielektronenorbitalen (die Kohn-Sham- oder KS-Orbitale) beschrieben. Die KS-Orbitale werden wie im HF-Ansatz als Linearkombination von Atomorbitalen dargestellt. Obgleich die KS-Orbitale häufig eine sehr ähnliche Struktur wie die HF-MOs besitzen (und oft auch entsprechend interpretiert werden!), besitzen sie streng genommen keine physikalische Bedeutung, und eine aus diesen Orbitalen konstruierte Elektronenkonfiguration repräsentiert auch nicht die exakte Wellenfunktion des Moleküls.

Als großer Vorteil von DFT- gegenüber Ab-initio-Rechnungen erweist sich, dass die interelektronischen Wechselwirkungen bereits implizit in der Definition der KS-Orbitale enthalten sind und daher die besonders für größere Moleküle sehr aufwendige explizite Berechnung der Korrelationsenergie entfallen kann. Ein neues Problem resultiert aber daraus, dass auch die exakten Funktionale zur Berechnung der kinetischen und potentiellen Energie aus der Elektronendichte nicht bekannt sind. Als Ausweg aus diesem Dilemma wurden angenäherte Funktionale entwickelt, die inzwischen eine Nutzung der Dichtefunktionaltheorie zur Berechnung molekularer Eigenschaften mit akzeptabler Genauigkeit erlauben. Hierbei ist aber zu beachten, dass keines dieser Funktionale universell anwendbar ist und zur Bearbeitung einer speziellen Fragestellung (z. B. Berechnung der Energie eines molekularen Grundzustands oder des Übergangszustands einer Reaktion) das jeweils am besten angepasste Funktional zu benutzen ist. Ungeachtet dieser Einschränkungen können heute Moleküle mit hundert und mehr Atomen mit akzeptabler Genauigkeit routinemäßig durch DFT-Rechnungen charakterisiert werden.

1.1.3.2 Interpretation von Wellenfunktionen und Elektronendichteverteilungen

Mithilfe quantenchemischer Methoden können aus der Wellenfunktion oder der Elektronendichte nicht nur Energie und räumliche Struktur eines Moleküls im Grundzustand, sondern auch weitere Größen wie z. B. spektroskopische Daten (UV-VIS, IR, NMR usw.) abgeleitet werden. Die Verknüpfung der Resultate mit experimentellen Messwerten ist in diesen Fällen offensichtlich. Dies sieht anders aus bei Partialladungen oder Bindungsordnungen, die in der Chemie ebenfalls geläufig zur Charakterisierung von Bindungsverhältnissen in Molekülen verwendet werden und auf der Analyse lokaler Details der Elektronendichteverteilung in einem Molekül beruhen. Die Werte dieser Größen sind erst nach einer spezifischen Interpretation quantenchemischer Resultate erhältlich. Hierfür sind verschiedene Prozeduren in Gebrauch, von denen einige in Kürze umrissen werden.

Populationsanalyse

Populationsanalysen sind Verfahren, um aus einer Auswertung der Linearkoeffizienten von MOs bzw. KS-Orbitalen lokale Größen wie Atompopulationen (Zahl der einem spezifischen Atom in einem Molekül zuzuordnenden Elektronen), Atomladungen (Differenz aus Atompopulation und Kernladung), Bindungsordnungen und Besetzungszahlen von s- bzw. p-Valenzorbitalen einzelner Atome zu errechnen. Ein zentrales Problem hierbei ist, dass eine Aufteilung der Elektronen oder der Gesamtelektronendichte auf einzelne Atome weder eindeutig festlegbar noch experimentell messbar ist. In der Praxis wurden verschiedene Konventionen vorgeschlagen, die alle von willkürlich festgelegten Grundannahmen ausgehen und deshalb unterschiedliche Ergebnisse liefern. Die heute am weitesten verbreiteten Methoden sind die Populationsanalysen nach Mulliken und nach Reed, Curtis und Weinhold („natural" population analysis, NPA).

Hybridisierung und Bindungslokalisation

Ein häufig im Zusammenhang mit Populationsanalysen auftretender Begriff ist der der **Hybridisierung**. Dieses Konzept wurde ursprünglich im Rahmen der Valence-Bond- oder VB-Theorie eingeführt und wird z. B. zur Veranschaulichung der Vierbindigkeit von Kohlenstoff genutzt. Dabei wird angenommen, dass ein C-Atom zunächst durch Anregung eines Elektrons vom Grundzustand (^{3}P, Elektronenkonfiguration $1s^22s^22p^2$) in einen Valenzzustand (Elektronenkonfiguration $1s^22s^12p^3$) übergeht, in dem dann eine Mischung (= Hybridisierung) von 2s- und 2p-Orbitalen zu vier gleichartigen sp^3-Hybridorbitalen erfolgt. Im Methanmolekül bildet jedes dieser Orbitale schließlich durch Überlappung mit einem 1s-Orbital eines Wasserstoffatoms eine lokalisierte C-H-Bindung aus. In der MO-Näherung kommt man hier ohne den Begriff der Hybridisierung aus, da sich die Vierbindigkeit des Kohlenstoffs bei der Ermittlung der LCAO-MO-Wellenfunktion aus den s-Atomorbitalen der H-Atome und den s- und p-Atomorbitalen des C-Atoms automatisch ergibt. Da viele Chemiker aber gewohnheitsmäßig Valenzstrichformeln zur Darstellung der Bindungsverhältnisse in Molekülen nutzen und dabei mit dem Begriff der Hybridisierung argumentieren, wurden Verfahren eingeführt, auch Wellenfunktionen bzw. Elektronendichten aus MO- bzw. DFT-Rechnungen im Sinn lokalisierter Bindungen mit Hybridorbitalen zu interpretieren.

Das grundlegende Problem besteht dabei darin, dass eine spezifische Bindung in einem Molekül nicht durch ein einzelnes besetztes MO oder KS-Orbital beschrieben werden kann, sondern dass in der Regel mehrere Orbitale zu dieser Bindung beitragen. Umgekehrt ist ein MO oder KS-Orbital in der Regel über das gesamte Molekül delokalisiert und an mehreren Bindungen beteiligt. Ein Weg zur Auflösung dieses Dilemmas beruht auf der Idee, dass die Gesamtwellenfunktion oder Elektronendichte eines Moleküls prinzipiell nicht nur aus einzelnen delokalisierten („kanonischen") Orbitalen zusammengesetzt werden kann, sondern genauso gut aus „lokalisierten Molekülorbitalen" (LMOs), und dass beide Beschreibungen äquivalent sind, solange sie dasselbe Gesamtergebnis liefern. In einem LMO sind die Elektronen weitgehend an einem einzelnen Atom oder in einer Bindung zwischen zwei Atomen lokalisiert, und doppelt besetzte LMOs erscheinen so als anschauliche Entsprechung von nichtbindenden Elektronenpaaren bzw. Bindungselektronenpaaren. Konkret werden LMOs durch eine mathematische Operation aus der Gesamtwellenfunktion oder Gesamtelektronendichte erzeugt. Hierbei ist zu beachten, dass für diese Operation kein eindeutiger Algorithmus festgelegt werden kann und in der Praxis wie bei Populationsanalysen verschiedene Lokalisierungsverfahren angewendet werden. Eine vollständige Elektronenlokalisierung gelingt in vielen Fällen, aber nicht immer. Dies folgt unmittelbar daraus, dass die Lokalisierung einer Transformation der Molekülorbitale in eine einzige Valence-Bond-Struktur (Lewisformel) entspricht und somit fehlschlägt, wenn die korrekte Beschreibung der elektronischen Struktur die Überlagerung mehrerer mesomerer Grenzformeln erfordert. In einem Molekül wie Benzol misslingt so die Lokalisierung der π-Orbitale, obwohl die σ-Orbitale sehr wohl lokalisierbar sind.

Nach – vollständiger oder teilweiser – Lokalisierung kann für jedes erhaltene LMO eine separate Populationsanalyse durchgeführt werden. Diese liefert für jedes beteiligte Atom die Besetzungszahlen von s-, p- (und d-)Orbitalen, aus deren Verhältnis dann eine Hybridisierung berechnet wird. Als Beispiel sind die aus Mulliken-Populationsanalysen erhaltenen Besetzungszahlen der Valenzorbitale an den Zentralatomen einiger Verbindungen des Typs EH_n und daraus resultierende Hybridisierungen in Abb. 1.6 und Tab. 1.3 dargestellt. Zu beachten ist, dass die Beiträge von s- und p-Orbitalen zu einem LMO nicht notwendigerweise in einem ganzzahligen Verhältnis stehen, und dass in den Beiträgen eines Atoms zu verschiedenen LMOs auch unterschiedliche Hybridisierungen auftreten können; Letzteres ist insbesondere der Fall, wenn gleichzeitig bindende und nichtbindende Elektronenpaare vorhanden sind.

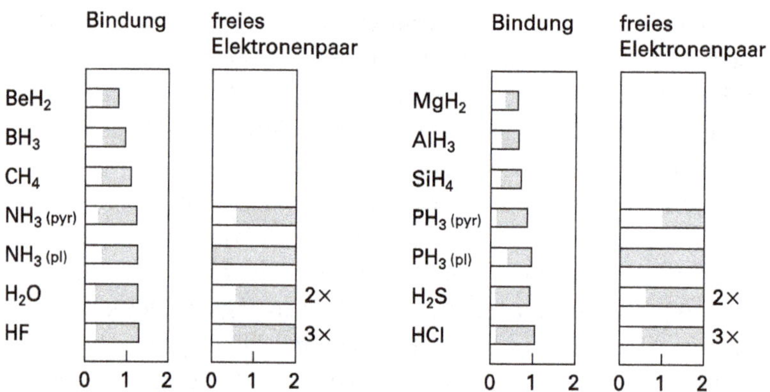

Abb. 1.6: Mulliken'sche Besetzungszahlen für die Valenz-AOs von E in den lokalisierten MOs von EH_n-Molekülen (links s-, rechts p-Orbital (grau); pyr = pyramidal, pl = planar). [Reproduziert mit freundlicher Genehmigung von Wiley-VCH aus *Angew. Chem.* **1984**, *96*, 262].

Tab. 1.3: Aus den Mulliken'schen Besetzungszahlen *n*(s) und *n*(p) aus Abb. 1.6 berechnete Verhältnisse von s- und p-Orbitalbeiträgen (Hybridisierung) zu bindenden und nichtbindenden Elektronenpaaren in EH_n-Molekülen.

EH_n	CH_4	NH_3	OH_2	SiH_4	PH_3	SH_2
Bindung	$sp^{2,76}$	$sp^{2,90}$	$sp^{3,81}$	$sp^{1,56}$	$sp^{3,83}$	$sp^{4,71}$
Nichtbindendes Elektronenpaar	–	$sp^{2,25}$	$sp^{2,37}$	–	$sp^{0,95}$	$sp^{1,18}$

1.2 Grundlegende Aspekte von Struktur und Reaktivität

Der p-Block im Periodischen System der Elemente (PSE) umfasst sowohl Gruppen wie die Edelgase und Halogene, deren chemische Eigenschaften durch große qualitative Ähnlichkeit und reguläre Trends innerhalb einer Gruppe geprägt sind, als auch die 14. und 15. Gruppe, in denen angefangen von typischen Nichtmetallen über Halbmetalle hin zu Metallen ein Spektrum von Elementen mit sehr unterschiedlichen chemischen Eigenschaften vertreten ist. Insgesamt lässt sich mit einiger Berechtigung sagen, dass der p-Block diejenige Region des PSE ist, in der ungeachtet aller formalen Ähnlichkeiten der Elektronenkonfigurationen die größte Diversität chemischer Eigenschaften auftritt. Für ein tiefer gehendes Verständnis der Molekülchemie dieser Elemente ist es deshalb hilfreich, Leitlinien zur Erkennung von Mustern und systematischen Zusammenhängen zu entwickeln, die über formale Gruppenanalogien hinausgehen. Im Folgenden sollen einige grundlegende Erwägungen diskutiert werden, die sich einerseits auf eine Betrachtung der periodischen Trends bestimmter Eigenschaften der Elemente und andererseits auf eine qualitative und näherungsweise Interpretation von Molekülorbitalschemata stützen.

1.2.1 Elementare Trends – Die Sonderstellung der Elemente der 2. Periode

Dass sich bestimmte Eigenschaften chemischer Elemente innerhalb einer Gruppe oder einer Periode im PSE systematisch ändern, ist eine der grundlegenden Erkenntnisse in der Chemie und gehört mit zu den ersten Regeln, die in diesem Zusammenhang gelernt werden. Bei genauerem Hinsehen ergibt sich, dass viele dieser Änderungen nicht linear verlaufen, sondern dass besonders große Sprünge zwischen Elementen der zweiten und höherer Perioden zutage treten. So zeigt eine Gegenüberstellung der Kovalenzradien einiger Hauptgruppenelemente (Abb. 1.7) eine Zunahme um ca. 50 % beim Übergang von der 2. zur 3. Periode, während der Unterschied zwischen Elementen der 3. und 4. Periode mit ca. 17 % schon sehr viel geringer ist. Die vergleichsweise kleinen Atomradien sind ein wesentlicher Grund dafür, dass Elemente der 2. Periode kleine Koordinationszahlen bevorzugen und deutlich geringere Dipol-Polarisierbarkeiten aufweisen als Elemente höherer Perioden. Ein ähnliches Bild wie bei den Atomradien ergibt sich für den Vergleich der Elektronegativitäten, wobei in der ersten Gruppe der größte Sprung schon zwischen den Elementen der 1. und 2. Periode auftritt.

Ein Vergleich der mittleren Bindungsenthalpien homonuklearer Einfachbindungen zeigt, dass diese in den ersten vier Hauptgruppen mit steigender Atommasse kontinuierlich abnimmt. Der größte Sprung tritt dabei ebenfalls zwischen den Elementen der 2. und 3. Periode auf (Abb. 1.8; Doppelbindungen werden in Abschn. 1.2.6 und 1.5 disku-

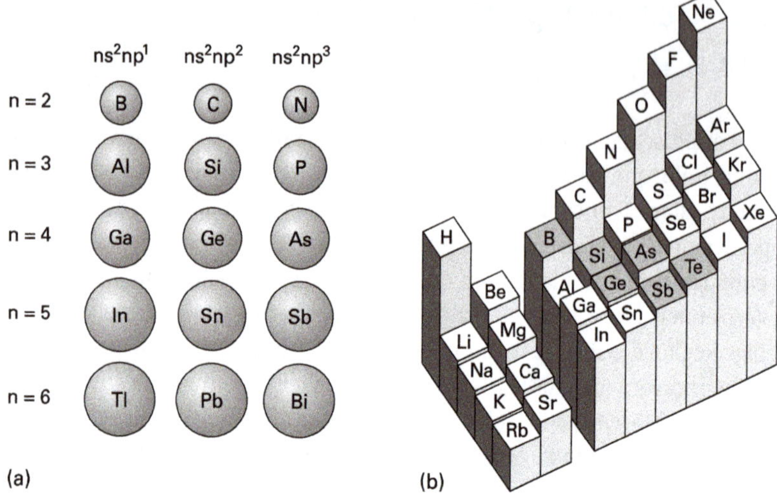

Abb. 1.7: (a) Schematische Darstellung der Kovalenzradien von Atomen der Gruppen 13–15 [nach G. Bouhadir, D. Bourissou, *Chem. Soc. Rev.* **2004**, *33*, 2010]; (b) Darstellung der spektroskopischen Elektronegativitäten der Hauptgruppenelemente (ohne He) als dritte Dimension des PSE [nach L. C. Allen, *J. Am. Chem. Soc.* **1989**, *111*, 9003].

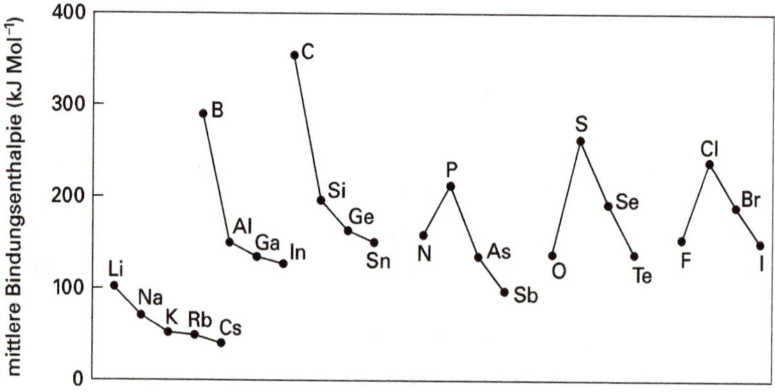

Abb. 1.8: Mittlere Bindungsenthalpien homonuklearer Einfachbindungen in den Hauptgruppen des Periodensystems [nach R. Steudel, Chemie der Nichtmetalle, 2. Aufl. W. de Gruyter: Berlin 1998, S. 152].

tiert). Dieser Gang kann auf zwei Ursachen zurückgeführt werden. Zum Ersten nimmt die Stabilisierung des bindenden Molekülorbitals gegenüber den Atomorbitalen der getrennten Atome ab, wenn die Orbitale größer und damit diffuser werden; zum Zweiten steigt die Abstoßung zwischen den Atomrümpfen mit größerer Zahl von Rumpfelektronen.

Der Trend der zu höheren Perioden hin abnehmenden Bindungsenergien setzt sich in der 15.–17. Gruppe nur bei den schwereren Elementen der 3. und höherer Perioden fort. Die Enthalpien der Bindungen >N–N<, –O–O– und F–F sind dagegen deutlich kleiner als die zwischen homologen Elementen der 3. Periode oder zwischen Bor- und Kohlenstoffatomen. Die Ursache dieser Sonderstellung liegt daran, dass die gegenseitige Abstoßung der freien Elektronenpaare an beiden Bindungspartnern bei den Atomen der 2. Periode aufgrund des kleinen Kernabstands und hoher lokaler Elektronendichten deutlich stärker ausgeprägt ist als bei schwereren (und damit größeren) Elementen.

Ein weiter grundlegender Unterschied in den Bindungseigenschaften ist, dass die schwereren Elemente in einem viel geringeren Maß zur Hybridisierung neigen als die Elemente der 2. Periode. Um dies zu verstehen, sollen zunächst einige grundlegende Aspekte beleuchtet werden. Der Hauptgrund für das Auftreten von Hybridisierung liegt nicht in einer Erhöhung der Wertigkeit (Hybridisierung ist isovalent, vgl. Abschn. 1.1.3.2), sondern daran, dass Hybridorbitale

(a) besser überlappen können und dadurch die Bildung energetisch stabilerer Bindungen erlauben, und
(b) dass durch die Bildung von Hybridorbitalen die Abstoßung der Elektronen untereinander (Pauli-Abstoßung) verringert wird.

Voraussetzungen für eine nennenswerte energetische Stabilisierung durch Hybridisierung sind, dass s- und p-Atomorbitale in der Valenzschale ähnliche räumliche Ausdehnungen und möglichst ähnliche Energien haben. Der zweite Faktor ist wichtig, um die zur Anhebung eines Elektrons aus dem s- in ein energetisch höher liegendes p-Orbital (z. B. bei der Anregung eines Kohlenstoffatoms aus seinem Grundzustand mit der Valenzelektronenkonfiguration $2s^22p^2$ in einen Valenzzustand mit der Konfiguration $2s^12p^3$) benötigte Promotionsenergie gering zu halten. Die Elemente der 2. Periode unterscheiden sich nun von ihren schwereren Homologen darin, dass ihre s- und p-Valenzorbitale ähnliche Ausdehnungen besitzen – die berechneten mittleren Radien unterscheiden sich hier nur um ca. 10 % – während bei den Elementen höherer Perioden die s-Orbitale deutlich kernnäher sind als die p-Orbitale (Abb. 1.9; die Unterschiede betragen ca. 20–33 % in der 3. Periode und nehmen in der 4. und 5. Periode mit ca. 24–40 % weiter zu). Die Ursache für diesen Effekt besteht, einfach ausgedrückt, darin, dass der Atomrumpf von Elementen der 2. Periode nur ein doppelt besetztes s-Atomorbital enthält und auf die p-AOs der Valenzschale deshalb keine Pauli-Abstoßung innerer p-Orbitale wirkt. Die fehlende räumliche Überlappung kann durch die Abnahme der Promotionsenergien bei den schwereren Elementen nicht mehr ausgeglichen werden, sodass Elemente der 3. und höherer Perioden eine deutlich geringere Tendenz zur Hybridisierung („Hybridisierungsdefizit") zeigen als die Elemente der 2. Periode.

Zur Illustration der Konsequenzen der unterschiedlichen Hybridisierung bei Elementen der 2. und höherer Perioden wollen wir an dieser Stelle exemplarisch die Bindungsverhältnisse in N_2 und P_2 und die unterschiedlichen Inversionsbarrieren von NH_3 und PH_3 diskutieren. Durch Messung von Photoelektronenspektren kann experimentell

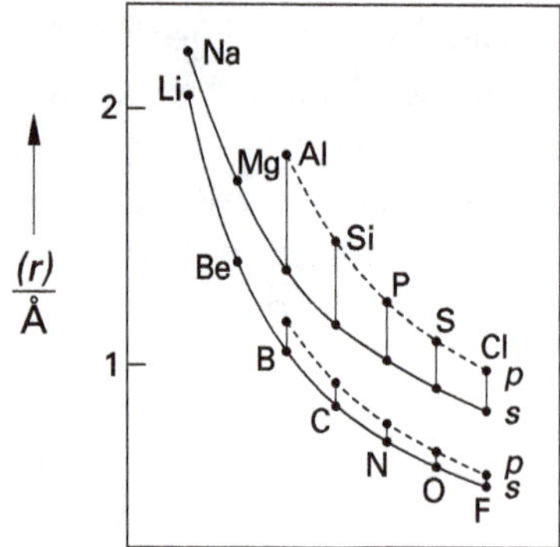

Abb. 1.9: Berechnete Erwartungswerte $\langle r\rangle_s$ und $\langle r\rangle_p$ des Abstands von s- und p-Valenz-Elektronen vom Kern für Elemente der 2. und 3. Periode im PSE [nach W. Kutzelnigg, *Angew. Chem.* **1984**, *96*, 262].

belegt werden, dass das erste Ionisationspotential von N_2 der Abspaltung eines nichtbindenden Elektrons aus dem σ_g-Orbital entspricht, während im Fall von P_2 ein Elektron aus dem π_u-Orbital entfernt wird. Geht man unter Annahme der Gültigkeit von Koopmans' Theorem davon aus, dass die gemessenen Ionisierungsenergien in beiden Fällen den negativen Orbitalenergien des HOMO (HOMO = highest occupied molecular orbital) entsprechen, so sind die experimentellen Befunde gut mit den beiden in Abb. 1.10 dargestellten MO-Diagrammen vereinbar. Die höhere Energie des $2\sigma_g^+$- gegenüber dem π_u-Orbital im N_2 ist dabei durch eine stärkere Hybridisierung zu erklären, da die Mischung der $1\sigma_g^+$- und $2\sigma_g^+$-Orbitale zur Stabilisierung des $1\sigma_g^+$- und Destabilisierung des $2\sigma_g^+$-Orbitals führt.

Der große Unterschied in den Inversionsbarrieren von NH_3 (24,5 kJ/mol) und PH_3 (ca. 155 kJ/mol) ist darauf zurückzuführen, dass beim Übergang vom Grundzustand in den planaren Übergangszustand im Fall von NH_3 nur eine geringe Änderung der Valenzelektronenkonfiguration notwendig ist (berechnet: von $s^{1,53}p^{4,11}d^{0,03}$ nach $s^{1,41}p^{4,26}d^{0,01}$). Demgegenüber erfordert im Fall von PH_3 das Hybridisierungsdefizit im Grundzustand eine deutlich stärkere Umhybridisierung (berechnet: von $s^{1,59}p^{3,04}d^{0,12}$ nach $s^{1,32}p^{3,62}d^{0,09}$, vgl. Abb. 1.6). Durch den damit verbundenen Anstieg der Promotionsenergie wird der Übergangszustand gegenüber dem Grundzustand destabilisiert.

Ein im Vergleich zu Elementen der 2. Periode erhöhter s-Charakter nichtbindender Elektronenpaare ist ein generell bei schweren Hauptgruppenelementen auftretendes Phänomen. Es bringt mit sich, dass die nichtbindenden Elektronenpaare einen zunehmend inerten Charakter annehmen („inert pair oder lone pair effect"). Eine weitere Folge ist, dass in den p-Orbitalen insgesamt weniger Valenzelektronendichte zur Bindungsbildung verfügbar ist und somit die Ausbildung niedriger formaler Oxidationsstufen begünstigt wird.

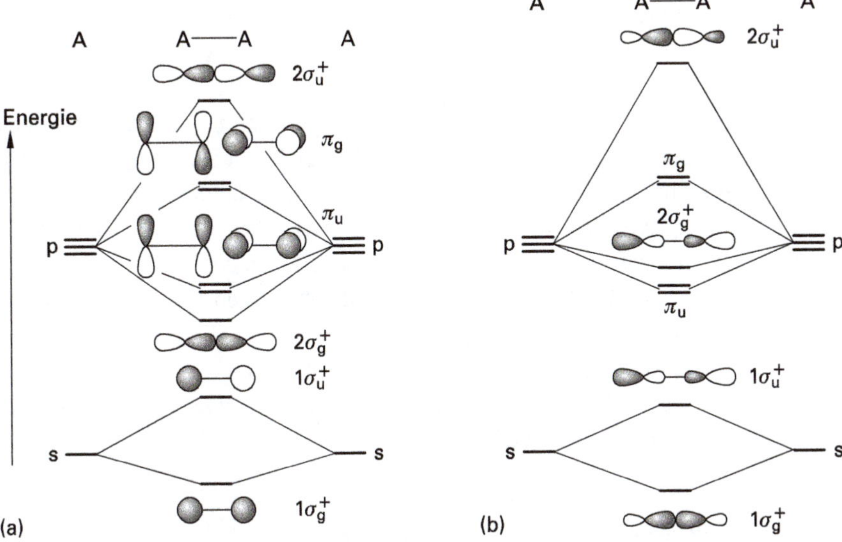

Abb. 1.10: Schematische Darstellung der Konstruktion der Valenz-MOs eines zweiatomigen homoatomaren Moleküls A_2 aus Atomorbitalen (a) ohne und (b) mit zusätzlicher Berücksichtigung von Hybridisierung zwischen s- und p-Orbitalen. Der Unterschied führt zu einer Umkehr der energetischen Lage der $2\sigma_g^+$ und π_u-Orbitale [nach Albright, Burdett, Whangbo, Orbital Interactions in Chemistry, Wiley-VCH, 1985, S. 78/79].

1.2.2 Geometrische Struktur von Molekülen

Einer der auffälligsten Unterschiede zwischen Verbindungen von Elementen der zweiten und der höheren Perioden sind die unterschiedlichen Bindungswinkel in den Wasserstoffverbindungen EH_3 bzw. EH_2 mit Elementen der 15. und 16. Gruppe, die von Werten in der Nähe des Tetraederwinkels bei NH_3 und OH_2 auf Werte nahe 90° bei den Vertretern der schweren Elemente abnehmen (vgl. Tab. 1.4).

Tab. 1.4: Strukturparameter von Wasserstoffverbindungen mit Elementen der Gruppen 15 und 16.

EH_n	E–H/pm	H–E–H/Grad
NH_3	101,7	107,3
PH_3	142	93,8
AsH_3	152	91,8
SbH_3	171	91,7
OH_2	95,8	104,5
SH_2	134	92,1
SeH_2	146	90,6
TeH_2	169	90,3

Die kleinen Bindungswinkel in den Verbindungen mit schweren Elementen können anschaulich als Folge des im vorigen Abschnitt diskutierten „*inert pair*"-Effekts begriffen werden. Der hohe s-Anteil der nichtbindenden Elektronenpaare bedingt einen höheren p-Charakter der Bindungselektronenpaare und begünstigt damit Bindungswinkel nahe 90°. Im Fall von H_2O und NH_3 steigt infolge der stärkeren Tendenz zur Hybridisierung zwar der s-Anteil in den bindenden LMOs; die entscheidende Triebkraft für die Winkelaufweitung ist hier aber die Pauli-Abstoßung zwischen den bindenden LMOs. Ihre Größe hängt exponentiell vom direkten Abstand zwischen den Wasserstoffatomen benachbarter Bindungen ab, der naturgemäß mit abnehmenden E–H-Abständen (bei fixem HEH-Winkel) sinkt. Die beim Übergang von Elementen der 3. zur 2. Periode überproportional große Änderung der E–H-Abstände (Tab. 1.4) bedingt daher auch eine entsprechende Eskalation der Pauli-Abstoßung, deren Kompensation nur durch eine signifikante Vergrößerung des HEH-Winkels erreicht werden kann.

1.2.3 Intermolekulare Wechselwirkungen und Reaktivität

Zur Beschreibung intermolekularer Wechselwirkungen kann man im einfachsten Fall von zwei isolierten Molekülen ausgehen, deren jedes durch eine eigene Wellenfunktion beschrieben wird. Die bei gegenseitiger Annäherung erfolgende Wechselwirkung induziert Änderungen der Wellenfunktionen der ungestörten Moleküle und der Gesamtenergie. Im Bereich nicht zu kleiner Abstände können diese näherungsweise mithilfe der mathematischen Störungstheorie berechnet werden. Hierzu werden die Wellenfunktion und die Energie unter Einfluss der gegenseitigen Wechselwirkung („Störung") durch eine Potenzreihenentwicklung beschrieben, in denen die ursprüngliche Wellenfunktion bzw. Energie durch Hinzufügen von Korrekturtermen modifiziert werden.

Eine wichtige Anwendung ergibt sich aus der Nutzung dieses Formalismus zur Beschreibung chemischer Reaktionen. Als Ausgangspunkt einer vereinfachten störungstheoretischen Behandlung wollen wir zwei isolierte Moleküle A und B im Grundzustand betrachten, deren Annäherung zur Wechselwirkung unter Ausbildung einer Bindung führt. Die Energie des Übergangszustandes wird dabei durch den anfänglichen Anstieg der Energiekurve entlang der Reaktionskoordinate abgeschätzt: Je steiler der Anstieg, desto höher ist die Wechselwirkungsenergie ΔE und damit die Aktivierungsbarriere. Nach G. Klopman und L. Salem lässt sich ein Ausdruck für die Wechselwirkungsenergie aus den Wellenfunktionen der getrennten Moleküle mithilfe der Störungstheorie ableiten („Klopman-Salem-Gleichung") und als Summe von Wechselwirkungen individueller MOs der beiden Fragmente darstellen. Die MOs der separaten Moleküle werden dabei auch als „Fragment-Molekülorbitale" oder FMOs bezeichnet.

Exkurs: die Klopman-Salem-Gleichung

Unter Anwendung des störungstheoretischen Formalismus ergibt sich die Wechselwirkungsenergie zwischen zwei Molekülen nach Klopman und Salem als:

$$\Delta E = -\sum_{ab}(q_a + q_b)\beta_{ab}S_{ab} + \sum_{k<l}\frac{Q_k Q_l}{\varepsilon R_{kl}} + \sum_{r}^{occ.}\sum_{s}^{unocc.} - \sum_{s}^{occ.}\sum_{r}^{unocc.}\frac{2(\Sigma_{ab}c_{ra}c_{sb}\beta_{ab})^2}{E_r - E_s}$$

Hierbei beziehen sich a, b bzw. k, l auf einzelne Atome und r, s auf einzelne MOs in den jeweiligen Molekülen A und B. Die übrigen Symbole haben folgende Bedeutung:

q_a und q_b = Elektronendichten in den besetzten Orbitalen von A und B
β_{ab}, S_{ab} = Resonanz- und Überlappungsintegrale der MOs a, b.
Q_k, Q_l = Atomladungen an den Atomen k, l
R_{kl} = Abstand zwischen den Atomen k und l
ε = Dielektrizitätskonstante
c_{ra}, c_{sb} = LCAO-MO-Koeffizienten am Atom a bzw. b für das MO r bzw. s
E_r, E_s = Orbitalenergien der MOs r bzw. s

Die gesamte Wechselwirkungsenergie wird in drei Beiträge zerlegt:

(a) Der erste Term beschreibt die gegenseitige Abstoßung zwischen den Elektronen in den besetzten Orbitalen beider Reaktanden (Pauli-Abstoßung). Dieser Beitrag impliziert eine energetische Destabilisierung und macht einen erheblichen Anteil der Aktivierungsenergie der Reaktion aus.

(b) Der zweite Beitrag berücksichtigt die elektrostatische oder Coulomb-Wechselwirkung zwischen den beiden Molekülen, die anziehend oder abstoßend sein kann.

(c) Der dritte, sogenannte „Ladungsübertragungs"- oder Orbital-Beitrag beschreibt den stabilisierenden Effekt, der aus der Wechselwirkung zwischen jeweils einem besetzten Orbital des einen Reaktionspartners mit einem unbesetzten Orbital des anderen resultiert.

Die in ihrer ursprünglichen Form recht komplexe Klopman-Salem-Gleichung wird für qualitative Vergleiche chemischer Reaktivitäten häufig vereinfacht. Die erste Näherung besteht darin, den Beitrag der Pauli-Abstoßung zur Aktivierungsenergie zu ignorieren und nur die aus den beiden anderen Beiträgen resultierenden attraktiven Wechselwirkungen zu betrachten. Diese Vereinfachung wird dadurch gerechtfertigt, dass der Einfluss der Pauli-Abstoßung für ähnliche Reaktionen (z. B. für Konkurrenzreaktionen, in denen zwei Edukte über unterschiedliche Reaktionskanäle verschiedene Produkte liefern) oft vergleichbar ist. Zur Ermittlung der elektrostatischen Wechselwirkung werden im einfachsten Fall weiterhin nur die Atome a und b im jeweiligen Molekül A bzw. B betrachtet, über die die Bindung zwischen den beiden Fragmenten gebildet wird. Der Coulombterm wird dann aus den Partialladungen Q_a und Q_b an diesen Atomen und ihrem Abstand R_{ab} berechnet. Schließlich macht man sich bei der Ermittlung des Orbitalbeitrags zunutze, dass für Moleküle mit abgeschlossenen Schalen die größten Störungen zwischen dem höchsten besetzten Molekülorbital (engl. highest occupied molecular orbital, HOMO) des einen und dem niedrigsten unbesetzten Molekülorbital (engl. lowest unoccupied molecular orbital, LUMO) des anderen Reaktionspartners auftreten (in Radikalen ist anstelle von HOMO und LUMO das mit dem ungepaarten Elektron besetzte MO – engl. singly occupied molecular orbital, SOMO – zu berücksichtigen). Der gesamte

Orbitalterm wird dann durch den sogenannten Grenzorbitalterm angenähert, der nur die Beiträge dieser Orbitale enthält.

Unter Berücksichtigung dieser Näherungen lautet dann eine vereinfachte Form der Klopman-Salem-Gleichung:

$$\Delta E \approx E_{coulomb} + E_{Grenzorb.}$$
$$= \frac{Q_a Q_b}{R_{ab}} + \left(\frac{2(c_{HOMO(A),a} c_{LUMO(B),b} \beta)^2}{E_{HOMO(A)} - E_{LUMO(B)}} + \frac{2(c_{HOMO(B),a} c_{LUMO(A),b} \beta)^2}{E_{HOMO(B)} - E_{LUMO(A)}} \right)$$

Hierbei symbolisieren die Ausdrücke $c_{HOMO(A),a}$, $c_{LUMO(B),b}$ usw. die LCAO-MO Koeffizienten am Atom a im HOMO von Molekül A bzw. am Atom b im LUMO von Molekül B, β ist das Resonanzintegral zwischen beiden Orbitalen, und $E_{HOMO(A)}$, $E_{LUMO(B)}$ usw. bezeichnen die Energien der entsprechenden Fragmentorbitale.

Obwohl die störungstheoretische Behandlung chemischer Reaktionen eine starke Vereinfachung darstellt, lassen sich mit ihrer Hilfe anschauliche Erkenntnisse ableiten, die ein qualitatives Verständnis chemischer Reaktivität fördern. Ein Beispiel hierfür ist die Möglichkeit, die Ideen des ursprünglich rein empirisch formulierten HSAB-Konzepts in die Sprache der MO-Theorie zu übersetzen. Harte (im Sinn des HSAB-Konzepts) Säuren und Basen sind demnach Spezies mit sehr großen HOMO-LUMO-Abständen, für die der Grenzorbitalterm kaum zur Wechselwirkungsenergie beiträgt. Die Molekülorbitale des Gesamtmoleküls und deren Energien entsprechen deshalb praktisch den ursprünglichen Fragmentorbitalen (Abb. 1.11, Fall (a)). Der bestimmende Einfluss auf die chemische Reaktivität wird dann durch den Coulombterm ausgeübt, weshalb man auch von einer ladungskontrollierten Reaktion spricht.

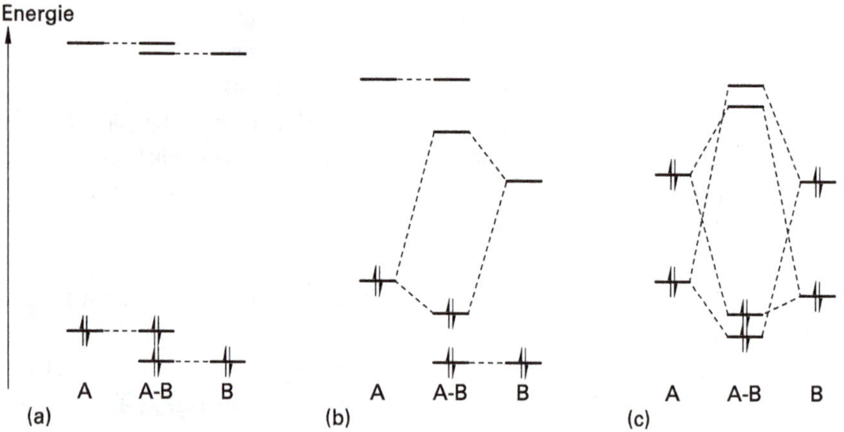

Abb. 1.11: Schematische Darstellung der Grenzorbitalwechselwirkungen zwischen (a) einem harten Nukleophil A und einem harten Elektrophil B, (b) einem weichen Nukleophil A und einem weichen Elektrophil B, (c) zwischen zwei weichen Ambiphilen mit ähnlicher Elektrophilie/Nukleophilie.

Umgekehrt sind weiche Säuren und Basen Spezies mit kleinen HOMO-LUMO-Abständen, deren Wechselwirkungsenergie demzufolge durch den Grenzorbitalterm dominiert wird. Man spricht in diesem Fall von orbitalkontrollierten Reaktionen, in denen ein Produkt mit einem signifikanten kovalenten Bindungsanteil gebildet wird. Je nach Lage der Grenzorbitale werden hier zwei Fälle unterschieden:

- Die Energien der Grenzorbitale eines Reaktionspartners (A) sind signifikant höher als die des anderen (B) (Abb. 1.11, Fall (b)). Der dominierende Beitrag zur Wechselwirkungsenergie resultiert aus der Interaktion des HOMOs von A mit dem LUMO von B. A verhält sich als Nukleophil und B als Elektrophil, und der zweite Summand im Orbitalterm der vereinfachten Klopman-Salem-Gleichung kann bei der Beschreibung der Wechselwirkung vernachlässigt werden. Reaktionen dieses Typs entsprechen dem Normalfall von Lewis-Säure/Base-Reaktionen zwischen Neutralmolekülen und werden z. B. durch Umsetzungen zwischen Boranderivaten BX_3 und Aminen NR_3 bzw. Phosphanen PR_3 repräsentiert.
- Die Energien der Grenzorbitale beider Reaktionspartner unterscheiden sich nur wenig (Abb. 1.11, Fall (c)), sodass beide möglichen HOMO-LUMO-Wechselwirkungen signifikant zur Wechselwirkungsenergie beitragen. Überwiegt einer der beiden Beiträge, kann man prinzipiell immer noch zwischen Nukleophil und Elektrophil unterscheiden; besser ist aber eine Charakterisierung beider Teilchen als Ambiphile. Beispiele sind Reaktionen zwischen zwei identischen Edukten mit Lewis-amphoterem Charakter wie z. B. zwei Stannylenen SnR_2, oder die Bindung typischer σ-Donor-π-Akzeptor-Liganden (PF_3, CO) an Übergangsmetalle in niedrigen formalen Oxidationsstufen.

Die zentrale Bedeutung der Grenzorbitale kommt auch in dem von R. Hoffmann formulierten **Isolobalkonzept** zum Ausdruck (vgl. Abschn. 4.3.1.1). Danach sind zwei Moleküle oder Molekülfragmente isolobal, wenn Anzahl, Symmetrieeigenschaften, Energie, Form und elektronische Besetzung ihrer Grenzorbitale ähnlich sind; dies gilt auch dann, wenn sie strukturell völlig unterschiedlich sind wie z. B. CH_2 und $Fe(CO)_4$. Zueinander isolobale Moleküle besitzen häufig ähnliche Strukturen und gehen vergleichbare Reaktionen ein. Das Isolobalkonzept bietet eine Möglichkeit, solche Ähnlichkeiten dingfest zu machen und auf einen gemeinsamen Kern zurückzuführen.

Ein Nachteil der störungstheoretischen Betrachtung chemischer Reaktionen liegt darin, dass die Analyse auf ein sehr frühes Reaktionsstadium beschränkt bleibt, in dem die Wellenfunktionen der Edukte noch eine vertretbare Beschreibung des Gesamtsystems erlaubt. Da in diesem Reaktionsstadium naturgemäß noch keine substantiellen Änderungen in der räumlichen Struktur der Edukte auftreten, bleiben die mit solchen strukturellen Änderungen verbundenen energetischen Aspekte unberücksichtigt. Diese Einschränkung kann vermieden werden, wenn direkt die aus Rechnungen oder Messungen zugängliche Aktivierungsenergie $\Delta E^{\neq}$ (Differenz der Energien von Übergangszustand und Edukten) bzw. Reaktionsenergie ΔE^R (Differenz der Energien von Produkt und Edukten) analysiert wird. Um eine chemisch anschauliche Deutung der

Resultate zu ermöglichen, wurde vorgeschlagen, die gesamte Energie $\Delta E^{\neq}$ bzw. ΔE^R als Summe einer Präparationsenergie (engl. „preparation energy", ΔE_{prep}) und einer Wechselwirkungsenergie (engl. „interaction energy", ΔE_{int}) zu beschreiben. Die Präparationsenergie beschreibt die Energieänderung, die aus der geometrischen Verzerrung jedes Reaktanden aus seiner Gleichgewichtsstruktur in die im Übergangszustand bzw. im Produkt vorliegende Konformation resultiert. Die Wechselwirkungsenergie enthält die aus der gegenseitigen Störung beider Reaktanden resultierenden Effekte. Sie wird in Analogie zum Klopman-Salem-Ansatz in der Regel als Summe aus Pauli-Abstoßung, Coulomb-Wechselwirkung und Orbitalwechselwirkungsbeitrag formuliert (Pauli-Abstoßung und Coulomb-Wechselwirkung werden manchmal auch als „sterische Abstoßung" zusammengefasst):

$$\Delta E^R = \Delta E_{prep} + \Delta E_{int} = \Delta E_{prep} + (\Delta E_{Pauli} + \Delta E_{Coulomb} + \Delta E_{orbital})$$

Der Sinn einer solchen Zerlegung soll anhand eines Vergleichs der Eigenschaften der Donor-Akzeptor-Bindungen in einigen Boran-Ammin-Komplexen bzw. Boran-Phosphan-Komplexen demonstriert werden. Als Maß für die Stabilität der Komplexe werden dabei die in Tab. 1.5 aufgeführten berechneten Dissoziationsenergien D_0 herangezogen, die für die Boran-Ammin-Komplexe $R_3B\text{-}NH_3$ in der Reihe $Me_3B < Cl_3B \ll H_3B$ und für die Phosphankomplexe $R_3B\text{-}PH_3$ in der Reihe $Me_3B \approx Cl_3B \ll H_3B$ steigen. Auffällig ist dabei, dass die BCl_3-Komplexe deutlich niedrigere Dissoziationsenergien als die BH_3-Komplexe aufweisen, obwohl man aufgrund der Substitution durch elektronegative Halogenatome eigentlich eine hohe Lewis-Acidität des Boratoms und damit eine hohe Stabilität der Addukte erwarten sollte. Der Vergleich der Beiträge von ΔE_{int} bzw. ΔE_{prep} zur Dissoziationsenergie zeigt, dass die BCl_3-Komplexe in der Tat recht hohe Grenzorbitalbeiträge ΔE_{int} aufweisen, was die erwartete hohe Lewis-Acidität von BCl_3 bestätigt. Gleichzeitig ist aber für die Deformation eines planaren BCl_3-Moleküls in die im Komplex vorliegende pyramidale Konformation eine weit größere Deformationsenergie aufzubringen als bei den beiden anderen Boranen, sodass die Reaktionsenergie insgesamt geringer ausfällt. Anschaulich erweisen sich damit berechnete (oder auch experimentell messbare) Dissoziationsenergien in diesen Komplexen als schlechtes Kriterium für die Evaluierung von Lewis-Acidität. Die Übertragung dieser Analyse auf eine Reihe weiterer Boran-Amin- und Boran-Phosphan-Komplexe liefert übrigens alles in allem ein sehr uneinheitliches Bild, da sowohl Pauli-Abstoßung als auch Coulomb- und Orbitalwechselwirkung in stark schwankenden Anteilen zur gesamten Wechselwirkungsenergie beitragen.

1.2.4 Mehrzentrenbindungen

Obwohl die Annahme lokalisierter Zweizentrenbindungen eine gute Beschreibung der meisten anorganischen Molekülverbindungen liefert, existiert eine erhebliche Zahl von

Tab. 1.5: Zerlegung berechneter negativer Dissoziationsenergien ($-D_0$) einiger Komplexe von Boranen mit NH_3 bzw. PH_3 in die Anteile Präparationsenergie (ΔE_{prep}) und Wechselwirkungsenergie (ΔE_{int}).

	$H_3B{-}NH_3$	$Cl_3B{-}NH_3$	$Me_3B{-}NH_3$	$H_3B{-}PH_3$	$Cl_3B{-}PH_3$	$Me_3B{-}PH_3$
$-D_0$/kJ mol^{-1}	–133,18	–82,84	–52,97	–110,25	–9,08	–4,48
ΔE_{int}/kJ mol^{-1}	–186,40	–172,97	–115,94	–161,42	–105,19	–61,59
ΔE_{prep}/kJ mol^{-1}	53,22	89,96	64,85	51,17	96,11	57,11

Fällen, in denen σ- oder π-Bindungen nicht vollständig lokalisierbar sind. Eine Beschreibung der Elektronenstruktur mithilfe lokalisierter Orbitale (LMOs) gelingt in diesen Fällen nur, wenn neben nichtbindenden Elektronenpaaren und Zweizentrenbindungen auch über drei Zentren delokalisierte LMOs (Dreizentrenorbitale) zugelassen werden. In Verbindungen mit gerader Elektronenzahl, die den Regelfall darstellen, sind solche Orbitale entweder mit zwei oder mit vier Elektronen besetzt, und man spricht dann von „2-Elektronen-3-Zentren-“ bzw. „4-Elektronen-3-Zentrenbindungen“ (kurz 2e-3z- und 4e-3z-Bindungen). Das Modell der 4e-3z-Bindung wurde erstmals unabhängig von R. E. Rundle und G. C. Pimentel für die Beschreibung der Bindungsverhältnisse im XeF_2 entwickelt und ist deshalb auch als „Rundle-Pimentel-Modell“ bekannt. Bei einer Beschreibung von Elektronenstrukturen größerer Moleküle im MO-Modell erscheint die Verwendung des Begriffs einer Dreizentrenbindung auf den ersten Blick als wenig sinnvoll, da die kanonischen MOs in der Regel über das gesamte Molekül delokalisiert sind. Bei genauerem Hinsehen finden sich aber durchaus Moleküle oder Ionen, in denen einzelne kanonische Orbitale symmetriebedingt auf eine dreiatomige Einheit beschränkt sind und Charakteristika einer isolierten Dreizentrenbindung zeigen. Beispiele hierfür sind trigonal bipyramidale oder oktaedrische Moleküle des allgemeinen Typs EX_5 bzw. EX_6, in denen 3-Zentren-σ-Bindungen auftreten. Der Fall von 3-Zentren-π-Bindungen ist in vielen dreiatomigen Molekülen wie N_3^-, I_3^-, N_2O, CO_2 sowie weiteren, zu diesen Verbindungen isoelektronischen Spezies verwirklicht.

1.2.4.1 Energetische und strukturelle Aspekte von Dreizentrenbindungen

Die hypothetischen Moleküle H_3^+ und H_3^- sind die einfachsten denkbaren Modellfälle zur Erklärung der Eigenheiten von 2e-3z- bzw. 4e-3z-Bindungen. Eine Gegenüberstellung der MO-Energien für die Extremfälle einer linearen und einer trigonalen Atomanordnung (Abb. 1.12) lässt erkennen, dass für den 2e-Fall (H_3^+) die trigonal planare und für den 4e-Fall (H_3^-) die lineare Atomanordnung eine niedrigere Orbitalenergie liefert und damit energetisch begünstigt ist. Korrelationsdiagramme, in denen die Energien der MOs desselben Moleküls für verschiedene räumliche Atomanordnungen (Konformationen) miteinander verglichen werden, werden auch als Walsh-Diagramme bezeichnet. Nach einer im Wesentlichen empirisch begründeten Regel („Walsh-Regel“) ist die energieärmste Konformation generell diejenige mit der geringsten HOMO-Energie.

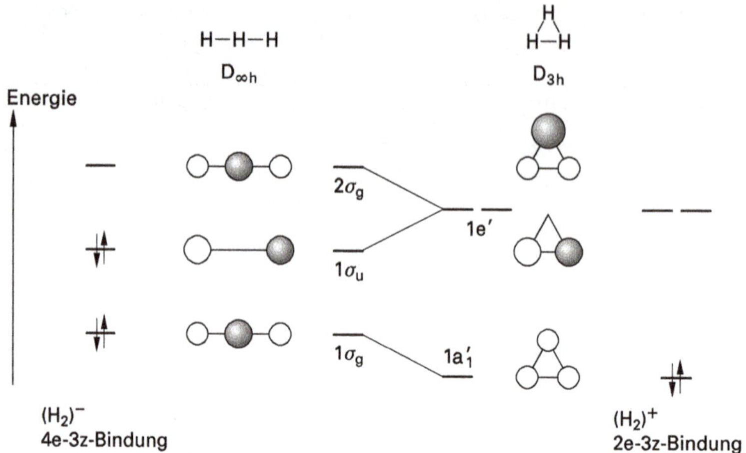

Abb. 1.12: Schematische Gegenüberstellung der Energieniveaus eines linearen und eines trigonalen H_3-Moleküls. Neben dem Korrelationsdiagramm sind schematische Darstellungen der MOs und die Elektronenkonfiguration für H_3^- bzw. H_3^+ abgebildet [nach Albright, Burdett, Whangbo, Orbital Interactions in Chemistry, Wiley-VCH, 1985, S. 97].

Im Rahmen der Isolobalanalogie (s. Abschn. 4.3.1.1) können die MOs von H_3^+ und H_3^- als einfach zu behandelnde Prototypen der Grenzorbitale komplexerer Moleküle aufgefasst werden, deren σ-Bindungen mithilfe von p- oder sp-Hybridorbitalen anderer Atome gebildet werden. Eine gleichwertige Analyse ergibt sich auch für π-Bindungssysteme, deren p-Orbitale orthogonal zu der durch die beteiligten Atome aufgespannten Ebene bzw. Achse angeordnet sind.

2e-3z-Bindungen

Aus Populationsanalysen lässt sich entnehmen, dass in 2e-3z-Bindungen aus drei gleichen Atomen die Elektronen gleichmäßig verteilt sind. Damit sind auch die Bindungsordnungen zwischen allen drei Atomen gleich. Bei Beteiligung verschiedener Atome ist die Anordnung in einem gleichseitigen Dreieck in der Regel nicht mehr die energieärmste Konformation. Stattdessen beobachtet man eine gewinkelte Atomanordnung mit C_{2v}-Symmetrie und einem zentralen Winkel >60°. Als Folge dieser Verzerrung nimmt die Bindungsordnung zwischen den beiden äußeren Atomen ab. Das bindende 3-Zentrenorbital erfährt in diesem Fall analog zum $1\sigma_g$-MO eines linearen Moleküls (Abb. 1.13, Fall (a)) die größte Stabilisierung, wenn das Atom mit der höchsten Elektronegativität die mittlere Position besetzt. Beispiele für solche „offenen“ Dreizentrenbindungen finden sich im $B_2H_7^-$ mit einem Bindungswinkel von ca. 127° oder in durch intramolekulare Hydridbrücken stabilisierten Silylkationen:

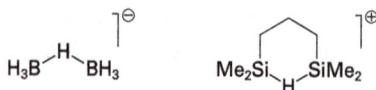

$[H_3B{-}H{-}BH_3]^{\ominus}$ $[Me_2Si{-}H{-}SiMe_2]^{\oplus}$

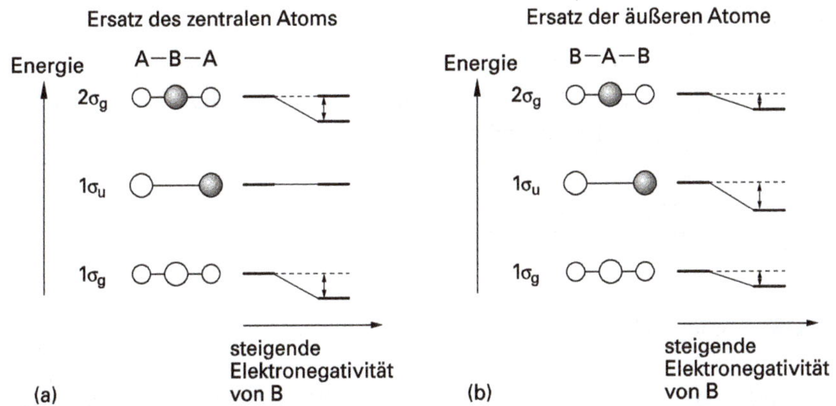

Abb. 1.13: Darstellung der Änderung der Energieniveaus der MOs eines linearen A_3-Moleküls (a) bei formalem Ersatz des mittleren und (b) der äußeren A-Atome gegen elektronegativere B-Atome. Neben den ursprünglichen Energieniveaus sind die Wellenfunktionen und Symmetrierassen der entsprechenden Dreizentrenorbitale eines H_3-Moleküls schematisch dargestellt [nach Albright, Burdett, Whangbo, Orbital Interactions in Chemistry, Wiley-VCH, 1985, S. 85].

4e-3z-Bindungen

In Molekülen mit 4e-3z-Bindung besteht keine direkte kovalente Bindung zwischen den beiden äußeren Atomen. Dafür weisen diese negative und das zentrale Atom positive Partialladungen auf, deren Wechselwirkung eine zusätzliche elektrostatische Stabilisierung des Moleküls mit sich bringt. Das HOMO ($1\sigma_u$-Orbital in Abb. 1.13) besteht aus einer Linearkombination der AOs der beiden Außenatome und hat nichtbindenden Charakter, da durch das mittlere Atom eine Knotenebene verläuft. Im Vergleich zu einem homoatomaren A_3-Molekül sinkt die Energie dieses MOs, wenn die Außenpositionen durch elektronegativere Atome B besetzt werden, da deren AOs eine niedrigere Energie besitzen (Abb. 1.13, Fall (b)). Nach der Walsh-Regel führt dies zu einer Stabilisierung des Gesamtmoleküls. Ungeachtet des nichtbindenden Charakters des $1\sigma_u$-Orbitals wird durch diese Substitution auch die Bindung verstärkt. Infolge der Elektronegativitätsdifferenz zwischen zentralen und terminalen Atomen nehmen nämlich im bindenden $1\sigma_g$-Orbital die Koeffizienten an den äußeren Atomen zu und am zentralen Atom ab. Die damit einhergehende Erzeugung von positiven und negativen Partialladungen resultiert in einem erhöhten elektrostatischen Beitrag zur Bindung, der aus den MO-Energiediagrammen nicht unmittelbar ersichtlich ist.

Einbau eines elektronegativeren Atoms auf der zentralen Position lässt das HOMO wegen dessen Knoteneigenschaften unverändert, senkt aber die Energie des bindenden $1\sigma_g$-Orbitals (Abb. 1.13, Fall (a)). Insgesamt ergibt sich jedoch in diesem Fall eine ungünstigere Ladungsverteilung, sodass der energetische Effekt geringer ausfällt. Als Fazit bleibt: 4e-3z-Bindungen werden generell durch eine hohe Elektronegativitätsdifferenz zwischen Zentralatom und terminalen Atomen stabilisiert. Die günstigste Konfiguration ist dabei diejenige, in der die elektronegativsten Atome die terminalen Positionen besetzen. Diese Befunde unterstreichen, dass die Bindung nicht rein kovalent ist, sondern signifikant von elektrostatischen Beiträgen profitiert. Diese Sichtweise ist gut vereinbar mit der Darstellung als Überlagerung einer ionischen und einer kovalenten Bindung („bond/no-bond resonance") im VB-Modell:

$$A—\overset{\oplus}{B}\ \ \overset{\ominus}{:A} \longleftrightarrow \overset{\ominus}{A:}\ \ \overset{\oplus}{B}—A$$

1.2.4.2 Hyperkoordinierte Verbindungen mit 4e-3z-Bindungen

Ein konkreter und weitverbreiteter Fall für das Auftreten einer 4e-3z-Bindungssituation findet sich in Molekülen mit fünffach koordiniertem Zentralatom und trigonal-bipyramidaler Geometrie. Stabile Vertreter dieses Typs mit der Zusammensetzung $[EX_5]^-$ (wie $[Me_3SiF_2]^-$) bzw. EX_5 (wie Me_3PF_2, PF_5) sind für alle schweren Elemente (ab der 3. Periode) der Gruppen 14 und 15 bekannt. Die drei äquatorialen Bindungen können im Valence-Bond-Formalismus gut als lokalisierte Zweizentrenbindungen beschrieben werden. Die Wechselwirkungen mit den axialen Substituenten sind dagegen nicht lokalisierbar und müssen als 4e-3z-Bindung aufgefasst werden. Dies entspricht genau der Beschreibung, die in der organischen Chemie für den Übergangszustand einer S_{N2}-Substitution an tetraedrisch koordinierten Kohlenstoffatomen verwendet wird. In der Tat sind beide Fälle in ihrer elektronischen Struktur eng verwandt; der wesentliche Unterschied besteht darin, dass Moleküle mit pentakoordinierten Zentralatomen der 3. und höherer Perioden ein lokales Minimum auf der Energiehyperfläche einer Reaktion $X'^- + EX_4 \longrightarrow X'EX_3 + X^-$ darstellen und oft energetisch sogar stabiler als die getrennten Fragmente sind. Bei organischen Verbindungen markiert die pentakoordinierte Spezies dagegen den Punkt höchster Energie. Die Bedeutung dieser Analogie für das Verständnis chemischer Reaktivitäten von Verbindungen mit Hauptgruppenelementen wird im folgenden Abschnitt diskutiert.

In vielen älteren Literaturstellen wird als Begründung für den genannten Unterschied die Erklärung angeführt, dass Elemente der 2. Periode wegen des Fehlens von d-Orbitalen nicht zur Bildung stabiler pentakoordinierter Verbindungen in der Lage sind. Dies geht aus heutiger Sicht am Kern der Sache vorbei, da auch bei den schwereren Elementen d-Orbitale kaum an der Bindung beteiligt sind. Die geringe Stabilität pentakoordinierter Verbindungen mit Elementen der 2. Periode kann vielmehr auf das Zusammenwirken mehrerer Faktoren zurückgeführt werden:

(a) Die kleinen Atomradien von Elementen der 2. Periode bedingen deutlich kürzere E–X-Abstände. Dies erzwingt eine stärkere gegenseitige Annäherung der Substituenten und damit eine bedeutende Zunahme der Pauli-Abstoßung.

(b) Infolge der hohen Elektronegativitäten der Elemente der 2. Periode sinkt die Elektronegativitätsdifferenz zwischen E und X. Hierdurch verringert sich der elektrostatische Beitrag zur Stabilisierung einer X–E–X-4e-3z-Bindung.

(c) Bei Bildung eines pentakoordinierten Moleküls in der Reaktion $X^- + EX_4 \longrightarrow [EX_5]^-$ wird der dominierende Beitrag zum Orbitalterm durch Wechselwirkung zwischen dem HOMO des Nukleophils X^- und dem LUMO des Elektrophils EX_4 aufgebracht. Dieses LUMO repräsentiert das σ^*-Orbital einer E–X-Bindung. Da Elemente der 2. Periode generell stabilere kovalente E–X-Bindungen ausbilden als Elemente höherer Perioden (Ausnahmen treten nur auf, wenn beide Atome freie Elektronenpaare tragen; vgl. Abschn. 1.2.1), liegen die Energien der σ^*-Orbitale hier bei merklich höheren Energien als in Verbindungen mit schwereren Elementen. Verbindungen EX_4 mit Zentralatomen aus der 2. Periode sind damit prinzipiell schwächere Elektrophile als ihre höheren Homologen.

Berücksichtigt man, dass die axiale 4e-3z-Bindung eines pentakoordinierten Moleküls als Überlagerung einer kovalenten und einer ionischen Bindung dargestellt werden kann (vgl. Abschn. 1.2.4.1), so überschreitet die Valenz am Zentralatom nicht die Zahl vier.

Am Beispiel eines hypothetischen Moleküls EH_6 lässt sich verdeutlichen, dass Gleiches auch für Moleküle mit oktaedrisch koordiniertem Zentralatom gilt. Die kanonischen MOs können in diesem Fall leicht aus den Valenz-AOs des Zentralatoms E und symmetrieadaptierten Linearkombinationen von Wasserstoff-AOs erzeugt werden (Abb. 1.14). Die Wechselwirkung des Valenz-s-Orbitals von E mit der totalsymmetrischen Linearkombination der AOs der H-Atome liefert dabei je ein stark bindendes ($1a_{1g}$) und ein antibindendes Orbital ($2a_{1g}$), und die drei p-Orbitale von E überlappen mit entsprechenden Substituenten-AOs zu je einem bindenden ($1t_{1u}$) und einem antibindenden ($2t_{1u}$) dreifach entarteten MO. Die beiden restlichen Linearkombinationen von H-Atom-AOs bilden ein entartetes e_g-Orbital, das nicht mit einem AO passender Symmetrie auf dem Zentralatom kombiniert werden kann und ausschließlich auf den H-Atomen lokalisiert ist. Bei Besetzung aller bindenden und nichtbindenden MOs nimmt das gesamte Molekül insgesamt 12 Elektronen auf. Hiervon besetzen 8 Elektronen bindende MOs, von denen die drei Komponenten des $1t_{1u}$-Orbitals bindende Orbitale von Dreizentrenbindungen wie im H_3^- darstellen. Die vier Elektronen im e_g-Orbital liefern keinen kovalenten Bindungsbeitrag, erhöhen aber die negative Ladung auf den äußeren Atomen und tragen so zur elektrostatischen Stabilisierung bei. Im Valence-bond-Bild wird dieselbe Bindungssituation durch eine Überlagerung entarteter mesomerer Grenzformeln dargestellt, in denen jeweils vier kovalente und zwei ionische Wechselwirkungen zwischen den sechs Liganden permutiert werden.

Diese Situation wird nicht grundlegend verändert, wenn die Beteiligung von d-Orbitalen auf dem Zentralatom zugelassen wird. Die Mischung des e_g-Satzes dieser d-Orbitale mit dem ligandenzentrierten Orbital gleicher Symmetrie könnte zwar wie in Übergangsmetallkomplexen (vgl. Abb. 3.25) prinzipiell zwei weitere MOs mit kovalenten E–H-Bindungsanteilen liefern. Dem steht jedoch entgegen, dass die nd-Orbitale von Hauptgruppenelementen nicht wie die $(n-1)$d-Orbitale von Übergangselementen geringere Energien als die ns- und np-Valenzorbitale besitzen, sondern energetisch deutlich

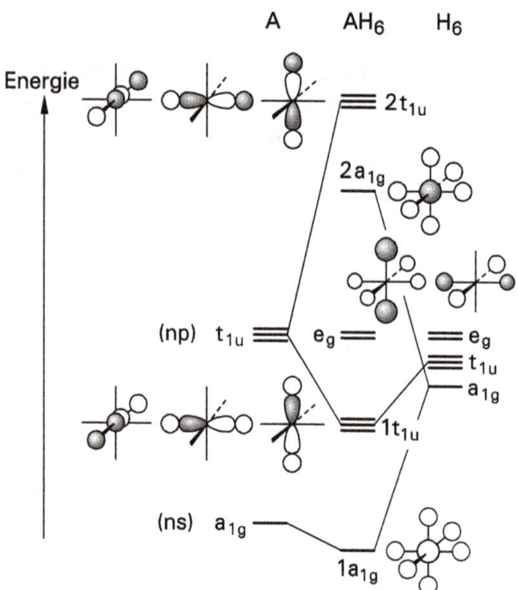

Abb. 1.14: Schematische Darstellung der Konstruktion der MOs eines oktaedrischen AH_6-Moleküls aus den AOs von E und H_6. [nach Albright, Burdett, Whangbo, Orbital Interactions in Chemistry, Wiley-VCH, 1985, S. 259/260].

höher liegen. Dies lässt erwarten, dass Wechselwirkungen mit Wasserstoff-AOs äußerst gering bleiben und die resultierenden MOs nach wie vor als nahezu reine Ligandenorbitale (vgl. Fall (a) in Abb. 1.11) zu beschreiben sind, die nicht nennenswert zur Bindung beitragen. Auch wenn das genaue Ausmaß einer möglichen d-Orbitalbeteiligung immer noch Gegenstand von Diskussionen ist, deuten viele theoretisch und experimentell untermauerte Untersuchungen darauf hin, dass das Modell semipolarer 4e-3z-Bindungen mit Überlagerung kovalenter und ionischer Bindungsanteile die gegenwärtig am besten passende Beschreibung von Molekülen oder Ionen mit fünf- und sechsfach koordinierten Hauptgruppenelementen liefert. Da das Zentralatom hierbei nie mehr als vier kovalente Bindungen ausbildet, sind diese Spezies als hyperkoordiniert, nicht aber als hypervalent aufzufassen.

Bei Vernachlässigung von π-Wechselwirkungen zwischen Zentralatom und zusätzlichen freien Elektronenpaaren an den terminalen Atomen (eine Betrachtung unter Berücksichtigung solcher Wechselwirkungen ist für Übergangsmetallkomplexe von Bedeutung und wird in Abschn. 3.9.8 besprochen) bietet das diskutierte Modell eine gute Beschreibung von Halogenverbindungen mit oktaedrisch koordiniertem Zentralatom und 12σ-Bindungselektronen wie SiF_6^{2-}, PF_6^-, SF_6 oder BrF_6^+ und deren schweren Homologen und Derivaten. Bei oktaedrisch aufgebauten Spezies der Zusammensetzung EX_6 mit 14σ-Bindungselektronen (z. B. bei $SbCl_6^{3-}$, ClF_6^-, BrF_6^-) ist zusätzlich das antibindende $2a_{1g}$-Orbital (vgl. Abb. 1.14) besetzt. Hierdurch wird der aus der Besetzung des

$1a_{1g}$-Orbitals resultierende Bindungsbeitrag kompensiert, und die kovalente Bindungsordnung sinkt auf drei.

Die für einige Moleküle (z. B. gasförmiges XeF_6 und IF_6^-) beobachtete starke Abweichung von der regulären Oktaedergeometrie kann auf einen Effekt zurückgeführt werden, der manchmal auch als Jahn-Teller-Effekt 2. Ordnung bezeichnet wird und auch in Übergangsmetallkomplexen von Bedeutung ist (vgl. Abschn. 3.9.8). Ausgangspunkt ist, dass HOMO ($2a_{1g}$-Orbital) und LUMO ($2t_{1u}$-Orbital) in der oktaedrischen Struktur nur durch eine relativ kleine Energielücke getrennt sind, eine zur Absenkung des HOMO unter Energiegewinn führende Mischung beider Grenzorbitale aber aufgrund deren unterschiedlicher Symmetrie verboten ist. Durch die Verzerrung der Struktur wird die Molekülsymmetrie soweit erniedrigt, dass die Unterschiede in der Symmetrie der Grenzorbitale aufgehoben werden und deren Mischung und die dadurch bedingte energetische Stabilisierung symmetrieerlaubt werden. Im gasförmigen XeF_6 erfolgt die notwendige Verzerrung durch eine starke Aufweitung *einer* Oktaederfläche unter Symmetrieerniedrigung nach C_{3v}. Quantenchemische Rechnungen geben im Bereich der aufgeweiteten Oktaederfläche Hinweise auf eine lokale Konzentration von Elektronendichte, die als nichtbindendes Elektronenpaar interpretiert werden kann. Im Rahmen des VSEPR-Modells kann XeF_6 damit als Ψ-heptakoordinierte Spezies beschrieben werden, deren Zentralatom von sechs Liganden und einem stereochemisch aktiven freien Elektronenpaar in einer überkappt oktaedrischen Anordnung umgeben wird (Abb. 1.15b). Da das ursprüngliche Oktaeder vier C_3-Achsen besitzt, können durch seine Deformation prinzipiell vier unterscheidbare Moleküle mit C_{3v}-symmetrischer Struktur erzeugt werden, die sich dynamisch leicht ineinander umwandeln. Gasförmiges XeF_6 besitzt deshalb eine fluktuierende Molekülstruktur.

Dass die durch den Jahn-Teller-Effekt 2. Ordnung bedingte Symmetrieerniedrigung ganz ausbleiben kann (vgl. die regulär oktaedrische Geometrie von $SbCl_6^{3-}$ oder ClF_6^-, Abb. 1.15a) oder dass in einigen Fällen (z. B. EX_6^{2-}, E = Se, Te; X = Cl, Br, I) je nach Gegenion entweder regulär oktaedrische oder verzerrte Strukturen gefunden werden, ist auf eine subtile Balance mehrerer Einflüsse (u. a. Pauli-Abstoßung, Elektronenkorrelation und relativistische Effekte) zurückzuführen und kann nicht in einfacher Weise allgemeingültig erklärt werden. In Spezies, in denen wie in $SbCl_6^{3-}$ oder ClF_6^- ein kleines Zentralatom von relativ großen Liganden umgeben wird, ist die Minimierung der Pauli-Abstoßung zwischen den Liganden untereinander auf jeden Fall ein bestimmender Faktor.

Die Beschreibung der axialen Bindung eines trigonal-bipyramidalen Moleküls als semipolare 4e-3z-Bindung ermöglicht auch ein fundiertes Verständnis struktureller Aspekte heteroleptisch substituierter Verbindungen. Dies soll anhand der unterschiedlichen Molekülstrukturen kristalliner Dihalogenotriphenylphosphorane Ph_3PX_2 illustriert werden. Wie in Abb. 1.16 dargestellt ist, bildet Ph_3PF_2 ein trigonal bipyramidales Molekül mit axialer F–P–F-Einheit. Das homologe Ph_3PCl_2 kristallisiert in Abhängigkeit vom verwendeten Lösungsmittel entweder gleichfalls als Molekül mit einem trigonal-bipyramidalen Phosphoratom, oder alternativ als Ionenpaar $[ClPPh_3]Cl$. Die

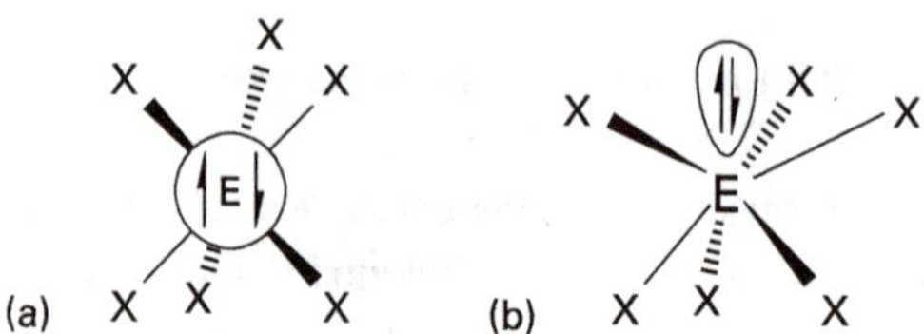

Abb. 1.15: Schematische Darstellung von EX_6-Molekülen mit 14 Valenzelektronen (a) mit oktaedrischer Geometrie und einem freien Elektronenpaar am Zentralatom, das ein stereochemisch nicht aktives $2a_{1g}$ Orbital besetzt; (b) mit C_{3v}-symmetrischer, Ψ-heptakoordinierter Struktur und einem stereochemisch aktiven freien Elektronenpaar am Zentralatom. Die Striche zwischen E und X stellen keine kovalenten Bindungen dar, sondern verdeutlichen nur die räumliche Anordnung der Liganden.

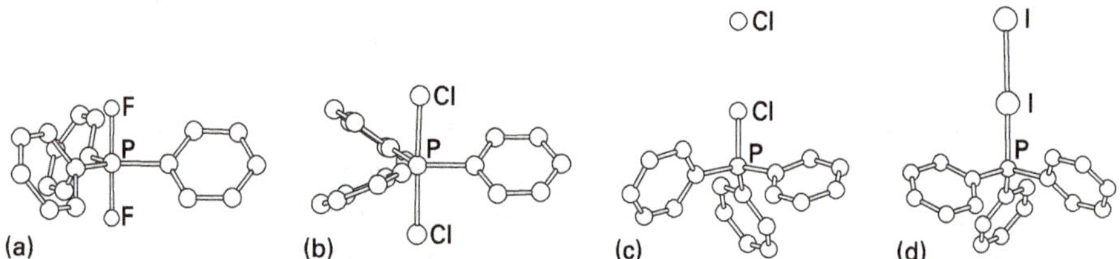

Abb. 1.16: Darstellung der Molekülstrukturen von (a) Ph_3PF_2, (b) aus Diethylether kristallisiertem Ph_3PCl_2, (c) der Hälfte einer $[Ph_3PCl\cdots Cl\cdots ClPPh_3]^-$-Einheit von aus CH_2Cl_2 kristallisiertem Ph_3PCl_2 und (d) Ph_3PI_2. Die nicht abgebildete Struktur von Ph_3PBr_2 entspricht der von Ph_3PI_2.

Strukturen von Ph_3PBr_2 und Ph_3PI_2 können als Charge-Transfer-Komplexe mit einem Halogen als Zentralatom interpretiert werden. Der Wechsel zwischen den einzelnen Strukturmotiven lässt sich als Folge der unterschiedlichen Stabilität der axialen 4e-3z-Wechselwirkung verstehen: Die stabilste Struktur resultiert immer dann, wenn elektronegative und wenig sperrige Substituenten axiale Positionen besetzen können, da dies sowohl die beste elektrostatische Stabilisierung der 4e-3z-Bindung als auch die geringste Abstoßung zwischen den Substituenten gewährleistet. Demzufolge besitzen in Ph_3PF_2 und Ph_3PCl_2 die Halogenatome eine deutlich größere Präferenz für die axialen Positionen als die Phenylsubstituenten, da sie kleiner sind und eine negative Ladung besser stabilisieren. Die Konkurrenz der pentakoordinierten Struktur von Ph_3PCl_2 mit einem sterisch weniger gehinderten Ionenpaar und schließlich der Wechsel des Zentralatoms vom Phosphor (für X = F, Cl) zum Halogen (für X = Br, I) können dadurch erklärt werden, dass die X–P–X-Einheit mit sinkender Elektronegativitätsdifferenz und ungünstigeren Radienverhältnissen zwischen Phosphor und Halogen zunehmend an Stabilität verliert.

1.2.4.3 Elektronenmangelverbindungen und 2e-3z-Bindungen

Das am häufigsten diskutierte Lehrbuchbeispiel für Elektronenmangelverbindungen mit 2e-3z-Bindungen ist das Diboran B_2H_6. Die elektronische Struktur dieses Moleküls wird nach Lokalisierung der kanonischen MOs durch vier 2e-2z-Bindungen in den terminalen BH_2-Einheiten und zwei zentrale 2e-3z-BHB-Bindungen beschrieben. Eine detaillierte Diskussion dieser Bindungssituation und die Konstruktion der MOs aus Atomorbitalen soll hier nicht wiederholt werden; es ist allerdings interessant, alternativ die Bildung dieses Moleküls aus zwei planaren BH_3-Fragmenten etwas eingehender zu beleuchten.

Geht man davon aus, dass die stabilste Anordnung zweier monomerer BH_3-Einheiten im Anfangsstadium einer Reaktion durch die Maximierung der HOMO-LUMO-Wechselwirkungen gegeben ist, dann resultiert die in Abb. 1.17 dargestellte Anordnung, die im weiteren Reaktionsverlauf unter Pyramidalisierung der beiden BH_3-Einheiten in die Gleichgewichtsstruktur übergeht. Die Wechselwirkung zwischen beiden Fragmenten kann als doppelte Lewis-Säure/Base-Reaktion zwischen zwei Elektronenpaaren von B–H-σ-Bindungen (Lewis-Donor) und zwei leeren Bor-p-Orbitalen (Lewis-Akzeptor) interpretiert werden.

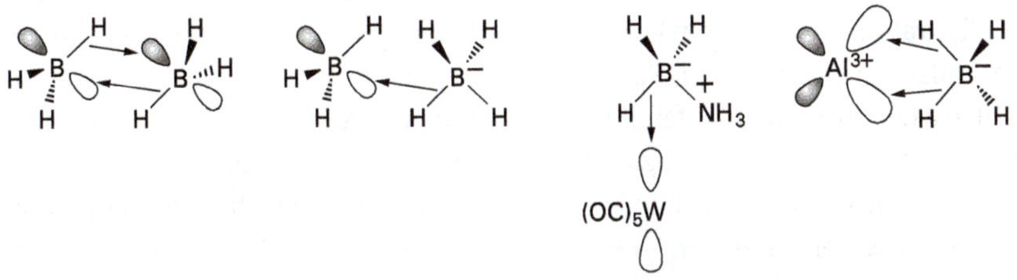

Abb. 1.17: Schematische Darstellung der Wechselwirkung zwischen dem Elektronenpaar einer σ-Bindung und dem leeren Orbital eines elektrophilen Zentrums in (a) B_2H_6, (b) $B_2H_7^-$, (c) $(Me_3NBH_3)W(CO)_5$, (d) $Al(BH_4)_3$.

Das Anion $B_2H_7^-$ unterscheidet sich von B_2H_6 nur dadurch, dass hier zwei terminale BH_3-Einheiten mit je *drei* lokalisierten 2e-2z-Bindungen über *eine* zentrale 2e-3z-BHB-Bindung verbunden werden. Auch hier kann die Bildung des Moleküls durch eine einfache Donor-Akzeptor-Wechselwirkung zwischen dem besetzten HOMO (B–H-σ-bindendes Orbital) eines BH_4^- und dem unbesetzten LUMO (Bor-p-Orbital) eines BH_3-Fragments versinnbildlicht werden.

Die Interpretation einer 2e-3z-Bindung als Donor-Akzeptor-Komplex einer Lewis-Säure mit einer σ-Bindung mag zunächst willkürlich erscheinen. Ihre Nützlichkeit erschließt sich aber dadurch, dass unter diesem Blickwinkel eine enge Verwandtschaft der Borane mit weiteren Verbindungstypen hervortritt, die abgesehen von ihrer niedrigeren Symmetrie als isolobal zu B_2H_6 oder $B_2H_7^-$ anzusehen sind. Beispiele dafür sind Übergangsmetallkomplexe von Amin-Boranen $R_3N–BH_3$ bzw. Phosphan-Boranen $R_3P–BH_3$, in denen die Bindung der Liganden durch die Koordination einer B–H-σ-Bindung an das Metallzentrum erfolgt. Ebenso kann die η^2-Koordination der Boranatliganden in Komplexen wie $Al[BH_4]_3$ unter Zuhilfenahme polarer Al–H–B 2e-3z-Bindungen beschrieben werden. Formal stellen die agostischen Wechselwirkungen zwischen C–H- oder Si–H-σ-Bindungen und einem elektrophilen Metallzentrum ebenfalls polare 2e-3z-Bindungen dar (Abschn. 4.3.5). Das Gleiche gilt für die C–H···M-Wechselwirkungen in σ-Komplexen von Alkanen, die eine wichtige Rolle als Intermediate in CH-Aktivierungsprozessen spielen.

1.2.5 Reaktionsmechanismen

Das unterschiedliche Vermögen von Elementen der zweiten und höherer Perioden zur Stabilisierung hyperkoordinierter Verbindungen steuert nicht nur die Strukturen stabiler Verbindungen dieser Elemente, sondern beeinflusst auch deren Reaktionsverhalten. Zur Diskussion dieser Unterschiede erscheint eine Gegenüberstellung der theoretisch und experimentell eingehend erforschten Mechanismen nukleophiler Substitutionsreaktionen an tetraedrisch koordinierten Kohlenstoff- bzw. Siliciumzentren geeignet.

Nukleophile Substitutionen am Kohlenstoff erfolgen in der Regel als S_{N2}-Reaktion unter Konfigurationsinversion am Kohlenstoffatom; geeignete Substrate reagieren auch unter Racemisierung nach einem S_{N1}-Mechanismus. Bei den über einen pentakoordinierten Übergangszustand ablaufenden S_{N2}-Reaktionen erfolgen Knüpfung und Bruch der beiden an der Reaktion beteiligten Bindungen mehr oder weniger simultan. S_{N1}-Reaktionen folgen einem dissoziativen Mechanismus unter Beteiligung koordinativ ungesättigter Zwischenstufen. Im Unterschied zu diesem Szenario verlaufen alle bekannten Substitutionen an tetraedrisch koordinierten Siliciumatomen entweder als S_{N2}-Prozess oder nach assoziativen Reaktionsmechanismen; dissoziative Prozesse konnten bislang nicht nachgewiesen werden. Bei der Substitution nach einem assoziativen Mechanismus wird die Bindung zum eintretenden Substituenten vor dem Austritt der Abgangsgruppe gebildet, und bei der Reaktion treten damit hyperkoordinierte Intermediate mit endlichen Lebensdauern auf. Nach theoretischen Studien wird der Ausschlag in die eine oder andere Richtung entscheidend von sterischen Wechselwirkungen zwischen den Substituenten bestimmt: Hohe sterische Wechselwirkung bzw. Pauli-Abstoßung destabilisiert ein pentakoordiniertes Intermediat und fördern einen Übergang von einem assoziativen zu einem echten S_{N2}-Mechanismus.

Stereochemisch sind Substitutionen am Silicium bemerkenswert, da sie je nach Substrat und Reaktionsbedingungen unter Inversion, Retention oder Racemisierung der Konfiguration am Siliciumatom ablaufen können. Eine allgemein akzeptierte mechanistische Erklärung für nukleophile Substitutionen unter Retention beruht darauf, dass wenig elektronegative Abgangsgruppen Y bei Koordination eines Nukleophils an ein Silan keine stark ausgeprägte **Apikophilie** (= Präferenz für die Besetzung einer axialen Position in einem trigonal-pyramidalen Koordinationspolyeder) zeigen. Diese Gruppen nehmen daher in dem pentakoordinierten Intermediat zunächst eine äquatoriale Position ein. Ein Austritt dieser Gruppe kann erst nach einer Pseudorotation erfolgen, bei der die Abgangsgruppe Y und der vorher in der apikalen Position befindliche Substituent

R^2 die Plätze tauschen (Abb. 1.18). Die nachfolgende Eliminierung der Abgangsgruppe Y erfolgt nun unter Retention der Konfiguration auf derselben Seite des Moleküls, auf der der ursprüngliche Angriff des Nukleophils stattfand. Abspaltung eines elektronegativen, apikophilen Substituenten kann dagegen ohne Pseudorotation unter Inversion der Konfiguration stattfinden.

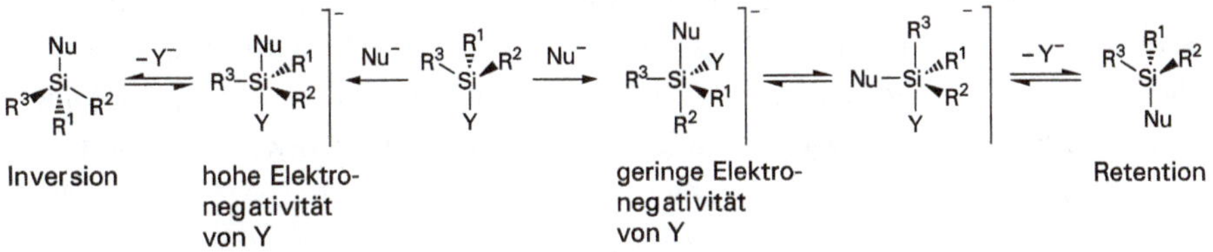

Inversion — hohe Elektronegativität von Y — geringe Elektronegativität von Y — Retention

Abb. 1.18: Assoziativer Mechanismus der nukleophilen Substitution an einem tetraedrisch koordinierten Siliciumatom [nach Brook, Silicon in Organic, Organometallic and Polymer Chemistry, 2000, 124].

Die Apikophilie von Substituenten hängt in komplexer Weise von mehreren Parametern ab. Hohe Apikophilie wird in der Regel durch eine hohe Elektronegativität gefördert. Großer sterischer Anspruch und gutes π-Donorvermögen verringern dagegen die Apikophilie. In Substitutionsreaktionen spielt neben der Elektronegativität aber auch die Polarisierbarkeit einer Abgangsgruppe eine Rolle. Hohe Polarisierbarkeit führt ebenfalls zur Erhöhung der Apikophilie. Demzufolge ist die beobachtete Konfiguration von Substitutionsprodukten und damit die effektive Apikophilie der Abgangsgruppe nicht mehr allein durch Trends von Elektronegativitäten zu erklären:

Nukleofuger Charakter von Abgangsgruppen bei nukleophilen Substitutionen am Si	$Br \approx Cl > SR \approx F > OMe > C(sp_2) > H$
Stereochemischer Verlauf der Reaktion	Inversion ⟶ Retention

Eine weitere Komplikation ergibt sich bei Substitutionsreaktionen mit anionischen Nukleophilen wie Alkoholaten oder Amiden, da in diesen Fällen die Polarisierbarkeit zusätzlich durch Ionenpaarbildung mit dem Metallion beeinflusst werden kann.

Eine weitere bemerkenswerte Eigenart von Substitutionsreaktionen am Silicium ist, dass die Reaktionsgeschwindigkeiten durch katalytische Mengen sogenannter „silaphiler“ Reagenzien signifikant erhöht werden können. Wirksame silaphile Reagenzien oder Katalysatoren sind neutrale oder anionische Lewis-Basen wie z. B. $(Me_2N)_3P{=}O$ [Hexamethylphosphorsäuretriamid, HMPA], $Ph_3P{=}O$, 4-Dimethylaminopyridin [DMAP], Imidazol, N-Methylimidazol, DMF, DMSO, Carboxylate und insbesondere Fluoridionen, die stabile Lewis-Säure/Base-Komplexe mit tetraedrischen Siliciumverbindungen ausbilden. Mechanistisch basiert die Wirkung dieser Katalysatoren darauf, dass die als Intermediate in Substitutionsreaktionen auftretenden pentakoordinierten Silikate in der Regel leichter nukleophil angreifbar sind als die Edukte und mit Nukleophilen weiter zu hexakoordinierten Komplexen reagieren. Eine Substitution verläuft dann so, dass das

Substrat zunächst schnell mit dem silaphilen Katalysator (Nu^-) zu einem pentakoordinierten Silikat **A** und dann langsamer mit dem eigentlichen Nukleophil (Nu'^-) zu einem hexakoordinierten Komplex **B** reagiert (Abb. 1.19). Die Produktbildung durch Eliminierung des ursprünglichen Substituenten X und des Katalysators erfolgt in der Regel unter Retention. Tritt als Konkurrenzreaktion zur Bildung von **B** aber auch die Reaktion von **A** mit einem zweiten Molekül des Katalysators in Erscheinung, entsteht ein achirales hexakoordiniertes Intermediat **C**, dessen weitere Umsetzung schließlich naturgemäß ein racemisches Produkt liefert. Da parallel auch noch die unkatalysierte Substitution ablaufen kann, wird die Stereochemie des gebildeten Endproduktes demzufolge letztendlich durch die relativen Geschwindigkeiten aller drei Reaktionskanäle bestimmt.

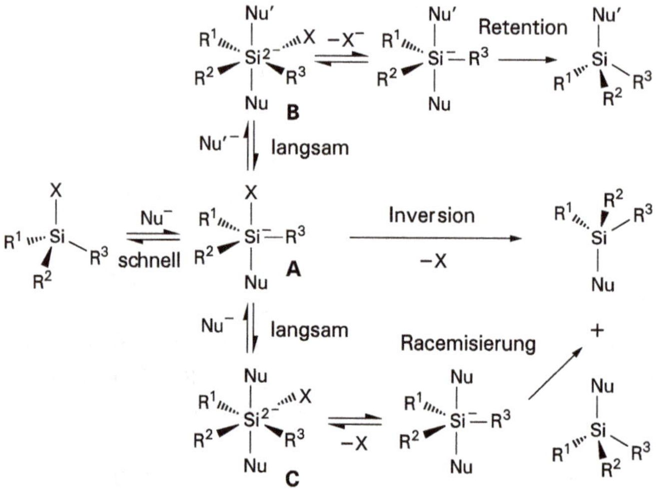

Abb. 1.19: Verlauf nukleophiler Substitutionsreaktionen tetrakoordinierter Siliciumverbindungen unter Beteiligung eines „silaphilen" Katalysators Nu^- [nach Brook, Silicon in Organic, Organometallic and Polymer Chemistry, 2000, 135]. Bei der Umsetzung von **C** entstehendes *rac*-$R^1R^2R^3$Si-Nu reagiert mit Nu'^- weiter zu einem racemischen Substitutionsprodukt $R^1R^2R^3$Si-Nu'.

1.2.6 Kinetische Stabilisierung

Viele anorganische Molekülverbindungen sind metastabil und können nur als isolierbare Spezies erhalten werden, wenn es gelingt, Folgereaktionen erfolgreich zu unterdrücken. Obwohl dies prinzipiell auch für die meisten organischen Verbindungen gilt, wird die Situation bei Verbindungen mit schwereren Hauptgruppenelementen zusätzlich durch spezielle Randbedingungen erschwert. Zur Illustration dieser Problematik soll der Hintergrund der in den 60er Jahren des 20. Jahrhunderts von Pitzer und Mulliken erstmals formulierten „**Doppelbindungsregel**" etwas näher beleuchtet werden. Nach dieser Regel sind Elemente der 3. und höherer Perioden im Gegensatz zu Elementen der 2. Periode nicht in der Lage, stabile Doppelbindungssysteme durch Überlappung von p-Orbitalen (sogenannte p_π-p_π-Doppelbindungen) zu bilden. Als mögliche Ursache für die Gültigkeit dieser Hypothese lassen sich zwei grundlegende Unterschiede zwischen Mehrfachbindungssystemen mit Elementen der 2. bzw. höherer Perioden anführen:

(a) Vergleicht man die σ- und π-Bindungsinkremente in Tab. 1.6, so ist eine Doppelbindung zwischen zwei Elementen der 2. Periode energetisch günstiger oder nur wenig ungünstiger als die Bildung von zwei Einfachbindungen. Bei den schwereren Elementen sind dagegen zwei Einfachbindungen gegenüber einer Doppelbindung energetisch deutlich bevorzugt. Als Folge dieses Effekts ist die thermodynamische Triebkraft von Reaktionen wie (Cyclo-)Additionen oder Polymerisationen, in denen eine Doppelbindung in zwei Einfachbindungen umgewandelt wird, für Verbindungen von Elementen höherer Perioden deutlich größer als für Verbindungen der Elemente der 2. Periode.

Tab. 1.6: Bindungsinkremente (in kJ mol^{-1}) für σ/π-Bindungen zwischen verschiedenen Hauptgruppenelementen [nach W. Kutzelnigg, *Angew. Chem.* **1984**, *96*, 262].

CC	NN	OO	CN	CO	NO
335/293	159/394	147/348	293/272	335/377	188/368
SiSi	PP	SS	SiC	PC	SC
193/117	201/142	268/155	301/138	268/201	281/264
GeGe	AsAs	SeSe	SiO	PO	SO
163/109	176/121	209/126	419/167	335/151	272/251

(b) Obwohl auch CC-Doppelbindungen thermodynamisch instabil gegenüber (Cyclo-)Addition oder Polymerisation sind, verlaufen solche Reaktionen über beträchtliche Aktivierungsbarrieren und unterliegen deshalb einer starken kinetischen Hemmung. Die Aktivierungsenergien für Reaktionen von Mehrfachbindungssystemen mit schweren Elementen sind dagegen deutlich niedriger. Dies ist im Wesentlichen durch zwei Effekte bedingt. Zum einen sinkt aufgrund der größeren Atomradien die sterische Hinderung im Übergangszustand. Zum anderen bedingen die geringere π-Bindungsenergie und die daraus resultierende Verkleinerung der HOMO-LUMO-Energielücke eine starke Absenkung der Energien der π^*-Orbitale und damit eine signifikante Erhöhung der Elektrophilie der π-Bindungen. Dieser Effekt beschleunigt nicht nur Reaktionen mit Nukleophilen (dies ist der Grund für die hohe Hydrolyseempfindlichkeit vieler anorganischer Mehrfachbindungen!), sondern auch die thermisch induzierte Dimerisation durch [2 + 2]-Cycloaddition. Diese Reaktion ist orbitalsymmetrieverboten und daher mit einer erheblichen Aktivierungsenergie behaftet, deren Betrag allerdings mit abnehmender HOMO-LUMO-Energielücke sinkt. Demzufolge erfordern [2 + 2]-Cycloadditionen von Alkenen mit großen HOMO-LUMO-Energielücken in der Regel drastische Reaktionsbedingungen, während π-Bindungen mit schweren Elementen oft schon bei Raumtemperatur oder darunter mit hoher Geschwindigkeit reagieren.

Aus dieser Betrachtung wird klar, dass Verbindungen mit Mehrfachbindungen zwischen schweren Hauptgruppenelementen nur isolierbar sind, wenn ihre Synthese bei so tiefen Temperaturen abläuft, dass Folgereaktionen unterdrückt werden können, oder wenn die Aktivierungsbarrieren für Folgereaktionen durch geeignete Randbedingungen entsprechend erhöht und ihre Geschwindigkeiten verlangsamt werden. Eine solche **kinetische Stabilisierung** kann im Prinzip dadurch erfolgen, dass der Grundzustand gegenüber dem Übergangszustand stabilisiert oder umgekehrt der Übergangszustand destabilisiert wird.

Während die Stabilisierung des Grundzustands oft durch Bildung elektronisch delokalisierter Systeme (z. B. konjugierte oder aromatische π-Systeme) gelingt, ist als Rezept zur Destabilisierung des Übergangszustands heute die Einführung sterisch anspruchsvoller Substituenten etabliert. Die Wirksamkeit dieses Ansatzes beruht wesentlich darauf, dass Reaktionen von Verbindungen mit schweren Hauptgruppenelementen bevorzugt über S_{N2}-artige oder assoziative Mechanismen verlaufen. Da sich im Verlauf solcher Reaktionen die Koordinationszahl der reaktiven Zentren erhöht, wirkt sich eine Erhöhung der Pauli-Abstoßung durch ungünstige Wechselwirkungen zwischen sperrigen Substituenten im Übergangszustand viel stärker aus als im Grundzustand. Eine genauere Analyse macht klar, dass zu der daraus resultierenden Reaktionshemmung zwei wesentliche Effekte beitragen:

- die erhöhte *inter*molekulare Pauli-Abstoßung großer Substituenten *in verschiedenen* Reaktanden und
- die Erhöhung der für die geometrische Deformation des Edukts notwendige Präparationsenergie durch erhöhte *intra*molekulare Pauli-Abstoßung zwischen großen Substituenten *im selben* Reaktanden.

Der zweite Effekt hat zur Folge, dass die kinetische Stabilisierung auch bei Umsetzungen mit sterisch wenig anspruchsvollen Substraten wirksam sein kann, wenn diese zu einer energetisch ungünstigen Konformationsänderung im Edukt führen. Bleibt die ungünstige Konformation im Reaktionsverlauf erhalten, wird neben dem Übergangszustand auch das Produkt gegenüber den Edukten energetisch destabilisiert. Der Einfluss sterisch anspruchsvoller Substituenten beruht dann nicht mehr auf einem rein kinetischen Effekt, sondern induziert eine Verschiebung des thermodynamischen Reaktionsgleichgewichts auf die Seite der Edukte (Abb. 1.20).

Da die am Beispiel von Mehrfachbindungssystemen entwickelten Argumente auch für andere Verbindungstypen gelten, ist das Prinzip der kinetischen Stabilisierung viel allgemeinerer Natur und bildet heute einen essentiellen Bestandteil erfolgreicher Synthesestrategien vieler anorganischer Molekülverbindungen. Einige in der Praxis häufig und unabhängig vom Verbindungstyp zur kinetischen Stabilisierung eingesetzte Substituenten sind in Abb. 1.21 aufgeführt. In Bezug auf die molekulare Struktur dieser Reste

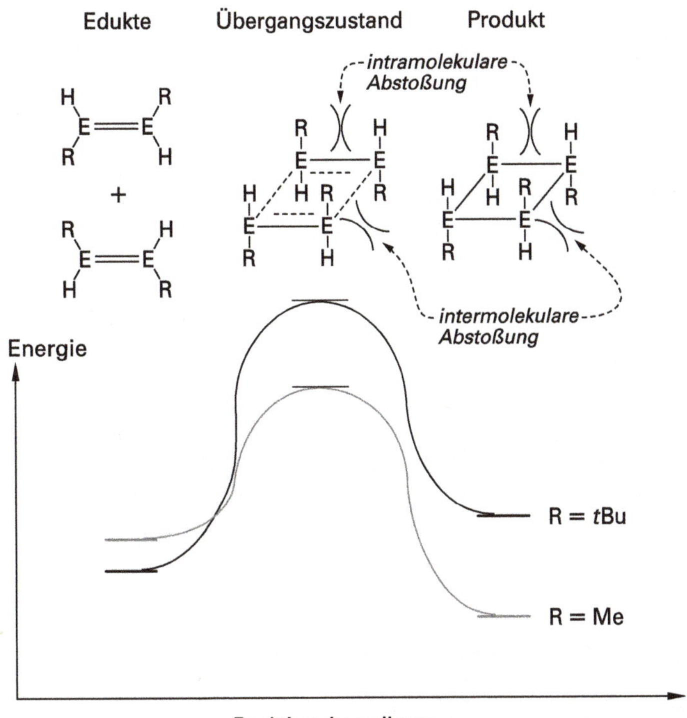

Abb. 1.20: Schematische Darstellung der Beeinflussung des Energieprofils der [2 + 2]-Cyclodimerisierung eines disubstituierten E=E-Doppelbindungssystems durch kinetische Stabilisierung. Mit steigendem Raumbedarf der Substituenten R zunehmende intra- und intermolekulare sterische Wechselwirkungen induzieren eine energetische Destabilisierung sowohl des Übergangszustands als auch der Produkte gegenüber den Edukten. Dies bedingt sowohl eine Verlangsamung der Reaktion (Erhöhung der Aktivierungsbarriere) als auch eine Verschiebung des Gleichgewichts auf die linke Seite, die eine mit steigender Substituentengröße zunehmende Stabilität der Doppelbindung gegenüber Cyclodimerisierung impliziert.

lassen sich mehrere Klassen unterscheiden. Stark verzweigte Alkyl- oder Silylreste gewinnen ihre Sperrigkeit durch die Substitution eines tetraedrischen Kohlenstoff- oder Siliciumatoms mit raumfüllenden Methyl- oder besser tert-Butyl- bzw. Trimethylsilyleinheiten. Als sperrige Arylsubstituenten werden 2,6-di- oder 2,4,6-trialkylierte Phenylreste sowie *m*-Terphenylgruppen eingesetzt, in denen vor allem die Substituenten in 2,6-Position zur sterischen Abschirmung eines benachbarten Zentralatoms beitragen. In sterisch anspruchsvoll substituierten Amido- und Alkoxy- bzw. Phenoxy-Gruppen können Raumerfüllung wie auch elektronische Eigenschaften (π-Donorcharakter) durch periphere Substituenten modifiziert werden. Besonders zur Stabilisierung koordinativ ungesättigter Zentralatome geeignet sind zweizähnige β-Ketiminato- und Amidinatogruppen, die als Chelatligand fungieren können (s. Abschn. 1.4.1).

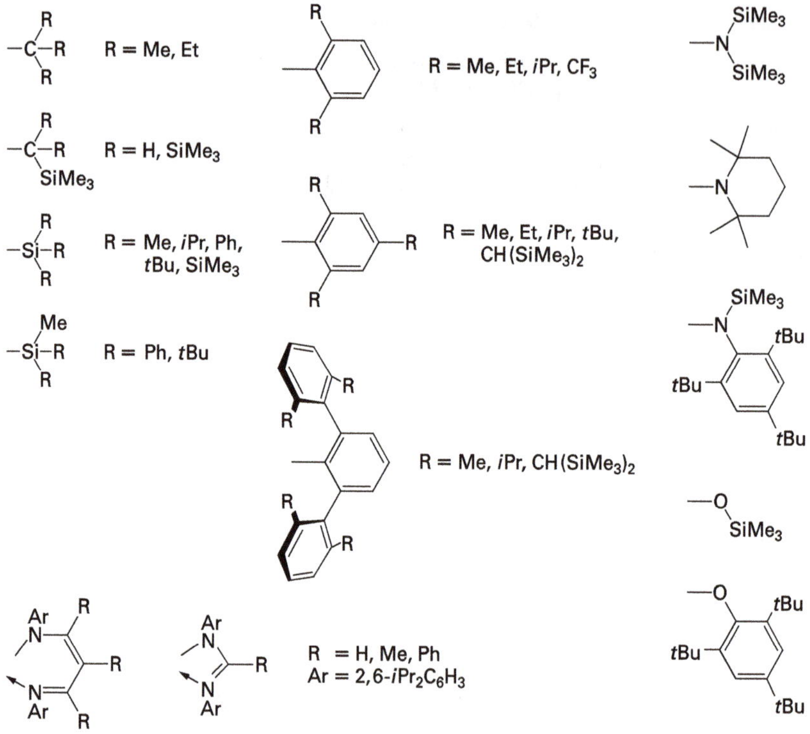

Abb. 1.21: Darstellung wichtiger Typen raumerfüllender Substituenten zur kinetischen Stabilisierung reaktiver anorganischer Molekülverbindungen.

Dass die erfolgreiche kinetische Stabilisierung einer reaktiven Spezies eines sorgfältigen Designs raumerfüllender Substituenten bedarf, soll abschließend an einem Beispiel aus der Chemie von Silabenzolen veranschaulicht werden:

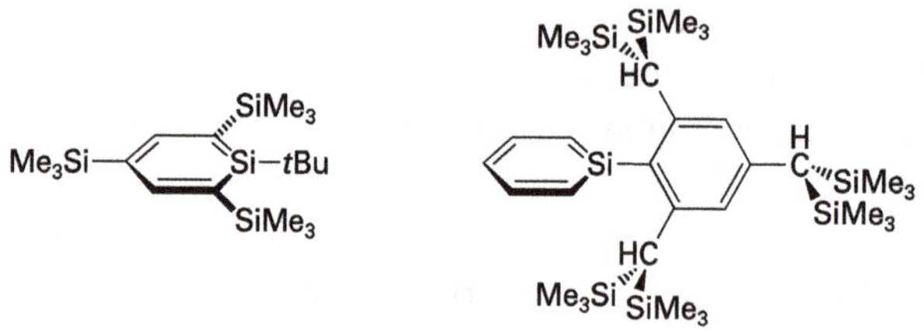

Das 1-tert-Butyl-2,4,6-tris-(trimethylsilyl)-silabenzol wurde als erstes außerhalb einer Argon-Matrix existentes Silabenzol beschrieben, ist aber bei Temperaturen oberhalb etwa 90 K thermolabil. Die rechts dargestellte monosubstituierte Verbindung ist dagegen bei Raumtemperatur isolierbar. Eine mögliche Erklärung für den deutlichen Stabilitätsunterschied bietet die unterschiedliche Form der abschirmenden Substituenten.

In einem Fall schützt ein einziger sperriger Substituent das hoch elektrophile Siliciumatom oberhalb und unterhalb der Ringebene gegen den Angriff von Nukleophilen. Im anderen Fall schirmen mehrere raumerfüllende Substituenten das π-Elektronensystem zwar gut von der Seite, aber weniger gut von oben oder unten ab; darüber hinaus dürften sterische Wechselwirkungen zwischen den benachbarten Alkyl- und Silylgruppen zu einer Verzerrung der planaren Struktur des Rings und damit im Prinzip zu einer Destabilisierung des molekularen Grundzustands beitragen.

1.2.7 Moleküle mit geometrisch beschränkter Struktur

Der Einsatz sperriger Substituenten zur kinetischen Stabilisierung erschwert nicht nur die Annäherung von Reaktanden an ein reaktives Zentrum in einem Molekül, sondern induziert oft auch geometrische Verzerrungen von dessen Koordinationsgeometrie. Wie das zuvor diskutierte thermolabile Silabenzol zeigt, kann dies eine erhöhte oder von üblichen Verhaltensmustern abweichende Reaktivität auslösen, die der eigentlich beabsichtigten Unterbindung von Folgereaktionen entgegenwirkt. Da geometrische Deformationen regulärer Molekülstrukturen auch anders als durch sterische Überladung erreichbar sind, ist der Einfluss von Strukturanomalien auf das chemische Verhalten von weitreichenderer Bedeutung. Dies soll im Folgenden für Moleküle mit (poly-)cyclischen Gerüststrukturen etwas näher beleuchtet werden.

Ringe aus kovalenten Bindungen sind ein häufig auftretendes Strukturelement in der Molekülchemie. In vielen Fällen bestehen in der Koordinationsumgebung individueller Ringatome und der Energetik und Reaktivität des Gesamtmoleküls kaum Unterschiede zu acyclischen Molekülen. Solche Ringe werden als „spannungsfrei“ bezeichnet. Andere Verhältnisse finden sich in kleinen Ringen (vor allem Dreiringen) und in manchen bi- und polycyclischen Gerüsten. Die durch die Gerüsttopologie vorgegebenen geometrischen Beschränkungen erzwingen hier Bindungs- oder Torsionswinkel, die deutlich von denen in spannungsfreien Strukturen abweichen und die Koordinationssphäre der Ringatome fühlbar verzerren können. Die dafür aufzuwendende Präparationsenergie (s. Abschn. 1.2.3) wird oft als Winkelspannung, Torsionsspannung oder – bezogen auf die gesamte (poly-)cyclische Struktur – Ringspannung bezeichnet und kann aus quantenchemischen Modellrechnungen abgeschätzt werden. Ausgehend von der Vorstellung, dass ein gespanntes Bindungsgerüst letztendlich eine durch geometrische Beschränkungen fixierte, energetisch ungünstige molekulare Konformation repräsentiert, wird in der Literatur auch von Molekülen mit entatischer (d. h. an die topologischen Bedingungen angepasster) Geometrie oder (durch die Topologie) geometrisch beschränkte Moleküle („geometrically constrained molecules“) gesprochen.

Anschaulich kann jede Art von konformativer Spannung darauf zurückgeführt werden, dass Abweichungen von einer spannungsfreien Idealkonformation an einem Atom einerseits die Überlappung von Atomorbitalen bei der Bildung kovalenter Bindungen zu Nachbaratomen beeinträchtigen und andererseits zusätzliche ungünstige sterische

Wechselwirkungen induzieren. Wie das in Abb. 1.22 dargestellte Walsh-Diagramm verdeutlicht, sind diese Effekte mit einer Destabilisierung der bindenden LMOs assoziiert, die als Schwächung der jeweiligen Bindungen interpretiert werden kann und entscheidend zu einer Erhöhung der potentiellen Energie des Gesamtmoleküls beiträgt. Wird die geometrische Verzerrung im Verlauf einer chemischen Reaktion wieder abgebaut, liefert die dabei erfolgende Freisetzung der gespeicherten Spannungsenergie eine zusätzliche Triebkraft für die Bildung der Reaktionsprodukte. Charakteristische Beispiele hierfür sind Ringerweiterungs- und Ringöffnungsreaktionen von Verbindungen mit dreigliedrigen Ringen, deren hohe Reaktivität damit eine erste Erklärung findet.

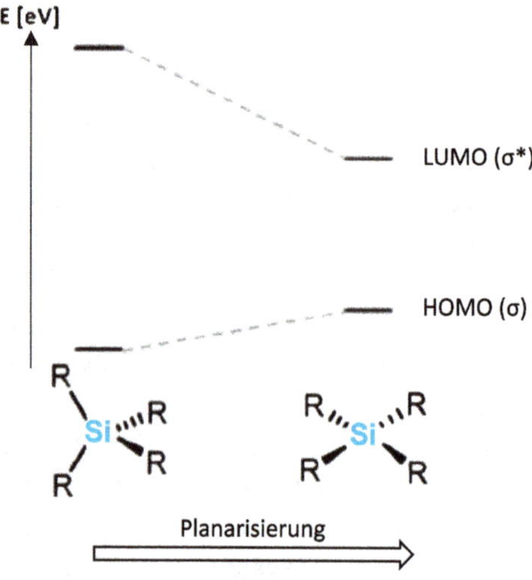

Abb. 1.22: Schematische Darstellung der Wirkung konformativer Spannung auf die Energie von σ- und σ^*-LMOs von Si–R -Einfachbindungen beim Übergang von tetraedrischer zu planarer Konfiguration eines Silans SiR_4.

Für ein genaueres Verständnis des Einflusses geometrischer Deformationen auf das Reaktionsverhalten eines Moleküls ist von zentraler Bedeutung, dass mit der Destabilisierung (bindender) σ-LMOs auch eine – sogar noch stärker ausgeprägte – Absenkung der Energie (antibindender) σ^*-LMOs einhergeht (Abb. 1.22). Die aus der Summe beider Effekte folgende Abnahme der σ/σ^*-Energielücke erhöht den Beitrag des Orbitalterms zur Wechselwirkungsenergie zwischen einem konformativ gespannten Molekül und einem Reaktionspartner (s. Abschn. 1.2.3). Dies trägt – vor allem in Abwesenheit sterisch abschirmender Substituenten – zu einem generellen Abbau von Aktivierungsbarrieren bei. Konformativ gespannte Moleküle zeigen daher im Allgemeinen ausgeprägten elektrophilen oder sogar (bei hinreichend kleiner Energielücke) ambiphilen Charakter.

Sowohl die hohe Reaktivität geometrisch beschränkter Moleküle als auch deren Erklärung sind lange bekannt. Ein klassisches, aber sehr instruktives Beispiel ist Tetraphosphor (P_4), dessen aus vier anellierten Dreiringen bestehende Molekülstruktur eine besonders hohe Ringspannung aufweist. Die extrem kleinen Bindungswinkel von 60° bewirken eine Umhybridisierung (vgl. Abschn. 1.1.3.2), als deren Folge die Bindungen aus Hybridorbitalen mit außerordentlich hohen p-Orbitalbeiträgen gebildet werden. Die Beiträge der Valenz-s-Orbitale konzentrieren sich demzufolge in den freien Elektronenpaaren, die dadurch energetisch merklich abgesenkt werden. Da die hohe Winkelspannung zusätzlich für eine sehr niedrige σ/σ^*-Energielücke sorgt, ergibt sich die ungewöhnliche Situation, dass das aufgrund der hohen Symmetrie zweifach entartete HOMO nicht wie erwartet ein nichtbindendes MO mit lone-pair-Charakter repräsentiert, sondern σ-Bindungscharakter besitzt (Abb. 1.23). Das ebenfalls entartete und energetisch tiefliegende LUMO hat wie erwartet σ^*-Charakter.

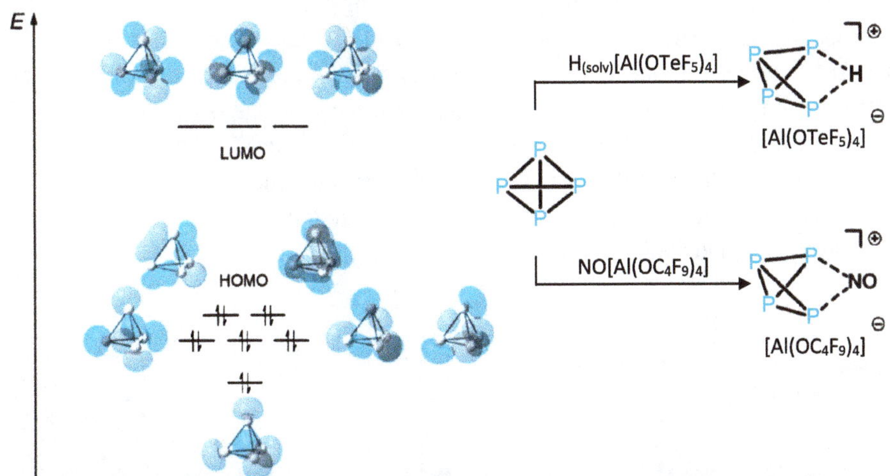

Abb. 1.23: Ausschnitt aus dem MO-Schema von P_4 (links) und Reaktionen von P_4 mit einem Elektrophil (H^+) oder Ambiphil (NO^+) (rechts).

Die energetische Lage von σ^*- und n-Orbitalen erklärt zwanglos, dass Tetraphosphor markante elektrophile Eigenschaften besitzt und leicht mit Nukleophilen unter Spaltung von Gerüstbindungen reagiert (s. Abschn. 1.3.3.1), aber kaum zur Bindung von Elektrophilen über ein freies Elektronenpaar an den Tetraederecken neigt. Eine Protonierung kann zwar durch eine Supersäure $H[Al(OTeF_5)_4]_{(solv)}$ (vgl. Abschn. 1.8.1.3) erzwungen werden, erfolgt dann aber an einer Tetraederkante (Abb. 1.23). Die Bindungsverhältnisse im C_{2v}-symmetrischen Kation $[P_4H]^+$ können unter Annahme einer aus der Überlappung des 1s-Orbitals des Protons mit dem HOMO von P_4 resultierenden 2e-3z-Bindung erklärt werden, deren Bildung gut mit der Grenzorbitalsituation vereinbar ist. Gleiches gilt für Reaktionen mit Ambiphilen wie NO^+ unter Insertion in eine Gerüstbindung, die im Sinne einer **oxidativen Addition** unter Beteiligung beider Grenzorbitale von P_4 erklärt werden können (s. auch Abschn. 1.3.3). Oxidative Additionen oder Bildung von Komplexen mit „side-on“ (über eine σ-Bindung) koordinierten P_4-Liganden werden auch mit Übergangsmetallen beobachtet.

In letzter Zeit wurden eindrucksvolle Fortschritte darin erzielt, die durch geometrische Beschränkung bewirkte Verzerrung der regulären Koordinationssphären von Bor-, Silicium- oder Phosphoratomen zur Erzeugung von Molekülen mit neuen Strukturen und Reaktionsmustern zu nutzen (Abb. 1.24). So wird beispielsweise durch Einbau eines Boratoms auf der Brückenkopfposition eines starren tricyclischen Triptycengerüsts eine Pyramidalisierung der trigonal-planaren Koordinationsgeometrie erzwungen und dadurch eine merkliche Erhöhung der Lewis-Acidität erzielt. Dreibindige Phosphoratome zeigen auffällige Abweichungen von der gewohnten trigonal-pyramidalen Koordination, wenn sie in ein bicyclisches Gerüst aus zwei konformativ unflexiblen Fünfringen eingebettet werden. Die dadurch forcierte Aufweitung eines der drei anfangs gleichen Bindungswinkel bewirkt hier die Ausbildung „nicht-trigonal“-pyramidaler oder sogar planarer, T-förmiger Konformationen. Der erwartete erhöhte elektrophile Charakter am Phosphoratom (Abb. 1.24) ist durch XANES (eine Form der Röntgenabsorptionsspektroskopie) auch experimentell belegbar und induziert anstelle der für Phosphanderivate typischen nukleophilen Reaktivität ein ambiphiles Verhalten, das durch Insertionsreaktionen (oxidative Additionen) geprägt ist und u. a. zur Aktivierung von E–H-Bindungen unter sehr milden Reaktionsbedingungen genutzt werden kann.

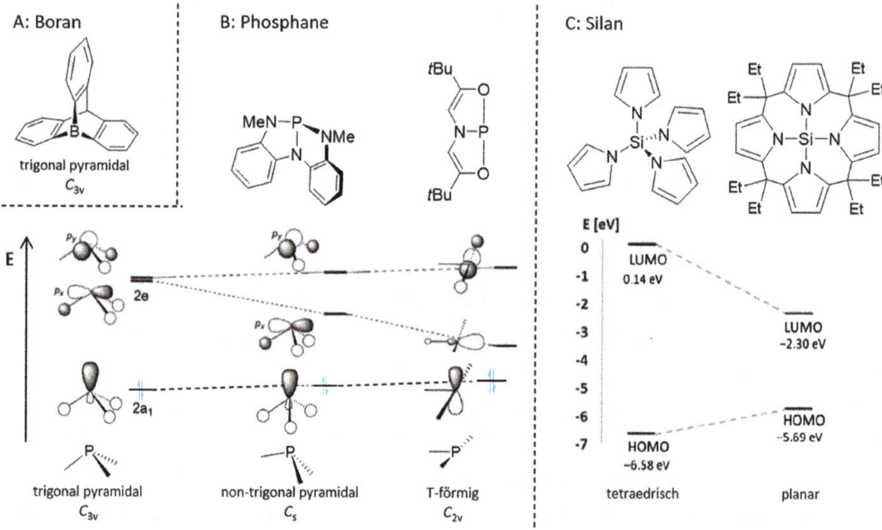

Abb. 1.24: A: Molekülstruktur eines Bora-triptycens. B: Molekülstrukturen von Bicyclen mit nicht-trigonaler und planarer Koordination dreibindiger Phosphoratome und schematische Darstellung der geometrisch induzierten Änderung von Form und Energie der Grenzorbitale. C: Molekülstrukturen und Vergleich der Grenzorbitalenergien von Tetrapyrrolylsilan und einem Calix[4]pyrrol-basierten Silan mit quadratisch planarem Siliciumatom.

Eine bemerkenswerte Deformation eines tetravalenten Siliciumatoms gelingt durch dessen Inkorporation in den Ring eines Calix[4]pyrrols. Spektroskopische und kristallographische Daten belegen, dass in dem D_{2d}-symmetrischen Molekül anstelle der typischen tetraedrischen Anordnung der vier Si–N-Bindungen eine nahezu ideal quadratisch planare Koordination vorliegt (Abb. 1.24). Eine auch hier durch die Strukturdeformation induzierte Absenkung der LUMO-Energie ist daran abzulesen, dass das Molekül elektrochemisch unter sehr milden Bedingungen reduzierbar ist und im Unterschied zum unverzerrten, farblosen Tetrapyrrolylsilan eine orange Farbe besitzt, deren Auftreten von π(Pyrrol) ⇢ p_z(Si) bzw. n(N) ⇢ p_z(Si) Charge-Transfer-Übergängen herrührt.

1.3 Molekülgerüste: Ketten, Ringe, Polycyclen, Käfige

Wie in der organischen Chemie sind Gerüststrukturen aus kovalenten oder polar kovalenten Bindungen auch in der anorganischen Molekülchemie verbreitete Strukturelemente. Um den Überblick über die große Vielfalt möglicher Strukturen und Bindungssituationen zu erleichtern, ist die auf einer Elektronenabzählregel basierende Einteilung in elektronenarme, elektronenrichtige und elektronenreiche Verbindungen hilfreich. Das Bindungsgerüst der als Referenz dienenden elektronenrichtigen Verbindungen kann vollständig durch lokalisierte 2e-2z-Bindungen beschrieben werden, und für jedes Atom gilt die Oktettregel. Formal sind homoatomare Verbindungen dieser Art isovalenzelektronisch zu cyclischen bzw. polycyclischen Alkanen; z. B. sind S_8, P_4 und P_4O_6 in diesem Sinn Analoga von Cyclooktan $(CH_2)_8$, dem schwer fassbaren Tetrahedran $(CH)_4$ und Adamantan. In elektronenarmen und elektronenreichen Spezies steht für die Bildung der Gerüstbindungen eine kleinere bzw. größere Zahl von Elektronen zur Verfügung als in den elektronenrichtigen Verbindungen. Beispiele für diese Verbindungstypen sind elektronenarme Bor-Wasserstoff-Clusterverbindungen (z. B. $B_{12}H_{12}^{2-}$) und elektronenreiche Schwefel-Stickstoffverbindungen (z. B. S_2N_2).

Elektronenrichtige anorganische Verbindungen zeigen, ungeachtet der formalen Analogien zu gesättigten Kohlenwasserstoffen, bei genauer Betrachtung spezifische strukturelle Unterschiede gegenüber diesen und besitzen systematisch höhere Reaktivitäten. Eine einfache Begründung für das unterschiedliche Reaktionsverhalten kann aus einem qualitativen Vergleich der Grenzorbitalenergien eines Alkans (Ethan) und dessen höheren Homologen (Disilan Si_2H_6) abgeleitet werden (Abb. 1.25). Das HOMO ist in beiden Fällen ein σ-Orbital mit σ(E–E/E–H)-bindendem und das LUMO ein σ^*-Orbital mit σ^*(E–E)-antibindendem Charakter. Als Folge der Verringerung von Si–Si/Si–H-gegenüber C–C/C–H-Bindungsenergien (vgl. Tab. 1.6) besitzt Disilan auch eine kleinere HOMO-LUMO-Energielücke. Da dieser Effekt vor allem aus einer deutlichen

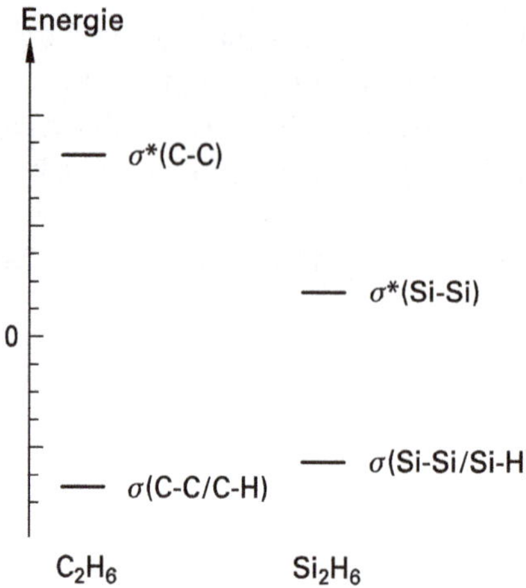

Abb. 1.25: Schematischer Vergleich der Grenzorbitalenergien von C_2H_6 und Si_2H_6.

Absenkung der LUMO-Energie resultiert, ist die Si–Si-Bindung erheblich leichter durch Nukleophile angreifbar. Übereinstimmend damit reagieren Cyclotetrasilane $(RR'Si)_4$ mit Lithiumalkylen unter Ringöffnung und Polymerisation, und Umsetzung von Disilan mit Kaliumhydrid erfolgt unter Si–Si-Bindungsspaltung. Entsprechende Reaktionen von Alkanen unter vergleichbaren Bedingungen sind dagegen unbekannt. Da dasselbe Reaktionsmuster im Prinzip auch dem Abbau von elementarem Schwefel durch Nukleophile oder der in wässriger Alkalilauge ablaufenden Disproportionierung von weißem Phosphor zu PH_3 und $H_2PO_2^-$ zugrunde liegt, kann man Verbindungen mit homoatomaren E–E-Bindungen zwischen Elementen höherer Perioden generell als elektrophile Spezies einstufen. Eine noch stärker ausgeprägte Elektrophilie ist für Verbindungen mit σ^*-Bindungen zwischen Hauptgruppenelementen unterschiedlicher Elektronegativität zu erwarten, in denen aufgrund der Bindungspolarität eine weitere Absenkung der LUMO-Energie erfolgt.

In der in den folgenden Abschnitten getroffenen Auswahl soll eine Reihe von Verbindungen mit anorganischen Gerüststrukturen punktuell beleuchtet werden. Dabei werden grundlegende Prinzipien von Strukturen und Reaktivität hervorgehoben, ohne dass damit ein Anspruch auf Vollständigkeit verbunden wäre.

1.3.1 Molekulare Silikate und Silikatanaloga

Molekulare Silikate sind Verbindungen, in denen eine definierte Anzahl tetraedrisch koordinierter Siliciumatome und verbrückender Sauerstoffatome ein Molekülgerüst aus einem Netzwerk alternierender Si–O-Bindungen bilden und die freien Valenzen an der Peripherie durch Substituenten abgesättigt werden. Die dabei entstehenden Gerüsttopologien können Ausschnitten aus Festkörperstrukturen von SiO_2, Silikaten oder Zeolithen entsprechen.

1.3.1.1 Silsesquioxane

Silsesquioxane sind Silikate mit Gerüsten aus Tetraederbausteinen, die über drei gemeinsame Ecken mit Nachbargruppen vernetzt sind und an der vierten Ecke einen Substituenten R tragen. Sie genügen demzufolge der Verhältnisformel $RSiO_{3/2}$. Je nach Verknüpfungsmuster der Tetraedereinheiten sind verschiedene Strukturtypen möglich, die als ungeordnete verzweigte Polymere, eindimensionale Polymere mit Leiterstruktur oder als molekulare Käfigstrukturen beschrieben werden; bei unvollständiger Verknüpfung können auch teiloffene Käfigstrukturen mit verbleibenden reaktiven Endgruppen entstehen (Abb. 1.26). Polymere Silsesquioxane sind für verschiedene materialwissenschaftliche Anwendungen wie z. B. als Beschichtungen oder Zusatzstoffe für organische polymere Materialien von Interesse, sollen hier aber nicht weiter besprochen werden. Silsesquioxane mit geschlossener Käfigstruktur werden in der Literatur auch als „polyhedral oligomeric Silsesquioxanes“ (POSS) bezeichnet.

Die Synthese von Silsesquioxanen erfolgt allgemein über Hydrolyse von Organotrichlorsilanen $RSiCl_3$ oder Organotrialkoxysilanen $RSi(OR')_3$. Die Hydrolyse der meisten Organotrichlorsilane verläuft schnell und wegen der Bildung von Chlorwasserstoff als Reaktionsprodukt autokatalytisch (s. Abschn. 1.2.5). Dabei entstehen zunächst bevorzugt Silantriole $RSi(OH)_3$, durch deren Kondensation dann die Gerüststrukturen aufgebaut werden. Die Hydrolysegeschwindigkeit von Trialkoxysilanen ist generell geringer und hängt vom sterischen Anspruch der Alkoxysubstituenten ab. Hydrolyse und Kondensation laufen hier oft parallel ab. Der Aufbau polyedrischer Käfigstrukturen erfolgt in einer komplexen Sequenz einzelner Kondensationsschritte über lineare, cyclische und polycyclische Intermediate.

Die Aufklärung einzelner Reaktionsmechanismen (Abb. 1.27) durch GC-MS- oder ^{29}Si-NMR-Untersuchungen legt nahe, dass unterschiedliche Intermediate nebeneinander vorliegen und zufällig und ungezielt miteinander reagieren. Dabei ist auch ein Abbau bereits gebildeter Gerüststrukturen möglich. Wegen des ungezielten Verlaufs der Reaktionen entstehen in der Regel Produktgemische, in denen sich Verbindungen mit polyedrischen Gerüststrukturen wegen ihrer größeren Hydrolysestabilität anreichern.

Die bei der Darstellung von Silsesquioxanen intermediär auftretenden Silantriole können bei geeigneter Reaktionsführung auch isoliert werden. Die hierzu notwendige Unterdrückung der Kondensation von Si–OH-Gruppen wird durch hohen sterischen Anspruch des Substituenten am Siliciumatom und durch Abfangen des gebildeten Chlorwasserstoffs durch eine schwache Base (z. B. Anilin) erleichtert. Da die Si–OH-Funktionen etwas acider als die C–OH-Gruppen von Alkoholen sind, sind die Kristall-

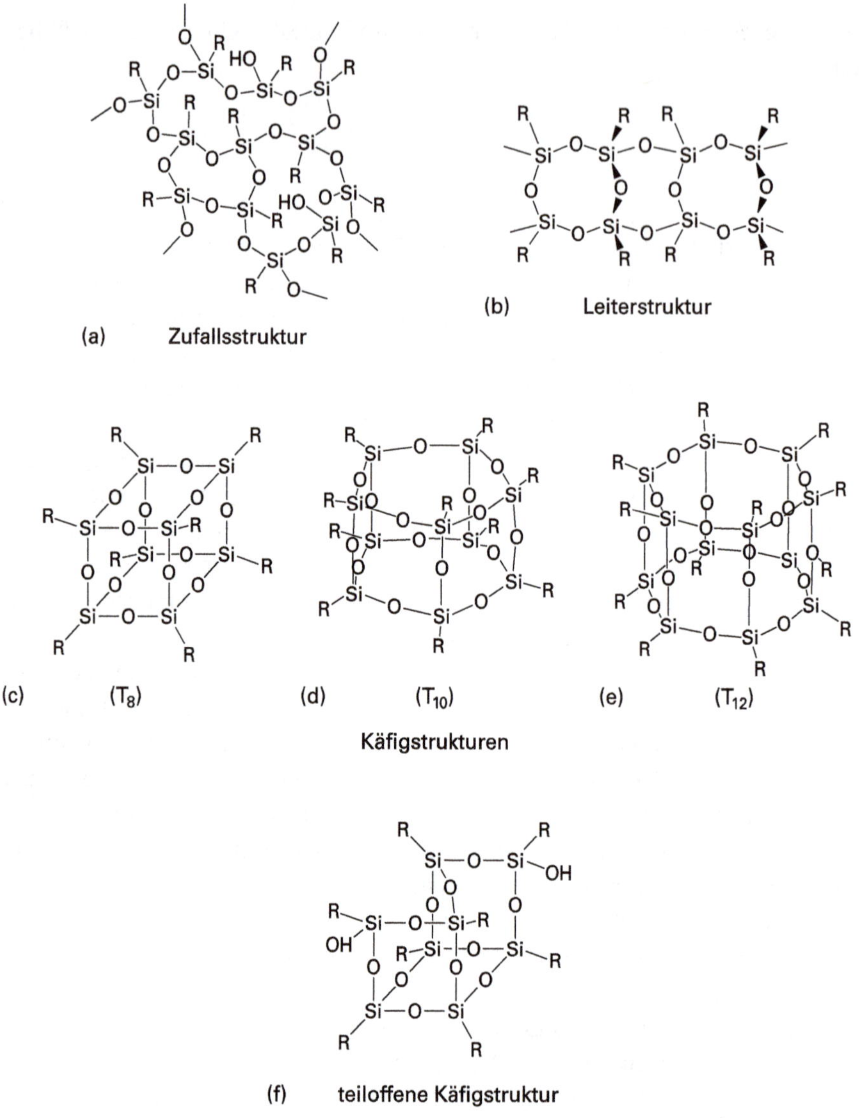

(a) Zufallsstruktur

(b) Leiterstruktur

(c) (T_8) (d) (T_{10}) (e) (T_{12})

Käfigstrukturen

(f) teiloffene Käfigstruktur

Abb. 1.26: Strukturtypen von Silsesquioxanen [nach R. H. Baney et al., *Chem. Rev.* **1995**, *95*, 1409].

strukturen isolierter Silantriole durch die Ausbildung vielfältiger Wasserstoffbrücken-Netzwerke gekennzeichnet.

Die Gerüste polyedrischer Silsesquioxane können über funktionelle Gruppen in den peripheren Organosubstituenten gezielt funktionalisiert oder zu größeren heterogenen Strukturen vernetzt werden. So lassen sich durch Kopolymerisation von Silsesquioxanen mit $HSiMe_2$- und $H_2C{=}CHSiMe_2$-Substituenten anorganisch-organische Hybridmaterialien mit hoher thermischer Stabilität erzeugen. Durch Anbindung katalytisch akti-

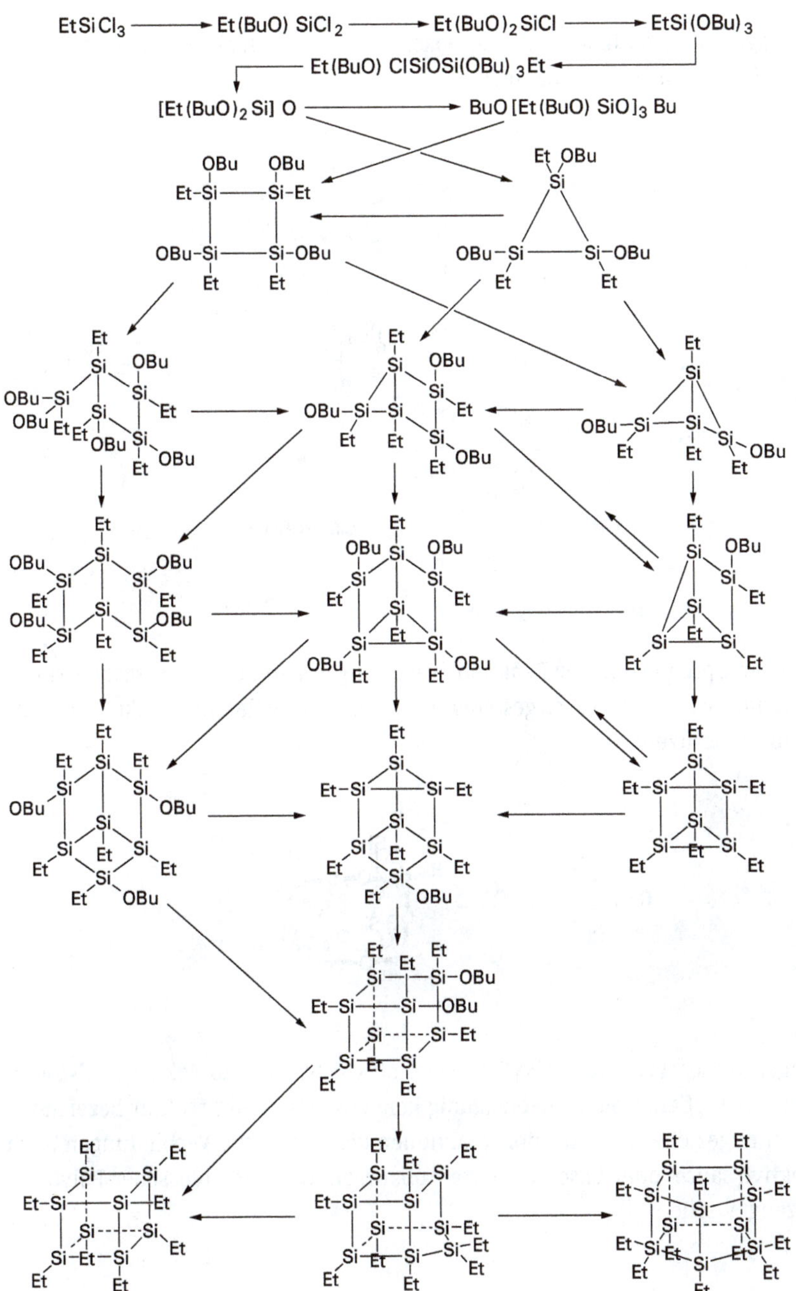

Abb. 1.27: Schematische Darstellung der bei der Hydrolyse von Ethyltrichlorsilan in wässrigem Butanol ablaufenden Kondensationsprozesse [nach P. G. Harrison, *J. Organomet. Chem.* **1997**, *542*, 141]. Die Verbindungsstriche zwischen Si-Atomen symbolisieren keine direkten Bindungen, sondern Si-O-Si Einheiten.

ver Metallfragmente modifizierte Silsesquioxane werden auch als molekulare Trägermaterialien für Katalysatoren eingesetzt.

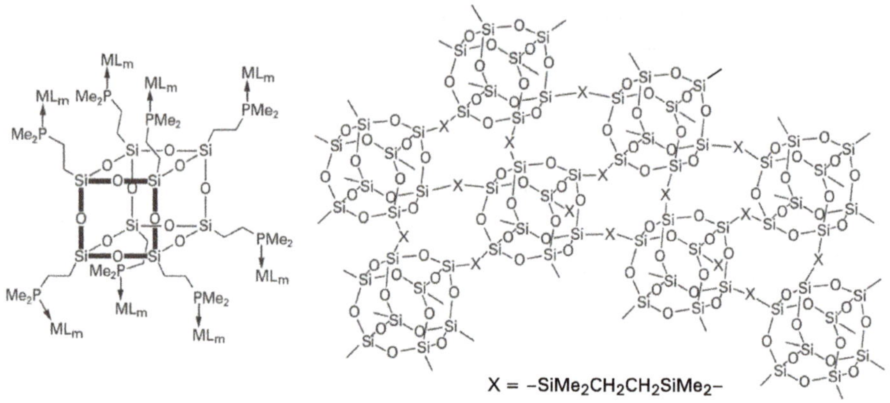

X = $-SiMe_2CH_2CH_2SiMe_2-$

1.3.1.2 Molekulare Modelle für Silikatoberflächen

Bei sorgfältiger Optimierung der Reaktionsbedingungen kann der zu Silsesquioxanen führende Kondensationsprozess so gesteuert werden, dass die Hauptprodukte teiloffene Käfigstrukturen besitzen:

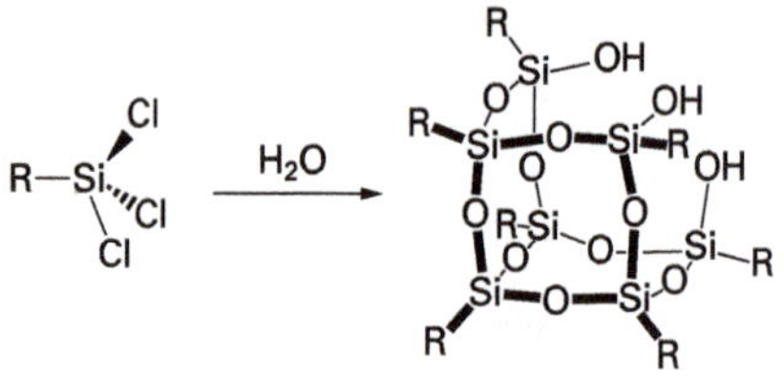

Verbindungen dieses Typs (R = Alkyl) werden oft (nicht ganz korrekt) als Silsesquioxane mit partiell offener oder unvollständig kondensierter Käfigstruktur bezeichnet. Außer durch ungezielte Kondensationsreaktionen können solche Verbindungen auch durch selektive säure- oder baseinduzierte Abbaureaktionen geschlossener Polyedergerüste erzeugt werden:

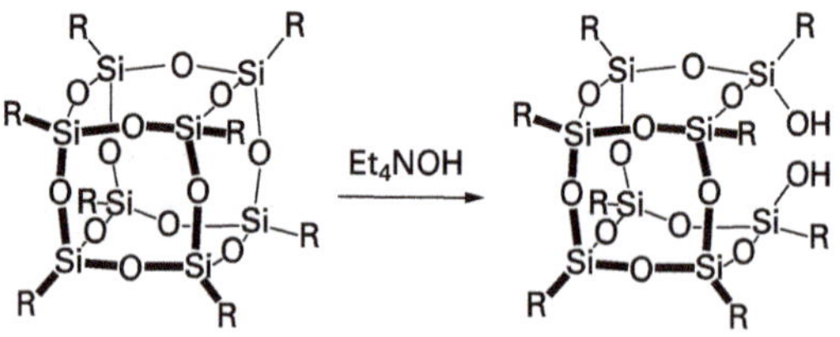

Da die Reaktivität unvollständig kondensierter Silsesquioxane durch die Silanolgruppen geprägt ist, bilden diese Moleküle eine Plattform für den *gezielten* Aufbau weiterer Siloxangerüststrukturen über spezifische Kondensationsreaktionen:

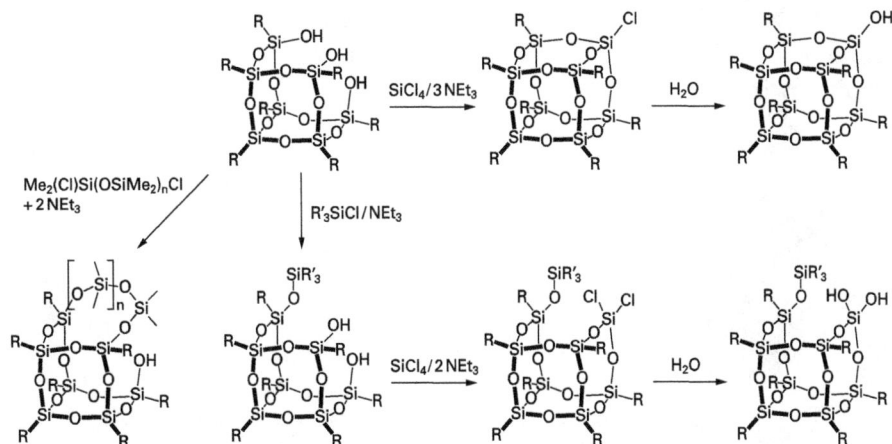

SiCl$_4$/3 NEt$_3$ H$_2$O Me$_2$(Cl)Si(OSiMe$_2$)$_n$Cl + 2 NEt$_3$ R'$_3$SiCl / NEt$_3$ SiCl$_4$/2 NEt$_3$ H$_2$O

Die polycyclischen Gerüststrukturen von Silsesquioxanen repräsentieren nicht nur topologisch Ausschnitte aus Festkörperstrukturen von SiO_2-Modifikationen wie β-Cristobalit oder β-Tridymit, sondern besitzen auch bereits eine gewisse Steifheit und ähnliche spektroskopische Eigenschaften. Aufgrund dieser Ähnlichkeiten werden Silsesquioxane mit partiell offenen Gerüsten und freien Silanolgruppen als realistische molekulare Modelle für oberflächenfixierte Silanolfunktionen in Kieselgelen, Silikaten und Zeolithen angesehen, deren Erforschung zu einem besseren Verständnis von Oberflächenvorgängen auf diesen für viele Anwendungen relevanten Materialien beitragen kann. So werden zum Beispiel in Umsetzungen der Silanolfunktionen von Silsesquioxanen mit Trimethylchlorsilan (s. o.) oder Hexamethyldisilazan Oberflächenreaktionen nachgeahmt, die bei der Herstellung silanisierter Adsorbentien oder geträgerter Katalysatoren auf Kieselgelbasis von Bedeutung sind. Durch die Modellstudien können Reaktionen funktioneller Gruppen in definierter Umgebung im Detail untersucht werden und viel genauere Informationen über kinetische Parameter, spektroskopische Daten oder Produktstrukturen erhalten werden als in Studien an stark heterogenen Oberflächen mit einer Mischung unterschiedlicher Oberflächenspezies. Beispielsweise ermöglichen die IR-Spektren teiloffener Silsesquioxane die eindeutige Zuordnung charakteristischer Bandenmuster für die OH-Valenzschwingungen verschiedener Strukturtypen von Silanolen (Tab. 1.7), die dann als Basis zur Identifikation entsprechender Baugruppen auf Kieselgeloberflächen herangezogen werden können.

Tab. 1.7: OH-Streckschwingungen (in CCl_4-Lösung) molekularer Silanole mit definierten Strukturelementen.

Strukturfragment	ν(OH)	Bemerkung
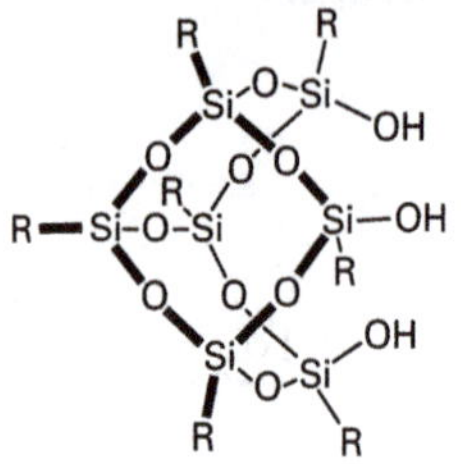	≤3200 cm^{-1}	Verbreitert; Hinweis auf ausgedehnte Netzwerke aus H-Brücken
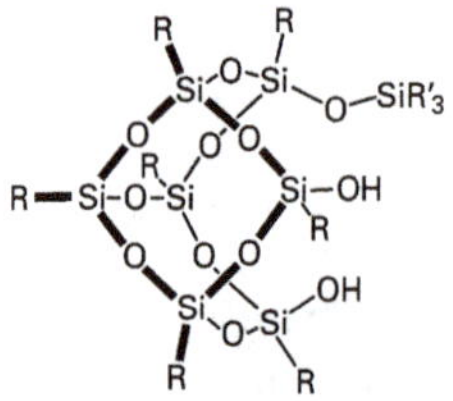	3450–3650 cm^{-1}	H-Brücken weniger ausgeprägt
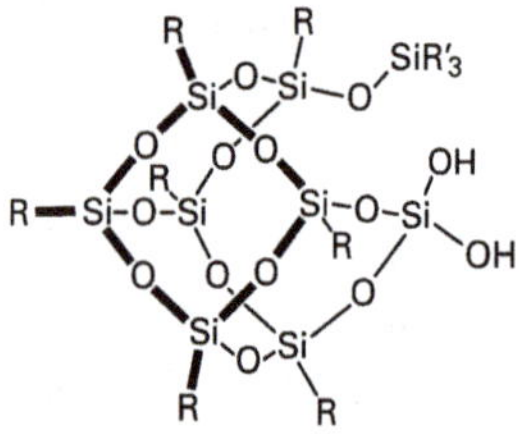	3699 cm^{-1} 3625 cm^{-1}	Isolierte OH-Gruppeüber H-Brücken assoziierte OH-Gruppe
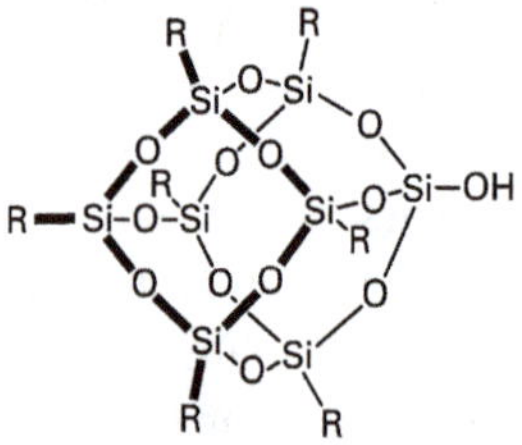	3706 cm^{-1}	Isolierte OH-Gruppe

1.3.1.3 Heterosubstituierte Silsesquioxane

Werden durch eine Derivatisierung der Silanolfunktionen partiell kondensierter Silsesquioxane heteroleptische Si–O–E-Brücken geknüpft, so entstehen Heterosilsesquioxane mit einer Struktur, die durch den formalen Ersatz einer $RSiO_{3/2}$-Einheit in einem Silsesquioxan durch ein isoelektronisches $R'EO_{3/2}$-Fragment charakterisiert ist. Als Fremdatome können dabei sowohl nichtmetallische Elemente als auch Metalle eingebaut werden. Zur Darstellung von Monometallasilsesquioxanen werden meistens Edukte der Zusammensetzung $(RSi)_7O_9(OH)_3$ bzw. $(RSi)_7O_9(OH)_2(OSiR'_3)$, in denen eine Ecke zur Vervollständigung einer kubischen Gerüststruktur fehlt, mit Metallalkoxiden (z. B. Trialkylvanadaten $(RO)_3VO$), Metallalkylen ($AlEt_3$) oder Metallhalogeniden umgesetzt.

Monometallasilsesquioxane werden häufig als molekulare Nachahmungen heterogener Katalysatoren angesehen; so kann z. B. der in Abb. 1.28 dargestellte Aluminiumkomplex als realistisches Strukturmodell für die Brønsted-saure Alumosilikat-Funktion im Zeolith HY dienen, und Zr- oder V-dotierte Metallasilsesquioxane sind lösliche Katalysatoren für Olefinpolymerisationen.

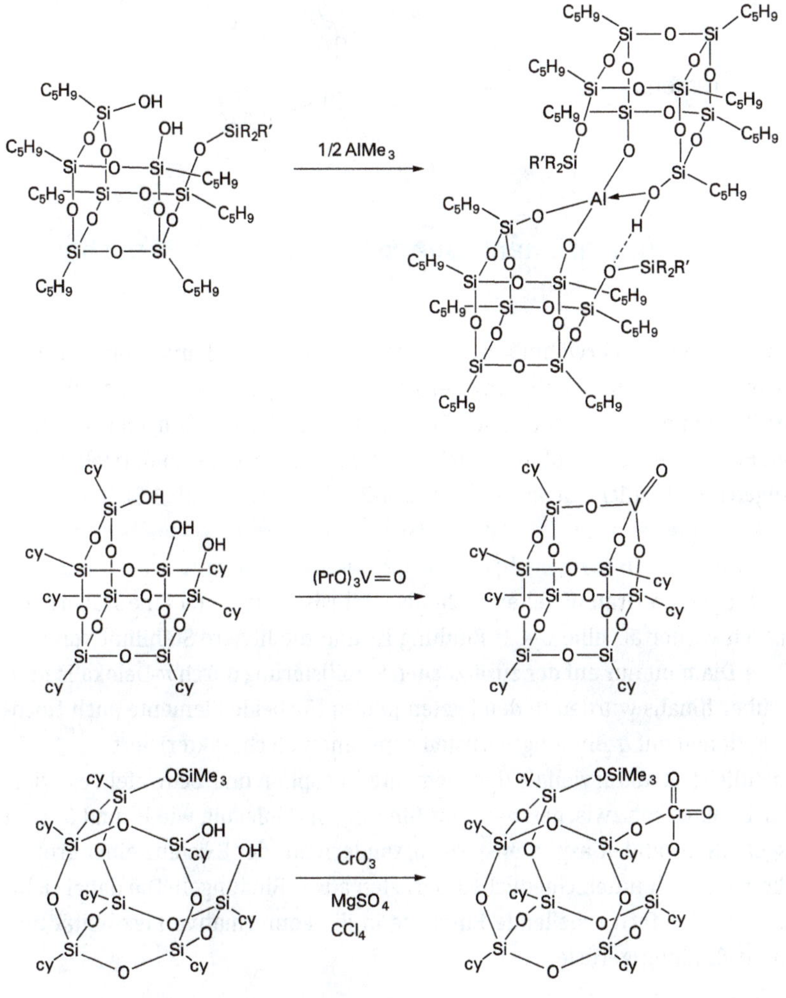

Abb. 1.28: Darstellung von Metallasilsesquioxanen durch Kondensation partiell unvollständiger Silsesquioxankäfige (C_5H_9 = Cyclopentyl, cy = Cyclohexyl) mit Metallalkylen ($AlMe_3$, oben), Metallalkoxiden ($(RO)_3V{=}O$, Mitte) oder einem in situ hergestellten Metallhalogenid (CrO_2Cl_2 aus CrO_3/CCl_4, unten).

Höher dotierte molekulare Heterosilicate mit mehreren Metallatomen sind aus Silantriolen und polyfunktionellen Metallalkoxiden oder Metallalkylen zugänglich. Kondensation von Silantriolen mit Alkoxiden von Metallen der 4. Gruppe liefert z. B. Käfigverbindungen der Zusammensetzung $(RSi)_4(R^1M)_4O_{12}$, in denen vier von acht $RSiO_{3/2}$-Baugruppen eines Silsesquioxans durch isovalenzelektronische $R'MO_{3/2}$-Einheiten ersetzt wurden:

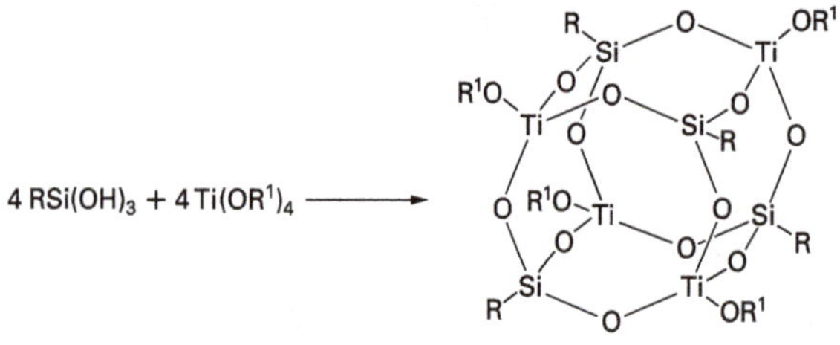

$$4\,RSi(OH)_3 + 4\,Ti(OR^1)_4 \longrightarrow$$

1.3.2 Element-Modifikationen: Sauerstoff, Stickstoff, Phosphor, Schwefel

Wie schon im Abschn. 1.2.6 erwähnt wurde, ist für Elemente der 3. und höheren Perioden die Ausbildung von Einfachbindungsgerüsten thermodynamisch stark begünstigt, während für Elemente der 2. Periode auch Doppel- und Dreifachbindungen existenzfähig sind. Den Elementen Sauerstoff und Stickstoff kommt dabei eine Sonderstellung zu. Da σ-Bindungen hier deutlich schwächer sind als π-Bindungen (vgl. Tab. 1.6), sind Sauerstoff und Stickstoff die einzigen Elemente im PSE, die in der unter Normalbedingungen thermodynamisch stabilen Form intrinsisch stabile Mehrfachbindungen ausbilden (die Mehrfachbindungen im Graphit gelten nicht als intrinsisch stabil, da eine isolierte C–C-π-Bindung schwächer als eine C–C-σ-Bindung ist und die höhere Stabilität von Graphit gegenüber Diamant nur auf der zusätzlichen Stabilisierung durch π-Delokalisation beruht). Darüber hinaus wurden in den letzten Jahren für beide Elemente auch Hochdruckmodifikationen mit σ-Bindungsgerüsten experimentell charakterisiert.

Die beachtliche Strukturvielfalt der Elemente Phosphor und Schwefel resultiert nicht aus der Konkurrenz zwischen σ- und π-Bindungen (Moleküle wie P_2 und S_2 sind erwartungsgemäß instabile Gasphasenspezies), sondern aus der Existenz einer großen Zahl von Allotropen mit unterschiedlichen Gerüsten aus σ-Bindungen. Die dabei sichtbaren Unterschiede liefern erhellende Einblicke in die konformative Flexibilität und Energetik der σ-Bindungsgerüste.

1.3.2.1 Stickstoff

Distisckstoff ist die bisher einzige bei Normaldruck experimentell gesicherte langlebige Modifikation dieses Elements. Durch Neutralisations-Reionisations-Massenspektrometrie (NRMS) gelang der Nachweis, dass durch chemische Ionisation im Hochvakuum erzeugte N_4^+-Kationen nach Neutralisation metastabile N_4-Moleküle mit bislang unbekannter Struktur und einer Lebensdauer >1 µs bilden. Aus den Messbedingungen wurde abgeschätzt, dass für den Zerfall eine Aktivierungsenergie von >40 kJ mol^{-1} aufgebracht werden muss. Noch kurzlebiger als N_4 ist das bereits 1956 erstmals durch Photolyse erzeugte N_3-Radikal (Lebensdauer ca. 50 ns), das in einer nahezu thermoneutralen Reaktion (Dissoziationsenergie $D_0(N_2{-}N) = -0{,}01 \pm 0{,}22$ eV) in N und N_2 zerfällt. Aus spektroskopischen Daten wurde abgeleitet, dass N_3 als symmetrisches lineares Molekül mit einem N–N-Abstand von 118,15 pm vorliegt. Obwohl dieser Abstand nahezu gleich groß ist wie der im Azidion (N–N 118 pm, zum Vergleich: N_2 109,76 pm), ist die Wellenzahl der asymmetrischen Valenzschwingung im Radikal (1645–1658 cm^{-1}) deutlich geringer als im Anion (≈2080 cm^{-1}). Durch quantenchemische Rechnungen wurde weiterhin die Existenz eines (meta-)stabilen cyclischen N_3-Isomers vorhergesagt, und es wurden mehrere molekulare N_x-Modifikationen mit $x > 4$ identifiziert, die nach den Rechnungen lokale Minima auf der Potentialhyperfläche und damit im Prinzip vibratorisch stabile Moleküle darstellen. Die berechneten Energien aller dieser Moleküle liegen jedoch weit über der von Distickstoff (ca. 890–1400 kJ mol^{-1} für vibratorisch stabile N_6- und ca. 230–250 kJ mol^{-1} für N_8-Isomere). Bislang wurde noch keines dieser Moleküle experimentell nachgewiesen.

Eine weitere Vorhersage konnte aber inzwischen verifiziert werden: Nach einer theoretischen Arbeit von McMahan und LeSar aus dem Jahr 1985 sollte es bei hohen Drücken zwischen 500 und 940 kbar möglich sein, die Dreifachbindung von Distickstoff aufzubrechen und die zweiatomigen Moleküle in einen Festkörper umzuwandeln, in dem dreibindige Stickstoffatome über ein Netzwerk aus Einfachbindungen miteinander verbunden sind. Die Grundlage für diese Vorhersage kann anhand einer Abschätzung der Energieunterschiede zwischen N_2 und N_x einerseits und der aus der angenommenen Volumenänderung resultierenden Änderung der inneren Energie andererseits nachvollzogen werden. Unter Verwendung der in Tab. 1.6 aufgeführten σ- und π-Bindungsinkremente ergibt sich als Differenz zwischen der Bindungsenergie einer Dreifachbindung (159 kJ mol^{-1} + 2 · 394 kJ mol^{-1} = 946 kJ mol^{-1}) und drei Einfachbindungen (3 · 159 kJ mol^{-1} = 477 kJ mol^{-1}) ein Wert von 469 kJ mol^{-1}. Berechnet man für einen Stoff mit einer angenommenen Volumenabnahme von 20 cm^3 mol^{-1} die Änderung der inneren Energie nach der Formel $\Delta U = T \cdot \Delta S - p \cdot \Delta V$, dann resultiert eine Druckerhöhung um 500 kbar in einer Erhöhung von ΔU um 837 kJ mol^{-1}. Dieser Betrag sollte ausreichen, um die Transformationsenergie aufzubringen.

In den letzten Jahren ist es gelungen, mithilfe von Hochdruckpressen und Diamantstempelzellen Drücke von bis zu 5,5 Mbar zu erreichen, die den Druck im Zentrum der Erde von etwa 3,5 Mbar übertreffen und hinreichend für die Umwandlung von Distickstoff sein sollten. Die erfolgreiche Realisierung dieses Experiments gelang 2004 Eremets et al. bei einem Druck von 1,15 Mbar und einer Temperatur oberhalb 2000 K. Die Charakterisierung des erhaltenen kristallinen Festkörpers mittels Röntgen-Pulverdiffraktometrie bei 1,15 Mbar ergab, dass, wie erwartet, eine Raumnetzstruktur vorliegt, in der dreibindige Stickstoffatome über Einfachbindungen (N–N-Abstand 134,6 pm) zu einem chiralen

Gerüst mit schraubenartigem Aufbau verknüpft sind (Abb. 1.29). Jedes N-Atom besitzt wie im NH_3 eine pyramidale Koordination (Bindungswinkel 108,6°), und die N–N–N–N-Diederwinkel (104°) sind ähnlich wie im energetisch stabilen gauche-Konformer von Hydrazin (ca. 100°).

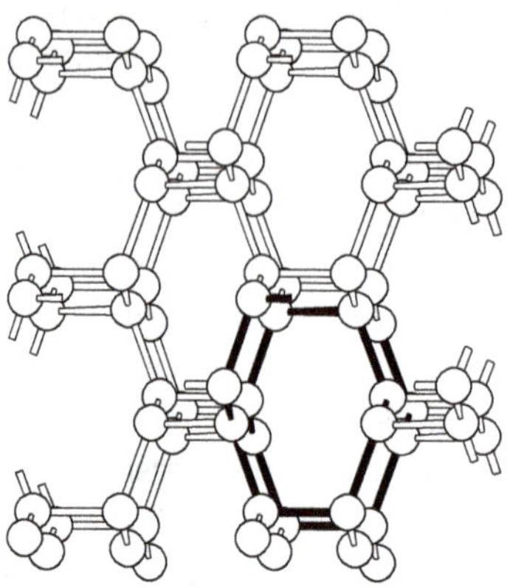

Abb. 1.29: Darstellung eines Ausschnittes aus der bei 1,15 Mbar bestimmten Kristallstruktur von kubischem Stickstoff. Die hervorgehobenen Bindungen illustrieren die schraubenförmige Struktur des in der Raumgruppe $I2_13$ kristallisierenden Netzwerks.

Die in Polystickstoff und Hydrazin auftretenden Diederwinkel liegen zwischen den Erwartungswerten von 60° bzw. 180° für gestaffelte Konformationen mit synklinal bzw. antiperiplanar orientierten freien Elektronenpaaren. Die Hauptursache für die Abweichung ist die gegenseitige Abstoßung eben dieser Elektronenpaare, deren Einfluss leicht anhand einer Betrachtung der Wechselwirkung zwischen den entsprechenden doppelt besetzten LMOs illustrierbar ist (Abb. 1.30). In der trans-Konformation mit einem Diederwinkel von 180° induziert eine merkliche Überlappung der anschaulich als sp^2-Hybridorbitale darstellbaren LMOs eine hohe Pauli-Abstoßung (s. Abschn. 1.2.3) und damit eine signifikante Erhöhung der Konformationsenergie. Überlappung und Destabilisierung nehmen bei Torsion um die N–N-Bindung ab und erreichen theoretisch ihr Minimum bei einem Diederwinkel von 90° und orthogonaler Ausrichtung der LMOs. Dass reale Diederwinkel in gauche-Konformeren häufig von diesem Idealwert abweichen, reflektiert die Einflüsse weiterer Beiträge zur Konformationsenergie (z. B. der Pauli-Abstoßung mit Elektronenpaaren benachbarter Bindungen), die bei größeren Torsionswinkeln als 90° optimale Werte erreichen.

Die am Beispiel einer N–N-Bindung besprochenen Trends sind grundsätzlich auf analoge Bindungen zwischen anderen Elementen des p-Blocks übertragbar. Bei Beteiligung von Elementen aus höheren Perioden nehmen infolge der größeren Bindungsabstände und des höheren s-Charakters der freien Elektronenpaare sowohl die abstoßenden Wechselwirkungen insgesamt als auch deren Konformationsabhängigkeit ab, und

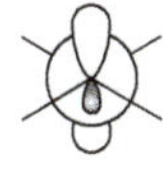

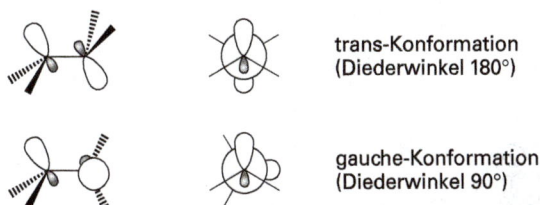

Abb. 1.30: Schematische Darstellung der Wechselwirkung zwischen LMOs, die zwei freie Elektronenpaare an benachbarten Atomen einer E–E-Bindung darstellen, mit Blickrichtung senkrecht zur Bindung (links) und als Newmanprojektion mit Blickrichtung entlang der Bindung (rechts).

die trans-Konformeren werden relativ zu den gauche-Konformeren energetisch stabilisiert.

1.3.2.2 Sauerstoff

Neben den unter Normalbedingungen gasförmigen Allotropen Disauerstoff (stabil) und Ozon (metastabil), die hier nicht besprochen werden sollen, und einem kurzlebigen, durch NRMS nachgewiesenen Tetrasauerstoffmolekül (O_4) bislang unbekannter Konstitution (Lebensdauer ca. 1 µs, Dissoziationsenergie >40 kJ mol^{-1}) existieren auch beim Sauerstoff Hochdruckmodifikationen. Der leuchtend rote und höchstwahrscheinlich diamagnetische ε-Sauerstoff wurde 1979 entdeckt und spektroskopisch charakterisiert. Die Aufklärung der Konstitution gelang 2006, nachdem ausgehend von einer Mischung von He und O_2 in einer Diamantstempelzelle bei einer Temperatur von 450 K und einem Druck von 225 kbar erstmals einkristalline Proben hergestellt und röntgenographisch untersucht werden konnten. Die Struktur ist aus molekularen O_8-Einheiten aufgebaut (Abb. 1.31), die nicht wie im S_8 als gewellte Ringe vorliegen, sondern eine rhombische Anordnung mit D_{2h}-Symmetrie bilden und parallel zueinander in Schichten angeordnet sind. In jedem dieser Quader gibt es vier kurze Abstände von 120–121 pm, deren Größe dem Atomabstand im Disauerstoff bei Normaldruck entspricht. Die Abstände zwischen den Atomen verschiedener O_2-„Hanteln" betragen innerhalb eines Quaders 218–219 pm und zwischen Atomen in verschiedenen Quaders um 250–260 pm (zum Vergleich: der van-der-Waals-Abstand zwischen Sauerstoffatomen beträgt etwa 300 pm).

Die Bildung von Bindungen zwischen den O_2-Hanteln eines Quaders kann mithilfe des Konzeptes der π^*–π^*-Wechselwirkung verstanden werden, die erstmals für das I_4^{2+}-Dikation diskutiert wurde. Übertragen auf den hier vorliegenden Fall liefert die Überlappung einer Komponente des entarteten, halb besetzten π^*-Orbitals einer O_2-Hantel mit dem entsprechenden Orbital einer Nachbareinheit je ein bindendes und ein antibindendes 4-Zentren-MO einer rechteckigen $(O_2)_2$-Einheit (Abb. 1.32a). Werden zwei dieser Bausteine übereinandergelegt, überlappen die zu den Rechteckebenen orthogonalen π^*-Orbitale zu weiteren 4-Zentren-MOs des vollen O_8-Quaders. Aus acht

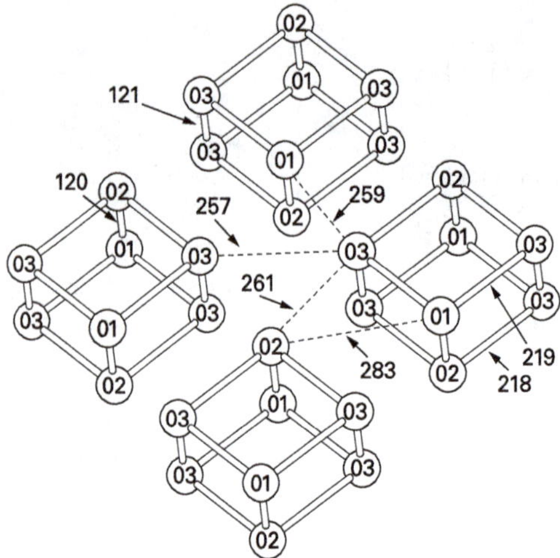

Abb. 1.31: Struktur und Packung der O_8-Moleküle in der Hochdruck-ε-Phase von festem Sauerstoff (Atomabstände in pm bei 176 kbar) [nach Steudel, Angew. Chem., Wiley-VCH, 2007, 119, 1799].

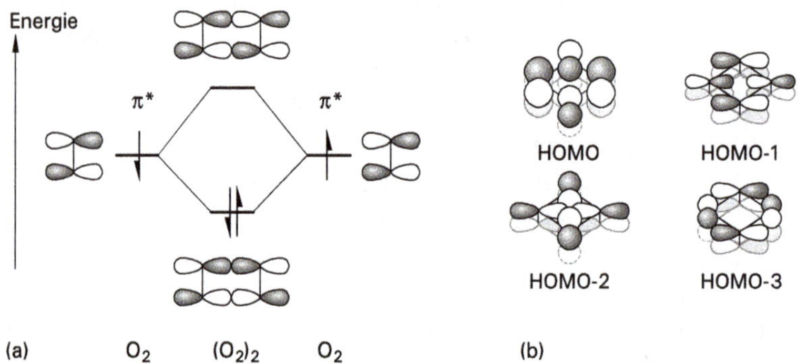

Abb. 1.32: (a) Schematische Darstellung der Bildung einer π^*-π^*-Bindung durch Überlappung jeweils einer Komponente der halb besetzten π^*-Orbitale in zwei (O_2)-Subeinheiten; (b) Darstellung der durch π^*-π^*-Wechselwirkungen zwischen allen vier Subeinheiten gebildeten vier bindenden kanonischen Molekülorbitale in der vollen rhombischen O_8-Einheit von ε-Sauerstoff [nach R. Steudel, Angew. Chem., Wiley-VCH, 2007, 119, 1800].

π^*-Orbitalen von vier O_2-Molekülen entstehen so vier bindende (Abb. 1.32b) und vier antibindende kanonische MOs. Besetzung der bindenden 4-Zentren-MOs mit den acht ungepaarten Elektronen der anfänglichen O_2-Moleküle liefert dann ein diamagnetisches, gegenüber den getrennten Fragmenten energetisch stabilisiertes O_8-Molekül.

Weil das Elektronenpaar im bindenden 4-Zentren-MO einer π^*–π^*-Bindung formal bindende Wechselwirkungen zwischen zwei verschiedenen Atompaaren der beiden ursprünglichen Moleküle vermittelt, spricht man auch von einer 2e-4z-Bindung (oder manchmal etwas lax auch von zwei 1e-2z-Bindungen). Da die Elektronendichte pro

Bindung nur halb so groß wie in einer lokalisierten 2e-2z-Bindung ist, sind 2e-4z-$\pi^*-\pi^*$-Bindungen naturgemäß deutlich länger als normale Einfachbindungen (die Länge einer O–O-Einfachbindung beträgt etwa 148 pm).

Nach quantenchemischen Rechnungen ist ein rhombisches O_8-Molekül insgesamt um ca. 280 kJ mol^{-1} stabiler als ein zum S_8 analoges kronenförmiges Isomer mit D_{4d}-Symmetrie, dessen Energie wiederum um mehr als 500 kJ mol^{-1} über der von vier O_2-Molekülen liegt. Da die Bildung von O_8 aus O_2 nach dieser Bilanz weniger endotherm ist als die Bildung der Hochdruckmodifikation von N_2, wird verständlich, dass die Stabilisierung der ε-Phase von Sauerstoff schon bei geringerem Druck gelingt. Die starke Volumenkontraktion bei der Bildung aus der Vorläuferphase σ-Sauerstoff kann anschaulich dadurch erklärt werden, dass die in der Schichtstruktur von σ-Sauerstoff mit einem intermolekularen Abstand von 257 pm gepackten O_2-Hanteln in den O_8-Einheiten von ε-Sauerstoff auf einen Abstand von 219 pm zusammenrücken. Bei einer weiteren Druckerhöhung geht die ε-Phase oberhalb von 960 kbar in eine metallische Phase (ξ-Sauerstoff) über, in der nach kristallographischen Untersuchungen eine weitere Volumenkontraktion in den Schichtebenen der ε-Phase erfolgt. Dies deutet auf eine weitere Verkleinerung der „intermolekularen" Abstände zwischen den O_8-Einheiten hin.

1.3.2.3 Phosphor

Die Modifikationen des elementaren Phosphors zeichnen sich durch eine große Diversität aus, die sich nicht nur in den bekannten Farben, sondern auch in einer strukturellen Vielfalt niederschlägt. Als bei Raumtemperatur und Normaldruck in kondensierter Phase langlebige Allotrope schon länger bekannt sind weißer, roter, violetter (Hittorf'scher) und schwarzer Phosphor; hinzu kommen seit Neuerem mehrere Varianten von faserförmigem Phosphor. Neben diesen Modifikationen, die mit Ausnahme des amorphen roten Phosphors in kristalliner Form zugänglich sind, existiert der zu N_2 isoelektronische Diphosphor (P_2, vgl. Abschn. 1.2.1) als Hochtemperaturmolekül in der Gasphase.

Neben P_4 (s. Abschn. 1.2.7) ist Diphosphor das einzige bislang experimentell nachgewiesene niedermolekulare Phosphorallotrop. Zwischen beiden Molekülen besteht ein thermisches Gleichgewicht, in dem die Bildung von P_2 bei hoher Temperatur in der Gasphase und die von P_4 in kondensierter Phase begünstigt ist. Ungeachtet dessen kann P_2 bei Normaltemperatur photochemisch oder chemisch als kurzlebiges Intermediat bei Raumtemperatur in Lösung erzeugt und durch Abfangreaktionen nachgewiesen werden (Abb. 1.33).

Der Hittorf'sche und der von Ruck et al. erstmals strukturanalytisch charakterisierte faserförmige Phosphor enthalten eindimensionale Polymerstränge mit einer röhrenförmigen Struktur aus alternierenden P_8- und P_9-Einheiten, die in regelmäßigen Abständen durch zusätzliche kovalente Bindungen zwischen Phosphoratomen aus

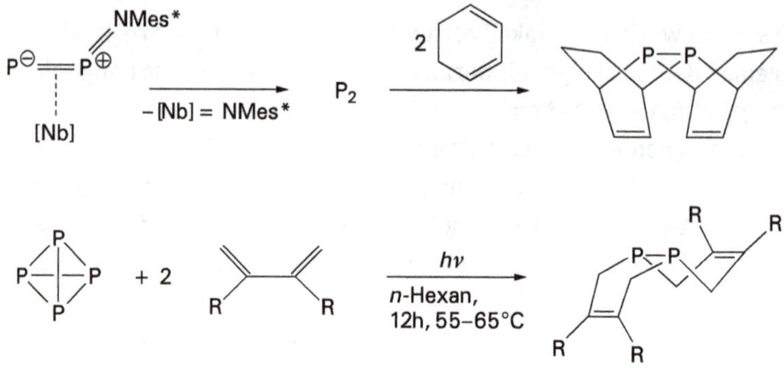

Abb. 1.33: Erzeugung von P_2 durch eine chemische Reaktion aus einem Phosphaazido-Übergangsmetallkomplex ([Nb] = Nb {N(Neopentyl)(3,5-Me_2-C_6H_3)}$_3$, Mes* = 2,4,6-$t$$Bu_3$-$C_6H_2$) bzw. Photolyse von P_4 und Abfangreaktion mit 1,3-Dienen.

P_9-Einheiten verknüpft werden sind (Abb. 1.34). Der Unterschied zwischen beiden Modifikationen besteht darin, dass miteinander verbundene Stränge entweder über Kreuz oder parallel zueinander angeordnet sein können. Damit entsteht im ersten Fall eine zweidimensional vernetzte Doppelschicht, und im zweiten Fall werden Doppelröhren gebildet. Beide Modifikationen haben gleiche Dichte und weitgehend vergleichbare Bindungslängen; allerdings ist die P–P-Brückenbindung zwischen zwei Strängen im Hittorf'schen Phosphor kürzer (217 pm) als im faserförmigen Phosphor (222 pm). Dieser Effekt kann auf die unterschiedliche Konformation der P_2-Brücken zurückgeführt werden (Abb. 1.34b): In der *gauche*-Konformation des Hittorf'schen Phosphors mit einem Diederwinkel nahe 90° ist die Pauli-Abstoßung zwischen den benachbarten freien Elektronenpaaren geringer als in der *trans*-Anordnung des faserförmigen Phosphors mit einem Diederwinkel von 180° (s. Abschn. 1.3.2.1) und erlaubt somit die Bildung einer kürzeren Bindung. Dieselbe Argumentation liefert auch eine Erklärung für die insgesamt große Varianz der P–P-Abstände von 217 bis 230 pm in beiden Strukturen: Große Abstände von 226 pm und mehr treten immer dann auf, wenn die P_2-Einheit eine ekliptische Konformation besitzt und die Pauli-Abstoßung zwischen den benachbarten freien Elektronenpaaren maximal wird.

Schwarzer Phosphor bildet sowohl in der orthorhombischen Niederdruckmodifikation als auch einer bei Drücken zwischen 80 und 110 kbar existenten rhomboedrischen Hochdruckmodifikation zweidimensionale Schichtstrukturen aus. Die in Analogie zum Graphen als **Phosphoren** bezeichneten Einzelschichten bestehen in beiden Fällen aus Netzwerken kantenverknüpfter Sechsringe mit Sesselkonformation und unterscheiden sich nur durch ihr Verknüpfungsmuster: in der Hochdruckmodifikation, die gemäß der Druck-Homologenregel der Struktur des grauen Arsens entspricht, nehmen alle von einem Sechsring ausgehenden Bindungen zu Atomen in benachbarten Ringen eine äquatoriale Stellung bezüglich des zentralen Rings ein, während in der orthorhombischen Modifikation zwei gegenüberliegende Bindungen eine axiale Stellung

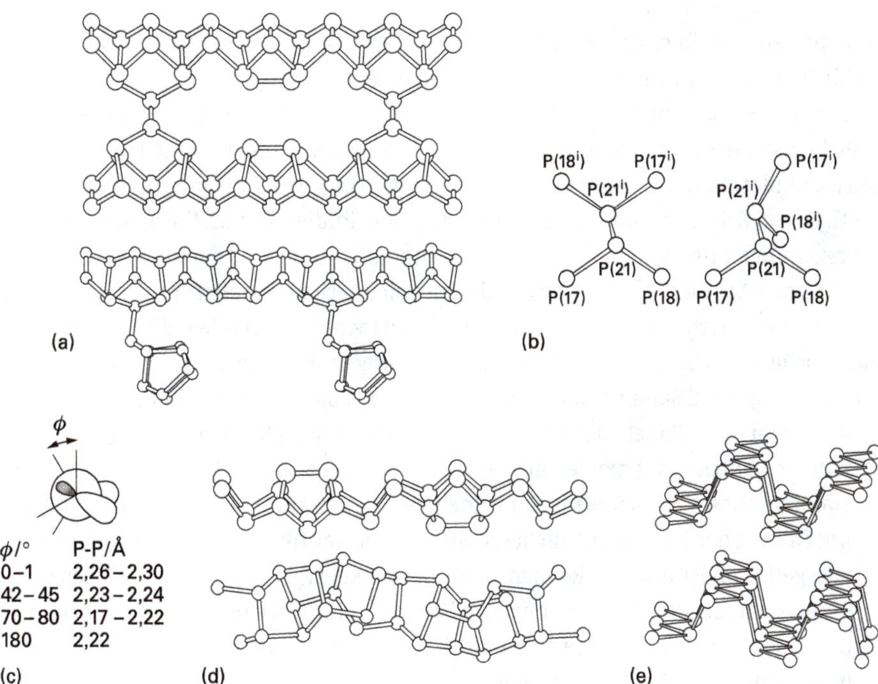

Abb. 1.34: Strukturen von Phosphormodifikationen. (a) Aufbau der Röhrenstruktur und gekreuzte bzw. parallele Verknüpfung im Hittorf'schen (unten) und Ruck'schen Phosphor (oben); (b) Konformation der an der P–P-Brücke beteiligten Atome im Hittorf'schen (rechts) und Ruck'schen Phosphor (links); (c) schematische Darstellung des Zusammenhangs zwischen Diederwinkel und Bindungsabstand im Hittorf'schen und Ruck'schen Phosphor; (d) P_{12}-Wiederholungseinheit in den kristallinen Addukten $(CuI)_8P_{12}$ und $(CuI)_3P_{12}$, die in dem nach Entfernen der Salzmatrix verbleibenden amorphen Phosphor vermutlich erhalten bleibt; (e) Schichtstruktur des orthorhombischen schwarzen Phosphors. (a) [nach Pfitzner, *Angew. Chem.* **2006**, *118*, 714] (b) [nach Ruck et al., *Angew. Chem.* **2005**, *118*, 7788] (d) [nach Pfitzner, *Angew. Chem.* **2006**, *118*, 714].

(„flagpole-position“) bevorzugen. Die Bindungslängen von 222–224 pm unterscheiden sich nicht von denen im Hittorf'schen Phosphor. Trotzdem ist schwarzer Phosphor nicht wie Diamant als kovalent aufgebauter Festkörper mit lokalisierten Bindungen anzusehen, da er kein elektrischer Isolator ist, sondern Halbleitereigenschaften besitzt. Ursache hierfür sind kurze Abstände (359 pm) zwischen Phosphoratomen in benachbarten Schichten, die deutlich unterhalb der Summe der van-der-Waals-Radien (370 pm) liegen. Bei Umwandlung der orthorhombischen in die rhomboedrische Modifikation erfolgt eine Volumenabnahme, die auf eine weitere Verkürzung der Abstände zwischen den Schichten zurückzuführen ist. Bei Drücken >110 kbar wandelt sich rhomboedrischer Phosphor schließlich in eine noch dichtere, kubische Modifikation um, die oktaedrisch koordinierte Phosphoratome enthält und metallischen Charakter besitzt. Sowohl schwarzer Phosphor als auch aus diesem durch Exfolierung erhältliche und aus einer Schicht oder Stapeln weniger Schichten bestehende Phosphorene finden aufgrund ihrer speziellen Halbleitereigenschaften seit Kurzem erhöhtes Interesse als Nanomaterial für Batterien, Transistoren, Sensoren und in der Photonik.

Eine Klassifizierung der Strukturen des elementaren Phosphors und eine grundlegende Einsicht in die Ursachen der unterschiedlichen Stabilität der einzelnen Modifikationen gründet auf umfassenden experimentellen Arbeiten der Gruppen um M. Baudler und H. G. von Schnering und computerchemischen Studien von M. Häser. Da in diesen Untersuchungen neben molekularen Elementmodifikationen P_n auch phosphorreiche polycyclische Anionen P_n^{m-} und die aus diesen ableitbaren neutralen Spezies P_nH_m bzw. P_nR_m (R = organischer Rest, $n \gg m$) berücksichtigt wurden, erlauben die gewonnenen heuristischen Prinzipien generelle Schlussfolgerungen über die Zusammenhänge zwischen Topologie und Stabilität kovalent aufgebauter, molekularer Polyphosphorgerüste:

1. Das bevorzugte Bauelement für Gerüststrukturen aus Phosphoratomen ist ein gefalteter Fünfring mit axialer Ausrichtung der exocyclischen Bindungen. Die hohe Stabilität dieses Fragments ist im Prinzip auf zwei Hauptursachen zurückführbar: Die Faltung der Ringe ermöglicht die Ausbildung der für trivalente Phosphoratome energetisch begünstigten kleinen Bindungswinkel (vgl. Abschn. 1.2.2). Gleichzeitig unterstützt die Anordnung der exocyclischen Bindungen eine orthogonale Ausrichtung freier Elektronenpaare an benachbarten Atomen und minimiert so die Destabilisierung durch Pauli-Abstoßung.
2. Größere Strukturen entstehen bevorzugt durch Anlagerung weiterer P_2- bzw. P_3-Fragmente an ein bestehendes Gerüst oder die Kombination zweier komplexer Teilgerüste, möglichst unter Bildung zusätzlicher Fünfringe. Alternativ können neue Strukturen gebildet werden, indem zwei Atome in einer polycyclischen Einheit durch eine zusätzliche Einfachbindung miteinander verbunden oder zwei polycyclische Einheiten durch eine Bindung verkettet werden.
3. Die Stabilität einer polycyclischen Gerüststruktur nimmt mit steigender Zahl von Fünfringen zu und mit steigender Zahl von Dreiringen ab. Ein qualitatives Maß für die Stabilität isomerer polycyclischer Strukturen bietet die als **Baudler-Index** bezeichnete Differenz der Zahl fünfgliedriger und dreigliedriger Ringe.
4. Im elementaren Phosphor sind röhrenförmige Strukturen bevorzugt. Der Aufbau der P_8- und P_9-Einheiten im Hittorf'schen und Ruck'schen Phosphor ermöglicht eine fast spannungsfreie Verknüpfung der einzelnen Ringe zu einer linearen Struktur, die eine enge Packung der Röhren im Kristall erlaubt. Hieraus resultiert offenbar ein optimaler Kompromiss zwischen Stabilität und Kompaktheit der Gesamtstruktur.
5. Die Strukturen der schwarzen Phosphorallotrope können aus den aufgeführten Prinzipien nicht abgeleitet werden. In einfachen Molekülstrukturen sind P_6-Ringe weniger stabil als P_5-Ringe. Die hohe Stabilität der Sechsringnetzwerke im schwarzen Phosphor beruht wahrscheinlich auf Elektronenkorrelationseffekten, die auch die für eine kovalente Struktur ungewöhnlichen Halbleitereigenschaften erklären könnten.

Die hohe Bildungstendenz von weißem Phosphor ist nicht direkt aus der Molekülstruktur abzuleiten und nur durch ein Zusammenspiel mehrerer Faktoren ansatzweise erklärbar: P_4 ist nach quantenchemischen Vorhersagen stabiler als die nächstgrößeren Phosphorcluster P_6 und P_8, vermutlich, weil die konvexe Anordnung der Ringe die Pauli-Abstoßung zwischen den freien Elektronenpaaren reduziert. Für mehrere neutrale P_n-Moleküle mit $n > 8$ werden zwar höhere Bindungsenergien vorhergesagt als für $n/4P_4$-Moleküle (Abb. 1.35); betrachtet man jedoch die Differenz berechneter freier Enthalpien ΔG, dann verschiebt sich das Gleichgewicht zwischen einem hypothetischen P_n und $n/4$ Molekülen P_4 bei hoher Temperatur entropiebedingt stark auf die Seite der P_4-Moleküle (nach einer Abschätzung beträgt die Gleichgewichtskonzentration von P_{12} am Siedepunkt des weißen Phosphors < 1 ppm). Weiterhin erscheint die spontane Bildung größerer P_n-Moleküle unter kinetischen Aspekten als unwahrscheinlich, da drei oder mehr P_4-Einheiten miteinander reagieren müssten, um ein Cluster mit ähnlicher Stabilität wie P_4 zu bilden.

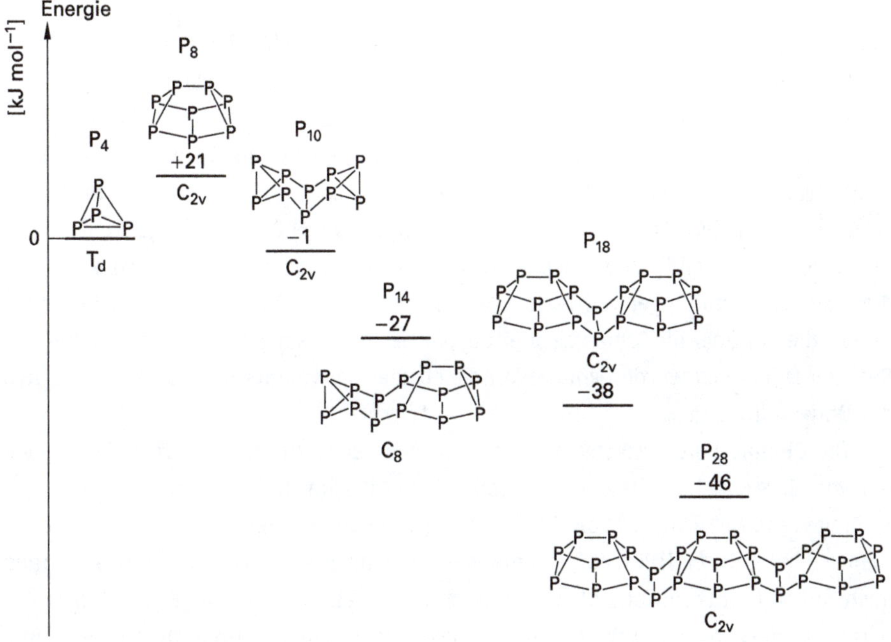

Abb. 1.35: Abschätzung der Stabilität geradzahliger P_n-Moleküle mit $n \geq 8$ im Vergleich zu P_4. Die Zahlen bezeichnen auf SCF/SVP-Niveau berechnete Energien in kJ mol^{-1} (P_4) relativ zu P_4 [Daten aus M. Scheer et al., *Chem. Rev.* **2010**, *110*, 4236].

Die durch kinetische und thermodynamische Betrachtungen begründete hohe Bildungstendenz des P_4-Moleküls in der Gasphase bedeutet allerdings nicht, dass die Darstellung metastabiler, molekularer Phosphorallotrope über spezifische Syntheserouten unter milden Bedingungen a priori unmöglich ist! Erste erfolgreiche Schritte auf diesem Weg gelangen in Form der Lewis-Säure- bzw. Lewis-Base-unterstützten Oligomerisierung von P_4 zu isolierbaren Carbenkomplexen (carben)$_2$(P_{12}) (s. Abschn. 1.8.2) und von Metallkomplexen [(Cp‴Co)$_n$(P_4)$_m$] (n = 2 – 6; Cp‴ = 1,2,4-tBu$_3$C$_5$H$_2$), z. B.:

[Co]–(Toluol)–[Co] + P_4 (Überschuss) $\xrightarrow[-C_7H_8]{-60\,°C}$ **5** + größere P_n-Komplexe

[Co] = CoCp‴

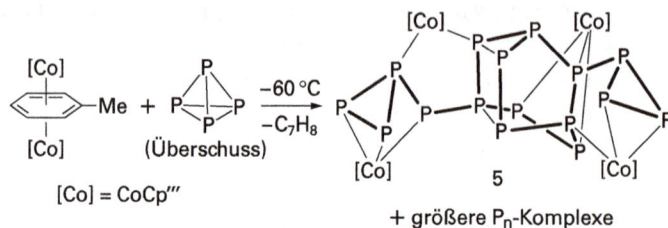

1.3.2.4 Schwefel

Der Schwefel ist das Element mit der größten bekannten Zahl allotroper Formen. Feste Allotrope liegen entweder als gewellte molekulare Ringe S_n (n = 5–30) mit unterschiedlicher Ringgröße oder als polymere Ketten (S_∞) mit unterschiedlichen Konformationen vor und sind aus Gerüsten aus S–S-Einfachbindungen aufgebaut. Viele bekannte S_n-Allotrope bilden mehrere kristalline Modifikationen. In der Gasphase oder in flüssiger Phase existieren bei hohen Temperaturen darüber hinaus kleinere Moleküle S_n (n = 2–5), von denen S_2 und S_3 isoelektronisch zu Disauerstoff und Ozon sind und wie diese Mehrfachbindungen aufweisen. Alle Spezies S_n ($n \neq 8$) sind monotrope Modifikationen, die nur über die Schmelze oder Gasphase, über Lösungen oder durch chemische Reaktionen erzeugt werden können, und sind thermodynamisch metastabil bezüglich der Umwandlung in S_8.

Die Chemie von Schwefelringen wurde vor allem durch bahnbrechende Arbeiten von R. Steudel umfassend erforscht. Unspezifische Bildung verschieden großer S_n-Ringe wird bei Erhitzen von flüssigem Schwefel beobachtet. Das dabei entstehende Gemisch kann durch HPLC aufgetrennt werden; einzelne Allotrope wie z. B. S_7 können auch durch Extraktion aus abgeschreckten Schwefelschmelzen abgetrennt und präparativ isoliert werden. Die gezielte Synthese von S_n-Ringen durch Metathese gelingt in Reaktionen von Schwefelchloriden S_nCl_2 oder Sulfurylchlorid mit Biscyclopentadienyltitanpentasulfid. Triebkraft ist hier die hohe Bindungsenergie der gebildeten Ti–Cl-Bindungen:

$$Cp_2TiS_5 + S_nCl_2 \longrightarrow Cp_2TiCl_2 + S_{n+5} \quad (n = 1, 2, 4, 6, 8)$$

$$2Cp_2TiS_5 + 2SCl_2 \longrightarrow 2Cp_2TiCl_2 + S_{12}$$

$$nCp_2TiS_5 + nSO_2Cl_2 \longrightarrow nCp_2TiCl_2 + nSO_2 + S_{5n} \quad (n = 2, 3, 4)$$

Die gegenseitige Umwandlung von S_n-Einheiten unter formalem Transfer von Schwefelatomen ist als grundlegende Reaktion nicht nur für die Beschreibung der Vorgänge in flüssigem Schwefel, sondern auch für das Verständnis chemischer oder technischer Prozesse wie der Sulfurierung von Phosphanen oder der Kautschukvulkanisation von Bedeutung. Sie verläuft im Sinn einer temperaturabhängigen Gleichgewichtsreaktion und kann thermisch, photochemisch, oder durch starke Nukleophile oder Elektrophile beschleunigt werden. Während für thermisch oder photochemisch induzierte Prozesse ein Radikalmechanismus plausibel erscheint, verlaufen nukleophil bzw. elektrophil induzierte Reaktionen über zwitterionische Intermediate (z. B. S_8 + Nu $\longrightarrow$ Nu^+–S_7–S^-). Da eine Reihe von Reaktionen wie die weit unterhalb von 100 °C und im Dunkeln und in Abwesenheit von Katalysatoren ablaufende Umwandlung von S_7 in S_8 durch keinen dieser Mechanismen erklärt werden können, wurde angenommen, dass noch eine weitere Alternative existiert, bei der hyperkoordinierte Thiosulfoxide (Sulfurane) als Intermediate auftreten (mit X = S-Atom, das Teil einer S_n-Kette bzw. eines S_n-Rings ist):

Obwohl Sulfurane mit elektronegativen Substituenten X gut bekannt sind (z. B. F_2S^+–S^- oder SF_4), stellt ihre Bildung im Verlauf einer Sulfurierungsreaktion nach einer neueren quantenchemischen Studie einen hoch endergonischen und endothermen Reaktionsschritt dar und kann energetisch nicht mit einer homolytischen Bindungsspaltung konkurrieren. Für unter milden Bedingungen ablaufende Reaktionen erscheint die Beteiligung hyperkoordinierter Intermediate somit höchst fragwürdig. Die momentan wahrscheinlichste Erklärung für unerwartet leicht ablaufende Umwandlungen zwischen verschiedenen Schwefelhomocyclen ist, dass diese durch Spuren nukleophiler Verunreinigungen oder Wandreaktionen katalysiert werden.

Die Länge von S–S-Bindungen in Schwefelallotropen beträgt im Mittel 206 pm und schwankt in einem relativ großen Bereich (±10 pm). Bindungswinkel variieren zwischen 101 und 110° und S–S–S–S-Torsionswinkel zwischen ca. 75° und 100°. Geht man davon aus, dass im thermodynamisch stabilen S_8 eine spannungsfreie Konformation vorliegt, dann liegen optimale Bindungswinkel um 108° und Torsionswinkel um 99°.

Dass die Varianz von S–S-Abständen wie beim Phosphor durch gegenseitige Abstoßung freier Elektronenpaare dominiert wird, lässt sich eindrucksvoll am Beispiel von Cycloheptaschwefel aufzeigen (Abb. 1.36). Das auffälligste Merkmal der Molekülstruktur ist hier die durch die Ringstruktur aufgezwungene cis-koplanare Anordnung dreier benachbarter S–S-Bindungen mit einem untypischen Torsionswinkel S4–S6–S7–S5 nahe 0°. In dieser Konformation kommt es zu einer starken Pauli-Abstoßung zwischen zwei freien Elektronenpaaren, die die senkrecht zur lokalen Ebene orientierten 3p-LMOs an

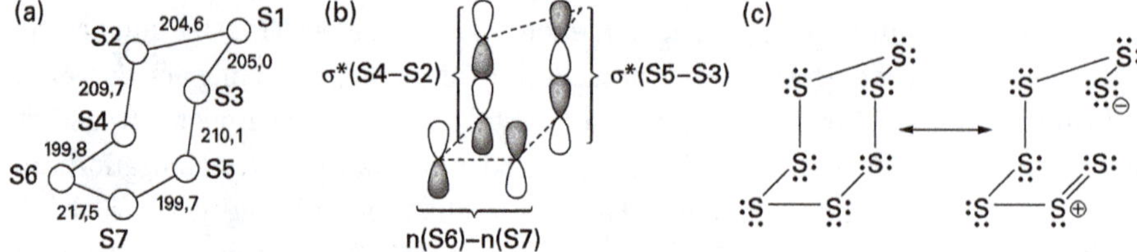

Abb. 1.36: (a) Darstellung der Molekülstruktur von Cycloheptaschwefel im γ-S_7 mit Bindungslängen in pm [Daten aus R. Steudel, Top. Curr. Chem. **2003**, *230*, 1]. (b) Schematische Darstellung der Wechselwirkung zwischen einer Linearkombination der nichtbindenden Elektronenpaare in 3p-LMOs an S6 und S7 mit den σ^*-LMOs der S4–S2- und S5–S3-Bindungen. Durch die Population der antibindenden LMOs werden die S4–S2- und S5–S3-Bindungen verlängert; gleichzeitig verkürzen sich die S7–S5- und S6–S4-Bindungen als Folge zusätzlicher π-Bindungsanteile. (c) Beide Effekte können im VB-Bild durch Resonanz zwischen kovalenten und zwitterionischen Grenzstrukturen (eine weitere, symmetrieäquivalente Grenzstruktur mit Verschiebung von Elektronendichte in den S6–S4/S4–S2-Bindungen ist nicht gezeigt) dargestellt werden.

den Atomen S6 und S7 besetzen. Die dadurch implizierte konformative Spannung kann minimiert werden, indem die Abstoßung durch Verlängerung der zentralen S6–S7-Bindung reduziert wird und zusätzlich Elektronendichte aus den nichtbindenden 3p-LMOs durch in unbesetzte σ^*-LMOs der S5–S3- bzw. S4–S2-Bindungen delokalisiert wird (Abb. 1.36b). Die dadurch induzierte Verkürzung der S7–S5- und S6–S4-Bindungen bei gleichzeitiger Dehnung der S5–S3- und S4–S2-Bindungen ist im VB-Bild durch Resonanz zwischen entsprechenden kovalenten und zwitterionischen Grenzstrukturen (Abb. 1.36c) anschaulich darstellbar. Die aus der Pauli-Abstoßung resultierende Verlängerung der zentralen S6–S7-Bindung ist die Ursache dafür, dass S_7 deutlich reaktionsfreudiger als andere Schwefelhomocyclen ist und das instabilste aller bislang bekannten S_n-Allotrope darstellt.

Die hier am Beispiel von S_7 geschilderte Stabilisierung eines Moleküls durch Wechselwirkung nichtbindender Elektronenpaare mit unbesetzten LMOs aus dem σ-Raum ist ein spezieller Fall von **Hyperkonjugation**. Allgemein bezeichnet man mit diesem Begriff eine intramolekulare elektronische Wechselwirkung zwischen einem besetzten σ-Orbital und einem benachbarten π^*-Orbital (oder alternativ zwischen einem π- und einem σ^*-Orbital), die unter Delokalisation von Elektronen im σ-Orbitalraum eine zusätzliche energetische Stabilisierung des Gesamtmoleküls bewirkt (im Fall von S_7 wird das „π-Orbital“ durch eine Linearkombination der beiden involvierten nichtbindenden Elektronenpaare mit passender Symmetrie repräsentiert). Hyperkonjugation tritt auch in vielen anderen Molekülen auf (Abb. 1.37) und führt oft zu einer Bindungslängenalternanz, die im S_7 oder in der Gerüststruktur des Hittorf'schen Phosphors verstärkt sichtbar wird, da alle beteiligten Bindungen ansonsten gleichwertig sind.

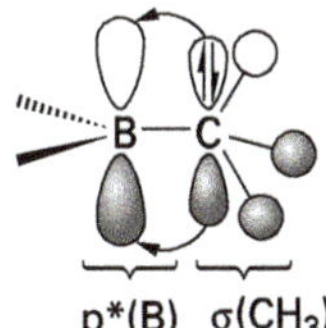

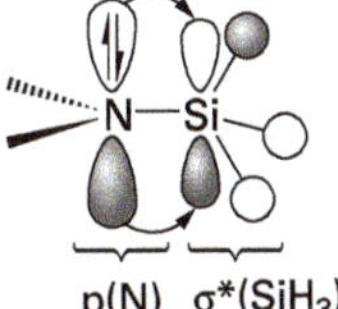

Abb. 1.37: Beispiele für $\sigma - \pi^*$- bzw. $n_\pi - \sigma^*$ Hyperkonjugation in Alkylboranen und Silylaminen. Die gebogenen Pfeile kennzeichnen die Richtung des Ladungstransfers zwischen besetztem und leerem MO.

1.3.3 Aktivierung von Element-Element-Bindungen und Gerüstumwandlungen

Neben Bor und Kohlenstoff sind Phosphor und Schwefel diejenigen Elemente, die die energetisch stabilsten Gerüststrukturen aus Einfachbindungen bilden. Angesichts dieser Stabilität und des unpolaren Charakters der Bindungen stellt deren Aktivierung in chemischen Reaktionen eine nicht triviale Aufgabe dar. Die Herausforderung liegt dabei im Unterschied zur N_2-Aktivierung weniger in der Überwindung einer hohen Aktivierungsbarriere, sondern in der Durchführung möglichst *gezielter* Umsetzungen unter *spezifischer* Umwandlung eines bestehenden Bindungsgerüsts. Reaktionen dieser Art sind einerseits von akademischem Interesse, spielen aber auch eine wichtige Rolle in industriellen Prozessen.

Prinzipiell kann die Aktivierung von Element-Element-Bindungen sowohl durch Nukleophile bzw. Reduktionsmittel als auch durch Elektrophile bzw. Oxidationsmittel eingeleitet werden. Die im Folgenden besprochenen Beispiele beziehen sich aus didaktischen Gründen und mit Blick auf den begrenzten Platz auf Reaktionen, in denen als Substrat die (unsubstituierten) Elemente selbst eingesetzt werden. Dieselben Reaktionen sind aber auch auf Verbindungen anwendbar, deren Molekülstruktur aus einem zentralen σ-Bindungsgerüst mit einer mehr oder weniger großen Zahl peripherer Substituenten besteht. Die systematische Erforschung der Aktivierung beider Typen von Substraten hat in den letzten Jahren zur Etablierung einer großen Zahl neuer Synthesemethoden zur kontrollierten Manipulation von σ-Bindungsgerüststrukturen geführt, die noch immer in dynamischer Entwicklung begriffen ist.

1.3.3.1 Nukleophile Aktivierung und polyatomare Anionen

Durch Nukleophile oder auch Reduktionsmittel bewirkte Abbaureaktionen polyatomarer Gerüststrukturen sind seit Eduard Zintls Arbeiten über „polyanionige Salze“ für viele Hauptgruppenelemente bekannt und gut untersucht (s. Abschn. 2.9.7.4, 2.9.7.5). Mechanistisch ist die Aktivierung einer Gerüstbindung durch Nukleophile als Substitution aufzufassen, die unter nukleophilen Angriff an einem σ^*-LMO und anschließender Bindungsspaltung verläuft:

$$Nu^{\ominus} + R_3E{-}ER_3 \longrightarrow Nu{-}ER_3 + {}^{\ominus}ER_3 \qquad R = \text{Substituent oder Elektronenpaar}$$

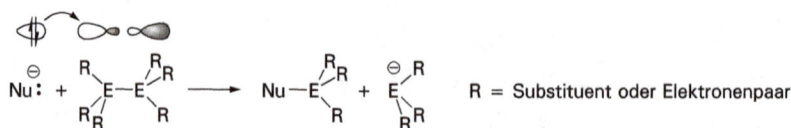

Die Umsetzung mit einem Reduktionsmittel kann formal so dargestellt werden, dass zunächst ein Elektron in ein σ^*-LMO übertragen wird und das gebildete Radikalanion dann in ein Anion und ein Radikal fragmentiert. Dieses kann unter weiterer Reduktion zu einem zweiten Anion abreagieren oder andere Radikalreaktionen eingehen.

Die Fragmentierung eines σ-Bindungsgerüsts setzt in der Regel erst nach Spaltung mehrerer Bindungen ein (s. u.). Die Einzelschritte dieses mehrstufigen Prozesses können nicht nur durch einen Überschuss an Nukleophil bzw. Reduktionsmittel eingeleitet werden, sondern auch durch die gebildeten Intermediate, die ja ebenfalls nukleophilen Charakter besitzen. Dies hat zur Konsequenz, dass parallel zum Abbau des ursprünglichen Bindungsgerüsts auch ein Aufbau größerer Einheiten erfolgen kann. So liefert z. B. der Abbau von S_8 mit (Hydrogen-) Sulfid nicht nur Polysulfide S_n^{2-} mit Kettenlängen $n \leq 9$, sondern durch gegenseitigen nukleophilen Angriff gemäß $2\,S_n^{2-} \rightleftharpoons S_{n-x}^{2-} + S_{n+x}^{2-}$ $(x < n)$ auch kettenverlängerte Produkte.

Der nukleophile Abbau elementarer Chalkogene Y_n (Y = S, Se, Te) ist Grundlage synthetisch wichtiger Chalkogenierungen, bei denen einzelne Chalkogenatome auf anorganische oder organische Substrate übertragen werden. Reduktionsprozesse werden auch zur Darstellung vielseitig verwendbarer Polychalkogenide S_n^{2-} eingesetzt:

$$R_3P + \frac{1}{n}Y_n \longrightarrow R_3P{=}Y \quad (Y = O, S, Se)$$

$$R_2C{=}CR_2 + \frac{1}{n}S_n \longrightarrow R_2C(S)CR_2$$

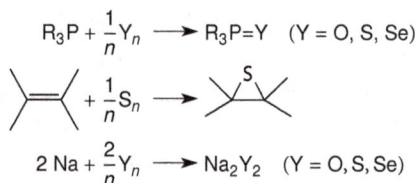

$$2\,Na + \frac{2}{n}Y_n \longrightarrow Na_2Y_2 \quad (Y = O, S, Se)$$

Elemente der Gruppe 15 (Pnictogene) bilden topologisch vielseitigere Polyanionen, deren polycyclische oder kettenförmige Strukturen (Abb. 1.38) denen von Zintl-Anionen entsprechen (s. Abschn. 2.9.7.4, 2.9.7.5). Kettenförmige Anionen enthalten neben neutralen und einfach geladenen Atomen einbindige Atome mit zwei negativen Ladungen an den Kettenenden. Polycyclische Anionen werden in der Regel durch die allgemeine Zusammensetzung $Z_{(m+n)}^{n-}$ (Z = Pnictogen) beschrieben und enthalten m dreibindige, formal neutrale Atome sowie n zweibindige Atome, von denen jedes eine negative Ladung trägt. Die Aufbauprinzipien ihrer komplexen Bindungsnetzwerke wurden schon im Zusammenhang mit der Struktur von rotem und violettem Phosphor angesprochen (Abschn. 1.3.2).

Zur Verdeutlichung des Ineinandergreifens von Auf- und Abbauschritten sollen Studien zum nukleophilen Abbau von weißem Phosphor mit sperrigen anionischen Nukleophilen eingehender diskutiert werden. Da weißer Phosphor die Vorstufe vieler or-

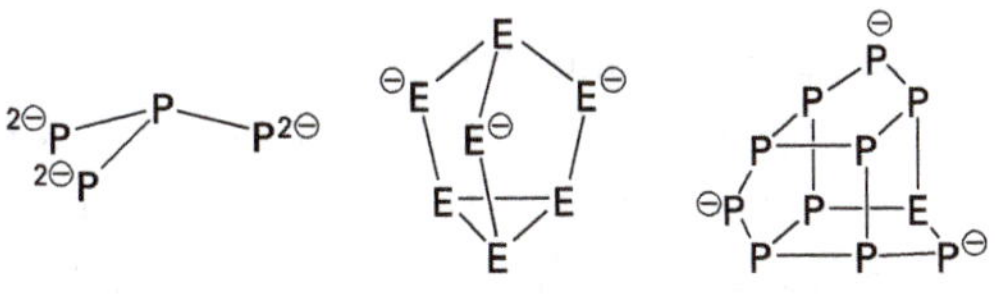

$(P_4)^{6-}$ $(E_7)^{3-}$ (E = P, As) $(P_{11})^{3-}$

Abb. 1.38: Beispiele für polyanionische Gerüststrukturen mit Elementen der Gruppe 15 (Pnictogenen).

ganischer Phosphorverbindungen ist und es Bedarf für die Entwicklung nachhaltiger Synthesen dieser Verbindungen durch direkte chemische oder elektrochemische Umwandlung von P_4 gibt (konventionelle Synthesen, die eine Chlorierung oder Oxychlorierung von P_4 zu PCl_3, PCl_5 oder $POCl_3$ bzw. eine Disproportionierung zu PH_3 und H_3PO_4 als Schlüsselschritt beinhalten, haben entscheidende Nachteile, da bei Chlorierungen viel Energie zur Erzeugung von Cl_2 benötigt wird und große Mengen Salze als Abfall anfallen und bei einer Disproportionierung der energieaufwendig hergestellte Phosphor nur partiell genutzt wird), ist ein Verständnis dieser Prozesse auch für die industrielle Chemie von Bedeutung. Sperrige Substituenten werden in diesen Studien vor allem deshalb eingesetzt, weil ihre kinetisch stabilisierende Wirkung durch Verlangsamung einzelner Reaktionsschritte und Stabilisierung von Intermediaten (s. Abschn. 1.2.6) die Aufklärung von Reaktionsmechanismen erleichtert.

Der Initialschritt der Reaktion von P_4 mit sperrigen Nukleophilen verläuft wie erwartet unter Spaltung einer Bindung und Öffnung der Tetraederstruktur zu einem gefalteten Tetraphosphabicyclobutangerüst. In der Umsetzung mit 2,4,6-tri-tert-butylphenyl-Lithium (Mes*Li) kann dieses Produkt durch ein Arylbromid (Mes*Br) oder durch BPh_3 unter Bildung eines neutralen [1.1.0]-Tetraphosphabicyclobutans bzw. eines Boran-Addukts abgefangen werden. Letzteres kann unter Erhalt der Gerüststruktur weiter derivatisiert werden:

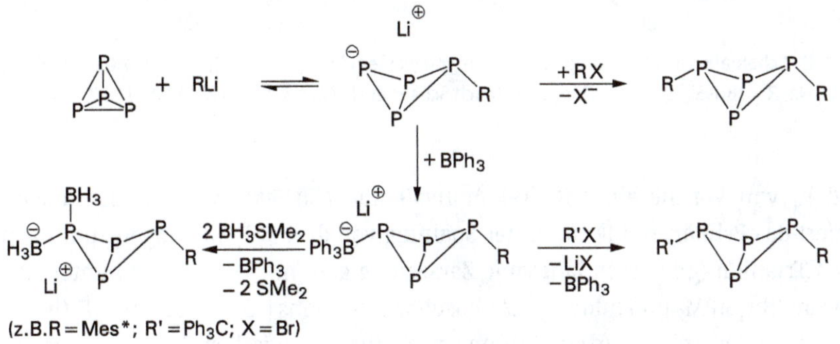

+ RLi ⇌ ; + RX / $-X^-$; + BPh_3 ; R'X / −LiX / $-BPh_3$; 2 BH_3SMe_2 / $-BPh_3$ / $-2\,SMe_2$

(z.B. R = Mes*; R' = Ph_3C; X = Br)

In der Reaktion von P_4 mit dem Kaliumsilanid $[(Me_3Si)_3Si][K(18)\text{-Krone-6}]$ in wenig polaren Lösungsmitteln wird als erstes beobachtbares Reaktionsprodukt ein polycyclisches Octaphosphid ((b) in Abb. 1.39) nachgewiesen und isoliert. Diese Gerüstaufbaureaktion wurde durch Dimerisation zweier primär gebildeter Anionen $[RP_4]^-$ (a) erklärt. In stärker polaren Solventien und mit einem doppelten Überschuss eines sperrigen Silanids (tBu$_3$Si$^-$, tBu$_2$PhSi$^-$, (Me$_3$Si)$_3$Si$^-$) reagieren die Primärprodukte $[RP_4]^-$ demgegenüber bevorzugt unter Spaltung einer weiteren Bindung und Umlagerung zu Tetraphosphenid-Dianionen mit einer zentralen Doppelbindung (d). In einigen Fällen dimerisieren diese Produkte in einem reversiblen Gleichgewicht zu den P_8-Tetraanionen (e), die mit weiterem Silanid unter Abspaltung silylierter Phosphanide bzw. Phosphandiide partiell abgebaut werden. Die Silylphosphan(di)ide liegen wie Hauptgruppenmetall-Organyle als oligomere, ligandverbrückte Mehrkernkomplexe vor.

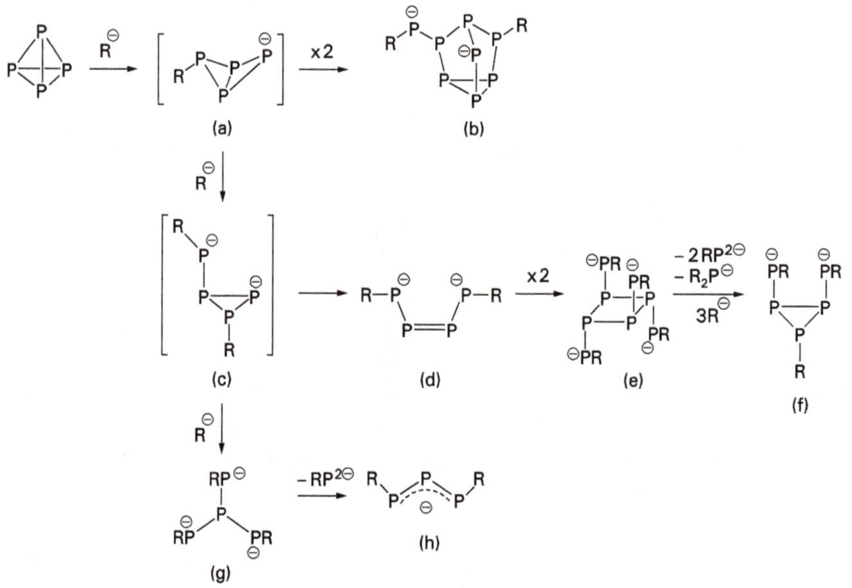

Abb. 1.39: Schematische Darstellung des Abbaus von weißem Phosphor durch sperrige Alkalisilanide MR (M = Li, Na; R = tBu$_3$Si, tBu$_2$PhSi, (Me$_3$Si)$_3$Si [nach Scheer et al., *Chemical Reviews*, **2010**, *110*, 7, 4242].

Wird P_4 von vornherein mit drei Äquivalenten tBu$_3$SiM (M = Li, Na) umgesetzt, reagiert das Primärprodukt (a) unter Spaltung von drei P–P-Bindungen zum sternförmigen Trianion (g). Dessen langsame Zersetzung geht mit Gerüstabbau unter Abspaltung von tBu$_3$SiPM$_2$ und Bildung des Phosphaallyl-Anions [tBu$_3$SiPPPSitBu$_3$]$^-$ (h) einher. Die Bildung der Anionen (d) und (h) mit π-Bindungen zwischen Phosphoratomen ist a priori als energetisch wenig günstig einzustufen (vgl. Abschn. 1.2.6 und 1.5.1). Sie wird hier aber offenbar dadurch begünstigt, dass die Aufteilung der hohen negativen Ladung auf mehrere Moleküle unter elektrostatischen Aspekten vorteilhaft ist, und dass die π-Bindungen zusätzlich durch Elektronenpaare benachbarter Phosphanideinheiten konjugativ stabilisiert werden.

1.3.3.2 Elektrophile Aktivierung und polyatomare Kationen

Während Zweielektronenreduktionen von σ-Bindungen zwischen Pnictogen-, Chalkogen- oder Halogenatomen unter Bindungsspaltung verlaufen (s. Abschn. 1.3.3.1), wird bei Zweielektronenoxidationen oft eine neue Bindung gebildet:

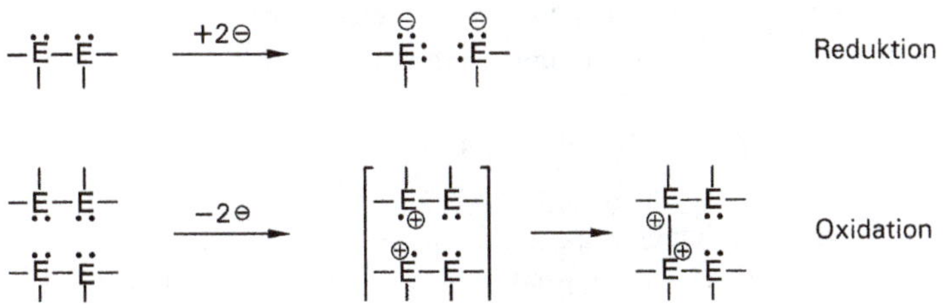

Reduktion

Oxidation

Besonders gut dokumentiert sind Oxidationen elementarer Chalkogene und Halogene zu polyatomaren Kationen der Zusammensetzung E_n^{2+}. Formal ist deren Bildung so erklärbar, dass durch separate Einelektronenoxidationen zunächst zwei Radikalkationen entstehen, die dann unter Elektronenpaarung rekombinieren. Hierbei lassen sich grundsätzlich zwei Fälle unterscheiden:

(a) π-Wechselwirkung der in LMOs mit p-Charakter lokalisierten ungepaarten Elektronen mit weiteren nichtbindenden Elektronenpaaren an Nachbaratomen erzeugt ein delokalisiertes π-System. Dies ist besonders begünstigt für viergliedrige Ringe, in denen Kombination von zwei einfach und zwei doppelt besetzten LMOs ein cyclisch delokalisiertes 6π-Elektronensystem mit Hückel-aromatischem Charakter und ununterscheidbaren Bindungsabständen liefert:

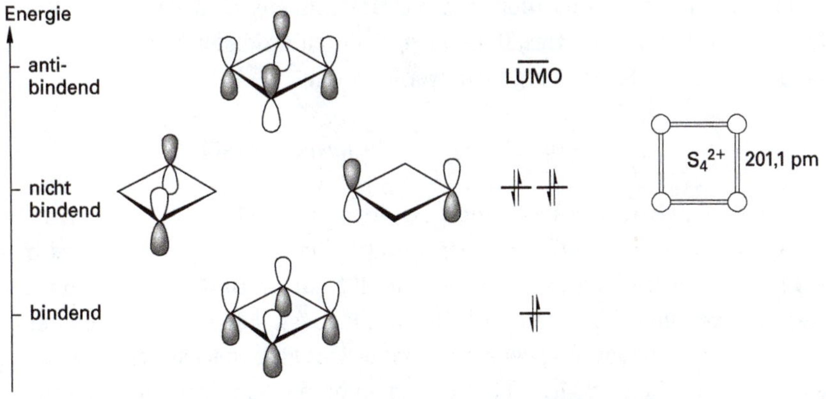

Energie

anti-bindend

nicht bindend

bindend

LUMO

S_4^{2+} 201,1 pm

Prototypen solcher Spezies sind die Tetrachalkogen-Dikationen Y_4^{2+} (Y = S (farblos), Se (gelb), Te (rot)), die z. B. bei der Oxidation der jeweiligen Elemente mit konzentrierter Schwefelsäure oder AsF_5 in einem Lösungsmittel wie liq. SO_2 gebildet werden:

$$\frac{1}{2}Y_8 + 3\,AsF_5 \longrightarrow [Y_4][AsF_6]_2 + AsF_3 \quad (Y = S, Se)$$

(b) Alternativ können die einfach besetzten LMOs zu einer σ-Bindung überlappen. Beispiele für diese Situation sind Chalkogen-Dikationen Y_8^{2+} (Y = S, Se), die u. a. durch Oxidation der Elemente mit AsF_5 in supersauren oder schwach koordinieren Solventien (liq. SO_2, liq. HF) zugänglich sind (Phasen mit analogen Te-haltigen Kationen können durch Festkörperreaktionen erhalten werden):

$$Y_8 + 3\,AsF_5 \longrightarrow [Y_8][AsF_6]_2 + AsF_3 \quad (Y = S, Se)$$

Die Dikationen werden üblicherweise durch bicyclische Valenzstrichformeln mit endo-exo-Konformation der kondensierten Fünfringe beschrieben (Abb. 1.40). Dies wird jedoch den tatsächlichen Verhältnissen nicht ganz gerecht, da nach Kristallstrukturuntersuchungen der „bindende“ transannulare Abstand deutlich länger als die peripheren S–S-Einfachbindungen in beiden Ringen, aber nur wenig kürzer als die benachbarten „nichtbindenden“ transannularen Abstände ist (Abb. 1.40, Mitte). Dieses Phänomen kann ausgehend von dem Befund erklärt werden, dass Spindichte und positive Ladung in den hypothetischen Radikalkationen nicht auf einem einzigen Atom lokalisiert sind, sondern durch π-Wechselwirkungen mit nichtbindenden Elektronenpaaren an den beiden jeweiligen Nachbaratomen über insgesamt drei Zentren delokalisiert werden. Die transannulare Wechselwirkung kann dann als delokalisierte 2-Elektronen-6-Zentren π^*–π^*-Bindung zwischen zwei allylartigen 3-Zentren-π-Orbitalen aufgefasst werden (Abb. 1.40, rechts). Nach quantenchemischen Rechnungen ist diese delokalisierte Struktur um 20 (für S_8^{2+}) bzw. 9 (Se_8^{2+}) kJ mol^{-1} stabiler als die „klassische“ bicyclische Struktur mit lokalisierter transannularer Bindung.

Eine Bindungsdelokalisation in sogar drei Dimensionen wurde für das Kation $[Te_6]^{4+}$ diskutiert, dessen Hexafluoroarsenat durch Oxidation von Tellur durch AsF_5 in flüssigem AsF_3 oder SO_2 hergestellt werden kann:

$$\frac{6}{n}Te_n + 6\,AsF_5 \longrightarrow [Te_6][AsF_6]_4 \cdot 2\,AsF_3$$

Kristallographisch wurde das Kation als erstes Beispiel einer isolierten molekularen Spezies mit trigonal-prismatischer Struktur charakterisiert, in der zwei trigonale Te_3-Einheiten durch längere Bindungen parallel zur dreizähligen Achse miteinander verknüpft werden (Abb. 1.41a). Nach DFT-Rechnungen sind die langen Bindungen als Folge einer Wechselwirkung zwischen den 4e-3z-π-Elektronensystemen zweier trigonaler Te_3^{2+}-Einheiten erklärbar. Die Überlappung der jeweiligen π-Fragmentorbitale

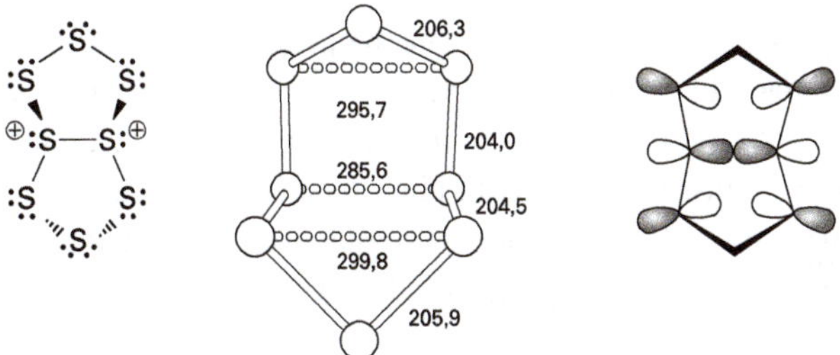

Abb. 1.40: Molekülstruktur von $[S_8]^{2+}$ (Mitte; Zahlen bedeuten Atomabstände in pm; Daten aus Handbook of Chalcogen Chemistry (2007), 381ff.) mit Darstellung der Bindungsverhältnisse durch eine Valenzstrichformel (links) und schematische Darstellung der π^*–π^*-Wechselwirkungen zwischen zwei über jeweils 3-Zentren-π-Orbitale (rechts).

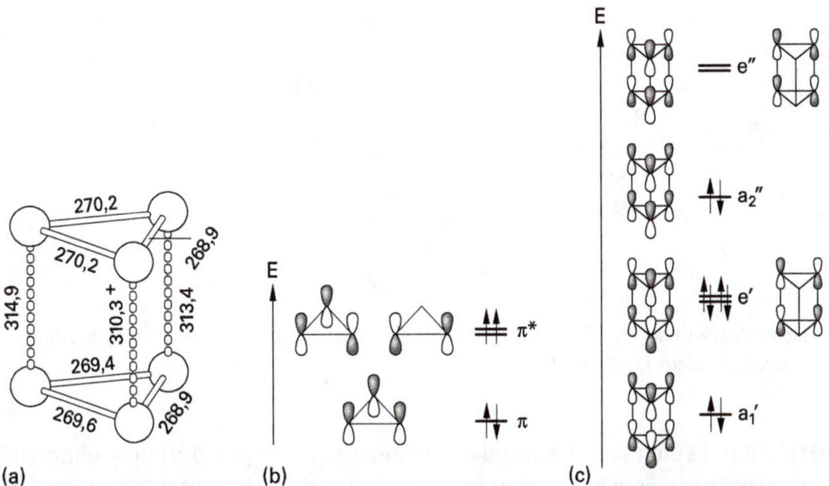

Abb. 1.41: (a) Struktur des $[Te_6]^{4+}$-Kations in $[Te_6][AsF_6]_4{\cdot}2AsF_3$ mit Bindungslängen in pm [Daten aus Handbook of Chalcogen Chemistry (2007), 381 ff.]; (b) Darstellung der π-Orbitale eines isolierten $[Te_3]^{2+}$-Fragments und (c) der durch Wechselwirkung zweier solcher Fragmente gebildeten MOs von $[Te_6]^{4+}$. Nur jeweils eine der beiden unabhängigen Komponenten der e′ bzw. e″-Orbitale ist abgebildet.

(Abb. 1.41b) trägt dabei nicht zur Bindung zwischen den Fragmenten bei, da die sowohl die bindende (a_1') als auch die antibindende (a_1'') Linearkombination jeweils voll besetzt werden (Abb. 1.41c). Der Zusammenhalt der beiden Te_3^{2+}-Einheiten wird somit ausschließlich durch Elektronen in halbbesetzten π^*-Fragmentorbitalen vermittelt und kann als 6-Zentren-4-Elektronen-π^*–π^*-Bindung (s. Abschn. 1.3.2.2) dargestellt werden.

Die bisher diskutierten Kationen zeichnet aus, dass ihre Ladung durch π-Delokalisationseffekte über viele Atome verschmiert wird. Prinzipiell besteht damit eine Nähe zu Halbleitern, die in Festkörperstrukturen mit intermolekular assoziierten oder polymeren Polytellurkationen noch stärker hervortritt. Als Gegenpol existiert eine zweite Klasse polyatomarer Kationen, die z. B. durch die Verbindungen $[S_{19}][MF_6]_2$ bzw.

$[Se_{17}][MF_6]_2$ (M = As, Sb) repräsentiert wird. Hier liegen hantelförmige Strukturen $Y_7^+ - Y_n - Y_7^+$ (n = 3, 5) aus zwei über eine zentrale Kette verbundenen Siebenringen vor (Abb. 1.42). Die positiven Ladungen sind formal an den trigonal koordinierten Atomen lokalisiert, und die Bindungsverhältnisse ähneln damit eher denen organischer Sulfoniumionen R_3S^+. Wie S_7 zeigen auch die Hanteln eine Bindungslängenalternanz, die auf Ladungsdelokalisation durch n_π–σ^*-Hyperkonjugation hindeutet.

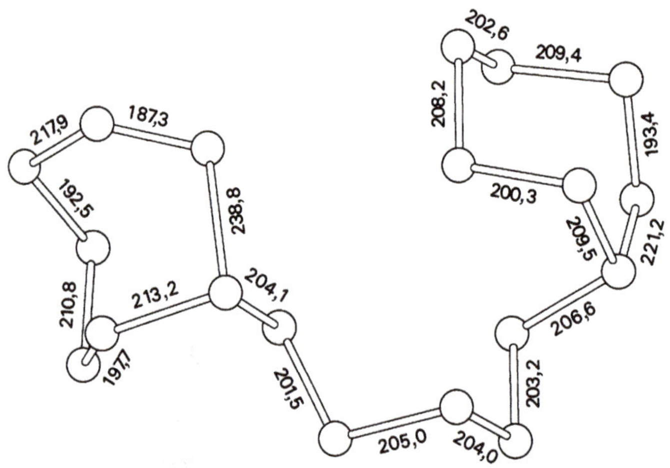

Abb. 1.42: Molekülstruktur des $[S_{19}]^{2+}$-Kations in $[S_{19}][AsF_6]_2$ mit Bindungslängen in pm [Daten aus Handbook of Chalcogen Chemistry (2007), 381 ff.].

Durch Oxidation elementarer Pnictogene erhaltene polyatomare Kationen ohne zusätzliche Substituenten sind beim Bismut gut bekannt (vgl. Abschn. 2.9.7.5), und aus der Reaktion von P_4 mit einem Nitrosylsalz wurde auch ein erstes phosphorhaltiges Kation P_9^+ mit formal elektronenpräziser Gerüststruktur isoliert:

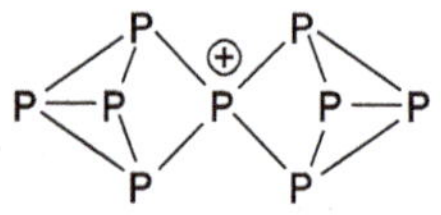

Auf anderen Wegen erhalten wurden N_5^+ mit Bis(diazonium)amid-Struktur $N{\equiv}N^+{-}N^-{-}N^+{\equiv}N$ (durch Metathese aus N_2F^+ mit HN_3) und das quadratisch-antiprismatische Clusterion $[Sb_8]^{2+}$ (durch Reduktion von $SbCl_3$).

Kationen mit partiell substituierten Polyphosphorgerüsten lassen sich durch Insertion elektrophiler Ph_2P^+- oder X_2P^+-Fragmente in eine P–P-Bindung von P_4 herstellen. Die Elektrophile werden dabei in situ durch Umsetzung von Halogenphosphanen mit Halogenidakzeptoren (Silbersalze, Aluminium- bzw. Galliumchlorid) oder Trifluormethansulfonsäuretrimethylsilylester hergestellt. Die Produkte sind hoch hydrolyse- und luftempfindliche und teilweise ($P_5Br_2^+$) thermolabile Feststoffe, die durch Kristallstrukturanalyse sowie Raman- und ^{31}P-NMR-Spektroskopie charakterisiert werden:

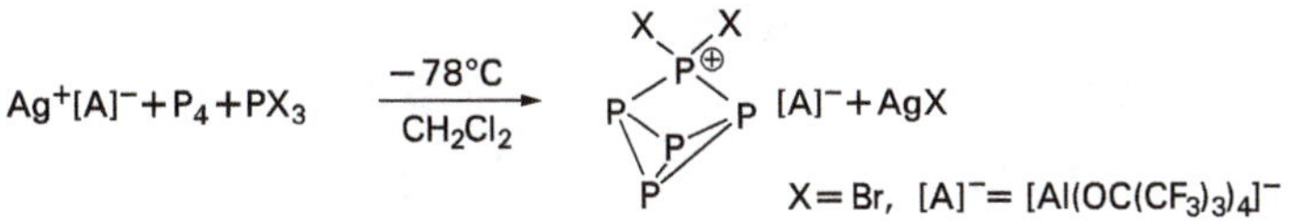

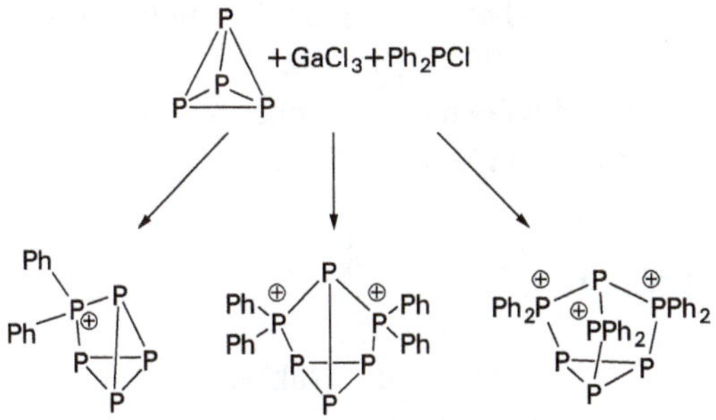

$$Ag^+[A]^- + P_4 + PX_3 \xrightarrow[CH_2Cl_2]{-78\,°C} [X_2P_5]^+[A]^- + AgX$$

X = Br, $[A]^- = [Al(OC(CF_3)_3)_4]^-$

$P_4 + GaCl_3 + Ph_2PCl$

Obwohl stabile Phospheniumionen R_2P^+ bekannt sind (vgl. Abschn. 1.4.1), treten sie in diesen Reaktionen wohl nicht als Intermediate auf. Stattdessen verlaufen Umsetzungen von Phosphorhalogeniden mit Silbersalzen vermutlich über Assoziate des Typs $X_2P\cdots X\cdots Ag^+$, die mit P_4 direkt unter PX_2^+-Transfer und Bildung von schwerlöslichem Silberhalogenid reagieren. Mit Lewis-Säuren wie $AlCl_3$ oder $GaCl_3$ reagieren Halogenphosphane (oder Gemische aus Halogenphosphanen und tertiären Phosphanen) zunächst zu Phosphanylphosphoniumkationen, die bei geeigneter Reaktionsführung ebenfalls als hydrolyselabile Produkte isolierbar sind:

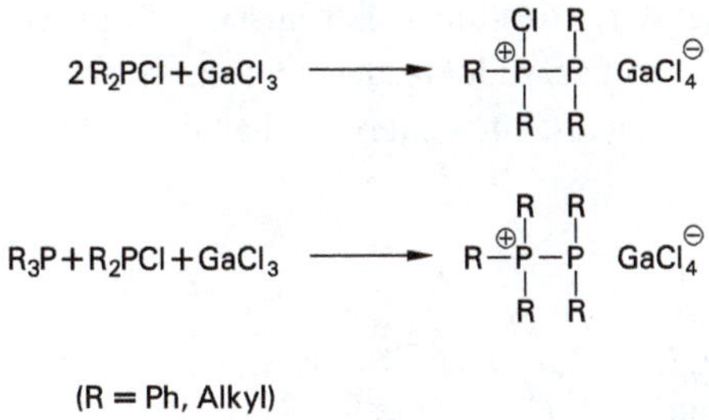

$$2\,R_2PCl + GaCl_3 \longrightarrow [R_2(Cl)P\text{–}PR_2]^{\oplus}\ GaCl_4^{\ominus}$$

$$R_3P + R_2PCl + GaCl_3 \longrightarrow [R_3P\text{–}PR_2]^{\oplus}\ GaCl_4^{\ominus}$$

(R = Ph, Alkyl)

Aufgrund des polar kovalenten Charakters ihrer P–P-Bindung (der im VB-Bild durch bond/no-bond-Resonanz $R_3P^{(+)}\text{–}PR_2 \leftrightarrow R_3P{:}\ P^{(+)}R_2$ beschrieben werden kann; eine ausführlichere Diskussion der Bindungsverhältnisse erfolgt in Abschn. 1.8.2) werden diese

Kationen leicht durch Nukleophile (R'_3P oder P_4) am dreibindigen Phosphoratom angegriffen und reagieren dann unter Transfer des R_2P^+-Fragments auf das Nukleophil:

Je nach Sichtweise kann diese Reaktion als konventionelle nukleophile Substitution oder als Ligandenaustausch an einem Phospheniumion R_2P^+ unter Ersatz eines vorhandenen gegen einen neu eintretenden Phosphanliganden verstanden werden. Das gebildete Phosphanylphosphoniumion wäre dann als Donor-Akzeptor-Komplex mit einer homonuklearen dativen Bindung aufzufassen (vgl. Abschn. 1.8.2).

1.3.3.3 Aktivierung durch Ambiphile

Außer durch Einwirkung eines Elektrophils oder eines Nukleophils kann die Derivatisierung einer kovalenten E–E-σ-Bindung auch durch simultane elektrophile und nukleophile Aktivierung initiiert werden. Hierfür geeignete Reagenzien sind u. a. ambiphile Singulett-Carbene (s. Abschn. 1.4.1), die mit einem Substrat sowohl über ihr HOMO als auch über ihr LUMO wechselwirken. Die Reaktionen verlaufen in der Regel unter Insertion des Kohlenstoffatoms in die Bindung und sind mechanistisch verwandt mit den aus der metallorganischen Chemie und Katalyse bekannten oxidativen Additionen an Metallkomplexe. Infolge des kooperativen nukleophilen und elektrophilen Angriffs auf das Substrat benötigen Carben-Insertionen häufig relativ geringe Aktivierungsenergien und laufen daher unter milden Bedingungen (oft unterhalb von RT) und mit hoher Selektivität ab.

Intensiv untersucht ist die Aktivierung von weißem Phosphor durch ambiphile Carbene. Abhängig von den sterischen und elektronischen Eigenschaften der Carbene entstehen unterschiedliche Primärprodukte, die in Substanz isoliert oder abgefangen werden können, ohne dass zunächst ein weiterer Abbau der P_4-Struktur erfolgt:

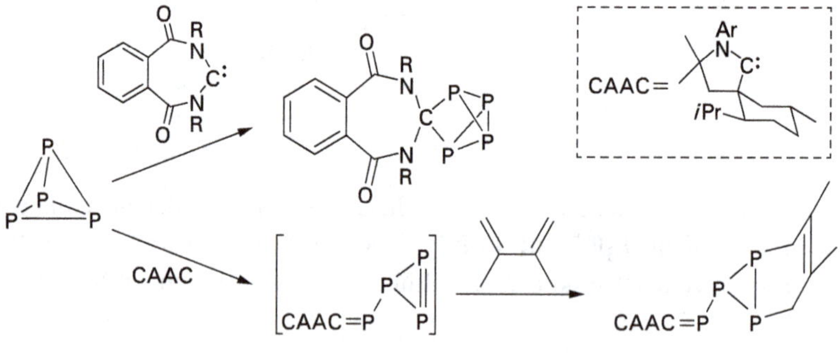

In Folgereaktionen wird sowohl der Aufbau größerer P_n-Gerüste als auch – vor allem mit überschüssigem Carben – die Fragmentierung der P_4-Einheit beobachtet. Alternative Ansätze zur ambiphilen Aktivierung von E–E-Bindungen sind Reaktionen mit anorganischen Carbenanaloga (s. Abschn. 1.4.1) und frustrierten Lewispaaren (s. Abschn. 1.8.2).

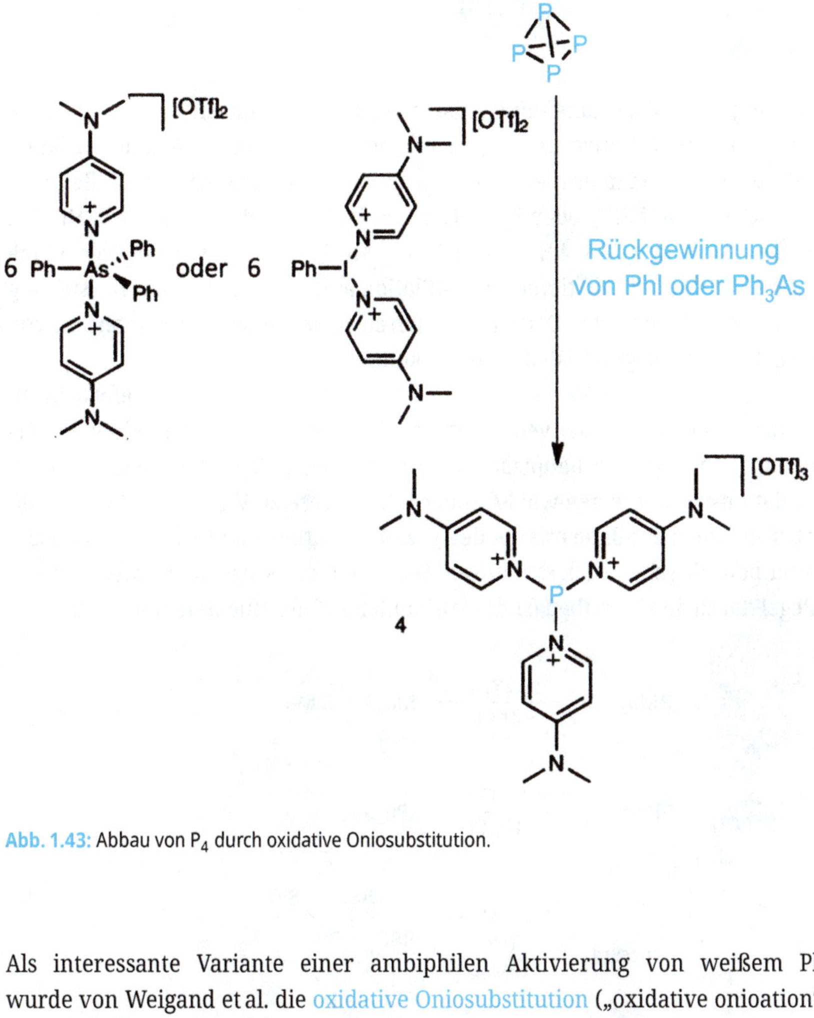

Abb. 1.43: Abbau von P_4 durch oxidative Oniosubstitution.

Als interessante Variante einer ambiphilen Aktivierung von weißem Phosphor wurde von Weigand et al. die oxidative Oniosubstitution („oxidative onioation") durch zweifach oniosubsituierte, hyperkoordinierte Arsen(V)- bzw. Iod(III)-Verbindungen beschrieben (Abb. 1.43). Die Reagenzien verhalten sich wie labile Komplexe der Dikationen $[Ph_3As]^{2+}$ bzw. $[PhI]^{2+}$ mit neutralen N-Donorliganden, die in Lösung partiell unter Abspaltung eines N-Donors dissoziieren. Gemeinsame Einwirkung von elektrophilem Kation und nukleophilem Liganden auf ein P_4-Molekül liefert unter reduktiver

Eliminierung von Ph_3As bzw. PhI und Öffnung einer P–P-Bindung zunächst ein zweifach oniosubstituiertes Tetraphosphabicyclobutan, das durch weiteres Reagenz unter sukzessiver Spaltung weiterer Bindungen schließlich vollständig abgebaut wird. Das Endprodukt kann als Alternative zu PCl_3 in der Synthese weiterer Phosphorverbindungen eingesetzt werden.

1.3.4 Gerüststrukturen aus Gruppe-14-Elementen: Oligo- und Polysilane

Molekulare Oligo- und Polysilane mit Gerüsten aus Si–Si-Bindungen sind wie die analogen Germanium- und Zinnverbindungen isoster und isolobal zu Alkanen. Höhere H-substituierte Silane sind in unspezifischen Reaktionen durch Einwirkung stiller elektrischer Entladungen auf SiH_4 oder Hydrolyse von Metallsiliciden zugänglich. Hierbei entsteht neben Silan ($Mg_2Si + 4\,H^+ \longrightarrow SiH_4 + 2\ Mg^{2+}$) ein Gemisch höherer Silane Si_nH_{2n+2} ($n \leq 15$), die durch fraktionierte Destillation auftrennbar sind. Zur Darstellung Si-alkyl- und -arylsubstituierter Derivate existieren mehrere Synthesestrategien, von denen den Folgenden die größte Bedeutung zukommt:

(a) Umsetzungen von Halogensilanen mit starken Reduktionsmitteln liefern in einer Wurtz-analogen reduktiven Kupplung Produkte mit Si–Si-Bindungen. Als Reduktionsmittel werden hauptsächlich Alkalimetalle, Magnesium oder Graphit-Interkalationsverbindungen wie KC_8 oder LiC_6 eingesetzt. Verwendung mono-, di- oder trifunktioneller Silane erlaubt den gezielten Aufbau von Disilanen, Cyclosilanen und polyedrischen Käfigstrukturen. Die Größe der Ringe oder Käfige wird in der Regel durch den Raumbedarf der vorhandenen Substituenten bestimmt:

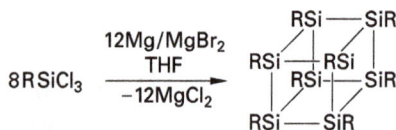

$$2\,Me_3SiCl \xrightarrow[-2\,KCl]{2\,K/THF} Me_3Si-SiMe_3$$

$$5\,Ph_2SiCl_2 \xrightarrow[-10\,LiCl]{10\,Li/THF} (Ph_2Si)_5$$

$$8\,RSiCl_3 \xrightarrow[-12\,MgCl_2]{12\,Mg/MgBr_2,\ THF} (RSi)_8\ \text{(Würfel)}$$

($R = 2{,}6\text{-}Et_2C_6H_4$)

Da Kupplungen zwischen verschiedenen Substraten in der Regel unselektiv verlaufen, wird die Methode bevorzugt zur Darstellung homoleptischer Oligo- und Polysilane genutzt. Synthetisch nutzbare Kreuzkupplungen gelingen jedoch durch Umsetzung eines polyfunktionellen Halogensilans mit einem Überschuss an Monohalogensilan:

$$4\,Me_3SiCl + SiCl_4 \xrightarrow[-8\,LiCl]{8\,Li/THF} Me_3Si{-}Si(SiMe_3)_2{-}SiMe_3$$

$$2\,Me_3SiCl + Mes_2SiCl_2 \xrightarrow[-4\,LiCl]{4\,Li/THF} Mes_2Si(SiMe_3)_2$$

(b) Dehydrokupplung mono- oder disubstituierter Alkyl- oder Arylsilane erfolgt in Gegenwart geeigneter Katalysatoren (Metallocenkatalysatoren Cp_2MR_2 mit M = Ti, Zr und R = Alkyl) und wird hauptsächlich zur Darstellung oligomerer oder polymerer Silane eingesetzt. Die erhaltenen, uneinheitlich langen Ketten werden durch SiH_2R- bzw. $SiHR_2$-Endgruppen terminiert:

$$n\,RSiH_3 \xrightarrow[-(n-1)H_2]{Kat.} H{-}\left(SiHR\right)_n{-}H$$

(c) Metathesereaktionen zwischen Halogensilanen und Alkalimetallsilaniden ermöglichen den Aufbau komplexerer Gerüststrukturen durch selektive Knüpfung von Si–Si-Bindungen. Die als Edukte benötigten Silanide werden durch nukleophile Spaltung von Si–Si-Bindungen einfacher Di- oder Oligosilanbausteine hergestellt:

$$Me_3Si{-}Si(SiMe_3)_2{-}SiMe_3 \xrightarrow[-{}^tBuOSiMe_3]{{}^tBuOK} Me_3Si{-}Si(SiMe_3)_2\cdots K$$

$$2\; Me_3Si{-}Si(SiMe_3)_2\cdots Li \xrightarrow[-2\,LiCl]{Cl(Me_2Si)_2Cl} Me_3Si{-}Si(SiMe_3)_2{-}(SiMe_2)_2{-}Si(SiMe_3)_2{-}SiMe_3$$

Während Oligo- und Polysilane hinsichtlich ihrer Topologie durch die Analogie zu Alkanen gut beschrieben werden, zeigen sie in ihren physikalischen und chemischen Eigenschaften spezifische Unterschiede. Im Gegensatz zu den notorisch inerten Alkanen sind niedermolekulare Silane an Luft selbstentzündlich; die Reaktivität nimmt allerdings mit zunehmender Kettenlänge ab. Alkyl- oder arylsubstituierte Derivate sind luftstabil. Abgesehen von ihrer im Vergleich zu Alkanen leichteren Angreifbarkeit durch Nukleophile sind Oligosilane photochemisch aktiv und reagieren bei UV-Bestrahlung unter Spaltung von Gerüstbindungen. Reaktionen dieser Art lassen sich zur photochemischen Erzeugung hoch reaktiver Silicium(II)-Verbindungen (Silylene, vgl. Abschn. 1.4.1) einsetzen und werden auch zur gezielten Polymerisation bzw. Depolymerisation von Si-Gerüsten genutzt. Ein Beispiel hierfür liefert die Erzeugung von Filmen aus amorphem Silicium ausgehend von Cyclopentasilan Si_5H_{10}. Die Verbindung ist über eine spezifische Dreistufensynthese aus kommerziell erhältlichem Diphenyldichlorsilan zugänglich:

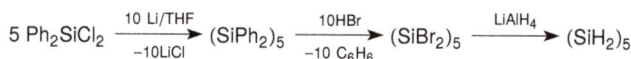

$$5\ Ph_2SiCl_2 \xrightarrow[-10LiCl]{10\ Li/THF} (SiPh_2)_5 \xrightarrow[-10\ C_6H_6]{10HBr} (SiBr_2)_5 \xrightarrow{LiAlH_4} (SiH_2)_5$$

Lösungen von Si_5H_{10} in Toluol reagieren bei UV-Bestrahlung partiell unter ringöffnender Polymerisation zu Polysilanen, die sich durch Größenausschlusschromatographie (auch Gelpermeationschromatographie, GPC) nachweisen lassen. Werden die erhaltenen Mischungen durch Spin-Coating auf eine Oberfläche aufgebracht und anschließend bei 300 bis 540 °C thermolysiert, entsteht unter Verdampfung des Lösungsmittels und eines Teils flüchtiger Silane ein Film aus amorphem Silicium und polymeren Silanen mit einem Restwasserstoffgehalt von 0,3 Atom-%.

Photochemisch induzierte Depolymerisation langkettiger Polysilane spielt eine zentrale Rolle bei der Nutzung dieser Stoffe im Zusammenhang mit der Strukturierung von Silicium-Halbleiteroberflächen durch Mikro- und Nanolithographieverfahren. Die Polysilane fungieren dabei als Ätzbarriere, die eine Abtragung der Oberfläche bei Ätzprozessen verhindert. Bei Belichtung durch eine Maske erfolgt an den belichteten Stellen eine Depolymerisation, durch die Teile der Oberfläche gezielt für einen nachfolgenden Ätzschritt freigelegt werden können.

Die Photoaktivität von Polysilanen beruht auf der Anregung von $\sigma - \sigma^*$-Elektronenübergängen, die gegenüber entsprechenden Anregungen in Alkanen rotverschoben sind (s. Abb. 1.25) und nicht mehr im Vakuum-UV ($\lambda < 190\,\text{nm}/\Delta E > 52600\,\text{cm}^{-1}$), sondern im normalen UV-Spektralbereich liegen ($\lambda_{max} = 216\,\text{nm}/\Delta E \approx 46300\,\text{cm}^{-1}$ für Si_3Me_8 bis ca. $\lambda_{max} = 400\,\text{nm}/\Delta E \approx 25000\,\text{cm}^{-1}$ für Polysilane). Die Korrelation von Energien und Extinktionskoeffizienten der Absorptionsbanden mit der Anzahl verketteter Si–Si-Bindungen ist typisch für Chromophore mit delokalisierten Elektronen und hat dazu geführt, Polysilanen die Eigenschaft der σ-Delokalisation (s. u.) zuzuschreiben.

Ungeachtet ihrer Stabilität gegenüber einer Oxidation durch Sauerstoff zeigen langkettige Polysilane und cyclische Oligosilane ein interessantes Verhalten in Einelektronenoxidations- bzw. -reduktionsprozessen. Umsetzung einfacher peralkylierter Cyclooligosilane $(R_2Si)_n$ (n = 4–6; R = Alkyl) mit Na/K bzw. $AlCl_3/CH_2Cl_2$ liefert Radikalanionen $[(R_2Si)_n]^{\cdot-}$ (n = 4, 5) bzw. Radikalkationen $[(R_2Si)_n]^{\cdot+}$ (n = 6), die hinreichend stabil sind, um durch Tieftemperatur-ESR-Spektroskopie charakterisiert werden zu können. Die aus der Kopplung des Elektronenspins mit magnetisch aktiven ^{1}H- und ^{29}Si-Kernen resultierenden Hyperfeinaufspaltungen belegen, dass die ungepaarten Elektronen sowohl in den Anionen als auch in den Kationen über den gesamten Ring delokalisiert sind. Diese Beobachtung wurde als weiterer experimenteller Hinweis auf σ-Delokalisation von Elektronen in Si–Si-Bindungsgerüsten interpretiert.

Aufgrund ihrer Bedeutung für die in der Nanolithographie relevanten photophysikalischen Eigenschaften von Polysilanen sowie das grundlegende Verständnis photochemischer Reaktionen von Hauptgruppenelementen wollen wir die elektronischen Anregungsprozesse und das Phänomen der **σ-Delokalisation** anhand eines maßgeblich von der Gruppe um J. Michl entwickelten Modells eingehender beleuchten. Ausgangspunkt der Betrachtungen ist ein alkyliertes Disilan mit einer isolierten Si–Si-Bindung. Das als σ_{SiSi}-Orbital zu identifizierende MO liegt hier bei höherer Energie als die σ_{CH}- oder σ_{SiC}-MOs und bildet das HOMO. Niedrigenergetische Elektronenübergänge erfolgen durch Anregung eines Elektrons aus dem HOMO in das σ^*_{SiSi}-MO oder in ein π^*_{SiC}-MO, das einer Kombination Si–C-antibindender Orbitale in einer SiR_3-Gruppe mit formaler π-Symmetrie bezüglich der zentralen Si–Si-Bindungsachse entspricht (Abb. 1.44). In Disilanen ist die langwelligste Absorptionsbande einem $\sigma_{SiSi} \longrightarrow \pi^*_{SiC}$-Übergang zuzuordnen. Die Energie der $\sigma_{SiSi} \longrightarrow \sigma^*_{SiSi}$-Anregung liegt höher, nimmt aber mit größer werdendem Si–Si-Abstand ab und sinkt z. B. von 61500 cm^{-1} für Si_2Me_6 (Si–Si 2,34 Å) auf 52300 cm^{-1} für Si_2tBu_6 (Si–Si 2,69 Å).

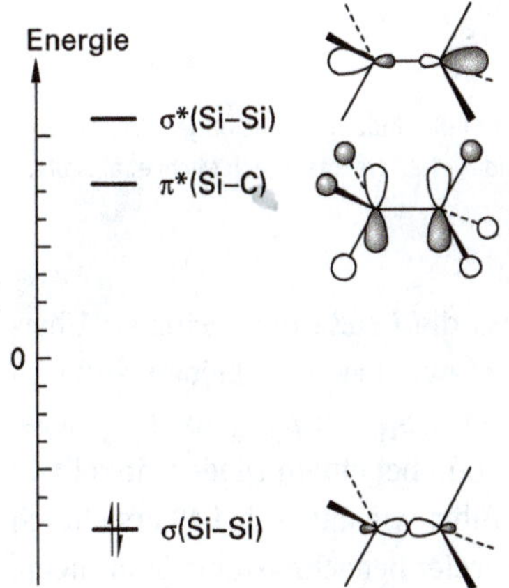

Abb. 1.44: Schematische Darstellung der für die photophysikalischen Eigenschaften relevanten σ_{SiSi}-, σ^*_{SiSi}- und π^*_{SiC}-Orbitale und deren Energien in einem Disilan $R_3Si–SiR_3$.

In höheren Oligosilanen müssen zusätzlich Wechselwirkungen zwischen den einzelnen Si–Si-Bindungen berücksichtigt werden. Ausgehend von der Beschreibung einer einzelnen Bindung durch lokalisierte 2-Zentren-Orbitale (LMOs) mit einem hohen negativen Überlappungsintegral β_{prim} sind hierfür zwei Beiträge von Bedeutung, nämlich *geminale* Überlappungen β_{gem} zwischen zwei Hybridorbitalen verschiedener Bindungen am gleichen Atom und *vicinale* Überlappungen β_{vic} zwischen zwei Hybridorbitalen an benachbarten Atomen, die nicht zur gleichen Bindung gehören (Abb. 1.45). Ursache der üblicherweise als σ-Konjugation bezeichneten Elektronendelokalisation ist die infolge unvollständiger sp-Hybridisierung (Abschn. 1.2.1) vom Kohlenstoff zum Silicium und weiter zu den schwereren Elementen zunehmende Größe der geminalen Überlappungsintegrale β_{gem}, die beim Silicium 33–50 % der Größe von β_{prim} erreichen. Die vicinalen Überlappungen bewirken einen als σ-Hyperkonjugation (analog zur Hyperkonjugation der π- bzw. π^*-Orbitale einer Doppelbindung mit benachbarten σ^*/σ-Orbitalen) oder „through-bond coupling" bezeichneten Beitrag zur Elektronendelokalisation, dessen Bedeutung von Atomen der 2. Periode zu denen höherer Perioden hin abnimmt. Die Dominanz von β_{prim} über die beiden anderen Wechselwirkungen bleibt insgesamt auch für schwerere Atome erhalten und ist die Ursache dafür, dass das Ausmaß der Delokalisationseffekte in σ-Bindungssystemen geringer bleibt als in π-Systemen.

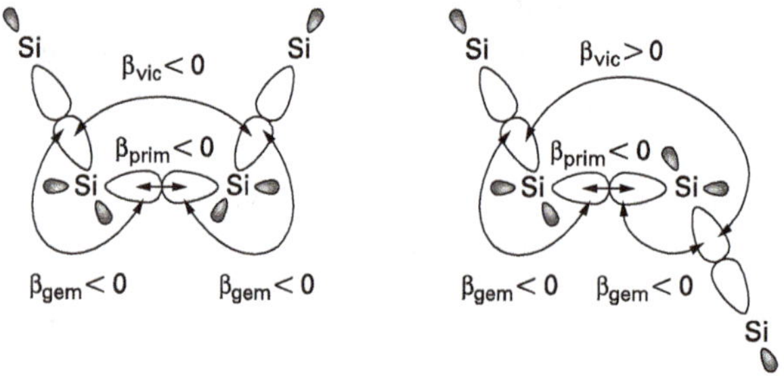

Abb. 1.45: Resonanzintegrale β zwischen den LMOs benachbarter Si–Si-Bindungen. Die angegebenen Vorzeichen gelten für Si–Si–Si–Si-Diederwinkel < ~100° (links) und >~100° (rechts) [nach Michl et al., *Pure. Apl. Chem.* **2003**, *75*, 999].

Ein wichtiger Aspekt in dieser Betrachtung ist, dass die Größe der vicinalen Überlappungsintegrale eine Funktion des Diederwinkels zwischen den beiden äußeren Bindungen ist. In einer syn-periplanaren Konformation ist β_{vic} wie β_{prim} und β_{gem} negativ, in einer anti-periplanaren Konformation positiv, und bei einem Diederwinkel von ≈100° null. Das Zusammenspiel aller drei Einflüsse führt wie aus Abb. 1.45 ersichtlich zu einer cyclischen Wechselwirkung der Elektronen dreier benachbarter σ-Bindungen, die nur bei Vorliegen einer Konformation mit einem Diederwinkel um 100° unterbrochen wird, da hier β_{vic} verschwindet. In längeren Ketten kann eine Delokalisation über die gesamte Länge durch Aneinanderreihung einzelner cyclischer Subeinheiten beschrieben werden. Die mit einem Wechsel von einer anti-Konformation einer Si_4-Subeinheit (Diederwinkel 180°) zur syn- oder gauche-Konformation (Diederwinkel nahe 0° bzw. 60°) einhergehende Änderung des Vorzeichens von β_{vic} bedingt, dass die Energielücke zwischen dem höchsten σ_{SiSi}- und dem niedrigsten σ^*_{SiSi}-Orbital in einer Oligo- oder Polysilanketteneinheit mit gauche- oder syn-Konformation größer (und damit die σ-Delokalisation schlechter) als in einem Segment mit anti-Konformation ist (Abb. 1.46). Zusammenfassend lässt sich also folgern, dass in höheren Silanen die energetisch niedrigste Elektronenanregung einem $\sigma_{SiSi} \longrightarrow \sigma^*_{SiSi}$-Übergang zugeordnet werden kann, dessen Energie als Folge der σ-Delokalisation kleiner wird als die einer $\sigma_{SiSi} \longrightarrow \pi^*_{SiC}$-Anregung. Die Anregungsenergie sinkt mit zunehmender Kettenlänge, solange eine all-trans-Konformation der Kette dominiert. Kettensegmente mit gauche- oder syn-Konformationen unterbrechen die Konjugation.

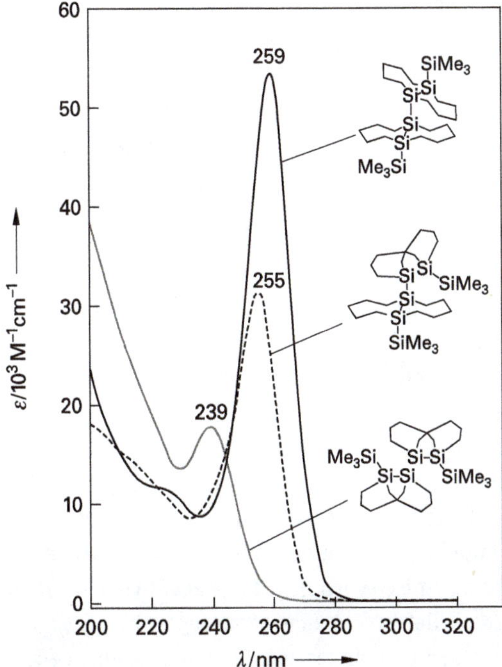

Abb. 1.46: UV-Spektren von Hexasilan-Stereoisomeren, in denen der Einbau von Si_2-Einheiten in bicyclische Gerüststrukturen zu einer Einschränkung der konformativen Beweglichkeit führt und definierte Kettenkonformationen erzwungen werden. Mit steigender Zahl syn-konfigurierter Kettensegmente erfolgt eine Verschiebung des einem $\sigma_{SiSi} \longrightarrow \sigma^*_{SiSi}$-Elektronenübergang zuzuordnenden langwelligsten Absorptionsmaximums zu kürzeren Wellenlängen und damit höheren Energien. Dies illustriert die Unterbrechung der σ-Delokalisation in Kettensegmenten mit kleinen Diederwinkeln [nach Tamao et al. *Angew. Chem.*, **2000**, *112*, 3425].

Die photochemischen Eigenschaften von Oligo- und Polysilanen lassen sich nun ausgehend von der Vorstellung beschreiben, dass in den Si_n-Ketten eine Mischung verschiedener Chromophore mit unterschiedlich langen all-trans-konfigurierten Kettenabschnitten vorliegt. Durch $\sigma_{SiSi} \longrightarrow \sigma^*_{SiSi}$-Elektronenanregung wird ein angeregter Zustand mit einer Elektronenkonfiguration $(\sigma_{SiSi})^1(\sigma^*_{SiSi})^1$ erzeugt, der im Unterschied zum dem durch eine $(\sigma_{SiSi})^2$-Konfiguration beschriebenen Grundzustand leicht antibindend ist. Abgesehen von einer Deaktivierung durch Fluoreszenz kann eine Relaxation dieses Zustands über zwei chemische Reaktionswege erfolgen:

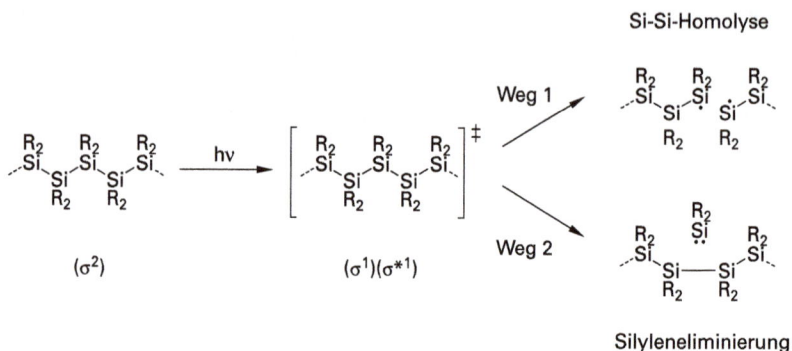

Si-Si-Homolyse

Weg 1

hν

(σ^2)

$(\sigma^1)(\sigma^{*1})$

Weg 2

Silyleneliminierung

Die bei Bestrahlung mit langwelligem UV-Licht angeregten Chromophore mit längeren all-trans-Kettenabschnitten reagieren bevorzugt unter Homolyse von Si–Si-Bindungen und Bildung reaktiver Silylradikale, die durch Folgereaktionen (H-Abstraktion aus organischen Seitenketten) deaktiviert oder durch geeignete Reagenzien (Silane, Vinylderivate) abgefangen werden können. Polysilane lassen sich daher z. B. als Photoinitiatoren für Vinylpolymerisationen nutzen. Oligosilane oder Polysilane mit kürzeren all-trans-konfigurierten Kettenabschnitten werden durch kurzwelliges UV-Licht angeregt und reagieren bevorzugt unter Kettenverkürzung und Eliminierung eines Silylens SiR_2. Diese Umwandlung läuft mechanistisch als elektrocyclische Reaktion ab, die äquivalent zum disrotatorischen Ringschluss von Butadien zu Cyclobuten ist. Sie ist aus dem elektronischen Grundzustand des Oligosilans thermisch verboten, da sie ein Silylen in einem doppelt angeregten elektronischen Zustand liefert. Aus einer angeregten $(\sigma_{SiSi})^1(\sigma^*_{SiSi})^1$ Konfiguration des Oligosilans kann ein elektronisch angeregtes Silylen dagegen in einer thermisch erlaubten Reaktion entstehen und unter Energieabgabe in den Grundzustand zurückfallen.

Analoge photochemische Prozesse wie bei Oligosilanen laufen auch bei den homologen Germanium- und Zinnverbindungen ab. In enger Beziehung zur Deaktivierung der durch photochemische Kettenspaltung erzeugten Silylradikale durch H-Abstraktion aus Seitenketten steht im Übrigen auch die bei der thermischen Umwandlung von Polysilanen in Polycarbosilane beobachtete und als Kumada-Umlagerung bezeichnete Reaktion, die bei der Produktion von Siliciumcarbidmaterialien eine Rolle spielt, mechanistisch aber noch tief im Dunkeln liegt:

$$(Me_2Si)_n \xrightarrow[\text{Ar}]{450\,°C} \left[-\underset{CH_3}{\overset{H}{Si}}-CH_2-\underset{CH_3}{\overset{H}{Si}}-CH_2- \right]_n \xrightarrow[\text{2. } \Delta\text{. 1300 °C, } N_2]{\text{1. } \Delta\text{. 350 °C, Luft}} \beta\text{-SiC}$$

1.4 Subvalente Verbindungen

Als subvalente Verbindungen werden molekular aufgebaute Spezies bezeichnet, in denen ein oder mehrere Atome weniger kovalente Bindungen ausbilden als zum Erreichen einer Edelgaskonfiguration notwendig ist. Diese Atome liegen damit in einer koordinativ und elektronisch ungesättigten Bindungssituation vor, in der nicht alle energetisch zugänglichen Valenzorbitale vollständig mit Elektronen besetzt sind. Subvalente Verbindungen haben deshalb in der Regel offenschaligen Charakter. In diesem Abschnitt ausführlicher behandelt werden sollen:

- **Radikale**, in denen ein oder mehrere Atome formal eine 7-VE-Konfiguration besitzen,
- isoelektronische Analoga zweiwertiger Kohlenstoffverbindungen (**Carbene**) mit einem formalen Elektronensextett, und
- Spezies mit einwertigen Gruppe-13-Elementen mit einer formalen 4-VE-Konfiguration (**Borylene** und deren Homologe).

Die Erforschung der Eigenschaften und Reaktivitäten dieser Verbindungen hat sich in den letzten Jahren zu einem der spannendsten Forschungsgebiete im Bereich der anorganischen Molekülchemie entwickelt.

1.4.1 Carbenanaloga

Carbene sind Verbindungen mit zweiwertigem Kohlenstoff, die sich allgemein durch die Formel CR_2 (R = Substituent) beschreiben lassen. Monomere Carbene wurden lange Zeit als instabile Spezies angesehen, die nur als kurzlebige Zwischenstufen abgefangen, mithilfe spezieller Techniken wie Matrixisolationsspektroskopie direkt nachgewiesen, oder in Komplexen stabilisiert werden konnten (s. Abschn. 4.3.2). Dieses Bild änderte sich, als Anfang der 1990er Jahre den Arbeitsgruppen um A. J. Arduengo und G. Bertrand die Herstellung erster in Substanz isolierbarer Carbene gelang. Diese Entdeckung sowie die vielfältigen Möglichkeiten der Nutzung von Carbenen in der Komplexchemie und vor allem in der Katalyse haben seitdem zu einem Boom dieses Forschungsgebiets geführt.

Mit dem steigenden Interesse an Carbenen rückten auch **Carbenanaloga** stärker in den Vordergrund. Darunter versteht man zu Carbenen isolobale und isoelektronische Verbindungen des Typs ER_2, in denen das divalente Kohlenstoffatom durch ein anderes Hauptgruppenelement ersetzt wurde. Neben *Silylenen* (E = Si), *Germylenen* (E = Ge), *Stannylenen* (E = Sn) und *Plumbylenen* (E = Pb) mit schwereren Gruppe-14-Elementen fallen in diese Kategorie auch Verbindungen mit Elementen anderer Hauptgruppen, in denen das zweiwertige Gruppe-14-Element formal durch ein negativ geladenes Gruppe-13-Element (z. B. E = B^-) oder ein einfach bzw. zweifach positiv geladenes Pnictogen- oder Chalkogenatom (z. B. E = P^+, S^{2+}) ersetzt wird:

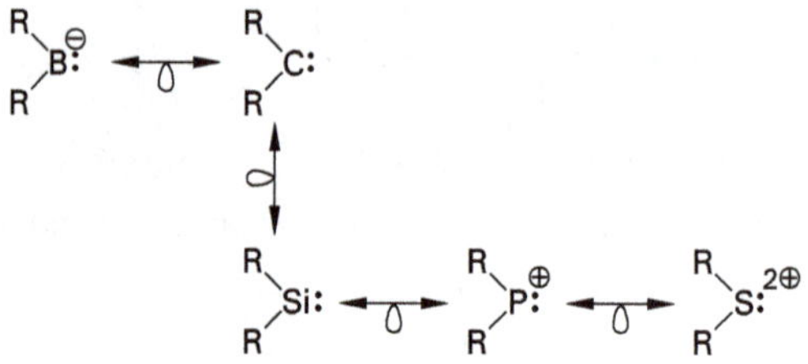

Bei den Pnictogenverbindungen werden neben den so erhaltenen Kationen (*Nitrenium-*, *Phosphenium-*, *Arsenium-*, *Stibenium-*, *Bismutenium*-Ionen mit E = N^+, P^+, As^+, Sb^+, Bi^+) häufig auch die neutralen Verbindungen des Typs R–E mit einwertigen Pnictogenen als Carbenanaloga angesehen. Diese Spezies resultieren aus dem formalen Ersatz eines R–C-Fragments in einem Carben durch ein isoelektronisches, neutrales Pnictgogenatom (die am häufigsten untersuchten Derivate sind Nitrene R–N und Phosphinidene R–P):

Obwohl sich Nitreniumionen und Nitrene (bzw. deren schwerere Homologe) formal in der Zahl bindender und nichtbindender Valenzelektronen unterscheiden, lässt sich die Verwandtschaft zwischen beiden Verbindungsklassen über eine Isolobalanalogie begründen: Zwei der nichtbindenden Elektronen im Nitren besetzen ein energetisch relativ tief liegendes sp-Hybridorbital und üben wie die σ-Bindungselektronen kaum einen Einfluss auf die Reaktivität aus. Bleiben diese Orbitale und die darin befindlichen Elektronen bei einer Grenzorbitalanalyse daher unberücksichtigt, sind beide Verbindungstypen hinsichtlich Anzahl, Symmetrie und elektronischer Besetzung der verbleibenden Grenzorbitale in der Tat äquivalent und somit isolobal.

Eine Übersicht über bekannte Carbenanaloga mit Elementen verschiedener Hauptgruppen ist in Tab. 1.8 zusammengestellt.

Tab. 1.8: Übersicht über bekannte Carbenanaloga mit Zentralatomen der 13.–16. Gruppe.

Gruppe 13	Gruppe 14	Gruppe 15	Gruppe 16
R_2B^-	R_2C	R_2N^+/R–N	
R_2Al^-	R_2Si	R_2P^+/R–P	R_2S^{2+}
R_2Ga^-	R_2Ge	R_2As^+/R–As	R_2Se^{2+}
	R_2Sn	R_2Sb^+/R–Sb	
	R_2Pb	R_2Bi^+	

1.4.1.1 Elektronische Zustände von Carbenanaloga

Carbenanaloga der allgemeinen Zusammensetzung ER_2 (E = Gruppe-14-Element) sind gewinkelte Moleküle mit lokaler C_{2v}-Symmetrie, in denen die nichtbindenden Elektronen zwei MOs der Symmetrierassen a_1 und b_1 besetzen können. Da diese beiden Orbitale energetisch relativ dicht beieinanderliegen, müssen zwei elektronische Zustände betrachtet werden, die sich näherungsweise durch die Elektronenkonfigurationen $(a_1)^2$ (S = 0, Singulett-Zustand) und $(a_1)^1(b_1)^1$ (S = 1, Triplett-Zustand) beschreiben lassen (Abb. 1.47).

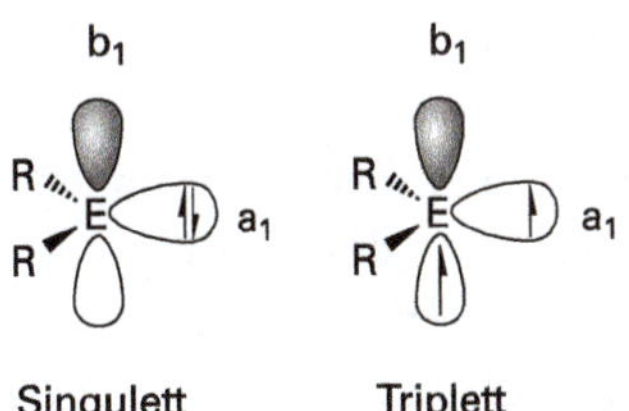

Abb. 1.47: Schematische Darstellung der Elektronenkonfiguration von Singulett- und Triplettcarbenanaloga.

Die physikalischen und chemischen Eigenschaften von Carbenanaloga hängen entscheidend davon ab, welcher dieser beiden Zustände der Grundzustand ist. Leider lässt sich diese Frage nicht allein aus dem Orbitaldiagramm beantworten, da genau wie bei den high-spin- oder low-spin-Zuständen von Übergangsmetallkomplexen der 3d-Reihe bei der Bestimmung der elektronischen Gesamtenergie auch die gegenseitige Abstoßung der Elektronen zu berücksichtigen ist. Trotzdem lassen sich aus MO-Betrachtungen einige Trends zur qualitativen Abschätzung der relativen Energien beider elektronischer Zustände in verschiedenen Verbindungen ableiten:

– **Einfluss des Zentralatoms:** Elemente der zweiten Periode begünstigen einen Triplett- und Elemente höherer Perioden einen Singulett-Grundzustand. In Übereinstimmung mit dieser Regel besitzen CH_2 und NH_2^+ im Grundzustand Triplett- und SiH_2 bzw. PH_2^+ Singulett-Charakter. Als wesentliche Ursache hierfür wird oft das bei Elementen höherer Perioden auftretende Hybridisierungsdefizit (s. Abschn. 1.2.1) angeführt. Infolgedessen besitzt ein an einem schweren Atom zentriertes a_1-Orbital einen höheren s-Charakter und wird daher durch eine größere Energielücke vom b_1-Orbital getrennt, das ja ein reines p-Orbital ist. Obwohl dies einleuchtet, legen computerchemische Studien nahe, dass die Verhältnisse wohl komplizierter sind und dass auch elektronische Abstoßung und Korrelationseffekte maßgeblich zu diesem Trend beitragen. Anschaulich formuliert ist die elektrostatische Abstoßung zwischen den beiden ungepaarten Elektronen in der Valenzschale eines kleinen

Atoms der zweiten Periode naturgemäß größer als bei den Elementen höherer Perioden und induziert hier eine stärkere Destabilisierung des Singulett- gegenüber dem Triplett-Zustand als im Fall eines Atoms mit größerem Radius.

- **Substituenteneffekte:** Elektronegative Substituenten bewirken durch ihren induktiven Effekt eine energetische Stabilisierung des a_1-Orbitals. Umgekehrt induziert Konjugation zwischen dem b_1-Orbital mit benachbarten π-Donorsubstituenten eine starke Destabilisierung des b_1-Orbitals (Abb. 1.48). Beide Effekte vergrößern die Energielücke zwischen dem a_1- und dem b_1-Orbital und begünstigen dadurch einen Singulett-Grundzustand. Als Folge der beschriebenen Effekte sind Carbene wie CF_2 oder CCl_2 sowie Aminocarbene $RC(NR_2)$ bzw. $C(NR_2)_2$ im Unterschied zu CH_2 diamagnetisch. Bei den Dihalogencarbenen resultiert die Stabilisierung des Singulett-Grundzustandes hauptsächlich aus der induktiven Stabilisierung des freien Elektronenpaars im a_1-Orbital. In Diaminocarbenen wird der maßgebliche Beitrag durch die mit einem $n(N) \longrightarrow p^*(E)$ Elektronendichtetransfer verbundene π-Konjugation und die damit einhergehende Destabilisierung des b_1-Orbitals erbracht. Da jedoch eine NH_2- bzw. NR_2-Gruppe auch elektronegativer als ein H-Atom ist, unterstützt die energetische Absenkung des a_1-Orbitals durch den induktiven Effekt zusätzlich die Stabilisierung des Singulett-Grundzustands. Die Beispiele von Dihalogen- bzw. Diaminocarbenen (bzw. deren Analoga) illustrieren, dass zur Verstärkung der elektronischen Effekte beide Substituenten in einem Carbenanalog R_2E häufig gleichartig modifiziert werden. Eine Abweichung von diesem Schema stellen sogenannte push-pull-substituierte Carbene bzw. Carbenanaloga dar, in denen das divalente Zentralatom eine π-Donor- und eine π-Akzeptor-Gruppe trägt. Ein Beispiel hierfür sind Phosphanyl-Silyl-Carbene $C(SiR_3)(PR'_2)$, in denen das freie Elektronenpaar der Phosphanylgruppe als π-Donor Elektronendichte in das leere p-Orbital am Kohlenstoffatom überträgt und der Silylrest dessen freies Elektronenpaar durch Hyperkonjugation stabilisiert.
- **Geometrische Effekte:** Variation des Valenzwinkels in einem carbenanalogen Molekül R_2E induziert eine Umverteilung von Elektronendichte, die als Umhybridisierung zwischen den LMOs der E–R-Bindungen und des a_1-Orbitals am Zentralatom beschrieben werden kann. Mit abnehmendem Bindungswinkel erhöht sich dadurch der s-Charakter des a_1-Orbitals. Da dies gleichbedeutend mit einer Erhöhung der Energiedifferenz zwischen a_1- und b_1-Orbital ist, wird durch eine Verkleinerung des Bindungswinkels ein Singulett- und durch eine Winkelaufweitung ein Triplett-Grundzustand stabilisiert (Abb. 1.49). In diesem Sinn kann das Auftreten eines Triplett-Grundzustands für das Silylen $Si(Si\mathit{t}Bu_3)_2$ auf eine Kombination induktiver Substituenteneinflüsse (Destabilisierung des a_1-Orbitals am divalenten Siliciumatom durch zwei elektropositive Substituenten) und der durch die sperrigen Substituenten bedingten Aufweitung des Valenzwinkels zurückgeführt werden. Umgekehrt findet das häufige Auftreten vier- und fünfgliedriger Ringe in stabilen Singulett-Carbenanaloga eine Erklärung darin, dass die Ringe die Ausbildung kleiner Valenzwinkel forcieren und so zusätzlich zur Stabilisierung

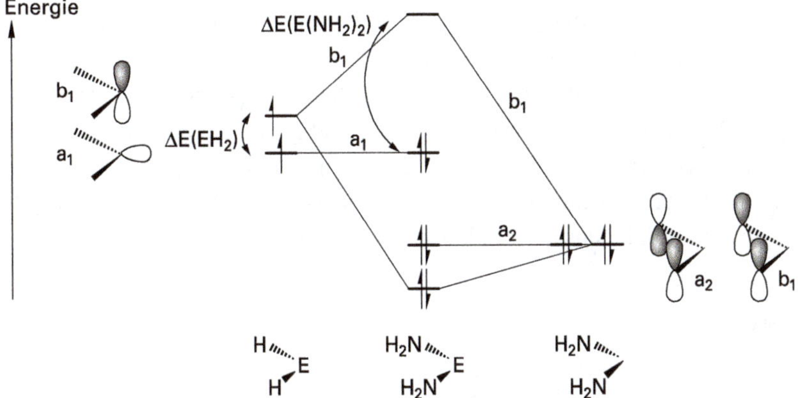

Abb. 1.48: Schematische Darstellung der Energieänderung der a_1- und b_1-Orbitale eines Carbenanalogs EH_2 bei formalem Ersatz der H- durch NH_2-Substituenten in Form eines Korrelationsdiagramms. Die symmetrische bzw. antisymmetrische Linearkombination n_+ bzw. n_- der beiden p(N)-Orbitale fällt in der lokalen C_{2v}-Symmetrie in die Symmetrierasse b_1 bzw a_2. Durch Mischung der beiden b_1-Fragmentorbitale vergrößert sich die Aufspaltung ΔE zwischen den a_1 und b_1-Orbitalen und induziert einen Übergang von einem Triplett-Grundzustand für EH_2 zu einem Singulett-Grundzustand für $E(NH_2)_2$. Die Stabilisierung des a_1-MOs durch den induktiven Effekt der Aminosubstituenten ist hier nicht berücksichtigt. Ein analoges Diagramm kann für monosubstituierte Derivate vom Typ $EH(NH_2)$ gezeichnet werden.

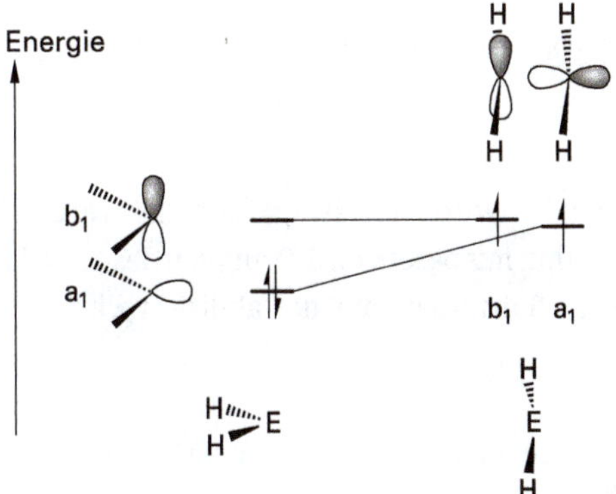

Abb. 1.49: Schematische Darstellung der Wirkung geometrischer Effekte auf die Energien von a_1 und b_1-Orbitalen in einem Carbenanalog. In der gewinkelten Konformation entspricht das a_1-Orbital einem sp_n-Hybridorbital und liegt energetisch deutlich unter dem b_1-Orbital. In einer (fast) linearen Konformation besitzt auch das a_1-Orbital nahezu reinen p-Charakter und die Energien vom a_1- und b_1-Orbital sind praktisch gleich.

eines Singulett- gegenüber einem Triplett-Grundzustand beitragen. Aminosubstituenten werden durch die konformative Fixierung der Ringe zusätzlich in eine für die π-Konjugation mit dem p-Orbital am divalenten Zentralatom optimale Konformation gezwungen.

Nitrene und deren Analoga (Phosphinidene, Arsinidene, Stibinidene) sind isolobal zu Carbenanaloga ER_2, unterscheiden sich aber von diesen durch ihre lokale $C_{\infty v}$-Symmetrie. Die senkrecht auf der Bindungsachse stehenden p_x- und p_y-Orbitale sind daher energetisch entartet, und es resultiert zwangsläufig ein Triplett-Grundzustand. Spezies mit Singulett-Grundzustand können durch Komplexierung stabilisiert werden, da hierdurch die Orbitalentartung aufgehoben und eines der beiden p-Orbitale durch Überführung in ein σ-bindendes LMO stabilisiert wird (siehe Abb. 1.50):

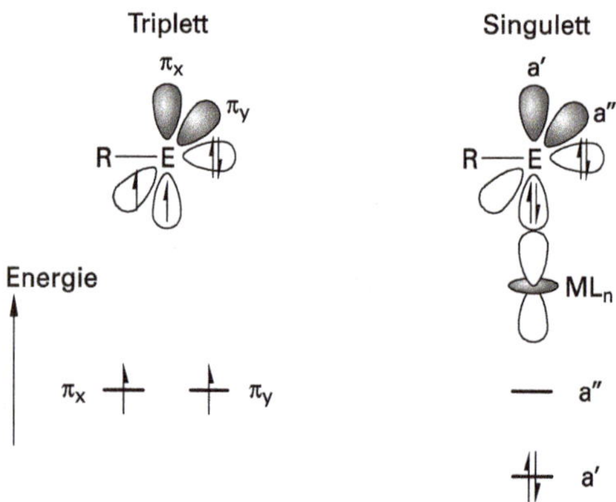

Abb. 1.50: Stabilisierung des Singulett-Zustands eines Triplettnitrens (E = N) bzw. Nitrenanalogs (E = P, As, Sb) durch Metallkomplexierung.

Die Stabilisierung des Singulett-Grundzustandes wird verstärkt, wenn das verbleibende p-Orbital (a″) zusätzlich durch Konjugation mit besetzten d-Orbitalen des Metalls (π-Rückbindung) oder einer π-Donorgruppe im Substituenten R destabilisiert wird.

1.4.1.2 Stabilität und nukleophiler bzw. elektrophiler Charakter von Carben- und Nitrenanaloga

Carbenanaloga R_2E sind als subvalente Spezies prinzipiell als thermodynamisch instabil anzusehen, da eine Umwandlung in eine normalvalente Verbindung in der Regel durch die Bildung zusätzlicher Bindungen energetisch begünstigt ist. Eine Ausnahme hiervon bilden Verbindungen mit Elementen der 6. Periode, in denen der subvalente Zustand durch die relativistische Kontraktion des Valenz-s-Orbitals zusätzlich stabilisiert wird. Ungeachtet dieser Tatsache zeigen Carbenanaloga enorme Unterschiede in ihrer kinetischen Stabilität: Einige Spezies existieren in Form isolierbarer Substanzen, während andere nur als kurzlebige Reaktionsintermediate nachweisbar sind. Ein Verständnis der Ursachen erschließt sich bei einer genaueren Betrachtung der Grenzorbitalsituation.

Hierzu wollen wir zunächst Carbenanaloga ER_2 mit Wasserstoff-, Alkyl- oder Silylsubstituenten betrachten, in denen die Elektronenverteilung am Zentralatom nicht durch elektronegative Reste oder π-Donor-Gruppen gestört wird. Unabhängig davon, ob ein Singulett- oder ein Triplett-Grundzustand vorliegt, ist die Energiedifferenz zwischen dem a_1- und dem b_1-Orbital relativ klein. In einer Reaktion müssen daher Wechselwirkungen beider Grenzorbitale mit komplementären Orbitalen der Reaktionspartner berücksichtigt werden. Als Folge dieser Situation gehen solche Carbenanaloga leicht orbitalkontrollierte Reaktionen mit Nukleophilen und Elektrophilen ein und werden deshalb selbst auch als Ambiphile bezeichnet. Dasselbe gilt für Nitrene und ihre Homologen. Carbenanaloga mit einem Triplett-Grundzustand sind aufgrund ihrer offenschaligen Elektronenkonfiguration in der Regel reaktiver als solche mit einem Singulett-Grundzustand und können meistens nur in der Gasphase oder in Matrixisolationsexperimenten als isolierte Moleküle nachgewiesen werden. Spezies mit einem Singulett-Grundzustand können durch sperrige Substituenten kinetisch soweit stabilisiert werden, dass isolierbare Verbindungen erhältlich sind:

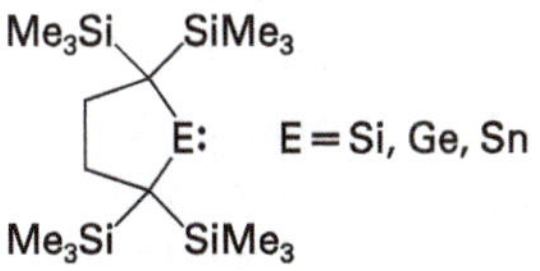

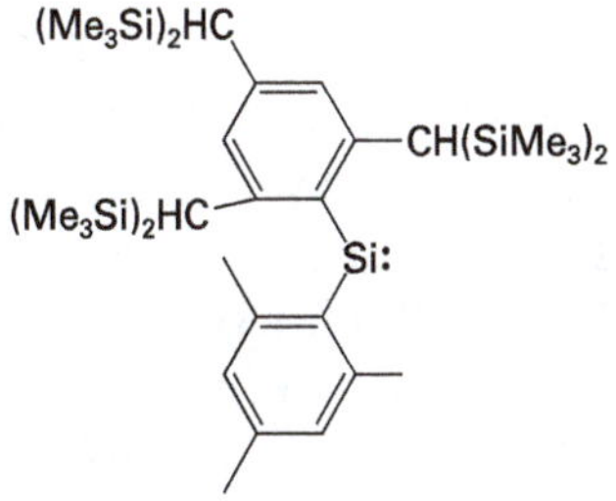

Me3Si SiMe3 E: Me3Si SiMe3 E = Si, Ge, Sn

(Me3Si)2HC CH(SiMe3)2 (Me3Si)2HC Si:

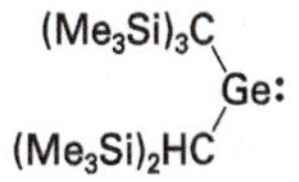

(Me3Si)3C Ge: (Me3Si)2HC

Carbenanaloga mit elektronegativen Substituenten zeigen gegenüber Nukleophilen eine ähnliche Reaktivität wie unstabilisierte Carbene. Sie sind infolge der induktiven Stabilisierung des a_1-Orbitals aber weniger aktive Nukleophile und werden daher auch als **elektrophile Carbenanaloga** bezeichnet. Verbindungen mit Elementen höherer Perioden werden zunehmend stabiler: Halogencarbene und Halogensilylene wie CF_2 oder SiF_2 sind nur als transiente Spezies in der Gasphase nachweisbar und reagieren in kondensierter Phase mit Abfangreagenzien oder unter Polymerisation zu Produkten mit tetravalenten Kohlenstoff- bzw. Siliciumatomen. Völlig analoges Verhalten wird auch für sogenannte elektrophile Phosphinidenkomplexe (z. B. Verbindungen des Typs $[(RP)W(CO)_5]$, in denen eine Phosphinideneinheit an ein Metallfragment mit niedriger π-Rückbindungskapazität gebunden ist) beobachtet. Dihalogenide der schwereren Gruppe-14-Elemente wie $GeCl_2$, $SnCl_2$ oder $PbCl_2$ sind demgegenüber isolierbare Substanzen, die zwar im Festkörper als Koordinationspolymere vorliegen, sich aber in geeigneten Solvenzien in molekularer Form lösen.

Carbenanaloga mit π-Donorsubstituenten (vorzugsweise Aminogruppen) weisen aufgrund der Kombination mesomerer und induktiver Wechselwirkungen generell die größten HOMO-LUMO-Abstände – und damit auch die höchsten Singulett-Triplett-Anregungsenergien $\Delta E_{S \longrightarrow T}$ – auf. Da die starke, mit der π-Konjugation einhergehende Anhebung des LUMO automatisch eine Abschwächung des elektrophilen Charakters impliziert, zeigen Aminocarbene eine vorwiegend nukleophil geprägte Reaktivität und werden als **nukleophile Carbene** bezeichnet. Aminogermylene und -silylene sind infolge mäßig starker n(N) $\longrightarrow$ p*(E)-Konjugation weniger reaktiv als unstabilisierte Carbenanaloga, zeigen aber immer noch ein ausgesprochen ambiphiles Verhalten. Bei Aminostannylenen und -plumbylenen tritt der nukleophile Charakter durch zunehmende relativistische Stabilisierung des freien Elektronenpaars in den Hintergrund, sodass diese Verbindungen in erster Linie Elektrophile darstellen. Das Gleiche gilt für Kationen vom Typ $(R_2N)_2E^+$ (E = Gruppe-15-Element), deren Verhalten eine stärker ladungskontrollierte Reaktivität widerspiegelt.

Angesichts des vergleichsweise hohen Grads an elektronischer Stabilisierung ist es nicht verwunderlich, dass eine große Zahl aminosubstitutierter Carbenanaloga in Form isolierbarer Verbindungen zugänglich sind. Neben acyclischen Derivaten sind dabei vor allem vier- bis sechsgliedrige Heterocyclen vertreten (Abb. 1.51).

Eine besonders intensiv untersuchte Gruppe cyclischer Carbenanaloga sind Fünfringheterocyclen mit einer Doppelbindung. Diese Spezies leiten sich von den Imidazolin-2-ylidenen, die eine wichtige Klasse stabiler N-Heterocyclischer Carbene (NHC) darstellen, dadurch ab, dass das divalente Kohlenstoffatom isoelektronisch durch ein Element der Gruppen 13 bis 16 ersetzt wird. In diesen Verbindungen ist eine cyclische Delokalisierung der π-Elektronen über den gesamten Fünfring möglich. Eine anschauliche Diskussion kann im Rahmen einer VB-Beschreibung erfolgen, die neben π-Effekten auch der durch große Elektronegativitätsunterschiede bedingten Polarisierung von E–N-σ-Bindungen Rechnung trägt (Abb. 1.52).

Für Carbenanaloga mit schweren Elementen der Gruppe 13 (E = Ga^-) haben die Grenzstrukturen **A** und **B** das höchste Gewicht, und die Verbindungen werden am besten als Metallkomplexe von Diazadienid-Dianionen mit weitgehend lokalisierter C=C-Bindung beschrieben. Chalkogenderivate (E = S^{2+}, Se^{2+}) können als Diazadien-Komplexe von Chalkogendikationen aufgefasst werden und sind durch ein hohes Gewicht der Grenzstruktur **E** charakterisiert. Verbindungen mit leichten Elementen der Gruppen 13 bis 15 (E = B^-, C, Si, N^+, P^+, As^+) besitzen schließlich stark delokalisierte 6π-Elektronensysteme mit aromatischem Charakter, deren Beschreibung durch hohe Beiträge der Grenzstrukturen **C**, **D** gekennzeichnet sind. Für E = Sb^+ tragen sowohl die Grenzstrukturen **C**, **D** und **E** signifikant bei, und es liegt ein Übergang zwischen einem echten Carbenanalog und einem Sb(I)-Komplex vor. Diese aus theoretischen Überlegungen abgeleiteten Beschreibungen sind in guter Übereinstimmung mit den aus Röntgenstrukturanalysen abgeleiteten Trends von CC- und CN-Bindungsabständen (Tab. 1.9).

Durch Verwendung maßgeschneiderter Substituenten, die eine Kombination aus effizienter räumlicher Abschirmung mit einem hohen Maß an π-Donorfähigkeit gewährleisten, gelang es der Gruppe um G. Bertrand erstmals, bei Raumtemperatur

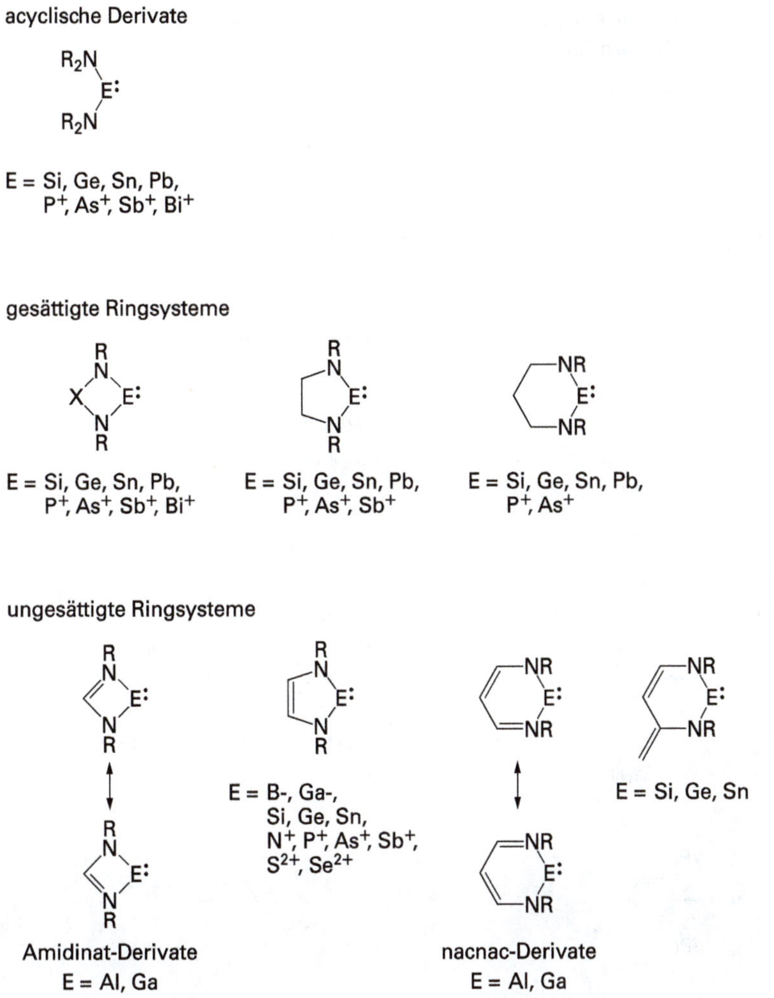

acyclische Derivate

E = Si, Ge, Sn, Pb,
P^+, As^+, Sb^+, Bi^+

gesättigte Ringsysteme

E = Si, Ge, Sn, Pb,
P^+, As^+, Sb^+, Bi^+

E = Si, Ge, Sn, Pb,
P^+, As^+, Sb^+

E = Si, Ge, Sn, Pb,
P^+, As^+

ungesättigte Ringsysteme

E = B-, Ga-,
Si, Ge, Sn,
N^+, P^+, As^+, Sb^+,
S^{2+}, Se^{2+}

E = Si, Ge, Sn

Amidinat-Derivate
E = Al, Ga

nacnac-Derivate
E = Al, Ga

Abb. 1.51: Übersicht über Strukturtypen isolierbarer aminosubstituierter Carbenanaloga. Nacnac bezeichnet eine β-Ketiminatogruppe, die als Stickstoffanalog eines Acetylacetonats (acac) aufgefasst werden kann. Ringsysteme können zusätzliche Substituenten tragen.

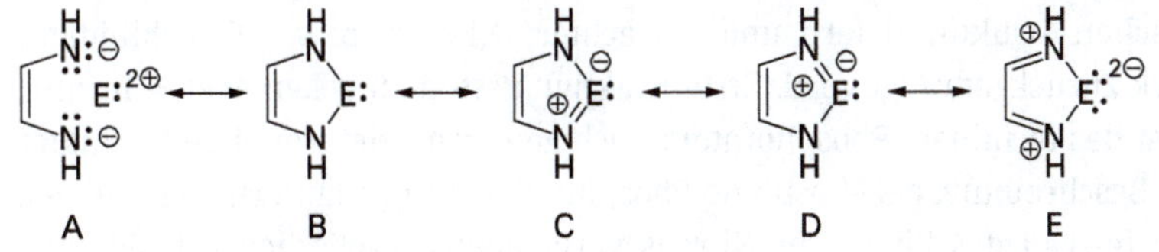

A B C D E

Abb. 1.52: Schematische Darstellung der Elektronendelokalisation in den Stammverbindungen der Analoga von Imidazolin-2-ylidenen. E = B^-, Ga^-, C, Si, Ge, Sn, N^+, P^+, As^+, Sb^+, S^{2+}, Se^{2+}.

Tab. 1.9: Mittlere Bindungsabstände (in pm) in den Ringen von Analoga N-heterocyclischer Imidazolinylidene mit Elementen der Gruppen 13 bis 16.

	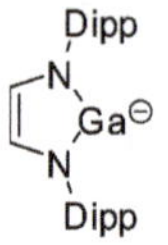 Dipp, N, Ga$^{\ominus}$, N, Dipp	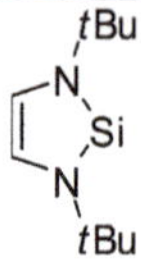 tBu, N, Si, N, tBu	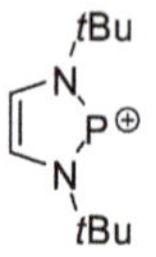 tBu, N, P$^{\oplus}$, N, tBu	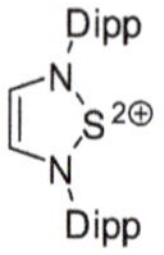 Dipp, N, S$^{2\oplus}$, N, Dipp
E–N	197,0	175,0	165,1	169,7
C–N	140,9	138,6	136,8	130,8
C=C	137,4	133,5	134,3	140,7

stabile und in Substanz isolierbare Verbindungen zu erhalten, die formal als monomeres **Phosphino-Nitren** R_2P-N bzw. **Phosphino-Phosphiniden** R_2P-P mit Singulett-Grundzustand beschrieben werden können:

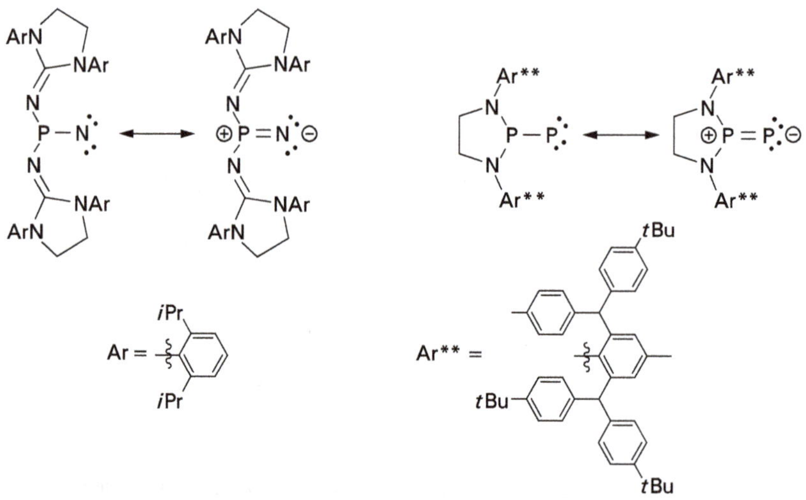

Der starke π-Donorcharakter der Substituenten bedingt, dass Ylid-artige mesomere Grenzstrukturen (zu Yliden s. Abschn. 1.6.2) einen dominanten Beitrag zur Beschreibung der elektronischen Struktur liefern und ein echter „Nitren"- bzw. „Phosphiniden"-Charakter stark zurückgedrängt wird. Erste Reaktivitätsstudien geben aber Hinweise, dass zumindest das terminale Phosphoratom noch genügend elektrophilen Charakter zeigt, um eine Beschreibung als Phosphino-Phosphiniden als gerechtfertigt erscheinen zu lassen. Die im Fall des Phosphino-Nitrens verwendeten cyclischen Guanidinato-Substituenten werden in zunehmendem Maß auch zur Stabilisierung anderer Carbenanaloga eingesetzt.

Ungeachtet des Grads der elektronischen oder sterischen Stabilisierung sind viele isolierbare Carbenanaloga nur unter striktem Ausschluss von Luft und Feuchtigkeit zu handhaben und besitzen teilweise begrenzte thermische Stabilität. Singulett-Carbenanaloga mit π-Donorsubstituenten und großer HOMO-LUMO-Aufspaltung können farblos sein, während ambiphile Singulett- oder Triplett-Spezies in der Regel farbig sind. Die Lichtabsorption eines Singulett-Carbenanalogs wird durch Übergang eines Elektrons aus dem energetisch günstigeren a_1-Orbital in das b_1-Orbital verursacht und kann als $n \longrightarrow \pi^*$-Übergang klassifiziert werden. Die Übergangsenergie nimmt bei Carbenanaloga mit Zentralatomen aus der gleichen Gruppe des Periodensystems in der Regel von leichten zu schweren Elementen ab und reflektiert einen in gleicher Richtung zunehmenden elektrophilen Charakter sowie eine abnehmende Singulett-Triplett-Aufspaltung:

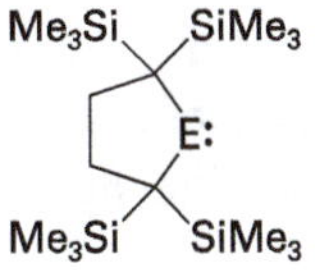

E	λ_{max}/nm
Si	440
Ge	450
Sn	486

Triplett-Carbenanaloga können zusätzlich durch ESR-Spektroskopie und Singulett-Carbenanaloga mit magnetisch aktiven Isotopen gut durch NMR-Spektroskopie charakterisiert werden. Die NMR-Signale der divalenten Zentralatome von Singulett-Spezies zeigen dabei Verschiebungen zu extrem tiefem Feld, deren Beträge mit den Änderungen der $n \longrightarrow \pi^*$- Elektronenanregungsenergien korrelieren und wie diese die Variation der HOMO-LUMO-Aufspaltung widerspiegeln:

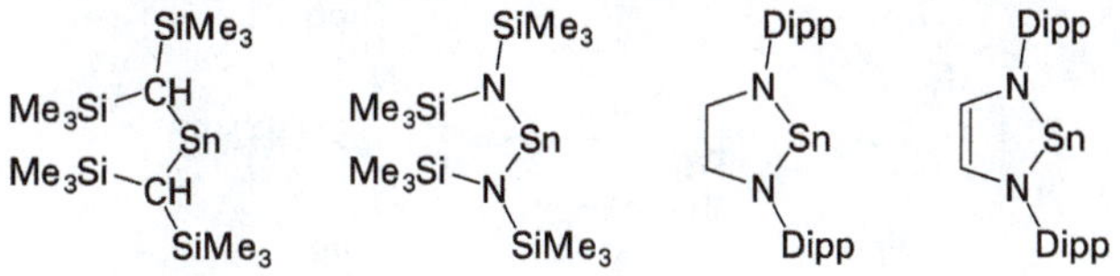

δ^{119}Sn	2328	766	366	260

Die Ursache dieses Effekts liegt darin, dass die Variation der chemischen Verschiebungen auf Änderungen des paramagnetischen Terms der magnetischen Abschirmung zurückgeht. Dessen Größe wird durch den Beitrag des $n \longrightarrow \pi^*$-Elektronenübergangs dominiert, der mit abnehmender Anregungsenergie steigt. Aus diesem Zusammenhang ergibt sich als Faustregel, dass Carbenanaloga mit hohen HOMO-LUMO-Aufspaltungen niedrige chemische Verschiebungen besitzen und umgekehrt.

1.4.1.3 Synthese von Carbenanaloga

Die Darstellung von Carbenanaloga mit Elementen der Gruppen 13 und 14 erfolgt prinzipiell entweder durch **Reduktion** normalvalenter Verbindungen, in der die Elemente in ihrer höchsten Oxidationsstufe vorliegen, oder durch **Metathesereaktionen** aus anderen subvalenten Elementhalogeniden, wenn diese als stabile Edukte zur Verfügung stehen. Da dies lediglich für die schweren Elemente (Ga, Ge, Sn, Pb) gewährleistet ist, sind Silylene sowie isoelektronische Borylanionen nur über reduktive Methoden zugänglich:

(a) **Chemische Reduktion** normalvalenter (Di-)Halogenderivate ist die Methode der Wahl zur Synthese isolierbarer Carbenanaloga. Als Reduktionsmittel werden vorzugsweise Alkalimetalle, Magnesium oder Graphitinterkalationsverbindungen (C_6Li, C_8K) eingesetzt. Überreduktion kann durch Zusatz einer geringen Menge Triethylamin verhindert werden. Reaktionen mit Alkalimetallen können nicht nur heterogen, sondern auch in homogener Phase durchgeführt werden, wenn als Reagenz die durch Umsetzung der Metalle mit aromatischen Verbindungen zugänglichen Radikalanionsalze wie z. B. Lithiumnaphthalid $Li^+[C_{10}H_8]^{\cdot-}$ eingesetzt werden:

tBu, N, SiCl2, N, tBu — NaK2, THF, 10 °C → tBu, N, Si:, N, tBu

Dipp, N, BCl, N, Dipp — LiC10H8, THF, 6h −45 °C → Dipp, N, ⊖B: Li(THF)x⊕, N, Dipp

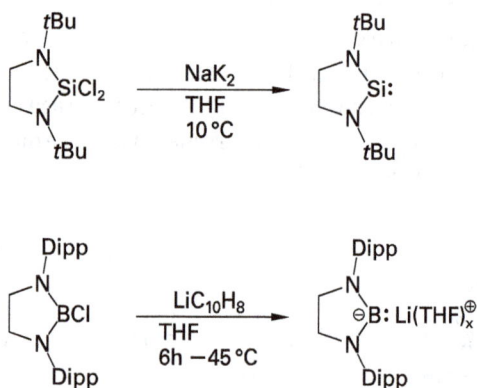

(b) **baseninduzierte Dehydrochlorierung** eignet sich vor allem zur Erzeugung transienter, kurzlebiger Spezies, die direkt in der Reaktionslösung abgefangen werden können. In Analogie zur Darstellung von Dichlorcarben aus Chloroform entsteht so durch Einwirkung starker Neutralbasen (tertiärer Amine) auf $HSiCl_3$ ein transientes Dichlorsilylen, das z. B. durch [1 + 4]-Cycloaddition mit einem 1,4-Diazadien abgefangen werden kann:

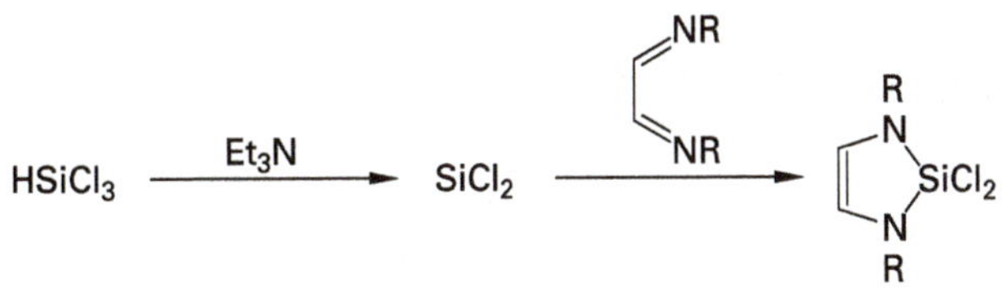

(c) thermisch oder photochemisch induzierte **Fragmentierung gespannter Ringsysteme** wird bevorzugt zur Darstellung mäßig stabiler Carbenanaloga eingesetzt, die in Lösung häufig im Gleichgewicht mit entsprechenden Dimerisierungsprodukten vorliegen. Die Monomeren können in diesen Gleichgewichten z. B. mithilfe spektroskopischer Methoden nachgewiesen oder durch geeignete Reagenzien abgefangen werden. Photolytische Ringfragmentierungen eignen sich besonders in Verbindung mit Matrixisolationstechniken zur Erzeugung hoch reaktiver Spezies wie z. B. einem Triplett-Silylen oder einem Triplett-Phosphiniden:

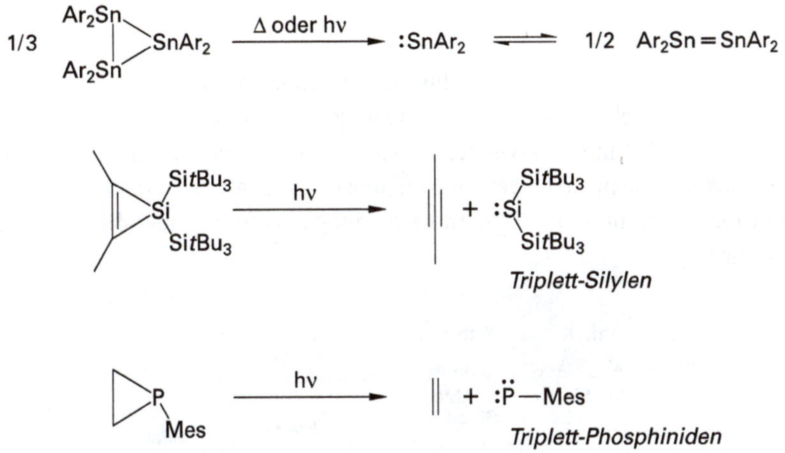

(d) **photochemisch induzierte Fragmentierung** von Trisilanen (s. Abschn. 1.3.4) oder deren Homologen ist eine weitere Methode zur Freisetzung transienter oder kinetisch labiler Carbenanaloga, die in einer Edelgasmatrix oder in Lösung spektroskopisch nachgewiesen und durch Folgereaktionen abgefangen werden können. Analog können Nitrene durch Photolyse von Aziden erzeugt werden. Eng verwandt mit dieser Reaktion ist auch die Erzeugung eines Phosphino-Phosphinidens durch photochemische Spaltung eines Phospha-Heterocumulens:

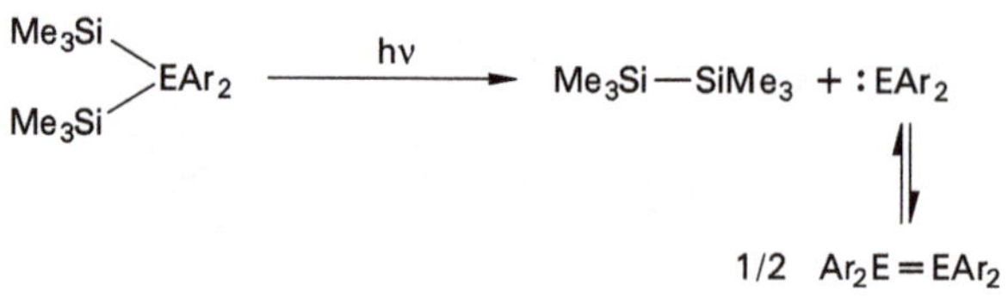

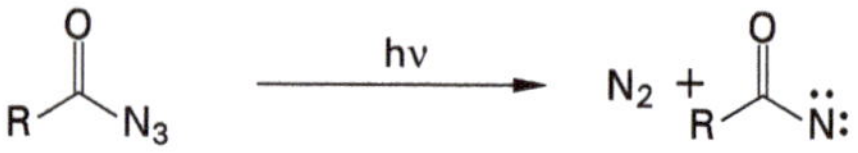

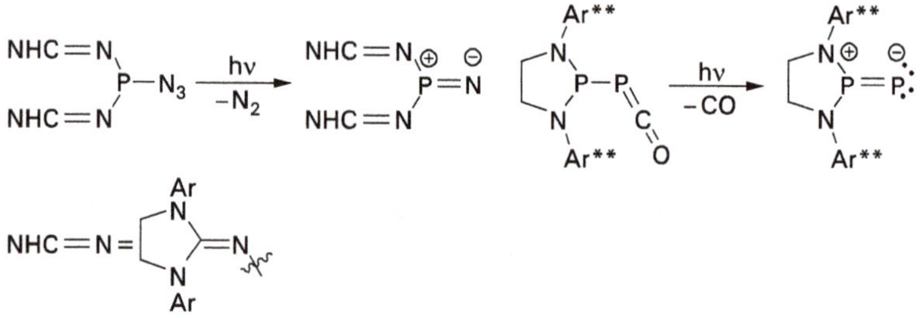

Metathesereaktionen sind der bevorzugte Weg zur Darstellung von Carbenanaloga mit Ge-, Sn- und Pb-Zentralatomen, da hier die zweiwertigen Halogenide als gut zugängliche und handhabbare Edukte zur Verfügung stehen (anstelle von reinem Germanium(II)chlorid wird in der Regel der stabilere Komplex mit Dioxan eingesetzt). Durch Umsetzung mit einem oder zwei Äquivalenten eines Alkalimetallamids oder einer sperrigen Organolithium- bzw. Grignard-Verbindung sind mono- oder disubstituierte Produkte zugänglich:

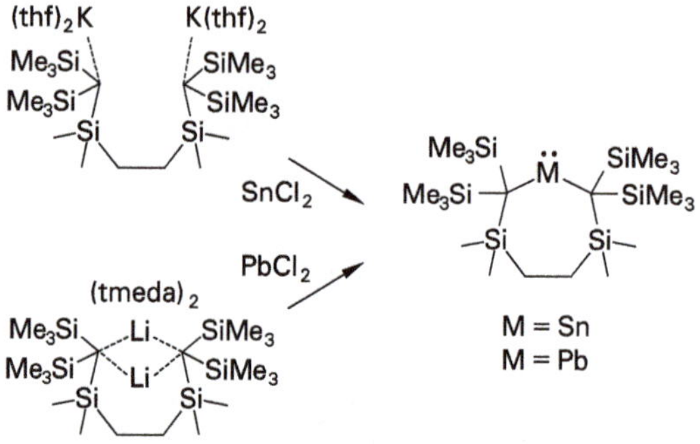

Kationische Analoga von Mono- oder Diaminocarbenen mit schweren Gruppe-15-Elementen (E = P, As, Sb, Bi) werden am besten über **heterolytische Spaltung von Element-Halogen-Bindungen** geeigneter Vorläufer erhalten. Die Halogenidabstraktion wird dabei oft durch Silbersalze, Trimethylsilyltriflat oder Lewis-Säuren wie Aluminium- oder Galliumchlorid induziert:

$$(R_2N)_2E{-}Cl + AgBF_4 \longrightarrow [(R_2N)_2E]^+[BF_4]^- + AgCl$$
$$(R_2N)_2E{-}Cl + Me_3SiOTf \longrightarrow [(R_2N)_2E]^+[OTf]^- + Me_3SiCl$$
$$(R_2N)_2E{-}Cl + GaCl_3 \longrightarrow [(R_2N)_2E]^+[GaCl_4]^-$$

N-heterocyclische Kationen der schwereren Gruppe-15-Elemente sind auch durch Reduktion von Element(III)halogeniden in Gegenwart von 1,4-Diazadienen zugänglich. Die Reaktion verläuft formal unter Übertragung eines subvalenten Element(I)halogenids und anschließender Halogenidabstraktion. Analoge Umsetzung von $SeCl_4$ liefert ein dikationisches Carbenanalog mit einem Chalkogen:

$SeCl_4$ + RN=CH–CH=NR, $SnCl_2$, 23°C ⟶ $[(RN\text{–}CH{=}CH\text{–}NR)Se]^{2\oplus}$ $SnCl_6^{2\ominus}$

1.4.1.4 Chemische Reaktivität von Carbenanaloga

Typische Reaktionsmuster von Carbenanaloga sind Insertionen in Einfachbindungen, **[1+*n*]-Cycloadditionen** und **Lewis-Säure/Base-Reaktionen**. Aufgrund der geringen HOMO-LUMO-Differenz vieler Substanzen sind darüber hinaus Oxidations- und Reduktionsprozesse von Interesse.

Insertionen und Cycloadditionen von Carbenanaloga sind im Prinzip Umkehrprozesse der im vorigen Abschnitt diskutierten Bildungsreaktionen und formal mit oxidativen Additionen metallorganischer Reagenzien vergleichbar. Eine wichtige Voraussetzung für eine glatte Reaktion ist, dass die subvalente Spezies das Substrat sowohl elektrophil als auch nukleophil angreifen kann und somit deutlich ambiphilen Charakter besitzt. Stannylene und Plumbylene sind aufgrund ihrer geringen Nukleophilie eher weniger aktiv und reagieren bevorzugt unter Oligomerisierung. Dagegen besitzen vor allem Silylene und neutrale Aluminium(I)ketiminate ein enormes Synthesepotential hinsichtlich der selektiven Aktivierung von Einfachbindungen und dem Aufbau neuer Ringsysteme:

Insertion in Element–Element-Bindungen

$R_2E(\mu\text{-}S_2)_2E R_2$-Spiro-System ⟵($S_8$)— R_2E —(P_4)⟶ $R_2E(P_4)$ —(R_2E)⟶ $R_2E(P_4)ER_2$

R_2E = Al-ketiminat (NAr, Al, NAr), Silylen (NAr, Si, NAr) (Ar = 2,6-$i$$Pr_2C_6H_3$)

[2 + 1]-Cycloadditionen

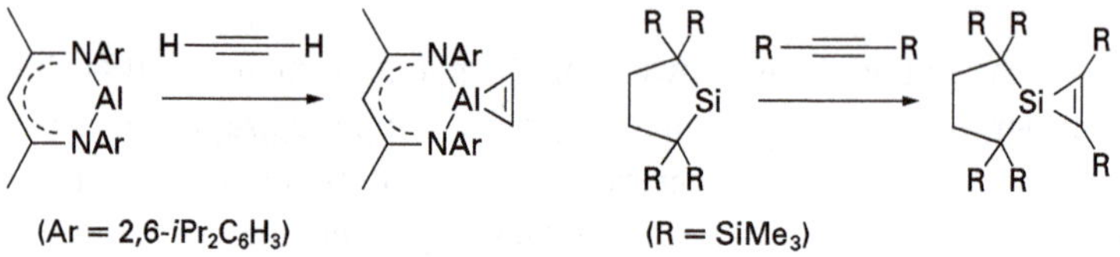

(Ar = 2,6-$iPr_2C_6H_3$)

(R = $SiMe_3$)

[4 + 1]-Cycloadditionen

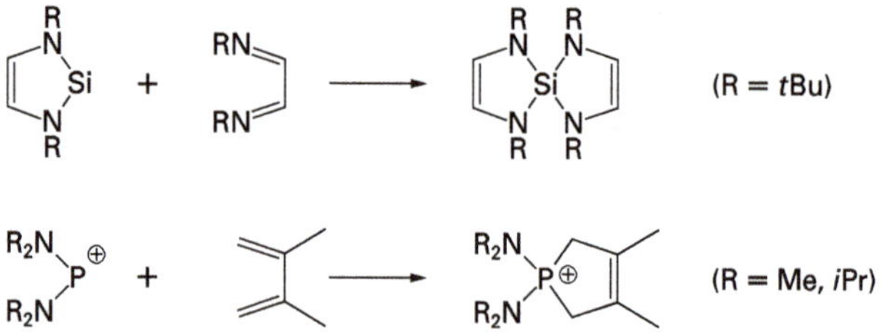

(R = *t*Bu)

(R = Me, *i*Pr)

Ein interessanter Aspekt vieler Reaktionen ist, dass die gebildeten Primärprodukte mit einem weiteren Molekül des Carbenanalogs schneller abreagieren können als sie gebildet werden. Aus solchen Reaktionen resultieren oft Endprodukte, die nicht unbedingt erwartet oder vorhersehbar waren. Ein Beispiel hierfür sind Reaktionen von Silylenen mit Alkinen oder Carbonylverbindungen, in denen keine [2 + 1]-Cycloaddukte, sondern vielmehr Vierringe mit zwei Siliciumatomen entstehen:

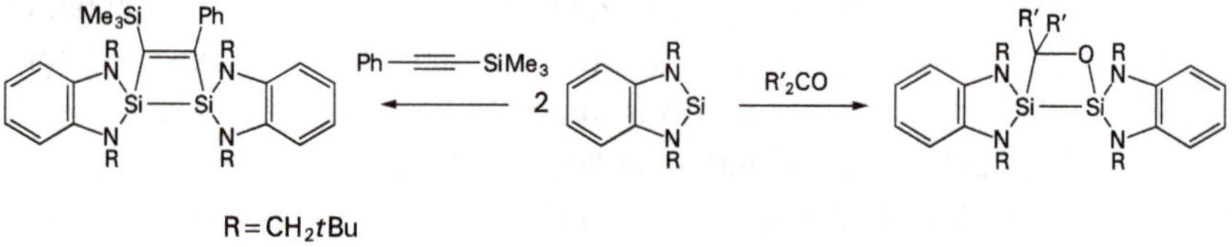

R = CH_2tBu

In Lewis-Säure/Base-Reaktionen reagieren Carbenanaloga ungeachtet ihrer Ambiphilie bevorzugt als Lewis-Säure unter Bildung von Donor-Akzeptor-Komplexen. Diese Addukte besitzen infolge der elektronischen Absättigung des LUMOs eine größere Stabilität als die freien Carbenanaloga, sodass die Komplexbildung zur Erzeugung thermisch und chemisch stabiler Lagerformen genutzt werden kann. So ist das ansonsten schwer handhabbare Germanium(II)chlorid in Form seines Dioxankomplexes so effektiv gegen Disproportionierung geschützt, dass es kommerziell vertrieben werden kann, und ein in freiem Zustand instabiles Arseniumkation wie Me_2As^+ kann nach Komplexierung mit einem Phosphan als hydrolysestabiler Feststoff isoliert werden. Im Gegensatz zum kinetisch labilen Silylen $SiCl_2$ ist das durch Reduktion eines $SiCl_4$-Carbenkomplexes herstellbare Addukt mit einem nukleophilen N-heterocyclischen Carben ebenfalls in Substanz isolierbar und gezielt für Folgereaktionen einsetzbar (die Problematik der Beschreibung der dativen Bindung in diesen Komplexen wird in Abschn. 1.8.2.1 eingehender diskutiert).

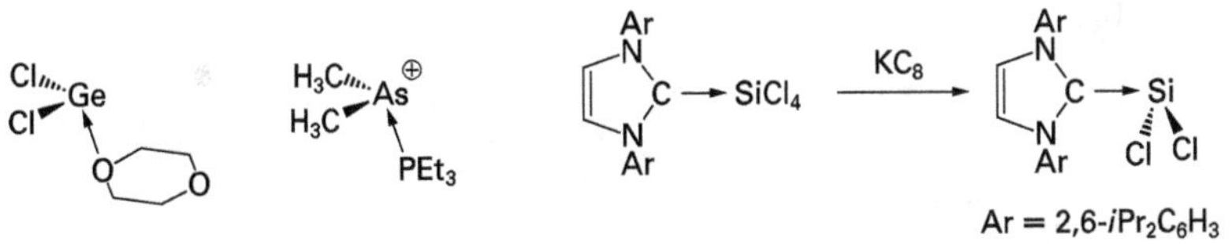

$Ar = 2,6\text{-}iPr_2C_6H_3$

Amidinato- und ketiminatosubstituierte Derivate sind als *intra*molekular donorstabilisierte Carbenanaloga aufzufassen und stellen ungewöhnliche funktionelle Moleküle mit interessanter Reaktivität dar:

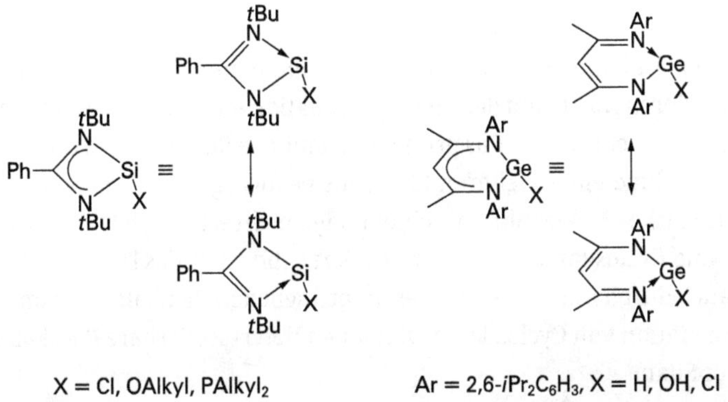

X = Cl, OAlkyl, $PAlkyl_2$ Ar = $2,6\text{-}iPr_2C_6H_3$, X = H, OH, Cl

Aufgrund der elektronischen Absättigung des subvalenten Zentrums sind die Donor-Addukte stärkere Lewis-Basen als die freien Carbenanaloga und reagieren ihrerseits mit Lewis-Säuren zu Komplexen, in denen das Zentralatom zwei Donor-Akzeptor-Bindungen mit unterschiedlicher Polarität ausbildet:

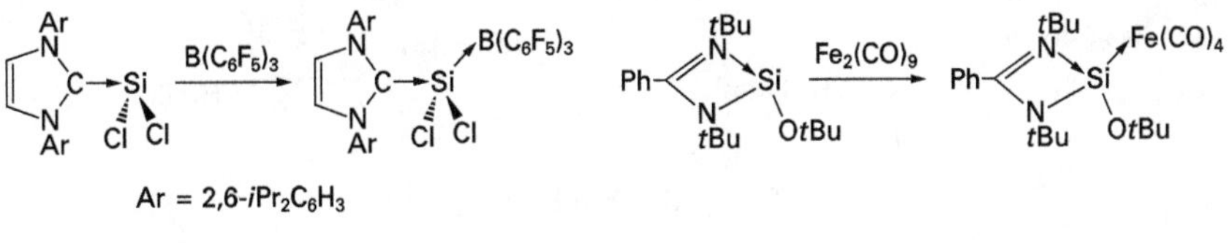

$Ar = 2,6\text{-}iPr_2C_6H_3$

Die nukleophilen Eigenschaften freier Carbenanaloga treten am ehesten bei der Bildung von Metallkomplexen hervor, in denen das Donoratom wie in Carbenkomplexen eine planare Koordination aufweist. Eine Analyse spektroskopischer Daten wie z. B. der

νCO-Schwingungsfrequenzen von Carbonylkomplexen zeigt, dass die Liganden ambiphilen Charakter besitzen und als σ-Donor-π-Akzeptorliganden im Rahmen des Dewar-Chatt-Duncanson-Modells (s. Abschn. 4.3.4.1) aufzufassen sind.

In Elektronentransferprozessen zeigen Carbenanaloga vor allem gegenüber Reduktionsmitteln eine vielseitige Reaktivität. Durch Einelektronenreduktion gebildete Radikalanionen sind in einigen Fällen ESR-spektroskopisch nachweisbar oder sogar in Substanz isolierbar:

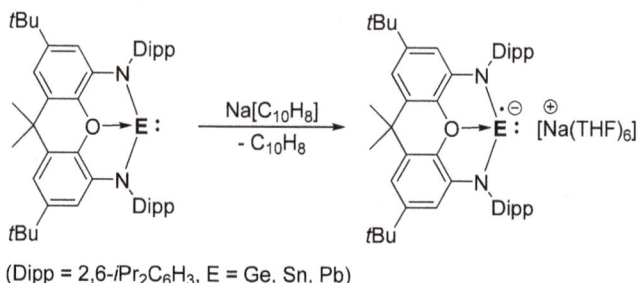

$$\xrightarrow[-\ C_{10}H_8]{Na[C_{10}H_8]}\ [Na(THF)_6]^{\oplus}$$

(Dipp = 2,6-iPr$_2$C$_6$H$_3$, E = Ge, Sn, Pb)

In den meisten Fällen erweisen sich die Radikalanionen als instabil gegenüber Folgereaktionen, deren Ablauf am Beispiel der Reduktion eines N-heterocyclischen Silylens ausführlich untersucht wurde. Das primär entstandene Radikalanion reagiert in diesem Fall unter Aufnahme eines weiteren Elektrons bevorzugt zu einem Silandiid-Dianion, das dann als starkes Nukleophil mit einem oder mehreren Molekülen des Silylens zu Disilandiid- und Cyclosilanid-Dianionen reagiert (Abb. 1.53); das Disilandiid kann möglicherweise auch durch Dimerisierung des ursprünglichen Radikalanions entstehen. Einelektronenoxidation von Cyclosilanid-Dianionen liefert isolierbare Radikalanionen homocyclischer Silane.

Oxidationen von Carbenanaloga wurden selten untersucht. Von Interesse sind in diesem Zusammenhang aber Umsetzungen mit Chalkogenen oder Aziden, die zu schweren Analoga organischer Ketone und Imine führen:

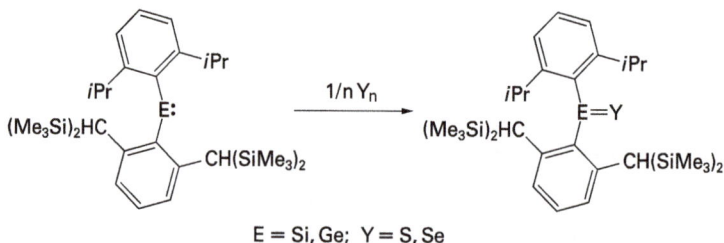

$$\xrightarrow{1/n\ Y_n}$$

E = Si, Ge; Y = S, Se

Eine Diskussion der Reaktivität carbenanaloger Spezies bleibt unvollständig ohne eine genauere Betrachtung der Bildung von Dimeren und Oligomeren kinetisch labiler Carbenanaloga von Gruppe-14-Elementen. Die formal als Bildung eines Lewis-

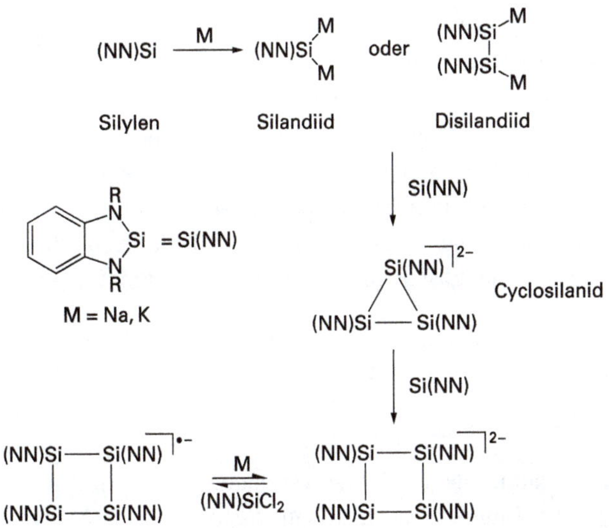

(NN)Si —M→ (NN)Si(M)(M) oder (NN)Si(M)–(NN)Si(M)

Silylen Silandiid Disilandiid

↓ Si(NN)

$[Si(NN)_3]^{2-}$ Cyclosilanid

↓ Si(NN)

$[(NN)Si]_4^{\bullet-}$ ⇌ (M / (NN)SiCl$_2$) $[(NN)Si]_4^{2-}$

M = Na, K

Abb. 1.53: Mechanistischer Ablauf der Reduktion eines N-heterocyclischen Silylens (R = neo-Pentyl).

Komplexes zweier (oder mehrerer) Lewis-Ambiphile zu klassifizierende Reaktion zeigt eine überraschende Vielseitigkeit und kann je nach den beteiligten Substraten als Cycloaddition, als Insertion, oder unter Bildung verschiedener Lewispaare ablaufen:

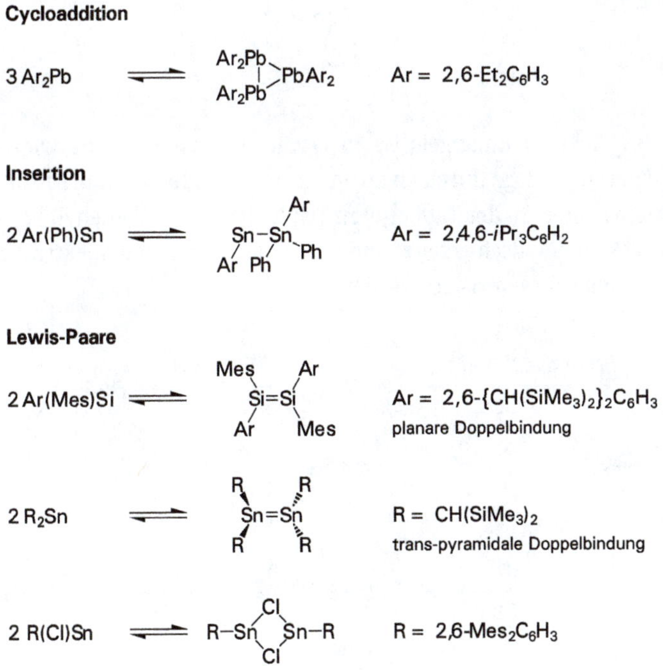

Cycloaddition

3 Ar_2Pb ⇌ $(Ar_2Pb)_3$ Ar = 2,6-$Et_2C_6H_3$

Insertion

2 Ar(Ph)Sn ⇌ Ar(Ph)Sn–Sn(Ar)(Ph) Ar = 2,4,6-$i$$Pr_3C_6H_2$

Lewis-Paare

2 Ar(Mes)Si ⇌ (Mes)(Ar)Si=Si(Ar)(Mes) Ar = 2,6-$\{CH(SiMe_3)_2\}_2C_6H_3$
planare Doppelbindung

2 R_2Sn ⇌ $R_2Sn=SnR_2$ R = $CH(SiMe_3)_2$
trans-pyramidale Doppelbindung

2 R(Cl)Sn ⇌ R–Sn(μ-Cl)$_2$Sn–R R = 2,6-$Mes_2C_6H_3$

Welcher der Wege eingeschlagen wird, hängt von der Elektrophilie bzw. Nukleophilie des Carbenanalogs und der Stabilität der gebildeten (Doppel-)Bindung ab. Als Faustregel gilt, dass Strukturen mit planaren Doppelbindungen für die leichtesten Elemente C, Si (und Ge) und solche mit Einfachbindungen oder ohne Element-Element-Bindung für die schwersten Elemente Sn und Pb bevorzugt werden. Pyramidale Doppelbindungen werden häufig bei Verbindungen der mittelschweren Elemente Ge und Sn (in einigen Fällen auch bei Si und Pb) beobachtet. Eine ausführlichere Diskussion wird in Abschn. 1.5.1 im Zusammenhang mit der Diskussion von Mehrfachbindungssystemen angestellt.

1.4.2 Borylene und deren Homologe

Borylen (BH) ist als Stammverbindung monovalenter Verbindungen mit Gruppe-13-Elementen isoster mit Nitren. Im Unterschied zu diesem besitzt es aber nur vier Valenzelektronen, die sich auf ein σ(BH)-bindendes Orbital und ein borzentriertes freies Elektronenpaar verteilen. Da das freie Elektronenpaar ein sp-Hybridorbital besetzt und die p-Orbitale am Bor bei deutlich höherer Energie liegen, hat Borylen wie seine substituierten Derivate und höheren Homologen stets einen Singulett-Grundzustand:

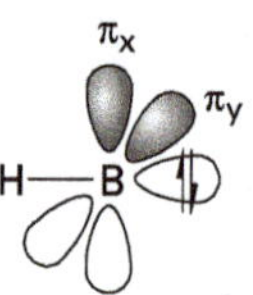

Angesichts des Elektronenmangels ist zu erwarten, dass Borylene wie elektrophile Carbene und deren Analoga durch elektronenreiche σ- oder π-Donorsubstituenten stabilisiert werden sollten. In der Tat konnten Triphenylsilyl- und Phenylborylen als hoch instabile Spezies photolytisch erzeugt und durch Matrixisolationsspektroskopie und Insertionsreaktionen charakterisiert werden:

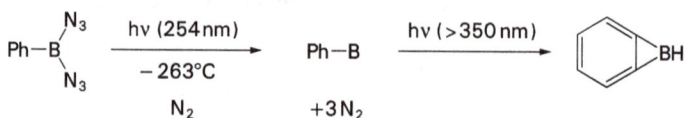

$$(Ph_3Si)_2BR \xrightarrow[-196\,°C]{h\nu\ (254\,nm)} [Ph_3Si{-}B] + RSiPh_3 \xrightarrow{Et_2MeCH} Ph_3Si{-}B(H){-}CEt_2Me$$

R = Alkyl

$$Ph{-}B(N_3)_2 \xrightarrow[-263\,°C,\ N_2]{h\nu\ (254\,nm)} Ph{-}B + 3\,N_2 \xrightarrow{h\nu\ (>350\,nm)} C_6H_4BH$$

Eine Hochtemperatursynthese bei 0,1–1 mbar und 1900–2000 °C liefert ausgehend von elementarem Bor und Bortrifluorid gemäß der Gleichung

$$BF_3 + 2\,B \longrightarrow 3\,BF$$

das zu CO und N_2 isoelektronische und isostere monomere Fluorborylen, das spektroskopisch in einer He-Matrix bei 4 K charakterisiert werden konnte und bei −196 °C mit BF_3 unter Bildung höherer Borfluoride (B_2F_4, B_3F_5, ...) reagiert. Die hohe Instabilität von BF bildet einen starken Kontrast zum Verhalten isoelektronischer Spezies wie CO oder einwertiger Halogenide der schwereren Gruppe-13-Elemente, die unter Normalbedingungen als metastabile Spezies in Lösung existieren (z. B. AlCl, GaCl) oder in Substanz isolierbar sind (In(I)halogenide, Tl(I)halogenide). Als Ursache für diesen Unterschied lassen sich zwei wesentliche Gründe anführen:

(a) Bor bildet aufgrund seines kleinen Atomradius und seiner vergleichsweise hohen Elektronegativität viel stabilere Bindungen als die schwereren Gruppe-13-Elemente. Folgereaktionen wie Disproportionierung oder Oligomerisierung sind deshalb durch eine signifikant höhere thermodynamische Triebkraft begünstigt (Abb. 1.54).

(b) Aufgrund der geringen Elektronegativität von Bor und der Polarität der B–R-Bindung liegen nach DFT-Rechnungen die HOMOs in BF und anderen Borylenen bei deutlich höherer Energie als in isoelektronischen Molekülen wie N_2 oder CO. Im Gegensatz dazu sind die LUMO-Energien (mit Ausnahme der von BO^-) vergleichbar. Gleichzeitig weisen beide Grenzorbitale hohe Amplituden am Bor auf (Abb. 1.55). Die Kombination aus hoher HOMO-Energie und mäßig niedriger LUMO-Energie macht aus BF ein starkes Nukleophil (σ-Donor) und mäßiges Elektrophil (π-Akzeptor). Die kleine HOMO-LUMO-Aufspaltung in Verbindung mit der hohen Bindungspolarität bedingt dabei eine geringe kinetische Stabilität (vgl. Abschn. 1.2.3). Da sich als Folge des Ungleichgewichts zwischen σ-Donor- und π-Akzeptoreigenschaften im Verlauf einer Reaktion die positive Ladung am Boratom erhöht, wird die BF-Einheit verwundbar für einen nukleophilen Angriff und sollte bevorzugt Reaktionen unter oxidativer Addition eingehen.

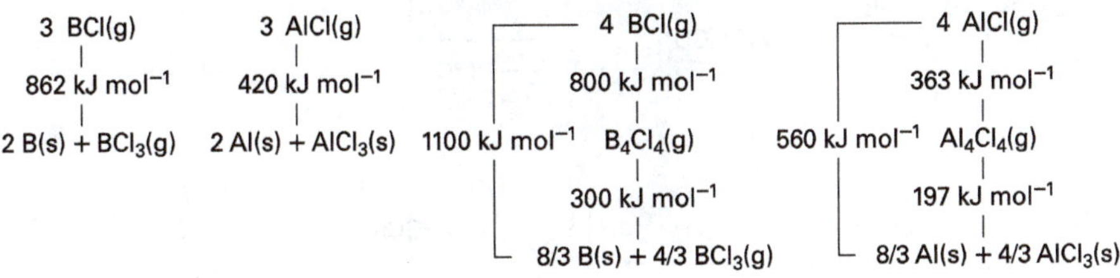

Abb. 1.54: Energiebilanz von Disproportionierungs- und Oligomerisierungsreaktionen von BCl und AlCl [nach Dohmeier et al., *Angew. Chem.* **1996**, *108*, 142].

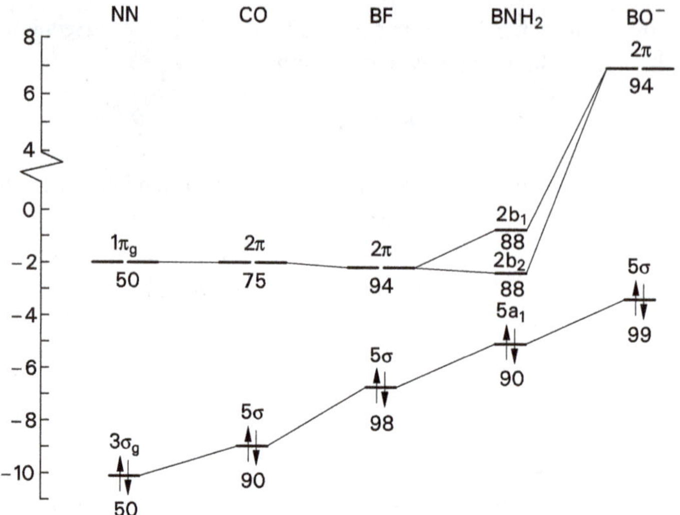

Abb. 1.55: Auf DFT-Niveau berechnete Energien der Grenzorbitale (in eV) von N_2, CO, BF, BNH_2 und BO^-. Die Zahlen unter den Energieniveaus kennzeichnen den am Boratom (bzw. dem Kohlenstoffatom oder einem Stickstoffatom) lokalisierten Anteil des jeweiligen MOs (in %) [nach Ehlers et al., *Chem. Eur. J.* **1998**, *4*, 210].

Die theoretische Analyse der Bindungseigenschaften legt nahe, dass BF und andere Borylene zur Bildung stabiler und isolierbarer Komplexe in der Lage sein sollten, wenn die aus der Elektrophilie des koordinierten Borylens resultierenden Folgereaktionen durch kinetische Stabilisierung (s. Abschn. 1.2.6) und π-Donoreffekte unterdrückt werden können. In der Tat gelingt die Synthese unter Ausschluss von Luft und Feuchtigkeit stabiler Borylen-Lewis-Säure-Komplexe entweder ausgehend von einem Dichlorboran über Salzeliminierung oder durch Kondensation von B_2Cl_4 mit Cp*$SiMe_3$. Bei dieser Reaktion wird vermutlich eine Diboranzwischenstufe durchlaufen, aus der unter 1,2-Chloridverschiebung das endgültige Produkt entsteht:

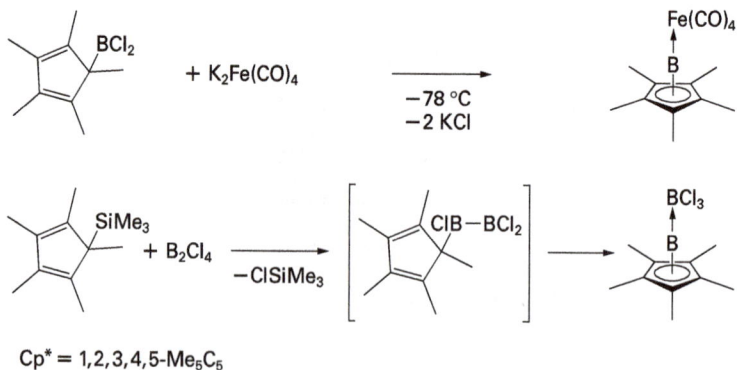

BCl_2 + $K_2Fe(CO)_4$ → (−78 °C, −2 KCl) $Fe(CO)_4$ ← B

$SiMe_3$ + B_2Cl_4 → (−$ClSiMe_3$) [ClB−BCl_2] → BCl_3 ← B

Cp* = 1,2,3,4,5-Me_5C_5

Die Stabilität der Cp*B-Einheit (die alternativ zur Beschreibung als Borylen auch als nido-Carboran aufgefasst werden kann, vgl. Abschn. 1.7.1) beruht darauf, dass das elektrophile Boratom durch Wechselwirkung mit dem π-Elektronensystem des pentahapto-koordinierten Fünfrings elektronisch abgesättigt wird. Analog zu den Borylenkomplexen existieren auch homologe Aluminium- oder Galliumverbindungen Cp*M $\longrightarrow$ $B(C_6F_5)_3$ (M = Al, Ga). Die Bildung dieser Verbindungen erfolgt in einfacher Weise durch direkte Umsetzung von $B(C_6F_5)_3$ mit den Metall(I)cyclopentadienylen Cp*M, die aus den in kristalliner Form isolierbaren Tetra- bzw. Hexameren $[Cp^*Al]_4$ bzw. $[Cp^*Ga]_6$ durch spontane Dissoziation in Lösung oder in der Gasphase entstehen.

Unlängst gelangen auch erste Synthesen isolierbarer Komplexe mit Fluor- und Aminoborylenliganden sowie einem Oxoborylliganden:

$$Na_2[M(CO)_5] + X_2BN(SiMe_3)_2 \longrightarrow (OC)_4M{=}B{=}N(SiMe_3)_2$$

$$[CpRu(CO)_2]^- \xrightarrow{BF_3\cdot OEt_2} [CpRu(CO)_2]_2(\mu\text{-}BF) + CpRu(CO)_2{=}BF_2$$

$$Pt(PCy_3)_2 + Br{-}B(OSiMe_3)Br \longrightarrow Br{-}Pt(PCy_3)_2{-}B(OSiMe_3)Br \rightleftharpoons Br{-}Pt(PCy_3)_2{-}B{\equiv}O + BrSiMe_3$$

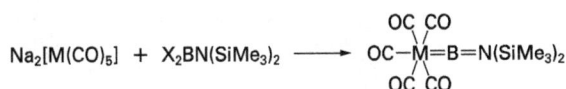

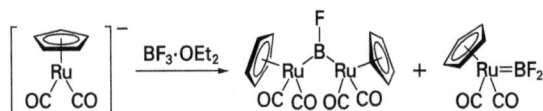

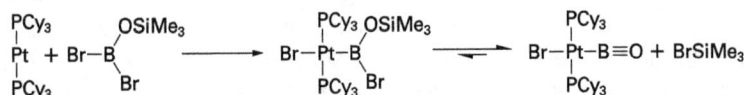

Im Fall von Aluminylenen kann die gegenüber Borylenen geringere Tendenz zur Bildung von Oligomeren durch kinetische Stabilisierung überwunden werden, sodass hier durch Reduktion maßgeschneiderter Aluminium(III)-Dihalogenide auch isolierbare freie Aluminium(I)-Verbindungen zugänglich sind:

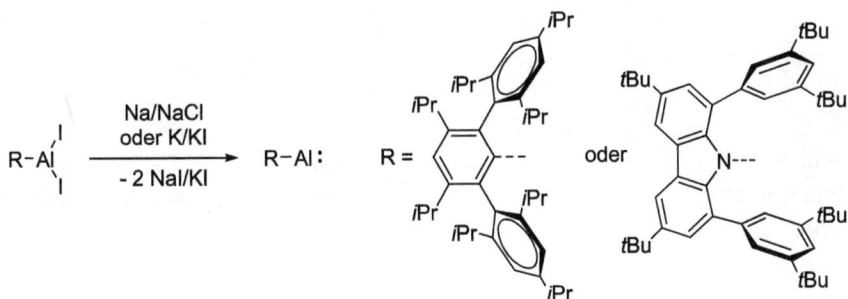

$$R{-}AlI_2 \xrightarrow[-\,2\ NaI/KI]{Na/NaCl\ \text{oder}\ K/KI} R{-}Al{:}$$

R = 2,6-Bis(2,4,6-triisopropylphenyl)-3,5-diisopropylphenyl (iPr) oder 1,8-Bis(3,5-di-tBu-phenyl)-3,6-di-tBu-carbazol-9-yl (N, tBu)

Das chemische Verhalten der Aluminylene wird, wie erwartet, durch Komplexbildung mit Lewis-Basen wie auch Lewis-Säuren und durch oxidative Additionen geprägt.

1.4.3 Radikale

Neutrale Radikale spielen in der Chemie der Hauptgruppenelemente eine grundlegende Rolle bei der Bildung und Spaltung chemischer Bindungen. Da die ungepaarten Elektronen in s- oder p-Valenzorbitalen lokalisiert und damit räumlich und energetisch für Wechselwirkungen mit Orbitalen von Reaktionspartnern prädestiniert sind, werden chemische Folgereaktionen sowohl thermodynamisch (hohe Triebkraft infolge Neubildung einer stabilen kovalenten Bindung) als auch kinetisch erleichtert (die Wechselwirkung des SOMO mit Orbitalen eines Reaktionspartners liefert einen großen Beitrag zum Orbitalterm in der Klopman-Salem-Gleichung und damit zur Erniedrigung der Aktivierungsenergie, vgl. Abschn. 1.2.3). Obwohl Radikale deshalb oft nur als kurzlebige Reaktionsintermediate auftreten, existieren auch langlebige Vertreter, die abhängig von ihren Eigenschaften als stabil oder als persistent bezeichnet werden. Stabile Radikale sind in Substanz isolierbar und in einer inerten Atmosphäre bei Raumtemperatur unzersetzt beständig. Persistente Radikale besitzen zwar in Lösung hohe Lebensdauern, sind in reiner Phase aber gegenüber Dimerisierung oder Disproportionierung unbeständig und deshalb nicht isolierbar.

Die zum Erreichen hoher Lebensdauern notwendige Stabilisierung kann sowohl durch elektronische als auch sterische Effekte erreicht werden. Elektronische Effekte sind die Ursache der Persistenz vieler O- und N-zentrierter Radikale, in denen die Dimerisation wegen geringer Bindungsenergien der neu entstehenden O–O- oder N–N-Bindungen (s. Abschn. 1.2.1) keine ausreichende energetische Triebkraft besitzt. Klassische Beispiele für solche Radikale sind Stickoxide (NO, NO_2) und Nitroxylradikale wie Fremys Salz $K_2[\cdot ON(SO_3)_2]$ oder 2,2,6,6-Tetramethylpiperidinoxyl (TEMPO). In C-zentrierten Triphenylmethanradikalen wie dem Gomberg-Radikal oder in Semichinonen sind die wesentlichen stabilisierenden Faktoren demgegenüber die Delokalisation der Spindichte durch π-Konjugation und sterische Einflüsse.

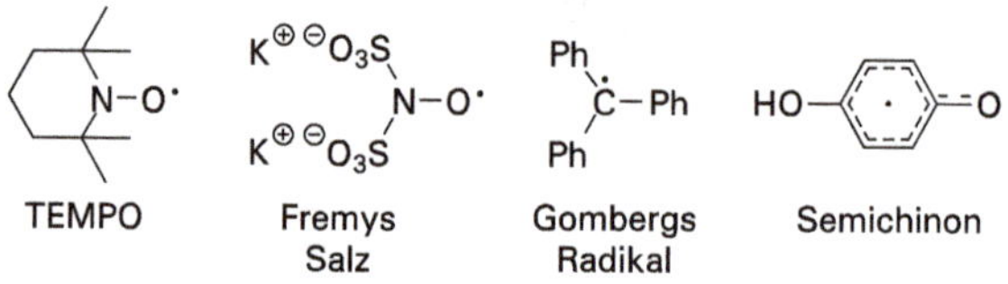

TEMPO | Fremys Salz | Gombergs Radikal | Semichinon

Dieselben Prinzipien erlauben auch die Synthese isolierbarer Radikalkationen bzw. -anionen, in denen das spintragende Atom eine positive oder negative Ladung besitzt (s. Abschn. 1.4.1.4).

1.4.3.1 Persistente und stabile neutrale Monoradikale mit Hauptgruppenelementen

In den letzten Jahren wurde eine stetig wachsende Zahl neuer Radikale erschlossen, in denen ein ungepaartes Elektron an einem schweren Hauptgruppenelement oder einem wenig elektronegativen Atom wie Bor zentriert ist. Neben π-Radikalen, deren Spin in einem konjugierten Mehrfachbindungssystem delokalisiert ist (s. Abschn. 1.5), zählen hierzu vor allem schwere Homologe von Alkyl-, Aminyl- und Borylradikalen, die durch sperrige Substituenten vor Dimerisation geschützt werden. Daneben gibt es erste Beispiele für Radikale mit ungewöhnlichen formalen Oxidationsstufen der Spinzentren wie persistente Phosphoranylradikale mit Phosphor(IV) oder isolierbare Germanium(I)-Radikale. Die Synthese stabiler oder persistenter Radikale kann auf mehreren Wegen erfolgen:

Oxidation von Anionen

$(t\mathrm{Bu_2MeSi})_3\mathrm{ENa} \xrightarrow[\mathrm{Et_2O}]{\mathrm{ECl_2(dioxan)}} (t\mathrm{Bu_2MeSi})_3\mathrm{E}^\bullet$ (E = Si, Ge, Sn) — *stabil planar*

Disproportionierung

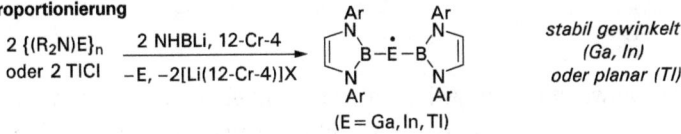

2 $\{(\mathrm{R_2N})\mathrm{E}\}_n$ oder 2 TlCl $\xrightarrow[-\mathrm{E},\ -2[\mathrm{Li(12\text{-}Cr\text{-}4)}]\mathrm{X}]{\mathrm{2\ NHBLi,\ 12\text{-}Cr\text{-}4}}$ B–E$^\bullet$–B (Ar, N, Ar / N, Ar) (E = Ga, In, Tl) — *stabil gewinkelt (Ga, In) oder planar (Tl)*

Reduktion von Halogenverbindungen

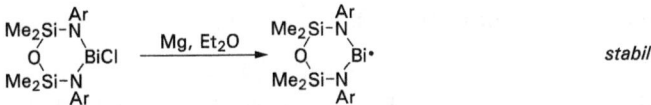

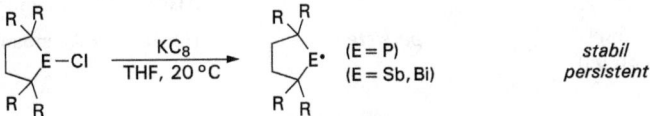

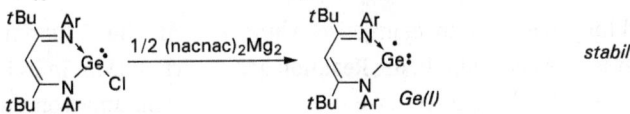

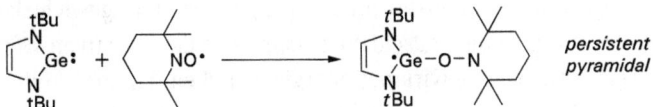

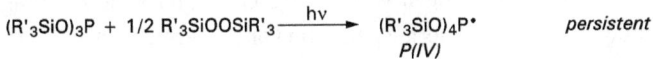

$\mathrm{Me_2Si\text{-}N(Ar)}$, O, BiCl, $\mathrm{Me_2Si\text{-}N(Ar)}$ $\xrightarrow{\mathrm{Mg,\ Et_2O}}$ $\mathrm{Me_2Si\text{-}N(Ar)}$, O, Bi$^\bullet$, $\mathrm{Me_2Si\text{-}N(Ar)}$ — *stabil*

$\{(\mathrm{Me_3Si})_2\mathrm{CH}\}_2\mathrm{PCl} \xrightarrow[\mathrm{THF,\ 20\,°C}]{\mathrm{KC_8}} \{(\mathrm{Me_3Si})_2\mathrm{CH}\}_2\mathrm{P}^\bullet$ (E = P, As) — *persistent*

R, R, E–Cl, R, R $\xrightarrow[\mathrm{THF,\ 20\,°C}]{\mathrm{KC_8}}$ R, R, E$^\bullet$, R, R (E = P) (E = Sb, Bi) — *stabil* / *persistent*

tBu, Ar, N, Ge:, Cl, N, tBu, Ar $\xrightarrow{\mathrm{1/2\ (nacnac)_2Mg_2}}$ tBu, Ar, N, Ge$^\bullet$:, N, tBu, Ar *Ge(I)* — *stabil*

Radikalmetathese

tBu, N, Ge:, N, tBu + NO$^\bullet$ ⟶ tBu, N, $^\bullet$Ge–O–N, N, tBu — *persistent pyramidal*

$(\mathrm{R'_3SiO})_3\mathrm{P} + 1/2\ \mathrm{R'_3SiOOSiR'_3} \xrightarrow{h\nu} (\mathrm{R'_3SiO})_4\mathrm{P}^\bullet$ *P(IV)* — *persistent*

thermische Bindungsspaltung

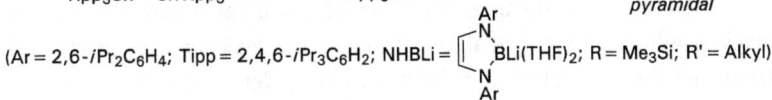

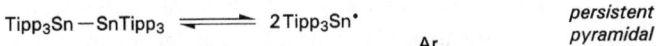

$\mathrm{Tipp_3Sn{-}SnTipp_3} \rightleftharpoons 2\,\mathrm{Tipp_3Sn}^\bullet$ — *persistent pyramidal*

(Ar = 2,6-$i\mathrm{Pr_2C_6H_4}$; Tipp = 2,4,6-$i\mathrm{Pr_3C_6H_2}$; NHBLi = Ar, N, BLi(THF)$_2$, N, Ar; R = $\mathrm{Me_3Si}$; R' = Alkyl)

Das Auftreten einer planaren oder pyramidalen Koordination für Tetryl-Radikale kann im Festkörper kristallographisch ermittelt und in Lösung aus Hyperfeinkopplungen in ESR-Spektren abgeleitet werden. Ein großer Betrag der Kopplung impliziert einen signifikanten s-Charakter des SOMO und damit eine stärker pyramidale Struktur.

Als essentielle Reaktionen stabiler und persistenter Radikale wurden umkehrbare Oxidationen und Reduktionen nachgewiesen. Die aus planaren silylierten Silyl-, Germyl- und Stannylradikalen erhaltenen Homologen von Carbokationen bzw. Carbanionen haben im kristallinen Zustand ebenfalls (nahezu) planare Molekülstrukturen:

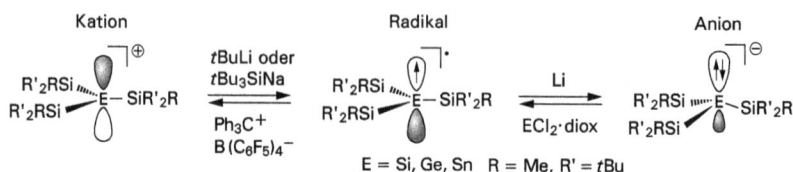

Kation — tBuLi oder tBu$_3$SiNa / Ph_3C^+ $B(C_6F_5)_4^-$ — Radikal — Li / $ECl_2\cdot$diox — Anion

$(R'_2RSi)_2E{-}SiR'_2R$

E = Si, Ge, Sn R = Me, R' = tBu

Reversible Umwandlungen zwischen persistenten Radikalen und ihren Dimeren wurden ausführlich am Beispiel sterisch überladener Diphosphane untersucht, die in der Gasphase vollständig dissoziieren (für $R = R' = CH(SiMe_3)_2$) und in Lösung im Gleichgewicht mit den Radikalen vorliegen (für R, R′ = verschiedene Aminosubstituenten):

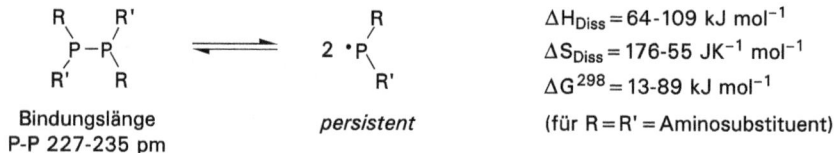

$$RR'P{-}PRR' \rightleftharpoons 2\ {\cdot}PRR'$$

Bindungslänge P-P 227-235 pm

persistent

$\Delta H_{Diss} = 64\text{-}109\ \mathrm{kJ\ mol^{-1}}$
$\Delta S_{Diss} = 176\text{-}55\ \mathrm{JK^{-1}\ mol^{-1}}$
$\Delta G^{298} = 13\text{-}89\ \mathrm{kJ\ mol^{-1}}$
(für R = R' = Aminosubstituent)

Die Radikalbildung wird durch energetische und entropische Faktoren begünstigt. Zu deren Analyse ist es vorteilhaft, die Reaktion gedanklich in zwei Teilschritte zu zerlegen: Zunächst erfolgt der Bruch der P–P-Bindung unter Bildung von zwei Molekülfragmenten, in denen dieselbe Konformation der sperrigen Substituenten wie im Diphosphan vorliegt, und anschließend ein Übergang in die Gleichgewichtskonformation der Radikale. Die Energien der Teilschritte entsprechen den negativen Werten der Präparationsenergie bzw. Wechselwirkungsenergie zwischen den Molekülfragmenten (s. Abschn. 1.2.1). Aus DFT-Rechnungen wurde abgeschätzt, dass die zur Fragmentierung der P–P-Bindung notwendige Energie nach wie vor im Bereich der mittleren Bindungsenthalpie von 201 kJ mol^{-1} liegt, und dass niedrigere reale Dissoziationsenthalpien in erster Linie auf den Abbau konformativer Spannung beim Übergang in die Gleichgewichtskonformation der Radikale zurückgehen. Da sich dabei auch deren interne Beweglichkeit erhöht, trägt diese strukturelle Relaxation zusätzlich zur positiven Reaktionsentropie bei, die letztendlich für die Verschiebung der Gleichgewichte auf die Seite der Radikale entscheidend ist. Bemerkenswert ist, dass die deutliche Aufweitung der P–P-Bindungen (auf 227–235 pm gegenüber einem Standardabstand von 221 pm) nicht zu einer merklichen Reduktion der Fragmentierungsenergie führt. Dies erklärt sich dadurch, dass die durch die gegenseitige Abstoßung sterisch anspruchsvoller Substituenten induzierte Schwächung der kovalenten Bindung durch erhöhte attraktive Dispersionswechselwirkungen (nach Berechnungen bis zu 70–80 % der Fragmentierungsenergie) kompensiert wird.

1.4.3.2 Dreielektronenbindungen

In den im vorigen Abschnitt betrachteten Radikalen besetzt das ungepaarte Elektron ein nichtbindendes LMO, das gegebenenfalls durch π-Hyperkonjugation mit Bindungen in sperrigen Substituenten elektronisch stabilisiert werden kann. Alternativ kann eine Stabilisierung auch durch σ-Wechselwirkung mit einem weiteren nichtbindenden Elektronenpaar erfolgen. Zur Erklärung dieses Effekts gehen wir von einer Situation aus, in der zwei doppelt besetzte FMOs an räumlich benachbarten Atomen zu einem bindenden σ- und einem antibindenden σ^*-MO überlappen (dies entspricht der Bildung eines hypothetischen He_2-Moleküls aus zwei He-Atomen). Da die Destabilisierung des σ^*-Niveaus gegenüber den ursprünglichen FMOs größer als die Stabilisierung des σ-Niveaus ist, erhöht sich die Gesamtenergie des Systems, und die Wechselwirkung ist insgesamt abstoßend. Ist jedoch eines der beiden FMOs nur mit einem Elektron besetzt, so resultiert ein elektronischer Grundzustand mit der Elektronenkonfiguration $(\sigma)^2(\sigma^*)$, der insgesamt eine niedrigere Energie als die getrennten Fragmente haben kann (Abb. 1.56).

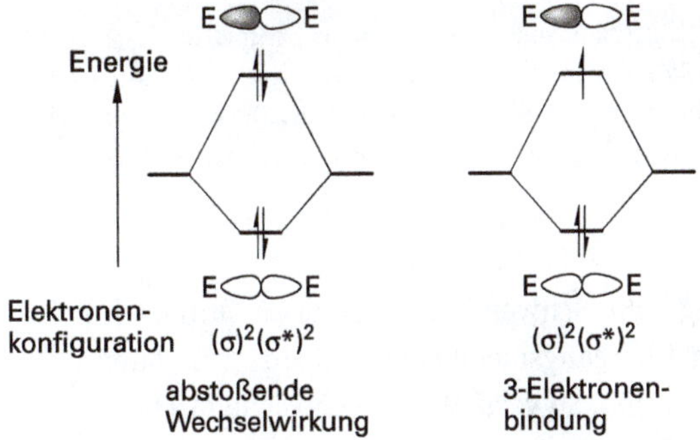

Abb. 1.56: Schematischer Vergleich einer abstoßenden Wechselwirkung zwischen voll besetzten Orbitalen und einer 3-Elektronenbindung.

Nach theoretischen Überlegungen ist die größte Stabilisierung in einer solchen Dreielektronenbindung zu erwarten, wenn die Ionisierungspotentiale beider Fragmente gleich oder zumindest sehr ähnlich sind und die Überlappungsintegrale nicht zu groß

– und damit die Bindungsabstände nicht zu kurz werden (diese Einschränkung erklärt sich daraus, dass bei kurzen Abständen die Destabilisierung des σ^*-Orbitals überproportional zunimmt und die Besetzung dieses Orbitals mit einem Elektron energetisch zunehmend ungünstiger zu Buche schlägt).

Dreielektronenbindungen sind besonders häufig in Schwefelverbindungen zu finden. Die meisten dieser Spezies sind nicht stabil und können daher nur spektroskopisch charakterisiert werden. Ein seltenes Beispiel für eine isolierbare Verbindung findet sich im kristallinen Tetraphenylphosphoniumhexasulfid, das über eine komplexe Mehrkomponentenreaktion zugänglich ist:

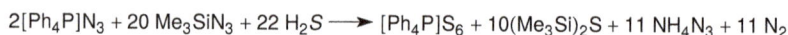

$$2[Ph_4P]N_3 + 20\,Me_3SiN_3 + 22\,H_2S \longrightarrow [Ph_4P]S_6 + 10(Me_3Si)_2S + 11\,NH_4N_3 + 11\,N_2$$

Nach DFT-Rechnungen wurde als energetisch günstigste Struktur des Radikalanions $S_6^{\cdot-}$ ein C_2-symmetrischer gewellter Sechsring vorhergesagt, in dem zwei S_3-Einheiten über eine 2e-2z- und eine lange Dreielektronenbindung miteinander verknüpft sind; eine zweite, C_{2h}-symmetrische Struktur mit nur wenig höherer Energie stellt einen Übergangszustand zwischen zwei Sesseln mit ausgetauschten „kurzen" und „langen" Brückenbindungen dar (Abb. 1.57). Im Kristall liegt ein Sechsring mit C_{2h}-Symmetrie und zwei gleich langen Abständen von 263 pm vor, die allerdings infolge einer Fehlordnung nicht im Detail interpretiert werden können.

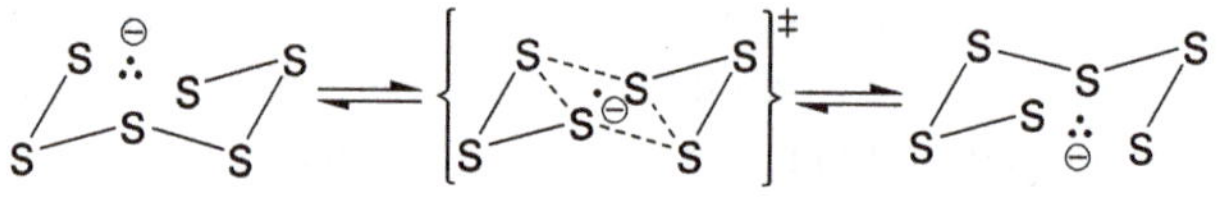

Abb. 1.57: Schematische Darstellung der Molekülstruktur von $S_6^{\cdot-}$ in C_2- (links bzw. rechts) und C_{2h}-Symmetrie (Mitte). Auf DFT-Niveau ist die C_{2h}-Struktur ein Sattelpunkt, dessen Energie um 8,4 kJ mol^{-1} über der der C_2-Struktur liegt. Nach MP2-Rechnungen sind beide Strukturen lokale Minima auf der Energiehyperfläche, wobei die C_{2h}-Struktur um 1,7 kJ mol^{-1} stabiler ist [nach Dehnicke et al., *Angew. Chem.* **2000**, *112*, 4753].

Eine Konsequenz der Stabilisierung von Schwefelradikalanionen durch Dreielektronenbindungen ist, dass wie in der Übergangsmetallchemie Redoxreaktionen unter Transfer einzelner Elektronen möglich sind. So verläuft die elektrochemische Oxidation des Anions $C_6S_8^{2-}$ zum neutralen C_6S_8 in zwei aufeinanderfolgenden Einelektronenschritten, was im Cyclovoltammogramm anhand des Auftretens zweier getrennter Wellen beobachtbar ist. Das intermediär auftretende persistente Radikalanion $C_6S_8^{\cdot-}$ kann auch durch Komproportionierung von $C_6S_8^{2-}$ und C_6S_8 erzeugt und spektroskopisch charakterisiert werden, dimerisiert jedoch beim Versuch der Kristallisation. Die hohe Stabilität des Radikalanions in Lösung wird der Ausbildung einer Dreielektronenbindung zugeschrieben (siehe Abb. 1.58):

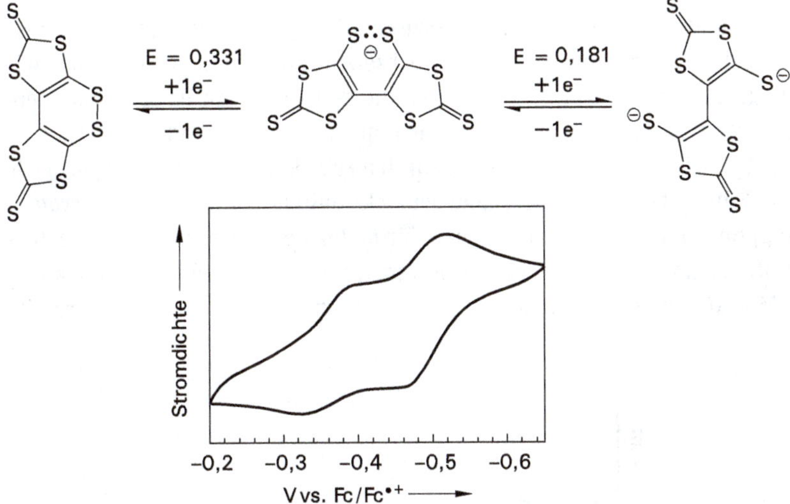

Abb. 1.58: Schematische Darstellung des Cyclovoltammogramms (unten) der in zwei Stufen ablaufenden elektrochemischen Reduktion von C_6S_8 zu $C_6S_8^{2-}$ (oben) [nach Breitzer et al., *Inorg. Chem.* **2001**, *40*, 1421].

Isoelektronisch zu den Dreielektronenbindungen in Schwefelverbindungen sind die aus Wechselwirkungen zwischen einem Halogenatom und einem Halogenidion bzw. zwischen einem Edelgasatom und einem Edelgaskation resultierenden Bindungen. Für beide Fälle sind Beispiele bekannt:

$$K + I_2 \xrightarrow[\text{Ar-Matrix}]{} K^+ + I_2^{\cdot -}$$

$$Xe + [XeF^+][Sb_2F_{11}] \xrightarrow[\text{liq. HF}]{} [Xe_2^{\cdot +}][Sb_4F_{21}^-] + \cdots$$

Die niedrigere Bindungsordnung einer Dreielektronenbindung im Vergleich zu einer normalen σ-Bindung wird durch die Rotverschiebung der ν(I–I)-Valenzschwingung in den Ramanspektren von matrixisoliertem I_2 ($\tilde{\nu}$ = 212 cm^{-1}) und $I_2^{\cdot -}$ ($\tilde{\nu} \approx$ 114 cm^{-1}) belegt. Im röntgenstrukturanalytisch charakterisierten $Xe_2^{\cdot +}$-Kation wurde die mit 309 pm bislang längste Bindung zwischen zwei Hauptgruppenelementen beobachtet.

1.4.3.3 Diradikale und Diradikaloide

Moleküle, in denen zwei ungepaarte Elektronen zwei (nahezu) energetisch entartete lokalisierte Orbitale χ_A und χ_B besetzen, werden gemeinhin als Diradikale (oder Biradikale) bezeichnet. Ist die Kopplung zwischen den Elektronen vernachlässigbar, kann der elektronische Grundzustand als Überlagerung zweier unabhängiger Dublett-Zustände beschrieben werden, und physikalische und chemische Eigenschaften des Moleküls entsprechen im Prinzip denen einfacher Radikale. Kommt es dagegen durch direkte Überlappung von χ_A und χ_B („through space"-Wechselwirkung) oder Interaktion mit weiteren Bindungselektronen („through bond"-Wechselwirkung) zu einer Kopplung zwischen den ungepaarten Elektronen, lassen sich die sechs mit dem Pauli-Prinzip vereinbaren Elektronenkonfigurationen zu einem Triplett-Zustand T und drei Singulett-Zuständen S_0, S_1, S_2 kombinieren (Abb. 1.59). Für den Fall, dass χ_A und χ_B energiegleich und orthogonal sind, ist der Triplett-Zustand der elektronische Grundzustand (ferromagnetische Kopplung der Elektronen). Beispiele für Moleküle mit einer solchen Elektronenkonfiguration sind Disauerstoff, ein Siliciumtris(perchloro)dioxolen oder ein angeregtes C_2H_4-Molekül, in dem die beiden CH_2-Gruppen um 90° gegeneinander verdreht sind:

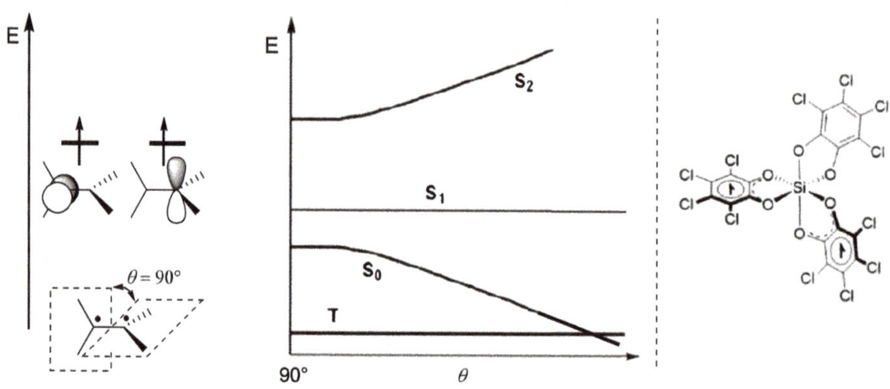

Abb. 1.59: Schematische Darstellung der einfach besetzten Orbitale eines angeregten C_2H_4-Moleküls (Verdrillungswinkel $\theta = 90°$, links), der aus deren Besetzung resultierenden Singulett- (S_0, S_1, S_2) und Triplett-Zustände (T) und ihre Energieänderung bei Torsion um die CC-Bindung (Mitte), und Molekülstruktur von Siliciumtris(perchloro)dioxolen (rechts).

Neben solchen idealen Diradikalen existieren Moleküle, in denen χ_A und χ_B entweder nicht exakt dieselbe Energie haben, oder nicht mehr orthogonal sind und daher miteinander wechselwirken. Zur Illustration dieser Situation eignet sich ein Szenario, in dem die beiden Hälften des angeregten C_2H_4-Moleküls gegeneinander rotiert werden, bis der planare Grundzustand erreicht wird. Mit zunehmendem Drehwinkel – und damit steigendem Überlappungsintegral – transformieren die anfangs energiegleichen LMOs in zwei Linearkombinationen, von denen eine kontinuierlich energetisch stabilisiert und die andere destabilisiert wird. Damit einhergehend sinkt die relative Energie des S_0-Zustands, bis dieser bei hinreichend großem Drehwinkel stabiler als der Triplett-Zustand T wird (Abb. 1.59). Im planaren Grenzfall liegt schließlich ein Molekül mit einem stabilen S_0-Grundzustand vor, das hohe $S_0 \longrightarrow S_1$- und $S_0 \longrightarrow$ T-Anregungsenergien und eine geschlossenschalige Elektronenstruktur mit doppelt besetztem HOMO und unbesetztem LUMO besitzt und keinerlei (di)radikalischen Charakter mehr zeigt. Demgegenüber existiert im Übergang zwischen den beiden Grenzfällen ein Bereich, in dem die elektronische Struktur durch einen Singulett-Grundzustand (antiferromagnetische Kopplung der Elektronen) und niedrige Anregungsenergien in den Triplett- und höhere Singulett-Zustände charakterisiert ist. Die Wellenfunktion ist hier nicht mehr im Sinn einer einzigen Lewis-Struktur zu interpretieren, sondern kann nur noch als Linearkombination mehrerer Elektronenkonfigurationen mit unterschiedlicher Besetzung der beteiligten Orbitale beschrieben werden. Obwohl von der Multiplizität her kein echtes Diradikal mehr vorliegt, resultiert aus den zusätzlichen (neben dem S_0-Zustand) Beiträgen zur Gesamtwellenfunktion immer noch ein sichtbarer diradikalischer Charakter. Moleküle mit derartigen Elektronenstrukturen werden daher als Diradikaloide (bzw. Biradikaloide) bezeichnet.

Wichtige Folgerungen aus dieser Betrachtung sind, dass der Übergang von Diradikalen über Diradikaloide zu geschlossenschaligen Molekülen kontinuierlich erfolgt, ohne dass ein definiertes Grenzkriterium festgelegt werden kann. Experimentell lassen sich Diradikaloide am besten über Methoden wie Cyclovoltammetrie, UV-VIS- und ESR-Spektroskopie und magnetische Messungen identifizieren, die eine Detektion energetisch tiefliegender angeregter Singulett- oder Triplett-Zustände erlauben. Die Präferenz für einen Triplett- (Diradikal) oder Singulett-Grundzustand (Diradikaloid) ist wie bei high-spin- und low-spin-Komplexen der 3d-Metalle das Ergebnis zweier konkurrierender Einflüsse – Aufbauprinzip (Orbitalbesetzung nach steigender Orbitalenergie) und Hund'sche Regel (Besetzung unter Minimierung interelektronischer Abstoßung) – und in vielen Fällen a priori nicht vorhersagbar.

Ein klassisches Beispiel für eine Hauptgruppenelementverbindung mit schwach ausgeprägtem Biradikaloidcharakter ist S_2N_2. Die Bindungssituation dieses lange bekannten Heterocyclus wird in vielen Lehrbüchern durch ein lokalisiertes σ-Bindungsgerüst und ein aromatisches 6π-System beschrieben (Abb. 1.60). Neuere theoretische Studien legen allerdings nahe, dass zur korrekten Beschreibung weitere Grenzformeln berücksichtigt werden müssen, aus deren Beiträgen ein schwacher, vor allem an den Stickstoffatomen lokalisierter Diradikalcharakter (ca. 6 %) resultiert. Eine ausführliche Diskussion des aromatischen oder biradikaloiden Charakters von S_2N_2 würde den Rahmen dieses Buches sprengen; es bleibt aber festzuhalten, dass die elektronische Struktur von Molekülen wie S_2N_2 oder auch der isoelektronischen Chalkogenkationen E_4^{2+} (E = S, Se, Te) anscheinend erheblich komplexer ist als es in Anbetracht der einfachen Molekülformeln den Anschein hat.

In den letzten Jahren wurde eine Reihe weiterer diradikaloider Hauptgruppenelementverbindungen erschlossen, in denen die kinetische Stabilisierung durch raumerfüllende Substituenten und die Einbindung der Radikalzentren in einen (meist) viergliedrigen Ring oder ein bicyclisches Propellangerüst zentrale Leitmotive darstellen:

Wie im S_2N_2 gewährleisten die (bi)cyclischen Strukturen durch kurze transannulare Abstände (unterhalb der Summe der van-der-Waals-Radien) und der Möglichkeit zur Hyperkonjugation mit weiteren Bindungselektronen die zur Kontrolle des Diradikaloidcharakters essentiellen „through-space"- und „through-bond"-Wechselwirkungen

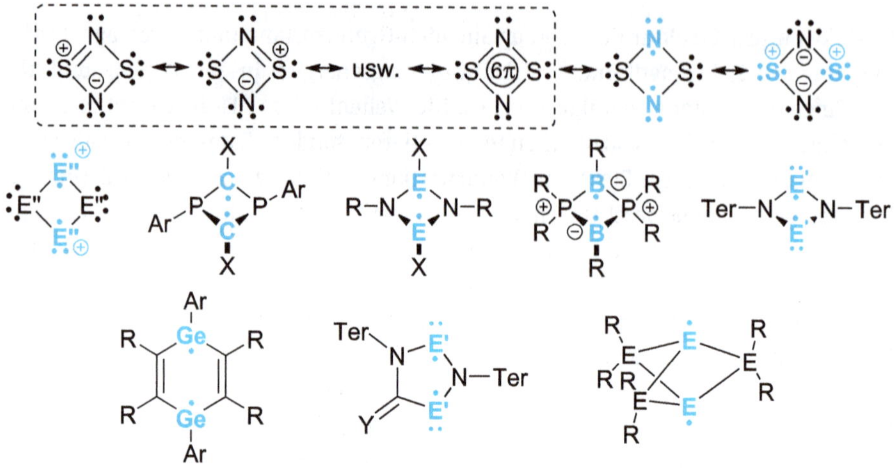

(Ar = Aryl; R = Alkyl, $SiMe_3$; Ter = m-Terphenyl; X = Halogen, Aryl; E/E'/E" = schweres Gruppe-14/15/16-Element, Y = O, NR)

Abb. 1.60: Molekülstrukturen von S_2N_2 und weiteren ausgewählten Hauptgruppenelementverbindungen mit Biradikaloidcharakter. Mit Ausnahme von S_2N_2 repräsentiert die dargestellte Struktur nur eine von mehreren möglichen kanonischen Grenzformeln.

zwischen den ungepaarten Elektronen. Darüber hinaus helfen sie, deren Rekombination unter Bildung einer transannularen Bindung zu verhindern. Eine derartige, mit einer Erhöhung der Ringspannung verbundene Isomerisierung kann jedoch unter speziellen Bedingungen erzwungen werden:

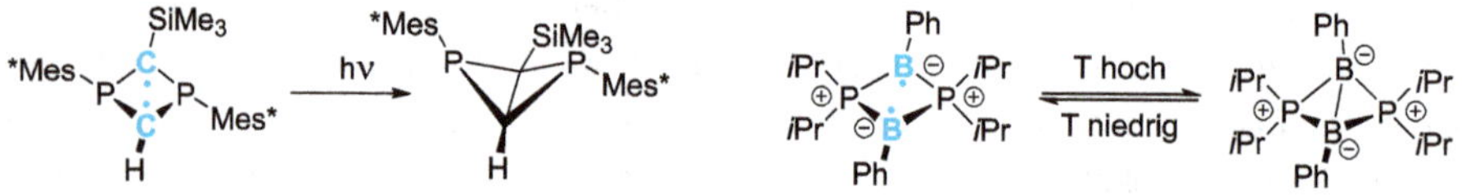

Weitere Reaktionen von Biradikaloiden sind unter sehr milden Bedingungen erfolgende Additionsreaktionen sowie die Möglichkeit zur (teilweise reversiblen) Aktivierung kleiner Moleküle:

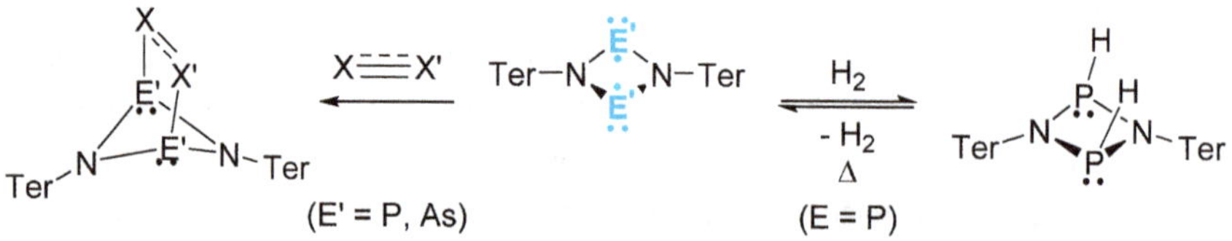

(X═X' = Alkene, Ketone, Diazene, Diphosphene, Alkine, Nitrile, Phosphaalkine)

1.5 Mehrfachbindungssysteme

1.5.1 Klassische und nichtklassische isolierte Doppelbindungen

Prinzipiell lässt sich das Zustandekommen einer Doppelbindung $R_2E{=}ER_2$ durch Kopf-Kopf-Dimerisation zweier Carbenanaloga R_2E beschreiben. Je nachdem, ob die beiden Fragmente in einem Singulett- oder Triplett-Grundzustand vorliegen, sind dabei zwei Grenzfälle zu unterscheiden (Abb. 1.61):

(a) Dimerisation zweier Triplett-Fragmente liefert ein Produkt mit planarer Geometrie, dessen Doppelbindung sich durch Überlappung der SOMOs der beiden Fragmente zu einer σ- und einer π-Bindung erklären lässt. Dies entspricht der klassischen Beschreibung organischer Moleküle. Charakteristische Eigenschaften der Doppelbindung sind planare Geometrie, eine deutliche Verkürzung des EE-Abstands (>10 %) gegenüber einer Einfachbindung und eine hohe Rotationsbarriere.

(b) Dimerisation zweier Singulett-Fragmente liefert ein Molekül mit trans-pyramidaler Konfiguration, in dem die E–E-Bindung mit beiden R_2E-Ebenen Winkel von ca. 45° einschließt. Ursache dafür ist, dass die Interaktion der Fragmente in der planaren Anordnung abstoßend ist, während in der trans-pyramidalen Konfiguration attraktive Wechselwirkungen zwischen den besetzten HOMOs mit den unbesetzten LUMOs des jeweils anderen Fragments möglich sind. Eine solche, durch doppelte dative Bindungen zwischen zwei Singulett-Carbenfragmenten gebildete Wechselwirkung wird oft als „nichtklassische" Doppelbindung bezeichnet. Ihre charakteristischen Eigenschaften sind neben der trans-bipyramidalen Geometrie eine weniger stark ausgeprägte Bindungsverkürzung (< 10 %) und eine weit größere Instabilität gegenüber E/Z-Isomerisierung und Dissoziation unter Bildung zweier ER_2-Fragmente.

Ein Modell zur Vorhersage der Struktur des aus der Dimerisation beliebiger Carbenanaloga gebildeten Assoziationsprodukts wird nach seinen Erfindern Carter, Godard, Mal-

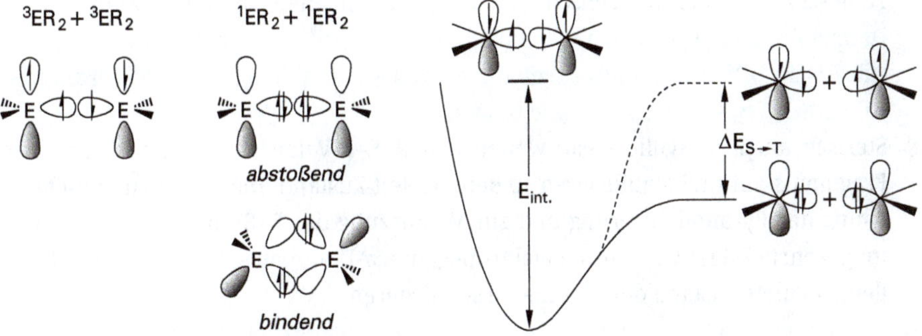

Abb. 1.61: Schematische Darstellung der Dimerisation von Singulett- und Triplett-Carbenanaloga [nach Driess und Grützmacher, *Angew. Chem.* **1996**, *108*, 903].

rieux und Trinquier kurz CGMT-Modell genannt. Die kritischen Kenngrößen sind dabei die mittlere Singulett-Triplett-Anregungsenergie der beiden Fragmente sowie die Summe der Bindungsenergien der gebildeten σ- und π-Bindungen. In der einfachsten Näherung ist die Bildung eines „klassischen" Doppelbindungssystems zu erwarten, wenn gilt:

$$\sum \Delta E_{S\rightarrow T} < \frac{1}{2} E_{\sigma+\pi}.$$

Eine „nichtklassische" Doppelbindung sollte resultieren, wenn gilt:

$$\frac{1}{2} E_{\sigma+\pi} < \sum \Delta E_{S\rightarrow T} \leq E_{\sigma+\pi}.$$

Ist die Singulett-Triplett-Anregung größer als die Summe der Bindungsenergien, so resultiert ein Dimer, das entweder eine Einfachbindung oder gar keine direkte E–E-Bindung mehr aufweist (s. Abschn. 1.4.1). Ungeachtet der Tatsache, die zur Vorhersage der Struktur konkreter Verbindungen in der individuellen quantenchemischen Analyse der jeweiligen Potentialhyperfläche unumgänglich ist, lassen sich aus dem CGMT-Modell einige Regeln ableiten:

(a) Planare oder trans-pyramidale Geometrie und Dissoziationsenergie eines Doppelbindungssystems werden maßgeblich durch die Singulett-Triplett-Anregungsenergien $\Delta E_{S\longrightarrow T}$ der Fragmente bestimmt. Je stabiler der Singulett-Grundzustand der Fragmente, desto geringer ist die Dissoziationsenergie, und desto stärker wird eine nichtplanare Geometrie bevorzugt.

(b) In Verbindungen mit Doppelbindungen zwischen Elementen der Gruppen 13 und 14 nimmt mit steigender Ordnungszahl innerhalb einer Gruppe die Tendenz zur Bildung „nicht klassischer" Doppelbindungen mit trans-pyramidaler Struktur zu. Alkene sind bevorzugt planar, während Disilene (Si=Si) sowohl planare als auch nichtplanare Doppelbindungen besitzen und Digermene (Ge=Ge) nahezu ausschließlich trans-pyramidal sind. Distannene (Sn=Sn) und Diplumbene (Pb=Pb) sind am besten als schwach wechselwirkende Assoziate aus zwei carbenanalogen Fragmenten zu beschreiben, deren Eigenschaften denen von Alkenen kaum noch ähnlich sind. Doppelbindungen zwischen Elementen der Gruppen 15 und 16 verhalten sich wie „klassische" Doppelbindungen, da die Fragmente unabhängig von der Ordnungszahl einen Triplett-Grundzustand haben.

(c) Sterisch anspruchsvolle Reste weiten den R–E–R-Valenzwinkel innerhalb eines Fragments auf und stabilisieren so den Triplett-Zustand. Dies kann zur Abschwächung der Pyramidalisierung und zur Verkürzung des E–E-Abstands führen. Der umgekehrte Effekt wird durch elektronegative π-Donorsubstituenten erreicht, die den Singulett-Zustand der Fragmente stabilisieren.

(d) Ein Doppelbindungssystem ist gegenüber einer Struktur ohne Doppelbindung instabil, wenn die Bindungsstärke $E_{\sigma+\pi}$ kleiner als die Summe der Singulett-Triplett-Anregungsenergien $\Delta E_{S\longrightarrow T}$ der Fragmente wird. Steigende Elektronegativitätsdifferenz zwischen Zentralatom und Substituenten fördert dabei zusätzlich eine Struktur mit verbrückender Koordination der Substituenten.

Bei der Synthese von Doppelbindungssystemen mit schweren Hauptgruppenelementen ist zu beachten, dass diese in der Regel einer ausreichenden kinetischen Stabilisierung bedürfen und die Verwendung hinreichend sperriger Substituenten daher in der Regel zumindest für neutrale Moleküle unverzichtbar ist (s. Abschn. 1.2.6). Isolierbare Verbindungen mit Doppelbindungen zwischen zwei gleichen Atomen sind für Elemente der Gruppen 13 bis 15 und solche mit Doppelbindungen zwischen verschiedenen Atomen für Elemente der Gruppen 13 bis 16 bekannt. Die wichtigsten allgemeinen Synthesemethoden sind:

(a) Reduktive Kupplung von Dihalogeniden liefert bei hinreichender sterischer Abschirmung ein Doppelbindungssystem (bei unzureichendem Raumanspruch der Substituenten entstehen cyclische Oligomere, s. Abschn. 1.3.4)

$$2\ \text{Mes}^*\text{–PCl}_2 \xrightarrow[-2\ \text{MgCl}_2]{2\ \text{Mg}} {}^*\text{Mes–P=P–Mes}^*$$

trans, PP 203,4(2) pm

(b) Dimerisation zweier Carbenanaloga (dies beinhaltet formal auch die Chalkogenierung von Carbenanaloga zu schweren Homologen organischer Carbonylverbindungen, s. Abschn. 1.4.1).

(c) 1,2-Eliminierungen (Salzeliminierung, baseninduzierte Dehydrohalogenierung, Dehalosilylierung) erlauben sowohl selektive Bildung einer intramolekularen π-Bindung als auch Knüpfung von σ- und π-Bindung zwischen Atomen in verschiedenen Molekülen in einer Eintopfreaktion:

$$\text{Is}(\text{R}^1)(\text{F})\text{Si–E}(\text{Li(THF)}_2)(\text{R}^2) \xrightarrow[-\text{LiF},\ -2\ \text{THF}]{\Delta} (\text{R}^1)(\text{Is})\text{Si=E–R}^2$$

E = P, As; Is = 2,4,6-$i\text{Pr}_3\text{C}_6\text{H}_2$; R^1 = tBu, Is; R^2 = tBu, $i\text{Pr}_3\text{Si}$

$$\text{Cp}^*\text{AsCl}_2 + {}^*\text{MesP}(\text{Li})(\text{SiMe}_3) \xrightarrow[-\text{LiCl},\ -\text{Me}_3\text{SiCl}]{\Delta} {}^*\text{Cp–As=P–Mes}^*$$

Cp* = C_5Me_5; Mes* = 2,4,6-$t\text{Bu}_3\text{C}_6\text{H}_2$

(d) Cycloreversion

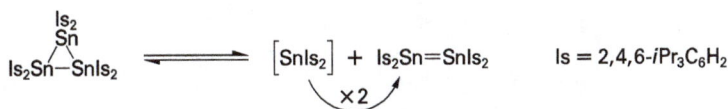

$$\text{cyclo-}(\text{SnIs}_2)_3 \rightleftharpoons [\text{SnIs}_2] + \text{Is}_2\text{Sn=SnIs}_2 \quad (\times 2)$$

Is = 2,4,6-$i\text{Pr}_3\text{C}_6\text{H}_2$

(e) Silatrope Umlagerung

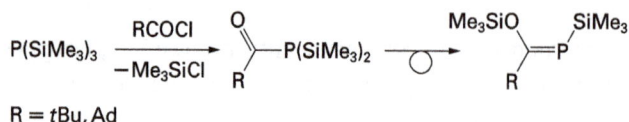

$$P(SiMe_3)_3 \xrightarrow[-Me_3SiCl]{RCOCl} RC(O)\text{–}P(SiMe_3)_2 \longrightarrow R(Me_3SiO)C{=}P\text{–}SiMe_3$$

$R = tBu, Ad$

Eine spezielle Methode zur Darstellung anionischer Alkenanaloga ist die Reduktion neutraler Diborane:

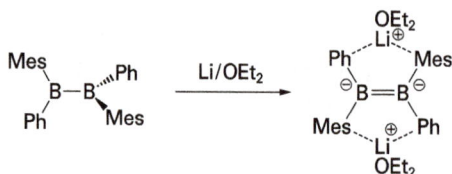

$$(Mes)(Ph)B\text{–}B(Ph)(Mes) \xrightarrow{Li/OEt_2} [(Et_2O)Li^{\oplus}]_2[(Ph)(Mes)B^{\ominus}{=}B^{\ominus}(Mes)(Ph)]$$

Verbindungen mit Doppelbindungen unter Beteiligung schwerer Hauptgruppenelemente (das schließt auch Kombinationen aus einem Element der 2. und einem Element einer höheren Periode ein) besitzen infolge der geringen π-Bindungsstärken ein energetisch hoch liegendes HOMO und gleichzeitig ein energetisch tief liegendes LUMO. Sie können daher sowohl als Nukleophile als auch – in erster Linie – als Elektrophile reagieren und weisen in beiden Fällen eine erhöhte kinetische Labilität auf (vgl. Abschn. 1.2.6); die hohe Verwundbarkeit gegenüber nukleophil angreifenden Reagenzien bedingt, dass die meisten Verbindungen nur unter Ausschluss von Luft und Feuchtigkeit handhabbar sind. „Klassische" Doppelbindungssysteme zeigen weitgehend die von ungesättigten organischen Molekülen her bekannten Reaktionsmuster (Additionen, $[n+2]$-Cycloadditionen, elektrocyclische Reaktionen, Bildung von π-Komplexen mit Übergangsmetallen). Ein Unterschied ergibt sich allerdings darin, dass orbitalsymmetrieverbotene Reaktionen wie [2 + 2]-Cycloadditionen als Folge geringer HOMO-LUMO-Energielücken geringere Aktivierungsenergien besitzen und deshalb unter milden Bedingungen ablaufen können. Dies gilt vor allem, wenn Grenzorbitalwechselwirkungen zwischen polaren Doppelbindungen noch durch elektrostatische Beiträge ergänzt werden:

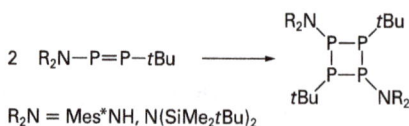

$$2\ R_2N\text{–}P{=}P\text{–}tBu \longrightarrow cyclo\text{-}[P(NR_2)\text{–}P(tBu)\text{–}P(NR_2)\text{–}P(tBu)]$$

$R_2N = Mes^*NH, N(SiMe_2tBu)_2$

Bei „nichtklassischen“ Mehrfachbindungen besteht zusätzlich die Möglichkeit zur Fragmentierung, die bei den schwersten Alkenanaloga (Distannenen und Diplumbenen) zur dominierenden Reaktion wird. Als Folge der hohen Elektrophilie reagieren viele Doppelbindungen mit Lewis-Basen zu stabilen Addukten und mit Reduktionsmitteln zu isolierbaren Radikalanionen, in denen das ungepaarte Elektron das π^*-Orbital besetzt:

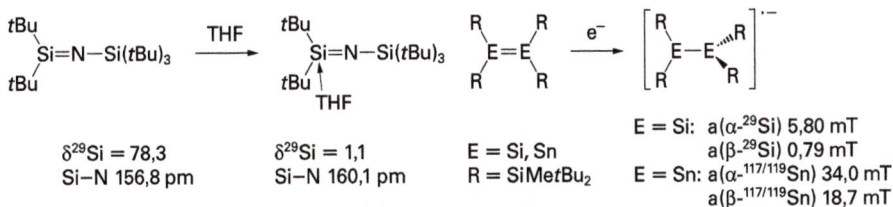

$tBu_2Si{=}N{-}Si(tBu)_3$ $\xrightarrow{\text{THF}}$ $tBu_2(THF)Si{=}N{-}Si(tBu)_3$ $R_2E{=}ER_2$ $\xrightarrow{e^-}$ $[R_2E{-}ER_2]^{\cdot-}$

$\delta^{29}Si = 78{,}3$; Si–N 156,8 pm | $\delta^{29}Si = 1{,}1$; Si–N 160,1 pm | E = Si, Sn; R = $SiMetBu_2$ | E = Si: $a(\alpha\text{-}^{29}Si)$ 5,80 mT, $a(\beta\text{-}^{29}Si)$ 0,79 mT; E = Sn: $a(\alpha\text{-}^{117/119}Sn)$ 34,0 mT, $a(\beta\text{-}^{117/119}Sn)$ 18,7 mT

Der Angriff einer Lewis-Base am elektrophilen Zentrum der Doppelbindung eines Silaimins äußert sich in einer deutlichen Hochfeldverschiebung des ^{29}Si-NMR-Signals (als Folge der Abnahme des paramagnetischen Beitrags zur magnetischen Abschirmung durch die energetische Anhebung des π^*-Orbitals) und in einer Aufweitung der Si–N-Bindung (als Folge steigender Population eines Si–N antibindenden MOs). Im Fall der durch Reduktion eines Disilens bzw. Distannens erzeugten Radikalanionen impliziert das Auftreten von ESR-Signalen mit unterschiedlich großen Hyperfeinkopplungen des Elektronenspins zu den beiden Tetrelatomen, dass die Spindichte unsymmetrisch verteilt ist und das überschüssige Elektron vorwiegend an einem der beiden Atome der Doppelbindung lokalisiert ist.

1.5.2 Dreifachbindungen

Das zur Erklärung von Struktur und Eigenschaften anorganischer Doppelbindungssysteme herangezogene Erklärungsmodell lässt sich auf Dreifachbindungssysteme übertragen. Dazu wird die Wechselwirkung zwischen zwei carbin-analogen Fragmenten (Carbin = CH) mit je fünf Valenzelektronen betrachtet, die entweder in einem Quartett- oder in einem Dublett-Grundzustand vorliegen können:

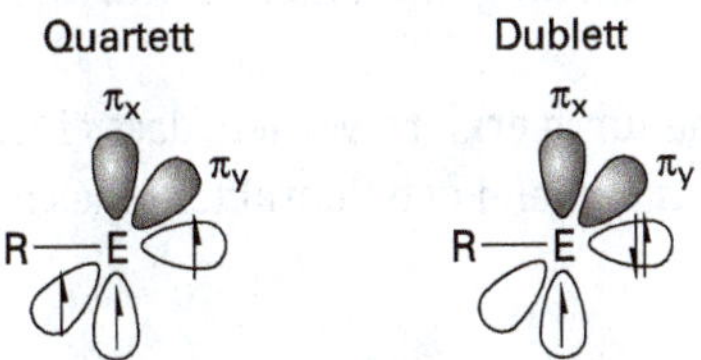

Erwartungsgemäß ist ein Quartett-Grundzustand für Elemente der 2. Periode (und alle Gruppe-15-Elemente!) und ein Dublett-Grundzustand für schwerere Elemente der Gruppen 13 und 14 bevorzugt. In Analogie zur Situation in Doppelbindungssystemen dimerisieren zwei Quartett-Carbine zu einem Alkin mit linearer Geometrie und kurzem Bindungsabstand, dessen „klassische“ Dreifachbindung aus einer σ- und zwei π-Bindungen besteht. Dimerisation zweier Dublett-Carbinanaloga sollte ein Produkt mit trans-gewinkelter Molekülstruktur ergeben, dessen Bindungsverhältnisse sich qualitativ durch Bildung einer π-Bindung und zweier dativer Bindungen erklären lassen:

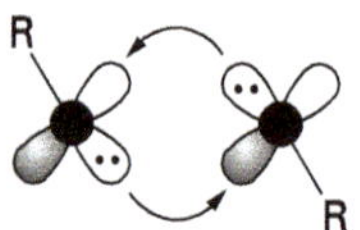

Im Gegensatz zu Alkinen, N_2, und dem kinetisch instabilen P_2 (s. Abschn. 1.3.2) konnten isolierbare Alkinanaloga mit schwereren Gruppe-14-Elementen erst in den letzten Jahren durch reduktive Dehalogenierung geeigneter Vorstufen synthetisiert werden. Die Verwendung extrem sperriger Alkylsilyl- oder Terphenylsubstituenten ist dabei für eine hinreichende kinetische Stabilisierung der Produkte essentiell:

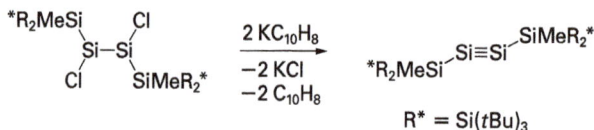

$$2\ \mathrm{Ar'ECl} \xrightarrow[-2\ \mathrm{KCl}]{2\ \mathrm{K}} \mathrm{Ar'EEAr'}$$

Ar′ = subst. Terphenylrest
E = Ge, Sn, Pb

$$\mathrm{(^*R_2MeSi)ClSi{-}SiCl(SiMeR_2^*)} \xrightarrow[-2\ \mathrm{KCl},\ -2\ \mathrm{C_{10}H_8}]{2\ \mathrm{KC_{10}H_8}} \mathrm{^*R_2MeSi{-}Si{\equiv}Si{-}SiMeR_2^*}$$

$R^* = Si(tBu)_3$

Ein Vergleich von Strukturdaten bestätigt, dass beim Übergang von leichten zu schweren Elementen eine zunehmende Abwinkelung der linearen Konfiguration erfolgt (Tab. 1.10), deren Ausmaß bei Verbindungen mit schwereren Elementen allerdings stark vom Raumbedarf vorhandener Substituenten abhängt. Gleichzeitig schwächt sich die angesichts des Mehrfachbindungscharakters erwartete Bindungsverkürzung vom Silicium zum Zinn hin ab.

Diese Trends können dadurch erklärt werden, dass eines der π-Orbitale einer klassischen Dreifachbindung zunehmend den Charakter eines nichtbindenden Elektronenpaars annimmt.

Tab. 1.10: Ausgewählte Strukturdaten von Verbindungen des Typs REER mit formalen Dreifachbindungen zwischen zwei Gruppe-14-Elementen.

E	R	E≡E/pm	E–E–R/°	E–E (Einfachbindung)/pm	E≡E/E–E
C	Aryl	119	180	154	77 %
Si	$Si(iPr)\{CH(SiMe_3)_2\}_2$	206	137	234	88 %
Ge	C_6H_3-2,6(C_6H_3-2,6-iPr_2)$_2$	229	129	244	94 %
Sn	C_6H_3-2,6(C_6H_3-2,6-iPr_2)$_2$	267	125	281	95 %
Pb	C_6H_3-2,6(C_6H_2-2,6-iPr_3)$_2$	319	94	290	110 %

Im Valence-Bond-Bild lässt sich dies durch Resonanz zwischen entsprechenden mesomeren Grenzstrukturen besonders einfach veranschaulichen:

R–E≡E–R ⟶ R(⊖:)E=E(⊕)R ⟷ R(⊕)E=E(:⊖)R ⟶ R(:)E–E(:)R

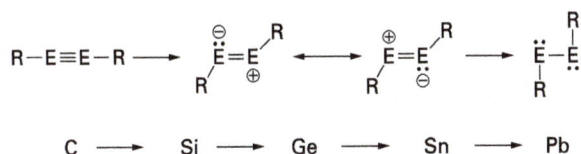

C ⟶ Si ⟶ Ge ⟶ Sn ⟶ Pb

Vom Kohlenstoff zum Zinn verschieben sich die Gewichte der Grenzformeln zunehmend zu den Strukturen mit formalen Doppelbindungen. Beim Blei gehen als Folge der relativistischen Stabilisierung des 6s-Orbitals beide π-Orbitale in freie Elektronenpaare über, sodass die zentrale Bindung besser als Einfachbindung zwischen zwei divalenten Bleiatomen beschrieben wird und demnach ein carbenanaloges *Diplumbylen* vorliegt. Die Verlängerung des Abstands gegenüber dem Referenzwert für eine Einfachbindung erklärt sich daraus, dass sich dieser auf Bindungen zwischen tetravalenten Bleiatomen mit kleinerem Kovalenzradius bezieht. Im Gegensatz zur allgemein akzeptierten analogen Beschreibung von Doppelbindungssystemen ist die Anwendung dieses Modells auf Dreifachbindungen allerdings nicht unumstritten, da es zwar strukturelle Trends gut widerspiegelt, aber weniger gut im Einklang mit den Reaktivitäten (z. B. der in einem Fall nachgewiesenen Dissoziation eines Distannins in zwei Sn(I)-Radikale) ist.

Erste Untersuchungen zum chemischen Verhalten schwerer Alkinanaloga zeigen, dass diese aufgrund ihres energetisch tiefliegenden LUMO überaus leicht zu isolierbaren Radikalanionen und Dianionen reduzierbar sind. In Reaktionen mit Mehrfachbindungen tritt beim Übergang vom Ge- zum Sn-System eine sprunghafte Änderung auf, die nicht in einfacher Weise durch unterschiedliche Bindungsstärken und -polaritäten oder sterische Effekte erklärbar ist. Generell sind Germaniumverbindungen RGeGeR reaktiver und reagieren sowohl unter Cycloaddition und Erhalt der Ge–Ge-Bindung als auch unter Bindungsspaltung zu Germylenderivaten, während die reaktionsträgeren Zinnverbindungen RSnSnR bevorzugt unter Bindungsspaltung zu Stannylenderivaten reagieren.

Eine bemerkenswerte Diversität äußert sich in den Reaktionen von Alkinhomologen mit Wasserstoff:

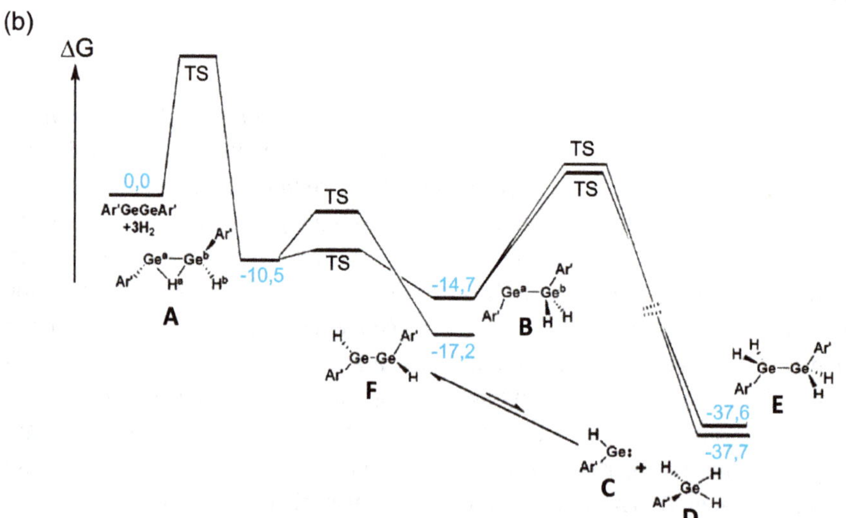

Abb. 1.62: (a) Reaktionen schwerer Alkinhomologe mit H_2. (b) Vorhergesagter Mechanismus der Reaktion eines Digermins mit Diwasserstoff (Zahlen repräsentieren relative freie Enthalpien in kJ mol^{-1}) [nach Wang, v. Schleyer et al., J. Am. Chem. Soc. **2012**, *134*, 8856].

Einen Durchbruch für das Verständnis dieser Reaktionen brachte eine theoretische Studie der Reaktion des Digermins (Abb. 1.62b). Danach verläuft die Reaktion in mehreren Schritten und liefert zunächst unter Anlagerung eines H_2-Moleküls ein unsymmetrisches H-verbrücktes Additionsprodukt (**A**), das weiter zu einer gemischtvalenten Germanium(II/IV)-Verbindung (**B**) isomerisieren kann. Deren Reaktion mit H_2 kann sowohl unter Spaltung (zu **C**+**D**) oder Erhalt der Ge–Ge-Bindung (zu **E**) erfolgen. Das als weiteres Intermediat auftretende Digermen (**F**) kann durch Dimerisation des Hydridogermylens

(**C**) oder Isomerisierung des H-verbrückten Primärprodukts entstehen. Für die Hydrogenierung der homologen Zinnverbindungen wird ein ähnlicher Verlauf vorhergesagt; abweichend ist hier das Sn-Analogon von **B** etwas stabiler als das entsprechende Distannen, und die in einigen Fällen beobachtete Dimerisation von Hydrostannylenen verläuft bevorzugt gemäß $2\,R'SnH \rightleftharpoons R'Sn(\mu\text{-}H)_2SnR'$ ohne Bildung einer Sn–Sn-Bindung. Die Unterschiede in den Reaktivitäten Sn- und Ge-haltiger Dreifachbindungssysteme werden auf den „inert-pair-Effekt“ (geringere chemische Aktivität relativistisch stabilisierter Sn-lone-pairs) zurückgeführt. Im Fall des Disilins lagert sich ein gemischtvalentes Si-Analogon von **B** unter 1,2-H-Verschiebung in das als Endprodukt erhaltene Disilen um.

Neben Alkinhomologen mit „nichtklassischen“ Dreifachbindungen sind auch Verbindungen mit „klassischen“ Dreifachbindungen zwischen einem Kohlenstoffatom und schweren Gruppe-15-Elementen erwähnenswert. Am besten untersucht sind phosphorhaltige Analoga von Alkinen und Diazoniumsalzen, die vorzugsweise durch 1,2-Eliminierung bzw. Lewis-Säure-induzierte Halogenidabstraktion aus Vorläufern mit Doppelbindung zugänglich sind:

$$Me_3Si{-}P{=}C(tBu)(OSiMe_3) \xrightarrow[-(Me_3Si)_2O]{\text{kat. KOH}} P{\equiv}C{-}tBu$$

$$^{*}MesN{=}P{-}Cl \xrightarrow{AlCl_3} {^{*}MesN{\equiv}P^{+}}\ AlCl_4^-$$

In Eigenschaften und Reaktivität ähneln insbesondere Phosphaalkine den isolobalen Alkinen und zeigen viele qualitativ ähnliche Reaktionsmuster in Cycloadditionen. Auf der Basis dieser Reaktionen hat sich in den letzten Jahren ein eigner, sehr umfangreicher Zweig der metallorganischen Chemie entwickelt.

1.5.3 Konjugierte und aromatische π-Systeme

Wie in organischen Verbindungen können elektronische Eigenschaften auch in π-Systemen mit schweren p-Block-Elementen durch Konjugation modifiziert werden. Ein oft auftretendes Motiv ist die Stabilisierung elektrophiler Mehrfachbindungen durch π-Donorsubstituenten wie Aminogruppen. Dabei sind zwei Effekte wirksam: Die Konjugation erhöht durch Gewinnung zusätzlicher Resonanzenergie die thermodynamische Stabilität des Gesamtmoleküls und reduziert zugleich durch die energetische Anhebung des LUMO dessen Elektrophilie (Abb. 1.63).

Die Kombination von π-Donorstabilisierung mit einer weiteren Abschwächung der Elektrophilie durch eine negative Ladung bietet eine Erklärung für die Stabilität schwerer Homologer des Cyanations OCN^-, die durch Carbonylierung von Phosphiden bzw.

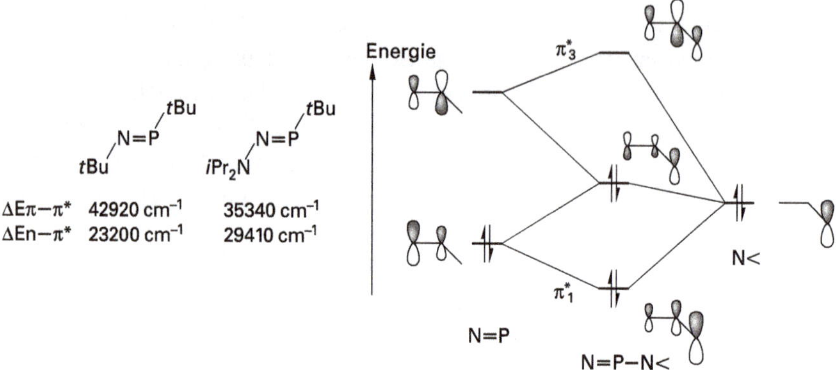

Abb. 1.63: Darstellung der aus der Konjugation einer PN-Doppelbindung mit einer Aminogruppe resultierenden Effekte. Die Rotverschiebung des π–π^*-Übergangs ist auf die Verkleinerung der Energielücke zwischen π_2- und π_3^*-Orbitalen und die gleichzeitige Blauverschiebung des n–π^*-Übergangs auf die Verlagerung des π_3^*-Orbitals zu höherer Energie zurückzuführen (das nichtbindende n-Orbital am Phosphor wird durch die Substitution nur wenig verschoben und ist hier nicht dargestellt).

Arsaniden hergestellt und als bei Raumtemperatur stabile Natriumsalze isoliert werden können:

$$\mathrm{NaPH_2 + CO} \xrightarrow[-\mathrm{H_2}]{\text{DME, 110 bar, 80 °C}} \mathrm{Na^+[^-O{-}C{\equiv}P]} \quad 30\,\%$$

$$\mathrm{NaEH_2 + (EtO)_2CO} \xrightarrow[-2\,\mathrm{EtOH}]{\mathrm{NaO}t\mathrm{Bu,\ DME}} \mathrm{Na^+[^-O{-}C{\equiv}E]} \quad \mathrm{E = P, As}$$

$$\mathrm{^{\ominus}\ddot{O}{-}C{\equiv}E{:}} \longleftrightarrow \mathrm{\ddot{O}{=}C{=}\ddot{E}^{\ominus}}$$

mesomere Stabilisierung

Im chemischen Verhalten von OCP^- treten sowohl enge Parallelen als auch deutliche Unterschiede zum isovalenzelektronischen Cyanat zutage. So verläuft die Synthese von Phosphaharnstoff analog zu Friedrich Wöhlers bahnbrechender Harnstoffsynthese, die oft als Geburtsstunde der organischen Synthesechemie angesehen wird:

$$\mathrm{^-O{-}C{\equiv}E + NH_4^+ \longrightarrow (H_2N)(H_2E)C{=}O}$$

E = N: Wöhler 1828
E = P: Goicoechea 2013

Andererseits geht OCP^- [2 + 2]-Cycloadditionen mit Heterocumulenen und durch Elektrophile induzierte Dimerisierungsprozesse ein, die unüblich oder ganz unbekannt für Cyanat sind, und besitzt im Unterschied zu Cyanat stark reduzierende Eigenschaften.

Cyclisch konjugierte Doppelbindungssysteme mit $4n + 2\pi$-Elektronen können wie analoge organische Verbindungen aromatischen Charakter besitzen. Abgesehen von einer großen Zahl elementorganischer Heterocyclen dieses Typs (auf die hier aus Platzgründen nicht weiter eingegangen werden soll) sind einige Homocyclen mit aromatischen π-Systemen erwähnenswert. Dreiringe mit einem zum Cyclopropenylkation isolobalen 2π-System sind durch Abstraktion eines anionischen Substituenten aus hoch gespannten, sterisch abgeschirmten Silicium- oder Germaniumanaloga von Cyclopropen als hochgradig luft- und feuchtigkeitsempfindliche Salze zugänglich. Kristallstrukturanalysen zeigen das erwartete Vorliegen regelmäßiger Dreiringe mit Abständen, die zwischen denen von Einfachbindungen und isolierten Doppelbindungen liegen:

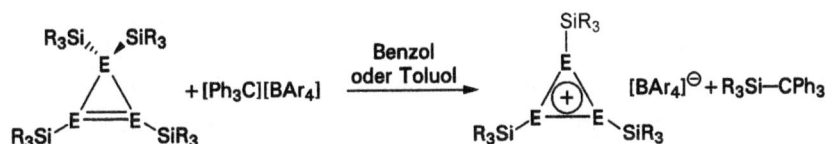

$$(R_3Si)_2E{-}E(SiR_3){=}E(SiR_3) + [Ph_3C][BAr_4] \xrightarrow{\text{Benzol oder Toluol}} [E_3(SiR_3)_3]^{\oplus}[BAr_4]^{\ominus} + R_3Si{-}CPh_3$$

(E = Ge; $R_3Si = tBu_3Si$; Ar = Ph)
(E = Si; $R_3Si = tBu_2MeSi$; Ar = C_6F_5, 2,3,5,6-F_4C_6H)

Eine bemerkenswerte Spezies ist das zum Cyclopentadienyl-Anion isolobale und nicht durch kinetische Stabilisierung geschützte P_5^--Anion, das bei Erhitzen von weißem Phosphor mit Alkalimetallen (M = Li, Na) in hochsiedenden Ethern (Diethylenglykoldimethylether, ggf. in Gegenwart von Kronenether als Katalysator) entsteht:

$$1{,}25\ P_4 + M \xrightarrow{O(CH_2CH_2OMe)_2} M^+P_5^-$$

Nach quantenchemischen Untersuchungen ist die Struktur des bislang nur spektroskopisch in Lösung charakterisierten Ions als planares, gleichseitiges Fünfeck aus Phosphoratomen mit einem aromatischen 6π-Elektronensystem zu beschreiben. Der Aufbau der P_5-Einheit wird durch Kristallstrukturen einiger P_5-Komplexe bestätigt, von denen der Sandwichkomplex $[Ti(P_5)_2]^{2-}$, der strukturell ein anorganisches Analog von Ferrocen darstellt, sicher die bemerkenswerteste Spezies ist. Der Aufbau des Liganden erfolgt dabei in der Koordinationssphäre eines Metallanions, das zuvor durch Reduktion aus Titan(IV)chlorid generiert wurde:

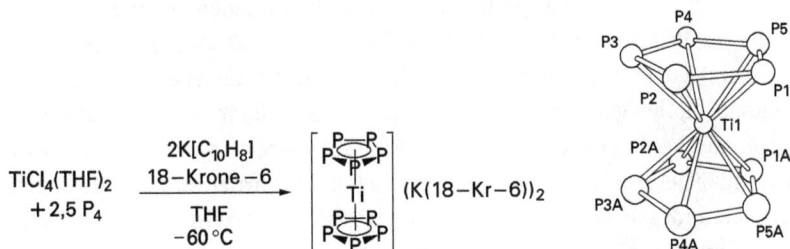

$$TiCl_4(THF)_2 + 2{,}5\ P_4 \xrightarrow[\text{THF, } -60\,°C]{2K[C_{10}H_8],\ 18\text{-Krone-6}} [Ti(P_5)_2](K(18\text{-Kr-6}))_2$$

P4 P5 P3 P2 P1 Ti1 P2A P1A P3A P4A P5A

DFT-Rechnungen stützen eine Beschreibung als Komplex aus zwei zu einem Cyclopentadienyl-Anion isoelektronischen P_5-Monoanionen und einem formal nullwertigen

Titanatom. Die ungewöhnlich niedrige formale Oxidationsstufe (verglichen mit Ti(IV) in Molekülen wie Cp_2TiCl_2) erklärt sich dadurch, dass P_5^- ein energetisch tiefer liegendes LUMO als $C_5H_5^-$ besitzt (dies resultiert daher, dass mit der vom Kohlenstoff zum Phosphor abnehmenden π-Bindungsstärke auch die Energielücke zwischen besetzten (bindenden) und leeren (antibindenden) Orbitalen abnimmt) und deshalb als stärkerer π-Akzeptor Metallatome in niedrigen Oxidationsstufen besser stabilisieren kann.

Dass auf der Hückel'schen $4n+2$-Regel beruhende Analogien zwischen organischen und anorganischen Ringen auch ihre Grenzen haben, soll abschließend am Beispiel cyclischer Schwefelnitrid-Kationen und -Anionen vertieft werden. Eine Reihe von Verbindungen dieses Typs entsteht unter verschiedenen Reaktionsbedingungen entweder aus Tetraschwefeltetranitrid, S_4N_4 (s. Abschn. 1.6.2) oder durch Cycloadditionen acyclischer Kationen wie NS^+ oder NS_2^+:

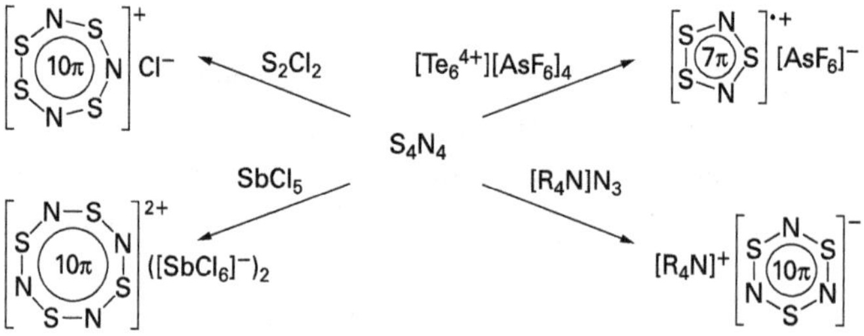

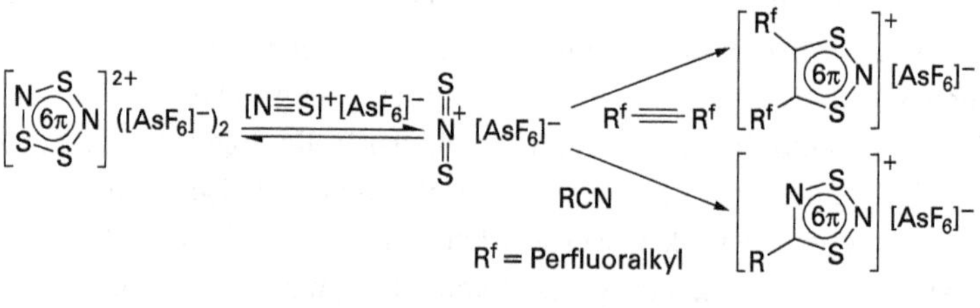

Die Bindungsverhältnisse in den planaren Ringen werden häufig so beschrieben, dass jedes Ringatom an zwei σ-Bindungen zu Nachbaratomen beteiligt ist und ein in der Ringebene lokalisiertes nichtbindendes Elektronenpaar trägt. Die restlichen Elektronen besetzen delokalisierte π-Orbitale, die aus den zur Ringebene senkrecht stehenden p-Atomorbitalen gebildet werden. Da die Struktur dieser π-Orbitale denen organischer aromatischer Moleküle entspricht und die Zahl der darin befindlichen Elektronen in vielen Fällen der Hückel'schen $4n+2$-Regel gehorcht, wurden die Schwefelnitridionen lange Zeit als anorganische Beispiele für aromatische Moleküle angesehen. Bei genauerer Betrachtung gibt es jedoch Unterschiede zu den organischen Referenzsystemen. Zum einen müssen als Folge der hohen Elektronenzahl häufig nichtbindende und antibindende π-Orbitale besetzt werden, sodass insgesamt niedrige Bindungsordnungen resultieren; zum anderen gewinnen wegen der kleineren HOMO-LUMO-Energielücken alternative Bindungsmodelle (vgl. S_2N_2 in Abschn. 1.4.3.3) und Abweichungen von der Hückelregel (s. u.) an Bedeutung. Dass das formal 6π-aromatische Trithiadiazolium-Dikation $[S_3N_2]^{2+}$ nur im Festkörper beständig ist und in Lösung in Umkehrung seiner Bildung über eine [3 + 2]-Cycloreversion fragmentiert, liefert ein erstes Indiz dafür, dass Reaktivität und Eigenschaften nicht allein durch das π-System bestimmt werden; eine zufriedenstellende Erklärung dieses Verhaltens gelingt nur, wenn auch der Einfluss hoher Ionenladungen (die Fragmentierung kann hier durchaus als Folge einer „Coulomb-Explosion" gesehen werden, deren Triebkraft die Verteilung der hohen Gesamtladung des Dikations auf zwei Fragmente ist) und der Pauli-Abstoßung peripherer nichtbindender Elektronen berücksichtigt werden. Zur Hervorhebung dieser Unterschiede werden Schwefelnitridionen auch als *pseudoaromatisch* bezeichnet.

Für Abweichungen von der Hückelregel sorgt nicht zuletzt die hohe Fähigkeit von Schwefelnitridionen zur Stabilisierung von π-Systemen mit ungeraden Elektronenzahlen, die sich in der Existenz stabiler 7π-Radikale wie des Trithiadiazolium-Monokations $[S_3N_2]^{\cdot+}$ oder der durch Reduktion der Kationen $[RCN_2S_2]^+$ und $[(RC)_2S_2N]^+$ erhältlichen neutralen Thiazylradikale $[RCN_2S_2]^{\cdot}$ und $[(RC)_2S_2N]^{\cdot}$ widerspiegelt. Anschaulich kann die Stabilität dieser Spezies auf mehrere Faktoren zurückgeführt werden. Zunächst wird die Reduktion von Vorläufern mit 6π-Systemen durch deren niedrige LUMO-Energien erleichtert und das Radikal durch Delokalisation der Spindichte innerhalb des π-Systems zusätzlich stabilisiert. Ein weiterer wichtiger Aspekt ist, dass die durch Dimerisation zweier Radikale entstehenden Produkte wegen der Pauli-Abstoßung zwischen den vielen freien Elektronenpaaren keine hohe Stabilität erreichen. Im Fall des $[S_3N_2]^{2+}$-Dikations wirkt die mit der Reduktion einhergehende Verringerung der Gesamtladung zudem einer „Coulomb-Explosion" entgegen. Die 7π-Radikale sind in Lösung und (im Fall neutraler Spezies) in der Gasphase stabil, dimerisieren aber im Festkörper, wobei unter Wechselwirkung der SOMOs delokalisierte π^*–π^*-Bindungen (s. Abschn. 1.3.2 und Abb. 1.64) gebildet werden.

Angesichts der Möglichkeit, durch intermolekulare Assoziation und Doping im Festkörper paramagnetische oder elektrisch leitende Phasen zu erzeugen, gelten thiazyl- (und homologe selenazyl)-basierte Radikale und Diradikale als interessante Ausgangsstoffe für die Synthese magnetischer oder elektrisch leitender molekularer Materialien.

1.6 Elektronenreiche Verbindungen

In der anorganischen Molekülchemie gibt es eine beträchtliche Zahl von Spezies, die Atome mit höheren Koordinationszahlen als vier enthalten. Prototypische Neutralmoleküle wie PF_5 oder SF_6 lassen unschwer erkennen, dass das Zentralatom hier an insgesamt mehr als vier Bindungen mit zumindest partiell kovalentem Charakter beteiligt sein muss. Die Bindungsverhältnisse in solchen Spezies wurden lange intensiv diskutiert. Im Gegensatz zu einer Beschreibung als hypervalente Moleküle, in denen die si-

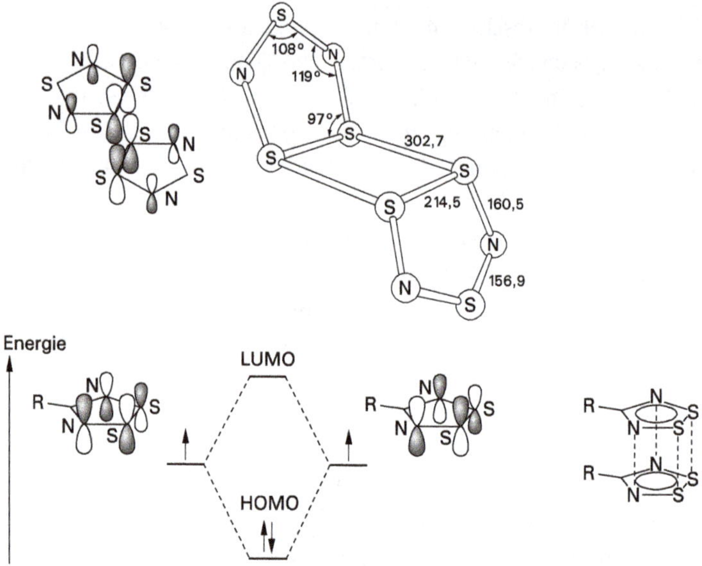

Abb. 1.64: Wechselwirkung der SOMOs zweier $[S_3N_2]^{\cdot+}$-Radikalkationen unter Bildung einer 2e-4z-π^*–π^*-Bindung und Kristallstruktur des $[S_6N_4]$-Kations im Chlorodisulfat $[S_6N_4][S_2O_6Cl]_2$ (oben). Wechselwirkung zweier Dithiadiazolylradikale unter Bildung einer 2e-8z-π^*–π^*-Bindung (unten) [nach Banister et al., *Inorg. Nucl. Chem. Lett.* **1974**, *10*, 647].

multane Ausbildung von fünf oder sechs kovalenten Bindungen durch Annahme einer sp^3d^n-Hybridisierung erklärt wurde, mehren sich in letzter Zeit theoretische und experimentelle Befunde, die besser mit dem Vorliegen semipolarer 4e-3z-Bindungen (vgl. Abschn. 1.2.4) vereinbar sind. Folgt man dieser Interpretation, dann sind Verbindungen wie PF_5 und SF_6 als hyperkoordiniert, aber nicht als hypervalent aufzufassen, da die Summe aller kovalenten Bindungsbeiträge die Tetravalenz nicht verletzt.

Im Folgenden soll die Thematik anhand der exemplarischen Besprechung von zwei Verbindungsklassen vertieft werden. Viele Edelgasverbindungen sind im Sinn des VSEPR-Modells als hyperkoordiniert aufzufassen, da die Koordination der Zentralatome unter Einbeziehung nichtbindender Elektronenpaare häufig als Ψ-trigonal-bipyramidal oder Ψ-oktaedrisch beschrieben wird. In Yliden liegen dagegen meist keine höheren Koordinationszahlen als vier vor, allerdings impliziert die häufige Verwendung von Valenzstrichformeln mit einer Doppelbindung auch hier die Annahme von Hyperkoordination.

1.6.1 Edelgasverbindungen

Versuche zur Entwicklung einer Edelgaschemie begannen direkt nach der Entdeckung der Elemente in den Jahren 1894–1898 durch Sir W. Ramsay, als dieser H. Moissan –

der 1886 erstmals elementares Fluor hergestellt hatte – 100 Milliliter Argon zur Untersuchung der Reaktion beider Gase zur Verfügung stellte. Moissans Versuch, eine Umsetzung bei Raumtemperatur durch eine Funkenentladung einzuleiten, war der erste vieler erfolgloser Ansätze zur Darstellung von Edelgasverbindungen. Obwohl L. Pauling 1933 u. a. die Existenz von H_4XeO_6 und XeF_6 voraussagte, wurde die mögliche Existenz von Edelgasverbindungen angesichts der experimentellen Fehlschläge mehr und mehr angezweifelt. Gleichzeitig begannen sich theoretische Begründungen, warum Edelgase keine stabilen Verbindungen eingehen können, in Lehrbüchern und Monographien zu verbreiten. Diese Entwicklung wuchs zu einem Paradigma, das die experimentelle Erforschung der Edelgaschemie massiv bremste und erst durch die im Jahr 1962 publizierten Untersuchungen von N. Bartlett ausgehebelt wurde.

Bartlett ging in seinem durchschlagenden Experiment von zwei Beobachtungen aus, nämlich dass die ersten Ionisierungsenergien von Xe und O_2 praktisch gleich sind (I_A/kJ mol^{-1} = 1180 (O_2), 1170 (Xe)), und dass sich O_2 mit PtF_6 leicht zum Dioxygenylkation O_2^+ oxidieren lässt:

$$O_2(g) + PtF_6(g) \longrightarrow [O_2^+][PtF_6^-](s)$$

Er leitete daraus ab, dass Xenon unter gleichen Bedingungen oxidierbar sein sollte. Bartlett konnte diese Hypothese unzweifelhaft experimentell beweisen, obwohl das gebildete Produkt nicht die prognostizierte Zusammensetzung $Xe^+PtF_6^-$ hatte (diese ist bis heute nicht vollständig bekannt). Nach heutigen Erkenntnissen war ein Gemisch verschiedener Edelgasverbindungen entstanden, dessen Hauptkomponente annähernd gemäß der folgenden idealisierten Reaktionsgleichung gebildet wurde:

$$Xe(g) + 2\ PtF_6(g) \longrightarrow [XeF^+][Pt_2F_{11}^-](s)$$

Die Darstellung der ersten definierten Edelgasverbindungen gelang ebenfalls 1962 R. Hoppe in Deutschland (XeF_2) und den Amerikanern H. H. Claassen, H. Selig und J. G. Malm (XeF_4) und leitete eine systematische Weiterentwicklung der Edelgaschemie ein. Bis heute sind Verbindungen mit verschiedenen Edelgasen bekannt, in denen nicht nur direkte Bindungen zwischen Edelgasen und elektronegativen Elementen wie Halogenen, Sauerstoff und Stickstoff, sondern auch solche zu weniger elektronegativen Elementen wie Kohlenstoff oder Metallen auftreten.

Den modernen Einstieg in die Edelgaschemie bilden die Edelgasfluoride, die durch direkte Umsetzung der Elemente zugänglich sind:

$$Xe + F_2 \xrightarrow{h\nu} XeF_2$$

$$Xe + 2\ F_2 \xrightarrow[\text{Xe : F}_2\ 1:5{,}6]{400\,^\circ\text{C, 6 bar}} XeF_4$$

$$Xe + 3\ F_2 \xrightarrow[\text{Xe : F}_2\ 1:20]{300\,^\circ\text{C, 60 bar}} XeF_6$$

Neben den gegenüber dem Zerfall in die Elemente thermodynamisch stabilen Xenonfluoriden sind das metastabile KrF_2 und das schwingungsspektroskopisch nachgewiesene, aber sehr instabile $XeCl_2$ bekannt. Einige Eigenschaften der farblosen, binären Edelgasfluoride sind in Tab. 1.11 zusammengestellt.

Tab. 1.11: Wichtige Eigenschaften binärer Edelgasfluoride.

	XeF_2	XeF_4	XeF_6	KrF_2
Punktgruppe (Gasphase)	$D_{\infty h}$	D_{4h}	C_{3v}	$D_{\infty h}$
Schmelzpunkt/°C	129,0	117,1	49,5	
Siedepunkt/°C			75,6	
ΔH_f^0/kJ mol^{-1}	−164	−278	−361	+60

Die Molekülstrukturen (in der Gasphase) und Bindungsverhältnisse der bekannten Edelgashalogenide können qualitativ gut unter Annahme eines 4e-3z-Bindungsmodells erklärt werden (Abschn. 1.2.4). Die deutliche Abnahme der Stabilität vom XeF_2 zum KrF_2 und $XeCl_2$ unterstreicht die Bedeutung der elektrostatischen Bindungsbeiträge, deren stabilisierende Wirkung mit abnehmender Elektronegativitätsdifferenz zwischen Zentralatom und Liganden schwindet. Kristallines XeF_6 besitzt eine komplexe Struktur, in der quadratisch pyramidale XeF_5^+-Einheiten über F^--Brücken zu tetra- und hexameren Assoziaten verknüpft sind.

Die chemischen Eigenschaften von Edelgasfluoriden sind dadurch geprägt, dass diese sowohl als Fluorid-Donatoren und -Akzeptoren als auch als (oxidative) Fluorierungsmittel reagieren können. Die Reaktivität als Fluoridionen-Akzeptor ist beim XeF_2 sehr schwach ausgeprägt (XeF_3^- ist in kondensierter Phase unbekannt und wurde nur massenspektrometrisch nachgewiesen) und nimmt über XeF_4 zu XeF_6 zu, das beispielsweise mit Alkalimetallfluoriden bzw. Nitrosylfluorid Fluoroxenate(VI) bildet:

$$XeF_6 + MF \longrightarrow M^+[XeF_7]^- \quad (M^+ = \text{Alkalimetallkation}, Me_4N^+)$$

$$XeF_6 + 2\,MF \longrightarrow (M^+)_2[XeF_8]^{2-}$$

$$XeF_6 + 2\,NOF \longrightarrow (NO^+)_2[XeF_8]^{2-}$$

Das $[XeF_8]^{2-}$-Ion besitzt eine quadratisch-antiprismatische Struktur, und seine Salze mit großen Kationen sind sehr thermostabil (das bis 400 °C stabile $Cs_2\,[XeF_8]$ besitzt die höchste Thermostabilität aller bislang bekannten Edelgasverbindungen). Die Fähigkeit zur Reaktion als F^--Donor ist am schwächsten im XeF_4 ausgeprägt und nimmt über XeF_2 zum XeF_6 hin zu, die mit Fluoridakzeptoren zu Salzen mit linearen $[XeF]^+$- bzw. quadratisch-pyramidalen $[XeF_5]^+$-Ionen reagieren. Beide Kationen setzen sich mit überschüssigem XeF_2 bzw. XeF_6 weiter zu $[Xe_2F_3]^+$ bzw. $[Xe_2F_{11}]^+$ um, die verbrückende Fluoridionen enthalten und als Lewis-Säure/Base-Komplexe des ursprünglichen Kations mit einem neutralen Xenonfluorid zu beschreiben sind. Analoge Reaktionen wie für XeF_2 sind auch für KrF_2 bekannt (Ng steht hier für noble gas):

$$XeF_6 + MF_5 \longrightarrow [XeF_5]^+[MF_6]^- \quad (M = As, Sb, Bi)$$
$$NgF_2 + MF_5 \longrightarrow [NgF]^+[MF_6]^- \quad (Ng = Xe, Kr; M = As, Sb, Ta, Pt)$$
$$2\ NgF_2 + MF_5 \longrightarrow [Ng_2F_3]^+[MF_6]^-$$

Ist neben einem Fluoridakzeptor noch ein geeignetes schwaches Nukleophil zugegen, verlaufen die Reaktionen im Sinn eines Anionenaustauschs und ermöglichen die Darstellung von Verbindungen mit Bindungen zwischen Edelgasen und anderen Elementen als Fluor. Besonders weit entwickelt sind solche Umsetzungen zur Herstellung von Spezies mit Edelgas-Sauerstoff-Bindungen:

$$XeF_2 + MOR + BF_3 \xrightarrow{CH_2Cl_2/CH_3CN} FXeOR + M[BF_4] \quad (M = Na, K)$$
$$FXeOR + MOR + BF_3 \xrightarrow{CH_2Cl_2/CH_3CN} Xe(OR)_2 + M[BF_4] \quad (R = TeF_5, SO_2F, ClO_3, SO_2CH_3)$$
$$3\ XeF_2 + B(OTeF_5)_3 \xrightarrow{aHF} 3\ FXe(OTeF_5) + BF_3 \quad (aHF = \text{wasserfreies HF})$$
$$3\ FXe(OTeF_5) + B(OTeF_5)_3 \xrightarrow{aHF} 3\ Xe(OTeF_5)_2 + BF_3$$
$$3\ KrF_2 + 2\ B(OTeF_5)_3 \xrightarrow{ClSO_2F,\ -110\,^\circ C} 3\ Kr(OTeF_5)_2 + 2\ BF_3$$

Hydrolyse von XeF_6 erlaubt den Zugang zu den bislang einzigen binären Xenon-Sauerstoffverbindungen XeO_3 und XeO_4, die aufgrund ihres endothermen Charakters explosiv und nicht direkt aus den Elementen zu erhalten sind. Das XeO_3 entsteht unter schonenden Bedingungen in Abwesenheit von Base in einer mehrstufigen Reaktion und kann durch Eindampfen der wässrigen Lösung kristallin isoliert werden (die intermediär auftretenden Xenonoxidfluoride sind durch Fluoridtransferreaktionen auch in reiner Form zugänglich, z. B. $XeF_6 + POF_3 \longrightarrow XeOF_4 + PF_5$):

$$XeF_6 + H_2O \longrightarrow XeOF_4 + 2\ HF$$
$$XeOF_4 + H_2O \longrightarrow XeO_2F_2 + 2\ HF$$
$$XeO_2F_2 + H_2O \longrightarrow XeO_3 + 2\ HF$$
$$XeF_6 + 3\ H_2O \longrightarrow XeO_3 + 6\ HF$$

Mit Hydroxidionen reagiert XeO_3 zu einem Xenat(VI)-Anion $HXeO_4^-$, das unter Bildung eines Xenat(VIII)-Anions, Xe und O_2 disproportioniert. Aus dem Bariumsalz ist mit konz. Schwefelsäure farbloses, gasförmiges Xenontetroxid erhältlich:

$$2\ XeO_3 + 2\ OH^- \longrightarrow 2\ HXeO_4^-$$
$$2\ HXeO_4^- + OH^- \longrightarrow HXeO_6^{3-} + Xe + O_2 + H_2O$$
$$HXeO_6^{3-} \xrightarrow{Ba^{2+}} Ba_2XeO_6 \xrightarrow{H_2SO_4,\ -5\,^\circ C} 2\ BaSO_4 + XeO_4 + 2\ H_2O$$

Die Hydrolyse von XeF_2 und XeF_4 erfolgt unter Disproportionierung, wobei im Fall von XeF_4 eine komplexe Reaktion abläuft, die durch die angegebene Bruttogleichung nur ungefähr wiedergegeben wird:

$$XeF_2 + H_2O \longrightarrow Xe + 2\,HF + O_2$$
$$6\,XeF_4 + 12\,H_2O \longrightarrow 24\,HF + 3\,O_2 + 4\,Xe + 2\,XeO_3$$

Verbindungen mit Edelgas-Stickstoff-Bindungen sind durch Metathese von Edelgasdifluoriden mit starken NH-Säuren zugänglich. Triebkraft der Reaktion ist die hohe Bindungsenergie des freigesetzten Fluorwasserstoffs:

$$2\,XeF_2 + 2\,HN(SO_2F)_2 \xrightarrow{CH_2Cl_2,\ 0\,°C} 2\,F{-}Xe{-}N(SO_2F)_2 + 2\,HF$$
$$HCN + AsF_5 + HF \xrightarrow{aHF} [HCN{-}H]^+[AsF_6]^- \quad (aHF = \text{wasserfreies HF})$$
$$[HCN{-}H]^+[AsF_6]^- + NgF_2 \xrightarrow{aHF,\ -60\,°C} [HCN{-}NgF]^+[AsF_6]^- + HF \quad (Ng = Kr, Xe)$$

Nach Ab-initio-Rechnungen liegen in den Cyanwasserstoffkomplexen 4e-3z-Bindungen vor, deren kovalente Bindungsanteile stärker in der Edelgas–Fluor- als in der Edelgas–Stickstoff-Bindung konzentriert sind.

Die ersten Synthesen isolierbarer Edelgas-Kohlenstoffverbindungen gelangen 1989 unabhängig voneinander den Arbeitsgruppen von Frohn und Naumann:

$$XeF_2 + B(C_6F_5)_3 \xrightarrow{CH_2Cl_2,\ -40\,°C} [Xe{-}C_6F_5]^+[BF_2(C_6F_5)_2]^-$$

Weitere Umsetzung mit AsF_5 liefert das thermisch bis 125 °C stabile und kurzzeitig in Wasser handhabbare Pentafluorphenylxenon-Hexafluorarsenat, das mit $C_6F_5CO_2Cs$ unter Anionenaustausch zum molekularen Acylderivat $C_6F_5{-}Xe{-}OCOC_6F_5$ reagiert. Im Kristall liegt ein nahezu linear koordiniertes Xe-Atom (O–Xe–C-Winkel 178°) mit einem Xe–O-Abstand von 2,37 Å und einem Xe–C-Abstand von 212 pm vor. Das Pentafluorphenylxenonkation kann als relativ starkes elektrophiles Arylierungsmittel in der elementorganischen Chemie eingesetzt werden. Seine Verwendung ist unter präparativen Gesichtspunkten vorteilhaft, da häufig außer gasförmigem Xenon kein Nebenprodukt gebildet wird und die Isolierung der Produkte deshalb sehr vereinfacht wird:

$$[Xe{-}C_6F_5]^+ + Te(C_6F_5)_2 \longrightarrow [Te(C_6F_5)_3]^+ + Xe$$
$$[Xe{-}C_6F_5]^+ + I(C_6F_5) \longrightarrow [I(C_6F_5)_2]^+ + Xe$$

Die unter formaler Übertragung eines „$C_6F_5^+$"-Fragments ablaufenden Reaktionen stellen formal die Kopplung eines Zweielektronenoxidationsprozesses mit der nachfolgenden Stabilisierung des Reaktionsproduktes durch Übertragung eines Nukleophils ($C_6F_5^-$) dar. Dasselbe Prinzip liegt auch dem Einsatz von XeF_2 oder KrF_2 als oxidative Fluorierungsmittel zugrunde. KrF_2 ist eines der stärksten bekannten chemischen Oxidationsmittel, das sogar die Darstellung von Gold(V)Verbindungen erlaubt. Thermolyse des nur auf diesem Weg erhältlichen [KrF][AuF_6] eröffnet eine chemische Methode zur Darstellung von elementarem Fluor:

$$5\,KrF_2 + 2\,Au \longrightarrow 2AuF_5 + 5\,Kr$$

$$7\,KrF_2 + 2\,Au \longrightarrow 2[KrF]^+[AuF_6]^- + 5\,Kr$$

$$[KrF]^+[AuF_6]^- \xrightarrow{T \geq 60\,^\circ C} AuF_5 + Kr + F_2$$

Im Gegensatz zu KrF_2 ist XeF_2 ein mildes und sehr gut zu handhabendes oxidatives Fluorierungsmittel, das sogar in Wasser kurzzeitig unzersetzt eingesetzt werden kann und bei seiner Hydrolyse keine explosiven Gase freisetzt. Aufgrund dieser Vorteile wird XeF_2 als kommerziell erhältliches oxidatives Fluorierungsmittel eingesetzt, das den Umgang mit elementarem Fluor ersparen kann.

Eine Übersicht über die Edelgaschemie wäre unvollständig ohne die Erwähnung einiger spezieller, aber dennoch spektakulärer Verbindungen. Eine besondere Edelgas-Kohlenstoffverbindung ist das erstmals 1992 von Schwarz durch Neutralisations-Reionisationsmassenspektrometrie nachgewiesene endohedrale Fulleren He@C_{60}, in dem ein He-Atom in einem Fullerenkäfig eingeschlossen ist, ohne dass eine direkte Bindung besteht. Die Charakterisierung dieses Moleküls stimulierte weitere theoretische Untersuchungen an endohedralen Spezies wie He@Adamantan, das nach den Ergebnissen dieser Rechnungen eine stabile Einheit darstellt, die gegenüber einem spontanen Verlust des eingeschlossenen He-Atoms durch eine relativ hohe Aktivierungsbarriere geschützt wird. Obwohl das Molekül wie auch mögliche Wege zu seiner Synthese bislang unbekannt sind, werfen die Diskussionen interessante Fragen zur Natur der chemischen Bindung auf.

Eine erste Argonverbindung wurde 2000 von der Gruppe um M. Räsänen beschrieben. Die Verbindung HArF wurde durch Photolyse einer HF/Ar-Matrix erzeugt und in der Matrix durch Schwingungsspektroskopie nachgewiesen. Nach Ab-initio-Rechnungen ist das Molekül um ca. 6 eV (580 kJ mol^{-1}) energiereicher als die Edukte HF und Ar, wird aber gegen eine Dissoziation durch eine Aktivierungsbarriere von 0,38 eV (37 kJ mol^{-1}) geschützt und sollte auch in der Gasphase bei hinreichend tiefer Temperatur stabil sein. Die Bindungsverhältnisse werden nach den Rechnungen am besten durch eine stark polare Struktur $H{-}Ar^+\,F^-$ beschrieben.

Da Edelgasatome isoelektronisch zu Halogenidionen sind, sollte prinzipiell auch zu erwarten sein, dass sie wie diese zur Bildung von Metallkomplexen in der Lage sind. In der Tat konnten z. B. durch Photolyse der Lösungen von Carbonylkomplexen in überkritischen Flüssigkeiten Edelgasverbindungen wie [M(Xe)$(CO)_5$] (M = Cr, Mo, W) oder [$C_5H_5Mn(CO)_2$(Xe)] bei Raumtemperatur erzeugt und durch Kurzzeit-IR-Spektroskopie nachgewiesen werden. Die Substitution des Edelgases durch CO verläuft mit vergleichbarer Geschwindigkeit wie in entsprechenden Alkankomplexen, die auf gleichem Weg erzeugt wurden. Ein isolierbarer Xenonkomplex eines Übergangsmetalls wurde erstmals von der Gruppe um K. Seppelt bei der Reduktion von AuF_3 mit Xe erhalten. Dasselbe komplexe Kation ist auch durch eine reversible Reaktion aus $Au[SbF_6]_2$ und Xenon bei −40 °C zugänglich, bei Raumtemperatur aber nur unter einem Überdruck von ca. 10 bar stabil:

$$AuF_3 + 6\,Xe + 3\,H^+ \xrightarrow{\text{aHF, 40 °C}} [Au(Xe)_4]^{2+} + Xe_2^+ + 3\,HF$$

$$Au^{2+} + 4\,Xe \underset{}{\overset{\text{aHF, −40 °C}}{\rightleftharpoons}} [Au(Xe)_4]^{2+}$$

Nach Ab-initio-Rechnungen ist die Au–Xe-Bindung als Donor-Akzeptorbindung zu beschreiben, deren Bildung mit einem Ladungstransfer von ca. 0,4 e auf jedes Xe-Atom verbunden ist.

1.6.2 Ylide

Als Ylide werden gemeinhin zwitterionische Verbindungen bezeichnet, in denen ein anionisches Zentrum intramolekular durch einen benachbarten positiv geladenen Oniosubstituenten stabilisiert wird. Prototypen solcher Spezies sind die in der organischen Chemie in der Wittig-Reaktion zur Olefinierung von Carbonylverbindungen eingesetzten α-Phosphoniocarbanionen (Phosphonium-Ylide, Wittig-Ylide). Der manchmal auch als Synonym für diese Verbindungen gebrauchte Begriff resultiert ursprünglich daher, dass der P–C-Bindung sowohl kovalenter („yl") als auch ionischer („id") Charakter zugeschrieben werden kann. Geht man davon aus, dass ein Phosphoniumylid formal auch als Lewis-Addukt eines Phosphans mit einem Carben angesehen werden kann, lassen sich durch Austausch eines oder beider Fragmente des Prototyps gegen isoelektronische Baueinheiten weitere Moleküle identifizieren, die ebenfalls als Ylide oder deren Analoga aufgefasst werden können. Als besonders weitreichend erweist sich dabei die Isoelektroniebeziehung zwischen der CR_2-Einheit und einer NR-Gruppe bzw. einem Sauerstoff- oder Schwefelatom, da durch diese ein Zusammenhang zwischen den Yliden im engeren Sinn und den in der anorganischen Chemie verbreiteten Imino-, Oxo- und Thioxoverbindungen hergestellt wird:

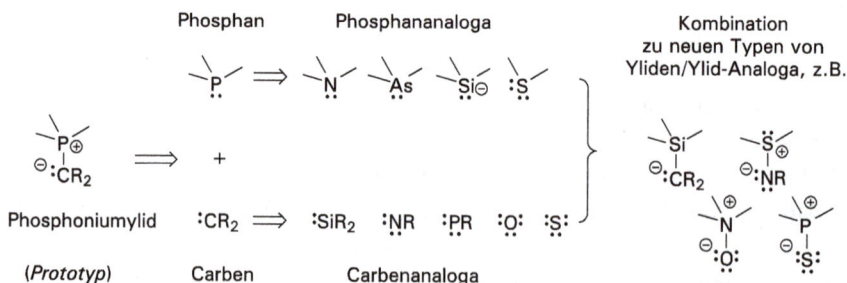

Phosphan
Phosphananaloga
Kombination zu neuen Typen von Yliden/Ylid-Analoga, z.B.
Phosphoniumylid
(Prototyp)
:CR₂ ⟹ :SiR₂ :NR :PR :O: :S:
Carben
Carbenanaloga

Über die Herstellung struktureller Verwandtschaftsbeziehungen hinaus erweist sich die Darstellung als Lewis-Addukte auch als nützlich für eine grundlegende Betrachtung der Bindungsverhältnisse in Yliden. Die Bindung zwischen den beiden Fragmenten wird in diesem Bild durch zwei Grenzorbitalwechselwirkungen dominiert:

(a) Interaktion des HOMO im Donor- mit dem LUMO im Akzeptorfragment führt zur Ausbildung einer σ-Bindung, die mit einem Ladungstransfer vom Donor zum Akzeptor verbunden ist.

(b) Wechselwirkung zwischen HOMO im Akzeptor- und LUMO im Donorfragment erzeugt einen Ladungstransfer in die umgekehrte Richtung („Rückbindung“) mit π-Bindungscharakter. Je nach molekularem Aufbau des Akzeptorfragments sind dabei Beiträge eines oder zweier orthogonaler Sätze von Fragmentorbitalen zu berücksichtigen:

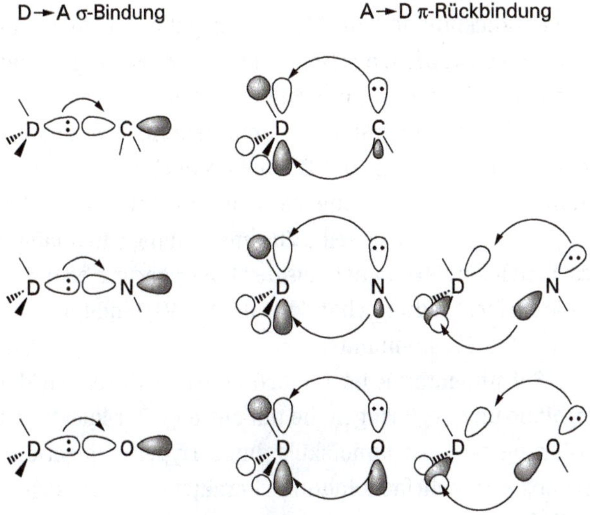

Da die an der π-Rückbindung beteiligten Akzeptororbitale σ^*-Charakter besitzen, schwächt ein Ladungstransfer in diese Orbitale zwangsläufig die σ-Bindungen im Donorfragment. Die Wirkung dieses als **Hyperkonjugation** bezeichneten Effekts ist strukturanalytisch nachweisbar und ermöglicht eine anschauliche Beschreibung der Bindungsverhältnisse in Yliden im Rahmen des VB-Formalismus:

Die Annahme einer Überlagerung von D⟶A-σ-Bindung und A⟶D-π-Rückbindung(en) in Yliden entspricht der Beschreibung der Bindungsverhältnisse in Übergangsmetallkomplexen mit σ-Donor-π-Akzeptorliganden durch das Dewar-Chatt-Duncanson-Modell (Abschn. 4.3.4.1). Eine Konsequenz ist, dass die D–A-Bindung zweifellos (partiellen) Mehrfachbindungscharakter besitzt. Da dieser infolge der Wirkung der Hyperkonjugation aber mit einer Schwächung von σ-Bindungen im Donor einhergeht, wird insgesamt eine Hypervalenz am Zentralatom umgangen.

Es sei an dieser Stelle bemerkt, dass der Mehrfachbindungscharakter der D–A-Bindung prinzipiell auch erklärt werden kann, wenn als Akzeptororbital für die Rückbindung anstelle eines σ^*-Orbitals ein d-Orbital am Donoratom angenommen wird. Diese früher bevorzugte Sichtweise hat dazu geführt, Ylide als hypervalente Spezies mit einer Doppelbindung darzustellen. Sie ist aber mit den Ergebnissen neuerer theoretischer Studien und experimenteller Elektronendichtebestimmungen nur schlecht in Einklang zu bringen und erscheint heute nicht mehr haltbar.

Das Ausmaß von π-Rückbindung und Hyperkonjugation in Yliden variiert stark in Abhängigkeit von den Eigenschaften der Donor- bzw. Akzeptorfragmente:

(a) Die D⟶A-σ-Bindung wird durch eine große Elektronegativitätsdifferenz zwischen Donor- und Akzeptorfragment gestärkt. Da mit dem Ausmaß des D⟶A Ladungstransfers sowohl die Elektrophilie des Donors als auch die π-Nucleophilie des Akzeptors steigt, nimmt parallel auch die Stärke der π-Rückbindungsbeiträge signifikant zu (synergistischer Effekt; derselbe Zusammenhang tritt analog auch in Übergangsmetallcarbonylkomplexen auf). Aus der Überlagerung beider Beiträge resultiert ein hoher Mehrfachbindungscharakter, der für Verbindungen $R_3D \leftrightarrows A$ in der Reihe $A = O > NR', S > CR'_2$ abnimmt.

(b) Elektronegative Substituenten R im Donorfragment R_3D senken die Energie der σ^*-Akzeptororbitale und begünstigen die mit der A⟶D-π-Rückbindung einhergehende Stabilisierung des Gesamtmoleküls durch Hyperkonjugation. Die dadurch erreichte Stärkung des Mehrfachbindungscharakters spiegelt sich beispielsweise in der mit der Elektronegativität der Substituenten zunehmenden Verkürzung der Phosphor-Chalkogen-Bindungen in Phosphanoxiden und -sulfiden wider (Tab. 1.12).

(c) Hohe Elektronegativität des Donorzentrums D erschwert die π-Rückbindung und reduziert den Mehrfachbindungscharakter der ylidischen Bindung. Hierin liegt die Hauptursache für die langen N–O-Abstände in Aminoxiden (140 pm in Me_3NO gegenüber 122 pm in organischen Nitroverbindungen).

(d) π-Donorsubstituenten am Akzeptor setzen dessen Elektrophilie herab und destabilisieren die D⟶A-σ-Bindung. Stabile Phosphoniumylide des Typs $R_3P^{(+)}$–$C^{(-)}(H)NR_2$ sind daher nur bei Einsatz stark basischer Phosphane ($R = NMe_2$, Cyclohexyl) erhältlich.

Allgemeine Methoden zur Darstellung von Yliden und verwandten Verbindungen sind die Deprotonierung der konjugierten Säure sowie Reaktionen unter formaler Übertra-

Tab. 1.12: Durch Gasphasen-Elektronenbeugung bestimmte PO-Bindungsabstände einiger Phosphanoxide und Phosphansulfide.

Verbindung	P–O/pm	Verbindung	P–S/pm
$(CH_3)_3PO$	147,6	$(CH_3)_3PS$	194,0
Cl_3PO	144,9	Cl_3PS	188,5
F_3PO	143,6	F_3PS	186,6

gung eines Carbens oder Carbenanalogs, das in der Regel als transientes Intermediat aus einer Vorstufe erzeugt und durch den Donor abgefangen wird:

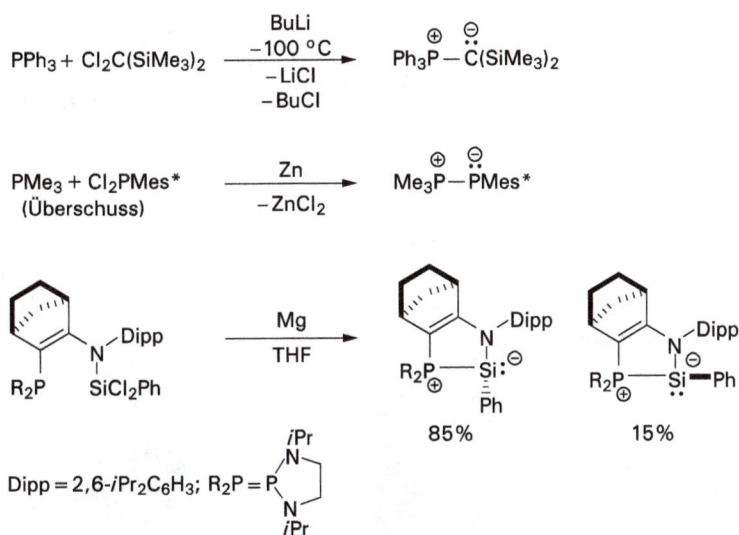

$$PPh_3 + Cl_2C(SiMe_3)_2 \xrightarrow[-LiCl,\ -BuCl]{BuLi,\ -100\,°C} Ph_3\overset{\oplus}{P}-\overset{\ominus}{\ddot{C}}(SiMe_3)_2$$

$$\underset{(\text{Überschuss})}{PMe_3} + Cl_2PMes^* \xrightarrow[-ZnCl_2]{Zn} Me_3\overset{\oplus}{P}-\overset{\ominus}{\ddot{P}}Mes^*$$

Mg / THF: R2P, N-Dipp, SiCl2Ph → 85 % / 15 %

Dipp = 2,6-$iPr_2C_6H_3$; R_2P = P(N-iPr)(N-iPr) (Ring)

Die Deprotonierung von Phosphoniumsalzen wird vor allem zur Darstellung der in der organischen Chemie als Wittig-Reagenzien eingesetzten Phosphoniumylide herangezogen. Zur zweiten Kategorie gehören auch Reaktionen zur Darstellung von Phosphanchalkogeniden und Aminoxiden aus Phosphanen oder Aminen und Chalkogenierungsmitteln sowie die Staudingerreaktion zwischen Phosphanen und Aziden:

$$PR_3 + R'N_3 \xrightarrow[-N_2]{\Delta} R_3\overset{\oplus}{P}-\overset{\ominus}{N}R'$$

Die am besten bekannte Ylid-Reaktion ist wohl die Wittigreaktion, in der ein Phosphoniumylid und eine Carbonylverbindung unter Metathese zu einem Phosphanoxid und einem Alken reagieren. Dasselbe Reaktionsprinzip erlaubt unter Übertragung eines carbenanalogen Fragments auch die Synthese heteroatomarer Doppelbindungen (Phospha-, Aza-, Sila-Wittigreaktionen):

$$\mathrm{Me_3\overset{\oplus}{P}-\overset{\ominus}{P}Mes^*} + \mathrm{X{-}C_6H_4{-}CHO} \longrightarrow \mathrm{X{-}C_6H_4{-}CH{=}PMes^*} + \mathrm{Me_3PO}$$

Des Weiteren können Ylide auch ihr carbenanaloges Akzeptorfragment auf ein anderes Substrat übertragen. Dies erlaubt synthetisch wichtige Umwandlungen zwischen Phosphanen und Phosphanchalkogeniden:

$$\mathrm{(H_3C)_2\overset{\oplus}{S}-\overset{\ominus}{O}} + \mathrm{PR_3} \longrightarrow \mathrm{(H_3C)_2S} + \mathrm{R_3PO}$$

$$\mathrm{R_3PO} + \mathrm{Si_2Cl_6} \longrightarrow \mathrm{R_3P} + \mathrm{Cl_3SiOSiCl_3}$$

Die Deoxygenierung chiraler Phosphanoxide mit Si_2Cl_6 oder $HSiCl_3$ verläuft unter Retention der Konfiguration am Phosphoratom und ist eine wichtige Methode zur Synthese P-chiraler Phosphane.

Ylide mit starker D–A-σ-Bindung zeigen kaum Wittig-Aktivität, können aber als starke Basen reagieren, wenn sie infolge niedriger π-Rückbindungsanteile hohe Ladungsdichte am anionischen Zentrum besitzen. Beispiele dafür sind als „Phosphazen-Superbasen“ oder „Schwesinger-Basen“ bekannte N-Alkyliminophosphorane, die formal als Addukte eines Nitrens mit nukleophilen amino- bzw. iminato-substituierten Phosphanen aufgefasst werden können:

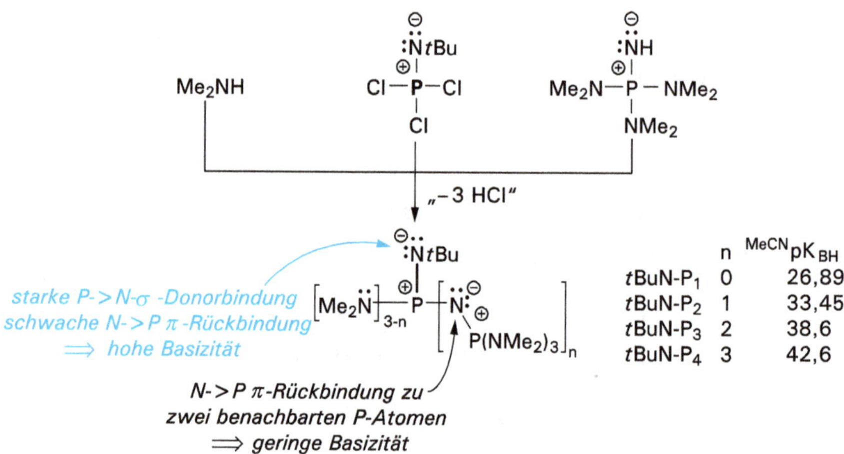

Die Ursache für die hohe Basizität an der zentralen *t*BuN-Gruppe der Schwesinger-Basen beruht auf einer Kombination mehrerer Substituenteneffekte:

– die Amino- und Iminatosubstituenten im Phosphanfragment stärken dessen σ-Donorcharakter (als Folge der starken Pauli-Abstoßung zwischen dem n(P)-LMO und

den Elektronenpaaren der benachbarten N-Atome) und fördern damit den Ladungstransfer auf das Iminfragment über die P⟶N-σ-Bindung;
- Hyperkonjugation zwischen Me_2N-/$(Me_2N)_3PN$-Substituenten und σ^*(PN)-Orbitalen innerhalb des Phosphanfragments drängt die π-Rückbindung aus der *t*BuN-Gruppe zurück;
- die elektronenreiche Alkylgruppe im Iminfragment verhindert eine weitere Delokalisation der negativen Partialladung auf dem Stickstoffatom.

Die ylidischen N-Atome der peripheren $(Me_2N)_3PN$-Einheiten in Schwesinger-Basen besitzen demgegenüber praktisch keine basischen oder nukleophilen Eigenschaften mehr, da der lokale Elektronenüberschuss durch Rückbindungen zu zwei elektrophilen Phosphoratomen effektiv abgeleitet wird. Dieser Effekt ist typisch für alle Ylide, in denen das anionische Zentrum *zwei* Oniosubstituenten mit positiven Formalladungen trägt. Ein Beispiel dafür ist das Bis(triphenylphosphan)iminium-Kation, das aufgrund seines inerten Charakters und seiner guten Kristallisationseigenschaften gern als Gegenion bei der Isolierung anionischer Reaktionsprodukte eingeführt wird:

$$2\,Ph_3P \xrightarrow[]{C_2Cl_6,\; H_2NOH\cdot HCl} Ph_3\overset{\oplus}{P}-\overset{\ominus}{\ddot{N}}-\overset{\oplus}{P}Ph_3\;Cl^{\ominus}$$

Neben „einfachen“ Yliden existieren Moleküle, in denen mehrere ylidische Baugruppen zu linearen, cyclischen, oder käfigartigen Gerüststrukturen verknüpft sind. Positive und negative Ladungszentren können dabei sowohl alternierend als auch nicht-alternierend angeordnet sein.

Prominente Verbindungen des ersten Typs sind Oligo- oder Polyphosphazene, als deren erster Vertreter bereits 1834 von J. von Liebig und F. Wöhler aus PCl_5 und NH_3 das Phosphornitriddichlorid (Verhältnisformel $NPCl_2$) hergestellt wurde. Wie heute bekannt ist, liefert die Reaktion abhängig von den Bedingungen entweder Gemische von Cyclophosphazenen (vorwiegend $(NPCl_2)_3$ und $(NPCl_2)_4$, die auch als farblose, hydrolyseempfindliche Feststoffe kristallin isoliert werden können) oder direkt polymere Polyphosphazene:

Cyclophosphazene:

$$n\mathrm{PCl_5} + n\mathrm{NH_4Cl} \xrightarrow{120\,^\circ\mathrm{C},\ -4n\mathrm{HCl}} (\mathrm{NPCl_2})_n \qquad (n = 3, 4, \ldots)$$

Polyphosphazene:

$$n\mathrm{PCl_5} + n\mathrm{NH_4Cl} \xrightarrow[-4n\mathrm{HCl}]{1{,}2{,}4\text{-}\mathrm{C_6H_3Cl_3},\ \mathrm{cat.}} (\mathrm{NPCl_2})_x \quad (x \gg 10^5,\ \mathrm{cat.} = \mathrm{CaSO_4}\cdot 2\mathrm{H_2O}, \mathrm{HSO_3NH_2})$$

Ungeachtet der Möglichkeit zur direkten Synthese wird polymeres Phosphornitriddichlorid technisch nach wie vor durch ringöffnende Polymerisation von Cyclophosphazenen hergestellt. Die cyclischen Produkte, wie auch das Polymer, sind bis heute wichtige synthetische Zwischenstufen, die über Substitution der P–Cl-Funktionen in eine

Vielzahl weiterer Phosphazenderivate umgewandelt werden können. So eröffnet z. B. Substitution von $(NPCl_2)_x$ mit fluorierten Alkoholen den Zugang zu Makromolekülen, die neben den isoelektronischen Polysiloxanen eine weitere Klasse technisch wichtiger anorganischer Polymere bilden.

Die Bindungsverhältnisse in Oligo- und Polyphosphazenen wurden lange und intensiv diskutiert. Nach den heute vorliegenden Erkenntnissen ist die beste Beschreibung die von Zwitterionen, in denen die in einem p-Orbital eines N-Atoms konzentrierte überschüssige negative Ladung durch Hyperkonjugation mit σ^* (PR)-Orbitalen an beiden benachbarten PR_2-Einheiten stabilisiert wird:

Als Folge dieser Ladungsdelokalisation zeigen Phosphazene verkürzte P–N-Bindungen (ca. 158 pm im Vergleich zu 180 pm für eine reine Einfachbindung) sowie eine ausgesprochen geringe Nukleophilie an den Stickstoffatomen. Sie reagieren nur noch mit sehr starken Brønsted- oder Lewis-Säuren unter Protonierung bzw. Komplexbildung.

Eine nicht-alternierende Verknüpfung von Ylideinheiten tritt im Schwefelnitrid S_4N_4 auf. Die D_{2d}-symmetrische Käfigstruktur des Moleküls kann als ein in Richtung einer C_2-Achse elongiertes Tetraeder aus Schwefelatomen beschrieben werden, das durch ein Quadrat aus Stickstoffatomen durchdrungen wird (Abb. 1.65). Die elektronische Struktur kann im Sinne eines tetrameren Stickstoffylids beschrieben werden, in dem jedes formal negativ geladene Stickstoffatom durch elektrostatische und hyperkonjugative Wechselwirkungen mit zwei benachbarten, formal positiv geladenen Schwefelatomen stabilisiert wird. Im Einklang damit liegen die S–N-Abstände (162 pm) zwischen denen einer Einfach- und Doppelbindung (174 bzw. 154 pm), und die S–S-Abstände (266 pm) sind länger als im S_8.

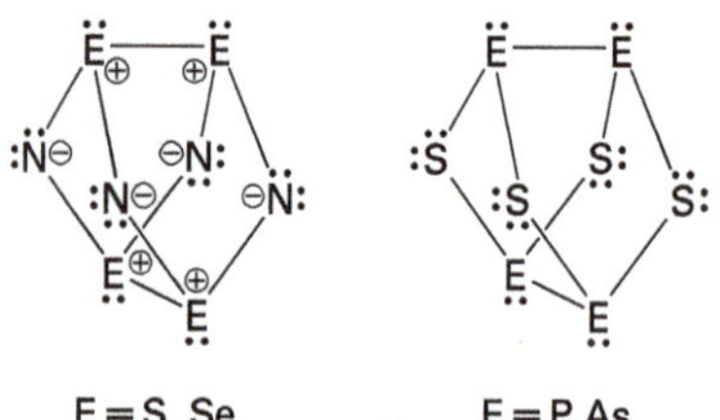

Abb. 1.65: Molekülstrukturen der Nitride S_4N_4 und Se_4N_4 (links) und der homologen Phosphor- und Arsensulfide P_4S_4 und As_4S_4 (rechts). Alle Moleküle besitzen D_{2d}-symmetrische Strukturen mit jeweils gleichen E–E- bzw. E–S/E–N-Abständen.

Tetraschwefeltetranitrid ist eine der am längsten (seit 1835) bekannten Käfigverbindungen. Die Verbindung ist aufgrund ihrer stark positiven Bildungsenthalpie (ΔH_f = 460 kJ mol^{-1}; vgl. ΔH_f = 361 kJ mol^{-1} für 4NO!) metastabil und neigt in reiner Form zur Explosion. S_4N_4 verhält sich außerdem thermochrom, wobei sich die Farbe mit zunehmender Temperatur von farblos (77 K) über orange (298 K) nach rot (373 K) vertieft. Die Synthese erfolgt am besten ausgehend von S_2Cl_2 und NH_3 in Methylenchlorid nach einem komplexen, bis heute nicht vollständig aufgeklärten Mechanismus, der näherungsweise durch die folgende Bruttogleichung beschrieben werden kann:

$$14\ S_2Cl_2 + 32\ NH_3 \longrightarrow 2\ S_4N_4 + 24\ NH_4Cl + \frac{9}{4}S_8 + 2\ SCl_2$$

Die Bedeutung von S_4N_4 liegt darin, dass es bis heute einer der wichtigsten Ausgangsstoffe in der Schwefel-Stickstoffchemie ist und unmittelbar oder mittelbar Zugang zu interessanten Verbindungen wie pseudoaromatischen Schwefelnitridkationen (vgl. Abschn. 1.5.3), S_2N_2, und den zu NO^+ bzw. NO_2^+ homologen Kationen SN^+ bzw. S_2N^+ bietet, die als Vorstufen für die als magnetische Materialien gesuchten Thiazylderivate dienen:

$$S_4N_4 \xrightarrow{200\,^\circ C} 2\ S_2N_2$$

$$3\ S_4N_4 + 6\ Cl_2 \longrightarrow 4(NSCl)_3$$

$$(NSCl)_3 + 3\ AgAsF_6 \longrightarrow 3[SN][AsF_6] + 3\ AgCl$$

$$S_4N_4 + \frac{1}{2}S_8 + 6\ AsF_5 \longrightarrow 4[S_2N][AsF_6] + 2\ AsF_3$$

Ein interessanter Zusammenhang ergibt sich bei einem Vergleich der Molekülstrukturen der Chalkogennitride S_4N_4 und Se_4N_4 mit denen der isoelektronischen Spezies β-P_4S_4 und As_4S_4 (Realgar). In allen Fällen liegen topologisch äquivalente Strukturen vor, allerdings unterscheiden sich P_4S_4 und As_4S_4 von den beiden Nitriden dadurch, dass die Positionen der Gruppe-15- und Gruppe-16-Elemente vertauscht sind und die elektronische Struktur nun durch eine normale Lewis-Struktur mit lokalisierten 2e-2z-Gerüstbindungen dargestellt werden kann (Abb. 1.65). Eine rationale Erklärung für diesen Befund ergibt sich aus einer Betrachtung der Elektronegativitätsunterschiede der beteiligten Elemente: In allen Molekülen besetzen die elektronegativeren Atome die zweibindigen Positionen in der zentralen Ebene und die weniger elektronegativen Atome die dreibindigen Tetraederecken. Diese Verteilung ist offensichtlich energetisch günstiger als die inverse Anordnung, da sie zum einen die Lokalisation möglichst vieler nichtbindender Elektronenpaare an elektronegativen Atomen ermöglicht und zum anderen in den Nitriden die Bildung einer energetisch wenig vorteilhaften (s. Abschn. 1.2.1) N–N-σ-Bindung vermeidet.

1.7 Clusterverbindungen mit Elektronenmangel

Elektronenarme oder Elektronenmangelverbindungen zeichnen sich dadurch aus, dass die Zahl der vorhandenen Elektronen nicht mehr ausreicht, um das Molekülgerüst durch lokalisierte 2e-2z-Bindungen zusammenzuhalten, sodass Bindungselektronen daher zwischen mehreren Zentren delokalisiert werden müssen. Ein erstes brauchbares Konzept zur Veranschaulichung dieser Situation wurde in den 1950er Jahren von W. Lipscomb entwickelt, der die Bindungssituation von Boranen im VB-Modell auf der Basis von 2e-2z- und 2e-3z-Bindungen beschrieb. Heute erfolgt die Beschreibung dieser und ähnlicher Verbindungen bevorzugt mithilfe von MO-Methoden, die auf bahnbrechende Arbeiten von R. Hoffmann und W. Lipscomb aus den 1960er Jahren zurückgehen und eine besonders anschauliche Darstellung der Elektronendelokalisation ermöglichen. Polyedrische Borane sind ungeachtet ihrer historischen Bedeutung für die Entwicklung dieses Gebiets eine immer noch hoch aktuelle Substanzklasse und hinsichtlich ihrer elektronischen Struktur prototypisch für eine Reihe verwandter Verbindungen.

1.7.1 Deltaedrische Polyborane

1.7.1.1 Bindungsverhältnisse

Wie Kohlenwasserstoffe bilden auch Borwasserstoffverbindungen („Borhydride") mehrere homologe Reihen, deren Summenformeln $B_nH_{n+2}/B_nH_{n+4}/B_nH_{n+6}$ sich um jeweils zwei Wasserstoffatome voneinander unterscheiden. Für das Verständnis der unterschiedlichen Strukturen der einzelnen Reihen grundlegend ist ein erstmals 1971 von K. Wade, R. E. Williams und R. W. Rudolph formuliertes und später von D. M. P. Mingos erweitertes Elektronenabzählschema („Wade-Mingos-Regeln"). Diese Regeln repräsentieren einen Spezialfall eines allgemeineren Formalismus, nach dem die Struktur eines Molekülgerüsts mit polyedrischer Struktur qualitativ durch die Zahl der verfügbaren Gerüstelektronen bestimmt wird („polyhedral skeleton electron pair approach").

Im Fall der Borhydride leiten sich die Molekülstrukturen von deltaedrischen, d. h. durch reguläre Dreiecksflächen begrenzten, n-eckigen Polyedern ab, in denen jede Ecke von einem Gerüstatom besetzt ist (Tab. 1.13).

Die Gerüstelektronenzahl entspricht der Differenz aus der Gesamtelektronenzahl und der Zahl der Elektronen in den Bindungen zu peripheren Substituenten. Dabei wird davon ausgegangen, dass jedes Boratom über eine lokalisierte 2e-2z-Bindung mit genau einem Substituenten verbunden ist. Ein neutrales Molekül B_nH_m mit einem n-atomigen Gerüst und einer Gesamtelektronenzahl $3n + m$ besitzt somit $n + m$ Gerüstelektronen (Gesamtelektronenzahl minus $2n$ Elektronen für n periphere BH-Bindungen), und ein

Tab. 1.13: Deltaedrische Polyeder mit 4 bis 12 Ecken.

Zahl von Gerüstatomen/ Polyederecken	Polyeder
4	Tetraeder
5	Trigonale Bipyramide
6	Oktaeder
7	Pentagonale Bipyramide
8	Trigonaler Dodekaeder (D_{2d}-Symmetrie)
9	Dreifach überkapptes trigonales Prisma
10	Zweifach überkapptes quadratisches Antiprisma
11	Oktadekaeder
12	Ikosaeder

Dianion wie $B_{12}H_{12}^{2-}$ enthält insgesamt $3 \times 12 + 12 + 2 = 50$ Elektronen, von denen 26 Gerüstelektronen sind. Nach den Wade-Mingos-Regeln resultiert nun für ein Molekül mit n Gerüstatomen die Struktur eines n-eckigen, geschlossenen Polyeders („closo"-Struktur), wenn es genau $n + 1$ Gerüstelektronenpaare besitzt. Sind insgesamt $n + 2$ Gerüstelektronenpaare vorhanden, so lässt sich die Struktur als die eines $n + 1$-eckigen Polyeders mit einer unbesetzten Ecke („nido"-Struktur) beschreiben, und bei Vorhandensein von $n + 3$ Gerüstelektronenpaaren resultiert die Struktur eines $n + 2$-eckigen Polyeders, in dem zwei benachbarte Ecken unbesetzt bleiben („arachno"-Struktur). Die Beziehung zwischen den Strukturtypen ist für einige ausgewählte Fälle in Abb. 1.66 dargestellt. Die meisten bekannten closo-, nido- und arachno-Strukturen enthalten zwischen 5 und 12 Gerüstatome; größere Polyeder mit 13 oder 14 Ecken sind ebenfalls bekannt.

Eine Begründung für die Gültigkeit der Wade-Mingos-Regeln lässt sich aus qualitativen MO-Schemata der polyedrischen Moleküle ableiten. Als Ausgangspunkt hierfür können die MOs eines abstrakten Moleküls mit einem aus n Gerüstatomen bestehenden closo-Gerüst dienen, dessen $(BH)_n$-Skelett formal als Produkt der Oligomerisierung von n Boryleneinheiten (vgl. Abschn. 1.4.2) aufgefasst werden kann.

Bei einer Konstruktion der MOs des Gesamtmoleküls aus den Fragmentorbitalen (FMOs) der n einzelnen Einheiten muss aus Symmetriegründen nur die Wechselwirkung der jeweiligen „radialen" (in Richtung des Zentrums des Gesamtmoleküls ausgerichteten) und „tangentialen" (parallel zur Oberfläche des resultierenden Polyeders ausgerichteten) FMOs untereinander berücksichtigt werden.

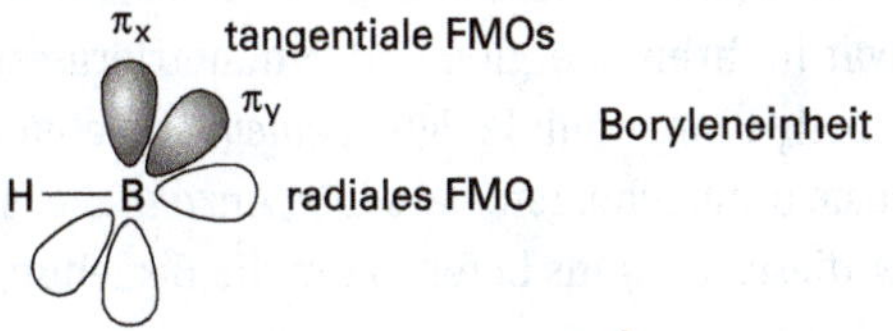

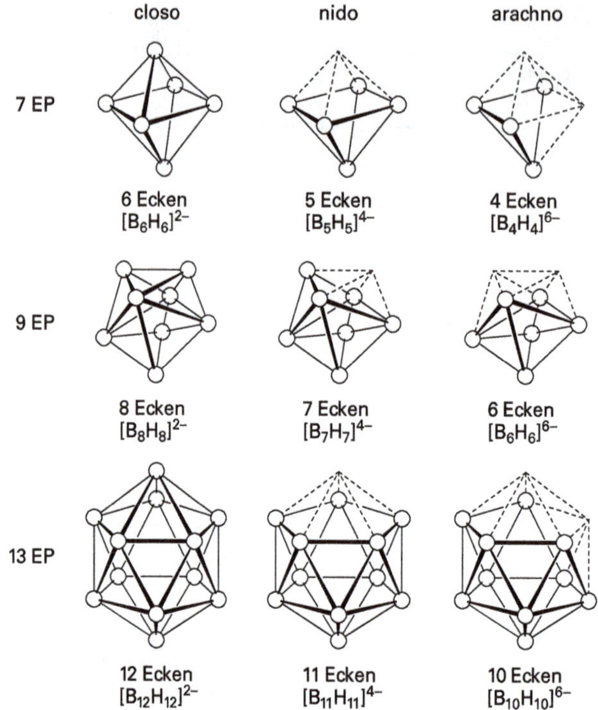

Abb. 1.66: Idealisierte Deltaeder und Deltaederfragmente ausgewählter closo-, nido- und arachno-Boranstrukturen. Dargestellt sind nur die $(BH)_n$-Gerüste; sind zusätzliche Wasserstoffatome vorhanden, werden diese jeweils an den Kanten offener Polyederfragmente lokalisiert. Die Spalten enthalten jeweils Gerüststrukturen des gleichen Typs und die Zeilen Gerüststrukturen, die sich vom gleichen Polyeder ableiten.

Hierbei liefert die Mischung n radialer FMOs unabhängig vom Wert von n ein bindendes und $n - 1$ antibindende MOs (das bindende MO wird durch die konstruktive Überlappung aller FMOs gebildet und gehört zur totalsymmetrischen Darstellung der Symmetriegruppe des Gesamtmoleküls). Die Mischung insgesamt $2n$ tangentialer FMOs ergibt n bindende und n antibindende MOs. Insgesamt besitzt eine n-eckige Polyederstruktur damit $n + 1$ bindende und $2n - 1$ antibindende MOs. Diese Situation ist für ein oktaedrisches $(BH)_6$-Gerüst in Abb. 1.67 illustriert. Aus Gründen der Übersichtlichkeit werden die MOs des Gesamtmoleküls darin durch Überkappung einer quadratisch planaren $(BH)_4$-Einheit mit zwei BH-Fragmenten zusammengesetzt.

Ein interessanter Aspekt dieser Darstellung ist, dass die bindenden MOs der closo-$(BH)_6$-Struktur sich zwar in ihren Energien und Symmetrierassen von denen eines aus der Kombination der $(BH)_4$-Einheit mit lediglich *einem* apikalen BH-Fragment konstruierten nido-$(BH)_5$-Gerüsts unterscheiden, dass ihre *Anzahl* aber in beiden Fällen gleich ist. Verallgemeinerung dieses Befunds liefert dann die Beziehung, dass ein nido-$(BH)_n$-Gerüst dieselbe Zahl bindender MOs wie die entsprechende closo-$(BH)_{n+1}$-Struktur besitzt, nämlich $n + 2$. Ähnliche Überlegungen lassen sich auch für arachno-$(BH)_n$-

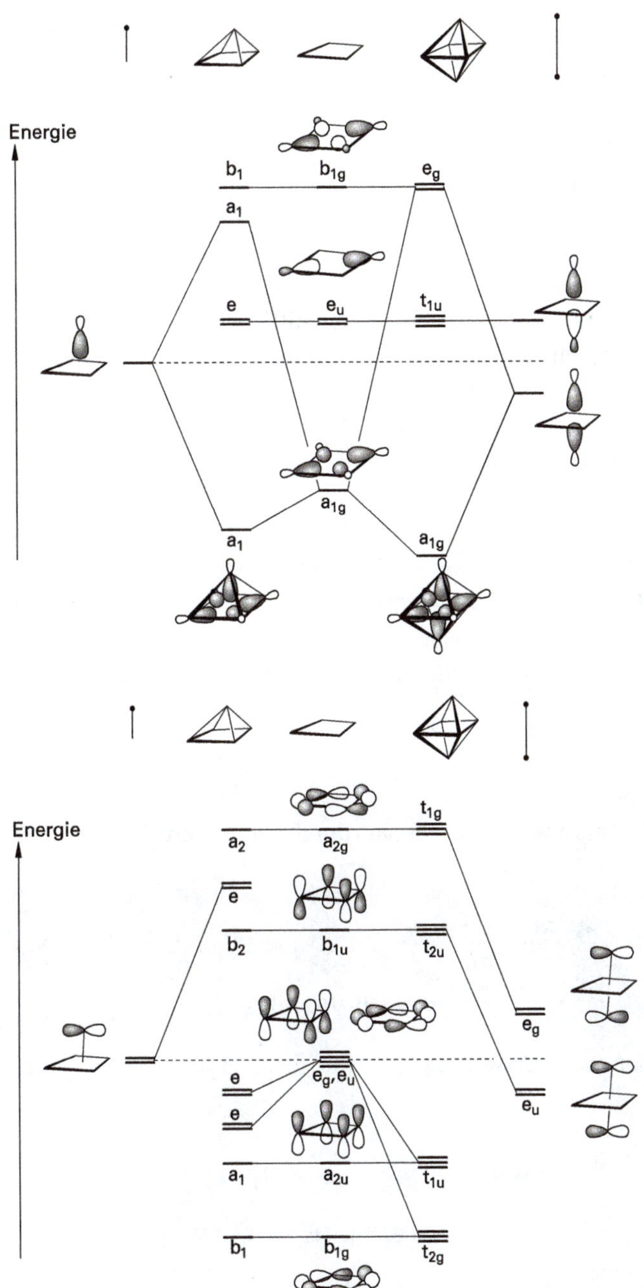

Abb. 1.67: Konstruktion der MOs eines nido-$(BH)_5$- und eines closo-$(BH)_6$-Gerüsts durch Kombination der FMOs einer quadratisch planaren $(BH)_4$-Einheit mit den FMOs einer bzw. zweier apikaler BH-Einheiten. Im Fall der entarteten e_g- und e_u-MOs ist nur jeweils eine der beiden orthogonalen, gegeneinander um 90° phasenverschobenen Komponenten dargestellt [nach Albright, Burdett, Whangbo, Orbital Interactions in Chemistry, Wiley-VCH, **1985**, S. 428, 430].

Strukturen anstellen, in denen dieselbe Anzahl von $n + 3$ bindenden (und nichtbindenden) MOs wie in den entsprechenden closo-$(BH)_{n+2}$-Gerüsten vorliegt. Die von den Wade-Mingos-Regeln geforderte Zahl von Gerüstelektronenpaaren entspricht damit für jeden Gerüsttyp gerade der Zahl vorhandener (nicht-)bindender MOs. Eine mit den Regeln kompatible Gerüstelektronenzahl gewährleistet damit, einfach gesprochen, dass im elektronischen Grundzustand alle (nicht-)bindenden MOs doppelt besetzt werden und alle antibindenden MOs leer bleiben und so eine maximale Bindungsenergie realisiert werden kann.

Während von closo-Boranaten Salze mit stabilen [closo-$(BH)_n]^{2-}$-Dianionen bekannt sind, existieren Borhydride mit nido- und arachno-Gerüststrukturen als neutrale Verbindungen nido-B_nH_{n+4} bzw. arachno-B_nH_{n+6} oder als Anionen [nido-$B_nH_{n+4-x}]^{x-}$ bzw. [arachno-$B_nH_{n+6-x}]^{x-}$ ($x = 1, 2$), die aus den „nackten" $(BH)_n$-Gerüsten durch formale Protonierung erzeugt werden können. Da die energetisch am höchsten liegenden besetzten MOs aus der Kombination tangentialer FMOs resultieren und große Amplituden an den Kanten der deltaedrischen Netzwerkstrukturen besitzen, ist zu erwarten, dass die Protonierung bevorzugt an diesen Kanten erfolgt. Je nach Lage der Knotenebenen der MOs (vgl. hierzu die Knotenstruktur der tangentialen e_g- und e_u-MOs in Abb. 1.67) sollten dabei entweder Spezies mit peripheren BH_2-Gruppen oder mit BHB-Brücken entstehen. Diese Hypothese ist in guter Übereinstimmung mit den tatsächlich beobachteten Molekülstrukturen.

Darstellung und Reaktionen

Verschiedene neutrale nido- und arachno-Borane sind durch kontrollierte Pyrolyse von Diboran zugänglich:

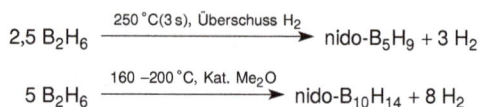

$$2{,}5\ B_2H_6 \xrightarrow{250\,^\circ C (3\,s),\ \text{Überschuss}\ H_2} \text{nido-}B_5H_9 + 3\ H_2$$

$$5\ B_2H_6 \xrightarrow{160-200\,^\circ C,\ \text{Kat.}\ Me_2O} \text{nido-}B_{10}H_{14} + 8\ H_2$$

Anionische Boranate können durch Umsetzung von $NaBH_4$ mit B_2H_6 oder $BF_3{\cdot}OEt_2$ dargestellt werden:

$$5\ NaBH_4 + 4\ BF_3 \cdot OEt_2 \xrightarrow{100\,^\circ C,\ \text{Diglyme}} 2\ NaB_3H_8 + 2\ H_2 + 3\ NaBF_4 + 4\ Et_2O$$

$$2\ NaB_3H_8 \xrightarrow{160\,^\circ C,\ \text{Diglyme}} Na_2\,[\text{closo-}B_6H_6](+Na_2B_{10}H_{10} + Na_2B_{12}H_{12} + \cdots)$$

$$5\ B_2H_6 + 2\ NaBH_4 \xrightarrow{180\,^\circ C,\ NEt_3} Na_2\,[\text{closo-}B_{12}H_{12}] + 13\ H_2$$

In allen Fällen können einzelne Gerüste in Abhängigkeit von Druck, Temperatur und Reaktionsführung mehr oder weniger gezielt aufgebaut werden. Darüber hinaus sind Reaktionen bekannt, die eine spezifische Umwandlung einer Gerüststruktur in eine andere ermöglichen. Bei der thermischen Dehydrierung geht eine „offene" Struktur unter

Abgabe von H_2 (= 2 H^+ + 2 Gerüstelektronen) in eine „geschlossenere" Struktur mit gleicher Zahl von Boratomen über, während bei einer Reduktion der umgekehrte Weg beschritten wird. Reaktionen mit Basen oder Nukleophilen einerseits und mit BH_4^- andererseits laufen unter Verkleinerung bzw. Vergrößerung eines bestehenden Gerüsts um jeweils ein Boratom ab:

$$\text{nido-}B_{10}H_{14} + 2\,NEt_3 \xrightarrow{\text{Xylol, 140 °C}} [Et_3NH]_2\,[\text{closo-}B_{10}H_{10}] + H_2$$

$$\underset{\text{(farblos)}}{\text{nido-}B_{10}H_{14}} \xrightarrow{\text{Na oder K}} \underset{\text{(purpurrot)}}{[B_{10}H_{14}]^-} \xrightarrow{\text{Na oder K}} \underset{\text{(farblos)}}{[\text{arachno} - B_{10}H_{14}]^{2-}}$$

$$\text{nido-}B_{10}H_{14} + OH^- + 2\,H_2O \xrightarrow{\text{12 h}} [\text{arachno-}B_9H_{14}]^- + B(OH)_3 + H_2$$

$$\text{nido-}B_{10}H_{14} + BH_4^- \xrightarrow{\text{Monoglyme, 90 °C}} [\text{nido-}B_{11}H_{14}]^- + 2\,H_2$$

Nido- und arachno-Borane reagieren als Säuren, die sich mit starken Basen einfach und in einigen Fällen zweifach deprotonieren lassen. Die closo-Boranate $[B_{10}H_{10}]^{2-}$ und $[B_{12}H_{12}]^{2-}$ sind demgegenüber sehr schwache Basen, die in Gegenwart von Wasser nicht protoniert werden können, sondern die entsprechenden Säuren $[H_3O]_2[B_{10}H_{10}]$ und $[H_3O]_2[B_{12}H_{12}]$ liefern (zur Darstellung einer „Supersäure" $H_2B_{12}Cl_{12}$ vgl. Abschn. 1.8.1). Ein anderes wichtiges Reaktionsmuster ist die elektrophile Substitution einzelner oder auch aller peripheren H-Atome durch Einwirkung von Halogenen, H_2O_2 oder anderen elektrophilen Reagenzien.

$$Cs_2\,[B_{12}H_{12}] \xrightarrow{SO_2Cl_2/\text{MeCN, 8 –24 h Rückfluss}} Cs_2\,[B_{12}Cl_{12}]$$

$$K_2\,[B_{12}H_{12}] + 12\,F_2 \xrightarrow{\text{Monoglyme, 90 °C}} K_2\,[B_{12}F_{12}] + 12\,HF$$

$$Cs_2\,[B_{12}H_{12}] \xrightarrow{30\,\%\,H_2O_2\text{, Rückfluss}} Cs_2\,[B_{12}(OH)_{12}]$$

Des Weiteren lassen sich closo-Boranate $[B_{12}X_{12}]^{2-}$ (X = H, Me, F, Cl, Br, OH, OR) elektrochemisch oder chemisch zu Radikalmonoanionen oxidieren. In einigen Fällen (X = Cl, Br, OR) gelang sogar die Oxidation zu isolierbaren Neutralverbindungen $B_{12}X_{12}$, die zwei Gerüstelektronen weniger als das Edukt haben und als „Hypercloso"-Strukturen bezeichnet werden ($B_{12}Cl_{12}$ und weitere neutrale Cluster B_nCl_n (n = 6, 8, 9, 10) sind auch durch Thermolyse von B_2Cl_4 zugänglich und reversibel zu den entsprechenden Radikalanionen und Dianionen reduzierbar). Interessant ist ein Vergleich der strukturellen Konsequenzen der Oxidation der closo-Boranate. Mit Ausnahme von $[B_{12}H_{12}]^{2-}$, dessen Oxidation von Folgereaktionen (Abspaltung eines H-Atoms und Reaktion mit einem weiteren closo-Boronat) begleitet ist und letztendlich ein hydridverbrücktes Anion $[H_{11}B_{12}{-}H{-}B_{12}H_{11}]^{3-}$ liefert, bleibt die topologische Struktur des Käfiggerüsts erhalten. Nach Kristallstrukturanalysen besitzen die Monoanionen $[B_{12}X_{12}]^{\cdot-}$ wie die closo-Boranate leicht verzerrte (aufgrund von Kristallpackungseffekten) ikosaedrische

Strukturen und kaum veränderte B–B-Abstände (Tab. 1.14). Im neutralen $B_{12}X_{12}$ erfolgt dagegen eine Symmetrieerniedrigung von I_h nach D_{3d}, und es treten stark unterschiedliche und überdies gegenüber der closo-Struktur deutlich aufgeweitete B–B-Abstände (Abb. 1.68). Die Symmetrieerniedrigung ist eine Folge davon, dass in einem ikosaedrischen $B_{12}X_{12}$ ein vierfach entartetes HOMO lediglich mit sechs Elektronen besetzt werden kann. Hieraus resultiert eine Entartung des elektronischen Grundzustands, die durch eine Jahn-Teller-Verzerrung unter Symmetrieerniedrigung nach D_{2h}, D_{3d} oder T_h aufgehoben werden kann. Obwohl das T_h-Isomer nach DFT-Rechnungen das globale Minimum darstellen soll, zeigen alle bisher experimentell beobachteten Verbindungen D_{3d}-Symmetrie und ähneln damit der Struktur eines B_{12}-Clusters in der Struktur des β-rhomboedrischen Bors.

Tab. 1.14: B–B-Abstände (in pm) in closo-Boranaten $[B_{12}X_{12}]^{2-}$ und ihren Oxidationsprodukten $[B_{12}X_{12}]^{\cdot-}$ und $[B_{12}X_{12}]$.

X	$[B_{12}X_{12}]^{2-}$	$[B_{12}X_{12}]^{\cdot-}$	$[B_{12}X_{12}]$	
CH_3	178,5–180,7	178,5–180,5		
OH	177,6–183,7	179,1–180,3		
OCH_2Ph	178,1–182,4	176,8–184,0	191,0–191,8 (6 ×)	175,5–186,4 (24 ×)
Cl	178,9		181,2–181,8 (12 ×)	185,2–185,5 (18 ×)

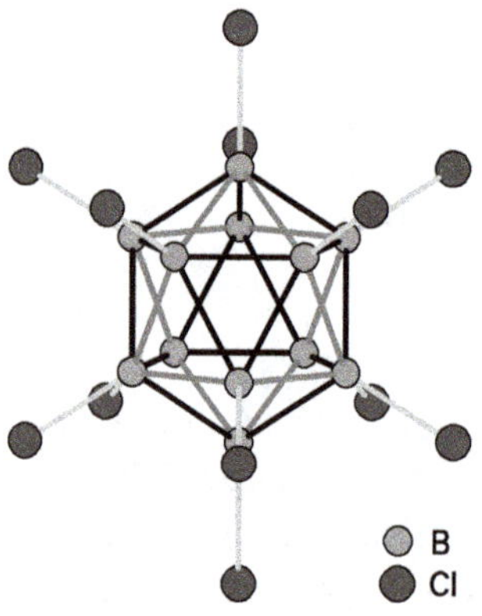

Abb. 1.68: Molekülstruktur von $B_{12}Cl_{12}$ im Kristall. Hell gezeichnete B–B-Verbindungslinien kennzeichnen lange und dunkel gezeichnete Verbindungslinien kurze Kontakte. Die B–Cl-Bindungen von 174,2–174,8 pm sind kürzer als im closo-Boranat $[B_{12}Cl_{12}]^{2-}$ (178,9 pm) [nach Boeré et al., Angew. Chem., Wiley-VCH, 2011, 123, 572].

1.7.2 Heteroborane

Als **Heteroborane** werden deltaedrische Hydridoborane bezeichnet, die sich von den Boranen durch formalen Ersatz einer oder mehrerer BH-Einheiten durch isoelektronische und isolobale Fragmente ableiten. Hierbei sind prinzipiell mehrere Fälle zu unterscheiden:

(a) anstelle einer BH-Einheit wird ein Hauptgruppenfragment R–E mit einem σ-gebundenen Substituenten eingeführt:

$$BH \leftarrow\!\!\!\!\!\!\!\bigcirc\!\!\!\!\!\!\rightarrow CR^{+} \leftarrow\!\!\!\!\!\!\!\bigcirc\!\!\!\!\!\!\rightarrow SiR^{+}$$

(b) eine BH-Einheit wird durch ein Hauptgruppenelement ersetzt, das anstelle eines Substituenten ein freies Elektronenpaar trägt:

$$BH \leftrightarrow :Sn \leftrightarrow :Pb \leftrightarrow :N^{+} \leftrightarrow :P^{+}$$

(c) eine BH-Einheit wird durch ein isolobales Übergangsmetallfragment $[ML_n]$ ersetzt, dessen metallzentrierte Orbitale zu $n\sigma^*$-Orbitalen (die aus der Bildung von Bindungen mit den Liganden L resultieren) und $9 - n$ nichtbindenden Orbitalen beitragen. Drei dieser Orbitale sind an der Bildung der Clusterorbitale beteiligt und tragen insgesamt $m = \mathrm{VE} - 12$ Gerüstelektronen bei. VE ist dabei die Gesamtzahl der Metall-Valenzelektronen im ML_n-Fragment (Summe der Elektronen in M–L-Bindungen + Metall-d-Elektronen; z. B. gilt für ein $Cr(CO)_3$-Fragment VE = 12, von denen 6 von den koordinierten CO-Liganden und 6 aus der d^6-Konfiguration des Cr(0)-Atoms stammen). Beispiele für 14VE-ML_n-Fragmente, die wie eine BH-Einheit zwei Gerüstelektronen beitragen, sind:

$$BH \leftrightarrow Ni(CO)_2 \leftrightarrow Fe(CO)_3 \leftrightarrow Cr(CO)_4 \leftrightarrow CpCo$$

Da die nach diesen Prinzipien erhaltenen Moleküle dieselbe Anzahl von Gerüstatomen und Gerüstelektronen wie die ursprünglichen Hydridoborane enthalten, bleibt die elektronische und die topologische Struktur des ursprünglichen Gerüsts erhalten. Demnach besitzen das Carbaboran-Anion (oder Carboran-Anion $[CB_{11}H_{12}]^-$) und das neutrale Carboran $C_2B_{10}H_{12}$, die sich beide vom Dianion $[B_{12}H_{12}]^{2-}$ durch formalen Ersatz einer oder zweier neutraler BH- durch kationische CH^+-Einheiten ableiten, wie dieses eine ikosaedrische closo-Struktur.

Synthetisch sind Heteroborane am besten über gezielte Gerüstauf- und -abbaureaktionen zugänglich, die denselben Regeln folgen wie die entsprechenden Reaktionen von Hydridoboraten. Das „ortho-Carboran" $C_2B_{10}H_{12}$, in dem die Kohlenstoffatome zwei benachbarte Polyederecken besetzen, kann beispielsweise in einer zweistufigen Reaktion aus nido-$B_{10}H_{14}$ hergestellt werden. Dem im ersten Schritt erhaltenen Donor-Komplex $B_{10}H_{12}(D)_2$ (D = Donormolekül) ist aufgrund der gegenüber dem Edukt um zwei erhöhten Gerüstelektronenzahl eine arachno-Struktur zuzuschreiben, die durch Einbau einer Alkineinheit geschlossen wird:

Carbaboran

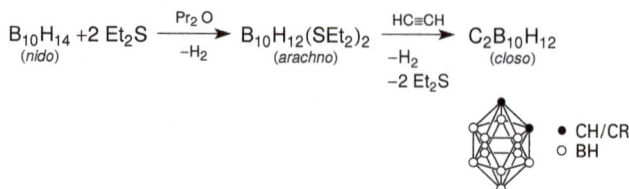

$$\underset{(nido)}{B_{10}H_{14}} + 2\ Et_2S \xrightarrow[-H_2]{Pr_2O} \underset{(arachno)}{B_{10}H_{12}(SEt_2)_2} \xrightarrow[-H_2,\ -2\ Et_2S]{HC\equiv CH} \underset{(closo)}{C_2B_{10}H_{12}}$$

• CH/CR
○ BH

Silaboran

$$\underset{(nido)}{B_{10}H_{14}} + 2\ MeHSi(NMe_2)_2 \xrightarrow[\Delta]{Toluol} \underset{\substack{(closo)\\15\,\%}}{(MeSi)_2\ B_{10}H_{10}} + H_2 + 2\ Me_2NH + (Me_2NH)_2B_{10}H_{12} + \cdots$$

Ikosaedrische closo-Boranate mit einem Heteroatom sind entweder durch mehrstufige Aufbaureaktionen ausgehend von nido-$B_{10}H_{14}$ (dieser Route folgt auch die kommerzielle Darstellung des Carboranations $[CB_{11}H_{12}]^-$) oder direkt durch Umsetzung des aus $NaBH_4$ und $BF_3{\cdot}OEt_2$ zugänglichen nido-$[B_{11}H_{14}]$-Anions mit einer Kombination aus Base/Elektrophil erhältlich:

Carboranat-Anion

$$\underset{(nido)}{[Me_3NH][B_{11}H_{14}]} \xrightarrow{NaOEt,\ NaH,\ CHCl_3} \underset{(closo)}{[Me_3NH][CB_{11}H_{12}]} + \cdots$$

Stannaborat-Dianion

$$\underset{(nido)}{[Me_3NH][B_{11}H_{14}]} \xrightarrow[-2\ BuH,\ -2\ LiCl,\ -Me_3N]{4\ BuLi,\ SnCl_2} \underset{(closo)}{[SnB_{11}H_{11}]^{2-}} + 2\ Li^+$$

Das Carboranat $[CB_{11}H_{12}]^-$ ist eine Vorstufe für die Synthese der Halogenderivate $[CB_{11}H_6X_6]^-$ bzw. $[CB_{11}X_{12}]^-$, die als wenig nukleophile Anionen und Vorstufen von Supersäuren Bedeutung erlangt haben (Abschn. 1.8.1). Die nido-Dicarboranat-Anionen $[(CR)_2B_9H_9]^{2-}$ werden aufgrund ihrer räumlichen Gestalt auch „Carbollide" (von span. Olla = Topf) genannt. Da die weitgehend an der offenen Fünfeckfläche lokalisierten Grenzorbitale in Form und Symmetrie den Grenzorbitalen eines Cp-Anions ähneln, ergeben sich für Carbollide interessante Einsatzmöglichkeiten als Liganden, die sich aufgrund ihrer hohen Ladung besonders gut zur Stabilisierung von Metallen in höheren formalen Oxidationsstufen eignen. Die gebildeten Komplexe können sowohl als Analoga von Cp^--Metallkomplexen als auch als den Wade-Mingos-Regeln gehorchende Metalla-Heteroborane aufgefasst werden:

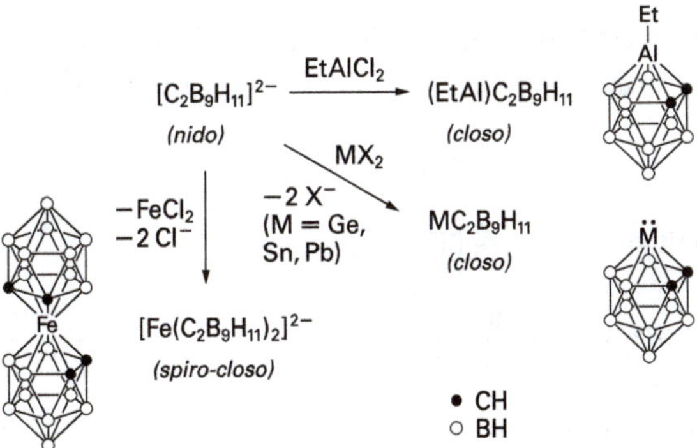

1.8 Moderne Aspekte von Säure-Base- und Wasserstoffchemie

1.8.1 Supersäuren

Als Supersäuren werden Säuren bezeichnet, deren Protonendonorstärke größer ist als die von 100 %iger Schwefelsäure. Ihre Bedeutung liegt darin, dass supersaure Medien die Stabilisierung hoch elektrophiler Spezies wie Carbokationen und Silyliumionen, protonierte Aromaten und Fullerene, anorganische Polykationen, nichtklassische Carbonylkomplexe oder ungewöhnliche Edelgasverbindungen wie $[Xe_2]^+$ oder $[Au(Xe)_4]^{2+}$ (s. Abschn. 1.6.1) erlauben. Häufig verwendete und schon seit längerer Zeit bekannte Beispiele supersaurer Systeme sind wasserfreier Fluorwasserstoff (anhydrous HF oder aHF), Fluorsulfonsäure HSO_3F, Trifluormethansulfonsäure HSO_3CF_3, und Mischungen einer starken Brønsted-Säure wie aHF oder HSO_3F mit einer starken Lewis-Säure wie SbF_5 (die Mischung aus aHF und SbF_5 wird auch als „magische Säure" bezeichnet und ist in der Lage Alkane zu protonieren). Eine weitere, erst vor Kurzem beschriebene Klasse von Supersäuren sind die konjugierten Säuren halogenierter closo-Boranate oder -Carboranate wie $H_2(B_{12}Cl_{12})$ oder $H(CHB_{11}X_{11})$ (z. B. X = H, Cl).

1.8.1.1 Protonendonorstärken und Aciditätsskalen

Zum Vergleich von Protonendonorstärken wird eine Skala benötigt, mit der die Brønsted-Acidität einer Lösung quantifiziert werden kann. Für flüssige supersaure Medien wird dabei häufig die Hammett'sche Aciditätsfunktion H_0 verwendet. Diese Skala geht für stark verdünnte (wässrige) Lösungen in die konventionelle pH-Skala über (in der der pH-Wert gemäß $\mathrm{pH} = -\lg a(H^+_{aq})$ als negativer dekadischer Logarithmus der in $\mathrm{mol\,l^{-1}}$ angegebenen Aktivität $a(H^+_{aq})$ des hydratisierten Protons definiert ist) und stellt somit praktisch eine Extrapolation der pH-Skala in den Bereich negativer pH-Werte dar. Die Bestimmung der Acidität eines Mediums mithilfe der Hammett'schen Aciditätsfunktion beruht darauf, dass dem System eine geringe Menge einer schwachen Indikatorbase B zugesetzt wird, die im supersauren Medium teilweise protoniert wird:

$$H^+_{solv} + B \rightleftharpoons BH^+$$

Die Stärke der konjugierten Säure BH^+ ist gegeben als

$$pK(BH^+) = -\log \frac{a(H^+)a(B)}{a(BH^+)} = -\log \frac{c(H^+)c(B)}{c(BH^+)} - \log \frac{f(H^+)f(B)}{f(BH^+)}$$

wobei $a(X)$ die Aktivität, $c(X)$ die Konzentration und $f(X) = a(X)/c(X)$ den Aktivitätskoeffizienten einer Spezies X bezeichnen. Umformen dieser Gleichung liefert die Hammett'sche Aciditätsfunktion H_0 zu

$$H_0 \equiv -\log a(H^+)\frac{f(B)}{f(BH^+)} = -\log \frac{c(BH^+)}{c(B)} + pK(BH^+)$$

Unter der Annahme, dass der Quotient der Aktivitätskoeffizienten $f(B)/f(BH^+)$ für verschiedene Basen identisch und damit vernachlässigbar ist, stellt H_0 ein vom gewählten Indikator unabhängiges Maß für die Stärke der Supersäure dar. Sein Wert kann aus der bekannten Säurekonstante $pK(BH^+)$ des Indikators und dem experimentell bestimmbaren Protonierungsgrad $c(BH^+)/c(B)$ ermittelt werden. Für praktische Bestimmungen von H_0 haben sich Indikatorbasen wie p-Nitroanilin oder 2,4,6-Trinitroanilin bewährt, bei denen die Protonierung unter Farbänderung erfolgt und der Protonierungsgrad $c(BH^+)/c(B)$ somit leicht photometrisch bestimmt werden kann. Alternativ können auch andere Bestimmungsmethoden eingesetzt werden; so kann z. B. die Ermittlung des Protonierungsgrads schwacher organischer Basen wie C_6H_6 auch aus der Änderung der Lage der ^{13}C-NMR-Signale erfolgen. Eine Liste von H_0-Werten einiger Supersäuren ist in Tab. 1.15 zusammengestellt.

Tab. 1.15: H_0-Werte ausgewählter Supersäuren.

Supersaures Medium	H_0
H_2SO_4	−11,9
HSO_3CF_3	−13,8
HSO_3F	−15,1
aHF	−15,1
Carboransäuren $H(CHB_{11}X_{11})$ (X = Halogen)	<−17
HSO_3F/SbF_5 4:1	−20
aHF/SbF_5 200:1	−21

Schwächen der Definition von H_0 ergeben sich daraus, dass die Aciditäten infolge der Vernachlässigung des Aktivitätsterms $f(B)/f(BH^+)$ nicht thermodynamisch sauber definiert sind. Darüber hinaus ist ein Vergleich von Aciditätswerten in unterschiedlichen

Solventien problematisch. Von den zur Behebung dieser Defizite entwickelten alternativen Ansätzen erscheint eine von I. Krossing vorgeschlagene vereinheitlichte Brønsted-Aciditätsskala besonders interessant, die einen direkten Vergleich der in verschiedenen Lösungsmitteln zugänglichen Brønsted-Aciditätsbereiche („protochemische Fenster") erlaubt. Grundlage dieser Skala ist das absolute chemische Potential des Protons, das als universelles Maß für die Acidität nach der folgenden Gleichung definiert wird:

$$\mu_{abs}(H^+, solv) = \Delta_{solv}G^0(H^+) - [pH \times (5{,}71\ kJ\ mol^{-1})]$$

Der „konventionelle pH-Wert" bezeichnet dabei die jeweilige Protonenaktivität in einer Lösung (in $mol\,l^{-1}$) und die Größe $\Delta_{solv}G^0(H^+)$ die Gibbs'sche Standardsolvatisierungsenergie des Protons im betrachteten Lösungsmittel, die mithilfe eines quantenchemischen Verfahrens mit einem geschätzten Fehler von $10\ kJ\ mol^{-1}$ berechnet wird. Als Referenzwert gilt das absolute chemische Standardpotential des Protons in der Gasphase $\mu^0_{abs}(H^+$, gas), das auf $0\ kJ\ mol^{-1}$ gesetzt wird. Einfach gesprochen ist $\Delta_{solv}G^0(H^+)$ ein Maß für die energetische Stabilisierung, die durch Transfer eines Protons aus der Gasphase in ein bestimmtes Lösungsmittel *L* und Bildung des Solvo-Kations LH^+ unter Standardbedingungen und pH 0 erreicht wird. Das absolute chemische Potential $\mu_{abs}(H^+$, solv) kann auch in einen „absoluten pH-Wert" umgerechnet werden:

$$pH_{abs} = \frac{\mu_{abs}(H^+, solv)}{-5{,}71\ kJ\ mol^{-1}}$$

Mithilfe dieser absoluten pH-Skala können nun nicht nur die Aciditäten von Säurelösungen in unterschiedlichen Lösungsmitteln verglichen werden, sondern – unter Berücksichtigung der Autoprotolysekonstanten (pK_{AP}) – auch die in unterschiedlichen Lösungsmitteln zugänglichen Aciditätsbereiche („protochemische Fenster") direkt miteinander verglichen werden (Abb. 1.69).

Aus der Anwendung dieser universellen Aciditätsskala ergeben sich einige wichtige Konsequenzen:

- ein „konventioneller pH-Wert" von 0 (d. h. eine Protonenaktivität von $1\,mol\,l^{-1}$) wird in verschiedenen Lösungsmitteln bei unterschiedlichen absoluten pH-Werten erreicht (vgl. Abb. 1.70 und Tab. 1.16) und entspricht damit unterschiedlichen Aciditäten.
- umgekehrt stellt sich die gleiche Acidität in verschiedenen Lösungsmitteln bei unterschiedlichen konventionellen pH-Werten ein (Abb. 1.70).
- die Aciditäten von Lösungen, die jeweils gleiche Konzentrationen einer Säure in verschiedenen Lösungsmitteln enthalten, können verglichen werden, wenn die pK_S-Werte der Säure und die Werte von $\Delta_{solv}G^0(H^+)$ für die jeweiligen Lösungsmittel bekannt sind (Abb. 1.64).
- Eine Supersäure kann als Medium definiert werden, in dem das chemische Potential des Protons $\mu_{abs}(H^+$, solv) höher ist als in reiner Schwefelsäure. Ausgehend von

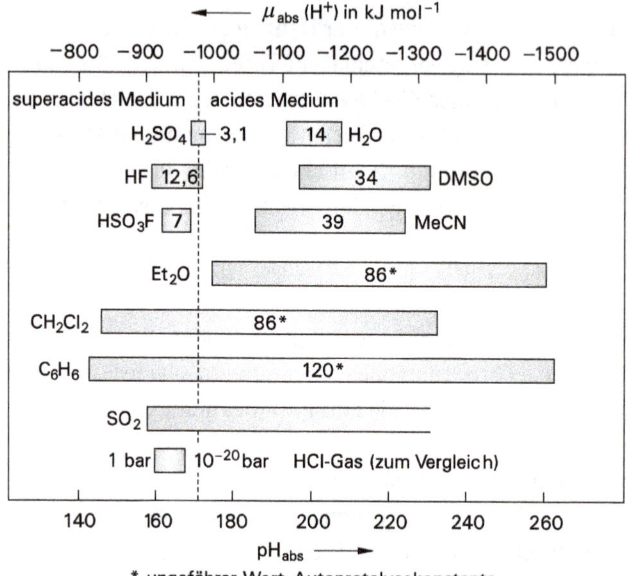

Abb. 1.69: Vergleich der zugänglichen absoluten Brønsted-Aciditäten in verschiedenen Medien, dargestellt als Werte von $\mu_{abs}(H^+)$ bzw. pH_{abs} und ausgedrückt durch die Breite ihrer protochemischen Fenster (Zahlenwerte bezeichnen die negativen Logarithmen der Autoprotolysekonstanten, pK_{AP}). Säurelösungen mit einem Wert von $\mu_{abs}(H^+) < 975$ kJ mol^{-1} (bzw. $pH_{abs} < 170{,}8$, gestrichelte Linie) werden im Rahmen dieser Definition als Supersäuren bezeichnet [nach Krossing et al., *Angew. Chem.* **2010**, *122*, 7037].

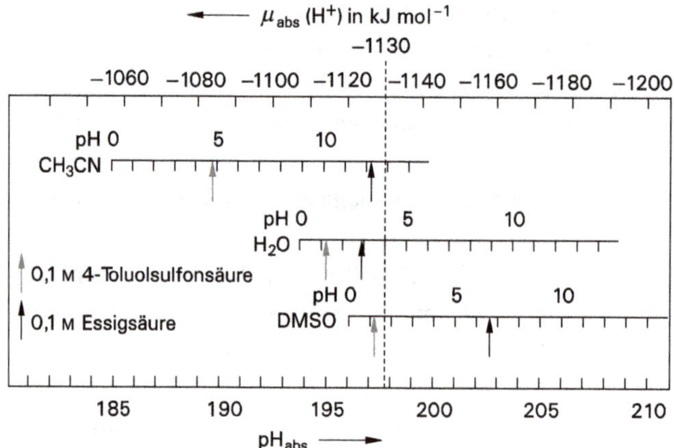

Abb. 1.70: Vergleich der absoluten Brønsted-Aciditäten 0,1-molarer Lösungen von Essigsäure und 4-Toluolsulfonsäure in MeCN, DMSO und Wasser. Die einzelnen Werte wurden unter Zuhilfenahme quantenchemisch berechneter Werte von $\Delta_{solv}G^0(H^+)$ (Tab. 1.19), experimentell bestimmter pK_S-Werte in den jeweiligen Lösungsmitteln und der bekannten Näherungsformeln für die Berechnungen von pH-Werten starker, mittelstarker bzw. schwacher Säuren ermittelt. Die gestrichelte Linie kennzeichnet konventionelle pH-Werte, die einer absoluten Acidität von −1130 kJ mol^{-1} (pH_{abs} 197,9) entsprechen [nach I. Krossing et al., Angew. Chem. **2010**, *122*, 7037].

Tab. 1.16: Werte für $\Delta_{solv}G^0(H^+)$ für verschiedene Lösungsmittel nach Krossing et al.

Lösungsmittel	$\Delta_{solv}G^0(H^+)$ [kJ mol^{-1}]
C_6H_6	−816
CH_2Cl_2	−835
SO_2	−898
aHF	−908
$HCl_{(g)}$ (1.0 bar)	−913
HSO_3F	−924
$HCl_{(g)}$ (10^{-3} bar)	−931
$HCl_{(g)}$ (10^{-15} bar)	−955
H_2SO_4	−966
Et_2O	−998
MeCN	−1056
H_2O	−1107
DMSO	−1120

einem Wert von $\Delta_{solv}G^0(H^+) = -966$ kJ mol^{-1} (Tab. 1.16) und einer Autoprotolysekonstante von $K_{AP} = 7{,}9 \cdot 10^{-4}$ mol^2 l^2 (die eine Protonenaktivität $\sqrt{K_{AP}} = 0{,}028$ mol l^{-1} und einen konventionellen pH-Wert von 1,55 liefert), resultiert für reine Schwefelsäure $\mu_{abs}(H^+, 100\,\%\ H_2SO_4) = -975$ kJ mol^{-1} bzw. $pH_{abs}(100\,\%\ H_2SO_4) = 170{,}8$. Damit sind alle Medien mit $\mu_{abs}(H^+, 100\,\%\ H_2SO_4) > -975$ kJ mol^{-1} bzw. $pH_{abs} < 170{,}8$ superacide (vgl. Abb. 1.69).

Neben Brønsted-Säuren spielen in der präparativen anorganischen Chemie in vielen Fällen Lewis-Säuren eine wichtige Rolle. Zur Abschätzung der Acidität verschiedener Lewis-Säuren in Fluoridtransferreaktionen kann eine von Christe und Dixon vorgeschlagene Skala von pF^--Werten verwendet werden, die auf der Basis berechneter Gasphasen-Fluoridionenaffinitäten erstellt wurde (Tab. 1.17). Größere pF^--Werte korrelieren dabei mit einer höheren Stabilität der gebildeten komplexen Anionen und damit einer höheren Lewis-Acidität gegenüber F^-. Die Einträge für Sb_2F_{10} und Sb_3F_{15} tragen der Tatsache Rechnung, dass die Fluorid-verbrückten oligomeren Anionen $Sb_2F_{11}^-$ und $Sb_3F_{16}^-$ stabiler gegenüber einer Dissoziation unter Freisetzung von Fluorid sind als das einfache SbF_6^- (analoge Effekte sind auch für andere komplexe Halogenide wie z. B. die in der präparativen Chemie häufig eingesetzten Anionen $[M_nCl_{3n+1}]^-$ (M = Al, Ga; n = 1, 2, 3, …) bekannt).

1.8.1.2 Chemie ausgewählter Supersäuren

Fluorwasserstoff zeigt eine bemerkenswerte Abhängigkeit seiner Acidität vom Wassergehalt: Während wasserfreies HF (aHF) superacide ist, führt schon die Anwesenheit von Spuren von Wasser zu einer deutlichen Abnahme der Acidität, und eine wässrige Lösung

Tab. 1.17: pF^--Werte nach Dixon und Christe für ausgewählte Lewis-Säuren[a].

Lewis-Säure	pF^-	Lewis-Säure	pF^-
HF	4,33	$SbCl_5$	10,22
PF_3	4,76	AsF_5	10,51
SO_2	4,99	BCl_3	8,90
AsF_3	6,78	SnF_4	10,56
SiF_4	7,19	AlF_3	11,04
SO_3	7,69	$AlCl_3$	11,19
BF_3	7,76	SbF_5	11,30
PF_5	8,43	Sb_2F_{10}	12,69
BBr_3	9,87	Sb_3F_{15}	13,18

[a] $pF^- = FIA/(10\ kcal\ mol^{-1})$; FIA = ab-initio berechnete Fluoridionenaffinität in der Gasphase in $kcal\ mol^{-1}$.

von HF („Flusssäure“) reagiert nur noch als schwache Säure ($pK_S = 3{,}2$). Die Superacidität von aHF ist gemäß der Autoprotolysegleichung

$$3\,HF \rightleftharpoons H_2F^+ + HF_2^-$$

auf die Anwesenheit des Solvo-Kations H_2F^+ zurückzuführen. Die drastische Abnahme der Acidität von aHF bei Anwesenheit geringer Mengen Wasser (bereits ca. 0,1 mol-% H_2O induzieren eine Änderung des H_0-Werts um vier Größenordnungen von ca. –15 auf –11) erklärt sich dann daraus, dass dieses gemäß der Hydrolysegleichung

$$H_2F^+ + H_2O \rightleftharpoons H_3O^+ + HF$$

das Solvo-Kation neutralisiert. Die weitere starke Abnahme der Acidität wässriger Lösungen von HF kann dadurch erklärt werden, dass in diesen Lösungen Ionenaggregate der Zusammensetzung $H_3O^+\cdots[F(HF)_n]^-$ (die aus konzentrierten Lösungen auch in Form kristalliner Salze isoliert werden können) oder $H_3O^+\cdot nF^-$ entstehen, die aufgrund starker Wechselwirkungen weniger acide sind als die in wässrigen Lösungen der schwereren Halogenwasserstoffe auftretenden solvatisierten Kationenaggregate $[H_3O^+(H_2O)_n]$.

Einen ähnlichen Effekt wie Wasser haben auch Alkalimetallfluoride in wasserfreiem Fluorwasserstoff, da diese direkt die Menge des Solvo-Anions erhöht. Umgekehrt beruht die aciditätssteigernde Wirkung von Lewis-Säuren wie SbF_5 (vgl. Tab. 1.17) darauf, dass diese durch Komplexierung von F^- die Aktivität des Solvo-Kations H_2F^+ erhöhen:

$$2\,HF + SbF_5 \rightleftharpoons H_2F^+ + SbF_6^-$$

Soll die durch Anwesenheit von H_2O induzierte Abstumpfung von aHF vermieden werden, müssen selbst Spuren von Wasser entfernt werden. Dies kann dadurch geschehen, dass aHF über BiF_5 gelagert wird (das mit Wasserspuren gemäß $BiF_5 + H_2O \longrightarrow BiOF_3 + 2\,HF$ unter Bildung von nichtflüchtigem $BiOF_3$ reagiert) und vor Gebrauch frisch abdestilliert wird. Um Kontamination durch H_2O oder Metallfluoride (s. u.) zu vermeiden, sind zur experimentellen Handhabung von superacidem aHF weder Glas- noch Metallapparaturen geeignet; Reaktionen werden stattdessen in Apparaturen aus fluorierten Kunststoffen wie PTFE oder PFA (s. Abschn. 1.1.1) durchgeführt.

$H[HCB_{11}H_5X_6]$ bzw. $H[HCB_{11}X_{11}]$ (X = F, Cl, Br, I) sind als konjugierte Säuren von closo-Carboranat-Anionen zusammen mit der vom closo-Boranat $[B_{12}Cl_{12}]^{2-}$ abgeleiteten Säure $H_2[B_{12}Cl_{12}]$ die stärksten superaciden Systeme, die bislang jemals als in reiner Form isolierbare Verbindungen erhalten werden konnten. Die Darstellung dieser Supersäuren gelingt durch Umsetzung ihrer Trialkylsilyliumsalze mit flüssigem oder gasförmigem Chlorwasserstoff. Es ist derzeit noch nicht völlig klar, ob dabei als Nebenprodukt R_3SiCl oder – wie in der letzten Gleichung – eine Mischung aus C_2H_6 und $SiCl_4$ entsteht:

$$R_3Si[HCB_{11}Cl_{11}]_{(s)} + HCl_{(l)} \longrightarrow H[HCB_{11}Cl_{11}]_{(s)} + R_3SiCl_{(l)}$$

$$R_3Si[HCB_{11}H_5X_6]_{(s)} + HCl_{(l)} \longrightarrow H[HCB_{11}H_5X_6]_{(s)} + R_3SiCl_{(l)} \quad (X = Cl, Br, I)$$

$$(R_3Si)_2[B_{12}Cl_{12}] + 8\,HCl_{(g)} \longrightarrow H[B_{12}Cl_{12}] + 6\,C_2H_6 + 2\,SiCl_4$$

Unabhängig von der Reaktionsgleichung resultieren die wesentlichen Triebkräfte aller Reaktionen aus der hohen Lewis-Acidität der Silyliumkationen gegenüber Chloridionen (die durch Bindungsenthalpien von ca. 473 kJ mol^{-1} für Si–Cl- gegenüber ca. 426 kJ mol^{-1} für H–Cl-Bindungen verdeutlicht wird) und der Flüchtigkeit der Nebenprodukte. Die Carboransäuren sind hoch feuchtigkeitsempfindliche kristalline Festkörper, in denen Carboranat-Anionen über unsymmetrische Cl–H···Cl-Brücken zu linearen Kettenstrukturen verknüpft sind (Abb. 1.71).

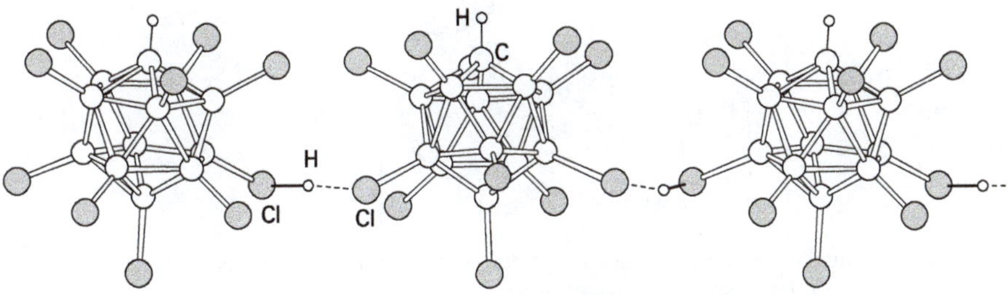

Abb. 1.71: Protonenverbrückte lineare Kettenstruktur der kristallinen Carboransäure $H[HCB_{11}Cl_{11}]$ [nach Reed, *Acc. Chem. Res.* **2010**, *43*, 121].

1.8.1.3 Anwendungen von Supersäuren

Supersäuren können aufgrund ihrer hohen Acidität selbst sehr schwache Basen quantitativ protonieren und ermöglichen so den präparativen Zugang zu ungewöhnlichen Kationen wie dem in Abschn. 1.2.7 diskutierten $[P_4H]^+$. Ein wichtiger Anwendungsbereich ist dabei vor allem die Chemie von Carbokationen, die von G. Olah seit den 1950er Jahren – vorwiegend auf der Basis der „magischen Säuren" HF/SbF_5 bzw. HSO_3F/SbF_5

– entwickelt wurde. Durch den Einsatz von Carboransäuren ergaben sich hier in den letzten Jahren eine Reihe von Fortschritten. So können Alkyl- und Benzenium-Kationen (z. B. $C_6H_7^+$), die vorher nur als persistente Spezies in Lösung erzeugt werden konnten, als stabile Carboranate in reiner Form isoliert und strukturell charakterisiert werden. Als neue Spezies erstmals zugänglich werden Fullereniumkationen wie das durch selektive Protonierung von C_{60} mit Carboransäuren bei Raumtemperatur gebildete und in Form stabiler Salze isolierbare HC_{60}^+. Die Herstellung dieses und analoger Kationen in magischen Säuren scheitert daran, dass diese die eingesetzten Fullerene selbst bei tiefer Temperatur quantitativ zersetzen.

Über Anwendungen in der Carbokationenchemie hinaus eröffnen Carboransäuren und andere Supersäuren einen präparativen Zugang zu Verbindungen, die die in verschiedenen Lösungsmitteln gebildeten Solvo-Kationen in diskreter und wohl definierter Form enthalten und so eine experimentell basierte Bestimmung von Strukturen und spektroskopischen Eigenschaften dieser außergewöhnlich wichtigen Spezies erlauben. Prominente Beispiele hierfür sind Carboransalze mit Dialkyloxoniumionen $[HOR_2]^+$ oder den Hydroniumionen $[H_5O_2]^+$ („Zundel-Ion") und $[H_9O_4]^+$ („Eigen-Ion"), die möglicherweise die dominierenden kationischen Spezies in allen wässrigen Säurelösungen darstellen (Abb. 1.72). Einen interessanten Einblick in die Solvatation des relativ kleinen Oxoniumions in einem organischen Lösungsmittel liefert auch die Struktur einer aus einer benzolischen Lösung einer Carboransäure kristallisierten Verbindung mit der Zusammensetzung $[H_3O^+{\cdot}3C_6H_6]$ $[CHB_{11}Cl_{11}]$, in der jede OH-Bindung eine Wasserstoffbrücke zum π-System eines Benzolmoleküls ausbildet (Abb. 1.72).

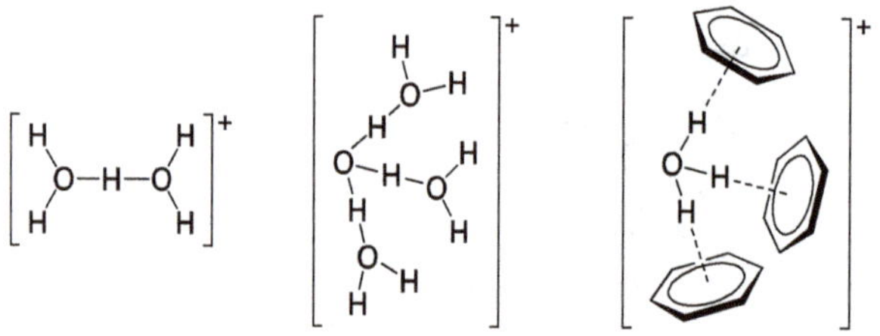

Abb. 1.72: Schematische Darstellung der Strukturen der in Carboransalzen vorliegenden Kationen $[H_5O_2]^+$ („Zundel-Ion"), $[H_9O_4]^+$ („Eigen-Ion") und $[H_3O^+{\cdot}3C_6H_6]$.

Die günstigen Eigenschaften von Carboransäuren resultieren daraus, dass deren hohe Protonendonorfähigkeit mit einer geringen Nukleophilie und Oxidationsneigung der entsprechenden konjugierten Basen einhergeht. Dadurch wird eine Zersetzung des durch Protonierung erzeugten Kations durch einen nukleophilen Angriff des Säureanions effektiv unterbunden. Nach C. A. Reed sind Carboransäuren gleichzeitig extrem starke und äußerst milde Säuren.

1.8.1.4 Kationische Lewis-Säuren und schwach koordinierende Anionen

Die im vorangegangenen Abschnitt diskutierten Umsetzungen verkörpern einen Spezialfall eines generellen Schemas zur Synthese von Kationen durch Anlagerung einer kationischen Lewis-Säure an ein neutrales Substrat. Wegen der grundlegenden Bedeutung dieser Reaktionen sowohl in der Synthesechemie als auch in katalytischen Prozessen soll im Folgenden auf einige Aspekte etwas genauer eingegangen werden.

Als Reagenzien zur Herstellung molekular aufgebauter Kationen mit einem schweren Hauptgruppenelement als Zentralatom fanden neben organischen Elektrophilen (insbesondere Alkylhalogeniden und -triflaten), homologen Silicium- oder Zinntriflaten und koordinativ ungesättigten Borinium- bzw. Boreniumionen in den letzten Jahren Silylium- und Fluorphosphoniumionen zunehmend Beachtung (Abb. 1.73). Die freien Kationen oder deren Solvens-Komplexe sind aus geeigneten Vorstufen u. a. durch heterolytische Bindungsspaltung erhältlich. Sie sind ausgesprochen starke Elektrophile (die Lewis-Acidität von Fluorphosphonium-Kationen übertrifft die von neutralem $B(C_6F_5)_3$) und können als Lewis-saure Katalysatoren in verschiedenen Reaktionen (Dehydrofluorierung, Dehydrokupplung, (Transfer)hydrogenierung, Diels-Alder-Reaktionen) eingesetzt werden.

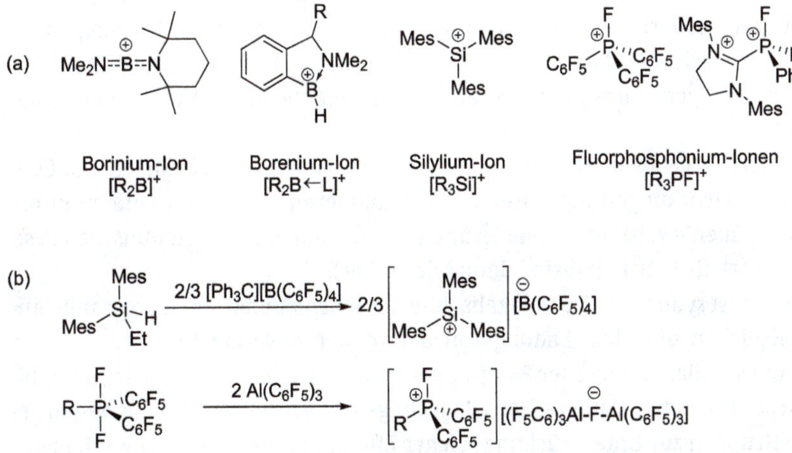

(a)

Borinium-Ion $[R_2B]^+$ | Borenium-Ion $[R_2B{\leftarrow}L]^+$ | Silylium-Ion $[R_3Si]^+$ | Fluorphosphonium-Ionen $[R_3PF]^+$

(b)

$Mes_2Si(H)Et \xrightarrow{2/3\ [Ph_3C][B(C_6F_5)_4]} 2/3\ [Mes_3Si]^+[B(C_6F_5)_4]^-$

$RPF_2(C_6F_5)_2 \xrightarrow{2\ Al(C_6F_5)_3} [RPF(C_6F_5)_2]^+[(F_5C_6)_3Al\text{-}F\text{-}Al(C_6F_5)_3]^-$

Abb. 1.73: (a) Molekülstrukturen ausgewählter Borinium-, Borenium-, Silylium- und Fluorphosphoniumionen. Im Fall der P-zentrierten Kationen wird eine hinreichend hohe Elektrophilie durch zusätzliche elektronenziehende C_6F_5- oder Oniosubstituenten sichergestellt. (b) Synthese von Silylium- und Fluorphosphoniumionen durch heterolytische Bindungsspaltung.

Essenziell für das Verständnis der Chemie kationischer Lewis-Säuren ist, dass Silylium-, Fluorphosphonium- und andere hoch elektrophile hauptgruppenelementbasierte Kationen wegen ihrer energetisch tiefliegenden LUMOs leicht nukleophil oder reduktiv angreifbar sind und in Lösung zur Bildung von Assoziaten mit ihren Gegenionen neigen. Im Extremfall entsteht dabei entweder ein solvenssepariertes Ionenpaar

(SSIP) oder ein Kontaktionenpaar (KIP). Im ersten Fall werden Kation und Anion getrennt solvatisiert, während im zweiten Fall das Ionenpaar in einer gemeinsamen Solvathülle eingeschlossen ist. Die Bildung von SSIPs wird durch Donor-Solvenzien begünstigt, die durch Bildung stabiler Solvate allerdings auch die hohe Lewis-Acidität gegenüber externen Nukleophilen deutlich abschwächen. In nicht koordinierenden Lösungsmitteln wird dieses Problem zwar umgangen, jedoch kann auch die Interaktion zwischen Kation und Anion in den hier favorisierten KIPs dazu führen, dass Reaktionen mit externen Nukleophilen ausbleiben. So verhält sich z. B. das wenig nukleophile Cyclophosphazen $(Cl_2PN)_3$ inert gegenüber Trimethylsilyltriflat, dessen Elektrophilie infolge einer $Me_3Si\cdots OTf$ Wechselwirkung begrenzt wird, während die N-Silylierung mit stärker elektrophilen Trimethylsilyl-Carboranaten ohne Weiteres gelingt. Im Extremfall kann die interionische Wechselwirkung in einem KIP sogar die Zersetzung des Kations einleiten. So liegt die Ursache für die Seltenheit von Silyl- oder Stannyl-Ammoniumionen wie $[H_2N(SiMe_3)_2]^+$ oder $[N(SnMe_3)_4]^+$ nicht darin, dass Silyl- oder Stannylamine zu wenig basisch oder nukleophil für eine Quaternisierung durch Brønsted- oder Lewis-Säuren sind, sondern in der leichten Spaltbarkeit der Si–N- bzw. Sn–N-Bindungen in den Kationen durch nukleophile Gegenionen.

Aus den bisherigen Ausführungen wird klar, dass starke kationische Lewis-Säuren nur in Abwesenheit nukleophiler Gegenionen als persistente Spezies nachgewiesen oder in Substanz isoliert werden können, und dass es zu ihrer Stabilisierung daher sogenannter schwach koordinierender Anionen bedarf, die geringe Basizität mit einer möglichst geringen Nukleophilie vereinen. Anionen, die dieses Kriterium optimal erfüllen, sollten

- einfach negativ geladen sein und möglichst große Ionenradien besitzen, um Coulomb-Wechselwirkungen mit Kationen zu minimieren (Dianionen können in bestimmten Fällen – z. B. zur Stabilisierung von Dikationen in einem ionischen Festkörper – Vorteile haben und sind dann tolerierbar),
- eine möglichst symmetrische Delokalisation der Ionenladung über das gesamte Anion ermöglichen, um lokale Ladungskonzentrationen zu vermeiden,
- keine nukleophilen Atome oder Baugruppen an der Oberfläche aufweisen, um orbitalkontrollierte Kation-Anion-Wechselwirkungen zu vermeiden. Als am besten geeignete Gruppen zur Unterdrückung solcher Effekte erweisen sich chemisch inerte C–H-Bindungen und kovalent gebundene Fluoratome,
- hohe thermodynamische Stabilität (insbesondere gegenüber Oxidation) besitzen,
- hohe kinetische Stabilität – insbesondere gegenüber Fragmentierungsreaktionen – besitzen.

In der modernen anorganischen Chemie existieren verschiedene Klassen von Anionen, die diese Kriterien mehr oder weniger erfüllen:

Komplexe Borate leiten sich formal von den Ionen $[BF_4]^-$ bzw. $[BPh_4]^-$ ab. Diese werden in der organischen Chemie und Koordinationschemie gelegentlich als wenig koordinierende Anionen eingesetzt, besitzen allerdings den Nachteil geringer chemischer und kinetischer Stabilität und reagieren mit starken Elektrophilen leicht unter Fragmentierung und Transfer eines Fluorid- bzw. Phenyl-Anions. Chemisch stabiler sind Anionen mit vollständig oder partiell fluorierten Phenylgruppen. Anionen wie $[B(C_6F_5)_4]^-$ und $[B(Ar_F)_4]^-$ (Ar_F = 3,5-$(CF_3)_2C_6H_3$) werden häufig in der homogenen Katalyse eingesetzt, und ihre Salze sind kommerziell erhältlich. Modifizierte $[B(Ar_F)_4]^-$-Ionen, in denen die CF_3-Gruppen formal durch größere Perfluoralkylreste (n-C_6F_{13}, n-C_4F_9, n-C_3F_7) ersetzt wurden, zeichnen sich durch noch weiter herabgesetzte Koordinationsneigung und bessere Löslichkeit in organischen Lösungsmitteln und perfluorierten Kohlenwasserstoffen aus und ermöglichen z. B. in der Katalyse die Rückgewinnung von Katalysatoren durch Fluorphasenextraktion.

Alkoxy- und Aryloxymetallate $[M(OR_F)_n]^-$ bzw. $[M(OAr_F)_n]^-$ bestehen aus einem oxophilen und stark Lewis-sauren Zentralion (M = B^{III}, Al^{III}, Nb^V, Ta^V, La^{III}) und sterisch anspruchsvollen, teilweise oder vollständig fluorierten Alkoholaten oder Phenolaten. Sie sind präparativ besonders einfach und gefahrlos zugänglich. Als sehr stabil und schwach koordinierend hat sich das Perfluorbutoxyaluminat $[Al\{OC(CF_3)_3\}_4]^-$ erwiesen, das infolge der sterischen Abschirmung und des starken elektronenziehenden Effekts der Perfluoralkylgruppen im Unterschied zu anderen Alkoxyaluminaten hydrolysestabil und selbst in HNO_3 unzersetzt löslich ist.

Komplexe Teflate $[B(OTeF_5)_4]^-$ und $[M(OTeF_5)_6]^-$ (M = As, Sb, Bi, Nb) entstehen durch formalen Austausch der Fluoratome in einfachen komplexen Fluoriden $[BF_4]^-$ und $[MF_6]^-$ durch „Teflat"-Reste TeF_5O^-. Sie besitzen eine im Vergleich zu diesen deutlich erhöhte kinetische Stabilität, die in den Arsenaten und Antimonaten ihr Maximum erreicht. Ein Nachteil der Teflate ist, dass sie nur unter striktem Ausschluss von Feuchtigkeit gehandhabt werden können, da selbst Spuren von Wasser eine autokatalytische Zersetzung induzieren.

Komplexe Fluoride $[MF_6]^-$ (M = As, Sb) können sowohl über Metathesereaktionen ausgehend von den Salzen $M^I[MF_6]$ (M^I = Alkalimetall) als auch über Fluoridabstraktion durch die entsprechende Lewis-Säure MF_5 in ein System eingeführt werden. Nach den verfügbaren Fluoridaffinitäten (Tab. 1.17) ist SbF_5 die stärkste in flüssigem Fluorwasserstoff handhabbare einfache Lewis-Säure und bildet somit das Anion mit der größten Stabilität gegenüber Verlust von F^- (AuF_5 besitzt in der Gasphase eine noch höhere Fluoridaffinität, reagiert aber in aHF unter Bildung von AuF_3 und F_2). Eine weitere Erhöhung der Stabilität der komplexen Anionen gegenüber Elektrophilen kann durch Umsetzung mit überschüssiger Lewis-Säure zu den mehrkernigen Anionen $[M_nF_{5n+1}]^-$ (n = 2–4) erreicht werden. Problematisch bei der Verwendung dieser Anionen ist jedoch, dass in Lösung stets Gleichgewichte vom Typ

$$M_nF_{5n+1}^- \rightleftharpoons [M_{n-1}F_{5(n-1)+1}]^- + MF_5$$

vorliegen, die zu einer Freisetzung der als Oxidationsmittel wirkenden freien Lewis-Säure führen und ungewollte Oxidationsprozesse einleiten können.

Closo-Carboranate $[CB_{11}H_6X_6]^-$ bzw. $[CHB_{11}X_{11}]^-$ und **closo-Boranate** $[B_{12}X_{12}]^{2-}$ (X = F, Cl, Br, I) wurden bereits im Abschn. 1.8.1.2 im Zusammenhang mit der Chemie von Supersäuren besprochen. Die exohedralen Halogensubstituenten sind essentiell, um die Koordinationsneigung der Anionen zurückzudrängen, da Hydrido(car)boranate $[CB_{11}H_{12}]^-$ bzw. $[B_{12}H_{12}]^{2-}$ ähnlich wie Boranat $[BH_4]^-$ mit vielen Lewis-Säuren stabile Komplexe unter Ausbildung von Hydridbrücken bilden. Die Affinität der halogenierten Anionen gegenüber Lewis-Säuren nimmt mit steigender Zahl von Halogensubstituenten ab und mit steigender Atommasse des Halogens zu. Die Einführung von Carboranationen in ein System kann außer durch Protonierung mit einer Carboransäure (s. Abschn. 1.8.1.3) durch Silylierung oder Alkylierung erfolgen. Hierzu benötigte Trialkylsilyl-Carboranate können aus dem durch Metathesereaktionen zugänglichen Triphenylmethyl-Carboranat erzeugt und durch Umsetzung mit Chlorwasserstoff oder Alkyltriflaten in Carboransäuren (Abschn. 1.8.1.2) oder Alkyl-Carboranate umgewandelt werden:

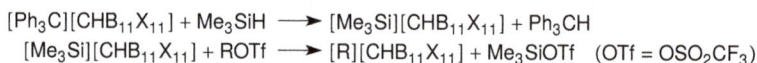

$$[Ph_3C][CHB_{11}X_{11}] + Me_3SiH \longrightarrow [Me_3Si][CHB_{11}X_{11}] + Ph_3CH$$
$$[Me_3Si][CHB_{11}X_{11}] + ROTf \longrightarrow [R][CHB_{11}X_{11}] + Me_3SiOTf \quad (OTf = OSO_2CF_3)$$

Eine Alternative zur Erzeugung von Alkyl-Carboranaten ist die Umsetzung von Carboransäuren mit Alkanen, die zur Darstellung eines isolierbaren Salzes mit einem freien *t*-Butylkation genutzt werden konnte:

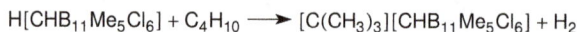

$$H[CHB_{11}Me_5Cl_6] + C_4H_{10} \longrightarrow [C(CH_3)_3][CHB_{11}Me_5Cl_6] + H_2$$

1.8.2 Lewis-Säure/Base-Komplexe

1.8.2.1 Donor-Akzeptor-Komplexe und dative Bindungen

Die Umsetzung von Ammoniak NH_3 mit einem Boran BX_3 zu einem Addukt H_3NBX_3 ist der Prototyp einer allgemeinen Reaktion einer Lewis-Säure mit einer Lewis-Base zu einem molekularen Donor-Akzeptor-Komplex („Lewispaar“). Die dabei neu gebildete Bindung wird nach einem ursprünglich von R. S. Mulliken formulierten Konzept als **dative Bindung** bezeichnet. Der Unterschied zwischen dativen und „normalen“ kovalenten 2e-2z-Bindungen erschließt sich weniger aus Abweichungen der Elektronenverteilung oder Molekülstrukturen (da ein Stickstoff- und ein Boratom genauso viele Elektronen haben wie zwei Kohlenstoffatome, ist ein Addukt H_3NBX_3 isoelektronisch und isoster zu einem Ethanderivat H_3CCX_3, und beide Spezies besitzen auf den ersten Blick auch sehr ähnliche MO-Strukturen), sondern vielmehr aus dem chemischen Verhalten bei Bindungsbruch. Auf dieser Grundlage wird nach einer pragmatischen Definition von A. Haaland eine Bindung in einem neutralen, diamagnetischen Molekül als normal bezeichnet, wenn sie in einem inerten Lösungsmittel oder in der Gasphase mit geringstem Energieaufwand homolytisch unter Bildung neutraler Radikale gespalten wird, und als dativ, wenn die Spaltung unter gleichen Voraussetzungen heterolytisch erfolgt und zwei neutrale, diamagnetische Fragmente liefert. Abgesehen davon, dass die Identifikation einer Bindung in einem Molekül als kovalent oder dativ anhand dieser Festlegung experimentell ermittelt werden kann, ist sie auch aus der Ionisierungsenergie und Elektronenaffinität der Fragmente vorhersagbar.

Empirische Analysen gemessener oder berechneter Eigenschaften von Molekülen offenbaren einige spezifische Unterschiede zwischen dativen und normalen kovalenten Bindungen: Dative Bindungen haben häufig kleinere Dissoziationsenergien und größere Bindungsabstände (vgl. Tab. 1.18) und erweisen sich als deutlich empfindlicher gegenüber induktiven Substituenteneffekten: Die Bindung wird durch σ-Donorsubstituenten im Donorfragment und σ-Akzeptorsubstituenten im Akzeptorfragment verkürzt bzw. stabilisiert und durch σ-Donorsubstituenten im Akzeptorfragment und σ-Akzeptorsubstituenten im Donorfragment verlängert bzw. destabilisiert. Diese Trends korrelieren mit einem Ladungstransfer vom Donor auf den Akzeptor, der nicht nur zwischen den unmittelbar verbundenen Atomen erfolgt, sondern oft auch die Ladungsverteilung innerhalb der einzelnen Fragmente verändert. Die für einige molekulare Donor-Akzeptor-Komplexe beim Übergang von der Gasphase zum Festkörper auftretende signifikante Verkürzung der dativen Bindung (für Me_3NBCl_3 wurde z. B. in der Gasphase ein um 4–8 pm längerer B···N-Abstand gemessen als im Festkörper) wird darauf zurückgeführt, dass die einzelnen Moleküle verhältnismäßig große Dipolmomente besitzen und ihre Anordnung im Festkörper intermolekulare Dipol-Dipol-Wechselwirkungen induziert, die den D⟶A Ladungstransfer weiter erhöhen und so die dative Bindung stärken.

Tab. 1.18: Vergleich von Dissoziationsenthalpien, Bindungsabständen und Dipolmomenten isoelektronischer Verbindungen mit normalen und dativen Bindungen.

	$H_3C\text{-}CH_3$	$H_3N\text{-}BH_3$	$Me_3Si\text{-}SiMe_3$	$Me_3P\text{-}AlMe_3$
ΔH^0_{Diss} / kJ mol^{-1}	377	130	310	88
R/pm	153	166	234	253
μ/D	0	5,2		

In chemischen Formeln werden dative Bindungen häufig durch Verwendung von Pfeilen anstelle normaler Bindungsstriche dargestellt ($H_3N{\longrightarrow}BH_3$). Die ursprünglich für ungeladene Donoren und Akzeptoren formulierte Definition wurde später auf geladene Spezies erweitert, sodass z. B. die zu neutralen Pyridin-Alan-Addukten isoelektronischen N-Silylpyridinium-Kationen als geladene Donor-Akzeptor-Komplexe aufgefasst werden können. Spezielle Fälle sind Moleküle, in welchen aus der Überlagerung normaler und dativer Bindungen eine Mehrfachbindung mit partiell dativen Charakter resultiert. Vereinzelt wurden auch Spezies mit Donor-Akzeptor-Bindung zwischen zwei gleichen Atomen (homonukleare dative Bindung) beschrieben:

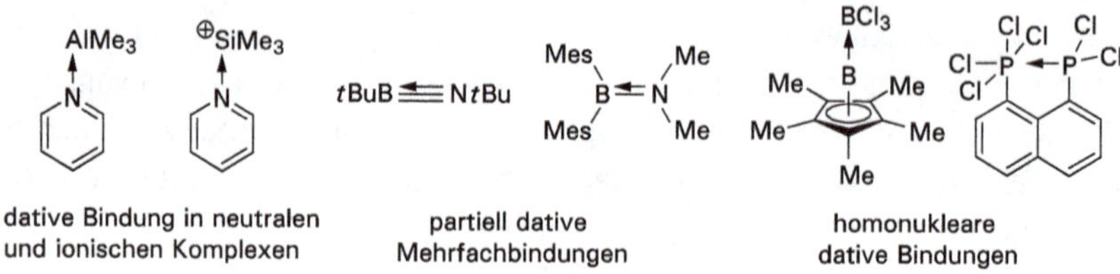

dative Bindung in neutralen und ionischen Komplexen — partiell dative Mehrfachbindungen — homonukleare dative Bindungen

Ungeachtet der generellen Nützlichkeit der Haaland'schen Definition ist ihre Anwendung vor allem in der Beschreibung von Ionen und zwitterionischen Molekülen oft problematisch. So wurde bereits darauf hingewiesen (s. Abschn. 1.3.3.2), dass Phosphanylphosphoniumionen sowohl als oniosubstituierte tertiäre Phosphane mit kovalenter P–P-Bindung wie auch als Phosphankomplexe von Phospheniumionen mit dativer Bindung aufgefasst werden können. In gleicher Weise können Ylide (s. Abschn. 1.6.2) als zwitterionische Betaine mit kovalenter σ-Bindung oder als donorstabilisierte Carbenanaloga mit Donor-Akzeptor-Bindung dargestellt werden:

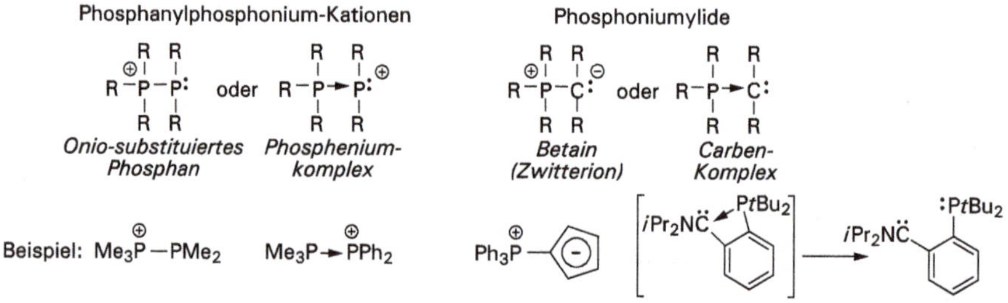

Phosphanylphosphonium-Kationen — Phosphoniumylide

Onio-substituiertes Phosphan oder *Phosphenium-komplex* — *Betain (Zwitterion)* oder *Carben-Komplex*

Beispiel: $Me_3\overset{\oplus}{P}{-}PMe_2$ — $Me_3P{\rightarrow}\overset{\oplus}{P}Ph_2$ — $Ph_3\overset{\oplus}{P}$

In beiden Fällen ist eine differenzierte Betrachtung notwendig, da sich das Verhalten von Vertretern derselben Substanzklasse je nach Substitutionsmuster unterscheiden kann. So zeigen experimentelle Untersuchungen der Fragmentierungswege von Kationen des Typs $[R_2PPMe_3]^+$, dass die homolytische Spaltung der P–P-Bindung für R = Me und die heterolytische Spaltung für R = Ph energetisch bevorzugt ist. Im ersten Fall ist der Bindung daher eher kovalenter und im zweiten Fall eher dativer Charakter zuzuschreiben. Bei Phosphoniumyliden reicht die Bandbreite von Derivaten, die einem spontanen Zerfall in ein Phosphan- und ein Carbenfragment unterliegen und sinnvoll als labile Donor-Akzeptor-Komplexe zu beschreiben wären, bis zu stabilen Zwitterionen, die keinerlei Wittig-Aktivität mehr zeigen und am besten als oniosubstituierte Carbanionen mit normaler σ-Bindung aufgefasst werden.

Die Diffizilität einer Unterscheidung zwischen normalen und koordinativen Bindungen tritt auch bei vielen Verbindungen zutage, die formal als Komplexe aus stabilen N-heterocyclischen Carbenen (NHCs) und elektrophilen Hauptgruppenelementverbindungen mit dativen C⟶E-Bindungen aufgefasst werden können. Für Verbindungen des Typs (NHC)$SiCl_4$ und (NHC)$PRCl_2$ (R = Me, Ph, Cl) dokumentieren Reaktionen unter Transfer des NHC-Liganden auf andere Elektrophile oder Dissoziation unter heterolytischer Spaltung der C–E-Bindung, dass diese Klassifizierung nach der Definition von

Haaland auch inhaltlich gerechtfertigt ist. Das im Fall der Derivate (NHC)$PRCl_2$ röntgenstrukturanalytisch nachgewiesene Auftreten Ψ-trigonal-bipyramidal koordinierter Phosphoratome mit unterschiedlich langen axialen Bindungen lässt allerdings auch eine Interpretation der Molekülstrukturen als Grenzfall zwischen einem Lewispaar mit hyperkoordiniertem Zentralatom und einem oniosubstitutierten kationischen Phosphan zu (Abb. 1.74). Angesichts einer solchen Diversität ist es nicht verwunderlich, dass die dative Schreibweise von Bindungen in vielen Hauptgruppenelementverbindungen in der Literatur kontrovers diskutiert und die Anwendung dieses Konzepts in konkreten Fällen auch immer wieder infrage gestellt wird.

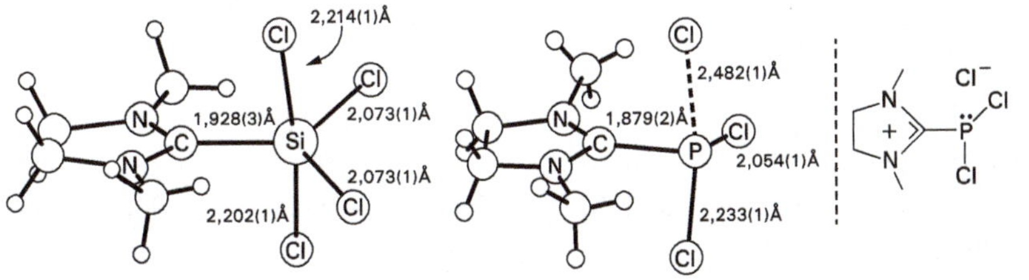

Abb. 1.74: Molekülstrukturen von (^{Me}NHC)$SiCl_4$ und (^{Me}NHC)PCl_3 im Kristall. Die Anordnung der Substituenten am Phosphoratom kann im Sinn einer Ψ-trigonal-bipyramidalen Koordinationsgeometrie mit dominanter Beteiligung der dargestellten Grenzstruktur eines oniosubstituierten Phosphans gedeutet werden (Daten aus T. Böttcher et al., *Chem. Sci.* **2013**, *4*, 77).

1.8.2.2 Synthese von Donor-Akzeptor-Komplexen

Im einfachsten Fall erfolgt die Synthese von Donor-Akzeptor-Komplexen durch spontane Assoziation der beiden Fragmente. Als Beispiel hierfür sei die Darstellung schwerer Analoga von Amin-Boranen mit dativen Bindungen zwischen Gruppe-13/15-Elementen genannt, die als „single-source“ Vorläufer zur Abscheidung von Filmen binärer Halbleitermaterialien von potentiellem Interesse sind:

$$R'_3M + ER_3 \longrightarrow R'_3M \leftarrow ER_3$$

M = Al, Ga, In R = Alkyl, $SiMe_3$
E = N, P, As, Sb, Bi R' = Alkyl

Die Stabilität der dativen Bindung nimmt dabei für ein bestimmtes Akzeptorfragment R'_3M (M = Al, Ga, In) von N zu Bi und für ein bestimmtes Donorfragment R_3E (E = N, P, As, Sb, Bi) von Al zu In ab. Variation der Substituenten R führt zu Änderungen von E–M-Bindungsabständen und R–M–R-Bindungswinkeln, die in komplexer Weise von der Lewis-Acidität/Basizität von R_3E bzw. MR'_3 und von sterischen Wechselwirkungen abhängen. Durch starke kationische Lewis-Säuren (in Form von Salzen mit schwach koordinierenden Anionen) in wenig basischen Lösungsmitteln (Benzol) oder in Abwesenheit eines Solvens werden auch äußerst schwache Lewis-Basen wie Phosphazene oder Halogenverbindungen in isolierbare Donor-Akzeptor-Komplexe überführt:

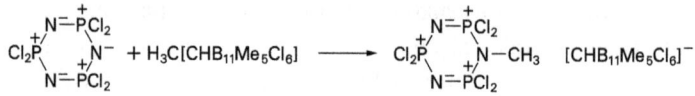

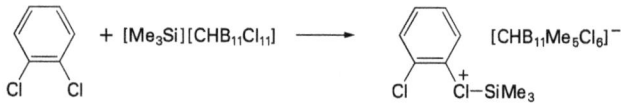

$$(NPCl_2)_3 + H_3C[CHB_{11}Me_5Cl_6] \longrightarrow [(NPCl_2)_3CH_3]^+ [CHB_{11}Me_5Cl_6]^-$$

$$Me_3SiX + [Me_3Si][B(C_6F_5)_4] \longrightarrow Me_3Si-\overset{+}{X}-SiMe_3 \quad [B(C_6F_5)_4]^- \qquad X = F, Cl, Br, I$$

$$C_6H_4Cl_2 + [Me_3Si][CHB_{11}Cl_{11}] \longrightarrow [C_6H_4Cl(\overset{+}{Cl}-SiMe_3)] \quad [CHB_{11}Me_5Cl_6]^-$$

Das Auftreten symmetrischer Strukturen mit zwei gleichartigen, gegenüber normalen Einfachbindungen verlängerten Si–X-Abständen in Bis-trimethylsilyl-Haloniumionen $[X(SiMe_3)_2]^+$ wird anschaulich durch die gleichmäßige Verteilung dativer (X⟶Si) und kovalenter (X–Si) Bindungsbeiträge über beide Si–X-Bindungen (im VB-Bild entspricht dies der Überlagerung von bond/no-bond Grenzstrukturen: Me_3Si^+ X–$SiMe_3$ ↔ Me_3Si–X $^+SiMe_3$).

Ein indirekter Weg zur Erzeugung kationischer Lewispaare besteht in der heterolytischen Spaltung einer polar kovalenten Bindung in einem Neutralmolekül durch eine starke neutrale Lewis-Base. Diese Reaktion entspricht der Substitution einer anionischen Abgangsgruppe durch ein neutrales Nukleophil. Zur Unterdrückung der Rückreaktion muss gegebenenfalls das freigesetzte Anion abgefangen und gegen ein weniger nukleophiles Gegenion ausgetauscht werden. In der Praxis werden als anionische Abgangsgruppe oft Halogenide eingesetzt, die gut durch Trimethylsilyltriflat oder geeignete Silber- oder Thalliumsalze abgefangen werden können. Alternativ kann die heterolytische Bindungsspaltung auch durch Zusatz einer Lewis-Säure induziert werden, die das freigesetzte Anion unter Komplexbildung bindet (vgl. die Darstellung kationischer Polyphosphorverbindungen in Abschn. 1.3.3):

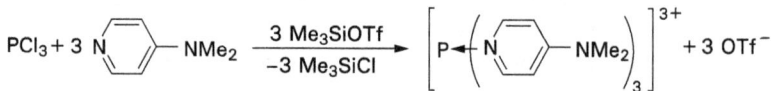

$$Me_2AsI + R_3P \longrightarrow Me_2\overset{+}{As} \leftarrow PR_3 \quad I^-$$

$$Ph_2ECl + Ph_3P + Tl[PF_6] \longrightarrow [Ph_2\overset{+}{E} \leftarrow PPh_3][PF_6]^- + TlCl \quad (E = As, Sb, Bi)$$

$$PCl_3 + 3\, NC_5H_4\text{-}NMe_2 \xrightarrow[-3\, Me_3SiCl]{3\, Me_3SiOTf} \left[P\leftarrow\left(NC_5H_4\text{-}NMe_2\right)_3\right]^{3+} + 3\, OTf^-$$

$$(Me_2N)_2PCl + (Me_2N)_3P + AlCl_3 \longrightarrow \left[(Me_2N)_2\overset{+}{P} \leftarrow P(NMe_2)_3\right][AlCl_4]^-$$

1.8.2.3 Reaktionen funktionalisierter Lewispaare unter Erhalt der dativen Bindung

Reaktionen funktionalisierter Lewis-Säure/Base-Komplexe mit kinetisch stabilen Carbenliganden können unter Erhalt der dativen C⟶E-Bindung ablaufen. Dies eröffnet einen indirekten Zugang zu Spezies, die formal als Lewis-Baseaddukte hoch elektrophiler und koordinativ ungesättigter Molekülfragmente beschrieben werden können. So gelingen Synthesen von Molekülen des Typs (NHC)Si_2(NHC) und (NHC)E_2(NHC) (NHC = N-heterocyclisches Carben(fragment); E = P, As) durch reduktive Kupplung von Carbenaddukten der Elementhalogenide $SiCl_4$, PCl_3 und $AsCl_3$. Nach neueren Untersuchungen ähnelt der „Komplex" (NHC)Si_2(NHC) in seinen elektronischen und strukturellen Eigenschaften dem isolobalen Diphosphen Mes*P=PMes* und wird durch starke Säuren an einem der Siliciumatome protoniert; beide Befunde sind gut in Einklang mit einer Interpretation der Bindungsverhältnisse im Sinne eines oniosubstituierten Sila-Ylids zu bringen. Eine analoge Interpretation ist auch im Fall des Komplexes (NHC)P_2(NHC) möglich, der eine vergleichbare Reaktivität gegenüber starken Säuren zeigt:

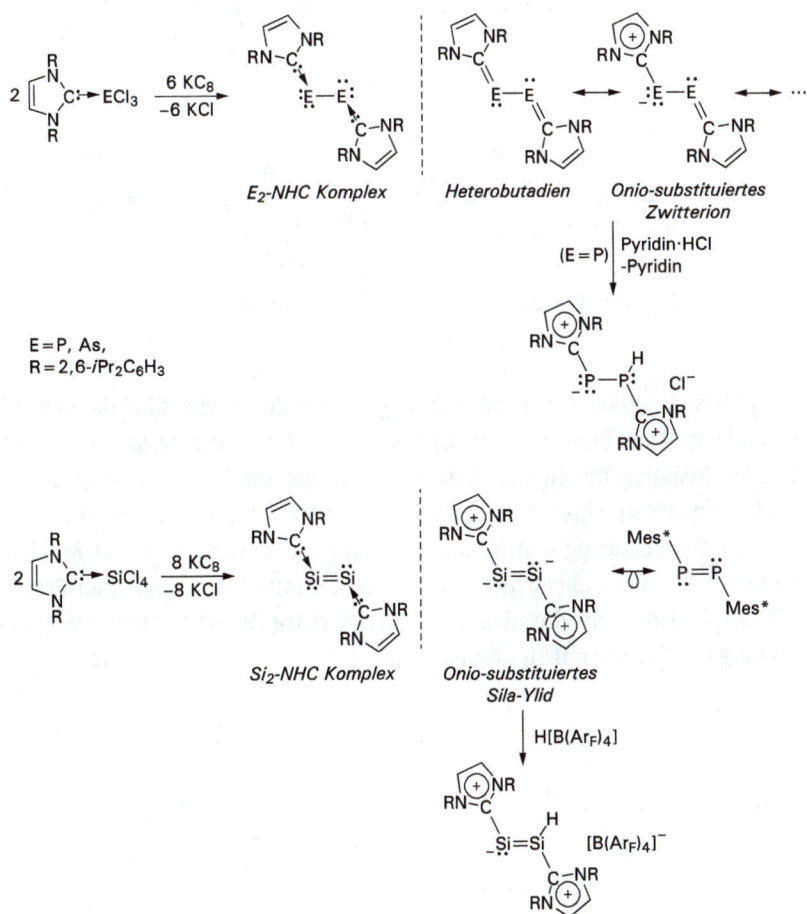

Hochinteressante Perspektiven bieten auch Moleküle der Zusammensetzung (CAAC)BR (CAAC = cyclisches Alkyl-Amino-Carben, R = Aryl- oder Aminosubstituent), deren Elektronenstruktur abhängig von der gewählten Grenzformel als Carbenaddukt eines Borylens oder als Azaboraallen darstellbar ist. Die Synthese kann durch Reduktion entsprechender Carbenaddukte von Dihalogenboranen erfolgen und verläuft in zwei Schritten über ein isolierbares Borylradikal als Intermediat. Das Produkt entsteht als kristalliner Feststoff (für R = $N(SiMe_3)_2$) oder transientes Molekül, das in Gegenwart von CO als Carbonylkomplex abgefangen werden kann (für R = Duryl; der Carbonyl-Ligand kann photochemisch durch andere Donorliganden substituiert werden):

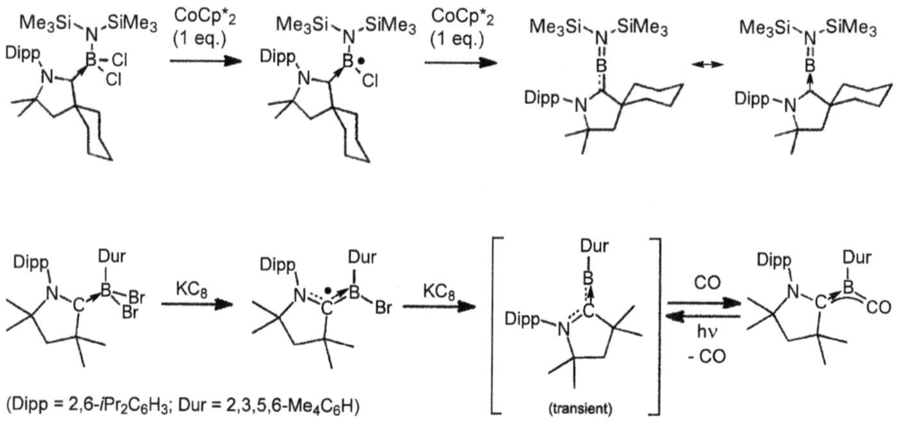

(Dipp = 2,6-iPr$_2$C$_6$H$_3$; Dur = 2,3,5,6-Me$_4$C$_6$H)

Ein ambiphiles Reaktionsverhalten mit engen Parallelen zur Chemie von Übergangsmetallkomplexen äußert sich nicht nur in der unter Spaltung der H–H-Bindung verlaufenden Reaktion mit H_2 (das hierbei primär entstandene Boran-Carbenaddukt (CAAC)BH_2R unterliegt einer Folgeumlagerung unter 1,2-Hydridverschiebung), sondern auch in der Fixierung von N_2 unter Bildung eines isolierbaren 2:1 Komplexes. Die weitere Reaktion mit überschüssigem Reduktionsmittel (KC_8) und einer Protonenquelle ($B(OH)_3$) ermöglicht die über charakterisierbare Zwischenstufen verlaufende Umwandlung von Distickstoff zu Ammoniumionen:

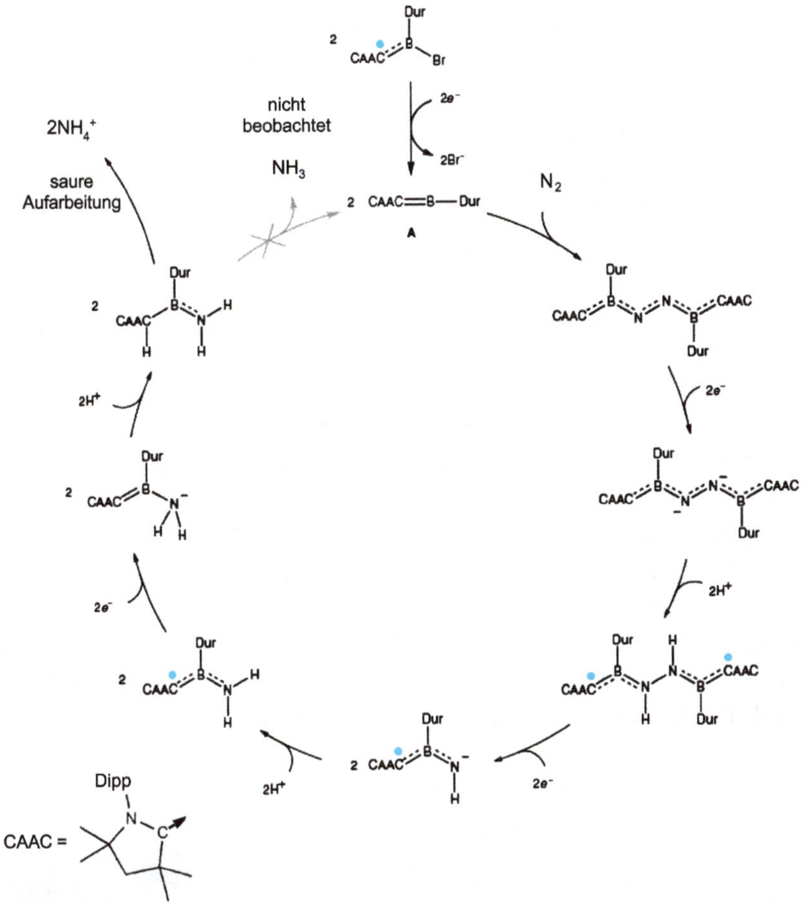

Die gesamte Reaktionsfolge kann als Eintopfprozess realisiert werden und ist bemerkenswert als erstes Beispiel der erfolgreichen Aktivierung und Umwandlung von N_2 an einem Hauptgruppenelement. Abgesehen davon, dass das als Borquelle dienende Radikal als stöchiometrisches Reagenz eingesetzt werden muss (da die Regenerierung des Borylen-Carbenaddukts noch nicht gelang), unterstreichen offensichtliche Parallelen zu übergangsmetallvermittelten Varianten der N_2-Fixierung die Analogien im chemischen Verhalten von ambiphilen Hauptgruppenelementverbindungen und Übergangsmetallkomplexen („metallomimetisches Verhalten").

1.8.2.4 Amin-Boran-Addukte: Neues Interesse an alten Molekülen

Amin-Boranaddukte $R_3N{\longrightarrow}BR'_3$ sind eine lange und gut bekannte Verbindungsklasse, deren Chemie bis in das frühe 19. Jahrhundert zurückreicht: $H_3N{\longrightarrow}BF_3$ wurde bereits 1809 von Gay-Lussac als erste Koordinationsverbindung überhaupt hergestellt. Das in den letzten Jahren neu erwachte und überaus starke Interesse an dieser Verbindungsklasse kann im Wesentlichen auf eine Reaktion – nämlich die Eliminierung von Wasserstoff aus Derivaten $R_2HN{\longrightarrow}BHR'_2$ unter Bildung oligomerer oder polymerer BN-Gerüststrukturen – zurückgeführt werden.

Unter Berücksichtigung der unterschiedlichen Polarität der NH- und BH-Bindungen kann diese Umwandlung formal als intramolekulare Neutralisation eines Protons durch ein Hydridion aufgefasst werden. Abgesehen von der Möglichkeit, Amin-Boran-Komplexe als einfach zu handhabende H_2-Quelle für Transferhydrierungen zu nutzen (hierbei erfolgt die Hydrierung der polaren Doppelbindung eines Substrats durch Übertragung eines H^+/H^--Paars von einer als H_2-Quelle dienenden Verbindung in Gegenwart eines Katalysators), ist die Umsetzung für zwei potentielle Anwendungsfelder von Interesse, nämlich die Nutzung von $H_3N{\longrightarrow}BH_3$ (Ammoniak- oder Ammin-Boran) als Wasserstoffspeicher mit hoher volumetrischer und gravimetrischer Kapazität, und die einfache und quasi nebenproduktfreie Synthese anorganischer Polymere mit BN-Gerüststrukturen aus einfach zugänglichen Vorläufern.

Die Motivation für die Nutzung von Ammin-Boran als H_2-Speicher liegt darin, dass dieses im Unterschied zu H_2 ein unter Normalbedingungen stabiler und lagerfähiger Feststoff ist, der gleichzeitig eine hohe Speicherkapazität von theoretisch 19,6 Gew.-% H_2 besitzt. Seine Synthese kann entweder durch Isomerisierung des aus der direkten Umsetzung von B_2H_6 mit NH_3 zugänglichen Diammin-boronium-boranats (DABB) oder durch Salzmetathese mit nachfolgender H_2-Eliminierung erfolgen:

$$NH_3 + \frac{1}{2}B_2H_6 \longrightarrow \underset{\textit{Diammin-boronium-boranat (DABB)}}{\frac{1}{2}[H_2B(NH_3)_2][BH_4]} \xrightarrow[\text{Kat. } B_2H_6,\ 80\text{–}90\,\%]{\text{Diglyme}} H_3NBH_3$$

$$NH_4Cl + NaBH_4 \xrightarrow[-NaCl,\ -H_2,\ 99\,\%]{NH_3/THF} H_3NBH_3$$

Substituierte Aminborane sind am besten durch direkte Umsetzung der entsprechenden Amin- und Borankomponenten zugänglich.

Die Zersetzung von H_3NBH_3 verläuft je nach Reaktionsbedingungen nach unterschiedlichen Mechanismen. Thermolyse des reinen Feststoffs erfolgt in drei Stufen: bei Temperaturen von ≈ 97–110 °C entstehen unter Freisetzung von ca. 1,1 Äquivalenten H_2 als Hauptprodukte oligo- und polymere Borylamine $[H_2BNH_2]_n$ sowie DABB, das als eigentlicher Initiator für die unter H_2-Verlust ablaufende Knüpfung von BN-Bindungen anzusehen ist. Im zweiten Schritt wird bei Temperaturen um ca. 150±20 °C unter Abgabe eines weiteren Äquivalents H_2 eine Mischung aus Iminoboranoligomeren (hauptsächlich Borazin, kondensierte Oligoborazine, Polyiminoborane, Polyborazylen; die dargestellten Doppelbindungen symbolisieren die formale Überlagerung einer σ- mit einer dativen $N{\longrightarrow}B$ π-Bindung) gebildet:

Aminoboranderivate $(H_2NBH_2)_n$

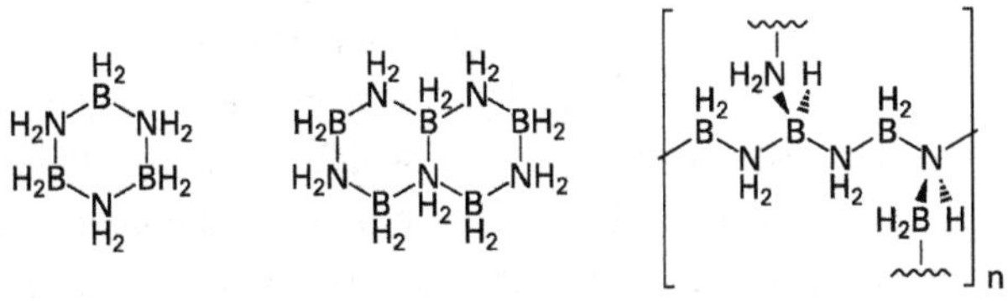

Cyclotriborazan (CTB) | Cyclopentaborazan | Polyaminoboran (PAB)

Iminoboranderivate $(HNBH)_n$

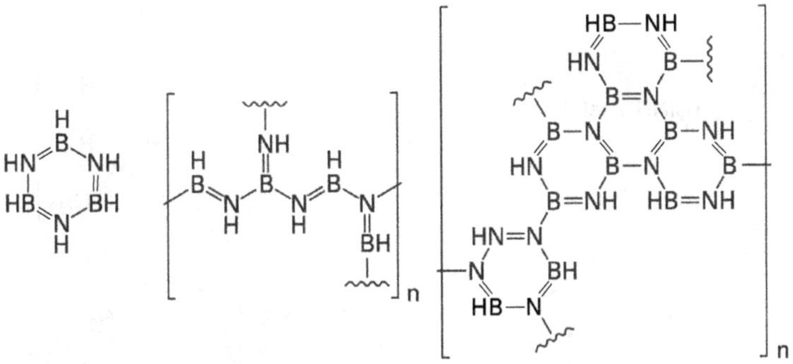

Borazin | Polyiminoboran (PIB) | Polyborazylen

Freisetzung des letzten H_2-Äquivalents erfordert wesentlich höhere Temperaturen (bis 1200 °C) und liefert hexagonales Bornitrid. Im Unterschied zur Dehydrierung von Alkanen sind alle Schritte exotherm, sodass die hohen Reaktionstemperaturen im Wesentlichen als Ausdruck kinetischer Barrieren zu sehen sind.

Die Thermolyse von H_3NBH_3 in hochsiedenden Lösungsmitteln folgt einer Kinetik zweiter Ordnung und liefert über die Bildung von DABB zunächst Cyclodiborazan $(H_2NBH_2)_2$, aus dem nach Kupplung mit einem weiteren Äquivalent H_3NBH_3 und Ringerweiterung schließlich Cyclotriborazan $(H_2NBH_2)_3$ entsteht. Als weiteres Produkt tritt Borazin $(HNBH)_3$ auf, dessen Bildung mechanistisch derzeit noch nicht zufriedenstellend erklärt werden kann. Die prinzipiell als weitere Option denkbare Zersetzung von H_3NBH_3 nach der Bruttoreaktion $H_3NBH_3 + H^+ + 3\,H_2O \longrightarrow 3\,H_2 + B(OH)_3 + NH_4^+$ hat den Vorteil, dass sich in Gegenwart geeigneter Katalysatoren (Säuren, ÜM-Verbindungen) der gesamte Wasserstoff unter milden Bedingungen freisetzen lässt; die Reaktion erscheint aber aufgrund einiger Nachteile (Löslichkeitsprobleme, geringere Speicherdichte infolge der hohen Masse des benötigten H_2O, Inkompatibilität mit vielen Brennstoffzellen durch Kontamination des Gases mit NH_3) für praktische Anwendungen als unattraktiv.

Angesichts hoher kinetischer Barrieren bei der H_2-Eliminierung aus Amin-Borankomplexen besitzen katalytische Reaktionsvarianten großes Potential, das besonders zur Herstellung polymerer Produkte („Dehydropolymerisation“) genutzt wird. Geeignete Katalysatoren für Reaktionen in Lösung sind Übergangsmetallkomplexe sowie Brønsted- oder Lewis-Säuren. Im Fall säurekatalysierter Reaktionen entsteht unter Hydridabstraktion aus H_3NBH_3 primär ein Boronium-Ion $[BH_2(NH_3)(solv)]^+$, das dann die Kettenverlängerungs- und Cyclisierungsschritte katalysiert:

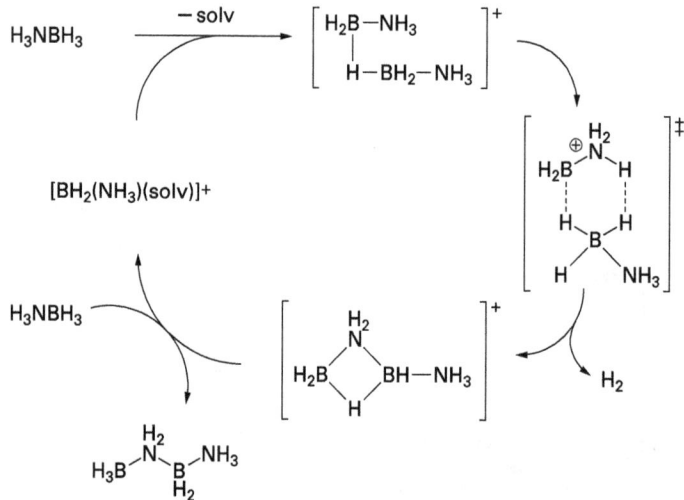

Übergangsmetallkatalysierte Dehydrokupplungen werden vermutlich durch Koordination einer BH-Bindung an das Metall unter Bildung eines σ-Komplexes eingeleitet. Oxidative Addition und nachfolgende β-Hydrideliminierung liefern dann ein Borylamin, das unter Bildung dativer Bindungen oligomerisiert bzw. polymerisiert:

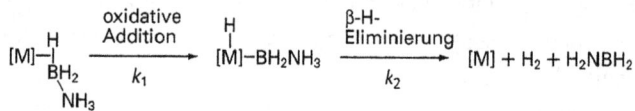

$$[M]{-}H{-}BH_2{-}NH_3 \xrightarrow[k_1]{\text{oxidative Addition}} H{-}[M]{-}BH_2NH_3 \xrightarrow[k_2]{\beta\text{-H-Eliminierung}} [M] + H_2 + H_2NBH_2$$

Geeignete Katalysatoren sind neben kolloidalem Palladium vor allem Rh- und Ir-Komplexe (Tab. 1.19). Als interessantes Katalysatorsystem erwies sich ein Ni(0)-Carben-Komplex, mit dem H_3NBH_3 bei Temperaturen um 60 °C unter Freisetzung von deutlich mehr als zwei H_2-Äquivalenten selektiv in Polyborazylen umgewandelt werden konnte.

Die Thermolyse von festem H_3NBH_3 wird durch katalytische Mengen der Amide $[H_2NBH_3]M$ (M = Li, Na) erleichtert, die durch Zusatz von Alkalihydriden oder -amiden in situ erzeugt werden können und die H_2-Freisetzung bereits bei geringeren

Tab. 1.19: Ausgewählte Metallkatalysatoren zur Dehydrogenierung von Amin-Boran-Komplexen (cod = Cyclooctadien; NHC = 1,3,4-triphenyl-4,5-dihydro-1H-1,2,4-triazol-5-yliden („Enders' Carben"), POCOP = κ^3-2,6-[OP(*t*Bu)$_2$]$_2$C$_6$H$_3$).

Katalysator (mol-%)	Ausgangs-material	Reaktions-bedingungen	Produkt	Freigesetzte Äquivalente H_2
Cp_2Ti (2 %)	$HMe_2N{-}BH_3$	4 h, 20 °C	$(Me_2N{-}BH_2)_2$	1
$RhCl_3$ (0,5 %)	$HMe_2N{-}BH_3$	22,5 h, 25 °C	$(Me_2N{-}BH_2)_2$ (90 %)	0,9
$[Rh(1,5\text{-cod})(\mu\text{-Cl})]_2$ (0,6 %)	$H_3N{-}BH_3$	60 h, 45 °C	Borazin (10 %), Polyiminboran, Polyborazylen	nicht bekannt
$[Rh(1,5\text{-cod})(\mu\text{-Cl})]_2$ (1 %)	$H\textit{i}Pr_2N{-}BH_3$	24 h, 25 °C	$(iPr)_2N{-}BH_2$ (49 %)	nicht bekannt
$[Ir(1,5\text{-cod})(\mu\text{-Cl})]_2$ (0,5 %)	$HMe_2N{-}BH_3$	136 h, 25 °C	$(Me_2N{-}BH_2)_2$ (95 %)	0,95
$(POCOP)Ir(H)_2$ (0,5 %)	$H_3N{-}BH_3$	14 min, 20 °C	$(H_2N{-}BH_2)_5$	1
$Ni(1,5\text{-cod})_2$, 2NHC (9 %)	$H_3N{-}BH_3$	3 h, 60 °C	Polyborazylen	2,8
Pd/C (0,5 %)	$HMe_2N{-}BH_3$	68 h, 25 °C	$(Me_2N{-}BH_2)_2$	0,95

Temperaturen ermöglichen. Die Amide eignen sich jedoch nicht nur als Katalysatoren, sondern besitzen auch selbst Potential als H_2-Speichermaterialien. Vorteile sind, dass die H_2-Eliminierung (vermutlich nach einer schwach exothermen Bruttoreaktion $2[H_3BNH_2]M \longrightarrow (NH_3)M[H_3B{-}NH(M){-}BH_3]+H_2$) bei niedrigerer Temperatur (55–80 °C) verläuft und das freigesetzte Gas praktisch frei von flüchtigem Borazin ist. Nachteilig ist, dass ein Teil des gebundenen NH_3 an die Gasphase abgegeben wird.

Eine zentrale Anforderung an praktisch nutzbare chemische Energiespeichermaterialien ist ihre Regenerierbarkeit. Die exotherme und exergonische Natur der H_2-Eliminierungsprozesse aus Aminboran-Komplexen lässt eine direkte Regenerierung durch (katalytische) Hydrierung mit H_2 unter praktischen Bedingungen als nicht durchführbar erscheinen. Als Alternative wurde das chemische Recycling von Polyborazylen (repräsentiert durch eine empirische Verhältnisformel BNH) mit Hydrazin in flüssigem Ammoniak vorgeschlagen:

$$4\ \text{„BNH"} + 5\ N_2H_4 \longrightarrow 4\ H_3NBH_3 + 5\ N_2$$

1.8.3 Frustrierte Lewispaare und die metallfreie Aktivierung von H_2 und CO_2

Die Kombination einer starken Lewis-Säure mit einer starken Lewis-Base liefert üblicherweise ein Addukt („Lewispaar") mit einer stabilen dativen Bindung. Da im Zuge dieser „Neutralisation" die HOMO-LUMO-Energielücke steigt (vgl. Abb. 1.11 in Abschn. 1.2.3), ist das Addukt weder als Lewis-Säure noch als Lewis-Base nennenswert aktiv. Wird die Annäherung von Donor- und Akzeptorzentrum durch sterische Effekte gerade soweit behindert, dass keine dative Bindung mehr gebildet werden kann, aber noch eine kooperative Reaktivität mit einem externen Substrat möglich ist, resultiert ein **frustriertes Lewispaar** (FLP). Die Elektrophilie der Lewis-Säure- und die Nukleophilie der Basenkomponente bleiben in diesem Fall erhalten und lassen wie in einem Molekül mit kleiner HOMO-LUMO-Energielücke eine hohe ambiphile Reaktivität erwarten. Obwohl die Chemie von FLPs bis zu Arbeiten von H. C. Brown und G. Wittig und deren Schüler zurückverfolgt werden kann, wurde größeres Interesse an diesen Verbindungen erst 2006 durch D. W. Stephans Entdeckung der heterolytischen Aktivierung von molekularem Wasserstoff durch FLPs geweckt.

In der Literatur unterscheidet man häufig zwischen metallfreien und metallhaltigen FLPs, die in der Regel als Lewis-acide Komponente Hauptgruppen- oder Übergangsmetallzentren (Al^{3+}, Zn^{2+}, Zr^{4+}, Ru^{2+}, ...) enthalten. Die Entdeckung metallfreier FLPs markierte einen Wendepunkt, da mit ihr das Dogma überwunden wurde, dass die Aktivierung von H_2 nur an Übergangsmetallzentren gelingt. Die ersten metallfreien FLPs basierten auf der Kombination einer stark Lewis-sauren Boranfunktion (BR_3) mit stark Lewis-basischen Amin- (NR_3), Phosphan- (PR_3) oder Carbenfunktionalitäten ($C(NR_2)_2$). Seitdem wurde vor allem die Vielfalt der Lewis-aciden Funktionalitäten auf kationische Borverbindungen („Boreniumionen") sowie Carbenium- oder Silyliumionen erweitert. Die Einstellung einer hinreichenden Lewis-Acidität in neutralen Boranen wird häufig durch zwei oder drei Perfluorarylsubstituenten erreicht, deren propellerartige Anordnung gleichzeitig für einen hohen Grad sterischer Abschirmung sorgt (Abb. 1.75). Die Donorfragmente tragen bevorzugt sterisch anspruchsvolle *t*-Butyl- oder 2,6-disubstituierte Arylreste.

Prinzipiell können die beiden komplementären Funktionalitäten eines FLPs entweder im selben oder in verschiedenen Molekülen auftreten. In **intramolekularen FLPs** wird die räumliche Trennung der komplementären Funktionalitäten oft durch Einbau starrer oder wenig flexibler Brückenfragmente unterstützt:

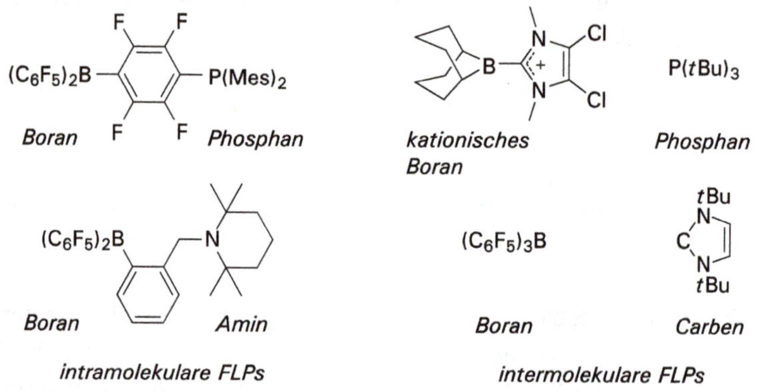

$(C_6F_5)_2B$ — *Boran*; $P(Mes)_2$ — *Phosphan*
$(C_6F_5)_2B$ — *Boran*; N — *Amin*

intramolekulare FLPs

kationisches Boran; $P(tBu)_3$ — *Phosphan*
$(C_6F_5)_3B$ — *Boran*; *Carben*

intermolekulare FLPs

Die chemische Reaktivität von FLPs ist dadurch geprägt, dass das Zusammenwirken von Lewis-Säure und -base die heterolytische Spaltung von Einfachbindungen und di-

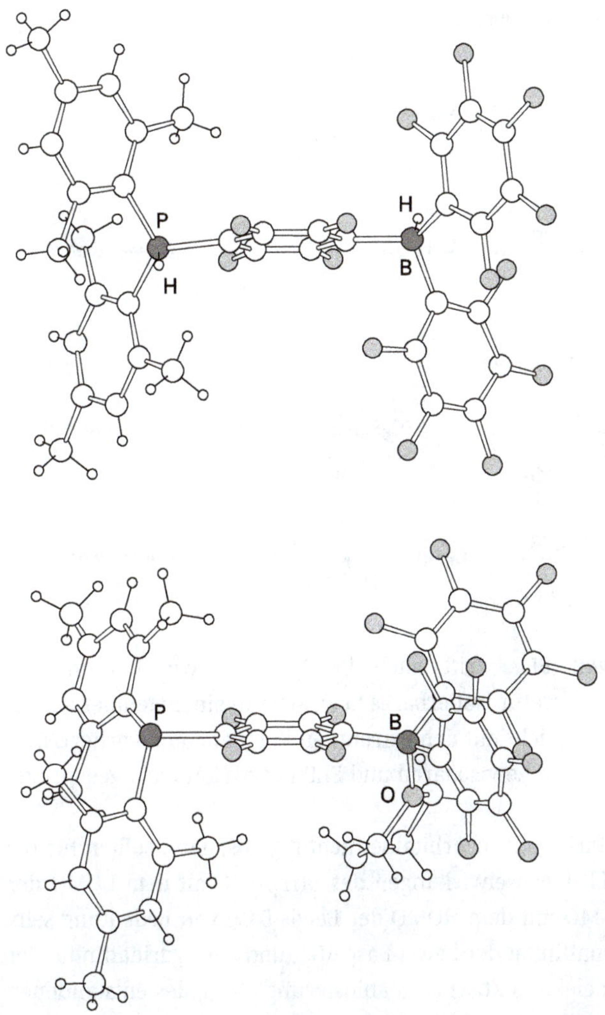

Abb. 1.75: Strukturen des H_2-Additionsprodukts eines intramolekularen FLPs (oben) und des THF-Addukts des freien FLPs (unten) [nach Stephan, Erker, *Angew. Chem.* **2010**, *122*, 50].

polare Additionen an Mehrfachbindungen erleichtert. Das bedeutendste Anwendungsbeispiel für eine Bindungsspaltung ist die Reaktion metallfreier FLPs mit molekularem Wasserstoff unter spontaner heterolytischer Aktivierung der H–H-Bindung. Stöchiometrische Aktivierung durch FLPs gelingt aber auch für eine Vielzahl weiterer Typen von Einfachbindungen (S–S, N–H, O–H, B–H, C–O in cyclischen Ethern). Additionen an kumulierte Mehrfachbindungssysteme können als 1,2- oder 1,3-Additionen erfolgen. Sowohl Bindungsspaltungen als auch Additionen sind in Einzelfällen reversibel:

Heterolytische Spaltung von Einfachbindungen

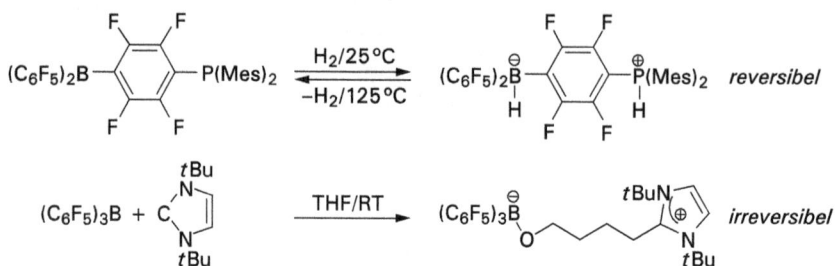

$(C_6F_5)_2B$–C_6F_4–$P(Mes)_2$ $\underset{-H_2/125\,°C}{\overset{H_2/25\,°C}{\rightleftharpoons}}$ $(C_6F_5)_2B^{\ominus}(H)$–C_6F_4–$P^{\oplus}(Mes)_2(H)$ *reversibel*

$(C_6F_5)_3B$ + C(N*t*Bu)₂-Carben $\xrightarrow{THF/RT}$ $(C_6F_5)_3B^{\ominus}$–O–(CH₂)₄–Imidazolium$^{\oplus}$ (*t*Bu) *irreversibel*

Dipolare Anlagerung an Mehrfachbindungen

$(C_6F_5)_3B + P(tBu)_3$ $\underset{BrC_6H_5, 70\,°C,\ -CO_2}{\overset{CO_2/RT}{\rightleftharpoons}}$ $(C_6F_5)_3B^{\ominus}$–O–C(=O)–$P^{\oplus}(tBu)_3$ *reversibel*

$(C_6F_5)_3B + P(tBu)_3$ $\xrightarrow{N_2O/RT}$ $(C_6F_5)_3B^{\ominus}$–O–N=N–$^{\oplus}P(tBu)_3$ *irreversibel*

Die typische Reaktivität von FLPs tritt auch in Systemen wie Lutidin (2,6- auf, in denen ein bei tiefer Temperatur isolierbares Lewispaar in einem temperaturabhängigen dynamischen Gleichgewicht mit den getrennten Komponenten vorliegt. Dies bestätigt, dass sich die Bildung von Lewispaaren und FLP-Reaktivität nicht gegenseitig ausschließen.

Geht man von einer einfachen Grenzorbitalbetrachtung aus, dann sollten für die H_2-Aktivierung durch ein FLP Wechselwirkungen des $\sigma(H_2)$-MO mit dem LUMO der Lewis-Säure und des $\sigma^*(H_2)$-MO mit dem HOMO der Lewis-Base von Bedeutung sein. In der Tat tragen die Protonenaffinität der Lewis-Base ΔG_{pa} und die Hydridaffinität der Lewis-Säure ΔG_{ha} neben der elektrostatischen Stabilisierung ΔG_{stab} des entstandenen Ionenpaars wesentlich zum exergonischen Charakter der Gesamtreaktion ($\Delta G < 0$) bei (Abb. 1.76). Abweichungen von einer Korrelation zwischen ΔG und $\Delta G_{ha} + \Delta G_{pa}$ sind in erster Linie auf eine Bildung von Lewispaaren zurückzuführen, die die thermodynamische Bilanz der Reaktion wie erwartet ungünstig beeinflusst.

Grundlegende mechanistische Aspekte der metallfreien H_2-Aktivierung sollen an dieser Stelle exemplarisch für intermolekulare Phosphan/Boran-FLPs erörtert werden. Von mehreren a priori vorstellbaren Mechanismen ließen sich hier bis heute zwei mögliche Reaktionswege durch experimentelle und theoretische Befunde erhärten. Der (durch experimentelle Hinweise gestützte) Ausgangspunkt für beide Erklärungen ist, dass die Komponenten des FLPs in Lösung zunächst ein labiles, vermutlich hauptsächlich durch Dispersionskräfte zusammengehaltenes, Assoziat bilden. Im ersten weithin akzeptierten Erklärungsmodell wird davon ausgegangen, dass durch Eintreten von H_2 in das Innere des FLPs zunächst ein „Begegnungskomplex“ entsteht, der

$H_2 \rightarrow H^+ + H^-$	ΔG_{HH}
$(\overset{\oplus}{D}-\overset{\ominus}{A} \rightarrow D+A)$	ΔG_{prep}
$D+H^+ \rightarrow [DH]^+$	ΔG_{pa}
$A+H^- \rightarrow [HA]^-$	ΔG_{ha}
$[DH]^+ + [HA]^- \rightarrow [DH]^+[HA]^-$	ΔG_{stab}
$D+A+H_2 \rightarrow [DH]^+[HA]^-$ $(\overset{\oplus}{D}-\overset{\ominus}{A}+H_2 \rightarrow [DH]^+[HA]^-)$	ΔG

ΔG_{prep}
Präparations-energie
H_2-Spaltung
ΔG_{HH}
Protonen-affinität
ΔG_{pa}
Hydrid-affinität
ΔG_{ha}
Stabilisierungs-energie
ΔG_{stab}
Edukt(e) $+H_2$
ΔG
Produkt(e)

$$\Delta G = \Delta G_{HH} + \Delta G_{prep} + \Delta G_{pa} + \Delta G_{ha} + \Delta G_{stab}$$

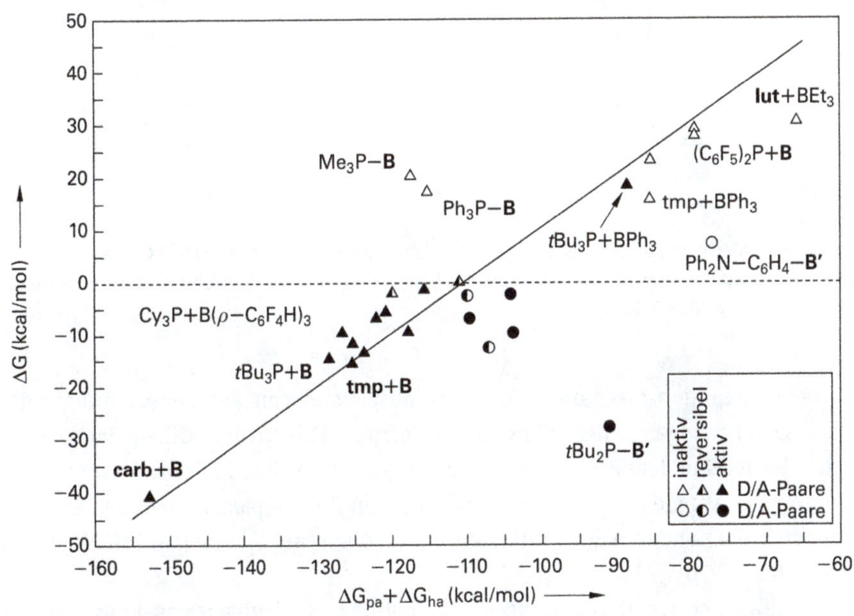

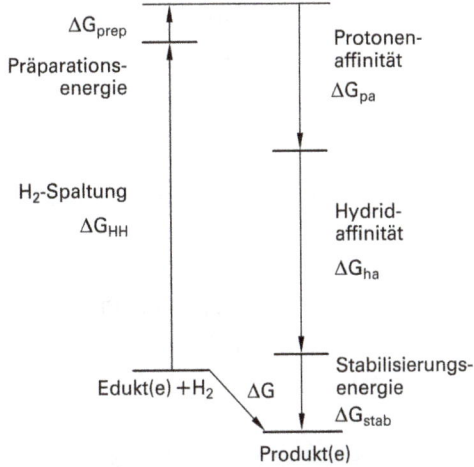

Abb. 1.76: Thermodynamischer Kreisprozess zur Partitionierung der Gibbs'schen Enthalpie ΔG für die heterolytische Spaltung von H_2 durch ein Lewispaar (oben); Korrelation von ΔG mit der kumulativen Säure-Basestärke $\Delta G_{ha} + \Delta G_{pa}$ (unten). Die gerade Linie bezieht sich auf Werte von $\Delta G_{prep} = 0$ und einen Mittelwert von $\Delta G_{stab} = -18{,}4$ kcal mol^{-1} für intermolekulare FLPs. carb = 1,3-di-*t*Butyl-imidazoyliden, tmp = 2,2,6,6-Tetramethylpiperidin, **B** = $B(C_6F_5)_3$, **B'** = $-B(C_6F_5)_2$. [Reproduziert mit freundlicher Genehmigung der American Chemical Society aus *J. Am. Chem. Soc.* **2009**, *131*, 10701].

dann in die Produkte übergeht (Abb. 1.77a). Die Bildung dieses Begegnungskomplexes aus dem Assoziat in einer formal bimolekularen Reaktion wird als für das Auftreten einer Energiebarriere verantwortlicher Schritt angesehen. Von da an verlaufen die H_2-Dissoziation und Ionenpaarbildung praktisch barrierefrei als konzertierte Reaktion, in der die BH-Bindung etwas früher als die PH-Bindung gebildet wird. Prinzipiell kann diese Phase durch eine formale Verschiebung von Elektronenpaaren („diamagnetischer Zweielektronen-Mechanismus") veranschaulicht werden. Die Wechselwirkung zwischen H_2 und FLP im Übergangszustand wird weniger auf spezifische Orbitalwechselwirkungen zurückgeführt, sondern eher als Folge einer Polarisation des H_2-Moleküls in dem durch das FLP induzierte und entlang der H–H-Bindungsachse wirkende elektrische Feld interpretiert.

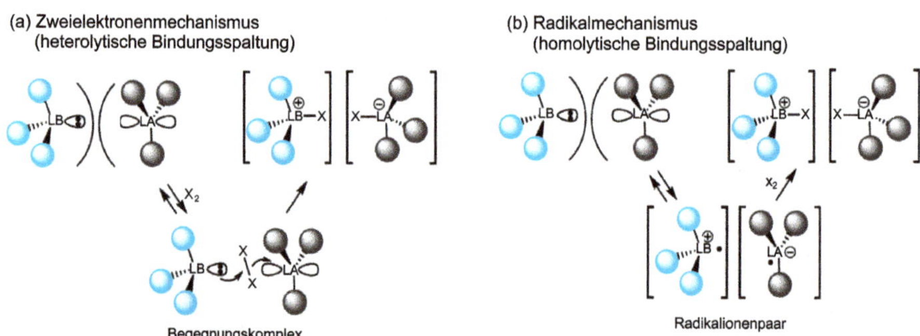

Abb. 1.77: Zwei Mechanismen der metallfreien Aktivierung kleiner Moleküle ($X_2 = H_2$, RX, ...) durch FLPs (a) über einen diamagnetischen Zweielektronen-Mechanismus oder (b) einen Radikalmechanismus [nach Stephan et al., *Chem* **2017**, *3*, 259].

Ein zweiter Reaktionsmechanismus wurde ausgehend von der Beobachtung aufgestellt, dass in Lösungen einiger FLPs kleine Mengen ESR-aktiver Radikale nachweisbar sind und basiert auf dem Postulat, dass die Komponenten eines FLPs primär unter Elektronentransfer (single electron transfer = SET) ein Radikalpaar bilden, das dann mit Wasserstoff (oder anderen Substraten) unter homolytischer Spaltung der H–H-Bindung reagiert (Abb. 1.77b).

Die anfänglich wenig beachtete Radikalbildung in Lösungen von FLPs erfolgt je nach den Redoxpotenzialen der beteiligten Komponenten entweder spontan (z. B. bei Silyliumion/Phosphan-basierten Systemen) oder kann durch Einstrahlung in eine im UV-VIS-Spektrum auftretende Charge-Transfer-Bande photochemisch induziert werden (für $(C_6F_5)_3B/R_3P$, R = Mes, *t*Bu). Obwohl aus eingehenden experimentellen Untersuchungen einiger Reaktionen von FLPs mit H_2 oder Ph_3SnH Hinweise auf einen Radikalmechanismus erhalten wurden, konnte die Beteiligung photochemisch erzeugter Radikale an der Reaktion in anderen Fällen zugunsten des Zweielektronenmechanismus ausgeschlossen werden. Damit ergibt sich für die mechanistische Erklärung der Reaktivität von FLPs (noch) kein einheitliches Bild; die nachgewiesene Redoxaktivität von FLPs eröffnet aber interessante Perspektiven für die Entwicklung einer (Photo-)Redoxkatalyse mit Hauptgruppenelementverbindungen.

Mit der Erkenntnis, dass das bei der H_2-Spaltung von einem FLP aufgenommene H^+/H^--Paar auf ein organisches Substrat übertragen und das ursprüngliche FLP dabei zurückgebildet werden kann, begann eine systematische Erforschung der Nutzung von FLPs als metallfreie Hydrierungskatalysatoren. Zum gegenwärtigen Zeitpunkt sind relativ effiziente Verfahren bekannt, die die Hydrierung verschiedener Klassen organischer Substrate (Imine, Nitrile, Enamine, Silyl-Enolether, verschiedene Stickstoffheterocyclen, Olefine) unter milden Bedingungen mit katalytischen Mengen (3–20 mol-%) Amin/Boran- oder Phosphan/Boran-FLPs erlauben. Hinreichend basische Substrate wie Imine können gleichzeitig die Rolle der Lewis-Base des FLP übernehmen, sodass die Katalyse allein durch Zugabe einer Lewis-Säure in Gang gesetzt werden kann (Abb. 1.78). Anstelle von molekularem Wasserstoff wurde in einigen Fällen auch $H_3N\text{-}BH_3$ als H_2-Quelle eingesetzt (s. Abschn. 1.8.2.3), sodass die Reduktion des Substrates als Transferhydrierung verläuft.

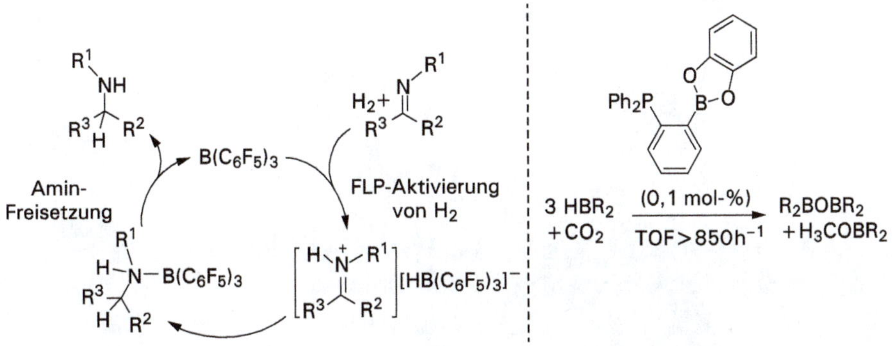

Abb. 1.78: Metallfreie Hydrierung von Iminen mit einem aus einer katalytischen Menge $B(C_6F_5)_3$ und dem Substrat gebildeten intermolekularen Imin/Boran FLP (links) und metallfreie Hydroborierung von CO_2 mit einem FLP-Katalysator (rechts).

Die Möglichkeit, sowohl H_2 aktivieren als auch CO_2 binden zu können, macht FLPs zu interessanten Reagenzien für die katalytische CO_2-Reduktion, die aktuell zu den großen Herausforderungen in der Chemie gehört. Ein erster Durchbruch ist hierbei die von Fontaine et al. beschriebene Hydroborierung von CO_2 unter Verwendung eines FLP-Katalysators (Abb. 1.78). Der Schlüssel für das Funktionieren dieser Reaktion liegt in der Verwendung eines mäßig aciden/basischen intramolekularen FLPs, das beide Reaktionspartner simultan binden kann. Die Verwendung von FLPs mit hoher Acidität/Basizität erwies sich als kontraproduktiv, da diese zum einen das für die Reduktion benötigte Hydrid zu stark stabilisieren und damit seine Reaktivität herabsetzen, und zum anderen durch zu starke Bindung von CO_2 oder der Reaktionsintermediate Formiat bzw. Formaldehyd den Katalysecyclus unterbrechen. Die bisherigen Resultate legen nahe, dass Reaktionen unter FLP-Katalyse viele mechanistische Ähnlichkeiten zu übergangsmetallkatalysierten Prozessen zeigen und auch ähnliche Leistungsfähigkeit erreichen können, sodass sich ein großes Entwicklungspotential für die weitere Entwicklung einer „metallfreien metallorganischen Chemie" bietet.

Hans-Jürgen Meyer

2 Festkörperchemie

Einleitung

Die Festkörperchemie umfasst die Synthese, Struktur und die Eigenschaften fester Stoffe. Der Ausgangspunkt der Festkörperchemie ist die Synthese. Allerdings sind Reaktionsmechanismen in der Festkörperchemie weniger systematisiert als in der Molekül- oder Komplexchemie. Die am häufigsten verwendete Methode zur Synthese von Feststoffen ist die konventionelle Festkörper- oder Fest-fest-Reaktion. Konventionelle Festkörperreaktionen erfordern hohe Temperaturen, die aber in der Regel unterhalb der Schmelzpunkte ihrer Reaktionspartner liegen. Dabei bilden diffusive Teilchenbewegungen die Grundlage für Transportprozesse. Aber nicht alle Verbindungen können bei hohen Temperaturen über Fest-fest-Reaktionen oder aus Schmelzen hergestellt werden. Manch eine Verbindung ist bei hohen Temperaturen nicht stabil oder weniger stabil als eine konkurrierende Verbindung. Zur Erschließung solcher thermisch metastabilen Feststoffe müssen Methoden angewandt werden, die unter milderen Bedingungen zum gewünschten Produkt führen.

Neben Fest-fest-Reaktionen gibt es eine breite Palette zusätzlicher Möglichkeiten, um Feststoffe zu synthetisieren, wie z. B. Reaktionen in Schmelzen, Reaktionen über die Gasphase, Precursor-Routen, Sol-Gel-Routen oder Reaktionen unter erhöhten Drücken. Entscheidend für die Wahl der Synthesemethode ist auch, in welcher Form ein Feststoff erhalten werden soll, z. B. als Einkristall, Pulver, Nanopulver oder dünne Schicht. Da es für die Synthese einer bestimmten Verbindung nicht immer ein Rezept gibt, erfordert eine erfolgreiche Synthese gute Ideen, Empirie und sorgfältige Beobachtungen.

Bei den Stoffen, die für die Festkörperchemie von Interesse sind, handelt es sich um kristalline Stoffe mit Fernordnung, aber auch um Gläser oder amorphe Stoffe mit Nahordnung der Atome. Die Anordnung der Atome in kristallinen Strukturen lässt sich häufig vom Prinzip dichtest gepackter Kugeln ableiten. Die systematische Besetzung der dabei entstehenden Lücken führt zu bestimmten Strukturtypen. Durch das Auftreten solcher Strukturtypen oder durch Ähnlichkeiten mit bestimmten Strukturtypen können viele kristalline Festkörperverbindungen in verwandtschaftliche Beziehungen gesetzt werden. Sogar in molekular organisierten Strukturen bleibt das Prinzip dichtester Kugelpackungen durch Anordnungen von Atomgruppen oder Molekülen im Sinne hierarchischer Strukturen erkennbar.

Kristalline Stoffe haben stets Defekte, die ihre mechanischen, optischen, chemischen und elektrischen Eigenschaften maßgeblich beeinflussen können. Defekte wie Gitterleerstellen ermöglichen nicht nur diffusive Teilchenbewegungen für Fest-fest-Reaktionen oder Ionenleitung, sondern bewirken auch andere Eigenschaften von kristallinen Stoffen. Defekte können aber auch gezielt in einem Stoff erzeugt werden.

https://doi.org/10.1515/9783110790221-002

Oft genügt schon eine geringfügige Modifizierung, beispielsweise durch eine Dotierung mit einem Fremdatom, um die Eigenschaften eines Stoffes zu verändern.

Die Festkörperforschung der Gegenwart befasst sich mit Eigenschaften oder Funktionalitäten, bei denen bestimmte Stoffsysteme im Mittelpunkt von Untersuchungen stehen. Zu den Stoffsystemen zählen Verbindungen der Metalle wie intermetallische Verbindungen, Hydride, Boride, Carbide, Nitride, Oxide, Halogenide, von denen die Metalloxide wegen ihrer vielfältigen Eigenschaften eine herausgehobene Stellung einnehmen. Wichtige Anwendungen haben solche Stoffe als Ferromagnetika, Ferroelektrika, Leuchtstoffe, Batterien, Solarzellen, Supraleiter, Wasserstoffspeicher, Ionenaustauscher oder in der Photokatalyse. Die Nanowissenschaften üben einen zunehmenden Einfluss auf viele dieser Gebiete aus. Dieser Einfluss ist darauf zurückzuführen, dass eine Stoffeigenschaft nicht nur über die Variation der chemischen Zusammensetzung des Stoffes veränderbar ist, sondern auch über dessen Teilchengröße.

Neben der Grundlagenforschung zeichnet sich für die Festkörperchemie eine stärker werdende Ausrichtung auf die Synthese und Strukturierung von Materialien ab, die für Anwendungen nutzbar gemacht werden können. Von den vielen Feststoffen, die Anwendungen in verschiedenen Bereichen der Technik gefunden haben, verdankt jedoch eine nicht zu vernachlässigende Anzahl ihre Entdeckung eher dem Zufall als einer gezielten Synthese. In jedem Stoff kann ein interessantes Potential stecken, das es zu entdecken gilt. Deshalb ist ein besseres Verständnis für die Ursachen von Stoffeigenschaften wichtig, um allgemeingültige Gesetzmäßigkeiten zu entwickeln und um Stoffe mit neuen oder angereicherten Eigenschaften zu finden.

Die Kenntnis der elektronischen Struktur von Stoffen ist ein wichtiger Schlüssel für das Verständnis von vielen Eigenschaften, da Elektronen für die meisten Eigenschaften von Stoffen verantwortlich sind. Wenn ein Feststoff nicht molekular aufgebaut ist, sondern aus vernetzten Atomanordnungen besteht, dann wird anstelle des für Moleküle üblichen MO-Schemas eine Bandstruktur zur Beschreibung der elektronischen Struktur verwendet.

Bei der Untersuchung von Feststoffen werden zahlreiche Techniken angewandt. Hierzu zählen die thermische Analyse, Strukturbestimmungen an Pulvern und Einkristallen mittels Röntgen- oder Neutronenbeugungsmethoden, magnetische Messungen, Messungen der elektrischen Leitfähigkeit, spektroskopische Messungen und Bestimmungen von Teilchengrößen. Einige dieser Techniken werden hier ein wenig beleuchtet, wobei ausgewählten Kapiteln der Synthese, Strukturchemie und Stoffchemie der Vorrang eingeräumt wird.

2.1 Festkörperreaktionen

Die schlechten Diffusionseigenschaften von Atomen oder Ionen im Festkörper stellen ein zentrales Problem bei der Synthese fester Stoffe dar. Bei einer Fest-fest-Reaktion müssen Atome zunächst durch den Feststoff hindurch in ein Partikel des Reaktionspartners diffundieren, um dann an dessen Oberfläche reagieren zu können. Danach müssen sich alle Atome in der neuen Struktur ordnen.

Es ist im Allgemeinen schwer vorherzusagen, warum sich eine Verbindung mit einer bestimmten Zusammensetzung unter den gewählten Reaktionsbedingungen nicht bildet. Hierfür könnten thermodynamische (die Bildungsreaktion für die Verbindung erzeugt nicht den Zustand niedrigster Energie des Systems) oder kinetische (die Reaktionsbedingungen stellen nicht die notwendige Energie oder die notwendigen lokalen Konzentrationen zur Verfügung, um Atome in der gewünschten Anordnung zu erzeugen) Probleme verantwortlich sein. Zweifellos hat die bevorzugte Anwendung hoher Temperaturen in der Vergangenheit viele thermodynamisch stabile Verbindungen hervorgebracht.

Die Arbeitstechniken bei Fest-fest-Reaktionen unterscheiden sich demnach grundsätzlich von denen der Molekül- oder Komplexchemie, die in flüssigen Medien stattfinden. Diffusionsstrecken sind bei Reaktionen in Lösungen nicht von vorrangiger Bedeutung, weil die Diffusionsgeschwindigkeiten relativ hoch sind. Bei der Reaktion pulverförmiger Stoffe miteinander ist die **Beweglichkeit der Teilchen im festen Körper** geschwindigkeitsbestimmend. Die auftretenden Diffusionsstrecken sind aus atomarer Sicht selbst bei inniger Vermischung und Kompaktierung der Edukte lang (Korndurchmesser z. B. 10 µm, Atomdurchmesser z. B. 200 pm) und die Diffusionskonstanten klein („schlechte Kinetik"). Dies erzwingt oft hohe Reaktionstemperaturen mit der Konsequenz thermodynamisch kontrollierter Produktbildung.

Mögliche Alternativen zur Anwendung hoher Temperaturen sind Reaktionen über eine Gasphase oder bestimmte Methoden bei tiefen Temperaturen („soft chemistry" oder „chimie douce"). Diese Methoden überwinden die intrinsischen Diffusionsprobleme in Festkörpern durch Ausnutzung der erheblich höheren Mobilitäten im gasförmigen oder im flüssigen Zustand oder durch **verkürzte Diffusionsstrecken**.

Festkörperchemische Präparationen können zum Ziel haben, Einkristalle (hochrein, ohne Defekte), modifizierte Einkristalle (spezielle Defekte, Dotierungen), Pulver (kleinste Kristalle mit einer bestimmten Korngröße), Keramiken (gesinterte Pulver) oder dünne Schichten zu erzeugen.

Als gängige Technik zur Untersuchung kristalliner Produkte dient die **Röntgendiffraktometrie** (engl. *X-ray diffraction*, XRD). Mit dieser Technik können kristalline Substanzen anhand ihres Pulverdiffraktogramms identifiziert werden. Zu diesem Zweck werden Diffraktogramme aus Datenbanken als Vergleich herangezogen. Für Verbindungen mit unbekannten Kristallstrukturen werden Strukturbestimmungen und -verfeinerungen auf der Grundlage von röntgenographischen Pulverdaten oder Einkristalldaten durchgeführt (vgl. Abschn. 2.2.5).

2.1.1 Reaktionsbehälter

Bei der Auswahl eines geeigneten Reaktionsbehälters ist zunächst zu berücksichtigen, ob in einem offenen oder geschlossenen System mit oder ohne Schutzgas gearbeitet werden soll. Reaktionen bei hohen Temperaturen (z. B. 800–1200 °C) stellen hohe Anforderungen an das Reaktormaterial. Nebenreaktionen wie die Verdampfung oder die Reaktion mit der Gefäßwand stören, weil dadurch das angestrebte Verhältnis der Reaktionspartner verändert oder Verunreinigungen in die Reaktion eingebracht werden.

Ein Reaktionsbehälter ist so auszuwählen, dass er sich unter den jeweiligen Reaktionsbedingungen chemisch inert verhält.

Ebenso müssen Reaktionsbehälter absolut trocken, sauber und ohne Verunreinigung durch andere Elemente sein. Analoges gilt natürlich für die Ausgangsstoffe.

Für viele Reaktionen kommen unter Vakuum abgeschmolzene Glas- oder insbesondere Quarzglasampullen zum Einsatz. So können Verlauf und Beendigung einer Reaktion direkt beobachtet werden (z. B. in einem Glasofen). Allerdings verhält sich Quarzglas nicht immer inert (z. B. beim Schmelzen von Alkali- oder Erdalkalimetall) und bildet mit zahlreichen Metallen Oxide, Silicide oder Silicate:

$$11\,Nb + 3\,SiO_2 \xrightarrow{1000\,^\circ C} Nb_5Si_3 + 6\,NbO$$

Störend ist manchmal auch die unerwünschte Bildung von Oxidchloriden bei Reaktionen von Metallchloriden in Quarzglasampullen:

$$2\,YCl_3 + SiO_2 \xrightarrow{900\,^\circ C} 2\,YOCl + SiCl_4$$

Da viele dieser Nebenreaktionen langsam verlaufen, machen sie sich erst bei längeren Reaktionszeiten und hohen Temperaturen bemerkbar.

Reaktionstiegel aus Porzellan, Korund, ZrO_2 usw. sind für Reaktionen einsetzbar, bei denen die Reaktionspartner und das Produkt keinen signifikanten Dampfdruck entwickeln, weil sie sich ebenso wie Behälter aus Bornitrid oder Graphit nicht gasdicht verschließen lassen.

Verschweißbare Rohre aus höchstschmelzenden Metallen mit geringstem Dampfdruck wie Niob, Tantal, Molybdän oder Wolfram kommen als inerte Reaktionsbehälter in Betracht. Behälter aus Niob und Tantal sind duktil und lassen sich relativ leicht verarbeiten. Zur Durchführung von Reaktionen werden die Ausgangsstoffe in einseitig verschlossene Metallrohre eingebracht und anschließend darin eingeschweißt. Verschlossene Metallrohre eignen sich zur Synthese von intermetallischen Verbindungen, von Verbindungen, in denen Metalle in niedrigen Oxidationsstufen vorliegen, für Alkali- und Erdalkalimetallschmelzen sowie für sauerstofffreies Arbeiten; sie können aber von Schwefel oder Selen angegriffen werden. Für Reaktionen mit Fluoriden eignen sich zugeschweißte Edelmetallrohre (Gold, Platin) oder Monelampullen (eine Cu-Ni-Legierung

Tab. 2.1: Beispiele für geeignete Reaktoren für Festkörperreaktionen.

Edukte	Produkt	Reaktionsbehälter und Reaktionstemperatur
Li_2O, SiO_2	$Li_2Si_2O_5$	Pt-Tiegel (Luft), 1100 °C
Y_2O_3, $BaCO_3$, CuO	$YBa_2Cu_3O_7$	Al_2O_3-Tiegel (Luft), 1000 °C
Na_2MoO_4, MoO_3, Mo	$NaMo_4O_6$	Mo-Ampulle[(a)], 1100 °C
Ca, $CaCl_2$, C (Graphit)	$Ca_3Cl_2C_3$	Nb- oder Ta-Ampulle[(a)], 900 °C
Y, YCl_3	Y_2Cl_3	Nb- oder Ta-Ampulle[(a)], 800 °C (evtl. KCl-Flux)
Y, N_2	YN	Mo-Schiffchen, N_2-Gasstrom, 900 °C
KHF_2, NiF_2	K_2NiF_4	Pt-Tiegel, Schutzgas oder Vakuum, 700 °C
La, LaI_3	LaI	Nb- oder Ta-Ampulle[(a)], 750 °C
Mo, Pb, MoS_2	$PbMo_6S_8$	evakuierte Quarzglasampulle, 900 °C

[(a)]Verschweißte Metallampulle, eingeschlossen in eine evakuierte Quarzglasampulle.

mit rund 70 % Ni, z. B. $Cu_{32}Ni_{68}$). Allerdings sind Rohre aus Niob, Tantal und Edelmetallen teuer. Zur Vermeidung von Oxidation müssen die Metallreaktoren (außer Platin) bei Anwendung hoher Temperaturen unter Inertgas betrieben oder in evakuierte Quarzglasampullen eingeschlossen werden (Tab. 2.1).

2.1.2 Fest-fest-Reaktionen

Eine der häufigsten Syntheserouten der präparativen Festkörperchemie ist die direkte Reaktion der Einzelkomponenten miteinander. Reaktionen zwischen festen Stoffen (Verbindungen oder Elemente) erfordern oft Temperaturen um 1000 °C, die in der Praxis durch widerstandbeheizte Öfen realisiert werden. Zur Erzeugung wesentlich höherer Temperaturen (2000 °C und mehr) kommen die Induktionsheizung, der elektrische Lichtbogen oder ein (CO_2-)Laser in Betracht.

Bei Fest-fest-Reaktionen werden die Ausgangsstoffe sorgfältig eingewogen, fein pulverisiert, vermengt (Mörser, Kugelmühle) und ggf. (heiß) tablettiert. Danach wird im einfachsten Fall hinreichend lange und hoch erhitzt, bis die Reaktion zum Stillstand kommt und der stabile Endzustand erreicht ist. Oft ist dieser Zustand durch das Vorliegen eines reinen Reaktionsprodukts gekennzeichnet. Reinigungsprozesse wie das Auswaschen des Produktes mit einem Lösungsmittel oder die Sublimation einer leichtflüchtigen Verbindung aus einem Produktgemisch sind nicht immer anwendbar.

Bei der Reaktion zweier Feststoffe miteinander sind diese zunächst durch Phasengrenzen ihrer Kristallite separiert. Es handelt sich um eine heterogene Festkörperreaktion, die am Beispiel der Spinellbildung betrachtet werden soll:

$$\text{Spinellbildung:}\quad MgO + Al_2O_3 \rightleftharpoons MgAl_2O_4$$

Die Reaktion von Edukten mit unterschiedlichen Strukturen macht eine erhebliche Neuorganisation der Teilchen erforderlich. Mit hinreichend hoher thermischer Energie können Ionen ihre Gitterplätze verlassen und durch die Kristalle diffundieren. Dieser Vorgang soll ausgehend von zwei Verbindungen mit verschiedenen Kristallstrukturen, MgO (NaCl-Typ) und Al_2O_3 (Korund-Typ) näher betrachtet werden: An der Interphase zwischen MgO- und Al_2O_3-Kristallen bildet sich $MgAl_2O_4$. Durch die Diffusion von Mg^{2+}-Ionen in Al_2O_3 und von Al^{3+}-Ionen in MgO vergrößert sich die $MgAl_2O_4$-Produktschicht in beide Richtungen (Abb. 2.1). Die gegenläufige Diffusion von Mg^{2+}- und Al^{3+}-Ionen erfolgt schließlich durch die wachsende Spinell-Produktschicht hindurch. Dabei wird die Ladungsbilanz durch die Wanderung von drei Mg^{2+}-Ionen in die eine und zwei Al^{3+}-Ionen in die andere Richtung stets aufrechterhalten. Da bei der Wanderung von drei äquivalenten Mg^{2+} auch drei äquivalente $MgAl_2O_4$ gebildet werden, aber durch die Wanderung von zwei äquivalenten Al^{3+} nur ein äquivalenter $MgAl_2O_4$ entsteht, wächst die Produktschicht auf der Al_2O_3-Seite dreimal so schnell:

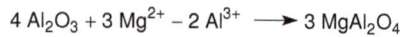

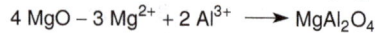

$$4\,Al_2O_3 + 3\,Mg^{2+} - 2\,Al^{3+} \longrightarrow 3\,MgAl_2O_4$$
$$4\,MgO - 3\,Mg^{2+} + 2\,Al^{3+} \longrightarrow MgAl_2O_4$$

Das Anwachsen der Schichtdicke x des Produkts hängt von der Bildungskonstante k und der Reaktionszeit t über ein parabolisches Wachstumsgesetz ab: $x = (kt)^{1/2}$. Da sich die Diffusionsstrecken durch das Wachsen der Produktschicht verlängern, ist eine Unterbrechung der Reaktion zur erneuten Homogenisierung des Reaktionsgemenges für schnellere und quantitative Umsetzungen vorteilhaft. Allerdings ist hervorzuheben, dass die Reaktionsgeschwindigkeit stark temperaturabhängig ist und die für $MgAl_2O_4$ gegebene Reaktion bei Temperaturen <1000 °C nahezu stagniert.

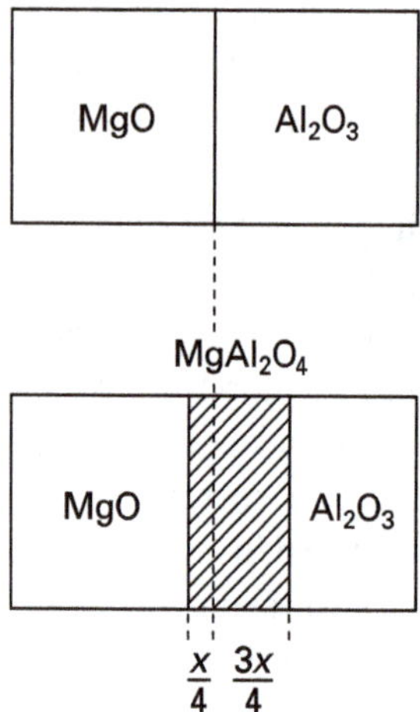

Abb. 2.1: Diffusion von Kationen zur Bildung von $MgAl_2O_4$ aus MgO- und Al_2O_3-Einkristallen. Auf der Seite von Al_2O_3 wächst die $MgAl_2O_4$-Produktschicht (schraffiert) dreimal so schnell an wie auf der Seite von MgO.

Ohne die Gegenwart einer Gasphase oder einer Schmelze ist die Geschwindigkeit einer Fest-fest-Reaktion oft niedrig. Die Diffusionsstrecken der Atome verringern sich aber mit abnehmender Korngröße und zunehmender Homogenität des verwendeten Ausgangsgemenges. Blockierende Schichten an den Oberflächen der Körner können Reaktionen nahezu zum Erliegen bringen (Passivierung). Reaktionszeiten können Tage bis Monate betragen.

2.1.3 Reaktionen in Schmelzen

Bei hinreichender Stabilität von Stoffen kann eine direkte Synthese über das Aufschmelzen von Reaktionspartnern durchgeführt werden. Dies gilt für salzartige- wie auch für intermetallische Verbindungen. Wenn zwei salzartige Verbindungen im geeigneten Stoffmengenverhältnis über ihren Schmelzpunkt erhitzt werden, nehmen die ionischen Mobilitäten (Diffusionen) stark zu, sodass sich die Reaktion zur Bildung eines neuen Produktes rasch vollziehen kann, ähnlich wie in einer Flüssigkeit. Die Verteilung der Ionen in der Schmelze nähert sich dabei derjenigen Anordnung an, die in der Kristallstruktur des Reaktionsproduktes vorliegt. Im Unterschied zum kristallinen Zustand, in dem Fernordnung herrscht, liegt in der Schmelze aber nur eine Nahordnung von Atomen oder Ionen vor. Dies zeigen Röntgen- und Neutronenbeugungsuntersuchungen an geschmolzenen Salzen. Außerdem enthalten geschmolzene Salze praktisch keine Leerstellen. Die Volumenzunahme von 5–10 % im geschmolzenen Zustand resultiert fast ausschließlich aus der Zunahme der Atomradien (thermische Ausdehnung). Im Allgemeinen sind Schmelzen gut zur Züchtung von Einkristallen geeignet.

Für Reaktionen in Schmelzen wie auch für Fest-fest-Reaktionen ist die Kenntnis des jeweiligen Phasendiagramms hilfreich, um die Reaktionsbedingungen (Temperatur, Zusammensetzung) richtig einzustellen. Beispielsweise ist zu beachten, dass inkongruent schmelzende Stoffe durch Abkühlung einer Schmelze nicht rein erhalten werden können.

Bei vielen hoch schmelzenden Systemen ist der Zusatz einer Fremdschmelze oder eines Flussmittels (Flux) von Interesse. Ein klassisches Beispiel ist die Verwendung von Kryolith (Na_3AlF_6), welches mit Al_2O_3 (Smp. 2050 °C) ein Eutektikum (Smp. 960 °C) bildet, als Schmelzmittel bei der Aluminiumgewinnung (Schmelzelektrolyse). Schmelzflüssige Medien, in denen sich die Reaktionspartner lösen, erhöhen die Mobilitäten und machen niedrigere Reaktionstemperaturen möglich. Auch eutektische Mischungen von Salzen können als Schmelzen eingesetzt werden. Beispiele für niedrig schmelzende Systeme sind eutektische Mischungen aus LiCl/KCl (Smp. 355 °C) und $NaCl/AlCl_3$ (Smp. 107 °C). Solche Salze verhalten sich jedoch in Reaktionen nicht immer inert.

Klassische Anwendungen von Schmelzen sind Aufschlüsse für schwerlösliche Oxide oder Silicate:

$$2\,SnO_2 + 2\,Na_2CO_3 + 9\,S \xrightarrow{\text{Aufschmelzen}} 2\,Na_2SnS_3 + 3\,SO_2 + 2\,CO_2$$

(Freiberger Aufschluss)

Salzschmelzen können bei Reaktionen als reaktive Partner oder als Solvenzien dienen. In Schmelzen aus Calciumchlorid lösen sich Calcium-Metall, Graphit oder Calciumcarbid. Beim gleichzeitigen Auflösen von Calcium-Metall und Graphit in $CaCl_2$ entsteht $Ca_3Cl_2C_3$:

$$CaCl_2 + 2\,Ca + 3\,C \xrightarrow{900\,^\circ C} Ca_3Cl_2C_3$$

Setzt man anstatt von Calciumchlorid eine Schmelze aus Calciumbromid ein, so entsteht bei 900 °C CaC_2:

$$CaBr_2 + Ca + 2\,C \xrightarrow{900\,^\circ C} CaC_2 + CaBr_2$$

Beim Auflösen eines Metalls in seinen Verbindungen tritt in einigen Fällen Synproportionierung als Resultat einer metallothermischen Reduktion auf:

$$La + 2\,LaI_3 \xrightarrow{850\,^\circ C} 3\,LaI_2$$

Salzschmelzen wirken also nicht immer nur als Reaktionsmedium, sondern häufig auch als Reaktionspartner. Für Nitride oder für Reaktionen mit Stickstoff besitzen geschmolzene Lithiumsalze (Li_3N) oder Metallschmelzen (Alkali-, Erdalkalimetall) gute Löslichkeiten. Für Reaktionen mit Chalkogeniden oder Oxiden dienen Flussmittel wie z. B. Na_2S_x oder KOH, Bi_2O_3, PbO und PbF_2. Reaktionen in Oxid- oder Hydroxidschmelzen werden zur Darstellung von Oxiden, wie Perowskiten, Granaten, usw. verwendet, wobei die Beteiligung des Flussmittels an der Reaktion erwünscht oder unerwünscht sein kann.

Während direkte Feststoffreaktionen zur Synthese der Supraleiter $EuBa_2Cu_3O_7$ und $La_{2-x}M_xCuO_4$ Temperaturen von mindestens 800–1000 °C erfordern, entstehen bei Reaktionen in NaOH-Schmelzen bereits bei 320 °C Einkristalle der Verbindungen:

$$La_2O_3 + CuO \xrightarrow{NaOH,\ 320\,^\circ C} La_{2-x}Na_xCuO_4$$

Die Herstellung von $NaCuO_2$ kann über eine Feststoffreaktion von Na_2O_2 und CuO unter Sauerstoff oder aus einer NaOH/Na_2O_2-Schmelze (bei 450 °C) erfolgen:

$$2\,CuO + Na_2O_2 \xrightarrow{NaOH} 2\,NaCuO_2$$

Eine weitere Möglichkeit zur Synthese von $NaCuO_2$ ist die elektrolytische Abscheidung an Platinelektroden ausgehend von CuO in einer NaOH/KOH-Schmelze (<300 °C). Obwohl die Möglichkeiten der Schmelzflusselektrolyse allgemein nicht umfassend untersucht sind, konnten nach dieser Methode zahlreiche Oxide wie z. B. Wolframbronzen hergestellt werden.

2.1.3.1 Ionische Flüssigkeiten

Ionische Flüssigkeiten sind Salze aus großen Anionen und Kationen, die bei niedrigen Temperaturen (<100 °C) schmelzen. Von den Salzschmelzen grenzen sich ionische Flüssigkeiten durch ihr breiteres Anwendungspotential als Lösungsmittel ab, und von den herkömmlichen Lösungsmitteln unterscheiden sie sich durch ihren nichtmolekularen Aufbau. Ionische Flüssigkeiten haben keinen messbaren Dampfdruck und können bei Reaktionen sogar unter Vakuumbedingungen eingesetzt werden. Allgemein treten bei Reaktionen in ionischen Lösungsmitteln keine Verluste durch Verdampfung des Lösungsmittels auf. Dadurch entstehen für viele Prozesse Vorteile („Grüne Chemie"), die aber gegen die Feuchtigkeitsempfindlichkeit einiger ionischer Flüssigkeiten und die toxikologischen und entsorgungstechnischen Aspekte abgewogen werden müssen.

Die dominanten anziehenden Kräfte, die beim Schmelzen von Salzen überwunden werden müssen, beruhen auf der Coulomb-Anziehung zwischen den unterschiedlich geladenen Ionen. Mit zunehmenden Ionenradien verringert sich die Coulomb-Anziehung in einer ionischen Verbindung und ihr Schmelzpunkt nimmt ab. Die Schmelztemperaturen der in Tab. 2.2 zusammengestellten Natriumsalze nehmen mit steigendem Anionenradius von $Cl^- < [BF_4]^- < [AlCl_4]^-$ ab. Eine weitere Verringerung des Schmelzpunkts wird durch größere Kationen wie z. B. $[EMIM]^+$ (1-Ethyl-3-methylimidazolium) anstatt von Na^+ erreicht.

Tab. 2.2: Ionengrößen und Schmelztemperaturen einiger Salze.

Ion (Radius/Å)	Cl^- (1,7)	$[BF_4]^-$ (2,2)	$[AlCl_4]^-$ (2,8)
Na^+ (1,2)	801 °C	384 °C	185 °C
$[EMIM]^+$ (2,7 × 2)	87 °C	15 °C	7 °C

Ionische Flüssigkeiten werden als Lösungsmittel für Reaktionen in der anorganischen und metallorganischen Chemie eingesetzt. Aber auch andere Anwendungen wie z. B. der Einsatz als Flüssigelektrolyt in einer Batterie sind von Interesse.

2.1.4 Chemische Transportreaktionen

Eine wichtige Alternative zu direkten Fest-fest-Reaktionen sind **chemische Transportreaktionen (engl. *chemical vapor transport*, CVT).** Chemische Transportreaktionen werden zur Synthese, Kristallzucht und zur Reinigung von Verbindungen oder Elementen eingesetzt. Für Fest-fest-Reaktionen und chemische Transportreaktionen kann dieselbe Reaktionsgleichung geschrieben werden, obwohl verschiedene Mechanismen berücksichtigt werden müssen:

$$A(s) + B(s) \longrightarrow AB(s) \tag{1}$$

Vor der Betrachtung einer Transportreaktion gemäß Reaktion (1) muss zunächst die Teilreaktion eines festen Stoffes (A) genauer beleuchtet werden, denn bei einer chemischen Transportreaktion muss zumindest eines der Edukte über die Gasphase transportierbar sein. Die Mobilisierung des zu transportierenden festen Stoffes A erfolgt durch ein Transportmittel X, mit dem gemäß Reaktion (2) ein Gaskomplex gebildet wird:

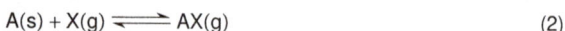

$$A(s) + X(g) \rightleftharpoons AX(g) \tag{2}$$

Zur Gewährleistung der Rückreaktion erfordern chemische Transportreaktionen die Existenz eines reversiblen Gleichgewichtes (kleines $|\Delta H^\circ| \neq 0$) zwischen dem Edukt, Transportmittel und dem Produkt.

Bei der chemischen Transportreaktion reagiert ein Stoff A unter Bildung eines gasförmigen Stoffes, der anschließend an einer anderen Stelle der Apparatur unter Abscheidung von A rückreagiert.

Der Transport des festen Stoffes über die Gasphase hin zu einem anderen Ort des Reaktionsgefäßes setzt eine Gasbewegung durch Strömung, Diffusion oder thermische Konvektion voraus. Im einfachsten Fall wird im Temperaturgefälle einer geschlossenen Quarzglasampulle gearbeitet. Da es sich um temperaturabhängige Gleichgewichtsreaktionen handelt, hängt die Transportrichtung vom Vorzeichen der Reaktionsenthalpie ΔH° ab.

Verläuft die Reaktion zur Bildung eines Stoffes exotherm (negatives ΔH°), so resultiert ein Transport von der kalten zur heißen Zone; bei der endothermen Reaktion (positives ΔH°) erfolgt ein Transport von der heißen zur kalten Zone der Apparatur.

Beide Fälle, die exotherme und die endotherme Reaktion eines festen Stoffes mit einem Transportmittel, sollen im Folgenden anhand von Beispielen betrachtet werden:

1. **Bildung und Zerlegung von exotherm gebildeten Verbindungen**
   Das Mond-Verfahren nutzt die Reversibilität der Reaktion (2) zur Darstellung von reinem Nickel aus. Dabei entsteht gasförmiges $Ni(CO)_4$ in einer exothermen Reaktion aus Ni und CO ($AX_{gas} = Ni(CO)_4$). Rohnickel wird bei etwa 80 °C mit Kohlenmonoxid behandelt und das dabei entstandene $Ni(CO)_4$ wird bei rund 200 °C in reines Nickel-Metall zersetzt. In einem geschlossenen Glasrohr (Ni-Pulver + 1 bar CO_2) scheidet sich Nickel in der heißen Zone des Temperaturgefälles (80/200 °C) ab. Nach dem gleichen Prinzip nutzt das van Arkel-de-Boer-Verfahren die exotherme Reaktion zwischen Metallen (Ti, Zr, Hf, V, Nb, Ta, Cr, Re, Fe, Th) und Iod, um ein gasförmiges Produkt zu bilden. Die Bildung von gasförmigem Metallhalogenid (z. B. ZrI_4), welches für den chemischen Transport genutzt wird, erfolgt bei der niedrigeren Temperatur (Abb. 2.2):

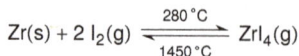

$$Zr(s) + 2\,I_2(g) \underset{1450\,^\circ C}{\overset{280\,^\circ C}{\rightleftharpoons}} ZrI_4(g)$$

An der heißen Stelle des Reaktors zersetzt sich ZrI_4 unter Abscheidung von reinem Zr-Metall, und I_2 wandert zurück in die kältere Zone. Je nachdem, ob die Reaktion zur Abscheidung von reinem Metall oder zur Synthese von ZrI_4 unter Transportbedingungen eingesetzt werden soll, ist Iod in geringer (z. B. wenige Massenprozente des Metalls) oder formelgemäßer Menge einzusetzen. Bei der Synthese von ZrI_4 entfällt die heiße Zone und damit auch die Rückreaktion.

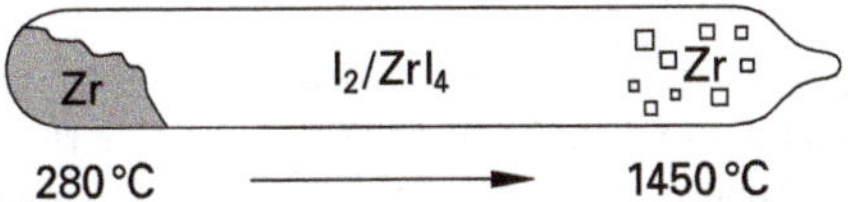

Abb. 2.2: Reinigung von Zirconium durch eine Transportreaktion in einer Quarzglasampulle. Bedingt durch die exotherme Reaktion zwischen Zr und I_2 erfolgt die Zerlegung von ZrI_4 an der heißen Stelle der Ampulle unter Abscheidung von Zirconium-Metall.

Eine praktische Anwendung findet die chemische Transportreaktion in der Halogenlampe. Wenn Wolfram-Metall vom Glühfaden abdampft und sich am Glaskörper der Lampe abscheidet, erfolgt ein Halogen-Rücktransport. Dabei reagieren W, I_2 und O_2 am Glaskörper in einer exothermen Reaktion zu WO_2I_2, welches sich im Lampenraum verteilt. Mit zunehmender Nähe zum Glühfaden findet mit ansteigender Temperatur eine sukzessive Zersetzung von WO_2I_2 in gasförmige Wolframoxide statt, aus denen elementares Wolfram an der heißesten (dünnsten) Stelle des Glühfadens abgeschieden wird.

2. **Bildung und Zerlegung einer endotherm gebildeten Verbindung**
   Die bekannte Verflüchtigung von Platin in sauerstoffhaltiger Atmosphäre beruht auf einer Transportreaktion. Dabei wird glühendes Platinmetall als PtO_2 mobilisiert und im Temperaturgefälle an der weniger heißen Wand als Metall abgeschieden:

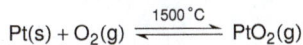

$$Pt(s) + O_2(g) \xrightleftharpoons{1500\,^\circ C} PtO_2(g)$$

3. **Die Reaktion von zwei festen Stoffen miteinander**
   Sollen zwei feste Stoffe (A und B) miteinander reagieren (1) und einer davon (A) ist mit einem Transportmittel (X) über die Gasphase (als AX) transportierbar (2), so kann eine Reaktion über chemischen Transport stattfinden. Dabei wird gewissermaßen die „gasförmige Lösung“ des einen Stoffes (AX) mit dem anderen Stoff (B) umgesetzt:

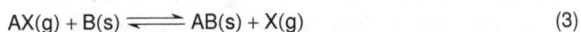

$$AX(g) + B(s) \rightleftharpoons AB(s) + X(g) \qquad (3)$$

Selbst bei räumlicher Trennung der Ausgangsstoffe findet durch Wirkung des Transportmittels eine chemische Reaktion statt. Dabei wird gasförmiges AX an der

Oberfläche von B unter Bildung des (nicht chemisch transportierbaren) Reaktionsproduktes (AB) zerlegt. Für die Bildung von AB spielen die Diffusionsgeschwindigkeit (von gasförmigem AX in B-Pulver oder von A und B in festem AB) sowie mögliche Oberflächenblockaden (an B) die geschwindigkeitsbestimmende Rolle. Mit einem geeigneten Transportmittel können so Reaktionen beschleunigt werden, die anderenfalls zu langsam oder unvollständig ablaufen würden.

Beispiel: Bildung eines Nickel-Chrom-Spinells

Bei der Synthese von $NiCr_2O_4$ aus NiO und Cr_2O_3 durch eine chemische Transportreaktion ist die Präsenz von Sauerstoff von besonderer Bedeutung. Das Edukt Cr_2O_3 gelangt durch eine Reaktion mit dem Transportmittel Sauerstoff als CrO_3 in die Gasphase. Bei der Bildung von $NiCr_2O_4$ wandert gasförmiges CrO_3 zum festen NiO und wird an dessen Oberfläche in Cr_2O_3 und O_2 zerlegt:

$$Cr_2O_3(s) + \tfrac{3}{2}\,O_2 \rightleftharpoons 2\,CrO_3(g)$$

$$NiO + Cr_2O_3 \xrightleftharpoons{1100\,^\circ C} NiCr_2O_4$$

Bei Reaktionen in Quarzglasampullen genügen geringe Mengen Wasser aus der nicht völlig trockenen Gefäßwand, um durch H_2O bzw. O_2 einen chemischen Transport zu ermöglichen.

Beispiel: Bildung von Al_2S_3

Die direkte Umsetzung von Aluminium mit gasförmigem Schwefel läuft wegen der Bildung einer passivierenden Deckschicht aus Al_2S_3 selbst bei 800 °C nur langsam ab. Bei Zugabe von Iod als Transportmittel wird Al_2S_3 transportierbar und scheidet sich in der kälteren Zone kristallin ab. Ausgehend von Al-Metall kann der Reaktionsverlauf durch zwei Teilreaktionen beschrieben werden:

$$2\,Al(s) + 3\,I_2(g) \rightleftharpoons Al_2I_6(g)$$

$$Al_2I_6(g) + \tfrac{3}{2}\,S_2(g) \rightleftharpoons Al_2S_3(s) + 3\,I_2(g)$$

Dabei wird Aluminium durch das Transportmittel Iod als gasförmiges AlI_3 transportiert, welches dann mit Schwefeldampf Al_2S_3 bildet. Kristalle von Al_2S_3 scheiden sich in der Zone niedrigerer Temperatur ab.

Beispiel: Reinigung, Trennung und Kristallisation von Cu und Cu_2O

Wenn zusätzlich auch noch das Reaktionsprodukt mit einem Transportmittel in die Gasphase überführbar ist, werden Diffusionsgeschwindigkeiten und Oberflächenblockaden bedeutungslos. Wird ein Produkt durch ein exothermes und ein anderes Produkt durch ein endothermes Gleichgewicht transportiert, dann lassen sich heterogene Reaktionsprodukte durch chemischen Transport voneinander trennen. Zur Reinigung eines Cu/Cu_2O-Gemisches wird sehr wenig HCl als Transportmittel zugesetzt. Sowohl Cu als auch Cu_2O sind als Cu_3Cl_3 über die Gasphase transportierbar. Die Reaktion von Kupfer mit HCl ist endotherm (vgl. Reaktion Pt + O_2), während die Reaktion von Cu_2O mit HCl exotherm ist (vgl. Reaktion von Zr + I_2). Deshalb erfolgt die Zerlegung in Cu in der kälteren Zone und die Zersetzung in Cu_2O an der heißen Zone einer Quarzglasampulle (Abb. 2.3):

$$3\,Cu + 3\,HCl(g) \rightleftharpoons Cu_3Cl_3(g) + 1{,}5\,H_2 \qquad \Delta H^\circ = 19\,\text{kJ/mol (endotherm)}$$

$$1{,}5\,Cu_2O + 3\,HCl(g) \rightleftharpoons Cu_3Cl_3(g) + 1{,}5\,H_2O(g) \qquad \Delta H^\circ = -92\,\text{kJ/mol (exotherm)}$$

Der chemische Transport ist nicht mit dem physikalischen Prozess der Sublimation zu verwechseln. Bei der Sublimation erfolgt der Stofftransport stets von der heißen zur kalten Zone der Apparatur ($\Delta H_{\text{Subl.}}$ ist immer positiv). Der grundsätzliche Unterschied zur Sublimation ist die Tatsache, dass die Gasphase bei einer Transportreaktion nicht dieselbe Zusammensetzung hat wie die feste Phase.

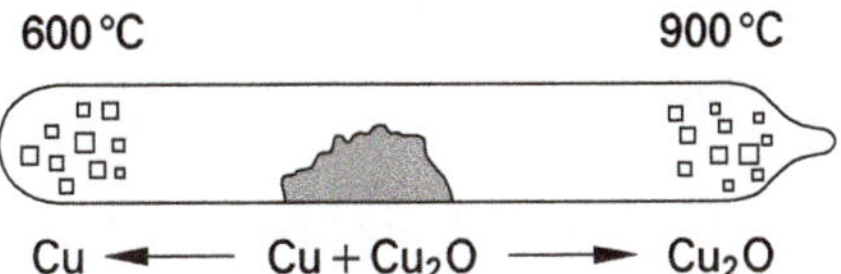

Abb. 2.3: Die Trennung von Cu und Cu_2O im Temperaturgefälle erfolgt über gasförmiges Cu_3Cl_3. Die Kristallisation von Kupfer erfolgt am kälteren Ampullenende und die Kristallisation von Cu_2O erfolgt am heißeren Ampullenende.

2.1.5 Reaktionen bei „tiefen“ Temperaturen

Mit einer Vorläuferverbindung (engl. *Precursor*) kann eine Reaktion, im Vergleich zu direkten Fest-fest-Reaktionen oder zur Kristallisation aus Schmelzen, bei tieferen Temperaturen durchgeführt werden. Ein Vorteil von Precursorrouten ist außerdem, dass die Diffusionsstrecken der Atome oft nur in atomaren Größenordnungen liegen und (thermische) Konvertierungen in das gewünschte Produkt deshalb relativ schnell und vollständig erfolgen können. Allgemein sind derartige „Tieftemperaturmethoden“ von besonderem Interesse, weil damit auch (thermodynamisch) metastabile Verbindungen hergestellt werden können, die unter Hochtemperaturbedingungen nicht stabil und deshalb nicht zugänglich sind. Bei Zerlegungsreaktionen von Precursoren entstehen oft polykristalline Pulver mit kleinen Korngrößen oder sogar röntgenamorphe Produkte, was je nach Zielsetzung als Vorteil oder Nachteil angesehen werden kann.

Als Precursoren eignen sich unterschiedlichste Verbindungen, Mischfällungen oder feste Lösungen, die thermisch in das gewünschte Produkt zerlegbar sind.

Die thermische Zerlegung einer Verbindung, die über geeignete „Abgangsgruppen“ verfügt und dabei in ein gewünschtes Produkt transformiert, ist die vermutlich einfachste Synthesevariante:

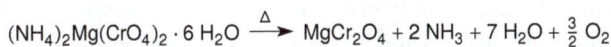

$$(NH_4)_2Mg(CrO_4)_2 \cdot 6\,H_2O \xrightarrow{\Delta} MgCr_2O_4 + 2\,NH_3 + 7\,H_2O + \tfrac{3}{2}\,O_2$$

Ist für ein gewünschtes Produkt kein direkter Vorläufer bekannt, so ist eine zweistufige Reaktion anzuwenden. Eisen- und Zinkoxalate scheiden sich aus übersättigter, wässriger Lösung als homogene Pulver ab. Durch Erhitzen des festen Rückstandes entsteht das gewünschte Produkt:

$$Fe_2(C_2O_4)_3 + ZnC_2O_4 \xrightarrow{\Delta} ZnFe_2O_4 + 4\,CO + 4\,CO_2$$

Ein Precursor zur Darstellung des Minerals Spinell kann aus einer wässrigen Lösung der Metallhydroxide bei 100 °C als „Kopolymerisat" der Metallhydroxide bzw. als sogenanntes Gel gefällt werden. Das gewünschte Produkt entsteht durch Erhitzen des Gels auf 300–400 °C:

$$Mg(OH)_2 + 2\,Al(OH)_3 \xrightarrow{\Delta} MgAl_2O_4 + 4\,H_2O$$

Ein aus Lösung gefälltes Mehrkomponentenoxid ist natürlich stets ein besserer Precursor als ein aus Lösung gefälltes Gemisch der Einzeloxide, da bei der Zersetzung eines auch noch so homogenen Gemenges stets längere Diffusionswege resultieren.

Alternativ zu Oxalaten oder Hydroxiden können u. a. Acetate, Alkoholate, Carbonate und Citrate für ähnliche Reaktionen zur Synthese unterschiedlichster Oxide verwendet werden. Eine Sol-Gel-Synthese von ternären Oxiden mit Granatstruktur wird im Abschn. 2.10.5.11 vorgestellt.

Auch wenn vielleicht zumeist Oxide mit Precursormethoden hergestellt werden, folgt daraus keine Einschränkung.

Eine gängige Methode zur Darstellung wasserfreier Seltenerdmetall-Trihalogenide (vgl. Abschn. 2.10.9.1) ist die Zersetzung ihrer Ammoniumsalze im Vakuum:

$$(NH_4)_3YbCl_6 \xrightarrow{\Delta} YbCl_3 + 3\,NH_4Cl$$

Der Vorteil dieser Methode gegenüber der Synthese aus den Elementen ist die Vermeidung des bei höheren Reaktionstemperaturen als Nebenprodukt entstehenden Oxidchlorids (MOCl). Auf ähnliche Weise kann das metastabile ternäre Chlorid KYb_2Cl_7 entweder aus $(NH_4)_3YbCl_6$ in Gegenwart von KCl oder ausgehend von $K(NH_4)_2YbCl_6$ hergestellt werden.

Chevrel-Phasen $A_xMo_6S_8$ (A = Cu, Pb usw.) lassen sich aus $A_x(NH_4)_2Mo_3S_9$ durch thermische Zerlegung im Wasserstoffstrom herstellen.

2.1.6 Modifizierung von Feststoffen

Bereits bestehende Strukturen können durch Interkalation oder Ionenaustausch modifiziert werden. Bei der Interkalation werden zusätzliche Atome in eine Wirtsstruktur eingebracht; beim Ionenaustausch werden Ionen in einer Struktur durch andere Ionen substituiert. Beide Prozesse können in Schmelzen oder in Lösungen erfolgen, wobei eine strukturelle Orientierungsbeziehung zur Ausgangsverbindung (Topotaxie) meistens erhalten bleibt.

Eine strukturelle Klassifizierung von Interkalationsverbindungen (und Ionenaustauschern) ist anhand der Dimensionalität eines Wirtsgitters möglich. So kann eine Interkalation in eine Netzwerkstruktur (dreidimensional, z. B. Zeolith), Schichtstruktur (2D, z. B. TiS_2), Kettenstruktur (1D, z. B. NbS_3) oder in eine molekulare Struktur (0D, z. B. C_{60}) erfolgen.

2.1.6.1 Interkalation

Typisch sind Einlagerungen in Schichtstrukturen, in denen starke Bindungen innerhalb der Schichten und schwache (oft Van-der-Waals-)Kräfte zwischen benachbarten Schichten wirken. Mit der Interkalation findet meistens eine Aufweitung der Schichten statt. Die Ladung des Wirtsgitters kann durch Elektronen- oder Ionentransfer verändert werden. Graphit ist ein bekanntes Beispiel für ein Redoxsystem, in das Kationen (z. B. C_8K) oder Anionen (z. B. $C_{24}HSO_4 \cdot 2{,}4\ H_2SO_4$) interkaliert werden können. Allgemein können aber auch neutrale Moleküle in Strukturen eingelagert werden.

Die Schichtstrukturen von Metalldisulfiden mit Metallen der Gruppen 4 und 5 sind für kationische Interkalationen gut geeignet (Abb. 2.96). Die Interkalation – vorzugsweise von Alkalimetallionen – erfolgt in Zwischenräume der Chalkogendoppelschichten:

$$x\mathrm{Li} + \mathrm{TiS_2} \rightleftharpoons \mathrm{Li}_x\mathrm{TiS_2} \quad (0 < x < 1)$$

Die reversible Einlagerung von Lithiumionen hat eine wichtige Bedeutung für Lithiumbatterien (Abschn. 2.5.4).

Metallatome wirken bei der Interkalation als Elektronendonoren, da sie ihre Elektronen an die Wirtsstruktur abgeben. Die lokalisierte Betrachtung dieses Vorgangs entspricht einer Änderung des Oxidationszustands in der Wirtsstruktur:

$$x\mathrm{Li}^+ + xe^- + \mathrm{Ti}^{4+}(\mathrm{S}^{2-})_2 \rightleftharpoons (\mathrm{Li}^+)_x(\mathrm{Ti}^{4+})_{1-x}(\mathrm{Ti}^{3+})_x(\mathrm{S}^{2-})_2$$

Auch die relativ offene WO_3-Struktur (ReO_3-Typ, Abb. 2.20) erlaubt eine breite Palette topotaktischer Redoxchemie unter Bildung von Wolframbronzen A_xWO_3 (Abschn. 2.10.5.7). Die reduktive Interkalation, beispielsweise mit Lithium, bewirkt sukzessive Änderungen von Farbe und Eigenschaften:

$$x\mathrm{Li} + \mathrm{WO_3} \rightleftharpoons \mathrm{Li}_x\mathrm{WO_3} \quad (0 < x < 1)$$

xLi + WO_3	Li_xWO_3
gelblich, transparent	orange-rot, blauschwarz, metallisch glänzend
Isolator	Metall

Die Farbänderung beruht auf der Einlagerung von Lithium, dessen Elektron in das Leitungsband der Wirtsstruktur übernommen wird. Durch die elektrochemisch reversibel steuerbare Einlagerung von unterschiedlichen Mengen x Lithium in die Strukturen von

WO_3 oder MoO_3 können die Lichttransmissions- und Lichtemissionseigenschaften dieser Materialien gezielt moduliert werden. Daraus resultieren Anwendungen, z. B. in optischen Displays oder in selbstabblendenden Fahrzeugrückspiegeln.

Beispiele für metastabile Interkalationsverbindungen sind ZrClH und $CsFBr_{2/x}$ ($x = 1, 2$). ZrClH wird bei der Reaktion von ZrCl und H_2 durch Einlagerung von Wasserstoffatomen in die Struktur von ZrCl gebildet. Die interkalierten Wasserstoffatome befinden sich zwischen den Zr-Doppelschichten der Struktur (Abb. 2.113). $CsFBr_{2/x}$ entsteht durch Einwirkung von gasförmigem Br_2 auf CsF bei 70 °C. Die Strukturen von $CsF \cdot Br_2$ und $(CsF)_2 \cdot Br_2$ enthalten neutrale Br_2-Moleküle. Die Interkalation dieser relativ großen Moleküle erfordert eine erhebliche Umorganisation der CsF-Struktur (NaCl-Typ). Durch Gleitung in den Ebenen der Struktur entstehen deckungsgleich gestapelte, quadratisch planare CsF-Schichten, die sich mit Schichten aus Br_2-Molekülen abwechseln. $CsF \cdot Br_2$ und $(CsF)_2 \cdot Br_2$ bilden Einlagerungsverbindungen der ersten und der zweiten Stufe.

Interkalationen von organischen Molekülen (Amine, Amide, Phosphine, Isocyanate, N-Heterocyclen) in Metalldichalkogenide können unter striktem Wasserausschluss bei bis zu 200 °C erfolgen. Dabei werden die Gastmoleküle in die Chalkogendoppelschichten interkaliert. Die direkte Reaktion von Pyridin mit 2H-TaS_2 führt zu einem Produkt mit der Grenzzusammensetzung $TaS_2(Pyridin)_{1/2}$. Dabei erfolgt eine Änderung in der Schichtenfolge von BaBCaC für (2H-)TaS_2 (vgl. Abb. 2.9) nach CbCCaC für die interkalierte Verbindung $TaS_2(Pyridin)_{1/2}$, in der alle Sulfidionen deckungsgleich gestapelt sind.

2.1.6.2 Ionenaustausch

Beim Ionenaustausch wird die Gesamtladung des Wirtsgitters nicht verändert. Typisch ist eine anionische Wirtsmatrix mit mobilen Kationen, die durch andere Kationen ausgetauscht werden können. Austauschreaktionen können analog zu Interkalationen in Lösungen oder in Salzschmelzen durchgeführt werden. Hinsichtlich der Anwendungsmöglichkeiten und kommerziellen Bedeutung von Ionenaustauschern sind Zeolithe gegenwärtig die wichtigsten Ionenaustauschermaterialien. Zeolithe sind kristalline Alumosilicate mit innerkristallinen Kanalsystemen. Die Ladung der Al/Si/O-Matrix wird durch die mobilen und austauschbaren Kationen in den Kanälen der Struktur ausgeglichen. Ionenaustauscher aus Silicathydraten ($SiO_2 \cdot xH_2O$) oder Zeolithen [$Na_x(AlO_2)_x(SiO_2)_y \cdot mH_2O$] besitzen weitreichende Anwendungen (vgl. Abschn. 2.11.3.2). Andere Metallsilicate wie z. B. $Na_2Si_2O_5$ sind für präparative Zwecke von Interesse. Im Gegensatz zu der hohen für die Festkörpersynthese von $Li_2Si_2O_5$ benötigten Temperatur (Tab. 2.1) kann $Ag_2Si_2O_5$ durch Ionenaustausch bei relativ niedrigen Temperaturen hergestellt werden:

$$Na_2Si_2O_5 \xrightarrow{AgNO_3,\ 280\,°C} Ag_2Si_2O_5$$

In Salzschmelzen können Natriumionen in „schnellen“ Ionenleitern, wie z. B. in Na-β-Aluminiumoxid, gegen andere einwertige Ionen (Li^+, K^+, Rb^+, Ag^+, Cu^+, NH_4^+) ausgetauscht werden. Die Struktur von **Na-β-Aluminiumoxid** ($Na_{1+x}Al_{11}O_{17+x/2}$) besteht aus $Al_{11}O_{16}$-Spinellblöcken, die durch Schichten aus Natrium- und Sauerstoffionen voneinander getrennt sind. Der Austausch von Natriumionen erfolgt daher in den Leitungsschichten.

Feste Lösungen mit der Zusammensetzung $Na_{1-x}Zr_2(P_{1-x}Si_xO_4)_3$ bilden für die Phase mit der Grenzzusammensetzung $x = 0$ Netzwerke aus $[Zr_2(PO_4)_3]^-$-Ionen. Sie sind ein Beispiel für die große Familie von Phosphat-Ionenaustauschern. Ihre Lithium- und Natriumderivate gehören zu den schnellen Ionenleitern (LISICON, NASICON), die sich durch hohe Ionenleitfähigkeiten auszeichnen (siehe Abschn. 2.5.4.1).

Sogar in dicht gepackten Strukturen können Kationen ausgetauscht werden. β-$NaAlO_2$ kristallisiert in einer Strukturvariante des Wurtzit-Typs. Darin besetzen die Kationen beider Sorten Tetraederlückenschichten. In Salzschmelzen, die Ag^+-, Cu^+- oder Tl^+-Ionen enthalten, werden die Natriumionen quantitativ substituiert:

$$\beta\text{-}NaAlO_2 \xrightarrow{Cu^+,\ \text{Schmelze}} \beta\text{-}CuAlO_2$$

In technischer Hinsicht sind Ionenaustauschreaktionen an ternären Niob- und Tantaloxiden interessant. Die rhomboedrische $LiMO_3$-Struktur (M = Nb, Ta) wandelt sich in wässriger Lösung in die kubische HMO_3-Struktur vom Perowskit-Typ um:

$$LiNbO_3 \xrightarrow{H^+,\ 100\,°C} HNbO_3$$

Verbindungen des Typs HMO_3 und die unvollständig ausgetauschten Verbindungen $Li_{1-x}H_xMO_3$ sind wegen ihrer ferroelektrischen Eigenschaften und ihres nichtlinearen optischen Verhaltens von Interesse.

2.1.7 Reaktionen bei hohen Drücken

Hochdruckreaktionen können mit einem reaktiven Gas, einer Flüssigkeit oder mit einem Feststoff durchgeführt werden.

2.1.7.1 Reaktive Gase

Für Reaktionen mit Gasen dienen Druckbehälter (Autoklaven) aus inerten Metallen, in denen das reaktive Gas vor der Reaktion einkondensiert oder durch Zersetzung einer anderen Verbindung freigesetzt wird. Als besonders reaktives Gas lässt sich Wasserstoff in Metalle einlagern. Hydrierte Verbindungen wie **$LaNi_5H_6$** oder **$FeTiH_2$** kommen als

Wasserstoffspeicher in Betracht (vgl. Abschn. 2.10.1.5). Die Einlagerung von H_2 in $LaNi_5$ erfolgt bereits bei 25 °C und 2 bar mit merklicher Geschwindigkeit:

$$LaNi_5 \xrightarrow{H_2} LaNi_5H_6$$

Dagegen entstehen andere Metallhydride erst bei hohen Wasserstoffdrücken in Autoklaven, in denen zuvor Wasserstoff einkondensiert wurde. Dazu zählen auch ternäre Metallhydride wie Na_2PdH_2 und Na_2PdH_4, deren Kristallstrukturen im Abschn. 2.10.1.4 beschrieben werden.

$$2\,NaH + Pd \xrightarrow{3\text{ bar } H_2,\ 370\,°C} Na_2PdH_2$$

Die Erfahrung zeigt, dass durch höheren Wasserstoffdruck höhere Oxidationszustände der Metalle erreicht werden können:

$$2\,NaH + Pd \xrightarrow{2000\text{ bar } H_2,\ 500\,°C} Na_2PdH_4$$

Die Hochdruckfluorierung (Monel-Autoklav, bis 4500 bar F_2, $T = 600$ °C) setzt viel Erfahrung voraus. Weicht man nur wenig von den günstigen Bedingungen (Fluordruck, Zeit, Temperatur) ab, so sind die Präparate entweder nicht durchfluoriert oder haben bereits mit dem Reaktionsbehälter reagiert. Besonders interessant oder ungewöhnlich erscheinen Metallfluoride mit hohen Oxidationszahlen der Metallatome. Hierzu zählen Ni^{4+}, $Cu^{3+,4+}$, Fe^{4+}, $Cr^{4+,5+}$ in Hexafluoroniccolaten(IV) wie $SrNiF_6$ oder Hexafluorocupraten(IV) wie Cs_2CuF_6. Das Hexafluoroniccolat(IV) K_2NiF_6 entsteht bei der Reaktion von KF und NiF_2 mit XeF_2 als Fluorgenerator bei 600 °C unter Druck.

2.1.7.2 Solvothermalsynthesen

Solvothermalsynthesen sind heterogene Reaktionen im flüssigen Medium oberhalb des Siedepunktes und bei Drücken über 1 bar. Neben Wasser (Hydrothermalsynthese) ist Ammoniak (Ammonothermalsynthese) das bis heute wichtigste solvothermale Reaktionsmedium.

Als einfachste Reaktoren werden dickwandige Glasampullen oder Druckbehälter aus Metall (Autoklaven) verwendet. Zur Vermeidung der Korrosion von Metallautoklaven dienen Tefloneinsätze (bis zu 250 °C) oder Glasampullen, die in Autoklaven eingebracht werden. Der Druck in der Glasampulle wird über einen Gasgegendruck im Autoklaven und über die Autoklavenwand kompensiert (Abb. 2.4).

Unter hydrothermalen Bedingungen gehen schwer lösliche Stoffe als Komplexe in Lösung. Wasser dient dabei gleichzeitig als Lösungsmittel und als druckübertragendes

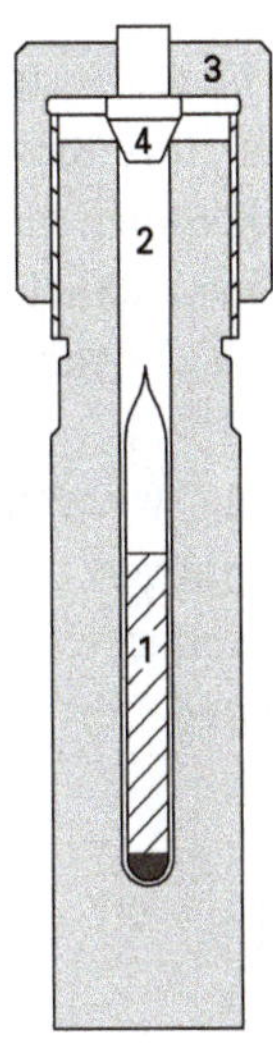

Abb. 2.4: Versuchsanordnung für das Solvothermalverfahren (bis 500 °C und 1–2 kbar Innendruck). Die mit Edukten und Solvens gefüllte, abgeschmolzene Quarzglasampulle (1) befindet sich in einem Stahlautoklaven. Der Gegendruck (2) verhindert das Zerplatzen der Ampulle. Verschlossen wird der Autoklav durch eine Überwurfmutter (3) mit Verschlusskegel (4).

Medium. Wird bei den gewählten Bedingungen eine Mindestlöslichkeit der schwerlöslichen Komponenten von 2–5 % nicht erreicht, so können Mineralisatoren wie Säuren, Basen oder leichtlösliche komplexbildende Stoffe zugesetzt werden.

Lithiumtetraborat (LBO) ist ein piezoelektrisches Material, das unter hydrothermalen Bedingungen in einem Autoklav mit Tefloneinsatz aus wässriger Lösung kristallisiert:

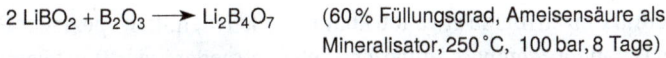

$$2\,LiBO_2 + B_2O_3 \longrightarrow Li_2B_4O_7$$ (60 % Füllungsgrad, Ameisensäure als Mineralisator, 250 °C, 100 bar, 8 Tage)

Hydrothermalreaktionen dienen zur Synthese und zur Einkristallzüchtung. Dabei gelten die Gesetzmäßigkeiten chemischer Transportreaktionen, als deren Spezialfall die Hydrothermalsynthese angesehen werden kann. Bei der Hydrothermalsynthese reagieren die festen Edukte über das fluide Medium Wasser. Durch die Wirkung eines Temperaturgradienten werden die Reaktionsprodukte durch Konvektion von Bereichen hoher Löslichkeit zu Bereichen niedriger Löslichkeit transportiert und dort kristallin abgeschieden. Auf ähnliche Weise haben sich in der Natur Mineralien gebildet. Seltener als der Transport von heiß nach kalt ist die umgekehrte Transportrichtung im Falle retrograder Löslichkeit (z. B. bei Metallen).

Die in Abb. 2.4 gezeigte Anordnung eignet sich z. B. zur Herstellung von Chalkogeniden oder Chalkogenidhalogeniden. $AuITe_2$ bildet sich in einer Quarzglasampulle aus den Elementen in zehnmolarer HI beim Abkühlen von 450 auf 150 °C innerhalb von 10 Tagen:

$$Au + 2\,Te \xrightarrow{HI} AuITe_2$$

Die bedeutendste Anwendung der Hydrothermalsynthese in der Technik ist die Fertigung von Quarzkristallen für piezoelektrische Anwendungen (Oszillatoren). Ihre Kristallisation erfolgt bei 380 °C aus alkalischer Lösung. Eine gewisse Rolle spielt auch die Kristallzüchtung künstlicher Edelsteine, wie Quarzvarianten (Amethyst, Citrin, Rauchquarz) oder Saphir, Rubin und Smaragd. Synthetische Smaragde stammen aus hydrothermaler Züchtung bei 500–600 °C und 1 kbar Druck.

Magnetische Oxide für Informationsspeicher (vgl. CrO_2 in Abschn. 2.10.5.3) wurden in der Vergangenheit ebenfalls hydrothermal hergestellt. Ausgangsverbindungen zur Herstellung von ferromagnetischem **Chrom(IV)oxid** (für Magnetspeicherbänder) wurden in hydrothermalen Druckprozessen bei 300–400 °C und 50–800 bar zu nadelförmigen CrO_2-Kristallen umgesetzt:

$$Cr_2O_3 + CrO_3 \longrightarrow 3\,CrO_2$$
$$CrO_3 \longrightarrow CrO_2 + \tfrac{1}{2}\,O_2$$

Die Zersetzung von überschüssigem CrO_3 liefert den Sauerstoffdruck, der in der geschlossenen Ampulle den hohen Druck aufbaut und CrO_2 gegenüber Wasser stabilisiert.

Auch viele andere Metalloxide mit magnetisch geordneten Strukturen, wie γ-Fe_2O_3, Ferrite und Granate können hydrothermal hergestellt werden.

2.1.7.3 Fest-fest-Reaktionen bei hohen Drücken

Der Phasenübergang von einer Normal- in eine Hochdruckphase kann durch mechanischen Druck und Heizen (bis zu etwa 100 kbar und 1800 °C) mittels spezieller Hochdruckapparaturen (Zylinder-Stempel-, Squeezer-, Belt-, Tetraeder- oder Würfelapparatur) induziert werden. Das p-T-Phasendiagramm in Abb. 2.5 zeigt den Normalfall eines mit der Temperatur ansteigenden Umwandlungsdrucks. Eine Druckerhöhung bei konstanter Temperatur führt (reversibel) von der Normal- zur Hochdruckphase, während eine Temperaturerhöhung bei konstantem Druck von der Hochdruck- zur Normaldruckphase führt.

Entscheidend für die Isolierung einer Hochdruckphase ist die Reaktionsgeschwindigkeit. Verläuft eine Reaktion „ungehemmt“, d. h. mit hoher Geschwindigkeit in beide Richtungen, so ist die Hochdruckphase nicht isolierbar und muss *in situ* (unter Hochdruckbedingungen) untersucht werden. Nur wenn die Druckumwandlung „gehemmt“ verläuft (d. h. nur bei hohen Temperaturen mit merklicher Geschwindigkeit), kann die Hochdruckphase stabilisiert werden. In der Praxis wird deshalb versucht, die Hochdruckphase vor der Druckentlastung durch rasches Abkühlen auf tiefe Temperaturen („quenching“) zu stabilisieren.

Beim druckinduzierten Phasenübergang resultiert für den Feststoff in der Hochdruckphase eine dichtere Packung der Atome (Volumenkontraktion), die im Allgemeinen zur Erhöhung der Koordinationszahl führt. Mit zunehmender Koordinationszahl

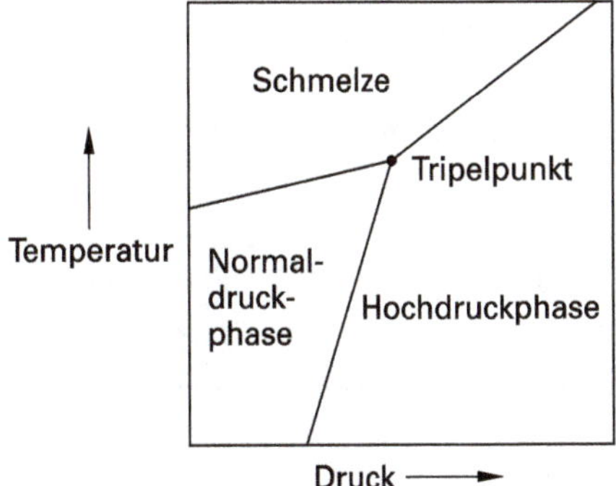

Abb. 2.5: Typisches Temperatur-Druck-Phasendiagramm mit Stabilitätsgebieten von Normaldruckphase, Hochdruckphase und Schmelze.

werden Bindungen zunehmend ungerichtet; die Delokalisierung von Elektronen und die metallischen Eigenschaften nehmen zu.

In einer vereinfachten Vorstellung sind die häufig größeren, weicheren Anionen stärker komprimierbar als Kationen. Die Drucksteigerung bewirkt daher eine Vergrößerung des Radienquotienten $r(K^+)/r(A^-)$. Da die Koordinationszahl der Kationen mit steigendem Radienquotienten zunimmt (vgl. Abschn. 2.2.2), sind für binäre Verbindungen Übergänge in der Abfolge der Strukturtypen Zinkblende (Koordinationszahl 4) ⟶ NaCl (KZ 6) ⟶ CsCl (KZ 8) zu erwarten. Tatsächlich sind viele strukturelle Umwandlungen vom Zinkblende-Typ in den NaCl-Typ und vom NaCl-Typ in den CsCl-Typ durch Beispiele belegt:

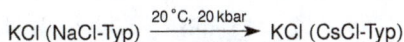

$$\text{KCl (NaCl-Typ)} \xrightarrow{20\,°\text{C},\ 20\,\text{kbar}} \text{KCl (CsCl-Typ)}$$

Eine technisch wichtige Anwendung von Hochdruckreaktionen ist die Darstellung von Diamant aus Graphit. In der Praxis wird diese Phasenumwandlung mithilfe von Katalysatoren bei etwa 1600 °C und 70 kbar durchgeführt:

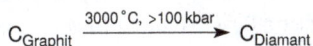

$$C_{\text{Graphit}} \xrightarrow{3000\,°\text{C},\ >100\,\text{kbar}} C_{\text{Diamant}}$$

Weitere wichtige Beispiele für druckinduzierte Phasenübergänge sind Umwandlungen zwischen einigen Quarzmodifikationen. Neben den zahlreichen bekannten Modifikationen unter atmosphärischen Druckbedingungen sind von SiO_2 außerdem noch Hochdruckmodifikationen bekannt. Unter etwa 30 kbar (je nach Temperatur) Druck wandelt sich Quarz in Coesit (KZ unverändert 4, Dichtezunahme 20 %) und oberhalb von etwa 120 kbar in Stishovit (Rutil-Typ, KZ 6, Dichtezunahme um weitere 45 %) um.

Eine Besonderheit von Hochdruckphasen sind ungewöhnliche Strukturen, Koordinationszahlen und elektrische Eigenschaften. Halbleitendes SmS geht bei 6,5 kbar unter Erhalt des NaCl-Strukturtyps in eine metallische Phase über. Bei der Umwandlung findet ein f–d-Konfigurationsübergang ($f^n d^0 \longrightarrow f^{n-1} d^1$) eines 4f-Elektrons pro Formeleinheit SmS in die 5d-Zustände statt. Wegen der Elektronendelokalisierung in diesen Energiezuständen hat die Hochdruckmodifikation von SmS metallische Eigenschaften. Der gegenüber $Sm^{2+}(4f^6 5d^0)$ kleinere Radius von $Sm^{3+}(e^-)$ $(4f^5 5d^1)$ ist für die Volumenkontraktion in $Sm^{3+}S^{2-}(e^-)$ verantwortlich.

Ein analoges elektronisches Verhalten (Übergang $Nd^{2+} \longrightarrow Nd^{3+}$), jedoch gekoppelt mit einer Strukturumwandlung, findet man für NdI_2. Unter Druck wandelt sich NdI_2 vom $SrBr_2$-Typ in den für intermetallische Verbindungen typischen $MoSi_2$-Typ um:

$$NdI_2\ (SrBr_2\text{-Typ}) \xrightarrow{450\,^\circ C,\ 20\text{–}40\ \text{kbar}} NdI_2(e^-)\ (MoSi_2\text{-Typ})$$

Der $MoSi_2$-Strukturtyp wird für LaI_2, CeI_2 und PrI_2 bereits unter Normalbedingungen gefunden. Dihalogenide dieses Strukturtyps mit dreiwertigen Seltenerdmetallen haben metallische Eigenschaften. Die Kristallstruktur und die Bandstruktur von $LaI_2(e^-)$ sind im Abschn. 2.7.4.4 gezeigt.

2.2 Kristallstrukturen

Kristallstrukturen können anhand von verschiedenen Modellen beschrieben werden, die nicht miteinander konkurrieren, sondern nach ihrer Zweckmäßigkeit herangezogen werden.

Die kristallographische Beschreibung orientiert sich an internationalen Konventionen. Danach werden Kristallstrukturen durch Gitterkonstanten (a, b, c) und Winkel (α, β, γ), die Anzahl der Formeleinheiten in der Elementarzelle (Z), die Atomkoordinaten (x/a, y/b, z/c) aller Atome in der kleinsten Einheit der Elementarzelle und das Raumgruppensymbol angegeben. Die Größe der asymmetrischen Einheit richtet sich nach der Kristallsymmetrie. In der Raumgruppe $P\bar{1}$ ist die asymmetrische Einheit bedingt durch Inversionssymmetrie genau halb so groß wie die Elementarzelle. Die Raumgruppe *Pmmm* enthält drei senkrecht zueinander stehende Spiegelebenen, weshalb die asymmetrische Einheit nur ein Achtel der Elementarzelle einnimmt.

Wenn die kristallographische Beschreibung für die Anschaulichkeit einer Struktur zu komplex ist, werden charakteristische Fragmente einer Struktur anhand von Koordinationspolyedern und ihren Verknüpfungen betrachtet. Eine andere häufig verwendete Beschreibung basiert auf dem Konzept dichtester Packungen von Atomen oder Ionen, wobei diese als harte Kugeln betrachtet werden.

2.2.1 Dichteste Packungen von Atomen

Bei der Diskussion von Kristallstrukturen bedient man sich in der Festkörperchemie oft der Analogie zu bekannten oder typischen Kristallstrukturen. Die Strukturen vieler Festkörper können als dichteste Kugelpackungen von Atomen oder Ionen beschrieben werden. In einer dichtest gepackten Schicht sind die Atome an den Ecken gleichseitiger Dreiecke angeordnet. Packt man auf eine solche Schicht von Kugeln eine zweite dichtest gepackte Schicht, so wird die Packung am dichtesten, wenn die Kugeln der zweiten Schicht in den Senken der ersten liegen (Schichtenfolge AB). Für die dritte Schicht ergeben sich zwei Möglichkeiten:

1. Die Schichtenfolge AB, AB ..., wobei die Kugeln der dritten Schicht in Senken der zweiten Schicht liegen, die deckungsgleich zur ersten Schicht sind.
2. Die Schichtenfolge ABC, ABC ..., wobei die Kugeln der dritten Schicht in Senken der zweiten Schicht liegen, die nicht deckungsgleich zur ersten Schicht sind.

Die Schichtenfolge AB, AB ... wird als hexagonal dichteste Packung (hdP) und die Schichtenfolge ABC, ABC ... als kubisch dichteste Packung (kdP), kubisch flächenzentriert bezeichnet (Abb. 2.6). Da Schichten natürlich auch in komplexer Weise übereinander liegen können, sind die hdP und kdP nur zwei häufige (kurzperiodische) Polytypen von vielen anderen denkbaren Möglichkeiten. Für eine beliebige Abfolge von dichtest gepackten Schichten gilt die Jagodzinski-Symbolik. Dabei erhält eine Schicht A die Bezeichnung h (= hexagonal), wenn sie von zwei gleichartigen (... BAB ...), und c (= kubisch), wenn sie von zwei ungleichen (... CAB ...) Nachbarschichten umgeben ist. Auf Basis dieser Nomenklatur wird die Schichtenfolge ABAC als chch oder $(ch)_2$ bezeichnet.

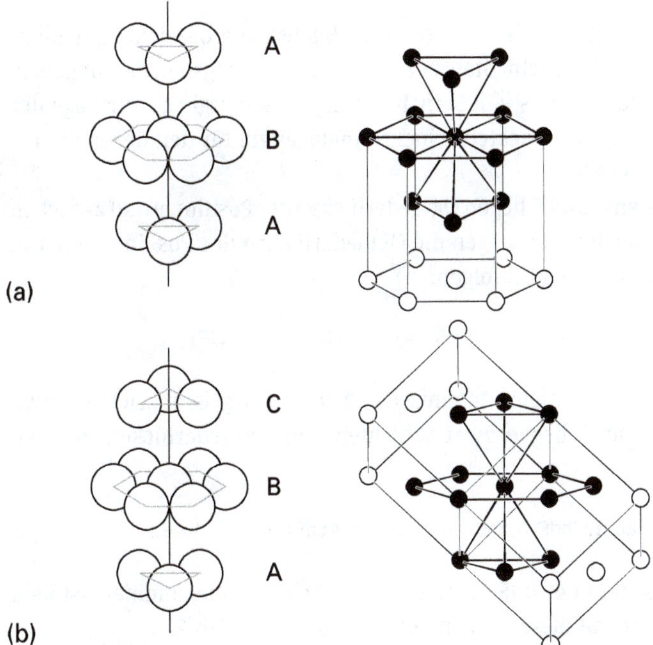

Abb. 2.6: (a) Die hexagonal dichteste Packung (Packungsfolge AB, AB ...) und (b) die kubisch dichteste Packung (Packungsfolge ABC,ABC ...). Gezeigt sind jeweils die einfache Abfolge von Kugelschichten und der Bezug zur entsprechenden hexagonalen und kubischen Elementarzelle.

Neben der kdP und der hdP ist die kubisch raumzentrierte Struktur (krz) die dritte häufig auftretende Struktur, die aber weniger dicht gepackt ist.

Die meisten Metalle kristallisieren in einer der drei genannten Strukturen (Tab. 2.3).

Tab. 2.3: Elementstrukturen, Raumerfüllung (RE) und Koordinationszahl (KZ) bei Normalbedingungen.

	RE[a]	KZ	Beispiele
kdP	0,74	12	Ca, Sr, Al, Ni, Cu, Rh, Pd, Ag
hdP	0,74	12	Be, Mg, Sc, Ti, Co, Zn, Y, Zr
Krz	0,68	8+6	Alkalimetalle, V, Cr, Fe, Nb, Mo, Ta, W
kub. Primitiv	0,52	6	Po
Diamant	0,34	4	C, Si, Ge

[a] RE = $\frac{4}{3}\pi r^3 Z/V$, mit r = Radius der Kugeln, Z/V = Anzahl der Kugeln pro Volumenelement.

Um Strukturen mit mehr als nur einer Atomsorte aufzubauen, kann man sich Anordnungen vorstellen, in denen die größeren Packungsteilchen (meistens die Anionen) dichteste Kugelpackungen bilden, deren oktaedrische oder/und tetraedrische Lücken durch die kleineren Lückenteilchen (meistens die Kationen) besetzt werden.

Eine dichteste Packung aus N Kugeln enthält N Oktaederlücken und 2N Tetraederlücken.

Oktaederlücken werden durch kleine griechische Buchstaben bezeichnet, die ihre relative Position in den Zwischenschichten bezüglich der Packungsteilchen angeben. So liegt eine Oktaederlücke des Typs γ in Stapelrichtung deckungsgleich zur Lage der Packungsteilchen C der dichtest gepackten Schicht (Analoges gilt für den Bezug der Positionen der Lagen α/A und β/B).

Zwischen den Schichten A und B liegen Oktaederlücken der Position γ und zwischen den Schichten A und C oder B und C liegen die Oktaederlücken der Position β oder α. Beispiele hierfür sind die einfachen Abfolgen:

$$\mathrm{A}\gamma\mathrm{B}\gamma, \mathrm{A}\gamma\mathrm{B}\gamma \ \ldots \ (\mathrm{hdP}) \quad \text{und} \quad \mathrm{A}\gamma\mathrm{B}\alpha\mathrm{C}\beta, \mathrm{A}\gamma\mathrm{B}\alpha\mathrm{C}\beta \ \ldots \ (\mathrm{kdP}).$$

Tetraederlücken werden durch kleine lateinische Buchstaben gekennzeichnet. Zwischen den Schichten A und B liegen zwei Schichten von Tetraederlücken mit den Positionen b und a:

$$\mathrm{AbaBab, AbaBab} \ldots \ (\mathrm{hdP}) \quad \text{und} \quad \mathrm{AbaBcbCac, AbaBcbCac} \ldots \ (\mathrm{kdP}).$$

Da sich die Tetraederlücken in der hdP (... aBa ...) räumlich zu nahe kommen, ist kein Strukturtyp bekannt, in dem all diese Lücken besetzt wären (vgl. Tab. 2.4).

2.2.2 Lückenbesetzungen in dichtest gepackten Strukturen

Für die Lückenbesetzungen in dichtest gepackten Strukturen werden bei ionischen Verbindungen die sterischen Kriterien der **Radienquotienten** angewendet (Radius des Lückenteilchens/Radius des Packungsteilchens). Bei der Bestimmung der „idealen" Radienquotienten geht man von den Berührungsradien der Packungsteilchen in einer Struktur aus. Daraus lässt sich der Wert für den Radius des Lückenteilchens als Berührungsradius mit den Packungsteilchen berechnen. Demnach beträgt der „ideale" Radienquotient (alle Kugeln berühren sich) für die Besetzung einer tetraedrischen Lücke 0,22, für eine oktaedrische Lücke 0,41 und für eine kubische Umgebung (KZ = 8) 0,73. Allerdings ist eine Unterschreitung des „idealen" Radienquotienten kritisch, da die Lückenteilchen zu klein werden und Abstoßungen zwischen den Packungsteilchen erfolgen. Daher werden im Fall ionischer Bindung für Radienquotienten <0,73 Oktaederlücken und für Radienquotienten <0,41 Tetraederlücken besetzt. Abweichungen von der Radienquotientenregel ergeben sich u. a. durch den Einfluss der **Polarisation** (= Verzerrung der Ladungsdichte eines Ions). Während bei der ionischen Bindung ungerichtete Kräfte zwischen Ionen wirken, werden mit zunehmender Polarisation kovalente Bindungsanteile wichtiger. Ein Beispiel für das Auftreten von Polarisationseffekten ist die CdI_2-Struktur.

2.2.3 Beschreibung wichtiger Strukturtypen

2.2.3.1 Natriumchlorid-Struktur

Die Struktur von Natriumchlorid (Abb. 2.7a) besteht aus einer kubisch dichtesten Packung von Anionen, in der die Kationen oktaedrische Lücken besetzen. Der Radienquotient liegt mit 0,56 [$r(Na^+) : r(Cl^-) = 102 : 181$ pm] über dem „idealen" Wert einer Oktaederlückenbesetzung (0,41), aber unterhalb des Maximalwertes (<0,73). Als Folge der „zu großen" Natriumionen werden die Chloridionen auseinandergedrückt. Die Stapelfolge lautet $A\gamma B\alpha C\beta$, $A\gamma B\alpha C\beta$ …. Diese Schreibweise soll zum Ausdruck bringen, dass Kationen der Position γ in der Projektion senkrecht zu den Schichten deckungsgleich zu Anionen der Position C liegen. In einer anderen Betrachtungsweise kann man sich die NaCl-Struktur als zwei ineinander gestellte kubisch flächenzentrierte Teilstrukturen aus Na^+ und Cl^- vorstellen (Raumgruppe $Fm\bar{3}m$). Im Natriumchlorid-Typ kristallisieren z. B. folgende Verbindungen:

LiCl, KBr, RbI, Ag(F, Cl, Br), (Mg, Ca, Sr, Ba)(O, S), TiO,
FeO, NiO, SnAs, UC, ScN, alle Alkalimetallhydride

2.2.3.2 Caesiumchlorid-Struktur

In der Caesiumchlorid-Struktur (Abb. 2.7b) ist die Koordinationszahl für beide Ionensorten acht, da ihre Ionenradien ähnlich sind (Radienquotient ≈0,97). Ionen einer Sorte

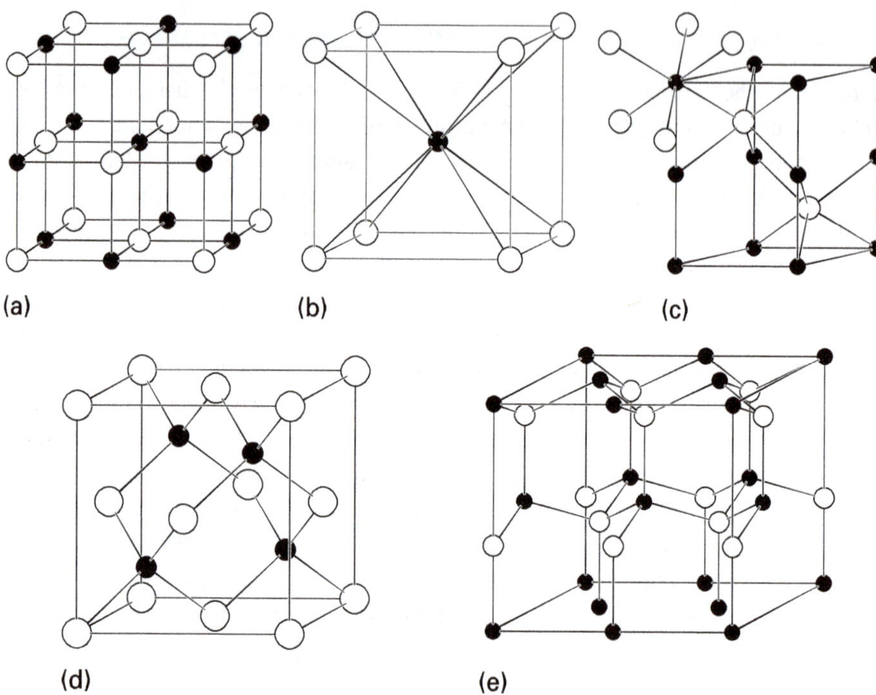

Abb. 2.7: Kristallstrukturen von (a) NaCl, (b) CsCl, (c) NiAs, (d) Zinkblende und (e) Wurtzit. Metallatome sind als schwarze Kugeln gezeichnet. Zur besseren Übersicht sind alle Atome verkleinert dargestellt.

besetzen die acht Ecken und ein Ion der anderen Sorte das Zentrum der Elementarzelle (Raumgruppe $Pm\bar{3}m$). Die Struktur kann man sich als zwei ineinander gestellte primitive Teilstrukturen aus Cs^+ und Cl^- vorstellen. Hier wie in der Struktur von NaCl liegen kommutative (austauschbare) Teilgitter aus Kationen und Anionen vor. In einer Variation dieses Strukturtyps kristallisieren auch intermetallische Verbindungen wie β-Messing (CuZn), wobei Gitterplätze beider Sorten gleichmäßig von Kupfer und Zink besetzt werden (Abb. 2.14).

Im Caesiumchlorid-Typ kristallisieren z. B. folgende Verbindungen:

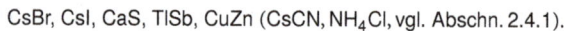

CsBr, CsI, CaS, TlSb, CuZn (CsCN, NH_4Cl, vgl. Abschn. 2.4.1).

2.2.3.3 Nioboxid-Struktur

Die Struktur von NbO (Abb. 2.79a) kann als eine geordnete Defektstruktur des NaCl-Typs angesehen werden. Niobatome besetzen alle Flächenmitten und die O^{2-} liegen auf allen Kantenmitten der kubischen Elementarzelle (Raumgruppe $Pm\bar{3}m$). In der Struktur treten Nb–Nb-Wechselwirkungen auf. Die Koordinationsumgebung für beide Atomsorten, O um Nb und Nb um O, ist quadratisch planar und die Abstände ($d_{Nb-Nb} = d_{O-O}$) betragen 298 pm. In Niob-Metall ist d_{Nb-Nb} = 286 pm.

2.2.3.4 Nickelarsenid-Struktur

Die Nickelarsenid-Struktur (Abb. 2.7c) kann als hexagonal dichteste Packung der Anionen aufgefasst werden, in der entsprechend der Schichtfolge AγBγ, AγBγ ... alle oktaedrischen Lücken (γ) durch Ni-Atome besetzt sind (Raumgruppe $P6_3/mmc$). Die Arsenatome haben eine trigonal-prismatische Umgebung aus sechs Nickelatomen. Da die Nickelatome in allen Oktaederlückenschichten deckungsgleich liegen (Ni bildet eine primitive hexagonale Teilstruktur), hat jedes zwei zusätzliche Ni-Nachbarn aus benachbarten Schichten ($d_{\text{Ni–Ni}} = c/2$). Außer kovalenten Bindungen zwischen den beiden Atomsorten treten Ni–Ni-Bindungen auf.

Verbindungen des NiAs-Strukturtyps sind:

Ti(S, Se, Te), V(S, Se, Te, P), Cr(S, Se, Te, Sb),
Mn(Te, As, Sb, Bi), Fe(S, Se, Te, Sb, Sn), Co(S, Se, Te, Sb),
Ni(S, Se, Te, As, Sb, Sn), Pd(Te, Sb, Sn), Pt(Sb, Bi, Sn)

2.2.3.5 Wolframcarbid-Struktur

In der WC-Struktur (Abb. 2.65) sind alternierende Schichten von Nichtmetall und Metall entsprechend Aβ, Aβ ... gestapelt (Raumgruppe $P\bar{6}m2$). Es handelt sich um zwei ineinander gestellte primitive hexagonale Untergitter von Anionen und Kationen. Daher besitzen beide Atomsorten trigonal-prismatische Umgebungen.

Wichtige Vertreter dieses Typs sind ZrS und ScS.

2.2.3.6 Kubische Zinksulfid-Struktur (Zinkblende)

In der Zinkblende-Struktur (Abb. 2.7d) bilden die Packungsteilchen eine kubisch dichteste Packung. Die Lückenteilchen besetzen die Hälfte der Tetraederlücken (Ab□Bc□Ca□, Ab□Bc□Ca□ ...). Alle Atome sind – wie in der Diamantstruktur – tetraedrisch koordiniert. Die Ionen bilden ähnlich wie im NaCl- und CsCl-Typ Teilgitter, in denen Kationen- und Anionenplätze vertauscht werden können. Der starke kovalente Einfluss bewirkt hier eine Abweichung von der Erwartung durch die Radienquotientenregel.

Wichtige Vertreter des Zinkblende-Typs sind:

SiC, Be(S, Se, Te), B(N, P, As), AlSb, Ga(P, As, Sb), In(P, As, Sb),
Zn(S, Se, Te), Cd(S, Te), Hg(S, Se, Te), Cu(Cl, Br, I), Mn(S, Se), γ-AgI

2.2.3.7 Hexagonale Zinksulfid-Struktur (Wurtzit)

Das Mineral Wurtzit ist eine andere polymorphe Modifikation des Zinksulfids. Die größeren Packungsteilchen bilden in der Wurtzit-Struktur (Abb. 2.7e) eine hdP und die Lückenteilchen besetzen die Hälfte der tetraedrischen Lücken (Ab□Ba□,Ab□Ba□ ...).

Manche Verbindungen existieren (wie ZnS) sowohl in der hexagonalen (Raumgruppe $P6_3mc$) als auch in der kubischen ZnS-Struktur (Raumgruppe $F\overline{4}3m$). Außerdem existieren für einige Modifikationen von SiC und ZnS komplizierte Strukturen, in denen Stapelvarianten (Polytypen) aus beiden dichtesten Kugelpackungen vorliegen.

Wichtige Vertreter des Wurtzit-Typs sind:

Be(O, S, Se, Te), MgTe, SiC, Zn(O, S, Se, Te), Cu(F, Cl) Cd(S, Se),
Mn(S, Se, Te), (Al, Ga, In)N, β-AgI

2.2.3.8 Calciumfluorid-Struktur (Fluorit)

Das Mineral Fluorit kristallisiert in einer aufgefüllten Variante des Zinkblende-Typs (Abb. 2.8a). In der Struktur bilden die Kationen (Ca^{2+}) eine kdP, deren Tetraederlücken (8:4 Koordination) entsprechend AbaBcbCac,AbaBcbCac ... von Anionen (F^-) besetzt sind (Raumgruppe $Fm\overline{3}m$). Eine Struktur, in der umgekehrt Anionen eine kdP aufbauen und Kationen tetraedrische Lücken besetzen, wird als Anti-Fluorit-Struktur bezeichnet. In Strukturen des CaF_2- und des Anti-CaF_2-Typs kristallisieren viele Fluoride und Oxide:

(Ca, Sr, Ba, Cd, Hg, Pb)F_2, Be_2(B, C), (Zr, Hf)O_2 und (Li, Na, K, Rb)$_2$(O, S);
intermetallische Verbindungen: (Ge, Sn)Mg_2, $PtAl_2$ oder
Metallhydride (MH_{2-x}) von Ti, Zr und Hf

2.2.3.9 Titandioxid-Struktur (Rutil)

Die Rutil-Struktur (Abb. 2.8b) beruht nicht auf einer dichtesten Packung. Die Anionen bilden gewellte „hexagonale“ Schichten, zwischen denen Kationen jede zweite Oktaederlücke besetzen (Raumgruppe $P4_2/mnm$). In der Struktur sind [TiO_6]-Oktaeder durch gemeinsame Kanten zu Strängen verbunden (Abb. 2.72), die ihrerseits über alle Spitzen verknüpft sind. Die Anionen haben drei Kationen in leicht verzerrter trigonaler Anordnung als nächste Nachbarn (6:3 Koordination).

Verbindungen mit nicht polarisierbaren Anionen wie Fluorid und Oxid kristallisieren im Rutil-Typ:

(Cr, Mn, Fe, Co, Ni, Cu, Zn, Pd)F_2,
(Ti, Nb, Ta, Cr, Mo, W, Mn, Ru, Os, Ir, Ge, Sn, Pb, Te)O_2

Wegen der Ligandenfeldeffekte in den d^4- und d^9-Konfigurationen sind die Strukturen von CrF_2 und CuF_2 verzerrt. Verzerrte Strukturen dieses Typs treten auch bei den Übergangsmetalldioxiden auf (vgl. VO_2, Abb. 2.72).

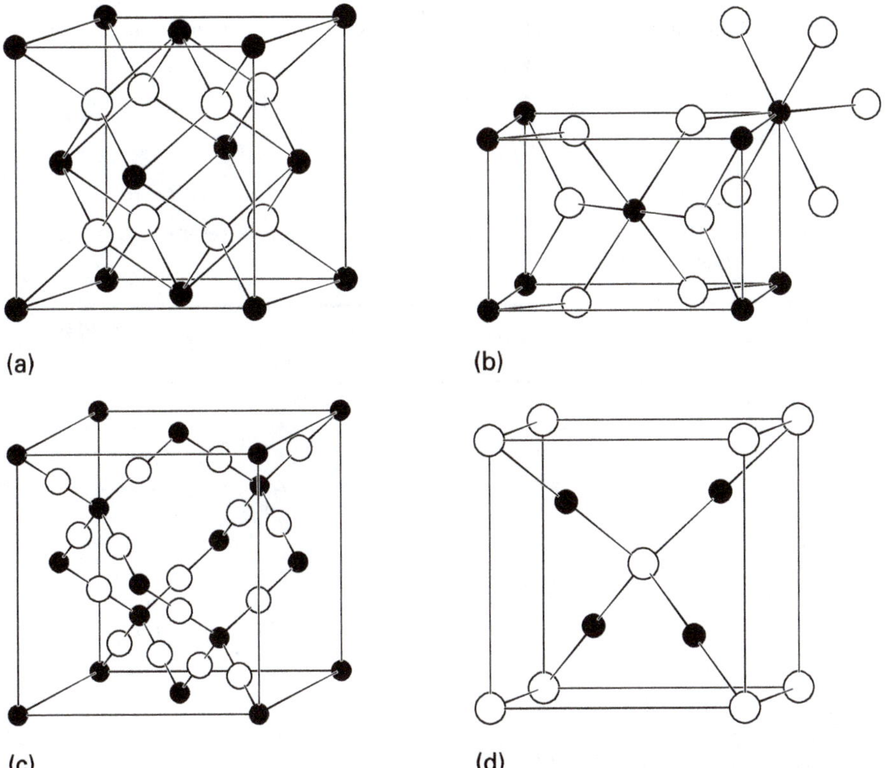

Abb. 2.8: Kristallstrukturen von (a) CaF_2, (b) TiO_2 (Rutil), (c) SiO_2 (β-Cristobalit), (d) Cu_2O. Metallatome sind als schwarze Kugeln gezeichnet. Zur besseren Übersicht sind alle Atome verkleinert (nicht raumfüllend) gezeichnet.

2.2.3.10 β-Cristobalit-Struktur

Die Struktur von β-Cristobalit (Abb. 2.8c) enthält wie andere Quarzmodifikationen eckenverknüpfte $[SiO_4]$-Tetraeder. In der kubischen Struktur ($Fd\bar{3}m$) nehmen Siliciumatome die Lagen der Kohlenstoffatome in der Diamantstruktur ein. Zwischen jedem Paar von Siliciumatomen sitzt ein Sauerstoffatom; daraus resultiert eine 4:2 Koordination. Beispiele sind β-SiO_2 und BeF_2.

2.2.3.11 Cuprit-Struktur

Die Struktur von Cu_2O (Abb. 2.8d) besteht aus einer kdP von Kupferionen, in der die Sauerstoffatome tetraedrische Lücken besetzen. Die Kupferionen sind linear von zwei Sauerstoffatomen umgeben (2:4 Koordination). Der Cuprit-Typ kann als zwei sich gegenseitig durchdringende Netzwerke des Anti-β-Cristobalit-Typs betrachtet werden. Beispiele sind Cu_2O und Ag_2O.

Eine Übersicht über Lückenbesetzungen in dichtesten Kugelpackungen gibt die Tab. 2.4. Die Besetzung nur jeder zweiten Oktaederlückenschicht einer dichtesten Kugelpackung führt zu Schichtstrukturen. Beispiele hierfür sind die Strukturen des CdI_2- und $CdCl_2$-Typs.

Tab. 2.4: Strukturen aus kubisch und hexagonal dichtesten Kugelpackungen mit besetzten oktaedrischen (Okt.) und tetraedrischen (Tet.) Lücken.

kdP		Strukturtyp	hdP		Strukturtyp
Okt.	**Tet.**		**Okt.**	**Tet.**[(a)]	
Alle	Alle	Li_3Bi	–	–	–
Alle	–	NaCl	Alle	–	NiAs
–	Alle	CaF_2	–	–	–
–	–	–	$\frac{2}{3}$	–	Korund Al_2O_3
$\frac{1}{2}$	–	$CdCl_2$	$\frac{1}{2}$	–	CdI_2
$\frac{1}{2}$	–	Anatas[(b)] TiO_2	$\frac{1}{2}$	–	$CaCl_2$, Rutil[(b)] TiO_2
–	$\frac{1}{2}$	Zinkblende ZnS	–	$\frac{1}{2}$	Wurtzit ZnO, ZnS
–	–	–	$\frac{3}{8}$	–	Nb_3Cl_8
$\frac{1}{3}$	–	$CrCl_3$	$\frac{1}{3}$	–	ZrI_3
–	$\frac{1}{3}$	γ-Ga_2S_3	–	$\frac{1}{3}$	β-Ga_2S_3
$\frac{1}{4}$	–	NbF_4	$\frac{1}{4}$	–	$NbCl_4$
–	$\frac{1}{4}$	HgI_2	–	$\frac{1}{4}$	β-$ZnCl_2$
$\frac{1}{5}$	–	UCl_5	$\frac{1}{5}$	–	$MoCl_5$
–	–	–	$\frac{1}{6}$	–	WCl_6
–	$\frac{1}{6}$	In_2I_6	–	$\frac{1}{6}$	Al_2Br_6
$\frac{1}{2}$	$\frac{1}{8}$	Spinell $MgAl_2O_4$	$\frac{1}{2}$	$\frac{1}{8}$	Olivin Mg_2SiO_4

[(a)]In der hdP kann maximal nur die Hälfte der Tetraederlücken besetzt werden, da sich die Lückenteilchen, z. B. b in der Packungsfolge ... bAb ..., räumlich zu nahe kommen.
[(b)]Verzerrt dichteste Packung.

2.2.3.12 Cadmiumiodid-Struktur

Die Cadmiumiodid-Struktur entspricht einer im Kationenteilgitter ausgedünnten Nickelarsenid-Struktur (Abb. 2.99). In der hdP der Anionen (AγB□, AγB□ ...) besetzen die Kationen nur jede zweite Oktaederlückenschicht (Raumgruppe $P\bar{3}m1$). Es resultiert eine Schichtstruktur mit 6:3 Koordination.

Beispiele für diesen Strukturtyp sind Verbindungen mit Polarisationseffekten:

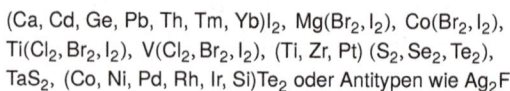

(Ca, Cd, Ge, Pb, Th, Tm, Yb)I_2, Mg(Br_2, I_2), Co(Br_2, I_2),
Ti(Cl_2, Br_2, I_2), V(Cl_2, Br_2, I_2), (Ti, Zr, Pt) (S_2, Se_2, Te_2),
TaS_2, (Co, Ni, Pd, Rh, Ir, Si)Te_2 oder Antitypen wie Ag_2F

2.2.3.13 Cadmiumchlorid-Struktur

In der Cadmiumchlorid-Struktur bilden die Anionen eine kdP, in der jede zweite Oktaederlückenschicht durch Kationen besetzt ist. Eine Identitätsperiode beinhaltet jedoch sechs dicht gepackte Anionenschichten (vgl. 3R-Typ in Abb. 2.9): AγB□CβA□BαC□, AγB□CβA□BαC□ ... (Raumgruppe $R\bar{3}m$).

Bei den typischen Vertretern des $CdCl_2$-Typs sind Polarisationseffekte weniger ausgeprägt als im CdI_2-Typ:

$$(Mg, Mn, Fe, Co)Cl_2,\ Ni(Cl_2, Br_2, I_2),\ Zn(Br_2, I_2),\ Cd(Cl_2, Br_2),\ PbI_2$$

2.2.3.14 Beschreibung von Schichtstrukturen

Kristalline Feststoffe kommen oft in mehr als nur einer Modifikation vor. Tritt dieses Phänomen der Polymorphie in nur einer Dimension auf, spricht man von Polytypen. Polytypen mit trigonal-antiprismatischer oder trigonal-prismatischer Koordination der Metallatome werden durch unterschiedliche Abfolgen von Atomschichten erzeugt. Als Projektionsebene wird für trigonale, rhomboedrische und hexagonale Strukturen die hexagonale (110)-Fläche verwendet (auch $(11\bar{2}0)$-Fläche genannt). Dies ist die Fläche, die die hexagonal aufgestellte Elementarzelle bei $x = a$ und $y = b$ schneidet und parallel zur z-Achse verläuft. In dieser Fläche liegen sowohl Packungs- als auch Lückenteilchen. Die Atomlagen in der (110)-Fläche sind durch A(0, 0), B(1/3, 2/3), C(2/3, 1/3) in Bezug auf die Positionen in der hexagonalen *ab*-Fläche festgelegt (Abb. 2.9 oben). Für die Lagen von Anionen werden Großbuchstaben (A, B, C), für Kationen werden Kleinbuchstaben (a, b, c) verwendet. Diese für Polytypen verwendete Nomenklatur darf nicht mit der Lückenbesetzung dichtester Kugelpackungen verwechselt werden, in denen die Tetraederlücken mit Kleinbuchstaben a, b, c bezeichnet werden!

Im einfachsten Polytyp der CdI_2-Struktur (vgl. Abb. 2.99, rechts) bilden zwei Anionenschichten zusammen mit einer Kationenschicht der Abfolge AbC,AbC ... den 1T-Typ (T steht für trigonal). Metallatome können wie in der Struktur von CdI_2 oktaedrisch (... AbC ...) oder wie in der Struktur von MoS_2 trigonal-prismatisch (... AcA ... oder ... CaC ...) koordiniert sein. Die Projektion wichtiger Polytypen zeigt Abb. 2.9.

Polytypen können mit wesentlich komplizierteren Schichtenfolgen (größeren Perioden) auftreten, die über den 2H-Typ (H steht für hexagonal) oder 3R-Typ (R steht für rhomboedrisch) hinausgehen. Zahlreiche Übergangsmetallchalkogenide kristallisieren in trigonalen, hexagonalen oder rhomboedrischen Schichtstrukturen aus X–M–X-Schichtpaketen (vgl. Abschn. 2.10.6.3).

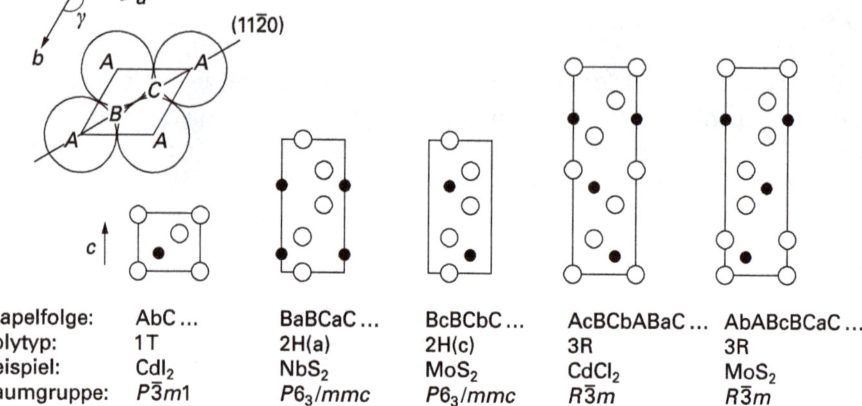

Abb. 2.9: Projektionen der (110)-Flächen von fünf Schichtstrukturen. Die Positionen A, B, C, A in der (110)-Fläche einer hexagonal aufgestellten Elementarzelle ($\alpha = \beta = 90°$ und $\gamma = 120°$) sind in der Abbildung oben links gezeigt. In den einzelnen Darstellungen von (110)-Flächen sind Anionen als große leere Kugeln und Kationen als kleine schwarze Kugeln dargestellt. Die Stapelfolge der Anionen und Kationen entlang *c* ist gemäß ihrer Lage in der Abfolge von unten nach oben angegeben. Beispiel 1T-CdI_2: Von unten nach oben gelesen besitzen Anionen die Orientierung A, danach folgt ein Kation der Orientierung b und ein Anion der Orientierung C. Für die Kationen können oktaedrische (z. B. ... AbC ...) oder trigonal-prismatische (z. B.... CaC ...) Koordinationen auftreten. Für die Struktur von MoS_2 sind zwei Polytypen gezeigt.

2.2.4 Vorhersagen von Kristallstrukturen

Kristallstrukturen von anorganischen Feststoffen werden auf Basis von Daten aus Röntgenbeugungsexperimenten an Einkristallen oder kristallinen Pulvern bestimmt und verfeinert. Die Vorhersage einer Kristallstruktur oder eines vollständigen Phasendiagramms ist eine große Herausforderung auf dem Gebiet der theoretischen Chemie.

Bei tiefen Temperaturen ist das Kriterium für eine existenzfähige Struktur oder Modifikation einer Verbindung, dass sie ein lokales Minimum der Energielandschaft repräsentiert. Für die Stabilität einer Struktur bei höheren Temperaturen muss eine lokal ergodische Region auf der Energielandschaft vorliegen, was bedeutet, dass eine ausreichend hohe kinetische Stabilität der Struktur gegeben sein muss, damit sie sich im Bereich typischer Messzeitskalen im (lokalen) thermodynamischen Gleichgewicht befindet.

Auf der Suche nach einer geeigneten Struktur wird für eine vorgegebene chemische Zusammensetzung ein Strukturkandidat ermittelt. Dabei wird der Raum der möglichen Atompositionen und Zellparameter durchsucht, um Atomanordnungen zu finden, die Minima der Energie darstellen. Hierzu dienen zwei prinzipielle Herangehensweisen:

1. Suchen basierend auf chemischem Vorwissen bzw. Strukturkonzepten. Hierzu zählen u. a. (a) der Vergleich mit bekannten Kristallstrukturen unter Verwendung von Strukturdatenbanken (**data mining**), (b) das Auffüllen von Lücken in dichtesten

Kugelpackungen, sowie (c) die Kombination von Strukturfragmenten wie Koordinationspolyedern, Baueinheiten oder Molekülen über *alle* Packungsmöglichkeiten. Ausgehend von den so generierten Strukturkandidaten kann der bevorzugte Strukturkandidat unter Minimierung der jeweiligen Energie, vorzugsweise unter Verwendung quantenchemischer Verfahren, ermittelt werden.

2. Die Modellierung von Kristallstrukturen durch eine vorurteilsfreie Abtastung der Energielandschaft nach lokalen Minima. Zur Erkundung des Konfigurationsraumes wird eine frei variierbare (fiktive) Elementarzelle festgelegt, in der die Atompositionen eines Strukturkandidaten nach dem Zufallsprinzip eingefügt werden. Die anschließende Suche nach Minimumstrukturen erfolgt unter Verwendung von Algorithmen, die die Kristallstruktur durch uneingeschränkte Verschiebungen der Atome und Variation der Zellparameter global optimieren. Häufig verwendete globale Optimierungsmethoden sind u. a. **simulated annealing**, **genetische/evolutionäre Algorithmen** und **basin hopping**. Die globale Erkundung der Energielandschaft eines Systems ist sehr zeitaufwendig und erfordert viele Millionen Energieberechnungen, aus denen eine Anzahl von lokalen Minima hervorgeht. So wurden z. B. die polymorphen Formen von CaC_2 unter Verwendung von simulated annealing mit frei beweglichen Ca- und C-Atomen und variabler Zelle auf *ab initio* Niveau bestimmt und ihre Enthalpien berechnet. Die Berechnungen ergaben bekannte (vgl. Abschn. 2.10.3.2) und neue Modifikationen, unter simulierten Normal- als auch Hochdruckbedingungen.

2.2.5 Kristallstrukturanalyse und kristallographische Datenbanken

Die meisten Kristallstrukturen werden mithilfe von Röntgenbeugung (engl. *X-ray diffraction*, XRD) über die **Einkristall-Strukturanalyse** bestimmt und verfeinert. Dabei wird auf der Basis von Einkristall-Röntgenbeugungsintensitäten über **direkte Methoden** eine Strukturlösung entwickelt. Die nachfolgende Strukturverfeinerung führt über die Methode der kleinsten Fehlerquadrate (least squares) zur Vervollständigung und Optimierung eines Strukturmodells, wobei berechnete Intensitäten (Modell) den gemessenen (Experiment) Röntgenbeugungsintensitäten angenähert werden. Wenn eine sehr gute Übereinstimmung erreicht ist, wird die Strukturverfeinerung als *zuverlässig* eingestuft.

Die **Röntgenpulverdiffraktometrie** wird routinemäßig zur Untersuchung von kristallinen Pulvern oder Pulvergemengen eingesetzt. Dazu wird ein Röntgenbeugungsdiagramm aufgenommen in dem die relativen Intensitäten (Ordinate) und die Beugungswinkel 2Θ (Abzisse) des Kristallpulvers abgebildet sind. Dabei enthalten die Beugungswinkel Informationen über die Elementarzelle (Gitterkonstanten und Winkel) und die Intensitäten über die Lagen der Atome in der Elementarzelle. Zur Charakterisierung des Kristallpulvers werden die (2Θ-)Lagen und die relativen Intensitäten der

Beugungsreflexe mit denen von Verbindungen aus einer Datenbank verglichen und zugeordnet. Die Anpassung von unterschiedlichen relativen Intensitäten kann nach der Methode von Rietveld durchgeführt werden. Aber auch Kristallstrukturen können über die Intensitätsdaten aus Röntgenpulverdiffraktogrammen aufgeklärt werden, wobei die **Strukturlösung** über Direkte Methoden und die **Strukturverfeinerung** nach der Rietveld-Methode[1] erfolgt.

Zu den wichtigsten Strukturinformationen der Kristallstruktur einer kristallinen Verbindung zählen die Summenformel, Zahl der Formeleinheiten in der Elementarzelle (Z), Gitterkonstanten, Raumgruppe und Atomlagen. Diese und andere Daten werden in einem Crystallographic Information File (CIF) zusammengestellt und in Datenbanken gespeichert. Das Cambridge Crystallographic Data Centre (CCDC) und die Cambridge Open Database (COD) zählen zu den umfangreichsten Datenbanken für anorganische, organische und metallorganische Kristallstrukturen. Mithilfe von Suchalgorithmen können die Strukturdaten einer Verbindung ausfindig gemacht werden, z. B. um die Kristallstruktur zu visualisieren oder ein Röntgenpulverdiagramm zu simulieren und zu vergleichen.

2.3 Nanochemie

Die Nanochemie befasst sich mit der Chemie kleinster Teilchen. Dazu gehören die Herstellung und Strukturierung von Stoffen, die ihre Funktionalität aus ihren Abmessungen im Nanometerbereich beziehen.[2] Der Durchmesser von Nanopartikeln oder Nanoteilchen (griech. *nanos* = Zwerg) beträgt weniger als 100 nm. Ein Nanoteilchen enthält damit höchstens einige 10.000 Atome, ähnlich wie ein sehr großes Molekül, wohingegen sich in einem kleinen Kristall mehrere Milliarden Atome befinden können. Übliche metallische oder keramische Feststoffe bestehen aus Gefügen kleiner Kristalle oder Körner, deren Durchmesser einige Mikrometer bis Millimeter groß sind. Diese Körner stellen die homogenen Bereiche einer Keramik dar (Abb. 2.128). Im Fall einer nanostrukturierten Keramik sind die Körner um bis zu einem Millionstel kleiner.

Eine Grundlage der Nanochemie ist, dass neben der Variation der chemischen Zusammensetzung eines Stoffes auch die Variation der Teilchengröße und Teilchenanordnung zu veränderten chemischen und physikalischen Eigenschaften führt. Damit zählt die Strukturierung von Stoffen oder Materialien zu den wichtigen praktischen Aspekten der Nanowissenschaften. Die Strukturierung eines Materials zielt neben der Einstellung

---

1 Von dem niederländischen Physiker H. Rietveld entwickeltes Verfahren zur Kristallstrukturanalyse auf der Grundlage von Röntgen- oder Neutronen-Pulverdiffraktogrammen.

2 Arbeiten auf diesem Gebiet wurden durch den amerikanischen Physiker R. Feynman im Jahre 1959 angeregt.

einer bestimmten Teilchengröße darauf ab, diese Teilchen im Festkörper in einer gewünschten Form anzuordnen. Über chemische und physikalische Methoden der Strukturierung gelingt die Herstellung interessanter und neuartiger Materialien. Ein Beispiel hierfür sind Aerogele (vgl. Abb. 2.85). Aerogele sind Feststoffe, die Porositäten von über 90 % aufweisen können. Sie bestehen aus dendritischen Strukturen, deren verästelte Partikelketten große Poren erzeugen, die Gas bzw. auch Vakuum enthalten können. Diese ultraleichten Feststoffe (z. B. aus Silicaten) mit geringer Dichte und hoher optischer Transparenz sind ausgezeichnete Wärmeisolatoren und werden als Wärmedämmstoffe verwendet.

Die Bedeutung der Nanowissenschaften beruht darauf, dass ein und derselbe kristalline Festkörper in Abhängigkeit von der Teilchengröße veränderliche Eigenschaften haben kann.

Es ist schon seit langer Zeit bekannt, dass sich Nanoteilchen oder Keramiken aus Nanoteilchen gegenüber Licht, mechanischer Spannung oder Elektrizität völlig anders verhalten als kleine Kristalle. Somit bedarf es bei der Suche nach einem Material mit bestimmten Eigenschaften nicht unbedingt der Entdeckung eines neuen Stoffes, sondern ggf. nur der Einstellung oder Optimierung bestimmter Eigenschaften eines schon bekannten Materials über dessen Teilchengröße und Strukturierung.

Es soll nun der Frage nachgegangen werden, welche wesentlichen Ursachen für die Veränderung der intrinsischen Eigenschaften eines Elements oder einer Verbindung in Abhängigkeit von der Teilchengröße verantwortlich gemacht werden können. Die meisten kristallinen Strukturen beruhen auf dem Motiv einer kubisch oder hexagonal dichtesten Packung von Atomen, in der ein zentrales Atom von zwölf weiteren Atomen umgeben ist (Abb. 2.6, links). Ein solches Teilchen aus 13 Atomen hätte einen Durchmesser von weniger als 1 nm und die Oberflächenatome würden etwa 90 % aller Atome ausmachen (Abb. 2.10). In normalen Kristallen kann die Zahl der Oberflächenatome gegenüber der Zahl der Atome im Innern vernachlässigt werden. Ihre Eigenschaften werden durch ihre Hauptbestandteile (engl. *bulk*), nämlich ihre Atome im Kristallinneren bestimmt.

Für Nanopartikel vollziehen sich bei der Teilchengrößenvariation zwischen 10 nm und 1 nm maßgebliche Veränderungen ihrer Eigenschaften, weil sich das Verhältnis zwischen inneren Atomen und Oberflächenatomen stark verändert. Mit abnehmender Teilchengröße nimmt der Anteil der Oberflächenatome zu. Atome im Inneren sind stärker gebunden und im Normalfall vollständig von benachbarten Atomen umgeben. Atome an der Oberfläche sind nur unvollständig von Atomen umgeben und deshalb schwächer gebunden. Der hohe Anteil von Atomen auf der Oberfläche hat einen starken Einfluss auf die Eigenschaften von Nanoteilchen.

Aus diesen einfachen Gegebenheiten von Nanoteilchen lässt sich ihr abweichendes Verhalten gegenüber normalen kristallinen Stoffen näherungsweise beschreiben. Dazu gehören der niedrigere Schmelzpunkt, die geringere elektrische Leitfähigkeit, die schwächere magnetische Kopplung und die größere Bandlücke.

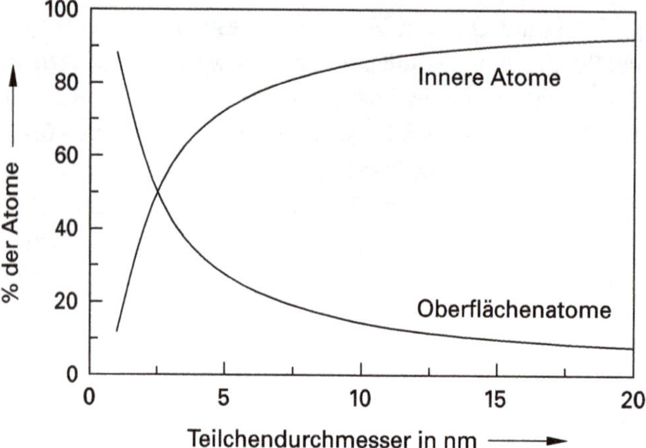

Abb. 2.10: Prozentualer Anteil von Metallatomen im Inneren und an der Oberfläche von Nanoteilchen in Abhängigkeit von der Teilchengröße.

2.3.1 Der Schmelzpunkt von Nanoteilchen

Die Schmelztemperatur eines Stoffes ist eine physikalische Konstante, die von der Stärke der Bindungen zwischen den Atomen oder Ionen abhängt. Die Schmelztemperatur gilt für einen Stoff aber nur, solange die Zahl der Atome im Volumen dominiert und die Zahl der Atome an der Oberfläche vernachlässigbar ist. Der Schmelzprozess beginnt mit der Oszillation bzw. Deplatzierung der schwächer gebundenen Oberflächenatome, in dessen Folge innere Atome an die Oberfläche treten können. Das nachfolgende Erreichen des Schmelzpunktes ist dadurch gekennzeichnet, dass die Ordnung in einem Stoff zerstört wird. Wenn ein Teilchen überwiegend aus Oberflächenatomen besteht, so resultiert ein deutlich niedrigerer Schmelzpunkt. Die Veränderung des Schmelzpunkts mit der Teilchengröße ist in Abb. 2.11 schematisch für Goldteilchen gezeigt.

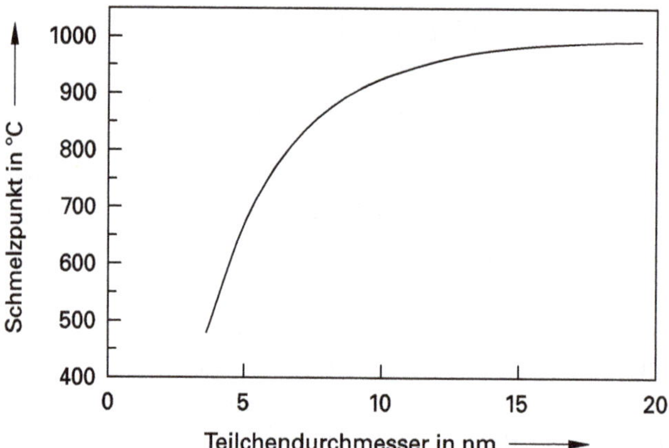

Abb. 2.11: Die Änderung des Schmelzpunkts von Goldteilchen mit dem Teilchendurchmesser.

Mit abnehmender Teilchengröße nimmt die Reaktivität der Teilchen zu. In diesem Zusammenhang ist es interessant zu erwähnen, dass man bei Festkörpersynthesen, in denen Nanoteilchen beteiligt sind, deutlich unterhalb der Schmelztemperatur der Stoffe arbeitet.

2.3.2 Die elektrische Leitfähigkeit von Nanoteilchen

Metallisches Verhalten ist durch die lineare Abnahme der spezifischen Leitfähigkeit mit steigender Temperatur charakterisiert. Dieses Verhalten wird durch die Streuung der beweglichen Elektronen durch Gitterschwingungen (Phononen) und an Gitterdefekten erklärt. Die Leitfähigkeitseigenschaften von Stoffen lassen sich durch Bandstrukturen erklären. Metalle und Stoffe mit metallischer Leitfähigkeit sind durch teilweise besetzte Leitungsbänder und frei bewegliche, delokalisierte Ladungsträger charakterisiert. Dabei sind ihre elektronischen Eigenschaften durch eine hohe Dichte von Energiezuständen am Fermi-Niveau, sowie durch steil ansteigende Energiebänder gekennzeichnet.

Mit abnehmender Teilchengröße verringert sich die Zahl der Energieniveaus und die Elektronendelokalisierung nimmt ab. Aus diesem Grund wird die elektrische Leitfähigkeit von Nanoteilchen mit abnehmender Teilchengröße immer geringer. Teilchen mit Durchmessern unterhalb von 30 nm zeigen vernachlässigbare Streuung für sichtbares Licht und können (trotz ihrer verminderten Leitfähigkeit) als **transparente Leiter** verwendet werden. Die Bandstruktur kleinster Nanoteilchen zeigt diskrete Energieniveaus, ähnlich wie bei einem großen Molekül (Abb. 2.26).

2.3.3 Der Magnetismus von Nanoteilchen

Kristalline ferro- (Fe, Co, Ni) und ferrimagnetische (Fe_3O_4) Stoffe sind dadurch gekennzeichnet, dass ihre magnetischen Momente unterhalb der Curie-Temperatur zu einem erhöhten Gesamtmoment koppeln. Aufgrund der Domänenstruktur resultiert ein Hystereseverhalten, und die Sättigungsmagnetisierung wird durch parallele Ausrichtung der Momente mittels eines äußeren Magnetfeldes erreicht (vgl. magnetische Hysterese, Abb. 2.76).

Mit abnehmender Teilchengröße bestehen Nanopartikel nur noch aus einer einzigen magnetischen Domäne (bei Fe z. B. <15 nm). Ein solches Eindomänen-Nanoteilchen aus vielleicht tausend Atomen kann ein magnetisches Gesamtmoment (μ) von einigen Tausend Bohr-Magnetonen haben und verhält sich (unterhalb seiner Ordnungstemperatur) wie ein Paramagnet mit einem riesigen magnetischen Moment und wird deshalb als Superparamagnet bezeichnet.[3] Aus der Existenz nur einer einzigen Domäne resul-

3 Superparamagnetismus tritt bei nanostrukturierten ferro- und ferrimagnetischen Stoffen unterhalb der Curie-Temperatur auf. Typischerweise handelt es sich um Eindomänenkristalle, deren Magnetisierungsrichtungen sich nicht nur im Magnetfeld, sondern auch durch den Einfluss der Temperatur ändern. Aus diesem Verhalten folgt die Einordnung als Paramagnet.

tiert eine charakteristische Eigenschaft von superparamagnetischen Stoffen, nämlich die Abwesenheit einer magnetischen Hysterese.

In einem Eindomänenkristall verhält sich die Energie der Kopplung der magnetischen Momente proportional zum Volumen des Teilchens. Mit abnehmendem Volumen nimmt die Stärke der ferro- oder ferrimagnetischen Kopplung ab, bis sie schließlich in immer stärkerem Maße durch die thermische Energie (kT) gestört wird. Hieraus resultiert die zweite charakteristische Eigenschaft von superparamagnetischen Stoffen, nämlich die Temperaturabhängigkeit der Magnetisierung M im Magnetfeld H (insbesondere des Wertes der Sättigungsmagnetisierung, M_S). Aus diesem Grund wird zur Beschreibung des superparamagnetischen Verhaltens die Auftragung der Magnetisierung gegen H/T gewählt (anstatt M gegen H wie in Abb. 2.76).

Ferro- und ferrimagnetische Nanoteilchen zeigen superparamagnetische Eigenschaften und eignen sich als Ferrofluide. Ferrofluide sind Emulsionen von magnetischen Partikeln in Öl oder Wasser. Ohne äußeres Magnetfeld erscheinen Ferrofluide wie gewöhnliche Flüssigkeiten. In Gegenwart eines Magneten verhalten sie sich wie eine magnetische Flüssigkeit, die sich entgegen der Schwerkraft aus einem Behälter herausheben lässt.

Magnetische Flüssigkeiten können als Dicht- oder Kühlmittel, in Lautsprechern und zur Tumorbekämpfung eingesetzt werden. Bei der Magnetflüssigkeitshyperthermie werden superparamagnetische Nanoteilchen andauernd ummagnetisiert, wobei sie sich erwärmen und dabei ein Tumorgewebe erhitzen.

2.3.4 Die optischen Eigenschaften von Nanoteilchen

Ein Feststoff mit einer Bandlücke ist für Licht bis zu einer gewissen Energie transparent. Erst wenn die Energie der Strahlung etwas größer als die Bandlücke ist, wird ein Elektron durch Absorption eines Photons in das Leitungsband angeregt und im Valenzband bleibt eine positive Ladung zurück (h^+). Wenn das angeregte Elektron unter Rückkehr in das Valenzband mit der positiven Ladung rekombiniert, wird Fluoreszenzstrahlung emittiert.

Die Emissionsfarbe von Stoffen hängt von der Größe der Bandlücke ab, die für kristalline Verbindungen eine Stoffkonstante ist. In Halbleitern mit einer Ausdehnung von nur wenigen Nanometern wird die Bandlücke mit abnehmender Teilchengröße größer, ähnlich wie beim Übergang vom vernetzten Festkörper zu einem großen Molekül (Abb. 2.26). Soweit die Bandlücke im Bereich des sichtbaren Lichts liegt, verändern sich die Farbigkeiten der Stoffe mit der Teilchengröße. So lassen sich Pigmente durch bloßes Verändern der Teilchengröße in fast jeder Spektralfarbe herstellen. Besonders gut untersucht ist die Änderung der Bandlücke von CdSe und anderen II-VI-Halbleitern in Abhängigkeit von der Teilchengröße. Halbleiter-Nanoteilchen mit Teilchendurchmessern von 1–10 nm werden als quantum dots bezeichnet. Die Lage ihrer Energieniveaus kann mithilfe der optischen Spektroskopie ermittelt werden. Bei UV-Bestrahlung emittieren sie Fluoreszenzstrahlung (vgl. Abschn. 2.10.5.12), die je nach Teilchengröße im gesamten Bereich des sichtbaren Lichts, von rot (große Teilchen) bis nach blau (kleine Teilchen) variieren kann, wodurch die jeweiligen Bandlücken bestimmt werden können.

Optisch aktive Nanoteilchen lassen sich durch Anbinden z. B. an Enzyme oder DNA zur Markierung in biologischen Systemen benutzen, aber auch für die Herstellung von Lasern, Displays oder Leuchtdioden.

2.3.5 Oberflächenchemie und Katalyse

Mit abnehmendem Teilchendurchmesser nimmt der Anteil der Oberflächenatome immer weiter zu, während der Anteil der Atome im Innern abnimmt. Diese Tatsache wurde schon in Abb. 2.10 gezeigt. Für oberflächenaktive Stoffe wird oft das Verhältnis von Oberfläche/Volumen in Abhängigkeit von der Teilchengröße (Abb. 2.12) betrachtet. Atome an der Oberfläche haben gegenüber den Atomen im Inneren niedrigere Koordinationszahlen und daher freie Koordinationsstellen für Reaktionen. Sie verhalten sich chemisch aktiver, weshalb die Löslichkeit von Nanoteilchen mit abnehmender Teilchengröße zunimmt.

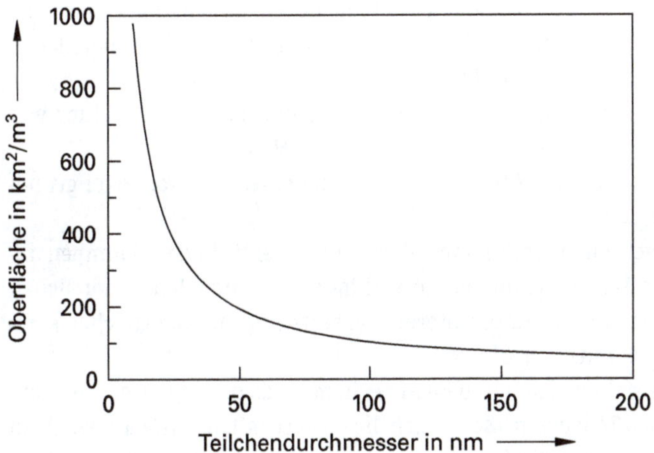

Abb. 2.12: Die Abhängigkeit des Verhältnisses von Oberfläche zu Volumen von Nanoteilchen vom Teilchendurchmesser.

Wegen ihrer großen Oberflächen sind Nanoteilchen bei Reaktionen mit Gasen, Flüssigkeiten und Feststoffen besonders effizient. Für solche Prozesse sind neben der möglichst großen Zahl von aktiven Atomen an der Oberfläche der Nanoteilchen weitere Einflüsse verantwortlich, die mit der erhöhten Energie der Oberflächenatome in Zusammenhang stehen. Durch die unterschiedlichen Oberflächenfunktionalitäten von Nanoteilchen unterschiedlicher Stoffe ergeben sich vielfältige Anwendungen auf den Gebieten der Katalyse, der Selbstreinigung von Oberflächen und der chemischen Reaktivität.

2.3.6 Synthesen von Nanoteilchen

Kleinste Goldpartikel wurden schon seit Mitte des 19. Jahrhunderts hergestellt. Beispielsweise sind Gold-Nanoteilchen seit jener Zeit die farbgebenden Bestandteile von roten Gläsern in Kirchenfenstern. Heute werden Nanoteilchen im Allgemeinen durch zwei prinzipielle Vorgehensweisen hergestellt. Bei der einen Methode werden makroskopische Partikel zerkleinert (Top-down-Methode), bei der anderen Methode formieren sich Atome zu Aggregaten mit zunehmender Größe (Bottom-up-Methode).

Bei nasschemischen Synthesen werden Niederschläge von Nanoteilchen erzeugt. Solche Synthesen basieren im Falle der edleren Metalle auf Reduktionen von Metallverbindungen in wässrigen Lösungen. Prominente Beispiele hierfür sind Reduktionen von AgBr mit Licht oder von $[AuCl_4]^-$ mit Zitronensäure, wobei nanokristalline Ag- oder Au-Teilchen als sogenannte Cluster (Ag_x, Au_x) entstehen.

Zur Herstellung von Goldkolloiden dient eine heiße Lösung von Goldsäure, $HAuCl_4 \cdot 3\,H_2O$, deren gelbe Lösung sich unter Zugabe von Natriumcitrat sofort entfärbt. Beim Kochen ändert sich die Farbe der Lösung mit zunehmender Zeit von violett nach rot. Diese Farben sind für das Reflexionsverhalten von kolloidal gelösten Gold-Nanoteilchen mit zunehmenden Teilchengrößen charakteristisch.

Ein Beispiel für die Erzeugung einer magnetischen Flüssigkeit ist die Fällung von Magnetit-Nanopartikeln aus einer $FeCl_3/FeCl_2$-Lösung mit NH_3-Wasser.

Fällungsreaktionen, bei denen Nanoteilchen entstehen, werden von zwei grundsätzlichen Problemen begleitet:

1. Die Nanokristalle wachsen unter Zunahme ihrer Gitterenergie und verklumpen unter Bildung größerer Aggregate. Um das zu verhindern, werden den Nanoteilchen oberflächenaktive Substanzen (Stabilisatoren) zugesetzt, die ihre Oberflächen komplexieren und stabilisieren.
2. Die Nanoteilchen entstehen nicht ohne Weiteres in monodisperser Form, d. h. nicht mit einer einheitlichen Teilchengröße. Da sich die Eigenschaften von Nanopartikeln aber mit der Größe ändern, ist es für Anwendungen wichtig, einheitliche Teilchengrößen zu erzeugen.

Zur besseren Einstellung von Teilchengrößen haben sich modifizierte Fällungsreaktionen bewährt, bei denen ein Reaktionspartner in eine heiße organische oder anorganische Lösung injiziert wird, die Stabilisatoren enthält. Zur Erzeugung homogener Teilchengrößenverteilungen haben sich außerdem Reaktionen erwiesen, die von polynuklearen Metallkomplex-Precursoren oder von Sol-Gel-Synthesen (vgl. Abschn. 2.10.5.11) ausgehen.

2.3.7 Gesundheitliche Risiken von Nanoteilchen

Obwohl Nanoteilchen schon von je her existieren (Mehlstaub, Aerosole, Pollen, Sporen, Bakterien, Stäube aus Verkehr, Industrie usw.), gilt den von ihnen ausgehenden gesundheitlichen Risiken heute insbesondere durch die Entwicklung der modernen Nanowissenschaften erhöhte Aufmerksamkeit. Ihre größte Gefahr für den Menschen entfalten die Nanoteilchen, wenn sie eingeatmet werden. Toxikologische Untersuchungen deuten darauf hin, dass ultrafeine Teilchen oder Nanoteilchen (<0,1 µm Durchmesser) in der Atemluft bei gleicher Massendosis eine deutlich höhere Gefahr darstellen als feine (<2,5 µm) oder grobe Schwebteilchen (2,5–10 µm). Während sich grobe und feine Teilchen im Atemtrakt niederschlagen, werden Partikel mit Größen zwischen 10 und 20 nm auch im Alveolarbereich der Lunge (Lungenbläschen) abgeschieden. Ihre schädliche Auswirkung wurde in epidemiologischen Studien gezeigt. Da Nanopartikel je nach Art, Größe, Form und spezifischer Oberfläche unterschiedliche toxikologische oder immunologische Wirkungen hervorrufen können, ist ein universeller Schwellenwert, unterhalb dessen keine gesundheitsschädigende Wirkung gemessen werden kann, nur schwer fassbar. Gemäß der deutschen Feinstaubrichtlinie aus dem Jahr 2005 darf der Grenzwert von 50 µg/m^3 Luft nur an 35 Tagen im Jahr überschritten werden.

2.4 Kristalldefekte

Eine geordnete Besetzung aller Atomlagen in einer Struktur findet man nur in idealen Kristallen. Da ein Idealkristall jedoch nur am absoluten Nullpunkt existieren könnte, besitzen alle Realkristalle Defekte.

Im Auftreten von Defekten äußert sich das Bestreben von Systemen, ihre Entropie (Unordnung der Gitterbausteine) zu erhöhen. Vereinfacht betrachtet bewirken hohe Entropien und Temperaturen und niedrige Enthalpien die Minimierung der freien Enthalpie ($\Delta G = \Delta H - T\Delta S$). Demnach sind hohe Defektkonzentrationen durch hohe Entropien und Temperaturen begünstigt. Deshalb nimmt die Anzahl der Defekte mit der Temperatur zu, und bei jeder Temperatur stellt sich ein bestimmtes Gleichgewicht von Defekten ein, bei der die freie Enthalpie möglichst klein wird.

Auch wenn eine Defektkonzentration klein ist, z. B. 1 %, wird damit streng genommen die Kristallsymmetrie durchbrochen, und die Elementarzelle gibt nur noch ein statistisch repräsentatives Bild wieder. In der Praxis bleiben kleine Defektkonzentrationen bei Strukturbestimmungen unbemerkt und ohne Konsequenzen. In der Struktur von NaCl ist bei Raumtemperatur ungefähr eine von 10^{15} Kationen- und Anionenlagen unbesetzt, während in der Nähe des Schmelzpunktes bereits eine von 10^5 Kationen- und Anionenlagen unbesetzt bleibt. Die größere Zahl von Leerstellen bei hohen Temperaturen begünstigt die Beweglichkeit von Atomen, wodurch Diffusionen (Reaktionen) und ionischer Ladungstransport im Festkörper erleichtert werden.

Für die Form von Defekten gibt es im Prinzip keine Einschränkungen, jedoch sind manche theoretisch vorstellbaren Defekte energetisch ungünstig. Häufige Defekte sind Punktdefekte, verursacht durch fehlende Ionen (Gitterleerstellen), überschüssige Ionen (interstitielle Atome) oder „falsche" Ionensorten (Verunreinigungen, Dotierungen) in Kristallen (Abb. 2.128).

2.4.1 Rotationen

Moleküle oder unsymmetrisch gebaute Anionen können im Festkörper um eine oder mehrere Achsen rotieren. Die Rotation kann als Extremfall der thermischen Schwingung aufgefasst werden. Mit steigender Temperatur resultiert aus der freien Rotation von nicht kugelsymmetrischen Teilchen (CN^-, NH_4^+, NO_3^-) eine Symmetrieerhöhung mit einfachen dicht gepackten Strukturen (vgl. CsCl-Typ von CsCN und NH_4Cl).

2.4.2 Versetzungen

Versetzungen sind für die mechanischen Eigenschaften von Verbindungen von Bedeutung. Bei der Stufenversetzung endet eine Netzebene im Inneren eines Kristalls. Die Wanderung einer Versetzungslinie ist für das Verständnis der plastischen Verformbarkeit eines Feststoffes wichtig. Bei der Schraubenversetzung sind Netzebenen nicht übereinandergestapelt. Eine Atomschicht windet sich wie eine Wendeltreppe um eine senkrechte Linie (Versetzungslinie). Schraubenversetzungen führen zu einem spiralförmigen Wachstum von Kristallen.

Versetzungen haben nicht nur für mechanische Eigenschaften Bedeutung. Versetzungslinien sind auch schnelle Diffusionswege im Kristall, an ihnen stellen sich Punktfehlstellengleichgewichte ein, und es sind Stellen bevorzugter Keimbildung bei Phasenneubildungen. Mit der Erhöhung der Versetzungsdichte ist eine Erhöhung der katalytischen Aktivität gekoppelt. Mit der Elektronenmikroskopie können Versetzungen sichtbar gemacht werden.

2.4.3 Punktdefekte nach Schottky und Frenkel

Die häufigsten Defekte in ionischen Festkörpern sind thermodynamisch bedingte Defekte nach Schottky und Frenkel (Abb. 2.13). Eine Schottky-Fehlstelle besteht aus einer Kationenleerstelle und einer Anionenleerstelle. Man kann sich vorstellen, dass ein Kation und ein Anion ihren Gitterplatz verlassen und sich an der Kristalloberfläche angelagert haben. Für die Zusammensetzung KA_2 kommen zur Erhaltung der Elektroneutralität auf eine Kationenleerstelle zwei Anionenleerstellen. Typische Beispiele für das Auftreten von Schottky-Defekten sind Alkalimetallhalogenide und Erdalkalimetalloxide vom NaCl-Typ. Die Bildung von Schottky-Defekten führt zu einer Volumenvergrößerung, was bei Frenkel-Defekten nicht der Fall ist.

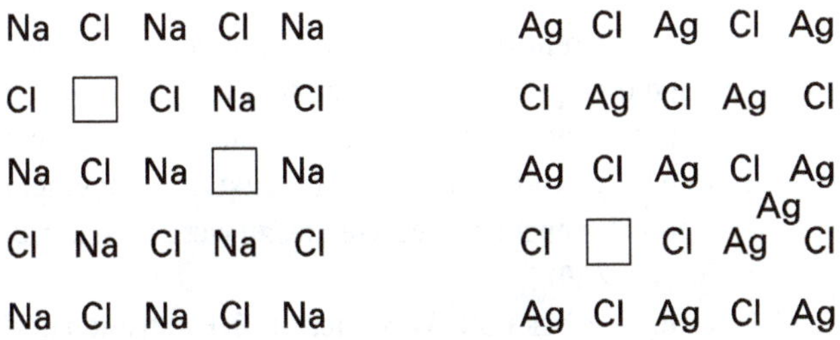

Na Cl Na Cl Na
Cl □ Cl Na Cl
Na Cl Na □ Na
Cl Na Cl Na Cl
Na Cl Na Cl Na

Ag Cl Ag Cl Ag
Cl Ag Cl Ag Cl
Ag Cl Ag Cl Ag
Ag
Cl □ Cl Ag Cl
Ag Cl Ag Cl Ag

Abb. 2.13: Zweidimensionale Darstellung eines Schottky-Defekts am Beispiel von NaCl und eines Frenkel-Defekts am Beispiel von AgCl. Im ersten Fall wandern Na^+ und Cl^- an die Oberfläche des NaCl-Kristalls und hinterlassen zwei Leerstellen.

Frenkel-Fehlstellen entstehen, wenn Atome ihre normalen Gitterplätze verlassen und Zwischengitterplätze besetzen. Da die Ionengröße hierfür eine wichtige Rolle spielt, ist hierbei das Teilgitter des kleineren Ions energetisch bevorzugt; im Allgemeinen ist dies das Kation. Silberchlorid, das ebenfalls im NaCl-Typ kristallisiert, zeigt Frenkel-Defekte mit Leerstellen und Besetzungen von Zwischengitterplätzen durch Silberionen. Die fehlgeordneten Silberionen besetzen Tetraederlücken mit jeweils vier nächsten Ag^+- und Cl^--Nachbarn. Bei Frenkel-Defekten des Anionengitters („Anti-Frenkel-Defekte") besetzen die Anionen Zwischengitterplätze und hinterlassen Anionenleerstellen. Defekte dieser Art treten bei Verbindungen mit Fluorit-Struktur auf. In der Struktur von CaF_2 besetzen die Anionen alle tetraedrischen Lücken der kubisch dichten Packung aus Metallatomen. Beim Anionen-Frenkel-Defekt besetzen einige Anionen oktaedrisch koordinierte Zwischengitterplätze.

2.4.4 Farbzentren

Ein Elektron, das in einer Anionenleerstelle lokalisiert ist, bezeichnet man als Farbzentrum (F-Zentrum), weil es die Ursache einer optischen Absorption und damit für die Farbe eines Stoffes ist. Das Elektron besitzt einen ungepaarten Spin und daher ein magnetisches Moment. Die Erzeugung von Farbzentren in Alkalimetallhalogeniden erfolgt durch Erhitzen im Metalldampf (oder durch Bestrahlungen mit Röntgen- oder Gammastrahlung). Beim Erhitzen eines NaCl-Kristalls im Na-Dampf werden einige aus dem Dampf kommende Natriumatome an der Oberfläche des Kristalls ionisiert. Gleichzeitig bilden sich so viele Anionenleerstellen wie Natriumionen aufgenommen werden. Die Anionenleerstellen fangen das bei der Ionisierung freigewordene Elektron ein. Dadurch und durch die damit verbundene Auslenkung derjenigen Ionen, die das eingefangene Elektron umgeben, entsteht eine veränderte elektronische Struktur. In der Bandlücke der Wirtsstruktur resultieren zusätzliche Energiezustände, womit verschiedenartige optische Übergänge zwischen unterschiedlichen Energieniveaus möglich werden. Im Allgemeinen beobachtet man bei der Anregung von Verbindungen mit Farbzentren breite Absorptions- und Emissionsbanden mit einer großen Stokes-Verschiebung. Unter

Anregung mit Tageslicht erzeugen Farbzentren in NaCl und KCl Emissionen von gelbem und violettem Licht. Damit können die optischen Eigenschaften von Farbzentren als eine Art von Defektlumineszenz angesehen werden. An dieser Stelle sei auf eine Analogie von lumineszierenden Stoffen hingewiesen, deren Wirtsstrukturen mit einem (optischen) Aktivator dotiert werden, um als Leuchtstoff verwendet zu werden, wie z. B. $Y_3Al_5O_{12}$:Ce in der LED-Technik (siehe Tab. 2.30).

Das F-Zentrum ist jedoch nicht die einzige bekannte Variante, durch Elektronen und Leerstellen farbige Alkalimetallhalogenide zu erzeugen. Andere sind M- oder R-Zentren, die zwei oder drei Elektronen in benachbarte Anionenleerstellen einfangen. So genannte V- und H-Zentren enthalten Halogenidmoleküle, X_2^-. Im V-Zentrum besetzen die Halogenidmoleküle jeweils zwei Chloridlagen und im H-Zentrum eine Chloridlage. Die Substitution eines Kations mit einem Fremdatom gleicher Ladung nennt man F_A-Zentrum.

2.4.5 Platztausch von Atomen (Ordnungs–Unordnungs-Vorgänge)

In bestimmten Verbindungen können Atome des einen Teilgitters ihre Plätze mit Atomen des anderen Teilgitters tauschen. Es resultiert eine Fehlordnung von Atomen, die als Ordnungs–Unordnungs-Umwandlung bezeichnet wird. Platztauschvorgänge lassen sich bei Abwesenheit Coulomb'scher Abstoßungskräfte zwischen den Atomen realisieren. Intermetallische Systeme mit chemisch ähnlichen Atomen und Atomgrößen bieten hierfür gute Voraussetzungen. In Legierungen können Atome in geordneter Weise kristallographisch unterschiedliche Plätze besetzen oder über alle verfügbaren Positionen fehlgeordnet sein. Die Umwandlungen zwischen beiden Phasen verlaufen jedoch oft sehr langsam.

Beispiel: *β*-Messing

Die CuZn-Phase von *β*-Messing kristallisiert in einer geordneten Struktur vom CsCl-Typ. Oberhalb 470 °C liegt jedoch vollständige Unordnung der Atome vor. Atome beider Sorten sind gleichmäßig über die Positionen auf den Ecken und im Zentrum der Elementarzelle verteilt (*α*-Fe-Typ). Beim raschen Abkühlen dieser ungeordneten Phase bleibt die Unordnung erhalten, während bei langsamer Abkühlung ein Übergang von der innenzentrierten Struktur in die primitive Überstruktur mit dem CsCl-Typ erfolgt (Abb. 2.14). Strukturen, in denen die Atompositionen im Gegensatz zu ihren ungeordneten Phasen regelmäßig besetzt sind, werden in diesem Zusammenhang Überstrukturen genannt. Ein möglichst vollständiger Ordnungsvorgang der Atome kann nur durch sehr langsames Abkühlen oder Tempern unterhalb der Umwandlungstemperatur erreicht werden.

Der Übergang von der geordneten zur ungeordneten Struktur kann anhand der Temperaturabhängigkeit der spezifischen Wärme verfolgt werden. Die spezifische Wärmekapazität ist diejenige Wärmemenge, die benötigt wird, um die Temperatur von einem Gramm eines Stoffes um ein Grad zu erhöhen. Wird eine geordnete Phase erhitzt, muss nicht nur Energie für die zunehmenden Schwingungen der Atome aufgebracht werden, sondern im Falle auftretender Unordnung zusätzlich noch Energie, um einigen Atomen den Platzwechsel zu ermöglichen. Für den Temperaturbereich, in dem dieser

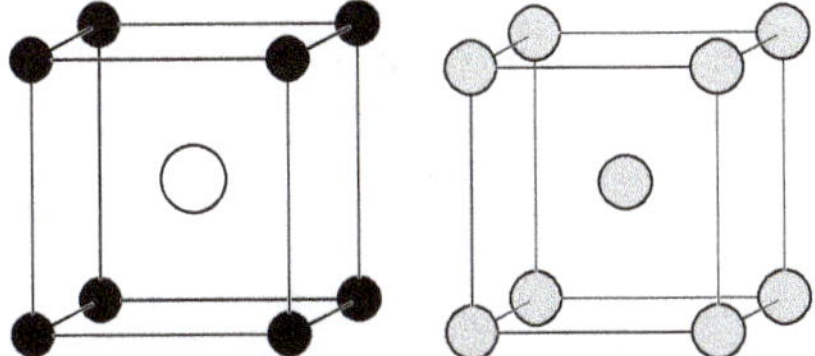

Abb. 2.14: Geordnete Überstruktur von β-CuZn (CsCl-Typ) mit der kubisch primitiven Elementarzelle (links) und die ungeordnete Struktur mit der kubisch innenzentrierten Elementarzelle (rechts).

Platzwechsel stattfindet (oft über mehrere Hundert Grad), resultiert eine Anomalie der Temperaturabhängigkeit der spezifischen Wärmekapazität. Thermodynamisch gehören diese Phasenumwandlungen häufig zu denen zweiter Ordnung (mit kontinuierlicher Änderung von Entropie und Volumen).

Beispiel: Das System Cu–Au

Beim Einbau von Kupfer in reines Gold werden Goldatome der kubisch dichtesten Packung durch Kupfer ersetzt. Durch Abschrecken von Kupfer-Gold-Schmelzen entsprechender Zusammensetzungen kann eine lückenlose Mischkristallreihe („feste Lösung") erhalten werden. Für die Zusammensetzungen CuAu und Cu_3Au existieren jedoch zusätzlich noch geordnete Strukturen, die durch sehr langsames Abkühlen oder eine Wärmebehandlung („Tempern") genau dieser Zusammensetzungen erhalten werden können (Abb. 2.15).

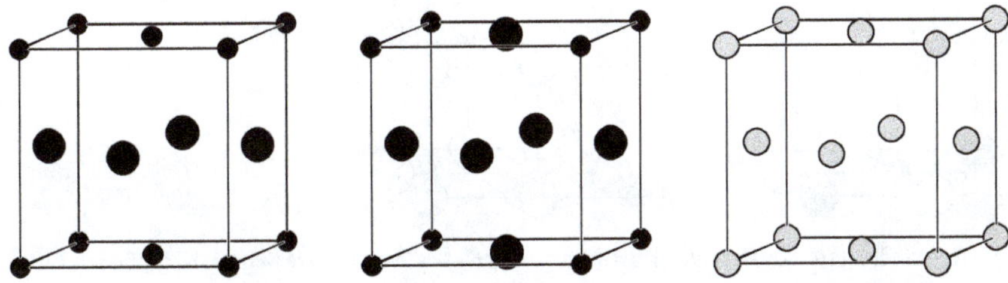

Abb. 2.15: Von links nach rechts: die geordneten Strukturen von CuAu (tetragonal) und Cu_3Au (kubisch primitiv) sowie die ungeordnete Legierung $Cu_{1-x}Au_x$ mit $x = 0–1$ (kubisch flächenzentriert).

Entscheidend für das Auftreten einer gleichmäßigen Atomverteilung oder einer geordneten Struktur ist die thermische Energie der Atome und die Energiedifferenz zwischen beiden Zuständen. Ist die Energiedifferenz, wie für den Kation-Anion-Platztausch in ionischen Verbindungen sehr groß, so kommt ein Platztausch nicht in Betracht. Ist die Energiedifferenz sehr klein, so tritt niemals vollständige Ordnung auf, wie in Silber-Gold-Legierungen. Das Ausbleiben eines Ordnungszustandes im System Ag–Au und das Auftreten geordneter Strukturen im System Cu–Au stehen mit der größeren chemischen Ähnlichkeit der Elemente (z. B. Elektronegativität, Atomgröße) im System Ag–Au gegenüber Cu–Au im Einklang.

Wie schon erwähnt, lassen starke elektrostatische Abstoßungen keinen Kation-Anion-Platztausch in ionischen Strukturen zu. Aber der Platztausch von Kationen untereinander, z. B. in ternären Oxiden und in festen Lösungen (engl. *solid solutions*), ist hinreichend belegt:

Beispiel: $LiFeO_2$

$LiFeO_2$ ist bei hohen Temperaturen (>700 °C) kristallchemisch isotyp mit der Struktur von NaCl. Die Kationen beider Sorten (Li + Fe) nehmen in gleichmäßiger Verteilung diejenigen Lagen ein, die denen der Natriumionen in der NaCl-Struktur entsprechen. Bei tieferen Temperaturen erfolgt der Übergang in eine tetragonale Überstruktur (gegenüber der kubischen Zelle ist eine Gitterachse verdoppelt) mit unveränderter Anordnung der Sauerstoffionen und einer geordneter Kationenverteilung (Abb. 2.16).

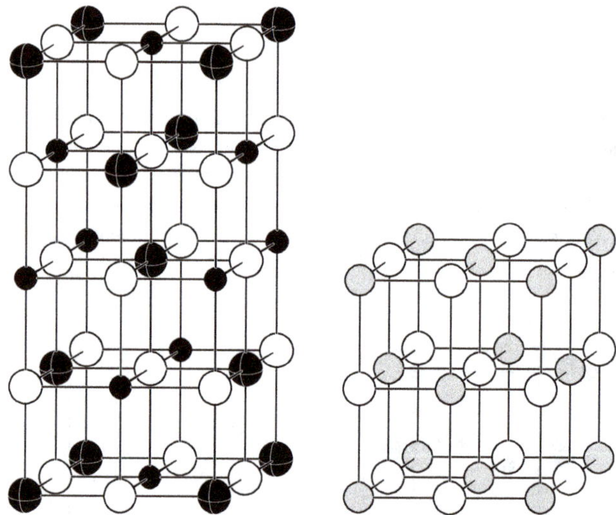

Abb. 2.16: Geordnete (tetragonale) Überstruktur von α-$LiFeO_2$ (kleine schwarze Kugeln: Li, große schwarze Kugeln: Fe, weiße Kugeln: O) und die ungeordnete (kubische) Struktur von β-$LiFeO_2$ (graue Kugeln repräsentieren die Lagen von Li und Fe).

2.4.6 Fehlordnung über Leerstellen

Atompositionen können in Kristallstrukturen besetzt oder unbesetzt, manchmal auch partiell (geordnet oder ungeordnet) besetzt sein. Atome oder Ionen werden sich in einer Struktur auf diejenigen Gitterplätze verteilen, deren Besetzung ein Energieminimum ergibt. Gegebenenfalls können jedoch die Energien für die Besetzung alternativer Positionen ähnlich oder sogar gleich sein. Sind nämlich zwei Atomlagen kristallographisch äquivalent (z. B. durch eine Spiegelebene), dann resultiert für die alternative Besetzung der einen oder der anderen Lage dieselbe Energie.

Die Verteilung der Teilchen auf Gitterplätzen kann in Abhängigkeit von der Temperatur statisch oder dynamisch sein. Die Fehlordnung von Teilchen über Leerstellen, zumindest eines Teilgitters (fehlgeordnetes Untergitter), ist eine Voraussetzung für gute ionische Leitfähigkeit.

Beispiel: Ag_2HgI_4
Bei der Umwandlung von gelbem β-Ag_2HgI_4 in rotes α-Ag_2HgI_4 (oberhalb 51 °C) entstehen Leerstellen, die Platzwechselvorgänge der Kationen erlauben. In der Hochtemperaturform liegt eine ternäre, ungeordnete Leerstellenvariante der Zinkblende-Struktur vor, in der drei Kationen (2Ag + Hg) statistisch über vier äquivalente Gitterplätze verteilt sind. In der Tieftemperaturform ordnen sich Leerstellen und Kationen beider Sorten zu einer tetragonalen Überstruktur (geordnete Leerstellenvariante des Zinkblende-Typs) (Abb. 2.17).

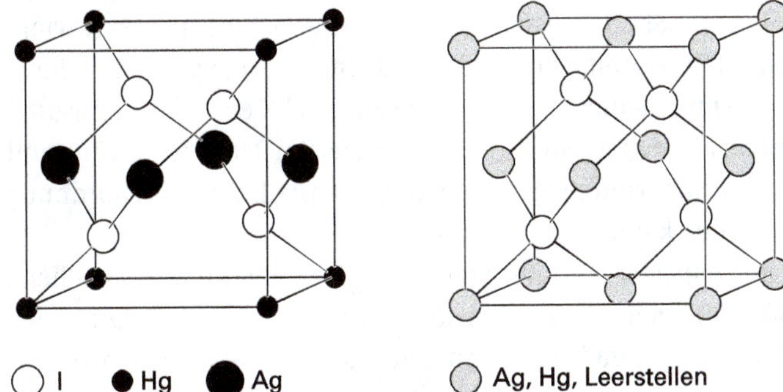

Abb. 2.17: Geordnete β- (links) und ungeordnete α-Modifikation (rechts) von Ag_2HgI_4.

Beispiel: AgI
Hohe Ionenbeweglichkeiten resultieren für Strukturen mit großen Hohlräumen und kleinen Kationen. Klassische Beispiele sind $RbAg_4I_5$ (spezifische Leitfähigkeit: σ = 0,25 S/cm bei RT) und die Hochtemperaturmodifikation von AgI, die oberhalb von 145 °C stabil ist. Die Tieftemperaturmodifikation β-AgI kristallisiert im Wurtzit-Typ. In der Hochtemperaturmodifikation α-AgI bilden die Iodatome eine innenzentrierte Anordnung (Raumgruppe $Im\bar{3}m$). Zwei Silberionen verteilen sich in der Elementarzelle über 12 kristallographisch äquivalente Positionen und sind tetraedrisch von Iod koordiniert.
Die Entropiezunahme bei dem Phasenübergang $\beta \longrightarrow \alpha$ ist größer als die Entropiezunahme beim Schmelzen von α-AgI (bei 557 °C). Der Phasenübergang $\beta \longrightarrow \alpha$ wird als „Schmelzen" des Silberionenteilgitters betrachtet, da die Silberionen danach mobil und ungeordnet sind. α-AgI gilt als ein nahezu idealer Elektrolyt. Da alle Silberionen mobil sind, besitzt α-AgI eine hohe Konzentration mobiler Ladungsträger. Zudem ist die Energiebarriere (Aktivierungsenergie) für die Erzeugung von beweglichen Silberionen gering und daher ist die Silberionenleitfähigkeit der α-Phase relativ hoch (etwa 1 S/cm bei 147 °C).

2.4.7 Phasenwechselmaterialien als Speichermedien

Die Funktionalität eines Phasenwechselmaterials (engl. *phase change material*, PCM) basiert auf der Eigenschaft einer Verbindung, in verschiedenen Kristallstrukturen oder Ordnungszuständen zu existieren, die reversibel ineinander transformierbar sind und unterschiedliche physikalische Eigenschaften haben (vgl. z. B. die VO_2-Modifikationen in Abb. 2.72).

Bei der Anwendung als optisches Speichermedium (z. B. in DVD oder Blu-ray Disc-Datenspeichern) wird die Struktur einer Verbindung im Nanosekundenbereich reversibel zwischen einem kristallinen und einem *amorphen* Zustand hin- und hergeschaltet. Durch kurze, intensive Laserpulse werden sub-µm große (metastabile) kristalline Bereiche lokal aufgeschmolzen. Bedingt durch eine extrem hohe Abkühlrate des Materials (Größenordnungen um 10^9 K/s) verbleiben dabei *amorphe* Bereiche (Bits) in der aktiven Schicht des Datenträgers. Zum Löschen wird der amorphe Bereich (der einem Bit entspricht) mit einem Laserstrahl geringerer Energie über einen bestimmten Zeitraum in der Nähe der Übergangstemperatur erhitzt und damit rekristallisiert. Die Übergangstemperatur vom kristallinen in den *amorphen* Zustand liegt für das technisch wichtige Material $Ge_2Sb_2Te_5$ bei 150 °C. $Ge_2Sb_2Te_5$ kristallisiert in einer geordneten Defektvariante vom NaCl-Typ, in der die Tellur-Atome eine kubisch dichteste Kugelpackung bilden, deren Oktaederlücken zu 4/5 mit Ge- und Sb-Atomen besetzt sind. Der *amorphe* Zustand ist durch eine Struktur mit erniedrigter Symmetrie gekennzeichnet, der als ein Zustand zwischen schmelzflüssig (mit Nahordnung der Atome) und kristallin (mit Fernordnung der Atome) beschrieben werden kann.

Der kristalline und der *amorphe* Zustand von $Ge_2Sb_2Te_5$ haben unterschiedliche physikalische Eigenschaften. Bei der Anwendung als optisches Speichermedium wird die unterschiedliche optische Reflexivität zwischen den *amorphen* Bits und den kristallinen Bereichen mit einem Laser als optischer Kontrast ausgelesen. Andere Materialen dieser Art, wie z. B. $GeSb_2Te_4$, $Ag_5In_5Sb_{16}Te_{50}$ (AIST) oder $Ge_4Sn_{11}Au_{25}Te_{60}$ folgen dem gleichen Prinzip, auf Basis individuell unterschiedlicher Strukturen.

Elektrisch schaltbare Festspeichermedien, wie das phase-change random access memory (PCRAM) basieren auf der Änderung des elektrischen Widerstands zwischen dem kristallinen und *amorphen* Zustand eines Materials, wie z. B. bei $Ge_2Sb_2Te_5$. Mit einem kurzen Stromimpuls wird das kristalline Material lokal erhitzt. Beim Abkühlen wechselt es in den amorphen Zustand. Da beide Zustände einen unterschiedlich starken elektrischen Widerstand besitzen, kann man so ein Bit speichern. Ein längerer Stromstoß mit geringerer Stromstärke führt zur Kristallisation bzw. Löschung. Mit Speichermedien dieser Art werden schnellere Schaltzeiten und höhere Speicherzyklen erreicht als mit Flash-Speichern. Flash-Speicher werden in SSD-Computerfestplatten und USB-Speichersticks verwendet.

Zu den Phasenwechselmaterialien gehören auch zahlreiche andere Stoffe, die einen Phasenübergang aufweisen. So können Latentwärmespeicher schon bei kleinen Temperaturdifferenzen zwischen Umgebung und Speichermaterial große Energiemengen (als Wärme) aufnehmen, diese über einen Zeitraum verlustarm speichern und schließlich bei Bedarf wieder abgeben. Die Energiespeicherung basiert auf der Ausnutzung der Enthalpie thermodynamischer Zustandsänderungen bei Phasenübergängen. Dies gilt für die genannten Fest-fest-Übergänge, aber auch für die in der Praxis wichtigen Fest-flüssig-Übergänge, bei denen Stoffe oder Stoffsysteme beim Schmelzen Wärmeenergie aufnehmen, die bei der Kristallisation wieder abgegeben wird. Systeme auf Salz- oder Paraffinbasis finden Verwendung in der Heizungsindustrie.

2.4.8 Nicht stöchiometrische Phasen

Stöchiometrie ist die Lehre von der mengenmäßigen Zusammensetzung chemischer Verbindungen und von den Gewichtsverhältnissen, in denen sich chemische Reaktionen vollziehen. Die Gesetze der konstanten und multiplen Proportionen sind jedoch für Feststoffe nicht immer gültig – Abweichungen treten sogar häufig auf. Daher existieren Verbindungen mit scheinbar nicht rationalen Zusammensetzungen wie z. B. $\mathbf{Fe_{1-x}O}$ mit $0 < x < 0{,}1$ oder $\mathbf{Na_xWO_3}$ mit $0 < x \leq 0{,}9$. Verbindungen, die über einen bestimmten Bereich x variable Zusammensetzungen besitzen, zählen zu den nicht stöchiometrischen Verbindungen oder Phasen. In nicht stöchiometrischen Verbindungen ist die Anzahl der Atome in der Elementarzelle nicht mit der Zahl der äquivalenten Gitterplätze identisch, und es resultiert Mangel oder Überschuss einer Atomsorte. Die Abweichung von der idealen Zusammensetzung wird formal durch eine veränderte Ionenladung kompensiert (gemischtvalente Verbindungen). Für viele Verbindungen lässt sich die Richtung der Änderung vermuten: Beim Übergang von Fe_2O_3 in die kationenreichere Phase $Fe_{2+x}O_3$ werden einige Fe^{3+}-Ionen zu Fe^{2+} reduziert. Die Änderung erfolgt in Richtung Magnetit (Fe_3O_4). Dagegen erfolgt der Übergang von Cu_2O in die kationenärmere Phase $Cu_{2-x}O$, unter Oxidation von Cu^+-Ionen zu Cu^{2+}. Die mit diesen Zusammensetzungen assoziierten Defekte sind unvollständig besetzte Kationen- ($Cu_{2-x}O$) oder Anionengitterplätze (CdO_{1-x}) oder Kationen auf Zwischengitterplätzen ($Fe_{2+x}O_3$). Da die veränderten Ionenladungen aber nicht lokalisiert sind, bedeutet Kationenüberschuss die Präsenz zusätzlicher Elektronen (n-Leitung) und Kationenunterschuss das Auftreten von Defektelektronen (p-Leitung).

2.4.9 Feste Lösungen, Dotierung und transparente Leiter

Feste Lösungen sind kristalline Phasen, deren Komponenten eine Mischbarkeit im geschmolzenen und im festen Zustand zeigen. Allgemein gilt für das Auftreten von festen Lösungen, dass die reinen Stoffe gleiche Kristallstrukturen, möglichst ähnliche Radien und ein ähnliches chemisches Verhalten zeigen sollten. Beispiele für feste Lösungen sind die im Abschn. 2.4.5 genannten Systeme Ag–Au und Ag–Cu. Im System Ag–Au existiert eine vollständige Mischbarkeit über den gesamten Bereich der theoretisch möglichen Zusammensetzungen, ähnlich wie in Abb. 2.18 (links). Sehr viel häufiger ist aber der Fall einer nur begrenzten Mischbarkeit. Im System Ag–Cu lösen sich aufgrund der Unterschiedlichkeit dieser zwei Metalle nur etwa 15 Atomprozent Cu in Ag und etwa 5 Atomprozent Ag in Cu, ähnlich wie in Abb. 2.18 (rechts) dargestellt.

Bei stark verdünnten festen Lösungen spricht man von Dotierungen. Mit Cr^{3+} dotierte Al_2O_3-Einkristalle nennt man Rubine (Al_2O_3:Cr). Obwohl der Cr^{3+}-Gehalt eines Rubin-Laser-Kristalls nur 0,05 % ausmacht, besteht im System Al_2O_3/Cr_2O_3 vollständige Mischbarkeit gemäß $\mathbf{Al_{2-x}Cr_xO_3}$ über den gesamten Bereich $0 \leq x \leq 2$. Eine gute Voraussetzung für eine vollständige Mischbarkeit ist, dass beide Sesquioxide Al_2O_3 und Cr_2O_3 im gleichen Strukturtyp (Korund) kristallisieren. Bedingt durch den etwas größeren

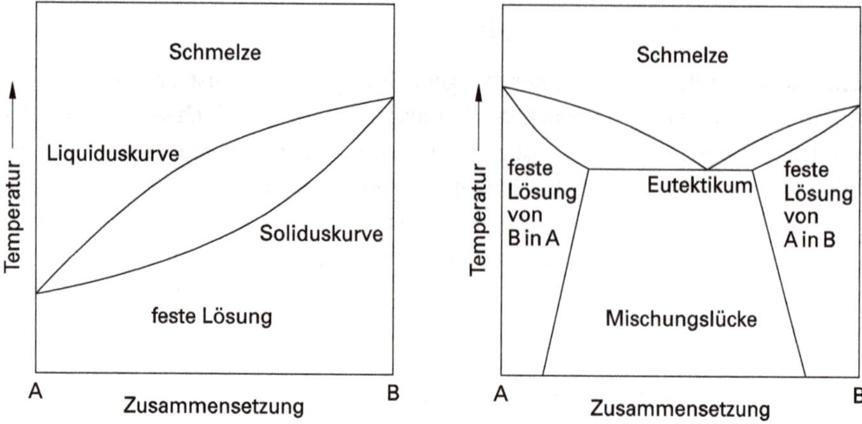

Abb. 2.18: Phasendiagramm für ein binäres System A–B mit unbegrenzter (links) und begrenzter (rechts) Mischkristallbildung.

Ionenradius von Cr^{3+} im Vergleich zu Al^{3+} nehmen die Gitterkonstanten von $Al_{2-x}Cr_xO_3$ mit steigendem Gehalt x von Cr linear zu (Abb. 2.19). Dieses Verhalten entspricht der Vegard'schen Regel, wonach sich die Gitterkonstanten innerhalb einer Mischkristallreihe linear mit der Zusammensetzung ändern. Mit steigendem Anteil von Cr^{3+}-Ionen ([Ar]$3d^3$-Konfiguration) verändert sich auch die Farbe von $Al_{2-x}Cr_xO_3$ von rot (bis 8 mol-% Cr^{3+}) nach grün (ab ca. 20 mol-% Cr^{3+}). Ausschlaggebend hierfür ist der Einfluss der Kristallfeldaufspaltung der Cr^{3+}-Ionen (reines Cr_2O_3 ist grün) und das daraus resultierende veränderte Absorptionsverhalten.

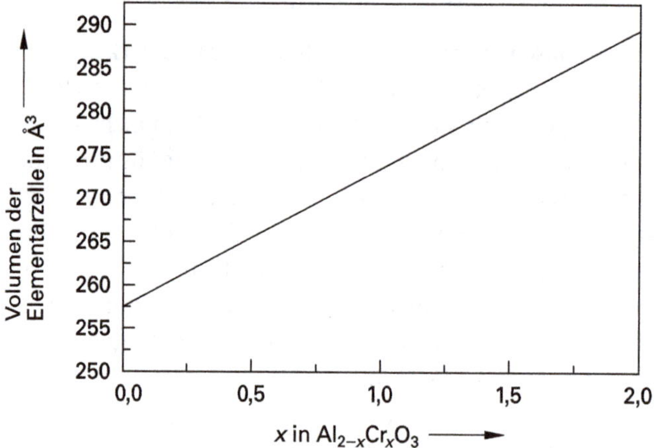

Abb. 2.19: Die Zunahme des Zellvolumens mit steigendem Anteil von Cr^{3+} in $Al_{2-x}Cr_xO_3$.

Die elektrische Leitfähigkeit von transparenten Halbleitern kann durch p- oder n-Dotierung erheblich verstärkt werden. In der Praxis eignen sich hierfür zahlreiche Oxide. Prominente Beispiele sind **In_2O_3:Sn (ITO)**, **SnO_2:F (FTO)**, **SnO_2:Sb (ATO)** und **ZnO:Al (AZO)**. Die Schreibweise In_2O_3:Sn steht für die partielle Substitution von In^{3+}-Ionen in In_2O_3 durch Sn^{4+}-Ionen gemäß einer Zusammensetzung $In_{2-x}Sn_xO_3$ ($0 < x < 0{,}4$) wodurch aufgrund von Überschusselektronen n-Leitung resultiert. Transparente Schichten werden aus den binären Oxiden (z. B. In_2O_3 und SnO_2) über unterschiedliche Herstellungsverfahren erzeugt. Erst wenn die Teilchen hinreichend klein sind bzw. in Form von Nanoschichten („Filme") präpariert sind, entstehen transparente Leiter, die auf Glas oder andere Substrate aufgebracht werden können. Transparente Leiter aus ITO, FTO, ATO oder AZO sind kostengünstig und haben eine große Bedeutung in verschiedenen Bereichen der Technik, wie z. B. für den Einsatz in Touchscreens oder in photovoltaischen Zellen. Für diese Anwendungen müssen sie eine hohe optische Transparenz für sichtbares Licht und eine hohe elektrische Leitfähigkeit aufweisen.

Gut bekannte Beispiele für transparente Metalle sind die seit Langem bekannten Filme aus edlen Metallen wie Silber oder Platin. Dabei kann ein 5 nm dicker Au-Film über 80 % optische Transparenz für sichtbares Licht aufweisen.

Dotiert man ZrO_2 mit einigen Prozenten der Oxide CaO oder Y_2O_3, dann wird das zahlenmäßige Verhältnis von Kationen zu Anionen zugunsten der Kationen verschoben. Da die Kationen nicht auf Zwischengitterplätze eingebaut werden, sondern auf Zr-Plätzen, resultiert pro eingebautes Ca^{2+}-Ion eine Sauerstoffleerstelle (V) im Anionengitter: $\mathbf{(Zr_{1-x}Ca_x)O_{2-x}V_x}$ ($0{,}1 \leq x \leq 0{,}2$). Bedingt durch die vorhandenen Sauerstoffleerstellen ist dotiertes Zirconiumdioxid bei hohen Temperaturen ein guter Sauerstoff-Ionenleiter. Dotiertes Zirconiumdioxid kann als Sensor zur Messung von Sauerstoff-Partialdrücken oder als Elektrolyt in Brennstoffzellen eingesetzt werden (Abschn. 2.5.1).

2.4.10 Scherstrukturen

Punktdefekte haben Einfluss auf ihre lokale Umgebung. So bewirken Gitterleerstellen oder besetzte Zwischengitterplätze Verschiebungen der benachbarten Atome, z. B. unter Bildung von Aggregaten (Clustern). Es gibt viele mögliche und bekannte leerstelleninduzierte lokale Verzerrungsmuster. Die einfachsten sind lokale Entspannungen von Atomen in Richtung einer Leerstelle (bei Metallen) oder umgekehrt, von der Leerstelle weg (bei ionischen Verbindungen). Bei geeigneter Anordnung von Gitterleerstellen sind kooperative Konsequenzen im Gitter möglich. Die Bildung einer Scherstruktur basiert auf einer Versetzung entlang einer Ebene im Kristall, die besonders viele Anionenleerstellen aufweist. Dabei ändern sich lokale Koordinationen und Anionenleerstellen werden vernichtet (Abb. 2.20). Im Kristall entstehen so Bereiche mit unterschiedlichen Strukturen und Zusammensetzungen.

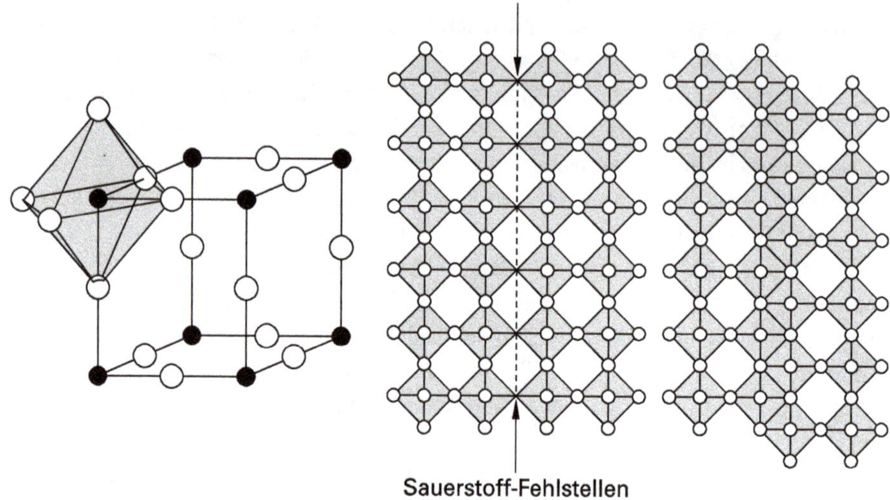

Abb. 2.20: Kristallstruktur von ReO_3 mit einem hervorgehobenen $[ReO_6]$-Oktaeder (links) und Projektion von zwei Strukturausschnitten der ReO_{3-x}-Struktur (rechts) mit und ohne Scherebene.

Werden MoO_3 oder WO_3 unter Sauerstoffausschluss mit ihren Metallpulvern erhitzt, so kann Reduktion zu MO_2 (M = Mo, W) stattfinden. Zwischen den Zusammensetzungen MO_3 und MO_2 liegt eine Palette farbiger Verbindungen.[4] Solche Metalloxide mit Sauerstoffleerstellen (WO_{3-x}, MoO_{3-x}, TiO_{2-x}, VO_{2-x}) können bedingt durch Scherstrukturen weitreichende Zusammensetzungen aufweisen. Es handelt sich jedoch hierbei nicht um feste Lösungen mit bestimmten Phasenbreiten, sondern um stöchiometrisch zusammengesetzte Verbindungen mit eng benachbarten Zusammensetzungen. Im System Titan–Sauerstoff gibt es im Bereich $TiO_{1,9}$–$TiO_{1,75}$ eine Serie stöchiometrisch zusammengesetzter Phasen Ti_nO_{2n-1} mit $4 \leq n \leq 9$. Das Sauerstoffdefizit wird in den Rutil-verwandten Strukturen von TiO_{2-x} und VO_{2-x} durch vermehrte Verknüpfungen von Rutilblöcken über Kanten und Flächen der $[MO_6]$-Oktaeder in der Scherebene ausgeglichen. In der gezeigten Struktur von ReO_3 (Abb. 2.20) sind alle $[ReO_6]$-Oktaeder über Ecken mit ihresgleichen zu $[ReO_{6/2}]$ verknüpft. Beim Auftreten der Scherung resultiert in der Scherebene eine systematische Kantenverknüpfung der $[ReO_6]$-Oktaeder.

Durch fortschreitende Reduktion wird die Zusammensetzung eines solchen Oxids dahin gehend verändert, dass die Zahl der Scherebenen steigt. Dabei werden zunehmend Elektronen an das Leitungsband abgegeben, und außer der Farbe ändern sich auch die elektrischen und magnetischen Eigenschaften. Scherebenen können nicht nur parallel, sondern auch senkrecht zueinander, in sogenannten Blockstrukturen, angeordnet sein.

4 Nach dem schwedischen Chemiker A. Magnéli als Magnéli-Phasen bezeichnet.

2.5 Elektrochemische Zellen

Elektrochemische Zellen können als Energieumwandler wirken, indem sie die Energie einer chemischen Reaktion direkt in elektrische Energie umwandeln. Hierzu zählen Brennstoffzellen und Batterien, die aus den drei Komponenten Anode, Kathode und Elektrolyt bestehen.

2.5.1 Messung von Sauerstoff-Partialdrücken

Dotiertes ZrO_2 ist bei hohen Temperaturen ein guter Sauerstoffionenleiter (vgl. Abschn. 2.4.9) und wird als Festelektrolyt zur Messung von Sauerstoff-Partialdrücken eingesetzt. Ist der zu messende Partialdruck p_{O_2} kleiner als der Referenzdruck p_{O_2}' (z. B. Luft), so erfolgt eine Wanderung von O^{2-}-Ionen im Druckgefälle über Sauerstoffleerstellen in der dotierten ZrO_2-Struktur (Abb. 2.21).

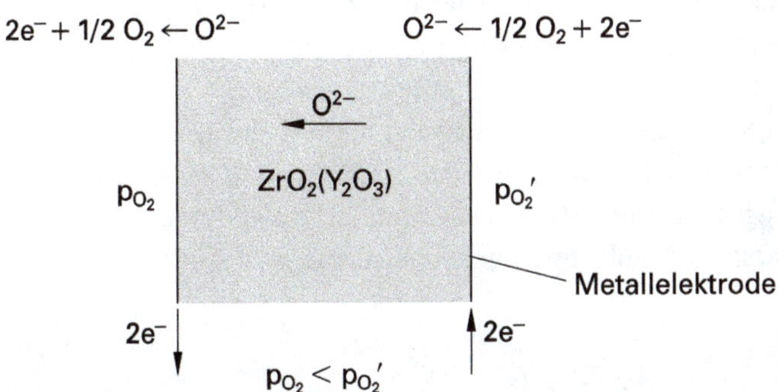

Abb. 2.21: Schema der Sauerstoff-Partialdruckmessung mit dotiertem ZrO_2. Die Differenz der Sauerstoff-Partialdrücke auf beiden Seiten des $ZrO_2(Y_2O_3)$-Sensors wird durch Diffusion von Sauerstoffionen in Richtung des niedrigeren Partialdrucks kompensiert. Sauerstoffmoleküle nehmen beim Eintritt in eine poröse Metallelektrode Elektronen auf und können als O^{2-} durch den Festelektrolyten wandern, um an der Metallelektrode der gegenüberliegenden Seite Elektronen abzugeben. Die bei der Reaktion gemessene elektrische Spannung ist proportional zur Differenz der Partialdrücke.

Mittels poröser Metallelektroden wird ein Stromfluss gemessen, der der O^{2-}-Ionenwanderung entgegengerichtet ist. Die Zelle arbeitet im Temperaturbereich zwischen 500 und 1000 °C und kann kleinste p_{O_2} messen (bis etwa 10^{-16} bar). Die Zellspannung für die Zelle

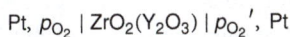

$$\text{Pt}, p_{O_2} \mid ZrO_2(Y_2O_3) \mid p_{O_2}', \text{Pt}$$

ergibt sich aus der Differenz der Partialdrücke nach der Nernst-Gleichung:

$$E = E^\circ - \frac{RT}{zF} \cdot \ln\left(\frac{p_{O_2}'}{p_{O_2}}\right)$$

Das Standardpotential E° der Konzentrationszelle ist gleich null, da der Sauerstoff-Partialdruck bei Standardbedingungen auf beiden Seiten der Zelle gleich ist und daher keine Potentialdifferenz besteht. Ist ein Partialdruck bekannt (z. B. $p_{O_2,\text{Luft}}$), so kann ein unbekannter Partialdruck durch die Messung von E bestimmt werden. Auf dieser Basis arbeiten die meisten Sauerstoffsensoren, die zur Analyse von Verbrennungsgasen sowohl industriell als auch in Fahrzeugen (λ-Sonde) eingesetzt werden. Das Luft/Treibstoff-Verhältnis kann optimiert und der Wirkungsgrad eines Katalysators unter Verminderung von Abgasen (CO, NO_x) verbessert werden. Sogar der Sauerstoffgehalt von flüssigem Stahl kann auf diese Weise kontrolliert werden.

2.5.2 Brennstoffzellen

Brennstoffzellen sind eine Art von Batterien, denen die Reaktionspartner extern zugeführt werden. Dabei wird die freiwerdende Energie einer chemischen Reaktion in elektrische Energie umgewandelt. Hochtemperatur-Brennstoffzellen auf Oxidkeramik-Basis (engl. *solid oxide fuel cell*, SOFC) sind Energieumwandler, die in stationären Kraftwerken bei Betriebstemperaturen von 800–1000 °C zum Einsatz kommen. In einem ähnlichen Aufbau wie in Abb. 2.21 wird dotiertes ZrO_2 als Separator (Elektrolyt) für die Umsetzung von Brenngasen wie Wasserstoff, Kohlenwasserstoffen oder CO mit Sauerstoff verwendet:

$$H_2 \mid ZrO_2(Y_2O_3) \mid O_2$$

In der Brennstoffzelle werden Sauerstoff oder Luft von einer Seite (Kathode) und H_2 von der anderen Seite (Anode) zugeführt. Sauerstoff wandert als O^{2-} durch die dotierte ZrO_2-Schicht hindurch und verbrennt mit H_2 zu Wasser. Dabei nimmt jedes Sauerstoffatom an der „Luftelektrode“ zwei Elektronen auf und wandert durch den Elektrolyten hindurch, um an der „Brennstoffelektrode“ mit H_2 zu reagieren. Zuvor werden jedoch an der Anode Elektronen abgegeben, die durch den elektrischen Kreislauf (über einen Verbraucher) zurückgeführt werden. Da einzelne Zellen Spannungen von weniger als einem Volt erzeugen, werden solche Zellen zu Stapeln (engl. *stacks*) zusammengeschaltet.

Polymerelektrolytmembran-Brennstoffzellen (engl. *polymer electrolyte fuel* cell, PEFC) mit einer für Protonen durchlässigen Kunststoffmembran werden für den mobilen Einsatz verwendet. Die Betriebstemperaturen solcher Zellen liegen unter 100 °C. Als Brenngase werden wieder Wasserstoff und Sauerstoff verwendet. Durch Oxidation von Wasserstoff entstehen an der metallbeschichteten Anode Protonen und Elektronen. Die Protonen wandern durch die Membran zur Kathode, an der Sauerstoff reduziert wird und die Reaktion zu Wasser stattfindet. Mit flüssigem Methanol betriebene Brennstoffzellen sind für den mobilen Einsatz (Pkw, PC usw.) erhältlich. Als Brenngas dient wieder Wasserstoff, welcher durch Spaltung von Methanol an einem Pt/Rh-Katalysator erzeugt wird.

2.5.3 Batterien

Eine Batterie besteht aus einer Anode und einer Kathode, die durch einen festen oder flüssigen Elektrolyten voneinander getrennt sind. Anoden und Kathoden bestehen aus Stoffen, die vor allem ionische, aber auch elektronische Leitfähigkeit zulassen. Festelektrolyte müssen für Anwendungen in Batterien elektrische Isolatoren sein (damit kein innerer Kurzschluss erfolgt) und zugleich einer Ionensorte den Durchtritt erlauben. Der Aufbau einer Batterie ist für die Zellreaktion $A + X \rightleftharpoons AX$ mit den Redoxpaaren $A \rightleftharpoons A^+ + e^-$ und $X + e^- \rightleftharpoons X^-$ schematisch in Abb. 2.22 gezeigt. Bei der Entladung wandern A-Teilchen als A^+-Ionen durch den Elektrolyten zur Kathode, während die Elektronen über den externen Stromkreis von der Anode zur Kathode fließen.

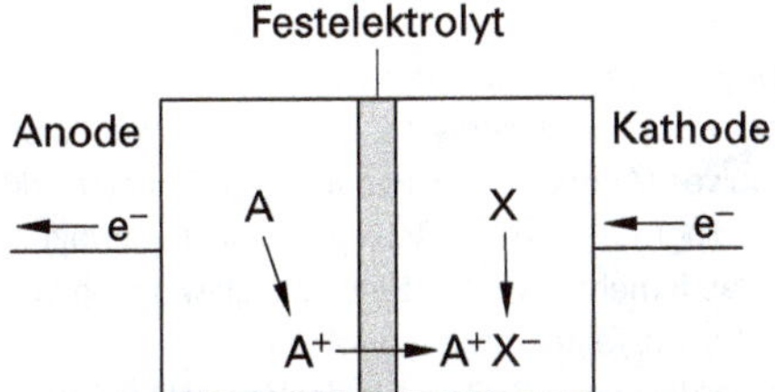

Abb. 2.22: Schema einer Batterie mit zwei reaktionsfähigen Substanzen A und X, die durch einen Elektrolyten getrennt sind.

Allgemein wird zwischen Primär- und Sekundärbatterie unterschieden: Bei Sekundärbatterien (Akkumulatoren) ist die ablaufende chemische Reaktion durch Zufuhr elektrischer Energie (Laden) umkehrbar, bei Primärbatterien nicht.

Beispiele für Batterien, die mit Festelektrolyten betrieben werden, sind der Natrium-Schwefel-Akkumulator und die Lithium-Iod-Primärbatterie.

Beispiel: Der Natrium-Schwefel-Akkumulator

Im Natrium-Schwefel-Akkumulator wird Natrium-β-Aluminiumoxid (vgl. Abschn. 2.1.6.2) als Na^+-durchlässige Festelektrolytmembran zur Trennung der flüssigen Elektroden verwendet:

$$Na_{flüssig} \mid Na\text{-}\beta\text{-}Al_2O_3 \mid S_{flüssig}$$

Der Akkumulator enthält Schmelzen aus Natrium und Schwefel, weshalb die Betriebstemperatur bei 300–350 °C liegen muss. Die an der Anode gebildeten Natriumionen wandern bei der Entladereaktion durch den Festelektrolyten in die Schwefelschmelze. Bei der Reaktion $2\ Na + \frac{x}{8} S_8 = Na_2S_x$ entstehen Polysulfide, wobei sich zunächst Na_2S_5 bildet, das sich in der Schwefelschmelze anreichert. Die (offene) Batteriespannung einer geladenen Batterie beträgt etwa 2 V (bei 300 °C). Viele Hundert Lade-Entlade-Zyklen sind möglich; die erhöhte Betriebstemperatur ist jedoch ein wesentliches Hindernis für den Einsatz dieses Akkumulators. In der Praxis werden Na-S-Batterien zur stationären Energiespeicherung eingesetzt.

Beispiel: Die Lithium-Iod-Batterie
In dieser Primärbatterie werden Lithium als Anode, LiI als Festelektrolyt und Iod als Kathode eingesetzt. Bei der irreversiblen Reaktion diffundieren Lithiumionen durch die LiI-Schicht hindurch und reagieren mit Iod zu LiI. Für die Zellreaktion Li + $\frac{1}{2}I_2$ wird Iod in der Festkörperkette

$$\text{Li} \mid \text{LiI} \mid \text{I}_2\text{-PVP}$$

als Iodpoly(2-vinylpyridin) (PVP) bereitgestellt. Die (offene) Batteriespannung der geladenen Batterie beträgt 2,8 V. Dieser Batterietyp zeichnet sich durch eine hohe Zuverlässigkeit und lange Lebensdauer (>10 Jahre) aus und wird deshalb in Herzschrittmachern eingesetzt.

Beispiel: Die Zink-Luft-Batterie
Primärbatterien des Metall-Luft- oder besser Metall-Sauerstoff-Typs basieren auf Redoxreaktion zwischen dem Sauerstoff der Luft und einem geeigneten Metall (z. B. Li, Ca, Al, Fe, Cd oder Zn). Die Zink-Luft-Batterie findet gemäß dem folgenden prinzipiellen Aufbau Verwendung in Hörgeräten:

$$\text{Zn} \mid \text{KOH, Graphit} \mid \text{Luft}$$

Bei der Entladung dringt Luft durch eine kleine Öffnung in das Gehäuse der Batterie ein, wobei der Sauerstoff an einer porösen Graphitelektrode (Kathode) zu O^{2-} reduziert wird, um als Hydroxid durch den Elektrolyten hindurch zu wandern und mit Zinkpulver (Anode) unter Bildung von Zinkhydroxid $(Zn(OH)_4)^{2-}$ zu reagieren, aus dem ZnO entsteht. Bedingt durch den wässrigen KOH-Elektrolyten beträgt die (offene) Zellspannung dieses Batterietyps kaum mehr als 1,4 V. Eine Rückgewinnung von Zn kann durch eine einfache Thermolyse von ZnO bei hohen Temperaturen erfolgen.
Obwohl ZnO als toxikologisch unbedenklich eingestuft werden kann (ZnO wird in der Kosmetikindustrie genutzt), ist der in diesem Batterietyp übliche Zusatz von Quecksilber als Zinkamalgam, welches zur Verbesserung der interkristallinen elektrischen Kontaktierung der genutzt wird, problematisch.

2.5.4 Wiederaufladbare Lithiumbatterien

Das reversible Einbringen von Gastteilchen in ein Wirtsgitter wurde schon am Beispiel von Li_xTiS_2 erwähnt (Abschn. 2.1.6). Nach diesem Prinzip einer reversiblen Einlagerung arbeiten Interkalationselektroden, die aus ein-, zwei- oder dreidimensionalen Wirtsstrukturen bestehen können. Sie sind attraktive Elektroden für wiederaufladbare Batterien, deren Prinzip am folgenden Beispiel einer elektrochemischen Kette mit einem Flüssigelektrolyten gezeigt werden soll:

$$\text{Li} \mid \text{Propylencarbonat-LiPF}_6 \mid \text{TiS}_2$$

Bei der reversiblen Reaktion $x\,\text{Li} + \text{TiS}_2 \longrightarrow \text{Li}_x\text{TiS}_2$ $(0 < x < 1)$ wird Lithium oxidiert und als Li^+ in die Hohlräume zwischen den Schichten der TiS_2-Struktur eingelagert (vgl. Abschn. 2.1.6). Der Akku ist entladen, wenn Li_xTiS_2 seine obere Grenzzusammensetzung erreicht hat. Zum Aufladen des Akkumulators wird eine Spannung an die Elektroden angelegt, die die Rückreaktion erzwingt. Dabei wird Li^+ deinterkaliert und an der Anode zu Lithium-Metall reduziert. Batterien dieser Art besitzen offene Zellspannungen um 2,5 V. Auch hier sind viele Hundert Lade-Entlade-Zyklen möglich, bevor die Batterieleistung abfällt.

2.5.4.1 Elektrolyte für Lithiumbatterien

Allgemein sind nur wenige Festelektrolyte bekannt, die gute Ionenleitfähigkeiten für Lithium- oder Natriumionen zeigen. $\mathbf{Li_3N}$ gehört zu den am besten untersuchten Lithiumionenleitern ($\sigma_{ion} \approx 10^{-4}$ S/cm), welches aber wegen seines geringen Zersetzungspotentials (0,44 V) nicht für Anwendung in Batterien in Betracht kommt. Zu den superionischen Li-Ionenleitern, die mit dem Akronym LISICON (engl. *lithium super ionic conductor*) abgekürzt werden, zählen neben der Verbindung $\mathbf{Li_{14}Zn(GeO_4)_4}$ auch Orthophosphate des Typs $\mathbf{Li_xM_2(PO_4)_3}$ (M = d-Metall). Voraussetzungen für eine superionische Li-Ionenleitung sind Hohlräume oder Kanäle in Strukturen, die gute Ionenmobilitäten ermöglichen, aber auch die Präsenz von Li-Leerstellen, zwischen denen sich die Lithiumionen über eine Art *hopping*-Mechanismus bewegen können. Superionische Leiter enthalten oft **polyanionische Baugruppen**, die aufgrund ihrer Sterik keine dicht gepackten Strukturen bilden können. Darüber hinaus kann die Mobilität von Li^+-Ionen im Festkörper durch **Atomsubstitutionen**, wie z. B. in $Li_{4+x}Si_{1-x}X_xO_4$ (X = P, Al, Ge) erhöht werden. Die erhöhten Ionenleitfähigkeiten von substituierten $(PO_4)^{3-}$- oder $(SiO_4)^{4-}$-Ionen werden auf den Ersatz von Sauerstoff gegen Schwefel und einer daraus resultierenden Bindungsschwächung zwischen Lithium und Schwefel zurückgeführt.

Zu den leistungsfähigsten superionischen Festelektrolyten zählen Verbindungen wie $\mathbf{Li_7PS_6}$. Die Kristallstruktur von Li_7PS_6 enthält $(PS_4)^{3-}$-Anionen und leitet sich von der Struktur des Minerals Argyrodit ab. Diese Verbindung und deren Derivate, wie $Li_7P_3S_{11}$ und $Li_{10}GeP_2S_{12}$ erreichen Lithiumionenleitfähigkeiten in Größenordnungen von $\sigma_{ion} \approx 10^{-3}$–$10^{-2}$ S/cm.

Die Entwicklung von neuen oder verbesserten Festelektrolyten mit hohen Lithiumionenleitfähigkeiten zielt u. a. auf die Herstellung von reinen Feststoffbatterien. So können Schäden in Batterien abgewendet werden, die durch gefrieren, kochen oder zersetzen flüssiger Elektrolyte auftreten können.

Allgemein werden drei Arten von Elektrolyten unterschieden:

1. **Festelektrolyte** aus LISICON oder Li-β-Al_2O_3,
2. **Flüssigelektrolyte** aus organischen Lösungsmitteln (z. B. Ethylencarbonat, Propylencarbonat oder Dimethylcarbonat) und einem Leitsalz (z. B. $LiPF_6$, $LiBF_4$ oder $LiB(CN)_4$) und
3. **Polymerelektrolyte** aus einer polymeren Matrix (z. B. Polyethylenoxid) und einem Leitsalz (z. B. $LiPF_6$, $LiBF_4$ oder $LiB(CN)_4$).

2.5.4.2 Anodenmaterialien für Lithiumbatterien

Lithium gilt als das wichtigste Anodenmaterial für Batterien, weil es im Vergleich zu anderen Metallionen (wie z. B. Na oder Mg) einen kleineren Ionenradius, eine geringere Masse und höhere Ionenbeweglichkeit zeigt. Zu den Nachteilen von Li-Anoden zählt die Neigung von Lithium, mit Feuchtigkeit sowie teilweise auch mit nichtwässrigen Elektrolyten zu reagieren. In der Praxis können bei wiederaufladbaren Lithiumbatterien Sicherheitsprobleme auftreten, die dadurch bedingt sind, dass mehrmaliges Laden und Entladen der Batterie zu einem dendritischen Wachstum von Li-Nadeln auf der Li-Anode führt, welches zum Kurzschluss mit der Kathode und in der Folge zum (explosionsartigen) Überhitzen der Zelle führen kann. Als Alternative zur Lithium-Metallanode wird in der Praxis eine mit Lithium interkalierte Form von Graphit eingesetzt. Bei der Verwendung von Graphit als Anode werden sechs Kohlenstoffatome benötigt, um ein Lithiumion aufnehmen zu können (**Li_xC_6-Anode**).

Aber auch andere Interkalationsmaterialien für Li^+-Ionen kommen als Anodenmaterialien in Betracht. Mit Silicium als Anodenmaterial kann die Energiedichte eines Akkumulators erheblich gesteigert werden. Silicium bildet eine Anzahl von Li-reichen Siliziden ($Li_{22}Si_5$, $Li_{13}Si_4$, Li_7Si_3, $Li_{12}Si_7$ und LiSi) wodurch Anodenmaterialien aus Silizium erheblich mehr Strom (Li-Ionen) speichern können. Aufgrund der erheblichen Volumenänderungen, die mit der reversiblen Aufnahme und Abgabe von Lithiumionen in **Li_xSi** verbunden sind, sinkt die Stabilität einer Batterie jedoch erheblich ab. Um dies zu verhindern, werden nanostrukturierte Formen von Silizium als anodische Wirtsstrukturen für die reversible Einlagerung von Lithiumionen verwendet.

Ein weiteres Beispiel für ein Anodenmaterial ist das Titanat **$Li_4Ti_5O_{12}$** mit einer defekten Spinellstruktur, gemäß der Zusammensetzung $Li_{4/3}Ti_{5/3}O_4$, in der die Kationen eine feste Lösung bilden.

In einer Sekundärbatterie wird ein Anodenmaterial mit einem geeigneten Kathodenmaterial kombiniert. Die relative Einordnung der Redoxenergien von Li, LiC_6 und $Li_{4/3}Ti_{5/3}O_4$ als Anodenmaterialien gegenüber verschiedenen Kathodenmaterialien zeigt die Abb. 2.23. Daraus wird deutlich, dass $Li_{4/3}Ti_{5/3}O_4$ sowohl als Anodenmaterial als auch als Kathodenmaterial fugieren könnte, wobei die Zellspannungen in beiden Fällen verhältnismäßig niedrig sind.

In Sekundärbatterien werden die Lithiumionen beim Entladen und Laden zwischen zwei Wirtsstrukturen hin und her transportiert. Wirtsstrukturen für Lithiumionen müssen für Anwendungen in Batterien verschiedenen Ansprüchen gerecht werden. Allgemein kommen robuste Stoffe (Li_xMX_n) in Betracht, die möglichst viele Lithiumionen reversibel ein- und auslagern können. Dabei muss ein Atom (M) im Wirtsgitter unterschiedliche Oxidationsstufen einnehmen können. Von einer Batterie, die in mobilen Geräten zum Einsatz kommen soll (Telefon, Computer, Pkw usw.), erwartet man eine hohe Zellspannung (>3 V), eine gute Zyklenstabilität (>1000 Lade- und Entladezyklen) und eine hohe (auf die Masse bezogene) Kapazität (>200 mAh/g).

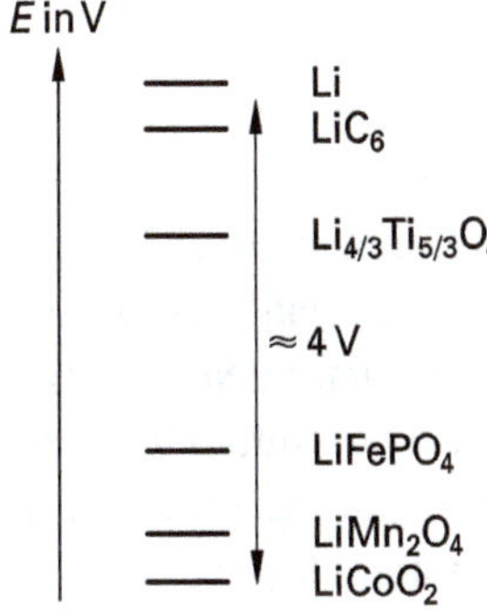

Abb. 2.23: Schematische Wiedergabe der Redoxenergien verschiedener Anoden- und Kathodenmaterialien, woraus mögliche Kombinationen dieser Materialien und die relativen Zellspannungen hervorgehen.

2.5.4.3 Kathodenmaterialien für Lithiumbatterien

Im Zusammenspiel mit Graphit (oder bestimmten Arten von Ruß) als Anode zählen die Lithiumverbindungen **$LiCoO_2$ (bzw. $LiMO_2$)**, **$LiMn_2O_4$** und **$LiFePO_4$** zu den wichtigsten Kathodenmaterialien für sekundäre Lithiumbatterien, die überwiegend mit flüssigen Elektrolyten betrieben werden. Da die (offene) Zellspannung solcher Batterien im geladenen Zustand bei bis zu 4 V liegt, ist der Einsatz nichtwässriger Elektrolyte mit hoher Leitfähigkeit und hoher chemischer bzw. elektrochemischer Stabilität erforderlich.

2.5.4.4 Wichtige Lithiumakkumulatoren

Das System Li_xC_6 – $Li_{1-x}Mn_2O_4$

Die Strukturen der Metalloxide des (defekten) Spinelltyps LiM_2O_4 mit M = Ti, V, Mn (Abschn. 2.10.5.8) enthalten Leerstellen und Kanäle, und ermöglichen so eine Beweglichkeit der Li^+-Ionen. Unter diesen hat $LiMn_2O_4$ großes Interesse als Kathodenmaterial für Festkörperbatterien geweckt. Der normale Spinell $LiMn^{3+}Mn^{4+}O_4$ ist ein **Mischleiter**. Die Ionenleitfähigkeit erfolgt durch Diffusion der Li^+-Ionen durch Kanäle der dreidimensionalen Struktur. Die elektronische Leitfähigkeit hingegen beruht auf einem hopping-Mechanismus von Elektronen zwischen Mn^{3+} und Mn^{4+}. Durch diese Eigenschaften ist **$Li_{1-x}Mn_2O_4$** ein wertvolles Kathodenmaterial für den Einsatz in einer Lithiumbatterie. Beim Entladevorgang wandern Li^+-Ionen aus der Anode (Li oder Li_xC_6) durch den Elektrolyten hindurch auf Leerstellen in der Spinellstruktur. Die (offene) Zellspannung dieser Anordnung beträgt bis zu 4 V. Die mit der reversiblen Lithiumeinlagerung verbundene Jahn-Teller-Verzerrung durch das Auftreten von Mn^{3+} bei jedem Redoxzyklus geht mit einer Phasenumwandlung von kubisch nach tetragonal einher. Die damit verbundene Volumenänderung bei jedem Entlade-Lade-Zyklus verursacht neben anderen Effekten beträchtliche Kapazitätsverluste, die den kommerziellen Einsatz dieses Batterietyps einschränken.

Das System Li_xC_6 – $Li_{1-x}CoO_2$

Metalloxide des Typs $LiMO_2$ mit M = V, Cr, Co und Ni kristallisieren in Schichtstrukturen, in denen die Li^+- und M^{3+}-Ionen alternierende Schichten besetzen (aufgefüllter 3R-$CdCl_2$-Typ, vgl. Abb. 2.9). **$LiCoO_2$** ist das wichtigste Kathodenmaterial in kommerziell hergestellten Lithiumbatterien. In der Praxis werden jedoch (aufgrund der hohen Kosten und der schlechten Verfügbarkeit von Cobalt) modifizierte Verbindungen **$Li(Ni,Mn,Co)O_2$** eingesetzt, in denen der Co-Anteil minimiert ist. Beim Entladevorgang diffundieren die Li^+-Ionen aus der Li_xC_6-Struktur (Anode) durch den Elektrolyten hindurch in die Schichten der **$Li_{1-x}CoO_2$**-Struktur. Die (offene) Zellspannung dieses Systems liegt bei 4 V.

Das System Li_xC_6 – $Li_{1-x}FePO_4$

$LiFePO_4$ kristallisiert in einer Variante des Olivin-Typs (vgl. Tab. 2.4) und ist ein Beispiel für ein Kathodenmaterial mit einem Polyanion. Mit einer (offenen) Zellspannung von etwa 3 V gilt dieses System als ein wichtiger und kostengünstiger Batterietyp, der als häuslicher Energiespeicher eingesetzt wird.

Eine Besonderheit von $LiFePO_4$ ist, dass es im Vergleich zu anderen Kathodenmaterialien als ein elektrischer Halbleiter/Isolator einzustufen ist. Eine effektive Nutzung wird erst durch die Vermengung mit amorphen Kohlenstoffpartikeln (aus der Zersetzung organischer Precursoren) möglich, wodurch die elektrische Leitfähigkeit angehoben wird.

2.5.5 Die Nickel-Metallhydrid-Batterie

Nickel-Metallhydrid-Akkumulatoren sind seit den 1980er Jahren kommerziell erhältlich. Als negatives Elektrodenmaterial (Anode) werden intermetallische Verbindungen verwendet, die große Mengen Wasserstoff als Metallhydrid (MH) speichern können. Die Verbindung $LaNi_5$ kann maximal sechs H^+-Ionen reversibel ein- und auslagern (vgl. Abschn. 2.10.1.5). In der Praxis verwendet man ein modifiziertes **$LaNi_5H_{6-x}$**, in dem Lanthan durch das billigere Mischmetall[5] und Nickel partiell durch andere Metalle ersetzt ist. Als Elektrolyt dient eine 20 % KOH-Lösung (pH = 14). Beim Entladen wird der gespeicherte Wasserstoff oxidiert. Die an der Anodenoberfläche gebildeten H^+-Ionen reagieren mit dem an der Kathode gebildeten OH^- zu Wasser. An der Kathode wird Ni^{3+} in NiO(OH) zu Ni^{2+} in $Ni(OH)_2$ reduziert:

$$MH + OH^- \longrightarrow M + H_2O + e^-$$
$$NiO(OH) + H_2O + e^- \longrightarrow Ni(OH)_2 + OH^-$$

5 Mischmetall besteht aus Mischungen von Lanthanoidmetallen gemäß ihren Anteilen in den Mineralien (z. B. Monazit, Bastnäsit).

Der Aufbau eines Nickel-Metallhydrid-Akkumulators und die Gesamtreaktion können folgendermaßen formuliert werden:

$$MH \mid KOH_{aq} \mid NiO(OH)$$

$$MH + NiO(OH) \xrightarrow{\text{Entladen}} M + Ni(OH)_2$$

Die (offene) Zellspannung für den Nickel-Metallhydrid-Akkumulator liegt mit etwa 1,3 V am oberen Grenzwert für wässrige Elektrolyte, der durch das (pH-abhängige) Zersetzungspotential von Wasser gegeben ist. Ni-Metallhydrid-Batterien werden z. B. in Funktelefonen und Hybridautos verwendet.

2.6 Solarzellen

Der photovoltaische Effekt beinhaltet die Umwandlung von Licht in elektrische Energie. Wenn Licht geeigneter Energie auf einen Halbleiter trifft, entstehen Elektronen und Elektronenlöcher. Die bekannteste Solarzelle basiert auf dotierten Siliciumschichten. Eine klassische Solarzelle besteht aus der dem Sonnenlicht zugewandten negativ dotierten Schicht (n-Schicht), der positiv dotierten Schicht (p-Schicht), sowie einem Minus- und einem Pluspol. In einer Solarzelle werden durch den photovoltaischen Effekt Elektronen durch den **p-n-Übergang** getrieben, und infolge dessen durch den elektrischen Kreislauf bewegt. Wichtige Größen einer Solarzelle sind (u. a.) der Kurzschlussstrom, die offene Zellspannung und der Wirkungsgrad.

Halbleiter, die für Anwendungen in Solarzellen relevant sind, haben Bandlückenenergien um 1 eV. Die Wirkungsgrade von guten bis sehr guten Solarzellen liegen zwischen 20 und 30 %, wobei der Wirkungsgrad einer gegebenen Solarzelle in Abhängigkeit von deren Aufbau und Verarbeitung deutlich schwanken kann.

2.6.1 Solarzellen der ersten Generation (Si-Solarzellen)

Solarzellen auf Basis von kristallinem Silicium haben weltweit hohe Verbreitung, ihr Marktanteil liegt bei über 80 %. Ihre Produktion ist kostengünstig, gut etabliert und Silicium ist in ausreichenden Mengen (z. B. als SiO_2) vorhanden. Dabei wird hochreines Silizium p- oder n-dotiert (z. B. mit B oder P) und zu dünnen (≈ 200 µm) Schichten, den sog. Wafern verarbeitet. In einer Silizium-Solarzelle werden Wafer mit Überschuss und Mangel an Ladungsträgern miteinander kombiniert, so dass ein p-n-Übergang erfolgt. Zellen aus einkristallinem Silicium sind langlebig und erreichen in kommerziellen Solarzellen Wirkungsgrade von über 25 % und sind damit nicht weit von ihrem theoretisch erwartbarem Limit (≈ 30 %) entfernt. Entsprechende Solarzellen aus amorphem Silicium haben etwas geringere Leistungen.

2.6.2 Solarzellen der zweiten Generation (Dünnschichttechnologie)

Verglichen mit kristallinen Solarzellen aus Siliciumwafern sind Dünnschichtzellen etwa 100-mal dünner. Dünnschichtzellen werden durch Abscheidung einer oder mehrerer dünner Schichten („Filme") eines photovoltaischen Materials auf einem Substrat, wie Glas, Kunststoff oder Metall (z. B. Al) hergestellt. Dazu werden je nach Material verschiedene Abscheidungstechniken verwendet, die im Vergleich zur Herstellung von Silicium-Solarzellen-Wafern kostengünstiger und einfacher sind. Es entstehen extrem dünne, biegsame Filme, die weniger Rohstoffe erfordern.

Damit sind neben Silizium noch weitere leistungsfähige Verbindungen und Systeme bekannt: Cadmium Tellurid (**CdTe**) gilt als vielversprechendes Material; ebenso III-V-Verbindungshalbleiter mit Zinkblende Struktur, wie z. B. Galliumarsenit (**GaAs**) und das eng verwandte **InGaP** sowie ternäre Chalkopyrite **Cu(In,Ga)Se$_2$ (CIGS)**. In der CIGS-Solarzelle fungiert das lichtaufnehmende Cu(In,Ga)Se$_2$ als p-dotiertes Material und wird mit einem n-dotierten Material wie z. B. **AZO** (ZnO:Al, vgl. transparente Metalle) kombiniert.

Im Gegensatz zu kristallinen Zellen können Dünnschichtzellen grundsätzlich mehr direktes Sonnenlicht in Strom umwandeln. Außerdem haben Dünnschichtzellen ein besseres **Schwachlichtverhalten**. Das bedeutet, sie produzieren zu Zeiten diffusen Lichts mehr Strom. Dünnschichtzellen haben einen kleineren Temperaturkoeffizienten als kristalline Module und verlieren somit bei steigender Temperatur weniger Leistung.

2.6.3 Solarzellen der dritten Generation (Heteroübergang-Solarzellen)

Bei diesem Solarzellentyp sind Heteroübergänge von Bedeutung, ähnlich wie bei modernen Photokatalysatoren (vgl. Abschn. 2.10.5.3). Als Heteroübergang (engl. *heterojunction*) wird in diesem Zusammenhang ein elektronischer Übergang in der Grenzschicht zwischen unterschiedlichen Halbleitermaterialien bezeichnet.[6]

Anders als bei einem p-n-Übergang in Silicium-Solarzellen ist hier nicht die Dotierungsart, sondern die Materialart verschieden. Typischerweise besitzen die beteiligten Heteroübergang-Halbleiter unterschiedliche Energieniveaus und unterschiedliche Bandlückenenergien.

Die Effizienz einer solchen Solarzelle kann verbessert werden, indem verschiedene Halbleiter miteinander in einer Tandem-Solarzelle (engl. *double-junction solar cell*) kombiniert werden. Dabei werden zwei Licht-Absorptionsschichten übereinandergeschichtet. Durch die verschiedenen Bandlückenenergien der Halbleiter wird ein breite-

---

6 Für die Entwicklung von Halbleiter-Heterostrukturen wurde Herbert Kroemer und Schores Iwanowitsch Alfjorow im Jahr 2000 der Nobelpreis für Physik verliehen.

rer Bereich des Lichtspektrums absorbiert und damit die Gesamtzahl der eingefangenen Photonen erhöht. Double-junction-Solarzellen aus **InGaP/GaAs** erreichen Wirkungsgrade von etwa 30 %. Das Prinzip einer double-junction ist die Basis für die *multi-junction* Solarzellentechnologie, in der sogar drei oder vier Halbleiter miteinander verknüpft sind. Auf diese Weise können noch höhere Lichtabsorptionen und damit ggf. höhere Wirkungsgrade von Solarzellen erreicht werden.

2.6.4 Farbstoffsensibilisierte Solarzellen

Farbstoffsensibilisierte Solarzellen (engl. *dye-sensitized solar cell, DSSC*), die auch als Grätzel-Zellen bezeichnet werden, gehören ebenfalls zu den Solarzellen mit einem Heteroübergang.[7] Grätzel-Zellen gelten als kostengünstige Alternativen zu anderen Solarzellen, weil die halbleitenden Schichten mit einfachen Techniken, beispielweise durch Tintenstrahl- oder Siebdrucktechnik auf einer Oberfläche aufgebracht werden können. Der Aufbau einer Grätzel-Zelle ist schematisch in Abb. 2.24 gezeigt.

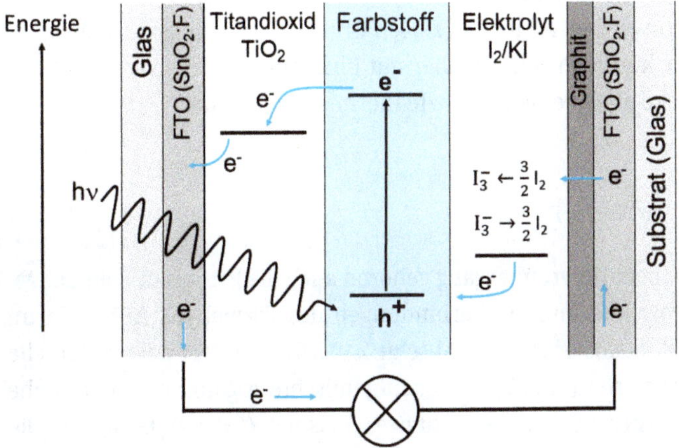

Abb. 2.24: Aufbau und Funktion einer Grätzel-Zelle, bestehend aus (a) einer transparenten Glasplatte für einfallendes Licht, einseitig beschichtet mit einem transparenten leitfähigen Oxid (z. B. FTO, vgl. Abschn. 2.4.9), (b) einer Anode aus mesoporösem TiO_2 beschichtet mit dem Farbstoff und (c) einer Kathode aus einer mit FTO-beschichteten Glasplatte und dem Elektrolyten. Durch Lichtanregung werden Elektronen des Photosensibilisators angeregt (HOMO–LUMO-Übergang) und wandern durch das energetisch niedriger gelegene Leitungsband von TiO_2 in den elektrischen Kreislauf.

Die Funktionsweise der Grätzel-Zelle ähnelt der Photosynthese bei Pflanzen, wobei Licht mithilfe eines natürlichen Farbstoffs in Energie umgewandelt wird. Dabei wer-

7 Eine auf TiO_2 basierende photovoltaische Zelle wurde 1991 von Michael Grätzel erfunden.

den Elektronen eines Farbstoffs, dem sogenannten Photosensibilisator, durch Licht in einen höheren Energiezustand angeregt (Fotooxidation) und in das energetisch niedrigere Leitungsband eines Halbleiters (mesoporöse TiO_2-Anode) injiziert. Bei diesem Prozess ist wichtig, dass ein effektiver Elektronenübergang in den Halbleiter erfolgt, damit das angeregte Elektron und das erzeugte Loch nicht miteinander rekombinieren. Die Elektronen erreichen über den elektrischen Kreislauf die Kathode und gelangen dann über den Elektrolyten (KI/I_2) zurück in den Grundzustand des Farbstoffs (Reduktion). Als Katalysator für diesen Prozess dient eine dünne Schicht aus Graphit oder Platin.

Der Farbstoff oder Photosensibilisator ist der wichtigste Baustein einer Grätzel-Zelle, weil er neben dem Lichteinfang über seine Bandlückenenergie die maximal erreichbare Spannung definiert. Klassisch wurden natürliche lichtabsorbierende Pflanzenextrakte wie Chlorophyll als Photosensibilatoren verwendet, weshalb der Prozess in der Grätzel-Zelle als künstliche Photosynthese eingeordnet wurde. In der Praxis werden synthetische Photosensibilatoren aus Molekülverbindungen oder Metallkomplexen eingesetzt.

Die Wirkungsgrade dieser photovoltaischen Zellen konnten durch fortschreitende Entwicklungen der vergangenen Jahre in die Größenordnung etablierter Photovoltaiktechnologien gesteigert werden. Allgemein zeigen Grätzel-Zellen ein gutes **Schwachlichtverhalten** auch für künstliches Licht, aber mit Blick auf die bisher verwendeten Sensibilisatoren und Elektrolyten eine begrenzte thermische Stabilität.

2.6.5 Perowskit-Solarzellen

Zu den Solarzellen mit einem Heteroübergang gehören auch die Perowskit-Solarzellen. Die Stoffklasse der Perowskite umfasst Verbindungen des Formeltyps ABX_3, die im Perowskit-Strukturtyp kristallisieren (vgl. Abschn. 2.10.5.6). Die Perowskit-Solarzelle ist sowohl durch anorganische (**$CsPbI_3$**) als auch gemischte organisch-anorganische Verbindungen charakterisiert, deren bekanntestes Beispiel **$(CH_3NH_3)PbI_3$** ist. Die Atomanordnung der PbI_3-Teilstruktur entspricht dabei in etwa der Anordnung der Atome in der ReO_3-Struktur (vgl. Abb. 2.20). Die Hohlräume dieser Anordnung sind durch Methylammoniumionen besetzt, wodurch eine perowskitanaloge Struktur (Abb. 2.84) resultiert. Ausgehend von $(CH_3NH_3)PbI_3$ wurden diverse Derivate berichtet, in denen das organische Kation, oder Pb (z. B. durch Sn) substituiert wurde.

Zur Herstellung von Perowskit-Solarzellen stehen verschiedene Methoden zur Verfügung. Im einfachsten Fall können die Ausgangsstoffe, Bleiiodid und Methylammoniumiodid aus einer Lösung über verschiedene Methoden (z. B. spin coating usw.) auf einem Substrat abgeschieden werden. Als ein wichtiges Substrat wird poröses TiO_2 als Elektronenleiter eingesetzt. Der schematische Aufbau einer Perowskit-Solarzelle ist in Abb. 2.25 gezeigt. Der erste Schritt im photovoltaischen Prozess ist die Anregung des Photosensibilisators unter Bildung von Elektronen (im Leitungsband) und Löchern (im

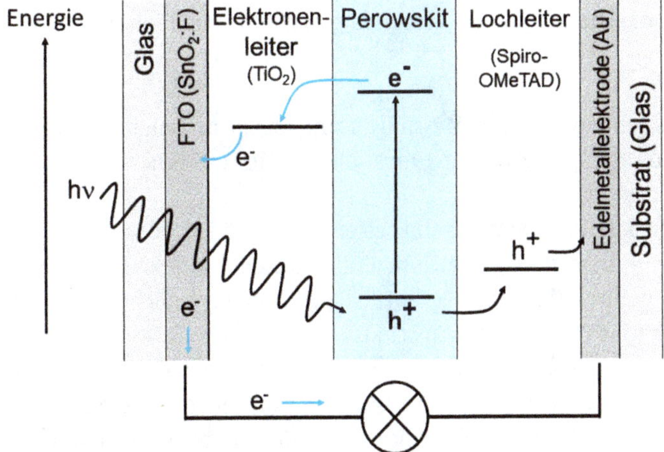

Abb. 2.25: Aufbau und Funktion der Perowskit-Solarzelle, bestehend aus (a) einer transparenten Glasplatte für einfallendes Licht, einseitig beschichtet mit einem transparenten leitfähigen Oxid (z. B. FTO, vgl. Abschn. 2.4.9), (b) einer Anode aus mesoporösem TiO_2 als Elektronenleiter mit einer Schicht aus Perowskit und (c) einer Kathode aus einer mit Edelmetall beschichteten Glasplatte und dem Lochleiter. Durch Lichtanregung werden Elektronen des Photosensibilisators angeregt (HOMO–LUMO-Übergang), wobei Elektronen (e^-) und Löcher (h^+) entstehen, die über die geeigneten Transportschichten in den elektrischen Kreislauf wandern.

Valenzband). Während die Elektronen in das Leitungsband des Elektronenleiters fließen, ist die Bewegung der Löcher nur gering. Eine unverzichtbare Komponente von Perowskit-Solarzellen ist deshalb ein Lochtransportmaterial, das dazu dient, eine effiziente Trennung von Elektronen-Loch-Paaren zu gewährleisten. Die derzeit besten Lochleiter (p-Leiter) bestehen aus organischen Materialien (z. B. Spiro-OMeTAD).

Vorteile dieser Solarzellen sind die niedrigen Herstellungskosten und ihre hohen Wirkungsgrade in der Größenordnung etablierter Photovoltaiktechnologien (>20 %), der sich in Tandemzellen weiter verbessern lässt. Nachteile sind die Toxizität von bleihaltigen Zellen, die Hydrolyseempfindlichkeit und die schlechte Verfügbarkeit von Elektronenlochleitern.

2.7 Elektronische Strukturen fester Stoffe

Für das Verständnis der Eigenschaften fester Stoffe ist die Kenntnis ihrer elektronischen Struktur von Interesse, da die meisten Eigenschaften direkt vom Verhalten ihrer Elektronen abhängen. Hierzu zählen:

- **Elektrische Eigenschaften**: Isolatoren, Halbleiter und Metalle
- **Optische Eigenschaften**: Absorption und Emission von Licht
- **Magnetische Eigenschaften**: Dia-, Para-, Ferri-, Ferro- und Antiferromagnetismus

– **Strukturelle Organisationsformen**: Verzerrung der Koordinationsgeometrie, Phasenübergänge

Diese Eigenschaften können zwar durch Messungen untersucht und charakterisiert, aber für eine neue Struktur oder Verbindung nicht ohne Weiteres vorhergesagt werden.

Die elektronische Struktur eines Stoffes kann basierend auf der Kristallstruktur und den sie konstituierenden Atomen berechnet werden. Hierzu dienen mehr oder weniger aufwendige – aber auch in ihrer Kapazität begrenzte – Algorithmen, je nachdem, ob ein qualitatives oder quantitatives Ergebnis erwünscht ist.

Für einfache Betrachtungen einer elektronischen Struktur können die Ansätze der Molekülorbitaltheorie herangezogen werden. Ausgehend von einem einzigen Atom oder Molekül werden die Verhältnisse bei einem großen Molekül oder einem unendlich großen Molekül (Festkörper) zunehmend komplizierter, da sich die Zahl der zu berücksichtigenden Orbitale zunimmt (Abb. 2.26).

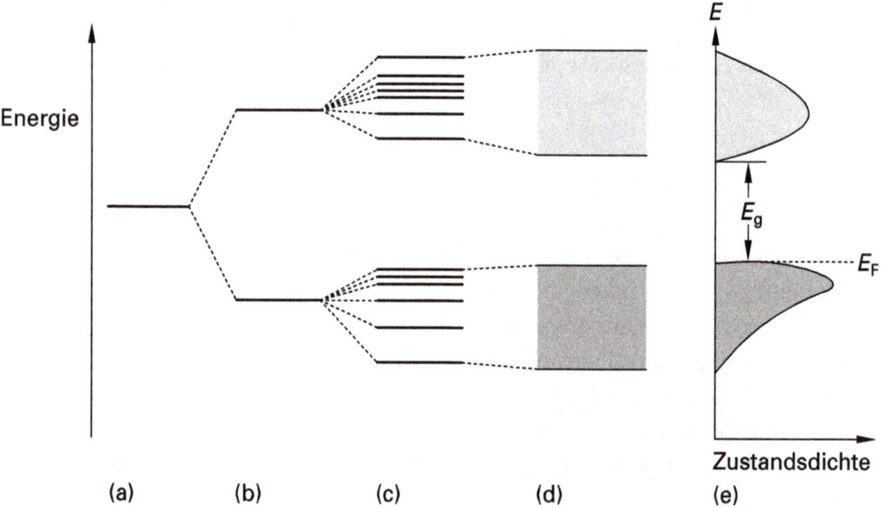

Abb. 2.26: Orbitalenergien (a) eines Atoms, (b) eines Moleküls, (c) eines großen Moleküls, (d) eines Festkörpers, (e) Zustandsdichte eines Festkörpers. E_F kennzeichnet die Fermi-Energie und E_g die Bandlücke.

Wenn sich die intramolekularen Bindungsstärken den intermolekularen Bindungsstärken annähern, ist ein Übergang von einer Molekülstruktur in eine Netzwerkstruktur zu berücksichtigen. In diesem Fall muss zur Beschreibung der elektronischen Struktur anstatt einer Rechnung für ein Molekül (MO-Rechnung) eine Bandstrukturrechnung herangezogen werden, aus der die Zustandsdichte abgeleitet werden kann.

Die Bandstruktur beschreibt die Wechselwirkungen zwischen Atomen in einer unendlich vernetzten Struktur. In einem Bandstrukturdiagramm wird die Energie von jedem einzelnen Atomorbital entlang des reziproken Raumvektors k, als $E(k)$ über k aufgetragen. Da Orbitale aber miteinander wechselwirken bzw. mischen, verändert sich der Charakter der Orbitale. Die Anzahl der Energiebänder in einer Bandstruktur ist gleich der Anzahl der (Valenz-)Orbitale aller Atome in der kleinsten Einheit der Kristallstruktur.

Die Zustandsdichte $N(E)$ beschreibt die Anzahl der Energiezustände (N) in einem Energieintervall zwischen E und $E+dE$. Ist $N(E) = 0$, liegt an dieser Stelle eine Bandlücke vor. Je nach der Größe der Bandlücke zwischen dem Valenz- und Leitungsband (in der MO-Theorie: HOMO und LUMO) werden Stoffe in elektrische Isolatoren, Halbleiter und Leiter eingeteilt.

2.7.1 Die lineare Anordnung von Wasserstoffatomen

Eine lineare Anordnung von Wasserstoffatomen soll als Modell für den wohl einfachsten Fall zur Entwicklung einer Bandstruktur dienen. Die fiktive lineare Anordnung aus Wasserstoffatomen besteht aus unendlich vielen Atomen ($n = 0, 1, 2, \ldots$) oder 1s-Orbitalen (φ_0, φ_1, φ_2 ...) mit der Gitterkonstante a (Abb. 2.27).

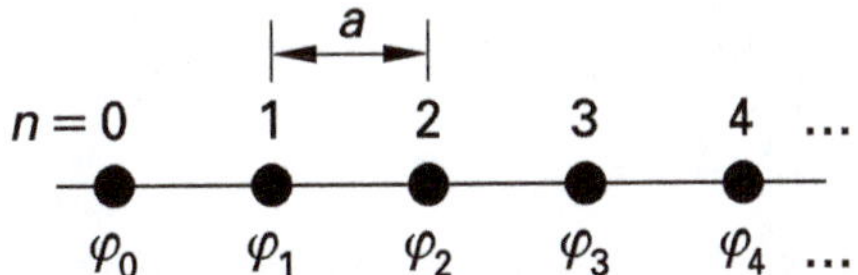

Abb. 2.27: Modell einer linearen Kette aus n Wasserstoffatomen mit der Gitterkonstante a.

Mit einem H-Atom (entsprechend einem 1s-Orbital) in der Elementarzelle der $^{1}_{\infty}$[H]-Kette resultiert nur ein Energieband, dessen Verlauf in Abhängigkeit vom Wellenvektor parallel zur Anordnung der linearen Kette angegeben wird. Der Wellenvektor oder reziproke Raumvektor ist für eine Bandstruktur als $\vec{k} = 2\pi/a\vec{s}$ (a = Gitterkonstante, $\vec{s}$ = Einheitsvektor) definiert. Eine Translationsperiode a entspricht dem Intervall $-\pi/a \leq k \leq \pi/a$ im reziproken Raum. Für die Betrachtung einer Bandstruktur ist es aber sinnvoll, die sogenannte reduzierte erste Brillouin-Zone darzustellen. Dieser Ausschnitt reicht von $k = 0$ bis $k = \pi/a$ (vgl. Abschn. 2.7.3). In diesem Bereich müssen Energiewerte an möglichst vielen k-Punkten berechnet werden. Die graphische Darstellung der Bandstruktur erfolgt als Auftragung der Funktion $E(k)$ über k. Zur Berechnung der Wellenfunktionen von unendlich vernetzten Strukturen dient die Bloch-Funktion. Aus der Lösung der Bloch-Funktion (1) an verschiedenen k-Punkten wird auch der Verlauf von Energiebändern deutlich:

$$\Psi_k = \sum_n e^{ikna} \varphi_n \tag{1}$$

Aus den Lösungen für $k = 0$ und π/a resultieren die Kombinationen

$$\psi^{b}_{k=0} = \sum_n e^0 \varphi_n = \varphi_0 + \varphi_1 + \varphi_2 + \varphi_3 + \cdots$$

und

$$\psi^{a}_{k=\pi/a} = \sum_n e^{\pi i n} \varphi_n = \sum_n (-1)^n \varphi_n = \varphi_0 - \varphi_1 + \varphi_2 - \varphi_3 + \cdots$$

die als bindende und antibindende Kombinationen der eindimensionalen Anordnung von Wasserstoffatomen angesehen werden können. Wie nicht anders zu erwarten ist, liegt dazwischen eine nichtbindende Kombination. Obwohl zwischen diesen Grenzkombinationen viele weitere Mischungen von ls-Orbitalen liegen, wird der mit k ansteigende Verlauf der Energie des Bandes der $^1_\infty$[H]-Kette deutlich (Abb. 2.28). Auch der Verlauf eines beliebigen anderen Orbitaltyps in dieser Anordnung wird vorhersehbar. So würde eine Kette von p_x-Orbitalen demnach einen umgekehrten, mit k abfallenden Verlauf zeigen.

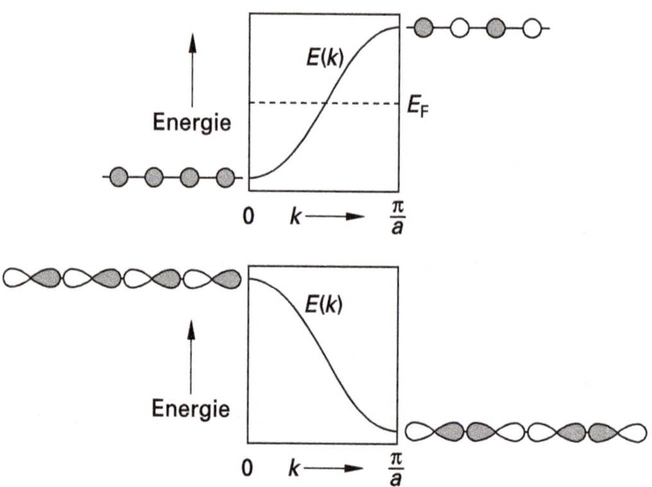

Abb. 2.28: Bandstruktur für eine lineare Anordnung von Wasserstoffatomen (oben) und für eine lineare Anordnung von p-Orbitalen (unten) mit eingezeichneten bindenden und antibindenden Orbitalkombinationen. Das Fermi-Niveau E_F kennzeichnet den höchsten besetzten Energiezustand, gemäß einem Elektron pro Atom im Energieband der $^1_\infty$[H]-Kette.

Die Fermi-Energie (E_F) gibt den höchsten besetzten Energiezustand an. Im Prinzip ist die Mobilität eines Elektrons pro Wasserstoffatom im Energiebereich der Bandbreite $|E(k = 0) - E(k = \frac{\pi}{a})|$ möglich. Tatsächlich nimmt die Delokalisierung von Elektronen mit zunehmender Bandbreite und mit abnehmendem Abstand der Atome zu. Ist ein Energieband nur partiell (z. B. mit einem einzigen Elektron) besetzt, dann resultieren aus der Steigung des Energiebandes die Grenzfälle von lokalisiertem und delokalisiertem Verhalten (Abb. 2.29).

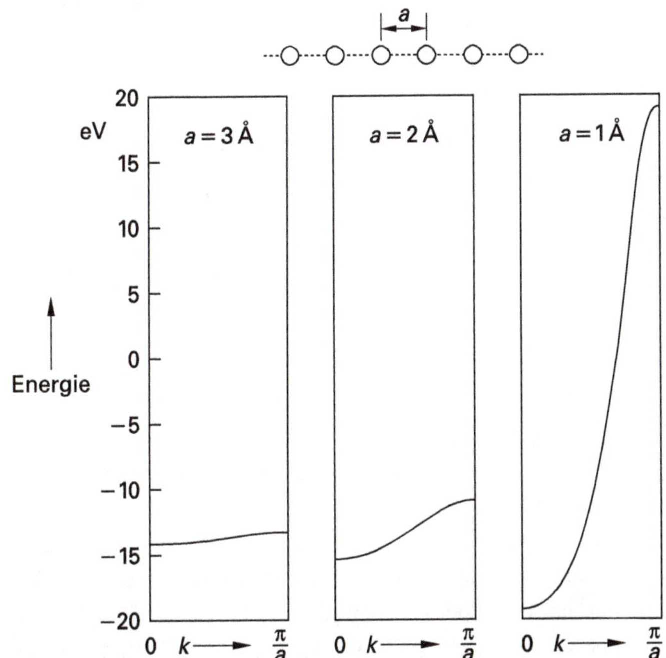

Abb. 2.29: Energiebänder zur Beschreibung lokalisierter, semilokalisierter und delokalisierter Elektronenzustände (von links nach rechts), für verschiedene H–H-Abstände in einer linearen Anordnung von H-Atomen.

Aus der Besetzung und dem Zusammenspiel der Energiebänder, wie beispielsweise dem Auftreten von Bandlücken oder von Bandkreuzungen in der Nähe der Fermi-Energie, lassen sich die elektronischen Eigenschaften von Stoffen interpretieren.

Aus einer Bandstruktur wird die Zustandsdichte abgeleitet. Bei der Konstruktion einer Zustandsdichte resultieren hohe Zustandsdichten aus Bereichen horizontal verlaufender Energiebänder und niedrige Zustandsdichten aus Bereichen steil verlaufender Energiebänder. Die Zustandsdichte (engl. *density of states*, DOS) beinhaltet die Rückkehr vom reziproken Raum (k-Raum), in dem Bandstrukturen dargestellt werden, in den realen Raum und hat den Vorteil einer spektroskopischen Überprüfbarkeit (IR/UV, Photoelektronenspektroskopie, Röntgenabsorption, Röntgenemission).

Die bindenden und antibindenden Bereiche einer Bandstruktur können aus der Darstellung einer hinsichtlich bindender und antibindender Kombinationen gewichteten Zustandsdichte entwickelt werden, der sogenannten Überlappungspopulation (Abb. 2.30). Die bindenden und antibindenden Bereiche der Überlappungspopulation

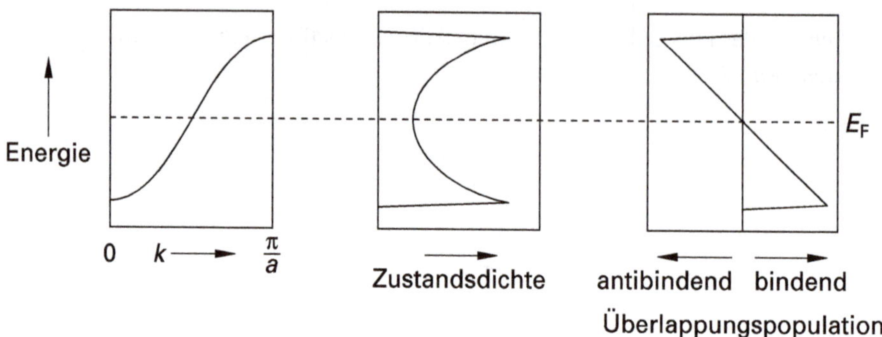

Abb. 2.30: Bandstruktur, Zustandsdichte und Überlappungspopulation einer linearen Anordnung von H-Atomen (von links nach rechts).

werden für den Fall der linearen Anordnung von H-Atomen aus den Lösungen (Vorzeichen) in der Bloch-Funktion am jeweiligen *k*-Punkt deutlich.

Liegt das Fermi-Niveau nicht (wie in Abb. 2.30) am Wendepunkt zwischen bindenden und antibindenden Zuständen, dann sind antibindende Zustände besetzt oder nicht alle bindenden Zustände gefüllt, und man kann eine chemische Modifizierbarkeit der Verbindung im Sinne einer Oxidation oder Reduktion erwarten (siehe Abschn. 2.7.4.1).

Die Analyse der Bandstruktur einer linearen Anordnung von Wasserstoffatomen erklärt, weshalb H_2-Moleküle stabiler sind als metallischer Wasserstoff (siehe Abschn. 2.7.2). Die Existenz einer solchen metallischen Wasserstoffmodifikation gilt bis heute als unwahrscheinlich.

2.7.2 Die Peierls-Verzerrung einer linearen Anordnung von H-Atomen

Gemäß dem von Rudolf Peierls im Jahre 1930 aufgestellten Theorem ist für eine eindimensionale Anordnung von Atomen mit einem halbbesetzten Energieband eine Strukturverzerrung zu erwarten. Sie kann als ein Festkörperanalogon zur Jahn-Teller-Verzerrung betrachtet werden. Der Energiegewinn, der aus der Peierls-Verzerrung resultiert, wird deutlich, wenn man die Gitterkonstante a (mit einem H-Atom in der Elementarzelle) auf $2a$ (zwei H-Atome) verdoppelt. Dabei verdoppelt sich die Anzahl der zu berücksichtigen Orbitale. Für eine lineare Anordnung von Wasserstoffatomen mit der Gitterkonstante $2a$ existieren daher zwei Energiebänder. Die Konstruktion des neuen Bandstrukturdiagramms erfolgt durch Rückfaltung der Bandstruktur bei $\pi/(2a)$, wodurch zwei Energiebänder entstehen, die bei $\pi/(2a)$ entartet sind (Abb. 2.31). Das Fermi-Niveau liegt genau an der Stelle der Entartung.

Der Energiegewinn resultiert durch das Aufbrechen der Entartung, d. h. durch die Absenkung des unteren besetzten Energiebandes (I) unter gleichzeitiger Anhebung des

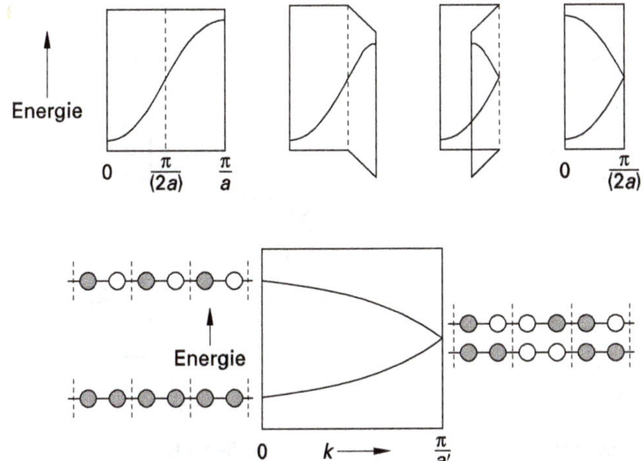

Abb. 2.31: Faltung einer Bandstruktur zur Verdoppelung der Gitterkonstante a. Die Zahl der Energiebänder und Atome wird durch die Faltung verdoppelt. Die gefaltete Bandstruktur der linearen Anordnung von H-Atomen enthält die gezeigten Grenzfälle einer bindenden, einer antibindenden und zweier nichtbindender Orbitalkombinationen (bei $k = 0$ und bei $k = \frac{\pi}{(2a)} = \frac{\pi}{a'}$).

oberen Energiebandes (II) bei $\pi/(2a) = \pi/a'$ (Abb. 2.32). Das Aufbrechen der Entartung ist mit der paarweisen Annäherung von H-Atomen zu H_2-Molekülen verknüpft. Entscheidend für das Auftreten einer solchen Verzerrung ist ein möglichst hoher Energiegewinn. Bei der Peierls-Verzerrung resultiert ein Metall–Halbleiter-Übergang, der in Abb. 2.32 anhand eines Blockschemas verdeutlicht wird. Dieser einfachste Fall einer Peierls-Verzerrung zeigt den Effekt, dem bei einer komplizierteren Struktur alle Energiebänder folgen würden.

2.7.3 Bandstrukturen in drei Dimensionen – Brillouin-Zonen

Bei der Berechnung einer Bandstruktur stellt sich die Frage, entlang welcher Richtungen diese projiziert werden soll. Einer möglichst vollständigen Darstellung entspräche eine Darstellung von Energieflächen, von der jede mit maximal zwei Elektronen besetzt werden könnte. Üblich sind jedoch Projektionen von Energiebändern entlang bestimmter Richtungen der ersten Brillouin-Zone. Die erste Brillouin-Zone ist die kleinste Einheit der Kristallstruktur im reziproken Raum. Die Festlegung der ersten Brillouin-Zone sei anhand eines zweidimensionalen reziproken Gitters veranschaulicht. Errichtet man von einem reziproken Gitterpunkt (Γ) ausgehend Normalen auf der halben Strecke der gedachten Verbindungslinien zwischen benachbarten reziproken Gitterpunkten, so ergibt die eingeschlossene Fläche die erste Brillouin-Zone (Abb. 2.33). In Einheiten des reziproken Raumvektors ausgedrückt, hat die erste Brillouin-Zone entlang einer Richtung die Ausdehnung $-\frac{\pi}{a} \leq k \leq \frac{\pi}{a}$. Punkte spezieller Symmetrie werden mit Großbuchsta-

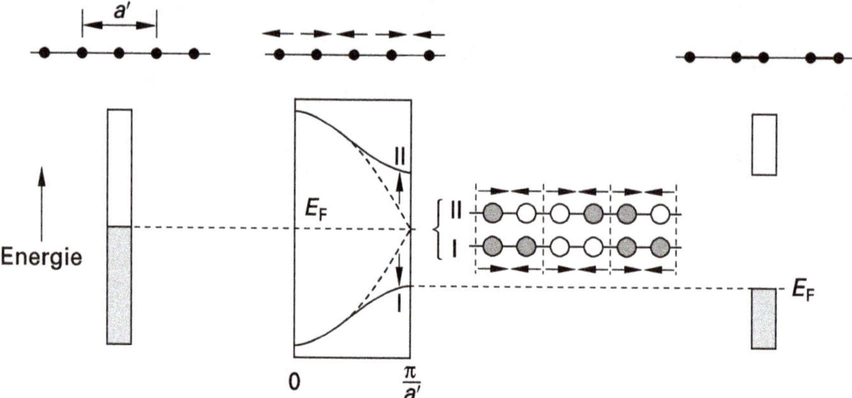

Abb. 2.32: Peierls-Verzerrung der eindimensionalen Anordnung von H-Atomen, die zur Bildung von H_2-Molekülen führt und ein Blockschema des Metall–Halbleiter-Übergangs. Das Blockschema links repräsentiert den metallischen unverzerrten Zustand der linearen Anordnung von Wasserstoffatomen (entsprechend Abb. 2.30). Bei der Verzerrung spalten die entarteten Energiebänder der Bandstruktur auf, wobei die Energie einer Orbitalkombination energetisch abgesenkt (I, bindend) und die der anderen angehoben (II, antibindend) wird. Das aus der Verzerrung resultierende Blockschema (rechts) beschreibt einen Halbleiter.

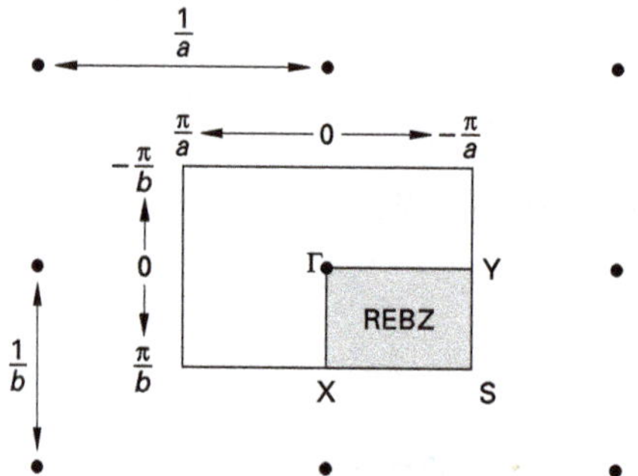

Abb. 2.33: Konstruktion der ersten Brillouin-Zone (großes Rechteck) anhand einer Ebene von zweidimensional angeordneten reziproken Gitterpunkten (schwarze Punkte) mit den Gitterkonstanten a und b. Die speziellen Punkte $\Gamma = 0, 0, 0$; $X = 0, \frac{1}{2}, 0$; $Y = -\frac{1}{2}, 0, 0$; $S = -\frac{1}{2}, \frac{1}{2}, 0$ (in Einheiten von $2\pi/a$, $2\pi/b$, $2\pi/c$) markieren Punkte mit bestimmten Symmetrien des Gitters. Die asymmetrische Einheit der orthorhombischen Brillouin-Zone (REBZ = reduzierte erste Brillouin-Zone) ist als graues Feld eingezeichnet.

ben gekennzeichnet, und entlang ihrer Verbindungslinien werden k-Punkte gewählt, die zur Beschreibung der Bandstruktur dienen. Werden Energien an hinreichend vielen k-Punkten berechnet, so wachsen diese in der Auftragung von $E(k)$ über k zu Linien bzw. Energiebändern zusammen. Ausgehend vom Ursprung des reziproken Gitters (des sog. Γ-Punkts mit $k = 0, 0, 0$) entsprechen die speziellen Punkte X, Y und S in Abb. 2.33 den Eckpunkten der asymmetrischen Einheit einer zweidimensionalen (hier: orthorhombischen) Brillouin-Zone.

Bei der Berechnung von Bandstrukturen entlang der verschiedenen Raumrichtungen verwendet man einen Satz von *k*-Punkten, der auf den direkten Verbindungslinien zwischen speziellen Punkten liegt. Typisch wäre hier der Verlauf Γ–X–S–Y–Γ.

2.7.4 Beispiele für Bandstrukturen

Die elektrischen Eigenschaften von Feststoffen können auf der Basis von Bandstrukturen interpretiert werden. Für einen guten metallischen Leiter (oder einen Supraleiter) müssen zwei Bedingungen erfüllt sein:

1. In unmittelbarer Nähe des Fermi-Niveaus muss eine möglichst große Anzahl von horizontal verlaufenden Energiebändern für möglichst viele Ladungsträger zur Verfügung stehen (hohe Zustandsdichte am Fermi-Niveau).
2. Einige Energiebänder müssen am Fermi-Niveau möglichst große Steigungen besitzen, damit die Ladungsträger hohe Beweglichkeiten (Geschwindigkeiten) haben.

Wenn beide Bedingungen erfüllt sind, schneiden sich „flache" und „steile" Energiebänder. Ist nur die erste Bedingung erfüllt, so sind die Ladungsträger lokalisiert, und die Substanz ist möglicherweise ein Halbleiter (z. B. Mott-Isolator). Gilt nur die zweite Bedingung, so ist die elektrische Leitfähigkeit womöglich durch eine geringe Anzahl von Ladungsträgern eingeschränkt.

Viele Bandstrukturen können durch einfache Überlegungen qualitativ konstruiert werden. Die Grundlage hierfür ist die Kristallfeldtheorie, mit der zunächst ein Ausschnitt einer Festkörperstruktur betrachtet werden kann.

Aus der Kristallfeldtheorie ist wohlbekannt, dass die d-Energieniveaus von Metallatomen durch Wirkung der umgebenden Liganden (z. B. in Komplexverbindungen) aufspalten. Auch in einem vernetzten Festkörper ist die Aufspaltung der d-Energiezustände eines ML_x-Fragmentes für das Verständnis von Bandstrukturen hilfreich. So können lokale Koordinationsgeometrien von Metallatomen im Festkörper als Ausgangspunkt für eine qualitative Entwicklung von Bandstrukturen verwendet werden. Beispielsweise liegt das Pt^{2+}-Ion in der Struktur von $K_2[Pt(CN)_4] \cdot 3\,H_2O$ in einer quadratisch-planaren Koordination von CN^--Ionen vor. Varianten des NaCl-Strukturtyps enthalten oktaedrisch koordinierte Metallatome wie z. B. in ReO_3; MoS_2- und WC-Strukturen sind als Beispiele trigonal-prismatischer Koordinationen der Metallatome bekannt, und in der Struktur von LaI_2 ist Lanthan quadratisch-prismatisch koordiniert.

2.7.4.1 Die Bandstruktur der $[Pt(CN)_4]$-Säulen in der Struktur von $K_2[Pt(CN)_4] \cdot 3\,H_2O$

In der Kolumnarstruktur von **Kaliumtetracyanidoplatinat(II)** (KCP) sind die quadratisch planaren PtL_4-Einheiten gestaffelt angeordnet. Die Pt–Pt-Abstände entlang der Stapelrichtung betragen rund 330 pm. Durch Oxidation mit Cl_2 verringern sich diese Abstände. In $K_2[Pt(CN)_4]Cl_{0,3}·3\,H_2O$ (Krogmann'sches Salz) betragen die Pt–Pt-Abstände nur noch 290 pm. Dadurch besitzt $K_2[Pt(CN)_4]Cl_{0,3}·3\,H_2O$ metallische Leitfähigkeit parallel zur Stapelrichtung der PtL_4-Einheiten (die Leitfähigkeit nimmt mit steigender Temperatur ab, $\sigma = 10^3$ S/cm bei RT), und die Kristalle glänzen metallisch. Zum qualitativen Verständnis der elektronischen Struktur genügt die Betrachtung eines einzelnen unendlichen PtL_4-Stranges, da zwischen den benachbarten Strängen nur schwächere Bindungskräfte wirken.

Für eine isolierte PtL_4-Einheit erfolgt eine Aufspaltung der 5d-Energiezustände entsprechend einer quadratisch planaren Ligandenumgebung, wobei hauptsächlich die x^2–y^2-Orbitale mit den Ligandenorbitalen in Wechselwirkungen treten. Dabei bilden sich eine zwischen Metall und Ligand bindende und eine zwischen Metall und Ligand antibindende Kombination (Abb. 2.34). Für Pt^{2+} sind die d-Orbitale *xy*, *xz*, *yz* und z^2 mit Elektronen gefüllt, und die zwischen Metall und Ligand antibindenden x^2–y^2-Orbitale leer. Mit der Stapelung der quadratisch-planaren PtL_4-Einheiten übereinander erfahren die diskreten d-Energieniveaus Verbreiterungen zu Energiebändern. Diese Verbreiterungen beruhen auf Wechselwirkungen zwischen Orbitalen der benachbarten Pt-Atome längs zur Stapelrichtung. Bei der Annäherung der Pt-Atome verbreitern sich die Energiebänder mit d_{z^2}- und p_z-Anteilen. Obwohl die oxidierte Form der KCP-Struktur eine gestaffelte PtL_4-Anordnung enthält, wird hier aus Gründen der Vereinfachung eine ekliptische PtL_4-Anordnung verwendet, weil diese nur eine Formeleinheit PtL_4 für die Konstruktion der Bandstruktur erfordert.

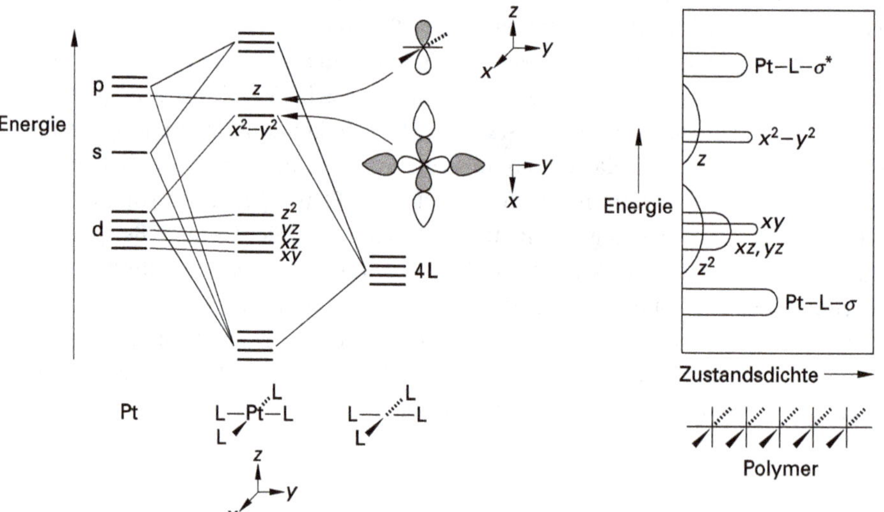

Abb. 2.34: MO-Schema einer PtL_4-Einheit und die daraus entwickelte Zustandsdichte durch die Kombination quadratisch planarer PtL_4-Einheiten zu einem eindimensionalen Polymer.

Die für die $[Pt(CN)_4]$-Kette entwickelte Zustandsdichte ist in Abb. 2.34 (rechts) gezeigt. Der qualitative Verlauf der Energiebänder kann unter Verwendung der Bloch-Funktion über die Orbitalkombinationen konstruiert werden. Daraus folgt für $k = 0$, dass alle Orbitale mit dem gleichen Vorzeichen $(\varphi_0 + \varphi_1 + \varphi_2 + \varphi_3 + \cdots)$ und für $k = \pi/a$, dass alle Orbitale mit alternierenden Vorzeichen $(\varphi_0 - \varphi_1 + \varphi_2 - \varphi_3 + \cdots)$ kombiniert werden. Aus diesen Anordnungen werden für die Kombinationen der d-Orbitale bindende (z^2 bei $k = 0$; xz, yz bei $k = \pi/a$), nichtbindende (xy) und antibindende (xz, yz bei $k = 0$; z^2 bei $k = \pi/a$) Wechselwirkungen erkennbar, aus denen die Bandverläufe in Abb. 2.35 rekonstruiert werden können.

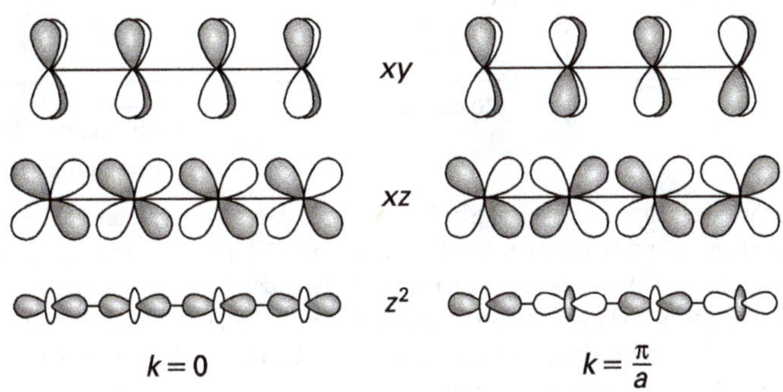

Der von $k = 0$ nach $k = \pi/a$ leicht abfallende Verlauf der Energiebänder der entarteten xz- und yz-Orbitale (Überlappung vom π-Typ) beschreibt den Übergang von schwach antibindend nach schwach bindend. Von besonderer Bedeutung ist das z^2-Band, weil es die Pt-Atome miteinander verbindet und die Lage der Fermi-Energie bestimmt. Das z^2-Band steigt stetig von $k = 0$ nach $k = \pi/a$ an und ähnelt in seinem Verlauf dem 1s-Band der linearen Anordnung von Wasserstoffatomen. Dabei ändern sich die Eigenschaften der z^2-Orbitale von bindend nach antibindend.

Durch die Besetzung antibindender Energiezustände in $K_2[Pt(CN)_4] \cdot 3\ H_2O$ wird eine Oxidation zu $K_2[Pt(CN)_4]Cl_{0,3} \cdot 3\ H_2O$ begünstigt, wodurch ein Übergang in den metallischen Zustand erfolgt.

Durch Oxidation werden Elektronen aus antibindenden Pt–Pt-Zuständen entfernt, das gefüllte Valenzband (z^2) wird teilweise geleert und das Fermi-Niveau abgesenkt. Bei Entzug von 0,3 Elektronen pro Pt^{2+} ist das höchste besetzte Energieband nur noch zu $\frac{1,7}{2}$ gefüllt. $K_2[Pt(CN)_4]Cl_{0,3} \cdot 3H_2O$ ist ein eindimensionaler metallischer Leiter. Als eindimensionale Leiter werden Stoffe bezeichnet, die den elektrischen Strom in einer Richtung um Größenordnungen besser leiten als in den anderen. Die sukzessive Erniedrigung der Zahl von Elektronen in antibindenden Zuständen verursacht eine Verringerung der Pt–Pt-Abstände (von 330 pm auf 290 pm). Unterhalb 150 K erfolgt jedoch eine Peierls-Verzerrung entlang der Richtung der eindimensionalen Säulen.

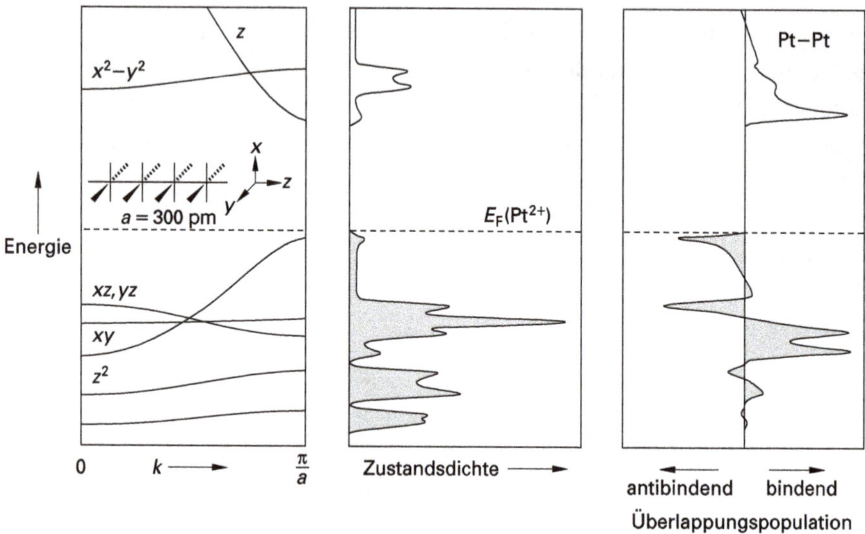

Abb. 2.35: Berechnete eindimensionale Bandstruktur (links), Zustandsdichte (Mitte) und Pt–Pt-Überlappungspopulation (rechts) einer linearen $[Pt(CN)_4]^{2-}$-Kette (Pt–Pt-Abstände 300 pm). Grau ausgezeichnete Bereiche markieren besetzte Energiezustände, E_F den höchsten besetzten Energiezustand. Durch die Besetzung Pt–Pt-antibindender Zustände in $K_2[Pt(CN)_4] \cdot 3\,H_2O$ wird die Oxidation zu $K_2[Pt(CN)_4]Cl_{0,3} \cdot 3\,H_2O$ möglich. Dabei wird das zuvor gefüllte Energieband (entsprechend Pt^{2+}) teilweise entleert ($Pt^{2+/3+}$) und das Fermi-Niveau abgesenkt.

2.7.4.2 Die Bandstruktur von ReO_3 – ein dreidimensionales d^1-Metall

Die lokale Umgebung des Rheniumatoms in $\mathbf{ReO_3}$ (Raumgruppe $Pm\bar{3}m$, Abb. 2.20) ist oktaedrisch. Die 2p-Orbitale der Sauerstoffatome (2s-Orbitale sind nicht in Abb. 2.36 gezeigt) bilden zusammen mit kleineren Mischungen aus (d-, s- und p-)Orbitalen des Rheniums das Valenzband, oder anders betrachtet, die Re–O-bindenden Zustände. Für die Zuordnung der hieraus resultierenden Energiebänder sollte das Zählen von Bändern in einer Bandstruktur stets an einem allgemeinen Punkt erfolgen (z. B. zwischen X und M in Abb. 2.36), da entlang spezieller Richtungen oder an speziellen Punkten symmetriebedingte Bandentartungen vorliegen können.

Für eine Formeleinheit ReO_3 in der Elementarzelle resultieren für das Valenzband 3 O · 3(p-Orbitale) = 9 Energiebänder und für das Leitungsband 1 Re · 5(d-Orbitale) = 5 Energiebänder.

Großbuchstaben kennzeichnen Symmetriepunkte im reziproken Raum. Im Ursprung des reziproken Gitters (Γ-Punkt, $k = 0, 0, 0$) liegt in der kubischen ReO_3-Struktur O_h-Symmetrie vor. Für die oktaedrische Koordination der Rheniumatome in ReO_3 resultiert daher eine Aufspaltung der 5d-Energiezustände in t_{2g}- und darüber liegende e_g-Orbitale. Diese Anordnung ist am Γ-Punkt der Bandstruktur zu erkennen (Abb. 2.36).

Ein wichtiges Beispiel für Bandentartungen an Punkten bestimmter Symmetrie sind die t_{2g}- und e_g-analogen Energiezustände der O_h-Symmetrie am Γ-Punkt.

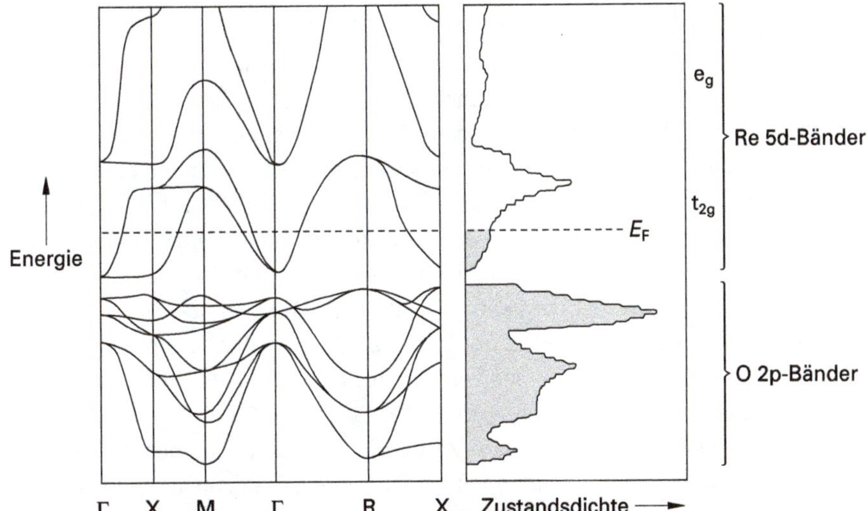

Abb. 2.36: Ausschnitt aus der berechneten Bandstruktur und Zustandsdichte von ReO_3. Die Unterteilung der Re-5d-Bänder in „e_g" und „t_{2g}" soll den Bezug zu den Energieniveaus eines isolierten $[ReO_6]$-Fragments herstellen. Grau ausgezeichnete Bereiche kennzeichnen besetzte Energiezustände, und die Fermi-Energie (E_F) markiert den höchsten besetzten Energiezustand. Die d-Bänder enthalten ein Elektron pro ReO_3-Formeleinheit.

Bei räumlicher Entfernung vom Γ-Punkt können die p- und d-Orbitale auf unterschiedliche Weise miteinander mischen, soweit die lokale Symmetrie des jeweiligen k-Punkts dies erlaubt. Die Bandbreite der d-Bänder (ΔE) resultiert weniger aus direkten Re–Re-Wechselwirkungen, sondern aus Wechselwirkungen zwischen Rhenium-d- und Sauerstoff-p-Orbitalen.

Die Breite der mit einem Elektron pro ReO_3 besetzten Leitungsbänder ist für die metallischen Eigenschaften von ReO_3 von entscheidender Bedeutung. Die $E(k)$-Kurven der Bandstruktur beschreiben die Beweglichkeiten von Elektronen im Festkörper entlang bestimmter Richtungen in der Struktur. ReO_3 ist ein sehr guter metallischer Leiter mit einer spezifischen Leitfähigkeit von $\sigma \approx 10^7$ S/cm bei tiefen Temperaturen. Für die strukturell eng verwandten kubischen Wolframbronzen (Abschn. 2.10.5.7), Na_xWO_3 mit $0{,}3 \leq x \leq 0{,}9$ können ähnliche elektronische Strukturen angenommen werden.

2.7.4.3 Die Bandstruktur von MoS_2 – ein d^2-Halbleiter

In der Serie ZrS_2, NbS_2 und $\mathbf{MoS_2}$ ist (d^0-)Zirconiumdisulfid ein Isolator und (d^1-)Niobdisulfid ein Metall. Anders als man vielleicht erwarten könnte, ist Molybdändisulfid mit der d^2-Konfiguration ein Halbleiter. Die Kristallstruktur von MoS_2 kann als eine Schichtstruktur aus S–Mo–S-Schichtpaketen angesehen werden (der 2H-Polytyp ist in Abb. 2.96 gezeigt). Darin haben die Molybdänatome eine trigonal-prismatische Koordination. Aus der Ligandenfeldaufspaltung eines molybdänzentrierten $[MoS_6]$-Prismas der MoS_2-

Struktur resultiert mit steigender Energie eine Abfolge des 4d-Energieniveaus gemäß $(z^2) < (x^2-y^2, xy) < (xz, yz)$.[8] Dieses Aufspaltungsmuster findet sich am Γ-Punkt der Bandstruktur von MoS_2 wieder. Pro Formeleinheit MoS_2 liegen sechs besetzte S-3p-Bänder unter fünf Mo-4d-Bändern (Abb. 2.37). Letztere sind mit zwei Elektronen besetzt. Tatsächlich mischen die 3p-Bänder mit kleineren Anteilen von (d-, s- und p-)Orbitalen des Molybdäns, denn diese Orbitale sind zwischen Mo und S bindend. Das höchste besetzte Energieband enthält zwei Elektronen pro Formeleinheit und besitzt hauptsächlich Orbitalanteile von z^2 sowie geringe Anteile von x^2-y^2- und *xy*-Orbitalen. An der Oberkante dieses Energiebandes liegt das Fermi-Niveau (E_F). Oberhalb des Fermi-Niveaus erstreckt sich eine Bandlücke, deren Größe auch für die Farbe der Verbindung verantwortlich ist. Halbleiter wie MoS_2 mit kleinen Bandlücken (z. B. 0,1 eV) sind schwarz, da ihre Leitungselektronen durch Zufuhr thermischer Energie (kT) angeregt werden.

Das Fermi-Niveau schneidet die Mo–Mo-Überlappungspopulationen am Wendepunkt zwischen bindenden und antibindenden Zuständen. Daraus wird deutlich, dass die Stabilität der trigonal-prismatischen Koordination für d^2-Systeme ausgeprägt ist. In einer vereinfachten Betrachtungsweise kann angenommen werden, dass die d^2-Elektronen paarweise in Dreizentrenbindungen von MoS_2 (semi-)lokalisiert sind, die aus dreieckigen Anordnungen von Metallatomen aufgespannt werden, die nicht durch Schwefelatome überdacht sind.

Korrespondierende Strukturen mit einem Elektron pro Formeleinheit im Leitungsband, wie NbS_2 und TaS_2, haben metallische Eigenschaften und sind oft reduzierbar (H_xTaS_2 mit $0 < x < 0{,}9$). Im Gegensatz hierzu würden bei der Reduktion von MoS_2 antibindende Zustände besetzt werden. Aus diesem Grund ist die Existenz von Molybdänbronzen (Li_xMoS_2, H_xMoS_2) oder anderen kationischen Interkalationsverbindungen ($KMoS_2$) auf Basis der 2H-MoS_2-Struktur nicht zu erwarten. Tatsächlich existieren solche Verbindungen aber. In den Strukturen des Formeltyps A_xMoS_2 sind die Molybdänatome jedoch nicht trigonal-prismatisch (wie in 2H-MoS_2), sondern oktaedrisch koordiniert. Die Synthese des metastabilen 1T-MoS_2 mit oktaedrischer Umgebung der Molybdänatome gelingt durch Kalium-Deinterkalation aus $KMoS_2$.

1T-MoS_2	$\xrightarrow{95\,°C}$	2H-MoS_2
metastabil		stabil
Mo: oktaedrische Koordination		Mo: trigonal-prismatische Koordination
Metall		Halbleiter

1T-MoS_2 hat, wie viele andere d^1-Systeme mit Metallatomen in oktaedrischer Koordination (z. B. ReO_3, YSe), metallische Eigenschaften.

8 Die Abfolge der Energiezustände im trigonal-prismatischen Ligandenfeld kann sich in Abhängigkeit von den Kantenlängen eines Prismas (mit zunehmendem *c*/*a*-Verhältnis) von a, e, e (wie in MoS_2) nach e, a, e ändern (nach steigender Energie geordnet). Die Buchstaben a und e stehen für nicht bzw. zweifach entartete Energiezustände.

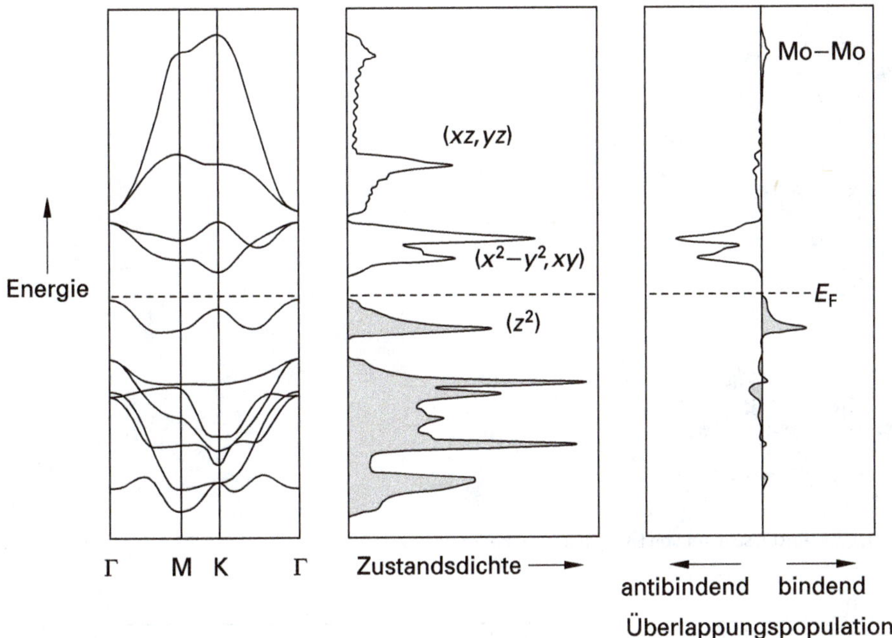

Abb. 2.37: Bandstruktur, Zustandsdichte und Mo–Mo-Überlappungspopulation von MoS_2. Das Fermi-Niveau ist als gestrichelte Linie eingezeichnet. Von Interesse ist ein einzelnes gefülltes d-Band, welches energetisch separiert unterhalb der übrigen 4d-Bänder liegt. Dazwischen erstreckt sich eine Bandlücke (Halbleiter). Mit Elektronen besetzte Zustände sind grau. Dominante d-Orbitalanteile der Zustandsdichten sind angegeben.

2.7.4.4 Die Bandstruktur von LaI_2 – ein d^1-Metall

LaI_2 kristallisiert im $MoSi_2$-Strukturtyp und enthält dreiwertiges Lanthan. Jedes La^{3+} ist in der Struktur von acht I^- in einer würfelförmigen Formation umgeben, die entlang der vierzähligen Drehachse leicht gestaucht ist. Die vierzählige Drehachse entspricht der kristallographischen *z*-Richtung (Abb. 2.38). Aus einem (ideal) würfelförmigen Ligandenfeld der Lanthanatome resultiert eine Aufspaltung der Lanthan-5d-Zustände von „e unter t“ mit den Orbitalanteilen z^2, $x^2–y^2$ unter *xz*, *yz*, *xy*. Von den fünf d-Orbitalen pro Formeleinheit LaI_2 sind zwei durch die Wirkung der vierzähligen Drehachse symmetrieäquivalent (*xz*, *yz*). Analoges gilt für die p_x- und p_y-Orbitale der Iodatome. Deshalb resultiert entlang der vierzähligen Drehachse zwischen den speziellen Punkten Γ und Z eine zweifache Entartung dieser Energiebänder (Abb. 2.39). Im Bereich der 5d-Bänder befindet sich zusätzlich das 6s-Band.

Die mit einem Elektron besetzten Leitungsbänder von $LaI_2(e^-)$ werden von z^2- und $x^2–y^2$-Orbitalanteilen dominiert, deren relative Anteile entlang des Wellenvektors variieren. Die Breite des Leitungsbandes hängt nicht nur von direkten Überlappungen der Metallatome ab (die kürzesten La–La-Abstände betragen 392 pm), sondern auch vom Mi-

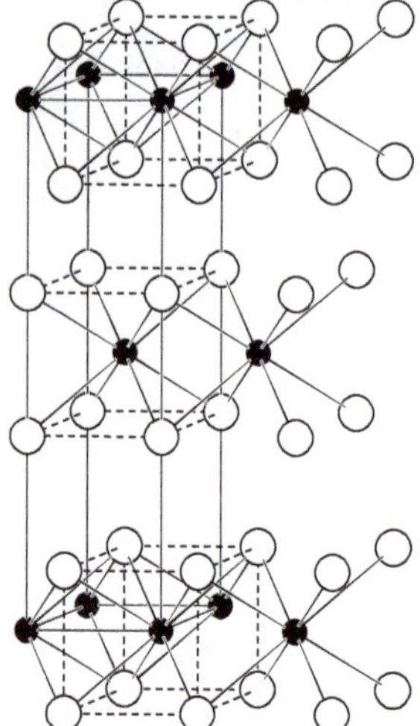

Abb. 2.38: Kristallstruktur von LaI_2 (Raumgruppe $I4/mmm$).

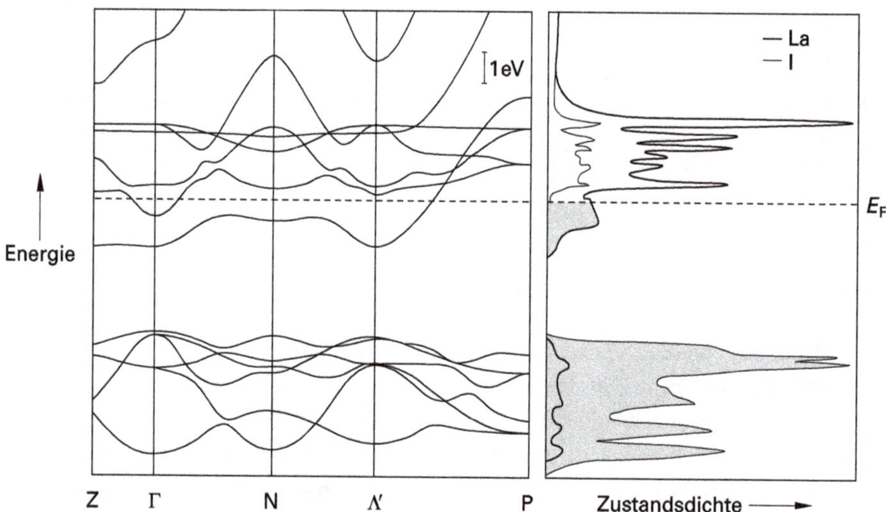

Abb. 2.39: Ausschnitt aus der berechneten Bandstruktur von LaI_2 und berechnete Zustandsdichte von LaI_2. Die Zustandsdichte ist für La- und I-Anteile getrennt dargestellt. Graue Bereiche kennzeichnen besetzte Energiezustände, E_F markiert den höchsten besetzten Energiezustand. Formal ist nur ein d-Band mit einem Elektron pro Formeleinheit LaI_2 besetzt. LaI_2 ist ein metallischer Leiter.

schen der p-Ligandenorbitale mit den d-Orbitalen des Metallatoms (vgl. ReO_3). Die hierdurch bedingten Steigungen und Bandkreuzungen der Leitungsbänder verursachen hohe elektronische Beweglichkeiten und die metallische Leitfähigkeit ($\sigma \approx 10^5$ S/cm bei RT). In LaI_2 und ReO_3 sind die Elektronen in Leitungsbändern delokalisiert. Dem erfahrenen Betrachter verrät häufig schon die Kristallstruktur, ob eine Lokalisierung von Elektronen an irgendeinem Ort in einer Struktur möglich ist (MoS_2) oder nicht (LaI_2, ReO_3, Metalle).

2.7.5 Metall–Metall-Bindungen

Die Leitungsbänder von Übergangsmetallverbindungen mit metallischen Eigenschaften sind oft einige Elektronenvolt breit. Dennoch sind die Metallatome in den Strukturen oft zu weit voneinander entfernt, um direkte Metall–Metall-Bindungen miteinander eingehen zu können. Wie in der Struktur von ReO_3 liegen oftmals keine direkten Überlappungen zwischen benachbarten d-Orbitalen vor. Für das Auftreten metallischer Eigenschaften ist die Präsenz direkter Metall–Metall-Bindungen demnach keine Voraussetzung. Direkte Überlappungen zwischen d-Orbitalen werden aber als Ursache für die metallischen Eigenschaften der Oxide TiO und VO (defekte NaCl-Struktur) angesehen, in deren Anionen- und Kationenteilgittern Leerstellen vorliegen, wie auch in der Struktur von NbO, in der die Defekte geordnet sind.

Am deutlichsten werden M–M-Bindungen in einigen metallreichen Verbindungen der Übergangs- oder Seltenerdmetalle, die mehr Elektronen besitzen, als zur Absättigung der anionischen Valenzen notwendig sind. Beispiele für das Auftreten von M–M-Bindungen, die sich häufig in einer oder in zwei Richtungen durch Strukturen ziehen, sind Verbindungen wie $NaMo_4O_6$ (Abb. 2.79), Y_2Cl_3 (vgl. Gd_2Cl_3 in Abb. 2.126) oder ZrCl (Abb. 2.113). Das Auftreten von M–M-Bindungen erzeugt aber nicht gleichzeitig metallische Eigenschaften, da die mit Elektronen gefüllten M–M-bindenden Zustände durch eine Bandlücke von den leeren d-Zuständen (Leitungsband) getrennt sein können, wie in den Bandstrukturen von Y_2Cl_3 oder MoS_2.

Da M–M-Bindungen wesentlich schwächer sind als heteropolare M–O- oder M–Cl-Bindungen, können starke Gitterschwingungen bei erhöhten Temperaturen das Aufbrechen von M–M-Bindungen bewirken (vgl. VO_2, Abschn. 2.10.5.3).

Am Beispiel der Verbindung $Na_2Ti_3Cl_8$ kann die reversible Bildung von Ti–Ti-Bindungen verfolgt werden. Die Struktur kann vereinfacht als interkalierte Variante der Nb_3X_8-Struktur aufgefasst werden (vgl. Abb. 2.120). In dem in Abb. 2.40 (links) gezeigten Cl–Ti–Cl-Schichtpaket besetzen die Titanatome drei Viertel der oktaedrischen Lücken in einer dichtest gepackten Chloriddoppelschicht ($A\gamma_{3/4}B$). Die Ti–Ti-Abstände innerhalb der Schichten betragen einheitlich 372 pm. Die Verbindung kann salzartig als $(Na^+)_2(Ti^{2+})_3(Cl^-)_8$ mit (isolierten) Ti^{2+}-Ionen beschrieben werden.

In der Tieftemperaturmodifikation (unterhalb von 200 K) rücken die Titanatome zu gleichseitigen Dreiecken zusammen, und es entstehen Ti–Ti-Bindungen (Abstand Ti–Ti = 300 pm) mit $[(Ti^{4+} \cdot 2e^-)_3]^{6+}$-Clustern. Für die drei Ti–Ti-Bindungen eines $[Ti_3]^{6+}$-Clusters stehen sechs Elektronen zur Verfügung [$2 \cdot 1(Na^+) + 3 \cdot 4(Ti^{4+}) - 8 \cdot 1(Cl^-) = 6$ Elektronen].

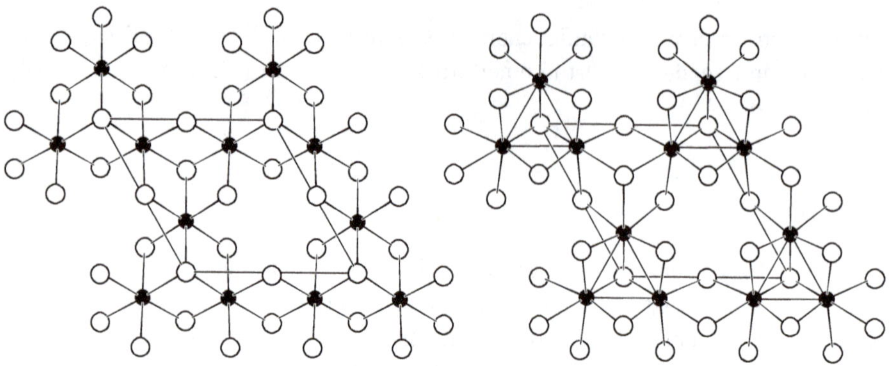

Abb. 2.40: Projektionen einer $[Ti_3Cl_8]^{2-}$-Schicht aus der Struktur von $Na_2Ti_3Cl_8$ auf die hexagonale *ab*-Ebene. Beim Übergang von der Hochtemperaturmodifikation (Raumgruppe $R\bar{3}m$, links) in die Tieftemperaturmodifikation (Raumgruppe $R\bar{3}m$, rechts) entstehen Ti–Ti-Bindungen bzw. $[Ti_3]^{6+}$-Cluster.

2.7.6 Peierls-Verzerrung und Ladungsdichtewelle

Das Theorem von Peierls postuliert, dass ein eindimensionales Metall gegenüber einer periodischen Gitterdeformation labil ist. Eine solche Gitterdeformation wurde schon im Abschn. 2.7.2 für die Verzerrung einer unendlichen Anordnung von Wasserstoffatomen beschrieben. Demnach kann ein halbbesetztes, steil ansteigendes Energieband eine Änderung der Periodizität des Gitters hervorrufen wenn bestimmte Bedingungen erfüllt sind. Die Peierls-Verzerrung tritt nur dann auf, wenn unterhalb einer bestimmten Übergangstemperatur ein thermodynamisch stabilerer Zustand resultiert. Dabei erfolgt ein Metall–Halbleiter-Übergang. Bei Temperaturerhöhung bewirken die Schwingungen der Atome die Rückkehr in den unverzerrten Zustand. Streng genommen gilt die Peierls-Verzerrung nur für eindimensionale Strukturen. Natürlich können Kristallstrukturen aufgrund ihres dreidimensionalen Charakters nur quasi-eindimensional sein (Tab. 2.5).

Tab. 2.5: Peierls-Verzerrung quasi-eindimensionaler Systeme.

Verbindung/Struktur unter Normalbedingung	**Bedingung für Strukturänderung**
H_2-Moleküle[(a)]	Unbekannt
$K_2[Pt(CN)_4]Cl_{0,3} \cdot 3\,H_2O$	<150 K (Paarung der Metallatome)[(a)]
NbI_4 (Paarung der Metallatome)[(a)]	unter Druck einheitliche Nb–Nb-Abstände
α-VO_2 (Paarung der Metallatome)[(a)]	β-VO_2, >340 K (Rutil-Typ)[(b)]
VS_4 (Paarung der Metallatome)[(a)]	Unbekannt
NbS_3 (Paarung der Metallatome)[(a)]	Unbekannt

[(a)]Phase mit Verzerrung nach Peierls.
[(b)]Die Betrachtung von VO_2 als quasi-eindimensionales System ist eine Vereinfachung.

Beispiele für eine Verzerrung nach Peierls sind Strukturen aus eindimensional verbrückten $[MX_6]$-Oktaedersträngen. Die Struktur von ZrI_3 besteht aus flächenverknüpften $(ZrI_{6/2})$-Oktaedersträngen (Abb. 2.112) und die Struktur von NbI_4 enthält kantenverknüpfte $(NbI_2I_{4/2})$-Oktaederstränge (vgl. Abb. 2.111). Die Tieftemperaturmodifikationen beinhalten die Verzerrung (M–M-Paare), die bei einer Temperaturerhöhung durch zunehmende Gitterschwingungen aufgehoben werden kann. Für Verbindungen, die beim Erhitzen nicht stabil sind, kann die unverzerrte metallische Phase ggf. unter Druck beobachtet werden (vgl. NbI_4 in Abschn. 2.10.8.2).

Analoge elektronisch induzierte Verzerrungen können in Strukturen auch entlang von zwei oder drei Richtungen auftreten. Dabei führt die Stabilisierung des elektronischen Grundzustandes zu dem prinzipiell gleichen Effekt wie bei der Peierls-Verzerrung. Es erfolgt eine periodische Modulation der elektronischen Dichte, die als Ladungsdichtewelle (engl. *charge-density wave*, CDW) bezeichnet wird.

2.8 Magnetische Eigenschaften von Feststoffen

Die magnetischen Eigenschaften von Feststoffen werden durch die elektronischen Gegebenheiten (Oxidationszustand, Bindungsverhältnisse) der beteiligten Atome bestimmt. Von entscheidender Bedeutung ist die elektronische Konfiguration. Verbindungen, die ausschließlich gepaarte Elektronen enthalten, wie die meisten organischen Verbindungen oder typische Salze wie NaCl oder CaF_2, zeigen diamagnetisches Verhalten. Durch ungepaarte Spins, die hauptsächlich in Verbindungen der Übergangs- und Seltenerdmetalle vorkommen, wird paramagnetisches Verhalten (Curie-Paramagnetismus) hervorgerufen. Metalle, die leicht bewegliche, nicht lokalisierte Leitungselektronen haben, zeigen einen (nahezu) temperaturunabhängigen Pauli-Paramagnetismus. Halbleiter mit kleinen Bandlücken zeigen einen analogen temperaturunabhängigen Paramagnetismus (TUP). Der temperaturunabhängige Van-Vleck-Paramagnetismus kann durch gebundene Atome hervorgerufen werden, deren Ladungsverteilung (im Zusammenhang mit angeregten Zuständen) von der Kugelsymmetrie abweicht.

Eine große und interessante Gruppe von magnetischen Materialien ist durch kollektive Ordnungszustände ihrer Spins gekennzeichnet, die durch interatomare magnetische Wechselwirkungen hervorgerufen werden. Eine für die Praxis besonders wichtige Gruppe sind permanent magnetische Materialien, deren Eigenschaften das Resultat ferri- oder ferromagnetischer Ordnungszustände sind.

Diamagnetismus und Paramagnetismus sind magnetische Eigenschaften, die nur durch ein von außen einwirkendes magnetisches Feld beobachtbar werden. Deshalb werden Verbindungen zur Messung ihres magnetischen Verhaltens in das Magnetfeld eines Magnetometers eingebracht. Dabei wird durch das äußere Magnetfeld H eine zusätzliche Magnetisierung M in der Probe induziert. In einem Magnetometer wird diese zusätzliche Magnetisierung über das gesamte Probenvolumen gemessen (Volumenmagnetisierung M_V). Für diamagnetische Stoffe ist die Magnetisierungsrichtung dem äußeren Feld entgegengerichtet, M_V ist negativ. In paramagnetischen Stoffen ist die Magnetisierungsrichtung dem äußeren Feld gleichgerichtet, weshalb M_V positiv ist. Die Kenngröße für dieses Verhalten ist die magnetische Suszeptibilität χ. Sie ist definiert als das Verhältnis der zusätzlichen Magnetisierung M_V in der Probe zum äußeren angelegten Magnetfeld. Für die Volumensuszeptibilität gilt:

$$\chi_V = \frac{M_V}{H}$$

Die Volumensuszeptibilität ist dimensionslos. In der Praxis verwendet man häufig die Molsuszeptibilität χ_{mol} (in cm^3/mol) und gelegentlich die Massensuszeptibilität χ_g (in cm^3/g, früher als „Grammsuszeptibilität" bezeichnet):

$$\chi_V \cdot V = \chi_g \cdot m = \chi_{mol} \cdot \frac{m}{M_{mol}}$$

Hierbei ist V das Volumen (in cm^3), m die Masse (in g) und M_{mol} die Molmasse (in g/mol) der Probe.

Die verschiedenen Arten von Magnetismus werden u. a. nach dem Vorzeichen und der Größenordnung der magnetischen Suszeptibilität sowie nach ihrer Temperaturabhängigkeit unterschieden (Abb. 2.41 und Tab. 2.6).

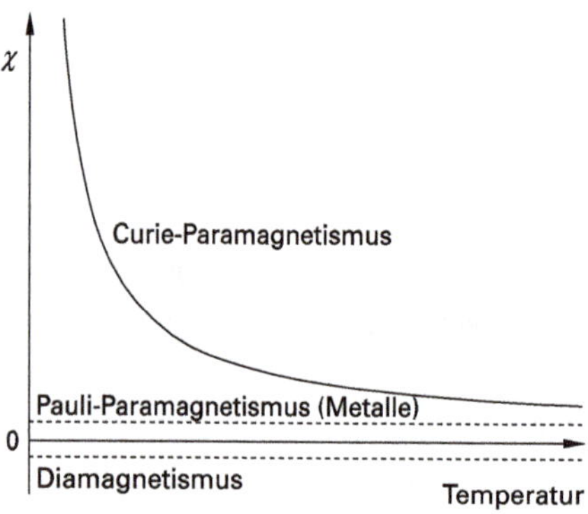

Abb. 2.41: Die Temperaturabhängigkeit der magnetischen Suszeptibilität diamagnetischer, Curie-paramagnetischer und Pauli-paramagnetischer Substanzen.

Im Allgemeinen liegen in Feststoffen verschiedene Arten von Magnetismus nebeneinander vor und machen zusammen die Gesamtsuszeptibilität aus:

$$\chi_{ges} = \chi_{dia} + \chi_{para} + \chi_{TUP}$$

Tab. 2.6: Typische Größenordnungen der Molsuszeptibilitäten magnetischer Stoffe.

Magnetismus	χ_{mol} (in cm^3/mol)[(a)]	Änderung mit steigender Temperatur
Diamagnetismus	-10^{-6} bis -10^{-4}	Keine
Pauli-Paramagnetismus, TUP	10^{-5} bis 10^{-3}	nahezu keine
Curie-Paramagnetismus	10^{-6} bis 10^{-1}	Abnehmend
Ferromagnetismus	10^{-2} bis 10^{6}	Abnehmend

[(a)] Angabe im CGS-Einheitensystem.

Die Einordnung einer Substanz als Dia- oder Paramagnet oder auch als temperaturunabhängiger Paramagnet (TUP) wird davon abhängig gemacht, welcher der Beiträge zur Suszeptibilität dominiert.

2.8.1 Diamagnetismus

Diamagnetisches Verhalten von Verbindungen wird beobachtet, wenn die Atome und Ionen abgeschlossene Elektronenschalen oder ausschließlich gepaarte Elektronen besitzen. Durch die Wechselwirkung mit einem äußeren Magnetfeld wird beim Diamagnetismus die Bahnbewegung der Elektronen gestört. Dabei entsteht ein Magnetfeld, das dem Erregerfeld (H) entgegen gerichtet ist. Durch die Schwächung des Magnetfeldes ergibt sich für reinen Diamagnetismus $\chi < 0$. Die magnetische Suszeptibilität ist im diamagnetischen Fall von der Magnetfeldstärke und von der Temperatur unabhängig. Insgesamt sind die diamagnetischen Effekte schwach (mit Molsuszeptibilitäten in der Größenordnung von 10^{-5} cm^3/mol).

Ein diamagnetischer Anteil zur Gesamtsuszeptibilität tritt bei allen Verbindungen auf. Selbst paramagnetische Stoffe sind durch die Beiträge innerer Elektronenschalen und durch diamagnetische Bausteine von diamagnetischen Eigenschaften begleitet. Die praktische Bedeutung der diamagnetischen Suszeptibilität liegt vor allem darin, durch ihre Kenntnis und durch eine gemessene Gesamtsuszeptibilität die paramagnetische Suszeptibilität einer Substanz genau quantifizieren zu können. Für die meisten anorganischen Strukturfragmente (z. B. Alkali- und Erdalkalimetallionen sowie einfache und komplexe Anionen wie Cl^-, SO_4^{2-}, CO_3^{2-}, CN^-, BF_4^-) liegen die diamagnetischen Suszeptibilitätswerte tabelliert vor. Ebenso sind diamagnetische Korrekturwerte für die inneren Schalen paramagnetischer Übergangs- und Seltenerdmetallionen bekannt.

2.8.2 Paramagnetismus

Paramagnetisches Verhalten zeigen Stoffe, die ungepaarte Elektronen haben und deren Gesamtspin deshalb ungleich null ist. Die dadurch vorhandenen magnetischen Momente sind in einem Festkörper zunächst regellos angeordnet, weshalb ohne ein äußeres

Magnetfeld auch keine messbare Magnetisierung resultiert. Erst durch das Anlegen eines externen Magnetfeldes entsteht eine energetisch günstigere Situation, wenn sich die einzelnen magnetischen Momente parallel zum externen Feld anordnen. Dieser Ordnung wirkt die thermische Bewegung der Atome und ihrer Spins entgegen. Für paramagnetische Substanzen resultiert daraus ein stark temperaturabhängiger Verlauf der magnetischen Suszeptibilität, der durch das Gesetz von Curie beschrieben wird:

$$\chi_{\text{mol}} = \frac{C}{T} \quad \text{mit } C = \frac{N_{\text{A}} \cdot \mu^2}{3k}$$

Darin steht C für die Curie-Konstante, μ ist das magnetische Moment eines Teilchens, N_{A} ist die Avogadro-Konstante und k die Boltzmann-Konstante. Das Curie-Gesetz gilt für freie Atome und Ionen bei nicht zu starken Magnetfeldern und nicht zu tiefen Temperaturen. Sobald die Atome sich zu Molekülen oder Kristallverbänden zusammenschließen, treten Abweichungen auf, deren Erklärung differenzierte Modelle erfordert. Eine Erweiterung des Curie-Gesetzes ist das Curie-Weiss-Gesetz:

$$\chi_{\text{mol}} = \frac{C}{T - \Theta} \quad \text{mit } C = \frac{N_{\text{A}} \cdot \mu^2}{3k}$$

Das Curie-Weiss-Gesetz berücksichtigt Wechselwirkungen zwischen den magnetischen Momenten im Kristallverband. Nach dem Curie-Weiss-Gesetz werden parallele bzw. antiparallele Wechselwirkungen zwischen den Spins benachbarter Atome durch eine positive bzw. negative Weiss-Konstante Θ berücksichtigt. Die Auftragung der reziproken Suszeptibilität gegen die Temperatur ergibt eine Gerade, die im Curie-Fall durch den Ursprung verläuft, und im Curie-Weiss-Fall die Temperaturachse bei Θ schneidet (Abb. 2.42).

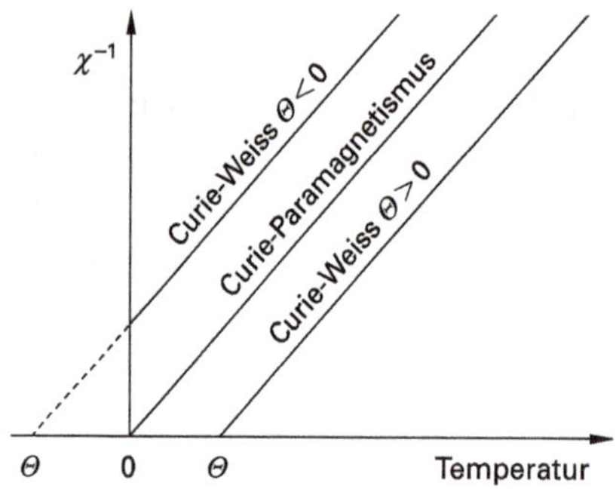

Abb. 2.42: Graphische Darstellung von paramagnetischem Verhalten nach Curie und Curie-Weiss.

Bei einer paramagnetischen Substanz ist im Allgemeinen die Curie-Konstante C und das magnetische Moment μ (bezogen auf ein magnetisches Teilchen) von Interesse. Die Einheit, in der ein magnetisches Moment angegeben wird, ist das Bohr-Magneton

(BM = μ_B). Das magnetische Moment erlaubt Aussagen über den Oxidationszustand und die Symmetrie des Ligandenfeldes eines magnetischen Zentralteilchens.

Den theoretischen Zusammenhang zwischen ungepaarten Elektronen und den daraus resultierenden magnetischen Momenten liefern die Elektrodynamik und die Quantenmechanik. Danach werden durch kreisförmig bewegte Ladungen magnetische Momente induziert. Im Fall von Elektronen sind hierfür der Bahn- und Eigendrehimpuls (Spin) verantwortlich.

Mit dem Bahndrehimpuls eines Elektrons	$\vec{l} = \sqrt{l(l+1)}\hbar$
resultiert sein magnetisches Bahnmoment	$\vec{\mu_l} = \sqrt{l(l+1)}\mu_B$
und mit dem Spin eines Elektrons	$\vec{s} = \sqrt{s(s+1)}\hbar$
dessen magnetisches Spinmoment	$\vec{\mu_s} = g\sqrt{s(s+1)}\mu_B$

wobei durch g die gyromagnetische Anomalie des magnetischen Spinmoments zum Ausdruck kommt. Der Wert für g beträgt ungefähr 2, d. h. das induzierte magnetische Spinmoment ist etwa doppelt so stark wie das magnetische Bahnmoment.

Die elektronische Konfiguration von freien Atomen oder Ionen mit mehreren Elektronen gehorcht den Regeln von Hund und dem Pauli-Prinzip. Daraus resultiert für jedes Atom (Ion) ein elektronischer Grundzustand, der durch ein bestimmtes Bahn- und Spinmoment charakterisiert ist. Die einzelnen Spin- und Bahnmomente in einem magnetischen Atom koppeln miteinander zu einem Gesamtmoment. Diese Kopplung wird für 3d- und 4f-Metalle in guter Näherung durch die Russell-Saunders-Kopplung (auch LS-Kopplung genannt) beschrieben (vgl. Abschn. 3.9.6). Sie geht davon aus, dass die einzelnen Bahnmomente $\vec{l}$ zu einem Gesamtbahnmoment $\vec{L} = \sum \vec{l}$ und die einzelnen Spinmomente $\vec{s}$ zum Gesamtspinmoment $\vec{S} = \sum \vec{s}$ koppeln. In einer sekundären Wechselwirkung koppeln dann das Gesamtbahn- und das Gesamtspinmoment zum magnetischen Gesamtmoment $\vec{J}$. Für die stabilste Konfiguration gilt $\vec{J} = \vec{L} - \vec{S}$, wenn der Orbitalsatz (z. B. 3d) weniger als halbbesetzt ist, und $\vec{J} = \vec{L} + \vec{S}$, wenn der Orbitalsatz mehr als halbbesetzt ist. Daraus ergeben sich die Russell-Saunders-Grundterme der freien Atome und Ionen in der generellen Form $^{2S+1}L_J$, wobei für das Bahnmoment eine spezielle Symbolik gilt. Für die Bahnmomente 0, 1, 2, 3, 4, 5, 6 werden die Termsymbole S, P, D, F, G, H, I gesetzt. Für die Beispiele Fe^{3+} ($3d^5$-Konfiguration mit fünf parallelen Spins ergibt $S = 5/2$, $L = 0$) und Co^{2+} ($3d^7$-Konfiguration, mit $5 \cdot (1/2) + 2 \cdot (-1/2)$ folgt $S = 3/2$, $L = 3$) resultieren die Grundterme $^6S_{5/2}$ und $^4F_{9/2}$.

Die magnetischen Eigenschaften freier Ionen lassen sich aus den Grundtermen ableiten:

$$\mu_J = g\sqrt{J(J+1)}\mu_B \quad \text{mit } g = 1 + \frac{J(J+1) + S(S+1) - L(L+1)}{2J(J+1)}$$

Der Landé-Faktor g berücksichtigt wiederum die gyromagnetische Anomalie des Spinanteils und damit die Konfiguration des Atoms, die durch die Spin-Bahn-Kopplung verursacht wird. Für reinen Spinmagnetismus wäre $g \approx 2$.

Beispiele zur Berechnung von μ_J:

- Ce^{3+} besitzt ein f-Elektron. Für ein f-Elektron gilt $L = 3$ (m_l kann die Werte 3, 2, 1, 0, −1, −2, −3 annehmen) und $S = 1/2$. Nach $|L - S| = 3 - 1/2 = 5/2$ hat J den Wert 5/2 und μ_J errechnet sich zu 2,54 BM.
- Pr^{3+} besitzt zwei f-Elektronen, also ist $S = 1$ und $L = 5$. Zwei Elektronen mit parallelen Spins ($S = 1$) können nach dem Pauli-Verbot nicht das gleiche Orbital besetzen, weshalb nur eines $m_l = 3$ annehmen kann; für das andere gilt folglich $m_l = 2$. Damit resultiert für J der Wert $|L - S| = 4$, und μ_J errechnet sich zu 3,58 BM.

Die magnetischen Eigenschaften der dreiwertigen Lanthanoidionen werden durch die für μ_J angegebene Formel gut beschrieben. Tab. 2.7 enthält die Grundterme sowie die berechneten (μ_J) und experimentell bestimmten (μ_{exp}) magnetischen Momente der Reihe der dreiwertigen 4f-Ionen. In den meisten Fällen findet man eine gute Übereinstimmung, obwohl die betrachteten Ionen in Verbindungen nicht „frei" vorkommen, sondern durch Ligandenfeldeffekte von umgebenden Anionen beeinflusst werden. Diese wirken sich jedoch auf die abgeschirmten, innen liegenden f-Schalen nur schwach aus und können in den meisten Fällen vernachlässigt werden.

Tab. 2.7: Berechnete und experimentell beobachtete magnetische Momente dreiwertiger Ionen der Lanthanoidmetalle[(a)].

Ion	Konfiguration	Grundterm	μ_J/μ_B [(b)]	μ_{exp}/μ_B [(d)]
Ce^{3+}	$4f^1\ 5s^2\ 5p^6$	$^2F_{5/2}$	2,54	2,4
Pr^{3+}	$4f^2\ 5s^2\ 5p^6$	$^3H_4$	3,58	3,5
Nd^{3+}	$4f^3\ 5s^2\ 5p^6$	$^4I_{9/2}$	3,62	3,5
Pm^{3+}	$4f^4\ 5s^2\ 5p^6$	$^5I_4$	2,68	–
Sm^{3+}[(c)]	$4f^5\ 5s^2\ 5p^6$	$^6H_{5/2}$	0,84	1,5
Eu^{3+}[(c)]	$4f^6\ 5s^2\ 5p^6$	$^7F_0$	0	3,4
Gd^{3+}	$4f^7\ 5s^2\ 5p^6$	$^8S_{7/2}$	7,94	8,0
Tb^{3+}	$4f^8\ 5s^2\ 5p^6$	$^7F_6$	9,72	9,5
Dy^{3+}	$4f^9\ 5s^2\ 5p^6$	$^6H_{15/2}$	10,63	10,6
Ho^{3+}	$4f^{10}\ 5s^2\ 5p^6$	$^5I_8$	10,60	10,4
Er^{3+}	$4f^{11}\ 5s^2\ 5p^6$	$^4I_{15/2}$	9,59	9,5
Tm^{3+}	$4f^{12}\ 5s^2\ 5p^6$	$^3H_6$	7,57	7,3
Yb^{3+}	$4f^{13}\ 5s^2\ 5p^6$	$^2F_{7/2}$	4,54	4,5

[(a)] Nahe Raumtemperatur.

[(b)] Der Gesamtdrehimpuls J ist gleich $|L - S|$, wenn die Schale weniger als halbbesetzt ist, und gleich $L + S$, wenn sie mehr als halbbesetzt ist. Ist die Schale genau halbbesetzt, folgt $L = 0$ und $J = S$. Der Grundzustand ist durch die Maximalwerte von S und L charakterisiert.

[(c)] Für die Ionen Eu^{3+} und Sm^{3+} ist es notwendig, außer dem Grundzustand auch höhere Energiezustände des LS-Multipletts zu berücksichtigen, da die Energieunterschiede zwischen benachbarten Energiezuständen bei Raumtemperatur im Vergleich gegenüber kT nicht groß sind.

[(d)] Repräsentative Werte.

Im Gegensatz dazu sind Ligandenfeldeffekte auf d-Schalen in Verbindungen der Übergangsmetalle nicht vernachlässigbar. Sie wirken sich in der Regel so aus, dass die Bahnmomente für diese Ionen nahezu ganz (Konfigurationen: d^1–d^5) oder zumindest teilweise (Konfigurationen: d^6–d^9) unterdrückt werden. Zur näherungsweisen Berechnung von magnetischen Momenten von Übergangsmetallionen kann die sogenannte spin-only-Formel verwendet werden:

$$\mu_s = g\sqrt{S(S+1)}\mu_B$$

Die nach der spin-only-Formel berechneten magnetischen Momente (μ_S) einiger Übergangsmetallionen und repräsentative experimentell bestimmte Momente (μ_{exp}) sind in Tab. 2.8 zusammengestellt.

Tab. 2.8: Berechnete und experimentell beobachtete magnetische Momente von Übergangsmetallionen.

Ion	Konfiguration	Grundterm	μ_s/μ_B	μ_{exp}/μ_B [(a)]
Sc^{3+}	$3d^0$	$^1S_0$	0	0
Ti^{3+}	$3d^1$	$^2D_{3/2}$	1,73	1,8
V^{3+}	$3d^2$	$^3F_2$	2,83	2,8
Cr^{3+}, V^{2+}	$3d^3$	$^4F_{3/2}$	3,87	3,8
Mn^{3+}, Cr^{2+}	$3d^4$	$^5D_0$	4,90	4,9
Fe^{3+}, Mn^{2+}	$3d^5$	$^6S_{5/2}$	5,92	5,9
Fe^{2+}	$3d^6$	$^5D_4$	4,90	5,4
Co^{2+}	$3d^7$	$^4F_{9/2}$	3,87	4,8
Ni^{2+}	$3d^8$	$^3F_4$	2,83	3,2
Cu^{2+}	$3d^9$	$^2D_{5/2}$	1,73	1,9

(a) Repräsentative Werte.

Der Vergleich von berechneten magnetischen Momenten mit Ergebnissen einer Messung wird wie folgt vorgenommen: Aus den um die diamagnetischen Anteile korrigierten Messdaten werden die molaren Suszeptibilitäten ermittelt. Aus einer Auftragung der inversen molaren Suszeptibilitäten gegen die Temperatur kann entschieden werden, ob ein ideal paramagnetisches Verhalten nach Curie oder ob ein Verhalten nach Curie-Weiss (Ermittlung der Weiss-Konstante Θ durch Extrapolation von χ^{-1} auf die T-Achse) vorliegt. Die experimentellen magnetischen Momente μ_{exp} folgen dann aus der Beziehung:

$$\mu_{exp} = \sqrt{\chi_{mol}\frac{3k}{N_A}(T-\Theta)} \quad \text{mit } \Theta = 0 \quad \text{für Curie-Verhalten}$$

Die so ermittelten experimentellen magnetischen Momente werden anschließend mit den berechneten Werten verglichen.

Das Curie- und das Curie-Weiss-Gesetz gelten für nicht zu tiefe Temperaturen und nicht zu hohe äußere Felder. Bei tiefen Temperaturen und hohen Feldern tritt Sättigungsmagnetisierung auf, d. h. alle magnetischen Momente sind genau in Feldrichtung ausgerichtet. Für die Sättigungsmagnetisierung gilt $\mu = g \cdot J \cdot \mu_B$ für Stoffe mit magnetischen Ionen, die der Russell-Saunders-Kopplung folgen, bzw. $\mu = g \cdot S \cdot \mu_B$ für Stoffe, die durch die spin-only-Formel beschrieben werden. Die in der Praxis wichtige Größe der Sättigungsmagnetisierung wird für permanentmagnetische, z. B. ferro- oder ferrimagnetische Materialien (vgl. Abschn. 2.10.5.8–2.10.5.10) experimentell durch Hysteresemessungen ermittelt (vgl. Abb. 2.76).

2.8.3 Kooperative Eigenschaften

Außer Diamagnetismus und Paramagnetismus können in Feststoffen Wechselwirkungen zwischen den magnetischen Zentren auftreten und so magnetische Ordnungszustände erzeugen. Feststoffe zeigen, sofern sie nicht diamagnetisch sind, bei hohen Temperaturen Paramagnetismus. Erst beim Übergang zu niedrigeren Temperaturen können magnetische Ordnungszustände auftreten. Dabei formieren sich die magnetischen Momente zu einer ein- bis dreidimensional geordneten Spinstruktur, die nicht mit der kristallographisch ermittelten Elementarzelle und der Symmetrie der Kristallstruktur konsistent sein muss, sondern eine Überstruktur zur Kristallstruktur darstellen kann. Demnach geht von jedem magnetischen Teilchen ein magnetisches Moment aus, dessen Richtung aber selbst für kristallographisch äquivalente Atome unterschiedlich sein kann.

Je nach Einstellung der Spins relativ zueinander wird zwischen Ferromagnetismus (parallele Anordnung der magnetischen Momente), Antiferromagnetismus (antiparallele Anordnung der magnetischen Momente) und Ferrimagnetismus (ungleiche Größe oder Zahl antiparalleler magnetischer Momente) unterschieden (Abb. 2.43).

Ferro- oder ferrimagnetische Materialien haben ein spontanes magnetisches Moment und werden aufgrund ihres Hystereseverhaltens (Abb. 2.76) für viele Zwecke verwendet.

Tatsächlich sind die Möglichkeiten der Anordnung magnetischer Momente (Spins) zahlreicher als die hier aufgeführten Beispiele:
- ungeordneter paramagnetischer Zustand
- parallele Spins, Ferromagnetismus
- antiparallele Spins, Antiferromagnetismus
- nicht kompensierte antiparallele Spins, Ferrimagnetismus
- helixartige Spinanordnungen (parallele oder antiparallele Spins)
- verkantete Spins (parallele oder antiparallele Spins)
- magnetische Frustration (zu Dreiecken angeordnete parallele und antiparallele Spins).

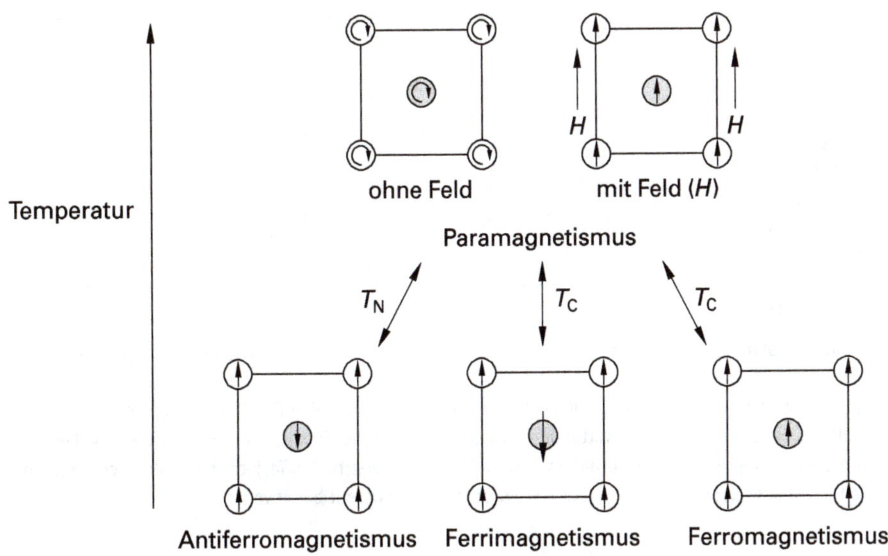

Abb. 2.43: Die Projektion von Elementarzellen mit unterschiedlichen Spinstrukturen (Kreise stehen für Atome und Pfeile für ihre Spins). Oben: innenzentrierte Elementarzellen mit (rechts) und ohne (links) äußeres Magnetfeld H. Bei tieferen Temperaturen kommt unterhalb der Curie-Temperatur T_C oder der Néel-Temperatur T_N ein ferromagnetischer, ferrimagnetischer oder antiferromagnetischer Ordnungszustand in Betracht. Im antiferromagnetischen Zustand sind gleich große magnetische Momente antiparallel gekoppelt (das gezeigte Beispiel entspricht der Anordnung der Metallatome im Rutil-Typ, z. B. FeF_2). Im ferromagnetischen Zustand sind alle magnetischen Momente parallel zueinander ausgerichtet (das gezeigte Beispiel entspricht α-Fe). Ferrimagnetismus tritt auf, wenn ungleich große magnetische Momente antiparallel gekoppelt sind.

2.8.4 Ferromagnetische Ordnung

In ferromagnetischen Stoffen sind die magnetischen Momente durch kooperative Wechselwirkungen parallel zueinander ausgerichtet. Tatsächlich zeigen ferromagnetische Stoffe aber nicht unbedingt ein nach außen wirksames spontanes magnetisches Moment. Ursache hierfür sind ferromagnetische Bereiche (Weiss-Domänen), die im Kristall unterschiedliche Orientierungen haben und deshalb zur Schwächung und sogar Auslöschung des magnetischen Gesamtmoments führen können.

Durch die Wirkung eines hinreichend starken externen Magnetfeldes werden die Domänen und damit alle magnetischen Momente parallel zum Feld ausgerichtet. Dieser Vorgang entspricht einer Magnetisierung, die durch das Auftreten eines spontanen magnetischen Momentes gekennzeichnet ist. Die magnetische Suszeptibilität erreicht bei tiefen Temperaturen und hohen externen Feldern ihr Maximum (Abb. 2.44, Mitte). Bei höheren Temperaturen nehmen die thermischen Bewegungen zu, und die parallele Spinordnung wird gestört. Oberhalb der ferromagnetischen Curie-Temperatur T_C erfolgt ein Übergang in den magnetisch ungeordneten paramagnetischen Zustand.

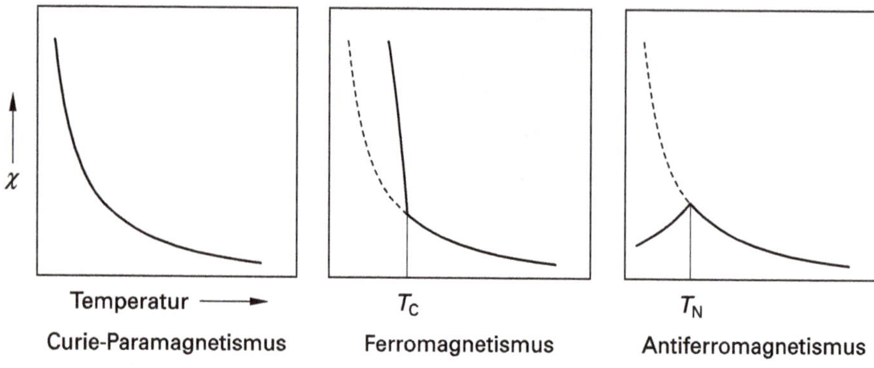

Abb. 2.44: Die Temperaturabhängigkeit der magnetischen Suszeptibilität für Paramagnetismus (links) und das Auftreten ferromagnetischer (Mitte) und antiferromagnetischer (rechts) Ordnungszustände in Feststoffen. Ferrimagnetische Stoffe verhalten sich wie ferromagnetische Stoffe, jedoch mit abgeschwächtem Verhalten, da antiferromagnetisch gekoppelte Momente die Suszeptibilität verringern.

Zu den ferromagnetischen Materialien zählen Fe, Co, Ni, Gd, Dy, CrTe, CrO_2 und EuO. Aus der Möglichkeit, die Magnetisierungsrichtung von ferro- oder ferrimagnetischen Materialien im externen magnetischen Feld umzukehren (siehe magnetische Hysterese am Beispiel von **CrO_2** im Abschn. 2.10.5.3), resultieren Anwendungen als magnetische Informationsspeicher.

2.8.5 Magnetische Kopplungsmechanismen

Im ferro- und antiferromagnetischen Zustand erfolgt eine spontane Ausrichtung der magnetischen Momente. Obwohl die genauen Ursachen dieser Ordnungszustände nicht vollständig aufgeklärt sind, kann zwischen direkten und indirekten Kopplungsmechanismen der magnetischen Momente unterschieden werden. Direkte Wechselwirkungen kennzeichnen die ferromagnetischen Metalle Fe, Co, Ni, Gd und Dy, aber auch einige Verbindungen wie z. B. Europiumchalkogenide EuX (X = Chalkogen). Zu den indirekten Wechselwirkungsmechanismen zählt der Superaustausch. Superaustausch beschreibt die antiferromagnetische Kopplung magnetischer Momente von Metallatomen über verbrückende diamagnetische Teilchen.

In MnO sind die Mn^{2+}-Ionen linear über O^{2-}-Ionen verbrückt (NaCl-Typ). Die Sauerstoff-p-Orbitale enthalten jeweils zwei Elektronen, die antiparallel gekoppelt sind, da sie wegen des Pauli-Verbots antiparallele Spins haben müssen. Durch p–d-Wechselwirkungen werden die magnetischen Momente von benachbarten Mn^{2+}-Ionen antiparallel gekoppelt (Abb. 2.45). Die daraus resultierende magnetische Struktur von MnO ist in Abb. 2.78 gezeigt. Der Superaustausch ist nur bei annähernd linearen Konfigurationen effektiv, da bei kleineren Winkeln, z. B. für ∠ (MnOMn) = 90 °, zwei magnetisch unabhängige p-Orbitale (z. B. p_z und p_x) mit den d-Orbitalen der Metallatome über-

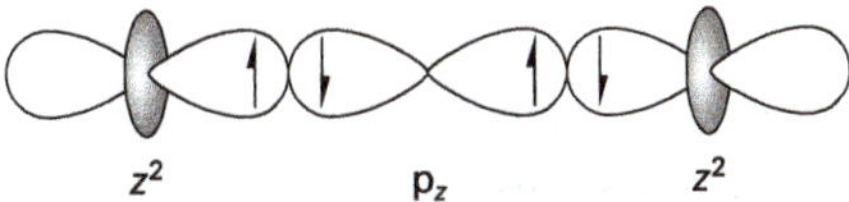

Abb. 2.45: Antiferromagnetische Kopplung der Spins zweier d_{z^2}-Orbitale benachbarter Mn^{2+}-Ionen über ein Sauerstoff-p_z-Orbital (Superaustausch).

lappen. Beispiele für das Auftreten von Superaustausch sind MnO, CoO, NiO, α-Fe_2O_3 (Korund-Typ), FeF_2 (Rutil-Typ) und Ferrite (Spinell-Typ).

Die antiferromagnetischen Manganchalkogenide und die ferromagnetischen Europiumchalkogenide kristallisieren im NaCl-Typ. Diese zwei Verbindungsgruppen repräsentieren zwei unterschiedliche Arten von magnetischen Wechselwirkungen im selben Strukturtyp. In der Reihe der Manganchalkogenide MnO, MnS, MnSe nimmt T_N kontinuierlich zu. Die antiferromagnetische Ordnung bleibt bis zu immer höheren Temperaturen erhalten, da die Ausdehnung der p-Orbitale in dieser Reihe zunimmt und größere M–X-Überlappungen den Superaustausch verstärken. Bei den ferromagnetischen Europiumchalkogeniden EuX nimmt die Curie-Temperatur in der Reihe EuO, EuS, EuSe ab, da mit steigendem Anionenradius auch die M–M-Abstände zunehmen, wodurch direkte magnetische M–M-Wechselwirkungen schwächer werden.

2.8.6 Antiferromagnetische Ordnung

Im antiferromagnetischen Zustand heben sich die magnetischen Momente bedingt durch ihre antiparallele Orientierung gegenseitig auf. Deshalb sind unterhalb der Néel-Temperatur niedrige Suszeptibilitäten zu erwarten. Mit steigender Temperatur unterstützt die Temperaturbewegung der Atome das Bestreben eines äußeren Magnetfeldes, die magnetischen Momente parallel zum Feld auszurichten. Hierdurch wird bei der Néel-Temperatur T_N zunächst ein Maximum der magnetischen Suszeptibilität erreicht, bevor der Übergang in den magnetisch ungeordneten paramagnetischen Zustand erfolgt (Abb. 2.44).

2.8.7 Paramagnetismus der Leitungselektronen (Pauli-Paramagnetismus)

Da jedes Elektron ein magnetisches Moment hat, könnte für Metalle ein Curie-ähnliches, paramagnetisches Verhalten erwartet werden. In einem externen Magnetfeld zeigen Metalle aber einen temperaturunabhängigen Paramagnetismus (TUP), der als Pauli-Paramagnetismus bezeichnet wird (Abb. 2.41). Dieses Verhalten kann ausgehend vom Modell des freien Elektronengases (alle Valenzelektronen sind von den Atomrümpfen gelöst und können sich als „Gas“ im Potential der positiven Atomrümpfe bewegen) erklärt werden. Die Elektronen besetzen diskrete Energieniveaus, die so dicht beieinanderliegen, dass sie als Quasi-Kontinuum betrachtet werden können. Abb. 2.46 zeigt die Auftragung der Zustandsdichte dieser Energieniveaus gegen die Energie. Nach der Fermi-Statistik besetzen die Elektronen bei 0 K alle Energieniveaus bis zum Fermi-Niveau, wobei jeder Energiezustand mit zwei Elektronen mit antiparallelen Spins besetzt wird, sodass kein magnetisches Moment resultiert. Durch Anlegen eines äußeren Magnetfelds wird die Energie der Elektronen mit Spins parallel zum angelegten Feld abgesenkt und die der Elektronen mit Spins antiparallel zum Feld angehoben. Die höhere Zahl von Elektronen mit Spins parallel zum Feld erzeugt ein Ungleichgewicht am Fermi-Niveau, welches einen paramagnetischen Effekt verursacht. Die schwache, nahezu temperaturunabhängige Suszeptibilität (in Größenordnungen von 10^{-5} bis 10^{-3} cm^3/mol) macht deutlich, dass beim Pauli-Paramagnetismus nur eine relativ geringe Zahl von Spins der ausrichtenden Wirkung des äußeren Magnetfelds folgen kann.

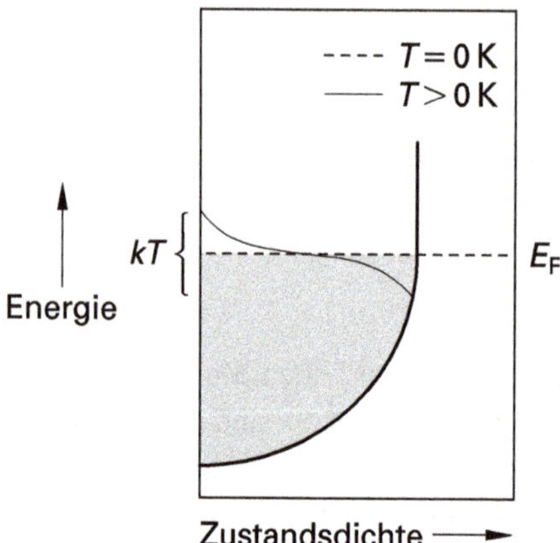

Abb. 2.46: Zustandsdichte eines Metalls bei T = 0 K (gestrichelte Linie, E_F = Fermi-Energie) und bei höherer Temperatur (S-förmige Linie) zur Verdeutlichung thermisch anregbarer Elektronen.

2.9 Der metallische Zustand

2.9.1 Metalle

Die Metalle machen vier Fünftel aller Elemente aus. In ihnen führen ungerichtete Bindungskräfte zu geometrisch einfachen Strukturen mit hohen Koordinationszahlen (vgl. Tab. 2.3). Die relativen Stabilitäten der drei Metallstrukturen kdP, hdP und krz können für die Übergangsmetalle mit d^2- bis d^8-Konfiguration aus den Bandenergien berechnet werden. Mit Ausnahme der Metalle Mn, Fe, Co stimmen die Ergebnisse der Berechnungen mit den beobachteten Strukturen überein.

Metalle enthalten delokalisierte Elektronen, die sich „frei“ durch den Feststoff hindurch bewegen können. Daher rührt auch die Bezeichnung Elektronengas. Allerdings ist ein Vergleich mit einem molekularen Gas nicht ganz zutreffend. Ein Grund hierfür ist die Gültigkeit von Auswahlregeln, wonach ein einzelnes Orbital maximal zwei Elektronen mit entgegengesetztem Spin aufnehmen kann. Die meisten Elektronen besetzen Energiezustände weit unterhalb der Fermi-Energie. Da diese Elektronen keine Mobilitäten aufweisen, sind die elektrischen Leitfähigkeitseigenschaften der Metalle nicht von der gesamten Elektronendichte, sondern von der Elektronendichte in einem kleinen (thermisch anregbaren) Energieintervall ($\Delta E = kT$) am Fermi-Niveau abhängig (Abb. 2.46).

Nur diese Elektronen können Energie aufnehmen und Energieniveaus oberhalb der Fermi-Energie besetzen. Zu den daraus resultierenden Eigenschaften der Metalle zählen:

1. Lineare Temperaturabhängigkeit der spezifischen Wärme
2. Pauli-Paramagnetismus (temperaturunabhängig)
3. Metallischer Glanz (Reflektivität)
4. Elektrische Leitfähigkeit (z. B. >10^4 S/cm, mit steigender Temperatur abnehmend).

Der ausrichtenden Wirkung eines äußeren magnetischen Feldes auf ein Metall (magnetische Polarisation) kann nur ein kleiner Bruchteil der Elektronen (Elektronenspins) an der Fermi-Kante folgen. Dabei tritt der für Metalle typische Pauli-Paramagnetismus der Leitungselektronen auf, der weitgehend temperaturunabhängig mit stets positivem, aber kleinem Wert der magnetischen Suszeptibilität χ ist.

Da für Metalle ein Pauli-Paramagnetismus zu erwarten ist, ist der ferromagnetische Zustand der Eisenmetalle Fe, Co und Ni eine Besonderheit. Ferromagnetische Materialien zeigen auch ohne ein äußeres Magnetfeld ein permanentes magnetisches Moment, für das ungepaarte Elektronenspins verantwortlich sind. Eine vereinfachte Erklärung für den ferromagnetischen Zustand liefert eine Betrachtung der elektronischen Struktur der Metalle. Die d-Orbitale der Übergangsmetalle sind viel stärker kontrahiert als die s- und p-Valenzorbitale. Daher gehen von den d-Orbitalen kompakte Zustandsdichten und horizontal verlaufende Energiebänder aus.

Da eine Zustandsdichte im unteren Teil stets bindend und im oberen Teil antibindend ist, erwartet man für eine Halbbesetzung mit Elektronen allgemein maximale Bindungsstärken. Allerdings werden nicht nur d-Bänder, sondern zusätzlich noch Anteile der energetisch höher liegenden (leeren) s- und p-Energiebänder mit Elektronen besetzt, sodass maximale Bindungsstärken nicht mit fünf (Halbbesetzung der d-Bänder) sondern mit etwas mehr als fünf Valenzelektronen erwartet werden. Diese Betrachtung steht mit dem Verlauf der Sublimationsenthalpien der Übergangsmetalle im Einklang (Abb. 2.47), denn höhere Sublimationsenthalpien lassen stärkere Bindungskräfte zwischen den Metallatomen erwarten.

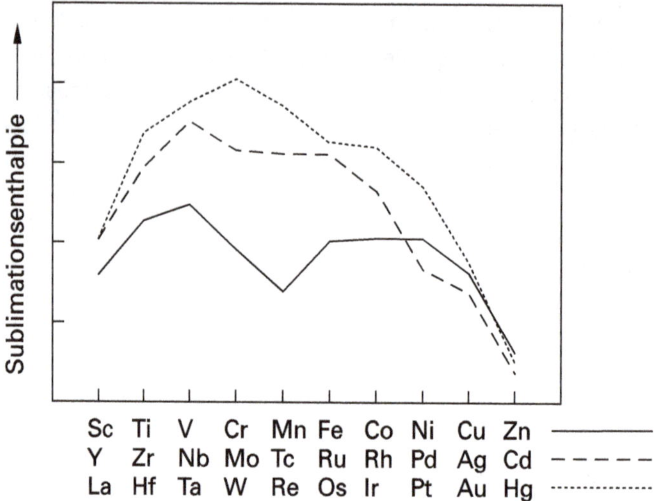

Abb. 2.47: Relative Sublimationsenthalpien der d-Metalle.

Bemerkenswert ist allerdings der Einbruch der Energie für die Metalle um Fe, die offenbar schwächere Bindungen besitzen als der Trend der Sublimationsenthalpien erwarten lässt (Abb. 2.47). Die Metalle Cr und Mn haben komplizierte antiferromagnetische Eigenschaften. Die Metalle Fe, Co und Ni haben unter Normalbedingungen ferromagnetische Eigenschaften. Im ferromagnetischen Zustand sind die magnetischen Momente parallel gekoppelt.

Normalerweise enthalten Elemente gepaarte Elektronen und sind daher diamagnetisch. Die destabilisierende Wirkung der Elektron–Elektron-Abstoßung muss dabei in Kauf genommen werden. Beim Auftreten eng benachbarter Energiezustände gewinnt die Elektron–Elektron-Abstoßung an Bedeutung, und es können auch höher liegende Energiezustände mit einzelnen Elektronen besetzt werden. Diese Konfiguration ist stabil, wenn der Energiegewinn durch die Verminderung der Elektron–Elektron-Abstoßung größer ist als die aufzuwendende Energie zur Besetzung höher liegender Energiezustände. Die erhöhte Zahl paralleler Spinmomente wird für die Abnahme der Bindungsstärke und die ferromagnetischen Eigenschaften der Metalle Fe, Co und Ni verantwortlich gemacht. Das Auftreten von magnetischen (oder high-spin-)Konfigurationen bei den Eisenmetallen und von nicht magnetischen (oder low-spin-)Konfigurationen bei anderen Metallen zeigt Analogien zum Auftreten von high-spin- und low-spin-Konfigurationen bei Komplexverbindungen der 3d-Metalle.

2.9.2 Intermetallische Systeme

Intermetallische Verbindungen oder Phasen bestehen aus Kombinationen von Metallen. Sind die Metalle in der Schmelze miteinander mischbar, so kann diese Mischbarkeit beim Abkühlen erhalten bleiben, oder es kann Entmischung auftreten (Abb. 2.18). In den Systemen Cu–Au und Ag–Au treten unbegrenzte Mischbarkeiten und damit vollständige Mischkristallreihen auf (Abschn. 2.4.5). Eine begrenzte Mischbarkeit gilt für das System Cu-Ag mit einer maximalen Löslichkeit von 4,9 % Ag in Cu. Sind Metalle nur in der Schmelze, nicht aber im festen Zustand löslich, dann kristallisiert beim Abkühlen ein **eutektisches Gemisch** aus, in dem beide Metalle mikrokristallin nebeneinander vorliegen. Nichtmischbarkeit im festen Zustand als Folge vollständiger Entmischung beim Abkühlen einer Schmelze kann aber zur Bildung von Verbindungen führen, wie z. B. Mg_2Ge im System Mg-Ge.

Außer bei polaren intermetallischen Verbindungen (**Zintl-Phasen**, Abschn. 2.9.7) existieren keine allgemeingültigen Modelle zur Erklärung von Zusammensetzungen und Strukturen. So ist selbst das Auftreten von stöchiometrischen Verbindungen nicht immer mit der chemischen „Wertigkeit" der Bindungspartner erklärbar. Elektronenabzählregeln (**Hume-Rothery-Phasen**, Abschn. 2.9.5) sind manchmal hilfreich, um strukturelle Klassifizierungen vorzunehmen, und möglicherweise auch, um eine neue Verbindung vorherzusagen. Jedoch kann eine formale Methodik nicht immer als verlässliches Konzept dienen, da sie die Individualität der Elemente nicht berücksichtigt. Mangels universell gültiger elektronischer Konzepte sind manchmal geometrische Kriterien zur Vorhersage der Anordnungen von Gitterbausteinen hilfreich (**Laves-Phasen**, Abschn. 2.9.6).

2.9.3 Legierungen

Homogene Legierungen sind intermetallische Phasen, die wie die reinen Metalle geometrisch einfache Strukturen bilden. Wenn zwei Metalle gleiche Atomradien und ähnliche Elektronegativitäten besitzen und im gleichen Gittertyp kristallisieren, dann ist die Bildung einer ungeordneten Legierung mit unbegrenzter Mischbarkeit im flüssigen und im festen Zustand zu erwarten. In so einem Fall besetzen die Atome beim Abkühlen aus der Schmelze in ungeordneter Verteilung Positionen des Stammgitters. Im festen Zustand kann eine lückenlose Mischkristallreihe erhalten werden, die am besten durch die Bezeichnung feste Lösung beschrieben wird (Abb. 2.18). Beispiele hierfür sind die Systeme K–Rb, Ca–Sr, Mg–Cd, Si–Ge, Nb–Ta, Cr–Mo, Mo–W, Cu–Au, Ag–Au, Cu–Ni. In einer solchen Mischkristallreihe ändern sich die Gitterkonstanten linear mit der Zusammensetzung (Vegard'sche Regel, vgl. Abb. 2.19).

Sehr langsames Abkühlen oder Tempern einer ungeordneten Legierung kann jedoch zu einer geordneten Struktur führen, sofern die Unterschiede zwischen den Metallen hinreichend ausgeprägt sind. Das Beispiel Cu–Au (lückenlose Mischkristallreihe, plus geordnete Phasen) wurde in Abschn. 2.4.5 diskutiert. Häufiger als lückenlose Mischkristallreihen sind begrenzte Mischbarkeiten.

2.9.4 Intermetallische Verbindungen mit Formgedächtnis

Intermetallische Verbindungen der Systeme Ti–Ni, Cu–Al–Ni, Cu–Zn–Al, Au–Cd, Mn–Cu, Ni–Mn–Ga sowie bestimmte Fe-Legierungen zählen zu den Formgedächtnis-Legierungen (engl. *shape memory alloy*). Das bekannteste Beispiel ist die Legierung mit der ungefähren Zusammensetzung NiTi, weil sie aufgrund ihrer guten Verformbarkeit zahlreiche Anwendungen ermöglicht.

Beim Formgedächtnis-Effekt nimmt ein Formkörper (z. B. ein Draht) einer intermetallischen Formgedächtnis-Legierung beim Erhitzen immer wieder seine ursprüngliche Form an, unabhängig davon, auf welche Weise er zuvor verformt worden ist. Ursache für dieses Verhalten ist ein Phasenübergang, bei dem Atome nicht diffundieren, sondern sich kooperativ nach Art einer Scherung (siehe Scherstrukturen, Abschn. 2.4.9) bewegen. Die monokline (martensitische) Struktur von NiTi ist durch eine Vielzahl von Zwillingsdomänen gekennzeichnet, deren Domänengrenzen auf mechanische Verformungen mit Gleitungen reagieren. Beim Aufheizen wandelt sich die martensitische NiTi-Struktur endotherm (unter Aufnahme von Wärmeenergie) in die kubisch innenzentrierte (austenitische) Hochtemperaturmodifikation um, in der die ursprüngliche Form wieder hergestellt wird. Während des Abkühlens (z. B. von 80 °C auf Zimmertemperatur) erfolgt die (exotherme) Rückumwandlung in die martensitische Struktur, in der die ursprüngliche Form so lange erhalten bleibt, bis sie eine mechanische Verformung erfährt.

Phasenumwandlungen sind durch die Differenz-Thermoanalyse (DTA) (Abschn. 3.20) experimentell verifizierbar (Abb. 2.48). Eine thermische Vorbehandlung (Konditionierung) bestimmt die Form und die genaue Phasenübergangstemperatur einer Formgedächtnisverbindung.

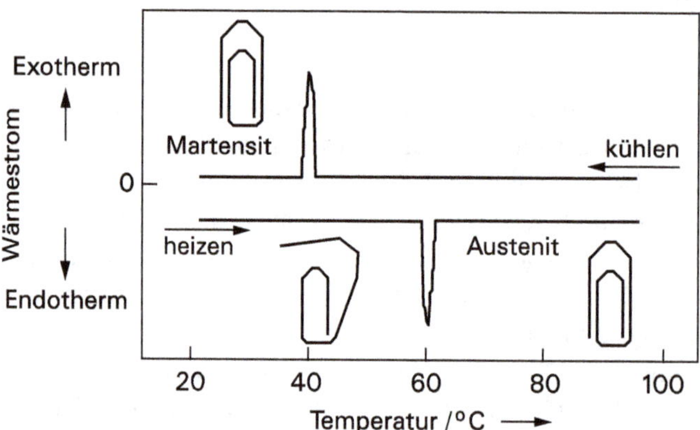

Abb. 2.48: Differenz-Thermoanalyse (DTA) der reversiblen Phasenumwandlung der Formgedächtnis-Legierung NiTi. Eine mechanisch induzierte Verformung, die die monokline (martensitische) Struktur erfährt (z. B. Büroklammer aus NiTi, unten links), wird durch den Phasenübergang in die kubische (austenitische) Struktur wieder rückgängig gemacht (Formgedächtnis). Es entsteht die ursprüngliche Form, die auch bei der Rückumwandlung in die martensitische Struktur erhalten bleibt.

Anwendungen finden Formgedächtnisverbindungen in der Dentaltechnik (Zahnspangen), der Medizintechnik (Gefäßimplantate), der Automobiltechnik (Thermoschalter), für Brillengestelle und vieles mehr.

2.9.5 Hume-Rothery-Phasen

Hume-Rothery-Phasen sind Legierungen, deren Strukturen von der Anzahl der Valenzelektronen der beteiligten Metallatome abhängig sind. Es werden fünf Phasen unterschieden, die nicht stöchiometrisch zusammengesetzt sind und bestimmte Phasenbreiten besitzen. Diese Phasen werden als α-, β-, γ-, ε- und η-Phasen bezeichnet und kristallisieren nach Motiven von dichtest oder dicht gepackten Strukturen (kdP, krz, kubisch, hdP und in einer verzerrten hdP). Die Endglieder dieser Strukturen, die kdP und die verzerrte hdP, sind mit 1 und 2 Valenzelektronen stabil. Diese Zahlen von Valenzelektronen treffen auf die Elemente Kupfer und Zink zu. **Die Valenzelektronenkonzentration resultiert aus der Summe der Valenzelektronen der Atome dividiert durch die Anzahl der Atome (VEK = Σ (Valenzelektronen)/Zahl der Atome).**

Ein bekanntes Beispiel für eine Hume-Rothery-Phase ist das System Kupfer-Zink (Messing). Wird reines Kupfer (ein Valenzelektron) mit Zink (zwei Valenzelektronen) legiert, dann erfolgt ein Einbau von Zinkatomen auf Gitterplätze der kubisch dichtesten Packung von Kupferatomen, und die VEK nimmt zu; es entsteht eine feste Lösung von Zink in Kupfer. Da die sogenannte α-Phase maximal 38 % Zink enthalten kann, nimmt die VEK Werte zwischen 1 und 1,38 an. Mit steigendem Anteil von Zink entsteht die β-Phase. In der β-Phase sind die Atome (Cu und Zn) statistisch auf den Lagen eines innenzentrierten Kristallgitters (krz) verteilt. Zusätzlich existiert für CuZn eine Struktur mit einer geordneten Verteilung der Atome (Abschn. 2.4.5). In der ε-Phase liegen die Atome auf den Lagen einer hexagonal dichtesten Packung (hdP). Jede dieser Phasen ist über einen bestimmten Bereich ihrer Zusammensetzung stabil. Das Kriterium dieses Stabilitätsbereiches ist die Valenzelektronenkonzentration (vgl. Tab. 2.9).

Tab. 2.9: Strukturen und Valenzelektronenkonzentrationen (VEK) für das System $Cu_{1-x}Zn_x$.

Phase	Beispiel	Zusammensetzung *x*	VEK	Struktur
	Cu	0	1	kdP
α	Cu(Zn)	0–0,38	1–1,38	kdP
β	CuZn	0,45–0,49	1,45–1,49	krz
γ	Cu_5Zn_8	0,58–0,66	1,58–1,66	kubisch
ε	$CuZn_3$	0,78–0,86	1,78–1,86	hdP
η	(Cu)Zn	0,98–1	1,98–2	verzerrt hdP
	Zn	1	2	hdP

Obwohl den charakteristischen β-, γ- und ε-Phasen in der Regel bestimmte Summenformeln zugeordnet werden, ist zu beachten, dass diese Phasen über einen Bereich ihrer Zusammensetzung existieren (Phasenbreite).

Typische Vertreter für Hume-Rothery-Phasen sind binäre Legierungen, deren eine Komponente ein edles Metall (z. B. Cu, Ag, Au) ist. Solche Legierungen kristallisieren in einer, mehreren oder der gesamten Abfolge von Phasen (α–η). Tab. 2.10 zeigt eine Auswahl von Vertretern der β-, γ- und ε-Phasen.

Tab. 2.10: Beispiele für Hume-Rothery-Phasen und ihre Valenzelektronenkonzentrationen (VEK).

β-Phase[(a)] VEK = $\frac{3}{2}$ oder $\frac{21}{14}$	**γ-Phase VEK = $\frac{21}{13}$**	**ε-Phase VEK = $\frac{7}{4}$ oder $\frac{21}{12}$**
CuZn	Cu_5Zn_8	$CuZn_3$
Cu_3Al	Cu_9Al_4	$CuCd_3$
Cu_5Si[(a)]	$Cu_{31}Si_8$	Cu_3Si
Cu_5Sn	$Cu_{31}Sn_8$	Cu_3Sn
AgZn	Ag_5Zn_8	$AgZn_3$
AgCd	Ag_5Cd_8	$AgCd_3$
AuZn	Au_5Zn_8	$AuZn_3$
AuMg	Au_5Cd_8	Au_5Al_3
FeAl[(b)]	Fe_5Zn_{21}[(b)]	Ag_3Sn
CoAl[(b)]	Co_5Zn_{21}[(b)]	Au_5Al_3
NiAl[(b)]	Pt_5Be_{21}[(b)]	

[(a)]Außer in der β-Phase kristallisieren einige Verbindungen dieser VEK im β-Mn-Typ (z. B. Ag_3Al, Au_3Al, Cu_5Si, $CoZn_3$).
[(b)]Bei Metallen der Gruppen 8–10 ist die Zahl der Valenzelektronen als null anzusetzen, damit entsprechende Verbindungen die Regel erfüllen.

Wie Tab. 2.10 zeigt, hängt das Auftreten eines bestimmten Strukturtyps von der Anzahl der Valenzelektronen pro Atom ab (β-Phase 21:14, γ-Phase 21:13, ε-Phase 21:12), sodass auch unterschiedlich zusammengesetzte Phasen dieselbe Kristallstruktur bilden können. Ein gutes Beispiel dafür sind die unterschiedlich zusammengesetzten γ-Phasen. Da die Struktur der kubischen γ-Phase aus insgesamt 52 Atomen in der Einheitszelle besteht, enthalten die Summenformeln dieser Phasen oft 13 oder 26 Atome, die mit $Z = 4$ oder 2 Formeleinheiten in der Elementarzelle vorkommen. Die Formulierung ganzzahliger Zusammensetzungen täuscht aber über die existierenden Phasenbreiten, wie z. B. $CuZn_{0,58-0,66}$, hinweg. So gehören zu der γ-Phase des Systems Cu–Zn die Phasen

$$Cu_5Zn_8 \quad \left(\text{VEK} = (5 + 2 \cdot 8)/13 = \frac{21}{13} = 1{,}62\right)$$

und

$$Cu_9Zn_{17} \quad \left(\text{VEK} = (9 + 2 \cdot 17)/26 = \frac{43}{26} = 1{,}65\right).$$

2.9.6 Laves-Phasen

Als Laves-Phasen bezeichnet man bestimmte intermetallische Verbindungen der allgemeinen Zusammensetzung AB_2. Diese topologisch dicht gepackten Strukturen sind durch drei eng miteinander verwandte Strukturen repräsentiert (**$MgCu_2$**, **$MgZn_2$** und **$MgNi_2$**). Die Strukturen werden durch Packungen von A-Atomen verwirklicht, in denen die kleineren B-Atome als Tetraeder angeordnet sind. Dies und die Koordination von A durch 12 B + 4 A dokumentieren die Bedeutung des Atomradienverhältnisses zur Realisierung der drei Strukturtypen.

Das ideale Atomradienverhältnis der korrespondierenden Strukturen liegt bei

$$\frac{r_A}{r_B} = \sqrt{\frac{3}{2}} \approx 1{,}225.$$

Das Atomradienverhältnis bekannter Strukturen dieses Typs variiert aber von 1,1 bis 1,7.

Die größeren A-Atome sind häufig elektropositive Metalle wie Alkali-, Erdalkali-, Übergangsmetalle der Gruppen 4–6 oder Seltenerdmetalle. Die B-Atome sind weniger elektropositive Metalle wie Übergangsmetalle der Gruppen 7–8 oder Edelmetalle (Tab. 2.11). Obwohl der Einfluss elektronischer Faktoren für viele Laves-Phasen dokumentiert ist, existiert kein allgemeingültiges Konzept zur Vorhersage einer der drei Strukturen.

Tab. 2.11: Beispiele für binäre Laves-Phasen.

$MgCu_2$-Typ	$MgZn_2$-Typ	$MgNi_2$-Typ
AAl_2 (A = Ca, SE[a])	$HfAl_2$, $CaLi_2$	$CdCu_2$
CaB_2 (B = Rh, Ir, Ni, Pd, Pt)	CsB_2 (B = K, Na)	$TaCo_2$
AFe_2 (A = SE,[a] Zr, U)	AFe_2 (A = Sc, Ti, Nb, Ta, Mo, W)	AFe_2 (A = Sc, Zr, Hf)
ACr_2 (A = Hf, Nb)	ACr_2 (A = Ti, Zr, Hf, Nb, Ta)	ACr_2 (A = Ti, Zr, Hf)
ACo_2 (A = SE, Ti, Zr, Ta, Nb)	AMn_2 (A = SE,[a] Ti, Zr, Hf)	HfB_2 (B = Mo, Mn, Zn)
ZrB_2 (B = V, Mo)	AZn_2 (A = Ti, Ta)	AZn_2 (A = Nb, Ta)
$ErSi_2$	ARe_2 (A = SE,[a] Zr, Hf)	

[a]SE = Seltenerdmetall.

Im $MgCu_2$-Typ dieser AB_2-Strukturfamilie entspricht die Anordnung der A-Atome der Diamantstruktur. In den Tetraederlücken dieser Anordnung liegen B_4-Tetraeder, die über alle gemeinsamen Ecken verknüpft sind. Im $MgZn_2$-Typ entspricht die Anordnung der A-Atome der hexagonalen Diamantstruktur und die B-Atome bilden ecken- und flächenverknüpfte Tetraeder. Der $MgNi_2$-Typ kann als eine Kombination dieser beiden Strukturen angesehen werden (Abb. 2.49).

Außer binären Phasen treten auch ternäre Laves-Phasen mit der Zusammensetzung A_2B_3X auf, z. B. als Mg_2B_3Si (B = Cu, Ni) oder SE_2Rh_3X (SE = Pr, Er, Y; X = Si, Ge).

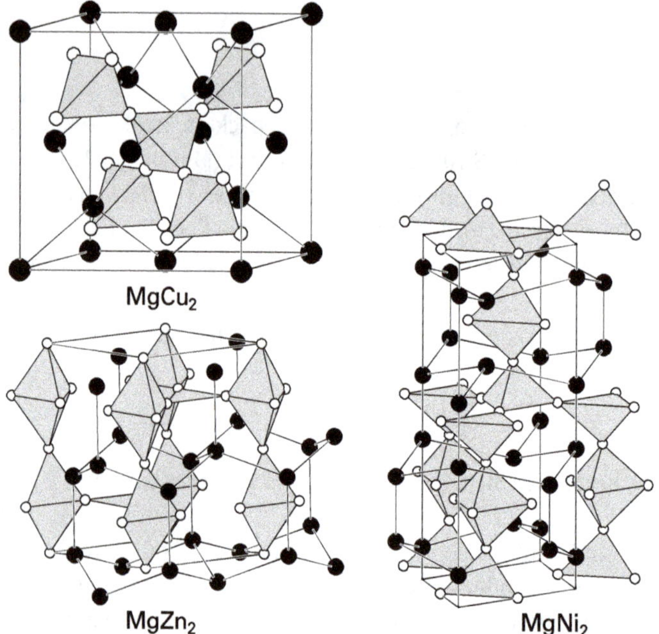

Abb. 2.49: Kristallstrukturen von $MgCu_2$ (Raumgruppe $Fd\bar{3}m$), $MgZn_2$ und $MgNi_2$ (beide $P6_3/mmc$). Die B-Teilchen dieser AB_2-Strukturen bilden annähernd tetraedrische oder trigonal-bipyramidale Anordnungen. Verbindungslinien zwischen A-Atomen sind nur zur Verdeutlichung ihrer Anordnungen gezeigt.

2.9.7 Zintl-Phasen

Zintl-Phasen sind Verbindungen von Metallen mit Halbmetallen, deren elektropositives Metallatom formal Elektronen auf den elektronegativen Partner überträgt (nach Zintl und Klemm). Dabei wird ein Anionenteilgitter aufgebaut, dessen Atomanordnung einer Elementstruktur gleicher Valenzelektronenkonfiguration entspricht (nach Busmann und Klemm). Durch diese strukturelle Äquivalenz entsprechen z. B. die zu erwartenden Anionenanordnungen von Si^{2-} oder P^{1-} topologisch der Struktur einer Kette aus Schwefelatomen (S^0). Die Zintl-Anionen erhalten damit die Oktettkonfiguration.

Diese beiden Konzepte gelten auch für polare intermetallische Verbindungen, wie z. B. **NaTl**, in der Natrium der elektropositivere Partner ist. Tl^- besitzt dieselbe Valenzelektronenkonfiguration wie Kohlenstoff und baut wie Kohlenstoff ein Diamantgitter auf. Natriumionen besetzen die tetraedrischen Lücken dieser Anordnung. Die Struktur enthält kovalente Tl–Tl-Bindungen, die kürzer als im elementaren Thallium sind (Abb. 2.50).

Die Zahl der Nachbaratome, die ein Atom in einem Zintl-Ion oder in einer Nichtmetall-Elementstruktur besitzt, folgt aus der (8–N)-Regel (nach Hume-Rothery). Danach bildet ein Atom mit N Valenzelektronen 8–N kovalente Bindungen zu seinen Nachbarn

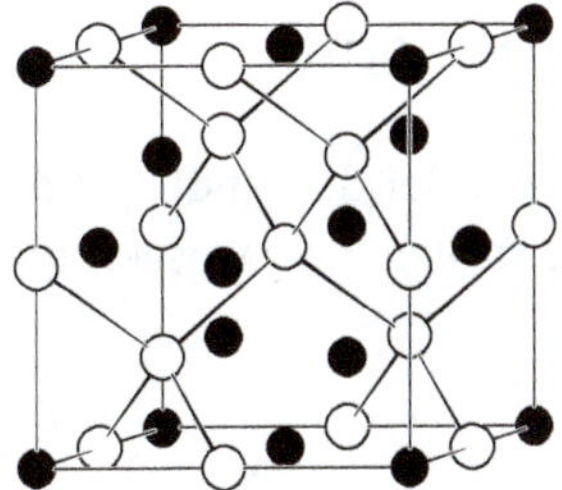

Abb. 2.50: Elementarzelle von NaTl. Obwohl beide Atomsorten kommutative Teilgitter aufbauen, sind nur die Tl^- durch Bindungslinien verbunden.

aus. Dabei entspricht N der Anzahl der Valenzelektronen des Atoms plus der aufgenommenen Elektronen. In der Struktur von NaTl resultieren deshalb für jedes Tl^- 8 – 4 = 4 Bindungen.

2.9.7.1 Die Synthese von Zintl-Phasen

1. **Reduktionsreaktion in Lösung**
   Zintl untersuchte Reaktionen von Natrium, das in flüssigem Ammoniak gegenüber Metallen der Gruppen 14 oder 15 als Reduktionsmittel wirkt. Da diese Reaktionen relativ langsam verlaufen, wurden anstelle von Metallen auch Metallsalze verwendet. Dabei werden die Kationen des Metallsalzes *in situ* zum Metall reduziert, bevor sie reduktiv gelöst werden:

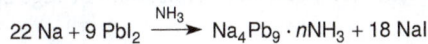

   $$22\,Na + 9\,PbI_2 \xrightarrow{NH_3} Na_4Pb_9 \cdot nNH_3 + 18\,NaI$$

   Viele der auf diese Weise hergestellten Verbindungen sind jedoch nur als Ammoniakate stabil und wurden früher nur als röntgenamorphe Produkte erhalten. Inzwischen konnten einige dieser Ammoniakate strukturell charakterisiert werden (z. B. $Rb_4Ge_9 \cdot 5\,NH_3$, $K_4Sn_4 \cdot 2\,NH_3$). Die Zintl-Anionen verleihen ihren Lösungen intensive Farben. Beispiele sind die Anionen Sn_9^{4-}, Pb_9^{4-}, As_7^{3-}, Sb_7^{3-}, Sb_3^{3-} oder Bi_5^{3-}. Die Verbindungen zersetzen sich jedoch bei Versuchen, das Lösungsmittel zu entfernen. Der Befund, dass sich auf diese Weise Elemente der vierten (Gruppe 14), nicht aber die der dritten Hauptgruppe (Gruppe 13) lösen lassen, bildete die Grundlage für die Grenzziehung zwischen Anionen- und Kationenbildnern (Zintl-Linie). Zum Auflösen nicht nur von Elementen, sondern auch von vorpräparierten intermetallischen Verbindungen erwiesen sich Ethylendiamin („en") oder auch Polyamine erfolgreich (z. B. $Na_4(en)_5Ge_9$, $Na_4(en)_7Sn_9$ oder $Na_3(en)_4Sb_7$). Beim Auflösen einer intermetallischen Verbindung kann zusätzlich noch ein Kryptand (makrobicyclischer Aminopolyether) zur Komplexierung von Kationen verwendet werden:

$$2\,KTlTe + 2\,(2,2,2)\text{Cryptand} \xrightarrow{en} [(2,2,2)\text{Cryptand-K}]_2Tl_2Te_2$$

Weitere Beispiele sind die Verbindungen $[(2,2,2)\text{Cryptand-Na}]_4Sn_9$ und $[(2,2,2)\text{-Cryptand-K}]_2Pb_5$, die anionische Cluster enthalten, die in den Ausgangsverbindungen so nicht vorliegen.

2. **Direkte Reaktion der Elemente miteinander**
   Der Hauptweg der präparativen Erschließung von Zintl-Phasen führt über die Umsetzung von Gemengen der Elemente in Festkörper- oder Schmelzreaktionen. Für Reaktionen der Alkali- und Erdalkalimetalle mit den Metallen, Nichtmetallen und Halbmetallen der Gruppen 13 bis 16 eignen sich geschlossene Metallbehälter:

$$Ca + Si \longrightarrow CaSi$$

   Da die Systeme manchmal phasenreich sind, wirft die Darstellung reiner Produkte, wie hier durch die Bildung der Nebenprodukte $CaSi_2$ und Ca_2Si, oft Schwierigkeiten auf.

3. **Kathodische Auflösung einer Verbindung**
   Bereits Zintl gelang die kathodische Auflösung von Zink. Eine einfache Erweiterung dieser Idee ist die Verwendung einer binären Verbindung als Kathode bei der Elektrolyse. Bei Verwendung von Sb_2Te_3 als Kathode gehen Anionen in Lösung. Als Gegenionen werden für den Kristallisationsprozess Tetraalkylammoniumionen in „en" angeboten. Im Kathodenraum entstehen bei der Elektrolyse zwei Verbindungen mit den Ionen $[Sb_4Te_4]^{4-}$ und $[Sb_9Te_6]^{3-}$. Wie bei den vorherigen Reaktionen in „en" zeigen die Anionen keinerlei strukturelle Bezüge zu ihrer Ausgangsverbindung.

2.9.7.2 Beispiele für Zintl-Phasen

Zintl-Phasen sind Verbindungen zwischen Metallen und Halbmetallen. Allerdings ist die Zuordnung als Halbmetall nicht in allen Fällen eindeutig (z. B. für P, Se, Te). Die Linie, die die Metalle von den Halbmetallen trennt (Zintl-Linie), verläuft durch die dritte und vierte Hauptgruppe (Gruppe 13 und 14). Eine Zusammenstellung ausgewählter Zintl-Phasen zeigt Tab. 2.12.

2.9.7.3 Salzartige Zintl-Phasen mit isolierten Anionen

Alkali- und Erdalkalimetalle bilden mit Elementen der Gruppen 14 und 15 stöchiometrisch zusammengesetzte Salze, in denen die Anionen Edelgaskonfigurationen haben.

Tab. 2.12: Beispiele für Zintl-Phasen mit Polyanionen.

Verbindung	N[a]	Formalladung[b]	Bindigkeit[b]	Anionenteilstruktur
NaTl	4	−1	4	Diamant-Typ
$CaIn_2$	4	−1	4	verzerrter Diamant-Typ
$CaGa_2$	4	−1	4	Graphitähnlich
$CaSi_2$	5	−1	3	Arsen-Typ
KSi	5	−1	3	Tetraeder $(Si_4)^{4-}$
LiAs	6	−1	2	Spiralketten (Se-Typ)
$CaAs_2$	6	−1	2	Vierringe $(As_4)^{4-}$
CaSi	6	−2	2	planare Zickzackketten
CaAs	7	−2	1	$(As_2)^{4-}$-Dimere
CaC_2	5	−1	3	$(C_2)^{2-}$-Dimere
Na_3As	8	−3	0	isolierte Atome

[a] N ist die Anzahl der Valenzelektronen des elektronegativeren Atoms in der ionischen Grenzstruktur. 8–N ist die Bindigkeit des Anions.
[b] Pro (elektronegativeres) Atom der Verbindung.

Zu diesen salzähnlichen Phasen zählen Verbindungen der Zusammensetzung A_3X (Na_3As-Strukturtyp), die für nahezu alle Kombinationen der Alkalimetalle mit Elementen der Gruppe 15 (ausgenommen Stickstoff) bekannt sind. Im Gegensatz hierzu ist die naheliegende Zusammensetzung A_4X für Kombinationen von Alkalimetallen mit einem Element der Gruppe 14 in keinem Fall belegt.

Die Erdalkalimetalle bilden mit den Elementen der Gruppen 14 und 15 Verbindungen der Zusammensetzung A_2X und A_3X_2. Der Formeltyp A_3X_2 ist für Kombinationen von A = Mg mit Elementen der Gruppe 15 sowie der Erdalkalimetalle mit X = P bekannt. Der Formeltyp A_2X ist für alle möglichen Kombinationen der Metalle A = Mg, Ca, Sr, Ba mit den Anionenbildnern X = Si, Ge, Sn, Pb durch Verbindungen belegt.

2.9.7.4 Zintl-Phasen mit polyatomaren Anionen

Zusätzlich zu den salzartigen Verbindungen mit isolierten Anionen existiert eine Vielfalt von Verbindungen mit polyatomaren Anionen (Abb. 2.51). Solche Verbindungen treten für Kombinationen der Alkali- und Erdalkalimetalle mit Elementen der Gruppen 13–16 auf. Die Verbindung NaTl wurde bereits erwähnt. Die dem NaTl zugrunde liegende Diamantstruktur tritt *per se* nur für die Elemente C, Si, Ge oder Sn auf. Die Elemente Al, Ga, In oder Tl besitzen nur drei Valenzelektronen und damit ein Elektron zu wenig, um eine Diamantstruktur bilden zu können. Durch Aufnahme eines zusätzlichen Elektrons von einem elektropositiveren Atom (Alkalimetall) wird für die Verbindungen LiAl, LiGa, LiIn, NaIn und NaTl eine Diamantstruktur des Anionenteilgitters realisiert. Alkalimetallionen besetzen die Hohlräume in der Struktur und bilden hinsichtlich ihrer Anordnung ebenfalls eine Diamantstruktur aus. Wird das Atomverhältnis jedoch wie

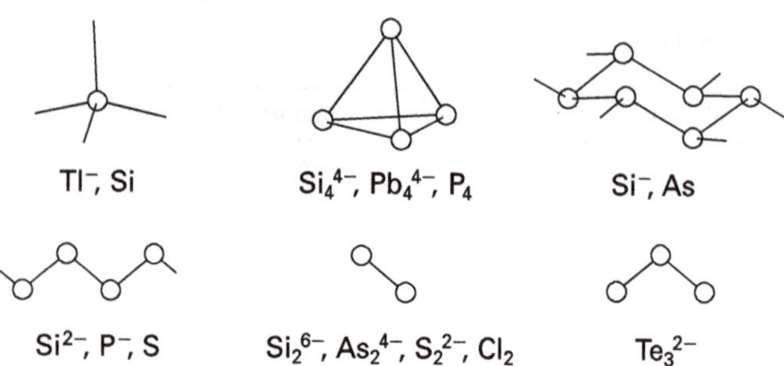

Abb. 2.51: Strukturen und Strukturausschnitte von polyatomaren Anionen- und Elementstrukturen: Tetraedrische Koordination (Tl^-), Tetraeder (Si_4^{4-}), gewellte hexagonale Schicht (Si^-), Zickzackkette (Si^{2-}), Dimer (Si_2^{6-}), gewinkeltes Trimer (Te_3^{2-}). Bindungsstriche können formal als Elektronenpaare angesehen werden; freie Elektronenpaare sind nicht gezeigt.

in $CaIn_2$ oder $CaGa_2$ verändert, dann resultieren verzerrte Strukturvarianten, vermutlich infolge der ungleichmäßigen Lückenbesetzungen durch die Kationen (Tab. 2.12). Tetraedrische Netzwerke treten auch in den ternären Verbindungen LiAlGe, LiAlSi und LiGaGe auf. Für den Aufbau des Netzwerks sind ein Metall der Gruppe 13 zusammen mit einem Konstituenten der Gruppe 14 verantwortlich.

Einfach negativ geladene Anionen der Gruppe 14 können drei Bindungen eingehen. Hexagonale $(Si^-)_n$-Netze mit drei kovalenten Bindungen findet man in struktureller Analogie zum metallischen Arsen in der Struktur von $CaSi_2$. In Alkalimetallverbindungen der Zusammensetzung AB sind die Anionen analog zum weißen Phosphor aufgebaut. AB-Verbindungen zwischen A = Na, K, Rb, Cs und B = Si, Ge, Sn, Pb enthalten mehr oder weniger verzerrte B_4^{4-}-Tetraeder (Abb. 2.51).

Planare Zickzackketten mit kovalenten Bindungen resultieren für Elemente der Gruppe 14, wenn sie zwei negative Ladungen aufnehmen. Dies gilt für AB-Kombinationen von Ca, Sr, Ba mit Si, Ge, Sn (vgl. CrB-Typ). Dieselbe Bindigkeit ($8–N$) resultiert für Elemente der Gruppe 15, wenn sie ein Elektron aufnehmen. Allerdings bilden diese Strukturen Spiralketten vom Selentyp. Beispiele hierfür sind LiAs und Kombinationen von Na, K, Rb oder Cs mit Sb. Bei gleicher Bindigkeit in $CaAs_2$ resultieren As_4^{4-}-Ionen mit rechteckiger Gestalt. Durch die Erhöhung der Ladung auf formal As^{2-} in CaAs wird die Bindigkeit auf eins herabgesetzt und es resultieren dimere As_2^{4-}-Ionen (isovalenzelektronisch mit mit S_2^{2-}). Weitere Beispiele für dimere Anionen sind neben SrAs, (Ca,Sr)P auch CaC_2, BaS_2, Na_2S_2 oder FeS_2. Wie man sieht, lässt sich die Systematik zur Konstruktion von Anionenstrukturen auch auf Verbindungen ausdehnen, die nicht zu den Zintl-Phasen gehören. Für C_2^{2-}-Ionen ist die Bindigkeit/Atom gleich drei (hier liegt eine Dreifachbindung vor) und für S_2^{2-}-Ionen eins. Dimere Einheiten treten auch in den ternären Verbindungen $BaMg_2Si_2$ oder $BaMg_2Ge_2$ ($ThCr_2Si_2$-Typ) als Si_2^{6-}- oder Ge_2^{6-}-Ionen mit der Bindigkeit/Atom von eins auf ($ThCr_2Si_2$-Typ siehe Abb. 2.66).

Verteilen sich negative Ladungen ungleichmäßig auf das elektronegativere Element einer Verbindung, dann können in einer Struktur verschiedenartige Anionen vorliegen. In der Struktur von Ca_5Si_3 (Cr_5B_3-Typ) liegen dimere Si_2^{6-}-Einheiten und isolierte Si^{4-}-Ionen im Verhältnis 1:1 vor. Ketten aus drei- bis sechsatomigen Anionen enthalten K_2Te_3, Sr_3As_4, Rb_2Se_5 und Sr_2Sb_3. Die Struktur von Sr_2Sb_3 enthält eine sechsgliedrige Kette („Zickzackkette") aus Antimonatomen. Von den insgesamt acht Elektronen der Strontiumatome in der verdoppelten Formeleinheit Sr_4Sb_6 werden vier auf die vier Antimonatome der Kettenglieder ($4Sb^-$: Bindigkeit 2) und zweimal zwei Elektronen auf die Antimonatome an den Enden der Kette ($2\ Sb^{2-}$: Bindigkeit 1) übertragen.

2.9.7.5 Zintl-Ionen, die Käfigstrukturen bilden

Käfigstrukturen, die frei von Liganden sind, bezeichnet man auch als nackte Cluster. Nackte Cluster können in Lösungen, Feststoffen und in Schmelzen auftreten. Eine Gruppe von Verbindungen, für die Na_4Si_4 mit dem tetraedrischen Si_4^{4-}-Ion ein Beispiel ist, wurde bereits im vorhergehenden Abschnitt erwähnt.

In der Struktur von Ba_3Si_4 bilden die Siliciumatome ein verzerrtes Si_4^{6-}-Tetraeder, in dem anstatt von sechs (Na_4Si_4) nur fünf kovalente Bindungen vorliegen. Entlang einer Kante des Tetraeders fehlt eine Bindung (Schmetterlings-Motiv), und es liegen zwei Si^{2-} (der Bindigkeit 2) an der geöffneten Kante und zwei Si^- (der Bindigkeit 3) vor. Zwei zusätzliche Elektronen in Si_4^{6-} bewirken hier im Vergleich zu P_4 oder Si_4^{4-} die Öffnung der Tetraederstruktur.

Alternativ kann die Si_4^{6-}-Einheit (22 Valenzelektronen) auch als verzerrte trigonale Bipyramide mit einem fehlenden Eckpunkt betrachtet werden. Die formale Ergänzung dieses Eckpunktes führt zu fünfkernigen Clustern. Strukturen mit Sn_5^{2-}- oder Pb_5^{2-}-Ionen bilden trigonale Bipyramiden mit D_{3h}-Symmetrie (Abb. 2.52). Darin sind zwei Atome dreibindig und tragen ein freies Elektronenpaar ($2\ Pb^-$), und drei sind vierbindig ($3\ Pb^0$). Insgesamt resultieren damit für Pb_5^{2-} 22 Valenzelektronen (vgl. Tab. 2.13). In den As_7^{3-}-Käfigen der Strukturen von Na_3As_7 oder Ba_3As_{14} bilden vier Atome drei kovalente Bindungen (As^0) und drei As zwei kovalente Bindungen (As^-). Dieses auch für Sb_7^{3-} und Bi_7^{3-} bekannte Strukturmotiv entspricht dem des isosteren P_4S_3 Moleküls.

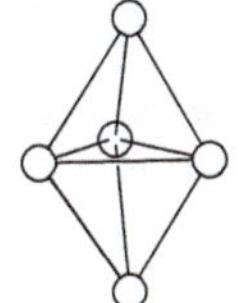
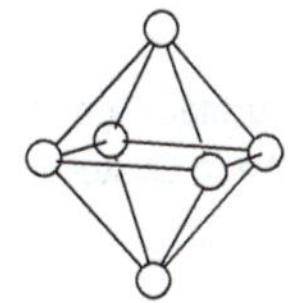
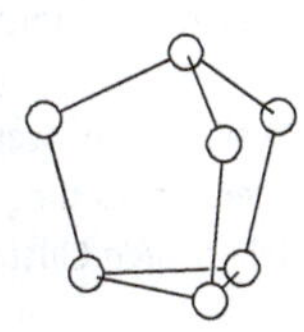
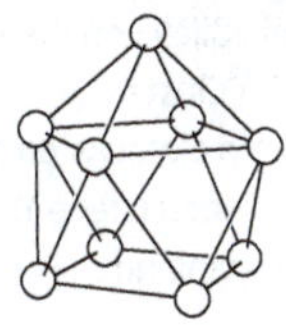
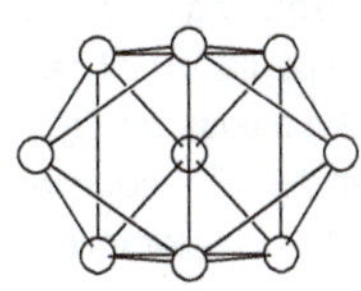

Abb. 2.52: Strukturen der Clusteranionen Pb_5^{2-}, Tl_6^{8-}, As_7^{3-}, Sn_9^{4-}, Ge_9^{2-} (von links nach rechts).

Die bisher erwähnten Cluster werden als **elektronenpräzise Cluster** bezeichnet, weil die Anzahl ihrer bindenden Elektronenpaare (Gerüstelektronen) der Anzahl der Kanten der Cluster entspricht. Diese Gerüstelektronen plus die freien Elektronenpaare ergeben zusammen die Anzahl der Valenzelektronen pro Cluster. Für viele der nackten Cluster können die Bindungsverhältnisse aber nicht mit lokalisierten Zwei-Zentren-zwei-Elektronen-Bindungen über den Polyederkanten beschrieben werden. In diesen Fällen sind Mehrzentrenbindungen zu berücksichtigen, wodurch das Bild der lokalisierten Bindungsbeschreibung zugunsten einer delokalisierten Beschreibung verschwimmt.

Die Strukturen der isoelektronischen Clusteranionen Si_9^{4-}, Ge_9^{4-}, Sn_9^{4-}, Pb_9^{4-} können als einfach μ_4-überdachte quadratische Antiprismen mit C_{4v}-Symmetrie beschrieben werden. Quantenchemische Rechnungen ergaben, dass die C_{4v}-Symmetrie zwar dem absoluten Energieminimum des freien Si_9^{4-}-Anions entspricht, die Konfiguration mit D_{3h}-Symmetrie aber nur geringfügig (um 2,5 kJ/mol) ungünstiger ist. Ein Übergang zum dreifach μ_4-überdachten trigonalen Prisma mit D_{3h}-Symmetrie erfordert eine Änderung der Clusterkonfiguration, wobei eine zusätzliche Bindung geknüpft wird. Die elektronischen Situationen beider Clusterkonfigurationen können über die Bindungseigenschaften von *nido*- und *closo*-Clustern erklärt werden (Tab. 2.13).

Tab. 2.13: „Nackte“ Cluster der Hauptgruppenmetalle mit der klassischen Anzahl von Valenzelektronen.

Cluster	idealisierte Symmetrie	Gestalt	Cluster Typ[(a)]	Valenzelektronenzahl nach Wade[(b)]
Si_4^{4-}, Ge_4^{4-}, Sn_4^{4-}, Pb_4^{4-}	T_d	Tetraedrisch	*nido*[(c)]	$4n + 4$ (20)
Sb_4^{2-}, Bi_4^{2-}, Se_4^{2+}, Te_4^{2+}	D_{4h}	quadratisch-planar	*arachno*	$4n + 6$ (22)
Sn_5^{2-}, Pb_5^{2-}, Bi_5^{3+}	D_{3h}	trigonale Bipyramide	*closo*	$4n + 2$ (22)
Ga_6^{8-}, Tl_6^{8-}	O_h	Oktaedrisch	*closo*	$4n + 2$ (26)
Ge_9^{2-}	D_{3h}	dreifach überdachtes trigonales Prisma	*closo*	$4n + 2$ (38)
Si_9^{4-}, Ge_9^{4-}, Sn_9^{4-}, Pb_9^{4-}	C_{4v}	überdachtes quadrat. Antiprisma	*nido*	$4n + 4$ (40)

(a) *closo*: ein Käfig, im Sinne eines deltaedrischen Systems; *nido*: deltaedrische Struktur mit einer fehlenden Ecke; *arachno*: deltaedrische Struktur mit zwei fehlenden Ecken. Eine deltaedrische Struktur (vom griechischen Δ abgeleitet) ist ausschließlich von dreieckigen Flächen begrenzt.
(b) *n* ist die Anzahl der Atome im Cluster.
(c) Homologe von Si_4^{4-} werden am einfachsten durch Zwei-Zentren-zwei-Elektronen-Bindungen über den Kanten des Si_4^{4-}-Tetraeders beschrieben (siehe Text). Bei der Betrachtung als Wade-Cluster ist das Tetraeder als trigonale Bipyramide mit einer fehlenden Ecke anzusehen (*nido*-Cluster).

Die Zuordnung der Bindungselektronen auf die Kanten oder Flächen des Sn_9^{4-}-Polyeders kann formal nicht eindeutig vorgenommen werden. Auf der Basis von Atomabständen und -winkeln kann die Elektronenverteilung durch Mehrzentrenbindungen beschrieben und interpretiert werden. Eine andere Möglichkeit zur Beschreibung der

Bindungsverhältnisse dieser Elementcluster lehnt sich an die Beschreibung der Bindungsverhältnisse von Boranen durch die Wade-Regeln an (Abschn. 1.7.1.1).

Demnach ist ein *nido*-Cluster, der aus n Atomen aufgebaut ist, durch $2n + 4$ Gerüstelektronen gebunden. Hinzu kommen $2n$ Elektronen als Elektronenpaare. Damit stimmt der Erwartungswert nach Wade ($4n$+4) für die Stabilität eines *nido*-[Sn_9]-Clusters mit 36 + 4 = 40 Valenzelektronen mit der tatsächlichen Valenzelektronenzahl für Sn_9^{4-} ($9 \cdot 4 + 4 = 40$) überein.

2.9.7.6 Zintl-Phasen-Hydride

Polare intermetallische Verbindungen wie Zintl-Phasen sind befähigt, Wasserstoff reversibel in ihre Strukturen aufzunehmen. Dabei können zwei Arten der Einlagerung unterschieden werden.

1. Der **Hydrid-Typ**, bei dem Wasserstoffatome als H^- auf Zwischengitterplätze in der Struktur eingebaut werden. Dabei wird das Polyanion reduziert, wodurch dessen Vernetzung in der Struktur zunimmt. Ein Beispiel ist die Verbindung CaSi (CrB-Strukturtyp, vgl. Abb. 2.59), aus der bei der Einlagerung von Wasserstoff $SrSiH_{1,3}$ entsteht. Gemäß dem Zintl-Konzept sind die Siliziumatome in CaSi als Si^{2-} zu betrachten (vgl. Abb. 2.51). Mit steigendem H^--Anteil wird Si^{2-} in Richtung Si^- (und darüber hinaus) reduziert, wobei eine Strukturänderung des Polyanions von schwefelanalogen Strängen in Richtung phosphoranaloger Schichten erfolgt.
2. **Polyanionische Hydride**, in denen der anionische Teil in der Struktur infolge der Wasserstoffeinlagerung aufbricht, um kovalente Bindungen mit den Wasserstoffatomen auszubilden. Dabei nimmt die Vernetzung in der Struktur ab. Ein Beispiel ist die polare intermetallische Verbindung $SrAl_2$, aus der bei der Einlagerung von Wasserstoff $SrAl_2H_2$ entsteht. Dem Zintl-Konzept folgend werden Bindungen im Al-Polyanion (von „$Sr^{2+}(Al^-)_2$“) gebrochen und durch Bindungen mit Wasserstoff abgesättigt. Dabei entstehen mehr oder weniger komplexe alkanartige Polyanionen. Andere interessante Strukturmotive sind z. B. das polyethylenartige $[GaH_2]_n^{n-}$ und neopentanartige $[Ga_5H_{12}]^{5-}$ in den Strukturen der Gallate $RbGaH_2$ und $Rb_8Ga_5H_{15}$.

Des Weiteren sind Kombinationen zwischen beiden genannten Arten von Zintl-Phasen-Hydriden bekannt. Wie man aber an diesen Beispielen erkennt, erfolgt der Einbau von Wasserstoff in polare intermetallische Verbindungen nicht ohne erhebliche Strukturänderungen.

2.9.7.7 Eigenschaften von Zintl-Phasen

Die Eigenschaften von Zintl-Phasen heben sich von denen der intermetallischen Systeme ab. Die homöopolaren Bindungen im Anionenteilgitter gleichen denen kovalent gebundener Elemente, während die Kation–Anion-Wechselwirkungen ionischen Charakter haben. Wie bei salzartigen Verbindungen resultiert eine Bandlücke zwischen dem gefüllten Valenzband und dem unbesetzten Leitungsband, die bei Zintl-Phasen jedoch eher klein ist. Wegen ihrer kleinen Bandlücken (<1 eV) erscheinen Kristalle meistens undurchsichtig, schwarz. Trotz ihres metallischen Aussehens sind Kristalle in dünnen Schichten intensiv farbig und durchsichtig. Zintl-Phasen sind meistens Halbleiter und haben diamagnetische oder paramagnetische (TUP) Eigenschaften. Im Gegensatz zu Metallen steigt ihre elektrische Leitfähigkeit mit der Temperatur an.

2.9.8 Heusler-Phasen und Skutterudite

Heusler-Verbindungen sind intermetallische Verbindungen des allgemeinen Formeltyps X_2YZ mit einer Kristallstruktur analog zu Cu_2MnAl. In der kubischen Kristallstruktur bilden die Atome Y und Z eine Anordnung analog zur NaCl-Struktur auf, in der alle Tetraederlücken durch die X-Atome besetzt sind. Als Halb-Heusler werden entsprechende Verbindungen bezeichnet, bei denen gemäß der Zusammensetzung XYZ nur die Hälfte der Tetraederlücken besetzt sind. Wichtige Verbindungsbeispiele sind Co_2CrAl, Co_2FeAl und Co_2FeSi sowie die *Halb*-Heusler-Verbindungen MgAgAs, ZrNiSn, TiNiSn und NiMnSb.

Eine besondere Eigenschaft vieler Heusler-Legierungen sind die kooperativen magnetischen Eigenschaften und der daraus resultierende Ferromagnetismus. Zusätzlich tritt elektrische Leitfähigkeit auf, was für magnetisch geordnete Materialien ungewöhnlich ist, aber auch für CrO_2 seit Langem bekannt ist (vgl. Abschn. 2.10.5.3), welches zugleich das einzige Material ist, das bei Zimmertemperatur eine hohe Spinpolarisation zeigt. In Materialien mit hoher Spinpolarisation sind im Extremfall nur die Elektronen einer Spinrichtung am Stromtransport beteiligt. Sie zählen zu den halbmetallischen Ferromagneten.

Die Spinpolarisation wird mit unterschiedlichen Zustandsdichteverteilungen am Fermi-Niveau erklärt und kennzeichnet die Differenz von Zustandsdichten von Majoritäts- und Minoritätselektronen mit verschiedenen Spinrichtungen (↑ und ↓) an der Fermi-Kante. In einer vollständig spinpolarisierten Verbindung ist der Anteil einer Spinsorte (↑) am Fermi-Niveau gleich null und es resultiert eine Bandlücke (Halbleiter). Der Anteil der anderen Spinsorte (↓) ist ungleich null, wodurch metallische Leitfähigkeit resultiert. Materialien mit einer Bandlücke in einer Spinrichtung und metallischem Verhalten in der anderen kennzeichnen halbmetallische Ferromagnete.

Aus diesen Eigenschaften resultieren Anwendungsmöglichkeiten im multidisziplinären Gebiet der Spintronik. Zudem zeigen zahlreiche Heusler-Verbindungen durch die Veränderbarkeit ihrer Spinpolarisation mittels eines externen Magnetfelds einen vom Magnetfeld abhängigen elektrischen Widerstand, der als Magnetwiderstand oder Riesenmagnetwiderstand (engl. *giant magnetoresistance*, GMR) bezeichnet wird.[9]

---

9 Die Entdeckung des Riesenmagnetwiderstands (Nobelpreis für Physik, Peter Grünberg und Albert Fed, 2007) hat zur Weiterentwicklung der Speicherkapazität von Computerfestplatten beigetragen.

Vom Mineral Skutterudit ($CoAs_3$) leitet sich die Stoffgruppe der Skutterudite ab. Die Kristallstruktur von $CoAs_3$ entspricht einer verzerrten Variante vom ReO_3-Typ (Abb. 2.20), ähnlich der Struktur von VF_3 (Abb. 2.108). Die Anordnung aus acht spitzenverbückten Oktaedern $(XY_{6/2})_8$ erzeugt relativ große Hohlräume inmitten dieser Anordnung, die in Skutteruditen durch unterschiedlich große Atome besetzt werden können. Beispiele sind Verbindungen vom Typ $\square_2X_8Y_{24}$ mit X = Co, Rh, Ir; Y = Bi, Sb, As, P, N, deren Hohlräume (□) mit einem Alkali-, Erdalkali-, Lanthanoid- oder einem Element der Gruppe 14 besetzt sein können. Hieraus folgt auch die Möglichkeit, *„zu kleine"* Atome als sogenannte *„rattler"* in die Hohlräume der Struktur einzubringen, die durch resonante Absorption niederfrequente Phononen (Gitterschwingungen) streuen und so die Wärmeleitfähigkeit des Materials verringern (vgl. Thermoelektrika).

2.9.9 Thermoelektrizität

Gemäß dem thermoelektrischen Effekt (Seebeck-Effekt) bilden die Enden eines elektrischen (Halb-)Leiters eine Potentialdifferenz aus, wenn sie auf unterschiedliche Temperaturen erhitzt werden. Auf dieser Basis wandeln thermoelektrische Generatoren Wärme in elektrischen Strom um. Dabei bewirkt der Temperaturgradient aufgrund der thermodynamischen Statistik ein Konzentrationsgefälle der Ladungsträger. Bei einem n-Halbleiter werden im warmen Bereich mehr Elektronen in das Leitungsband gehoben und stehen als Ladungsträger zur Verfügung. Entsprechend stehen bei einem p-Halbleiter (positive) Löcher zur Verfügung. Ein Thermopaar besteht aus einen n- und p-Halbleiter, die über eine Metallbrücke verbunden sind. Um das Konzentrationsgefälle auszunutzen, fließen die Elektronen und Löcher vom warmen zum kalten Bereich und generieren so einen elektrischen Strom (Abb. 2.53 links). Auf diese Weise kann Wärme in elektrischen Strom umgewandelt werden.

Wird an ein solches Thermopaar ein Strom angelegt, kann die Wanderung von Elektronen und Löchern umgekehrt werden, wodurch aus einem elektrischen Strom Kälte erzeugt wird (Peltier-Effekt).

Wird ein elektrischer Strom eingespeist (rechts), so erfolgt am p–n-Übergang (oben) eine Aufnahme von Wärme (Kühlung), während am n–p-Übergang Wärme abgegeben wird (Peltier-Effekt).

Die Effizienz eines thermoelektrischen Materials wird durch die dimensionslose Gütezahl ZT (*„Figure of Merit"*) als $ZT = \frac{\sigma \cdot S^2}{\kappa} \cdot T$ angegeben, wodurch eine Vergleichbarkeit verschiedener Materialien möglich ist. Darin sind neben der Thermokraft (Seebeck-Koeffizient) $S = \Delta V / \Delta T$, mit dem Potentialunterschied (ΔV) und dem Temperaturunterschied (ΔT), die elektrische Leitfähigkeit (σ) und die Wärmeleitfähigkeit (κ) und die Temperatur (T) eines Materials enthalten.

Daraus wird deutlich, dass ein gutes thermoelektrisches Material, neben einer hohen Thermokraft eine gute elektrische Leitfähigkeit bei geringer Wärmeleitfähigkeit haben sollte.

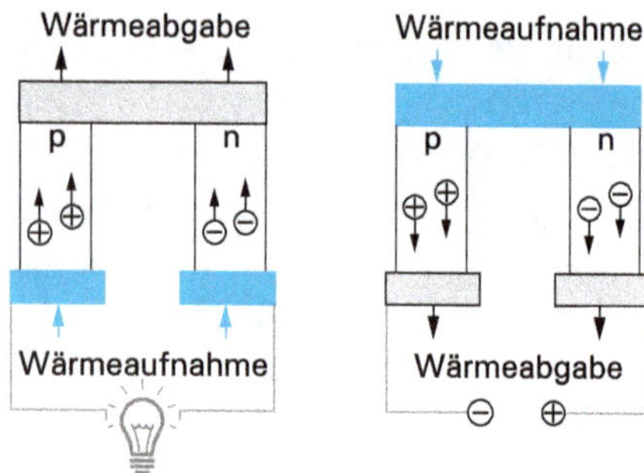

Abb. 2.53: Schematischer Aufbau thermoelektrischer Elemente bestehend aus p- und n-dotierten Halbleiterbausteinen. Ein thermoelektrischer Generator wandelt Wärme in elektrischen Strom um (links). Bedingt durch eine Wärmequelle wandern Elektronen und Löcher von „heiß" nach „kalt" und es entsteht ein Stromfluss. Beim Übergang von Elektronen vom n- zum p-Typ-Element wird Wärme abgegeben, weil Elektronen von höheren in ein niedrigeres Energieniveau übergehen.
Wird ein elektrischer Strom eingespeist (rechts), so erfolgt am p–n-Übergang eine Wärmeaufnahme, während am n–p-Übergang Wärme abgegeben wird (Peltier-Effekt).

Leider gibt es kein Material, das über den gesamten infrage kommenden Temperaturbereich (z. B. von RT bis 500 °C) hohe Gütewerte (*ZT*) annimmt. Zudem lassen sich die genannten Größen nicht unabhängig voneinander optimieren. Wenn z. B. die elektrische Leitfähigkeit eines Halbleiters mit steigender Temperatur zunimmt, nimmt *S* ab.

Die verhältnismäßig geringe thermische Leitfähigkeit von Chalkogeniden scheint für viele Verbindungen gute Voraussetzungen zu bieten. Bekannte thermoelektrische Materialien umfassen Telluride. Dazu zählen p- und n-dotiertes Bi_2Te_3 für Anwendungen nahe Raumtemperatur. PbTe kristallisiert in einer Struktur vom NaCl-Typ und kann unter prinzipiellem Strukturerhalt vielseitig substituiert werden, wodurch *ZT* bei hohen Temperaturen Werte in der Nähe von zwei annehmen kann. Dotierte $AgSbTe_2$-Varianten, die in einer Überstruktur von PbTe kristallisieren, wie $AgPb_xSbTe_{2+x}$ ($ZT = 2{,}2$ bei 500 °C) ähneln den in Abschn. 2.4.7 beschriebenen PCM-Materialien.

Andere Entwicklungen umfassen intermetallische Verbindungen. Dazu zählen modifizierte Skutterudite, wie $Ba_{0,25}Co_4Sb_{12}$ und $La(Fe_{4-x}Co_x)Sb_{12}$ mit (partiell) besetzten Hohlräumen, deren zu kleine Atome („*rattling*") niedrige Wärmeleitfähigkeiten und damit hohe Gütewerten zeigen ($ZT > 1$ bei 500 °C). Weitere Beispiele sind modifizierte ZrNiSn, Halb-Heusler-Verbindungen oder intermetallische Clathrate.

Clathrate sind Festkörperverbindungen, die käfigartige Strukturen bilden, in denen Moleküle oder Atome eingeschlossen sind. Verbindungen mit Ge-, Si- oder Sn-Netzwerken bestehen aus tetraedrisch aufgebauten, käfigartigen Strukturen, die relativ große Gastatome einschließen. Die häufig vorkommenden kubischen Typ-I-Clathrate haben die nominale Zusammensetzung $X_2Y_6E_{46}$, in der E = Si, Ge oder Sn die Käfige bilden. Die darin eingeschlossenen Gasatome X und Y können gleiche oder unterschiedliche Atomsorten repräsentieren. Beispiele sind die supraleitfähige Verbindung Ba_8Si_{46} ($T_c = 8$ K) und das thermoelektrische Material $Ba_8In_{16}Sn_{30}$ (mit $ZT = 1{,}7$ bei 500 °C).

2.10 Verbindungen der Metalle

2.10.1 Metallhydride

In Verbindungen mit den Elementen der zweiten Periode des Periodensystems zeigt Wasserstoff (Elektronegativität 2,2) sowohl negative (LiH, BeH_2, B_2H_6) als auch positive (CH_4, NH_3, H_2O, HF) Polaritäten. Daher kann Wasserstoff in seinen Verbindungen entweder als Hydrid oder als Proton aufgefasst werden, wobei der Übergang fließend ist. Metallhydride können überwiegend ionische oder überwiegend kovalente Bindungsverhältnisse aufweisen. Entsprechend ist eine Unterteilung in salzartige, kovalente oder metallische Metallhydride üblich. Die Erweiterung dieser Systematik auf Kombinationen von Metallen, die zur Bildung von salzartigen (A) und metallischen (M) Hydriden in der Lage sind, führt zu ternären Hydriden $A_xM_yH_z$, die als Hydridokomplexe oder Hydridometallate aufgefasst werden können.

Zur strukturellen Charakterisierung von Metallhydriden oder Metalldeuteriden wird die Neutronenbeugung eingesetzt, da die relative Streukraft von H-Atomen gegenüber schweren Metallatomen bei der Röntgenbeugung meistens zu gering ist (die Struktur von LiH wurde mittels Röntgenbeugung aufgeklärt).

2.10.1.1 Salzartige Metallhydride

Zu den salzartigen Metallhydriden zählen stöchiometrisch zusammengesetzte Hydride der Alkalimetalle und der Erdalkalimetalle (ausgenommen Be). Die Synthese der meisten salzartigen Metallhydride erfolgt durch Erhitzen der Metalle unter Wasserstoff (400–800 °C und 1 bar H_2-Druck). Die farblosen Feststoffe bilden typische salzartige Strukturen mit hydridischem Wasserstoff (H^-). Die Alkalimetallhydride LiH, NaH, KH, RbH und CsH kristallisieren im Natriumchlorid-Typ und die Erdalkalimetallhydride CaH_2, SrH_2 und BaH_2 (α-Form) im Bleidichlorid-Typ. In der $PbCl_2$-Struktur bilden die Kationen eine annähernd hexagonal dichteste Packung, in der die Anionen verzerrt tetraedrisch oder verzerrt quadratisch-pyramidal von ihren nächsten Nachbarn umgeben sind (Abb. 2.54). Bei hohen Temperaturen werden für CaH_2, SrH_2 und BaH_2 Hochtemperaturmodifikationen (β-Form) mit Fluorit-Strukturtyp diskutiert. Das weniger ionische Magnesiumdihydrid kristallisiert im Rutil-Typ. Berylliumdihydrid zählt zu den kovalenten Metallhydriden.

Der Anionenradius des Hydridions wird (nach Pauling) mit 208 pm angesetzt. Der experimentelle Wert liegt jedoch in Alkalimetallhydriden (Koordinationszahl = 6) als Folge der starken Polarisierbarkeit von H^- („weiches Ion“) erheblich niedriger. In der Reihe der Alkalimetallhydride nehmen die Radien der Hydridionen gemäß steigender Elektronegativitätsdifferenz zwischen Metall und Wasserstoff von LiH nach CsH zu (135–150 pm). Analog begründet sich diese Zunahme in der Reihe der Erdalkalimetallhydride von MgH_2 nach BaH_2. Festes LiH ist ein ionischer Leiter, und bei der Elektrolyse von geschmolzenem LiH (Smp. 692 °C) wird an der Anode Wasserstoff gebildet, wodurch

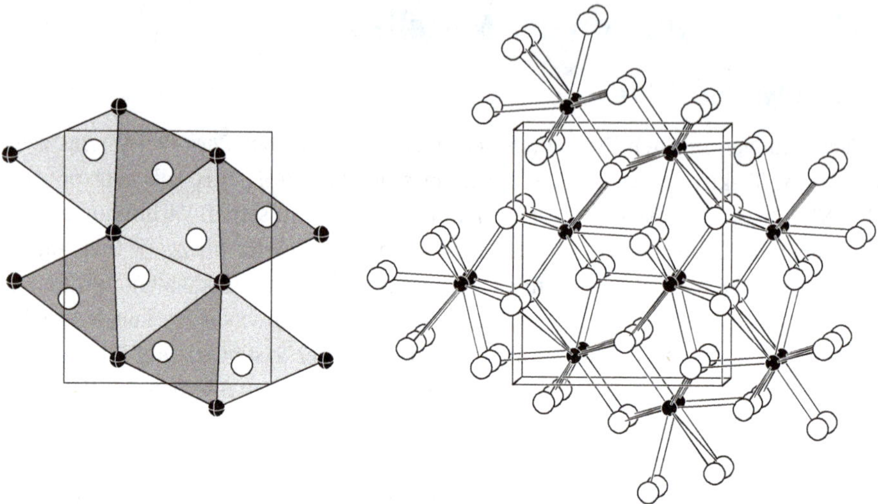

Abb. 2.54: Kristallstruktur der Erdalkalimetalldihydride ($PbCl_2$-Typ) als Projektion aus verzerrten $[M_4H]$-Tetraedern (hellgrau) und $[M_5H]$-Pyramiden (dunkelgrau) und als Kugelmodell. Schwarze Kugeln kennzeichnen Metallatome (Anzahl der Formeleinheiten/Elementarzelle: $Z = 4$).

der hydridische Charakter von Wasserstoff in LiH belegt wird. Mit Wasser treten heftige Reaktionen unter Wasserstoffentwicklung und Bildung von OH^- auf, während sich schwere Alkalimetallhydride bereits an feuchter Luft entzünden.

2.10.1.2 Kovalente Metallhydride

Hierzu zählen die Hydride der Gruppen 11 und 12 (CuH, AuH, ZnH_2, CdH_2, HgH_2), mit Ausnahme von Silberhydrid, sowie AlH_3, GaH_3 und BeH_2. Da diese kovalenten Metallhydride nur bei tiefen Temperaturen stabil sind (AuH zersetzt sich bei Raumtemperatur), erfolgen ihre Darstellungen durch Hydridolyse. Dazu werden Metallhalogenide (z. B. ZnI_2, $AuCl_3$) in organischen Lösungsmitteln mit hydridischem Wasserstoff (hierzu dienen LiH, $NaBH_4$ oder $LiAlH_4$) umgesetzt.

2.10.1.3 Metallartige Metallhydride

Übergangsmetalle der Gruppen 3–6 und 10 sowie Metalle der Lanthanoide und Actinoide bilden mit Wasserstoff binäre Hydride. Die Synthesen erfolgen durch direkte Reaktionen hochreiner Metallpulver mit Wasserstoff bei hohen Temperaturen und häufig unter Druck. Dabei entstehen nichtstöchiometrische Metallhydride mit großer Phasenbreite, deren obere Grenzzusammensetzungen als **MH**, **MH_2** oder **MH_3** realisierbar sind. Die meisten haben metallisches Aussehen und zeigen metallische oder halbleitende Eigenschaften.

Das Strukturprinzip metallartiger Metallhydride beruht auf dichtesten Kugelpackungen von Metallatomen, deren Lücken durch Wasserstoffatome aufgefüllt werden. Daher können die Metallhydride als Einlagerungsverbindungen betrachtet werden. Bei der Einlagerung in eine dichteste Packung aus N Metallatomen können maximal N Oktaederlücken und $2N$ Tetraederlücken besetzt werden (Abb. 2.55).

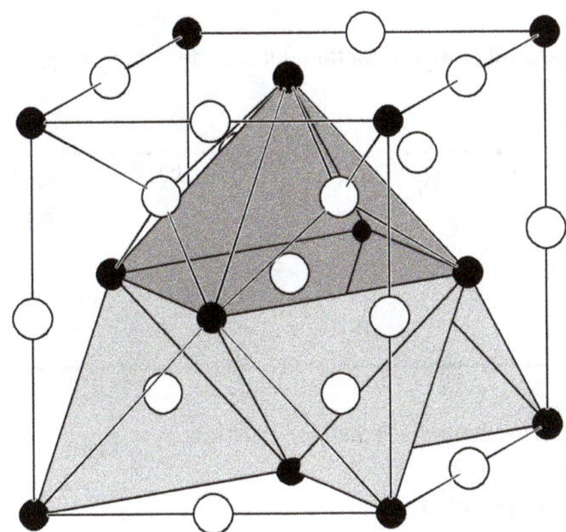

Abb. 2.55: Besetzung von Oktaederlücken und von Tetraederlücken in einer kubisch dichtesten Kugelpackung aus schwarzen Kugeln (Li_3Bi-Typ).

Beim sukzessiven Einbau von Wasserstoffatomen in eine Metallstruktur entsteht zunächst eine feste Lösung (α-Phase) mit relativ geringem Wasserstoffgehalt MH_x ($x \ll 1$), in der die Metallstruktur unverändert erhalten bleibt (z. B. α-$ScH_{0,33}$, α-$YH_{0,176}$ oder α-$NbH_{0,1}$). Unter Erhöhung der Temperatur oder des H_2-Drucks findet ein fortschreitender Einbau von Wasserstoffatomen bevorzugt in tetraedrische Lücken statt (β-Phase, Abb. 2.58). Während in einer hexagonal dichtesten Packung nur maximal die Hälfte aller tetraedrischen Lücken sterisch günstig besetzt werden kann (vgl. Tab. 2.4), ist in einer kubisch dichtesten Packung die Besetzung aller tetraedrischen Lücken möglich. Daher findet man für hexagonal dichtest gepackte Metallstrukturen mit zunehmendem Wasserstoffeinbau einen Übergang in eine kubisch dichtest gepackte Metallstruktur.

Durch Lückenbesetzungen in einer kdP können die Grenzzusammensetzungen MH (Oktaederlücken), MH_2 (Tetraederlücken) und MH_3 (Tetraeder- und Oktaederlücken) realisiert werden:

MH (NaCl-Typ): LiH, NaH, KH, RbH, CsH (salzartig); TiH, VH, NbH, TaH, NiH, PdH (metallartig) und defekte Monohydride wie $CeH_{0,7}$, NiH_{1-x} und PdH_{1-x}.

MH_2 (CaF_2-Typ): Obere Grenzzusammensetzung für metallartige Hydride der Gruppen 3–6, wie z. B. ScH_2, LaH_2, TiH_2, ZrH_2, HfH_2, VH_2, NbH_2 und CrH_2.

MH_3 (Li_3Bi-Typ): Obere Grenzzusammensetzung von Seltenerdmetall-Hydriden.

Durch die variablen Zusammensetzungen gemäß MH_{1-x}, MH_{2-x} und MH_{3-x} sind die strukturellen Verhältnisse einzelner Verbindungen komplizierter, weil sowohl Überstrukturen als auch individuell verzerrte Strukturen beobachtet werden. Um bei Hydrierungen die oberen Grenzzusammensetzungen der Mono-, Di- oder Trihydride zu erreichen (vgl. Tab. 2.14), müssen in vielen Fällen Druckhydrierungen in Autoklaven durchgeführt werden.

Tab. 2.14: Maximal möglicher Wasserstoffgehalt von strukturell belegten Metallhydriden der Übergangsmetalle und 4f-Elemente.

ScH_2	TiH, TiH_2	VH, VH_2	CrH[(a)], CrH_2	–[(b)]	NiH
YH_2, YH_3[(d)]	ZrH_2[(c)]	NbH, NbH_2			PdH
LaH_2, LaH_3	HfH_2[(c)]	TaH			
4f-Elemente:					
Dihydride und Trihydride[(d)] (ausgenommen Eu, Yb)[(e)]					

[(a)] CrH kristallisiert im Anti-NiAs-Typ mit einer hdP von Cr.
[(b)] Mo, W und Metalle der Gruppen 7 und 8 bilden keine thermodynamisch stabilen Hydride.
[(c)] $MH_{\approx 1,5}$ *C* CaF_2-Typ, bei höherem Wasserstoffgehalt $MH_2 \equiv ThH_2$-Typ.
[(d)] Für die Trihydride gilt La–Nd: Li_3Bi-Typ und Y, Sm, Gd–Tm, Lu: LaF_3-Typ.
[(e)] Für Eu und Yb existieren nur die Dihydride EuH_2 und YbH_2 ($PbCl_2$-Typ).

Bei Titanhydrid tritt über den gesamten Bereich von TiH bis TiH_2 der kubische Fluorit-Typ auf. Dagegen findet man bei Zirconiumhydrid und Hafniumhydrid mit steigendem Wasserstoffgehalt einen Übergang vom defekten Fluorit-Typ MH_{2-x} in den ThH_2-Typ.

Palladium kristallisiert in einer kdP. Es ist das einzige Metall, welches bereits bei Zimmertemperatur signifikante Mengen H_2 aufnehmen kann, um PdH_{1-x} zu bilden.

Dihydride der 4f-Metalle treten wie die Übergangsmetalldihydride im Fluorit-Typ auf. Auch hier existieren Phasenbreiten entsprechend MH_{2-x}. Bei Überschreitung der Grenzzusammensetzung MH_2 in Richtung Trihydrid werden zusätzlich zu den tetraedrischen Lücken (wie im Fluorit-Typ) noch oktaedrische Lücken (wie im NaCl-Typ) besetzt. Damit kristallisieren die Trihydride der leichten Lanthanoidmetalle (La–Nd) im Li_3Bi-Typ (Abb. 2.55). Bei den schwereren Lanthanoidmetallen tritt beginnend mit Samarium eine hexagonale Struktur (LaF_3-Typ) auf. Trihydride zählen zu den Verbindungen, bei denen Nichtstöchiometrie auftreten kann (MH_{3-x}). Dihydride der Seltenerdmetalle sind (mit Ausnahme von EuH_2 und YbH_2) Halbleiter oder Metalle, da ihre Metallatome im dreiwertigen Zustand vorliegen [$M^{3+}H_2(e^-)$]. Trihydride (MH_3) sind Isolatoren.

Bindungssituation in metallischen Metallhydriden

In Einlagerungshydriden sind Metall–Metall-Bindungen dominant, und Wasserstoffatome besetzen die Lücken der dichtesten Packungen aus Metallatomen. Die Beweglichkeiten von Wasserstoffatomen in der Metallmatrix sind mit denen von Molekülen in

Flüssigkeiten vergleichbar. In Niob-Metall führt Wasserstoff bei Raumtemperatur 10^{11} bis 10^{12} Platzwechsel pro Sekunde aus.

In Metallhydriden wird Wasserstoff protonisch (gibt ein Elektron an das Leitungsband des Metalls ab), hydridisch (nimmt ein Elektron aus dem Leitungsband auf) oder im legierungsartigen System (feste Lösung im Metallgitter) diskutiert. Die Bindungsverhältnisse sind nicht ausreichend verstanden. Da die Zuordnung einer Partialladung ($H^{\delta+}$ oder $H^{\delta-}$) nicht immer offensichtlich ist, erscheint eine Behandlung im Rahmen der MO-Theorie sinnvoll. Demnach resultiert bei der Wechselwirkung eines Wasserstoff-1s-Orbitals mit einem (besetzten) Orbital des Metallatoms eine Metall–H-bindende (mit Elektronen gefüllte) und eine Metall–H-antibindende (unbesetzte) Kombination.

Die Bildung eines Dihydrids mit einem dreiwertigen Lanthanoidmetall, $Ln^{3+}(H^-)_2(e^-)$, kann als Wechselwirkung zweier 1s-Orbitale mit geeigneten d-Orbitalen des Metalls aufgefasst werden. Bei dieser Wechselwirkung entstehen zwei bindende Kombinationen, die mit vier Elektronen besetzt werden. Ein Elektron pro LnH_2 besetzt das Leitungsband.

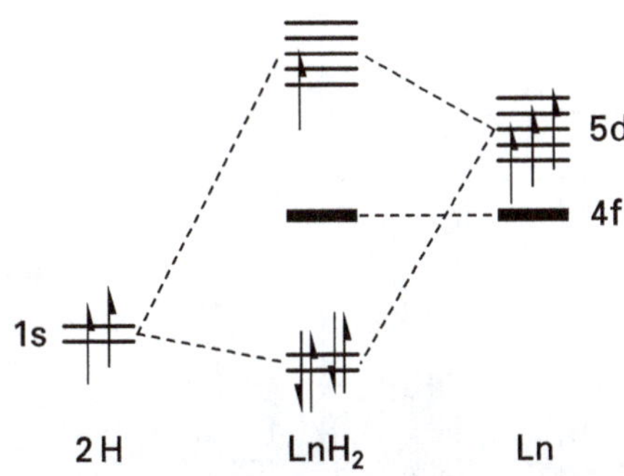

Wechselwirkungen zwischen H-Atomen unter Bildung von H–H-Bindungen werden nicht nur für den theoretisch postulierten metallischen Wasserstoff (vgl. Abschn. 2.7.1), sondern auch bei Metallhydriden in Betracht gezogen. Eine paarweise Kopplung zwischen benachbarten Wasserstoffatomen wird angenommen, wenn der H–H-Abstand im Festkörper 210 pm unterschreitet (Switendick-Kriterium). Derartige Wechselwirkungen werden in festen Lösungen von Metallhydriden mit geringem Wasserstoffgehalt (α-Phasen) diskutiert.

2.10.1.4 Ternäre Metallhydride

Die Klassifizierung ternärer Metallhydride lässt sich aus der Systematik binärer Metallhydride entwickeln. Die Kombination zweier Metalle, die salzartige (oder metallartige) Hydride bilden, ergibt wieder ein salzartiges (oder metallartiges) Hydrid. Viele salzartige Hydride der ternären Alkali-Erdalkalihydride AEH_3 kristallisieren in perowskitverwandten Strukturen (z. B. $KMgH_3$, $LiBaH_3$, $LiEuH_3$) oder im K_2NiF_4-Typ (Cs_2CaH_4).

Bei der Kombination eines salzartigen (A) und eines metallartigen Hydridbildners (M) entsteht ein ternäres Metallhydrid $A_xM_yH_z$, welches als Hydridokomplex oder -metallat aufgefasst werden kann. Komplexe Metallhydride (aus Metallgemengen oder Legierungen) sind oft nur bei hohen Temperaturen und Wasserstoffdrücken zugänglich (einige Hundert °C und bar, vgl. Abschn. 2.1.7.1). Die meisten Verbindungen sind extrem luft- und feuchtigkeitsempfindlich.

Bei den Strukturen der ternären Hydridometallate fallen Verwandtschaften zu bekannten Komplexverbindungen auf. Die Strukturen von $AAlH_4$, $E(AlH_4)_2$ (E = Mg, Ca) und A_3AlH_6 (A = Li, Na) enthalten tetraedrische $[AlH_4]^-$-Einheiten ($NaAlH_4$ kristallisiert im Scheelit-Typ) oder oktaedrische $[AlH_6]^{3-}$-Einheiten (Kryolith-Typ).

Das Gleiche gilt für Hydridometallate $A_xM_yH_z$ (A = Alkali oder Erdalkalimetall) mit Metallatomen der Gruppen 7–12, deren $[MH_z]$-Anionen durch folgende Beispiele belegt sind:

7	8	9	10	11	12
$[MnH_4]^{2-}$ $[MnH_5]^{3-}$ $[MnH_6]^{5-}$	$[FeH_6]^{4-}$	$[CoH_4]^{5-}$ $[CoH_5]^{4-}$	$[NiH_4]^{4-}$	$[CuH_4]^{3-}$	$[ZnH_4]^{2-}$
$[TcH_8]^{3-}$ $[TcH_9]^{2-}$	$[RuH_4]^{4-}$ $[RuH_5]^{5-}$ $[RuH_6]^{4-}$ $[RuH_7]^{3-}$	$[RhH_4]^{3-}$ $[RhH_5]^{4-}$ $[RhH_6]^{3-}$	$[PdH_2]^{2-}$ $[PdH_3]^{3-}$ $[PdH_4]^{2-,4-}$ $[PdH_5]^{3-}$		$[CdH_4]^{2-}$
$[ReH_6]^{3-,5-}$ $[ReH_8]^{2-}$ $[ReH_9]^{2-}$	$[OsH_6]^{4-}$ $[OsH_6]^{4-}$ $[OsH_8]^{2-}$	$[IrH_4]^{5-}$ $[IrH_5]^{4-}$ $[IrH_6]^{3-}$	$[PtH_2]^{2-}$ $[PtH_4]^{2-}$ $[PtH_6]^{2-}$		

Das einzige bisher bekannte Eisenhydrid ist das dunkelgrüne Mg_2FeH_6, das wie andere Metallhydride dieser Summenformel im K_2PtCl_6-Typ kristallisiert. Dieser Strukturtyp ist auch für die Hochtemperaturmodifikationen von Verbindungen der Zusammensetzung A_2MH_4 bekannt, in denen die korrespondierenden Positionen der Wasserstoffatome nur zu $\frac{4}{6}$ besetzt sind. Vermutlich handelt es sich hier um eine dynamische Fehlordnung der Wasserstoffatome. In den Tieftemperaturmodifikationen von A_2PtH_4 resultiert eine geordnete Struktur, die eng mit dem K_2PtCl_4-Typ verwandt ist und planare $[PtH_4]^{2-}$-Ionen enthält (Abb. 2.56).

Außer quadratisch planaren $[PtH_4]$-Gruppen und tetraedrischen $[NiH_4]$-Gruppen (Mg_2NiH_4 mit Ni(0)) treten lineare $[MH_2]$-Gruppen auf (Na_2PdH_2). Durch Kombinationen von oktaedrischen und quadratischen Baugruppen (K_3PtD_5) oder quadratischen und linearen Baugruppen (K_3PdD_3) in einer Struktur können verschiedenste Strukturen und Zusammensetzungen realisiert werden.

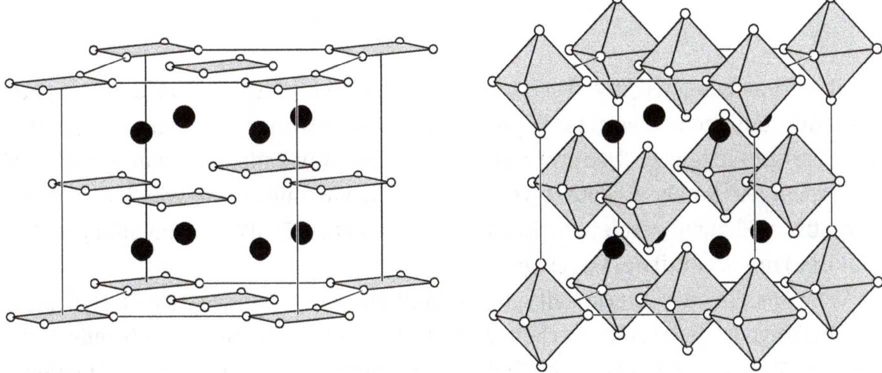

Abb. 2.56: Phasenübergang in Na_2PtD_4: Tieftemperaturmodifikation mit planaren $[PtD_4]^{2-}$-Einheiten (links) und Hochtemperaturmodifikation mit statistischer Besetzung von nur $\frac{4}{6}$ der D-Positionen in den $[PtD_6]^{2-}$-Oktaedern (rechts).

Die wasserstoffreichen Verbindungen K_2ReH_9, **$BaReH_9$** und K_2TcH_9 enthalten komplexe Anionen, deren Metallatome sich in dreifach überdachten trigonalen Prismen aus Wasserstoffatomen befinden (Abb. 2.57).

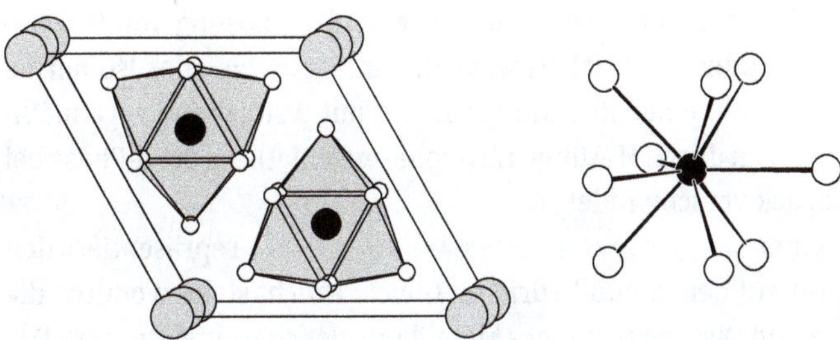

Abb. 2.57: Die Elementarzelle von $BaReH_9$ mit zwei Formeleinheiten und ein einzelnes $[ReH_9]^{2-}$-Ion. Rheniumatome sind schwarz gezeichnet, Bariumatome grau und Wasserstoffatome weiß.

Das ^{1}H-NMR-Spektrum von K_2ReH_9 zeigt nur ein einziges Signal, was mit der durch Austauschvorgänge bedingten Äquivalenz der Wasserstoffatome erklärt wird.

Aus Hydrierungsversuchen an unpolaren intermetallischen Verbindungen wurden zahlreiche Verbindungen bekannt, die als potentielle Hydridspeichermaterialien in Betracht kommen. Ein prominentes Beispiel ist die Verbindung $LaNi_5$, die bei Raumtemperatur zur Wasserstoffaufnahme bis zur oberen Grenzzusammensetzung **$LaNi_5H_6$** befähigt ist (vgl. Abschn. 2.1.7.1) und als Elektrodenmaterial in der Metallhydrid-Batterie (vgl. Abschn. 2.5.5) sowie als intermetallischer Hydridspeicher geeignet ist.

2.10.1.5 Metallhydridspeicher

Metallhydride haben wichtige Verwendungen in der Synthese, Katalyse und in technischen Anwendungen. So wird $LiAlH_4$ in der organischen Synthese als selektives Hydrierungsreagenz eingesetzt. Die Insertion von Wasserstoff in Palladium oder Nickel wird im Rahmen der Katalyse genutzt. Thermisch stabile Metallhydride wie ZrH_2 werden alternativ zu Elementen mit niedriger Ordnungszahl (Be, C) als Neutronenfänger (Moderatoren) in Kernkraftwerken eingesetzt.

Viele Metalle oder intermetallische Verbindungen sind zur reversiblen Hydridbildung befähigt. In der Festkörperchemie dient die Bildung und die nachfolgende Zerlegung von Metallhydriden (z. B. der Seltenerdelemente) der Erzeugung von Metallpulvern aus Spänen oder kompakten Metallbrocken. Die so erhaltenen Metallpulver verhalten sich in Festkörperreaktionen extrem reaktiv.[10]

Trotz der bisher schlechten Verfügbarkeit von Wasserstoff wurde die Entwicklung von Metallen und intermetallischen Verbindungen vorangetrieben, die zur reversiblen Aufnahme und Abgabe von Wasserstoff befähigt sind. Als Wasserstoffspeicher kommen thermisch labile Hydride in Betracht, die als effektive und umweltfreundliche Energiequelle fungieren können (Brennstoffzelle, Akkumulator).

Die Aufnahme und Abgabe von Wasserstoff in ein Metall oder eine Metallverbindung lässt sich durch eine Druck-Konzentrations-Isotherme beschreiben, die unterhalb der kritischen Temperatur (T_c in Abb. 2.58) in drei Bereiche unterteilt werden kann. Zu Beginn der Einlagerung bildet sich die α-Phase, die als eine feste Lösung von Wasserstoffatomen in der Metallstruktur beschrieben wird. Im Plateaubereich der Isotherme beginnt die Bildung der β-Phase, einer kristallinen Phase mit weitgehend regelmäßiger Besetzung von Gitterplätzen durch H-Atome (Zweiphasengebiet), bis die α-Phase bei konstantem Wasserstoffdruck verschwindet.

Der Plateaubereich einer Druck-Zusammensetzungs-Isotherme repräsentiert den Druck, bei dem Wasserstoff mit dem Metallhydrid im Gleichgewicht steht, wodurch die Bedingung für die Bildung und Dissoziation eines Metallhydrides charakterisiert ist. Der Plateaudruck und die Plateautemperatur sind für die thermische Stabilität eines Metallhydrides charakteristisch und für die praktische Anwendung als Hydridspeichersystem entscheidend. Für eine technische Nutzung als Hydridspeicher sollte der Plateaudruck im Bereich der Standardbedingungen liegen.

Die praktische Ein- und Auslagerung von Wasserstoff kann bei einer bestimmten Temperatur im Bereich des Plateaudruckes erfolgen, dessen Lage von der (freien) Reaktionsenthalpie des jeweiligen Metall-Wasserstoff-Systems abhängt. Die Bildungsreaktion des Metallhydrids für einen Metallhydridspeicher sollte schwach exotherm

10 Wenn Metalle bei Festkörperreaktionen noch Restwasserstoff enthalten, dann entstehen oft unerwartete Produkte, in denen Wasserstoffatome röntgenographisch nicht oder nicht genau lokalisiert werden können, z. B. CaClH, $LaBr_2H$ oder YSeH.

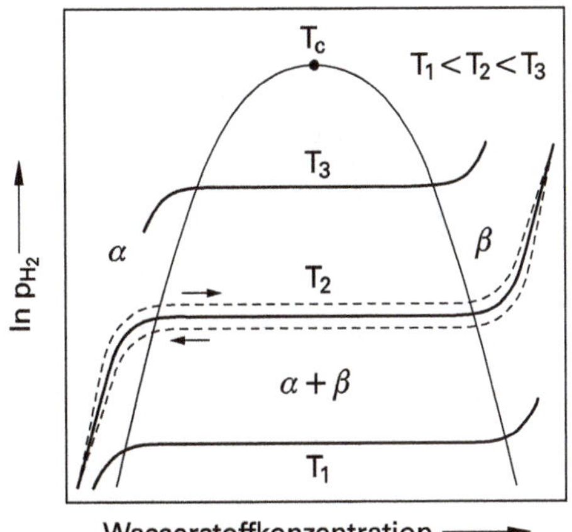

Abb. 2.58: Idealisierte H_2-Druck-Zusammensetzungs-Isotherme (bei $T_1 < T_2 < T_3$) der Wasserstoffaufnahme eines metallischen Hydridspeichersystems mit Phasenbereichen der α-Phase, dem Koexistenzbereich von α- und β-Phasen und der β-Phase. Im *Plateaubereich* des Druckes (Gleichgewichtsdruck) koexistieren die α- und die β-Phasen. T_c kennzeichnet die kritische Temperatur. Die Ein- und Auslagerungszyklen von gemessenen Isothermen zeigen ein Hystereseverhalten (gestrichelte Linie), wobei für die Einlagerung (gemäß den eingezeichneten Pfeilen) der höhere H_2-Druck erforderlich ist.

sein. Denn weniger stabile Metallhydride ($\Delta H < 0$) erfordern niedrigere Temperaturen als stabile Metallhydride ($\Delta H \ll 0$), um einen bestimmten Plateaudruck zu erreichen. Für praktische Anwendungen sind Bildungs- bzw. Zersetzungstemperaturen von unter 100 °C bei Atmosphärendruck (1 bar) von Interesse.

Um diese Bedingungen für die Bildung (und Zersetzung) eines Metallhydrides aus einem Metall (oder einer intermetallischen Verbindung) zu erfüllen, muss $\Delta G = \Delta H - T(\Delta S)$ nur wenig kleiner als null sein. Da ΔS weitgehend konstant ist (ca. −130 J/(mol · K)), weil es dem Verlust des translatorischen Freiheitsgrades von gasförmigem Wasserstoff bei der Aufnahme in das Metall entspricht, muss die Bildungsenthalpie (ΔH) weniger exotherme Werte als −48 kJ/mol annehmen, damit eine H_2-Abgabe bei $T < 100$ °C erfolgt.

Die Anwendung dieser thermodynamischen Kriterien rückt vor allem die Hydride einiger Übergangsmetallverbindungen wie $\mathbf{LaNi_5H_6}$ und $\mathbf{FeTiH_2}$ in den Vordergrund praktischer Erwägungen (Tab. 2.15). Andere Hydridsysteme wie MgH_2 oder Mg_2NiH_4 sind bereits zu stabil, da ihre Wasserstoffauslagerungen (zu) hohe Temperaturen erfordern. So liegt die Auslagerungstemperatur von MgH_2 bei 280 °C (1 bar), trotz einer für ein Metallhydrid brauchbaren gravimetrischen Speicherdichte von 7,6 Masse-% H.

Insgesamt kann festgehalten werden, dass Wasserstoffatome in Metallhydriden dichter gepackt sind als in flüssigem oder gasförmigem H_2 (hohe volumetrische Dichte). Die hohe Masse der Metalle und die daraus resultierende niedrige gravimetrische Dichte von Wasserstoff in Metallhydriden lassen aber eher einen stationären als mobilen Einsatz praktikabel erscheinen.

Tab. 2.15: Ausgewählte Eigenschaften von Wasserstoff und Metallhydriden.

Medium	ΔH/kJ (mol H_2)$^{-1}$	Gravimetrische Dichte/ Masse-% H	Volumetrische Dichte/ (10^{22} H-Atome/cm^3)
H_2, flüssig (20 K)	-	100	4,2
H_2, gas (100 atm)	-	100	0,5
MgH_2	−75	7,6	6,7
Mg_2NiH_4	−67	3,6	5,9
$FeTiH_2$	−28	1,9	6,0
$LaNi_5H_6$	−31	1,4	7,6

2.10.2 Metallboride

Zu den Metallboriden gehören Strukturen, in denen isolierte Boratome oder Dimere, Ketten und Netzwerke aus Boratomen mit stabilen B–B-Bindungen vorliegen. Die erstaunliche Vielfalt von Zusammensetzungen der Metallboride reicht von metallreichen Boriden mit Metall–Metall-Bindungen und isolierten B-Anionen bis zu borreichen Metallboriden mit kondensierten Borgerüsten ohne Metall–Metall-Bindungen. Ein in vielen Strukturen typisches Koordinationspolyeder ist das trigonale Prisma aus Metallatomen, welches ein einzelnes Boratom einschließt (M_6B).

2.10.2.1 Synthese von Metallboriden

1. Der häufigste Syntheseweg für Metallboride ist die direkte Reaktion zwischen Metall und Bor bei hinreichend hohen Temperaturen:

$$\mathrm{Ca + 6\,B \xrightarrow{900\,^\circ C} CaB_6}$$

   Besitzt das Metall bei der Reaktionstemperatur einen hohen Dampfdruck (Alkali-, Erdalkalimetall, Sm, Eu, Tm, Yb), muss in einem geschlossenen Reaktionsbehälter gearbeitet werden. Bei hochschmelzenden Metallen geht man am besten von einem Pressling der innig vermengten Edukte aus. Reaktionen werden dann durch Aufschmelzen im elektrischen Lichtbogen oder durch Hochfrequenzheizung eingeleitet, wobei Reaktionen mit dem Reaktionsbehälter auftreten können.

2. Reduktion von Oxiden.
   (a) Metallothermisch, durch Al, Mg oder andere Metalle:

$$\mathrm{3\,CaO + 9\,B_2O_3 + 20\,Al \longrightarrow 3\,CaB_6 + 10\,Al_2O_3}$$

   (b) Borothermisch, oberhalb 1500 °C unter Vakuum (B_2O_2 verdampft bei diesen Bedingungen vollständig):

$$2\ Cr_2O_3 + 10\ B \longrightarrow 4\ CrB + 3\ B_2O_2$$

(c) Carbothermisch, durch Kohlenstoff und/oder Borcarbid, im Vakuum oberhalb 1500 °C. Dabei besteht die Gefahr der Kohlenstoffkontamination ($MB_{6-x}C_x$):

$$2\ TiO_2 + B_4C + 3\ C \longrightarrow 2\ TiB_2 + 4\ CO$$
$$V_2O_5 + B_2O_3 + 8\ C \longrightarrow 2\ VB + 8\ CO$$

3. Elektrolytische Reduktion von Borat/Metalloxid-Gemischen oder Metallboraten in geeigneten Salzschmelzen (Alkali- oder Erdalkalimetallhalogenid). Die Reduktion findet an der Anode statt. Metallborid bildet sich an der Kathode.

2.10.2.2 Strukturen der Metallboride

Die Kristallstrukturen von Metallboriden können anhand ihrer Bor-Teilstrukturen klassifiziert werden. In den metallreichsten Verbindungen, den Einlagerungsboriden (Verhältnis Metall:Bor > 8:1), besetzen isolierte Boratome die oktaedrischen Lücken intermetallischer Wirtsstrukturen. Es resultieren stöchiometrische Verbindungen oder feste Lösungen. Die trigonal-prismatische $[M_6B]$-Koordination ist für Strukturen mit dem Verhältnis Metall zu Bor im Bereich 8:1 > Metall:Bor > 1:4 typisch.

Die fünf häufigsten Formeltypen von Übergangsmetallboriden sind in Tab. 2.16 hervorgehoben (**M_2B, MB, MB_2, MB_4 und MB_6**). Isolierte Boratome befinden sich in Strukturen der metallreichen Verbindungen wie Fe_2B (Anti-$CuAl_2$-Typ) oder Ni_3B (Fe_3C-Typ). In Strukturen M_3B_2 und Cr_5B_3 treten dimere B_2-Einheiten mit B–B-Abständen von rund 180 pm auf. Mit steigendem Borgehalt von Metallboriden entstehen zwischen Boratomen weitere Bindungen, wobei für die Boratome Zickzackketten (CrB), Bänder (Ta_3B_4) oder graphitähnliche Schichten (AlB_2) resultieren (Abb. 2.59).

Metallboride, die reicher an Bor sind (Metall:Bor < 1:4), bilden Strukturen mit verbrückten Borpolyedern. Diese Borpolyeder können oktaedrisch (CaB_6), kuboktaedrisch (YB_{12}) oder ikosaedrisch (YB_{66}) aufgebaut sein.

Binäre und ternäre Boride kristallisieren in mehr als 80 Strukturtypen. Strukturen von borreichen Verbindungen können anhand der Verbrückungsmuster ihrer Boratome diskutiert werden. In Monoboriden bilden die Boratome unendliche Zickzackketten und in Diboriden zweidimensionale planare oder gewellte Bornetze. Bor-Zickzackketten in den Boriden **MB** entsprechen topologisch den Si^{2-}-Ketten der Zintl-Phase CaSi.

Die meisten Boride der Zusammensetzung **MB_2** kristallisieren im AlB_2-Typ (Abb. 2.60). Der prominenteste Vertreter dieses Strukturtyps ist MgB_2. Für die seit Langem bekannte Verbindung **MgB_2** wurde im Jahre 2001 Supraleitfähigkeit (T_c = 39 K) nachgewiesen. In der Kristallstruktur bilden die Boratome hexagonale Netze, die topologisch denen in der Struktur von Graphit entsprechen. Allerdings sind diese

Tab. 2.16: Einordnung wichtiger Metallboride nach steigendem Borgehalt und zunehmender Vernetzung der Bor-Teilstruktur.

Formeltyp	Beispiele für M	Bor-Teilstruktur
M_3B	Re, Co, Ni, Pd	isolierte B-Atome
M_2B	Ta, Mo, W, Mn, Fe, Co, Ni, Pd	isolierte B-Atome
M_3B_2 (Cr_5B_3)	V, Nb, Ta	isolierte Paare, B_2
MB	Ti, Hf, V, Nb, Ta, Cr, Mo, W, Mn, Fe, Co, Ni	Zickzackketten
M_3B_4	Ti, V, Nb, Ta, Cr, Mn	Bänder
MB_2	Mg, Al, Sc, Y, Ti, Zr, Hf, V, Nb, Ta, Cr, Mo, W, Mn, (Re, Tc, Ru)	planare (oder gewellte) hexagonale Netze
MB_4	Cr, Y, Mo, W, La, U, Th	B_2-verbrückte B_6-Oktaeder oder verbrückte B_4-Netze
MB_6	Ca, Sr, Ba, Y, La, U, Th	verbrückte B_6-Oktaeder
MB_{12}	Y, Zr, U, Th	verbrückte B_{12}-Kuboktaeder
MB_{66}	Y, Th	verbrückte B_{12}-Ikosaeder

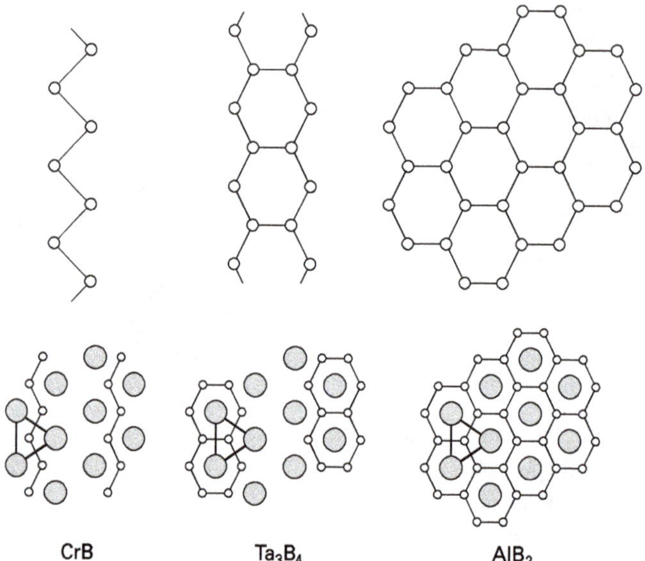

Abb. 2.59: Bor-Strukturelemente in Boriden (B–B-Abstände: 170–190 pm) des Typs MB, M_3B_4 und MB_2 mit und ohne Metallatomen (unten und oben). In den Strukturen der Metallboride ist die Projektion jeweils eines trigonalen borzentrierten [M_6B]-Prismas auf die pseudo-dreizählige Achse hervorgehoben.

Netze primitiv gestapelt. Die Struktur kann als vollständig interkalierte, primitive Graphitstruktur angesehen werden, in der alle hexagonal-prismatischen Hohlräume mit Metallatomen besetzt sind.

Die Energiebänder, die in der Bandstruktur von MgB_2 in Abb. 2.60 fast vollständig unterhalb des Fermi-Niveaus verlaufen, entsprechen den bindenden sp^2-(σ)Orbitalen

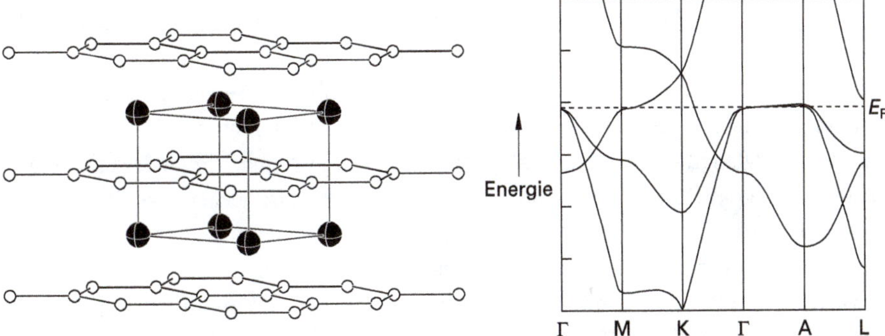

Abb. 2.60: Perspektivische Projektion der Kristallstruktur und Bandstruktur von MgB_2 (Raumgruppe *P6/mmm*). Die Elementarzelle enthält eine Formeleinheit MgB_2. Bandstruktur entlang der speziellen Punkte Γ = (0, 0, 0), M = (0, 1/2, 0) A = (0, 0, 1/2), L = (0, 1/2, 1/2) und K = (−1/3, 2/3, 0) der hexagonalen Brillouin-Zone. Das Fermi-Niveau ist als E_F eingezeichnet.

in den Boridschichten. Elektronen in den flach verlaufenden Energiebändern zwischen den speziellen Punkten Γ und A haben keine hohen Mobilitäten und dienen als Ladungsreservoirs. Die über das Fermi-Niveau hinaus steil ansteigenden Energiebänder werden durch die senkrecht zu den Bor-Schichten stehenden p_z-(π)Orbitale repräsentiert und sind für die hohen Beweglichkeiten der Ladungsträger verantwortlich.

Von den Tetraboriden $\mathbf{MB_4}$ sind CrB_4 und UB_4 Vertreter zweier verschiedener Strukturtypen. In der Struktur von CrB_4 bilden die Boratome vierfach verbrückte rechteckige B_4-Netze. In der Struktur von UB_4 (alle Lanthanoide, außer Eu und einige Actinoide) bilden die Boratome ein Netzwerk aus B_2-Atomen und oktaedrischen B_6-Clustern. Parallel zur tetragonalen Achse sind B_6-Oktaeder über Bindungen zwischen ihren Spitzen zu Strängen verknüpft, während sie in der Ebene senkrecht hierzu über B_2-Einheiten verbunden sind. Eine B_2-Einheit verknüpft in der ab-Ebene vier B_6-Cluster (Abb. 2.61).

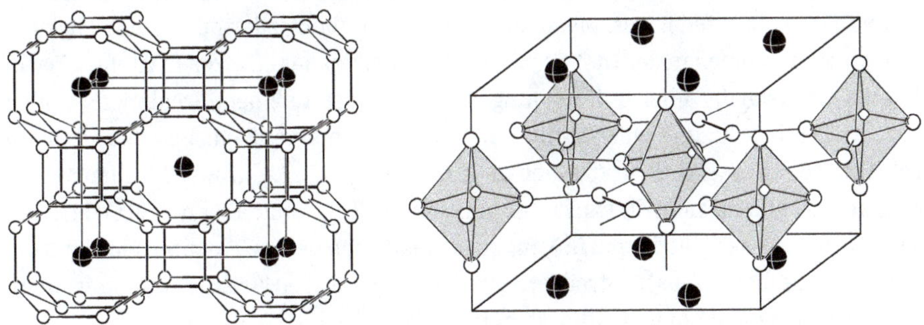

Abb. 2.61: Strukturen von CrB_4 (links) und UB_4 (rechts). Die B–B-Abstände in den B_4-Rechtecken von CrB_4 betragen 166–169 pm und die Abstände zwischen Rechtecken 191 pm.

Strukturen der Boride $\mathbf{MB_6}$ bestehen aus B_6-Oktaedern und Metallatomen, die analog zu Atomen der CsCl-Struktur angeordnet sind (B_6-Oktaeder ersetzen Cl-Atome). Durch B–B-Verbrückungen benachbarter B_6-Oktaeder über alle sechs Ecken entsteht ein dreidimensionales B_6-Netzwerk (Abb. 2.62). Die elektronische Situation der B_6-Cluster kann von vergleichbaren Boranen abgeleitet werden. Für einen deltaedrischen closo-Cluster vom Typ $[B_6H_6]$ sind $4n+2 = 26$ Valenzelektronen erforderlich (vgl. Tab. 2.13). Da $[B_6H_6]$ aber nur 24 Valenzelektronen besitzt, werden zwei weitere Elektronen benötigt, um, gemäß $(B_6H_6)^{2-}$, alle bindenden Energiezustände mit Elektronen zu füllen. Da für die verbrückten B_6-Cluster in MB_6 die gleiche elektronische Situation zutrifft, sind Verbindungen des Typs $M^{2+}B_6$ Halbleiter und $M^{3+}B_6$ oder $M^{4+}B_6$ metallische Leiter. Für M^{3+} (Seltenerdmetall) befindet sich ein formal überzähliges Elektron pro Metallatom im Leitungsband ($M^{3+}(B_6)^{2-}(e^-)$), und man findet elektrische Leitfähigkeiten ($\sigma = 10^4$–10^5 S/cm bei RT), die die der reinen Metalle übertreffen können.

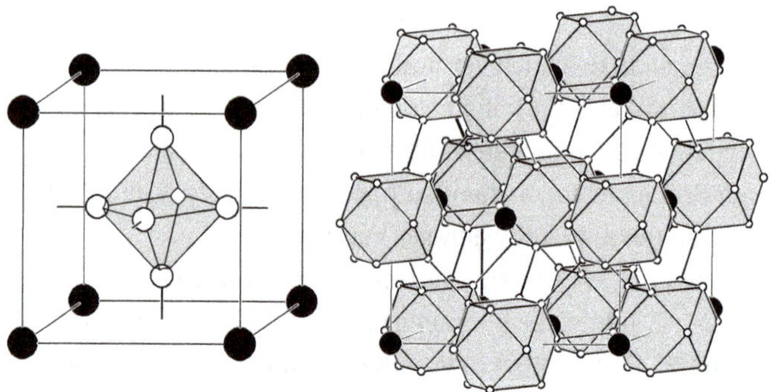

Abb. 2.62: Struktur von CaB_6 (links) und UB_{12} (rechts) mit B_6-Oktaedern und B_{12}-Kuboktaedern. Die Metallatome sind in MB_{12} von sechs quadratischen Flächen der B_{12}-Kuboktaeder umgeben und besitzen die Koordinationszahl 24.

Die Struktur des Borids MB_{12} zeichnet sich durch große, elektropositive Metallatome und Bor-Kuboktaeder aus. Metallatome und B_{12}-Kuboktaeder bilden eine Packung analog zu den Atomen in der NaCl-Struktur (B_{12}-Kuboktaeder ersetzen Cl-Atome). Darin sind die Kuboktaeder über B–B-Bindungen miteinander zu einem dreidimensionalen Netzwerk verbrückt, und jedes M-Atom befindet sich in einer 24-fachen Koordination (vgl. Abb. 2.62). Derart verbrückte Kuboktaeder benötigen 26 Elektronen für interne Bindungen und 12 Elektronen für externe Bindungen. Da 12 B-Atome aber nur 36 Elektronen besitzen, muss jedes Metallatom in MB_{12} zwei Elektronen liefern. Entsprechend sind die Dodekaboride dieses Typs mit dreiwertigen Kationen (YB_{12}) elektrische Leiter mit einem Elektron pro Metallatom im Leitungsband.

Im Metallborid MB_{66} umgeben 12 B_{12}-Ikosaeder ein zentrales B_{12}-Ikosaeder, die über B–B-Bindungen zu einem $B_{12}(B_{12})_{12}$-Superikosaeder aus 156 Boratomen verbunden sind.

2.10.2.3 Bor–Bor-Bindungen in Metallboriden

Bisher ist noch fraglich, ob Bor in einem Metallborid zur Erlangung seines Elektronenoktetts die Oxidationszahl –5 annehmen kann. Typisch ist die Ausbildung kovalenter B–B-Bindungen. Die topologische Zuordnung von dimeren Einheiten, Ketten, Bändern, Netzen (Abb. 2.59) und Netzwerken folgt aus den B–B-Abständen. Zwischen den Boratomen liegen Einfachbindungen vor. Typische B–B-Einfachbindungslängen liegen bei 170–174 pm. Obwohl in manchen Festkörperstrukturen auch kürzere B–B-Bindungen auftreten, sind B–B-Doppelbindungen in Metallboriden nicht eindeutig belegt. In molekularen Verbindungen sind B–B-Doppel- und Dreifachbindungen mit typischen Bindungslängen von 155 und 145 pm bekannt.

Auf der Basis von Einfachbindungen könnten Bor-Teilstrukturen formal als B_2^{8-}-Ionen isolierter Dimere (M_3B_2), B^{3-}-Ionen in Zickzackketten (MB) oder B^--Ionen graphitähnlicher Schichten (MB_2) geschrieben werden. Diese einfache Beschreibung von polyanionischen Bor-Teilstrukturen steht mit der Beschreibung der analog aufgebauten Zintl-Ionen im Einklang (Tab. 2.12). Die Bindungsverhältnisse in den hexagonalen Schichten aus Boratomen der Diboride (z. B. MgB_2 oder AlB_2) sind demnach gut mit denen der Kohlenstoffatome der Graphitstruktur bzw. mit einer vollständig interkalierten Graphitstruktur vergleichbar. Für viele Verbindungen stellt diese Betrachtung jedoch eine zu grobe Vereinfachung dar, auch weil zusätzliche Bindungen der Art M–B und M–M zu berücksichtigen sind.

2.10.2.4 Eigenschaften von Metallboriden

Zu den Eigenschaften der Übergangsmetallboride zählen hohe thermische und mechanische Stabilitäten sowie hohe elektrische und thermische Leitfähigkeiten. Allgemein besitzen metallreiche Metallboride ähnliche Schmelzpunkte wie ihre Metalle, während borreiche Metallboride höhere Schmelzpunkte aufweisen. Die meisten Übergangsmetallboride sind metallische Leiter ($\sigma \approx 10^5$ S/cm bei RT für **TiB_2**, ZrB_2), einige wenige Supraleiter (**MgB_2**, NbB, YB_6, ZrB_{12}). Boride der elektropositiven Metalle (Alkali-, Erdalkalimetall) sind überwiegend Halbleiter. Hexaboride der Lanthanoide gehören zu den besten Elektronenemittern (**LaB_6** wird als Hochleistungselektrode in Elektronenmikroskopen eingesetzt). Das ternäre Borid **$Nd_2Fe_{14}B$** zählt aufgrund seiner hartmagnetischen Eigenschaften zu den wichtigsten Dauermagnetwerkstoffen.

Zwar sind viele Metallboride chemisch resistent gegen den Angriff von Säuren und Basen, neigen aber bei hohen Temperaturen zu Reaktionen mit anderen Metallen, was sie zum Einsatz als Schneidwerkstoff für Stahl gegenüber anderen Materialien benachteiligt. Eines der anwendungstechnisch bedeutendsten Boride ist das hartmetallische **TiB_2**. Es besitzt unter allen bekannten Boriden die größte Härte und ist eine elektrisch leitende Verbindung, die bei etwa 3225 °C schmilzt.[11] Keramiken aus Übergangsmetallboriden wie **TiB_2** werden zur Herstellung von Formteilen (Elektroden, Verschleißteile im Motorenbau) eingesetzt. Hartstoffe aus ternären Boriden lassen sich wie Hartmetalle sintern und besitzen großes Potential als Werkstoff. Aus Sinterwerkstoffen auf Basis von **Mo_2FeB_2** werden Dichtungen, Ventilsätze, Ziehringe und Verschleißteile für Spritzgießmaschinen gefertigt. Metallreiche Boride werden als verschleißfeste Schichten durch Plasmaspritzen auf Stahlteile aufgebracht.

2.10.3 Metallcarbide und Graphen

Graphen nimmt eine Sonderstellung unter allen bekannten Materialen ein, weil die Atome in einer einzigen Schicht zu einer zweidimensionalen Struktur angeordnet sind. Diese Anordnung entspricht einer einzigen Schicht der Graphitstruktur (Abb. 2.63, oben).[12]

Die Entdeckung von Graphen geht auf einen einfachen Versuch zurück, in dem ein Klebeband auf Graphitkristalle aufgebracht wurde, um dünne Schichten abzuziehen und diese auf ein Substrat zu übertragen. Inzwischen wurden weitere Techniken entwickelt, um **Graphit aufzublättern** (engl. *exfoliation*), wodurch sehr kleine Substanzmengen erhalten werden können. Obwohl verschiedenste chemische Methoden zur Herstellung von Graphen berichtet wurden, steht eine kostengünstige Massenproduktion noch aus. Als Resultat solcher Präparationen können drei Typen unterschieden werden: **einschichtiges** (*single-layered*), **doppelschichtiges** (*double-layered*) und **mehrschichtiges** (*multi-layered*) Graphen, die jeweils für sich leicht unterschiedliche physikalische Eigenschaften haben. Eine einzige Schicht aus Graphen ist transparent. Verantwortlich hierfür ist der Quantengrößeneffekt (engl. *quantum size effect*), der aus der Nanochemie bekannt ist (vgl. transparente Metalle).

In der Schicht von Graphen ist jedes Kohlenstoffatom über σ-Bindungen mit drei Nachbaratomen verbunden (sp^2-Hybridisierung) und ein Elektron besetzt ein $p_z(\pi)$-Orbital, welches senkrecht zur Schichtebene ausgerichtet ist (vgl. „B^-" in der Struktur von MgB_2 in Abschn. 2.10.2.2),

Seit der Entdeckung von Graphen wurden umfangreiche Anwendungen dieses leichten, zweidimensionalen Materials erprobt, die auf dessen herausragende Eigenschaften zurückzuführen sind. Zu diesen Eigenschaften zählen die außergewöhnlich hohe elektrische und thermische Leitfähigkeit, hohe Zugfestigkeit und hohe Elastizität. Hinzu kommt, dass Graphen praktisch nur aus Oberflächenatomen besteht, und über eine hohe chemische Stabilität verfügt.

---

11 Für TiB_2 wie auch für andere hoch schmelzende Materialien werden in der Literatur stark voneinander abweichende Schmelzpunkte angegeben.

12 Für die Entdeckung von Graphen erhielten die Wissenschaftler Andre Geim und Konstantin Novoselov im Jahr 2010 den Nobelpreis für Physik.

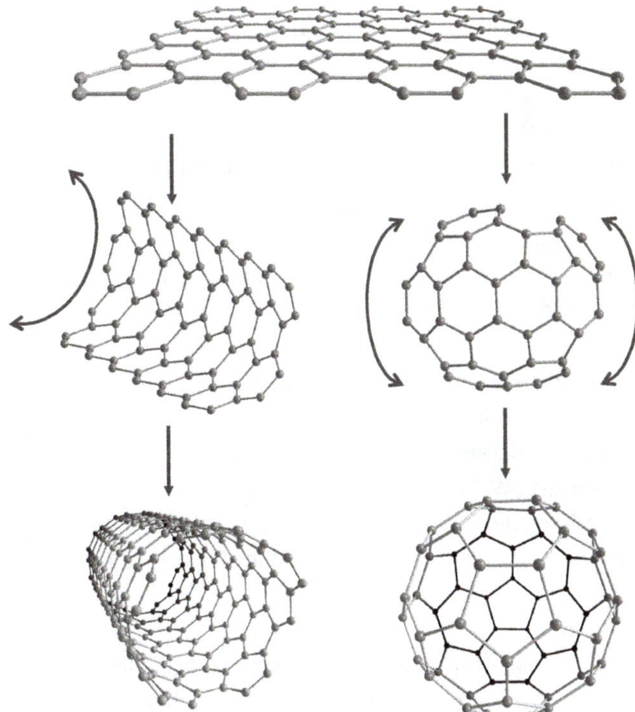

Abb. 2.63: Die Strukturen von (single-layered) Graphen und die Genese und Strukturen von Kohlenstoff-Nanoröhren und dem C_{60}-Molekül.

Graphen ist wie auch Graphit ein Semimetal, jedoch mit einer hohen zweidimensionalen elektrischen Leitfähigkeit, ähnlich der Leitfähigkeit von Kupfer. Ein Semimetal ist ein Material mit einer sehr geringen **indirekten** Überlappung des Valenzbandes mit dem Leitungsband und damit ein Zero-gap-Halbleiter, ähnlich dem metallischen Zustand. Allerdings tragen im Semimetall nicht nur Elektronen zur elektrischen Leitfähigkeit bei, sondern auch die Elektronenlöcher.

Graphen besitzt eine um mehrere Größenordnungen höhere Zugfestigkeit als Stahl. Diese Eigenschaft findet sich auch in Kohlenstoff-Nanoröhren (engl. *carbon nanotubes*, CNTs) wieder. CNTs bestehen aus einer aufgerollten Graphenschicht, deren Röhrendurchmesser im Bereich von 1–50 nm liegen. Sie können zu äußerst tragfähigen Fäden oder Seilen (*CNT rope*) verarbeitet werden, die halbleitend oder metallisch leitend sein können (Abb. 2.63).

Außerdem kann eine Graphenschicht zu einem sphärischen Fulleren-Molekül geformt werden, indem einige Kohlenstoff-Sechsringe der Graphenstruktur zu Fünfringen werden. Viele Fullerene bestehen aus 12 Fünfecken, die von unterschiedlichen Zahlen von Sechsecken umgeben sind. So bilden Fullerene Käfigstrukturen aus, die durch unterschiedlichste Summenformeln charakterisiert sind (z. B. C_{60}, C_{70}, C_{76}, C_{80}, C_{82}, C_{84},

C_{86}, C_{90}). Pulver aus Fulleren-Molekülen erscheinen braun-schwarz, sie lösen sich in organischen Lösemitteln (wie z. B. Toluol) mit charakteristischer Farbe. Das bekannteste Fulleren-Molekül ist $\mathbf{C_{60}}$, dessen kugelförmiger Kohlenstoffkäfig einem Fußball (12 Fünfecke und 20 Sechsecke) gleicht (Abb. 2.63).

Metallcarbide sind Verbindungen von Metallen mit Kohlenstoff, in denen Kohlenstoffatome als C_n-Einheiten mit $n = 1, 2, 3$ vorliegen. Eine Unterteilung binärer Metallcarbide kann wie folgt vorgenommen werden:

1. Salzartige der Alkali- und Erdalkalimetalle sowie des Aluminiums mit C_n-Einheiten ($n = 1$–3). Sie sind meist farblose (Be_2C ist rot, Al_4C_3 ist gelb) kristalline Stoffe und elektrische Isolatoren.
2. Metallcarbide der Übergangsmetalle mit isolierten Kohlenstoffatomen. Hierzu zählen die sogenannten Einlagerungscarbide (interstitielle Metallcarbide), in denen Kohlenstoffatome oktaedrische Lücken dichtester Packungen von Metallatomen bis zur Grenzzusammensetzung „MC" besetzen.
3. Metallcarbide der Seltenerdmetalle und der Actinoide mit C_n-Einheiten ($n = 1$–3) zeigen sowohl Ähnlichkeiten zu salzartigen Metallcarbiden als auch zu den kovalenten oder interstitiellen Carbiden der Übergangsmetalle.

Zusätzlich sind im System Metall-Kohlenstoff-Interkalationsverbindungen des Graphits und der Fullerene mit schweren Alkalimetallen (z. B. A_xC_{60} mit $x = 1$–6) und Erdalkalimetallen bekannt (Fulleride).

2.10.3.1 Synthese von Metallcarbiden

1. Direkte Reaktion von Metall und Kohlenstoff (Carborierung) bei hohen Temperaturen: Aufschmelzen des Gemenges (Pulver) bei 1000–2000 °C:

$$\mathrm{Ca + 2\,C \xrightarrow{1000\,^\circ C} CaC_2}$$

   Haben die reinen Metalle Schmelzpunkte oberhalb von 2000 °C, so wird das Gemenge (Pressling) im elektrischen Lichtbogen unter Argon-Atmosphäre geschmolzen.

2. Reduktion von Metalloxid mit Kohlenstoff (häufig in Gegenwart von Wasserstoff):

$$\mathrm{TiO_2 + 3\,C \xrightarrow{>2000\,^\circ C} TiC + 2\,CO}$$

3. Reaktion von Kohlenwasserstoffen mit elektropositiven Metallen als Feststoff-Gas-Reaktion:

$$\mathrm{Mg \xrightarrow{\textit{n}\text{-Pentan, } 700\,^\circ C} Mg_2C_3}$$

oder in flüssigem Ammoniak, insbesondere zur Darstellung der thermisch instabilen (explosiven) Acetylide CuC_2, AgC_2 und AuC_2 oder von hydrolyseempfindlichen Carbiden:

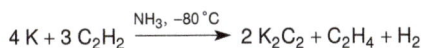

$$4\,K + 3\,C_2H_2 \xrightarrow{NH_3,\ -80\,°C} 2\,K_2C_2 + C_2H_4 + H_2$$

Je nach Reaktionsführung kann bei dieser Reaktion K_2C_2 oder KHC_2 anfallen. Letzteres kann wiederum als Reagenz eingesetzt werden:

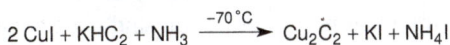

$$2\,CuI + KHC_2 + NH_3 \xrightarrow{-70\,°C} Cu_2C_2 + KI + NH_4I$$

2.10.3.2 Salzartige Metallcarbide

Die Metalle der Gruppen 1 bis 3 bilden salzartige Metallcarbide. Von diesen bilden lediglich $\mathbf{Be_2C}$ und $\mathbf{Al_4C_3}$ Carbide mit isolierten C^{4-}-Ionen, die in Anlehnung an das Hauptprodukt ihrer Hydrolyse Methanide genannt werden. Die Alkalimetalle (Li–Cs) bilden Metallcarbide der Zusammensetzung $\mathbf{M_2C_2}$ mit C_2^{2-}-Ionen (Acetylide). Erdalkalimetallacetylide $\mathbf{MC_2}$ sind für die Metalle Magnesium, Calcium, Strontium und Barium belegt.

Als einziges Erdalkalimetall bildet Magnesium zusätzlich ein Carbid mit der Zusammensetzung $\mathbf{Mg_2C_3}$ mit einem linearen C_3^{4-}-Ion (Abb. 2.64). Auch die Verbindung $Ca_3Cl_2C_3$ enthält ein C_3^{4-}-Ion. Die roten Kristalle wurden früher fälschlich als *„Calcium-monochlorid“* identifiziert, welches unbekannt ist. Zur Synthese von $Ca_3Cl_2C_3$ werden Calcium-Metall, Graphit und $CaCl_2$ bei 900 °C zur Reaktion gebracht (Abschn. 2.1.3). Die verwandte Verbindung $Ca_3Cl_2(CBN)$ enthält ein linear gebautes $[CBN]^{4-}$-Ion.

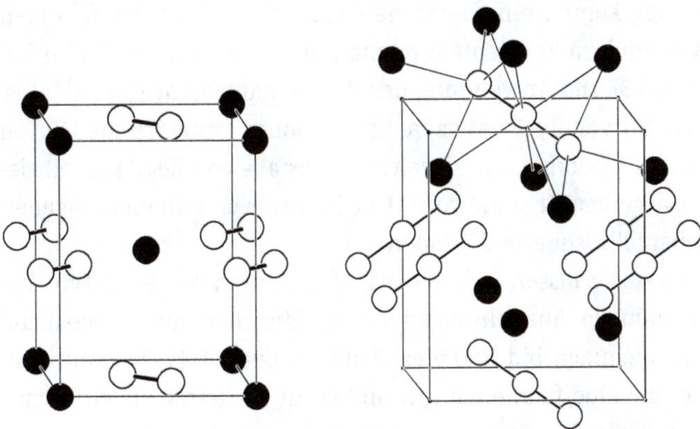

Abb. 2.64: Strukturen von MgC_2 (links) und Mg_2C_3 (rechts). Die Umgebung von einem C_3^{4-}-Ion mit Mg^{2+}-Ionen ist gezeigt.

Salzhaltige Metallcarbide sind hydrolyseempfindlich. Bei der stark exothermen Hydrolyse von $\mathbf{Mg_2C_3}$ entstehen Propadien (Allen) und Propin (Allylen), deren Bildungsverhältnis von der Reaktionstemperatur abhängig ist (bei Temperaturerniedrigung nimmt die Allenbildung zu):

$$Mg_2C_3 + 4\,H_2O \longrightarrow 2\,Mg(OH)_2 + C_3H_4$$

Die Struktur von Li_4C_3 ist unbekannt. Jedoch belegen Reaktionen in organischen Lösungsmitteln und Massenspektren des Hydrolyseproduktes das Vorliegen von C_3^{4-}-Ionen. In Analogie zum linearen $[\underline{\overline{C}}{=}C{=}\underline{\overline{C}}]^{4-}$-Ion sind noch andere lineare dreiatomige Anionen [X=Y=Z] mit 16 Valenzelektronen bekannt (Tab. 2.17).

Tab. 2.17: Dreiatomige lineare Anionen mit 16 Valenzelektronen.

X=Y=Z-Ion	Name	ideale Symmetrie[a]	Atomabstand X–Y (Y–Z) in pm	Beispiel
$[C{=}C{=}C]^{4-}$	Allenid	$D_{\infty h}$	133	Mg_2C_3
$[N{=}C{=}N]^{2-}$	Dinitridocarbonat[b]	$D_{\infty h}$	122	$CaCN_2$
$[C{=}B{=}C]^{5-}$	Dicarbidoborat	$D_{\infty h}$	148	Sc_2BC_2
$[N{=}B{=}N]^{3-}$	Dinitridoborat	$D_{\infty h}$	134	Li_3BN_2
$[C{=}B{=}N]^{4-}$	Carbidonitridoborat	$C_{\infty v}$	144 (138)	Ca_3Cl_2CBN

[a] Häufig sind die Ionen in ihren Verbindungen nicht exakt linear.
[b] Oder Carbodiimid.

Die Strukturen salzartiger Metallcarbide

Zur Realisierung der Strukturen von Methaniden könnten je nach Ionengröße kubisch dichteste Packungen aus Kohlenstoff- oder Metallatomen dienen. Da der Radius von C^{4-} nach Pauling 260 pm beträgt, kommt eine dichteste Packung von Kohlenstoffatomen in Betracht. Allerdings vermindern kovalente Bindungsanteile den Anionenradius beträchtlich (vgl. Abschn. 2.10.3.3). Die Anwendung der Radienquotientenregel ist daher problematisch. In der Struktur von Be_2C besetzen die Be^{2+}-Ionen tetraedrische Lücken einer dichtesten Packung aus C^{4-}-Ionen. Die ziegelroten Kristalle von $\mathbf{Be_2C}$ kristallisieren im Anti-Fluorit-Typ. Die gelben Kristalle von $\mathbf{Al_4C_3}$ kristallisieren in einer eigenen Struktur und enthalten ebenfalls isolierte C^{4-}-Ionen.

Alle Erdalkalimetallacetylide lassen sich als Defektstrukturen des NaCl-Typs beschreiben, in denen individuelle Ausrichtungen der C_2-Einheiten unterschiedliche Strukturen erzeugen. Von Calciumcarbid sind vier Modifikationen (I–IV) bekannt. Von SrC_2 und BaC_2 kennt man die Modifikationen I, II und IV. In der tetragonalen Form I (Raumgruppe *I*4/*mmm*) sind die C–C-Kernverbindungsachsen parallel zur vierzähligen Achse ausgerichtet (Abb. 2.66). In der Struktur der monoklinen Modifikation II (α-ThC_2-Typ) sind die C–C-Achsen, ähnlich wie in der Struktur von MgC_2, alternierend angeordnet (Abb. 2.64). Die Struktur der kubischen Hochtemperaturform IV enthält orientierungsfehlgeordnete bzw. rotierende C_2-Einheiten. Die monokline Form III wurde bisher nur bei **CaC_2** beobachtet. Sie entsteht durch langsames Erhitzen der Phase II auf >150 °C. Die Strukturen der Phasen II und III sind eng miteinander verwandt. Anstatt einer einzigen Sorte von C-Atomen enthält die Struktur von CaC_2-III zwei kristallographisch unterschiedliche C_2-Einheiten und zeigt deshalb zwei Resonanzlinien im ^{13}C-Festkörper-NMR-Spektrum. Die Rückreaktion der Phase III in die Phase II wird durch Zerreiben des Kristallpulvers bewirkt:

$$\underset{\text{monoklin }(C2/c)}{CaC_2\text{-II}} \underset{\text{Zerreiben}}{\overset{>150\,°C}{\rightleftharpoons}} \underset{\text{monoklin }(C2/m)}{CaC_2\text{-III}} \underset{<460\,°C}{\overset{>460\,°C}{\rightleftharpoons}} \underset{\text{kubisch }(Fm\bar{3}m)}{CaC_2\text{-IV}}$$

Bei Raumtemperatur können bis zu drei CaC_2-Phasen (I, II, III) nebeneinander existieren.[13]

Tetragonales CaC_2 (I) verhält sich ähnlich wie die unter Normalbedingungen stabilen Modifikationen I von SrC_2 und BaC_2. Bei hohen Temperaturen finden Phasenübergänge erster Ordnung in die kubischen Hochtemperaturformen (IV) statt. Aber Umwandlungen in die Tieftemperaturmodifikationen (II) vollziehen sich nur langsam und unvollständig:

$$\underset{\text{monoklin }(C2/c)}{SrC_2\text{-II}} \underset{>-30\,°C}{\overset{<-30\,°C}{\rightleftharpoons}} \underset{\text{tetragonal }(I4/mmm)}{SrC_2\text{-I}} \underset{<-370\,°C}{\overset{>370\,°C}{\rightleftharpoons}} \underset{\text{kubisch }(Fm\bar{3}m)}{SrC_2\text{-IV}}$$

2.10.3.3 Metallcarbide der Übergangsmetalle

Einige Carbide der Übergangsmetalle werden, analog zu Metallhydriden, -boriden und -nitriden, als Einlagerungsverbindungen klassifiziert. Im Gegensatz zu den salzartigen Metallcarbiden enthalten diese eher kovalenten Metallcarbide isolierte Kohlenstoffatome, haben metallische Eigenschaften und sind hydrolysebeständig. Für die Kohlenstoffatome resultiert in diesen Verbindungen ein Radius von nur etwa 77 pm. Im Vergleich hierzu würden die Ionenradien von C^{4-} 260 pm und von C^{4+} 15 pm betragen. Erfahrungsgemäß muss der Radius der Metallatome über 130 pm liegen, um eine dichte Kugelpackung zu bilden (kdP, hdP oder hexagonal primitiv), in der die Kohlenstoffatome oktaedrische oder trigonal-prismatische Lücken besetzen können.

Beispiele für die Besetzung oktaedrischer Lücken mit Strukturen vom NaCl-Typ sind Verbindungen von Metallen der Gruppe 14–16, wie TiC, ZrC, HfC, VC, NbC, TaC und CrC,

---

13 Die Stabilisierung von tetragonalem CaC_2-I könnte durch Defekte begünstigt werden. Die Stoffmengenanteile der koexistierenden Phasen I und II können durch Reaktionen unterschiedlicher molarer Anteile von Ca and C zugunsten hoher Anteile von I oder II gesteuert werden.

die auch als nicht stöchiometrische Phasen (MC_{1-x}) oder als geordnete Defektvarianten dieses Typs, wie Ti_2C, Zr_2C, V_6C_5, Nb_6C_5, V_8C_7 auftreten können. In den hexagonal dichtesten Packungen der Strukturen von W_2C, Mo_2C und Ta_2C ist gemäß $A\gamma_{\frac{1}{2}}B\gamma_{\frac{1}{2}}$... nur die Hälfte der oktaedrischen Lücken mit Kohlenstoffatomen besetzt. In hexagonal primitiv gepackten Metallstrukturen sind trigonal-prismatische Lücken durch Kohlenstoff besetzt. Ein wichtiges Beispiel ist das superharte Carbid **WC** (Abb. 2.65).

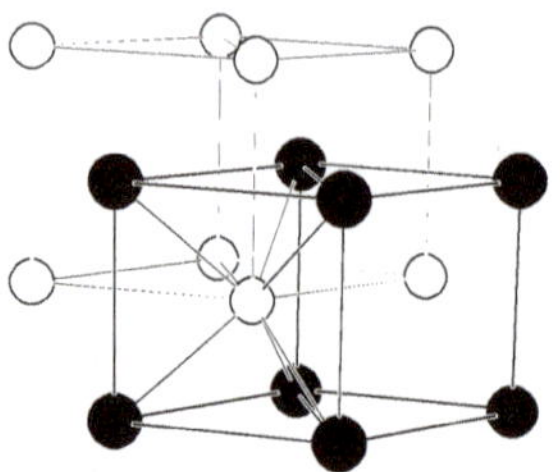

Abb. 2.65: Kristallstruktur der WC-Typ der WC-Typs. Darin bilden Kationen und Anionen hexagonal primitive Untergitter.

Die Strukturen anderer Übergangsmetallcarbide sind oft komplex und nicht mit denen der Einlagerungscarbide zu vergleichen. Strukturen metallreicher Carbide zeigen manchmal Analogien zu entsprechenden Boriden, in denen die Nichtmetallatome trigonal-prismatische Hohlräume besetzen. Beispiele hierfür sind Fe_3C und Cr_3C_2.

2.10.3.4 Metallcarbide der Seltenerdmetalle und einiger 5f-Elemente

Metallreiche Carbide (oder Subcarbide) der Seltenerdmetalle haben die Formeln M_3C, M_2C und MC. Die Carbide M_3C (M = Y, Gd–Lu) kristallisieren in Defektstrukturen des NaCl-Typs mit statistischer Verteilung der C-Atome auf Oktaederlücken. In geordneten Strukturen der Zusammensetzung MC (M = Sc, Th, U, Pu) sind die Oktaederlücken vollständig besetzt. Die Carbide M_2C (M = Y, Tb, Ho) kristallisieren wie Ba_2N im Anti-$CdCl_2$-Typ.

Analog zu den Dicarbiden der Erdalkalimetalle bilden alle Lanthanoidmetalle sowie Y, Th, U und Pu Metallcarbide des Formeltyps $\mathbf{MC_2}$ mit C_2-Anionen. Die Dicarbide der Lanthanoide (sowie YC_2) kristallisieren alle im tetragonalen CaC_2-I-Typ. Zwei weitere häufige Formeltypen sind M_2C_3 mit M = Y, La–Ho (außer Eu, Pm), U und M_4C_5 mit M = Y, Gd, Tb, Dy, Ho. Die meisten Sesquicarbide M_2C_3 kristallisieren im Pu_2C_3-Typ und enthalten gemäß der Schreibweise $M_4(C_2)_3$ ebenfalls C_2-Ionen, die aber für die unterschiedlichen Verbindungen stark voneinander abweichende C–C-Abstände aufweisen (124–154 pm). Im Unterschied hierzu enthalten die Carbide M_4C_5 gemäß der Schreibweise $M_4(C_2)_2C$ sowohl C^{4-}- als auch C_2^{4-}-Ionen.

Eine Besonderheit sind die Strukturen mit der Zusammensetzung M_3C_4, weil sie C-, C_2- und C_3-Anionen enthalten (M = Sc, Ho, Er, Tm, Yb, Lu). Der Inhalt einer Elementarzelle besteht aus 10 Formeleinheiten M_3C_4. So lässt sich $Sc_{30}C_{40}$ formal als $(Sc^{3+})_{30}(C^{4-})_{12}(C_2^{2-})_2(C_3^{4-})_8(e^-)_6$ schreiben. Die C_2-Einheit ist wie in der Struktur von CaC_2-I oktaedrisch von Metallatomen umgeben. Die mittels Röntgenstrukturanalyse bestimmte C–C-Bindungslänge der C_2-Einheit liegt jedoch mit 125 pm zwischen den erwarteten Werten für eine Doppelbindung (133 pm für C_3^{4-}) und für eine Dreifachbindung (120 pm in Acetylen). Die verbleibenden sechs Elektronen pro $Sc_{30}C_{40}$ besetzen Leitungsbänder und sind für die metallische Leitfähigkeit von Sc_3C_4 verantwortlich. Wie bei UC_2 werden die Leitungsbänder von M–C-bindenden, M–M-bindenden und von C–C-antibindenden Mischungen aus π_g^*-Orbitalen der C_2-Einheit und d-Orbitalen geprägt (Abb. 2.68). Anhand des C–C-Abstandes wird auch hier die Bindungsordnung der C_2-Einheit von drei (C_2^{2-}) in Richtung zwei (C_2^{4-}) herabgesetzt.

2.10.3.5 Ternäre Metallcarbide

Die ternären Metallcarbide des Formeltyps AM_3C (A = Ca, Mg, Al, Ga, Pb, Sn; M = Ti, Mn, Fe, Co, Ni, Cr, Pd) kristallisieren im Anti-Perowskit-Typ, wobei die C-Atome oktaedrische Lücken besetzen.

Bei den ternären Alkalimetall-Verbindungen A_2MC_2 (M = Pd, Pt) und AMC_2 (M = Cu, Ag, Au) gilt für die M-Atome die d^{10}-Konfiguration. Gemäß einer salzartigen Beschreibung können diese Verbindungen als $(A^+)_2M^0(C_2^{2-})$ und $A^+M^+(C_2^{2-})$ betrachtet werden. In den Strukturen bilden die M-Atome mit den C_2^{2-}-Ionen lineare Anordnungen gemäß $_\infty^1[M{-}C{\equiv}C{-}]$. Die d-Energieniveaus der M-Atome bzw. M^+-Ionen liegen im Energiebereich unterhalb des π_g^*-Niveaus der Dicarbid-Ionen (vgl. Abb. 2.67, links). Dieser Befund liefert interessante Aufschlüsse darüber, warum Dicarbide der d-Elemente metastabil sind.

Die ternären Verbindungen $SE_2Fe(C_2)_2$ und $UCoC_2$ enthalten Dicarbidionen, die anhand ihrer C–C-Abstände als C_2^{4-}- und C_2^{6-}-Ionen eingeordnet werden können. Die Kristallstruktur von $UCoC_2$ kann durch Insertion von Kobaltatomen in die CaC_2-Struktur abgeleitet werden und liefert zugleich den Übergang zur $ThCr_2Si_2$-Struktur (Abb. 2.66). Die C–C-Abstände in den Strukturen CaC_2-I (119 pm), $Er_2Fe(C_2)_2$ (133 pm) und $UCoC_2$ (148 pm) beschreiben drei verschiedene Bindungssituationen von C_2-Ionen, die in der Nähe der erwarteten Werte für Dreifach- (120 pm), Doppel- (133 pm) und Einfachbindungen (154 pm) liegen.

Die mit den Carbiden verwandte $ThCr_2Si_2$-Struktur ist durch mehr als 600 Vertreter belegt. Beispiele sind die Verbindungen des Formeltyps SEM_2X_2 mit SE = Seltenerdmetall, M = d-Metall und X = Si, Ge, Pb, P, As, Sb. Hierzu lassen sich auch supraleitende Verbindungen $SENi_2(B_2C)$ (fast alle SE) zählen, die anstatt von Si_2-Einheiten, wie in der $ThCr_2Si_2$-Struktur, linear gebaute [BCB]-Einheiten enthalten. Analog zu $UCoC_2$ kristalli-

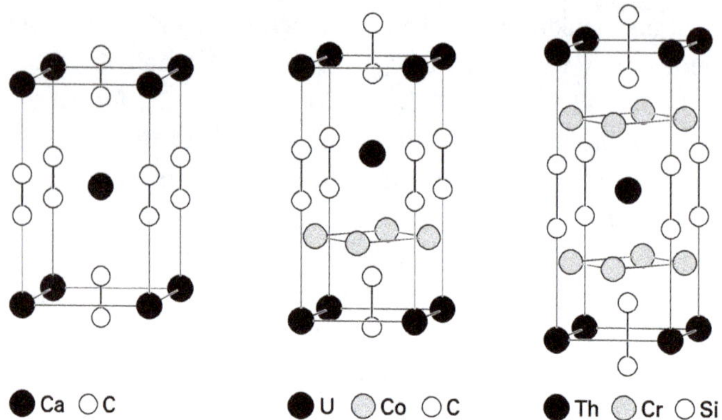

Abb. 2.66: Kristallstrukturen von CaC_2-I (links), $UCoC_2$ (Mitte) und $ThCr_2Si_2$ (rechts).

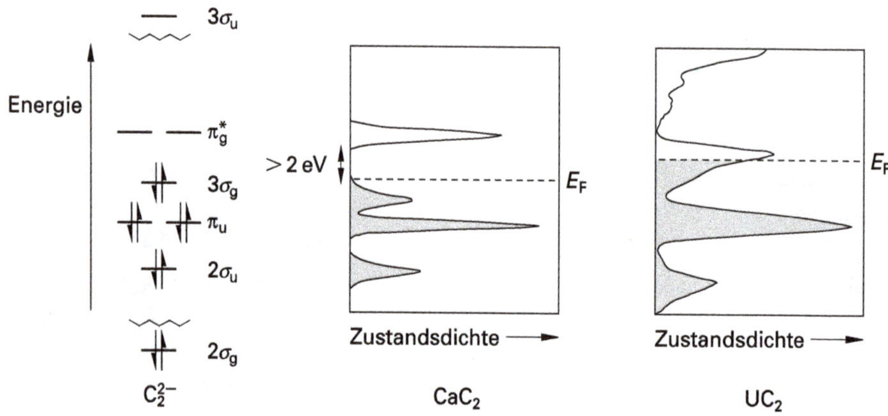

Abb. 2.67: Ausschnitt aus dem MO-Schema (links) von C_2^{2-} (Bindungslänge 119 pm) und berechnete Zustandsdichten für CaC_2 und UC_2. Das MO-Aufspaltungsmuster der C_2-Einheit ist in der projizierten Zustandsdichte von CaC_2 gut zu erkennen (die mit $3\sigma_g$ korrespondierende Zustandsdichte ist durch bindende Ca–C-Wechselwirkungen geringfügig abgesenkt). Die Verbreiterung der Zustände für UC_2 resultiert aus kovalenten Wechselwirkungen zwischen Metall und C_2-Anion. Besetzte Energiezustände sind grau gezeichnet. Die Lage des Fermi-Niveaus entspricht für CaC_2 einem C_2^{2-}-Ion. Für UC_2 sind die π_g^*-analogen Zustände etwa zur Hälfte besetzt, was einem C_2^{4-}-Ion entspräche.

sieren Verbindungen mit [BN]-Einheiten wie z. B. CaNi(BN), SENi(BN) (SE = La, Ce, Pr) und mit [BC]-Einheiten, wie z. B. LuNi(BC).

Die Bindungssituation in Carbiden mit C_2-Anionen

In binären und ternären Metallcarbiden mit C_2-Anionen variiert die C–C-Bindungslänge über einen weiten Bereich, z. B. 119 pm in CaC_2, 128–129 pm in Lanthanoiddicarbiden, 134 pm in UC_2. Eine Erklärung hierfür liefert das MO-Schema einer C_2-Einheit (Abb. 2.67, links). Werden nur die Valenzorbitale betrachtet, dann erhält man für das **C_2^{2-}-Ion** (10 Valenzelektronen) die Konfiguration $(2\sigma_g)^2(2\sigma_u)^2(\pi_u)^4(3\sigma_g)^2$. Das Mischen von zwei 2s- und zwei $2p_z$-Orbitalen ergibt vier Orbitale vom σ-Typ: eine stark bindende Kombination ($2\sigma_g$), zwei nahezu nichtbindende Kombinationen ($2\sigma_u$ und $3\sigma_g$, oder lone pairs) und eine antibindende Kombination ($3\sigma_u$). Durch das Mischen von je zwei $2p_x$- und zwei $2p_y$-Orbitalen entstehen zweifach entartete bindende (π_u) und zweifach entartete antibindende (π_g^*) Kombinationen. Im Falle des C_2^{2-}-Ions ist das $3\sigma_g$-Orbital das höchste besetzte Molekülorbital (HOMO) (vgl. auch Abb. 1.10). Erst die Besetzung der antibindenden π_g^*-Orbitale wird kritisch. Die Besetzung dieser antibindenden π_g^*-Orbitale führt zur Vergrößerung des C–C-Abstandes, wobei die Bindungsordnung von drei für C_2^{2-} auf zwei für C_2^{4-} herabgesetzt wird. Mit steigender Elektronenzahl lassen sich daher C_2^{4-} und C_2^{6-} formulieren, die mit O_2 und F_2 isoelektronisch sind.

In Metallcarbiden mischen Orbitale der Metallatome mit geeigneten Orbitalen der C_2-Einheiten. Die Zustandsdichten für die isotypen Verbindungen CaC_2 und UC_2 sind in Abb. 2.67 dargestellt. Das mit dem MO-Schema einer C_2-Einheit verwandte Muster der Zustandsdichten bleibt erkennbar. Dies trifft insbesondere für die Zustandsdichte von CaC_2 zu, da die Ca–C_2-Wechselwirkungen überwiegend ionischen Charakter haben und die Orbitale des Calciums nur wenig mit C_2-Orbitalen mischen. Andere Metalle wie z. B. Uran können kovalente Metall–C_2-Bindungen eingehen.

Der Energieblock von UC_2 am Fermi-Niveau ist Metall–C_2-bindenden Kombinationen zuzuordnen, von denen eine in Abb. 2.68 gezeigt ist. Durch die Halbbesetzung dieses Energieblocks (mit zwei Elektronen pro Formeleinheit UC_2) werden gleichzeitig d-Orbitale und π_g^*-Orbitale besetzt. Eine Halbbesetzung der π_g^*-Orbitale (C_2^{4-}) entspräche der salzartigen Formel $U^{(4+)}C_2^{(4-)}$. Der C–C-Abstand (134 pm) stimmt mit dem für eine C–C-Doppelbindung zu erwartenden Wert überein. Diese salzartige oder lokalisierte Beschreibung hat wegen der Delokalisierung der Leitungselektronen (siehe Abb. 2.68) nur Modellcharakter.

Die metallischen Eigenschaften von UC_2 und die isolierenden Eigenschaften von CaC_2 sind experimentell belegt und stehen mit ihren berechneten Zustandsdichten im Einklang (Abb. 2.67). Für UC_2 verläuft das Fermi-Niveau durch einen halbbesetzten Energieblock, und für CaC_2 liegt eine Bandlücke von mehr als 2 eV zwischen dem gefüllten Valenzband und dem leeren Leitungsband. Eine vergleichbare elektronische Struktur wie UC_2 haben Seltenerdmetalldicarbide mit Metallen im dreiwertigen Oxidationszustand.

2.10.3.6 Eigenschaften von Metallcarbiden

Bei der kontrollierten Hydrolysereaktion salzartiger Metallcarbide mit C^{4-}, C_2^{2-} oder C_3^{4-} entstehen die entsprechenden Kohlenwasserstoffe (CH_4, C_2H_2 oder C_3H_4) als Hauptprodukte. Calciumcarbid wurde in der Technik als Ausgangsstoff zur Acetylengewinnung

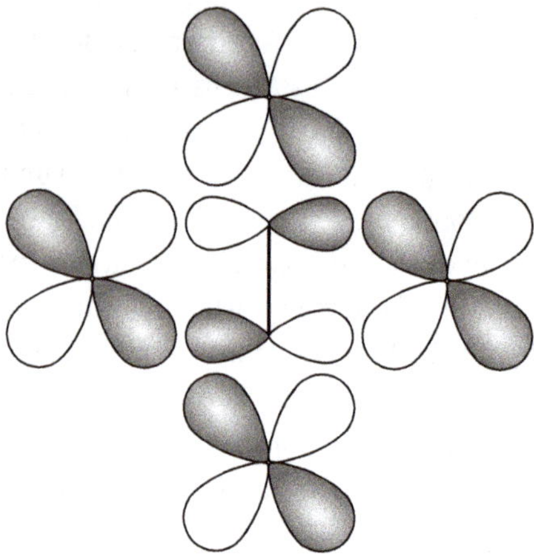

Abb. 2.68: Lokalisiertes Bild einer Metall–C_2-bindenden Kombination der UC_2-Struktur, aus einem der zwei C–C-antibindenden π_g^*-Orbitale und d-Orbitalen der Metallatome. Es liegt eine Kombination aus M–M- und M–C-bindenden und C–C-antibindenden Orbitalen vor.

eingesetzt, Mg_2C_3 zur Darstellung von Allylen oder Allen. Hydrolyse tritt ebenfalls bei Metallcarbiden der Gruppen 4f und 5f, wie z. B. bei UC und MC_2, auf.

Die meisten Einlagerungscarbide sind chemisch inert, zeigen metallische Eigenschaften und außergewöhnliche Härte. Wie bei Einlagerungsnitriden wird die Härte mit Lückenbesetzungen durch Nichtmetallatome und den Bindungen zwischen Metall und Nichtmetall erklärt, die das Gleiten dicht gepackter Metallschichten verhindern.

Wolframmonocarbid ist etwa so hart wie Diamant („Widia“) und ist das wichtigste Carbid der Hartmetalltechnik als Härteträger in allen technischen Hartmetallen (Smp. ≈ 2800 °C). Titanmonocarbid besitzt ebenfalls eine hohe Härte, ist chemisch sehr widerstandsfähig und wird von Salz- und Schwefelsäure kaum angegriffen.

Zu den höchstschmelzenden Stoffen zählen die Carbide HfC und TaC (beide ≈ 3900 °C), NbC (≈ 3600 °C), ZrC (≈ 3420 °C) und TiC (≈ 3070 °C).

2.10.4 Metallnitride

In Strukturen von Metallnitriden liegen isolierte Nitridionen (N^{3-}), Dinitridionen (N_2^{2-}) oder Azidionen (N_3^-) vor. Metallnitride der Alkali- und Erdalkalimetalle sind farbige, hydrolyseempfindliche Feststoffe.

Von den Alkalimetallen sind die binären Nitride Li_3N, Na_3N und K_3N bekannt. Die Erdalkalimetalle bilden salzartige Nitride, Pernitride und Subnitride. Die Metallnitride AlN, GaN und InN werden den kovalenten Metallnitriden zugeordnet.

Übergangsmetalle und Seltenerdmetalle bilden Metallnitride, die in gut bekannten Strukturtypen kristallisieren und solche, die analog zu den Metallcarbiden als Einlagerungsverbindungen betrachtet werden können.

Ternäre Metallnitride aus Alkali- oder Erdalkalimetallen (A) und Übergangsmetallen (M) bilden Nitridometallate ($A_xM_yN_z$).

2.10.4.1 Synthese von Metallnitriden

Bedingt durch die hohe Bindungsenergie im Stickstoffmolekül (941 kJ/mol) sind direkte Reaktionen von N_2 mit Metallen energetisch ungünstig. Die Reaktionen mit Stickstoff erfordern hohe Temperaturen, bei denen die Metall–N-Bindungen bereits destabilisiert werden. Aus diesem Grund sind Metallnitride thermodynamisch weniger stabil und weniger häufig belegt als Metalloxide. Trotzdem gibt es mehrere Syntheserouten, die mit Erfolg zu Metallnitriden führen:

1. Direkte Nitridierung
   Reaktion von Metall oder Metallhydrid im Stickstoffstrom. Dabei ist unter striktem Sauerstoffausschluss zu arbeiten (zum Abfangen von Sauerstoff lässt man Stickstoff vor der Reaktion durch Oxysorb hindurchströmen):

$$3\,\mathrm{Li} + \tfrac{1}{2}\,\mathrm{N_2} \xrightarrow{400\,^\circ\mathrm{C}} \mathrm{Li_3N}$$

$$3\,\mathrm{Ca} + \mathrm{N_2} \xrightarrow{750\,^\circ\mathrm{C}} \mathrm{Ca_3N_2}$$

   Zur Herstellung von Nitriden der Übergangs- oder Seltenerdmetalle werden die reinen Metalle zunächst hydriert und nach anschließendem Verreiben des Metallhydrides nitridiert:[14]

$$\mathrm{Y} \xrightarrow{\mathrm{H_2},\ 500\,^\circ\mathrm{C}} \mathrm{YH_2} \xrightarrow{\mathrm{N_2},\ 900\,^\circ\mathrm{C}} \mathrm{YN}$$

2. Nitridierung in Schmelzen
   Ternäre Metallnitride und Nitride mit hohen Oxidationsstufen der Metallatome können in Schmelzen aus Li_3N hergestellt werden:

$$14\,\mathrm{Li_3N} + 6\,\mathrm{Ta} + 5\,\mathrm{N_2} \xrightarrow{\text{Schmelze}} 6\,\mathrm{Li_7TaN_4}$$

3. Ammonolyse
   Reaktion von Metallverbindungen mit gasförmigem Ammoniak:

$$\mathrm{NH_4VO_3} + \mathrm{NH_3} \xrightarrow{1000\,^\circ\mathrm{C}} \mathrm{VN} + 3\,\mathrm{H_2O} + \tfrac{1}{2}\,\mathrm{N_2} + \tfrac{1}{2}\,\mathrm{H_2}$$

4. Metathese
   Reaktion eines Metallhalogenids mit Lithiumnitrid:

$$\mathrm{LaCl_3} + \mathrm{Li_3N} \xrightarrow{600\,^\circ\mathrm{C}} \mathrm{LaN} + 3\,\mathrm{LiCl}$$

---

14 Metallpulver, besonders der Seltenerdmetalle, sind oft mit nicht unwesentlichem Hydridgehalt im Handel.

Die Reaktionen werden durch Aufheizen oder Zünden mit einem Heizdraht initiiert. Festkörper-Metathesereaktionen sind exotherme Reaktionen und können (z. B. mit $NbCl_5$ oder $MoCl_5$) explosiv verlaufen.

Ein generelles Problem bei der Synthese von Metallnitriden sind mögliche Kontaminationen durch leichte Elemente wie z. B. C, H oder O. In Strukturen von Oxidonitriden ist eine Zuweisung von Atomsorten nur dann möglich, wenn O^{2-} und N^{3-} nicht gleichmäßig über äquivalente Positionen verteilt sind.

2.10.4.2 Salzartige und metallische Metallnitride der Alkali- und Erdalkalimetalle

Salzartige Metallnitride der Alkali- und Erdalkalimetalle sind farbige, hydrolyseempfindliche Feststoffe, die sich an feuchter Luft unter Bildung von Ammoniak zersetzen. Von den Alkalimetallnitriden ist Li_3N gut bekannt. Die Existenz der thermisch labilen Nitride Na_3N (Anti-ReO_3-Typ) und K_3N (Anti-TiI_3-Typ, isotyp zu Cs_3O) wurde experimentell nachgewiesen (Na_3N zersetzt sich unterhalb von 90 °C).

In der ungewöhnlichen Struktur von **Li_3N** bilden die Nitridionen eine hexagonal primitive Anordnung. Jedes Nitridion ist von einer hexagonalen Bipyramide aus Lithiumionen umgeben (Abb. 2.69). Li_3N ist ein guter Ionenleiter mit spezifischen Leitfähigkeiten von $\sigma = 10^{-3}$ S/cm (in den Schichten) und $\sigma = 10^{-5}$ S/cm (senkrecht zu den Schichten) bei Zimmertemperatur. Einer praktischen Anwendung als Elektrolyt in Batterien steht jedoch das niedrige Zersetzungspotential (0,45 V) von Li_3N entgegen. Eine noch bessere ionische Leitfähigkeit zeigt die modifizierte Verbindung $Li_{3-x}H_xN$, in der das H-Atom mit einem **Nitrid-Ion** eine NH-Einheit bildet. Bedingt durch die erzeugten Li-Leerstellen erhöht sich die Beweglichkeit von Li^+-Ionen innerhalb der hexagonalen Leitungsschichten.

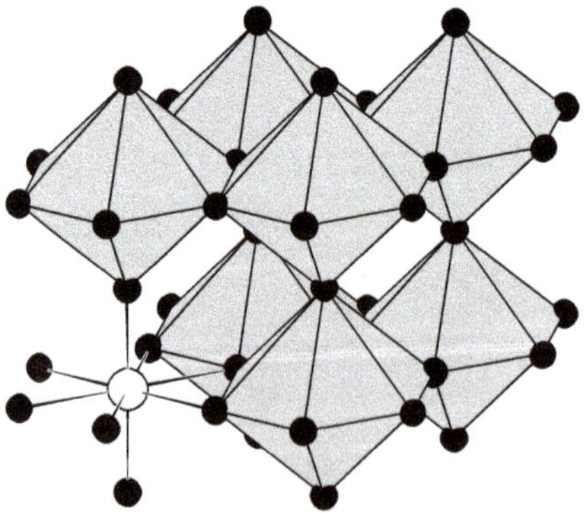

Abb. 2.69: Die Kristallstruktur von Li_3N (Raumgruppe *P6/mmm*). Lithiumionen bilden hexagonale Bipyramiden, in deren Zentren sich N^{3-}-Ionen befinden. Die hexagonalen Schichten der Lithiumionen einer Sorte gleichen primitiv gestapelten Graphit- oder BN-Schichten.

Die Erdalkalimetalle Be, Mg, Ca und Ba bilden salzartige, hydrolyseempfindliche Nitride des Formeltyps $\mathbf{M_3N_2}$, von denen die Verbindungen mit M = Be, Mg und Ca im Anti-Bixbyit-Typ kristallisieren. Für Ca_3N_2 sind neben α-Ca_3N_2 (Anti-Bixbyit) noch zwei weitere Modifikationen bekannt. Die metastabile Phase β-Ca_3N_2 kristallisiert im Anti-Korund-Typ und geht bei etwa 810 °C in α-Ca_3N_2 über. γ-Ca_3N_2 entsteht durch eine Hochdrucksynthese aus α-Ca_3N_2 (8 GPa, 1000 °C).

Unter hohen Stickstoff-Drücken entstehen die hydrolysempfindlichen Diazenide (oder Pernitride) der Alkali- und Erdalkalimetalle ($\mathbf{Li_2N_2}$, CaN_2, $\mathbf{SrN_2}$ und BaN_2). Das $\mathbf{N_2}^{2-}$**-Ion** entsteht bei der Reaktion zwischen einem Metall oder Metallnitrid und gasförmigem N_2 unter geeigneten Druck- und Temperaturbedingungen. Ausgehend vom Subnitrid $\mathbf{Sr_2N}$ ($(Sr^{2+})_2N^{3-} \cdot e^-$) konnte gezeigt werden, dass mit steigendem Stickstoffdruck eine Abfolge von Verbindungen entsteht. Dabei findet eine sukzessive Einlagerung von N_2^{2-} in die schichtartige Struktur von Sr_2N, über Sr_4N_3 ($(Sr^{2+})_4(N^{3-})_2(N_2^{2-})_{0,5}$) und SrN ($(Sr^{2+})_4(N^{3-})_2(N_2^{2-})$), zu SrN_2 ($Sr^{2+}(N_2^{2-})$) statt. Beim Erhitzen unter Normaldruck entsteht aus SrN_2 wieder Sr_2N.

$$Sr_2N \xrightarrow[+N_2]{9\text{ bar }N_2,\ 920\,°C} Sr_4N_3 \xrightarrow[+N_2]{400\text{ bar }N_2,\ 920\,°C} SrN \xrightarrow[+N_2]{5500\text{ bar }N_2,\ 920\,°C} SrN_2$$

$$SrN_2 \xrightarrow[-N_2]{1\text{ bar }N_2,\ 620\,°C} Sr_2N$$

Die farbigen Erdalkalidiazenide CaN_2, SrN_2 und BaN_2 ähneln ihrer Zusammensetzung nach den entsprechenden Dicarbiden (Acetyliden) und kristallisieren isotyp zu den Strukturen von CaC_2-I (vgl. Abb. 2.66) und -II. Unter Annahme einer salzartigen Betrachtung liegen im $(N_2)^{2-}$-Ion Doppelbindungen vor. Die N–N-Abstände liegen in Erdalkalidiazeniden bei 120–124 pm. Das schwarz aussehende Pulver von $\mathbf{Li_2N_2}$ lässt metallische Eigenschaften erwarten und die Struktur weist längere N–N-Abstände (130 pm) auf. In Diazeniden liegen die N–N-Abstände zwischen dem typischen Wert einer Einfachbindung (ca. 145 pm) und einer Dreifachbindung (110 pm im N_2-Molekül), in der Nähe des Wertes von 125 pm, der für gasförmiges **Diazen** (*trans*-N_2H_2) angegeben wird.

Der relative Anteil von Stickstoff in diesen nitridreichen Verbindungen wird durch die Azide $Ca(N_3)_2$, $Sr(N_3)_2$, $Ba(N_3)_2$ und LiN_3 übertroffen. Deshalb können Azide wie LiN_3 über eine Hochdruckthermolyse im Autoklav ohne externen N_2-Druck in korrespondierende Diazenide (LiN_2) überführt werden.

Metallreiche Nitride (oder Subnitride) $\mathbf{M_2N}$ (M = Ca, Sr, Ba) mit Anti-$CdCl_2$-Struktur können weder ionischen noch metallischen Nitriden zugeordnet werden. Die durch die Schreibweise $Ca_2N(e^-)$ ausgedrückte unausgeglichene Elektronenbilanz verdeutlicht, dass es sich hierbei um elektrische Leiter (hier Halbleiter) handelt. Die Hydrolyseempfindlichkeit aller Alkali- und Erdalkalimetallnitride (Ca_2N bildet außer $Ca(OH)_2$ + NH_3 zusätzlich noch H_2) unterstreicht aber ihre ionischen Eigenschaften. Bei der Einlagerung von Wasserstoff in die Struktur von Sr_2N entsteht Sr_2HN. Dabei werden alle noch unbesetzten Oktaederlückenschichten (des Anti-$CdCl_2$-Typs) durch H^- aufgefüllt (α-$NaFeO_2$-Typ). Geordnetes Sr_2HN ist gelb, Sr_2N ist schwarz.

Die Strukturen der ternären Subnitride Na_5Ba_3N, $NaBa_3N$ und Ba_3N (Anti-TiI_3-Typ) sind aus stickstoffzentrierten $[Ba_6N]$-Oktaedern aufgebaut, die über gemeinsame Dreiecksflächen zu linearen Strängen verknüpft sind. Ba_3N ist wie andere Subnitride metallisch ($\sigma = 10^4$ S/cm bei RT). Es entsteht aus $NaBa_3N$ beim Abdestillieren von Natrium im Vakuum. Bei höherer Temperatur zerfällt Ba_3N in Ba_2N:

$$NaBa_3N \xrightarrow[-Na]{300\text{–}400\,^\circ C} Ba_3N \xrightarrow[-Ba]{560\,^\circ C} Ba_2N$$

$NaBa_3N$ und Ba_3N sind Beispiele für thermisch metastabile Verbindungen, die bei Anwendung (zu) hoher Temperaturen nicht entstehen. $NaBa_3N$ kristallisiert im hexagonalen Anti-Perowskit-Typ (vgl. $CsNiCl_3$-Typ, Abb. 2.103). Die Ladungsverteilung kann als $Na^+(Ba^{2+})_3N^{3-}(e^-)_4$ beschrieben werden.

Das Calciumauridsubnitrid Ca_3AuN kristallisiert im kubischen Anti-Perowskit-Typ und enthält gemäß $(Ca^{2+})_3Au^-N^{3-}(e^-)_2$ anionisches Gold. In beiden Anti-Perowskit-Strukturen bilden Metallatome beider Sorten die dichten Packungen.

2.10.4.3 Kovalente Metallnitride und Elektrolumineszenz

Aluminium, Gallium und Indium bilden die Nitride **AlN**, **GaN** und **InN**. Sie gehören zu den **III-V-Halbleitern** (Gruppe 13–15), die im Zinkblende-Typ kristallisieren. Die Bandlücken dieser Verbindungen liegen bei 6,6, 3,4 und 0,7 eV und können in **(Al,Ga,In)N-Mischphasen** über den gesamten Bereich durchgestimmt werden, um ihre optischen oder elektronischen Eigenschaften nutzbar zu machen. In der Optoelektronik dienen (mit Mg) lochdotierte und mit (Si) Überschusselektronen dotierte Halbleiter zur Erzeugung von rotem, grünem oder blauem Licht in Leuchtdioden (LED, light emitting diode) (vgl. Abschn. 2.10.5.12). In einer LED werden dünne Schichten aus p-GaN:Mg und n-GaN:Si übereinander abgeschieden und in einen elektrischen Stromkreis eingebracht. Die Aussendung von Licht resultiert aus der Konversion von Elektronen und Löchern in der Grenzschicht des p–n-Übergangs und ist als Elektrolumineszenz bekannt (vgl. Abschn. 2.10.5.12). Der hierzu umgekehrte Fall der Absorption von Licht unter Erzeugung von Strom entspricht dem Prinzip einer Solarzelle.

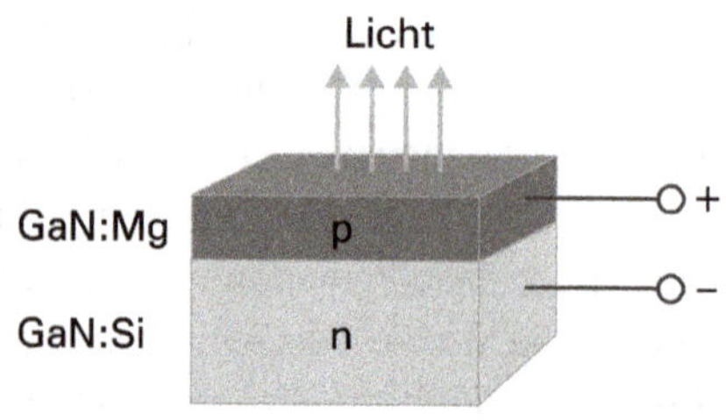

Weitere wichtige hochstabile kovalente Nitride sind durch die Nichtmetallverbindungen BN und Si_3N_4 repräsentiert (vgl. Nitridkeramik, Abschn. 2.11.3.6).

2.10.4.4 Metallnitride der Übergangsmetalle

Die Übergangsmetallnitride zeigen weitreichende Analogien zu den Übergangsmetallcarbiden. In vielen metallartigen Nitriden besetzen die Stickstoffatome oktaedrische Hohlräume der dichtest gepackten Anordnungen der Metallatome. Die Eigenschaften dieser Metallnitride (Aussehen, Härte, elektrische Leitfähigkeit) gleichen denen von Metallen. Die Strukturen und Zusammensetzungen von Übergangsmetallnitriden sind vielfältig, viele bilden Antitypen zu bekannten Strukturen (Tab. 2.18).

Tab. 2.18: Strukturen einiger Übergangsmetallnitride.

Verbindung	Strukturtyp
TiN, VN, CrN, ZrN, TaN	NaCl
δ-WN, δ-TaN	WC
δ-NbN	Anti-NiAs
Ti_2N	Anti-Rutil (ε-Form) oder geordnete Überstruktur des NaCl-Typs (δ-Form)
Co_2N	Anti-$CdCl_2$
Cu_3N	Anti-ReO_3
Mn_4N, Fe_4N	Anti-Perowskit
Zr_3N_4, Hf_3N_4	Th_3P_4

Strukturen vom Typ M_4N bestehen aus kubisch flächenzentrierten Anordnungen von Metallatomen, in denen die Nitridionen auf unterschiedlichen oktaedrischen Lücken ausordnen.

2.10.4.5 Ternäre Metallnitride und Nitridometallate

Eine große Gruppe von ternären Metallnitriden enthält gerichtete M–N-Bindungen zwischen Übergangsmetall- (M) und Stickstoffatomen sowie Alkali- oder Erdalkalimetalle als Gegenionen. Solche Verbindungen können als Nitridokomplexe aufgefasst werden, in denen überwiegend ionische und überwiegend kovalente Bindungen vorliegen. Darunter finden sich Strukturen mit diskreten $[MN_x]$-Anionen, die lineare $[MN_2]$-, trigonal-planare $[MN_3]$- oder tetraedrische $[MN_4]$-Anordnungen bilden können (Abb. 2.70). Der strukturelle Bezug dieser Anionen zu bekannten Ionen der Hauptgruppenelemente ist unverkennbar, z. B. zwischen dem Trinitridoferrat(III)-Ion $[FeN_3]^{6-}$ und dem CO_3^{2-}-Ion. Außerdem existieren höher vernetzte Strukturen, in denen die $[MN_x]$-Anionen Stränge, Schichten oder Netzwerke bilden. Einen Hinweis auf das Vorliegen komplexer Anionen

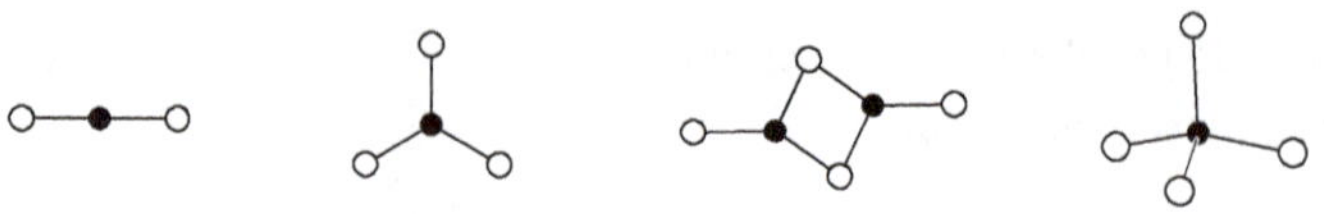

$[MN_2]^{4-}$ $[MN_3]^{6-}$ $[M_2N_4]^{4-}$ $[MN_4]^{6-}$

Abb. 2.70: Die Strukturen einiger Nitridometallatanionen.

selbst in Schmelzen liefert die Reaktion von $[MoN_4]^{6-}$ in einer Lithiumchloridschmelze zu $[Mo_2N_7]^{9-}$.

Für die Übergangsmetallatome findet man in diesen Verbindungen oft niedrige Koordinationszahlen (z. B. KZ = 2) und kurze M–N-Bindungslängen (etwa 180–195 pm in quasi-isolierten Anionen), die wie bei klassischen Übergangsmetallkomplexen auf eine Überlagerung zwischen einer σ– und zweier $d(\pi)$–$p(\pi)$-Wechselwirkungen hindeuten. Eine Anzahl ternärer Metallnitride und ihre Anionenstrukturen sind in Tab. 2.19 zusammengestellt.

Einige Metallnitride mit quasi-polymeren Anionenstrukturen sind metallische Leiter. Die Besetzung der Leitungsbänder mit Elektronen ist eine Voraussetzung für das Auftreten von metallischer Leitfähigkeit. $LiMoN_2$ besitzt z. B. 17 Valenzelektronen ($1 + 6 + 2 \cdot 5$). Von diesen besetzen 16 Elektronen die acht anionischen s- und p-Zustände ($2\,N^{3-}$) und ein weiteres Elektron die von d-Orbitalen des Molybdäns dominierten Leitungsbänder. Über eine höhere Anzahl von Leitungselektronen verfügt beispielsweise CaNiN (metallischer Leiter, $\sigma = 2{,}5 \cdot 10^4$ S/cm bei RT).

In einzelnen Verbindungen werden auch N–N-Wechselwirkungen diskutiert. Hierzu zählen die Wechselwirkungen zwischen benachbarten $^1_\infty$[Ni–N–]-Ketten in ANiN (A = Sr, Ba) und paarweise Wechselwirkungen zwischen N-Atomen (N–N-Abstand = 256 pm) innerhalb der trigonalen $[MoN_6]$-Prismen von $LiMoN_2$ (parallel zur dreizähligen Richtung eines Prismas). In allen diesen Verbindungen sind Bindungen zwischen dem Übergangsmetallatom und Stickstoff überwiegend kovalent und die zwischen dem Alkali- oder Erdalkalimetall und N überwiegend ionisch.

2.10.4.6 Eigenschaften von Metallnitriden

Metallnitride sind im Allgemeinen weniger stabil als Metalloxide. Die thermische Zersetzung eines Metallnitrids unter Abgabe von N_2 wird durch die vergleichsweise hohe Bindungsenergie von N_2 (941 kJ/mol) gegenüber O_2 (499 kJ/mol) begünstigt, weshalb auch umgekehrt die Oxidbildung gegenüber der Nitridbildung begünstigt ist.

Ionische Metallnitride sind farbig, Li_3N (rot), Ca_3N_2 (dunkelviolett) und hydrolyseempfindlich.

Einlagerungsmetallnitride zeichnen sich wie Metallcarbide durch mechanische Härte, chemische Resistenz und hohe Schmelzpunkte aus. Titannitrid ist ein metallischer Leiter ($\sigma = 4 \cdot 10^4$ S/cm). Wegen der goldenen Farbe wird TiN zur dekorativen

Tab. 2.19: Ternäre Metallnitride $A_xM_yN_z$ mit A = Alkali- oder Erdalkalimetall und M = Metall der Gruppen 5–10.

Verbindung(en)	Anion	Gestalt des $[MN_x]$-Polyeders
quasi-isolierte Anionen		
Li_4FeN_2	$[N{-}Fe{-}N]^{4-}$	linear (isostrukturell mit CO_2)
Sr_3MN_3 (M = V, Cr, Mn, Fe, Co)	$[FeN_3]^{6-}$	trigonal-planar (isostrukturell mit CO_3^{2-})
A_2FeN_2 (A = Ca, Sr)	$[NFe{-}N_2{-}FeN]^{4-}$	zwei kantenverknüpfte Dreiecke
Ba_3MN_4 (M = Mo, W)	$[MoN_4]^{6-}$	tetraedrisch (isostrukturell mit SO_4^{2-})
$LiBa_4M_2N_7$ (M = Mo, W)	$[N_3Mo{-}N{-}MoN_3]^{9-}$	eckenverknüpfte Tetraeder (isostrukturell mit $S_2O_7^{2-}$)
quasi-polymere Anionen		
CaNiN	$^1_\infty[NiN_{2/2}]^{2-}$	lineare Ketten
ANiN (A = Sr, Ba)	$^1_\infty[NiN_{2/2}]^{2-}$	Zickzackketten
Li_3FeN_2	$^1_\infty[FeN_{4/2}]^{3-(a)}$	Stränge kantenverknüpfter Tetraeder
Ba_2NbN_3	$^1_\infty[NbN_2N_{2/2}]^{4-}$	Stränge eckenverknüpfter Tetraeder
AMN_2 (M = Nb, Ta; A = Na, K, Rb, Cs)	$^3_\infty[TaN_{4/2}]^{-}$	Raumnetzstruktur eckenverknüpfter Tetraeder (aufgefüllter β-Cristobalit-Typ)
$BaZrN_2$	$^2_\infty[ZrNN_{4/4}]^{2-}$	kantenverknüpfte quadratische Pyramiden (Kanten der quadr. Fläche)
$NaMN_2$ (M = Nb, Ta)	$^2_\infty[NbN_{6/3}]^{-}$	zu Schichten flächenverknüpfte Oktaeder[(b)]
$LiMoN_2$	$^2_\infty[MoN_{6/3}]^{-}$	zu Schichten flächenverknüpfte trigonale Prismen[(c)]

[(a)]Die Niggli-Schreibweise $[FeN_{4/2}]$ verdeutlicht die Koordination des Eisens durch vier Stickstoffatome, die aber ihrerseits an je zwei Eisenatome gebunden und deshalb jedem Eisenatom nur zur Hälfte zuzurechnen sind.
[(b)]Die genauere Beschreibung wäre hier eine kdP von N^{3-} mit alternierender Besetzung von Oktaederlückenschichten durch Na und Nb.
[(c)]Aufgefüllte Variante des 3R-MoS_2-Typs.

Oberflächenbeschichtung verwendet. Als Carbidnitrid kann die Farbe von goldfarben ($TiC_{0,1}N_{0,9}$) bis dunkelviolett ($TiC_{0,4}N_{0,6}$) variieren. Ternäre Übergangsmetallnitride mit Lithium, wie z. B. $Li_{3-x}MN_2$ (mit M = Fe, Ni, Cu mit $x \leq 1$) zeigen reversible Interkalationseigenschaften für Lithium.

2.10.4.7 Metallnitride der Seltenerdmetalle und 5f-Elemente

Die Metalle Sc, Y sowie die meisten Lanthanoide und Actinoide bilden mit Stickstoff binäre Nitride, die wie YN, ScN und LaN im NaCl-Typ kristallisieren. Oft zeigen die harten Einlagerungsnitride ein geringes Stickstoffdefizit (zum Beispiel YN_{1-x}). In Analogie zu Carbiden bilden einige ternäre Metallnitride der Zusammensetzung M_3AlN (M = Ce, La, Nd, Pr, Sm) Strukturen vom Anti-Perowskit-Typ. Im Gegensatz hierzu treten Perowskit-Strukturen bei Oxidnitriden auf ($LaWO_{0,6}N_{2,4}$). In der Struktur von Th_3N_4 bilden die

Thoriumatome die dichte hhc-Packung (vgl. Abschn. 2.2.1), in der die Stickstoffatome zur Hälfte oktaedrische und tetraedrische Lücken besetzen. Unter Druck können Dinitride wie UN_2 (Fluorit-Typ) und MN_2 für M = Ce, Nd, Pr sowie Sesquinitride wie U_2N_3 (C-M_2O_3-Typ) dargestellt werden.

2.10.4.8 Nitridische Verbindungen

Viele nitridische Verbindungen zeigen hinsichtlich ihres strukturellen Aufbaus Ähnlichkeiten zu Nitridometallaten (Abschn. 2.10.4.5), wobei das Metallatom durch ein Nichtmetallatom ersetzt ist. Hierzu zählen Nitridoborate, Nitridocarbonate, Nitridosilicate und Nitridophosphate, von denen im Folgenden einige Vertreter vorgestellt werden.

Nitridoborate der Alkali- und Erdalkalimetalle umfassen salzartige, hydrolyseempfindliche Verbindungen mit dem $(N{=}B{=}N)^{3-}$-Ion. Diese Dinitridoborate entstehen über Festkörperreaktionen eines Metallnitrids mit α-BN bei hohen Temperaturen (ca. 800 °C). Hierzu zählen $Li_3(BN_2)$, $Na_3(BN_2)$ und die Verbindungen $M_3(BN_2)_2$ mit M = Ca, Sr, Ba. Magnesium bildet das hydrolyseresistente Nitridoboratnitrid $Mg_3(BN_2)N$.

Nitridoborate der Seltenerdmetalle bilden eine breite Palette unterschiedlicher Verbindungen, deren Kristallstrukturen C_2-analoge $(BN)^{n-}$-, Nitrat-analoge $(BN_3)^{6-}$-, Oxalat-analoge $(B_2N_4)^{8-}$- oder Cyanurat-analoge $(B_3N_6)^{9-}$-Ionen enthalten. Die Synthese dieser Verbindungen erfolgt über Festkörper-Metathese-Reaktionen ausgehend von einem Metallhalogenid und Lithiumnitridoborat bei ca. 650 °C:

$$3\,LaCl_3 + 3\,Li_3(BN_2) \longrightarrow La_3(B_3N_6) + 9\,LiCl$$

Nitridoborate existieren als weiße, transparente salzartige Verbindungen ($La_3B_3N_6$) oder schwarze, elektrisch leitfähige ($La_3(B_2N_4)$, CaNi(BN)) sowie supraleitfähige Verbindungen ($La_3Ni_2(BN)_2N_{1-x}$, T_c = 14 K).

Nitridocarbonate (vgl. Tab. 2.17) sind besser als Cyanamide und Carbodiimide bekannt. Die vermutlich bekannteste Verbindung ist $Ca(CN_2)$, deren Struktur ein $(NCN)^{2-}$-Ion in der Carbodiimid-Form enthält, d. h. mit zwei identischen N–C-Bindungen und $D_{\infty h}$-Symmetrie (isostrukturell zum CO_2-Molekül). Die Cyanamid-Form beinhaltet zwei ungleiche N–C-Bindungslängen, ggf. auch eine leicht gewinkelte Anordnung des $(NCN)^{2-}$-Ions. Welche der beiden Formen bevorzugt ist, hängt von der Art der Kationen und der Umgebung mit Kationen ab. In Kombinationen mit harten Kationen (Ca^{2+}, Mn^{2+}) resultieren ionische Bindungen mit der Carbodiimid-Form ($(N{=}C{=}N)^{2-}$), während weiche Kationen (Pb^{2+}, Ag^+) eher kovalente Bindungsanteile einbringen und die Cyanamid-Form ($(N{\equiv}C{-}N)^{2-}$) bilden können. Dementsprechend handelt es sich bei Verbindungen der Alkalimetalle $M_2(CN_2)$ mit M = Li, Na, K und der Erdalkalimetalle $M(CN_2)$ (M = Mg, Ca, Sr, Ba) um Carbodiimide. Die Einordnung als Cyanamid oder Carbodiimid weicht von der früheren Bezeichnung dieser Verbindungen („als Cyanamide“) ab.

Verbindungen der Nebengruppenmetalle umfassen überwiegend thermisch labile Verbindungen mit ein-, zwei- und dreiwertigen Kationen: $M_2(CN_2)$ mit M = Ag, $M(CN_2)$

mit M = Mn, Fe, Co, Ni, Cu, Zn, Cd, Hg und $Cr_2(CN_2)_3$. Hauptgruppenverbindungen sind durch die Beispiele $Tl_2(CN_2)$, $Sn(CN_2)$ und $Pb(CN_2)$ belegt. Verbindungen der Seltenerdmetalle sind u. a. durch die Serie $M_2(CN_2)_3$ (M = Sc, Y, Ce–Lu) repräsentiert. Tetracyanamidometallate mit $[M(CN_2)_4]$-Anionen sind mit M = Al, Ga, Si und Ge bekannt (z.B. als $Li_4[Si(CN_2)_4]$).

Die überwiegende Zahl der Kristallstrukturen all dieser Verbindungen lässt sich mit Schichten dichtester Stabpackungen aus $(NCN)^{2-}$-Ionen beschreiben, die mit Schichten aus Kationen alternieren.

Nitridosilicate sind Verbindungen, die sich formal aus Oxosilicaten ableiten. Die hohe Verbreitung von Silicaten in der Erdkruste (>90 %) macht die Oxosilicate zu einer der umfangreichsten Verbindungsklassen. Oxosilicate und Nitridosilicate sind aus kondensierten $[SiO_4]$- und $[SiN_4]$-Tetraedern aufgebaut, wobei Stickstoffatome vielseitigere Vernetzungsmuster bilden als Sauerstoffatome. Während Sauerstoffatome einfach koordiniert sind oder zweifach verbrückend an Si binden können, kann Stickstoff an bis zu vier Siliciumatome binden. Zusätzlich können $[SiN_4]$-Tetrader über gemeinsame Kanten verknüpft sein. Bedingt durch diese vielfältigeren Strukturmuster scheinen Nitridosilicate die Oxosilicate in ihrer Strukturvielfalt zu übertreffen. Nitridosilicate mit hohen Kondensationsgraden sind hydrolyseresistent, weil die Reaktion mit Wassermolekülen kinetisch gehemmt ist.

Viele Nitridosilicate wurden aus Reaktionen von Metallen mit der reaktiven Verbindung Siliciumdiimid ($Si(NH)_2$) bei sehr hohen Temperaturen hergestellt (ca. 1500 °C). Mit Alkalimetall-, Erdalkalimetall- und Seltenerdmetall-Ionen existiert eine große Palette von Nitridosilicaten. Strukturen der Verbindungen $MSiN_2$ (M = Zn, Be Mg) sind durch Wurtzit-verwandte Anionenstrukturen geprägt. Die Calciumverbindung $CaSiN_2$ repräsentiert eine cristobalitartige Struktur (vgl. Abb. 2.8c), in der die Kationen Lücken dieser Anordnung besetzen. Bei $MSiN_2$-Verbindungen mit größeren Kationen treten Schichtstrukturen auf.

Die mit Eu^{2+} dotierten Verbindungen $M_2Si_5N_8$ (M = Ca, Sr, Ba) finden aufgrund ihrer rot bis orangefarbenen Photolumineszenz Anwendung in pc-LEDs (engl. *phosphor converted LED*). Grundlage für diese Eigenschaft ist die Substitution weniger Masseprozente M^{2+} in $M_2Si_5N_8$ durch Eu^{2+}, wodurch der rot emittierende Leuchtstoff $M_2Si_5N_8$:Eu entsteht. In einer pc-LED absorbiert der Leuchtstoff das blaue Licht eines (In,Gn)N-Halbleiterchips (vgl. Elektrolumineszenz) und konvertiert es in langwelligeres Licht des sichtbaren Spektrums (vgl. Abschn. 2.10.5.12 Leuchtstoffe).

Die Chemie der Nitridosilicate findet ihre Ergänzung in den Oxidonitridosilicaten und SiAlON-Keramiken (Abschn. 2.11.3.6).

2.10.5 Metalloxide

Metalloxide sind von allen Metallen des Periodensystems bekannt. Die meisten Metalloxide sind unter Normalbedingungen nichtflüchtig, obwohl einige wenige von ihnen niedrige Schmelzpunkte haben, wie z. B. OsO_4 (Smp. 40 °C). Analog zu Metallnitriden, -halogeniden usw. kann auch bei Metalloxiden eine grobe Unterscheidung zwischen ionischen, kovalenten und metallischen Verbindungen getroffen werden. Schon das Gebiet der binären Metalloxide ist komplex, weshalb hier vor allem Oxide der Alkalimetalle und die Oxide der ersten Übergangsmetallreihe betrachtet werden. Hinsichtlich der Eigenschaften von Metalloxiden sind aber auch viele polynäre Metalloxide von Interesse, von denen einige wichtige Vertreter vorgestellt werden. Eine Übersicht über einige Eigenschaften gibt Tab. 2.20.

Tab. 2.20: Eigenschaften einiger Metalloxide.

Verbindung	Eigenschaft/Anwendung
CrO_2	Ferromagnetikum (magn. Informationsspeicher)
$PbZr_{1-x}Ti_xO_3$ (PZT)	Ferroelektrikum
$YBa_2Cu_3O_{7-x}$	Supraleiter
$Y_3Al_5O_{12}$ (YAG), $Y_3Fe_5O_{12}$ (YIG)	Lasermaterialien, Leuchtstoffe, Magnetika
β-$NaAl_{11}O_{17}$	schneller Ionenleiter
$ZrO_2(CaO)$	Sauerstoffsensor
Y_2O_2S:Eu	Leuchtstoff

2.10.5.1 Sauerstoffverbindungen der Alkalimetalle

Durch Erhitzen von Alkalimetallen (A) an Luft oder Sauerstoff entstehen die Oxide Li_2O, Na_2O_2, KO_2, RbO_2 und CsO_2, die in Tab. 2.21 durch Fettdruck hervorgehoben sind. Alle anderen Alkalimetalloxide sind nur durch Umsetzung der Metalle mit abgemessenen Mengen Sauerstoff zugänglich.

Tab. 2.21: Sauerstoffverbindungen der Alkalimetalle.

	Ozonide	Hyperoxide	Sesquioxide	Peroxide	Monoxide	Suboxide				
	AO_3	AO_2	A_4O_6	A_2O_2	A_2O	$A_{11}O_3$	A_4O	A_9O_2	A_6O	A_7O
Li				Li_2O_2	**Li_2O**					
Na	NaO_3	NaO_2		**Na_2O_2**	Na_2O					
K	KO_3	**KO_2**		K_2O_2	K_2O					
Rb	RbO_3	**RbO_2**	Rb_4O_6	Rb_2O_2	Rb_2O			Rb_9O_2	Rb_6O	
Cs	CsO_3	**CsO_2**	Cs_4O_6	Cs_2O_2	Cs_2O	$Cs_{11}O_3$	Cs_4O			Cs_7O

Alkalimetallozonide enthalten Radikalanionen und zeigen deshalb Paramagnetismus. Sie kristallisieren in Strukturen, die sich vom CsCl-Typ ableiten.

Alkalimetallhyperoxide enthalten O_2^--Ionen. Ihre Strukturen sind eng mit der Struktur von Calciumcarbid bzw. NaCl verwandt.

Von den Alkalimetallperoxiden entsteht nur Na_2O_2 durch direkte Reaktion an Luft. Wegen ihrer Reaktionen mit CO_2 gemäß $A_2O_2 + CO_2 \longrightarrow A_2CO_3 + \frac{1}{2}\ O_2$ werden leichte Alkalimetallperoxide als Atemluftregulatoren in der Raumfahrt eingesetzt.

Von den Dialkalimetallmonoxiden ist nur Li_2O unter Normalbedingungen stabil. Die höheren Metallmonoxide reagieren bereits an Luft durch Spuren von Wasser oder CO_2 zu Hydroxiden oder Carbonaten. Dialkalimetallmonoxide von Li–Rb kristallisieren im Anti-CaF_2-Typ, Cs_2O im Anti-$CdCl_2$-Typ.

Alkalimetallsuboxide sind von den schweren Alkalimetallen Rubidium und Caesium bekannt. Rb_6O zersetzt sich bereits bei −7,3 °C in das kupferfarbene Rb_9O_2, welches bei 40,2 °C in Rb_2O und Rb zerfällt. Cs_7O ist bronzefarben und schmilzt bei 4,3 °C. Das rotviolette Cs_4O zerfällt oberhalb 10,5 °C in das ebenfalls rotviolette $Cs_{11}O_3$.

Die Kristallstrukturen der Alkalimetallsuboxide bestehen aus zwei oder drei sauerstoffzentrierten Metalloktaedern $[A_6O]$, die über gemeinsame Flächen zu Clustern verknüpft sind. Eine Verknüpfung über eine gemeinsame Fläche ergibt den Cluster Rb_9O_2. Teilen drei A_6O-Oktaeder jeweils eine Fläche miteinander, entsteht der Cluster $Cs_{11}O_3$ (Abb. 2.71). In diesen Verbindungen herrschen starke Metall–Sauerstoff-Bindungen und schwache Metall–Metall-Bindungen. Die gemäß den salzartigen Formulierungen $(Rb^+)_9(O^{2-})_2(e^-)_5$ und $(Cs^+)_{11}(O^{2-})_3(e^-)_5$ überzähligen Elektronen bewirken Bindungen zwischen den Metallatomen, die aber über den ganzen Kristall delokalisiert sind und die metallischen Leitfähigkeitseigenschaften der Verbindungen verursachen. Die Metall–Metall-Abstände innerhalb der Cluster sind kürzer als die Abstände im reinen Metall. Letztere sind eher mit den Abständen zwischen benachbarten Clustern vergleichbar (z. B. Rb_9O_2: $Rb{-}Rb_{intra}$ = 354–403 pm, $Rb{-}Rb_{inter} \approx$ 530 pm, $Rb{-}Rb_{Metall}$ = 448–563 pm). Die Strukturen von Rb_6O und Cs_7O können als $(Rb_9O_2)Rb_3$ und $(Cs_{11}O_3)Cs_{10}$ beschrieben werden.

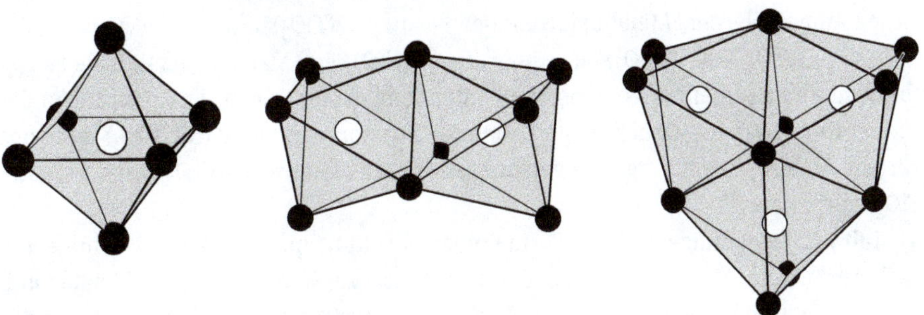

Abb. 2.71: Ein sauerstoffzentrierter $[A_6O]$-Cluster und Ausschnitte aus den Strukturen von Rb_9O_2 und $Cs_{11}O_3$ (von links nach rechts).

Die ternären Verbindungen A_3AuO mit A = K, Rb, Cs enthalten gemäß der salzartigen Formulierung $(A^+)_3Au^-O^{2-}$ anionisches Gold. Diese Ladungsverteilung ist durch die Elektronegativitäten der Elemente vorgezeichnet und entspricht den Verhältnissen in salzartigen Auriden, wie z. B. Cs^+Au^-. Cs_3AuO kristallisiert im hexagonalen Anti-Perowskit-Typ, K_3AuO und Rb_3AuO im kubischen Anti-Perowskit-Typ.

2.10.5.2 Oxide der Erdalkalimetalle und des Aluminiums

Erdalkalimetalloxide des Formeltyps MO kristallisieren für die Metalle M = Mg–Ba im NaCl-Typ und für M = Be im Wurtzit-Typ. Erdalkalimetallperoxide MO_2 sind für M = Ca, Sr und Ba bekannt.

Polykristallines (α-)$\mathbf{Al_2O_3}$ ist als Korund bekannt. Korund ist wegen seines hohen Schmelzpunktes und seines chemisch inerten Verhaltens ein wichtiges keramisches Material. Einkristalle aus Al_2O_3 repräsentieren den farblosen Edelstein Saphir. Mit Fe^{2+}, Ti^{4+} oder Co^{2+} verunreinigte (dotierte) Saphire sind blau. Al_2O_3 bildet mit Cr_2O_3 feste Lösungen mit der allgemeinen Zusammensetzung $Al_{2-x}Cr_xO_3$ (vgl. Abb. 2.19). Mit Cr^{3+} substituierte Al_2O_3-Einkristalle nennt man Rubine.

Bei „β-$\mathbf{Al_2O_3}$" handelt es sich um eine mit Natriumionen stabilisierte Verbindung, die heute als Na-β-Al_2O_3 bekannt ist (Abschn. 2.1.6.2). γ-Al_2O_3 kristallisiert in einer defekten Struktur des Spinell-Typs.

In_2O_3 kristallisiert im Bixbyit-Typ. Mit Zinn dotiertes Indiumoxid (In_2O_3:Sn) wird aufgrund seiner hohen Transparenz für Licht und seiner guten elektrischen Leitfähigkeit als „transparentes Metall" verwendet (vgl. Abschn. 2.4.9).

2.10.5.3 Binäre Metalloxide der Übergangsmetalle

Bei den binären Oxiden kann eine Einteilung nach Eigenschaften oder Strukturen vorgenommen werden. Metalloxide können Isolatoren (TiO_2), Halbleiter (VO_2), metallische Leiter (CrO_2, ReO_3, RuO_2) oder Supraleiter (NbO) sein. Manche Metalloxide zeigen Übergänge vom metallischen in den halbleitenden Zustand, die durch Änderungen der Temperatur (VO_2), des Drucks (V_2O_3) oder der Zusammensetzung (Na_xWO_3) induziert werden. Andere Verbindungen zeigen interessantes magnetisches (CrO_2) oder optisches (TiO_2) Verhalten.

Tab. 2.22 fasst einige wichtige Formeltypen, Strukturtypen und einige wichtige Beispiele zusammen. Monoxide kristallisieren im NaCl-Typ. Sesquioxide treten im Korund-Typ auf. Metalldioxide mit größeren Metallionen bevorzugen den Fluorit-Typ mit der Koordinationszahl acht und mit kleineren Metallionen den Rutil-Typ mit der Koordinationszahl sechs.

Titanoxide und Photokatalyse

Zu den bekannten Titanoxiden gehören Ti_3O, Ti_2O, TiO, Ti_2O_3, TiO_2 und die Mitglieder von Scherstrukturen der homologen Serie Ti_nO_{2n-1} ($4 \leq n \leq 9$) (vgl. Abschn. 2.4.10).

Tab. 2.22: Kristallstrukturen einiger binärer Metalloxide.

Formeltyp	Strukturtyp	Beispiele
M_2O	Cuprit	Cu_2O, Ag_2O
MO	Natriumchlorid	TiO, VO, MnO, FeO, CoO, NiO, CdO, EuO
M_2O_3	Korund	Al_2O_3, Ti_2O_3, V_2O_3, Cr_2O_3, Fe_2O_3, Rh_2O_3
MO_2	Rutil	TiO_2, VO_2, NbO_2, TaO_2, CrO_2, MoO_2, WO_2, MnO_2, TcO_2, ReO_2, RuO_2, OsO_2, RhO_2, IrO_2, PtO_2
MO_2	Fluorit	ZrO_2, HfO_2
MO_3	ReO_3	WO_3

Bei der Oxidation von Titan-Metall (hdP) entstehen die Suboxide $TiO_{0,33}$ und $TiO_{0,5}$. Die Schichtstruktur von Ti_3O ist eng mit der Anti-BiI_3-Struktur verwandt. Ti_2O kristallisiert im Anti-CdI_2-Typ. Die Ti–Ti-Bindungslängen betragen in Ti_2O 286 pm und entsprechen denen im reinen Titan-Metall (286 pm). TiO bildet wie VO eine Defektstruktur vom NaCl-Typ. Dabei treten Kationen- und Anionenleerstellen auf, wodurch in den Strukturen von TiO und VO etwa 16 % der Gitterpositionen unbesetzt bleiben. Zudem existieren für TiO_x und VO_x Phasenbreiten, bei deren oberen Grenzzusammensetzungen ($x = 1{,}3$) die Zahl der Sauerstoffleerstellen in der Struktur gegen null geht. Bei der Zusammensetzung TiO kommt es unterhalb von 900 °C zu einer Ordnung beider Fehlstellensorten. Dabei treten eckenverknüpfte $[Ti_6]$-Oktaeder auf, die nach Art von $[M_6X_{12}]$-Clustern von Sauerstoffatomen umgeben sind (vgl. Abb. 2.79a).

Ti_2O_3 entsteht bei der Reaktion von TiO_2 mit Titan-Metall bei 1600 °C oder bei der Reaktion von TiO_2 mit CO bei 800 °C und kristallisiert als violetter Feststoff im Korund-Typ.

Das höchste Oxid des Titans, $\mathbf{TiO_2}$, kommt unter Normaldruck in der Natur in drei polymorphen Formen als Rutil, Anatas und Brookit vor. Von allen ist Rutil die bei Normalbedingungen thermodynamisch stabilste Form. Alle drei Strukturen sind aus oktaedrischen $[TiO_6]$-Einheiten aufgebaut. Im Rutil sind diese über jeweils zwei gemeinsame Oktaederkanten zu linearen Strängen verknüpft und teilen zusätzlich noch ihre Ecken mit benachbarten $[TiO_6]$-Oktaedern. Das Resultat ist eine dreidimensionale Verknüpfung mit den Koordinationszahlen sechs für Ti^{4+} und drei für O^{2-} (Abb. 2.8b).

Rutil besitzt eine Reihe von interessanten optischen Eigenschaften. Seine Bandlücke beträgt etwa 3 eV und liegt damit gerade außerhalb des sichtbaren Spektrums des Lichtes. Da Stoffe mit kleineren Bandlücken farbig bis schwarz sind, ist Rutil ähnlich wie Anatas und Brookit ein farbloser Feststoff mit einer hohen Lichtdurchlässigkeit und einer hohen Reflektivität. Zwischen der Größe der Bandlücke und der Reflektivität einer Verbindung existiert eine reziproke Beziehung. Die hohe Reflektivität und die Abwesenheit von Absorptionseffekten für sichtbares Licht sind die Grundlage für die Anwendung von TiO_2 als am häufigsten verwendetes Weißpigment in Farben, Textilien und in Kosmetikartikeln.

Photokatalyse

Anwendungen findet Titandioxid beispielsweise in der **Photokatalyse.** Bei der Photokatalyse wird ein Katalysator angeregt und bewirkt in der Folge die Umwandlung eines anderen Stoffes. Im Gegensatz zu sichtbarem Licht vermag kurzwelliges Licht im UV-Bereich selbst feinkörniges TiO_2 oder ZnO nicht zu durchdringen, weil es absorbiert oder gestreut wird. Bei der photokatalytischen Anwendung wird TiO_2 durch das UV-A-Licht der Sonne oder durch künstliche UV-Quellen angeregt und entfaltet dabei sowohl reduktive als auch oxidative Eigenschaften. Die oxidativen Eigenschaften von photoaktiviertem **TiO_2** können genutzt werden, um Keime oder organische Moleküle abzubauen, sodass Oberflächen desinfiziert oder gereinigt werden. Dieser Prozess wird wie folgt erklärt: Die Anregung eines Halbleiters mit Licht, dessen Energie größer als die Bandlücke E_g des Halbleiters ist, erzeugt ein Elektron (e^-) im Leitungsband und ein Loch (h^+) im Valenzband. Die Rückkehr in den Grundzustand („Relaxation") kann über unterschiedliche Prozesse erfolgen, wie z. B. durch Emission von Licht bei der Rekombination des Elektron-Loch-Paares (Abb. 2.72). Langlebige **Elektronen-Loch-Paare** auf der Oberfläche des Photokatalysators können verschiedene Redox-Reaktionen bewirken, die von den Donor- und Akzeptor-Eigenschaften der an der Oberfläche adsorbierten Moleküle abhängen. Dabei kann z. B. das Elektronenloch im Valenzband (h^+) mit Elektronendonoren (H_2O/OH^-) an der Oberfläche des TiO_2-Teilchens reagieren. Dadurch entstehen OH-Radikale, die in der Lage sind, die meisten organischen Verbindungen zu oxidieren.

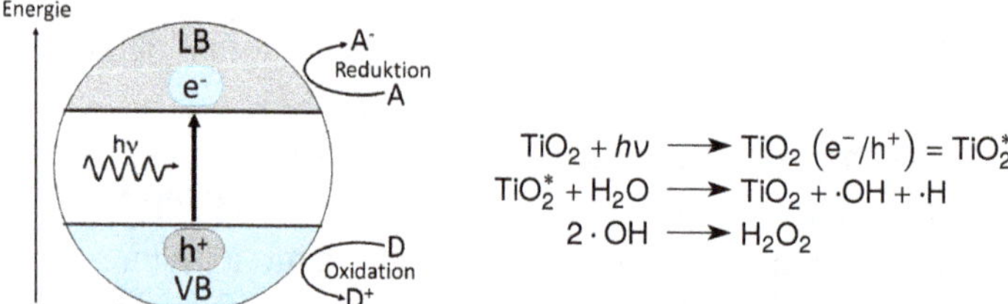

Abb. 2.72: Funktionsprinzip eines Photokatalysators mit Valenz- und Leitungsband (VB und LB). Infolge einer lichtinduzierten Anregung erfolgt eine Trennung von Elektronen (e^-) und Löchern (h^+). An der Oberfläche des Photokatalysators wirkt ein Elektron reduzierend auf einen Elektronenakzeptor (A) und ein Elektronenloch oxidierend auf einen Elektronendonator (D). Die Reaktionsgleichungen (rechts) beschreiben einen vereinfachten Reaktionsablauf bei der Photokatalyse von TiO_2.

Die Selbstreinigung von **hydrophoben TiO_2-Schichten** basiert auf einem hohen Kontaktwinkel zwischen den Wassertropfen und der TiO_2-Oberfäche. Die Tröpfchen rollen leicht von der Oberfläche ab, nehmen Schmutzpartikel mit und erzeugen so einen Selbstreinigungseffekt. Dieser Effekt wird durch die Nanostrukturierung der Oberfläche begünstigt, verändert sich jedoch wenn TiO_2 mit kurzwelligem Licht bestrahlt wird.

Bei der Anregung einer TiO_2-Schicht mit kurzwelligem Licht werden Ti^{4+}-Zentren in Ti^{3+} umgewandelt und die Adsorption von Wassermolekülen wird begünstigt. Gleichzeitig bilden sich auf der Oberfläche OH-Gruppen, welche der Oberfläche einen **superhydrophilen Charakter** verleihen. Dabei sinkt der Kontaktwinkel der Wassertropfen auf der TiO_2-Oberfläche auf nahezu null. In dieser Oberflächenschicht können weitere photokatalytische Prozesse stattfinden (vgl. Abb. 2.72), wobei „Verschmutzungen" photokatalytisch aktiviert und nachfolgend durch Wasser (Regen) weggespült werden. Auf diese Weise entstehen sog. selbstreinigende Oberflächen.

Die zwei häufigsten TiO_2-Modifikationen sind **Rutil** und **Anatas**. Kristalliner Anatas wandelt sich beim Erhitzen auf 800–1000 °C in Rutil um. **Anatas** ist trotz seiner etwas größeren (indirekten) Bandlücke von 3,2 eV, entsprechend einer Wellenlänge von 388 nm, photochemisch aktiver. Eine Urache hierfür ist dessen kleinere indirekte Bandlücke, die den Transport von Ladungsträgern verzögert. Die photochemische Aktivität von TiO_2 kann durch die oxidative Zersetzung von organischen Farbstoffen oder Indikatoren gezeigt werden. Dazu wird photokatalytisch aktives TiO_2 in Form von Nanopartikeln eingesetzt, da diese eine hohe spezifische Oberfläche haben. Eine klassische Nachweismethode ist der photokatalytische Abbau von Methylenblau. Dazu wird eine wässrige Lösung mit Methylenblau und festem TiO_2 einer UV-Strahlung ausgesetzt. Die Abnahme der Intensität der blauen Farbe wird photometrisch verfolgt. Ebenso können Nanoteilchen aus TiO_2 auf verschiedensten Oberflächen, wie Gläsern, Hausfassaden oder Textilien fixiert werden, um photokatalytische Eigenschaften zu entfalten.

Neben dem bekanntesten Photokatalysator $\mathbf{TiO_2}$, existieren zahlreiche weitere Beispiele von geeigneten Materialien, wie z. B. ZnO, WO_3, $ZnWO_4$ oder Bi_2WO_6. Stoffe, die für die Photokatalyse in Betracht kommen, müssen halbleitend sein, Licht im Bereich des sichtbaren Sonnenspektrums absorbieren und somit Bandlückenenergien unterhalb von etwa 3 eV besitzen. Klassische Photokatalysatoren sind nanostrukturierte Verbindungen aus halbleitenden Metallnitriden und Metallchalcogeniden, wie Oxiden und Sulfiden.

Anwendungen der (heterogenen) Photokatalyse betreffen verschiedenste Bereiche der Umwelttechnik, Oberflächentechnik und des Energiesektors. Umwelttechnisch relevant ist der **photokatalytische Abbau von Schadstoffen** (z. B. Kohlenwasserstoffe, NO_x, SO_x, NH_3, CO, Herbizide), der oxidativ oder reduktiv erfolgen kann, indem ein Schadstoffmolekül als Elektronen-Donator (D) oder -Akzeptor (A) fungiert (Abb. 2.72).

Wichtige Herausforderungen auf dem Energiesektor sind die **photokatalytische Spaltung von** $\mathbf{H_2O}$ (in H_2 und O_2),[15] der $\mathbf{CO_2}$**-Abbau** durch **Umwandlung von** $\mathbf{CO_2}$ und Wasser in Methan oder Methanol und die $\mathbf{NH_3}$**-Synthese** aus N_2 und Wasser. Dabei geht

---

15 Die photochemische Wasserspaltung an TiO_2-Elektroden wurde 1972 von A. Fujishima und K. Honda berichtet.

es um wichtige Ziele wie den Klimaschutz, der effizienten Energiegewinnung und der Rohstoffgewinnung.

Photokatalysatoren mit Heteroübergängen

Die Effizienz eines Photokatalysators kann prinzipiell durch erhöhte Lichteinstrahlung und durch Verlangsamung der Rekombination von induzierten Elektron-Loch-Paaren gesteigert werden. Die Elektronen-Loch-Konzentration kann auch gesteigert werden, indem die lokale Intensität des elektromagnetischen Feldes auf der Oberfläche des Photokatalysators erhöht wird. Um das zu ermöglichen, können Metallpartikel als metallische Nanoantennen auf der Oberfläche eines gegebenen Photokatalysators (z. B. TiO_2) aufgebracht werden. Dabei wirken Edelmetalle, wie Ag, Pt oder Pt als Elektronensenke, indem sie energetisch bevorzugte Orte für die Elektronenkonzentration erzeugen und so zu einer verbesserten Trennung von Elektronen und Löchern beitragen.

Eine andere Möglichkeit besteht darin, einen Photokatalysator mit einem Zweiten zu kombinieren. Durch die Kontaktierung eines Halbleiters mit einem zweiten Halbleiter wird ein Heteroübergang (engl. *heterojunction*) möglich. Dabei können mit Hetero-Halbleiter-Photokatalysatoren unterschiedliche Anordnungen von Energieniveaus realisiert werden. Die daraus resultierenden Übergänge von Elektronen und Löchern zwischen den Halbleitern können verschiedenste elektronische Funktionalitäten abdecken. Oberflächen-Heteroübergänge können dazu beitragen, die räumliche Trennung von photochemisch erzeugten Ladungsträgern zu verbessern und die photokatalytische Aktivität zu vergrößern. Außerdem lässt sich die solare Lichtausbeute durch die Kombination von zwei Halbleitern verbessern, wenn einer, wie z. B. TiO_2, eher im kurzwelligen UV-Bereich und ein anderer im langwelligeren Bereich des sichtbaren Lichtes anregbar ist.

Ein Beispiel sind Hetero-Halbleiter-Photokatalysatoren vom Typ-II, die durch eine gestaffelte Anordnung ihrer Valenz- und Leitungsbänder charakterisiert sind, indem die jeweiligen Bänder des Halbleiters A energetisch höher liegen als die des Halbleiters B (Abb. 2.73). Dadurch wandern die photochemisch angeregten Elektronen des Halbeiters A in den Halbleiter B, während die photochemisch erzeugten Löcher vom Halbeiter B in den Halbleiter A wandern. Durch die räumliche Trennung der Elektron-Loch-Paare wird deren Rekombination verlangsamt und die photokatalytische Aktivität gesteigert. Die Herstellung geeigneter (Typ-II) Hetero-Halbleiter-Photokatalysatoren, wie CdS/TiO_2, ZnSe/ZnO, ZnS/ZnO, oder sogar $ZnO/TiO_2/CuO$, schließt auch Strukturierungen, z. B. in Form von Core-Shell-Partikeln ein, bei denen die Hülle eine möglichst starke Absorption für sichtbares Licht haben sollte.

Der höchste besetzte Energiezustand eines Halbleiters kann mit der Photoelektronenspektroskopie experimentell bestimmt werden. In Ergänzung hierzu kann die Bandlücke mithilfe der optischen Reflexionsspektroskopie ermittelt werden, woraus ein Ge-

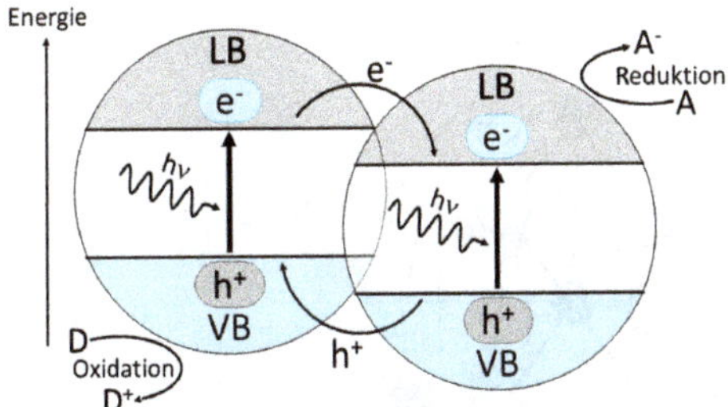

Abb. 2.73: Funktionsprinzip eines Photokatalysators aus zwei gekoppelten Halbleitern. Die energetisch gestaffelte Anordnung der Valenz- und Leitungsbänder (VB und LB) der Halbleiter entspricht einem Photokatalysator vom Typ-II und ermöglicht eine verbesserte räumliche Trennung von Elektron-Loch-Paaren. Wie bei einem einfachen Photokatalysator können Elektronen (e^-) im Leitungsband reduzierende Wirkung auf einen Elektronenakzeptor (A) und Elektronenlöcher im Valenzband (h^+) oder oxidierende Wirkung auf einen Elektronendonator (D) auf der Oberfläche eines Photokatalysators entfalten.

samtbild der energetischen Lage der Valenz- und Leitungsbänder eines Halbleiters entsteht.

Vanadiumoxide

Vanadium bildet die Oxide V_2O, VO, V_2O_3, VO_2, V_2O_5 und die homologe Serie von Scherstrukturen V_nO_{2n-1} ($3 \leq n \leq 8$). Allgemein zeigen die Vanadiumoxide weitgehende strukturelle Ähnlichkeiten zu analogen Titanoxiden, wobei V_2O_3, VO_2 und V_nO_{2n-1} im Vergleich zu ihren Titan-Homologen stärkere Verzerrungen der oktaedrischen $[VO_6]$-Koordinationen aufweisen. V_2O_3 kristallisiert im Korund-Typ und zeigt beim Abkühlen auf unter $T_N = -123\,°C$ einen Metall–Halbleiter-Übergang, der auch als Mott-Übergang bezeichnet wird. Bei diesem Übergang erfolgen in der Struktur nur leichte Atomverschiebungen, die mit der Lokalisierung der Elektronen zusammenhängen:

	$\xrightarrow{<-123\,°C}$	
V_2O_3 (Korund-Typ)		V_2O_3 (verzerrter Korund-Typ)
rhomboedrisch		monoklin
Pauli-paramagnetisch		antiferromagnetisch
Metall (bei RT : $\sigma \approx 10^4$ S/cm)		Halbleiter (bei $-143\,°C$: $\sigma \approx 10^{-4}$ S/cm)

Durch die Anwendung von hydrostatischem Druck wird die Übergangstemperatur T_N erniedrigt, bis (bei etwa 26 kbar) die Tieftemperaturmodifikation nicht mehr existiert. Analoge Metall–Nichtmetall-Übergänge, jedoch mit höheren Übergangstemperaturen, zeigen auch andere Sesquimetalloxide der ersten Übergangsmetallreihe vom Korund-Typ (Ti_2O_3, Cr_2O_3, α-Fe_2O_3).

VO_2 kommt nur in seiner Hochtemperaturmodifikation (>68 °C) im unverzerrten Rutil-Typ vor. In der Tieftemperaturmodifikation tritt eine monoklin verzerrte Strukturvariante auf, in der die Metallatome paarweise angeordnet sind (Abb. 2.74).

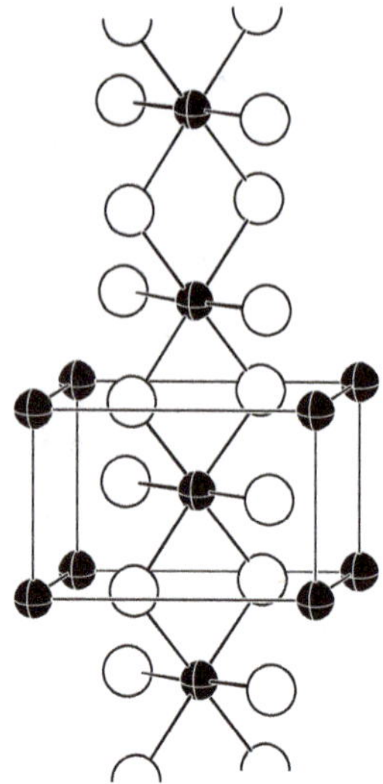

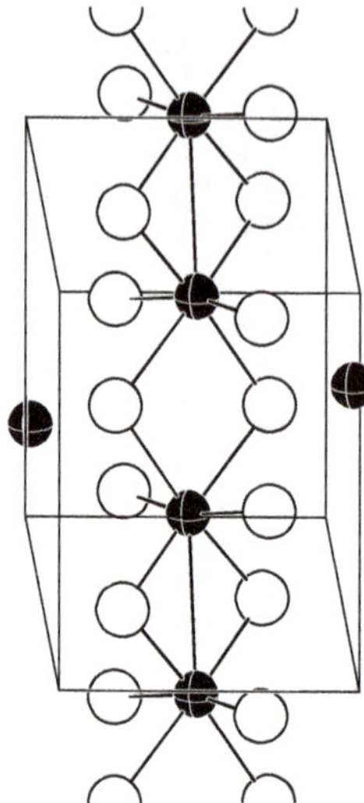

Abb. 2.74: Ausschnitt aus der tetragonalen ($P4_2/mnm$) Rutilstruktur von VO_2 (links) mit gleich langen V–V-Abständen (288 pm) und der monoklinen ($P2_1/c$) Tieftemperaturmodifikation von VO_2 (rechts) mit alternierend langen (312 pm) und kurzen (265 pm) V–V-Abständen entlang der $[VO_6]$-Oktaederstränge.

Vanadiumpentoxid ist ein orangefarbener Feststoff der in einer eigenen Struktur kristallisiert und beim Erhitzen reversibel Sauerstoff abgeben kann. Auf diesem Prinzip beruht die Verwendung von V_2O_5 als vielfältig einsetzbarer Katalysator (z. B. Schwefelsäureherstellung, Industrie- und Dieselfahrzeug-Abgasbehandlung). Scherstrukturen vom Typ $V_nO_{2\,n-1}$ ($3 \leq n \leq 8$) und VO_{2+x} (x = 0, 0.17, 0,25, 0.33) bestehen aus verzerrten ecken- und kantenverknüpften $[VO_6]$-Oktaedern, deren Strukturen zwischen dem Rutil- und ReO_3-Typ einzuordnen sind.

Eigenschaften von verzerrten Rutilstrukturen am Beispiel von VO_2. Die Tieftemperaturmodifikationen der Übergangsmetalldioxide **VO_2**, NbO_2, MoO_2, WO_2, TcO_2 und ReO_2 kristallisieren in verzerrten Strukturen vom Rutil-Typ. Die monokline Struktur von **VO_2** enthält alternierend lange und kurze Metall–Metall-Abstände nach Art einer elektronisch induzierten Peierls-Verzerrung (Abb. 2.74). Deshalb kann angenommen werden, dass die Elektronen des d^1-Systems paarweise in den kurzen V–V-Bindungen (semi-)lokalisiert sind, was mit dem halbleitenden Verhalten von VO_2 im Einklang steht. Beim Erhitzen wandelt sich VO_2 bei etwa 68 °C in seine Hochtemperaturmodifikation um, wobei sich gravierende Veränderungen der optischen, magnetischen und elektrischen Eigenschaften vollziehen. Beim Übergang in die Hochtemperaturphase nimmt die elektrische Leitfähigkeit sprunghaft um 5 Größenordnungen zu, wobei sich ein Halbleiter–Metall-Übergang vollzieht (Abb. 2.75), und man beobachtet temperaturunabhängigen Paramagnetismus.

Materialien auf VO_2-Basis können aufgrund ihrer thermochromen Eigenschaften als wärmeregulierende Fensterglasbeschichtungen verwendet werden. Unterhalb der

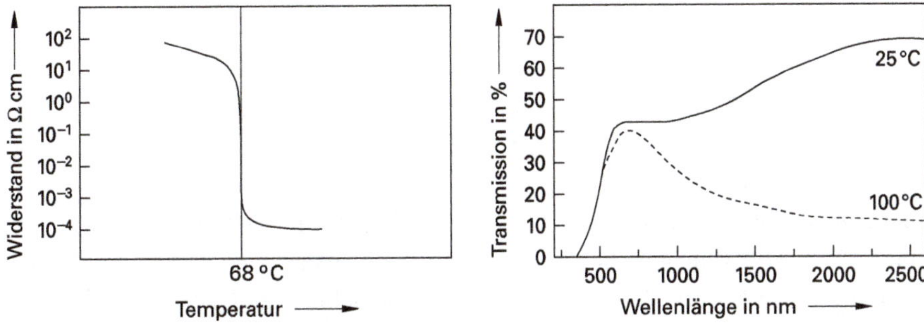

Abb. 2.75: Links: Elektrischer Widerstand von VO_2 in Abhängigkeit von der Temperatur. Rechts: Transmission einer dünnen VO_2-Schicht bei unterschiedlichen Wellenlängen, aufgenommen unterhalb und oberhalb der Übergangstemperatur.

Übergangstemperatur von 68 °C ist $\mathbf{VO_2}$ durchlässig für Licht und UV-Strahlung. Beim Übergang in die Hochtemperaturphase nehmen die elektrische Leitfähigkeit und damit die Infrarot-Reflektivität stark zu, während die Lichtdurchlässigkeit nahezu unverändert bleibt (Abb. 2.75). Durch die erhöhte IR-Reflektivität kann eine übermäßige Raumaufheizung unterbunden werden. Durch Atomsubstitutionen in der Struktur von $\mathbf{VO_2}$ (z. B. mit W) kann die Übergangstemperatur auf bis zu −40 °C abgesenkt werden.

Chromoxide und Ferromagnetismus

Zu den bekannten Chromoxiden gehören Cr_2O_3, CrO_2 und CrO_3. Die Oxide Cr_2O_5 und Cr_5O_{12} [= $(Cr^{3+})_2(Cr^{6+}O_4)_3$] entstehen bei der thermischen Zersetzung von CrO_3 unter Sauerstoffdruck. CrO_3 kristallisiert in einer Struktur aus $[CrO_4]$-Tetraedern, die über zwei gemeinsame Ecken zu ${}^1_\infty[CrO_2O_{2/2}]$-Strängen verknüpft sind. Cr_2O_3 kristallisiert wie V_2O_3 in einer Struktur vom Korund-Typ und ist ein wichtiges Grünpigment (Chromoxidgrün). $\mathbf{CrO_2}$ kristallisiert im Rutil-Typ und ist wegen seiner ferromagnetischen Eigenschaften bekannt.

Ferromagnetismus am Beispiel von $\mathbf{CrO_2}$. Die Frage, ob eine Substanz ferromagnetisch (parallele Spins) oder antiferromagnetisch (antiparallele Spins) ist, kann näherungsweise mit dem energetischen Abstand der Energieniveaus am Fermi-Niveau erklärt werden. Ist der Abstand zwischen Energiebändern am Fermi-Niveau klein, so kann durch Parallelstellung der Spins Abstoßungsenergie zwischen den Elektronen eingespart werden, sodass die Substanz möglicherweise ferromagnetisch ist (vgl. Abschn. 2.9.1).

$\mathbf{CrO_2}$ besitzt unterhalb der Umwandlungstemperatur (T_C = 119 °C) ein spontanes ferromagnetisches Moment. Gegenläufige Orientierungen der magnetischen Domänen in ferromagnetischen (oder ferrimagnetischen) Kristallen können jedoch für eine Kompensation der magnetischen Momente sorgen, sodass kein nach außen wirksames Moment auftritt.

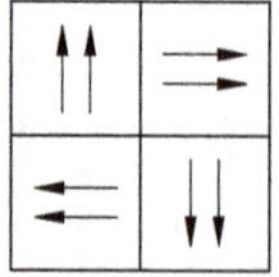

Entscheidend für die Anwendung als magnetisches Material ist aber, dass die unterschiedlichen Domänen in den **CrO_2**-Kristallen entlang einer Richtung orientiert (magnetisiert) werden können (hohe Spinpolarisation, vgl. Abschn. 2.9.8). Bei der Magnetisierung im Magnetfeld H kippen die Domänenwände, bis bei der Sättigungsmagnetisierung M_S eine maximale Ausrichtung der magnetischen Momente erreicht wird (Abb. 2.76). Das spontane magnetische Moment von **CrO_2**-Kristallen bleibt auch nach dem Abschalten des orientierenden, externen magnetischen Feldes als sogenannte Remanenz erhalten. Weiterhin ist auch eine Umpolung der Magnetisierungsrichtung möglich, die die Verwendung von **CrO_2** als ferromagnetischen Informationsspeicher ermöglicht.

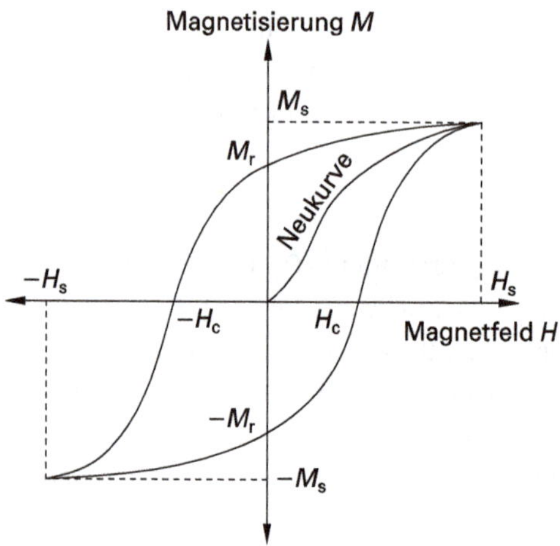

Abb. 2.76: Die Hystereseschleife für die Magnetisierung von ferromagnetischen (oder ferrimagnetischen) Materialien. Durch Wirkung eines Magnetfelds H werden die Elektronenspins parallel zum Feld ausgerichtet (z. B. Neukurve). Die Sättigungsmagnetisierung M_S wird bei der Sättigungsfeldstärke H_S unter Ausrichtung aller ungepaarten Spins erreicht. Wird das Magnetfeld umgepolt, so resultiert eine umgekehrte Magnetisierung. Auch die Größe und Anzahl der Kristallite bestimmen die Magneteigenschaften im Speichermedium, die als Koerzitivfeldstärke (H_c = Widerstand gegen Entmagnetisierung) und Remanenz (M_r = verbleibende Restmagnetisierung nach Abschalten des magnetischen Feldes) angegeben werden.

Manganoxide

Mangan bildet die stabilen Oxide MnO, Mn_3O_4, Mn_2O_3, Mn_5O_8 und MnO_2. Die Oxide MnO, Mn_3O_4 und Mn_2O_3 zeigen enge Analogien zu den Strukturen der entsprechenden Eisenoxide. So kristallisiert MnO im NaCl-Typ. Mn_3O_4 entsteht durch Erhitzen eines beliebigen Manganoxids an Luft auf 1000 °C und kristallisiert in einer tetragonal verzerrten Spinell-Struktur. Mn_2O_3 kristallisiert dimorph als α-Mn_2O_3 im C-Typ der Seltenerdmetallsesquioxide M_2O_3 (gelegentlich auch nach dem Mineral $(Fe,Mn)_2O_3$ als Bixbyit-Typ bezeichnet) und als γ-Mn_2O_3 in einer defekten Struktur vom Spinell-Typ. Das Oxid Mn_5O_8 bildet eine CdI_2-ähnliche Schichtstruktur, deren Oktaederlückenschichten alternierend zu $\frac{3}{4}$ mit Mn^{4+} und zu $\frac{1}{2}$ mit Mn^{2+} besetzt sind $[(Mn^{2+})_2(Mn^{4+})_3O_8]$.

MnO_2 kristallisiert nicht nur im Rutil-Typ, sondern auch in Schicht- oder Netzwerkstrukturen. In diesen Strukturen sind einfache oder mehrfache Mangandioxid-Oktaederstränge mit benachbarten Oktaedersträngen über gemeinsame Ecken verknüpft. Allerdings weichen viele in der Literatur beschriebene polymorphe MnO_2-Formen leicht von der Zusammensetzung MnO_2 ab oder enthalten Kationen, wie das sogenannte α-MnO_2, das nur in Gegenwart von großen Kationen (z. B. K^+) hergestellt werden kann. Diese Formen von MnO_2 sind als Kationenaustauscher ebenso wie für präparative Zwecke von Interesse (Abb. 2.77).

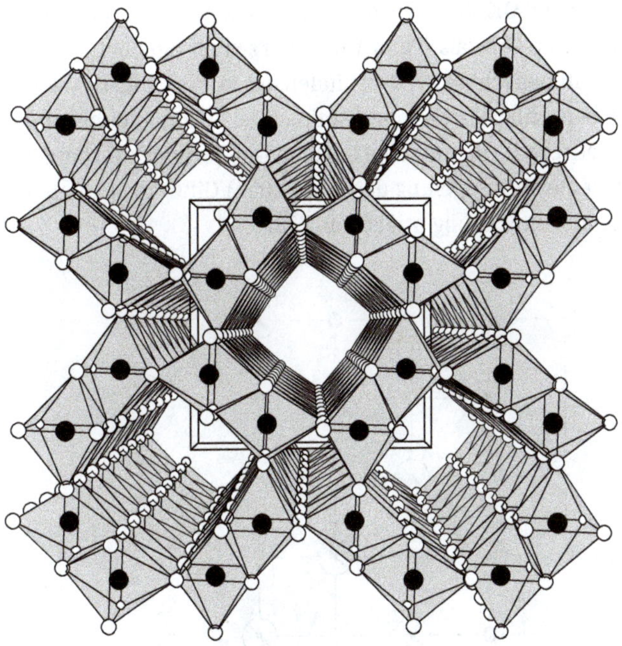

Abb. 2.77: Die Tunnelstruktur von $Mn_{0,98}O_2$.

Antiferromagnetismus und magnetische Struktur von MnO. MnO sowie die Oxide FeO, CoO und NiO zeigen unterhalb der Néel-Temperatur (T_N) Antiferromagnetismus. Hierbei kommt es unterhalb von T_N zu gegenläufigen Orientierungen gleich großer Spinmomente, sodass nach außen hin kein magnetisches Moment erscheint. Mit steigender Temperatur stört die thermische Bewegung die antiferromagnetische Spinordnung (vgl. Abb. 2.43). Oberhalb von T_N resultiert für diese Oxide der magnetisch ungeordnete, paramagnetische Zustand (Tab. 2.23).

Tab. 2.23: Ordnungstemperaturen von Metalloxiden mit NaCl-Struktur.

Verbindung	**T_N in K**
MnO	122
FeO	198
CoO	293
NiO	523

Die Entstehung antiferromagnetischer Eigenschaften kann über den Superaustausch erklärt werden. Manganionen sind in der NaCl-Struktur linear über Sauerstoffionen verbrückt. Durch die lineare Anordnung Kation–Anion–Kation in einem MnO-Kristall überlappen die Mn-d-Orbitale mit den O-p-Orbitalen. Die antiparallele Einstellung der Elektronen eines p-Orbitals (Pauli-Verbot) erzwingt eine antiparallele Kopplung mit den Elektronen in benachbarten d-Orbitalen des Mn^{2+}. Dadurch werden die magnetischen Momente benachbarter Kationen antiparallel zueinander gekoppelt (vgl. Abb. 2.45). Für die magnetische Elementarzelle folgt, im Unterschied zur röntgenographischen Elementarzelle, eine Verdoppelung der (kubischen) Gitterkonstanten, die der Spinordnung der Metallatome Rechnung trägt (Abb. 2.78).

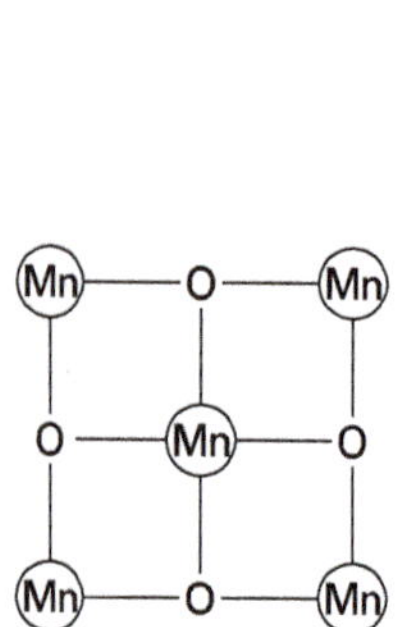

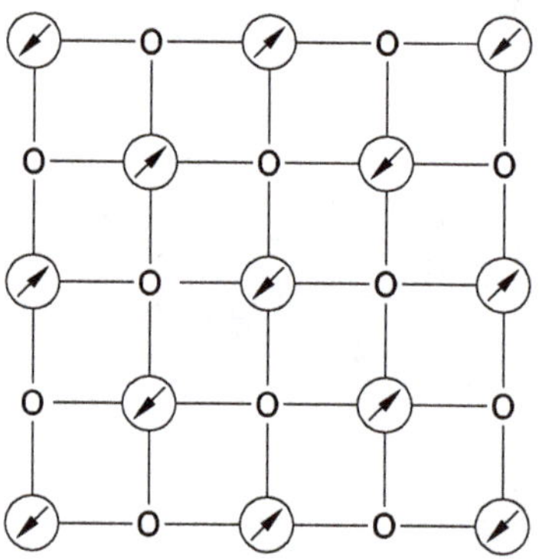

Abb. 2.78: Projektionen der röntgenographischen (links) und der magnetischen Elementarzelle (rechts) von MnO unterhalb T_N = 122 K. In der magnetischen Elementarzelle ist die antiparallele Kopplung der magnetischen Momente von benachbarten Mn^{2+} durch Pfeile hervorgehoben. Wegen der antiferromagnetischen Kopplung dieser Momente ist die Gitterkonstante der magnetischen Struktur (rechts) etwa doppelt so groß wie die der Röntgenstruktur (links). Tatsächlich erzeugt die antiferromagnetische Ordnung geringe Strukturverzerrungen. MnO wird unterhalb T_N rhomboedrisch. Die Winkel der Elementarzelle weichen nur um 0,62 ° von 90 ° ab. Dies ist eine Folge attraktiver und repulsiver Kräfte zwischen benachbarten Ionen mit antiparallelen (Abstand Mn–Mn = 331,1 pm) und parallelen (331,4 pm) Spins (Magnetostriktion).

Während die mittels Röntgenbeugung bestimmte Kristallstruktur nur von den Lagen der Atome abhängig ist, ermöglicht die Neutronenbeugung aufgrund der magnetischen Streuung zusätzlich auch die Ermittlung der Spinstruktur (Größe und Richtung der magnetischen Momente).

Obwohl die Oxide MnO, FeO, CoO und NiO d-Elektronen besitzen, sind diese Verbindungen keine metallischen Leiter. Da die Energiebänder in der Nähe des Fermi-Niveaus flach verlaufen, existieren Bandlücken, und die Verbindungen sind deshalb elektrische Halbleiter.[16] Verbindungen mit elektrisch halbleitenden oder isolierenden Eigenschaften, die aus partiell gefüllten Energiebändern resultieren, werden als Mott-Isolator bezeichnet. Mott-Isolatoren sind Verbindungen mit lokalisierten d-Elektronen. Eine Zusammenfassung von Eigenschaften einiger Metalloxide zeigt die Tab. 2.24.

Tab. 2.24: Wichtige Eigenschaften einiger binärer Metalloxide.

Verbindung	Eigenschaften
TiO_2, ZrO_2, HfO_2, V_2O_5, Nb_2O_5, Ta_2O_5, CrO_3, MoO_3, WO_3	diamagnetisch, halbleitend
TiO, VO, NbO	Pauli-paramagnetisch, metallisch
MnO, FeO, CoO, NiO	unterhalb T_N antiferromagnetisch, halbleitend
VO_2, NbO_2, MoO_2, WO_2, TcO_2, ReO_2	unterhalb T_N antiferromagnetisch, halbleitend
CrO_2	ferromagnetisch, metallisch[a]

[a] Das gleichzeitige Auftreten von ferromagnetischer Ordnung und metallischen Eigenschaften für CrO_2 gilt als anomal.

Oxide von Eisen, Cobalt und Nickel

Zu den Oxiden dieser Metalle zählen FeO, Fe_3O_4, Fe_2O_3 sowie CoO, Co_3O_4 und NiO. Stöchiometrisches FeO ist unter Normalbedingungen nicht stabil. Die defekte NaCl-Struktur von $Fe_{1-\delta}O$ oder Wüstit enthält Leerstellen im Eisenteilgitter. Die Ladungsneutralität wird durch die Gegenwart von Fe^{3+}-Ionen hergestellt, von denen zumindest einige die Tetraederlücken in der Struktur besetzen, sodass eine Verwandtschaft zur Struktur des Magnetits (Fe_3O_4) gegeben ist. Die Oxide Fe_3O_4 und Co_3O_4 gehören zu den Spinellen (Abschn. 2.10.5.8).

Fe_2O_3 und Al_2O_3. Das rotbraune α-Fe_2O_3 oder Hämatit ist ein wichtiges Rotpigment und besitzt antiferromagnetische Eigenschaften. Die α-Formen von Fe_2O_3 und Al_2O_3 kristallisieren im Korund-Typ. β-Fe_2O_3 kristallisiert im C-Typ der Seltenerdmetallsesquioxide. Ein β-Al_2O_3 existiert nicht (aber Na-β-Al_2O_3).

γ-Fe_2O_3 und γ-Al_2O_3 bilden defekte Spinellstrukturen, in denen $21\frac{1}{3}$ Kationen in statistischer Verteilung auf den sechzehn oktaedrischen und acht tetraedrischen Lücken der Spinell-Struktur $(A_8)_{Tet.}[B_{16}]_{Okt.}O_{32}$ verteilt sind. Entsprechend einfach sind γ-Fe_2O_3

16 Die Zuordnung von halbleitenden oder isolierenden Eigenschaften wird nur durch die Größe der Bandlücke bestimmt und ist deshalb fließend.

und Fe_3O_4 ineinander überführbar. γ-Al_2O_3 und $MgAl_2O_4$ bilden über den kompletten Mischbereich feste Lösungen miteinander, wobei die höher geladenen Al^{3+}-Ionen stets die höher koordinierten Oktaederplätze der Spinellstruktur einnehmen.

Die Kombination von Na und γ-Al_2O_3 ergibt den schnellen Ionenleiter Na-β-Al_2O_3 (Abschn. 2.1.6.2). Die Struktur besteht aus Spinellblöcken. Vier kubisch dicht gepackte Sauerstoffschichten bilden einen Spinellblock, der durch Schichten mit mobilen Natriumionen von anderen Spinellblöcken separiert ist („Parkhausstruktur").

2.10.5.4 Ternäre Metalloxide und Oxometallate

Die Strukturen einiger ternärer Oxide $A^{(+)}M^{(3+)}O_2$ sind eng mit denen binärer Oxide $M^{(2+)}O$ verwandt. Manchmal treten Defektvarianten der NaCl-Struktur (β-$LiFeO_2$, vgl. Abb. 2.16) mit tetragonal (α-$LiFeO_2$, $LiScO_2$) oder rhomboedrisch ($LiVO_2$, $NaFeO_2$, $LiNiO_2$) verzerrten Strukturen und Überstrukturen auf. Besetzen die Metallatome in den Strukturen gleichberechtigte Lagen, so werden die Verbindungen als **Doppeloxide** bezeichnet.

Eine andere Gruppe von Oxiden des Formeltyps AMO_2 kristallisiert im $CuFeO_2$-Typ (Delafossit) mit A = Ag, Cu und M = Al, Cr, Co Fe, Ga, Rh. In diesen Strukturen treten lineare [O–A–O]-Einheiten und oktaedrisch koordinierte M-Atome auf. Hier zeigt sich ähnlich wie bei Nitridometallaten, dass zahlreiche ternäre und polynäre Metalloxide befähigt sind, **Oxometallate** mit spezifischen Anionenstrukturen auszubilden (Tab. 2.25). Allerdings ist die Abgrenzung zwischen Oxometallat und Doppeloxid oft nicht eindeutig. In Oxometallaten besetzen Alkalimetalle und Übergangsmetalle ungleich koordinierte Plätze. Sie können anhand der überwiegend kovalenten Wechselwirkungen in ihren Oxometallat-Anionen und überwiegend ionischen Wechselwirkungen mit den elektropositiveren (Alkali-)Metallionen klassifiziert werden.

In Oxometallaten mit quasi-isolierten Anionenstrukturen fällt die strukturelle Analogie zu Molekülen (CO_2) oder einfachen Anionen (CO_3^{2-}, SO_4^{2-}) auf (Tab. 2.25). Das dunkelrote Oxoniccolat(II) K_2NiO_2 enthält ein lineares $[O–Ni–O]^{2-}$-Ion mit kurzen Ni–O-Abständen (168 pm) und zeigt paramagnetisches Verhalten nach dem Curie-Weiss-Gesetz (μ = 3,0 BM, Θ = −30 K). K_3CoO_2 enthält $[O–Co–O]^{3-}$-Ionen mit einwertigem Cobalt (Abstand Co–O: 175 pm). Das in dieser Verbindung für Co^+ experimentell bestimmte magnetische Moment liegt in der Nähe des spin-only-Wertes für ein d^8-System von μ = 2,83 BM. Die Herstellung der granatroten Einkristalle von Na_4FeO_3 erfolgt durch Reaktion eines Gemenges von $2Na_2O$ und FeO in einer Metallampulle. Die Struktur des $[FeO_3]^{4-}$-Ions entspricht der des CO_3^{2-}-Ions.

Beispiele für vernetzte Anionenstrukturen sind Blei(II)oxocuprat(I) $PbCu_2O_2$ mit eindimensional unendlichen [Cu–O–]-Zickzackketten und $NaCuO_2$ mit planaren Bändern aus $[CuO_4]$-Rechtecken, die zwei gemeinsame Kanten miteinander teilen. Verbindungen mit hochvernetzten Anionenstrukturen sind oft besser auf der Basis dichter

Kugelpackungen beschreibbar. Das gilt insbesondere für die Strukturen von $LiNiO_2$ und $LiNbO_2$.

Tab. 2.25: Ternäre Metalloxide $A_xM_yO_z$ mit A = Alkalimetall und M = Metall der Gruppen 5–12.

Verbindung	Anion (Beispiel)	Gestalt des $[MO_x]$-Polyeders
quasi-isolierte Anionen		
K_3MO_2 (M = Fe, Co, Ni), Na_3MO_2 (M = Ag, Hg)	$[O{-}Fe{-}O]^{3-}$	linear (isostrukturell mit CO_2)
A_2NiO_2 (A = K, Rb, Cs)	$[O{-}Ni{-}O]^{2-}$	linear (isostrukturell mit CO_2)
Na_4MO_3 (M = Fe, Co)	$[FeO_3]^{4-}$	trigonal-planar (isostrukturell mit CO_3^{2-})
$A_6M_2O_5$ (M = Fe, Co; A = K, Rb, Cs)	$[O_2Fe{-}O{-}FeO_2]^{6-}$	zwei eckenverknüpfte Dreiecke (Butterfly-Motiv)
K_2CoO_2	$[OCo{-}O_2{-}CoO]^{4-}$	zwei kantenverknüpfte Dreiecke
Na_6MO_4 (M = Mn, Fe, Co, N)	$[MnO_4]^{6-}$	tetraedrisch (isostrukturell mit SO_4^{2-})
$K_2M_2O_7$ (M = Cr, Co)	$[O_3Cr{-}O{-}CrO_3]^{2-}$	zwei eckenverknüpfte Tetraeder
$Na_6Au_2O_6$	$[O_2Au{-}O_2{-}AuO_2]^{6-}$	zwei kantenverknüpfte Tetraeder
AMO (A = Li – Cs; M = Cu, Ag), CsAuO	$[Cu_4O_4]^{4-}$	quadratische Ringe (O an den Ecken)
quasi-polymere Anionen		
PbM_2O_2 (M = Cu, Ag)	$^1_\infty[CuO_{2/2}]^{2-}$	Zickzackketten aus linearen $[O_{1/2}{-}Cu{-}O_{1/2}]$-Einheiten
Li_2MO_2 (M = Pd, Cu)	$^1_\infty[PdO_{4/2}]^{2-}$	zu Bändern kantenverknüpfte Rechtecke
$NaCuO_2$	$^1_\infty[CuO_{4/2}]^{-}$	zu Bändern kantenverknüpfte Rechtecke
$Rb_2Na_4Fe_2O_6$	$^1_\infty[FeO_2O_{2/2}]^{6-}$[(a)]	Stränge eckenverknüpfter Tetraeder
K_2ZnO_2	$^1_\infty[ZnO_{4/2}]^{2-}$	Stränge kantenverknüpfter Tetraeder
$LiNiO_2$	$^1_\infty[NiO_{6/3}]^{-}$	zu Schichten verknüpfte Oktaeder[(b)]
$LiNbO_2$	$^1_\infty[NbO_{6/3}]^{-}$	zu Schichten verknüpfte trigonale Prismen (aufgefüllter 2H-MoS_2-Typ)

[(a)] Die Schreibweise $[FeO_2O_{2/2}]^{6-}$ verdeutlicht die Koordination des Eisens durch vier Sauerstoffatome, von denen aber zwei durch ihre verbrückende Funktion (Stränge eckenverknüpfter Tetraeder) dem Eisenatom nur zur Hälfte zuzurechnen sind.

[(b)] Die genauere Beschreibung wäre in diesem Fall eine kdP von O^{2-} mit alternierender Besetzung von Oktaederlückenschichten durch Li und Ni. Der Sauerstoffgehalt in $LiNiO_2$ gilt als unsicher. Außerdem zeigt $LiNiO_2$ ein interessantes magnetisches Verhalten (Spinglas).

2.10.5.5 Metallreiche Oxometallate – Metallcluster

Metallreiche Metalloxide können Metall–Metall-Bindungen und dadurch Strukturen mit isolierten oder verbrückten Metallclustern bilden. Unter diesen sind zahlreiche Oxoniobate und Oxomolybdate bekannt. Das vermutlich häufigste Strukturelement sind oktaedrische Metallcluster mit der $[M_6O_{12}]$-Einheit. Dasselbe Motiv, aber verknüpft über alle sechs Ecken eines $[Nb_6]$-Oktaeders, enthält die Struktur von NbO.

Da NbO in einem geordneten NaCl-Defekttyp kristallisiert in dem je $\frac{1}{4}$ der Kationen- und Anionen-Positionen unbesetzt sind, wird die daraus resultierende Verminderung der Gitterenergie vermutlich durch die Bildung von Metall–Metall-Bindungen kompensiert. Die Metall–Metall-Abstände in Metallclustern sind oft mit denen reiner Metalle vergleichbar. In Nioboxidclustern beträgt der kürzeste Nb–Nb-Abstand etwa 285 pm, in Niob-Metall 286 pm. Die Strukturen dieser Verbindungen können durch verschiedenartige Verknüpfungen von $[M_6O_{12}]$-Einheiten nach einem Baukastenprinzip konstruiert werden (Tab. 2.26).

Tab. 2.26: Beispiele für metallreiche Oxide mit isolierten und kondensierten Metallclustern.

Verbindung	Metallcluster	Verknüpfung der Metallcluster
$Mg_3Nb_6O_{11}$	$[Nb_6]$	isolierte (bzw. sauerstoffverbrückte) Metalloktaeder
$K_4Al_2Nb_{11}O_{21}$	$[Nb_{11}]$	spitzenverknüpfte Doppeloktaeder
$NaMo_4O_6$	${}^1_\infty[Mo_2Mo_{4/2}]$	zu Strängen kantenverknüpfte Metalloktaeder
$BaNb_4O_6$	${}^2_\infty[Nb_{4/2}Nb_2]$	zu Schichten spitzenverknüpfte Metalloktaeder

Die Strukturen dieser Oxometallate beinhalten sauerstoffverbrückte Metallcluster („isolierte Metallcluster“) und Ecken- oder Kantenverknüpfungen der Metallcluster selbst (dimere, trimere, ... oligomere Cluster oder „kondensierte Metallcluster“) von denen einige Beispiele in Abb. 2.79 gezeigt sind.

Isolierte (sauerstoffverbrückte) Metallcluster liegen in der Struktur von $Mg_3Nb_6O_{11}$ vor. Jede $[Nb_6O_{12}]$-Einheit teilt zwei verbrückende Sauerstoffatome mit benachbarten Clustern ($[Nb_6O_{10}O_{2/2}]^{6-}$). Damit stehen jedem $[Nb_6]$-Cluster 14 Elektronen zur Bildung von Metall–Metall-Bindungen zur Verfügung (zur elektronischen Struktur vgl. Abschn. 2.10.8.5). Doppeloktaeder aus zwei eckenverknüpften $[Nb_6O_{12}]$-Einheiten enthält die Struktur von $K_4Al_2Nb_{11}O_{21}$. Zwei Sauerstoffatome verbrücken die Ecken benachbarter Doppeloktaeder von $[Nb_{11}O_{20}O_{2/2}]^{10-}$. Wenn sich oktaedrische Metallcluster gemeinsame Ecken teilen, können auch Strukturen mit zwei- oder dreidimensional verbrückten Metallclustern realisiert werden, wofür die Strukturen von $BaNb_4O_6$ oder NbO Beispiele sind.

Analog zur Eckenverknüpfung existieren kantenverknüpfte Oktaeder, die Dimere, Trimere usw. bilden können. In der Struktur von $NaMo_4O_6$ sind $[Mo_6O_{12}]$-Einheiten über gemeinsame Kanten der Metalloktaeder zu eindimensionalen Strängen verknüpft. Dabei entfallen die über diesen Kanten liegenden Sauerstoffatome und acht weitere erhalten verbrückende Funktionen zwischen benachbarten Metallclustern eines Stranges in der Struktur von $[Mo_2Mo_{4/2}O_2O_{8/2}]^-$.

Alternativ zu dieser Betrachtung könnten diese Strukturen anhand von Lückenbesetzungen in dichtest gepackten Kugeln aus Sauerstoffatomen beschrieben werden.

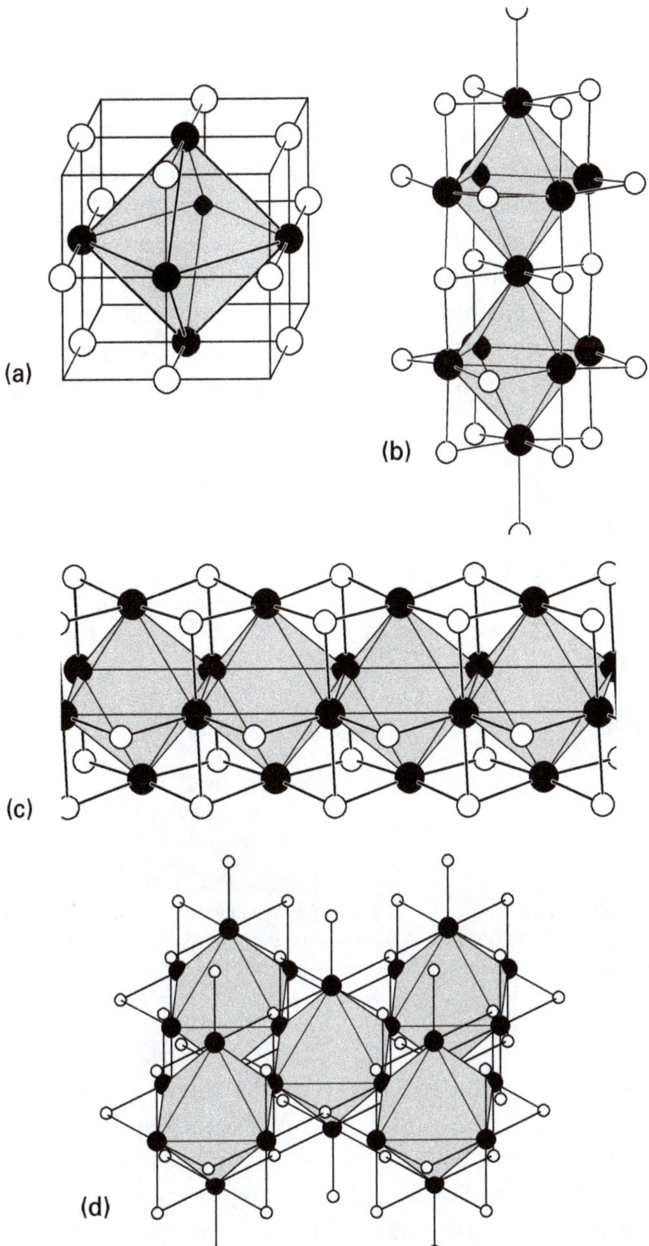

Abb. 2.79: (a) Die Elementarzelle der Struktur von NbO enthält die für viele Oxoniobate typische $[M_6O_{12}]$-Einheit. (b) Eckenverknüpfte Doppeloktaeder aus zwei $[Nb_6]$-Clustern in der Struktur von $K_4Al_2Nb_{11}O_{21}$. (c) Kantenverknüpfte $[Mo_6]$-Oktaeder der Struktur von $NaMo_4O_6$. (d) Ausschnitt aus der Struktur von $BaNb_4O_6$ mit zweidimensional eckenverknüpften $[Nb_6]$-Clustern.

2.10.5.6 Perowskite

Mehrere Hundert ternäre Metalloxide und viele ternäre Metallhalogenide kristallisieren in der nach dem Mineral **$CaTiO_3$** benannten Perowskit-Struktur des allgemeinen Formeltyps ABX_3. Im Falle ternärer Oxide entsteht die ABO_3-Struktur formal durch Auffüllen der relativ offenen ReO_3-Struktur (Abb. 2.20) mit einem A-Kation (Abb. 2.80). Dabei ist das größere Kation A (Koordinationszahl 12) etwa so groß wie ein Sauerstoffion und bildet gemeinsam mit diesem das Motiv einer kubisch dichtesten Kugelpackung (AO_3). Perowskite kristallisieren in der kubischen Struktur (Raumgruppe $Pm\bar{3}m$) oder in einer verzerrten Strukturvariante, wie auch $CaTiO_3$ selbst (Raumgruppe *Pbnm*). Abb. 2.80 zeigt die kubische Perowskit-Struktur am Beispiel der Hochtemperaturmodifikation von $CaTiO_3$ (>1500 K).

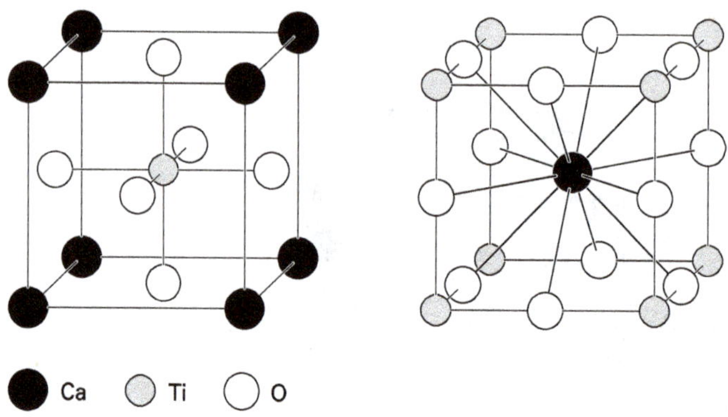

Abb. 2.80: Die Struktur des Minerals Perowskit $CaTiO_3$ (Raumgruppe $Pm\bar{3}m$) in zwei Ansichten. Links: Die Sauerstoffionen bilden zusammen mit Calciumionen (A-Teilchen von ABO_3) das Motiv einer kubisch dichtesten Kugelpackung (flächenzentrierte Anordnung), in der ein Viertel der Oktaederlücken durch Titan-Ionen (B-Teilchen) besetzt ist.

Im Gegensatz hierzu entsteht die **Ilmenit-Struktur**, wenn die Kationen A und B in ABO_3 etwa gleich groß sind (Beispiele sind $MTiO_3$ mit M = Fe, Co, Ni). Die Struktur des Ilmenits ist eng mit der des Korunds (vgl. Tab. 2.4) verwandt. In der Ilmenit-Struktur bilden die Sauerstoffionen eine hexagonal dichteste Kugelpackung. Kationen zweier Sorten besetzen jeweils ein Drittel der Oktaederlückenschichten, sodass die Schichten alternierend jeweils ein Kation einer Sorte enthalten.

Genauer betrachtet erfordert die Geometrie der kubischen Perowskit-Struktur, dass die Ionenradien (r) im richtigen Verhältnis zueinander stehen ($\tau = 1$), um allseitigen Ionenkontakt zu gewährleisten:

$$\tau = \frac{r_A + r_O}{\sqrt{2}(r_B + r_O)}$$

Die meisten Perowskite mit Toleranzfaktoren τ zwischen 0,9 und 1,0 kristallisieren in einer kubischen Struktur. Die Abweichung des Toleranzfaktors von seinem Idealwert (τ = 1) wird von den Radien der Teilchen A und B beeinflusst und bewirkt verschiedenartig verzerrte Perowskit-Strukturen oder den Übergang in eine andere Struktur (Tab. 2.27).

Tab. 2.27: Verbindungen mit Strukturen vom Perowskit-Typ.

(Ideal) Kubisch
$SrTiO_3$, $SrZrO_3$, $SrHfO_3$, $SrFeO_3$, $SrSnO_3$, $BaCeO_3$, $EuTiO_3$, $LaMnO_3$
Strukturen mit mindestens einer verzerrten Perowskit-Variante[(a)]
$BaTiO_3$ (kubisch, tetragonal, orthorhombisch, rhomboedrisch)
$KNbO_3$ (kubisch, tetragonal, orthorhombisch, rhomboedrisch)
$RbTaO_3$ (kubisch, tetragonal)
$PbTaO_3$ (kubisch, tetragonal)

[(a)]Mit steigender Temperatur treten Phasenübergänge in Richtung höherer Kristallsymmetrie auf (z. B. von tetragonal nach kubisch).

Bariumtitanat bildet fünf kristalline Modifikationen, von denen drei ferroelektrische Eigenschaften besitzen. Da die Ti^{4+}-Ionen ($r(Ti^{4+})$ = 61 pm) im $[TiO_6]$-Oktaeder Bewegungsspielraum besitzen, resultieren in Abhängigkeit von der Temperatur verschiedene Strukturverzerrungen, die mit Phasenübergängen verknüpft sind (Abb. 2.81). Die verschiedenen Strukturen sind dadurch gekennzeichnet, dass die Ti^{4+}-Ionen um rund 10 bis 15 pm aus den Oktaedermittelpunkten verschoben sind (Ti–O-Abstand rund 195 pm). Unterhalb der Curie-Temperatur (T_C = 120 °C) treten drei strukturelle Verzerrungsvarianten der kubischen Perowskit-Struktur von $BaTiO_3$ auf, die in nicht zentrosymmetrischen Raumgruppen kristallisieren (Abb. 2.81).

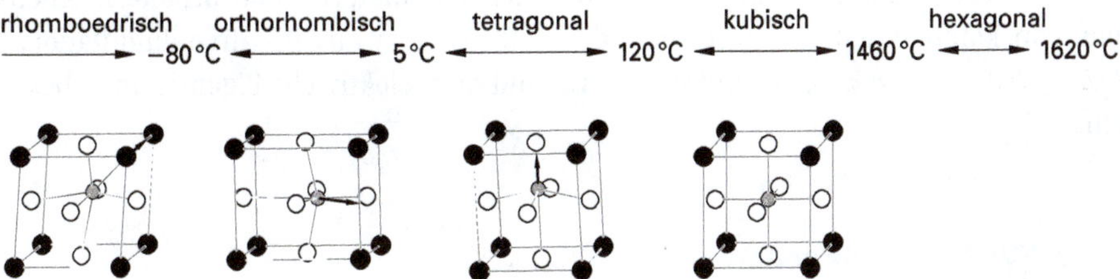

Abb. 2.81: Die Strukturen der rhomboedrischen (*R*3*m*), orthorhombischen (hier: Subzelle von *Amm*2), tetragonalen (*P*4*mm*) und kubischen ($Pm\bar{3}m$) Modifikationen von $BaTiO_3$ (von links nach rechts). Die Verschiebungen der Titanionen sind übersteigert dargestellt und durch Pfeile markiert. In der rhomboedrischen Struktur sind die Titanionen entlang einer Raumdiagonalen (entlang [111]), in der orthorhombischen Struktur entlang einer Flächendiagonalen (entlang [110]) der Subzelle und in der tetragonalen Struktur parallel zur vierzähligen Drehachse (entlang [001]) verschoben.

Die ferroelektrischen Eigenschaften von $BaTiO_3$. Die ferroelektrischen Eigenschaften von Feststoffen lassen sich mit den ferromagnetischen Eigenschaften vergleichen. Ferroelektrische Substanzen sind im ferroelektrischen Zustand elektrisch polarisierbar, und es entsteht ein spontanes Dipolmoment. Beim Phasenübergang in die kubische Hochtemperaturphase verschwindet die spontane elektrische Polarisation. Analog zu den Ferromagnetika wird die Übergangstemperatur Curie-Temperatur und die Hochtemperaturphase paraelektrische Phase genannt.

Wird eine elektrisch nichtleitende kristalline Substanz, die in diesem Zusammenhang als Dielektrikum bezeichnet wird, durch ein elektrisches Feld polarisiert, dann verschieben sich die in der Substanz vorhandenen elektrischen Ladungen. Da positive und negative elektrische Ladungen in entgegengesetzte Richtungen verschoben werden, entstehen im Kristall elektrische Dipole.

In der tetragonalen Struktur von $\mathbf{BaTiO_3}$ sind die Ti^{4+}-Ionen parallel zur vierzähligen Drehachse verschoben, und es resultieren elektrische Dipole. Unter dem Einfluss eines elektrischen Feldes können die Dipole unterschiedlicher Domänen im Kristall parallel zueinander zu einem Eindomänen-Zustand ausgerichtet werden (ferroelektrischer Effekt). Die Orientierung dieser Momente bleibt auch nach dem Abschalten des elektrischen Feldes erhalten, sodass ein nach außen wirksames Dipolmoment resultiert.

Ferroelektrische Materialien verhalten sich unter dem Einfluss eines elektrischen Feldes analog zur Hysteresekurve von ferromagnetischen Materialien im magnetischen Feld. Durch elektrische Polarisation im externen elektrischen Feld können alle Domänen im Kristall parallel zur Feldrichtung orientiert werden. Wenn alle Dipole parallel zueinander ausgerichtet sind, ist die Sättigungspolarisation erreicht. Nach dem Abschalten des elektrischen Feldes bleibt die remanente Polarisation erhalten. Zur Entpolarisation muss die Koerzitivkraft aufgewendet werden. Das Hystereseverhalten entspricht vollständig dem der ferromagnetischen Materialien (vgl. Abb. 2.76, unter Austausch von H gegen die elektrische Feldstärke und M gegen die elektrische Polarisation).

Bariumtitanat ist ein wichtiges ferroelektrisches Material mit piezoelektrischen Eigenschaften und einer hohen Dielektrizitätskonstante für Anwendungen in Kondensatoren, Ultraschallgebern und elektrooptischen Modulatoren und Schaltern. Ebenfalls von kommerziellem Interesse sind PZT-Keramiken aus Bleizirconiumtitanoxid $PbZr_{1-x}Ti_xO_3$ ($0 < x < 1$), die optische, ferro- und piezoelektrische Eigenschaften besitzen.

2.10.5.7 Wolframoxide und Oxidbronzen

Nichtstöchiometrie, bedingt durch unvollständig besetzte A-Plätze, tritt in den kubischen Wolframbronzen $\mathbf{A_xWO_3}$ (A = H, Alkalimetall, Cu, Ag, Tl, Pb) auf. In diesem Zusammenhang wird der Name „Bronzen" für eine Reihe ternärer Metalloxide $A_xM_yO_z$ verwendet, in denen A = H, NH_4, Alkali-, Erdalkali-, Seltenerdmetalle, Metalle der Gruppen 11 oder 12 und M = Ti, V, Mn, Nb, Ta, Mo, W oder Re vorhanden sind, die metallischen

Glanz zeigen und je nach ihrem A-Gehalt (*x*) halbleitende oder metallische Eigenschaften haben.

Wolfram- und Molybdänbronzen entstehen durch Reduktion der entsprechenden Trioxide mit A-Metall. Die resultierenden Verbindungen A_xWO_3 sind in Abhängigkeit von *x* farbig (orange, rot, blauschwarz) und besitzen metallischen Glanz. Im Bereich von $0{,}3 \leq x \leq 0{,}9$ tritt die aufgefüllte WO_3-Struktur auf. Darin besetzen A-Atome wie in der Perowskit-Struktur die Hohlräume einer ReO_3-Gerüststruktur (Abb. 2.20). Für $\mathbf{A_xWO_3}$ (A = einwertiges Ion) befinden sich *x* Elektronen im Leitungsband (vgl. die Bandstruktur von ReO_3 in Abb. 2.36).

Besondere Eigenschaften von Oxidbronzen sind topotaktische Redoxreaktionen, die je nach Zusammensetzung zu Verbindungen mit veränderlichen Eigenschaften führen (Farbe, elektrische Leitfähigkeit, Reflexivität usw.; vgl. Abschn. 2.1.6.1). Bei den Wasserstoff-Molybdänbronzen H_xMoO_3 ($0 < x \leq 2$) können durch Interkalation in die MoO_3-Struktur vier Phasen unterschieden werden: blaues orthorhombisches $H_{0{,}23-0{,}40}MoO_3$, blaues monoklines $H_{0{,}85-1{,}04}MoO_3$, rotes monoklines $H_{1{,}55-1{,}72}MoO_3$ und grünes monoklines H_2MoO_3.

2.10.5.8 Spinelle

Von dem Mineral Spinell $\mathbf{MgAl_2O_4}$ leitet sich die gleichnamige Strukturfamilie der Spinelle mit der allgemeinen Formel $\mathbf{AB_2X_4}$ ab. Darin ist X meistens ein Chalkogenatom, am häufigsten Sauerstoff oder Schwefel. Die notwendige Ladungssumme der Kationen von acht wird in Chalkogenid-Spinellen durch die Kationenkombinationen $A^{2+} + 2B^{3+}$ oder $A^{4+} + 2B^{2+}$ oder $A^{6+} + 2B^{+}$ erreicht, was zu den sogenannten (2,3)-, (4,2)- oder (6,1)-Spinellen führt.

Die Elementarzelle der Spinell-Struktur (Abb. 2.82) enthält acht Formeleinheiten AB_2O_4. Die Sauerstoffionen bilden die kubisch dichteste Packung, deren tetraedrische Lücken bei normalen Spinellen zu einem Achtel von A-Ionen und deren oktaedrische Lücken zur Hälfte von B-Ionen besetzt sind. In Spinellen mit inverser Struktur $\mathbf{B_{Tet.}[AB]_{Okt.}O_4}$ besetzen Ionen vom Typ B tetraedrische Lücken und Ionen vom Typ A und B oktaedrische Lücken. Von den insgesamt acht Tetraederlücken und vier Oktaederlücken (vgl. Abschn. 2.2.1 und Tab. 2.4) sind nur $\frac{1}{8}$ bzw. $\frac{1}{2}$ mit Kationen besetzt:

Normale Spinell-Struktur: $(A)_{Tet.}[B_2]_{Okt.}O_4$
Inverse Spinell-Struktur: $(B)_{Tet.}[AB]_{Okt.}O_4$

Für das Auftreten von normalen oder inversen Spinell-Strukturen sind verschiedene Faktoren verantwortlich. Die wichtigsten hiervon sind:

1. Anionenparameter und die relativen Größen der Kationen A und B
   Die kubisch-flächenzentriert angeordneten Oxidionen besetzen die spezielle Lage (*x*, *x*, *x*), wobei der Idealwert des sogenannten Anionenparameters (*x*) 0,375 beträgt.

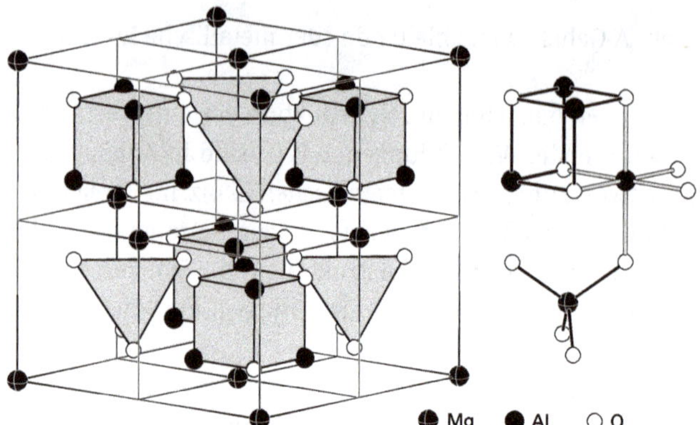

Abb. 2.82: Struktur des Minerals Spinell $MgAl_2O_4$ (AB_2O_4). Der Anionenparameter wurde auf den Idealwert (x = 0,375) gesetzt, um unverzerrte Würfel (Oktaeder) zu erhalten und somit einen besseren Einblick in die Struktur geben zu können (Raumgruppe $Fd\bar{3}m$).

Wenn der Anionenparameter von seinem Idealwert abweicht, treten Verzerrungen der oktaedrischen Koordination auf. Außerdem werden bei Zunahme des Anionenparameters die Oktaederlücken kleiner und die Tetraederlücken größer (und umgekehrt bei Abnahme des Anionenparameters). Für den Anionenparameter sind auch die relativen Größen von Kationen und Anionen von Bedeutung. Der Radienquotient r(K)/r(A) sollte bei der Besetzung tetraedrischer Lücken nicht kleiner als 0,22 und bei oktaedrischen Lücken nicht kleiner als 0,41 sein (vgl. Abschn. 2.2.2), sofern keine Polarisationseffekte wirksam sind.

2. Madelung-Konstante
   In einer Spinell-Struktur ist die Ionenkonfiguration mit der größeren Madelung-Konstante die stabilere, da sie eine größere Gitterenergie bewirkt.
3. Ligandenfeldstabilisierungsenergie
   Die Differenz der Ligandenfeldstabilisierungsenergien eines Übergangsmetallions im tetraedrischen oder oktaedrischen Ligandenfeld beeinflusst die Kationenanordnung in einer Verbindung. In Oxiden besitzen Übergangsmetalle in der Regel eine high-spin-Konfiguration. Die Energieniveauaufspaltung ist im oktaedrischen Ligandenfeld unter vergleichbaren Bedingungen größer als im tetraedrischen Feld ($\Delta_{Tet.} \approx \frac{4}{9}\Delta_{Okt.}$). Somit ergibt sich für fast jede mögliche Elektronenkonfiguration für die oktaedrische Koordination eine höhere (negative) Ligandenfeldstabilisierungsenergie (LFSE) als für die tetraedrische Koordination (Tab. 2.28).

Für die d^5- (high-spin-) und d^{10}-Konfiguration sind oktaedrische und tetraedrische Ligandenfelder energetisch gleichwertig. Die hinsichtlich der Ligandenfeldeffekte präferenzlosen Ionen mit d^5- oder d^{10}-Konfiguration (Mn^{2+}, Fe^{3+}, Zn^{2+}, Ga^{3+}, In^{3+}) werden auch als kugelsymmetrische Ionen bezeichnet und können oktaedrische oder tetraedrische Lücken besetzen. In Kombinationen mit anderen Übergangsmetallen entstehen

Tab. 2.28: Ligandenfeldstabilisierungsenergien (LFSE) für die oktaedrische und die tetraedrische Koordination.

Anzahl der Elektronen	Oktaederplatz Konfiguration	LFSE in Dq	Tetraederplatz Konfiguration	LFSE in Dq_{Okt} [(a)]
1	t_{2g}^1	−4	e^1	−2,7
2	t_{2g}^2	−8	e^2	−5,3
3	t_{2g}^3	−12	$e^2\ t_2^1$	−3,6
4	$t_{2g}^3\ e_g^1$	−6	$e^2\ t_2^2$	−1,8
5	$t_{2g}^3\ e_g^2$	0	$e^2\ t_2^3$	0
6	$t_{2g}^4\ e_g^2$	−4	$e^3\ t_2^3$	−2,7
7	$t_{2g}^5\ e_g^2$	−8	$e^4\ t_2^3$	−5,3
8	$t_{2g}^6\ e_g^2$	−12	$e^4\ t_2^4$	−3,6
9	$t_{2g}^6\ e_g^3$	−6	$e^4\ t_2^5$	−1,8

[(a)] Für die Berechnung wird angenommen, dass die tetraedrische Ligandenfeldaufspaltung $\frac{4}{9}$ der oktaedrischen beträgt.

normale Spinell-Strukturen, wenn die kugelsymmetrischen Ionen zweiwertig sind (z. B. $ZnCr_2O_4 = Zn^{2+}[(Cr^{3+})_2]O_4$) und inverse Spinell-Strukturen, wenn die kugelsymmetrischen Ionen dreiwertig sind (z. B. $NiFe_2O_4 = Fe^{3+}[Ni^{2+}Fe^{3+}]O_4$). Bei der Kombination von nicht kugelsymmetrischen zwei- und dreiwertigen Kationen entscheidet die höhere LFSE, ob eine normale oder inverse Spinell-Struktur gebildet wird. Wegen ihrer hohen LFSE bevorzugen Chrom(III)-Spinelle wie $FeCr_2O_4$ stets die normale Spinell-Struktur, Ni(II)-Spinelle meist die inverse Spinell-Struktur (zur LFSE vgl. Tab. 2.28).

Die Kationenanordnung in einer Spinell-Struktur kann nicht immer genau vorhergesagt werden, da sie vom Zusammenspiel der erwähnten Einflussgrößen abhängt. Letztlich entscheidet die Energiedifferenz zwischen den möglichen Anordnungen, welche Struktur realisiert wird. Einige Beispiele von normalen, inversen und partiell inversen Spinellstrukturen sind in Tab. 2.29 zusammengestellt.

Am häufigsten treten **(2,3)-Spinelle** auf (Tab. 2.29), deren dreiwertige Ionen oktaedrische Lücken besetzen. (4,2)-Spinelle sind meistens invers $(B^{2+})_{Tet.}[A^{4+}B^{2+}]_{Okt.}O_4$, da das Kation mit der höheren Ladung den höher koordinierten Platz bevorzugt. Dieser Trend wird zusätzlich durch große A^{4+}-Ionen unterstrichen, wenn die Radienquotientenregel $[r(A^{4+})/r(O^{2-}) > 0{,}41]$ die Koordinationszahl sechs vorhersagt.

Außer normalen oder inversen Spinell-Strukturen gibt es Defektvarianten, in denen der Fehlordnungsgrad λ den Anteil der B-Kationen auf Tetraederplätzen angibt. Daher kann der Fehlordnungsgrad für Spinelle zwischen $\lambda = 0$ und $\lambda = 0{,}5$ liegen. Für normale Spinelle gilt $\lambda = 0$, $(A)_{Tet.}[B_2]_{Okt.}O_4$, und für inverse Spinelle $\lambda = 0{,}5$, $(B)_{Tet.}[AB]_{Okt.}O_4$. Der Fehlordnungsgrad λ nimmt für eine bestimmte Verbindung nicht unbedingt einen festen Wert an, da λ von den Reaktionsbedingungen abhängt (z. B. Abkühlgeschwindigkeit).

Tab. 2.29: Beispiele für Spinell-Strukturen.

Typ	Verbindung	
Normale Spinelle		
2,3	MgB_2O_4	B = Al, Ti, V, Cr, Mn[(a)], Rh
	ZnB_2O_4	B = Al, Ga, V, Cr, Mn[(a)], Fe, Rh
	CdB_2O_4	B = Ga, Cr, Mn[(a)], Fe, Rh
	CoB_2O_4	B = Al, V, Cr, Mn[(a)], Co[(b)]
	$FeCr_2O_4$	
Inverse Spinelle		
2,3	FeB_2O_4	B = Ga, Fe
	AFe_2O_4	A = Co, Ni, Cu[(c)]
4,2	AMg_2O_4	A = Ti, V[(d)], Sn
	ACo_2O_4	A = Ti, V[(d)], Sn
	AZn_2O_4	A = Ti, V[(d)], Sn
Partiell inverse Spinelle		
2,3	$MgFe_2O_4$	$\lambda = 0{,}45$
	$CuAl_2O_4$	$\lambda = 0{,}2$

[(a)]Für die d^4-Konfiguration (high-spin) von Mn^{3+} tritt im oktaedrischen Ligandenfeld eine Jahn-Teller-Verzerrung auf, die eine tetragonale Strukturverzerrung bewirkt (analoges gilt für Ionen mit d^7-low-spin- und d^9-Konfigurationen).
[(b)]In $Co^{2+}[(Co^{3+})_2]O_4$ besetzen die magnetisch anormalen *low-spin*-Co^{3+}-Ionen wegen ihrer günstigeren LFSE im oktaedrischen Ligandenfeld oktaedrische Lücken.
[(c)]Kubisch bei hohen Temperaturen (und nach Abschrecken von 760 °C), aber tetragonale Struktur durch Jahn-Teller-Verzerrung der oktaedrischen $[CuO_6]$-Koordination durch (d^9-)Cu^{2+}.
[(d)]Die V^{4+}-Spinelle sind nur in Gegenwart einiger V^{3+}-Ionen beständig.

Magnetit und Ferrite

Viele Verbindungen der allgemeinen Zusammensetzung MFe_2O_4 kristallisieren wie die gemischtvalente Verbindung $\mathbf{Fe_3O_4}$ (Magnetit) in der inversen Spinell-Struktur. In $\mathbf{(Fe^{3+})_{Tet.}[Fe^{2+}Fe^{3+}]_{Okt.}O_4}$ besetzen Fe^{2+}- und Fe^{3+}-Ionen in ungeordneter Weise die Hälfte aller B-Oktaederplätze von AB_2O_4. Aus dem Ladungsaustausch zwischen den Eisenionen auf Oktaederlücken resultiert die hohe elektrische Leitfähigkeit des Magnetits ($\sigma \approx 200$ S/cm bei Raumtemperatur). Unterhalb 119 K nimmt die Leitfähigkeit sprunghaft ab, da eine Struktur mit geordneter Anordnung der Fe^{2+}- und Fe^{3+}-Ionen entsteht.

Zu den besonderen Eigenschaften von Magnetit und der Ferrite MFe_2O_4 zählt ihr Magnetismus.[17] Ursache der magnetischen Ordnung im Magnetit sind antiparallele Kopplungen zwischen Kationen auf tetraedrischen und oktaedrischen Plätzen durch Superaustausch. Deshalb sind in $(Fe^{3+}\downarrow)_{Tet.}[Fe^{2+}\uparrow Fe^{3+}\uparrow]_{Okt.}O_4$ die magnetischen Momente aller Kationen auf Oktaederplätzen parallel zueinander gekoppelt. Durch die Kompensation der magnetischen Momente aller Fe^{3+}-Ionen auf Tetraeder- und Okta-

17 Die magnetischen Eigenschaften von Magnetit werden seit Jahrhunderten in Kompassnadeln genutzt. Aber auch in Bakterien und Zellen wurde Magnetit nachgewiesen, welches Mikroorganismen und anderen Lebewesen offenbar bei der Orientierung relativ zum magnetischen Feld der Erde dient.

ederplätzen ist das Spinmoment von Fe^{2+} für die ferrimagnetischen Eigenschaften von Magnetit ausschlaggebend (Abb. 2.83). Für ein Fe^{2+}-Ion ist $S = \frac{4}{2}$ (vier parallele Spins). Damit resultiert für Fe_3O_4 ein magnetisches Sättigungsmoment von $\mu = g \cdot S = 2 \cdot \frac{4}{2} = 4$ BM. Entsprechende magnetische Momente resultieren aus den magnetischen Beiträgen von M^{2+}-Ionen in MFe_2O_4-Ferriten mit inverser Spinell-Struktur.

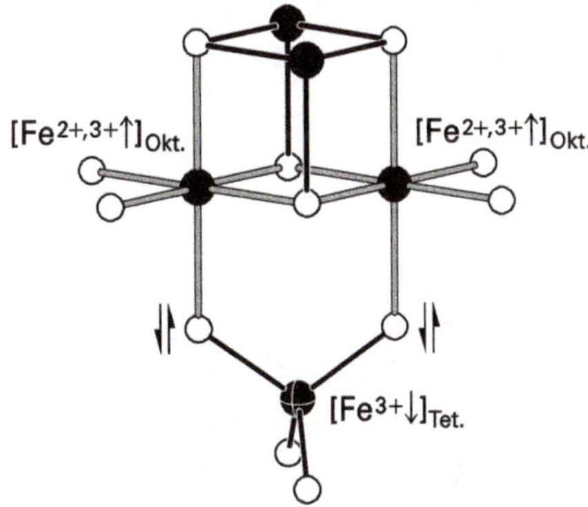

Abb. 2.83: Schematische Darstellung der magnetischen Struktur ferrimagnetischer Spinelle am Beispiel von Fe_3O_4 zwischen $T_c \approx 850$ K und $T_t = 119$ K (Phasenübergang). In der Struktur von $(Fe^{3+})_{Tet.}[Fe^{2+}Fe^{3+}]_{Okt.}O_4$ sind Spins der tetraedrisch koordinierten Fe^{3+}-Ionen antiparallel zu allen oktaedrisch koordinierten Ionen orientiert (Superaustausch über Sauerstoff-p-Orbitale). Daher heben sich die Momente der Fe^{3+}-Ionen gegenseitig auf, und übrig bleiben die magnetischen Momente der Fe^{2+}-Ionen. Zum Vergleich siehe Spinell-Struktur in Abb. 2.82.

Magnesiumferrit sollte als vollständig inverser Spinell antiferromagnetisch sein, $\mathbf{(Fe^{3+}\downarrow)_{Tet.}[Mg^{2+}Fe^{3+}\uparrow]_{Okt.}O_4}$, da sich die Momente der Fe^{3+}-Ionen gegenseitig aufheben. Tatsächlich verursacht die ungleiche Zahl von Fe^{3+}-Ionen auf A- und B-Plätzen des unvollständig inversen Spinells $(Fe_{2\lambda}\downarrow Mg_{1-2\lambda})_{Tet.}[Mg_{2\lambda}Fe_{2(1-\lambda)}\uparrow]_{Okt.}O_4$ Ferrimagnetismus.

2.10.5.9 Magnetoplumbit

Ferrite wie das Mineral Magnetoplumbit $\mathbf{PbFe_{12}O_{19}}$ und die analoge Bariumverbindung $\mathbf{BaFe_{12}O_{19}}$ (kurz: BaM) gehören zu den hartmagnetischen Ferriten. Hartmagnetische Materialien sind durch hohe Werte ihrer Remanenz (Abb. 2.76) gekennzeichnet und werden als Dauermagnete verwendet. Die Herstellung erfolgt beispielsweise aus α-Fe_2O_3 und Metallcarbonat:

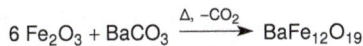

$$6\,Fe_2O_3 + BaCO_3 \xrightarrow{\Delta,\,-CO_2} BaFe_{12}O_{19}$$

Die Struktur von $PbFe_{12}O_{19}$ besteht aus alternierenden Schichten von Magnetit (Fe_3O_4) und Pb^{2+}-Ionen. Wie in der Struktur von Na-β-Al_2O_3 liegen Spinellschichten vor, von denen jede fünfte Schicht Sauerstoffleerstellen sowie zweiwertige Kationen (Pb^{2+} oder Ba^{2+}) enthält. Die Fe^{3+}-Ionen besetzen fünf kristallographisch unterscheidbare Positionen. In einer Formeleinheit $PbFe_{12}O_{19}$ sind die Spins von acht Fe^{3+}-Ionen parallel zueinander angeordnet, denen die Spins von vier Fe^{3+}-Ionen entgegengerichtet sind. Das magnetische Moment für ein Fe^{3+} beträgt $\mu = g \cdot S = 2 \cdot \frac{5}{2} = 5$ BM (vgl. Abschn. 2.8.2). Für das magnetische Sättigungsmoment von $PbFe_{12}O_{19}$ folgt $\mu = 8{\cdot}5\,\text{BM} - 4{\cdot}5\,\text{BM} = 20$ BM.

Verwendung finden hartmagnetische Ferrite in Relais, Lautsprechern, Gleichstrommotoren und -generatoren sowie in Haftmagneten für Schließsysteme.

2.10.5.10 Granate

Zur Strukturfamilie der Granate gehören Verbindungen der allgemeinen Formel $\mathbf{A_3B_2(SiO_4)_3}$ mit A = Ca, Mg, Fe, Mn und B = Al, Cr, Fe. Die Verbindungen sind elektrisch nichtleitend und kristallisieren kubisch mit acht Formeleinheiten $A_3B_2(SiO_4)_3$ in der Elementarzelle. Natürlich vorkommende Granate wie $\mathbf{Ca_3Al_2Si_3O_{12}}$ (Abb. 2.84) lassen verschiedene Kationensubstitutionen zu. Im synthetisch hergestellten siliciumfreien Granat $\mathbf{Y_3Al_5O_{12}}$ besetzen die Y^{3+}-Ionen Calciumplätze und zusätzliche Al^{3+}-Ionen besetzen Siliciumplätze. Yttrium-Aluminium-Granate (YAG) können, wenn sie z. B. mit Seltenerdmetallen dotiert sind, als Leuchtstoffe in LEDs, Festkörperlasern und Fernsehbildschirmen verwendet werden. Mit Neodym dotierter Yttrium-Aluminium-Granat, $\mathbf{Y_3Al_5O_{12}}$**:Nd** (kurz **YAG:Nd**), ist das Lasermedium der leistungsstärksten Laser.

Die Aluminiumionen können in $\mathbf{Y_3Al_5O_{12}}$ durch andere dreiwertige Ionen oder durch Kombinationen dieser ersetzt werden (Fe^{3+}, Co^{3+}, Cr^{3+}, In^{3+}, Ga^{3+}, Sc^{3+}). Ebenso kann Yttrium durch Lanthanoidionen (Eu, Gd, Tb, ...) substituiert werden.

Granate mit magnetisch inäquivalenten Metalluntergittern zählen wie Ferrite zu den wichtigen magnetischen Metalloxiden. Ein wichtiges Beispiel ist Yttrium-Eisen-Granat (YIG) mit Anwendungen in Mobiltelefonen und magnetischen Datenspeichern.

Yttrium-Eisen-Granat $\mathbf{Y_3Fe_5O_{12}}$ kristallisiert kubisch mit 8 Formeleinheiten in der Elementarzelle und ist ein ferrimagnetisches Material. Fe^{3+}-Ionen besetzen entsprechend $Y_3(Fe_2)_{Okt.}[Fe_3]_{Tet.}O_{12}$ oktaedrische und tetraedrische Gitterplätze, und die Y^{3+}-Ionen sind dodekaedrisch koordiniert. Das magnetische Untergitter der Eisenionen auf Tetraederplätzen steht antiparallel zu dem der Eisenionen auf Oktaederplätzen:

$$Y_3(Fe_2\uparrow)_{Okt.}[Fe_3\downarrow]_{Tet.}O_{12} \quad (\text{unterhalb } T_C = 545\,\text{K für } Y_3Fe_5O_{12})$$

Das resultierende magnetische Sättigungsmoment entspricht $\mu = 15\,\text{BM}[Fe_3\downarrow] - 10\,\text{BM}(Fe_2\uparrow) = 5$ BM.

Die magnetischen Eigenschaften können durch (partielle) Atomsubstitutionen auf den Eisenplätzen verändert werden. Erwartungsgemäß führt der Austausch von Eisenionen gegen nichtmagnetische Ionen auf oktaedrischen Plätzen zur Erhöhung und auf tetraedrischen Plätzen zur Erniedrigung des magnetischen Moments in einer Granat-

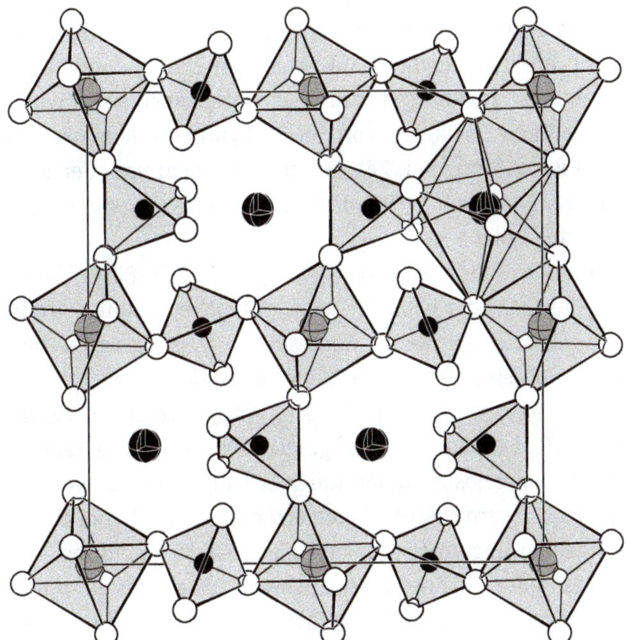

Abb. 2.84: Ausschnitt aus der Granatstruktur $Ca_3Al_2Si_3O_{12}$ (Raumgruppe $Ia\bar{3}d$) mit hervorgehobenen Sauerstoff-Koordinationspolyedern um die Kationen. Die Granatstruktur besteht aus einem Netzwerk von $[AlO_6]$-Oktaedern und $[SiO_4]$-Tetraedern, die grau hervorgehoben sind. Calcium (große schwarze Kugeln) hat die Koordinationszahl acht. Ein verzerrtes $[CaO_8]$-Dodekaeder ist ebenfalls hervorgehoben.

struktur:

$$Y_3(Fe_{1,75}\uparrow Sc_{0,25})_{Okt.}[Fe_3\downarrow]_{Tet.}O_{12} \quad \text{und} \quad Y_3(Fe_2\uparrow)_{Okt.}[Fe_{2,75}\downarrow Ga_{0,25}]_{Tet.}O_{12}$$

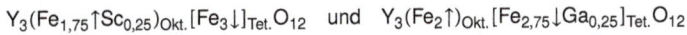

Durch Austausch des nicht magnetischen Yttriums durch ein magnetisches Lanthanoidion resultiert eine antiparallele Kopplung der magnetischen Momente mit den Momenten der tetraedrisch koordinierten Eisenionen. Alle magnetischen Ionen sind durch Superaustausch über die O^{2-}-Ionen gekoppelt. Verglichen mit der Kopplung zwischen den Fe^{3+}-Untergittern ist die Kopplung mit den magnetischen Lanthanoidionen jedoch sehr schwach. Beispiele sind Gadolinium-Eisen-Granat (GIG) $Gd_3\uparrow(Fe_2\uparrow)_{Okt.}[Fe_3\downarrow]_{Tet.}O_{12}$ oder Dysprosium-Eisen-Granat (DIG) $Dy_3\uparrow(Fe_2\uparrow)_{Okt.}[Fe_3\downarrow]_{Tet.}O_{12}$.

2.10.5.11 Synthesen von Metalloxiden über wässrige Lösungen, Sol-Gel-Synthese von YAG

Lösungen sind durch homogene Verteilungen der Atome oder Partikel und hohe Diffusionskonstanten gekennzeichnet. Deshalb erfordern Reaktionen in Lösungen im Vergleich zu Fest-fest-Reaktionen nur relativ niedrige Reaktionstemperaturen, sodass auch thermisch metastabile Verbindungen leicht hergestellt werden können, die über Fest-fest-Reaktionen nicht direkt zugänglich sind. Weiterhin können Stoffe über Sol-Gel-Synthesen durch bestimmte Trocknungsprozesse in unterschiedlicher Weise strukturiert werden. Unterschiedliche Varianten von Sol-Gel-Synthesen kommen bei der Biomineralisation (z. B. bei der Bildung von Zähnen und Knochen) vor oder werden bei der Herstellung neuartiger Materialien (Nanokeramiken, Aerogele, photoaktive Beschichtungen aus TiO_2 usw.) eingesetzt.

Der erste Schritt einer Sol-Gel-Synthese ist die Herstellung eines Sols. Ein Sol ist eine Suspension aus Molekülen, Clustern oder kolloidal gelösten Teilchen. Häufig wird in wässrigen oder polaren Lösungsmitteln gearbeitet. Bei löslichen Ausgangsverbindungen wird anstatt eines typischen Sols eine Lösung aus Metallsalzen hergestellt.

Bei der Sol-Gel-Synthese von Granaten wie z. B. $Y_3Al_5O_{12}$ (YAG) wird eine wässrige Lösung aus $Al(NO_3)_3 \cdot 9\,H_2O$ und $Y(CH_3COO)_3 \cdot 4\,H_2O$ eingesetzt. Um ein Sol zu erzeugen, müssen Vernetzungen zwischen den gelösten Ionen (oder Teilchen) erzeugt werden, wozu verbrückende Liganden oder Hydrolysereaktionen erforderlich sind. Im Fall der YAG-Synthese wird der wässrigen Lösung unter mildem Heizen (ca. 60 °C) ein sog. Vernetzer in Form von EDTA, Glykol oder Zitronensäure zugesetzt. Wenn das Sol durch Entzug des Lösungsmittels (erhitzen auf ca. 110 °C) destabilisiert wird, nimmt die Vernetzung (Kondensation) unter Gelierung zu. In einem **Gel** ist jedes Teilchen in ein unregelmäßiges dreidimensionales kontinuierliches Netzwerk zusammen mit einer flüssigen Phase eingebaut.

Durch die Bedingungen bei der thermischen Zersetzung eines Sols oder Gels ergeben sich unterschiedliche Möglichkeiten, einen Stoff zu strukturieren und daraus z. B. Nanoteilchen, Keramiken, Aerogele (vgl. Abschn. 2.3) oder dünne Schichten zu erzeugen (Abb. 2.85).

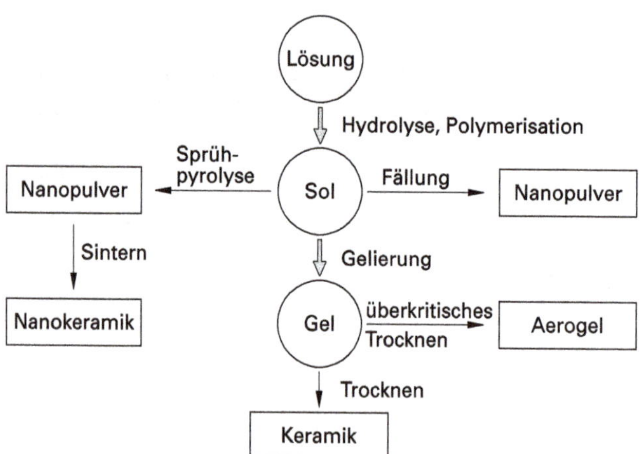

Abb. 2.85: Unterschiedliche Möglichkeiten zur Strukturierung von Materialien ausgehend vom Sol oder Gel bei der Sol-Gel-Synthese. Nicht enthalten ist die Erzeugung von Schichten durch Eintrocknen der Lösung auf einem Substrat.

Gut kristalline Verbindungen vom Granat-Typ, wie $SE_3Al_5O_{12}$ (SE = Seltenerdelement) können über die Zersetzung eines Gels unterhalb von 1000 °C hergestellt werden. Allerdings nimmt die Stabilität von Granaten des Typs $SE_3Al_5O_{12}$ (SE = Y, Eu–Lu) zu den großen Seltenerdionen ab. So kann das thermisch metastabile $Eu_3Al_5O_{12}$ zwar über moderate Bedingungen der Sol-Gel-Synthese, nicht aber über eine direkte Feststoffreaktion der Oxide hergestellt werden.

Auch andere Oxide, wie z. B. Perowskite oder Oxocuprate, können über Sol-Gel-Synthesen hergestellt und strukturiert werden. Zur Synthese von $BaTiO_3$ werden $Ba(OH)_2$ und $TiCl_4$ in alkalischer Lösung (pH = 12–14) bei 90 °C zur Reaktion gebracht. Anschließend wird das Sol eingeengt und das Hydroxidgel getrocknet:

$$Ba(OH)_2 + TiCl_4 + 4\ NaOH \longrightarrow BaTiO_3 + 4\ NaCl + 3\ H_2O$$

Modifizierte Verbindungen mit perowskitverwandter Struktur, wie Blei-Zirconium-Titanat (PZT-Materialien, vgl. Abschn. 2.10.5.6) lassen sich auf analoge Weise herstellen. Entsprechende Festkörpersynthesen aus den binären Oxiden würden Temperaturen von über 1000 °C erfordern. Unter solchen Bedingungen lassen sich die genauen Zusammensetzungen von $PbZr_{1-x}Ti_xO_3$ wegen der Flüchtigkeit von PbO nicht gewährleisten.

2.10.5.12 Leuchtstoffe

Ein Leuchtstoff (engl. *phosphor*) ist ein Material, welches in der Lage ist, nach der Aufnahme von Energie, Licht zu emittieren – zu lumineszieren. Dabei beschreibt der Begriff Lumineszenz die Emission von sichtbarem Licht (vgl. Abschn. 3.18). Zur Herstellung eines Leuchtstoffs werden farblose, salzartige Wirtsstrukturen gezielt mit Metallionen dotiert (<5 mol-%). Diese Ionen oder Aktivatoren verursachen in den Strukturen Substitutionsdefekte. Gemäß der üblichen Nomenklatur wird eine Dotierung durch einen Doppelpunkt gekennzeichnet. Beispielsweise ist die dotierte Verbindung La_2O_3:Eu durch die Zusammensetzung $La_{2-x}Eu_xO_3$ ($x < 0{,}1$) charakterisiert.

Die für die Lumineszenz verantwortlichen Aktivatorionen werden nur in kleinsten Mengen in eine Wirtsstruktur eingebaut, um eine **Löschung der Lumineszenz** (engl. *luminescence quenching*) zu verhindern, die sich typischerweise bei höheren Aktivatorkonzentrationen zunehmend stark bemerkbar macht.

Die in Feststoffen inkorporierten Aktivatoren können Licht emittieren, nachdem sie angeregt worden sind. Bei der Photolumineszenz (Anregung durch Photonen, wie z. B. UV-Licht) werden Elektronen, die sich im Grundzustand des Aktivators befinden, in energetisch höher liegende Energiezustände angeregt (Absorption), um anschließend unter Aussendung von Licht (Lumineszenz) in ihren Grundzustand zurückzukehren. Ein schematisches Lumineszenzspektrum ist in Abb. 2.86 gezeigt. Die Verschiebung der Wellenlänge zwischen der Absorption und Emission nennt man Stokes shift. Die Wellenlänge der Emission des Aktivators wird durch die Relaxation aus dem angeregten Zustand (bzw. Zuständen) in den Grundzustand bestimmt.

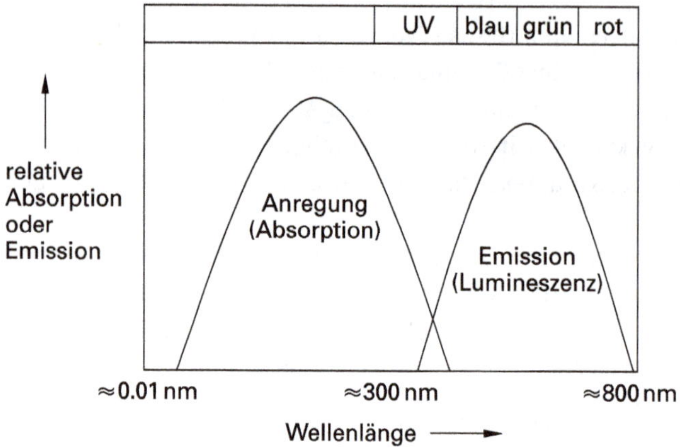

Abb. 2.86: Die Anregung eines Leuchtstoffs (Absorption) und die daraus resultierende Emission (Lumineszenz) von Licht.

Zur Erklärung der Lumineszenzeigenschaften von Leuchtstoffen können die Energieniveaudiagramme (Termdiagramme) ihrer Aktivatoren herangezogen werden. Durch die Dotierung in eine Kristallstruktur werden die Übergangsenergien der Aktivatorionen mehr oder weniger stark verändert, je nachdem, wie stark die Wechselwirkung mit den umgebenden Atomen der Wirtsstruktur (Matrix) ist. Für lichttechnische Anwendungen sind im Allgemeinen **5s–5p-, 6s–6p-, 3d–3d-, 4f–5d- und 4f–4f-Übergänge** von Bedeutung. Bei **f–f-Übergängen** von Seltenerdmetallionen hat die umgebende Matrix aufgrund der Lanthanoidenkontraktion einen vernachlässigbaren Einfluss auf die energetische Lage der f-Energieniveaus. Deshalb zeigen 4f-Ionen schmale Linienbanden mit charakteristischen Lumineszenzfarben, wie z. B. bei Sm^{3+} (rotviolett), Eu^{3+} (rot), Tb^{3+} (grün), Er^{3+} (grün), Dy^{3+} (gelb) und Tm^{3+} (blau), vgl. Abschn. 3.18.

Leuchtstoffe, die weißes Licht aussenden, entstehen aus Kombinationen von farbigen Leuchtstoffen. Dabei gilt das Prinzip der additiven Farbmischung, wonach weißes Licht durch die Überlagerung der drei Grundfarben rot, grün und blau erzeugt werden kann. Das CIE-Diagramm (fr. *Commission Internationale d'Eclairage*) ordnet alle durch additive Mischung von Spektralfarben erzeugbaren Farbtöne mit der Farbe weiß im Zentrum an. Gemäß diesem Prinzip kann aus drei Leuchtstoffen (Dreibandenleuchtstoff) weißes Licht erzeugt werden. In einer Leuchtstoffröhre werden beispielsweise die Leuchtstoffe **Y_2O_3:Eu** (Eu^{3+}, Lumineszenzfarbe rot), **$CeMgAl_{11}O_{19}$:Tb** (grün) und **$BaMgAl_{10}O_{17}$:Eu** (Eu^{2+}, blau) kombiniert und durch UV-Strahlung zur Emission von weißem Licht angeregt. Ein Nachteil von Lampen mit Aktivatoren, deren Lumineszenzen (wie Eu^{3+} und Tb^{3+}) auf schmalbandigen Emissionen aus f–f-Übergängen beruhen, ist die verhältnismäßig schlechte Farbwiedergabe (engl. *colour rendering*).

Breite Emissionsbanden entstehen durch starke Wechselwirkungen zwischen den Aktivatoren mit den umgebenden Atomen einer Wirtsstruktur (starke Kristallfeldaufspaltung), vorzugsweise bei s–p- oder 4f–5d-Übergängen. Beispiele hierfür sind die Aktivatoren Bi^{3+}, Eu^{2+} und Ce^{3+} in YPO_4:Bi, BaFCl:Eu und $Y_3Al_5O_{12}$:Ce (Tab. 2.30). Leuchtstoffe, die mit Eu^{2+} dotiert sind, können in Abhängigkeit von der Umgebung in ihrer Wirtsmatrix, Licht in nahezu jeder Spektralfarbe aussenden. Ausschlaggebend hierfür ist die energetische Lage der d-Energieniveaus von Eu^{2+}, die von der Ligandenstärke (spektrochemische Reihe) der umgebenden Atome der Wirtsstruktur abhängt. Somit bestimmt die Kristallfeldaufspaltung über die energetische Lage der d-Energieniveaus und damit auch die Wellenlänge der 4f–5d-Emission.

Tab. 2.30: Ausgewählte Leuchtstoffe, Aktivatoren und ihre Emissionen.

Leuchtstoff	Aktivator	Anregung	Wellenlänge, Farbe der Emission, B = Breitband-Emission, L = Linienbande
Y_2O_3:Eu	Eu^{3+}	4f–4f	611 nm, orangerot, L
BaFCl:Eu	Eu^{2+}	4f–5d	390 nm, violett, B
$Y_3Al_5O_{12}$:Ce	Ce^{3+}	4f–5d	540 nm, grüngelb, B
Zn_2SiO_4:Mn	Mn^{2+}	3d–3d	530 nm, grün, L
Al_2O_3:Cr	Cr^{3+}	3d–3d	694 nm, tiefrot, L (Rubin-Laser)
$Y_3Al_5O_{12}$:Nd	Nd^{3+}	4f–4f	1064 nm, IR, L (YAG:Nd-Laser)
$BaSi_2O_5$:Pb	Pb^{2+}	6s–6p	350 nm, UV-A, B
$LaPO_4$:Ce	Ce^{3+}	4f–5d	320 nm, UV-B, B
YPO_4:Bi	Bi^{3+}	6s–6p	240 nm, UV-C, B

BaFCl:Eu dient zur Konvertierung von Röntgenstrahlung in sichtbares Licht und wird in Bildplatten zur Detektion von Röntgenstrahlen verwendet. Leuchtstoffmischungen aus YPO_4:Ce oder $BaSi_2O_5$:Pb (UV-A) und $LaPO_4$:Ce (UV-B) ähneln dem UV-Strahlungsanteil des Tageslichts und können in Bräunungslampen eingesetzt werden. Die modifizierten Granate **YAG:Ce** ($Y_3Al_5O_{12}$:Ce) und **TAG:Ce** ($Tb_3Al_5O_{12}$:Ce) werden in Leuchtdioden verwendet. Der Ce^{3+}-Leuchtstoff YAG:Ce sendet eine breite Emissionsbande um 550 nm aus. Bei dieser Emission erfolgt ein Übergang von $4f^05d^1$ nach $4f^15d^0$, wobei die Aufspaltung des Grundzustands ($^2F_{5/2}$ + $^2F_{7/2}$) zur Bandenverbreiterung beiträgt (Abb. 2.87). Zur Modifizierung ihrer Emissionseigenschaften werden komplex substituierte Granat-Leuchtstoffe, wie z. B. $(Y,Gd)_3(Al,Ga)_5O_{12}$:Ce, durch Sol-Gel-Methoden oder aus Schmelzen synthetisiert.

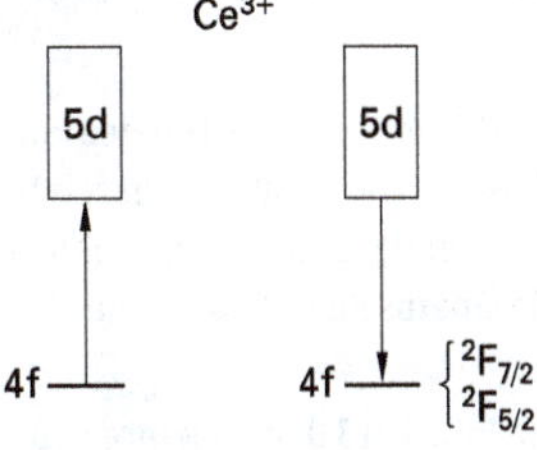

Abb. 2.87: Absorption ($4f^15d^0 \longrightarrow 4f^05d^1$) und Emission ($4f^05d^1 \longrightarrow 4f^15d^0$) von Ce^{3+} in $Y_3Al_5O_{12}$:Ce.

Leuchtdioden

Licht emittierende Dioden (LEDs) enthalten Stoffe, die rotes, grünes, blaues oder auch weißes Licht aussenden können.[18] Für Leuchtdioden, die weißes Licht aussenden, wird das Prinzip der additiven Farbmischung ausgenutzt. In der Praxis wird dazu ein **$(In_{1-x}Ga_x)N$-Halbleiterchip** verwendet, der blaues Licht mit hoher Intensität aussendet (vgl. Abschn. 2.10.4.3). In einer Leuchtdiode wird dieser Chip in einen Reflektor eingebettet und mit einem Leuchtstoff wie z. B. **YAG:Ce** oder **TAG:Ce** bedeckt. Ein Teil des blauen Lichts wird von dem Ce^{3+}-Leuchtstoff absorbiert, der daraufhin gelbes Licht aussendet. Die komplementären Farben erzeugen zusammen ein weißes Licht, das als „cool white" beschrieben wird (Abb. 2.88). Der in diesem Licht unterrepräsentierte Rotanteil kann durch rot emittierende Leuchtstoffe wie **CaS:Eu**, **$(Ca,Sr)_2Si_5N_8$:Eu** oder **$CaAlSiN_3$:Eu** ergänzt werden. Leuchtdioden zeichnen sich gegenüber herkömmlichen Lichtquellen durch ihre Energieersparnis, ihre hohe Lebensdauer und schnellere Ansprechzeiten aus.

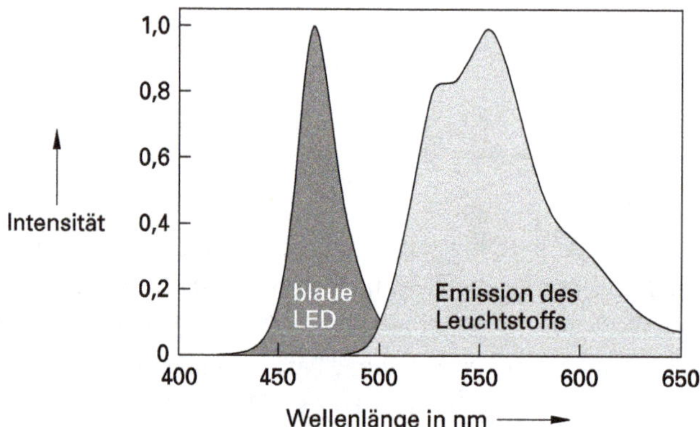

Abb. 2.88: Emissionsspektrum einer Leuchtstoff-LED mit blauer Lumineszenz eines $(In_{1-x}Ga_x)N$-Halbleiterchips und gelber Lumineszenz eines Leuchtstoffes.

2.10.5.13 Supraleitfähigkeit

Das Phänomen Supraleitung wurde erstmals im Jahre 1911 an metallischem Quecksilber beobachtet, nachdem die Verflüssigung von Helium gelungen war.[19] Die intermetalli-

18 Dem japanischen Materialforscher S. Nakamura gelang zu Beginn der 1990er Jahre die Herstellung von blauen, später auch grünen und weißen Leuchtdioden. Der auf dieser Entwicklung basierende intensiv blau (elektro-)lumineszierende (In,Ga)N-Halbleiterchip wird heute standardmäßig zur Lichterzeugung in LEDs verwendet. Für die Entwicklung dieses Chips erhielten die japanischen Wissenschaftler I. Akasaki, H. Amano und S. Nakamura im Jahr 2014 den Nobelpreis für Physik.

19 Beide Untersuchungen gehen auf H. Kamerlingh-Onnes zurück, dem im Jahr 1913 der Nobelpreis für Physik verliehen wurde.

schen Supraleiter **NbTi**, **Nb_3Sn** oder **Nb_3Ge** sind seit vielen Jahren bekannt und in der Technik im Einsatz. Niob und Titan bilden über einen weiten Bereich ihrer möglichen Zusammensetzungen feste Lösungen $Nb_{1-x}Ti_x$, die kubisch innenzentriert kristallisieren. **Nb_3Sn** und **Nb_3Ge** kristallisieren in geordneten Strukturen des sogenannten A15-Typs (Abb. 2.89), deren auffälliges Strukturmerkmal die kurzen Nb–Nb-Abstände sind.

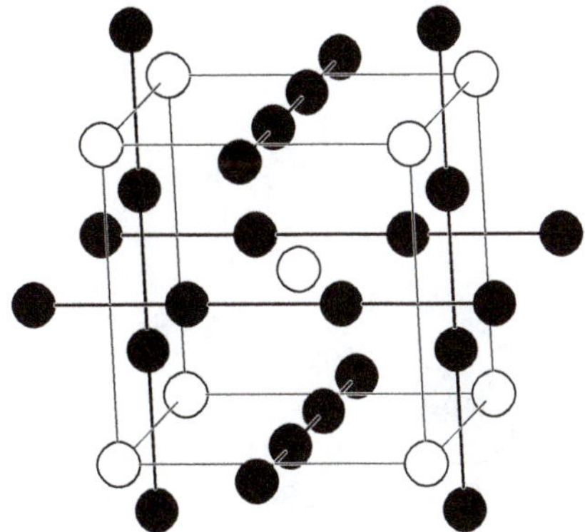

Abb. 2.89: Struktur von Nb_3Ge (Raumgruppe $Pm\bar{3}n$). Niobatome (schwarz) bilden lineare Anordnungen mit Nb–Nb-Abständen von 258 pm (der Abstand Nb–Nb in Niob-Metall beträgt 286 pm).

Da das Auftreten von Supraleitung zunächst als Tieftemperaturphänomen bekannt war, wurden Materialien, die bei höheren Temperaturen Supraleitung zeigten, als Hochtemperatur-Supraleiter bezeichnet.

Das außergewöhnliche Interesse für eine neuere Klasse von Supraleitern geht auf die Entdeckung von Hochtemperatur-Supraleitfähigkeit in der perowskitverwandten Phase $La_{2-x}Ba_xCuO_4$ im Jahre 1986 zurück.[20] Die hierdurch ausgelöste Forschungswelle erreichte mit einer Sprungtemperatur von über 90 K für **$YBa_2Cu_3O_{7-x}$** einen vorläufigen Höhepunkt. Diese auch als „123“ oder „YBCO“ bezeichnete Verbindung war der erste bekannte Feststoff, der unter Kühlung mit flüssigem Stickstoff supraleitend wurde (Abb. 2.90).

Der zweite für Anwendungen wichtige Oxocuprat-Supraleiter gehört der Stofffamilie **$Bi_2Sr_2Ca_{n-1}Cu_nO_{4+2n+\delta}$** mit $n = 1, 2, 3$ an. Die Strukturen dieser Verbindungen sind aus n benachbarten $[CuO_{4/2}]$-Schichten aufgebaut. Die höchste Sprungtemperatur von 110 K wurde für die mit Blei stabilisierte Verbindung **$(Bi,Pb)_2Sr_2Ca_2Cu_3O_{10+\delta}$** [kurz: (Bi,Pb)-2223] gefunden. Supraleitfähige Verbindungen mit Thallium oder Quecksilber kommen wegen ihrer schlechten Umweltverträglichkeiten nicht für Anwendungen in Betracht. Nach der Entdeckung der supraleitenden Eigenschaften von MgB_2 im Jahre

20 K. A. Müller und J. G. Bednorz erhielten hierfür im Jahr 1987 den Nobelpreis für Physik.

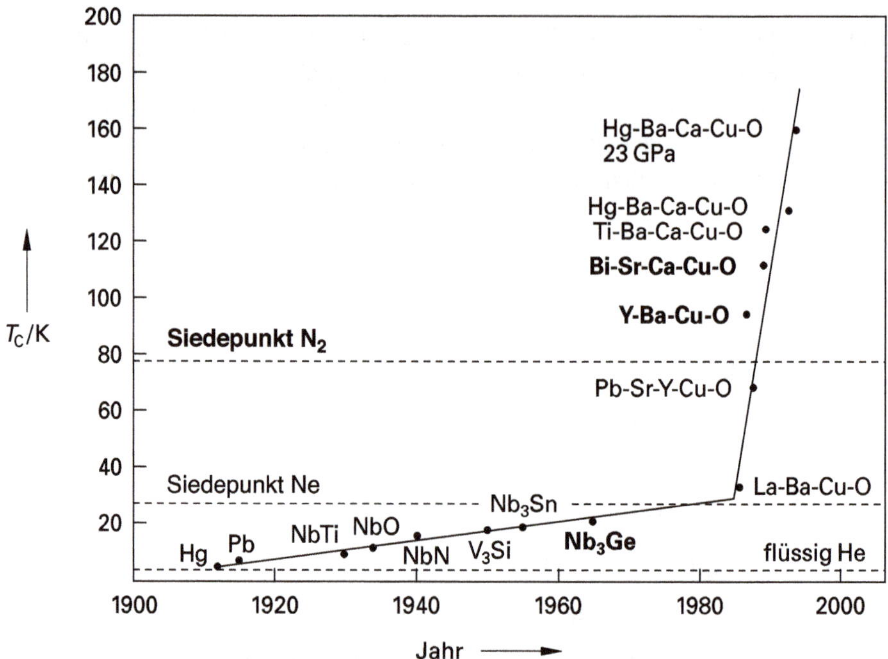

Abb. 2.90: Die höchsten Sprungtemperaturen von Supraleitern, aufgetragen über dem Jahr ihrer Entdeckung.

2001 rückt diese Verbindung trotz ihrer relativ niedrigen Sprungtemperatur von 39 K als möglicher Konkurrent für NbTi in das Interesse der Anwender.

Im Jahr 2008 begann die Entwicklung von supraleitfähigen Eisenpniktiden, deren gemeinsames Merkmal schichtartige Strukturen und formal zweiwertige Eisenionen sind. Repräsentative Beispiele sind die Verbindungen LiFeAs, $BaFe_2As_2$ und LaFeAsO, deren strukturelle Vertreter als 111, 122 und 1111 bezeichnet werden. 122-Verbindungen kristallisieren isotyp zum $ThCr_2Si_2$-Typ (Abb. 2.66). 122- und 1111-Verbindungen zeigen beim Abkühlen auf sehr tiefe Temperaturen (typisch bei <160 K) strukturelle und (antiferro-)magnetische Übergänge. Supraleitung wird bei diesen Verbindungen nur für (p- oder n-)dotierte Proben beobachtet. So enthalten die supraleitfähigen 122-Verbindungen $(EA_{1-x}A_x)Fe_2As_2$ (EA = Ba, Sr, Ca; A = K, Cs, Na) ein Kationendefizit (*Lochdotierungen*). Bei supraleitenden 1111-Verbindungen wie SEFeAsO (SE = La, Ce, Pr, Nd, Sm, Gd, Tb, Dy) liegt entweder ein Sauerstoffdefizit oder eine (etwa 3 %ige) Substitution der Sauerstoffatome durch Fluoridionen vor.

Eine Zusammenstellung von ausgewählten supraleitfähigen Verbindungen, zu denen auch Chevrel-Phasen ($PbMo_6S_8$), defekte Perowskit-Strukturvarianten ($Ba_{0,6}K_{0,4}BiO_3$) und Fulleride (Cs_2RbC_{60}) gehören, zeigt die Tab. 2.31.

Bisher lässt sich die Frage, ob es Supraleiter mit sehr viel höheren Sprungtemperaturen als die bisher Gefundenen geben kann, nicht beantworten. Allerdings gibt es

Tab. 2.31: Übergangstemperaturen von einigen supraleitfähigen Materialien. Die angegebenen Übergangstemperaturen hängen z. T. stark von der Reinheit, Kristallgröße und vom Gefüge des Materials ab.

Supraleiter	T_c/K	Supraleiter	T_c/K
Hg	4	Cs_2RbC_{60}	33
Nb	9	**Nb_3Ge**	23
NbTi	10	**MgB_2**	39
$PbMo_6S_8$	14	$SmFeAsO_{1-\delta}$	55
$La_3Ni_2(BN)_2N$	14	**$YBa_2Cu_3O_{7-x}$**	93
NbN	15	**$(Bi, Pb)_2Sr_2Ca_2Cu_3O_{10+\delta}$**	110
$LuNi_2(B_2C)$	17	$Tl_2Ba_2Ca_2Cu_3O_{10+\delta}$	125
Nb_3Sn	18	$HgBa_2Ca_2Cu_3O_{8+\delta}$	133 (unter Druck 164)
$Ba_{0,6}K_{0,4}BiO_3$	30		

zunehmend Berichte über Raumtemperatur-Supraleitung, die faktisch ausschließlich unter extremen Drücken beobachtet wird.

Eigenschaften von Supraleitern

Ein Supraleiter setzt dem elektrischen Strom im supraleitenden Zustand keinen messbaren Widerstand entgegen ($R = 0$). Wichtige Parameter von Supraleitern sind:

1. Die kritische Temperatur (oder Sprungtemperatur) T_c
   Die kritische Temperatur ist die Temperatur, bei der der Übergang in den supraleitenden Zustand erfolgt. Die elektrische Leitfähigkeit und der Magnetismus ändern sich beim Übergang zwischen dem normalleitenden Zustand und dem supraleitenden Zustand sprunghaft (Abb. 2.91). Unterhalb der Sprungtemperatur ist die magnetische Suszeptibilität stark negativ. In diesem Zustand werden magnetische Felder aus dem Inneren des Supraleiters verdrängt, weshalb eine Abstoßung zwischen Magnet und Supraleiter erfolgt (Meissner-Ochsenfeld-Effekt). Ein eindrucksvoller Versuch hierzu ist das bekannte Schweben eines Magneten über einem Supraleiter im supraleitenden Zustand.
2. Die kritische Magnetfeldstärke H_c (T)
   Die kritische Feldstärke ist die Feldstärke, oberhalb derer Feldlinien in den Supraleiter eindringen können und den Übergang in den normalleitenden Zustand erzwingen. Der kritische Wert des Magnetfelds hängt von der Temperatur ab und nimmt im Intervall $0\,K \leq T \leq T_c$ mit steigender Temperatur ab. Dadurch resultiert ein Zusammenhang zwischen H_c und T_c, weshalb eine hohe Magnetfeldstärke die Übergangstemperatur (T_c) absenkt. Man unterscheidet zwischen Supraleitern vom **Typ I** und dem für Anwendungszwecke interessanteren **Typ II** (Abb. 2.92).
3. Die kritische Stromstärke I_c
   Die kritische Stromstärke ist die Stromstärke, oberhalb derer die Supraleitung zusammenbricht.

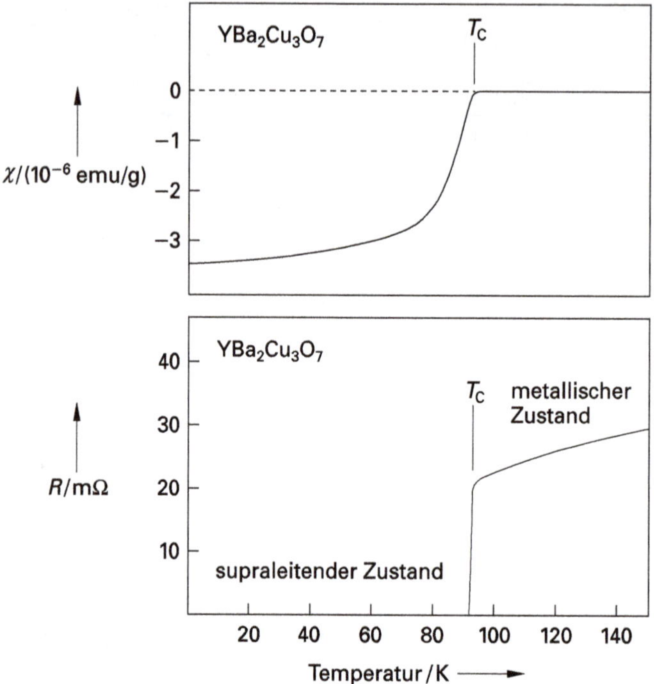

Abb. 2.91: Elektrischer Widerstand R (unten) und magnetische Suszeptibilität χ (oben) von $YBa_2Cu_3O_7$ als Funktion der Temperatur. Beim Übergang in den supraleitenden Zustand ($T_c \approx 93$ K) verschwindet der elektrische Widerstand. Gleichzeitig wird ein externes magnetisches Feld aus der supraleitenden Substanz verdrängt (Meissner-Ochsenfeld-Effekt). Im supraleitenden Zustand ist die Suszeptibilität stark negativ.

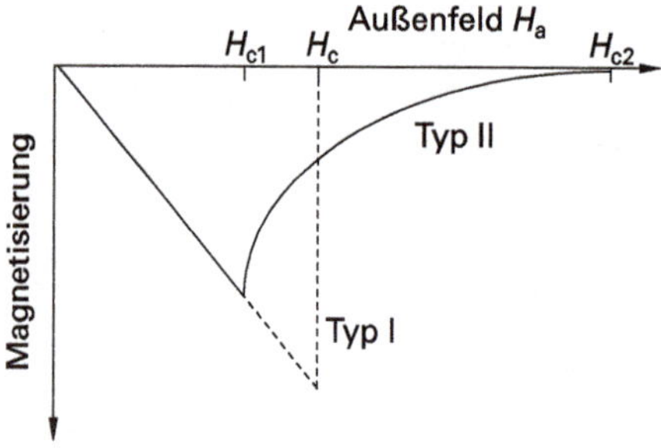

Abb. 2.92: Die Magnetisierung M von Typ-I und -II Supraleitern der im Magnetfeld H. Mit zunehmender Magnetfeldstärke wird der Supraleiter immer stärker aus dem Magnetfeld herausgedrückt. Dabei steigt die Magnetisierung negativ an. Beim Überschreiten des kritischen Magnetfelds H_c durchdringen die Feldlinien den Supraleiter vom Typ I und die Supraleitung bricht zusammen. Beim technisch relevanten Typ II treten zwei kritische Feldstärken H_{c1} und H_{c2} auf. Beim Überschreiten von H_{c1} dringt magnetischer Fluss in den Supraleiter ein und es entsteht ein Mischzustand (Shubnikov-Phase) aus supraleitenden und normalleitenden Bereichen. Die Supraleitung bleibt bis zu hohen kritischen Feldstärken H_{c2} erhalten.

Verarbeitung und Anwendung von wichtigen Supraleitermaterialien

Neben einer möglichst hohen Sprungtemperatur müssen die kritische Stromstärke und die kritische Feldstärke von Supraleitern hinreichend groß sein. Für Anwendungen werden supraleitfähige Drähte oder dünne Schichten benötigt. Drähte aus den intermetallischen Verbindungen **NbTi** ($H_{c2} \approx 14$ T)[21] und $\mathbf{Nb_3Sn}$ (H_{c2} = 25–30 T)[22] lassen sich nach bekannten Verfahren herstellen und werden für Magnetfeldanwendungen in Bereichen wie NMR, SQUID oder Kernspintomographie verwendet.

Die Hochtemperatur-Supraleiter $\mathbf{YBa_2Cu_3O_{7-x}}$ und $\mathbf{(Bi,Pb)_2Sr_3Ca_2Cu_3O_{10+\delta}}$ haben die höchsten bekannten Magnetfeldstärken, deren genaue Messung jedoch anspruchsvoll ist und je nach Richtung der supraleitenden Schichten und der Probenbeschaffenheit im Bereich zwischen 60 T und 250 T liegen kann.[23] Für diese keramischen Oxocuprate sowie auch für MgB_2 ist die Herstellung von Drähten wesentlich aufwendiger, da diese flexibel genug sein müssen, um den Anforderungen der Technik zu genügen. Die Herstellung von kilometerlangen Drähten aus keramischen Supraleitern ist jedoch inzwischen etabliert.

Mit Silber oder anderen Metallen ummantelte Drähte aus keramischen Supraleitern werden nach der PIT-Methode (engl. *powder in tube*) hergestellt. Dabei wird ein Metallrohr mit einem Pulver des Supraleiters (oder Precursors) gefüllt und zu einem dünnen Draht umgeformt, dessen Kern die supraleitende Füllung enthält. Nach verschiedenen Umformungsprozessen und thermischen Behandlungen dieses Verbundstoffs entsteht daraus der fertige, ummantelte Leiter. Mit Silber ummantelte Drähte aus $(Bi,Pb)_2Sr_2Ca_2Cu_3O_{10+\delta}$ haben Stromtragfähigkeiten von mehr als 100.000 A/cm^2. Für Drähte aus reinem Kupfer beträgt die maximale Stromtragfähigkeit nur 100 A/cm^2.

Als Alternative zu den metallummantelten Drähten werden Supraleiter als dünne Schichten auf geeigneten Substraten abgeschieden. Im einfachsten Fall werden dazu Salzlösungen der entsprechenden Metallverbindungen auf einem Substrat eingedampft und thermisch in den Supraleiter konvertiert. Zur Herstellung von dünnen Schichten aus YBCO dienen Lösungen aus Yttrium-, Barium- und Kupfer-Trifluoracetaten.

Anwendungsbereiche für Hochtemperatursupraleiter sind:
- Energietransport (Hochspannungskabel)
- Energiespeicherung (engl. *superconducting magnetic energy storage*, SMES)
- Kurzschlussstrombegrenzer
- Elektromotoren (Schiffe)

---

21 Da H_c temperaturabhängig ist, werden experimentelle Werte häufig bei 4,2 K (fl. He) und extrem große Werte durch Extrapolation der Steigung dH_{c2}/dT auf 0 K angegeben.

22 Supraleitende Drähte aus Nb_3Sn werden für den in Südfrankreich in Bau befindlichen Fusionsreaktor (*ITER: International Thermonuclear Experimental Reactor*) zur Stabilisierung des Deuterium-Tritium-Plasmas eingesetzt.

23 Siehe Fußnote 21.

- Magnetschwebebahnen (maglev = magnetic levitation)
- Hochenergiephysik
- Sensorik: NMR, SQUID (engl. *superconducting quantum interference device*). SQUIDs können als hochempfindliche Sonden eingesetzt werden, da sie selbst auf kleinste Änderungen von Magnetfeldern ansprechen. Sie kommen in der Forschung zur Untersuchung magnetischer Eigenschaften oder in der Medizin zur Messung von Bioströmen zum Einsatz.

Die BCS-Theorie der Supraleitfähigkeit

Wie in einem Metall sind in einem metallischen Supraleiter, der sich im normalleitenden (nicht supraleitenden) Zustand befindet, einzelne Elektronen die Ladungsträger. Diese stoßen sich aufgrund Coulomb'scher Kräfte zwischen gleichen Ladungen gegenseitig ab. Durch Streuung der Elektronen an Störstellen des Kristallgitters und durch Kollisionen mit Gitterschwingungen (Elektron-Phonon-Streuung) steigt der elektrische Widerstand von Metallen mit steigender Temperatur an.

Die Grundlage zur Theorie der Supraleitung wurde 1957 von Bardeen, Cooper und Schrieffer entwickelt.[24] Demnach sind Elektronen im supraleitenden Zustand als Paare assoziiert (Cooper-Paare), deren einzelne Elektronen jedoch im Kristallgitter recht weit voneinander entfernt sind. Die mittlere Ausdehnung eines Cooper-Paars, die sogenannte Kohärenzlänge, liegt bei 100–1000 nm. Der Bewegung von Elektronenpaaren durch den supraleitenden Festkörper liegen kooperative Wechselwirkungen mit den Schwingungen des Kristallgitters (Phononen) zugrunde, die Kollisionen zwischen Elektronen und Phononen vermeiden (Elektron-Phonon-Kopplung).

Die BCS-Theorie wurde für die bis dahin bekannten isotropen (kubischen) Strukturen entwickelt und sagte eine theoretisch nicht überschreitbare Grenze von 30 K für das Auftreten von Supraleitung voraus. Sie kann auf nichtisotrope Kristallstrukturen, z. B. die oxidischen Hochtemperatur-Supraleiter, nicht streng angewendet werden.

Beispiele neuerer Hochtemperatursupraleiter deuten darauf hin, dass ein schichtartiger Aufbau der Strukturen wichtig ist. Die Frage, ob Supraleitung mit einer spezifischen Bindungssituation verknüpft werden kann, ist bisher nicht geklärt.

Der 123-Supraleiter: $YBa_2Cu_3O_7$

Verbindungen vom 123-Typ besitzen einen variablen Sauerstoffgehalt. Bei der Festkörpersynthese werden Y_2O_3, BaO_2 und CuO innig vermengt und bei 900 °C zur Reaktion gebracht. Dabei entsteht zunächst die nicht supraleitende, sauerstoffarme Hochtemperaturphase von $\mathbf{YBa_2Cu_3O_{7-\mathit{x}}}$ ($x \approx 1$), die tetragonal kristallisiert. Durch anschließendes Tempern findet bei 500 °C eine Oxidation ($x \approx 0$) statt. Die Sauerstoffaufnahme bewirkt

24 J. Bardeen, L. N. Cooper und J. R. Schrieffer erhielten 1972 den Nobelpreis für Physik.

eine Verzerrung der tetragonalen Hochtemperaturphase in die orthorhombische, supraleitfähige Tieftemperaturphase mit geordneter Besetzung der Sauerstoffpositionen (Abb. 2.93). Im Allgemeinen erfordert die Erzeugung homogener Präparate langes Tempern an Luft oder Sauerstoff unterhalb der Bildungstemperatur. Dennoch ist die genaue Kontrolle der Zusammensetzung von Oxocuprat-Supraleitern kritisch. Der Anteil der supraleitenden Phase eines Präparats kann durch magnetische Messungen bestimmt werden.

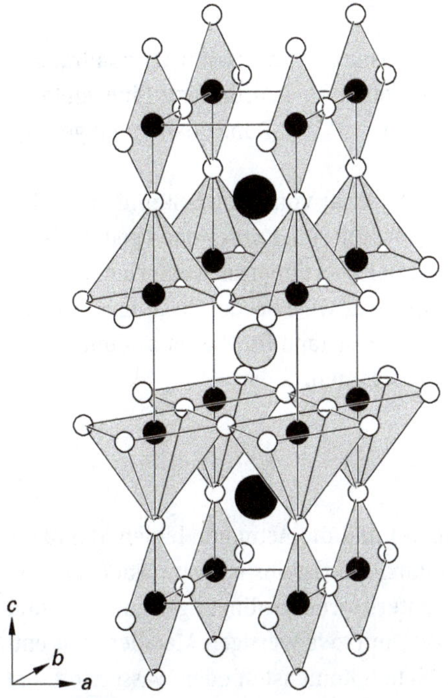

Abb. 2.93: Idealisierte Elementarzelle von $YBa_2Cu_3O_7$ (Raumgruppe: *Pmmm*). Die Struktur kann aus drei übereinandergestellten Perowskit-Elementarzellen (z. B. $CaTiO_3$) abgeleitet werden, in der $\frac{2}{9}$ der Sauerstoffpositionen unbesetzt bleiben. Die Struktur enthält zwei kristallographisch unterscheidbare Kupferionen (kleine schwarze Kugeln) mit Koordinationszahlen 4 (eines pro Elementarzelle, quadratisch planar von Sauerstoff koordiniert) und 5 (zwei pro Elementarzelle, quadratisch pyramidal von Sauerstoff koordiniert). Für die Zusammensetzung $YBa_2Cu_3O_{7-x}$ sind *x* Sauerstoffpositionen der nahezu quadratisch koordinierten Kupferionen nicht besetzt, wodurch einige Kupferionen nur noch linear von Sauerstoffionen koordiniert sind. Bariumionen (große schwarze Kugeln) haben die KZ = 10 und Yttriumionen (große graue Kugel) die KZ = 8.

Die Struktur von $\mathbf{YBa_2Cu_3O_7}$ kann als eine defekte Überstruktur des Perowskit-Typs (ABX_3) aufgefasst werden, in der $\frac{2}{9}$ der Sauerstoffpositionen unbesetzt sind. Eine verdreifachte Perowskit-Elementarzelle verdeutlicht den strukturellen Bezug zu Cuprat-Supraleitern:

$$3\ ABX_3 = (A_3)(B_3)(X_9) \approx (YBa_2)(Cu_3)(O_7\square_2)$$

In Abhängigkeit vom Sauerstoffpartialdruck entsteht beim Tempern $YBa_2Cu_3O_{7-x}$ mit $0 \leq x \leq 0{,}9$, wobei die genaue Zusammensetzung (x) der nichtstöchiometrischen Phase die Sprungtemperatur bestimmt. Durch eine reversible topotaktische Reaktion werden in Abhängigkeit vom Sauerstoffpartialdruck selektiv Sauerstoffionen in den *a,b*-Grundflächen der Elementarzelle entfernt oder eingebaut:

$$YBa_2Cu_3O_7 \rightleftharpoons YBa_2Cu_3O_{7-x} + \frac{x}{2}\ O_2$$

Die zwei Sorten von Kupferionen sind in der Struktur von $YBa_2Cu_3O_7$ quadratisch-pyramidal und quadratisch-planar von Sauerstoffionen koordiniert. Eine einfache ionische Formulierung entspricht $Y^{3+}(Ba^{2+})_2(Cu^{2+})_2(Cu^{3+})O_7$. Damit haben einige Kupferionen die ungewöhnliche Oxidationszahl +3.

Leitungsschichten sind ein gemeinsames Merkmal von Cuprat-Supraleitern. Die planaren Kupferoxidschichten der pyramidal koordinierten Kupferionen gelten als die Leitungsschichten (Cu^{2+}) und die quadratisch-planar koordinierten Kupferionen als Ladungsreservoirs (Cu^{3+}). Die höchste Sprungtemperatur wird bei der Zusammensetzung $YBa_2Cu_3O_7$ beobachtet. Sinkt der mittlere Oxidationszustand für Kupfer auf unter zwei (nahe $YBa_2Cu_3O_{6,4}$), so bricht die Supraleitung zusammen.

2.10.5.14 Oxide der Seltenerdmetalle

Die Seltenerdmetalle (Sc, Y und die Lanthanoide) und die Actinoide bilden Monoxide MO, Sesquioxide $\mathbf{M_2O_3}$ und Dioxide MO_2. Monoxide kristallisieren im NaCl- und Dioxide im CaF_2-Typ. Von den Monoxiden sind unter Normalbedingungen nur EuO und YbO bekannt. Sie sind farblose, salzartige Oxide mit zweiwertigen Metallen und entstehen durch Reduktion der Sesquioxide mit Metall, Kohlenstoff oder Wasserstoff. Die goldmetallisch aussehenden Hochdruckmodifikationen der dreiwertigen Seltenerdmetallmonoxide werden durch Reduktionen von Sesquioxiden mit ihren Metallen unter Hochtemperatur- und Hochdruckbedingungen (500–1200 °C, 15–18 kbar) hergestellt. Für die Verbindungen $M^{(3+)}O^{(2-)}$ gilt die $4f^n5d^1$-Konfiguration.

Die Dioxide von Cer, Praseodym und Terbium sind gut bekannt und kristallisieren im Fluorit-Typ. Außer diesen am höchsten oxidierten Metalloxiden vom Typ MO_2 existiert eine Reihe geordneter fluoritverwandter Phasen mit Sauerstoffdefizit, die oft durch die allgemeine Formel M_nO_{2n-2} beschrieben werden (z. B. $Ce_{11}O_{20}$, Tb_7O_{12}).

Sesquioxide entstehen durch Zerlegungsreaktionen ihrer Salze (Nitrate, Carbonate, Hydroxide, Oxalate usw.) zwischen 600 und 900 °C. Sie existieren von allen Seltenerdmetallen und können in einer oder sogar mehreren der fünf beschriebenen Strukturen A, B, C, X und H auftreten. Allerdings sind die Phasen X und H nur bei hohen Temperaturen stabil (>2000 °C). Der A-Typ tritt bei den Sesquioxiden von Lanthan bis Neodym (Pm_2O_3 ist unbekannt) auf, der B-Typ für Vertreter der mittleren Serie von Samarium bis

Terbium. Die Seltenerdmetallsesquioxide Sc_2O_3, Y_2O_3 und von Nd_2O_3 bis Lu_2O_3 kristallisieren im C-Typ. Wenn wie bei Nd_2O_3 und einigen folgenden Sesquioxiden Polymorphie auftritt, so stehen die A-, B-, C-Strukturen für Hoch-, Mittel- und Tieftemperaturmodifikationen:

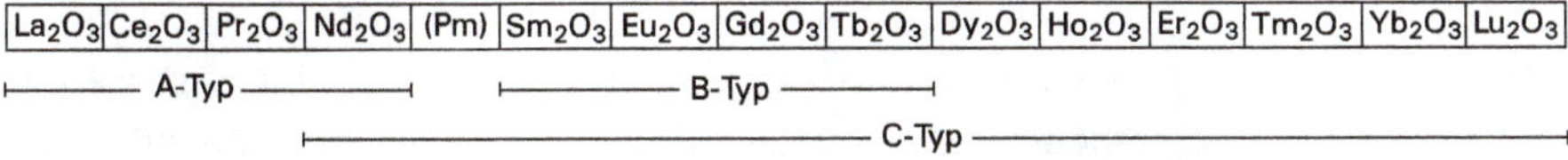

Im A-Typ der Sesquioxide haben die Metallatome die ungewöhnliche Koordinationszahl sieben (Abb. 2.94). In der wenig symmetrischen, monoklinen Struktur des B-Typs haben die Metallatome verzerrt trigonal-prismatische und verzerrt oktaedrische Sauerstoffkoordinationen.

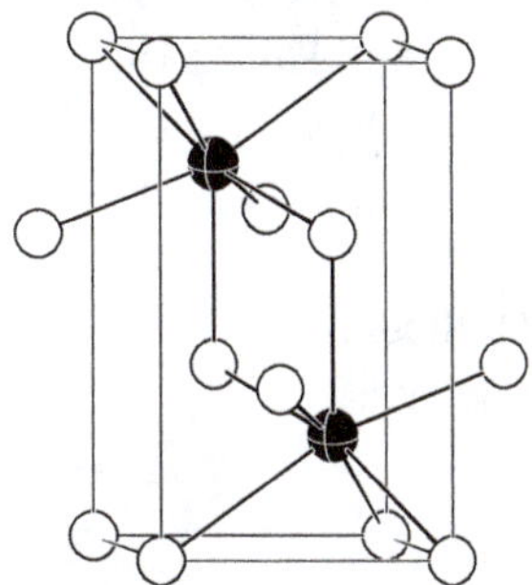

Abb. 2.94: Struktur des A-Typs der Sesquioxide (M_2O_3) der Seltenerdmetalle am Beispiel von A-La_2O_3 (Raumgruppe $P\bar{3}m1$). Die Koordinationszahl des Metallatoms ist sieben.

Die kubische C-M_2O_3-Struktur (auch α-Mn_2O_3-Typ oder Bixbyit-Typ ($(Fe,Mn)_2O_3$) genannt) kann als geordnete Defektvariante des CaF_2-Typs angesehen werden. Hier bilden die Metallatome eine kubisch dichteste Kugelpackung, und $\frac{3}{4}$ der Tetraederlücken sind in geordneter Weise gemäß $MO_{1,5}\square_{0,5} \equiv CaF_2$ durch Anionen besetzt. Tatsächlich sind alle Atomlagen gegenüber den Ideallagen im CaF_2-Typ verschoben. Dadurch resultieren für die Metallatome in der Struktur von M_2O_3 keine würfelförmigen Koordinationen wie in der Struktur von CaF_2, sondern verzerrt oktaedrische Koordinationen mit Sauerstoffionen.

Seltenerdmetallsesquioxide eignen sich als Hochtemperaturwerkstoffe, da bis 2000 °C keine Strukturumwandlungen auftreten. Mit Yttriumsesquioxid stabilisiertes Zirconiumdioxid **ZrO_2 (Y_2O_3)** bildet ebenfalls eine geordnete Defektvariante der CaF_2-Struktur: $\mathbf{Zr_{1-x}Y_xO_{2-x/2}}\square_{x/2}$. Bedingt durch die in der Struktur erzeugten **Sauerstoffleerstellen** ($\square$) werden Anwendungen wie Sauerstoffpartialdruckmessungen möglich (z. B. λ-Sonde, vgl. Abschn. 2.5.1).

Y_2O_2S kristallisiert in einer Variante des A-Typs der Sesquioxide. Durch Dotierung mit Europium entsteht ein Leuchtstoff (Y_2O_2S:Eu), der rotes Licht aussendet (vgl. Abschn. 2.10.5.12).

2.10.6 Metallsulfide

Die Strukturen und Eigenschaften der meisten Metallsulfide unterscheiden sich wesentlich von denen der korrespondierenden Oxide. Diese Unterschiede sind zumindest teilweise auf die stärkere Kovalenz von Metall–Schwefel-Bindungen zurückzuführen. Auffallend sind Strukturen mit Metallatomen in trigonal-prismatischer Koordination und die Ausbildung von S–S-Bindungen. Die höhere Polarisierbarkeit der Anionen ermöglicht die Bildung von Schichtstrukturen und Van-der-Waals-Bindungen zwischen diesen Schichten.

Einige Ähnlichkeiten zu Metalloxiden finden sich dennoch bei Verbindungen der elektropositivsten Metalle. Die Dialkalimetallmonosulfide M_2S (M = Li–Cs) kristallisieren analog zu den Dialkalimetallmonoxiden M_2O (M = Li–Rb) im Anti-Fluorit-Typ und die Erdalkalimonosulfide MS und -oxide MO (Mg–Ba) im NaCl-Typ. Viele Metallsulfide sind hydrolyseempfindlich und bilden H_2S.

Zur Synthese von Metallsulfiden dienen häufig zwei Methoden:

1. Die direkte Reaktion der Elemente (in einer Quarzglasampulle):

$$\mathrm{Ti + S \xrightarrow{400\,^\circ C} TiS}$$
$$\mathrm{3\,Nb + 4\,S \xrightarrow{1100\,^\circ C} Nb_3S_4}$$

Für metallreiche Sulfide werden oft höhere Reaktionstemperaturen benötigt:

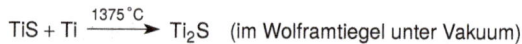

$$\mathrm{TiS + Ti \xrightarrow{1375\,^\circ C} Ti_2S} \quad \text{(im Wolframtiegel unter Vakuum)}$$

Die Verwendung von Transportmitteln (z. B. I_2) oder Flussmitteln (z. B. NaCl oder KCl) begünstigt die Ausbildung von Einkristallen.

2. Die Reaktion von Metalloxiden (oder -carbonaten) mit H_2S oder CS_2:

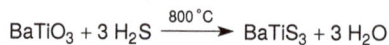

$$\mathrm{BaTiO_3 + 3\,H_2S \xrightarrow{800\,^\circ C} BaTiS_3 + 3\,H_2O}$$

Reaktionen von Metalloxid-Precursoren mit H_2S oder CS_2 verlaufen oftmals schneller und bei niedrigeren Temperaturen als direkte Kombinationen der Elemente.

Bei binären und ternären Verbindungen der Metallsulfide sind außerdem noch Interkalations- und Ionenaustauschreaktionen wichtig.

2.10.6.1 Schwefelreiche Metallsulfide

Polysulfide mit S_n^{2-}-Ionen sind von den elektropositiveren Alkali- und Erdalkalimetallen bekannt. Typische Beispiele sind M_2S_n (n = 2 für Na, n = 2 – 6 für K, n = 6 für Cs) sowie BaS_n (n = 2, 3, 4). Die Reaktion von Natrium mit S_8 wird in der Natrium-Schwefel-Batterie genutzt (Abschn. 2.5.3). Polysulfide haben niedrige Schmelzpunkte und eignen sich daher als Flussmittel zur Synthese von Übergangsmetall(poly)sulfiden. Hinsichtlich ihrer Strukturen können Polysulfidionen formal als Zintl-Anionen betrachtet werden, zu denen eigentlich nur die Polyselenide und Polytelluride gezählt werden.

Das Tetrasulfid VS_4 (Patronit) entsteht beim Erhitzen der Elemente auf 400 °C und zersetzt sich bei nur wenig höheren Temperaturen. Die Struktur von $V(S_2)_2$ enthält S_2^{2-}-Ionen mit S–S-Bindungslängen von etwa 204 pm. Wie in anderen eindimensionalen d^1-Systemen bilden die Metallatome in VS_4 lineare Stränge mit alternierend kurzen und langen V–V-Abständen (283 und 322 pm; Peierls-Verzerrung).

Amorphes Re_2S_7 wird aus einer sauren Perrhenatlösung durch Fällung mit H_2S erhalten. Beim Erhitzen entsteht ReS_2 (Abb. 2.97).

2.10.6.2 Trisulfide

Die Chalkogenide TiS_3, ZrS_3, $ZrSe_3$, HfS_3 werden durch Reaktionen aus den Elementen hergestellt. Sie enthalten Disulfidionen und Sulfidionen gemäß $M^{4+}S^{2-}(S_2)^{2-}$. Ihre Strukturen enthalten Stränge aus metallzentrierten dreieckig-prismatischen $[MS_2(S_2)_2]$-Einheiten, die über gemeinsame Dreiecksflächen zu einer Kolumnarstruktur verbrückt sind.

Analog hierzu lässt sich die Struktur von NbS_3 beschreiben. Allerdings tritt in der Struktur von NbS_3 infolge der Bildung von Nb–Nb-Paaren eine Deformation in der Struktur auf (Abb. 2.95). Die alternierend kurzen und langen Nb–Nb-Abstände können als Resultat einer Peierls-Verzerrung angesehen werden, die für d^1-Systeme typisch ist.

2.10.6.3 Disulfide

Metalldisulfide sind von allen Metallen der Gruppen 4 bis 10 (ausgenommen Cr) bekannt. Die meisten kristallisieren in einer der folgenden drei Strukturen:

1. CdI_2-Typ: TiS_2, ZrS_2, HfS_2, VS_2, (1T-)TaS_2, PtS_2
2. MoS_2-Typ: MoS_2, NbS_2, (2H-)TaS_2, WS_2, OsS_2, IrS_2
3. Pyrit-Typ: FeS_2, MnS_2, CoS_2, NiS_2, RuS_2, RhS_2, OsS_2, CuS_2, ZnS_2

Übergangsmetalldisulfide mit Metallen der Gruppen 4, 5 und 6 bilden Schichtstrukturen, in denen die Metallatome trigonal-antiprismatische oder trigonal-prismatische Lücken besetzen. Die Strukturen gemäß 1. und 2. bestehen aus Abfolgen aus Schichtpaketen

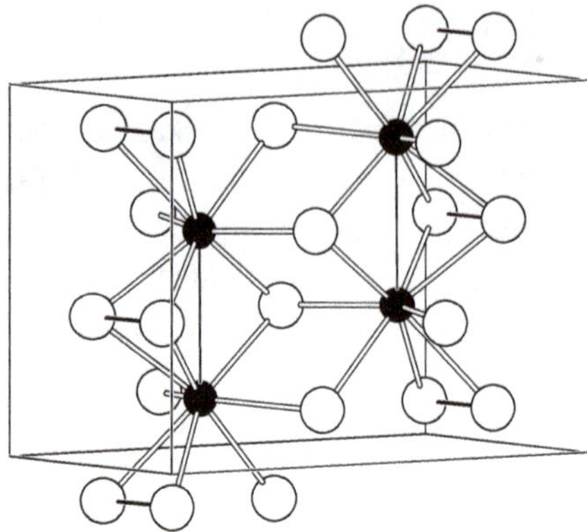

Abb. 2.95: Ein Ausschnitt aus der Kristallstruktur von NbS_3. Die Niobatome bilden linear angeordnete Dimere (Nb–Nb-Abstand 304 pm). Jedes Niobatom ist von acht Schwefelatomen in Form eines zweifach überdachten dreieckigen Prismas umgeben. Der S–S-Abstand der $(S_2)^{2-}$-Ionen beträgt 205 pm.

S–M–S. Im CdI_2-Typ besetzen die Metallatome jede zweite Oktaederlückenschicht der hexagonal dichtesten Anionenpackung. Im MoS_2-Typ besetzen die Metallatome trigonal-prismatische Lücken zwischen paarweise deckungsgleich gestapelten Anionenschichten (BB und CC in Abb. 2.96). Das Auftreten der trigonal-prismatischen Koordination für d^2-Systeme wie in MoS_2, gegenüber d^0-Systemen wie TiS_2 (Abb. 2.96) kann mit der besseren energetischen Stabilisierung im trigonal-prismatischen Kristallfeld erklärt werden (vgl. Abschn. 2.7.4.3). Die energetische Aufspaltung der d-Energieniveaus in MoS_2 beinhaltet (im trigonal-prismatischen Kristallfeld) ein energetisch tiefliegendes a-Niveau in der Abfolge a, e, e (a: einfach entartet, e: zweifach entartet), das mit zwei Elektronen besetzt ist. Die Aufspaltung der Energieniveaus in Verbindungen des CdI_2-Typs dagegen leitet sich vom oktaedrischen Kristallfeld ab (t_{2g} unter e_g). Schichtartig aufgebaute Dichalkogenide zeigen halbleitende oder metallische Eigenschaften, sind durch eine breite Interkalationschemie bekannt (vgl. Abschn. 2.5.4) und weisen eine große Palette von interessanten physikalischen Eigenschaften auf.

Disulfide der Gruppen 5 und 6 vom CdI_2- und MoS_2-Typ sind für ihre Stapelvarianten (Polytypie) bekannt. Polytypen werden gemäß der geläufigen Notation durch die Projektion der $(11\bar{2}0)$-Fläche der hexagonalen Aufstellung der Elementarzelle wiedergegeben, aus der die Abfolge der Schichten entlang der hexagonalen z-Richtung deutlich wird (vgl. Abb. 2.9). Gemäß dieser Notation werden besetzte trigonal-antiprismatische Lücken durch Abfolgen wie „AbC“ und besetzte trigonal-prismatische Lücken durch Abfolgen wie „AbA“ beschrieben, wobei Kleinbuchstaben die Lagen der Metallatomschichten angeben.[25]

25 An dieser Stelle sei auf den Unterschied zum Konzept dichtester Kugelpackungen verwiesen, in dem Tetraederlückenschichten mit a, b, c und Oktaederlückenschichten mit α, β, γ bezeichnet werden.

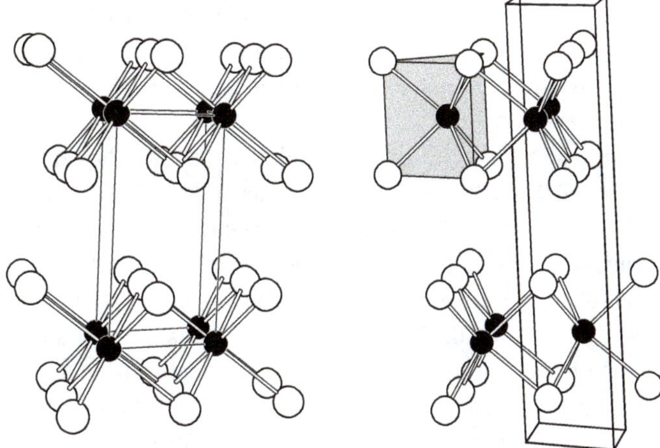

Abb. 2.96: Strukturen von (1T-)TiS_2 (CdI_2-Typ) und (2H-)MoS_2. Im 1T-Typ liegt ein Schichtpaket, im 2H-Typ liegen zwei Schichtpakete S–M–S entlang einer Translationsperiode in der Schichtfolge vor. Die Abfolge einzelner Schichten kann im 1T-Typ als AbC und im 2H-Typ als BcBCbC geschrieben werden.

Ein 2H-Typ mit besetzten trigonal-prismatischen Lücken kann durch Abfolgen mit deckungsgleich übereinander angeordneten Metallatomen (BaBCaC ...) oder durch Abfolgen mit nicht deckungsgleich übereinander angeordneten Metallatomen (BaBCbC ...) beschrieben werden. Allgemein kann zwischen drei 2H-Typen unterschieden werden (Tab. 2.32).

Tab. 2.32: Polytypen von Dichalkogeniden der Gruppen 4 bis 6.

Polytyp	Schichtenfolge	Raumgruppe	MX_2-Beispiele	M-Koordination[a]
1T	AbC	$P\bar{3}m1$	(Ti, Zr, Hf, V) $(S, Se, Te)_2$	TAP
2H(a)	BaBCaC	$P6_3/mmc$	(Nb, Ta) $(S, Se)_2$	TP
2H(b)	BaBCbC	$P\bar{6}m2$	$TaSe_2$, $NbSe_2$	TP
2H(c)	BcBCbC	$P6_3/mmc$	(Mo, W) $(S, Se)_2$, $MoTe_2$	TP
3R	BcBCaCAbA	$R\bar{3}m$	(Nb, Ta, Mo) $(S, Se)_2$, WS_2	TP
4H	BaBCaBCaCBaC	$P6_3/mmc$	TaS_2, $TaSe_2$	TP + TAP

[a] TP = trigonal-prismatisch, TAP = trigonal-antiprismatisch.

Die drei Schichtpakete des 3R-Typs können durch die Periode AbABcBCaC ... beschrieben werden (vgl. Abb. 2.9).

2H(a)-NbS_2 ist oberhalb von 850 °C stabil und 3R-NbS_2 wird unterhalb von 800 °C hergestellt. 1T-TaS_2 entsteht aus den Elementen bei 1000 °C und kristallisiert im CdI_2-Typ (AbC ...). Durch längeres Tempern bei 500 °C entsteht 2H-TaS_2, das zu 2H-NbS_2 isotyp ist.

Außerdem existieren noch 3R-TaS_2, 6R-TaS_2 und 4H-TaS_2. Letzteres ist eine Mischung aus 1T- und 2H-TaS_2 mit trigonal-antiprismatischer und trigonal-prismatischer Umgebung der Metallatome. Die Thermodynamik solcher Phasenübergänge zwischen Polytypen wurde noch nicht ausgiebig untersucht.

Da in MS_2-Strukturen nur jede zweite Lückenschicht mit Metallatomen besetzt ist, liegen Schichtabfolgen der Art SMS···SMS vor. Der Schichtencharakter dieser Sulfide lässt sich durch schwache S···S Van-der-Waals-Bindungen zwischen benachbarten SMS-Schichtpaketen erklären. Die Aufnahme von Gastatomen zwischen diese Schichtpakete ermöglicht eine reiche Interkalationschemie. Festkörperchemisch können Verbindungen der Zusammensetzung A_xMX_2 (A = Alkalimetall; M = V, Nb, Ta; X = S, Se) durch direkte Reaktionen der Elemente oder durch Reaktionen der Dichalkogenide mit Alkalimetallen dargestellt werden. Die Einlagerung von Lithiumionen in die Struktur von TiS_2 wurde im Abschn. 2.1.6.1 gezeigt und einige elektronische Kriterien für Einlagerungen wurden am Beispiel von MoS_2 (Abschn. 2.7.4.3) diskutiert.

ReS_2 kristallisiert in einer verzerrten Variante des CdI_2-Typs (Abb. 2.97) in der Re–Re-Bindungen vorliegen. Wie in der Struktur von $CsNb_4Cl_{11}$ bilden die Metallatome ein Motiv aus paarweisen kantenverknüpften Dreiecken. Entlang dieser Kanten liegen fünf Zwei-Zentren-zwei-Elektronen-Bindungen. Im Fall von ReS_2 sind diese rautenförmigen Anordnungen der Rheniumatome durch zwei zusätzliche Bindungen miteinander verbunden. In Übereinstimmung mit der Anzahl der Re–Re-Bindungen resultieren sechs Elektronenpaare ($4 \cdot [ReS_2(e^-)_3] = 12$ Elektronen). ReS_2 ist ein diamagnetischer Halbleiter.

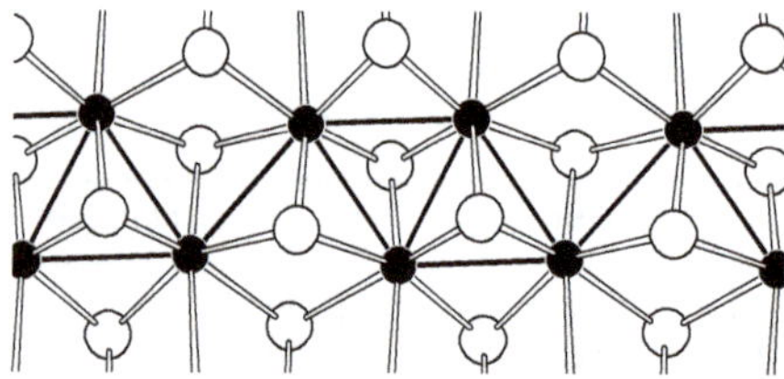

Abb. 2.97: Ausschnitt aus einem S–Re–S-Schichtpaket der Struktur von ReS_2. Die Struktur kann als verzerrte Variante der CdI_2-Struktur aufgefasst werden. Bindungen zwischen den Rheniumatomen sind schwarz gezeichnet.

Die zwei polymorphen Formen von Eisendisulfid, Pyrit und Markasit enthalten Fe^{2+}- und S_2^{2-}-Ionen. Es besteht ein interessanter Zusammenhang zur Struktur von CaC_2.

Die tetragonale Form von CaC_2 kann von der NaCl-Struktur abgeleitet werden, indem Na gegen Ca und Cl gegen C_2 substituiert werden. In der Struktur von CaC_2-I sind die C_2-Einheiten parallel zur tetragonalen Achse ausgerichtet. Im Vergleich hierzu sind die entsprechenden S_2-Einheiten in der Pyrit-Struktur mit ihrer Kernverbindungsachse parallel zu den Raumdiagonalen der kubischen Elementarzelle angeordnet. Eine andere

Verdrehungsvariante der S_2-Einheiten ergibt die Markasit-Struktur. Erhält das $[S{-}S]^{2-}$-Ion formal zwei weitere Elektronen, so erfolgt ein Bindungsbruch, über den sich ein struktureller Bezug zwischen den Strukturen von Pyrit und Fluorit sowie Markasit und Rutil herstellen lässt (vgl. Abb. 2.98).

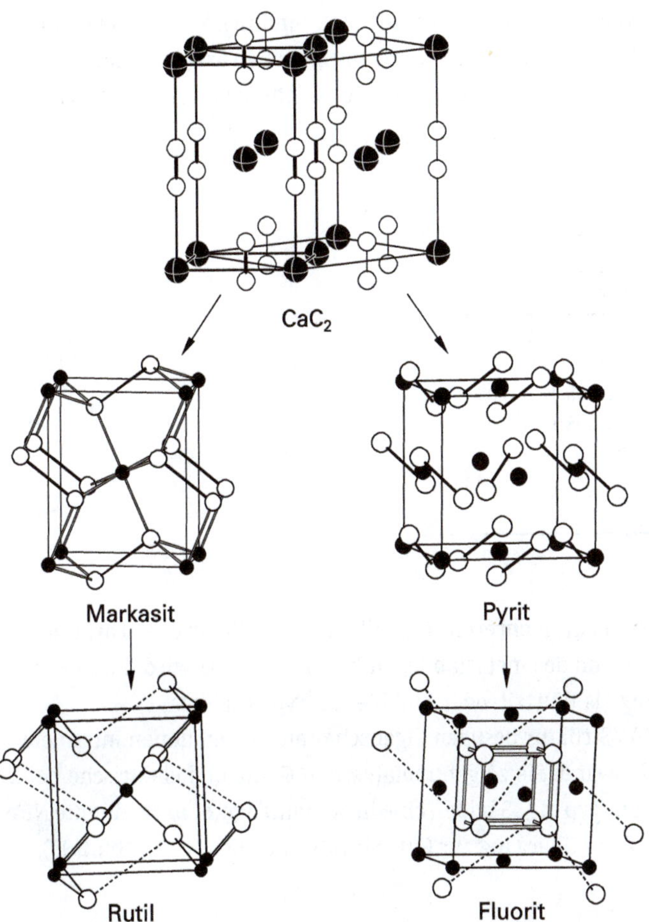

Abb. 2.98: Der strukturelle Zusammenhang zwischen der Struktur von CaC_2-I (die pseudokubische Elementarzelle ist angedeutet) mit den Strukturen von Pyrit und Markasit (FeS_2). Zum weiteren Vergleich sind die Strukturen von Fluorit (CaF_2) und Rutil (TiO_2) gezeigt, um strukturelle Bezüge zu den Pyrit- und Markasit-Strukturen aufzuzeigen.

Die Strukturen von PdS_2 und $PdSe_2$ können als verzerrte Varianten des Pyrit-Typs aufgefasst werden.

2.10.6.4 Monosulfide

Die Erdalkalimetalle bilden Monosulfide vom NaCl-Typ (Tab. 2.33). In diesem Strukturtyp kristallisieren auch MnS und Monosulfide der Seltenerdmetalle, obwohl in all diesen Verbindungen keine einheitlichen Bindungsverhältnisse vorliegen. Die Erdalkalimetallsulfide sind ionisch aufgebaut. MnS hat kovalente Mn–S-Bindungsanteile und ist antiferromagnetisch (T_N = 152 K). Von den meisten Übergangsmetallen existieren Monosulfide, von denen jedoch viele mehr oder weniger große Abweichungen von der Idealzusammensetzung aufweisen ($V_{1-x}S$, $Nb_{1-x}S$).

Tab. 2.33: Die Kristallstrukturen einiger Metallmonosulfide.

Strukturtyp	Beispiele
NaCl	MgS, CaS, SrS, BaS, MnS, PbS
NiAs	TiS, VS, FeS, CoS, NiS
Zinkblende	BeS, ZnS, CdS, HgS, MnS
Wurtzit	BeS, ZnS, CdS, HgS, MnS
WC	ZrS, HfS
Cooperit	PtS
Covellit	CuS

Mangansulfid kristallisiert in mehreren Modifikationen: Die grüne Form α-MnS kristallisiert im NaCl-Typ, und das metastabile, pinkfarbene β-MnS wird durch Fällung mit Sulfidionen in Lösung als Wurtzit- oder Zinkblende-Typ erhalten.

Monosulfide mit NiAs-Struktur besitzen Eigenschaften, die mit denen intermetallischer Phasen vergleichbar sind. Sie zeigen metallischen Glanz und elektrische Leitfähigkeit. Verbindungen vom Typ $M_{1-x}S$ bilden eine im Metallteilgitter ausgedünnte NiAs-Struktur, wodurch formal ein Übergang zur CdI_2-Struktur möglich wird (Abb. 2.99).

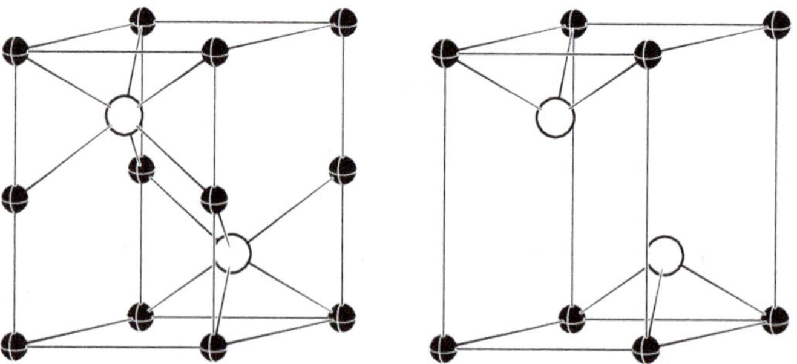

Abb. 2.99: Strukturzusammenhang zwischen NiAs-Typ (links) und CdI_2-Typ (rechts).

Zwischen diesen beiden Zusammensetzungen existieren zahlreiche Strukturen von Metallsulfiden mit individuellen Ordnungsvarianten für die Kationen sowie auch unterschiedlichen Abfolgen der dichtest gepackten Sulfidschichten. Somit entstehen Strukturen mit unterschiedlich modulierten Abfolgen aus kubisch und hexagonal dichten Anionenpackungen mit teilweise besetzten oktaedrischen (trigonal-antiprismatischen) und trigonal-prismatischen Lücken, die Motive der NiAs- und der NaCl-Strukturen aufweisen. Beispiele hierfür sind Zwischenglieder der Titansulfide TiS_2 und TiS, wie Ti_5S_8, Ti_2S_3, Ti_3S_4, Ti_5S_9 und Ti_8S_9.

Der WC-Typ und der eng verwandte MoS_2-Typ sind für viele Verbindungen mit d^2-Konfiguration stabil (vgl. Abschn. 2.7.4.3).

In der PtS-Struktur (Cooperit) sind die Platinatome rechteckig von vier Schwefelatomen umgeben. CuS (Covellit) ist eine gemischtvalente Verbindung, die gemäß $(Cu^+)_2Cu^{2+}(S_2)^{2-}S^{2-}$ sowohl S^{2-}- als auch S_2^{2-}-Ionen enthält.

2.10.6.5 Metallreiche Metallsulfide

Direkte oder indirekte Wechselwirkungen zwischen Metallatomen sind in metallreichen Verbindungen selbst bei einfachen Strukturtypen wie NaCl oder WC zu berücksichtigen. Solche Verbindungen sind schwarz oder zeigen metallischen Glanz. Die Kovalenz der Metall–Schwefel-Bindung in Übergangsmetallsulfiden bewirkt niedrige Ladungen der Metallatome. Diese „weicheren“ Metallzentren erlauben die Ausbildung von Metall–Metall-Bindungen und beeinflussen in entscheidender Weise die Eigenschaften der Metallsulfide.

NbS_2 kristalliert in einer Schichtstruktur (SNbS···SNbS, vgl. Tab. 2.32); Hf_2S kristallisiert im Anti-NbS_2-Typ. Im NbS_2-Typ herrschen schwache Van-der-Waals-Bindungen zwischen benachbarten Schichten aus Schwefelatomen, während zwischen den Metallatomen des Antityps substantielle Hf–Hf-Wechselwirkungen auftreten. Die kürzesten Hf–Hf-Abstände (306 pm) unterscheiden sich nur wenig von denen im Hafnium-Metall (312 pm). Außerdem zeigt Hf_2S metallische Leitfähigkeit.

In den Strukturen vieler metallreicher Chalkogenide sind unterschiedlich verbrückte oktaedrische Metallcluster zu erkennen. Im Unterschied zu den $[M_6X_{12}]$-Einheiten der Metalloxide und vieler Metallhalogenide bewirken die größeren Chalkogenatome (S, Se und Te) die Ausbildung von $[M_6X_8]$-Einheiten mit acht Chalkogenatomen über den Flächen des Metalloktaeders. Dieser Kategorie sind auch die Verbindungen Ti_2S und Zr_2S zuzuordnen, deren Strukturen Stränge aus kanten- und eckenverknüpften Metalloktaedern erkennen lassen (Abb. 2.100).

Ein übersichtlicheres Beispiel ist die Struktur von Ti_5Te_4 (Abb. 2.101), die aus Strängen von eckenverknüften Metalloktaedern aufgebaut ist. Dieser Strukturtyp ist mit 12–18 Elektronen in den Metall–Metall-Zuständen bekannt: Ti_5Te_4 besitzt 12, Ta_5As_4 13, Nb_5Te_4 17 und Mo_5As_4 18 Elektronen in diesen Zuständen.

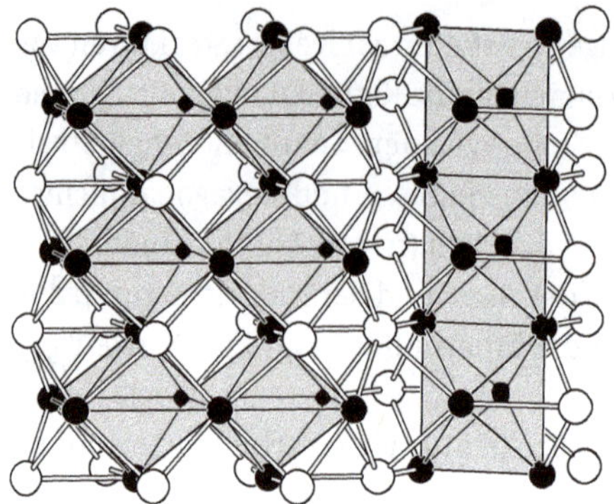

Abb. 2.100: Ausschnitt aus der Struktur von Ti_2S.

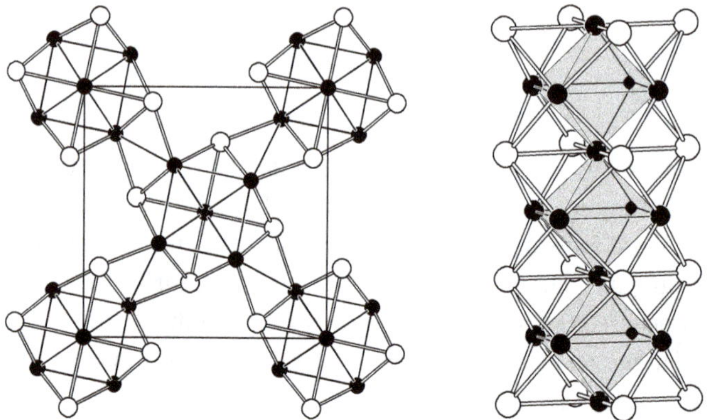

Abb. 2.101: Projektion der Elementarzelle und Einzelstrang der Struktur von Ti_5Te_4.

Die Palette eindimensionaler Verknüpfungen aus **$[M_6X_8]$-Einheiten** umfasst neben der Spitzenverknüpfung in Ti_5Te_4, die Kantenverknüpfung in Gd_2Cl_3 (Abb. 2.126) und die Flächenverknüpfung von Metalloktaedern in $A_2Mo_6X_6$ (A = Alkalimetall, In, Tl; X = S, Se, Te). Bei der Flächenverknüpfung von $[M_6X_8]$-Einheiten zu linearen Strängen entfallen zwei über diesen Flächen liegende X-Atome.

Außer der polymeren Struktur **$A_2Mo_6X_6$** mit $^1_\infty[Mo_3S_3]$-Strängen existieren oligomere Einheiten mit unterschiedlichen Kettenlängen. In der allgemeinen Summenformel zur Beschreibung all dieser Oligomere, $A_xMo_{3n+3}X_{3n+5}$ (X = S, Se, Te), steht n für die Anzahl der trigonal-antiprismatischen $[M_6]$-Cluster (Abb. 2.102, Tab. 2.34). Mit steigendem n werden die Verbindungen zunehmend metallreicher (elektronenreicher).

Das kleinste und vielleicht wichtigste Glied dieser Reihe ist Mo_6X_8 (n = 1). Durch Interkalation von Kationen in diese Struktur entstehen hieraus die Chevrel-Phasen **$A_xMo_6X_8$** (Abb. 2.119). Die Strukturen der Chevrel-Phasen enthalten oktaedrische $[Mo_6]$-

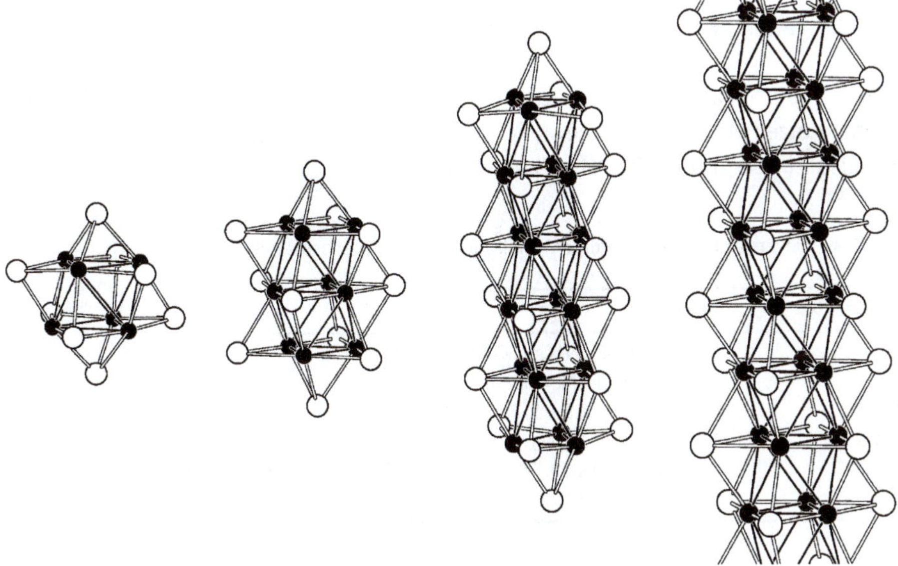

Abb. 2.102: Die kleinste Einheit der Chevrel-Phase Mo_6X_8 im Vergleich zu oligomeren Clustern $^1_\infty[Mo_{3n+3}X_{3n+5}]$ mit $n = 2, 5$ und ∞. Die Struktur von $Tl_2Mo_6S_6$ kann als hexagonal dichteste Stabpackung von $^1_\infty[Mo_3X_3]^-$-Strängen aufgefasst werden, deren A^+-Ionen sich in Kanälen dieser Anordnung befinden. In der gestreckten trigonal-antiprismatischen Anordnung der $[Mo_6]$-Fragmente betragen die Mo–Mo-Abstände 266 und 272 pm.

Tab. 2.34: Beispiele für Molybdänchalkogenide des Formeltyps $A_xMo_{3n+3}X_{3n+5}$.

Verbindung	*n*	Mo/X
$A_xMo_6S_8$	1	0,75
$Ag_{3,6}Mo_9Se_{11}$	2	0,82
$Cs_2Mo_{12}Se_{14}$	3	0,86
$Rb_4Mo_{18}Se_{20}$	5	0,9
$Cs_6Mo_{24}Se_{26}$	7	0,92
$Tl_2Mo_6S_6$	∞	1,0

Cluster. Die Mo–Mo-Abstände zwischen benachbarten Clustern betragen 310–360 pm, die innerhalb eines Clusters 265–280 pm (272 pm in Molybdän-Metall).

Weitere Clusterverbindungen mit $[M_6S_8]$-Einheiten sind für (M =) Rhenium und Technetium bekannt. Hier sind die $[M_6S_8]$-Einheiten durch S^{2-} oder S_2^{2-}-Ionen verbrückt. So gilt für die Zusammensetzung der Alkalimetallverbindung $A_4M_6S_{11}$ die Verbrückung $[M_6S_8]S_{6/2}$, für $A_4Re_6S_{12}$ die Verbrückung $[M_6S_8]S_{4/2}(S_2)_{2/2}$ und für $A_4Re_6S_{13}$ die Verbrückung $[M_6S_8]S_{2/2}(S_2)_{4/2}$.

2.10.6.6 Ternäre Metallsulfide der Übergangsmetalle

Von den zahlreichen Strukturen ternärer Metallsulfide kristallisiert nur eine Zahl von Verbindungen in Strukturen, die auch für Oxide oder Halogenide belegt sind (Tab. 2.35). Es existiert eine große Zahl individueller Strukturen.

Tab. 2.35: Die Strukturen einiger ternärer Metallsulfide der Übergangsmetalle.

Strukturtyp	Beispiele
A_xMS_2	$Na_{0,8}TiS_2$, $LiTiS_2$, $NaCrS_2$, $CuCrS_2$, Cr_xNbS_2, $InTaS_2$
$GdFeO_3$	AMS_3 (A = Sr, Ba; M = Zr, Hf)
$CsNiCl_3$	$BaMX_3$ (M = Ti, V; X = S, Se), $LaMS_3$ (M = Mn, Fe, Co)
$ThCr_2Si_2$	TlM_2X_2 (M = Fe, Co, Ni; X = S, Se)
Spinell	CuM_2S_4 (M = Ti, Zr, V, Cr, Rh), MCr_2S_4 (M = Mn, Fe, Co, Ni, Zn, Cd)
K_2NiF_4	Ba_2MS_4 (M = Zr, Hf)

Der Formeltyp AMS_3

Eine gängige Methode zur Darstellung ternärer Metallsulfide ist die Reaktion von ternären Metalloxiden mit H_2S oder CS_2. Die Umsetzung von $BaTiO_3$ (Perowskit-Typ) ergibt **$BaTiS_3$**, welches im **$CsNiCl_3$-Typ** kristallisiert. Dieser Strukturtyp ist unter allen bekannten ternären Sulfiden der Zusammensetzung ABS_3 am häufigsten. Die Struktur enthält Stränge aus trigonal-antiprismatischen $^1_\infty[MS_{6/2}]$-Einheiten. In Kanälen der hexagonalen Anordnung dieser Stränge befinden sich die A-Kationen (Abb. 2.103).

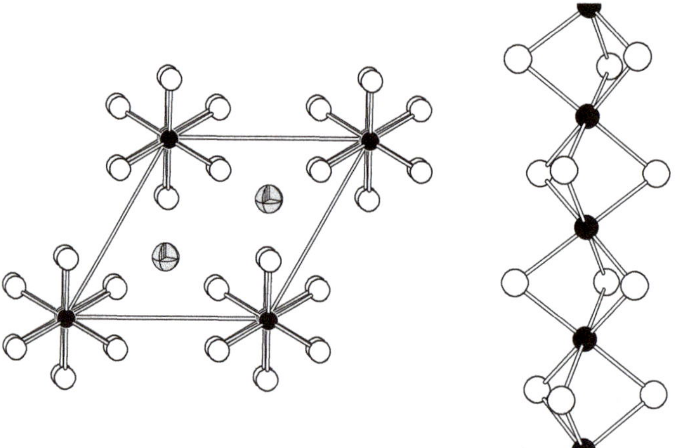

Abb. 2.103: Projektion der Elementarzelle und eines $^1_\infty[TiS_{6/2}]$-Einzelstrangs der Struktur von $BaTiS_3$ ($CsNiCl_3$-Typ).

Entsprechende Vanadiumverbindungen, wie z. B. **$BaVS_3$** sind gemäß der d^1-Konfiguration von V^{4+} Pauli-paramagnetisch und zeigen bei tiefen Temperaturen die für solche eindimensionalen Systeme (im Abschn. 2.7.6) diskutierten Metall–Halbleiter-Übergänge.

Als Vertreter von Perowskit-Sulfiden **AMS_3** sind M = Zr und Hf in Verbindungen mit zweiwertigen Anionen bekannt. Sie kristallisieren in einer orthorhombisch verzerrten Perowskit-Struktur, die durch den $GdFeO_3$-Typ repräsentiert ist. Die Ursache der Verzerrung ist vermutlich die zu geringe Größe des A-Kations. Eine ähnliche Verzerrung tritt in der Struktur der „leeren Perowskit-Variante" von VF_3 auf (Abb. 2.108).

Der Formeltyp AM_2S_4

Die binären Verbindungen Fe_3S_4, Co_3S_4, Ni_3S_4 und Zr_3S_4 bilden Thiospinelle. Fe_3S_4 und Ni_3S_4 werden unter hydrothermalen Bedingungen bei etwa 200 °C hergestellt. Oberhalb von 280 °C (400 °C) findet bereits Zersetzung in FeS und FeS_2 (NiS und NiS_2) statt. Von den zahlreichen ternären Thiospinellen (AM_2S_4) sind insbesondere solche bekannt, in denen A und M Übergangsmetalle sind (Tab. 2.35). In den Cu-Thiospinellen (CuM_2S_4) hat Cu die Oxidationszahl +1.

2.10.6.7 Sulfide der Seltenerdmetalle

Bei den Seltenerdmetallen sind Monosulfide und Sesquisulfide bekannt. Letztere bilden fünf Strukturtypen.

Monosulfide

Monosulfide der Seltenerdmetalle kristallisieren im NaCl-Typ. Aber nur drei Monosulfide, nämlich EuS, SmS und YbS, enthalten zweiwertige Metalle mit der $4f^n5d^0$-Konfiguration und werden deshalb als salzartige Sulfide bezeichnet. Alle übrigen sind metallisch und besitzen die $4f^{n-1}5d^1$-Konfiguration. Bei Ersteren besteht die Möglichkeit, sie in ihre „metallische" Konfiguration zu überführen.

Der f–d-Konfigurationsübergang (engl. *interconfiguration fluctuation*, ICF). Monosulfide der Lanthanoide können „ionisch" als $M^{2+}S^{2-}$ mit der $4f^n5d^0$-Konfiguration oder aber „metallisch" gemäß $M^{3+}S^{2-}(e^-)$ in der $4f^{n-1}5d^1$-Konfiguration auftreten. Als Kennzeichen für den jeweils vorliegenden Zustand kann der ermittelte Ionenradius herangezogen werden. Die signifikante Verringerung der Ionenradien von M^{2+} nach M^{3+} (oder M^{3+} nach M^{4+}) ist für Lanthanoide stärker ausgeprägt als für Übergangsmetalle (z. B. 21 % für das Paar EuF_2/EuF_3). Daher ist es möglich, durch mechanischen Druck ein f-Elektron in den energetisch höher liegenden d-Zustand zu überführen, sofern der Energieunterschied zwischen beiden Zuständen nicht zu groß ist. Druckexperimente zeigen, dass der f–d-Konfigurationsübergang für SmSe und SmTe in der $4f^55d^1$-Konfiguration eingefroren werden kann, für SmS aber Reversibilität und damit die Rückkehr in die $4f^65d^0$-Konfiguration resultiert.

Sesquisulfide

Bei den Sesquisulfiden werden fünf Strukturen gemäß A, B, C, D und E unterschieden (zuvor: $\alpha, \beta, \gamma, \delta, \varepsilon$). Von diesen treten aber hauptsächlich der A-, D- und der E-Typ auf.

Der A- oder Gd_2S_3-Typ kristallisiert orthorhombisch und ist für die Metalle La–Dy belegt (außer Eu, Pm).

Der D- oder Ho_2S_3-Typ kristallisiert monoklin und wird durch die kleineren Metallatome Dy–Tm und Y_2S_3 repräsentiert. Den E-Typ mit der rhomboedrischen Struktur vom Korund-Typ bilden die kleinsten Lanthanoide Yb und Lu. Der B-Typ wurde bisher nicht bestätigt:[26]

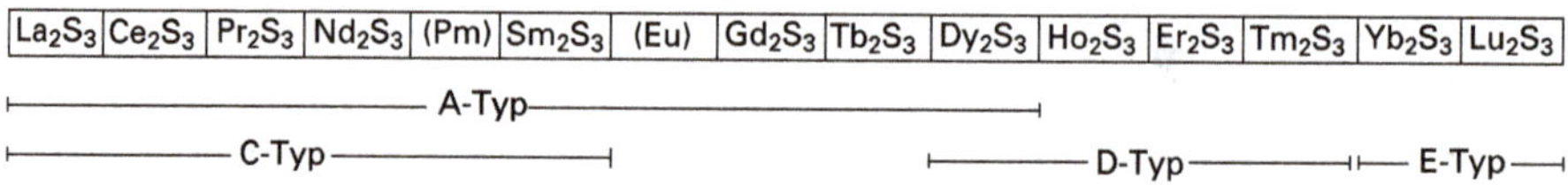

Zusätzlich existiert für die Sesquisulfide von La–Sm eine Hochtemperaturmodifikation. Dieser C-Typ oder Ce_2S_3-Typ kristallisiert kubisch in einer Defektvariante des Th_3P_4-Typs. Sesquisulfide vom C-Typ haben in der Th_3P_4-Struktur variable Zusammensetzungen zwischen $M_{2,67}S_4$ (M_2S_3) und M_3S_4. Während das Zellvolumen für den Übergang von M_2S_3 nach M_3S_4 für die dreiwertigen Metalle La und Ce nahezu konstant bleibt, nimmt es für Sm zu. Für die Volumenvergrößerung wird der Übergang von M^{3+} nach M^{2+} verantwortlich gemacht. Demnach tritt für Metallsulfide der Grenzzusammensetzung M_3S_4 neben dem metallischen Fall $(M^{3+})_3(S^{2-})_4(e^-)$ auch der gemischtvalente Fall $(M^{2+})(M^{3+})_2(S^{2-})_4$ auf. In Einklang mit dieser Betrachtung ist $Ce_3S_4(e^-)$ ein metallischer Leiter und die gemischtvalente Verbindung Sm_3S_4 ein Halbleiter.

2.10.7 Metallfluoride

Fluor bildet mit fast allen Elementen des Periodensystems Verbindungen. Wegen der hohen Elektronegativität und dem kleinen Ionenradius von Fluoridionen können Metallfluoride mit hohen Oxidationsstufen auftreten. Die fluorreichsten Metallfluoride MF_7 und MF_6 kristallisieren in molekular aufgebauten Strukturen und haben niedrige Schmelzpunkte oder sind unter Normalbedingungen gasförmig. UF_6 sublimiert bei etwa 57 °C und findet bei der Anreicherung von ^{235}U Verwendung.

Eine universell anwendbare Methode zur Synthese von Metallfluoriden ist die Fluorierung, ausgehend von Metallen oder Metallverbindungen im F_2- oder HF-Strom (im Pt-Schiffchen). Zur Darstellung von Fluoriden mit hohen Oxidationsstufen werden die

26 Beim B-Typ handelt es sich möglicherweise um eine durch Sauerstoff stabilisierte Form, wie z. B. $M_{10}S_{14+x}O_{1-x}$.

Fluorierungen unter F_2-Druck (Metall-Druckbehälter) durchgeführt. Wegen der Aggressivität von HF und F_2 erfordern solche Versuche geeignete Schutzmaßnahmen und Apparaturen.

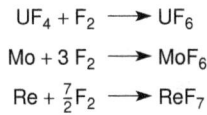

$$UF_4 + F_2 \longrightarrow UF_6$$

$$Mo + 3\,F_2 \longrightarrow MoF_6$$

$$Re + \tfrac{7}{2}F_2 \longrightarrow ReF_7$$

Einfacher lassen sich Metallfluoride durch sanftes Heizen von festen Gemengen aus Metalloxiden und Ammoniumfluorid an Luft herstellen, wobei den formelgemäßen Reaktionen ein leichter Überschuss an NH_4F zugesetzt werden muss. Bei Reaktionen von Metalloxiden des Formeltyps MO_2, M_2O_3 oder M_2O entstehen beim Zerreiben oder unter leichtem Erhitzen komplexe Ammoniumsalze, wie z. B. $(NH_4)_2MF_6$, $(NH_4)_3MF_6$ oder $(NH_4)MF_3$, die thermisch (bei 200–400 °C) in die entsprechenden Fluoride MF_4, MF_3 oder MF_2 konvertierbar sind. Beispiele hierfür sind Reaktionen von TiO_2, ZrO_2, Al_2O_3, MnO_2, Fe_2O_3 oder Cu_2O mit Ammoniumfluorid:

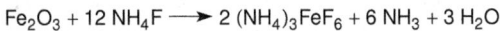

$$Fe_2O_3 + 12\,NH_4F \longrightarrow 2\,(NH_4)_3FeF_6 + 6\,NH_3 + 3\,H_2O$$

Bei den Reaktionen mit Metalloxiden zersetzt sich NH_4F in Ammoniak und $(NH_4)HF_2$, in dessen Schmelze (bei etwa 125 °C) die Bildung des komplexen Ammoniumfluoridometallats erfolgt. Die thermische Zersetzung des Ammoniumfluoridometallats führt unter milden Temperaturbedingungen zum Metallfluorid und NH_4F, welches durch Sublimation abgetrennt werden kann:

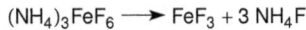

$$(NH_4)_3FeF_6 \longrightarrow FeF_3 + 3\,NH_4F$$

Die Zersetzung des Ammoniumsalzes wird mitunter durch die Eigenschaften des Ammoniumions beeinflusst, welches als Oxidationsmittel (H^+) oder als Reduktionsmittel (N^{3-}) wirken kann:

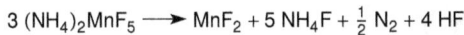

$$3\,(NH_4)_2MnF_5 \longrightarrow MnF_2 + 5\,NH_4F + \tfrac{1}{2}\,N_2 + 4\,HF$$

Ternäre Fluoride werden häufig durch festkörperchemische Konversionen von binären Fluoriden bei hohen Temperaturen hergestellt. Solche Reaktionen stellen höchste Ansprüche an den Reaktionsbehälter (häufig werden verschweißte Pt-Ampullen verwendet, vgl. Abschn. 2.1.1), der sich gegen Fluoride, Oxide oder Sauerstoff inert verhalten muss. Dennoch lassen sich auf diese Weise sehr reine Fluoride herstellen:

$$NiF_2 + 2\,KF \longrightarrow K_2NiF_4$$

Einige ternäre Fluoride können aber auf einfachere Weise durch Fällung hergestellt werden. So entstehen in wässrigen Lösungen aus Metalldichloriden und Alkalimetallfluoriden Niederschläge von ternären Fluoroperowskiten, AMF_3 mit z. B. A = NH_4, K und M = Mn, Fe, Co, Ni:

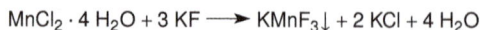

$$MnCl_2 \cdot 4\ H_2O + 3\ KF \longrightarrow KMnF_3\downarrow + 2\ KCl + 4\ H_2O$$

Zahlreiche Metallfluoride sind reaktiv und greifen Gefäße aus Glas oder Metall sogar unterhalb der Raumtemperatur an. Bei höheren Temperaturen besteht die Gefahr von Kontaminationen mit Sauerstoff.

2.10.7.1 Heptafluoride

Das einzige thermisch stabile Heptafluorid (neben IF_7) ist ReF_7. Die Existenz von OsF_7 bei tiefen Temperaturen (< −100 °C) wurde berichtet. ReF_7 ist eine gelbe, flüchtige Substanz (Smp. 48 °C). In Lösung und in der Gasphase zeigen IR- und ^{19}F-NMR-Untersuchungen für die ReF_7-Moleküle eine annähernd pentagonal-bipyramidale Symmetrie (D_{5h}). Die Anhäufung von fünf Liganden in der pentagonalen Ebene bewirkt eine sterische Enge, der die Struktur vermutlich durch Fluktuation und Pseudorotation der Fluoratome bzw. Wellung der pentagonalen Ebene ausweicht. In der kubischen Struktur von ReF_7 sind die Moleküle fehlgeordnet bzw. rotieren. Unterhalb von −90 °C erfolgt ein Phasenübergang in eine geordnete Struktur. In der Tieftemperaturmodifikation sind die ReF_7-Moleküle hexagonal dicht gepackt. Die Fluoridionen sind nicht äquivalent, da die axial angeordneten Fluoridionen nicht linear zueinander stehen und die Fluoridionen der pentagonalen Ebene gewellte Ringe bilden (Abb. 2.104).

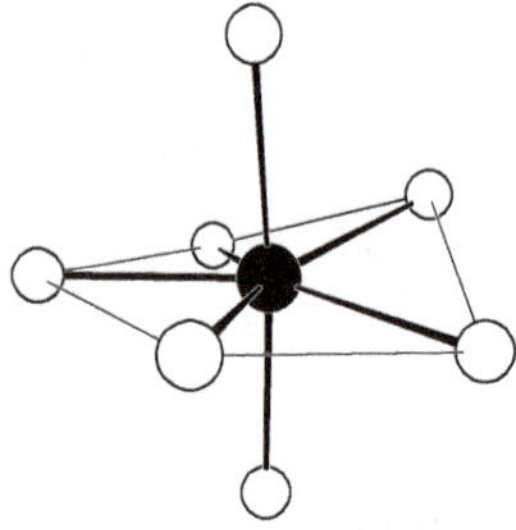

Abb. 2.104: Ausschnitt aus der Struktur der Tieftemperaturmodifikation von ReF_7.

2.10.7.2 Hexafluoride

Hexafluoride MF_6 der Übergangsmetalle sind niedrig schmelzende, flüchtige Verbindungen. Ihre Flüchtigkeit steht vermutlich mit der Gegenwart von $[MF_6]$-Einheiten im Festkörper im Zusammenhang:

4	5	6	7	8	9	10	11	12
		MoF_6	TcF_6	RuF_6	RhF_6			
		WF_6	ReF_6	OsF_6	IrF_6	PtF_6		

Unter Normalbedingungen ist MoF_6 (Smp. 17 °C) flüssig und WF_6 (Sdp. 17 °C) gasförmig. Alle Hexafluoride bilden in der Gasphase Moleküle mit oktaedrischer Gestalt, von denen nur die d^0-Systeme MoF_6 und WF_6 unverzerrt und farblos sind. In festen Hexafluoriden bilden Fluoratome dichteste Kugelpackungen, deren Oktaederlücken zu $\frac{1}{6}$ mit Metallatomen besetzt sind, sodass auch im Festkörper $[MF_6]$-Oktaeder vorhanden sind. Die Existenz von CrF_6 ist selbst bei tiefen Temperaturen (< −100 °C) fraglich. Wegen ihrer Flüchtigkeit und hohen Reaktivität sind Hexafluoride zur Abscheidung von Metallatomen auf Silicium zur Herstellung integrierter Schaltkreise (ICs) geeignet:

$$2\,WF_6 + 3\,Si \xrightarrow{<400\,°C} 2\,W + 3\,SiF_4$$

Die für Pt (und Ir) ungewöhnliche Oxidationszahl +6 macht PtF_6 zu einem der stärksten Oxidationsmittel. Gasförmiges PtF_6 reagiert mit Sauerstoff zu $O_2^+[PtF_6]^-$, mit reinem Xenon entsteht $XeF^+[PtF_6]^-$.

2.10.7.3 Pentafluoride

Das vorherrschende Strukturmotiv der Pentafluoride sind spitzenverknüpfte Oktaeder $[MF_4F_{2/2}]$.

4	5	6	7	8	9	10	11	12
	VF_5	CrF_5						
	NbF_5	MoF_5	TcF_5	RuF_5	RhF_5	PdF_5		
	TaF_5	WF_5	ReF_5	OsF_5	IrF_5	PtF_5	AuF_5	

Die Strukturen von VF_5, CrF_5, ReF_5 und AuF_5 bestehen aus unendlichen Strängen. NbF_5, TaF_5, MoF_5 und WF_5 bilden tetramere Einheiten $[MF_4F_{2/2}]_4$ auf der Basis kubisch dichter Kugelpackungen der Fluoratome. Analoge Strukturen bilden die Pentafluoride RuF_5, RhF_5, OsF_5, IrF_5 und PtF_5 auf der Basis hexagonal dichter Kugelpackungen der Fluoratome (Abb. 2.105). WF_5 ist unter Normalbedingungen instabil und disproportioniert in WF_6 und WF_4.

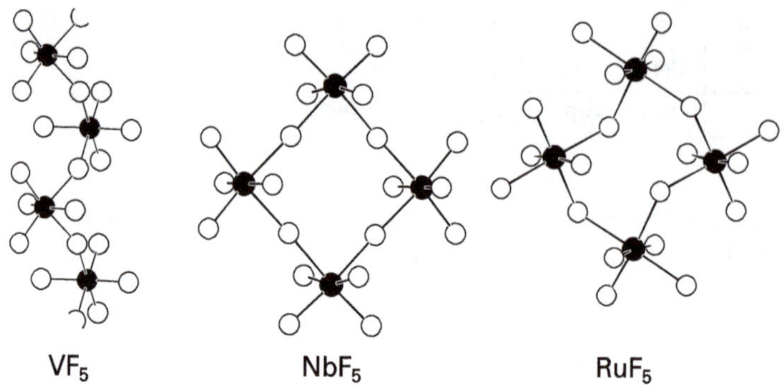

Abb. 2.105: Strukturen mit spitzenverknüpften $[MF_6]$-Oktaedern: *cis*-spitzenverknüpfte Stränge der Struktur von VF_5 und tetramere $[MF_6]$-Oktaeder der Strukturen von NbF_5 sowie RuF_5.

2.10.7.4 Tetrafluoride

Tetrafluoride sind durch viele Beispiele mit unterschiedlichen Strukturen belegt:

4	5	6	7	8	9	10	11	12
TiF_4	VF_4	CrF_4	MnF_4					
ZrF_4	NbF_4			RuF_4	RhF_4	PdF_4		
HfF_4				OsF_4	IrF_4	PtF_4		

CrF_4 wurde im Monelautoklaven aus einem Gemisch von HF, F_2 und Chrompulver bei 300 °C hergestellt. Die Struktur besteht aus $[Cr_2F_{10}]$-Oktaederdimeren, die über Spitzen zu $[Cr_2F_6F_{4/2}]$-Säulen verknüpft sind. In der Struktur von TiF_4 bildet ein $[Ti_3F_{15}]$-Ring eine analoge $[Ti_3F_9F_{6/2}]$-Kolumnarstruktur (Abb. 2.106). Die von den Platinmetallen bekannten Tetrafluoride bilden Strukturen aus spitzenverknüpften $[MF_2F_{4/2}]$-Oktaedern.

In den Strukturen von HfF_4 und β-ZrF_4 liegen spitzenverknüpfte quadratische $[MF_{8/2}]$-Antiprismen vor und in α-ZrF_4 $[MF_{8/2}]$-Dodekaeder. VF_4 und NbF_4 kristallisieren in Schichtstrukturen aus zweidimensional spitzenverknüpften $[MF_2F_{4/2}]$-Oktaedern. Durch Einlagerung von Kationen zwischen diesen Schichten entsteht der K_2NiF_4-Typ (Abb. 2.107).

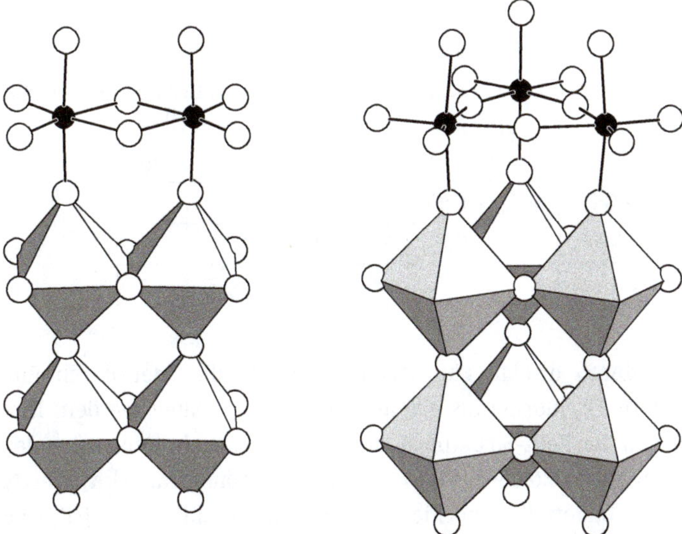

Abb. 2.106: Ausschnitte aus den Kolumnarstrukturen von CrF_4 (links) und TiF_4 (rechts).

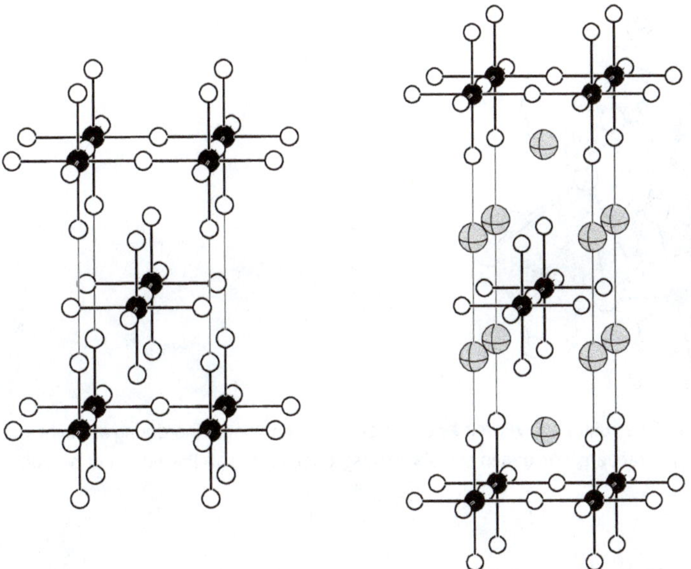

Abb. 2.107: Die Strukturen von NbF_4 und K_2NiF_4 (Kaliumatome sind grau dargestellt). Die Struktur von K_2NiF_4 ist mit der Perowskit-Struktur verwandt und gilt als struktureller Prototyp von Oxocuprat-Supraleitern ($La_{2-x}Sr_xCuO_4$).

2.10.7.5 Trifluoride

Metalltrifluoride kristallisieren oft in Verzerrungsvarianten des kubischen ReO_3-Typs:

4	5	6	7	8	9	10	11	12
TiF_3	VF_3	CrF_3	MnF_3	FeF_3	CoF_3			
		MoF_3		RuF_3	RhF_3	PdF_3		
					IrF_3		AuF_3	

VF_3 und CrF_3 können durch direkte Fluorierung ihrer Metalle oder durch Einwirkung von HF auf ihre Trichloride als grüne Substanzen erhalten werden. Ihre Strukturen leiten sich von der ReO_3-Struktur ab und bestehen aus dreidimensionalen Netzwerken eckenverknüpfter Oktaeder $[VF_{6/2}]$ (Abb. 2.108). Rhomboedrisch verzerrte Strukturen des ReO_3-Typs bilden die Fluoride FeF_3, CoF_3, RuF_3, RhF_3, PdF_3, IrF_3 und CoF_3 (sowie AlF_3).

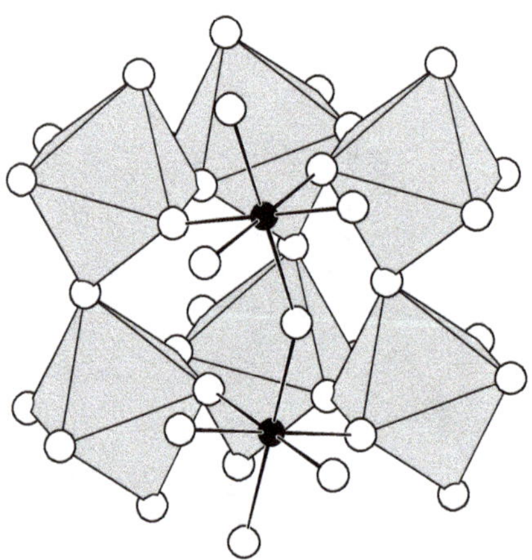

Abb. 2.108: Ausschnitt aus der Struktur von VF_3 mit einer verzerrt würfelförmigen Anordnung aus acht spitzenverknüpften $[VF_{6/2}]$-Oktaedern (von denen aus Übersichtsgründen sechs als Polyeder und zwei als Stabmodell gezeigt sind).

In der Struktur von MnF_3 sind die Mn^{3+}-Ionen wegen des Jahn-Teller-Effekts verzerrt oktaedrisch koordiniert. PdF_3 ist eine gemischtvalente Verbindung $Pd^{2+}Pd^{4+}(F^-)_6$, die als Palladium(II)hexafluoridopalladat(IV) aufzufassen ist. Das dazugehörige magnetische Moment liegt in der Nähe des spin-only-Werts von 2,83 BM für $Pd^{2+}(d^8)$, da das diamagnetische low-spin-$Pd^{4+}(d^6)$ keinen Beitrag liefert. In weiteren Defektvarianten des ReO_3-Typs kristallisieren auch ternäre Verbindungen AMF_6 (mit A = Alkali- oder Erdalkalimetall und M = Übergangsmetall).

In AuF_3 hat Au^{3+} die Elektronenkonfiguration d^8 und bildet quadratisch-planare $[AuF_4]$-Einheiten. Die Struktur besteht aus Bändern mit *cis*-eckenverknüpften $[AuF_2F_{2/2}]$-Quadraten, die sich räumlich zu einer hexagonalen Helix anordnen (Abb. 2.109).

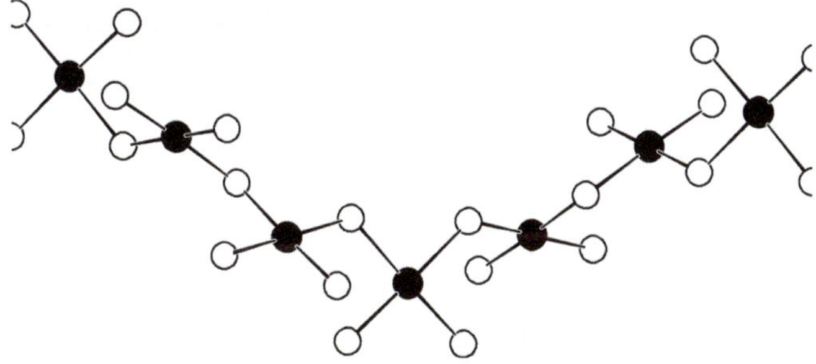

Abb. 2.109: Ausschnitt aus der Struktur von AuF_3.

Eine große Klasse ternärer Verbindungen, die sich von den Trihalogeniden $[MF_{6/2}]$ mit ReO_3-verwandter Struktur ableitet, kristallisiert im Perowskit-Typ AMF_3 (z. B. A = Alkalimetall und M = Übergangsmetall).

2.10.7.6 Metalldifluoride und -subfluoride

Difluoride der ersten Übergangsmetallreihe von Vanadium bis Zink kristallisieren im Rutil-Typ oder in einer verzerrten Variante hiervon:

4	5	6	7	8	9	10	11	12
TiF_2	VF_2	CrF_2	MnF_2	FeF_2	CoF_2	NiF_2	CuF_2	ZnF_2
						PdF_2	AgF_2	CdF_2
								HgF_2

Allerdings wurde nicht jede dieser Substanzen in reiner Form hergestellt. Das violette, hydrolyseempfindliche PdF_2 (Rutil-Typ) ist das einzige bekannte Difluorid der zweiten und dritten Serie der Gruppen 4 bis 10. Durch die Spitzenverknüpfung der $[MF_6]$-Oktaeder in der Rutil-Struktur resultieren für viele Difluoride (z. B. MnF_2, FeF_2, CoF_2, NiF_2) unterhalb ihrer Néel-Temperaturen (50–100 °C) antiferromagnetische Kopplungen der magnetischen Spinmomente. Dadurch treten aber keine Überstrukturen auf, da der Spin des magnetischen Kations im Zentrum der Elementarzelle antiparallel zu den Spins der Kationen an den Ecken gekoppelt ist (Rutil-Typ, vgl. Abb. 2.8 und 2.43).

AgF_2 ist die bisher einzige binäre Silberverbindung mit Ag^{2+}-Ionen, denn AgO ist gemäß $Ag^+[Ag^{3+}O_2]$ ein Silber(I)argentat(III). In der Struktur von AgF_2 sind die Ag^{2+}-Ionen verzerrt quadratisch-planar koordiniert. Es liegt eine Schichtstruktur aus gewellten ${}^2_\infty[AgF_{4/2}]$-Schichten vor. Bedingt durch die d^9-Konfiguration des Silbers kann aufgrund der Jahn-Teller-Verzerrung auch eine gestreckte oktaedrische Koordination um Ag^{2+} angenommen werden (4 × Ag–F 209 pm, 2 × 259 pm) (Abb. 2.110). Weniger deutlich ausgeprägt ist die Verzerrung des Koordinationsoktaeders um Cu^{2+} in CuF_2.

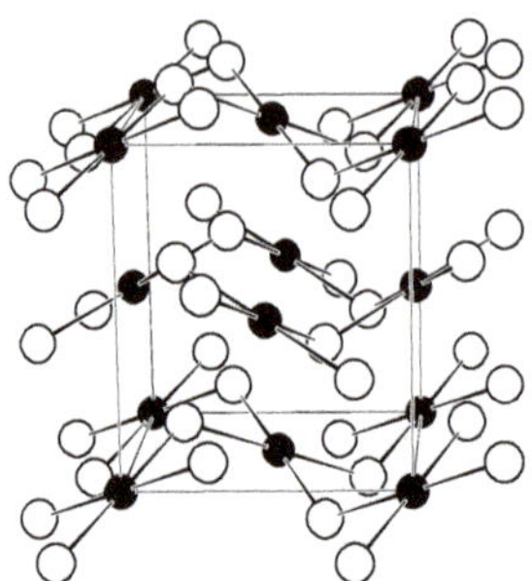

Abb. 2.110: Die Struktur von AgF_2.

Bei der Elektrolyse einer konzentrierten AgF-Lösung entstehen an der Kathode Kristalle des Silbersubfluorides Ag_2F, das im Anti-CdI_2-Typ kristallisiert.

2.10.7.7 Fluoridometallate

In komplexen Fluoriden oder Fluoridometallaten dominiert die oktaedrische $[MF_6]^{n-}$-Einheit. Bekannte Vertreter mit dieser Einheit sind die Verbindungen $KNbF_6$, K_2PtF_6, Na_3AlF_6 (Kryolith) oder K_2NaAlF_6 (Elpasolith). Hexafluoridocobaltate(III) A_3CoF_6 mit A = Li–Cs zählen zu den wenigen bekannten high-spin-Komplexen von Co^{3+} (paramagnetisch, μ = 5,4 BM). Die Verbindungen A_2CoF_6 mit A = K–Cs (K_2PtCl_6-Typ) enthalten sogar Co^{4+}. Analoge Hexafluoridoniccolate(IV) sind für dieselben Alkalimetalle durch A_2NiF_6 belegt. Auch vierwertiges Kupfer wurde erstmals in den orangefarbenen Verbindungen A_2CuF_6 (A = K–Cs) durch Hochdruckfluorierung erhalten. K_3CuF_6 bildet grüne Kristalle mit quadratisch planaren $[CuF_4]^-$-Einheiten und enthält paramagnetisches Cu^{3+} (μ = 2,83 BM).

In Strukturen, in denen Verknüpfungen der Oktaeder über Ecken zu linearen Anordnungen – M–F–M – führen, sind Bedingungen für antiferromagnetische Kopplungen bzw. für den Superaustausch gegeben. In Trifluoriden (z. B. CrF_3, FeF_3, CoF_3) und in kubischen und orthorhombischen Fluoridoperowskiten (AMF_3 mit M = Mn, Fe, Co, Ni) ist dreidimensionaler Antiferromagnetismus möglich. Im Fluoroperowskit $KCoF_3$ liegt Co^{2+} in einer high-spin d^7-Konfiguration vor. Das magnetische Moment für Co^{2+} liegt wenig unterhalb des nach der spin-only-Formel zu erwartenden Werts (4,8 BM). Die antiferromagnetische Kopplung setzt unterhalb $T_N \approx 130$ K ein. In der tetragonalen Struktur von K_2NiF_4 ist der Superaustausch nur noch entlang zweier Richtungen im Kristall möglich (Abb. 2.107). Unterhalb T_N resultiert eine magnetische Überstruktur entsprechend $a_{magnetisch} = a_{kristallographisch} \cdot \sqrt{2}$.

Die Einordnung eines Metallfluorids als Fluoridometallat und die damit verbundene Zuordnung von überwiegend ionischen (z. B. Na–F) und überwiegend kovalenten Bindungen (z. B. Al–F) in einer Verbindung (z. B. Na_3AlF_6) ist nicht immer eindeutig. Besetzen verschiedene Kationen äquivalente Positionen, so liegt strukturchemisch ein Doppelfluorid vor. Zu den Doppelfluoriden zählen $MgMnF_6$ (ReO_3-Typ) oder Verbindungen mit der allgemeinen Formel AMF_6 mit A = Erdalkalimetall, Cd, Hg und M = Ti, Cr, Mn, Pd, Pt oder solche mit A = (Mn, Co), Ni, Zn und M = Ti, Mn, Cr.

2.10.8 Metallchloride, -bromide und -iodide

Die Metallchloride, -bromide und -iodide der Übergangsmetalle unterscheiden sich von den Fluoriden in vielerlei Hinsicht, z. B. durch ihre Fähigkeit, Verbindungen mit niedrigen Oxidationsstufen der Metallatome und Metall–Metall-Bindungen (Metallcluster) auszubilden.

Zur Darstellung von Metallhalogeniden existiert eine Reihe von Methoden:

1. Direkte Reaktion von Metall und Halogen:

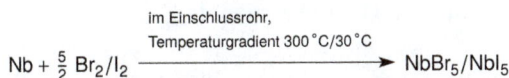

$$Nb + \frac{5}{2}\,Br_2/I_2 \xrightarrow[\text{Temperaturgradient }300\,^\circ\text{C}/30\,^\circ\text{C}]{\text{im Einschlussrohr,}} NbBr_5/NbI_5$$

   Zur Beseitigung von Sauerstoffresten wird verunreinigtes Metall zuvor im H_2-Strom reduziert.

2. Reaktion von Metall und Halogenwasserstoff:

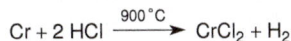

$$Cr + 2\,HCl \xrightarrow{900\,^\circ\text{C}} CrCl_2 + H_2$$

   (Bei der Reaktion von Cr mit Cl_2 entsteht $CrCl_3$.)

3. Halogenierung von Metalloxiden Reaktion mit flüssigem Thionylchlorid durch Erhitzen im Einschlussrohr:

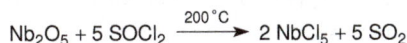

$$Nb_2O_5 + 5\,SOCl_2 \xrightarrow{200\,^\circ\text{C}} 2\,NbCl_5 + 5\,SO_2$$

4. Umhalogenierung:

$$6\,WCl_6 + 9\,SiI_4 \xrightarrow{120\,°C} 2\,W_3I_{12} + 9\,SiCl_4\uparrow + 6\,I_2\uparrow$$

5. Synthese metallreicher Metallhalogenide:
   (a) Reduktion mit demselben Metall (Synproportionierung):

$$8\,NbCl_5 + 7\,Nb \xrightarrow{450\,°C} 5\,Nb_3Cl_8$$

   (b) Reduktion mit Aluminium-Metall:

$$3\,WCl_6 + 2\,Al \xrightarrow{370\,°C} 3\,WCl_4 + 2\,AlCl_3$$

   (c) Reduktion mit Wasserstoff:

$$CrCl_3 + \tfrac{1}{2}\,H_2 \xrightarrow{500\,°C} CrCl_2 + HCl$$

   (d) Disproportionierung:

$$3\,WCl_4 \xrightarrow{470\,°C} WCl_2 + 2\,WCl_5$$

$$5\,Nb_3Cl_8 \xrightarrow{800\,°C} 2\,Nb_6Cl_{14} + 3\,NbCl_4$$

2.10.8.1 Hexahalogenide und Pentahalogenide

Hexahalogenide sind nur von wenigen Metallen bekannt. Gegenüber den Fluoriden zeigt sich bei den übrigen Metallhalogeniden die geringere Tendenz zur Ausbildung hoher Oxidationsstufen. Besonders flüchtig sind die Hexahalogenide $MoCl_6$ (Smp. 17 °C) und $ReCl_6$ (Smp. 29 °C):

4	5	6	7	8	9	10	11	12
		$MoCl_6$						
		WCl_6 WBr_6	$ReCl_6$					

Die Strukturen der Pentachloride sowie der Pentabromide von Niob und Tantal bestehen aus paarweise kantenverknüpften $[MX_4X_{2/2}]$-Oktaedern, $[M_2X_{10}]$. Dabei treten selbst für die d^1-Systeme $MoCl_5$ und WCl_5 unter Normalbedingungen keine Bindungen zwischen den Metallatomen auf.

4	5	6	7	8	9	10	11	12
	NbX_5	$MoCl_5$						
	TaX_5	WCl_5 WBr_5	$ReCl_5$ $ReBr_5$	$OsCl_5$				

X = Cl, Br, I

2.10.8.2 Tetrahalogenide

Die Tetrahalogenide $TiCl_4$ und VCl_4 sind unter Normalbedingungen flüssig, und Chromtetrahalogenide sind nur bei tiefen Temperaturen in der Gasphase stabil. Im gasförmigen Zustand sind die tetraedrischen Moleküle $TiCl_4$, $TiBr_4$, TiI_4, $ZrBr_4$ und ZrI_4 monomer. Im Festkörper findet man Motive kubisch dichtester Packungen der Halogenatome mit zu $\frac{1}{8}$ besetzten Tetraederlücken.

4	5	6	7	8	9	10	11	12
TiX_4	VCl_4							
ZrX_4	NbX_4	MoX_4	$TcCl_4$ $TcBr_4$					
HfX_4	TaX_4	WX_4	$ReCl_4$	$OsCl_4$ $OsBr_4$		PtX_4		

X = Cl, Br, I

Typische Strukturmotive von Tetrahalogeniden basieren auf kantenverknüpften $[MX_2X_{4/2}]$-Oktaedern. Dabei kann die Verknüpfung über Kanten zu unterschiedlichen Motiven führen. Lineare Anordnungen, mit Verknüpfungen über zwei gegenüberliegende Oktaederkanten sind für $NbCl_4$, α-NbI_4, $TaCl_4$, $TaBr_4$, WCl_4, $ReCl_4$ und $OsCl_4$ bekannt. Dagegen führt die Verknüpfung über benachbarte Oktaederkanten bei $ZrCl_4$, $TcCl_4$, $PtCl_4$ zu Zickzackketten.

In Verbindungen mit ungerader Elektronenzahl besteht die Tendenz der Metallatome, aus den Oktaederschwerpunkten paarweise zusammenzurücken, um Metall–Metall-Bindungen zu bilden. Ein prominentes Beispiel ist die Kristallstruktur von $NbCl_4$, mit der d^1-Konfiguration der Niobatome (Abb. 2.111).

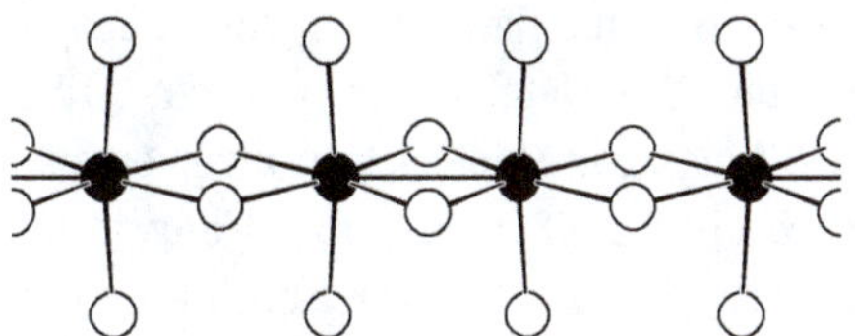

Abb. 2.111: Ausschnitt aus der Struktur von $NbCl_4$. Die Abstände Nb–Nb entlang der Oktaederstränge betragen abwechselnd 286 und 306 pm. Die Struktur kann angenähert durch eine hdP der Halogenatome beschrieben werden, in der die Niobatome $\frac{1}{4}$ der oktaedrischen Lücken besetzen.

Die Bildung von Metall–Metall-Bindungen kann als Resultat einer Peierls-Verzerrung aufgefasst werden. Da beim Erhitzen Disproportionierungsreaktionen auftreten, lässt sich das Aufbrechen der Metallbindungen in α-NbI_4 nur unter Druck nachweisen. Als Resultat entsteht metallisches β-NbI_4 mit äquidistant angeordneten Metallatomen entlang der Oktaederstränge.

2.10.8.3 Trihalogenide

Ausgehend von Hexahalogeniden werden die $[MX_6]$-Oktaeder in Penta- und Tetrahalogeniden zunehmend über gemeinsame Kanten (Halogenatome) verbrückt, wobei Pentahalogenide mit dimeren Einheiten $[MX_4X_{2/2}]_2$ und Tetrahaloenide mit unendlichen Strängen $[MX_2X_{4/2}]$ auftreten. Trihalogenide sind durch eine Vielzahl von Strukturen repräsentiert, in denen $[MX_{6/2}]$-Oktaeder auf unterschiedliche Weise verbrückt sind.

4	5	6	7	8	9	10	11	12
TiX_3	VCl_3	CrX_3		FeX_3				
ZrX_3	NbX_3	MoX_3	$TcBr_3$	RuX_3	RhX_3			
HfI_3		W_6Cl_{18} W_6Br_{18}	Re_3X_9	OsX_9	IrX_3	$PtCl_3$ $PtBr_3$	AuX_3	

X = Cl, Br, I

Die meisten Trihalogenide kristallisieren in einer der folgenden drei Strukturen:

1. **ZrI_3-Typ**, hdP der Halogenatome: $A\gamma_{1/3}B\gamma_{1/3}$ ...
   β-$TiCl_3$, TiI_3, $ZrBr_3$, ZrI_3, HfI_3, $MoBr_3$, MoI_3, $TcBr_3$
2. **BiI_3-Typ**, hdP der Halogenatome: $A\gamma_{2/3}B\square$ ...
   $InCl_3$, α-$TiCl_3$, α-$TiBr_3$, $ZrCl_3$, VX_3, $CrCl_3$ (Tieftemperaturmodifikation), $CrBr_3$, CrI_3, β-$MoCl_3$, $FeCl_3$, $FeBr_3$
3. **YCl_3-Typ**, kdP der Halogenatome: $A\gamma_{2/3}B\square C\beta_{2/3}A\square B\alpha_{2/3}C\square$ ...
   $AlCl_3$, $ScCl_3$, $CrCl_3$ (Hochtemperaturform), α-$MoCl_3$, RhX_3, IrX_3

Strukturen, die im **ZrI_3**-Typ kristallisieren, basieren auf dem Prinzip der hexagonal dichtesten Kugelpackung ihrer Halogenatome. Die Metallatome besetzen $\frac{1}{3}$ der oktaedrischen Lücken und sind deckungsgleich längs zur Stapelrichtung der Schichten der hdp angeordnet. Anders beschrieben, basiert die Struktur auf Strängen aus (verzerrten) flächenverknüpften $[MX_{6/2}]$-Oktaedern (Abb. 2.112). Diese Anordnung von Kationen tritt bevorzugt für Trihalogenide mit ungerader Elektronenzahl, wie z. B. der d^1-Konfiguration (Ti^{3+}, Zr^{3+}, Hf^{3+}) auf, wobei eine elektronisch bedingte Peierls-Verzerrung (Abschn. 2.7.2) zur Bildung von M–M-Bindungen führt. Die bindenden und nichtbindenden Zr–Zr-Abstände entlang der Richtung der trigonal-antiprismatischen Stränge alternieren mit Werten von 317 und 351 pm (Abb. 2.112, links).

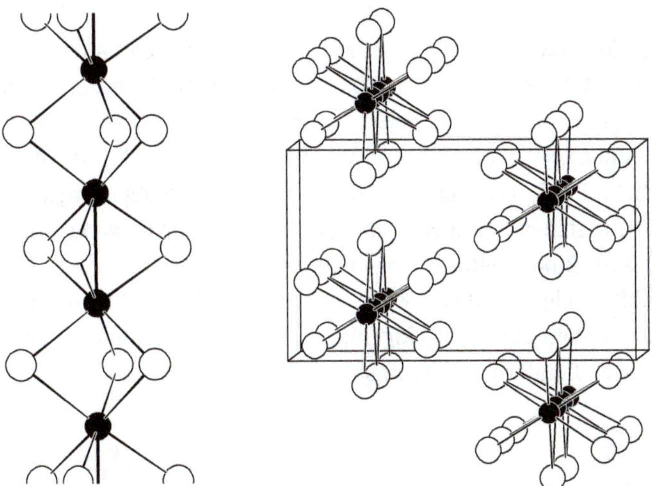

Abb. 2.112: Die Struktur von ZrI_3 (Raumgruppe *Pmmn*). Einzelstrang aus flächenverknüpften $[ZrI_{6/2}]$-Einheiten und perspektivische Projektion entlang der Richtung der Stränge. Die kurzen Zr–Zr-Abstände (317 pm) sind durch Bindungslinien markiert.

In Strukturen des BiI_3- oder YCl_3-Typs besetzen die Metallatome $\frac{2}{3}$ der Oktaederlücken in jeder zweiten Lückenschicht der hdP oder kdP aus Halogenatomen. Insofern resultieren unvollständig aufgefüllte Varianten des CdI_2- oder $CdCl_2$-Typs, bei denen jede zweite Oktaederlückenschicht vollständig mit Kationen besetzt ist (Tab. 2.4). In der Struktur von α-$MoCl_3$ sind die Molybdänatome paarweise aus ihren Oktaederlücken aufeinander zu verschoben und bilden Mo–Mo-Bindungen. Dadurch entstehen flächenverknüpfte $[Mo_2Cl_{10}]$-Doppeloktaeder, die einem Motiv aus den Strukturen von Pentahalogeniden entsprechen. Die kürzesten Mo–Mo-Abstände in α-$MoCl_3$ (276 pm) gleichen den Abständen in Molybdän-Metall (272 pm).

Trihalogenide des Rheniums (Re_3X_9) bilden Strukturen mit trigonalen Metallclustern, ebenso wie Wolframiodide (W_3I_8, Abb. 2.121) oder Niobhalogenide (Nb_3X_8, Abb. 2.120). Wolframtribromide und -iodide sind durch Strukturen mit oktaedrischen Metallclustern (W_6X_{18}, Tab. 2.36) charakterisiert.

2.10.8.4 Dihalogenide und Monohalogenide

Bei den meisten Dihalogeniden der Gruppen 4 und 6 zeigt sich ein Trend zu Metall–Metall-Bindungen. Titandihalogenide kristallisieren bei hohen Temperaturen im CdI_2-Typ (β-TiX_2). Bei tiefen Temperaturen ordnen sich die Titanatome jedoch innerhalb der

Schichten zu dreieckigen Metallclustern (α-TiX_2). Niob bildet kein binäres Halogenid NbX_2, sondern die Metallhalogenide Nb_3X_8 und Nb_6Cl_{14}. Die Strukturen von Halogeniden des Typs Nb_3X_8 enthalten dreieckige Metallcluster und leiten sich vom CdI_2-Typ durch unvollständig besetzte Metallteilgitter ab (Abb. 2.120).

Die Dihalogenide von Molybdän und Wolfram, Mo_6X_{12} und W_6X_{12}, enthalten oktaedrische Metallcluster vom $[M_6X_8]$-Typ (Abb. 2.114). Das Motiv oktaedrisch angeordneter Metallatome eines $[M_6X_{12}]$-Typs zeigen auch die Strukturen von M_6Cl_{12} mit M = Pd, Pt, wobei aber keine M–M-Bindungen auftreten. Die Metallatome haben d^{10}- bzw. d^9s^1-Konfigurationen, weshalb für Pt_6Cl_{12} $6{\cdot}10-12{\cdot}1 = 48$ Elektronen für Bindungen zwischen Metallatomen zur Verfügung stehen. Da Cluster vom $[M_6X_{12}]$-Typ aber maximal nur 8 bindende Molekülorbitale für Bindungen zwischen den Metallatomen haben, müssten zusätzlich noch alle antibindenden Orbitale besetzt werden (vgl. Abb. 2.118). Die zweite Modifikation von $PdCl_2$ besteht aus rechteckigen $[PdCl_{4/2}]$-Einheiten, die über zwei gegenüberliegende Kanten zu Bändern verknüpft sind.

4	5	6	7	8	9	10	11	12
TiX_2	VX_2	CrX_2	MnX_2	$FeCl_2$	CoX_2	NiX_2	$CuCl_2$ $CuBr_2$	ZnX_2
		Mo_6X_{12}				PdX_2		CdX_2
HfX_2		W_6X_{12}				PtX_2	Au_4Cl_8	HgX_2

X = Cl, Br, I

Die meisten anderen Dihalogenide kristallisieren in einer der folgenden drei Strukturen:

1. **CdI_2-Typ:** β-TiX_2, VBr_2, $CrBr_2$, CrI_2, $MnBr_2$, MnI_2, $FeBr_2$, FeI_2, $CoBr_2$, $NiBr_2$
2. **$CdCl_2$-Typ:** $MnCl_2$, $FeCl_2$, $CoCl_2$, $NiCl_2$
3. **Rutil-Typ:** $CrCl_2$

Die einzigen bekannten Monohalogenide der Übergangsmetalle sind **ZrCl** und ZrBr. Die Identitätsperiode dieser Strukturen besteht aus drei X–Zr–Zr–X-Schichtpaketen. Die Zirconiumatome bilden innerhalb dieser Schichtpakete zweidimensional vernetzte trigonale Antiprismen aus. Zwischen den Zirconiumatomen bestehen direkte Wechselwirkungen. Der kürzeste Zr–Zr-Abstand in **ZrCl** beträgt etwa 309 pm innerhalb einer Schicht und 342 pm zwischen zwei benachbarten Zr-Schichten (Abb. 2.113). Kristalle dieser Verbindungen sind von graphitähnlichem Aussehen und weisen elektrische Leitfähigkeit auf.

Die Verbindungen ZrCl und ZrBr nehmen bei 200–300 °C Wasserstoff auf. Die Wasserstoffatome besetzen in den Verbindungen ZrClH und ZrBrH Positionen in der Nähe der Metallschichten a, b und c (vgl. Abb. 2.113). Die Koordination der Wasserstoffatome ist nahezu trigonal-planar, wobei sie geringfügig innerhalb der Metalldoppelschichten

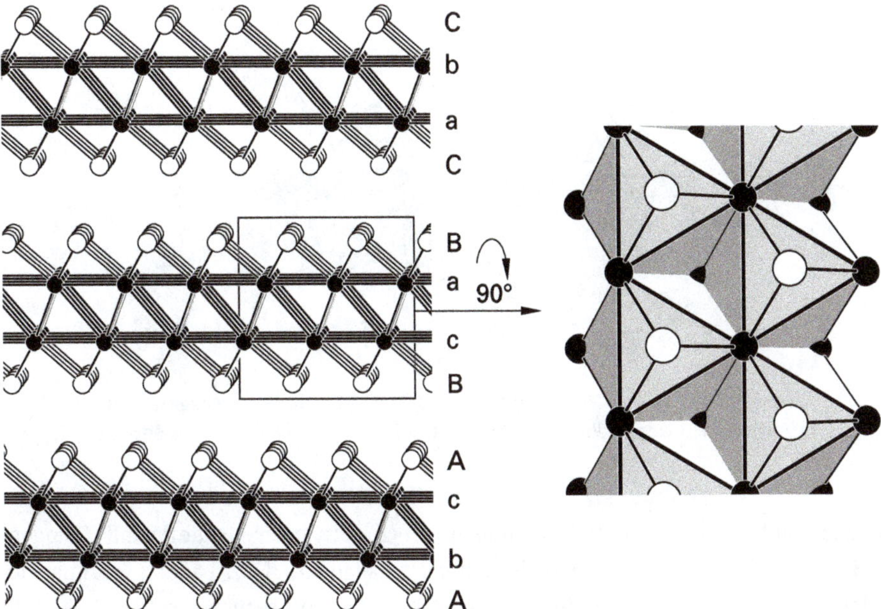

Abb. 2.113: Struktur von ZrCl ($R\bar{3}m$). Die Struktur enthält Metalldoppelschichten, die *oktaedrische* Einzelmotive erkennen lassen. Die Lagen der Atome in den Schichten einer Identitätsperiode lauten für den 3R-Typ von ZrCl AbcABcaBCabC und für 3R-ZrBr AcbABacBCbaC. Die Anordnung der Metallatome innerhalb eines Schichtpakets in der Form „kondensierter Oktaeder" ist in einem Ausschnitt (rechts) gezeigt.

liegen. Der nicht bindende D–D-Abstand beträgt in ZrBrD etwa 220 pm. Er entspricht dem erwarteten Wert für die Radiensumme zweier Hydridionen (vgl. Abschn. 2.10.1.3).

2.10.8.5 Metallhalogenide mit Metallclustern

Metallreiche Verbindungen enthalten eine höhere Anzahl von Metallatomen als zur Absättigung der Valenzen der Nichtmetallatome notwendig ist. Der vorhandene Überschuss an Elektronen kann bindende, nichtbindende oder antibindende Wechselwirkungen zwischen Metallatomen bewirken.

Eine Anzahl von Metallen ist besonders befähigt, in Verbindungen stabile Metall–Metall-Bindungen oder Metallcluster auszubilden.[27] Zu diesen gehören die Metalle Zr, Hf, Nb, Ta, Mo, W, (Tc), Re, die sich durch hohe Schmelzpunkte und hohe Sublimationsenthalpien auszeichnen (Abb. 2.47). In den Verbindungen mit Halogeniden (oder

27 Der Begriff „Cluster" steht für die Anhäufung gleichartiger Atome. Bei Verwendung des Wortes „Metallcluster" wird oft das nicht zwingend notwendige Auftreten von Metall–Metall-Bindungen angenommen.

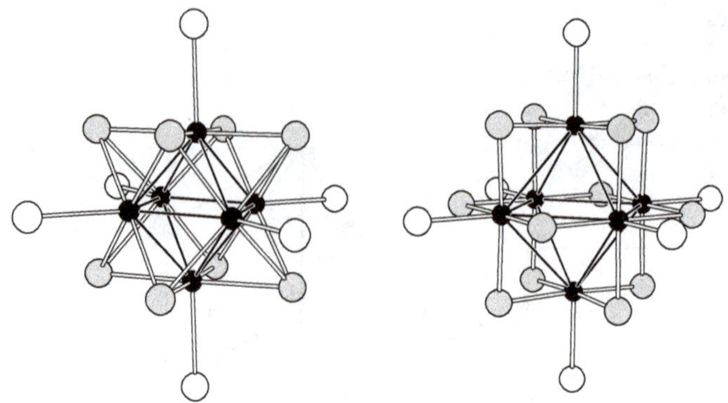

Abb. 2.114: Metallhalogenide vom $[M_6X_8]$-Typ (links) und $[M_6X_{12}]$-Typ (rechts) mit oktaedrischen Metallclustern. In vielen Strukturen sind diese Einheiten durch äußere X-Atome verbrückt (weiße Kugeln).

Oxiden) sind die Metall–Metall-Bindungen jedoch schwächer als die Metall–Halogen-Bindungen. Dieses unterstreichen Phasenübergänge in ein- (NbX_4) oder zweidimensionalen ($Na_2Ti_3Cl_8$) Strukturen, die lediglich durch das Aufbrechen von Metall–Metall-Bindungen gekennzeichnet sind.

Das häufigste Strukturmotiv bei den metallreichen Metallhalogeniden (und -chalkogeniden) ist der oktaedrische Metallcluster $[M_6]$. Hinsichtlich der Koordination mit Halogenatomen können zwei Typen unterschieden werden (Abb. 2.114). In Metallhalogeniden vom $[M_6X_{12}]$-Typ liegen zwölf Halogenatome über den Kanten, und in Metallhalogeniden vom $[M_6X_8]$-Typ liegen acht Halogenatome über den Flächen des oktaedrischen Metallclusters. Das Auftreten von Verbindungen in der einen oder der anderen Struktur unterliegt folgenden allgemeinen Kriterien, die allerdings nicht streng gelten:

$[M_6X_8]$
- kleine M, große X
- elektronenreicher mit max. 24 Elektronen in den M–M-Bindungen
- z. B. Mo_6Cl_{12} mit

$$6 \cdot 6\,e^- - 12 \cdot 1\,e^- = 24\,e^-$$

$[M_6X_{12}]$
- große M, kleine X
- elektronenärmer mit max. 16 Elektronen in den M–M-Bindungen
- z. B. Nb_6Cl_{14} mit

$$6 \cdot 5\,e^- - 14 \cdot 1\,e^- = 16\,e^-$$

Die Summenformeln von Clusterverbindungen mit $[M_6X_8]$- und $[M_6X_{12}]$-Einheiten variieren mit der Anzahl von Halogenatomen in der äußeren Koordination (X^a). Bei halogenverbrückten Clustern werden die Positionen der Halogenatome aus Sicht des Metallclusters als außen–außen ($^{a-a}$) bezeichnet, wenn eine einfache Verbrückung zweier Cluster durch ein äußeres X-Atom vorliegt, oder als außen–innen ($^{a-i}$), wenn das verbrückende Halogenatom zum inneren (^{i}) Koordinationsbereich einer benachbarten $[M_6X^i_{12}]$-Einheit gehört (Abb. 2.115).

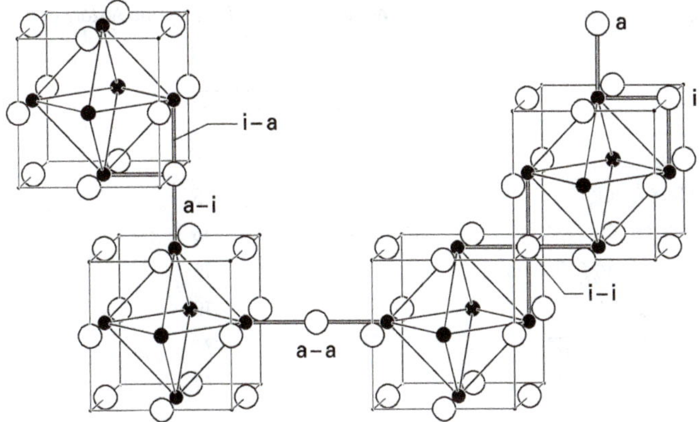

Abb. 2.115: Art und Nomenklatur (i = innen, a = außen) möglicher Verbrückungen von $[M_6X_{12}]$-Einheiten durch Halogenatome (X). Bindungen, die die Koordinationen der X-Atome aus der Sicht eines Metallclusters bezüglich der Bezeichnungen i-i, a–a, i–a usw. betreffen, sind hervorgehoben. Zur besseren Übersicht ist die Anordnung der Halogenatome in den $[M_6X_{12}]$-Einheiten mithilfe von Würfeln hervorgehoben.

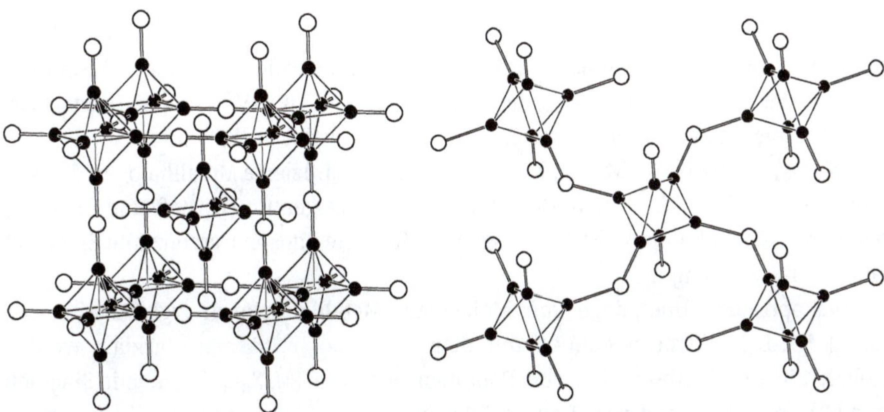

Abb. 2.116: Struktur von Nb_6F_{15} (links) und Ausschnitt aus einer Schicht der Struktur von Mo_6Cl_{12} (rechts). Zur besseren Übersicht sind die Halogenatome der inneren Koordination nicht gezeigt. Die Struktur von $(Nb_6F^{i}_{12})F^{a-a}_{6/2}$ enthält sechs verbrückende Fluoratome und die von $(Mo_6Cl^{i}_{8})Cl^{a}_{2}Cl^{a-a}_{4/2}$ enthält vier innerhalb einer Schicht verbrückende und zwei terminale Chloratome.

Nb_6F_{15} ist das einzige bekannte Metallfluorid mit einem oktaedrischen Metallcluster. Die $[Nb_6F_{12}]$-Einheiten sind dreidimensional über lineare Nb–F^{a-a}–Nb-Brücken entsprechend $(Nb_6F^{i}_{12})F^{a-a}_{6/2}$ verknüpft (Abb. 2.116). Diese Brücken sind in der Struktur von Ta_6Cl_{15} gewinkelt. Ebenfalls gewinkelte Brücken zwischen benachbarten $[Nb_6I_8]$-Einheiten, enthält die Struktur von Nb_6I_{11} gemäß $(Nb_6I^{i}_{8})I^{a-a}_{6/2}$. Aber nur vier verbrückende Halogenatome (X^{a-a}) plus zwei endständige Halogenatome (X^{a}) kennzeichnen den schichtartigen Aufbau der Strukturen von **Mo_6Cl_{12}** und **W_6Cl_{12}** (Tab. 2.36). Die Struktur

Tab. 2.36: Binäre Metallhalogenide mit $[M_6X^i_8]$- und $[M_6X^i_{12}]$-Einheiten, ihre Verbrückung und Anzahl der Elektronen/Cluster in Metall–Metall-Zuständen.

Verbindung(en)	Verbrückung	Elektronen/Cluster[(a)]
Nb_6F_{15}	$(Nb_6F^i_{12})F^{a-a}_{6/2}$	15
Ta_6X_{15} (X = Cl, Br)	$(Ta_6Cl^i_{12})Cl^{a-a}_{6/2}$	15
Nb_6Cl_{14}	$(Nb_6Cl^i_{10}Cl^{i-a}_{2/2})Cl^{a-i}_{2/2}Cl^{a-a}_{4/2}$	16
Ta_6X_{14} (X = Br, I)	$(Ta_6Br^i_{10}Br^{i-a}_{2/2})Br^{a-i}_{2/2}Br^{a-a}_{4/2}$	16
Nb_6I_{11}	$(Nb_6I^i_8)I^{a-a}_{6/2}$	19
Mo_6X_{12} (X = Cl, Br, I)	$(Mo_6Cl^i_8)Cl^a_2Cl^{a-a}_{4/2}$	24
W_6X_{12} (X = Cl, Br, I)	$(W_6Cl^i_8)Cl^a_2Cl^{a-a}_{4/2}$	24
$W_6Br_{16}^{(b)}$	$(W_6Br^i_8)Br^a_4(Br_4)^{a-a}_{2/2}$	22
W_6X_{18} (X = Cl, Br)	$(W_6Cl^i_{12})Cl^a_6$	18

[(a)]Die Anzahl der Elektronen in den Metall–Metall-Zuständen ergibt sich aus der Anzahl der Valenzelektronen des Metalls, vermindert um die Anzahl der Elektronen, die formal auf die Halogenatome (X) übertragen werden (z. B. Ta_6Cl_{15}: $6 \cdot 5e^- - 15 \cdot 1e^- = 15e^-$).
[(b)]Enthält lineare $(Br_4)^{2-}$-Ionen ($Br^- \cdots Br_2 \cdots Br^-$).

von W_6Br_{16} enthält polyanionische $(Br_4)^{2-}$-Brücken. Ungewöhnlich ist die elektronische Situation der Struktur von W_6Cl_{18}, deren isolierte $(W_6Cl^i_{12})Cl^a_6$-Moleküle 18 (anstatt von 16) Elektronen in den Metall–Metall-Zuständen des Clusters enthalten.

$[M_6X_{14}]^{2-}$-Ionen (M = Mo, W; X = Cl, Br, I) und modifizierte Metallhalogenidcluster vom Typ $[M_6X_8L_6]^{2-}$ (L = ONO_2, $OCOCF_3$, $OSO_2C_7H_7$) zeigen im Feststoff und in Lösungen interessante photophysikalische Eigenschaften wie Phosphoreszenz und Singulett-Sauerstoff-Erzeugung.

Die optischen Übergänge von Molekülen, Metallkomplexen (vgl. Abschn. 3.18) oder $[M_6X_8L_6]^{2-}$-Clustern können mit dem Jabłoński-Termschema erklärt werden (Abb. 2.117). Durch Absorption von Photonen wird ein $[M_6X_8L_6]^{2-}$-Ion mit Singulett Spin-Multiplizität (S) angeregt. Dabei erfolgt ein schneller Energietransfer in den ersten angeregten oder höheren Zustand mit sehr kurzer Lebensdauer. Die Deaktivierung in den (Singulett-)Grundzustand erfolgt durch Fluoreszenz oder durch nichtstrahlende Deaktivierung (interne Konversion, IC).

Ein Übergang (intersystem crossing, ISC) vom Singulett-Zustand in den Triplett-Zustand ($S_1 \longrightarrow T_1$) ist aufgrund der Auswahlregeln verboten. Für Moleküle, Komplexe oder $[M_6X_8L_6]^{2-}$-Cluster mit einer starken Spin-Bahn-Kopplung tritt dieser Übergang aber effektiv auf. Die Stärke einer Spin-Bahn-Kopplung hängt von der Stellung des Spins des Teilchens relativ zu seinem Bahndrehimpuls ab. Bei gebundenen Teilchen führt die Spin-Bahn-Wechselwirkung zu einer Aufspaltung von Energieniveaus, die zur Feinstruktur des Energieniveauschemas beiträgt. Die nachfolgende Deaktivierung der verhältnismäßig langlebigen Triplettzustände (µs–ms) erfolgt unter Phosphoreszenz.

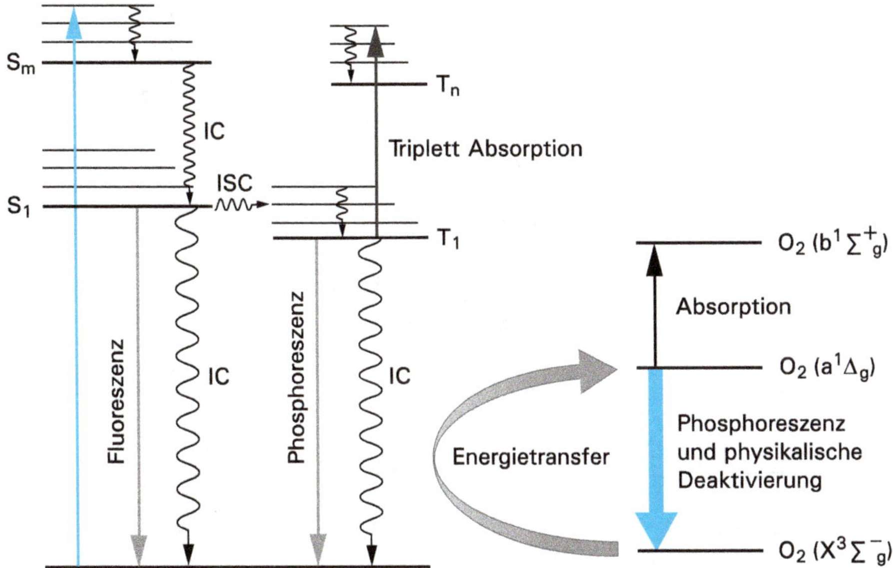

Abb. 2.117: Energieumwandlung gemäß dem Jabłoński-Diagramm. Durch Photonen-Absorption erfolgt eine Anregung des ($[M_6X_8L_6]^{2-}$-)Photosensibilisators (im Festkörper oder in Lösung). Die Relaxation des angeregten Zustands kann durch Fluoreszenz erfolgen, die aber im Fall von $[M_6X_8L_6]^{2-}$ ausbleibt weil ein Energietransfer (ISC) in Triplett-Zustände (T_n) stattfindet. Die Relaxation der Triplettzustände erfolgt durch Phosphoreszenz. In Gegenwart von O_2-Molekülen ist die Phosphoreszenz bedingt durch einen Energietransfer auf die Sauerstoffmoleküle unterdrückt (*quenching*) und es entsteht Singulett-Sauerstoff (O_2, $a^1\Delta_g$).

In Gegenwart geeigneter Moleküle (Sauerstoff oder organische Moleküle) wird die Phosphoreszenz zugunsten anderer Energietransfermechanismen unterdrückt (quenching). Im Fall von molekularem Sauerstoff entsteht Singulett-Sauerstoff ($a^1\Delta_g$), dessen Anregungsenergie 0,96 eV beträgt, sodass die $S \longrightarrow S_1$ Absorption des hierzu geeigneten Sensibilisators eine Wellenlänge von nicht mehr als 850 nm haben darf. Verwendung findet Singulett-Sauerstoff beispielsweise in der organischen Synthese, der photodynamischen Therapie (PDT) von Krebstumoren, zur photodynamischen Inaktivierung (PDI) von Bakterien und Pilzen, zur Abwasserbehandlung und zur Sterilisation von Blut.

Die elektronischen Strukturen von Metallhalogeniden mit $[M_6X_{12}]$- und $[M_6X_8]$-Einheiten

Elektronen können in metallreichen Verbindungen lokalisiert oder delokalisiert sein. In Strukturen aus isolierten bzw. halogenverbrückten Metallclustern sind die Elektronen meistens in Metall–Metall-bindenden Orbitalen der Cluster lokalisiert. Obwohl die Zahl der Elektronen für einen bestimmten Clustertyp variieren kann (Tab. 2.36), gelten für oktaedrische Metallcluster bestimmte elektronische Modelle:

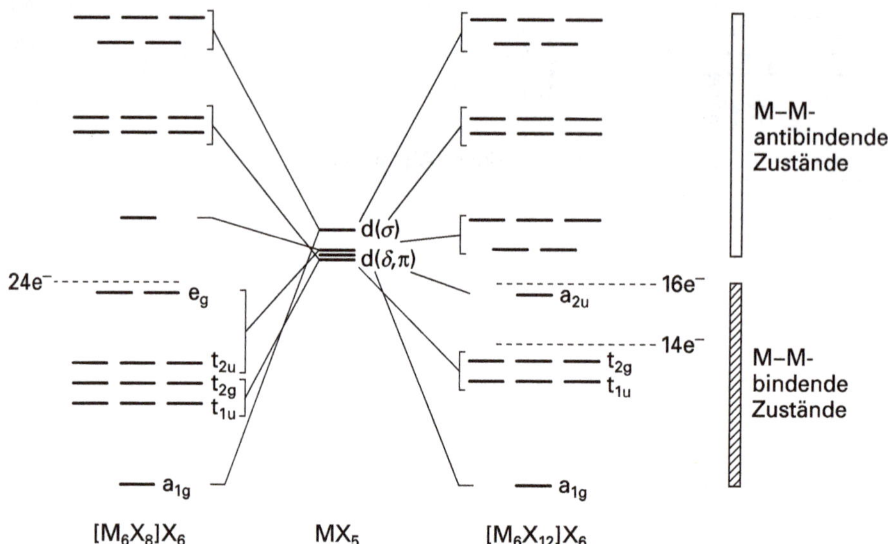

Abb. 2.118: Qualitative Energieniveaudiagramme der Metall–Metall-Zustände oktaedrischer Metallcluster in $[M_6X_8]X_6$- und $[M_6X_{12}]X_6$-Einheiten (O_h-Symmetrie).

In einer $[M_6X_8]$-Einheit mit acht X-Atomen über den Dreiecksflächen des Metalloktaeders liegen die Metall–Metall-Bindungen über den zwölf Oktaederkanten und können als zwölf Zwei-Zentren-zwei-Elektronen-Bindungen beschrieben werden. In einer $[M_6X_{12}]$-Einheit mit zwölf X-Atomen über den Oktaederkanten liegen die Metall–Metall-Bindungen über den acht Dreiecksflächen des Oktaeders und können als acht Drei-Zentren-zwei-Elektronen-Bindungen beschrieben werden.

Diese vereinfachten Betrachtungen stehen mit den Resultaten von MO-Rechnungen im Einklang. Werden nur die Wechselwirkungen der 6 · 5 d-Orbitale eines $[M_6]$-Clusters berücksichtigt, so ist ein d-Orbital eines jeden Metallatoms (z. B. $x^2–y^2$) an Bindungen mit den vier X-Atomen beteiligt, die nahezu quadratisch um das Metallatom angeordnet sind (vgl. Abb. 2.114). Ein weiteres Orbital (z. B. z^2) ist zu Wechselwirkungen mit äußeren X-Atomen befähigt. Dieses z^2-Orbital und die drei verbleibenden d-Orbitale (t_{2g}) des MX_5-Fragmentes bilden zusammen vier d-Orbitale, die zur Ausübung von Metall–Metall-Wechselwirkungen in der Lage sind (Abb. 2.118). Aus den 6 · 4 d-Orbitalen eines $[M_6]$-Clusters entstehen für die $[M_6X_8]$-Einheit zwölf bindende Orbitalkombinationen, die entlang der Oktaederkanten und in das Oktaederzentrum gerichtet sind.

Für die $[M_6X_{12}]$-Einheit entstehen acht bindende Orbitalkombinationen, die entlang der Dreiecksflächen des Metalloktaeders und in das Oktaederzentrum gerichtet sind. Wechselwirkungen zwischen Metallatomen sind stets entlang derjenigen Richtungen effektiv, entlang derer keine Metall–Halogen-Bindungen vorliegen, um so interelektronischen Abstoßungen auszuweichen.

Die bindenden Zustände in Abb. 2.118 sind für einen $[M_6X_8]$-Cluster mit steigender Energie in der Reihenfolge a_{1g}, t_{1u}, t_{2g}, t_{2u} und e_g, die für einen $[M_6X_{12}]$-Cluster in der Reihenfolge a_{1g}, t_{1u}, t_{2g} und a_{2u} angeordnet. Stimmt die Anzahl der verfügbaren Elektronenpaare mit der Anzahl der Kanten (oder der Flächen) des Clusters überein, so spricht man von elektronenpräzisen Clustern. Dieses trifft für Einheiten $[M_6X_8]^{4+}$ wie z. B. Mo_6Cl_{12} mit $6 \cdot 6e^- - 12 \cdot 1e^- = 24e^-$ (oder $[M_6X_{12}]^{2+}$ wie z. B. Nb_6Cl_{14} mit $6 \cdot 5e^- - 14 \cdot 1e^- = 16e^-$) zu, in denen alle M–M-bindenden Zustände vollständig mit Elektronen besetzt sind. Stehen mehr oder weniger Elektronen zur Verfügung, so werden die Metall–Metall-Bindungen geschwächt und eine Verzerrung des Metalloktaeders wird möglich. Während die Besetzung mit weniger als 16 oder 24 Elektronen keine Seltenheit ist, tritt eine Besetzung mit mehr als diesen idealen Elektronenzahlen nur selten auf (vgl. W_6Cl_{18}).

Oft ist der Abstand zwischen den Metallatomen im Cluster ein Maßstab für dessen Oxidationszustand. Bei der Oxidation von Nb_6Cl_{14} werden Elektronen aus bindenden Metall–Metall-Zuständen entfernt, und die Abstände zwischen den Metallatomen nehmen zu:

	$[Nb_6Cl_{12}]^{2+}$ (16 e^-)	→	$[Nb_6Cl_{12}]^{3+}$ (15 e^-)	→	$[Nb_6Cl_{12}]^{4+}$ (14 e^-)
Nb–Nb-Abstände:	292 pm		297 pm		302 pm

In Clustern der Metalloxide vom Typ $[Nb_6O_{12}]$ und in interstitiell zentrierten Zirconiumclustern vom Typ $[Zr_6(Z)X_{12}]$ liegt der a_{2u}-Energiezustand im Bereich antibindender M–O-Zustände, weshalb diese Cluster mit 14 Elektronen stabil sind. Durch Nichtmetallatome verbrückte Metallcluster sind elektrische Halbleiter, da ihre Elektronen in Metall–Metall-Bindungen (semi-)lokalisiert sind. Werden zwischen benachbarten Metallclustern direkte Metall–Metall-Bindungen wirksam, so gelten veränderte elektronische Verhältnisse (vgl. Chevrel-Phasen).

Zentrierte oktaedrische Metallcluster

Die elektronenärmeren Metalle der Gruppe 4, insbesondere aber Zirconium, bilden metallreiche Metallhalogenide, deren oktaedrische Cluster stets durch (interstitielle) Atome zentriert sind. Da die Strukturen von Verbindungen mit zentrierten Metallclustern manchmal zu Strukturen mit leeren Metallclustern isotyp sind, kann angenommen werden, dass die zentrierenden Atome den Elektronenmangel von Metallclustern kompensieren. Ein Beispiel hierfür sind die isotypen Strukturen von Nb_6Cl_{14} und Ti_6CCl_{14}. Aus MO-Rechnungen an $[M_6ZX_{12}]$-Clustern mit einem interstitiellen Hauptgruppenelement (Z) wurde abgeleitet, dass die Wechselwirkungen zwischen den Orbitalen der $[M_6X_{12}]$-Einheit mit den 2s- und 2p-Orbitalen des Hauptgruppenelements keine zusätzlichen bindenden Energiezustände unterhalb der Fermi-Energie erbringen. Die Valenzelektronen des Hauptgruppenelements werden deshalb zu den Clusterelektronen hinzugerechnet. Für Ti_6CCl_{14} resultiert daraus die formale Zählweise: $6 \cdot 4 + 4 - 14 = 14$. Zentrierte

Metallcluster des $[M_6X_{12}]$-Typs sind oft mit nur 14 (vgl. Zr_6CCl_{14}) anstatt mit 16 (vgl. Zr_6CCl_{12}) Clusterelektronen stabil, da der bindende Charakter der a_{2u}-Kombination dem Einfluss verschiedener Faktoren, wie z. B. den Metall–Metall-Abständen im Cluster und dem Grad der Kontraktion der d-Orbitale unterliegt.

In metallzentrierten (Z) Clustern des Typs M_6ZCl_{14} spalten die 3d-Energiezustände des interstitiellen Atoms Z im oktaedrischen Ligandenfeld des Clusters in Orbitalsätze mit t_{2g}- und e_g-Symmetrie auf. Die t_{2g}-Orbitale des 3d-Metalls bringen keine neuen Energiezustände unterhalb der Fermi-Energie hinzu, weil sie ähnlich wie die s- und p-Orbitale der Hauptgruppenelemente mit den Orbitalen des Clusters mischen (bindende und antibindende Kombinationen bilden). Lediglich durch die e_g-Zustände des 3d-Metalls kommen zwei Energieniveaus hinzu. Da die a_{2u}-Energieniveaus eher antibindend sind, benötigen Cluster vom $[M_6ZX_{12}]$-Typ 18 Elektronen pro Cluster, um alle M–M-bindenden Energiezustände zu besetzen. Beispiele sind Zr_6CoCl_{15} mit $6 \cdot 4 + 9 - 15 = 18$, Zr_6FeCl_{14} mit $6 \cdot 4 + 8 - 14 = 18$ (Tab. 2.37) und Y_6NiI_{10} mit $6 \cdot 3 + 10 - 10 = 18$ Elektronen (Tab. 2.40).

Tab. 2.37: Beispiele für zentrierte oktaedrische Metallcluster und ihre Verknüpfung.

Verbindung(en)	Verbrückung	Strukturtyp
Nb_6HI_{11}	$(Nb_6HI^{i}_{8})I^{a-a}_{6/2}$	gefüllter Nb_6I_{11}-Typ
Nb_6HI_9S	$(Nb_6HI^{i}_{6}S^{i-i}_{2/2})I^{a-a}_{6/2}$	gefüllter Nb_6I_9S-Typ[(a)]
Ti_6CCl_{14}	$(Ti_6CCl^{i}_{10}Cl^{i-a}_{2/2})Cl^{a-i}_{2/2}Cl^{a-a}_{4/2}$	gefüllter Nb_6Cl_{14}-Typ
Zr_6ZCl_{14} (Z = H, Be, B, C, Fe)	$(Zr_6ZCl^{i}_{10}Cl^{i-a}_{2/2})Cl^{a-i}_{2/2}Cl^{a-a}_{4/2}$	gefüllter Nb_6Cl_{14}-Typ
Zr_6ZCl_{12} (Z = H, Be, B, C)	$(Zr_6ZCl^{i}_{6}Cl^{i-a}_{6/2})Cl^{a-i}_{6/2}$	–
Zr_6ZCl_{15} (Z = Co, Ni)	$(Zr_6ZCl^{i}_{12})Cl^{a-a}_{6/2}$	gefüllter Nb_6F_{15}-Typ
$[Hf_6ZCl_{14}]^-$ (Z = B, C)	$(Hf_6ZCl^{i}_{10}Cl^{i-a}_{2/2})Cl^{a-i}_{2/2}Cl^{a-a}_{4/2}$	gefüllter Nb_6Cl_{14}-Typ

[(a)] Über innere Schwefelatome und äußere Iodatome zu eindimensionalen Strängen verknüpft.

Strukturen mit $[M_6X_8]$-Einheiten und Chevrel-Phasen

Die elektronenärmeren Metalle der Gruppe 5 bevorzugen mit einer Ausnahme (Nb_6I_{11}) die Bildung von Metallhalogeniden mit $[M_6X_{12}]$-Einheiten. Strukturen mit $[M_6X_8]$-Einheiten sind für die elektronenreicheren Metalle der Gruppe 6 typisch (vgl. Tab. 2.36). Ausgehend von binären Molybdänhalogeniden, wie z. B. Mo_6Br_{12} existiert eine Reihe von Verbindungen, in denen Halogenatome sukzessive durch Chalkogenatome ersetzt sind. Allerdings werden diese Verbindungen nicht durch Ionenaustauschreaktionen, sondern durch gezielte Einzelreaktionen erzeugt. Die binären Verbindungen Mo_6X_8 (X = S, Se) entstehen durch Deinterkalation des Metallatoms A aus $A_xMo_6X_8$.

Bei der formalen Substitution von zwei einwertigen Anionen gegen ein zweiwertiges Anion wird die Anzahl der Anionen am Metallcluster vermindert. Dabei gehen Brücken der Verknüpfung a–a zugunsten von Verbrückungen durch innere Nichtmetallatome i–a und a–i verloren. Durch die engere Verknüpfung werden direkte Wechselwirkungen zwischen benachbarten $[M_6]$-Clustern möglich.

$Mo_6Br_{10}S$ $Mo_6Br^i_7S^iBr^{a-a}_{6/2}$	⟶ $Mo_6Br_8S_2$	⟶ $Mo_6Br_6S_3$	⟶ $Mo_6Br_2S_6$	⟶ Mo_6S_8 $Mo_6S^i_2S^{i-a}_{6/2}S^{a-i}_{6/2}$
Halbleiter	Halbleiter	Halbleiter	Metall, Supraleiter	Metall, Supraleiter
24 e^-	24 e^-	24 e^-	22 e^-	20 e^-

Bedingt durch direkte Metall–Metall-Wechselwirkungen zwischen benachbarten Clustern verlieren die für die isolierten Cluster berechneten MO-Schemata ihre Gültigkeit. Die auf Basis der dreidimensionalen Verknüpfung vorliegende elektronische Struktur muss deshalb durch eine Bandstruktur beschrieben werden. Mit weniger als 24 Elektronen in den M–M-Bindungen in einer $[M_6X_8]$-Einheit treten für Molybdän(halogenid)chalkogenide metallische und bei tiefen Temperaturen auch supraleitende Eigenschaften auf. Mit 24 Elektronen in diesen Zuständen liegt eine Bandlücke zwischen den bindenden und antibindenden Zuständen, und die Verbindungen sind Halbleiter.

Die ternären Molybdänchalkogenide $A_xMo_6Y_8$ (Y = S, Se, Te; A = Pb, Sn, Ba, Au, Cu, Li, Lanthanoid usw.) werden als Chevrel-Phasen bezeichnet. Unter diesen ist die Verbindung $\mathbf{Pb_xMo_6S_8}$ ($0{,}9 < x < 1$) wegen ihrer supraleitenden Eigenschaften und wegen ihrer hohen kritischen Magnetfeldstärke am besten bekannt (Abb. 2.119).

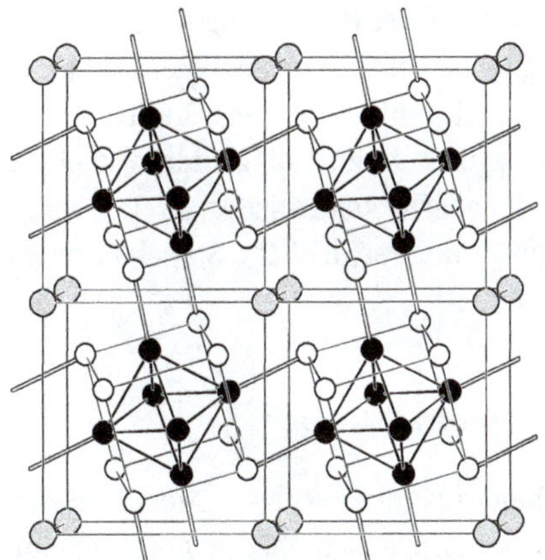

Abb. 2.119: Vier Elementarzellen der Chevrel-Phase $PbMo_6S_8$. Die Mo–Mo-Abstände zwischen benachbarten Clustern betragen 327 pm, die innerhalb eines Clusters 267–274 pm (Molybdän-Metall: 272 pm).

Da Rhenium noch elektronenreicher als ein Element der Gruppe 6 ist, sind zweiwertige Anionen ($[Re_6S_8]^{2-}$) zur Bildung von Strukturen mit $[M_6X_8]$-Einheiten erforderlich, um die Besetzung antibindender Zustände zu vermeiden. Ähnlich wie bei den Molyb-

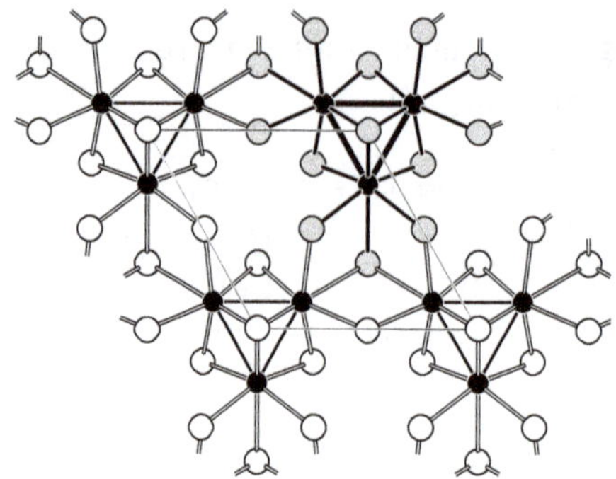

Abb. 2.120: Ausschnitt aus einem Br–Nb–Br-Schichtpaket der Nb_3Br_8-Struktur, als Projektion auf die hexagonale *ab*-Ebene (Raumgruppe $R\bar{3}$). Die Nb–Nb-Abstände innerhalb der trigonalen Cluster betragen 288 pm und die zwischen benachbarten Metallclustern 420 pm. Die hervorgehobene $[Nb_3Br_{13}]$-Einheit entspricht dem Motiv dreier $[NbBr_6]$-Oktaeder, die gemeinsame Kanten miteinander teilen.

dänverbindungen werden diskrete Cluster ($Re_6S_4Cl_{10}$ = $M_6X^i_8X^a_6$-Typ) mit steigendem Chalkogengehalt zunehmend enger verknüpft.

Trigonale Metallcluster

Zu den metallreichen Metallhalogeniden mit dreieckigen Metallclustern gehören die Verbindungen Nb_3X_8, W_3I_8 und Re_3X_9 mit X = Cl, Br, I. Während von Nb_3Cl_8 nur eine (α-)Phase bekannt ist, bilden sich Nb_3Br_8 und Nb_3I_8 je nach Herstellungstemperatur als Modifikationen ihrer Tieftemperaturphase (α) oder ihrer Hochtemperaturphase (β). Bedingt durch Fehlstellen im Metallteilgitter zeigen die Verbindungen α-Nb_3X_8 Phasenbreiten ($Nb_{3-\delta}X_8$), die sich in die Richtung ihrer Trihalogenide bewegen. Die Strukturen (Abb. 2.120) zeigen Analogien zu den Strukturen der Cadmiumhalogenide, wobei die Niobatome in Nb_3X_8 nur $\frac{3}{4}$ der vorhandenen Oktaederlücken in jeder zweiten Oktaederlückenschicht besetzen, und in den Strukturen unterschiedliche Stapelvarianten der X–Nb–X-Schichtpakete auftreten:

α-Nb_3X_8 (X = Cl, Br, I)
hdP der Anionen: $A\gamma_{3/4}B\square\ldots$ (defekter CdI_2-Typ)

Die Strukturen von W_3I_8 und Re_3X_9 bestehen aus dreikernigen Metallclustern (Abb. 2.121). Darin bilden die Iodatome das Motiv einer dreifach überdachten trigonal-prismatischen Anordnung. Eine formale Überführung der lokalen Strukturen ineinander erfordert eine Drehung der dreieckigen Cluster um 60 ° relativ zur Anordnung der Iodatome. Die unterschiedlichen Anordnungen stehen mit unterschiedlichen elektronischen Verhältnissen beider Verbindungen in Zusammenhang.

Die formale Zuweisung von Elektronen in den Verbindungen Nb_3X_8, W_3I_8 und Re_3X_9 beinhaltet 7 (3·5 – 8), 10 (3·6 – 8) und 12 (3·7 – 9) Elektronen/Cluster, die für Metall–Metall-Bindungen innerhalb der dreieckigen Cluster zur Verfügung stehen. Alle dreieckigen

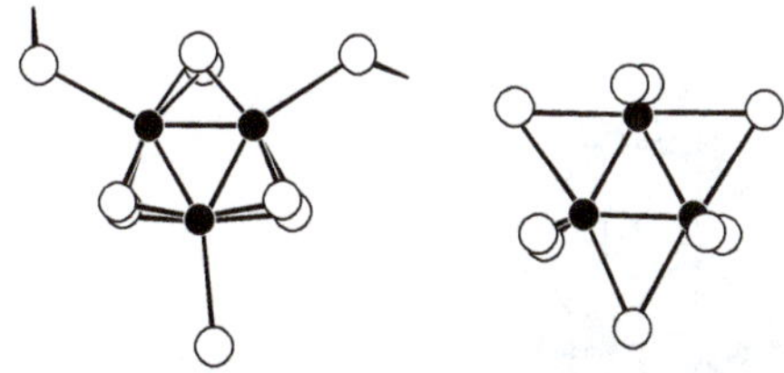

Abb. 2.121: Perspektivische Projektionen der Cluster W_3I_8 (links) und Re_3X_9 (X = Cl, Br, I) (rechts). In der Struktur von $(W_3I_6)I(I_{2/2})$ haben zwei Iodatome verbrückende Funktionalität und sind dem Cluster deshalb nur zur Hälfte zuzurechnen. Die mittleren Metall–Metall-Bindungslängen betragen 248 pm in W_3I_8 und 246 pm in Re_3I_9 (Re_3Cl_9).

Metallcluster bilden über Wechselwirkungen ihrer d-Orbitale drei (Zwei-Zentren-zwei-Elektronen-) σ-Bindungen. Darüber hinaus existiert bei Nb_3X_8 eine über drei Metallzentren delokalisierte (Drei-Zentren-ein-Elektron-) π-Bindung und bei W_3I_8 eine (Drei-Zentren-zwei-Elektronen-) π-Bindung sowie eine (Drei-Zentren-zwei-Elektronen-) Δ-Bindung. Für die paramagnetische Verbindung Nb_3X_8 sind diamagnetische Derivate mit 6 (Nb_3SBr_7) und 8 ($NaNb_3Cl_8$) Elektronen/Cluster bekannt.

Die Bindungsverhältnisse zwischen den Rheniumatomen in Re_3X_9 lassen sich durch drei σ-Bindungen und drei (Zwei-Zentren-zwei-Elektronen) π-Bindungen beschreiben.

Trigonal-prismatische Metallcluster

Trigonal-prismatische Cluster sind allgemein seltener als oktaedrische Cluster. Beide kommen als leere und zentrierte Metallcluster vor. Die Verbindungen $A_3[Nb_6SBr_{17}]$ (A = Alkalimetall) enthalten schwefelzentrierte trigonal-prismatische $[Nb_6S]$-Einheiten, die entlang ihrer pseudo-dreizähligen Achse gestreckt sind (Abb. 2.122). Die Bindungsverhältnisse können aus der Nb_3X_8-Struktur abgeleitet werden, in der sieben Elektronen (pro $[Nb_3]$-Cluster) bindende Metallzustände besetzen. Mit insgesamt $3 + 6 \cdot 5 - 2$ (S) $- 17 = 14$ Elektronen bestehen demnach für eine Clustereinheit in $A_3[Nb_6SBr_{17}]$ nur schwache Nb–Nb-Bindungen zwischen den Metalldreiecken. Bei dieser Zählweise wird Schwefel als S^{2-} berücksichtigt (wie bei Nb_3SBr_7). Die kohlenstoffzentrierten trigonal-prismatischen Wolframcluster vom Typ $[W_6CCl_{18}]^{n-}$ mit $n = 0, 1, 2, 3$ haben gemäß dieser Zählweise $6 \cdot 6 - 4$ (C) $- 18 + n = 14$ bis 17 Clusterelektronen. Beim Erhitzen zersetzen sie sich in W_2C.

Die leeren Re_6Br_{12}-Cluster mit der trigonal-prismatischen $[M_6X_{12}]$-Einheit sind entlang der pseudo-dreizähligen Achse gestaucht. Für die Metall–Metall-Bindungen sind in Re_6Cl_{12} 30 Elektronen verfügbar. Diese verteilen sich formal auf sechs Einfachbindungen in den Metalldreiecken und auf drei Dreifachbindungen zwischen den Metalldreiecken.

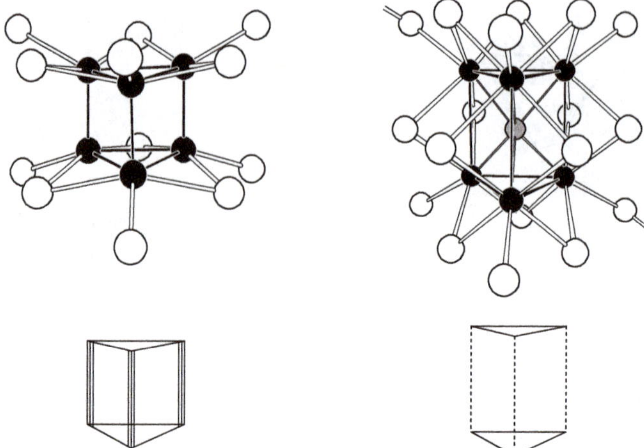

Abb. 2.122: Trigonal-prismatische Metallcluster Re_6Br_{12} (links) und $[Nb_6SBr_{17}]^{3-}$ (rechts). Die Metall-Metall-Abstände in und zwischen den dreieckigen Basisflächen betragen für Re_6Br_{12} 265 und 226 pm und für $[Nb_6SBr_{17}]^{3-}$ 297 und 328 pm. Unter den Strukturbildern sind die M–M-Bindungsverhältnisse schematisch dargestellt. Für Re_6Br_{12} stehen 30 Elektronen für Re–Re-Bindungen zur Verfügung. In $[Nb_6SBr_{17}]^{3-}$ verteilen sich zweimal sechs Elektronen auf Bindungen innerhalb der Metalldreiecke und zwei weitere sind an Bindungen in und zwischen Metalldreiecken beteiligt.

2.10.9 Halogenide der Seltenerdmetalle

Bedingt durch die bevorzugte Dreiwertigkeit sind von den Seltenerdmetallen vor allem Trihalogenide bekannt, aber auch eine Anzahl von Dihalogeniden. Außerdem existieren einige wenige Tetrahalogenide, wie z. B. CeF_4, und LaI als bisher einziges Monohalogenid. Bei den Dihalogeniden werden salzartige und metallische Verbindungen unterschieden, je nachdem, ob das Seltenerdion im zwei- oder dreiwertigen Oxidationszustand vorliegt. Metallreiche Halogenide der Seltenerdmetalle sind durch die Zusammensetzungen wie z. B. Y_2Cl_3, Pr_2Br_5 oder Sc_7Cl_{10} sowie durch ternäre Verbindungen belegt.

2.10.9.1 Trihalogenide

Die Ammoniumhalogenid-Route dient zur Darstellung von Seltenerdmetalltrihalogeniden (Fluoride, Chloride, Bromide und einige Iodide) in einer zweistufigen Reaktion. Zur Synthese der feuchtigkeitsempfindlichen Chloride, Bromide und Iodide dienen Reaktionen mit Ammoniumhalogeniden. Dabei bilden sich unterschiedlich zusammengesetzte Ammoniumsalze (wie z. B. $(NH_4)_3YCl_6$ oder $(NH_4)_2LaCl_5$):

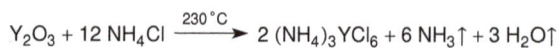

$$Y_2O_3 + 12\ NH_4Cl \xrightarrow{230\,^\circ C} 2\ (NH_4)_3YCl_6 + 6\ NH_3\uparrow + 3\ H_2O\uparrow$$

Die Ammoniumsalze werden nachfolgend im Vakuum in Trihalogenide zersetzt:

$$(NH_4)_3YCl_6 \xrightarrow{360\,^\circ C} YCl_3 + 3\,NH_4Cl\uparrow$$

Bei dieser Methode wird die bei hohen Temperaturen (z. B. durch direkte Halogenierung mit Cl_2) kaum zu vermeidende Bildung von Oxidhalogenid (YOCl) unterdrückt.

Im Gegensatz zu den schweren Halogeniden sind Trifluoride der Seltenerdmetalle gegen Feuchtigkeit stabil. Sie entstehen bei Reaktionen der Seltenerdmetalloxide mit NH_4F über die Stufe der Ammoniumsalze (z. B. als NH_4LaF_4, $(NH_4)_2CeF_6$ oder $(NH_4)_3Tb_2F_9$), die in die binären Fluoride zersetzt werden können:

$$La_2O_3 + 8\,NH_4F \xrightarrow{100\,^\circ C} 2\,NH_4LaF_4 + 6\,NH_3\uparrow + 3\,H_2O\uparrow$$

$$NH_4LaF_4 \xrightarrow{300\,^\circ C} LaF_3 + NH_4F\uparrow$$

Die Seltenerdmetalltrifluoride LaF_3–HoF_3 kristallisieren im trigonalen LaF_3-Typ. Die Seltenerdmetallfluoride mit den kleineren Kationen in SmF_3–LuF_3 kristallisieren im orthorhombischen YF_3-Typ (Tab. 2.38):

LaF_3	CeF_3	PrF_3	NdF_3	(Pm)	SmF_3	EuF_3	GdF_3	TbF_3	DyF_3	HoF_3	ErF_3	TmF_3	YbF_3	LuF_3

LaF_3-Typ (LaF₃–HoF₃)

YF_3-Typ (SmF₃–LuF₃)

Die Existenzbereiche dieser beiden Formen überlappen für die Trifluoride von Sm, Eu, Gd, Tb, Dy und Ho, für die der LaF_3-Typ die Tieftemperaturmodifikation und der YF_3-Typ die Hochtemperaturmodifikation ist. In beiden Strukturen sind die Metallatome von Fluoratomen in dreifach überdachter trigonal-prismatischer Formation umgeben. Dasselbe Motiv enthält der UCl_3-Typ, in dem die Trichloride von La–Gd unter Normalbedingungen kristallisieren (Abb. 2.123). Die auf diese Elemente folgenden Trichloride von Dy–Lu kristallisieren im YCl_3-Typ (vgl. Punkt 3 in Abschn. 2.10.8.3).

Tab. 2.38: Strukturen von Trihalogeniden der Seltenerdmetalle.

Strukturtyp	**Beispiele**[(a)]
LaF_3	MF_3 mit M = La–Ho
YF_3	MF_3 mit M = Sm–Lu
UCl_3	MCl_3 mit M = La–Gd; $LaBr_3$, $CeBr_3$, $PrBr_3$
YCl_3	MCl_3 mit M = Dy–Lu
$PuBr_3$	MI_3 mit M = La–Nd; $NdBr_3$, $SmBr_3$ und $TbCl_3$
BiI_3	MI_3 mit M = Sm–Lu

[(a)] Halogenide von Pm wurden nicht untersucht.

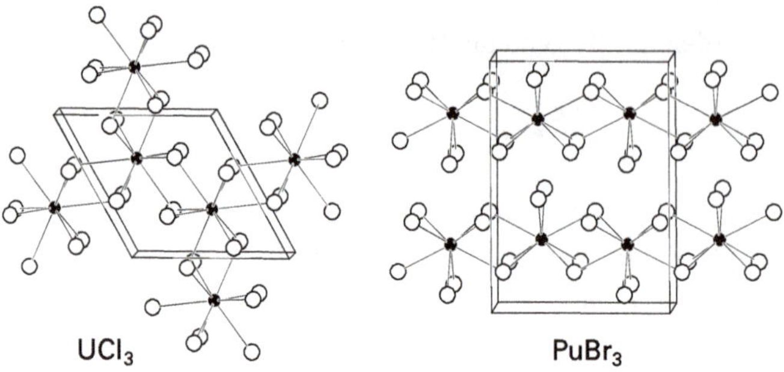

Abb. 2.123: Die Strukturen von UCl_3 und $PuBr_3$.

Der für die Triiodide (LaI_3, CeI_3, PrI_3 und NdI_3) und auch einige Tribromide bekannte $PuBr_3$-Typ (Abb. 2.123) enthält zweifach überdachte trigonal-prismatische Koordinationspolyeder aus Halogenatomen und zeigt Ähnlichkeiten zu Strukturen vom Typ Pr_2Br_5 (Abb. 2.125).

Nur wenige Fluoride sind mit zwei- oder vierwertigen Lanthanoidionen bekannt. Die Tetrafluoride CeF_4, PrF_4 und TbF_4 entstehen durch direkte Fluorierung der Trifluoride. Bei der Reduktion von Trifluoriden mit ihren Metallen entstehen die Difluoride SmF_2, EuF_2, TmF_2 und YbF_2 oder aber feste Lösungen aus MF_3/MF_2.

2.10.9.2 Dihalogenide

Von den meisten Lanthanoidmetallen sind Dihalogenide MX_2 mit X = Cl, Br und I bekannt. Die meisten sind salzartige Verbindungen $M^{2+}(X^-)_2$ mit der $[Xe]4f^n5d^06s^0$-Konfiguration der Metallatome. Die Diiodide LaI_2, CeI_2, PrI_2, GdI_2 und ScI_2 werden als „metallische“ Dihalogenide bezeichnet, weil ihre Metallatome im dreiwertigen Oxidationszustand vorliegen und die Verbindungen oft metallische Eigenschaften haben. Im dreiwertigen Oxidationszustand besitzen Lanthanoidionen die $[Xe]4f^{n-1}5d^16s^0$-Konfiguration (Tab. 2.39). Durch ein d-Elektron pro Formeleinheit im (5d-)Leitungsband, ausgedrückt durch die Schreibweise $MI_2(e^-)$, tritt bei LaI_2 metallisches Verhalten auf (vgl. die Bandstruktur von LaI_2, Abschn. 2.7.4.4). Analoges gilt für CeI_2 und PrI_2. Im Gegensatz hierzu ist NdI_2 ein salzartiger d^0-Halbleiter.

NdI_2 zeigt jedoch unter Druck einen f–d-Konfigurationsübergang gemäß $4f^n5d^06s^0 \longrightarrow 4f^{n-1}5d^16s^0$ vom zwei- in den dreiwertigen Oxidationszustand. Dieser Übergang ist mit einer strukturellen Veränderung (Phasenübergang) und mit einem Halbleiter–Metall-Übergang gekoppelt (Abschn. 2.1.7.3). Dabei entsteht der für intermetallische Verbindungen typische $MoSi_2$-Typ. In diesem Strukturtyp kristallisiert $LaI_2(e^-)$ bereits unter Normalbedingungen (Abb. 2.38).

Von PrI_2 sind fünf Modifikationen bekannt. Die Modifikation V kann von der $CdCl_2$-Struktur abgeleitet werden, wobei zusätzliche Pr-Atome oktaedrische Lücken besetzen.

Tab. 2.39: Die „metallischen" Diiodide der Seltenerdmetalle.

Verbindung	Konfiguration	Strukturtyp
ScI_2	$[Ar]3d^1$	CdI_2
LaI_2	$[Xe]5d^1$	$CuTi_2$ ($MoSi_2$)
CeI_2	$[Xe]4f^1\ 5d^1$	$CuTi_2$ ($MoSi_2$)
PrI_2	$[Xe]4f^2\ 5d^1$	(I) $CuTi_2$ ($MoSi_2$), (II) 2H-MoS_2, (III) 3R-MoS_2, (IV) $CdCl_2$, (V) Pr_4I_8-Einheit
GdI_2	$[Xe]4f^7\ 5d^1$	2H-MoS_2

Dabei rücken die Pr-Atome jedoch aufeinander zu, sodass $[Pr_4]$-Cluster gebildet werden.

GdI_2 kristallisiert im 2H-MoS_2-Typ. Die magnetischen Momente der Gd^{3+}-Ionen sind innerhalb der Schichten ferromagnetisch geordnet (unterhalb T_c = 313 K). Die magnetische Struktur basiert auf parallel geordneten Spins innerhalb der Gd-Schichten (vgl. Abb. 2.124) und schwächeren antiferromagnetischen Kopplungen zwischen benachbarten Schichten. Durch ein externes Magnetfeld kann die antiferromagnetische Kopplung zwischen den Schichten partiell aufgehoben werden, wodurch eine Spinpolarisation und Magnetwiderstand (Abschn. 2.9.8) resultieren.

In Dihalogeniden vom MoS_2-Typ (PrI_2, GdI_2) sind die Elektronen in Dreizentrenbindungen (semi-)lokalisiert und es resultieren halbleitende Eigenschaften (vgl. Abschn. 2.7.4.3). Allerdings sind zahlreiche Halogenidohydride der allgemeinen Formel MX_2H bekannt, die im aufgefüllten MoS_2- oder NbS_2-Typ kristallisieren. In den Verbindungen CeI_2H, $LaBr_2H$ und GdI_2H besetzen die Wasserstoffatome Positionen in den von Metallatomen aufgespannten Dreiecksflächen, die nicht durch Halogenatome überdacht sind (Abb. 2.124). In diesen Halogenidohydriden sind die Seltenerdionen dreiwertig und die Wasserstoffatome hydridisch entsprechend $Ce^{3+}(Cl^-)_2H^-$. Mit dem Wasserstoffgehalt $n = 1$ ist für MX_2H_n die obere Grenzzusammensetzung erreicht, und es liegen farblose Verbindungen vor. Mit niedrigerem Wasserstoffgehalt ($n < 1$) sind die Verbindungen schwarz und halbleitend.

Die Verbindungen $M_2X_5(e^-)$ (M = La, Ce, Pr; X = Br, I) enthalten dreiwertige Metallatome. Pro Formeleinheit M_2X_5 ist ein Elektron in einer Dreizentrenbindung (semi-)lokalisiert, die durch Metallatome aufgespannt wird. Die bronzefarbenen Verbindungen sind Halbleiter und zeigen bei tiefen Temperaturen antiferromagnetische Ordnungszustände. Dabei sind die magnetischen Momente der Metallatome in Pr_2Br_5 paarweise antiparallel (↑↑ + ↓↓) zueinander gekoppelt (Abb. 2.125).

Die einzigen binären Halogenide der Seltenerdmetalle mit Metallclustern sind die isotypn Verbindungen Y_2Cl_3, Gd_2Cl_3 (Abb. 2.126), Tb_2Cl_3, einige analoge Bromide und Sc_7Cl_{10}.

Die Strukturen der Sesquihalogenide bestehen aus Strängen von *trans*-kantenverknüpften Clustern vom $[M_6X_8]$-Typ. Bei dieser Verknüpfung entfallen die Halogenpositionen über den Dreiecksflächen längs der Clusterstränge. Die Verbindungen enthalten,

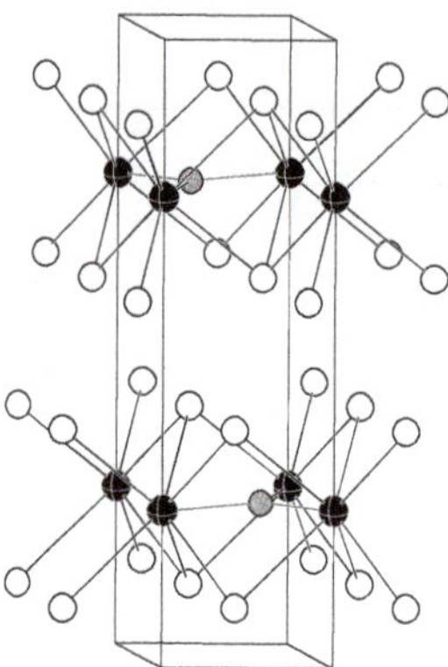

Abb. 2.124: Die Struktur von $LaBr_2H$. Wasserstoffatome sind grau gezeichnet.

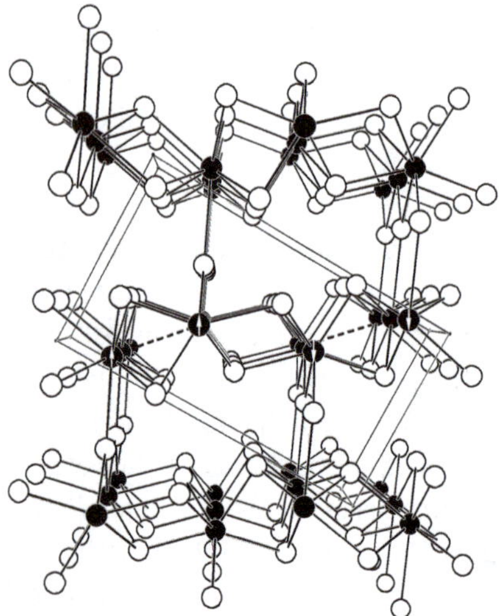

Abb. 2.125: Die Kristallstruktur von Pr_2Br_5 ($Z = 2$). Pfeile deuten die Richtungen der magnetischen Momente unterhalb des antiferromagnetischen Ordnungspunktes bei $T_N = 49$ K an. Praseodymatome bilden lineare Bänder (gestrichelte Linien) aus eckenverknüpften Metalldreiecken entlang der Blickrichtung aus. Die Elektronen sind vermutlich in Dreizentrenbindungen dieser Metalldreiecke semilokalisiert, die im Mittel jeweils ein Elektron enthalten.

wie z. B. $Gd_2Cl_3(e^-)_3$, Elektronen in den Metall–Metall-Bindungen. Wie Bandstrukturrechnungen, Photoelektronenspektren und Leitfähigkeitsmessungen zeigen, sind diese Elektronen in Metall–Metall-Bindungen semilokalisiert. Mit Bandlücken um 1 eV sind diese schwarz aussehenden Verbindungen Halbleiter. Eine ähnliche Anordnung jedoch mit Doppelsträngen aus *trans*-kantenverknüpften $[Sc_6Cl_8]$-Bausteinen prägt die Struktur von Sc_7Cl_{10}.

Seltenerdmetallhalogenide bilden oktaedrische Cluster mit $[M_6(Z)X_{12}]$-Einheiten, die ein interstitielles Atom (Z) im Clusterzentrum enthalten. Als interstitielle Atome

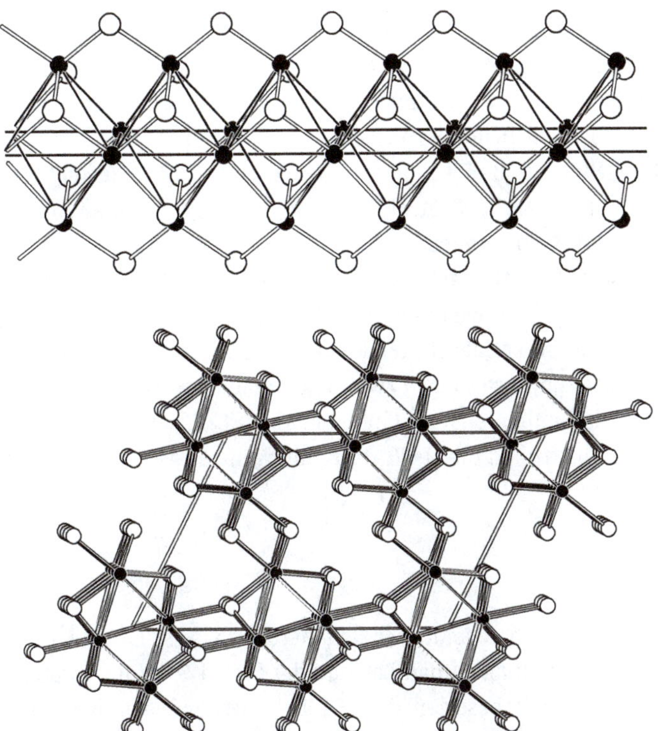

Abb. 2.126: Ausschnitte aus der Struktur von Gd_2Cl_3. Die Struktur enthält $[M_{4/2}M_2]$-Metalloktaeder, die über zwei gegenüberliegende Kanten zu Strängen verknüpft sind. Halogenatome überdachen alle freien Metalldreiecke nach Art eines $[M_6X_8]$-Clusters. Die Verbrückung der Einzelstränge miteinander zeigt das untere Bild.

kommen Nichtmetallatome (H, B, C, N, Si) sowie Metallatome (Gruppen 7 bis 10) in Betracht. Für ternäre Seltenerdmetallhalogenide des $[M_6(Z)X_{12}]$-Typs dominieren drei Formeltypen, für die in Tab. 2.40 einige Beispiele angegeben sind.

Tab. 2.40: Metallreiche Seltenerdmetallhalogenide mit halogenverbrückten $[M_6(Z)X_{12}]$-Einheiten.

Formeltyp	Beispiele
$M_6(Z)X_{10}$	$Y_6(Z)I_{10}$ mit Z = Co, Ni, Ru, Rh, Os, Ir, Pt; $Pr_6(Z)Br_{10}$ mit Z = Co, Ru, Rh
$M_7(Z)X_{12}$ [(a)]	$Sc_7(C)Cl_{12}$, $Sc_7(B)Cl_{12}$, $Sc_7(Co)I_{12}$, $Gd_7(C)Cl_{12}$, $Y_7(Z)I_{12}$ mit Z = Mn, Fe, Co, Ru
$M_{12}(Z)_2I_{17}$ [(b)]	$Pr_{12}(Fe)_2I_{17}$, $Pr_{12}(Re)_2I_{17}$, $La_{12}(Fe)_2I_{17}$

[(a)] $[M_6(Z)X_{12}]$-Einheiten plus ein isoliert vom Metallcluster vorliegendes M^{3+} in oktaedrischer Umgebung von X.

[(b)] Zwei oktaedrische Cluster pro Formeleinheit.

Die Strukturen der Verbindungen $M_6(Z)X_{10}$ bestehen aus ($X^{i-a,\ a-i}$) verbrückten Clustern vom $[M_6(Z)X_{12}]$-Typ. Die Strukturen $M_7(Z)X_{12}$ enthalten gemäß $M[M_6(Z)X_{12}]$ ein zusätzliches Metallatom, welches die Verbrückung zu einem benachbarten Cluster herstellt. Die bindenden M–M-Zustände beider Strukturen können bis zu 18 Elektronen pro Cluster aufnehmen (z. B.: Y_6NiCl_{10}: $6 \cdot 3\ e^- + 1 \cdot 10\ e^- - 10 \cdot 1\ e^- = 18\ e^-$ pro Cluster; oder Y_7CoI_{12}: $7 \cdot 3\ e^- + 1 \cdot 9\ e^- - 12 \cdot 1\ e^- = 18\ e^-$ pro Cluster). Die Bindungseigenschaften solcher Cluster wurden im Abschn. 2.10.8.5 behandelt.

Außer einzelnen interstitiellen Atomen (Z) können in den großen Hohlräumen oktaedrischer Metallcluster auch C_2-Gruppen untergebracht werden, wie in $Sc_6(C_2)I_{11}$ und einer Reihe von Verbindungen mit kondensierten Metallclustern. Aus den ermittelten C–C-Abständen lassen sich Bindungsordnungen zwischen eins und zwei abschätzen. In der C_2-zentrierten trigonal-bipyramidalen $[Pr_5]$-Einheit in $RbPr_5(C_2)Cl_{10}$ bleiben mit C_2^{6-} (C–C-Abstand 149 pm) keine Elektronen für die Pr–Pr-Bindungen übrig.

2.10.9.3 Monohalogenide

Das einzige bisher bekannte Monohalogenid der Seltenerdmetalle ist LaI mit einer Struktur vom NiAs-Typ. Die Verbindung enthält La^{3+} mit der $[Xe]5d^2 6s^0$-Konfiguration. Zwei Elektronen pro Formeleinheit besetzen das (5d-)Leitungsband, woraus Pauli-Paramagnetismus und vermutlich metallische Leitfähigkeit resultieren. LaI entsteht durch Reduktion von LaI_3 mit Lanthan-Metall bei 750 °C. Bei höheren Reaktionstemperaturen bildet sich LaI_2.

Andere in der Vergangenheit als Monohalogenide bekannt gewordene Verbindungen der Seltenerdmetalle enthalten Wasserstoff. Diese Halogenidohydride MXH existieren für alle Seltenerdmetalle. Bei den Halogenidhydriden MXH sind farblose salzartige und dunkle metallische Verbindungen zu unterscheiden. Halogenidohydride MXH der zweiwertigen Ionen M = Eu, Yb und Sm kristallisieren im salzartigen PbFCl-Typ, der auch von den Halogenidohydriden der Erdalkalimetallverbindungen MXH mit M = Ca, Sr, Ba eingenommen wird. Die Halogenidohydride der dreiwertigen Seltenerdmetallionen in MXH_x mit der oberen Grenzzusammensetzung $x = 1$ kristallisieren in aufgefüllten Stapelvarianten des ZrCl- oder ZrBr-Typs (Abb. 2.113), in denen Wasserstoffatome tetraedrische Lücken innerhalb der Metalldoppelschichten besetzen. Diese Verbindungen sind gemäß der Formulierung $M^{3+}X^-(H^-)\ (e^-)$ elektrische Leiter. Durch Erhitzen von MXH_x (mit $x \leq 1$) unter Wasserstoff entstehen in topochemischen Reaktionen die Verbindungen MXH_2 ($YClH_2$, $CeClH_2$, $PrClH_2$ usw.). Alle Elektronen befinden sich entsprechend der salzartigen Formulierung $M^{3+}X^-(H^-)_2$ in heteropolaren Bindungen, und die Verbindungen sind Halbleiter. Die zusätzlichen Wasserstoffatome besetzen oktaedrische Lücken innerhalb der Metalldoppelschichten.

Ebenfalls eng verwandt mit den Strukturen von Monohalogeniden des Typs ZrX (X = Cl, Br) sind die Strukturen von Halogenidcarbiden, wie M_2X_2C, $M_2X_2C_2$ und M_2XC, die Abfolgen ihrer Schichtpakete gemäß ... XM(C)MX ..., ... $XM(C_2)MX$ ... und ... XM(C)M ... enthalten.

Wie in den Strukturen der Zirconiummonohalogenide können die Metalldoppelschichten als zu Schichten verknüpfte trigonale Antiprismen betrachtet werden. Die Zentren der trigonalen Antiprismen sind in $Gd_2Br_2C_2$ mit C_2-Einheiten und Gd_2Br_2C und C-Atomen besetzt (Abb. 2.127). Die ionischen Formulierungen lauten $(Gd^{3+})_2(Br^-)_2(C_2)^{4-}$ (C–C-Abstand 127 pm) und $(Gd^{3+})_2(Br^-)_2C^{4-}$. Die aus Raman-Spektren für die C–C-Streckschwingung (1578 cm^{-1}) berechnete Kraftkonstante ergibt die Bindungsordnung 1,9. Obwohl in der ionischen Formulierung keine überschüssigen Elektronen vorhanden sind, zeigen die goldfarbenen Plättchen von $Gd_2Br_2C_2$ metallische Leitfähigkeit. Für den Fall eines C_2^{4-}-Ions sind die antibindenden π_g^*-Zustände mit zwei Elektronen besetzt. Da die π_g^*-Orbitale im Falle von $Gd_2Br_2C_2$ mit leeren Gadolinium d-Orbitalen mischen (π_g^*–d-Bindung), resultiert eine Delokalisierung von Elektronen (vgl. UC_2, Abschn. 2.10.3.4), die für Gd_2Br_2C mit dem C^{4-}-Ion nicht auftreten kann.

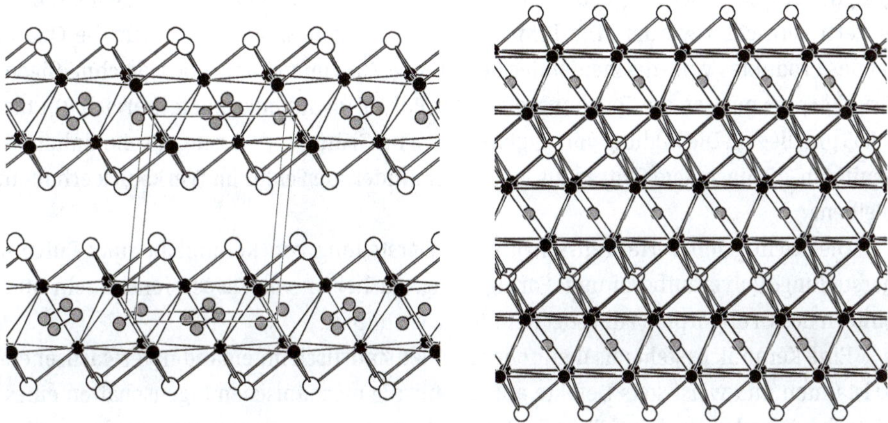

Abb. 2.127: Ausschnitte aus den Schichtstrukturen von $Gd_2Br_2C_2$ (links) und Gd_2ClC (rechts).

Für die graphitartig aussehenden Plättchen von Gd_2ClC lautet die ionische Formulierung $(Gd^{3+})_2Cl^-C^{4-}(e^-)$. In der Struktur wechseln sich Doppelschichten aus Metallatomen mit Einfachschichten aus Halogenatomen ab. Aus der Delokalisierung eines Elektrons pro Formeleinheit resultiert metallische Leitfähigkeit, die wie bei $Gd_2Br_2C_2$ innerhalb der Schichten erheblich stärker ausgeprägt ist als senkrecht zu den Schichten. Zudem wird für Verbindungen $M_2X_2C_2$ bei niedrigen Temperaturen Supraleitung beobachtet.

2.11 Keramische Materialien

Zu den keramischen Materialien zählen feste Stoffe, die weder metallische, intermetallische noch organische Verbindungen sind. Neben traditionellen Vertretern wie Ton und Porzellan bilden die Hochleistungskeramiken eine eigenständige Gruppe von Materialien, der ein hohes Potential für technische Verwendungen zugeschrieben wird. Hochleistungskeramiken enthalten bestimmte Oxide, Nitride, Carbide oder Boride vorzugsweise des Aluminiums, des Siliciums und der Metalle.

2.11.1 Herstellung von Hochleistungskeramiken

Die Darstellung von vielen Keramiken erfolgt durch Fest-fest-Reaktionen (vgl. Abschn. 2.1.2), die in diesem Zusammenhang auch als „keramische Methode" bezeichnet werden. Hiernach werden Hochleistungskeramiken aus Pulvern hoher Reinheit hergestellt, die zu einem sogenannten Grünkörper gepresst und anschließend durch Sintern verdichtet werden. Die Präparation des Ausgangsmaterials ist für die Qualität des Produktes von entscheidender Bedeutung. Zur Herstellung eines gleichmäßigen Grünkörpers müssen die Teilchengrößen der Pulver im Submikrometerbereich (0,1 bis 0,005 µm) liegen. Die Bildung von Agglomeraten im Grünkörper erzeugt Probeninhomogenitäten, die nach dem Sintern als festigkeitsmindernde Fehler im Werkstück erhalten bleiben.

Die wichtigsten Verfahrensschritte zur Darstellung von Keramiken sind: Pulverherstellung, Pulveraufbereitung, Formgebung, Ausheizen von Dispersionsmitteln und Sintern des Grünkörpers zum sogenannten Weißkörper.

Eine Keramik besteht aus mehr oder minder statistisch miteinander verwachsenen Kristalliten und weist stets Defekte auf, die für die mechanischen Eigenschaften eines Materials entscheidend sind. Ein aus statistisch orientierten Kristalliten aufgebautes Gefüge ist in Abb. 2.128 mit einer Auswahl von Strukturdefekten (vgl. Abschn. 2.4) gezeigt. Dazu zählen Punktdefekte wie Leerstellen, falsche Atomsorten (Fremdatom) und die Besetzung von Zwischengitterplätzen. Innerhalb einzelner Körner können Stufenversetzungen auftreten. Ebenso kann eine Keramik kohärente (nach dem Gitter orientierte) oder inkohärente (nicht nach dem Gitter orientierte) Ausscheidungen oder Ausscheidungen an den Korngrenzen aufweisen.

2.11.2 Cermets und Komposite

Eine nachteilige Eigenschaft von Keramiken ist ihre Sprödigkeit. Ein eingetretener Bruch oder Haarriss führt zu einer drastischen Verringerung der Festigkeit des Materials. Bei aus mehreren Komponenten aufgebauten Keramiken können bestimmte

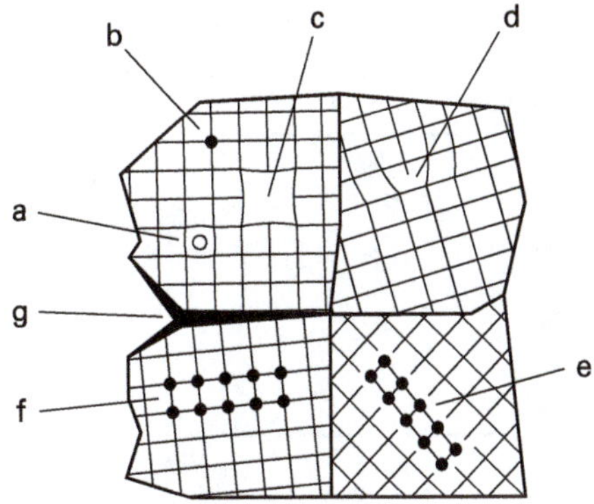

Abb. 2.128: Schematische Darstellung einer Keramikoberfläche mit einzelnen, miteinander verwachsenen Kristalliten und spezifischen Gitterdefekten: (a) Atom auf Zwischengitterplatz, (b) Fremdatom, (c) Leerstelle, (d) Stufenversetzung, (e) inkohärente Ausscheidung, (f) kohärente Ausscheidung und (g) Korngrenzenausscheidung.

Eigenschaften in Abhängigkeit von der Zusammensetzung optimiert werden (vgl. stabilisiertes ZrO_2).

Cermets sind aus zwei getrennten Phasen zusammengesetzte Verbundwerkstoffe. Die Abkürzung Cermet steht für die Kombination von **cer**amics und **met**als. Ihre Herstellung erfolgt gemäß der keramischen Methode von Hochleistungskeramiken aus homogenen Gemengen keramischer Pulver und Metallpulver. In WC/Co-Cermets ist die Härte von WC mit der Zähigkeit des Metalls zu einem bedeutenden Hartstoff kombiniert.

Analog hergestellte Kombinationen keramischer Materialien werden Komposite (engl. *composites*) genannt (z. B. Si_3N_4/SiC-Komposite).

2.11.3 Einteilung keramischer Materialien

Die Einteilung keramischer Materialien gemäß ihrer chemischen Zusammensetzung führt in einfachsten Fällen zu binären oder ternären Silicaten, Oxiden, Boriden, Carbiden, Nitriden und Siliciden (Tab. 2.41). Von diesen zählen Silicate zu den traditionellen Keramiken, soweit sie aus Naturstoffen wie Tonen, Sanden und Kaolinen dargestellt werden.

Hochleistungskeramiken können grob in Struktur- und Funktionskeramik unterteilt werden. Zur Strukturkeramik zählen Werkstoffe, die vorwiegend mechanischen Belastungen standhalten können. Funktionskeramiken sind Werkstoffe, die z. B. bestimmte elektrische, magnetische oder optische Eigenschaften haben.

Tab. 2.41: Klassifizierung keramischer Materialien gemäß ihrer chemischen Zusammensetzung.

Silicate	Oxide	Boride	Carbide	Nitride	Silicide
$3\,Al_2O_3 \cdot 2\,SiO_2$	Al_2O_3	TiB_2	SiC	Si_3N_4	$MoSi_2$
Al_2SiO_5	ZrO_2	ZrB_2	B_4C	BN	WSi_2
$Al_2(OH)_2Si_4O_{10}$	TiO_2	LaB_6	WC	C_3N_4	
				AlN	
Glaskeramiken	Ferrite ($MO \cdot Fe_2O_3$)		TiC	TiN	
	Titanate ($BaTiO_3$)		TaC	ZrN	
	Oxocuprat-Supraleiter		NbC		

2.11.3.1 Silicatkeramik

Silicatkeramik ist durch ihren SiO_2-Gehalt gekennzeichnet. Entsprechende Werkstoffe werden in Grob- und Feinkeramik eingeteilt. Zur Grobkeramik gehören Baustoffe wie Ziegel, Klinker und feuerfeste Steine, zur Feinkeramik Porzellan (Geschirr, Dentalporzellan) und Steingut (Fliesen, Sanitärwaren).

Zur Darstellung von Porzellan dient eine Mischung aus Kaolinmineralien (Kaolinit: $Al_2(OH)_4Si_2O_5$), Quarzsand (SiO_2) und Feldspat (z. B. Natronfeldspat: $NaAlSi_3O_8$). Vom Mischungsverhältnis dieser drei Komponenten hängen die Eigenschaften eines Porzellans ab. Der Anteil an Kaolinit beeinflusst die Hitzebeständigkeit von Porzellan.

Weitere wichtige keramische Rohmaterialien auf Alumosilicatbasis sind:

- **Mullit** ($2\,Al_2O_3 \cdot SiO_2$ bis $3\,Al_2O_3 \cdot 2\,SiO_2$) entsteht bei der thermischen Zersetzung von Kaolinit, Sillimanit oder Montmorillonit unter Abscheidung von SiO_2. Es ist Bestandteil in feuerfesten Werkstoffen und dient als Trägersubstanz von Abgaskatalysatoren.
- **Sillimanit** ($Al_2O_3 \cdot SiO_2$ bzw. $Al[AlSiO_5]$) ist ein Rohstoff für feuerfeste Materialien.
- **Montmorillonit** [$Al_2(OH)_2Si_4O_{10} \cdot xH_2O$] ist ein Rohstoff für keramische Materialien.

2.11.3.2 Zeolithe und poröse Feststoffe

Kristalline Stoffe sind durch Oberflächen begrenzt, an denen Wechselwirkungen zwischen Material und Umgebung stattfinden. Dabei machen die Atome im Kristallinneren eine deutlich größere Zahl aus als Oberflächenatome (vgl. Abb. 2.10). Poröse Feststoffe enthalten innere Kanäle und Hohlräume, die je nach ihrer Porengröße in **mikro-** (<2 nm), **meso-** (2–50 nm) und **makroporöse**- (>50 nm) **Materialien** unterteilt werden, wodurch innere und äußere Oberflächen vorhanden sind. Solche porösen Feststoffe sind aus der Natur gut bekannt (Knochen, Eierschalen, Bimsstein usw.), wobei Poren in unterschiedlicher oder einheitlicher Größe, willkürlich oder auch geordnet vorkommen können.

Zu den bekanntesten mikroporösen Stoffen zählen Zeolithe. Zeolithe bestehen aus kristallinen Alumosilicatgerüsten mit definierten Porengrößenverteilungen, in die Ionen und Gastmoleküle eindiffundieren können. Nach der Entdeckung natürlich vorkommender Zeolithe wurde die überwiegende Zahl von heute bekannten Verbindungen im Labor erzeugt. Die charakteristische Struktureinheit ist das Tetraeder, dessen Zentralatom (T) ein Al^{3+}- oder ein Si^{4+}-Ion sein kann, das von vier Sauerstoffatomen umgeben ist. Die Strukturen sind durch robuste Netzwerke aus verknüpften TO_4-Tetraedern gekennzeichnet, deren Al/Si-Verhältnisse über einen großen Bereich variabel sind. Dabei sind die SiO_4- und AlO_4-Tetraeder zu sogenannten sekundären Baueinheiten (engl. *secondary building units*, SBU) verknüpft, wodurch Zeolithe in verschiedene Klassen (mit verschiedenen Porengrößen) eingeteilt werden.

Die am besten untersuchten Zeolithe leiten sich von Mineral **Sodalith** ($Na_8(AlSiO_4)_6Cl_2$) ab und werden durch die allgemeine Formel $M_{x/n}(Al_xSi_yO_{2(x+y)}) \cdot zH_2O$ beschrieben. Das Motiv des Sodalith-Käfigs kann von einem Oktaederstumpf abgeleitet werden (Abb. 2.129), dessen Ecken mit den isomorphen T = Al/Si-Atomen, und dessen Kantenmitten mit den verbrückenden Sauerstoffatomen der TO_4-Tetraeder zentriert sind. Das fehlende, jeweils vierte Sauerstoffatom eines jeden Tetraeders bewerkstelligt die Verknüpfung mit benachbarten Käfigen, beispielsweise anhand der Verknüpfung über Vierecke eines Oktaederstumpfs, wie der in Abb. 2.129 gezeigten Kristallstruktur von Zeolith A. Die Verknüpfung über Sechsecke ergibt die Faujasit-Struktur. Die bekannteste Form ist der synthetisch hergestellte **Zeolith A** ($Na_{12}((AlO_2)_{12}(SiO_2)_{12}) \cdot 27\,H_2O$), der durch Kombination wässriger NaOH-Lösungen von $NaAlO_2$ und $Na_2SiO_3 \cdot 5\,H_2O$ bei 100 °C entsteht. Er dient als Trockenmittel zur Wasserenthärtung und als Molekularsieb.

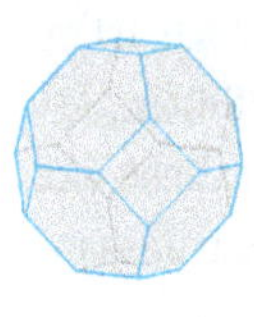
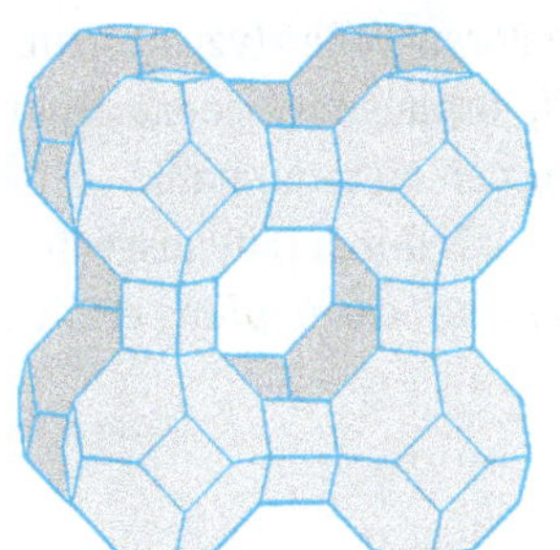
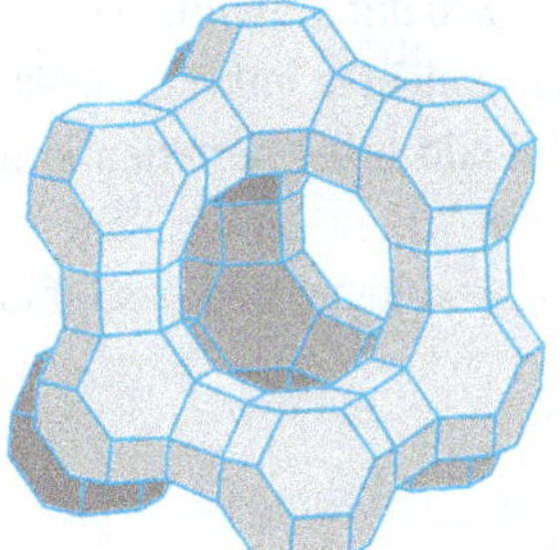

Abb. 2.129: Struktur eines isolierten Sodalith-Käfigs (links) und die Kristallstrukturen von Zeolith A (Mitte) und Faujasit (rechts). Darin besetzen T-Atome die Ecken und O-Atome die Kantenmitten (bzw. Verbrückungen) der blau gezeichneten der Sodalith-Polyeder. Die Hohlräume im Zeolith A und Faujasit liegen im Zentrum von acht und neun Sodalith-Käfigen; sie sind durch Kanäle verbunden.

Neben sodalithbasierten Zeolithen aus unterschiedlichen TO_4-Tetraedern (T = Si, P, Al, Ge, Ga usw.) existieren weitere Verknüpfungsmuster von TO_4-Tetraedern, die einzigartige Strukturen mit mehr als 250 bekannten Topologien bilden. Daraus ergeben sich Strukturen mit individuellen, definierten Hohlräumen, die durch definierte Kanäle verbunden sind.

Aufgrund ihrer großen spezifischen Oberflächen und ihrer einheitlichen Porengrößen werden Zeolithe als Ionentauscher, Membranen und in der heterogenen Katalyse u. a. in der Erdölraffination verwendet. Ihre praktische Verwendung wird durch molekulare Reaktanden eingeschränkt, deren Durchmesser die Porengröße von Zeolithen überschreiten. Um diese Einschränkung zu überwinden, wurden (geordnete und ungeordnete) mesoporöse Materialien entwickelt. Zu den geordneten mesoporösen Materialien zählen silicatische und alumosilicatische Feststoffe, wie MCM-41 (Mobil Composition of Matter No. 41), die am Anfang der 1990er Jahre von Forschern des Mobil Oil Konzerns hergestellt und nachfolgend auf diverse andere Stoffe (Metalloxide, Nichtmetalloxide, Metalle) ausgedehnt wurden. Die Herstellung dieser Materialien erfolgt mithilfe von Templaten, die die Form und Größe der Poren, und deren Porenanordnung vorgeben. Beim Endotemplatverfahren werden molekulare oder supermolekulare Einheiten als Template durch einen wachsenden Festkörper (z. B. durch einen Sol-Gel-Prozess) eingeschlossen und hinterlassen nach ihrer Entfernung ein Porensystem. Beim Exotemplatverfahren wird ein poröser Festkörper als formgebendes Gerüst verwendet, der mit der Vorstufe eines anderen Feststoffs infiltriert wird. Wenn das zu infiltrierende poröse System eine dreidimensionale Porenstruktur aufweist, lässt sich nach dem Entfernen des Gerüstes eine Negativform des ursprünglichen Materials erhalten. Diese Vorgehensweisen, bei denen ein Templat mit einem anderen Material *gefüllt*, und das ursprüngliche Templat nachfolgend entfernt wird, bezeichnet man als Nano-Casting („Abgießen").

Weitere funktionale, poröse Feststoffe sind metallorganische Gerüstverbindungen (MOFs) mit individuell einstellbaren Porengrößen (vgl. Abschn. 3.17). Ein Aerogel ist ein ultraleichter mikroporöser Feststoff, der aus fast jedem denkbaren Stoff (Silicat, Metalloxid usw.) bestehen kann. Häufigster Ausgangspunkt ist die Sol-Gel-Synthese (Abschn. 2.3), in der die Flüssigkeit eines Gels durch Luft ausgetauscht wird, ohne dass der zurückbleibende Feststoff eine erhebliche Schrumpfung erfährt.

2.11.3.3 Oxidkeramik

Aluminiumoxid ist als Sinterkorund der am weitesten verbreitete oxidkeramische Werkstoff. Gesintertes α-Al_2O_3 ist chemisch und mechanisch resistent, thermisch belastbar (Smp. 2045 °C) und zeichnet sich durch elektrische Isolation sowie hohe thermische Leitfähigkeit aus.

Zirconiumdioxid bildet mehrere Modifikationen. Die stabilste Form ist das Mineral Baddeleyit. Es wandelt sich bei etwa 1173 °C reversibel in eine tetragonale Modifikation um, die bei etwa 2370 °C in den kubischen Fluorit-Typ übergeht. Bemerkenswert ist die Volumen- bzw. Dichteänderung, die beim Phasenübergang zwischen der monoklinen und der tetragonalen Form auftritt:

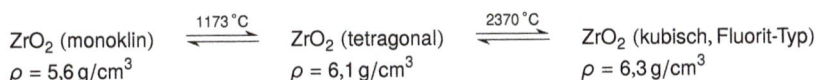

$$\underset{\rho = 5{,}6\,\mathrm{g/cm^3}}{ZrO_2\ \text{(monoklin)}} \xrightleftharpoons{1173\,°C} \underset{\rho = 6{,}1\,\mathrm{g/cm^3}}{ZrO_2\ \text{(tetragonal)}} \xrightleftharpoons{2370\,°C} \underset{\rho = 6{,}3\,\mathrm{g/cm^3}}{ZrO_2\ \text{(kubisch, Fluorit-Typ)}}$$

In der monoklinen Struktur besitzen die Zirconiumatome die Koordinationszahl sieben. Die tetragonale Struktur entspricht einem verzerrten Fluorit-Typ. Anstatt von acht Sauerstoffnachbarn im Abstand Zr–O von 220 pm, wie in der kubischen Struktur von ZrO_2, hat jedes Zr der tetragonalen Form vier kürzere (207 pm) und vier längere (246 pm) Zr–O-Abstände. Die Anwendung einer reinen ZrO_2-Keramik ist durch die Phasenumwandlung bei 1100 °C eingeschränkt. Beim Abkühlen erfolgt stets ein Übergang in die monokline Form, wobei die mit dem Phasenübergang verbundene Volumenzunahme Risse im Material erzeugt. Die kubische ZrO_2-Struktur kann aber durch Zusätze von MgO, CaO oder Y_2O_3 zu einem temperaturwechselbeständigen Material stabilisiert werden (vgl. Abschn. 2.4.8). Feste Lösungen von stabilisiertem $\mathbf{ZrO_2}$ (z. B. $ZrO_2(Y_2O_3)$) mit kubischer Fluorit-Struktur sind beim Abkühlen bis auf Raumtemperatur stabil. Allgemein wird zwischen teil- und vollstabilisiertem tetragonalen oder kubischen ZrO_2 unterschieden. Tritt in teilstabilisiertem tetragonalen ZrO_2 ein Riss auf, so erfolgt an dieser Stelle beim Abkühlen ein druckinduzierter Phasenübergang in die monokline Form. Die dabei freiwerdende Energie und die Volumenzunahme heilen den Riss aus.

Aufgrund seiner Eigenschaften wird ZrO_2 als biokompatibles Material für Prothesen (künstliche Gelenke), als vollkeramischer Zahnersatz und als temperaturbeständiges Material für funktionale Anwendungen in der Technik eingesetzt.

2.11.3.4 Boridkeramik

Siehe Abschn. 2.10.2.4.

2.11.3.5 Carbidkeramik

Siliciumcarbid entsteht bei der carbothermischen Reduktion von SiO_2 oder durch thermische Zersetzung von CH_3SiCl_3. Reines SiC ist ein farbloser Feststoff von hoher Härte und zählt zu den diamantartigen Carbiden. In Anlehnung an den ebenfalls sehr harten Korund wird technisches SiC auch als Carbokorund bezeichnet. Die kubische Tieftemperaturmodifikation β-SiC kristallisiert im Zinkblende-Typ. Diese wandelt sich bei etwa 2100 °C in α-SiC um. α-SiC repräsentiert im Allgemeinen verschiedene Strukturen mit komplizierten Schichtabfolgen (Polytypen), die alle mit dem Zinkblende- und Wurtzit-Typ verwandt sind:

$$\beta\text{-SiC} \xrightarrow{2100\,^\circ\text{C}} \alpha\text{-SiC}$$

Für α-SiC sind die Schichtsequenzen von mehr als 70 Polytypen bestimmt worden.

Borcarbid wird technisch durch carbothermische Reduktion von Bor(III)oxid dargestellt:

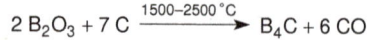

$$2\,B_2O_3 + 7\,C \xrightarrow{1500\text{–}2500\,^\circ\text{C}} B_4C + 6\,CO$$

B_4C bildet schwarzglänzende Kristalle mit einer Phasenbreite von B_4C bis $B_{10.4}C$. Die Struktur von Borcarbid der Zusammensetzung $B_{13}C_2$ enthält B_{12}-Ikosaeder, die in der Struktur von B_{12}(CBC) durch lineare CBC-Einheiten verbrückt sind. Die Struktur der borarmen Phase B_4C kann durch die Formel (B_{11}C)CBC beschrieben werden. Im B_{12}-Ikosaeder wird ein B-Atom durch ein C-Atom ersetzt.

Unter den superharten Materialien wie Diamant und dem kubischen Bornitrid (β-BN) stellt Borcarbid (B_4C) das dritthärteste aller gegenwärtig bekannten Materialien dar (Abb. 2.130).

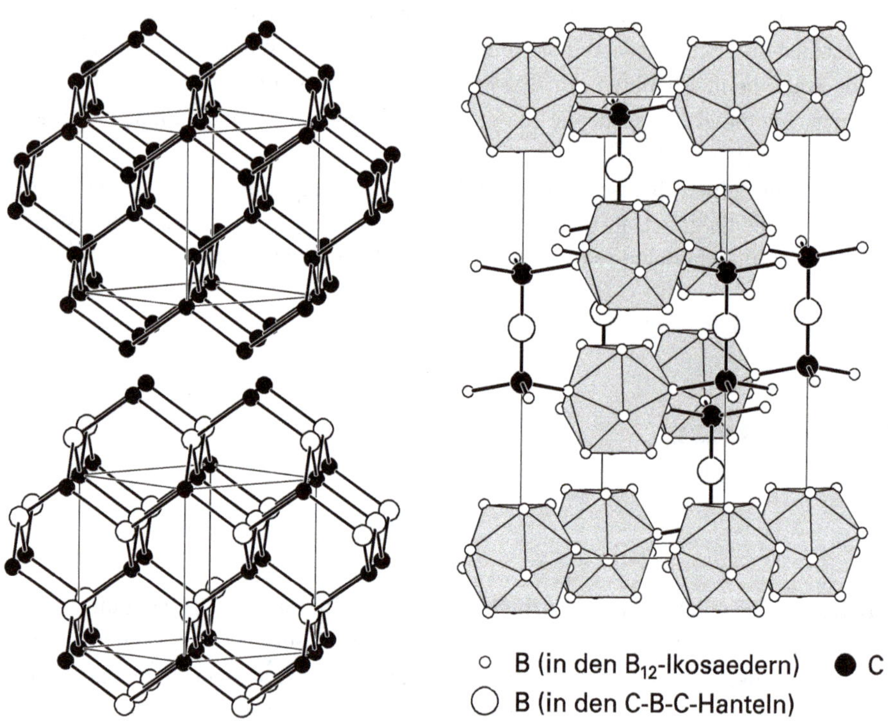

Abb. 2.130: Die Strukturen von Diamant (links oben), kubischem Bornitrid (β-BN, links unten) und des Borcarbids B_{12}(CBC) (rechts).

2.11.3.6 Nitridkeramik

Bornitrid wird in der Technik durch Ammonolyse von Bor(III)oxid dargestellt:

$$B_2O_3 + 2\,NH_3 \xrightarrow{800\text{–}1200\,°C} 2\,BN + 3\,H_2O$$

Im Gegensatz zum Graphit besitzt **hexagonales Bornitrid (α-BN)** keine frei beweglichen Elektronen und ist ein (weißer) Isolator. In der Struktur von α-BN liegen die hexagonalen BN-Schichten deckungsgleich übereinander, wobei jeweils B-Atome über N-Atomen liegen. Jedoch sind die Schichten gegeneinander verschiebbar, worauf die Eigenschaft als Schmierstoff basiert. Im Gegensatz zu anderen Festschmierstoffen (Graphit, MoS_2) ist α-BN selbst bei hohen Temperaturen einsetzbar (bis zu etwa 1000 °C in Gegenwart von O_2).

Hexagonales Bornitrid geht unter hohem Druck und bei hoher Temperatur in seine kubische Modifikation über. Dabei wird die katalytische Wirkung von Lithium- oder Calciumdinitridoboraten (Li_3BN_2 oder $Ca_3(BN_2)_2$) genutzt, die lineare $[N{=}B{=}N]^{3-}$-Ionen enthalten:

$$\alpha\text{-BN(hexagonal)} \xrightarrow{1400\text{–}1800\,°C,\ 60\,kbar} \beta\text{-BN (kubisch)}$$

Die kubische Hochtemperaturmodifikation **(β-BN)** kristallisiert im diamantartigen Zinkblende-Typ (Abb. 2.130). Diese als anorganischer Diamant (unter dem Warenzeichen Borazon) bekannte Modifikation ist nach Diamant das zweithärteste Material. Im Vergleich zu Diamant ist β-BN wesentlich oxidationsbeständiger. Während Diamant an Luft bereits bei 800 °C verbrennt, ist β-BN an Luft bis zu 1400 °C stabil.

Kohlenstoffnitrid ist vor allem in seiner graphitischen Form als **g-C_3N_4** bekannt und ist ein zweidimensionaler Halbleiter mit einer Bandlücke von etwa 2,7 eV. Es entsteht aus Vorläuferverbindungen wie Melamin, Dicyandiamid, Cyanamid oder Harnstoff unter geeigneten thermischen Kondensationsbedingungen. Die Bildung von wasserstofffreien Derivaten kann bei diesen Reaktionen aber nicht unbedingt gewährleistet werden.

Bis zur Kenntnis der vollständigen Kristallstallstruktur von g-C_3N_4 gelten zwei Strukturvorschläge, die die Atomanordnungen innerhalb der zweidimensionalen Schicht beschreiben. Eine basiert auf kondensierten **s-Triazin-Einheiten** (C_3N_3-Ringe), die Zweite auf kondensierten **tri-s-Triazin-Einheiten** (C_6N_7), deren planar angeordnete Ringsysteme durch tertiäre Amino-Gruppen vernetzt sind. Diese Anordnungen bilden Schichtstrukturen, in denen benachbarte C_3N_4-Schichten, ähnlich wie in Strukturen von Graphit oder hexagonalem Bornitrid durch Van-der-Waals-Bindungen zusammengehalten werden.

Trotz ihrer unterschiedlichen Eigenschaften gelten Graphen und g-C_3N_4 als vielversprechende Photokatalysatoren, beispielsweise für die Wasserspaltung und für den

Abbau von Luftschadstoffen. Nanokomposite, in denen C_3N_4 oder Graphen mit geeigneten Halbleitern wie TiO_2, ZnO, FeO, Fe_2O_3, Fe_3O_4, WO_3, SnO, SnO_2 als Cokatalysatoren kombiniert sind, repräsentieren eine breite Palette von Photokatalysatoren mit Heteroübergängen (vgl. Abb. 2.73).

Zur Herstellung von **Siliciumnitrid** eignet sich eine Synthese, die von einem molekularen Vorläufer ausgeht. Bei der Ammonolysereaktion von Siliciumtetrachlorid entsteht bei Raumtemperatur Siliciumdiimid, das sich bei der Hochtemperaturpyrolyse bei 900–1200 °C in amorphes Si_3N_4 zerlegt:

$$SiCl_4 + 6\ NH_3 \xrightarrow{RT,\ -4\ NH_4Cl} Si(NH)_2 \xrightarrow{\Delta T,\ -\frac{2}{3}NH_3} \tfrac{1}{3}\ Si_3N_4$$

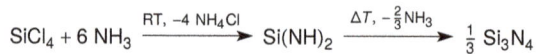

Hier, wie auch bei anderen Reaktionen über Precursorstufen, entstehen zunächst röntgenamorphe Produkte, die bei höheren Temperaturen kristallisieren können. Die Tieftemperaturform ***α*-Si$_3$N$_4$** wandelt sich oberhalb von 1700 °C irreversibel in die Hochtemperaturform ***β*-Si$_3$N$_4$** um:

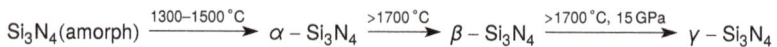

$$Si_3N_4(amorph) \xrightarrow{1300\text{–}1500\,^\circ C} \alpha - Si_3N_4 \xrightarrow{>1700\,^\circ C} \beta - Si_3N_4 \xrightarrow{>1700\,^\circ C,\ 15\,GPa} \gamma - Si_3N_4$$

In der Struktur von *α*- und *β*-Siliciumnitrid (Abb. 2.131) bilden die $[SiN_4]$-Tetraeder ein dreidimensionales Netzwerk. Die Stickstoffatome sind trigonal-planar koordiniert und bilden die Eckpunkte dreier $[SiN_4]$-Tetraeder.

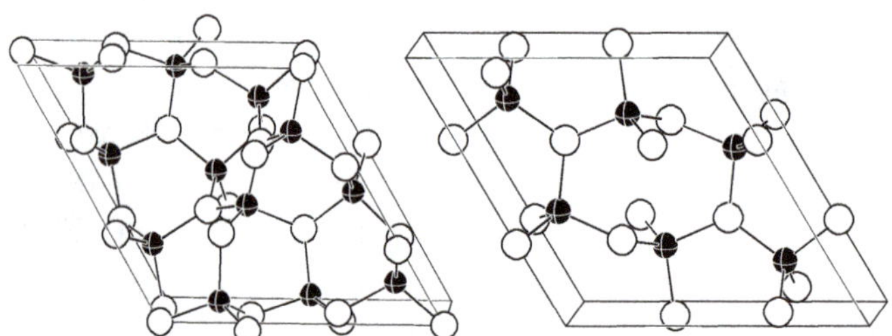

Abb. 2.131: Die Strukturen von *α*- (links) und *β*-Si_3N_4 (rechts).

Beim Übergang in die Hochdruckmodifikation nimmt die Dichte von 3,2 g/cm^3 (für *α*- und *β*-Si_3N_4) auf 3,9 g/cm^3 zu. *γ*-Si_3N_4 kristallisiert im kubischen Spinell-Typ, in dem gemäß $Si_{Tet.}[Si_2]_{Okt.}N_4$ vierfach und sechsfach koordinierte Siliciumatome vorliegen. Für *γ*-Si_3N_4 wird eine hohe Härte erwartet, ähnlich der des Stishovits (Hochdruckmodifikation von Quarz mit oktaedrisch koordinierten Si-Atomen).

Da sich *β*-Si_3N_4 bei höheren Temperaturen zersetzt (≈ 1900 °C) als viele Legierungen, kommt es als Hochtemperaturwerkstoff in Betracht. Zu den interessantesten Anwendungen von Si_3N_4 zählt der Apparatebau zur Fertigung von Motoren und Turbinen.

Polykristalline Si_3N_4/SiC-Komposite verfügen über die kombinierten Eigenschaften ihrer Einzelkonstituenten Si_3N_4 und SiC.

Sialone können als Substitutionsvarianten der Si_3N_4-Struktur angesehen werden. Sie entstehen durch Sintern von Si_3N_4 bei etwa 1900 °C unter Zusatz von Al_2O_3. In den festen Lösungen der Sialone ist Si^{4+} partiell gegen Al^{3+}, und N^{3-} partiell durch O^{2-} substituiert. In den resultierenden Verbindungen vom Typ $(Si_{3-x}Al_x)(N_{4-x}O_x)$ bleibt eine ausgeglichene Ladungsbilanz erhalten. Der Name „Sialon“ leitet sich aus den vier konstituierenden Elementen ab, die diese Gruppe keramischer Materialien enthält.

2.11.3.7 Silicidkeramik

Molybdändisilicid wird bei hohen Temperaturen direkt aus den Elementen dargestellt. Die Strukturen der isostrukturellen Verbindungen $MoSi_2$, WSi_2 und $ReSi_2$ sind mit der Struktur von tetragonalem CaC_2 verwandt, wobei die Siliciumatome nicht wie C_2^{2-} in CaC_2 zu Paaren assoziiert sind. Molybdänsilicidkeramiken werden als Hochtemperaturheizleiter bis 1700 °C und zur Auskleidung von Verbrennungskammern und Gasturbinen eingesetzt.

2.11.3.8 Glaskeramik

Glaskeramiken werden aus glasbildenden Materialien und Zusätzen erzeugt. In ihnen sind die Eigenschaften von Gläsern und Keramiken kombiniert. Zur Herstellung werden in einer Glasschmelze (z. B. SiO_2) Zusätze wie TiO_2, ZrO_2, P_2O_5, Sulfide oder auch Edelmetalle gelöst oder dispergiert. Danach wird der Glasgegenstand bei einer niedrigeren Temperatur, der sogenannten Keimbildungstemperatur (z. B. 500 °C), kontrolliert getempert, bis genügend Kristallkeime in der Glasphase entstanden sind („gesteuerte Entglasung“). Wenn die gebildeten Kristallite (Nanoteilchen) deutlich kleiner sind als die Wellenlänge des sichtbaren Lichtes (etwa 50 nm), entstehen transparente Glaskeramiken.

Glaskeramiken zeichnen sich gegenüber Gläsern durch ihre hohe Formbeständigkeit bei hohen Temperaturen, mechanische Härte und ggf. Transparenz aus. Gegenüber anderen Keramiken sind sie leichter formbar und besitzen hervorragende Resistenz gegen Korrosion. Als Werkstoffe werden Glaskeramiken für Herdplatten, in der Luft- und Raumfahrttechnik (Flugzeugteile, Radarantennen) und für ferroelektrische oder photosensitive Anwendungen genutzt.

Christoph Janiak

3 Komplex-/Koordinationschemie

3.1 Einleitung

Eine Metallkomplex- oder Koordinationsverbindung $[MX_aL_b]$ besteht aus einem zentralen Metallatom oder Metallkation (M) an das eine definierte Anzahl ($a + b$) von anionischen (X) oder neutralen (L) Liganden gebunden ist. Ein Metallkomplex ist eine neue Verbindung, mit anderen Eigenschaften und chemischen Reaktivitäten als die Bindungspartner: Aus den Silberkomplexen mit Ammoniak und Cyanid, $[Ag(NH_3)_2]^+$ und $[Ag(CN)_2]^-$, erfolgt nicht die für hydratisierte Silberionen typische Fällung von AgCl. Der Eisen(III)-Komplex mit Fluorid, $[FeF_6]^{3-}$, gibt mit Thiocyanat, SCN^-, nicht die charakteristische Rotfärbung und Nachweisreaktion von Eisen(III)-Thiocyanat. Ag^+ und Fe^{3+} sind in den genannten Komplexen bezüglich der typischen Ionenreaktionen „maskiert". Das Komplexion $[Fe(CN)_6]^{4-}$ reagiert als Einheit mit Fe^{3+} zu intensiv blauem „$Fe_4[Fe(CN)_6]_3$" (Berliner Blau). Die freie Cyanid-Ionenkonzentration einer $[Fe(CN)_6]^{4-}$-Lösung ist so gering, dass Natrium-, Kalium- und Calciumsalz von $[Fe(CN)_6]^{4-}$ als Lebensmittelzusatzstoff (E535, E536 und E538) für Kochsalz (verhindert Verklumpen) zugelassen sind.

Je stabiler ein Komplex ist, desto weniger ist er in Lösung dissoziiert: Das Salz $K_4[Fe(CN)_6]$ ergibt in Wasser eine Lösung mit den Ionen K^+ und $[Fe(CN)_6]^{4-}$. Dabei ist das Komplexion $[Fe(CN)_6]^{4-}$ in neutraler wässriger Lösung praktisch nicht dissoziiert. Komplexe unterscheiden sich damit von Doppelsalzen. Das Doppelsalz Alaun $KAl(SO_4)_2 \cdot 12H_2O$ dissoziiert in wässriger Lösung in die Ionen K^+, Al^{3+} und SO_4^{2-}. Zur Kennzeichnung der Komplexeinheit sollte eine eckige Klammer verwendet werden. Komplexe können neutral, negativ oder positiv geladen sein. Metallorganische Verbindungen, d. h. Spezies mit einer Metall–Kohlenstoff-Bindung, zählen auch zu den Komplexverbindungen.

Metallkomplex:	$[MX_aL_b]^{c-}$	$[MX_aL_b]^{(0)}$	$[MX_aL_b]^{c+}$
Beispiele:	$V(CO)_6^-$	$TiCl_4$	$[Ti(H_2O)_6]^{3+}$
	MnO_4^-	$Cr(C_6H_6)_2$	$[CrCl(NH_2CH_3)_5]^{2+}$
	$[Fe(CN)_6]^{4-}$	$Ni(PF_3)_4$	$[Fe(H_2O)_5(NO)]^{2+}$
	$[Pd_2Br_6]^{2-}$	$[PtCl_2(NH_3)_2]$	$[Co(NH_3)_5(NO_2)]^{2+}$
	$[AlF_6]^{3-}$	$Sn(CH_3)_4$	$[Cu(pyridin)_4]^{2+}$

Die Metall–Ligand-Bindung kann eine polare kovalente Bindung sein, zu der beide Bindungspartner ein Elektron beisteuern (s. Abschn. 3.4).

https://doi.org/10.1515/9783110790221-003

Eine Metall–Ligand-Bindung kann auch aus der Überlappung eines freien Elektronenpaars des Liganden (Lewis-Base) mit einem leeren Orbital am Metallatom (Lewis-Säure) gebildet werden. Eine solche Donor-Akzeptor-Wechselwirkung wird auch als koordinative Bindung bezeichnet.

M ← L **Beispiel:** M ← NH_3

M ← X^- M ← Cl^-

Elektronenpaar-Akzeptor ← -Donor-Wechselwirkung
Lewis-Säure ← -Base-Wechselwirkung

Die Schreibweise M⟵L oder M⟵X^- soll anzeigen, dass beide Elektronen vom Liganden stammen. Im Rahmen eines ionischen Modells kann unter Berücksichtigung der Elektronegativitätsdifferenz die Bindung $M^{\delta+}L^{\delta-}$ oder M^+X^- auch als eine eher elektrostatische Wechselwirkung betrachtet werden. Die Coulomb-Wechselwirkung zwischen dem negativ polarisierten Liganden und dem positiv polarisierten Metallatom (Lewis-Säure) ist in klassischen Metall–Ligand-Komplexen immer ein wichtiger Beitrag der Metall–Ligand-Bindung (s. Abschn. 3.10).

Die obige Differenzierung zwischen einer kovalenten Metall–Ligand-Bindung aus M · + · X und einer koordinativen Metall–Ligand-Bindung aus M^+⟵X^- soll am Beispiel der Bildung der tetraedrischen komplexen Tetrachloridoferrat(III)- und -aluminat(III)-Anionen $[FeCl_4]^-$ und $[AlCl_4]^-$ und der dabei bestimmten Bindungsenergien erläutert werden:

M·(g) + 3Cl·(g) ⟶ MCl_3 (g) $\xrightarrow{+ Na^+Cl^-(g)}$ $Na^+[MCl_4]^-$ (g)

1. Bindungsdissoziationenergie: [kJ/mol]		
	Fe–Cl: 335,5	Fe←Cl: 222
	Al–Cl: 502	Al←Cl: 372

Zwar sind die vier M–Cl-Bindungslängen in $[FeCl_4]^-$ und $[AlCl_4]^-$ gleich lang, aber die Bindungsenergie der gebildeten vierten, d. h. der koordinativen (Donor-Akzeptor) M⟵Cl^--Bindung ist deutlich geringer als die der drei kovalenten M–Cl-Bindungen.

Die polare kovalente σ-Donorbindung vom Liganden zum Metallatom kann durch π-Donorbindungen oder durch π-Akzeptorbindungen ergänzt werden. Verbindungen mit nur σ-Donor- und evtl. zusätzlichen π-Donorbindungen gehören meistens zu den klassischen Metall–Ligand-Komplexen.

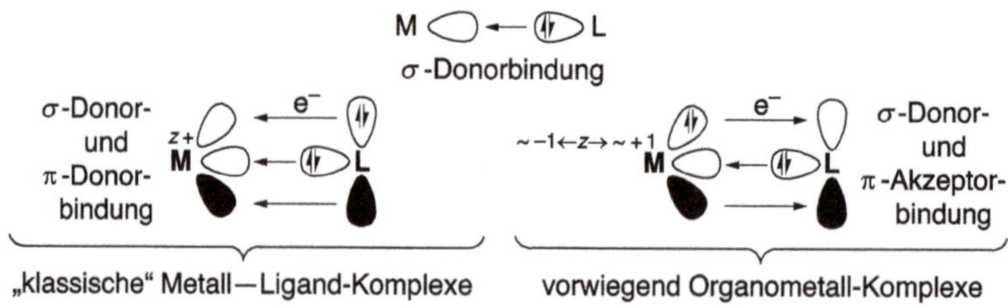

Sogenannte klassische oder Werner-Komplexe sind Metall–Liganden-Verbindungen mit σ- und π-Donorliganden wie Halogenido, Sulfido, Oxido, Hydroxido, Aqua, Ether, Am(m)in, Amido, Nitrido, Cyanido. Diese Komplexe werden hier in Kapitel 3 behandelt. Die Metallatome liegen dabei in oxidierter Form und durchaus auch einer höheren Oxidationsstufe (z+) vor. Über die π-Donorbindungen kann zusätzliche Elektronendichte vom Liganden zum positiven, elektronenarmen Metallion fließen. (Eine σ-Bindung bedeutet Rotationssymmetrie der Elektronendichte um die M–L-Bindungsachse. Bei einer π-Bindung liegt die M–L-Bindungsachse in einer Knotenebene.)

Verbindungen mit σ-Donor- und π-Akzeptorbindungen finden sich vielfach bei den Organometallkomplexen der Übergangsmetalle, d. h. Komplexen mit direkten Metall–Kohlenstoff-Bindungen. Metall–Kohlenstoff-Bindungen können allerdings auch als reine σ-Bindungen, mit guten σ-Donoren, z. B. Metall–Alkyl, M–CR_3, ausgebildet werden. Liganden ohne Kohlenstoff-Donoratome, aber mit ähnlichen σ-Donor- und π-Akzeptoreigenschaften, wie Nitrosyl (NO) oder ähnlich guten σ-Donoren, wie Hydrid (-H) oder Phosphane (PR_3), werden zusammen mit den Organometallkomplexen in Kapitel 4 beschrieben. Die Metallatome in π-Akzeptorkomplexen liegen eher in einer reduzierten Form, d. h. niedrigen Oxidationsstufe vor ($-1 \lesssim z \lesssim +1$). Die π-Akzeptorbindungen benötigen und verlagern verfügbare Elektronendichte vom elektronenreichen Metallatom in leere Ligandenorbitale.

Die grundlegenden Ausführungen von Abschn. 3.3 bis 3.9 beziehen sich auch auf metallorganische Komplexe.

Komplexe können mit Hauptgruppen-, Übergangs-, Lanthanoid- und Actinoidmetallen gebildet werden. Übergangsmetalle zeigen durch ihre unvollständig gefüllte d-Schale und wegen der d-Orbitalbeteiligung an der Metall–Ligand-Bindung besondere Effekte, sodass dieses Kapitel hauptsächlich die Koordinationschemie der Übergangsmetalle behandelt.

3.2 Geschichte

Die Erforschung der Koordinationsverbindungen begann Ende des 19. Jahrhunderts und ist eng mit den Namen der beiden Chemiker Alfred Werner und Sophus Jørgensen verknüpft.

Werner erkannte, dass jedes Metall zu seiner Oxidationsstufe (*Hauptvalenz*) eine feste Koordinationszahl besitzt (*Nebenvalenz*). Die Hauptvalenz führt zu einer entsprechenden Zahl von Gegenanionen oder anionischen Liganden. Die Nebenvalenz kann durch anionische oder neutrale Liganden erfüllt werden.

Alfred Werner erhielt für seine grundlegenden Erkenntnisse, dass Liganden in der inneren Koordinationssphäre eines Übergangsmetallatoms fest gebunden sein können und zusammen eine neue eigenständige Verbindung ergeben, 1913 als erster Anorganiker den Nobelpreis für Chemie und leitete den Beginn der modernen Komplexchemie ein. Einen wesentlichen Aspekt der Werner'schen Arbeiten bildeten Leitfähigkeitsuntersuchungen, aus denen die genaue Zahl der Ionen bestimmt werden konnte, die in Lösung vorlagen. So kannte man die in der Tab. 3.1 aufgeführten vier Ammoniak- und Chlorid-haltigen Cobaltkomplexe, die sich in ihrer Farbe unterschieden und deshalb in der damaligen Literatur auch entsprechend benannt wurden. Ein Verständnis und eine Formulierung für die Konstitution der Komplexe wurden von Werner durch die Reaktion mit Silber-Ionen und die Bestimmung der gefällten Silberchlorid-Äquivalente entwickelt. Eine Erklärung für das Zustandekommen der unterschiedlichen Farben wird in Abschn. 3.9.4 gegeben.

Tab. 3.1: Problematik und Konstitutionsermittlung bei Ammoniak- und Chlorid-haltigen Cobalt(III)-Komplexen durch Werner.

Zusammensetzung	Farbe	Name	Reaktion mit Ag^+	Formulierung durch Werner
$CoCl_3 \cdot 6NH_3$	gelb	Luteo-Salz	$3AgCl\downarrow$	$[Co(NH_3)_6]Cl_3$
$CoCl_3 \cdot 5NH_3$	purpur	Purpureo-Salz	$2AgCl\downarrow$	$[CoCl(NH_3)_5]Cl_2$
$CoCl_2 \cdot 4NH_3$	grün	Praseo-Salz	$1AgCl\downarrow$	$[CoCl_2(NH_3)_4]Cl$
$CoCl_2 \cdot 4NH_3$	violett	Violeo-Salz	$1AgCl\downarrow$	$[CoCl_2(NH_3)_4]Cl$

Der Beitrag Werners zum Verständnis der Koordinationschemie ging jedoch noch weiter: Er postulierte räumlich gerichtete Metall–Ligand-Bindungen und bei sechs Liganden-Donoratomen um ein Zentralatom eine *oktaedrische* Anordnung. Der zugehörige Nachweis gelang ihm Anfang des 20. Jahrhunderts aus der Zahl der möglichen und gefundenen Isomere bei Vorliegen verschiedener Ligandenarten oder Chelatliganden. So sind z. B. für Komplexe des Typs $[MA_4B_2]$ bei oktaedrischer Gestalt nur zwei Isomere möglich, nämlich *cis* und *trans*, während andere geometrische Ligandenanordnungen wie hexagonal-pyramidal, hexagonal-planar und trigonal-prismatisch zu mehr Isomeren führen müssten. Über diese *cis-trans*-Isomere erklärt sich das Vorliegen zweier $[CoCl_2(NH_3)_4]$Cl-Komplexe in vorstehender Tabelle. Für Komplexe mit Chelatliganden $[M(A\cap A)_2B_2]$, $[M(A\cap A)_2BC]$ und $[M(A\cap A)_3]$ konnte dann durch die Zahl der gefundenen geometrischen Isomere und durch die Racematspaltung der möglichen Enantiomere in den Jahren 1911/1912 der endgültige Nachweis der oktaedrischen Geometrie und damit der Beleg für Werners Theorie zur Konstitution von Komplexverbindungen erbracht werden (vgl. Abschn. 3.8).

denkbare geometrische Anordnungen von 6 Donoratomen um ein Metallatom		hexagonal-pyramidal	hexagonal-planar	trigonal-prismatisch	oktaedrisch
dazu mögliche geometrische Isomere für	$[MA_4B_2]$	3	3	3	2
	$[M(A\cap A)_2B_2]$	2	2	4, davon 1 Enantiomerenpaar	2, davon 1 Enantiomerenpaar
	$[M(A\cap A)_3]$	1	1	2	1 Enantiomerenpaar

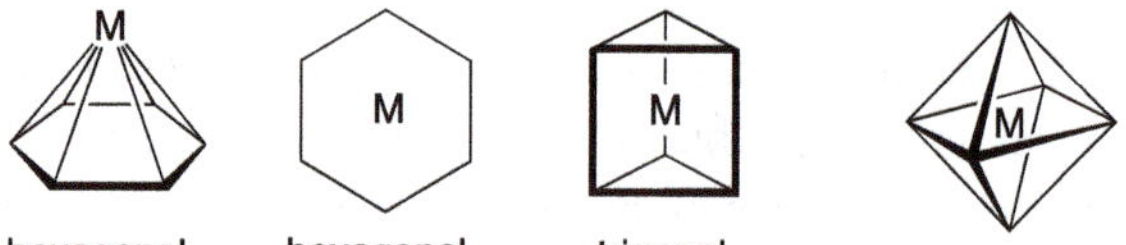

3.3 Nomenklatur von Komplexverbindungen

Bei der Nomenklatur ist zwischen der *Formel* und dem *Namen* einer Komplexverbindung zu unterscheiden.

In der **Formel von Koordinationsverbindungen** wird als Erstes das Zentralatom geschrieben, dann die Liganden. Für die Liganden erfolgt eine alphabetische Reihung nach den ersten Ligandensymbolen entsprechend ihrer Summenformel, Abkürzung oder dem Akronym. So wird z. B. ein Acetonitril-Ligand je nach Schreibweise CH_3CN, MeCN oder NCMe unter C, M oder N eingeordnet. Der Ligand CO steht vor Cl, da Einzelbuchstaben-Symbole vor Zweibuchstaben-Symbolen kommen. Die Reihung der Liganden ist unabhängig von ihrer Ladung. Eventuelle Gegenionen ergänzen ein Komplexion zur Neutralformel. Diese wird wie bei Salzen in der Reihenfolge Kation-Anion geschrieben. Ein Komplex sollte durch eckige Klammern gekennzeichnet werden.

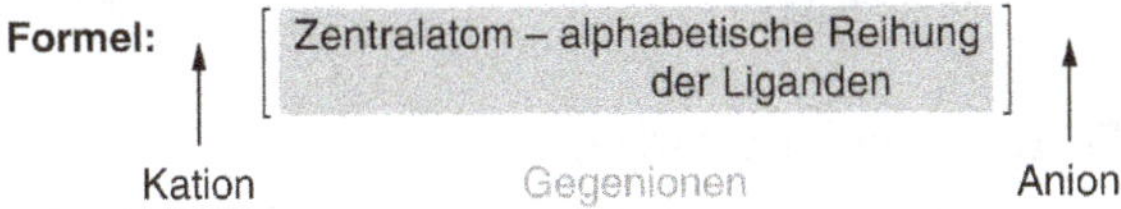

Beispiele: $[CoCl_2(NH_3)_4]Cl$
$[Ir(CO)Cl(PPh_3)_2]$
$Na[PtBrCl(NH_3)(NO_2)]$

Im **Namen von Komplexverbindungen** werden zuerst die Liganden in alphabetischer Reihenfolge genannt, dann das Zentralatom. Das Zahlwort (Präfix) für die Anzahl der jeweiligen Liganden wird bei der alphabetischen Reihung nicht berücksichtigt. Die **Anzahl der Liganden** wird normalerweise durch die multiplikativen Präfixe (Mono-) Di-, Tri-, Tetra- in speziellen Fällen aber durch Bis-, Tris-, Tetrakis- usw. angegeben. Letztere werden bei komplizierten Namen und zur Vermeidung von Mehrdeutigkeiten verwendet. So heißt es z. B. Triphosphan für $(PH_3)_3$, aber Tris(methylphosphan) für $(PH_2Me)_3$ zur Unterscheidung von Trimethylphosphan für PMe_3. Wird die zweite Art der multiplikativen Präfixe verwendet, dann setzt man den Ligandennamen zusätzlich in runde Klammern.

Der Name des Zentralatoms endet bei einem anionischen Komplex auf -at. Die Oxidationszahl des Zentralatoms wird in eingeklammerten römischen Ziffern nachgestellt.

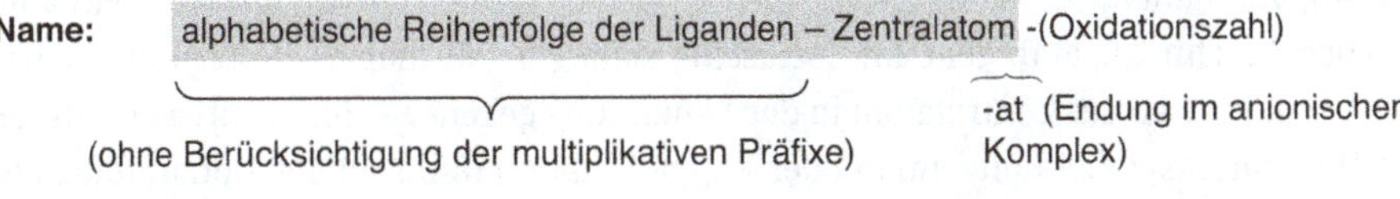

Beispiele:		
	$[CoCl_2(NH_3)_4]Cl$	Tetraammin-dichlorido-cobalt(III)-chlorid
	$[Ir(CO)Cl(PPh_3)_2]$	Carbonyl-chlorido-bis(triphenylphosphan)-iridium(I)
	$Na[PtBrCl(NH_3)(NO_2)]$	Natrium-ammin-bromido-chlorido-nitrito-*N*-platinat(II)

(Hinweis: Die Bindestriche zwischen den Ligandennamen dienen hier und nachfolgend nur der besseren Erkennung, werden von den IUPAC-Regeln aber nicht gefordert.)

Der **Name von Liganden** bleibt für neutrale Liganden unverändert, aber sie werden in runde Klammern gesetzt. Eine Ausnahme bilden die folgenden vier Moleküle, die als Liganden einen anderen Namen bekommen und nicht in Klammern gesetzt werden:

H_2O – Aqu*a* (in der älteren Literatur Aqu*o*)	NH_3 – A*mm*in
CO – Carbonyl	NO – Nitrosyl

Beispiel: $[Ni(H_2O)_2(NH_3)_4]SO_4$ Tetraammin-diaqua-nickel(II)-sulfat

Anionische Liganden enden auf -o.

Beispiele:

Cl^- – Chlorido (früher Chloro)	OH^- – Hydroxido (früher Hydroxo)
S^{2-} – Thio oder Sulfido	NH^{2-} – Imido

Liganden, die zwei oder mehr Zentralatome in mehrkernigen Komplexen verknüpfen, d. h. Brückenliganden werden durch das Präfix μ- im Namen und in der Formel gekennzeichnet. Die Zahl der Zentralatome, die durch den Brückenliganden verknüpft sind, wird durch den Brückenindex n als μ_n- angegeben. Für $n = 2$ wird der Index oft weggelassen.

Beispiel:

$[\{PtCl(PPh_3)\}_2(\mu\text{-}Cl)_2]$	Di-μ-chlorido-bis{chlorido-(triphenylphosphan)-platin(II)}
$[\{Hg(CH_3)\}_4(\mu_4\text{-}S)]^{2+}$	μ_4-Thio-tetrakis{methyl-quecksilber(II)}-Ion

Tab. 3.2 enthält Beispiele für Liganden und deren Namen. Für organische Liganden haben sich häufig spezielle Abkürzungen eingebürgert, die auch in der Formelschreibweise der Komplexe verwendet werden (s. auch Abschn. 3.4).

Beispiele:

$[PtCl_2(NH_3)(py)]$	Ammin-dichlorido-(pyridin)-platin(II)
$[Cr(en)_2(ox)][Cr(en)(ox)_2]$	Bis(ethylendiamin)-oxalato-chrom(III)-ethylendiamin-bis(oxalato)-chromat(III)

Ambidente Liganden haben mehrere Donoratome (besser: Koordinationsmöglichkeiten), von denen aber immer nur eines an ein Metallatom gebunden werden kann (s. auch Abschn. 3.8, ambident, lat. *„beidseitig zähnig"*). Für ambidente Liganden wird die Anbindung an das Zentralatom in der Benennung gekennzeichnet, entweder durch die Donoratomsymbol-Konvention oder Kappa-Notation (anfügen der Donoratome als kursiv geschriebene Symbole an den Ligandennamen) oder über einen eigenständigen Namen, der die Koordinationsart ausdrückt.

Beispiele:

$[Co(NH_3)_4(NO_2)(ONO)]^+$	Tetraammin-nitrito-*N*-nitrito-*O*-cobalt(III)
$(N^nBu_4)_2[ReBr_4(NCS)(SCN)]$	**Bis(tetra-*n*-butylammonium)**-tetrabromido-isothiocyanato-thiocyanato-rhenat(IV)

Tab. 3.2: Beispiele und gängige Namen von einfachen Liganden in Koordinationsverbindungen.

Anorganische Liganden			Organische Liganden[a]	
Formel	**Ligandenname**		**Formel**	**Ligandenname**
F^-, Cl^-, Br^-, I^-	Fluorido, Chlorido, Bromido, Iodido	(früher Fluoro, Chloro usw.)		
Sauerstoff-, Schwefel-Donorliganden				
O^{2-}	Oxido	(früher …oxo)	CH_3O^-, ^-OMe	Methanolato, Methoxido, Methoxy
O_2^-	Hyperoxido	(früher …oxo)	$CH_3CH_2O^-$, ^-OEt	Ethanolato, Ethoxido, Ethoxy
O_2^{2-}	Peroxido	(früher …oxo)	$C_6H_5O^-$, ^-OPh	Phenolato, Phenoxido, Phenoxy
OH^-	Hydroxido	(früher …oxo)	$C_2O_4^{2-}$, ox^{2-}	Ethandioato, Oxalato
OH_2, H_2O	Aqua		$CH_3CO_2^-$, ^-OAc, ^-Ac	Acetato
NO_3^-	Nitrato		$CF_3SO_3^-$	Trifluoromethansulfonato
SO_4^{2-}	Sulfato			
S^{2-}	Sulfido, Thio		CH_3S^-, ^-SMe	Methanthiolato, Methylthio
Stickstoff-, Phosphor-Donorliganden				
N^{3-}	Nitrido		CH_3NH_2, NH_2Me	Methylamin
NH^{2-}	Imido		$H_2NCH_2CH_2NH_2$, en	Ethylendiamin
NH_2^-	Amido		C_5H_5N, py	Pyridin
NH_3	Ammin		CH_3CN, NCMe	Acetonitril
N_2	Distickstoff		$P(C_6H_5)_3$, PPh_3	Triphenylphosphan, ~phosphin
N_3^-	Azido			
NO, NO^+	Nitrosyl		Kohlenstoff-Donorliganden	
PH_3	Phosphan, Phosphin		C^{4-}	Carbido
			CO	Carbonyl
Wasserstoff-Donorliganden			CH_3NC, CNMe	Methylisocyanid
H^-	Hydrido		CH_3	Methyl
H_2	Diwasserstoff		$(M){=}CR_2$	Alkyliden, Carben
			$(M){\equiv}CR$	Alkylidin, Carbin
ambidente Liganden				
NO_2^-;	Nitrito-*N* = Nitro;		Die stabilere Bindungsart ist jeweils $M–NO_2$, M–NCO oder M–CN	
ONO^-	Nitrito-*O*			
NCO^-;	Cyanato-*N* = Isocyanato;			
^-OCN	Cyanato			
NCS^-;	Thiocyanato-*N* = Isothiocyanato;			
SCN^-	Thiocyanato-*S*			
CN^-; *NC^-*	Cyanido; Isocyanido (früher …cyano)			

[a] Für weitere organische Liganden siehe die folgenden Abschnitte.

Die Zahl der Donoratome (n), die *Haptizität* und ihre Art wird bei mehrzähnigen und komplizierten Liganden durch die Kappa-Notation (κ^n) gekennzeichnet. Die koordinierenden Atome werden durch kursiv geschriebene Elementsymbole angegeben, denen der griechische Buchstabe *κ* vorangestellt wird. Bei C-gebundenen Liganden wird die Haptizität durch den griechischen Buchstaben Eta als η^n (manchmal auch h^n) kenntlich gemacht.

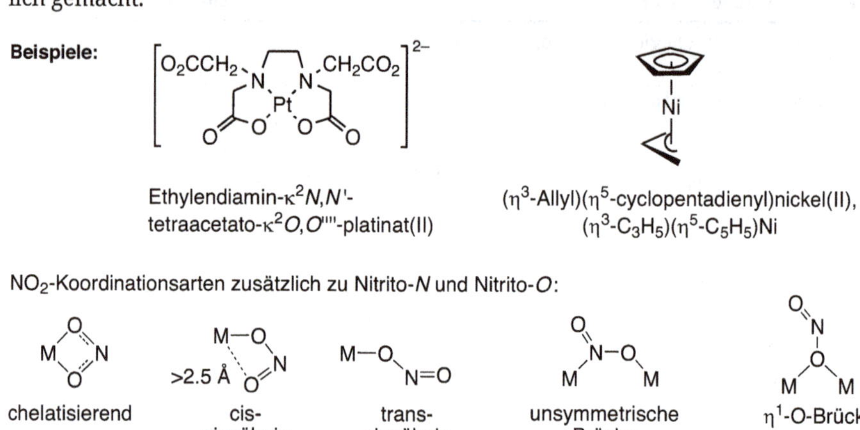

Beispiele:

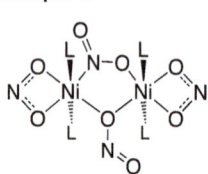

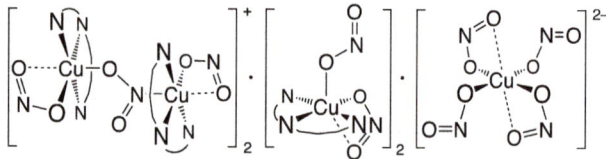

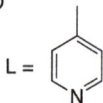

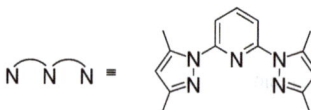

Komplexe, bei denen alle Liganden identisch sind, werden auch als **homoleptisch** bezeichnet. Bei verschiedenen Liganden spricht man von **heteroleptischen Komplexen**.

Es wird darauf hingewiesen, dass IUPAC-Nomenklaturregeln im allgemeinen chemischen Sprachgebrauch oft nicht oder nur ungenau befolgt werden. Eine gewisse Flexibilität in der Schreibweise ist allerdings wünschenswert, um einen bestimmten Sachverhalt bei Reaktionen usw. besser zum Ausdruck bringen zu können.

Die Regeln gelten im Übrigen genauso für die in Kapitel 4 behandelten metallorganischen Komplexverbindungen. Zur Verwendung von Stereodeskriptoren (cis, trans, fac und mer) und Chiralitätssymbolen (Λ, Δ, λ, δ) s. Abschn. 3.8.

3.4 Ligandenklassen

In einem Komplex bestimmt das Zusammenwirken aller Liganden dessen charakteristische Eigenschaften. Bei Reaktionen haben auch anscheinend unbeteiligte, sogenannte Zuschauer- oder inerte Liganden (Abschn. 3.11.1), ihre Funktion. Als Liganden können neutrale oder geladene Atome oder Atomgruppen dienen. Es gibt mehrere **Möglichkeiten, Liganden zu klassifizieren**:

- **Elektronenbedarf, -beitrag zur Metall–Ligand-Bindung, X-/L-Konzept** Liganden, die im neutralen Zustand ein nur einfach besetztes Orbital haben, benötigen für die Bildung einer kovalenten Zweielektronen-Metall-Ligand-Bindung ein Elektron. Solche Liganden können mit X bezeichnet werden.

Beispiele X-Liganden: –H; $-CR_3$, –CN, $-CR{=}CR_2$, $-C{\equiv}CR$, $-C_6R_5$, $-CH_2{-}C{=}CH_2$, $-SiR_3$; $-NR_2$[a)], –NCS, –NCO, $-N_3$, –NO[b)], $-NO_2$, $-PR_2$; –OR, –OC(O)R, –ONO, $-ONO_2$, $-OSO_2R$, –SR, –SCN; –F, –Cl, –Br, –I

R = H, Alkyl, Aryl, $SiMe_3$

Elektronenbeitrag an das Metallatom: 1

a) N pyramidal
b) N gewinkelt

Liganden mit zwei oder drei nur einfach besetzten Orbitalen können entsprechend als X_2 oder X_3 bezeichnet werden. Für die Bindung werden entsprechend 2 oder 3 Elektronen benötigt.

Beispiele X_2-Liganden: $=CR_2$ Schrock-Carben (s. Abschn. 4.3.2); =NR[a)]; =O, CO_3, SO_4, Dithiolat (S–CH₂–CH₂–S), Oxalat (O–C(O)–C(O)–O)

Elektronenbeitrag an das Metallatom: 2

a) N gewinkelt

Beispiele X_3-Liganden: $\equiv CR$ Schrock-Carbin (s. Abschn. 4.3.3); $\equiv N$ — 3

Das Symbol L wird oft als allgemeine Abkürzung für Liganden verwendet. Hier soll L, L_2 oder L_3 zunächst *neutrale* Ein-, Zwei- oder Dreielektronenpaar-Donorliganden kennzeichnen. Abgesehen von Rückbindungsbeiträgen bei C-gebundenen Liganden werden keine Elektronen benötigt. (Hinweis: Später in Abschn. 3.10 u. 3.11 steht L für einen allgemeinen Liganden.)

Beispiele L-Liganden: ←CO, ←CNR, ←C(O/NR)R Fischer-Carben, ←C=C=CHR Vinyliden (s.Abschn.4.3.2), $R_2C{=}R_2$ (π-gebunden), $RC{\equiv}CR$ (π-gebunden); $\leftarrow NR_3$, ←NCR, ←N(Pyridin), $\leftarrow PR_3$, $\leftarrow P(OR)_3$, $\leftarrow AsR_3$; $\leftarrow OR_2$, $\leftarrow SR_2$, $\leftarrow SeR_2$

R = H, Alkyl, Aryl, $SiMe_3$

Elektronenbeitrag an das Metallatom: 2

verbrückender X-Ligand gegenüber M' in M–X→M'

Beispiele L_2-Liganden:

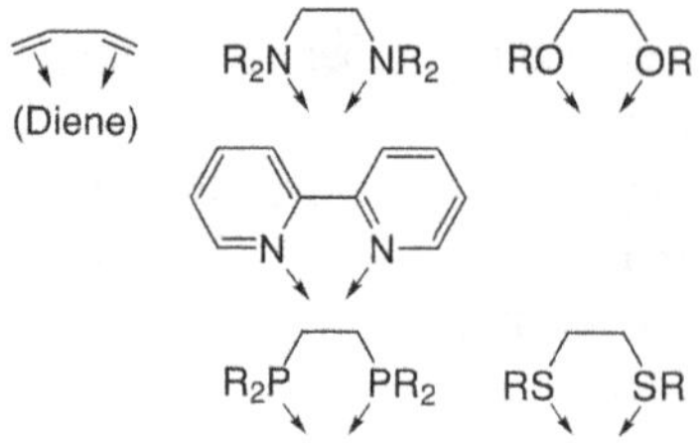

(Diene)

R_2N NR_2 RO OR

N N

R_2P PR_2 RS SR

Elektronenbeitrag an das Metallatom: 4

Beispiele L_3-Liganden:

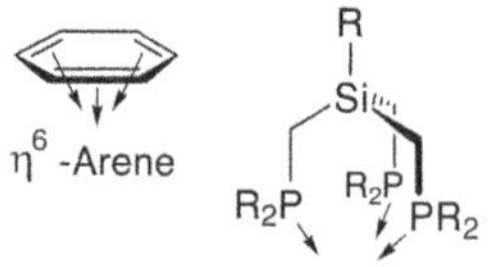

η^6-Arene

R Si R_2P R_2P PR_2

Elektronenbeitrag an das Metallatom: 6

Eine Stärke des X-/L-Konzepts ist die Klassifizierung von komplizierteren Liganden mit sowohl X- als auch L-Funktionalität. Die Einordnung dieser L_bX_a-Liganden wird bei ihrer Besprechung in den angegebenen Abschnitten verständlich. Für jede X-Funktionalität der L_bX_a-Liganden wird ein Elektron zur kovalenten Bindung benötigt.

Beispiele:

LX

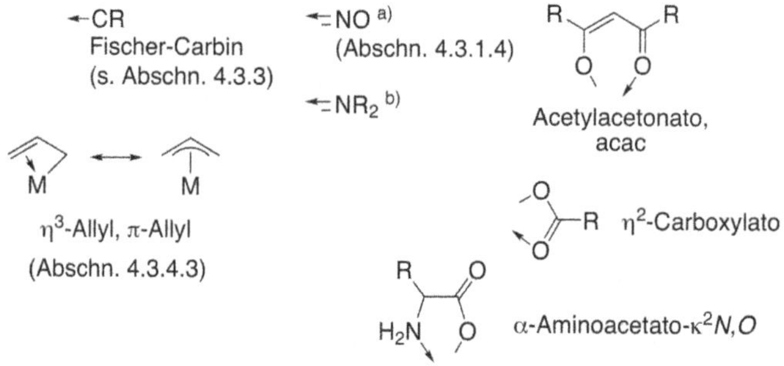

←CR
Fischer-Carbin
(s. Abschn. 4.3.3)

←≡NO [a)]
(Abschn. 4.3.1.4)

←≡NR_2 [b)]

Acetylacetonato, acac

M ←→ M
η^3-Allyl, π-Allyl
(Abschn. 4.3.4.3)

η^2-Carboxylato

H_2N
α-Aminoacetato-κ^2N,O

Elektronenbeitrag an das Metallatom: 3

a) N linear

b) N planar

für Bindung benötigte Elektronen: 1

LX_2

←≡NR [a)]

Elektronenbeitrag an das Metallatom: 4

für Bindung benötigte Elektronen: 2

a) N linear

LX_3

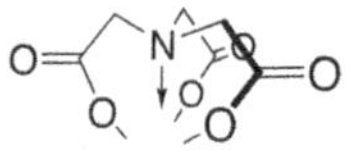

Nitrilo-triacetato-κ^4N,O,O'',O''''
$nta^{(3-)}$

5 3

L_2X

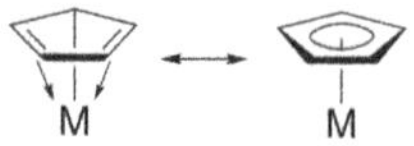

M ←→ M

η^5-Cyclopentadienyl
(Abschn. 4.3.4.4)

Elektronenbeitrag an das Metallatom: 5

für Bindung benötigte Elektronen: 1

L_2X_3		η^7-Cycloheptatrienyl (Abschn. 4.3.4.4)	7	3
L_2X_4	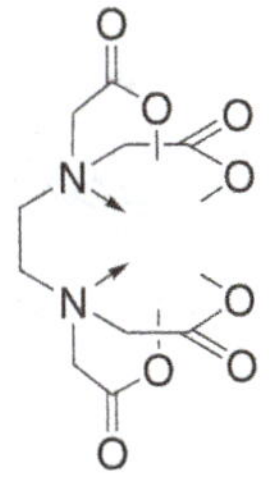	Ethylendiamin-κ^2N,N'-tetraacetato-$\kappa^4O,O'',O'''',O^{vi}$, edta$^{(4-)}$	8	4

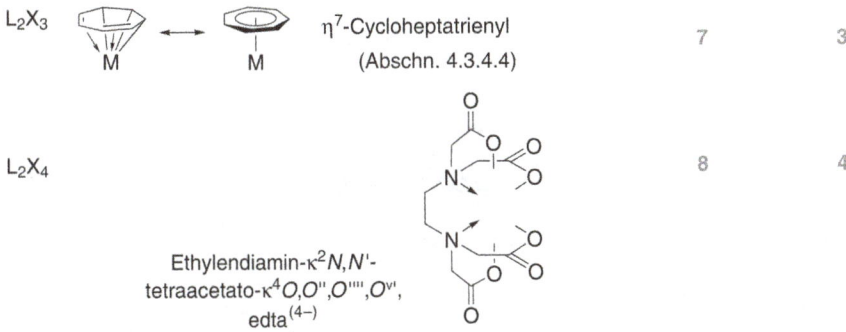

Weitere Möglichkeiten zur Liganden-Klassifizierung sind:

– **Zähnigkeit** = Zahl der Donoratome.

Beispiele:

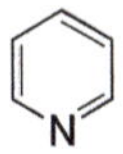

Pyridin, py
einzähnig

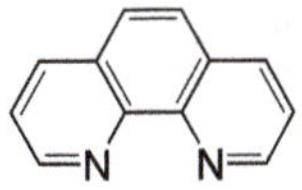

1,10-Phenanthrolin, phen
zweizähnig

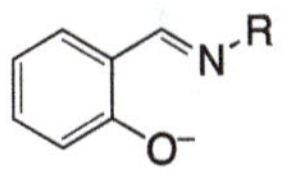

Salicylaldiminato (Schiff-Base)
zweizähnig

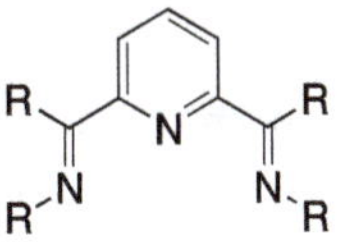

2,6-Diiminopyridin
dreizähnig

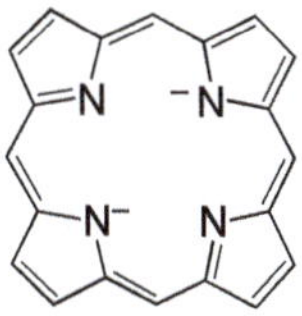

Porphyrinato
vierzähnig

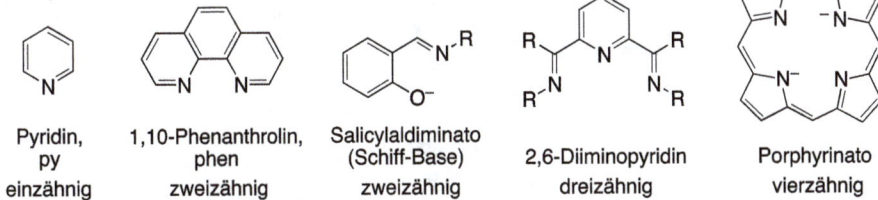

Mehrzähnige Liganden sind vielfach Chelatliganden (*Chelé*, altgriech. Krebsschere). Die geometrische Anordnung der Donoratome ist oft so gewählt, dass mit dem Metallatom thermodynamisch günstige Fünf- oder Sechsringe erhalten werden. Drei- und höherzähnige Liganden erzeugen dabei zwei und mehr Ringsysteme (zum Chelateffekt s. Abschn. 3.10.4). Stickstoff und Sauerstoff stellen die Hauptzahl der Donoratome in mehrzähnigen Liganden, gefolgt von Phosphor und Schwefel.

Mehrzähnige Liganden werden häufig mit dem Ziel maßgeschneidert oder ausgesucht, eine bestimmte Konformation der Donoratome und damit eine festgelegte Koordinationsgeometrie zu erreichen (s. Abschn. 3.7).

Donoratome mit zusätzlichen freien Elektronenpaaren, z. B. Halogenido-, Hydroxido- oder Alkoholato-Liganden können zwischen Metallatomen verbrücken.

Beispiele:

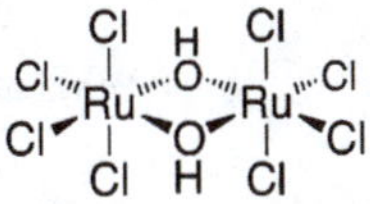

$[\{RuCl_4(\mu\text{-}OH)\}_2]$

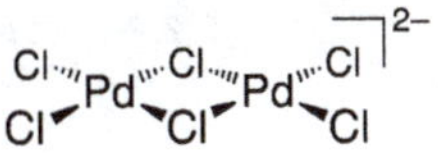

$[\{Pd(\mu\text{-}Cl)Cl_2\}_2]^{2-}$

– **Art der Donoratome** oder Donoratom-Kombinationen, z. B. als N_x-, O_x-, S_x-, P_x-, N_xO_y-, P_xS_y- usw. Liganden.

Beispiele:

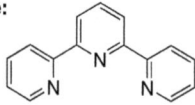

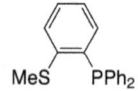

2,2',6',2''-Terpyridin, terpy
N,N,N- od. N_3-Ligand

N,N'-Bis(salicyliden)ethylendiamino, salen^{2-}
N,N,O,O- od. N_2O_2-Ligand

MeS PPh$_2$
(2-(Methylthio)phenyl)-diphenylphosphan
P,S-Ligand

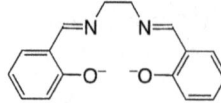

– **Hart-weich-Charakter** (s. auch Abschn. 3.10.3).

Hart = schwer polarisierbare Liganden	Weich = leicht polarisierbare Liganden
F^-, Cl^-	I^-, H^-
$H_2O, OH^-, O^{2-}, ROH, RO^-, R_2O$	$R_2S, RS^-, {}^-SCN$
$ClO_4^-, SO_4^{2-}, NO_3^-, PO_4^{3-}, CO_3^{2-}$	R_3P, R_3As
NH_3, RNH_2	$CO, {}^-CN, CNR, {}^{(-)}CR_3, C_2H_4, C_6H_6$

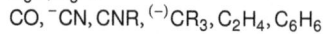

– **σ-, π-Donor- oder π-Akzeptorcharakter (Ligandenstärke)** (s. Abschn. 3.9.8).

starke π-Donoren — σ-Donoren und schwache π-Donoren

I^-, Br^-, S^{2-}, *SCN*$^-$, Cl^-, NO_3^-, F^-, OH^-, $C_2O_4^{2-}$

schwache Liganden

reine σ-Donoren

H_2O, *NCS*$^-$, $NCCH_3$, NH_3, en

σ-Donoren und schwache π-Akzeptoren — starke π-Akzeptoren

bipy, phen, *NO*$_2^-$, CN^-, PR_3 — CO, NO^+

starke Liganden

– **Räumlicher Bau.**

Beispiele:

Tripodliganden

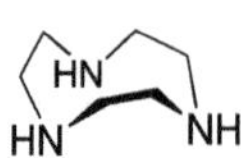

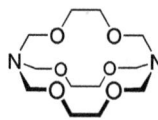

1,4,7-Triaza-cyclononan, 9aneN$_3$

Kronenether

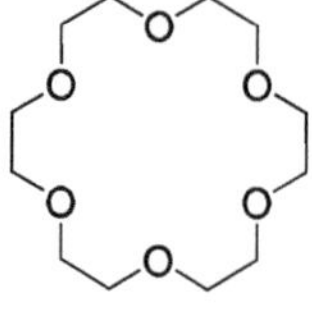

18-Krone-6

Kryptanden (krypta = Gruft)

2,2,2-crypt oder cryptand 222

Calix[n]arene (calix = Kelch)

p-tert-Butylcalix[4]aren

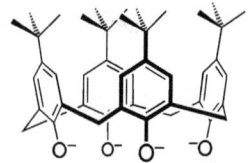

Brückenliganden (s. Abschn. 3.17)

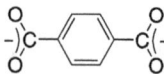

4,4'-Bipyridin, 4,4'-bipy

Benzol-1,4-dicarboxylato, terephthalato, bdc^{2-}

Benzol-1,3,5-tricarboxylato, btc^{3-}

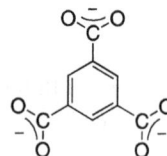

3.5 Oxidationszahl und Valenzelektronenzahl des Metallatoms in Komplexverbindungen

Die *formale* **Oxidationszahl** eines Metallatoms in einem Komplex $[MX_aL_b]^c$ ist die Ladung, die das Metallatom bei ionogener Anbindung der *a* X-Liganden hätte. Die M–X-Bindungen werden gedanklich in M^+ und X^- zerlegt. Die Gesamtladung *c* eines Komplexions muss berücksichtigt werden.

$$\text{Oxidationszahl} = \underset{a}{\text{Zahl der X-Liganden}} + \underset{c}{\text{Gesamtladung}}$$

Beispiele:	$Na[PtBrCl(NH_3)(NO_2)]$	$Na^+[Pt\,X_2\,L\,X]^-$	$+2 = 3 + (-1)$
	$[WCl_3N]$	$[W\,X_3\,X_3]$	$+6 = 6 + 0$
	$[Re(NtBu)_3(OSiMe_3)]$	$[Re\,(X_2)_3\,X]$	$+7 = 7 + 0$
	$[Cr(en)_2(ox)]^+$	$[Cr\,(L_2)_2\,X_2]^+$	$+3 = 2 + 1$

Der Oxidationszahl des Metallatoms kann seine *formale* **Valenzelektronenzahl** zugeordnet werden. Dies ist die Elektronenzahl, die im freien Metallion mit der zugehörigen Oxidationszahl vorhanden wäre.

bei Übergangsmetallen:

$$\text{Metall-Valenzelektronenzahl} = \text{Gruppennummer} - \text{Oxidationszahl}$$

Beispiele:	Ti^{4+}	$0 = 4 - 4$	Cr^{2+}	$4 = 6 - 2$
	Co^{3+}	$6 = 9 - 3$	Ni^{2+}	$8 = 10 - 2$

Für die freien *Atome* der d-Elemente (Übergangsmetalle) sind die Elektronenkonfigurationen in der Regel $ns^2\,(n-1)d^x$. Bei der Elektronenbesetzung in der *n*-ten Periode liegen die *ns*-Orbitale zunächst energetisch niedriger als die $(n-1)$d-Orbitale und werden daher vor diesen besetzt. Bei einer Ionisierung findet man allerdings, dass als Erstes die *ns*-Elektronen entfernt werden.

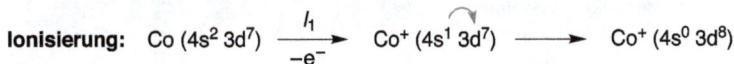

Ionisierung: $Co\,(4s^2\,3d^7) \xrightarrow[-e^-]{I_1} Co^+\,(4s^1\,3d^7) \longrightarrow Co^+\,(4s^0\,3d^8)$

Das 4s-Orbital wird vor dem 3d-Orbital ionisiert, weil die Orbitalenergie $\varepsilon(3d) < \varepsilon(4s)$ ist, wenn beide Orbitale innerhalb derselben Elektronenkonfiguration zwischen Sc und Zn berechnet werden. Gleichzeitig bleibt im *Atom* das 4s-Orbital bei der Konfiguration $4s^2\,3d^x$ besetzt, weil die Gesamtenergie *E* des Zustandes für die Elektronenkonfiguration $4s^2\,3d^x$ kleiner ist als die Gesamtenergie für die alternative Elektronenkonfiguration $4s^1\,3d^{x+1}$: $E(4s^2\,3d^x) < E(4s^1\,3d^{x+1})$. Der Grundzustand hat mit Ausnahme von Cr und Cu eine $4s^2$-Besetzung. Bei Cr ($4s^1\,3d^5$) und Cu ($4s^1\,3d^{10}$) wird durch den Elektronenübergang eine energetisch günstigere halb- und vollbesetzte d-Schale (d^5 und d^{10}) erreicht.

Bei Oxidation des Metallatoms oder Metall⟶Ligand-Elektronentransfer in einem Komplex führt die Kontraktion der Elektronenhülle zu einer starken Stabilisierung der d-Orbitale und damit zu einer starken Erhöhung der ns-$(n-1)$d-Orbitalenergiedifferenz [$\varepsilon((n-1)\mathrm{d}) \ll \varepsilon(ns)$]. Daher werden die ns-Elektronen zuerst ionisiert und für M^+-Ionen oder M-Atome in Komplexen wird die Leerung des ns-Orbitals und die alleinige Besetzung von $(n-1)$d günstiger.

Die Valenzelektronen eines Übergangsmetallions oder eines ladungs neutralen Übergangsmetallatoms in einem Komplex besetzen *formal* nur die d-Orbitale.

Beispiele:

Beispiele:	$Cr^0(C_6H_6)_2$	Cr^0-Valenzelektronenkonfiguration: d^6
	$Fe^0(CO)_5$	Fe^0-Valenzelektronenkonfiguration: d^8
	$Ni^0(PF_3)_4$	Ni^0-Valenzelektronenkonfiguration: d^{10}

Die Oxidationszahl und die daraus abgeleitete Valenzelektronenzahl sind formale Rechengrößen und in kovalenten Komplexen nur Näherungen für die reale Ladung und verbliebene Elektronenzahl am Metallatom (s. Abschn. 3.10.3, Elektroneutralität). Oxidationszahl und Valenzelektronenzahl erlauben aber sehr weitgehende Vorhersagen und Interpretationen der Koordinationspolyeder (Abschn. 3.7) und zusammen mit dem Ligandenfeld Aussagen zur optischen (UV/Vis-)Spektroskopie und zum Magnetismus (Abschn. 3.9) der Komplexe.

3.6 Gesamt-Valenzelektronenzahl in Komplexen

Die Gesamt-*Valenz*elektronenzahl eines Komplexes ergibt sich aus der Valenzelektronenzahl des Metallatoms und den Elektronen, die die Liganden beisteuern:

Kovalentes Modell der Elektronenbilanz:

Gesamt-Valenzelektronenzahl Komplex $[M\,X_a\,L_b]^c$	=	Valenzelektronenzahl (*Gruppennummer*) neutrales Metallatom	+	Zahl der X-Liganden a	+	2 × Zahl der L-Liganden $2b$	–	Ladung c

Die Gesamt-Valenzelektronenzahl ist vor allem für die Interpretation der Stabilität und Reaktivität bei Übergangsmetallkomplexen von Bedeutung (18-Elektronenregel, Abschn. 3.10.3). Die vorstehende Gleichung bezieht sich auf die Elektronenbilanz nach dem sogenannten kovalenten Modell, in dem Metallatom und X-Liganden als neutrale Teilchen gerechnet werden. Die *Gruppennummer des 18er-Periodensystems* ist die Valenzelektronenzahl des neutralen Übergangsmetallatoms. In einem alternativen ionischen Modell können Metallatom und X-Liganden auch als Ionen betrachtet werden, mit X^- als $2e^-$-Donorligand.

ionisches Modell der Elektronenbilanz:

Gesamt-Valenz-elektronenzahl Komplex $[M^{(a+c)+} (X^-)_a L_b]^c$	=	Valenzelektronen-zahl Metallion	+	2 × Zahl der X-Liganden $2a$	+	2 × Zahl der L-Liganden $2b$

Kovalentes und ionisches Modell führen zum selben Ergebnis (wenn sie nicht versehentlich, z. B. bezüglich M^0 und X^-, vermischt werden).

Beispiele:

Elektronenbilanz:

Beispiel	kovalentes Modell		ionisches Modell	
$Na[PtBrCl(NH_3)(NO_2)]$	$Na^+[Pt\,X_2\,L\,X]^-$		$Na^+[Pt^{2+}(X^-)_3L]^-$	
	Pt^0	10e	Pt^{2+}	8e
	3X	3e	$3X^-$	6e
	L	2e	L	2e
	Ladung −1	1e		16e
		16e		
$[WCl_3N]$	$[W\,X_3\,X_3]$		$[W^{6+}(X^-)_3X_3^{3-}]$	
	W^0	6e	W^{6+}	0e
	6X	6e	$3X^-$	6e
		12e	X_3^{3-}	6e
				12e
$[Cr(en)_2(ox)]^+$	$[Cr\,(L_2)_2\,X_2]^+$		$[Cr^{3+}(L_2)_2\,X_2^{2-}]^+$	
	Cr^0	6e	Cr^{3+}	3e
	2X	2e	X_2^{2-}	4e
	4L	8e	4L	8e
	Ladung +1	−1e		15e
		15e		
$[Nb(CHPh)(C_5Me_5)(NAr')(PMe_3)]$	$[Nb\,X_2\,L_2X\,LX_2\,L]$		$[Nb^{5+}(X_2^{2-})\,L_2X^-\,(LX_2^{2-})\,L]$	
	Nb^0	5e	Nb^{5+}	0e
	= CHPh	2e	$CHPh^{2-}$	4e
	C_5Me_5	5e	$C_5Me_5^-$	6e
	≡ N-Ar	4e	← $N\text{-}Ar^{2-}$	6e
	PMe_3	2e	PMe_3	2e
		18e		18e
pro Tantalatom: $[\{TaCl(\mu\text{-}Cl)(N^tBu)(NH^tBu)(NH_2{}^tBu)\}_2]$	$[Ta\,2X\,(\mu\text{-}L)\,X_2\,LX\,L]$		$[Ta^{5+}2X^-(\mu\text{-}L)\,(X_2^{2-})LX^-L]$	
	Ta^0	5e	Ta^{5+}	0e
	Cl+(μ-)Cl	2e	Cl^-+(μ-)Cl^-	4e
	μ-Cl →	2e	μ-Cl →	2e
	= NR	2e	NR^{2-}	4e
	← NR_2	3e	← NR_2^-	4e
	NR_3	2e	NR_3	2e
		16e		16e

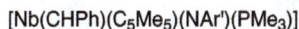

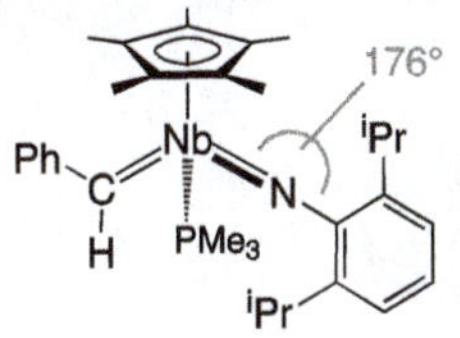

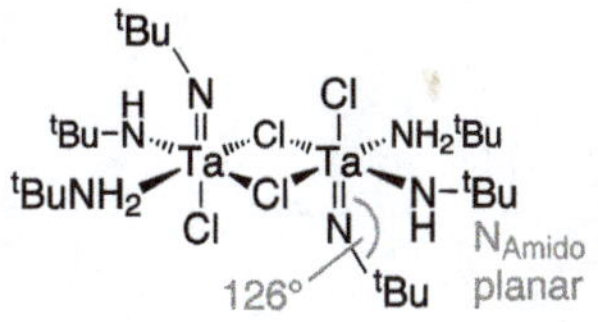

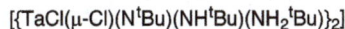

3.7 Koordinationszahl und -polyeder von Komplexverbindungen

Wichtige Strukturmerkmale von Komplexen sind die Koordinationszahl und das Koordinationspolyeder. Beide sind eng miteinander verknüpft. Die **Koordinationszahl** ist die Zahl der an das Metallatom gebundenen Donoratome der Liganden. Bei C-gebundenen Liganden wird *meist* die Zahl der Elektronenpaare für die Metall–Ligand-Bindungen gezählt. Das entspricht der Summation der L- und X-Zahl des Liganden. η^3-Allyl (LX) besetzt also zwei, η^5-C_5H_5 (L_2X) und η^6-C_6H_6 (L_3) besetzen drei Koordinationsstellen. Das **Koordinationspolyeder** ist die geometrische Figur, die die Donoratome um das Zentralatom bilden. Die geometrischen Körper Tetraeder, Hexaeder (Würfel), Oktaeder, trigonales/pentagonales Dodekaeder und Ikosaeder sind nach der Zahl der *Flächen* („-eder", 4, 6, 8, 12/12, 20) und *nicht* nach der Zahl der Ecken (4, 8, 6, 8/20, 12) benannt. Die niedrigste Koordinationszahl in Übergangsmetallkomplexen ist zwei, die höchste neun. Koordinationszahlen bis 12 treten in Lanthanoid- und Actinoidkomplexen auf. Die wichtigste Koordinationszahl ist sechs, mit Abstand gefolgt von vier. Die Koordinationszahl wächst tendenziell mit der Größe des Metall(ionen)radius und abnehmender Größe der Liganden. Vergleiche dazu die sehr ähnliche Beziehung der Koordinationszahl von Ionen zu deren Radienverhältnis in Festkörperstrukturen (Abschn. 2.2.1).

Die Koordinationszahlen zwei und drei gelten als selten. Man kennt aber mittlerweile jeweils mehrere Tausend Beispiele für derartige Strukturen. Unter Vernachlässigung längerer Kontakte werden die Strukturen dabei häufig idealisiert interpretiert. **Koordinationszahl 2**: Die meisten Strukturen enthalten das **d^{10}-Ion** Au^+, gefolgt von den d^{10}-Ionen Hg^{2+}, Ag^+ und Cu^+. Einige wenige Strukturen wurden auch für die d^{10}-Ionen und -Atome Zn^{2+}, Cd^{2+}, Ni^0, Pd^0, Pt^0 und für Metallatome mit anderen Elektronenkonfigurationen beschrieben. Die Komplexe sind weitgehend **linear** gebaut.

Typische Beispiele:

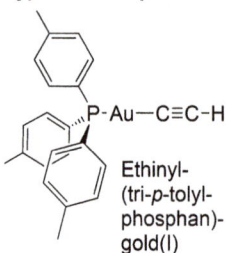

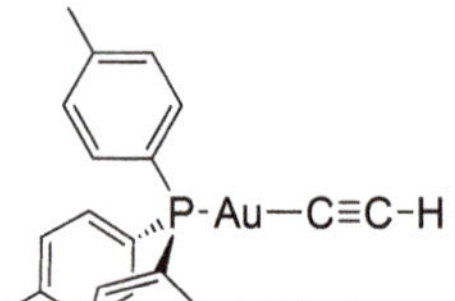

P-Au—C≡C-H

Ethinyl-(tri-*p*-tolylphosphan)-gold(I)

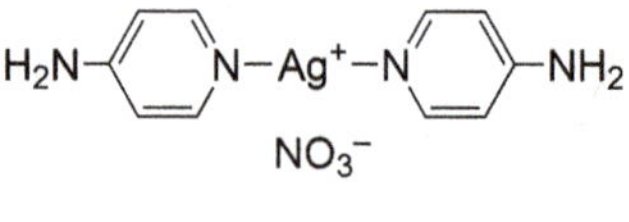

H_2N–C5H4N–Ag^+–NC5H4–NH_2 NO_3^-

Bis(4-aminopyridin)-silber(I)-nitrat

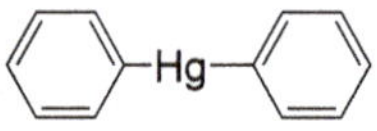

C_6H_5–Hg–C_6H_5

Diphenyl-quecksilber(II)

Koordinationszahl 3: Die meisten Strukturen enthalten das **d^{10}-Ion** Cu^{+}, gefolgt von Ag^{+}, Au^{+}, Hg^{2+} und bereits weniger häufig Zn^{2+}, Fe^{2+} u. a. Die Geometrie um das Metallatom reicht von trigonal-planar über pyramidal bis T-förmig.

Typische Beispiele:

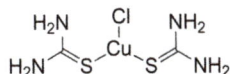

Chlorido-bis(thioharnstoff-κ*S*)-kupfer(I)

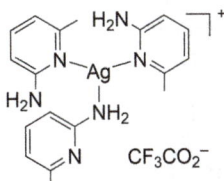

Bis(2-amino-6-methylpyridin-κ*N*)-(2-amino-κ*N'*-6-methylpyridin)-silber(I)-trifluoracetat

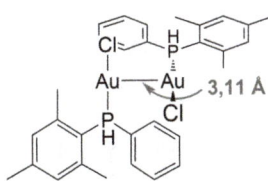

Bis(chlorido-{mesityl(phenyl)-phosphan}-gold(I))

Allgemein gilt für die im Periodensystem rechts stehenden d-elektronenreichen Metalle, dass sie niedrige Koordinationszahlen wie zwei oder drei aufweisen. Koordinationszahlen kleiner als vier werden außerdem durch große, sterisch anspruchsvolle Liganden begünstigt. Die Anbindung weiterer Liganden wird durch räumlich abstoßende Wechselwirkungen verhindert. Die sterische Abschirmung durch Liganden mit voluminösen Substituenten führt weiterhin zu einer kinetischen Stabilisierung von koordinativ ungesättigten Metallatomen.

Die **Koordinationszahl 4** ist eine der wichtigeren Koordinationszahlen. Die beiden möglichen symmetrischen Koordinationspolyeder sind das Tetraeder und das Quadrat. Das **Tetraeder** findet man allgemein bei der Kombination von großen Liganden und kleinen Metallatomen und **elektronisch kontrolliert** bei Metallatomen mit einer **d^0- oder d^{10}-Valenzelektronenkonfiguration** (Abb. 3.1).

Koordinationszahl 4 Tetraeder (Symmetrie: T_d)

Gruppe	4	5	6	7	8	9	10	11	12
M:	**Ti^{4+}**	V: (3+) **4+,5+**	Cr: 4+,5+ **6+**	Mn: (2+),5+ 6+,**7+**	(Fe^{2+}) (Fe^{3+})	Co^{2+}	**Ni^0** Ni^{+}	**Cu^{+}** Cu^{2+}	**Zn^{2+}**
M:	**Zr^{4+}**		**Mo^{6+}**	**Tc^{7+}**	**Ru^{8+}** Ru^{7+}		**Pd^0**	**Ag^{+}**	
M:			**W^{6+}**	**Re^{7+}**	Os: 6+,7+ **8+**		**Pt^0**		**Hg^{2+}**

Abb. 3.1: Metall-Oxidationsstufen mit tetraedrischen Koordinationspolyedern. d^0- und d^{10}-konfigurierte Metallatome sind durch Fettdruck hervorgehoben. Für viele der aufgeführten Ionen findet man auch oktaedrische Komplexe (vgl. Abb. 3.4) und für die d^{10}-Metalle auch Komplexe mit niedrigerer Koordinationszahl (s. o.).

Beispiele: d^0-Metallatome

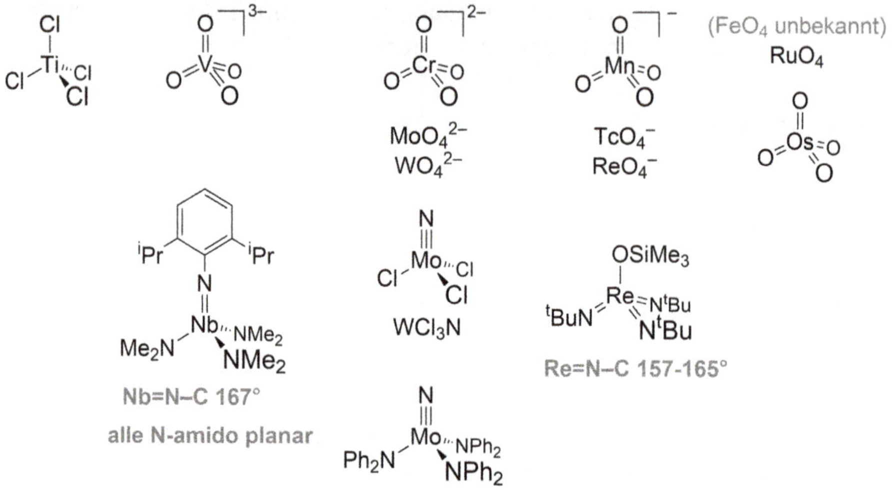

MoO_4^{2-}, WO_4^{2-}

TcO_4^-, ReO_4^-

(FeO_4 unbekannt) RuO_4

WCl_3N

Nb=N–C 167°

alle N-amido planar

Re=N–C 157-165°

Für die Stabilisierung der bei den d^0-Metallatomen auftretenden formal hohen Oxidationsstufen +4 bis +8 sind gute Donorliganden wie Chlorido (–Cl), Oxido (=O), Nitrido (≡N), Imido (=NR) oder Amido (–NR_2, N planar) notwendig (s. Abschn. 3.10.3).

Beispiele: d^{10}-Metallatome

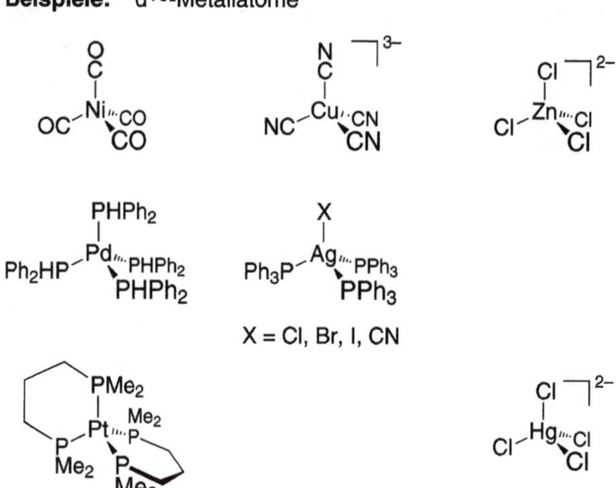

Die neutralen d^{10}-Metallatome Ni^0, Pd^0 und Pt^0 werden gut durch größere Phosphanliganden stabilisiert, Ni^0 auch durch CO.

Eine tetraedrische Geometrie kann auch durch sterisch anspruchsvolle Tripodliganden erzwungen werden („sterische Kontrolle"):

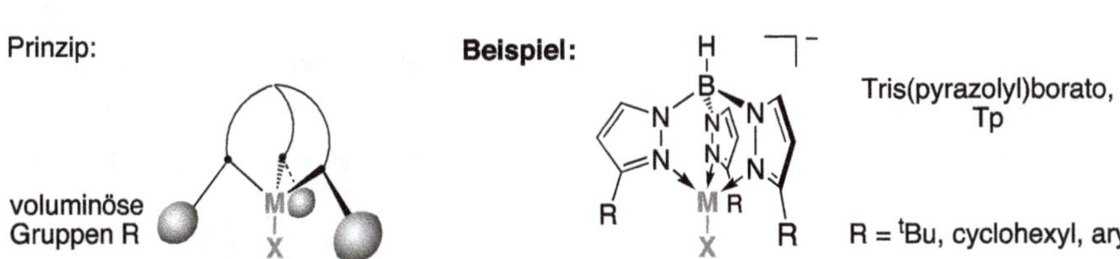

Quadratisch-planare Komplexe findet man häufig bei den **d^8-Ionen** Rh^+, Ir^+, Ni^{2+} (mit starken Liganden), Pd^{2+}, Pt^{2+} und Au^{3+} (Abb. 3.2).

Gruppe		4	5	6	7	8	9	10	11	12
Koordinationszahl 4 Quadrat								**Ni^{2+}**	Cu^{2+} **Cu^{3+}**	Zn^{2+}
(Symmetrie: D_{4h})	M:						**Rh^+**	Pd^+ **Pd^{2+}**	Ag^{2+} **Ag^{3+}**	
							Ir^+	**Pt^{2+}**	Au^{2+} **Au^{3+}**	

Abb. 3.2: Metallionen mit quadratisch-planarer Koordinationsgeometrie. Bei d^8-Elektronenkonfiguration Hervorhebung durch Fettdruck. Für die Ionen Ni^{2+}, Cu^{2+}, Cu^{3+} findet man in ähnlicher Häufigkeit auch oktaedrische Komplexe (vgl. Abb. 3.4).

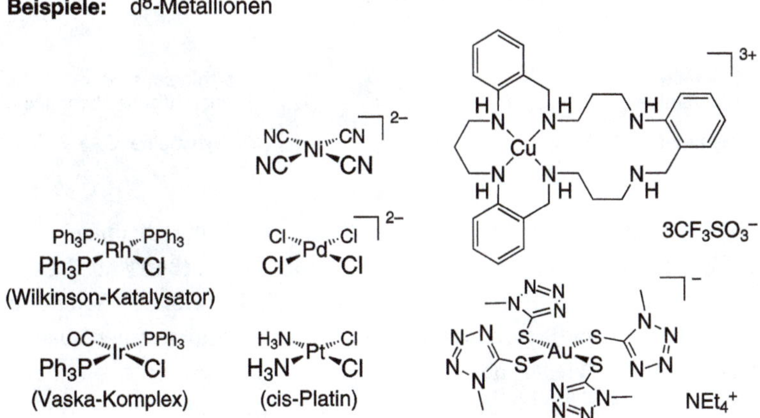

Quadratisch-planare Komplexe sind vielfach als Katalysatoren relevant (Abschn. 4.4).

Die Verbindung Bis(diethylammonium)-tetrachloridocuprat(II), $[Et_2NH_2]_2[CuCl_4]$ ist ein Beispiel für eine reversible Umwandlung zwischen (verzerrt) quadratisch-planarer und (verzerrt) tetraedrischer Koordination im Festkörper, gekoppelt mit Thermochromie (Farbänderung mit der Temperatur).

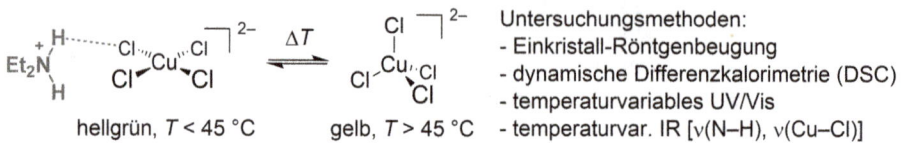

hellgrün, $T < 45$ °C ⇌ (ΔT) gelb, $T > 45$ °C

Untersuchungsmethoden:
- Einkristall-Röntgenbeugung
- dynamische Differenzkalorimetrie (DSC)
- temperaturvariables UV/Vis
- temperaturvar. IR [ν(N–H), ν(Cu–Cl)]

Ligand···Ligand-Abstoßung begünstigt die tetraedrische Geometrie. Kristallfeldstabilisierungsenergie (s. Abschn. 3.9.3) fördert die quadratisch-planare Anordnung. In $[Et_2NH_2]_2[CuCl_4]$ tragen bei Raumtemperatur NH···Cl-Wasserstoffbrücken entscheidend zur Stabilisierung der planaren $CuCl_4$-Anordnung im Festkörper bei. In der Hochtemperaturphase verlängern sich die H-Bindungen, begleitet von einer Entropiezunahme durch Fehlordnung des Et_2NH_2-Ions.

Generell gilt die tetraedrische Koordination in Komplexen als starr. Bei vier unterschiedlichen Liganden können deshalb Stereoisomere isoliert werden (Abschn. 3.8). Die Energie zur Umwandlung in einen planaren Übergangszustand für den Platztausch der Liganden ist aufgrund der Ligandenabstoßung zu hoch.

Die **Koordinationszahl 5** ist weniger häufig als vier oder sechs, aber doch bedeutend. Für die geometrische Anordnung gibt es den Grenzfall der **trigonalen Bipyramide** und der tetragonalen oder **quadratischen Pyramide**.

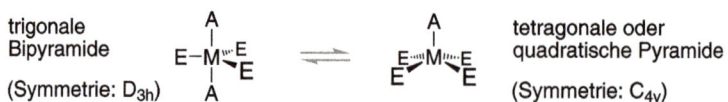

trigonale Bipyramide (Symmetrie: D_{3h}) ⇌ tetragonale oder quadratische Pyramide (Symmetrie: C_{4v})

Beide sind Grenzstrukturen mit fast gleicher Energie – die trigonale Bipyramide ist geringfügig stabiler –, die sich über eine Pseudorotation (Berry-Mechanismus) in Lösung rasch ineinander umwandeln können (Abb. 3.3). Jede der drei äquatorialen Positionen E der trigonalen Bipyramide kann die apikale Position A der quadratischen Pyramide einnehmen. Wiederholung des Umwandlungsprozesses vertauscht alle axialen (A) und äquatorialen (E) Liganden der trigonalen Bipyramide.

Moleküle mit der Koordinationszahl fünf sind in Lösung in der Regel fluktuierend, d. h. zeigen schnelle intramolekulare Umwandlungen, sodass alle fünf Liganden z. B. auf der NMR-Zeitskala äquivalent erscheinen. Das ^{13}C-NMR-Spektrum von $[Fe(CO)_5]$ oder $[Fe(CN^tBu)_5]$ zeigt nur ein Signal bis hinunter zu –170 oder –80 °C. ^{19}F- und ^{31}P-NMR-Untersuchungen zeigen die Äquivalenz aller Liganden in $[M(PF_3)_5]$ (M = Fe, Ru, Os) bis hinunter zu –60 °C (in $CHClF_2$).

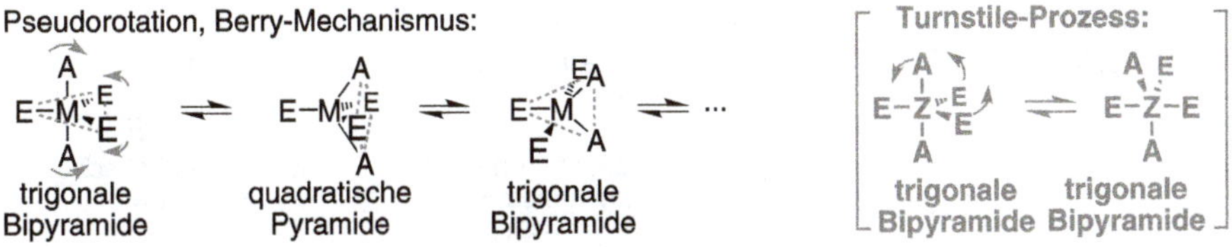

Pseudorotation, Berry-Mechanismus: trigonale Bipyramide ⇌ quadratische Pyramide ⇌ trigonale Bipyramide ⇌ …

Turnstile-Prozess: trigonale Bipyramide ⇌ trigonale Bipyramide

Abb. 3.3: Darstellung der Umwandlung trigonale Bipyramide – quadratische Pyramide – trigonale Bipyramide (Pseudorotation, Berry-Mechanismus), die zu einem Platztausch von äquatorialen (E) und axialen (A) Liganden in der trigonal-bipyramidalen Struktur führt. Eine mechanistische Alternative zur Pseudorotation wären Turnstile- (engl. für Drehkreuz-)Prozesse, die ebenfalls in Platzwechselvorgängen der Liganden bei der trigonalen Bipyramide (ohne quadratisch-pyramidale Zwischenstufe) resultieren. Theoretische Studien legen allerdings stets einen Berry-Mechanismus nahe.

Im Festkörper kann bei fünffach-koordinierten Komplexen mit unterschiedlichen Liganden eine Form bevorzugt werden. Die (höher) negativ geladenen Liganden haben dabei meistens einen größeren Platzbedarf. Für Halogenidokomplexe mit einzähnigen Phosphan- oder Phosphitliganden beobachtet man in der Regel die trigonale Bipyramide mit den Halogenidoliganden in den weniger gehinderten äquatorialen Positionen.

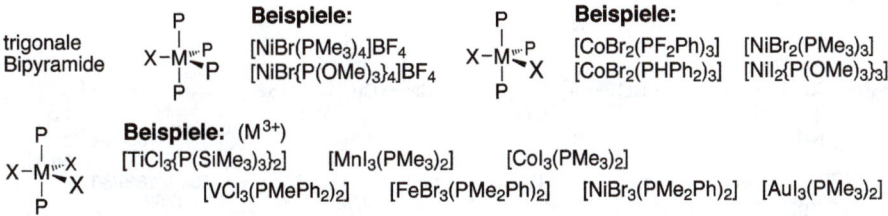

trigonale Bipyramide

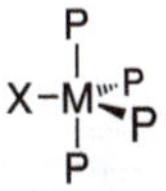

Beispiele: $[NiBr(PMe_3)_4]BF_4$, $[NiBr\{P(OMe)_3\}_4]BF_4$

Beispiele: $[CoBr_2(PF_2Ph)_3]$, $[NiBr_2(PMe_3)_3]$, $[CoBr_2(PHPh_2)_3]$, $[NiI_2\{P(OMe)_3\}_3]$

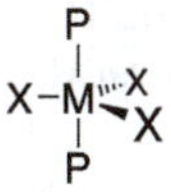

Beispiele: (M^{3+}) $[TiCl_3\{P(SiMe_3)_3\}_2]$, $[MnI_3(PMe_3)_2]$, $[CoI_3(PMe_3)_2]$, $[VCl_3(PMePh_2)_2]$, $[FeBr_3(PMe_2Ph)_2]$, $[NiBr_3(PMe_2Ph)_2]$, $[AuI_3(PMe_3)_2]$

Für Monooxido- und -nitridokomplexe findet man häufig eine quadratische Pyramide mit dem höher geladenen Oxido- oder Nitridoliganden in der weniger gehinderten apikalen Position.

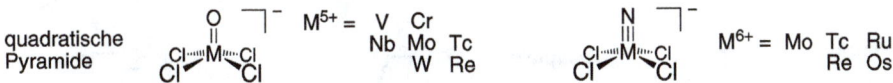

quadratische Pyramide

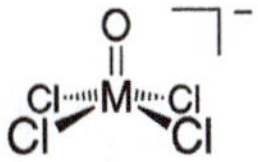

$[OMCl_4]^-$: M^{5+} = V, Cr, Nb, Mo, Tc, W, Re

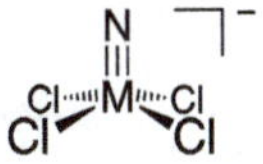

$[NMCl_4]^-$: M^{6+} = Mo, Tc, Ru, Re, Os

Zwischen den beiden Grenzformen gibt es in Festkörperstrukturen häufig fließende Übergänge, d. h. verzerrt fünffach-koordinierte Metallatome, deren Zuordnung zu oder Abweichung von den beiden Grenzfällen mithilfe des **„Addison-τ"** oder **„Winkel-Struktur-Parameters τ"** unabhängig von der graphischen Darstellung berechnet werden kann.

$$\tau = \frac{(\alpha - \beta)}{60°}$$ α, β = größte Winkel, $\alpha > \beta$

180° 120°

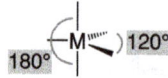

ideale trigonale Bipyramide: $\tau = 1$

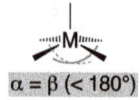

$\alpha = \beta$ (< 180°)

ideale quadratische Pyramide: $\tau = 0$

Beispiele: Trigonale Bipyramide oder quadratische Pyramide?
(Die Kugel-Stab-Darstellungen repräsentieren Atomanordnungen aus Kristallstrukturanalysen.)

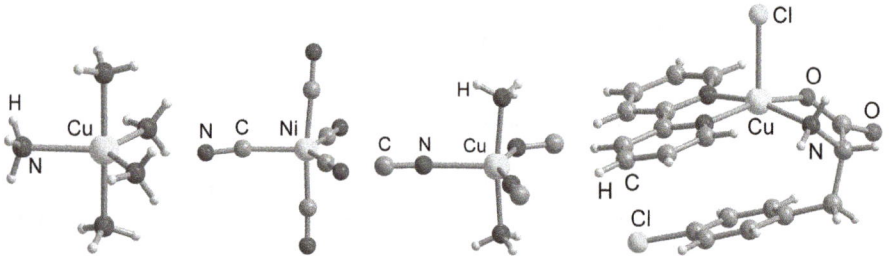

größte Winkel (°):

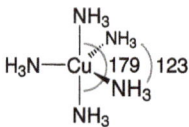

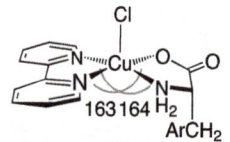

$[Cu(NH_3)_5]$: 179, 123	$[Ni(CN)_5]$: 173, 141	Cu: 171, 152	Cu: 163, 164
$\tau = (179 - 123)/60 = 0{,}93$	$\tau = (173 - 141)/60 = 0{,}53$	$\tau = (171 - 152)/60 = 0{,}32$	$\tau = (164 - 163)/60 = 0{,}02$
relativ ideale trigonale Bipyramide	dazwischenliegend	näher an quadr. Pyramide	relativ ideale quadr. Pyramide

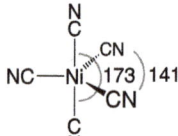

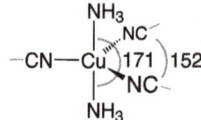

Eine Fünffachkoordination kann auch durch sterisch anspruchsvolle vierzähnige Liganden erzwungen werden („sterische Kontrolle"):

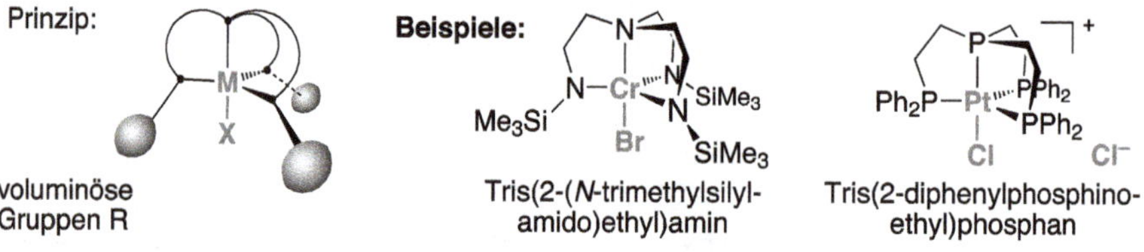

Die **Koordinationszahl 6** ist die wichtigste Koordinationszahl. Das **Oktaeder** in idealer oder tetragonal verzerrter Form ist das zugehörige dominierende Koordinationspolyeder (Abb. 3.4). Die oktaedrische Koordination erlaubt in der Summe die Erhöhung der Metall–Ligand-Bindungsenergie durch Bildung von mehr M–L-Bindungen

Koordinationszahl 6 Oktaeder

	Gruppe 4	5	6	7	8	9	10	11	12
M:	Ti: **2+,3+** 4+	V: 3+ 4+,5+	Cr: **0,1+,2+**^{JT} **3+**,4+,5+	Mn: 1+,2+ **3+**^{JT}**,4+**	**Fe^{2+}** **Fe^{3+}**	Co^{2+} **Co^{3+}**	Ni^{2+} Ni^{3+JT}	Cu^{2+JT} Cu^{3+}	Zn^{2+}
	Zr^{4+}	**Nb^{4+}**	Mo: **0,3+** (6+)	Tc: **3+,4+** **5+,6+**	**Ru^{2+}** **Ru^{3+}**	**Rh^{3+}** **Rh^{4+}**	Pd^{4+}		**Cd^{2+}**
			W: **0,3+** 6+	Re: 1+,**2+**,3+ **4+,5+,6+**	**Os^{2+}** **Os^{3+}**	**Ir^{3+}** **Ir^{4+}**	Pt^{4+}		

Abb. 3.4: Metallionen mit oktaedrischer Koordinationsgeometrie. Durch Fettdruck hervorgehoben sind diejenigen Ionen, für die die Koordinationszahl sechs und das oktaedrische Koordinationspolyeder fast ausschließlich gefunden wird. Der Zusatz JT bei den Ionen Cr^{2+} (d^4-high-spin), Mn^{3+}(d^4-high-spin), Ni^{3+} (d^7-low-spin) und Cu^{2+} (d^9) soll andeuten, dass hier aus elektronischen Gründen stets (Jahn-Teller-)verzerrte, tetragonal-bipyramidale Strukturen gefunden werden (s. Jahn-Teller-Effekt in Abschn. 3.9.3).

als bei den niedrigeren Koordinationszahlen. Gleichzeitig bleibt die intramolekulare Ligand···Ligand-Abstoßung für nicht zu voluminöse Liganden noch gering, die höhere Koordinationszahlen energetisch ungünstiger werden lässt. Eine Streckung zweier *trans*-Liganden entlang einer der C_4-Achsen des Oktaeders ist eine **tetragonale Verzerrung**, mit der tetragonalen oder quadratischen Bipyramide als geometrischer Form. Ein tetragonal verzerrter Oktaeder wird durch bestimmte d-Konfigurationen elektronisch bedingt (Jahn-Teller-Effekt, s. Abschn. 3.9.3) oder durch *trans*-Anordnung bei zwei oder mehr verschiedenen Liganden in $[MA_4B_2]$- oder $[MA_4BC]$-Komplexen (s. Abschn. 3.8).

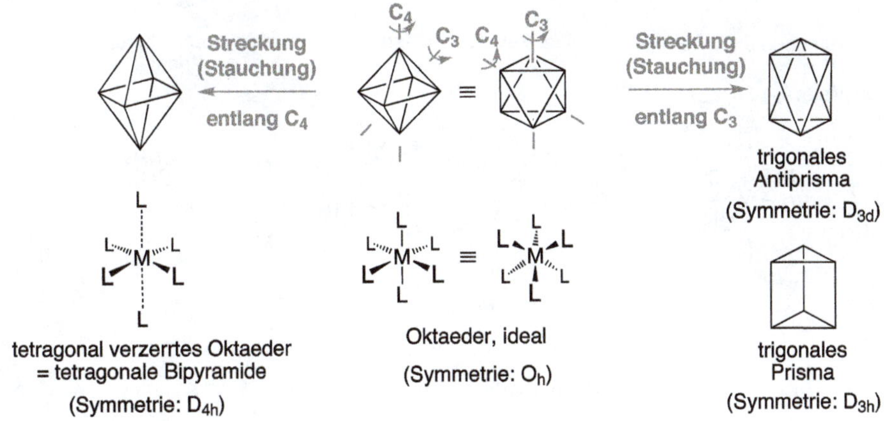

Das trigonale Antiprisma ist eine trigonale Verzerrung des Oktaeders, d. h. die Metall–Ligand-Abstände werden entlang einer der dreizähligen Achsen gestreckt. Das trigonale Antiprisma und das trigonale Prisma werden bei Molekülkomplexen selten gefunden. Stauchungen werden bei der tetragonalen und trigonalen Verzerrung aufgrund der dann zunehmenden Liganden-Abstoßungen nicht beobachtet.

Beispiele: Trigonales Prisma

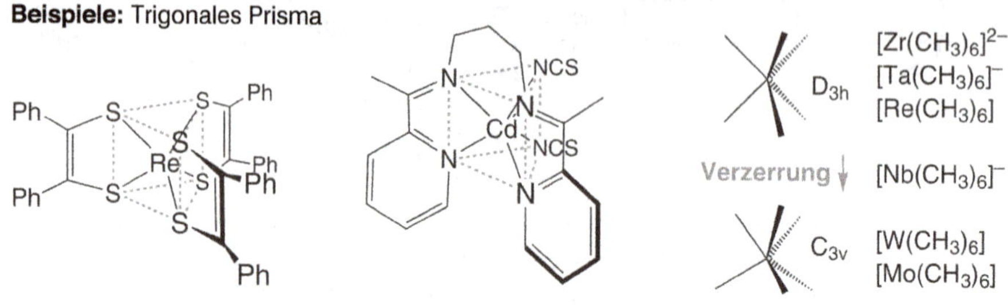

Zur Theorie der nicht-oktaedrischen $[M(CH_3)_6]$-Strukturen s. Abschn. 3.9.1.

Generell gilt die oktaedrische Koordination in σ- und π-Donorkomplexen als starr. Die Energiebarriere für den Platztausch von Liganden mittels eines trigonal-prismatischen Übergangszustandes ist hoch. Bei unterschiedlichen Liganden können deshalb Stereoisomere (cis, trans, fac, mer, Δ, Λ) isoliert werden (Abschn. 3.8).

Die **Koordinationszahl** 7 ist wieder seltener. Symmetrische Koordinationspolyeder mit ähnlichen Stabilitäten sind die pentagonale Bipyramide, das überkappte Oktaeder (siebenter Ligand über einer Fläche) und das überkappte trigonale Prisma (siebenter Ligand über einer Rechteckfläche).

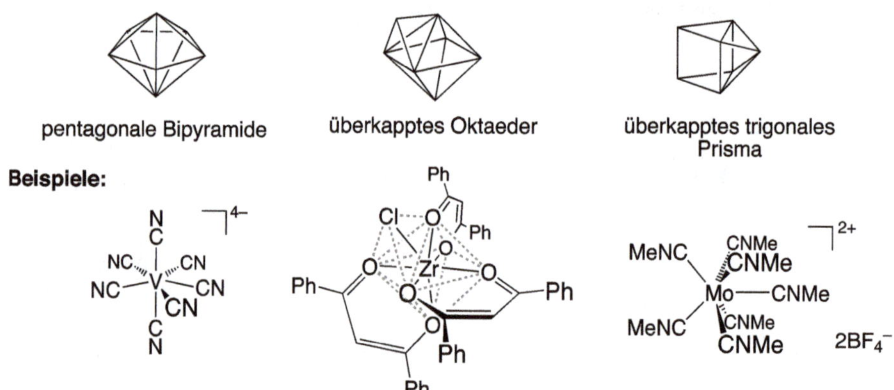

In Lösung zeigen NMR-Spektren für Komplexe mit sieben identischen einzähnigen Liganden fluktuierendes Verhalten.

Die Bedeutung der **Koordinationszahl 8** ist in den letzten Jahren stark gewachsen, bedingt durch zunehmende Untersuchungen der Koordinationschemie der Lanthanoide und Actinoide, bei deren großen Metallionen diese und höhere Koordinationszahlen möglich werden. Symmetrische Koordinationspolyeder für Molekülkomplexe sind das (etwas stabilere) quadratische Antiprisma, das *trigonale* Dodekaeder und das zweifach-überkappte trigonale Prisma. (Ein *pentagonales* Dodekaeder/„Zwölfflächner" mit 20 Ecken lässt sich aus Fünfecken aufbauen, s. Bsp. in Abschn. 3.15). Der Würfel ist als Koordinationspolyeder bei molekularen Monometall-Komplexen sehr selten.

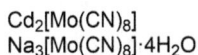

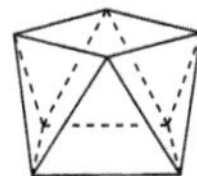	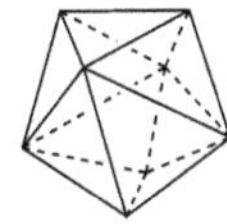	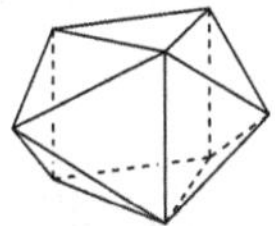	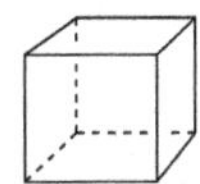
quadratisches Antiprisma (Symmetrie: D_{4d})	trigonales Dodekaeder (Symmetrie: C_{2v})	zweifach überkapptes trigonales Prisma (Symmetrie: C_{2v})	Würfel (Symmetrie: O_h)
Beispiele:			
$Cd_2[Mo(CN)_8]$ $Na_3[Mo(CN)_8]\cdot 4H_2O$	$K_4[Mo(CN)_8]\cdot 3H_2O$ $(Bu_4N)_4[Mo(CN)_8]$	$Cs_3[Mo(CN)_8]$	in molekularen Monometall-Komplexen sehr selten

Die Geometrie der $[M(CN)_8]^{n-}$-Anionen (M = Nb, Mo, W) hängt im Festkörper stark vom Kation und damit verbundenen Kristallpackungseffekten ab. In Lösung belegen temperaturvariable ^{95}Mo- und ^{14}N-NMR-Linienbreiten-Untersuchungen für $[Mo(CN)_8]^{4-}$ eine dodekaedrische Struktur.

Für die **Koordinationszahl 9 und höher** wird die Zahl der bekannten Strukturen bei den d-Metallen immer kleiner. Erst bei den Komplexverbindungen der Lanthanoide und Actinoide werden solche Koordinationszahlen sehr häufig ausgebildet (s. Abschn. 3.10.4). Als reguläres Koordinationspolyeder zur Koordinationszahl 9 kennt man das dreifach überkappte trigonale Prisma z. B. in $K_2[ReH_9]$ (ein Ligand über jeder Rechteckfläche). Beispiele für die Koordinationszahl 12 sind Hexanitratocerat(III oder IV)-Komplexe $[Ce(NO_3)_6]^{3-/2-}$ mit diversen Kationen. Jeder Nitrato-Ligand koordiniert zweizähnig, d. h. mit zwei Sauerstoffatomen chelatartig an das Cer-Ion, das eine verzerrte ikosaedrische Koordination der 12 Sauerstoff-Donoratome hat.

Koordinationszahl 9:

dreifach überkapptes trigonales Prisma

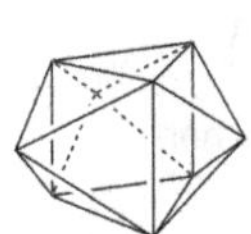

Beispiel:

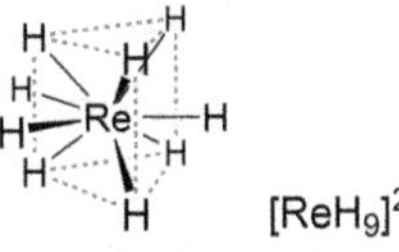

$[ReH_9]^{2-}$

Koordinationszahl 12:

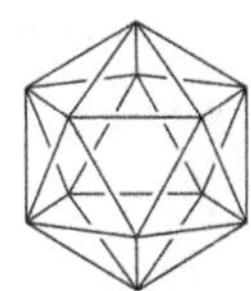

Ikosaeder

(idealisierte unverzerrte Koordination)

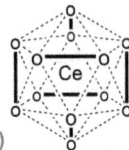

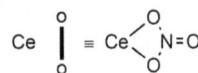

O O O O O O Ce O O O O O O

Ce O O ≡ Ce O O N=O

$[Ce(NO_3)_6]^{3-/2-}$

3.8 Isomerie bei Komplexverbindungen

Isomere sind Verbindungen, die bei gleicher Summenformel unterschiedliche Atomanordnungen (Strukturen) aufweisen. In der Koordinationschemie sind geometrische Isomere, optische Isomere und Bindungsisomere von Bedeutung.

Die **geometrische Isomerie** beinhaltet die **cis-/trans-Isomerie** bei oktaedrischen MA_4B_2- oder MA_4BC- und (quadratisch-)planaren MA_2B_2- oder MA_2BC-Komplexen.

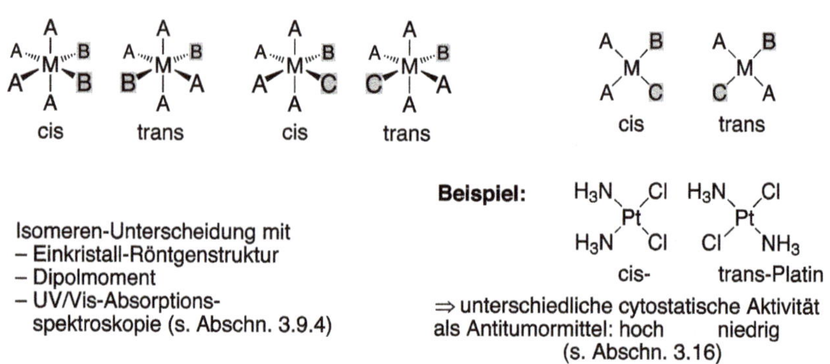

Bei vier verschiedenen Liganden in einem planaren Komplex MABCD gibt es drei Stereoisomere.

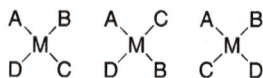

Bei oktaedrischen MA_3B_3-Komplexen sind **faciale** und **meridionale** Ligandenanordnungen möglich.

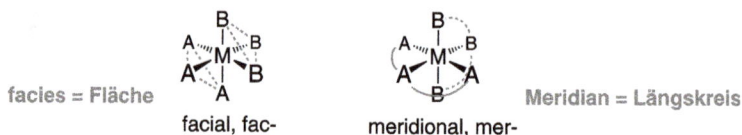

facies = Fläche

facial, fac-

meridional, mer-

Meridian = Längskreis

Die Schwingungsspektroskopie erlaubt gegebenenfalls über die unterschiedliche Anzahl der IR- und Raman-aktiven Normalschwingungen für die verschieden symmetrischen isomeren MA_nB_{6-n}-Spezies ($n = 2–4$) eine Zuordnung (s. Carbonylkomplexe in Abschn. 4.3.6).

Einfache Farbvergleiche können auch zu einer Zuordnung führen: So wird aus dem blau-roten cis-Carbonatocobaltkomplex in einer Reaktionsfolge über den rot-violetten zweifach verbrückten cis-Dihydroxidokomplex das Violeo-Salz, $[CoCl_2(NH_3)_4]Cl$ synthetisiert. In einer anderen Reaktionsfolge wird mit einem Farbwechsel über grüne Intermediate das grüne Praseo-Salz mit derselben Summenformel erhalten. Die andere Färbung des Praseo-Salzes gegenüber dem cis-Edukt weist auf einen Konfigurationswechsel zu trans hin. Damit deutet der während der Reaktionsfolge zum Violeo-Salz beibehaltene rot-violette Farbton einen Konfigurationserhalt an und ordnet dem Violeo-Salz die cis-Konfiguration zu (s. auch Abschn. 3.9.4).

blau-rot — 1. verd. H_2SO_4, 2. NH_3, 3. 100 °C → rot-violett — konz. HCl, Kälte → violett, Violeosalz – cis

blau-rot — verd. HCl → grün — H_2SO_4 + HCl → dunkelgrün — $BaCl_2$ → grün, Praseosalz – trans

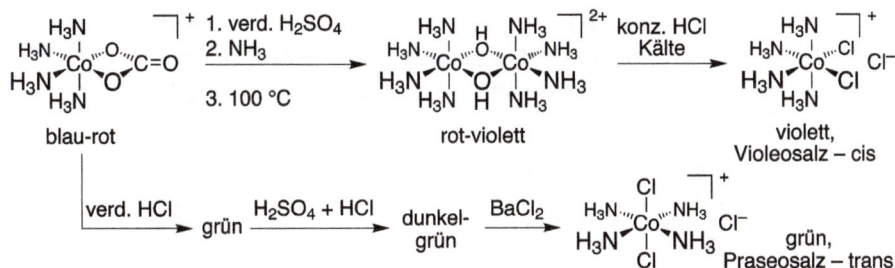

Die **optische Isomerie** oder **Spiegelbildisomerie** hat allgemein zur Voraussetzung, dass ein Molekül dissymmetrisch oder chiral ist. Ein Molekül ist dissymmetrisch, wenn es keine Drehspiegelachse S_n besitzt, worin die Spiegelebenen $\sigma = S_1$ und das Inversionszentrum $i = S_2$ eingeschlossen sind. Ein asymmetrisches Molekül, also ohne Symmetrieelemente, wird nicht gefordert. Drehachsen C_n können vorliegen. Ist die Bedingung der Dissymmetrie erfüllt, so können zwei optische Antipoden oder Enantiomere vorliegen, die optisch aktiv sind, d. h. die Ebene des polarisierten Lichts um den gleichen Betrag, aber in die jeweils entgegengesetzte Richtung drehen. Die 1:1-Mischung der beiden Enantiomere ist das Racemat.

Metallkomplexe können ohne chirale organische Liganden optische Isomere bilden (metallzentrierte Chiralität). **Beim Tetraeder** ist dafür z. B. (wie in der organischen Chemie) die Koordination von vier unterschiedlichen Liganden notwendig.

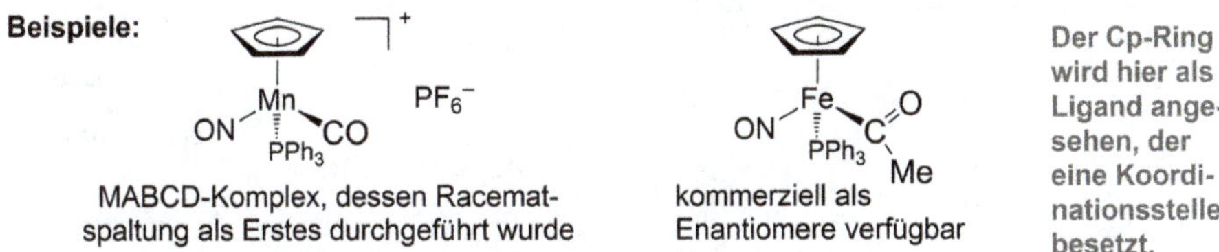
Beispiele:
MABCD-Komplex, dessen Racematspaltung als Erstes durchgeführt wurde
kommerziell als Enantiomere verfügbar
Der Cp-Ring wird hier als Ligand angesehen, der eine Koordinationsstelle besetzt.

Vierfach-koordinierte nicht-planare Metallkomplexe werden mit zwei unsymmetrischen A∩B-Chelatliganden chiral, wenn der sterische Anspruch der Liganden oder eine starre Metallkoordination einen planaren Übergangszustand verhindert. Die beiden Stereoisomere des C_2-symmetrischen $M(A\cap B)_2$-Komplexes werden in Anlehnung an die trigonalen oktaedrischen $M(A\cap A)_3$-Komplexe (s. u.) mit Λ und Δ gekennzeichnet.

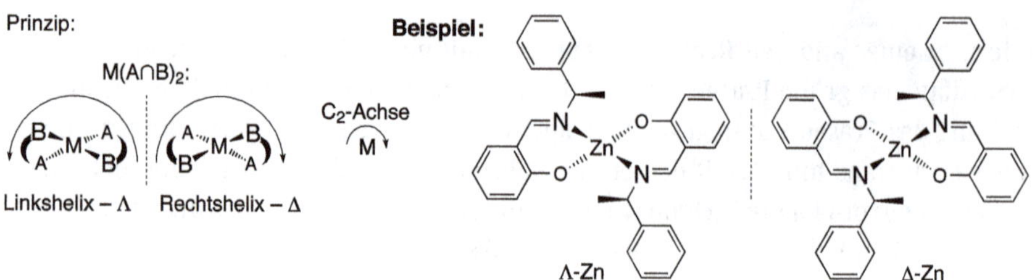

Quadratisch-planare Komplexe werden chiral, wenn voluminöse Gruppen in Liganden deren Rotation um die Metall-Donoratom-Bindung verhindern und damit keine S_n-Symmetrie mehr gegeben ist (nur wenige gut charakterisierte Beispiele).

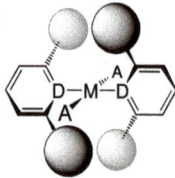

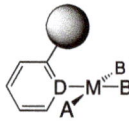

Prinzip:
oder
u.a. Substitutionsmuster
Beispiel:
(im Kristall)

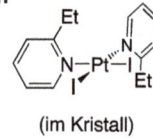

Bei oktaedrischen Komplexen findet man beobachtbare optische Isomerie vor allem bei Anwesenheit von Chelatliganden. Je nach Unterschiedlichkeit der übrigen Liganden können bereits bei einem Chelatring optische Isomere auftreten. Die nachfolgenden Darstellungen illustrieren die enantiomeren Formen für Komplexe mit einem bis drei Chelatliganden. Für den Komplex $M(A\cap A)_2B_2$ mit zwei Chelatliganden ist die C_2-Achse angedeutet, für den trigonalen Tris-Chelatkomplex $M(A\cap A)_3$ eine der drei C_2-Achsen. Zusätzlich liegt bei $M(A\cap A)_3$ noch eine C_3-Achse vor. Der Bis-Chelatkomplex ist nur in der cis-Form optisch aktiv, die trans- oder meso-Form ist optisch inaktiv.

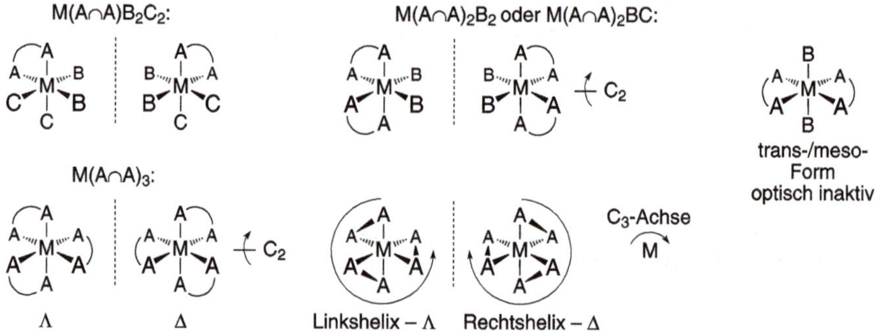

Die metallzentrierte Chiralität in den enantiomeren Konfigurationen wird durch die griechischen Buchstaben Λ und Δ gekennzeichnet. Der Buchstabe Λ bezeichnet eine Linkshelix, der Buchstabe Δ eine Rechtshelix, die die Chelatliganden in den Tris-Chelatkomplexen $M(A\cap A)_3$ um die dreizählige Achse bilden. Aus den Orientierungen der Tris-Chelatkomplexe gehen entsprechend die chiralen Beziehungen für die Bis-Chelatkomplexe hervor, für die die gleiche Λ-, Δ-Konvention gilt.

Weiterhin sind Konformationen, die ein fünfgliedriger Chelatring einnehmen kann, dissymmetrisch, und es können prinzipiell jeweils zwei Isomere (λ und δ) erhalten werden.

λ δ

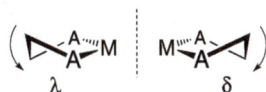

Mit dem Buchstaben λ wird wieder eine Links-, mit δ eine Rechtshelix bezeichnet. Als Bezugsachse dient die Gerade, die die beiden Donoratome des Chelatrings miteinander verbindet. Da es sich bei dieser Dissymmetrie in den Chelatringen um Konformationen handelt, werden zur Kennzeichnung Kleinbuchstaben verwendet.

Bei unsubstituierten Chelatliganden wie Ethylendiamin ist die Energiebarriere zwischen den λ- und δ-Konformeren sehr klein. Die beiden enantiomeren Konformationen können sich über einen planaren Übergangszustand ineinander umwandeln, vergleichbar den Umwandlungen in organischen Ringsystemen. Wenn zwei oder drei Chelatringe in einem Komplex vorhanden sind, werden bestimmte Konformationen als Ergebnis verminderter Abstoßungen stabilisiert. Auch bei Verwendung sterisch anspruchsvoller Chelatliganden lassen sich Enantiomere nachweisen.

Bereits beim Liganden Propylen-1,2-diamin, $H_2N{-}C(CH_3)H{-}CH_2{-}NH_2$ bewirkt die Methylgruppe, dass der Chelatring eine Konformation einnimmt, bei der sich der Methylsubstituent in einer äquatorialen Position befindet. In oktaedrischen Tris-Chelatkomplexen kann man aus der Dissymmetrie in den Chelatringen zusätzlich zur Λ- und Δ-Konfiguration prinzipiell jeweils die Konformere δδδ, δδλ, δλλ und λλλ erwarten, also insgesamt acht verschiedene Isomere. Gewöhnlich werden aber weniger gefunden. Ist der Ligand wie etwa Propylen-1,2-diamin optisch aktiv, dann kann jedes Isomer noch in die *R*- und *S*-Form des Liganden differenziert werden. Die Dissymmetrie in Chelatringen tritt auch in planar-quadratischen und tetraedrischen Komplexen auf.

Für die Trennung des Racemats ist das Vorliegen kinetisch inerter Komplexe wichtig (s. Abschn. 3.10). Eine Racematspaltung gelingt mit intermediärer Einführung enantiomerenreiner Liganden oder Gegenionen und Trennung der dadurch erhaltenen Diastereomeren aufgrund ihrer Löslichkeitsunterschiede (fraktionierte Kristallisation oder chirale HPLC).

Beispiel Tetraeder:

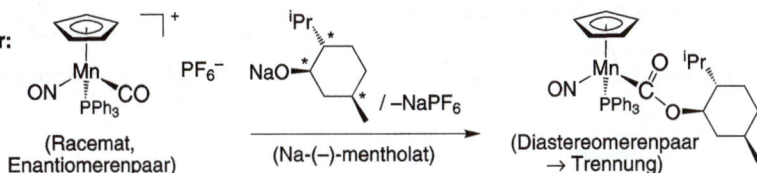

(Racemat, Enantiomerenpaar) — PF_6^- — / –$NaPF_6$ (Na-(–)-mentholat) → (Diastereomerenpaar → Trennung)

Beispiel Oktaeder:

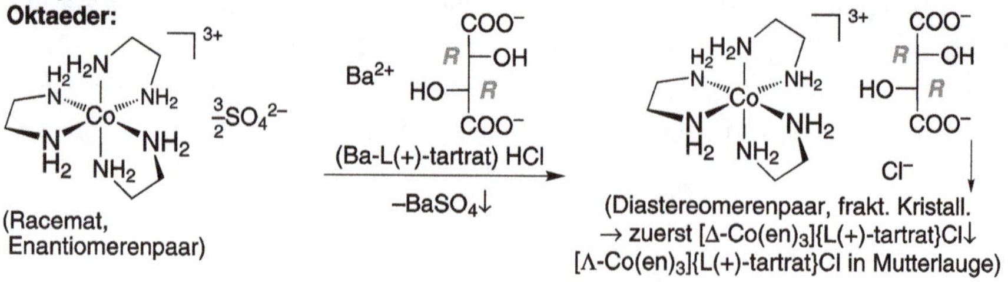

(Racemat, Enantiomerenpaar) — (Ba-L(+)-tartrat) HCl, $-BaSO_4\downarrow$ → (Diastereomerenpaar, frakt. Kristall. → zuerst [Δ-Co(en)$_3$]{L(+)-tartrat}Cl↓ [Λ-Co(en)$_3$]{L(+)-tartrat}Cl in Mutterlauge)

Die Abtrennung der optisch aktiven Hilfsgruppe vervollständigt die Racemattrennung.

Beispiel Tetraeder:

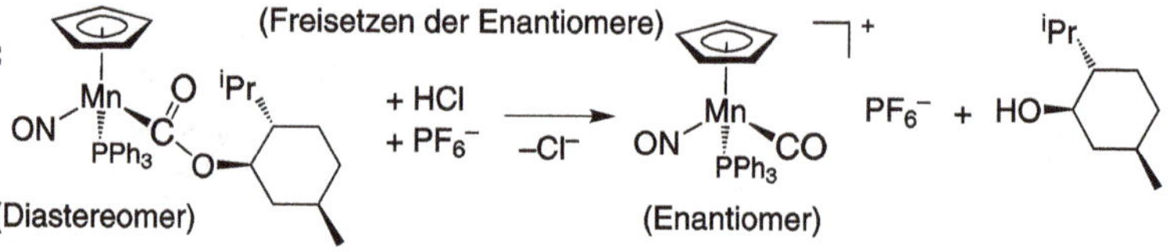

(Freisetzen der Enantiomere)

(Diastereomer) + HCl + PF_6^-, $-Cl^-$ → (Enantiomer) PF_6^- + HO–Menthyl

Beispiel Oktaeder:

(Diastereomer) Cl^- + 3 NaI (Überschuss), konz. NH_3, –NaCl → (Enantiomer) $3I^-\downarrow$ + Tartrat 2Na$^+$

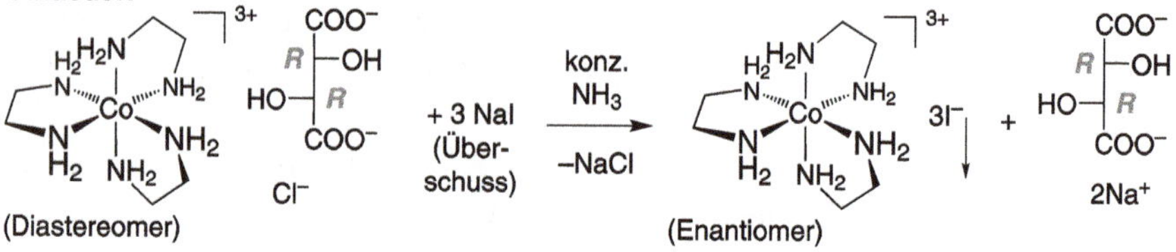

Für die gezielte, prädeterminierte (d. h. ohne Racemattrennung) Darstellung der Λ- oder Δ-Konfiguration in oktaedrischen Komplexen müssen in der Regel enantiomerenreine chirale Chelatliganden verwendet werden, mit hinreichenden determinierenden Wechselwirkungen zwischen den stereochemisch aktiven Gruppen (asymmetrische Verstärkung).

Beispiele:

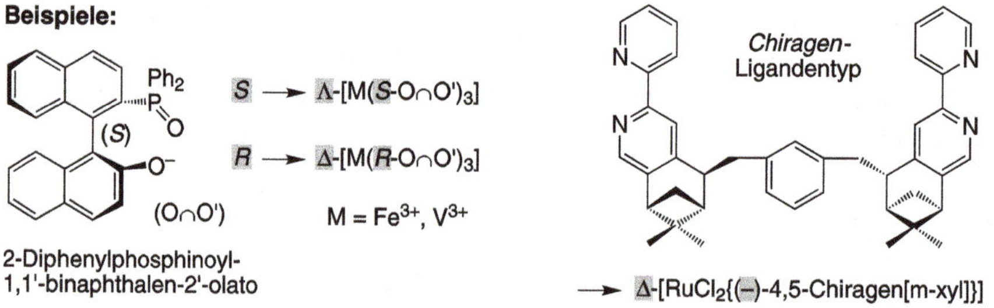

S → Λ-[M(*S*-O∩O')$_3$]

R → Δ-[M(*R*-O∩O')$_3$]

M = Fe^{3+}, V^{3+}

2-Diphenylphosphinoyl-1,1'-binaphthalen-2'-olato (O∩O')

Chiragen-Ligandentyp

→ Δ-[RuCl$_2${(–)-4,5-Chiragen[m-xyl]}]

Eine spontane Racematspaltung kann manchmal bei der Kristallisation beobachtet werden. Die enantiomeren Konfigurationen finden sich dann nach Kristallen getrennt.

Die Kristalle, die von der äußeren Form her enantiomorph zueinander sein können, bilden ein racemisches Konglomerat (vgl. die Entdeckung der Chiralität durch Pasteur bei der Kristallisation von Weinsäure und Tartratsalzen). Ursache sind supramolekulare (H-Brücken-, Aren···Aren-)Wechselwirkungen, die eine homochirale Anordnung der gleichen Enantiomere in der Kristallpackung bedingen.

Beispiele: Spontane Racematspaltung

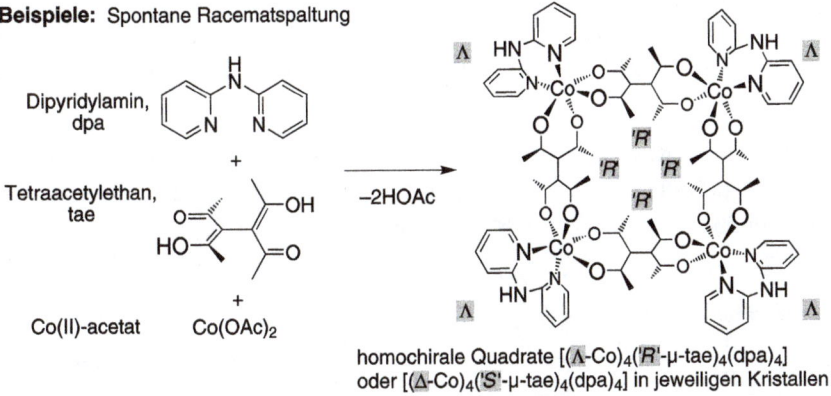

Dipyridylamin, dpa + Tetraacetylethan, tae + Co(II)-acetat $Co(OAc)_2$ —(−2HOAc)→

homochirale Quadrate $[(\Lambda\text{-Co})_4(\text{'}R\text{'-}\mu\text{-tae})_4(\text{dpa})_4]$ oder $[(\Delta\text{-Co})_4(\text{'}S\text{'-}\mu\text{-tae})_4(\text{dpa})_4]$ in jeweiligen Kristallen

Die metallzentrierte Chiralität in Komplexen kann durch die Drehung der Ebene des polarisierten Lichts und insbesondere durch chiroptische spektroskopische Methoden wie der anomalen optischen Rotationsdispersion (ORD) und mit dem elektronischen oder Schwingungs-(Vibrations-)Circulardichroismus (ECD, VCD) untersucht werden (Abschn. 3.19).

Bindungsisomerie bezeichnet bei ansonsten identischer Komplexzusammensetzung eine unterschiedliche Metallkoordination von Liganden, die über mehrere Donoratome verfügen. Vielfältige Beispiele kennt man für ambidente Liganden wie Nitrito, NO_2^- und Thiocyanato, NCS^-.

Ein Beispiel ist die Verbindung $[Co(NH_3)_5(NO_2)]Cl_2$. Bei Umsetzung des Komplexes $[CoCl(NH_3)_5]Cl_2$ mit Natriumnitrit ($NaNO_2$) erhält man eine Lösung, aus der beim Stehenlassen in der Kälte die Nitrito-*O*-Form, Co–ONO als roter Komplex kristallisiert. Wird die Lösung dagegen mit konzentrierter Salzsäure versetzt, erhitzt und dann gekühlt, so wird die Nitrito-*N*- (oder Nitro-)Form Co–NO_2 als gelber Komplex erhalten. Außerdem kann der rote Komplex durch Erhitzen in konzentrierter Salzsäure in den gelben Komplex umgewandelt werden.

Es wurde früh erkannt, dass der Farbunterschied der beiden Komplexe in der Anbindung der NO_2-Gruppe an das Cobaltatom beruhen muss. Ein Farbvergleich mit Co-Komplexen mit eindeutiger O,N_5- und N_6-Koordination führte zu der korrekten Zuordnung. Für den NO_2-Liganden ist die Nitrito-*O*-Form gewöhnlich weniger stabil und isomerisiert zur Nitrito-*N*-Form.

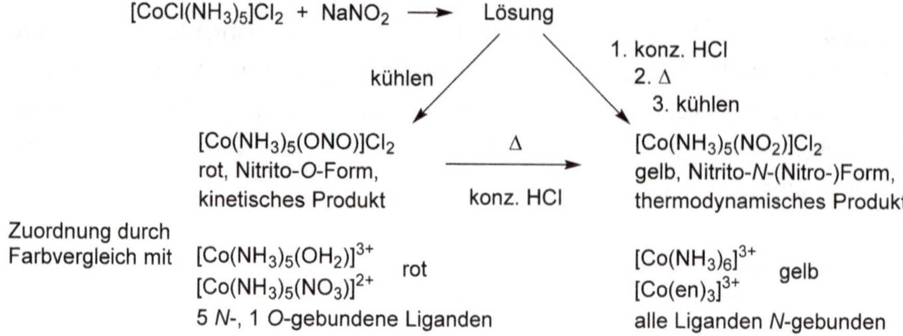

Beispiele für Bindungsisomere sind in Tab. 3.3 zusammengestellt. Die Zahl der jeweiligen Eintragungen zeigt klar die große Bedeutung von Nitrito- und Thiocyanatokomplexen für das Phänomen der Bindungsisomerie.

Tab. 3.3: Beispiele für Bindungsisomere.

M–NO₂ und M–ONO[(a)]	**M–CN und M–NC**[(a)]
$[Co(NH_3)_5(NO_2)]^{2+}$ und $[Co(NH_3)_5(ONO)]^{2+}$ (Gegenion z. B. SO_4^{2-})	trans-[Co(CN)(dimethylglyoximato)$_2$(H_2O)] und -[Co(NC)(dimethylglyoximato)$_2$(H_2O)]
$[Co(en)_2(NO_2)_2]^+$, $[Co(en)_2(NO_2)(ONO)]^+$ und $[Co(en)_2(ONO)_2]^+$	dimethylglyoximato = diacetyldioximato = O–N N–OH (Strukturformel)
$[Co(NH_3)_4(NO_2)_2]^+$, $[Co(NH_3)_4(NO_2)(ONO)]^+$ und $[Co(NH_3)_4(ONO)_2]^+$	
trans-$[Co(en)_2(NCS)(NO_2)]$X und -$[Co(en)_2(NCS)(ONO)]$X, X = I, ClO_4	cis-$(C_6F_5)_2$Pd[(μ-NC)-trans-Pd$(C_6F_5)(PPh_3)_2]_2$ und cis-$(C_6F_5)_2$Pd[(μ-CN)-trans-Pd$(C_6F_5)(PPh_3)_2]_2$
cis/trans-$[Co(en)_2(NO_2)X]^{n+}$ und -$[Co(en)_2(ONO)X]^{n+}$, X = NH_3, NCS^-, CN^-	$K_2Fe^{II}[Cr^{III}(CN)_6]$ und $Fe^{II}_3[Mn^{III}(CN)_6]_2$ mit M^{II}–CN–M^{III} und M^{II}–NC–M^{III}
M–NCO und M–OCN[(a)]	**M-tetrazolato-N1 und -N2**
$[Rh(NCO)(PPh_3)_3]$ und $[Rh(OCN)(PPh_3)_3]$	L_nM–N (Tetrazolring, R) und L_nM–N (Tetrazolring, R) L_nM = $Co(NH_3)_5^{3+}$, R = Me, Ph und substituiertes Phenyl
M–NCS und M–SCN	
$[Pd(AsPh_3)_2(NCS)_2]$ und $[Pd(AsPh_3)_2(SCN)_2]$	
$[Pd(bipy)(NCS)_2]$ und $[Pd(bipy)(SCN)_2]$	$[Co(CN)_5(SCN)]^{3-}$ und $[Co(CN)_5(NCS)]^{3-}$
$[Pd(Et_4dien)(NCS)]PF_6$ und $[Pd(Et_4dien)(SCN)]PF_6$	$[(C_5H_5)Fe(CO)_2(SCN)]$ und $[(C_5H_5)Fe(CO)_2(NCS)]$
Et_4dien = Et_2N–CH_2CH_2–NH–CH_2CH_2–NEt_2	$[Fe(CN)_5(SCN)]^{3-}$ und $[Fe(CN)_5(NCS)]^{3-}$

[(a)] Für M–NO_2, M–NCO und M–CN ist das zuerst genannte Isomer die stabilere Form.

Der Bindungsmodus eines ambidenten Liganden hängt von der Natur des Metallatoms, seinem weichen oder harten Pearson-Säurecharakter (s. Abschn. 3.10.3) und dem trans-ständigen Liganden ab (s. trans-Einfluss in Abschn. 3.11.1). Ein weiches Metallion wird bevorzugt das weichere Donoratom eines ambidenten Liganden binden, ein hartes Metallion umgekehrt ein härteres Donoratom bevorzugen. Diese Tendenz kann durch die Gegenwart anderer Liganden, die Synthesebedingungen oder die Matrix (Festkörper, Lösung) beeinflusst werden.

3.9 Die Bindung in Komplexen und ihre Effekte

3.9.1 Valenzbindungstheorie (VB-Theorie)

Eine erste Beschreibung der Bindung in Metallkomplexen wurde 1923 von Nevil V. Sidgwick gegeben. Er formulierte eine koordinative Donor–Akzeptor-Bindung. Das Donoratom des Liganden lagert sich als Lewis-Base an das Metallatom als Lewis-Säure an (s. Abschn. 3.1).

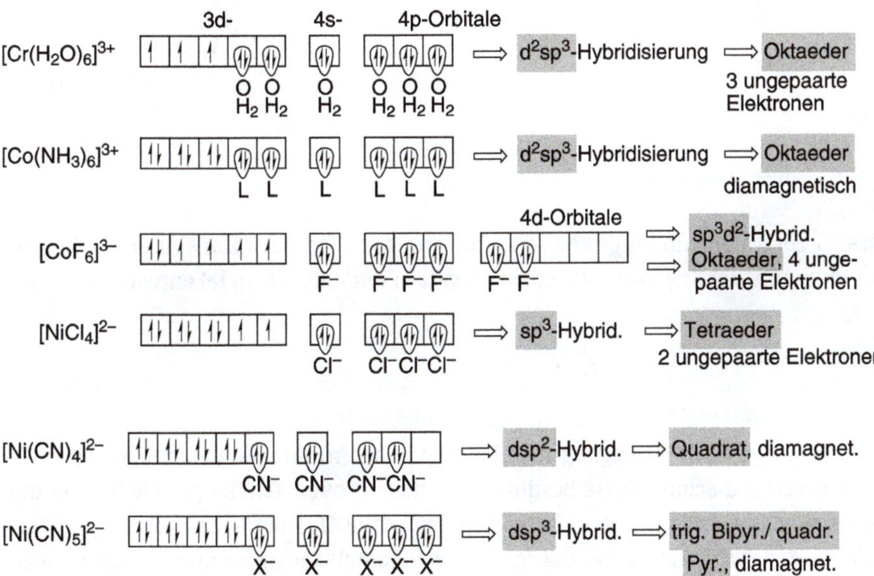

Linus C. Pauling baute diese Vorstellung um 1930 zusammen mit Sidgwick zur **Valenzbindungstheorie (Valence-Bond-, VB-Theorie)** aus. Die VB-Theorie setzt lokalisierte Metall–Ligand-Bindungen voraus. Die VB-Theorie ermöglicht über die d^xsp^y-Hybridisierung am Metallatom eine Korrelation von d^n-Valenzelektronenkonfiguration, Struktur und magnetischen Eigenschaften.

Die VB-Theorie gibt den realen elektronischen Zustand aber nicht annähernd wieder. Elektronisch angeregte Zustände können nicht berücksichtigt werden. Es ist keine Interpretation von Farbspektren der Komplexe möglich. Die Verwendung der 4d-Orbitale bei $[CoF_6]^{3-}$ zu einer sp^3d^2-Hybridisierung, um oktaedrische Struktur und Paramagnetismus mit vier ungepaarten Elektronen in Einklang zu bringen, ist wenig verständlich.

Mit dem VB-Modell konnten allerdings die nicht-oktaedrischen, C_{3v}-verzerrten trigonal-prismatischen Strukturen der d^0-$[M(CH_3)_6]^0$-Verbindungen (M = Mo, W) vorhergesagt und gedeutet werden. Vernachlässigt man den Beitrag der Valenz-p-Orbitale, so haben die sd^5-Hybridorbitale am Metallatom bevorzugte Winkel von 63° und 117° mit der C_{3v}-Geometrie als energieniedrigster Koordination für WH_6 (vgl. Oktaederwinkel von 90° und 180°). In $[W(CH_3)_6]$ sind die gefundenen Winkel durch Ligandenabstoßung etwas aufgeweitet. Der Erfolg des VB-Modells hängt hier mit den sehr kovalenten Metall–Ligand-σ-Bindungen zusammen.

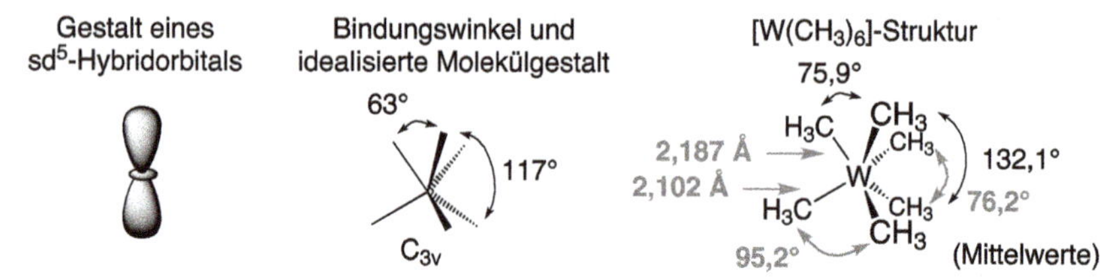

3.9.2 Kristallfeldtheorie (CF-Theorie)

Parallel zur Valenzbindungstheorie wurde von den Physikern Hans A. Bethe, John H. van Vleck u. a. die **Kristallfeldtheorie (Crystal-Field-, CF-Theorie)** entwickelt. Die reine Kristallfeldtheorie geht von einer ausschließlich elektrostatischen Wechselwirkung zwischen den Liganden und dem Zentralatom aus. Es werden keine kovalenten Überlappungen zwischen Metall- und Ligandenorbitalen berücksichtigt. Die Liganden werden als negative Punktladungen behandelt, und am Metallion werden nur die d- (oder f-)Orbitale betrachtet. Übergangsmetallatome haben in ihren Verbindungen eine teilweise besetzte d-Schale. Diese bestimmt zu einem großen Teil die physikalischen und chemischen Eigenschaften des Übergangsmetalls. Die CF-Theorie erlaubt ein gutes Verständnis der Farbspektren bei Übergangsmetallkomplexen, ihrer magnetischen Eigenschaften und Strukturen.

Die Kristallfeldtheorie kann in zwei Ausprägungen behandelt werden: (i) als Einelektronennäherung, bei der keine Kopplungen der Elektronen untereinander zugelassen werden, die d-Orbitale also unabhängig voneinander sind; (ii) als Mehrelektronennäherung mit gekoppelten Elektronen. Für die Behandlung der Kopplungen gibt es verschiedene Näherungen. Eine Möglichkeit ist das Russell-Saunders- (oder *LS*-)Kopplungsschema, welches gut für 3d-Orbitale geeignet ist (Abschn. 3.9.6).

Einelektronennäherung: Die d-Orbitale werden durch die negativen Punktladungen der Liganden beeinflusst. In einem freien Ion in der Gasphase sind alle fünf d-Orbitale energetisch gleich, d. h. entartet. Die Elektronen besetzen gemäß der Hund'schen Regel die Orbitale mit maximaler Spinmultiplizität. Unter dem Einfluss eines sphärischen Kristallfeldes, d. h. kugelsymmetrischer Ladungsverteilung, werden die entarteten Orbitale in ihrer Energie angehoben (Abb. 3.5). Kommen die Liganden auf speziellen Punkten zu liegen, z. B. an den Eckpunkten eines Oktaeders um das Zentralion, erfolgt eine Aufspaltung der Orbitale. Ursache ist die repulsive Wechselwirkung der (negativen) d-Elektronen mit den (negativen) Liganden-Punktladungen. Orbitale mit Elektronen, die räumlich auf die Liganden gerichtet sind, werden energetisch noch weiter angehoben. Nicht auf die Liganden gerichtete Orbitale mit Elektronen werden energetisch abgesenkt, jeweils bezogen auf das gleichstarke sphärische Kristallfeld. Der Orbitalschwerpunkt bleibt erhalten, d. h. die Summe der Orbitalenergien bei Aufspaltung ist gleich der Summe der Orbitalenergien im sphärischen Kristallfeld. Der Energiebetrag, um den die einen Orbitale weiter angehoben werden, ist gleich dem Betrag der abgesenkten Orbitale.

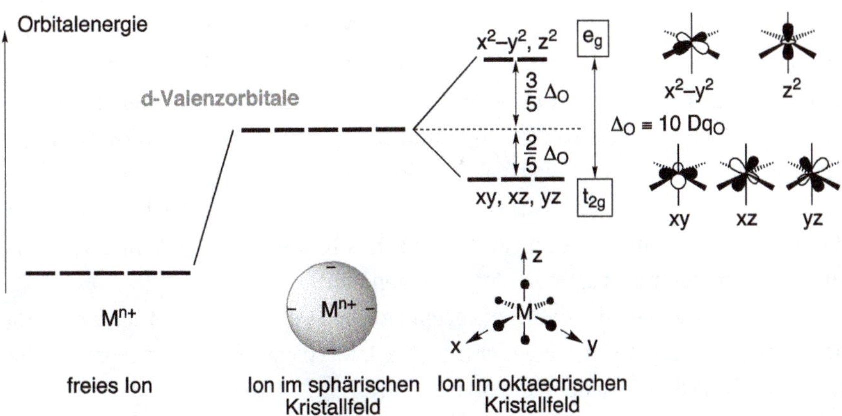

Abb. 3.5: Anhebung der reellen d-Orbitale ausgehend vom freien Ion und Aufhebung der Orbitalentartung im oktaedrischen Kristallfeld. Die Aufspaltung in die zwei e_g- und in die drei t_{2g}-Orbitale verläuft unter Erhaltung des Schwerpunktsatzes der Orbitalgruppe. Die Summe der Energieverschiebungen gegenüber dem sphärischen Kristallfeld ist gleich null.

In einem **oktaedrischen Kristallfeld** mit den Liganden auf den Achsen des kartesischen Koordinatensystems zeigen zwei der fünf d-Orbitale des Metallions direkt auf die negativen Punktladungen, nämlich das d_{z^2}- und das $d_{x^2-y^2}$-Orbital (Abb. 3.5). Diese Orbitale werden bei Elektronenbesetzung destabilisiert oder energetisch angehoben. Umgekehrt werden die zwischen den Achsen liegenden Orbitale d_{xy}, d_{xz} und d_{yz} energetisch begünstigt, d. h. stabilisiert. Ihre Wechselwirkung mit den auf den Achsen orientierten Punktladungen ist geringer als bei einer sphärischen Ladungsverteilung. Energetisch sind d_{z^2} und $d_{x^2-y^2}$ und die d_{xy}-, d_{xz}- und d_{yz}-Orbitale untereinander jeweils weiter entartet. Bezüglich der Symmetrieoperationen im Oktaeder lassen sich die Orbitalsätze einer irreduziblen Darstellung (Abschn. 3.21.1) zuordnen. Wendet man die Symmetrieoperationen auf die *xy*-, *xz*- und *yz*-Orbitale[1] an, so verhalten sich diese in ihrer Gesamtheit wie die irreduzible Darstellung t_{2g}, sodass man zur Beschreibung dieser drei energiegleichen Orbitale auch das Symbol t_{2g} verwendet. Das $x^2–y^2$- und das z^2-Orbital verhalten sich wie die Darstellung e_g. Aus den Charaktertafeln kann das Symmetrieverhalten von Orbitalen entnommen werden, wie in Abschn. 3.21.1 dargelegt ist. Die Nützlichkeit der Symmetriebezeichnungen für die Orbitale wird im weiteren Verlauf deutlicher werden. Die Buchstaben A, B, E, T der irreduziblen Darstellungen geben die Entartung an (vgl. Tab. 3.24). Ein einzelnes Orbital kann immer nur mit dem Buchstaben a oder b gekennzeichnet sein, zwei energiegleiche Orbitale sind immer e-Orbitale und bei Dreifachentartung liegen immer t-Niveaus vor. Orbitale werden mit Kleinbuchstaben bezeichnet.

Die **Größe der Aufspaltung Δ_O** zwischen den t_{2g}- und e_g-Orbitalen in einem oktaedrischen Kristallfeld liegt typischerweise im Wellenzahlenbereich zwischen 7000 und 40.000 cm^{-1}. Der Energiebereich erstreckt sich vom nahen Infrarot (IR) (1400 nm = 7143 cm^{-1}) über das sichtbare Spektrum (Vis) bis in das nahe Ultraviolett (UV) (250 nm = 40.000 cm^{-1}). Die d–d-Aufspaltung kann aus der Analyse der Spektren entnommen werden (s. Abschn. 3.9.4, 3.9.6 u. 3.9.7) (1 cm^{-1} = 11,963 J/mol = $1{,}2398 \cdot 10^{-4}$ eV).

Im **tetraedrischen Kristallfeld** liegen die *xy*-, *xz*- und *yz*-Orbitale näher an den vier Punktladungen der Liganden als das $x^2–y^2$- und das z^2-Niveau. Erstere werden energetisch angehoben, Letztere energetisch abgesenkt (Abb. 3.6). Im Vergleich zum Oktaeder ergibt sich eine umgekehrte Reihenfolge der Aufspaltung. Aus Symmetriegründen heißen die Orbitalsätze beim Tetraeder nur t_2 und e. Das Tetraeder besitzt kein Inversionszentrum, welches den Index „g“ oder „u“ bedingen würde.

Beim Tetraeder zeigen die destabilisierten Orbitale (*xy*, *xz*, *yz*) nicht direkt auf die Liganden, im Unterschied zum Oktaeder ($x^2–y^2$, z^2). Die Wechselwirkung zwischen den Punktladungen und den Orbitalen und damit die d-Orbitalaufspaltung im Kristallfeld ist beim Tetraeder geringer als beim Oktaeder. Die Aufspaltungsenergie $10Dq_T$ ist kleiner als $10Dq_O$. Bei gleicher Ladung des Metallions und gleichen Metall-Ligand-Abständen ist $\Delta_T = 4/9\ \Delta_O$ (s. Tab. 3.5).

Bei einer **tetragonalen Verzerrung des Oktaeders** (s. Abschn. 3.7) wird die Entartung der e_g- und der t_{2g}-Orbitale aufgehoben (Abb. 3.7). Nur das *xz*- und *yz*-Niveau bleiben energiegleich. Bei Streckung der Liganden entlang der *z*-Achse werden die Orbitale mit *z*-Komponente stabilisiert. Bei einer Stauchung der *z*-Liganden würden z^2, *xz* und *yz* destabilisiert. Relativ dazu werden die Orbitale ohne *z*-Anteil destabilisiert

---

1 Aus Gründen der Einfachheit werden für die d-Orbitale im Folgenden häufig nur die Indizes geschrieben. Statt d_{x2-y2} heißt es also $x^2–y^2$ oder statt d_{xz} *xz*. Gleiches gilt für die p-Orbitale, wo *z* für p_z geschrieben wird.

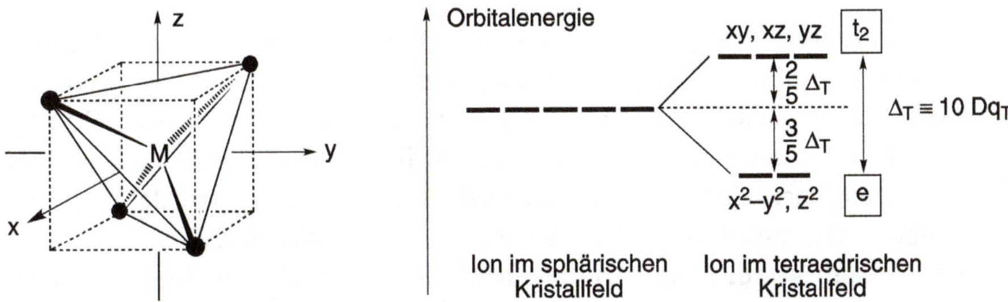

Abb. 3.6: Aufhebung der d-Orbitalentartung im tetraedrischen Kristallfeld. Für die Orbitalaufspaltung gilt der Schwerpunktsatz. Die energetisch angehobenen t_2-Orbitale sind auf die Mitte der Würfelkanten gerichtet und liegen damit näher an den Punktladungen als die e-Orbitale, die entlang der Koordinatenachsen auf die Mitte der Würfelseiten zeigen.

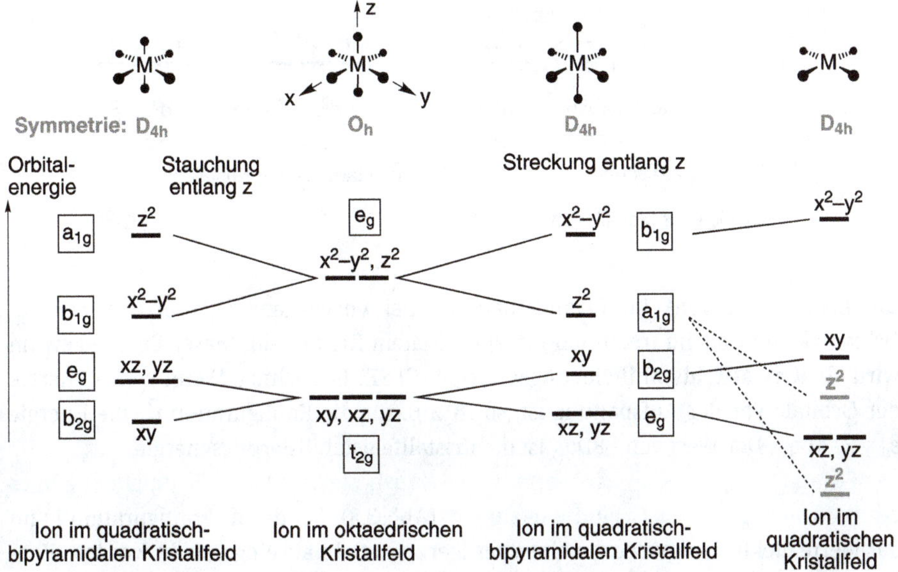

Abb. 3.7: d-Orbitalaufspaltung bei einer tetragonalen Verzerrung des Oktaeders zur quadratischen Bipyramide und zur quadratisch-planaren Anordnung als Grenzfall. Die Lage des z^2-Niveaus in der quadratisch-planaren Anordnung (oberhalb oder unterhalb von *xz*/*yz*) hängt vom Metall und den Liganden ab. Vgl. dazu das Molekülorbitalschema für einen quadratisch-planaren ML_4-σ-Komplex in Abb. 3.31. Die Bezeichnungen a_{1g}, b_{1g}, e_g, t_{2g} usw. geben die Entartung der Orbitale und ihre Symmetrie an (s. Tab. 3.24).

oder stabilisiert. Die Aufspaltung der e_g-Orbitale ist wegen ihrer stärkeren Wechselwirkung mit den Liganden-Punktladungen größer als die der t_{2g}-Niveaus. Eine tetragonale Verzerrung ist auch durch unterschiedliche Liganden in einem *trans*-MA_4B_2-Komplex gegeben.

Der Grenzfall des tetragonal gestreckten Oktaeders ist bei unendlicher Entfernung der *z*-Liganden die **quadratisch-planare Anordnung**. Die energetische Absenkung der Orbitale mit *z*-Anteil wird entsprechend größer, wobei die genaue Lage des z^2-Orbitals vom Charakter des Metallatoms und der Liganden abhängt: Bei Ni^{2+} oder Cu^{2+} liegt das z^2-Niveau knapp oberhalb der *xz*/*yz*-Orbitale, bei Pd^{2+}, Pt^{2+} oder Au^{3+} wird das z^2-Niveau so weit abgesenkt, dass es zum energetisch niedrigsten d-Orbital wird.

Elektronenbesetzung der Orbitale beim Oktaeder: Ein bis drei Elektronen werden nach der Hund'schen Regel („maximale Spinmultiplizität") derart auf die t_{2g}-Zustände verteilt, dass jedes Orbital im Grundzustand einzeln besetzt ist.

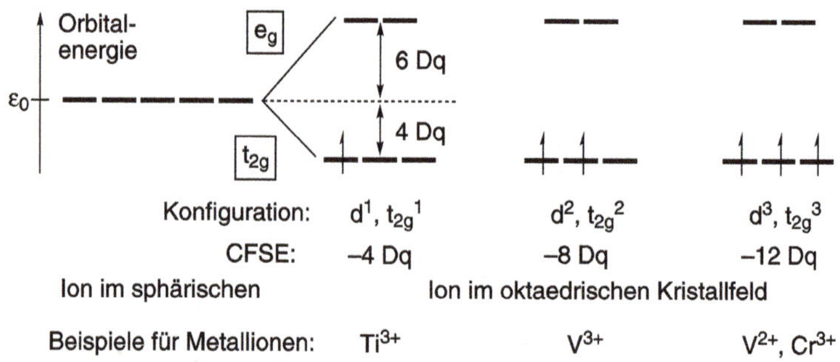

Die Energie des Ions im Ligandenfeld ist bei vorwiegender Besetzung der t_{2g}-Orbitale kleiner als im freien Ion mit sphärischem Kristallfeld. Dieser Energiegewinn wird als **Kristallfeldstabilisierungsenergie (CFSE)** bezeichnet. Wenn ε_0 die Energie der Orbitale vor der Aufspaltung ist, so ist z. B. für die Konfiguration t_{2g}^2 die Energie $\varepsilon_0 - 2 \cdot 4Dq_O$. Der Wert von $-8Dq_O$ ist die Kristallfeldstabilisierungsenergie.

Für oktaedrische Komplexe mit vier bis sieben Elektronen am Metallatom gibt es zwei Möglichkeiten der Orbitalbesetzungen (Abb. 3.8). Bei der d^4-Konfiguration kann das vierte Elektron entweder in eines der leeren e_g-Orbitale eingebracht werden (Konfiguration $t_{2g}^3e_g^1$) oder eines der t_{2g}-Niveaus wird mit zwei Elektronen besetzt (t_{2g}^4). Im ersten Fall liegen vier ungepaarte Elektronen vor, alle mit gleichem Spin im Grundzustand. Bei der t_{2g}^4-Konfiguration sind die Spins der zwei Elektronen im doppelt besetzten Orbital gepaart (Pauli-Prinzip) und nur noch zwei ungepaarte Elektronen vorhanden. Man bezeichnet $t_{2g}^3e_g^1$ als **high-spin-**Konfiguration und t_{2g}^4 als **low-spin-**Anordnung für ein d^4-Ion. Entsprechend wird die Metall-Ligand-Verbindung high-spin- oder low-spin-Komplex genannt. Die Kristallfeldstabilisierungsenergie beträgt im high-spin-Fall $-6Dq_O$, im low-spin-Fall $-16Dq_O$. Dafür muss die Spinpaarungsenergie *P* aufgebracht werden. Die beiden prinzipiell unterschiedlichen Möglichkeiten der Orbitalbesetzungen finden sich in analoger Weise auch bei den d^5-, d^6- und d^7-Metallionen. Die Konfiguration mit der maximalen Zahl an ungepaarten Elektronen wird jeweils high-spin-Form genannt, die mit der minimalen Zahl an ungepaarten Elektronen low-spin-Form. Die verschiedene Zahl von ungepaarten Elektronen in der high- und low-spin-Form führt zu

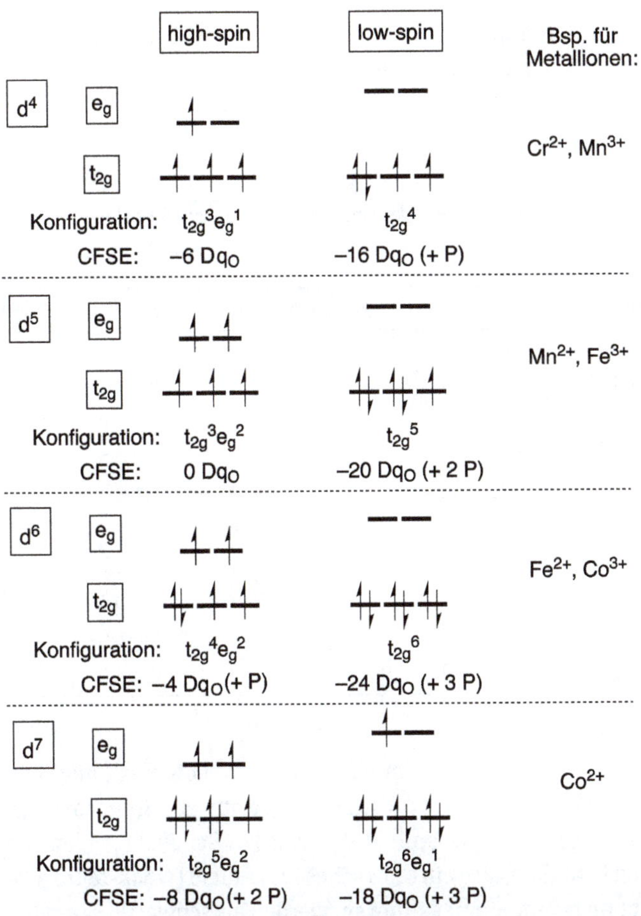

Abb. 3.8: Orbitalbesetzungen und Kristallfeldstabilisierungsenergien (CFSE) beim high-spin- und low-spin-Fall im Oktaeder für die Konfigurationen d^4 bis d^7. Die jeweils verschiedene Größe der Orbitalaufspaltungsenergie für die beiden Fälle ist schematisch durch einen unterschiedlichen Abstand der t_{2g}- und e_g-Orbitale angedeutet.

unterschiedlichen magnetischen Suszeptibilitäten (magnetischen Momenten), die über magnetische Messungen ermittelt werden können.

Die **magnetischen Momente** μ lassen sich für einen **spin-only-Paramagnetismus**, der für die meisten einkernigen Komplexe recht gut gilt (keine Beiträge durch Spin-Bahn-Wechselwirkungen) näherungsweise nach der spin-only-Formel berechnen (vgl. Abschn. 2.8.2, Tab. 2.8):

$$\mu_s = g\sqrt{S(S+1)}\mu_B \quad \text{oder } \mu_s \approx \sqrt{n(n+2)}\mu_B$$

mit $g \approx 2{,}002$, S = Gesamtspin, $S = 1/2\,n$, n = Zahl der ungepaarten Elektronen, μ_B = Bohr'sches Magneton, $1\,\mu_B = e\hbar/2m = 9{,}274015(3)\cdot 10^{-24}$ J/T.

Bei den Ionen der ersten Hälfte der 3d-Elemente (bis d^5) stimmen die experimentell gefundenen magnetischen Momente gut mit den spin-only-Werten überein. Bei den Ionen der zweiten Hälfte sind durch das Kristallfeld die Bahnmomente nur teilweise unterdrückt (Tab. 3.4).

Tab. 3.4: Berechnete (μ_s) und experimentell beobachtete (μ_{exp}) magnetische Momente für oktaedrische high-spin-Komplexe der 3d-Metallionen.

Ion	Konfiguration	*n*	*S*	μ_s/μ_B berechnet	μ_{exp}/μ_B gefunden
Ti^{3+}	t_{2g}^1	1	1/2	1,73	1,7–1,8
V^{3+}	t_{2g}^2	2	1	2,83	2,7–2,9
V^{2+}, Cr^{3+}	t_{2g}^3	3	3/2	3,87	3,7–3,9
Cr^{2+}, Mn^{3+}	$t_{2g}^3e_g^1$	4	2	4,90	4,8–4,9
Mn^{2+}, Fe^{3+}	$t_{2g}^3e_g^2$	5	5/2	5,92	5,7–6,0
Fe^{2+}, Co^{3+}	$t_{2g}^4e_g^2$	4	2	4,90	5,0–5,6
Co^{2+}	$t_{2g}^5e_g^2$	3	3/2	3,87	4,3–5,2
Ni^{2+}	$t_{2g}^6e_g^2$	2	1	2,83	2,9–3,9
Cu^{2+}	$t_{2g}^6e_g^3$	1	1/2	1,73	1,9–2,1
Zn^{2+}	$t_{2g}^6e_g^4$	0	0	0	0

Die Konfiguration – high-spin oder low-spin – in einem 3d-Metallkomplex hängt von der Größe der Oktaederaufspaltungsenergie $\Delta_O = 10Dq_O$ ab (relativ zur Spinpaarungsenergie *P*): **high-spin ⇔ Δ_O klein**(er *P*); **low-spin ⇔ Δ_O groß** (größer *P*). Liganden, die nur eine kleine Aufspaltung bewirken, also ein schwaches Kristallfeld (**weak-field**) ausbilden und damit zu einem high-spin-Komplex führen, werden als schwache Liganden bezeichnet. Umgekehrt nennt man Liganden, die über ein starkes Kristallfeld (**strong-field**) zu einer großen Aufspaltung und damit zu einem low-spin-Komplex führen, starke Liganden. Die Begriffe high-spin/weak-field und low-spin/strong-field sind synonym.

Für die Elektronenkonfigurationen d^8, d^9 und d^{10} im Oktaeder, wie sie bei den Ionen Ni^{2+}, Cu^{2+} und Zn^{2+} mit $t_{2g}^6e_g^2$, $t_{2g}^6e_g^3$ und $t_{2g}^6e_g^4$ vorliegen, kann keine Unterscheidung zwischen low- und high-spin-Anordnung mehr getroffen werden. Allerdings wird für d^8-Nickelkomplexe der Oktaeder mit zwei ungepaarten Elektronen ($t_{2g}^6e_g^2$) manchmal als high-spin-Form und eine quadratische Ligandenanordnung ohne ungepaarte Elektronen ($e_g^4a_{1g}^2b_{2g}^2$, Abb. 3.7) als low-spin-Form bezeichnet (s. Abschn. 3.9.3).

Die Aufspaltung $\Delta_T = 4/9\ \Delta_O$ bedingt, dass **beim Tetraeder fast nur high-spin-Zustände** für die dortigen d^3- bis d^6-Konfigurationen von Bedeutung sind. Eine Unterscheidung high- und low-spin braucht beim Tetraeder bis auf sehr wenige (<10) Ausnahmen nicht diskutiert zu werden.

Die Aufspaltungsenergie kann experimentell aus den UV/Vis-(d⟶d-)Spektren der Metallkomplexe ermittelt werden (Tab. 3.5, s. Abschn. 3.9.6 u. 3.9.7).

Tab. 3.5: Experimentelle $\Delta_{O/T}$-(10Dq-)Werte in cm^{-1} ausgewählter oktaedrischer und tetraedrischer homoleptischer Metall–Ligand-Komplexe $[MA_{6/4}]^{c}$.

Zentralion		**Liganden (Δ zunehmend ⟶)**						
M^{z+}	(d^n)	**6 I^-** 4 I^-	**6 Br^-** 4 Br^-	**6 Cl^-** 4 Cl^-	**6 F^-**	**6 H_2O**	**6 N**[(a)]	**6 CN^-**
3d								
Ti^{3+}	(d^1)			13.000	18.900	20.100		
				6.000				
V^{2+}	(d^3)			7.200		12.300	15.900 b	
V^{3+}	(d^2)			12.000	16.100	19.000		23.900
V^{4+}	(d^1)			15.400	20.100			
				9.000				
Cr^{2+}	(d^4)			10.200		14.000		
Cr^{3+}	(d^3)		12.700	13.200	14.900	17.400	21.600 a	26.700
							21.900 e	
Mn^{2+}	(d^5)			6.700		7.300	10.000 e	
Mn^{3+}	(d^4)			17.500	21.700	21.000		31.000
Mn^{4+}	(d^3)			17.900	21.800			
Fe^{2+}	(d^6)		3.100	4.100		10.400	13.100 p	33.000
Fe^{3+}	(d^5)			11.600		13.700		
				5.200				
Co^{2+}	(d^7)					9.200	10.200 a	
		2.700	2.900	3.300				
Co^{3+}	(d^6)				14.500	20.800	22.900 a	32.200
Ni^{2+}	(d^8)		6.800	7.000	7.300	8.500	10.800 a	
		3.700	3.800	4.100			12.700 b	
4d								
Mo^{3+}	(d^3)	16.600	18.300	19.200				
Ru^{2+}	(d^6)					19.800	28.100 e	
Rh^{3+}	(d^6)		19.000	20.400	23.300		34.000 a	45.500
5d								
Ir^{3+}	(d^6)		23.100	25.000			41.200 a	
Pt^{4+}	(d^6)		25.000	29.000	33.000			

(a) Am(m)inliganden mit 6 Stickstoff-Donoratomen: a = 6 NH_3, b = 3 (2,2′-Bipyridin), e = 3 (Ethylendiamin), p = 3 (1,10-Phenanthrolin).

Anhand der Δ-Werte in Tab. 3.5 lassen sich folgende Verallgemeinerungen nachvollziehen:

- Die Aufspaltung Δ nimmt mit der Oxidationsstufe zu. Grund ist der kleinere Ionenradius von M^{3+} gegenüber M^{2+} (s. Abb. 3.9). Im CF-Modell ist $\Delta \sim \frac{1}{r^5}$ mit r als Abstand zwischen dem Metallion und der Donoratom-Punktladung. Für M^{3+} ist r etwa 7–8 % kürzer als für M^{2+}. Damit lässt sich abschätzen: $\Delta(M^{3+}):\Delta(M^{2+}) \approx \frac{1}{(0{,}93 \text{ bis } 0{,}92r)^5}:\frac{1}{r^5} =$ 1,44 bis 1,51, d. h. die Kristallfeldaufspaltung für dreiwertige Ionen sollte 1,4–1,5-mal so groß wie die des zweiwertigen Ions mit denselben Liganden sein.

$$\Delta \text{ zunehmend} \longrightarrow M^{2+} < M^{3+} < M^{4+}$$

- Die Aufspaltung Δ_O ist bei 4d- und 5d-Metallen viel größer als bei 3d-Metallen (s. Abschn. 3.9.6). Die Ausbildung von oktaedrischen high-spin-Komplexen ist nur bei der ersten Übergangsmetallreihe (3d) von Bedeutung. Für die oktaedrischen 4d- und 5d-Metallionen findet man nur low-spin-Komplexe.

$$\Delta \text{ zunehmend} \longrightarrow \text{M(3d)} < \text{M(4d)} < \text{M(5d)}$$

- Bei gegebenem Ligand findet man für die Änderung der Aufspaltung mit dem Metallion *in etwa* folgende Reihung:

$$\Delta \text{ zunehmend} \longrightarrow Mn^{2+} < Ni^{2+} < Co^{2+} < Fe^{2+} < V^{2+} < Cr^{2+}$$
$$\Delta \text{ zunehmend} \longrightarrow Fe^{3+} < Cr^{3+} < Co^{3+} < Mn^{3+}.$$

Für die gefundene Reihung entlang der 3d-Periode gibt es keine einfache Erklärung.

- Die Liganden lassen sich unabhängig vom Metallion nach steigender Aufspaltung Δ in der **spektrochemischen Reihe** anordnen:

I^-, Br^-, S^{2-}, ^-SCN, Cl^-, NO_3^-, F^-, OH^-, $C_2O_4^{2-}$
schwache Liganden
H_2O, ^-NCS, $NCCH_3$, NH_3, en
Δ zunehmend
bipy, phen, NO_2^-, ^-CN, PR_3, CO, NO^+
starke Liganden

In Bezug auf das Donoratom gibt es *ungefähr* folgende Abhängigkeit:

$$\Delta \text{ zunehmend} \longrightarrow \text{I} < \text{Br} < \text{S} < \text{Cl} < \text{F} < \text{O} < \text{N} < \text{P} < \text{C}$$

Die spektrochemische Reihe lässt sich mit dem elektrostatischen CF-Modell nicht erklären.

Für homo- und heteroleptische Komplexe lässt sich die Oktaederaufspaltung anhand der f- und g-Werte in Tab. 3.6 nach $\Delta_O = f \cdot g$ mit evtl. Gewichtung der Ligandenanteile abschätzen. Der Wert f beschreibt die Stärke eines Liganden relativ zum Aqualiganden, dem ein f-Wert von 1,00 zugeordnet wurde.

Zum Beispiel berechnet sich aus Tab. 3.6 Δ_O für $[Co(NH_3)_6]^{3+}$ zu 22.750 cm^{-1} und für $[CoCl_6]^{3-}$ zu 14.200 cm^{-1}. Gewichtet nach Ligandenanteilen erhält man dann für $[CoCl_2(NH_3)_4]^+$ Δ_O = 19.900 cm^{-1} (s. Abb. 3.12). Bei dieser Abschätzung für gemischte Komplexe ist allerdings zu beachten, dass die Abweichung der Symmetrie vom Oktaeder nicht zu groß werden darf, da sich die Orbitalaufspaltung sonst nicht mehr durch einen einzelnen spektralen Übergang und damit nur einen Parameter Δ charakteri-

Tab. 3.6: *f*- und *g*-Werte von ausgewählten Liganden und Metallionen.

Ligand	*f*	Ligand	*f*	Metallion	*g* [cm^{-1}]	Metallion	*g* [cm^{-1}]
6 Br^-	0,72	6 NCS^-	1,02	V^{2+}	12.000	Fe^{3+}	14.000
6 SCN^-	0,73	6 py	1,23	Mn^{2+}	8.000	Co^{3+}	18.200
6 Cl^-	0,78	6 NH_3	1,25	Co^{2+}	9.300	Rh^{3+}	27.000
6 F^-	0,9	3 en	1,28	Ni^{2+}	8.700	Ir^{3+}	32.000
6 H_2O	1,00	3 bipy	1,33	Ru^{2+}	20.000	Mn^{4+}	23.000
		6 CN^-	1,7	Cr^{3+}	17.400	Pt^{4+}	36.000

sieren lässt. Bei geringer Abweichung von der O_h-Symmetrie kommt es nur zu einer Verbreiterung, aber noch nicht zu einer Aufspaltung der Bande.

3.9.3 Stereochemische und thermodynamische Effekte der Kristallfeldaufspaltung

Ionenradien. Innerhalb einer Periode bewirkt die zunehmende Kernladung eine kontinuierliche Kontraktion der Elektronenhülle und man erwartet damit eine stetige Abnahme der Radien. Eine solche Abnahme findet man für die Ionenradien mit kugelsymmetrischer (sphärischer) Ladungsverteilung, d. h. für Konfigurationen bei denen alle fünf d-Orbitale gleichartig besetzt sind, also entweder alle leer (d^0, $t_{2g}^0e_g^0$), einfach (d^5-high-spin, $t_{2g}^3e_g^2$) oder doppelt besetzt (d^{10}, $t_{2g}^6e_g^4$). Die kleineren Ionenradien der übrigen 3d-Ionen und die relativen Minima bei d^3- und d^8- oder d^6-Metallionen können über die Orbitalaufspaltung und die damit nicht-kugelsymmetrische Ladungsverteilung der d-Elektronen erklärt werden (Abb. 3.9). Bei d^1 bis d^3 besetzen die Elektronen zunächst die t_{2g}-Niveaus und damit Orbitale, die zwischen den Liganden liegen. Die Abschirmung des Metallions gegenüber den Liganden oder die Abstoßung der negativen Elektronenwolken zwischen Ligand und Metallatom ist dadurch etwas verringert. Die Liganden können sich dem Metallatom weiter nähern, als es bei einer symmetrischen Verteilung der Metall-Valenzelektronen der Fall wäre. Bei d^4-high-spin gelangt dann ein Elektron in die e_g-Orbitale, die entlang der Metall–Ligand-Bindung liegen, woraus gegenüber dem d^3-Ion eine Radienzunahme resultiert. Der Kurvenverlauf wiederholt sich für high-spin-Ionen von d^6 bis d^9. Im low-spin-Fall werden bis d^6 die t_{2g}-Niveaus und erst ab d^7 die e_g-Orbitale besetzt.

Der **Energiegewinn durch die Kristallfeldstabilisierungsenergie** (Abb. 3.10) liegt in der Größenordnung von 100 kJ/mol. Es treten Maxima bei oktaedrischen Komplexen für d^3, d^8 und low-spin-d^6 auf, bei tetraedrischen Komplexen (mit kleineren Werten) für d^2 und d^7. Diese Maxima können zur Erklärung der folgenden Beobachtungen herangezogen werden:

– **Kinetische Stabilität (Inertheit)** von oktaedrischen Cr^{3+}-(d^3-)Komplexen und d^6-low-spin-Komplexen von Co^{3+}, Ru^{2+}, Rh^{3+}, Ir^{3+} und Pt^{4+} (s. Abschn. 3.10.3 u. 3.11).

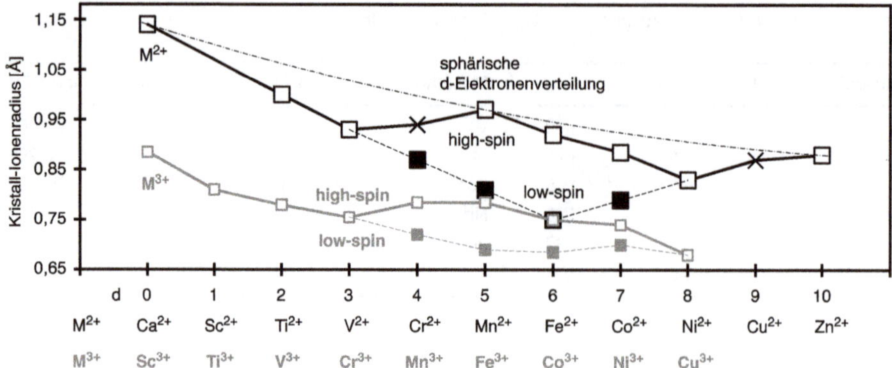

Abb. 3.9: Radien zwei- und dreiwertiger 3d-Ionen mit oktaedrischer Ligandenumgebung. Die Werte für d^4-high-spin (Cr^{2+}) und d^9 (Cu^{2+}) sind mit einer gewissen Unsicherheit behaftet, da es aufgrund des Jahn-Teller-Effekts (s. u.) von diesen Ionen keine symmetrischen, sondern nur verzerrt-oktaedrische Komplexe gibt.

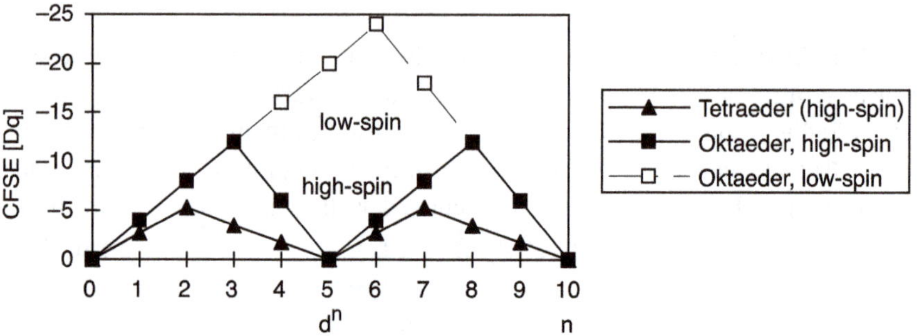

Abb. 3.10: Kristallfeldstabilisierungsenergien (CFSE) in Abhängigkeit von der Elektronenkonfiguration (ohne Berücksichtigung der Spinpaarungsenergie P). Für die Eintragung von Δ_T in ein gemeinsames Diagramm mit Δ_O wurde 10Dq(T) = 4/9 10Dq(O) angesetzt.

– **Auftreten tetraedrischer Komplexe für d^7 bei Co^{2+}.**

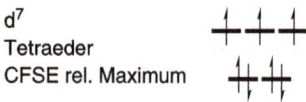

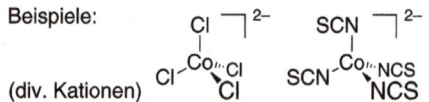

d^7
Tetraeder
CFSE rel. Maximum

Beispiele: (div. Kationen) $[CoCl_4]^{2-}$, $[Co(NCS)_4]^{2-}$

– Tetraedrische Komplexe für d^2 sind selten. Man kennt aber z. B. die d^2-Spezies $Cr^{4+}O_4^{4-}$, $Mn^{5+}O_4^{3-}$ und $Fe^{6+}O_4^{2-}$ mit den Metallatomen in ungewöhnlichen Oxidationsstufen.

– **Verlauf der** (berechneten) **Hydratationsenthalpien** ΔH_H zur Bildung der M^{n+}-Hexaaquakomplexe der ersten Übergangsreihe (Abb. 3.11). Da ΔH_H für die Reaktion

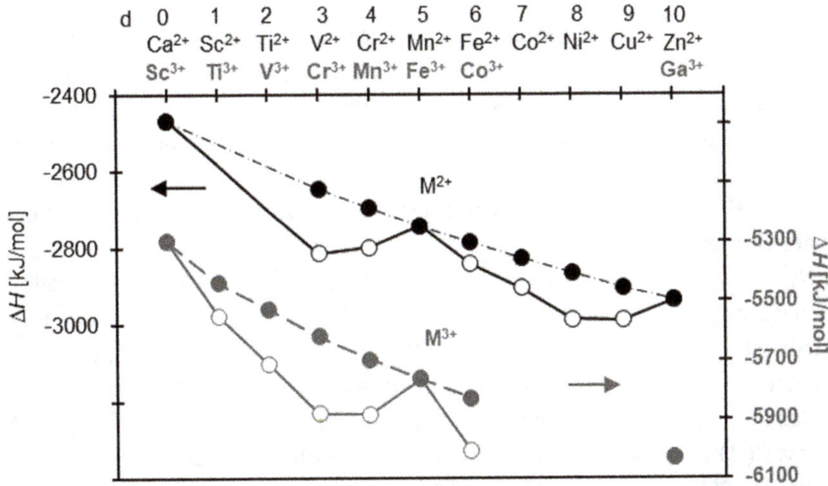

Abb. 3.11: Experimentelle Hydratationsenthalpien (○, ○) für die M^{2+}- und M^{3+}-Hexaaquaionen der ersten Übergangsreihe und durch Subtraktion der Ligandenfeldstabilisierungsenergie erhaltene Werte (●, ●). Zu beachten ist die unterschiedliche Ordinatenachse für M^{2+} (links) und M^{3+} (rechts).

$M^{n+}(g) + 6\,H_2O \longrightarrow [M(H_2O)_6]^{n+}$ nicht direkt messbar ist, muss eine Berechnung z. B. aus der experimentell zugänglichen Reaktionsenthalpie ΔH_R eines festen Metalls mit einer Säure und der Verdampfungs- und Ionisationsenthalpie $\Delta H_{V,I}$ erfolgen:

$$\begin{array}{rcll} M(s) + 6\,H_2O + n\,H^+(aq) & \longrightarrow & [M(H_2O)_6]^{n+}(aq) + n/2\,H_2(g) & \Delta H_R \\ M(s) & \longrightarrow & M^{n+}(g) + n\,e^-(g) & \Delta H_{V,I} \quad] - \\ \hline M^{n+}(g) + 6\,H_2O + n\,H^+(aq) + n\,e^-(g) & \longrightarrow & [M(H_2O)_6]^{n+}(aq) + n/2\,H_2(g) & \Delta H_R - \Delta H_{V,I} = \Delta H_H \end{array}$$

Bei den Hexaaquakomplexen handelt es sich von d^4 bis d^7 um high-spin-Komplexe. Die Auftragung der Reaktionsenthalpien ΔH_H ähnelt der Radienauftragung in Abb. 3.9 und korrespondiert mit dem Verlauf der Kristallfeldstabilisierungsenergie in Abb. 3.10 für die oktaedrischen high-spin-Komplexe. Die experimentellen Hydratationsenthalpien liegen wieder auf Kurven mit relativen Minima. Eine Subtraktion von berechneten Energiebeiträgen aus der Ligandenfeldstabilisierung (Berechnung mit einer über das einfache Kristallfeldmodell hinausgehenden Parametrisierung unter Verwendung von Racah-Werten; s. Abschn. 3.9.7) ergibt dann Enthalpien, die entsprechend weniger negativ sind. Diese Werte liegen auf einer stetig abnehmenden und nur leicht gekrümmten Kurve, die auch Ca^{2+}, Mn^{2+} und Zn^{2+}, bzw. Sc^{3+}, Fe^{3+} und Ga^{3+} miteinander verbindet, jene Ionen, die keine Kristallfeldstabilisierung erfahren.

Ähnliche Kurven wie für die Hydratationsenthalpien ergeben sich bei der Auftragung der **Gitterenergien** mit und ohne den Ligandenfeldstabilisierungsbeitrag **für die Metalldihalogenide**, bei denen im Festkörper das Metallion oktaedrisch von den Halogenidionen koordiniert wird (s. Riedel/Janiak, Anorganische Chemie, 10. Aufl., de Gruyter, Abb. 5.25). Eine dort teilweise beobachtete Verschiebung der erwarteten Energieminima von d^3 und d^8 nach d^4 und d^9 ist auf die Jahn-Teller-Verzerrung bei d^4 (high-spin) und d^9 zurückzuführen (s. u.). Daraus ergibt sich ein Maximum der Stabilität bei diesen Ionen.

Mit einem Gewinn an Kristallfeldstabilisierungsenergie lassen sich auch **Verzerrungen des Oktaeders** erklären:

- Für Ni^{2+} (d^8) findet man ein Maximum der Stabilisierungsenergie beim Oktaeder. Gleichzeitig gibt es zahlreiche vier- und fünffach koordinierte Ni^{2+}-Komplexe, und oktaedrische Ni^{2+}-Komplexe sind *nicht* auffallend inert. Die Entfernung der zwei Liganden in *z*-Richtung zur quadratisch-planaren Koordination stabilisiert vor allem das z^2-Orbital. Der Übergang von der Konfiguration $(xy,xz,yz)^6(z^2,x^2-y^2)^2$ (O_h) zu $(xz,yz)^4(z^2)^2(xy)^2$ (D_{4h}) verringert die Energie der Orbitale mit *z*-Komponente und erhöht die CFSE (s. Abb. 3.7 u. Abschn. 3.9.8). Oktaedrische $Ni^{2+}(A{\cap}A)_2B_2$-Komplexe stehen häufig im Gleichgewicht mit quadratischen $Ni^{2+}(A{\cap}A)_2$-Komplexen, gemäß

$$Ni^{2+}(A{\cap}A)_2B_2 \rightleftharpoons Ni^{2+}(A{\cap}A)_2 + 2\,B$$

Beispiel mit Temperatur-Fluoreszenz-Korrelation:

T, 27–65 °C; + 2 L

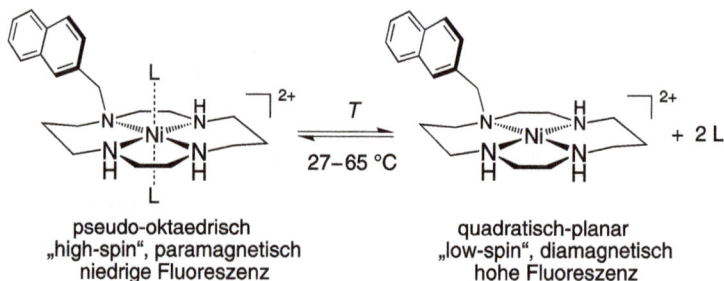

pseudo-oktaedrisch „high-spin", paramagnetisch niedrige Fluoreszenz

quadratisch-planar „low-spin", diamagnetisch hohe Fluoreszenz

Im vorstehenden Beispiel nimmt die Intensität der Fluoreszenzemission im Bereich 27–65 °C stetig mit der Temperatur zu. Grundlage ist das temperaturabhängige Spingleichgewicht des Nickelatoms. Der bei niedriger Temperatur überwiegende pseudo-oktaedrische Solvenskomplex (L = Solvens) hat zwei ungepaarte Elektronen und löscht die Fluoreszenz des Naphthyl-Fluorophors. In der Solvens-freien, quadratisch-planaren Form bei höherer Temperatur sind alle Elektronen gepaart, und die Naphthyl-Fluoreszenz wird nicht beeinflusst. Der Spin-Wechsel beim Ni^{2+} kann auch durch die Licht-gesteuerte Koordination oder Dissoziation eines Seitenarms am makrocyclischen Liganden geschaltet werden, wie das Beispiel des Phenylazopyridin-Arms am Porphyrinato-Liganden des nachfolgenden Ni-Komplexes zeigt. Blau-grünes Licht (500 nm) induziert in Lösung die Koordination des Pyridin-Arms, mit violett-blauem Licht (435 nm) wird der Arm über die cis-trans-Isomerisierung der Azo-Gruppe wieder dissoziiert.

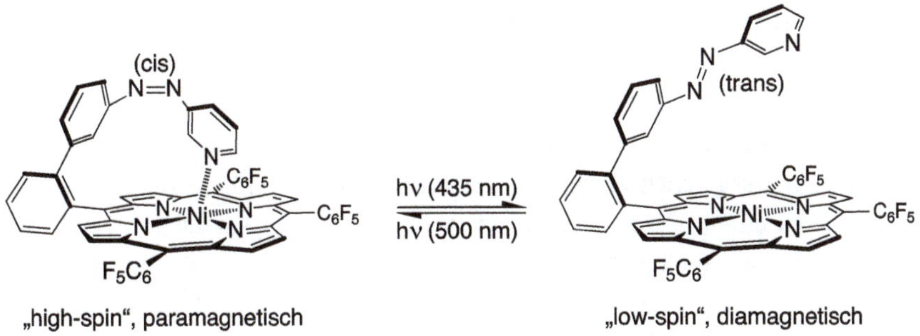

„high-spin", paramagnetisch

„low-spin", diamagnetisch

- Für Cu^{2+} (d^9) und high-spin-Cr^{2+} (d^4) findet man bei sechs Liganden fast ausschließlich tetragonal-gestreckt-verzerrte Komplexe. Die Verlängerung der beiden M–L-Bindungen in *z*-Richtung stabilisiert das z^2-Orbital und etwas weniger die *xz*- und *yz*-Orbitale (s. Abb. 3.7). Durch gleichzeitige Verringerung der Interligand-Abstoßung können die äquatorialen Liganden näher an das Metallatom heranrücken. Der Übergang von der d^9-Konfiguration $(xy,xz,yz)^6(z^2,x^2-y^2)^3$ (O_h) zu $(xz,yz)^4(xy)^2(z^2)^2(x^2-y^2)^1$ (D_{4h}) und entsprechend für d^4 geht mit einer Erniedrigung der Orbitalenergien mit *z*-Komponente einher und erhöht die CFSE.

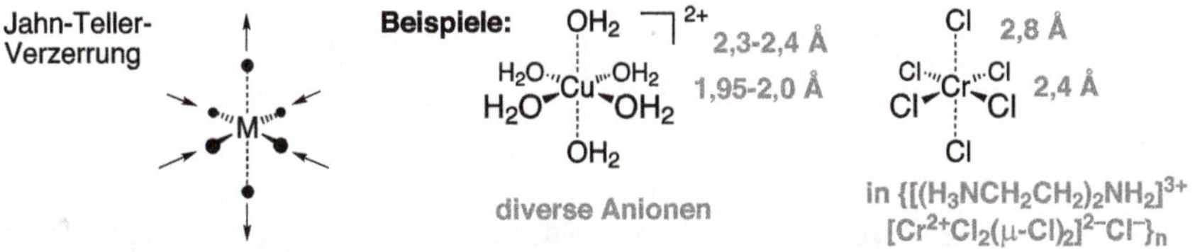

Das Phänomen kann auch auf der Basis der vorliegenden Orbital-entarteten Zustände erklärt werden: Für das d^9-Cu^{2+}-Ion mit seiner $t_{2g}^6\,e_g^3$-Konfiguration gibt es für die Verteilung der drei e_g-Elektronen die beiden Möglichkeiten $(z^2)^2(x^2-y^2)^1$ und $(z^2)^1(x^2-y^2)^2$ (entsprechend bei d^4). Es liegt damit ein zweifach Orbital-entarteter Zustand vor. Nach dem **Jahn-Teller-Theorem** ist ein nichtlineares Molekül, welches sich in einem Orbital-entarteten Zustand befindet, instabil. Durch Kopplung zwischen Schwingungs- und elektronischen Zuständen kommt es zu einer Verzerrung, die zur Aufhebung der Entartung und zur Erniedrigung der Symmetrie und Energie des Systems führt.

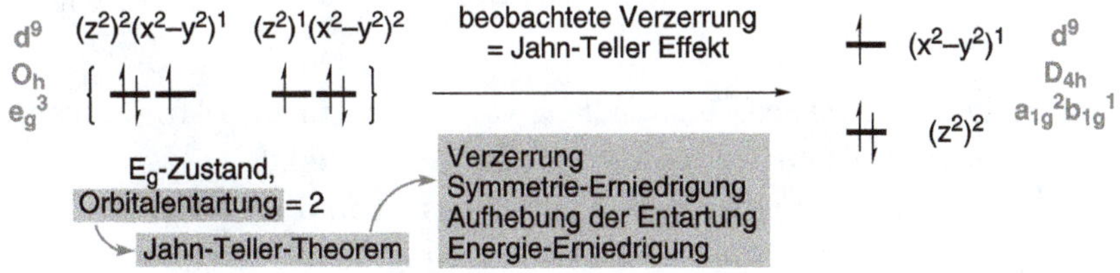

Die experimentell beobachtete Verzerrung ist dann der **Jahn-Teller-(JT-)Effekt** (im Festkörper Peierls-Verzerrung genannt, s. Abschn. 2.7.2ff). Das Theorem trifft aber keine Vorhersage, was für eine Verzerrung auftreten wird, außer dass das **Symmetriezentrum unverändert** bleibt. Im Fall eines oktaedrischen Cu^{2+}-Komplexes besteht die Möglichkeit einer tetragonalen Verzerrung, die zur Aufhebung der Entartung der e_g-Niveaus und damit zu einem elektronisch nicht mehr entarteten Zustand führt. Gleichzeitig wird die Symmetrie erniedrigt ($O_h \longrightarrow D_{4h}$, s. Abb. 3.7). Aus der doppelten Besetzung der energetisch abgesenkten ursprünglichen e_g-Komponente (z^2 oder x^2–y^2) resultiert ein Energiegewinn. Dieser Energiegewinn ist die treibende Kraft der Verzerrung. Ob eine solche tetragonale Verzerrung auftreten wird, lässt sich aus dem Jahn-Teller-Theorem nicht herleiten. Experimentell findet man aber in sechsfach-koordinierten Cu^{2+}-Komplexen fast immer vier kurze und zwei längere Metall-Ligand-Abstände, d. h. die Bildung eines tetragonal-gestreckten Oktaeders (s. dazu auch Abschn. 3.9.8). Daneben finden sich auch zahlreiche fünffach koordinierte Cu^{2+}-Komplexe mit einer längeren Metall–Ligand-Bindung. Bei heteroleptischen Cu-Komplexen tritt die Jahn-Teller-Verzerrung (längste M···L-Kontakte) in Richtung der beiden schwächsten Liganden auf.

Beispiele:

O = H_2N–C(=O)–CH=CH_2

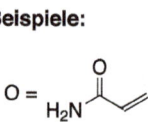

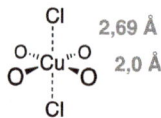

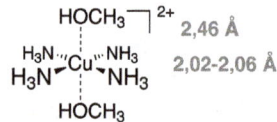

Cl, O, Cu, Cl: 2,69 Å; 2,0 Å

$HOCH_3$, H_3N, Cu, NH_3 (2+): 2,46 Å; 2,02-2,06 Å

Eine kleine Anzahl von regulären oktaedrischen Cu-Komplexen, typischerweise mit sechs identischen Liganden in einer isotropen Umgebung mit hoher Raumgruppen-Lagesymmetrie für Cu ($\bar{3}$), lässt sich als dynamische Umwandlung von drei entarteten Verzerrungen entlang der drei orthogonalen Achsen mit gleicher potentieller Energie E und $\frac{1}{3}$-Besetzung interpretieren.

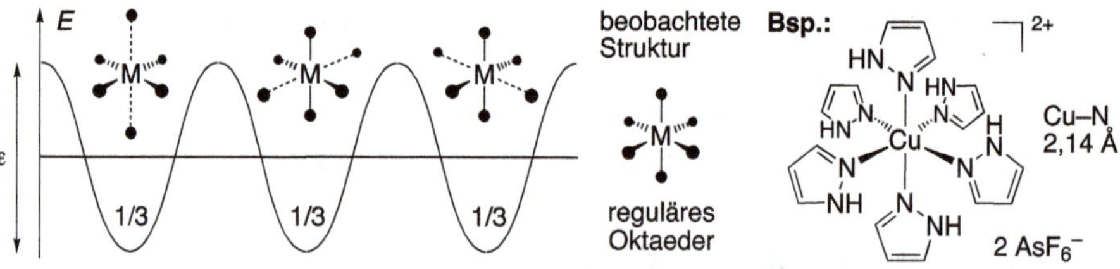

Für $\varepsilon < kT$ liegt eine schnelle Umwandlung vor; Struktur und spektroskopische Eigenschaften werden gemittelt (**dynamischer Jahn-Teller-Effekt**).

Sind nur zwei der Energiemulden gleich besetzt und die dritte höher energetische unbesetzt, dann führt eine Mittelung der beiden tetragonal-gestreckten Oktaeder zur

Beobachtung der Struktur in Beugungsuntersuchungen als scheinbar gestauchtes Oktaeder, für das man einige wenige Beispiele kennt.

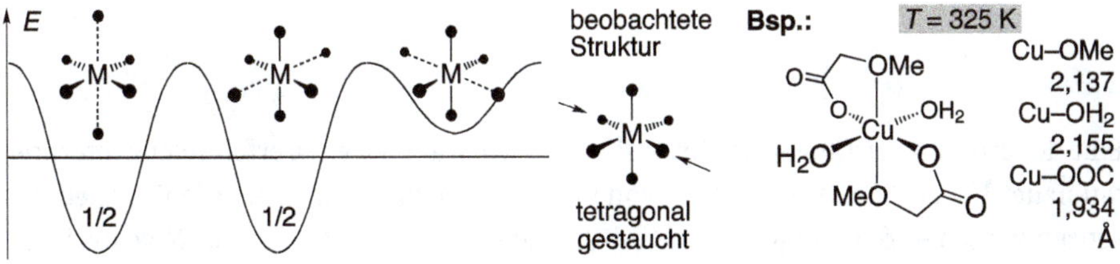

Ein solches gestauchtes Oktaeder ist ebenfalls Ausdruck einer dynamischen Jahn-Teller-Verzerrung. Temperaturvariable Einkristall-Struktur- oder Elektronen-Spin-/paramagnetische Resonanz-(ESR-/EPR-)Untersuchungen können bei genügend niedriger Temperatur einen Wechsel zur Grundzustandsstruktur des tetragonal-gestreckten Oktaeders zeigen.

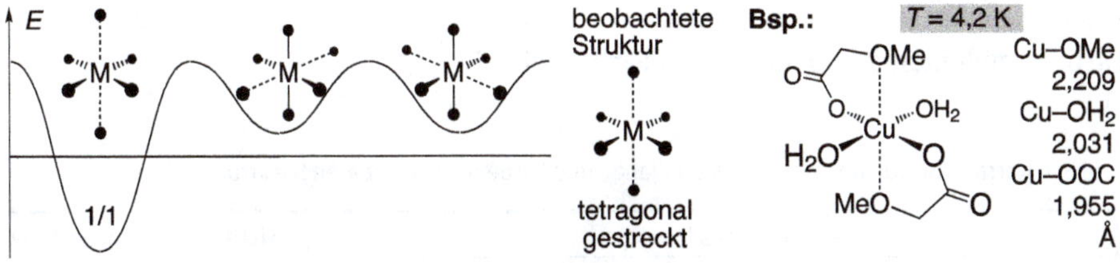

Schwache Kräfte zwischen dem Cu-Komplex und benachbarten Molekülen oder zwischen den Liganden führen in kondensierten Phasen selbst bei sechs gleichen Liganden in der Regel dazu, dass eine Mulde auf der Energiehyperfläche eine deutlich geringere Energie hat und damit als Einzige besetzt ist, sodass ein tetragonal-gestrecktes Oktaeder beobachtet wird. Diese Bevorzugung einer Verzerrung wird auch als kooperativer JT-Effekt oder JT-Kooperativität bezeichnet.

In der Gasphase würde man die grundlegende dynamische Natur des Jahn-Teller-Effekts anhand der Oszillation des JT-aktiven Moleküls zwischen einer Anzahl von energetisch entarteten Strukturen beobachten können.

Für zahlreiche Elektronenkonfigurationen, beginnend mit t_{2g}^1 und t_{2g}^2, sollte man nach dem Jahn-Teller-Theorem wegen der entarteten Zustände eine Verzerrung erwarten. Der Energiegewinn aus der Aufspaltung der t_{2g}-Orbitale ist oft zu klein, um eine merkliche Verzerrung hervorzurufen. Eine deutliche Verzerrung tritt nur dann auf, wenn (e_g-)Orbitale beteiligt sind, die direkt auf die Liganden gerichtet sind, also bei e_g^1- und e_g^3-Konfigurationen. Dieses ist beim d^4-high-spin-, d^7-low-spin-Fall und bei d^9 gegeben. Es sind auch Komplexe mit tetraedrischer oder trigonal-planarer Ligandenanordnung bekannt, die einen Jahn-Teller-Effekt zeigen. So konnte z. B. für MnF_3 in der

Gasphase das Vorliegen einer C_{2v}-symmetrischen trigonal-planaren Struktur mit zwei längeren und einer kürzeren Mn–F-Bindung nachgewiesen werden, als deren Ursache der Orbital-entartete Grundzustand eines D_{3h}-symmetrischen Moleküls gilt.

3.9.4 Kristallfeldaufspaltung – UV/Vis-Spektroskopie

Eine der größten Leistungen der Kristallfeldtheorie war eine erste erfolgreiche Interpretation der UV/Vis-Spektren (Farben) von Übergangsmetallkomplexen. Die Energiedifferenzen zwischen den aufgespaltenen d-Orbitalen, etwa den t_{2g}- und e_g-Niveaus beim Oktaeder, liegen im Bereich der Energie des sichtbaren Lichts.

Unter den verschiedenen Arten von Elektronenübergängen und damit Ursachen von Lichtabsorption und Farbigkeit,

1. Metall-lokalisierten d⟶d- (oder f⟶f-)Übergängen,
2. Ligand-lokalisierten $\sigma \longrightarrow \sigma^*$-, $\pi \longrightarrow \pi^*$- oder n⟶$\pi^*$-Übergängen oder
3. Charge-Transfer Metall⟶Ligand- oder Ligand⟶Metall-Übergängen,

interessieren für die Anwendung der Kristallfeldtheorie die Metall-lokalisierten d⟶d-Elektronenübergänge. Beim Vergleich der Farben von Verbindungen ist die absorbierte Farbe komplementär zur sichtbaren Farbe (Tab. 3.7).

Tab. 3.7: Korrelation von absorbierter Wellenlänge und Farbe beim sichtbaren Spektrum.

absorbiertes Licht			sichtbare Komplexfarbe
Wellenlänge λ [nm]	Wellenzahl $\tilde{\nu} = 1/\lambda$ [cm^{-1}]	Lichtfarbe	
<400	>25.000	ultraviolett	
400–435	25.000–22.988	violett	gelb-grün
435–480	22.988–20.833	blau	gelb
480–490	20.833–20.408	grün-blau	orange
490–500	20.408–20.000	blau-grün	rot
500–560	20.000–17.699	grün	rot-violett
565–590	17.699–16.949	gelb	blau
595–610	16.949–16.393	orange	grün-blau
610–680	16.393–14.705	rot	blau-grün
680–700	14.705–14.285	rot-violett	grün
>780	<12.820	infrarot	

Einige Beispiele sollen die Anwendungen des einfachen Kristallfeldmodells zur UV/Vis-Spektreninterpretation im Rahmen der Einelektronennäherung verdeutlichen. Der einfachste Fall ist eine d^1-Konfiguration, wie sie etwa beim Ti^{3+}-Ion gegeben ist. Dieses Ion besitzt in wässriger Lösung als Hexaaquakomplex eine rötlich-violette Farbe, die dadurch entsteht, dass der grüne Anteil des eingestrahlten weißen Lichts absorbiert wird. Das Absorptionsmaximum liegt bei etwa 500 nm oder ca. 20.000 cm^{-1}. Der Elektronenübergang $t_{2g}^1 e_g^0 \longrightarrow t_{2g}^0 e_g^1$ entspricht gerade der Oktaederaufspaltungsenergie, sodass $[Ti(H_2O)_6]^{3+}$ ein 10Dq-Wert von etwa 20.000 cm^{-1} zugeordnet werden kann (s. Tab. 3.5).

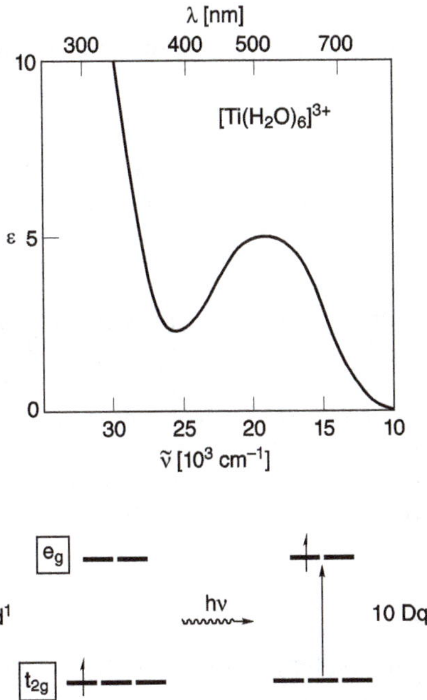

Ein weiterer einfacher Fall ist, abgesehen vom Jahn-Teller-Effekt, noch die d^9-Konfiguration, bei der ein Elektron in den e_g-Niveaus fehlt. Die d^1- und d^9-Konfiguration sind über die „Elektron-Loch"-Analogie verwandt. Bei d^9 kann man in Umkehrung der Anhebung eines Elektrons die Absenkung eines „positiven Lochs" mit der Aufspaltungsenergie 10Dq von e_g nach t_{2g} formulieren.

e_g d^9 t_{2g} hν 10 Dq

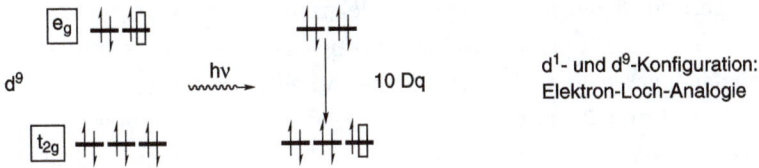

d^1- und d^9-Konfiguration: Elektron-Loch-Analogie

Die Fälle mit zwei bis acht Elektronen am Metallatom (d^2 bis d^8) sind komplizierter und oft nicht mehr im Rahmen einer Einelektronennäherung zu behandeln. Es müssen hier die Kopplungen der d-Elektronen berücksichtigt werden. Das nächste Beispiel zeigt, dass für ein qualitatives Verständnis die Einelektronennäherung noch ausreicht, wohingegen das zweite Beispiel ihre Grenzen verdeutlicht. Die Komplexe in diesen beiden

Beispielen haben bis auf $[Co(NH_3)_6]^{3+}$ keine exakte Oktaedersymmetrie mehr. Aber der Einfachheit halber wird hier, wie auch an anderen Stellen, von der Oktaederaufspaltung gesprochen, und es werden die Orbitalsymbole t_{2g} und e_g verwendet. In solchen Fällen wird angenommen, dass die durch Symmetrieerniedrigung erfolgende Aufspaltung der Orbitale sehr gering ist, sodass man in guter Näherung noch den ursprünglichen „t_{2g}"- bzw. „e_g"-Satz hat.

Beispiel 1: Mit der Zunahme der Kristallfeldstärke des L-Liganden in $[CoL(NH_3)_5]^{3+}$ von Cl^- über H_2O zu NH_3 nimmt die Oktaederaufspaltungsenergie und damit die Energie des absorbierten Lichtes zu:

	$[Co\mathbf{Cl}(NH_3)_5]Cl_2$	$[Co(\mathbf{H_2O})(NH_3)_5]Cl_3$	$[Co(\mathbf{NH_3})(NH_3)_5]Cl_3$
Sichtbare Komplexfarbe:	purpur	rot	gelb-orange
⇒ absorbierte Farbe:	grün	blaugrün	blau (Tab. 3.7)
	Energie der Lichtabsorption zunehmend ⟶		
Kristallstärke Ligand:	Cl^- <	H_2O <	NH_3
	⇒ (Oktaeder-)Aufspaltung Δ zunehmend ⟶		

(Voraussetzung bei Interpretation: gleicher Übergang, „t_{2g}^6" ⟶ „$t_{2g}^5e_g^1$"des low-spin-d^6-Co^{3+}-Ions ist farbbestimmend.)

Beispiel 2: Farbunterschiede des isomeren trans-Praseo- und cis-Violeo-Salzes $[CoCl_2(NH_3)_4]Cl$. NH_3 ist ein stärkerer Ligand als Cl^-, sodass bei der trans-Form das x^2–y^2-Orbital (in der Ebene der Amminliganden) stärker destabilisiert wird als das z^2-Orbital, welches auf die Chloridoliganden zeigt. Bei der cis-Form sollte man hingegen nur eine geringe Aufspaltung des e_g-Niveaus erwarten (Abb. 3.12). Für die trans-Form würde man danach zwei Banden erwarten, für die cis-Form eine, allerdings unsymmetrische Absorptionsbande, die energetisch zwischen den beiden Banden der trans-Form liegen sollte. Experimentell wird dies auch beobachtet. Für den Farbunterschied ist allerdings eine zusätzliche dritte Bande verantwortlich, die bei beiden Komplexen auftritt, mit einem Absorptionsmaximum bei ca. 28.000 cm^{-1} im violetten Bereich. Diese sehr energiereiche Bande kann einem Zweielektronenübergang („t_{2g}^6"⟶„t_{2g}^4 e_g^2") zugeordnet werden. Dieser Übergang ist bei der trans-Form zugleich am intensivsten und bestimmt damit deren grüne Farbe. Die Farbe bei der cis-Form wird vom energieärmeren, aber intensiveren Einelektronen-„t_{2g}^6"⟶„$t_{2g}^5e_g^1$"-Übergang hervorgerufen (vgl. Text zu Tab. 3.6). Die generell höheren Intensitäten von Banden bei cis- im Vergleich zu trans-Komplexen sind durch das fehlende Symmetriezentrum bedingt (s. Auswahlregeln für d⟶d-Übergänge, Abschn. 3.9.6). Der Farbunterschied zwischen Praseo- und Violeo-Salz oder allgemein zwischen einem trans- und einem isomeren cis-Komplex kann also noch ansatzweise im Rahmen einer CF-Einelektronennäherung erklärt werden. Allerdings ergibt sich ein Verständnis für das Auftreten von drei Banden sehr viel zwangloser mit einer Mehrelektronennäherung im Rahmen der CF-Theorie. Diese Mehrelektronennä-

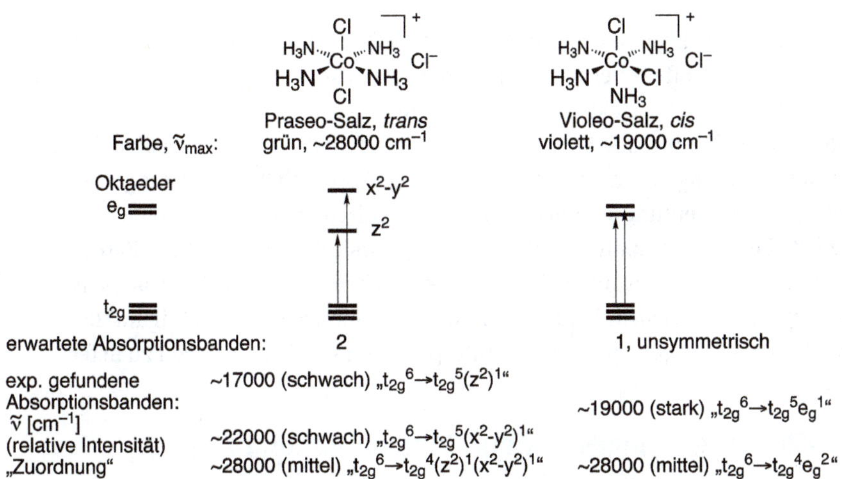

Abb. 3.12: Interpretation der Farbunterschiede bei isomeren trans- und cis-Komplexen am Beispiel des Praseo- und Violeo-Salzes im Rahmen der Einelektronennäherung des Kristallfeldmodells. Da keine exakt oktaedrischen Komplexe mehr vorliegen, wurden die Zuordnungen der Elektronenübergänge unter Verwendung der oktaedrischen Symmetriebezeichnungen in Anführungsstriche gesetzt.

herung, verbunden mit der Parametrisierung zur Ligandenfeldtheorie, ermöglicht eine quantitative Interpretation der Lage der Absorptionsbanden (Abschn. 3.9.7).

3.9.5 Kristallfeldtheorie – Defizite des Modells

Ein Verständnis, warum man für die 4d- und 5d-Metalle nur low-spin-Komplexe findet oder eine Begründung für die Anordnung der Liganden innerhalb der **spektrochemischen Reihe** (s. Abschn. 3.9.2), lässt sich mit der rein elektrostatischen Kristallfeldtheorie nicht geben. Die spektrochemische Reihe steht sogar im Widerspruch zu den Annahmen von Punktladungen für die Liganden. Denn wenn die Aufspaltung der d-Orbitale von Ladungen in Form von Ionen oder Dipolen herrühren würde, so sollten die anionischen Liganden und die neutralen Moleküle mit dem höchsten Dipolmoment den größten Effekt bewirken. Die Reihung der Halogenide $I^- < Br^- < Cl^- < F^-$ (Dq zunehmend) entspricht noch der Erwartung. Aber diese anionischen Liganden, einschließlich des Fluoridions, liegen auf der schwachen Kristallfeldseite. Das anionische Hydroxidion erzeugt außerdem ein schwächeres Feld als das neutrale Wassermolekül. Dieses wiederum ist trotz seines höheren Dipolmoments (1,85 Debye) ein schwächerer Ligand als das Ammoniakmolekül (1,47 Debye). Das neutrale und fast unpolare Kohlenmonoxidmolekül dagegen ist einer der stärksten Liganden. Diese Tatsachen lassen die Annahme einer rein elektrostatischen Wechselwirkung zwischen Liganden und Metallion zweifelhaft erscheinen und verlangen nach einer Erweiterung der CF-Theorie.

ESR-, NMR- und magnetische Messungen zeigen, dass die Metall-d-Elektronen auch über die Liganden verteilt sind, d. h. die d-Elektronen befinden sich in Molekülorbitalen, die deutlichen Ligandencharakter haben (MO-Theorie, s. Abschn. 3.9.8). Mit dem nephelauxetischen Effekt berücksichtigt ein erweitertes Kristallfeldmodell diese Delokalisierung der Metall-d-Elektronen (Ligandenfeldtheorie, s. Abschn. 3.9.7).

Das CF-Modell mit seiner konzeptionellen Einfachheit der d-Orbitalaufspaltung und Elektronenbesetzung ist für viele Erklärungen (s. Abschn. 3.9.3) aber gut geeignet. Die nachvollziehbare Deutung der obigen strukturchemischen und thermodynamischen Effekte zeigt, dass das Kristallfeldmodell trotz der erwähnten Defizite seine Berechtigung hat. Mit einer Mehrelektronennäherung der CF-Theorie und ihrer Parametrisierung in der Ligandenfeldtheorie kann die weiterhin alleinige Berücksichtigung der „fünf d-Orbitale" eine sehr gute quantitative Interpretation von Farbspektren zu liefern.

3.9.6 Kristallfeldtheorie – Mehrelektronennäherung

Bisher wurde im Rahmen der Kristallfeldtheorie eine Einelektronennäherung verwendet, d. h. die Elektronen wurden als voneinander unabhängig, als ungekoppelt betrachtet. Man bezeichnet dies auch als „Methode des starken Feldes". Sobald aber mehr als ein Elektron oder im Rahmen der Elektron-Loch-Analogie mehr als ein positives Loch in einem System relevant ist, müssen Kopplungen zwischen den Elektronen berücksichtigt werden. Dieser Ansatz wird auch als „Methode des schwachen Feldes" bezeichnet. Die Adjektive stark und schwach werden in ähnlicher Weise wie für die Liganden bei der Orbitalaufspaltung verwendet. Sie drücken die Größe des Kristallfeldeffekts im Vergleich zu den zwischenelektronischen Abstoßungsenergien aus. Die Methode des starken und schwachen Feldes sind Grenzfälle (s. Abb. 3.17 u. 3.18).

Das *einzelne Elektron* im Atom ist durch die Hauptquantenzahl n, die (Neben- oder) Bahndrehimpulsquantenzahl $l \leq n-1$, die magnetische Quantenzahl $m_l = -l, \ldots, +l$ und die Spin- oder Eigendrehimpulsquantenzahl $s = 1/2$ mit $m_s = +1/2, -1/2$ charakterisiert.

Eine Möglichkeit der Behandlung von Mehrelektronensystemen im Rahmen des CF-Modells ist das **Russell-Saunders-** oder ***LS*-Kopplungsschema**. Es geht davon aus, dass unter den Valenzelektronen jeweils zuerst eine Kopplung der Einelektronen-Quantenzahlen l und s zu den Mehrelektronen-Quantenzahlen L und S erfolgt. Der Gesamtbahndrehimpuls $\vec{L}$ und der Gesamtspin $\vec{S}$ eines Atoms werden durch die Vektorsumme der individuellen Orbitalbahndrehimpulse $\vec{l_i}$ und der Spins $\vec{s_i}$ der n einzelnen Elektronen gegeben.

einzelnes Elektron (Loch):	**Mehrelektronensystem:**
Beschreibung durch	
Bahndrehimpuls $\vec{l}_i$	Gesamtbahndrehimpuls $\vec{L} = \vec{l}_1 + \vec{l}_2 + \cdots + \vec{l}_n = \sum_{i=1}^{n} \vec{l}_i$
Eigendrehimpuls (Spin) $\vec{s}_i$	Gesamteigendrehimpuls $\vec{S} = \vec{s}_1 + \vec{s}_2 + \cdots + \vec{s}_n = \sum_{i=1}^{n} \vec{s}_i$

Die Größe des Impulses (Betrag des Vektors) wird durch die zugehörigen Quantenzahlen *l*, *s* oder *L*, *S* bestimmt. Die Mehrelektronen-Quantenzahlen *L* und *S* beschreiben das Atom mit seiner Gesamtheit an Valenzelektronen.

einzelnes Elektron (Loch):	**Mehrelektronensystem:**
$\lvert\vec{l}\rvert = \sqrt{l(l+1)}\dfrac{h}{2\pi}$	$\lvert\vec{L}\rvert = \sqrt{L(L+1)}\dfrac{h}{2\pi}$
$l = 0, 1, 2, 3, \ldots$ s, p, d, f, … Orbitale	$L = 0, 1, 2, 3, 4, \ldots$ S, P, D, F, G, … Zustände/Terme (nach G alphabetische Fortsetzung, ohne J)
Orbitale = Kleinbuchstaben	Terme = Großbuchstaben
$\lvert\vec{s}\rvert = \sqrt{s(s+1)}\dfrac{h}{2\pi}$	$\lvert\vec{S}\rvert = \sqrt{S(S+1)}\dfrac{h}{2\pi}$
$s = \frac{1}{2}$	$S = 0, 1, 2, \ldots$ oder $S = \frac{1}{2}, \frac{3}{2}, \frac{5}{2}, \ldots$

In einem äußeren Feld gibt es eine Richtungsquantelung des Bahndrehimpulsvektors mit $2l + 1$ bzw. $2L + 1$ Orientierungsmöglichkeiten zum Feld:

einzelnes Elektron (Loch):	**Mehrelektronensystem:**
$m_l = 0, \pm 1, \ldots, \pm l$ ($2l + 1$ Werte); für ein d-Elektron kann m_l die Werte $+2, +1, 0, -1, -2$ annehmen, entsprechend der Existenz von fünf d-Orbitalen (m_l = *z*-Komponente der Drehimpulsquantenzahl)	$M_L = 0, \pm 1, \ldots, \pm L$ ($2L + 1$ Werte); für einen D-Zustand kann M_L die Werte $+2, +1, 0, -1, -2$ annehmen, entsprechend einer fünffachen Entartung des D-Zustands

In einem äußeren Feld gibt es für die Spinquantenzahl *s* oder *S* je $2s + 1$ oder $2S + 1$ Einstellungen (Projektionen) des Vektors des Eigendrehimpulses in Feldrichtung:

einzelnes Elektron (Loch):	**Mehrelektronensystem:**
für ein einzelnes Elektron ist $m_s = +\frac{1}{2}$ oder $-\frac{1}{2}$, entsprechend der Ausrichtung ↑ oder ↓	$M_S = S, S-1, \ldots, -S$ ($2S + 1$ Werte); für zwei Elektronen ist $S = 1$ und $M_S = 1, 0$ oder -1, entsprechend den Ausrichtungen ↑↑, ↑↓ oder ↓↓

Die *z*-Komponenten des Gesamtbahndrehimpulses oder des Gesamtspins ergeben sich nach

$$\boldsymbol{M_L = m_{l1} + m_{l2} + m_{l3} + \cdots + m_{ln} = \Sigma m_{li}}$$
$$\boldsymbol{M_S = m_{s1} + m_{s2} + m_{s3} + \cdots + m_{sn} = \Sigma m_{si}}$$

l, m_l, m_s beschreiben *ein* Elektron in einem Valenzorbital	L, S beschreiben eine Mehrelektronenwellenfunktion, einen Zustand oder Term

Weiterhin koppeln Bahn- und Eigendrehimpuls zum Gesamtdrehimpuls $\vec{j}$ bzw. $\vec{J}$:

	einzelnes Elektron (Loch)	**Mehrelektronensystem:**
		Russell-Saunders-Kopplung:
	$\vec{j} = \vec{l} + \vec{s}$	$\vec{J} = \vec{L} + \vec{S} = \sum_i \vec{l}_i + \sum_i \vec{s}_i$
Betrag:	$\lvert\vec{j}\rvert = \sqrt{j(j+1)}\dfrac{h}{2\pi}$	$\lvert\vec{J}\rvert = \sqrt{J(J+1)}\dfrac{h}{2\pi}$
	$j = \lvert l+s\rvert, \lvert l+s-1\rvert, \ldots, \lvert l-s\rvert$	$J = \lvert L+S\rvert, \lvert L+S-1\rvert, \ldots, \lvert L-S\rvert$
äußeres Feld:	$m_j = 0, \pm 1, \ldots, \pm j$ ($2j+1$ Werte)	$M_J = 0, \pm 1, \ldots, \pm J$ ($2J+1$ Werte)
		jj-Kopplung:
		$\vec{J} = \sum_i \vec{j}_i = \sum_i (\vec{l}_i + \vec{s}_i)$

Bei der Russell-Saunders-Kopplung ist die Kopplung von $\vec{l}_i$ zu $\vec{L}$ und $\vec{s}_i$ zu $\vec{S}$ der Elektronen größer als die Wechselwirkung zwischen $\vec{l}$ und $\vec{s}$ eines einzelnen Elektrons. Sie ist insbesondere gut für die Elemente bis Lanthan geeignet. Bei der ***jj*-Kopplung** für die schwereren Elemente ist die Wechselwirkung zwischen Bahnmoment $\vec{l}$ und Spinmoment $\vec{s}$ jedes einzelnen Elektrons größer als die Kopplung der verschiedenen $\vec{l}_i$ und $\vec{s}_i$ miteinander. Erst nach der Kopplung von Bahn- und Spinmoment der einzelnen Elektronen wird dort eine Kopplung der resultierenden Momente $\vec{j}_i$ betrachtet.

Wichtig ist, dass im Rahmen der Mehrelektronennäherung keine anschaulichen Orbitale mehr vorliegen, sondern dass mit abstrakteren Zuständen gearbeitet wird.

Die zu einer Elektronenkonfiguration möglichen Kombinationen von M_L und M_S werden als **Mikrozustände** bezeichnet. Aus diesen Mikrozuständen leiten sich *LS*-Paare ab, die wiederum einem spektroskopischen Term entsprechen. Die Gesamtspinquantenzahl *S* wird als Spinmultiplizität $2S + 1$ (hochgesetzter Index) zum Term angegeben.

$S =$	0	1/2	1	3/2	2	…
$2S + 1 =$	1	2	3	3	5	…

Termsymbol: $^{2S+1}L_J$ (*L* als Buchstabe)
(die Gesamtdrehimpulsquantenzahl *J* wird im Folgenden nicht verwendet)

Aus der Bahnmultiplizität (Bahnentartung) $2L + 1$ und der Spinmultiplizität $2S + 1$ ergibt sich die Gesamtentartung eines Terms zu $(2S + 1) \cdot (2L + 1)$.

Für die systematische Ermittlung aller Mikrozustände und darüber aller möglichen spektroskopischen Terme eines Atoms wird auf Abschn. 3.21.2 verwiesen.

Grundterm des freien Ions (Term mit der niedrigsten Energie). Der Grundterm muss nach der ersten **Hund'schen Regel** die **maximale Spinmultiplizität ($2S + 1$)**, d. h. den maximalen *S*-Wert haben. Liegen mehrere Terme mit gleicher maximaler Spinmultiplizität vor, dann ist nach der zweiten Hund'schen Regel jener Zustand unter den maximalen Spintermen der Grundzustand, der den **höchsten *L*-Wert** aufweist (Grundterme für d^1 bis d^9 in Tab. 3.8).

Tab. 3.8: Grundterme von freien Ionen mit d^n-Konfigurationen.

d^n	Orbitalbesetzung für die Ableitung des Grundterms m_l +2 +1 0 −1 −2	Gesamtspin (S), Spinmultiplizität ($2S+1$) M_L (max.) ⟶ L (max.)	Grundterm, ^{2S+1}L	
d^1, d^9	↑↓ ↑↓ ↑↓ ↑↓ ↑	$S = 1/2, (2S+1) = 2$ $M_L = +2 \longrightarrow L = 2$	^{2}D	Die Beiträge der grauen Elektronen für d^6–d^9 heben sich gegeneinander auf. Elektron-Loch-Analogie
d^2, d^8	↑↓ ↑↓ ↑↓ ↑ ↑	$S = 1, (2S+1) = 3$ $M_L = +3 \longrightarrow L = 3$	^{3}F	
d^3, d^7	↑↓ ↑↓ ↑ ↑ ↑	$S = 3/2, (2S+1) = 4$ $M_L = +3 \longrightarrow L = 3$	^{4}F	
d^4, d^6	↑↓ ↑ ↑ ↑ ↑	$S = 2, (2S+1) = 5$ $M_L = +2 \longrightarrow L = 2$	^{5}D	
d^5	↑ ↑ ↑ ↑ ↑	$S = 5/2, (2S+1) = 6$ $M_L = 0 \longrightarrow L = 0$	^{6}S	

Grundterm:

1. maximale Spinmultiplizität $2S + 1$
2. bei Spingleichheit – höchster L-Wert

Beispiel: Freies Ion mit d^3-Konfiguration

m_l +2 +1 0 −1 −2

↑ ↑ ↑ _ _

d-Orbitale

Gesamtspin: $m_{s1} = m_{s2} = m_{s3} = 1/2$: $M_S = \Sigma m_{si} = 3/2 \rightarrow$ Spinmultiplizität $2S + 1 = 4$

maximaler Bahndrehimpuls L $\Leftrightarrow M_L = \Sigma m_{li}$ = maximal

$m_{l1} = +2, m_{l2} = +1, m_{l3} = +0$: $M_L = \Sigma m_{li} = 3 \rightarrow L = 3$

Grundterm ^{4}F

Der ^{4}F-Grundterm für die d^3-Konfiguration enthält $(2S + 1) \cdot (2L + 1) = 4 \cdot 7 = 28$ Mikrozustände (M_L/M_S-Paare), ist also 28-fach entartet. Die Ableitung aller Terme zur d^2-Konfiguration wird in Abschn. 3.21.2 als Beispiel vorgeführt.

Analog zur Aufhebung der Entartung der Orbitale eines Atoms/Ions im nicht-kugelsymmetrischen Kristallfeld (Abschn. 3.9.2) erfolgt eine Aufhebung der Entartung der Zustände des freien Ions im Kristallfeld. Die Termaufspaltung entspricht dabei der Orbitalaufspaltung. Ein sphärisches s-Orbital wird nicht aufgespalten. Es bleibt ein total-symmetrisches $a_{(1)}$-Orbital. Ebenso werden alle drei p-Orbitale von einem oktaedrischen oder tetraedrischen Kristallfeld gleich beeinflusst, d. h. nicht aufgespalten. Die p-Orbitale bleiben dreifach entartet mit t-Symmetrie. Die d-Orbitale spalten im Oktaeder- oder Tetraederfeld in einen dreifach entarteten t_2- und einen zweifach entarteten e-Satz auf (s. Abschn. 3.9.2). Die sieben f-Orbitale spalten in einen a_2-, t_2- und t_1-Satz auf.

Grundterm des freien Ions		Termaufspaltung im kubischen Kristallfeld[(a)]	Vergleich der Bahnmultiplizitäten
S	$\longrightarrow$	A_1	$1 \longrightarrow 1$
P	$\longrightarrow$	T_1	$3 \longrightarrow 3$
D	$\longrightarrow$	$E + T_2$	$5 \longrightarrow 2 + 3$
F	$\longrightarrow$	$A_2 + T_2 + T_1$	$7 \longrightarrow 1 + 3 + 3$
G	$\longrightarrow$	$E + T_1 + T_2 + A_1$	$9 \longrightarrow 2 + 3 + 3 + 1$
H	$\longrightarrow$	$E + T_2 + 2T_1$	$11 \longrightarrow 2 + 3 + 2 \cdot 3$
I	$\longrightarrow$	$A_1 + T_1 + 2T_2 + E + A_2$	$13 \longrightarrow 1 + 3 + 2 \cdot 3 + 2 + 1$

[(a)]Kubisches Kristallfeld = Oktaeder oder Tetraeder. Im oktaedrischen Kristallfeld muss noch der Index g (gerade) beim Termsymbol ergänzt werden.

Das Termsymbol im Kristallfeld kennzeichnet in gleicher Weise wie die Orbitalbezeichnung eine Entartung: Ein A-Zustand ist einfach, E zweifach und T dreifach entartet. Bei der Aufspaltung des Grundterms und auch der angeregten Terme des freien Ions (s. u.) wird jeweils die Bahnmultiplizität $2L + 1$ beibehalten. Das Gleiche gilt für die Spinmultiplizität, sodass sich am Gesamtentartungsgrad des Grundzustands bei der Aufspaltung in die einzelnen Terme nichts ändert. Für die Spaltterme gilt unter Berücksichtigung ihrer Entartung der Schwerpunktsatz (Abb. 3.13).

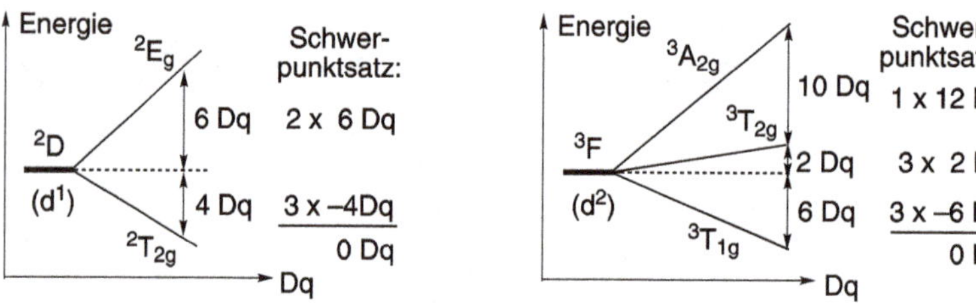

Abb. 3.13: Termaufspaltung im oktaedrischen Kristallfeld unter Beibehaltung des Schwerpunktes für einen $^2D(d^1)$ und einen $^3F(d^2)$ Grundterm. Mit Umkehrung der Aufspaltungsreihenfolge bei $^4F(d^3)$, $^5D(d^4)$ usw. wird der energetische Abstand beibehalten (vergleiche Abb. 3.14).

Die **Termaufspaltung** für die d^n-Elektronenkonfigurationen **im oktaedrischen Kristallfeld** ist in Abb. 3.14 zusammengestellt. In einem tetraedrischen Kristallfeld ist die Reihenfolge der Termaufspaltung genau umgekehrt zu der beim Oktaeder (vgl. Umkehrung der Orbitalaufspaltung, Abb. 3.19 u. 3.20), sodass die gleiche Anzahl möglicher Übergänge resultiert. Die Aufspaltung beim Tetraeder ist kleiner als beim Oktaeder, sodass die Absorptionsbanden bei niedrigerer Energie liegen.

Bei der Termaufspaltung lassen sich Beziehungen beim Vergleich der Elektronenkonfigurationen erkennen:

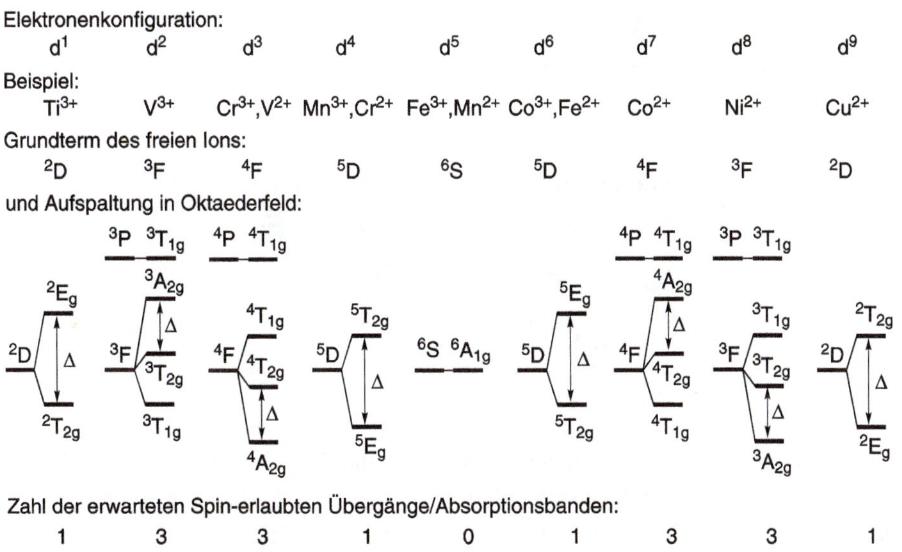

Elektronenkonfiguration:	d^1	d^2	d^3	d^4	d^5	d^6	d^7	d^8	d^9
Beispiel:	Ti^{3+}	V^{3+}	Cr^{3+}, V^{2+}	Mn^{3+}, Cr^{2+}	Fe^{3+}, Mn^{2+}	Co^{3+}, Fe^{2+}	Co^{2+}	Ni^{2+}	Cu^{2+}
Grundterm des freien Ions:	^2D	^3F	^4F	^5D	^6S	^5D	^4F	^3F	^2D
und Aufspaltung in Oktaederfeld:	^2E_g, Δ, $^2T_{2g}$	^3P $^3T_{1g}$, $^3A_{2g}$, Δ, $^3T_{2g}$, $^3T_{1g}$	^4P $^4T_{1g}$, $^4T_{1g}$, $^4T_{2g}$, Δ, $^4A_{2g}$	$^5T_{2g}$, Δ, ^5E_g	^6S $^6A_{1g}$	^5E_g, Δ, $^5T_{2g}$	^4P $^4T_{1g}$, $^4A_{2g}$, Δ, $^4T_{2g}$, $^4T_{1g}$	^3P $^3T_{1g}$, $^3T_{1g}$, $^3T_{2g}$, Δ, $^3A_{2g}$	$^2T_{2g}$, Δ, ^2E_g
Zahl der erwarteten Spin-erlaubten Übergänge/Absorptionsbanden:	1	3	3	1	0	1	3	3	1

Abb. 3.14: Aufspaltungsmuster der Grundterme in einem oktaedrischen Kristallfeld (schwaches Feld, high-spin-Komplex!). Linke (d^1–d^4) und rechte Hälfte (d^6–d^9) der Grundterme und ihre Aufspaltung sind um d^5 „inversions- oder C_2-symmetrisch" zueinander. Ursache der Spaltterm-Umkehr für d^n/d^{10-n} ist die Elektron-Loch-Analogie. Im tetraedrischen Kristallfeld kehrt sich die Reihenfolge der Aufspaltung um. Der Symmetrieindex g entfällt beim Tetraeder. Die F-Grundterme werden noch von einem angeregten P-Term mit gleicher Spinmultiplizität begleitet. Δ kennzeichnet den Übergang mit der Kristallfeldaufspaltungsenergie $\Delta_O = 10Dq$ oder Δ_T im Tetraederfall.

- Über die Elektron-Loch-Analogie verbundene Konfigurationen d^n/d^{10-n} haben eine umgekehrte Reihenfolge der Spaltterme. Das Kristallfeld beeinflusst Elektronen und Löcher genau umgekehrt.
- Man findet die gleiche Reihenfolge für die Spaltterme bei d^n und d^{5+n}, sodass sich das Aufspaltungsmuster von d^1–d^4 bei d^6–d^9 genau wiederholt (nur die Spinmultiplizität ändert sich).
- Der T_2-Term aus der Aufspaltung des F-Grundzustandes befindet sich energetisch immer zwischen dem A_2- und dem T_1-Term.

Energetische Reihenfolge der Spaltterme im oktaedrischen Kristallfeld – D-Terme. Eine anschauliche Herleitung zeigt, wann T_{2g} und wann E_g der stabilere Spaltterm ist.

Es gilt: (i) Eine gefüllte (d^{10}) oder halbgefüllte (d^5) Schale mit Elektronen (oder Löchern) hat sphärische Symmetrie und kann in ihrem Beitrag zum Spaltterm vernachlässigt werden. (ii) Eine t_{2g}^1-Konfiguration ergibt den Term T_{2g}. Eine e_g^1-Konfiguration gibt den E_g-Term. (iii) *Ein* Loch, d. h. *ein* fehlendes Elektron zu einer halbbesetzten Schale verhält sich wie *ein* Elektron (Elektron-Loch-Analogie).

Bei der d^1-Konfiguration (^2D-Term im freien Ion) besetzt im oktaedrischen Kristallfeld im Grundzustand ein Elektron ein t_{2g}-Orbital, d. h. der Grundterm ist $^2T_{2g}$. Im angeregten Zustand gelangt das Elektron in ein e_g-Orbital, d. h. ^2E_g ist der energetisch höhere Spaltterm. Die Energiedifferenz der Spaltterme ist wie bei den Orbitalen Δ_O = 10Dq.

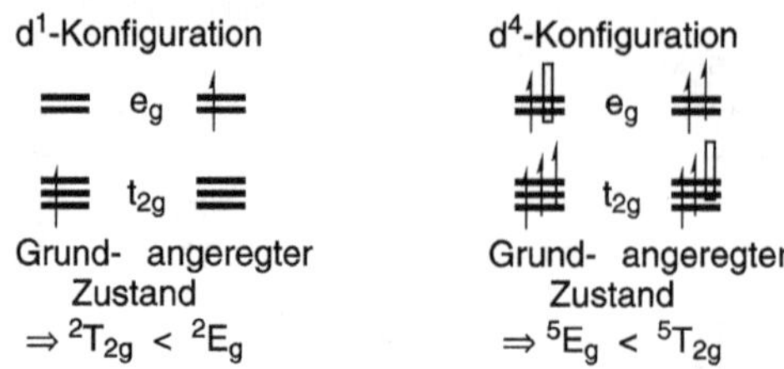

Die d^4-Konfiguration (^{5}D-Term) hat im Grundzustand (high-spin) die Orbitalbesetzung $t_{2g}^3e_g^1$. Es fehlt ein Elektron zur sphärischen d^5-Schale. Im Grundzustand befindet sich ein Loch (□) in den e_g-Orbitalen. Der Grundterm ist damit ^5E_g. Im angeregten Zustand ist das Loch in den t_{2g}-Orbitalen, d. h. $^5T_{2g}$ ist der höhere Spaltterm.

Die d^6-Konfiguration (^{5}D-Term, high-spin), mit der Orbitalbesetzung $t_{2g}^4e_g^2$ unterscheidet sich von einer sphärischen Elektronenverteilung (halbbesetzte d^5-Schale) durch ein zusätzliches Elektron. Dieses zusätzliche Elektron ist am stabilsten in den t_{2g}-Orbitalen, d. h. $^5T_{2g}$ ist der Grundterm, ^5E_g der angeregte Term.

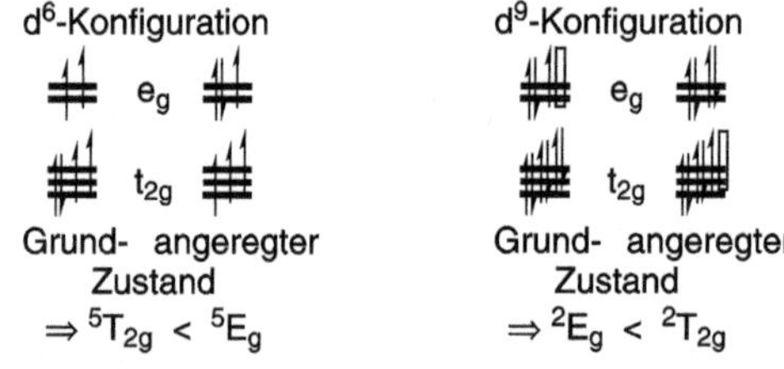

Bei der d^9-Konfiguration (^{2}D-Term) fehlt ein Elektron zur sphärischen d^{10}-Schale, somit befindet sich im Grundzustand ein Loch in den e_g-Orbitalen. Der Grundterm ist damit ^2E_g. Der energetische höhere Term (Loch in t_{2g}) ist $^2T_{2g}$.

In der Sequenz der D-Terme von d^1 bis d^9 alterniert der T_{2g}- und E_g-Grundterm, d. h. die Reihenfolge der T_{2g}–E_g-Aufspaltung.

F-Terme. F-Terme spalten (wie f-Orbitale) in einen T_1-, T_2- und A_2-Zustand im oktaedrischen Kristallfeld auf. Es lässt sich anschaulich zeigen, ob der symmetrische A_2-Term mit jeweils leeren, halbbesetzten *und* vollen e_g- und t_{2g}-Orbitalen energetisch am tiefsten oder höchsten liegt. Da T_{2g} immer der mittlere Term ist, ergibt sich so die vollständige energetische Reihenfolge.

Die d^2-Konfiguration (^{3}F-Term) enthält im Grundzustand zwei Elektronen in den t_{2g}-Orbitalen. Angeregte Zustände entsprechen den Besetzungen $t_{2g}^1e_g^1$ und e_g^2. Die am höchsten liegende e_g^2-Konfiguration mit halbbesetzten e_g- und leeren t_{2g}-Orbitalen hat A_{2g}-Symmetrie.

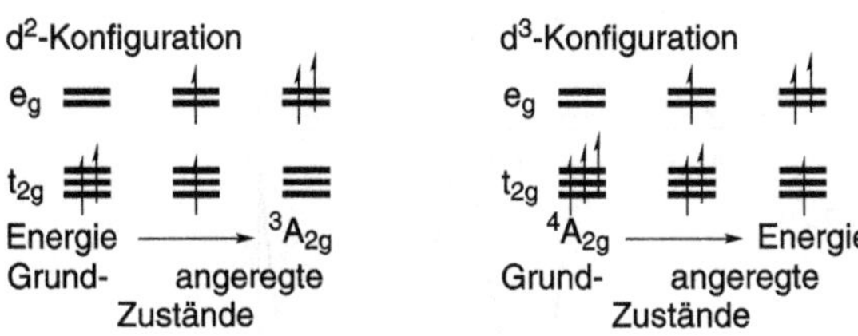

Bei der d^3-Konfiguration (^{4}F-Term) hat der Grundzustand mit t_{2g}^3 halbbesetzte t_{2g}- und leere e_g-Orbitale und damit A_{2g}-Symmetrie.

Für die d^7-Konfiguration (^{4}F-Term) hat der zweite angeregte Zustand halbbesetzte t_{2g}- und volle e_g-Orbitale. Mit der Konfiguration $t_{2g}^3e_g^4$ liegt A_{2g} unter den ^{4}F-Spalttermen energetisch am höchsten.

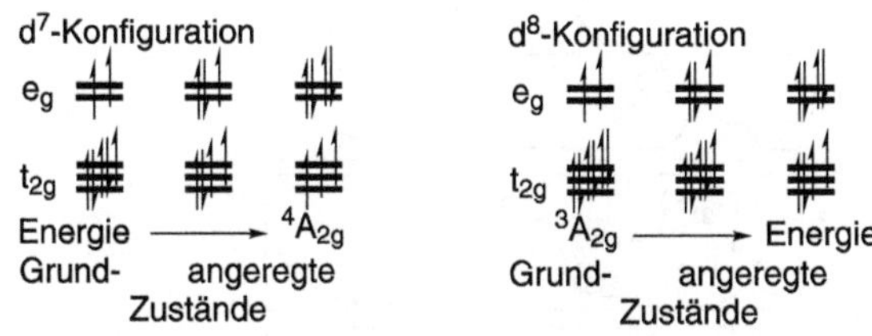

Die d^8-Konfiguration (^{3}F-Term) hat mit $t_{2g}^6e_g^2$ im Grundzustand volle t_{2g}- und halbbesetzte e_g-Orbitale und daher A_{2g}-Symmetrie.

In der Sequenz der F-Terme von d^2 bis d^8 alterniert der T_{1g}- und A_{2g}-Grundterm, d. h. die Reihenfolge der T_{1g}–T_{2g}–A_{2g}-Aufspaltung.

Eine d^5-Konfiguration mit ^{6}S-Grundterm im schwachen oktaedrischen Feld besitzt keine Orbital- oder Bahnentartung ($2L+1=1$, $L=0$ für S-Term). Es erfolgt keine Kristallfeldaufspaltung. Die halbbesetzte d^5-Schale besitzt sphärische Symmetrie und ist parallel zum Verhalten des total-symmetrischen s-Orbitals A_{1g}-symmetrisch.

Abb. 3.15 illustriert in Ergänzung zu Abb. 3.14 die elektronischen UV/Vis-Spektren für die (high-spin-)Hexaaquakomplexe der 3d-Ionen.

Bei den in Abb. 3.14 gezeigten Termen handelt es sich in allen Fällen, in denen eine solche Unterscheidung getroffen werden kann, um high-spin-Zustände. Die Grundterme der freien Ionen, von denen diese Aufspaltung ausging, entsprechen aufgrund der ersten Hund'schen Regel ja ebenfalls high-spin-Zuständen. Zu jeder Konfiguration existiert aber eine Reihe höherenergetischer oder angeregter Terme. Einige dieser Terme werden später bei der Betrachtung von low-spin-Zuständen auftreten. Für die

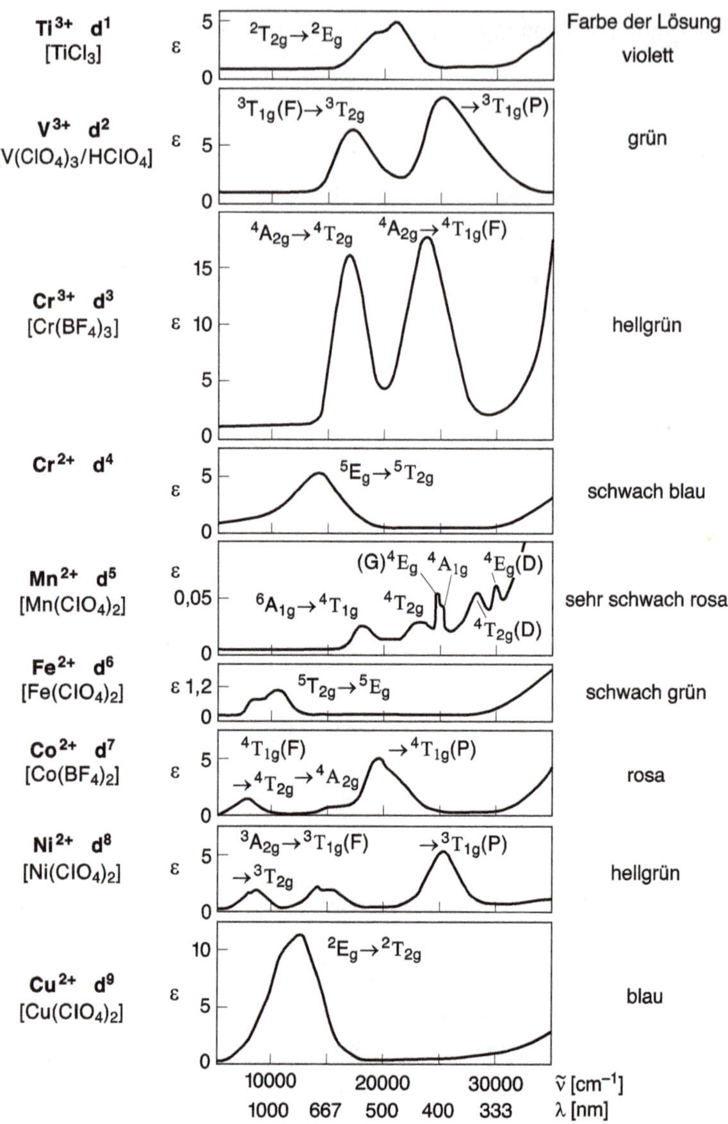

Abb. 3.15: Elektronische UV/Vis-Spektren der (high-spin-)Hexaaquametallionen $[M(H_2O)_6]^{c+}$ der 3d-Reihe in wässriger Lösung mit Zuordnung der Banden zu den Termübergängen in Abb. 3.14. Die Übergänge gehen immer vom Grundterm aus. Bei mehreren gleichnamigen Termen ist der Ursprungsterm des freien Ions in Klammern angegeben. Dublettstrukturen der Banden für Ti^{3+} und Fe^{2+} werden auf die (Jahn-Teller-)Aufspaltung des angeregten E_g-Zustandes (e_g^1 bzw. e_g^3) zurückgeführt, die Asymmetrie für Cu^{2+} auf die Jahn-Teller-Aufspaltung des Grundzustands. Für V^{3+} liegt der $^3T_{1g}$(P)-Zustand energetisch unter dem $^3A_{2g}$(F)-Niveau. Eine schwache dritte Bande für $^3T_{1g} \longrightarrow {}^3A_{2g}$ wird bei 36.000 cm^{-1} im Charge-Transfer-Bereich erwartet. Bei Cr^{3+} ist die erwartete dritte Bande für $^4A_{2g} \longrightarrow {}^4T_{2g}$(P) bei etwa 37.000 cm^{-1} nur eine Schulter des Charge-Transfer-Übergangs. Die schwachen Banden für $[Mn(H_2O)_6]^{2+}$ (vgl. die Extinktionskoeffizienten ε) werden Spin-verbotenen Übergängen zugeordnet. Die Banden für Spin-verbotene Übergänge der anderen Ionen sind auf der Extinktionsskala zu klein.

F-Grundterme ist einer der angeregten Terme bereits im high-spin-Fall von Bedeutung, nämlich ein P-Term mit gleicher Spinmultiplizität.

Aus dem P-Term wird im oktaedrischen Kristallfeld ein T_{1g}-Term. Je nach energetischem Abstand zum T_{1g}-Term aus dem F-Grundterm kommt es zu einer mehr oder weniger starken Termwechselwirkung zwischen den symmetriegleichen Zuständen. Diese Wechselwirkung ist besonders stark im Falle des $^4F(d^3)$- und des $^3F(d^8)$-Zustands. Bei der Aufspaltung kommt der $T_{1g}(F)$-Term energetisch am weitesten oben zu liegen und damit dem $T_{1g}(P)$-Term relativ nahe. Das Ausmaß der Wechselwirkung ist eine Funktion des energetischen Abstands. Je näher sich die Terme ohne Termwechselwirkung kämen, desto mehr Mischung tritt auf, mit der Folge, dass die Energie des oberen Terms erhöht, die des unteren erniedrigt wird. In Abb. 3.14 sind alle Terme enthalten, die für Spin-erlaubte d⟶d-Übergänge von Bedeutung sind. Aus diesem Grunde wurden die angeregten P-Terme in das Diagramm mit aufgenommen. Die Zahl der erwarteten d⟶d-Banden nach der Spinauswahlregel ist angegeben.

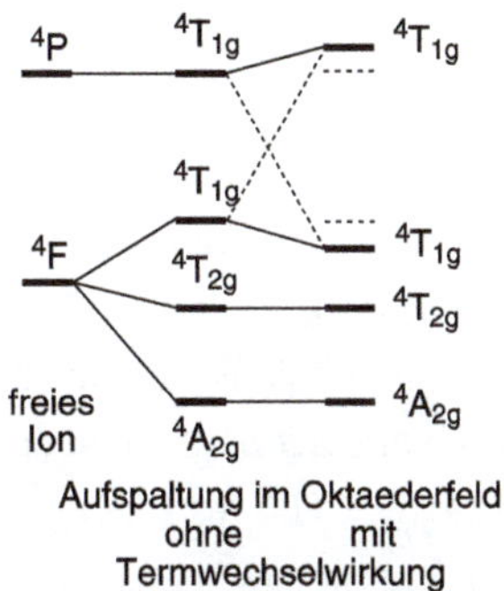

Die **Intensitäten von Absorptionsbanden** (Farbigkeit), die auf d⟶d-Übergängen beruhen, sind relativ schwach verglichen mit Liganden-lokalisierten oder Charge-Transfer-Banden. Die Farbintensität typischer Übergangsmetallsalze von Chrom, Eisen, Cobalt, Nickel und Kupfer wirkt blass, wenn man sie z. B. mit der von Permanganat, MnO_4^- oder Berliner Blau, $\{Fe_4[Fe(CN)_6]_3\}_n$ vergleicht. Die Farbigkeit resultiert dort aus Charge-Transfer-Übergängen.

Dies kann mit dem CF-Modell anhand der **Auswahlregeln** für die Wahrscheinlichkeit der elektronischen Übergänge erklärt werden:

Regel 1: Übergänge zwischen Termen verschiedener Spinmultiplizität ($\Delta S \neq 0$) sind verboten. Der Spinzustand oder die Spinmultiplizität muss gleich bleiben ($\Delta S = 0$). Es sind nur Übergänge zwischen Termen mit gleicher Spinmultiplizität erlaubt.

Als Ergebnis einer Spin-Bahn-Kopplung (zunehmend bedeutend bei schwereren Metallen) wird das Verbot für $\Delta S \neq 0$ aufgehoben. Derartige Interkombinationsbanden sind aber schwach ($\varepsilon \sim 10^{-2}-1$) im Vergleich zu Spin-erlaubten Übergängen ($\varepsilon \sim 10–10^2$) (vgl. Mn^{2+}-Spektrum in Abb. 3.15).

Regel 2: Übergänge zwischen Termen gleicher Parität (*g*⟶*g* oder *u*⟶*u*) sind verboten (Laporte-Regel). Derartige verbotene Übergänge heißen „Laporte-verboten“. Die Parität (g = gerade/u = ungerade) muss sich bei einem Übergang ändern. Es sind nur Übergänge von ungeraden nach geraden Zuständen (und umgekehrt) erlaubt.

Die Zuordnung der Parität setzt das Vorhandensein eines Inversionszentrums (i) voraus, z. B. im Oktaeder oder Quadrat. Als Ergebnis unsymmetrischer Schwingungen wird die Inversionssymmetrie gestört und die g/u-Klassifizierung der Zustände (Orbitale) aufgehoben. Die Kopplung von Schwingungen mit elektronischen Übergängen ermöglicht sogenannte vibrations/elektronische = vibronische Übergänge in zentrosymmetrischen Verbindungen.

A
A A
M
A A
A

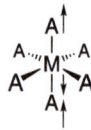

Die Intensitäten von Absorptionsbanden in nicht-zentrosymmetrischen Komplexen sind allgemein höher als in Verbindungen mit Inversionssymmetrie:

- cis-Komplexe haben etwas höhere Extinktionskoeffizienten als ihre isomeren trans-Komplexe (vgl. cis/trans-$[CoCl_2(NH_3)_4]Cl$, in Abb. 3.12),
- tetraedrische Komplexe (kein Inversionszentrum bei T_d) haben deutlich höhere Extinktionskoeffizienten als vergleichbare oktaedrische Komplexe: Extinktionskoeffizient (in $l\,mol^{-1}\,cm^{-1}$) ε_{max} = 600 für $[CoCl_4]^{2-}$ (intensiv blau), ε_{max} = 10 für $[Co(H_2O)_6]^{2+}$ (schwach rosa)

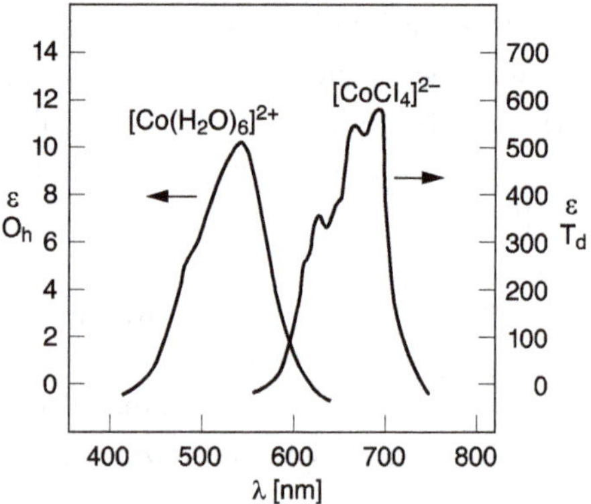

Regel 3: Reine d⟶d-Übergänge sind verboten. Bei elektronischen Übergängen muss Δl = ±1 sein. Erlaubt sind Übergänge s⟶p und p⟶d. Verboten sind Übergänge zwischen Orbitalen mit gleicher Nebenquantenzahl, also s⟶s, p⟶p und d⟶d.

Diese Regel wird aufgeweicht, wenn d-Zustände mit anderen Zuständen gleicher Symmetrie aus s- und p-Orbitalen mischen können. Im Rahmen des Kristallfeldmodells ist dieses Mischen allerdings nicht zu berücksichtigen, da per Definition nur d-Zustände/Orbitale betrachtet werden. Mit der MO-Theorie ergibt sich je nach Symmetrie ein Mischen der d- mit s- und p-Metallorbitalen (Abschn. 3.9.8). In einem Oktaeder kann wegen der unterschiedlichen Symmetrie keine Wechselwirkung der d- mit den p-Orbitalen erfolgen. Beim Tetraeder haben aufgrund der fehlenden Inversionssymmetrie die $d_{xy,xz,yz}$-Orbitale dieselbe t_2-Symmetrie wie die $p_{x,y,z}$-Orbitale und können mischen. Auch dies trägt zur höheren Intensität der Absorptionsbanden bei tetraedrischen gegenüber oktaedrischen Komplexen bei (s. o.).

Breite (Halbwertsbreite) von d⟶d-Banden. Absorptionsbanden zu Spin-erlaubten Übergängen haben eine Halbwertsbreite (Breite bei der halben Höhe von ε_{max}) von ~ 3000 cm^{-1}. Gleichzeitig können Spin-verbotene Interkombinationsbanden mit einer Halbwertsbreite von ~ 300 cm^{-1} deutlich schmaler sein (vgl. Abb. 3.15).

Zur Erklärung zeigt Abb. 3.16 die Potentialkurven für den Kernabstand eines (zweiatomigen) Moleküls im Grund- und angeregten Zustand jeweils mit ihren Schwingungsniveaus. Nach dem Franck-Condon-Prinzip (bzw. der Born-Oppenheimer-Näherung) ändert sich die Position der schweren Atomkerne bei der schnellen Elektronenanregung im Molekül nicht. Die Atomkerne verharren während der Veränderung der Elektronenverteilung beim ursprünglichen Abstand (daher die senkrechten elektronischen Übergänge).

Ist die Elektronenkonfiguration im Grund- und angeregten Zustand gleich, ist auch der Kernabstand identisch (Abb. 3.16 links). Der nach dem Franck-Condon-Prinzip erwartete Übergang erfolgt im Wesentlichen zwischen den Schwingungsgrundzustandsniveaus des elektronischen Grund- und angeregten Zustands (0⟶0-Übergang). Falls bei gegebener Temperatur das erste Schwingungsniveau ebenfalls besetzt ist, kommt ein 1⟶1-Übergang hinzu. Die unveränderte Elektronenkonfiguration belässt die Kerne auch beim selben Gleichgewichtsabstand. Die wenigen erwarteten Übergänge führen zu einer relativ scharfen Bande.

Bei veränderter Elektronenkonfiguration im Grund- und angeregten Zustand ist auch der Kern-Gleichgewichtsabstand verschieden (Abb. 3.16 rechts, hier größerer Kernabstand im angeregten Zustand). Es erfolgen Übergänge in eine größere Zahl von Schwingungsniveaus des elektronisch angeregten Zustands. Die Veränderung der Elektronendichte übt eine veränderte Kraft auf die Atomkerne aus und versetzt diese in Schwingungen aus ihrer Ruhelage. Es ergeben sich breitere Absorptionsbanden.

Normale Spin-erlaubte d⟶d-Übergänge in Komplexen führen zu veränderten Elektronenkonfigurationen und damit zu unterschiedlichen Kern-Gleichgewichtsabständen im Grund- und angeregten Zustand. Gewisse Spin-verbotene Übergänge ändern die Elektronenkonfiguration nicht.

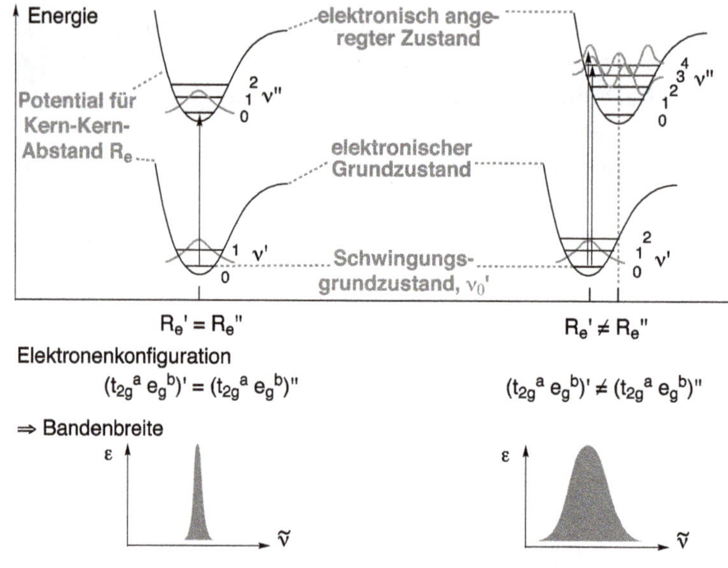

Abb. 3.16: Elektronische Übergänge bei gleicher (links) und verschiedener (rechts) Elektronenkonfiguration im Grund- (′) und angeregten Zustand (″) zur Verdeutlichung der (unterschiedlichen) Bandenbreite von elektronischen Absorptionsbanden. Die Pfeile kennzeichnen den wahrscheinlichsten Übergang zwischen den Schwingungszuständen ν (mit maximaler Amplitude der Schwingungswellenfunktion), R_e ist der Gleichgewichtsabstand der Kerne.

Beispiele	Grundzustand	angeregte Zustände	Banden-Halbwertsbreite
d^3-Cr^{3+}	$^4A_{2g}$ (t_{2g}^3)	Spin-erlaubt: vgl. Abb. 3.15 u. 3.22	
		$\longrightarrow$ $^4T_{2g}$ $(t_{2g}^2 e_g^1)$	breit, ~ 3000–4000 cm^{-1}
		$\longrightarrow$ $^4T_{1g}(F)$ $(t_{2g}^2 e_g^1)$	
		$\longrightarrow$ $^4T_{1g}(P)$ $(t_{2g}^1 e_g^2)$	
		Spin-verboten: $\longrightarrow$ ^2E_g, $^2T_{1g}$ (t_{2g}^3)	schmal, ~ 200–300 cm^{-1}
		(schwach, 650–680 nm, ~ 15 000 cm^{-1})	
d^5-Mn^{2+}	$^6A_{1g}$ $(t_{2g}^3\, e_g^2)$	Spin-verboten: vgl. Abb. 3.15	
		$\longrightarrow$ $^4T_{1g}$ und $^4T_{2g}$ $(t_{2g}^4 e_g^1)$	breit
		$\longrightarrow$ $^4E_g(G)$ und $^4A_{1g}$ $(t_{2g}^3 e_g^2)$	scharf
		$\longrightarrow$ $^4T_{2g}(D)$ und $^4E_g(D)$ $(t_{2g}^3 e_g^2)$	schmal
d^6-Co^{3+}	$^1A_{1g}$ (t_{2g}^6)	Spin-erlaubt: vgl. Abb. 3.18 u. 3.23	
(low-spin)		$\longrightarrow$ $^1T_{1g}$ und $^1T_{2g}$ $(t_{2g}^5 e_g^1)$	breit
		Spin-verboten:	
		$\longrightarrow$ $^3T_{1g}$ $(t_{2g}^5 e_g^1)$	breit
		(schwach, ~ 770 nm, ~ 13 000 cm^{-1})	

Im Vergleich zu schmalen Banden in optischen Atomspektren kommen die breiteren Banden in UV/Vis-Molekülspektren durch eine nichtaufgelöste Schwingungsstruktur zustande. Mit den Elektronenübergängen werden gleichzeitig Schwingungen angeregt. Die breiten Banden bei Komplexen kann man allgemein auch dadurch erklären, dass die Metall-Ligand-Schwingungen dazu führen, dass die Termaufspaltungsenergien oszillieren, sich also ständig etwas ändern. Zusätzlich beobachtet man bei manchen Banden eine Feinstruktur, etwa eine Aufspaltung. Diese beruht auf der oben erwähnten Spin-Bahn-Kopplung, d. h. der Wechselwirkung zwischen dem Bahnmoment $\vec{L}$ und dem Spinmoment $\vec{S}$, die zur Gesamtdrehimpulsquantenzahl J führt (J-Kopplung).

Zusammenhang zwischen Einelektronen- und Mehrelektronennäherung oder der Methode des starken und schwachen Feldes. Der Zusammenhang zwischen Zustand (Term) und $t_{2g}^a e_g^b$-Elektronenbesetzung wird am Beispiel des d^2- und d^6-Ions erläutert (Abb. 3.17 und 3.18). Im linken Teil der Abbildungen ist die Termaufspaltung für die freien Ionen im Oktaederfeld gezeigt. Wenn die Energiedifferenz zwischen den Termen des freien Ions groß ist, im Vergleich zu den Termaufspaltungen im Kristallfeld, liegt ein schwaches Feld vor. Im rechten Teil der Abbildungen findet sich die Kristallfeldaufspaltung der d-Orbitale. Wenn diese Orbitalaufspaltung groß ist gegenüber dem energetischen Abstand der infolge zwischenelektronischer Abstoßung aufgespaltenen Terme, dann hat man es mit einem starken Feld zu tun. Zur Orbitalaufspaltung sind die Energieniveaus für die verschiedenen Grund- und angeregten Einelektronenkonfigurationen ($t_{2g}^a e_g^b$) gezeigt, die sich für den hypothetischen Fall eines unendlich starken Kristallfelds einstellen würden. Diesen Elektronenkonfigurationen lassen sich Terme zuordnen, die ihre Entsprechung in Termen aus der Aufspaltung des freien Ions finden. Eine Verbindung der Terme gleicher Symmetrie unter Beachtung der Nichtkreuzungsregel zeigt dann qualitativ, wie sich die Termenergie mit steigender Feldstärke ändert, und deutet den Zustand bei einer mittleren Feldstärke an, wie er in vielen realen Komplexen vorliegt.

Das Beispiel des d^6-Ions in Abb. 3.18 stellt den Übergang vom schwachen zum starken Feld und dabei von der high-spin- zur low-spin-Konfiguration heraus.

Bei der Einelektronennäherung des Kristallfeldmodells wurde auf die Änderung der Orbitalaufspaltung als Funktion der Liganden hingewiesen. Für das Termsystem eines Komplexions lassen sich nun quantitative Berechnungen durchführen. Die Ergebnisse werden in Energieniveau-Diagrammen dargestellt, in denen die Termenergien als Funktion der Aufspaltungsenergie angegeben sind. Solche Darstellungen sind z. B. die **Orgel-Diagramme**. Sie enthalten nur Terme mit der maximalen Spinmultiplizität. Die relativen Energien der verschiedenen elektronischen Zustände werden für ein konkretes Metallion in Abhängigkeit von dem Kristallfeldstärkeparameter Δ in Dq oder 10Dq aufgetragen. Die einfachsten Orgel-Diagramme sind jene für Ionen mit einem D-Grundterm, also zu einer d^1, d^4, d^6 oder d^9-Konfiguration (Abb. 3.19). Der D-Grundterm spaltet in einen $T_{2(g)}$- und einen $E_{(g)}$-Term auf, deren energetischer Abstand mit zunehmender Feldstärke steigt.

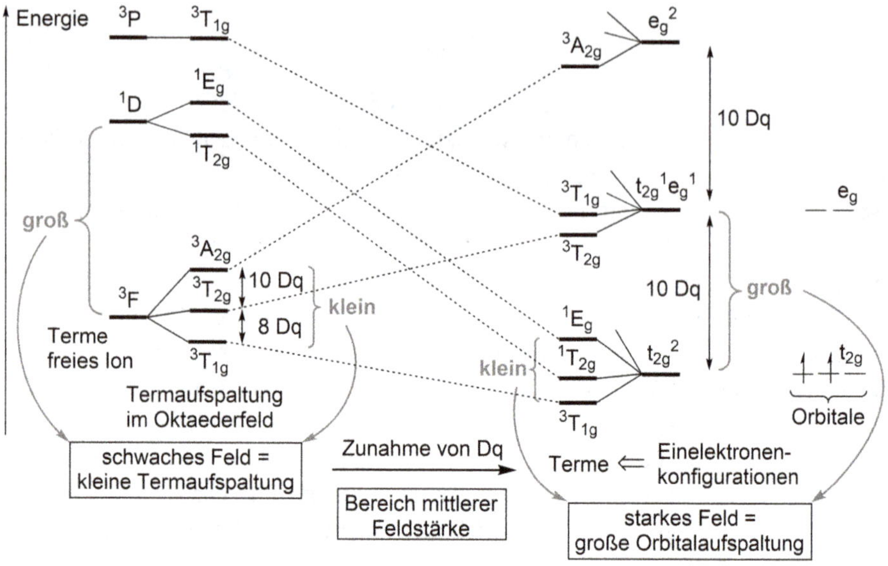

Abb. 3.17: Ausschnitt aus einem Korrelationsdiagramm für die Termaufspaltung eines d^2-Ions im Oktaederfeld nach der Methode des schwachen und des starken Feldes. Aus Gründen der Übersichtlichkeit sind hauptsächlich die Triplett-Terme enthalten. Die Singulett-Terme sind nur angedeutet. Als Folge der Wechselwirkung der $^3T_{1g}$-Terme ändert sich der energetische Abstand zwischen dem $^3T_{1g}$- und dem $^3T_{2g}$-Term von 8Dq (links) auf 10Dq (rechts) mit steigender Feldstärke. Die Spaltterme aus dem Russell-Saunders-Grundterm ^3F sind mit Termen aus unterschiedlichen Einelektronenkonfigurationen des starken Feldes verbunden: $^3T_{1g}$ mit t_{2g}^2, $^3T_{2g}$ mit $t_{2g}^1e_g^1$ und $^3A_{2g}$ mit e_g^2.

Das Orgel-Diagramm für ein Cr^{3+}-(d^3-)Ion zeigt die Aufspaltung und den Verlauf der Quartett-Terme mit steigender Feldstärke (Abb. 3.20). Während sich die A_{2g}- und T_{2g}-Termenergien weitgehend linear mit der Feldstärke ändern, sind die beiden T_{1g}-Termenergien gekrümmt. Dieser nichtlineare Verlauf ist eine Folge der Termwechselwirkung zwischen dem $^4T_{1g}$(F)- und dem $^4T_{1g}$(P)-Zustand (s. o.). Die gestrichelten Linien im Diagramm stellen die Energien der T_{1g}-Terme vor ihrem „Mischen" dar. Man erkennt, dass die Linien sich schneiden würden. Es gilt, dass Terme gleicher Symmetrie sich nicht kreuzen dürfen (Nichtkreuzungsregel). Je näher sich die Energien symmetriegleicher Zustände kommen, desto mehr Mischung tritt auf, mit der Folge einer Energieerhöhung des oberen Terms und einer Energieerniedrigung des unteren Terms.

Im Orgel-Diagramm für ein Co^{2+}-(d^7-)Ion im tetraedrischen und oktaedrischen Feld erkennt man wieder, dass die tetraedrische Aufspaltung die Umkehrung der Oktaederaufspaltung ist. Die T_1-Terme mischen stärker im tetraedrischen als im oktaedrischen Feld. Grund des Unterschiedes ist ihr verschiedener energetischer Abstand. Beim Tetraeder ist der T_1(F)-Term energetisch der oberste und nähert sich mit ansteigendem Feld dem T_1(P)-Term weiter an, während T_{1g}(F) im Oktaederfeld von vorneherein energetisch am tiefsten liegt und sich mit steigender Feldstärke von T_{1g}(P) noch weiter entfernt.

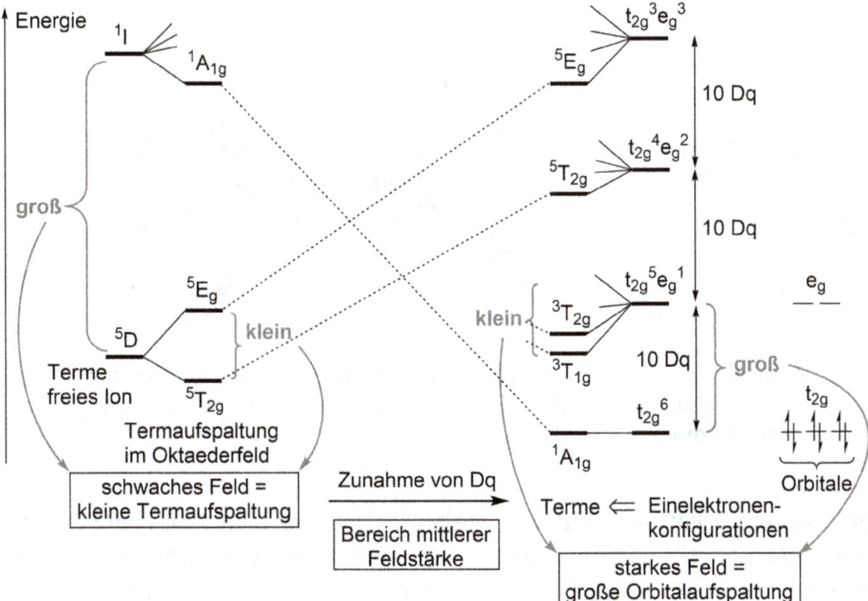

Abb. 3.18: Ausschnitt aus einem Korrelationsdiagramm für die Termaufspaltung eines d^6-Ions im Oktaederfeld nach der Methode des schwachen und des starken Feldes. Aus Gründen der Übersichtlichkeit sind fast nur die wesentlichen Quintett- und Singulett-Terme enthalten. Das Korrelationsdiagramm kann mit dem Tanabe-Sugano-Diagramm in Abb. 3.23 verglichen werden. Die Spaltterme aus dem Russell-Saunders-Grundterm ^5D sind mit Termen aus unterschiedlichen Einelektronenkonfigurationen des starken Feldes verbunden: $^5T_{2g}$ mit $t_{2g}^4e_g^2$, ^5E_g mit $t_{2g}^3e_g^3$.

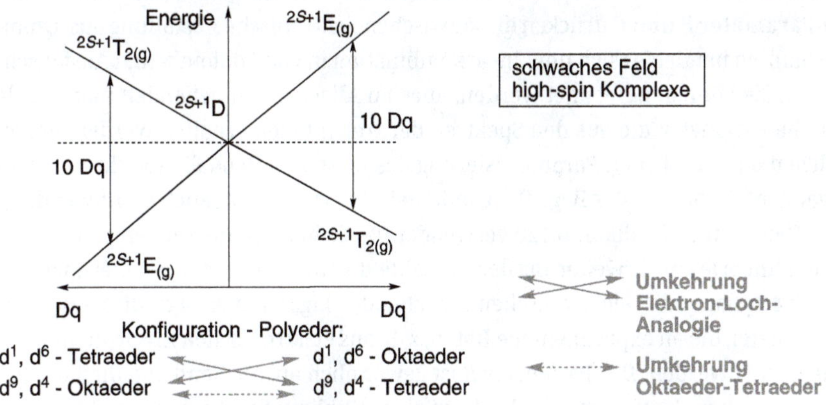

Abb. 3.19: Qualitatives Energieniveau-(Orgel-)Diagramm für Ionen mit einem D-Grundterm (d^1, d^4, d^6 und d^9) im schwachen oktaedrischen (high-spin-Komplex) und tetraedrischen Feld. Die Werte für die Spinmultiplizität $2S + 1$ können 2 oder 5 betragen. Man beachte die Umkehrung der Aufspaltung zwischen d^1 und d^9 sowie d^4 und d^6 und vom oktaedrischen zum tetraedrischen Feld. Im oktaedrischen Feld gilt der Symmetrieindex g.

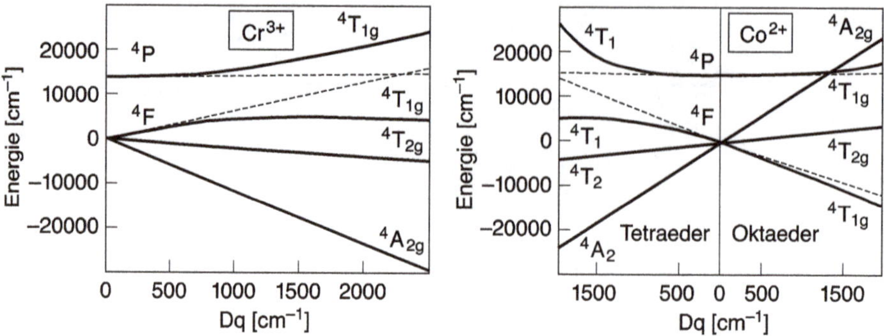

Abb. 3.20: Orgel-Diagramme für Cr^{3+} (d^3) im schwachen oktaedrischen Feld und Co^{2+} (d^7) im tetraedrischen und schwachen oktaedrischen Feld (high-spin). Die gestrichelten Geraden deuten die Energien der T_{1g}-Terme vor dem Mischen an.

Orgel-Diagramme enthalten nur den weak-field- oder high-spin-Fall. Energiereichere low-spin-Zustände sind nicht enthalten, obwohl es natürlich möglich wäre, diese zu berücksichtigen. Aber die Orgel-Diagramme sind zu einer Konfiguration nur für ein bestimmtes Ion quantitativ erstellt und auszuwerten.

3.9.7 Ligandenfeldtheorie

Für eine gemeinsame Behandlung von high- und low-spin-Termen in Übergangsmetallkomplexen müssen die zwischenelektronischen Abstoßungen berücksichtigt werden, die zu den Energieunterschieden zwischen den verschiedenen Termen führen. Die **Racah-Parameter *B* und *C*** drücken diese zwischenelektronische Abstoßung aus. Quantenmechanisch handelt es sich um Linearkombinationen von Coulomb- und Austauschintegralen. Sie können berechnet werden, aber im Allgemeinen behandelt man sie als empirische Parameter, die aus den Spektren der freien Ionen erhalten werden. Bei einer solchen oder ähnlichen Parametrisierung des Kristallfeldmodells spricht man von der Ligandenfeldtheorie. Der Begriff Ligandenfeldtheorie wird oft auch als Anwendung der MO-Theorie für Metallkomplexe verwendet. Tatsächlich ist die semiempirische Ligandenfeldtheorie eine Erweiterung der Kristallfeldtheorie, bei der eine näherungsweise Berücksichtigung der elektronischen Struktur der Liganden erfolgt. Dies geschieht über Parameter, die an experimentelle Daten, z. B. aus elektronischen Absorptionsspektren, angepasst werden. Der Parameter B ist gewöhnlich ausreichend, um die Energiedifferenz zwischen Zuständen mit gleicher Spinmultiplizität zu berechnen. So beträgt z. B. die Differenz zwischen einem F- und dem begleitenden P-Term im freien Ion $15B$. Für den Energieunterschied von Zuständen verschiedener Spinmultiplizität sind beide Racah-Parameter B und C notwendig. Die Differenz zwischen dem ^4F-Grundterm und dem niedrigsten Dublettzustand ^2G bei d^3 ist $4B + 3C$. Für die meisten Übergangsmetalle kann B mit ungefähr 1000 cm^{-1} und $C \approx 4B$ angenommen werden (Tab. 3.9).

Tab. 3.9: Racah-Parameter *B* und *C* für freie Übergangsmetallionen.

Ion	*B* [cm^{-1}]	*C* [cm^{-1}]	C/B
Ti^{2+}	718	2629	3,66
V^{2+}	766	2855	3,73
Cr^{3+}	918	3850	4,19
Mn^{2+}	960	3325	3,46
Fe^{2+}	1058	3901	3,69
Co^{2+}	971	4366	4,50
Co^{3+}	1100		
Ni^{2+}	1041	4831	4,64
Rh^{3+}	720		
Ir^{3+}	660		
Pt^{4+}	720		

Der Racah-Parameter B' für Metallkomplexe ist kleiner als der des zugehörigen freien Ions und wird zur Unterscheidung mit B' bezeichnet. Der Wert für B' kann aus den Spektren der Komplexe (mit F-Grundtermen des freien Ions) erhalten werden, wenn alle drei Übergänge beobachtet werden. Es gilt dann die Beziehung:

$$15\,B' = \tilde{\nu}_3 + \tilde{\nu}_2 - 3\tilde{\nu}_1 \quad \text{mit } \tilde{\nu}_3 > \tilde{\nu}_2 > \tilde{\nu}_1$$

Die Ableitung dieser allgemeinen Beziehung ist in Abb. 3.21 anhand der Aufspaltung eines F-Terms für eine d^3-, d^8-Konfiguration im Oktaederfeld mit der Termwechselwirkung illustriert.

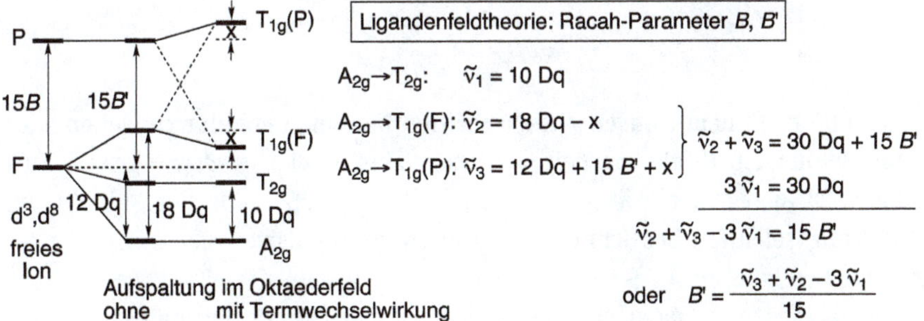

Abb. 3.21: Aufspaltung und Wechselwirkung der Terme F und P zu einer d^3- oder d^8-Konfiguration im Oktaederfeld mit Gleichungssystem zur Bestimmung von B' aus den Absorptionsbanden. Zum energetischen Dq-Abstand der Spaltterme vgl. Abb. 3.13.

Wenn statt drei nur zwei Übergänge beobachtet werden, weil die energiereichste Absorption z. B. durch Charge-Transfer-Banden verdeckt wird, ist es möglich, B' graphisch aus Tanabe-Sugano-Diagrammen zu ermitteln (s. u.) oder anhand von algebraischen Gleichungen zu berechnen (Tab. 3.10).

Tab. 3.10: Gleichungen zur Berechnung von Dq und B' aus der Wellenzahl $\tilde{\nu}$ von Absorptionsbanden.

beobachtete Banden[a]	A_2-Grundzustand		T_1-Grundzustand	
	Dq [cm^{-1}]	B' [cm^{-1}]	Dq [cm^{-1}]	B' [cm^{-1}]
$\tilde{\nu}_1, \tilde{\nu}_2, \tilde{\nu}_3$	$\tilde{\nu}_1/10$	$(\tilde{\nu}_3 + \tilde{\nu}_2 - 3\tilde{\nu}_1)/15$	$(\tilde{\nu}_2 - \tilde{\nu}_1)/10$	$(\tilde{\nu}_3 + \tilde{\nu}_2 - 3\tilde{\nu}_1)/15$
$\tilde{\nu}_1, \tilde{\nu}_2$	$\tilde{\nu}_1/10$	$\frac{(\tilde{\nu}_2 - 2\tilde{\nu}_1)(\tilde{\nu}_2 - \tilde{\nu}_1)}{3(5\tilde{\nu}_2 - 9\tilde{\nu}_1)}$	$(\tilde{\nu}_2 - \tilde{\nu}_1)/10$	$\frac{-\tilde{\nu}_1(\tilde{\nu}_2 - 2\tilde{\nu}_1)}{3(4\tilde{\nu}_2 - 9\tilde{\nu}_1)}$
$\tilde{\nu}_1, \tilde{\nu}_3$	$\tilde{\nu}_1/10$	$\frac{(\tilde{\nu}_3 - 2\tilde{\nu}_1)(\tilde{\nu}_3 - \tilde{\nu}_1)}{3(5\tilde{\nu}_3 - 9\tilde{\nu}_1)}$	$[\sqrt{5\tilde{\nu}_3^2 - (\tilde{\nu}_3 - 2\tilde{\nu}_1)^2} - 2(\tilde{\nu}_3 - 2\tilde{\nu}_1)]/40$	$(\tilde{\nu}_3 - 2\tilde{\nu}_1 + 10\mathrm{Dq})/15$
$\tilde{\nu}_2, \tilde{\nu}_3$	$\left[9(\tilde{\nu}_2 + \tilde{\nu}_3) - \sqrt{85(\tilde{\nu}_2 - \tilde{\nu}_3)^2 - 4(\tilde{\nu}_2 + \tilde{\nu}_3)^2}\right]/340$	$(\tilde{\nu}_2 + \tilde{\nu}_3 - 30\mathrm{Dq})/15$	$[\sqrt{85\tilde{\nu}_3^2 - 4(\tilde{\nu}_3 - 2\tilde{\nu}_2)^2} - 9(\tilde{\nu}_3 - 2\tilde{\nu}_2)]/340$	$(\tilde{\nu}_3 - 2\tilde{\nu}_2 + 30\mathrm{Dq})/15$

[a] $\tilde{\nu}_3 > \tilde{\nu}_2 > \tilde{\nu}_1$, gleichzeitig aber $\tilde{\nu}_3 = T_1(F) \longrightarrow T_1(P)$ bei T_1-Grundzustand.

Beispiele:
$[Ni(H_2O)_6]^{2+}$: $\tilde{\nu}_1 \approx 8700$, $\tilde{\nu}_2 \approx 14\,900$, $\tilde{\nu}_3 \approx 25\,300\,\mathrm{cm}^{-1}$ (vgl. Abb. 3.15) $\Rightarrow B' = 940\,\mathrm{cm}^{-1}$
$[Ni(NH_3)_6]^{2+}$: $\tilde{\nu}_1 \approx 10\,750$, $\tilde{\nu}_2 \approx 17\,500$, $\tilde{\nu}_3 \approx 28\,200\,\mathrm{cm}^{-1}$ $\Rightarrow B' = 897\,\mathrm{cm}^{-1}$
vergleiche freies Ni^{2+}-Ion: $B = 1041\,\mathrm{cm}^{-1}$ (Tab. 3.9 u. 3.11)
für weiteres Beispiel, siehe Text zu Abb. 3.22

Es wird darauf hingewiesen, dass die Berechnung der B'-Werte und ihre Ordnung gemäß der nephelauxetischen Reihe aus den Angaben von spektroskopischen Absorptionsbanden für Nickelkomplexe in Lehrbüchern oft variieren.

Es gilt allgemein, dass die zwischenelektronischen Abstoßungsparameter B' für Metallkomplexe kleiner sind, als die B-Werte der zugehörigen freien Ionen (Tab. 3.11), d. h.

$$B'/B = \beta < 1.$$

Der Quotient β heißt nephelauxetisches Verhältnis. Mit dem **nephelauxetischen** oder wolkenausdehnenden **Effekt** (*nephéle* = griech. Nebel, Wolke, *auxésis* = griech. Ausdehnung) wird die geringere Abstoßung zwischen den d-Elektronen im Komplex im Vergleich zum freien Ion bezeichnet. Die verminderte repulsive Wechselwirkung beruht auf der Delokalisierung der Metall-d-Elektronen in Molekülorbitale, die sich über die Liganden erstrecken, was zu einer effektiven Vergrößerung der Orbitalwolken führt (daher der Name). Daneben gelangt über die Metall–Ligand-Bindung Elektronendichte in die *ns*- und *np*-Orbitale des Metallatoms (vergleiche dazu das MO-Diagramm in Abb. 3.25). Diese Orbitale haben mehrere relative Aufenthaltsmaxima, von denen einige näher am Atomkern liegen. Eine zunehmende Elektronendichte in den Metall-s- und -p-Orbitalen führt zu etwas stärkerer Abschirmung der d-Elektronen von der Kernladung im Komplex gegenüber dem freien Ion. Eine stärkere Abschirmung hat dann ebenfalls eine etwas größere Ausdehnung des Orbitals zur Folge. Der Vergleich der B'-Werte für die Liganden (Tab. 3.11) zeigt, dass sich diese relativ zueinander unabhängig

Tab. 3.11: Beispiele für Racah-Parameter B und B' für die freien Ionen und Komplexe von ausgewählten d-Metallen.

Ligand \ B' [cm^{-1}]	Cr^{3+}	Mn^{2+}	Co^{3+}	Ni^{2+}	Rh^{3+}
– freies Ion, B	918	960	1100	1041	720
$6F^-$	820	845		960	
$6H_2O$	725	835	720	940	510
$6NH_3$	650		660	890	430
3en	620	785	620	850	420
$6Cl^-$	560	785		760	350
$6Br^-$					280

vom Metallatom anordnen lassen. Für die Liganden und für die Metallionen lässt sich eine **nephelauxetische Reihe** aufstellen, die die Stärke der Delokalisierung angibt:

nephelauxetischer Effekt/d-Elektronendelokalisierung $(1-\beta)$ nimmt zu ⟶
(B' oder $\beta = B'/B$ nimmt ab ⟶)

$$F^- < H_2O < dmf < OC(NH_2)_2 < NH_3 < en < C_2O_4^{2-} < NCS^- < Cl^- < CN^- < Br^- < N_3^- < S^{2-} \approx I^-$$

Donoratom: F < O < N < Cl < Br < S ≈ I

$$Mn^{2+} < V^{2+} < Ni^{2+} \approx Co^{2+} < Mo^{2+} < Cr^{3+} < Fe^{3+} < Rh^{3+} \approx Ir^{3+} < Co^{3+} < Mn^{4+} < Pt^{4+} < Pd^{4+}$$

Die Ordnung der Liganden untereinander ist relativ unabhängig von den Metallatomen und umgekehrt. Es drängt sich ein Vergleich mit der spektrochemischen Reihe auf (Abschn. 3.9.2). Die nephelauxetische Reihe für die Liganden entspricht von links nach rechts aber der Reihenfolge, die man intuitiv für eine zunehmende Kovalenz in der Metall–Ligand-Bindung erwarten würde. Kleinere B'-Werte im Vergleich der Liganden zeigen eine höhere Kovalenz in der Metall-Ligand-Wechselwirkung an, z. B. ist B' für NH_3 kleiner als für H_2O. Ligandenfeld- und MO-Theorie konvergieren hier zum gleichen Ergebnis (vgl. MO-Theorie, Abschn. 3.9.8). Die nephelauxetischen Reihen von Liganden und Metallionen können mit h- und k-Werten quantifiziert werden (Tab. 3.12):

$$(B - B')/B = (1 - B'/B) = (1 - \beta) \approx h(\text{Liganden}) \cdot k(\text{Metall})$$

Je größer die Werte für h oder k sind, desto stärker wirken die Liganden oder Metallionen delokalisierend. In einem Komplex ML_n ist der nephelauxetische Gesamteffekt dann das Produkt h(Liganden) · k(Metall).

Darstellungen für eine zusammenfassende Beschreibung der Termenergien verschiedener elektronischer Zustände in Übergangsmetallkomplexen, d. h. eine vollständige Interpretation von optischen Spektren, sind die **Tanabe-Sugano-Diagramme**. Im Unterschied zu den Orgel-Diagrammen enthalten die Termschemata nach Tanabe und Sugano auch die low-spin-Terme. Die Verwendung der Racah-Parameter B und C führt zu einer Allgemeingültigkeit des Diagramms einer d^n-Konfiguration für verschiedene M^{z+}-Ionen. Bei der Auftragung der Tanabe-Sugano-Diagramme wird der jeweilige Grundzustand als Abszisse genommen, und die Energien der anderen Terme werden

Tab. 3.12: Quantifizierte nephelauxetische Reihen für Liganden und Metallionen.

Ligand	*h*	Metallion	*k*
6 F^-	0,8	Mn^{2+}	0,07
6 H_2O	1,0	V^{2+}	0,1
6 NH_3	1,4	Ni^{2+}	0,12
3 en	1,5	Cr^{3+}	0,20
6 Cl^-	2,0	Fe^{3+}	0,24
6 CN^-	2,1	Rh^{3+}, Ir^{3+}	0,28
6 Br^-	2,3	Co^{3+}	0,33
6 N_3^-	2,4	Mn^{4+}	0,5
6 I^-	2,7	Pt^{4+}	0,6
		Ni^{4+}	0,8

relativ dazu dargestellt. Wie bei den Orgel-Diagrammen wird die Energie als Funktion des Kristallfeldstärkeparameters Δ (Dq) aufgetragen. Für die Verwendung in Bezug auf verschiedene Metallionen mit einer d^n-Konfiguration werden die Skalen der beiden Achsen auf *B* normiert, die Einheiten sind also *E*/*B* und Dq/*B*. Gleichzeitig sind zur genauen Energieniveaudarstellung Annahmen über den relativen Wert *C*/*B* enthalten. Diese notwendige Annahme eines zweiten Parameters zur Beschreibung der zwischenelektronischen Abstoßung ist ein Nachteil der Tanabe-Sugano-Diagramme, der ihre Allgemeingültigkeit etwas einschränkt. Die Diagramme wurden für Verhältnisse berechnet, die am wahrscheinlichsten für die Ionen der ersten Übergangsreihe sind (vgl. Tab. 3.9). Die Kurvenverläufe in den Diagrammen sind gegenüber Änderungen des *C*/*B*-Verhältnisses nicht sehr empfindlich. Das *C*/*B*-Verhältnis ist nur für die Abstände von Termen mit verschiedener Multiplizität von Bedeutung. Sofern für d⟶d-Absorptionsbanden nur Terme mit der Multiplizität des Grundterms betrachtet werden, ist deren Energie nur eine Funktion von *B*, und das Diagramm gilt dann für jedes Ion mit der entsprechenden Konfiguration. Der Parameter *B* für die Interpretation eines Metallkomplex-Spektrums ist allerdings kleiner als im freien Ion ($B' < B$). Abhängig von den Liganden werden für das gleiche Zentralion verschiedene B'-Werte erhalten oder angenommen (s. o.).

Im Tanabe-Sugano-Diagramm für das d^3-Ion (Abb. 3.22) sind die für die Spin-erlaubten Übergänge wesentlichen Quartett-Energieniveaus hervorgehoben. Die scheinbare Andersartigkeit der Energieverläufe im Vergleich zum Orgel-Diagramm für d^3 (vgl. Abb. 3.20) ist auf die Verwendung des $^4A_{2g}$-Grundterms als Abszisse zurückzuführen.

Die folgenden Regeln gelten für ein Term-Diagramm:

1. Zustände $^{2S+1}\Gamma$ mit gleicher Symmetrie (Γ) *und* Multiplizität ($2S + 1$) können sich nicht kreuzen (Nichtkreuzungsregel).
2. Die Energien von nur einmal auftretenden Zuständen ändern sich linear mit der Ligandenfeldstärke. Mehrmals auftretende Zustände zeigen aufgrund von Termwechselwirkungen einen gekrümmten Kurvenverlauf.

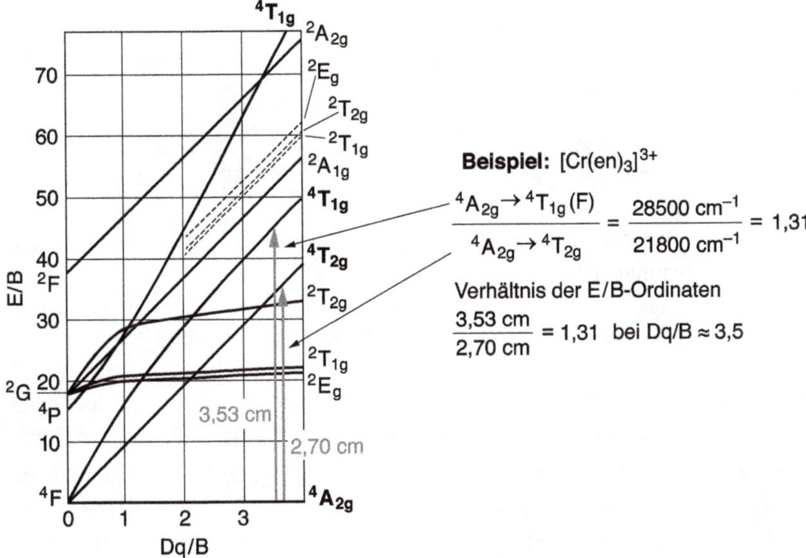

Abb. 3.22: Tanabe-Sugano-Diagramm für ein d^3-Ion im oktaedrischen Ligandenfeld (C/B = 4,50) und Illustration der graphischen Abschätzung von B' aus der Beobachtung von nur 2 Absorptionsbanden.

3. Für Zustände aus einem gemeinsamen Ursprungsterm ^{2S+1}L des freien Ions gilt im Ligandenfeld der Schwerpunktsatz, wenn keine Termwechselwirkungen auftreten.

Anhand des Tanabe-Sugano-Diagramms für das d^3-Ion soll eine graphische Abschätzung für B' aus der Beobachtung von nur zwei Banden demonstriert werden. Der $[Cr(en)_3]^{3+}$-Komplex zeigt zwei Absorptionsbanden bei 21.800 cm^{-1} und bei 28.500 cm^{-1}, die den d⟶d-Übergängen $^4A_{2g} \longrightarrow {}^4T_{2g}$ und $^4A_{2g} \longrightarrow {}^4T_{1g}$(F) zugeordnet werden können. Ein dritter Übergang [$^4A_{2g} \longrightarrow {}^4T_{1g}$(P)] ist durch zusätzliche energiereichere Charge-Transfer-Banden verdeckt. Das Verhältnis der beiden Energien dieser Banden von 1,31 (Abb. 3.22) wird durch Ausmessen der Ordinatenstrecken der beiden Übergänge mit einem Lineal bei Dq/B ≈ 3,5 erreicht. An dieser Stelle hat E/B (im Komplex E/B') für den Übergang $^4A_{2g} \longrightarrow {}^4T_{2g}$ den Wert von ungefähr 35, also:

$$\frac{E}{B'} = \frac{^4A_{2g} \rightarrow {}^4T_{2g}}{B'} = \frac{21\,800\,\text{cm}^{-1}}{B'} \approx 35 \Rightarrow B' \approx 623\,\text{cm}^{-1}.$$

Auflösung der Beziehung nach B' ergibt einen Wert von 623 cm^{-1}. Zur Kontrolle kann zusätzlich der Übergang $^4A_{2g} \longrightarrow {}^4T_{1g}$(F) bei Dq/$B$ ≈ 3,5 verwendet werden:

$$\frac{E}{B'} = \frac{^4A_{2g} \rightarrow {}^4T_{1g}(F)}{B'} = \frac{28\,500\,\text{cm}^{-1}}{B'} \approx 46 \Rightarrow B' \approx 620\,\text{cm}^{-1}.$$

Der Wert für B' kann mit der Eintragung in Tab. 3.11 verglichen werden. Natürlich ist die Genauigkeit einer solchen graphischen Auswertung begrenzt. Eine algebraische Berechnung nach Tab. 3.10 ergibt:

$$B' = \frac{(\tilde{\nu}_2 - 2\tilde{\nu}_1)(\tilde{\nu}_2 - \tilde{\nu}_1)}{3(5\tilde{\nu}_2 - 9\tilde{\nu}_1)} = \frac{-15\,100 \cdot 6700}{3(-53\,700)}\,\text{cm}^{-1} = 628\,\text{cm}^{-1}.$$

Mit B' kann dann die Wellenzahl des energiereichsten Übergangs $\tilde{\nu}_3$ berechnet werden. Für $B' = 620\,\text{cm}^{-1}$ errechnet sich:

$$\tilde{\nu}_3 = 15\,B' + 3\tilde{\nu}_1 - \tilde{\nu}_2 = (9300 + 3 \cdot 21\,800 - 28\,500)\,\text{cm}^{-1} = 46\,200\,\text{cm}^{-1}.$$

Ein Tanabe-Sugano-Diagramm für eine d^6-Konfiguration, bei der high- und low-spin-Anordnungen als Grundzustand möglich sind, zeigt Abb. 3.23. Der high-spin-Grundzustand ^5D des freien Ions spaltet im oktaedrischen Feld in den $^5T_{2g}$-Grundzustand und den angeregten ^5E_g-Zustand auf. Ihr energetischer Abstand nimmt mit steigender Feldstärke zu. Der low-spin-^1I-Term ($L = 6$, Bahnmultiplizität 13) liegt im freien Ion bei sehr hoher Energie und spaltet unter dem Einfluss des Ligandenfeldes in $^1A_{1g}$, $^1A_{2g}$, ^1E_g, $^1T_{1g}$, $^1T_{2g}$ (2×) auf. Von diesen wird der low-spin-$^1A_{1g}$-Term durch das Ligandenfeld stark stabili-

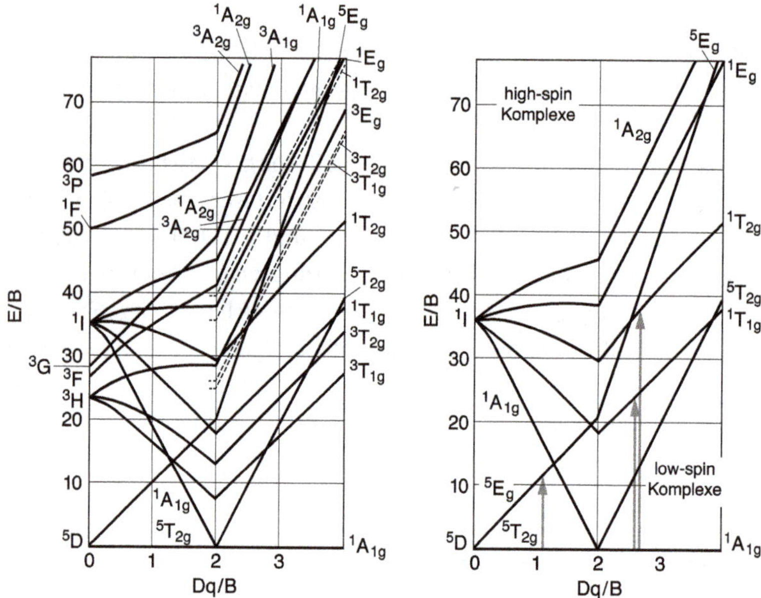

Abb. 3.23: Tanabe-Sugano-Diagramm für ein d^6-Ion im oktaedrischen Ligandenfeld ($C/B = 4{,}8$), links vollständiges Energiediagramm mit Einbeziehung zahlreicher Triplett- und aller Singulett-Terme, rechts nur mit den relevanten Quintett- und Singulettzuständen. Die scheinbare Diskontinuität bei $Dq/B = 2$ resultiert aus dem Wechsel des Grundzustands von $^5T_{2g}$-high-spin nach $^1A_{1g}$-low-spin. In das rechte Diagramm eingezeichnet sind die im sichtbaren und nahen UV-Bereich beobachtbaren Spin-erlaubten Übergänge.

siert. Seine Energie fällt steil ab, bis er bei Dq/B = 2 energetisch unter den $^5T_{2g}$-Zustand sinkt. An diesem Punkt wird der low-spin-$^1A_{1g}$-Term der Grundzustand, und es erfolgt Spinpaarung. Mit der Änderung des Grundterms tritt eine scheinbare Diskontinuität im Diagramm auf, denn die Energien der anderen Terme werden jetzt auf den neuen Grundzustand bezogen.

Für high-spin-d^6-Komplexe sind die Quintettzustände mit einem Spin-erlaubten Übergang $^5T_{2g} \longrightarrow {}^5E_g$ relevant. Die blaue Farbe des high-spin-Komplexes $[CoF_6]^{3-}$ rührt von *einer* Bande bei 13.000 cm^{-1} her, wenn man außer Acht lässt, dass der angeregte ^5E_g-Zustand durch den Jahn-Teller-Effekt aufgespalten ist und daher eigentlich zwei Banden auftreten. Für low-spin-d^6-Komplexe sollte man die Übergänge $^1A_{1g} \longrightarrow {}^1T_{1g}$ und $^1A_{1g} \longrightarrow {}^1T_{2g}$ im Sichtbaren und nahen UV erwarten. Weitere potentielle Übergänge liegen energetisch zu hoch. Für die beiden beobachteten Übergänge muss wegen der unterschiedlichen Steigungen der zugehörigen Termenergien die Energie des $^1A_{1g} \longrightarrow {}^1T_{2g}$-Übergangs mit stärkerem Feld etwas mehr zunehmen, als die des $^1A_{1g} \longrightarrow {}^1T_{1g}$-Übergangs. Die zwei d⟶d-Absorptionsbanden von d^6-low-spin-Komplexen sollten bei größeren Dq-Werten also weiter auseinander liegen.

Der energetische Unterschied zwischen high-spin- und low-spin-Form kann im Bereich der thermischen Anregungsenergie liegen. Häufige Beispiele sind Eisen(II)-Komplexe mit sechs Stickstoff-Donorliganden. In vielen Fällen kann man hier einen temperatur- oder druckabhängigen **Spinübergang (Spincrossover)**, d. h. ein **Spingleichgewicht** beobachten. Der Spinübergang zwischen dem energetisch stabileren, hier diamagnetischen low-spin-Zustand und dem paramagnetischen high-spin-Zustand mit vier ungepaarten Elektronen lässt sich durch Variation der Temperatur, des Drucks und mit Licht induzieren.

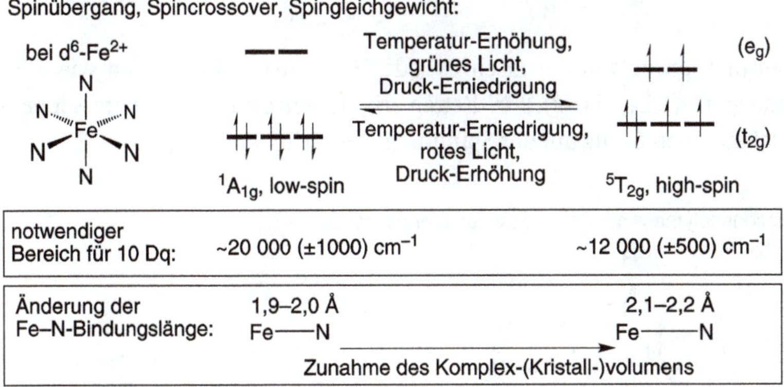

Im Festkörper findet man als kollektives Phänomen einen relativ abrupten Spinwechsel (Umklappen von Domänenbereichen, vgl. Magnetismus). In Lösung erfolgt ein allmählicher Spinübergang (Boltzmann-Verteilung). Temperaturvariable magnetische Suszeptibilitätsmessungen, UV/Vis- und ^{57}Fe-Mößbauer-Spektroskopie sowie die dynamische Differenzkalorimetrie (DSC) gestatten eine optimale Untersuchung dieses Phasenübergangs. (Für ein weiteres Beispiel zum Spincrossover siehe die substituierten Manganocenverbindungen in Abschn. 4.3.4.4.)

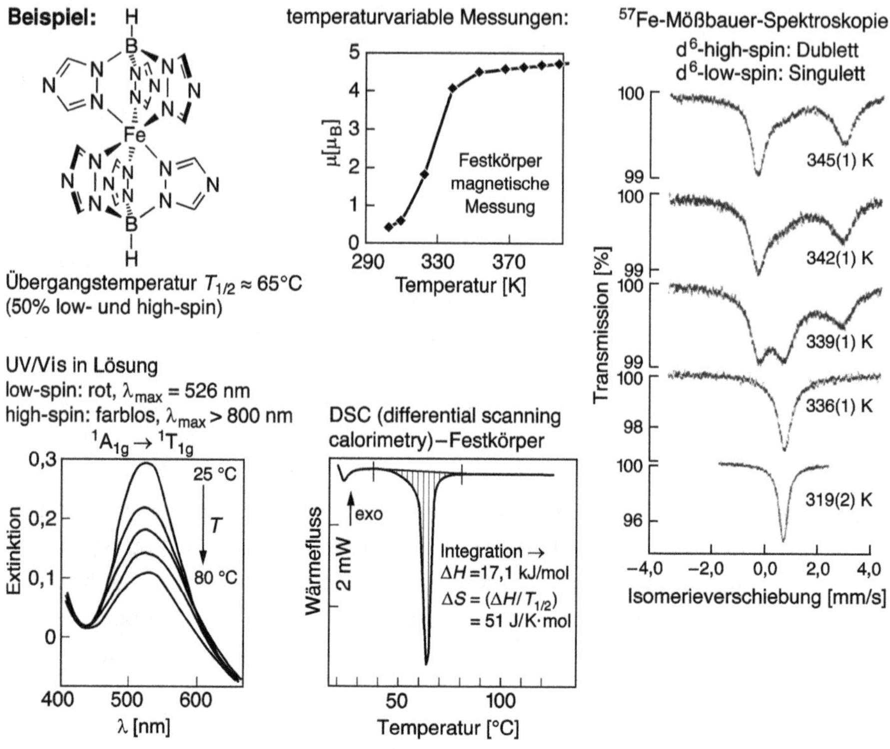

Von koordinationspolymeren Eisen(II)- oder Eisen(III)-Verbindungen wie z. B. eindimensionalen $[Fe(1,2,4\text{-triazol})_3]^{2+/3+}$-Ketten erhofft man sich eine erhöhte Kooperativität der Metallatome in Bezug auf das Spinübergangsverhalten (vgl. Abschn. 3.9.7).

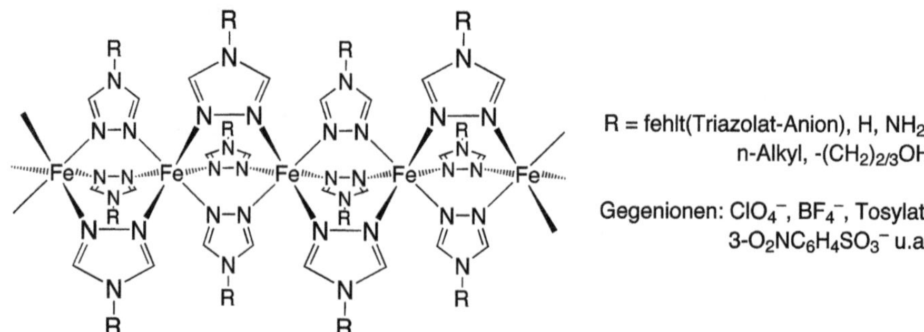

Das Spincrossover-Phänomen bei den Eisen(II)-Koordinationspolymeren hängt häufig stark von der An- oder Abwesenheit von Kristall-Lösungsmittelmolekülen ab. Im (leeren) Fe^{2+}-Netzwerk mit dem trans-4,4′-Azopyridinliganden (L) wird kein Spingleichgewicht beobachtet. Die Verbindung 2D-$[Fe(NCS)_2(L)_2]$ bleibt im high-spin-Zustand bis zu tiefen Temperaturen. Mit Gastmolekülen wie z. B. Ethanol findet man einen teilweisen Spinübergang zwischen 50–150 K. Ursache dieses Verhaltens ist eine Aufweitung des Gitters durch die Gastmoleküle und die Ausbildung von H-Brücken zu den S-Atomen der Isothiocyanotoliganden, welches die elektronische Situation am Eisenatom ein klein wenig ändert.

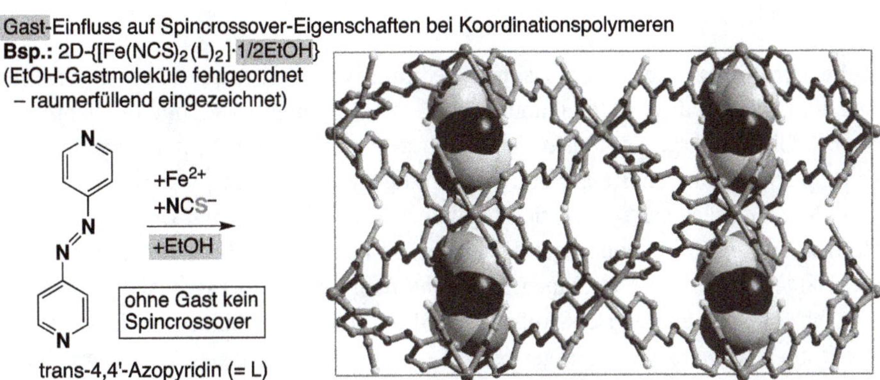

3.9.8 Molekülorbitaltheorie (MO-Theorie)

Die Molekülorbitaltheorie kann anders als das Kristallfeldmodell kovalente Bindungsanteile gut berücksichtigen. Die MO-Theorie enthält die soeben behandelte Kristallfeldaufspaltung und erweitert das CF-Modell um den Bereich der kovalenten Bindung. Quantitative Berechnungen gestalten sich bei der MO-Theorie jedoch schwieriger. Die Darstellung der Bindung in Komplexen nach der MO-Theorie erfolgt hier ohne mathematische Abhandlungen in einer anschaulichen Betrachtungsweise.

Molekülorbitale werden durch Linearkombination der Atomorbitale erhalten (LCAO-Beschreibung). Die Orbitalbasis des Metallatoms wird gebildet aus den fünf $(n{-}1)$d-Orbitalen, dem einen ns- und den drei np-Orbitalen. Diese Orbitale werden mit den Valenzorbitalen der Liganden kombiniert. Wenn es sich bei den Liganden um mehratomige Ionen oder Moleküle handelt, ist es sinnvoll, zunächst die Molekülorbitale solcher Liganden getrennt aufzubauen und nur die relevanten Fragmentorbitale der Liganden mit den Metallorbitalen zu kombinieren. Der **Fragment-Molekülorbital-Ansatz** ist eine wichtige Methode zum qualitativen Verständnis der elektronischen Situation von Verbindungen, gerade auch in Metallkomplexen. Die Idee des Fragment-MO-Ansatzes ist, die Molekülorbitale aus den Valenz- oder Grenzorbitalen von nur zwei aufbauenden Fragmenten zu bilden. So können z. B. die Molekülorbitale eines L_5M–

CO-Komplexes aus der Wechselwirkung der Valenz - oder Grenzorbitale von ML_5 und den σ-, π- und π^*-Valenzorbitalen von CO entwickelt werden (vgl. Abb. 3.29). Für die Kombination von Orbitalen gelten die folgenden Regeln:

1. Es ist nur eine Wechselwirkung solcher Orbitale möglich, die die gleiche Symmetrie haben.
2. Der Energiegewinn aus einer Fragmentorbital-Wechselwirkung, d. h. die Aufspaltung zwischen bindendem und antibindendem Molekülorbital ist umso größer
   - je ähnlicher die Energien der beteiligten Fragmentorbitale sind und
   - je besser ihre Überlappung aufgrund ähnlicher Größe der bindenden Atome, Orientierung der auf das Metall gerichteten Liganden-Orbitale und Kürze der Bindung ist.

MO-Beschreibung eines oktaedrischen σ-Komplexes. Ein Komplex, bei dem die Bindung der Liganden an das Metallatom nur über zur Bindungsachse rotationssymmetrische σ-Orbitale erfolgt, wird als σ-Komplex bezeichnet. Diese σ-Orbitale können reine s- oder p-Funktionen oder aus s und p zusammengesetzte („Hybrid-")Orbitale sein. In einem ML_6-Komplex soll sich an den Liganden (L) jeweils nur ein σ-Orbital befinden, d. h. L soll ein reiner σ-Donorligand sein. Aus sechs solcher σ-Orbitale an den Ecken eines Oktaeders können sechs Linearkombinationen für das L_6-Fragment gebildet werden (Abb. 3.24). Die energetische Aufspaltung dieser Linearkombinationen ist aufgrund ihres großen Abstands nur sehr gering. Mit einer Symmetrie-angepassten Darstellung dieser L_6-Fragmentorbitale erkennt man, welche Metallorbitale für eine Wechselwirkung infrage kommen.

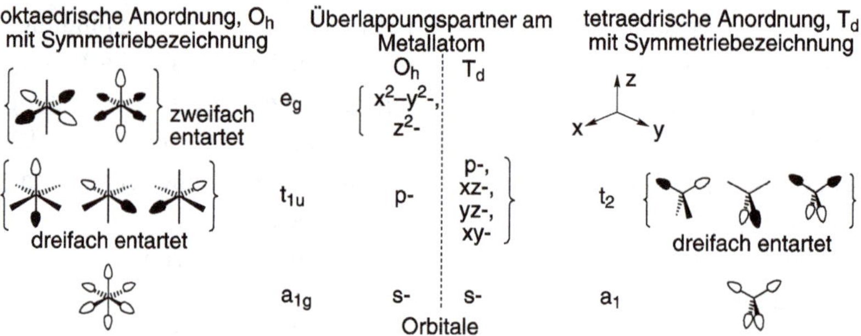

Abb. 3.24: Darstellung der sechs (vier) Linearkombinationen von sechs (vier) σ-Orbitalen in oktaedrischer (tetraedrischer) Anordnung mit Angabe der Symmetrie und der möglichen Metallorbitale für die Bindung (quadratisch-planar, s. Abb. 3.33).

Abb. 3.25 zeigt das Wechselwirkungsdiagramm der Orbitale des L_6-Fragments mit den neun Metallorbitalen. Die sechs energetisch niedrigsten (untersten) Molekülorbitale ($1a_{1g}$ bis $1e_g$) sind die bindenden Orbitale für die sechs M–L-Bindungen. Sie haben hauptsächlich Ligandencharakter oder sind, wie man sagt, an den Liganden

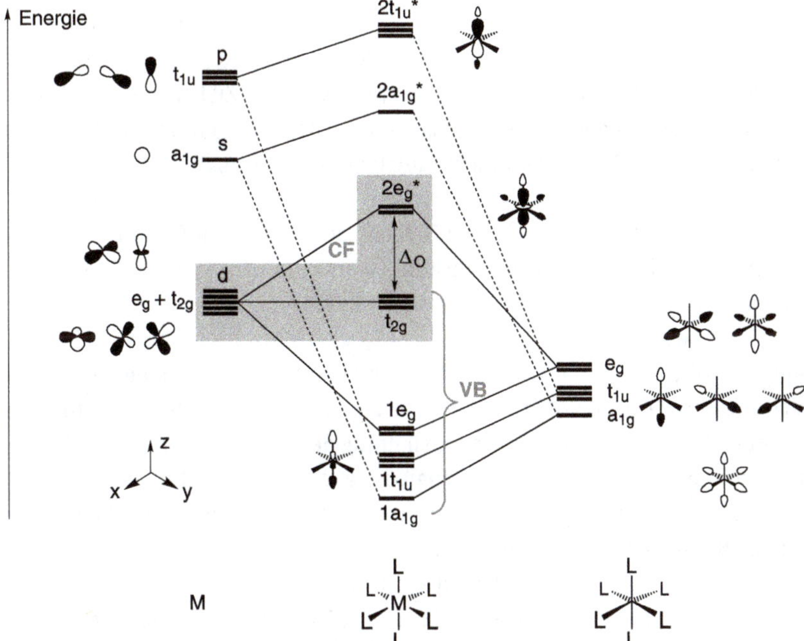

Abb. 3.25: Molekülorbitaldiagramm eines oktaedrischen σ-Komplexes, entwickelt aus der Wechselwirkung der sechs Valenzorbitale des L_6-Fragments mit den Metall-Valenzorbitalen. Die Verwendung gestrichelter und durchgezogener Linien im Diagramm soll den unterschiedlichen Beitrag der jeweiligen Fragmentorbitale zum Molekülorbital andeuten. Von den Molekülorbitalen wurden aus Gründen der Übersichtlichkeit lediglich drei exemplarisch gezeichnet (je eines aus dem $1t_{1u}$-, $2e_g^*$- und dem $2t_{1u}^*$-Satz).

zentriert. Ihnen entsprechen sechs M–L-antibindende Niveaus, die am Metallatom lokalisiert sind. Es sind dies die sechs obersten oder energetisch am höchsten liegenden Orbitale ($2e_g^*$ bis $2t_{1u}^*$). Die unterschiedlichen Beiträge der beteiligten Fragmentorbitale werden für drei in der Abbildung beispielhaft skizzierte Molekülorbitale durch die unterschiedlich großen Orbitalbeiträge zum Ausdruck gebracht. Als prinzipielle energetische Reihenfolge der Orbitale erkennt man Ligandenorbitale < Metall-d < Metall-s < Metall-p. Die drei entarteten d-Niveaus mit t_{2g}-Symmetrie verbleiben in einem reinen σ-Komplex als nichtbindende Orbitale. Sind neben den sechs M–L-bindenden auch diese t_{2g}-Orbitale vollständig mit Elektronen gefüllt, dann liegt ein 18-Valenzelektronenkomplex vor. Die neun untersten Orbitale können als das Valenzbindungskonzept interpretiert werden, das sich in der MO-Theorie auf diese Weise wiederfindet. Im MO-Diagramm ist 18 die Elektronenzahl, bevor mit der Auffüllung der antibindenden Orbitale begonnen wird. In der MO-Theorie ist ein 19- oder 20-Elektronenkomplex zwanglos möglich, anders als im VB-Konzept, wo dafür die nächste d-Schale herangezogen werden musste (s. Abschn. 3.9.1).

Besonders wichtig ist der Metall-zentrierte d-Orbitalteil des Diagramms, bestehend aus den t_{2g}- und den e_g^*-Orbitalen, der den fünf d-Orbitalen des Kristallfeldmodells entspricht. Der energetische Abstand zwischen t_{2g} und e_g^* ist die von dort vertraute Oktaederaufspaltungsenergie Δ_O oder 10Dq. So findet sich auch die Kristallfeldaufspaltung in der MO-theoretischen Beschreibung eines Komplexes wieder. Zu beachten ist, dass in der weitergehenden MO-Theorie eine Aussage zum bindenden Charakter der Orbitale getroffen wird, was in der Kristallfeldtheorie nicht enthalten war. Im CF-Modell waren die e_g-Orbitale gegenüber den t_{2g}-Niveaus „nur" destabilisiert, im MO-Modell sind es zusätzlich M–L-antibindende e_g^*-Orbitale. Die Ursache der d-Orbitalaufspaltung ist auch eine andere, nämlich die Orbitalwechselwirkung. Weiterhin wird jetzt ein Verständnis der Ligandenanordnung in der spektrochemischen Reihe möglich.

Der energetische Abstand zwischen t_{2g} und e_g^* ist eine Funktion der σ-Donor- und der π-Donor- oder Akzeptorstärke des Liganden. Was bedingt aber nun eine „gute" oder im Vergleich „bessere" **σ-Donorstärke**? Für eine gute Orbitalwechselwirkung und damit einen großen Energiegewinn aus der Aufspaltung der resultierenden Molekülorbitale muss (i) der energetische Abstand zwischen der e_g-Ligandenkombination und dem Metall-d-Orbitalsatz möglichst gering sein, (ii) die Größe der Orbitale möglichst ähnlich und (iii) die Bindung möglichst kurz sein. Je besser die M–L-Orbitalwechselwirkung ist, desto stärker werden die M–L-bindenden e_g-Orbitale energetisch abgesenkt und die e_g^*-Niveaus angehoben. Da in einem σ-Komplex die t_{2g}-Niveaus als nichtbindende Orbitale ihre Energie nicht ändern, resultiert nur aus einer stärkeren Destabilisierung von e_g^* ein größerer t_{2g}–e_g^*-Abstand und damit eine größere Oktaederaufspaltung (Abb. 3.26).

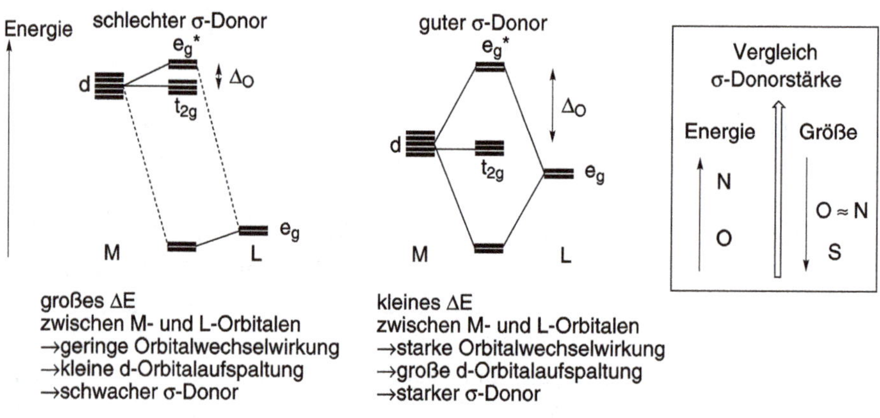

Abb. 3.26: Schematische Darstellung der d-Orbitalaufspaltung am Metallatom in einem σ-Komplex in Abhängigkeit von der Stärke der M–L-Orbitalwechselwirkung anhand des Energieunterschieds.

Das freie Elektronenpaar, z. B. eines Aminliganden, liegt energetisch höher und damit näher an den Metall-d-Niveaus als die freien Elektronenpaare eines Sauerstoff-Donoratoms. Die geringere Elektronegativität des Stickstoffatoms im Vergleich zum Sauerstoff führt dazu, dass bei Ersterem die Orbitale energetisch höher liegen. Als Folge sind Stickstoffliganden bessere σ-Donoren und bauen ein stärkeres Ligandenfeld auf als

Sauerstoff-Donorliganden. Eine bessere σ-Donorstärke liegt auch bei besserer Überlappung zwischen den Ligand- und Metallorbitalen aufgrund einer kürzeren M–L-Bindung oder einer passenderen Orbitalgröße vor. Aus diesem Grund sind Schwefeldonoren schwächere Liganden als Sauerstoffdonoren. Die kontrahierten d-Orbitale am Metallatom können mit den diffuseren Orbitalen des weichen Schwefelatoms schlechter überlappen als mit den kleinen Orbitalen des harten Sauerstoffatoms, obwohl die Orbitalenergien beim Schwefel noch günstiger liegen als beim Stickstoff. Für ein vollständiges Verständnis müssen die π-Effekte betrachtet werden.

Wenn **zusätzliche π-Funktionen an den Liganden** vorliegen, wird der nichtbindende Charakter der t_{2g}-Orbitale aufgehoben. Die p_π-Orbitale des Liganden wechselwirken ausschließlich mit den im σ-Komplex noch unbeteiligten t_{2g}-Orbitalen (Abb. 3.27).

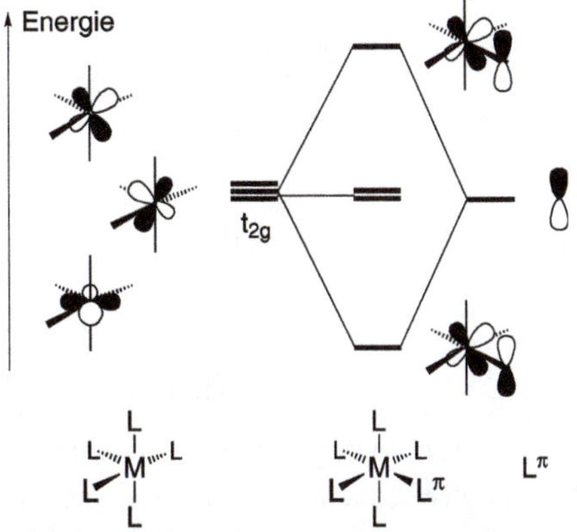

Abb. 3.27: Darstellung der π-Wechselwirkung in einem oktaedrischen Komplex mit nur einem σ-π-Liganden (L^π) und fünf reinen σ-Liganden (L), $ML_5(L^\pi)$. Grundsätzlich liegen die π-Funktionen näher an den d-Orbitalen als die σ-Funktionen der Liganden.

Für eine weitergehende Betrachtung gilt es, eine Fallunterscheidung nach Art der π-Funktion zu treffen: (i) Es liegt eine **π-Donorfunktion** vor, also ein besetztes π-Orbital, wie es z. B. bei einer Amidogruppe oder in Halogeniden anzutreffen ist (Letztere verfügen sogar über zwei π-Donorfunktionen). (ii) Es handelt sich um ein leeres π-Orbital, also eine **π-Akzeptorfunktion**, wie sie z. B. bei dem π^*-Orbital des CO-Liganden vorliegt (Abb. 3.28).

Ursache der unterschiedlichen Wechselwirkung von π-Donor- und -Akzeptorfunktion mit den Metall-t_{2g}-Orbitalen und die sich daraus ergebende Konsequenz für die d-Orbitalaufspaltung ist die verschiedene relative Lage der Orbitale zueinander. Eine π-Donorfunktion liegt normalerweise etwas tiefer als die Metall-t_{2g}-Niveaus, sodass die stärker Metall-lokalisierten Molekülorbitale aus dieser Wechselwirkung destabilisiert werden. Die t_{2g}-Orbitale werden dabei leicht antibindend. Gegenüber dem σ-Komplex führt eine π-Donorfunktion so zu einer kleineren t_{2g}–e_g^*-d-Orbitalaufspaltung. Bei ei-

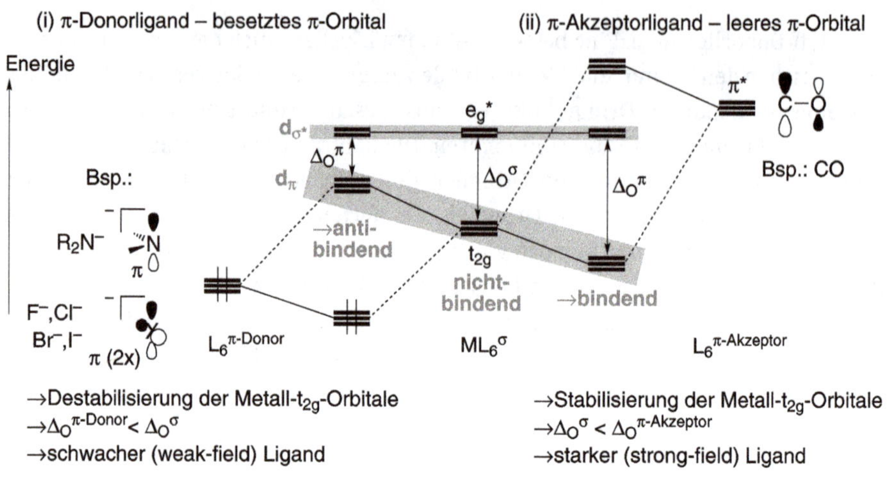

Abb. 3.28: Effekt von π-Donor- (links) und π-Akzeptorfunktionen (rechts) am Liganden auf die Metall-t_{2g}-Orbitale und damit die d-Orbitalaufspaltung im Vergleich zu einem oktaedrischen σ-Komplex (Mitte). Die Folgerungen gelten in gleicher Weise für d-Orbitale in anderen Koordinationsgeometrien. An jedem der sechs Liganden soll eine π-Funktion vorliegen, sodass eine Wechselwirkung mit dem kompletten t_{2g}-Niveau erfolgt. Die beiden senkrechten Striche beim π-Donorsatz sollen eine vollständige Elektronenbesetzung andeuten. Entsprechend ihrer Orbitalwechselwirkung können die Metall-d-Orbitale allgemein in d_σ und d_π unterschieden werden.

ner π-Donorfunktion fließt Elektronendichte vom Liganden zum Metallatom. Eine π-Akzeptorfunktion liegt in der Regel energetisch oberhalb der Metall-t_{2g}-Niveaus, sodass die Orbitalwechselwirkung zu einer energetischen Absenkung, einer Stabilisierung der t_{2g}-Niveaus gegenüber dem σ-Komplex führt. Die t_{2g}-Orbitale erhalten so etwas bindenden Charakter. Gegenüber dem σ-Komplex resultiert aus einer π-Akzeptorfunktion eine größere t_{2g}–e_g^*-Aufspaltung. Weiterhin wird bei einer π-Akzeptorfunktion Elektronendichte vom wenigstens teilweise gefüllten Metall-t_{2g}-Niveau in das leere π^*-Ligandenorbital übertragen.

Angesichts dieser σ- und π-Effekte lässt sich die **Ligandenanordnung der spektrochemischen Reihe** wie folgt deuten:

I^-, Br^-, S^{2-}, ^-SCN, Cl^-, NO_3^-, F^-, OH^-, $C_2O_4^{2-}$
schwache Liganden, high-spin-Komplexe

H_2O, ^-NCS, $NCCH_3$, NH_3, en

bipy, phen, NO_2^-, ^-CN, PR_3, CO, NO^+
starke Liganden, low-spin-Komplexe

Δ zunehmend ⟶

Halogenide ≈ **S**-Liganden < O-Liganden < N-Liganden < **P-** ≈ **C**-Liganden

σ–Donoren und **starke π- < schwache π-Donoren** < reine σ-Donoren < σ–Donoren und **schwache π- < starke π-Akzeptoren**

schwache Liganden = π-Donoren | **starke Liganden = π-Akzeptoren**

Als weiteren Fall kann man noch Liganden betrachten, bei denen eine ***π*-Akzeptor- *und* eine *π*-Donorfunktion**, also ein leeres und ein besetztes *π*-Orbital im Molekül vorliegen. Beispiele dafür sind die Liganden CO, NO^+ und CNR (Isocyanid). Hier kommt es darauf an, welche *π*-Funktion stärker ausgeprägt ist, d. h. eine bessere Wechselwirkung mit den t_{2g}-Metallorbitalen eingeht. Im Fall des CO-Liganden (Abb. 3.29) ist die *π*-Donorfunktion relativ schwach, da dieses *π*-Orbital hauptsächlich am Sauerstoffatom lokalisiert ist. Aufgrund des größeren Atomorbitalkoeffizienten am Kohlenstoffatom im π^*-Niveau hat das π^*-Orbital eine bessere Überlappung mit den Metall-d-Orbitalen als das *π*-Niveau. Die sich daraus ergebende bessere Metall-d–CO-π^*-Wechselwirkung führt dazu, dass der CO-Ligand insgesamt ein *π*-Akzeptor ist, mit einer Elektronenverschiebung vom Metall-t_{2g}-Niveau zur Carbonylgruppe.

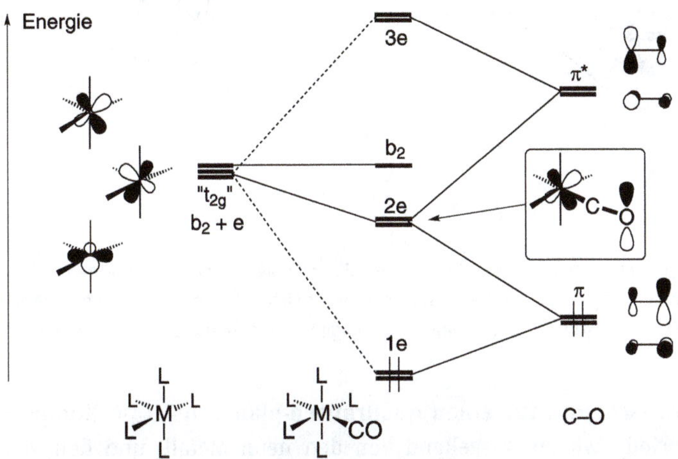

Abb. 3.29: Orbitaldiagramm für die *π*-Komponenten in einem $ML_5(CO)$-Komplex, in dem L ein reiner *σ*-Donorligand ist. Vom Metall-„t_{2g}"-Niveau wechselwirken zwei Komponenten mit den jeweils zwei *π*- und π^*-Orbitalen am CO. In der verringerten Symmetrie des Komplexes werden daraus Orbitalsätze mit e-Symmetrie. In das 2e-Niveau mischen *π* und π^* ein, sodass sich ein Orbital mit fast ausgelöschter Elektronendichte am Kohlenstoffatom und erhöhter Elektronendichte am Sauerstoffatom ergibt. Die beiden senkrechten Striche beim *π*-Satz sollen eine vollständige Elektronenbesetzung andeuten.

Bei **sechs *π*-Liganden** mit zusammen sechs *π*-Fragmentorbitalen um das Metallatom in einem ML_6^π-Komplex gibt es nur drei *π*-Kombinationen mit t_{2g}-Symmetrie. Die übrigen drei *π*-Kombinationen besitzen t_{1u}-Symmetrie und wären nur für Wechselwirkungen mit den Metall-p-Orbitalen geeignet (vgl. Abb. 3.30). Liegen an jedem Liganden zwei *π*-Funktionen vor, z. B. bei Halogenidliganden, gelangt man zu insgesamt zwölf *π*-Fragmentorbitalen für ein L_6^π-Fragment. Von diesen zwölf *π*-Kombinationen verbleiben sechs als nichtbindend, da sie aus Symmetriegründen (t_{1g} und t_{2u}) auf der Metallseite keine Partnerorbitale finden (Abb. 3.30).

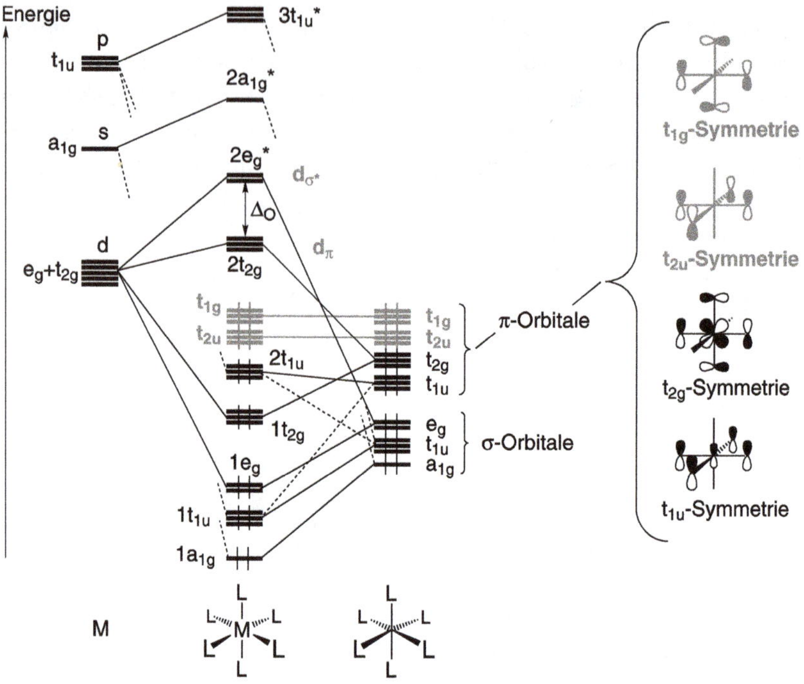

Abb. 3.30: Wechselwirkungsdiagramm für einen oktaedrischen ML_6-Komplex mit einem σ- und zwei π-Orbitalen an jedem Liganden. Bei den beiden π-Orbitalen handelt es sich um π-Donorfunktionen. Die beiden senkrechten Striche an den Orbitalen sollen eine vollständige Elektronenbesetzung andeuten.

Die Herleitung des **MO-Schemas für einen quadratisch-planaren ML_4-σ-Komplex** mit D_{4h}-Symmetrie erfolgt wieder ausgehend von den neun Metall- und den vier σ-Fragmentorbitalen der Liganden über eine Wechselwirkung der symmetrieäquivalenten Orbitale (Abb. 3.31). Im Unterschied zur Kristallfeldtheorie findet man bei der MO-Theorie in einem σ-Komplex keine deutliche Aufspaltung der *xz*-, *yz*- und *xy*-Niveaus (vgl. Abb. 3.7). Symmetriebedingt erfolgt keine Wechselwirkung der Liganden- mit diesen Metallorbitalen. Deutlich ist aber die erwartete Aufspaltung des z^2- und des x^2–y^2-Niveaus. Das wichtige z^2-Orbital ist Bestandteil eines 3-Orbital-Musters aus der Wechselwirkung der drei a_{1g}-symmetrischen Fragmentorbitale. Das $1a_{1g}$-Molekülorbital entspricht hauptsächlich dem Ligand-a_{1g}-Niveau mit einer bindenden Wechselwirkung zum z^2- und s-Orbital des Metallatoms. Das $3a_{1g}$-Molekülorbital ist das dazu antibindende Pendant, mit im Wesentlichen Metall-s-Charakter. Das mittlere Niveau $2a_{1g}$ könnte man zunächst als z^2-antibindend zum Liganden-a_{1g}-Orbital auffassen. Es mischt aber das Metall-s-Niveau bindend gegenüber den Liganden ein und wirkt der antibindenden z^2–L_4-Wechselwirkung entgegen. Aufgrund der **s–z^2-Mischung** wird das $2a_{1g}$-Molekülorbital nichtbindend und seine Energie erniedrigt (s. Teilbild in Abb. 3.31).

Liegen zusätzlich π-Donorfunktionen an den Liganden vor, wie in $[PdCl_4]^{2-}$, dann kommt es zur Wechselwirkung mit den bisher nichtbindenden d_π-Orbitalen $1e_g$ und $1b_{2g}$

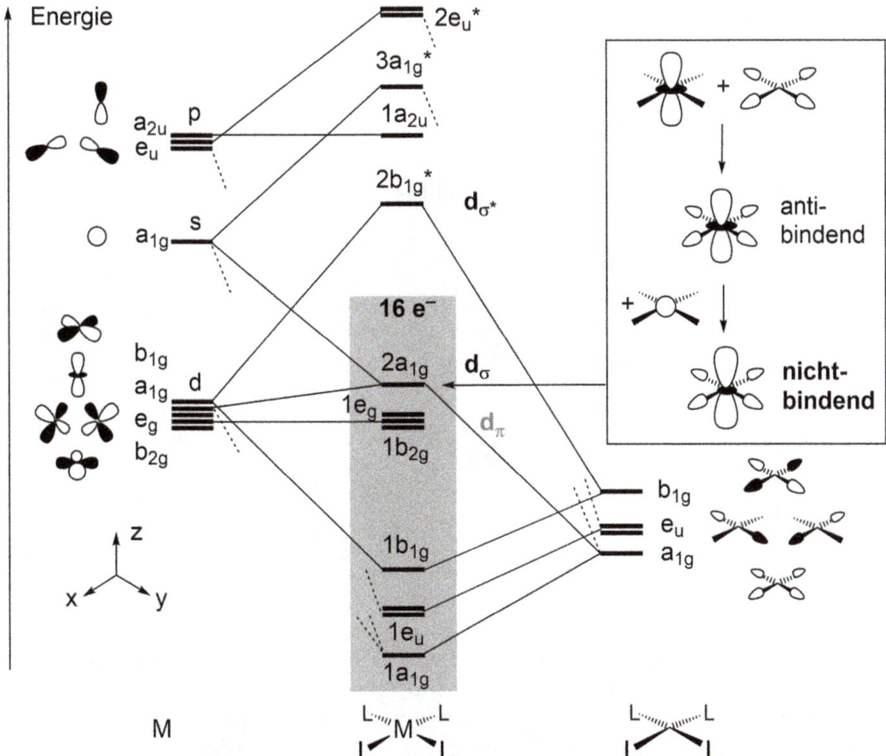

Abb. 3.31: Molekülorbitalschema für einen quadratisch-planaren ML_4-σ-Komplex (Punktgruppe D_{4h}). Das Teilbild verdeutlicht die s-z^2-Mischung zur Energieerniedrigung von z^2. Durchgezogene und gestrichelte Linien deuten wieder einen unterschiedlichen Beitrag der beteiligten Fragmentorbitale an.

(*xz*, *yz* und *xy*) unter Bildung der bindenden, Liganden-lokalisierten Orbitale $1b_{2g}$ und $1e_g$ und den antibindenden Metall-lokalisierten $2e_g^*$- und $2b_{2g}^*$-Orbitalen (Abb. 3.32). Letztere kommen als d_π^*-Orbitale so oberhalb der Energie des $2a_{1g}$-Orbitals (z^2) zu liegen.

Aus dem MO-Schema für einen quadratisch-planaren σ-Komplex wird eine günstige Zahl von 16 anstelle von 18 Valenzelektronen verständlich. Zu den acht Elektronen in den vier M–L-σ-Bindungen können am Metallatom noch weitere acht Elektronen vorliegen, die das $b_{2g}^{(*)}$- und das $e_g^{(*)}$-Niveau sowie das weitgehend nichtbindende $2a_{1g}$-Orbital besetzen. Die Auffüllung des M–L-antibindenden $2b_{1g}^*$-(x^2–y^2-)Niveaus ist dagegen ungünstig.

Eine **tetragonale Verzerrung des Oktaeders** führt zu einer tetragonalen Bipyramide, mit D_{4h}-Symmetrie. In der Punktgruppe D_{4h} kann nur das z^2- aber nicht das x^2–y^2- mit dem s-Orbital mischen. Ist das z^2-Orbital doppelt besetzt, wie z. B. bei d^9-Cu^{2+} oder d^8-Ni^{2+}, resultiert aus der **s–z^2-Mischung** ein Energiegewinn. Mit dieser s–z^2-Mischung wird die ausschließlich beobachtete tetragonale Streckung (anstatt einer Stauchung) beim **Jahn-Teller-Effekt** im MO-Modell verständlich. Die s–z^2-Mischung hilft auch beim

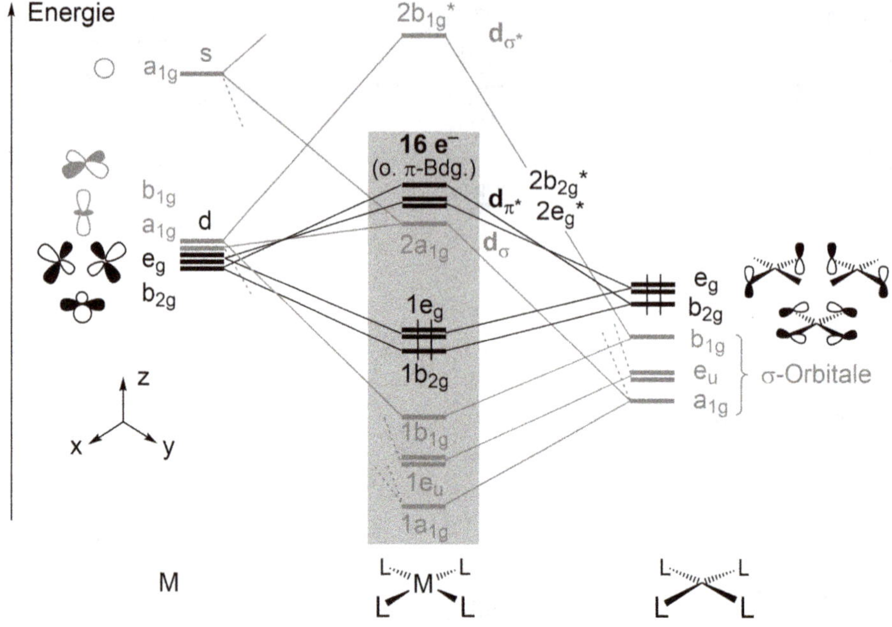

Abb. 3.32: Molekülorbitalschema für einen quadratisch-planaren ML_4-Komplex mit einem σ- und zwei π-Donororbitalen an jedem Liganden (Punktgruppe D_{4h}). Die beiden senkrechten Striche an den π-Donororbitalen deuten die vollständige Elektronenbesetzung an. Zur Verdeutlichung der π-Wechselwirkungen sind die σ-Wechselwirkungen aus Abb. 3.31 nur grau gezeichnet.

Übergang Oktaeder⟶Quadrat in Ni^{2+}-Komplexen (s. Abschn. 3.9.3). Eine Symmetrieerniedrigung durch Mischen eines besetzten Orbitals (hier z^2) mit einem leeren Orbital (hier s) in elektronisch nichtentarteten Systemen unter Energiegewinn wird manchmal als **Jahn-Teller-Effekt 2. Ordnung** bezeichnet.

Eine analoge **p–d-Orbitalmischung** findet man im **MO-Diagramm von tetraedrischen ML_4-σ-Komplexen**. In der Tetraedersymmetrie T_d stellen die *x*-, *y*-, *z*-(p-) und die *xy*-, *xz*-, *yz*-(d-)Orbitale jeweils einen dreifach entarteten Satz mit t_2-Symmetrie (vgl. Abb. 3.24). Die leeren p-Orbitale mischen mit den Metall-t_2-Orbitalen, sodass der antibindende Charakter und die Energie des $2t_2^*$-Satzes erniedrigt wird (Abb. 3.33). Bei Vorliegen einer d^{10}-Konfiguration ($2t_2^*$ gefüllt) kann mit diesem p–d-Mischen die Bevorzugung von tetraedrischen gegenüber oktaedrischen Koordinationen z. B. bei Zn^{2+} erklärt werden. In der oktaedrischen Koordination kann aus Symmetriegründen keine entsprechende Stabilisierung des gefüllten $2e_g^*$-Satzes erfolgen.

Ein Schlüsselschritt im **Fragment-Molekülorbital-Ansatz** ist die Entwicklung eines Katalogs von Valenzorbitalen für ML_n-Fragmente, in denen L allgemein ein 2-Elektronen-Donorligand sei. Man könnte dazu einen Satz von L_n-Funktionen mit M verknüpfen, wie am Beispiel des Oktaeders oder des Quadrats gerade gezeigt wurde. Eine alternative Methode geht von den Valenzorbitalen, z. B. des Oktaeders, aus

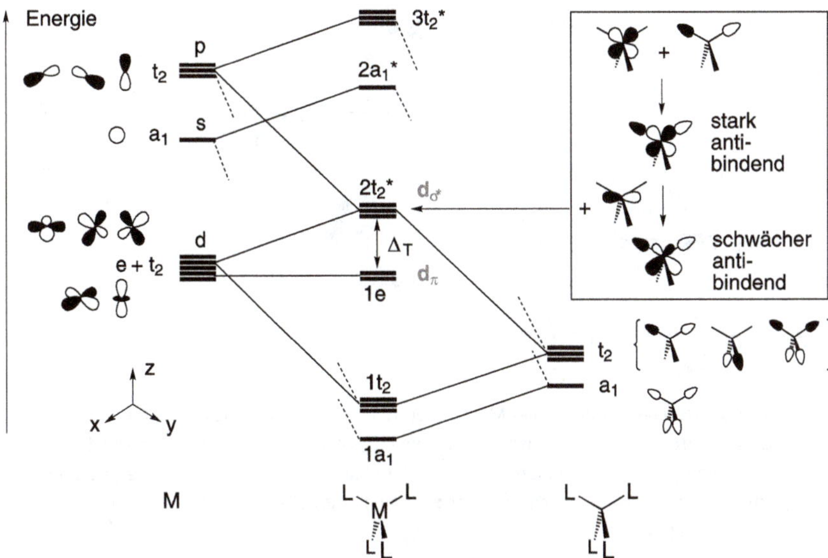

Abb. 3.33: Molekülorbitalschema für einen tetraedrischen ML_4-σ-Komplex (Punktgruppe T_d). Das Teilbild verdeutlicht eine $p_{x,y}$–$d_{xz,yz}$-Mischung zur Energieerniedrigung der Metall-$2t_2^*$-Orbitale.

und betrachtet die Änderungen bei Entfernung eines oder mehrerer Liganden, ähnlich der Ableitung eines tetragonal verzerrten Oktaeders in der Kristallfeldtheorie. Durch Entfernen eines Liganden aus dem ML_6-Oktaeder erhält man die Valenzorbitale eines C_{4v}-symmetrischen, quadratisch-pyramidalen ML_5-Fragments (Abb. 3.34). Valenzorbitale sind hier die Orbitale mit hauptsächlich d-Charakter. Bei Entfernen eines σ-Liganden aus dem ML_6-Oktaeder bleibt der t_{2g}-Satz in guter Näherung unverändert. Er wird aufgrund der Symmetrieerniedrigung/-änderung zu C_{4v} nur in e+b_2 umbenannt. Im Gegensatz zum Kristallfeldmodell (vgl. Abb. 3.7) erfolgt im MO-Diagramm keine Energieänderung beim t_{2g}-Satz, da das σ-Elektronenpaar des fehlenden Liganden von vorneherein keine Wechselwirkung mit den t_{2g}-Orbitalen hatte. In einem reinen σ-Komplex haben die t_{2g}-Orbitale nichtbindenden Charakter (s. o.). Nur im Falle der Entfernung eines π-Liganden würde t_{2g} eine Veränderung erfahren. Die Energie der x^2–y^2-Komponente des ursprünglichen e_g-Niveaus bleibt aus denselben Gründen ebenfalls konstant. Die Hauptveränderung erfährt die z^2-Komponente des e_g-Niveaus. Dieses Orbital wird als a_1-Niveau in C_{4v} stark stabilisiert, da eine antibindende Wechselwirkung zu einem Liganden wegfällt. Außerdem wird dieses a_1-Orbital durch Einmischen der s- und p_z-Metallniveaus in seinem Charakter verändert, sodass die noch vorhandenen antibindenden Metall-Ligand-Wechselwirkungen weiter verringert werden. Der Grund für eine s–z^2–p_z-Mischung liegt in der Symmetrieerniedrigung von O_h (ML_6) zu C_{4v} (ML_5), womit das z^2-, s- und p_z-Orbital alle a_1-symmetrisch werden und daher mischen können (vgl. s–z^2-Mischung in Abb. 3.31).

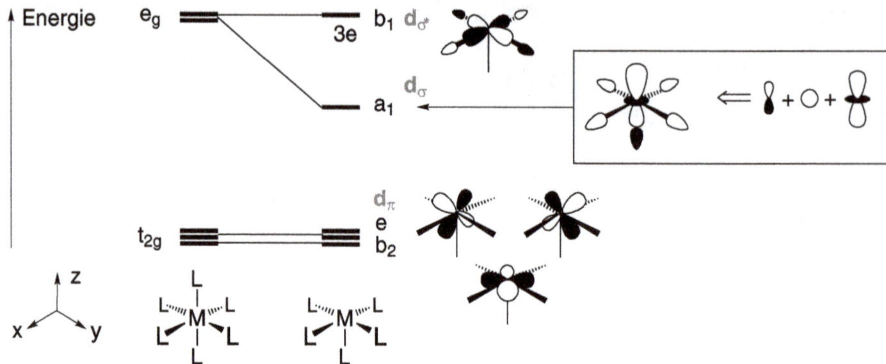

Abb. 3.34: Korrelation der Valenzorbitale (hier Metall-d-Orbitale) für die Ableitung eines quadratisch-pyramidalen C_{4v}-symmetrischen ML_5-Fragments aus einem ML_6-Oktaeder. Durch Mischung mit den a_1-symmetrischen Metall-s- und -p_z-Orbitalen ändert sich der Charakter von z^2 zu einem eher nichtbindenden Orbital mit größerem Orbitallappen zur freien Koordinationsstelle. Wenn dieses a_1-Orbital besetzt ist, würde man von einem freien Elektronenpaar sprechen.

3.10 Stabilität von Metallkomplexen

3.10.1 Thermodynamische und kinetische Stabilität

Beim Begriff Stabilität muss zwischen thermodynamischer und kinetischer Stabilität/Instabilität unterschieden werden (Abb. 3.35). Im eigentlichen Sinne sind *stabil/instabil* thermodynamische Begriffe, während kinetisch stabil/instabil besser als *inert/labil* bezeichnet wird (s. auch Abschn. 3.11).

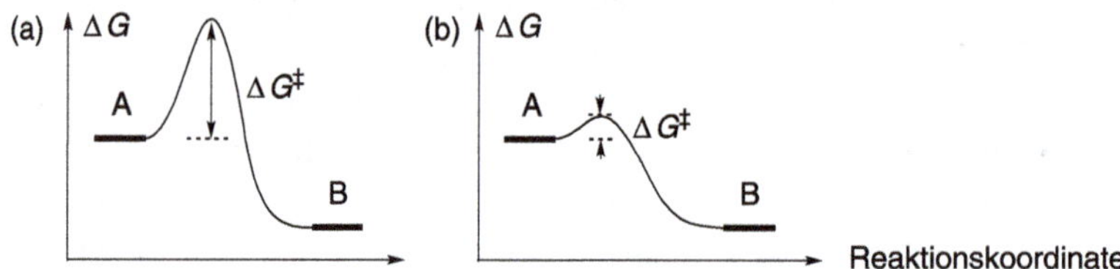

Abb. 3.35: Energie-Reaktionsdiagramme zur Illustration des Unterschieds von thermodynamischer und kinetischer Stabilität/Instabilität. A ist thermodynamisch instabil gegenüber B, d. h. B ist unter den gegebenen Bedingungen das stabilere System mit einer negativen freien Reaktionsenthalpie ΔG. In (a) ist A inert in Bezug auf die Reaktion zum stabileren Produkt B, da die Reaktionsbarriere/freie Aktivierungsenthalpie $\Delta G^{\ddagger}$ hoch und daher die Geschwindigkeit für den Übergang in den thermodynamisch stabileren, energieärmeren Zustand zu gering ist. A wird dann auch als metastabil bezeichnet. In (b) ist A labil bezüglich der Reaktion zu B, da die freie Aktivierungsenthalpie nur klein ist.

Beispiel – kinetisch inert und thermodynamisch instabil: Das $[Co(NH_3)_6]^{3+}$-Ion sollte in saurer Lösung zersetzt werden, da die thermodynamische Triebkraft der Säure-Base-

Reaktion von sechs Ammoniakmolekülen mit den Hydroniumionen sehr hoch ist und der Reaktion eine Gleichgewichtskonstante von ca. 10^{25} verleiht.

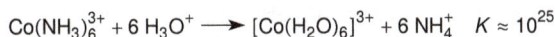

$$Co(NH_3)_6^{3+} + 6\ H_3O^+ \longrightarrow [Co(H_2O)_6]^{3+} + 6\ NH_4^+ \quad K \approx 10^{25}$$

Tatsächlich ist beim Ansäuern einer Hexaammincobaltlösung keine merkliche Änderung zu beobachten. Für den Abbau des Amminkomplexes werden bei Raumtemperatur mehrere Tage benötigt. Der inerte Charakter der Verbindung erklärt sich aus dem Fehlen eines energetisch günstigen Reaktionsweges für die Acidolyse. Diese Reaktion muss entweder eine siebenfach koordinierte Spezies enthalten oder sie läuft über einen fünffach koordinierten Übergangszustand mit Verlust eines Liganden, wobei beide energetisch ungünstige Prozesse sind (s. Abschn. 3.11.1).

Beispiel – kinetisch labil und thermodynamisch stabil: Die drei Cyanidokomplexe $[Ni(CN)_4]^{2-}$, $[Mn(CN)_6]^{3-}$ und $[Cr(CN)_6]^{3-}$ besitzen sehr große thermodynamische Stabilität, ausgedrückt durch die Bruttokomplexbildungskonstanten β (s. Abschn. 3.10.2).

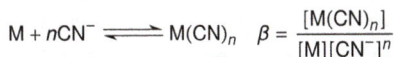

$$M + nCN^- \rightleftharpoons M(CN)_n \quad \beta = \frac{[M(CN)_n]}{[M][CN^-]^n}$$

$$Ni(CN)_4^{2-}: \beta \approx 7{,}1 \cdot 10^{21}\ l^4/mol^4 \text{ bei } T = 25\,^\circ C\ \Delta G = -RT \ln \beta \Rightarrow \Delta G = -124{,}7\ kJ/mol$$

für $[Ni]_0 = 0{,}01$ mol/l und $[CN^-]_0 = 1$ mol/l $\Rightarrow [Ni(CN)_4]_{Gleichgewicht} \approx 0{,}01$ mol/l, $[CN^-]_{Ggw} = 0{,}96$ mol/l

$$\Rightarrow [Ni]_{Gleichgewicht} \approx \frac{0{,}01\ mol/l}{7{,}1 \cdot 10^{21} \cdot 0{,}85} = 0{,}166 \cdot 10^{-23}\ mol/l \approx 1 \text{ freies Ni-Ion pro Liter}$$

Die Hexacyanidomanganat(III)- und -chromat(III)-Komplexe sind thermodynamisch noch stabiler als der Tetracyanidonickelat(II)-Komplex. Bezüglich der kinetischen Stabilität verhalten sich diese drei Cyanidokomplexe jedoch unterschiedlich. Misst man die Geschwindigkeit der Selbstaustauschreaktion mit radioaktiv markierten Cyanidionen, $^{14}CN^-$, so findet man, dass der Nickelkomplex extrem labil ist, der Mangankomplex etwas labil, und nur der Chromkomplex kann als inert betrachtet werden. Labil oder kinetisch instabil bedeutet, dass ein Austausch der Cyanidliganden sehr schnell erfolgt. Die Halbwertszeit für die Cyanid-Austauschreaktion am Nickelkomplex beträgt ca. 30 Sekunden.

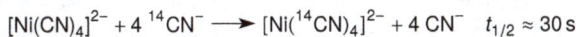

$$[Ni(CN)_4]^{2-} + 4\ ^{14}CN^- \longrightarrow [Ni(^{14}CN)_4]^{2-} + 4\ CN^- \quad t_{1/2} \approx 30\ s$$

Für den Mangankomplex findet man eine Halbwertszeit von etwa einer Stunde und für den Hexacyanidochromat(III)-Komplex von ca. 24 Tagen. Die Begriffe labil und inert sind relativ. Von Henry Taube wurde vorgeschlagen, Komplexe, die innerhalb einer Minute bei 25 °C vollständig reagieren, als labil anzusehen, die übrigen als inert. Die Labilität des planar-quadratischen $[Ni(CN)_4]^{2-}$-Komplexes kann man mit der relativ leichten Bildung von fünf- oder sechsfach koordinierten Zwischenstufen durch Anlagerung an die freien Koordinationsstellen des d^8-Ions erklären (s. Abschn. 3.11.2).

3.10.2 Stabilitätskonstanten und Komplexbildungsgleichgewichte

In diesem Abschnitt geht es um die Stabilität von Metallkomplexen in wässriger Lösung. Die Stabilitäten von metallorganischen Komplexen werden hier nicht behandelt.

Für die nachfolgenden Betrachtungen wird die Bildung eines Metall-Ligand-Komplexes vereinfachend unter Weglassung von Ladungen und Aqualiganden formuliert:

$$\mathrm{M} + n\,\mathrm{L} \rightleftharpoons \mathrm{ML}_n \quad n = 1, 2, 3, \ldots, 6, \ldots$$

Die Aktivitäten a der Spezies M, L und ML_n für obige Reaktion stehen bei gegebener Temperatur nach dem Massenwirkungsgesetz zueinander in einem konstanten Verhältnis

$${}^t\beta_n = \frac{a_{\mathrm{ML}_n}}{a_\mathrm{M} a_\mathrm{L}^n}$$

mit ${}^t\beta_n$ = *thermodynamische* Bruttostabilitäts- oder Bruttokomplexbildungskonstante.

Die Konzentration von freigesetztem Wasser aus Aqualiganden taucht im Quotienten der Komplexbildungskonstanten nicht auf, da Wasser als Lösungsmittel dient, dessen Konzentration als konstant angesehen und in die Gleichgewichtskonstante miteinbezogen werden kann.

Erfolgt die Komplexbildung schrittweise über isolierbare Zwischenstufen ML_i

$$\mathrm{M} + \mathrm{L} \rightleftharpoons \mathrm{ML}_1 \overset{+\mathrm{L}}{\rightleftharpoons} \mathrm{ML}_2 \overset{+\mathrm{L}}{\rightleftharpoons} \mathrm{ML}_3 \overset{+\mathrm{L}}{\rightleftharpoons} \ldots \overset{+\mathrm{L}}{\rightleftharpoons} \mathrm{ML}_n$$

dann lässt sich jeder Stufe eine thermodynamische Stufenstabilitäts- oder Stufenkomplexbildungskonstante ${}^tK_i$ zuordnen.

$${}^tK_i = \frac{a_{\mathrm{ML}_i}}{a_{\mathrm{ML}_{i-1}} a_\mathrm{L}}$$

Voraussetzung für die Isolierung von Zwischenstufen ML_i ist eine gewisse kinetische Stabilität, d. h. die Geschwindigkeiten für Ligandenaustauschprozesse müssen langsam sein. Komplexe MA_iB_{6-i} mit gemischten Liganden A und B sind gerade bei einzähnigen Liganden häufig nicht durch die Umsetzung bestimmter stöchiometrischer Verhältnisse zugänglich, da in Lösung mehrere Stufen MA_iB_{6-i}, i = 0–6, im Gleichgewicht nebeneinander vorliegen (s. Abb. 3.36). Das Produkt der Stufenstabilitätskonstanten K_i ist die Bruttostabilitätskonstante β_n.

$$\beta = K_1 \cdot K_2 \cdot K_3 \cdots K_n$$

Die *Aktivität a* von Spezies ist nur in Ausnahmefällen direkt zugänglich, z. B. aus potentiometrischen Messungen mit ionenselektiven Elektroden. Dagegen liefern chemische

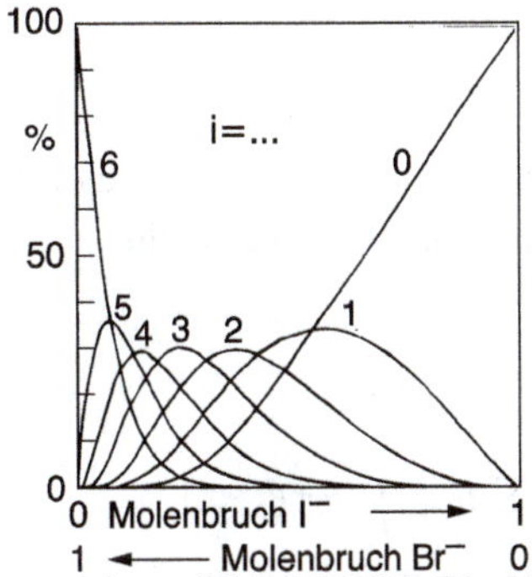

Abb. 3.36: Gleichgewichtsdiagramm für die Reihe $[OsBr_iI_{6-i}]^{2-}$ (i = 0–6). Die Überlappung der Kurven zeigt, dass für definierte Ligandenverhältnisse zahlreiche Spezies nebeneinander vorliegen. Durch die Vorgabe eines bestimmten Ligandenverhältnisses lässt sich keine individuelle Komplexspezies erhalten. Der starken Überlappung der Kurven entsprechen sehr ähnliche Stufenstabilitätskonstanten: K_1 = 13,22, K_2 = 7,03, K_3 = 4,48, K_4 = 2,37, K_5 = 1,43, K_6 = 0,87 mit K_1: $OsBr_6^{2-} + I^- \rightleftharpoons OsBr_5I^{2-} + Br^-$ usw.; Bruttokomplexbildungskonstante für OsI_6^{2-} β_6 = 1228.

oder chromatographische Analysen, IR-, UV/Vis- oder NMR-spektroskopische Messungen oder polarographische Bestimmungen die *Konzentration* [X] der Spezies X und damit die *stöchiometrischen* Stufen- oder Bruttostabilitätskonstanten K_i oder β_n.

$$K_i = \frac{[ML_i]}{[ML_{i-1}][L]}, \quad \beta_n = \frac{[ML_n]}{[M][L]^n}$$

Für eine Reaktionsfolge

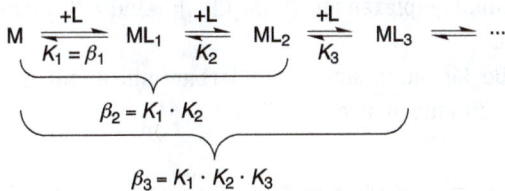

$$M \underset{K_1 = \beta_1}{\overset{+L}{\rightleftharpoons}} ML_1 \underset{K_2}{\overset{+L}{\rightleftharpoons}} ML_2 \underset{K_3}{\overset{+L}{\rightleftharpoons}} ML_3 \rightleftharpoons \cdots$$

$$\beta_2 = K_1 \cdot K_2$$

$$\beta_3 = K_1 \cdot K_2 \cdot K_3$$

gilt in der Regel $K_1 > K_2 > K_3 > \ldots$ und $\beta_1 < \beta_2 < \beta_3 < \ldots$, d. h. die Stufenstabilitätskonstanten werden mit steigender Substitution kleiner, die Bruttostabilitätskonstanten größer (s. Abb. 3.36 bis 3.39). Ausnahmen können bei Änderung des elektronischen Grundzustandes (high-spin ⟶ low-spin) oder der Koordinationszahl auftreten.

Beispiel: $\lg K_1 = 4{,}4 > \lg K_2 = 3{,}5$ <(!) $\lg K_3 = 9{,}5$ für $[Fe(2{,}2'\text{-bipy})_n]^{2+}$, weil low-spin für $n = 3$.

Sind $[M]_{gesamt}$ und $[L]_{gesamt}$ die Ausgangs-, d. h. Gesamtkonzentrationen an Metall und Ligand, dann genügt nach der Stoffbilanz

$$[M]_{gesamt} = [M] + [ML]$$
$$[L]_{gesamt} = [L] + [ML]$$

die Kenntnis einer Gleichgewichtskonzentration [M], [L] oder [ML] zur Bestimmung von K_1. Bei einem Gleichgewicht zwischen verschiedenen Stufen ML_i ($i = 1$ bis n) gilt:

$$\begin{aligned}[M]_{gesamt} &= [M] + [ML] + [ML_2] + \cdots + [ML_n] \\ &= [M](1 + K_1[L] + K_1 \cdot K_2[L]^2 + \cdots + (K_1 \cdot K_2 \cdot \cdots \cdot K_n)[L]^n) \\ &= [M](1 + \beta_1[L] + \beta_2[L]^2 + \cdots + \beta_n[L]^n) = [M]\left(\sum_{i=0}^{n} \beta_i[L]^i\right) \quad \text{mit } \beta_0 = 1 \\ [L]_{gesamt} &= [L] + [ML] + 2[ML_2] + \cdots + n[ML_n] \\ &= [L] + \beta_1[M][L]] + 2\beta_2[M][L]^2 + \cdots + n\beta_n[M][L]^n = [L] + [M]\left(\sum_{i=1}^{n} i\beta_i[L]^i\right)\end{aligned}$$

Die durchschnittliche Ligandenzahl $\bar{n}$ am Metallatom hängt nur von der freien Ligandenkonzentration [L] und nicht von $[M]_{gesamt}$, $[L]_{gesamt}$ oder [M] ab, gemäß:

$$\bar{n} = ([L]_{gesamt} - [L])/[M]_{gesamt} = \left(\sum_{i=1}^{n} i\beta_i[L]^i\right) / \left(\sum_{i=0}^{n} \beta_i[L]^i\right)$$

Die Konzentrationen der individuellen Komplexspezies ML_i (s. Abb. 3.36) oder die Konzentrationen von M und L in einer Gleichgewichtsmischung können durch Auftrennung über Ionophorese, Ionenaustausch-, Dünnschicht- oder die Hochleistungsflüssigchromatographie (HPLC) bestimmt werden, solange die Lebensdauer der Spezies ML_i größer ist, als die zur Trennung notwendige Zeit. Ohne Trennung der Spezies lassen sich deren Anteile evtl. potentiometrisch, polarographisch, UV/Vis- oder NMR-spektroskopisch ermitteln. Bei Rhodiumkomplexen wie $[RhBr_iCl_{6-i}]^{3-}$ sind z. B. quantitative ^{103}Rh-NMR-Messungen möglich.

Viele organische Liganden sind protonierbar und damit konjugierte Basen zu schwachen Säuren. Für eine mehrbasige Säure

$$H^+ + L \rightleftharpoons HL \overset{+H^+}{\rightleftharpoons} H_2L \overset{+H^+}{\rightleftharpoons} \cdots \overset{+L}{\rightleftharpoons} H_mL$$

gilt für die Gesamtacidität $[H]_{gesamt}$ mit $\beta_m^H = \frac{[H_mL]}{[H]^m[L]} = \frac{1}{K_{S_m}}$ als Stabilitätskonstante für die H_mL-Verbindung (K_S = Säurekonstante):

$$\begin{aligned}[H]_{gesamt} &= [H^+] - [OH^-] + [HL] + 2[H_2L] + \cdots + m[H_mL] \\ &= [H^+] - [OH^-] + \beta_1^H[H^+][L] + 2\beta_2^H[H^+]^2[L] + \cdots + m\beta_m^H[H^+]^m[L] \\ &= [H^+] - [OH^-] + [L]\left(\sum_{i=1}^{m} i\beta_i^H[H^+]^i\right)\end{aligned}$$

Mit abnehmendem **pH-Wert**, d. h. zunehmender H^+-Konzentration, wird das Komplexbildungsgleichgewicht auf die Seite des protonierten Liganden und des freien Metallions (als Aquakomplex) verschoben – der Komplex wird zerstört (s. Abb. 3.37). Höhere pH-Werte – unter Beachtung der irgendwann einsetzenden Metall-Hydroxid-(Niederschlags-)Bildung – führen zu einer effektiveren Komplexierung. Bei komplexometrischen Titrationen (Komplexometrie, quantitative Metall-Bestimmungen durch Komplexbildung) ist daher eine sorgfältige pH-Wert-Einstellung und -Einhaltung eine wichtige Grundforderung.

$$n\,H_mL + M \xrightleftharpoons[H_2O]{\beta_n,\ \beta_m^H} ML_n + (m \cdot n)\,H$$

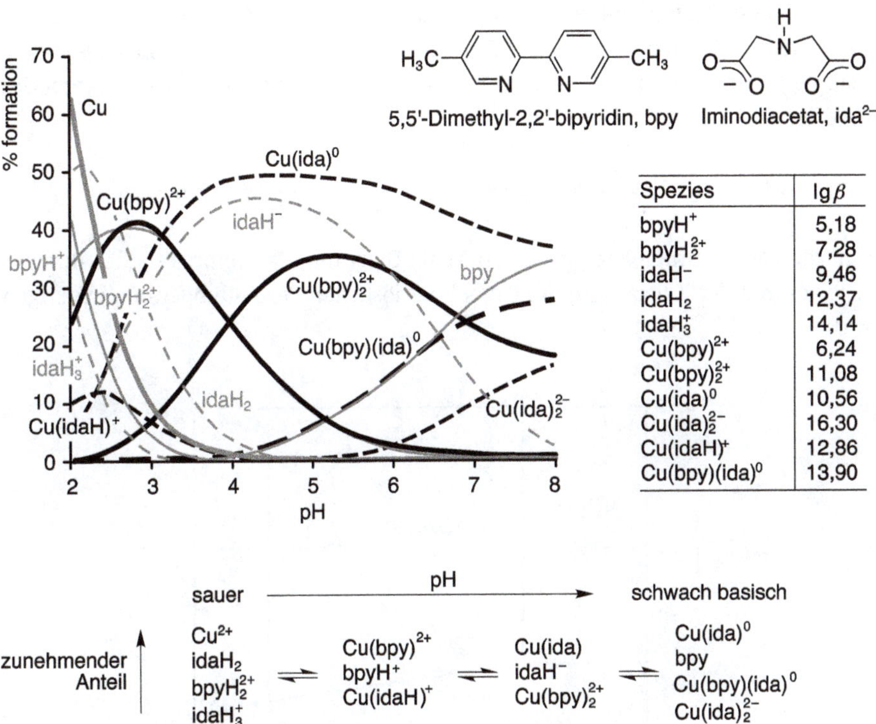

Spezies	lgβ
bpyH$^+$	5,18
bpyH$_2^{2+}$	7,28
idaH$^-$	9,46
idaH$_2$	12,37
idaH$_3^+$	14,14
Cu(bpy)$^{2+}$	6,24
Cu(bpy)$_2^{2+}$	11,08
Cu(ida)^0	10,56
Cu(ida)$_2^{2-}$	16,30
Cu(idaH)$^+$	12,86
Cu(bpy)(ida)^0	13,90

Abb. 3.37: Gleichgewichtsdiagramm aus der potentiometrischen Titration eines 1:1:1-Gemisches von Iminodiessigsäure ($idaH_2$)/Iminodiacetat (ida^{2-}), 5,5′-dimethyl-2,2′-bipyridin (bpy) und $Cu(NO_3)_2$. bpy- und ida-Spezies = graue durchgezogene bzw. gestrichelte Linien, Cu^{2+} = graue dicke Linie, Cu(bpy)- und Cu(ida)-Spezies = schwarze durchgezogene bzw. gestrichelte Linien, Cu(bpy)(ida) = dicke schwarze unterbrochene Linie. Eventuelle Aqualiganden sind nicht aufgeführt. Diskussion der Cu-Spezies: Im stark Sauren (pH 2–3) zeigen $Cu(bpy)^{2+}$ (bis zu 40 %) und $Cu(idaH)^+$ ihre Maxima. Oberhalb pH 4 sind $Cu(idaH)^+$ und Cu^{2+} verschwunden. Im stark Sauren bilden sich bereits $Cu(ida)^0$ und $Cu(bpy)_2^{2+}$, die ihr relatives Maximum zwischen pH 4–5 bzw. pH 5–6 erreichen. Oberhalb pH ≈ 3,2 ist $Cu(ida)^0$ mit einem Anteil von 40–50 % das hauptsächliche Cu-Ligand-Spezies. Oberhalb pH ≈ 3,5 beginnt die zunehmende Bildung von $Cu(bpy)(ida)^0$. $Cu(ida)_2^{2-}$ bildet sich ab pH 5. Ab pH ≈ 8 beginnt die Fällung von Cu-hydroxid, sodass die Titration endet.

Mit Kenntnis der einzelnen Stabilitätskonstanten β_i^{H} (= $1/K_{Si}$) lassen sich durch eine **potentiometrische Titration**, d. h. pH-Wert-Messungen bei kontinuierlich veränderter Gesamtacidität der Metall-Ligand-Lösung, nach obigen Gleichungen die Bruttostabilitätskonstanten β_n für die Metall-Ligand-Komplexe berechnen. Das Prinzip der Methode liegt in der Bestimmung des Gleichgewichts, welches sich zwischen der protonierten und metallierten Form des Liganden einstellt und über eine Messung der Protonenaktivität erfasst werden kann. Die Ergebnisse solcher quantitativen Bestimmungen lassen sich in Gleichgewichtsdiagrammen darstellen (Abb. 3.36 u. 3.37).

pH-Wert und Redoxpotential: Bei redoxaktiven Komplexen hängt die Komplexstabilität nicht nur vom pH-Wert, sondern auch vom elektrochemischen Potential ab. Die pH- und elektrochemischen Potential-Bereiche der thermodynamischen Stabilität von chemischen Verbindungen in wässriger Lösung lassen sich in **Pourbaix-Diagrammen** darstellen. Diese Diagramme geben eine graphische Darstellung zwischen elektrochemischem Potential E und pH-Wert (E-pH-Diagramm) und damit zwischen Gleichgewichtskonstante β und Änderung der freien Enthalpie ΔG (Gibbs-Energie) als Funktion des pH-Wertes:

$$\Delta G = zF\Delta E, \quad \Delta G = 2{,}3RT \lg \beta \Rightarrow \lg \beta = \frac{zF\Delta E}{2{,}3RT} = \frac{z}{0{,}059\,\text{V}}\Delta E \quad \text{für } T = 298\,\text{K}$$

Die nachfolgende Graphik zeigt das Pourbaix-Diagramm für anorganische Aluminiumspezies (mit der Konzentration 1,0 mol/l der löslichen Verbindungen) im wässrigen System.

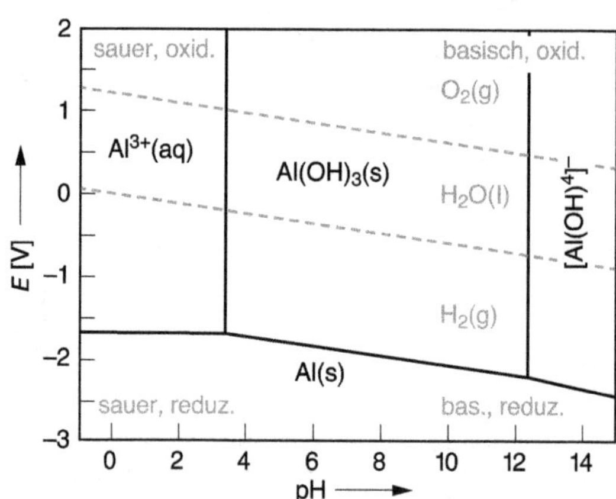

Die mit durchgezogenen Linien abgegrenzten Gebiete zeigen die Existenzbereiche der angegebenen Verbindungen. Die obere und untere gestrichelte Linie zeigt die pH-abhängigen Potentiale für die Oxidation und Reduktion von Wasser (E^0 = 1,23 V für $O_2 + 4\,H_3O^+ + 4\,e^- \rightleftharpoons 6\,H_2O$ bei pH = 0, E^0 = 0,0 V für $2\,H_3O^+ + 2\,e^- \rightleftharpoons 2\,H_2O + H_2$ bei pH = 0). Diese E-pH-Abhängigkeit für die Wasseroxidation oder -reduktion kann durch eine Überspannung für die Abscheidung von O_2 oder H_2 zu höheren oxidierenden oder reduzierenden Potentialen verschoben werden. Das amphotere feste Aluminiumhydroxid $Al(OH)_3$ löst sich in saurer Lösung bei pH 3,4 zu $Al^{3+}(aq)$ und in basischer Lösung ab pH 12,4 zu $[Al(OH)_4]^-$, angezeigt durch die beiden vertikalen Linien bei diesen pH-Werten, die die Speziesbereiche abgrenzen. Das Spezies $Al^{3+}(aq)$ entspricht $[Al(H_2O)_6]^{3+}$ mit dem Protolyse-Gleichgewicht der Kationensäure. Die Reduktion der drei Al-Spezies $Al^{3+}(aq)$, festem $Al(OH)_3$ und des Tetrahydroxidoaluminat(III)-Komplexes $[Al(OH)_4]^-$ zu Al-Metall wird durch die untere schwarze Line gegeben. Diese verläuft zwischen pH = −1 bis pH = 3,4 zunächst waagerecht bei $E = -1{,}66$ V (= E^0 für $Al^{3+} + 3\,e^- \rightleftharpoons Al$). Dann fällt das Potential auf −2,42 V bei pH = 15 für die Reduktion von $[Al(OH)_4]^-$ ab.

Pourbaix-Diagramme für Übergangsmetallverbindungen in wässriger Lösung sind wegen der zusätzlichen Oxidationsstufen komplexer. Die folgende Graphik zeigt ein vereinfachtes E-pH-Diagramm für Eisen mit löslichen Spezies-Konzentrationen von 1,0 mol/l (vgl. mit Abb. 5.4).

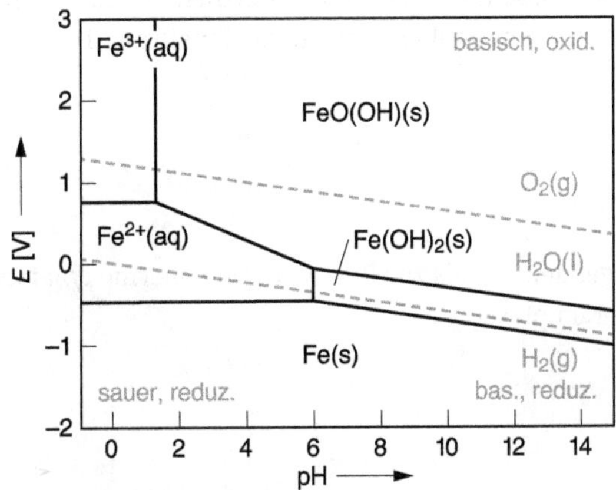

Die wässrige Chemie von Eisen wird durch die beiden Oxidationsstufen +2 und +3 dominiert. Die Reduktion von $Fe^{3+}(aq)$ zu $Fe^{2+}(aq)$ erfolgt bei +0,77 V (E^0), angezeigt durch die obere horizontale Linie links im Diagramm. Die untere horizontale Linie bei −0,45 V definiert die Reduktion von $Fe^{2+}(aq)$ zu metallischem Eisen (Fe(s)). Die Spezies $Fe^{3+}(aq)$ und $Fe^{2+}(aq)$ stehen für $[Fe(H_2O)_6]^{3+/2+}$ mit den Protolyse-Gleichgewichten der Kationensäuren. $Fe^{3+}(aq)$ und $Fe^{2+}(aq)$ sind nur im mehr oder weniger Sauren existent. Durch Zusatz von Base erfolgt bei pH 1,3 die Fällung von $Fe^{3+}(aq)$ als Oxidhydroxid, FeO(OH)(s), in anderen Pourbaix-Diagrammen auch als $Fe(OH)_3(s)$ bezeichnet. Bei pH 6,0 fällt $Fe^{2+}(aq)$ als $Fe(OH)_2(s)$. Die Reduktion von $Fe(OH)_2(s)$ zu Fe-Metall wird durch die fallende Linie von $E = -0{,}45$ V (pH 6,0) zu $E = -0{,}99$ V (pH = 15,0) gegeben. Fe^{3+}-Oxidhydroxid FeO(OH) wird bei pH-Werten zwischen 1,3 und 6,0 zu $Fe^{2+}(aq)$ reduziert, bei pH-Werten größer als 6,0 zu $Fe(OH)_2(s)$, was jeweils durch die fallenden Linien von

$E = -0{,}77$ V (pH 1,3) zu $E = -0{,}06$ V (pH 6,0) und von dort zu $E = -0{,}59$ V (pH 15,0) definiert ist.

Quantitative Daten zu Stabilitätskonstanten, ihrer Abhängigkeit von pH-Wert und elektrochemischem Potential, sind Grundlagen für Prozesse in Technologie, Geochemie, Umweltchemie, Biochemie, Analytik u. a. Zweigen der Chemie. Komplexbildungskonstanten sind wichtige Größen für die gezielte Auswahl und das Maßschneidern von Liganden, für Extraktionsprozesse bei der Metallgewinnung und -aufbereitung, für analytische Methoden mit Ionenaustauschprozessen, Ionenchromatographie oder komplexometrischen Titrationen sowie für die Interpretation von Metall-Ligand-Gleichgewichten in der Natur. Die Toxizität von Metallionen wird häufig erst problematisch, wenn sie durch pH-Wert-Änderungen oder die Gegenwart von Liganden aus Mineralien oder Mülldeponien in Grund- oder Oberflächenwässer solubilisiert werden. Pflanzen verwenden geeignete Liganden mit hohen Stabilitätskonstanten für Metallkomplexe zur Solubilisierung und Aufnahme essentieller Spurenmetalle (Abschn. 3.10.5). Die Verabreichung komplexierter Metallionen führt zu einer besseren Aufnahme von Mineralstoffen in Organismen. Sehr stabile Komplexe eignen sich zum Einsatz als Diagnostika (Gd-Kontrastmittel) und zur gezielten Entfernung (Entgiftung, Dekorporierung) von Metallen (Abschn. 3.10.5).

3.10.3 Stabilitätstrends

Es bestehen die folgenden Trends zur Bewertung der thermodynamischen oder kinetischen Stabilität bei Komplexen.

Metall

Ladung. Bei gegebenem Metall und gleichen Liganden ist die thermodynamische Stabilität des Komplexes mit dem dreiwertigen Metallion (M^{3+}) in vielen Fällen größer als die mit dem zweiwertigen Ion (M^{2+}) des gleichen Metalls. Ursachen sind die kürzere Bindung und die deutlich höhere Bindungsenergie für M^{3+} (s. Abschn. 3.9.3, Abb. 3.11).

$$\text{Stabilität}\quad M^{2+}\text{-} < M^{3+}\text{-Komplexe}$$

Irving-Williams-Reihe. Für die Stabilitätskonstanten von zweiwertigen Komplexionen der ersten Übergangsreihe mit jeweils gleichen Liganden wird folgende Reihe (nach Irving und Williams) gefunden (Abb. 3.38 u. 3.39):

$$\text{Stabilitätskonstanten}\quad Mn^{2+} < Fe^{2+} < Co^{2+} < Ni^{2+} < Cu^{2+} > Zn^{2+}$$

Die Zunahme der Stabilität Mn⟶Ni und Zn⟶Cu kann mit dem kleineren Metallionenradius, der größeren Bindungs- und Kristallfeldstabilisierungsenergie erklärt werden (vgl. Abschn. 3.9.3). Die höhere Stabilität von Kupfer- gegenüber vergleichbaren

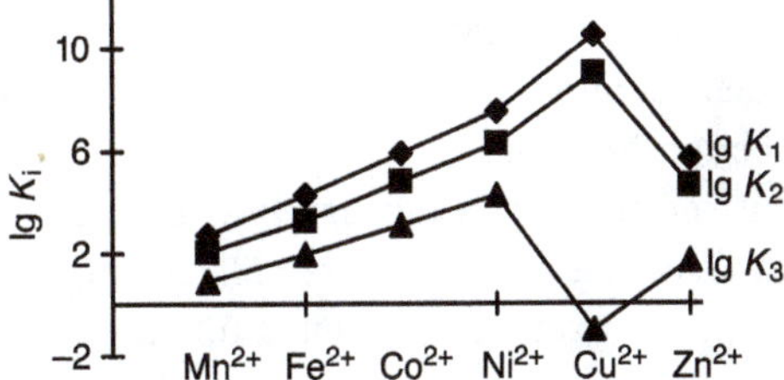

Abb. 3.38: Logarithmus der Stufenstabilitätskonstanten K_i für die schrittweise Bildung der 1:1-, 1:2- und 1:3-Ethylendiaminkomplexe.

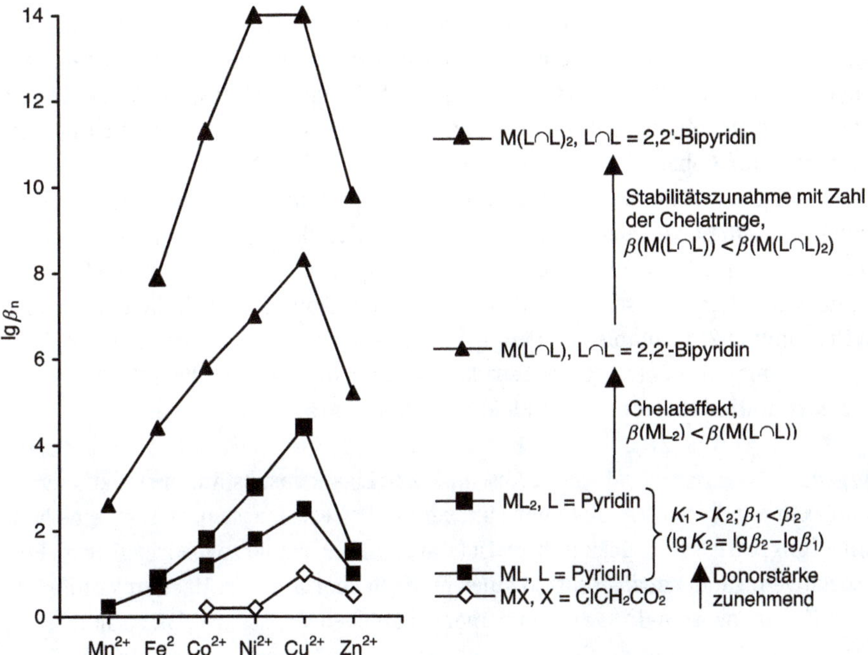

Abb. 3.39: Logarithmus der Bruttostabilitätskonstanten β_n für die Bildung der ML_n-Komplexe und seine Interpretation.

Nickelkomplexen verwundert zunächst, denn das Minimum des Ionenradius und das CFSE-Maximum findet sich beim Ni^{2+}-Ion. Das Maximum beim Kupfer wird aus den Stabilitätskonstanten (K_i) für einen schrittweisen Ligandenaustausch verständlich.

Beispiel: Bildung der Ethylendiamin-(en-)Komplexe

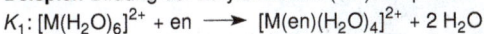

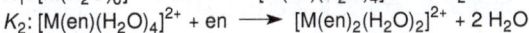

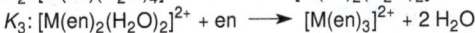

K_1: $[M(H_2O)_6]^{2+}$ + en $\longrightarrow$ $[M(en)(H_2O)_4]^{2+}$ + 2 H_2O

K_2: $[M(en)(H_2O)_4]^{2+}$ + en $\longrightarrow$ $[M(en)_2(H_2O)_2]^{2+}$ + 2 H_2O

K_3: $[M(en)_2(H_2O)_2]^{2+}$ + en $\longrightarrow$ $[M(en)_3]^{2+}$ + 2 H_2O

Eine graphische Auftragung des Logarithmus der Stabilitätskonstanten als Funktion des Metallions zeigt, dass das Maximum beim Kupferion von den sehr hohen Werten für die ersten beiden Stabilitätskonstanten herrührt (Abb. 3.38). Der Austausch der letzten beiden Aqualiganden ist bei Cu^{2+} nicht mehr begünstigt, lg K_3 ist negativ. Die hohen Werte für K_1 und K_2 beim Kupfer sind auf die sehr kurzen Metall–Ligand-Bindungen bedingt durch die Jahn-Teller-Verzerrung zurückzuführen (s. Abschn. 3.9.3). Diese Kupfer-Ligand-Abstände sind kürzer und stärker als man es bei sechs gleichlangen Bindungen für Cu^{2+} erwarten würde. Die Umkehrung des Stabilitätstrends für den Austausch der letzten beiden schwächeren Aqualiganden gegen den stärkeren Ethylendiamin-Liganden hängt mit der Tendenz zusammen, die langen Cu-Ligand-Kontakte auch mit schwächeren Liganden zu besetzen. Da die Stabilitätskonstanten meistens in wässriger Lösung bestimmt werden, gilt streng genommen die oben angegebene Irving-Williams-Reihe nur für den Austausch von vier Aqualiganden. Eine weitere Besonderheit findet sich noch beim Zink. Es fällt auf, dass die Werte für die ersten beiden Stabilitätskonstanten noch relativ hoch sind, sie entsprechen in etwa den Werten für Cobalt, obwohl für das d^{10}-Zn^{2+}-Ion kein CFSE-Beitrag vorliegt. Zink ist aber aufgrund seiner d^{10}-Konfiguration mehr als die anderen Metallionen in dieser Reihe in tetraedrischer Umgebung stabil (s. Abschn. 3.9.8), womit die relativ hohen Stabilitätskonstanten K_1 und K_2 erklärt werden. Entsprechend ist die Konstante für den oktaedrischen Komplex sehr viel kleiner. Als Amminkomplex ist $[Zn(NH_3)_4]^{2+}$ stabil. Ein Hexaammin-Zinkkomplex $[Zn(NH_3)_6]^{2+}$ konnte bis jetzt nur mit dem Fullerid-$C_{60}{}^{2-}$-Anion als Ammoniak-Solvat (6 NH_3) strukturell charakterisiert werden.

Koordinationspolyeder und Elektronenkonfiguration. Oktaedrische Komplexe mit Cr^{3+} (d^3, t_{2g}^3) und mit Co^{3+}, Rh^{3+}, Ir^{3+} und Pt^{4+} (alle low-spin-d^6, t_{2g}^6) sind *kinetisch inert* (jeweils Maximum der CFSE, s. Abschn. 3.9.3). Ligandensubstitutionsreaktionen an Komplexen mit diesen Metallatomen sind vergleichsweise langsam, was auf eine hohe Aktivierungsbarriere zurückzuführen ist (s. auch Abb. 3.48 und zugehörigen Text). Eine dissoziative Ligandenabspaltung zu einer fünffach-koordinierten Übergangsstufe ML_5 ist für d^3- und low-spin-d^6-Spezies mit einem deutlichen Verlust an CFSE verbunden. Es liegt keine M–L-Destabilisierung durch Besetzung der e_g^*-Niveaus vor, was eine Dissoziation erschwert (s. Abschn. 3.11.1).

Tetraedrische Komplexe sind neben d^0 und d^{10} (s. Abschn. 3.9.8, p–d-Mischung) insbesondere bei Co^{2+}-d^7 anzutreffen (relatives Maximum der CFSE, s. Abschn. 3.9.3).

Quadratisch-planare Komplexe sind vor allem für eine d^8-Konfiguration relativ stabil (aber nicht inert). Ursache ist der Energiegewinn durch Erniedrigung des z^2-Orbitals (CFSE s. Abschn. 3.9.3, s–z^2-Mischung s. Abschn. 3.9.8).

Liganden

(Donor-)Stärke. Stärkere Liganden bilden in der Regel stabilere Komplexe als schwächere Liganden (höhere CFSE, Ausnahme s. unter HSAB-Prinzip). Bei den meisten Kationen nimmt die Stabilität der Halogenidokomplexe in der Reihe $I^- < Br^- < Cl^- \ll F^-$ zu.

Für die Kationen der Irving-Williams-Reihe nehmen die Stabilitätskonstanten zu, wenn Sauerstoffdonor- mit Stickstoffdonorliganden ersetzt werden (Abb. 3.39). Cyanidoliganden bilden mit die stabilsten Komplexe.

Stabilitätskonstante schwächerer Ligand < stärkerer Ligand

Chelat- vs. einzähnige Liganden. Komplexe mit Chelatliganden haben höhere Stabilitätskonstanten als Komplexe mit vergleichbaren einzähnigen Liganden. Die Stabilitätskonstante nimmt mit der Zahl der Chelatringe zu (Abb. 3.39). Weiteres siehe unter Chelateffekt, Abschn. 3.10.4.

Bruttostabilitätskonstante $ML_6 < M(L{\cap}L)L_4 < M(L{\cap}L)_2L_2 < M(L{\cap}L)_3$

Metall-Ligand-Kombinationen

Gesamt-*Valenz*elektronenzahl, 18-Elektronenregel … Die 18-Elektronenregel besagt, dass Übergangsmetallkomplexe dann thermodynamisch stabil sind, wenn die Summe aus den Metall-d-Elektronen und den Elektronen, die die Liganden beisteuern, 18 beträgt (s. Abschn. 3.6 und Abb. 3.25). In einem Komplex mit der Gesamt-*Valenz*elektronenzahl 18 erreicht das Metallatom formal die Elektronenkonfiguration des folgenden Edelgases.

Die 18-Elektronenregel lässt sich noch am besten auf Cyanido-, Carbonyl-, Nitrosyl-, Hydrido- und metallorganische Komplexe anwenden (für Bsp. s. Abschn. 4). In diesen Komplexen liegen sehr starke σ-Donor- (CN^-, H^-) oder π-Akzeptor-Liganden (CO, NO^+, organische π-Liganden) vor (s. spektrochemische Reihe). In einem oktaedrischen Komplex liegen die d_{σ^*}-Orbitale (s. Abschn. 3.9.8) daher relativ zu den anderen Orbitalen energetisch hoch, sind schlechte Akzeptororbitale und wahrscheinlich unbesetzt. Die d_π-Orbitale dagegen liegen bei niedriger Energie, sind gute Akzeptororbitale und müssen in einem stabilen Komplex besetzt sein. Ansonsten wäre aufgrund ihrer niedrigen Energie das Metallatom sehr elektrophil und würde versuchen, weitere Elektronen durch Anbindung von Liganden oder die Ausbildung von Metall–Metall-Bindungen aufzunehmen. Mit CN^-, CO, NO^+ und H^- liegen außerdem räumlich kleine Liganden vor. Damit kann die erforderliche Anzahl an diesen Liganden sterisch an das Metallatom binden (Bsp. $[Mo(CN)_8]^{4-}$, $[ReH_9]^{2-}$, s. Abschn. 3.7).

… und ihre Grenzen. Die 18-Elektronenregel lässt sich weniger gut auf Komplexe mit schwachen Liganden anwenden. Die Hexaaqua-Ionen $[M(H_2O)_6]^{2+}$ (M = V–Cu) und $[M(H_2O)_6]^{3+}$ (M = Ti–Cr) haben unabhängig von der Elektronenzahl die gleiche Formel und oktaedrische Struktur. Diese wird durch die günstige Packung von sechs H_2O-Molekülen um ein Metallion bestimmt.

Quadratisch-planare oder d^8-Ionen folgen einer 16-Elektronenregel, da eines der neun Orbitale (d_{σ^*}) energetisch deutlich höher liegt (s. Abschn. 3.7 u. Abb. 3.31).

Kleinere Metallcarbonylcluster $M_a(CO)_b$ mit $a \leq 5$ folgen noch gut der 18-Elektronenregel. Für $a \geq 6$ gibt es aber Abweichungen, und es müssen spezielle Cluster-Zählregeln angewendet werden (s. Abschn. 4.3.1.1).

Elektroneutralitätsprinzip. Nach Pauling bevorzugen Atome in isolierbaren Verbindungen eine *reale* Partialladung zwischen +1 und −1. Bezogen auf Metallkomplexe werden die Metallionen als elektropositive Partner also zwischen +1 und 0 liegen, die Liganden mit ihren elektronegativeren Donoratomen zwischen 0 und −1. Der bevorzugte Ladungsbereich hängt von der Elektronegativität des betreffenden Elements ab. Nach dem Elektroneutralitätsprinzip sind stabile Metall-Ligand-Komplexe demnach aus komplementären Partnern aufgebaut, die einen entsprechenden Ladungsausgleich zu elektroneutralen Spezies ermöglichen.

Ein isoliertes Co^{3+}-Ion wird versuchen, seine viel zu hohe Ladung durch gute Elektronendonorliganden, wie NH_3 zu kompensieren (⟶ $[Co(NH_3)_6]^{3+}$). Ein neutrales Cr^0-Atom kann sich unter geringer Elektronenabgabe mit neutralen π-Akzeptorliganden zusammenlagern (⟶ $Cr(CO)_6$, $Cr(\eta^6\text{-}C_6H_6)_2$). Ein exzessiv hoch geladenes Mn^{7+}-Ion muss für einen stabilen Komplex starke π-Donorliganden wie O^{2-} binden. Im deutlich kovalenten MnO_4^--Komplexion hat das Manganion dann eine geringere *reale* positive Ladung. Umgekehrt geben O^{2-}-Ionen ihre negative Überschussladung durch Bindung an hoch geladene, stark elektrophile Metallkationen ab (⟶ $[CrO_4]^{2-}$, $[MoO_4]^{2-}$, $[WO_4]^{2-}$, $[ReO_4]^-$).

Prinzip der harten und weichen Säuren und Basen (**HSAB-Prinzip**, engl. *hard and soft acids and bases*). Das Zentralmetallatom oder -ion in einem Komplex ist eine Lewis-Säure, der Ligand eine Lewis-Base. Kleine, hoch geladene und schwer polarisierbare Kationen, die also eine hohe lokalisierte Ladungskonzentration und wenige Elektronen in der Valenzschale haben, sind **hart**. Große Kationen, mit leicht verschiebbaren Elektronenwolken, die in niedrigeren Oxidationsstufen vorliegen und eine große Zahl von Elektronen in der Valenzschale aufweisen, sind **weich** (Abb. 3.40). Analog sind kleine, schwer polarisierbare Liganden **hart**, und große, leicht polarisierbare Liganden sind **weich** (Tab. 3.13).

Li	Be														B		
Na	Mg														Al	hart	
K	Ca	Sc	Ti	V	Cr	Mn	Fe^{3+}	Fe^{2+}	Co^{3+}	Co^{2+}	Ni	Cu^{2+}	Cu^+	Zn	Ga	Ge	
Rb	Sr	Y	Zr	Nb	Mo	Tc		Ru	Rh		Pd	Ag		Cd	In	Sn	
Cs	Ba	La	Hf	Ta	W	Re		Os	Ir		Pt	Au		Hg	Tl	Pb	Bi
		hart					dazwischenliegend					weich					

Abb. 3.40: Ungefähre Zuordnung der Metallionen zu den harten, dazwischenliegenden oder weichen Säuren nach dem HSAB-Konzept.

Nach dem von Pearson eingeführten empirischen HSAB-Konzept entstehen stabile Komplexe aus harten Säuren (Kationen) und harten Basen (Liganden) oder aus weichen Säuren und weichen Basen. Die Kombinationen hart–weich oder weich–hart führen danach zu weniger stabilen Komplexen.

Stabilität hart–weich < hart–hart oder weich–weich Kombinationen

Tab. 3.13: Beispiele für harte und weiche Säuren und Basen.

Metallkationen – Säuren		Liganden – Basen	
hart			
H^+, Li^+, Na^+, K^+	– Alkalimetalle	F^-, Cl^-	– leichte Halogenide
Be^{2+}, Mg^{2+}, Ca^{2+}, Sr^{2+}	– Erdalkalimetalle	H_2O, OH^-, O^{2-}, ROH, RO^-, R_2O	} O-Liganden
Al^{3+}, Ga^{3+}, In^{3+}	} hoch geladene Kationen	ClO_4^-, SO_4^{2-}, NO_3^-, PO_4^{3-}, CO_3^{2-}	
Sc^{3+}, Cr^{3+}, Fe^{3+}, Co^{3+}		NH_3, RNH_2	– aliphatische Amine
Ti^{4+}, Zr^{4+}, Hf^{4+}	– frühe Übergangsmetalle		– Donoratome aus der 1. Achterperiode + Cl^- (ausgenommen Kohlenstoff)
Ce^{4+}, Ln^{3+}	– Lanthanoide		
dazwischenliegend			
Sn^{2+}, Pb^{2+}		Br^-	
Fe^{2+}, Co^{2+}, Ni^{2+}, Cu^{2+}, Zn^{2+}	} mittlere Übergangsmetalle	NO_2^-, SO_3^{2-}	
Ru^{3+}, Rh^{3+}		N_2, N_3^-, NH_2Ph	
Os^{2+}, Ir^{3+}			
weich			
Pd^{2+}, Pt^{2+}	} späte und schwere Übergangsmetalle	I^-	– schwere Halogenide
Cu^+, Ag^+, Au^+		R_2S, RS^-, SCN^-, $S_2O_3^{2-}$	– S-Liganden
Cd^+, Hg^{2+}, Hg_2^{2+}		R_3P, R_3As	– P- und As-Liganden
Tl^+, Tl^{3+}		CO, CN^-, RNC, C_2H_4, C_6H_6, R^-	– C-Liganden
		H^-	– Hydridion
			– Donoratome ab der 2. Achterperiode + C und H^-

Entgegen dem üblichen Trend nach der Donorstärke zeigen die Halogenidokomplexe für weiche Metallkationen eine umgekehrte Stabilitätsreihenfolge:

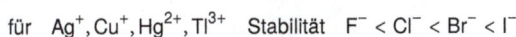

$$\text{für} \quad Ag^+, Cu^+, Hg^{2+}, Tl^{3+} \quad \text{Stabilität} \quad F^- < Cl^- < Br^- < I^-$$

Das HSAB-Prinzip sollte bezüglich der Komplexstabilität mit Vorsicht verwendet und nicht überinterpretiert werden. Es bestehen zahlreiche Ausnahmen zu den erwarteten Trends. Zum Beispiel bindet Pb^{2+} (dazwischenliegend) stark an Thiolgruppen (weich) und bildet auch stabile Komplexe mit OH^- (hart). In einigen Eisen-Schwefel-Proteinen bindet Schwefel (weich) sowohl an Fe^{2+} (dazwischenliegend) und Fe^{3+} (hart).

Die hart–weich-Eingruppierung der Metallkationen hängt stark von ihrer Ladung ab (Beispiel Fe^{3+} – hart / Fe^{2+}, Cu^{2+} – dazwischen / Cu^+ – weich). Alle Metalle können zu weichen Säuren werden, wenn sie genügend reduziert vorliegen ($M^{\longrightarrow 0}$). Die Besonderheit der als typisch weich bekannten Metallionen Cu^+, Ag^+, Au^+, Hg_2^{2+} ist, dass sie normal in niedrigen Oxidationsstufen auftreten. Aufgrund ihrer niedrigen Oxidationsstufe haben diese und andere reduzierte Metallatome eine überschüssige Elektronendichte. Sie bevorzugen daher Liganden, mit denen sie kovalente Bindungen ausbilden können und die freie Orbitale zur Delokalisierung und Aufnahme der überschüssigen Elektronen haben.

Harte Säuren und Basen zeichnen sich durch ein energetisch höher liegendes LUMO bzw. ein tieferes HOMO aus, als weiche Säuren und Basen. Dementsprechend sind die hart–hart-Wechselwirkungen eher elektrostatischer, d. h. ionischer Natur (ladungskontrolliert), während weich–weich-Wechselwirkungen eher kovalent (orbitalkontrolliert) sind.

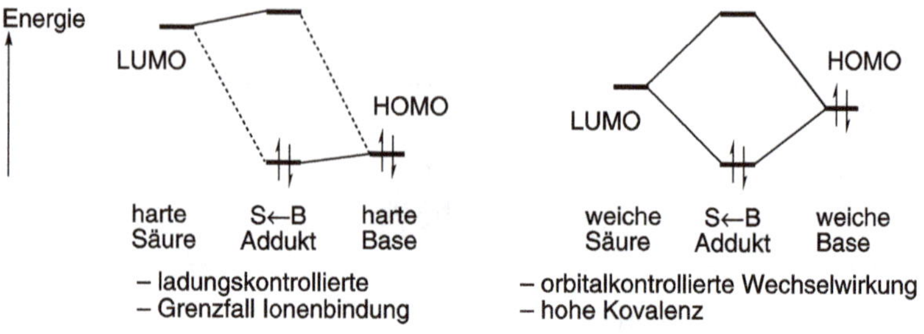

3.10.4 Der Chelateffekt – Grundlagen

Experimentelle Befunde zeigen, wenn vergleichbare einzähnige und mehrzähnige Liganden (gleiche Donoratome in ähnlicher chemischer Umgebung) miteinander um ein Metallatom konkurrieren, dann werden die mehrzähnigen Liganden die entsprechende Zahl an einzähnigen Liganden ersetzen. Voraussetzung ist dabei, dass der vom mehrzähnigen Ligand mit dem Metallion gebildete Ring nicht zu sehr gespannt ist.

$$3\,(L\frown L) + ML_6 \rightleftharpoons [(L\frown L)]_3M + 6\,L$$

vergleichbare Liganden! → Gleichgewicht liegt rechts

Beispiel: $3\,\text{en} + [Ni(NH_3)_6]^{2+} \rightleftharpoons [Ni(en)_3]^{2+} + 6\,NH_3$

Dieser Effekt wird als Chelateffekt bezeichnet und kann durch die Komplexbildungskonstanten (β) der beiden Metallkomplexe oder der Gleichgewichtskonstanten für die Gesamtreaktion (K) quantitativ ausgedrückt werden: $\beta_{L\cap L} > \beta_L$ oder $K > 1$ (Tab. 3.14, s. auch Abb. 3.38 u. 3.39). Stehen Enthalpiewerte (ΔH^0) für die Reaktion zur Verfügung, kann man aus den thermodynamischen Beziehungen $\Delta G^0 = -RT \ln \beta$ und $\Delta G^0 = \Delta H^0 - T\Delta S^0$ Werte für die freie Enthalpie (Gibbs-Energie) ΔG^0 und die Entropie ΔS^0 berechnen. Vergleicht man diese ΔS^0-Werte miteinander, so ist der Chelateffekt hauptsächlich den günstigeren Entropieveränderungen bei der Reaktion zuzuschreiben. Bei der Bildung des Chelatkomplexes nimmt durch die freigesetzten einzähnigen Liganden die Entropie deutlich zu, $\Delta(\Delta S^0) > 0$ (Tab. 3.14).

Tab. 3.14: Komplexbildungskonstanten und thermodynamische Daten von Nickel(II)- und Kupfer(II)-Ammin- und Ethylendiaminkomplexen zur Quantifizierung des Chelateffekts.[a]

Komplex	$\lg \beta^{(b)}$	$\Delta H^{o(b)}$ [kJ/mol]	$\Delta S^{o(b)}$ [J/mol K]	$\Delta \lg \beta = \lg K^{(c)}$	$\Delta(\Delta H^o)^{(c)}$ [kJ/mol]	$\Delta(\Delta S^o)^{(c)}$ [J/mol K]
$[Cu(H_2O)_4(NH_3)_2]^{2+}$	7,91	−46,4	−4,2			
$[Cu(H_2O)_4(en)]^{2+}$	10,91	−54,8	25,1	3,00	−8,4	29,3
$[Cu(H_2O)_2(NH_3)_4]^{2+}$	13,06	−92,0	−58,6			
$[Cu(H_2O)_2(en)_2]^{2+}$	20,22	−106,7	29,3	7,16	−14,7	87,9
$[Ni(H_2O)_4(NH_3)_2]^{2+}$	5,05	−32,6	−12,6			
$[Ni(H_2O)_4(en)]^{2+}$	7,48	−37,7	16,7	2,43	−5,1	29,3
$[Ni(H_2O)_2(NH_3)_4]^{2+}$	8,16	−65,3	−62,8			
$[Ni(H_2O)_2(en)_2]^{2+}$	14,07	−76,6	12,6	5,91	−11,3	75,4
$[Ni(NH_3)_6]^{2+}$	9,06	−100,4	−163,2			
$[Ni(en)_3]^{2+}$	18,35	−117,2	−41,8	9,29	−16,7	121,4

[a] aus: A. E. Martell, R. D. Hancock, Metal Complexes in Aqueous Solutions, Plenum Press, New York, 1996, S. 66. Daten bei 298,15 K (25 °C) und einer Ionenstärke von 1,0 mol/l. Die dort angegebenen Werte für ΔH^o und ΔS^o wurden von (k)cal in (k)J mit dem Faktor 4,184 umgerechnet und mit den erhaltenen gerundeten Werten die Differenzen $\Delta(\Delta H^o)$ und $\Delta(\Delta S^o)$ gebildet. Des Weiteren zeigen die dort gegebenen Werte bezüglich der Berechnung von $\lg\beta$ aus $(\Delta H^o - T\Delta S^o)/(-2{,}303\,RT)$ und $\Delta \lg\beta = (\Delta(\Delta H^o) - T\Delta(\Delta S^o))/(-2{,}303\,RT)$ allerdings keine optimale Übereinstimmung, wahrscheinlich aufgrund von Rundungsfehlern bei Umrechnungen über $\beta = e^x$ in $\lg\beta$. Daher wurden die Werte für ΔH^o und ΔS^o für eine Neuberechnung von $\lg\beta$ und dann damit $\Delta\lg\beta$ zugrunde gelegt (R = 8,314 J/K mol).

[b] $\lg\beta$, ΔH^o und ΔS^o sind der Logarithmus der Stabilitätskonstante, die Enthalpie und Entropie für die Reaktionen $M(aq)^{2+} + 2n\ NH_3 \rightleftharpoons M(aq)(NH_3)_{2n}{}^{2+}$ mit $\beta = \frac{[M(aq)(NH_3)_{2n}^{2+}]}{[M(aq)^{2+}][NH_3]^{2n}}$ und $M(aq)^{2+} + n\ en \rightleftharpoons M(aq)(en)_n^{2+}$ mit $\beta = \frac{[M(aq)(en)_n^{2+}]}{[M(aq)^{2+}][en]^n}$, n = 1, 2, 3.

[c] Die jeweils aus Spalte 2, 3 und 4 berechneten Werte $\Delta\lg\beta = \lg K$ (Gleichgewichtskonstante), $\Delta(\Delta H^o)$ und $\Delta(\Delta S^o)$ sind der Logarithmus der Komplexbildungskonstante, die Enthalpie und Entropie für die formale Gleichgewichtsreaktion $[M(H_2O)_{6-2n}(NH_3)_{2n}]^{2+} + n\ en \rightleftharpoons [M(H_2O)_{6-2n}(en)_n]^{2+} + 2n\ NH_3$.

Chelatkomplexe sind auch enthalpisch etwas günstiger als entsprechende einzähnige Komplexe, da die vorgebildeten Chelatringe eine Verringerung der abstoßenden Ligand↔Ligand-Wechselwirkungen nach sich ziehen, $\Delta(\Delta H^o) < 0$ (Tab. 3.14). In konjugierten Systemen wie Acetylacetonat kommt bei der Chelatbildung noch eine Resonanzstabilisierung hinzu.

repulsive Wechselwirkungen jedes L-Donors mit seinen Nachbarn

Mit $\Delta S > 0$ und $\Delta H < 0$ ist durch $\Delta G = \Delta H - T\Delta S < 0$ die thermodynamische Triebkraft für die Chelatkomplexbildung verständlich. Je mehr Chelatringe in einem Komplex vorliegen, desto größer ist die gesamte Stabilitätszunahme (Tab. 3.14, s. auch Abb. 3.38 u. 3.39). Thermodynamisch sind Chelatkomplexe viel stabiler als vergleichbare Komplexe mit einzähnigen Liganden, sodass Metallkomplexe zugänglich werden, die mit analogen einzähnigen Liganden in Lösung instabil sind.

Der Chelateffekt kann neben dem thermodynamischen auch über ein statistisches Entropieproblem gedeutet werden. Das **Modell von Schwarzenbach** interpretiert den Chelateffekt mit einer Wahrscheinlichkeitsproblematik (Abb. 3.41). Liegen einzähniger und zweizähniger Ligand L und L∩L in ähnlichen Konzentrationen vor und konkurrieren um die Koordinationsstellen am Metallion, so ist die Wahrscheinlichkeit der Koordination *eines* L-Donoratoms für beide Liganden zunächst gleich groß. Sobald jedoch das eine Donoratom von L∩L koordiniert, ist es sehr viel wahrscheinlicher, dass die zweite Koordinationsstelle vom anderen L∩L-Ende besetzt wird, anstatt von einem einzähnigen Liganden. Diese höhere Wahrscheinlichkeit resultiert aus der Nähe und damit höheren effektiven Konzentration des zweiten L∩L-Donoratoms zur Koordinationsstelle im Vergleich zu L. Dies gilt umso mehr, je verdünnter die Lösung ist. Der Vorteil von Chelatliganden gegenüber einzähnigen Liganden ist umso größer, je geringer die Konzentration ist. In sehr konzentrierten Lösungen von einzähnigen Liganden beobachtet man eine Abnahme des Chelateffekts.

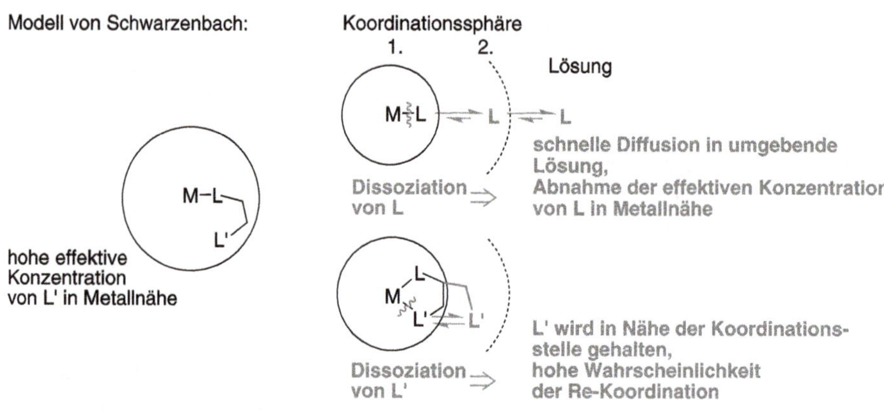

Abb. 3.41: Schematische Darstellung der Wahrscheinlichkeitsproblematik nach dem Modell von Schwarzenbach zur Deutung des Chelateffekts. Die höhere Stabilität von Chelatkomplexen kann man auch über die Dissoziation der M–L-Bindung erklären: In erster Näherung ist die Wahrscheinlichkeit der Dissoziation *eines* Donoratoms eines einzähnigen Liganden oder *eines* Arms eines Chelatliganden ähnlich groß, während die gleichzeitige Trennung aller M–L-Bindungen zu einem Chelatliganden deutlich weniger wahrscheinlich ist. Ein einzähniger Ligand wird durch Diffusion schnell vom Metallatom entfernt, wohingegen der dissoziierte Arm eines Chelatliganden noch in der räumlichen Nähe verbleibt und wieder koordinieren kann.

Der Chelateffekt ist allgemein bei Fünf- und Sechsringen am ausgeprägtesten. Kleinere Ringe haben eine zu hohe Spannung. Bei größeren Ringen nimmt der Vorteil bei der Konkurrenz um die zweite Koordinationsstelle im Allgemeinen rasch ab. Große Metallionen bevorzugen aus sterischen Gründen fünfgliedrige Ringe, während für kleinere Metallionen sechsgliedrige Ringe günstiger sind (Abb. 3.42).

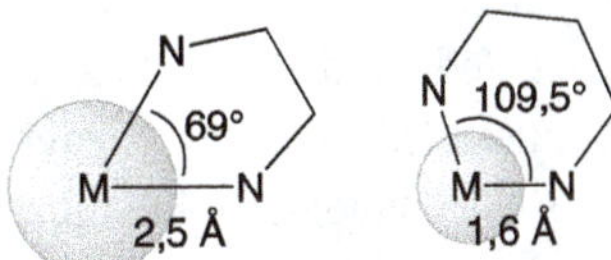

Abb. 3.42: Darstellung der idealen geometrischen Bedingungen für einen fünf- und sechsgliedrigen Chelatring, bei dem sich das Metallatom im Schnittpunkt der beiden freien Elektronenpaare des Diaminliganden befindet, der gleichzeitig im Zustand geringster Spannungsenergie vorliegt. In den Sechsring passen Metalle mit kurzer M–N-Bindungslänge, während für den Fünfring lange M–N-Bindungen besser sind. Dies kann für die Ligandenoptimierung in Bezug auf unterschiedliche Metallionen genutzt werden. Eine Vergrößerung des Chelatrings von fünf- auf sechsgliedrig wird danach die Komplexstabilität der kleineren gegenüber den größeren Metallionen erhöhen.

In Abschn. 3.10.2 wurde dargelegt, dass sich beim Austausch zwischen einzähnigen Liganden durch stöchiometrische Ligandenzugabe keine einzelnen definierten Spezies ergeben (s. Abb. 3.36). Die Stufenstabilitätskonstanten unterscheiden sich für diesen Fall häufig nicht stark genug voneinander. Die Verfolgung eines solchen Reaktionsverlaufs mit spektroskopischen oder potentiometrischen Methoden ergibt keine sprunghaften Änderungen. Bei der Substitution einzähniger Liganden gegen Chelatliganden können die Stufen und definierten Spezies dagegen fassbar sein, da die Komplexbildungskonstanten sich leicht um mehrere Zehnerpotenzen unterscheiden.

3.10.5 Der Chelateffekt – Anwendungen

Stöchiometrische Ligandenaustauschreaktionen mit mehrzähnigen Chelatliganden lassen sich zur **quantitativen Bestimmung von Metallionen** einsetzen. Bei dem maßanalytischen (titrimetrischen) Verfahren der **Komplexometrie** (Chelatometrie) wird das zu bestimmende Metallion mit dem Komplexbildner (Komplexon) als Maßlösung in einen definierten, stabilen wasserlöslichen Chelatkomplex überführt. Als kommerziell verfügbare Chelatbildner werden z. B. eingesetzt Nitrilotriessigsäure, Ethylendiamintetraessigsäure ($edtaH_4$) und ihr Dinatriumsalz.

Die Komplexbildner nta^{3-} und $edta^{4-}$ spielten zeitweise eine große Rolle in der **Wasserenthärtung**. Sie eignen sich gut als **Builder**, also als funktionelle Inhaltsstoffe von Waschmitteln, die im Waschprozess zur Enthärtung des Wassers durch Komplexieren von Calcium- und Magnesiumionen dienen und zugleich die Waschwirkung durch ihre Alkalität und durch das Dispergieren von Pigmentschmutz unterstützen. Lange Zeit wurde diese Aufgabe vom multifunktionellen Pentanatriumtriphosphat wahrgenommen, bevor es wegen seiner eutrophierenden Wirkung auf stehende oder langsam fließende Oberflächengewässer verboten wurde. Zwischenzeitlich kam es dann zum Einsatz von mehrzähnigen Chelatliganden, wie nta^{3-} und $edta^{4-}$. Da die eingesetzten Komplexbildner jedoch zur Remobilisation von in Sedimenten abgelagerten Schwermetallen führten, wurden in Deutschland Empfehlungen erlassen, ihre jährliche Einsatzmenge und maximale Konzentration in Gewässern zu begrenzen. Mittlerweile wird der Markt für Builder von einem Dreikomponentensystem aus Zeolith A, Soda und Polycarboxylaten beherrscht. Nitrilotriessigsäure ist in einer Reihe von Ländern (z. B. Kanada, Niederlande) aber noch als Phosphatersatz im Gebrauch, da es zu 95 % biologisch abbaubar und mindergiftig ist.

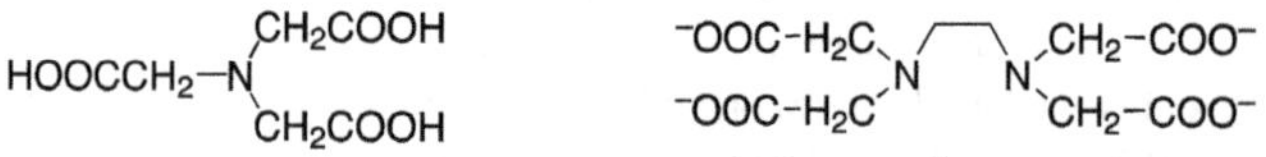

$HOOCCH_2{-}N(CH_2COOH)_2$

Nitrilotriessigsäure, $ntaH_3$, Titriplex I®

$(^-OOC{-}H_2C)_2N{-}CH_2CH_2{-}N(CH_2{-}COO^-)_2$

Ethylendiamintetra-acetat, $edta^{4-}$, -essigsäure ('edta', $edtaH_4$) Titriplex II®, - als Dinatriumsalz (Na_2edtaH_2) Titriplex III®

Anwendung: Komplexone in der Chelatometrie, Builder in Waschmitteln, Stabilisatoren durch Komplexierung von Metall-Katalysatoren

Metallkomplexe von EDTA: Sequestren®, Sequestren®138Fe, Sequestren®Na_2Cu, Sequestren®Na_2Mn zur Pflanzenernährung in Düngemitteln

Stabilisatoren. Komplexbildner können gezielt zur Bindung und damit Maskierung von katalytisch wirkenden Schwermetallionen durch Chelatisierung eingesetzt werden. Das Dinatriumsalz Na_2edtaH_2 ist Bestandteil von Waschmitteln und bindet als $edta^{4-}$ Schwermetallspuren, die sonst die Zersetzung der als Bleichmittel enthaltenen Peroxoverbindungen katalysieren würden. Auch in der Papier- und Zellstoffindustrie eingesetzte Peroxidbleichmittel und empfindliche Komponenten z. B. in Kosmetika werden so durch Chelatbildner stabilisiert.

Als Schwermetallkomplex findet $edta^{4-}$ in der **Pflanzenernährung** Anwendung. Mit Düngemitteln lassen sich Spurenelemente als Metallchelate den Wurzeln von Kulturpflanzen z. B. zur Stimulierung des Wachstums und der Behebung von Eisen-, Kupfer-, Mangan- und Zinkmangel zuführen. Die Metallchelate auf Basis von $edta^{4-}$ sind unter der Bezeichnung Sequestren® im Handel, z. B. als Sequestren®138Fe, Sequestren®Na_2Cu und -Na_2Mn mit den angegebenen Metallen.

Chelatliganden werden in der **Medizin** zur **Dekorporierung von Metallen**, insbesondere als **Antidota**, d. h. Gegenmittel **bei Schwermetallvergiftungen** des Organismus eingesetzt. Das Dinatriumsalz Na_2edtaH_2 findet Anwendung bei der Dekorporierung von Calcium-Depots. Über die Veränderung des Serum-Calciumspiegels lassen sich Wechselwirkungen mit Herzglykosiden, Antiarrhythmika und mit Mitteln zur Blutgerinnung steuern. Das Calcium-dinatrium-Salz $CaNa_2edta$ (Natriumcalciumedetat, Calcium vitis®) dient ebenso wie das verwandte Calcium-trinatrium-diethylentriamin-*N*,*N*,*N'*,*N"*,*N"*-pentaacetat ($dtpa^{5-}$, Ditripentat-Heyl®) als Diagnostikum und zur Therapie von akuten, chronischen und latenten Bleivergiftungen. Außerdem ermöglichen sie die Eliminierung der Schwermetallionen von Cadmium, Cobalt, Kupfer, Nickel, Chrom, Mangan, Quecksilber, Vanadium, Zink und von Radioisotopen des Urans. Eine weitere Applikation ist die Diagnose und Therapie der Eisen-Speicherkrankheit (s. u.). Bei Vergiftungen mit Quecksilber, aber auch chronischen Bleivergiftungen und zur möglichen Steigerung der Elimination von Arsen, Kupfer, Antimon, Chrom und Cobalt, wird 2,3-Dimercapto-1-propansulfonsäure in Form des Natriumsalzes (Dimaval®, DMPS-Heyl®, Mercuval®) als effizienter Chelatbildner eingesetzt.

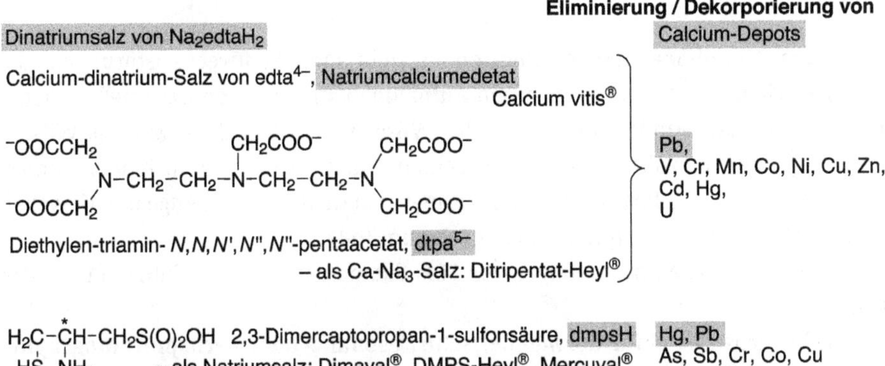

Die Verbindung Deferoxamin (Desferrioxamin, Desferal®) wird in Form des Methansulfonats als ein Eisen-bindendes Antidot therapeutisch bei akuter Eisenvergiftung und bei der Eisen-Speicherkrankheit (Hämochromatose) eingesetzt.

$H_2N{-}[(CH_2)_5{-}N(OH){-}C(=O){-}(CH_2)_2{-}C(=O){-}NH]_2{-}(CH_2)_5{-}N(OH){-}C(O)CH_3$

Deferoxamin, Desferrioxamin – als Methansulfonat: Desferal®

Fe
– akute Eisenvergiftung
– bei Eisen-Speicherkrankheit (Hämochromatose)

Die Substanz D-Penicillamin, als Kurzbezeichnung für D-2-Amino-3-mercapto-3-methylbuttersäure oder 3-Mercapto-D-valin (*β*,*β*-Dimethylcystein), zeigt ein breites therapeutisches Wirkungsspektrum und wird u. a. bei chronischer Polyarthritis (Wirkungsmechanismus hier noch unbekannt) und als Komplexbildner bei Vergiftungen mit Schwefel-affinen Schwermetallen, wie Kupfer, Blei, Quecksilber, Arsen und Zink eingesetzt (Metalcaptase®, Trisorcin®, Trovolol®). Insbesondere ist seine Verwendung bei der Kupfer-Speicherkrankheit Morbus Wilson zu erwähnen. Die Aminosäure Penicillamin ist ein Abbauprodukt des Penicillins und durch Hydrolyse aus diesem zu gewinnen, daher der Name. Als therapeutisches Mittel kann nur die D-Form eingesetzt werden, die L-Form ist toxisch. Ebenfalls bei Morbus Wilson und als Antidot gegen Schwermetallvergiftungen, insbesondere mit Quecksilber, Eisen, Polonium, Zink und Cadmium, wird *N*-(2-Mercaptopropionyl)-glycin (Thiopronin, Captimer®) eingesetzt.

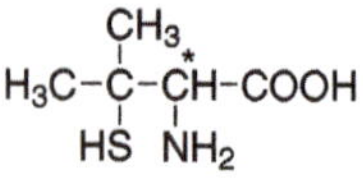

$H_3C-C(CH_3)(SH)-C^*H(NH_2)-COOH$	D-Penicillamin, D-2-Amino-3-mercapto-3-methylbuttersäure, 3-Mercapto-D-valin, β,β,-Dimethylcystein Metalcaptase®, Trisorcin®, Trovolol®	S-affine Schwermetalle Cu, Zn, Pb, Hg, As - bei Kupfer-Speicherkrankheit (Morbus Wilson)
$H_3C-C^*H(SH)-C(=O)-NH-CH_2-COOH$	Thiopronin, *N*-(2-Mercaptopropionyl)-glycin Captimer®	Fe, Cu (Morbus Wilson), Zn, Hg, Cd, Po

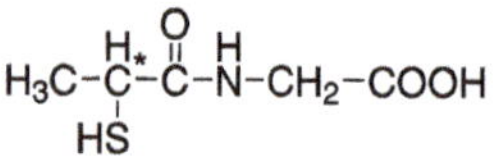

Unter den **Metall-Speicherkrankheiten** versteht man Stoffwechselstörungen, die zu einer erhöhten und damit toxischen Aufnahme von ansonsten essentiellen Metallen wie Eisen und Kupfer führen. Bei der Wilson'schen Krankheit (Morbus Wilson) werden, genetisch bedingt, durch das Fehlen von Caeruloplasmin, einem Kupfer-Transportprotein, Kupferverbindungen vermehrt in Gehirn, Leber, Auge u. a. Geweben abgelagert. Die Krankheit führt unbehandelt zum Tode.

Für medizinische Anwendungen von Metallkomplexen ohne Chelatliganden s. Abschn. 3.16.

Als **Kontrastmittel für die *m*agnetische *R*esonanz- oder Kernspin*t*omographie** (MRT, MRI, I = imaging)[2] werden **paramagnetische Gadolinium(III)-Komplexe** (Spin 7/2) **mit Chelatliganden diagnostisch** eingesetzt. Beispiele sind der Gadoliniumkomplex mit $dtpa^{5-}$ (Gadopentetsäure, Magnevist®) oder mit dtpa-Bismethylamid ($dtpa\text{-}bma^{3-}$, Gadodiamid, Omniscan®) und der Komplex mit dem 1,4,7,10-Tetraazacyclododecan-1,4,7,10-tetraacetato-($dota^{4-}$-)Macrocyclus (Dotarem®) oder dem verwandten Hydroxypropyl-tetraazacyclododecan-triacetato-($hp\text{-}do3a^{3-}$-)Liganden (Gadoteridol, ProHance®) (Abb. 3.43). Alle vier Liganden umgeben das Gadoliniumatom mit den vier oder drei Amin-Stickstoffatomen und den vier oder fünf Sauerstoffatomen der Carboxylat-, Amid-, oder Hydroxylfunktion. Ergänzt wird die Koordinationssphäre dann noch durch einen labilen Aqualiganden, sodass insgesamt eine Koordinationszahl von neun erreicht wird. Im freien ionischen Zustand ist Gadolinium toxisch. Die anionischen Komplexe $[Gd(dtpa)(H_2O)]^{2-}$ und $[Gd(dota)(H_2O)]^-$ waren die ersten klinisch angewandten MRI-Kontrastmittel und stellen Referenzsubstanzen für Neuentwicklungen dar. Sie werden für die Ganzkörper-NMR-Tomographie eingesetzt. Die neutralen Komplexe $[Gd(dtpa\text{-}bma)(H_2O)]$ und $[Gd(hp\text{-}do3a)(H_2O)]$ sind Kontrastmittel für das Zentralnervensystem.

2 Der Medizin-Nobelpreis 2003 wurde an P. C. Lauterbur und P. Mansfield für ihre grundlegenden Arbeiten zu MRI verliehen.

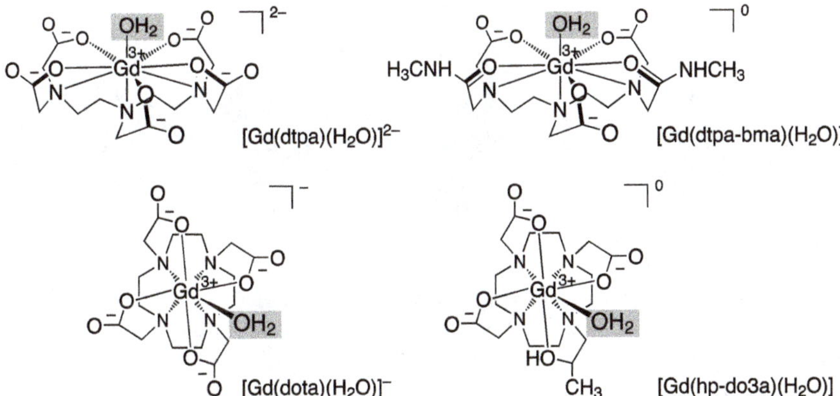

Abb. 3.43: Strukturen von klinisch angewandten Gadoliniumkomplexen als Kontrastmittel für die magnetische Resonanz- oder Kernspintomographie. Es kommt zur Ausbildung von sieben oder acht fünfgliedrigen Chelatringen zwischen Ligand und Gadoliniumion. Die hohe Zahl an Donoratomen in den Liganden (8-zähnig!) und Chelatringen ist zu einer effektiven Chelatisierung des toxischen Gd^{3+}-Ions notwendig. Der labile, schnell austauschende Aqualigand in der neunten Koordinationsstelle am Metallatom ist für den Kontrastmitteleffekt relevant.

MRI-Kontrastmittel werden im Gegensatz zu Röntgenkontrastmitteln oder Radiopharmaka nicht direkt abgebildet, sondern beeinflussen das Relaxationsverhalten der Wasserprotonen. Paramagnetische Substanzen haben durch die ungepaarten Elektronenspins ein lokales magnetisches Feld, das über dipolare Wechselwirkungen eine Verkürzung der Relaxationszeiten T_1 und T_2 der sie umgebenden Kerne (hier Protonen) bewirkt (T_1 = Spin-Gitter- oder longitudinale Relaxationszeit, T_2 = Spin-Spin- oder transversale Relaxationszeit). Dies führt im NMR-Tomogramm zu einer erhöhten Bildintensität und zu verkürzten Aufnahmezeiten. Das magnetische Streufeld des paramagnetischen Zentrums fällt schnell mit der Entfernung ab ($\sim 1/r^6$), sodass für die Übertragung des paramagnetischen Effekts eine räumliche Nähe (innerhalb 5 Å) der Wassermoleküle zum Metallion wichtig ist. Die Erhöhung der Protonen-Relaxationsgeschwindigkeiten setzt sich aus Beiträgen des Aqualiganden-Austauschs in der inneren, ersten Koordinationssphäre und der Wassermolekül-Diffusion entlang des Gadoliniumkomplexes zusammen (Abb. 3.44). Der erste Beitrag wird als „inner-sphere-Relaxation", der zweite als „outer-sphere-Relaxationsmechanismus" bezeichnet. Wasserstoffbrückengebundene Wassermoleküle in der zweiten Koordinationssphäre werden dabei nicht von einer outer-sphere-Relaxation unterschieden. Die Geschwindigkeitskonstante für den Aqua-Ligandenaustausch in $[Gd(dota)(H_2O)]^-$ beträgt $k(H_2O) = 4{,}8 \cdot 10^{+6}\,s^{-1}$, was einer mittleren Verweilzeit $t = 1/k(H_2O) \approx 0{,}2\,\mu s$ eines Wassermoleküls in der Koordinationssphäre von $Gd(dota)^-$ entspricht (s. auch Abb. 3.48 und zugehörigen Text). Die gesamte paramagnetische Relaxationsbeschleunigung normiert auf die Konzentration des Gd-Chelatkomplexes wird Relaxivität genannt und hängt von der Messfrequenz ab. Für Komplexe der Größe von Gd-dtpa und Gd-dota ist der outer-sphere-Anteil etwa

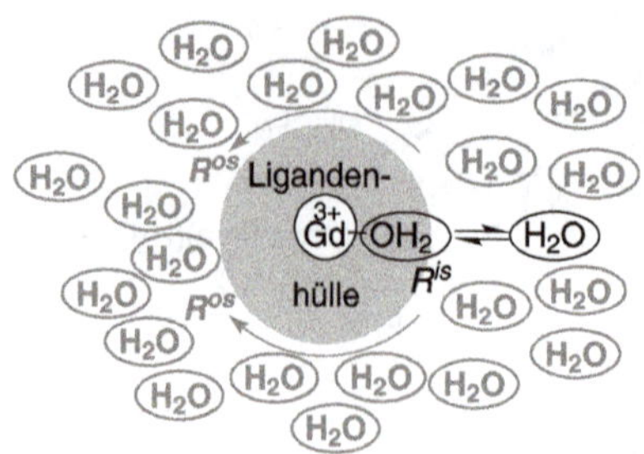

Abb. 3.44: Schematische Darstellung der Relaxationsmechanismen in der wässrigen Lösung eines paramagnetischen Gd-Chelatkomplexes. R^{is} = inner-sphere-Relaxation, R^{os} = outer-sphere-Relaxationsmechanismus.

40–50 % der beobachteten Relaxivität. Für eine höhere inner-sphere-Relaxivität wäre eine größere Zahl von freien Koordinationsstellen für schnell austauschende Aqualiganden am paramagnetischen Gd^{3+} günstig. Dem steht die Notwendigkeit einer effektiven Chelatisierung des toxischen Gd^{3+}-Ions mit einem mehrzähnigen Liganden zu einem inerten, nichttoxischen Komplex entgegen.

Die Kontrastmittel der nächsten Generation sollen als *in-vivo*-Sensoren für pH-Werte, Konzentrationen von physiologisch relevanten Metallionen, krankheitsrelevante Enzyme oder den Sauerstoff-Partialdruck dienen. Neuentwicklungen basieren häufig auf funktionalisierten Derivaten der dtpa- oder dota-Liganden. Der nachstehende zweikernige Gadoliniumkomplex wäre ein Kontrastmittel, dessen Effekt auf die Spinrelaxationszeiten der Wasserprotonen durch die Calcium-Ionenkonzentration moduliert wird. Das Calciumion schaltet den inner-sphere-Relaxationsmechanismus an, indem es durch Komplexierung von Acetatgruppen diese aus der Gadoliniumkoordination löst. Die innere Koordinationssphäre des paramagnetischen Gd^{3+} wird erst dann für Aqualiganden zugänglich.

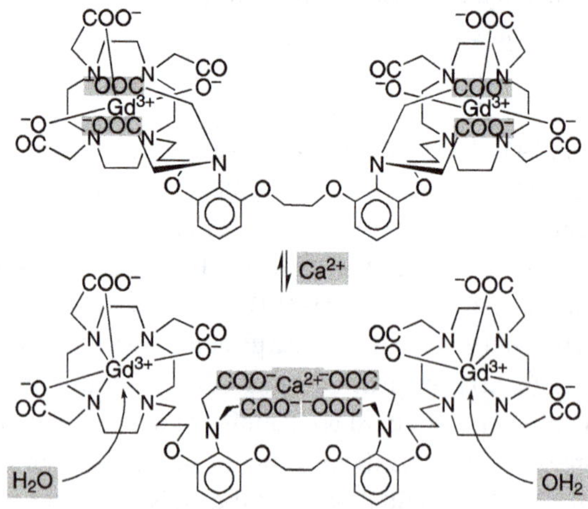

Als **Radiopharmazeutika zur Diagnose** werden Komplexe mit den γ-Strahlern **^{99m}Tc** (141 keV) und **^{111}In** (245, 172 keV) eingesetzt, bis auf wenige Ausnahmen (z. B. ^{99m}Tc-Sestamibi, Abschn. 3.16) als **Chelatkomplexe**. In der Regel dienen lipophile kationische ^{99m}Tc-Komplexe aufgrund ihrer Affinität zur Abbildung der Herzdurchblutung. Neutralkomplexe können die Blut-Hirn-Schranke überwinden und ermöglichen die Untersuchung der Hirndurchblutung. Anionische ^{99m}Tc-Komplexe werden für Nieren-Abbildungen verwendet.

Beispiele für ^{99m}Tc-Chelatkomplexe zur radiopharmazeutischen Diagnose

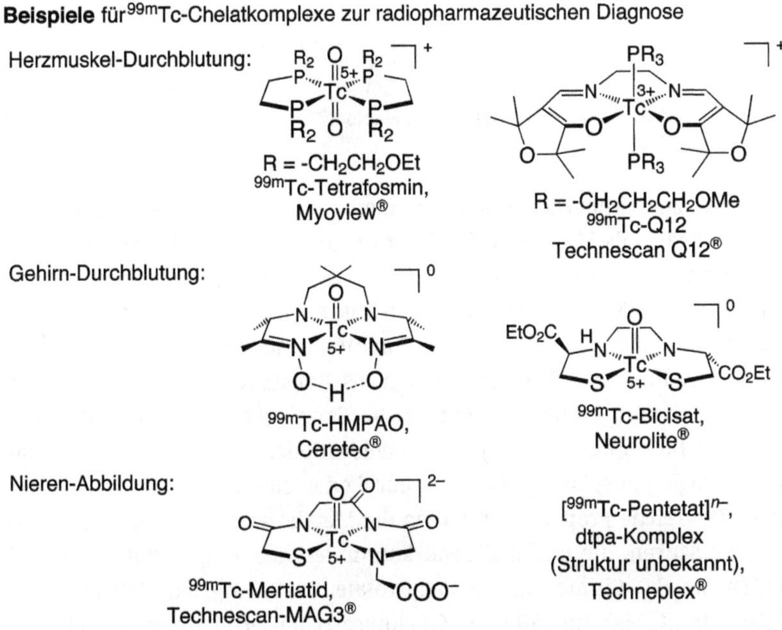

Für zielspezifische Radiopharmazeutika werden **bifunktionale Chelatliganden** (BFCs) eingesetzt, die das Radiometallatom mit einem rezeptorspezifischen Biomolekül, z. B. einem Peptid verknüpfen. Ein BFC mit dtpa dient zum Anbringen von ^{111}In an Octreotid, ein 8-Aminosäurepeptid als Somostatin-Analogon. Das 14-Aminosäurepeptid Somostatin ist ein Hormon im menschlichen Organismus. Zahlreiche normale Organe und auch eine große Zahl menschlicher Tumore besitzen Somostatin-Rezeptoren. ^{111}In-dtpa-Octreotid (OctreoScan®) ist für die Abbildung von bestimmten hormonproduzierenden (neuroendocrinen) Tumoren zugelassen. ^{99m}Tc-Deptreotid (Neotect®) dient zur Abbildung von Somostatinrezeptor-tragenden Lungentumoren.

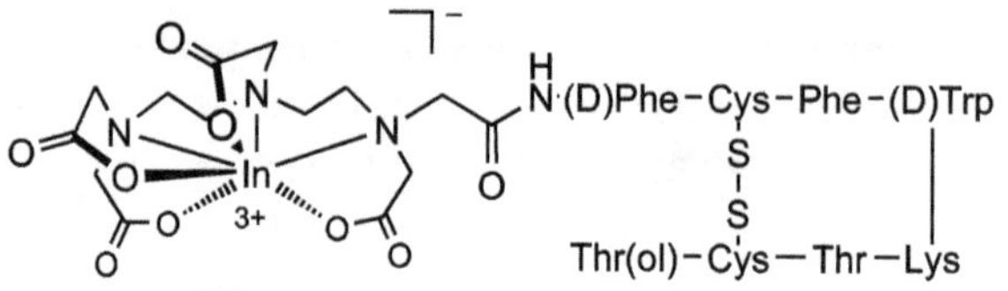

^{111}In-dtpa-Octreotid, OctreoScan®

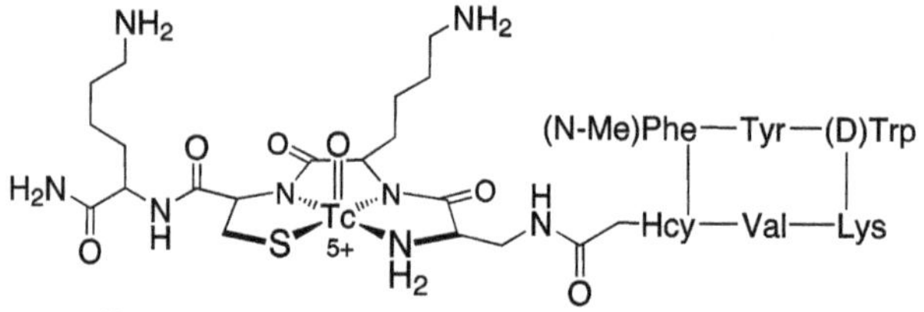

^{99m}Tc-P829, ^{99m}Tc-Deptreotid, Neotect®

Einige Metalle, die zum Mineralstoffhaushalt menschlicher (und tierischer) Organismen gehören, werden als **Mineralstoffpräparate** zur Steigerung der Metallzufuhr und zur Behebung von nachgewiesenen Mangelzuständen angeboten. Dazu gehören Verbindungen des Eisens, Kupfers und Zinks, also Mikroelemente mit Spurenelement-Charakter, die hauptsächlich eine katalytische Funktion ausüben. Die Makroelemente Calcium, Natrium, Kalium und Magnesium sind als Baustoffe unentbehrlich. Viele dieser Präparate enthalten einfache anorganische Salze, wie etwa Eisen(II)-Sulfat, Zinksulfat, Natriumchlorid oder -fluorid, Kaliumchlorid oder -hydrogencarbonat, Magnesiumoxid, -hydrogenphosphat, -carbonat, -chlorid oder -sulfat und Calciumcarbonat oder -phosphat. Zahlreiche Präparate enthalten die Metalle aber als Salze oder Komplexe organischer Säuren, die chelatisierend koordinieren. Häufig anzutreffen sind DL-Aspartate (Zn, Mg, Ca), Citrate (Na, Mg, Ca), Orotate (Cu, Zn, Mg, Ca), Gluconate (Fe, Zn, Ca) und Adipate (K, Mg). Im Falle von Calciumcarbonat erfolgt häufig auch eine Formulierung mit einem Überschuss an Citronensäure.

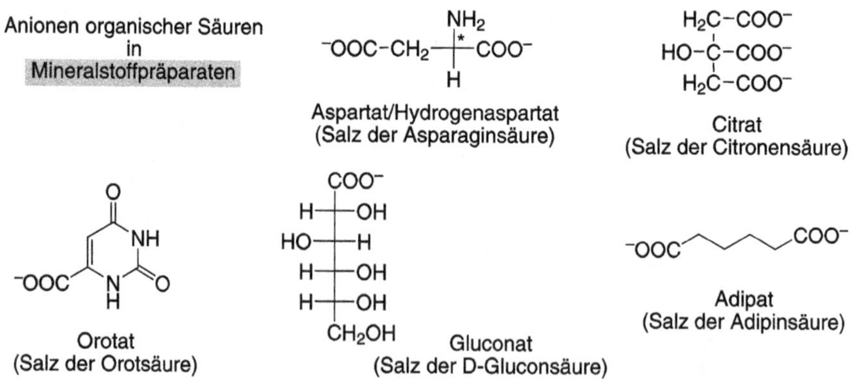

Anionen organischer Säuren in Mineralstoffpräparaten

Aspartat/Hydrogenaspartat (Salz der Asparaginsäure)

Citrat (Salz der Citronensäure)

Orotat (Salz der Orotsäure)

Gluconat (Salz der D-Gluconsäure)

Adipat (Salz der Adipinsäure)

Medikamente können durch **Komplexbildung** in ihrer Wirkung beeinträchtigt werden oder es kann zu unerwünschten Nebenreaktionen kommen. Ein Beispiel sind die Breitbandantibiotika aus der Reihe der Tetracycline. Mit Ca^{2+}- und anderen Ionen reagieren Tetracycline unter Chelatisierung. Sie müssen daher mit zwei Stunden Abstand zu Milchprodukten eingenommen werden. Als Calciumphosphatkomplexe werden Tetracycline in Gewebe eingelagert, die reich an Ca^{2+}-Ionen sind, z. B. die wachsenden Knochen und die Zahnanlagen des ungeborenen Kindes sowie auch noch in der Phase des schnellen Knochenwachstums und der ersten Zahnbildung. Knochen und Zähne können dadurch geschädigt werden. Bei Zähnen ist die Schädigung durch gelbfarbene Streifen erkennbar. Diese Komplexierung von Calcium in wachsenden Knochen und Zähnen begründet die Kontraindikation für Tetracycline bei Kindern und Schwangeren.

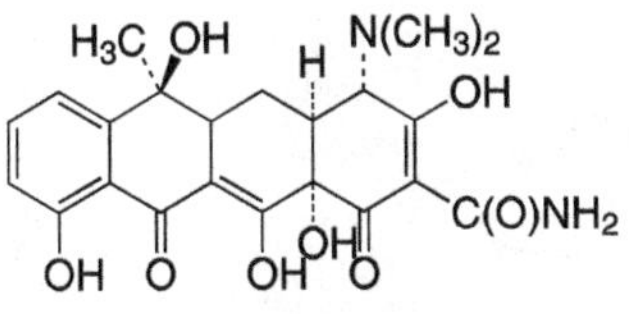

Tetracyclin

Chelatkomplexe in der Natur. Wichtig ist die Häm-Gruppe (Eisen-Porphyrin-Komplex) für den Sauerstofftransport im Blut (Hämoglobin), die Sauerstoffspeicherung in den Muskeln (Myoglobin) und die Sauerstoffumsetzung in den Zellen (Cytochrom-*c*) (s. Abschn. 3.12). Im Blattgrün (Chlorophylle, Dihydroporphyrin- oder Chlorin-Ring als vierzähniger Chelatligand), im Vitamin B_{12} und Coenzym B_{12} (Corrin-Ring als zugrunde liegender Chelatligand) finden sich weitere Beispiele für Chelatkomplexe in Organismen, die zugleich die hohe Komplexität biologischer Chelatliganden verdeutlichen.

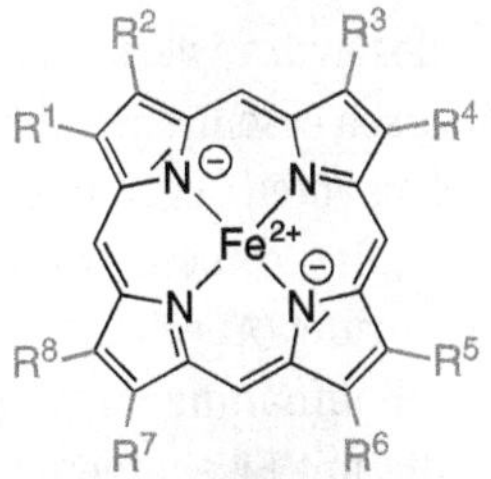

Häm-Gruppe
(mesomere Grenzform)
Porphyrinato-Fe^{2+}-Komplex

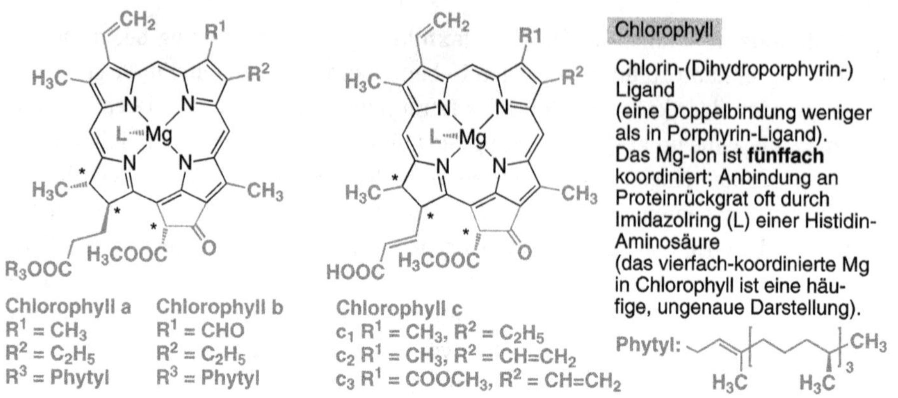

Chlorophyll a
$R^1 = CH_3$
$R^2 = C_2H_5$
R^3 = Phytyl

Chlorophyll b
$R^1 = CHO$
$R^2 = C_2H_5$
R^3 = Phytyl

Chlorophyll c
c_1 $R^1 = CH_3$, $R^2 = C_2H_5$
c_2 $R^1 = CH_3$, $R^2 = CH{=}CH_2$
c_3 $R^1 = COOCH_3$, $R^2 = CH{=}CH_2$

Chlorophyll

Chlorin-(Dihydroporphyrin-) Ligand (eine Doppelbindung weniger als in Porphyrin-Ligand). Das Mg-Ion ist **fünffach** koordiniert; Anbindung an Proteinrückgrat oft durch Imidazolring (L) einer Histidin-Aminosäure (das vierfach-koordinierte Mg in Chlorophyll ist eine häufige, ungenaue Darstellung).

Phytyl:

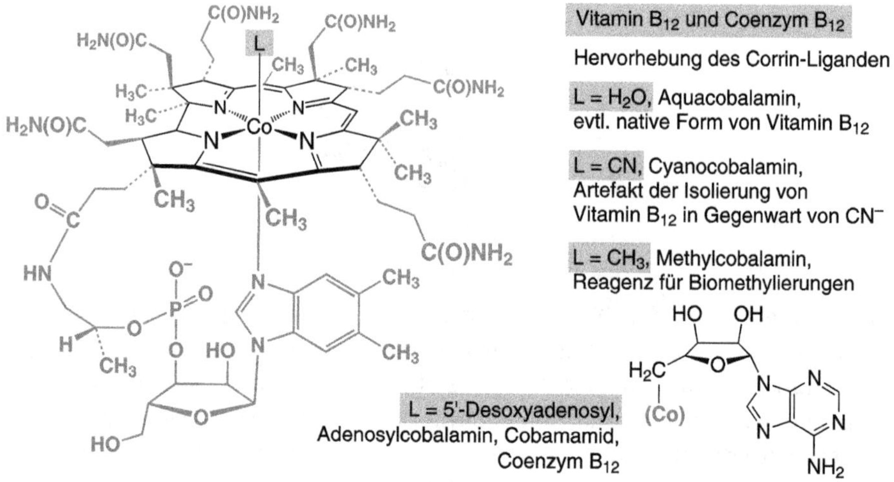

Vitamin B_{12} und Coenzym B_{12}

Hervorhebung des Corrin-Liganden

L = H_2O, Aquacobalamin, evtl. native Form von Vitamin B_{12}

L = CN, Cyanocobalamin, Artefakt der Isolierung von Vitamin B_{12} in Gegenwart von CN^-

L = CH_3, Methylcobalamin, Reagenz für Biomethylierungen

L = 5'-Desoxyadenosyl, Adenosylcobalamin, Cobamamid, Coenzym B_{12}

Solubilisierung und Mobilisierung von Metallionen zur Bioverfügbarkeit (s. auch Abschn. 5.3). Natürliche Eisen(III)-Vorkommen zeichnen sich bei neutralem pH-Wert durch eine weitgehende Unlöslichkeit aus, sodass selbst in eisenreichen Böden nur sehr geringe Konzentrationen des hydratisierten Ions in Lösung zur Verfügung stehen. Gleichzeitig ist Eisen ein biologisch essentielles Metall (s. Abschn. 5). Es ist z. B. von Bedeutung in Oxidasen (Oxidationsenzymen), bei Sauerstofftransport und -speicherung (Hämo- und Myoglobin, Abschn. 3.12), in Proteinen für die Elektronenübertragung (Cytochrome) oder bei der Stickstofffixierung (Abschn. 3.13). In der Natur mussten deshalb spezielle Mechanismen für die Eisenaufnahme entwickelt werden. Die Pflanzenwurzeln scheiden Verbindungen aus, die mit Eisenionen des Bodens leicht resorbierbare Chelate bilden. Diese sind am besten bei Bakterien verstanden, die dafür kleine Moleküle, die **Siderophore**, synthetisieren, die unter Eisenmangel gebildet werden. Es handelt sich um chelatisierende Verbindungen, die vom Bakterium an die Umgebung abgegeben werden, wo sie das Fe^{3+} mit hoher Affinität binden und so durch Komplexierung in eine lösliche Form bringen, in der es die Zelle aufnehmen kann. Dort erfolgt eine Reduktion zu Fe^{2+} zu dem die Siderophore nur noch eine geringe Affinität besitzen, sodass auf diese Weise das Eisenion leicht ausgetauscht werden kann (Stabilität $M^{2+} < M^{3+}$, Abschn. 3.10.3). Die Verbindung **Enterobactin** (H_6ent) ist eines der am besten untersuchten Siderophore. Die Anbindung des Metallions erfolgt über die Sauerstoffatome der deprotonierten Hydroxylgruppen der Brenzkatechin- oder Catecholeinheiten als Tris(chelat)komplex. Dies konnte aus der Ähnlichkeit des Absorptionsspektrums mit dem eines Tris(catecholato)metallat(III)-Komplexes geschlossen werden und ist auch durch Kristallstrukturuntersuchungen belegt.

Die Bruttostabilitätskonstante β für den Eisen(III)-Komplex des Enterobactins $[Fe(ent)]^{3-}$ beträgt 10^{49} l/mol. Die [M(ent)]-Metallverbindungen sind optisch aktiv, d. h., eines der beiden optischen Isomere (Λ oder Δ, Abschn. 3.8) eines Tris(chelat)komplexes überwiegt. Aus dem Vergleich der Circulardichroismus-(CD-)Spektren des Komplexes $[Cr(ent)]^{3-}$ mit den Spektren der beiden Λ- und Δ-Tris(catecholato)chromat(III)-Konfigurationen konnte für den Enterobactinkomplex auf ein Δ-Isomer geschlossen werden (Abb. 3.45, zum CD-Effekt s. Abschn. 3.19). Die zusätzlichen chiralen Atomgruppen (alle mit *S*-Konfiguration) im zwölfgliedrigen Trilactonring von Enterobactin bedingen, dass die Λ- und Δ-Konfigurationen des [M(ent)]-Komplexes zueinander diastereomer und nicht enantiomer sind.

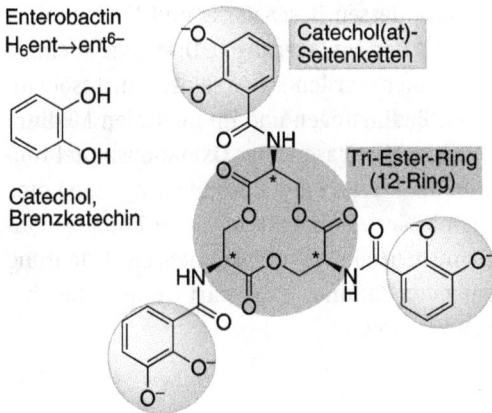

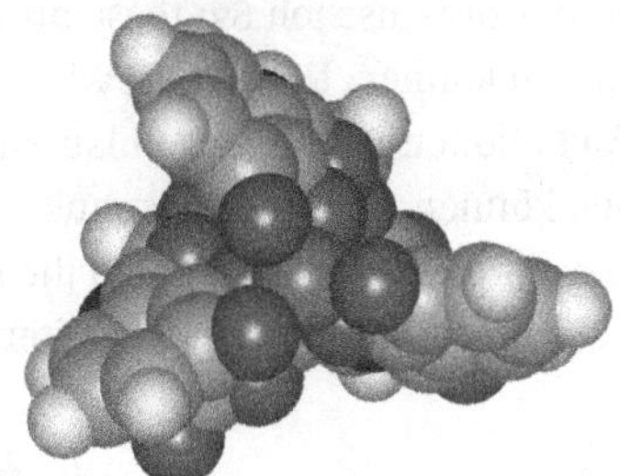

Blick entlang der 3-zähligen Achse eines Δ-M(ent)-Komplexes, (geometrieoptimiertes Modell, M-catecholat-Teil nach vorne, Esterring ist verdeckt)

Die Überführung der Schwermetalle in lösliche Komplexe wird auch **Sequestrierung** (engl. *sequester* = entfernen, beschlagnahmen) genannt. Die Chelatliganden sind dann Sequestrierungsmittel (engl. *sequestrants*).

Mit **Kronenethern** erhält man **Alkalimetallkomplexe** mit hohen Stabilitätskonstanten ($\beta > 10^{20}$) (s. auch Abschn. 5.3). Je nach Größe des Ringes bzw. Länge der Polyetherbrücken kann man eine Selektivität innerhalb der Alkalimetallkationen Li^+, Na^+ oder K^+ einstellen. Organische Reaktionen unter Beteiligung von Salzen können mit-

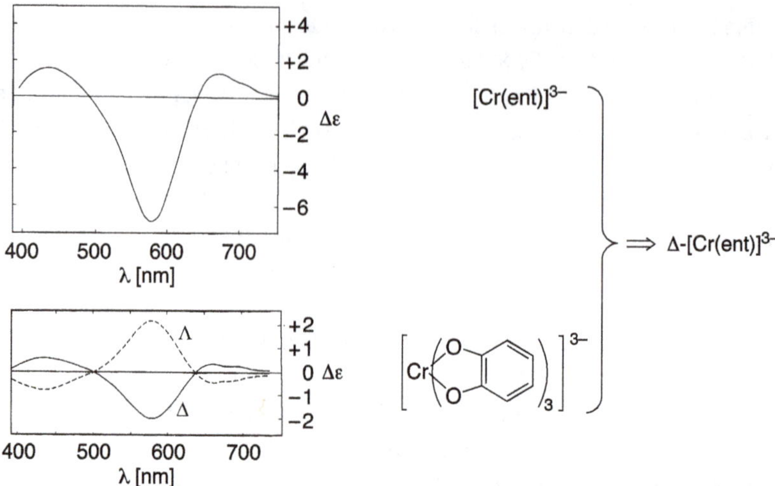

Abb. 3.45: Circulardichroismus-(CD-)Spektren ($\Delta\varepsilon$ in l mol^{-1} cm^{-1}) von Chrom(III)-Enterobactin (oben) und der enantiomeren Λ- und Δ-Konfiguration von Tris(catecholato)chromat(III) (unten) für einen analogen elektronischen Übergang. Der Vergleich legt die Δ-Konfiguration für den $[Cr(ent)]^{3-}$-Komplex nahe.

hilfe von Kronenethern in unpolaren, aprotischen Lösungsmitteln in homogener Phase durchgeführt werden. Eine Metallkomplexierung in Ionenpaaren bewirkt die **Aktivierung des Anions** und beeinflusst daher stark dessen Basenstärke und Nucleophilie, etwa in Carbanionenreaktionen, Alkylierungen und Umlagerungen. Durch die alleinige Solvatisierung des Kations mit dem Kronenether werden sehr reaktive, nichtsolvatisierte Anionen freigesetzt, die unter milden Bedingungen und im neutralen Medium in der organischen Synthese als starke Nucleophile, Basen oder Oxidationsmittel fungieren können. Umgekehrt wird das **Kation deaktiviert** und Reaktionswege, die unter Metallionen-Beteiligung ablaufen, werden inhibiert. Durch Zusatz dieser Komplexbildner können auf diese Weise auch die Mechanismen von Ionenreaktionen, die Bedeutung der Anionenaktivierung und die Beteiligung von Kationen aufgeklärt werden. Die Phasentransferkatalyse ist ein weiteres Anwendungsgebiet.

3.11 Reaktivität von Metallkomplexen, Kinetik und Mechanismen

3.11.1 Substitutionsreaktionen

Die Reaktionsrichtung oder die Lage des Gleichgewichts für den Austausch (Substitution) von Liganden lässt sich aus den thermodynamischen Stabilitäten der Komplexe, d. h. unter Berücksichtigung der Ligandenstärke, des HSAB-Prinzips und des Chelateffekts abschätzen (s. Abschn. 3.10):

Ligandenstärke:

M(schwacher Lig.) + starker Lig. $\rightleftharpoons$ M(starker Lig.) + schwacher Lig.

HSAB-Prinzip:

hartes-M(weicher Lig.) + harter Lig. $\rightleftharpoons$ hartes-M(harter Lig.) + weicher Lig.
weiches-M(harter Lig.) + weicher Lig. $\rightleftharpoons$ weiches-M(weicher Lig.) + harter Lig.

Chelateffekt:

$M(L)_2 + L\cap L \rightleftharpoons M(L\cap L) + 2L$

In quadratisch-planaren Komplexen ermöglicht der **trans-Effekt** eine Vorhersage der Substitutionsrichtung. Der trans-Effekt bezeichnet die Labilisierung, d. h. die Erhöhung der Substitutionsgeschwindigkeit eines Liganden in trans-Stellung zu einem nicht reagierenden Liganden.

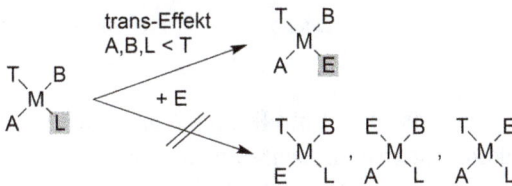

Der Ligand T mit der stärksten trans-dirigierenden Fähigkeit labilisiert die Bindung des ihm gegenüber (trans-)stehenden Liganden (L), d. h. erhöht dessen Austauschgeschwindigkeit, und bringt damit in einer Substitutionsreaktion den neuen Liganden (E) in diese Position. Der trans-Effekt ist ein **kinetischer Effekt**, der hauptsächlich bei planar-quadratischen Komplexen ausgeprägt ist, untersucht und angewendet wird. Er findet sich aber auch bei oktaedrischen Komplexen (s. u.). Aus dem Vergleich einer Vielzahl von Substitutionsreaktionen lassen sich die Liganden nach der Stärke ihres trans-Effekts in der **trans-dirigierenden Reihe** anordnen:

$H_2O < OH^- < RNH_2 <$ Pyridin $\lesssim NH_3 < Cl^- < Br^- < I^- \lesssim SCN^- \lesssim NO_2^- < S{=}C(NH_2)_2 \approx CH_3^-$
$< R_2S < R_3P \approx H^- < NO \approx C_2H_4 \lesssim CO \lesssim CN^-$

Zunahme
des trans-dirigierendes Einflusses (trans-Effekt) ⟶

Deutung: Zunahme der Polarisierbarkeit der Liganden (Grinberg-Modell) ⟶
bessere σ-, π-Wechselwirkung der Liganden (Chatt-Orgel-Modell) ⟶

Der trans-Effekt kann für die gezielte Darstellung von isomeren Platinkomplexen eingesetzt werden. Werden dabei eine Pt–N- und eine Pt–Halogenid-Bindung durch identische Liganden labilisiert, so ist die Pt–Halogenid-Bindung labiler als die Pt–N-Bindung und der Halogenidoligand wird substituiert (s. nachf. Reaktion 1 und 2). Im trans-H_3N–Pt–Cl-Fragment kann sich empirisch ebenfalls die Pt–Cl-Bindung als labiler erweisen (s. Reaktion 3 und den Wirkmechanismus von Cisplatin). Das Interesse am trans-Effekt in Platinkomplexen hängt mit der Bedeutung von cis-Diammindichlorido-platin (Cisplatin) als Cytostatikum zusammen (Abschn. 3.16).

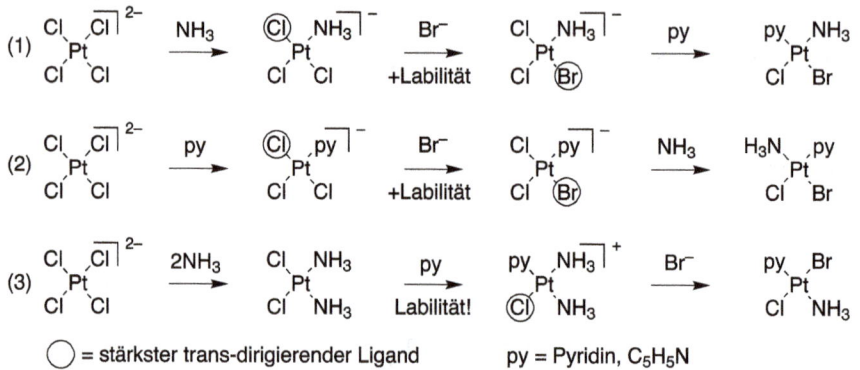

(1) $[PtCl_4]^{2-}$ (Cl, Cl / Pt / Cl, Cl) —NH_3→ $[Pt(Cl)(NH_3)Cl_2]^-$ ((Cl), NH_3 / Pt / Cl, Cl) —Br^-, +Labilität→ $[\ ]^-$ (Cl, NH_3 / Pt / Cl, (Br)) —py→ (py, NH_3 / Pt / Cl, Br)

(2) $[PtCl_4]^{2-}$ (Cl, Cl / Pt / Cl, Cl) —py→ $[\ ]^-$ ((Cl), py / Pt / Cl, Cl) —Br^-, +Labilität→ $[\ ]^-$ (Cl, py / Pt / Cl, (Br)) —NH_3→ (H_3N, py / Pt / Cl, Br)

(3) $[PtCl_4]^{2-}$ (Cl, Cl / Pt / Cl, Cl) —$2NH_3$→ (Cl, NH_3 / Pt / Cl, NH_3) —py, Labilität!→ $[\ ]^+$ (py, NH_3 / Pt / (Cl), NH_3) —Br^-→ (py, Br / Pt / Cl, NH_3)

○ = stärkster trans-dirigierender Ligand   py = Pyridin, C_5H_5N

Zur Unterscheidung von cis- und trans-$[PtX_2A_2]$-Komplexen (X = Halogenid, A = Amin) dient die Reaktion mit Thioharnstoff (th). Im Komplex trans-$[PtA_2th_2]^{2+}$ labilisieren sich die beiden Amingruppen nicht, sodass kein weiterer Einbau von Thioharnstoff erfolgt. Die Reaktion ist nach Umsetzung von zwei th-Äquivalenten zu Ende (Kurnakov-Test).

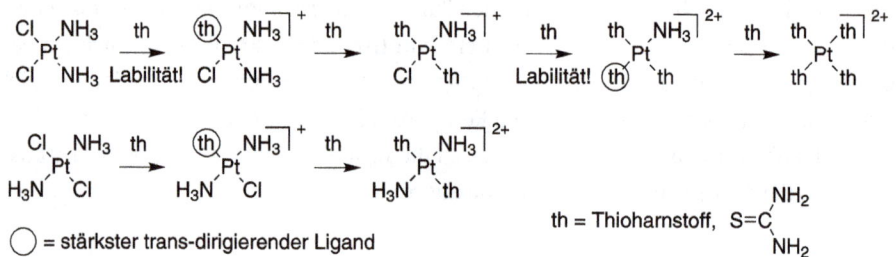

(Cl, NH_3 / Pt / Cl, NH_3) —th, Labilität!→ $[\ ]^+$ ((th), NH_3 / Pt / Cl, NH_3) —th→ $[\ ]^+$ (th, NH_3 / Pt / Cl, th) —th, Labilität!→ $[\ ]^{2+}$ (th, NH_3 / Pt / (th), th) —th→ $[\ ]^{2+}$ (th, th / Pt / th, th)

(Cl, NH_3 / Pt / H_3N, Cl) —th→ $[\ ]^+$ ((th), NH_3 / Pt / H_3N, Cl) —th→ $[\ ]^{2+}$ (th, NH_3 / Pt / H_3N, th)

○ = stärkster trans-dirigierender Ligand   th = Thioharnstoff, $S{=}C(NH_2)_2$

Der trans-Effekt existiert auch in oktaedrischen Komplexen (Abb. 3.46).

Deutung des trans-Effekts über einen zugrunde liegenden trans-Einfluss. Der *kinetische* trans-*Effekt* darf nicht mit dem *statischen, thermodynamischen* trans-*Einfluss* verwechselt werden. Die gegenseitige Beeinflussung von trans-zueinanderstehenden Liganden, die beim Vergleich von Komplexen z. B. in unterschiedlichen M–L-Bindungslängen und Schwingungswellenzahlen zum Ausdruck kommt, wird trans-Einfluss genannt.

Nach Grinberg führen unterschiedlich gut polarisierbare Liganden um ein Metallion zu einer unsymmetrischen Ladungsverteilung im Metallion selbst. Dadurch wird in

(Ladung der Komplexe jeweils 2–)

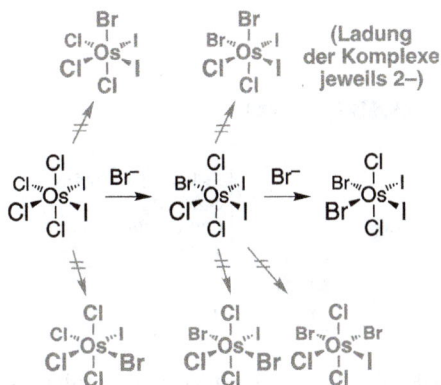

Abb. 3.46: Zweistufige Reaktionsfolge von cis-$[OsCl_4I_2]^{2-}$ mit Br^-. Es sind sowohl die durch den trans-Effekt erhaltenen als auch die nicht gebildeten Isomere gezeigt. Eine weitere Umsetzung von $[OsCl_2Br_2I_2]^{2-}$ mit Br^- führt dann unter Verzweigung (Ersatz von Cl^- oder I^-) und über alle möglichen Zwischenstufen zu $[OsBr_6]^{2-}$.

einem (statischen) thermodynamischen Effekt die M–L-Bindung trans zu einem besonders gut polarisierbaren und damit trans-dirigierenden Liganden T geschwächt (trans-Einfluss). Nachfolgend wird die Reaktionsgeschwindigkeit für die Substitution von L im Vergleich zu T oder A, B erhöht (s. u.). Dieses Modell erklärt für viele Liganden deren Stellung in der trans-dirigierenden Reihe recht gut, versagt bei einigen aber auch. Es erklärt z. B. nicht, weshalb der neutrale CO-Ligand stärker trans-dirigierend ist als etwa die negativ geladenen Halogenidoliganden.

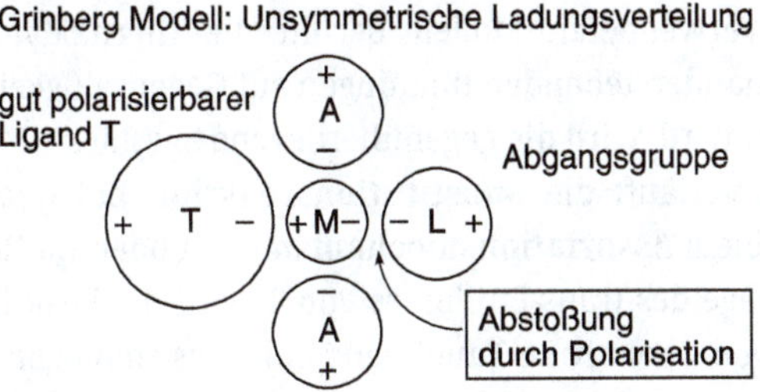

Nach Chatt und Orgel konkurrieren die trans-zueinanderstehenden Liganden um die σ- und π-Bindungen zum Metall (MO-theoretischer Ansatz). Das Einmischen von Metall-p-Funktionen in die d-Orbitale verstärkt dabei die Bindung zu dem Liganden, der mit seinen Orbitalen aufgrund ihrer energetischen Lage und Größe eine thermodynamisch bessere Orbitalwechselwirkung aufbaut. Gleichzeitig wird durch die p–d-Orbitalmischung am Metallatom die Bindung zu dem trans dazu stehenden Liganden geschwächt (trans-Einfluss). Aufgrund der besseren Orbitalüberlappung erhält der Ligand T auf diese Weise trans-dirigierende Eigenschaften.

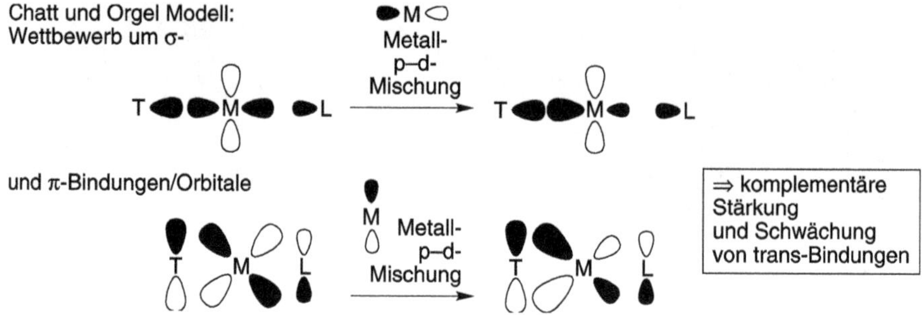

Die statische trans-P–Pd–N- und trans-S–Pd–N-Konfiguration im gemischten Isothiocyanato-thiocyanato-Palladiumkomplex kann über eine π-Bindungskontrolle nach dem Chatt-Orgel-Modell gedeutet werden. Die Phosphangruppe ist ein schwacher π-Akzeptor, das Thioatom ein π-Donor. Die Aminogruppe und das N-Atom in SCN^- bilden keine π-Bindungen (s. spektrochemische Reihe in Abschn. 3.9.8). Im Wettbewerb um die π-bindenden d-Orbitale am Metallatom ist die gefundene Anordnung, in der eine Konkurrenz zwischen P und S vermieden wird, thermodynamisch günstig.

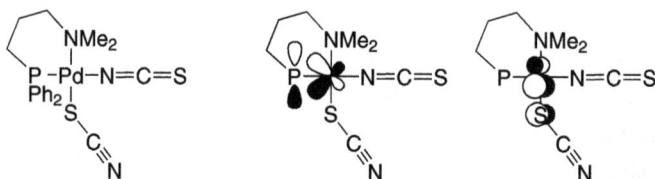

Unabhängig vom verwendeten Modell beruht die thermodynamische Beeinflussung der trans-zueinanderstehenden Bindungen auf Gegenseitigkeit. Während die eine Bindung geschwächt wird, wird die gegenüberliegende gestärkt.

Mechanistisch verläuft die **Substitutionsreaktion bei quadratisch-planaren Komplexen** nach einem **Assoziationsmechanismus** (A oder S_{N^2}-Reaktion).

Auf der Grundlage des trans-Einflusses von T wird die Reaktionsgeschwindigkeit für den Austausch von L relativ zu T und den beiden cis-ständigen Liganden A erhöht. Die dazu notwendige Erniedrigung der Aktivierungsenergie kann durch die Destabilisierung des Ausgangskomplexes über die M–L-Bindungsschwächung und/oder die Stabilisierung des trigonal-bipyramidalen Zwischenprodukts/Übergangszustands über die M–T-Bindungsstabilisierung erfolgen. Starke π-Akzeptorliganden stabilisieren den Zwischenzustand. Der trans-dirigierende Ligand begünstigt seine Positionierung, die der Abgangsgruppe L und des neuen Liganden E in der äquatorialen Ebene des trigonal-bipyramidalen Zwischenzustands. Aus dieser Ebene verlässt die Abgangsgruppe L den Komplex, sodass der eintretende Ligand E trans zu T positioniert wird.

Quadrat: Assoziationsmechanismus, A

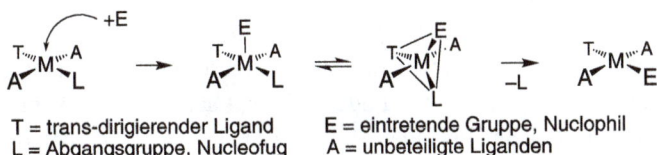

T = trans-dirigierender Ligand E = eintretende Gruppe, Nuclophil
L = Abgangsgruppe, Nucleofug A = unbeteiligte Liganden

Die eintretende Gruppe, das Nucleophil (E) bindet senkrecht zur Fläche des Quadrats in Richtung des z^2- und p_z-Orbitals an das Metallatom. Die zunächst quadratisch-pyramidale Ligandenanordnung kann sich über eine Pseudorotation (s. Abb. 3.3) in eine trigonal-bipyramidale Geometrie umlagern. Durch das Verlassen der trigonalen Ebene des Nucleofugs (L) geht die ungünstigere Fünffachkoordination in ein quadratisch-planares Produkt über. Eine experimentelle Bestätigung für einen solchen Assoziationsmechanismus erhält man über die Abhängigkeit der Reaktionsgeschwindigkeit von den Konzentrationen der beiden Edukte MTA_2L und E sowie über eine Änderung der Geschwindigkeit mit der Art des eintretenden Nucleophils E oder bei einer Änderung des sterischen Anspruchs der inerten Liganden (Tab. 3.15).

Tab. 3.15: Geschwindigkeitskonstanten für die Chlorid-Substitutionsreaktion $[PtCl(R)(PEt_3)_2] + py \longrightarrow [Pt(R)(PEt_3)_2(py)]^+ + Cl^-$ (in Ethanol, py = Pyridin).

Ligand R		k [l mol⁻¹ s⁻¹]		
		trans-Komplex (25 °C)		**cis-Komplex (0 °C)**
(Pt)	Zunahme des sterischen Anspruchs ↓	$1{,}2 \cdot 10^{-4}$	Zunahme der Reaktionsgeschwindigkeit ↑	$8 \cdot 10^{-2}$
CH_3 (Pt)		$1{,}7 \cdot 10^{-5}$		$2 \cdot 10^{-4}$
CH_3, H_3C, (Pt), CH_3		$3{,}4 \cdot 10^{-6}$		$1 \cdot 10^{-6}$ (25 °C)

Für beide Isomere trans- und cis-$[PtCl(R)(PEt_3)_2]$ ist der Trend bei den Geschwindigkeitskonstanten k in Übereinstimmung mit einem assoziativen Austausch. Die Änderung des sterischen Anspruchs des Liganden R von Phenyl- über ortho-Tolyl- zum Mesitylrest bedingt eine zunehmende repulsive sterische Wechselwirkung mit dem eintretenden Pyridinliganden und behindert dessen Anlagerung. Die Reaktionsgeschwindigkeit wird langsamer. Falls die Reaktion nach einem dissoziativen Mechanismus abliefe (s. u.), wäre der Geschwindigkeitstrend gerade umgekehrt, da ein größerer Raumbedarf von R die Abspaltung des Chloridoliganden fördern sollte. Die stärkere Variation in den Geschwindigkeitskonstanten beim cis-Isomer ($10^{-2} \leq k \leq 10^{-6}$ l/mol·s) stützt zudem die Formulierung eines trigonal-bipyramidalen Zwischenprodukts in dem die eintretende und die Abgangsgruppe sowie der ursprünglich trans zu ihr stehende Ligand die drei äquatorialen Positionen besetzen. Beim cis-Isomer muss die R-Gruppe die sterisch ungünstigere axiale Position einnehmen (drei 90°-Winkel zu den nächsten Liganden), während sie beim trans-Isomer auch in der äquatorialen Ebene zu liegen kommt (nur zwei im 90°-Winkel dazu stehende Liganden). Die für das Phenylderivat noch um über zwei Größenordnungen höhere Reaktionsgeschwindigkeit im cis-Komplex wird zum Mesitylderivat deshalb relativ viel stärker verringert.

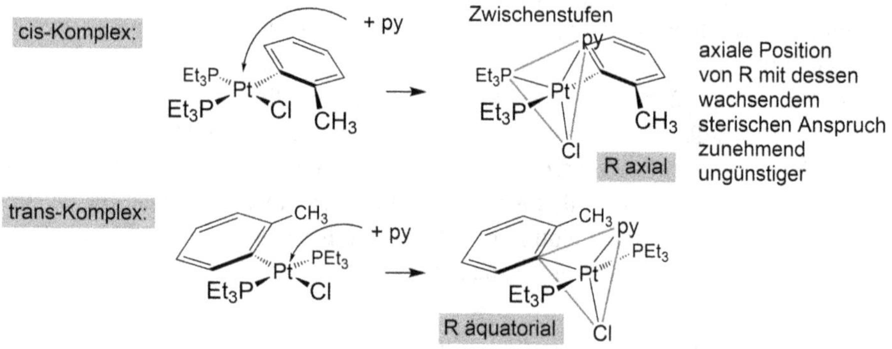

cis-Komplex: Et_3P Et_3P Pt Cl CH_3 + py → Zwischenstufen py Et_3P Et_3P Pt Cl CH_3 R axial — axiale Position von R mit dessen wachsendem sterischen Anspruch zunehmend ungünstiger

trans-Komplex: CH_3 Pt PEt_3 Et_3P Cl + py → CH_3 py PEt_3 Pt Et_3P Cl R äquatorial

Für **Substitutionsreaktionen bei oktaedrischen Komplexen** kennt man verschiedene Mechanismen: Die Grenzfälle des Assoziationsmechanismus (A oder S_{N^2}) und des Dissoziationsmechanismus (D oder S_{N^1}) sowie dazwischenliegende Mechanismen mit wechselseitigem Austausch (I_a und I_d). Beim assoziativen Mechanismus erfolgt die Anlagerung des neu eintretenden Liganden E zu einer heptakoordinierten Zwischenstufe, z. B. als pentagonale Bipyramide. Die Koordinationszahl des Metallions wird zunächst erhöht, und erst dann wird die Abgangsgruppe L abgespalten. Die Reaktionsgeschwindigkeit hängt von beiden Eduktkonzentrationen MA_5L und E ab sowie von der Art der eintretenden Gruppe E.

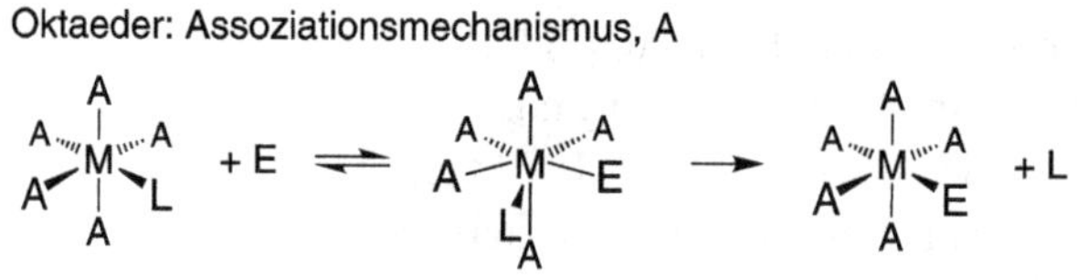

Oktaeder: Assoziationsmechanismus, A

MA_5L + E ⇌ MA_5LE → MA_5E + L

Beim dissoziativen Mechanismus erfolgt im ersten Schritt die Abspaltung eines Liganden (L) unter Erniedrigung der Koordinationszahl. Es tritt eine fünffach koordinierte Zwischenstufe auf. Die Koordinationslücke wird dann von dem neu eintretenden Liganden E gefüllt. Die Reaktionsgeschwindigkeit hängt nur von der Konzentration des oktaedrischen Komplexes MA_5L ab, der Verlust von L ist der geschwindigkeitsbestimmende Schritt.

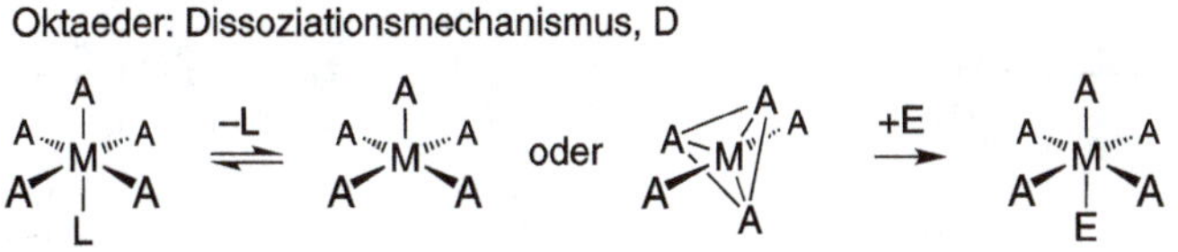

Oktaeder: Dissoziationsmechanismus, D

Der assoziative und dissoziative Mechanismus A und D sind Grenzfälle, nach denen nur wenige Reaktionen eindeutig ablaufen. Häufig liegt der Mechanismus dazwischen. Es werden konzertierte Prozesse mit einer gleichzeitigen Handlung der ein- und austretenden Gruppe diskutiert. Solche Prozesse werden assoziative (I_a) oder dissoziative (I_d) Austausch- (*I*nterchange-)Mechanismen genannt. Die Unterscheidung zwischen einem (A- oder D-)Grenzfall- und einem (assoziativen oder dissoziativen) Austauschmechanismus wird nach dem Vorliegen von Zwischenprodukten getroffen. Als Zwischenprodukt wird eine nachweisbare Spezies in einer Energiemulde, mit einer möglicherweise sehr kurzen aber doch endlichen Lebensdauer betrachtet, im Unterschied zu einem Übergangszustand oder aktivierten Komplex als dem Maximum des Energieprofils. Kann eindeutig ein Zwischenprodukt mit höherer oder niedrigerer Koordinationszahl als das Edukt nachgewiesen werden, so liegt der assoziative oder dissoziative Grenzfallmechanismus vor. Die Bindungen werden nacheinander gebildet und gelöst oder umgekehrt. Bei den Austauschmechanismen fehlt ein eindeutiger Hinweis auf ein Zwischenprodukt (Abb. 3.47). Je nachdem, ob im Übergangszustand die Bindungsaufnahme oder der Bindungsbruch eine größere Bedeutung hat, liegt ein assoziativer oder dissoziativer Austausch vor. Beim I_a-Mechanismus hängt die Reaktionsgeschwindigkeit stärker von der eintretenden Gruppe ab, beim I_d-Mechanismus stärker von der austretenden Gruppe.

Für die Grenzfälle des assoziativen und dissoziativen Mechanismus wurde auf die prinzipielle Unterscheidungsmöglichkeit durch das Geschwindigkeitsgesetz hingewiesen. Allerdings hat das ableitbare Geschwindigkeitsgesetz bedingt durch die Bildung eines vorgelagerten Ionenpaars oder Präassoziationskomplexes häufig eine Form, die keine sichere Differenzierung zulässt. Man versucht daher, eine Klassifizierung der Substitutionsreaktionen nicht nur über die Konzentrationsabhängigkeit der Reaktionsgeschwindigkeit zu erreichen. In einer Trendanalyse werden stattdessen Eigenschaften der Reaktanden systematisch variiert und die Änderung der Reaktionsgeschwindigkeit in Abhängigkeit davon untersucht. Aus dieser Abhängigkeit wird, insbesondere bei den Austauschmechanismen, dann auf den wahrscheinlichen Reaktionsablauf geschlossen. Die Erhöhung der Größe der Abgangsgruppe L oder der inerten Liganden A sollte bei einem A- oder I_a-Mechanismus zu einer Verringerung, bei einem D- oder I_d-Mechanismus zu einer Erhöhung der Reaktionsgeschwindigkeit führen.

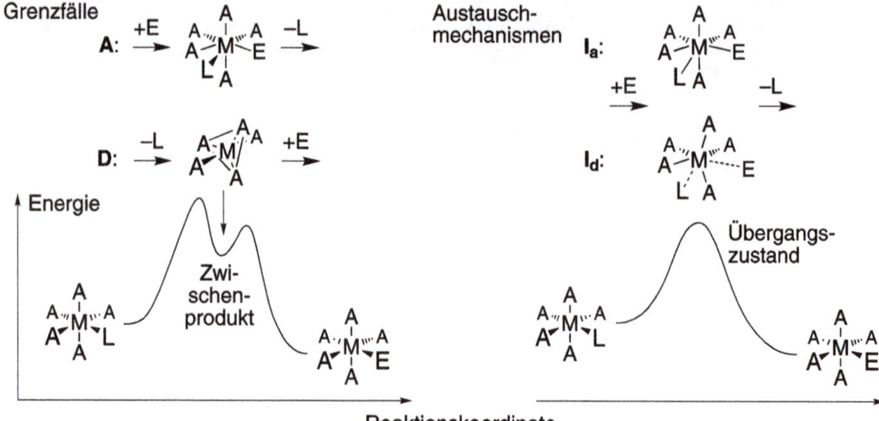

Abb. 3.47: Unterschiedliche Energieprofile für den assoziativen oder dissoziativen Mechanismus (Grenzfall A oder D) mit nachweisbarem sieben- bzw. fünffach-koordiniertem Zwischenprodukt und dem assoziativen oder dissoziativen Austauschmechanismus (I_a oder I_d) ohne eindeutiges Zwischenprodukt. Die Unterschiede zwischen I_a und I_d liegen in der Stärke der Bindung zur eintretenden und austretenden Gruppe (E und L), was mit durchgezogenen oder gestrichelten Linien symbolisiert wird.

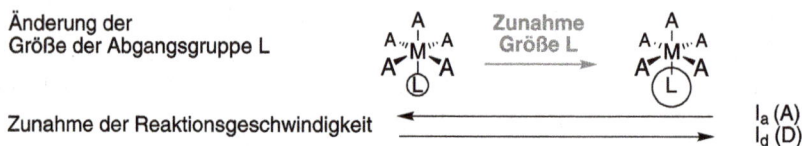

Änderung der Größe der Abgangsgruppe L

Zunahme Größe L

Zunahme der Reaktionsgeschwindigkeit ← I_a (A), → I_d (D)

Eines der erfolgversprechendsten Unterscheidungskriterien ist die Größe der inerten Liganden A. Ein höherer sterischer Anspruch dieser Zuschauerliganden sollte die Wechselwirkung mit der eintretenden Gruppe und damit einen I_a-Mechanismus erschweren. Die Loslösung der Abgangsgruppe bei größer werdenden Inertliganden verringert dagegen die sterischen Spannungen und erhöht die Reaktionsgeschwindigkeit bei einem I_d-Mechanismus.

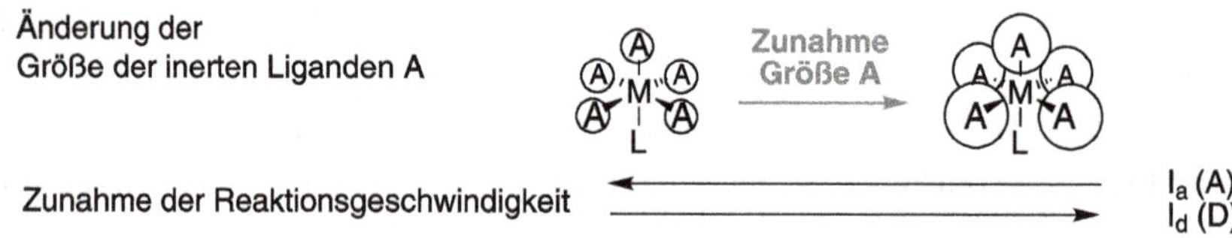

Beispiel: Die Geschwindigkeitskonstanten für einen Chlorido⟶Aqua-Ligandenaustausch in Ammin- und Methylamin-Komplexen von Cobalt(III) und Chrom(III) zeigen bei zunehmender Größe der inerten Liganden eine Zunahme der Substitutionsgeschwindigkeit am Cobalt und eine Abnahme der Substitutionsrate am Chrom (Tab. 3.16). Es

Tab. 3.16: Geschwindigkeitskonstanten für die Substitutionsreaktion $[MCl(A)_5]^{2+} + H_2O \longrightarrow [M(H_2O)(A)_5]^{3+} + Cl^-$ (M = Co, Cr; A = NH_3, NH_2Me).

Komplex	k [10^{-6} s^{-1}] (bei 25 °C)		Komplex	k [10^{-6} s^{-1}] (bei 25 °C)
$[CoCl(NH_3)_5]^{2+}$	1,72	↓ Zunahme	$[CrCl(NH_3)_5]^{2+}$	8,7
$[CoCl(NH_2Me)_5]^{2+}$	39,6	Größe A	$[CrCl(NH_2Me)_5]^{2+}$	0,26

liegt daher nahe, diesen Trend mit einem dissoziativen Mechanismus (I_d) beim Cobalt zu erklären, aber einen assoziativen Mechanismus (I_a) beim Chrom anzunehmen.

Anhand dieses Beispiels soll aufgezeigt werden, wie problematisch die Interpretation solcher Daten sein kann und wie kontrovers die mechanistischen Details vieler Substitutionsreaktionen an oktaedrischen Komplexen häufig diskutiert werden. Bei einer Neuinterpretation der Daten in Tab. 3.16 wurde die Länge der Cr–Cl-Bindung berücksichtigt. Sie ist im Methylaminkomplex entgegen der Erwartung um 0,03 Å kürzer als im Amminkomplex. Der Chrom-Methylaminkomplex reagiert danach lediglich infolge der kürzeren und wahrscheinlich stärkeren Cr–Cl-Bindung langsamer, sodass auch für die Chromkomplexe ein dissoziativer I_d-Mechanismus vorgeschlagen wurde.

Die Druckabhängigkeit der Reaktionsgeschwindigkeit hat sich als wichtiges Werkzeug für die mechanistische Deutung erwiesen. Die **Druckabhängigkeit der Geschwindigkeitskonstanten** der Hinreaktion (k_1) ist durch das van't Hoff'sche Gesetz gegeben.

$$\left(\frac{\partial \ln k_1}{\partial p}\right)_T = -\frac{\Delta V_1^*}{RT} \qquad \Delta V_1^* = V_{\text{Übergangszustand}} - V_{\text{Edukte}}$$

Dabei ist ΔV_1^* als das **Aktivierungsvolumen** des Vorwärtsschrittes definiert, das gleich der Differenz der partiellen molaren Volumina zwischen Edukten und Übergangszustand ist. Das Aktivierungsvolumen erhält man aus der Messung der Reaktionsgeschwindigkeit bei T = const. und verschiedenen Drücken im Bereich $p \approx 200–300$ MPa (2–3 kbar). ΔV_1^* ergibt sich aus der Steigung der Auftragung von $\ln k$ gegen p. Die Reaktionsgeschwindigkeit unter Hochdruck kann man aus UV/Vis- und NMR-spektroskopischen Messungen oder elektrochemisch erhalten. Für einen assoziativen Mechanismus (I_a oder A) wird man ein negatives Aktivierungsvolumen erwarten, da das partielle molare Volumen abnimmt.

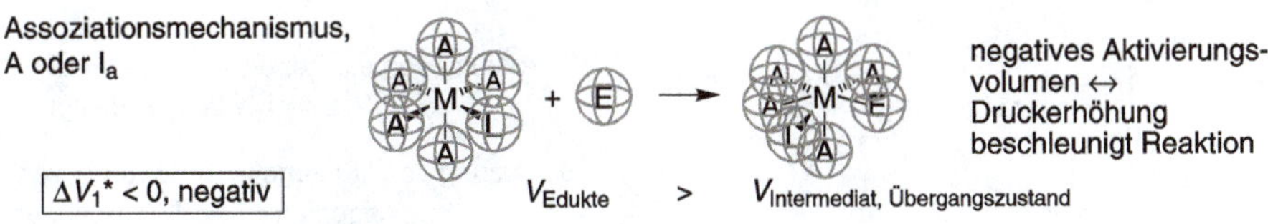

Bei einem dissoziativen Mechanismus (I_d oder D) wird das Aktivierungsvolumen positiv sein, da das partielle molare Volumen zunimmt.

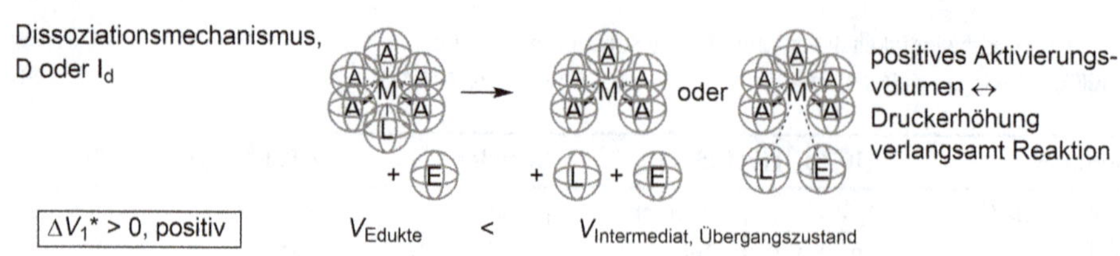
Dissoziationsmechanismus,
D oder I_d
oder
positives Aktivierungs-volumen ↔ Druckerhöhung verlangsamt Reaktion
$\Delta V_1^* > 0$, positiv
V_{Edukte} < $V_{Intermediat, Übergangszustand}$

Für die weitergehende Unterscheidung zwischen I_a und A oder I_d und D kann die Größe der Werte für ΔV_1^* in einer vergleichenden Betrachtung herangezogen werden, wie nachstehendes Beispiel zeigt.

Eine der am häufigsten untersuchten Reaktionen von Übergangsmetallkomplexen ist der Lösungsmittel-Ligandenaustausch, darunter vor allem der Wasseraustausch an Hexaaqua-Metallionen. In Tab. 3.17 sind die Geschwindigkeitskonstanten und Aktivierungsvolumina dieser Umsetzung für einige Übergangsmetallionen zusammengestellt. Man erkennt einen weiten Bereich der Reaktionsgeschwindigkeitskonstanten, aus dem sich eine labil/inert-Einstufung der Komplexe ergibt (s. auch Abb. 3.48). Die Geschwindigkeitskonstanten lassen aber keine Aussage in Bezug auf den Substitutionsmechanismus zu, eine solche kann erst aus dem Vergleich der Aktivierungsvolumina erhalten werden. Das experimentelle Aktivierungsvolumen für den H_2O-Austausch an $[Ti(H_2O)_6]^{3+}$ liegt nahe dem Grenzwert für den assoziativen Grenzfallmechanismus (A). Die kleineren negativen Werte für V^{3+}, Cr^{3+} und Fe^{3+} legen dann die Zuordnung zu einen assoziativen Austauschmechanismus (I_a) nahe. Für die aufgeführten zweiwertigen Ionen kann man den graduellen Wechsel von einem assoziativen zu einem dissoziativen Austauschmechanismus zwischen Mn^{2+} und Fe^{2+} annehmen. Der dissoziative Grenzfall D wird bei den Beispielen nicht erreicht.

Die graduelle Abstufung und den Wechsel im Mechanismus kann man nicht alleine mit der Größenänderung im Kation erklären. Eine wichtige Rolle wird der Valenzelektronenkonfiguration zugeschrieben. Eine zunehmende Besetzung der in σ-Komplexen nichtbindenden t_{2g}-Orbitale (die zwischen den Liganden liegen) erschwert aus elektrostatischen Gründen die notwendige Annäherung und Koordination eines siebenten Liganden senkrecht zu den Flächen oder Kanten des Oktaeders im Rahmen eines assoziativen Mechanismus. Entsprechend wird eine Auffüllung der antibindenden e_g-Niveaus die Tendenz zu einer Bindungsspaltung für einen dissoziativen Mechanismus erhöhen.

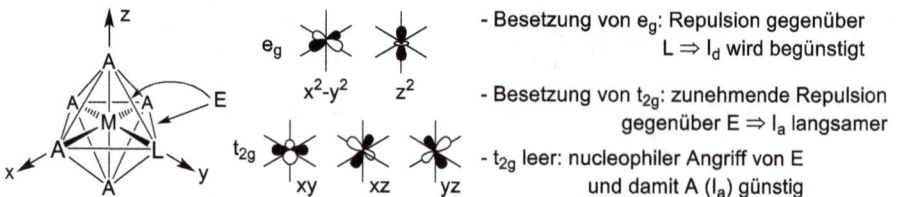

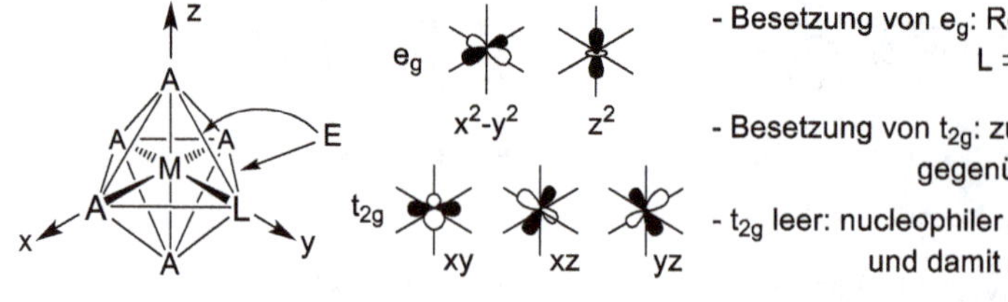
z
x
y
A
M
L
E
e_g
x^2-y^2
z^2
t_{2g}
xy
xz
yz
- Besetzung von e_g: Repulsion gegenüber L ⇒ I_d wird begünstigt
- Besetzung von t_{2g}: zunehmende Repulsion gegenüber E ⇒ I_a langsamer
- t_{2g} leer: nucleophiler Angriff von E und damit A (I_a) günstig

Tab. 3.17: Geschwindigkeitskonstanten und Aktivierungsvolumina für den H_2O-Austausch $[M(H_2O)_6]^{c+} + H_2O^* \longrightarrow [M(H_2O)_5(H_2O^*)]^{c+} + H_2O$ an drei- und zweiwertigen Übergangsmetallionen ($O^* = {}^{18}O$ oder ${}^{17}O$).

M^{c+}	Ionenradius [Å]	Elektronenkonfiguration	k [s^{-1}] (298 K)	$\Delta V^{*\,(a),(b)}$ [cm^3/mol]
Ti^{3+}	0,67	t_{2g}^1	$1{,}8 \cdot 10^5$	$-12{,}1 \approx \Delta V^*_{lim}$(A)
V^{3+}	0,64	t_{2g}^2	$5{,}0 \cdot 10^2$	−8,9
Cr^{3+}	0,61	t_{2g}^3	$2{,}4 \cdot 10^{-6}$	−9,6
Fe^{3+}	0,64	$t_{2g}^3e_g^2$	$1{,}6 \cdot 10^2$	−5,4
V^{2+}	0,79	t_{2g}^3	$8{,}7 \cdot 10^1$	−4,1
Mn^{2+}	0,83	$t_{2g}^3e_g^2$	$2{,}1 \cdot 10^7$	−5,4
Fe^{2+}	0,78	$t_{2g}^4e_g^2$	$4{,}4 \cdot 10^6$	+3,8
Co^{2+}	0,74	$t_{2g}^5e_g^2$	$3{,}2 \cdot 10^6$	+6,1
Ni^{2+}	0,69	$t_{2g}^6e_g^2$	$3{,}2 \cdot 10^4$	+7,2 ($+13{,}1 \approx \Delta V^*_{lim}$(D))

(a) Die Genauigkeit von ΔV^* ist etwa $\pm 1\,cm^3$/mol.

(b) Die Grenzwerte der Aktivierungsvolumina ΔV^*_{lim} wurden zu $\pm 13{,}5\,cm^3$/mol für dreiwertige und zu $\pm 13{,}1\,cm^3$/mol für zweiwertige Metallionen für die A- (negativer Wert) und D- (positiver Wert) Grenzfallmechanismen aus semiempirischen Rechnungen abgeschätzt.

Tab. 3.18: Geschwindigkeitskonstanten und Aktivierungsvolumina für den H_2O-Austausch $[M(H_2O)_n]^{c+} + H_2O^* \longrightarrow [M(H_2O)_{n-1}(H_2O^*)]^{c+} + H_2O$ an drei- und zweiwertigen Hauptgruppenmetallionen (aus NMR-Studien mit $O^* = {}^{17}O$).

$[M(H_2O)_n]^{c+}$	Ionenradius [Å]	k [s^{-1}] (298 K)	$\Delta V^{*\,(a),(b)}$ [cm^3/mol]
$[Be(H_2O)_4]^{2+}$	0,27	$7{,}3 \cdot 10^2$	$-13{,}6 \approx \Delta V^*_{lim}$(A)
$[Mg(H_2O)_6]^{2+}$	0,72	$6{,}7 \cdot 10^5$	+6,7
$[Al(H_2O)_6]^{3+}$	0,54	1,3	+5,4
$[Ga(H_2O)_6]^{3+}$	0,62	$4 \cdot 10^2$	+5,0
$[In(H_2O)_6]^{3+}$	0,80	$1 \cdot 10^7$	−5,2

(a),(b) Siehe Tab. 3.17.

Ein Vergleich mit dem Wasseraustausch an Hauptgruppenmetallkomplexen in Tab. 3.18 zeigt besser den Einfluss des Ionenradius und der Ladung. Die dort nicht gelisteten Alkalimetallionen sowie Ca^{2+}, Sr^{2+} und Ba^{2+} sind für die üblichen NMR-Messmethoden zu labil. Die Verweilzeiten für Wassermoleküle an Li^+, Cs^+ und Ca^{2+} wurden zu kleiner als 10^{-10} s bestimmt (s. Abb. 3.48). Beryllium(II) mit dem kleinsten Ionenradius und einer tetraedrischen Koordination erreicht den negativen Grenzwert für das Aktivierungsvolumen des assoziativen Grenzfallmechanismus (A). Das sechsfach-koordinierte Mg^{2+} liegt mit seinem Ionenradius und entsprechend seiner Austauschgeschwindigkeit k und seinem positiven Aktivierungsvolumen zwischen Co^{2+} und Ni^{2+}.

Die kleineren dreiwertigen Metallionen Al^{3+} und Ga^{3+} zeigen mit ihren positiven Aktivierungsvolumina einen dissoziativen Austauschmechanismus (I_d). Für das deutlich größere In^{3+} wird der Austausch sehr schnell und es erfolgt ein Wechsel zum assoziativen Mechanismus I_a.

In Abb. 3.48 sind die Geschwindigkeitskonstanten für den Aqua-Ligandenaustausch nach gleichartigen Ionen gruppiert graphisch zusammengestellt. Die Geschwindigkeitskonstanten variieren über einen weiten Bereich von $1{,}2 \cdot 10^{-9}\ s^{-1}$ für $[Ir(H_2O)_6]^{3+}$ bis zu ~ $5 \cdot 10^{+9}\ s^{-1}$ für die Aquakomplexe der schweren Alkalimetallionen K^+, Rb^+, Cs^+ sowie Cu^{2+} und Eu^{2+}. Das ist gleichbedeutend mit einer mittleren Verweilzeit $t = 1/k(H_2O)$ eines Wassermoleküls in der Koordinationssphäre von Ir^{3+} von ca. 26 Jahren ($8{,}3 \cdot 10^{+8}$ s) oder nur 200 ps ($2 \cdot 10^{-10}$ s) bei K^+, Rb^+, Cs^+ sowie Cu^{2+} und Eu^{2+}. Die Labilität der Hauptgruppenmetallionen nimmt mit abnehmender Ladungsdichte (mit zunehmender Größe) und steigender Koordinationszahl jeweils von $[Li(H_2O)_6]^+$ über $[Rb(H_2O)_6]^+$ zu $[Cs(H_2O)_8]^+$, von $[Be(H_2O)_4]^{2+}$ über $[Mg(H_2O)_6]^{2+}$ zu $[Ca/Sr/Ba(H_2O)_8]^{2+}$ und von $[Al(H_2O)_6]^{3+}$ über $[Ga(H_2O)_6]^{3+}$ zu $[In(H_2O)_6]^{3+}$ zu. Dabei ist die Labilität der dreiwertigen Ionen mit ihrer höheren Ladungsdichte geringer als die der zwei- und einwertigen Hauptgruppenmetallionen. Der inerteste Hauptgruppenmetall-Aquakomplex ist $[Al(H_2O)_6]^{3+}$ ($k(H_2O)$ = $1{,}29\ s^{-1}$). Dabei muss allerdings berücksichtigt werden, dass die hohe Oberflächenladungsdichte von Al^{3+} die koordinierten Wassermoleküle polarisiert, sodass ihre Säurestärke (K_S-Wert) zunimmt. Der Komplex $[Al(H_2O)_6]^{3+}$ ist eine Kationensäure und protolysiert leicht zur konjugierten Base $[Al(H_2O)_5(OH)]^{2+}$ (s. Abschn. 3.11.3). Damit sinkt die effektive Oberflächenladungsdichte von Al^{3+} und die verbliebenen fünf koordinierten Aqualiganden werden mit einer Geschwindigkeitskonstanten $k(H_2O) = 3{,}1 \cdot 10^{+4}\ s^{-1}$ um den Faktor 10^4 labiler.

Die Übergangsmetallionen sind sechsfach koordiniert mit Ausnahme von $[Cu(H_2O)_5]^{2+}$ und quadratisch-planarem $[Pd/Pt(H_2O)_4]^{2+}$. Der Einfluss ihrer d-Orbitalbesetzung (s. oben) überlagert die Effekte der Oberflächen-Ladungsdichte (Größe). Die oktaedrischen 3d-Metallionen mit d^3- und d^8-Konfiguration V^{2+}, Cr^{3+} und Ni^{2+} sind mit ihrer hohen Kristallfeldstabilisierungsenergie (CFSE, s. Abb. 3.10) weniger labil als die übrigen 3d-M^{2+} und M^{3+}-Ionen. Im Vergleich ist $[V(H_2O)_6]^{2+}$ mit der höheren CFSE für t_{2g}^3 inerter als $[V(H_2O)_6]^{3+}$ mit t_{2g}^2-Besetzung, trotz der geringeren Oberflächenladungsdichte für V^{2+}. Die deutlich höhere Labilität von Cr^{2+} und Cu^{2+} kann mit den stereochemischen Jahn-Teller-Verzerrungen der d^4- (high-spin) und d^9-Konfiguration begründet werden, die zur Labilisierung von zwei axialen Liganden führt. In der Konsequenz ist Cu^{2+} in wässriger Lösung nur fünffach koordiniert. Eine hohe CFSE findet sich auch für das relativ inerte $[Ru(H_2O)_6]^{2+}$ mit d^6-low-spin-Konfiguration. Die low-spin-Komplexe $[Ir/Rh(H_2O)_6]^{3+}$ sind mit der höheren CFSE ihrer d^6-Konfiguration inerter als d^5-$[Ru(H_2O)_6]^{3+}$. Ru^{3+} ist wegen seiner höheren Ladungsdichte dann aber inerter als Ru^{2+}. Die M^{3+}-Ionen polarisieren wieder die Aqualiganden, sodass die $[M(H_2O)_6]^{3+}$-Komplexe Kationensäuren sind. Die konjugierten Basen $[M(H_2O)_5(OH)]^{2+}$ zeigen eine 10^2–10^4-fach erhöhte Wasser-Labilität.

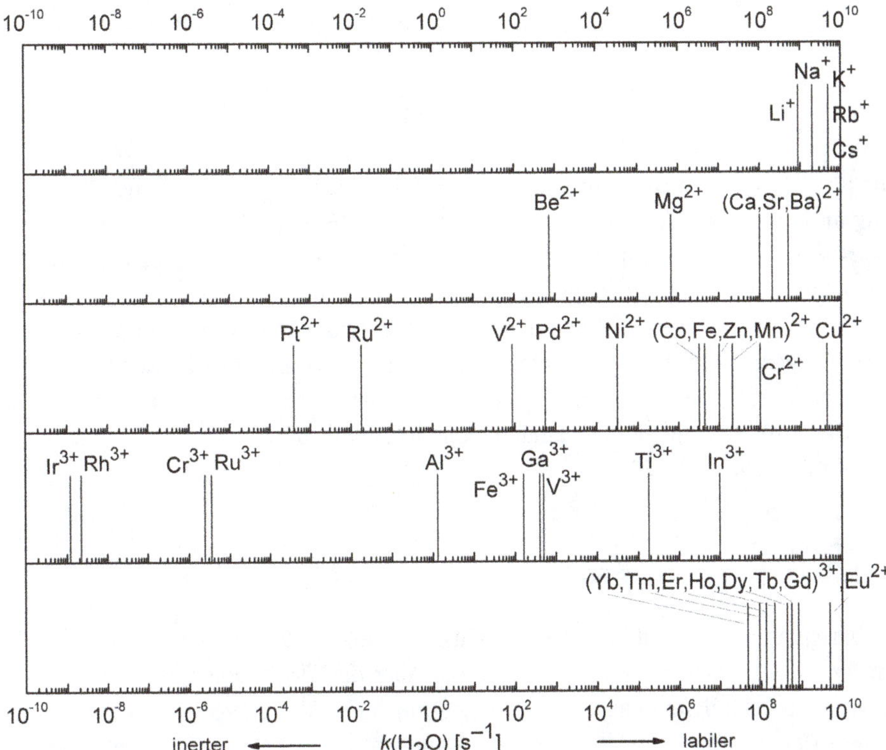

Abb. 3.48: Logarithmische Auftragung der Geschwindigkeitskonstanten, $k(H_2O)$ (bei 298 K) für den Austausch der Aqualiganden in der ersten Koordinationssphäre der Aquakomplexe der angegebenen Metallionen nach $[M(H_2O)_n]^{c+} + H_2O^* \longrightarrow [M(H_2O)_{n-1}(H_2O^*)]^{c+} + H_2O$ (gemessen mit ^{17}O-NMR oder durch NMR-Isotopenaustausch-Techniken). Die mittlere Verweilzeit eines einzelnen Wassermoleküls am Metallion ergibt sich als Kehrwert der Geschwindigkeitskonstanten zu $t = 1/k(H_2O)$.

Der Unterschied von 10^6 in den Geschwindigkeitskonstanten für $[Pt(H_2O)_4]^{2+}$ und $[Pd(H_2O)_4]^{2+}$ wird mit dem weicheren Lewis-Säure-Charakter von Pt^{2+} im Vergleich zu Pd^{2+} erklärt, und einer höheren Aktivierungsenthalpie für den nukleophilen Angriff des harten H_2O-Liganden im assoziativen (I_a) Mechanismus.

Die dreiwertigen Lanthanoid-Kationen und Eu^{2+} sind durch den großen Ionenradius generell labil. Die unterschiedlich besetzten f-Orbitale haben nur einen kleinen Effekt auf die Austauschgeschwindigkeit. Die Labilität (I_a-Mechanismus) steigt mit zunehmendem Ionenradius von den schwereren zu den leichteren Lanthanoiden ($Yb^{3+} \longrightarrow Gd^{3+}$).

Lichtinduzierte Liganden-Substitutionen: In Abschn. 3.10.1 und 3.10.3 wurde auf die kinetische Stabilität von oktaedrischen Cr(III)- (d^3, t_{2g}^3) und low-spin Co(III)- (d^6, t_{2g}^6) Komplexen hingewiesen. Thermisch reagieren z. B. die Komplexe $[Cr(NH_3)_6]^{3+}$ und $[Co(CN)_6]^{3-}$ sehr langsam bezüglich des Austausches eines NH_3- oder CN^--Liganden gegen einen Aqua-Liganden. Dagegen verläuft unter Bestrahlung mit sichtbarem Licht der Ligandenaustausch sehr effektiv (Photoaquatisierung):

$$[Cr(NH_3)_6]^{3+} + H_2O \xrightarrow[H_3O^+]{h\nu} [Cr(NH_3)_5(H_2O)]^{3+} + NH_4^+$$

$$[Co(CN)_6]^{3-} + H_2O \xrightarrow{h\nu} [Co(CN)_5(H_2O)]^{2-} + CN^-$$

Für $[Cr(NH_3)_6]^{3+}$ sind die beobachteten Quantenausbeuten jeweils 0,47 bei Einstrahlung in die beiden niedrigsten Quartett-Banden bei 464 nm ($^4A_{2g}{\longrightarrow}^4T_{2g}$) und 352 nm ($^4A_{2g}{\longrightarrow}^4T_{1g}$) oder die Dublett-Bande bei 646 nm ($^4A_{2g}{\longrightarrow}^2E_g$). Es bedeutet, dass sowohl der Quartett- also auch der Dublettzustand photoaktiv sind.

Für $[Co(CN)_6]^{3-}$ sind die Quantenausbeuten 0,31 unabhängig von der eingestrahlten Wellenlänge im Bereich 254–436 nm und unbeeinflusst von pH und CN^--Konzentration. Als photoaktiver Zustand wird $^3T_{1g}$ angesehen, der durch Intersystem Crossing aus den ($^1A_{1g}{\longrightarrow}$)$^1T_{1g}$- und $^1T_{2g}$-Zuständen populiert wird, oder auch direkt über eine $^1A_{1g}{\longrightarrow}^3T_{1g}$-Bande bei ~ 390 nm.

3.11.2 Redoxreaktionen – Elektronentransfer mit Komplexen

Redoxreaktionen mit und zwischen Metallkomplexen werden durch die Ligandenhüllen der reagierenden Metallatome beeinflusst. Auch die Wassermoleküle bei Aquakomplexen sind Ligandenhüllen. Der Elektronentransfer zwischen, von und zu Metallatomen in Metallkomplexen ist wichtig in fundamentalen Reaktionen des Lebens wie der Photosynthese und der Stickstofffixierung (s. Abschn. 3.12 u. 3.13, 5.10 und 5.8). Grundlegende experimentelle Arbeiten zu Elektronenübertragungen zwischen Metallkomplexen wurden von Henry Taube (Nobel-Preis, 1983), theoretische Arbeiten zum Elektronentransfer von Rudolph A. Marcus (Nobel-Preis, 1992, Marcus-Theorie) geleistet.

Taube und Mitarbeiter konnten zeigen, dass Redoxreaktionen von Metallkomplexen in „outer-sphere"- und „inner-sphere"-Reaktionen unterschieden werden können.

Der outer-sphere- (Außensphären-)Mechanismus. Die Koordinationssphären der beiden miteinander reagierenden Komplexe bleiben während des Elektronentransfers intakt. Es werden vor der Elektronenübertragung keine chemischen Bindungen gebildet und gelöst. Die reaktiven Teilchen müssen sich in der Lösung nur treffen und einen losen Begegnungskomplex bilden. Das Elektron gelangt dann durch zwei intakte Koordinationssphären vom Metallion A zum Metallion B. Nach dem Elektronentransfer trennen sich aus dem nun vorliegenden losen Folgekomplex die individuellen Metallspezies wieder (Abb. 3.49).

Der inner-sphere- (Innensphären-)Mechanismus. Die beiden Metallkomplexe werden über einen Brückenliganden miteinander verknüpft, bevor der Elektronentransfer über eben diesen Brückenliganden stattfindet. Der zweikernige Komplex vor dem Elektronenaustausch wird als Vorläufer oder Precursorkomplex bezeichnet, er ist das Äquivalent zum Begegnungskomplex beim outer-sphere-Mechanismus. Die Bildungsreaktion des Precursorkomplexes ist eine gewöhnliche Substitutionsreaktion an

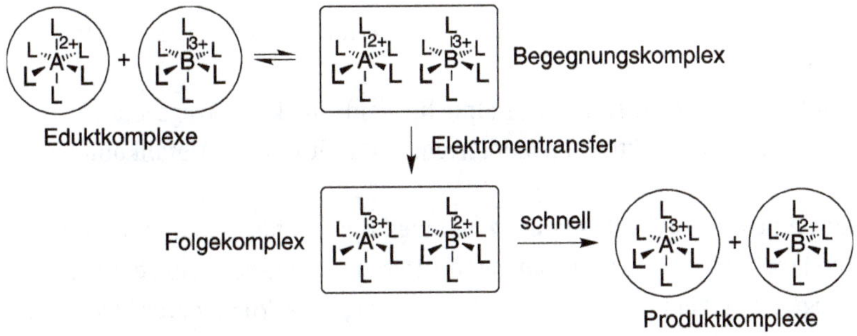

Abb. 3.49: Schematische Darstellung eines outer-sphere-Elektronenübertragungsmechanismus zwischen zwei oktaedrischen Komplexen. Die Liganden der inneren Koordinationssphäre sind der Einfachheit halber alle gleichartig mit dem Buchstaben L bezeichnet. Die zweite Koordinationshülle aus Lösungsmittelmolekülen ist durch eine Umrandung angedeutet. In einer Gleichgewichtsreaktion wird zunächst der Begegnungskomplex gebildet, aus dem heraus der Elektronentransfer erfolgt. In einer schnellen Reaktion „dissoziiert" der entstandene Folgekomplex dann in die Produktkomplexe. Zur Verdeutlichung des Elektronentransfers sind den Metallatomen A und B willkürlich die Oxidationszahlen 2+ und 3+ zugeordnet.

einem der beiden Metallatome. Nach dem Elektronentransfer zerfällt der Folgekomplex. Dabei findet meistens eine Ligandenübertragung des Brückenliganden auf das andere Metallatom statt (Abb. 3.50).

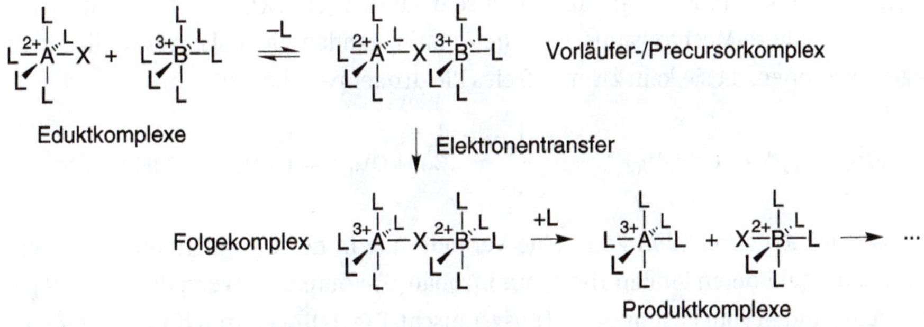

Abb. 3.50: Schematische Reaktionsfolge bei einer inner-sphere-Redoxreaktion zwischen zwei oktaedrischen Komplexen. Der Einfachheit halber ist außer dem Brückenliganden (X) nicht zwischen verschiedenen Liganden an den Metallatomen unterschieden worden; willkürliche Zuordnung der Oxidationszahlen. Der Brückenligand kann, muss aber nicht auf das andere Metallatom übertragen werden.

Die kinetische Präferenz für einen outer- oder inner-sphere-Reaktionsweg hängt davon ab,

– ob der outer-sphere-Elektronentransfer schnell oder langsam ist, verglichen mit der Substitutionsgeschwindigkeit in der Koordinationssphäre des labilsten Metallkomplexes,

- ob einer der Liganden des weniger labilen Metallkomplexes als Brückenligand fungieren kann,
- wie die Änderungen in der freien Enthalpie für beide Reaktionswege sind,
- wie die elektronische Struktur von oxidiertem und reduziertem Metallkomplex ist.

Die Effektivität eines σ-Brückenliganden, z. B. eines Halogenids, hängt stark von der elektronischen Struktur der Reaktionspartner ab. Der inner-sphere- ist um einen Faktor von 10^7–10^8 gegenüber dem outer-sphere-Reaktionsweg bevorzugt, wenn Elektronendonor- und -akzeptororbital am Metallatom σ-(e_g^*-)Symmetrie haben. Die Reaktionswege sind ähnlich schnell, wenn Elektronendonor- und -akzeptororbital π-(t_{2g}-)symmetrisch zur A–X–B-Bindung sind.

Der outer-sphere-Mechanismus wird immer dann vorliegen, wenn die redoxaktiven Metallatome keinen zweikernigen Komplex bilden können, in dem ein gemeinsamer Ligand beide Metallatome verbrückt. Man beobachtet diesen Mechanismus also bei Fehlen geeigneter Brückenliganden oder substitutionsträgen (inerten oder kinetisch stabilen) Metallkomplexen, d. h., wenn die Reaktionsgeschwindigkeit des Elektronentransfers sehr viel größer ist als die Geschwindigkeit, mit der die Substitution durch einen Brückenliganden an den miteinander reagierenden Komplexen ablaufen kann.

Beispiel: Outer-sphere-Reaktion – keine Liganden für Brückenbildung trotz Vorliegen wenigstens eines labilen Komplexes. Die Redoxreaktion zwischen dem substitutionsträgen Komplex $[Co(NH_3)_6]^{3+}$ und dem sehr labilen $[Cr(H_2O)_6]^{2+}$-Ion verläuft über einen outer-sphere-Mechanismus, weil die Amminliganden nicht als Brückenliganden fungieren können, da sie kein zweites freies Elektronenpaar haben.

$$[\overset{3+}{Co}(NH_3)_6]^{3+} + [\overset{2+}{Cr}(H_2O)_6]^{2+} \xrightarrow{H_2O/H_3O^+} [\overset{2+}{Co}(H_2O)_6]^{2+} + 6\,NH_4^+ + [\overset{3+}{Cr}(H_2O)_6]^{3+}$$

Als Folge der Redoxreaktion kann eine Veränderung in der Ligandenhülle eintreten. Im zunächst gebildeten labilen Hexaammincobalt(II)-Komplex werden die Ammin- gegen Aqualiganden vom Lösungsmittel ausgetauscht. Die Halbwertszeit für Ligandenaustauschreaktionen bei Co^{2+}-Komplexen beträgt weniger als 10^{-6} s.

Beispiel: Outer-sphere Reaktion – substitutionsträge Komplexe. Die Redoxreaktion zwischen $[Fe(CN)_6]^{4-}$ und $[IrCl_6]^{2-}$ verläuft nach einem outer-sphere-Mechanismus, obwohl beide Metallatome Liganden besitzen, die zur Brückenbildung geeignet sind. Beide Komplexe sind aber inert. Der Elektronentransfer ist mit einer Geschwindigkeitskonstante $k = 3{,}8 \cdot 10^5\ l\,mol^{-1}\ s^{-1}$ bei 25 °C außerordentlich schnell, verglichen mit einem wesentlich langsameren Ligandenaustausch an diesen beiden Metallatomen.

$$[\overset{2+}{Fe}(CN)_6]^{4-} + [\overset{4+}{Ir}Cl_6]^{2-} \longrightarrow [\overset{3+}{Fe}(CN)_6]^{3-} + [\overset{3+}{Ir}Cl_6]^{3-}$$

Beispiel: Inner-sphere Reaktion. Die Redoxreaktion zwischen $[CoCl(NH_3)_5]^{2+}$ und $[Cr(H_2O)_6]^{2+}$ verläuft nach einem inner-sphere-Mechanismus. Cr^{2+}-Komplexe sind mit einer Halbwertszeit von ca. 10^{-9} s für die Ligandenaustauschreaktion extrem labil, und mit dem Chloridoliganden am inerten Co^{3+}-Komplex steht ein Brückenligand zur Verfügung. Die Redoxreaktion verläuft mit $k = 6 \cdot 10^5\ l{\cdot}mol^{-1}{\cdot}s^{-1}$ bei 15 °C relativ schnell. Im labilen Co^{2+}-Produktkomplex erfolgt wieder eine Substitution der Ammin- durch Aqualiganden.

$$[\overset{3+}{Co}Cl(NH_3)_5]^{2+} + [\overset{2+}{Cr}(H_2O)_6]^{2+} \xrightarrow[-H_2O]{} [(NH_3)_5\overset{3+}{Co}\text{–}Cl\text{–}\overset{2+}{Cr}(H_2O)_5]^{4+} \quad \text{Precursorkomplex}$$

$$\downarrow \text{Elektronenübertragung}$$

$$\text{Folgekomplex} \quad [(NH_3)_5\overset{2+}{Co}\text{–}Cl\text{–}\overset{3+}{Cr}(H_2O)_5]^{4+} \xrightarrow[+H_2O]{+5H_3O^+} [\overset{2+}{Co}(H_2O)_6]^{2+} + 5\ NH_4^+ + [\overset{3+}{Cr}Cl(H_2O)_5]^{2+}$$

Der sicherste Beweis für einen inner-sphere-Mechanismus ist die Übertragung des Brückenliganden vom Metallatom A auf Metallatom B. Dabei muss natürlich sichergestellt sein, dass z. B. das Chloridion nicht nach dem Zerfall des labilen $[CoCl(NH_3)_5]^+$-vom $[Cr(H_2O)_6]^{3+}$-Komplex aufgenommen wurde. Die Redoxreaktion verläuft jedoch viel schneller als die Bildung von $[CrCl(H_2O)_5]^{2+}$ aus dem inerten $[Cr(H_2O)_6]^{3+}$ (typische Halbwertszeiten für den Ligandenaustausch bei Cr^{3+}- und Co^{3+}-Komplexen betragen 10^3–10^6 s). Ein weiterer Beweis für eine vorstehende inner-sphere-Reaktion lässt sich erhalten, wenn man die Reaktion in einem mit radioaktiven Chloridionen angereichertem Medium ablaufen lässt. Dabei ist der eingesetzte $[CoCl(NH_3)_5]^{2+}$-Komplex nicht markiert. Im isolierten $[CrCl(H_2O)_5]^{2+}$-Reaktionsprodukt findet sich ebenfalls keine Radioaktivität, sodass also kein Chloridion aus der Lösung eingebaut wurde.

Ein Ligandentransfer ist jedoch keine zwingende Notwendigkeit für einen inner-sphere-Elektronentransfer, wie die Oxidation von $[Cr(H_2O)_6]^{2+}$ mit $[IrCl_6]^{2-}$ zeigt.

$$\underset{\text{rot-braun}}{[\overset{4+}{Ir}Cl_6]^{2-}} + [\overset{2+}{Cr}(H_2O)_6]^{2+} \xrightarrow[-H_2O]{} \underset{\text{grün, Folgekomplex}}{\{[Cl_5\overset{3+}{Ir}\text{–}Cl\text{–}\overset{3+}{Cr}(H_2O)_5]\}} \xrightarrow{+H_2O} [\overset{3+}{Ir}Cl_6]^{3-} + [\overset{3+}{Cr}(H_2O)_6]^{3+}$$

Nur weil der Folgekomplex $[Cl_5Ir\text{–}Cl\text{–}Cr(H_2O)_5]$ stabil genug für eine Abtrennung und Untersuchung seines Zerfalls war, konnte nachgewiesen werden, dass seine Dissoziation teilweise mit Cl-Transfer (61 %) und teilweise ohne (39 %, bezogen auf den inner-sphere-Reaktionsweg) erfolgt. Weiterhin konkurrieren in dieser Reaktion inner- und outer-sphere-Mechanismus mit vergleichbaren Geschwindigkeiten.

Intervalenz-Elektronentransfer. Ein spezieller inner-sphere-Mechanismus ist der intramolekulare Elektronentransfer in einem gemischtvalenten verbrückten Komplex. Im Beispiel des stabilen Creutz-Taube-Ions sind zwei Rutheniumatome in gleicher chemischer Umgebung, aber formal unterschiedlichen Oxidationsstufen über Pyrazin verbrückt.

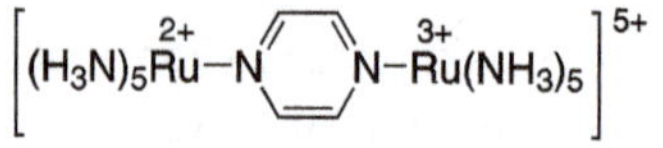

$$\left[(H_3N)_5\overset{2+}{Ru}-N\bigcirc N-\overset{3+}{Ru}(NH_3)_5\right]^{5+}$$ Creutz-Taube-Komplexion

Man unterscheidet derartige gemischtvalente Komplexe nach dem Grad ihrer Valenz-Elektronen-(De-)Lokalisierung in drei Gruppen (Robin-Day-Klassifizierung) (s. auch Abb. 3.51(a)).

Klasse I: Vollständig Valenz-/Elektronen-lokalisiert mit den Metallatomen in ihrer jeweiligen Oxidationsstufe. Die Wechselwirkung zwischen den Redoxzentren ist aufgrund eines zu großen Abstandes oder stark unterschiedlicher Umgebung so schwach, dass die gemischtvalenten Komplexe nur die Eigenschaften der isolierten Zentren zeigen.

Klasse II: Intermediär mit lokalisierten, *gemischt*valenten Komplexen. Eine schwache elektronische Wechselwirkung verändert die Charakteristika der Redoxzentren leicht, sodass *auch* andere Eigenschaften als die der isolierten Zentren auftreten können.

Klasse III: Vollständig Valenz-/Elektronen-*de*lokalisiert mit exakt identischen Metallatomen. Die elektronische Kopplung zwischen den Redoxzentren ist sehr groß und die Eigenschaften des *gemittelt*valenten Komplexes sind vollständig verschieden von denen der isolierten Zentren.

Bei kurzen Brücken wird eine delokalisierte Form wahrscheinlicher, bei langen Brücken festgelegte unterschiedliche Oxidationsstufen. Das Creutz-Taube-Ion gehört zur Klasse III mit einer charakteristischen, lösungsmittelunabhängigen Intervalenzbande bei 6400 cm^{-1} (kurzwelliges IR). Im Falle des 4,4′-Bipyridin-verbrückten $[(H_3N)_5Ru–L–Ru(NH_3)_5]^{5+}$-Komplexes ermöglicht der Brückenligand unterschiedliche geometrische Einstellungen der beiden Pyridylfragmente und führt zu einer deutlichen Barriere für den intramolekularen Elektronentransfer.

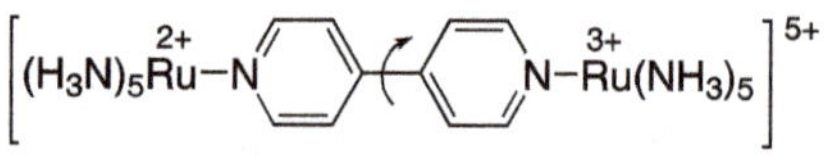

$$\left[(H_3N)_5\overset{2+}{Ru}-N\bigcirc\!\!-\!\!\bigcirc N-\overset{3+}{Ru}(NH_3)_5\right]^{5+}$$

Abhängig vom Lösungsmittel findet man eine Intervalenzbande im nahen IR zwischen 8000 und 9500 cm^{-1}, weshalb der bipy-Komplex in die Robin-Day-Klasse II eingeordnet wird. Ein Intervalenzübergang entspricht der Anregung des Elektrons vom einen zum anderen Metallatom. Die blaue Farbe in der gemischtvalenten Verbindung Berliner Blau, $Fe_4[Fe(CN)_6]_3$ (s. Abschn. 3.14), resultiert aus einem Intervalenzübergang.

Für die Einstufung von gemischtvalenten Komplexen ist das Zeitfenster der spektroskopischen Untersuchungsmethode wichtig:

Technik	NMR	Mößbauer	ESR	IR, NIR[(a)]	Resonanz-Raman	UV/Vis	ESCA[(b)]
Zeitfenster [s]	10^{-3}–10^{-8}	10^{-7}–10^{-9}	10^{-7}–10^{-11}	10^{-11}–10^{-13}	10^{-13}	10^{-14}	10^{-17}

[(a)] NIR = nahes Infrarot.
[(b)] ESCA = electron spectroscopy for chemical analysis (= XPS, Röntgen-Photoelektronenspektroskopie).

Ein schnellerer Elektronentransfer als das Zeitfenster der Methode lässt den Komplex delokalisiert erscheinen. Ist der Elektronentransfer langsam im Vergleich zum Zeitfenster, dann wirkt der Komplex elektronenlokalisiert.

Komplexe mit redoxaktiven ‚non-innocent' (nicht-unschuldigen) Liganden. Nicht-redoxaktive („unschuldige", ‚innocent') Liganden erlauben eindeutige Festlegungen der Oxidationszahl des Metallatoms. Entsprechend können redoxaktive Liganden zu einer Ambivalenz oder Unsicherheit bei der Zuordnung der Oxidationszahl des Metallatoms führen. Solche Liganden werden auch als Redox-‚non-innocent' bezeichnet. Beispiele mit einfachen Liganden sind Disauerstoff- und Nitrosylkomplexe. So kann die Anbindung von O_2 an das Fe^{2+}-Atom in Hämoglobin als Fe^{2+}/O_2 oder als Fe^{3+}/O_2^- diskutiert werden (s. Abschn. 3.12 und 5.3). Metall-Nitrosylkomplexe können als M^{+z-1}/NO^+, $M^{+z}/NO\cdot$ oder als M^{+z+1}/NO^- eingeordnet werden (s. Abschn. 4.3.1.4). Beispiele für ‚non-innocent' Liganden mit Änderungen in ihrer elektronischen (VB-)Struktur:

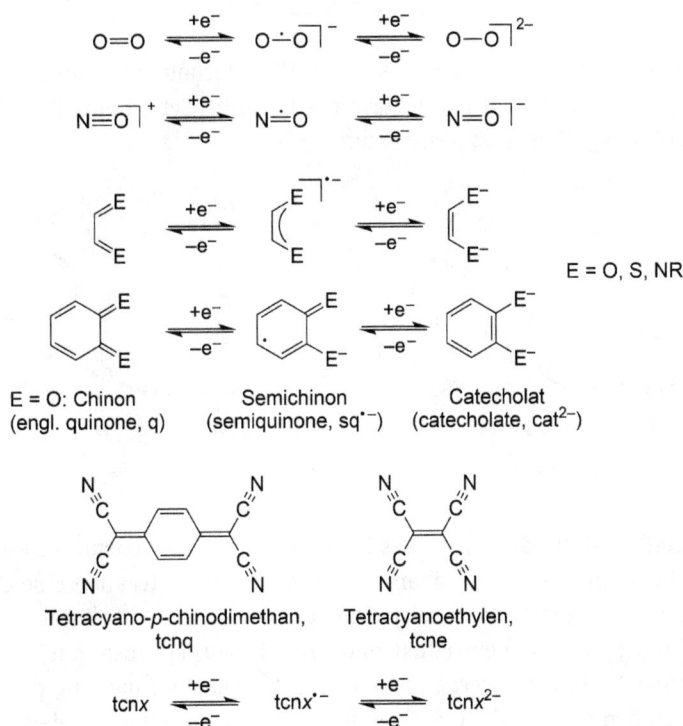

$$O{=}O \underset{-e^-}{\overset{+e^-}{\rightleftharpoons}} O{\dot{-}}O^{-} \underset{-e^-}{\overset{+e^-}{\rightleftharpoons}} O{-}O^{2-}$$

$$N{\equiv}O^{+} \underset{-e^-}{\overset{+e^-}{\rightleftharpoons}} N{\dot{=}}O \underset{-e^-}{\overset{+e^-}{\rightleftharpoons}} N{=}O^{-}$$

E = O, S, NR

E = O: Chinon (engl. quinone, q) — Semichinon (semiquinone, $sq^{\bullet-}$) — Catecholat (catecholate, cat^{2-})

Tetracyano-*p*-chinodimethan, tcnq — Tetracyanoethylen, tcne

$$tcnx \underset{-e^-}{\overset{+e^-}{\rightleftharpoons}} tcnx^{\bullet-} \underset{-e^-}{\overset{+e^-}{\rightleftharpoons}} tcnx^{2-}$$

Bei Einbeziehung der Liganden in die Redoxreaktion am Metall kann unterschieden werden zwischen einer Elektronendelokalisierung mit Resonanzformen einer Spezies mit einem Energieminimum (Klasse III, vgl. Abb. 3.51):

$$M^{z}/L^{z} \longleftrightarrow M^{z+1}/L^{z-1}$$

und Valenz-/Redoxisomeren (= Valenztautomeren) im Gleichgewicht, getrennt durch eine Aktivierungsbarriere (Klasse I):

$$M^{z}/L^{z} \rightleftharpoons M^{z+1}/L^{z-1}$$

Für Ru-Chinon-Komplexe findet man elektronendelokalisierte Resonanzformen zwischen der Ru(II)-Semichinon- und der Ru(III)-Catecholat-Grenzform:

$$Ru^{2+}/sq^{\cdot-} \longleftrightarrow Ru^{3+}/cat^{2-}$$

Die großen strukturellen Unterschiede zwischen Cu(I) (tetraedrisch) und Cu(II) (KoZ 4–6, quadratisch-planar bis Jahn-Teller verzerrt tetragonal-bipyramidal) führen zu einer höheren Energiebarriere zwischen den valenztautomeren Formen, sodass temperaturabhängige Gleichgewichte zwischen Cu(I)-Semichinon- und Cu(II)-Catecholatkomplexen häufig beobachtet werden können:

$$Cu^{+}/sq^{\cdot-} \rightleftharpoons Cu^{2+}/cat^{2-}$$

Das valenztautomere Gleichgewicht des Cobalt(III)-Catecholat-Komplexes kann durch Temperatur, Druck oder Licht in die Form des Cobalt(II)-Semichinon-Komplexes verschoben werden (vgl. Spincrossover, Abschn. 3.9.7).

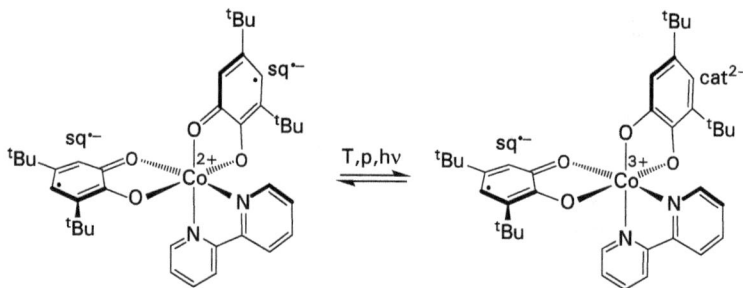

Experimentelle Methoden zur Bestimmung von Elektronentransfergeschwindigkeiten hängen in ihrer Anwendbarkeit davon ab, ob die Reaktion eine chemische Umsetzung wie in vorstehenden Beispielen zeigt oder ob eine Selbstaustauschreaktion mit chemisch identischem Edukt und Produkt vorliegt (Bsp. s. u.). Reaktionen mit chemischer Umsetzung werden hauptsächlich über die Änderung der Absorption bei Reaktanden oder Produkt verfolgt. Je nach Schnelligkeit der Änderung können

UV/Vis-Spektrometer (Lebensdauer > 1 s), stopped-flow-Techniken (> 50 µs), konventionelle Blitzlichtphotolyse (~µs–ms) oder Laserpulsphotolyse (~ps–ns-Bereich) eingesetzt werden. Selbstaustauschreaktionen können über Isotopenmarkierung, Racemisierung optischer Isomere oder NMR-Linienverbreiterung verfolgt werden. NMR oder massenspektrometrische Isotopenuntersuchungen erlauben die Bestimmung von Reaktionszeiten im Millisekundenbereich. Elektronentransferinduzierte Racemisierungen können mit stopped-flow-Techniken zur Verfolgung relativ schneller Reaktionen kombiniert werden. Linienbreitenanalysen sind durch die natürlichen Linienbreiten der Relaxationsprozesse begrenzt und lassen sich typischerweise für Reaktionszeiten im Bereich von Mikrosekunden bis Millisekunden einsetzen.

Bedeutung der Metall–Ligand-Bindungslänge für den Elektronentransfer. Die Beiträge zu den internen Metall–Ligand-Bindungslängen können zur Definition einer Reaktionskoordinate verwendet werden. Die Energie eines Elektronentransfersystems als Funktion dieser Koordinate zeigt Abb. 3.51.

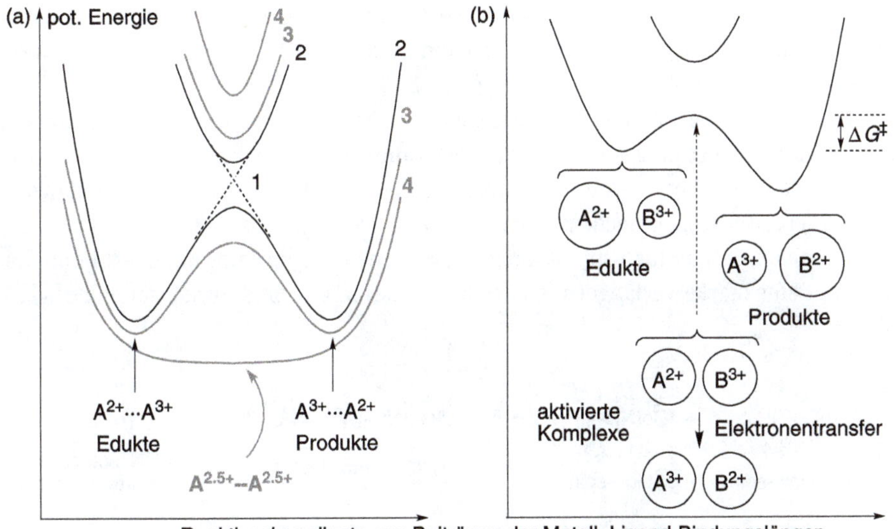

Abb. 3.51: (a) Potentialkurven für eine Selbstaustauschreaktion. Die sich kreuzenden Potentialkurven 1 entsprechen den vollständig Valenz-/Elektronen-lokalisierten Systemen A^{2+}/A^{3+} und A^{3+}/A^{2+} ohne elektronische Wechselwirkung (kein Elektronenaustausch, vollständig lokalisierte Wellenfunktionen). Die Paare sich nichtkreuzender Kurven entsprechen den gemischten Wellenfunktionen mit zunehmender elektronischer Wechselwirkung zwischen $A^{2+}\cdots A^{3+}$ von Kurve 2 nach 4. Die Potentialkurve 4 mit nur einem Minimum beschreibt einen Valenz-/Elektronen-delokalisierten stabilen symmetrischen Komplex $A^{2,5+}–A^{2,5+}$. (b) Potentialkurve für eine allgemeine Elektronentransferreaktion zwischen A^{2+} und B^{3+}. Die freie Aktivierungsenthalpie $\Delta G^{\ddagger}$ ist die Franck-Condon-Barriere, d. h die Aktivierungsenthalpie für den angeregten Zustand aus den aktivierten Komplexen. Am lokalen Maximum der Potentialkurve haben sich die M–L-Bindungslängen für das zwei- und dreiwertige Ion angeglichen, was durch die Größe der Kreise illustriert wird.

Bevor es innerhalb des Begegnungs- oder Precursorkomplexes zu einer Elektronenübertragung kommen kann, muss eine Reorganisation der Metall–Ligand-Bindungslängen beider Reaktanden erfolgen. Diese Bindungslängenänderung macht einen ganz wesentlichen Beitrag der freien Aktivierungsenthalpie aus und hat damit Einfluss auf die Geschwindigkeitskonstante der Elektronenaustauschreaktionen. Nach dem Franck-Condon-Prinzip ändert sich die Position der schweren Atomkerne bei der schnellen Elektronenübertragung nicht. Die Atomkerne verharren während der Veränderung der Elektronenverteilung beim ursprünglichen Abstand. Während des Elektronenübergangs bleiben die Bindungslängen unverändert (vgl. Abb. 3.16 und zugehörigen Text). Vor dem Elektronentransfer müssen sich bereits die Bindungslängen der aktivierten Edukte an die der aktivierten Produkte nach dem Transfer angeglichen haben. Mit der Bindungslänge hängen die Energien der beteiligten Orbitale zusammen, die dadurch ursächlich angeglichen werden. Diese Angleichung kann durch Streckung oder Stauchung der Bindungslängen über die Valenzschwingungen erreicht werden. So beträgt z. B. in $[Fe(H_2O)_6]^{n+}$-Komplexen der Fe–O-Bindungsabstand 2,21 Å für Fe^{2+} und 2,05 Å für Fe^{3+}. Erst wenn beide Ionen einen gleichen Fe–O-Abstand von etwa 2,09 Å haben, kann der Elektronentransfer stattfinden. Die dafür notwendige Energie ist die freie Aktivierungsenthalpie für die Redoxreaktion und wird auch als **Franck-Condon-Barriere** bezeichnet ($\Delta G^{\ddagger}$ in Abb. 3.51(b)).

Das Ausmaß der Bindungslängenangleichung ist proportional zur Aktivierungsenergie und korreliert umgekehrt mit der Reaktionsgeschwindigkeit. Bei der Selbstaustauschreaktion der $Co^{2+/3+}$-Amminkomplexe ist der Unterschied in den Bindungslängen mit 0,17 Å relativ groß. Ursache ist ein unterschiedlicher Spinzustand. Co^{3+} liegt als low-spin-Komplex, Co^{2+} als high-spin-Komplex vor. Für eine Angleichung der Co–N-Kontakte ist damit eine starke Verlängerung oder Kompression der Bindungsabstände notwendig.

$$^{*}[\overset{3+}{Co}(NH_3)_6]^{3+} + [\overset{2+}{Co}(NH_3)_6]^{2+} \longrightarrow {}^{*}[\overset{2+}{Co}(NH_3)_6]^{2+} + [\overset{3+}{Co}(NH_3)_6]^{3+}$$

Co–N: 1,94 Å (d^6 low-spin) 2,11 Å (d^7 high-spin)

$k = (8\pm1)\cdot10^{-6}\ \mathrm{l\ mol^{-1}\ s^{-1}}$

* = ^{15}N isotopenmarkierter Komplex

Der Ru–N-Unterschied bei den $Ru^{2+/3+}$-Amminverbindungen mit nur 0,04 Å erfordert bei der Bindungslängenangleichung lediglich eine kleine Veränderung. Die Reaktionsgeschwindigkeitskonstante ist deshalb beim Rutheniumsystem viel größer als bei der Cobalt-Reaktion.

$$[\overset{3+}{Ru}(NH_3)_6]^{3+} + [\overset{2+}{Ru}(NH_3)_6]^{2+} \longrightarrow [\overset{2+}{Ru}(NH_3)_6]^{2+} + [\overset{3+}{Ru}(NH_3)_6]^{3+}$$

Ru–N: 2,11 Å (d^5 low-spin) 2,15 Å (d^6 low-spin)

$k = (6,6\pm1,0)\cdot10^{3}\ \mathrm{l\ mol^{-1}\ s^{-1}}$

aus ^{1}H-NMR Linienverbreiterung

Hinweis: Geschwindigkeitskonstanten variieren etwas mit den Bedingungen (Gegenion, Elektrolyt, Ionenstärke, Temperatur) und der Bestimmungsmethode. Unter den für das Redoxpaar $[Ru(NH_3)_6]^{3+/2+}$ in der Literatur angegebenen Werten von $8{,}2 \cdot 10^2$, $4{,}3 \cdot 10^3$ und $3{,}2 \cdot 10^3$ l·mol^{-1}·s^{-1} ist der Wert von $6{,}6 \cdot 10^3$ l·mol^{-1}·s^{-1} der jüngste und anscheinend verlässlichste.

Biologische metallhaltige Redoxsysteme zeigen bei einem Elektronenaustausch keine Änderung des Spinzustands und damit nur eine geringe oder gar keine Ligandenbewegung, sodass die Aktivierungsenergie niedrig ist. Beispiele für bioanorganischen Redoxsysteme sind tetraedrisch koordiniertes Fe^{3+}/Fe^{2+} in Eisen-Schwefel-Clustern, z. B. in Ferredoxinen, oktaedrisch koordiniertes Fe^{3+}/Fe^{2+} (low-spin), z. B. in Cytochromen mit der Häm-Gruppe als aktivem Zentrum und pseudotetraedrisch koordiniertes Cu^{2+}/Cu^{+} in Cu-Proteinen (siehe Abschn. 3.12 u. 3.13 und Abschn. 5).

Ligandeneinfluss. Beim inner-sphere-Mechanismus ist der Einfluss der Brücke offensichtlich. Die Stärke der A–X–B-Brückenbindungen beeinflusst die Stabilität des Übergangszustands. Gleichzeitig zeigen Brückenliganden eine unterschiedliche „Elektronenleitfähigkeit". In einer Reihe von inner-sphere-Reaktionen mit unterschiedlichen Halogenidoliganden findet man für das gut leitende Iodid die höchste Reaktionsgeschwindigkeit.

$$[\overset{3+}{Cr}X(H_2O)_5]^{2+} + {}^*[\overset{2+}{Cr}(H_2O)_6]^{2+} \longrightarrow [\overset{2+}{Cr}(H_2O)_6]^{2+} + {}^*[\overset{3+}{Cr}X(H_2O)_5]^{2+}$$

$$X = F < Cl < Br < I \longrightarrow \text{Zunahme der Reaktionsgeschwindigkeit}$$

Beim outer-sphere-Mechanismus kann die Elektronenübertragung als Metall-zu-Ligand-Charge-Transfer erfolgen. Der outer-sphere-Elektronentransfer erfolgt schneller bei Komplexen mit Liganden wie Pyridin, 2,2′-Bipyridin oder anderen aromatischen π-Systemen. Diese Liganden können das reduzierende Elektron in ein energetisch tiefliegendes, unbesetztes Molekülorbital aufnehmen. Der Effekt kann aber zu einem großen Teil auf die mit den Bipyridin-Liganden zunehmende Größe des Komplexes zurückgeführt werden. Eine Auftragung von $\lg k$ gegen den reziproken mittleren Metall···Metall-Abstand im Begegnungskomplex zeigt eine gute lineare Abhängigkeit (Tab. 3.19).

Theorie des outer-sphere-Mechanismus (Marcus-Theorie). Von Marcus u. a. wurde unter Anwendung eines elektrostatischen Ansatzes eine Theorie zur Berechnung der Reorganisationsenergie der Eduktkomplexe entwickelt. Grundlage ist das Franck-Condon-Prinzip, nach dem sich die Bindungslängen der Edukte schon auf dem Weg zum Übergangszustand verändern müssen. In der formalen Reaktion zwischen einem komplexen Reduktionsmittel A^- und einem Oxidationsmittel B

$$A^- + B \xrightarrow{k_{A^-B}} A + B^-$$

Tab. 3.19: Geschwindigkeitskonstanten für outer-sphere-Elektronentransfer zwischen $Ru^{3+/2+}$-Redoxpaaren in einer Selbstaustauschreaktion (bipy = 2,2′-Bipyridin).

Redoxpaar	k[l mol^{-1} s^{-1}]	Ru···Ru[a] r [Å]
$[Ru(NH_3)_6]^{3+/2+}$[b]	$6{,}6 \cdot 10^3$	6,6
$[Ru(bipy)(NH_3)_4]^{3+/2+}$[c]	$7{,}7 \cdot 10^5$	8,8
$[Ru(bipy)(NH_3)_4]^{3+/2+}$[d]	$2{,}2 \cdot 10^6$	8,8
$[Ru(bipy)_2(NH_3)_2]^{3+/2+}$[d]	$8{,}4 \cdot 10^7$	11,2
$[Ru(bipy)_3]^{3+/2+}$[d]	$4{,}2 \cdot 10^8$	13,6

[a] Mittlerer Metall···Metall-Abstand im Begegnungskomplex für die kürzeste Annäherung, abgeschätzt aus CPK-Modellen.
[b] Medium in 0,125 mol/l $[Ru(NH_3)_6]Cl_2$.
[c] in 0,1 mol/l CF_3SO_3H.
[d] in 0,1 mol/l $HClO_4$.

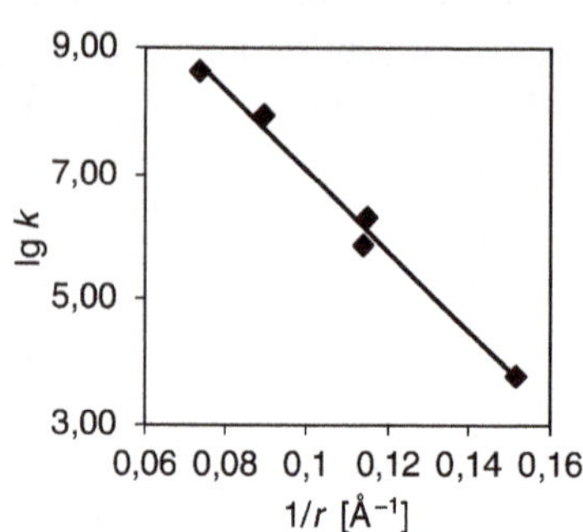

bildet sich ein Begegnungskomplex $[(A^{-\ddagger})(B^{\ddagger})]$. Der Elektronentransfer zum energiegleichen Folgekomplex $[(A^{\ddagger})(B^{-\ddagger})]$ (s. Abb. 3.52) wird dann als adiabatischer Prozess, d. h. ohne Zufuhr oder Entnahme von Energie angesehen. Aufgrund der vorhergehenden Wechselwirkung zwischen den Edukten sollte im Übergangszustand die Wahrscheinlichkeit für den Elektronentransfer gleich eins werden. Ist diese Bedingung nicht erfüllt, werden Unterschiede in Theorie und Experiment hinsichtlich der Geschwindigkeitskonstanten einer „Nichtadiabatizität" des Elektronentransfers zugeschrieben.

Ein wichtiges Ergebnis der Marcus-Theorie ist die **Marcus-Kreuzbeziehung,** nach der die Geschwindigkeitskonstante einer Reaktion zwischen Reduktionsmittel A^- und einem Oxidationsmittel B aus den Konstanten der Selbstaustauschreaktion A^-/A und B/B^- berechnet werden kann. Die Ableitung der Kreuzbeziehung folgt aus dem Energieprofil in Abb. 3.52.

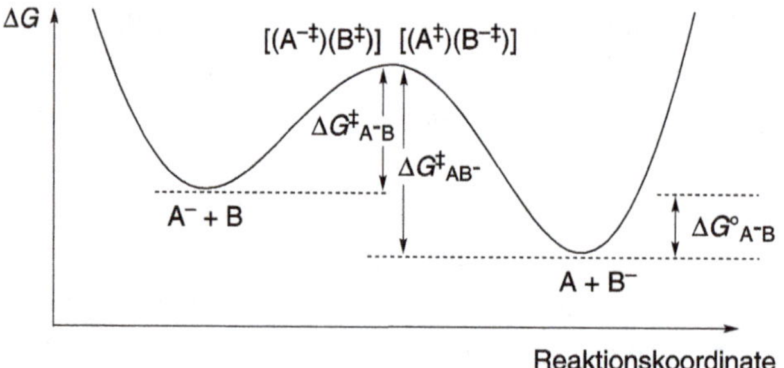

Abb. 3.52: Energieprofil einer outer-sphere-Reaktion mit den freien Aktivierungsenthalpien für die Hin- und Rückreaktion.

Ausgehend von den freien Enthalpien G^0 der Reaktionsteilnehmer sind die freien Aktivierungsenthalpien $\Delta G^{\ddagger}$ für die Vor- und Rückreaktion dann gegeben durch

$$\Delta G^{\ddagger}_{A^-B} = G^o(A^{-\ddagger}) + G^o(B^{\ddagger}) - G^o(A^-) - G^o(B)$$
$$\Delta G^{\ddagger}_{AB^-} = G^o(A^{\ddagger}) + G^o(B^{-\ddagger}) - G^o(A) - G^o(B^-)$$

Die freie Reaktionsenthalpie $\Delta G^{\circ}_{A^-B}$ ist die Summe und Differenz der freien Enthalpien G^0 der Reaktionsteilnehmer (Produkte positiv, Reaktanden negativ) oder die Differenz der freien Aktivierungsenthalpien $\Delta G^{\ddagger}$ für die Vor- und Rückreaktion.

$$\Delta G^{\circ}_{A^-B} = G^o(A) + G^o(B^-) - G^o(A^-) - G^o(B) = \Delta G^{\ddagger}_{A^-B} - \Delta G^{\ddagger}_{AB^-}$$

Mit den freien Aktivierungsenthalpien der zugehörigen Selbstaustauschreaktionen,

$$A^- + A \xrightarrow{k_{A^-A}} A + A^- \qquad B + B^- \xrightarrow{k_{BB^-}} B^- + B$$
$$\Rightarrow \Delta G^{\ddagger}_{A^-A} = G^o(A^{-\ddagger}) + G^o(A^{\ddagger}) - G^o(A^-) - G^o(A) \qquad \Delta G^{\ddagger}_{BB^-} = G^o(B^{\ddagger}) + G^o(B^{-\ddagger}) - G^o(B) - G^o(B^-)$$
$$\Rightarrow G^o(A^{-\ddagger}) - G^o(A^-) = \Delta G^{\ddagger}_{A^-A} - G^o(A^{\ddagger}) + G^o(A) \qquad G^o(B^{-\ddagger}) - G^o(B^-) = \Delta G^{\ddagger}_{BB^-} - G^o(B^{\ddagger}) + G^o(B)$$

und unter der Annahme, dass die freien Enthalpien G^0 der Reaktionsteilnehmer unabhängig vom Reaktionspartner B oder A sind, kann man die Umformungen in die Gleichungen für $\Delta G^{\ddagger}_{A^-B}$ und $\Delta G^{\ddagger}_{AB^-}$ einsetzen und die Folgegleichungen addieren.

$$\Delta G^{\ddagger}_{A^-B} + \Delta G^{\ddagger}_{AB^-} = \Delta G^{\ddagger}_{A^-A} + \Delta G^{\ddagger}_{BB^-}$$

Durch Ersatz von $\Delta G^{\ddagger}_{AB^-}$ kommt man auf die Marcus-Kreuzbeziehung, ausgedrückt durch die freien Enthalpien.

$$\Delta G^{\ddagger}_{A^-B} = \tfrac{1}{2}(\Delta G^{\ddagger}_{A^-A} + \Delta G^{\ddagger}_{BB^-} + \Delta G^{\circ}_{A^-B})$$

Wichtig für diese Kreuzbeziehung ist, dass der Aktivierungsprozess und die aktivierte Spezies unabhängig vom jeweils anderen Reaktanden sind, dass also zwischen A^- und A, A^- und B, A und B^- sowie B und B^- die Wechselwirkungen alle ähnlich sind. Sobald zwischen den Reaktionspartnern unterschiedliche Kräfte wirken, wie es bei einer innersphere-Reaktion z. B. zwischen A^- und B der Fall wäre, dann gilt die Kreuzbeziehung nicht mehr.

Aus der Theorie des aktivierten Komplexes resultiert eine Verknüpfung zwischen der freien Aktivierungsenthalpie $\Delta G^{\ddagger}_{AB}$ und der Geschwindigkeitskonstante k_{AB} einer Reaktion zwischen A und B.

$$\Delta G^{\ddagger}_{AB} = -RT \ln \frac{k_{AB}}{Z_{AB}}$$

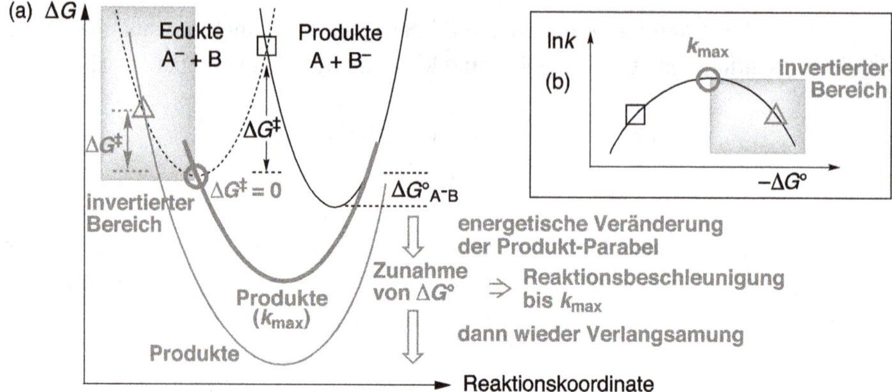

Abb. 3.53: (a) Die Parabeln beschreiben die freien Enthalpien der Edukt- und Produktsysteme und schneiden sich im Übergangszustand. Die Differenz zwischen den Minima der Parabeln ist $\Delta G^{\circ}_{A^-B}$. Wenn der freie Enthalpie-Unterschied zwischen den Edukten und Produkten in der gezeigten Richtung zunimmt, wird die Reaktion schneller, da die Energiebarriere $\Delta G^{\ddagger}$ für den Übergangszustand kleiner wird. Wenn die Produktparabel die Eduktparabel im Minimum schneidet, ist das Maximum der Reaktionsgeschwindigkeit k_{max} erreicht. Dort ist die freie Aktivierungsenthalpie $\Delta G^{\ddagger}$ gleich null, die Reaktion ist diffusionskontrolliert. Eine weitere Zunahme von ΔG^{o} führt dazu, dass sich die Edukt- und Produktparabeln im „invertierten Bereich" schneiden. Die Aktivierungsbarriere nimmt wieder zu, die Reaktion wird langsamer. (b) Eine andere Darstellung des gleichen Sachverhalts ist durch die Auftragung des Logarithmus der Geschwindigkeitskonstanten gegen die freie Reaktionsenthalpie gegeben. Die Funktion entspricht einer umgekehrten Parabel mit einem Maximum für die Reaktionsgeschwindigkeit.

Z_{AB} ist die Kollisionsfrequenz oder Stoßzahl. Zusammen mit $\Delta G^{\circ}_{A^-B} = -RT \ln K_{A^-B}$ erhält man aus der Marcus-Kreuzbeziehung der freien Enthalpien die Marcus-Kreuzbeziehung in Form der Geschwindigkeitskonstanten.

$$k_{A^-B} = \sqrt{k_{A^-A} k_{BB^-} K_{A^-B} \frac{(Z_{A^-B})^2}{Z_{A^-A} Z_{BB^-}}} = \sqrt{k_{A^-A} k_{BB^-} K_{A^-B} F_{AB}}$$

Die thermodynamische Gleichgewichtskonstante K_{A^-B} der Reaktion zwischen A^- und B ist mit der Geschwindigkeitskonstanten k_{A^-B} der Reaktion und den Geschwindigkeitskonstanten für die beiden Selbstaustauschreaktionen k_{A^-A} und k_{BB^-} verknüpft. Je größer der Wert der Gleichgewichtskonstanten K_{A^-B} ist, desto schneller sollte demnach auch die Reaktion ablaufen. Eine genauere theoretische Analyse sagt jedoch voraus, dass die Zunahme der Reaktionsgeschwindigkeit nur bis zu einem gewissen Wert für K_{A^-B} bzw. $\Delta G^{\circ}_{A^-B}$ voranschreiten sollte. Mit weiterer Zunahme von K_{A^-B} bzw. $\Delta G^{\circ}_{A^-B}$ sollte eine Abnahme der Reaktionsgeschwindigkeit eintreten (Abb. 3.53). Diese Vorhersage konnte anhand von Untersuchungen zu photoinduzierten Elektronentransferreaktionen und strahlenchemisch erzeugten energiereichen Spezies experimentell bestätigt werden.

Der Quotient aus den Stoßfaktoren Z wird oft noch zu einem Faktor F_{AB} zusammengefasst, der in guter Näherung dann eins gesetzt werden kann, wenn die Reaktion eine Ladungssymmetrie zeigt, wie z. B. in $A^{2+} + B^{3+} \longrightarrow A^{3+} + B^{2+}$, weil dann auch bei den Austauschreaktionen Spezies gleicher Ladung miteinander reagieren, sodass man sehr ähnliche Kollisionsfrequenzen annehmen kann. Ändert sich die Oxidationszahl am reduzierenden und oxidierenden Metallatom jeweils um den gleichen Betrag, spricht man von komplementären Redoxreaktionen. Unterscheiden sich die Beträge der Oxidationsstufenänderungen voneinander, wie in $2\,A^{2+} + B^{3+} \longrightarrow 2\,A^{3+} + B^{+}$, liegt eine nichtkomplementäre Redoxreaktion vor. Die Gleichung

$$k_{A\text{-}B} = \sqrt{k_{A\text{-}A} k_{BB\text{-}} K_{A\text{-}B}}$$

mit $F_{AB} = 1$ wird als vereinfachte Marcus-Kreuzbeziehung bezeichnet. Tab. 3.20 vergleicht einige experimentelle Geschwindigkeitskonstanten mit den über die vereinfachte Marcus-Kreuzbeziehung berechneten Werten. Die Kreuzbeziehung kann zur Abschätzung von Selbstaustauschgeschwindigkeiten verwendet werden, falls diese nicht direkt gemessen werden können.

Tab. 3.20: Anwendung der vereinfachten Marcus-Kreuzbeziehung zur Berechnung der Geschwindigkeitskonstanten $k_{A\text{-}B}$ für eine outer-sphere-Reaktion.

Reaktanden		$K_{A\text{-}B}$	$k_{A\text{-}A}$ [l mol^{-1} s^{-1}] exp. Wert	$k_{BB\text{-}}$ [l mol^{-1} s^{-1}] exp. Wert	$k_{A\text{-}B}$ [l mol^{-1} s^{-1}] berechnet	$k_{A\text{-}B}$ [l mol^{-1} s^{-1}] exp. Wert
A^-	B					
$[V(H_2O)_6]^{2+}$ +	$[Ru(NH_3)_6]^{3+}$	$1{,}55 \cdot 10^5$	$1{,}0 \cdot 10^{-2}$	$6{,}6 \cdot 10^3$	$3{,}2 \cdot 10^3$	$1{,}3 \cdot 10^3$
$[Fe(CN)_6]^{4-}$ +	$[Mo(CN)_8]^{3-}$	$1{,}00 \cdot 10^2$	$7{,}4 \cdot 10^2$	$3{,}0 \cdot 10^4$	$4{,}7 \cdot 10^4$	$3{,}0 \cdot 10^4$
$[Fe(CN)_6]^{4-}$ +	$[IrCl_6]^{2-}$	$1{,}20 \cdot 10^4$	$7{,}4 \cdot 10^2$	$2{,}3 \cdot 10^5$	$1{,}4 \cdot 10^6$	$3{,}8 \cdot 10^5$
$[Ru(NH_3)_6]^{2+}$ +	$[Co(phen)_3]^{3+}$	$1{,}78 \cdot 10^6$	$6{,}6 \cdot 10^3$	40	$6{,}9 \cdot 10^5$	$1{,}5 \cdot 10^4$

Die Vorhersage der Geschwindigkeitskonstante für eine outer-sphere-Reaktion gelingt nur innerhalb einer gewissen Abweichung. Ein Faktor von 25 gilt noch als akzeptabel. Oft wird eine Übereinstimmung zwischen beobachteter und nach der Marcus-Theorie berechneter Reaktionsgeschwindigkeit als Kriterium für eine outer-sphere-Reaktion gewertet. Dies sollte allerdings mit Vorsicht geschehen, da es sich gezeigt hat, dass auch inner-sphere-Reaktionen mit der Differenz der freien Enthalpien korrelieren können.

3.11.3 Ligandenreaktionen in der Koordinationssphäre von Metallatomen

Die Koordination eines Liganden an ein Metallatom beeinflusst nicht nur die elektronische Situation am Metallatom, sondern auch den Liganden selbst. Instabile, reaktive

Teilchen können bei Anbindung an ein Metallatom stabilisiert werden (Bsp. Cyclobutadien, Carben, s. Abschn. 4). Wenig reaktive Teilchen können bei Koordination an ein Metallatom aktiviert werden (Bsp. O_2, H_2O, N_2, H_2, CO, Olefine, Prinzip der Katalyse, s. Abschn. 4). Die Neubildung und die Spaltung von kovalenten Bindungen innerhalb der Liganden stellen wichtige Phänomen in der Koordinationschemie dar. Bedeutende Reaktionen mit biologischem Bezug sind z. B. die Reduktion eines Disauerstoffliganden zu Wasser in den Cytochromen (s. Abschn. 5.4.1), die Oxidation von an Mangan gebundenen Aqualiganden zu Disauerstoff im Photosystem II (s. Abschn. 5.10) und die Stickstofffixierung in Nitrogenase-Enzymen (s. Abschn. 3.12 u. 3.13).

Im Folgenden werden beispielhaft einige *stöchiometrische* Reaktionen an σ- und π-Donorliganden in der Koordinationssphäre von Metallatomen vorgestellt. Für Reaktionen an komplexiertem N_2 s. Abschn. 3.13. Reaktionen an C-gebundenen organischen und π-Akzeptorliganden (CO, NO) werden in Abschn. 4 behandelt. *Katalytische* Reaktionen mit Metallkomplexen sind unabhängig vom Ligandentyp in Abschn. 4.4 zusammengefasst.

Ein Aqualigand wird durch das Metallatom polarisiert, sodass der pK_S-Wert gegenüber H_2O (pK_S = 15,74) deutlich sinkt. Ein Aqualigand ist eine stärkere Säure (größerer K_S-Wert) als Wasser. Die Säurestärke von dreiwertigen Metall-Hexaaqua-Komplexen entspricht schwachen bis mittelstarken Säuren wie Essigsäure bis fast Phosphorsäure wie ein Vergleich ausgewählter pK_S-Werte zeigt:

Säure	**Base**	**pK_S**
H_3PO_4	$H_2PO_4^-$	+2,16
$[Fe(H_2O)_6]^{3+}$	$[Fe(H_2O)_5(OH)]^{2+}$	+2,46
$[Rh(H_2O)_6]^{3+}$	$[Rh(H_2O)_5(OH)]^{2+}$	+3,3
$[Cr(H_2O)_6]^{3+}$	$[Cr(H_2O)_5(OH)]^{2+}$	+4,29
CH_3COOH	CH_3COO^-	+4,75
$[Al(H_2O)_6]^{3+}$	$[Al(H_2O)_5(OH)]^{2+}$	+4,97
$CO_2 + H_2O$	HCO_3^-	+6,35
$[Fe(H_2O)_6]^{2+}$	$[Fe(H_2O)_5(OH)]^+$	+6,74
$H_2PO_4^-$	HPO_4^{2-}	+7,21
$[Zn(H_2O)_6]^{2+}$	$[Zn(H_2O)_5(OH)]^+$	+8,96
H_2O	OH^-	+15,74

Die Komplexe $[M(H_2O)_6]^{2+/3+}$ sind Kationensäuren und protolysieren leicht zu den konjugierten Basen $[M(H_2O)_5(OH)]^{+/2+}$. Wegen der hohen Oberflächenladungsdichte (geringeren Größe) sind die M^{3+}-Hexaaquakomplexe stärkere Säuren als die M^{2+}-Hexaaquakomplexe. Die saure Reaktion von Aluminiumsalzen wird beim blutstillenden Rasierstein (Alaun, $KAl(SO_4)_2 \cdot 12H_2O$) und bei adstringierenden (die Haut zusammenziehenden) Deodorants genutzt (Verengung der Schweißdrüsen durch Ammonium-Alaun oder Aluminiumchlorid-Hexahydrat, ACH).

Im Enzym Carboanhydrase und anderen Zinkenzymen werden drei Koordinationsstellen der vierfach koordinierten Zinkatome von proteinogenen Liganden besetzt. An der vierten Position befindet sich ein Aqualigand. Das koordinierte Wassermolekül wird im Rahmen der Aktivierung aufgrund seines niedrigen pK_S-Werts (ca. 9) deprotoniert und es entsteht ein Zn-OH-Fragment. Der Hydroxido-Ligand ist ein gutes Nucleophil für den Angriff auf das CO_2-Kohlenstoffatom unter Bildung von Zn-koordiniertem Hydrogencarbonat, Zn-O_2COH (s. Abschn. 5.5.2).

Die Koordination eines Aminosäureesters an ein Metallatom führt zu einer „long-range"-Polarisation der Carbonylfunktion, die den elektrophilen Charakter des Kohlenstoffatoms erhöht. Gegenüber der Esterhydrolyse in neutralem Wasser wird in der Koordinationssphäre des Metallatoms die Hydrolysegeschwindigkeit um den Faktor 10^4–10^6 erhöht, wenn das Carbonyl-Sauerstoffatom im Verlauf der Reaktion ebenfalls an das Metallatom koordinieren kann.

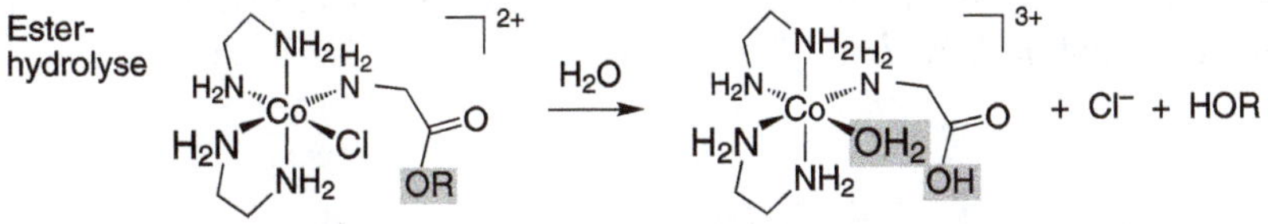

Esterhydrolyse

Die Metallkoordination von Nitril- (Alkyl- oder Arylcyanid-)Liganden erleichtert den nucleophilen Angriff für die Hydrolyse zu Amiden. Im Falle des Pentaammin(alkylcyanid)-cobalt-Komplexes erfolgt mit Hydroxidionen eine sofortige Reaktion zu einem N-gebundenen deprotonierten Amid, das als kinetisch inerter Komplex isoliert werden kann.

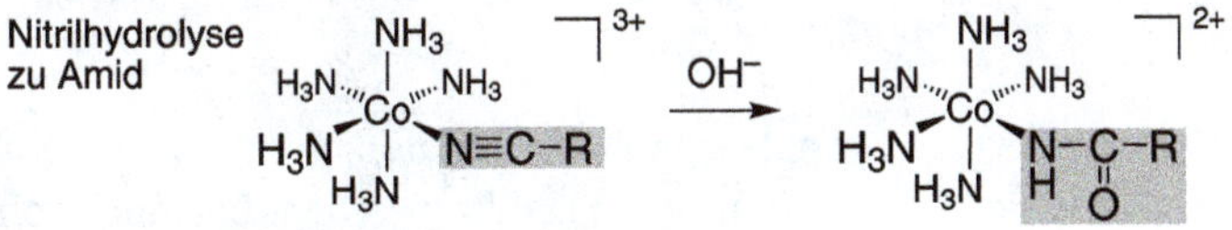

Nitrilhydrolyse zu Amid

Der nucleophile Angriff von Hydridionen auf Nitrile reduziert diese zu Aminen. Die Koordination an ein Metallatom bedingt wieder eine Aktivierung der N≡C-Bindung durch Verringerung der Elektronendichte und Positivierung, sodass die Hydridübertragung etwa 10^3-mal schneller als auf den freien Liganden verläuft.

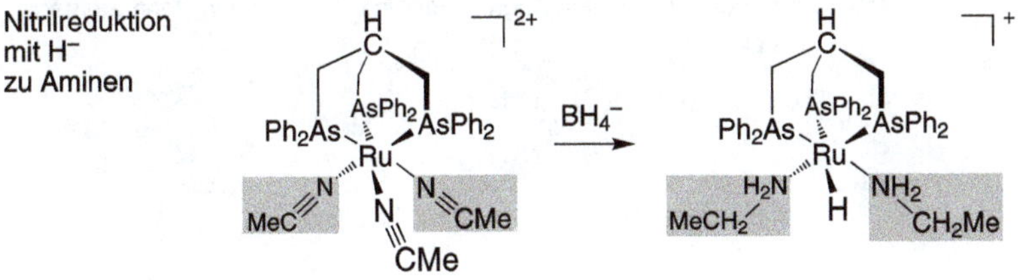

Nitrilreduktion mit H^- zu Aminen

Drei Moleküle Acetonitril reagieren mit Dysprosium- oder Thuliumdiiodid unter C–C-Kupplung zu 2,4-Diimino-3-methylpentan-3-amin, das als Ligand im Komplex isoliert wird. Die Protonen stammen aus dem Lösungsmittel.

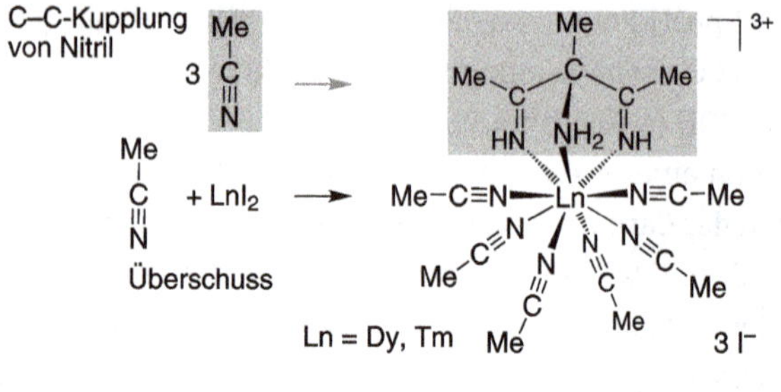

C–C-Kupplung von Nitril

Überschuss

Ln = Dy, Tm

Die Reaktion von freiem Acetylaceton oder anderen 1,3-Diketonen mit H_2S führt nur zur Thiocarbonylverbindung und nicht bis zum 1,3-Dithioketon. Die komplexierte Monothioverbindung kann mit H_2S in ein chelatisiertes 1,3-Dithioketonat umgewandelt werden.

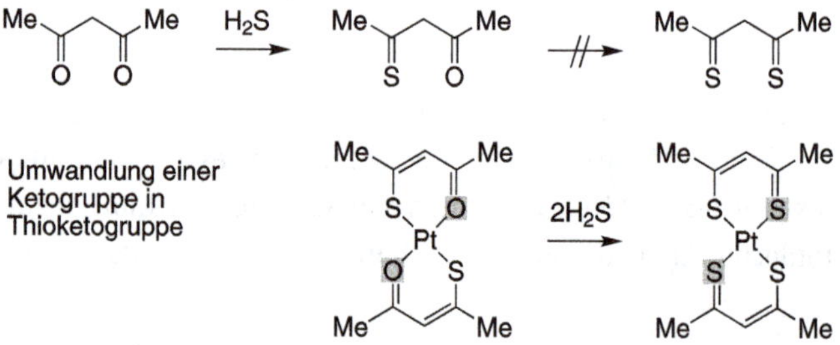

Umwandlung einer Ketogruppe in Thioketogruppe

Die Anbindung ambidenter Liganden an ein Metallatom kann zur Kontrolle der Reaktivität der unterschiedlichen Donoratome genutzt werden. Der nucleophile Angriff eines Aminothiolatliganden am Nickelatom auf die kohlenstoffzentrierten Elektrophile Methyliodid oder Biacetyl ergibt im ersten Fall eine selektive Methylierung am Schwefelatom, während im zweiten Fall ausschließlich eine N–C-Bindung geknüpft wird. Die derart erhaltene Diiminverbindung kann auch nur in Gegenwart des Metallatoms synthetisiert werden.

Reaktivitätskontrolle der nucleophilen Angriffe von unterschiedlichen Donoratomen:

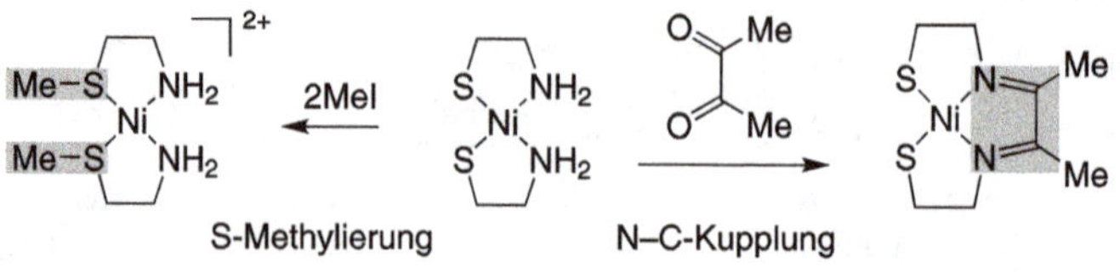

S-Methylierung

N–C-Kupplung

Eine elektrochemisch reversible Bindung von Ethen an die S-Donoratome des redoxaktiven 'non-innocent' Liganden zeigt der Bis(1,2-dithiolat)-Nickelkomplex. Die oxidierte Form bindet Ethen, aus der reduzierten Form wird es wieder freigesetzt, worüber Ethen aus Gasgemischen abgetrennt werden kann.

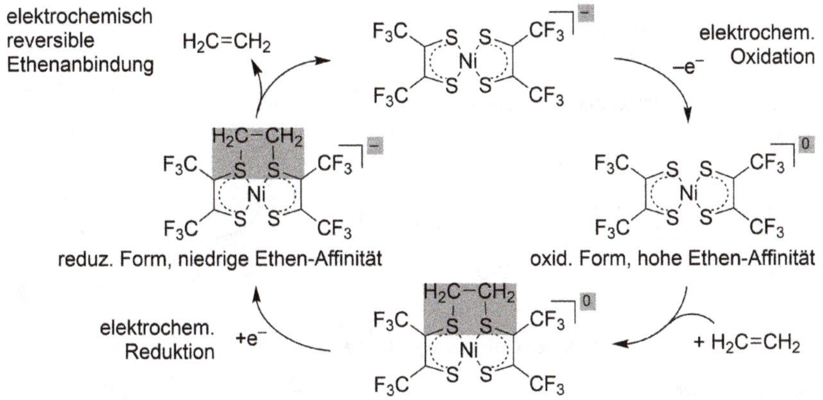

Eine starke Reaktionsbeschleunigung erfahren Umesterungsreaktionen in der Koordinationssphäre eines Metallatoms durch die Polarisierung und Nachbarstellung der reaktiven Zentren. Der nucleophile Angriff eines koordinierten Alkoxidliganden erfolgt auf das elektrophile Carbonyl-Kohlenstoffatom der ebenfalls koordinierten Estereinheit.

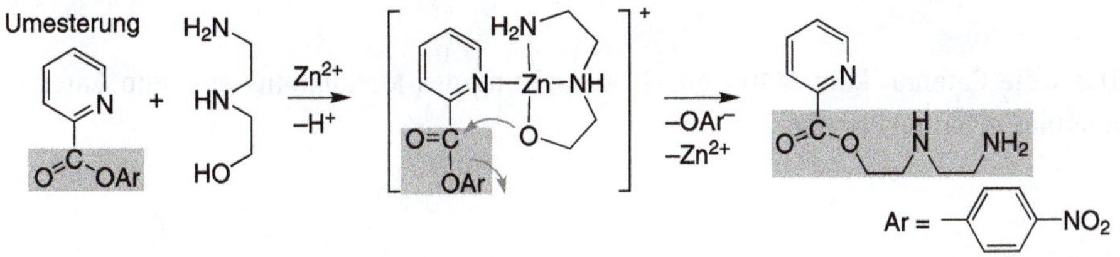

Metallzentrierte Umsetzungen können gezielt in Ringschlussreaktionen zum Aufbau makrocyclischer Liganden genutzt werden. Die Orientierung der Reaktionszentren durch das Metallatom ist dabei wesentlich, sodass es zu einer Ringschluss- anstelle einer Polymerisationsreaktion kommt. Die sterische Präkonformation durch eine zumindest vorübergehende Koordination an das Metallatom ist ein Metall–Templat-Effekt (engl. *template* = Schablone, Matrix). Der Metall–Templat-Effekt dient z. B. zur Synthese von Kronenethern, Kryptanden und Catenanen. Catenane sind Verbindungen, bei denen die einzelnen Moleküle jeweils aus mindestens zwei ineinandergreifenden Ringen bestehen ([2]-Catenane), ohne dass zwischen diesen Ringen kovalente Bindungen bestehen.

Templat-Effekt von K^+ zur Synthese von 18-Krone-6

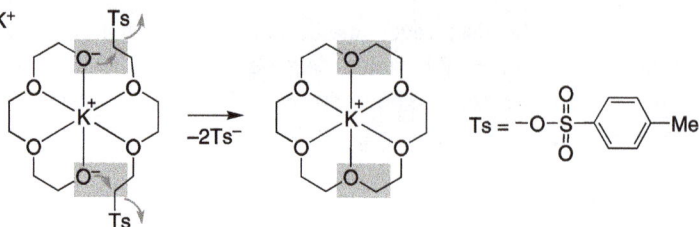

Prinzip der koordinativen Catenansynthese

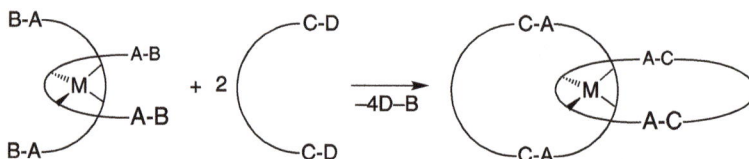

Beispiel Catenansynthese

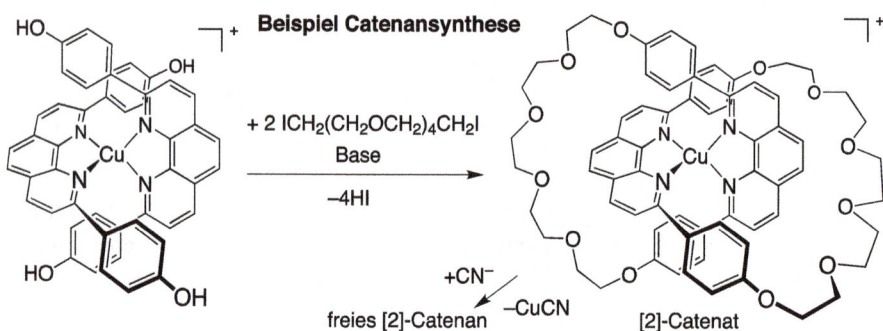

Das freie Catenan kann dann durch Abspaltung des Metallatoms aus dem Catenatkomplex erhalten werden.

3.12 Disauerstoff-Metallkomplexe

Die **Synthese** von Metall–O_2-Komplexen erfolgt in der Regel durch Zugabe von O_2 zu einem Metallkomplex.

Koordination. Die Bindung von O_2 an ein Metallatom geht mit einem Transfer von Elektronendichte vom Metallatom zum O_2-Liganden einher. Disauerstoff ist ein redoxaktiver, ‚non-innocent' Ligand (s. Abschn. 3.11.2). Metallkoordiniertes O_2 kann formal in **Superoxido-** (Einelektronenreduktion zu O_2^-) und **Peroxidoliganden** (Zweielektronenreduktion zu O_2^{2-}) unterschieden werden. Diese Differenzierung und die Namensgebung beruht auf einer Ähnlichkeit der O–O-Abstände und -Schwingungsfrequenzen des O_2-Liganden mit den Werten im Superoxid- und Peroxidion (Tab. 3.21). Abstände aus Kristallstrukturanalysen sowie die IR- und Raman-Spektroskopie dienen als Methoden zur

Tab. 3.21: Abstände und Schwingungsfrequenzen in freiem O_2 und im Superoxid- und Peroxidion.

	O_2	Superoxid, O_2^-	Peroxid, O_2^{2-} [Na_2O_2]
Bindungsordnung	2	1,5	1
d(O–O) [Å]	1,21	1,34[a] 1,28 [KO_2][b]	1,49
$\tilde{\nu}$(O–O) [cm^{-1}]	1580	1145 [KO_2]	842

[a] [$C_6H_4(NMe_3)_2$-1,3][O_2]$_2$ · $3NH_3$, in dieser Verbindung ist das O_2^--Anion nur von N-H···O- und C-H···O-Wasserstoffbrücken durch das Kation umgeben und damit nicht durch starke Wechselwirkungen in seiner Struktur gestört.

[b] Die Werte für Superoxid-O–O-Bindungsabstände erstrecken sich über einen weiten Bereich: 1,19 Å in CsO_2 (Phase 2), 1,28 Å in α-KO_2, 1,32 Å in NaO_2 (Phase 2) und 1,37 Å in NaO_2 (Phase 1).

Einordnung. Bei Kristallstrukturbestimmungen findet man insbesondere für M–η^1-O_2-Komplexe häufig Fehlordnungen der O_2-Gruppe, die, wenn sie nicht korrekt behandelt werden, zu unrealistisch kurzen O–O-Abständen (< 1,1 Å) führen.

Disauerstoff kann einzähnig gewinkelt (end-on) und zweizähnig (side-on) an ein Metallatom koordinieren oder zwischen Metallatomen verbrücken. Die Koordinationsart korreliert größtenteils mit der elektronischen Superoxido-/Peroxido-Eingruppierung. Ein Superoxidoligand hat fast immer eine gewinkelte end-on-Koordination. Die side-on-Koordination zeigt fast immer einen Peroxidoliganden an.

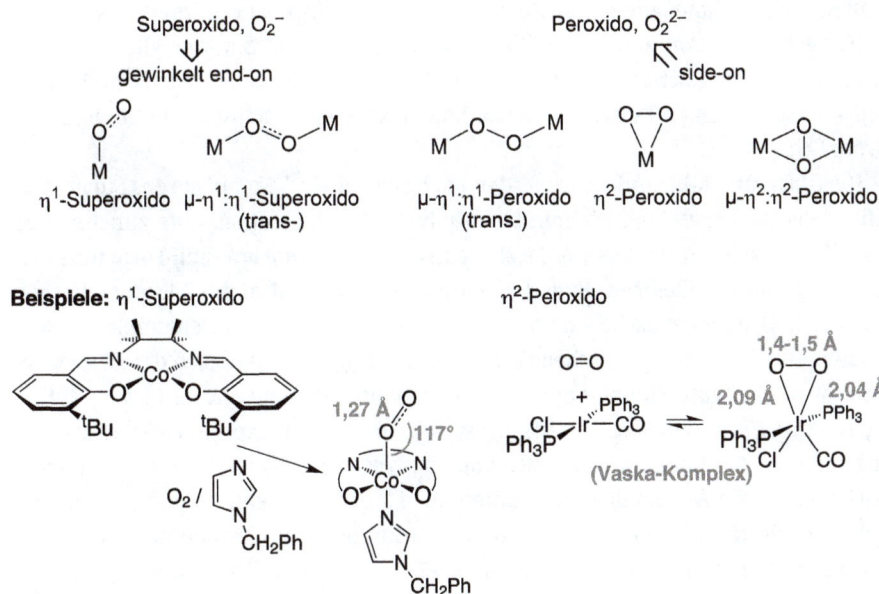

Bedeutung (s. Abschn. 5.3). Metall-O_2-Komplexe spielen in Schlüsselreaktionen des Lebens wie der Atmung und der Photosynthese eine fundamentale Rolle. Bei der **Atmung der Wirbeltiere** wird das Disauerstoffmolekül durch das **Hämoglobin (Hb)** von den Lungen in die Muskelzellen transportiert, wo es zur Verwendung und Speicherung auf das strukturell sehr ähnliche **Myoglobin (Mb)** übertragen wird, welches eine größere Affinität zum Sauerstoff besitzt. Von dort gelangt das O_2-Molekül auf die Cytochrome, eine Gruppe weiterer Häm-Proteine, die als Redoxkatalysatoren die Endglieder der Atmungskette sind.

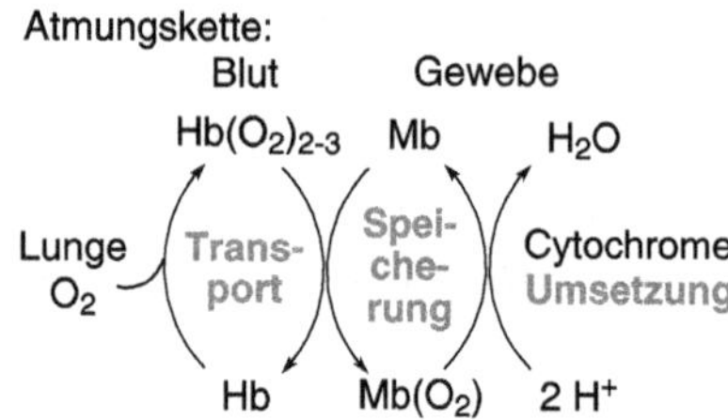

In Desoxy-Hb und Desoxy-Mb liegt das quadratisch-pyramidal koordinierte Fe^{2+}-Atom in einem high-spin-Zustand mit vier ungepaarten Elektronen vor (Gesamtspin $S = 2$) (Abb. 3.54). Durch die Disauerstoff-Koordination (Triplett-Grundzustand $^3O_2$, $S = 1$) erhält man einen diamagnetischen Komplex HbO_2 bzw. MbO_2. Für die möglichst schnelle, nicht gehemmte Anbindung des Disauerstoff-Diradikals, also mit möglichst kleiner Aktivierungsenergie, ist das Vorliegen des Fe-Komplexes als paramagnetische Verbindung günstig. Für einen Tetrapyrrol-Eisen-Komplex gilt eine high-spin-Situation als ungewöhnlich.

Die HbO_2- und MbO_2-Addukte werden am besten als Fe^{3+}-Komplexe des Superoxid-Radikalions $O_2^{\cdot-}$ angesehen. Die mit der erhöhten Metalloxidationsstufe zunehmende Kristallfeldaufspaltung (s. Abschn. 3.9.2) begünstigt für Fe^{3+} die low-spin-Form mit noch einem ungepaarten Elektron. Eine magnetische Kopplung, d. h. die Bildung eines gemeinsamen Orbitals zwischen dem ungepaarten Elektron am Eisenatom und dem $O_2^{\cdot-}$-Ion ergibt den diamagnetischen Grundzustand. Natürlich ließe sich der Diamagnetismus auch über eine Kombination der diamagnetischen Komponenten low-spin-Fe^{2+} (Ionenradius 0,75 Å) und Singulett-Disauerstoff $^1O_2$ deuten. Als experimentelle Entscheidungskriterien kann man die O–O-Schwingungsfrequenz von ca. 1100 cm^{-1}, die nahe der des Superoxid-Anions liegt, und Daten aus Mößbauer-Spektren heranziehen. Bezüglich der Positionsänderung des Fe-Atoms ist im high-spin-Zustand der Radius des Fe^{2+}-Ions so groß (0,92 Å), dass es nicht in die Ebene der vier N-Atome hereinpasst. Der Übergang zu Fe^{3+}-low-spin (Ionenradius 0,69 Å) im O_2-Addukt verringert den Radius des Eisenatoms, und dieses kann sich in die Ringebene bewegen.

Bei der Diskussion von *formalen* Oxidationsstufen bleibt festzuhalten, dass die Koordination eines nach der spektrochemischen Reihe relativ schwachen Disauerstoffliganden von einem high-spin- zu einem low-spin-Zustand des Metallatoms führt. Eisen-

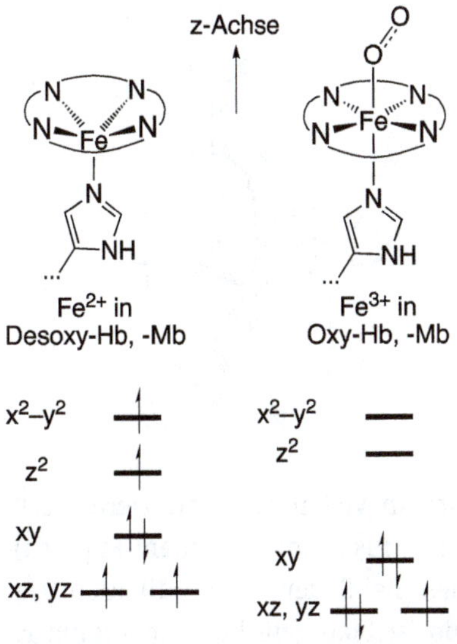

Abb. 3.54: Eisen-d-Orbitalaufspaltung und Elektronenkonfiguration im Desoxy- und Oxy-Hämoglobin/Myoglobin. Im Sauerstoff-freien Zustand (Desoxy-Form) liegt das high-spin-Fe^{2+}-Atom 0,36–0,40 Å außerhalb der Porphyrin-Ringebene. Bei Aufnahme von Disauerstoff mit einer end-on-Anbindung des O_2-Moleküls erfolgt Spinpaarung und das wahrscheinlich jetzt low-spin-Fe^{3+}-Atom bewegt sich in einen Bereich innerhalb von ±0,12 Å in die Ringebene.

komplexe mit Stickstoffdonorliganden zeichnen sich weiterhin dadurch aus, dass sie sich nahe am Spincrossover-Punkt oder in einem thermisch verschiebbaren Spingleichgewicht befinden (s. Abschn. 3.9.7). Der Spinübergang des Eisenatoms mit geringer Aktivierungsenergie kann durch einen kooperativen Effekt aus der Kontraktion des Metallatoms und der Relativbewegung um ca. 0,3 Å in das Zentrum des Makrocyclus, der dadurch besser („stärker“) komplexieren kann, unterstützt werden.

Zur Häm-Gruppe gibt es zahlreiche Fe^{2+}-Porphyrin-**Modellkomplexe** mit einem axialen Imidazolring am Eisenatom, die die physikalischen und strukturellen Eigenschaften im Desoxyhämoglobin und -myoglobin nachempfinden sollen. Die Fe^{2+}-Atome in diesen „freien“ Häm-Gruppen werden aber von Sauerstoff sofort irreversibel zu Fe^{3+} oxidiert. Über Peroxido-Zwischenstufen (Porphyrin-Fe^{3+}–O–O–Fe^{3+}-Porphyrin) wird ein Oxido-verbrücktes Dimer gebildet (Porphyrin-Fe^{3+}–O–Fe^{3+}-Porphyrin). Erst wenn man durch geeignete sterisch anspruchsvolle Substituenten am Porphyrinring die Ausbildung einer solchen dimeren Eisenspezies verhindern kann, erhält man funktionale Hämoglobin-Modellverbindungen, die in der Lage sind, reversibel Sauerstoff zu binden. Für die Stabilität des Fe^{2+} im Hämo- oder Myoglobin ist der Globin-Teil des Proteins wesentlich, der sich um die Häm-Gruppe faltet und in gleicher Weise eine Dimerisierung und damit irreversible Desaktivierung verhindert.

funktionale Häm-Modellverbindungen

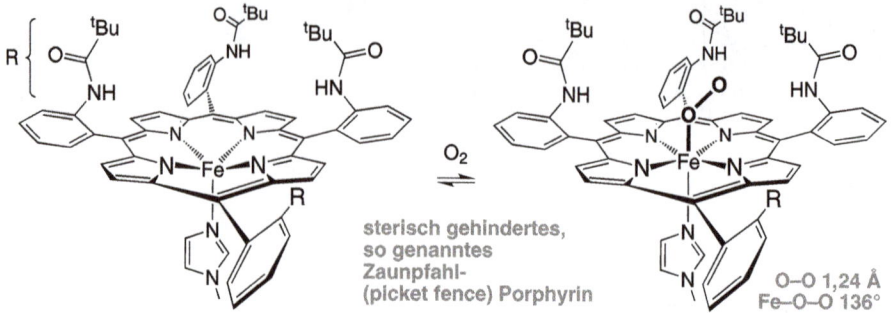

sterisch gehindertes, so genanntes Zaunpfahl- (picket fence) Porphyrin

O–O 1,24 Å
Fe–O–O 136°

Die Funktion des Hämoglobins als O_2-Träger wird in vielen niederen Tieren (z. B. Weichtieren wie Tintenfischen, Schnecken, Krebsen, Muscheln) von einem Kupfer(I)-Protein, dem farblosen **Hämocyanin**, übernommen. Bei Sauerstoffkoordination liegt zweiwertiges Kupfer vor, und das Oxyhämocyanin ist blau gefärbt. Hämocyanin ist im Blut frei gelöst und nicht wie Hämoglobin an rote Blutkörperchen gebunden. Die Molmasse von Hämocyaninen variiert sehr stark: Hummer 770.000, Seepolypen 2,78 Mio, Weinbergschnecke 6,7 Mio. Damit ist Hämocyanin eines der größten natürlich vorkommenden Moleküle. Aus Schnecken-Hämocyanin kann man das Kupfer durch einen Cyanidpuffer (pH = 8,4, in Gegenwart von Calciumionen) reversibel entfernen, wobei das Bindungsvermögen gegenüber O_2 ebenfalls reversibel wiederkehrt. Das Sauerstoff-freie, farblose Desoxyhämocyanin enthält zwei einwertige Kupferatome, die jeweils von drei Histidinliganden (His) koordiniert sind, mit einem Metall–Metall-Abstand von 3,7±0,3 Å (Abb. 3.55). Der zweikernige Kupferkomplex mit substituierten Tris(pyrazolyl)boratliganden wird als sehr gutes strukturelles Modell für die O_2-Koordination an die beiden Kupferatome im Hämocyanin zum blauen Cu^{2+}-haltigen Oxyhämocyanin

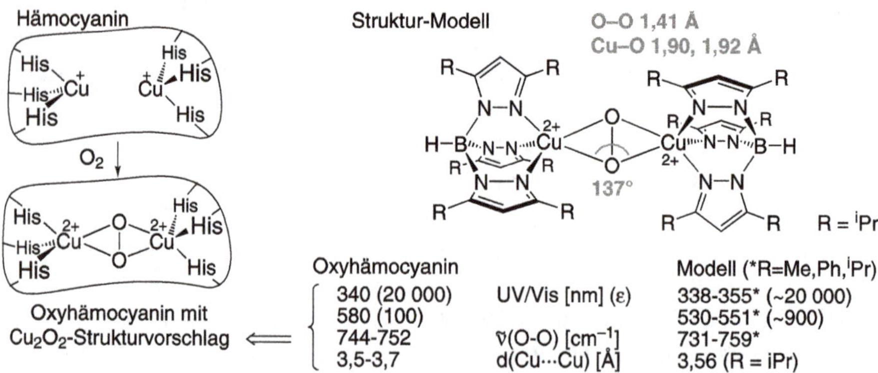

Abb. 3.55: Schematische Darstellung der Kupferkoordination in Oxy-/Hämocyanin mit spektroskopischen und Strukturwerten und der Vergleich mit dem Strukturmodellkomplex Bis(tris(pyrazolyl)borato)-peroxido-dikupfer(II).

angesehen. Aufgrund der im Gegensatz zu anderen Cu_2–O_2-Modellkomplexen sehr guten Übereinstimmung der spektroskopischen Daten wird für Oxyhämocyanin eine μ-η^2:η^2-Peroxid-Koordination an die beiden Kupferatome angenommen. Eine Struktur von Oxyhämocyanin aus *Limulus polyphemus* mit 2,4 Å Auflösung scheint die Bindung des Peroxidliganden in einer planaren μ-η^2:η^2-Koordination zu bestätigen.

Eine reversible Spaltung der O–O-Bindung im Peroxidion konnte in einem zweikernigen Triazacyclononan-Kupferkomplex beobachtet werden. In Aceton als Lösungsmittel findet man bei tiefer Temperatur ein Gleichgewicht zwischen dem Disauerstoff-Addukt und seinem Isomer mit zwei Oxobrücken und fehlender O–O-Bindung.

Hämocyanin Funktionsmodell

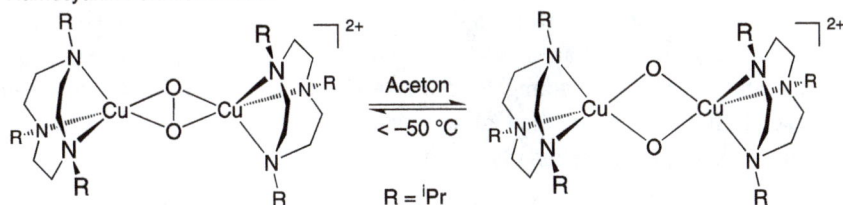

Aceton, < –50 °C; R = ^{i}Pr

Bei der in grünen Pflanzen ablaufenden **Photosynthese** erfolgt die Wasserspaltung und die Freisetzung von Disauerstoff an einem vierkernigen Mangancluster (Mn_4Ca-Cluster) (wasseroxidierender Komplex, WOC; oxygen evolving complex OEC) im aktiven Zentrum des Photosystems II (PSII) (s. Abb. 5.42 und 5.43 und zugehörigen Text).

3.13 Distickstoff-Metallkomplexe

Synthese. Distickstoffkomplexe lassen sich durch direkte Synthese aus Metallsalzen unter reduzierenden Bedingungen erhalten,

$$[MoCl_4(PR_3)_2] \xrightarrow[-NaCl]{Na,\ N_2} [Mo(N_2)_2(PR_3)_4]$$

durch die Oxidation von N_2H_4

$$[C_5H_5Mn(CO)_2(N_2H_4)] + 2\ H_2O_2 \longrightarrow [C_5H_5Mn(CO)_2(N_2)] + 4\ H_2O$$

oder von NH_3 zu N_2 in der Koordinationssphäre eines Metallatoms.

$$[Os(NH_3)_5(N_2)]^{2+} + HNO_2 \longrightarrow [Os(NH_3)_4(N_2)_2]^{2+} + H_2O$$

Die Darstellung der ersten N_2-Koordinationsverbindung gelang 1965 durch Umsetzung von $RuCl_3$ mit Hydrazin in wässriger Lösung.

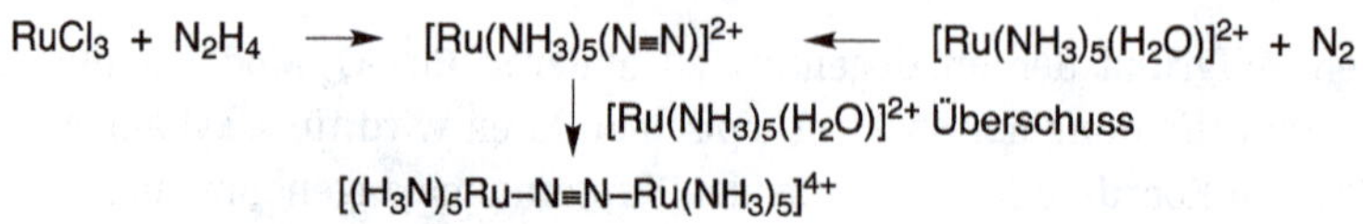

$$RuCl_3 + N_2H_4 \longrightarrow [Ru(NH_3)_5(N{\equiv}N)]^{2+} \longleftarrow [Ru(NH_3)_5(H_2O)]^{2+} + N_2$$

$$\downarrow [Ru(NH_3)_5(H_2O)]^{2+} \text{ Überschuss}$$

$$[(H_3N)_5Ru{-}N{\equiv}N{-}Ru(NH_3)_5]^{4+}$$

Die anfangs mit dieser Entdeckung verbundene fast euphorische Erwartung, dass mit der Metallkoordination der Stickstoff aktiviert werde und leicht zu reduzieren wäre, sodass man kurz vor einer energiesparenden Ammoniaksynthese stünde, hat sich bis heute erst ansatzweise erfüllt. Die Entdeckung führte jedoch zu einer regen Forschungstätigkeit, sodass heute einige Hundert N_2-Komplexe bekannt sind.

Koordination. Distickstoff kann in einer σ-Koordination mit dem freien Elektronenpaar des Moleküls (end-on) an Metallatome koordinieren, und zwar terminal oder verbrückend mit annähernd linearer M–N≡N(–M)-Anordnung.

Die seitliche (side-on) η^2-Koordination an ein Metallatom über die N_2-π-Bindung ist selten. Sie wurde für die Verbindung $[\{(C_5Me_5)_2Sm\}(N_2)]$ nachgewiesen. Häufiger ist eine verbrückende side-on-Koordination zwischen *zwei* Metallatomen ($\mu-\eta^2{:}\eta^2$). Eine end-on/side-on Verknüpfung ist selten (Bsp. Tantalkomplex, s. u.).

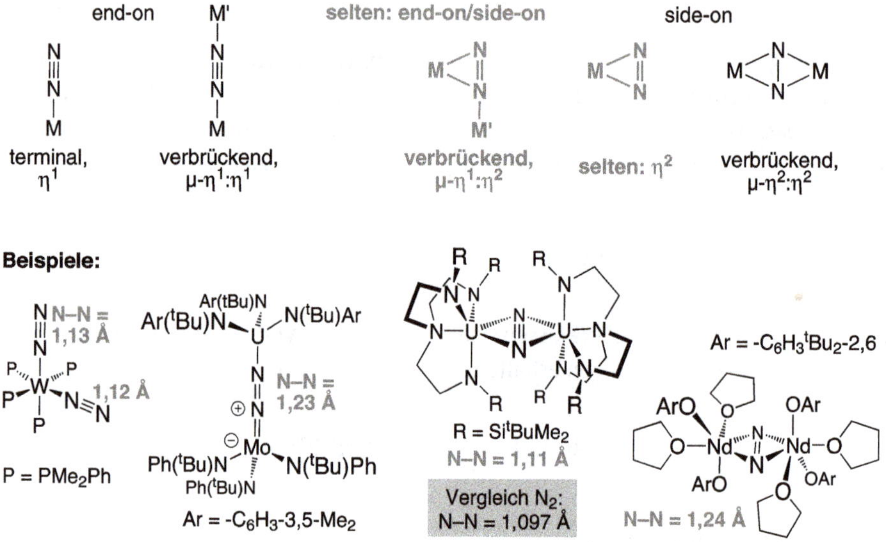

end-on | selten: end-on/side-on | side-on

N≡N–M: terminal, η^1

M–N≡N–M': verbrückend, μ-$\eta^1{:}\eta^1$

verbrückend, μ-$\eta^1{:}\eta^2$

selten: η^2

verbrückend, μ-$\eta^2{:}\eta^2$

Beispiele:

N–N = 1,13 Å; 1,12 Å; P = PMe_2Ph

Ar(tBu)N, $Ar(^tBu)N$, $N(^tBu)Ar$, U; N–N = 1,23 Å; Mo, $Ph(^tBu)N$, $N(^tBu)Ph$; Ar = $-C_6H_3$-3,5-Me_2

R = Si^tBuMe_2; N–N = 1,11 Å

Vergleich N_2: N–N = 1,097 Å

Ar = $-C_6H_3{}^tBu_2$-2,6; ArO, OAr, Nd; N–N = 1,24 Å

Die M–N_2-Bindung kann analog zur end-on-Metallanbindung einer terminalen CO-Gruppe (s. Abschn. 4.3.1.1) oder der side-on-π-Koordination eines Alkins (s. Abschn. 4.3.4.2) als Kombination aus einer σ-Hinbindung und M(d)⟶$N_2(\pi^*)$-π-Rückbindungen angesehen werden.

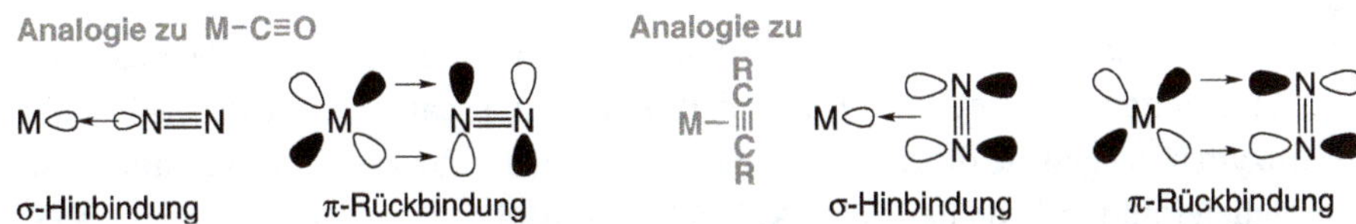

Das N_2 σ-Orbital liegt energetisch tiefer und das N_2 π^*-Orbital energetisch höher als die betreffenden Orbitale in den isoelektronischen CO- oder Alkinliganden, sodass bei N_2 eine schlechtere Wechselwirkung mit den Metallorbitalen resultiert. Im Vergleich zu CO und RC≡CR ist N_2 ein schwächerer σ-Donor und schlechterer π-Akzeptor (s. Abschn. 3.14).

Ähnlich dem CO-Liganden wird die N≡N-Bindungslänge von 1,097 Å im freien Molekül bei Koordination an *ein* Metallatom nur wenig auf etwa 1,12 Å verlängert. Erst eine zweifache side-on- oder end-on-Metallanbindung führt in der Regel zu einer deutlichen Verlängerung der N–N-Bindung und damit zu einer gewissen Aktivierung.

Bedeutung. Die Erforschung von Metall–N_2-Komplexen hat die NH_3-Synthese nach dem Haber-Bosch-Verfahren sowie durch N_2-Fixierung als technischen und biologisch-biochemischen Hintergrund. Beim **Haber-Bosch-Verfahren** wird aus N_2 und H_2 mithilfe eines Eisenkatalysators bei hoher Temperatur und hohem Druck Ammoniak erzeugt. Typische Temperaturen liegen zwischen 400–500 °C und Drücke zwischen 100–1000 bar. Unterschiede bei Anlagen bestehen hinsichtlich der Katalysatoren sowie der Erzeugung und Reinigung des Synthesegases. Als Katalysator wird metallisches α-Eisen mit geringen Mengen oxidischer Materialien eingesetzt. Eine typische Zusammensetzung des Katalysator-Vorprodukts besteht aus Fe_3O_4 (94,3 % Masseanteil Magnetit, Ausgangsprodukt für α-Eisen), K_2O (0,8 %, aus K_2CO_3; erhöht die Aktivität, senkt aber die Temperaturbeständigkeit), Al_2O_3 (2,3 %), SiO_2 (0,4 %) und CaO (1,7 %, macht unempfindlich gegen Schwefel- und Chlorverbindungen). Die letzten drei Komponenten schützen vor Versinterung und erhöhen dadurch die Temperaturbeständigkeit des Katalysators. Die Reduktion des Magnetits ist von entscheidender Bedeutung für die Katalysatorqualität. Früher erfolgte die Reduktion im Druckreaktor der Ammoniak-Produktionsanlage, neuerdings führt man zum Teil eine Vorreduktion in separaten Anlagen durch. Die Eisenkatalysatoren sind pyrophor und reagieren äußerst empfindlich auf Katalysatorgifte. Diese verkleinern durch Chemisorption die aktive Oberfläche des Katalysators und senken so seine Aktivität. Katalysatorgifte sind O-, S-, P- und As-Verbindungen. Störend wirken auch Kohlenwasserstoffe sowie andere Inertgase wie Argon. Letztere behindern durch physikalische Adsorption die Diffusion von Stickstoff und Wasserstoff in die Katalysatorporen. Trotz seines Erfolges und der weltweiten Anwendung sind die Verwendung einer hohen Temperatur und des hohen Drucks Kostenfaktoren, die die Entwicklung von ökonomischeren Alternativen wünschenswert erscheinen lassen. Mit Rutheniumkatalysatoren ist möglicherweise eine effizientere Ammoniaksynthese möglich.

Die Natur hat ebenfalls einen Weg zur NH_3- (oder NH_4^+-)Synthese entwickelt. Organismen in den Wurzelverdickungen mancher Pflanzen (Hülsenfrüchte), mehrere Bakterien und Grünalgen können Stickstoff unter „milden“ physiologischen Bedingungen, d. h. bei Raumtemperatur und Normaldruck, binden und spalten (Stickstoff-Fixierung). Das **Enzym Nitrogenase** führt diese Reaktion unter anaeroben Bedingungen durch. Als Energielieferant wird von der Natur ATP (Adenosintriphosphat) eingesetzt und die Reduktionshalbreaktion kann folgendermaßen formuliert werden:

Nitrogenasereaktion, Stickstoff-Fixierung

$$N_2 + 8\,H^+ + 16\,MgATP^{2-} + 8\,e^- + 16\,H_2O \xrightarrow[\text{Raumtemperatur, Normaldruck}]{\text{Nitrogenase}} 2\,NH_3 + H_2 + 16\,MgADP^- + 16\,H_2PO_4^-$$

ATP = Adenosintriphosphat — ADP = Adenosindiphosphat

Je nach den Metallatomen, die sie enthalten, unterscheidet man FeMo-, FeV- und FeFe-Nitrogenasen. Die am besten untersuchten FeMo-Nitrogenase-Enzymkomplexe bestehen aus zwei Metallprotein-Komponenten, einem Fe- und einem MoFe-Protein (Azoferredoxin und Molybdoferredoxin) (Abb. 3.56). Das dimere Fe-Protein ist eine Nitrogenasereduktase, besitzt einen Fe_4S_4-Cluster und fungiert als Einelektronen-Reduktionsmittel für das MoFe-Protein, die eigentliche Nitrogenase. Nach der Kristallstrukturanalyse mit 1,6 Å Auflösung des Fe- und des MoFe-Proteins von *Azotobacter vinelandii* enthält das MoFe-Protein als metallhaltige Spezies zwei P-Cluster und zwei FeMo-Cofaktoren.

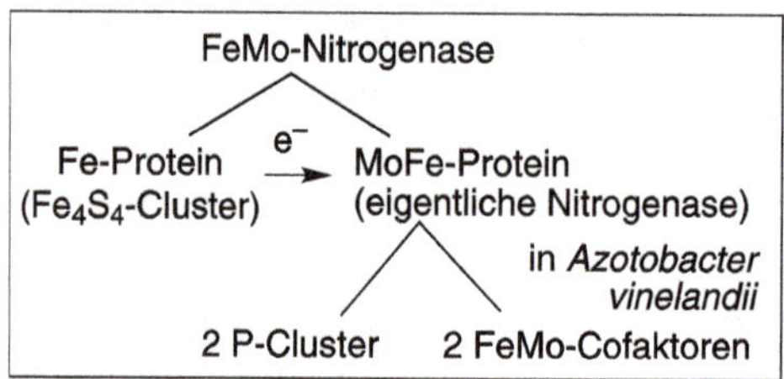

Abb. 3.56: Schematischer Aufbau der Eisen-Molybdän-Nitrogenase in *Azotobacter vinelandii*. Der Metall-zentrierte Teil der Struktur des P-Clusters und des FeMo-Cofaktors ist in Abb. 3.57 illustriert.

Die Proteinketten können in zwei α- und zwei β-Untereinheiten unterschieden werden, sodass man auch von einem $\alpha_2\beta_2$-Tetramer spricht. Die P-Cluster befinden sich an der Schnittstelle zwischen den α- und β-Untereinheiten. Die FeMo-Cofaktoren sind innerhalb der α-Untereinheiten lokalisiert. Die P-Cluster sind aus zwei Fe_4S_4-Cubaneinheiten aufgebaut, die über zwei Cystein-Thiolatbrücken verbunden sind. Eine dritte Brücke kann durch eine S–S-Bindung oder durch ein gemeinsames S-Atom gebildet werden (Abb. 3.57). Die beiden etwa 70 Å voneinander entfernten FeMo-Cofaktoren stellen die aktiven Zentren des MoFe-Proteins dar, an denen die Bindung, Reduktion

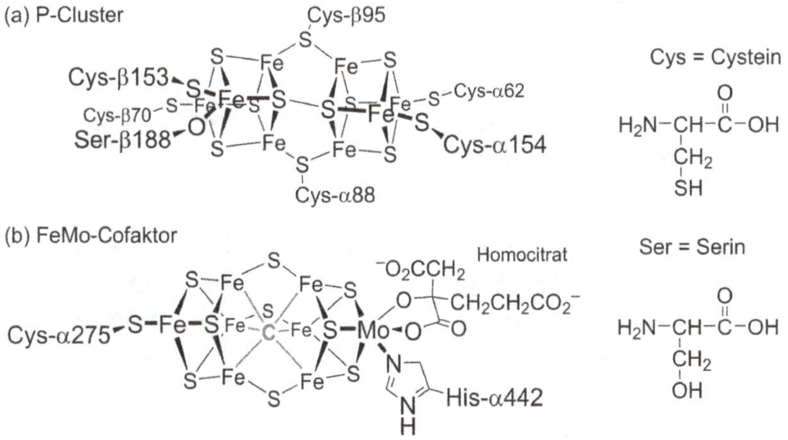

Abb. 3.57: Darstellung eines P-Clusters (a) und des FeMo-Cofactors (b) aus *Azotobacter vinelandii*. Die für die direkte Anbindung der Cluster an das Protein wichtigen Cystein-, Serin- und Histidingruppen sind angedeutet. Die Bezeichnungen *α* und *β* kennzeichnen die Proteinuntereinheiten. Eine Röntgenstrukturanalyse von *Azotobacter vinelandii* mit 1,16 Å Auflösung zeigte ein hexakoordiniertes Atom im Fe_6-Käfig des FeMo-Cofaktors. Das interstitielle Atom wurde als C^{4-} identifiziert.

und Aktivierung des N_2-Moleküls erfolgt. Jeder Cofaktor besteht aus zwei Cubanfragmenten der Stöchiometrie Fe_4S_3 und $MoFe_3S_3$, die über drei Sulfidbrücken verknüpft sind. Das Molybdänatom sitzt am Ende dieses für ein Enzym ungewöhnlich großen und komplexen Clusters und ist über ein Hydroxid- und ein Carboxylat-Sauerstoffatom an Homocitrat koordiniert. Eisen–Schwefel-Cluster, hauptsächlich als Fe_2S_2, Fe_3S_4 und Fe_4S_4, finden sich in allen Formen des Lebens. Sie können oxidiert und reduziert, in Proteine inseriert oder daraus entfernt werden und die Proteinstruktur beeinflussen. Neben ihrer vorwiegenden Elektronentransferfunktion dienen sie als katalytische Zentren und Sensoren für Eisen und Sauerstoff (s. Abschn. 5).

Für den Mechanismus der biologischen Stickstoffaktivierung nimmt man eine N_2-Bindung an den FeMo-Cofaktor des MoFe-Proteins an. Es erfolgt eine Elektronenübertragung zum Metall–N_2-Komplex, der die Protonierung von N_2 erleichtert und schließlich zur Reduktion zu NH_3 führt. ATP ist die Energiequelle oder besser der Energieüberträger von der ursprünglichen Quelle, der Oxidation von Zucker zu CO_2. Der natürliche Prozess ist auf seine Weise auch sehr energieintensiv: Für die Umwandlung von 14 g N_2 zu NH_3 muss 1 kg Glucose oxidiert werden.

Mit Metall–N_2-Komplexen gelingt mittlerweile unter milden Bedingungen eine stöchiometrische NH_3-Synthese. Es können Teilschritte der N_2-Reduktion nachvollzogen werden. Durch das Zusammenwirken von $[RuCl(dppp)_2]^+$ zur Aktivierung von H_2 (durch Bildung des H_2-Addukts) und cis-$[W(N_2)_2(PMe_2Ph)_4]$ wird unter milden Bedingungen NH_3 in 45 %-Ausbeute erhalten.

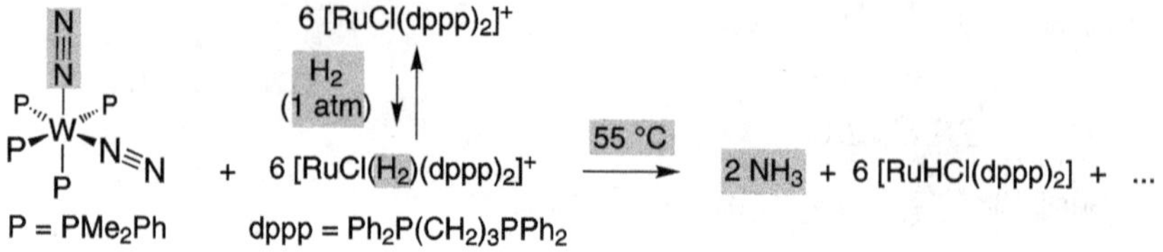

Auch als Hydrosulfidoligand gebundener Wasserstoff kann zur Protonierung von koordiniertem N_2 in cis-[W(N_2)$_2$(PMe_2Ph)$_4$] verwendet werden. Mit den Hydrosulfido-verbrückten Komplexen [Cp*Ir(μ-SH)$_3$IrCp*]$^+$ oder [P_3Fe(μ-SH)$_3$FeP_3]$^+$ wurde in 78 % oder 38 % Ausbeute NH_3 erhalten.

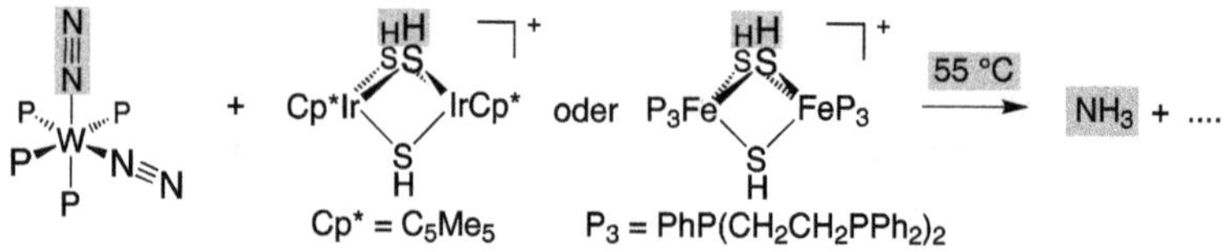

Die Reduktion des Thorium(IV)-Komplexes mit Kalium-Naphthalenid, $KC_{10}H_8$ führt zu einer niedervalenteren Zwischenstufe, die N_2 in Amid überführt, das sich als Ligand im Produktkomplex wiederfindet.

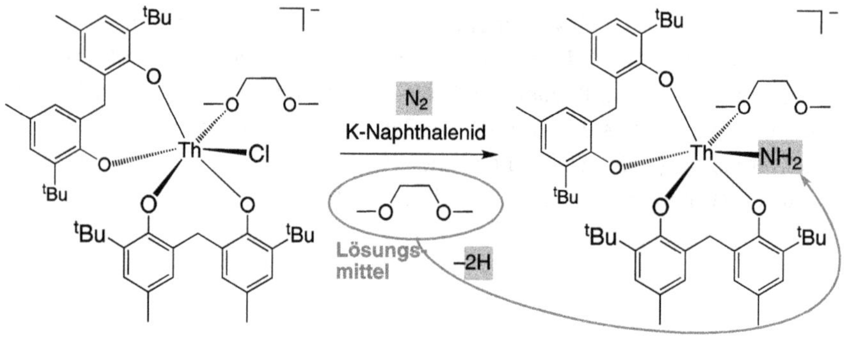

Die lange N–N-Bindung in der zweikernigen Tantalverbindung ([NPN]Ta)$_2$(μ-H)$_2$(μ-η^1:η^2-N_2) mit einer ungewöhnlichen end-on/side-on-Verbrückung wird durch Hydrosilylierung vollständig gespalten. Die Reduktion der N_2-Gruppe zu den Silylimiden wird von der Oxidation der Hydridliganden zu H_2 begleitet (vgl. H_2-Entwicklung bei Nitrogenasereaktion).

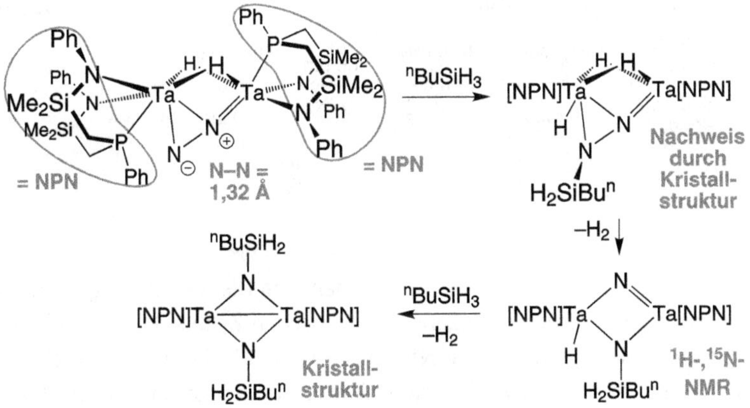

In Anlehnung an die Struktur des FeMo-Cofaktors in *Azotobacter vinelandii* wurde eine niedrig koordinierte Eisenverbindung erfolgreich für die Anbindung von N_2 benutzt. Die Reduktion der dreifach koordinierten Fe-Verbindung mit Naphthalenid unter N_2-Atmosphäre führt zu einem Dimetall–Distickstoff-Komplex mit verbrückender, zweifacher end-on-Koordination. Dieser konnte mit Natrium- oder Kaliummetall unter Aufweitung der N–N-Bindung nochmals reduziert werden.

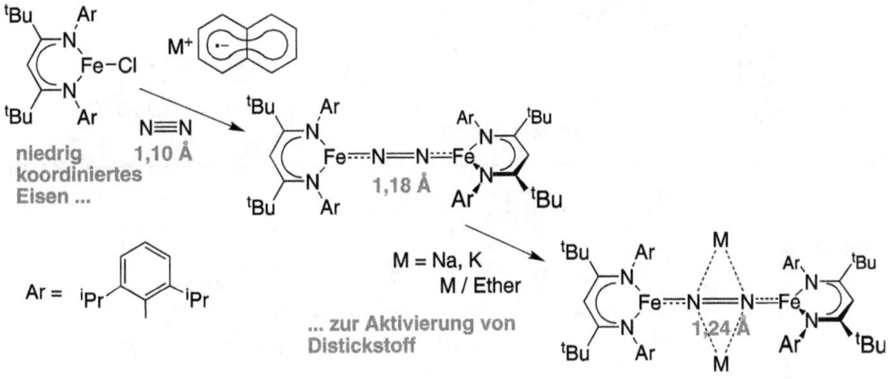

Aus einer zweifachen end-on-Koordination heraus kann die Spaltung der N–N-Bindung zu Metall–Nitrido-Komplexen gelingen. Bei der reduktiven Arylierung von $MoCl_4$ mit MesMgBr (Mes = Mesityl) unter Stickstoff wird zunächst der Distickstoffkomplex erhalten. Durch UV-Bestrahlung wird darin die N–N-Bindung photochemisch gespalten und über einen noch nicht ganz geklärten Mechanismus der Dimolybdän–Nitrido-Komplex gebildet.

Photochemisch induzierte N_2-Spaltung

Mes = Mesityl,

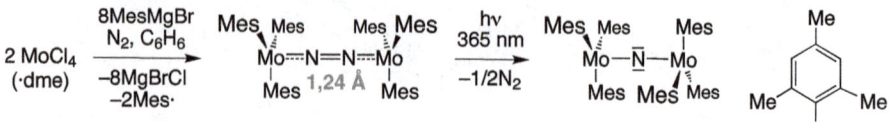

$$2\,MoCl_4(\cdot dme) \xrightarrow[-8MgBrCl,\ -2Mes\cdot]{8MesMgBr,\ N_2,\ C_6H_6} Mes_3Mo{=}N{=}N{=}MoMes_3\ (1{,}24\ \text{Å}) \xrightarrow[-1/2N_2]{h\nu,\ 365\ nm} Mes_3Mo{-}N{-}MoMes_3$$

Die katalytische N_2-Reduktion zu NH_3 (~ 4 Zyklen) gelang mit einem Molybdänkatalysator, mit (2,6-Lutidinium)BAr'_4 als Protonenquelle und Decamethylchromocen als Elektronenlieferant (Reduktionsmittel). Neben dem Distickstoffkomplex (a) wurden als Zwischenstufen des vorgeschlagenen katalytischen Zyklus der Diiminidokomplex (b), der iso-Diiminkomplex (c), der Nitridokomplex (d), der Imidokomplex (e) und der Amminkomplex (f) isoliert. Die kationischen Komplexe (c), (e) und (f) wurden als Tetraarylborat-, BAr'_4-Salze erhalten. Sowohl mit dem Distickstoffkomplex (a) als auch mit den Zwischenstufen (b), (d) und (f) wurde der Katalysezyklus gestartet und führte zu sehr ähnlichen Ausbeuten (ca. 66 %) nach im Mittel vier Durchläufen.

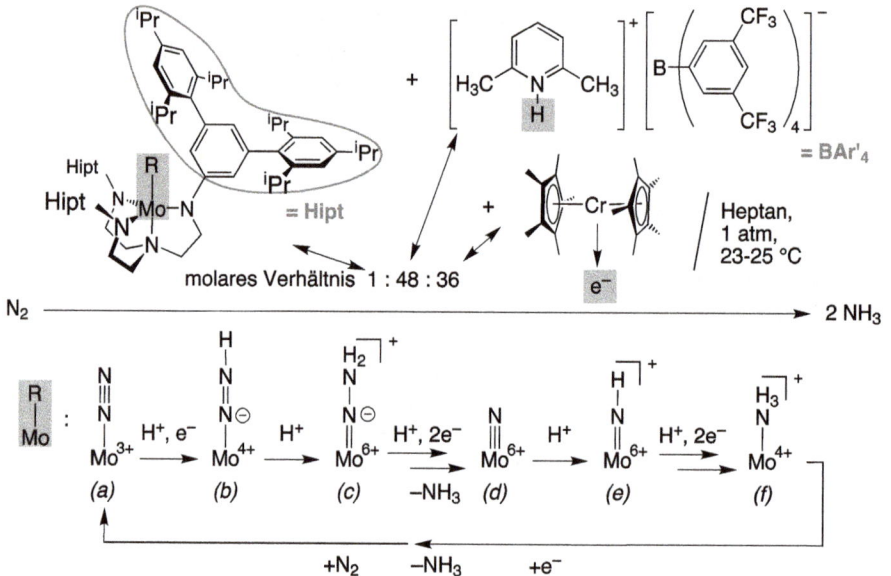

Hipt, Hipt, R, Mo, N, ⁱPr, = Hipt, H_3C, CH_3, H, B, CF_3, = BAr'_4, Cr, e^-, Heptan, 1 atm, 23-25 °C

molares Verhältnis 1 : 48 : 36

$$N_2 \longrightarrow 2\,NH_3$$

R–Mo :

$$Mo^{3+}{-}N{\equiv}N\ (a) \xrightarrow{H^+,\ e^-} Mo^{4+}{-}N{=}N{-}H\ (b) \xrightarrow{H^+} [Mo^{6+}{=}N{-}NH_2]^+\ (c) \xrightarrow[-NH_3]{H^+,\ 2e^-} Mo^{6+}{\equiv}N\ (d) \xrightarrow{H^+} [Mo^{6+}{=}NH]^+\ (e) \xrightarrow{H^+,\ 2e^-} [Mo^{4+}{-}NH_3]^+\ (f)$$

(f) → (a): $+N_2$, $-NH_3$, $+e^-$

3.14 Cyanido-Metallkomplexe

Synthese. Cyanidokomplexe werden am häufigsten durch Zugabe von überschüssigem Cyanid (z. B. als NaCN oder KCN) zu einem Metallkomplex in wässriger Lösung synthetisiert. In vielen Fällen erfolgt eine vollständige Ligandensubstitution durch CN^-.

$$[MX_aL_b]^c + (a+b)\,CN^-\ (\text{Überschuss}) \xrightarrow{H_2O} [M(CN)_{a+b}]^{(c-b)} + a\,X^- + b\,L$$

Oxidations- oder Reduktionsmittel können die CN^--Substitutionsreaktion zwecks Änderung der Metall-Oxidationszahl begleiten. Cyanid kann auch selbst als Reduktionsmittel dienen. Es wird leicht zu Dicyan, $(CN)_2$ oder Cyanat, CNO^- oxidiert.

Beispiele:

$$[Co(H_2O)_6]^{2+} + 5\,CN^- \longrightarrow [\overset{2+}{Co}(CN)_5]^{3-} + 6\,H_2O$$

$$2\,[\overset{2+}{Co}(CN)_5]^{3-} + 2\,CN^- + H_2O_2 \longrightarrow 2\,[\overset{3+}{Co}(CN)_6]^{3-} + 2\,OH^-$$

$$2\,[\overset{2+}{Cu}(H_2O)_4]^{2+} + 10\,CN^- \longrightarrow 2\,[\overset{1+}{Cu}(CN)_4]^{3-} + (CN)_2 + 8\,H_2O$$

Eine oxidative Addition von HCN oder Inter-Halogen–Pseudohalogen-Verbindungen XCN führt ebenfalls zu Cyanido-Metallkomplexen.

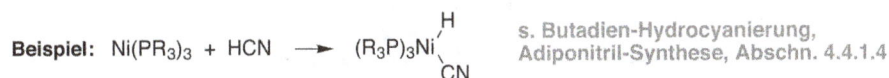

Beispiel: $Ni(PR_3)_3 + HCN \longrightarrow (R_3P)_3Ni(H)(CN)$ s. Butadien-Hydrocyanierung, Adiponitril-Synthese, Abschn. 4.4.1.4

Cyanid bildet mit vielen Metallen homoleptische und thermodynamisch sehr stabile Cyanido-Metallatkomplexe (s. Abschn. 3.10.1). Mit dem kleinen Liganden werden in zahlreichen Fällen koordinativ gesättigte und bis zu 18-Elektronenkomplexe erhalten. Dabei kann ein weiter Bereich von Oxidationsstufen am Metallatom stabilisiert werden. Beispiele sind die tetraedrischen d^{10}-Komplexe $[M(CN)_4]^{2-}$ (mit M = Cu^+, Zn^{2+}, Cd^{2+}, Hg^{2+}), die analogen quadratisch-planaren d^8-Komplexe (mit M = Ni^{2+}, Pd^{2+} und Pt^{2+}), die oktaedrischen Komplexe $[M(CN)_6]^{c-}$ (M = V, Cr, Mn, Fe, Co), und die achtfach koordinierten Verbindungen $[M(CN)_8]^{4-/5-}$ (M = Nb, Mo, W) (s. Abschn. 3.7).

Koordination. Der Cyanidligand kann terminal und verbrückend an Metallatome koordinieren. Für den terminalen Liganden wurden bis jetzt keine signifikanten Abweichungen von einer linearen M–C≡N-Anordnung gefunden. Die weitgehend lineare M–C≡N–M'-Brücke ist die häufigste Brückengeometrie. Andere Verbrückungen sind sehr selten.

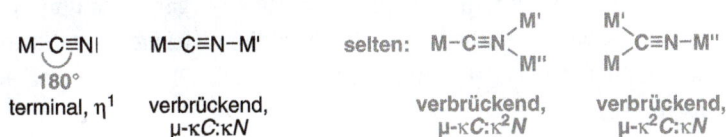

M–C≡N| (180°) terminal, η^1 — M–C≡N–M' verbrückend, μ-κ*C*:κ*N* — selten: M–C≡N(M')(M'') verbrückend, μ-κ*C*:κ²*N* — (M')(M)C≡N–M'' verbrückend, μ-κ²*C*:κ*N*

Das Cyanidion bindet terminal ausschließlich über das freie Elektronenpaar am Kohlenstoffatom an Metallatome. Cyanid bildet sehr starke σ-Donorbindungen mit Metallionen. Die Metall–CN-Bindung ist eine der thermodynamisch stabilsten Metall–Ligand-Bindungen. Cyanidoverbindungen gehören mit zu den stabilsten bekannten

Übergangsmetallkomplexen (s. Abschn. 3.10). Über seine guten σ-Donoreigenschaften kann der Cyanidoligand Metallatome in formal hohen Oxidationsstufen stabilisieren. Das Cyanidion $|C{\equiv}N|^-$ ist isoelektronisch zu $|N{\equiv}N|$, $|C{\equiv}O|$ und $|N{\equiv}O|^+$. Die π-Akzeptoreigenschaften von CN^- sind aufgrund von Abstoßungseffekten durch seine negative Ladung bedeutend geringer als die von CO oder NO^+ (s. auch Abschn. 4.3.1.1 u. 4.3.1.4). Anders als die Nitrosyl- und Carbonylliganden sind die Cyanidionen häufig ohne wesentliche $d{\longrightarrow}\pi^*$-Rückbindungsanteile gebunden. Das Cyanidion ist ein hervorragender und oft nahezu reiner σ-Donorligand. Die besseren σ-Donor- und schlechteren π-Akzeptoreigenschaften von CN^- gegenüber CO und NO^+ sind auf die durch die negative Ladung höhere Energie der σ- und π^*-Orbitale zurückzuführen. Das CN^--σ-Orbital kann mit den energetisch näher liegenden Metall-d-Orbitalen besser überlappen. Die Wechselwirkung der hochliegenden CN^--π^*-Akzeptorniveaus mit den Metall-d-Orbitalen ist weniger effektiv.

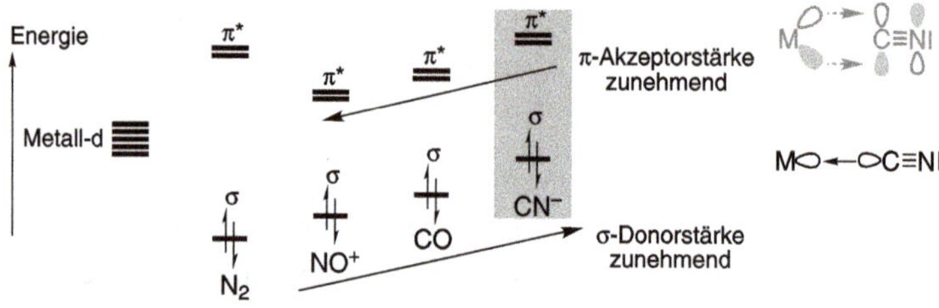

Die hervorragenden σ-Donoreigenschaften bei nicht relevanten π-Donororbitalen machen CN^- (anders als z. B. die Halogenide) zu einem starken Liganden in der spektrochemischen Reihe (s. Abschn. 3.9.8). Oktaedrische Cyanido-Metallatkomplexe weisen ausschließlich low-spin-Zustände auf. Der quadratisch-planare d^7-Komplex $[Co^{2+}(CN)_4]^{2-}$ hat eine für diese Koordinationsgeometrie und Elektronenkonfiguration seltene low-spin-Anordnung, was ein Beleg für das starke Ligandenfeld von CN^- ist. Im tetraedrischen $[Mn^{2+}(CN)_4]^{2-}$-d^5-Komplex liegt wegen der gegenüber dem Oktaeder geringeren Kristallfeldaufspaltung beim Tetraeder (Abschn. 3.9.2) aber noch ein high-spin-Grundzustand vor.

Die guten σ-Donoreigenschaften und die starke Metall–Ligand-σ-Bindung bedingen auch den starken nephelauxetischen Effekt des Cyanidions, gleichbedeutend mit einem hohen Kovalenzanteil in der M–CN-Bindung (s. Abschn. 3.9.7) und den starken trans-Effekt (s. Abschn. 3.11.1).

Aufgrund der guten σ-Donoreigenschaften von CN^- und der starken Metall–CN-Bindung können nur wenige andere Liganden einen Cyanidoliganden direkt substituieren. Neben der Zersetzung durch starke Säuren gelingt eine direkte Substitution nur mit starken π-Akzeptorliganden wie CO und NO^+ oder mit aromatischen Chelatliganden, wie 2,2′-Bipyridin oder 1,10-Phenanthrolin. Für viele Substitutionsreaktionen in Cyanido-Metallkomplexen benötigt man daher eine photochemisch induzierte Dissoziation eines oder mehrerer Cyanidoliganden (s. auch lichtinduzierte Ligandensubstitutionen in Abschn. 3.11.1).

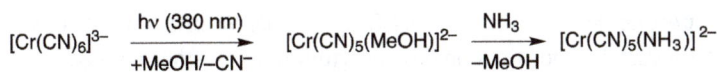

$$[Cr(CN)_6]^{3-} \xrightarrow[+MeOH/-CN^-]{h\nu\ (380\ nm)} [Cr(CN)_5(MeOH)]^{2-} \xrightarrow[-MeOH]{NH_3} [Cr(CN)_5(NH_3)]^{2-}$$

(vgl. analoge intermediäre Einführung eines labilen Solvensmoleküls bei Carbonylkomplexen)

Ein niedriger pH-Wert (saures Medium) befördert die Cyanido-Substitution, da Protonierung die M–CN-Bindung schwächt und das Komplexbildungsgleichgewicht auf die Seite von HCN und M verschiebt (s. Abschn. 3.10.2). Im Komplex *trans*-$[Cr(CN)_2(NH_3)_4]^+$ begünstigt zusätzlich der trans-Effekt der Cyanidoliganden die Substitution bei Protonierung, sodass die Bildung von *trans*-$[Cr(H_2O)_2(NH_3)_4]^{3+}$ ca. 1000-mal schneller abläuft als die von *cis*-$[Cr(H_2O)_2(NH_3)_4]^{3+}$.

Die Metallanbindung von CN^- lässt sich mit der Schwingungsspektroskopie gut untersuchen. Die Streckschwingung von freiem Cyanid in wässriger Lösung liegt bei 2080 cm^{-1} (C–N-Bindungslänge 1,16 Å). Terminale Cyanidokomplexe zeigen scharfe und intensive CN-Valenzschwingungen zwischen 2000 und 2200 cm^{-1}. Die Erhöhung der Schwingungsfrequenz und damit die Stärkung der C–N-Bindung bei Komplexierung geht mit der fast ausschließlichen σ-Donor- und nur geringfügigen π-Akzeptorfunktion konform. Die positive Ladung eines Metallatoms am Kohlenstoffatom übt einen elektrostatischen Effekt auf den Cyanidoliganden aus. Durch Anziehung der Elektronendichte vom Stickstoff- zum Kohlenstoffatom wird die Polarisierung der C–N-bindenden σ- und π-Orbitale zum elektronegativeren Stickstoffatom verringert. Damit wird die Kovalenz der C–N-Bindung vergrößert, die Bindung gestärkt und die Schwingungsfrequenz erhöht.

elektrostatischer Effekt $\overset{\delta+}{M}—C\equiv\overset{\delta-}{N}|$ (e^- ←) Verringerung der Orbitalpolarisierung (vgl. M–CO-Bindung, Abschn. 4.3.1.1)

Eine merkliche π-Rückbindung aus besetzten d-Orbitalen am Metallatom in die leeren π^*-Niveaus am Cyanidoliganden würde hingegen die C–N-Bindung schwächen und die Schwingungsfrequenz erniedrigen, wie es in der Regel beim Kohlenmonoxidliganden beobachtet wird (s. Abschn. 4.3.1.1). Vergleichende Studien an $[Fe^{II}(CN)_6]^{4-}$ und $[Fe^{III}(CN)_6]^{3-}$ zeigen, dass bei Metallatomen in niedriger Oxidationsstufe kleine Rückbindungsanteile vorliegen können.

	$[Fe^{II}(CN)_6]^{4-}$	$[Fe^{III}(CN)_6]^{3-}$
Fe–C [Å]	1,90	1,93
$\tilde{\nu}$(C≡N) [cm^{-1}]	2098	2135

Die Verkürzung der Fe–C-Bindung und niedrigere CN-Schwingungsfrequenz bei Fe^{2+} im Vergleich zu Fe^{3+} wird als Argument für eine größere Rolle der π-Rückbindung in der niedrigeren Oxidationsstufe beim Eisenatom gesehen.

Die Veränderung der C–N-Schwingungsfrequenz bei Verbrückung ist etwas komplizierter. Die zusätzliche Koordination des Stickstoffatoms an eine Lewis-Säure in einer reinen σ-Donorbindung führt zu einer Erhöhung von $\tilde{\nu}$(C≡N): Vergleiche $K_2[Ni(CN)_4]$ mit 2130 cm^{-1} und $K_2[Ni(CN)_4] \cdot 4BF_3$ mit Ni–C≡N–BF_3-Brücke und 2250 cm^{-1}. Der Effekt wird am besten über eine Kopplung der Schwingungen erklärt. Auch mit Metallatomen als Lewis-Säuren erhöht sich häufig die Schwingungsfrequenz (s. u.). In *Einzelfällen* kann es über die M–N-Bindung aber zu einer stärkeren π-Rückbindung kommen, sodass die C–N-Schwingungsfrequenz unter den Wert für die terminale Streckschwingung sinken kann (s. u.).

Cyanid ist ein potentiell ambidenter Ligand. Eine Anbindung M–N≡C wird als Isocyanido bezeichnet (s. Abschn. 3.3). Terminales Cyanid ist aber (fast) immer Kohlenstoff-gebunden, und normalerweise bleibt die ursprüngliche M–CN-Bindung bei einer Verbrückung intakt.

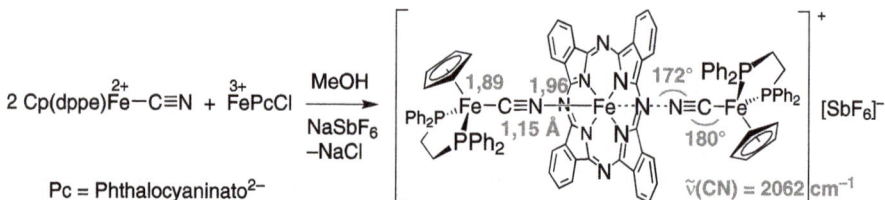

2 Cp(dppe)$\overset{2+}{Fe}$–C≡N + $\overset{3+}{Fe}$PcCl $\xrightarrow[\text{NaSbF}_6,\ -\text{NaCl}]{\text{MeOH}}$ $[\ldots]^+$ $[SbF_6]^-$

Pc = $Phthalocyaninato^{2-}$

1,89 · 1,96 · 1,15 Å · 172° · 180° · $\tilde{\nu}$(CN) = 2062 cm^{-1}

Beispiel für eine Isomerisierung ist die Verbindung $K_2Fe^{II}[Cr^{III}(CN)_6]$, die als grünes Isomer mit Fe^{II}–CN–Cr^{III}-Brücken [$\tilde{\nu}$(C≡N) = 2092 cm^{-1}] und als rotes Isomer mit Fe^{II}–NC–Cr^{III}-Einheiten [$\tilde{\nu}$(C≡N) = 2168, 2114 cm^{-1}] vorliegt (Bindungsisomerie, Abschn. 3.8). Für die Festlegung der Cyanidbrücken zwischen unterschiedlichen Metallatomen eignet sich die Röntgenbeugung in einer Kristallstrukturuntersuchung nicht. Grund sind die ähnlichen Elektronendichten und damit die nur leicht unterschiedlichen Streufaktoren für die benachbarten Elemente Kohlenstoff und Stickstoff. Die M–C- und M–N-Bindungsabstände bei verbrückenden Cyanidoliganden sind ebenfalls ähnlich. Unterscheidungskriterien liefern die Neutronenbeugung oder IR-spektroskopische Untersuchungen.

Bedeutung. Im Unterschied zu salzartigen Cyaniden wie KCN oder $Ca(CN)_2$ ist bei den komplexen Cyaniden die Giftigkeit stark herabgesetzt. Die Cyanidionen können häufig erst nach Zerstörung des Komplexes als Ion nachgewiesen werden. Natrium-, Kalium- und Calciumhexacyanidoferrat(II) sind als Antibackmittelzusatz (gegen Verklumpen) bis zu 20 mg/kg für Kochsalz zugelassen (E535, E536 und E538). Außerdem wird $K_4[Fe(CN)_6]$ bei der Blauschönung als Teil des Klär- und Stabilisationsverfahrens (Weinschönung) in der Weinherstellung verwendet. Bei der Blauschönung werden

Metallionen, z. B. Eisen, Zink und Kupfer, die zu Nachtrübungen im Wein führen können, durch den Zusatz des gelben Blutlaugensalzes gefällt. Der Name Blauschönung ist auf die Blaufärbung des Niederschlags durch das gefällte Eisen (Berliner Blau) zurückzuführen. Anwendung finden Cyanidokomplexe ferner bei der Gewinnung der Edelmetalle Gold und Silber durch Extraktion mit Alkalicyaniden und Solubilisierung als Cyanidometallate (Cyanidlaugerei).

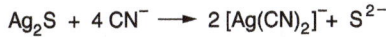

$$Ag_2S + 4\,CN^- \longrightarrow 2\,[Ag(CN)_2]^- + S^{2-}$$

Über die Anwendung von Berliner Blau, $\{Fe_4[Fe(CN)_6]_3\}_\infty$, als Antidot bei Vergiftungen durch Thallium und radioaktives Caesium, s. Abschn. 3.16.

Ein Großteil des Interesses an Cyanido-Metallverbindungen gilt ein-, zwei- und dreidimensionalen koordinationspolymeren Strukturen. Die Hofmann'schen Clathrate sind Wirt-Gast-Komplexe auf der Basis hauptsächlich zweidimensionaler Gitternetzwerkstrukturen aufgebaut durch Cyanidoverbrückung zwischen Metallatomen (Abb. 3.58). Als Gäste können organische Moleküle, insbesondere Aromaten, eingelagert und zum Teil auch reversibel adsorbiert werden.

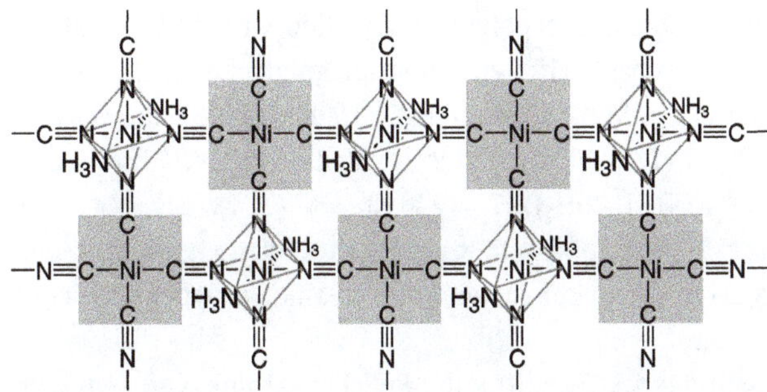

Abb. 3.58: Teil des zweidimensionalen Cyanido-Metall-Netzwerks, das alternierend aus quadratisch-planaren $Ni^{II}(CN)_4$-Einheiten und oktaedrischen $Ni^{II}(NC)_4(NH_3)_2$-Gruppen aufgebaut ist. Gastmoleküle sind nicht gezeigt. Für Nickel in der oktaedrischen Position kann auch Cadmium eingesetzt werden. Werden anstelle der NH_3-Gruppen verbrückende Aminliganden, z. B. 4,4′-Bipyridin eingesetzt, kommt es zu einer vertikalen Verknüpfung der zweidimensionalen Schichten.

Mit tetraedrisch koordinierten Metallatomen, z. B. in $Cd(CN)_2$ oder $Zn(CN)_2$, werden Adamantan-artige, dreidimensionale Gitterstrukturen erhalten, die sich auch gegenseitig durchdringen können (Abb. 3.59).

Weiterhin kann Cyanid als Brückenligand in gemischtvalenten Verbindungen und zwischen Metallatomen mit ungepaarten Elektronen fungieren. Zwei- und dreidimensionale koordinationspolymere Cyanido-Metall-Verbindungen mit gemischtvalenten Metallatomen zeigen bei relativ hohen Temperaturen ferro- und ferrimagnetische

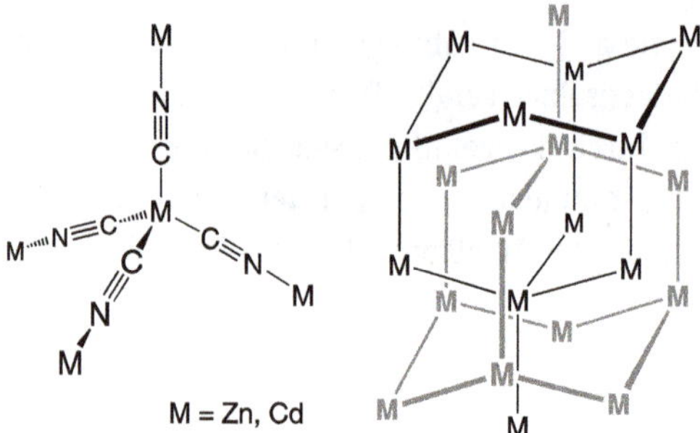

Abb. 3.59: Strukturprinzip in $Cd(CN)_2$ und $Zn(CN)_2$. Links ist die tetraedrische Baueinheit und rechts sind zwei unabhängige sich durchdringende Diamant-artige Gitter gezeigt. Die Verbindungsstriche zwischen den Metallatomen stehen jeweils für eine Cyanidobrücke.

Ordnungsphänomene (Magnetismus, s. Abschn. 2.7) (s. Abschn. 3.20, molekulare Magnete). Bedeutung kommt hier den komplexen Cyaniden aus der Berliner-Blau-Familie mit dem allgemeinen Formeltyp $(M^{I})A^{II}$-$[B^{III}(CN)_n]$ zu. Das $[B^{III}(CN)_n]^{(3-/4-)}$-Ion wirkt als mehrzähniger, verbrückender Komplexligand gegenüber den A^{II}-Kationen und bildet mit diesen eine starre dreidimensionale Struktur in der zwei magnetische Zentren alternieren. Das CN^--Ion kann als einfacher magnetischer Mediator zwischen Metallionen gesehen werden. Beispiele für polymere Cyanido-Metallverbindungen mit höheren kritischen Temperaturen (T_c) für eine ferromagnetische Ordnung sind $Mn^{II}{}_2(H_2O)_5[Mo^{III}(CN)_7] \cdot nH_2O$ (T_c = 51 K), $K_2Mn^{II}{}_3(H_2O)_6[Mo^{III}(CN)_7]_2 \cdot nH_2O$ (T_c = 39 bis 72 K), $KV^{II}[Cr^{III}(CN)_6] \cdot 2H_2O$ (T_c = 103 K), gemischtvalente Cr(II)-Cr(III)-Cyanide $[Cr_{2,12}(CN)_6]$ (T_c = 270 K) und $[Cr_5(CN)_{12}] \cdot 10H_2O$ (T_c = 240 K).

Berliner Blau, $\{Fe_4[Fe(CN)_6]_3\}_\infty$, ist ein dreidimensionales, gemischtvalentes Koordinationspolymer. Es kristallisiert in einem kubischen Gitter. Cyanid verbrückt zwischen oktaedrisch koordinierten Eisenatomen. Fe^{2+} wird vom C-Atom, Fe^{3+} vom N-Atom des Brückenliganden koordiniert. Für das 4:3-Verhältnis der Fe^{3+}:Fe^{2+}-Atome bleibt ein Viertel der Gitterplätze der $[Fe(CN)_6]^{4-}$-Gruppen unbesetzt. Die derart frei gewordenen Koordinationsstellen an Fe^{3+} sind mit H_2O-Liganden besetzt.

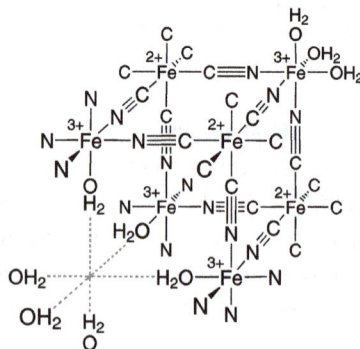

3.15 Metall–Metall-Bindungen und Metallcluster

Eine **direkte** oder **nicht durch Liganden unterstützte Metall–Metall-Bindung** besitzt keine Brückenliganden. Klassische Beispiele sind Hg–Hg-Bindungen im $[Hg–Hg]^{2+}$-Kation und in Cl–Hg–Hg–Cl (Kalomel) oder M–M-Bindungen in einigen Metallcarbonylkomplexen wie $(OC)_5Mn–Mn(CO)_5$ und $Ir_4(CO)_{12}$ (s. Abschn. 4.3.1.1). In diesen Beispielen kann die M–M-Bindung näherungsweise als 2-Zentren/2-Elektronen-σ-Bindung beschrieben werden.

Beispiele für direkte Metall-Metall-Einfachbindungen (s. auch Abschn. 4.2.6.3)

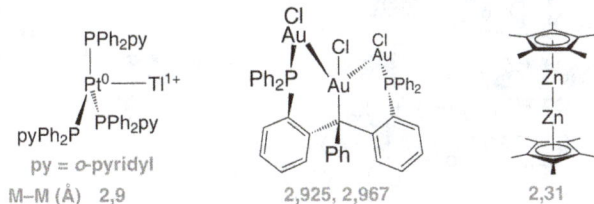

PPh₂py, Pt⁰—Tl¹⁺, PPh₂py, pyPh₂P; py = o-pyridyl | Cl, Au, Cl, Cl, Au, Ph₂P, Au, PPh₂, Ph | Zn, Zn

M–M (Å) 2,9 | 2,925, 2,967 | 2,31

Eine Metall–Metall-σ-Bindung kann durch π- und δ-Überlappungen der d-Orbitale zu einer Mehrfachbindung erweitert werden.

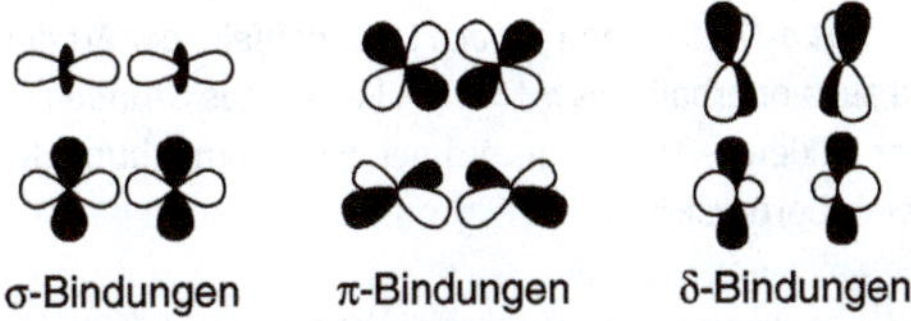

Beispiele für nicht durch Liganden unterstützte Metall–Metall-Mehrfachbindungen sind (s. auch Abschn. 4.2.8):

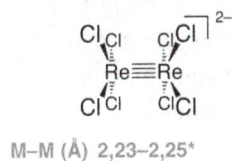

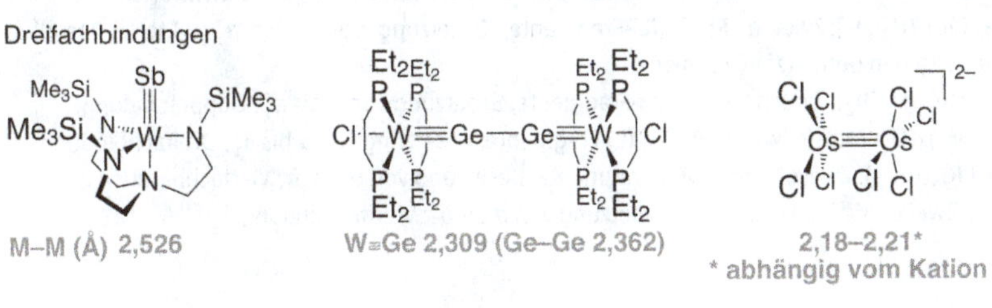

Vierfachbindungen

Re≡Re (Cl₄ / Cl₄)²⁻

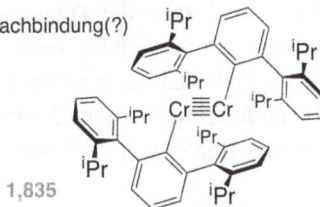

$[(tpp)Mo\equiv Re(oep)]^+$

tpp^{2-} = meso-tetraphenylporphyrinato
oep^{2-} = octaethylporphyrinato

Fünffachbindung(?)

Cr≡Cr (ⁱPr-substituierte Terphenyl-Liganden)

M–M (Å) 2,23–2,25* | 2,236 | 1,835

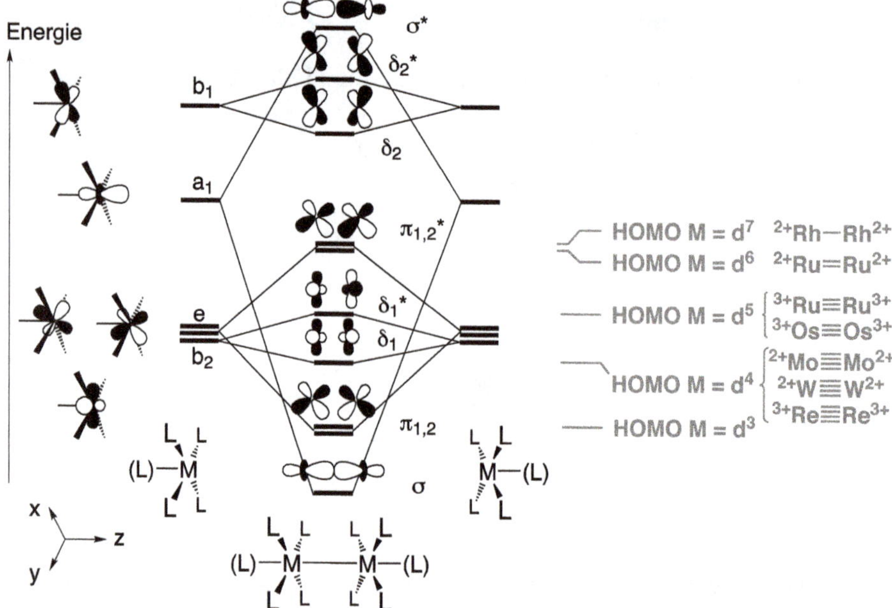

Abb. 3.60: Orbitalwechselwirkung des d-Blocks zweier flächenverknüpfter ML_5- oder ML_4-Fragmente in der ekliptischen Anordnung. Das σ-Orbital kann je nach Ligandenfeld, der Art der axialen Liganden und dem Metall–Metall-Abstand auch oberhalb des π-Niveaus liegen. Aus Gründen der Übersichtlichkeit ist nur jeweils eine Kombination der beiden π-Orbitale gezeichnet. Eine Einmischung der leeren s- und p-Orbitale bleibt der Einfachheit halber unberücksichtigt. Für die Bindungsordnung ist die d^x-Valenzelektronenzahl (Oxidationszahl) des Metallatoms entscheidend.

$[Os_2Cl_8]^{2-}$: Zwei d^5-$Os^{3+}L_4$-Fragmente; Besetzung der Orbitale von σ bis δ_1^* mit 10 Elektronen; obwohl hier eine gestaffelte Konformation vorliegt, kann das Wechselwirkungsdiagramm verwendet werden, denn die gleichzeitige Besetzung der bindenden und antibindenden Komponente der δ-Überlappung oder richtiger von zwei entarteten δ-Niveaus führt ohnehin zu keinem Bindungsbeitrag.

$[Re_2Cl_8]^{2-}$: Zwei d^4-$Re^{3+}L_4$-Fragmente; Besetzung der Orbitale von σ bis δ_1 mit 8 Elektronen.

$[Rh_2(\mu\text{-}O_2CMe)_4(H_2O)_2]$: Zwei d^7-$Rh^{2+}L_4$(L)-Fragmente; Besetzung von σ bis $\pi_{1,2}^*$; Metall–Metall-σ-Einfachbindung zwischen den $a_1(z^2)$-Orbitalen.

$[Ru_2(\mu\text{-}O_2CMe)_4(H_2O)_2]$: Zwei d^6-$Ru^{2+}L_4$(L)-Fragmente; Besetzung von σ bis π_1^*; Doppelbindung.

$[Ru_2(\mu\text{-}O_2CMe)_4(O_2CMe)_2]$: Zwei d^5-$Ru^{3+}L_4$(L)-Fragmente; Besetzung von σ bis δ_1^*; Dreifachbindung.

$[Mo_2(\mu\text{-}O_2CR)_4(thf)_2]$: Zwei d^4-$Mo^{2+}L_4$(L)-Fragmente; Besetzung von σ bis δ_1; Vierfachbindung.

$[W_2(hpp)_4]$: Zwei d^4-$W^{2+}L_4$-Fragmente; Besetzung von σ bis δ_1; Vierfachbindung.

Zur theoretischen Deutung der Dreifachbindung in $[Os_2Cl_8]^{2-}$ und der Vierfachbindung in $[Re_2Cl_8]^{2-}$ kann der Fragmentorbitalsatz für das C_{4v}-symmetrische ML_5-Fragment aus Abb. 3.34 verwendet werden. Für die gestaffelte Konformation in $[Os_2Cl_8]^{2-}$ (D_{4d}-Symmetrie) ergibt sich anhand des Wechselwirkungsdiagramms in Abb. 3.60 aus der Kombination der beiden d^5-Os^{3+}-Fragmente die Elektronenkonfiguration $\sigma^2\pi^4\delta^2\delta^{*2}$, d. h. es bestehen zwischen den Metallatomen eine σ- und zwei π-Bindungen.

Die Bindungsordnung von vier im Octachlorido-dirhenat(III)-Anion $[Re_2Cl_8]^{2-}$ resultiert aus der ekliptischen Kombination zweier d^4-Re^{3+}-Fragmente zu einem zweikernigen Metallkomplex mit der d-Elektronenkonfiguration $\sigma^2\pi^4\delta^2$. Im UV-Photoelektronenspektrum (157 nm Anregung) werden für $[Re_2Cl_8]^{2-}$ drei aufgelöste Ionisierungen bei niedrigen Bindungsenergien (1,16, 2,32 und 2,96 eV) beobachtet, die den δ-, π- und σ-M–M-Orbitalen zugeordnet werden (M–Cl- und Cl-Orbitale folgen ab 3,63 eV). Für die δ-Wechselwirkung des *xy*- oder des x^2–y^2-Orbitals, die zu einer sehr kleinen, aber vorhandenen Aufspaltung in bindende und antibindende δ_1/δ_1^*- oder δ_2/δ_2^*-Molekülorbitale führt, ist die ekliptische Ligandenkonformation wichtig. In einer gestaffelten, D_{4d}-symmetrischen Anordnung wäre aus Symmetriegründen keine Überlappung der δ-Orbitale möglich. Dort hätte man jeweils zwei entartete, nichtbindende d-Niveaus. Im Fall von acht Elektronen für die M_2L_8-Einheit wären die δ_1/δ_1^*-Molekülorbitale dann nach der Hund'schen Regel einzeln besetzt. Beim Rheniumkomplex findet man eine ekliptische Konformation der Liganden mit D_{4h}-Symmetrie. Diese Beobachtung wird als Indiz für das Vorliegen einer Vierfachbindung in diesem klassischen Beispiel gewertet.

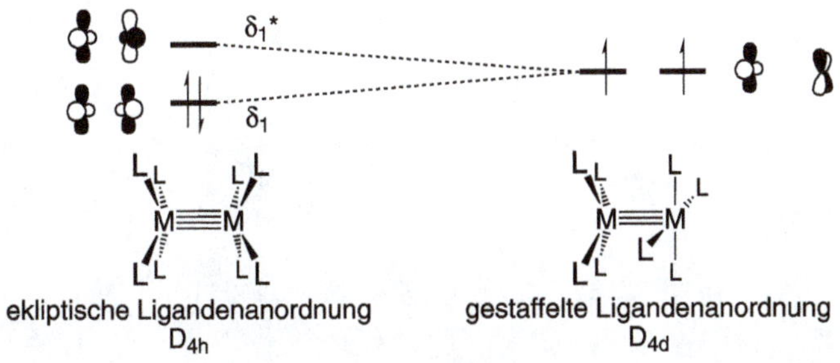

Eine Fünffachbindung im dimeren Chrom-terphenyl-Komplex kann aus der Überlappung der fünf d-Orbitale zu einer z^2–z^2-σ-Bindung, zwei *xz*–*xz*- und *yz*–*yz*-π- und zwei *xy*–*xy*- und (x^2-y^2)–(x^2-y^2)-δ-Bindungen resultieren (Bindung entlang der *z*-Achse). Die fünf bindenden Molekülorbitale sind vollständig mit den 10 Elektronen der beiden d^5-Cr^{1+}-Teilchen gefüllt. Die Cr–Ligand-Bindung würde dann hauptsächlich von den Cr-s- und p-Orbitalen gebildet.

Eine **indirekte** oder **durch Liganden unterstützte Metall–Metall-Bindung** besitzt Brückenliganden. Der Metall–Metall-Abstand in solchen Verbindungen kann sich einfach aus den geometrischen Zwängen der Ligandenbrücken ergeben und muss nicht mit einer bindenden Metall–Metall-Wechselwirkung einhergehen (s. u.). In der Konsequenz hat man für eine substanzielle Metall–Metall-Bindung bei Liganden-Verbrückung nur indirekte Hinweise aus den magnetischen Eigenschaften der Verbindung in Kombination mit dem Metall–Metall-Abstand.

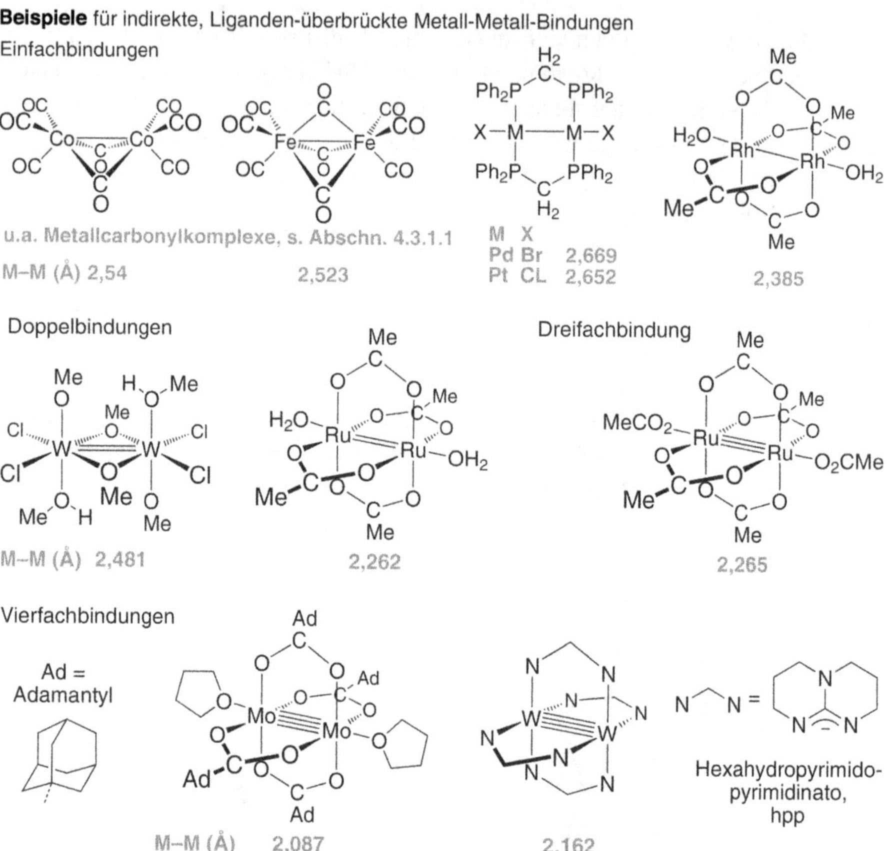

Bei $[Rh_2(\mu\text{-}O_2CMe)_4(H_2O)_2]$ führen die zahlreichen besetzten antibindenden M–M-Orbitale zu repulsiven 4-Elektronen-Wechselwirkungen, sodass für die Stabilität der Metall–Metall-Bindung die Brückenliganden von grundsätzlicher Bedeutung sind. Der Vergleich von $[Ru_2(\mu\text{-}O_2CMe)_4(H_2O)_2]$ mit einer formalen Doppelbindung und $[Ru_2(\mu\text{-}O_2CMe)_4(O_2CMe)_2]$ mit einer gleichlangen formalen Dreifachbindung zeigt, dass bei verbrückten Metall–Metall-Bindungen die Korrelation zwischen Bindungslänge und Bindungsordnung problematisch sein kann. Für die Bindungsordnung ist die d^x-Valenzelektronenzahl (Oxidationszahl) des Metallatoms entscheidend. Ungerade d-Elektronenzahlen in gemischtvalenten zweikernigen M–M-Verbindungen ergeben einfach besetzte M–M-Orbitale und ungerade Bindungsordnungen, z. B. d^6-$(L)L_4Ru^{2+}$–$Ru^{3+}L_4(L)$-$d^5\sigma^2\pi^4\delta^2\delta^{*2}\pi^{*1}$, Bindungsordnung 2,5 (s. Abb. 3.60) Der Komplex $[W_2(hpp)_4]$ hat als erste in Substanz hergestellte Verbindung eine niedrigere Ionisierungsenergie (Beginn 3,51 eV, Maximum 3,76 eV) als das am leichtesten zu ionisierende Element Caesium (3,89 eV).

In $[M_2Cl_2(\mu\text{-}Ph_2PCH_2PPh_2)_2]$ (M = Pd, Pt) liegt eine Wechselwirkung zweier C_{2v}-symmetrischer ML_3-Fragmente vor, deren relevante Orbitale sich aus dem MO-Dia-

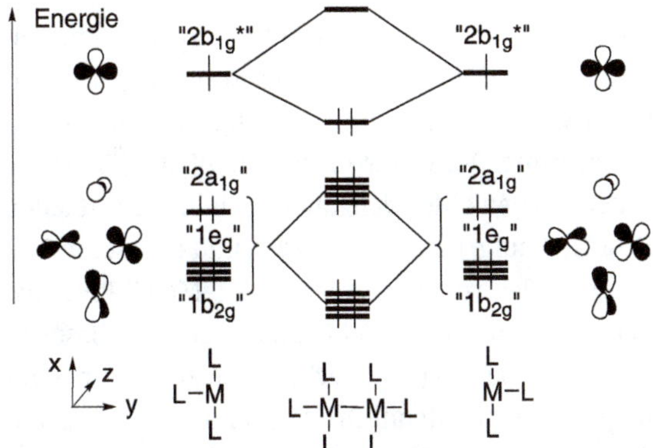

Abb. 3.61: Orbitalwechselwirkung des d-Blocks zweier d^9-ML_3-Fragmente, z. B. in $[M_2Cl_2(\mu\text{-}Ph_2PCH_2PPh_2)_2]$ (M = Pd, Pt). Es resultiert eine Metall–Metall-σ-Einfachbindung zwischen den x^2–y^2-Orbitalen. Die besetzten antibindenden M–M-Orbitale führen zu repulsiven 4-Elektronen-Wechselwirkungen, sodass für die Metall–Metall-Bindung die Brückenliganden von fundamentaler Bedeutung sind. Die ML_3-Grenzorbitale ergeben sich aus dem d-Block der quadratisch-planaren ML_4-Anordnung (vgl. Abb. 3.31) durch Entfernung eines Liganden (hier geändertes Koordinatensystem). Die D_{4h}-Symmetriebezeichnungen für ML_4 wurden beibehalten. Die zwei senkrechten Striche bei den Orbitalen deuten eine vollständige Elektronenbesetzung aller Niveaus an. Eine Einmischung der leeren s- und p-Orbitale wurde der Einfachheit halber nicht berücksichtigt.

gramm für die quadratisch-planare ML_4-Anordnung ergeben (Abb. 3.61; vgl. Abb. 3.31). Bei Entfernung eines σ-Liganden aus ML_4 wird von den d-Orbitalen lediglich das $2b_{1g}^*$-Niveau etwas abgesenkt. Die Orbitalwechselwirkung der beiden so erhaltenen ML_3-Fragmente mit neun Elektronen an jedem d^9-M^{1+}-Metallatom ergibt eine M–M-Einfachbindung aus der Überlappung der beiden x^2–y^2-Niveaus (Abb. 3.61).

Wenn die M–M-bindenden und -antibindenden d-Orbitale in Abb. 3.60 und 3.61 energetisch sehr eng beieinander liegen (etwa innerhalb 1 eV), dann hängt die Metall–Metall-Bindung kritisch von der Elektronenkonfiguration ab, mit einer low- und high-spin-Anordnung als Grenzfällen. Für die Aufspaltung zwischen den M–M-bindenden und -antibindenden d-Orbitalen ist u. a. die Ausdehnung (Größe) der beteiligten Metallorbitale relevant. Die Reihe der zweikernigen isovalenzelektronischen, flächenverknüpften d^3–d^3-bi-Oktaeder $[Cr_2Cl_9]^{3-}$, $[Mo_2Cl_9]^{3-}$ und $[W_2Cl_9]^{3-}$ illustriert diesen Effekt (und ist ein weiteres Beispiel für indirekte Hinweise zum Vorliegen von Metall–Metall-Bindungen).

M–M (Å) 3,12 2,65 2,41

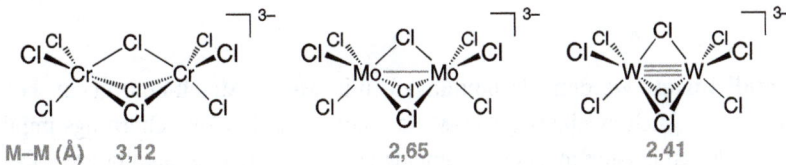

Die kontrahierten Cr-3d-Orbitale geben nur eine schwache Überlappung und dadurch nur eine kleine d–d*-Aufspaltung. Antiferromagnetische Kopplung, d. h. ein Gleichgewicht zwischen verschiedenen Spinzuständen mit $S = 0, 1, 2, 3$ ist die Konsequenz und führt zur Metall–Metall-Abstoßung. Der Cr–Cr-Abstand in $[Cr_2Cl_9]^{3-}$ ist weiter als der Abstand der Mittelpunkte der von den Chloridoliganden gebildeten Oktaeder. Die größere d–d*-Aufspaltung in $[Mo_2Cl_9]^{3-}$ aufgrund der größeren und diffuseren Mo-4d-Orbitale bedingt die Paarung von zwei Elektronen in einer Metall–Metall-Bindung. Der Wolframkomplex mit den größten und diffusesten W-5d-Orbitalen zeigt die beste d–d-Wechselwirkung mit der größten d–d*-Aufspaltung. Alle sechs M_2-Elektronen sind im low-spin-Zustand gepaart und bilden eine Metall–Metall-Dreifachbindung. Die Zunahme der Metall–Metall-Bindungsordnung von $[Cr_2Cl_9]^{3-}$ über $[Mo_2Cl_9]^{3-}$ nach $[W_2Cl_9]^{3-}$ spiegelt sich in der Abnahme der Metall–Metall-Abstände. Ebenso relativiert ein Vergleich in der Reihe der Tetra(μ-arylbenzoato)-bis(tetrahydrofuran)-dimetall-Komplexe die typischerweise getroffene Zuordnung der Cr–Cr-Bindung als Vierfachbindung. Auch hier ist der Cr–Cr-Abstand etwas größer als der Abstand der Mittelpunkte der von den O-Liganden gebildeten Quadrate.

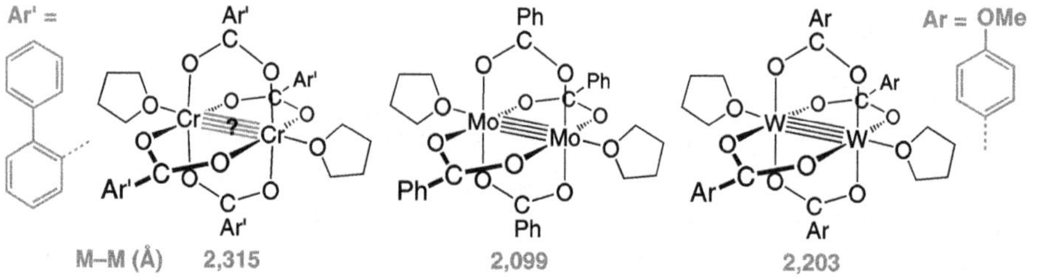

Ar' = Ar = OMe

M–M (Å) 2,315 2,099 2,203

Erst mit stärker orbitalaufspaltenden Methylliganden (sehr guter σ-Donor, starker Ligand) erhält man in den Octamethyldimetallat(II)-Anionen die kürzesten Abstände beim Chrom.

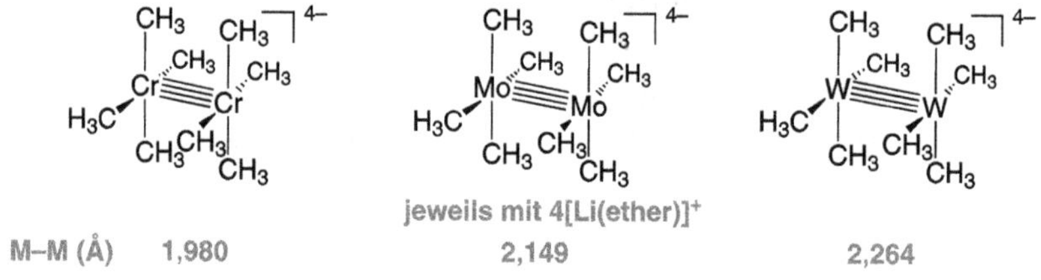

jeweils mit $4[Li(ether)]^+$

M–M (Å) 1,980 2,149 2,264

Als **Metallcluster** werden Verbindungen mit Metall–Metall-Bindungen bezeichnet. Das würde auch zweikernige M–M-Komplexe einschließen, allerdings impliziert der Begriff Metallcluster meistens mehr als zwei verbundene Metallatome. In einer erweiterten Definition werden inzwischen häufig auch Mehrkernkomplexe, die keine M–M-Bindungen aufweisen, als Cluster bezeichnet, z. B. Eisen-Schwefel-Cluster (s. Abschn. 3.13 u. 5), bis hin zu einer Anhäufung gleichartiger (metallfreier) Atome oder Verbindungen, z. B. Wassercluster.

Zu den Metallclustern zählen die an anderen Stellen ausführlicher behandelten mehrkernigen **Metallcarbonyle**, z. B. $[Fe_3(CO)_{12}]$, $[Rh_6(CO)_{16}]$ (s. Abschn. 4.3.1.1) und **Metallhalogenidcluster**, z. B. $[M_6X_8]$, $[M_6X_{12}]$ (s. Abschn. 2.10.8.5). Auch Hauptgruppenmetall-**Zintl-Anionen**, z. B. $[Pb_5]^{2-}$, $[Sn_9]^{4-}$ oder $[As_7]^{3-}$ (s. Abschn. 2.9.7.5) gehören zu Metallclustern.

Kennzeichen der Metallcarbonyl- und ähnlicher -cluster sind niedrige Metall-Oxidationsstufen M^z ($-1 \lesssim z \lesssim +1$) mit π-Akzeptorliganden (CO, PR_3) und eher späten, elektronenreichen Übergangsmetallen (Fe-, Co-, Ni-Triaden).

Gemeinsames Merkmal der Metallhalogenidcluster sind mittlere Oxidationsstufen ($z = +2, +3$) mit π-Donorliganden (Halogenid X^-, S^{2-}, Se^{2-}, ^-OR) und eher frühen 4d- und 5d-Übergangsmetallen (Zr, Hf, Nb, Ta, Mo, W, Re).

Festkörperverbindungen mit Zintl-Anionen wie K_2Pb_5 lösen sich in Ethylendiamin(en), und die nackten Anionencluster können als $[Na_4(en)_7][Sn_9]$ oder in Gegenwart des Kryptanden 2,2,2-crypt (zur Komplexierung des K^+-Ions) als $[K(2,2,2\text{-crypt})]_2[Pb_5]$ kristallisiert werden (s. Abschn. 2.9.7.1).

Auch gemischte Zintl-Anionen und Übergangsmetallcluster sind möglich. Aus einer Ethylendiamin-Lösung von K_3As_7 und $Ni(cod)_2$ (cod = Cyclooctadien) in Gegenwart von $[Bu_4P]Br$ fand eine Aufweitung des Zintl-Anions statt. Es wurde ein pentagonales As_{20}-Dodekaeder erhalten, das ein Ni_{12}-Ikosaeder umschließt. Im Zentrum der beiden platonischen Körper befindet sich dann noch ein einzelnes Arsenatom. Das Clusterion hat die Formeleinheit $[As@Ni_{12}@As_{20}]^{3-}$ (mit Bu_4P-Kationen). In der Zeichnung von $[As@Ni_{12}@As_{20}]^{3-}$ werden die beiden platonischen Körper hervorgehoben. Die Arsenatome des äußeren As_{20}-Dodekaeders sind verkleinert. Bindungen zwischen dem As_{20}-Dodekaeder und dem Ni_{12}-Ikosaeder wurden aus Gründen der Übersichtlichkeit nicht gezeichnet.

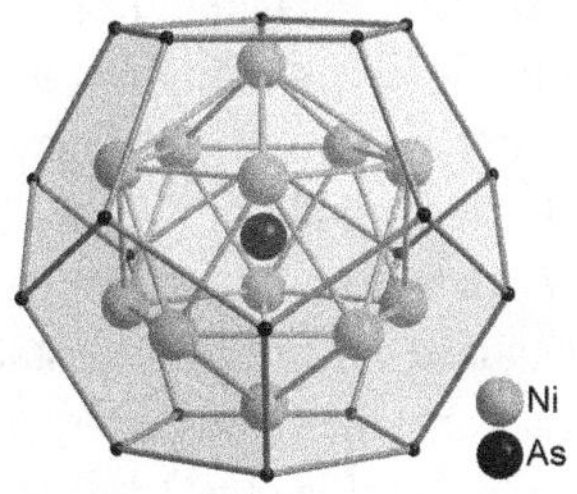

3.16 Medizinische Anwendungen von Metallkomplexen

Medizinische Anwendungen von Chelatliganden als Antidota gegen Schwermetallvergiftungen, von Gadolinium-Chelatkomplexen als Kontrastmittel in der Kernspintomographie und von ^{99m}Technetium-Chelatkomplexen als Radiopharmazeutika zur Diagnose wurden in Abschn. 3.10.5 beschrieben.

Die **Goldkomplexe** Auranofin und Natriumaurothiomalat werden als Wirkstoffe in den Medikamenten Ridaura® und Tauredon® bei der Behandlung der chronischen Polyarthritis als **Antirheumatika** eingesetzt.

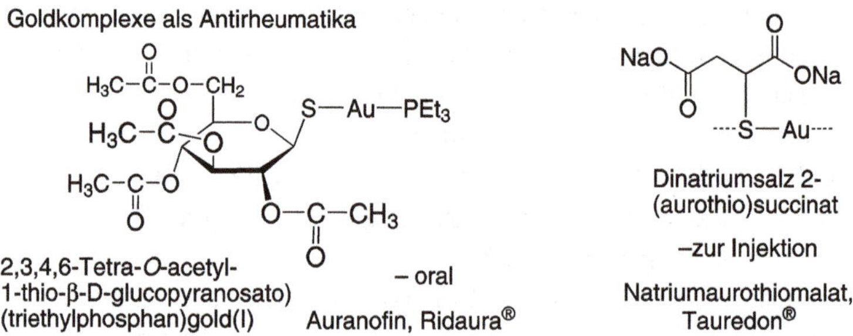

Kolloidales Eisen(III)-hexacyanidoferrat(II), Berliner Blau (engl. Prussian Blue, s. Abschn. 3.14), wird in oralen Dosen von bis zu 20 g/Tag als **Antidot bei Thalliumvergiftungen** und zur **Dekorporierung** bzw. Verhinderung der Resorption **von Radiocaesium** (^{137}Cs) verwendet (Antidotum Thallii Heyl®, Radiogardase®-Cs). Eisen(III)-hexacyanidoferrat(II) wird im Verdauungstrakt nicht resorbiert und ist auch nicht toxisch. Zahlreiche Anwendungen an Menschen und Tieren in klinischen Studien und nach Nuklearunfällen, auch in hohen Dosen von bis zu 10 g und längeren Zeiträumen bis zu einem Monat, ergaben keinerlei Nebeneffekte, führten aber zu einer ausgezeichneten Verringerung der Caesiumwerte. Nach dem Reaktorunfall von Tschernobyl 1986 wurde Berliner Blau in vielen europäischen Ländern als Futterzusatz bei Tieren eingesetzt. Eine größere Anwendung bei Menschen erfolgte nach einem Unfall mit einer medizinischen Radiotherapie-Strahlenquelle in Goiânia (Brasilien, 1987), bei der 1400 Curie ^{137}Cs freigesetzt und 244 Menschen kontaminiert wurden. Die therapeutische Wirkung beruht wohl auf dem Austausch der noch im Kristallgitter des Berliner Blau vorhandenen K^+-Ionen gegen die im Darm im Rahmen der enterosystemischen Zirkulation ausgeschiedenen Tl^+- und Cs^+-Ionen. Der histologische Eisennachweis z. B. in Feinschnitten wird mit Kaliumhexacyanidoferrat(II) ebenfalls als Berliner Blau geführt.

Der Komplex **Natriumpentacyanidonitrosylferrat, $Na_2[Fe(CN)_5(NO)] \cdot 2H_2O$** (Nitroprussidnatrium, Natriumnitroprussiat, Nipruss®) wird als stark und schnell wirkender **Vasodilatator zur Senkung des arteriellen Blutdrucks** z. B. bei Hochdruckkrisen, während Operationen und bei frischen Herzinfarkten eingesetzt. Das Medikament lässt durch die Freisetzung von NO (s. Abschn. 4.3.1.4) die glatte Muskulatur, d. h. unter anderem die der Blutgefäße, erschlaffen und bewirkt dadurch eine kurzfristige Senkung des Blutdrucks. Das Mittel wird intravenös und zur Vermeidung einer Cyanidintoxikation gleichzeitig mit Natriumthiosulfat appliziert (Bildung von SCN^-).

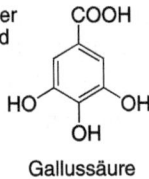

In **Heilsalben** und **Zäpfchen** zur Behandlung von Hautentzündungen und Hämorrhoiden kann basisches **Bismutgallat** als Bismutester der Gallussäure (zusammen mit Zinkoxid) zum Einsatz kommen (Combustin® Heilsalbe, Hämo-ratiopharm® u. a. Hersteller). Das basische Bismutgallat wirkt als Adstringens und Antiseptikum. Das fungizid und bakterizid wirkende **Pyrithion** wird **als Zinkkomplex in Antischuppen-Präparaten** verwendet.

als BiO(OH)-Ester in Heilsalben und Zäpfchen

COOH, HO, OH, OH

Gallussäure

als Zinkkomplex in Antischuppen-Präparaten

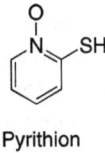

O, N, SH

Pyrithion

Die koordinationspolymere Bismutverbindung der Salicylsäure (Bismutsubsalicylat oder basisches Bismutsalicylat) wird als Antacidum in den USA und anderen Ländern unter dem Markennamen Pepto-Bismol bei vorübergehenden Beschwerden des Magen-Darm-Trakts wie Durchfall, Verdauungsstörungen, Sodbrennen und Übelkeit eingesetzt. Der weiße Feststoff ist fast unlöslich in Wasser und Alkoholen, aber löslich in Säuren und Laugen.

Bismutverbindung als Antacidum bei Magen-Darm-Beschwerden

Oxido(salicylato)bismut(III)-Koordinationspolymer, Pepto-Bismol®

Bi–$\mu_{3,4}$-O 2,19-2,65 Å,
Bi–O(carboxylat):
Bi–κO(einzähnig) 2,28Å,
Bi–κO:O'(einzähnig und Brücke) 2,50, 2,80, 2,88 Å,
Bi–κO,O':O' (zweizähnig und Brücke) 2,65-3,01 Å

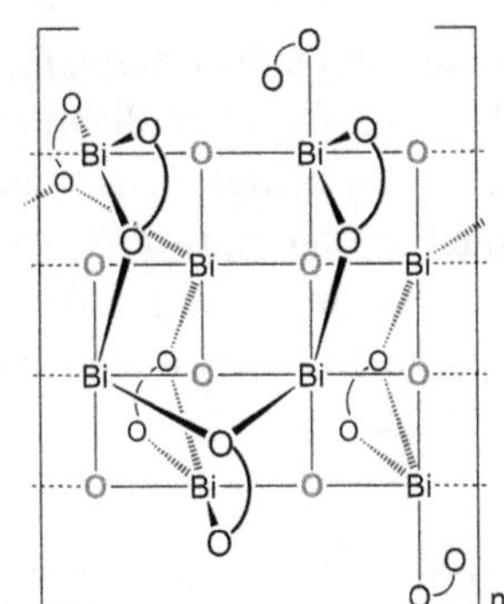

HO, O, O, ⊖

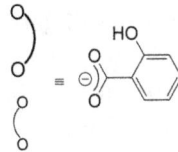

(μ_3- und μ_4-verbrückende Oxido-Atome sind zur Unterscheidung von den Carboxylat-O-Atomen des Salicylats grau gezeichnet.)

Schematische und idealisierte Struktur. Von Salicylat sind nur die Carboxlyat-O-Atome angedeutet. Zusätzliche Bi–OH-salicylat Bindungen mit Bi–O ~3,15 Å sind nicht gezeigt. Dadurch werden die [BiO(salicylat)]-Stränge zu Schichten verbunden.

Silbersulfadiazin wird als Salbe (Brandiazin®, Flammazine®) bei schweren Verbrennungen zur Vorbeugung gegen bakterielle Infektionen eingesetzt. Aus der unlöslichen koordinationspolymeren Verbindung werden langsam die antimikrobiell wirkenden Ag^+-Ionen freigesetzt.

Silberverbindung gegen Mikroben und Pilzinfektionen

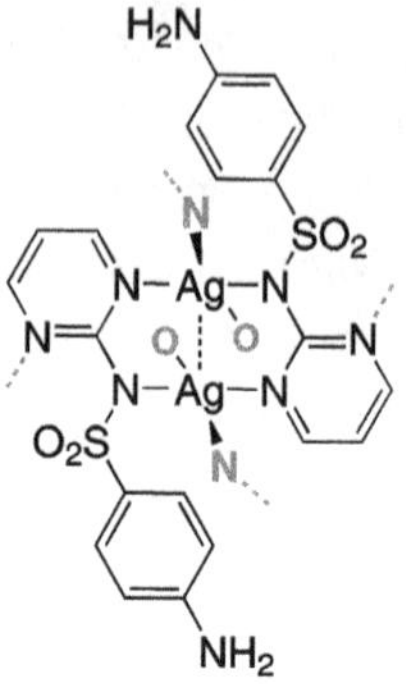

Silber-Sulfadiazin-Koordinationspolymer, *N*1-(2-Pyrimidinyl)sulfanilamid-Silbersalz, Brandiazin®, Flammazine®

Die Komplexe **cis-Diammindichloridoplatin**(II) (**Cisplatin**, Platinex® u. a. Namen) und cis-Diammin(1,1-cyclobutandicarboxylato)platin(II) (**Carboplatin**, Carboplat® u. a. Namen) sind cytostatisch wirksam und werden zur Behandlung von Eierstock-, Gebärmutterhals-, Hoden-, Prostata-, Harnblasen- und kleinzelligen Bronchialkarzinomen sowie Tumoren im Kopf-Hals-Bereich eingesetzt.

Platinkomplexe in der Tumortherapie

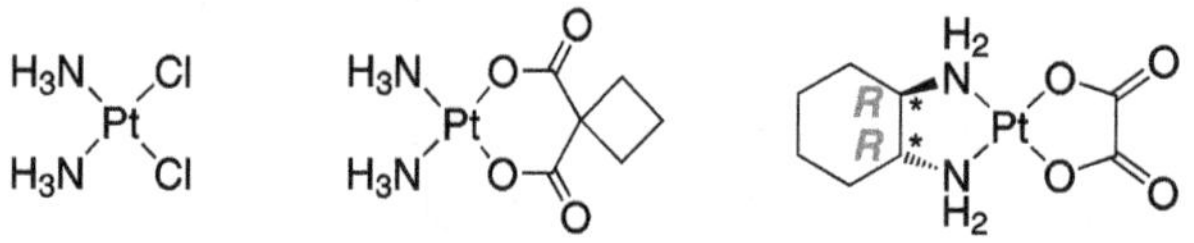

Cisplatin, Platinex® — Carboplatin, Carboplat® — Oxaliplatin, Eloxatin®

Der Vorteil von Carboplatin gegenüber Cisplatin liegt in einer geringen Nierentoxizität. **Oxaliplatin**, {(1*R*,2*R*)-1,2-Cyclohexadiamin-*N*,*N*′}(oxalato–*O*,*O*″)platin(II) (Eloxatin®) ist ein Cytostatikum der dritten Generation gegen das colorektale Karzinom (Dickdarmkrebs). Die Mittel werden intravenös verabreicht. Als intakte neutrale Moleküle diffundieren die Platinkomplexe durch die Zellmembranen in das Cytoplasma, wo als wichtiger und geschwindigkeitsbestimmender Reaktionsschritt eine Hydrolyse zu kationischen Spezies erfolgt.

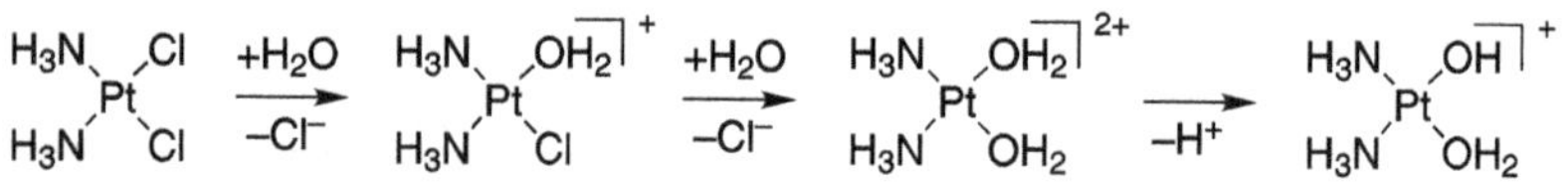

$$[Pt(NH_3)_2Cl_2] \xrightarrow[-Cl^-]{+H_2O} [Pt(NH_3)_2(OH_2)Cl]^+ \xrightarrow[-Cl^-]{+H_2O} [Pt(NH_3)_2(OH_2)_2]^{2+} \xrightarrow{-H^+} [Pt(NH_3)_2(OH)(OH_2)]^+$$

Das Diamminplatin-Fragment bleibt dabei unverändert. Die erhaltenen drei kationischen Komplexe sind alle cytostatisch und können zum Polyanion der Desoxyribonukleinsäure (DNA) diffundieren mit der sie cytotoxische Addukte bilden. Wichtig ist die cis-Stellung der Amminliganden, die analoge trans-Verbindung ist deutlich weniger aktiv. Über die Bildung von Pt–DNA-Addukten verhindern die Platin-Cytostatika die weitere Replikation und Transkription der DNA und damit die Zellvermehrung. Es handelt sich meistens um Quervernetzungen zwischen den Nucleobasen Guanin–Guanin oder Adenin–Guanin innerhalb eines Strangs des DNA-Doppelstrangs. Aber auch inter-Strang-Verknüpfungen scheinen möglich (Abb. 3.62). Die Struktur eines Cisplatin–DNA-Hauptaddukts einer doppelsträngigen DNA wurde durch Röntgenstrukturanalyse und NMR-Untersuchungen aufgeklärt (Abb. 3.63).

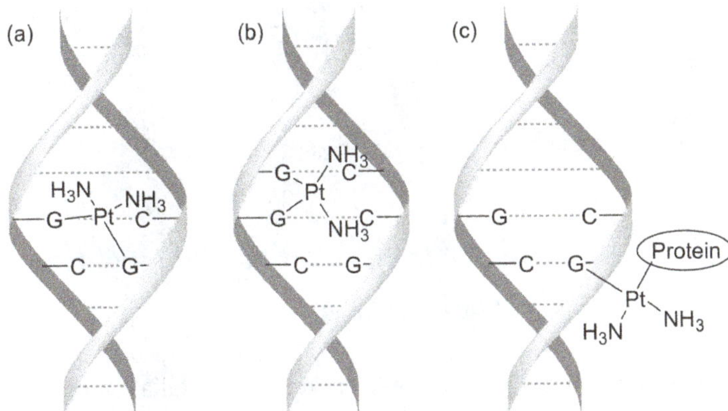

Abb. 3.62: Schematische Darstellungen der bevorzugten Bindungsarten von cis-Diamminplatin(II)-Fragmenten an die DNA zur Verhinderung weiterer Replikation und Transkription: (a) inter-Strang-, (b) intra-Strang- und (c) DNA–Protein-Verknüpfung (G = Guanin, C = Cytosin, gestrichelte Linien sollen die Wasserstoffverbrückung der Stränge andeuten). Die Donoratome sind planar um das Platinatom angeordnet.

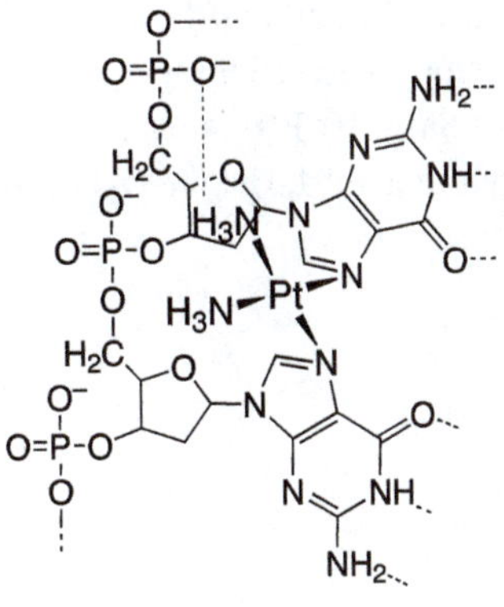

Abb. 3.63: Skizze der cis-Diamminplatin-Bindungsstelle an die Guanin-Nucleobasen in einer doppelsträngigen DNA. Aus Gründen der Einfachheit ist nur der Strang gezeigt, an den das Platinatom in einer intra-Strang-Verknüpfung bindet. Die Kristallstrukturanalyse zeigt die Bildung einer Wasserstoffbrückenbindung von einem der Amminliganden zum terminalen Sauerstoffatom der einem Guaninrest benachbarten Phosphatgruppe. Die intra-Strang-Adduktbildung des cis-$Pt(NH_3)_2$-Fragments führt zu einer Krümmung des DNA-Doppelstrangs, ohne jedoch die Watson-Crick-Wasserstoffbrückenbindungen zwischen den Basenpaaren (hier angedeutet durch die von den Guaninringen ausgehenden gestrichelten Linien) zu zerstören. Die Platin-modifizierten Guanin–Cytosin-, aber auch die benachbarten Basenpaare werden um 8 bis 37° verdreht, bleiben aber H-Brücken gebunden.

Der **Hexaisocyanidokomplex** des γ-Strahlers **^{99m}Tc** (^{99m}Tc-Sestamibi) wird in der nuklearmedizinischen Diagnostik zur visuellen Darstellung der Herzdurchblutung (Cardiolite®) und von Brusttumoren (Miraluma®) eingesetzt. Lipophile, kationische Komplexe verhalten sich wie Kaliummimetica und werden vom Herzmuskel aufgenommen (weitere radiopharmazeutische ^{99m}Tc-Chelatkomplexe s. Abschn. 3.10.5).

Technetiumkomplexe zur nuklearmedizinischen Diagnostik

TcO_4^- $\xrightarrow[\text{EtOH/}H_2O]{S_2O_4^{2-},\ RN{\equiv}C}$ $[Tc(C{\equiv}NR)_6]^+$

R = $-CH_2C(Me_2)OMe$

^{99m}Tc-Sestamibi, Cardiolite®, Miraluma®

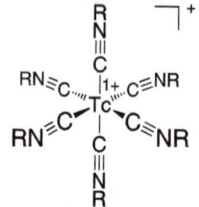

3.17 Metall-organische Gerüstverbindungen (MOFs), poröse Koordinationspolymere

Koordinationspolymere sind aus Metallatomen oder mehrkernigen Metallatom-Baueinheiten und Brückenliganden aufgebaute Koordinationsverbindungen, die sich „unendlich“ in ein, zwei oder drei Dimensionen (1D, 2D, 3D) erstrecken. Im Unterschied zu polymeren Metallcyanid-Netzwerken (vgl. Abb. 3.58, 3.59 und die Struktur von Berliner Blau in Abschn. 3.15) sollte bei Koordinationspolymeren im engeren Sinne in wenigstens einer Dimension ein *organischer* Brückenligand vorliegen (s. nachfolgende Beispiele). Wenn diese Metall-Ligand-Netzwerke potentiell poröse Materialien sind, spricht man von Metall-organischen Gerüstverbindungen, MOFs (metal-organic frameworks)[3] oder porösen Koordinationspolymeren, PCPs. Die Porosität wird in der Regel nach Entfernung der vorhandenen Lösungsmittel-Templat-Moleküle durch Messung einer Stickstoff- (oder Argon-)Sorptionsisotherme bei 77 K (78 K) und der daraus erfolgenden Berechnung einer inneren Oberflächen- und Porengrößenverteilung ermittelt. Die nachfolgend genannten inneren Oberflächen sind auf Basis der Brunauer-Emmett-Teller-(BET-)Theorie aus N_2-Sorptionsisothermen ermittelt und auf 1,0 g Material bezogen (spezifische Oberfläche).

3 Der Begriff „metal-organic“ bezeichnet hier *keine Organometall*-Verbindungen mit Metall-Kohlenstoff-Bindung, sondern die Anbindung von Metallatomen an *organische* Brückenliganden über Heteroatom(O, N u. a.)-Donoratome.

Typische Brückenliganden in MOFs:

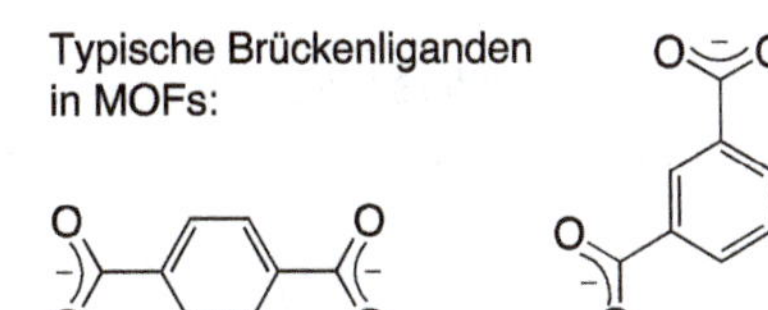

Benzol-1,4-dicarboxylat (Terephthalat), bdc^{2-}

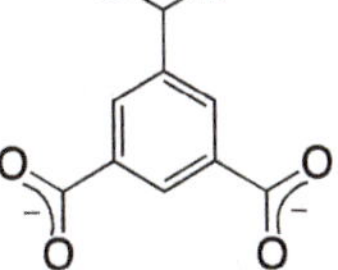

Benzol-1,3,5-tricarboxylat (Trimesat), btc^{3-}

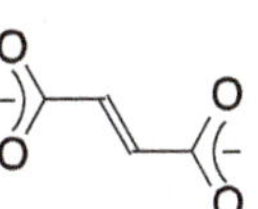

Fumarat, fum^{2-}

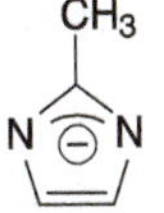

2-Methyl-imidazolat (im^-)

Strukturen. Mit Cu-btc, MOF-5, MIL-101, UiO-66, MIL-53, Al-fum, CAU-10-H und ZIF-8 werden nachfolgend mehrere prototypische MOFs vorgestellt. Die Verbindung 3D-$[Cu_3(btc)_2(H_2O)_3]$ (auch HKUST-1 oder Cu-btc genannt) enthält als Metallatom-Baugruppe zwei Kupferatome (eine $\{Cu\}_2$-Hantel), die durch vier Carboxylatgruppen wie in Kupferacetat ($[Cu_2(CH_3COO)_4]$) zu einer „Schaufelrad-Einheit" (engl. *paddle-wheel*) überbrückt werden. Die Metallatom-Baugruppe wird auch als „sekundäre Baueinheit" (*secondary building unit*, SBU) bezeichnet. Cu-btc ist bis 240 °C stabil. Die Kristallwassermoleküle und die Aqualiganden können ohne Zusammenbruch der Wirtstruktur entfernt werden.

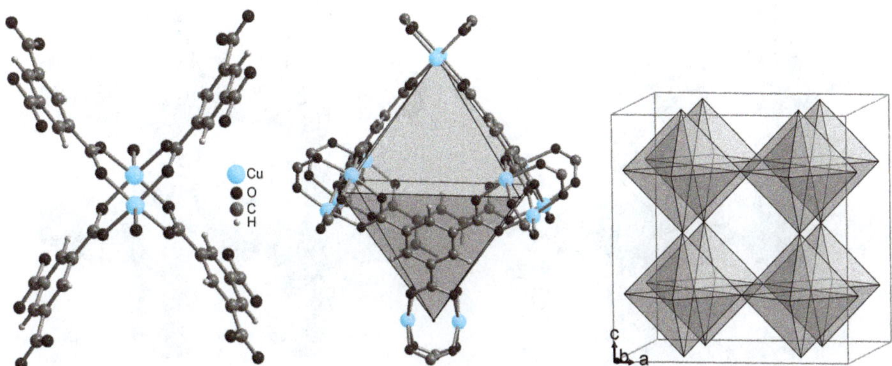

$\{Cu_2(btc)_4\}$-Baueinheit und Packungsdiagramm der kubischen Elementarzelle von 3D-$[Cu_3(btc)_2(H_2O)_3]$ (HKUST-1, a = 26,34 Å). Die $\{Cu\}_2$-Hanteln sitzen an den Ecken eines Oktaeders. Vier btc-Liganden überspannen jeweils gegenüberliegend vier der acht Flächen des Oktaeders. Diese Oktaeder bilden über die Eckenverknüpfung ein poröses 3D-Netzwerk. Das Netzwerk wird entlang *a*, *b* und *c* von Kanälen durchzogen. Die Kristallwassermoleküle in den Kanälen sind nicht gezeigt. N_2-Adsorptionsmessungen ergeben eine spezifische innere Oberfläche von ~ 1300 m^2/g.

Auf der Basis von hydrothermal erhaltenen vierkernigen und tetraedrischen $\{Zn_4(\mu_4\text{-}O)\}$-Baueinheiten und aromatischen *para*-Dicarboxylat-Liganden wie Benzol-1,4-dicarboxylat (bdc^{2-}, Terephthalat) kann eine Reihe von gleichartig aufgebauten (iso-retikulären) MOF-Strukturen, darunter 3D-$[Zn_4O(bdc)_3]$, MOF-5, mit abstimmbarer Porengröße zwischen 3,8 und 29 Å erhalten werden. Die Carboxylatgruppen überspannen die sechs Kanten des $\{Zn_4(\mu_4\text{-}O)\}$-Tetraeders. Die Mittelpunkte der sechs

Tetraederkanten sind gleichzeitig die Eckpunkte eines Oktaeders (vgl. Abb. 3.6), sodass die Dicarboxylat-Brücken rechtwinklig zueinander orientiert sind.

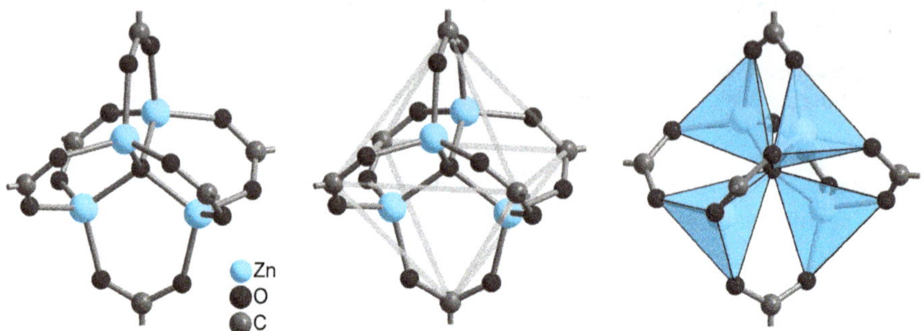

Vierkernige, tetraedrische $\{Zn_4(\mu_4\text{-}O)\}$-Baueinheit von MOF-5, mit verbrückenden Carboxylatgruppen. Die C-Atome der Carboxylatbrücke liegen in den Eckpunkten eines Oktaeders. Jedes Zn-Atom ist tetraedrisch von vier O-Atomen koordiniert.

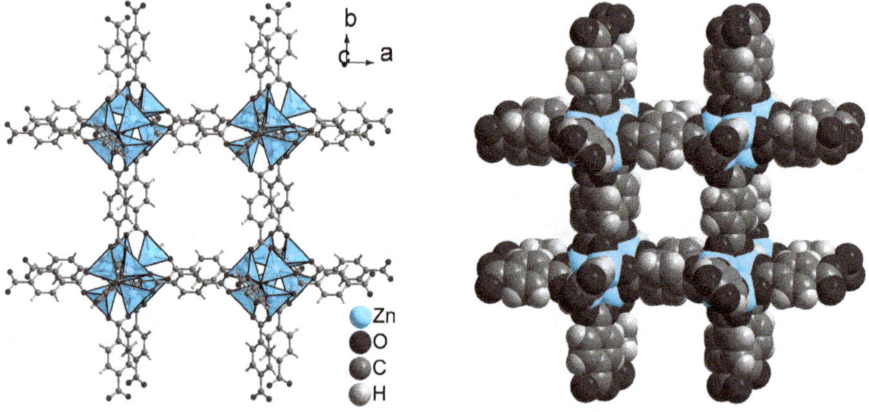

Packungsdiagramm von 3D-$[Zn_4O(bdc)_3]$, MOF-5 in Kugel-Stab- und raumerfüllender Darstellung ohne Kristall-Lösungsmittelmoleküle. Das Netzwerk wird entlang *a*, *b* und *c* von Kanälen durchzogen. Die spezifische innere Oberfläche ist ~ 2900 m^2/g.

Das mesoporöse Material 3D-$[Cr_3(O)(bdc)_3(F,OH)(H_2O)_2]$, MIL-101Cr (MIL für Materials Institute Lavoisier) wird aus dreikernigen $\{Cr_3(\mu_3\text{-}O)(F,OH)(H_2O)_2\}$-Einheiten aufgebaut, deren Kanten von je zwei Carboxylatgruppen der Terephthalat-Liganden überbrückt sind. Je ein terminaler Aqua-, Fluorido- oder Hydroxido-Ligand, die miteinander fehlgeordnet sind, ergänzt die oktaedrische Cr(III)-Koordinationssphäre. In der Kristallpackung werden aus vier dieser Baueinheiten und den Terephthalat-Liganden Supertetraeder gebildet, die zu großen sphärischen Käfigen verknüpft werden. Diese Käfige haben pentagonale (~ 12 Å Durchmesser) und hexagonale (~ 15–16 Å) Öffnungen. Die Hohlräume dieser Käfige haben 29 Å und 34 Å Durchmesser.

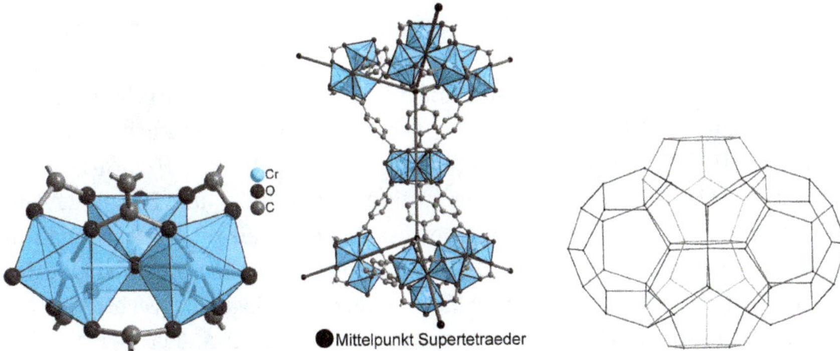

Aufbau von MIL-101 aus dreikernigen trigonalen $\{Cr_3(\mu_3\text{-}O)(O_2C\text{-})_6(F,OH)(H_2O)_2\}$-Baueinheiten an den Ecken von Supertetraedern und deren Eckenverknüpfung zu zeolithartigen porösen 3D-Netzwerken mit sphärischen Hohlräumen (Teilbilder sind nicht maßstäblich zueinander). Die spezifische innere Oberfläche kann über 4000 m^2/g erreichen.

In UiO-66 (UiO = Universität in Oslo) werden sechs Zr^{4+}-Ionen mit je vier μ_3-Oxido und μ_3-Hydroxido-Anionen zu sechskernigen sekundären Baueinheiten gruppiert, mit den Zr-Atomen an den Eckpunkten einen Oktaeders. Die zwölf Kanten des Oktaeders werden von Carboxylatgruppen des Benzol-1,4-dicarboxylat-Liganden überspannt, so dass jedes Zr-Atom quadratisch-antiprismatisch von acht Sauerstoffatomen koordiniert ist. Die Formeleinheit für UiO-66 ist 3D-$[Zr_6O_4(OH)_4(bdc)_6]$. Die SBUs haben immer 12 Nachbarn, die wie in der kubisch-dichtesten Kugelpackung angeordnet sind. Mit analogen *para*-Dicarboxylat-Liganden, z. B. 4,4′-Biphenyl-dicarboxylat ergeben sich iso-retikuläre UiO-Netzwerke.

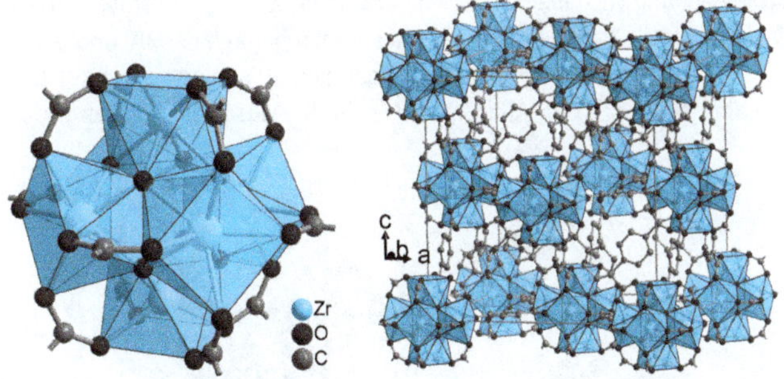

Sechskernige $\{Zr_6(\mu_3\text{-}O)_4(\mu_4\text{-}OH)_4(O_2C\text{-})_{12}\}$-SBU in 3D-UiO-Netzwerken. Die μ_3-O- und μ-OH-Liganden überkappen wechselweise die acht Dreiecksflächen des $\{Zr_6\}$-Oktaeders. Die über die *para*-Dicarboxylat-Liganden verknüpften SBUs bilden eine kubisch-dichteste Kugelpackung (vgl. Abb. 2.6). Die spezifische innere Oberfläche ist ca. 1400 m^2/g.

Die Aluminium-MOFs MIL-53Al, Al-fumarat (Al-fum) und CAU-10-H (CAU = Christian-Albrechts-Universität zu Kiel) sind alle aus leicht gewinkelten Strängen von *trans*-eckenverküpften $\{AlO_6\}$-Oktaedern aufgebaut. In den Strängen sind die Al^{3+}-Atome durch die Sauerstoffatome von μ-Hydroxido- und Carboxylatbrücken verbunden. Die Dicarboxylat-Liganden verbinden jeden Strang mit vier Nachbarsträngen, sodass in dem 3D-Gerüst mikroporöse rhombische Kanäle entstehen. Die Dicarboxylat-Liganden sind Terephthalat bei MIL-53, Fumarat bei Al-fum und Benzol-1,3-dicarboxylat (Isophthalat) bei CAU-10-H. Die gemeinsame Formeleinheit ist 3D-[Al(μ-OH)(dicarboxylat-Ligand)]. Das MOF MIL-53 wird mit gleicher Struktur von Al^{3+}, Cr^{3+} und Fe^{3+} aufgebaut.

Aus Zn^{2+} und Imidazolat-Liganden werden dreidimensionale zeolithische Imidazolat-‚frameworks' (ZIFs) mit der Formel 3D-[Zn(imidazolat)$_2$] erhalten. ZIFs sind eine der wenigen porösen MOFs, in denen einzelne Metallatome durch Liganden verbrückt sind. In ZIFs ist jedes Zn-Atom von vier N-Atomen aus vier Imidazolat-Liganden umgeben. Die Verknüpfung führt zu zeolithartigen Strukturen, in denen das Zn-Atom die Position von Al/Si und die Imidazolat-Brücke die Position der O-Brücken im Zeolith einnimmt. Das bekannteste ZIF ist ZIF-8 mit 2-Methylimidazolat als Ligand.

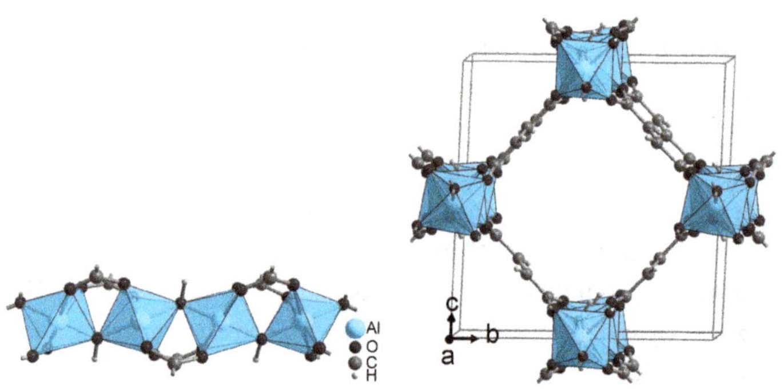

Trans-eckenverknüpfter {Al(μ-OH)(O_2C-)$_2$}-Strang und daraus resultierendes 3D-Gerüst mit parallelen Kanälen in nur einer Richtung (hier entlang *a*). Gezeigt ist ein Ausschnitt aus dem Gerüst von Al-fumarat. Der Querschnitt der 1D-Kanäle ist $5{,}7 \times 6{,}0$ Å^2. Die Gerüststrukturen von MIL-53Al und CAU-10-H sind mit Benzol-1,4- bzw. -1,3-dicarboxylat (Terephthalat bzw. Isophthalat) analog aufgebaut. Die spezifischen inneren Oberflächen sind 1080 m^2/g für Al-fum, 1600 m^2/g für MIL-53 und 600 m^2/g für CAU-10-H.

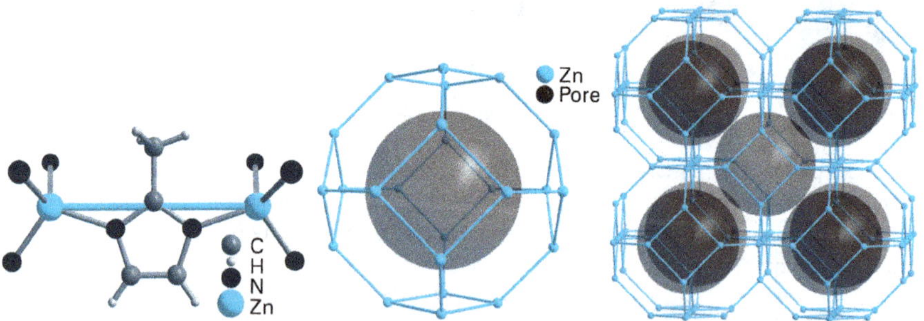

Baugruppe in ZIF-8 mit β-Käfig (Mitte) und Sodalithstruktur (rechts). Die durch die Kugel im Inneren des β-Käfigs dargestellte Pore hat einen Durchmesser von 12 Å; die sechseckigen Ringe als Porenöffnungen haben einen Durchmesser von 3,4 Å. Die BET-Oberfläche liegt bei ca. 1600 m^2/g.

Eigenschaften. MOFs sind kristalline mikro- bis mesoporöse Materialien (mikroporös < 2 nm, mesoporös von 2 bis 50 nm Porendurchmesser). Im Unterschied zu den amorphen mesoporösen Materialien Silicagel und Aktivkohlen besitzen MOFs aufgrund ihrer Kristallinität definierte, identische Porensysteme. Im Unterschied zu den ebenfalls kristallinen und damit einheitlichen mikroporösen Zeolithen mit nur begrenzten Baueinheiten kann bei MOFs die Porengröße und -form, die Hydrophilie/Hydrophobie, die innere Oberflächenfunktionalität bis hin zur Chiralität durch die organischen Brückenliganden vielfältig maßgeschneidert werden. Ca. 200 Zeolithstrukturen stehen mittlerweile ca. 20.000 MOF-Strukturen gegenüber. Die BET-Oberfläche für Zeolithe, Silicagel und Aktivkohlen liegt maximal bei ca. 1000 m^2/g, während für MOFs Werte von 2000–4000 m^2/g reproduzierbar und einsetzbar sind. Aus der Synthese sind die Poren der MOF-Gerüste mit Lösungsmittel gefüllt, denen ein Templat-Effekt zukommt. Vor Nutzung der Porosität müssen die Lösungsmittel-Gastmoleküle entfernt werden, was durch Evakuieren erfolgt, gegebenenfalls nach einem Austausch von schwerer flüchtigen gegen leichter flüchtigen Lösungsmittel. Auf diese Weise wird das MOF zunächst aktiviert. Die Porosität der MOFs wird für die Speicherung, selektive Adsorption und Trennung von Gasen (H_2, CH_4, CO_2) und Dämpfen (H_2O), für Wirkstoffspeicherung und -freisetzung, für größen- und enantioselektive heterogene Katalysen und generell als organische zeolithanaloge Wirtstrukturen intensiv untersucht. Einige MOFs werden in Erwartung von Anwendungen bereits industriell im Technikumsmaßstab hergestellt.

3.18 Lumineszenz bei Metallkomplexen

Lumineszenz ist der Oberbegriff für die Emission von Licht im sichtbaren, UV- und IR-Spektralbereich aus Substanzen durch Übergang eines Elektrons aus einem energetisch höheren in einen unbesetzten, energetisch tieferen Zustand. Lumineszenz kann in Fluoreszenz und Phosphoreszenz unterschieden werden. Fluoreszenz ist die schnelle Emission (innerhalb 10^{-10} bis 10^{-7} s nach Anregung) meistens aus dem ersten angeregten Singulett-S_1-Zustand in angeregte Schwingungszustände des elektronischen Grundzustands S_0. Bei der Phosphoreszenz erfolgt die Strahlungsemission verzögert (mit $\geq 10^{-3}$ s) aus einem längerlebigen Triplettzustand T_1, der durch Interkombinationsübergänge (intersystem crossing) aus dem S_1-Zustand besetzt wurde (s. Jablonski-Diagramm).

Nach der Anregung unterscheidet man Photolumineszenz (Anregung des Elektrons durch elektromagnetische UV-, Röntgen- oder γ-Strahlung), Chemolumineszenz (Anregung durch chemische Reaktion), Thermolumineszenz (thermische Elektronenanregung mit zunehmender Probentemperatur) und Radiolumineszenz (Anregung durch auftreffende Elektronen oder α-Teilchen). In Metallkomplexen können die Elektronenübergänge bei Anregung (Absorption) und Lumineszenz metallzentriert/lokalisiert (Mz, d–d), Ligand-zentriert (Lz, π–π^*) oder Charge-Transfer-Übergänge (Metall⟶Ligand, MLCT oder Ligand⟶Metall, LMCT) sein (vgl. Abschn. 3.9.4).

Vereinfachtes Jablonski-Diagramm zu Fluoreszenz und Phosphoreszenz:

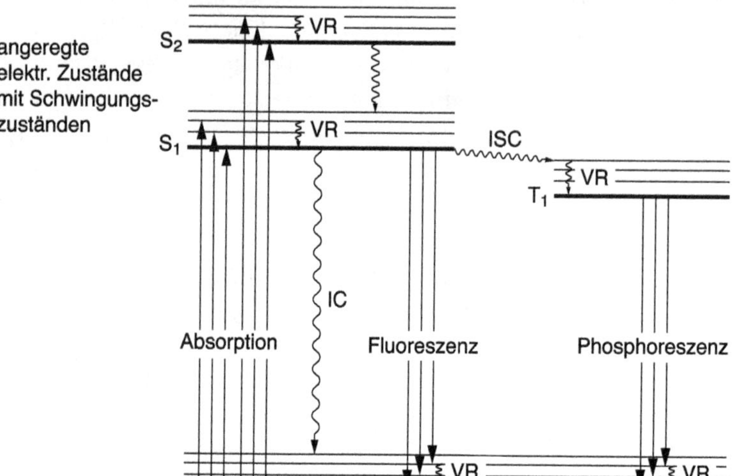

elektronischer Grundzustand S_0 mit Schwingungszuständen

VR = Vibrationsrelaxation
IC = innere Umwandlung (internal conversion)
ISC = Interkombinationsübergang (intersystem crossing)

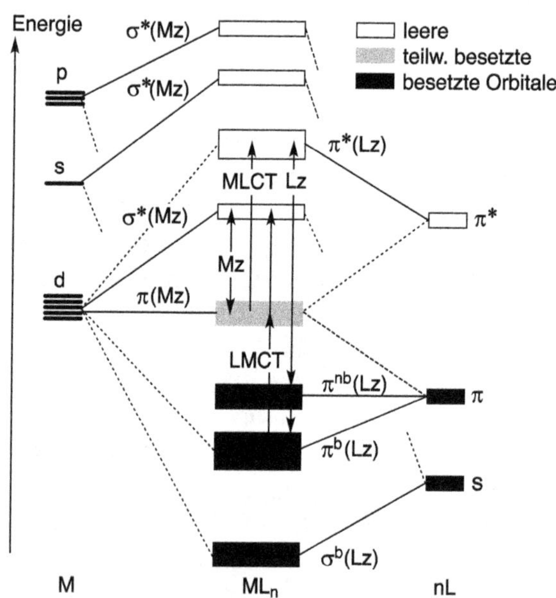

Elektronisch angeregte Koordinationsverbindungen spielen in interdisziplinären Arbeiten inzwischen eine Schlüsselrolle. Lumineszierende Metallkomplexe sind wichtig in der Sensorik und der bioanalytischen Chemie. Komplexe mit Übergangsmetallen und Lanthanoiden besitzen häufig einzigartige spektroskopische, photophysikalische oder andere (magnetische, elektrochemische) Eigenschaften, die für sensorische und diagnostische Anwendungen genutzt werden können (s. auch paramagnetische Gd-Komplexe und radioaktive ^{99m}Tc-Komplexe als Diagnostika in der Medizin, Abschn. 3.10.5).

Metall-zentrierte Lumineszenz wird meistens bei Lanthanoid- und Actinoid-Komplexen genutzt (s. unten). Die folgenden Beispiele behandeln **Liganden-zentrierte Lumineszenzprozesse**, die durch Metallionen moduliert werden.

Beispiele NO-Sensoren. Der Cobalt(II)-Komplex mit zwei Dansylgruppen (Dansyl = 5-*D*imethyl-*a*mino-1-*n*aphthalin-*s*ulfon*y*l) ermöglicht in Gegenwart von Sauerstoff den Nachweis von NO. Stickstoffmonoxid reagiert mit dem nur schwach fluoreszierenden Komplex unter Dissoziation eines Fluorophor-Molekülarms. Das gebildete Cobaltdinitrosyladdukt zeigt eine intensive Fluoreszenz, da die Lumineszenz des einen Arms nicht mehr durch das Metallion gelöscht wird. Es wird eine Nachweisgrenze für NO von 50–100 µmol/l erreicht.

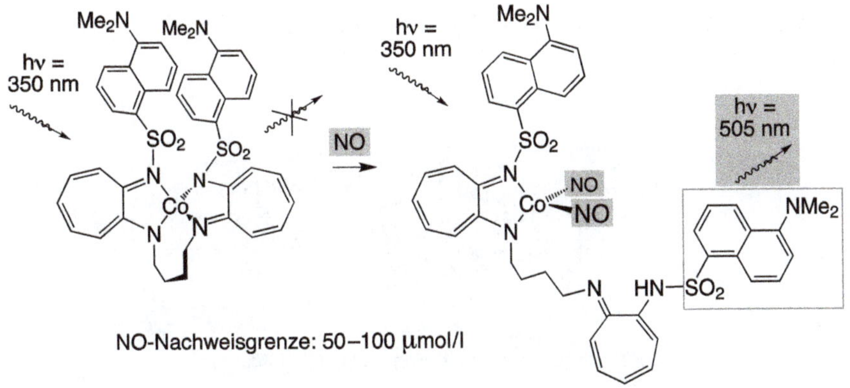

NO-Nachweisgrenze: 50–100 µmol/l

Der mit dem Fluorophor Methoxycumarin substituierte Eisen–Cyclam-Komplex fungiert über die Verdrängung des ebenfalls fluoreszenzmarkierten Tetramethylpyrrolidin-*N*-oxid-Derivates als NO-Sensor. Ohne Gegenwart von NO erfolgt über einen Fluoreszenz- (oder Förster-)Resonanz-Energietransfer (FRET) die Lumineszenz aus dem Pyrrolidin-*N*-oxid-Derivat bei 470 nm. Nach Abspaltung dieser Gruppe durch NO kommt die Emission aus dem Methoxycumarin-Fluorophor bei 410 nm. Es konnten NO-Konzentrationen von weniger als 100 nmol/l detektiert werden.

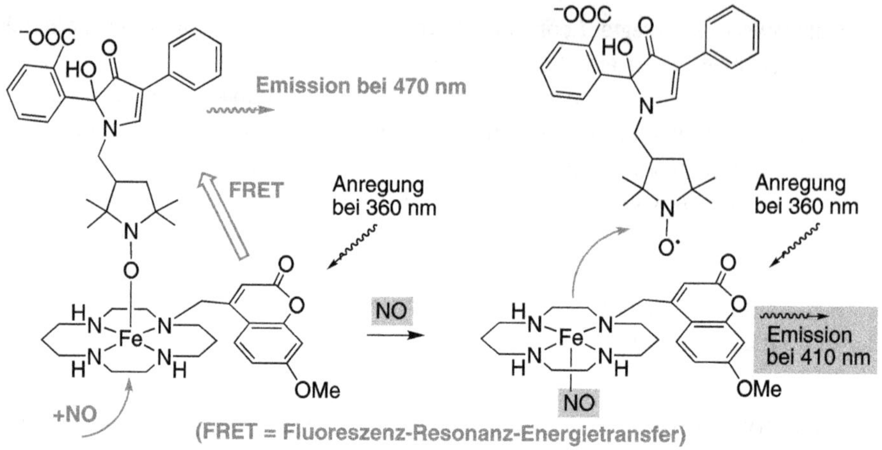

Beispiele Metall-Sensoren. Metallkoordination an die Ethylendiamingruppen des Chinacridonderivats löscht die Lumineszenz des metallfreien Chinacridon-Fluorophors. Die Metall-Chelateinheit steht nicht in einer konjugierten Wechselwirkung zum Fluorophor. Selbst schwache Fluoreszenzlöscher wie Hg^{2+} und Zn^{2+} können detektiert werden. Die ursprüngliche Fluoreszenz liegt im sichtbaren Bereich bei 558 nm, und die Löschung kann mit bloßem Auge verfolgt werden. Das Angebot stärkerer Chelatliganden sollte entsprechend ihrer Konzentration die Fluoreszenz des Chinacridonderivats wieder ansteigen lassen.

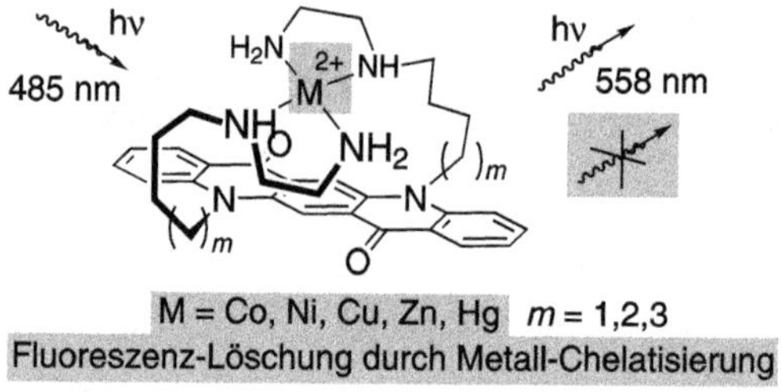

Der Tetraazacyclododecan-Ligand mit einer Xanthenongruppe ist ein selektiver Fluoreszenzindikator für Zinkionen in Gegenwart von Na^{+}, K^{+}, Ca^{2+} oder Mg^{2+}. Die Fluoreszenz der Sonde kann durch sichtbares Licht über einen weiten pH-Bereich angeregt werden und steigt mit der Zinkkonzentration. Die Verwendung von sichtbarem Licht für die Fluoreszenzaktivität bei dieser Verbindung wäre nützlich für die Messung von Zinkkonzentrationen in lebenden Zellen ohne den Einsatz von biologisch schädigender UV-Strahlung.

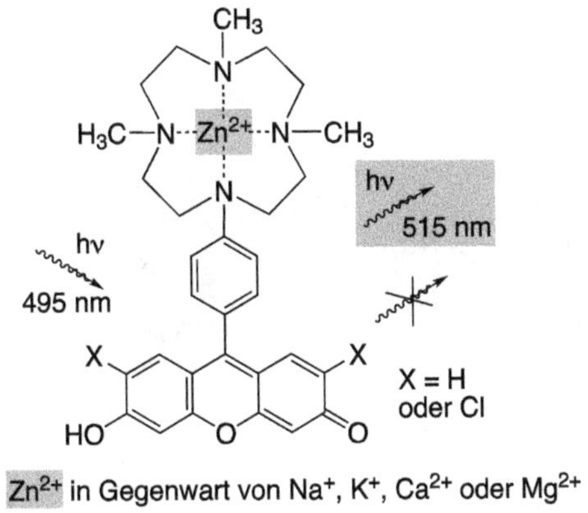

Zn^{2+} in Gegenwart von Na^+, K^+, Ca^{2+} oder Mg^{2+}

Die Unterscheidung zwischen Mg^{2+} und Ca^{2+} mittels eines optischen Ionensensors gelingt mit einem modifizierten Ruthenium-tris(bipyridin)-Metallrezeptor. Die Phosphinatgruppen am lumineszierenden Tris(bipyridin)ruthenium-Fragment komplexieren innerhalb der Alkali- und Erdalkalimetalle selektiv Mg^{2+} unter Lumineszenzverstärkung. Ursache ist das signifikante Maximum der Ladungsdichte bei Mg^{2+}, das deshalb auf der Basis elektrostatischer Wechselwirkungen die Orientierung der Phosphinatgruppen erreichen kann.

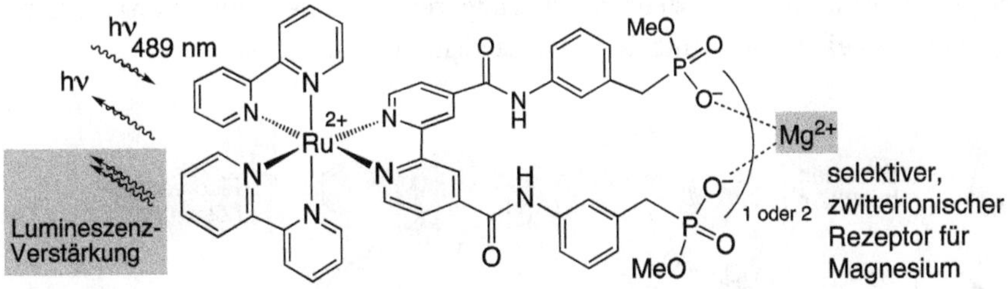

selektiver, zwitterionischer Rezeptor für Magnesium

Beispiel DNA-Sensor. Ruthenium(II)-Komplexe mit (modifizierten) 2,2′-Bipyridin-, 2,2′:6′,″-Terpyridin- oder 1,10-Phenanthrolinliganden haben vielfältige, mit Licht induzierbare Elektronen- und Energie-Transfereigenschaften. Derartige Ru-Komplexe dienen als lumineszierende DNA- oder Proteinmarker, als Modellsysteme für Elektronentransferproteine, als lumineszierende analytische Sensoren zur Detektion neutraler organischer Moleküle oder anorganischer Kationen (s. o.). Die photochemischen Eigenschaften können über die Liganden am Ruthenium gesteuert werden. Der $Ru(bipy)_2$(tactp)-Komplex zeigt erhöhte Lumineszenzintensität bei Bindung durch Interkalation des tactp-Rests (4,5,9,18-Tetraazachrysen[9,10-*b*]triphenylen) in destabilisierte, fehlgepaarte DNA.

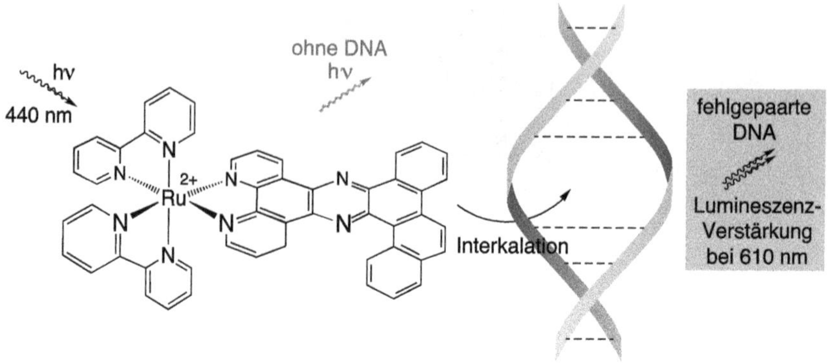

Beispiel pH-Sensor. Im Nickelkomplex des Tetraamin-Makrocyclus, funktionalisiert mit Sulfonamid- und Naphthylgruppe, führt eine pH-Erhöhung zur Deprotonierung der Aminogruppe zum Amidoliganden, der dann an das Nickelatom koordiniert. Die Änderungen in der Nickelgeometrie von planar-quadratisch nach pseudo-oktaedrisch zieht eine Änderung in der Elektronenkonfiguration, des Spinzustandes und damit der Fluoreszenz nach sich. Im quadratisch-planaren d^8-Komplex, der bei niedrigen pH-Werten überwiegt, sind alle Elektronen gepaart, und die Naphthyl-Fluoreszenz wird nicht beeinflusst. Die oktaedrische Form bei höheren pH-Werten hat zwei ungepaarte Elektronen und löscht die Fluoreszenz des Naphthyl-Fluorophors. pH-Änderungen werden so über eine pH-kontrollierte Fluoreszenzemission angezeigt (vgl. die Temperatur-Fluoreszenz-Korrelation an einem ähnlichen Ni-Gleichgewicht in Abschn. 3.9.3).

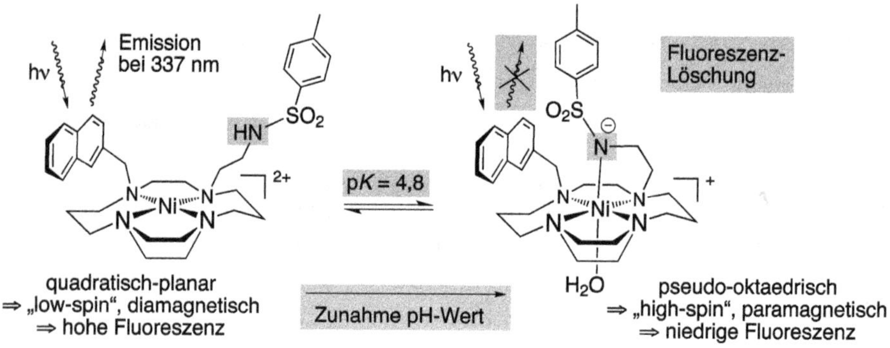

Beispiele für logische Schalter. Die UND-Schaltlogik von Computern konnte mit einem Tetraacetato- und Anthracenylmethylenamin-enthaltenden Komplexliganden nachgestellt werden. Der Ligand zeigt eine Fluoreszenzantwort (nach Anregung) des Anthracenyl-Fluorophors, wenn Ca^{2+}- und H_3O^+-Ionen gleichzeitig zugegen sind. Liegt nur eines oder keines der beiden Ionen vor, tritt keine Fluoreszenz auf.

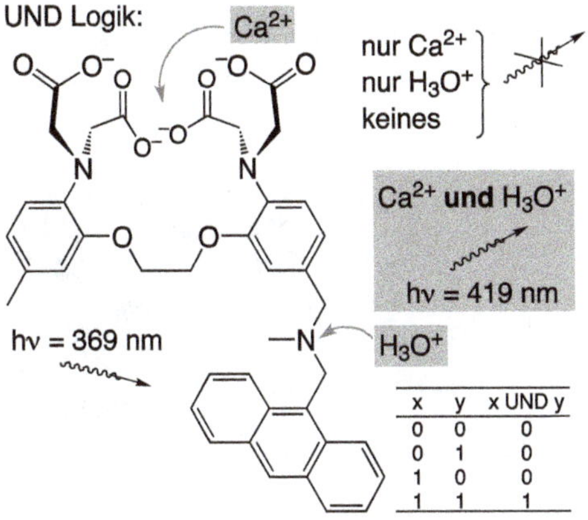

x	y	x UND y
0	0	0
0	1	0
1	0	0
1	1	1

Die folgenden Beispiele beinhalten *Charge-Transfer-Lumineszenz*

Beispiel Metall-Sensor. Ein zweikerniger Gold(I)-Komplex kann für die Detektion von Kaliumionen genutzt werden. Zugabe von K^+ und seine Koordination im Benzo-15-krone-5-Ring „schaltet“ die Gold–Gold-Wechselwirkung an, die dann zu einer intensiv roten Lumineszenz führt. Die Anregung bewirkt einen Ligand zu Metall–Metall-Bindung Ladungstransfer (LMMCT) vom Thiolatliganden in schwach Au–Au-bindende Orbitale, aus denen dann wiederum die Lumineszenz erfolgt.

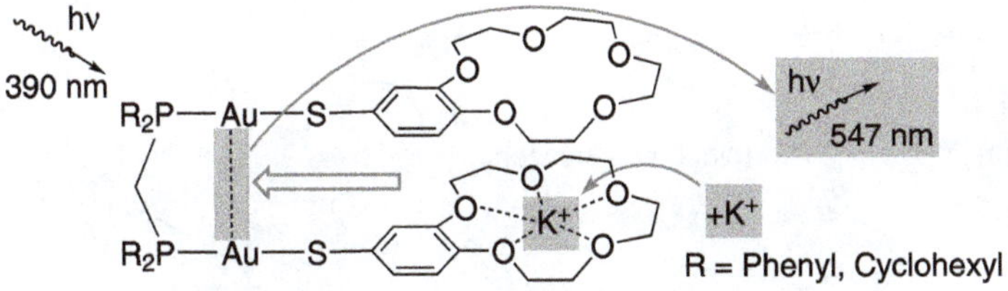

Beispiele Sensoren für organische Moleküle. Flüchtige organische Verbindungen können mit Gold(I)-Dimeren, die sich zu einer linearen Kette anordnen, oder mit einem Iodido(4-picolin)kupfer(I)-Polymer detektiert werden. Die solvatfreie Gold(I)-Dithiocarbamatverbindung besteht aus diskreten Golddimeren ohne intermolekulare Gold-Gold-Kontakte (Au···Au > 8,1 Å), ist farblos und nicht-lumineszierend. Die Wechselwirkung der Metallkomplexe mit polaren, aprotischen organischen Lösungsmitteldämpfen führt zu einer Struktur- und Farbänderung des Feststoffs und einem „Anschalten“ der Lumineszenz. Als Solvat-Verbindung ist der Feststoff leuchtend orange mit intensiver Photolumineszenz. Protische Lösungsmittel zeigen diesen Effekt nicht. Der Farb- und Lumineszenzwechsel durch Trocknung oder Lösungsmittelbedampfung ist im Feststoff reversibel. Kristalle des lösungsmittelhaltigen Feststoffs zeigen die Golddimere in einer linearen Kette angeordnet, mit kurzen intermolekularen

Au···Au-Kontakten. Es kann von einer LMMCT-Anregung vom Dithiocarbamatliganden in schwach Au–Au-bindende Orbitale, aus denen dann wiederum die Lumineszenz erfolgt, ausgegangen werden.

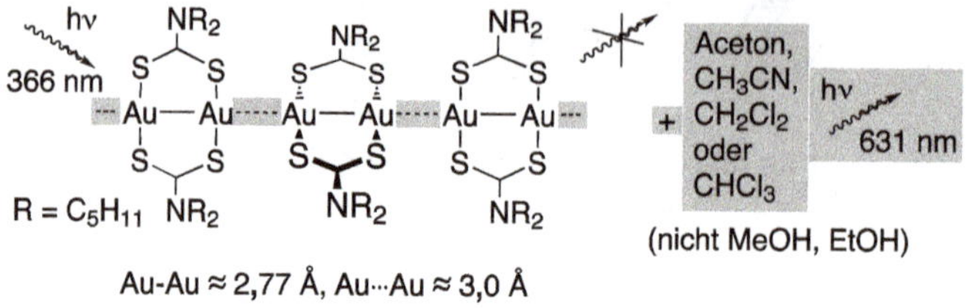

hν 366 nm
$R = C_5H_{11}$
Aceton, CH_3CN, CH_2Cl_2 oder $CHCl_3$ (nicht MeOH, EtOH)
hν 631 nm
Au-Au ≈ 2,77 Å, Au···Au ≈ 3,0 Å

Bei der Iodido(4-picolin)kupferverbindung wird die Änderung der Emissionseigenschaften wahrscheinlich von einem reversiblen Strukturwechsel von polymerer Kette zum Cuban-Tetramer begleitet. Mit Toluol ändert sich die blaue Lumineszenz des polymeren Feststoffs in die bekannte gelbe Lumineszenz des vierkernigen, strukturell charakterisierten $[CuI(pyridin)]_4$ oder hier $[CuI(4\text{-}picolin)]_4$ Cubans. Flüssiges Pentan extrahiert das Toluol aus dem Feststoff und die blaue Lumineszenz wird zurückerhalten. Die gelbe Lumineszenz wird auf einen angeregten Zustand aus einem gemischten Iodid-zu-Kupfer Charge-Transfer (LMCT) und Kupfer d⟶(s,p) Cluster-zentrierten angeregten Zustand zurückgeführt.

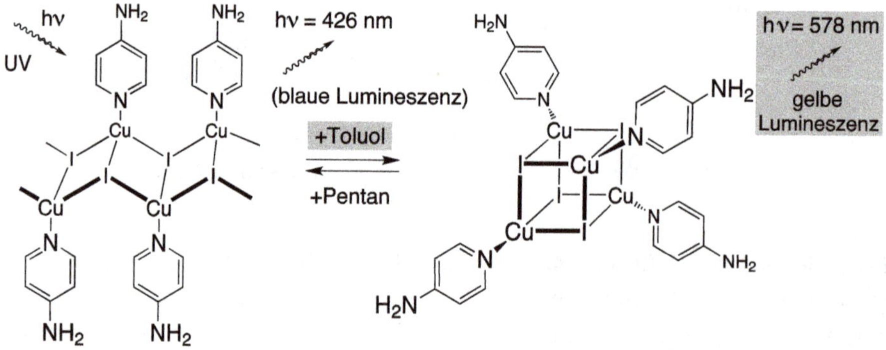

hν UV
hν = 426 nm (blaue Lumineszenz)
+Toluol
+Pentan
hν = 578 nm gelbe Lumineszenz

Metall-zentrierte Lumineszenz

– bei Chrom(III)-Komplexen:

Tris(2,2′-bipyridin)chrom(III) und verwandte $[Cr(N\cap N)_3]^{3+}$-Diimin-Komplexe phosphoreszieren im roten bis nahen IR-Bereich zwischen 727–746 nm, Bis(terpyridin)chrom(III)-Komplexe um 770–775 nm. Die Phosphoreszenz resultiert aus dem Spin-verbotenen $^2E(t_{2g}^3) \longrightarrow {}^4A_2(t_{2g}^3)$-Übergang (aber mit relativ scharfer Emissionsbande) nach Spin-erlaubter $^4A_2 \longrightarrow {}^4T_2$- und $^4A_2 \longrightarrow {}^4T_1$-Absorptionsanregung (~ 400–440 nm) mit Energietransfer durch Interkombinationsübergang (ISC) und Schwingungsrelaxation (VR) zu ^2E (analog zum Rubin-Laser; vgl. dazu Abb. 3.22).

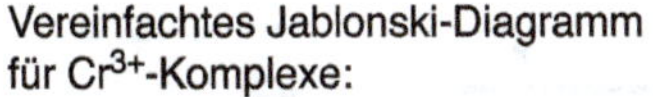

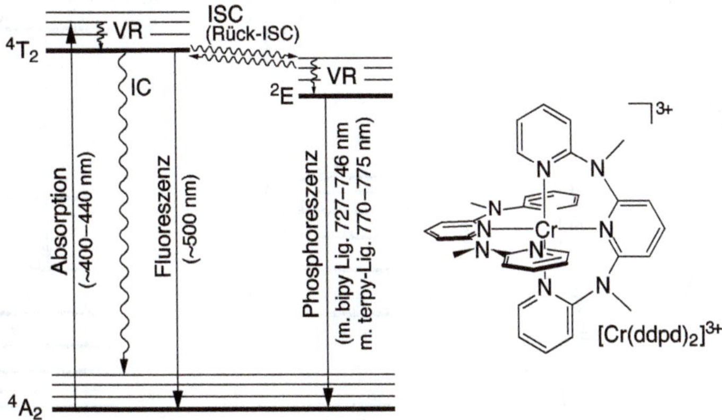

Aufgrund von innerer Umwandlung (IC), Fluoreszenz $^4T_2 \longrightarrow {}^4A_2$ und Rück-ISC, wegen nur geringer Energiedifferenz zwischen $^4T_2$ und ^2E, sind die Phosphoreszenzquantenausbeuten mit $< 10^{-3}$ oft nur gering. Je stärker das Ligandenfeld, desto größer wird die Energiedifferenz zwischen $^4T_2$ und ^2E (s. Abb. 3.22) und verringert damit das Rück-ISC. Im Komplex $[Cr(ddpd)_2]^{3+}$ mit zwei Terpyridin-artigen Liganden steigt dadurch die Quantenausbeute in wässriger Lösung auf 0,1.

– bei Lanthanoid(III)-Komplexen:
Die kontrahierten und abgeschirmten f-Orbitale sind kaum an den Lanthanoid-Ligand-Wechselwirkungen beteiligt. Die metallzentrierten f⟶f-Übergänge werden daher nur wenig durch die chemische Umgebung der Lanthanoid- (Ln^{3+}-)Ionen beeinflusst, sodass vorhersagbare und scharfe Emissionsbanden erhalten werden. Analog zu den d⟶d-Übergängen sind f⟶f-Übergänge mit $\Delta l = 0$ verboten, sodass die Übergangskoeffizienten für Absorption und Lumineszenz klein sind. Die Besetzung der angeregten Ln^{3+}-Zustände wird daher besser durch Interkombinationsübergänge (ISC) von angeregten Ligandenzuständen als durch direkte Anregung der Ln^{3+}-Ionen selbst erreicht. Man bezeichnet das als Antennen-Effekt, die Liganden für den $S^* \longrightarrow T^* \longrightarrow Ln^*$-Energietransfer als Antennen-Liganden.

Lumineszierende Lanthanoidkomplexe enthalten oft Tb^{3+} oder Eu^{3+} (Tb = Terbium, Eu = Europium) mit grünen bzw. roten 4f ⟶ 4f-Emissionen. Bei der Emission von ^5D_J in die ^7F_J Zustände von Tb(III) und Eu(III) handelt es sich mit $\Delta S \neq 0$ um Phosphoreszenz. Für Tb^{3+} wird die intensivste Lumineszenzbande bei ca. 544 nm ($^5D_4 \longrightarrow {}^7F_5$), für Eu^{3+} bei ca. 616 nm ($^5D_0 \longrightarrow {}^7F_2$) beobachtet.

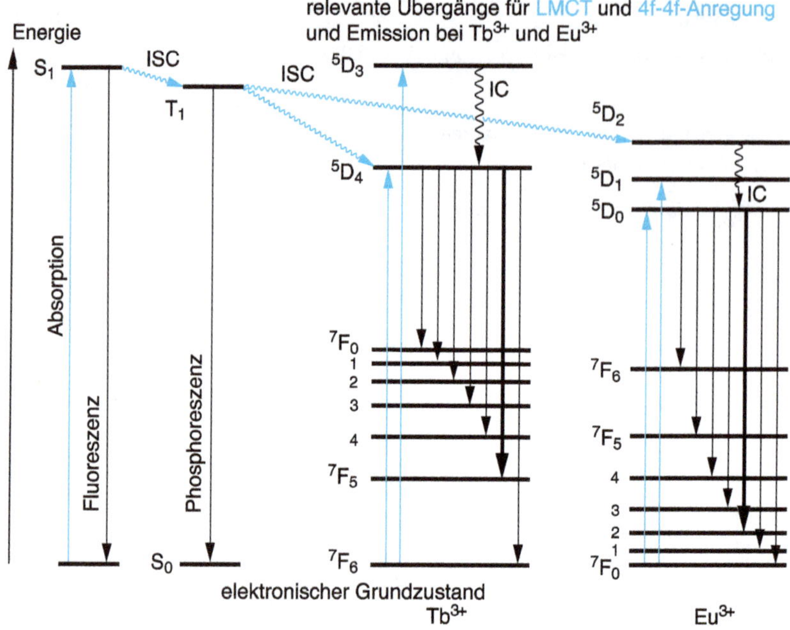

Beispiel Sensor für organische Moleküle. Der Terbium(III)-Komplex mit dem 1,4,7,10-Tetraazacyclododecantriamid- und zwei labilen Aqualiganden erfährt bei Anbindung von aromatischen Carboxylat-Liganden, z. B. Salicylat in Wasser eine starke Erhöhung der Lumineszenz. Grund ist die Tb^{3+}-Anregung über einen Antenneneffekt bei kovalenter Anbindung der aromatischen Anionen.

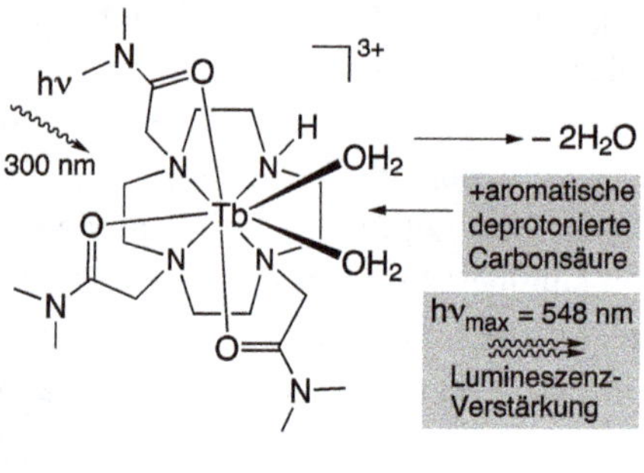

Der Terbium(III)-Komplex des Tetraazacyclododecan-triphospinato-Liganden mit einer Chinolingruppe zeigt eine NICHT-Schaltlogik. In Gegenwart von O_2 wird der angeregte T_1-Zustand des protonierten Chinolinrests gelöscht. Ein Energietransfer zum Terbium-$^5D_4$-Zustand und damit ein Antenneneffekt des Liganden ist nicht mehr möglich. Gleichzeitig erfolgt ein Rück-Energietransfer vom direkt angeregten Tb-$^5D_4$- zum T_1-Zustand, sodass auch der $^5D_4$-Zustand gelöscht wird. In Abwesenheit von O_2 wird der

Löschungsprozess unterdrückt, und es erfolgt über den Antenneneffekt des protonierten Chinolinrests eine effektive Besetzung des Tb-$^5D_4$-Zustands. Die Tb-Emission wird bei Gegenwart von Protonen und der Abwesenheit von Disauerstoff angeschaltet.

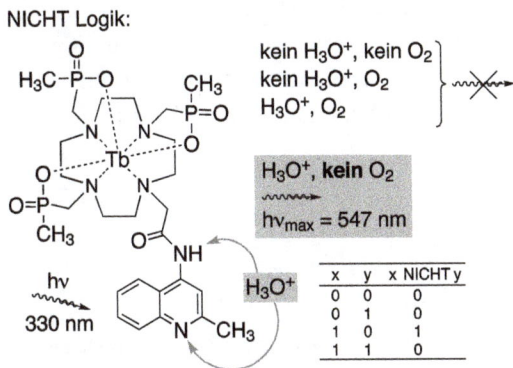

NICHT Logik:

kein H_3O^+, kein O_2
kein H_3O^+, O_2
H_3O^+, O_2

H_3O^+, kein O_2
$h\nu_{max}$ = 547 nm

hν
330 nm

H_3O^+

x	y	x NICHT y
0	0	0
0	1	0
1	0	1
1	1	0

3.19 Molekulare Magnete

Zu molekularen magnetischen Materialien rechnen Koordinationspolymere und Metall-organische Netzwerke (MOFs), die weitreichende magnetische Ordnungsphänomene zeigen sowie Spin-gekoppelte mehrkernige molekulare Metallkomplexe. Letztere werden auch als Einzelmolekülmagnete (‚single-molecule magnets', SMMs) bezeichnet. Magnetische Ordnungszustände sind Ferro-, Ferri- und (verkanteter) Antiferromagnetismus. Sie basieren auf einer Wechselwirkung (Kopplung) der Spins der (meistens) paramagnetischen Metallatome (s. Abschn. 2.8.3–2.8.6). Die Spin-Spin-Wechselwirkung führt unterhalb einer charakteristischen kritischen Temperatur zum Ordnungszustand (Curie-Temperatur T_C oder Néel-Temperatur T'_N, s. Abschn. 2.8.3). In molekularen magnetischen Materialien sind die Spinträger paramagnetische Metallatome (meistens) und/oder organische Radikale. Wenn nicht Metallatom und Radikal-Brückenligand das Netzwerk bilden, sind die Metallatome durch diamagnetische Brückenliganden verbunden, die die magnetische Wechselwirkung übertragen müssen. Diese Spin-Austausch-Wechselwirkung kann in ein oder zwei Richtungen in einem Koordinationsnetzwerk sehr stark sein, gleichzeitig aber schwach in der oder den verbleibenden Dimensionen. Da magnetische Ordnungszustände in Materialien dreidimensional sind, resultiert insgesamt so oft nur eine niedrige kritische Temperatur. Die magnetischen Effekte werden bei molekularen magnetischen Materialien meistens nur bei tiefen bis sehr tiefen Temperaturen (bis hin zu wenigen Kelvin) beobachtet. Bei Normaltemperatur sind es oft einfache Paramagnete, mit magnetisch isolierten Spinträgern. Ziel der Forschung zu molekularen magnetischen Materialien ist neben einem erweiterten grundlegenden Verständnis zum Magnetismus (z. B. bezüglich magnetischer Frustration) das Finden von ‚Metall-organischen' Materialien mit Remanenzmagnetisierung bei so hoch wie möglichen Curie-Temperaturen.

Koordinationspolymere und Koordinationsnetzwerke mit signifikanten magnetischen Ordnungsphänomenen besitzen zwischen den Metallatomen z. B. verbrückende Cyanid-(CN^--)Liganden (Berliner-Blau Analoga, s. Abschn. 3.12), Azid-(N_3^--)Liganden, Dicyanamid-($N(CN)_2^-$-, dca^--)Liganden, Tricyanomethanid-($C(CN)_3^-$-, tcm^--)Liganden oder anionische Radikalliganden wie das Tetracyano-*p*-chinodimethan-Radikalanion ($tcnq^{\cdot-}$) oder das Tetracyanoethylen-Radikalanion ($tcne^{\cdot-}$).

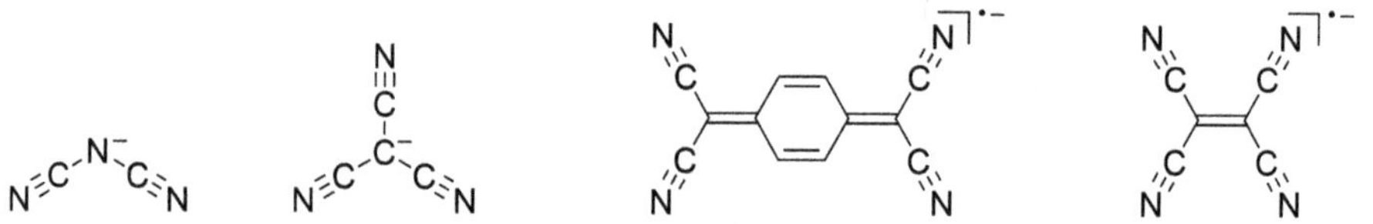

Dicyanamid, dca^- | Tricyanomethanid, tcm^- | Tetracyano-*p*-chinodimethan-Radikalanion $tcnq^{\cdot-}$ | Tetracyanoethylen-Radikalanion, $tcne^{\cdot-}$

Die Liganden dca^- und tcm^- ergeben mit zweiwertigen Metallionen Koordinationsnetzwerke mit den Formeln $[M(dca)_2]$, $[M(dca)(tcm)]$ und $[M(tcm)_2]$. Über die M-N-C≡N-Verbrückung von dca^- ergibt sich eine weitreichende magnetische Ordnung. End-zu-End-Verbrückung von dca^- und tcm^- (M-N≡C-N/C-C≡N-M) führt dagegen nur zu schwachen elektronischen Wechselwirkungen. Das Tetracyanoethylen-Radikalanion $tcne^{\cdot-}$ kann bis zu vier Metallatome verbrücken wie in 3D-$[M^{II}(\mu_4\text{-}tcne)_2]$ (M = V, Mn, Fe, Co, Ni) mit 3D-$[V(tcne)_x \cdot yCH_2Cl_2]$ ($x \sim 2, y \sim 0{,}5$) als Magnet bei Raumtemperatur.

Stärkere Kopplungen über diamagnetische Liganden sind weiterhin mit ein- bis dreiatomigen Brückenliganden wie Alkoxid, Thiolat, Pyrazolat, Triazol/Triazolat, Carboxylat, Imidazolat und Oxalat möglich.

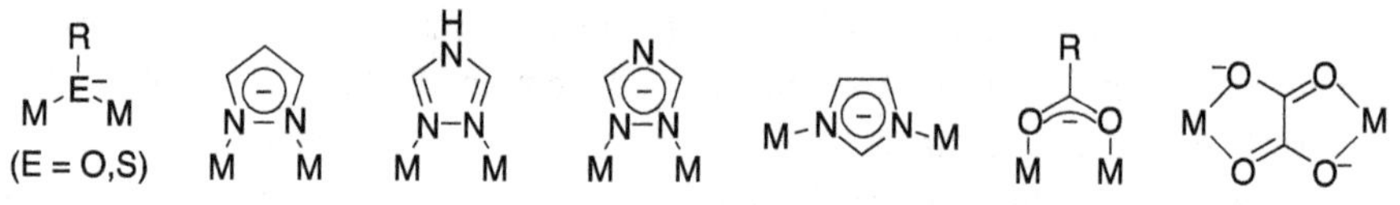

(E = O,S)

Heterometallische 2D- und 3D-Metalloxalatnetze und -gitter zeigen (bei tiefer Temperatur) weitreichende ferro-, ferri- oder verkantete antiferromagnetische Ordnungen (Magnetismus, s. Abschn. 2.7). Im Allgemeinen werden 2D-Schichtstrukturen mit $[M^{II}M^{III}(ox)_3]^-$-Einheiten erhalten, wenn das Gegenion $[ER_4]^+$ ist (E = N, P; R = Alkyl). 3D-Gerüststrukturen ergeben sich mit Tris-Chelat-$[M(2,2'\text{-}bipy)_3]^{2+/3+}$-Kationen. Verbindung mit $M^{II}Cr^{III}$ verhalten sich als Ferromagnete, während $M^{II}Fe^{III}$ antiferromagnetisch zu Ferrimagneten (M^{II} = Fe, Co) oder verkanteten Antiferromagneten (M^{II} = Mn) koppelt.

Koordinationspolymere mit magnetischen Eigenschaften

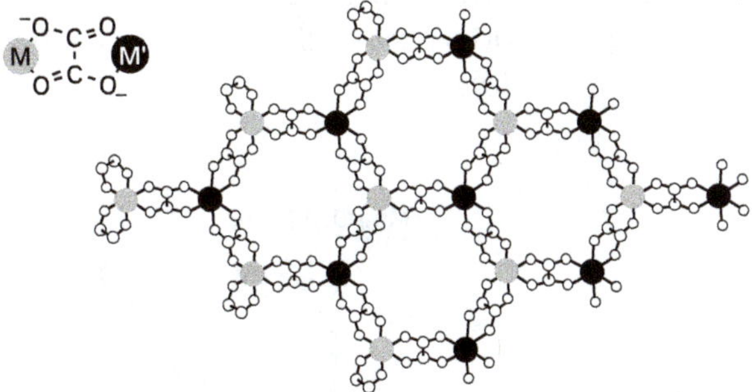

Einzelmolekülmagnete (‚single-molecule magnets', **SMMs**) sind mehrkernige Metall-Ligand-Moleküle mit paramagnetischen Übergangsmetallatomen. In den meisten SMMs sind drei bis ca. 30 Metallionen durch kurze Einzelatom-Brücken (O^{2-}, OH^-, OCH_3^-, F^-, Cl^-) und/oder durch Carboxylat-Brücken ($RCOO^-$) verbunden. Mit der Verbindung Bis(phthalocyaninato)holmiat(III), $[HoPc_2]^-$, wurde auch ein Einzel-Metallion-SMM beschrieben. Die Verbindung $[Mn_{84}O_{72}(O_2CMe)_{78}(OMe)_{24}(MeOH)_{12}(H_2O)_{42}(OH)_6] \cdot xH_2O \cdot yCHCl_3$ ist ein torusförmiger SMM mit ca. 4,2 nm Durchmesser. SMMs zeigen magnetische Hysterese und langsame magnetische Relaxationsgeschwindigkeiten von Einzeldomänen-Superparamagneten ohne weitreichende Kooperativität zwischen den Molekülen. Jedes Molekül ist ein getrenntes magnetisches Partikel. Die nach außen gerichteten organischen Reste der Carboxylatliganden schirmen die Partikel voneinander ab. Die Aktivierungsbarriere für die magnetische Relaxation sind nicht die weitreichenden zwischenatomaren Wechselwirkungen wie in klassischen Festkörpermagneten, sondern eine Nullfeldaufspaltung mit Anisotropiebarriere. Voraussetzungen für den Aufbau von SMMs sind damit Metallionen mit einer großen Zahl von ungepaarten Elektronen für einen hohen high-spin-Grundzustand, eine große Nullfeldaufspaltung und vernachlässigbare magnetische Wechselwirkungen zwischen den Molekülen. Die bekanntesten SMMs sind Mn_{12}-Komplexe mit der Formel $[Mn_{12}O_{12}(O_2CR)_{16}(H_2O)_4]$. Der Mn_{12}-Acetatkomplex „$[Mn_{12}Ac]$" wird aus Mangan(II)-acetat und Permanganat(VII) in konz. essigsaurer Lösung erhalten:

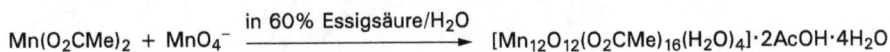

$$Mn(O_2CMe)_2 + MnO_4^- \xrightarrow{\text{in 60\% Essigsäure}/H_2O} [Mn_{12}O_{12}(O_2CMe)_{16}(H_2O)_4]\cdot 2AcOH\cdot 4H_2O$$

Der Acetatligand kann gegen andere Carboxylatgruppen ausgetauscht werden. Das Gleichgewicht bei der Substitution wird durch Entfernung der freigesetzten Essigsäure als Azeotrop mit Toluol vollständig in Richtung des Produkts verschoben.

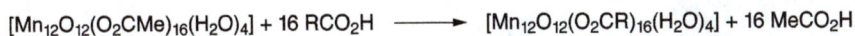

$$[Mn_{12}O_{12}(O_2CMe)_{16}(H_2O)_4] + 16\ RCO_2H \longrightarrow [Mn_{12}O_{12}(O_2CR)_{16}(H_2O)_4] + 16\ MeCO_2H$$

Die Mn_{12}-Komplexe $[Mn_{12}O_{12}(O_2CR)_{16}(H_2O)_4]$ mit acht Mn^{3+}-Ionen (d^4, $S = 2$) und vier Mn^{4+}-Ionen ($S = \frac{3}{2}$) haben einen high-spin-Grundzustand mit $S = 10$. Die vier Mn^{4+}-

Ionen bilden mit vier μ_3-Oxido-Ionen ein Heterocuban-Fragment. Die Spins der Mn^{3+}- und Mn^{4+}-Ionen sind entgegengerichtet, sodass sich $S = 8 \times 2 - 4 \times 3/2 = 10$ ergibt. Die Komplexe sind Magnete unterhalb von 3 K.

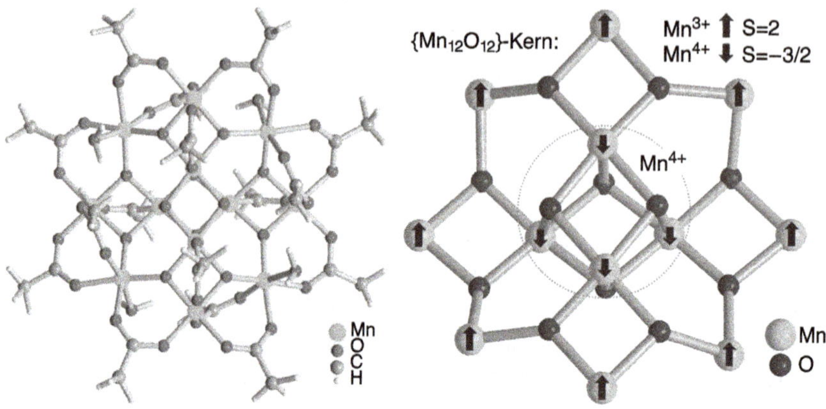

Der Gadolinium(III)-Komplex $[Gd_7(OH)_6(thmeH_2)_5(thmeH)(tpa)_6(MeCN)_2](NO_3)_2$ ($thmeH_3$ = Tris(hydroxymethyl)ethan, tpaH = Triphenylessigsäure) mit sieben ungepaarten Elektronen (f^7) an jedem Gd^{3+}-Ion erreicht bei 2 K den maximalen Spin $S = 7 \times 7/2 = 49/2$. Mit dieser SMM-Verbindung und dem magnetokalorischen Effekt wurde eine Kühlung auf 0,2 K demonstriert.

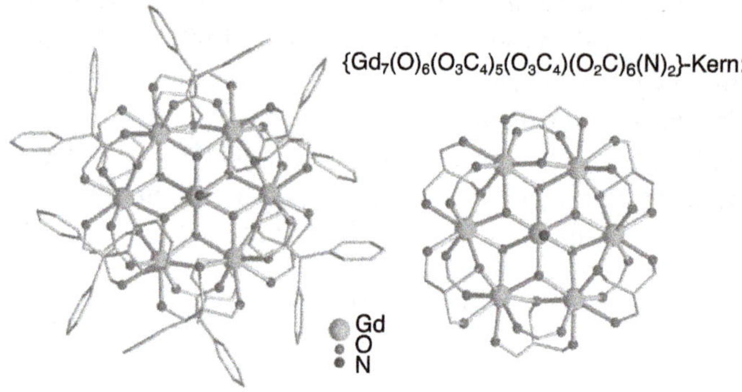

3.20 Methoden zur Untersuchung von Metallkomplexen

Es werden hier nur kurze Hinweise für die Bedeutung von Untersuchungsmethoden in der Koordinationschemie gegeben, ohne Anspruch auf Vollständigkeit.

Bei vielen der nachfolgenden Methoden kann die Temperatur variiert werden, um dynamische Phänomene (z. B. Ligandenaustausch, Spingleichgewicht, Elektronentransfer, Reaktionskinetik) zu untersuchen und Aktivierungsenergien, Geschwindigkeitskonstanten oder Enthalpien zu erhalten.

Generell ist bei der Interpretation der Messdaten zu beachten, in welcher Phase (fest, gelöst, gasförmig) die Verbindung vorliegt und in welchem Zeitfenster der Messvorgang erfolgt. Ein fluktuierendes Verhalten von Metallkomplexen manifestiert sich häufig nur in Lösung, nicht aber im festen Zustand. Eine schnellere Fluktuation als das Zeitfenster der Methode zeigt bei der Messung eine gemittelte Form, einen gemittelten Wert für die Verbindung. Ist die Dynamik langsam im Vergleich zum Zeitfenster, dann werden die Grenzformen der Verbindung gemessen. Im Zeitbereich der Methode treten Bandenverbreiterungen auf.

CHN-, Elementar-, Metallanalyse. Hinweise auf Komplexzusammensetzung, Metall:Ligand-Verhältnis.

Infrarot- und Raman-Schwingungsspektroskopie (s auch Abschn. 1.1.2). Bandenlagen (Wellenzahl, cm^{-1}) und relative Bandenintensitäten (%-Absorption) von Liganden können sich bei Metallanbindung ändern (neue Banden, Aufspaltung von Banden). Aus dem Vergleich der Spektren des freien Liganden und des Metallkomplexes können Hinweise auf die Koordinationsart erhalten werden (Bsp. O_2-Liganden, Abschn. 3.12), insbesondere, wenn aus analogen Komplexen die Koordination über Kristallstrukturanalyse abgesichert wurde. Aus der Frequenz und Zahl der wenig gekoppelten Valenzschwingungen von Carbonyl- u. ä. Liganden lassen sich Aussagen zur Metall⟶Ligand-π-Rückbindung und zur Symmetrie des Carbonylkomplexes ableiten (s. Abschn. 4.3.1.1).

NMR-Spektroskopie (s. auch Abschn. 1.1.2). Eine Voraussetzung für die Anwendbarkeit der NMR-Spektroskopie sind in der Regel diamagnetische Komplexe. Paramagnetische Metallkomplexe zeigen oft sehr starke Bandenverbreiterungen und eine große Änderung der chemischen Verschiebungen. Wichtige NMR-Kerne bei Metallkomplexen sind ^{1}H, ^{13}C neben evtl. ^{19}F, ^{29}Si, ^{31}P und zunehmend auch ^{15}N in organischen Liganden. Relevante Spin-1/2-Metallkerne sind ^{103}Rh, $^{107/109}Ag$, $^{111/113}Cd$, $^{117/119}Sn$, ^{195}Pt, $^{203/205}Tl$, ^{207}Pb. Bei höherer Symmetrie um das Metallatom können auch Spin-3/2- und -5/2-Kerne sinnvolle NMR-Informationen liefern; Beispiele sind ^{27}Al (5/2), ^{65}Cu (3/2), ^{91}Zr (5/2).

Die Zahl der Signale (Peaks) gibt die Zahl der (chemisch) unterschiedlichen X-Atome an. Eine Integration der Signale entspricht dem Verhältnis der unterschiedlichen X-Atome; bei ^{1}H-entkoppelten Spektren von Heterokernen (^{13}C, ^{15}N, ^{31}P u. a.) ist das allerdings nicht mehr gut anwendbar. Die chemische Verschiebung (δ in ppm) korreliert mit der Umgebung des Kerns. Eine Peakverbreiterung zeigt dynamische Phänomene im Zeitfenster der NMR-Spektroskopie an (10^{-3}–10^{-8} s). Signalaufspaltungen (in Hz) sind auf Kopplungen mit anderen (1/2-)Kernspins zurückzuführen und liefern Aussagen zur Zahl und Geometrie der Nachbarkerne. Beispiel: Im ^{31}P-NMR-Spektrum von Platin-bis(triarylphosphan)-Komplexen zeigt eine $^{1}J(^{31}P\text{-}^{195}Pt)$-Kopplung größer als 3000 Hz eine *cis*-, kleiner als 3000 Hz eine *trans*-Stellung der Phosphanliganden an.

ESR/EPR-Spektroskopie. (ESR = Elektronenspinresonanz, EPR = elektronenparamagnetische Resonanz) Messung der paramagnetischen Eigenschaften von Atomen oder Molekülen im Magnetfeld. Die ungepaarten Elektronen koppeln mit den magnetischen Momenten der Atomkerne im Molekül, sodass aus der resultierenden Hyperfeinstruktur der Resonanzlinien Aussagen zur Molekülstruktur möglich werden. ESR erlaubt z. B. die Charakterisierung von elektronisch labilen Übergangsmetallverbindungen oder die Identifizierung der Ligandensphäre von Metallproteinen.

UV/Vis-Spektroskopie. Die elektronischen Übergänge (in Wellenlänge nm oder Wellenzahl cm^{-1}) (d⟶d, f⟶f, Metall↔Ligand-Charge-Transfer) geben Aussagen zur elektronischen Situation in Metallkomplexen (Kristall-/Ligandenfeldaufspaltung, Ligandenstärke, s. Abschn. 3.9.4 u. 3.9.7). Die Intensität der Extinktion ist direkt proportional zur Konzentration (Lambert-Beer'sches Gesetz). Mit einem Zeitfenster von 10^{-14} s ist es eine sehr schnelle Methode für kinetische Untersuchungen.

CD-Spektroskopie (CD = Circulardichroismus). Die optische Aktivität kann durch die Drehung der Ebene von linear polarisiertem monochromatischem Licht bei Durchtritt durch eine Lösung verifiziert werden. Die Lichtebene wird durch eine optisch aktive Verbindung, in der ein Enantiomer alleine vorliegt oder überwiegt, gedreht. Für ein Verständnis der Ebenendrehung bei linear polarisiertem Licht kann man sich einen solchen Lichtstrahl als eine Überlagerung eines rechts- und links-circular polarisierten Strahls mit gleicher Amplitude und gleicher Phase vorstellen.

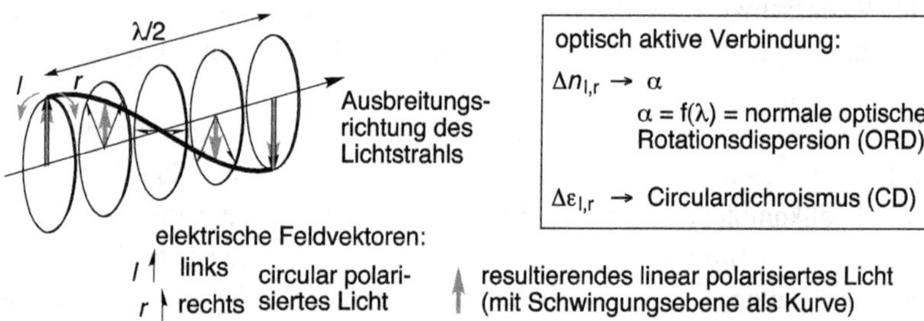

Bei einem circular polarisierten Lichtstrahl dreht sich der elektrische Feldvektor einmal um 360° innerhalb einer Wellenlänge. Rechts- und links-circular polarisiertes Licht sind wie Spiegelbilder, also enantiomorph zueinander. Dementsprechend sind auch die physikalischen Wechselwirkungen der beiden circular polarisierten Strahlen mit den enantiomeren Molekülen verschieden. Die wichtigsten Unterschiede sind ein veränderter Brechungsindex für das links- und rechts-drehende Molekül (n_l und n_r) und ein anderer molarer Extinktionskoeffizient (ε_l und ε_r). Aus den verschiedenen Brechungsindizes resultiert eine unterschiedliche Ausbreitungsgeschwindigkeit für den links- und rechts-circular polarisierten Strahl. Damit ergibt sich die optische Drehung mit dem Drehwinkel α. Durch die anderen Extinktionskoeffizienten werden die beiden Teilwellen unterschiedlich stark absorbiert. Sie weisen nach Durchtritt durch die

Probe eine andere Amplitude auf, sodass aus der Überlagerung der circularen Anteile kein linear, sondern ein elliptisch polarisiertes Licht resultiert. Die Differenz der molaren Extinktionskoeffizienten $\Delta\varepsilon = \varepsilon_l - \varepsilon_r$, heißt **Circulardichroismus** (CD). Sowohl der Drehwinkel α als auch der Circulardichroismus sind eine Funktion der Wellenlänge λ des polarisierten Lichts. Die Abhängigkeit des Drehwinkels α von der Wellenlänge wird **normale optische Rotationsdispersion** (ORD) genannt.

Der Circulardichroismus wird vor allem bei elektronischen Übergängen im sichtbaren oder ultravioletten Bereich des Spektrums beobachtet. In diesem Bereich wird auch die ansonsten stetige Ab- oder Zunahme der Drehwertänderung gestört. Die spezifische Drehung ändert sich stark, wenn man sich einer Absorptionsbande nähert. Es treten ein lokales Minimum, ein Nulldurchgang und ein Maximum für den Drehwinkel im Bereich einer Absorptionsbande auf (Abb. 3.64). Der Grund ist, dass sich in diesem Bereich die Brechungsindizes schnell mit der Wellenlänge ändern. Diese Anomalie in der Rotationsdispersionskurve bezeichnet man als **anomale optische Rotationsdispersion** (anomale ORD). Sie wurde von dem französischen Physiker Aimé Cotton erstmals beschrieben und nach ihm **Cotton-Effekt** genannt. Unter dem Begriff Cotton-Effekt werden teilweise CD und ORD zusammengefasst. Das Vorzeichen des Circulardichroismus im Bereich der Absorptionsbande oder die Reihenfolge, in der Minimum und Maximum der optischen Rotationsdispersion in Richtung kürzerer Wellenlänge durchlaufen werden, erlauben im Vergleich von analogen Substanzen die Festlegung der absoluten Konfiguration von chiralen Verbindungen. Der Verlauf der CD- und der ORD-Kurve für den Bereich der Absorptionsbanden von zwei enantiomeren Chromophoren ist spiegelbildlich zur Abszisse (Abb. 3.64).

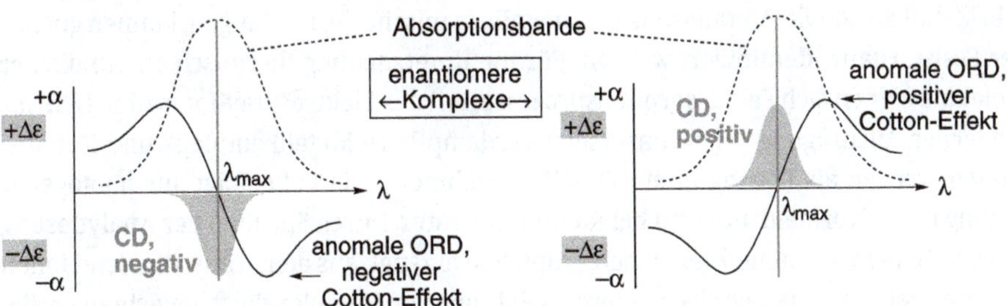

Abb. 3.64: Idealisierte Kurven für den Circulardichroismus (CD) und die anomale optische Rotationsdispersion (ORD) im Bereich einer isolierten Absorptionsbande für zwei Moleküle mit entgegengesetzter absoluter Konfiguration. CD ist die Differenz der Extinktionskoeffizienten $\Delta\varepsilon$ und ORD die Abhängigkeit des Drehwinkels α von der Wellenlänge λ. Die anomale ORD, d. h. das Auftreten von Maxima und Minima im Bereich der Absorptionsbande, wird Cotton-Effekt genannt. Ein positiver Cotton-Effekt liegt vor, wenn von längeren zu kürzeren Wellenlängen zuerst ein lokales Maximum und dann ein Minimum durchschritten wird. Der Nulldurchgang der anomalen ORD, d. h. die Umkehrung der Drehrichtung des polarisierten Lichts erfolgt bei der Wellenlänge des Absorptionsmaximums. Für ein Enantiomerenpaar unterscheiden sich CD und anomale ORD nur im Vorzeichen und nicht im Betrag. Bei nahe benachbarten Absorptionsbanden überlagern sich die ORD-Kurven.

Als Regel gilt, dass analoge Verbindungen die gleiche absolute Konfiguration haben, wenn die entsprechenden elektronischen Übergänge Cotton-Effekte (ORD und CD) mit dem gleichen Vorzeichen zeigen (vgl. Abb. 3.44). Probleme bereiten aber die Voraussetzung der „entsprechenden“ elektronischen Übergänge und die Auflösung von Spektren mit überlappenden Cotton-Effekten.

Mößbauer-Spektroskopie. Die rückstoßfreie Kernresonanzabsorption von γ-Strahlen aus einer radioaktiven Quelle des zu untersuchenden Elements (notwendige Voraussetzung) ermöglicht über die Isomerieverschiebung (IS oder δ in mm/s) eine Aussage zur Oxidationsstufe und chemischen Umgebung des absorbierenden Kerns. Energieunterschiede zwischen Quelle und Absorber werden durch eine Relativbewegung mit unterschiedlicher Geschwindigkeit (Doppler-Effekt) kompensiert. Es genügen Geschwindigkeiten zwischen ±10 mm/s, um z. B. die Hyperfeinstruktur des wichtigsten Mößbauer-Kerns ^{57}Fe (nur 2,5 % natürliche Häufigkeit) aufzulösen. Eine Quadrupolaufspaltung (QS in mm/s), d. h. ein Dublett der Resonanzlinie tritt bei unsymmetrischer Ladungsverteilung der d-Elektronen (z. B. Fe^{2+}-d^6-high-spin oder Fe^{3+}-d^5-low-spin im Oktaeder) oder einer unsymmetrischen Ligandengeometrie auf. Bei Eisenverbindungen können so z. B. temperaturabhängige Spingleichgewichte verfolgt werden (s. Abschn. 3.9.7). Eine magnetische Wechselwirkung der Atome äußert sich in einer magnetischen Hyperfeinaufspaltung, bei ^{57}Fe in einer Sextettstruktur. Intensiver untersucht und als Strahlenquellen genutzt werden neben ^{57}Fe (entsteht aus ^{57}Co), ^{99}Ru, ^{119}Sn (entsteht aus ^{119m}Sn), ^{121}Sb, ^{125}Te, ^{127}I, ^{129}I, ^{129}Xe, ^{133}Cs, ^{151}Eu, ^{181}Ta, ^{182}W und ^{195}Pt.

Massenspektrometrie. Die Probe wird mit verschiedenen Methoden in die Gasphase überführt und ionisiert. Die Ionen werden entsprechend ihrem Verhältnis Masse/Ladung (m/z) getrennt und registriert. Unzersetzt verdampfbare Neutralkomplexe, z. B. Metallcarbonyle, Metallocene u. a. metallorganische Verbindungen, können gut aus der Festsubstanz identifiziert werden. Für die Untersuchung thermisch empfindlicher Moleküle eignen sich Felddesorptionsprozesse, mit der Elektrospray-Ionisation (ESI) als moderner Ausprägung. Nicht unzersetzt verdampfbare Metallkomplexe und Komplexionen werden als Lösung in ein ESI-MS eingebracht. Die ESI erfolgt aus homogener Lösung unter Normaldruck und bei Raumtemperatur. Durch Sprühen der Analytlösung werden Nebel von kleinen geladenen Tröpfchen erzeugt, aus denen anschließend Ionen gebildet werden. Es lassen sich weitere im Rahmen von Komplexgleichgewichten vorliegende Spezies erkennen und so das Verhalten eines Komplexes in Lösung untersuchen. Eine gewisse Vorsicht ist allerdings bei der Interpretation geboten, da solche Spezies auch erst während der Elektrospray-Ionisation entstehen können und eine Quantifizierung sehr schwierig ist.

Magnetische Messungen. Neben ESR/EPR-, Mößbauer-Spektroskopie und Neutronenbeugung werden zur Bestimmung der magnetischen Eigenschaften magnetische (Gouy- oder Faraday-)Waagen oder Vibrations- sowie SQUID-Magnetometer (*s*uperconducting *qu*antum *i*nterference *d*evice) verwendet. SQUID-Magnetometer eignen sich besonders für eine präzise Bestimmung der magnetischen Suszeptibilität χ, da sie kleinste Änderungen des magnetischen Flusses Φ in Vielfachen des magnetischen Flussquantums $\Phi_0 = h/(2e)$ detektieren können. Hieraus folgt als Messgröße das magnetische Moment μ der untersuchten Probe in einem Magnetfeld der Stärke H. Mithilfe des Moments wird die Volumenmagnetisierung M_V und die Volumensuszeptibilität χ_V bestimmt, welche allgemein eine richtungsabhängige Größe ist. Bei hohen Feldern und niedrigen Temperaturen ist zwischen der magnetischen Suszeptibilität gemäß $M_V = \chi_V \cdot H$ und der differentiellen Suszeptibilität ($\chi_{V,d} = \partial M_V/\partial H$) zu unterscheiden. Aus der Volumensuszeptibilität χ_V folgt die Massensuszeptibilität χ_g sowie die molare Suszeptibilität χ_{mol} (s. Abschn. 2.7). Diese Werte werden meist noch im CGS-Einheitensystem angegeben.

Um die magnetische Suszeptibilität χ eines Stoffes analysieren zu können, muss die aus den Rohdaten ermittelte Suszeptibilität um den durch den apparativen Aufbau (Probenhalter usw.) hervorgerufenen Anteil korrigiert werden, der vorab durch Leermessungen charakterisiert wird. Liegt der Fokus der Analyse wie in den meisten Fällen auf den para- und ferri- bzw. ferromagnetischen Eigenschaften eines Stoffes, muss sein diamagnetischer Anteil χ_{dia} gemäß $\chi_{para} = \chi - \chi_{dia}$ ($\chi_{dia} < 0$) berücksichtigt werden, um einen Vergleich der experimentellen χ_{para}-Werte z. B. mit dem Curie-Gesetz zu ermöglichen. χ_{dia} kann oftmals aus tabellierten Inkrementen berechnet werden.

Die paramagnetischen Anteile χ_{para} werden in der Magnetochemie typischerweise als molare Magnetisierung M_{mol} in Abhängigkeit vom angelegten Feld H bei konstanter Temperatur T (auch in Form einer Hysteresekurve) sowie als Produkt aus molarer Suszeptibilität und Temperatur $\chi_{mol} \cdot T$ in Abhängigkeit von der Temperatur bei konstantem Magnetfeld analysiert. Diese Auftragungen helfen, viele magnetische Charakteristika des Stoffes auf den ersten Blick zu erkennen. Eine Alternative zu $\chi_{mol} \cdot T$ ist das effektive magnetische Moment μ_{eff} (in Bohr'schen Magnetonen μ_B), das im CGS- und im SI-Einheitensystem gleiche Werte annimmt:

$$\frac{\mu_{eff}}{\mu_B} = \sqrt{\frac{3k}{\mu_0 N_A \mu_B^2}\chi_{mol} \cdot T} = \frac{797{,}73}{\sqrt{m^3\,K\,mol^{-1}}}\sqrt{\chi_{mol,SI} \cdot T} = \frac{2{,}8279}{\sqrt{cm^3\,K\,mol^{-1}}}\sqrt{\chi_{mol,CGS} \cdot T}$$

Der Faktor 4π in $\chi_{mol,SI} = 4\pi\chi_{mol,CGS}$ ergibt sich durch den Wechsel vom SI- zum CGS-Einheitensystem. Nur für den Grenzfall des Curie-Paramagnetismus sind μ_{eff} (vgl. Curie-Gesetz) und $\chi_{mol} \cdot T$ temperaturunabhängig, im Allgemeinen sind diese Größen jedoch temperaturabhängig.

Cyclovoltammetrie. In einem üblichen cyclovoltammetrischen Experiment wird ausgehend von einem Anfangspotential E_i dieses über die Zeit bis zu einem Umkehrpotential E_λ geändert und von dort zeitlich linear wieder zum Ausgangswert zurückgeführt. Die Vorschub- oder Potentialänderungsgeschwindigkeit in mV/s bis V/s ist dabei eine wichtige Variable. Der gemessene Strom I (in µA) als Funktion des Potentials ist das Cyclovoltammogramm.

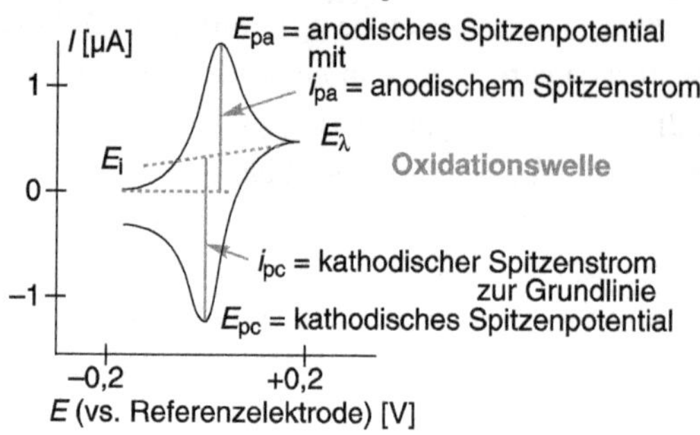

Metallkomplexe mit stabilisierenden organischen Liganden lassen sich häufig reversibel oxidieren und/oder reduzieren. Die Redoxreaktionen können metall- oder ligandenzentriert sein, was durch Vergleich z. B. mit den Redoxreaktionen des freien Liganden ermittelt werden kann. Die Zahl der übertragenen Elektronen n ergibt sich aus $n = i_{pa}/i_{pc}$. Bei einer Oxidationswelle ($E_\lambda > E_i$) zeigt ein positiveres (höheres) Halbstufenpotential $E_{1/2} = (E_{pa} + E_{pc})/2$, dass der Komplex im Vergleich schwieriger zu oxidieren ist. Bei einer Reduktionswelle ($E_\lambda < E_i$) zeigt ein negativeres (niedrigeres) Halbstufenpotential im Vergleich eine schwierigere Reduktion an. Mit der Cyclovoltammetrie können die Donor- und Akzeptororbitale für Einelektronen-Transferreaktionen lokalisiert werden.

Im Vergleich von Komplexen desselben Metalls mit verschiedenen Liganden lassen die Redoxpotentiale sich mit den Molekülorbitalen des Komplexes und dem elektronenziehenden oder -schiebenden Charakter von funktionellen Gruppen korrelieren. Eine Zunahme des Redoxpotentials $E_{1/2}$ einer Oxidationswelle entspricht einer Abnahme der Orbitalenergie des (höchsten) besetzten Donororbitals, aus dem das entfernte Elektron stammt, z. B. durch stärker elektronenziehende Gruppen. Elektronenziehende Gruppen begünstigen die reduzierte Form $[ML]^{c+}$ eines Komplexes gegenüber der oxidierten Form, d. h. der Komplex ist schwieriger zu $[ML]^{(c+1)+}$ zu oxidieren. Gleichzeitig erleichtern elektronenziehende Gruppen die Reduktion eines Komplexes, d. h. diese erfolgt bei weniger negativen Potentialen. Das Potential einer Reduktionswelle korreliert mit der Energie des (niedrigsten) unbesetzten Akzeptororbitals in das das Elektron gelangt.

Ein Cyclovoltammogramm liefert nicht nur das Redoxpotential als thermodynamischen Parameter, sondern auch Aussagen zur Kinetik von Elektrodenreaktionen, die die heterogenen und homogenen Elektronentransferschritte und angekoppelten chemischen Reaktionen umfassen. Die Cyclovoltammetrie eignet sich weiterhin zur Charakterisierung von reaktiven Zwischenstufen.

Röntgenbeugung. Die **Einkristallstrukturanalyse** durch Röntgenbeugung (Kristallstrukturanalyse) ist die zur Untersuchung der Kristall- und Molekülstruktur kristalliner Substanzen am häufigsten verwendete Methode. Mit ihr lässt sich die räumliche

Anordnung der Atome in einkristallinen Festkörpern mithilfe von Röntgenstrahlen ermitteln. Die Wellenlängen von Röntgenstrahlen (z. B. Mo-Kα-Linie mit λ = 0,71073 Å) entsprechen den Atomabständen in Kristallgittern (1–3 Å). Die Röntgenstrukturanalyse basiert auf der Beugung (Diffraktion) und Interferenz der Röntgenstrahlen an den Elektronen der Gitteratome. Grundlage ist die Bragg'sche Gleichung. Als Ergebnis erhält man eine Verteilung der Elektronendichte.

Wasserstoffatome sind mit Röntgenbeugung neben schweren (Metall-)Atomen allerdings nur schlecht erfassbar. Im Periodensystem benachbarte Elemente (z. B. C und N) können ebenfalls kaum unterschieden werden (Alternative: Neutronenbeugung, s. u.).

Bei röntgenkristallinen (nicht aber bei amorphen) Pulvern kann die **Röntgen-Pulverdiffraktometrie** als Beugungsverfahren zur schnellen Identifizierung („Fingerprint"), Charakterisierung und gegebenenfalls auch Strukturbestimmung dienen. Das Ergebnis der Messung ist ein Pulverdiffraktogramm (Auftragung der Intensität der Reflexe als Funktion des Beugungs-(Bragg-)Winkels 2Θ). Pulveruntersuchungen kann man bei tiefen oder hohen Temperaturen aber auch unter Druck in Diamant-Stempelzellen durchführen. Dadurch können z. B. Phasenumwandlungen detektiert werden.

Der Vergleich eines anhand einer größeren Probenmenge gemessenen Pulverdiffraktogramms mit dem simulierten Diffraktogramm aus Einkristalldaten ermöglicht eine Überprüfung, ob der verwendete Einkristall repräsentativ für die Gesamtprobe und diese phasenrein war.

Gelingt es nicht, hinreichend große und qualitativ gute Einkristalle zu züchten, so kann man versuchen, anhand eines hochaufgelösten Pulverdiffraktogramms mithilfe eines Strukturmodells über Rietveld-Methoden die Strukturparameter zu verfeinern.

Neutronenbeugung. Von Kernreaktoren gelieferte thermische Neutronen besitzen ähnliche Wellenlängen und vergleichbare Querschnitte für die Streuung an Materie wie Röntgenstrahlung, weshalb mit ihnen gleichartige Beugungsexperimente zur (Kristall-)Strukturuntersuchung möglich sind. Röntgenstrahlen werden an den Elektronen gestreut, sodass die Streuintensität stark mit der Ordnungszahl ansteigt und mit dem Streuwinkel stark abfällt. Neutronen werden an den Atomkernen gestreut. Dadurch wird eine aus Kernwechselwirkungskräften resultierende Kernstreuung und bei paramagnetischen Atomen eine magnetische Streuung aufgrund von Dipol–Dipol-Wechselwirkungen erzeugt. Mit der Neutronenbeugung können magnetische Strukturen z. B. von Antiferromagnetika und Ferrimagnetika, insbesondere Form und Größe der magnetischen Elementarzelle und die Richtung der magnetischen Momente bestimmt werden. Der Neutronen- kann im Gegensatz zum Röntgenstrahl wegen seines eigenen magnetischen Vektors zwischen Atomen bzw. Ionen unterschiedlicher Spinausrichtung differenzieren.

Die Streufaktoren steigen nur sehr wenig und unregelmäßig mit der Ordnungszahl an. Elemente ähnlicher Ordnungszahl ($\Delta Z \leq 3$) aber mit verschiedenen Streufaktoren können so unterschieden werden. Wasserstoffatome sind, insbesondere als Deuteriumatome (D deutlich höherer Streufaktor als H), mit Neutronenbeugung auch neben schweren Atomen gut messbar. Die Neutronenbeugung besitzt eine unterschiedliche

Empfindlichkeit gegenüber verschiedenen Isotopen desselben Elements, z. B. Wasserstoff und Deuterium. Isotopenverteilungen können ermittelt werden.

Thermische Analysenmethoden. Thermische Analysen bezeichnen Methoden, bei denen physikalische und chemische Eigenschaften einer Substanz als Funktion der Temperatur oder der Zeit gemessen werden, wobei die Probe einem kontrollierten Temperaturprogramm ausgesetzt wird. Methoden und Techniken beruhen auf Vorgängen, die mit Enthalpieänderungen verbunden sind. Die Probe wird nach einem festgelegten Programm erhitzt oder abgekühlt. Die physikalischen Eigenschaften des Stoffs werden als Funktion der Temperatur in einem Thermogramm aufgezeichnet. Es werden darin Änderungen der Aggregatzustände, Phasenänderungen und der Ablauf chemischer Reaktionen angezeigt.

Bei der **Thermogravimetrie (TG)** oder **thermogravimetrischen Analyse (TGA)** wird die Massen-(„Gewichts-")änderung der Probe im Verlauf eines Temperaturprogramms gemessen. Eine Massenänderung tritt ein, wenn bei thermischer Probenreaktion durch Trocknung oder Zersetzung (Oxidation) flüchtige Bestandteile, z. B. Wasser, Kohlendioxid, freie Liganden usw. gebildet werden (Abb. 3.65).

Jede Stufe in einem solchen Thermogramm entspricht einer bestimmten Reaktion und kann der Freisetzung eines Stoffs oder der Bildung eines neuen Stoffs zugeordnet werden. Die Stufenhöhe entspricht der Massendifferenz. Zur genauen Identifizierung des freigesetzten gasförmigen Stoffs ist es möglich, die Thermogravimetrie mit einem Massenspektrometer zu koppeln (TG/MS) (Abb. 3.65).

Wird unter Luft- oder Sauerstoffatmosphäre gemessen, sind neben Zersetzungen auch Oxidationsreaktionen denkbar, die sowohl zu einer Gewichtsabnahme, als auch zu einer Gewichtszunahme führen können.

Die **Differentialthermogravimetrie (DTG)** zeichnet die erste Ableitung der TG-Kurve auf, mit besser zu erkennenden Umwandlungstemperaturen als Peak-Temperaturen (T_p) (Abb. 3.65).

In der **Differenz-Thermoanalyse (DTA)** wird die Temperaturdifferenz zwischen der Probe und einer bekannten Vergleichsprobe gemessen. Beide durchlaufen das gleiche Temperatur-Zeit-Programm, d. h., sie befinden sich im gleichen Ofen, mit gleichem Heizelement, aber separaten Thermoelementen. Die Vergleichssubstanz zeigt im untersuchten Temperaturbereich keine thermischen Effekte. Die Aufheizgeschwindigkeit wird so gewählt, dass die Temperatur der Vergleichssubstanz linear mit der Zeit ansteigt. Die jeweilige Temperatur von Probe und Vergleichssubstanz wird gemessen. Die thermischen Effekte in der Probe führen zu einer Temperaturdifferenz. Positive Signale bedeuten eine Umwandlung der Probe unter Aufnahme von Energie (Wärme), d. h., eine endotherme Reaktion (Abb. 3.65). Negative Signale entsprechen einer Umwandlung der Probe unter Freisetzung von Energie (Wärme), d. h., einer exothermen Reaktion.

Die Signalfläche korreliert mit der Masse der reaktiven Substanz, der thermischen Leitfähigkeit und der Reaktionsenthalpie. Schärfe und Form des Signals hängen mit der Art der Umwandlung zusammen. Ein relativ scharfes Signal kennzeichnet einen physi-

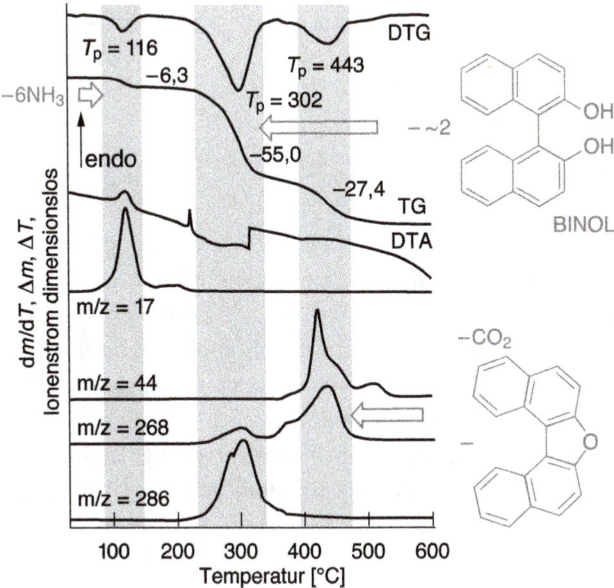

Abb. 3.65: DTG-, TG-, DTA- und MS-Trend-scan-Kurven für die Verbindung $[Cd(NH_3)_6]^{2+}[BINOLAT]^{2-}(BINOL)_2$ (m/z = 17: NH_3, m/z = 44: CO_2, m/z = 268: Dinaphthofuran und m/z = 286: BINOL). Die Zahlenwerte zu den Kurven beziehen sich auf die Peak-Temperatur (T_p) in °C (DTG) und auf den Massenverlust in % (TG). Die TG- und DTG-Kurven zeigen drei Masseverluste. Alle entsprechen endothermen Vorgängen, wie die DTA-Kurve illustriert. Der erste TG-Masseverlust (Peak-Temperatur T_p = 116 °C) entspricht dem Verlust aller Amminliganden (MS-trend-scan m/z = 17; Δm_{exp}: 6,3, Δm_{theo}: 6,4 %). Im nächsten TG-Schritt (T_p = 302 °C) gehen die beiden freien BINOL-Moleküle verloren (m/z = 286, Δm_{exp}: 55,0, Δm_{theo}: 54,9 %). Das letzte TG-Ereignis (T_p = 443 °C) entspricht dem gleichzeitigen Verlust von BINOLAT als $BINOLAT–O^{2-}$ (m/z = 268, äquivalent zum Derivat Dinaphtho[1,2-*b*:1′,2′-*d*]furan) und Kohlenstoffdioxid (m/z = 44) (Δm_{exp}: 27,4, Δm_{theo}: 25,0 %; berechnete Werte sind nur für das Furan, ohne CO_2). Das CO_2 kann durch partielle Oxidation des BINOLATs gebildet werden. Die Intensität der Peaks im Massenspektrum gibt keine Aussage zu den relativen Mengen von Dinaphthofuran und CO_2.

kalischen Übergang, ein breites Signal eine chemische Veränderung und ein teilweise gezackter Kurvenverlauf eine Zersetzung der Probe.

Bei der **dynamischen Differenzkalorimetrie (Differential Scanning Calorimetry, DSC)** wird die Differenz der Energiezufuhr zu einer Probensubstanz und einem bekannten Referenzmaterial als Funktion der Temperatur gemessen. Beide Proben haben ihr eigenes Heiz- und Thermoelement. In sehr kurzen Zeitabständen werden die Temperaturen an beiden Messzellen verglichen. Die Temperaturdifferenzen führen über einen Regelkreis zu einer Änderung der Heizleistung, sodass beide Proben auf gleicher Temperatur gehalten werden (Temperaturausgleich). Die dazu erforderliche Wärmerate dH/dT wird in Abhängigkeit von der Temperatur gemessen. Es werden Reaktionen und Umwandlungen aufgrund von Temperaturdifferenzen registriert. Die Methode ist besonders geeignet für quantitative Untersuchungen von Enthalpieänderungen (endotherm und exotherm), die damit konkret in J/g oder J/mol erfasst werden können (s. Beispiel zum Spinübergang in Abschn. 3.9.7).

3.21 Anhang

3.21.1 Molekülsymmetrie und Gruppentheorie

An dieser Stelle kann nur eine kurze Einführung in die Gruppentheorie gegeben werden. Für eine vertiefte Behandlung wird auf die weiterführende Literatur verwiesen. Die Molekülsymmetrie ist eine **Punktsymmetrie**. Es finden sich, anders als bei der Kristallsymmetrie, keine translatorischen Symmetrieelemente. Man unterscheidet bei der Punktsymmetrie zwischen den **Symmetrieelementen** und den sich daraus ergebenden **Symmetrieoperationen**. Es gibt vier grundlegende Symmetrieelemente: Drehachsen C_n, Spiegelebenen σ, Symmetrie- oder Inversionszentrum i und Drehspiegelachsen S_n (Tab. 3.22).

Tab. 3.22: Symmetrieelemente und Symmetrieoperationen.

Symmetrieelement – geometrisches Objekt –	Beispiel	Symmetrieoperation – mathematische Operation –	Beispiel
(1) Linie ⟶ Drehachse, C_n	C_4; 2, 3, 1, 4	eine oder mehrere Drehungen um diese Achse $C_n^{(1)}, C_n^2, \ldots, C_n^{n-1}$	C_4, C_4^2 (= C_2) und C_4^3 sind die Symmetrieoperationen, die sich aus einer C_4-Achse ergeben. 2, 3, 1, 4 $\xrightarrow{C_4}$ 1, 2, 4, 3 $\xrightarrow{C_4}$ 4, 1, 3, 2; $C_4^2 = C_2$
(2) Ebene ⟶ Spiegelebene, σ (σ_h, σ_v, σ_d)[(a)]	σ 2; 1, 4, 3	Spiegelung in der Ebene σ	2; 1, 4, 3 $\xrightarrow{\sigma}$ 2; 1, 3, 4
(3) Punkt ⟶ Symmetriezentrum oder Inversionszentrum, i	5; 2, i, 3; 1, 4; 6	Spiegelung aller Atome am Zentrum, Punktspiegelung i	5; 2, 3; 1, 4; 6 $\xrightarrow{i}$ 6; 4, 1; 3, 2; 5
(4) Drehachse gekoppelt mit senkrechter Spiegelebene[(b)] ⟶ Drehspiegelachse, S_n	S_6; 1, 2, 3; 5, 6, 4	eine oder mehrere Wiederholungen der Sequenz: Drehung gefolgt von Spiegelung in einer Ebene senkrecht zur Drehachse $S_n^{(1)}, S_n^2, \ldots, S_n^{n-1}$	S_6, S_6^2 (= C_3), S_6^3 (= i), S_6^4 (= C_3^2) und S_6^5 sind die Symmetrieoperationen, die sich aus einer S_6-Achse ergeben. 1, 2, 3; 5, 6, 4 $\xrightarrow{S_6}$ 4, 5, 6; 1, 2, 3 $\xrightarrow{S_6}$ 3, 1, 2; 4, 5, 6; $S_6^2 = C_3$

Tab. 3.22 (Fortsetzung)

Symmetrieelement – geometrisches Objekt –	**Beispiel**	**Symmetrieoperation – mathematische Operation –**	**Beispiel**
–	–	Identität E, keine Veränderung des Moleküls	

[(a)]Die Spiegelebenen werden üblicherweise noch mit einem kleinen Index versehen, der ihre Lage zur Hauptdrehachse anzeigt. Der Index h – horizontal (σ_h) bezeichnet eine Spiegelebene senkrecht zur Hauptachse, die Indizes v – vertikal (σ_v) und d – diedrisch (σ_d) Spiegelebenen, die die Hauptachse enthalten. Der Unterschied zwischen den letzten beiden besteht darin, dass es sich um zwei verschiedene Sätze von Spiegelebenen handelt. Vertikale Spiegelebenen können nicht durch Symmetrieoperationen in diedrische überführt werden. So enthält die Punktgruppe D_{4h} (siehe nachfolgende Skizze) jeweils zwei vertikale und zwei diedrische Spiegelebenen. Innerhalb des Satzes sind die Spiegelebenen über die C_4-Operation ineinander überführbar [$\sigma_v(1) \longrightarrow \sigma_v(2)$ usw.]. Bei der Punktgruppe D_{4h} ist es beliebig, welcher der beiden Sätze als vertikale und welcher als diedrische Spiegelebene bezeichnet wird. In anderen Punktgruppen, bei denen *nur ein Satz* von Spiegelebenen vorliegt, spricht man in der Regel von vertikalen Spiegelebenen (σ_v), es sei denn, die Spiegelebenen des *alleinigen Satzes* sind gleichzeitig Winkelhalbierende von C_2-Achsen. Dann bezeichnet man sie als diedrische Spiegelebenen (σ_d).

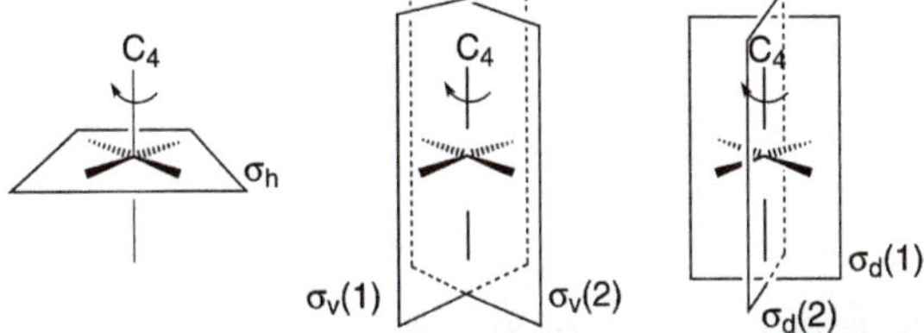

[(b)]Bei Vorliegen einer Drehspiegelachse S_n *können* gleichzeitig noch eine Drehachse gleicher Zähligkeit (C_n) und eine dazu senkrechte Spiegelebene (σ_h) als separate Symmetrieelemente vorliegen. Dies ist in den Punktgruppen C_{nh} und D_{nh} der Fall. In den Punktgruppen D_{nd} und S_n dagegen liegen Drehspiegelachsen vor, aber die gedankliche Drehachse und senkrechte Spiegelebene, aus denen sie sich aufbauen, sind keine eigenständigen Symmetrieelemente.

Bei einer Drehachse C_n und Drehspiegelachse S_n ergibt sich der Drehwinkel aus der Zähligkeit, d. h. dem Index n gemäß $\frac{360°}{n}$ = Drehwinkel. Eine zweizählige Drehachse C_2 führt zu einer Drehung um 180°. Eine C_3-Achse gibt eine Drehung um 120° für die Operation C_3 und um 240° für die Operation C_3^2. Eine vierzählige Achse C_4 entspricht einer Drehung um 90°, 180° oder 270° für die Symmetrieoperationen C_4, $C_4^2 (= C_2)$ und C_4^3. Die Drehachse mit der höchsten Zähligkeit wird immer als Hauptachse gewählt. Symmetrieoperationen zu verschiedenen Symmetrieelementen können identisch sein (s. Tab. 3.22). So ist die S_6-Achse colinear mit einer C_3-Achse, die Symmetrieoperationen $S_6^2 = C_3$ und $S_6^4 = C_3^2$ sind damit identisch. Außerdem ist hier die Symmetrieoperation S_6^3 gleich der Punktspiegelung am Inversionszentrum i.

Die Gesamtheit aller Symmetrieoperationen für ein Molekül oder allgemein einen geometrischen Körper bildet eine **Punktgruppe**. Für eine Punktgruppe gilt die mathematische Gruppendefinition (Gültigkeit des Assoziativgesetzes, Abgeschlossenheit bezüglich der inneren Verknüpfung, neutrales Element, inverses Element zu jedem Element). Die Punktgruppen werden mit den sogenannten **Schönflies-Symbolen** C_{2v}, D_{4h}, O_h, T_d usw. gekennzeichnet. Die in den Punktgruppen enthaltenen Symmetrieoperationen sind in **Charaktertafeln** tabelliert. Für die Zuordnung einer Punktgruppe zu einem Molekül oder allgemein einem geometrischen Gebilde kann das Schema in Abb. 3.66 verwendet werden.

1) Das Molekül gehört zu einer speziellen Gruppe:
 a) Lineares Molekül: $C_{\infty v}$, $D_{\infty h}$
 b) Liegen *mehrere* Achsen höherer Ordnung vor: T, T_h, T_d, O, O_h, I, I_h

2) Existieren *keine* Dreh- oder Drehspiegelachsen: C_1, C_s, C_i

3) Es gibt es nur *eine* S_{2n}-Achse (n = 1, 2, 3, ...): ($S_2 = C_i$) S_4, S_6, S_8, ...

4) Es gibt *eine* C_n-Achse (unabhängig von evtl. vorliegender S_{2n}-Achse)

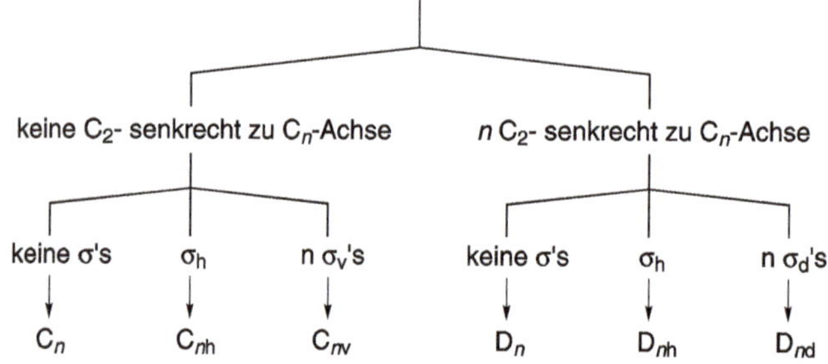

Abb. 3.66: Schema zur Symmetrieeinordnung von Molekülen und geometrischen Körpern.

Die oberste Reihe jeder Charaktertafel enthält ganz links das Schönflies-Symbol für die Gruppe und dann die Symmetrieoperationen, die in Klassen zusammengefasst sind (Tab. 3.23). So gehören z. B. die Symmetrieoperationen C_4 und C_4^3 in der Punktgruppe D_{4h} (s. u.) zu einer Klasse. Es ergibt sich so der Eintrag $2C_4$, d. h. zwei Operationen finden sich in der Klasse C_4. Wie oben dargelegt, gehören auch jeweils die beiden σ_v- oder σ_d-Spiegelebenen zu einer Klasse, sodass sich damit die Eintragungen $2\sigma_v$ oder $2\sigma_d$ erklären. Die Gesamtzahl der Symmetrieoperationen einer Gruppe ist die Gruppenordnung.

Neben der obersten Reihe besteht jede Charaktertafel aus vier Bereichen (Tab. 3.23). Im Hauptblock mit den Zahlen finden sich die Charaktere der **irreduziblen Darstellungen (Repräsentationen)** zu den jeweiligen Klassen. Jede Zahlenreihe ist eine irreduzible Darstellung. Die Zahl der Klassen ist gleich der Zahl der irreduziblen Darstellungen, sodass das Zahlenschema immer quadratisch sein muss. Den irreduziblen Darstellungen und der Gruppentheorie kommt eine große Bedeutung in der Atom- und Molekülspektroskopie zur Klassifizierung von Zuständen und zur Aufstellung von Auswahlregeln zu. Die **Charaktere** leiten sich aus einer Matrixdarstellung der Symmetrieoperationen her. Anschaulich kann man sagen, dass der Charakter angibt, wie sich eine

Tab. 3.23: Allgemeine Darstellung zum Aufbau und der Bedeutung einer Charaktertafel (siehe dazu auch die Charaktertafel für C_{2V}).

Punktgruppen-Schönflies-Symbol	**Klassen der Symmetrieoperationen und Zahl der Operationen je Klasse (s. Tab. 3.22)**	**Symmetrie der p-Orbitale; Infrarot-Aktivität der irreduziblen Darstellung**	**Symmetrie der d-Orbitale; Raman-Aktivität der irreduziblen Darstellung**
Symmetriesymbol der irreduziblen Darstellung (A, B, E, T, s. Tab. 3.24)	(Zahlenblock) Charaktere der irreduziblen Darstellungen Zahlenreihe = irreduzible Darstellung	p-Orbitale x, y, z; die p-Orbitale verhalten sich wie die IR-aktiven Translationskomponenten; Rotationskomponenten R_x, R_y, R_z	d-Orbitale xy, xz, yz, z^2, x^2-y^2; die d-Orbitale verhalten sich wie die Komponenten der Raman-aktiven Polarisierbarkeit

Tab. 3.24: Symmetriesymbolik der irreduziblen Darstellungen, der Schwingungen und Orbitale.

		Bedeutung
Symbol	A, a	eindimensionale Darstellung, symmetrisch bezüglich der Drehung um die Hauptachse, rotationssymmetrisch
	B, b	eindimensionale Darstellung, antisymmetrisch bezüglich der Drehung um die Hauptachse
	E, e	zweidimensionale Darstellung, zweifach entartete Schwingungen oder Orbitale, Auftreten in Molekülen mit einer Drehachse C_n und $n \geq 3$
	T, t (F, f)	dreidimensionale Darstellung, dreifach entartete Schwingungen oder Orbitale, Auftreten in Molekülen mit mehr als einer C_3-Achse (z. B. Tetraeder, Oktaeder)
Index, unten	1	symmetrisch bezüglich σ_v oder einer C_2-Achse senkrecht zur Hauptachse
	2	antisymmetrisch bezüglich σ_v oder einer C_2-Achse senkrecht zur Hauptachse
	g	symmetrisch bezüglich Punktspiegelung i
	u	antisymmetrisch bezüglich Punktspiegelung i
Index, oben	′	symmetrisch bezüglich σ_h, wenn kein Symmetriezentrum vorliegt
	″	antisymmetrisch bezüglich σ_h, wenn kein Symmetriezentrum vorliegt
	+	symmetrisch bezüglich σ_v in linearen Molekülen
	–	antisymmetrisch bezüglich σ_v in linearen Molekülen

Schwingung oder ein Orbital des Moleküls in Bezug auf eine Symmetrieoperation verhält. Der Eintrag 1 drückt zum Beispiel ein symmetrisches Verhalten, –1 ein antisymmetrisches Verhalten aus (s. u.). Jeder irreduziblen Darstellung in der Punktgruppe wird entsprechend ihrer Dimension und ihrem Symmetrieverhalten (vgl. Tab. 3.24) ein Symmetriesymbol (A, B, E, T) zugeordnet, das sich in der ganz linken Spalte befindet. Bei der Symmetriebeschreibung von Schwingungen und Orbitalen werden die entsprechenden Kleinbuchstaben verwendet (a, b, e, t). Diesen Buchstabensymbolen können noch tief- oder hochgestellte Indizes ($_1$, $_2$, $_g$, $_u$, $'$, $''$, $^+$, $^-$) angefügt sein (Tab. 3.24). Sodann gibt es noch zwei Bereiche rechts vom Zahlenblock. In diesen Bereichen sind Sätze von algebraischen Funktionen oder Vektoren – also auch die Winkelfunktion von Orbitalen –

angegeben, die als Basis für die jeweilige irreduzible Darstellung dienen können. Im ersten Bereich findet man die sechs Symbole x, y, z, R_x, R_y, R_z. Die ersten drei stehen für die Koordinaten x, y, z oder für die p-Orbitale oder die IR-aktiven Translationskomponenten, während die Rs für die Rotationen um die jeweiligen Achsen stehen. Im ganz rechten Bereich sind formal die Quadrate und binären Produkte der Koordinaten ihren Symmetrieeigenschaften zugeordnet. Die jeweiligen d-Orbitale mit diesen Indizes werden entsprechend transformiert. Hinweis: Das s-Orbital am Zentralatom wird immer gemäß der total symmetrischen irreduziblen Darstellung (A, A_1, A' oder A_{1g}, je nach Punktgruppe) transformiert, da es keine Winkelabhängigkeit aufweist. Abb. 3.67 verdeutlicht die Transformation von ausgewählten Orbitalen für die Punktgruppe C_{2v}.

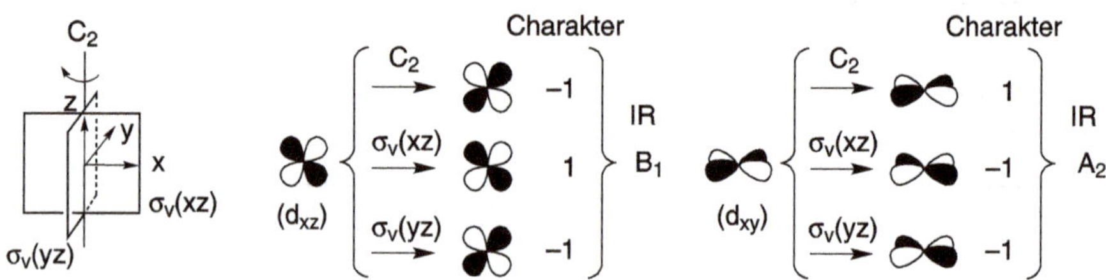

Abb. 3.67: Schematische Darstellung der Transformation ausgewählter Orbitale in der Punktgruppe C_{2v} und ihre Zuordnung zu einer irreduziblen Darstellung (IR).

Die Charaktertafeln für die in der Koordinationschemie wichtigen Punktgruppen C_{2v}, D_{4h}, O_h, T_d sind im Folgenden wiedergegeben. Zur jeweiligen Punktgruppe sind Beispiele für Koordinationspolyeder angegeben.

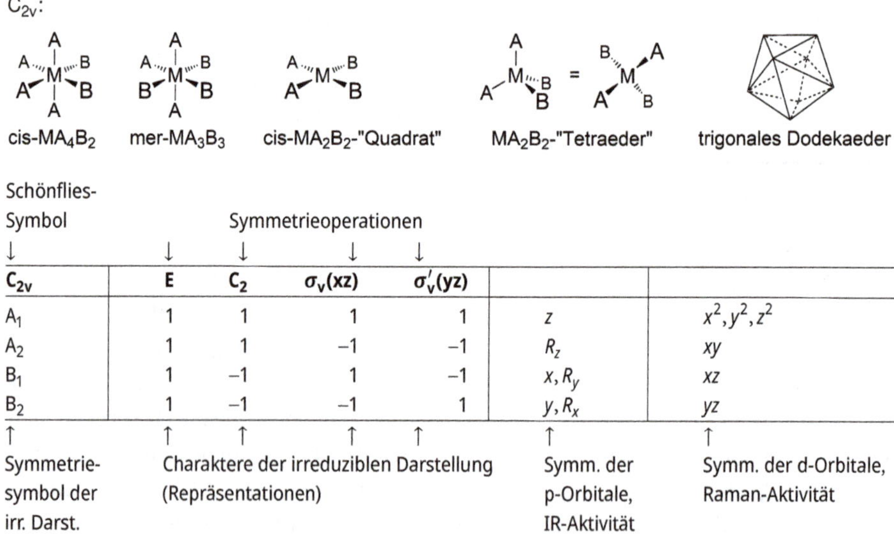

Schönflies-Symbol ↓ | Symmetrieoperationen ↓

C_{2v}	E	C_2	$\sigma_v(xz)$	$\sigma'_v(yz)$		
A_1	1	1	1	1	z	x^2, y^2, z^2
A_2	1	1	−1	−1	R_z	xy
B_1	1	−1	1	−1	x, R_y	xz
B_2	1	−1	−1	1	y, R_x	yz

↑ Symmetriesymbol der irr. Darst. | ↑ Charaktere der irreduziblen Darstellung (Repräsentationen) | ↑ Symm. der p-Orbitale, IR-Aktivität | ↑ Symm. der d-Orbitale, Raman-Aktivität

C_{3v}:

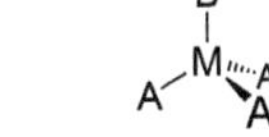

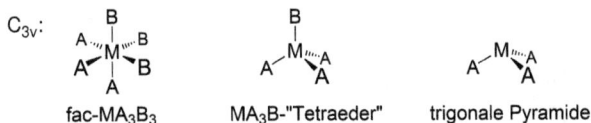

fac-MA_3B_3 MA_3B-"Tetraeder" trigonale Pyramide

C_{3v}	E	2 C_3	3 σ_v		
A_1	1	1	1	z	x^2+y^2, z^2
A_2	1	1	−1	R_z	
E	2	−1	0	$(x,y)(R_x,R_y)$	$(x^2-y^2, xy)(xz,yz)$

C_{4v}:

MA_5B-"Oktaeder"

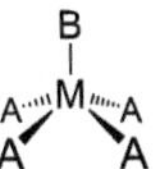

tetragonale Pyramide MA_5 oder MA_4B

C_{4v}	E	2 C_4	C_2	2 σ_v	2 σ_d		
A_1	1	1	1	1	1	z	x^2+y^2, z^2
A_2	1	1	1	−1	−1	R_z	
B_1	1	−1	1	1	−1		x^2-y^2
B_2	1	−1	1	−1	1		xy
E	2	0	−2	0	0	$(x,y)(R_x,R_y)$	(xz,yz)

D_{3h}:

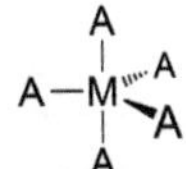

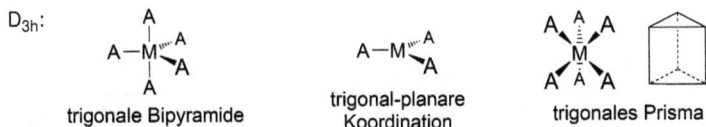

trigonale Bipyramide

trigonal-planare Koordination

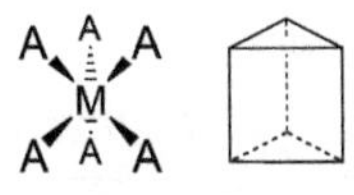

trigonales Prisma

D_{3h}	E	2 C_3	3 C_2	σ_h	2S_3	3 σ_v		
A_1'	1	1	1	1	1	1		x^2+y^2, z^2
A_2'	1	1	−1	1	1	−1	R_z	
E'	2	−1	0	2	−1	0	(x,y)	(x^2-y^2, xy)
A_1''	1	1	1	−1	−1	−1		
A_2''	1	1	−1	−1	−1	1	z	
E''	2	−1	0	−2	1	0	$(x,y)(R_x,R_y)$	(xz,yz)

D_{4h}:

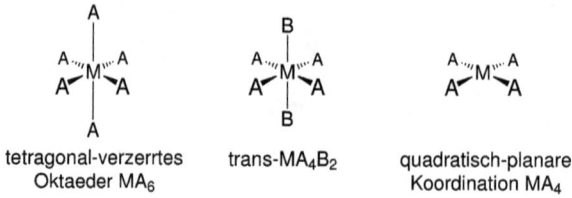

tetragonal-verzerrtes Oktaeder MA_6

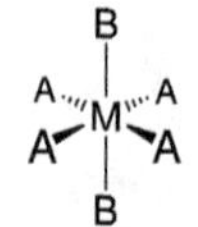

trans-MA_4B_2

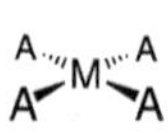

quadratisch-planare Koordination MA_4

D_{4h}	E	$2C_4$	C_2	$2C_2'$	$2C_2''$	i	$2S_4$	σ_h	$2\sigma_v$	$2\sigma_d$		
A_{1g}	1	1	1	1	1	1	1	1	1	1		x^2+y^2, z^2
A_{2g}	1	1	1	−1	−1	1	1	1	−1	−1	R_z	
B_{1g}	1	−1	1	1	−1	1	−1	1	1	−1		x^2-y^2
B_{2g}	1	−1	1	−1	1	1	−1	1	−1	1		xy
E_g	2	0	−2	0	0	2	0	−2	0	0	(R_x, R_y)	(xz, yz)
A_{1u}	1	1	1	1	1	−1	−1	−1	−1	−1		
A_{2u}	1	1	1	−1	−1	−1	−1	−1	1	1	z	
B_{1u}	1	−1	1	1	−1	−1	1	−1	−1	1		
B_{2u}	1	−1	1	−1	1	−1	1	−1	1	−1		
E_u	2	0	−2	0	0	−2	0	2	0	0	(x, y)	

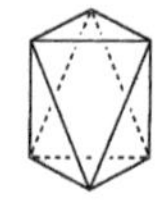

trigonales Antiprisma

D_{3d}	E	$2C_3$	$3C_2$	i	$2S_6$	$3\sigma_d$		
A_{1g}	1	1	1	1	1	1		x^2+y^2, z^2
A_{2g}	1	1	−1	1	1	−1	R_z	
E_g	2	−1	0	2	−1	0	(R_x, R_y)	$(x^2-y^2, xy), (xz, yz)$
A_{1u}	1	1	1	−1	−1	−1		
A_{2u}	1	1	−1	−1	−1	1	z	
E_u	2	−1	0	−2	1	0	(x, y)	

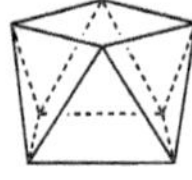

quadratisches Antiprisma

D_{4d}	E	$2S_8$	$2C_4$	$2S_8^3$	C_2	$4C_2'$	$4\sigma_d$		
A_1	1	1	1	1	1	1	1		x^2+y^2, z^2
A_2	1	1	1	1	1	−1	−1	R_z	
B_1	1	−1	1	−1	1	1	−1		
B_2	1	−1	1	−1	1	−1	1	z	xy
E_1	2	$\sqrt{2}$	0	$-\sqrt{2}$	−2	0	0	(x, y)	(xz, yz)
E_2	2	0	−2	0	2	0	0		(x^2-y^2, xy)
E_3	2	$-\sqrt{2}$	0	$\sqrt{2}$	−2	0	0	(R_x, R_y)	(xz, yz)

T_d	E	$8\,C_3$	$3\,C_2$	$6\,S_4$	$6\,\sigma_d$		
A_1	1	1	1	1	1		$x^2+y^2+z^2$
A_2	1	1	1	–1	–1		
E	2	–1	2	0	0		$(2z^2-x^2-y^2, x^2-y^2)$
T_1	3	0	–1	1	–1	(R_x, R_y, R_z)	
T_2	3	0	–1	–1	1	(xy, xz, yz)	

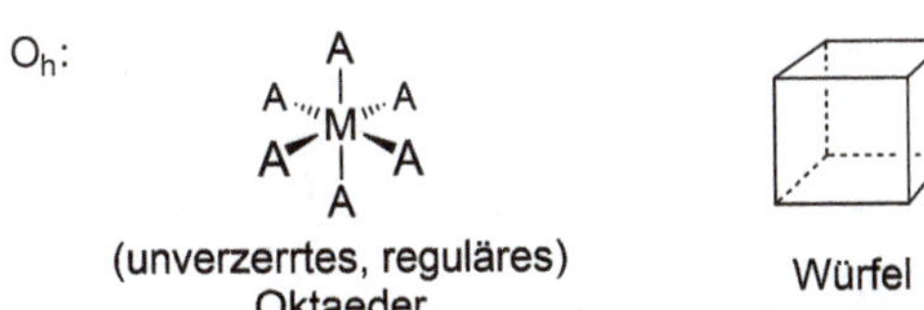

(unverzerrtes, reguläres) Oktaeder

Würfel

O_h	E	$8\,C_3$	$6\,C_2$	$6\,C_4$	$3\,C_2(=C_4^2)$	i	$6\,S_4$	$8\,S_6$	$3\,\sigma_h$	$6\,\sigma_d$		
A_{1g}	1	1	1	1	1	1	1	1	1	1		$x^2+y^2+z^2$
A_{2g}	1	1	–1	–1	1	1	–1	1	1	–1		
E_g	2	–1	0	0	2	2	0	–1	2	0		$(2z^2-x^2-y^2, x^2-y^2)$
T_{1g}	3	0	–1	1	–1	3	1	0	–1	–1	(R_x, R_y, R_z)	
T_{2g}	3	0	1	–1	–1	3	–1	0	–1	1		(xz, yz, xy)
A_{1u}	1	1	1	1	1	–1	–1	–1	–1	–1		
A_{2u}	1	1	–1	–1	1	–1	1	–1	–1	1		
E_u	2	–1	0	0	2	–2	0	1	–2	0		
T_{1u}	3	0	–1	1	–1	–3	–1	0	1	1	(x, y, z)	
T_{2u}	3	0	1	–1	–1	–3	1	0	1	–1		

3.21.2 Systematische Ermittlung von Russell-Saunders-Termen

Beispiel Kohlenstoffatom. Die Elektronenkonfiguration des C-Atoms ist $1s^2\,2s^2\,2p^2$. Vollständig gefüllte Schalen oder Unterschalen sind für das Auffinden der Terme unwichtig, da für sie immer $M_L = 0$ und $M_S = 0$ gilt. Zu berücksichtigen sind also nur die beiden p-Elektronen. Für die p-Unterschale ist $l = 1$ und jedes p-Elektron kann die m_l-Werte +1, 0 und –1 annehmen. Die möglichen M_L-Werte liegen daher zwischen +2 und –2 ($M_L = \Sigma m_{li}$) (s. Abschn. 3.9.7). Für jedes der beiden p-Elektronen ist außerdem $m_s = +1/2$ oder $-1/2$, sodass die möglichen M_S-Werte +1, 0 und –1 sind ($M_S = \Sigma m_{si}$). In Tab. 3.25 sind alle erlaubten Kombinationen von m_l und m_s den M_L- und M_S-Werten zugeordnet. Die 15 möglichen Kombinationen ergeben sich anschaulich aus den Besetzungsvariationen der drei p-Orbitale mit zwei Elektronen. Dabei muss nur auf das Pauli-Prinzip geachtet werden, dass nicht beide Elektronen ein Orbital mit gleichem Spin besetzen. Die Gesamtzahl der möglichen Mikrozustände N ergibt sich nach

Tab. 3.25: M_L/M_S-Zustände für die Elektronenkonfiguration p^2. Als Eintragungen in die Tabelle sind noch die einzelnen m_l-Werte angegeben, die dann den M_L-Wert ergeben. Entsprechendes gilt für die m_s-Werte, von denen der Übersichtlichkeit halber +1/2 und −1/2 nur mit einem hochgesetzten + und − gekennzeichnet sind. Zur Schattierung siehe Text.

M_L	M_S				
	+1	0			−1
2				$(1^+,1^-)$	
1	$(1^+,0^+)$		$(1^+,0^-)$	$(1^-,0^+)$	$(1^-,0^-)$
0	$(1^+,-1^+)$	$(0^+,0^-)$	$(1^+,-1^-)$	$(1^-,-1^+)$	$(1^-,-1^-)$
−1	$(-1^+,0^+)$		$(-1^+,0^-)$	$(-1^-,0^+)$	$(-1^-,0^-)$
−2				$(-1^+,-1^-)$	

$$\frac{[2(2l+1)]!}{x![2(2l+1)-x]!}$$ mit l = Nebenquantenzahl und x = Elektronenzahl

m_l: +1 0 −1	Kurznotation		M_L	M_S
[↑↓][ ][ ]	$(1^+,1^-)$	⇨	2	0
[↑][↑][ ]	$(1^+,0^+)$	⇨	1	1
[ ][↑][↓]	$(0^+,-1^-)$	⇨	−1	0

usw.

Aufgrund seiner Entartung von $(2S+1)\cdot(2L+1)$ bildet jeder ^{2S+1}L-Term in der Tabelle eine Anordnung von Mikrozuständen, die aus $(2S+1)$-Spalten und $(2L+1)$-Zeilen besteht. Ein ^{1}D-Term mit $S = 0$ und $L = 2$ ist $1 \cdot 5 = 5$-fach entartet. Zu ihm gehören *fünf* M_L/M_S-Kombinationen in *einer* Spalte mit *fünf* Zeilen (hellgrau unterlegt in Tab. 3.25). Ein ^{3}P-Term mit $S = 1$ und $L = 1$ ist $3 \cdot 3 = 9$-fach entartet. Er besteht aus *neun* M_L/M_S-Kombinationen in *drei* Spalten mit je *drei* Zeilen (dunkelgrau unterlegt). Der ^{1}S-Term ($S = 0$, $L = 0$) ist nicht entartet und besitzt nur *eine* Anordnungsmöglichkeit der Elektronen, d. h. eine M_L/M_S-Kombination (keine Schattierung). Die M_L/M_S-Kombinationen für p^2 führen zu den drei Zuständen ^{3}P, ^{1}D und ^{1}S.

Beispiel Übergangsmetallatom mit einer d^2-Konfiguration. Zu berücksichtigen sind zwei d-Elektronen. Für die d-Unterschale ist $l = 2$ und jedes d-Elektron kann die m_l-Werte +2, +1, 0, −1 und −2 annehmen. Die möglichen M_L-Werte liegen daher zwischen +4 und −4 ($M_L = \Sigma m_{li}$). Für jedes der beiden d-Elektronen ist außerdem $m_s = +1/2$ oder $-1/2$, sodass die möglichen M_S-Werte wiederum +1, 0 und −1 sind ($M_S = \Sigma m_{si}$). In Tab. 3.26 sind alle erlaubten Kombinationen von m_l und m_s den M_L- und M_S-Werten zugeordnet. Es gibt

$$N = \frac{[2(2l+1)]!}{x![2(2l+1)-x]!} = \frac{10!}{2!\cdot 8!} = 45$$ mögliche M_L/M_S-Mikrozustände für $l = 2$ und $x = 2$.

Tab. 3.26: M_L/M_S-Zustände für die Elektronenkonfiguration d^2. Als Eintragungen in die Tabelle sind noch die einzelnen m_l-Werte angegeben,die dann den M_L-Wert ergeben. Entsprechendes gilt für die m_s-Werte, von denen der Übersichtlichkeit halber +1/2 und −1/2 nur mit einem hochgesetzten + und – gekennzeichnet sind. Zur Schattierung siehe Text.

M_L	M_S								
	+1		0					−1	
4					$(2^+,2^-)$				
3		$(2^+,1^+)$		$(2^+,1^-)$	$(2^-,1^+)$			$(2^-,1^-)$	
2		$(2^+,0^+)$		$(2^+,0^-)$	$(2^-,0^+)$	$(1^+,1^-)$		$(2^-,0^-)$	
1	$(1^+,0^+)$	$(2^+,-1^+)$		$(2^+,-1^-)$	$(2^-,-1^+)$	$(1^+,0^-)$	$(1^-,0^+)$	$(2^-,-1^-)$	$(1^-,0^-)$
0	$(1^+,-1^+)$	$(2^+,-2^+)$	$(0^+,0^-)$	$(2^+,-2^-)$	$(2^-,-2^+)$	$(1^+,-1^-)$	$(1^-,-1^+)$	$(2^-,-2^-)$	$(1^-,-1^-)$
−1	$(-1^+,0^+)$	$(-2^+,1^+)$		$(-2^+,1^-)$	$(-2^-,1^+)$	$(-1^+,0^-)$	$(-1^-,0^+)$	$(-2^-,1^-)$	$(-1^-,0^-)$
−2		$(-2^+,0^+)$		$(-2^+,0^-)$	$(-2^-,0^+)$	$(-1^+,-1^-)$		$(-2^-,0^-)$	
−3		$(-2^+,-1^+)$		$(-2^+,-1^-)$	$(-2^-,-1^+)$			$(-2^-,1^-)$	
−4					$(-2^+,-2^-)$				

M_L	M_S						
	+1		0			−1	
4							
3		$(2^+,1^+)$	$(2^+,1^-)$			$(2^-,1^-)$	
2		$(2^+,0^+)$	$(2^+,0^-)$	$(1^+,1^-)$		$(2^-,0^-)$	
1	$(1^+,0^+)$	$(2^+,-1^+)$	$(2^+,-1^-)$	$(1^+,0^-)$	$(1^-,0^+)$	$(2^-,-1^-)$	$(1^-,0^-)$
0	$(1^+,-1^+)$	$(2^+,-2^+)$	$(2^+,-2^-)$	$(1^+,-1^-)$	$(1^-,-1^+)$	$(2^-,-2^-)$	$(1^-,-1^-)$
−1	$(-1^+,0^+)$	$(-2^+,1^+)$	$(-2^+,1^-)$	$(-1^+,0^-)$	$(-1^-,0^+)$	$(-2^-,1^-)$	$(-1^-,0^-)$
−2		$(-2^+,0^+)$	$(-2^+,0^-)$	$(-1^+,-1^-)$		$(-2^-,0^-)$	
−3		$(-2^+,-1^+)$	$(-2^+,-1^-)$			$(-2^-,1^-)$	
−4							

Man beginnt die Auflösung der Mikrozustände immer mit der oder den längsten Spalten. In Tab. 3.26 findet man *eine* $(2S + 1 = 1)$ Spalte, die aus *neun* $(2L + 1 = 9)$ Zeilen besteht. Diese (1·9)-Anordnung gehört einem ^{1}G-Term ($L = 4$). Außerdem ist die (1·1)-Anordnung eines ^{1}S-Terms zu erkennen. Denkt man sich diese grau unterlegten Zustände heraus, so verbleibt die nachstehende Tabelle. Als längste Spalten finden sich hier solche, die aus *sieben* $(2L + 1 = 7)$ Zeilen aufgebaut sind, und zwar deren drei $(2S + 1 = 3)$ (hell schattierte Bereiche). Diese (3 · 7)-Anordnung aus 21 Mikrozuständen gehört zu einem ^{3}F-Term ($L = 3$). Des Weiteren verbleiben noch eine (1 · 5)-Anordnung (dunkle Schattierung) und eine (3 · 3)-Anordnung (keine Unterlegung). Erstere entspricht einem ^{1}D-Term, Letztere einem ^{3}P-Term. Zu einer d^2-Konfiguration gehören somit die Terme: ^{3}F, ^{3}P, ^{1}G, ^{1}D und ^{1}S. In Tab. 3.27 sind die Russell-Saunders-Terme für die Elektronenkonfigurationen d^1-d^9 angegeben, der erste Term ist jeweils der Grundterm. Der Gleichartigkeit in den Termen für d^n und d^{10-n} liegt die Elektron-Loch-Analogie zugrunde.

Tab. 3.27: Russell-Saunders-Terme für die Elektronenkonfigurationen d^1-d^9.

Konfiguration	^{2S+1}L-Terme
d^1, d^9	^2D
d^2, d^8	^3F, ^3P, ^1G, ^1D, ^1S
d^3, d^7	^4F, ^4P, ^2H, ^2G, ^2F, $2x^2D$, ^2P
d^4, d^6	^5D, ^3H, ^3G, $2x^3F$, ^3D, $2x^3P$, ^1I, $2x^1G$, ^1F, $2x^1D$, $2x^1S$
d^5	^6S, ^4G, ^4F, ^4D, ^4P, ^2I, ^2H, $2x\,^2G$, $2x^2F$, $3x^2D$, ^2P, ^2S

Christoph Janiak

4 Organometallchemie

4.1 Einleitung und Metall-Kohlenstoff-Bindung

Definition. Komplexe mit organischen Kohlenstoff-Donoratom-Liganden werden als organometallische oder metallorganische Verbindungen bezeichnet. Cyanidometallate zählen nicht zur metallorganischen Chemie, aber Metallcarbonylkomplexe. Molekulare Metallhydride, Phosphan-, Nitrosyl- u. a. Komplexe mit starken π-Akzeptorliganden können aufgrund eines ähnlichen Metall-Ligand-Bindungscharakters und chemischen Verhaltens zur Organometallchemie gerechnet werden, ohne dass eine direkte Metall-Kohlenstoff-Bindung vorliegt. In der Literatur werden manchmal Koordinationsverbindungen mit organischen Liganden, die nur über Heteroatome wie Sauerstoff oder Stickstoff an das Metallatom binden, in einer stark erweiterten Definition als Metallorganische Verbindungen bezeichnet. Unter dem Begriff Organometallchemie wird andererseits oft nur eine Übergangsmetall-organische Chemie verstanden und der Bereich der Hauptgruppenverbindungen ausgeklammert. Die organische Chemie der Halbmetalle Bor, Silicium, Arsen und des Phosphors gehört ebenfalls zur Organometallchemie und wird genauer mit dem Begriff elementorganische Chemie beschrieben. Diese Bezeichnung kann allerdings auch die gesamte Hauptgruppenmetall-organische Chemie meinen.

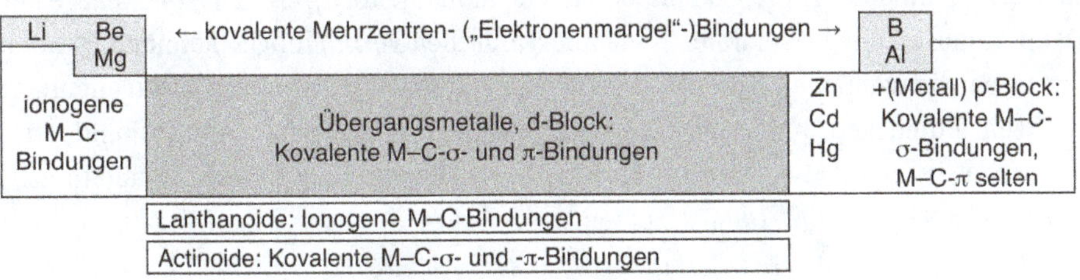

Übergangsmetall- versus Hauptgruppenmetall-organische Chemie. Die häufig vollzogene Trennung in der Organometallchemie zwischen Übergangs- und Hauptgruppenmetallen hat eine Berechtigung im chemischen Verhalten und dem Metall– oder Element–Kohlenstoff-Bindungscharakter. Bei den Übergangsmetallen und den Actinoiden findet man *kovalente* M–C-σ- und vor allem π-Komplexe. Letztere sind bei den Hauptgruppenelementen seltener anzutreffen. Die Übergangsmetall-organische Chemie ist wesentlich durch π-Rückbindungen vom Metallatom zum π-Akzeptorligand geprägt. Bei den Hauptgruppenmetallen findet man typischerweise kovalente Mehrzentren- („Elektronenmangel"-)Verbindungen (Li, Be, Mg, B, Al), ionogene Komplexe

https://doi.org/10.1515/9783110790221-004

(Na–Cs, Ca–Ba) oder kovalente M–C-σ-Komplexe (übrige Hauptgruppenelemente). Die d^{10}-Metalle Zn, Cd und Hg bilden fast ausschließlich kovalente M–C-σ-Komplexe und zählen daher zu den Hauptgruppenmetall-organischen Verbindungen. Die Organolanthanoide sind überwiegend ionogen gebaut und in ihrer Chemie den Organoverbindungen der Erdalkalimetalle ähnlich.

Die ionischen M–C-Bindungen bei den Alkali-, Erdalkalimetallen und den Lanthanoiden mit Metallkationen und den organischen Gruppen als Carbanionen sind sehr reaktiv gegenüber Wasser oder Sauerstoff. Das Carbanion ist eine starke Base.

Übergangsmetallkomplexe mit ausschließlich kovalenten Metall-Alkyl-σ-Bindungen sind selten. Sie sind wegen unvollständig gefüllter d-Orbitale und der Tendenz zur Abspaltung des Alkylrestes über eine β-Wasserstoffeliminierung instabil:

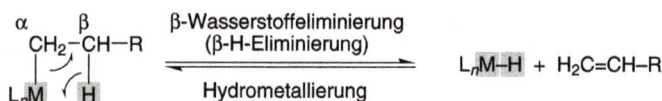

$$L_nM-\overset{\alpha}{C}H_2-\overset{\beta}{C}H(H)-R \underset{\text{Hydrometallierung}}{\overset{\beta\text{-Wasserstoffeliminierung (}\beta\text{-H-Eliminierung)}}{\rightleftharpoons}} L_nM-H + H_2C{=}CH-R$$

Generell sind Alkylkomplexe stabiler, wenn keine β-Wasserstoffatome vorhanden sind, wie z. B. in $M-CH_3$, $M-CH_2-SiMe_3$, $M-CH_2-Ph$ (s. Abschn. 4.3.6). Trotz ihres geringeren sterischen Anspruchs sind Methylkomplexe deshalb häufig stabiler als analoge Ethylverbindungen.

Organometall- versus klassische Werner-Komplexchemie. Die M–L-Bindungen in Organo-Übergangsmetall- und verwandten Spezies sind kovalenter, und das Metallatom liegt in einer reduzierteren Form vor als in klassischen Werner-Metallkomplexen. In klassischen Metallkomplexen binden die Liganden L über *freie* Elektronenpaare der Donoratome an das Metallatom. In metallorganischen Verbindungen können Liganden vorliegen, die wie Ethen, $H_2C{=}CH_2$ oder Diwasserstoff, H–H, *kein freies* Elektronenpaar besitzen. Ethen koordiniert über sein C=C-bindendes π-Orbital und -antibindendes π^*-Orbital in einer M⟵L-σ-Hin- und M⟶L-π-Rückbindung an das Metallatom (s. Abschn. 4.3.4.1). Die fast immer bindenden Beiträge der M⟶L-π-Rückbindung sind wichtig und charakteristisch in typischen Übergangsmetall-organischen Verbindungen. Diwasserstoff, H_2, koordiniert über sein bindendes σ-Orbital und das antibindende σ^*-Orbital in einer σ-Donor- und π-Akzeptorbindung an das Metallatom. Es entsteht ein σ-Bindungskomplex. Analoge σ-Bindungskomplexe werden bei Koordination von C–H-, Si–H- oder B–H-Bindungen an ein Metallatom gebildet (s. Abschn. 4.3.5, agostische Wechselwirkungen).

Die wesentliche M⟶L-π-Rückbindung in ein leeres antibindendes Orbital des Liganden schwächt dortige Atombindungen. Die M⟶L-π-Akzeptorbindung führt zur Aktivierung von starken und ursprünglich wenig reaktiven Bindungen im freien Liganden und ist die Grundlage der Metallkatalyse. Beispiele sind die Aktivierung von CO, von Olefinen oder von H_2 durch Metallkoordination (s. Abschn. 4.3.6). Auf der anderen Seite können sehr reaktive und in freier Form instabile Teilchen durch Metallkoordination stabilisiert werden, indem ihre reaktiven HOMOs oder LUMOs in einer Metall-Ligand-Bindung eingebunden werden. Beispiele sind die Bildung von Cyclobutadien- oder Carben-Metallkomplexen. **Ein Merkmal der metallorganischen Chemie der Übergangsmetalle ist die Aktivierung von inerten Verbindungen und die Stabilisierung von labilen Teilchen durch Metallkoordination.**

Die metallorganische Chemie behandelt vor allem stöchiometrische und katalytische Reaktionen von C-gebundenen Liganden. In der klassischen Koordinationschemie steht dagegen eher das Metallatom mit seinen Eigenschaften im Mittelpunkt, und die Liganden spielen eine passivere Rolle. In vielen metallorganischen Verbindungen sind fluktuierendes, dynamisches Verhalten und Platzwechsel der Liganden typische Eigenschaften.

Die Reaktivitäten von Organometallverbindungen hängen eng mit der Natur und Stabilität der M–C-Bindung selbst zusammen. Metall-Kohlenstoff-Bindungen haben im Vergleich mit Metall-Stickstoff-, -Sauerstoff- und -Halogen-Bindungen eine niedrigere Bindungsenthalpie. Diese Schwäche der M–C-Bindung führt zu ihrer höheren Reaktivität, die für Anwendungen, z. B. in der Katalyse, gezielt genutzt wird (s. Abschn. 4.4).

Geschichtliches. Bereits seit Mitte des 19. Jahrhunderts wurden metallorganische Verbindungen intensiv untersucht und konnten trotz ihres oft luftempfindlichen Charakters gehandhabt werden. Grundlegende Arbeiten zu vielen Metallalkylen wurden seit 1849 durch Edward Frankland geleistet. Diese Studien waren jedoch hauptsächlich auf σ-gebundene Organometallderivate der Hauptgruppenelemente und der d^{10}-Übergangsmetalle beschränkt. Die Synthese der Organoverbindungen von Mg, Zn, Cd, Hg, Al, Sn, Pb, Sb und anderer Hauptgruppenmetalle diente vielfach dem Studium von organischen Radikalen. Die Verbindungen fanden als Alkylüberträger Anwendungen in organischen Reaktionen (Stichwort: Grignard). Die Entwicklung der Organometallchemie vollzog sich in dieser Zeit am Rand der klassischen organischen Chemie. Ab 1928 entwickelte Walter Hieber die Chemie der Metallcarbonyle, die zunächst wie klassische Koordinationsverbindungen behandelt wurden. Mit der Entdeckung des Ferrocens im Jahre 1951 und dem Verständnis für einen neuartigen Bindungstyp zwischen Metallatomen und ungesättigten organischen Gruppen (π-Akzeptorbindungen) begann die moderne Ära der Organometallchemie, die durch die Übergangsmetallkomplexe dominiert wurde. Die Verfügbarkeit physikalischer Analysemethoden wie der Einkristall-Strukturanalyse und der NMR-Spektroskopie war dabei von enormer Bedeutung für die Entwicklung des Forschungsgebiets. Mittlerweile sind katalytisch und stöchiometrisch eingesetzte metallorganische Reagenzien aus der organischen Synthese nicht mehr wegzudenken. Wichtige anorganische Materialien, z. B. Halbleiterschichten, werden aus metallorganischen Vorstufen über Gasphasenabscheidungen (Gasphasenepitaxie) dargestellt.

Bio- und Umwelt-organometallische Chemie sind Teilbereiche der Organometallchemie. Das Methylcobalamin (s. Vitamin B_{12}) und das Adenosylcobalamin (Coenzym B_{12}, s. Abschn. 3.10.5 und 2.10.5.8) sind bekannte Beispiele für das Auftreten direkter Metall–Kohlenstoff-Bindungen in lebenden Organismen. In Abhängigkeit von der Art der Co–C-Bindungsspaltung können Vitamin B_{12} und sein Coenzym als natürliches Grignard-Reagenz (CR_3^--Überträger), als $CR_3^{\cdot}$-Radikalquelle oder als CR_3^+-Überträger dienen. Sie haben Bedeutung für Biomethylierungen (allgemein Bioalkylierungen), womit die Überführung von Metallatomen aus anorganischen Verbindungen in Metall-CH_3-Komplexe bezeichnet wird. Mit der Biomethylierung werden Metallatome aus ihren Verbindungen mobilisiert und in sehr viel toxischere Metall-Methyl-Spezies überführt. Prinzipiell handelt es sich bei Biomethylierungen um natürlich ablaufende Prozesse. Mit der Verwendung von Metallen in Konsumgütern oder unsachgemäßer Beseitigung von Metallabfällen kam es durch Biomethylierungen aber zu unrühmlichen tödlichen Vergiftungen.

Das Schweinfurter Grün, eine anorganische Kupfer-Arsen-Verbindung mit der Formel $[3Cu(AsO_2)_2{\cdot}Cu(OOCCH_3)_2]$, wurde im 19. Jahrhundert vielfach als grüner Farbstoff für Tapeten eingesetzt. Durch den Schimmelpilz *Penicillium brevi caule* wurde aus der anorganischen Komplexverbindung das gasförmige, sehr giftige Trimethylarsan, Me_3As, entwickelt.

Auf die Einleitung anorganischer Quecksilberabfälle in die Minamata-Bucht (Japan) von 1930 bis in die späten 1960er Jahre war eine Massenerkrankung (Minamata-Krankheit) mit über 14.000 irreparabel Geschädigten und 55 Todesfällen zurückzuführen. In den Meeressedimenten erfolgte eine Biomethylierung zum stabilen Methylquecksilberkation, $MeHg^+$, das sich über die Nahrungskette durch kontaminierten Fisch im Körper der küstennahen Bewohner der Bucht anreicherte. 1971–1972 kam es zu einer Massenvergiftung von 40.000 Personen im Irak nach dem Verzehr von Brot aus Getreide, das mit Methylquecksilber als Fungizid behandelt worden war. Das hochgiftige $MeHg^+$ bindet vor allem an Cystein-Thiolgruppen. Es kann dadurch die Blut-Hirn-Schranke überwinden, schädigt das Gehirn und das Zentralnervensystem durch Zerstörung von Nervenzellen. Methylquecksilber wird im Organismus langsam zu anorganischem Quecksilber demethyliert. Die Ausscheidung als hauptsächlich anorganisches Quecksilber beträgt etwa 1 % der Gesamtbelastung an Methylquecksilber pro Tag.

Ein reaktives Ni–CH_3-Fragment wurde im Enzym Kohlenmonoxid-Dehydrogenase/Acetyl-Coenzym-A-Synthase (CODH/ACS) aus *Moorella thermoacetica* (früher *Clostridium thermoaceticum*) nachgewiesen. Die Methylierung des Nickelatoms erfolgt durch Heterolyse einer CH_3-Cobalt(III)-Bindung eines corrinoiden-FeS-Proteins. In der ACS-Untereinheit reagiert die Nickel-CH_3-Gruppe mit CO zu einer Acetylfunktion, die dann auf Coenzym A (CoA) übertragen wird. Die Bildung von Acetyl in CODH/ACS ist das biologische Äquivalent zum Monsanto-Essigsäure-Prozess (s. Abschn. 4.4.1.2). Das CO stammt aus einer CO_2-Reduktion in der CODH-Untereinheit.

CFeSP = corrinoides-FeS-Protein
CoA = Coenzym A
Cys = Cystein
M = Cu oder Ni (noch Gegenstand von Diskussionen)

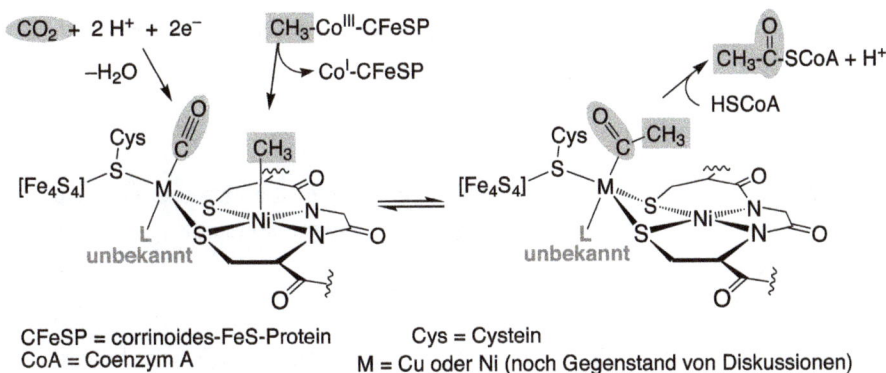

4.2 Hauptgruppenmetall- und -elementorganyle

Die ionogenen Alkali- und Erdalkalimetallorganyle werden zusammen mit den organischen Verbindungen des Thalliums (und der Zinktriade) als polare metallorganische Reagenzien bezeichnet. Die organischen Verbindungen der d^{10}-Metalle Zink, Cadmium und Quecksilber werden oft zu den Hauptgruppenorganylen gerechnet. Die polaren organischen Verbindungen von Lithium, Magnesium und Zink sowie teilweise von Natrium und Kalium sind Schlüsselreagenzien für die organische Synthese. Gemeinsam ist den polaren Reagenzien, dass das metallgebundene Kohlenstoffatom eine negative Ladung trägt und das Metallatom kationischer Natur ist. Der ionische Bindungscharakter ist stärker ausgeprägt als der kovalente. Eine verallgemeinernde Sicht als rein ionische Spezies aus Carbanionen und Metallkationen ist aber eine zu starke Vereinfachung. Für die Unterschiede im Reaktionsverhalten von polaren metallorganischen Reagenzien muss man die zusätzlichen kovalenten Wechselwirkungen des Metallatoms mit dem organischen Rest, den umgebenden Lösungsmittelmolekülen und dem Substrat berücksichtigen.

4.2.1 Alkalimetallorganyle

Alkalimetallorganyle können aus Alkalimetall und organischen Halogen- oder C–H-aciden Verbindungen durch Metall⟷Halogen- oder Metall⟷H-Austausch in einer Redoxreaktion synthetisiert werden:

$$\text{R–Halogen} + 2\,\text{M} \longrightarrow \text{R}^-\text{M}^+ + \text{M}^+\text{Halogenid}^-$$

$$\text{R–H}^{\delta+} + \text{M} \longrightarrow \text{R}^-\text{M}^+ + \tfrac{1}{2}\,\text{H}_2$$

Die ionischen Alkalimetallorganyle sind alle sehr luft- und feuchtigkeitsempfindlich, in reiner Form zum Teil pyrophor (selbstentzündlich) und müssen in inerter Atmosphäre,

d. h. unter Schutzgas, gehandhabt werden. Die Reaktion mit Sauerstoff führt zur Bildung von Alkoxiden:

$$2\ R^{-}M^{+} + O_2 \longrightarrow 2\ R{-}O^{-}M^{+}$$

Mit Wasser und anderen protischen Reagenzien reagieren die stark basischen Carbanionen unter Rückbildung der zugrunde liegenden Kohlenwasserstoffe:

$$R^{-}M^{+} + H_2O \longrightarrow RH + MOH$$

Im Vergleich mit Organolithiumverbindungen kommt den Organylen der höheren Alkalimetalle nur eine sehr geringe Bedeutung zu. Eine Ausnahme bildet lediglich Cyclopentadienylnatrium (C_5H_5Na, CpNa) als Cyclopentadienyl-Transferreagenz.

Lithiumorganyle sind löslich in Ethern oder Kohlenwasserstoffen. Sie sind empfindlich gegen Sauerstoff, Kohlenstoffdioxid und protische Reagenzien (Feuchtigkeit), mit denen die Organyle jeweils unter Bildung von Lithiumalkoxiden, -carboxylaten und den zugrunde liegenden Kohlenwasserstoffen reagieren. In reinem Zustand sind Organolithiumverbindungen pyrophor. Lithiumorganyle werden als Grignard-analoge Reagenzien für die Übertragung von organischen Gruppen, als Metallierungsreagenz oder als Reduktionsmittel in organischen und metallorganischen Synthesen eingesetzt (Tab. 4.1). Die Produktionsmenge an Organolithiumverbindungen wird auf 1800 t/Jahr geschätzt.

Die **technische Darstellung** erfolgt in einer **Direktsynthese** aus Lithiummetall und Alkyl- oder Arylhalogeniden:

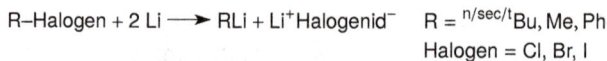

$$R{-}Halogen + 2\ Li \longrightarrow RLi + Li^{+}Halogenid^{-} \qquad R = {}^{n/sec/t}Bu,\ Me,\ Ph \quad Halogen = Cl,\ Br,\ I$$

Die Verbindungen werden als Lösung in Kohlenwasserstoffen bei 25–70 °C unter Stickstoff als Schutzgas synthetisiert. Die Gegenwart von 0,5–2 % Natrium im Lithiummetall beschleunigt die Reaktion. Durch Zentrifugieren und Filtrieren werden das überschüssige Lithiummetall und das gebildete Lithiumhalogenid abgetrennt. Als Nebenreaktion bei der Darstellung ist die Wurtz-Fittig-Reaktion von Bedeutung:

$$R{-}Halogen + RLi \longrightarrow R{-}R + Li^{+}Halogenid^{-}$$

Kommerziell erhältliche Lithiumorganyle, wie Methyllithium oder n-Butyllithium können über Ligandenaustauschreaktionen zur Darstellung anderer Lithiumorganyle verwendet werden (**Metallierungsreagenzien**):

$$C_6F_5Br + {}^{n}BuLi \longrightarrow C_6F_5Li + {}^{n}BuBr$$
$$C_5Me_5H + MeLi \longrightarrow C_5Me_5Li + MeH$$

Tab. 4.1: Eigenschaften und Anwendungen wichtiger Organolithiumverbindungen.

Verbindung	Eigenschaften	Anwendungen
n-Butyllithium, ^{n}BuLi	farblose, brennbare Flüssigkeit; Schmp. −76 °C; destilliert bei 1 mbar und 80–90 °C; kommerziell als 15 %ige (und konzentrierte) Lösung in Kohlenwasserstoffen (Hexan) erhältlich	**Metallierungsreagenz** für organische Verbindungen durch Metall⟷Halogen-austausch oder durch Deprotonierung von C–H-aciden Verbindungen, d. h. Darstellung lithiierter Zwischenstufen RLi; derart erhaltene Carbanionen ($R^{-}Li^{+}$) werden dann weiter mit Elektrophilen umgesetzt; **anionischer Initiator** zur Herstellung von **Synthesekautschuk** des Styrol-Butadien-Typs, Polybutadien und Polyisopren durch anionische Polymerisation
sec-Butyllithium, ^{sec}BuLi	farblose Flüssigkeit, nucleophiler und instabiler als ^{n}BuLi	Anionischer Initiator für Styrol-Butadien Block-Copolymere
tert-Butyllithium, ^{t}BuLi	feste, kristalline Substanz; sublimiert bei 10^{-3} bar und 70–80 °C; kommerziell als 15–20 %ige Lösung in Kohlenwasserstoffen erhältlich; reaktivste der Butyllithiumverbindungen; größte Basizität bei reduzierter Nucleophilie bedingt durch sterische Effekte	zur **Einführung von tert-Butylgruppen** in organische oder metallorganische Verbindungen; durch sterische Hinderung **selektives Deprotonierungsmittel**
Methyllithium, MeLi	praktisch unlöslich in Kohlenwasserstoffen; stabiler als ^{n}BuLi; kommerziell als 5 %ige Lösung in Diethylether erhältlich	direkte **Addition der Methylgruppe** an C=C-, C=O- oder C≡N-Mehrfachbindungen. Die 1,4-Addition an C=C–C=O erfolgt in Gegenwart von CuI
Phenyllithium, PhLi	in reiner Form farblose Kristalle; kommerziell als 20–25 %ige Lösung in Cyclohexan/Diethylether (70/30) erhältlich	

Lösungen von **Butyllithiumverbindungen zersetzen sich** selbst in Kohlenwasserstoffen durch β-Wasserstoffeliminierung langsam zum Olefin und Lithiumhydrid (vgl. die Strukturbeschreibung von ^{n}BuLi). Im Falle von n-Butyllithium beträgt die Zersetzung 0,06 % pro Monat bei 20 °C. Für Methyllithium steht dieser Reaktionsweg nicht zur Verfügung, und die Verbindung ist entsprechend stabiler als Butyllithium (s. Abschn. 4.1). In etherischen Lösungsmitteln, insbesondere Tetrahydrofuran, erfolgt zusätzlich Zersetzung durch Spaltung der Etherbindung. Weitere Schwankungen im Gehalt von Organolithiumlösungen können durch das Verdunsten des Lösungsmittels und die Reaktion der aktiven Spezies mit Sauerstoff zu Lithiumalkoxiden auftreten. Vor der stöchiometrischen Verwendung von Alkyllithiumreagenzien ist deshalb eine **Gehaltsbestimmung** empfehlenswert.

Experimentelle Durchführung der maßanalytischen Doppelbestimmung nach Gilman: Eine definierte Menge (z. B. 1 ml) der Organolithiumlösung wird mit Wasser (10 ml) hydrolysiert und nach Zusatz eines Indikators (z. B. Phenolphthalein) mit verdünnter Salzsäure (z. B. 0,1 mol/l) titriert:

$$RLi + ROLi + 2\,H_2O \longrightarrow RH + Li^+OH^- + ROH + Li^+OH^-$$

Aus dieser Titration erhält man den Gesamtanteil an basischen RLi- und ROLi-Bestandteilen. Zur Ermittlung des Gehalts an Alkoxiden wird eine zweite definierte Menge der Organolithiumlösung zu einem flüssigen Alkylhalogenid (typischerweise 1,2-Dibromethan, 1 ml) gegeben. An der Reaktion nimmt nur die aktive Organolithiumkomponente teil, die dadurch in „neutrale" Komponenten überführt wird, während das Alkoxid noch unverändert vorliegt:

$$RLi + ROLi + BrCH_2CH_2Br \longrightarrow RBr + LiBr + C_2H_4 + ROLi$$

Eine jetzt durchgeführte Hydrolyse (10 ml H_2O) und volumetrische Hydroxidbestimmung ergibt nur den Gehalt an Lithiumalkoxid. Aus der Differenz der beiden Analysen lässt sich der gesuchte Gehalt an Organolithium berechnen. Diese Rechnung gestaltet sich am einfachsten, wenn jeweils 1 ml Alkyllithiumlösung hydrolysiert und mit Salzsäure der Konzentration 0,1 mol/l titriert wird. Der Organolithiumgehalt (in mol/l) ist dann die dimensionslose Differenz der verbrauchten HCl-Volumina multipliziert mit 0,1 mol/l (und eventuell dem Faktor der Salzsäure).

Eine andere Möglichkeit der Gehaltsbestimmung verwendet die Bildung intensiv gefärbter organischer Dianionen zur Endpunktsanzeige in der umgekehrten Titration einer geeigneten Maßlösung, die zugleich Indikator ist, wie z. B. Diphenylessigsäure, *N*-Pivaloyl-*o*-toluidin, *N*-Pivaloyl-*o*-benzylanilin oder 1,3-Diphenyl-2-propanon-*p*-toluolsulfonylhydrazon. Ein abgemessenes Äquivalent des Indikators (etwa zwischen 0,9 und 2,0 mmol) wird unter Schutzgas in einem Schlenkkolben als Lösung in trockenem Tetrahydrofuran (THF) vorgelegt. Die zu bestimmende Organolithiumlösung wird über ein Septum aus einer graduierten Spritze zu der gerührten THF-Lösung getropft. Das Auftreten einer Farbänderung zeigt den Endpunkt an, d. h. die Zugabe eines Äquivalents Alkyllithium. Eine dritte titrimetrische Gehaltsbestimmung nutzt die Zersetzung einer definierten Menge der Alkyllösung mit einer sec-Butanol-Maßlösung. Zur Endpunktsanzeige wird der Alkyllösung ein chelatisierender Stickstoffheterocyclus (wie 2,2′-Bipyridin, 1,10-Phenanthrolin) als Indikator zugesetzt. Dieser bildet mit den Metallionen einen gefärbten Komplex, dessen Farbe am Äquivalenzpunkt durch Zersetzung verschwindet.

Lithium als Element der ersten Achterperiode unterscheidet sich wie erwartet stärker von seinen schweren Homologen. Die **Besonderheit von Lithiumorganylen** ist ihre ausgeprägte Tendenz, **oligomere Einheiten (RLi)$_n$** zu bilden. Strukturuntersuchungen an Festkörpern, Molmassenbestimmungen an Lösungen und massenspektroskopische

Messungen belegen das Vorliegen der Oligomere, eventuell mit unterschiedlichem Assoziationsgrad in allen drei Phasen.

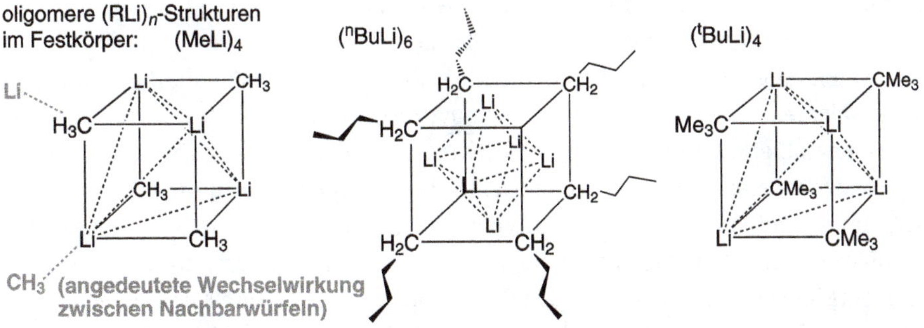

oligomere $(RLi)_n$-Strukturen im Festkörper: $(MeLi)_4$ — $(^nBuLi)_6$ — $(^tBuLi)_4$

CH_3 (angedeutete Wechselwirkung zwischen Nachbarwürfeln)

in Lösung:
tetramer in THF, Et_2O
monomer in $Me_2NCH_2CH_2NMe_2$ (tmeda)

hexamer in KWST
tetramer in Et_2O
(KWST = Kohlenwasserstoffe)

tetramer in KWST
dimer in Et_2O
monomer in THF

Die tetramere Anordnung von MeLi und ^{t}BuLi kann als Li_4-Tetraeder beschrieben werden, bei dem jede Fläche von einer Methyl- oder tert-Butylgruppe überdacht ist. Das gesamte $(RLi)_4$-Oligomer stellt sich in Bezug auf die Lithium- und die direkt angebundenen Kohlenstoffatome als Würfel (Heterocuban) dar, dessen Ecken alternierend von Li und C besetzt sind. Im MeLi-Festkörper kommt es darüber hinaus zu Wechselwirkungen zwischen benachbarten Würfeln, die sich über alle acht Ecken erstrecken. Die Koordinationssphäre der Lithiumatome wird von einer Methylgruppe aus dem Nachbarwürfel vervollständigt, d. h. jede Methylgruppe ist noch an ein Lithiumatom eines benachbarten Li_4-Tetraeders koordiniert. Die starken intermolekularen Wechselwirkungen bedingen und erklären die Unlöslichkeit von Methyllithium in nichtkoordinierenden Lösungsmitteln. In der Festkörperstruktur von n-BuLi liegt ein Grundgerüst aus sechs Lithiumatomen in verzerrt oktaedrischer Anordnung als trigonales Antiprisma vor. Sechs der acht Dreiecksflächen des Li_6-Gerüsts sind durch eine n-Butyl-Einheit überdacht, zwei Dreiecke bleiben frei. In der Festkörperstruktur beobachtet man weiterhin relative kurze Kontakte von Lithiumatomen zu den β-C-Atomen der Butylkette.

Der Alkyllithium-Aggregationsgrad ist in unpolaren Kohlenwasserstoffen höher als in etherischen Lösungsmitteln. Stärker koordinierende Donormoleküle (Tetrahydrofuran, Tetramethylethylendiamin) können die Assoziate bis hin zu Monomeren abbauen. Ein größerer sterischer Anspruch der organischen Gruppen verringert die Tendenz zur Assoziation, wie der Vergleich von ^{n}BuLi und ^{t}BuLi zeigt.

Das chemische Verhalten von polaren metallorganischen Spezies wird nicht nur durch die Stellung des Metallatoms zum organischen Rest, sondern sehr wesentlich durch die Aggregation und Solvatation beeinflusst, sodass Kenntnisse dieser Details für ein Verständnis der Reaktivität wichtig sind. Im Allgemeinen ist bei lithiumorganischen Verbindungen (und anderen assoziierten metallorganischen Reagenzien) die reagierende Spezies das Monomer und nur gelegentlich ein Dimer oder höheres Aggregat. Zunächst muss also eine teilweise Dissoziation erfolgen. Die relativ fest gebundene tetramere MeLi-Struktur führt dazu, dass Methyllithium ab einer Konzentration von 0,5 mol/l in THF sogar weniger reaktiv ist als Phenyllithium.

Die Bildung oligomerer Einheiten bei Lithiumorganylen kann auf die ausgeprägten kovalenten Anteile der Lithium-C-Bindung zurückgeführt werden. Betrachtet man den **Grenzfall eines kovalenten RLi-Moleküls**, so wird deutlich, dass am Lithiumatom ein Elektronenmangel herrscht. Eine **Orbitalbeschreibung** macht die tetramere Li_4-Anordnung und Flächenüberdachung sowie bei **$(MeLi)_4$** die Wechselwirkung mit benachbarten Einheiten verständlich. Aus 12 der 16 (sp^3-Hybrid-)Orbitale der vier Lithiumatome lassen sich in der tetraedrischen Anordnung vier energiegleiche (entartete) Fragmentorbitale bilden, die jeweils über eine Dreiecksfläche Li_3-bindend sind:

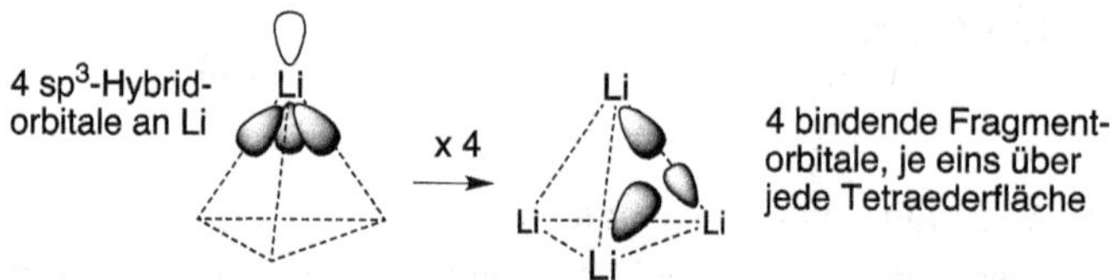

Die 8 weiteren Orbitalkombinationen, die über die Dreiecksflächen möglich sind, sind Li–Li-nichtbindende Orbitale. Die vier Li_3-bindenden Fragmentorbitale können mit den Orbitalen der vier CH_3-Gruppen zu je vier Li–C-bindenden und -antibindenden Molekülorbitalen überlappen. Aufgrund der Elektronegativitätsdifferenz zwischen Lithium und Kohlenstoff sind die bindenden Li_3C-Orbitale mehr an den C-Atomen lokalisiert, die antibindenden Kombinationen entsprechend an den Lithiumatomen (s. relativer Beitrag der Fragmentorbitale zu den Molekülorbitalen):

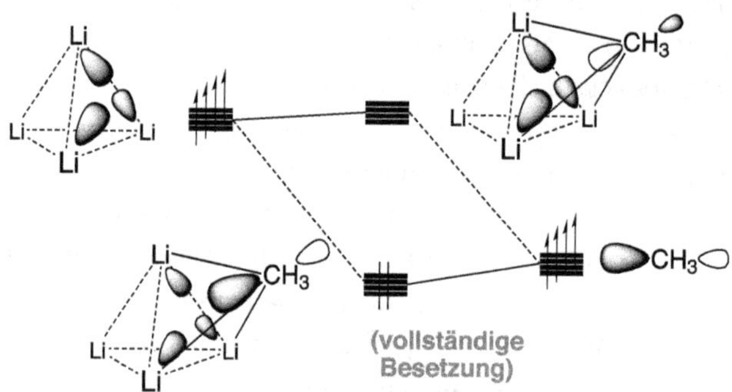

Die vier Li–C- und gleichzeitig Li_3-bindenden Molekülorbitale sind mit acht Elektronen (je eins von jedem Lithiumatom und jeder Methylgruppe) vollständig besetzt, sodass für die Struktur die optimale Elektronenzahl zur Verfügung steht. Jedes bindende Li_3C-

Molekülorbital entspricht einer 4-Zentren/2-Elektronen-Bindung. An den Lithiumatomen verbleibt aber jeweils noch ein Orbital, das für die bisherigen Wechselwirkungen nicht in Betracht gezogen wurde. Diese Orbitale sind entlang der C_3-Achsen des Tetraeders nach außen gerichtet und können mit „rückwärtigen" Orbitallappen der CH_3-Gruppe einer benachbarten tetrameren Einheit überlappen. Unter Berücksichtigung der Verknüpfung von vier Lithiumatomen durch eine Methylgruppe liegt dann eine 5-Zentren/2-Elektronen-Bindung vor.

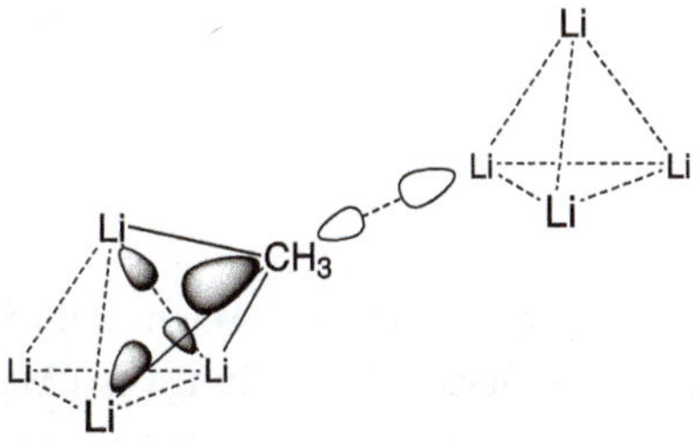

Die ionischen π-Komplexe der Alkalimetalle werden in Abschn. 4.2.7 erwähnt.

4.2.2 Erdalkalimetallorganyle

In dieser Gruppe kommt den Verbindungen des Magnesiums, die als vielseitige Reagenzien in der organischen Synthese eingesetzt werden, die Hauptbedeutung zu. Wichtig sind Organomagnesiumhalogenid-, **Grignard-Verbindungen**. Diese RMgX-Verbindungen entstehen in einer radikalischen Reaktion an der Oberfläche des Metalls bei der Umsetzung von Alkyl- oder Arylhalogeniden mit Magnesiumspänen in wasserfreien polaren Lösungsmitteln wie Diethylether oder Tetrahydrofuran (**Direktsynthese**):

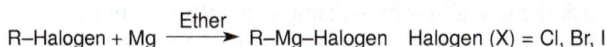

$$\text{R–Halogen} + \text{Mg} \xrightarrow{\text{Ether}} \text{R–Mg–Halogen} \quad \text{Halogen (X)} = \text{Cl, Br, I}$$

Die Formulierung von Grignard-Verbindungen als R–Mg–X ist eine starke Vereinfachung. In Lösung besteht, abhängig vom verwendeten Lösungsmittel, in der Konzentration und der organischen Gruppe, ein kompliziertes Gleichgewicht zwischen monomeren solvatisierten und oligomeren Magnesium-Spezies, unter denen sich auch Diorganylmagnesium und Magnesiumhalogenid befindet. Dieses komplexe System wird als **Schlenk-Gleichgewicht** bezeichnet. In Tetrahydrofuran (THF) als Lösungsmittel liegt das Gleichgewicht über einen weiten Konzentrationsbereich auf der Seite der monomeren solvatisierten $RMgX(THF)_2$-Spezies. In Diethylether überwiegen halogenverbrückte Oligomere, die in Form von Ringen oder Ketten vorliegen können:

Lösungsgleichgewichte von Grignard-Verbindungen

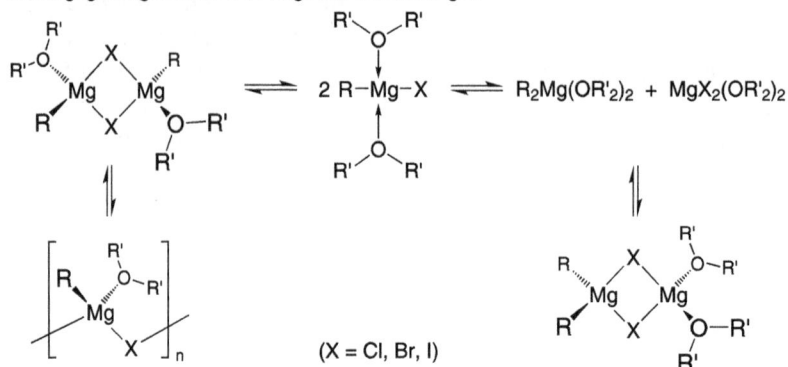

$$2\ R{-}Mg{-}X \rightleftharpoons R_2Mg(OR'_2)_2 + MgX_2(OR'_2)_2$$

(X = Cl, Br, I)

Anders als bei Alkalimetallorganylen weist die Magnesium-Kohlenstoff-Bindung vorwiegend kovalente Anteile auf. Die leichte Darstellung von RMgX-Verbindungen und der Carbanionen-Charakter der Organylgruppe begründen die vielfältige Verwendung der Grignard-Reagenzien in der organischen Synthese für nucleophile Additionsreaktionen. Die eigentliche **Grignard-Reaktion** ist die Addition von RMgX an die Carbonylfunktion in Aldehyden oder Ketonen, die nach Hydrolyse des intermediären Magnesiumalkoxids zu primären ($R^{1,2}$ = H), sekundären (R^1 = H) oder tertiären Alkoholen führt:

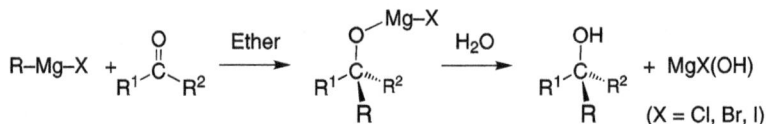

$$R{-}Mg{-}X + R^1C(O)R^2 \xrightarrow{\text{Ether}} R^1R^2RC{-}O{-}Mg{-}X \xrightarrow{H_2O} R^1R^2RC{-}OH + MgX(OH)$$

(X = Cl, Br, I)

In ähnlicher Weise kann auch eine Reaktion der Grignard-Reagenzien mit Carbonsäureestern, Kohlenstoffdioxid, Nitrilen oder Epoxiden erfolgen.

In 2018 wurde die Isolierung und spektroskopische Charakterisierung von achtfach-koordinierten Erdalkalimetall-Carbonylkomplexen $M(CO)_8$ (mit M = Ca, Sr oder Ba) in einer Tieftemperatur-Neon-Matrix (10–13 K) berichtet. Die $M(CO)_8$-Komplexe erfüllen die 18-Valenzelektronenregel. Die formale Oxidationsstufe der Metallatome ist null. Als optimierte $M(CO)_8$-Struktur im Grundzustand wurde ein O_h-symmetrischer Würfel berechnet. Die elektronische Ausgangskonfiguration der Erdalkalimetalle für die Bindung in $M(CO)_8$ wurde zu $ns^0(n-1)d^2$ berechnet. Die Analyse der elektronischen Struktur zeigte, dass die Metall–CO-Bindungen dieser Hauptgruppenmetalle hauptsächlich, und wie bei Übergangsmetallen, durch eine Rückbindung aus den Metall-d_π-Orbitalen in das CO-π^*-Orbital gebildet werden (s. in Abschn. 4.3.1.1 Die Metall-Carbonyl-Bindung). Diese Rückbindung erklärt die beobachtete Rotverschiebung der CO-Valenzschwingungen ($\tilde{\nu}_{CO}/cm^{-1}$) zu 1987 für $Ca(CO)_8$, 1995 für $Sr(CO)_8$ und 2014 für $Ba(CO)_8$ (freies CO 2143) (vgl. dazu die CO-Valenzschwingungen für Übergangsmetallcarbonyle in Abschn. 4.3.1.1 Schwingungsspektroskopie an Metallcarbonylen). Der Beitrag der OC⟶M-σ-Hinbindung ist deutlich geringer als der der M⟶CO

π-Rückbindung. Die Erdalkalimetalle Ca, Sr und Ba wären mit der Verwendung der (n – 1)d-Orbitale als Übergangsmetalle einzustufen.

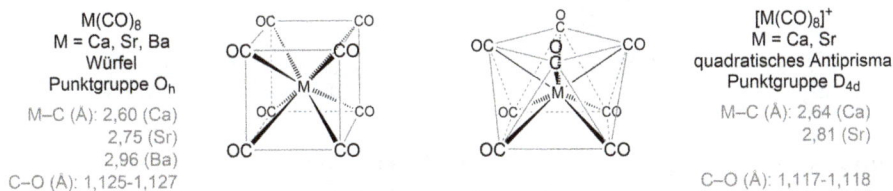

$M(CO)_8$
M = Ca, Sr, Ba
Würfel
Punktgruppe O_h
M–C (Å): 2,60 (Ca)
2,75 (Sr)
2,96 (Ba)
C–O (Å): 1,125-1,127

$[M(CO)_8]^+$
M = Ca, Sr
quadratisches Antiprisma
Punktgruppe D_{4d}
M–C (Å): 2,64 (Ca)
2,81 (Sr)
C–O (Å): 1,117-1,118

Die kationischen Erdalkali-Carbonylkomplexe $[M(CO)_8]^+$ (mit M = Ca, Sr oder Ba) wurden in der Gasphase unter Verwendung einer gepulsten Laserverdampfungs-Überschall-Expansions-Ionenquelle hergestellt und durch massenselektive Infrarot-Photodissoziations-Spektroskopie im Carbonyl-Streckfrequenzbereich untersucht. Mit nur noch einem Elektron für die M-CO-Rückbindung verringert sich die CO-Valenzschwingung gegenüber freiem CO deutlich weniger zu 2094 für $[Ca(CO)_8]^+$, 2096 für $[Sr(CO)_8]^+$ und 2113 cm^{-1} für $[Ba(CO)_8]^+$. Die berechneten Strukturen ergaben D_{4d}-symmetrische quadratische Antiprismen für $[Ca(CO)_8]^+$ und $[Sr(CO)_8]^+$ sowie ein quadratisches Prisma für $[Ba(CO)_8]^+$. Auf π-Komplexe der Erdalkalimetalle Beryllium und Magnesium wird in Abschn. 4.2.7 eingegangen.

4.2.3 Organyle der 13. Gruppe: B, Al

Organoborverbindungen

Bororganische Verbindungen sind luftempfindliche, teilweise pyrophore Stoffe. Die Entdeckung der **Hydroborierungsreaktion**, d. h. der Addition von Boranen an Doppelbindungen durch Herbert C. Brown lieferte ab 1960 einen eleganten Zugang zu Trialkylborverbindungen. Später zeigte sich das präparative Potential dieser Organoborverbindungen durch ihre alkalische Oxidation mit H_2O_2 zu Alkoholen:

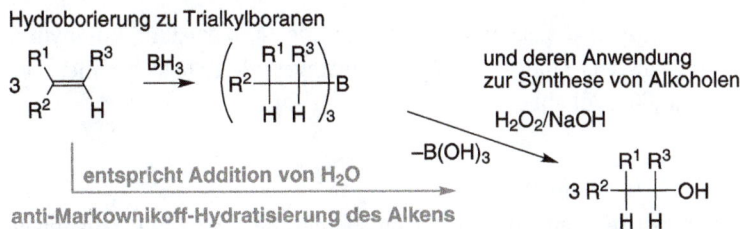

Hydroborierung zu Trialkylboranen
$3\ R^1R^2C{=}CR^3H \xrightarrow{BH_3} (R^2R^1CH{-}CHR^3)_3B$
und deren Anwendung zur Synthese von Alkoholen
$\xrightarrow[-B(OH)_3]{H_2O_2/NaOH} 3\ R^2R^1CH{-}CHR^3{-}OH$
entspricht Addition von H_2O
anti-Markownikoff-Hydratisierung des Alkens

Weiterentwickelte nützliche Hydroborierungsreagenzien mit hoher Regioselektivität sind z. B. 9-Borabicyclo[3.3.1]nonan (9-BBN) und Lithium-cyclododeca-cis,cis,trans-1,5,9-triylborat:

regioselektive Organoborane als Hydroborierungsreagenzien

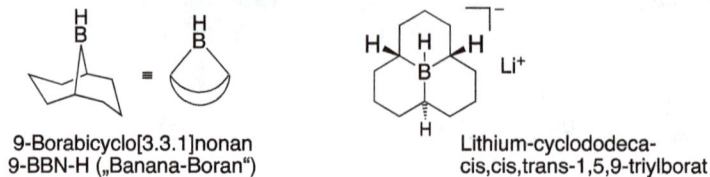

9-Borabicyclo[3.3.1]nonan
9-BBN-H („Banana-Boran")

Lithium-cyclododeca-cis,cis,trans-1,5,9-triylborat

Boronsäuren sind organische Derivate der Borsäure mit der allgemeinen Formel R–$B(OH)_2$. Boronsäuren reagieren mit Alkoholen unter Abspaltung von Wasser zu Boronsäureestern (Boronate). Erste Anwendungen waren der Schutz und die Derivatisierung von 1,2- und 1,3-Diolen. Derartige cyclische Boronate wurden als flüchtige Derivate auch vielfach für GC- und GC/MS-Zwecke benutzt.

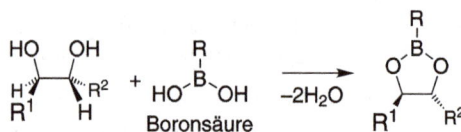

Boronsäure

$-2H_2O$

Boronsäuren sind wichtige Edukte (Intermediate) für Palladium-katalysierte **Suzuki-**-(auch genannt Suzuki-Miyaura-)**Kreuzkupplungen**:

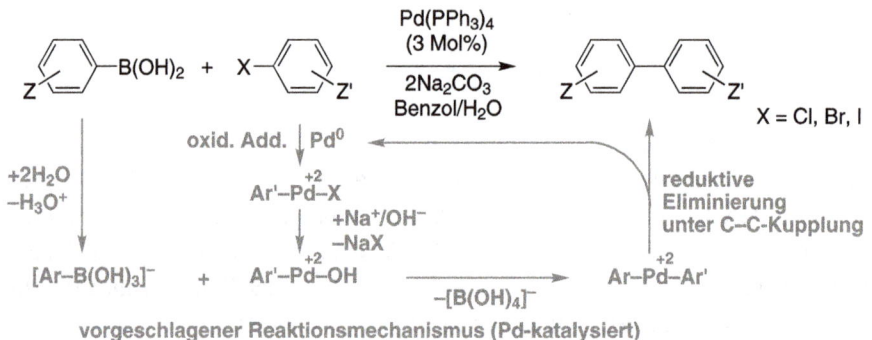

$Pd(PPh_3)_4$ (3 Mol%)

$2Na_2CO_3$ Benzol/H_2O

X = Cl, Br, I

oxid. Add. Pd^0

$+2H_2O$ $-H_3O^+$

$Ar'–\overset{+2}{Pd}–X$

$+Na^+/OH^-$ $-NaX$

reduktive Eliminierung unter C–C-Kupplung

$[Ar–B(OH)_3]^-$ + $Ar'–\overset{+2}{Pd}–OH$ → $Ar–\overset{+2}{Pd}–Ar'$

$-[B(OH)_4]^-$

vorgeschlagener Reaktionsmechanismus (Pd-katalysiert)

Triethylboran, Et_3B wird zusammen mit Lithium-tert-butoxyaluminiumhydrid für die reduktive Spaltung von Ethern oder Epoxiden eingesetzt. Es desoxygeniert zudem primäre und sekundäre Alkohole.

Organoaluminiumverbindungen

Diese sind industriell seit etwa 1950 von Bedeutung durch die Arbeiten von Karl Ziegler zur Aufbaureaktion für Ethenoligomere und die Entdeckung der Niederdruck-Olefinpolymerisation (Ziegler-Natta-Katalyse). Aluminiumorganyle werden in diesen industriellen Verfahren als stöchiometrische Reagenzien oder Cokatalysatoren eingesetzt. Entsprechend ihrer Bedeutung haben in der Literatur Abkürzungen für aluminiumorganische Verbindungen Eingang gefunden. Gebräuchlich sind TMA für Trimethylaluminium, TEA für Triethylaluminium, TIBA für Triisobutylaluminium, DEAC für Diethylaluminiumchlorid, DIBAH für Diisobutylaluminiumhydrid und MAO für Methylalumoxan. TEA ist vom Produktionsvolumen her das wichtigste Aluminiumorganyl. Pro Jahr werden etwa 50.000 Tonnen Organoaluminiumverbindungen hergestellt.

Eigenschaften. Trialkylaluminiumverbindungen sind farblos und bei Raumtemperatur Flüssigkeiten, die fast alle Schmelzpunkte unter 0 °C aufweisen; Ausnahmen sind TMA (15,3 °C) und TIBA (1,0 °C). Sie reagieren mit Luftsauerstoff und Wasser (allgemein mit protischen Reagenzien) sehr heftig, z. T. explosionsartig, und in stark exothermen Reaktionen. Die kurzkettigen Alkyle sind an Luft selbstentzündlich (pyrophor). Die Handhabung von Aluminiumalkylen verlangt ein sorgfältiges Arbeiten (Transport usw.) unter Inertgas. Beim Umfüllen größerer Mengen sind entsprechende Sicherheitsbestimmungen zu beachten. Die Reaktivität der Verbindungen gegenüber Luft wird durch Verdünnen mit organischen Lösungsmitteln verringert, sodass im Laborbereich die Aluminiumalkyle besser als Lösung verwendet werden. Organoaluminium*halogenide* sind bereits deutlich weniger reaktiv. Aus Gründen der Einfachheit sind in den nachfolgenden Formeln die Organoaluminiumderivate nur monomer angegeben. Tatsächlich findet man in nichtkoordinierenden Lösungsmitteln bei nicht zu großen organischen Resten eine Alkylverbrückung der Aluminiumtrialkyle über Mehrzentrenbindungen und das Vorliegen dimerer Spezies (vgl. oligomere Lithiumorganyle). Zwischen Monomer und Dimer besteht bei Aluminiumalkylen ein Gleichgewicht in Abhängigkeit von Temperatur, Konzentration, Lösungsmittel und dem organischen Rest:

$$2\ (R_3C)_2Al{-}CR_3 \rightleftharpoons (R_3C)_2Al(\mu{-}CR_3)_2Al(CR_3)_2$$

Der Grad der Dimerisierung nimmt in der Reihe CR_3 = Me > Et > ^{i}Pr > ^{t}Bu ab, wobei das Gleichgewicht für das tert-Butylderivat vollständig auf der linken Seite liegt, d. h. die Verbindung $Al^{t}Bu_3$ ist monomer. Das stabilste Dimer Al_2Me_6 besitzt eine Dissoziationsenthalpie zum Monomer von 83 kJ/mol und liegt auch in der Gasphase dimer vor. Für die Ethylverbindung sinkt die Enthalpie auf 71 kJ/mol und für $Al_2{}^{i}Pr_6$ beträgt sie nur noch etwa 34 kJ/mol. Die Abnahme der Dissoziationsenthalpie spiegelt die schnelle Zunahme der sterischen Hinderung für eine verbrückende Dimerisierung wider. Die Alkylverbrückung ermöglicht dem Aluminiumatom, seinen Elektronenmangel in der monomeren Form mit einem formalen Elektronensextett etwas zu beheben. Die beiden Aluminiumatome und die beiden Alkylbrücken bilden zwei 3-Zentren/2-Elektronen-Bindungen. Die Linearkombinationen der vier $(R_3C)_2Al$- und der zwei R_3C-Fragmentorbitale führen zu zwei bindenden, zwei nichtbindenden und zwei antibindenden Molekülorbitalen, für deren Besetzung vier Elektronen zur Verfügung stehen. Die dimere Spezies ist deshalb keine Elektronenmangelverbindung mehr (obwohl oft als solche bezeichnet), da sie die korrekte Elektronenzahl zur Besetzung aller bindenden MOs aufweist:

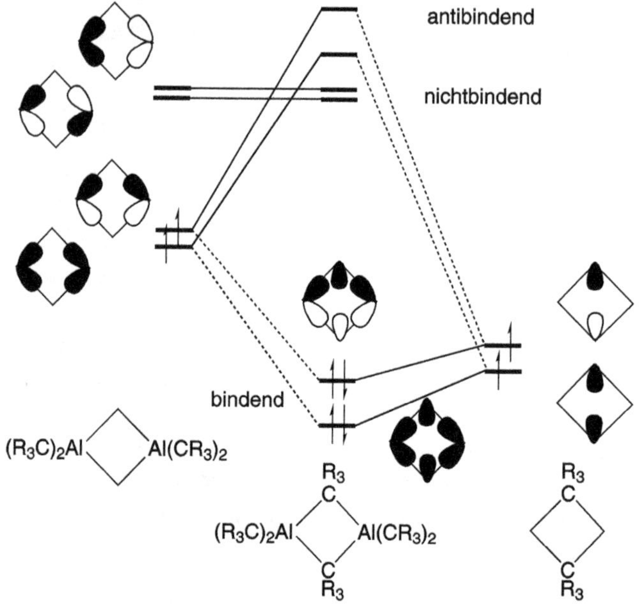

Die Organoaluminiumhalogenide sind ebenfalls dimer. Die Verbrückung erfolgt über die Halogenatome. Die Halogenatome bilden über ihre freien Elektronenpaare eine 2-Zentren/2-Elektronen-Bindung zu jedem der Aluminiumatome aus.

Für die **Synthese der Trialkylaluminiumverbindungen** bietet sich in vielen Fällen das Ziegler-Direktverfahren („three-for-two process") an, bei dem in der Bruttoreaktion aus Aluminiummetall, Wasserstoff und Olefin das Trialkylaluminiumprodukt dargestellt wird:

Bruttoreaktion:

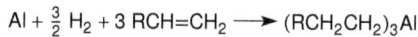

$$Al + \frac{3}{2}\,H_2 + 3\,RCH{=}CH_2 \longrightarrow (RCH_2CH_2)_3Al$$

Die Reaktion gliedert sich in zwei Schritte: Zunächst werden aus dem Metall, Wasserstoff und zwei Äquivalenten Trialkylaluminium drei Äquivalente Dialkylaluminiumhydrid erhalten („Vermehrung"):

Vermehrung:

$$Al + \frac{3}{2}\,H_2 + 2\,(RCH_2CH_2)_3Al \xrightarrow[100\text{–}200\,\text{bar}]{80\text{–}160\,^\circ\text{C}} 3\,(RCH_2CH_2)_2AlH$$

Das Hydrid addiert sich dann in einer **Hydroaluminierungsreaktion** an das Olefin („Anlagerung"). Die Hydroaluminierung ist reversibel, die Umkehrung ist die Olefinabspaltung oder **Dehydroaluminierung** durch β-Wasserstoffeliminierung.

Anlagerung:

$$3\,(RCH_2CH_2)_2Al\,H + 3\,RCH{\equiv}CH_2 \underset{1\text{–}10\,\text{bar}}{\overset{80\text{–}110\,^\circ C}{\rightleftharpoons}} 3\,(RCH_2CH_2)_3Al$$

Die Stabilität von Aluminium-Alkyl-Bindungen nimmt in der Reihe -CH_2CHR_2 < -CH_2CH_2R < -CH_2CH_3 zu, d. h. je weniger Verzweigungen in β-Stellung, desto stabiler ist das Aluminiumalkyl. Entsprechend steigt mit den Verzweigungen in β-Stellung die Bereitschaft zur Dehydroaluminierung. Über die Dehydro-/Hydroaluminierung-Gleichgewichtsreaktion können Alkylreste ausgetauscht werden. Triisobutylaluminium kann so als Edukt für andere Aluminiumalkyle eingesetzt werden. Höhere Aluminiumalkyle wie Tri-n-hexyl- und -octylaluminium werden über die Dehydroaluminierung aus Triisobutylaluminium dargestellt:

Dehydroaluminierung aus Triisobutylaluminium, TIBA:

$$(Me_2CHCH_2)_3Al \underset{20\,\text{bar}}{\overset{140\,^\circ C}{\rightleftharpoons}} (Me_2CHCH_2)_2AlH + Me_2C{=}CH_2$$

$(= {}^{i}Bu_3Al)$

Synthese höherer Aluminiumalkylene aus TIBA:

$$(Me_2CHCH_2)_3Al + 3\,RCH{=}CH_2 \xrightarrow{100\text{–}110\,^\circ C} (RCH_2CH_2)_3Al + 3\,Me_2C{=}CH_2$$

R z. B. n-C_4H_9, n-C_6H_{13}

Die Konkurrenzreaktion der Carboaluminierung, d. h. der Einschub eines Olefins in die Al–C-Bindung (s. u.) wird durch Temperaturkontrolle und Entfernung des Isobutens minimiert.

Das Ziegler-Direktverfahren kann nicht für die **Darstellung von Trimethylaluminium** eingesetzt werden. Hierfür und zur Synthese einiger Organoaluminiumhalogenide wird die Umsetzung von Aluminiummetall mit Alkylhalogeniden zum Aluminiumsesquichlorid $Me_3Al_2Cl_3$ verwendet. Bedeutung hat diese Route für Alkyl = Methyl und Ethyl:

$$4\,Al + 6\,MeCl \longrightarrow 2\,Me_3Al_2Cl_3 \quad \text{Aluminiumsesquichlorid}$$

In Verknüpfung mit einer Reduktion durch Natrium gelangt man vom Sesquichlorid zum Trimethylaluminium, TMA:

$$6\ Me_3Al_2Cl_3 + 6\ NaCl \longrightarrow 3\ (Me_2AlCl)_2\ _{(löslich)} + 6\ Na[MeAlCl_3]\ _{(fest)}$$

$$\downarrow 6\ Na$$

$$4\ Me_3Al + 2\ Al + 6\ NaCl$$

Die **Sesquichlorid-Reduktion** ist zurzeit die ökonomischste Synthese für die Produktion von TMA. Trotzdem ist Trimethylaluminium das teuerste Aluminiumalkyl, was Bedeutung für das daraus gewonnene Methylalumoxan (MAO) hat (s. u.). Organoaluminiumhalogenide, die unter anderem wegen der Problematik von Eliminierungsreaktionen nicht aus Aluminiummetall und Alkylhalogenid erhalten werden können, z. B. $^{i}Bu_2AlCl$ und $^{i}BuAlCl_2$, können in Ligandenumverteilungsreaktionen aus Trialkylaluminium und $AlCl_3$ synthetisiert werden:

$$2\ R_3Al + AlCl_3 \longrightarrow 3\ R_2AlCl$$

$$R_3Al + 2\ AlCl_3 \longrightarrow 3\ RAlCl_2$$

Alumoxane (Alum*in*oxane) beinhalten die Baugruppe –(RAl)–O–, d. h. über Sauerstoffatome verbrückte (RAl)-Einheiten (vgl. Siloxane, Abschn. 4.2.4). Wenn R eine organische Gruppe ist, liegt ein Organoalumoxan vor. Diese werden durch kontrollierte partielle Hydrolyse von Aluminiumalkylen in einem organischen Lösungsmittel erhalten:

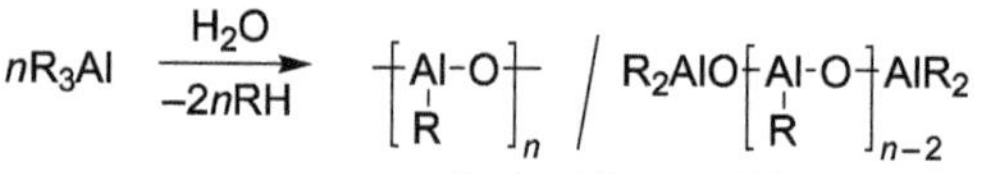

$$nR_3Al \xrightarrow[-2nRH]{H_2O} \left[\underset{R}{Al}-O\right]_n \ / \ R_2AlO\left[\underset{R}{Al}-O\right]_{n-2}AlR_2$$

cyclische / lineare Oligomere

Der Wasserzusatz erfolgt im Labor am besten in Form von Eis oder als Kristallwasser anorganischer Salze, z. B. $CuSO_4{\cdot}5H_2O$ oder $Al_2(SO_4)_3{\cdot}$ ca. $15H_2O$. Auf diese Weise erreicht man eine relativ langsame heterogene Reaktion, und die vollständige Hydrolyse zum Aluminiumoxid wird verhindert. Je nach Größe des Alkylrestes variiert der Oligomerisationsgrad der Organoalumoxane. Alumoxane können als cyclische oder lineare Oligomere oder mit Käfigstrukturen vorliegen.

Käfigstruktur des hexameren t-Butylalumoxans

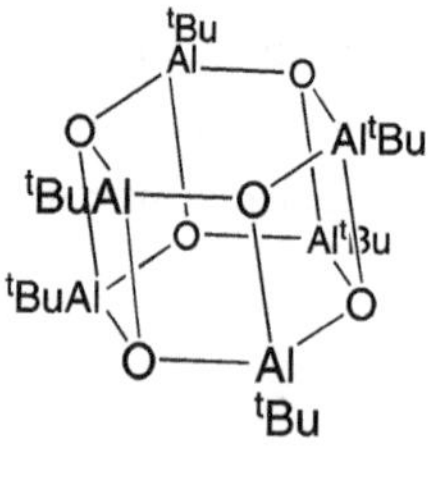

Methylalumoxan, MAO (R = Me), hat als Cokatalysator für Metallocen-Katalysatoren zur Ziegler-Natta-Olefinpolymerisation Bedeutung erlangt (s. Abschn. 4.4.1.10). Dem Methylalumoxan kann man keine genaue Struktur zuordnen. Vielfältige Versuche, MAO eindeutig zu charakterisieren, führten zu keinen befriedigenden Ergebnissen. Herstellungsbedingt liegen noch größere Mengen Trimethylaluminium im Gemisch mit Methylalumoxan vor. MAO wird wohl am besten als dynamisches System aus linearen, cyclischen und käfigförmigen Oligomeren beschrieben. Die Größe der Oligomere verändert sich mit der Lagerung und Konzentration. Kommerziell erhältliches Methylalumoxan hat als 10 Gew.-%-ige Lösung in Toluol eine mittlere Molmasse von ca. 1100 g/mol.

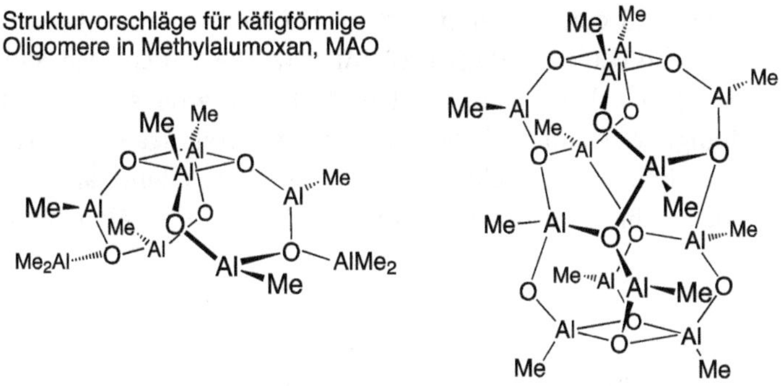

Strukturvorschläge für käfigförmige Oligomere in Methylalumoxan, MAO

Technische Anwendung. Organoaluminiumhalogenide und Aluminiumtrialkyle werden als **Aktivatoren (Cokatalysatoren) in der Ziegler-Natta-Katalyse** zur Olefinpolymerisation eingesetzt. Als Präkatalysatoren dienen Titanhalogenide ($TiCl_3$, $TiCl_4$). Für die Katalysatoren der ersten Generation (bis etwa 1970) und zweiten Generation (1970–1980) fanden vor allem Et_2AlCl oder $Et_3Al_2Cl_3$ als Cokatalysatoren Verwendung. Für die dritte Generation der $MgCl_2$-geträgerten $TiCl_4$-Katalysatoren werden chlorfreie Aluminiumalkylverbindungen verwendet, insbesondere Et_3Al. Bei den Zirconocenkatalysatoren kommt Methylalumoxan zum Einsatz. Der genaue Mechanismus der Cokatalysatorwirkung ist noch nicht vollständig geklärt, was bei den klassischen Ziegler-Natta-Katalysatoren mit deren heterogenem Charakter (Festkörperkatalysatoren) und bei den löslichen Metallocensystemen mit der Undefiniertheit des Methylalumoxans zusammenhängt. Folgende Cokatalysatorwirkungen seitens der Aluminiumorganyle gelten aber als gesichert: (i) Eine Alkylierung der Übergangsmetall–Chlorid-Spezies, d. h. ein Chlorid⟷Alkyl-Austausch, und damit Bildung einer Übergangsmetall–Kohlenstoff-Bindung für die Insertion des Olefins; (ii) die Schaffung einer freien Koordinationsstelle für das Olefin durch Chlorid- oder Alkyl-Abstraktion vom Übergangsmetallatom und Übertragung auf das Aluminium; (iii) eine Putzmittel-(Scavenger-)wirkung gegenüber Verunreinigungen im Monomer, sodass eine zu schnelle Katalysatorvergiftung oder -desaktivierung verhindert wird.

Trialkylaluminiumverbindungen finden weiterhin technische Anwendungen zur **Herstellung linearer, primärer Alkohole**. Das Verfahren wird nach seinem Entdecker als **Ziegler-Prozess** bezeichnet. Zunächst erfolgt der Aufbau höherer Aluminiumalkyle aus Triethylaluminium durch Insertion von Ethen in die Al–C-Bindungen (Carboaluminierung, „Aufbaureaktion“):

Aufbaureaktion:

$$Et_3Al + 3n\ CH_2{=}CH_2 \xrightarrow[100\ bar]{160\,^{\circ}C} 3\ \{Et{-}(CH_2CH_2)_n{-}\}_3Al$$

Die Formulierung der Aluminiumspezies mit gleich langen Alkylketten ist eine Vereinfachung. Richtiger sind diese mit drei verschieden langen Alkylresten zu schreiben als $\{Et(CH_2CH_2)_x\}\{Et(CH_2CH_2)_y\}\{Et(CH_2CH_2)_z\}Al$ usw. Die Kettenlänge kann bei der Aufbaureaktion nicht beliebig lang werden, da die Insertionsreaktion in Konkurrenz zur Verdrängungsreaktion (Kettenübertragung) durch das Monomer (s. u.) und zur β-Wasserstoffeliminierung steht. Bevor die Kettenabspaltung an Bedeutung gewinnt, wird das Produkt der Carboaluminierung mit Luft zu Aluminiumalkoxiden oxidiert:

Luftoxidation:

$$\{Et{-}(CH_2CH_2)_n{-}\}_3Al + \tfrac{3}{2}\,O_2 \longrightarrow \{Et{-}(CH_2CH_2)_n{-}O\}_3Al$$

Die Aluminiumalkoxide werden dann zu Alkoholen hydrolysiert:

Hydrolyse:

$$\{Et{-}(CH_2CH_2)_n{-}O\}_3Al + 3\,H_2O \longrightarrow 3\,Et{-}(CH_2CH_2)_n{-}OH + Al(OH)_3$$

Man erhält ein Alkoholgemisch mit Kettenlängen- (Poisson-)Verteilung zwischen etwa C_6 und C_{20} und einem Maximum von 20–35 Gew.-% für C_{12}. Die zu über 95 % linearen Alkohole werden z. B. zu biologisch abbaubaren Tensiden und PVC-Weichmacherestern weiterverarbeitet.

Daneben gibt es noch eine **katalytische** Variante der **Ethenoligomerisierung**, die die Aufbaureaktion mit der Verdrängungsreaktion oder Kettenübertragung durch das Monomer kombiniert:

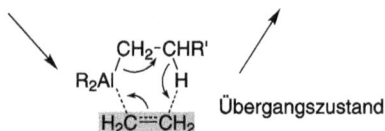

$$\{Et{-}(CH_2CH_2)_n{-}\}_3Al + 3\,H_2C{=}CH_2 \longrightarrow (CH_3CH_2)_3Al + 3\,Et{-}(CH_2CH_2)_{n-1}{-}CH{=}CH_2$$

$CH_2{-}CHR'$, R_2Al, H, $H_2C{=}CH_2$ — Übergangszustand

Wieder ist die Schreibweise der Aluminiumalkyle mit drei gleich langen Alkylketten und deren gleichzeitige Abspaltung als Vereinfachung zu sehen. Das Ergebnis der

Kettenübertragung durch das Monomer, das α-Olefin, ist identisch mit dem Produkt der β-Wasserstoffeliminierung. Die Kinetik beider Reaktionen ist allerdings eine andere: Während die Reaktionsgeschwindigkeit der β-Wasserstoffeliminierung nur von der Aluminiumalkyl-Konzentration abhängt, wird die Verdrängungsreaktion zusätzlich durch die Monomerkonzentration beeinflusst. Durch Re-Insertion der gebildeten α-Olefine in die Aluminium-Kohlenstoff-Bindung kommt es bei der katalytischen Ethenoligomerisierung mit zunehmender Kohlenstoffzahl zur Bildung eines höheren Anteils β-verzweigter Olefine (Vinyliden-Doppelbindungen):

$$R_2Al{-}CH_2CH_2R^1 + CH_2{=}CH(R^2) \longrightarrow R_2Al{-}CH_2CH(R^2){-}CH_2CH_2R^1$$

$$\downarrow + CH_2{=}CH_2$$

$$R_2Al{-}CH_2CH_3 + CH_2{=}C(R^2){-}CH_2CH_2R^1$$

Die subvalenten Organyle der 13. Gruppe (mit Metallatomen in den Oxidationsstufen +1 und +2) werden in Abschn. 4.2.7 und 4.2.8 behandelt.

4.2.4 Organyle der 14. Gruppe: Si, Sn und Pb

Organosiliciumverbindungen

Das Gebiet der Organosiliciumchemie ist sehr forschungsintensiv mit über 1000 Veröffentlichungen pro Jahr. Zahlreiche grundlegende Arbeiten wurden von Kipping in England in der ersten Hälfte des 20. Jahrhunderts geleistet, aber erst das Auffinden einer ökonomischen Darstellung der **Organohalosilane R_nSiCl_{4-n}** führte zur heutigen wirtschaftlichen Bedeutung der Polyorganosiloxane (Silicone) als Werkstoffe. Rochow (USA) und Müller (Deutschland) entwickelten Anfang der 1940er Jahre die Direktsynthese von Organohalosilanen, die seitdem die ökonomische Basis der Siliconherstellung bildet (**Rochow-** oder Müller-Rochow-**Synthese**). Die **Direktsynthese** geht aus von relativ reinem Silicium (Reinheit >99 %), welches fein vermahlen an einem Kupferkatalysator mit organischen Halogenverbindungen bei höheren Temperaturen zu einem Organohalosilangemisch umgesetzt wird:

Rochow-Synthese

$$Si + MeCl \xrightarrow[\text{250-320 °C, 2-5 bar}]{\text{Cu-Katalysator}} \underset{2-4}{Me_3SiCl} + \underset{70-90}{Me_2SiCl_2} + \underset{5-15\ \text{Masse\%}}{MeSiCl_3}$$

typische Produktverteilung

$$+ \underset{1-4}{MeSiHCl_2} + \underset{0{,}1-0{,}5}{Me_2SiHCl} + \underset{3-8\ \text{Masse\%}}{Me_nSi_2Cl_{6-n}}$$

Methylchlorsilan	Siedepunkt/°C
Me_2SiCl_2	70
$MeSiCl_3$	66
Me_3SiCl	57
$MeSiHCl_2$	41
Me_2SiHCl	35

Als organische Halogenverbindungen werden fast nur Methyl- und Phenylchlorid eingesetzt, da längerkettige oder ungesättigte organische Halogenverbindungen nur niedrige Ausbeuten und schwer trennbare Mischungen ergeben. Das wichtigste Produkt der Direktsynthese ist Dimethyldichlorsilan, Me_2SiCl_2. Die **Auftrennung des Rohsilangemischs** erfolgt durch Destillation in langen, bis zu 85 m hohen Kolonnen. Die Auftrennung ist wegen der eng beieinanderliegenden Siedepunkte der Silane kein triviales Problem.

Die **Produktverteilung** kann über Zusätze etwas gesteuert werden: Zink, Magnesium und Aluminium haben einen stark methylierenden Effekt und wirken unter Bildung der Metallchloride als Chlorfänger, sodass der Anteil von Me_3SiCl auf 5–20 % gesteigert werden kann. Mit H_2 oder HCl wird der Anteil der H-Silane $MeSiHCl_2$ und Me_2SiHCl erhöht. Außerdem sind Promotoren zur Aktivitätssteigerung des Cu-Katalysators notwendig, der alleine nur eine langsame Reaktion mit niedrigen Umsätzen und ungenügender Selektivität für Me_2SiCl_2 erlaubt. Als Promotoren werden z. B. eingesetzt Antimon, Cadmium, Aluminium, Zink, Zinn oder Kombinationen dieser Elemente. Eine Katalysatormischung mit den Massenanteilen 94,49 % Si, 5 % Cu, 0,5 % Zn und 0,01 % Sn gibt Me_2SiCl_2 in 80 % Selektivität. Das gewünschte Dimethyldichlorsilan wird zusätzlich durch Ligandenumverteilung zwischen Trimethylchlorsilan und Methyltrichlorsilan erhalten:

$$Me_3SiCl + MeSiCl_3 \xrightarrow{AlCl_3} Me_2SiCl_2$$

Der **Mechanismus** der Silanbildung bei der Rochow-Synthese ist noch nicht vollständig verstanden, u. a. weil es sich um eine schwierig zu verfolgende Gas-Feststoff-Reaktion mit einer relativ großen Zahl an beteiligten Komponenten handelt. Die räumliche Nähe von Kupfer und Silicium ist wichtig. Man nimmt an, dass Kupferatome an der Oberfläche mit MeCl zunächst zu Me–Cu–Cl-Fragmenten reagieren, die dann sukzessive die Liganden auf benachbarte Si-Atome übertragen, sodass Silanmoleküle aus der Oberfläche „herausgeschält" werden.

Probleme beim industriellen Prozess, der als kontinuierliche Wirbelschicht gefahren wird, liegen in der Korrosionswirkung des Methylchlorids, sodass eine halogenfreie Direktsynthese, d. h. die Darstellung halogenfreier Verbindungen, eine gesuchte Alternative darstellt. Für die Weiterverarbeitung des Hauptteils der Organohalosilan-

Zwischenprodukte zu Siliconen ist das Vorhandensein der Si–Cl-Bindung nicht unbedingt notwendig. Mögliche Ersatzstoffe sind Methoxymethylsilane, die sich prinzipiell aus der Reaktion von Silicium mit Dimethylether erhalten lassen. Diese Reaktion erfordert aber bisher zu drastische Bedingungen und liefert zu niedrige Ausbeuten.

Die Produktionsmenge an Organohalosilanen beträgt über eine Million Jahrestonnen, wovon 95 % für die Siliconherstellung verwendet werden. Ein kleiner Teil an hochwertigen Spezialsilanen dient als Vernetzungsmittel und zur Oberflächenbehandlung, als Silylierungsmittel in der pharmazeutischen Industrie und als Katalysatorzusatz bei der Polypropensynthese.

Polyorganosiloxane (Silicone). Der Begriff Silicone oder nach IUPAC Polyorganosiloxane bezeichnet über Sauerstoffatome verbrückte R_nSi-Einheiten (vgl. Alumoxane). Bei den industriell bedeutenden Siloxanen ist der Rest R im Wesentlichen Methyl und Phenyl. Je nach den Materialeigenschaften liegen unterschiedliche Struktureinheiten in verschiedenen Verhältnissen in den Siliconen vor. Silicon-Flüssigkeiten, -Kautschuke und -Elastomere sind lineare Polymere. Bei Siliconharzen für Farben, Imprägniermittel und Gebäudeschutz liegen verzweigte (T) und vernetzte (Q) Polysiloxane vor:

Silicon-Struktureinheiten
T-Verzweigung
Kettenende
Monomereinheit
Q-Verzweigung

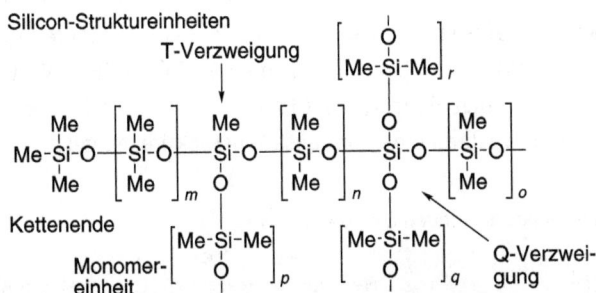

Die **Darstellung** der Silicone erfolgt **durch** die **Hydrolyse oder Methanolyse** von Organohalosilanen, in der Praxis also von Methylchlorsilanen. Die Methanolyse bietet als Vorteil die direkte Zurückgewinnung von MeCl für die Rochow-Synthese. Die Salzsäure wird mit Methanol zu MeCl umgesetzt und auf diese Weise in den Prozess zurückgeführt:

Hydrolyse:

$$(n{+}m)\ Me_2SiCl_2 + (n{+}m{+}1)\ H_2O \longrightarrow [Me_2SiO]_n + HO\text{–}[Me_2SiO]_m\text{–}H + 2(n{+}m)\ HCl$$

Methanolyse:

$$(n{+}m)\ Me_2SiCl_2 + (n{+}m{+}1)\ MeOH \longrightarrow \underset{\substack{\text{cyclisch}\\ n\,=\,3,4,5,\ldots}}{[Me_2SiO]_n} + \underset{\substack{\text{linear}\\ m\,=\,4\text{ bis }>100}}{HO\text{–}[Me_2SiO]_m\text{–}H} + 2\,(n{+}m)\ MeCl$$

Gemisch aus cyclischen und OH-terminierten linearen Oligomeren

ringöffnende Gleichgewichtspolymerisation ↓ Polykondensation ↓

hochmolekulare Polyorganosiloxane

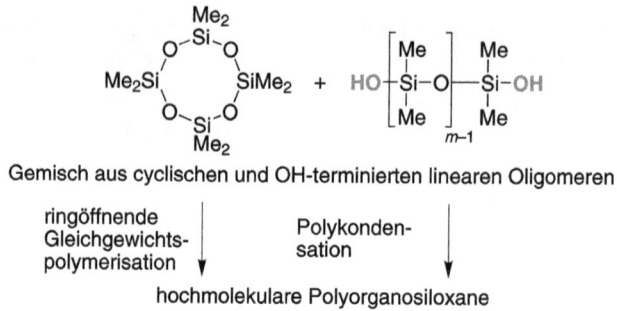

Neben Polymeren entstehen cyclische und lineare oligomere Produkte. Die niedriger siedenden, cyclischen Oligomere können destillativ aus der Gleichgewichtsmischung entfernt werden. Die hochmolekularen Polyorganosiloxane werden aus den cyclischen Oligomeren durch eine ringöffnende Gleichgewichtspolymerisation und aus den Hydroxyl-terminierten linearen Oligomeren durch eine Polykondensationsreaktion erhalten.

Bei den als Fugendichtmasse im Sanitärbereich eingesetzten Siliconen handelt es sich um einen kalt-vulkanisierenden Siliconkautschuk aus Polymeren und Oligomeren mit Si–$OOCCH_3$-Endgruppen im Gemisch mit einem R–$Si(OOCCH_3)_3$-Vernetzer. Mit Wasser (Luftfeuchtigkeit) erfolgt Hydrolyse zu Essigsäure (Geruch bei der Verarbeitung!) und Si–OH-Einheiten, die dann eine Kondensationsreaktion eingehen:

Vernetzung des kalt-vulkanisierenden Siliconkautschuks

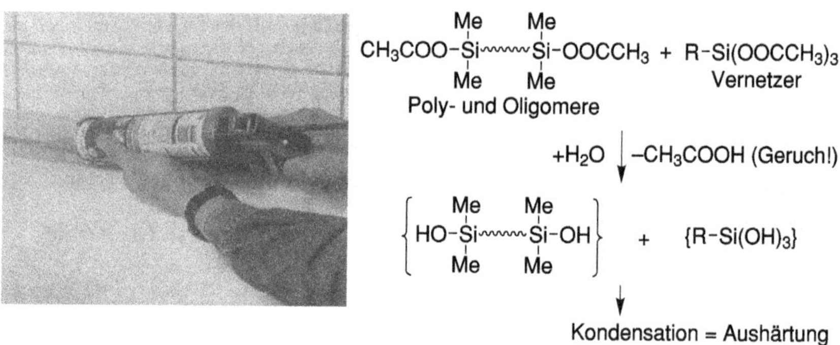

Allgemeine **Eigenschaften von Polymethylsiloxanen** sind eine höhere Temperatur-, UV- und Wetterbeständigkeit und damit langsamere Alterung als organische Polymere, eine niedrige Oberflächenspannung (Antihaftmittel), gute elektrische Isoliereigenschaften und eine geringe Temperaturabhängigkeit der physikalischen Eigenschaften. Die Viskosität von Silicon-Ölen bleibt über einen weiten Temperaturbereich von Raumtemperatur bis 200 °C nahezu unverändert. Silicon-Öle sind daher ideal für die Kraftübertragung in Flüssigkeitskupplungen (Visko-Kupplung) und als Hydrauliköle.

Polymethylsiloxane sind schwer entflammbar. Der Flammpunkt liegt bei 750 °C und die Zündtemperatur bei 450 °C. Im Brandfalle entstehen nur geringe Rauchmengen ohne Freisetzung toxischer Gase wie HCl und Dioxinen (aus PVC) oder Schwefelverbindungen (aus vulkanisiertem Kautschuk). Silicone sind physiologisch relativ inert. Trotz vielfältiger Einträge in die Umwelt in Form von Ölen oder Emulsionen sind keine negativen Einflüsse auf Ökosysteme bekannt. Durch Mikroorganismen erfolgt langsamer Abbau zu Silanolen. Katalytische Zersetzung an Tonmineralien führt zu einem chemischen Abbau. Die Einwirkung von UV-Licht und Nitraten führt zu SiO_2. Es ist eine unproblematische Verbrennung (mit Hausmüll) zu CO_2, H_2O und SiO_2 möglich. Polyorganosiloxane gelten als toxisch unbedenklich für den menschlichen Organismus. Bei Hautkontakt treten keine Irritationen auf. Silicone besitzen nur eine geringe Wasserlöslichkeit und können nicht in Zellen eindringen. Im menschlichen Körper erfolgt keine Si–C- oder Si–O-Bindungsspaltung. Silicone sind für Kontakt mit Lebensmitteln zugelassen und können bei der Herstellung von Lebensmittelbehältnissen verwendet werden (Bsp. Backformen). Eine tägliche Aufnahme von 1,5 mg Polydimethylsiloxan (Molmasse > 200 g/mol) pro Kilogramm Körpergewicht gilt als unbedenklich. Silicone sind wasserabweisend, dabei aber gas- und wasserdampfdurchlässig. Durch Oberflächenbehandlung mit Siliconen lassen sich wasserabweisende Textilien herstellen, die dennoch atmungsaktiv sind. Dazu verwendet man langkettige Siloxane, die über Aminogruppen auf der Textilfaser haften bleiben.

Die geringe Temperaturabhängigkeit der physikalischen Eigenschaften ist auf die Si–O–Si-Bindung zurückzuführen, die eine hohe konformative Beweglichkeit besitzt. Zwischen 140° und 220° ist das Potential für die Si–O–Si-Biegeschwingung sehr flach. Die lineare Si–O–Si-Anordnung liegt nur 1 kJ/mol über dem gewinkelten Grundzustand. Gleichzeitig ist die Si–C-Rotationsbarriere mit 7 kJ/mol geringer als die C–C-Rotationsbarriere mit 18 kJ/mol. Eine Feinabstimmung der Eigenschaften wird durch die Art der Endgruppen, den Copolymeranteil, die organischen Gruppen (Me oder Ph), den Vernetzungsgrad und die Kettenlänge erreicht.

Silicon-Öle finden Anwendung als Heiz- und Kühlmittel, Antihaftmittel, Zusätze bei wasserabweisenden Polituren, Imprägniermittel für Textilien und als Schutzschichten für Baumaterialien (dabei vorteilhafte Wasserdampfdurchlässigkeit), als Antischaummittel in wässrigen Systemen, als Zusätze für Salben und Kosmetika, als Getriebe- und Hydraulikflüssigkeiten. Silicon-Elastomere dienen als vielfältige Dichtungsmaterialien im Haushalts- und Sanitärbereich, im Automobil- und Flugzeugbau, bis hin zu Kunststoffteilen für Implantate, Katheter, Membranen und Kontaktlinsen im medizinischen Sektor. Silicon-Harze werden als Schutzschichten und Beschichtungsmaterialien (Antihaftmittel), kratzfeste Beschichtungen für Gläser, Kunststoffe usw. verwendet. Der Weltmarkt für Silicone beträgt ca. 10 Mrd. Euro jährlich bei einem Produktionsvolumen von 2,1 Mio. Tonnen an formulierten Siliconprodukten.

Polysilane (s. auch Abschn. 1.3.4). Als Nebenprodukte bei der Organohalosilan-Direktsynthese finden sich im Rohsilangemisch 3–8 Gew.-% Disilane, der Formel

$Me_nSi_2Cl_{6-n}$ (n = 1–6). Hexamethyldisilan ist außerdem in größerer Menge durch die Wurtz-Reaktion zugänglich:

$$2\ Me_3SiCl + 2\ Na \longrightarrow Me_6Si_2 + 2\ NaCl$$

Polysilane finden industriell Interesse zum Aufbau von Si–C-Bindungen durch eine katalytische Spaltung der Si–Si-Bindung. Außerdem werden Polysilane als Ausgangsmaterial für Siliciumcarbid-Keramiken und -Fasern genutzt. Das Polysilan – $(Me_2Si)_n$ – wird dazu unter Schutzgas in einem Autoklaven bei erhöhter Temperatur zunächst in ein Polycarbosilan – $[Si(H)(Me)CH_2]_n$ – umgewandelt. Nach einer fraktionierten Destillation zur Entfernung von niedermolekularen Anteilen erhält man aus dem Polycarbosilan mit einer Molmasse von etwa 1500 g/mol durch Schmelzspinnen bei 350 °C Fasern, die an Luft bei 190 °C vernetzt werden und durch Tempern bei 1200 °C unter Stickstoff in Fasern aus β-SiC/Graphit/Si überführt werden.

Hydrosilylierung. Unter der Hydrosilylierung versteht man die **Addition einer Si–H-Bindung an C–C-Mehrfachbindungen**. An das Produkt der Alkin-Addition ist noch eine Zweitaddition möglich:

$$X_3Si{-}H + R_2C{=}CR_2 \longrightarrow X_3Si{-}CR_2{-}CR_2{-}H$$

$$X_3Si{-}H + RC{\equiv}CR \longrightarrow X_3Si{-}CR{=}CR{-}H$$

Die Hydrosilylierung ist eine stark exotherme Reaktion mit einer Enthalpie von etwa 160 kJ/mol. Die Si–H-Bindung lässt sich leicht aktivieren, entweder durch Spaltung in Si- und H-Radikale (thermisch, durch Radikalstarter oder UV-Bestrahlung) oder mithilfe von Übergangsmetallkatalysatoren. Die radikalische Addition führt aber zu einer größeren Menge von Nebenprodukten und wird nur in Ausnahmefällen genutzt. Für die industrielle Anwendung der Hydrosilylierung hat fast ausschließlich die **Übergangsmetall-katalysierte Addition** Bedeutung. Als Katalysatoren werden Pt/Holzkohle, Pt/Silicagel, $H_2PtCl_6{\cdot}6H_2O$/Vinylsiloxan (Karstedt-Lösung), $H_2PtCl_6{\cdot}6H_2O$ (Speier-Katalysator), Pt–Olefin-Komplexe, Palladium- und Rhodiumverbindungen eingesetzt. Mechanistisch nimmt man (1) eine reversible oxidative Addition der Si–H-Spezies an ein vierfach koordiniertes Platin(II)-Fragment an. Gleichzeitig erfolgt die Bildung eines Olefinkomplexes. In einem zweiten Schritt (2) wandert das ursprüngliche Silanwasserstoffatom auf das Olefin, d. h. das Olefin insertiert in die Pt–H-Bindung (Hydrometallierung). Die Pt-katalysierte Si–H-Addition an Olefine erfolgt nach Anti-Markownikoff mit der Silylgruppe an das Kohlenstoffatom der geringsten sterischen Hinderung (β-Addition zu terminalen Alkylsilanen). Mit speziellen Pd- oder Rh-Katalysatoren kann das α-Additionsprodukt (interne Silylgruppe) als Hauptprodukt isoliert werden. Die reduktive Eliminierung des Organosilans (3) beschließt dann den katalytischen Zyklus. Terminale Olefine reagieren schneller als interne Olefine und Letztere geben über eine Isomerisierung ebenfalls terminale Additionsprodukte. Die Reaktivität der Silane nimmt in der Reihe Chlorsilane > Alkoxysilane ≫ (reine) Organosilane, Siloxane ab.

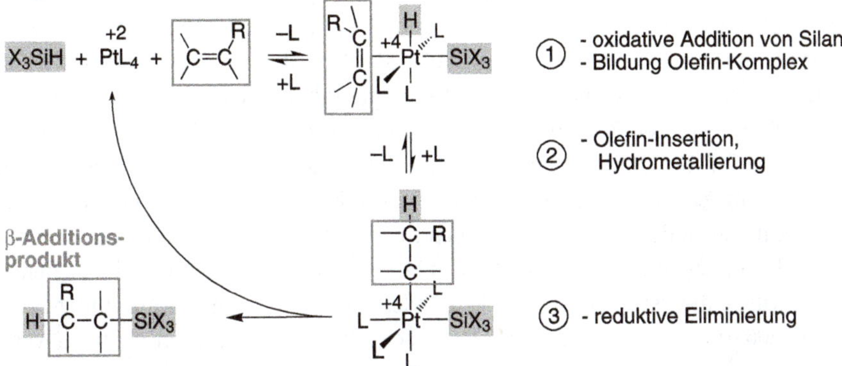

Die Hydrosilylierung findet **industrielle Anwendung** zur **Darstellung von Alkylsilanen, funktionellen Silanen,** für die **Anbindung von Siliconen an organische Polymere** und für **Vernetzungsreaktionen.** Eine derartige Vernetzungsreaktion wurde bei der Herstellung der elastomeren Hülle der Silicon-(Brust-)implantate der Firma Dow Corning eingesetzt. Dabei ging man von einem Vinyl-funktionalisierten Silicon mit etwa 300–(Me_2SiO)—Monomereinheiten aus.

$$Me{-}\underset{Me}{\overset{Me}{Si}}{-}O{-}\left[\underset{Me}{\overset{Me}{Si}}{-}O\right]_m{-}\left[\underset{CH=CH_2}{\overset{Me}{Si}}{-}O\right]_n{-}\underset{Me}{\overset{Me}{Si}}{-}Me$$

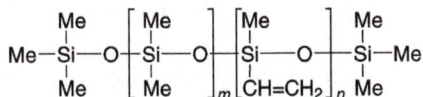

Anfang der 1990er Jahre häuften sich dann die Klagen von Frauen über Krankheitsbeschwerden, die auf diese Implantate zurückgeführt wurden und in den USA zu millionenschweren Schadensersatzzahlungen des Herstellers führten, mit dem Ergebnis, dass sich die Firma Dow Corning für insolvent erklären musste. Niedermolekulare Silicone und der im Elastomer verbliebene Platin-Hydrosilylierungskatalysator sind wahrscheinlich die Ursache der Beschwerden. Eine Laborstudie ergab, dass sie aus dem Implantat heraus diffundieren können. Von niedermolekularen Siliconen, insbesondere wenn sie funktionalisiert sind, wird angenommen, dass sie anders als die hochmolekularen Polymere nicht biologisch inert sein müssen. Die Cytotoxizität von Platinverbindungen wurde in Abschn. 3.16 erwähnt.

Subvalente Organosilicium(II)-Verbindungen werden als Carbenanaloga in Abschn. 1.4.1 und mit π-Cyclopentadienyl-Liganden in Abschn. 4.2.7 erwähnt.

Organozinnverbindungen

Ab etwa 1940/1950 begann die Anwendung von Organozinnverbindungen. Zu etwa 70 bis 90 % werden zinnorganische Verbindungen als Stabilisatoren in Kunststoffen eingesetzt, z. B. Dibutylzinnderivate als Licht- und Hitzestabilisatoren für PVC-Kunststoffe. Weitere 15 bis 20 % der Produktion werden als Biozide verwendet. In der Landwirtschaft werden Tributylzinn- und Triphenylzinnverbindungen als Fungizide gegen Kartoffelfäule oder Schimmelpilze verwendet. Tributylzinnoxid und -verbindungen waren früher die biozide Komponente in Antifouling-Farben für (Unterwasser-)Schiffsanstriche. Damit wurde der Bewuchs der Schiffsrümpfe mit Meeresorganismen verhindert, der zur einer erhöhten Reibung und damit einem erhöhten Treibstoffverbrauch (und CO_2-Emission) führt. Nach Schätzungen hat allein die US-Marine durch Antifouling-Anstriche jährlich 150 Mio. US-Dollar an Treibstoffkosten gespart. Die Freisetzung der Tributylzinnverbindungen aus den Farben ins Meerwasser führte in Konzentrationen von 1 ng/l zur nachgewiesenen Impotenz in Meeresschnecken. Aufgrund der Nebenwirkungen wurde die Verwendung von Tributylzinnverbindungen in Antifouling-Farben im Jahr 2003 durch die Internationale Seeschifffahrts-Organisation weltweit verboten.

Industriell sind ausschließlich die organischen Verbindungen des vierwertigen Zinns von Interesse. Organozinn(II)-Verbindungen (s. Abschn. 1.4.1, 4.2.7 und 4.2.8) sind ohne technische Bedeutung. Das Produktionsvolumen liegt bei mehreren 10.000 Jahrestonnen. Entsprechend der Anzahl der Sn–C-Bindungen unterscheidet man fünf Klassen von Organozinnverbindungen: Tetraorganozinn (R_4Sn), Triorganozinn (R_3SnX), Diorganozinn (R_2SnX_2), Monoorganozinn ($RSnX_3$) und Hexaorganodizinn (R_6Sn_2). X kann dabei für Halogen, OH, OR, SR, Säurerest, Hydrid usw. stehen. Von kommerziellem Interesse sind die Verbindungen mit R = Methyl, Butyl, Octyl, Cyclohexyl und Phenyl.

Die Sn–C-Bindung (Dissoziationsenergie etwa 209 kJ/mol) ist gegenüber einer Sn–O-Bindung (Dissoziationsenergie etwa 318 kJ/mol) reaktiv, für praktische Anwendungen aber ausreichend inert. Die symmetrischen Tetraorganozinnverbindungen sind gegen Luft und Wasser beständig, obwohl bei der Oxidation von Me_4Sn eine Enthalpie von 3590 kJ/mol frei wird. Trotz seiner geringen thermodynamischen Stabilität ($\Delta H_f^\circ = -19$ kJ/mol) und seiner Instabilität im System mit O_2 ist Tetramethylzinn luftstabil, also kinetisch stabil oder inert. Gründe sind die gute Abschirmung des Zinnatoms durch die tetraedrische Koordination der Liganden und die kleine Bindungspolarität der Sn–C-Bindung. Unter Normalbedingungen steht dem Angriff des Sauerstoffmoleküls kein niederenergetischer Reaktionsweg offen (vgl. dazu den pyrophoren Charakter und die leichte Hydrolyse des mit $\Delta H_f^\circ = +173$ kJ/mol endothermen, koordinativ und elektronisch ungesättigten Me_3In mit einer höheren In–C-Bindungspolarität). Durch Licht, Sauerstoff und Mikroorganismen erfolgt nach Spaltung der Zinn-Kohlenstoff-Bindung der Abbau zu anorganischen Verbindungen, wie $SnO_2 \cdot aq$. Die Diorganozinndihalogenide R_2SnHal_2 und die aromatischen Organozinnhalogenide Ar_nSnHal_{4-n} sind bei Zimmertemperatur fest. Aliphatische Organozinnmono- und -trihalogenide, R_3SnHal und $RSnHal_3$ sind flüssig. Viele Organozinnverbindungen können fast unzersetzt destilliert werden. Triorganozinnverbindungen besitzen eine breite biozide Wirksamkeit gegen Mikroorganismen (Pilze, Bakterien) sowie „schädliche“ tierische und pflanzliche Wasserbewohner (Algen, Rohrwürmer, Muscheln). Das Wirkungsoptimum liegt bei Tributyl-, Tricyclohexyl- und Triphenylzinnderivaten. Diorganozinnverbindungen mit

Tab. 4.2: Beispiele für technisch wichtige Organozinnverbindungen mit Anwendungsbereichen.

Verbindung	Anwendung
Methylverbindungen	
$Me_2Sn(SCH_2COOC_5H_{10}CHMe_2)_2$ und $MeSn(SCH_2COOC_5H_{10}CHMe_2)_3$, Dimethyl- und Methylzinn-bis- und tris(thioessigsäureisooctylester)	**PVC-Stabilisatoren**, auch im Lebensmittelbereich
Butylverbindungen	
$(^nBu_3Sn)_2O$, Bis(tributylzinn)oxid	**vielseitiges Biozid**, ehem. für Antifouling-Anstriche bei Schiffen, zur Entschleimung von Industrie-Kreislaufwässern, Bekämpfung der Bilharzioseverursachenden Süßwasserschnecken, als Holzschutzmittel, zur Desinfektion
$^nBu_2Sn(OCOMe)_2$ und $^nBu_2Sn(OCOC_{11}H_{23})_2$, Dibutylzinndiacetat und -dilaurat	**Polyurethan**schaumstoff-**Katalysatoren**
$^nBu_2Sn(OCOCH{=}CHCOOC_5H_{10}CHMe_2)_2$ und $^nBu_2(SCH_2COOC_5H_{10}CHMe_2)_2$, Dibutylzinn-bis(isooctylmaleat) und bis(thioessigsäureisooctylester)	**PVC-Stabilisatoren**
Octylverbindungen	
$(n\text{-}C_8H_{17})_2Sn(SCH_2COOC_5H_{10}CHMe_2)_2$und $n\text{-}C_8H_{17}Sn(SCH_2COOC_5H_{10}CHMe_2)_3$, Dioctyl- und Octylzinn-bis- und tris(thioessigsäureisooctylester)	**Stabilisatoren für PVC**-Folien zur Lebensmittelverpackung
Cyclohexylverbindungen	
$(c\text{-}C_6H_{11})_3SnOH$	starkes **Acaricid** zur Bekämpfung von pflanzenschädigenden Milbenarten im Obst- und Weinbau unter Schonung von Pflanzen und Nutzinsekten
Phenylverbindungen	
Ph_3SnOH und $Ph_3SnOCOMe$	breit wirksame **Fungizide**, besonders zur Bekämpfung der Blattfleckenkrankheit bei Rüben und der Knollenfäule bei Kartoffeln

R = Methyl, Butyl oder Octyl und speziellen organischen Resten, die über Sauerstoff oder Schwefel an das Zinnatom gebunden sind, können licht- und temperaturempfindliche Polymere, z. B. PVC, stabilisieren. Außerdem werden sie als Polyurethanschaum-Katalysatoren eingesetzt. Monoorganozinnverbindungen werden im Gemisch mit Diorganozinnderivaten als PVC-Stabilisatoren verwendet (Tab. 4.2).

Tetraorganozinnverbindungen selbst sind kommerziell nur insofern bedeutend, als sie Startverbindungen für die wichtigen Mono- bis Triorganozinnderivate sind oder als Organylüberträger fungieren. Sie werden z. B. aus $SnCl_4$ durch Alkylierung oder Arylierung mit Grignard- oder Organoaluminiumverbindungen erhalten:

$$SnCl_4 + 4\ RMgHal \longrightarrow R_4Sn + 4\ MgCl(Hal)$$

$$3\ SnCl_4 + 4\ R_3Al \longrightarrow 3\ R_4Sn + 4\ AlCl_3$$

In der Praxis wird auch die Wurtz-Reaktion von Natrium oder Magnesium mit Organylchloriden und $SnCl_4$ unter *in-situ*-Bildung von RNa oder RMgCl angewendet:

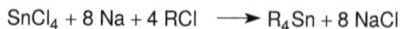

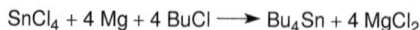

$$SnCl_4 + 8\ Na + 4\ RCl \longrightarrow R_4Sn + 8\ NaCl$$
$$SnCl_4 + 4\ Mg + 4\ BuCl \longrightarrow Bu_4Sn + 4\ MgCl_2$$

In den Tricarbastannatranen $N(CH_2CH_2CH_2)_3SnR$ ist die axiale Sn–C-Bindung (SnR) durch die intramolekulare N⟶Sn-Koordination im Vergleich zu den äquatorialen Sn–CH_2-Bindungen verlängert und zeigt damit eine erhöhte Reaktivität. Dieses nutzt man z. B. in der Stille-Kreuzkupplung aus, um selektiv/ausschließlich den R-Substituenten zu übertragen. *Merck* nutzt dieses Konzept zur Synthese des Herzmedikaments *Carbapenem.*

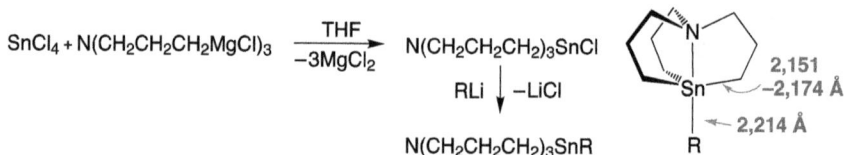

$$SnCl_4 + N(CH_2CH_2CH_2MgCl)_3 \xrightarrow[-3MgCl_2]{THF} N(CH_2CH_2CH_2)_3SnCl \xrightarrow[-LiCl]{RLi} N(CH_2CH_2CH_2)_3SnR$$

Die **Organozinnhalogenide** werden durch Ligandenumverteilung (Kocheshkov-Redistribution) der entsprechenden Tetraorganozinnverbindung mit Zinntetrachlorid im geeigneten stöchiometrischen Verhältnis erhalten:

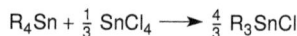

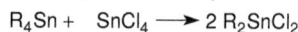

$$R_4Sn + \tfrac{1}{3}\ SnCl_4 \longrightarrow \tfrac{4}{3}\ R_3SnCl$$
$$R_4Sn + SnCl_4 \longrightarrow 2\ R_2SnCl_2$$
$$R_4Sn + 3\ SnCl_4 \longrightarrow 4\ RSnCl_3$$

Mit metallischem Zinn und organischen Halogeniden ist in Gegenwart von Tetraalkylammonium- oder -phosphoniumhalogeniden als Katalysator bei höheren Temperaturen ein **katalytisches Direktverfahren** (oxidative Addition) möglich:

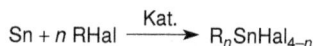

$$Sn + n\ RHal \xrightarrow{Kat.} R_nSnHal_{4-n}$$

Ungesättigte organische Ester reagieren mit Zinnmetall oder Zinn(II)-chlorid und Salzsäure in polaren Medien unter Bildung von Zinn-Carbonsäure-Derivaten (**Ester-Zinn-Verfahren**):

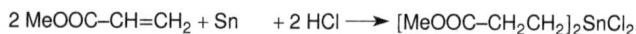

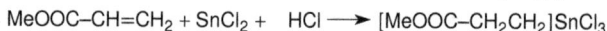

$$2\ MeOOC\text{–}CH{=}CH_2 + Sn + 2\ HCl \longrightarrow [MeOOC\text{–}CH_2CH_2]_2SnCl_2$$
$$MeOOC\text{–}CH{=}CH_2 + SnCl_2 + HCl \longrightarrow [MeOOC\text{–}CH_2CH_2]SnCl_3$$

Zur Darstellung von Organozinnverbindungen mit anderen Resten als Chlor werden die Organozinnchloride im alkalischen Medium vollständig in Organozinnoxide oder Stannoxane umgewandelt:

$$n\,R_2SnCl_2 \xrightarrow[-2\,n\,Cl^-]{H_2O/OH^-} (R_2SnO)_n$$

Die Bildung der Stannoxane bei Hydrolyse der Organozinnhalogenide beruht auf der Instabilität der meisten Alkylzinnhydroxide (vgl. Siliconherstellung). Erst die Aryl- und Cycloalkylzinnhydroxide sind isolierbar. Auch Me_3SnOH ist gegenüber Wasserabspaltung bemerkenswert stabil. Aus den Organozinnoxiden lassen sich dann im sauren Medium andere Halogenide, Pseudohalogenide, Alkoholate, Carboxylate, Thiolate usw. (= X) erhalten:

$$(R_2SnO)_n \xrightarrow[-n\,H_2O]{H_3O^+/X^-} n\,R_2SnX_2$$

Diese Umwandlungsreaktionen sind wichtig für die praktische Handhabung. Die Organozinnoxide dienen als wasserunlösliche, luftbeständige, leicht zu transportierende und unbegrenzt lagerfähige Zwischenspeicher, aus denen zu gegebener Zeit eine Überführung in die gewünschten Verbindungen erfolgen kann.

Ein Vergleich der Verbindungen in Tab. 4.2 zeigt, dass für die Anwendung hauptsächlich Carboxylat- und Thioessigsäurereste mit Organozinnfragmenten kombiniert werden. Die Wirkung von Organozinnderivaten als Katalysatoren der Reaktion von Diisocyanaten mit Diolen zur Bildung von Polyurethanen beruht auf der Aktivierung der Isocyanatgruppe. Diese wird elektrophiler, und die Reaktion wird so um den Faktor 1000 beschleunigt. Der Kunststoff PVC ist durch Defekte in der Polymerkette inhärent instabil. Chloratome, die in Nachbarstellung zu Doppelbindungsdefekten stehen, können leicht, z. B. beim Erhitzen ab 100 °C, als Radikale abgespalten werden und führen dann unter HCl-Entwicklung und der Bildung von Polyen-Sequenzen im Polymer zu einer autokatalytischen Zersetzung. Die Stabilisatoren reagieren mit diesen labilen Chloratomen unter Ligandenaustausch in einer nucleophilen Substitution und neutralisieren so die Defektstellen:

$$-CH{=}CH{-}\underset{\displaystyle Cl}{CH}- \;+\; R_2Sn(SR')_2 \longrightarrow -CH{=}CH{-}\underset{\displaystyle SR'}{CH}- \;+\; R_2SnCl(SR')$$

Je nach Anwendung bedarf es einer Mischung verschiedener Stabilisatoren. So sind etwa Organozinnthioverbindungen exzellente Hitze-, aber nur schlechte Lichtstabilisatoren. Umgekehrt sind Organozinncarboxylate hervorragende Lichtstabilisatoren bei nur mittlerer Hitzestabilisierung.

Zinn ist ein essentielles Spurenelement. Während Zinnmetall und anorganische Zinnverbindungen als relativ ungiftig gelten, finden sich unter den Zinnorganylen zahlreiche toxische Stoffe, allerdings mit unterschiedlicher Wirkung. Monoalkyl- und Dialkylzinnderivate zeigen bei Ratten noch LD_{50}-Werte[1] von mehr als 1000 mg/kg,

1 LD = letale Dosis; LD_{50} = Substanzmenge, bei der 50 % der Individuen sterben.

aber Trialkylzinnkomplexe sind starke Nervengifte. Für Triethylzinnverbindungen wurde bei der Ratte ein LD_{50}-Wert von 4 mg/kg gefunden. Im Jahr 1954 kam es in Frankreich bei der Einnahme eines Medikaments, das Et_2SnI_2 zur Behandlung von Staphylokokken-Hautinfektionen enthielt, zu einer größeren Zahl von Todesfällen und Gehirndauerschäden. Diese Wirkung war vermutlich auf eine 10 %ige Verunreinigung mit Et_3Sn-Verbindungen zurückzuführen. Kurzkettige Alkylzinnverbindungen werden im Magen-Darm-Kanal resorbiert und auch gut über die Haut aufgenommen. Triarylzinnkomplexe sind bei einem LD_{50}-Wert von 150 mg/kg für die Ratte als mäßig toxisch einzuordnen. Auf bepflanzten Feldern haben die Moleküle eine Halbwertszeit von 3–14 Tagen. Unter den Tetraorganozinnderivaten ist Et_4Sn ein starkes Nervengift mit guter Hautresorption. R_4Sn-Derivate sind sonst nicht akut toxisch. Im Stoffwechsel erfolgt jedoch eine langsame Umwandlung zu giftigen Triorganozinnverbindungen.

Organozinn(II)-Derivate werden in Abschn. 4.2.7 und 4.2.8 behandelt.

Organobleiverbindungen

Anwendungsrelevante Organobleiverbindungen enthalten das Metall nur in der vierwertigen Oxidationsstufe. In rein anorganischen Bleiverbindungen ist die zweiwertige Oxidationsstufe die stabilere. Die zweiwertigen Bleiorganyle werden in Abschn. 4.2.7 und 4.2.8 erwähnt.

Die Blei-Kohlenstoff-Bindung ist bei den vierwertigen Organylen hydrolysestabil, weist aber innerhalb der Gruppe-14-Organometallverbindungen die geringste thermische Stabilität auf. Die schwache Pb–C-Bindung neigt zu radikalischem Zerfall. Die Zersetzung erfolgt bereits bei 100 bis 200 °C. Die Verbindungen sind aber nicht explosiv. Bleiorganyle sind etwas lichtempfindlich. Von industriellem Interesse waren vor allem Tetramethyl- und Tetraethylblei, die seit 1922 als Antiklopfmittel dem Benzin zugesetzt wurden (Entdeckung durch Midgley und Boyd). Die Verwendung als Antiklopfmittelzusatz stellte den Durchbruch für die Anwendung von Organobleiverbindungen dar. Da die Verbindungen aber gleichzeitig hochtoxisch sind und starke Umweltgifte darstellen, blieben die Anwendungen bis auf den Benzinzusatz begrenzt.

Die Einführung von Tetraethylblei als Antiklopfmittel im Benzin kann als Beispiel für unmoralisches – gewissenloses bis kriminelles – Verhalten von Industriemanagern bei General Motors, Du Pont, Standard Oil und später Ethyl Co. gesehen werden. Die gesundheitlichen Gefahren von Bleiverbindungen waren bekannt. Gleichzeitig stand mit Ethanol bereits ein bewährtes Antiklopfmittel für Viertaktmotoren zur Verfügung. Der Nachteil von Ethanol war, dass es nicht mehr patentiert werden konnte. Verkauf und Einsatz von Ethanol hätten nicht annähernd den Profit von Tetraethylblei gebracht.

Organobleiverbindungen sind bei Aufnahme in den Körper giftiger als anorganische Bleisalze. Als lipophile Verbindungen erlauben sie außerdem eine leichte Hautresorption. Organobleiverbindungen wirken auf das Zentralnervensystem. Erregungszustände, epileptische Krämpfe und Delirien, als Spätfolgen Lähmungen und die Parkinson'sche Krankheit können die Folge sein. Bei chronischer Einwirkung treten Bleivergiftungen auf. Die Toxizität der Tetraalkylbleiverbindungen wird auf Alkylradikale und das R_3Pb-Radikal zurückgeführt. Über Alkylierungen ist eine carcinogene Wirkung möglich. Daneben ist die Toxizität von Organobleikationen zu beachten: R_3Pb^+ hemmt die oxidative Phosphorylierung, R_2Pb^{2+} hemmt Enzyme mit benachbarten Thiolgruppen. Die Ionen können durch Biomethylierung anorganischer Verbindungen gebildet werden oder über eine Metabolisierung von R_4Pb. Bereits frühzeitig wurden deshalb Grenzwerte für den Bleigehalt im Benzin eingeführt. Zusammen mit der Einführung des Abgaskatalysators, für den die Bleizusätze ein Katalysatorgift darstellen, wurde das früher bleihaltige Benzin durch bleifreie Kraftstoffe ersetzt. Ersatzadditive sind Methyl-tert-butylether (MTBE), tert-Butylalkohol und Methylcyclopentadienyl(tricarbonyl)mangan.

Weitere Organobleiverbindungen, die Anwendung finden, sind z. B. Ph_3PbSMe (Antipilzmittel, Baumwollkonservierungsmittel, Schmiermitteladditiv), Bu_3PbOAc (Holzschutzmittel, Baumwollkonservierungsmittel), Ph_3PbOAc (Zusatz für Schiffsrumpfanstriche). Daneben dienen diese Bleikomplexe als Stabilisatoren und biozide Komponente für organische Polymere.

Tetramethyl- und Tetraethylblei. Beide Verbindungen sind farblose, stark lichtbrechende, giftige Flüssigkeiten mit Siedepunkten von 110 °C/1 mbar für Me_4Pb und 78 °C/10 mbar für Et_4Pb. Der MAK-Wert beträgt für beide Alkyle 0,075 mg/m^3 oder 0,01 ml/m^3 (0,01 ppm). Unter Normalbedingungen sind sie licht-, wasser- und luftstabil, zersetzen sich aber thermisch leicht in Blei, Alkan, Alken und Wasserstoff. Die Darstellung kann in Form einer **Direktsynthese** aus einer Blei-Natrium-Legierung und Methyl- oder Ethylchlorid erfolgen:

$$4\,PbNa + 4\,EtCl \xrightarrow[\text{Autoklav}]{110\,°C} Et_4Pb + 3\,Pb + 4\,NaCl$$

Ein Nachteil dieses Verfahrens ist die unvollständige Umsetzung. Drei Bleiäquivalente müssen in den Prozess zurückgeführt werden. Eine weitere Synthesemöglichkeit bietet der **elektrolytische Grignard-**(NALCO-)**Prozess**. Hier wird die Lösung eines Alkylmagnesium-Grignards in Tetrahydrofuran mit einer Blei-Anode und einer Magnesium-Kathode elektrolysiert. Die bei der Anodenreaktion gebildeten Alkylradikale reagieren mit dem Elektrodenmaterial zu Tetraalkylblei:

$$\text{Anode:}\quad 4\,EtMgCl_2^- \xrightarrow[-4MgCl_2]{-4e^-} 4\,Et\cdot \xrightarrow{Pb} Et_4Pb$$

$$\text{Kathode:}\quad 4\,MgCl^+ \xrightarrow[-2MgCl_2]{+4e^-} 2\,Mg \xrightarrow{2EtCl} 2\,EtMgCl$$

$$\text{Gesamtreaktion:}\quad 2\,EtMgCl + 2\,EtCl + Pb \longrightarrow Et_4Pb + 2\,MgCl_2$$

Antiklopfmittel sind Zusätze im Motorenbenzin zur Erhöhung der Oktanzahl zwecks Verhinderung der vorzeitigen Zündung während der Kompressionsphase in Verbrennungsmaschinen. Tetraethylblei wurde in Konzentrationen von 0,1 % zugesetzt. Die

Wirkungsweise der Bleialkyle besteht in einer Desaktivierung von Hydroperoxiden durch Bildung von Bleioxid (PbO) und dem Abbruch radikalischer Kettenreaktionen des Verbrennungsvorganges durch Abfangen der Radikale mittels der homolytischen (radikalischen) Zersetzungsprodukte von R_4Pb oder in einer direkten Reaktion mit den Radikalen:

$$Et_4Pb \longrightarrow Et_3Pb\cdot + Et\cdot$$

$$Et_4Pb + R\cdot \longrightarrow R{-}H + Et_3PbCH_2CH_2\cdot$$

In älteren Motoren dient das Blei außerdem als Schmiermittel für Ventildichtungen. Zur Entfernung des im Motor gebildeten Bleioxids wird dem Benzin 1,2-Dibromethan, $BrCH_2CH_2Br$, zugesetzt, womit sich wiederum flüchtige Bleiverbindungen bilden.

4.2.5 Elementorganyle der 15. Gruppe: Phosphor

Mit den Organophosphorverbindungen liegt ein Gebiet der elementorganischen Chemie vor. Innerhalb dieses Abschnitts sollen einige wichtige Verbindungen mit einer Phosphor-Kohlenstoff-Bindung vorgestellt werden. In der Literatur und Technik werden allerdings auch die Ester der diversen Phosphorsäuren als Organophosphorverbindungen bezeichnet. Insgesamt kommt all diesen Organophosphorverbindungen (mit und ohne P–C-Bindung) eine enorme Bedeutung als Schädlingsbekämpfungsmittel, Flotationshilfsmittel, Antioxidantien, Flammschutzmittel, Stabilisatoren, Schmieröladditive, Weichmacher usw. zu.

Organophosphane (-phosphine). Nach IUPAC wird für die organischen Derivate des PH_3 die Bezeichnung Phosphan vorgeschlagen. Chemical Abstracts verwendet den Begriff Phosphine. Nach Anzahl der organischen Reste unterscheidet man primäre, sekundäre und tertiäre Phosphane. Die niederen Alkylderivate sind Flüssigkeiten mit einem unangenehmen, knoblauchartigen Geruch, der noch im ppb-Bereich wahrgenommen wird. Sie sind teilweise recht reaktionsfähig, bis zur Selbstentzündlichkeit. Triarylverbindungen sind fest. Phosphane verhalten sich wie schwache Basen und bilden mit Säuren Phosphoniumsalze. Das **freie Elektronenpaar am Phosphor** determiniert die drei grundlegenden Eigenschaften von Phosphanen: die Oxidierbarkeit, die Nucleophilie und die Eignung als Donorligand für Metallkomplexe.

Für die **Darstellung** von primären und sekundären Phosphanen eignet sich mit guter Selektivität, sofern keine linearen α-Olefine verwendet werden, die **radikalische Addition von PH_3 an Alkene**. Azoisobutyronitril, AIBN, dient als Radikalstarter. Bei entsprechender Substitution des Olefins wird das Phosphoratom an das am wenigsten gehinderte Kohlenstoffatom gebunden (Anti-Markownikoff-Produkt):

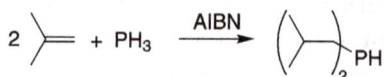

$$2\ (CH_3)_2C{=}CH_2 + PH_3 \xrightarrow{\text{AIBN}} ((CH_3)_2CHCH_2)_2PH$$

Primäre und sekundäre Phosphane sind meistens nicht isolierte **Zwischenprodukte** bei der Herstellung von tertiären Phosphanen mit verschiedenen Substituenten, wie z. B. das Eicosen-Addukt. Das Eicosylphosphan wird als Ligand in Katalysatoren für die Hydroformylierung und Hydrierung von langkettigen α-Olefinen eingesetzt:

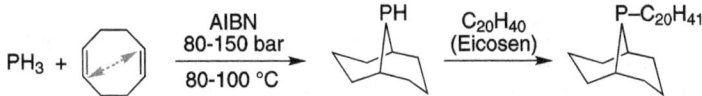

PH_3 + [Cyclooctadien] —(AIBN, 80-150 bar, 80-100 °C)→ [bicyclisches PH] —($C_{20}H_{40}$ (Eicosen))→ [bicyclisches P–$C_{20}H_{41}$]

Die Verwendung von linearen α-Olefinen (ohne sterische Hinderung) bei der radikalischen Addition führt zu tertiären Phosphanen.

Eine gute Selektivität für **primäre Phosphane** zeigt die **säurekatalysierte Addition von PH_3 an Alkene**. Entsprechend der Stabilität des intermediär gebildeten Carbeniumions wird das Phosphoratom an das Kohlenstoffatom mit der größeren sterischen Hinderung addiert (Markownikoff-Produkt). **Tertiärbutylphosphan** wird als **Ersatz für PH_3** bei der Abscheidung von III-V-Halbleitern (z. B. InP, GaP) aus der Gasphase (Gasphasenepitaxie) verwendet:

$$(CH_3)_2C{=}CH_2 + PH_3 \xrightarrow{MeSO_3H} (CH_3)_3C{-}PH_2$$

Trimethylphosphan, PMe_3, und Triarylphosphane, z. B. PPh_3, sind durch Additionsreaktionen nicht zu erhalten. Auch Phosphane mit sterisch gehinderten Gruppen sind auf diese Weise nicht zugänglich. Hierfür und als weiterer Zugang zu Phosphanen steht die **Reaktion von Phosphortrichlorid mit Grignard-Verbindungen** oder anderen Organylüberträgern zur Verfügung:

$$PCl_3 + 3\ RMgCl \longrightarrow PR_3 + 3\ MgCl_2$$

Insbesondere für die Synthese von Triphenylphosphan wird eine Variante der Wurtz-Reaktion mit Natriummetall und der *In-situ*-Erzeugung von Phenylnatrium verwendet (vgl. die Darstellung von R_4Sn):

$$PCl_3 + 3\ PhCl + 6\ Na \longrightarrow PPh_3 + 6\ NaCl$$

Die Problematik der letzten beiden Reaktionsvarianten liegt in den Coprodukten $MgCl_2$ oder NaCl, die durch notwendige Deponierung zusätzliche Kosten verursachen.

Die größte wirtschaftliche Bedeutung aller tertiären Phosphane hat **Triphenylphosphan, PPh_3** (TPP), als **Ligand für Übergangsmetalle** in der homogenen Katalyse (Hydroformylierung, Oligomerisierung, Hydrierung, s. Abschn. 4.4). Außerdem ist es Ausgangsmaterial für Wittig-Reaktionen. Industriell wird die Wittig-Reaktion in der Vitamin-A- und β-Carotin-Synthese eingesetzt.

Moderne Verfahren der Hydroformylierung verwenden ein Zweiphasensystem mit dem Katalysator in der wässrigen Phase. Über die Sulfonierung von TPP wird die Wasserlöslichkeit und damit leichte Abtrennbarkeit der Metallkomplexe in zweiphasigen Homogenkatalysen erreicht. Die Synthese von Triphenylphosphan-trisulfonat (TPPTS) gelingt mit Oleum:

$$P(C_6H_5)_3 \xrightarrow[\text{Oleum}]{SO_3} P(C_6H_4SO_3H)_3 \xrightarrow[-H_2O]{NaOH} P(C_6H_4SO_3Na)_3$$

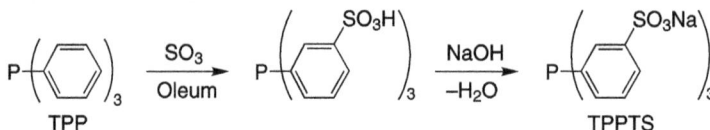

TPP TPPTS

Als Liganden für enantioselektive Metallkatalysatoren sind **chirale Phosphane** von Bedeutung, speziell chelatisierende Phosphane mit C_2-Symmetrie (für enantioselektive Katalysatoren s. Abschn. 4.4.1.7 und 4.4.1.8):

Beispiele für chirale, C_2-symmetrische Phosphane

Dipamp Diop Chiraphos Norphos Binap

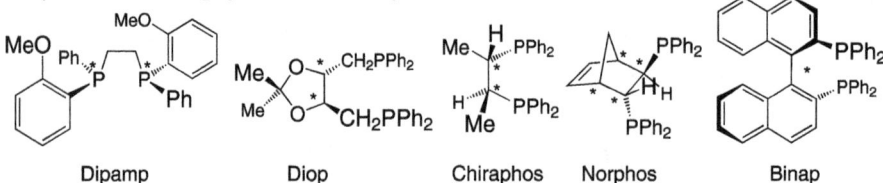

Halophosphane RPX_2 und **R_2PX** sind nur als **Zwischenprodukte** bei der Synthese von Pflanzenschutzmitteln, Kunststoffstabilisatoren usw. von Bedeutung. Es sind allgemein farblose Flüssigkeiten von hoher Dichte und hoher Reaktivität. Sie sind wasser- und luftempfindlich. Die Herstellung kann als freie Radikalreaktion aus Kohlenwasserstoffen und PCl_3 in der Gasphase bei höheren Temperaturen mit RCl als Katalysator erfolgen:

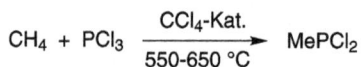

$$CH_4 + PCl_3 \xrightarrow[550\text{-}650\ °C]{CCl_4\text{-Kat.}} MePCl_2$$

Mit aromatischen Kohlenwasserstoffen ist unter milderen Bedingungen eine Friedel-Crafts-Reaktion möglich. Die dabei anfallenden Aluminiumtrichlorid-Addukte müssen mit $POCl_3$ zersetzt werden:

$$C_6H_5\text{–}C_6H_5 + 2\ PCl_3 \xrightarrow[2.\ POCl_3]{1.\ AlCl_3} Cl_2P\text{–}C_6H_4\text{–}C_6H_4\text{–}PCl_2$$

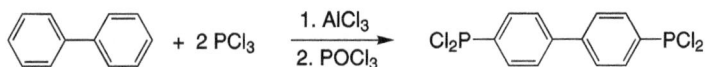

Für die Darstellung von Perfluoriodalkanen wird industriell die Synthese aus den Alkyliodiden und rotem Phosphor verwendet:

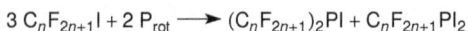

$$3\ C_nF_{2n+1}I + 2\ P_{rot} \longrightarrow (C_nF_{2n+1})_2PI + C_nF_{2n+1}PI_2$$

Die Weiterreaktion der in den Beispielen vorgestellten Halophosphane wird bei den entsprechenden Anwendungsprodukten dargelegt.

Phosphoniumsalze, $[R_nPH_{4-n}]^+X^-$, sind allgemein feste, kristalline Substanzen, die gut bis sehr gut wasserlöslich sind. Liegen kurze (C_1–C_4) und lange (>C_8) Alkylketten im gleichen Molekül vor, so handelt es sich um oberflächenaktive Stoffe. Phosphoniumsalze entfalten wie die entsprechenden Ammoniumverbindungen, nur schwächer, eine **biozide Wirkung**. Sie sind nur sehr langsam biologisch abbaubar. Phosphoniumsalze zeichnen sich durch mengenmäßig kleinere, aber sehr vielfältige Einsatzmöglichkeiten bei technischen Anwendungen aus. Sie dienen als Phasentransfer-Katalysatoren oder -Promotoren. Man nutzt die bioziden Eigenschaften in Kühlwasserzusätzen, für Antifoulingfarben, als Additive in Bohrölen, als Wachstumsregulator in Pflanzen und zur Mottenbekämpfung. Des Weiteren sind Phosphoniumsalze Intermediate für Flammschutzmittel bei Baumwolltextilien. Die Nucleophilie des Phosphoratoms ermöglicht die Darstellung über die Quarternierung von Phosphanen:

$$R_nPH_{3-n} + HX \longrightarrow [R_nPH_{4-n}]^+X^-$$
$$R_3P + R'X \longrightarrow [R_3R'P]^+X^-$$

Mithilfe von Anionenaustauschern können die leicht zugänglichen Halogenide in andere Phosphoniumsalze überführt werden. In Gegenwart eines Äquivalents Säure reagieren Phosphane mit Carbonylverbindungen unter Bildung von α-Hydroxyalkylphosphonium-Salzen. Die C=O-Bindung insertiert dabei in die P–H-Bindung des aus dem Phosphan und der Säure gebildeten Phosphoniumsalz-Zwischenproduktes:

$$R_3P + R'CHO \xrightarrow{HX} [R_3(R'CH(OH))P]^+X^-$$

Weiterhin ist eine Addition von 1,3-Dienen an Halophosphane möglich (McCormack-Reaktion). Diese Reaktion kann in Analogie zur Diels-Alder-Reaktion gesehen werden:

$$\text{Dien}(R^1,R^2) + RPCl_2 \xrightarrow[\text{durch } POCl_3 \text{ als Lösungsmittel}]{\text{Reaktionsbeschleunigung}} [\text{Phospholenium}(R^1,R^2)PClR]^+ Cl^-$$

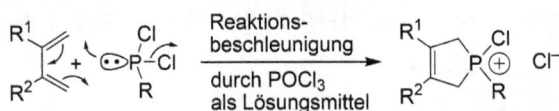

Phosphinoxide und -sulfide, R_3P=E (E = O, S), werden meistens als **Extraktionsmittel** verwendet. Die primären Phosphinoxide und -sulfide, RH_2P=E (E = O, S), sind unter Normalbedingungen nur stabil, wenn sie durch sterisch anspruchsvolle Gruppen, wie z. B. den Supermesitylliganden ($-C_6H_2$-2,4,6-^tBu), kinetisch stabilisiert werden. Dagegen sind die sekundären und tertiären Phosphinoxide und -sulfide kristallin, geruchlos und bei Raumtemperatur stabil. Von besonderer Bedeutung ist **Trioctylphosphinoxid, TOPO**, zur Extraktion von Metallionen, Carbonsäuren, Alkoholen oder Phenolen aus wässrigen Lösungen. Triisobutylphosphinoxid wird zur Extraktion von Edelmetallen (Ag, Pd, Pt, Hg) aus stark sauren Lösungen eingesetzt. Bifunktionelle Phosphinoxide, wie $^{sec}Bu(HOCH_2CH_2CH_2)_2P{=}O$, dienen als Flammschutzmittel. Mono- und Bisacylphosphinoxide kommen als Initiatoren für die Aushärtung von photopolymerisierbaren Materialien durch UV-Strahlung zum Einsatz.

Die wichtigste Darstellungsreaktion ist die Oxidation von sekundären und tertiären Phosphanen mit Wasserstoffperoxid oder Schwefel:

$$R_nPH_{3-n} \xrightarrow{H_2O_2/S_8} R_nH_{3-n}P{=}E \quad (E = O, S; n = 2, 3)$$

Grignard-Verbindungen reagieren mit P=O-Chloriden, wie $POCl_3$, $RPOCl_2$ und R_2POCl, zu tertiären Phosphinoxiden. Industriell wird diese Route für die Synthese von Trioctylphosphinoxid verwendet:

$$POCl_3 + 3\,RMgX \longrightarrow R_3P{=}O + 3\,MgCl(X)$$

In glatter Reaktion und hohen Ausbeuten werden Phosphinoxide auch durch die Umsetzung von Estern der Phosphinigen Säure mit Alkylhalogeniden erhalten. Es handelt sich bei dieser Darstellung um eine Anwendung der Michaelis-Arbusov-Reaktion:

$$R^1R^2POR^3 + R^4Cl \longrightarrow R^1R^2R^4P{=}O + R^3Cl$$

Die **Michaelis-Arbusov-Reaktion** bezeichnet die Umsetzung einer dreifach koordinierten Phosphorverbindung, die wenigstens eine Alkoxy- oder Alkylthiogruppe enthält, mit einem Alkylhalogenid. Es erfolgt zunächst Alkylierung des Phosphoratoms und die Bildung eines intermediären Phosphoniumsalzes. Dieses kann in Ausnahmefällen isoliert werden. Aus dem Phosphoniumsalz wird dann bei der Weiterreaktion wieder Alkylhalogenid abgespalten, wobei die Alkylgruppe jetzt aus der Alkoxy- oder Alkylthiogruppe stammt. Das Produkt enthält vierfach koordinierten Phosphor mit einer neuen P–C-Bindung und einem doppelt gebundenen Sauerstoffatom:

$$>P{-}OR + R'X \longrightarrow \left[-\overset{R'}{\underset{|}{P}}{-}OR \right]^+ X^- \longrightarrow -\overset{R'}{\underset{|}{P}}{=}O + R{-}X$$

Für den Fall, dass die Reste R und R′ gleich sind, hat man es mit einer Isomerisierung zu tun. In diesem Fall genügen katalytische Mengen Alkylhalogenid. Die Reste R und R′ können in weiten Grenzen variiert werden.

Organische Derivate von Phosphorsäuren. Von den in Tab. 4.3 aufgelisteten Phosphorsäuren leiten sich Organophosphorverbindungen ab. Dies geschieht durch formalen Ersatz der am Phosphor gebundenen Wasserstoffatome mit organischen Resten. Als Säure oder Ester finden diese Derivate eine Anwendung.

Die Mischungen von Perfluoroalkyliodophosphanen werden zu Perfluoroalkyl-**Phosphiniger Säure** und **-Phosphinsäure** hydrolysiert. Das Produktgemisch dient als **Reinigungs-** und **Entfettungsmittel** (Fluowet PP®):

$$(C_nF_{2n+1})_2PI + C_nF_{2n+1}PI_2 + 3\,H_2O \longrightarrow (C_nF_{2n+1})_2POH + C_nF_{2n+1}HP(O)OH + 3\,HI$$

Tab. 4.3: Phosphorsäuren, von denen sich organische (R–P-)Derivate ableiten.

	einbasig	zwei-(„zwo"-)basig
Bindigkeit/Koordination 3 an P, freie Säure wegen freiem Elektronenpaar an P und Tautomerie nicht existent	Phosphinige Säure $H_2POH \longrightarrow$ **RHPOH** **R_2POH**	Phosphonige Säure $HP(OH)_2 \longrightarrow$ **$RP(OR)_2$**
Bindigkeit/Koordination 5 an P	Phosphinsäure $H_2P(O)OH \longrightarrow$ **RHP(O)OH** **R_2P(O)OH**	Phosphonsäure $HP(O)(OH)_2 \longrightarrow$ **$RP(O)(OH)_2$**

Ein Beispiel für ein **Derivat der Phosphonigen Säure** ist ein Tetraester, der sich von dem unter den Halophosphanen erhaltenen Tetrachlorid ableitet. Dieser Tetraester wird für die **thermische Stabilisierung von Kunststoffen** verwendet:

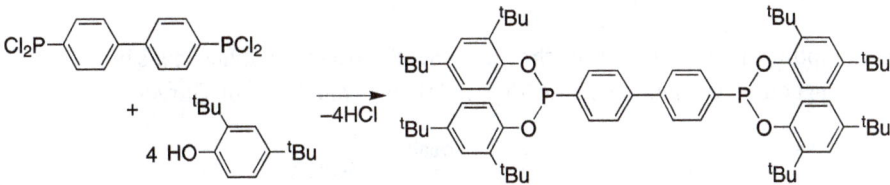

$$Cl_2P\text{–}C_6H_4\text{–}C_6H_4\text{–}PCl_2 + 4\ HO\text{–}C_6H_3(^tBu)_2 \xrightarrow{-4HCl} [(^tBu)_2C_6H_3O]_2P\text{–}C_6H_4\text{–}C_6H_4\text{–}P[OC_6H_3(^tBu)_2]_2$$

Die industriell wichtigste Methode für die Darstellung von **Phosphinsäurederivaten** ist die Oxidation von sekundären Phosphanen:

$$R_2PH \xrightarrow{O_2/H_2O_2} R_2P(O)OH$$

$$R_2PH \xrightarrow{S_8} R_2P(S)SH$$

Aber auch die Hydrolyse von Halophosphanen unter nichtoxidierenden Bedingungen ist eine mögliche Syntheseroute. Über letzteren Weg wird aus $MePCl_2$ (s. o.) die Methylphosphinsäure MeHP(O)OH erhalten. Sie dient zur Herstellung des **Kontaktherbizids** Glufosinat-ammonium (Basta®):

$$MePCl_2 + 2\ H_2O \longrightarrow MeHP(O)OH + 2\ HCl$$

$$MeHP(O)OH \rightleftharpoons \left[CH_3\text{–}P(=O)(O^-)\text{–}CH_2\text{–}CH_2\text{–}CH(NH_2)\text{–}C(=O)\text{–}OH\right] NH_4^+$$

Basta®
Kontaktherbizid

Tab. 4.4 gibt Beispiele für weitere Phosphinsäurederivate und deren Anwendungen.

Phosphonsäurederivate werden allgemein als **Herbizide**, zur **Wasserbehandlung** und Metallverarbeitung und als **Flammschutzmittel** verwendet. Die Phosphor-Kohlenstoff-Bindung in den Phosphonsäurederivaten ist sehr stabil gegenüber Oxidation oder Hydrolyse. Der reine biologische Abbau erfolgt oft nur langsam, wird aber in

Tab. 4.4: Beispiele für anwendungsrelevante Phosphinsäurederivate.

Phenylphosphinsäure und Natriumsalz, PhHP(O)OH/Na	Verbesserung der Stabilität von Polyamiden gegen Licht und Hitze; Antioxidationsmittel; Promotor in der Emulsionspolymerisation
Bis(hydroxymethyl)phosphinsäure, $(HOCH_2)_2P(O)OH$	Zwischenprodukt für **Ernteschutzmittel**; Calcium- und Magnesiumsalz dienen als **Bindemittel** für feuerhemmende Materialien
Bis(2,4,4-trimethylpentyl)phosphinsäure, $(^tBuCH_2CHMeCH_2)_2P(O)OH$	bildet stabile Komplexe mit zweiwertigen Metallkationen; **Flotations- und Extraktionsmittel**; Verwendung für die hydrometallurgische Trennung von Co und Ni
Bis(2-methylpropyl)dithiophosphinsäurenatriumsalz, $(^iPrCH_2)_2P(S)SNa$	**Flotationsmittel** für sulfidische Erze
Bis(2,4,4-trimethylpentyl)dithiophosphinsäure, $(^tBuCH_2CHMeCH_2)_2P(S)SH$	**Extraktion** von Zink und anderen Schwermetallen

Verknüpfung mit der Photolyse schnell. Die Synthese der Alkylphosphonsäuredichloride gelingt durch Oxidation von $MePCl_2$ (wichtig für Thiophosphonsäurederivate):

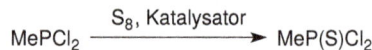

$$MePCl_2 \xrightarrow{S_8,\ \text{Katalysator}} MeP(S)Cl_2$$

oder durch die Alkylierung von $PSCl_3$ mit Organoaluminiumverbindungen:

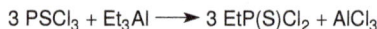

$$3\ PSCl_3 + Et_3Al \longrightarrow 3\ EtP(S)Cl_2 + AlCl_3$$

Phosphonsäurehalogenide dienen zur Synthese von Ernteschutzmitteln und Insektiziden.

Mithilfe der Michaelis-Arbusov-Reaktion werden industriell Trialkylphosphite in Dialkylester der Alkylphosphonsäure umgewandelt:

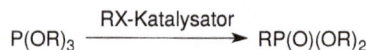

$$P(OR)_3 \xrightarrow{\text{RX-Katalysator}} RP(O)(OR)_2$$

In einer Art Mannich-Reaktion werden aus Ethylendiamin oder Oligo(ethylen)aminen zusammen mit Formaldehyd und Phosphonsäure die wichtigen **Poly(methylenphosphonsäuren)** erhalten. Sie dienen als **Wasch- und Reinigungsmittel** sowie als **Peroxidstabilisatoren**.

$$H_2N\text{~~~}NH_2 + 4\ CH_2O + 4\ HP(O)(OH)_2 \xrightarrow{H^+} [(HO)_2(O)P\text{-}CH_2]_2N\text{~~~}N[CH_2\text{-}P(O)(OH)_2]_2$$

Poly(methylenphosphonsäure)

Tab. 4.5 gibt eine Übersicht zu Phosphonsäurederivaten und deren Anwendungen.

Poly(organophosphazene). Polyphosphazene sind anorganische Polymere, deren Rückgrat alternierend aus P- und N-Atomen aufgebaut ist. Die Monomereinheit ist

Tab. 4.5: Anwendungsbeispiele für Phosphonsäurederivate.

Methylphosphonsäure, $MeP(O)(OH)_2$	Verwendung in der Produktion von Schmiermitteladditiven und zur Textilbehandlung
Octylphosphonsäure, $C_8H_{17}P(O)(OH)_2$	selektives **Flotationsmittel** für Zinnerze
Vinylphosphonsäure, $H_2C{=}CHP(O)(OH)_2$	zur **Oberflächenbehandlung** von Aluminium für die Druckplattenherstellung
Phenylphosphonsäure, $PhP(O)(OH)_2$	**Katalysator** bei der Herstellung von Harzen und **Stabilisatoren** für Kunststoffe
N-(Carboxymethyl)aminomethylphosphonsäure, $HOOCCH_2NHCH_2P(O)(OH)_2$	als Isopropylammoniumsalz Verwendung als effektives und leicht biologisch abbaubares **Totalherbizid**
2-Chlorethylphosphonsäure-Natriumsalz, $ClCH_2CH_2P(O)(ONa)_2$	Verwendung zur schnelleren **Fruchtreifung** durch **Freisetzen des Reifungshormons Ethylen** in der Pflanze
Alkylphosphonsäure-dialkylester, $RP(O)(OR)_2$, R = Alkyl	allgemein als **Flammschutzmittel**, **Extraktionsmittel** für Metalle, **Weichmacher**, **Schmiermitteladditive** usw.

$-N{=}PX_2-$. Bei den Poly(organophosphazenen) sind die Substituenten X am Phosphoratom organische Gruppen, die über ein Kohlenstoffatom an den Phosphor gebunden sind. Die Gruppe $-N{=}PR_2-$ ist isoelektronisch mit der Siloxangruppe $-O{-}SiR_2-$. Entsprechend zeigen auch die Polyphosphazene sehr niedrige Schwingungsenergien für die Rückgratbindungen. Die Potentiale sind bis zu 0,4 kJ/mol klein. Damit stehen direkt die sehr niedrigen Glastemperaturen der Polymere in Zusammenhang. Die elastomeren Eigenschaften von Polyphosphazenen bleiben von –60 bis 200 °C und damit über einen noch größeren Temperaturbereich bestehen als bei den Siliconen (vgl. Abschn. 4.2.4). Ein großer Nachteil der Polyphosphazene sind ihre hohen Herstellungskosten. Sie müssen in der Anwendung also anderen Materialien deutlich überlegen sein. Ein Zielbereich für Polyphosphazene sind medizinische Materialien, und zwar sowohl langlebige Organersatzteile, wie auch gezielt kurzlebige biologisch abbaubare Materialien (z. B. Operationsfäden). Poly(organophosphazene) sind anders als Poly(dichlorphosphazene) nicht mehr hydrolyseempfindlich. Poly(organophosphazene) sind auf direktem Wege aus molekularen Organophosphorverbindungen zugänglich. **Halophosphane** als Organophosphor-Edukte **werden umgesetzt mit**

Ammoniumhalogeniden:

$$n\,R_2PX_3 + n\,NH_4X \longrightarrow (R_2PN)_n + 4n\,HX \quad R = \text{Alkyl, Aryl};\ X = Cl, Br$$

Trimethylsilylazid:

$$Ph_2PCl + Me_3SiN_3 \longrightarrow Ph_2PN_3 + Me_3SiCl$$

$$n\,Ph_2PN_3 \xrightarrow{\Delta} (Ph_2PN)_n + n\,N_2$$

oder **Lithiumazid:**

$$(CF_3)_2PCl + LiN_3 \longrightarrow (CF_3)_2PN_3 + LiCl$$

$$n\,(CF_3)_2PN_3 \xrightarrow{\Delta} [(CF_3)_2PN]_n + n\,N_2$$

Intermediär gebildete Azide R_2PN_3 werden thermisch unter Stickstoffabspaltung in die Phosphazene überführt. Ähnlich können Organophosphoniumsalze thermisch zu Poly(organophosphazenen) zersetzt werden:

$$n\,[Me_2P(NH_2)_2]^+Cl^- \xrightarrow{\Delta} (Me_2PN)_n + n\,NH_4Cl$$

Substitutionsreaktionen an cyclischen Dichlorphosphazenen sind noch bedingt für die Einführung von Organoresten und die Bildung der kettenförmigen Polyphosphazene geeignet. Allerdings geben nur die teilweise mit organischen Gruppen substituierten Phosphazene beim Erhitzen oder in Gegenwart von Katalysatoren eine Ringöffnungspolymerisation:

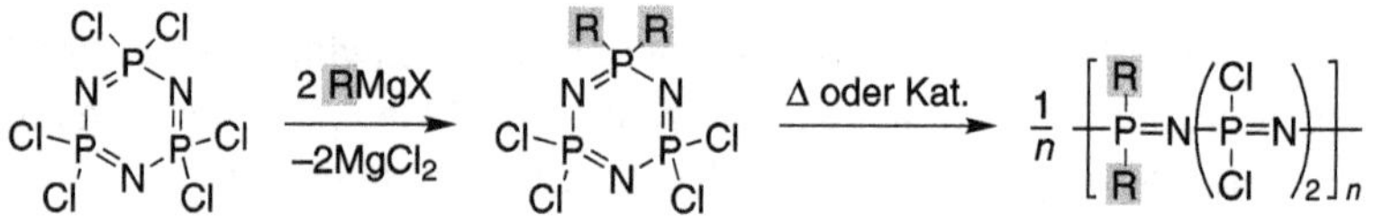

$$(NPCl_2)_3 \xrightarrow[-2MgCl_2]{2\,RMgX} N_3P_3Cl_4R_2 \xrightarrow{\Delta \text{ oder Kat.}} \frac{1}{n}\left[-PR_2{=}N\left(-PCl_2{=}N-\right)_2\right]_n$$

Für vollständig organo-substituierte cyclische Phosphazene, bei denen also keine Chloratome mehr am Phosphor vorliegen, erfolgt unter entsprechenden Bedingungen nur eine Vergrößerung der Ringe im Gleichgewicht.

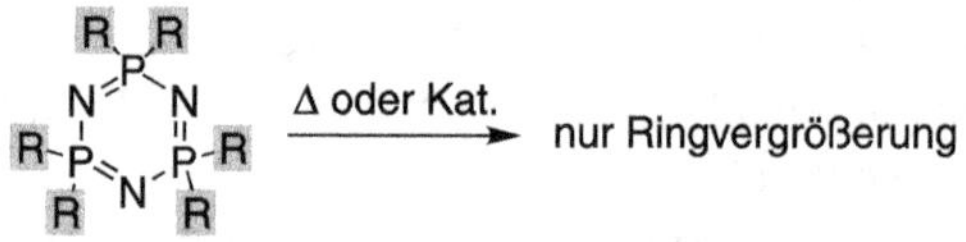

$$(NPR_2)_3 \xrightarrow{\Delta \text{ oder Kat.}} \text{nur Ringvergrößerung}$$

Organogruppen lassen sich anders als Alkoxy- oder Amingruppen nicht durch Umsetzung von vorgebildetem Poly(dichlorphosphazen) mit Grignard- oder Organolithium-Reagenzien einführen. Stattdessen führt eine Koordination der metallorganischen Alkylüberträger an die Ketten-Stickstoffatome zur Kettenspaltung:

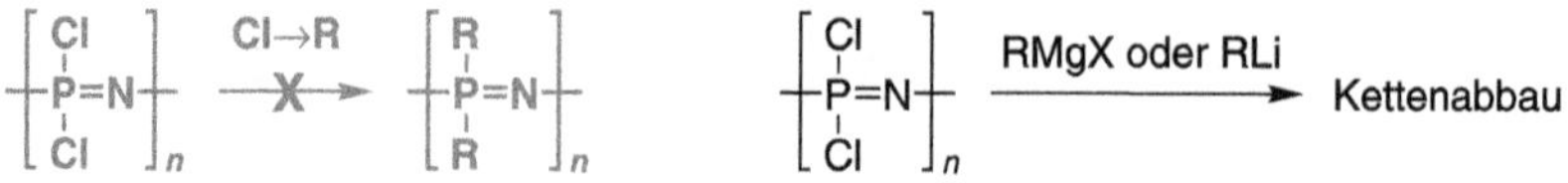

$$[-PCl_2{=}N-]_n \;\; \overset{Cl\rightarrow R}{\not\longrightarrow} \;\; [-PR_2{=}N-]_n \qquad [-PCl_2{=}N-]_n \xrightarrow{\text{RMgX oder RLi}} \text{Kettenabbau}$$

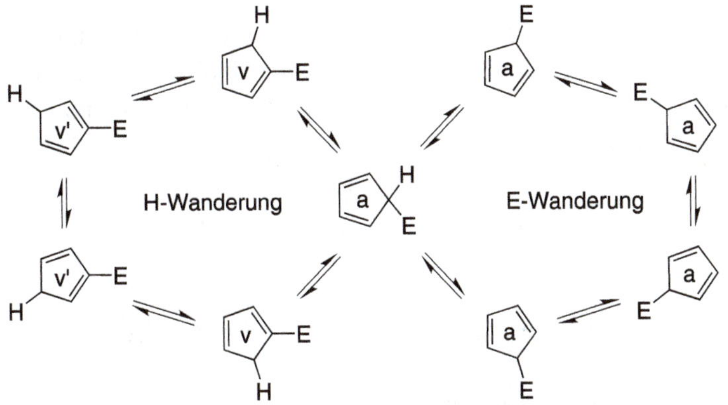

Abb. 4.1: Sigmatrope Umlagerungsprozesse in $C_5H_5EX_n$-Verbindungen. Das EX_n-Fragment ist der Einfachheit halber nur als E gekennzeichnet. Die Buchstaben a, v und v′ kennzeichnen die allylische (a) oder vinylische (v, v′) Position des EX_n-Fragments. Vergleiche dazu die Energieprofile der Umlagerungen in Abb. 4.2.

4.2.6 Fluktuierende Hauptgruppenmetallorganyle

Eine gut untersuchte Klasse von fluktuierenden Verbindungen sind **σ- (oder η^1-)gebundene Cyclopentadienyl-(Cp-)Komplexe**. Ein dynamisches oder fluktuierendes Verhalten solcher η^1-Cp-Verbindungen ist bei Übergangsmetallen und Hauptgruppenelementen anzutreffen, bei beiden im qualitativ gleichen Sinne. Die Fluktuation mit σ-gebundenen Cyclopentadienylringen wird durch konzertierte **sigmatrope Umlagerungen** verursacht, also durch die Wanderung einer an das π-System gebundenen σ-Bindung in eine andere Position. Für das Verständnis der Fluktuation erwies sich die Verwendung von temperaturvariablen NMR-Messungen mit Linienformanalysen als sehr wichtig. Allerdings bestimmen diese Techniken das Energiefenster der zu untersuchenden Systeme, welches zwischen etwa 20 und 150 kJ/mol für die Aktivierungsenergie des dynamischen Prozesses liegen muss. In Abhängigkeit von der Art des Hauptgruppenelements, seinen weiteren Liganden und den Substituenten am Cyclopentadienylring können starke Unterschiede im fluktuierenden Verhalten von Cp-Komplexen der Hauptgruppenelemente beobachtet werden. Die genannten Faktoren beeinflussen erheblich die Geschwindigkeiten der prototropen Verschiebungen und die Gleichgewichtsanteile der verschiedenen Isomere.

In Cyclopentadienylverbindungen der allgemeinen Form $\mathbf{C_5H_5EX_n}$ sind zwei verschiedene sigmatrope Umlagerungsprozesse möglich (Abb. 4.1): (i) Eine nicht-entartete **1,2-H-Wanderung**, die einer 1,5-sigmatropen Umlagerung entspricht. Die dabei auftretenden Isomere sind in Bezug auf das EX_n-Fragment allylischer (a) oder vinylischer (v,v′) Natur. (ii) Eine entartete 1,2-Wanderung des EX_n-Fragments. Die **1,2-$\mathbf{EX_n}$-Wanderung** führt zu identischen Verbindungen, in denen sich die EX_n-Gruppe stets in allylischer Position befindet.

Es entscheiden die relative energetische Lage der Allyl- und Vinylisomere und die Aktivierungsenergien für die 1,2-H- und 1,2-EX_n-Wanderungen darüber, welcher oder ob beide sigmatropen Umlagerungsprozesse möglich sind. Hierbei können drei Fälle unterschieden werden (Abb. 4.2).

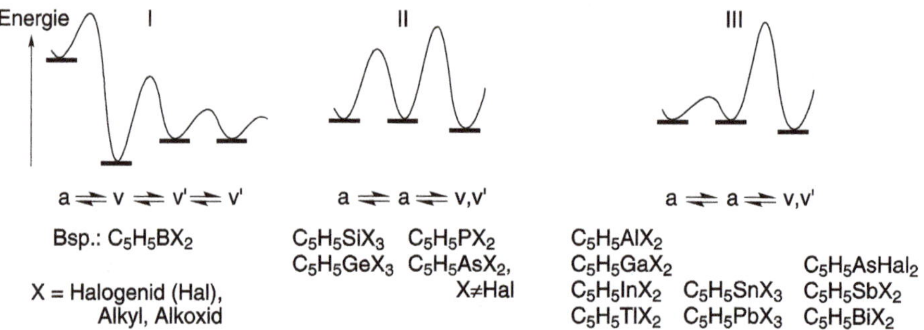

Abb. 4.2: Energieprofile für drei mögliche Umlagerungsprozesse in $C_5H_5EX_n$-Verbindungen. a = allylische, v,v′ = vinylische Position des EX_n-Fragments, vgl. dazu Abb. 4.1.

Im Fall I ist die Energie der Vinylisomere sehr viel niedriger als die der Allylisomere. Eine solche Situation wird insbesondere bei den Cyclopentadienyl-Bor-Verbindungen beobachtet. Die Stabilitäten der Vinylisomere dort können mit der Elektronenlücke im dreifach koordinierten Bor und einer starken Rückbindung vom Vinyl-π-System in das leere Orbital begründet werden.

Im Fall II sind die Allyl- und Vinylisomere der C_5H_5-Verbindung von ähnlicher Energie und die Aktivierungsenergien für die 1,2-H- und 1,2-EX_n-Wanderung liegen in der gleichen Größenordnung. Entsprechend findet man ein Isomerengemisch und beide Umwandlungsprozesse werden über einen größeren Temperaturbereich gleichzeitig beobachtet. Die Situation ist typisch für Cyclopentadienylsilane und wahrscheinlich -germane sowie für die meisten Cyclopentadienylphosphane und -arsane. Für die letzten beiden Elemente werden auch einige Verbindungen im Grenzbereich zwischen Situation I und II gefunden.

Im Fall III sind die Energien von allylischem und vinylischem Isomer wieder ähnlich, aber die Aktivierungsenergie für die 1,2-EX_n-Wanderung ist sehr viel niedriger als für die 1,2-H-Wanderung. Entsprechend wird unter Normalbedingungen nur das dynamische Allylisomer beobachtet. Die H-Wanderungen werden, wenn überhaupt, erst bei höherer Temperatur bedeutsam. Diese Situation findet man bei den Cyclopentadienylverbindungen der schwereren Elemente der 13., 14. und 15. Gruppe (Al, Ga, In, Tl, Sn, Pb, Sb, Bi) und bei den Cyclopentadienylarsendihalogeniden. Die drei Fälle illustrieren den starken Einfluss des Hauptgruppenelements auf den dynamischen Prozess. In vergleichbaren Verbindungen weisen die schwereren Hauptgruppenelemente jeweils niedrigere Energiebarrieren für die sigmatropen Elementumlagerungen auf.

4.2.7 Hauptgruppenmetall-π-Komplexe

Der Begriff π-Komplex wird in der Organometallchemie meistens mit Übergangsmetallen in Verbindung gebracht (Abschn. 4.3.4.4). Aber auch bei den Hauptgruppenmetallen kennt man zahlreiche ionische und kovalente π-Komplexe, insbesondere bei niedervalenten Hauptgruppenmetallorganylen.

Ionische Carbanion-π-Komplexe, Kontaktionenpaare der Alkali- und Erdalkalimetalle und von Indium und Thallium. Im Festkörper zeigen die unsolvatisierten Cyclopentadienyl-Alkalimetall-Verbindungen mit dem C_5H_5-Grundkörper eine polymere Kettenstruktur. Die gewinkelte Kettenstruktur bei Kalium ähnelt der bei Indium und Thallium.

C_5H_5Li und C_5H_5Na – fast lineare Kettenstruktur

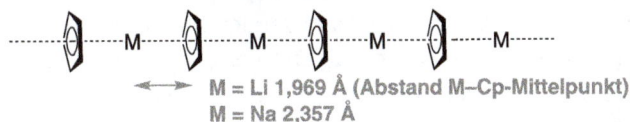

M = Li 1,969 Å (Abstand M–Cp-Mittelpunkt)
M = Na 2,357 Å

C_5H_5K, C_5H_5In und C_5H_5Tl – gewinkelte Kettenstruktur

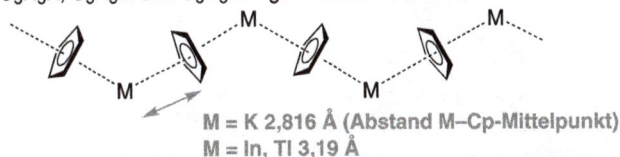

M = K 2,816 Å (Abstand M–Cp-Mittelpunkt)
M = In, Tl 3,19 Å

Solvatmoleküle können die Koordinationssphäre der Alkalimetallatome im Rahmen einer Kettenstruktur ergänzen oder zu einer **Monomerisierung** des Kontaktionenpaares führen. Die π-Komplexe der Alkalimetalle (M) kann man allgemein mit der Formel $[RM_m \cdot L_n]_k$ beschreiben (R = Carbanion mit delokalisiertem Elektronensystem, L zusätzlicher Donorligand, k = Aggregationsgrad). Für Indium- und Thalliumverbindungen findet man eine Monomerisierung beim Übergang in die Gasphase oder bei Vorliegen voluminöser organischer Reste am Cyclopentadienylring.

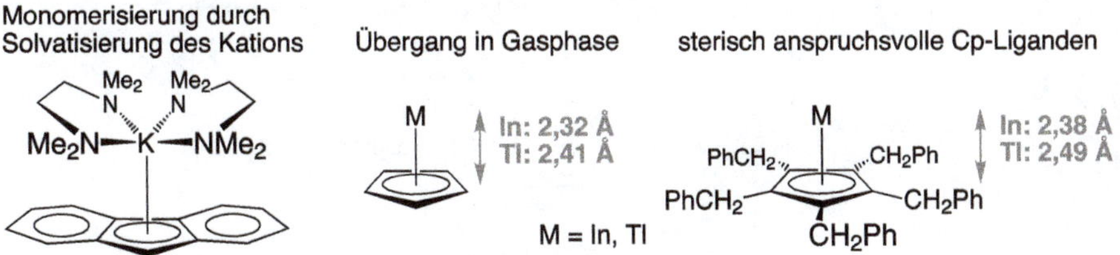

Die Strukturänderung von einer polymeren Kette zu einem monomeren Komplex ist bei Indium und Thallium mit einer starken Verkürzung des Cyclopentadienyl-Metall-

Abstandes verbunden, was mit einem gleichzeitigen Übergang zu einer deutlich kovalenteren Bindung interpretiert wird.

Von den Alkalimetallen kennt man anionische Metallocenkomplexe (vgl. hierzu auch die Cp-Metallat-Anionen des Thalliums und Bleis, Tab. 4.6):

Beispiel: Lithocen-Anion
Synthese

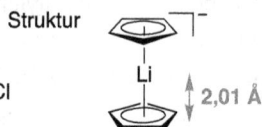

$Ph_4P^+Cl^- + 2\ C_5H_5Li \longrightarrow [Ph_4P]^+[(C_5H_5)_2Li]^- + LiCl$

Struktur (Li zwischen zwei Cp-Ringen, 2,01 Å)

In den Komplexen des Lithiums kommen zur hauptsächlich ionischen Wechselwirkung oft noch relevante kovalente Beiträge hinzu (vgl. Abschn. 4.2.1). Diese kovalenten Beiträge können zu beträchtlichen Verzerrungen der Carbanionen-Struktur führen. Zum Caesium hin nimmt der ionogene Charakter der Bindung stetig zu. Die Strukturen der Carbanionen mit Kalium entsprechen fast denen der freien Anionen.

Die Darstellung von Organoalkali-π-Komplexen gelingt durch Reduktion einer ungesättigten organischen Verbindung zum Carbanion verbunden mit Spaltung einer C–Halogen- oder C–H-Bindung (diamagnetisches Kation-Anion-Paar)

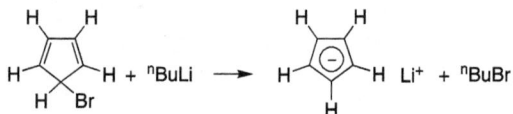

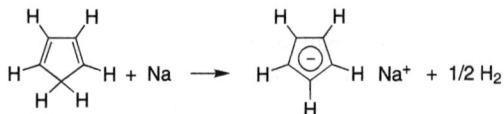

$C_5H_5Br + {}^nBuLi \longrightarrow [C_5H_5]^- Li^+ + {}^nBuBr$

$C_5H_6 + Na \longrightarrow [C_5H_5]^- Na^+ + 1/2\ H_2$

oder durch Elektronenübertragung vom Alkalimetallatom auf ein ungesättigtes organisches Molekül ohne Bindungsspaltung (paramagnetische Anionen möglich):

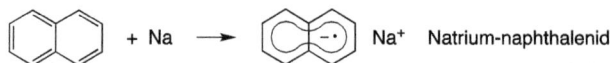

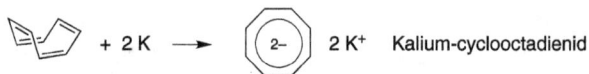

Naphthalin + Na ⟶ [Naphthalin]•⁻ Na⁺ Natrium-naphthalenid

Cyclooctatetraen + 2 K ⟶ [C₈H₈]²⁻ 2 K⁺ Kalium-cyclooctadienid

π-Komplexe der Erdalkalimetalle. Von einigem theoretischen Interesse sind die Verbindungen Beryllocen, $(C_5H_5)_2Be$, und Magnesocen, $(C_5H_5)_2Mg$. Die ionische **Beryllocen**-Struktur besteht aus Be^{2+}-Kationen, die mit unterschiedlichen Abständen zwischen zwei $C_5H_5^-$-Anionen liegen. In der Gasphase scheint zu beiden Ringen eine pentahapto-Koordination zu bestehen. Im festen Zustand ist einer der Liganden im Kristall monohapto-gebunden. In Lösung ist die Struktur fluktuierend, denn beide Ringe erscheinen in NMR-Untersuchungen als äquivalent.

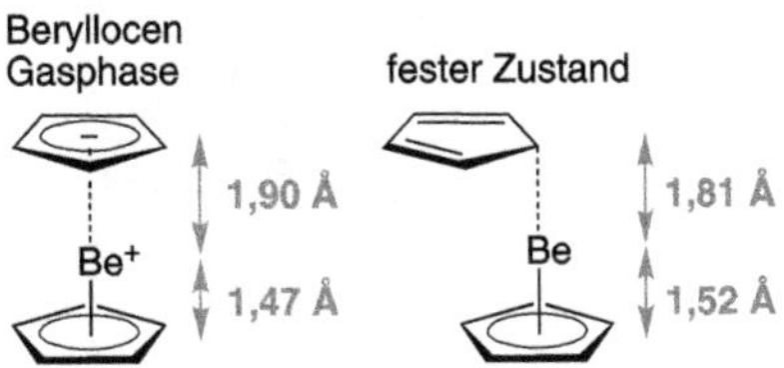

In **Magnesocen** sind beide Ringe im festen Zustand identisch in pentahapto-Koordination gebunden. Magnesocen ähnelt in seiner Struktur bereits stark den kovalenten Sandwichverbindungen der Übergangsmetalle. Eigenschaften wie schnelle Hydrolyse mit protischen Reagenzien oder elektrische Leitfähigkeit in THF legen aber eine ionische Formulierung als $Mg^{2+}(C_5H_5^-)_2$ nahe.

π-Komplexe der Elemente aus den Gruppen 13–15. Die π-Komplexe der p-Block-Elemente zeichnen sich durch stärker kovalente Metall-Ligand-Wechselwirkungen aus. Für die π-Koordination des Cyclopentadienylringes sollte das Element in der Regel in einer niedrigeren als der Gruppenwertigkeit vorliegen, da sonst eher eine σ-Anbindung (η^1-η^2) in einem fluktuierenden System erfolgt (s. o.). Eine Ausnahme ist Aluminium, das auch dreiwertig in Cp–AlX_2-Verbindungen (Cp meistens C_5Me_5) pentahapto-gebunden vorliegt. Beispiele sind das dimere $\{(\eta^5\text{-}C_5Me_5)AlCl(\mu\text{-}Cl)\}_2$ und $[(\eta^5\text{-}C_5Me_5)_2Al]^+[(\eta^1\text{-}C_5Me_5)AlCl_3]^-$ mit linearer Sandwich-Struktur des Kations. Als sub- oder niedervalente π-Cp-Komplexe existieren Verbindungen des Aluminiums, Galliums, Indiums und Thalliums in der Oxidationsstufe +1, des Siliciums, Germaniums, Zinn und Bleis in der Oxidationsstufe +2 und des Arsens, Antimons und Bismuts in der Oxidationsstufe +3 (Tab. 4.6). Die Stabilität der niedrigen Wertigkeitsstufe nimmt in der Gruppe von oben nach unten zu. Der Cyclopentadienyl-π-Ligand hilft bei der Stabilisierung und Ausbildung von Organokomplexen mit den Metallen in der angegebenen niedrigen Wertigkeitsstufe. Zur kinetischen Stabilisierung solcher niederwertiger Oxidationsstufen mittels σ-Liganden siehe nachfolgenden Abschnitt.

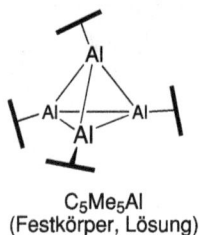

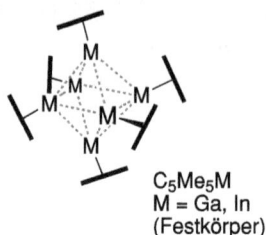

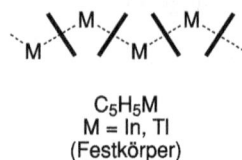

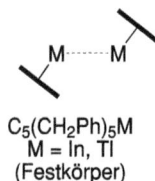

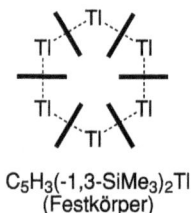

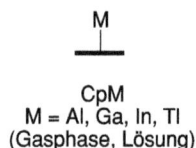

Bei der **13. Gruppe** beschränken sich die einwertigen Aluminium- und Gallium-**Cyclopentadienylverbindungen** auf den Pentamethyl-Cp-Liganden C_5Me_5. Für Indium kann das Substitutionsmuster am Cyclopentadienylring etwas stärker variiert werden. Beim Thallium(I) sind von fast allen substituierten Cyclopentadienen die CpTl-Verbindungen beschrieben worden. Die Cp-Verbindungen von Al und Ga sind gegenüber Sauerstoff und Wasser sehr empfindlich. C_5H_5Tl ist schwer löslich und luftstabil, C_5H_4MeTl pyrophor, C_5Me_5Tl löslich und sehr luftempfindlich, $C_5(CH_2Ph)_5Tl$ löslich und luftstabil.

Die Cp-Verbindungen der 13. Gruppe liegen **im Festkörper meistens oligomer** vor. Die Cp–M-Bindungslänge verkürzt sich mit Abnahme des Aggregationsgrades, also beim Übergang vom polymeren zum oligomeren oder monomeren Spezies durch Variation der Ringsubstituenten oder vom Polymer im Festkörper zum Monomer in der Gasphase oder Lösung (s. auch oben bei Alkalimetallen). Die Bindungsverkürzung korreliert mit einer Zunahme des kovalenten Bindungscharakters.

Die **Cp-Verbindungen von Thallium(I)** sind leicht zugänglich und haben im Labor eine gewisse Bedeutung als milde und häufig stabile, gut handhabbare Cp-Transferreagenzien in Ergänzung zu den Cyclopentadienyl-Alkalimetallsalzen erlangt. Meistens wird das CpTl-Reagenz in einer Salzeliminierungsreaktion mit einer Über-

Tab. 4.6: Beispiele für subvalente π-Cyclopentadienyl-Hauptgruppenmetallverbindungen der Elemente Al–Tl, Si–Pb und As–Bi mit kurzer Beschreibung der Struktur.[(a)].

Gruppe 13	Gruppe 14	Gruppe 15
C_5Me_5Al tetramer im Festkörper und in Lösung, monomer in der Gasphase	**$(C_5Me_5)_2Si$** gewinkelter und linearer Sandwich, zwei unabhängige Moleküle in der Elementarzelle der Kristallstruktur	
C_5Me_5Ga hexamer im Festkörper	**$(C_5H_5)_2Ge$** gewinkelter Sandwich	**$[(C_5Me_5)_2As]^+BF_4^-$** gewinkelter Sandwich, mit η^2- und η^3-verzerrter As-Ring-Bindung
C_5H_5In polymere Zickzackkette im Festkörper, monomer in der Gasphase **C_5Me_5In** hexamer im Festkörper, monomer in Lösung und in der Gasphase **$C_5(CH_2Ph)_5In$** dimer im Festkörper, monomer in Lösung	**Cp_2Sn**[(b)] gewinkelter Sandwich, linearer Sandwich für Cp = C_5Ph_5	**$[(C_5Me_5)_2Sb]^+BF_4^-$** gewinkelter Sandwich, mit η^2- und η^3-verzerrter Sb-Ring-Bindung
CpTl[(b)] polymere Zickzackkette oder Monomere (Oligomere) im Festkörper, Kontaktionenpaare oder Monomere in Lösung, monomer in der Gasphase **$[(C_5H_5)_{n+1}Tl_n]^-$** Ausschnitt aus der Kettenstruktur von C_5H_5Tl	**Cp_2Pb**[(b)] Kettenstruktur für Cp = C_5H_5, monomerer gewinkelter Sandwich für substituierte Cp-Liganden **$[(C_5H_5)_{2n+1}Pb_n]^-$** Ausschnitt aus der Kettenstruktur von $(C_5H_5)_2Pb$	**$(C_5H_2{}^tBu_3)_2BiCl$** und **$[(C_5H_2{}^tBu_3)_2Bi]^+AlCl_4^-$** gewinkelter Sandwich

(a) Wenn nicht anders angegeben, liegt eine pentahapto-(η^5-)Koordination des Cyclopentadienylliganden an das Metall- oder Metalloidatom vor.
(b) Cp = Cyclopentadienylligand mit relativ vielfältigem Substitutionsmuster, z. B. C_5H_4Me, C_5Me_5, C_5HMe_4, $C_5H_2(SiMe_3)_3$, $C_5{}^iPr_5$, $C_5(CH_2Ph)_5$, C_5Ph_5.

gangsmetallverbindung umgesetzt, die noch wenigstens ein Halogenid (Hal) enthält. Triebkraft der Reaktion ist die Bildung von schwer löslichem Thalliumhalogenid (TlHal):

$$\text{CpTl} + \text{M(Hal)}_m\text{L}_n \longrightarrow \text{CpM(Hal)}_{m-1}\text{L}_o + \text{TlHal}\downarrow + (n-o)\,\text{L}$$

Es besteht auch die Möglichkeit, den Cyclopentadienylrest vom Thalliumatom in einer Redoxreaktion auf aktivierte Metalle zu übertragen, was vor allem bei Lanthanoiden genutzt werden kann:

$$3\ CpTl^{+1} + M^0 \longrightarrow Cp_3M^{+3} + 3\ Tl^0$$

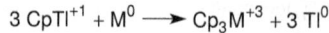

CpTl-Komplexe sind, sofern sie wasserstabil sind, aus der Umsetzung des Cyclopentadiens mit einer basischen Thallium(I)sulfat-Lösung zugänglich, aus der sie als Niederschlag ausfallen. Kaliumhydroxid reagiert dabei mit dem Thalliumsalz unter Bildung von Thalliumhydroxid, das dann mit dem Dien in einer Säure-Base-Reaktion das Cyclopentadienylthalliumprodukt ergibt:

$$2\ CpH + \underbrace{2\ KOH + Tl_2SO_4}_{} \xrightarrow{H_2O} 2\ CpTl\downarrow + K_2SO_4 + 2\ H_2O$$

$$CpH + TlOH \xrightarrow{H_2O} CpTl\downarrow + H_2O$$

In einer Variante der Säure-Base-Reaktion ist die Umsetzung des kommerziell verfügbaren flüssigen Thallium(I)-ethoxids, TlOEt, eine elegante alkalifreie Route, die auch für empfindliche CpTl-Verbindungen geeignet ist:

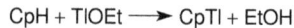

$$CpH + TlOEt \longrightarrow CpTl + EtOH$$

Einen dritten Zugang stellt die Salzeliminierungsreaktion zwischen Alkalimetallcyclopentadienid und Thalliumsalz dar:

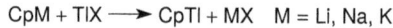

$$CpM + TlX \longrightarrow CpTl + MX \quad M = Li, Na, K$$

In der **14. Gruppe** sind die monomeren **Metallocene** von zweiwertigem Silicium, Germanium, Zinn und Blei in den allermeisten Fällen gewinkelte Moleküle:

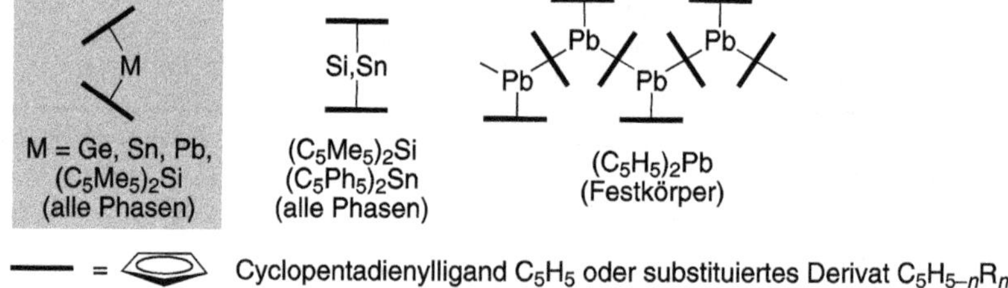

Die Stabilität nimmt vom Silicocen zum Plumbocen und mit steigender Substitution am Cyclopentadienylring zu. Die Darstellung gelingt leicht aus dem Metallchlorid und Cyclopentadienylnatrium:

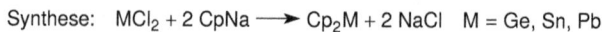

$$\text{Synthese:}\quad MCl_2 + 2\ CpNa \longrightarrow Cp_2M + 2\ NaCl \quad M = Ge, Sn, Pb$$

Die **gewinkelte Struktur** der Sandwichverbindungen wird im Allgemeinen nach dem VSEPR-Modell auf die stereochemische Aktivität des freien Elektronenpaars zurückgeführt. Das freie Elektronenpaar in den Carben-analogen Metallocenen ist nach theoretischen Berechnungen bei den schweren Homologen des Kohlenstoffs aber nicht mehr das höchste besetzte Orbital (HOMO), sondern findet sich z. B. beim Stannocen etwa fünf Orbitale oder 2 eV unter diesem. Es steht deshalb für die Bildung von Lewis-Säure-Base-Addukten nicht zur Verfügung, sondern man findet bei der Umsetzung mit Lewis-Säure einen Angriff am Cp-lokalisierten HOMO, der zur Abspaltung eines Cyclopentadienylrings führt:

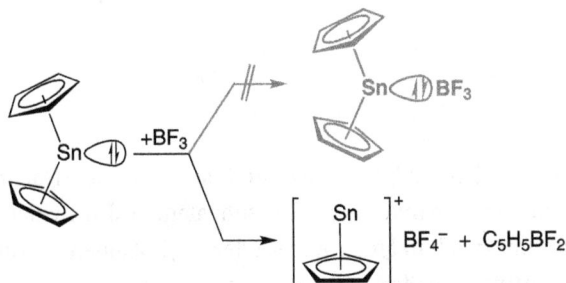

Der Grad der Winkelung kann durch die Substituenten am Cyclopentadienylring in weiten Bereichen beeinflusst werden, wie ein Vergleich von vier Stannocenen illustriert:

Änderung des Bindungswinkels am Zinnatom mit dem Substitutionsgrad in Stannocenen

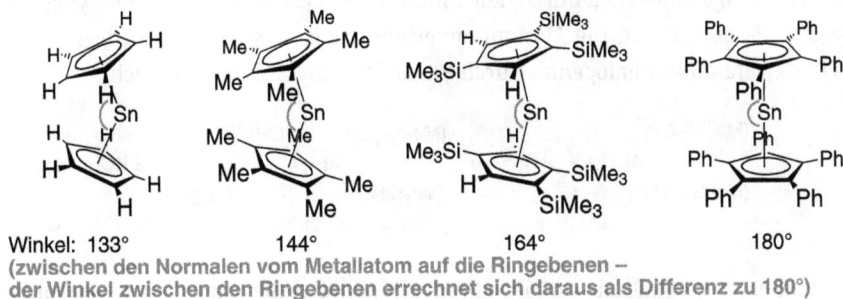

Winkel: 133° 144° 164° 180°
(zwischen den Normalen vom Metallatom auf die Ringebenen – der Winkel zwischen den Ringebenen errechnet sich daraus als Differenz zu 180°)

Cyclopentadienyl-Metallat-Anionen. Als molekulare Ausschnitte aus der Struktur von polymerem C_5H_5Tl können die Cyclopentadienyl-Thallat(I)-Anionen $[(C_5H_5)_2Tl]^-$ und $[(C_5H_5)_3Tl_2]^-$ angesehen werden. Sie kristallisieren aus der Reaktionslösung von C_5H_5Tl mit $(C_5H_5)_2Mg$ und C_5H_5Li. Das gewinkelt gebaute, metallocenartige $[(C_5H_5)_2Tl]^-$ ist isoelektronisch mit den neutralen Metallocenen $(C_5H_5)_2E$ der 14. Gruppe (E = Si, Ge, Sn, Pb; vgl. auch Lithocen-Anion). Entsprechende Cyclopentadienyl-Metallat(II)-Anionen findet man für die Elemente Zinn und Blei. Die Einwirkung von C_5H_5Li auf $(C_5H_5)_2Pb$ in Gegenwart eines Kronenethers (12-Krone-4) führt zu molekularen Anionen unterschiedlicher Größe. $[(C_5H_5)_5Pb_2]^-$ und $[(C_5H_5)_9Pb_4]^-$ konnten im Festkörper isoliert werden:

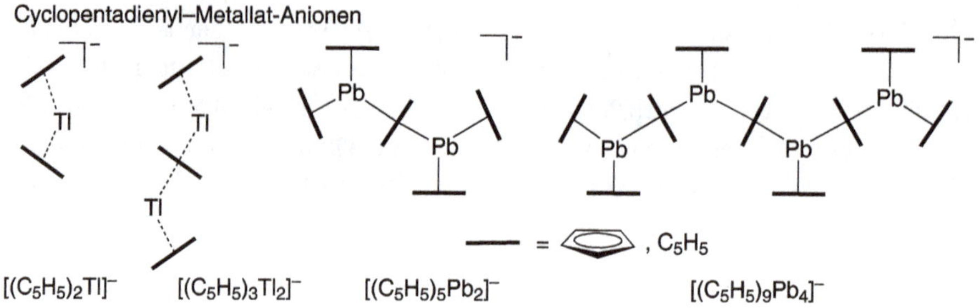

Cyclopentadienyl–Metallat-Anionen

$[(C_5H_5)_2Tl]^-$ $[(C_5H_5)_3Tl_2]^-$ $[(C_5H_5)_5Pb_2]^-$ $[(C_5H_5)_9Pb_4]^-$

— = (Ring), C_5H_5

4.2.8 Subvalente Hauptgruppen-σ-Organyle und Element-Element-Bindungen

Das Prinzip der kinetischen Stabilisierung durch sterische Überfrachtung ermöglicht Isolierungen von monomeren und oligomeren subvalenten, d. h. niederwertigen Hauptgruppenorganylen mit σ-gebundenen Alkyl- oder Arylliganden (s. auch Abschn. 1.2.6 und 1.4). Sterisch anspruchsvolle Liganden müssen auch zur Stabilisierung von reaktiven Element–Element-Mehrfachbindungen verwendet werden.

Gruppe 13. In den **Dialkylmetallverbindungen** $(\{(Me_3Si)_2CH\}_2M)_2$ haben die Metallatome M = Al, Ga und In die **formale Oxidationsstufe** +2. Es liegt eine **unverbrückte Metall–Metall-Bindung** vor. Die Tendenz zur Disproportionierung in die ein- und dreiwertige Stufe wird durch den voluminösen Bis(trimethylsilyl)methylliganden, $(Me_3Si)_2CH$-, abgeblockt. Die Aluminiumverbindung ist aus der dreiwertigen Vorstufe des Dialkylaluminiumhalogenids durch Reduktion mit Kalium zugänglich:

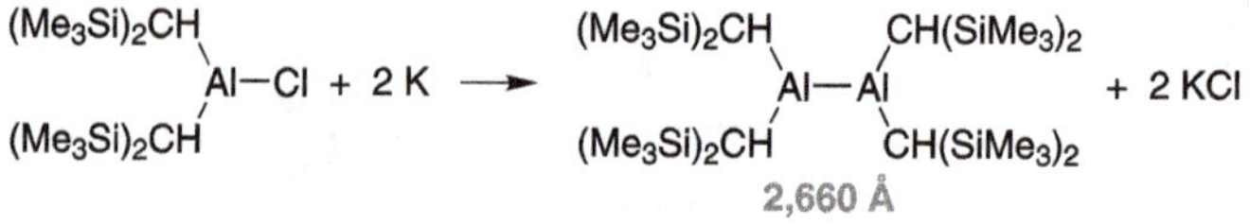

$$\{(Me_3Si)_2CH\}_2Al{-}Cl + 2\,K \longrightarrow \{(Me_3Si)_2CH\}_2Al{-}Al\{CH(SiMe_3)_2\}_2 + 2\,KCl$$

2,660 Å

Zur Synthese der Digallium- und Diindiumverbindung eignen sich besser anorganische Halogenide der zweiwertigen Elemente mit bereits bestehender Metall-Metall-Bindung:

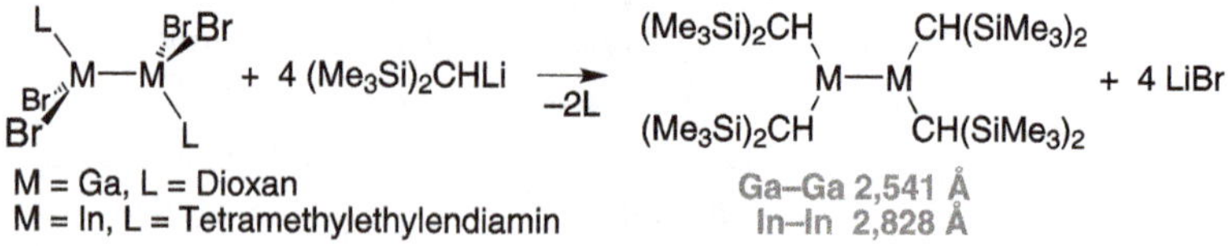

$$L(Br)_2M{-}M(Br)_2L + 4\,(Me_3Si)_2CHLi \xrightarrow{-2L} \{(Me_3Si)_2CH\}_2M{-}M\{CH(SiMe_3)_2\}_2 + 4\,LiBr$$

M = Ga, L = Dioxan
M = In, L = Tetramethylethylendiamin

Ga–Ga 2,541 Å
In–In 2,828 Å

Für die **Monoalkylmetall(I)-Verbindungen** der 13. Gruppe mit entsprechenden voluminösen Alkylliganden ist die Bildung von **tetrameren $(RM)_4$-Clustern** im festen Zustand das Hauptstrukturmerkmal. Zur Stabilisierung dieser Wertigkeitsstufe hat sich der sterisch anspruchsvolle Tris(trimethylsilyl)methylligand, $(Me_3Si)_3C$-, bewährt. Der

Zugang gelingt beim Aluminium durch reduktive Enthalogenierung des dreiwertigen Alkylaluminiumdiiodids:

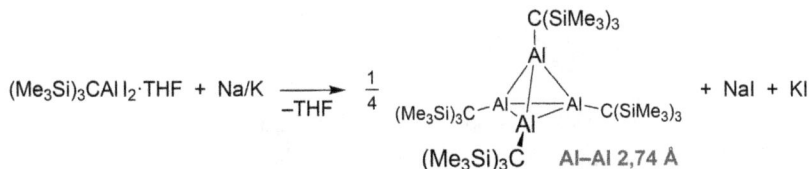

$$(Me_3Si)_3CAlI_2 \cdot THF + Na/K \xrightarrow[-THF]{} \frac{1}{4}\,[(Me_3Si)_3CAl]_4 + NaI + KI$$

Al–Al 2,74 Å

Die Gallium(I)- und Indium(I)-Derivate werden aus den dimeren Dihalogeniden der zweiwertigen Metalle in einer Disproportionierungsreaktion erhalten:

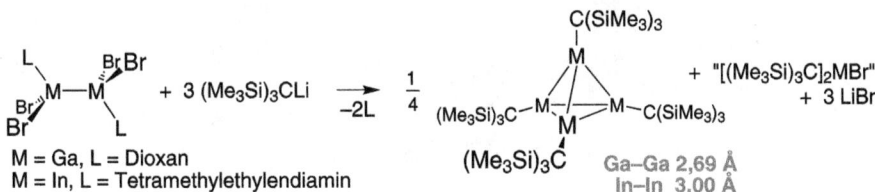

$$L(Br)_2M{-}M(Br)_2L + 3\,(Me_3Si)_3CLi \xrightarrow[-2L]{} \frac{1}{4}\,[(Me_3Si)_3CM]_4 + \text{"}[(Me_3Si)_3C]_2MBr\text{"} + 3\,LiBr$$

M = Ga, L = Dioxan
M = In, L = Tetramethylethylendiamin

Ga–Ga 2,69 Å
In–In 3,00 Å

Ursache dieses Reaktionsverlaufs ist vermutlich der sterische Anspruch der Liganden, der verhindert, dass in Analogie zu obigen $R_2M{-}MR_2$-Produkten vier Liganden um eine M–M-Einheit angeordnet werden können.

Die Thalliumverbindung wird in direkter Ligandenaustauschreaktion aus Cyclopentadienylthallium und dem Lithiumalkyl dargestellt:

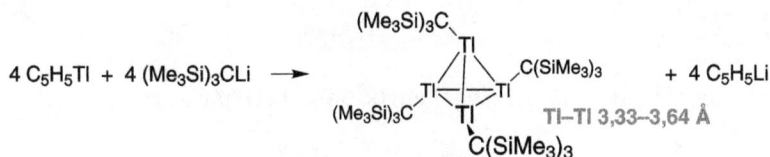

$$4\,C_5H_5Tl + 4\,(Me_3Si)_3CLi \longrightarrow [(Me_3Si)_3CTl]_4 + 4\,C_5H_5Li$$

Tl–Tl 3,33–3,64 Å

In den Ga_4- und In_4-Tetraedern sind die Metall–Metall-Abstände fast gleich lang, und die Alkylgruppen zeigen radial vom Zentrum weg. In der Festkörperstruktur des Thalliumtetraeders findet man stark unterschiedliche Abstände und eine Abwinkelung der Liganden von etwa 35° von der Tetraedermittelpunkt-Tl-Achse. In benzolischer Lösung konnte die Existenz des Tetramers auch für die Aluminium- und Indiumverbindung gezeigt werden. Eine kryoskopische Molmassenbestimmung für den Galliumkomplex ergab je nach Konzentration trimere bis monomere Spezies. Das Thallium(I)-alkyl liegt in Lösung nur monomer vor. In der Gasphase konnten für alle vierkernigen Cluster nur Monomere beobachtet werden.

Die Reaktion von ^tBuLi mit $GaCl_3$ liefert als Nebenprodukt zu $^tBu_3Ga$ den **Cluster $^tBu_9Ga_9$** als schwarzgrüne Kristalle und mit der Struktur eines dreifach überdachten Prismas.

Ga_9-Cluster in $^tBu_9Ga_9$ (^tBu nicht gezeigt)

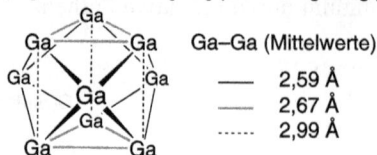

Ga–Ga (Mittelwerte)
— 2,59 Å
— 2,67 Å
...... 2,99 Å

Bei der Enthalogenierung von (2,6-Dimesitylphenyl)-dichlor-gallan mit Natrium bildet sich das **Cyclotrigallan-Dianion.** Dieses Cyclooligogallan sollte aufgrund seiner zwei π-Elektronen aromatischen Charakter besitzen.

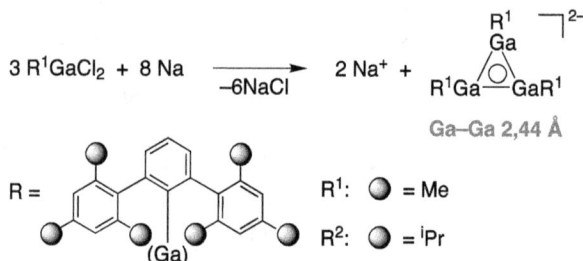

$$3\,R^1GaCl_2 + 8\,Na \xrightarrow[-6NaCl]{} 2\,Na^+ + [(R^1Ga)_3]^{2-}$$

Ga–Ga 2,44 Å

R = (Ga)

R^1: ● = Me

R^2: ● = ^iPr

Variation des Liganden führt zu einem **Digallin.** Für die tiefrote, fast schwarze Verbindung $Na_2[R^2Ga{\equiv}GaR^2]$ wurde die ursprünglich vorgeschlagene Ga–Ga-Dreifachbindung kontrovers diskutiert und mittlerweile eher als Doppelbindung eingeordnet.

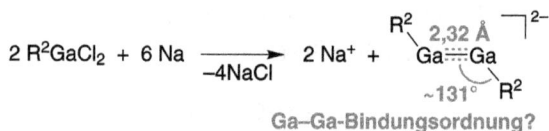

$$2\,R^2GaCl_2 + 6\,Na \xrightarrow[-4NaCl]{} 2\,Na^+ + [R^2Ga{\equiv}GaR^2]^{2-}$$

2,32 Å; ~131°

Ga–Ga-Bindungsordnung?

Ein metastabiles Gallylen-Dimer (**Digallen**) $(R^2Ga)_2$ ist ebenfalls bekannt.

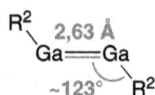

$$R^2Ga{=}GaR^2$$

2,63 Å; ~123°

Gruppe 14. Die Synthese und Isolierung von niedervalenten Dialkyl- oder Diarylmetallverbindungen der Metalle Ge, Sn und Pb setzt ebenfalls die Verwendung kinetisch stabilisierender sterisch anspruchsvoller Gruppen voraus (s. auch Abschn. 1.2.6). Die ersten Beispiele von **Germylenen (Germenen), Stannylenen (Stannenen) und Plumbylenen (Plumbenen)** wurden mit dem Bis(trimethylsilyl)methylliganden aus Metalldihalogenid und Lithiumorganyl synthetisiert:

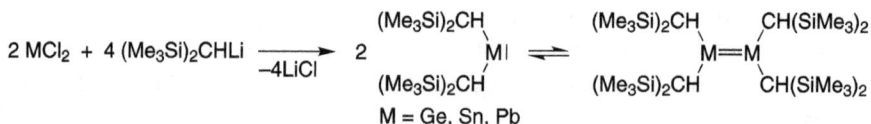

$$2\,MCl_2 + 4\,(Me_3Si)_2CHLi \xrightarrow[-4LiCl]{} 2\,[(Me_3Si)_2CH]_2M| \rightleftharpoons [(Me_3Si)_2CH]_2M{=}M[CH(SiMe_3)_2]_2$$

M = Ge, Sn, Pb

Die **Carben-analogen** Verbindungen (s. auch Abschn. 1.4.1) sind in Lösung monomer. Für Germanium und Zinn konnte im Festkörper eine **Dimerisierung zu** einem Olefin-analogen **Digermen** (Digermylen) und **Distannen** (Distannylen) belegt werden. Die **Metall-Metall-**Bindung wird meistens als **Doppelbindung** formuliert. Anders als bei den Kohlenstoffolefinen und größtenteils auch noch den Systemen mit Si=Si-Doppelbindung liegen bei den Digermenen und Distannenen die Liganden nicht mehr mit den beiden Metallatomen in einer Ebene, sondern zeigen eine trans-Faltung oder -Abwinklung. Wenngleich die theoretische Beschreibung der Metall–Metall-Bindung in diesen Dimeren etwas komplizierter ist, so kann man die trans-Faltung doch anschaulich über die Wechselwirkung zweier Singulett-Carben-Analoga als ein **doppeltes Donor-Akzeptor-Addukt** nachvollziehen (s. Abschn. 1.5.1).

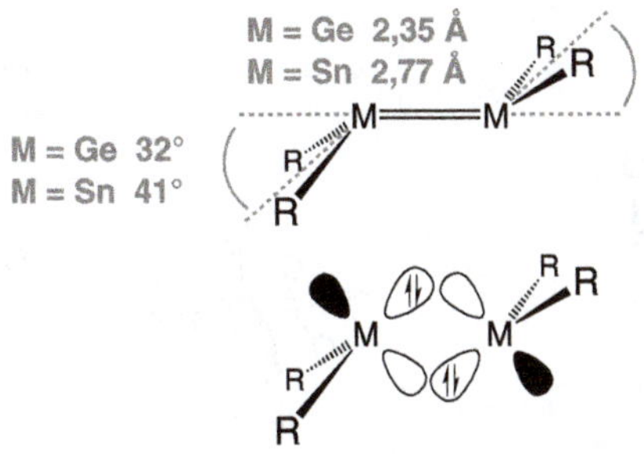

M = Ge 2,35 Å
M = Sn 2,77 Å
M = Ge 32°
M = Sn 41°

Auch mit substituierten Arylliganden, z. B. C_6H_3-2,6-$^iPr_2$ oder C_6H_2-2,4,6-$(CF_3)_3$, können Germylene, Stannylene und Plumbylene synthetisiert werden. Mit letzterem Liganden wird im Festkörper ein monomeres Stannylen (Sn···Sn > 3,6 Å) und Plumbylen gefunden. Die voluminösen Liganden verhindern die Oligomerisierung zu $(R_2M)_n$, wie sie ansonsten für Germylene und Stannylene mit kleineren organischen Resten beobachtet wird (s. u.).

Heterodimetallene der 14. Gruppe sind sehr selten. Ein Beispiel ist das **Silylen-Stannylen.**

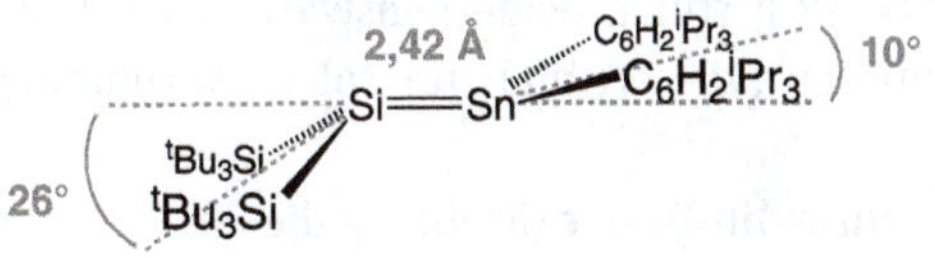

2,42 Å
10°
26°

Die Struktur des folgenden Distannens mit der großen Sn–Sn-Bindungslänge und der unterschiedlichen Winkelung an den beiden Zinnatomen weist darauf hin, dass nicht ein Molekül der Form $R_2Sn{=}SnR_2$, also ein doppeltes Donor-Akzeptor-Dimer, sondern eher eine polare Verbindung $\mathbf{R_2Sn^+{-}^-SnR_2}$ vorliegt. Dieses Distannen wird in Form schwarzer Kristalle erhalten.

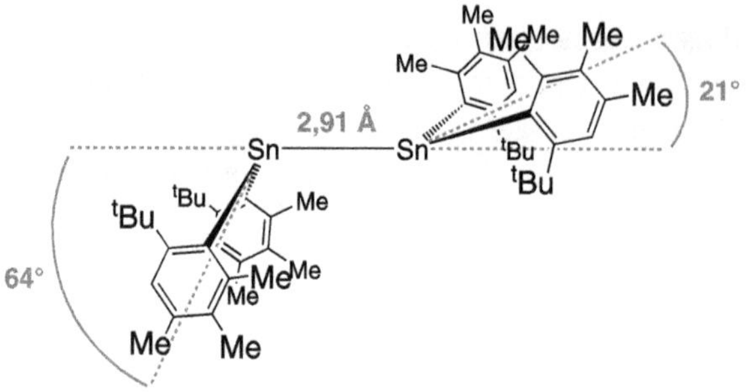

Formale Alkin-Homologe (s. auch Abschn. 1.5.2): Mit sogenannten Pinzetten-(‚Pincer'-)Liganden erhält man eine trans-abgewinkelte **dimere Sn(I)-Verbindung RSnSnR**, die in Lösung extrem luftempfindlich ist, aber kristallin isoliert werden kann:

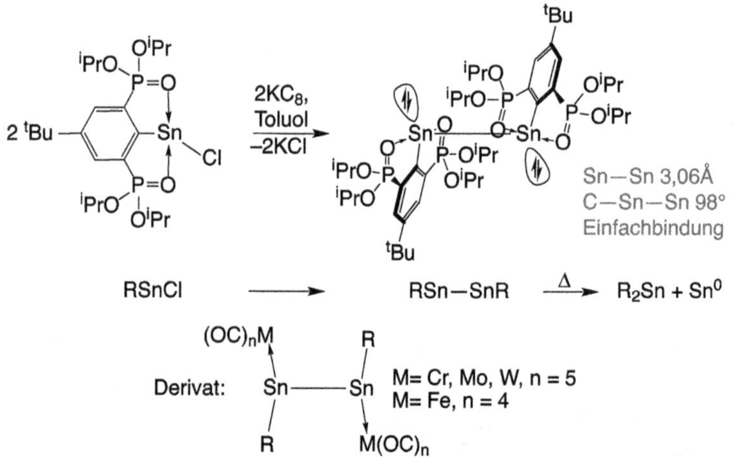

Der C–Sn–Sn-Winkel von etwa 98° zeigt, dass es sich um eine Sn–Sn-Einfachbindung handelt und jedes Zinnatom noch ein freies Elektronenpaar besitzt. Im Falle einer Dreifachbindung wäre ein Winkel von nahe 180° zu erwarten. Experimentell wird diese Interpretation durch die Isolierung der entsprechenden Übergangsmetallkomplexe R{(OC)$_n$M}Sn–Sn{M(CO)$_n$}R gestützt. Bemerkenswert ist die Disproportionierung von RSnSnR zu R_2Sn(II) und Sn^0, die erstmals für solche Verbindungen beobachtet wurde.

Auch im **Blei(I)-Plumbylin-Dimer** (R^{2}Pb)$_2$ ist die Pb–Pb-Bindungsordnung wie für die vorstehende Sn(I)-Verbindung eins, mit einem freien Elektronenpaar an jedem Bleiatom (s. auch Abschn. 1.5.2).

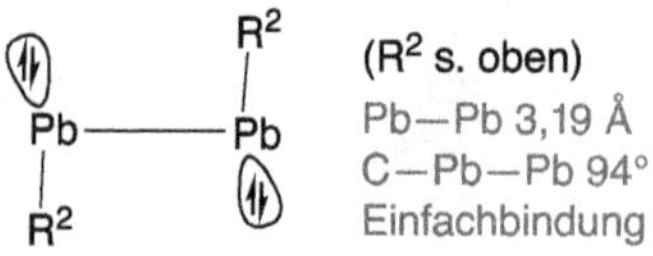

Sind die Liganden Heteroatome mit freien Elektronenpaaren oder enthalten diese, findet man statt der Dimerisierung (oder Oligomerisierung) über Metall-Metall-Bindungen eine Verbrückung über diese freien Elektronenpaare der Liganden. Ein Beispiel ist das im Festkörper dimere Mono-σ-organoblei(II)-chlorid:

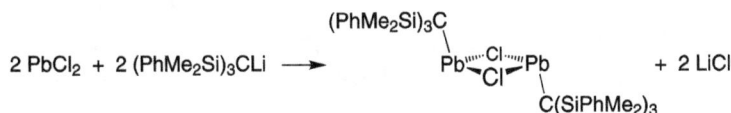

$$2\,PbCl_2 + 2\,(PhMe_2Si)_3CLi \longrightarrow [(PhMe_2Si)_3C]Pb(\mu\text{-}Cl)_2Pb[C(SiPhMe_2)_3] + 2\,LiCl$$

Anstelle der vorstehend beschriebenen Dimerisierung der schwereren Carben-Analoge des Kohlenstoffs finden **bei kleineren Resten R Oligomerisierungen zu** Ketten, **Ringen** oder Käfigen unter Metall–Metall-Verknüpfung statt (vgl. S. 101/102 in Abschn. 1.4.1):

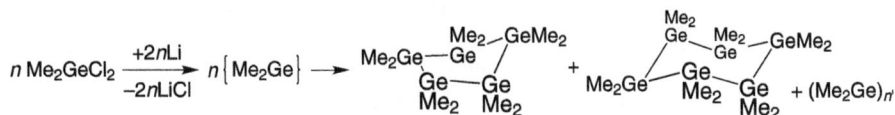

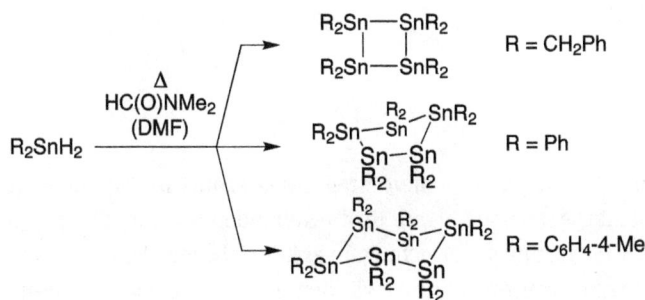

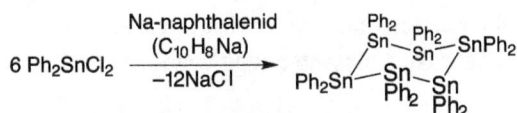

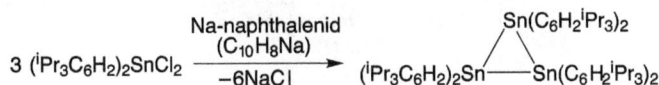

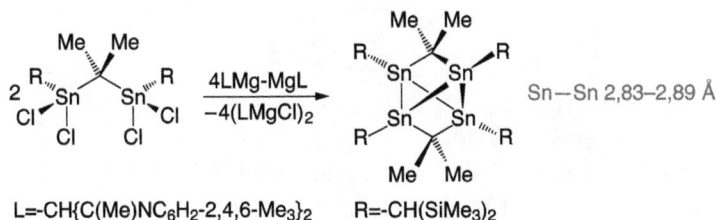

$$n\,Me_2GeCl_2 \xrightarrow[-2n\text{LiCl}]{+2n\text{Li}} n\{Me_2Ge\} \longrightarrow (Me_2Ge)_5 + (Me_2Ge)_6 + (Me_2Ge)_{n'}$$

$$R_2SnH_2 \xrightarrow[\text{(DMF)}]{\Delta,\ HC(O)NMe_2} \begin{cases} (R_2Sn)_4 & R = CH_2Ph \\ (R_2Sn)_5 & R = Ph \\ (R_2Sn)_6 & R = C_6H_4\text{-}4\text{-}Me \end{cases}$$

$$6\,Ph_2SnCl_2 \xrightarrow[-12\text{NaCl}]{\text{Na-naphthalenid }(C_{10}H_8Na)} (Ph_2Sn)_6$$

$$3\,(^iPr_3C_6H_2)_2SnCl_2 \xrightarrow[-6\text{NaCl}]{\text{Na-naphthalenid }(C_{10}H_8Na)} [Sn(C_6H_2{}^iPr_3)_2]_3$$

$$2\,[R(Cl)_2Sn]_2CMe_2 \xrightarrow[-4(\text{LMgCl})_2]{4\text{LMg-MgL}} Sn_4R_4(CMe_2)_2$$

Sn–Sn 2,83–2,89 Å

L=-CH{C(Me)NC$_6$H$_2$-2,4,6-Me$_3$}$_2$ R=-CH(SiMe$_3$)$_2$

Auch ungesättigte Cyclopropen-analoge Dreiringe sind möglich, vor allem als Cyclotrigermene. Sie werden z. B. aus sterisch überladenen Silyl-Alkalimetallverbindungen und Germaniumdichlorid-Dioxan erhalten:

$$5\ {}^tBu_3SiNa + 3\ GeCl_2\cdot Dioxan \xrightarrow[-Dioxan]{} ({}^tBu_3Si)(Cl)Ge\text{–}[{}^tBu_3Si\text{–}Ge{=}Ge\text{–}Si^tBu_3] + 5\ NaCl + {}^tBu_3Si\text{–}Si^tBu_3$$

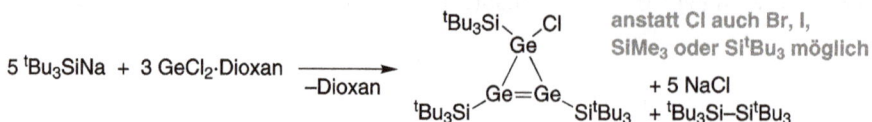

anstatt Cl auch Br, I, $SiMe_3$ oder Si^tBu_3 möglich

Gruppe 15. Für die schweren Elemente der 15. Gruppe existiert ein stabiles Distiben und Dibismuthen mit Element–Element-Doppelbindung.

E=E mit Aryl = 2,4,6-$(CH(SiMe_3)_2)_3C_6H_2$

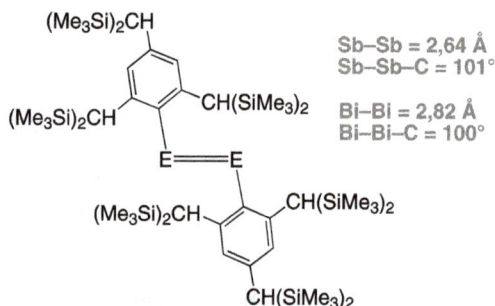

Sb–Sb = 2,64 Å
Sb–Sb–C = 101°

Bi–Bi = 2,82 Å
Bi–Bi–C = 100°

4.2.9 Kation-Aren-π-Wechselwirkungen

Kationen können an das π-System von neutralen aromatischen Verbindungen durch überraschend starke, nichtkovalente Kräfte gebunden werden, die man allgemein als Kation-π-Wechselwirkungen bezeichnet. In erster Näherung kann die Wechselwirkung als eine elektrostatische Anziehung zwischen einer positiven Ladung und dem Quadrupolmoment des aromatischen Systems angesehen werden. Ein besonderes Merkmal aromatischer Systeme ist die Kombination zweier sich eigentlich ausschließender Eigenschaften, nämlich die Möglichkeit zur Anbindung von Ionen und der hydrophobe Charakter.

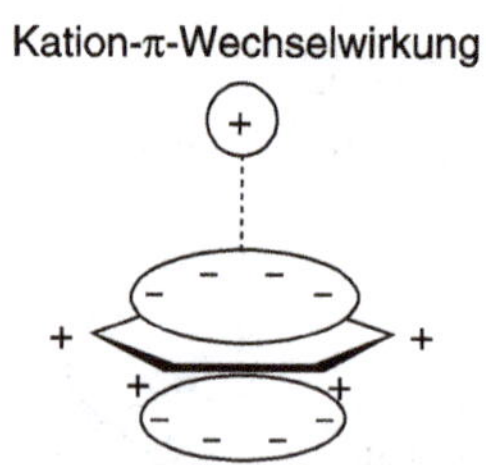

Beispiele für Kation-π-Wechselwirkungen finden sich bei den Alkalimetallen, bei den Metallen Gallium, Indium und Thallium in ihrer einwertigen Stufe, bei Zinn und Blei in der zweiwertigen und bei Bismut in der dreiwertigen Stufe. Zahlenmäßig die meisten derartigen Komplexe kennt man von Ga, In und Tl. Die Arenkomplexe werden relativ einfach durch Auflösung von $M^{n+}(M'X_4^-)_n$-Salzen in aromatischen Lösungsmitteln, in denen zum Teil eine erstaunliche Löslichkeit besteht, und Kühlung der Lösung in kristalliner Form erhalten. Es liegen dimere und häufiger polymere Strukturen vor, bei denen die Aren-koordinierten Metallatome über Halogenido- oder Halogenidometallat-Liganden verbrückt sind. Die Koordinationssphäre um die niedervalenten Metallionen wird durch eine größere Zahl von Halogenidoliganden ergänzt, entweder als einatomige Liganden oder aus koordinierenden Tetrahalogenidometallat-Ionen. Bei Ga, In, Tl, Sn und Pb besteht eine zentrische (hexahapto-, η^6-)Koordination. Es werden Mono- und Bis(aren)komplexe gebildet.

Beispiele für Kationen-π-Aren-Wechselwirkungen

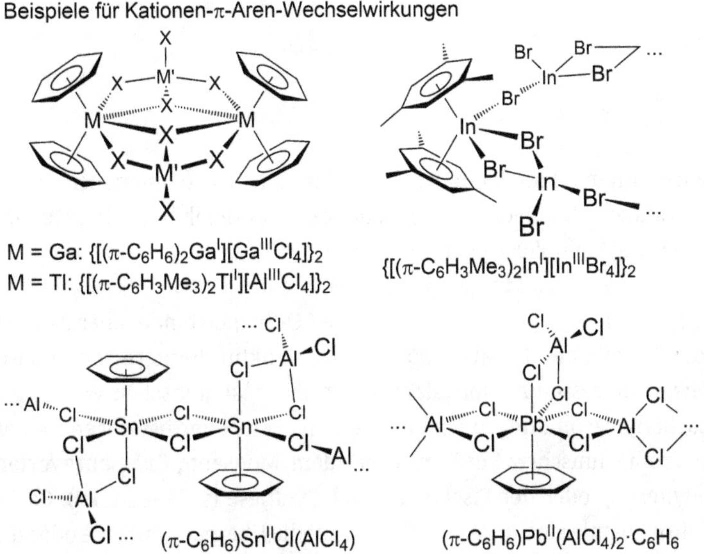

Kationen-π-Wechselwirkungen, darunter der Alkalimetalle, sind in einer Vielzahl von Proteinen von **biologischer Relevanz**. Die π-Systeme finden sich in den aromatischen Seitenketten der Aminosäuren Phenylalanin, Tyrosin und Tryptophan. Das Vorliegen von Kationen-π-Wechselwirkungen in Proteinstrukturen schließt konventionelle Ionenpaar-Wechselwirkungen nicht aus, sondern beide Bindungsarten existieren nebeneinander. Kation-π-Wechselwirkungen sind eine von vielen nichtkovalenten Kräften, die zu biologischen Strukturen beitragen. In Wasser findet man für die Affinität von Alkalimetallen für eine π-Wechselwirkung die Ordnung $K^+ > Rb^+ \gg Na^+, Li^+$. Die Abfolge ist ein Kompromiss aus den Trends der besseren Anbindung der kleineren Ionen an Arene, wie man es für Gasphasenkomplexe findet, und ihrer besseren Hydratisierung. Die Wechselwirkungsenergie von K^+ mit Benzol in der Gasphase beträgt ~80 kJ/mol und ist damit etwas größer als die Energie für die Anbindung von *einem* Wassermolekül an K^+ (75 kJ/mol). In der Summe überwiegt die Bindungsenergie aus der Hydratation von ca. 11 Wassermolekülen um ein K^+-Ion gegenüber den deutlich weniger, weil größeren Benzolmolekülen. Für die **Selektivität und den Transport in Ionenkanälen**, wo man solche Kalium-π-Wechselwirkungen annimmt, ist aber deren relative Schwäche gerade erwünscht. Dort ist ein hoher Ionendurchfluss gefordert, und die Selektivität muss von inhärent schwachen Wechselwirkungen herrühren. Solche **Kalium-Ionenkanäle** zeigen eine Selektivität von Kalium über andere Ionen wie Natrium von bis zu 1000:1. Aus der Sequenzierung von zahlreichen Ionenkanälen ergibt sich, dass die kaliumselektiven Kanäle in dem Porenbereich, der für die Selektivität primär verantwortlich ist, immer vier Glycin-Tyrosin-Glycin-Sequenzen enthalten. Bei Kanälen, wo diese Sequenz fehlt, wird keine hohe Selektivität beobachtet.

4.3 Übergangsmetallorganyle

4.3.1 Carbonylkomplexe

Das Kohlenstoffmonoxidmolekül ist einer der am besten untersuchten σ-Donor/π-Akzeptor-Liganden. Metallverbindungen mit dem CO-Molekül werden Metallcarbonyle oder kurz Carbonylkomplexe genannt. In vielen Metallcarbonylen kann die Stöchiometrie durch die 18-Valenzelektronenregel erklärt und vorhergesagt werden. Kohlenstoffmonoxid ist ein 2-Elektronen-Donorligand. Die CO-Gruppe bindet über das Kohlenstoffatom an das Metallatom. Metallcarbonyle sind strukturell interessant, von bindungstheoretischem Interesse und vor allem wegen ihrer katalytischen Wirkung technisch wichtig. Carbonylverbindungen sind aktive homogene oder heterogene Katalysatoren bei vielen großtechnischen Verfahren wie dem Monsanto-Essigsäureverfahren, der Hydroformylierung oder der Fischer-Tropsch-Synthese (s. Abschn. 4.4). Carbonylkomplexe und ihre Chemie sind im Wesentlichen auf die Übergangsmetalle oder d-Elemente als Zentralatome beschränkt. Kohlenstoffmonoxid vermag, die Übergangsmetalle in niedrigen, sogar negativen Oxidationsstufen zu stabilisieren. Für die Hauptgruppenmetalle, die Lanthanoide und Actinoide gibt es nur vereinzelte Beispiele für Metall–CO-Bindungen. Zu Erdalkali-Carbonyl-komplexen $M(CO)_8$ und $[M(CO)_8]^+$ mit M = Ca, Sr und Ba siehe Abschn. 4.2.2.

Geschichtliches. Als erstes Metallcarbonyl wurde Nickeltetracarbonyl, $Ni(CO)_4$, 1888 durch Mond und Langer entdeckt. Langer versuchte Wasserstoff von Kohlenstoffmonoxid zu reinigen und beobachtete, dass CO mit grüner Flamme brannte, wenn es vorher über Nickel geleitet worden war. Es zeigte sich dann, dass dieses Gas Nickeltetracarbonyl enthielt, welches sich beim Überleiten von CO über fein verteiltes Nickel bildet. Aus dieser Zufallsentdeckung wurde das Mond-Verfahren zur Reinigung von Nickel entwickelt. Nickeltetracarbonyl zerfällt bei thermischer Belastung unter Umkehrung seiner Bildung. Im Jahr 1891 wurde Eisenpentacarbonyl, $Fe(CO)_5$, entdeckt, welches gleichfalls aus dem Metall und Kohlenstoffmonoxid gebildet werden kann.

Ab 1928 setzte eine intensive Erforschung der Metallcarbonyle durch Walter Hieber in Würzburg, später in München ein. Diese Untersuchungen erschlossen eine neue Chemie mit Metallatomen in der Oxidationsstufe null.

4.3.1.1 Binäre Metallcarbonyle – Synthesen, Strukturen, Eigenschaften

Die meisten Übergangsmetalle können mit Kohlenstoffmonoxid isolierbare Verbindungen bilden, die nur aus dem Metall und CO-Liganden aufgebaut sind, daher die Bezeichnung binär. Ausnahmen sind die Metalle der 4. Gruppe (Ti, Zr, Hf), die schwereren Metalle der 5. und 10. Gruppe (Nb, Ta und Pd, Pt) und die Münzmetalle (Cu, Ag, Au). Auf die Gründe, weshalb von den genannten Metallen unter Standardbedingungen keine binären Carbonyle existieren, wird weiter unten eingegangen. Bei den Carbonylkomplexen unterscheidet man oft zwischen einkernigen und mehrkernigen Verbindungen. Da CO ein Elektronenpaar liefert, können binäre **einkernige Verbindungen** gemäß der 18-Elektronenregel eigentlich nur von Metallen mit gerader (Valenz-)Elektronenzahl gebildet werden, also von den Elementen der Chrom- und Eisentriade sowie von Nickel (6., 8. und 10. Gruppe). Eine Ausnahme ist Vanadium, von dem es eine 17-Valenzelektronen-Spezies, das Vanadiumhexacarbonyl, gibt. Dieses $V(CO)_6$-Radikal nimmt jedoch bereitwillig ein Elektron auf, lässt sich also leicht zum stabileren Hexacarbonylvanadat(–1)-Anion reduzieren. Allgemein treten die zunächst merkwürdig anmutenden negativen Oxidationsstufen, hier –1 für ein Metallatom in Carbonylmetallaten auf (Abschn. 4.3.1.3). Metalle mit einer ungeraden Elektronenzahl aus der Mangan- und Cobalttriade (7. und 9. Gruppe) bilden **zwei- und mehrkernige Carbonylcluster**. Es werden Metall-Metall-Bindungen gebildet, womit die Metallatome jeweils die 18-Valenzelektronenkonfiguration erreichen. Die oktaedrische Ligandenumgebung verhindert beim $V(CO)_6$ eine Dimerisierung. Tab. 4.7 und 4.8 geben eine vergleichende Übersicht zu den binären ein- und mehrkernigen Metallcarbonylen. Die Bildung mehrkerniger Carbonyle ist auf die Gruppen 7 bis 9 beschränkt. Die Eisentriade ist die einzige Gruppe, in der ein- und mehrkernige Carbonyle gebildet werden. Die einkernigen Carbonyle in der Gruppe 8 mit der Formel $M(CO)_5$ genügen der 18-Valenzelektronenregel. Sie besitzen jedoch die ungünstige Koordinationszahl 5. Mit der Bildung mehrkerniger Carbonyle erreichen das Eisenatom und seine Homologen die Koordinationszahl 6.

Darstellungen der binären Metallcarbonyle

(a) **Direkte Reaktion zwischen Metall und CO.** Dieses ist die älteste Darstellungsmethode. Der erste Carbonylkomplex, das Nickeltetracarbonyl, wurde auf diese Weise erhalten. Die Umsetzung von aktiviertem Metall, d. h. in einer genügend feinen Verteilung mit Kohlenstoffmonoxid bei erhöhter Temperatur ohne oder mit gleichzeitiger Anwendung von Druck ergibt aber nur im Fall von Nickel, Cobalt und Eisen die Carbonyle $Ni(CO)_4$, $Co_2(CO)_8$ und $Fe(CO)_5$:

Tab. 4.7: Binäre einkernige Metallcarbonyle.

Gruppe 4 Ti, Zr, Hf	Gruppe 5 V, Nb, Ta	Gruppe 6 Cr, Mo, W	Gruppe 7 Mn, Tc, Re	Gruppe 8 Fe, Ru, Os	Gruppe 9 Co, Rh, Ir	Gruppe 10 Ni, Pd, Pt	Gruppe 11 Cu, Ag, Au
unter Normalbedingungen werden keine binären Carbonyle gebildet[a]	$V(CO)_6$ von Niob und Tantal kennt man unter Normalbedingungen keine binären Carbonyle	$Cr(CO)_6$ $Mo(CO)_6$ $W(CO)_6$		$Fe(CO)_5$ $Ru(CO)_5$ $Os(CO)_5$		$Ni(CO)_4$ von Palladium und Platin kennt man unter Normalbedingungen keine binären Carbonyle	unter Normalbedingungen werden keine binären Carbonyle gebildet[b]
allgemeine Eigenschaften:	$V(CO)_6$ bildet schwarze Kristalle, Zersetzung bei −70 °C, sublimiert im Vakuum	farblose Kristalle, sublimieren im Vakuum		gelbe bis farblose Flüssigkeiten mit Schmelzpunkten um −20 °C		farblose Flüssigkeit, Schmelzpunkt −25 °C	
Struktur:	oktaedrisch	oktaedrisch		trigonal-bipyramidal		tetraedrisch	

[a] In der Matrix hat man ein $Ti(CO)_6$ nachgewiesen.

[b] Bei den Münzmetallen sind in der Argonmatrix die folgenden einkernigen Carbonyle belegt: $Cu(CO)_3$ (17-VE-Komplex), $Ag(CO)_n$ (n = 1–3), $Au(CO)_n$ (n = 1, 2).

Tab. 4.8: Binäre mehrkernige Metallcarbonyle.

Gruppe 4 Ti, Zr, Hf	**Gruppe 5 V, Nb, Ta**	**Gruppe 6 Cr, Mo, W**	**Gruppe 7 Mn, Tc, Re**	**Gruppe 8 Fe, Ru, Os**	**Gruppe 9 Co, Rh, Ir**	**Gruppe 10 Ni, Pd, Pt**	**Gruppe 11 Cu, Ag, Au**
unter Normalbedingungen werden keine binären Carbonyle gebildet	keine binären mehrkernigen Carbonyle bekannt	keine binären mehrkernigen Carbonyle bekannt	$Mn_2(CO)_{10}$ $Tc_2(CO)_{10}$ $Re_2(CO)_{10}$	$Fe_2(CO)_9$, $Fe_3(CO)_{12}$ $Ru_2(CO)_9$ $Ru_3(CO)_{12}$ $Os_2(CO)_9$ $Os_3(CO)_{12}$	$Co_2(CO)_8$, $Co_4(CO)_{12}$ $Rh_4(CO)_{12}$, $Rh_6(CO)_{16}$ $Ir_4(CO)_{12}$	keine binären mehrkernigen Carbonyle bekannt	unter Normalbedingungen werden keine binären Carbonyle gebildet
allgemeine Eigenschaften:			gelbe bis weiße Feststoffe mit Schmelzpunkten zwischen 154 und 177 °C	$Fe_2(CO)_9$: glänzende, goldene Plättchen; $Ru_2(CO)_9$ und $Os_2(CO)_9$ orange und leicht zersetzlich			

Anmerkung zu Tab. 4.7 und 4.8: Bei Metallen ohne neutrale binäre Metallcarbonyle kennt man allerdings reduzierte homoleptische Carbonylmetallate

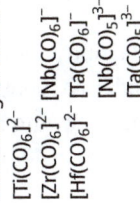

$[Ti(CO)_6]^{2-}$

$[Zr(CO)_6]^{2-}$ $[Nb(CO)_6]^-$

$[Hf(CO)_6]^{2-}$ $[Ta(CO)_6]^-$

$[Nb(CO)_5]^{3-}$

$[Ta(CO)_5]^{3-}$

oder homoleptische Carbonylkomplex-Kationen (s. Abschn. 4.3.1.2):

$[Cu(CO)_{1-4}]^+$

$[Pd(CO)_4]^{2+}$ $[Ag(CO)_{1-3}]^+$

$[Pt(CO)_4]^{2+}$ $[Au(CO)_2]^+$

$$\mathrm{Ni + 4\,CO \xrightleftharpoons[\text{(drucklos)}]{80\,^\circ C} Ni(CO)_4}\quad \text{(Mond-Verfahren)}$$

$$\mathrm{2\,Co + 8\,CO \xrightarrow[\text{CO-Druck}]{150\text{-}200\,^\circ C} Co_2(CO)_8}$$

$$\mathrm{Fe + 5\,CO \xrightarrow[\text{CO-Druck}]{150\text{-}200\,^\circ C} Fe(CO)_5}$$

(b) **Reduktion von Metallsalzen in Gegenwart von CO (reduktive Carbonylierung).** Dieser Reaktionstyp ist für jede Carbonylverbindung unter jeweils speziellen Bedingungen möglich. Kohlenstoffmonoxid kann dabei selbst als Reduktionsmittel wirken, wie die Darstellung von $Re_2(CO)_{10}$ und $Ru(CO)_5$ zeigt:

$$\mathrm{Re_2O_7 + 17\,CO \longrightarrow Re_2(CO)_{10} + 7\,CO_2}$$

$$\mathrm{2\,RuI_3 + 13\,CO \longrightarrow 2\,Ru(CO)_5 + 3\,COI_2(\longrightarrow CO + I_2)}$$

Eine Reduktion von Hexaamminnickel(II) mit CO zu $Ni(CO)_4$ ist in wässriger Lösung möglich:

$$\mathrm{[Ni(NH_3)_6]^{2+} + 5\,CO + 2\,H_2O \longrightarrow Ni(CO)_4 + (NH_4)_2CO_3 + 2\,NH_4^+ + 2\,NH_3}$$

Für Reduktionen in wässrigen Systemen eignet sich auch Dithionit, $S_2O_4^{2-}$:

$$\mathrm{Ni^{2+} + S_2O_4^{2-} + 4\,OH^- + 4\,CO \longrightarrow Ni(CO)_4 + 2\,SO_3^{2-} + 2\,H_2O}$$

Die Synthese der Hexacarbonyle der 6. Gruppe gelingt durch Reduktion der Metalltrichloride mit Aluminiumpulver in Gegenwart von Kohlenstoffmonoxid:

$$\mathrm{CrCl_3 + Al + 6\,CO \xrightarrow[\substack{\text{300 bar CO}\\ \text{Benzol}}]{140\,^\circ C} Cr(CO)_6 + AlCl_3}$$

Weitere Reduktionsmittel sind z. B. Zinkorganyle

$$\mathrm{2\,MnI_2 + 2\,ZnR_2 + 10\,CO \longrightarrow Mn_2(CO)_{10} + 2\,ZnI_2 + 2\,R\text{–}R}$$

und Wasserstoff:

$$\mathrm{10\,RhCl_3(H_2O)_3 + 28\,CO + 15\,H_2 \longrightarrow Rh_4(CO)_{12} + Rh_6(CO)_{16} + 30\,HCl + 30\,H_2O}$$

(c) **Oxidation von Carbonylmetallaten und Carbonylhydriden.** In einigen Fällen sind Carbonylmetallate oder Carbonylhydride (Abschn. 4.3.1.3) durch direkte Synthesen gut zugänglich und können für die Darstellung der binären Metallcarbonyle genutzt werden. Beispiele finden sich in der elektrochemischen Oxidation von $Co(CO)_4^-$ zu Dicobaltoctacarbonyl

$$2\,Co(CO)_4^- \xrightarrow{\text{Elektrolyse}} Co_2(CO)_8 + 2\,e^-$$

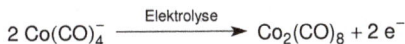

und in der thermisch induzierten Eliminierung von Wasserstoff aus $HV(CO)_6$:

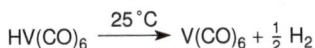

$$HV(CO)_6 \xrightarrow{25\,^\circ C} V(CO)_6 + \tfrac{1}{2}\,H_2$$

(d) Thermische oder photochemische **Umwandlung einkerniger in mehrkernige Carbonyle.** Die einkernigen Metallcarbonyle von Eisen, Ruthenium und Osmium reagieren bei Einwirkung von Licht- oder thermischer Energie unter Bildung der höhernuklearen Cluster, z. B. $Fe(CO)_5$, zu Dieisennona- und Trieisendodecacarbonyl:

$$6\,Fe(CO)_5 \xrightarrow[-3CO]{h\nu\,(UV)} 3\,Fe_2(CO)_9 \longrightarrow Fe_3(CO)_{12} + 3\,Fe(CO)_5$$

Die Photo- oder Thermolyse eines Metallcarbonyl-Gemischs kann für die Bildung heteronuklearer mehrkerniger Metallcarbonyle genutzt werden:

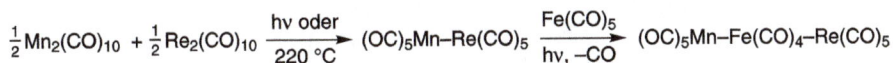

$$\tfrac{1}{2}Mn_2(CO)_{10} + \tfrac{1}{2}Re_2(CO)_{10} \xrightarrow[220\,^\circ C]{h\nu\text{ oder}} (OC)_5Mn{-}Re(CO)_5 \xrightarrow[h\nu,\,-CO]{Fe(CO)_5} (OC)_5Mn{-}Fe(CO)_4{-}Re(CO)_5$$

(e) **Kopplungsreaktion zwischen Metallcarbonylhalogeniden und Carbonylmetallaten.** Durch diese Reaktion sind gemischte mehrkernige Metallcarbonyle zugänglich:

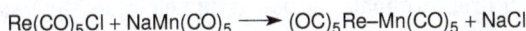

$$Re(CO)_5Cl + NaMn(CO)_5 \longrightarrow (OC)_5Re{-}Mn(CO)_5 + NaCl$$

Molekülstrukturen der binären Metallcarbonyle

Die einkernigen Carbonyle zeigen die erwartete oktaedrische, trigonal-bipyramidale und tetraedrische Koordination für $M(CO)_6$, $M(CO)_5$ und $Ni(CO)_4$. (Zu achtfach-koordinierten Erdalkali-Carbonylen $M(CO)_8$ mit M = Ca, Sr und Ba siehe Abschn. 4.2.2).

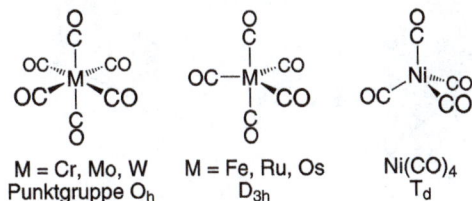

Beim Dimangandecacarbonyl und seinen Homologen $M_2(CO)_{10}$ liegen unverbrückte Metallhanteln vor. Jedes Metallatom ist von fünf Carbonylliganden und dem anderen Metallatom koordiniert. Im Festkörper besteht eine gestaffelte Anordnung der jeweils vier äquatorialen CO-Liganden zueinander.

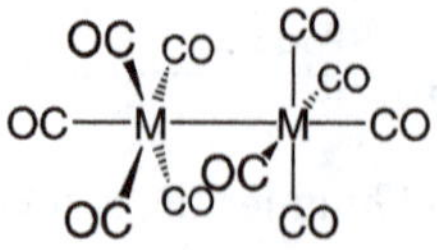

M = Mn, Tc, Re
D_{4d}

In der Eisentriade findet man für die mehrkernigen Cluster zwei- und dreikernige Strukturen. Von den zweikernigen $M_2(CO)_9$-Verbindungen ist nur das Dieisennona- (oder -ennea-)carbonyl, $Fe_2(CO)_9$, genauer strukturell charakterisiert. Drei CO-Brücken verknüpfen hier die beiden Eisenatome, von denen jedes noch drei terminale CO-Liganden trägt. Das Vorliegen der Fe–Fe-Bindung war lange Zeit Gegenstand von Diskussionen. Die $Fe_2(CO)_9$-Struktur kann als flächenverknüpftes Di-Oktaeder betrachtet werden.

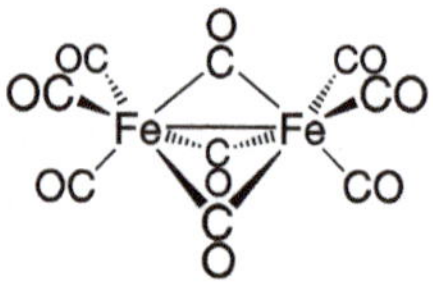

$Fe_2(CO)_9$
D_{3h}

Den dreikernigen Carbonylen $M_3(CO)_{12}$ der Eisentriade ist ein Dreieck aus den Metallatomen als Fragment gemeinsam. Im Trieisendodecacarbonyl, $Fe_3(CO)_{12}$, ist eine der drei Fe–Fe-Bindungen durch zwei CO-Liganden überbrückt. Die betreffenden Eisenatome haben nur noch drei terminale Carbonylgruppen. Man kann sich diese Struktur vom $Fe_2(CO)_9$ durch Ersatz einer der CO-Brücken mit einer >$Fe(CO)_4$-Gruppe ableiten. Es liegen zwei verschiedene Eisenatome im Verhältnis 2:1 vor. Ein erster Hinweis auf diese Struktur wurde durch die ^{57}Fe-Mößbauer-Spektroskopie gegeben, mit der die unterschiedlichen Eisenatome detektiert werden konnten. Bei Ruthenium und Osmium liegen nur unverbrückte Metall-Metall-Bindungen vor, und entsprechend trägt jedes Metallatom vier terminale CO-Liganden.

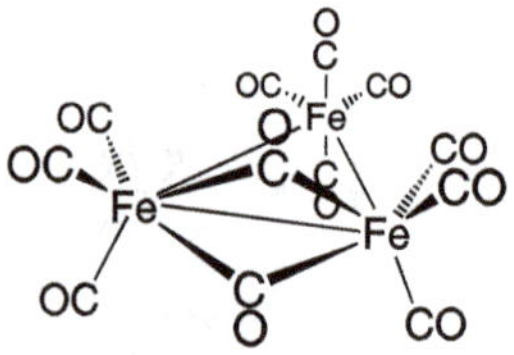

$Fe_3(CO)_{12}$
C_{2v}

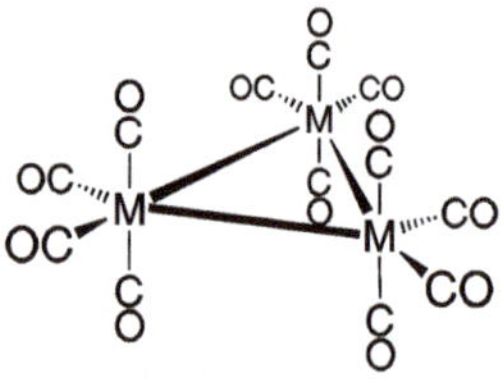

$M_3(CO)_{12}$, M = Ru, Os
D_{3h}

Dicobaltoctacarbonyl, $Co_2(CO)_8$, ist die einzige zweikernige Verbindung aus seiner Gruppe und weist zwei Strukturen auf, die miteinander im Gleichgewicht stehen. Die verbrückte Festkörperstruktur kann man aus $Fe_2(CO)_9$ durch Entfernen einer Carbonylbrücke abgeleitet denken. In der Gasphase liegt nur die unverbrückte Struktur mit trigonal-bipyramidaler Fünffachkoordination an jedem Cobaltatom vor.

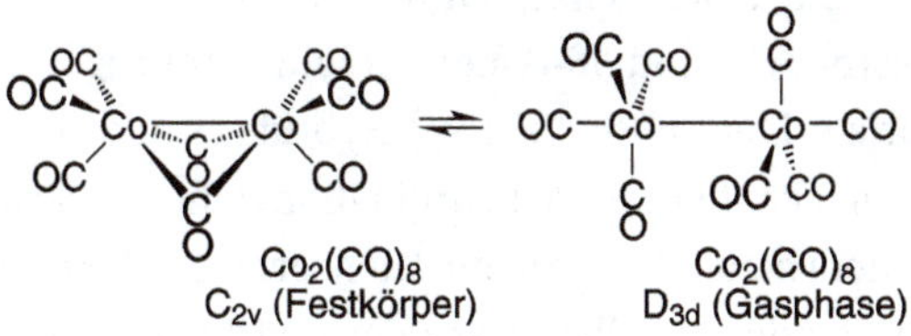

$Co_2(CO)_8$ C_{2v} (Festkörper) ⇌ $Co_2(CO)_8$ D_{3d} (Gasphase)

Bei den vierkernigen Tetrametalldodecacarbonyl-Clustern bilden die Metallatome ein Tetraeder. Im Festkörper findet man für $Co_4(CO)_{12}$ und $Rh_4(CO)_{12}$ C_{3v}-symmetrische Strukturen. Drei Kanten einer Metall-Tetraederfläche sind von insgesamt drei CO-Liganden überbrückt. Es ergeben sich zwei verschieden koordinierte Metallatome im Verhältnis 3:1. Beim Tetrairidiumdodecacarbonyl, $Ir_4(CO)_{12}$, liegt die hochsymmetrische tetraedrische Struktur mit ausschließlich terminalen Carbonylliganden vor.

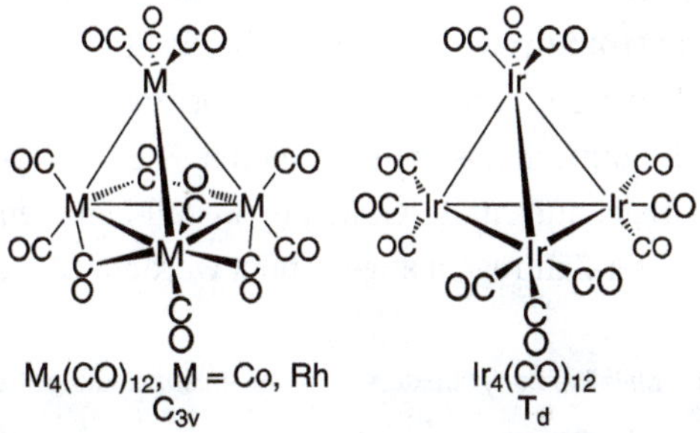

$M_4(CO)_{12}$, M = Co, Rh C_{3v}

$Ir_4(CO)_{12}$ T_d

Im hexanuklearen Carbonylcluster $Rh_6(CO)_{16}$ bilden die sechs Rhodiumatome einen Oktaeder und jedes Rhodiumatom trägt zwei terminale CO-Liganden. Die verbleibenden vier CO-Gruppen überdachen vier Oktaederflächen, wobei sie die Ecken eines gedachten Tetraeders besetzen.

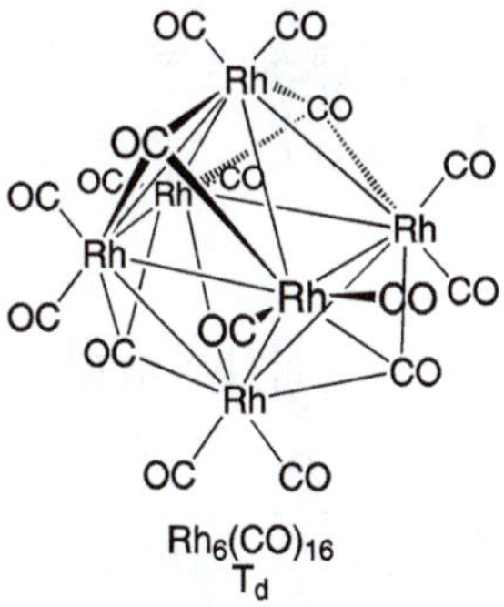

$Rh_6(CO)_{16}$ T_d

Elektronische Struktur der binären Metallcarbonyle

Die polyedrischen Strukturen der Metallcarbonyle können je nach Clustergröße und Fragestellung mit verschiedenen Konzepten gedeutet werden.

Valenzbindungstheorie und 18-(Valenz-)Elektronenregel (s. Abschn. 3.9.1 und 3.10.3). Die VB-Theorie erlaubt über die $d^x sp^y$-Hybridisierung eine rasche Korrelation von d^n-Valenzelektronenkonfiguration, Koordinationszahl und Struktur der Metallcarbonyle. Jedes Metallatom benutzt seine neun Valenzorbitale. Für ein stabiles Metallcarbonyl muss die Summe aus den Metall-d-Elektronen und den Elektronen der CO-Liganden 18 betragen. Jeder CO-Ligand steuert 2 Elektronen bei. Die Koordinationszahl folgt aus der 18-Elektronenregel. Die 18-Elektronenregel lässt sich gut auf Carbonyl- u. ä. Komplexe mit starken σ-Donor- (CN^-, H^-) oder π-Akzeptorliganden (CO, NO^+, organische π-Liganden) anwenden. In derartigen Komplexen liegen die antibindenden d_{σ^*}-Orbitale energetisch hoch und sind wahrscheinlich unbesetzt. Die bei π-Akzeptorliganden bindenden d_π-Orbitale liegen bei relativ niedriger Energie und müssen in einem stabilen Komplex besetzt sein. **Kleinere Metallcarbonylcluster $M_a(CO)_b$ mit a ≤ 5 folgen gut der 18-Elektronenregel.** Die Metall-Gerüstatome werden in diesen kleineren Metallcarbonylclustern nach der VB-Theorie durch 2-Zentren/2-Elektronen-(2Z/2E-)Metall–Metall-Bindungen zusammengehalten. Für $a \geq 6$ gibt es Abweichungen von der 18-Elektronenregel aufgrund von Metall–Metall-Mehrzentrenbindungen, und es müssen spezielle Cluster-Zählregeln angewendet werden.

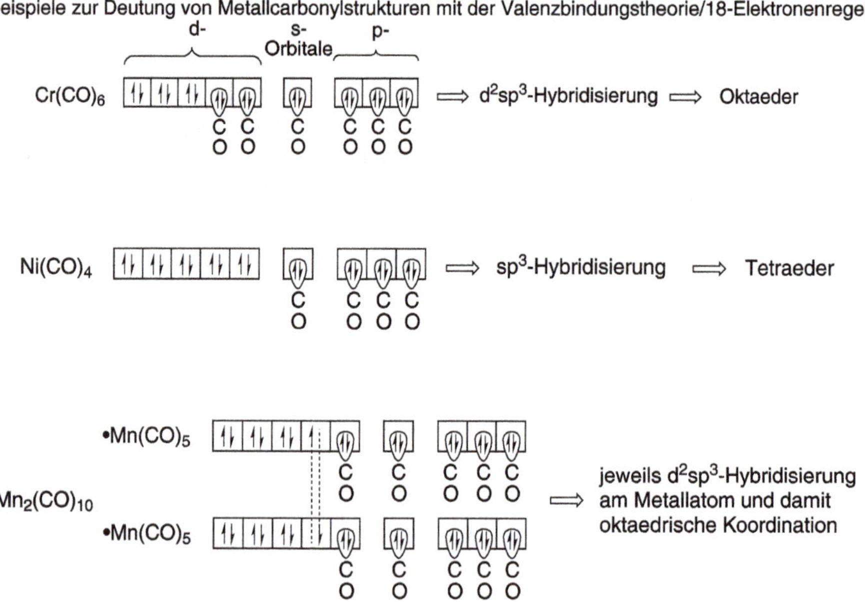

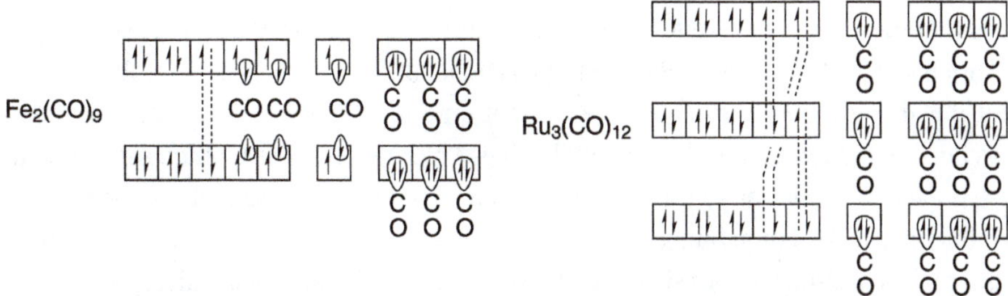

Ebenfalls noch mit dem VB-Konzept/18-Elektronenregel zu beschreiben sind die vierkernigen Metallcluster der Cobaltgruppe. Der Leser möge eine solche Beschreibung einmal selber versuchen. Vielleicht wird man an dieser Stelle einwenden, dass für die Anwendung der 18-Elektronenregel die zugrunde liegende Metallfragmentstruktur ja bereits bekannt sein muss. Dem ist jedoch nicht so, wie folgende Rechnung für die vierkernigen Cluster zeigen soll: In den Metallcarbonylen $M_4(CO)_{12}$ (M = Co, Rh, Ir) tragen die zwölf CO-Liganden 24 Elektronen zur Gesamtbilanz bei. Die vier d^9-Metallatome liefern 36 Elektronen. Von der Summe von 60 Elektronen fehlen aber noch 12 Elektronen zu den für vier Metallatome benötigten (4 × 18 =) 72 Elektronen. Die fehlenden 12 Elektronen müssen sich aus der Teilung zwischen den Metallatomen in Form von Metall–Metall-Bindungen ergeben. Wenn jede Metall–Metall-Bindung zwei Elektronen enthält, entspricht dies 6 Metall–Metall-Bindungen, wie sie zum Beispiel im Tetraeder vorliegen.

$M_4(CO)_{12}$ (M = Co, Rh, Ir)		
12 CO × 2 e^-	24 e^-	
+4 M × 9 e^-	36 e^-	
	60 e^-	
benötigt werden 4 M × 18 e^- =	72 e^-	
	−12 e^-	: 2 = 6 M–M-Bindungen

Die VB-Methode/18-Elektronenregel scheitert aber z. B. beim sechskernigen $Rh_6(CO)_{16}$-Cluster. Eine analoge Rechnung ergibt nämlich 11 M–M-Bindungen. Der Rh-Oktaeder wäre aber mit 12 lokalisierten 2Z/2E-M–M-Bindungen zu beschreiben. Ursache ist das Vorliegen delokalisierter Metall–Metall-Bindungen. Diese Clusterstruktur ist also mit der 18-Valenzelektronenregel oder dem VB-Konzept nicht mehr zu deuten. Allgemein ist die 18-Elektronenregel für Carbonylcluster mit mehr als fünf Metallatomen ungeeignet. Die 18-Elektronenregel erlaubt auch keine Voraussage hinsichtlich der Anordnung der Carbonylliganden um das Metallgerüst. Strukturen mit verbrückenden und mit ausschließlich terminalen CO-Gruppen werden identisch beschrieben.

$Rh_6(CO)_{16}$		
16 CO × 2 e^- =	32 e^-	
+6 M × 9 e^- =	54 e^-	
	86 e^-	
benötigt werden 6 M × 18 e^- =	108 e^-	
	−22 e^-	: 2 = 11 M–M-Bindungen

Isolobalanalogie. Ein zweiter Ansatzpunkt zur Deutung der Carbonylcluster ergibt sich aus der MO-Theorie im Rahmen der Isolobalanalogie. Der Begriff „isolobal“ geht auf Roald Hoffmann zurück und bezeichnet eine Ähnlichkeit in den Grenzorbitalen zweier Fragmente. Da die Grenzorbitale eines Fragmentes seine Chemie sehr wesentlich prägen, kann sich aus der isolobalen Beziehung eine Verwandtschaft im chemischen Verhalten und in den gebildeten Strukturen ergeben. Bei den Fragmenten, die zueinander isolobal sind, kann es sich um offenschalige, in Substanz nicht existente Teilchen oder um stabile Moleküle handeln.

Definition: Zwei Fragmente sind isolobal, wenn *Anzahl, Symmetrieeigenschaften, ungefähre Energie und Gestalt ihrer Grenzorbitale* sowie die *Anzahl der Elektronen* in diesen *ähnlich* sind – nicht gleich, aber ähnlich.

Eine Isolobalbeziehung wird durch einen zweiköpfigen Pfeil mit einem in der Mitte hängenden halben Orbital symbolisiert.

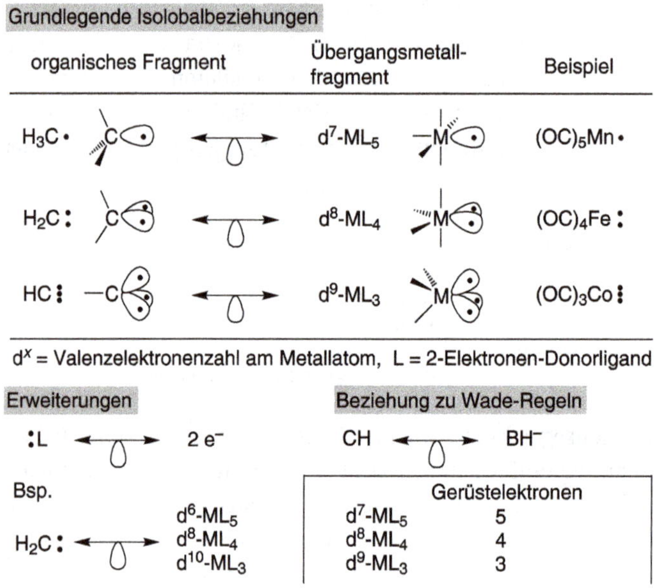

Grundlegende Isolobalbeziehungen

organisches Fragment		Übergangsmetall-fragment	Beispiel
$H_3C\cdot$	⟷	d^7-ML_5	$(OC)_5Mn\cdot$
$H_2C:$	⟷	d^8-ML_4	$(OC)_4Fe:$
$HC\vdots$	⟷	d^9-ML_3	$(OC)_3Co\vdots$

d^x = Valenzelektronenzahl am Metallatom, L = 2-Elektronen-Donorligand

Erweiterungen

:L ⟷ 2 e⁻

Bsp.

$H_2C:$ ⟷ d^6-ML_5, d^8-ML_4, d^{10}-ML_3

Beziehung zu Wade-Regeln

CH ⟷ BH^-

	Gerüstelektronen
d^7-ML_5	5
d^8-ML_4	4
d^9-ML_3	3

Wade-Regeln

Zunächst wird die Zahl der Gerüstelektronen oder -paare n' ermittelt:

– jede :B–H-Einheit liefert 2 Gerüstelektronen	:B–H	$\longrightarrow 2\,e^-$
– jede ∴C–H-Gruppe liefert 3 Gerüstelektronen	∴ C–H	$\longrightarrow 3\,e^-$
– jedes zusätzliche H-Atom liefert 1 Gerüstelektron	˙H	$\longrightarrow 1\,e^-$
– Ionenladungen *c*– sind zusätzlich zu berücksichtigen	*c*–	$\longrightarrow c\,e^-$

(Zahl der Gerüstelektronen): 2 = Zahl der Gerüstelektronenpaare n'

Zahl der Bor-, Kohlenstoff- oder Metallatome = Gerüstatome n

Vergleich Gerüst-elektronenpaare		Gerüstatome	Strukturtyp	Strukturgeometrie
n'	=	$n-1$	–	(n – 2)-Eck-Polyeder, 2 Flächen überdacht
n'	=	n	–	(n – 1)-Eck-Polyeder, 1 Fläche überdacht
n'	=	$n+1$	closo	n-Eck-Polyeder, 0 Ecken frei
n'	=	$n+2$	nido	(n + 1)-Eck-Polyeder, 1 Ecke frei
n'	=	$n+3$	arachno	(n + 2)-Eck-Polyeder, 2 Ecken frei
n'	=	$n+4$	hypo	(n + 3)-Eck-Polyeder, 3 Ecken frei

Anorganische oder metallorganische Fragmente und Moleküle werden durch die Isolobalanalogie auf organische Teilchen zurückgeführt. Die Isolobalanalogie bildet Brücken zwischen der anorganischen, organischen und metallorganischen Chemie und erlaubt partiell eine einheitliche Betrachtungsweise dieser drei Gebiete. Strukturen von Metallcarbonylclustern werden durch die Verknüpfung mit den Wade-Regeln anhand der Bor-Polyeder in Boranen erklärt.

So kann z. B. die zweikernige $Mn_2(CO)_{10}$-Struktur auf das Ethanmolekül zurückgeführt werden. Auch das gemischte Pentacarbonyl(methyl)mangan ist bekannt:

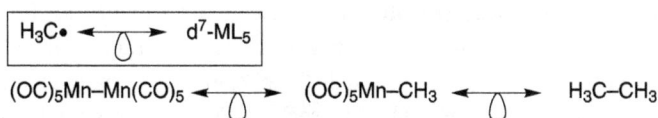

$H_3C\bullet \leftrightarrow d^7\text{-}ML_5$

$(OC)_5Mn–Mn(CO)_5 \leftrightarrow (OC)_5Mn–CH_3 \leftrightarrow H_3C–CH_3$

Die dreikernigen Cluster der Eisentriade sind mit dem Cyclopropan verwandt:

$H_2C: \leftrightarrow d^8\text{-}ML_4$

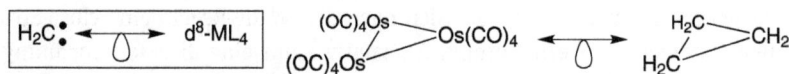

$[(OC)_4Os]_3 \leftrightarrow (H_2C)_3$

Die Metallstruktur der vierkernigen Cluster der Cobaltgruppe kann durch den Vergleich mit dem Tetrahedranmolekül verstanden werden:

$HC\vdots \leftrightarrow d^9\text{-}ML_3$

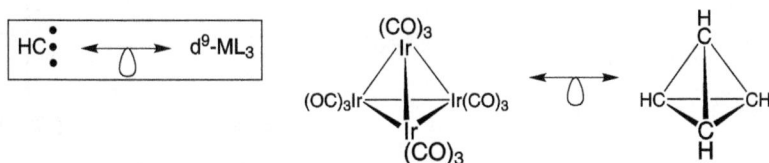

$[Ir(CO)_3]_4 \leftrightarrow (CH)_4$

Anhand dieser Beispiele wird deutlich, dass die Isolobalanalogie zwar das Metallgerüst plausibel machen, für das Auftreten oder Nichtauftreten von Brücken-CO-Liganden aber keine Erklärung bieten kann und hier an Grenzen stößt. Weiterhin ist zu beachten, dass die Isolobalanalogie bezüglich der Stabilität von Metallkomplexen, die sich umgekehrt aus der Vorgabe von organischen Molekülen ableiten lassen, keine Voraussage erlaubt. Ein Beispiel hierfür ist der zweikernige Komplex $(OC)_4Fe{=}Fe(CO)_4$, der sich aus dem Ethylen ableiten lässt, aber lediglich im Rahmen einer Tieftemperaturmatrixisolation erhalten werden konnte. Als CO- oder als $Fe(CO)_4$-Addukt ergeben sich aus diesem

Komplex die bekannten zwei- und dreikernigen Eisencarbonylkomplexe $Fe_2(CO)_9$ und $Fe_3(CO)_{12}$, die dann wiederum zum Cyclopropan und zum Tetracarbonyl(ethylen)eisen isolobal sind:

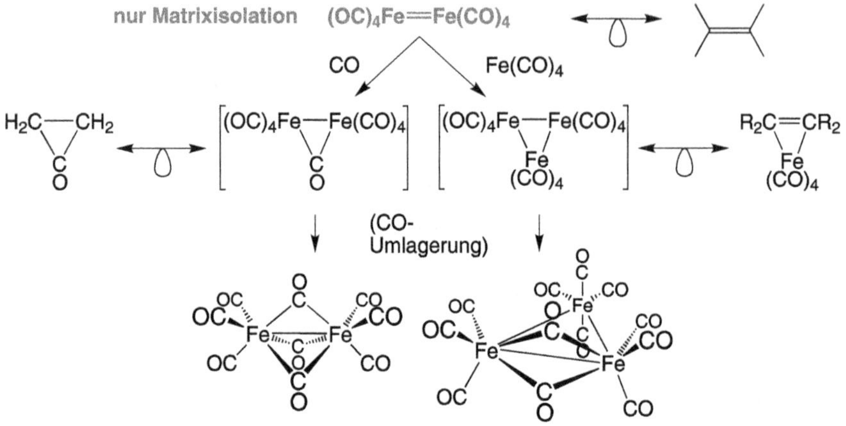

Mit der Isolobalanalogie lässt sich die oktaedrische Struktur des $Rh_6(CO)_{16}$-Clusters verstehen. Über den gegenseitigen Ersatz von 2-Elektronen-Donorliganden (L) und Metallelektronenpaaren ($2e^-$) wird zunächst die Zahl der Carbonylliganden auf 18 gebracht, sodass der Cluster gedanklich in sechs d^9-$Rh(CO)_3$-Fragmente aufgespalten werden kann, die zur CH-Gruppe isolobal sind. Mittels der Isolobalbeziehung zwischen CH-Gruppe und BH^--Fragment kann dann der $Rh_6(CO)_{16}$-Cluster auf das Boranation $B_6H_6^{2-}$ zurückgeführt werden, für das sich nach den Wade-Regeln eine closo-Struktur mit einem Oktaeder als Gerüst ergibt. Alternativ kann eine direkte Zuordnung von $Rh(CO)_x$-Fragmenten (x = 2, 3) zu Gerüstelektronen erfolgen.

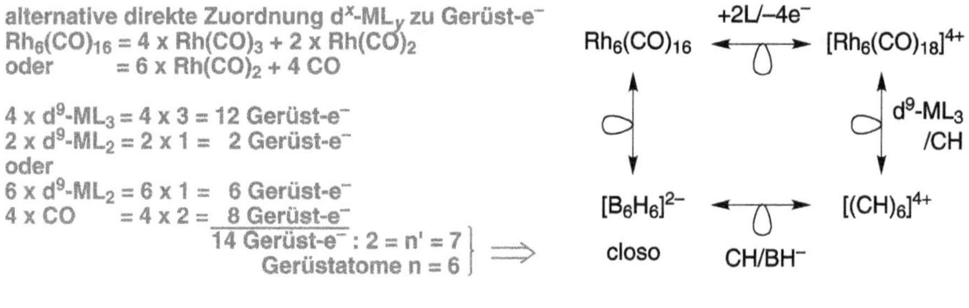

Konzept der Liganden-Polyeder. Ein Ansatz zur Erklärung für eine verbrückende oder ausschließlich terminale Anordnung der CO-Liganden könnte in den Größenunterschieden der Metallatome liegen. Die einfache Annahme, dass Ruthenium-, Osmium- und Iridiumatome zu groß sind und die Metall–Metall-Bindung zu lang, um durch CO überbrückt werden zu können, greift aber zu kurz. Man kennt zahlreiche Verbindungen mit CO-überbrückten Rh–Rh-, Os–Os- und Ir–Ir-Bindungen, darunter solche mit zu $Fe_3(CO)_{12}$ und $Co_4(CO)_{12}$ ähnlichen Strukturen:

Beispiele für CO-überbrückte M–M-Bindungen, M = Ru, Os, Ir

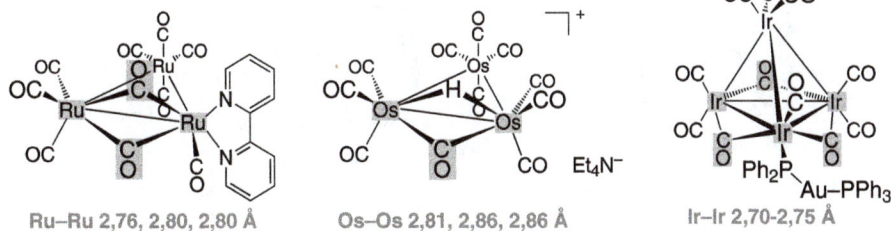

Ru–Ru 2,76, 2,80, 2,80 Å   Os–Os 2,81, 2,86, 2,86 Å   Ir–Ir 2,70-2,75 Å

Den bisherigen Erklärungsansätzen mit der 18-(Valenz-)Elektronenregel oder der Isolobalanalogie war gemeinsam, dass die Struktur ausgehend von den Metall-Polyedern betrachtet wurde. Eine alternative Sicht zum Aufbau mehrkerniger Metallcarbonyle geht über die Liganden-Polyeder und beruht auf folgenden Annahmen:

- Die Geometrie der Ligandenhülle und damit die Verteilung der verbrückenden und terminalen Carbonylliganden wird bestimmt durch vergleichsweise schwache, nichtbindende Ligand⟵⟶Ligand-Wechselwirkungen (inter-Carbonyl-Abstoßungen; der effektive CO-Radius beträgt 3,0 Å).
- Bei der Anordnung der Ligandenhülle wird der Raumbedarf des zentralen M_n-Gerüsts berücksichtigt.
- Die Grundzustandsstruktur wird *nicht* durch starke gerichtete Metall–Ligand-Bindungen bestimmt.

Die CO-Liganden in den binären Carbonylclustern besetzen Positionen, die in guter Näherung, also bei nur geringer Verzerrung den Ecken von regulären oder halbregulären Polyedern entsprechen. Polyederdarstellungen sind in Abb. 4.3 den konventionellen Kugel-Stab-Darstellungen gegenübergestellt. Bei $Mn_2(CO)_{10}$ bilden die CO-Liganden ein zweifach überdachtes quadratisches Antiprisma, bei $Fe_2(CO)_9$ ein dreifach überdachtes (überkapptes) trigonales Prisma. Die optimale Anordnung von 12 Liganden auf einer Kugeloberfläche (unter Minimierung der Ligandenwechselwirkungen) ist das Ikosaeder. Etwas weniger günstig sind das Anti-Cuboktaeder oder das Cuboktaeder. Bei den kleineren Clustern $Fe_3(CO)_{12}$ und $M_4(CO)_{12}$ (M = Co, Rh) sind die sterischen Wechselwirkungen der CO-Liganden stärker bestimmend, sodass hier das Ikosaeder ausgebildet wird. Bei den größeren Clustern $M_3(CO)_{12}$ (M = Ru, Os) und $Ir_4(CO)_{12}$ mit mehr Platz auf der Kugeloberfläche des Metallclusters sind die sterischen CO-Wechselwirkungen weniger wichtig, und die Ligandenhüllen können den weniger günstigen anti-cuboktaedrischen Typ einnehmen. Allgemein zeigt sich, dass mit zunehmender Größe der zentralen M_n-Metallclustereinheit sterisch weniger günstige, d. h. weniger dicht gepackte Carbonyl-Polyeder ausgebildet werden. In das Carbonyl-Polyeder wird die Metallclustereinheit entsprechend ihrem Raumbedarf eingebettet.

Zwischen verbrückter und unverbrückter Form bestehen nur geringe Energieunterschiede, was durch den beobachteten stereochemisch fluktuierenden Charakter von Carbonylclustern in Lösung gestützt wird. Aus NMR-Untersuchungen an ^{13}CO-

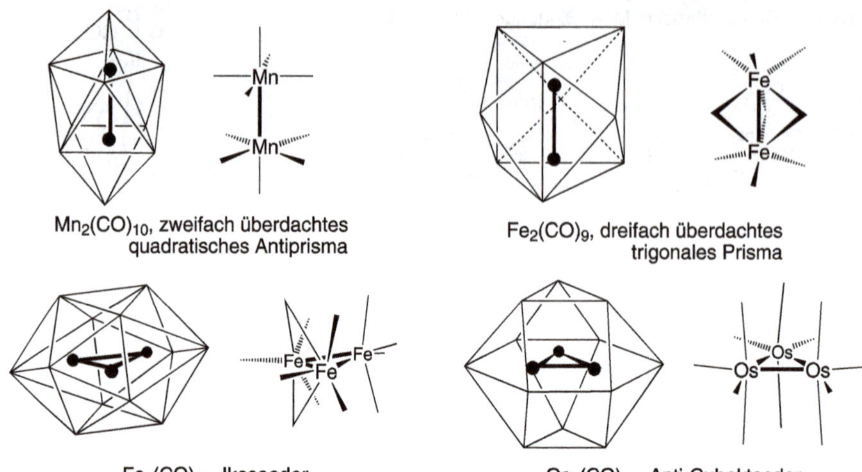

Abb. 4.3: Vergleich der Liganden-Polyeder und räumlichen Strich-Darstellungen von Metallcarbonylclustern zur Deutung von verbrückenden und terminalen CO-Ligandenanordnungen. In den Polyedern sind die Metallatome als schwarze Kugeln angedeutet. Bei beiden Darstellungen wurden die CO-Moleküle aus Gründen der Übersichtlichkeit weggelassen, sie befinden sich an den Ecken der Polyeder bzw. an den Spitzen der vom Metallatom ausgehenden (Bindungs-)Striche.

markierten Carbonylclustern wurde eine Aktivierungsenergie von etwa 50 kJ/mol für CO-Wanderungen über Teile oder den ganzen Cluster abgeleitet. Zusätzliche Strukturen sind also bei angeregten Zuständen zugänglich.

Metallcarbonylcluster mit mehr als sechs Metallatomen. Die vorstehenden drei Konzepte zur Deutung der Strukturen von Metallcarbonylen sind gut zur Behandlung von Clustern mit etwa bis zu acht Metallatomen geeignet. Bei noch größeren Metallclustern, zum Beispiel $[Rh_{14}(\mu\text{-}CO)_{16}(CO)_9]^{4-}$ und $[Rh_{15}(\mu\text{-}CO)_{14}(CO)_{13}]^{3-}$, finden sich die Metallatome in parallelen Ebenen nach Art der dichtesten Packung im Metallgitter angeordnet.

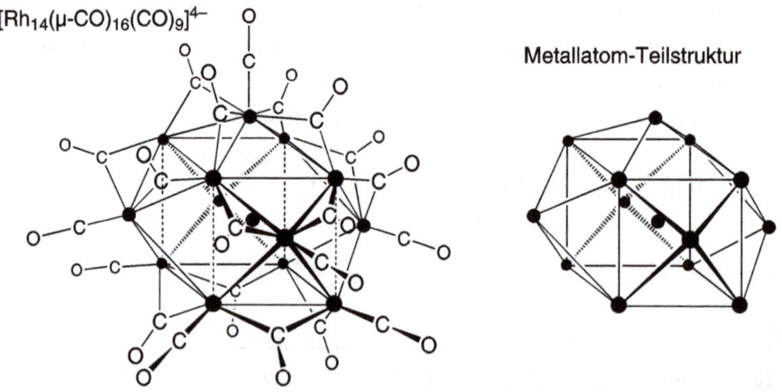

In diesen großen Metallclustern lassen sich die Struktur- und Bindungsverhältnisse in Analogie zum Metall erklären. Solche Cluster oder Clusterionen werden oft als kleine Metallkristalle mit an der Oberfläche chemisorbierten Liganden (hier CO) angesehen. Große Cluster werden als Modellsysteme mit Bezug zur heterogenen Katalyse und für den Übergang vom molekularen zum submikrokristallinen metallischen Zustand untersucht. Die Metallcarbonylcluster enthalten teilweise noch zusätzliche Wasserstoffatome im Gerüst, deren genaue Zahl nicht immer leicht oder nur mithilfe der Neutronenbeugung zu bestimmen ist, z. B. bei $[Rh_{13}(CO)_{24}H_{5-n}]^{n-}$.

Die Metall-Carbonyl-Bindung

Die für die Anbindung des Kohlenstoffmonoxids an das Metallatom wichtigen Orbitale sind das vorwiegend am Kohlenstoffatom lokalisierte σ- und das π^*-Orbital. Das C-Ende des CO-Moleküls kann als σ-Donor und als π-Akzeptor fungieren. Das höchste besetzte CO-Molekülorbital (HOMO) ist C–O-bindend und kann als das freie Elektronenpaar am Kohlenstoffatom angesehen werden. Die Lokalisierung der σ-Elektronendichte im Grenzorbitalbereich am C-Atom lässt den CO-Liganden mit diesem Ende an das Metallatom binden. (Anmerkung: In der Literatur wird das HOMO des CO manchmal als leicht antibindend beschrieben. Theoretische Berechnungen zeigen jedoch eindeutig, dass dieses Orbital C–O-bindend ist! Die auf dem antibindenden Charakter des HOMO aufbauende Begründung der C–O-Bindungsverstärkung/Erhöhung der Schwingungsfrequenz durch Entfernung von Elektronendichte aus diesem Niveau bei einer σ-Anbindung eines Metallions ist demnach nicht richtig [siehe dazu den nächsten Absatz].)

Bei Anbindung des CO-Liganden an ein Metallatom wird Elektronendichte aus dem σ-HOMO des CO-Liganden in ein leeres Orbital am Metallatom gegeben. Es liegt eine rotationssymmetrische Bindung um die Metall–Ligand-Achse vor, die als σ-Donor- oder „Hinbindung“ bezeichnet wird. Diese σ-Donor-Wechselwirkung allein ist aber zur Ausbildung einer stabilen Metall–CO-Bindung in den „klassischen“ Metallcarbonylen zu schwach. Zur Bindungsverstärkung bedarf es gleichzeitig der Wechselwirkung und des Transfers von Elektronendichte aus besetzten d-Orbitalen am Metallatom in die leeren π^*-Akzeptororbitale des Liganden. Diese π-symmetrische Bindung mit einer Knotenebene nennt man „Rückbindung“. Quantitative theoretische Betrachtungen führen zu dem Schluss, dass der Beitrag der π-Rückbindung für die gesamte Metall–Kohlenstoff-Bindungsstärke wichtiger ist als der der σ-Hinbindung. Dies gilt auch bei den Erdalkali-Carbonylen $M(CO)_8$ und $[M(CO)_8]^+$ mit M = Ca, Sr und Ba unter Verwendung von deren (n–1)d-Orbitalen; siehe dazu Abschn. 4.2.2. Besonders ausgeprägt ist der Beitrag der π-Rückbindung bei den reduzierten Carbonylmetallaten.

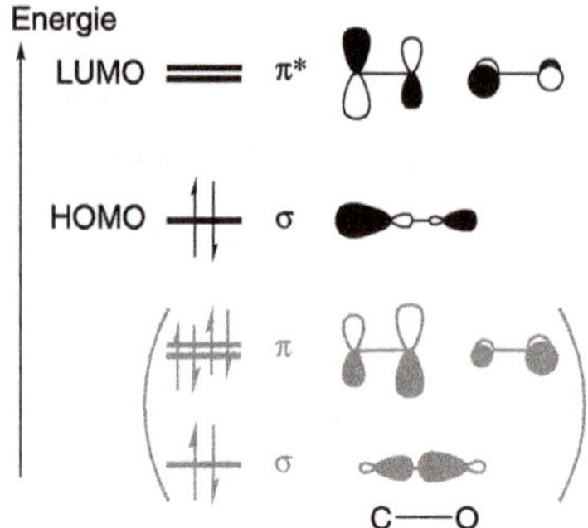

Mit der σ-Hinbindung vom CO zum Metallatom wird Elektronendichte aus dem bindenden CO-HOMO entfernt. Trotzdem resultiert eine C–O-Bindungsstärkung, erkennbar an einer Verkürzung der C–O-Bindungslänge und Erhöhung der Schwingungsfrequenz (s. Abschn. 4.3.1.2). Der kovalente OC⟶Metall- oder Donor⟶Akzeptor-Bindungseffekt wird durch einen elektrostatischen Effekt überkompensiert, den das elektropositive Metallatom auf den CO-Liganden ausübt. Ein elektropositives Metallatom bewirkt eine Anziehung der Elektronendichte vom Sauerstoff- zum Kohlenstoffatom. Dadurch wird die Polarisierung der C–O-σ- und π-Bindungen, deren Schwerpunkt beim elektronegativeren Sauerstoff-Ende liegt, verringert. Die Kovalenz der C–O-Bindung wird so vergrößert, die Bindung gestärkt und verkürzt sowie die Schwingungsfrequenz erhöht. Mit der Rückbindung und partiellen Auffüllung der C–O-antibindenden π^*-Orbitale ist eine Abnahme der C–O-Bindungsstärke (und Schwingungsfrequenz) verknüpft. Aufgrund von Symmetrieüberlegungen sollte auch das gefüllte π-CO-Orbital mit leeren d-Orbitalen am Metallatom wechselwirken und eine π-Hinbindung eingehen können. Der Beitrag dieses Orbitals zur Metall-CO-Bindung kann aber in erster Näherung vernachlässigt werden. Dieses Orbital liegt energetisch in größerer Entfernung zu den Metall-d-Orbitalen, und der Orbitalkoeffizient am Kohlenstoffatom ist bedeutend kleiner als in den π^*-Orbitalen, da die π-Orbitale am Sauerstoffatom lokalisiert sind. Beide Effekte führen zu einer schlechteren Überlappung und damit geringeren Wechselwirkung mit den Metallorbitalen.

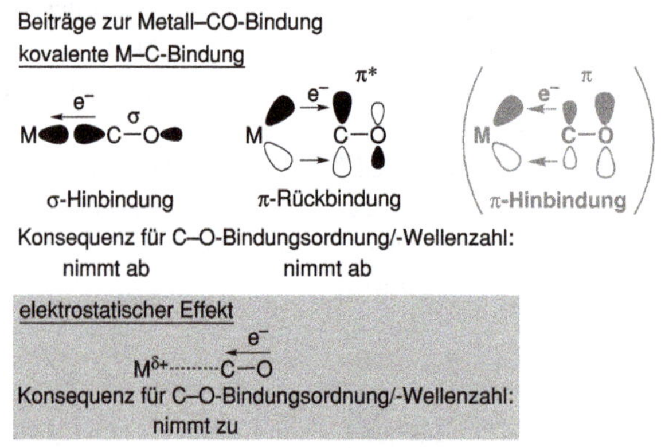

Ein Orbitaldiagramm für die Anbindung eines CO-Liganden an ein Metallfragment wurde in Kapitel 3, Abb. 3.29 als Beispiel für π-Wechselwirkungen in Komplexen vorgestellt. Der Übergang von einem zu mehreren CO-Liganden um ein Metallatom bringt keine neuen Aspekte. Die energetische Veränderung der Metallorbitale wird lediglich stärker. Das MO-Schema für einen oktaedrischen $M(CO)_6$-Komplex zeigt Abb. 4.4 (vgl. das MO-Schema eines ML_6-Komplexes mit sechs π-Donorliganden in Abb. 3.30).

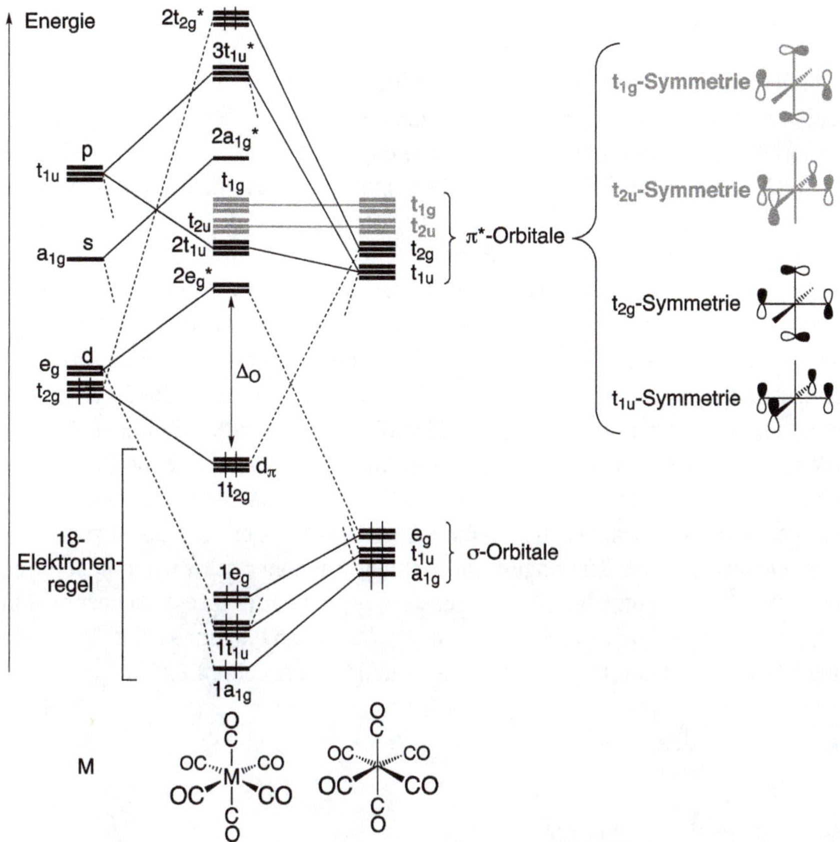

Abb. 4.4: Wechselwirkungsdiagramm für einen oktaedrischen $M(CO)_6$-Komplex. Aus Gründen der Übersichtlichkeit werden vom CO nur das σ-HOMO und das π^*-LUMO und deren Wechselwirkungen mit den Metallorbitalen (σ-Hin- und π-Rückbindung) gezeigt. Die besetzten π-Orbitale der CO-Liganden und ihre Wechselwirkung zum Metallatom wurden nicht aufgenommen (s. Text und Abb. 3.29). Zwei senkrechte Striche deuten eine vollständige Elektronenbesetzung der Orbitale an. Im Rahmen der für Metallcarbonyle gültigen 18-Elektronenregel werden die $1t_{2g}$-Niveaus (d_π) mit weiteren sechs Elektronen vom Metallatom vollständig besetzt sein (vgl. das MO-Schema eines ML_6-Komplexes mit sechs π-Donorliganden in Abb. 3.30).

Schwingungsspektroskopie an Metallcarbonylen

Für Untersuchungen an Metallcarbonylen und Derivaten sind die Infrarot- (IR) und Raman-Spektroskopie hervorragend geeignet. Die Struktur der Komplexe und die elektronische Situation der Metall–CO- und anderen Metall–Ligand-Bindungen können mit schwingungsspektroskopischen Methoden sehr gut analysiert werden. Die C–O-Streckschwingung lässt sich in erster Näherung gut isoliert von anderen Schwingungen des Moleküls betrachten. Es treten nur geringe Kopplungen mit anderen Schwingungen auf. Die Schwingungsspektroskopie ist der Kristallstrukturanalyse zum Studium der CO-Bindung überlegen. Die Frequenz der CO-Valenz-(Streck-)schwingung reagiert viel empfindlicher auf elektronische Veränderungen als die Länge der C–O-Bindung. Das CO-Molekül weist ein sehr schmales Potentialminimum um den Gleichgewichtsabstand der beiden Atome auf. Beträchtliche Änderungen in der Streckfrequenz sind nur mit geringen Änderungen im Bindungsabstand verknüpft. Die Bindungslänge im freien CO beträgt 1,1282 Å. Sie verändert sich bei Anbindung an ein Metallatom nur um maximal 0,1 Å zu längeren Werten bei normalen Metallcarbonylen (zu kürzeren Werten bei „nichtklassischen“ Metallcarbonylen, Abschn. 4.3.1.2).

Die Lage der CO-Valenzschwingung wird durch die Metall–C-Bindung beeinflusst. Umgekehrt können aus der CO-Valenzschwingung Rückschlüsse auf die M–C-Bindungsordnung gezogen werden. Generell gilt, dass eine Zunahme der M–C-Bindungsordnung im Rahmen der synergistischen σ-Donor/π-Akzeptorbindung eine Abnahme der C–O-Bindungsordnung nach sich zieht, da über die wichtige π-Rückbindung Elektronen in antibindende CO-Orbitale gelangen. Der CO-bindungsverstärkende Beitrag der σ-Hinbindung, genauer des elektrostatischen Effekts eines Metallatoms, wird dabei überkompensiert. Je schwächer die CO-Bindung, desto weniger Energie ist zur Anregung der entsprechenden Schwingung notwendig. Aus einer schwächeren Bindung resultiert eine Erniedrigung der Schwingungsfrequenz oder der direkt proportionalen Wellenzahl (vgl. dazu auch die Frequenzen der Valenzschwingungen der Erdalkali-Carbonyle $M(CO)_8$ und $[M(CO)_8]^+$ mit M = Ca, Sr und Ba in Abschn. 4.2.2).

Terminale und Brücken-CO-Liganden können anhand von charakteristischen Bereichen für die Wellenzahlen der CO-Valenz-(Streck-)schwingung unterschieden werden.

CO-Anbindung	Valenzschwingung $\tilde{\nu}_{CO}$/cm^{-1}
freies CO	2143
terminales M–CO	1850–2120
μ_2-CO, 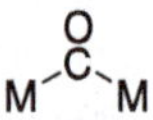 M–C(=O)–M	1750–1850
μ_3-CO, 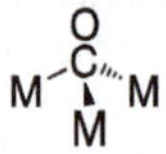 M_3C=O	1620–1730

In isoelektronischen Reihen von Metallcarbonylkomplexen wird eine höhere negative Ladung vom Metallatom durch Rückbindung auf die Liganden verteilt. Dadurch steigt die M–C-Bindungsordnung, gleichzeitig nimmt die C–O-Bindungsordnung und damit die Wellenzahl der CO-Valenzschwingung ab.

Korrelation zwischen Ladung am Metallatom und CO-Valenzschwingung (IR).

Komplex	**$Ti(CO)_6^{2-}$**	**$V(CO)_6^-$**	**$Cr(CO)_6$**	**$Mn(CO)_6^+$**	**d^{10}-Metallatome**		
	d^6-Metallatome				**$Fe(CO)_4^{2-}$**	**$Co(CO)_4^-$**	**$NiCO_4$**
$\tilde{\nu}_{CO}/cm^{-1}$	1747[(a)]	1860	2000	2090	1790[(a)]	1890	2060
		←		Zunahme der Ladung und π-Rückbindung			

[(a)]Sehr niedrige Wellenzahl für einen terminalen Carbonylliganden, die bereits im Bereich der Brücken-CO's liegt.

Innerhalb einer Periode nimmt die Elektronegativität des Übergangsmetalls von links nach rechts zu. Die späten Übergangsmetalle sind relativ elektronegativ und stellen ihre Valenzelektronen weniger für die π-Rückbindung zur Verfügung. Die CO-Valenzschwingung steigt innerhalb einer Periode mit der Elektronegativität des Metalls an.

Korrelation zwischen Elektronegativität des Metallatoms und CO-Valenzschwingung (IR).

Komplex	**$V(CO)_6$**	**$Cr(CO)_6$**	**$Mn_2(CO)_{10}$**	**$Fe(CO)_5$**	**$Co_2(CO)_8$**	**$Ni(CO)_4$**
Elektronegativität nach Pauling	1,6	1,6	1,6	1,8	1,9	1,9
	Zunahme der Elektronegativität			⟶		
$\tilde{\nu}_{CO}/cm^{-1}$	1976	2000	2013 (av)[(a)]	2023[(a)]	2044[(a,b)]	2057
	Abnahme der π-Rückbindung			⟶		

[(a)]Mittelwert von mehreren beobachteten Banden für die CO-Valenzschwingung.
[(b)]D_{3d}-Isomer ohne Brücken-CO-Liganden.

Die Schwingungsspektroskopie erlaubt über die unterschiedliche Anzahl der IR- und Raman-aktiven Normalschwingungen für die $M(CO)_xL_y$-Spezies eine Aussage zur Stellung und Anzahl der L-Liganden. Allein mittels der Infrarotspektroskopie können bei $M(CO)_{6-n}L_n$-Spezies ($n = 2, 3$) die cis- und trans- oder fac- und mer-Isomere unterschieden werden (siehe nachfolgende Tabelle).

Zahl und Charakter der IR-aktiven CO-Normalschwingungen für $[M(CO)_{6-n}L_n]$-Komplexe (n = 0–3)[(a)].

Komplex	Punktgruppe	Zahl der CO-Banden im IR	Charakter
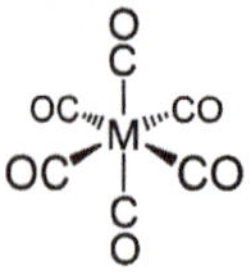	O_h	1	T_{1u}
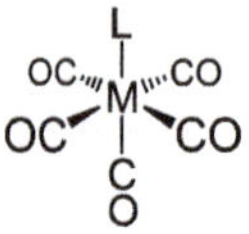	C_{4v}	3	$2\,A_1 + E$
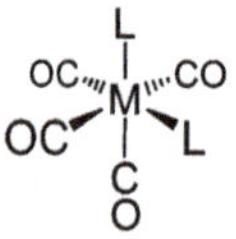 cis	C_{2v}	4	$2\,A_1 + B_1 + B_2$
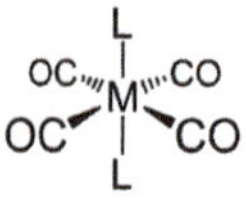 trans	D_{4h}	1	E_u
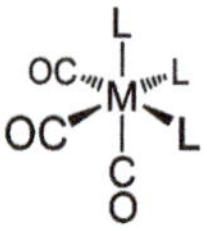 fac	C_{3v}	2	$A_1 + E$
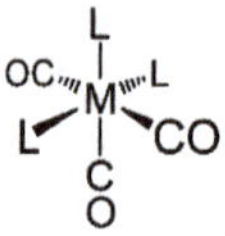 mer	C_{2v}	3	$2\,A_1 + B_2$

[(a)]Zur Zuordnung der Charaktere und Bedeutung der Symmetriesymbole siehe den Anhang zu Kapitel 3, Abschn. 3.21.1.

Die Akzeptor- und Donoreigenschaften anderer Liganden lassen sich anhand der CO-Valenzschwingung in Reihen analoger Komplexe, z. B. der Formel $M(CO)_{6-n}L_n$, erfassen. Das Ausmaß der M–CO-π-Rückbindung hängt von den Donor-/Akzeptoreigenschaften des Liganden L ab (siehe nachfolgende Tabelle).

Korrelation zwischen Donor- und Akzeptoreigenschaften anderer Liganden und der CO-Valenzschwingung.

L in $Cr(CO)_5L$	**$\tilde{\nu}_{CO}(A_1)/cm^{-1}$**		**L_n in $[Mn(CO)_{6-n}L_n]^+$**	**$\tilde{\nu}_{CO}/cm^{-1}$ (IR)**
CO	2119 (A_{1g}, Raman)	↑	6CO	2090 ↓
PF_3	2110		L = NH_2Me	2043 (av)
PCl_3	2088		L_2 = en	2000
$P(OMe)_3$	2073		L_3 = dien[(a)]	1960
PPh_3	2066	Zunahme der		Zunahme der Zahl an
$AsPh_3$	2066	π-Akzeptor-		σ-Donorliganden, Zunahme
$SbPh_3$	2065	stärke von L,		der Elektronendichte
$AsMe_3$	2065	**Abnahme** der		(π-Basizität) des Metallatoms,
PMe_3	2063	M⟶CO-π-		Zunahme der M⟶CO-π-
$NHMe_2$	1987	Rückbindung		Rückbindung

[(a)] dien = $H_2N\text{-}CH_2CH_2\text{-}NH\text{-}CH_2CH_2\text{-}NH_2$

PF_3 ist danach ebenfalls ein sehr guter π-Akzeptorligand. Er entspricht in seiner π-Akzeptorstärke etwa dem CO. Im Vergleich zu anderen Phosphanliganden helfen die elektronegativen Fluorgruppen, die Elektronendichte vom Metallatom abzuziehen. Durch die Konkurrenz der starken Metall⟶PF_3-π-Rückbindung gelangt weniger Elektronendichte in die antibindenden CO-Orbitale. Die CO-Bindung wird in $Cr(CO)_5PF_3$ am wenigsten geschwächt, sodass die CO-Valenzschwingung energetisch am höchsten liegt. Analoge Phosphan-, Arsan- und Stibankomplexe, z. B. $Cr(CO)_5EPh_3$, unterscheiden sich nur wenig. Alkylamine sind reine σ-Donorliganden. Sie erhöhen die Elektronendichte, d. h. π-Basizität des Metallatoms. Es stehen bei gleichzeitig geringerer Zahl an CO-Liganden mehr Elektronen für die M⟶CO-π-Rückbindung zur Verfügung. Die C–O-Bindung wird stärker geschwächt, erkennbar an der deutlichen Abnahme der Wellenzahl der CO-Valenzschwingung. Aus der relativen Lage der CO-Banden in gemischten Komplexen können so die Liganden in einer Reihe nach zunehmender π-Akzeptorfähigkeit oder π-Acidität geordnet werden (vgl. spektrochemische Reihe).

$$OR_2 \cong NR_3 < NCR < SbR_3 \cong AsR_3 \cong PR_3 < P(OR)_3 < PCl_3 < PF_3 \cong CO < NO$$

⟶ Zunahme der π-Akzeptorstärke, π-Acidität

reiner σ-Donor- … starker π-Akzeptorligand

Metallcarbonyle früher und später Übergangsmetalle

Mit den Kenntnissen über die Bindung zwischen Metallatom und CO-Ligand können wir nun der Frage nachgehen, weshalb an beiden Seiten des d-Blocks keine binären Carbonyle und nur wenige Carbonylderivate bekannt sind. Von den frühen Übergangsmetallen der 3. und 4. Gruppe (Sc, Y, La und Ti, Zr, Hf), von den späten Metallen Palladium und Platin sowie den Metallen der 11. und 12. Gruppe (Cu, Ag, Au und Zn, Cd, Hg), kennt man keine stabilen binären Carbonyle. Aus der Notwendigkeit einer

π-Rückbindung für die Stabilität der M–CO-Bindung kann man für die frühen Übergangsmetalle annehmen, dass ihr Mangel an d-Elektronen keine genügend starke π-Rückbindung ermöglicht. Die binären, neutralen Metallcarbonyle hätten bei den Elementen Titan, Zirconium und Hafnium die hypothetische Formel $M(CO)_7$ für das Erreichen der 18-Elektronenkonfiguration am Metallatom. Die Metallatome verfügen aber nur über vier Valenzelektronen für die notwendige Rückbindung zu den CO-Liganden, was für die Bildung von sieben stabilen Bindungen nicht ausreicht. Reduzierte homoleptische Carbonylmetallate der Formel $[M(CO)_6]^{2-}$ (M = Ti, Zr, Hf) sind allerdings bekannt (s. Tab. 4.8). Diese Carbonylmetallate sind isoelektronisch zu $Cr(CO)_6$. Es stehen sechs Valenzelektronen für die π-Rückbindungen zu sechs Carbonylliganden bereit.

Palladium und Platin verfügen über zehn Valenzelektronen, und das Gruppenhomologe Nickel vermag, ein Tetracarbonyl zu bilden. Die Valenzelektronen sind beim Palladium und Platin aber bedeutend fester gebunden als beim Nickel, sodass sie bei ersteren ebenfalls nicht für eine Rückbindung zur Verfügung stehen. Ausdruck einer festeren Bindung der Valenzelektronen sind die deutlich höheren ersten Ionisierungsenergien beim Palladium (8,33 eV) und Platin (8,20 eV) gegenüber Nickel (5,81 eV). Carbonylkomplexe beim Palladium und Platin sind als Carbonylderivate mit oxidierten Metallatomen (z. B. d^8-M^{2+}) als 16-Valenzelektronenkomplexe bekannt (Abschn. 4.3.1.3). Durch Reduktion von PtO_2 mit Kohlenstoffmonoxid in konzentrierter Schwefelsäure wird ein homoleptischer, dinuklearer Pt(+I)-Komplex erhalten. Für die Stabilisierung dieses Kations ist die schwache Koordination durch das supersaure Medium entscheidend (s. nachfolgenden Abschnitt):

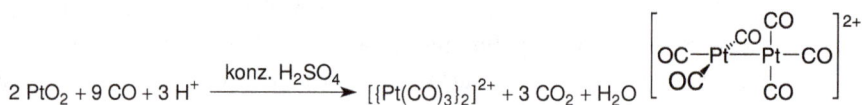

$$2\,PtO_2 + 9\,CO + 3\,H^+ \xrightarrow{\text{konz. } H_2SO_4} [\{Pt(CO)_3\}_2]^{2+} + 3\,CO_2 + H_2O \qquad [(OC)_3Pt{-}Pt(CO)_3]^{2+}$$

Entsprechend sind die effektiven Kernladungen bei den Münz- und Gruppe-12-Metallen zu hoch, um eine ausreichend starke Metall⟶CO-, d⟶π^*-Rückbindung zu erlauben. Man kennt isolierbare Carbonylderivate von z. B. Silber und Quecksilber seit Anfang der 1990er Jahre als „nichtklassische" Metallcarbonyle.

4.3.1.2 „Nichtklassische" Metallcarbonyle

Lewis-Supersäuren wie SbF_5 können als Reaktionsmedien für die Herstellung von „nackten" Metallkationen genutzt werden. Solche „nackten" Metallkationen lassen sich unter sehr milden Bedingungen carbonylieren, d. h. mit CO umsetzen und sind als thermisch stabile Salze von Metallcarbonylkationen mit $[Sb_2F_{11}]^-$ als Gegenion isolierbar. Ein Beispiel ist die reduktive Carbonylierung von Platin(+IV)-fluorsulfonat zum Tetracarbonylplatin(+II)-Kation $[Pt(CO)_4]^{2+}$:

$$[Pt(SO_3F)_4] + 5\,CO + 8\,SbF_5 \longrightarrow [Pt(CO)_4][Sb_2F_{11}]_2 + CO_2 + S_2O_5F_2 + 2\,Sb_2F_9(SO_3F)$$

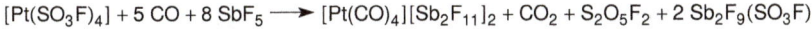

Auf ähnlichem Weg sind die Carbonylkomplexkationen $[Pd_2(\mu\text{-}CO)_2]^{2+}$, $[Pd(CO)_4]^{2+}$, $[Pt_2(CO)_6]^{2+}$, $[Au(CO)_2]^+$, $[Hg_2(CO)_2]^{2+}$ und $[Hg(CO)_2]^{2+}$ als $[Sb_2F_{11}]^-$-Salze zugänglich.

Die Silbercarbonylkomplexe bilden sich, wenn Silber(+I)-Salze mit schwach-koordinierenden und gleichzeitig sterisch anspruchsvollen Anionen einer CO-Atmosphäre ausgesetzt werden (CO-Druck 1 bar oder niedriger). Als Anionen fungieren Pentafluorooxotellurat- („Teflat-“)Komplexe $[E(OTeF_5)_n]^-$ mit E = B, Zn (n = 4) oder Nb, Ti (n = 6). Diese großen, schwach-koordinierenden Anionen verhindern, dass sich das Silberkation nur durch energetisch günstigere Kation-Anion-Wechselwirkungen zu stabilisieren vermag. In einer Gleichgewichtsreaktion kann daher Ag^+ im festen Zustand oder in Lösung ein oder zwei CO-Liganden reversibel koordinieren:

$$Ag^+ \underset{-CO}{\overset{+CO}{\rightleftharpoons}} [Ag(CO)]^+ \underset{-CO}{\overset{+CO}{\rightleftharpoons}} [Ag(CO)_2]^+$$

$[Ag(CO)][B(OTeF_5)_4]$ – Silber-Koordination

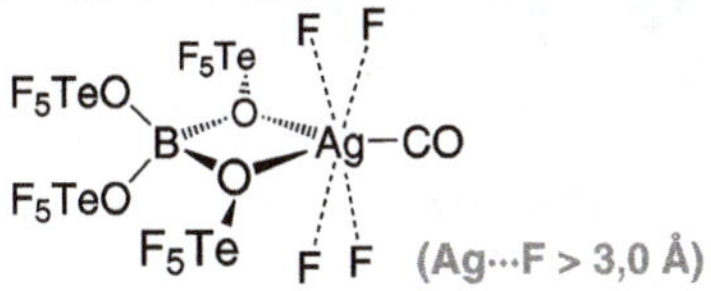

F_5TeO, F_5TeO, F_5Te, F_5Te, B, O, O, Ag–CO, F F, F F (Ag···F > 3,0 Å)

Die Bildung des Mono- oder Dicarbonylsilberkations hängt vom Gegenion, dem Medium und dem CO-Druck ab. Silbersalze mit stärker koordinierenden Anionen wie AgCl und $AgClO_4$ oder kleineren schwach-koordinierenden Anionen wie $AgSbF_6$ zeigen keine messbare CO-Aufnahme unter vergleichbaren Bedingungen. Trotz der reversiblen CO-Bindung an Ag^+ sind die $[Ag(CO)_n][B(OTeF_5)_4]$-Verbindungen als kristalline Festkörper unter einer CO-Atmosphäre stabil.

In „nichtklassischen“ Metallcarbonylen liegen die CO-Valenzschwingungen fast alle bei höheren Wellenzahlen als im freien CO. Die Änderung ist vergleichbar dem Anstieg der Wellenzahl beim Übergang von CO zu CO^+.

CO-Valenzschwingungen und -Bindungsabstände in „nichtklassischen“ Metallcarbonylen.

Komplex	$\tilde{\nu}_{CO}/cm^{-1}$	C–O-Abstand/Å
freies CO	2143	1,1282
CO^+	2184	1,115
$Cu(CO)(C_2H_5SO_3)$	2117	1,116
Cu(CO)Cl	2127	1,11
$[Ag(CO)][B(OTeF_5)_4]$	2204 IR, 2206 Raman	1,08
$[Ag(CO)_2][B(OTeF_5)_4]$	2196 IR, 2220 Raman	1,08
Au(CO)Cl	2162	1,11
$[Hg(CO)_2][Sb_2F_{11}]_2$	2279	1,10
$Pd(CO)_2(SO_3F)_2$	2218	1,102, 1,114

In den klassischen Metallcarbonylen führt die Besetzung der CO-π^*-Niveaus durch die Metall⟶CO-π-Rückbindung zu einer Abnahme der CO-Schwingungsfrequenz. In „nichtklassischen“ Metallcarbonylen wird die Erhöhung mit einer fast alleine vorliegenden Metall⟵CO-σ-Donorbindung erklärt. Die Erhöhung der CO-Schwingungsfrequenz/Wellenzahl ist eine Folge der CO-Bindungsverstärkung durch den elektrostatischen Effekt des Metallkations auf den CO-Liganden. Durch Verschiebung der Elektronendichte vom Sauerstoff- zum Kohlenstoffatom wird die Polarisierung der C–O-σ- und -π-Bindungen, deren Schwerpunkt sonst beim elektronegativeren Sauerstoff-Ende liegt, verringert. Damit wird die Kovalenz der C–O-Bindung vergrößert, die Bindung gestärkt und die Schwingungsfrequenz erhöht. Diese Beobachtung und weitere spektroskopische Untersuchungen an „nichtklassischen“ Metallcarbonylkomplexen lassen die Annahme einer nur geringen M⟶CO-π-Rückbindung plausibel erscheinen. Mit dem Vorliegen von weitgehend σ-gebundenen Metallcarbonylen und dem Fehlen der wichtigen π-Rückbindung wurde der Begriff „nichtklassische“ Metallcarbonyle begründet.

4.3.1.3 Metallcarbonylderivate

Metallcarbonyle zeichnen sich durch eine hohe Reaktionsfähigkeit aus.

Carbonylmetallate. Metallcarbonyle weisen eine ausgeprägte Tendenz zur Bildung anionischer Komplexe auf, die als Carbonylmetallate bezeichnet werden. In einigen Fällen existiert zwischen dem Carbonylmetallat und dem zugrunde liegenden neutralen Metallcarbonyl eine formale Beziehung über den isolobalen Ersatz eines Einelektronen-Metallfragmentes oder Zweielektronen-CO-Liganden durch die gleiche Zahl an Elektronen. Entsprechend kennt man Carbonylmetallate zu fast allen Metallcarbonylen. Daneben existieren mehrkernige Anionen, deren neutralen Carbonyle nicht bekannt sind.

Beispiele von Carbonylmetallaten und ihre Beziehung zu den neutralen Metallcarbonylen.

Carbonylmetallat		Metallcarbonyl
$[Mn^{-1}(CO)_5]^-$	$(CO)_5Mn^\cdot \leftrightarrow e^-$ ⟵	$Mn_2(CO)_{10}$
$[Fe^{-2}(CO)_4]^{2-}$	$CO \leftrightarrow 2\,e^-$ ⟵	$Fe(CO)_5$
$[Fe_3^{-2/3}(CO)_{11}]^{2-}$		$Fe_3(CO)_{12}$
$[Cr^{-2}(CO)_5]^{2-}$		$Cr(CO)_6$
$[Cr_2^{-1}(CO)_{10}]^{2-}$		unbekannt
$[Ni_4^{-1/2}(CO)_9]^{2-}$		unbekannt

Man kann zwischen ein- und mehrkernigen Carbonylmetallaten unterscheiden. Allgemein lässt sich formulieren, **dass Übergangsmetalle mit ungerader Elektronenzahl nur einkernige, einfach negativ geladene Anionen bilden**. Von Metallatomen mit gerader Elektronenzahl existieren ein- und mehrkernige Carbonylmetallate, die stets zweifach negativ geladen sind. Ein interessanter Aspekt der Carbonylmetallat-Anionen ist die negative Oxidationszahl des Metallatoms:

Carbonylmetallate

M **ungerade** Elektronenzahl	M gerade Elektronenzahl
⇒ **ein**kernig $[M(CO)_y]^{1-}$	⇒ ein- und mehrkernig $[M(CO)_y]^{2-}$ oder $[M_x(CO)_y]^{2-}$

Für die Überführung der Metallcarbonyle in ihre isoelektronischen Anionen gibt es keine für alle Metalle anwendbare Vorschrift. Eine elegante **Synthesemethode** ist die **Reduktion** der neutralen Metallcarbonyle **mit elektropositiven Metallen**, im Allgemeinen den Alkali- und Erdalkalimetallen. Als Lösungsmittel eignet sich besonders gut flüssiger Ammoniak oder Ether. Die Alkalimetalle werden auch als Amalgame, z. B. Na/Hg, in diesen Reduktionsreaktionen eingesetzt:

$$M_2(CO)_{10} + 2\,Na \longrightarrow 2\,Na^+[M(CO)_5]^- \quad M = Mn, Re$$

$$2\,M(CO)_6 + 2\,Na \longrightarrow Na_2^{2+}[M_2(CO)_{10}]^{2-} + 2\,CO$$

Eine weitere Synthesemöglichkeit ist der **nucleophile Angriff starker Hydroxidbasen mit reduktiver Decarbonylierung**. Metallcarbonyle **mit gerader Elektronenzahl** am Metallatom, wie das einkernige und die mehrkernigen Eisencarbonyle reagieren unter **Beibehaltung der Clustergröße**. Als Reduktionsmittel fungiert Kohlenstoffmonoxid, das dabei zu Carbonat oxidiert wird:

CO als Reduktionsmittel: $CO + 4\,OH^- \longrightarrow CO_3^{2-} + 2\,H_2O + 2\,e^-$

$$Fe(CO)_5 + 4\,OH^- \longrightarrow [Fe(CO)_4]^{2-} + 2\,H_2O + CO_3^{2-}$$

$$Fe_2(CO)_9 + 4\,OH^- \longrightarrow [Fe_2(CO)_8]^{2-} + 2\,H_2O + CO_3^{2-}$$

$$Fe_3(CO)_{12} + 4\,OH^- \longrightarrow [Fe_3(CO)_{11}]^{2-} + 2\,H_2O + CO_3^{2-}$$

Bei Metallcarbonylen, in denen das Metallatom eine **ungerade Elektronenzahl** besitzt, z. B. bei $Co_2(CO)_8$ und $Mn_2(CO)_{10}$, findet **gleichzeitig** mit der Basenreaktion eine **Disproportionierung** statt. Ein Teil der Carbonylmetallat-Moleküle, die im Rahmen der Gesamtreaktion entstehen, bildet sich über die Disproportionierungsreaktion. Durch die Disproportionierung werden CO-Moleküle bereitgestellt, die reduzierend wirken. Ansonsten bleibt die Zahl der CO-Gruppen pro Metallatom im Carbonylmetallat gegenüber dem neutralen Metallcarbonyl unverändert:

Disproportionierung: $3\,Mn_2(CO)_{10} \longrightarrow 2\,Mn^{2+} + 4\,[Mn(CO)_5]^- + 10\,CO$

Basenreaktion: $10\,CO + 40\,OH^- \longrightarrow 10\,CO_3^{2-} + 20\,H_2O + 20\,e^-$

$10\,Mn_2(CO)_{10} + 20\,e^- \longrightarrow 20\,[Mn(CO)_5]^-$

Gesamtreaktion: $13\,Mn_2(CO)_{10} + 40\,OH^- \longrightarrow 2\,Mn^{2+} + 24\,[Mn(CO)_5]^- + 20\,H_2O + 10\,CO_3^{2-}$

Die **Disproportionierung** ist von alleiniger Bedeutung beim **nucleophilen Angriff schwacher Basen**, wie Amine, Pyridin (py) oder Ether. Bei einem nucleophilen Angriff schwacher Basen wirkt CO nicht mehr als Reduktionsmittel, reagiert also nicht zu Carbonat weiter. Die Donoreigenschaften der schwachen Base ergänzen die Disproportionierungsreaktion durch eine Komplexbildung des Metallkations:

$$\begin{array}{lrcl} \text{Disproportionierung:} & 3\,Co_2(CO)_8 & \longrightarrow & 2\,Co^{2+} + 4\,[Co(CO)_4]^- + 8\,CO \\ \text{Komplexbildung:} & 2\,Co^{2+} + 12\,py & \longrightarrow & 2\,[Co(py)_6]^{2+} \\ \hline \text{Gesamtreaktion:} & 3\,Co_2(CO)_8 + 12\,py & \longrightarrow & 2\,[Co(py)_6][Co(CO)_4]_2 + 8\,CO \end{array}$$

Beim nucleophilen Angriff schwacher Basen auf Metallcarbonyle mit gerader Elektronenzahl am Metallatom entstehen durch die Disproportionierung mehrkernige Carbonylmetallate:

$$\text{Gesamtreaktion:}\quad 5\,Fe(CO)_5 + 6\,py \longrightarrow [Fe(py)_6][Fe_4(CO)_{13}] + 12\,CO$$

Übersicht zu Basenreaktionen.

nucleophiler Angriff auf Metallcarbonyle mit			
starken Basen (OH^-)		**schwachen Basen (L)**	
gerade	**ungerade**	**gerade**	**ungerade**
Elektronenzahl am Metallatom			
Basenreaktion, CO als Reduktionsmittel	Disproportionierung + Basenreaktion, CO als Reduktionsmittel	Disproportionierung + Komplexbildung	
↓	↓	↓	↓
ein- und mehrkernige Carbonylmetallate $[M_x(CO)_y]^{2-}$	M^{n+} + **einkernige** Carbonylmetallate $[M(CO)_y]^{1-}$	$[M(L)_x]^{n+}$ + mehrkernige Carbonylmetallate $[M_x(CO)_y]^{2-}$	$[M(L)_x]^{n+}$ + **einkernige** Carbonylmetallate $[M(CO)_y]^{1-}$

Für einige Carbonylmetallate kennt man eine direkte Carbonylierung von Metallsalzen mit Alkalimetallen

$$VCl_3 + 3\,Na + 6\,CO \xrightarrow{\text{diglyme}} [Na(diglyme)_2]^+ + [V(CO)_6]^-$$

oder mit CO als Reduktionsmittel:

$$[Co(NH_3)_6]Cl_2 \xrightarrow[H_2O,\ 120\ °C]{CO,\ 95\ bar} [Co(CO)_4]^- + 6\,NH_4^+ + 2\,Cl^- + \tfrac{3}{2}\,CO_3^{2-}$$

Carbonylmetallate sind stets sauerstoffempfindlich.

Carbonylhydride. Carbonylhydride enthalten eine direkte Metall-Wasserstoff-Bindung. In vielen Fällen führt die Protonierung der Carbonylmetallate zu Carbonylhydriden. Die Protonierung kann durch einfaches Ansäuern im wässrigen System erfolgen:

$$[Co(CO)_4]^- + H_3O^+ \longrightarrow HCo(CO)_4 + H_2O$$

Sehr stark basische Carbonylmetallate wie $[Fe(CO)_4]^{2-}$ bilden aufgrund des Protolysegleichgewichtes bereits in alkalischen Lösungen Carbonylhydride, hier $[HFe(CO)_4]^-$.

Aus reaktiven Metallen oder Metallverbindungen ist mit CO in Gegenwart von Wasserstoff eine direkte Synthese möglich. Ein Beispiel ist die Bildung von Cobaltcarbonylwasserstoff:

$$Co + 4\,CO + \tfrac{1}{2}\,H_2 \xrightarrow{250\,\text{bar},\ 180\,°C} HCo(CO)_4$$

$$Co_2(CO)_8 + H_2 \xrightarrow{30\,\text{bar},\ 25\,°C} 2\,HCo(CO)_4$$

Nach diesen Reaktionen wird bei der Cobalt-katalysierten Hydroformylierung (Oxo-Synthese) die Vorstufe $HCo(CO)_4$ erhalten, aus der dann unter CO-Abspaltung die aktive Spezies $HCo(CO)_3$ für den Katalysezyklus gebildet wird (siehe Abschn. 4.4.1.3). Die substituierten Rhodiumcarbonylhydride $RhH(CO)(PPh_3)_2(CHR{=}CH_2)$ und $Rh(H)_2(CO)(PPh_3)_2[C(O)CH_2CH_2R]$ sind Zwischenstufen bei der Rhodium-katalysierten Hydroformylierung (siehe Abschn. 4.4.1.3).

Beispiele für mehrkernige Carbonylhydride sind $H_2Fe_2(CO)_8$, $H_2Fe_3(CO)_{11}$ und $H_2Ni_2(CO)_6$.

Die Bezeichnung „Hydride“ für die Wasserstoff-Metallcarbonyl-Verbindungen ist allerdings irreführend und gründet sich allein auf den Oxidationszahl-Formalismus, mit einer höheren Elektronegativität des Wasserstoffatoms als die der meisten Übergangsmetalle. Aus dem Namen „Hydrid“ darf nicht auf das chemische Verhalten geschlossen werden. Die chemischen Eigenschaften der Übergangsmetallhydride überstreichen den ganzen Bereich von hydridischem über inertes bis zu protischem Verhalten. Für die Strukturaufklärung von Hydridkomplexen wird sinnvollerweise die Neutronenbeugung verwendet, da durch Röntgenbeugung eine genaue Lokalisierung des Wasserstoffatoms in der Nachbarschaft eines Schweratoms nur schlecht möglich ist. Nach Neutronenbeugungsuntersuchungen liegen die M–H-Abstände in Carbonylhydriden zwischen 1,5 und 1,7 Å.

Strukturen und Eigenschaften von Carbonylhydriden.

Struktur	Eigenschaften
$HMn(CO)_5$	– farblose Flüssigkeit, Schmp. –25 °C – stabil bei Raumtemperatur – schwache Säure, $pK_S = 7$ (entspricht H_2S) – ^1H NMR: –7,5 ppm
$H_2Fe(CO)_4$	– farblose Flüssigkeit, Schmp. –70 °C, gasförmig bei Raumtemperatur – Zersetzung oberhalb –10 °C – schwache Säure, $pK_{S1} = 4{,}7$ (entspricht CH_3COOH), $pK_{S2} = 14$ – ^1H NMR: –11,1 ppm
$HCo(CO)_4$	– gelbe Flüssigkeit, Schmp. –26 °C – oberhalb –26 °C langsame Zersetzung in H_2 und $Co_2(CO)_8$ – starke Säure, $pK_S = 1$ (entspricht H_2SO_4) – ^1H NMR: –10 ppm

Im Protonen-NMR-Spektrum beobachtet man für das Hydridatom eine starke Hochfeldverschiebung. Das Resonanzsignal liegt zwischen 0 und –50 ppm. Bei Spin-1/2-Metallkernen (^{103}Rh, ^{195}Pt) treten M–H-Kopplungen auf.

Carbonylhalogenide. Verbindungen der allgemeinen Form $\{MX_m(CO)_n\}_k$ mit X = Halogen erhält man durch elektrophilen Angriff von Halogenatomen auf Metallcarbonyle

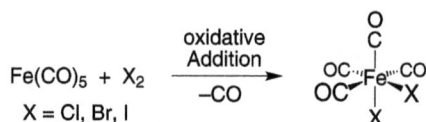

$$Fe(CO)_5 + X_2 \xrightarrow[-CO]{\text{oxidative Addition}} FeX_2(CO)_4 \quad (X = Cl, Br, I)$$

oder durch Einwirkung von Kohlenstoffmonoxid auf Metallhalogenide:

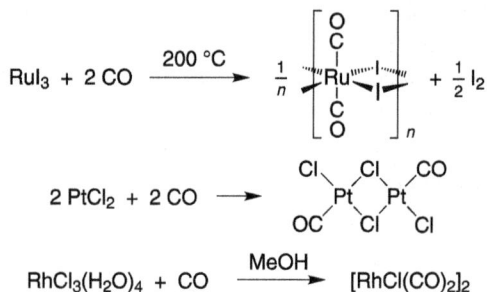

$$RuI_3 + 2\,CO \xrightarrow{200\,°C} \frac{1}{n}\,[RuI_2(CO)_2]_n + \frac{1}{2}\,I_2$$

$$2\,PtCl_2 + 2\,CO \longrightarrow [PtCl(CO)(\mu\text{-}Cl)]_2$$

$$RhCl_3(H_2O)_4 + CO \xrightarrow{MeOH} [RhCl(CO)_2]_2$$

Das bei tiefen Temperaturen erhaltene Tetracarbonyldihalogenidoeisen $[FeX_2(CO)_4]$ zersetzt sich bei höherer Temperatur (für X = Cl ab 10 °C) unter Abgabe von CO und der Bildung dimerer und polymerer Eisencarbonylhalogenide:

$$\mathrm{Fe(CO)_4X_2} \xrightarrow[-CO]{\Delta} \mathrm{[(OC)_3Fe(\mu\text{-}X)_2Fe(CO)_3]X_2} \xrightarrow[-CO]{\Delta} \mathrm{[Fe(CO)_2(\mu\text{-}X)_2]_n} \quad X = Cl, Br, I$$

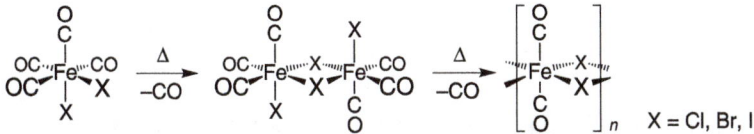

Metallcarbonylhalogenide sind kovalente Verbindungen, die als Monomere in der Regel leicht flüchtig sind. Die Verbrückung der Metallatome in dinuklearen und polynuklearen Carbonylhalogeniden erfolgt stets über Halogenbrücken, da diese über ihre freien Elektronenpaare zu beiden Metallatomen 2-Zentren/2-Elektronen-Bindungen ausbilden können. Während es von den Metallen Palladium, Platin, Kupfer und Gold keine bei Raumtemperatur stabilen binären Carbonyle gibt, sind Carbonylhalogenide mit diesen Metallen gut bekannt und wichtige Edukte für Folgereaktionen.

Die Reaktion von Carbonylhalogenid und Carbonylmetallat kann zur Darstellung heteronuklearer Metall–Metall-Bindungen in Metallcarbonylen, z. B. $(OC)_5Mn–Re(CO)_5$ genutzt werden.

Carbonylderivate mit Donorliganden der 15. und 16. Gruppe. Einen breiten Raum nehmen Substitutionsreaktionen ein, in denen ein oder mehrere CO-Liganden durch andere Donormoleküle ersetzt werden. Die CO-Gruppen in Metallcarbonylen und Carbonylderivaten können thermisch oder photochemisch gegen zahlreiche andere Liganden ausgetauscht werden. Für eine derartige nucleophile Substitution kommen als Donormoleküle allgemein alle Lewis-Basen in Betracht: Amine, Phosphane, Arsane, Stibane, Ether, Thioether, Seleno- und Telluroether. Des Weiteren können Olefine und Arene auf diese Weise elegant als Ligand eingeführt werden. Komplexe mit π-Liganden werden in Abschn. 4.3.4 besprochen. Der Austausch der CO-Gruppen gegen andere Liganden ist ein Standardverfahren für die Darstellung von Metallkomplexen in niedrigen Oxidationsstufen. Für die unzähligen Reaktionen dieser Art können hier nur einige wenige Beispiele gegeben werden:

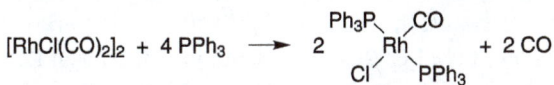

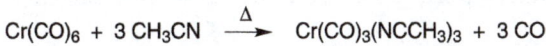

$$[RhCl(CO)_2]_2 + 4\,PPh_3 \longrightarrow 2\,\mathrm{RhCl(CO)(PPh_3)_2} + 2\,CO$$

$$Cr(CO)_6 + 3\,CH_3CN \xrightarrow{\Delta} Cr(CO)_3(NCCH_3)_3 + 3\,CO$$

$$Cr(CO)_6 + THF \xrightarrow[-CO]{h\nu} Cr(CO)_5(THF) \xrightarrow[-THF]{+L} Cr(CO)_5L \quad \text{L = beliebiger 2e-Ligand}$$

Es ist aber selten, dass wie bei $Ni(CO)_4$ alle CO-Gruppen ersetzt werden.

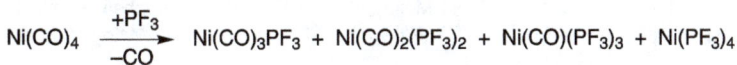

$$Ni(CO)_4 \xrightarrow[-CO]{+PF_3} Ni(CO)_3PF_3 + Ni(CO)_2(PF_3)_2 + Ni(CO)(PF_3)_3 + Ni(PF_3)_4$$

Die Carbonylsubstitution an 18-Valenzelektronenkomplexen erfolgt nach einem dissoziativen Mechanismus. Der geschwindigkeitsbestimmende Schritt ist die Abspaltung des Carbonylliganden:

$$\underset{18\ VE}{Cr(CO)_6} \xrightarrow[-CO]{langsam} \underset{16\ VE}{\{Cr(CO)_5\}} \xrightarrow{rasch,\ +L} \underset{18\ VE}{Cr(CO)_5L}$$

Es treten Zwischenstufen mit niedrigerer Koordinationszahl auf. An diese lagert sich dann rasch ein Ligand an, sodass wieder ein 18-Elektronenkomplex entsteht. Bei dem Liganden L muss es sich nicht gleich um den eigentlichen Substratliganden des Zielmoleküls handeln. L kann ein Solvensmolekül sein, wie bei $Cr(CO)_3(NCCH_3)_3$ oder $Cr(CO)_5(THF)$. Die intermediäre Einführung labil gebundener Solvensliganden ist eine elegante Möglichkeit, nachfolgend unter milden Bedingungen thermisch oder photochemisch labile Liganden einzuführen.

Unter den Carbonylderivaten mit Donorliganden der 15. und 16. Gruppe sind besonders die Komplexe mit Phosphanliganden interessant und als Katalysatoren wichtig. Ein Beispiel ist der modifizierte Wilkinson-Katalysator $RhH(CO)(PPh_3)_3$ in der Hydroformylierung (s. Abschn. 4.4.1.3).

4.3.1.4 Isoelektronische Liganden zu CO

Die folgenden Teilchen – Ionen oder Neutralmoleküle – sind zu Kohlenstoffmonoxid isoelektronisch und in Analogie zu CO auch Komplexliganden:

$\|C{\equiv}C\|^{2-}$	$\|C{\equiv}O\|$	$\|C{\equiv}N\|^-$	$\|N{\equiv}N\|$	$\|N{\equiv}O\|^+$
$R{-}C{\equiv}C{-}R$		$\|C{\equiv}N{-}R \longleftrightarrow \|C{=}\underline{N}{-}R$		(Nitrosyl)
(Alkine)		(Isonitrile, Isocyanide)		

Metall-Nitrosyl-Komplexe

Mit Nitrosyl wird die Atomgruppierung NO als Ligand in Komplexverbindungen bezeichnet. Das Nitrosylkation NO^+ ist isoelektronisch zu CO usw. Im Vergleich zu CO ist NO^+ mit seiner positiven Ladung elektronegativer und ein schwächerer σ-Donor-, aber besserer π-Akzeptorligand (s. Abschn. 3.14). Der NO-Ligand kann in einkernigen Komplexen linear oder gewinkelt gebunden werden, wobei die linearen M–N≡O-Bindungen leicht (bis zu 10°) gewinkelt sind:

M–N≡O (linear, >170°) M–N=O (gewinkelt, <160°)

Beispiele:	$[Fe(CN)_5(NO)]^{2-}$	$[Fe(1\text{-}MeIm)(NO)(TPP)]$	(TPP = Tetraphenylporphyrinat)
	$[RuCl_3(NO)(PMePh_2)_2]$	$[Co(NH_3)_5(NO)]Cl_2$	(1-MeIm = 1-Methylimidazol)

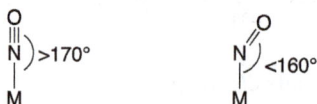

Daneben kann NO über das Stickstoffatom zwischen Metallatomen als Brückenligand fungieren. NO kann zwischen zwei (μ_2-) oder drei Metallatomen (μ_3-) überbrücken. Die Brücken können symmetrisch oder asymmetrisch, mit oder ohne gleichzeitige

Metall-Metall-Bindung und zwischen gleichartigen oder verschiedenen Metallatomen aufgebaut sein.

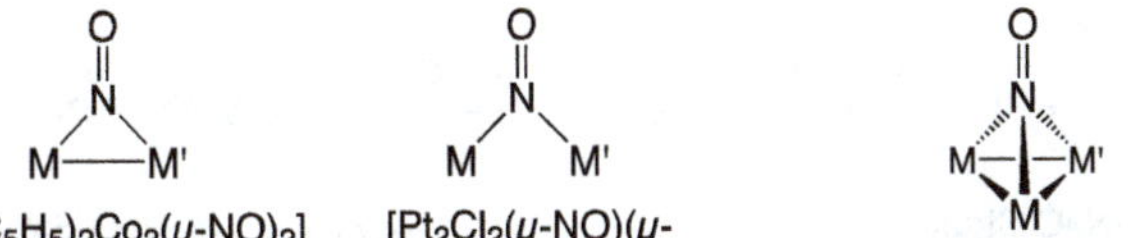

Beispiele: $[(\eta^5\text{-}C_5H_5)_2Co_2(\mu\text{-}NO)_2]$ (Co–Co) | $[Pt_2Cl_2(\mu\text{-}NO)(\mu\text{-}Ph_2PCH_2PPh_2)_2]BPh_4$ (keine Pt–Pt-Bindung) | $[(\eta^5\text{-}C_5H_5)_3Co_3(\mu_3\text{-}NO)_2]$ (Co–Co)

Der strukturelle Unterschied zwischen linearen und gewinkelten M–N≡O-Bindungen in einkernigen Komplexen ist aus Kristallstruktur- oder ^{15}N-NMR-Untersuchungen eindeutig zu bestimmen. In Mononitrosylkomplexen liegt der typische ^{15}N-Verschiebungsbereich für lineare NO-Anbindung zwischen –100 und +100 ppm, für die gewinkelte Form zwischen +350 und +950 ppm (relativ zu flüssigem Nitromethan). Bei der Bestimmung und genauen Diskussion des M–NO-Bindungswinkels in den gewinkelten Strukturen ist allerdings wegen einer relativ großen thermischen Beweglichkeit und möglichen Fehlordnung des Sauerstoffatoms häufig Vorsicht geboten. Anders als in Carbonylkomplexen gibt es in Nitrosylkomplexen keine einfache und eindeutige Korrelation zwischen der $\tilde{\nu}_{NO}$-Streckschwingung und den M–NO-Bindungswinkeln, terminaler oder verbrückender Anbindung. Die für lineare, gewinkelte und verbrückende M–NO-Gruppen gefundenen Schwingungsbereiche überlappen sich. Streckschwingungen für lineare M–NO-Gruppen werden von 1450 bis 1950 cm^{-1} gefunden, für gewinkelte M–NO-Fragmente zwischen 1420 und 1710 cm^{-1}. Brücken-NO-Liganden liegen meistens im Bereich zwischen 1280 und 1650 cm^{-1}. Vergleiche dazu $\tilde{\nu}_{NO}$ = 1878 cm^{-1} für NO und 2220 cm^{-1} für NO^+.

Mit der linearen und gewinkelten **M–NO-Anbindung** ändert sich in der weitverbreiteten Betrachtungsweise **nach dem Valenzbindungskonzept** die elektronische Struktur des NO-Moleküls. In der linearen Form koordiniert die Nitrosylgruppe formal als NO^+-Ligand. In der gewinkelten Anordnung wird der Ligand als NO^- behandelt. Während das häufigere $|N{\equiv}O|^+$-Fragment isoelektronisch zu $|C{\equiv}O|$ usw. ist, ist die seltenere $|\underline{N}{=}\underline{O}|^-$-Gruppe isoelektronisch zu $|\underline{O}{=}\underline{O}|$ (vgl. dessen gewinkelte end-on Anbindung, Abschn. 3.12). Beide Teilchen NO^+ und NO^- sind 2-Elektronen-Liganden. Geht man bei der Bildung des Komplexes vom neutralen NO-Molekül aus, so ist zusätzlich eine Elektronenabgabe an oder -aufnahme vom Metallatom mit Änderung seiner Oxidationsstufe zu berücksichtigen. Das NO-Radikal gibt sein ungepaartes Elektron ab ($\longrightarrow N{\equiv}O^+$) oder nimmt ein weiteres Elektron auf ($\longrightarrow N{=}O^-$) mit entsprechender Auswirkung auf die N–O-Bindungsordnung (s. Abschn. 3.11.2, redoxaktive ‚non-innocent' Liganden). Nach dem VB-Konzept wird das Metallatom bei linearer Anbindung von NO formal um eine Stufe reduziert und das NO-Molekül ist insgesamt ein 3-Elektronen-Donor. Eine solche M–NO^+-Verbindungsbildung wird als **reduktive Nitrosylierung** bezeichnet. Umgekehrt wird bei der gewinkelten Koordination von Stickstoffmonoxid das Metallatom um eine Stufe oxidiert und mit NO^- als 2-Elektronen-Donor gibt das NO-Molekül netto nur ein Elektron an das Metallatom ab.

Valenzbindungskonzept

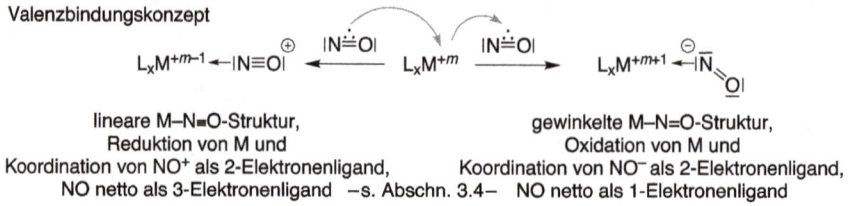

$L_xM^{+m-1} \leftarrow |N{\equiv}O|^{\oplus}$ ⟵ $|N{\dot{=}}O|$ — L_xM^{+m} — $|N{\dot{=}}O|$ ⟶ $L_xM^{+m+1} \leftarrow \overset{\ominus}{\overline{N}}{=}\underline{O}|$

lineare M–N≡O-Struktur, Reduktion von M und Koordination von NO^+ als 2-Elektronenligand, NO netto als 3-Elektronenligand –s. Abschn. 3.4– gewinkelte M–N=O-Struktur, Oxidation von M und Koordination von NO^- als 2-Elektronenligand, NO netto als 1-Elektronenligand

Das VB-Konzept macht eine Abwinklung der NO-Gruppe über die isoelektronische Beziehung zwischen $|\underline{N}{=}\underline{O}|^-$ und $|\underline{O}{=}\underline{O}|$ verständlich. Allerdings zeigt die Tatsache, dass die Schwingungsspektroskopie nicht als verlässliches Instrument zur Unterscheidung zwischen beiden Strukturen herangezogen werden kann, Defizite im VB-Bild. Auch ist die Zuordnung und Änderung von formalen Oxidationsstufen durch die M–NO-Anbindung zum Teil sehr unglücklich, denn das Metallatom im Komplex $[Cr(NO)_4]$ mit linearen Cr–N≡O-Gruppen erhält damit eine Oxidationszahl von –4. Außerdem lässt sich nach dem VB-Modell nicht immer sicher die Linearität oder Abwinklung vorhersagen.

Die **MO-Theorie** sieht die Ursache der Abwinklung in einer Besetzung des antibindenden σ^*-Orbitals aus der M–N(O)-σ-Bindung.

Beispiel: M–NO-Wechselwirkungsdiagramm für oktaedrischen $M(NO)L_5$-Komplex mit linearer M–NO-Anbindung

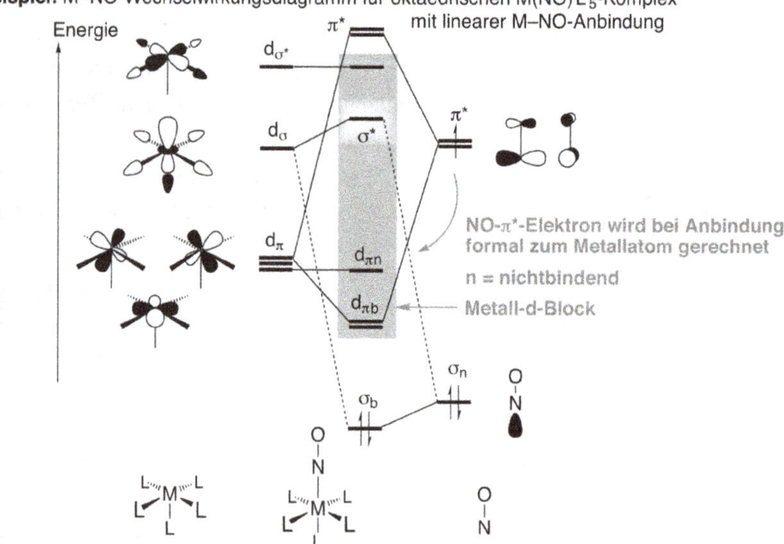

Mit der Abwinklung verringert sich die antibindende M–N-Wechselwirkung. Gleichzeitig wird bei Abwinklung eine bindende Wechselwirkung des Metall-σ-Orbitals zu einem Nitrosyl-π^*-Orbital angeschaltet. Damit erhält das σ^*-Orbital eher M–N(O)-nichtbindenden Charakter (⟶n) und wird in seiner Energie erniedrigt. Der gleichzeitige Verlust an π-Bindungsstärke aus der partiellen Besetzung der π^*-Niveaus, die bei Abwinklung energetisch aufspalten, ist weniger bedeutend. Grundsätzlich begünstigt die π-Wechselwirkung die Linearität. Aus der Sicht des Metallatoms führt ein Abbau von vorhandenem d_σ-Elektronenüberschuss über eine stärkere Metall-d_σ⟶NO-π^*-Rückbindung zu einer Abwinklung der M–NO-Gruppe. Die meisten gewinkelten M–NO-Fragmente treten in elektronenreichen Metallkomplexen auf.

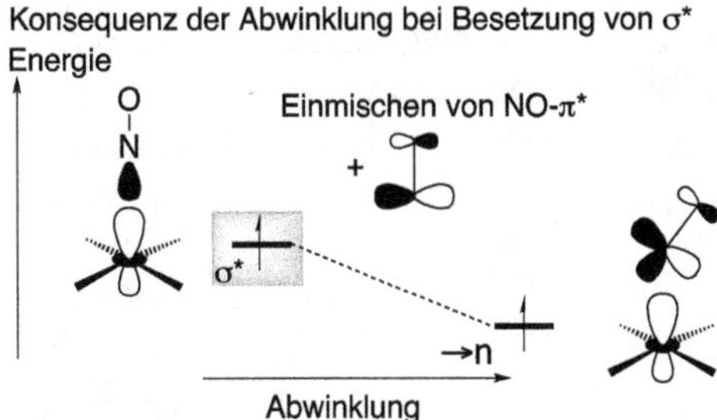

Die Besetzung des σ^*-Orbitals hängt von der d^X-Elektronenkonfiguration des Metallatoms unter Berücksichtigung seiner Koordinationsgeometrie ab. Bestimmend für die Bildung von linearer oder gewinkelter M–NO-Struktur ist nach der MO-Theorie die d^X-Elektronenkonfiguration des Komplexes bei gegebenem Koordinationspolyeder. Konventionsgemäß wird die d^X-Metall-Elektronenzahl mit dem Nitrosylligand als NO^+ berechnet. So wird sich bei einem oktaedrischen Komplex eine gewinkelte Struktur ausbilden, wenn die Zahl der Elektronen in den Metall-d-Orbitalen in einer low-spin-Konfiguration größer als sechs ist. Für bis zu sechs Elektronen am low-spin-Metallatom besteht die lineare Anordnung. Eine Änderung der Metalloxidationsstufe durch Koordination des NO-Liganden und eine Unterscheidung von NO als 3- oder 1-Elektronen-Ligand muss in diesem Bild für ein Verständnis der Linearität oder Abwinklung nicht erfolgen.

Analog zum Oktaeder lässt sich für andere Koordinationszahlen und -polyeder eine Vorhersage der Geometrien für Mononitrosylkomplexe treffen.

Vorhersage der M–N–O-Geometrien in Mononitrosyl-Metallkomplexen auf der Basis der d-Elektronenzahl[(a)] und des Koordinationspolyeders.

Koordinationszahl	**Koordinationspolyeder**	**M–N–O-Geometrievorhersage**
6	Oktaeder	linear bis d^6, gewinkelt ab d^7
5	quadratische Pyramide	linear bis d^6, gewinkelt ab d^7
	trigonale Bipyramide	linear bis d^8
4	Tetraeder verzerrtes Tetraeder	linear bis d^{10} leicht gewinkelt für d^{10}

[(a)]Konventionsgemäß wird die d-Elektronenzahl mit Anbindung des Nitrosylliganden als NO^+ berechnet.

Für die Rolle von NO als Botenstoff im menschlichen Körper hat seine Wechselwirkung mit Häm-Gruppen im Hämoglobin, Myoglobin oder den Cytochromen Bedeutung.

Von dem Eisenatom der Häm-Gruppe wird NO gewinkelt gebunden, da es sich formal um eine d^7-Spezies handelt (s. o. Bsp. Fe(1-MeIm)(NO)(TPP)]). Da der gewinkelt gebundene NO-Ligand nach dem VB-Modell als NO^--Gruppe isoelektronisch zum O_2-Liganden ist, wurde NO in vielfältiger Weise zur Untersuchung der Struktur und Funktion von Häm-Proteinen eingesetzt.

In einigen Komplexen findet man in Lösung ein fluktuierendes Verhalten in Bezug auf die Anbindung des NO-Liganden als lineare oder gewinkelte Gruppe. Im Festkörper können gegebenenfalls beide Formen isoliert werden. So zeigen der Komplex $[RuCl(NO)_2(PPh_3)_2]BF_4$ sein Osmium-Analog und die Verbindung $[Ir(\eta^3\text{-}C_3H_5)(NO)(PPh_3)_2]^+$ ein fluktuierendes Verhalten. Eine chemische Veränderung in einem Komplex, z. B. die Anbindung eines weiteren Liganden, kann zu einer Abwinklung der NO-Gruppe führen:

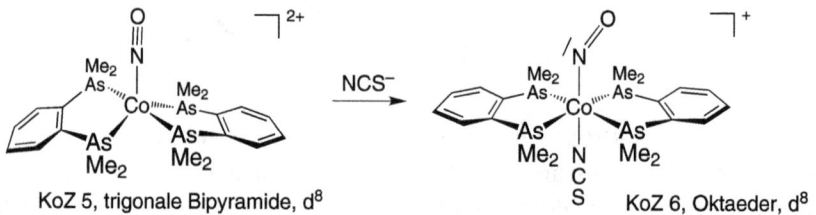

KoZ 5, trigonale Bipyramide, d^8 — NCS^- → KoZ 6, Oktaeder, d^8

Eine Photolyse der Komplexe $[Co(CO)_3(NO)]$, $[Ni(C_5H_5)(NO)]$ oder $[V(C_5H_5)(CO)(NO)_2]$ führt zur Abwinklung des oder der NO-Liganden in den angeregten Komplexen.

Anhand des Nitroprussiat-Anions $[Fe(CN)_5(NO)]^{2-}$ wurden für die M–NO-Anbindung **metastabile Zustände** (MS) nachgewiesen, in denen der Nitrosyl-Ligand seitwärts (MS_2) oder als **Isonitrosyl** (Fe–ON, MS_1) koordiniert ist. Im Einkristall können die metastabilen Zustände MS_1 und MS_2 durch Bestrahlung mit blauem Licht bei 77 K teilweise besetzt werden.

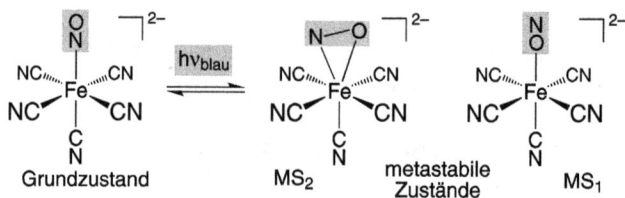

Grundzustand ⇌ ($h\nu_{blau}$) MS_2, MS_1 — metastabile Zustände

Bei der **Synthese von Metallnitrosylkomplexen** kann die Einführung der NO-Gruppe als **Addition** durch direkte Umsetzung mit gasförmigem NO

$$[M] + NO \longrightarrow [M]\text{–}NO$$

$$[MnCl_2(PR_3)_2] + NO \rightleftharpoons [MnCl_2(NO)(PR_3)_2]$$

$$WCl_6 + NO \xrightarrow{MeCN} [WCl_3(NCMe)_2(NO)] \quad \text{(reduktive Nitrosylierung, } W^{+6} \longrightarrow W^{+2})$$

oder einem NO^+-enthaltenden Reagenz (z. B. einem Nitrosonium-, NO^+-Salz) erfolgen:

$$[M] + NO^+ \longrightarrow [M]\text{–}NO^+$$

$$[IrCl(CO)L_2] + NO^+ \longrightarrow [IrCl(CO)L_2(NO)]^+$$

In **Ligandensubstitution**sreaktionen ersetzt ein neutrales NO-Molekül bei linearer Anbindung das Äquivalent eines 3-Elektronen-Liganden (s. Abschn. 3.4 unter LX):

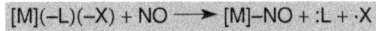

$$[M](\text{–}L)(\text{–}X) + NO \longrightarrow [M]\text{–}NO + :L + \cdot X$$

In Carbonylkomplexen können die 2-Elektronen-CO-Liganden isoelektronisch gegen die 3-Elektronen-NO-Liganden nach folgendem Muster ausgetauscht werden:

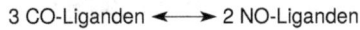

3 CO-Liganden ⟷ 2 NO-Liganden

oder

2 CO-Liganden ⟷ 1 NO-Ligand und 1 gebildete M–M-Bindung

$$2\,CpCo(CO)_2 + 2\,NO \longrightarrow [CpCo(\mu\text{-}NO)]_2 + 4\,CO$$

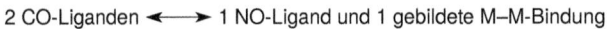

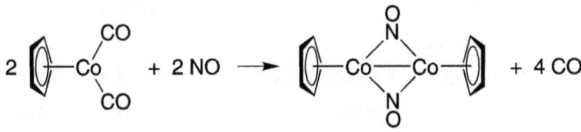

oder bei mehrkernigen Carbonylen:

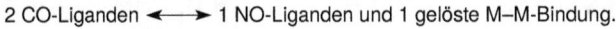

2 CO-Liganden ⟷ 1 NO-Liganden und 1 gelöste M–M-Bindung.

Durch diese Substitutionsreaktionen sind ternäre Carbonyl-Nitrosyl-Metallkomplexe erhältlich:

			$Ni(CO)_4$	
$Co_2(CO)_8$	+ 2 NO	⟶ 2	$Co(CO)_3(NO)$	+ 2 CO
$Fe(CO)_5$	+ 2 NO	⟶	$Fe(CO)_2(NO)_2$	+ 3 CO
$Mn_2(CO)_{10}$	+ 6 NO	⟶ 2	$Mn(CO)(NO)_3$	+ 8 CO
$Cr(CO)_6$	+ 4 NO	⟶	$Cr(NO)_4$	+ 6 CO

Zusammen mit Nickeltetracarbonyl bilden die Carbonyl-Nitrosyl-Metallkomplexe von Cobalt bis Chrom eine isostere Reihe. Der Begriff **Isosterie** oder **isoster** bezeichnet den besonderen isoelektronischen Zustand, dass Teilchen bei gleicher Atom- und Gesamtzahl an Elektronen und gleicher Elektronenkonfiguration auch die gleiche Gesamtladung besitzen.

Geht man von dem 2-Elektronen-Nitrosoniumkation (NO^+) als Edukt aus, so erfolgt eine 1:1 Substitutionsreaktion von anderen labilen 2-Elektronen-Liganden:

$$[M](-L) + NO^+ \longrightarrow [M]-NO^+ + :L$$

$$[Fe(CO)_2(CS_2)(PPh_3)_2] + NO^+ \longrightarrow [Fe(CO)_2(NO)(PPh_3)_2]^+ + CS_2$$

$$(C_5H_5)Mn(CO)_3 + NO^+ \longrightarrow [(C_5H_5)Mn(CO)_2(NO)]^+ + CO$$

$$(C_5H_5)Rh(CO)PPh_3 + NO^+ \longrightarrow [(C_5H_5)Rh(NO)PPh_3]^+ + CO$$

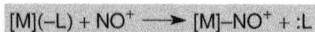

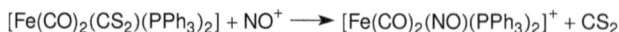

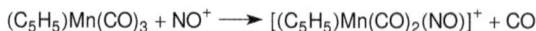

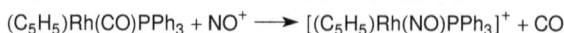

Bei der Verwendung von Salpetersäure wird deren Zersetzung zu NO_2 genutzt, welches in HNO_3 zu NO^+ und NO_3^- disproportioniert:

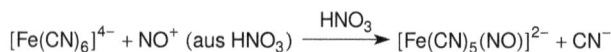

$$[Fe(CN)_6]^{4-} + NO^+ \text{ (aus } HNO_3) \xrightarrow{HNO_3} [Fe(CN)_5(NO)]^{2-} + CN^-$$

Eine weitere Synthesemöglichkeit ist die **Derivatisierung eines** geeigneten **stickstoffhaltigen Liganden** am Metallatom zum NO-Fragment:

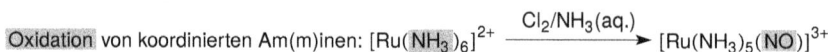

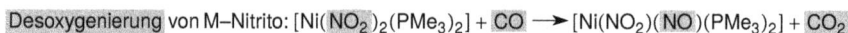

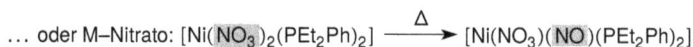

$$\text{Desoxygenierung von M–Nitrito: } [Ni(NO_2)_2(PMe_3)_2] + CO \longrightarrow [Ni(NO_2)(NO)(PMe_3)_2] + CO_2$$

$$\text{... oder M–Nitrato: } [Ni(NO_3)_2(PEt_2Ph)_2] \xrightarrow{\Delta} [Ni(NO_3)(NO)(PEt_2Ph)_2]$$

$$\text{Oxidation von koordinierten Am(m)inen: } [Ru(NH_3)_6]^{2+} \xrightarrow{Cl_2/NH_3(aq.)} [Ru(NH_3)_5(NO)]^{3+}$$

Ligandenkonversionen von koordiniertem Ammin zum Nitrosyl mit geeigneten Oxidationsmitteln sind noch wenig verstandene Reaktionen.

Reaktionen von NO-Liganden am Metallatom. Einige Metallnitrosylkomplexe reagieren mit Lewis-Säuren unter **Adduktbildung** über den Nitrosylliganden. Die Verbindung $(C_5H_5)Re(SiMe_2Cl)(PPh_3)(NO{\longrightarrow}BCl_3)$ ist ein strukturell charakterisiertes Beispiel. In ähnlicher Weise können Protonen an das Nitrosyl-Sauerstoffatom addiert werden:

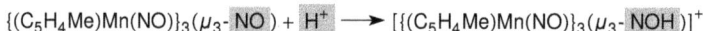

$$\{(C_5H_4Me)Mn(NO)\}_3(\mu_3\text{-}NO) + H^+ \longrightarrow [\{(C_5H_4Me)Mn(NO)\}_3(\mu_3\text{-}NOH)]^+$$

In gewinkelten M–NO-Gruppen, in denen das Stickstoffatom elektronenreicher ist und nach dem VB-Konzept formal ein freies Elektronenpaar besitzt, kann der **elektrophile Angriff** eines Protons am N-Atom unter Bildung eines HNO-Liganden erfolgen:

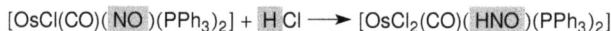

$$[OsCl(CO)(NO)(PPh_3)_2] + HCl \longrightarrow [OsCl_2(CO)(HNO)(PPh_3)_2]$$

Eine mehrfache elektrophile Addition kann zum Hydroxylimin und Hydroxylamin führen:

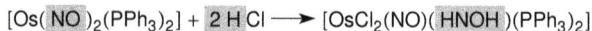

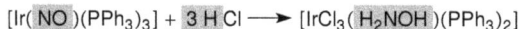

$$[Os(NO)_2(PPh_3)_2] + 2\,HCl \longrightarrow [OsCl_2(NO)(HNOH)(PPh_3)_2]$$

$$[Ir(NO)(PPh_3)_3] + 3\,HCl \longrightarrow [IrCl_3(H_2NOH)(PPh_3)_2]$$

Ein allgemeines Merkmal von Metallnitrosylkomplexen ist die **Aktivierung der N–O-Bindung**, die **zur Bindungsspaltung** und Verlust des Sauerstoffatoms an entsprechende Akzeptoren wie Phosphane führen kann:

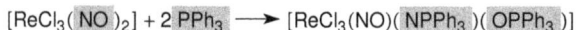

$$[ReCl_3(NO)_2] + 2\,PPh_3 \longrightarrow [ReCl_3(NO)(NPPh_3)(OPPh_3)]$$

Gleichzeitig vorliegende Carbonylliganden können mit der intermediären Nitridogruppe unter Bildung von Isocyanat reagieren:

$$[Ir(CO)(NO)(PPh_3)_2] + 2\,PPh_3 \xrightarrow{h\nu} [Ir(NCO)(PPh_3)_3] + OPPh_3$$

Der Bindungsbruch in einem koordinierten NO-Liganden ergibt aber auch stabile, isolierbare Nitridokomplexe:

$$[FeRu_3(CO)_{12}(NO)]^- + CO \longrightarrow [FeRu_3(CO)_{12}(N)]^- + CO_2$$

Ein **nucleophiler Angriff** an das Stickstoffatom eines koordinierten NO-Liganden ist bei linearen M–NO-Gruppen möglich, in denen sich das NO-Fragment stark elektrophil, d. h. wie NO^+ verhält, also eine hohe positive Partialladung aufweist. Hierzu wurde eine Korrelation mit einer hohen Streckschwingungsfrequenz ($\tilde{\nu}_{NO} \geq 1885\ cm^{-1}$) vorgeschlagen. Das Nitroprussidanion $[Fe(CN)_5(NO)]^{2-}$ ($\tilde{\nu}_{NO} = 1939\ cm^{-1}$) ist diesbezüglich das am besten untersuchte Beispiel, schon wegen seiner medizinischen Bedeutung als gefäßerweiterndes Mittel (Vasodilatator, s. Abschn. 3.16):

$$[Fe(CN)_5(NO)]^{2-} + 2\,OH^- \rightleftharpoons [Fe(CN)_5(NO_2)]^{4-} + H_2O$$

In der Reaktion mit dem Hydroxidion zeigt sich eine Parallele zur Reaktivität des freien Nitrosoniumions:

$$NO^+ + 2\,OH^- \rightleftharpoons NO_2^- + H_2O$$

Pentacyanidonitrosylferrat(II), $[Fe(CN)_5(NO)]^{2-}$, reagiert in außergewöhnlicher Weise mit Nucleophilen (L) wie Aminen, Thiolen, Aminosäuren, Carbanionen und Aceton unter Angriff am Nitrosyl-Stickstoffatom. Von Bedeutung für die Anwendung des Nitroprussidions als Vasodilatator ist die dadurch mögliche Entfernung der jetzt schwächer gebundenen N(=O)L-Gruppe aus der Koordinationssphäre des Eisenatoms.

$$[Fe(CN)_5(NO)]^{2-} + L \longrightarrow [Fe(CN)_5\{N(=O)L\}]^{2-}$$

Mit Kohlenstoffnucleophilen reagiert eine koordinierte NO-Gruppe in einer inter- oder intramolekularen Reaktion unter C–N-Bindungsknüpfung. Aus dem Komplex $[(C_5H_5)Co(\mu\text{-}NO)]_2$ erhält man mit NO in Gegenwart von vielfältigsten Alkenen Dinitrosoalkankomplexe:

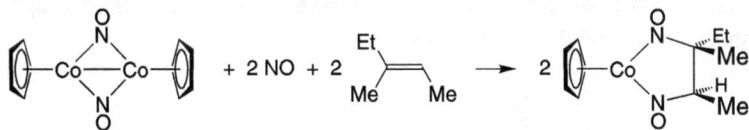

$$[(C_5H_5)Co(\mu\text{-}NO)]_2 + 2\,NO + 2\ \text{Et(Me)C=CHMe} \longrightarrow 2\,(C_5H_5)Co[ON\text{–}C(Et)(Me)\text{–}CH(Me)\text{–}NO]$$

Eine Ähnlichkeit zwischen NO- und CO-Liganden ist ihre **intramolekulare Insertion in** eine **Metall–Alkyl-Bindung**. Ein durch intramolekulare Alkylgruppenwanderung auf einen NO-Liganden, respektive NO-Insertion, gebildeter Nitrosoalkankomplex kann durch Phosphanzusatz abgefangen werden:

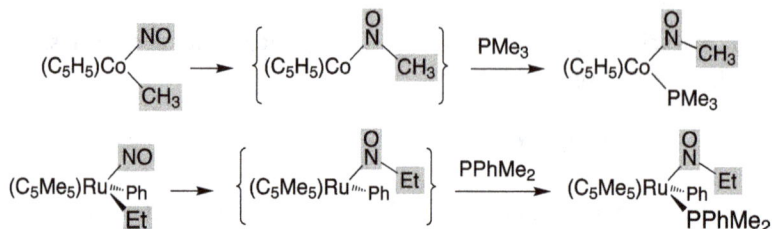

$$(C_5H_5)Co(NO)(CH_3) \longrightarrow \{(C_5H_5)Co{-}N(O)CH_3\} \xrightarrow{PMe_3} (C_5H_5)Co(PMe_3){-}N(O)CH_3$$

$$(C_5Me_5)Ru(NO)(Ph)(Et) \longrightarrow \{(C_5Me_5)Ru(Ph){-}N(O)Et\} \xrightarrow{PPhMe_2} (C_5Me_5)Ru(Ph)(PPhMe_2){-}N(O)Et$$

Kinetische Untersuchungen zeigen, dass die Reaktionsgeschwindigkeit einem Prozess erster Ordnung folgt, ohne Abhängigkeit von der Phosphankonzentration. Die Einschubreaktion ist der geschwindigkeitsbestimmende Schritt, gefolgt von einem schnellen Abfangen des intermediären Nitrosoalkankomplexes durch Phosphanaddition.

Metall-Isocyanid/Isonitril-Komplexe

Die Begriffe Isocyanid und Isonitril bezeichnen die Gruppe CNR. Isonitril ist der ältere Name, Isocyanid die IUPAC-konforme Benennung. Zur Blausäure HCN gibt es als tautomere Form die Isoblausäure CNH. Dieses tautomere Gleichgewicht liegt bei HCN ganz auf der Cyanid-Seite. Stabile organische Derivate sind aber von beiden Formen bekannt (Cyanide/Nitrile, R–C≡N| und Isocyanide/Isonitrile, |C≡N–R). Durch Ersatz des Sauerstoffatoms in CO mit der isoelektronischen N–H/R-Gruppierung (Grimm'scher Hydridverschiebungssatz) gelangt man formal zum Isocyanid. Metallisocyanidkomplexe entsprechen in ihrem Aufbau in erster Näherung den jeweiligen Metallcarbonylen. Unterschiede bestehen z. B. im hohen Dipolmoment von 3,44 Debye, welches der Isocyanid- im Vergleich zum CO-Liganden mit 0,1 Debye aufweist. In beiden Fällen liegt das negative Dipolende auf dem C-Atom ($^{\ominus}$|C≡N$^{\oplus}$–R). Isocyanid kann die CO-Gruppe aus Komplexen verdrängen:

$$Ni(CO)_4 + 4\ CNPh \longrightarrow Ni(CNPh)_4 + 4\ CO$$

Eine dabei auftretende Disproportionierung und Ausbildung eines Carbonylmetallats entspricht einem Angriff schwacher Basen auf Metallcarbonyle (Abschn. 4.3.1.3):

$$Co_2(CO)_8 + 5\ CNPh \longrightarrow [Co(CNR)_5]^+[Co(CO)_4]^- + 4\ CO$$

Isocyanidkomplexe können wie Carbonylkomplexe direkt aus der Umsetzung von Metallsalzen mit dem Liganden erhalten werden:

$$3\ Cr^{2+} + 18\ CNR \longrightarrow Cr(CNR)_6 + 2[Cr(CNR)_6]^{3+}$$
$$WCl_6 + 3\ Mg + 6\ CNR \longrightarrow W(CNR)_6 + 3\ MgCl_2$$

Isocyanid tritt seltener als Brückenligand auf als die CO-Gruppe. Isocyanid ist ein stärkerer σ-Donor und schwächerer π-Akzeptor als der CO-Ligand, wobei aber der Substituent am Stickstoffatom einen Einfluss ausübt. Die Möglichkeit, den Stickstoffsubstituenten sehr variabel zu gestalten, hat zu einer umfangreichen Chemie von Metallisocyanidkomplexen geführt (Tab. 4.9), die aber in ihrer Bedeutung noch lange nicht an die Metallcarbonylchemie heranreicht. Ein interessantes Anwendungsbeispiel ist ein kationischer Hexaisocyanidkomplex des γ-Strahlers ^{99m}Tc, $[Tc(CNR)_6]^+$, der in der nuklearmedizinischen Diagnostik, insbesondere bei der visuellen Darstellung der Herzdurchblutung eingesetzt wird (^{99m}Tc-Sestamibi, Cardiolite®, s. Abschn. 3.16).

Tab. 4.9: Kationische und neutrale homoleptische Metallisocyanidkomplexe.

Gruppe 5 V, Nb, Ta	Gruppe 6 Cr, Mo, W	Gruppe 7 Mn, Tc, Re	Gruppe 8 Fe, Ru, Os	Gruppe 9 Co, Rh, Ir	Gruppe 10 Ni, Pd, Pt	Gruppe 11 Cu, Ag, Au
$[V(CNR)_6]^+$	$Cr(CNR)_6$ $[Cr(CNR)_6]^+$ $[Cr(CNR)_6]^{2+}$ $[Cr(CNR)_6]^{3+}$ $[Cr(CNR)_7]^{2+}$	$[Mn(CNR)_6]^+$	$Fe(CNR)_5$ $Fe_2(CNR)_9$	$Co_2(CNR)_8$ $[Co(CNR)_5]^+$ $[Co(CNR)_5]^{2+}$ $[Co_2(CNR)_{10}]^{2+}$	$Ni(CNR)_4$ $Ni_4(CNR)_7$ $[Ni(CNR)_4]^{2+}$	$[Cu(CNR)_4]^+$
	$Mo(CNR)_6$ $[Mo(CNR)_7]^{2+}$	$[Tc(CNR)_6]^+$	$Ru(CNR)_5$ $Ru_2(CNR)_9$ $[Ru_2(CNR)_{10}]^{2+}$	$[Rh(CNR)_4]^+$ $[Rh_2(CNR)_8]^{2+}$	$Pd_3(CNR)_6$ $[Pd(CNR)_4]^{2+}$ $[Pd_2(CNR)_6]^{2+}$ $[Pd_3(CNR)_8]^{2+}$	$[Ag(CNR)_2]^+$
	$W(CNR)_6$ $[W(CNR)_7]^{2+}$	$[Re(CNR)_6]^+$	$Os(CNR)_5$ $[Os_2(CNR)_{10}]^{2+}$	$[Ir(CNR)_4]^+$	$Pt_3(CNR)_6$ $Pt_7(CNR)_{12}$ $[Pt(CNR)_4]^{2+}$ $[Pt_2(CNR)_6]^{2+}$	$[Au(CNR)_2]^+$

4.3.1.5 Anwendungen von Metallcarbonylen und Derivaten

Katalyse. $[Rh(CO)_2I_2]^-$ ist die Startspezies im Monsanto-Verfahren zur Essigsäureherstellung. $HCo(CO)_4$ ist die Vorstufe zur katalytisch aktiven Form $HCo(CO)_3$ bei der Cobalt-katalysierten Hydroformylierung. Aus dem modifizierten Wilkinson-Katalysator $Rh(CO)H(PPh_3)_3$ wird bei der Rhodium-katalysierten Hydroformylierung durch Phosphanabspaltung der aktive quadratisch-planare Komplex $Rh(CO)H(PPh_3)_2$ gebildet. Die katalytischen Zyklen finden sich in Abschn. 4.4.

Stöchiometrische Synthese. Natrium-tetracarbonylferrat(–II), $\mathbf{Na_2Fe(CO)_4}$, dient als **Collman's Reagenz** zur Funktionalisierung und Überführung von primären Alkylhalogeniden R–X in Ketoverbindungen R–C(O)–Y mit Kettenverlängerung um eine C-Einheit (Abb. 4.5). Auch primäre und sekundäre Tosylate können eingesetzt werden.

Die durch nucleophile Substitution zunächst gebildeten Organyl- oder Acyl-tetracarbonyleisen-Komplexe $[R–Fe(CO)_4]^-$ und $[RC(O)–Fe(CO)_4]^-$ können vielfältig modifiziert

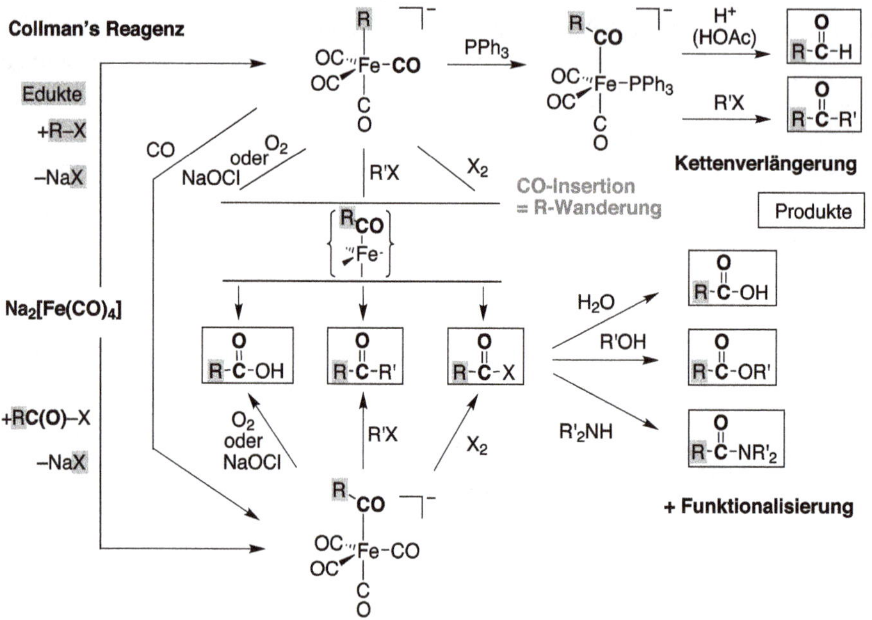

Abb. 4.5: Modifizierung primärer organischer Halogen-, Halogenacyl- oder primärer und sekundärer Tosylatverbindungen (R–X, mit X = Br, I, $O_3S\text{-}C_6H_4CH_3$) mit Collman's Reagenz, $Na_2[Fe(CO)_4]$. Das Carbonylmetallat $[Fe(CO)_4]^{2-}$ reagiert zuerst in einer nucleophilen Substitution mit R–X oder RC(O)–X, unterstützt durch eine Salzeliminierungsreaktion (–NaX). Die Intermediate $[R\text{–}Fe(CO)_4]^-$ und $[RC(O)\text{–}Fe(CO)_4]^-$ können isoliert werden. Gute Ausbeuten werden mit primären Alkylbromiden erhalten. Sekundäre Bromide geben niedrigere Ausbeuten. In Gegenwart von PPh_3 oder CO, aber auch von R′X oder X_2 wird in $[R\text{–}Fe(CO)_4]^-$ eine Alkylgruppenwanderung initiiert, sodass die um ein C-Atom verlängerte R–C(O)-Gruppierung gebildet wird. Die im zweiten Schritt zur Darstellung von Ketonen eingesetzten Kupplungssubstrate R′–X müssen etwas aktiver sein, wie primäre Iodide oder Tosylate oder benzylische Halogenide. Die oxidative Aufarbeitung von $[R\text{–}Fe(CO)_4]^-$ und $[RC(O)\text{–}Fe(CO)_4]^-$ führt zur Carbonsäure, ebenso die Umsetzung mit einem Halogen in wässriger Lösung. Werden $[R\text{–}Fe(CO)_4]^-$ und $[RC(O)\text{–}Fe(CO)_4]^-$ mit Halogenen in Alkohol oder einem sekundären Amin zur Reaktion gebracht, erhält man den Carbonsäureester bzw. das Säureamid.

werden. Ausgehend von R–X kann je nach Aufarbeitung der um ein Kohlenstoffatom verlängerte Aldehyd R–CHO, die Carbonsäure R–COOH, das Säurehalogenid R–C(O)X und daraus das Säureamid $R\text{–}C(O)NR_2'$ oder der Ester R–C(O)OR erhalten werden. Mit einer zweiten Halogen- oder Tosylatverbindung R′–X sind auf mehreren Wegen (gemischte) Ketone R–C(O)–R′ zugänglich. Anstelle der Alkyl- können Acylhalogenide RC(O)–X als organische Edukte eingesetzt werden, bei denen die Kettenlänge dann allerdings unverändert bleibt. Geht man von RC(O)–X aus, lassen sich ohne Veränderung der Kettenlänge ebenfalls die genannten Produkte erhalten. Die Vorteile von Collman's Reagenz liegen in den erzielten hohen Ausbeuten und der Toleranz gegenüber funktionellen Ester- und Ketogruppen im organischen Rest R, die nicht angegriffen werden. Tertiäre Halogenverbindungen können nicht verwendet werden, da sie mit der starken

Base $[Fe(CO)_4]^{2-}$ unter HX-Eliminierung reagieren. $Na_2Fe(CO)_4$ wird aus $Fe(CO)_5$ durch Reduktion mit Na/Hg in THF hergestellt (s. Abschn. 4.3.1.3).

In der **Pauson-Khand-Reaktion** (manchmal nur Khand-Reaktion genannt) wird in einer Dreikomponentensynthese aus einem Alkin, einem Alken und CO in der Koordinationssphäre eines zweikernigen Cobaltcarbonylkomplexes das substituierte Cyclopent-2-en-1-on aufgebaut. **Cyclopentenone** sind in Naturstoffen und in der Riechstoffindustrie eine wichtige Stoffklasse:

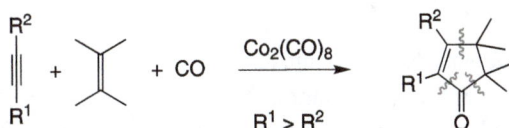

Für die Cyclisierung werden drei C–C-Bindungen geknüpft. Als Metallverbindung kann Dicobaltoctacarbonyl zur Reaktionsmischung gegeben werden. Es bildet sich der Alkindicobalthexacarbonylkomplex, der deshalb in der Regel zunächst separat aus dem Alkin und $\mathbf{Co_2(CO)_8}$ isoliert und dann in einer stöchiometrischen Reaktion mit dem Alken und CO umgesetzt wird:

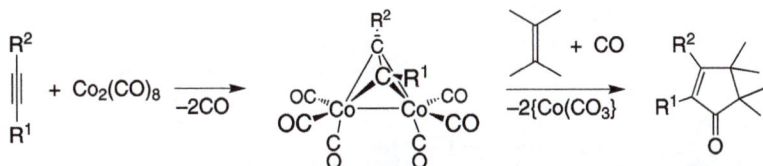

Die Cyclisierung verläuft in Bezug auf das Alkin regio- und in Bezug auf das Olefin stereoselektiv. Beim Alkin tritt der größere Substituent bevorzugt in Nachbarstellung zur Ketofunktion, wie Beispiele zeigen, die aus dem jeweiligen Alkin(-Cobaltkomplex) und Ethen erhalten wurden:

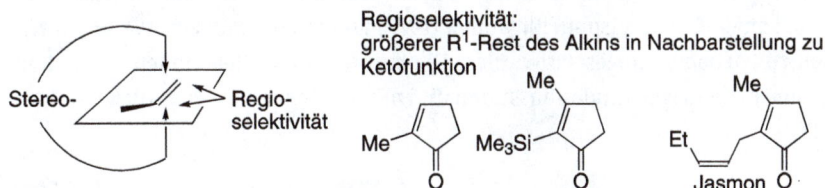

Mit Norbornenderivaten werden bei den C–C-Verknüpfungen ausschließlich die Exo-Produkte erhalten, d. h. die Cyclisierung erfolgt auf der sterisch weniger gehinderten Seite des Olefins. Die Pauson-Khand-Reaktion war ursprünglich auf den stöchiometrischen Einsatz des Alkin-Cobaltcarbonylkomplexes angewiesen. Über eine katalytische Verfahrensweise wurde berichtet, und eine industrielle Nutzung scheint realistisch.

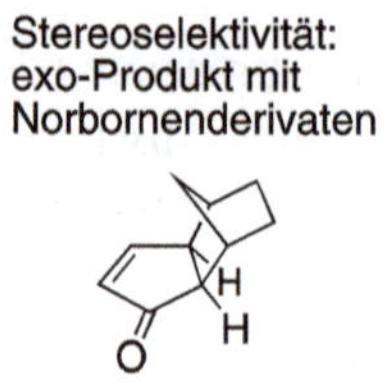

Stereoselektivität:
exo-Produkt mit
Norbornenderivaten

4.3.2 Carben-(Alkyliden-)Komplexe

Verbindungen mit einer Metall=Kohlenstoff-Doppelbindung werden Metall-Carben- oder Metall-Alkyliden-Komplexe genannt. Der erste Carbenkomplex wurde von E. O. Fischer 1964 beschrieben und aus der Umsetzung von Wolframhexacarbonyl und Phenyllithium mit nachfolgender Methylierung durch Diazomethan oder Meerwein-Salz erhalten:

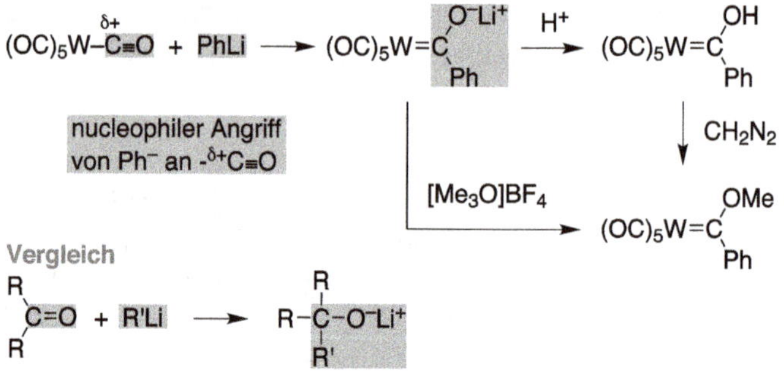

$$(OC)_5W{-}\overset{\delta+}{C}{\equiv}O + PhLi \longrightarrow (OC)_5W{=}C(O^-Li^+)(Ph) \xrightarrow{H^+} (OC)_5W{=}C(OH)(Ph) \xrightarrow{CH_2N_2} (OC)_5W{=}C(OMe)(Ph)$$

$$(OC)_5W{=}C(O^-Li^+)(Ph) \xrightarrow{[Me_3O]BF_4} (OC)_5W{=}C(OMe)(Ph)$$

nucleophiler Angriff von Ph^- an $-^{\delta+}C{\equiv}O$

Vergleich

$$R_2C{=}O + R'Li \longrightarrow R{-}C(R)(R'){-}O^-Li^+$$

Der **nucleophile Angriff** der Phenylgruppe **auf das Metall-gebundene CO** kann mit der Reaktion von Ketonen und Organolithiumverbindungen zu tertiären Alkoholaten verglichen werden.

Eine große Vielfalt an Metallcarbonylen und Komplexen mit isoelektronischen Thiocarbonyl- (**CS**) und Isonitrilliganden (**CNR**) können in ähnlicher Weise mit Nucleophilen zu Carbenen umgesetzt werden. Die meisten dieser Reaktionen beinhalten Metallatome in niedrigen Oxidationsstufen und mit mehreren starken π-Akzeptorliganden wie CO:

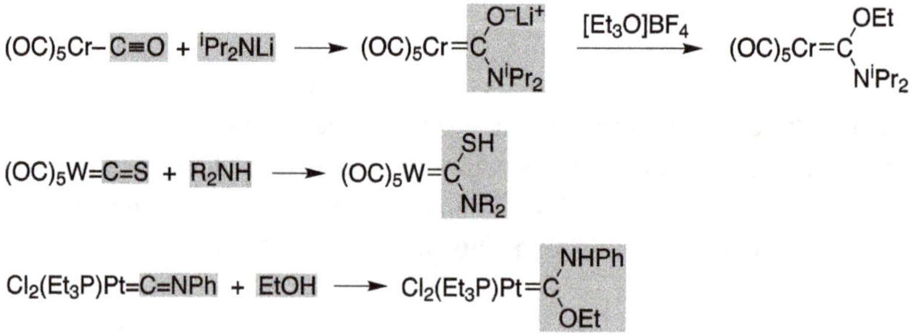

$$(OC)_5Cr{-}C{\equiv}O + {}^iPr_2NLi \longrightarrow (OC)_5Cr{=}C(O^-Li^+)(N^iPr_2) \xrightarrow{[Et_3O]BF_4} (OC)_5Cr{=}C(OEt)(N^iPr_2)$$

$$(OC)_5W{=}C{=}S + R_2NH \longrightarrow (OC)_5W{=}C(SH)(NR_2)$$

$$Cl_2(Et_3P)Pt{=}C{=}NPh + EtOH \longrightarrow Cl_2(Et_3P)Pt{=}C(NHPh)(OEt)$$

Der nucleophile Angriff auf die reaktiveren Thiocarbonyl- oder Isonitrilgruppen ist sehr viel leichter als auf den CO-Liganden. Die Fischer-Carbene erfüllen die 18-Valenzelektronenregel.

Alternativ können Fischer-Carbene aus dem nukleophilen Angriff von dianionischen Pentacarbonylmetallaten (M = Cr, Mo, W) auf Acylchloride oder Amide erhalten werden. Bei Ersteren führt eine O-Alkylierung zu Alkoxycarben-Komplexen. Bei Letzteren muss noch eine Sauerstoffabstraktion durch O-Silylierung des Intermediates $(OC)_5Cr^-{-}C(O^-)(NR^2_2)R^1$ mit Trimethylsilylchlorid und Abspaltung von Trimethylsilyloxid zum Amino-subtituierten Carben erfolgen.

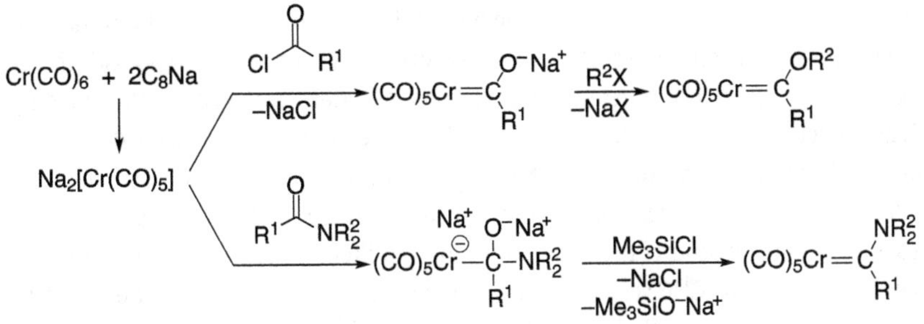

Alkoxy-amino-artige Carbenkomplexe sind durch intramolekularen Ringschluss von 2-Hydroxyphenylisocyanid zum Benzoxazol-2(3H)-carben an einem $M(CO)_x$ Fragment zugänglich. Der 2-Hydroxyphenylisocyanid-Ligand wird *in situ* durch Hydrolyse aus koordiniertem 2-(Trimethylsiloxy)phenylisocyanid erzeugt und reagiert größtenteils sofort weiter. Die isomeren Carbonylderivate mit 2-Hydroxyphenylisocyanid- und Benzoxazolcarben-Ligand bilden ein Gleichgewicht, das zu über 70 mol-% (für Fe zu 100 %) auf der Seite des Carbens liegt. Durch N-Alkylierung wird der Carbenkomplex aus dem Gleichgewicht abgefangen.

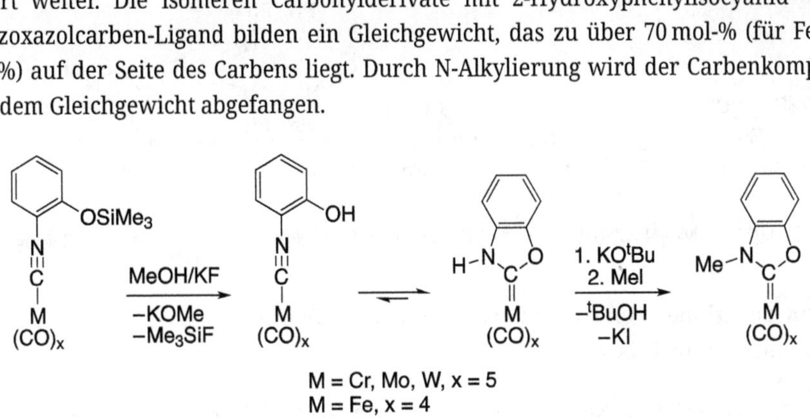

M = Cr, Mo, W, x = 5
M = Fe, x = 4

Eine gänzlich andere Darstellung geht von Metall-Alkyl-Komplexen aus. Diese können durch **intra- oder intermolekulare Deprotonierung am *α*-C-Atom einer Alkylgruppe** in Carbenkomplexe überführt werden. Die intramolekulare *α*-Wasserstoffeliminierung zusammen mit dem Verlust eines Alkylliganden wird durch sterisch anspruchsvolle Alkylgruppen begünstigt:

α-H-Abstraktion, Deprotonierung einer Metall–Alkylgruppe

$$(C_5H_5)Cl_2Ta(CH_2CMe_3)_2 \xrightarrow{-30\,°C} (C_5H_5)Cl_2Ta{=}C(H)CMe_3 + H{-}CH_2CMe_3\ (= CMe_4)$$

$$[(C_5H_5)_2Ta(CH_3)_2]^+ + NaOCH_3 \longrightarrow (C_5H_5)_2Ta(CH_3){=}CH_2 + H{-}OCH_3 + Na^+$$

$$(C_5H_5)(NO)(PPh_3)Re{-}CH_3 + Ph_3C^+PF_6^- \longrightarrow [(C_5H_5)(NO)(PPh_3)Re{=}CH_2]^+PF_6^- + Ph_3CH$$

Die Tantalatome in den vorstehenden Gleichungen haben die Oxidationsstufe +5. Die beschriebene α-Wasserstoffeliminierung erfolgt sehr leicht bei Metallatomen in hohen Oxidationsstufen, wie Nb(V), Ta(V), W(VI). Sie wird durch eine agostische Wechselwirkung des elektronenarmen Metallatoms mit dem α-Wasserstoffatom eingeleitet (vgl. Abschn. 4.3.5). Der Weg einer β-H-Eliminierung wurde durch die geschickte Wahl des Neopentylliganden -CH_2CMe_3 unterbunden. Zu beachten ist, dass in den Alkylkomplexen am Metallatom keine starken π-Akzeptorliganden gebunden sind. Schrock-Carbene erfüllen nicht immer die 18-Elektronenregel. Das vorstehende Beispiel $(C_5H_5)Cl_2Ta{=}CHCMe_3$ ist nur ein 14-Elektronenkomplex; die Verbindung $(Me_3CCH_2)_3Ta{=}CHCMe_3$ nur ein 10-Valenzelektronenkomplex.

Die meisten Carbenkomplexe werden, wie vorstehend, durch Reaktionen von Liganden innerhalb der Koordinationssphäre des Metallatoms aufgebaut. In speziellen Fällen lässt sich die Spaltung elektronenreicher Olefine oder Iminiumsalze als Carbenquelle nutzen:

$$2\ (Ph_3P)(Cl)Rh(CO)(PPh_3) \xrightarrow{-2PPh_3} 2\ \{(Cl)Rh(CO)(PPh_3)\} \xrightarrow{+\ \text{(PhN-CH}_2\text{CH}_2\text{-NPh)C=C(PhN-CH}_2\text{CH}_2\text{-NPh)}} 2\ (\text{PhN-CH}_2\text{CH}_2\text{-NPh)C}{=}Rh(Cl)(CO)(PPh_3)$$

$$[Mo(CO)_5]^{2-} + [Me_2\overset{+}{N}{=}CPh_2] \longrightarrow [(OC)_5Mo{-}C(Ph_2)NMe_2]^- \xrightarrow[-NHMe_2]{H^+} (OC)_5Mo{=}CPh_2$$

Abfangreaktionen von freien Carbenen, z. B. aus Diazomethan, waren lange Zeit nur auf wenige Beispiele beschränkt:

$$(C_5H_5)Cr(CO)(NO)(THF) + CH_2N_2 \xrightarrow[-THF]{} (C_5H_5)(CO)(NO)Cr{=}CH_2 + N_2$$

Mit instabilen, reaktiven Carbenen werden meistens Alkyliden-Brücken (μ-CR_2) gebildet:

$$2\,(C_5H_5)Mn(CO)_2(THF) + CH_2N_2 \xrightarrow{-2THF} [(C_5H_5)(CO)_2Mn]_2(\mu\text{-}CH_2) + N_2$$

Die Entdeckung der **stabilen, freien N-heterocyclischen Carbene (NHC)** und die Präsentation des ersten kristallinen NHCs im Jahre 1991 erlaubte die direkte Synthese zahlreicher neuartiger Carbene und Carbenkomplexe. NHCs sind Singulett-Carbene. Die klassischen NHCs besitzen als Imidazolylidene ein ungesättigtes cyclisches Sechselektronen-π-System mit zwei dem Carbenkohlenstoffatom benachbarten Stickstoffatomen.

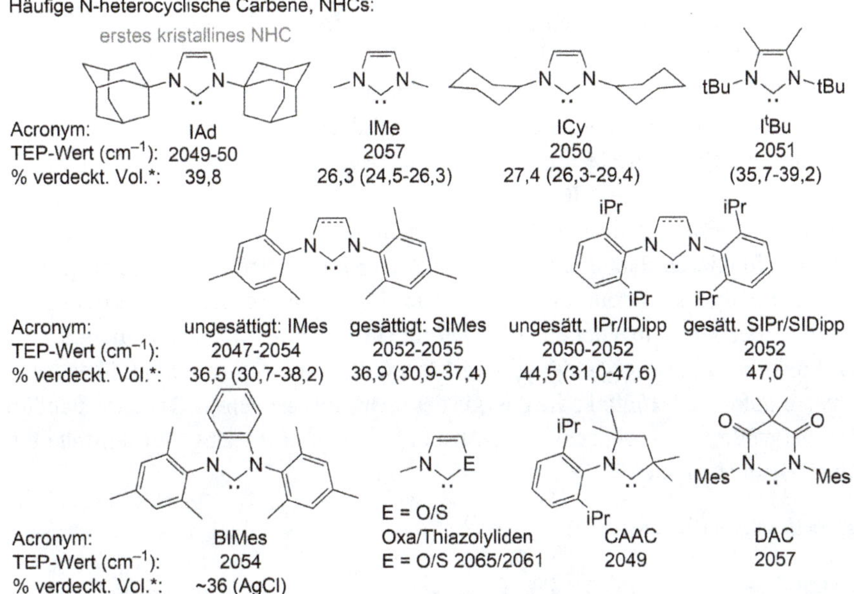

IAd = 1,3-Diadamantylimidazolyliden, IMe/Cy/^{t}Bu = 1,3-Dimethyl/cyclohexyl/tert-butylimidazolyliden,
(S)IMes = 1,3-Dimesitylimidazol*(in)*yliden, (S)IPr/(S)IDipp = 1,3-Bis(2,6-diisopropylphenyl)imidazol*(in)*yliden
(gesättigt bedeutet keine C=C-Doppelbindung im NHC-Fünfring),
BIMes = 1,3-Dimesityl-1H-benzo[d]imidazolyliden, CAAC = cyclic (alkyl)(amino)carbene,
DAC = (heterocyclisches) N,N'-Diamidocarben
* Bei "% verdecktes Volumen" ist der Wert für NHC-AuCl angegeben und der Bereich für andere Metallfragmente.

Die gängigsten freien NHCs werden als Imidazol-2-ylidene durch Deprotonierung von Imidazoliumkationen an der C-2 Position erhalten. Imidazoliumkationen sind die protonierte Form der NHCs. Vielfältig substitutierte Imidazoliumkationen werden durch Kondensation von Glyoxal mit primären Aminen zum σ-Diimin, gefolgt von der Reaktion mit Paraformaldehyd und Säure oder Chlormethyl(ethyl)ether und Säure, dargestellt. Benzimidazoliumsalze werden aus 1,2-Diaminobenzol mit Triethylorthoformiat und Säure synthetisiert.

M = Cr, Mo, W, x = 5
M = Fe, x = 4
$(H_2CO)_n$, HX, $-H_2O$
$2H_2NR^2$
$-2H_2O$
$ClCH_2OEt$
$-HCl$
HCl od. HBF_4
$-EtOH$
$HC(OEt)_3$
$-2EtOH$
NaO^tBu
$-^tBuOH$
$-NaX$
$X^\ominus$ = Cl^- oder BF_4^-

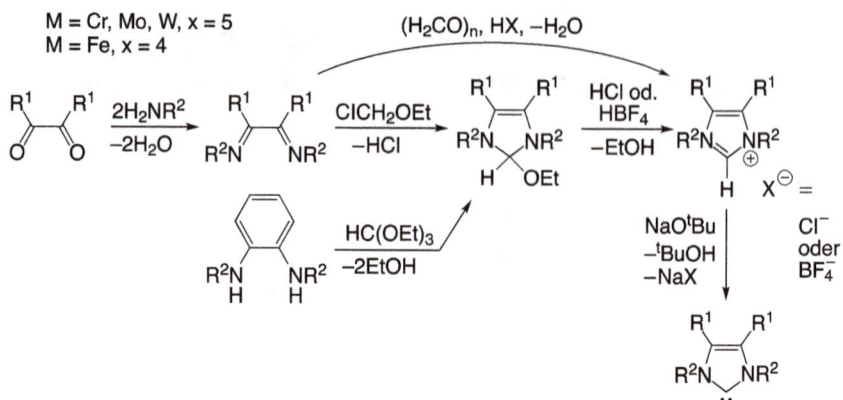

Mit sterisch anspruchsvolleren Resten R^2 (z. B. Adamantyl, Mesityl) sind die NHCs als monomere Spezies kinetisch stabil, mit geeigneten Substitenten, z. B. R^1 = Cl und R^2 = Mesityl (2,4,6-Trimethylphenyl) auch luftstabil. Die Substituenten tragen aber nur einen Teil zur Stabilität bei. Viel wichtiger ist die elektronische *push-pull*-Stabilisierung über den +M- und –I-Effekt der Heteroatome. So ist selbst das 1,3,4,5-Tetramethylimidazolyliden (IMe plus 4,5-Me_2) trotz der geringen sterischen Abschirmung in freier Form isolierbar. Die zum Carben-Kohlenstoffatom benachbarten Stickstoffatome fungieren als starke π-Donoren (+M-, *push*-Effekt) in das unbesetzte p-Orbital des Carben-Kohlenstoffatoms und üben gleichzeitig als elektronegativere Bindungspartner einen σ-elektronenziehenden (–I-, *pull*-)Effekt aus. Über den positiven mesomeren (+M-)Effekt wird die Energie des p_π-Orbitals am Carben-C-Atoms erhöht, über den negativen induktiven (–I-)Effekt die Energie des σ-Orbitals erniedrigt. Der derart auf über 1,5 eV vergrößerte energetische σ–p_π-Abstand bedingt einen Singulett- anstelle eines Triplett-Grundzustands.

elektronische Stabilisierung:

N-Atome als π-Donoren
+M, push-Effekt
Energie des leeren C-p_π-Orbitals wird erhöht

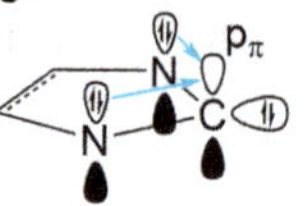

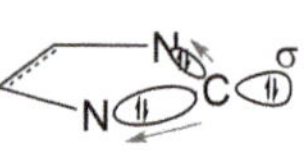

N-Atome als σ-Akzeptoren
–I, pull-Effekt
Energie des besetzten C-σ-Orbitals wird erniedrigt

Es müssen nicht zwei Stickstoffatome im Heterocyclus vorhanden sein. Es gibt NHCs mit einem alternativen Heteroatom wie Sauerstoff (Oxazolylidene) oder Schwefel (Thiazolylidene) anstelle eines der beiden Stickstoffatome. Die cyclischen Alkyl(amino)carbene, kurz CAACs (s. o.), beinhalten nur noch ein Stickstoffatom in direkter Nachbarschaft zum Carbenzentrum sowie ein sp^3-hybridisiertes Kohlenstoffatom.

NHCs sind als nucleophile, weiche und stark σ-basische 2-Elektronen-Donorliganden den Alkylphosphanen ähnlich. Die NHCs binden primär mit einer M–L-Einfachbindung an Metallatome. Die Einbindung des Carben-Kohlenstoffatom-p-Orbitals in das π-System der Heteroatome führt zu einem geringen, aber nicht zu vernachlässigenden π-Akzeptor-Charakter der NHC-Liganden (s. auch Abschn. 1.4.1). Theoretische Rechnungen schätzen ca. 20 % π-Anteil zur C–M-Gesamtbindungsenergie in NHC-Cu/Ag/Au-Komplexen ab.

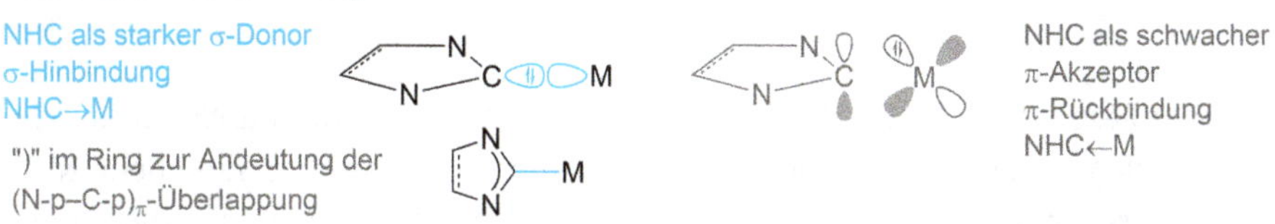

NHCs sind etwas stärkere σ-Donoren und bilden stärkere M–L-Bindungen als Phosphane. Im Grubbs-Katalysator [(SIMes)$RuCl_2$(=CHPh)(PCy_3)] (s. S. 763) labilisiert der NHC-Ligand den trans-ständigen Phosphan-Liganden).

Der *Tolman Electronic Parameter* (TEP) erlaubt eine relative Quantifizierung der Gesamtdonorstärke eines Liganden (L) in Übergangsmetallkomplexen. Mittels IR-Spektroskopie werden die Lagen der Carbonyl-Valenzschwingungen eines Carbonylkomplexes der Form $LNi(CO)_3$ oder cis-$LM(CO)_2Cl$ (M = Rh, Ir) bestimmt. Je größer die Donorstärke eines Liganden ist, desto elektronenreicher ist auch das Metallatom. Dieses kann die erhöhte Elektronendichte über eine M⟶CO π-Rückbindung in das π^*-MO der Carbonylliganden geben. Dadurch sinkt die C–O-Bindungsordnung, was zu niedrigeren Wellenzahlen der CO-Valenzschwingungen führt (s. u. Schwingungsspektroskopie an Metallcarbonylen). Die Wellenzahl ist der TEP-Wert und ergibt sich aus der Summe der σ-Donor- und π-Akzeptorstärke eines Liganden. NHCs haben niedrigere TEP-Werte (Wellenzahlen) als Phosphane (vgl. P(cyclohexyl)$_3$ mit 2060 cm^{-1}), sind also stärkere Elektronendonatoren. Die TEP-Werte der Standard-NHCs liegen innerhalb ~10 cm^{-1} um ~2052 cm^{-1} (s. o.). Die Methode erlaubt keine alleinige Bestimmung der σ-Donorstärke. Die reine Akzeptorstärke kann aber aus ^{31}P- oder ^{77}Se-NMR-Verschiebungen von NHC-Phosphiniden- oder NHC-Selen-Verbindungen ermittelt werden und darüber dann der reine σ-Donoranteil abgeschätzt werden.

Im Unterschied zu Phosphanen, bei denen die Reste R am pyramidalen P-Atom kegelförmig vom Metallatom wegweisen, zeigen bei NHCs beide Reste an den N-Atomen in Richtung des Carben- und des Metallatoms, womit sich ein erhöhter sterischer Anspruch für das NHC ergibt. Der Raumanspruch von Phosphanen wird mit dem Tolman-Kegelwinkel quantifiziert (s. Abschn. 4.4.1.4). Der sterische Anspruch von NHCs wird durch das Modell des verdeckten Volumens bestimmt. Als verdecktes Volumen wird der von dem NHC-Liganden verdeckte Anteil (in Prozent) bezeichnet bei einer Kugel mit dem festgelegten Radius r = 3,00 oder 3,50 Å und dem Metallatom im Zentrum mit einem festgelegten M-C(NHC) Abstand d = 2,00 Å oder 2,28 Å. Das verdeckte Volumen wird dann mit Atomkoordinaten des NHC-Liganden aus Kristallstrukturanalysen oder DFT-Berechnungen erhalten. Die Werte variieren etwas mit dem Metallfragment (s. o.), sodass Nachkommastellen zwar angegeben werden, aber nicht gerechfertigt sind.

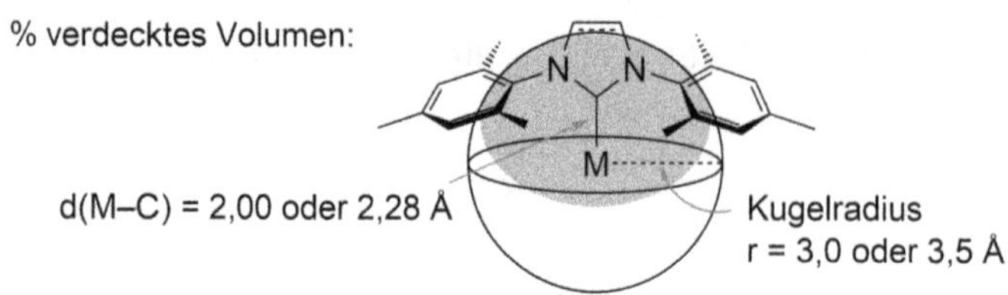

NHC-Komplexe können aus dem freien Carben über den Austausch eines relativ schwach gebundenen Liganden am Metall synthetisiert werden. Eine hohe NHC-M-Bindungsenergie liefert die Triebkraft für die Ligandensubstitution. Dazu muss allerdings das Carben eine genügend hohe Stabilität ausweisen und darf unter den Reaktionsbedingungen nicht dimerisieren oder anderweitig, z. B. mit Lösungsmittelmolekülen reagieren. Bei nicht ausreichend stabilen NHCs ist die *in-situ*-Erzeugung eines freien Carbens durch Deprotonierung von Imidazoliumsalzen mit basischen Metallsalzen oder mit externen Basen und die sofortige Weiterreaktion mit dem Metallfragment eine Alternative. Da die Imidazoliumsalze pK_S-Werte von ca. 20 haben, werden die starken Basen Kalium-tert-butanolat oder Natrium-bis(trimethylsilyl)amid (NaHDMS) eingetzt. Deren großer sterischer Anspruch verhindert auch einen nucleophilen Angriff an das Imidazoliumsalz. Die Transmetallierung mit NHC-Silber-Komplexen ist ebenfalls eine gängige und effiziente Methode für die Darstellung von NHC-Metall-Komplexen. Triebkraft ist die Bildung einer stabileren NHC-M-Bindung aus der schwächeren und labilen NHC-Ag-Bindung. Die Bildung von schwer löslichen Silberhalogenidsalzen verschiebt das Gleichgewicht zusätzlich auf die Produktseite. Der NHC-Silber-Cl-Komplex wird vorher aus einem Azoliumchlorid-Salz mit basischem Ag_2O dargestellt.

Bildung von NHC-Metallkomplexen:

Ligandensubstitution mit freiem Carben: NHC: + ML_nL' → (−L') NHC–ML_n

L' = labile Abgangsgruppe

Transmetallierung mit NHC-Ag-Komplex: NHC–Ag–Cl + ML_nL' → (−L', −AgCl) NHC–ML_n

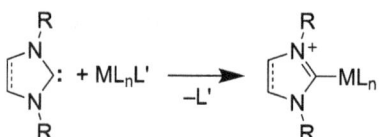

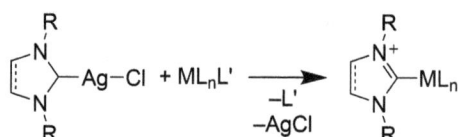

In-situ Carbensynthese durch Deprotonierung von Imidazoliumsalzen
- durch basische Metallsalze - durch externe Basen
und Weiterreaktion mit Metallfragment

Imidazolium$^+$ X^- (C–H) + MB → (−HB) NHC–M^+X^-

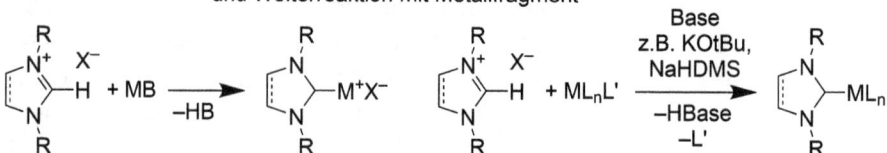

B = stark basisches Anion

Imidazolium$^+$ X^- (C–H) + ML_nL' → (Base z.B. KOtBu, NaHDMS; −HBase, −L') NHC–ML_n

Eine zunehmende Zahl von Homogenkatalysatoren enthält NHC-Liganden zur sterischen und elektronischen Kontrolle. Beispiele sind der *Hoveyda-Grubbs II*-Komplex für die Olefin-Metathese (s. auch Methathese, Grubbs-Katalysatoren), der *IPr-Pd-PEPPSI*-Komplex für C–C- und C–N-Kreuzkupplungen sowie NHC-Gold(I)-Komplexe für z. B. Allyl-Umlagerungen und Alkin-Hydratisierungen.

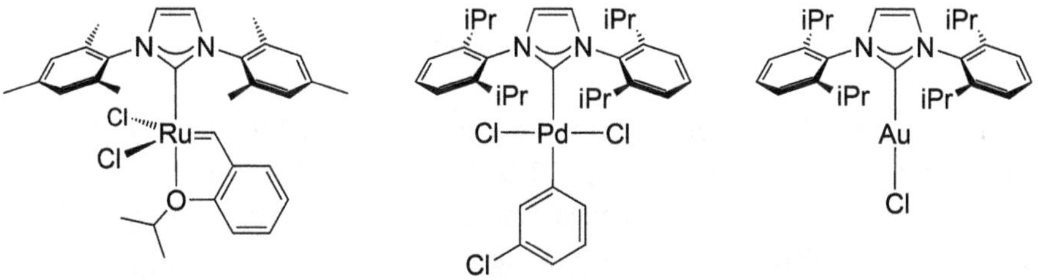

Hoveyda-Grubbs II
Olefin-Metathese-Kat.

IPr-Pd-PEPPSI
Kreuzkupplungskat.

NHC-Gold(I)-Kat.
z.B. Allyl-Umlagerungen

Eine weitere Gruppe von Carbenkomplexen sind **Vinylidenkomplexe**. Der Vinylidenligand hat am Carbenkohlenstoffatom einen Methylen-(=CHR-)Substituenten anstelle von zwei einfach gebundenen Resten und damit eine kumulierte Doppelbindung. Das M=C=C-Fragment ist ein Heterokumulen. Metall-Vinylidenkomplexe sind Tautomere der oft stabileren Metall-Alkinkomplexe von terminalen Alkinen (s. auch Abschn. 4.3.4.2). Vinylidenkomplexe können vor allem durch Umlagerung aus π-Komplexen von terminalen Alkinen erhalten werden

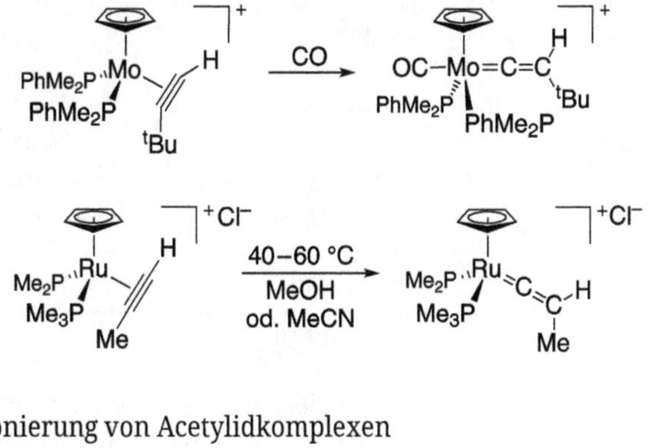

und durch Protonierung von Acetylidkomplexen

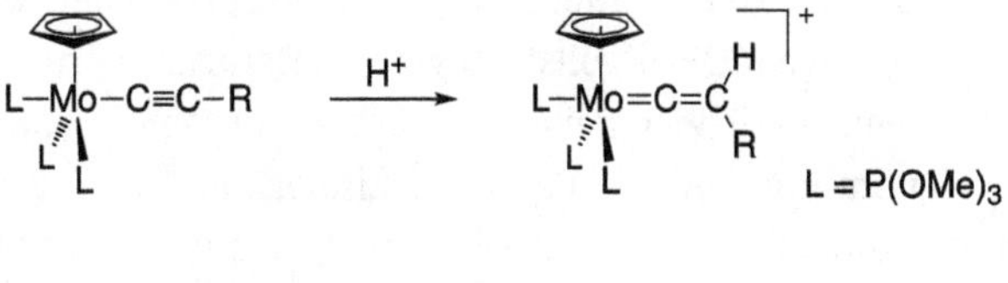

oder Deprotonierung von Carbinkomplexen.

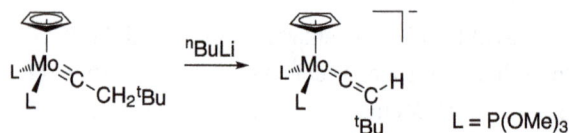

$^{n}BuLi$ $L = P(OMe)_3$

Das Carbenkohlenstoffatom in Vinylidenkomplexen ist elektrophil, das Metallatom nukleophil, die Oxidationsstufe des Metallatoms eher niedrig. Der Vinylidenligand rechnet als neutraler Zweielektronen-L-ligand (|C=CHR). Vinylidenkomplexe ähneln damit den Fischer-Carbenen.

In der Literatur findet man für Carbenkomplexe häufig die Bezeichnungen **Fischer- und Schrock-Carbene**. Darunter ist gleichzeitig eine Klassifizierung hinsichtlich der Reaktivität der Carbengruppe, seiner Substituenten, der Oxidationsstufe des Metallatoms und der übrigen Liganden zu verstehen.

Vergleichende Übersicht zu Fischer- und Schrock-Carbenen (Grenzfallbetrachtung!).

	Fischer-Carbene	**Schrock-Carbene (Alkylidenkomplexe)**
Reaktivität des Carben-C	elektrophil	nucleophil
Substituenten am Carben-C	meistens ein Heteroatom E (O, N, S), auch Aryl möglich π-Donorsubstituent	C-Alkyl, H-Atom kein π-Donorcharakter
Ligandenklassifizierung Carben (s. Abschn. 3.4)	L-Ligand, neutral, |C(ER)R	X_2-Ligand, $^{2-}CR_2$
Oxidationsstufe des Metallatoms	niedrig	hoch
Valenzelektronenzahl M-Atom	hoch	niedrig
18-Valenzelektronenregel	erfüllt	nicht immer erfüllt
Reaktivität des Metallatoms	nucleophil	elektrophil
weitere Metall-Liganden	π-Akzeptorliganden, CO	
Metall⟶Carben-Rückbindung	schwach	stark
Beispiele	$(OC)_5Cr{=}C(N^iPr_2)(OEt)$ $(OC)_5W{=}C(OMe)Ph$ $(OC)_4Fe{=}C(OEt)Ph$ auch: $(OC)_5W{=}CPh_2$	$(Me_3CCH_2)_3Ta{=}CHCMe_3$ $(C_5H_5)_2MeTa{=}CH_2$

Die Carben-Kohlenstoffatome zeigen eine elektrophile Reaktivität, wenn ein Heteroatom- oder eine Arylgruppe und damit ein π-Donorsubstituent am Carben-Kohlenstoffatom vorliegt und/oder die Koordinationssphäre des niedervalenten Metallatoms von starken π-Akzeptorliganden (CO) vervollständigt wird. Derartige Carbenkomplexe werden als Fischer-Carbene bezeichnet. Bei einem Carben nucleophiler Reaktivität ist das Carben-Kohlenstoffatom nur C-Alkyl oder H-substituiert, d. h. es liegen nur Organylsubstituenten ohne π-Donorcharakter vor. Gleichzeitig befindet sich das Metallatom in einer hohen Oxidationsstufe. Solche Carbene werden Schrock-Carbene genannt. Bei dieser Unterteilung handelt es sich um eine Grenzfallbetrachtung. Mehrere Faktoren bedingen die Polarität und den Grenzorbitalcharakter und damit die Reaktivität der Carbenkomplexe. So sind Carbenkomplexe bekannt, z. B. $(PPh_3)_2(NO)(Cl)Os{=}CH_2$, deren Reaktivität zwischen den rein elektrophilen und nucleophilen Grenzfällen liegt.

Kristallstrukturuntersuchungen belegen ein trigonal-planar konfiguriertes Carben-Kohlenstoffatom, wie man es für eine sp^2-Hybridisierung erwartet. Das Metall- und Carben-Kohlenstoffatom sowie die α-Atome der Carbensubstituenten liegen alle in einer Ebene. Die M–C(Carben)-Bindungslänge ist kürzer als eine Metall–Kohlenstoff-Einfachbindung, aber länger als eine M–C(Carbonyl)-Bindung. Der Carben-C–X(Heteroatom)-Abstand in Fischer-Carbenen ist kürzer als eine C–X-Einfachbindung:

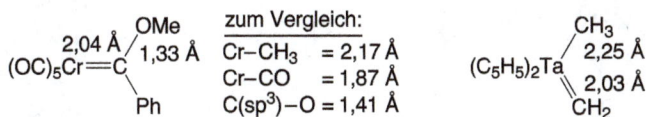

$(OC)_5Cr{=}C(OMe)(Ph)$: Cr=C 2,04 Å; C–OMe 1,33 Å

zum Vergleich:
Cr–CH_3 = 2,17 Å
Cr–CO = 1,87 Å
C(sp^3)–O = 1,41 Å

$(C_5H_5)_2Ta(CH_3)(=CH_2)$: Ta–$CH_3$ 2,25 Å; Ta=CH_2 2,03 Å

Die M–C–R-Winkel bei Fischer-Carbenen sind etwas größer als 120°. Bei Alkylidenkomplexen oder Schrock-Carbenen findet man allerdings typischerweise M=C(H)–C-Winkel, die mit 160–170° deutlich über den Werten liegen, die man für ein sp^2-hybridisiertes C-Atom erwarten würde. Die Verzerrung wird auf eine α-agostische Wechselwirkung zurückgeführt (s. Abschn. 4.3.5).

Elektronische Struktur von Carbenkomplexen. Zur Gesamt-Valenzelektronenzahl des Komplexes trägt der Carbenligand zwei Elektronen bei. Für die Berechnung der formalen Oxidationszahl des Metallatoms und Gesamt-Valenzelektronenzahl des Komplexes kann er entweder als L-Neutralligand (Fischer-Carben |C(ER)R, NHC, Vinyliden |C=CHR) oder als X_2-Ligand (Schrock-Carben, bei Elektronenaufnahme dann zweifach negativer $^{2-}CR_2$-Ligand) angesehen werden (s. Abschn. 3.4).

Bei **Fischer-Carbenen** mit einem elektronegativen Heteroatom mit freiem π-Elektronenpaar am Carben-C-Atom können in der VB-Beschreibung drei Resonanzstrukturen formuliert werden (Abb. 4.6 – links). Eine Resonanzstruktur bringt durch die positive Ladung am Carben-Kohlenstoffatom dessen elektrophilen Charakter zum Ausdruck. Im MO-Diagramm treten für das Carbenfragment zwei π-Orbitale auf, die man sich aus einer separaten Wechselwirkung der p-Orbitale am Kohlenstoff- und am Heteroatom entwickeln kann. Das bindende π-Orbital ist am elektronegativeren Heteroatom lokalisiert. Das Heteroatom steuert weitere zwei Elektronen bei, sodass sich auf der Carben-Seite in den drei relevanten Orbitalen vier Elektronen befinden. Die σ-Wechselwirkung zwischen Metall- und Carbenfragment ist bei Fischer- und Schrock-Carbenen ähnlich. Aus der Überlappung der beiden Carben-π-Orbitale mit einem d-Orbital am Metallatom resultieren drei Molekülorbitale mit π-Symmetrie. Von diesen hat das energetisch niedrigste bindenden, das mittlere nichtbindenden und das höchste Orbital Metall-Ligand-antibindenden Charakter. Gleichzeitig ist das bindende π-Orbital am Heteroatom, das nichtbindende am Metallatom und das antibindende π-MO am Carben-Kohlenstoffatom lokalisiert. Die vorhandenen Elektronen füllen die Metall- und Heteroatom-zentrierten

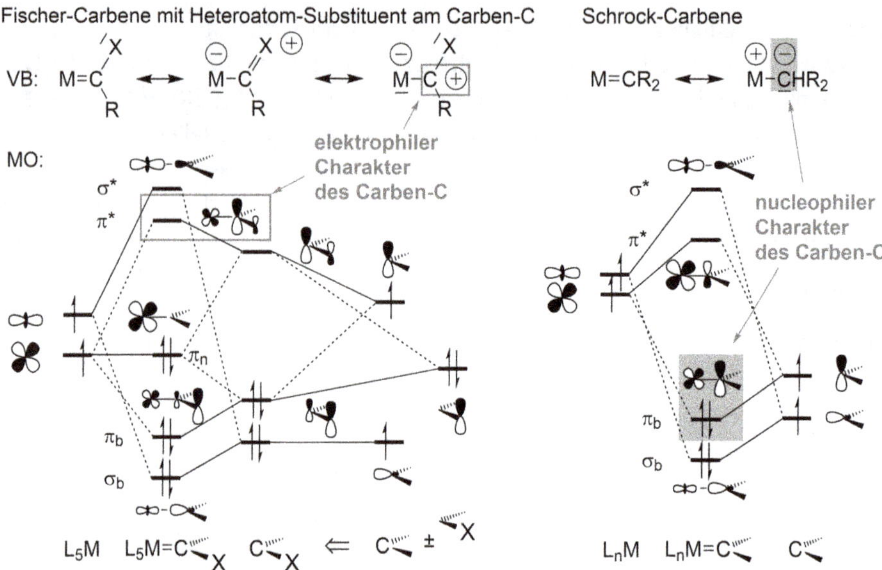

Abb. 4.6: VB- und MO-theoretische elektronische Struktur von Fischer- und Schrock-Carbenen im Vergleich. Fischer-Carbene enthalten vier Elektronen im π-System, Schrock-Carbene zwei Elektronen. Bei Fischer-Carbenen sind das LUMO am Carben-Kohlenstoffatom und das HOMO am Metallatom lokalisiert. Das Metallatom ist nukleophil, Carben-C-Atom ist elektrophil. Bei Schrock-Carbenen sind das LUMO am Metallatom und das HOMO am Carben-Kohlenstoffatom zentriert. Das Metallatom ist elektrophil, Carben-C-Atom ist nucleophil. Der unterschiedliche Charakter ergibt sich auch aus der unterschiedlichen energetischen Lage der Metallorbitale. Die niedrige Metall-Oxidationszahl (oft M^0) aus der Stellung in der Mitte des d-Blocks führt bei Fischer-Carbenen zu tiefer liegenden Orbitalen am Metallfragment als die hohe Oxidationszahl bei den frühen Übergangsmetallen der Schrock-Carbene.

π-Orbitale. Das Carben-lokalisierte π-Orbital bleibt leer und bedingt damit den elektrophilen Charakter des Carben-Kohlenstoffatoms. Die Metallorbitale sind mit Elektronen besetzt, wie es bei der niedrigen Oxidationsstufe der Metallatome in Fischer-Carbenen zu erwarten ist.

Bei **Schrock-Carbenen** oder Metall-Alk**ylid**enen lässt sich in der Valenzbindungsbeschreibung zusätzlich zur lokalisierten M=C-Doppelbindung (oder Ylen-Struktur) eine Metall-**Ylid**-Resonanzstruktur formulieren. Die negative Ladung des Ylids befindet sich auf dem Carben-C-Atom als elektronegativerem Bindungsende (Abb. 4.6 – rechts). Im Molekülorbitaldiagramm wird die M=C-Doppelbindung aus einer σ- und einer π-Bindung aufgebaut. Entsprechend der Elektronegativität der Bindungspartner liegen die Orbitale des Kohlenstoffatoms energetisch tiefer als die Metallorbitale. Die resultierenden gefüllten, bindenden Molekülorbitale sind daher eher am Kohlenstoffatom lokalisiert. Die leeren, antibindenden Orbitale haben mehr Metallcharakter. Gemäß der hohen Oxidationsstufe der Metallatome bei den Schrock-Carbenen sind die Metallorbitale nicht mit Elektronen besetzt.

Für Fischer- und Schrock-Carbene ergibt sich aus den VB- und MO-Darstellungen ein partieller Doppelbindungscharakter der M–C(Carben)-Bindung. Bei Fischer-Carbenen bestehen außerdem Doppelbindungsanteile an der C–X-Bindung durch eine $(C_p \leftarrow X_p)\pi$-Wechselwirkung, womit sich die oben erwähnten Atomabstände zwischen Einfach- und Doppelbindungslänge verstehen lassen.

Für Untersuchungen an Carbenkomplexen eignet sich neben der Kristallstrukturanalyse die **NMR-Spektroskopie**. Die ^{13}C-NMR-Signale der Carben-Kohlenstoffatome werden bei tiefem Feld typischerweise zwischen 220 und 400 ppm beobachtet. Eine Zuordnung elektro- und nucleophiler Carbene ist hierüber allerdings nicht möglich (typische Fischer-Carbene 290–365 ppm, Schrock-Carbene 240–330 ppm). Für Alkylidenverbindungen findet man das Alkyliden-Proton im ^{1}H-NMR zwischen 5 und 15 ppm. Das C-2 Atom der NHC-Übergangsmetallkomplexe resoniert zwischen 200–260 ppm. Bei Vinylidenverbindungen liegt die ^{13}C-chemische Verschiebung des Carbenkohlenstoffatoms zwischen 250 und 380 ppm, die des β-Kohlenstoffatoms (=*C*HR) zwischen 78 und 143 ppm. Die temperaturvariable NMR-Spektroskopie erlaubt Rückschlüsse auf die Rotationsbarriere und damit den M=C-Doppelbindungscharakter bei Vorliegen unsymmetrisch substituierter Metallfragmente. Die =CRR′-Substituenten befinden sich dann bei einer Rotation in unterschiedlicher Umgebung.

Reaktionen und Anwendungen. Der elektrophile Charakter des Carben-Kohlenstoffatoms in Fischer-Carbenen ermöglicht einen leichten Angriff durch Nucleophile. Über die Substitution von Alkoxid-Carbensubstituenten ist damit die Darstellung anderer Carbenderivate möglich.

Nucleophiler Angriff auf elektrophile Carben-Kohlenstoffatome bei Fischer-Carbenen

$$L_nM{=}C^{\delta+}(OR')(R) + Nu^- \longrightarrow \left[L_nM{-}C(OR')(Nu)(R)\right]^- \xrightarrow{H^+} L_nM{=}C(Nu)(R) + R'OH$$

Nu = H, R, R_2N, RS

Beispiel:

$$(OC)_5W{=}C^{\delta+}(OMe)(Ph) + Me^-Li^+ \longrightarrow \left[(OC)_5W{-}C(OMe)(Me)(Ph)\right]^- \xrightarrow{H^+} (OC)_5W{=}C(Me)(Ph) + MeOH$$

Carbenkomplex nur bei tiefer Temperatur stabil

Nucleophile Schrock-Carbene oder Alkylidenkomplexe sind grundsätzlich reaktiver als Fischer-Carbene. An das nucleophile Carben-Kohlenstoffatom können Elektrophile addiert werden, z. B. die Lewis-Säure Trimethylaluminium, $AlMe_3$:

Elektrophiler Angriff auf nucleophile Carben-Kohlenstoffatome bei Schrock-Carbenen

$$(C_5H_5)_2Ta(CH_3){=}CH_2^{\delta-} + AlMe_3 \longrightarrow (C_5H_5)_2Ta^{\oplus}(CH_3){-}CH_2{-}AlMe_3^{\ominus}$$

Ein nucleophiler Angriff von Phosphonium-Yliden auf elektrophile Fischer-Carbene führt in **Analogie zur Wittig-Reaktion** zu Olefinen. Die elektrophilen Carbenkomplexe verhalten sich dabei wie Carbonylverbindungen.

Fischer-Carben + Phosphonium-Ylid

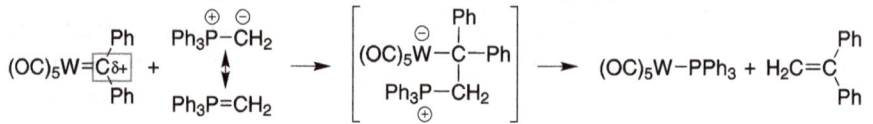

$$(OC)_5W{=}C^{\delta+}Ph_2 + Ph_3\overset{\oplus}{P}{-}\overset{\ominus}{C}H_2 \leftrightarrow Ph_3P{=}CH_2 \longrightarrow \left[(OC)_5\overset{\ominus}{W}{-}CPh_2{-}CH_2{-}\overset{\oplus}{P}Ph_3\right] \longrightarrow (OC)_5W{-}PPh_3 + H_2C{=}CPh_2$$

Analogie zu Wittig-Reaktion

$$O{=}CPh_2 + Ph_3P{=}CH_2 \longrightarrow O{=}PPh_3 + H_2C{=}CPh_2$$

Eine elektrophile Addition von Ketofunktionen an nucleophile Schrock-Carbene führt in Analogie zur Wittig-Reaktion zu Olefinen. Die nucleophilen Carbenkomplexe verhalten sich dabei wie Phosphonium-Ylide:

Keton + Schrock-Carben

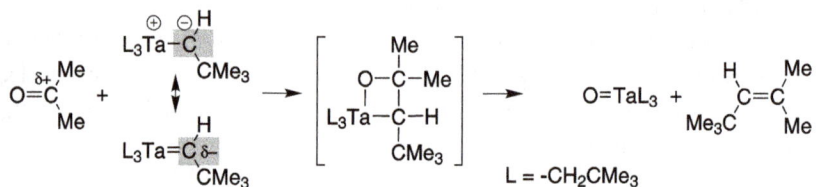

$$O{=}C^{\delta+}Me_2 + L_3\overset{\oplus}{Ta}{-}\overset{\ominus}{C}H(CMe_3) \leftrightarrow L_3Ta{=}C^{\delta-}H(CMe_3) \longrightarrow \left[L_3Ta{-}CH(CMe_3){-}CMe_2{-}O\right] \longrightarrow O{=}TaL_3 + (H)(Me_3C)C{=}CMe_2$$

L = $-CH_2CMe_3$

Analogie zu Wittig-Reaktion

$$O{=}CMe_2 + Ph_3\overset{\oplus}{P}{-}\overset{\ominus}{C}H_2 \leftrightarrow Ph_3P{=}CH_2 \longrightarrow \left[Ph_3P{-}CH_2{-}CMe_2{-}O\right] \longrightarrow O{=}PPh_3 + H_2C{=}CMe_2$$

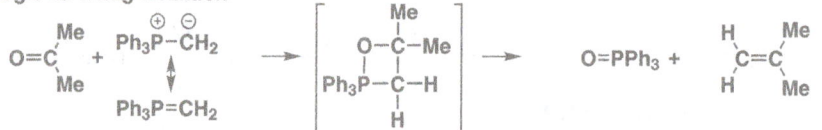

Für die Anwendung von nucleophilen Metallcarbenen als Wittig-Reagenzien anstelle der Phosphonium-Ylide wird präparativ **Tebbe's Reagenz** eingesetzt. Aus dem luftstabilen Titanocendichlorid und einer toluolischen Aluminiumtrimethyllösung wird über den intermediären, verbrückten Titan-Aluminium-Komplex *in situ* die Titan-Alkyliden-Verbindung gebildet, die als eigentlicher Methylen-Überträger fungiert. Der Titan-Carbenkomplex reagiert mit Ketonen, Aldehyden und anderen Carbonylverbindungen in einer stöchiometrischen, Wittig-artigen Reaktion unter Bildung der jeweiligen Methylenderivate. Der Mechanismus entspricht mit der Bildung und Öffnung eines Metallaoxacyclobutans dem der Olefinmetathese, nur dass die Reaktion nicht reversibel ist. Tebbe's Reagenz, $Cp_2Ti{=}CH_2$, ein Carben vom Schrock-Typ, wird als metallorganisches Wittig-Reagenz zur Methylenierung ($=CH_2$-Einführung) von Carbonylfunktionen und damit Bildung von endständigen Olefinen verwendet. Im Gegensatz zu den klassischen Phosphor-Wittig-Reagenzien gelingt mit Tebbe's Reagenz die Methylenierung von Estern:

Metallcarbene als Wittig-analoge Reagenzien: Tebbe's Reagenz

$$(C_5H_5)_2TiCl_2 \xrightarrow[-Me_2AlCl]{Me_3Al \text{ (Aktivator)}} (C_5H_5)_2Ti(CH_3)Cl \xrightarrow[-CH_4]{Me_3Al} (C_5H_5)_2Ti(\mu\text{-}CH_2)(\mu\text{-}Cl)AlMe_2$$

Titanocendichlorid

$$(C_5H_5)_2Ti(\mu\text{-}CH_2)(\mu\text{-}Cl)AlMe_2 \xrightarrow{-Me_2AlCl} [(C_5H_5)_2Ti{=}CH_2]$$

in-situ-Erzeugung des Carbens

zur Methylenierung von Estern

$$[(C_5H_5)_2Ti{=}CH_2] \xrightarrow[\{-(C_5H_5)_2Ti{=}O\}]{R{-}C(=O){-}OR} R{-}C(=CH_2){-}OR$$

Die **Reaktion von Carbenkomplexen mit Olefinen** kann zu einer Carbenübertragung und dadurch Bildung von Cyclopropan-Derivaten

$$(OC)_5W{=}C(H)Ph + H_2C{=}CMe_2 \longrightarrow \text{1-Ph-2,2-Me}_2\text{-Cyclopropan} + \{W(CO)_5\}$$

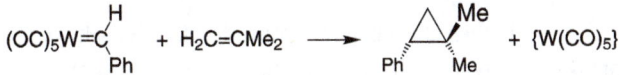

oder zu einer **Metathese** durch [2 + 2]-Cycloaddition des Olefins führen. Die Olefinmetathese ist eine Umstellung von Alkyliden-(=CR_2-)Gruppen zwischen zwei Olefinen. Als katalytisch aktive Spezies bei der Olefinmetathese werden Metall-Carben-Komplexe angenommen. Diese werden auch im Rahmen des Katalysezyklus der Fischer-Tropsch-Synthese diskutiert (Abschn. 4.4.2.1). In einer [2 + 2]-Cycloaddition kann das Metallcarben ein Olefin unter Bildung eines Metallacyclobutanrings addieren. Die Ringöffnung des Metallacyclobutan-Intermediats kann unter Rückbildung der Edukte oder zu einem neuen Carbenkomplex und neuen Olefin erfolgen (Chauvin-Mechanismus). Die Metathesereaktion ist reversibel.

Prinzip der Olefinmetathese
Umstellung von Alkyliden-, =CR_2-Gruppen

$$R^1HC{=}CHR^2 + R^3HC{=}CHR^4 \underset{}{\overset{[M{=}C]\text{-Katalysator}}{\rightleftharpoons}} R^1HC{=}CHR^3 + R^2HC{=}CHR^4$$

Mechanismus der Olefinmetathese
(Metallacyclobutan-Vierring- oder Chauvin-Mechanismus)

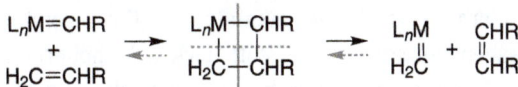

$$L_nM{=}CHR + H_2C{=}CHR \rightleftharpoons L_nM{-}CHR / H_2C{-}CHR \rightleftharpoons L_nM{=}CH_2 + CHR{=}CHR$$

Beispiel:

$$(OC)_5Cr{=}C^{\delta+}(Ph)(OMe) + H(EtO)C{=}CH_2^{\delta-} \rightleftharpoons \left[(OC)_5Cr{-}C(Ph)(OMe){-}CH_2{-}CH(OEt){-}\right] \rightleftharpoons (OC)_5Cr{=}C^{\delta+}(H)(OEt) + Ph(OMe)C{=}CH_2^{\delta-}$$

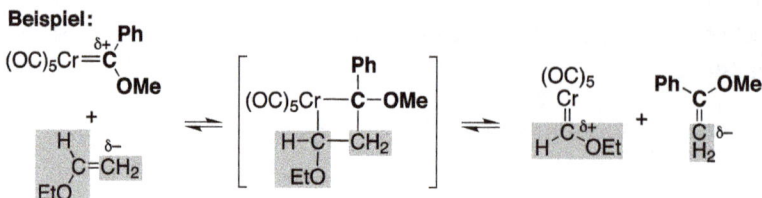

Das für die [2 + 2]-Cycloaddition zweier Alkene zu Cyclobutan bestehende Symmetrieverbot für eine thermische Reaktion wird durch Beteiligung eines Metallatoms mit seinen d-Orbitalen aufgehoben.

Die Olefinmetathese einschließlich der Ringöffnungs-Metathesepolymerisation wird katalytisch im Labor und industriell genutzt (für weitere Ausführungen zur Olefinmetathese s. Abschn. 4.4.2.2). Sie kann homogen oder heterogen durchgeführt werden. In der Technik überwiegt die heterogene Reaktionsführung. Bei industriell angewandten Metathesekatalysatoren handelt es sich in der Regel um heterogene Festkörpersysteme, und über die genaue Natur der katalytisch aktiven Spezies ist wenig bekannt. Gängige technische Katalysatorsysteme bestehen aus Metallhalogeniden (z. B. $MoCl_5$, WCl_6, $RuCl_3$/HCl), Metalloxiden (Re_2O_7, WO_3) oder Metallkomplexen ($MoCl_2(NO)_2(PPh_3)_2$, M(=O)(acetylacetonat)$_2$). Diese werden mit einem Alkylierungsmittel oder allgemein einem Cokatalysator aktiviert. Für diesen Zweck werden $EtAlCl_2$, R_4Sn oder $N_2{=}CR_2$ (Diazoalkane) verwendet:

Technische Metallcarben-Synthese

$$WCl_6 + 2\,(CH_3)_4Sn \xrightarrow[-2(CH_3)_3SnCl]{} Cl_4W(CH_3)_2 \xrightarrow[-CH_4]{} Cl_4W{=}CH_2$$

$$L_nM + N_2{=}CR_2 \longrightarrow L_nM{=}CR_2 + N_2$$

Weiterhin sind Ether, Nitrile oder Alkohole als Promotoren wichtig. Als Trägermaterialien dienen Al_2O_3 und SiO_2. Klassische Beispiele für industriell angewandte Metathesekatalysatoren sind $WCl_6/SnMe_4$ oder Re_2O_7/Al_2O_3. Die Funktion der Cokatalysatoren besteht zum einen in der Bildung einer Metallcarben-Startspezies. Zum anderen stabilisieren sie die aktiven Spezies und unterdrücken Olefin-Dimerisierungs- und -Polymerisationsprozesse an den katalytischen Zentren. Bei den technischen Katalysatoren, für die vorwiegend Metalloxide verwendet werden, findet man in etwa die Aktivitätsreihenfolge Re > Mo ≫ W. Der niedrigeren Aktivität von Wolframkatalysatoren steht eine größere Resistenz gegen Katalysatorgifte gegenüber. Protonen- und Elektronendonor-Reagenzien sowie Sauerstoff wirken in höherer Konzentration als Katalysatorgift, sodass gereinigte Olefinschnitte verwendet und unter Feuchtigkeits- und Luftausschluss gearbeitet werden muss. Für die Reaktivität der Olefine findet man folgende Reihung bezüglich der Alkylidengruppen: $=CH_2 > =CHR > =CH{-}CHR_2 > =CR_2$. Konjugierte Olefine und Diolefine sind allgemein weniger reaktiv. Noch nicht befriedigend gelöst ist die industrielle Metathese funktionalisierter Olefine, da durch Hydroxyl-, Aldehyd-, Carboxyl- u. a. Donorsubstituenten eine Desaktivierung erfolgt. Nebenreaktionen bei der Olefinmetathese sind die Doppelbindungsisomerisierung, die Polymerisation und Hydrierung/Dehydrierung.

Für Metathese-Anwendungen in der organischen Feinchemie werden molekulare Molybdän- und Ruthenium-Carben-Katalysatoren verwendet.[2] Diese Carbenverbindungen sind sehr aktiv und besitzen eine hohe Toleranz gegenüber funktionellen polaren Gruppen im Olefin. Einige Katalysatoren sind chiral für den Einsatz in enantioselektiven Synthesen. Die Molybdän-Imido-Komplexe sind noch luft- und wasserempfindlich. Die Ruthenium-Phosphan-Komplexe sind in Wasser stabil. Die Entwicklung neuer Metathesekatalysatoren geht in Richtung von Systemen, die gegenüber protischen Reaktionsmedien stabil sind und eine Metathese von Olefinen mit polaren funktionellen Gruppen erlauben.

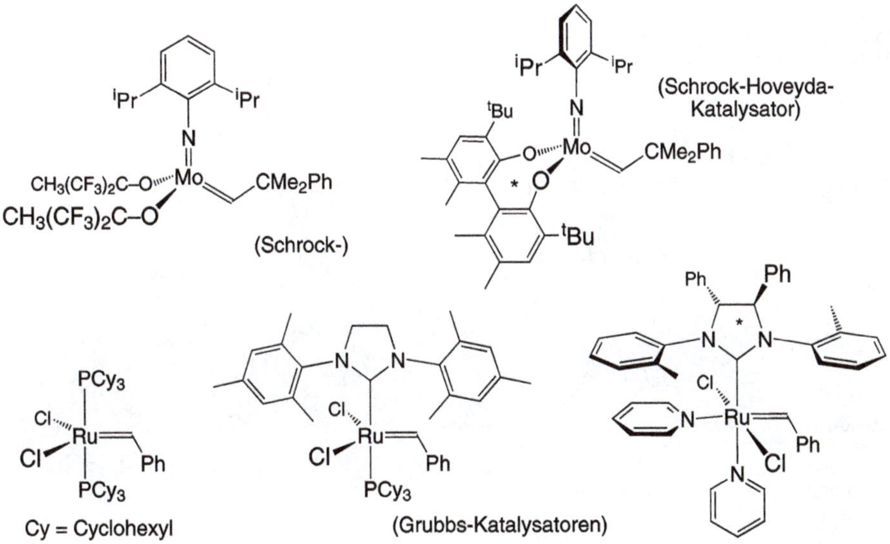

Carbenkomplexe reagieren mit Alkinen. Über die [2 + 2]-Cycloaddition wird aus dem Carben und dem Alkin ein Metallacyclobutenring erhalten, der bei entsprechender Öffnung zur Bildung von konjugierten Polymeren führt. Die Reaktion funktioniert gut für 2-Butin und terminale Alkine:

2 Y. Chauvin, R. H. Grubbs und R. R. Schrock erhielten im Jahre 2005 den Nobelpreis für Chemie für die Entwicklung der Metathese-Reaktionen und ihre Erschließung für die organische Chemie.

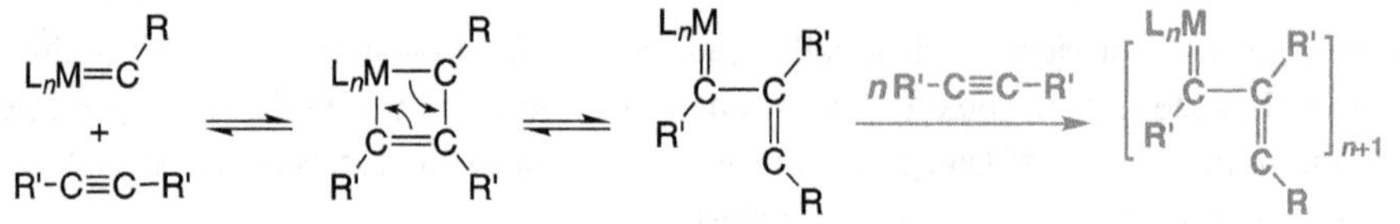

Wenn das Carben-C-Atom einen Vinyl- oder aromatischen Substituenten trägt, kann die Reaktion von Carben und Alkin zu **Ringschlussreaktionen** eingesetzt werden. Die Reaktionssequenz beinhaltet als Erstes einen Metathese-Schritt und dann eine CO-Insertion in die M=C-Bindung. Der gebildete aromatische Sechsring setzt sich aus dem Alkin, dem Carben-Kohlenstoffatom, dem Vinyl- oder aromatischen Rest als Teil des Carbenfragments und einem Carbonylliganden zusammen. Letzterer wird dabei mit einem β-Wasserstoffatom des Vinylrestes zu einer funktionellen C–OH-Gruppe. Der Sechsring ist zunächst noch hexahapto an das Metalltricarbonylfragment gebunden, kann aber durch entsprechende Aufarbeitung abgespalten werden.

Metall-induzierte Ringschlussreaktion (Dötz-Reaktion) ausgehend von Metallcarben und Alkin

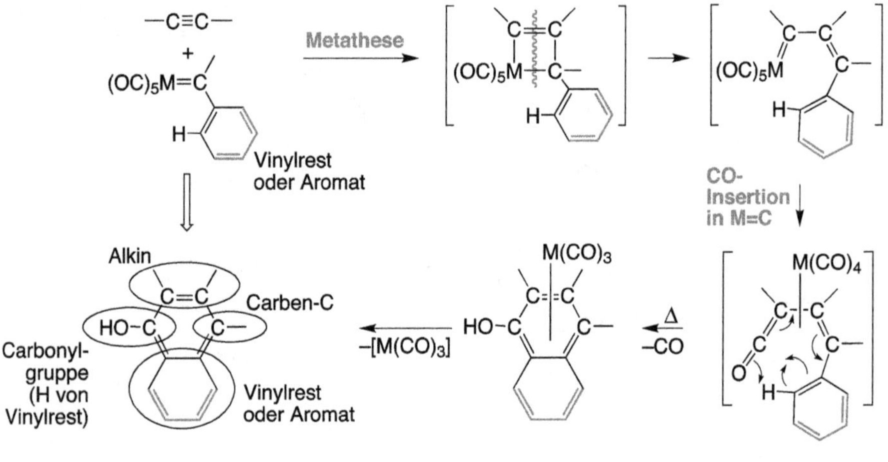

An einem Pentacarbonylchrom-Carben-Komplex mit einem ungesättigten Carbenliganden (Vinyl- oder Arylcarben) führt die Reaktion mit einem Alkin zu einer Metall-induzierten Cycloaddition von Alkin-, Carben- und Carbonylligand. Mit einer aromatischen Gruppe am Carben-Kohlenstoffatom werden durch die Metall-unterstützte Ringschlussreaktion (**Dötz-Reaktion**) Naphthalinderivate erhalten, die für Naturstoffsynthesen eingesetzt werden können (**Vitamin-K-Synthese**):

Metall-induzierte Ringschlussreaktion (Dötz-Reaktion),
Cycloadditionsreaktion am Chrom-Carbenkomplex zu den Vitaminen K1 und K2

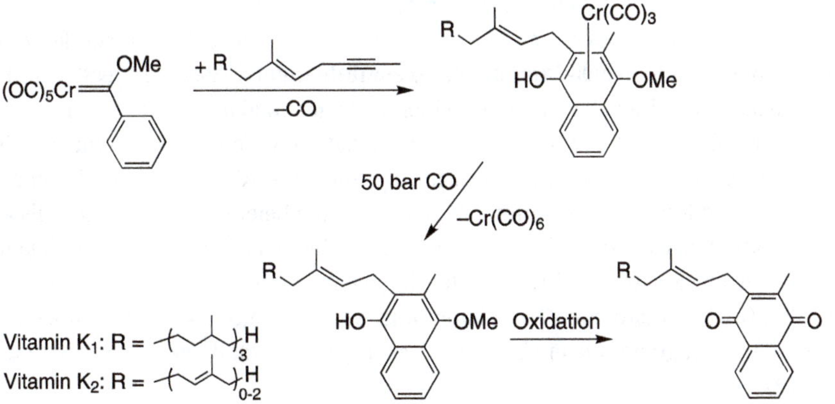

$(OC)_5Cr{=}C(OMe)Ph$ + R-Enin $\xrightarrow{-CO}$ $Cr(CO)_3$-Komplex (HO, OMe) $\xrightarrow[-Cr(CO)_6]{50\ \text{bar CO}}$ Naphthol (HO, OMe) $\xrightarrow{\text{Oxidation}}$ Naphthochinon

Vitamin K_1: R = $\{\ldots\}_3H$
Vitamin K_2: R = $\{\ldots\}_{0\text{-}2}H$

4.3.3 Carbin-(Alkylidin-)Komplexe

Verbindungen mit einer Metall≡Kohlenstoff-Dreifachbindung werden Metall-Carbin- oder Metall-Alkylidin-Komplexe genannt. Das erste Beispiel wurde von E. O. Fischer durch den Angriff eines Elektrophils auf das Heteroatom eines Metall-(Fischer-)Carbens erhalten. Diese Umsetzung ist gleichzeitig einer der Hauptsynthesewege für Carbinkomplexe:

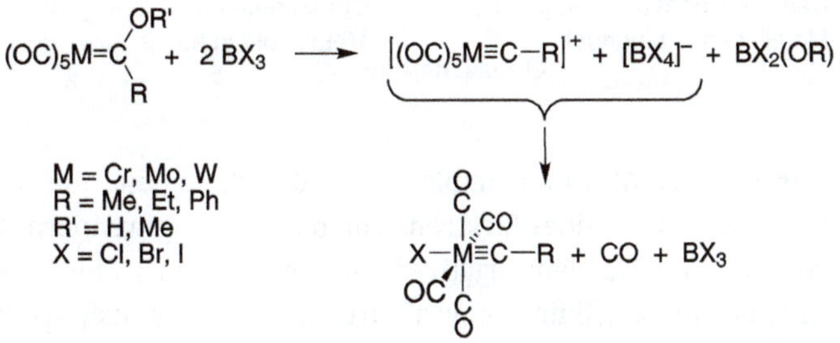

$$(OC)_5M{=}C(OR')R + 2\,BX_3 \longrightarrow [(OC)_5M{\equiv}C{-}R]^+ + [BX_4]^- + BX_2(OR)$$

$$\longrightarrow X{-}M(CO)_4{\equiv}C{-}R + CO + BX_3$$

M = Cr, Mo, W
R = Me, Et, Ph
R' = H, Me
X = Cl, Br, I

Eine erneute α-H-Deprotonierung am Carben-Kohlenstoffatom in Schrock-Carbenen bietet einen weiteren Zugang zu Carbinkomplexen. Eine hohe sterische Hinderung in der Ausgangsverbindung oder der Zusatz von Phosphanliganden begünstigen die Deprotonierung:

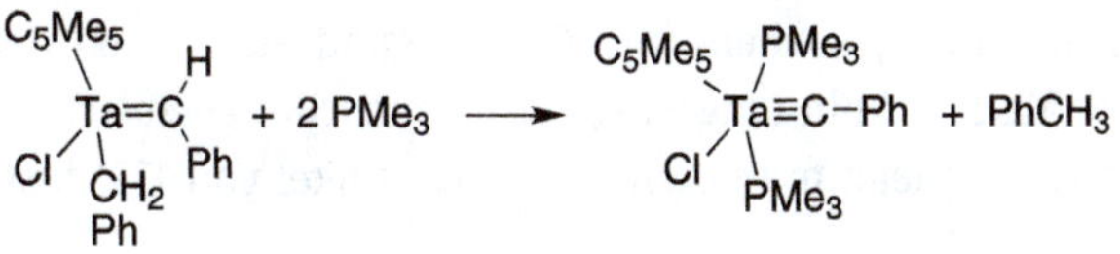

$$(C_5Me_5)(Cl)(PhCH_2)Ta{=}C(H)Ph + 2\,PMe_3 \longrightarrow (C_5Me_5)(Cl)(PMe_3)_2Ta{\equiv}C{-}Ph + PhCH_3$$

Die Carbingruppe zählt als 3-Elektronen-Ligand (LX oder X_3). Die Metall-Kohlenstoff-Dreifachbindung wird entsprechend der sp-Hybridisierung am Kohlenstoffatom aus einer σ- und zwei π-Bindungen aufgebaut. Wie bei den Carbenkomplexen kann man hier **Fischer- und Schrock-Carbine als Grenzfälle** unterscheiden. Im ersten Fall hat man es wieder mit einem Metallatom in einer niedrigen Oxidationsstufe zu tun, im zweiten Fall liegt das Metallatom in einer hohen Oxidationsstufe vor. Die Dreifachbindung der Fischer-Carbine lässt sich als Überlagerung einer (M←—C)σ-Donor-Hinbindung und einer (M—→C)π-Rückbindung auffassen, bei denen die beiden Elektronen jeweils ganz vom Carbin- und vom Metallfragment stammen. Eine polare π-Bindung, zu denen jeder Partner ein Elektron beiträgt, bildet die zweite π-Bindung. Zur Berechnung der formalen Oxidationsstufe am Metallatom und Gesamtvalenzelektronenzahl kann das Fischer-Carbinfragment als einfach negativer oder LX-Ligand gezählt werden (s. Abschn. 3.4).

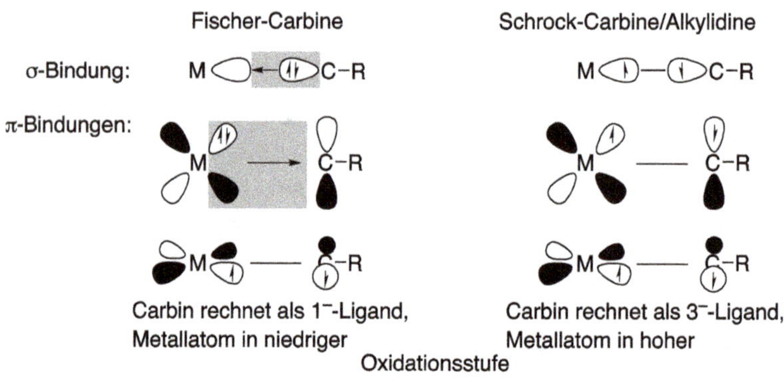

Bei Schrock-Carbin- oder Alkylidinkomplexen werden die σ- und die beiden π-Bindungen durch den Beitrag je eines Elektrons von den Bindungspartnern gebildet. Die Polarität der M≡C-Bindung mit dem negativen Ende am elektronegativeren Kohlenstoffatom führt dazu, dass die Alkylidingruppe als dreifach negativer oder X_3-Ligand (s. Abschn. 3.4) in die Berechnung der Oxidationszahl einfließt.

Die Übergangsmetall–Carbin-Bindungslänge ist kürzer als die Metall–Carben-Doppelbindung. Natürlich wird eine Metall–Ligand-Bindungslänge in einem Komplex von den anderen Bindungspartnern, insbesondere den trans-ständigen Liganden beeinflusst. Für eine sinnvolle Diskussion der relativen Bindungslängenänderung ist es wichtig, Bindungslängen in möglichst ähnlicher Umgebung zu vergleichen. Die Wolframverbindung mit Alkyl-, Carben- und Carbinligand eignet sich dafür; sie erlaubt den Vergleich der Metall–C-Bindungslängen in identischer chemischer Umgebung. Die M≡C–R-Bindung kann linear, mit einem Bindungswinkel von 175° fast linear oder bis zu 160° leicht gewinkelt sein. Im ^{13}C-NMR-Spektrum wird das Carbin-Kohlenstoffatom zwischen 200 und 350 ppm beobachtet.

M–C-Bindungslängenvergleich in identischer chemischer Umgebung

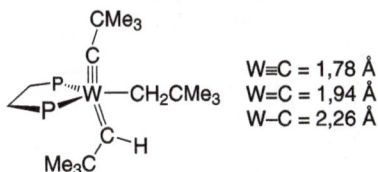

$$\mathrm{W{\equiv}C = 1{,}78\ \AA} \quad \mathrm{W{=}C = 1{,}94\ \AA} \quad \mathrm{W{-}C = 2{,}26\ \AA}$$

Carbinkomplexe können eine **Alkin-** oder **Acetylen-Metathese** katalysieren. Die Alkinmetathese ist eng verwandt mit der Olefinmetathese und ist eine Umstellung von Alkylidin-(≡CR-)Gruppen zwischen zwei Alkinen:

Alkin-/Acetylenmetathese

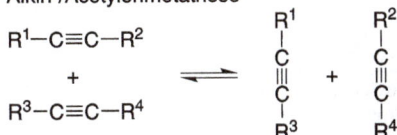

$$R^1{-}C{\equiv}C{-}R^2 + R^3{-}C{\equiv}C{-}R^4 \rightleftharpoons R^1{-}C{\equiv}C{-}R^3 + R^2{-}C{\equiv}C{-}R^4$$

Beispiel und Mechanismus

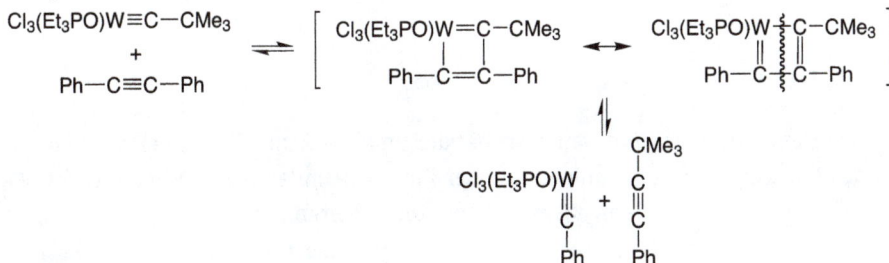

$$Cl_3(Et_3PO)W{\equiv}C{-}CMe_3 + Ph{-}C{\equiv}C{-}Ph \rightleftharpoons [\text{Metallacyclobutadien}] \rightleftharpoons Cl_3(Et_3PO)W{\equiv}C{-}Ph + Ph{-}C{\equiv}C{-}CMe_3$$

Für den Mechanismus wird eine [2 + 2]-Cycloaddition angenommen, analog zum Chauvin-Mechanismus der Olefinmetathese. Als Zwischenstufe wird aus der Reaktion des Alkylidinkomplexes mit dem Acetylen ein Metallacyclobutadienring gebildet, der sich dann in anderer Richtung wieder öffnet.

Der Alkinmetathese kam bisher keine große Bedeutung zu, und sie wird nicht industriell angewendet. Alkine sind oft leichter und billiger auf anderen Wegen zugänglich. Außerdem treten bei der Alkinmetathese in stärkerem Maße Nebenreaktionen auf. Entwicklungen aufgrund neuer Katalysatoren scheinen das Interesse an der Kreuz-Alkinmetathese, der Ringschluss-Alkinmetathese, der ringöffnenden Alkin-Metathesepolymerisation und der acyclischen Diin-Metathesepolymerisation als Synthesemethode zu verstärken:

+CH_2Cl_2 → Kat

Alkin-Kreuzmetathese

$(^tBuO)_3W{\equiv}C^tBu$

Ringschluss-Alkinmetathese

$(^tBuO)_3W \equiv W(O^tBu)_3$

ringöffnende Alkin-Metathesepolymerisation

$(^tBuO)_3W \equiv C^tBu$

$-n\ H_3C{-}{\equiv}{-}CH_3$

acyclische Diin-Metathesepolymerisation

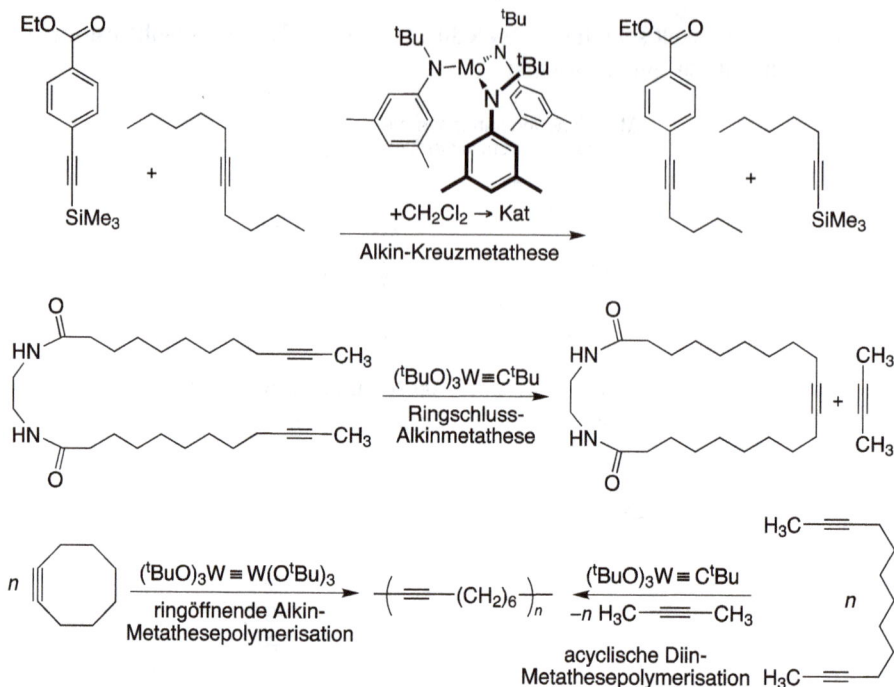

4.3.4 Übergangsmetall-π-Komplexe

Gemeinsames Merkmal und Namensgeber der umfangreichen Klasse der π-Komplexe ist das Vorliegen von π-Liganden, die über ihre C=C-bindenden π-Orbitale und C=C-antibindenden π^*-Orbitale an das Metallatom koordinieren. Die Metall–Ligand-Bindung erfolgt ausschließlich über Orbitale, die innerhalb des Liganden π-Symmetrie besitzen. Dies betrifft sowohl die M⟵L-σ-Donor-/Hin- als auch M⟶L-π-Akzeptor-/Rückbindung. Zu den π-Liganden zählen zum Beispiel Olefine, Diene, Allylsysteme, Alkine, cyclische aromatische Verbindungen wie $C_5H_5^-$, C_6H_6, $C_7H_7^+$, $C_8H_8^{2-}$ und analoge heterocyclische Ringe. Verbindungen, die diese Liganden π-gebunden enthalten, gehören zu den π-Komplexen.

4.3.4.1 Olefin-(Alken-)Komplexe

Olefine bilden mit Übergangsmetallen zahlreiche Komplexe. Olefinkomplexe sind als Zwischenstufen in katalytischen Prozessen überall dort von Bedeutung, wo Olefine als Edukte eingesetzt werden. Beispiele sind der Wacker-Prozess, die Hydroformylierung, Olefinoligomerisierung, -cyclisierung, -polymerisation und -metathese (s. Abschn. 4.4). In diesem Abschnitt sollen die grundlegenden Aspekte von isolierbaren Olefinkomplexen der Übergangsmetalle behandelt werden.

Monoolefinkomplexe. Der erste Metall-Olefin-Komplex, $K[PtCl_3(C_2H_4)]$ – das Zeise'sche Salz, wurde bereits 1827 dargestellt, in seiner Bedeutung aber erst über 100 Jahre später erkannt. Ein befriedigendes Verständnis der Metall-Olefin-Bindung wurde 1951/1953 mit dem Dewar-Chatt-Duncanson-Modell erreicht (s. u.). Binäre Monoolefinkomplexe, d. h. nur mit Monoolefinliganden, sind selten. Einige wenige binäre Ethenkomplexe der späten Übergangsmetalle konnten mit Metalldampf-Ligand-Cokondensationstechniken synthetisiert und bei niedriger Temperatur in einer Matrix nachgewiesen werden. Gewöhnlich liegen in Olefinkomplexen noch weitere Liganden vor. Besonders häufig vertreten sind Carbonyl-, Halogenid-, Phosphan- und cyclische aromatische π-Liganden. In den nachstehenden **Synthesen für Olefinkomplexe** finden sich zugleich typische Beispiele für Alkenkomplexe.

Substitutionsreaktionen an Metallkomplexen. Olefine können neutrale Carbonyl-, Phosphan-, bereits vorhandene Alkenliganden oder ionische, meistens Halogenidliganden ersetzen. Der Ligandenaustausch kann thermisch oder photochemisch induziert ablaufen. (Umgekehrt sind Phosphane in der Lage, Olefine aus ihren Komplexen zu verdrängen, s. u.)

CO-Substitution – photochemisch

$$Cr(CO)_6 + (NC)_2C{=}C(CN)_2 \xrightarrow{h\nu} (OC)_5Cr{-}[\eta^2\text{-}(NC)_2C{=}C(CN)_2] + CO$$

Phosphansubstitution – thermisch

$$(Ph_3P)_3RhCl + H_2C{=}CH_2 \xrightarrow{\Delta} [RhCl(PPh_3)_2(\eta^2\text{-}CH_2{=}CH_2)] + PPh_3$$

trans-Komplex!

Ersatz von vorhandenem Alkenliganden – thermisch

Ersatz eines ionischen Halogenidliganden – thermisch

$$K_2[PtCl_4] + C_2H_4 \xrightarrow{\Delta} K[PtCl_3(C_2H_4)] + KCl$$

Addition an einen Metallkomplex. Hierfür muss eine freie Koordinationsstelle vorliegen. Präparativ ist diese Synthesemöglichkeit selten direkt nutzbar, eher findet sich dieser Darstellungsweg im Rahmen von katalytischen Prozessen (vgl. den Zyklus der Hydroformylierung):

Addition an einen Metallkomplex bei gleichzeitiger Reduktion in Gegenwart eines Olefins. Besser und häufiger wird die Additionsroute in der Synthese eingesetzt, wenn die Metallverbindung in Gegenwart des Alkens reduziert wird:

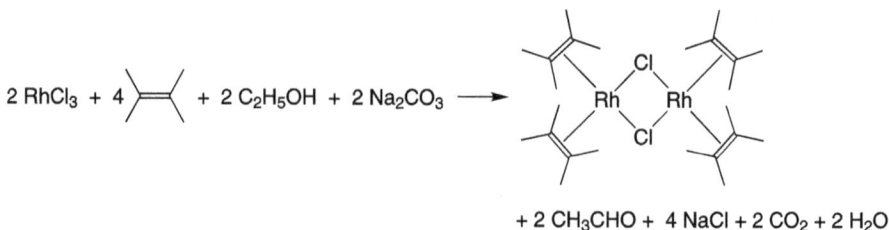

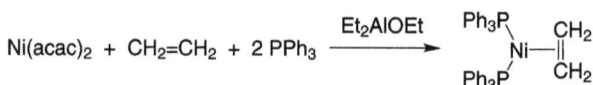

$$2\,RhCl_3 + 4\,(CH_3)_2C{=}C(CH_3)_2 + 2\,C_2H_5OH + 2\,Na_2CO_3 \longrightarrow [(\text{olefin})_2Rh(\mu\text{-}Cl)]_2 + 2\,CH_3CHO + 4\,NaCl + 2\,CO_2 + 2\,H_2O$$

$$Ni(acac)_2 + CH_2{=}CH_2 + 2\,PPh_3 \xrightarrow{Et_2AlOEt} (Ph_3P)_2Ni(\eta^2\text{-}CH_2{=}CH_2)$$

Deprotonierung von Alkylkomplexen. Eine Hydridabstraktion aus σ-Alkylverbindungen kann zur Bildung von Olefinkomplexen führen:

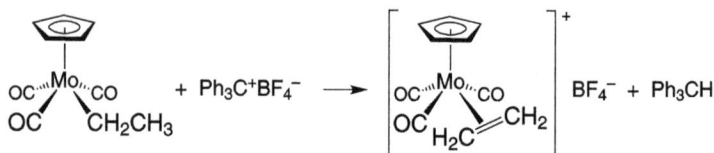

$$(C_5H_5)Mo(CO)_3CH_2CH_3 + Ph_3C^+BF_4^- \longrightarrow [(C_5H_5)Mo(CO)_3(H_2C{=}CH_2)]^+BF_4^- + Ph_3CH$$

Protonierung von Allylkomplexen. Die Protonierung von σ-Allylsystemen führt zur Bildung eines Carboniumions in β-Position zum Metallatom. Die Koordination des Carboniumions als elektrophilem Null-Elektronenliganden an das Metallatom gibt den Alkenkomplex:

$$(OC)_5Mn{-}CH_2{-}CH{=}CH_2 + HBF_4 \longrightarrow \{(OC)_5Mn{-}CH_2{-}\overset{+}{C}H{-}CH_3\} \longrightarrow [(OC)_5Mn(\eta^2\text{-}CH_2{=}CH{-}CH_3)]^+BF_4^-$$

Auf diesem Wege sind Alkenkomplexe über die Ringöffnung von Epoxiden mit Carbonylmetallaten, gefolgt von einer wässrigen Aufarbeitung und Protonierung des Alkohols, zugänglich:

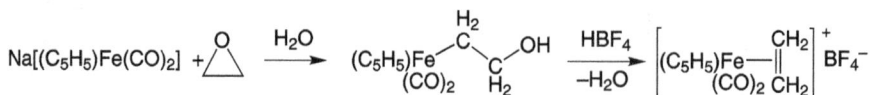

$$Na[(C_5H_5)Fe(CO)_2] + \text{Ethylenoxid} \xrightarrow{H_2O} (C_5H_5)Fe(CO)_2{-}CH_2{-}CH_2{-}OH \xrightarrow[-H_2O]{HBF_4} [(C_5H_5)Fe(CO)_2(\eta^2\text{-}CH_2{=}CH_2)]^+BF_4^-$$

Für ein Verständnis des nucleophilen Angriffs auf koordinierte Olefine (s. u.) ist die Betrachtung des Olefins als σ-koordiniertes Carboniumion hilfreich.

Struktur und Bindung in Metall-Alken-Komplexen. Man findet bei strukturellen Untersuchungen von Metall-Olefin-Komplexen einen Verlust der Planarität des koordinierten Olefins. Diese Deformation ist im Ethen am geringsten und wird in substituierten Olefinen mit zunehmender Elektronegativität der Substituenten immer stärker. Außerdem beobachtet man eine Verlängerung des C–C-Abstandes im koordinierten gegenüber dem freien Olefin. Der Vergleich zwischen dem Anion des Zeise'schen Salzes, $[PtCl_3(C_2H_4)]^-$, und dem Komplex $[Pt(C_2H_4)(PPh_3)_2]$ illustriert den Einfluss des Metallfragments, welches an das Olefin koordiniert. Eine Deutung des langen C–C-Abstandes in $[Pt(C_2H_4)(PPh_3)_2]$ wird im Anschluss an die theoretische Bindungsdiskussion gegeben.

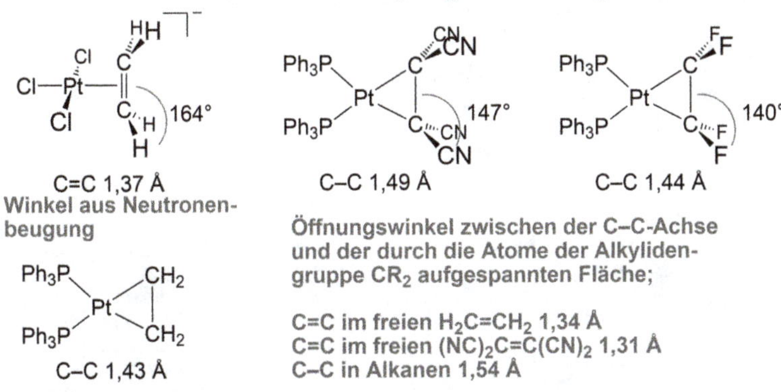

Entsprechend der Bandbreite an beobachteten Metall-Alken-Strukturen ist es sinnvoll, die Metall-Olefin-Bindung ausgehend von zwei **Grenzfälle**n zu beschreiben. Die realen Bindungsverhältnisse liegen dann dazwischen. Der Olefinkomplex kann entweder als Grenzfall eines **Olefin-Addukts**, bei nur geringer Deformation, **oder** als **Metallacyclopropan**, bei starker Deformation, betrachtet werden. Diesen Grenzfällen kann in der Schreibweise der Strukturformeln Rechnung getragen werden. Der Deutlichkeit und Einfachheit halber werden Strukturformeln von Olefinkomplexen allerdings meistens in der Addukt-Form gezeichnet, ohne dass damit eine Aussage über die Bindungssituation impliziert werden soll.

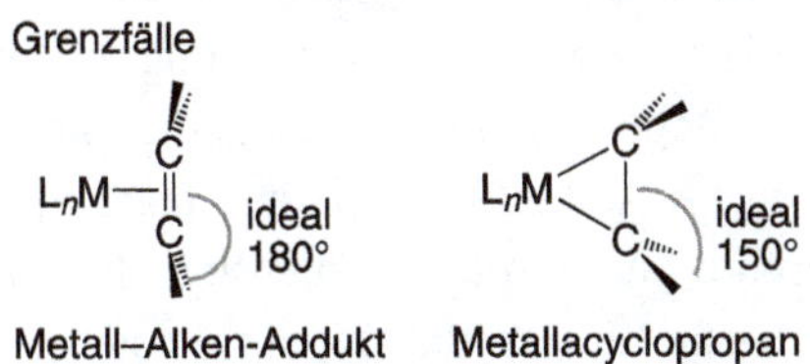

Der **Grenzfall des** (fast) **planaren Olefin-Addukts** wird mit dem **Dewar-Chatt-Duncanson-Modell** beschrieben. Dieses Modell formuliert eine σ-Donor-/Hinbindung vom gefüllten π-Orbital des Liganden in leere Metallorbitale. Parallel dazu besteht eine π-Akzeptor-/Rückbindung aus einem besetzten Metallorbital in das leere π^*-Orbital des Alkens. Die Hybridisierung an den Alkenkohlenstoffatomen bleibt sp^2. Das Bild der σ-Hin- und π-Rückbindung entspricht der Bindungssituation der Metall-Carbonyl-Bindung (Abschn. 4.3.1.1). Bei der Metall-Olefin-Wechselwirkung schwächen beide kovalenten Bindungskomponenten die C–C-Doppelbindung im Alkenliganden.

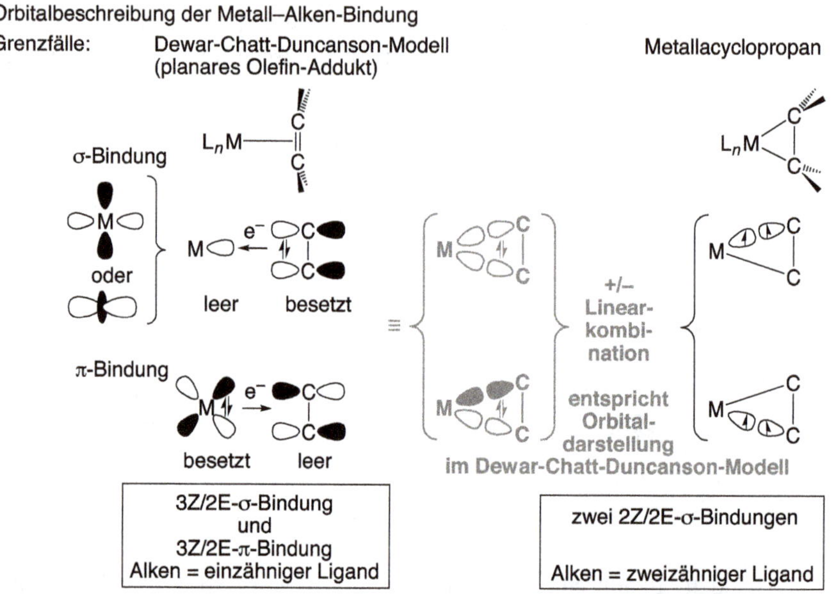

Beim **Grenzfall des Metallacyclopropanrings** wird die Bindung des Olefins an das Metallatom mit zwei normalen M–C-Einfachbindungen formuliert. Die Hybridisierung der Alkenkohlenstoffatome ist sp^3. Der Übergang vom planaren Olefin-Addukt (Dewar-Chatt-Duncanson-Modell) zum Metallacyclopropan kann stufenlos beschrieben werden über eine Zunahme des p-Anteils in den Hybridorbitalen an den Kohlenstoffatomen oder über einen Übergang von der sp^2- zur sp^3-Hybridisierung. Aus dem Modell des Metallacyclopropanrings ergibt sich zwangsläufig eine Aufhebung der C=C-Doppelbindung. Nach dem Dewar-Chatt-Duncanson-Modell für das planare Olefin-Addukt führt eine starke M⟶π^*-Rückbindung zu einer deutlichen Schwächung bis Aufhebung der Doppelbindungskomponente. Stark elektronegative (elektronenziehende) Substituenten, z. B. -CN, -F, an den Alkenkohlenstoffatomen begünstigen sowohl einen höheren p-Anteil in den Kohlenstoff-Hybridorbitalen als auch eine stärkere Rückbindung. Bezüglich der Rückbindung spielt der Charakter des L_nM-Fragments im Olefinkomplex eine Rolle. Je stärker π-basisch dieses Fragment bei gleichem Olefin ist, desto stärker die Rückbindung und desto länger der C–C-Abstand. Hierauf ist die Verlängerung der C–C-Bindung im Komplex $[Pt(C_2H_4)(PPh_3)_2]$ im Vergleich zu $[PtCl_3(C_2H_4)]^-$ zurückzuführen (s. o.). Das $(Ph_3P)_2Pt$-Fragment ist stark Lewis-basisch.

Ein experimenteller Beleg für die Schwächung der C=C-Doppelbindung ergibt sich aus der Verlängerung des C–C-Abstands in der Kristallstruktur (s. o.) und aus der Abnahme der C=C-Streckfrequenz von gebundenem gegenüber freiem Olefin. Für freies Ethen findet man $\tilde{\nu}_{C=C} = 1623\ cm^{-1}$. Bei Anbindung an Metallatome liegt dieser Wert zwischen 1490 und 1580 cm^{-1}. Anders als die CO-Streckschwingungen sind die C=C-Banden im IR-Spektrum aber normalerweise schwach und korrelieren nicht gleichermaßen mit der C–C-Bindungslänge.

Die **Orientierung des Olefins** bezüglich der Ebene des ML_n-Fragments hängt von der elektronischen und sterischen Situation am Metallatom ab. Bei $[Pt(olefin)(PPh_3)_2]$ und allgemein bei 16-VE-$[M(olefin)L_2]$-Verbindungen liegt das Alken in der Ebene, die vom Metall- und den L-Donoratomen aufgespannt wird. In $[PtCl_3(C_2H_4)]^-$ als Beispiel für 16-VE-$[MX_3(olefin)]$ und in 16-VE-$[M(olefin)L_3]$-Komplexen steht das Olefin senkrecht zur MX_3/ML_3-Ebene. In zahlreichen anderen Metall-Alken-Komplexen findet man eine gehinderte Rotation der Olefine um die Metall-Olefin-Bindungsachse. Bei geeignetem Temperaturbereich für die Anregung der Rotation kann die Barriere mit temperaturvariabler NMR-Spektroskopie ermittelt werden.

Gemeinsam ist beiden Grenzfällen und ihren theoretischen Beschreibungen, dass das Alken als 2-Elektronen-(L-)Ligand gerechnet wird. Zugleich muss das Metallatom Elektronen entweder für die π-Rückbindung oder die beiden Einfachbindungen bereitstellen. Damit ergibt sich, dass ähnlich wie beim CO-Liganden, Olefine gegenüber elektronenarmen Metallatomen schlechte, d. h. nur schwach bindende Liganden sind. Dieser Effekt wird für die Olefinpolymerisation mit frühen Übergangsmetallen genutzt. Als aktive Metallfragmente werden dort hauptsächlich d^0- bis d^3-Systeme (Ti^{IV}-, Ti^{III}-, Zr^{IV}-Ziegler-Natta- bis Cr^{III}-Phillips-Katalysatoren) eingesetzt, die nur eine schwache Metall-Olefin-Wechselwirkung eingehen und damit zu einer schnellen Olefininsertion in die M–C-Bindungen führen (s. Abschn. 4.4.1.10 und 4.4.2.3).

Die Stabilität der Alkenkomplexe hängt von sterischen Faktoren am Alken ab. Empirisch findet man eine Zunahme der Stabilität in der Richtung abnehmenden Substitutionsgrads, also $R_2C{=}CR_2 < R_2C{=}CHR <$ trans-RCH=CHR < cis-RCH=CHR < $RCH{=}CH_2 < CH_2{=}CH_2$. Ethen bildet die stabilsten Olefinkomplexe.

Reaktionen von Olefinkomplexen. Die Metallkoordination eines Alkens führt zu seiner Aktivierung. Je nach der elektronischen Situation am Metallatom kann entweder ein elektrophiler oder **nucleophiler Angriff am Olefin** leichter erfolgen. Elektronenreiche Metallatome begünstigen den elektrophilen, elektronenarme Metallatome den nucleophilen Angriff auf das Olefin. Umgekehrt wird das Olefin für den jeweils anderen Angriff desaktiviert. Olefine, die an die Dicarbonyl(cyclopentadienyl)eisen-Gruppe, $(C_5H_5)Fe(CO)_2^+$, mit ihrer positiven Ladung gebunden sind, werden für einen nucleophilen Angriff aktiviert. Für ein Verständnis des nucleophilen Angriffs mag die Betrachtung des Olefins als Metall-stabilisiertes Carboniumion hilfreich sein:

elektronenarmes $(C_5H_5)Fe(CO)_2^+$ (= Fp^+)
⇒ C=C-Aktivierung gegenüber nucleophilem Angriff

$$\left[(C_5H_5)Fe(CO)_2(\eta^2\text{-}CH_2{=}CH_2)\right]^+ + {}^tBuS^- \longrightarrow (C_5H_5)(CO)_2Fe{-}CH_2{-}CH_2{-}S^tBu$$

Olefinkomplexe mit der elektrophilen $(C_5H_5)Fe(CO)_2^+$-(Fp^+-)Gruppe sind wegen der Aktivierung des Alkenliganden gute Substrate für die Addition von Nucleophilen zur C–C- und C–Heteratom-Bindungsknüpfung.

Gleichzeitig bewirkt die Anbindung der $(C_5H_5)Fe(CO)_2^+$-Gruppe eine Desaktivierung und damit einen Schutz der C=C-Doppelbindung gegenüber Elektrophilen. Andere Stellen des Moleküls können so selektiv durch einen elektrophilen Angriff verändert werden. Die $(C_5H_5)Fe(CO)_2^+$-Schutzgruppe lässt sich nach der Reaktion mit Natriumiodid in Aceton leicht abspalten:

$(C_5H_5)Fe(CO)_2^+$ als Schutzgruppe
⇒ C=C-Deaktivierung gegenüber elektrophilem Angriff

Die wahrscheinlich wichtigste Reaktion ist die **Insertion von Olefinen** in Metall–H- oder Metall–C-Bindungen unter Bildung von Metallalkylen. Die Hydro- oder Carbometallierung des Alkens kann als elektrophiler oder nucleophiler Angriff des Hydrid- oder Alkylliganden auf das Olefin gesehen werden:

Insertion von Olefinen (elektrophiler / nucleophiler Angriff)

Substitution von Olefinen. In Olefinkomplexen kann das Alken durch andere Liganden ersetzt werden:

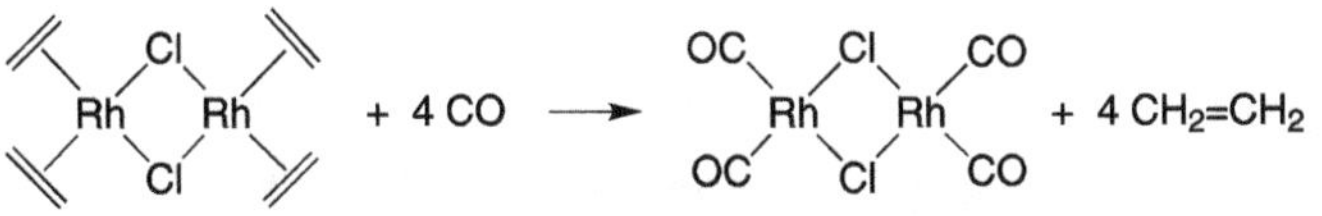

Anwendungen von Olefinkomplexen werden in Abschn. 4.4 näher beschrieben. Metall-Alken-Komplexe spielen eine Rolle als Zwischenstufen beim Wacker-Prozess (nucleophiler Angriff des Pd-Ethen-Komplexes durch ein H_2O-Molekül), bei der Hydroformylierung und Hydrierung (Olefininsertion in eine Rh–H-Bindung), bei der Olefinpolymerisation (Insertion in M–C-Bindung) und bei der Olefinmetathese ([2 + 2]-Cycloadditon an eine M=C-Bindung).

Diolefin- und Oligoolefinkomplexe. Metallkomplexe mit mehrzähnigen Olefinen, wie Dienen, Trienen usw. haben im Allgemeinen eine höhere Stabilität gegenüber vergleichbaren Monoolefinkomplexen. Die Koordination von mehreren (konjugierten oder nichtkonjugierten) Doppelbindungen begründet einen Chelateffekt. Oligoolefinkomplexe können bei günstiger sterischer Anordnung der Doppelbindungen leicht durch Substitution aus den analogen Monoolefinderivaten synthetisiert werden:

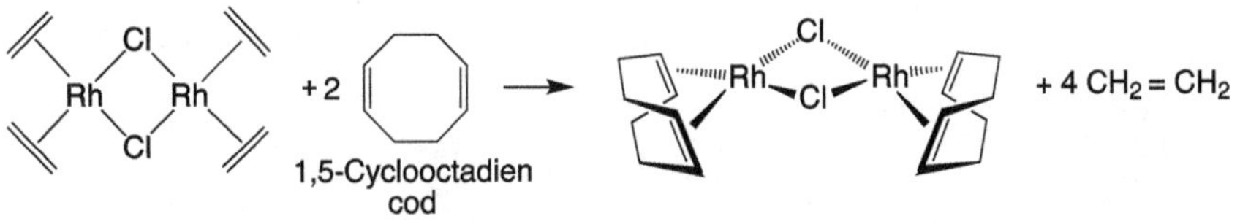

1,5-Cyclooctadien
cod

Die für Monoolefinkomplexe gegebene Bindungsbeschreibung gilt genauso für Oligoolefine mit nichtkonjugierten Doppelbindungen. Bei konjugierten Doppelbindungen, z. B. im Butadien, beeinflusst die Delokalisation der π-Orbitale die Wechselwirkung mit dem Metallatom. Ein 1,3-Dien-Komplex kann als Grenzfall eines Diolefin-Addukts oder als Metallacyclopenten betrachtet werden. Die späten Übergangsmetalle neigen eher zur Bildung des π-Komplex-Grenzfalls, während frühe Übergangsmetalle mehr den Metallacyclus bilden.

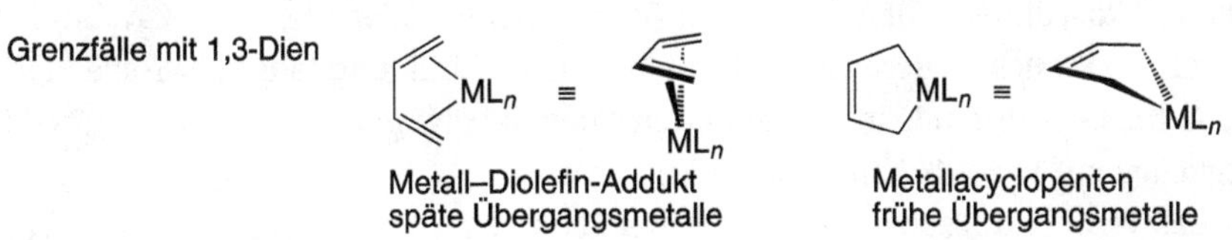

Grenzfälle mit 1,3-Dien

Metall–Diolefin-Addukt
späte Übergangsmetalle

Metallacyclopenten
frühe Übergangsmetalle

Ein Anwendungsbeispiel für Dien- und Trienkomplexe des Nickels findet sich bei der Butadientrimerisierung und -dimerisierung (Abschn. 4.4.1.5).

4.3.4.2 Alkin-(Acetylen-)Komplexe

Die Bindung eines Alkins an ein Metallfragment ähnelt der eines Alkens. Alkine sind allerdings elektropositiver, sodass sie fester als Alkene an Übergangsmetallatome binden. Alkine können Olefine als Ligand verdrängen. Alkine können als 2- oder 4-Elektronen-Donorligand fungieren. Ein Alkin hat zwei Sätze von orthogonalen π/π^*-Orbitalen. Mit dem einen Satz bindet es wie ein Alken an das Metallfragment. Der zweite, orthogonale Satz kann dann eine weitere π-Hinbindung und eine δ-Rückbindung (sehr schwach – geringe Überlappung) eingehen:

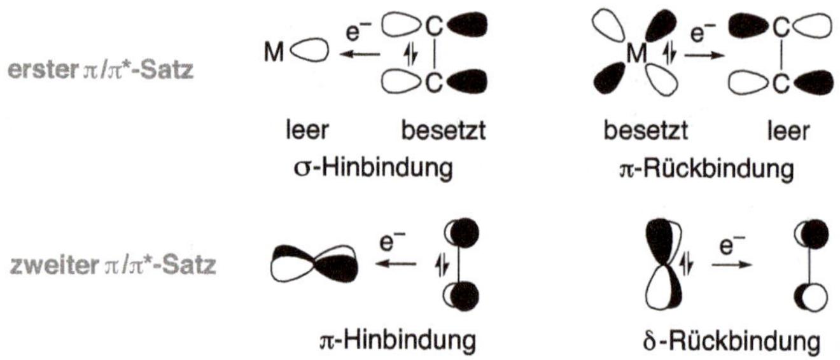

Für einen Metall-Alkin-Komplex lassen sich die Grenzformen des Alkin-Addukts oder des Metallacyclopropens formulieren.

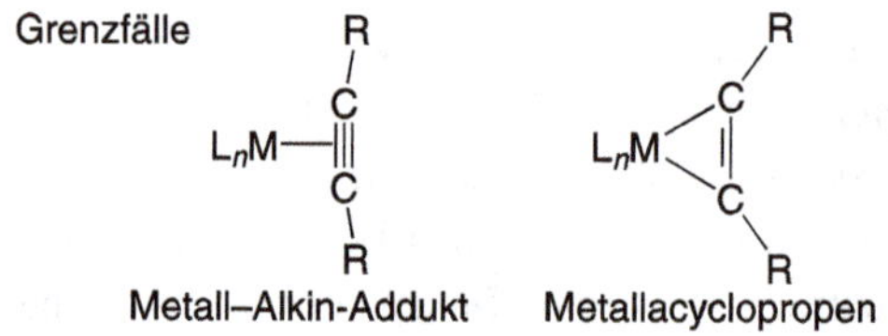

Als Konsequenz der zusätzlichen π-Hinbindung sind Alkine häufig nicht linear an Metallatome koordiniert. Für 4-Elektronen-Donor-Alkinliganden sind die R–C–C-Bindungswinkel gewöhnlich im Bereich von 130–146°, mit M–C-Bindungslängen zwischen 1,99 bis 2,09 Å. Die C–C-Abstände in koordinierten Alkinen betragen typischerweise 1,25–1,35 Å verglichen mit 1,10–1,15 Å im freien Alkin.

Bei Verbrückung zwischen zwei Metallatomen ist das Alkin ein 2-Elektronen-Donorligand gegenüber jedem der beiden Metallatome. Statt der Adduktform ist ein solcher Dimetallkomplex manchmal besser als Dimetallatetrahedran zu beschreiben.

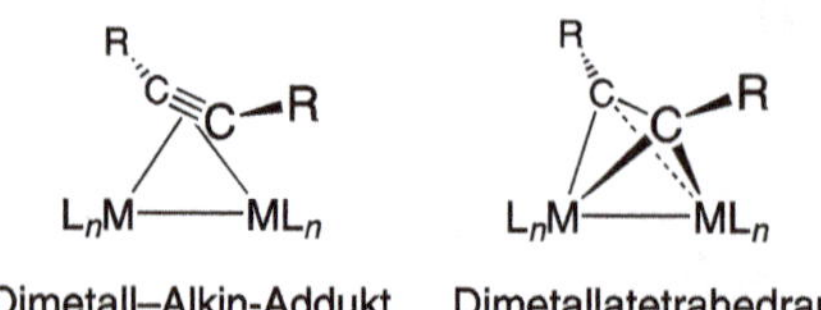

Reaktive Alkine, z. B. Dehydrobenzol (Benz-in), können in der Koordinationssphäre eines Metallatoms stabilisiert werden und stehen für Folgereaktionen in der stöchiometrischen organischen Synthese zur Verfügung:

R, Cp_2Zr, CH_3 $\xrightarrow[-CH_4]{\Delta}$ [Cp_2Zr—, R] isolierbar in Gegenwart von PMe_3 als Cp_2Zr—, PMe_3

Metallkomplexe mit terminalen Alkinen können sich in das Vinyliden-Tautomer umlagern (s. Abschn. 4.3.2):

Tautomere bei terminalen Alkinen

L_nM—(H–C≡C–R) ⟶ L_nM=C=C(H)(R)

Metall–Alkin-Komplex Metall–Vinyliden-Komplex

Übergangsmetall-Alkin-Komplexe sind Intermediate in der katalytischen Cyclotrimerisierung von Alkinen zu substituierten Benzolen.

4.3.4.3 Allylkomplexe

Allylkomplexe enthalten die Allylgruppe C_3H_5 oder ein substituiertes Derivat als Ligand. Das Allylsystem kann Teil einer Kette oder eines Rings sein. Die Allylgruppe kann mit nur einem Kohlenstoffatom monohapto-η^1 oder mit allen drei Kohlenstoffatomen trihapto-η^3 an ein Metallatom koordinieren. In der monohapto-Form liegt sie als σ-gebundener 1-Elektronen-Ligand (X), ähnlich einem Alkylliganden vor. In der trihapto-Form fungiert die Allylgruppe als 3-Elektronen-π-Ligand (LX) (s. Abschn. 3.4).

Allylgruppe – mesomere Grenzformen

H_2C·–CH=CH_2 ⟷ H_2C⌒CH⌒CH_2

↓ ↓

σ-, η^1-Komplex 1-Elektronenligand π-, η^3-Komplex 3-Elektronenligand

L_nM ML_n ≡ ML_n

Die Allyl-C-Atome werden bei der trihapto-Form oft vereinfacht mit dem Metallatom in eine Ebene gezeichnet. Tatsächlich liegt das Metallfragment ober- oder unterhalb der

Allyl-Ebene. Die Bindung erfolgt über die π-Orbitale des Allyls, die senkrecht zur Ebene der drei Kohlenstoffatome stehen. Die wichtige bindende π-Wechselwirkung läuft über das Ψ_2-Orbital des Allylsystems. Das Metallatom muss nicht zu allen drei Kohlenstoffatomen denselben Abstand haben (s. u.):

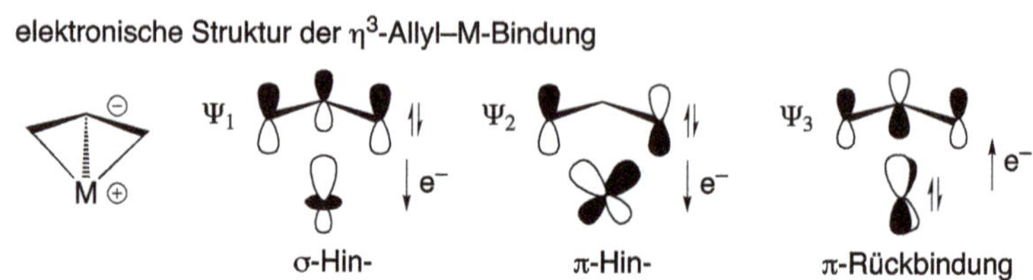

In der trihapto-Form sind die beiden C–C-Abstände des Allylsystems gewöhnlich äquidistant zwischen 1,35 und 1,40 Å. Der C–C-C-Winkel liegt bei 120°. Die Ebene des Allylliganden ist gegenüber der Senkrechten zum Metallatom etwas gekippt (um 5–10°), sodass das mittlere Allyl-C-Atom einen etwas größeren Abstand zum Metallatom aufweist, was mit einer Maximierung der Orbitalüberlappung im Rahmen der Ψ_2-Metall–π-Bindung erklärt wird.

Folgende **Synthesewege** zu Allylkomplexen sind häufiger anzutreffen:

Umsetzung eines Allyl-Überträgers wie Allyl-Grignard oder (allyl)$SnMe_3$, **mit Metallverbindungen** in einer Ligand⟷Allyl-Austauschreaktion. Die Reaktion entspricht einem nucleophilen Angriff des Allylfragments auf das Metallatom. Auf diesem Weg sind die thermolabilen binären Allylverbindungen gut zugänglich:

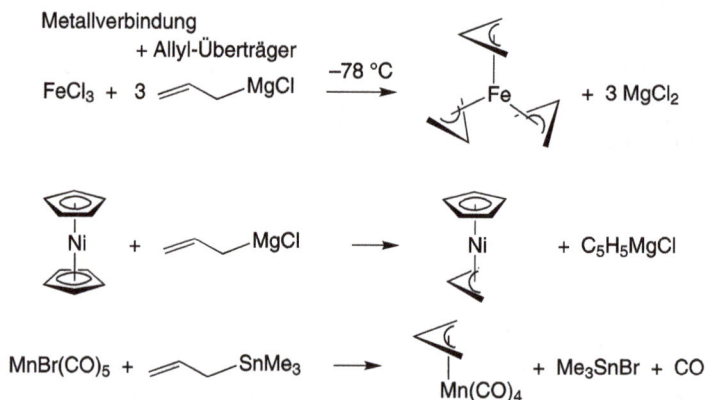

Metallverbindung + Allyl-Überträger

$FeCl_3$ + 3 (allyl)MgCl —(−78 °C)→ Fe(allyl)$_3$ + 3 $MgCl_2$

$Ni(C_5H_5)_2$ + (allyl)MgCl → (C_5H_5)Ni(allyl) + C_5H_5MgCl

$MnBr(CO)_5$ + (allyl)$SnMe_3$ → (allyl)$Mn(CO)_4$ + Me_3SnBr + CO

Substitutionsreaktion eines Carbonylmetallats mit einem Allylhalogenid durch elektrophilen Angriff der Allylgruppe auf das Metallatom. Es entstehen zunächst σ-Allylkomplexe. Die Umlagerung in ein π-Allylsystem kann durch thermische oder photochemische CO-Abspaltung induziert werden:

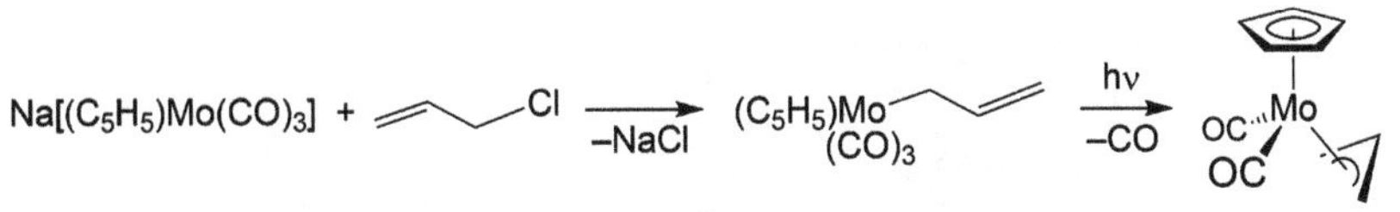

$Na[(C_5H_5)Mo(CO)_3]$ + allyl–Cl $\xrightarrow{-NaCl}$ $(C_5H_5)Mo(CO)_3$–allyl $\xrightarrow[-CO]{h\nu}$ $(C_5H_5)Mo(CO)_2(\eta^3\text{-allyl})$

Elektrophiler Angriff auf einen Metall-gebundenen Dienliganden:

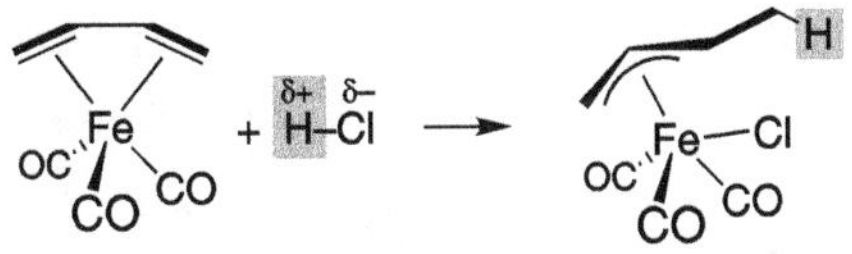

$(\eta^4\text{-Dien})Fe(CO)_3$ + $\overset{\delta+}{H}$–$\overset{\delta-}{Cl}$ ⟶ $(\eta^3\text{-Allyl})Fe(CO)_3Cl$

Insertion eines Diens in eine M–H-Bindung (Hydrometallierung). Je nach freien Koordinationsstellen am Metallatom entsteht ein σ- oder π-Allylkomplex.

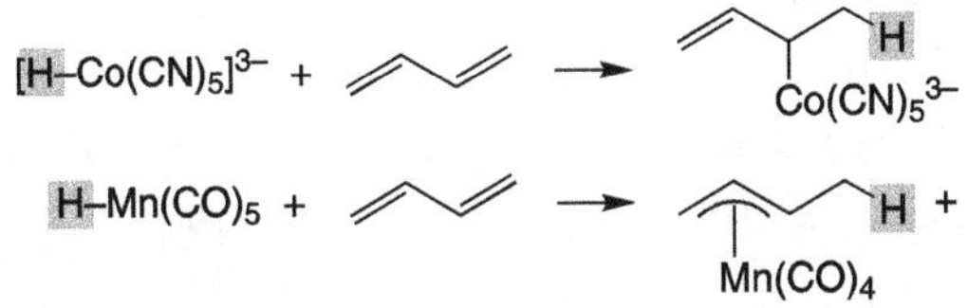

$[H–Co(CN)_5]^{3-}$ + Butadien ⟶ σ-Allyl–$Co(CN)_5^{3-}$

$H–Mn(CO)_5$ + Butadien ⟶ π-Allyl–$Mn(CO)_4$ + CO

Die **Reaktivitäten** von Allylkomplexen sind vielfältig. Wichtige Reaktionen sind

- eine **nucleophile Addition**, die durch Angriff an der dem Metallatom gegenüberliegenden Seite stereoselektiv verlaufen kann:

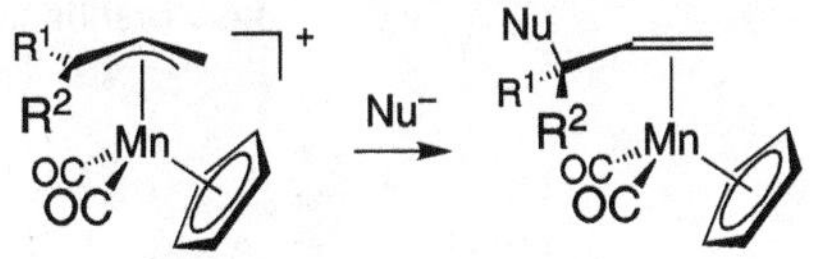

$[(\eta^3\text{-}R^1R^2C\text{-allyl})Mn(CO)_2(C_5H_5)]^+$ $\xrightarrow{Nu^-}$ $(\eta^2\text{-}R^1R^2C(Nu)\text{-alken})Mn(CO)_2(C_5H_5)$

- die **Addition von Elektrophilen.** Siehe dazu die Protonierung von Allylkomplexen bei der Synthese von Alkenkomplexen:

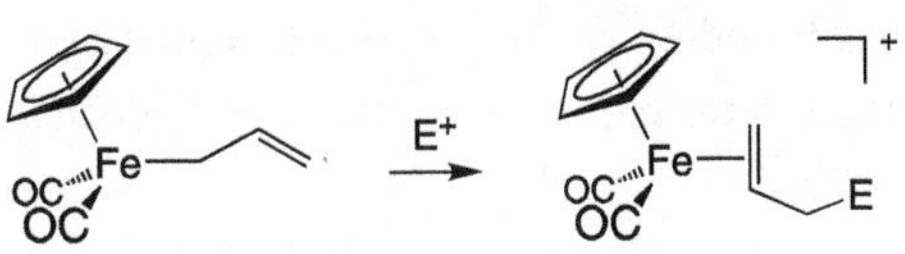

$(C_5H_5)Fe(CO)_2$–allyl $\xrightarrow{E^+}$ $[(C_5H_5)Fe(CO)_2(\eta^2\text{-}CH_2{=}CH\text{–}CH_2E)]^+$

- **Insertionsreaktionen:**

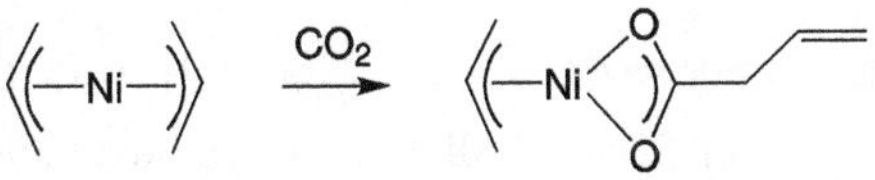

$(\eta^3\text{-allyl})_2Ni$ $\xrightarrow{CO_2}$ $(\eta^3\text{-allyl})Ni(O_2C\text{–}CH_2CH{=}CH_2)$

– und **reduktive Eliminierungen:**

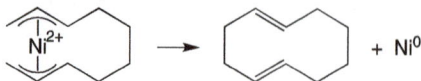

π-**Allylkomplexe** können fluktuierende, **dynamische Systeme** sein. Für das Verständnis der vorstehenden Reaktivitäten und des fluktuierenden Verhaltens kann es hilfreich sein, sich die trihapto-Form als Summe aus Alkyl- und Olefinkoordination anhand von mesomeren Grenzformen vorzustellen:

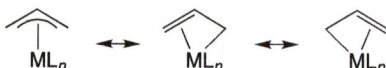

Das dynamische Verhalten beinhaltet eine $\pi \longrightarrow \sigma \longrightarrow \pi$-, d. h. $\eta^3 \longrightarrow \eta^1 \longrightarrow \eta^3$-Umlagerung des Allylliganden. In der monohapto-Allylform besteht freie Drehbarkeit um die C–C-Bindung des *σ*-Allyls. Diese Fluktuation kann z. B. ^{1}H-NMR-spektroskopisch anhand der Äquilibrierung der Signale für die syn- und anti-Allyl-CH_2-Protonen beobachtet werden:

π-Allyl ohne Dynamik (d.h. langsamer als NMR-Zeitfenster): syn- und anti-Protonen der beiden CH_2-Gruppen sind nicht äquivalent; ^{1}H-NMR: A_2M_2X-Muster, jeweils Dubletts für H^1 und H^2 (H^3 tt)

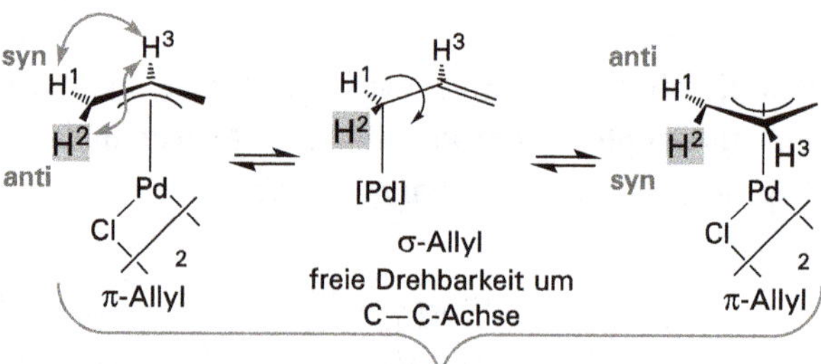

π-Allyl mit Dynamik (d.h. schneller als NMR-Zeitfenster): syn- und anti-Protonen erscheinen äquivalent; ^{1}H-NMR: A_4X-Muster, gemeinsames Dublett für H^1 und H^2 (H^3 Quintett)

Beispiele für das Auftreten von Allylkomplexen als Zwischenstufen in Katalysezyklen finden sich in der Butadienhydrocyanierung, -dimerisierung und -trimerisierung. $(\eta^3\text{-}C_3H_5)_2Ni$ ist Präkatalysator bei der Butadiendimerisierung und -trimerisierung (Abschn. 4.4.1.4 und 4.4.1.5).

4.3.4.4 Komplexe mit cyclischen *π*-Liganden

Die cyclischen Hückel-Aromaten $C_3H_3^+$, $C_5H_5^-$, C_6H_6, $C_7H_7^+$ und $C_8H_8^{2-}$ und das antiaromatische C_4H_4 können mit Übergangsmetallatomen Komplexe bilden.

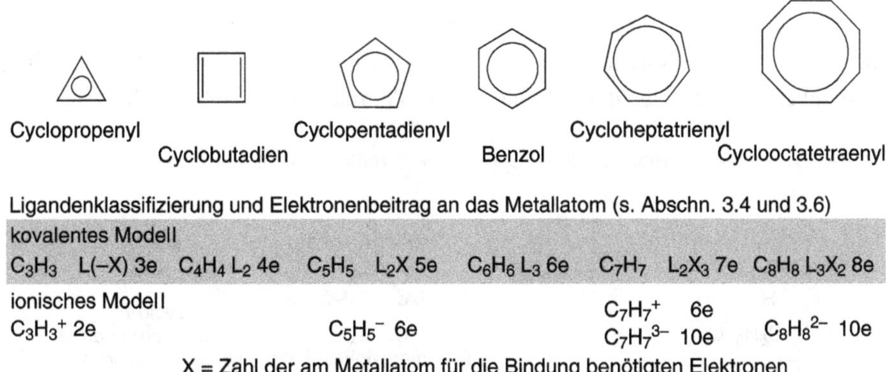

Ligandenklassifizierung und Elektronenbeitrag an das Metallatom (s. Abschn. 3.4 und 3.6)

kovalentes Modell					
C_3H_3 L(–X) 3e	C_4H_4 L_2 4e	C_5H_5 L_2X 5e	C_6H_6 L_3 6e	C_7H_7 L_2X_3 7e	C_8H_8 L_3X_2 8e
ionisches Modell					
$C_3H_3^+$ 2e		$C_5H_5^-$ 6e		$C_7H_7^+$ 6e $C_7H_7^{3-}$ 10e	$C_8H_8^{2-}$ 10e

X = Zahl der am Metallatom für die Bindung benötigten Elektronen

Ausgehend von den C_nH_n-Grundkörpern sind zahlreiche sterische und/oder elektronische Variationen möglich. Die Wasserstoffatome der C_nH_n-Ringe können partiell oder vollständig durch eine große Zahl einheitlicher oder verschiedener Reste R ersetzt werden ($\longrightarrow C_nH_{n-x}R_x$). Hauptsächlich werden organische Alkyl- und Arylgruppen verwendet. Beliebt sind Methyl, iso-Propyl, Trimethylsilyl, tertiär-Butyl und Phenyl als Ringsubstituent. Auch funktionalisierte Reste, die Ether-, Amin-, Amid-, Ester- u. a. Gruppen enthalten, sind wichtig:

Möglichkeiten der Ringvariation – H-Substitution

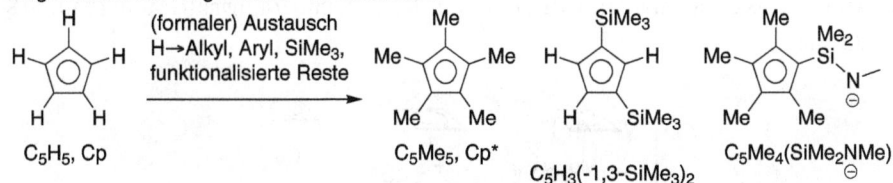

(formaler) Austausch H→Alkyl, Aryl, $SiMe_3$, funktionalisierte Reste

C_5H_5, Cp → C_5Me_5, Cp* | $C_5H_3(\text{-}1,3\text{-}SiMe_3)_2$ | $C_5Me_4(SiMe_2NMe)^{\ominus}$

Zum Teil können die H-Atome direkt in einer Substitutionsreaktion chemisch ersetzt werden. Häufig müssen die modifizierten Ringsysteme aber neu aufgebaut werden. Die Vielfalt dieser H-Substitutionen gestattet nur eine punktuelle Behandlung. Für modifizierte Cp-Liganden siehe auch Abschn. 4.2.7 (Hauptgruppenmetall-π-Komplexe) und Abschn. 4.4.1.10 (Metallocenkatalysatoren für die Olefinpolymerisation).

Als ringanellierte cyclische π-Liganden werden z. B. Indenyl, Fluorenyl und Naphthalin und deren H-substituierte Derivate häufig eingesetzt (s. Abschn. 4.4.1.10).

Möglichkeiten der Ringvariation – Anellierung

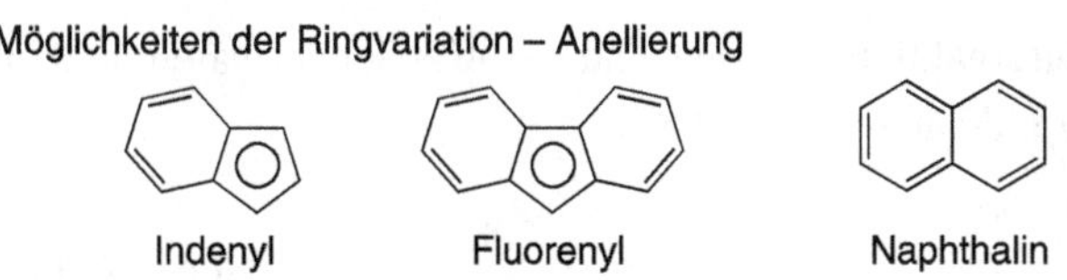

Ein C–H-Fragment des Rings kann gegen isoelektronische/isolobale Heteroatome der 15. Gruppe (N, P, As, Sb, Bi) ausgetauscht werden. Die Valenzelektronenzahl im Liganden

und der Hückel-aromatische Charakter bleiben erhalten. Die Entartung der e-Orbitale im carbocyclischen System (s. u.) wird beim Übergang zum Heterocyclus allerdings aufgehoben. Die Energien der Orbitale und ihr Charakter verschieben sich leicht.

Möglichkeiten der Ringvariation – C–H ⟷ E-Substitution, E = N, P, As, Sb, Bi

C–H ⟷ P (H→Me)

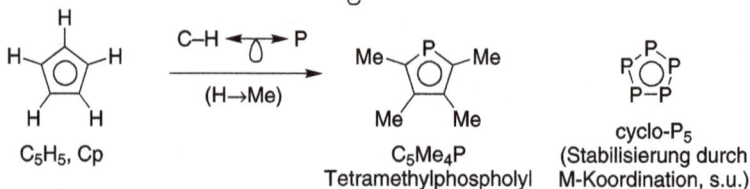

C_5H_5, Cp

C_5Me_4P Tetramethylphospholyl

cyclo-P_5 (Stabilisierung durch M-Koordination, s.u.)

Der mit Abstand bedeutendste cyclische π-Ligand ist der Cyclopentadienylring, C_5H_5 (gängige Abkürzung Cp). Über 50 % aller metallorganischen Verbindungen enthalten den Cp-Liganden oder eine modifizierte Form desselben. Eine wichtige sterische und elektronische Variante des C_5H_5-Rings ist der Pentamethylcyclopentadienylligand, C_5Me_5 (gebräuchliche Abkürzung Cp*). Mit deutlichem Abstand folgen die Arenliganden, d. h. Benzol und seine substituierten Derivate.

Cyclobutadien-Metall-Komplexe sind klassische Beispiele für die Stabilisierung hochreaktiver organischer Teilchen in der Koordinationssphäre von Übergangsmetallatomen. Freies Cyclobutadien, C_4H_4, ist nur in der Tieftemperaturmatrix unterhalb 20 K beständig.

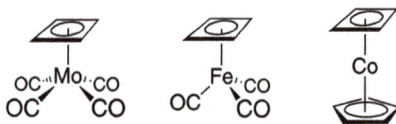

Die Synthese der Komplexe gelingt z. B. durch Dehalogenierung von 1,2-Dichlorcyclobuten:

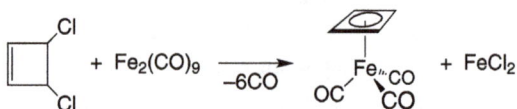

+ $Fe_2(CO)_9$ —(–6CO)→ + $FeCl_2$

Auch Ringschlussreaktionen, ausgehend von Acetylenderivaten, sind in der Koordinationssphäre eines Metallatoms möglich:

$PdCl_4^{2-}$ —(2PhC≡CPh)→ $PdCl_2$ → $PdCl_2$

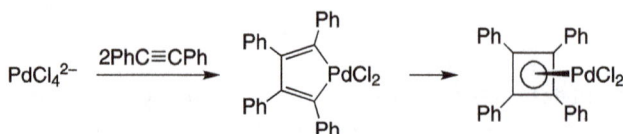

Freies Cyclobutadien ist ein verzerrtes Rechteck. Die C–C-Bindungen im tetrahapto-koordinierten Cyclobutadien sind gleich lang.

Cyclopentadienyl-Metall-Komplexe, Metallocene. Verbindungen, in denen das Metallatom pentahapto (η^5) an zwei Cyclopentadienylringe gebunden ist, heißen Metallocene. Die Metallocene gehören zu den „Sandwichkomplexen". Der Name beschreibt anschaulich die Lage des Metallatoms zwischen zwei cyclischen π-Systemen. In die Verbindungsklasse der Sandwichkomplexe (aber nicht der Metallocene) gehören z. B. auch das Dibenzolchrom (s. Arenkomplexe) und das Bis(cyclooctatetraenyl)uran (s. Cyclooctatetraenylligand). Für Metallocene und Cyclopentadienyl-Metall-Komplexe der Hauptgruppenelemente siehe Abschn. 4.2.7.

Das prototypische Metallocen ist aufgrund seiner Stabilität und Struktur das Ferrocen, Bis(cyclopentadienyl)eisen(II), (η^5-$C_5H_5)_2Fe$ (s. u.). Ferrocen wird oft als Geburtsverbindung einer eigenständigen Organometallchemie angesehen. Mit seiner Darstellung und den Untersuchungen zum Verständnis der Metall–π-Ring-Bindung begann die intensive Entwicklung dieses Gebiets.[3] Der Name Ferrocen leitet sich vom lateinischen ‚ferrum' für Eisen und dem englischen ‚benzene' für Benzol her. Letzteres beschreibt den aromatischen Charakter der Cyclopentadienylringe in der Verbindung (s. u.). Die gesamte Klasse von Bis(cyclopentadienyl)metall-Verbindungen wurde deshalb Metallocene genannt.

Cyclopentadienylliganden lassen sich leicht durch Umsetzung von Metallhalogeniden mit Alkalimetall- oder Thalliumcyclopentadienid in Übergangsmetallkomplexe einführen:

$$\text{ÜMX}_2 + 2\ C_5H_5^-M^+ \xrightarrow{\text{THF oder Ether}} (C_5H_5)_2\text{ÜM} + 2\ \text{MX}$$

$$\text{ÜMXL}_n + C_5H_5^-M^+ \longrightarrow (C_5H_5)\text{ÜML}_n + \text{MX}$$

ÜM = Übergangsmetall, z. B. V, Cr, Mn, Fe, Co, Ni

M = Li, Na, K, Tl

X = Halogenid

Ferrocen, (η^5-$C_5H_5)_2Fe$, zeichnet sich durch eine hohe thermische, Luft- und Hydrolysestabilität aus. Die orangefarbene Verbindung ist bis über 400 °C stabil. Der Schmelzpunkt liegt bei 173 °C. Oberhalb von 100 °C sublimiert Ferrocen. Die Ebenen der Cyclopentadienylringe sind exakt parallel. Der Ringebenen-Abstand beträgt 3,30 Å, was dem van-der-Waals-Kontakt zweier π-Systeme entspricht (vgl. den Abstand der Kohlenstoffschichten im Graphit mit 3,35 Å). Die Rotationsbarriere für die Drehung der Ringe um die Metall-Ringmittelpunktsachse beträgt für die unsubstituierten Cp-Ringe nur wenige kJ/mol. Für $(C_5H_5)_2Fe$ findet man im Kristall eine nahezu ekliptische Anordnung der

3 Der Nobelpreis für Chemie wurde 1973 an Ernst Otto Fischer und Geoffrey Wilkinson für ihre fundamentalen Beiträge zur Synthese und Strukturaufklärung der Aromaten-Übergangsmetall-π-Komplexe verliehen.

Ringe. Mit Substituenten, z. B. in $(C_5Me_5)_2Fe$, wird die gestaffelte Konformation im Festkörper eingenommen.

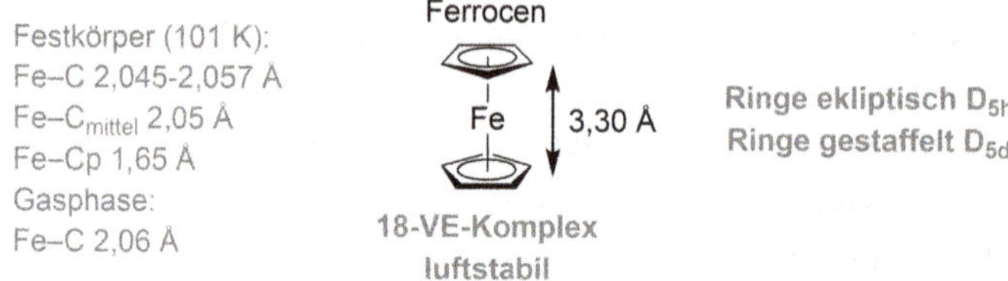

Die **industrielle Ferrocensynthese** wird seit 1989 mit einem elektrochemischen Verfahren durchgeführt. In der ersten Stufe wird elektrochemisch Eisen(II)-ethanolat hergestellt:

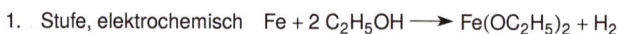

1. Stufe, elektrochemisch $Fe + 2\,C_2H_5OH \longrightarrow Fe(OC_2H_5)_2 + H_2$

Das in Ethanol unlösliche Eisen(II)-ethanolat wird vom Elektrolyten abgetrennt und im zweiten Schritt in einem alkalischen Medium mit Cyclopentadien zu Ferrocen umgesetzt. Der Alkohol wird dabei wieder frei. Es treten fast keine Nebenprodukte auf. Ferrocen fällt in sehr hoher Reinheit an.

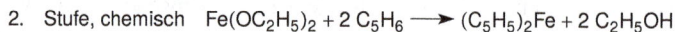

2. Stufe, chemisch $Fe(OC_2H_5)_2 + 2\,C_5H_6 \longrightarrow (C_5H_5)_2Fe + 2\,C_2H_5OH$

Cp–Fe-Bindung. Innerhalb der Übergangsmetalle erfüllen die Elemente der 8. Gruppe in ihren binären ungeladenen *Bis*(cyclopentadienyl)-Verbindungen als einzige die 18-Valenzelektronenregel (vgl. aber Cp_3Y, Cp_3La). Wesentlich für die Stabilität des Ferrocens ist der hohe Kovalenzcharakter der Cyclopentadienyl–Eisen-Bindung (s. MO-Diagramm in Abb. 4.7). Die Cp–Fe-Bindung ist nur wenig polar.

Reaktivität und Anwendung. Ferrocen und seine ringsubstituierten Derivate lassen sich durch Oxidationsmittel, wie konzentrierte Schwefelsäure, $NOBF_4$, $AgPF_6$, oder elektrochemisch zu stabilen, paramagnetischen, 17-Valenzelektronen-Ferroceniumkationen $[(C_5R_5)_2Fe]^+$ oxidieren (auch Ferr*icin*ium genannt). Diese tiefblauen Ferroceniumsalze lassen sich präparativ als vielseitige Oxidationsmittel einsetzen.

Das Decamethylferrocen-Dikation $[(C_5Me_5)_2Fe]^{2+}$ mit Fe in der Oxidationsstufe +4 ist durch Oxidation von $[(C_5Me_5)_2Fe]$ mit AsF_5, SbF_5, ReF_6 in flüssigem SO_2 oder mit $[XeF][Sb_2F_{11}]$ in flüssigem HF/SbF_5 als $[EF_6]^-$- (E = As, Sb, Re) oder als $[E_2F_{11}]^-$-Salz in kristalliner Form zugänglich. Die Salze sind thermisch bei Raumtemperatur stabil, aber zersetzen sich sofort an Luft oder in organischen Lösungsmitteln. Das Dikation hat einen Triplett-Grundzustand mit zwei ungepaarten Elektronen ($S = 1$) und der d-Konfiguration $e_{2g}{}^3a_{1g}{}^1$ (vgl. Abb. 4.7). Durch Einschub der $[EF_6]^-$-Anionen zwischen die Cp*-Ringebenen des Sandwichs mit Ausbildung von Methyl-C-H···F-Brücken sind die Cp*-Ringebenen im Dikation nicht mehr parallel, sondern bilden einen Winkel von 14–17°.

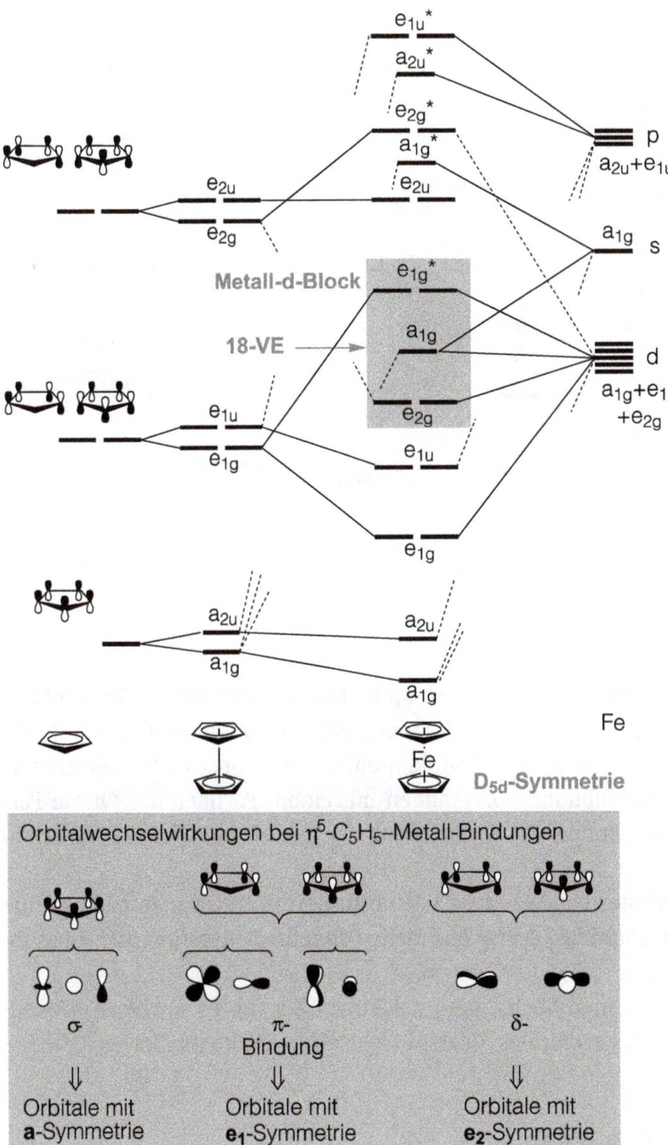

Abb. 4.7: Molekülorbital-Diagramm für Ferrocen $(C_5H_5)_2Fe$ in der gestaffelten D_{5d}-symmetrischen Konformation. Aus den fünf π-Molekülorbitalen eines einzelnen Ringliganden wird für das $(C_5H_5)_2$-Fragment eine gerade und ungerade Linearkombination gebildet. Deren energetische Aufspaltung ist wegen der Entfernung der beiden Ringe sehr klein. Aus Gründen der Übersichtlichkeit wurden diese Linearkombinationen nicht mehr gezeichnet. Wichtig ist ihre unterschiedliche Symmetrie. Die relevanten Wechselwirkungen eines Cp-Liganden mit den Metallorbitalen sind am Fuß der Abbildung zusammengestellt. Mit Eisen als Metallatom sind in diesem 18-Valenzelektronenkomplex gerade die Metall-Ligand-bindenden und -nichtbindenden Orbitale bis einschließlich a_{1g} vollständig besetzt. Alle antibindenden Orbitale sind leer.

Die Cyclopentadienylliganden in Ferrocen lassen sich wegen ihres aromatischen Charakters ähnlich wie Benzolringe und unter Erhalt der Metall-Ligand-Bindung alkylieren, acylieren, metallieren, sulfonieren:

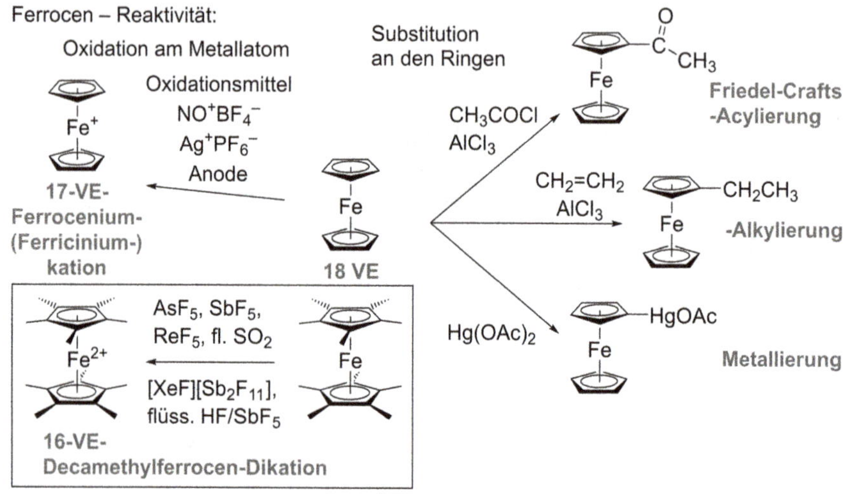

Ferrocen kann als hochwirksames **Additiv** (im ppm-Bereich) **in Mineralölprodukten** dienen. In Verbrennungsprozessen wirkt Ferrocen emissionsmindernd. In Ottokraftstoffen erhöht Ferrocen die Oktanzahl (Antiklopfmittel). In Kunststoffen vermindert es die Flammen- und Rauchbildung. Zusammen mit einem Partikelfilter wurde Ferrocen als eine wirksame Option zur Reduzierung der Dieselruß-Partikel vorgeschlagen.

Das Substitutionsmuster von 1,2- und 1,3-disubstituierten Ferrocenen bedingt eine planare Chiralität. **Planar-chirale Ferrocene** dienen über die Donoratome der Ringsubstituenten als Chelatliganden für Übergangsmetallkatalysatoren in enantioselektiven organischen Reaktionen. Einen hoch enantioselektiven Zugang zu solchen Ferrocenderivaten bietet die durch ein chirales Alkaloid (Spartein) vermittelte dirigierte Orthometallierung.

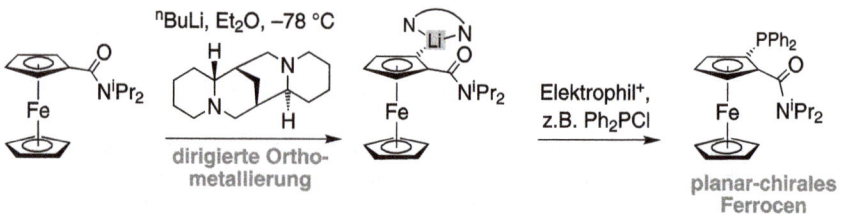

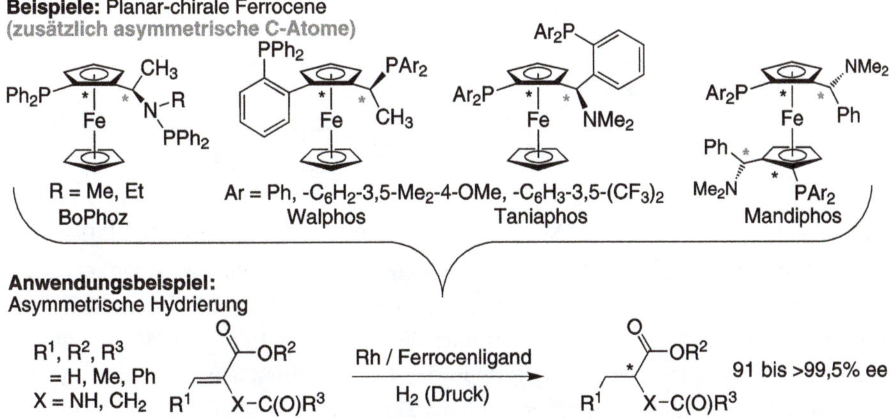

Die neutralen Metallocene Cp_2M der übrigen d-Metalle weisen keine 18-Valenzelektronenkonfiguration auf. Sie sind entsprechend stärker luftempfindlich. Das 19-VE-**Cobaltocen**, $(C_5H_5)_2Co$, wird leicht zum Cobaltoceniumkation, $[(C_5H_5)_2Co]^+$, oxidiert. Dieses ist mit 18 Valenzelektronen isoelektronisch zum Ferrocen und entsprechend stabiler. **Nickelocen**, $(C_5H_5)_2Ni$ (20 VE), wird an Luft zum labilen $[(C_5H_5)_2Ni]^+$ oxidiert.

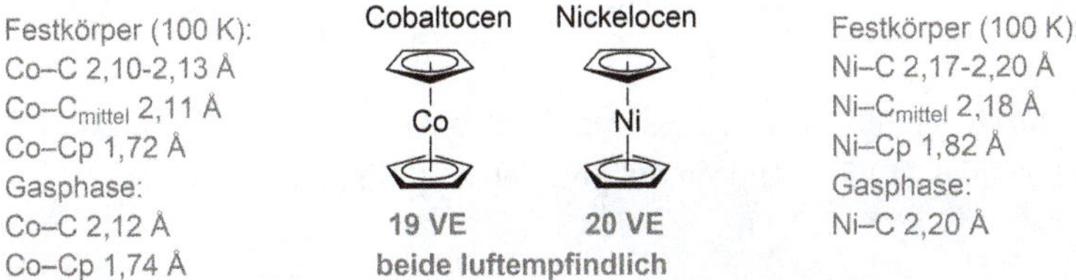

Die Verlängerung der M–C- oder M–Cp-Abstände von Ferrocen (Fe–C_{mittel} 2,05 Å, Fe–Cp 1,65 Å) über Cobaltocen zu Nickelocen korreliert mit der Besetzung des antibindenden e_{1g}* Orbitals in Abb. 4.7 mit einem bzw. zwei Elektronen.

Die Metallocene der frühen Übergangsmetalle besitzen eigentlich einen ausgeprägten Elektronenmangel. So ist die Verbindung **Titanocen**, „$(C_5H_5)_2Ti$", eine 14-Valenzelektronenspezies. Zur Behebung dieses Elektronenmangels entsteht bei der Synthese durch Umsetzung von $TiCl_2$ mit C_5H_5Na oder durch Reduktion von $(C_5H_5)_2TiCl_2$ eine zweikernige Verbindung. Aus zwei Cyclopentadienylringen wird ein Fulvalendiyl-Brückenligand gebildet. Die beiden dadurch freigewordenen H-Atome bilden 3-Zentren/2-Elektronen-Brücken zwischen den Titanatomen. Jedes Titanatom trägt dann noch einen Cp-Liganden. Wenn man zusätzlich eine Titan-Titan-Bindung formuliert, erreichen beide Titanatome eine 16-Valenzelektronenkonfiguration.

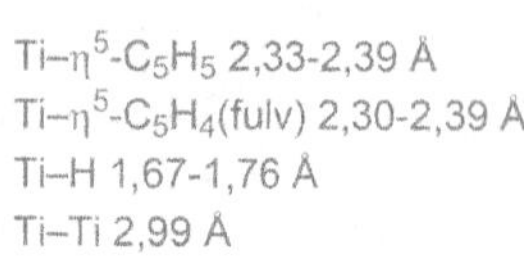

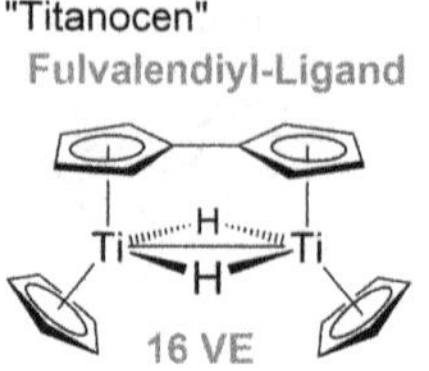

Wird anstelle des C_5H_5- der C_5Me_5-Ligand verwendet, so kann das 14-VE-Decamethyltitanocen, $(C_5Me_5)_2Ti$, dem Elektronenmangel nicht über eine Ringkondensation und Dimerisierung ausweichen. Der isolierbare paramagnetische 14-VE-Komplex steht im Gleichgewicht mit einer diamagnetischen Verbindung, in der sich das Titanatom in eine C–H-Bindung einer Methylgruppe des Cp^*-Liganden eingeschoben hat (C–H-Aktivierung). In diesem Cyclopentadienyl-Fulven-Hydrido-Komplex erreicht das Titanatom 16 Valenzelektronen.

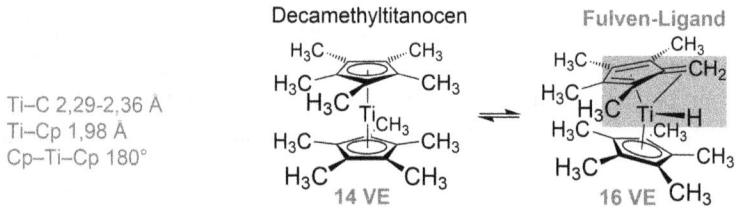

Ti–C 2,29-2,36 Å
Ti–Cp 1,98 Å
Cp–Ti–Cp 180°

Decamethyltitanocen — 14 VE ⇌ Fulven-Ligand — 16 VE

Mit dem durch die Silylgruppe besseren Elektronen-Donorliganden $C_5Me_4(SiMe_2{}^tBu)$ wird ein formales 14-VE-Titanocen mit parallelen Cp-Ringen stabilisiert:

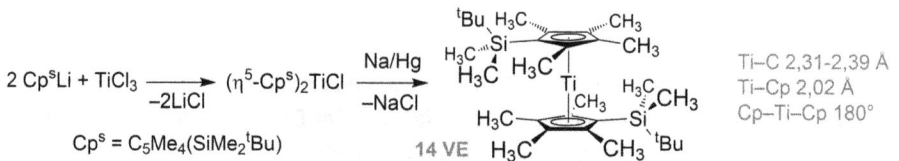

$$2\,Cp^sLi + TiCl_3 \xrightarrow[-2LiCl]{} (\eta^5\text{-}Cp^s)_2TiCl \xrightarrow[-NaCl]{Na/Hg} \text{14 VE}$$

$Cp^s = C_5Me_4(SiMe_2{}^tBu)$

Ti–C 2,31-2,39 Å
Ti–Cp 2,02 Å
Cp–Ti–Cp 180°

Vanadocen und **Chromocen** besitzen Sandwichstrukturen mit parallelen Cp-Ringen. Beide Verbindungen sind sehr luftempfindlich. Die Verlängerung der M–C oder M–Cp Abstände von Ferrocen (Fe–C_{mittel} 2,05 Å, Fe–Cp 1,65 Å) über Chromocen zu Vanadocen kann mit einer Verringerung der bindenden Elektronen im e_{2g}-Orbital erklärt werden. Von Ferrocen mit $e_{2g}{}^4a_{1g}{}^2$ wird für Chromocen die Konfiguration $e_{2g}{}^3a_{1g}{}^1$ und für Vanadocen $e_{2g}{}^2a_{1g}{}^1$ angenommen.

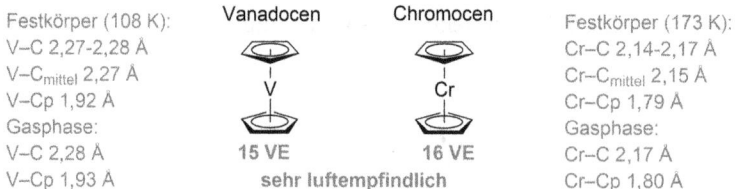

Festkörper (108 K):
V–C 2,27-2,28 Å
V–C_{mittel} 2,27 Å
V–Cp 1,92 Å
Gasphase:
V–C 2,28 Å
V–Cp 1,93 Å

Vanadocen — 15 VE; Chromocen — 16 VE; sehr luftempfindlich

Festkörper (173 K):
Cr–C 2,14-2,17 Å
Cr–C_{mittel} 2,15 Å
Cr–Cp 1,79 Å
Gasphase:
Cr–C 2,17 Å
Cr–Cp 1,80 Å

Die Verbindung **Niobocen**, „$(C_5H_5)_2Nb$“, hilft dem Elektronenmangel durch *inter*molekulare C–H-Aktivierung und Einschub des Metallatoms in eine C–H-Bindung des benachbarten Cp-Liganden ab. Es entsteht ein zweikerniger Komplex („Dimer“) mit zwei $\eta^1{:}\eta^5$-Cyclopentadienylbrücken. Der terminale Cyclopentadienyl- und der Hydridligand an jedem Metallatom sowie eine Metall–Metall-Bindung ergeben dann Niobatome mit jeweils 18 Valenzelektronen.

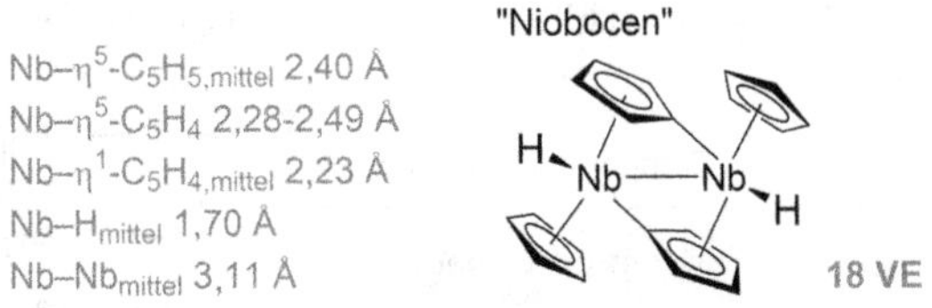

Nb–η^5-$C_5H_{5,mittel}$ 2,40 Å
Nb–η^5-C_5H_4 2,28-2,49 Å
Nb–η^1-$C_5H_{4,mittel}$ 2,23 Å
Nb–H_{mittel} 1,70 Å
Nb–Nb_{mittel} 3,11 Å

"Niobocen"
H Nb—Nb H
18 VE

Die Verbindung **Manganocen**, „$(C_5H_5)_2Mn$“, liegt im Festkörper in einer Kettenstruktur mit unsymmetrisch verbrückenden Cyclopentadienylliganden vor. Die Kettenanordnung erinnert etwas an die Struktur von Plumbocen (s. Abschn. 4.2.7). Allerdings liegt der Brückenligand im Manganocen nicht symmetrisch zwischen den Metallatomen, sondern ist zur Verbindungsachse stark gekippt, sodass sich die Mn–C-Abstände über den Bereich von 2,4–3,7 Å erstrecken.

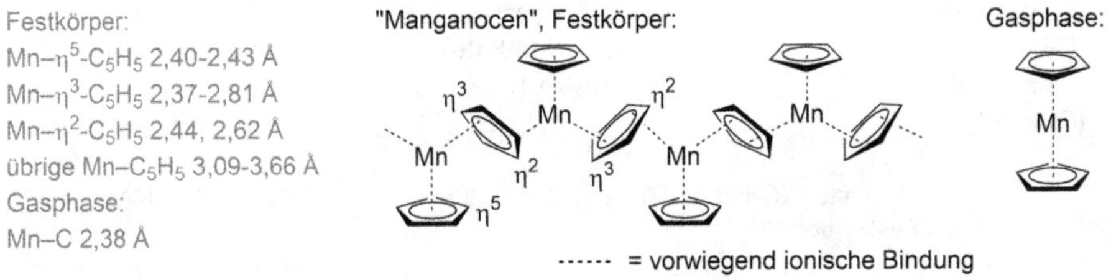

Festkörper:
Mn–η^5-C_5H_5 2,40-2,43 Å
Mn–η^3-C_5H_5 2,37-2,81 Å
Mn–η^2-C_5H_5 2,44, 2,62 Å
übrige Mn–C_5H_5 3,09-3,66 Å
Gasphase:
Mn–C 2,38 Å

"Manganocen", Festkörper:
η^3 Mn η^2 Mn Mn Mn η^2 η^3 η^5

Gasphase:
Mn

------ = vorwiegend ionische Bindung

Substituierte Manganocene zeigen die normale Sandwichstruktur. In Abhängigkeit vom Substitutionsmuster kann bei Manganocenen ein **Spincrossover**-Verhalten beobachtet werden (vgl. Abschn. 3.9.7). Temperaturerhöhung verschiebt bei entsprechend substituierten Manganocenen das Spingleichgewicht von der low-spin- zur high-spin-Form. Mit der Änderung des Spinzustands ist eine Änderung in der Metall-Ligand-Bindungslänge verbunden. Die Besetzung der Metall-Ligand antibindenden Niveaus im high-spin-Zustand führt zu einer Aufweitung des Metall-Ring-Abstands. Der Spinzustand von substituierten Manganocenen hängt daher von der Art und Anzahl der Substituenen R am Cp-Ring ab. Der low-spin-, Doublet-Zustand $^2E_{2g}$ wird von Donor-Alkyl-Substitenten begünstigt, der high-spin-, Sextett-Zustand $^6A_{1g}$ von Me_3Si-Substituenten. Gleichzeitig begünstigt eine größere Anzahl von genügend voluminösen, z. B. ^iPr- oder ^tBu-Substituenten die high-spin-Konfiguration mit ihrem längeren Metall-Ring-Abstand. Der entgegengesetzte, die low-spin-Konfiguration begünstigende Donor-Einfluss der Alkylgruppen wird überkompensiert. Die sterisch anspruchsvollen

Substituenten können eine Aufweitung des Metall-Cp-Abstandes und damit ein schwächeres Ligandenfeld erzwingen. Die Übergangstemperatur $T_{1/2}$ mit je 50 % low- und high-spin Besetzung variiert mit der Phase (fest, Lösung) und der zugehörigen Messmethode (magnetische Suszeptibilität für die feste Phase, UV/Vis oder ^{1}H NMR für die Lösung, jeweils temperaturabhängig).

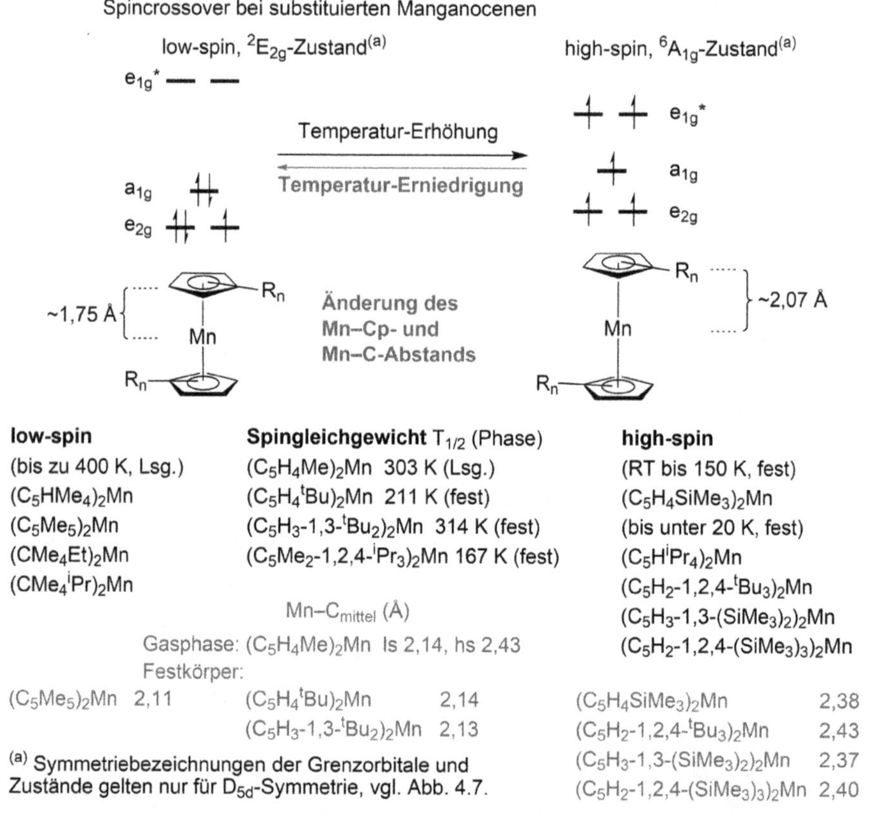

An Übergangsmetallatome kann der **Cyclopentadienylring** auch monohapto (η^1), d. h. **als σ-Ligand** koordiniert sein. Ein Beispiel ist die Verbindung Tetrakis(cyclopentadienyl)zirconium, $(C_5H_5)_4Zr$. Aus sterischen Gründen können nur drei der vier Ringe pentahapto an das Metallatom koordinieren. Der vierte Ring ist über eine Einfachbindung gebunden. In Lösung zeigt die Verbindung eine fluktuierende Struktur mit Äquilibrierung aller Ringe. Im ^{1}H-NMR-Spektrum wird nur ein einziges Signal beobachtet. Der Dicarbonylbis(cyclopentadienyl)eisen-Komplex, $(C_5H_5)_2Fe(CO)_2$, zeigt ein fluktuierendes Verhalten bei Raumtemperatur nur für den σ-gebundenen Cp-Liganden. Der unterschiedliche Charakter der beiden Cp-Ringe bleibt erhalten. Es werden zwei Signale im ^{1}H-NMR beobachtet. Die Dynamik der haptotropen Verschiebungen des η^1-Cp-Ringes lässt sich unterhalb von −40 °C langsam einfrieren (vgl. das fluktuierende Verhalten bei Cp-Hauptgruppenorganylen, Abschn. 4.2.6).

Komplexe mit fluktuierenden Cp-Liganden

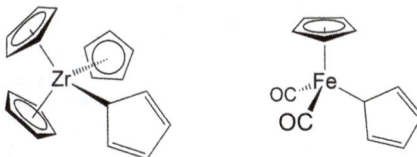

Zr–η^5-C_5H_5 2,52-2,63 Å,
Zr–η^1-C_5H_5 2,45 Å,
η^5-Cp–Zr–η^5-Cp 115-119°,
η^5-Cp–Zr–η^1-C 99-101°,
Zr–η^1-C–C_5(Ebene) 49°

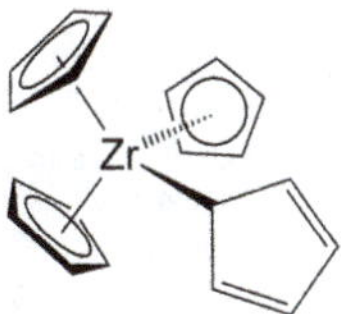

OC, OC, Fe

Metallocenverbindungen des Zirconiums werden in der Olefinpolymerisation angewendet (s. Abschn. 4.4.1.10). Chromocen, $(C_5H_5)_2Cr$, wird als Katalysatorvorstufe beim Union-Carbide-Verfahren zur Ethenpolymerisation eingesetzt (Abschn. 4.4.2.3).

Mit zwei Pentaphosphacyclopentadienid-, P_5^--Liganden wird das Kohlenstoff-freie Decaphosphatitanocen-Dianion als rein anorganisches Metallocen erhalten. $[(P_5)_2Ti]^{2-}$ mit 16 Valenzelektronen ist bemerkenswert inert, thermisch stabil und selbst in Lösung unreaktiv gegenüber Sauerstoff. Theoretische Rechnungen führen die Stabilität auf die guten Akzeptoreigenschaften des P_5^--Liganden zurück (vgl. Abschn. 1.5.3).

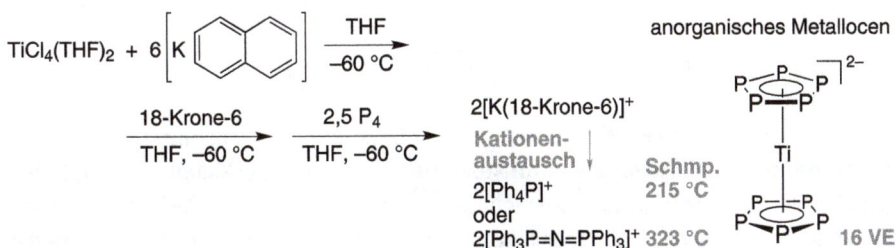

$TiCl_4(THF)_2$ + 6 [K(Naphthalin)] —(THF, –60 °C)→ —(18-Krone-6; THF, –60 °C)→ —(2,5 P_4; THF, –60 °C)→ 2[K(18-Krone-6)]$^+$ $[(P_5)_2Ti]^{2-}$

anorganisches Metallocen

Kationen-austausch ↓
2[Ph_4P]$^+$ Schmp. 215 °C
oder
2[Ph_3P=N=PPh_3]$^+$ 323 °C

16 VE

Aren-Metall-Komplexe. Die Koordination von Benzol und seinen Derivaten an Übergangsmetallatome erfolgt über kovalente Orbitalwechselwirkungen (vgl. die in Abschn. 4.2.9 vorgestellte schwache elektrostatische Kation-Aren-Wechselwirkung der Hauptgruppenmetalle). Die Isolierung von Aren-Metall-Komplexen war von großer Bedeutung für ein Verständnis der Wechselwirkung cyclischer π-Liganden mit Übergangsmetallatomen und deren Bewertung als kovalente π-Wechselwirkung anstelle einer elektrostatischen Anziehung. Bei der Bindung des anionischen Cyclopentadienylliganden an Metallkationen war die untergeordnete Rolle der elektrostatischen Wechselwirkung nicht von vorneherein klar. Erst die Synthese der Sandwichverbindung Dibenzolchrom, $(\eta^6\text{-}C_6H_6)_2Cr$, durch Fischer und Hafner belegte die vorherrschende kovalente Bindung in diesen π-Komplexen. Im 18-Valenzelektronenkomplex Dibenzolchrom wird eine stabile Metall-Ligand-Bindung aus der π-Wechselwirkung zwischen Neutralfragmenten erhalten. Die erste **Synthese** des braunen und luftempfindlichen Dibenzolchroms gelang durch reduktive Friedel-Crafts-Reaktion von Chrom(III)-chlorid mit Benzol in Gegenwart von Aluminiumchlorid und Aluminiumpulver. Dabei wird das luftstabile Dibenzolchrom-Kation erhalten, welches mit Dithionit zur Neutralverbindung reduziert wird:

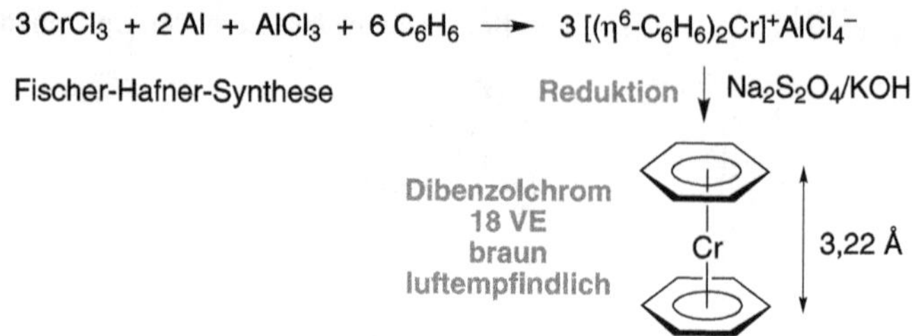

Dieser Syntheseweg ist auch für die Metalle V, Mo, W, Tc, Re, Fe, Ru, Os, Co, Rh, Ir und Ni anwendbar sowie für Arene, die gegenüber den Reaktionsbedingungen ($AlCl_3$) inert sind.

Gemischte Cyclopentadienyl-Benzol-Metallkomplexe können z. B. mit Eisen als Kation dargestellt werden:

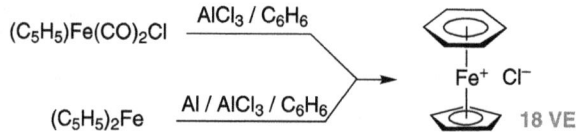

$$(C_5H_5)Fe(CO)_2Cl \xrightarrow{AlCl_3\ /\ C_6H_6} [(C_6H_6)Fe(C_5H_5)]^+\,Cl^- \quad \text{18 VE}$$

$$(C_5H_5)_2Fe \xrightarrow{Al\ /\ AlCl_3\ /\ C_6H_6} [(C_6H_6)Fe(C_5H_5)]^+\,Cl^-$$

Eine elegante Möglichkeit für die Darstellung binärer Aromatenkomplexe bietet die **Metallatom-Ligand-Cokondensationstechnik**. Dabei wird das Metall verdampft und gemeinsam mit einem großen Überschuss des Aromaten in einer Tieftemperaturmatrix kondensiert, gefolgt von einer langsamen Erwärmung. Die Bis(aren)komplexe des Titans werden auf diese Weise erhalten:

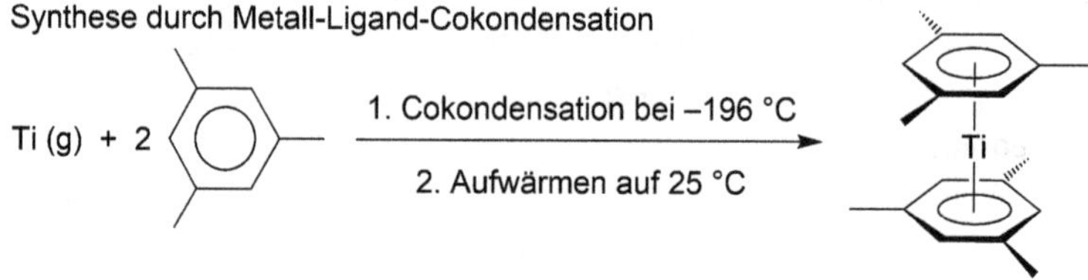

Aren-Carbonyl-Komplexe mit nur einem Arenliganden sind durch vielfältige CO gegen Aren-Substitutionsreaktionen aus Metallcarbonylen zugänglich:

$$Mo(CO)_6 + C_6H_6 \xrightarrow{\Delta} (\eta^6 - C_6H_6)Mo(CO)_3 + 3\,CO$$

$$2\,V(CO)_6 + C_6H_6 \longrightarrow [(\eta^6 - C_6H_6)V(CO)_4]^+[V(CO)_6]^- + 2\,CO$$

$$MnX(CO)_5 + C_6H_6 + AlCl_3 \xrightarrow{\Delta} [(\eta^6 - C_6H_6)Mn(CO)_3]^+[AlCl_3X]^- + 2\,CO \quad X = Cl,\ Br$$

Mehrkernige Polyphenyle und kondensierte Poly**arene** können mit einem oder mehreren Ringen an Metallatome binden:

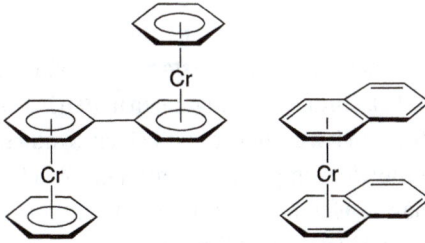

Die Molekülorbital-Beschreibung der Metall–Aren-Bindung ähnelt der Cyclopentadienyl–Metall-Wechselwirkung (s. o.).

Das koordinierte Aren behält im Metallkomplex seine Aromatizität bei. Alle C–C-Bindungen sind gleich lang. Die bekannten aromatischen Substitutionsreaktionen sind weiterhin möglich. Die Reaktivität wird durch die Metallkoordination modifiziert. Substitutionsreaktionen verlaufen schwerer und sind wegen einer Oxidation des Metallatoms zum Teil nicht durchführbar. Eine Metallierung des Rings und daran anschließende Folgereaktionen sind leichter möglich:

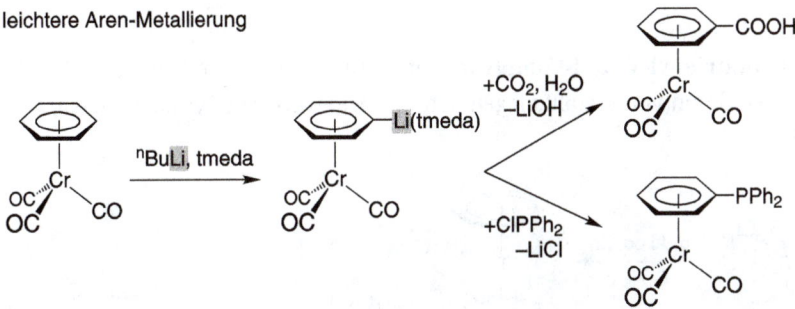

leichtere Aren-Metallierung

^{n}BuLi, tmeda; Li(tmeda); $+CO_2, H_2O$ / $-LiOH$ → COOH; $+ClPPh_2$ / $-LiCl$ → PPh_2

Für Metallverbindungen mit nur einem cyclischen π-Liganden hat sich die Bezeichnung Halbsandwichkomplex eingebürgert. Wenn die π-Ringe nicht mehr parallel zueinander stehen, spricht man von gewinkelten Sandwichkomplexen. Mehrfachdecker-Sandwichkomplexe sind in größerer Zahl bekannt.

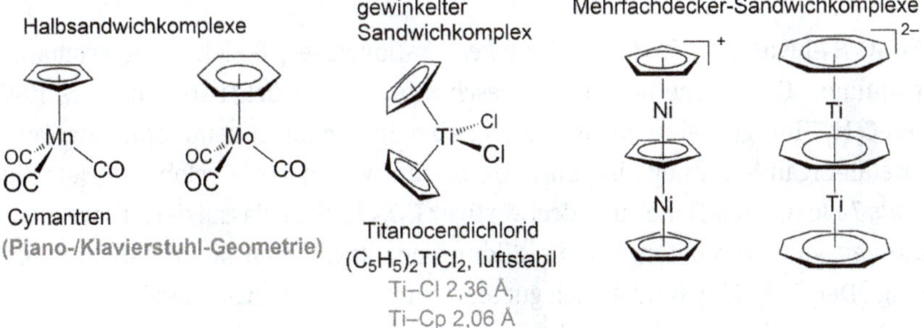

Halbsandwichkomplexe mit vier verschiedenen Liganden sind chirale Moleküle mit stereogenen Metallatomen. Bei Konfigurationsstabilität ist eine Auftrennung in Enantiomere möglich (s. Abschn. 3.8). Chirale Chelatliganden helfen bei der Kontrolle der Metallkonfiguration. Ein Diastereomer wird bevorzugt bei der Synthese gebildet. Kationische (Aren)Ruthenium-Halbsandwichkomplexe mit chiralen P,P- oder P,O-Liganden wurden als Lewis-Säuren in enantioselektiven Diels-Alder-Reaktionen eingesetzt. (Aren)Ru-Halbsandwichkomplexe mit chiralen N,N- oder N,O-Chelatliganden sind Katalysatoren für eine enantioselektive Transferhydrierung von prochiralen Ketonen zu optisch aktiven sekundären Alkoholen (vgl. Abschn. 4.4.1.9):

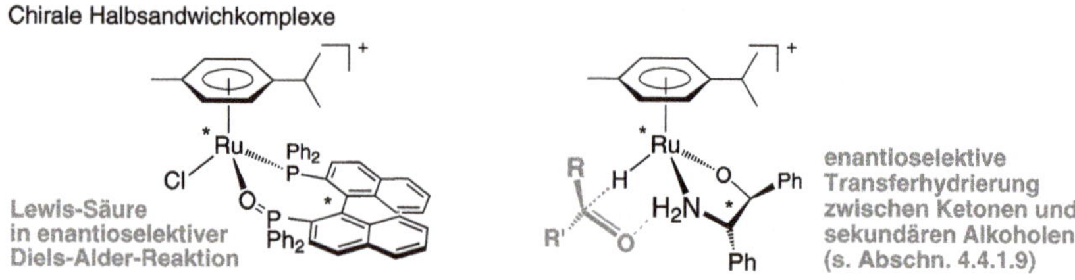

Cycloheptatrienyl-Metall-Komplexe. Verbindungen mit dem Liganden η^7-C_7H_7 sind durch Reduktion von Metallhalogeniden in Gegenwart von Cycloheptatrien, C_7H_8 zugänglich:

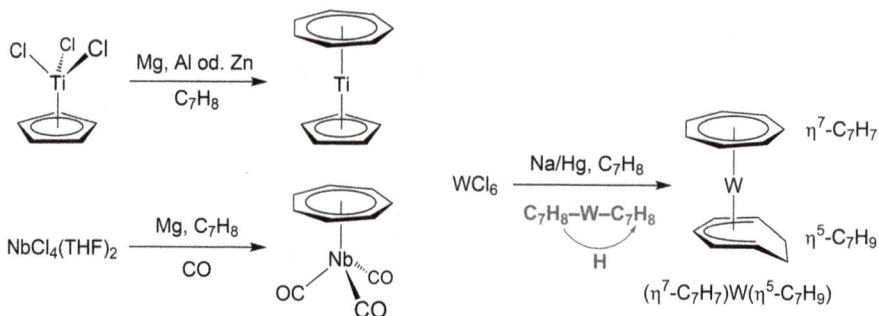

Ti; Mg, Al od. Zn; C_7H_8; Ti

$NbCl_4(THF)_2$; Mg, C_7H_8; CO; Nb; CO; OC; CO

WCl_6; Na/Hg, C_7H_8; C_7H_8–W–C_7H_8; H; W; η^7-C_7H_7; η^5-C_7H_9; $(\eta^7$-$C_7H_7)W(\eta^5$-$C_7H_9)$

Der η^7-C_7H_7-Ligand ist in Komplexen *kein* kationisches, 6-Elektronen-aromatisches Tropyliumion $C_7H_7^+$. Eine alternative Beschreibung als Hückel-aromatisches 10-Elektronen-$C_7H_7^{3-}$-Ion gibt eine etwas bessere, aber immer noch keine optimale Deutung der Metall-Ligand-Bindungssituation. Am besten wird der η^7-Cycloheptatrienylligand wohl als 7-Elektronen-Donor und dreiwertiger L_2X_3-Ligand klassifiziert. Es werden drei Elektronen vom Metallatom für die Bildung der kovalenten M–(η^7-C_7H_7)-Bindungen benötigt. Der C_7H_8-Ring bindet auch gut als neutrales η^6-Trien an Metallfragmente. Aus einer H-Wanderung zwischen zwei (komplexgebundenen) C_7H_8-Gruppen kann die stabilere Kombination des 5-Elektronen-η^5-Cycloheptadienylliganden C_7H_9 mit η^7-C_7H_7 in der Verbindung $(\eta^7$-$C_7H_7)W(\eta^5$-$C_7H_9)$ resultieren.

Der **Cyclooctatetraenylligand,$C_8H_8^{2-}$**, bzw. das Cyclooctatetraen C_8H_8 bilden octahapto-(η^8-)koordinierte Komplexe nur mit den frühen Übergangsmetallen. Diese benötigen eine große Zahl von Elektronen zum Erreichen der 18 Valenzelektronen. Mit Metallen jenseits der 6. Gruppe sind keine η^8-Komplexe mit diesem Liganden bekannt. Mit Cer und einigen Actinoiden existieren Sandwichkomplexe des Cyclooctatetraenyls. Als Beispiel sei das luftempfindliche, aber hydrolysebeständige Bis(cyclooctatetraenyl)uran(IV), „Uranocen“, erwähnt. Für die Anbindung des C_8H_8-Liganden an die Actinoide wird zusätzlich zum Bindungsbeitrag der 6d-Orbitale eine Überlappung mit den 5f-Orbitalen angenommen. Der Achtringligand verfügt über Orbitale der geeigneten Symmetrie für die Wechselwirkung mit f-Orbitalen. Das HOMO-1 sollte eine δ-Bindung zwischen der e_{2u}-symmetrischen $(C_8H_8{}^{2-})_2$ Ligandenkombination mit den e_{2u}-symmetrischen f-Orbitalen sein (Punktgruppe D_{8h}). Das mit zwei ungepaarten Elektronen halbbesetzte HOMO sollte eine ϕ-(oder φ-)Bindung (drei Knotenflächen entlang der Bindungsachse) zwischen der e_{3u}-symmetrischen Ligandenkombination mit den e_{3u}-symmetrischen f-Orbitalen sein.

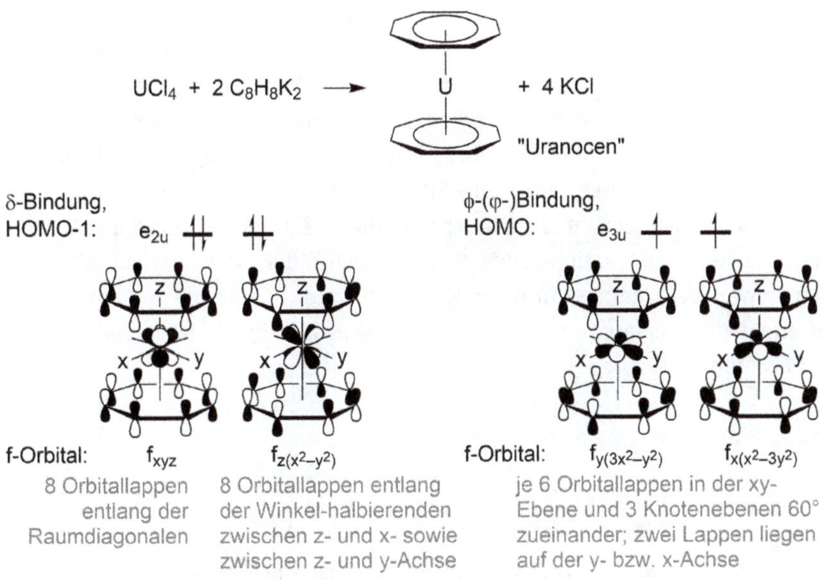

4.3.5 Agostische Wechselwirkungen

Das Wort „agostisch“ stammt aus dem griechischen und bedeutet „sich selbst festhalten“. Es bezeichnet im Allgemeinen kovalente Wechselwirkungen zwischen der C–H-Bindung eines Liganden und einem Metallatom, an den dieser Ligand gebunden ist. Dabei ist das Wasserstoffatom mit dem Metall- und dem Kohlenstoffatom in einer 3-Zentren/2-Elektronen-Bindung verbunden. Inzwischen umfasst der Begriff auch nichtkovalente Bindungen zwischen Hauptgruppenatomen wie Li mit z. B. polaren H–Si-Bindungen. Agostische Wechselwirkungen bewirken Verzerrungen Metall-gebundener organischer Einheiten. Durch agostische Wechselwirkungen können sich C–H-Bindungen eines organischen Fragments an das Metallatom annähern. Agostische Wechselwirkungen sind nicht auf metallorganische Verbindungen beschränkt. Eine agostische Wechselwirkung wird mit einem Halbpfeil angedeutet.

Beispiele für C–H—M-agostische Wechselwirkungen

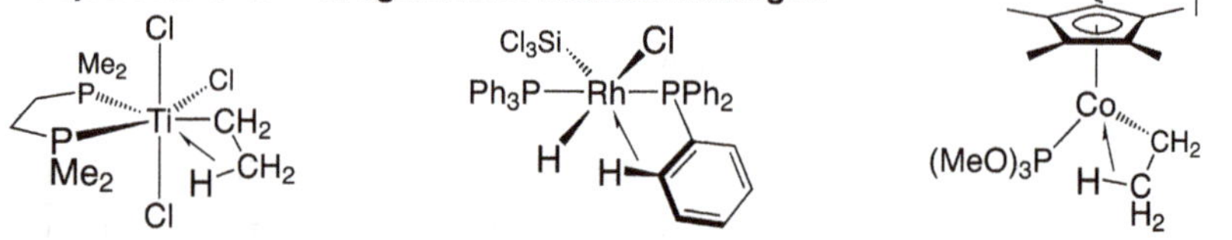

Agostische Wechselwirkungen können durch die Hochfeldverschiebung des ^{1}H-NMR-Signals von der normalen Position für ein Aryl- oder Alkylproton zu der eines Hydridliganden (typischerweise zwischen –5 und –15 ppm) erkannt werden. Die C–H-Kopplungskonstante bei der agostischen Wechselwirkung einer CH_3-Gruppe ist mit 70–100 Hz niedriger als die normalen 125 Hz. Eine sp^2-CH_2-Gruppe weist eine Kopplungskonstante von 160 Hz auf, die bei agostischer Wechselwirkung auf 120 Hz sinkt. Ein fluktuierender Charakter der agostischen Verbindungen, wenn mehrere Wasserstoffatome an dem Kohlenstoffatom für eine solche Wechselwirkung zur Verfügung stehen, kann die Auswertung erschweren. Eine Erniedrigung der C–H-Valenzschwingungen im IR auf Werte um 2800 cm^{-1} und darunter wird durch die Schwächung der C–H-Bindung bedingt. Strukturinformationen werden angesichts der Schwierigkeit, Wasserstoff- neben Schwermetallatomen in einer Kristallstruktur zu lokalisieren, am besten aus Neutronenbeugungsdaten entnommen. Typische agostische M–H-Abstände liegen zwischen 1,85 und 2,4 Å.

Agostische Wechselwirkungen sind nicht nur auf Moleküle im Grundzustand beschränkt. Sie spielen sehr viel häufiger eine wichtige Rolle bei Übergangszuständen oder Zwischenstufen, z. B. bei der Hydrometallierung eines Olefins oder der Umkehrung der β-Wasserstoffeliminierung:

agostische Wechselwirkungen in Übergangszuständen/Zwischenstufen

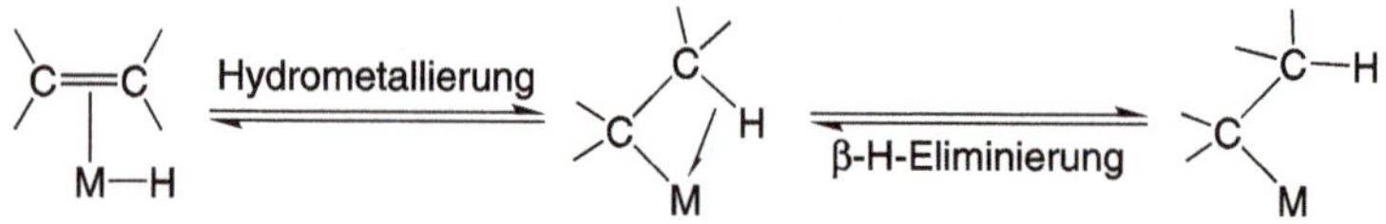

Generell kann man sich die agostische Wechselwirkung als eine Elektronenspende der C–H-Bindung in ein leeres d-Orbital des Metallatoms vorstellen. Sie wird vielfach bei elektronenarmen Metallatomen beobachtet, die auf diese Weise versuchen, den Elektronenmangel teilweise zu beheben.

In Alkylidenkomplexen (Schrock-Carbenen, s. Abschn. 4.3.2) werden statt des erwarteten M=C(H)–C-Bindungswinkels von 120° Werte um 160–170° gefunden. Diese Verzerrung wird mit einer α-agostischen Wechselwirkung gedeutet. Für Schrock-Alkylidenkomplexe sind Metallatome in hohen Oxidationsstufen (z. B. +5 bei Tantal) und damit eine Elektronenarmut charakteristisch.

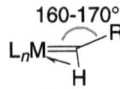

Für die Olefinpolymerisation mit Ziegler-Natta- oder Metallocenkatalysatoren wird im Rahmen des modifizierten Green-Rooney-Mechanismus eine Unterstützung der Olefininsertion durch eine α-agostische Wechselwirkung diskutiert (s. Abschn. 4.4.2.3). Es liegen hier elektronenarme d^0- oder d^1-Systeme vor. Für den Nachweis von agostischen Wechselwirkungen in Reaktionsabläufen ist vor allem das Studium von H/D-Isotopeneffekten geeignet.

Beispiel: Die Verbindung trans,trans-1,6-D_2-1,5-Hexadien wird mit Scandocenhydrid cyclisiert. Der gebildete Fünfring wird mit Wasserstoff abgespalten. Im Produkt findet man für das trans:cis-Verhältnis des Deuteriumatoms zur CH_2D-Gruppe einen signifikant von 1:1 verschiedenen Wert. Als Erklärung für diese Abweichung bietet sich eine α-agostische Wechselwirkung im Übergangszustand der Olefininsertion in die Sc–C-Bindung an. Der Isotopeneffekt begünstigt dabei einen Sc–H- gegenüber einem Sc–D-Kontakt. Der skizzierte Übergangszustand mit der günstigeren Sc–α-H-agostischen Wechselwirkung führt bei Ringschluss zum trans-Produkt. Dieses wird mit leichtem Überschuss gefunden.

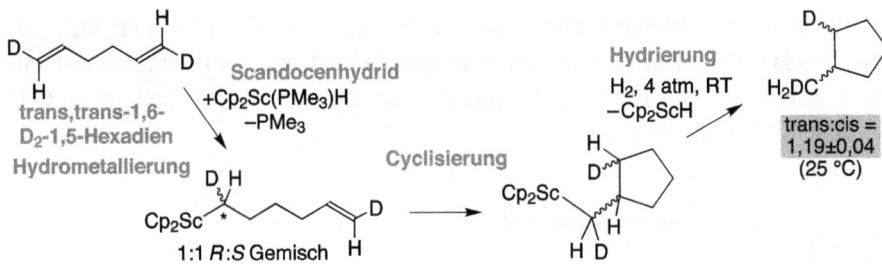

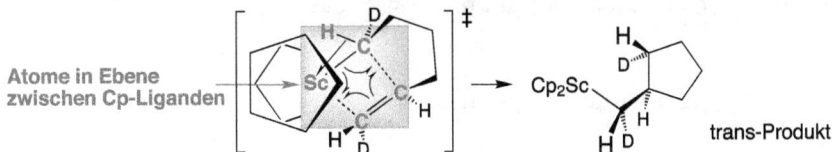

4.3.6 Elementarreaktionen mit Metallorganylen

Oxidative Addition/Reduktive Eliminierung

Unter der oxidativen Addition versteht man den Einschub eines Metallatoms in eine Substratbindung. Die Koordinations- und die Oxidationszahl des Metallatoms ist im Produktkomplex um zwei Einheiten erhöht. Eine oxidative Addition ist nicht möglich bei Komplexen, in denen sich das Metallatom bereits in der höchsten Oxidationsstufe befindet. Die Bildung einer Grignard-Verbindung RMgX ist eine oxidative Addition von RX an Mg; ebenso die Chlorierung von $SnCl_2$ zu $SnCl_4$:

$$L_nM^{+z} + A{-}B \underset{\text{reduktive Eliminierung}}{\overset{\text{oxidative Addition}}{\rightleftharpoons}} L_nM^{+z+2}(A)(B)$$

Oxidationszahl: $+z$ → $+z+2$
Koordinationszahl: n → $n+2$

Voraussetzung für oxidative Addition:
- 2 freie Koordinationsstellen
- Erhöhung der Oxidationszahl um 2 möglich

Die reduktive Eliminierung ist die Umkehrung der oxidativen Addition. Es werden zwei als X zu klassifizierende Liganden (s. Abschn. 3.4) aus einem Komplex abgespalten. Die Oxidationszahl erniedrigt sich um zwei Einheiten. In den meisten Fällen bilden die abgespaltenen Liganden miteinander eine Verbindung.

Wichtig bei katalytischen Prozessen ist das Auftreten beider Teilschritte in einem Zyklus und der damit einhergehende reversible Oxidationsstufen- und Koordinationszahlwechsel. Ein Substrat wird oxidativ addiert. In der Koordinationssphäre des Metallatoms erfolgt eine Bindungsknüpfung oder Umlagerung. Das Produkt oder ein auf dem Weg dazu liegendes Intermediat wird reduktiv eliminiert. Dabei wird meistens die aktive Katalysatorspezies zurückgebildet. Diese steht dann erneut für den Beginn des Zyklus zur Verfügung.

Die oxidative Addition von bekanntermaßen wenig reaktiven Alkanen, insbesondere des als Erdgas in großen Mengen verfügbaren Methans, an niedervalente Metallatome ist eine gesuchte Reaktion. Die oxidative Addition von Alkanen kann unter C–H- oder C–C-Aktivierung erfolgen:

C–H-Aktivierung $L_nM + R_3C{-}H \rightleftharpoons L_nM(CR_3)(H)$

C–C-Aktivierung $L_nM + R_3C{-}CR_3 \rightleftharpoons L_nM(CR_3)(CR_3)$

H–H-Aktivierung $L_nM + H{-}H \rightleftharpoons L_nM(H)(H)$

Die Alkylgruppe kann in Folgereaktionen derivatisiert und als funktionale Verbindung abgespalten werden. Bei katalytischer Reaktionsführung wäre so eine ideale Funktionalisierung von Alkanen zu organischen Grundstoffen möglich. Von H_2 kennt man eine relative leichte oxidative Addition, z. B. an quadratisch-planare Komplexe der späten Übergangsmetalle Rhodium, Iridium, Palladium oder Platin (Hydrierkatalysatoren). Alkane geben die entsprechende Reaktion mit den gleichen Metallverbindungen in der Regel nicht.

Im Labor konnte Methan, CH_4, an Platin- oder Palladiumkomplexen in konzentrierter Schwefelsäure als Lösungsmittel oder an einem Vanadiumkatalysator zu Methansulfonsäure, Methanol und Essigsäure oder nur Essigsäure funktionalisiert werden:

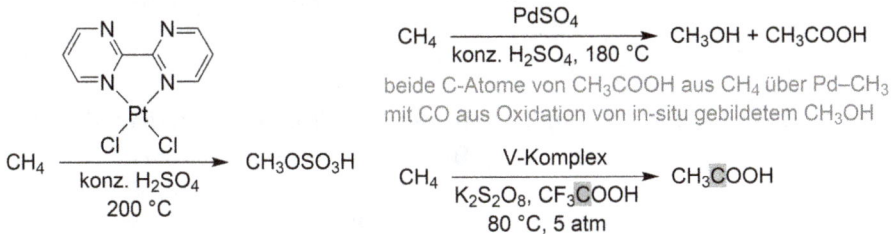

$$CH_4 \xrightarrow[\text{konz. } H_2SO_4,\ 200\ ^\circ C]{\text{(bipyrimidin)}PtCl_2} CH_3OSO_3H$$

$$CH_4 \xrightarrow[\text{konz. } H_2SO_4,\ 180\ ^\circ C]{PdSO_4} CH_3OH + CH_3COOH$$

beide C-Atome von CH_3COOH aus CH_4 über Pd–CH_3 mit CO aus Oxidation von in-situ gebildetem CH_3OH

$$CH_4 \xrightarrow[K_2S_2O_8,\ CF_3COOH,\ 80\ ^\circ C,\ 5\ atm]{\text{V-Komplex}} CH_3COOH$$

Der Unterschied in der Reaktivität und das grundsätzliche Problem der C–H- oder C–C-Aktivierung in Alkanen ist thermodynamischer Natur, wie ein Vergleich der Dissoziationsenergien der hierfür relevanten Bindungen zeigt.

Relevante Bindungsenergien für die C–H-, C–C- und H–H-Aktivierung.

Bindung	Dissoziationsenergie [kJ/mol]
H–H	436
C–H	ca. 410
C–C	ca. 375
M–H	210–250
M–C	125–170

Bei der oxidativen Addition von H_2 an ein Metallatom wird die H–H-Dissoziationsenergie von 436 kJ/mol durch die Summe der beiden erhaltenen M–H-Bindungen von 2 × (210–250) kJ/mol meistens erreicht oder übertroffen. Eine C–H-Bindung ist etwas schwächer als eine H–H-Bindung. Die Summe an M–C- und M–H-Bindungsenergie (maximal 420 kJ/mol) entspricht aber wegen der deutlich schwächeren M–C-Bindung nur selten der notwendigen C–H-Bindungsenergie von 410 kJ/mol. Stattdessen besteht eine thermodynamische Triebkraft, aus einem Hydrido-Alkyl-Komplex das Alkan abzuspalten. Noch stärker ist der Unterschied beim Vergleich der C–C-Bindungsenergie mit dem zweifachen Wert der M–C-Dissoziationsenergie für den Fall einer C–C-Aktivierung. Dagegen ist die thermodynamische Triebkraft für die Abspaltung oder reduktive Eliminierung eines Alkans aus einem Dialkylkomplex sehr groß. C–C-Bindungsaktivierungen sind außerordentlich selten. Mit die stärksten M–C-Bindungen findet man für Rh–C_{Aryl} und Ir–C_{Aryl}. Es sind Rhodium- und Iridiumkomplexe bekannt, aus denen das Metallatom in C_{Aryl}–C-Bindungen insertiert:

Beispiel:

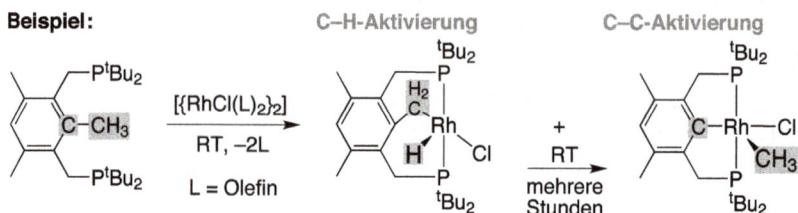

C–H-Aktivierung — C–C-Aktivierung

[{RhCl(L)$_2$}$_2$], RT, –2L, L = Olefin; + RT, mehrere Stunden

H-Übertragungen

Darunter fällt z. B. die Übertragung eines Wasserstoffatoms **vom Liganden auf das Metallatom**. Sie wird als **Wasserstoff-** oder **Hydrideliminierung** bezeichnet:

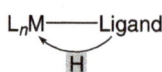

H-Eliminierung, H-Übertragung auf das Metallatom

L_nM——Ligand, H

Voraussetzung: - freie Koordinationsstelle am Metallatom

Je nach der Position des Kohlenstoffatoms im Liganden, von dem das Wasserstoffatom entfernt wird, unterscheidet man α-, β-, γ- oder δ-H-Eliminierungen:

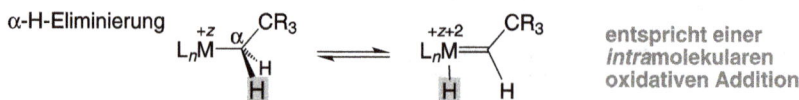

α-H-Eliminierung

L_nM^{+z}–$C^{\alpha}(H)(H)CR_3$ ⇌ $L_nM^{+z+2}(H)$=C(H)CR_3

entspricht einer *intra*molekularen oxidativen Addition

Bei der kinetisch sehr schnellen **α-H-Eliminierung** erfolgt die Hydridübertragung von der α-Position am Liganden auf eine freie Koordinationsstelle des Metallatoms. Die Metall-Ligand-Bindungsordnung vergrößert sich dabei um eine Einheit. Das Produkt ist ein Alkyliden- oder Alkylidin-Hydrid-Komplex. Die formale Oxidationsstufe des Metallatoms wird um zwei erhöht. Die α-Wasserstoffeliminierung kann als eine intramolekulare oxidative Addition angesehen werden.

Die Produkte einer α-H-Eliminierung sind sicher häufig Zwischenstufen in Reaktionsabläufen, gerade bei Methylkomplexen. Sie werden aber nur selten als isolierbare Spezies erhalten. Das nachfolgende Beispiel eines Methylen-Hydrid-Komplexes konnte über einen nucleophilen Angriff am Carben-Kohlenstoffatom abgefangen werden:

Beispiel für abgefangenen Alkyliden-Hydrid-Komplex (Cp = η^5-C_5H_5)

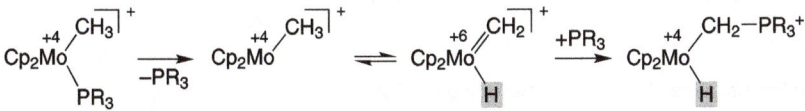

$$[Cp_2\overset{+4}{Mo}(CH_3)(PR_3)]^+ \xrightarrow{-PR_3} [Cp_2\overset{+4}{Mo}CH_3]^+ \rightleftharpoons [Cp_2\overset{+6}{Mo}(=CH_2)H]^+ \xrightarrow{+PR_3} Cp_2\overset{+4}{Mo}(CH_2{-}PR_3^+)H$$

Die ***β*-H-Eliminierung** ist eine sehr häufige Reaktion in der metallorganischen Chemie. Sie ist die bedeutendste Wasserstoffübertragung. Der *β*-H-Eliminierung kommt große Bedeutung als Kettenabbruchreaktion bei der Olefinpolymerisation und -oligomerisation zu (Aufbaureaktion, SHOP, Ziegler-Natta-Katalyse, s. Abschn. 4.2.3, 4.4.1.6, 4.4.1.10, 4.4.2.3). Aus der *β*-Position des Liganden wird über einen Vierzentren-Übergangszustand eine Metall-H-Bindung gebildet und gleichzeitig die Metall-Ligand-Bindung gelöst. Das dabei entstehende Olefin oder Alkin kann eventuell am Metallatom koordiniert bleiben:

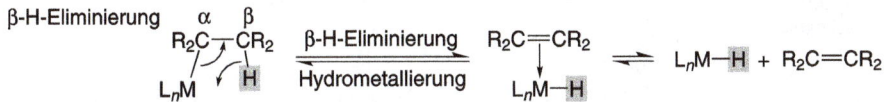

β-H-Eliminierung

$$L_nM{-}\overset{\alpha}{C}R_2{-}\overset{\beta}{C}R_2{-}H \underset{\text{Hydrometallierung}}{\overset{\beta\text{-H-Eliminierung}}{\rightleftharpoons}} (R_2C{=}CR_2)\rightarrow L_nM{-}H \rightleftharpoons L_nM{-}H + R_2C{=}CR_2$$

Voraussetzung für eine *β*-Wasserstoffeliminierung ist wieder eine freie Koordinationsstelle. Eventuell muss dazu eine Ligandabspaltung der Hydridübertragung vorangehen:

Ligandabspaltung vor β-H-Eliminierung

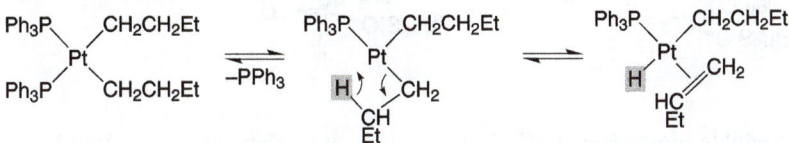

$$(Ph_3P)_2Pt(CH_2CH_2Et)_2 \underset{-PPh_3}{\rightleftharpoons} (Ph_3P)Pt(CH_2CH_2Et)(CH_2CH(Et)H) \rightleftharpoons (Ph_3P)Pt(CH_2CH_2Et)(H)(CH_2{=}CHEt)$$

Die *β*-H-Eliminierung ist eine Ursache für die Instabilität vieler koordinativ ungesättigter Komplexe mit Alkylliganden. Zur Verhinderung einer *β*-Hydrideliminierung kann man Alkylliganden verwenden, die keine *β*-Wasserstoffatome enthalten. Beispiele hierfür sind die Methylgruppe, der Neopentyl- oder Silyl-neopentylrest ($-CH_2CMe_3$ oder $-CH_2SiMe_3$), der Benzylligand ($-CH_2Ph$) und Alkinylgruppen ($-C{\equiv}C{-}R$). Des Weiteren können Alkylreste eingesetzt werden, bei denen keine Orientierung der *β*-Wasserstoffposition zum Metallatom hin und keine weitere Eliminierung möglich ist, z. B. bei der linearen $-C{\equiv}C{-}H$ Gruppe. Im Zusammenwirken mit anderen Liganden lässt sich bei sterisch anspruchsvollen Alkylgruppen, wie dem tert-Butyl- oder iso-Propylrest, trotz vorhandener *β*-Wasserstoffatome, die Aufnahme einer Bindungsbeziehung zwischen dem Metall- und einem *β*-H-Atom verhindern. Ebenfalls einen stabilisierenden Effekt haben Alkylliganden, bei denen eine *β*-Wasserstoffübertragung zu keinen stabilen Olefinen führt. Das klassische Beispiel hierfür ist der 1-Norbornylrest, bei dem sich zum

Brückenkopfatom aufgrund der fehlenden Planarität der Substituenten keine Doppelbindung ausbilden kann:

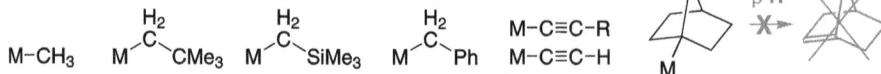

Liganden, bei denen keine β-H-Eliminierung möglich ist

$M{-}CH_3$ $\quad M{-}CH_2{-}CMe_3$ $\quad M{-}CH_2{-}SiMe_3$ $\quad M{-}CH_2{-}Ph$ $\quad M{-}C{\equiv}C{-}R$ $\quad M{-}C{\equiv}C{-}H$

Durch koordinative Absättigung des Metallatoms mit stark gebundenen Liganden, wie z. B. π-C_5H_5 oder CO, kann die Schaffung einer freien Koordinationsstelle und damit der Reaktionsweg für die Hydrideliminierung blockiert werden.

Neben der α- und β-Wasserstoffeliminierung sind **Hydridübertragungen von der** $\boldsymbol{\gamma}$**-,** $\boldsymbol{\delta}$**- oder** $\boldsymbol{\varepsilon}$**-Position** des Liganden möglich:

Beispiel:
γ-H-Eliminierung

Beispiel:
δ-H-Eliminierung

Reaktion, speziell: Orthometallierung
⇑
C–H-Aktivierung, Produkte: Metallacyclen
⇓
Reaktion, allgemein: Cyclometallierung

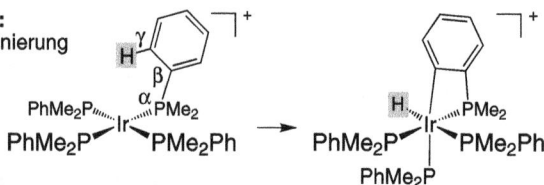

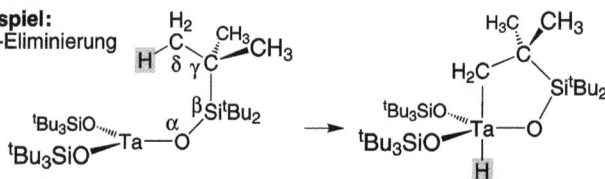

Die Produkte derartiger C–H-Aktivierungen sind Metallacyclen. Man bezeichnet diese oxidativen Additionsreaktionen von γ- oder δ-C–H-Bindungen an das Metallatom als Cyclometallierungen. Die aus sterischen Gründen leichte Metallinsertion in die ortho-C–H-Bindung der Arylgruppe des Phosphanliganden wird Orthometallierung genannt.

Die **Umkehrung der** $\boldsymbol{\beta}$**-Wasserstoffeliminierung** ist die **Hydrometallierung**, d. h., der Einschub eines Alkens oder Alkins in die M–H-Bindung. Alternativ kann die Hydrometallierung als Addition der M–H-Bindung an eine C–C-Mehrfachbindung gesehen werden. Je nach verwendetem Metallatom wird diese Reaktion als Hydroaluminierung (s. Abschn. 4.2.3), Hydrosilylierung (s. Abschn. 4.2.4), Hydrostannierung oder Hydrozirconierung bezeichnet. Die Hydroaluminierung ist von Bedeutung für die Synthese von Trialkylaluminiumverbindungen. Außerdem bildet sie wie die Hydrozirconierung und Hydronickelierung die erneute Startreaktion bei der Olefinoligomerisation (Aufbaureaktion und SHOP) und Olefinpolymerisation (Ziegler-Natta) nach erfolgtem Kettenabbruch durch β-H-Eliminierung. Weitere Hydrometallierungsreaktionen finden sich als

Teilschritte in der Hydroformylierung (siehe Abschn. 4.4.1.3), der Butadienhydrocyanierung (Abschn. 4.4.1.4) und in Hydrierungsreaktionen (z. B. bei der Synthese von L-Dopa, Abschn. 4.4.1.7). Eine Sequenz aus β-H-Eliminierung und Wasserstoffübertragung vom Metallatom auf ein Olefin bildet die Grundlage der enantioselektiven Olefinisomerisierung bei der L-Menthol-Synthese (Abschn. 4.4.1.8).

Unter der **Hydrozirconierungsreaktion** versteht man speziell die Umsetzung eines Olefins mit der Verbindung $(C_5H_5)_2ZrCl(H)$ (**Schwartz' Reagenz**). In einer Folge von schnellen Zr–H-Insertions- und β-H-Eliminierungsreaktionen isomerisieren interne Olefine dabei zu einer terminalen Alkylgruppe (Abb. 4.8). Das Zirconiumfragment bevorzugt aus thermodynamischen Gründen die am wenigsten sterisch gehinderte Position am Kettenende. Dort sind die repulsiven Wechselwirkungen mit den Cyclopentadienylringen am geringsten.

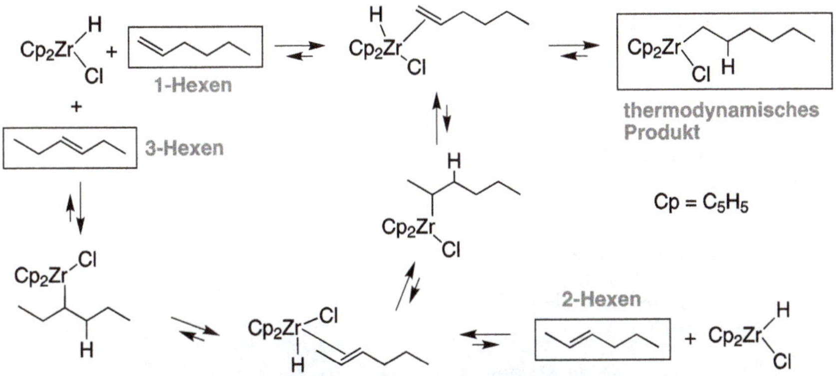

Abb. 4.8: Hydrozirconierungsreaktion von Hexenisomeren mit Schwartz' Reagenz, $(C_5H_5)_2ZrCl(H)$. Die internen Hexene isomerisieren durch eine Folge von β-H-Eliminierungs- und erneuten Zr–H-Insertionsreaktionen zu einer terminalen Alkylgruppe. Das Zirconiumfragment wandert entlang der Kohlenstoffkette bis zur thermodynamisch stabilsten Position. Auf diese Weise wird aus 1-Hexen, cis- und trans-2-Hexen oder cis- und trans-3-Hexen dasselbe primäre Hexylprodukt erhalten. Der Einfachheit halber wurde jeweils nur die trans-Form gezeichnet. In zwei Fällen ist außerdem die Koordination des Olefins an das Metallatom vor dem Einschub in die Zr–H-Bindung oder nach der β-Wasserstoffeliminierung angedeutet.

Mithilfe von Schwartz' Reagenz, $(C_5H_5)_2ZrCl(H)$, werden aus terminalen und internen Olefinen (mit Ausnahme von tetrasubstituierten Olefinen) terminale Zirconium-Alkylkomplexe erhalten. Tetrasubstituierte Olefine und trisubstituierte Olefine mit größeren Resten reagieren aufgrund von zu starken sterischen Wechselwirkungen mit den übrigen Liganden nicht mit $(C_5H_5)_2ZrCl(H)$ in einer Hydrozirconierungsreaktion. Die resultierende Zr–C-Bindung wird leicht durch Elektrophile gespalten. Es werden substituierte Alkane erhalten. Auch eine Insertion von CO in die Zr–C-Bindung und ein nachfolgender elektrophiler Angriff auf das Acyl-Kohlenstoffatom unter Bildung von Carbonsäurederivaten sind möglich. Olefine werden so in terminal substituierte Alkane oder Acylderivate überführt:

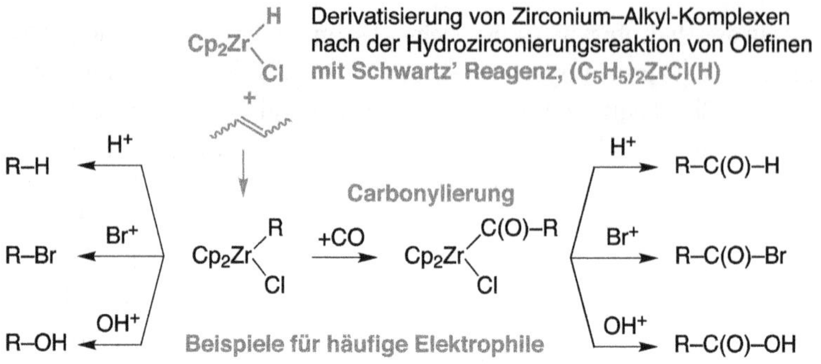

Derivatisierung von Zirconium–Alkyl-Komplexen nach der Hydrozirconierungsreaktion von Olefinen mit Schwartz' Reagenz, $(C_5H_5)_2ZrCl(H)$

Carbonylierung

Beispiele für häufige Elektrophile

Die Synthese von Schwartz' Reagenz erfolgt durch Reaktion von Zirconocendichlorid mit Lithiumaluminiumhydrid. Das gleichzeitig erhaltene Dihydrid wird mit Methylenchlorid in $(C_5H_5)_2ZrCl(H)$ umgewandelt:

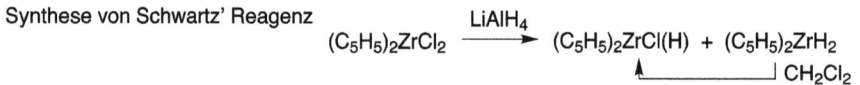

Synthese von Schwartz' Reagenz

$$(C_5H_5)_2ZrCl_2 \xrightarrow{LiAlH_4} (C_5H_5)_2ZrCl(H) + (C_5H_5)_2ZrH_2 \quad (CH_2Cl_2)$$

Unter **H-Übertragungen** fällt auch der α-Wasserstoffatomtransfer **auf einen benachbarten Liganden**.

Hydridabstraktion, Deprotonierung durch benachbarten Liganden

keine freie Koordinationsstelle am Metallatom nötig

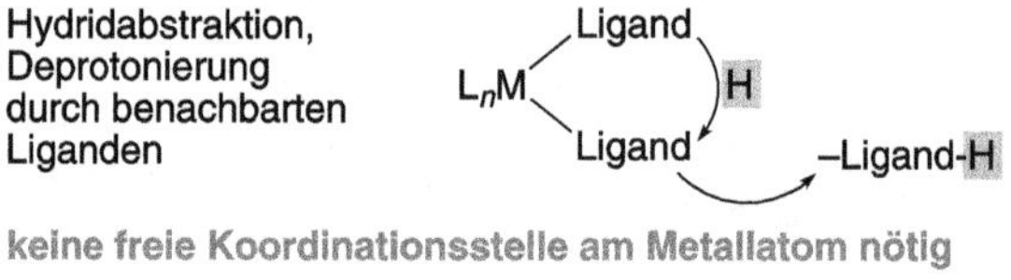

Die α-Hydridabstraktion oder Deprotonierung durch einen benachbarten Liganden kann erfolgen, wenn die Übertragung eines Wasserstoffatoms vom Liganden auf das Metallatom nicht möglich ist. Die formale Oxidation des Metallatoms um zwei Einheiten schließt aus, dass eine α-H-Eliminierung bei d^0- oder d^1-Komplexen auftreten kann. In diesen Fällen kann die verwandte Reaktion der α-Hydridabstraktion oder Deprotonierung eintreten. Hierbei wird das α-Wasserstoffatom auf einen benachbarten Liganden übertragen. Dieser wird dann abgespalten, sodass keine Änderung in der Oxidationsstufe des Metallatoms erfolgt. Anders als bei der H-Eliminierung muss bei der Hydridabstraktion keine freie Koordinationsstelle am Metallatom vorliegen.

Beispiel:

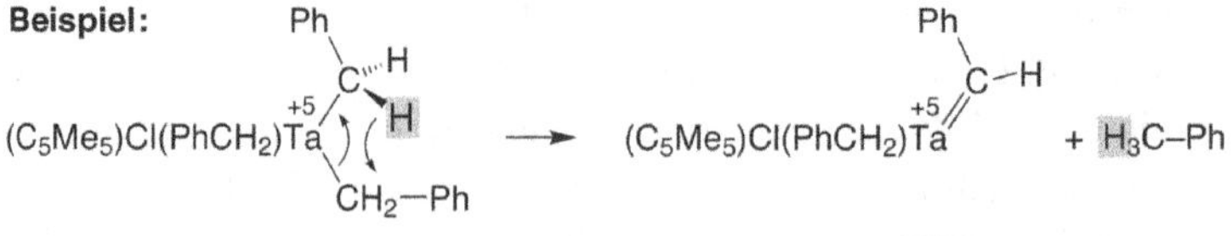

$$(C_5Me_5)Cl(PhCH_2)Ta(CH_2Ph)_2 \longrightarrow (C_5Me_5)Cl(PhCH_2)Ta{=}CHPh + H_3C\text{–}Ph$$

α-H-Eliminierungen und -Deprotonierungen treten vor allem auf, wenn eine β-Wasserstoffeliminierung als Reaktionsweg nicht zur Verfügung steht (s. o.).

Alkylwanderung/Substratinsertion in Metall–C-Bindung/ C–C-Bindungsknüpfung/Carbometallierung

Eine Alkylwanderung auf das Kohlenstoffatom eines Substratliganden, d. h. die Insertion eines Substratliganden in eine Metall-Alkyl-Bindung, ist ein wichtiger Aufbauschritt zur C–C-Bindungsknüpfung. Bei den Substratliganden kann es sich um eine weitere Alkylgruppe, ein CO-Molekül oder ein π-koordiniertes Olefin handeln:

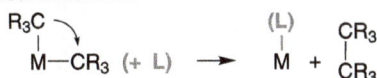

Alkylwanderung, Substratinsertion

Substrat: Alkylgruppe
$$R_3C\text{–}M\text{–}CR_3 \ (+\ L) \longrightarrow (L)M + R_3C\text{–}CR_3$$

Substrat: CO
CO-Insertion
$$R_3C\text{–}M\text{–}CO \ (+\ L) \rightleftharpoons (L)M\text{–}C(=O)CR_3$$

Substrat: Olefin
Carbometallierung, Olefininsertion
$$R_3C\text{–}M(\eta^2\text{-}CR_2{=}CR_2) \ (+\ L) \longrightarrow (L)M\text{–}CR_2\text{–}CR_2\text{–}CR_3$$

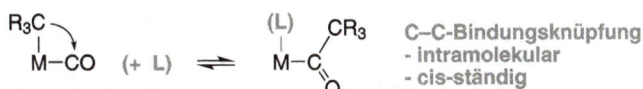

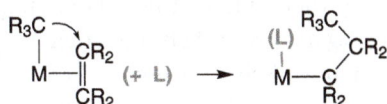

C–C-Bindungsknüpfung
- intramolekular
- cis-ständig

Thermodynamische Triebkraft der Reaktion ist die Bildung einer neuen C–C-Bindung (vgl. M–C- und C–C-Bindungsenergien). Die Alkyl-C-Kette wird um die Zahl der Substrat-Kohlenstoffatome verlängert. Am Metallatom wird wieder eine freie Koordinationsstelle geschaffen, die von einem neuen (Substrat-)Liganden besetzt werden kann.

Beispiele für derartige Alkylwanderungen sind die CO-Insertion beim Monsanto-Verfahren (Abschn. 4.4.1.2) und der Hydroformylierung (Abschn. 4.4.1.3), der Einschub eines Alkens bei der Olefinoligomerisation der Aufbaureaktion (Abschn. 4.3.2), beim SHOP (Abschn. 4.4.1.6) und der Olefinpolymerisation (Abschn. 4.4.1.10 und 4.4.2.3). Die Addition einer M–C-Gruppe an eine C–C-Mehrfachbindung wird in Analogie zur Hydrometallierung als Carbometallierung bezeichnet.

Die CO-Insertion führt zu einer Kettenverlängerung um eine C-Einheit und der Bildung einer Acylfunktion. Bei Monsanto-Verfahren und Hydroformylierung wird diese Acylgruppe unter reduktiver Eliminierung abgespalten. Eine *intra*molekulare Alkylwanderung auf eine *cis*-ständige koordinierte CO-Gruppe wurde durch Isotopenmarkierungs- und Kinetikexperimente bewiesen. Es wurde so ausgeschlossen, dass ein CO-Molekül aus der Gasphase direkt in die M–C-Bindung insertiert, dass eine intermolekulare Wanderung zwischen zwei Komplexmolekülen vorliegt oder dass eine Alkylwanderung auf trans-ständige CO-Liganden erfolgen kann. Bei den mechanistischen Untersuchungen wurde die Reversibilität der CO-Insertion durch Temperaturerhöhung genutzt. Am Modellsystem der reversiblen Umwandlung des Pentacarbonyl(methyl)mangan-Komplexes in den Acetylkomplex unter Verwendung von ^{13}CO und $CH_3{}^{13}CO$ konnte IR-spektroskopisch kein Einbau von ^{13}CO aus der Gasphase in den Acetylrest nachgewiesen werden. Es wurde bei der Rückreaktion der ^{13}CO-Ligand nur in cis- und nicht in trans-Stellung zur Methylgruppe gefunden:

Nachweis *intra*molekulare CO-Insertion

$CH_3Mn(CO)_5 \xrightarrow[Et_2O,\ 25\ °C]{+^{13}CO} cis\text{-}(^{13}CO)Mn(CO)_4(COCH_3)$

kein ^{13}CO in Acetylgruppe

Nachweis *cis*-ständige CO-Insertion

$(H_3C^{13}CO)Mn(CO)_5 \xrightarrow[-CO]{\text{Heptan, 100 °C}} cis\text{-}(^{13}CO)Mn(CO)_4CH_3$

^{13}CO und CH_3 *cis* zueinander

Substrataktivierung

Relativ stabile Verbindungen, wie CO, H_2 oder Olefine, müssen als Substrate für Umsetzungen in Reaktionen aktiviert werden. Eine derartige Aktivierung erfolgt durch Metallkoordination des Substrats als Ligand (S). Die Substrataktivierung durch Metallkoordination ist ein Merkmal der metallorganischen Chemie der Übergangsmetalle. Grundlage der Aktivierung ist die Entfernung von Elektronendichte aus bindenden Orbitalen des Substrats über die M⟵S-σ-Hinbindung und ein Elektronentransfer vom Metallatom in leere antibindende Orbitale des Substrats über die M⟶S-π-Rückbindung.

Bei der Metallkoordination von Diwasserstoff über sein bindendes σ-Orbital und das antibindende σ^*-Orbital in einer σ-Donor- und π-Akzeptorbindung kommt es dabei in der Regel zum Bruch der H–H-Bindung. Ergebnis ist die oxidative Addition von H_2 zum Metalldihydrid. Dieser H–H-Bindungsbruch ist thermodynamisch begünstigt.

Die Substrataktivierung lässt sich aus spektroskopischen und Strukturuntersuchungen erkennen:

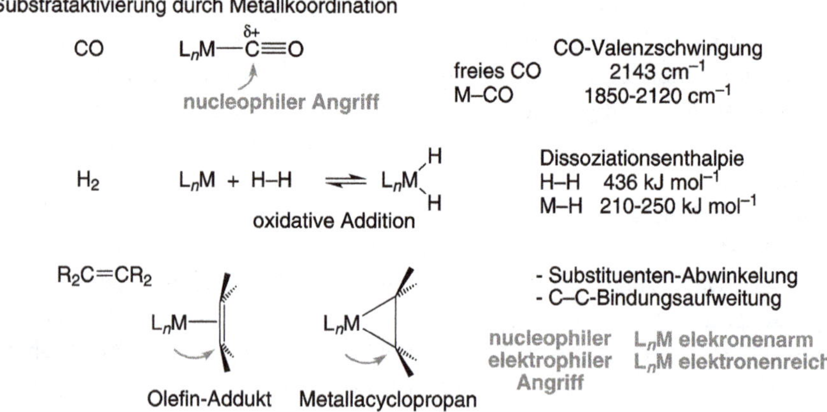

4.3.7 Metallorganische Verbindungen der Lanthanoide

Die Vertreter der Lanthanoide (Ln), d. h. die auf das Lanthan folgenden inneren f-Übergangsmetalle Cer bis Lutetium, nehmen unter den Organometallverbindungen eine Sonderstellung ein. Diese Sonderstellung ist keine Folge ihrer vermeintlichen Seltenheit, wie sie in dem Namen „Seltene Erden“ immer noch suggeriert wird. (Selbst das seltenste Lanthanoid Thulium kommt in der Erdrinde häufiger vor als Gold oder Platin.) Die Sonderstellung ist eine Konsequenz ihres sehr ähnlichen chemischen Verhaltens. Die chemische Ähnlichkeit wird mit der einheitlichen d^0-Valenzelektronenkonfiguration erklärt, die diese meist dreiwertigen Metallionen in ihren Verbindungen aufweisen. Die weiter innen liegenden f-Orbitale haben mit ihrer unterschiedlichen Elektronenzahl nur einen geringen Einfluss auf das chemische Verhalten. Eher dominiert die Änderung der Atom- oder Ionenradien die Unterschiede in der Chemie dieser Metalle. Mit ihren stärker polaren bis hin zu ionischen Metall-Ligand-Bindungen entsprechen die Organolanthanoide mehr den Erdalkalimetall- als den d-Block-Übergangsmetallorganylen. Die Elemente der 3. Gruppe Scandium, Yttrium und Lanthan ähneln in ihrem chemischen Verhalten mit ihrer d^0-Konfiguration in M^{3+}-Verbindungen stark den Lanthanoiden.

Bei der Synthese und Handhabung von organischen Derivaten der Lanthanoide bewirkt der stark elektropositive Charakter, verbunden mit dem großen Radius der meistens dreifach positiv geladenen Metallionen, eine sehr hohe Reaktivität der Organolanthanoidverbindungen gegenüber vielen Substanzen. Organolanthanoide sind allgemein sehr luft- und feuchtigkeitsempfindlich. Für eine erfolgreiche Isolierung und Verwendung sind gute Schutzgastechniken erforderlich.

Die Lanthanoide besitzen aufgrund ihrer Größe die Tendenz, sich mit möglichst vielen Liganden zu umgeben, die dann aber oft nur recht locker gebunden sind. Von der Oxidationsstufe her zu erwartende einfache Tris(alkyl)lanthanoid-Verbindungen mit kleinen Alkylgruppen, wie $Ln(CH_3)_3$, können nicht erhalten werden. Die Umsetzung von Lanthanoidtrichloriden mit Methyllithium führt zu anionischen Komplexen der Form $[Ln(CH_3)_6]^{3-}$, die mit Chelatliganden zur Stabilisierung der Lithiumkationen isoliert werden können. Das Lanthanoidmetallatom ist oktaedrisch von sechs Methylgruppen umgeben. Je zwei benachbarte Methylgruppen bilden Brücken zu einem Lithiumkation:

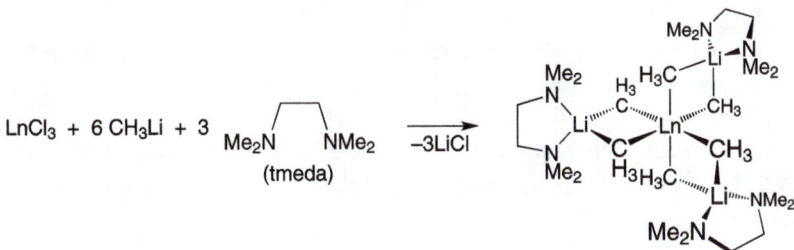

$$LnCl_3 + 6\,CH_3Li + 3\ \underset{\text{(tmeda)}}{Me_2N\text{–}CH_2CH_2\text{–}NMe_2} \xrightarrow[-3LiCl]{} [Li(tmeda)]_3[Ln(CH_3)_6]$$

Als erste Organolanthanoide wurden die Tris(cyclopentadienyl)lanthanoid-Verbindungen $(C_5H_5)_3Ln$ synthetisiert. Sie entstehen aus der Umsetzung von wasserfreien Lanthanoidtrichloriden mit Cyclopentadienylnatrium:

$$LnCl_3 + 3\ C_5H_5Na \longrightarrow (C_5H_5)_3Ln + 3\ NaCl$$

In den Festkörperstrukturen liegen allerdings nur für Ln = Y, Er, Tm und Yb monomere Spezies mit drei pentahapto-(η^5-)koordinierten C_5H_5-Liganden um das Metallion vor. Die übrigen Lanthanoide bilden polymere Zickzackketten aus $(\eta^5\text{-}C_5H_5)_2Ln(\mu\text{-}\eta^1{:}\eta^1\text{-}C_5H_5)$- (Ln = Sc, Lu) oder $(\eta^5\text{-}C_5H_5)_2Ln(\mu\text{-}\eta^5{:}\eta^{1-2}\text{-}C_5H_5)$-Einheiten (Ln = La, Pr, Nd). Die Verbrückung durch Cyclopentadienylliganden erhöht für die großen Metallatome Lanthan, Praseodym und Neodym die Koordinationszahl von 9 im hypothetischen Monomer auf 10 oder 11 ($\eta^5\text{-}C_5H_5$ zählt als dreizähniger Ligand).

In Kombination mit Cyclopentadienyl- und/oder Lösungsmittel-Donorliganden lassen sich σ-gebundene Alkyl- oder Arylliganden in neutralen Lanthanoidkomplexen stabilisieren. Beispiele sind $[(C_5H_5)_2Ln(\mu\text{-}Me)]_2$ und $[LnPh_3(thf)_3]$.

4.4 Katalyse

Eine wesentliche Triebkraft für die Erforschung metallorganischer Verbindungen der Übergangsmetalle ist ihre Bedeutung als katalytisch aktive Spezies in industriellen Prozessen.

4.4.1 Homogenkatalytische Verfahren

In der Homogenkatalyse existiert nur eine – typischerweise – flüssige Phase (Lösung). Homogenkatalysatoren liegen in der gleichen Lösung mit den Substrat- und Produktmolekülen vor. Die Bildung der Produkte erfolgt mit hoher Selektivität und in der Regel mit hoher Ausbeute. Die hohe Selektivität lässt sich auf die Einheitlichkeit, die Homogenität der aktiven Zentren zurückführen. Der Begriff homogene Katalysatoren hat damit eine doppelte Bedeutung. Die aktiven Zentren sind außerdem in ihrer chemischen Struktur gut definiert. In vielen Fällen sind die Katalysezyklen in weiten Teilen verstanden.

4.4.1.1 Acetaldehyd durch Ethenoxidation und Aceton durch Propenoxidation (Wacker-Hoechst-Verfahren)

Die Basischemikalien Ethen und Propen (s. u.) werden durch partielle Oxidation an einem Palladiumkatalysator in die Produkte Acetaldehyd und Aceton überführt.

$$\text{Bruttoreaktion:}\quad H_2C{=}CH_2 + \tfrac{1}{2}\,O_2 \xrightarrow{[PdCl_2/CuCl_2]} CH_3{-}CHO$$

Das Verfahren wurde 1957–1959 bei den Firmen Wacker und Hoechst entwickelt. Es war die erste metallorganische Oxidationskatalyse. Die Herstellung von Acetaldehyd nach diesem Direktoxidationsverfahren hatte seine Blütezeit in den 1970er Jahren mit einer Weltkapazität von etwa $2{,}6 \cdot 10^6$ Jahrestonnen. Seitdem hat die Bedeutung von Acetaldehyd als organischem Zwischenprodukt jedoch ständig abgenommen. Für einige Acetaldehydderivate wurden neue Verfahren entwickelt. Insbesondere ist hier der Monsanto-Prozess zur Essigsäuredarstellung, dem wesentlichen Acetaldehyd-Folgeprodukt, zu nennen (s. Abschn. 4.4.1.2). In Zukunft werden neue Prozesse für die noch verbliebenen Derivate Essigsäureanhydrid, Vinylacetat und Alkylamine die Bedeutung von Acetaldehyd als Ausgangsmaterial evtl. weiter vermindern.

Das Prinzip des Direktoxidationsverfahrens ist eine homogenkatalysierte, sehr selektive Oxidation von $H_2C{=}CH_2$ zu $CH_3{-}CHO$. Sie läuft über π- und σ-Komplexe des Palladium(2+)-Katalysators (Abb. 4.9). Kennzeichen des Oxidationsmechanismus ist ein nucleophiler Angriff eines Lösungsmittelmoleküls (hier H_2O) an die Doppelbindung des π-koordinierten Ethens. Der künftige Aldehydsauerstoff entstammt dem wässrigen Medium, in dem die Reaktion abläuft. Der Palladiumkatalysator wird dabei zum Metall reduziert.

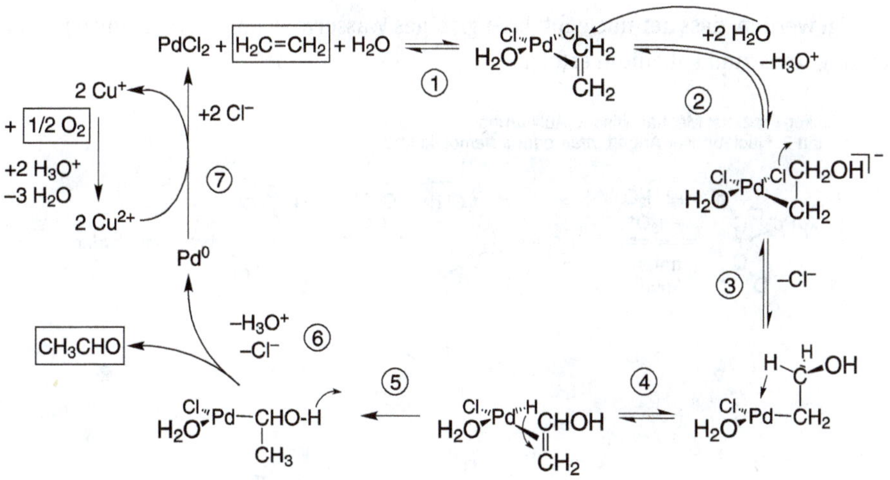

Abb. 4.9: Katalysezyklus für die Herstellung von Acetaldehyd durch Ethenoxidation nach dem Wacker-Hoechst-Verfahren.

Schritt 1: Bildung des Palladium–H_2O-σ-Komplexes und des Ethen-π-Komplexes.
Schritt 2: Nucleophiler Angriff von H_2O an Ethen.
Schritt 3: Chloridabspaltung als geschwindigkeitsbestimmender Schritt.
Schritt 4: β-Wasserstoffeliminierung mit Verbleib des gebildeten Olefins als Ligand.
Schritt 5: Re-Insertion des Olefins in Pd–H-Bindung, Hydrometallierung. Schritt 4 und 5 führen zu einer Isomerisierung des β- in den α-Hydroxyethylliganden.
Schritt 6: Reduktive Eliminierung des α-Hydroxyethylliganden und von HCl.
Schritt 7: Oxidative Regenerierung des Palladiumkatalysators durch das Redoxsystem Cu^+/Cu^{2+}.

Diese Reaktion war in ihrer stöchiometrischen Ausprägung schon seit 1894 bekannt:

$$H_2C{=}CH_2 + PdCl_2 + 3\,H_2O \longrightarrow CH_3CHO + Pd^0 + 2\,H_3O^+ + 2\,Cl^-$$

Sie konnte aus ökonomischen Gründen wegen des teuren Edelmetalls nicht kommerzialisiert werden. Entscheidend für eine katalytische Verfahrensweise war die Entdeckung, dass Cu^{2+} das nullwertige Palladium zur zweiwertigen Stufe zurück oxidieren konnte:

$$Pd^0 + 2\,Cu^{2+} + 2\,Cl^- \longrightarrow PdCl_2 + 2\,Cu^+$$

Das dabei gebildete Kupfer(+1) (als Chlorid) wird durch Luftsauerstoff wieder zur Oxidationsstufe 2+ regeneriert:

$$2\,Cu^+ + 2\,H_3O^+ + \tfrac{1}{2}\,O_2 \longrightarrow 2\,Cu^{2+} + 3\,H_2O$$

In der Bruttoreaktion (s. o.) ergibt sich damit die Oxidation des Ethens, scheinbar durch den Luftsauerstoff.

Die mechanistische Aufklärung des Katalysezyklus gelang durch stereochemische Experimente und Isotopenmarkierung. Durch Verwendung prochiraler Alkene konnte gezeigt werden, dass der nucleophile Angriff des Wassermoleküls aus der umgebenden Lösung *trans* zum Palladium erfolgt:

Wacker-Prozess: Mechanistische Aufklärung
Schritt 2: Nucleophiler Angriff *inter-* oder *intra*molekular?

prochirales Olefin — $+2\,H_2O$ / $-H_3O^+$, trans-Angriff — $CuCl_2$/LiCl, Cl^- — threo-Chlorhydrin

cis-Angriff — erythro-Chlorhydrin

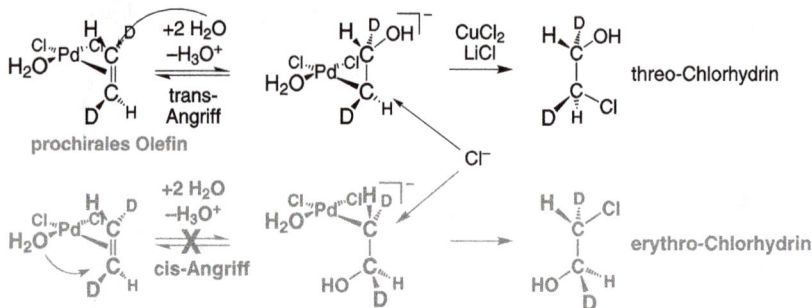

Aus (*E*)-1,2-Dideuteroethan wird nach nucleophilem Angriff mit H_2O und Spaltung der Palladium-Kohlenstoff-σ-Bindung mit $CuCl_2$/LiCl (Letzteres in einer S_{N2}-Reaktion unter Inversion am C-Atom) selektiv threo-Chlorhydrin gebildet. Es liegt *kein intra*molekularer Angriff des *cis*-ständigen, komplexgebundenen Aqualiganden vor.

Die Verwendung von D_2O als Medium belegte, dass das Acetaldehydprodukt nicht bereits aus dem Vinylalkohol-π-Komplex, sondern erst in Schritt 6 aus dem α-Hydroxyethyl-σ-Komplex gebildet wird. Sonst hätte Deuterium im Produkt vorhanden sein müssen:

Schritt 5 und 6: Wann Produktabspaltung?

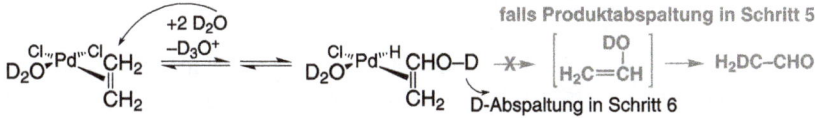

$$Cl_2Pd(D_2O)(CH_2{=}CH_2) \underset{}{\overset{+2\,D_2O,\ -D_3O^+}{\rightleftharpoons}} Cl(D_2O)Pd(H)\text{–}CH(OD)\text{–}CH_2$$

falls Produktabspaltung in Schritt 5: $CHO\text{–}D \not\rightarrow [H_2C{=}CH(OD)] \rightarrow H_2DC\text{–}CHO$

D-Abspaltung in Schritt 6

Werden anstelle von Wasser andere nucleophile Reagenzien als Reaktionsmedium verwendet, kann die Produktpalette erweitert werden. Mit Essigsäure erhält man Vinylacetat, mit Alkoholen Vinylether:

Wacker-Prozess: Produktvariation durch andere Nucleophile anstatt H_2O

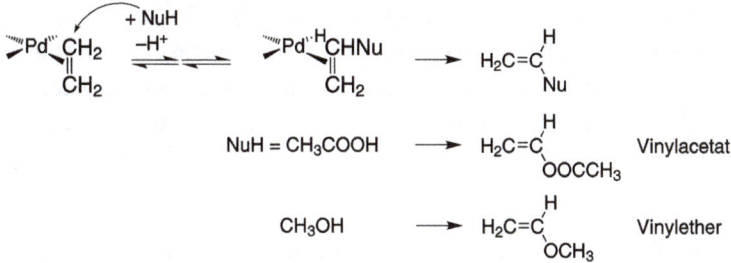

$$Pd(CH_2{=}CH_2) \overset{+\,NuH,\ -H^+}{\rightleftharpoons} Pd(H)\text{–}CHNu\text{–}CH_2 \longrightarrow H_2C{=}C(H)Nu$$

$NuH = CH_3COOH \longrightarrow H_2C{=}C(H)OOCCH_3$ Vinylacetat

$CH_3OH \longrightarrow H_2C{=}C(H)OCH_3$ Vinylether

Mit Propen als Olefin wird analog zu Ethen an einem Palladiumchlorid/Kupferchlorid-Katalysator Aceton durch Direktoxidation erhalten:

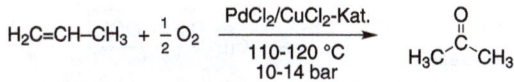

$$H_2C{=}CH\text{–}CH_3 + \frac{1}{2}\,O_2 \xrightarrow[\text{110-120 °C, 10-14 bar}]{PdCl_2/CuCl_2\text{-Kat.}} H_3C\text{–}C({=}O)\text{–}CH_3$$

Die Direktoxidation ist allerdings für die Acetonherstellung gegenüber der Coproduktion beim Phenolverfahren und der Isopropanol-Dehydrierung von weit nachgeordneter Bedeutung. Zahlreiche Quellen, bei denen Aceton als Co- und Nebenprodukt gewonnen wird, vermindern das Interesse an einer direkten Herstellung. Gegenwärtig wird in Japan noch eine Acetonproduktion nach dem Wacker-Hoechst-Verfahren betrieben, mit einer Kapazität von etwa 40.000 Jahrestonnen. Weitere Umsetzungen von Olefinen zu Ketonen mittels Direktoxidation sind möglich, z. B. 1-Buten zu Methylethylketon, werden jedoch technisch nicht genutzt.

4.4.1.2 Essigsäureherstellung durch Carbonylierung von Methanol (BASF- und Monsanto-Verfahren)

Nur der Tafelessig wird heute noch durch Fermentation/Essigsäuregärung erhalten. Die technisch in vielfältigster Form – als Essigsäureester (Vinylacetat, Butylacetat, Celluloseacetat), Essigsäureanhydrid, Acetylchlorid, Chloressigsäure usw. – genutzte Essigsäure wird hauptsächlich durch Methanolcarbonylierung dargestellt:

$$CH_3OH + CO \xrightarrow{[Rh(CO)_2I_2]^- \text{-Kat.}} CH_3COOH$$

Die Oxidation von Acetaldehyd (s. o.) oder die Flüssigphasenoxidation von gesättigten linearen Kohlenwasserstoffen, insbesondere *n*-Butan, sind oder waren weitere Möglichkeiten der Essigsäureherstellung. Die Gesamtkapazität für Essigsäure über alle Verfahren liegt bei etwa 5 Mio. Jahrestonnen. Mehr als die Hälfte der Herstellkapazitäten beruhen auf dem Monsanto-Verfahren, mit steigender Tendenz. Im Wettbewerb der Essigsäure-Herstellverfahren hat der Erfolg des Monsanto-Verfahrens gegenüber dem Wacker-Hoechst-Verfahren ökonomische Gründe in der Rohstoffbasis. Das im Wacker-Prozess eingesetzte Ethylen wird überwiegend aus der thermischen Spaltung (Cracken) gesättigter Kohlenwasserstoffe und damit aus Flüssiggas oder Naphtha gewonnen. Es hat eine petrochemische Basis. Die C_1-Bausteine Methanol und Kohlenstoffmonoxid für das Monsanto-Verfahren können aus Kohle erhalten werden. Methanol wird aus Synthesegas durch Heterogenkatalyse dargestellt. Wegen des Preisanstiegs für Ethen nach den Erdölkrisen war die seit 1970 kommerzialisierte Methanolcarbonylierung nach Monsanto erfolgreicher.

Rohstoffbasis des Wacker- und Monsanto-Verfahrens zur Essigsäureherstellung

$$\boxed{\text{Erdöl}} \rightarrow H_2C{=}CH_2 \xrightarrow[\text{Pd/Cu-Kat.}]{1/2\ O_2} CH_3CHO \qquad \boxed{\text{Wacker-Hoechst-Verfahren}}$$

$$CH_3CHO \xrightarrow{1/2\ O_2} CH_3COOH$$

$$\boxed{\text{Kohle}} \rightarrow \underset{\text{Synthesegas}}{CO/H_2} \xrightarrow{\text{Kat.}} CH_3OH \xrightarrow[\text{Rh-Kat.}]{CO} \boxed{CH_3COOH} \qquad \boxed{\text{Monsanto-Verfahren}}$$

Die Anfänge der Direktcarbonylierung von Methanol gehen auf Arbeiten der BASF um 1913 mit Cobaltkatalysatoren zurück. Unter den Reaktionsbedingungen von 700 bar und 250 °C wird aus Cobalt(II)-iodid, CO/H_2 und wenig H_2O *in situ* der Cobaltcarbonyl-Katalysator gebildet. Im Katalysezyklus, der dem nachfolgend ausführlicher diskutierten Monsanto-Prozess sehr ähnlich ist, liegen die Spezies $Co(CO)_4^-$, $CH_3–Co(CO)_4$, $CH_3C(O)–Co(CO)_3$ und $CH_3C(O)–Co(CO)_4$ vor.

Beim Monsanto-Verfahren wird ein Rhodium(I)- oder -(III)-Komplex eingesetzt, der mit einem Iodid-Promoter und CO in alkoholischem Medium zu $[Rh(CO)_2I_2]^-$ reagiert. Das Dicarbonyldiiodorhodat(I) ist isolierbar und wurde unter den Reaktionsbedingungen der Direktcarbonylierung spektroskopisch nachgewiesen. Abb. 4.10 illustriert den vollständig aufgeklärten Katalysezyklus. Im ersten und gleichzeitig geschwindigkeitsbestimmenden Schritt (1) wird Methyliodid oxidativ an $[Rh(CO)_2I_2]^-$ addiert. Die Reaktionsgeschwindigkeit ist jeweils 1. Ordnung in CH_3I- und Rhodium-Konzentration. Eine Abhängigkeit von der CO- und CH_3OH-Konzentration besteht nicht. Aus dem quadratisch-planar koordinierten Rh(I)-Komplex entsteht ein oktaedrisch-koordiniertes Rhodium(III)-Intermediat. Es schließt sich eine Methylwanderung auf einen CO-Liganden (alternativ CO-Insertion in die Rh–CH_3-Bindung) an (Schritt 2). An die

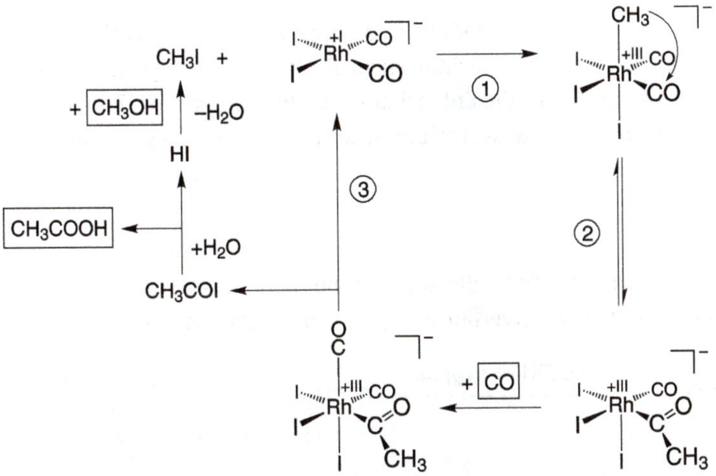

Abb. 4.10: Katalysezyklus für das Monsanto-Verfahren zur Essigsäureherstellung.
Schritt 1: Oxidative Addition.
Schritt 2: Methylwanderung/CO-Insertion.
Schritt 3: Reduktive Eliminierung.

freie Koordinationsstelle des fünffach koordinierten Rhodium(III)–Acetyl-Intermediats kann sich wieder ein CO-Molekül anlagern und die reduktive Eliminierung (Schritt 3) von Acetyliodid unter Regeneration der aktiven $[Rh(CO)_2I_2]^-$-Spezies einleiten. Acetyliodid reagiert mit Wasser zu Essigsäure. Es wird Iodwasserstoff zurück erhalten, der mit Methanol wiederum Methyliodid bildet. Wichtig für den Katalysezyklus ist der reversible Oxidationsstufenwechsel zwischen Rh^I und Rh^{III}.

Im Vergleich benötigt der BASF-Prozess eine höhere Metallkonzentration und weitaus drastischere Bedingungen (höherer Druck und höhere Temperatur) als das Monsanto-Verfahren. Dabei liefert er niedrigere Selektivitäten (90 % bezogen auf CH_3OH, 70 % auf CO) als das Monsanto-Verfahren (> 99 % bezogen auf CH_3OH, > 90 % auf CO). Beim BASF-Prozess fallen etwa 4 % Nebenprodukte wie CH_4, CH_3CHO, C_2H_5OH, CO_2 und C_2H_5COOH an. Für das Monsanto-Verfahren sind die maßgeblichen Nebenprodukte nur CO_2 und H_2. Sie werden über eine katalysierte Einstellung des Wassergas-Gleichgewichts erhalten.

$$CO + H_2O \rightleftharpoons CO_2 + H_2$$
$$[Rh(CO)_2I_2]^- + 2\,HI \rightleftharpoons [Rh(CO)I_4]^- + H_2 + CO$$
$$[Rh(CO)I_4]^- + 2\,CO + H_2O \rightleftharpoons [Rh(CO)_2I_2]^- + CO_2 + 2\,HI$$

Eine Produktion nach dem BASF-Verfahren begann 1960. Inzwischen sind wohl nur noch Direktcarbonylierungsanlagen nach dem Monsanto-Verfahren in Betrieb. Da ein verlustarmer Rhodium-Kreislauf heute beherrscht wird, hat sich das 1970 eingeführte wirtschaftlichere Monsanto-Verfahren durchgesetzt. Wegen des hohen Preises im Zusammenhang mit der vielseitigen Verwendung und begrenzten Verfügbarkeit von Rhodium (Weltproduktion 8 t/a) sind Untersuchungen zu alternativen Katalysatorsystemen weiterhin interessant. Verfolgt wird die Entwicklung von festbettfixierten Rhodiumkatalysatoren. Materialtechnisch ist die Korrosionswirkung der Halogene problematisch.

4.4.1.3 Aldehyde aus Olefinen durch Hydroformylierung („Oxo-Synthese")

Das Prinzip der Hydroformylierung ist die katalytische Addition von CO und H_2 (aus Synthesegas) an Olefine unter Kettenverlängerung um ein C-Atom zum Aldehyd:

$$\text{R–CH=CH}_2 + \text{CO} + \text{H}_2 \xrightarrow{[\text{Rh(CO)H(PPh}_3)_2]\text{-Kat.}} \underset{\text{linearer n-Aldehyd}}{\text{R–CH}_2\text{–CH}_2\text{–CHO}} \left\{ + \underset{\text{verzweigter iso-Aldehyd}}{\text{R–CH(CHO)–CH}_3} \right\}$$

Der Name Hydroformylierung ergibt sich aus der formalen Addition eines H-Atoms (Hydro) und einer CH=O-Gruppe (Formyl) an die C=C-Doppelbindung. Die wichtigsten Produkte und Folgereaktionen aus diesem Prozess sind heutzutage *n*-Butanol und 2-Ethylhexanol (aus Propen über Butyraldehyld durch Hydrierung der primär anfallenden Aldehyde) sowie Propionsäure (aus Ethen über Propionaldehyd gefolgt von dessen Oxidation).

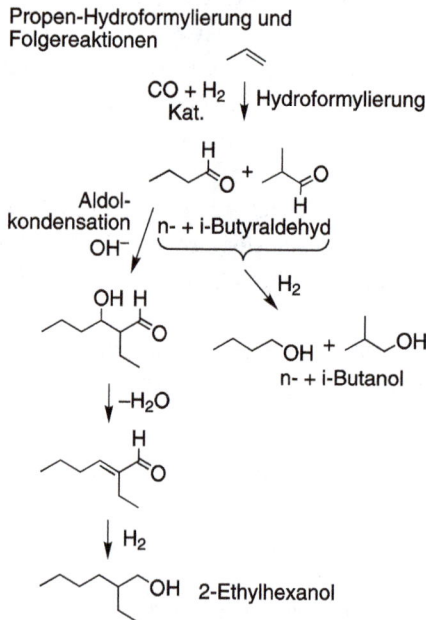

Die Aldehyde werden weiter in primäre Alkohole, Carbonsäuren und Amine überführt. Die Hydroformylierung ist mengen- und wertmäßig das größte homogenkatalytische

Verfahren. Die Weltkapazität für Hydroformylierungsprodukte liegt bei 7–8 Mio. Jahrestonnen. Die Hydroformylierung wurde 1938 durch Otto Roelen bei der Ruhrchemie entdeckt. Die erste technische Herstellung umfasste C_{12}-C_{14}-Waschmittelalkohole durch Hydrierung der primär anfallenden Aldehyde. Entsprechend der eingesetzten Edukte und Katalysatoren existiert eine Vielzahl technischer Varianten der Hydroformylierung. Als Katalysatoren wurden zunächst Cobaltmetall oder Cobaltsalze verwendet. Unter Reaktionsbedingungen wurde daraus Cobaltcarbonylwasserstoff als direkte Katalysatorvorstufe gebildet. Später kamen bei den Cobaltsystemen noch Phosphanliganden zur Reaktionssteuerung hinzu. Seit 1970 wurden von Union Carbide Rhodium/Phosphan-Systeme kommerzialisiert. Im Jahre 1990 basierten die Hydroformylierungskapazitäten zu gleichen Teilen auf Cobalt- und Rhodiumkatalyse. Die Ausstattung von Neuanlagen erfolgt aber größtenteils mit Rhodiumkatalysatoren. Wie beim Essigsäure-Monsanto-Verfahren (s. Abschn. 4.4.1.2) liegen die Vorteile der Rhodium/Phosphan-Katalysatoren in den milderen Bedingungen – niedrigerem Druck und niedrigerer Temperatur – und einer höheren Selektivität. Dazu kommt noch ein besseres *n*/*iso*-Verhältnis des Aldehydprodukts. Bei den bereits verbesserten Cobalt/Phosphan-Systemen liegt der Druck bei 50–100 bar und die Temperatur bei 180–200 °C. Die Werte für die Rhodiumkatalysatoren bewegen sich zwischen 7–25 bar und 90–125 °C. Gleichzeitig verbesserte sich die Selektivität mit Cobalt von > 85 % auf über 90 % mit Rhodium und das *n*/*iso*-Verhältnis von 90/10 auf bis zu 95/5. Die höheren Kosten für Rhodium werden durch die größere Selektivität ausgeglichen. Ein verlustarmer Rhodiumkreislauf bestimmt natürlich wesentlich die Wirtschaftlichkeit des Verfahrens.

Die Mechanismen der älteren Cobalt- und der neueren Rhodium-katalysierten Hydroformylierung sind sehr ähnlich (vgl. hierzu die Essigsäuredarstellung nach BASF- und Monsanto-Verfahren). Allerdings ist der Cobaltzyklus mechanistisch schwieriger zu studieren und Einzelheiten wurden zum Teil in Analogie zum besser untersuchten Rhodiumprozess (s. u.) formuliert. So wird mit Cobalt als Katalysator eine Sequenz folgender Intermediate angenommen:

$$HCo(CO)_3 \longrightarrow HCo(CO)_3(\pi\text{-}CH_2{=}CHR) \longrightarrow RCH_2CH_2\text{–}Co(CO)_3$$
$$\longrightarrow RCH_2CH_2\text{–}Co(CO)_4 \longrightarrow RCH_2CH_2C(O)\text{–}Co(CO)_3$$
$$\longrightarrow RCH_2CH_2C(O)\text{–}Co(H)_2(CO)_3.$$

Für die Rhodium-katalysierte Hydroformylierung ist ein modifizierter Wilkinson-Katalysator $[Rh(CO)H(PPh_3)_3]$ die unmittelbare Vorstufe.

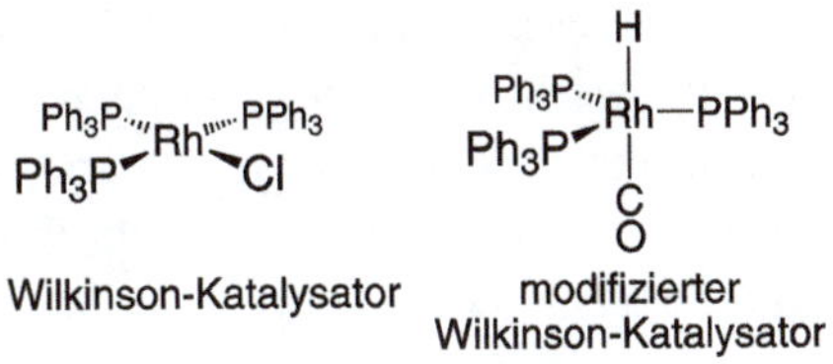

Ph_3P, PPh_3, Rh, Ph_3P, Cl

Wilkinson-Katalysator

H, Ph_3P, Rh—PPh_3, Ph_3P, C, O

modifizierter Wilkinson-Katalysator

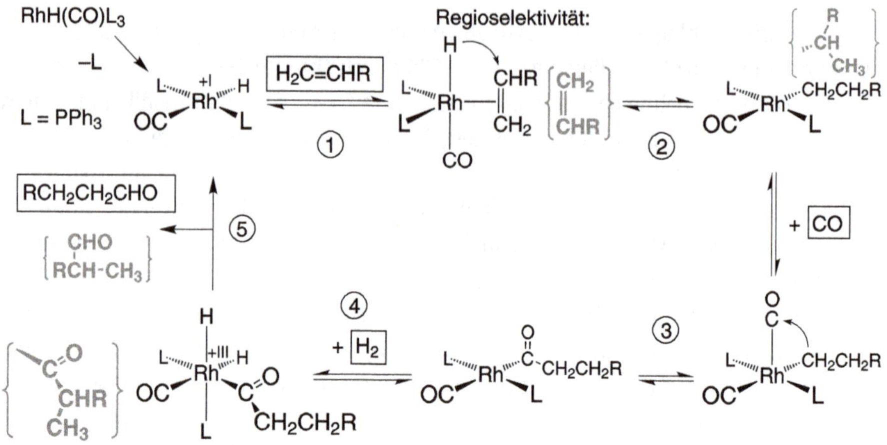

Abb. 4.11: Zyklus der rhodium-/phosphankatalysierten Hydroformylierung zum Aufbau von Aldehyden aus Olefinen durch Addition von CO/H_2. Der Zyklus zeigt den Weg zum linearen *n*-Aldehyd als Hauptprodukt. Die in geschweiften Klammern grau gezeichneten Liganden verdeutlichen den Weg zum verzweigten *iso*-Aldehyd.

Schritt 1: Bildung des Olefinkomplexes.
Schritt 2: Hydridübertragung auf das Olefin/Hydrometallierung (Regioselektivität).
Schritt 3: Alkylwanderung/CO-Insertion.
Schritt 4: Oxidative Addition von H_2.
Schritt 5: Reduktive Eliminierung.

Er wird im Gemisch mit einem höheren Triphenylphosphanüberschuss (bis 500:1) eingesetzt. Unter reversibler Phosphanabspaltung bildet sich eine hydroformylierungsaktive, quadratisch-planare Rhodium(I)-Spezies, aus der zunächst der Olefinkomplex entsteht (Abb. 4.11, Schritt 1). Die sich anschließende intramolekulare Hydridwanderung auf das koordinierte Olefin (Schritt 2) ergibt eine metallständige Alkylgruppe. Die Hydridwanderung entscheidet über das gebildete Isomer im späteren Aldehyd. Wird das Wasserstoffatom auf das terminale Kohlenstoffatom des α-Olefins übertragen, so entsteht der verzweigte *iso*-Aldehyd. Ansonsten bildet sich der lineare *n*-Aldehyd, der i. d. R. das Wunschprodukt ist. Über den sterischen Anspruch des Phosphanliganden kann das n/iso-Verhältnis in weiten Grenzen gesteuert werden (s. u.). Mit der Hydridwanderung oder Hydrometallierung des Olefins wird wieder ein quadratisch-planarer Rhodiumkomplex erhalten. An die freigewordene Koordinationsstelle kann sich ein CO-Ligand anlagern. Mit der intramolekularen cis-Alkylwanderung zum CO-Liganden wird die neue C–C-Bindung geknüpft (Schritt 3). An den quadratisch-planaren Rhodium(I)-Komplex folgt als geschwindigkeitsbestimmender Schritt eine oxidative Addition von H_2 zur oktaedrischen Rhodium(III)-Spezies (Schritt 4). Aus dieser wird unter reduktiver Eliminierung das Aldehyd-Produkt freigesetzt und die aktive Startspezies des Katalysators regeneriert (Schritt 5). Ein Vergleich des katalytischen Zyklus für die Hydroformylierung und dem Monsanto-Verfahren (Essigsäureherstellung, s. Abb. 4.10) zeigt die mechanistische Verwandtschaft der beiden Verfahren, mit Alkylwanderung/CO-Insertion, oxidativer Addition und reduktiver Eliminierung als identischen Schlüsselschritten.

Ein gewisses Problem bei der Rhodium-katalysierten Hydroformylierung stellt der Bruch der Phosphor-Kohlenstoff-Bindung dar. Dies führt zur Bildung inaktiver Phosphido-verbrückter Rhodiumkomplexe. Ethen und unverzweigte α-Olefine sind am leichtesten zu hydroformylieren, sterisch gehinderte, interne Olefine kaum. Die Reaktivitätsfolge ist $H_2C{=}CH_2 > R^1CH{=}CH_2 > R^1CH{=}CHR^2 > R^1R^2C{=}CH_2 > R^1R^2C{=}CR^3R^4$.

Bei internen Olefinen ist durch eine vorher ablaufende Doppelbindungsisomerisierung als Nebenreaktionen trotzdem eine Hydroformylierung möglich. Eine interne Doppelbindung verschiebt sich bevorzugt in eine endständige Position. Auf diese Weise entsteht aus 2,3-Dimethyl-2-buten der endständige 3,4-Dimethylvaleraldehyd. Je nach Unterschiedlichkeit der Reste R bilden sich Aldehydgemische.

Doppelbindungsisomerisierung und Hydroformylierung tetrasubstituierter Olefine

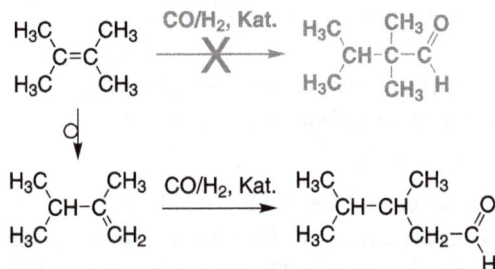

$(H_3C)_2C{=}C(CH_3)_2 \xrightarrow[\times]{CO/H_2,\ Kat.} (H_3C)_2CH{-}C(CH_3)_2{-}CHO$

$(H_3C)_2CH{-}C(CH_3){=}CH_2 \xrightarrow{CO/H_2,\ Kat.} (H_3C)_2CH{-}CH(CH_3){-}CH_2{-}CHO$

Für die Steuerung des *n*/*iso*-Aldehydverhältnisses bei der Hydroformylierung können in gewissen Grenzen die Reaktionsparameter Temperatur und CO-Partialdruck eingesetzt werden. Entscheidend aber ist die Katalysatormodifizierung. Die Erhöhung des *n*/*iso*-Verhältnisses beim Übergang von Cobalt zu Rhodium wurde bereits erwähnt. Außerdem werden Modifizierungen der Phosphanliganden genutzt. Generell führen sterisch anspruchsvolle Liganden zu einem erhöhten *n*-Aldehydanteil. Sie verringern allerdings den Olefinumsatz und erhöhen die Hydrieraktivität des Katalysators. Die Hydrierung des eingesetzten Alkens zum Alkan und des gebildeten Aldehyds zum Alkohol sind dann Nebenreaktionen. Durch eine Verringerung des Phosphan-Überschusses können diese Nachteile aber mehr als ausgeglichen werden (vgl. Abb. 4.12).

Eine verfahrenstechnische Weiterentwicklung der Hydroformylierung ist die Entwicklung von zweiphasigen Homogenkatalysatoren. Die Sulfonierung von Triphenylphosphan oder anderen Arylphosphanderivaten (s. Abschn. 4.2.5) führt zu wasserlöslichen und damit leicht abtrennbaren Rhodiumkomplexen. Im Ruhrchemie/Rhône-Poulenc-Verfahren werden diese Zweiphasenkatalysatoren für die Synthese von Butyraldehyden eingesetzt. Die Produktselektivität konnte auf diese Weise nochmals verbessert werden. Abtrennung und Rückführung des Rhodiumkatalysators wurden

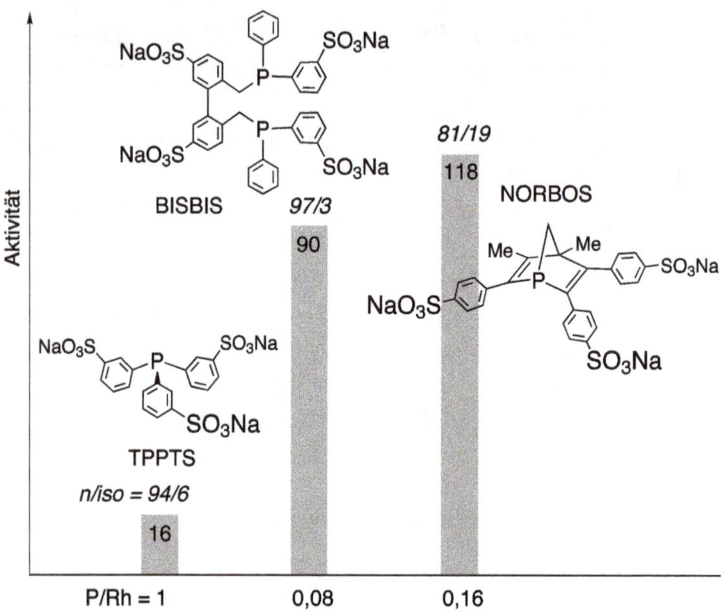

Abb. 4.12: Aktivität und *n*/*iso*-Selektivität von Phosphanliganden abhängig vom normierten P/Rh-Verhältnis (= 1 für TPPTS) in der Hydroformylierung durch Zweiphasenkatalyse.

damit unproblematisch. Abb. 4.12 deutet für die sulfonierten wasserlöslichen Rhodium-Phosphan-Komplexe die Steuerung der Aktivität und des *n*/*iso*-Verhältnisses durch den sterischen Ligandenanspruch und das Phosphan/Rhodium-Verhältnis an.

4.4.1.4 Butadienhydrocyanierung, Adiponitrilsynthese

Adipinsäurenitril [Adiponitril, N≡C$(CH_2)_4$C≡N, ADN] ist die Vorstufe für 1,6-Diaminohexan, $H_2N(CH_2)_6NH_2$, in das es durch Hochdruckhydrierung an Metallkatalysatoren überführt wird. Das Diamin findet als Polyamidbaustein Verwendung für die Synthese von Nylon 6.6. Die Herstellung von Adiponitril ist auf verschiedenen Wegen möglich, die Gesamtkapazität liegt bei 1 Mio. Jahrestonnen. Seit 1971 wird die Direkthydrocyanierung von Butadien nach dem DuPont-Verfahren mit Ni^0-Phosphan- oder -Phosphit-Katalysatoren betrieben. Die Gesamtreaktion wird zweistufig als druckloses Verfahren in Tetrahydrofuran bei 30–150 °C durchgeführt.

Adiponitrilsynthese durch Butadienhydrocyanierung

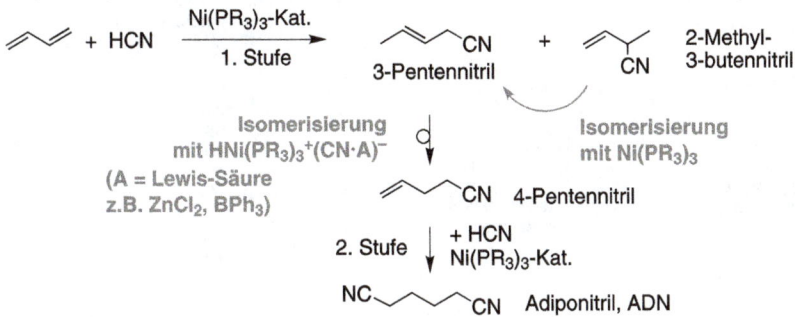

+ HCN $\xrightarrow[\text{1. Stufe}]{Ni(PR_3)_3\text{-Kat.}}$ CN 3-Pentennitril + CN 2-Methyl-3-butennitril

Isomerisierung mit $HNi(PR_3)_3^+(CN{\cdot}A)^-$ (A = Lewis-Säure z.B. $ZnCl_2$, BPh_3)

Isomerisierung mit $Ni(PR_3)_3$

CN 4-Pentennitril

2. Stufe + HCN $Ni(PR_3)_3$-Kat.

NC CN Adiponitril, ADN

Abb. 4.13 illustriert den Katalysezyklus für die erste Stufe, d. h. die Einführung der ersten Nitrilgruppe. Die zweite Stufe zum ADN verläuft nach einer Doppelbindungsisomerisierung vom 3-Penten- zum 4-Pentennitril analog. Die Katalysatorvorstufe ist ein 18-Elektronen-Tetraphosphan- oder -phosphit-Nickel(0)-Komplex NiL_4. In einer Gleichgewichtsreaktion wird ein Ligand abgespalten, unter Bildung der 16-Elektronenspezies NiL_3. Dieses lagert in einer oxidativen Addition (Schritt 1) ein Molekül Cyanwasserstoff an. Die Gleichgewichtskonstante für die Ligandabspaltung variiert sehr stark (bis zu 10 Zehnerpotenzen) mit dem sterischen Anspruch des Phosphan- oder Phosphitliganden. Der Raumbedarf wurde von Tolman durch den Kegelwinkel (engl. *cone angle*) quantifiziert. Das anhand dieses NiL_4/NiL_3-Gleichgewichts eingeführte Kegelwinkel-Konzept hat sich seitdem in vielen Bereichen der Chemie bewährt.

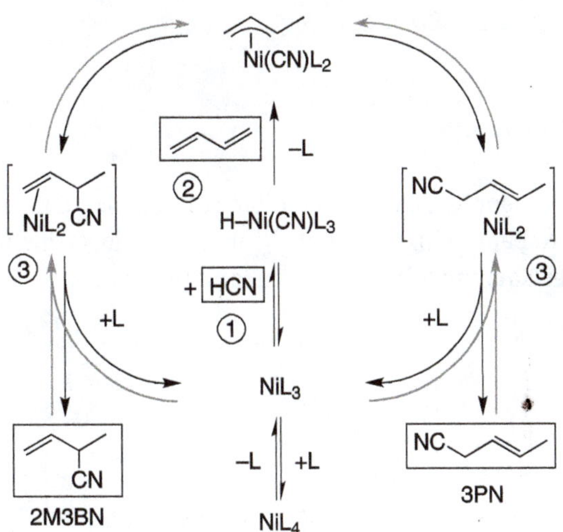

Abb. 4.13: Mechanismus der Butadienhydrocyanierung an NiL_3-Katalysatoren [L = PR_3, $P(OR)_3$] (1. Stufe).
Schritt 1: Oxidative Addition.
Schritt 2: Hydrometallierung.
Schritt 3: Intramolekulare C–C-Verknüpfung und gleichzeitig reduktive Eliminierung.

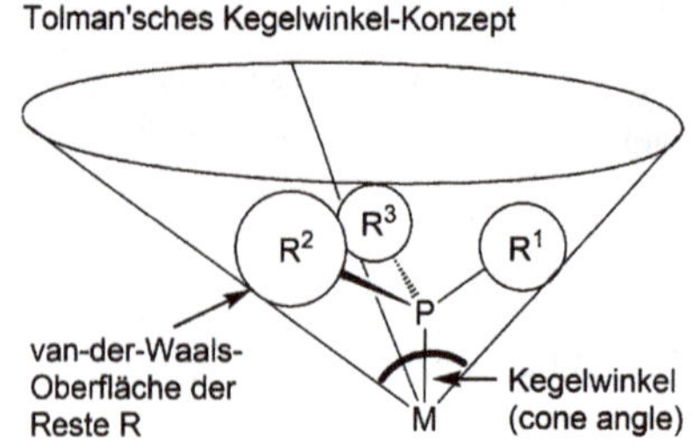

Kegelwinkel von Phosphanliganden an Nickel mit Ni–P 2,28 Å:

Phosphanligand	Kegelwinkel [°]
PH_3	87
PF_3	104
$P(OMe)_3$	107
PMe_3	118
PMe_2Ph	122
PEt_3	132
PPh_3	145
$P(cyclohexyl)_3$	170
P^tBu_3	182
$P(mesityl)_3$ a)	212

a) mesityl = $-C_6H_2$-2,4,6-Me_3

Ein Kegelwinkel von 180° wie bei P^tBu_3 bedeutet, dass der Ligand die halbe Koordinationssphäre des Zentralatoms abdeckt.

In die Nickel–Wasserstoff-Bindung des spektroskopisch nachgewiesenen Additionsprodukts H–Ni(CN)L_3 kann ein Butadienmolekül insertiert werden (Hydrometallierungsreaktion, Schritt 2). Es entsteht nachweisbar ein π-Allylkomplex. Dieser lagert sich unter intramolekularer C–C-Verknüpfung mit dem CN-Liganden um (Schritt 3). Die C–C-Verknüpfung entspricht mechanistisch einer intramolekularen reduktiven Eliminierung und kann an zwei Stellen der C_4-Kette erfolgen. Es kann sich das gewünschte lineare 3-Pentennitril (3PN) oder das unerwünschte verzweigte 2-Methyl-3-butennitril (2M3BN) bilden. Die reduktive Eliminierung der Produkte ist reversibel und bildet die Basis für die Isomerisierung von 2M3BN zu 3PN über eine relative seltene C–C-Bindungsspaltung.

In der Umkehrung (graue Pfeile) liegt eine C–C-Bindungsspaltung und oxidative Addition als Basis für die Isomerisierung von 2M3BN zu 3PN vor.

4.4.1.5 Butadientrimerisierung und -dimerisierung

Die Trimerisierung von Butadien an einem Nickelkatalysator liefert trans,trans,trans-Cyclododecatrien (t,t,t-cdt) und als Nebenprodukt das Butadiendimer Cyclooctadien (cod). Der Zusatz von Phosphan in der Katalyse führt zu cod als Hauptprodukt:

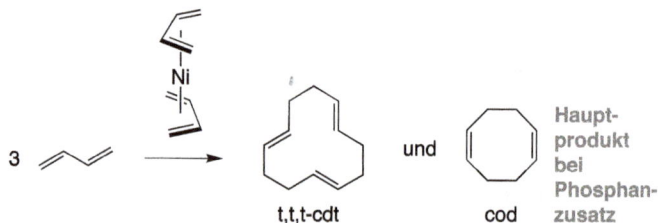

3 → (Ni) t,t,t-cdt und cod Hauptprodukt bei Phosphanzusatz

Das Trimer cdt wird durch Hydrierung und Ringöffnungsoxidation zu 1,12-Dodecandisäure weiterverarbeitet. Diese wird als C_{12}-Baustein für die Polyamid- und Polyesterfertigung verwendet:

c,t,t-cdt
t,t,t-cdt
Hydrierung
$3H_2$
O_2
Ringöffnungsoxidation
OH (O)
HNO_3
COOH
COOH
1,12-Dodecandisäure

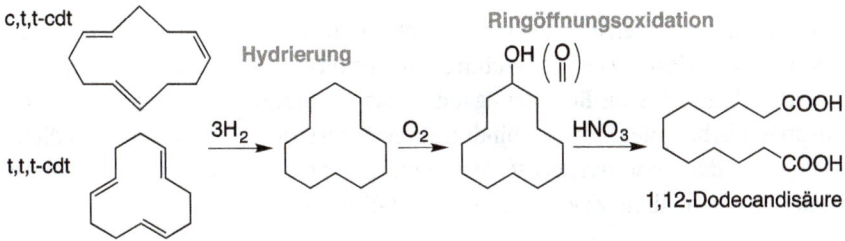

Basierend auf Arbeiten von Günther Wilke wurde ab 1955 mit Ziegler-Mischkatalysatoren ($TiCl_4/Et_2AlCl/EtAlCl_2$) das cis,trans,trans-cdt synthetisiert. Ab 1960 gelangte man mit einem neuen Bis(allyl)nickel-Präkatalysator, $(\eta^3\text{-}C_3H_5)_2Ni$, zum trans,trans,trans-cdt. Abb. 4.14 illustriert den Mechanismus der Butadienoligomerisierung zu cod und cdt. Aus dem Bis(allyl)nickel-Präkatalysator werden die Allylliganden reduktiv als Diallyl eliminiert. Es entsteht der Bis(butadien)-Komplex. Unter intramolekularer C–C-Verknüpfung der beiden Butadienliganden bildet sich ein neues Bis(allyl)-System. An die dabei freigewordene Koordinationsstelle des Nickelatoms kann sich wieder ein Ligand anlagern. Setzt man der Reaktion Phosphane als Donorliganden zu, so werden diese die Koordinationsstelle besetzen. Das Dimer cod wird als Hauptprodukt erhalten. Ansonsten wird ein weiteres Butadienmolekül die Koordinationslücke am Nickelatom ausfüllen. Unter weiterer C–C-Verknüpfung erhält man das Trimer. Dieses

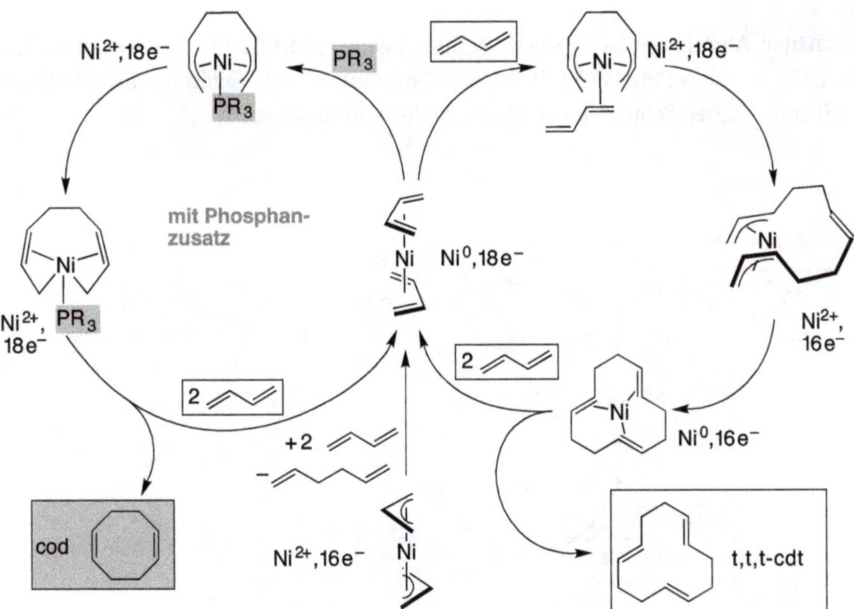

Abb. 4.14: Cyclooctadien- und trans,trans,trans-Cyclododecatrien-Synthese durch Oligomerisierung von Butadien an Nickelkatalysatoren.

liegt zunächst noch offen als isolierbarer Nickel-Diallyl-Komplex vor, nach reduktivem Ringschluss als Nickel-Trien-Verbindung. Aus letzterem 16-Elektronen-Komplex wird im Austausch gegen zwei Butadienliganden das cdt-Produkt abgespalten und die 18-Elektronen-Bis(butadien)-Startverbindung regeneriert. Der Mechanismus enthält nicht nur einen Oxidationsstufenwechsel zwischen Ni^0 und Ni^{2+}, sondern auch eine Änderung der Elektronenbilanz zwischen 16- und 18-Valenzelektronenspezies.

4.4.1.6 Der Shell Higher Olefin Process (SHOP), Ethenoligomerisierung

Eine Nickel-katalysierte Oligomerisierung von Ethen wird für die Herstellung von linearen α-Olefinen eingesetzt. Komplexe der allgemeinen Formel [NiPh(P,O)PR_3] (P,O = Phosphanylenolato-Chelatligand) sind dafür seit 35 Jahren hocheffiziente Präkatalysatoren (SHOP-Katalysatoren). Die aktive Form ist eine Ni(P,O)–Hydrid-Spezies. Sie wird nach Etheninsertion in die Ni–Ph-Bindung und β-H-Eliminierung erhalten:

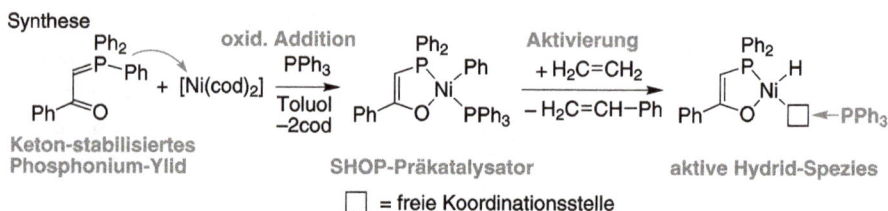

Ähnlich der Aluminium-katalysierten Ethenoligomerisierung (Aufbau-Reaktion, Abschn. 4.2.3) insertiert Ethen in Ni–H- und Ni–C-Bindungen unter Bildung von Metallalkylen mit statistischer, Schulz-Flory-Verteilung der Kettenlängen. Die β-Wasserstoffeliminierung als Kettenabbruchreaktion führt zur Bildung des α-Olefins unter Rückbildung der Ni–H-Spezies:

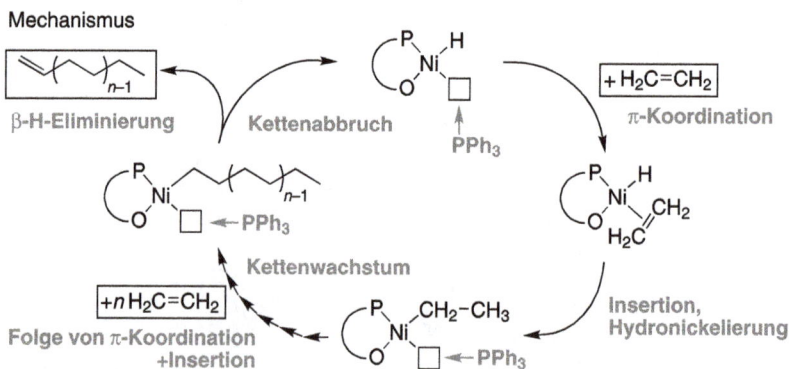

Der Nickelkatalysator reagiert bei etwa 100 °C in Glycol oder ähnlichen Lösungsmitteln mit Ethen. Ein Druck von 80 bar bedingt eine hohe Monomerkonzentration. Die Ausbildung von Verzweigungen durch Re-Insertion von Olefinen wird so unterdrückt und die gewünschte hohe Linearität der α-Olefine erhalten. Der Phosphandonor konkurriert mit dem Ethen in einem Gleichgewicht um die Anbindung an die Nickel-Alkyl-Intermediate. In der Konsequenz verlangsamt das Phosphan die Geschwindigkeit des Kettenwachstums in einen Bereich, der mit der gegebenen Geschwindigkeit für den Kettenabbruch zu Oligomeren führt. Wird der PPh_3-Ligand mit einem Phosphanakzeptor wie $[Ni(cod)_2]$ aus dem Katalysezyklus entfernt, so ergibt der Katalysator lineares Polyethen anstatt C_4-$C_{>20}$-Oligomere. Im SHOP sind die in schneller Reaktion gebildeten linearen α-Olefine mit der Glycolphase nicht mischbar und können einfach separiert werden. In einer destillativen Aufarbeitung wird der gewünschte C_{10}-C_{18}-Bereich abgetrennt. Niedrigere und höhere α-Olefine werden zu internen Olefinen isomerisiert. Diese lassen sich in einer Metathesereaktion zu C_{10}-C_{18}-Olefinen umsetzen (s. Abschn. 4.4.2.2):

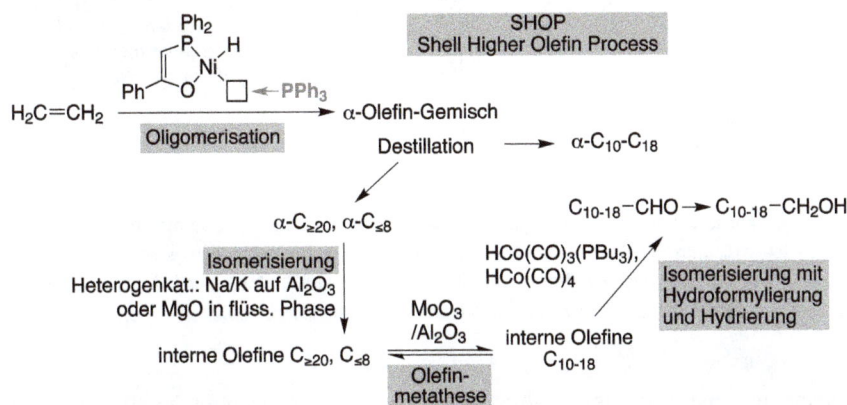

SHOP
Shell Higher Olefin Process

$H_2C{=}CH_2$ —[Ni-Katalysator (Ph, Ph_2P, H, Ni, O, □ ← PPh_3); Oligomerisation]→ α-Olefin-Gemisch

Destillation → α-C_{10}-C_{18}

α-$C_{\geq 20}$, α-$C_{\leq 8}$

Isomerisierung
Heterogenkat.: Na/K auf Al_2O_3 oder MgO in flüss. Phase

interne Olefine $C_{\geq 20}$, $C_{\leq 8}$ ⇌ [MoO_3/Al_2O_3; Olefin-metathese] interne Olefine C_{10-18}

$HCo(CO)_3(PBu_3)$, $HCo(CO)_4$ — Isomerisierung mit Hydroformylierung und Hydrierung

C_{10-18}–CHO → C_{10-18}–CH_2OH

4.4.1.7 Asymmetrische Hydrierungen – Synthese von L-Dopa und L-Phenylalanin

Die Synthese von enantiomerenreinen organischen Verbindungen aus achiralen Substraten ist eine der elegantesten Anwendungen der homogenen Katalyse.[4] Für die enantioselektive Synthese, d. h. die Darstellung von nur einem Enantiomer, wird ein chiraler Katalysator benötigt. Dieser muss ein prochirales Substrat, z. B. ein Olefin, in einer Vorzugskonformation koordinieren. Die Erkennung und Einstellung der Vorzugskonformation geschieht meistens durch chirale Liganden am Metallatom. Über van-der-Waals-Kontakte zwischen Ligand und Substrat wird eine „chirale Tasche“ in der Koordinationssphäre des Metallatoms geschaffen (Abb. 4.15). Dazu werden häufig chelatisierende

---

4 Arbeiten zur asymmetrischen Katalyse wurden 2001 mit dem Nobelpreis für Chemie geehrt und waren zum Teil eng mit chiralen Phosphanliganden verbunden: W. S. Knowles (Dipamp-Ligand für chirale Rh-Katalysatoren zur L-Dopa-Synthese), R. Noyori (Binap-Ligand für chirale Metall-Hydrierkatalysatoren), K. B. Sharpless (enantioselektive Epoxidierungen).

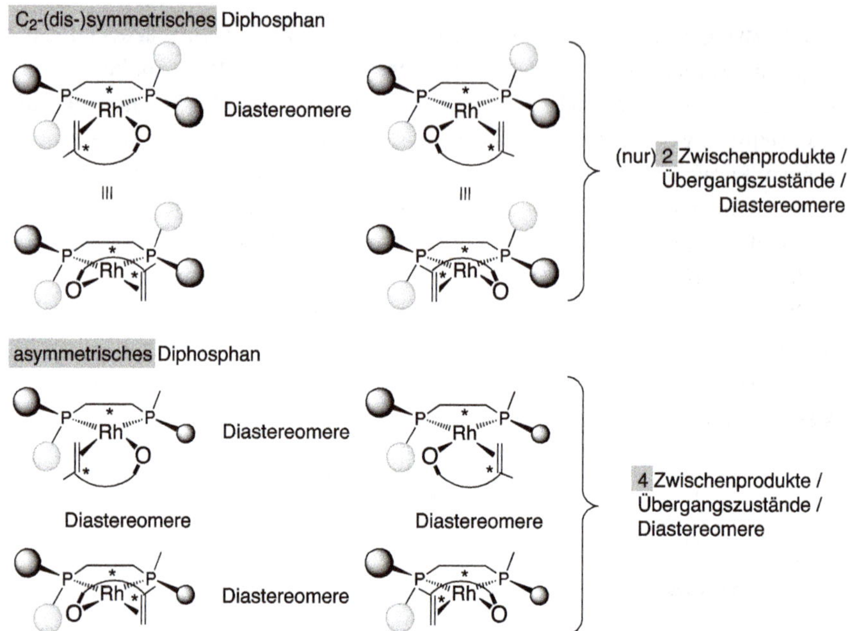

Abb. 4.15: Konkurrierende Zwischenprodukte bei einem Metallkatalysator mit dissymmetrischem und asymmetrischem Diphosphanliganden am Bsp. der Koordination eines prochiralen (*α*,*ω*-Carbonyl-)Olefins, wie es bei der enantioselektiven Hydrierung zur L-Dopa Synthese auftritt. Die Darstellung soll die Bildung einer chiralen Tasche durch den Phosphanliganden am Metallatom illustrieren.

Diphosphane eingesetzt. Die Chiralität kann dabei auf den Phosphor-Donoratomen (Bsp. Dipamp) oder den organischen Gruppen beruhen, die am Phosphoratom gebunden sind (Bsp. Diop, Chiraphos, Norphos), oder auf einer axialen Chiralität bei Einfrieren der Konformation des ganzen Moleküls (Bsp. Binap):

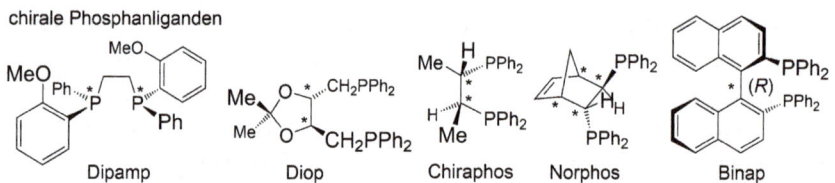

chirale Phosphanliganden

Dipamp Diop Chiraphos Norphos Binap

Obige chirale Diphosphanliganden sind nicht asymmetrisch, sondern (bis auf Norphos) mit einer C_2-Achse dissymmetrisch (vgl. Abschn. 3.8, optische Isomerie). Diese C_2-Symmetrie ist kein Zufall. Sie wird absichtlich eingesetzt, um im Vergleich mit asymmetrischem Phosphanliganden die Zahl der möglichen konkurrierenden diastereomeren Zwischenprodukte oder Übergangszustände zu verringern und damit die gewünschte Reaktionslenkung zu erreichen (Abb. 4.15; vgl. dazu die C_2-Symmetrie bei chiralen Metallocenkatalysatoren, Abschn. 4.4.1.10).

Die erste kommerzielle Anwendung einer asymmetrischen Hydrierung erfolgte in der Synthese von L-Dopa (Levodopa, L-3,4-Dihydroxyphenylalanin). Der Schlüsselschritt ist die enantioselektive Hydrierung des prochiralen Acetamidozimtsäuremethylesters in 90 % Ausbeute und mit mehr als 94 % Enantiomerenüberschuss (ee). Das Verhältnis der beiden Enantiomeren zueinander beträgt etwa 97:3. L-Dopa wird als Medikament zur Behandlung der Parkinson Krankheit eingesetzt.

L-Dopa-Synthese

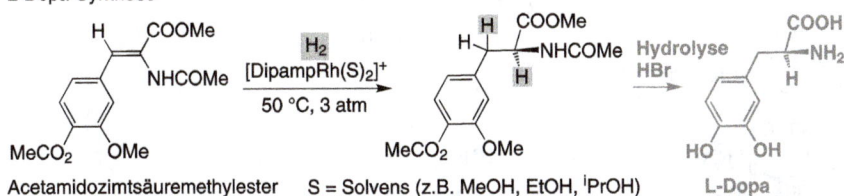

H COOMe NHCOMe MeCO$_2$ OMe — H_2, $[DipampRh(S)_2]^+$, 50 °C, 3 atm → H H COOMe NHCOMe H MeCO$_2$ OMe — Hydrolyse HBr → COOH NH_2 H HO OH

Acetamidozimtsäuremethylester S = Solvens (z.B. MeOH, EtOH, ^{i}PrOH) L-Dopa

Der Enantiomerenüberschuss (*ee* = enantiomeric excess) ist definiert als Absolutbetrag der Differenz der prozentualen Mengen beider Enantiomere (*R*, *S*) im Produktgemisch.

$$ee = \frac{|R - S|}{|R + S|} \cdot 100\,\%$$

Als Katalysator wird ein mit Dipamp chelatisierter, solvensstabilisierter Rhodiumkomplex eingesetzt. Er wird aus $[Rh(cod)_2]^+$ mit dem Phosphan- und den Lösungsmittelliganden gebildet. Für die enzymartige Spezifität des Schlüsselschritts bei der L-Dopa-Synthese wird folgender Mechanismus vorgeschlagen (Abb. 4.16): In einer Gleichgewichtsreaktion verdrängt der Acetamidozimtsäureester die Lösungsmittelliganden am Rhodiumatom. Der Ester koordiniert chelatartig über das Amidosauerstoffatom und die Doppelbindung an das Metallatom. Dabei kommt es zur Bildung zweier Diastereomere. Ein Diastereomer ist aufgrund geringerer repulsiver Ligand⟷Ligand-Wechselwirkungen stabiler und auch detektierbar. Der geschwindigkeitsbestimmende Schritt (mit der höchsten Aktivierungsenergie) ist die oxidative Addition des Wasserstoffmoleküls an das Rhodiumatom unter Bildung des oktaedrisch koordinierten Komplexes (Schritt 1). Das weniger stabile Diastereomer hat eine niedrigere Aktivierungsenergie, sodass seine Additionsgeschwindigkeit für H_2 höher ist und es schneller weiterreagiert (Abb. 4.17). An die oxidative Addition schließt sich eine Wasserstoffübertragung auf das Olefin an, die stereospezifisch erfolgt (Schritt 2). Aus dem derart gebildeten Hydrido-Alkyl-Komplex erfolgt die reduktive Eliminierung des Produkts unter Regenerierung des Katalysators (Schritt 3). Obwohl das weniger stabile Diastereomer aufgrund seiner Instabilität in geringerer Konzentration im Gleichgewicht vorliegt, läuft die Reaktion über diese Form, und es bestimmt den Enantiomerenüberschuss (Abb. 4.16).

Ein weiteres Beispiel für eine industriell genutzte asymmetrische Hydrierung ist die Synthese von L-Phenylalanin als Baustein für den künstlichen Süßstoff Aspartam.

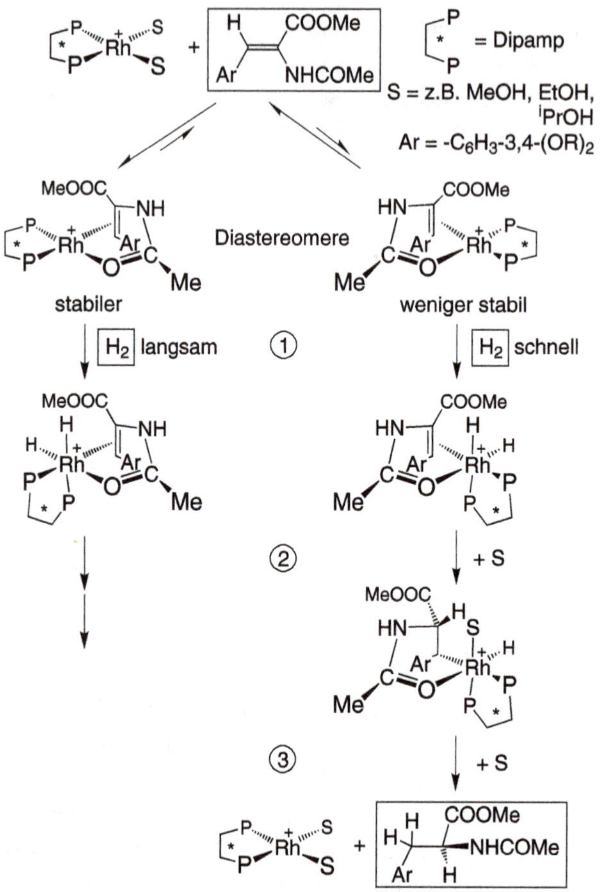

Abb. 4.16: Enantioselektive Hydrierung mit einem chiralen Rhodiumkatalysator in der L-Dopa-Synthese.
Schritt 1: Oxidative Addition.
Schritt 2: Stereospezifische Wasserstoffübertragung auf das Olefin (Hydrometallierung).
Schritt 3: Reduktive Eliminierung.

Acetamidozimtsäure wird dazu an kationischen Rhodiumkatalysatoren in Ethanol enantioselektiv zum *N*-Acetyl-L-Phenylalanin hydriert. Konkurrenz für diese Rhodium-katalysierte Hydrierung sind Fermentierungstechnologien.

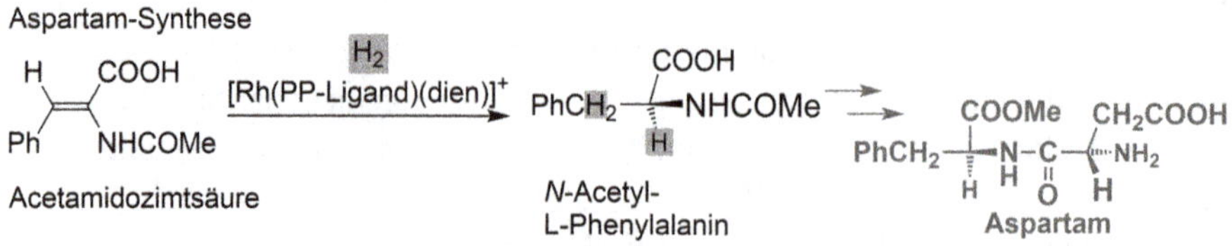

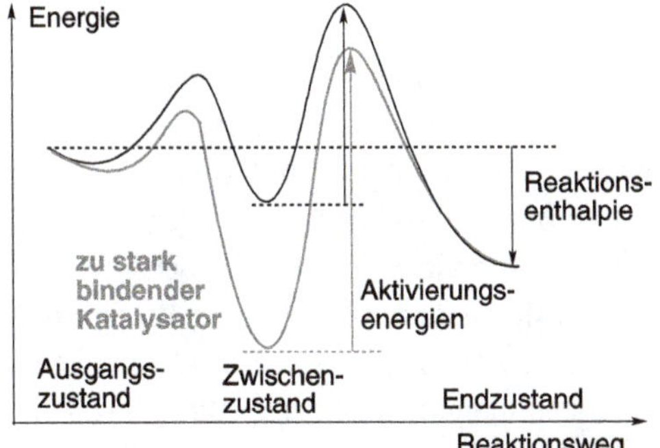

Abb. 4.17: Schematisches Energiediagramm für unterschiedliche Katalysatoren oder unterschiedliche Zwischenzustände beim gleichen Katalysator. Der eine Katalysator bindet im Zwischenzustand zu stark oder der eine Zwischenzustand ist zu stark stabilisiert. Im Vergleich wird die Weiterreaktion wegen zu hoher Aktivierungsenergie erschwert und damit verlangsamt.

4.4.1.8 Enantioselektive Olefinisomerisierung, L-Menthol-Synthese

Im Duft- und Aromastoff L-Menthol entscheiden drei Stereozentren über den charakteristischen Geruch und die lokale anästhetische Wirkung. Die traditionelle Route zur (±)-Mentholgewinnung ist die Hydrierung von Thymol. Damit konkurriert ein katalytischer Prozess, der eine enantioselektive Olefinisomerisierung an einem chiralen Rhodiumkomplex als Schlüsselschritt zur Einführung des ersten Stereozentrums für das spätere Mentholprodukt enthält. Die aus dem Ausgangsmaterial *β*-Pinen erhaltenen *E*-/*Z*-isomeren Allylamine Diethylgeranylamin und Diethylnerylamin können beide an einem Rhodiumkatalysator zum R(–)-Diethyl-*E*-citronellalenamin isomerisiert werden. Die Ausbeute liegt bei 94–100 % mit einem Enantiomerenüberschuss > 99 %. Je nach Ausgangsprodukt muss das jeweils andere Enantiomer des chiralen Rhodiumkomplexes eingesetzt werden. Für das *E*-Isomer wird der Komplex mit dem (–)-Binap-Liganden und für das *Z*-Isomer das Rhodium–(+)-Binap-Derivat verwendet.

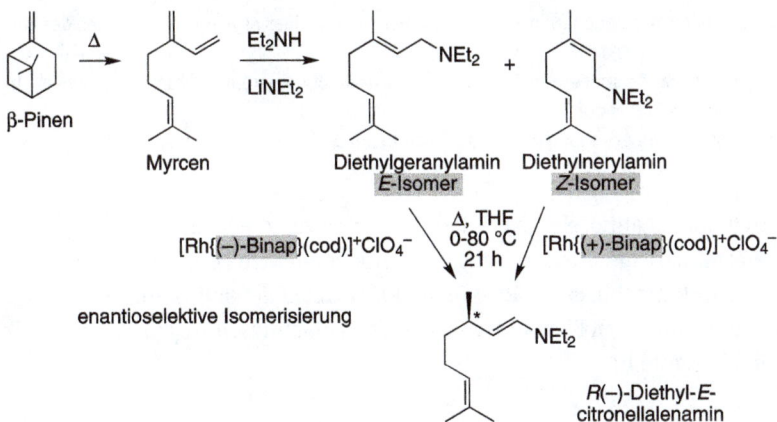

Δ
β-Pinen
Myrcen
Et_2NH
$LiNEt_2$
NEt_2 + NEt_2
Diethylgeranylamin *E*-Isomer
Diethylnerylamin *Z*-Isomer
$[Rh\{(-)\text{-}Binap\}(cod)]^+ClO_4^-$
Δ, THF 0-80 °C 21 h
$[Rh\{(+)\text{-}Binap\}(cod)]^+ClO_4^-$
enantioselektive Isomerisierung
NEt_2
R(–)-Diethyl-*E*-citronellalenamin

Der vorgeschlagene Mechanismus der enantioselektiven Isomerisierung des Allylamins führt über Rhodium-π-Komplexe (Abb. 4.18). Aus einem Binap-Rh(I)-Disolvat-Komplex wird durch Austausch eines Solvatliganden ein Stickstoff-koordinierter Allylaminkomplex erhalten. Der Verlust des zweiten Lösungsmittelliganden führt zu einer 14-Elektronen-Spezies. Diese stabilisiert sich durch β-Wasserstoffeliminierung vom C1-Kohlenstoffatom zu einem intermediären Iminium-Rhodium-H-Komplex (Schritt 1). Der Iminiumligand ist über die C=N-Bindung an das Metallatom π-koordiniert. Dieser Komplex lagert sich durch die Wasserstoffübertragung vom Metall- auf das C3-Atom in eine Verbindung um, in der das Enamin N- und π-gebunden ist (Schritt 2). Die Anlagerung eines neuen Allylaminliganden führt zu einem gemischten Enamin-Allylamin-Komplex. Der Verlust des Enamin-Produktmoleküls aus diesem gemischten Komplex gibt wieder die 14-Elektronen-Spezies.

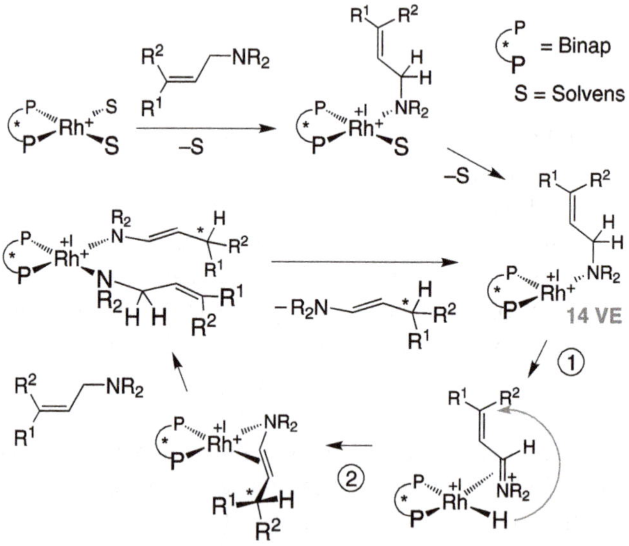

Abb. 4.18: Mechanismus der enantioselektiven Isomerisierung eines Allylamins im Rahmen der Menthol-synthese.

Schritt 1: β-Wasserstoffeliminierung aus dem Stickstoff-koordinierten Allylamin zu einem Iminium-Rhodium-Wasserstoff-π-Komplex.

Schritt 2: Wasserstoffübertragung vom Rhodiumatom auf das Olefin, Hydrometallierung.

Das durch die enantioselektive Olefinisomerisierung eingeführte erste Stereozentrum determiniert die Stereochemie an den beiden weiteren stereogenen C-Atomen, die sich beim Ringschluss des R(–)-Diethyl-E-citronellalenamins zum L-Menthol ergeben. Bei der japanischen Firma Takasago werden über diesen Weg pro Jahr 1500 Tonnen L-Menthol hergestellt:

$\xrightarrow{AcOH,\ H_2O}$ $\xrightarrow{ZnBr_2}$ $\xrightarrow{H_2,\ \text{Raney-Ni}}$

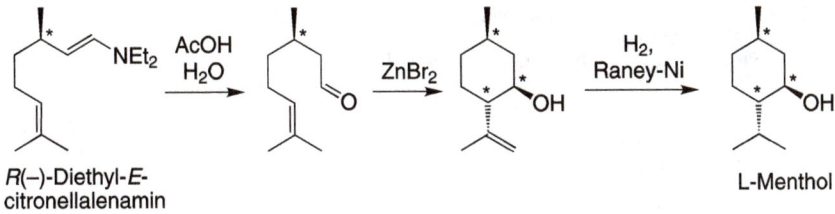

R(–)-Diethyl-*E*-citronellalenamin — L-Menthol

4.4.1.9 Transferhydrierung von Alkoholen zu Ketonen

Die Metall-katalysierte Wasserstoffübertragung oder Transferhydrierung zwischen Alkoholen und Ketonen wird vielfach genutzt. Sie kann als katalytische Variante der Meerwein-Ponndorf-Verley-Reaktion gesehen werden. Die Carbonylverbindung wird zum Alkohol reduziert. Der Alkohol wird oxidiert:

Beispiel: Katalysator; Bsp.: $RuCl_2(PPh_3)_3$, NaOH, 82 °C, 1 h, in i-Propanol

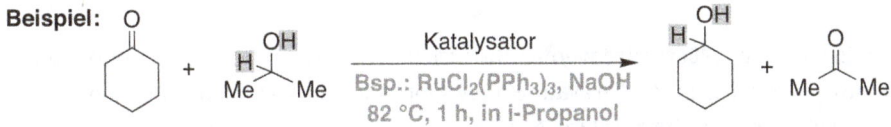

Die asymmetrische Transferhydrierung von prochiralen Ketonen ist eine der attraktivsten Methoden zur Synthese von optisch aktiven sekundären Alkoholen. Diese sind wichtige Intermediate für Feinchemikalien und Pharmazeutika.

Rutheniumkomplexe können diese Reaktion katalysieren. Katalysatoren für die enantioselektive Transferhydrierung sind z. B. chirale Halbsandwich-Rutheniumkomplexe (s. Abschn. 4.3.4.4). Mit Übergangsmetallkomplexen wird ein Hydridmechanismus unter Bildung eines Metall-Hydrid-Komplexes favorisiert. Die Startreaktion ist die Bildung eines Ruthenium-Alkoxid-Komplexes. Das Alkoxid-Edukt wird aus der Reaktion des Isopropanols mit Base erhalten. Aus dem Isopropoxidliganden wird durch β-Wasserstoffeliminierung das Acetonprodukt abgespalten und eine Ruthenium-Hydrid-Verbindung erhalten. In einer Hydrometallierungsreaktion kann sich die Ru–H-Bindung an die Carbonyl-Doppelbindung des Cyclohexanons addieren. Es wird wieder ein Alkoxid erhalten. Im Austausch mit Isopropanol wird das Cyclohexanolprodukt freigesetzt. Mit der Ruthenium-Isopropoxid-Spezies beginnt der katalytische Zyklus von Neuem.

Zyklus für die Ruthenium-vermittelte Wasserstoffübertragung von i-Propanol auf Cyclohexanon

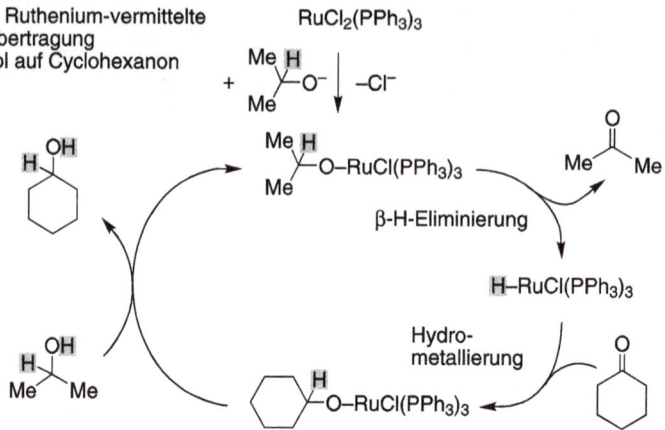

$RuCl_2(PPh_3)_3$

$-Cl^-$

$O–RuCl(PPh_3)_3$

β-H-Eliminierung

$H–RuCl(PPh_3)_3$

Hydro-metallierung

$O–RuCl(PPh_3)_3$

4.4.1.10 Metallocenkatalysatoren für die Olefinpolymerisation

Seit Beginn der 1990er Jahre werden Bis(cyclopentadienyl)zirconium-Komplexe in der Industrie als spezielle Ziegler-Natta-Katalysatoren für die Olefinpolymerisation eingeführt (zur Ziegler-Natta-Katalyse, s. Abschn. 4.4.2.3). Die Entwicklung von Zirconocenverbindungen zu anwendbaren Polymerisationskatalysatoren ist die erste großindustrielle Anwendung für Metallocene.

Für das industrielle Interesse an den Zirconocenkatalysatoren ist es von grundlegender Bedeutung, dass mit diesen Katalysatoren Polyolefine zugänglich wurden, die mit konventionellen Ziegler-Natta-Katalysatoren nicht erhalten werden können. Polymerparameter wie Molmasse, Molmassenverteilung (Abb. 4.19), Comonomerinsertion und -verteilung (s. Abb. 4.23) und die Taktizität (s. Abb. 4.20) können mit Metallocenkatalysatoren über das Cyclopentadienyl-Ligandendesign gesteuert werden.

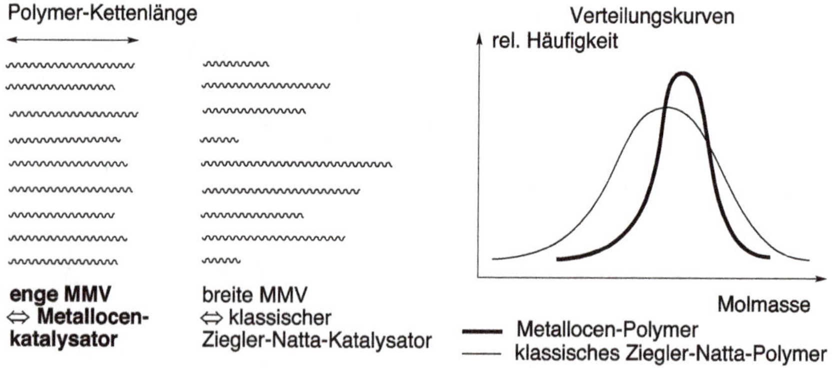

Abb. 4.19: Schematische Darstellung einer engen und breiten Molmassenverteilung (MMV). Für Polyolefine bedeutet eine enge MMV eine erhöhte Stärke, Reiß-, Stich-, Zieh- und Stoßfestigkeit.

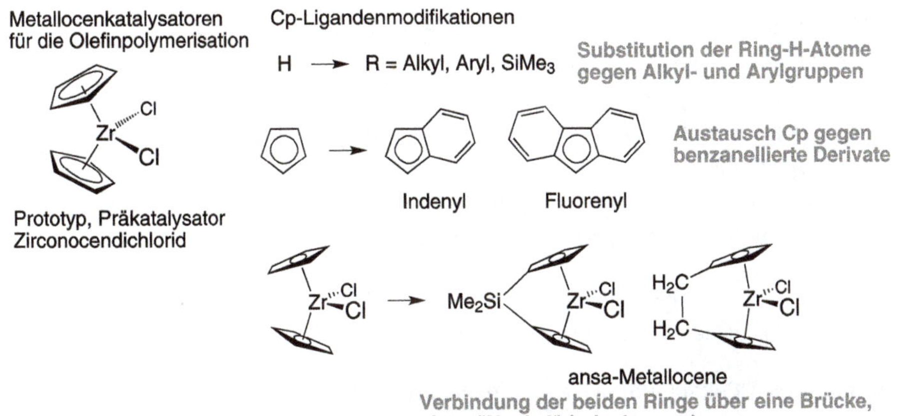

Die Cp-Modifikationen werden oft in Kombination eingesetzt, z. B. ansa-Bis(indenyl)-Liganden, bei denen die verbliebenen Wasserstoffatome am Fünf- oder Sechsring noch weiter durch Alkyl- oder Arylreste substituiert sind (für diesbezügliche Beispiele s. Abb. 4.20). Das Einfrieren der Rotation von substituierten Cyclopentadienylringen durch Anbringen der Brücke führt zur Ausbildung von chiralen Metallocenen (s. u.).

Die für die Olefinpolymerisation eingesetzten neutralen Zirconocenkomplexe sind in der Regel noch nicht katalytisch aktiv, sondern bedürfen der Aktivierung durch einen Cokatalysator. Ein Cokatalysator ist Methylalumoxan, MAO (s. Abschn. 4.2.3). Methylalumoxan bewirkt eine Methylierung des eingesetzten Metallocendichlorids und eine Chlorid- oder Methylidabstraktion zur Bildung eines Zirconoceniumkations $[Cp_2ZrMe]^+$:

Zirconocendichlorid-Aktivierung mit MAO

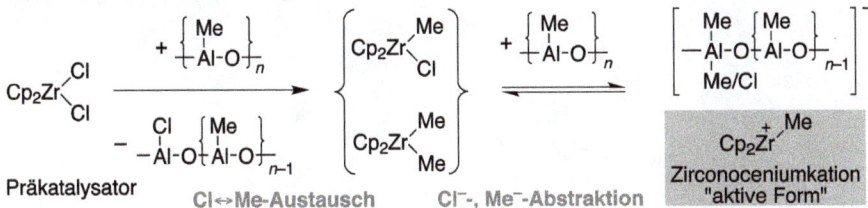

Cp_2ZrCl_2 (Präkatalysator) $\xrightarrow[-\,\{ClAl\text{-}O\}\{Al(Me)\text{-}O\}_{n-1}]{+\,\{Al(Me)\text{-}O\}_n}$ $\{Cp_2Zr(Me)Cl,\ Cp_2ZrMe_2\}$ $\underset{}{\overset{+\,\{Al(Me)\text{-}O\}_n}{\rightleftharpoons}}$ $[\text{-}Al(Me)(Me/Cl)\text{-}O\{Al(Me)\text{-}O\}_{n-1}]^-$ Cp_2Zr^+Me

Cl↔Me-Austausch — Cl^--, Me^--Abstraktion

Zirconoceniumkation "aktive Form"

Zum Erreichen einer guten Polymerisationsaktivität bedarf es eines hohen MAO-Überschusses relativ zum Metallocen. Der notwendige Überschuss wird mit dem Vorliegen eines ungünstigen Aktivierungsgleichgewichts gedeutet. Darüber hinaus ist MAO ein Putzmittel (engl. *scavenger*) gegenüber Verunreinigungen (Katalysatorgifte). Noch wenig geklärt ist die Ausbildung einer stabilisierenden Umgebung für das hochaktive Metallocenkation, eventuell in der Art eines Wirt-Gast- oder Kronen-Alumoxan-Komplexes. Ein Vergleich mit Enzymen, in denen das kleine aktive Zentrum durch die große organische Hülle geschützt wird, bietet sich an. Aluminiumalkyle wie R_3Al oder

R_2AlCl sowie Alumoxane mit längeren Alkylresten führen mit den Metallocenen nur zu wenig aktiven Katalysatorsystemen.

Metalloceniumkationen gelten als gesicherte aktive Spezies. Derartige Kationen können mit schwach-koordinierenden Anionen hergestellt werden und sind außerordentlich polymerisationsaktiv. Die Synthese der Zirconoceniumkationen gelingt z. B. durch Methylidabstraktion mit Tris(pentafluorphenyl)boran, $B(C_6F_5)_3$ oder dem Triphenylcarbenium-(Trityl-)salz des perfluorierten Tetraphenylborats, $[Ph_3C]^+[B(C_6F_5)_4]^-$:

$$Cp_2ZrMe_2 + B(C_6F_5)_3 \longrightarrow [Cp_2ZrMe]^+[\mu\text{-}MeB(C_6F_5)_3]^-$$
$$Cp_2ZrMe_2 + [Ph_3C]^+[B(C_6F_5)_4]^- \longrightarrow [Cp_2ZrMe]^+[B(C_6F_5)_4]^- + Ph_3CMe$$

Die mit diesen Cokatalysator-freien Ionenpaaren erhaltenen Polymerprodukte unterscheiden sich nicht von den mit MAO als Cokatalysator erhaltenen Polymeren. In der Abwesenheit von Putzmitteln sind die Boran-aktivierten oder kationischen Katalysatoren aber extrem empfindlich gegenüber Verunreinigungen.

Die Formulierung eines Cp_2ZrR^+-d^0-Systems als polymerisationsaktive Spezies wird weiterhin gestützt durch die Beobachtung, dass neutrale, iso-d-elektronische Metallocenkomplexe der dritten Gruppe (Sc, Y, La) und der Lanthanoide mit der allgemeinen Form Cp_2MR gegenüber Ethen ohne Cokatalysator polymerisationsaktiv sind.

Die Ligandenabstraktion in den Metallocenderivaten Cp_2ZrR_2 erzeugt die notwendige freie Koordinationsstelle und das Metallorbital für die σ-Wechselwirkung mit dem Olefin. Wegen der fehlenden d-Elektronen erfolgt keine π-Rückbindung in die leeren π^*-Orbitale des Olefins. Die Metall-Olefin-Wechselwirkung wird nicht stabilisiert und bleibt schwach (vgl. Abschn. 4.3.4.1).

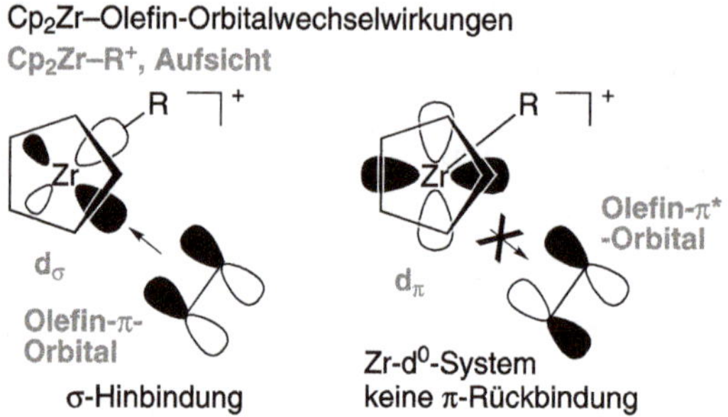

Der cis-ständige Alkylligand, das Kettenende, kann auf das Olefin übertragen werden, d. h. das Olefin insertiert in die Metall–Alkyl-Bindung. Theoretische Rechnungen legen einen konzertierten Mechanismus nahe. Mit der Aufnahme der neuen C–C-Bindung wird die alte M–C-Bindung zum Alkylrest langsam gelöst, und es baut sich eine neue M–C-Bindung mit dem randständigen Kohlenstoffatom des Olefins auf.

Momentaufnahmen der Propeninsertion in die Zr–R-Bindung eines $[Cp_2ZrR]^+$-Modellkomplexes nach Molekülorbital-Rechnungen

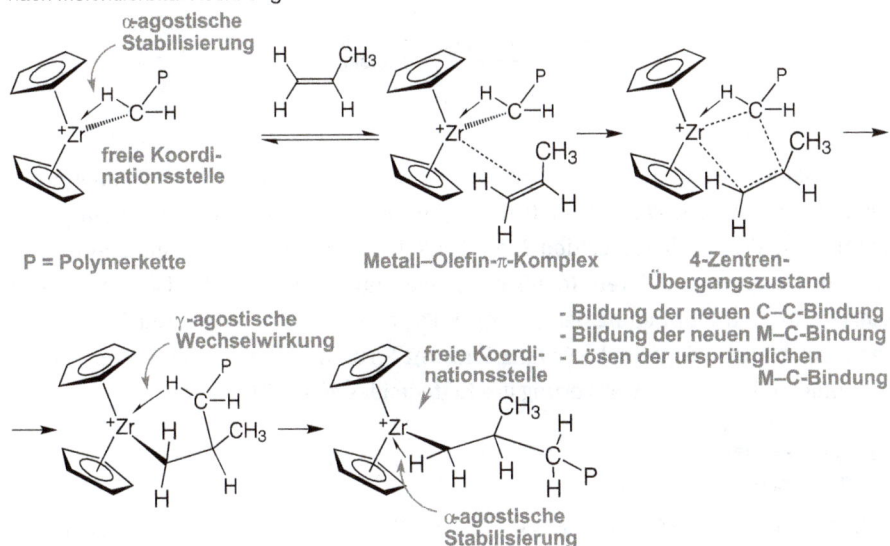

α-agostische Stabilisierung

freie Koordinationsstelle

P = Polymerkette

Metall–Olefin-π-Komplex

4-Zentren-Übergangszustand

- Bildung der neuen C–C-Bindung
- Bildung der neuen M–C-Bindung
- Lösen der ursprünglichen M–C-Bindung

γ-agostische Wechselwirkung

freie Koordinationsstelle

α-agostische Stabilisierung

Die Besonderheit der Zirconocen- gegenüber den klassischen Ziegler-Natta-(ZN-)Katalysatoren wird am besten in dem Begriff ‚single-site'-Katalysator zusammengefasst. Die aktiven Zentren sind in den molekularen Zirconocenspezies sehr einheitlich. Die klassischen Ziegler-Natta-Katalysatoren sind als Festkörper vom Aufbau her Heterogenkatalysatoren mit unterschiedlich aktiven Zentren. Ihre aktiven Zentren an Kanten, Ecken oder auf Flächen des Festkörpers haben verschiedene chemische Umgebungen und damit stärker variierende Aktivitäten. Dieser Unterschied zwischen Zirconocen- und ZN-Katalysatoren hat Auswirkungen auf die Einheitlichkeit der erhaltenen Polymere (s. Abb. 4.19 und 4.23). Für die industrielle Anwendung in Suspension oder Gasphasenverfahren werden die Metallocensysteme auf Trägermaterialien heterogenisiert.

Bei der Ethenpolymerisation werden an die Ligandensphäre des Katalysators im Allgemeinen keine speziellen Anforderungen gestellt. Alle Zirconocenkatalysatoren sind je nach der sterischen Hinderung ihrer Ringsubstituenten mehr oder weniger aktiv gegenüber Ethen. Für die Polymerisation von α-Olefinen ist es aber nicht mehr beliebig, mit welcher Seite das Olefin an das Metallatom koordiniert und welches Kohlenstoffatom der Doppelbindung die neue C–C-Bindung bildet. Die mechanischen Eigenschaften von Polypropenen und anderen Poly-α-olefinen hängen sehr stark von der Polymermikrostruktur ab. Diese wird durch die Regio- und Stereoselektivität bei der Insertion bestimmt. Regioselektivität beschreibt, welches Ende der α-olefinischen Doppelbindung an das Metallatom und welches Ende jeweils an die wachsende Kette gebunden wird.

Stereo- R 2 1 Regio-selektivität

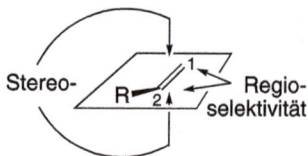

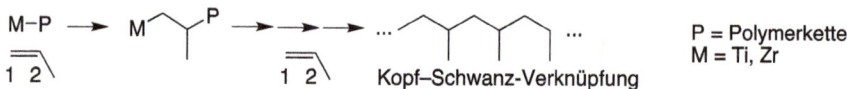

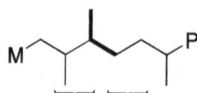

Im Normalfall wird bei den klassischen Ziegler-Natta- und den Metallocenkatalysatoren beim Insertionsschritt das CH_2-Ende des Olefins (Position 1) an das Metallatom gebunden und die CHR-Einheit (Position 2) an das Kettenende. Dies ergibt eine 1,2-Insertion und führt zu regio-regulären Kopf-Schwanz-Verknüpfungen. Bei der isolierten umgekehrten An- und Einbindung des Olefins in Form einer regio-irregulären 2,1-Insertion kommt es zu Kopf-Kopf- und Schwanz-Schwanz-Struktureinheiten. Oder es ergibt sich zusammen mit einer Isomerisierung des Kettenendes eine 1,3-Insertion:

Regioselektivität
1,2-Insertion – regio-regulär
M–P → M P → → → ... ... Kopf–Schwanz-Verknüpfung
P = Polymerkette
M = Ti, Zr
2,1-Insertion – regio-irregulär
sekundärer Alkylrest M P
Isomerisierung β-H-Elim. und Olefin-Re-Insert. in M–H
M P = 1,3-Insertion primärer Alkylrest
1,2-Insertion
1,2-Insertion
M P
Kopf–Kopf- Schwanz–Schwanz-Struktur

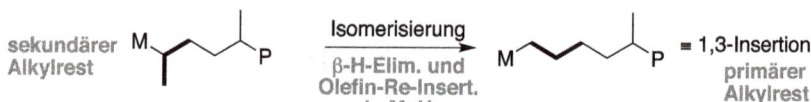

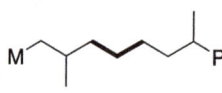

Solche „Einbaufehler" haben schon in geringen Anteilen große Effekte auf die mechanischen Eigenschaften. Sie können deshalb erwünscht sein, um in einem Olefin-Homo- oder Copolymer die Eigenschaften abstimmen zu können.

Die Einhaltung einer normalen Regioselektivität ist in der Regel unproblematisch und stellt keine besonderen Anforderungen an das Ligandendesign. Die stereoselektive Polymerisation von prochiralen α-Olefinen verlangt die Verwendung chiraler Katalysatoren. Eine Möglichkeit zur Einführung von Chiralität in Metallocenen ist das Einfrieren der Ringrotation durch Verknüpfung der Ringe über eine Brücke. Von besonderer Bedeutung für die α-Olefinpolymerisation sind die C_2-(dis-)symmetrischen ansa-Metallocene. Bis(indenyl)- und Bis(tetrahydroindenyl)zirconocenverbindungen sind vielfach eingesetzte Präkatalysatoren. Für die Polymerisationskatalyse ist die Verwendung enantiomerenreiner Metallocene nicht notwendig. Diese können als Racemat eingebracht werden. Zu den chiralen C_2-symmetrischen Stereoisomeren gibt es noch eine achirale *meso*-Form.

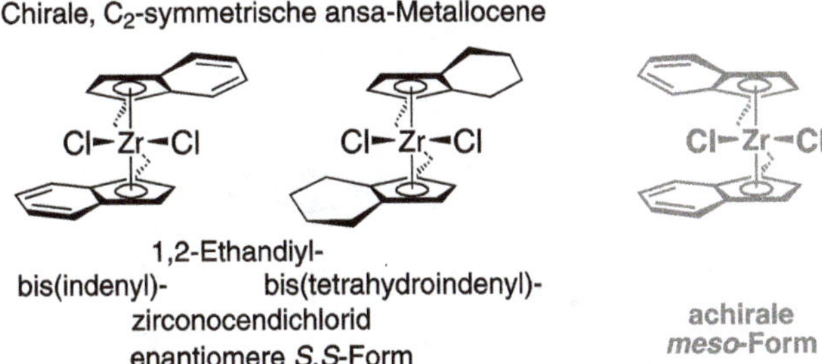

Die C_2-Symmetrie in den Metallocenen ist ein wichtiger Aspekt für eine hohe Stereoselektivität bei der Polymerisation von Propen und anderen α-Olefinen. Eine höhere Stereoselektivität in katalysierten Reaktionen mit C_2-symmetrischen Systemen gegenüber vergleichbaren chiralen Katalysatoren ohne jede Symmetrie (asymmetrisch) ergibt sich wegen der geringeren Zahl von möglichen konkurrierenden diastereomeren Übergangszuständen (vgl. Abb. 4.15).

Die drei stereoselektiven Hauptvariationen bei Vinylpolymeren sind isotaktisch, syndiotaktisch und ataktisch:

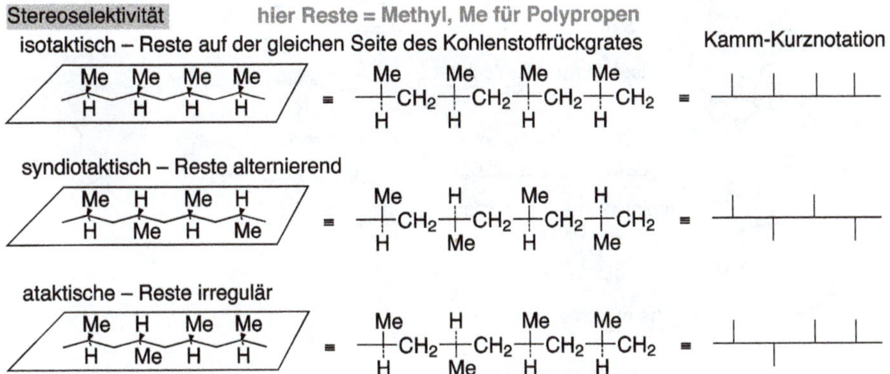

Achirale Metallocenkatalysatoren ergeben bei der Propenpolymerisation meist ataktische Polypropene, die fast immer eine niedrige Molmasse aufweisen und ölig oder wachsartig sind (Ausnahme C_s-symmetrische Metallocene, s. u.). Die chiralen C_2-symmetrischen Zirconocen/MAO-Katalysatoren geben tendenziell isotaktisches Polypropen. Änderungen an der sterischen Ligandenumgebung erlauben eine bisher nicht dagewesene Kontrolle der Polymermikrostruktur. Zwischen der iso- und ataktischen Form können isotaktisches PP mit unterschiedlicher Anzahl von Stereofehlern (iso-block), isotaktisch-ataktisches-Block-, isotaktisch-syndiotaktisches-Block-, hemi-isotaktisches und insbesondere syndiotaktisches Polypropen durch Ligandenmodifikation erhalten werden (Abb. 4.20).

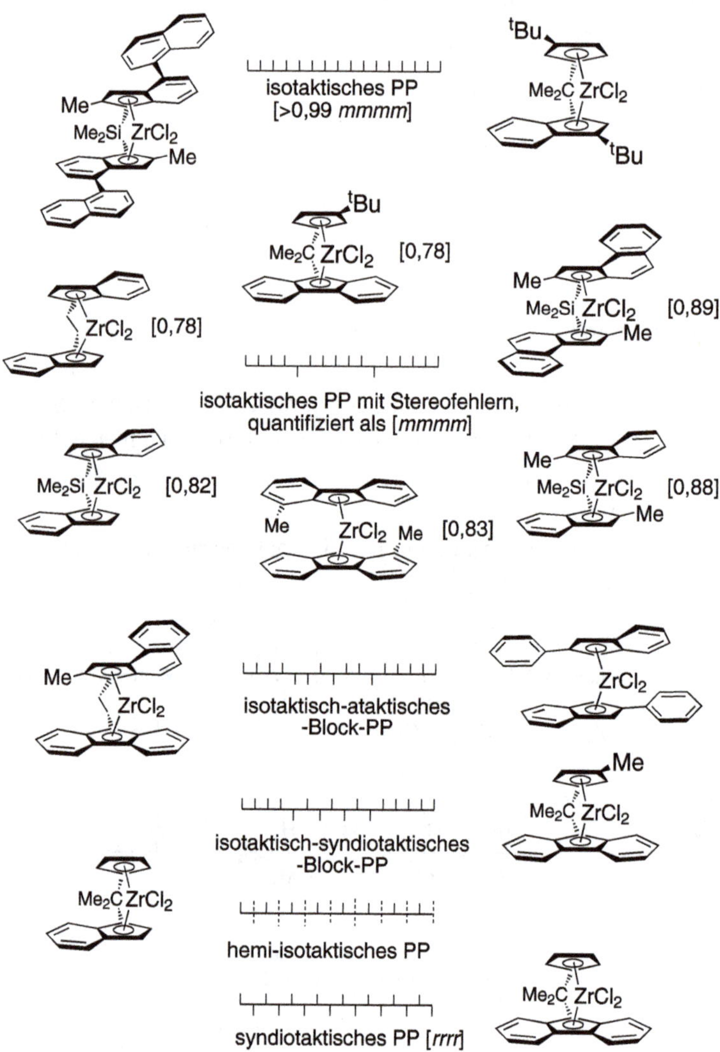

Abb. 4.20: Korrelation von Zirconocen-Präkatalysatoren und damit erhaltenen Polypropen-(PP-)Mikrostrukturen zur Verdeutlichung der unterschiedlichen stereochemischen Kontrolle. Der Begriff hemi-isotaktisch beschreibt, dass die Insertion jeder zweiten (geraden) Propeneinheit sterisch kontrolliert ist, während die dazwischenliegenden (ungeraden) Insertionen statistisch erfolgen. Die Liganden in $(Ph\text{-}Indenyl)_2ZrCl_2$ sind nicht verbrückt. Die Mikrostrukturanalyse von Vinylpolymeren erfolgt durch ^{13}C-NMR-Spektroskopie. In eckigen Klammern ist der Anteil der *mmmm*-Pentade im Methyl-Bereich des ^{13}C-NMR als Isotaktizitätsindex gegeben (*m* = *meso*-Diade, d. h. gleiche Konfiguration der pseudo-asymmetrischen tertiären C-Atome [im Kettenrückgrat] von zwei aufeinander folgenden Monomereinheiten, *r* = *racemische* Diade, d. h. umgekehrte Konfiguration).

Die Stereoregulierung bei der Polymerisation von α-Olefinen kann entweder durch eine Wechselwirkung des eintretenden Monomers mit der wachsenden Kette oder durch eine Wechselwirkung zwischen Monomer und Metallfragment oder durch beides erreicht werden. Im ersten Fall spricht man von einer Kettenend-Kontrolle, im zweiten Fall von einer ‚enantiomorphic-site'-Kontrolle.

Stereokontrolle durch ein Metallfragment. Bei einer normalen regioselektiven 1,2-Insertion kann das prochirale Propen- oder allgemein α-Olefin-Monomer mit zwei (unterschiedlichen) Seiten an das Metallatom koordinieren (Abb. 4.21). Wenn eine der beiden Koordinationen energetisch begünstigt ist, dann wird die Polymerisation stereoselektiv ablaufen. Die räumliche Anordnung der Liganden bei einem racemischen ansa-Bis(indenyl)zirconocen führt dazu, dass Position (a) im Vergleich zu (b) in Abb. 4.21 energetisch günstiger ist. Es wird den sterischen Wechselwirkungen mit dem Sechsring des Indenylsystems und mit dem Kettenende ausgewichen. Nach erfolgter Insertion finden sich für den nächsten Einbauschritt (c) die Kette und das Monomer in vertauschter Position wieder. Solch eine Wanderung des Kettenendes ist für eine isotaktische Polymerisation keine Grundbedingung. Auch ohne sie würde sich die iso-Stellung der Alkylgruppen (meso-Diaden) zueinander ergeben. Der Positionswechsel ergibt sich aus

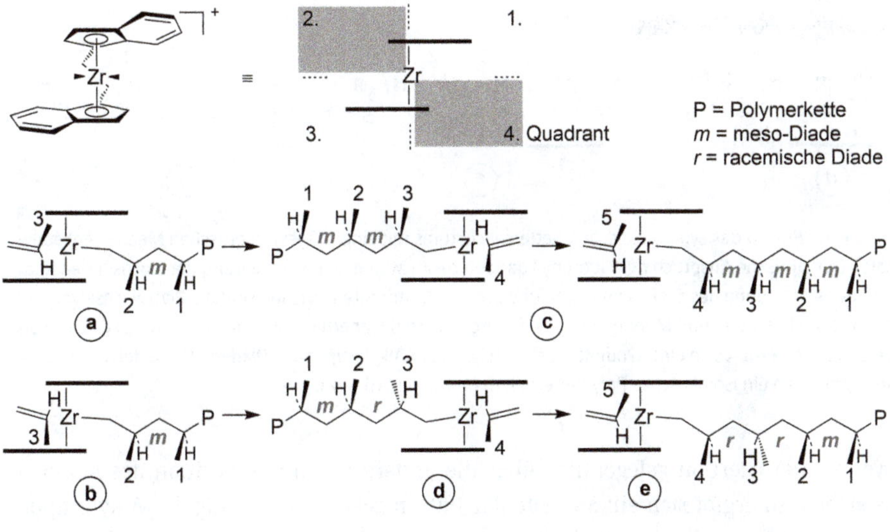

Abb. 4.21: Modell für die Propeninsertion bei einem C_2-symmetrischen Metallocenkatalysator. Bei dem hier gezeigten Enantiomer begünstigt der sterische Anspruch der Indenylliganden eine Positionierung des Kettenendes und der Alkylgruppe des α-Olefins im vierten und zweiten Quadranten. Von den beiden prochiralen Positionen (a) und (b) des Monomers ist (a) energetisch begünstigt. Für die andere enantiomere Form des Metallocens, welches als Racemat in der Katalyse eingesetzt wird, ist die Insertion analog. Die Propenpolymerisation ist ein stereoselektiver und kein enantioselektiver Prozess. Aufgrund der Platzwechselvorgänge (a) ⟶ (c) ist für eine identische Stereoselektion von beiden Seiten die C_2-Symmetrie des Katalysators wichtig. Ein Stereofehler (b) wird durch die ‚enantiomorphic-site'-Kontrolle des Katalysators zu einem isotaktischen PP mit Stereofehlern korrigiert (d) ⟶ (e).

dem Insertionsmodell, wie es oben als Momentaufnahmen aus Rechnungen skizziert wurde. Der Positionswechsel wird weiterhin durch das syndiotaktische Polymerisationsverhalten von C_S-symmetrischen Metallocenkatalysatoren gestützt (s. u., Abb. 4.22). Molekülmodellierungen zeigen, dass der Platzwechsel der wachsenden Kette nur eine kleine Relativbewegung zwischen Kettenende und Metalloceneinheit bedingt. Wegen der Platzwechselvorgänge ist die C_2-Symmetrie des Katalysators wichtig. Nur so wird von beiden Seiten eine identische Stereoselektion und damit die isotaktische Orientierung der Methylgruppen gewährleistet.

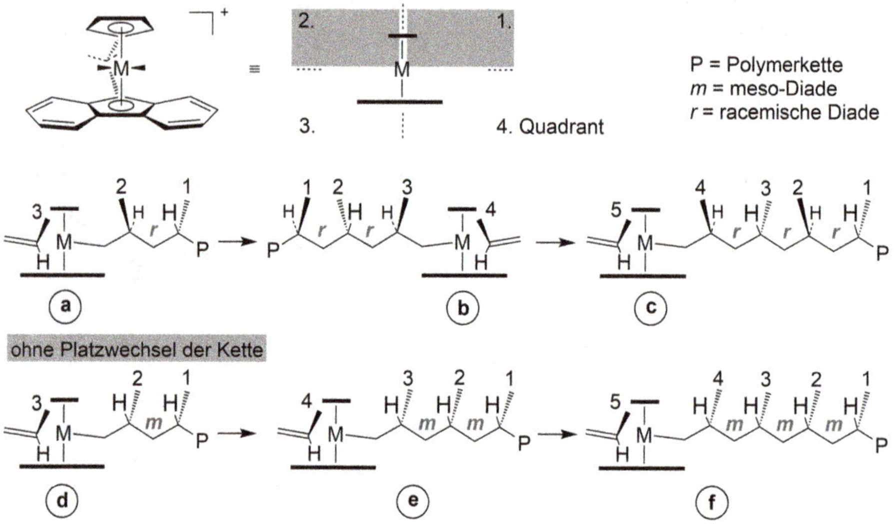

Abb. 4.22: Prinzip des syndiotaktischen Kettenwachstums mit einem C_S-symmetrischen Metallocenkatalysator. Der sterische Anspruch des Fluorenylliganden begünstigt eine Positionierung der wachsenden Kette und der Alkylgruppe des Olefins im ersten und zweiten Quadranten. Wichtig sind die Platzwechselvorgänge zwischen Kette und Monomer (a ⟶ b ⟶ c). Durch die alternierende Annäherung des Olefins von beiden Seiten ergibt sich eine syndiotaktische Stellung der Alkylgruppen (*r*-Diaden). Ohne den Platzwechsel würde man ein isotaktisches Polymer erhalten (*m*-Diaden) (d ⟶ e ⟶ f).

Wenn eine Insertion gelegentlich über die andere prochirale Position des Monomers erfolgt, so ergibt sich ein Stereofehler mit umgekehrter Stellung der Alkylgruppen zueinander (racemische, *r*-Diade). Dieser wird aber bei einem isoselektiven Katalysator mit ‚enantiomorphic-site'-Kontrolle gleich wieder korrigiert [Abb. 4.21, (b) ⟶ (e)]. Man erhält so das in Abb. 4.20 gezeigte isotaktische PP mit Stereofehlern.

Zirconocenverbindungen, in denen das Metallatom einen verbrückten Cyclopentadienyl- *und* Fluorenylliganden trägt, mit Spiegelebene oder C_S-Symmetrie, ergeben syndiotaktisches Polypropen (mit kleinen Anteilen isotaktischer *mm*-Triaden). Abb. 4.22 veranschaulicht die syndiotaktische Kettenfortpflanzung bei einem derartigen C_S-Katalysator. Die syndiotaktische Polymerisation liefert starke Hinweise auf einen Platzwechselvorgang bei jedem Insertionsschritt. Für die Syndiotaktizität ist ein Wechsel von Ketten- und Monomerposition eine Voraussetzung. Ohne den Platzwechsel würde man ein isotaktisches Polymer erhalten [Abb. 4.22, (d) ⟶ (e) ⟶ (f)].

Die Temperatur übt einen starken Einfluss auf die Stereoselektivität aus. Je höher die Temperatur, desto mehr werden ataktische Strukturen begünstigt. Chirale Bis(indenyl)zirconocen/MAO-Systeme ergeben bei konventionellen Polymerisationstemperaturen oberhalb 60 °C, wo erst die Katalysatoraktivität genügend hoch ist, mit α-Olefinen nur Oligomere. Der Erhalt von Polymerisationsprodukten mit niedriger Molmasse ist auf eine stärkere Erhöhung der Geschwindigkeit für die Kettenübertragung gegenüber der Kettenfortpflanzung mit steigender Temperatur zurückzuführen. Der Reaktionsweg für die hauptsächliche Kettenabbruchreaktion, die β-Wasserstoffeliminierung muss also blockiert, d. h. die Reaktionsgeschwindigkeit erniedrigt werden. Zusätzliche Methylgruppen am Fünfring der Indenylringe in Nachbar-(α-)Stellung zum Brückenansatz (s. Abb. 4.20) erwiesen sich als sehr wichtig für eine Optimierung der Taktizität und der Polymermolmasse bei erhöhter Temperatur. Der bemerkenswerte Effekt der α-Methylsubstituenten dürfte zum einen auf einen sterischen Effekt zur Unterdrückung von 2,1-Fehlinsertionen gründen. Zum anderen wurde ein Elektronendonoreffekt vorgeschlagen, der die Lewis-Acidität des kationischen Zentrums und damit die Tendenz zur β-H-Eliminierung verringert. Außerdem zeigen die α-Methyl-substituierten C_2-Metallocene eine geringere Deformierbarkeit. Das ansa-Ligandengerüst kann sich bis zu ±20° um die Metallatom-C_5-Ringmittelpunktsachse drehen. Die Drehungen der beiden Ringliganden müssen nicht gleichförmig zwischen der Π- und Y-Konformation verlaufen. Temperaturvariable NMR-Untersuchungen deuten auf eine kleine Energiedifferenz von nur 4 kJ/mol und damit auf eine relativ ungestörte Fluktuation in Lösung zwischen diesen beiden Konformeren.

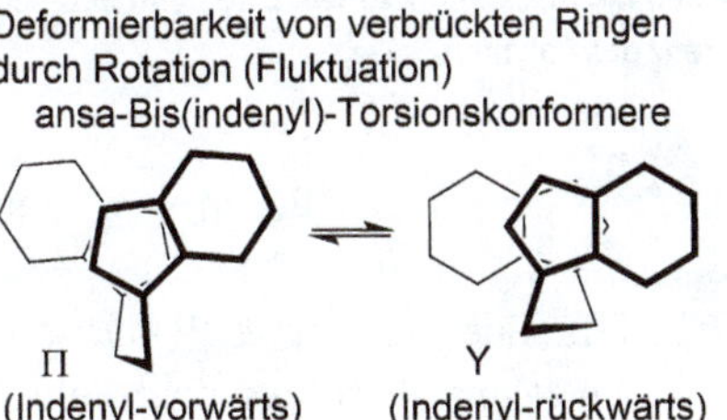

Die Drehung hat Auswirkung auf die Struktur-Selektivitäts-Beziehung. Zur Lösung des Problems der abnehmenden Molmasse mit steigender Temperatur wurden zusätzlich aromatische Substituenten an den Sechsring des Indenylliganden angefügt. Die auf diese Weise konstruierten fortgeschrittenen (‚advanced') Metallocene zeigen die höchsten Aktivitäten, Stereoselektivitäten und Polypropen-Molmassen.

Beispiele für „advanced" Zirconocen-(Prä-)Katalysatoren

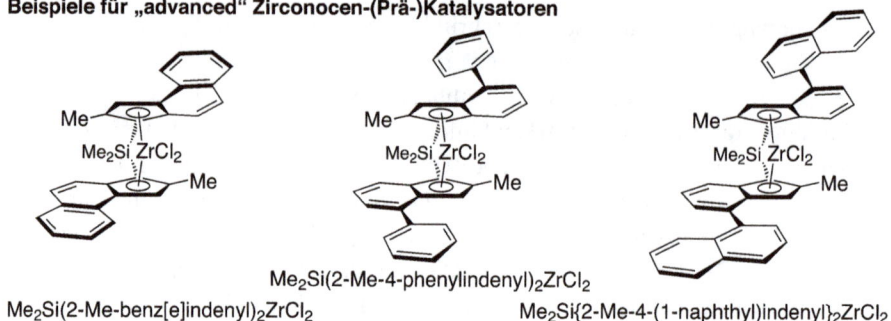

Me
Me_2Si $ZrCl_2$
Me

$Me_2Si(2\text{-}Me\text{-}benz[e]indenyl)_2ZrCl_2$

$Me_2Si(2\text{-}Me\text{-}4\text{-}phenylindenyl)_2ZrCl_2$

$Me_2Si\{2\text{-}Me\text{-}4\text{-}(1\text{-}naphthyl)indenyl\}_2ZrCl_2$

Bei der Copolymerisation mit Metallocenkatalysatoren erfolgt die Comonomerinsertion in die Polymerkette weitgehend statistisch. Bei klassischen Ziegler-Natta-Katalysatoren wird das Monomer hauptsächlich in die niedere Molmassenfraktion eingebaut (Abb. 4.23).

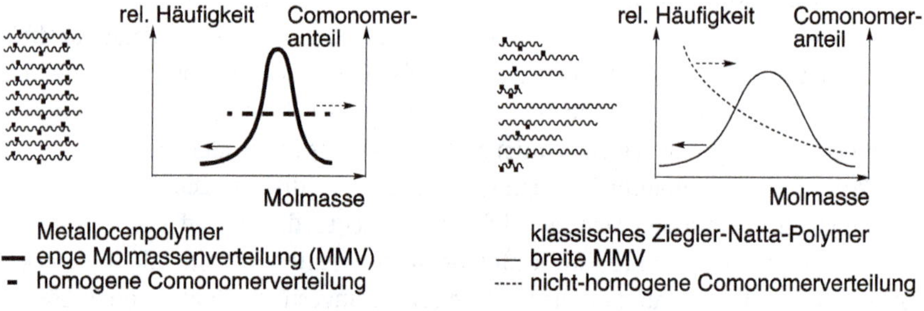

Abb. 4.23: Schematische Darstellung einer mehr oder weniger einheitlichen (homogenen) Comonomerverteilung über die unterschiedlichen Molmassenfraktionen. Eine homogene Comonomerverteilung führt u. a. zu besserer optischer Transparenz des Polymers.

Metallocen/MAO-Katalysatorsysteme ermöglichen die Polymerisation von cyclischen Olefinen, wie Cyclobuten, Cyclopenten, Norbornen, ohne dass eine Ringöffnung erfolgt (vgl. hierzu die ringöffnende Metathesepolymerisation, Abschn. 4.4.2.2). Eine Polymerisation von Cyclohexen gelang allerdings nicht. Beim Cyclobuten wird die Doppelbindung wie erwartet zum Poly(1,2-cyclobuten) geöffnet. Für Cyclopenten läuft die C–C-Verknüpfung als 1,3-Insertion ab. Sterische Gründe werden dafür verantwortlich gemacht, dass nach einer 1,2-Insertion eine Isomerisierung über β-H-Eliminierung und Re-Insertion des Olefins in die Zr–H-Bindung zu einem 1,3-Insertionsprodukt erfolgt, bevor das nächste Monomer insertiert wird (vgl. 1,3-Insertion beim Propen nach einer 2,1-Fehlinsertion, s. o. Regioselektivität). Auf diese Weise wird Poly(1,3-cyclopenten) erhalten. Zusätzlich zur Taktizität kann eine cis/trans-Isomerie bei den Mikrostrukturen unterschieden werden:

Polymerisation von Cycloolefinen mit Metallocenkatalysatoren ohne Ringöffnung

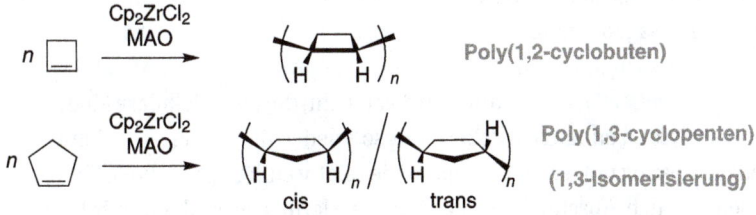

n □ —(Cp_2ZrCl_2, MAO)→ Poly(1,2-cyclobuten)

n Cyclopenten —(Cp_2ZrCl_2, MAO)→ cis / trans Poly(1,3-cyclopenten) (1,3-Isomerisierung)

Die reinen Polycycloolefine zeigen extrem hohe Schmelzpunkte, die oberhalb ihrer Zersetzungstemperaturen an Luft liegen (z. B. 395 °C für Polycyclopenten, über 600 °C für Polynorbornen). Die hohen Schmelzpunkte machen für die Homopolymere eine Weiterverarbeitung schwierig. Zur Erniedrigung der Schmelzpunkte können die Cycloolefine mit Ethen oder Propen copolymerisiert werden. Über die Metallocenkatalysatoren konnte so erstmals eine technische Synthese von Cycloolefin-Copolymeren verwirklicht werden. Cycloolefin/Ethen-Copolymere zeichnen sich durch eine hohe Glastemperatur, exzellente Transparenz, thermische Stabilität und chemische Widerstandsfähigkeit aus. Auf der Basis eines Norbornen/Ethen-Copolymers wurde ein hochtransparenter technischer Kunststoff entwickelt (TOPAS), dessen Eigenschaften Anwendungen im Markt für Compact Discs und magneto-optische Speicherplatten finden.

Die Entwicklung der Metallocene hat die Suche nach weiteren ‚single-site'-Katalysatoren für die Olefinpolymerisation befördert. MAO-aktivierte Eisen- und Cobaltkomplexe mit Diiminopyridinliganden zeigen als post-Metallocenkatalysatoren extrem hohe Aktivitäten in der Polymerisation oder Oligomerisation von Ethen:

Diiminopyridin-Komplexe „post-Metallocene"

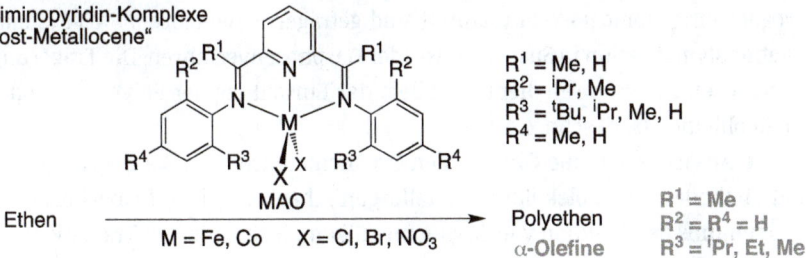

R^1 = Me, H
R^2 = ^{i}Pr, Me
R^3 = ^{t}Bu, ^{i}Pr, Me, H
R^4 = Me, H

Ethen —(MAO; M = Fe, Co; X = Cl, Br, NO_3)→ Polyethen, α-Olefine

R^1 = Me
R^2 = R^4 = H
R^3 = ^{i}Pr, Et, Me

4.4.2 Heterogenkatalytische Verfahren

Katalytische Verfahren der Homogenkatalyse wurden zuerst behandelt und nehmen von der Seitenzahl her einen breiten Raum ein. In der Technik dominiert wert- und mengenmäßig aber die Heterogenkatalyse. Für die Präsentation von katalytischen Prozessen bietet sich die Homogenkatalyse allerdings eher an, da bei ihr die Katalysezyklen sehr viel besser aufgeklärt sind. Die Präkatalysatoren sind wohldefinierte molekulare Spezies. Die Zwischenstufen können oft spektroskopisch erfasst werden. Eine Untersuchung von heterogenkatalytischen Zyklen ist spektroskopisch sehr viel schwieriger. Die

Methoden der Oberflächenanalyse sind vielfach noch nicht so weit entwickelt, dass sie eindeutige Aussagen erlauben. Kompliziert werden die mechanistischen Studien außerdem durch die prinzipiell uneinheitlichere, „heterogene" Natur der aktiven Zentren an den Festkörperoberflächen. Häufig wird versucht, durch molekulare Modellsysteme Heterogenkatalysatoren nachzustellen und so wieder die besser ausgebaute molekulare Analytik in Lösung nutzen zu können sowie relativ einheitliche aktive Zentren vorliegen zu haben (s. auch Abschn. 1.3.1). Ein Beispiel dafür waren die durch Et_2AlCl aktivierten $(C_5H_5)_2TiCl_2$-Metallocenkatalysatoren als Modelle für die klassischen, heterogenen Ziegler-Natta-Katalysatoren. Die homogenen Modellsysteme können aber oft nicht die Aktivität der Heterogenkatalysatoren erreichen, sodass die Relevanz des Modells und der damit gewonnenen Erkenntnisse entsprechend kontrovers ist.

Bei Heterogenkatalysatoren unterscheidet man Vollkontakte, bei denen der gesamte Formkörper aus dem katalytischen Material besteht, und Trägerkatalysatoren, bei denen die katalytisch wirkende Substanz auf dem Trägermaterial aufgebracht ist. Der Vorteil von Trägerkatalysatoren ist eine Aktivitätserhöhung durch Oberflächenvergößerung und damit eine bessere Nutzung der oft teuren Katalysatorkomponenten. Außerdem wird durch den Träger eine mechanische und thermische Stabilisierung der Katalysatoren erreicht.

Zwischen homogenen und heterogenen Katalysatoren gibt es Übergangsformen, die als heterogenisierte Homogenkatalysatoren bezeichnet werden. Eine Immobilisierung von homogenen Katalysatoren auf festen Trägern vereint die Vorzüge der heterogenen Katalyse, z. B. einfache Abtrennbarkeit des Katalysators vom Produkt, mit den Vorteilen der homogenen Katalyse, wie hohe Ausbeute und Selektivität. Ein Beispiel für heterogenisierte Homogenkatalysatoren sind geträgerte Metallocen/MAO-Systeme für die Olefinpolymerisation in Suspensions- oder Gasphasenverfahren. Die Trägerung dieser Metallocenkatalysatoren dient vor allem der Einstellung der Polymermorphologie durch Replikation (s. Abschn. 4.4.2.3).

Neue Ansätze bietet die Oberflächen-Organometallchemie. Sie überträgt Konzepte und Methoden der molekularen metallorganischen Chemie auf Oberflächen. Über das Verständnis der Reaktion von Organometallkomplexen mit dem Träger können definierte Oberflächenspezies hergestellt werden. Der Träger kann als starrer Ligand aufgefasst werden. Durch diesen Ansatz kann man auf molekularem Niveau Einsichten in das Design neuer Katalysatoren erhalten.

Bedeutende heterogenkatalytische Verfahren mit metallorganischen Zwischenstufen werden im Folgenden vorgestellt.

4.4.2.1 Fischer-Tropsch-Synthese

Dieses bereits seit Anfang des 20. Jahrhunderts bekannte Verfahren beschreibt die Herstellung von Kohlenwasserstoffen durch die Hydrierung von Kohlenstoffmonoxid.

Es wird auch als „Benzin-Synthese“ bezeichnet. Die **idealisierte Bruttoreaktion** des Fischer-Tropsch-Verfahrens kann wie folgt formuliert werden:

$$\underbrace{n\,\mathrm{CO} + (2n+1)\mathrm{H_2}}_{\text{Synthesegas}} \xrightarrow{\text{Katalysator}} \mathrm{C}_n\mathrm{H}_{2n+2} + n\,\mathrm{H_2O} + 164{,}8\ \mathrm{kJ/mol}$$

Als Katalysator wird hauptsächlich Eisen verwendet, in der Shell ‚gas-to-liquid‘-(GTL-)-Technologie (s. u.) Cobalt. Mit Eisen als Katalysator reagiert das gebildete Wasser mit dem eingesetzten Kohlenstoffmonoxid nach der Wassergas-Verschiebungsreaktion (s. u.). Die Fischer-Tropsch-Reaktion wird dann folgendermaßen aufgestellt:

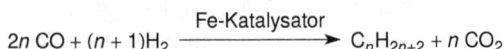

$$2n\,\mathrm{CO} + (n+1)\mathrm{H_2} \xrightarrow{\text{Fe-Katalysator}} \mathrm{C}_n\mathrm{H}_{2n+2} + n\,\mathrm{CO_2}$$

Das eingesetzte Synthesegas wird z. B. durch Kohlevergasung erhalten.

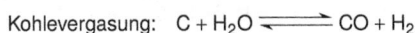

$$\text{Kohlevergasung:}\quad \mathrm{C} + \mathrm{H_2O} \rightleftharpoons \mathrm{CO} + \mathrm{H_2}$$

Der benötigte höhere H_2-Anteil wird nachträglich durch CO-Konvertierung und CO_2-Entfernung eingestellt:

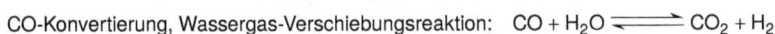

$$\text{CO-Konvertierung, Wassergas-Verschiebungsreaktion:}\quad \mathrm{CO} + \mathrm{H_2O} \rightleftharpoons \mathrm{CO_2} + \mathrm{H_2}$$

In Deutschland wurde die Fischer-Tropsch-Synthese ab 1934, bedingt durch die damals betriebene Autarkiepolitik, bei der Ruhrchemie in Oberhausen in den technischen Maßstab übertragen. Während des Zweiten Weltkriegs wurden in neun Anlagen auf diese Weise aus Kohle etwa 600.000 Jahrestonnen Synthesebenzin („Leunabenzin“) hergestellt. Nach dem Krieg erfolgte eine Demontage der Fischer-Tropsch-Anlagen. Das Verfahren wurde außerdem durch die Verfügbarkeit von Erdöl in Europa insgesamt unbedeutend.

Fischer-Tropsch-Kraftstoffe können mittlerweile aus verschiedenen Rohstoffen hergestellt werden: Auf **Kohlebasis** (‚coal-to-liquid‘, CTL) kann es wirtschaftlich nur an Standorten mit billiger Kohle betrieben werden. So wurden in Südafrika in den Anlagen Sasol I–III durch den ökonomischen Standortvorteil des Kohlebergbaus und politischen Zwang während der Apartheidspolitik aus 22 Mio. Jahrestonnen Kohle 4,5 Mio Jahrestonnen Benzin erhalten („Kohleverflüssigung“). Damit konnte 40–50 % des Benzinbedarfs des Landes gedeckt werden. Zu Zeiten des steigenden Erdölpreises erlebt die Fischer-Tropsch-Synthese in den letzten Jahren eine Renaissance. In China werden zusammen mit dem südafrikanischen Unternehmen Sasol Produktionskapazitäten auf Kohlebasis aufgebaut.

Auf der **Basis** von **Erdgas** (Methan, ‚gas-to-liquid‘, GTL) wurde im Jahre 1993 der Betrieb einer „mittleren Destillat-Synthese“-Anlage von der Firma Shell in Malaysia aufgenommen. Die anfallenden Wachs-Primärprodukte werden mit Wasserstoff zu Kerosin, Gasöl, Naphtha, Paraffinwachsen und Spezialprodukten gespalten. Das Synthesegas für diesen neuen Prozess wird durch partielle Oxidation von Erdgas (Methan) mit Sauerstoff gewonnen:

$$\text{partielle Methan-Oxidation} \quad CH_4 + \tfrac{1}{2}\,O_2 \rightleftharpoons CO + 2\,H_2 \quad \Delta H = -35\,\text{kJ/mol}$$

Die GTL-Fabrik in Malaysia liefert ca. 2 Mio. Liter Dieselkraftstoff pro Tag. Wo das Erdgas bei der Erdölgewinnung ungenutzt abgefackelt wird (arabischer Raum), bietet GTL eine Möglichkeit der Speicherung und gezielten Verwendung. Größere GTL-Anlagen sind in Katar in Betrieb.

Biomasse (Holz, Stroh, Energiepflanzen) kann im ‚biomass-to-liquid'-(BTL-)Verfahren ebenfalls in Kohlenstoffmonoxid und Wasserstoff umgewandelt und dieses Synthesegas nach Fischer-Tropsch umgesetzt werden. In Deutschland existiert dazu eine Demonstrationsanlage (Fa. Choren, Freiberg/Sachsen). Aus einer Tonne Holz werden (noch nicht optimiert) etwa 100 Liter Diesel.

Die Attraktivität der Fischer-Tropsch-Technologie liegt in der Herstellung von Kohlenwasserstoffen (Dieselkraftstoffen), die nicht durch Schwefel- oder Stickstoffverbindungen kontaminiert sind. Der synthetische Diesel aus dem Shell-GTL-Prozess in Malaysia findet sich als Bestandteil im Shell V-Power Diesel an den Tankstellen. Er wird mit einer Verbesserung von Leistung, Verbrauch und Emission beworben.

Neben Alkanen enthalten die einzelnen C_n-Schnitte immer auch mehr als 15 % Olefinanteile. Für den C_3-Schnitt können Letztere bis zu 80 % betragen. Weiterhin werden noch bis maximal 10 % „CHO"-Produkte, Alkohole, Aldehyde und Ketone gebildet. Zum Eisenkatalysator kommen je nach Verfahrensausprägung noch verschiedene Zusätze. Die Temperatur für die „Benzin-Synthese" liegt bei 210–340 °C, der Druck um die 25 bar. Generell nachteilig ist die geringe Produktselektivität der Fischer-Tropsch-Synthese. Zwar dominieren Aliphaten und α-Olefine im Produkt, aber es ist bis jetzt keine Einengung in eine bestimmte Richtung auch nicht bezüglich des C_n-Teils möglich gewesen. Die Benzinsynthese gehorcht dem Mechanismus einer Polymerisationskinetik mit Schulz-Flory-Verteilung der Molmassen. Die Herausforderung der Forschung zum Fischer-Tropsch-Verfahren ist, eine stark verbesserte Selektivität zu erreichen, um das Synthesegas besser und direkter in höherwertige Chemikalien konvertieren zu können. Dieses Ziel setzt ein gutes Verständnis des Mechanismus voraus. Reaktionsmechanistische Studien der Fischer-Tropsch-Synthese sind aufgrund der heterogenen Reaktionsführung und durch das Vorliegen einer Druckreaktion schwierig. Insbesondere ist der Katalysator kompliziert zusammengesetzt und strukturell nicht definierbar. Die im Folgenden skizzierten Mechanismen stammen aus Markierungsexperimenten unter Prozessbedingungen und aus metallorganischen Modellkomplexen. Im Wesentlichen werden heute drei Mechanismen diskutiert. Die bei der Fischer-Tropsch-Reaktion gefundene Produktvielfalt lässt den Schluss zu, dass mit verschiedenen Geschwindigkeitskonstanten/Wahrscheinlichkeiten mehrere Mechanismen nebeneinander ablaufen.

Methylenpolymerisation oder in modifizierter Form der Alkenyl-Mechanismus. Es wird eine chemisorptive Dissoziation von CO und H_2 angenommen, die zu einer Oberflächenbelegung mit Carbidkohlenstoff- und Sauerstoffatomen und monoatomarem Wasserstoff führt. Hydrierung der Kohlenstoff- und Sauerstoffatome ergibt Wasser und oberflächengebundene Methylen-, Methyl- und Methingruppen.

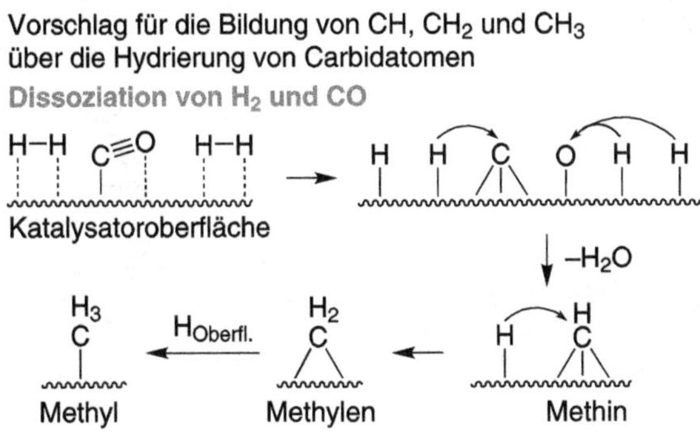

Die Methylengruppen können mit einer Methylgruppe als Kettenanfang eine Oligomerisationsreaktion eingehen. Diese wird durch Wasserstoff zum Alkan oder durch β-Wasserstoffeliminierung zum Alken abgebrochen:

Methylenpolymerisation mit Kettenabbruch auf der Katalysatoroberfläche

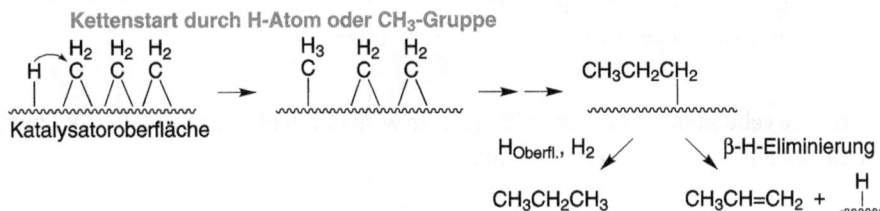

Kettenstart durch H-Atom oder CH_3-Gruppe

Katalysatoroberfläche

$CH_3CH_2CH_2$

$H_{Oberfl.}$, H_2 — β-H-Eliminierung

$CH_3CH_2CH_3$ — $CH_3CH{=}CH_2$ + H

Als Variation der Methylenpolymerisation wurde der **Alkenyl-Mechanismus** vorgeschlagen (Abb. 4.24). Experimente mit isotopenmarkierten $^{13}C_2$-Proben zeigten, dass Vinyl- und Alkenylspezies an der Oberfläche des Katalysators bei den C–C-Verknüpfungsreaktionen beteiligt sind. Der Zyklus beginnt mit der Bildung einer Vinylgruppe aus einem chemisorbierten Methin- und Methylenrest. Mit der Insertion eines weiteren Methylens unter Bildung der Allylgruppe fängt das Kettenwachstum an. Das an der Oberfläche gebundene Allyl isomerisiert zum Vinyl. In einer Folge aus Methylen-Einschubreaktionen und Allyl-zu-Vinyl-Isomerisierungen setzt sich das Kettenwachstum fort, bis es durch Hydridübertragung von der Oberfläche beendet wird.

Hydroxycarben-Kupplungsmechanismus. Durch Übertragung von Wasserstoffatomen auf chemisorbiertes Kohlenstoffmonoxid werden Hydroxycarbenspezies erhalten, die über intramolekulare Kondensationsschritte und weitere Hydrierung den Kettenaufbau ergeben. Es wird kein CO-Bindungsbruch gefordert. Das Auftreten von an der

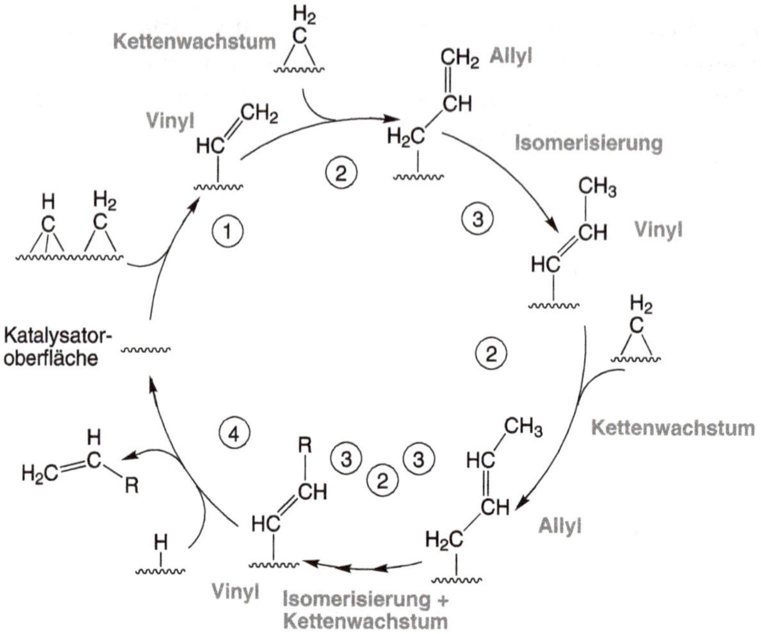

Abb. 4.24: Darstellung des Alkenyl-Mechanismus der Fischer-Tropsch-Reaktion.
Schritt 1: BilduBildung der Vinylgruppe aus Methin- und Methylenrest.
Schritt 2: Kettenwachstum, Bildung der Allylgruppe.
Schritt 3: Allyl ⟶ Vinyl-Isomerisierung.
Schritt 4: Kettenabbruch durch Hydridübertragung von der Oberfläche.

Oberfläche gebundenen enolischen Komplexen wird durch die nachgewiesene Bildung von Alkoholen und Aldehyden unterstützt:

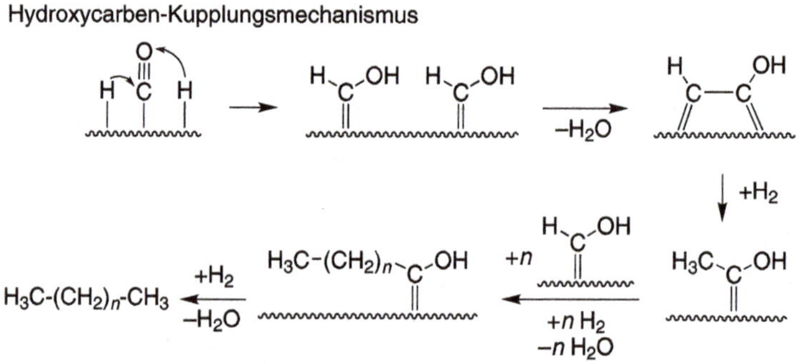

Hydroxycarben-Kupplungsmechanismus

Alkylwanderung (CO-Insertion). Eine Methylwanderung auf einen an der Oberfläche gebundenen Carbonylliganden ist der aus der metallorganischen Chemie entlehnte Primärschritt. Die Methylgruppe wird durch Hydrierung von Carbidkohlenstoffatomen auf der Katalysatoroberfläche erhalten (s. o.). Eine Hydrierung der Acyl-Intermediate, gefolgt von einer erneuten Alkylwanderung auf einen Carbonylliganden und Hydrierung, setzt den Kettenaufbau fort:

Alkylwanderung als möglicher Mechanismus für den Kettenaufbau

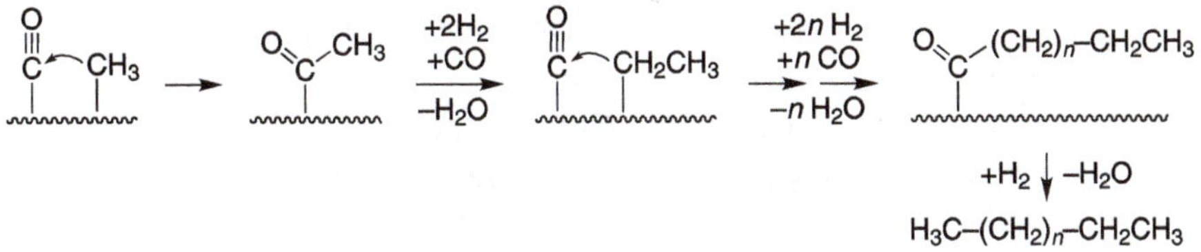

$$\mathrm{C(=O)CH_3} \rightarrow \mathrm{O{=}C{-}CH_3} \xrightarrow[-H_2O]{+2H_2,\ +CO} \mathrm{C(=O)CH_2CH_3} \xrightarrow[-n\,H_2O]{+2n\,H_2,\ +n\,CO} \mathrm{O{=}C{-}(CH_2)_n{-}CH_2CH_3} \xrightarrow[-H_2O]{+H_2} \mathrm{H_3C{-}(CH_2)_n{-}CH_2CH_3}$$

4.4.2.2 Olefin-/Alken-Metathese

Das griechische Wort „Metathesis" bedeutet „Umstellung". Die Olefin- oder Alkenmetathese ist eine Umstellung von Alkylideneinheiten, $=CR_2$. Das Prinzip der Olefinmetathese ist ein reversibler, katalytischer Austausch von Alkylidengruppen zwischen zwei Olefinen (s. Abschn. 4.3.2). Nach Art der eingesetzten Olefine lassen sich verschiedene Typen von Metathesereaktionen unterscheiden (Abb. 4.25).

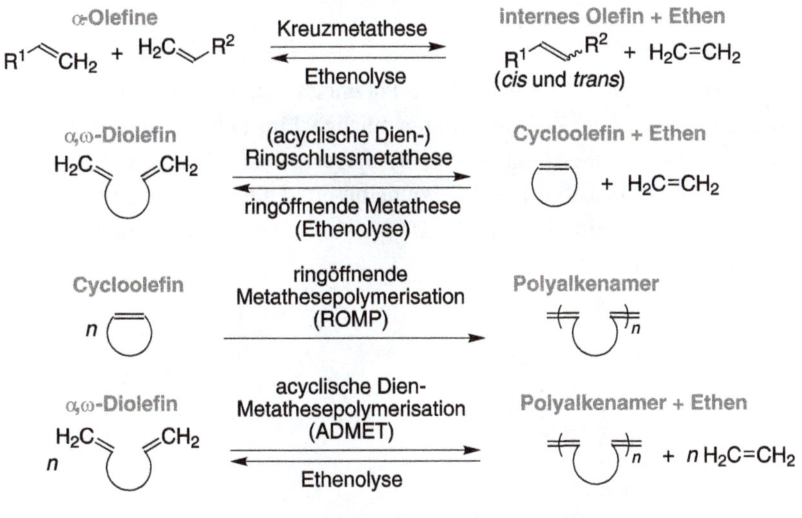

Edukte	Reaktion	Produkte
α-Olefine: R^1–CH=CH_2 + H_2C=CH–R^2	Kreuzmetathese ⇄ Ethenolyse	internes Olefin + Ethen: R^1–CH=CH–R^2 (*cis* und *trans*) + $H_2C=CH_2$
α,ω-Diolefin: H_2C=…=CH_2	(acyclische Dien-) Ringschlussmetathese ⇄ ringöffnende Metathese (Ethenolyse)	Cycloolefin + Ethen: + $H_2C=CH_2$
Cycloolefin: *n*	ringöffnende Metathesepolymerisation (ROMP) →	Polyalkenamer: $[\ ]_n$
α,ω-Diolefin: *n* H_2C=…=CH_2	acyclische Dien-Metathesepolymerisation (ADMET) ⇄ Ethenolyse	Polyalkenamer + Ethen: $[\ ]_n$ + *n* $H_2C=CH_2$

Abb. 4.25: Prinzipielle anwendungsrelevante Metathesereaktionen. Die Reaktionen sind mit Ausnahme der Ringöffnungsmetathesepolymerisation (ROMP) reversibel. Eine Gleichgewichtsverschiebung wird durch Entfernung von Ethen oder Einsatz eines Ethenüberschusses erreicht.

Terminale und interne Olefine können eine Metathesereaktion eingehen. Bei der Metathese von zwei Olefinen R^1–CH=CH–R^2 und R^3–CH=CH–R^4 mit vier verschiedenen Resten kommt es zur Bildung aller Kombinationen R^i–CH=CH–R^j (i, j = 1–4). Es liegen zehn verschiedene Olefine im Gleichgewicht vor. Unter Berücksichtigung der cis-trans-Isomerie sind es 20 verschiedene Olefine. Die Metathese von acyclischen Olefinen ist eine fast energieneutrale Reaktion. Man erhält statistische Gemische. Trotz der Produktvielfalt findet eine solche Metathesereaktion mit internen Olefinen als Teilschritt im SHOP Anwendung (s. u. und Abschn. 4.4.1.6). Bei anderen technischen Metatheseverfahren mit monomeren Edukten und Produkten ist eine Alkylideneinheit sonst immer die $=CH_2$-Gruppe. Es reagieren entweder zwei α-Olefine oder ein internes Olefin und Ethen miteinander (Phillips-Triolefin- und Neohexen-Prozess, s. u.). Bei Einsatz von α-Olefinen lässt sich durch die Entfernung des flüchtigen Coprodukts Ethen die Reaktion vollständig auf die Produktseite verschieben. Die Umsetzung oder Spaltung eines internen Olefins mit Ethen zu α-Olefinen, auch als Ethenolyse bezeichnet, wird mit einem hohen Ethendruck zu einer weitgehenden Umsetzung geführt.

Eine Besonderheit ist die **Metathese cyclischer Olefine**. Sie verläuft unter Ringöffnung und mündet in eine Polymerisationsreaktion, die zu ungesättigten Polymeren, den Polyalkenameren [Poly(1-alkenylenen)] führt. Man spricht von einer **ringöffnenden Metathesepolymerisation** oder kurz **Ringöffnungspolymerisation** (engl. *r*ing *o*pening *m*etathesis *p*olymerization), abgekürzt **ROMP**. Polyalkenamere sind vulkanisierbare, ungesättigte Elastomere mit Kautschuk-Charakter. (Vulkanisation ist die Überführung von plastischen, kautschukartigen doppelbindungshaltigen oder -freien Polymeren in den gummielastischen Zustand durch Vernetzung mit energiereicher Strahlung, Peroxiden oder Schwefel.) Die Ringöffnungspolymerisation läuft kontrolliert in der Koordinationssphäre eines Metallatoms ab. Sie wird daher zur Ziegler-Natta-Polymerisation gerechnet. Bei der Ziegler-Natta-Polymerisation von Cycloolefinen sind abhängig vom Katalysator zwei Reaktionsrouten möglich: Eine Polymerisation über die Doppelbindung, wie sie z. B. die Metallocenkatalysatoren geben (Abschn. 4.4.1.10), oder durch Ringöffnung, was der Öffnung einer Doppelbindung äquivalent ist. Im Fall der Metathesepolymerisation bleibt die Zahl der Doppelbindungen der Eduktmoleküle im Produktpolymer erhalten (Abb. 4.26).

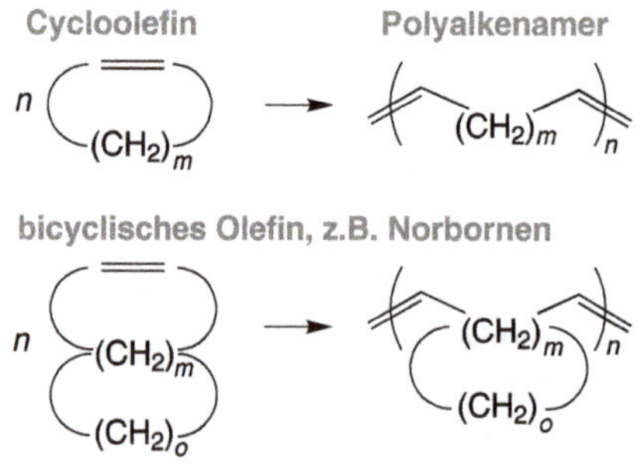

Abb. 4.26: Schematische Darstellung einer Ringöffnungspolymerisation bei einem mono- und einem bicyclischen Olefin. Die Doppelbindungen als Teil der Hauptkette weisen cis/trans-Isomerie auf. Bei prochiralen Monomeren, wie sie die Bicyclen darstellen, liegt dann noch die Taktizität als Stereoisomerie vor.

Die Triebkraft von ROMP ist der Verlust an Ringspannung im Monomer. Nur entsprechend gespannte Cycloolefine, z. B. Norbornen, Cyclopenten, Cycloocten, können als Monomere für die ringöffnende Metathesepolymerisation eingesetzt werden. Das nicht gespannte Cyclohexen ist für ROMP ungeeignet und kann nicht über die Doppelbindung polymerisiert werden. Im Unterschied zu den Gleichgewichtsmetathesereaktionen acyclischer Olefine ist ROMP bei hochgespannten Monomeren eine irreversible Reaktion.

Technische Methathesereaktionen. Der **Phillips-Triolefin-Prozess** war die erste technische Anwendung der Olefinmetathese. Das Verfahren diente ursprünglich der Kreuzmetathese von Propen in Ethen und 2-Buten. Es erlaubte eine bessere Raffinerieflexibilität und eine Erhöhung des Ethenanteils in Naphtha-Crackgemischen auf Kosten von Propen. Es wurde von 1966–1972 mit einer Kapazität von 30.000 Jahrestonnen betrieben und dann aus wirtschaftlichen Gründen wegen einer veränderten Rohstoffsituation stillgelegt.

Phillips-Triolefin-Prozess

$$H_2C{=}CH{-}CH_3 + H_2C{=}CH{-}CH_3 \underset{\text{Ethenolyse}}{\overset{\text{Kreuzmetathese}}{\rightleftharpoons}} CH_2{=}CH_2 + CH_3{-}HC{=}CH{-}CH_3 \xleftarrow[\text{zu 2-Buten}]{\text{Ethendimerisierung}} 2\; CH_2{=}CH_2$$

Propen ⟵ Ethen + 2-Buten

In neuerer Zeit wurde es in den USA in umgekehrter Richtung zur Propenherstellung aus Ethen wegen des mittlerweile zusätzlichen Propenbedarfs in Form einer 136.000-Jahrestonnen-Anlage der Firma Arco wieder aufgenommen. Das eingesetzte 2-Buten wird durch Ethendimerisierung erhalten. In dieser Ausprägung ist der Phillips-Triolefin-Prozess ein Beispiel für eine Ethenolyse.

Im **Neohexen-Prozess** wird technisches Di-iso-buten in einer Ethenolyse zu Neohexen und iso-Buten gespalten. Neohexen wird vorzugsweise für weitere Umsetzungen zu Duftstoffen verwendet:

Neohexen-Prozess

$$H_3C{-}C(CH_3)_2{-}CH{=}C(CH_3)_2 + H_2C{=}CH_2 \xrightleftharpoons{\text{Ethenolyse}} H_3C{-}C(CH_3)_2{-}CH{=}CH_2 + (H_3C)_2C{=}CH_2$$

Di-iso-buten + Ethen ⟶ Neohexen + iso-Buten

Mit Abstand die größte Anwendung findet die Olefinmetathese als Kreuzmetathese in einem **Teilschritt des Shell Higher Olefin Process** (**SHOP**, s. Abschn. 4.4.1.6). In einer Größenordnung von mehreren Hunderttausend Jahrestonnen werden interne Olefingemische im C_4–C_8- und oberhalb des C_{18}-Bereichs zu Mischungen mit beträchtlichen Anteilen im gewünschten C_{10}–C_{18}-Bereich umgesetzt. Nach dem Metatheseschritt enthält die Gleichgewichtsmischung etwa 10–15 % an den gesuchten Olefinen. Diese werden durch Destillation abgetrennt. Die höheren und niederen Olefine werden in den Metatheseprozess zurückgefahren. Bei der Metathesereaktion fallen die gesuchten C_{10}–C_{18}-Olefine als interne Olefine an. Vor ihrem Umsatz in der Hydroformylierung zu n-Aldehyden und Alkoholen für die Tensidherstellung muss eine katalytische Rückisomerisierung zu terminalen α-Olefinen erfolgen.

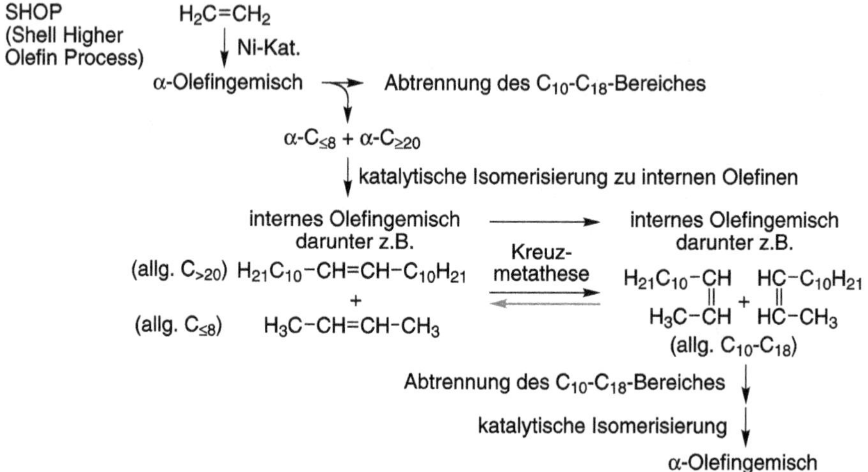

Im **Shell FEAST-Prozess** (*f*urther *e*xploitation of *a*dvanced *S*hell *t*echnology) werden α,ω-Diolefine durch Ethenolyse von Cycloolefinen erhalten. Als Cycloolefine werden Cycloocten, Cyclooctadien und Cyclododecen in hohen Ausbeuten zu 1,9-Decadien, 1,5-Hexadien und 1,13-Tetradecadien umgesetzt. Den α,ω-Dienen gilt ein technisches Interesse als Vernetzer bei der Olefinpolymerisation oder zur Herstellung bifunktioneller Verbindungen:

FEAST-Prozess (further exploitation of advanced Shell technology)

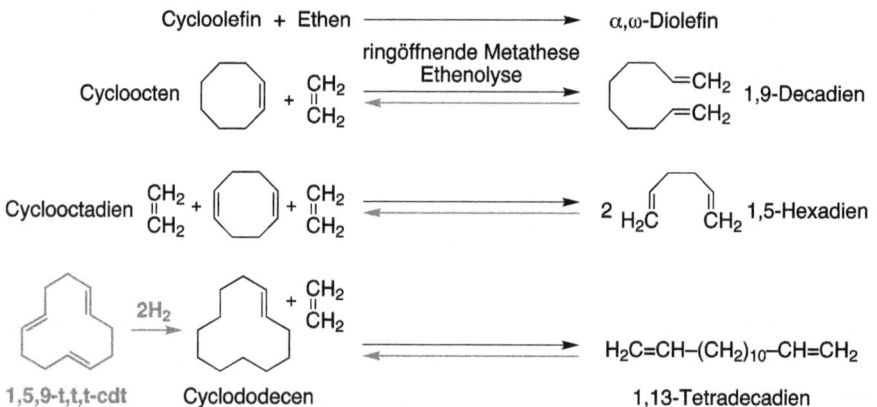

Cycloolefin + Ethen → α,ω-Diolefin

ringöffnende Metathese
Ethenolyse

Cycloocten + $CH_2{=}CH_2$ ⇌ 1,9-Decadien

Cyclooctadien $CH_2{=}CH_2$ + + $CH_2{=}CH_2$ ⇌ 2 $H_2C{=}CH{-}CH_2{-}CH_2{-}CH{=}CH_2$ 1,5-Hexadien

1,5,9-t,t,t-cdt →(2H₂) Cyclododecen + $CH_2{=}CH_2$ ⇌ $H_2C{=}CH{-}(CH_2)_{10}{-}CH{=}CH_2$ 1,13-Tetradecadien

In einer ***a**cyclischen **D**ien-**Met**athese-(ADMET-)Polymerisation* werden acyclische α,ω-Diene als Edukte in einer intermolekularen Metathesepolymerisation zu ungesättigten Polymeren umgesetzt. Ein vollständiger Ablauf von Metathesereaktionen acyclischer α,ω-Diene wird durch die Entfernung des freigesetzten Ethens erreicht.

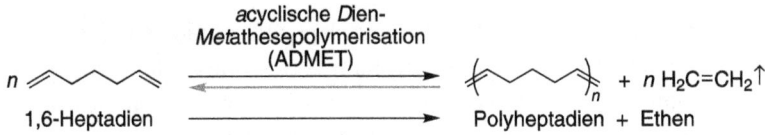

acyclische Dien-Metathesepolymerisation (ADMET)

n 1,6-Heptadien ⟶ Polyheptadien + Ethen ($+\ n\ H_2C{=}CH_2\uparrow$)

Die Ethenolyse ungesättigter Polymere mit Metathesekatalysatoren wurde als Möglichkeit eines Recyclings von Autoreifen untersucht. Die Herausforderung besteht jedoch im Auffinden eines genügend aktiven Katalysators, der die gleichzeitig im Reifenpolymer vorhandenen funktionellen Gruppen und Beimengungen (Schwefel, Ruß) toleriert.

Technische Ringöffnungspolymerisationen, ROMP. Das im **Norsorex-Prozess** hergestellte Polynorbornen ist das älteste produzierte Polyalkenamer. Das Produkt dient als gummiartiges Vulkanisat für Schwingungs- und Geräuschdämpfungsmassen und zum Aufsaugen von ausgelaufenem Öl:

Norsorex-Prozess

n Norbornen —ringöffnende Metathesepolymerisation (ROMP)⟶ Polynorbornen

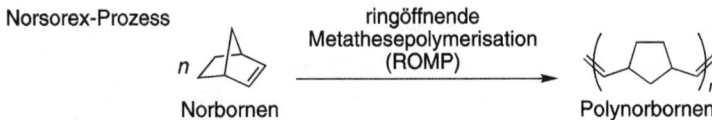

Ebenfalls als vulkanisierbares Elastomer für den Einsatz im Kautschuksektor dient das von der Firma Hüls im **Vestenamer-Prozess** aus Cycloocten produzierte Polyoctenamer:

Vestenamer-Prozess

n Cycloocten —ROMP⟶ $\{CH{-}(CH_2)_6{-}CH\}_n$ Polyoctenamer

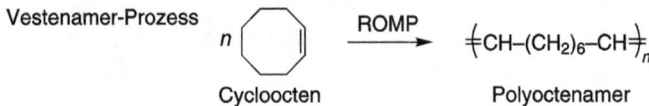

Die Ringöffnungspolymerisation von Dicyclopentadien im **Metton-Prozess** ergibt durch Beteiligung der zweiten Doppelbindung ein stark quervernetztes Polymerisat. Dieses wird für versteifungsfeste Formkörper und Gehäuseteile verwendet. In allen drei Verfahren werden Wolframkatalysatoren eingesetzt:

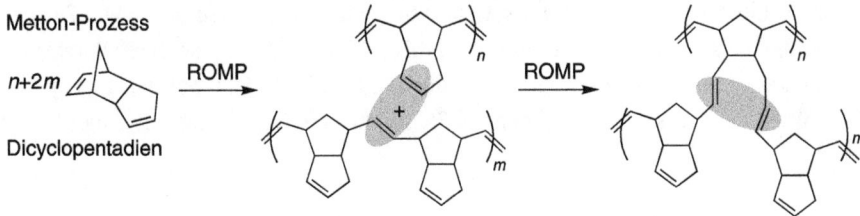

Metton-Prozess

$n+2m$ Dicyclopentadien —ROMP⟶ … —ROMP⟶ …

4.4.2.3 Olefinpolymerisation mit heterogenen Katalysatoren, klassische Ziegler-Natta-Katalyse

Seit 1935 kennt man die kommerzielle Hochdruckpolymerisation von Ethen, die zu einem radikalisch verzweigten Polyethen niederer Dichte führt. Ethen galt lange Zeit im Vergleich mit anderen Vinylmonomeren als besonders schwer polymerisierbar. Die Notwendigkeit des Arbeitens bei sehr hohem Druck war gleichsam ein Dogma. Deshalb war Entdeckung einer Niederdruckpolymerisation von Ethen durch Karl Ziegler Anfang der 1950er Jahre revolutionär.[5] Das durch Ziegler-Katalyse erhaltene Polyethen zeichnet sich durch eine weitgehende Linearität und nur geringe Verzweigungen aus. Die Materialeigenschaften können über die Copolymerisation, z. B. von 1-Buten oder 1-Hexen, modifiziert werden.

Der **Begriff Ziegler-Natta-Katalyse** bezeichnet die schnelle Polymerisation von Olefinen mithilfe eines Metallkatalysators, der bei niedrigen Drücken (bis 30 bar) und niedrigen Temperaturen (unter 120 °C) arbeitet. Der Name Ziegler-Natta-Polymerisation wird oft als Synonym für Koordinations- oder Insertionspolymerisation gebraucht. Das neu eintretende Monomer wird zwischen die wachsende Polymerkette und das Übergangsmetallatom des Katalysators unter koordinativer Bindung insertiert. Danach fallen unter diesen Begriff auch die Ethenpolymerisation mit Chromkatalysatoren nach dem Phillips-Verfahren (s. u.), die ringöffnende Metathesepolymerisation (ROMP, s. o.) und die nickelkatalysierte Ethen- und Butadienoligomerisierung (s. Abschn. 4.4.1.5 und 4.4.1.6). Im engeren Sinne bezeichnet der Begriff Ziegler-Natta-Katalyse und -Katalysator aber Systeme aus Übergangsmetallverbindungen vor allem der 4. Gruppe und Aluminium-organischen Verbindungen für die Polymerisation von Olefinen (Metallocenkatalyse, s. Abschn. 4.4.1.10).

Die technischen heterogenen Ziegler-Natta-Katalysatoren für die Polymerisation von Olefinen setzen sich aus einer Übergangsmetallverbindung als eigentlichem Katalysator und einer Hauptgruppenverbindungen als Cokatalysator zusammen. Das Übergangsmetall ist meistens Titan, selten Vanadium. Titan wird in Form von Halogenid-, Alkoxid-, Alkyl-, Aryl- und anderen Verbindungen verwendet. Das Hauptgruppenelement ist im Wesentlichen Aluminium. Es wird als Alkyl oder Alkylhalogenid eingebracht. Man unterscheidet entsprechend ihrer Zusammensetzung und Aktivität mehrere **Generationen von Ziegler-Natta-Katalysatoren**.

Das Katalysatorsystem der ersten Generation wurde durch Reduktion von $TiCl_4$ mit Et_3Al erhalten. Das ausgefällte aluminiumhaltige β-$TiCl_3$ lieferte jedoch ein Polypropen von nur geringer Isotaktizität. Es wurde durch thermische Behandlung in α-, γ- und δ-$TiCl_3$ überführt, was sich zusammen mit Et_2AlCl für die Herstellung von isotaktischem

---

5 Karl Ziegler und Giulio Natta erhielten 1963 den Chemie-Nobelpreis für ihre Entdeckungen auf dem Gebiet der Chemie und Technologie von Hochpolymeren.

Polypropen eignete. Die Herstellung von kristallinem isotaktischem Polypropen mit derartigen Titankatalysatoren war der Beitrag von Giulio Natta. Die Katalysatoren mussten wegen noch relativ geringer Aktivität im Anschluss an die Polymerisation aus dem Produkt entfernt werden. Das Entwicklungsziel in der Anfangszeit der Ziegler-Natta-Katalyse war eine Aktivitätserhöhung, sodass die im Polymer verbleibende Katalysatormenge so gering würde, dass keine Beeinflussung der physikalischen Eigenschaften des Polymers (Verfärbung, Geruch) mehr gegeben wäre. Damit entfiele die Notwendigkeit für aufwendige Abtrennverfahren. Bei der zweiten Generation erfolgte eine gezielte Darstellung von δ-$TiCl_3$ durch die katalytische Umwandlung von β-$TiCl_3$-$AlCl_3$-Addukten mit $TiCl_4$. Mit der dritten Generation, seit etwa 1980, wurden dann stark verbesserte Aktivitäten durch eine chemische Bindung der Titankomponenten an die Oberfläche von $MgCl_2$, d. h. durch Einbetten von Titanatomen in ein $MgCl_2$-Wirtsgitter erzielt. Zusätzlich befindet sich das Magnesiumchlorid auf einem Silicagel-Trägermaterial als morphologiebestimmender Komponente (Abb. 4.27). Zur Schaffung von selektiven isotaktischen Zentren werden weiterhin Benzoe- oder Phthalsäurediester als interne „Stereomodifizierer“ eingebracht. Die Aktivierung erfolgt durch Alkylierung mit Aluminiumalkylen. Aufgrund der mit den Hochleistungskatalysatoren erreichten hohen Aktivitäten von über 20 kg Polypropen pro Gramm Katalysator (Summe aller Komponenten, einschließlich Trägermaterial) verbleibt dieser heute im Polymer (‚leave-in‘-Katalysatoren).

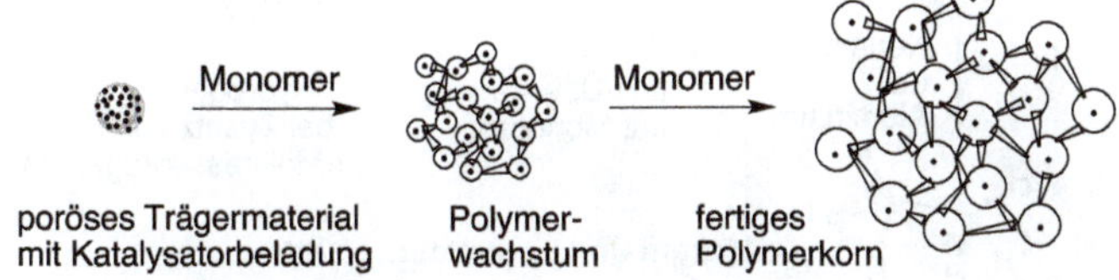

Abb. 4.27: Schematische Darstellung des Wachstums des makroskopischen kompakten Polymerkorns durch Replikation der porösen Katalysatorpartikel. Bei der Polymerisation werden die Katalysatorkörnchen durch das aufwachsende Polymer in kleinere Mikropartikel (einzelne schwarze Punkte) aufgespalten. Diese finden sich vom Polymer umhüllt im fertigen Polymerkorn. So wird die Ausbildung eines kompakten Polymergrießes statt pulvrigen oder fasrigen Polymermaterials garantiert. Das Aufbrechen der Katalysatorpartikel führt außerdem zur Freisetzung neuer Katalysatorzentren an der Oberfläche der Mikropartikel.

Die Ziegler-Natta-Katalyse ist eine Insertionspolymerisation, die kontrolliert durch ein Übergangsmetallatom abläuft. Die allgemeinen **Teilschritte** einer solchen Polymerisation sind Kettenstart, Kettenfortpflanzung und Kettenabbruch/-übertragung (Abb. 4.28). Triebkraft der Olefinpolymerisation ist die stark exotherme Bildung einer neuen C–C-Bindung.

Es werden bei der Ziegler-Natta-Katalyse drei grundlegende **Mechanismen** für die zentralen Schritte der Monomerkoordination, Aktivierung der Doppelbindung und der Insertion in die Metall-Alkyl-Bindung diskutiert. Jeder der Mechanismen stützt sich auf experimentelle Ergebnisse. Der Direkt-Insertionsmechanismus nach Cossee

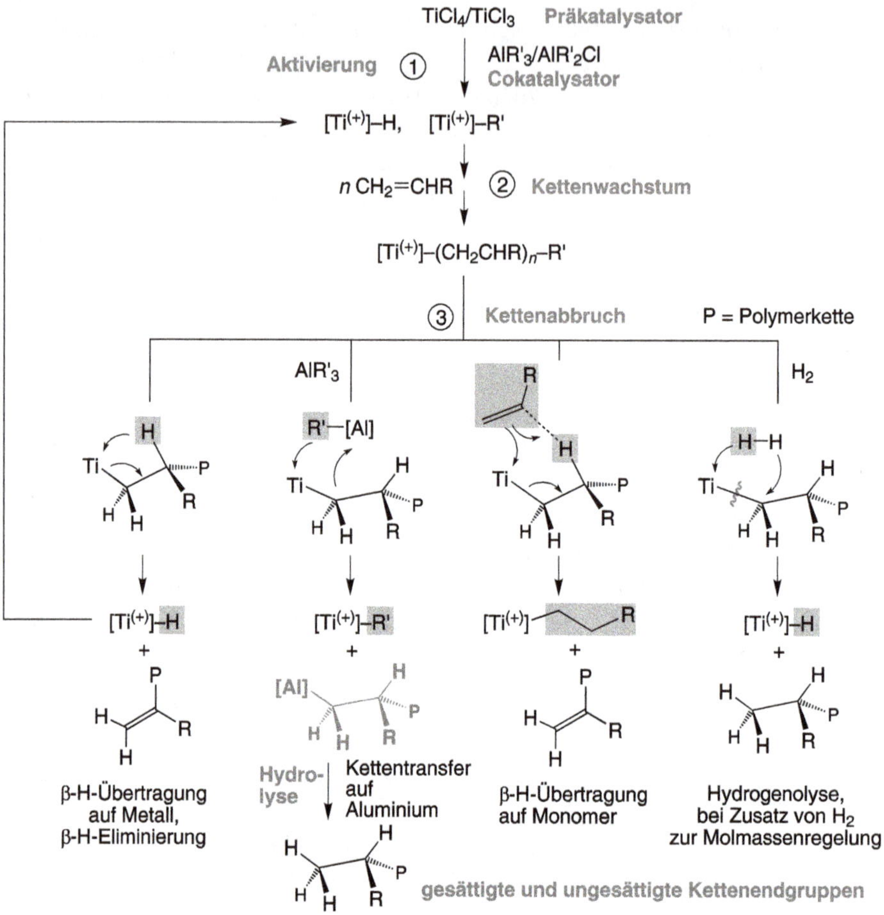

$TiCl_4/TiCl_3$ Präkatalysator

Aktivierung ① AlR'_3/AlR'_2Cl Cokatalysator

$[Ti^{(+)}]$–H, $[Ti^{(+)}]$–R'

n CH_2=CHR ② Kettenwachstum

$[Ti^{(+)}]$–$(CH_2CHR)_n$–R'

③ Kettenabbruch P = Polymerkette

AlR'_3 H_2

$[Ti^{(+)}]$–H + β-H-Übertragung auf Metall, β-H-Eliminierung

$[Ti^{(+)}]$–R' + Hydrolyse Kettentransfer auf Aluminium

$[Ti^{(+)}]$ + β-H-Übertragung auf Monomer

$[Ti^{(+)}]$–H + Hydrogenolyse, bei Zusatz von H_2 zur Molmassenregelung

gesättigte und ungesättigte Kettenendgruppen

Abb. 4.28: Allgemeiner Mechanismus der Ziegler-Natta-Polymerisation.

Schritt 1: Aus einem inaktiven Präkatalysator erzeugt der Cokatalysator eine aktive Metall-Alkyl-Spezies durch Alkylierung und Ligandenabstraktion zur Schaffung einer freien Koordinationsstelle.

Schritt 2: Wiederholte Monomerkoordination und Insertion führen zum Kettenwachstum (Fortpflanzung). Dieses steht in Konkurrenz mit den in Schritt 3 aufgeführten Kettenabbruchreaktionen. Der Kettenabbruch (Kettentransfer, Kettenübertragung) regeneriert aktive Metall-Hydrid- oder Metall-Alkyl-Spezies.

und Arlman formuliert nach der Metall-π-Koordination des Olefins einen Vierzentren-Metallacyclobutan-Übergangszustand:

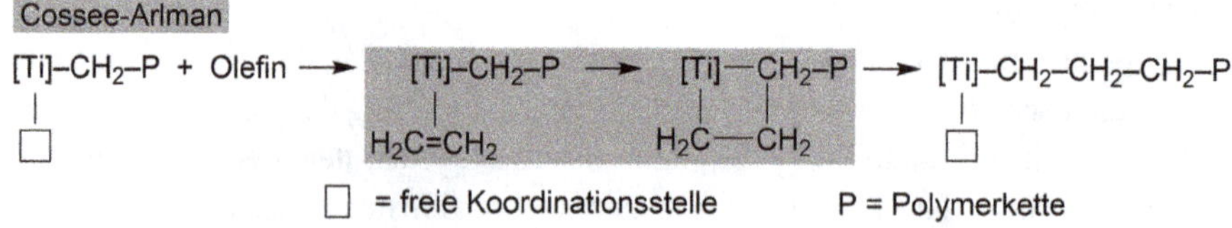

Der Metathesemechanismus nach Green und Rooney nimmt eine α-Wasserstoffübertragung vom Kettenende und Bildung eines Metallalkylidens an, die dem Metallacyclobutan-Komplex vorausgeht:

Green-Rooney

[Ti]–C(H)(H)–P ⇌ [Ti]=C(H)(P) ⇌ (+Olefin / –Olefin) [Ti]=C(H)(P) · $H_2C{=}CH_2$ ⇌ [Ti]–C(H)(P)–H / H_2C—CH_2 → [Ti]–CH_2–CH_2–CH_2–P

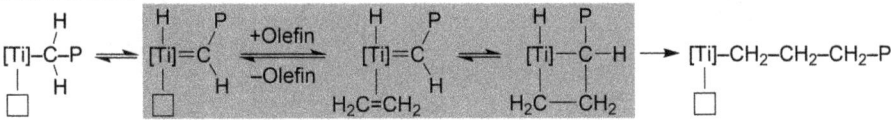

Der modifizierte Green-Rooney-Mechanismus beschreibt eine α-agostische Unterstützung der Olefininsertion im Übergangszustand. Dieser Mechanismus ist zwischen dem Cossee-Arlman- und dem Green-Rooney-Mechanismus angesiedelt. Aus Gründen der Einfachheit wurde für das Olefinmonomer jeweils nur Ethen gezeichnet:

Green-Rooney, modifiziert

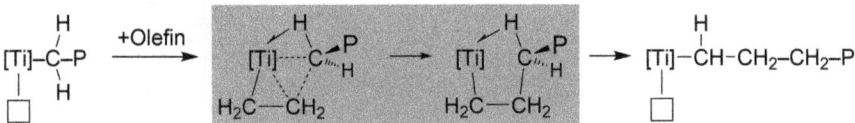

[Ti]–C(H)(H)–P → (+Olefin) [Ti]···C(H)(P)(H) / H_2C—CH_2 → [Ti] C(H)(P)(H) / H_2C—CH_2 → [Ti]–CH(H)–CH_2–CH_2–P

Weitere Katalysatorsysteme für die Darstellung von unverzweigtem Polyethylen hoher Dichte sind **Chromkatalysatoren**. Sie werden vor allem in den USA im Phillips- oder Union-Carbide-Verfahren eingesetzt. Die Natur der aktiven Komponenten ist bei diesen Heterogenkatalysatoren allerdings noch weniger verstanden als bei den Ziegler-Systemen. Die **Phillips-Katalysatoren** erhält man durch Reduktion von Chrom(VI)-Verbindungen (Chromaten) mit CO oder H_2 auf einem Trägermaterial. Die **Union-Carbide-Katalysatoren** werden durch Aufbringen von niedervalenten Chromverbindungen auf Kieselgel als Trägermaterial hergestellt. Als niedervalente Vorstufen werden die Organochromverbindungen Chromocen, $(\eta^5\text{-}C_5H_5)_2Cr$ und Tris(allyl)chrom, $(\eta^3\text{-}C_3H_5)_3Cr$ eingesetzt. Nach ihrem Aufbringen auf Silicagel bedürfen die derart erhaltenen Union-Carbide-Katalysatoren keines Cokatalysators oder keiner weiteren Aktivierung mehr. Einer der Cyclopentadienylringe des Chromocens liegt weiterhin als Ligand im aktiven Katalysator vor. Durch Substitution der Ringwasserstoffatome kann die katalytische Aktivität verringert werden. Chrom-Wasserstoff-Fragmente werden als Startgruppen formuliert. Aus Festkörper-NMR-Untersuchungen und Polymerisationsreaktionen mit molekularen Modellsystemen nimmt man Chrom(III)-Spezies als aktive Komponenten an. In geringer Menge werden bei den Chromkatalysatoren noch Aluminiumalkyle zugesetzt.

Oberflächenreaktion von Chromocen mit Silicagel zum Union-Carbide-Katalysator

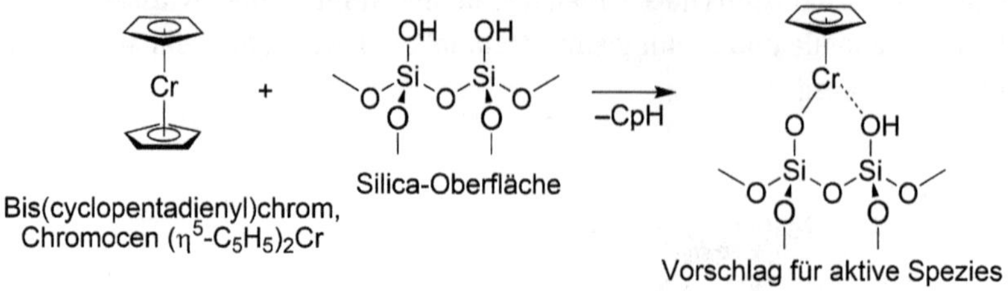

Bis(cyclopentadienyl)chrom,
Chromocen $(\eta^5\text{-}C_5H_5)_2Cr$

Silica-Oberfläche

–CpH

Vorschlag für aktive Spezies

Carola Schulzke

5 Bioanorganische Chemie

5.1 Das Fach Bioanorganische Chemie

Als Unterdisziplin der Anorganischen Chemie ist die Bioanorganische Chemie ein relativ junges eigenständiges Forschungs- und Lehrfach.[1] Bioanorganische Konzepte, insbesondere das Wechselspiel zwischen Metallen und Gesundheit, beschäftigen die Menschheit hingegen schon seit vielen Jahrhunderten wenn nicht gar Jahrtausenden.

Das Ziel der bioanorganischen Forschung ist es zum einen, biologische, meist metallabhängige Prozesse in größtmöglichem Detail zu begreifen. Dies ist mit den natürlichen großen Biomolekülen oftmals schwierig zu bewerkstelligen, weshalb ein wesentlicher Kern der bioanorganischen Arbeitsweise die Modellchemie ist. Das heißt, es werden kleine chemische Modellverbindungen synthetisiert und deren chemische und elektronische Strukturen, Reaktivitäten und spektroskopische Signaturen mit denen der Biomoleküle abgeglichen, woraus sich Rückschlüsse über die Funktion des Biomoleküls und die Güte des Modells ziehen lassen. Mit dieser Strategie lassen sich die Konzepte der Natur, wie z. B. besonders effiziente katalytische Mechanismen, nach und nach erschließen. Zum anderen nutzt die Bioanorganische Chemie solcherart generierte Erkenntnisse, um medizinische oder technologische Lösungen in Form bioinspirierter Systeme zu entwickeln, beispielsweise hinsichtlich einer *grünen* Erzeugung und Speicherung von Energie.

Die moderne Bioanorganische Chemie ist in höchstem Maße interdisziplinär. Sie leistet essentielle Beiträge für die Fächer Medizin, Physiologie, Pharmazie, Biologie und Biochemie, mit denen oftmals in Gegenseitigkeit Inspiration, Exploration und Erkenntnis geteilt werden. Weiterhin stützt sie sich auf kollaborative Forschungsansätze mit Organischer Chemie, Theoretischer Chemie und, in besonderem Maße, mit der instrumentellen Analytik (damit letztlich auch der (Bio-)Physikalischen Chemie und Physik). Das Fundament, auf dem die Untersuchung, Diskussion und Beantwortung der allermeisten bioanorganischen Fragestellungen ruht, ist jedoch die Koordinationschemie, wenngleich auch anorganische Salze als solvatisierte Ionen/Elektrolyte oder Mineralien biologische Relevanz haben und deren Rolle ebenfalls ausgiebig beforscht wird.

Bioanorganische Forschungsschwerpunkte, vornehmlich zum Verständnis der Rolle von Metallen in physiologischen Abläufen, fallen in die folgenden Kategorien: Metabolismus (Aufbau, Abbau und Modifikation organischer Verbindungen, wozu auch die Regulation solcher Prozesse gehört), Speicherung, Übertragung und Freisetzung von Energie (z. B. Atmung), Speicherung von Lichtenergie (Photosynthese), Homöostase essen-

1 Das erste, ausschließlich der Bioanorganischen Chemie gewidmete Lehrbuch erschien erst in den frühen 1990er Jahren.

https://doi.org/10.1515/9783110790221-005

tieller Elemente, Signaltransduktion (z. B. Metallionen als Neurotransmitter), Toxizität und Ökotoxizität anorganischer Elemente und Verbindungen, pharmazeutische Anwendung anorganischer Elemente und Moleküle, und Biomineralisation. Hinzu kommen biotechnologische Prozesse, wie z. B. die Anreicherung von Mangan aus Manganerzen durch Mikroorganismen. Die folgenden Abschnitte in diesem Kapitel werden mit einem Fokus auf den d-Block nach einleitenden Erörterungen ausschließlich *normale* physiologische Prozesse und Funktionen umfassen, exklusive der Biomineralisation, welche ein eher materialwissenschaftliches Thema darstellt, also: Metabolismus, Energie, Homöostase und Signaltransduktion. Diese metallabhängigen physiologischen Prozesse werden mittels ausgewählter und heute gut verstandener Beispiele dargestellt und diskutiert, um die grundlegenden Konzepte der Funktion anorganischer Elemente zu vermitteln. Eine umfassende Abhandlung aller Erkenntnisse, die der Bioanorganischen Chemie zuzuschreiben sind, würde hingegen enzyklopädische Ausmaße annehmen und wäre für ein Lehrbuch ungeeignet. Zur Frage nach Auswahl und Umfang der Themen kommt noch die Frage zur Struktur des Kapitels. Die Themen ließen sich einerseits nach den Metallen ordnen oder andererseits nach den Funktionen. Da beides stets ineinandergreift, ist eine strenge Struktur in dieser Hinsicht nicht zweckdienlich. Die der Einleitung folgenden Abschnitte sind hier zwar hauptsächlich nach Metallen geordnet, es gibt jedoch zwei Ausnahmen, die verschiedene Metalle berühren und in denen die Funktion in den Vordergrund gestellt wird: Sauerstoffaufnahme und -transport und Photosynthese. Zunächst beginnen wir jedoch damit, auf die wesentlichen chemischen Grundlagen, die für die weitere, dann spezifischere Betrachtung relevant sein werden, einzugehen.

5.2 Grundlegendes

Etwa dreißig Elemente gelten als lebensnotwendig, wozu siebzehn Haupt- und Nebengruppenmetalle gezählt werden (Abb. 5.1). Zu den (nicht notwendigerweise für jeden Organismus) essentiellen Biometallen gehören Metalle der ersten und zweiten Hauptgruppe, die 3d-Übergangsmetalle (mit Ausnahme von Scandium und Titan) sowie Molybdän, Wolfram, Cadmium und Zinn. In jüngerer Zeit wurde entdeckt, dass auch Metalle aus dem f-Block des Periodensystems biologische Funktionen haben können. Entsprechende Hinweise gibt es insbesondere für die *frühen* Metalle unter den Lanthanoiden (Lanthan bis Europium).

Eine zentrale Stellung unter den Biometallen nimmt aus mehreren, auch evolutionären Gründen das Eisen ein, welches für nahezu alle Lebewesen essentiell ist und in allen Organismen verschiedene überaus wichtige Aufgaben erfüllt (siehe auch Abschn. 5.4).

Biologisch wichtige Metalle, insbesondere die Übergangsmetalle sind häufig Bestandteil von Proteinen. Man spricht dann von Metalloproteinen, oder spezifischer,

Ia	IIa	IIIb	IVb	Vb	VIb	VIIb	VIIIb	VIIIb	VIIIb	Ib	IIb	IIIa	IVa	Va	VIa	VIIa	VIIIa
H																	He
Li	Be											B	C	N	O	F	Ne
Na	Mg											Al	Si	P	S	Cl	Ar
K	Ca	Sc	Ti	V	Cr	Mn	Fe	Co	Ni	Cu	Zn	Ga	Ge	As	Se	Br	Kr
Rb	Sr	Y	Zr	Nb	Mo	Tc	Ru	Rh	Pd	Ag	Cd	In	Sn	Sb	Te	I	Xe
Cs	Ba	La*	Hf	Ta	W	Re	Os	Ir	Pt	Au	Hg	Tl	Pb	Bi	Po	At	Rn
Fr	Ra	Ac**	Rf	Db	Sg	Bh	Hs	Mt									

*	Ce	Pr	Nd	Pm	Sm	Eu	Gd	Tb	Dy	Ho	Er	Tm	Yb	Lu
**	Th	Pa	U	Np	Pu	Am	Cm	Bk	Cf	Es	Fm	Md	No	Lr

E Grundelemente / Biomasse
E anorganische Mengenelemente
E essentielle Spurenelemente für viele Organismen
E sporadisch essentielle Spurenelemente
E wahrscheinlich sporadisch essentielle Spurenelemente
E unterstrichene Elemente sind biologisch redoxaktiv

Abb. 5.1: Periodensystem der Bioelemente. Essentiell = das Element kommt im gesunden Organismus vor; seine Abwesenheit führt zu physiologischen Abnormitäten.

wenn das Metall eine katalytische Funktion hat, von Metalloenzymen. Es wird angenommen, dass etwa 30–40 % aller Proteine metallabhängig und somit als Metalloproteine zu klassifizieren sind. In vielen Fällen kann das Metall aus den Proteinen entfernt werden, ohne dass es zu einer wesentlichen strukturellen Veränderung des Proteins käme. Ein solches metallfreies Metalloenzym wird Apoenzym genannt. Das vollständige, metallhaltige und funktionale Gegenstück dazu heißt Holoenzym. Die Metalle der Metalloenzyme und die an sie gebundenen nicht-proteinogenen Liganden bilden eine Einheit, die man prosthetische Gruppe nennt. Eine prosthetische Gruppe ist im Allgemeinen, aber durchaus nicht immer, durch das Protein kovalent gebunden. Diese Bindung entspricht in der Regel einer Koordination eines oder mehrerer Aminosäurereste an das Metall. Die Proteinstruktur und -umgebung des aktiven Zentrums, in dem sich die Metall-Ligand-Einheit befindet, können die chemischen und elektronischen Eigenschaften der prosthetischen Gruppe beeinflussen, wie dessen elektronische Struktur (z. B. einen Wechsel zwischen high-spin- und low-spin-Zuständen induzieren), sein Redoxpotential, oder die Koordinationsgeometrie und Stereochemie des Zentrums. Verantwortlich hierfür sind entweder nur die direkt koordinierenden vom Protein stammenden Donoratome oder das Protein als Ganzes.

Die verschiedenen, biologisch wichtigen Metalle bzw. Metallionen bevorzugen unterschiedliche Elemente als Donoratome und je nach Natur des Metalls resultieren unterschiedliche Bindungsstärken. Eine entsprechende schematisierte Übersicht ist in Tab. 5.1 gegeben, während konkrete biologische Liganden und Bindungsmotive im folgenden Abschnitt thematisiert werden.

Über die Auswahl an Donoratomen lassen sich zudem Funktionen steuern. So finden sich in den Sauerstofftransportproteinen Hämoglobin und Hämocyanin, ab-

Tab. 5.1: Übersicht über die bevorzugten Donoratome wichtiger Biometalle, relative Bindungsstärken und wesentliche, mit der entsprechenden Kombination assoziierte Funktionen.

Metall	bevorzugte Donoratome	Bindungsstärke	wichtige Funktionen
Na, K	O	schwach	Regulation (osmotischer Druck, Membranpotentiale, Enzymaktivierung)
Ca, Mg	O	mittelstark	Regulation, Energiestoffwechsel, Stützfunktion, Signaltransduktion
Zn	O, N, S	stark	Hydrolasen, Zinkfinger, Signaltransduktion
Fe, Cu	N, S, (O)	stark	O_2-Transport
Co	N	stark	C_1-Transfer, Isomerisierungen
Übergangsmetalle (V, Mo, W, Mn, Fe, Ni, Cu)	O, N, S	stark	Oxidoreduktasen, Elektronentransfer

gesehen vom transportierten molekularen Sauerstoff, grundsätzlich keine Sauerstoff-Donoratome am Eisen oder Kupfer, in einigen sehr nahe verwandten Proteinen und Enzymen, in denen mittels dieser Metallzentren Redoxreaktionen katalysiert werden, hingegen schon.

Biomoleküle, welche metallabhängige Funktionen ausüben, lassen sich grob in vier Kategorien einteilen. Die biologischen Aufgaben der Metalle können sehr unterschiedlicher Natur sein von echter Reaktivität bis hin zu einer rein stabilisierenden Stützfunktion. Im folgenden Schema (Abb. 5.2) sind die vier wesentlichen Funktionsgruppen mit einigen Beispielen für ihre Aufgaben und die beteiligten Metalle aufgeführt.

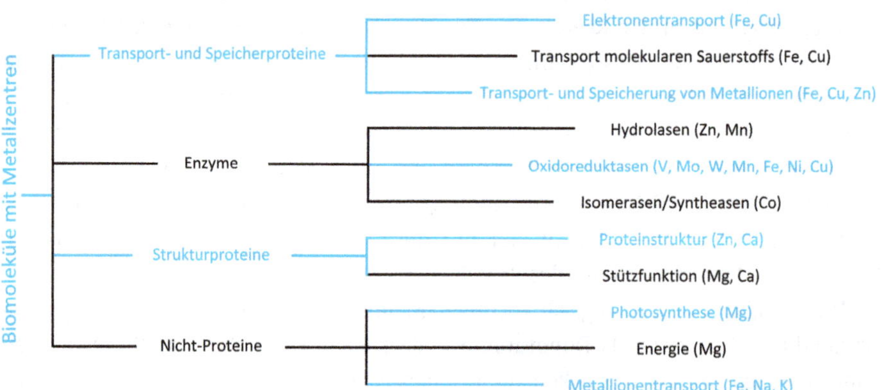

Abb. 5.2: Kategorisierung der Funktionen von Metallen in Biomolekülen sowie Beispiele spezifischer Aufgaben und damit assoziierter Metalle.

Für Transport- und Speicherproteine gilt, dass sich während der Ausübung ihrer Funktionen keine wesentlichen Änderungen der Koordinationssphären ergeben mit Ausnahme von Bindung und Weitergabe der zu transportierenden Spezies (z. B. Sauerstoff). Bei den Enzymen hingegen erfahren sowohl das Substrat als auch das Metallzentrum substantielle Veränderungen während der katalysierten Transformation hinsichtlich Koordinationsgeometrie sowie chemischer und/oder elektronischer Struktur. In den Strukturproteinen ändern sich die inneren Koordinationssphären im Prinzip überhaupt nicht, solange das Protein intakt ist bzw. seine Aufgabe erfüllt (z. B. Calcium(II) im Knochenmatrixprotein Osteopontin). Bei den Nicht-Proteinen ist das Metallion nur von solchen Bindungspartnern unmittelbar umgeben, die kein Bestandteil eines Proteins sind (z. B. Magnesium(II) in einigen Chlorophyll-Varianten). Wie der Abb. 5.2 zu entnehmen ist, sind dabei die verschiedenen metallischen Elemente keinesfalls auf nur eine Biomolekülkategorie festgelegt. Demnach bestimmt das zentrale Metall zwar selbst, welche Funktionalitäten grundsätzlich möglich sind, aber welche Aufgabe ein konkretes Biomolekül letztlich erfüllt, ist in gleichem Maße durch die innere und äußere Koordinationssphäre sowie durch das Protein definiert. Letzteres kann dabei enormen Einfluss nehmen, was sich in bemerkenswerten evolutionären Anpassungen widerspiegelt.

5.3 Biometalle als Zentren hochkomplexer Koordinationsverbindungen

In einer biologischen Umgebung sind Metallionen typischerweise von Molekülen und/oder Ionen umgeben bzw. gebunden, die biologisch-organischer oder nicht biologisch-organischer Natur sein können. Die Bindungspartner agieren als Liganden und bilden mit dem zentralen Metallion eine Koordinationsverbindung. Sind die bindenden Donoratome Bestandteil eines Proteins, so spricht man von endogenen Liganden. Alle Liganden, die nicht aus einem Protein stammen, werden unter dem Begriff exogene Liganden zusammengefasst. Dazu gehören vor allem kleine Moleküle wie Wasser und Hydroxid sowie auch einatomige Oxido- und Sulfidoliganden. Diese Liganden können, ebenso wie manche funktionellen Gruppen der Aminosäurereste (siehe folgender Abschn. 5.3.1), auch verbrückend an mehr als nur ein Metallzentrum koordinieren. Eine solche verbrückende Koordination führt zu di- oder höhernuklearen Strukturmotiven, die relativ häufig in metallabhängigen Enzymen zu beobachten sind. Als weitere exogene Liganden treten im Organismus vorkommende Pufferkomponenten auf (Acetat, Carbonat, Phosphat) oder organische Moleküle, die typischerweise über Sauerstoff-, Stickstoff- oder Schwefel-Donoratome koordinieren. Auch Nukleoside (Zucker plus Base), Nukleotide (Zucker plus Base plus Phosphat) und die daraus aufgebauten makromolekularen Nukleinsäuren (DNA und RNA) verfügen insbesondere im Bereich ihrer Lewis-basischen Amin- und Iminfunktionen über geeignete Donoratome, um

Übergangsmetallionen zu binden. Einer solchen Koordination von Nukleobasen an ein metallisches Zentrum ist nach derzeitigem Wissensstand keine natürliche Biofunktion zuzuordnen. Solche Wechselwirkungen fallen vielmehr in den Bereich der medizinischen Anwendungen, wofür die Krebstherapie mit cis-Platin ein Paradebeispiel darstellt (siehe auch Abschn. 3.16), und in die Erforschung der hochorganisierten mit Metallionen beladenen Nukleinsäuren als potenzielle zukünftige Informationsspeicher. Erdalkalimetallionen (Ca^{2+}, Mg^{2+}) hingegen binden bevorzugt und in der Regel unspezifisch an das Phosphatrückgrat von DNA und RNA, was zur Kompensation der Ladung der deprotonierten Phosphateinheiten auch notwendig ist.

Eine spezielle und überaus wichtige Untergruppe der exogenen Liganden bilden die aromatischen makrozyklischen Stickstoff-Donorliganden, denen im Anschluss an eine Übersicht der endogenen Donorfunktionen des Proteins ein eigener Abschnitt gewidmet ist (siehe Abschn. 5.3.2). Diese Liganden sind in der Regel mehr oder weniger planar, verhältnismäßig unflexibel und modulieren durch ihr delokalisiertes π-System die elektronische Struktur der aktiven Zentren, wie es endogene Liganden nicht vermögen. Beispielsweise ermöglichen makrozyklische Liganden π–π^*- oder n–π^*-Anregungen in unbesetzte Molekülorbitale, was mit einer intensiven Farbe dieser Moleküle einhergeht, sofern die Energieniveauunterschiede im Bereich der Energie des sichtbaren Lichts liegen.

Hinzu kommen als mögliche Bindungspartner der Biometallionen diejenigen Spezies, denen man als Organismus lieber ausweicht: Gifte. Dazu zu zählen sind insbesondere Kohlenstoffmonoxid, Cyanid- und Azid-Ionen. Gifte zeichnen sich typischerweise dadurch aus, dass sie besonders stabile Metall–Ligand-Wechselwirkungen eingehen, was oftmals auf einer Kombination von σ-Hinbindungen mit π-Rückbindungen beruht (siehe auch Abschn. 3.14). Endogene Liganden hingegen sind niemals π-Akzeptoren. Deren Koordination erfolgte stets über σ- und gegebenenfalls π-Donierung der funktionellen Gruppen des Proteins.

5.3.1 Das Protein als Ligand

Das Protein ist mit all seinen funktionellen Gruppen, die Stickstoff-, Sauerstoff-, Schwefel- oder Selenatome enthalten, prinzipiell in der Lage, ein Metallion zu koordinieren. Beim Stickstoff kommt es allerdings auf den Protonierungszustand an, da er über sein freies Elektronenpaar verfügen können muss, um zu koordinieren. Als vierbindiger Ammonium-Stickstoff kann er dies nicht.

In Abb. 5.3 sind alle infrage kommenden Aminosäuren, z. T. mit ihren pK_S-Werten, zusammengefasst. Zu den Aminosäureresten kommen noch die Peptidbindung selbst sowie die beiden terminalen Enden, die ebenfalls zu einer Koordination fähig sind. Zwar liegt das N-terminale Ende unter physiologischem pH-Wert oft protoniert vor, es gibt jedoch durchaus Proteine, in denen eine Koordination nachgewiesen wurde, wie z. B. die nickelabhängige Superoxiddismutase (siehe Abschn. 5.11.2). Insgesamt gilt jedoch, dass

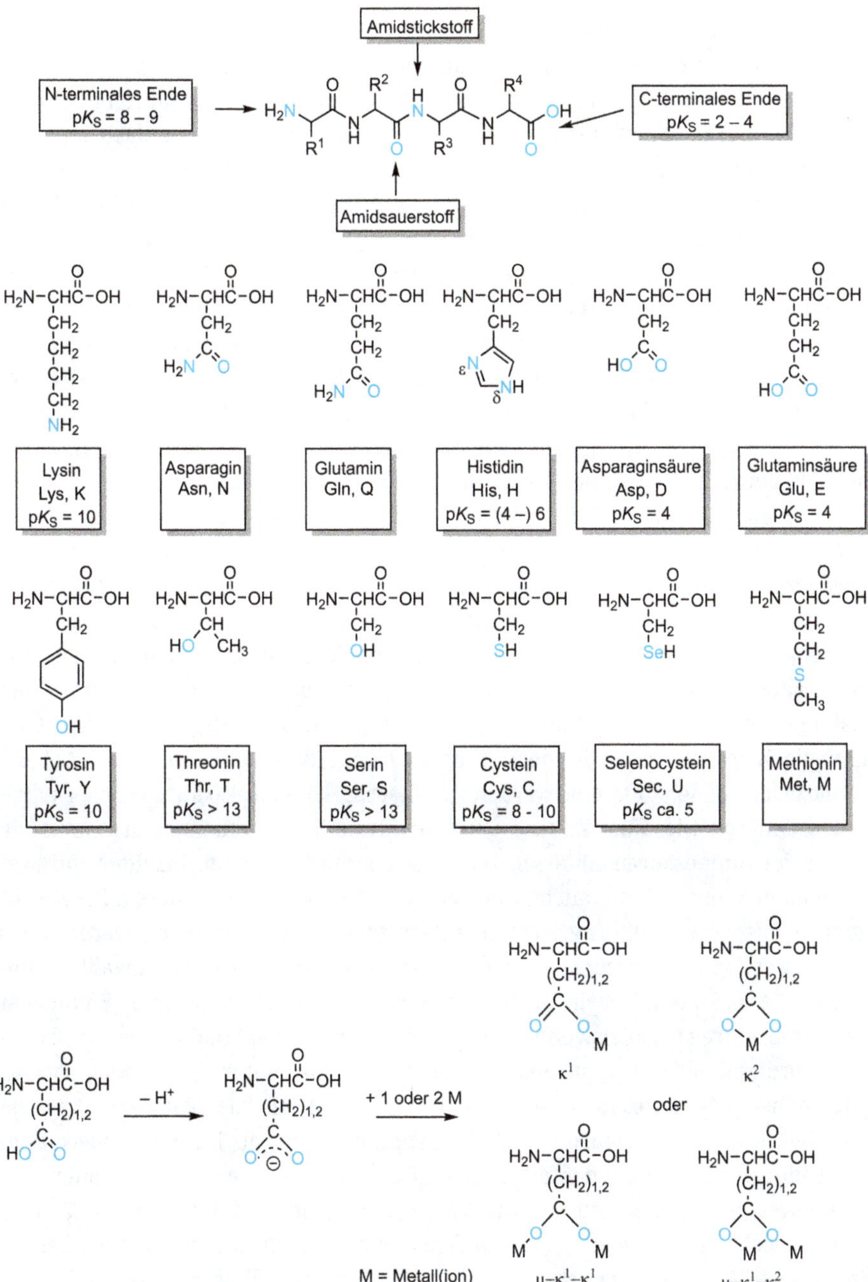

Abb. 5.3: Übersicht über die funktionellen Gruppen der Peptide, die als endogene Liganden an Biometallionen koordinieren können, sowie die möglichen Bindungsmodi einer Carboxylatgruppe (C-terminales Ende, Asparaginsäure oder Glutaminsäure). Potentielle Donoratome sind in cyan gezeigt.

die Koordination einer Peptidbindung nur zu einer schwachen Bindung an ein Metallion führt und dass diese drei Arten der Koordination des Aminosäurerückgrats eher selten beobachtet werden. Tryptophan und Arginin sind die beiden Aminosäuren mit Seitenketten, die zwar Stickstoff enthalten, aber aus Gründen der Sterik und Basizität bisher noch nicht in koordinierter Form beobachtet wurden. Auch Lysin neigt eher nicht zur Koordination und findet sich selten als Bestandteil der aktiven Zentren von Metallproteinen. In carboxylierter Form (funktionelle Gruppe: $-NH-COO^{-}$) ist es jedoch eine wichtige koordinierende Komponente in dem Enzym Urease (siehe Abschn. 5.11.2). Histidin ist die Aminosäure mit Stickstoff in ihrer Seitenkette, welche in koordinierter Form häufig in den aktiven Zentren einer großen Zahl verschiedenster Proteine vorkommt. Histidin bindet fast ausschließlich an nur ein Metallzentrum, kann aber durch die Präsenz zweier Ringstickstoffatome auch verbrückend an zwei Zentren koordinieren wie z. B. in der Kupfer-Zink-Superoxiddismutase (siehe Abschn. 5.9.2). Die Koordination des N_{ε} an ein Metallion bewirkt zudem eine Absenkung des pK_S-Wertes (unkoordiniert $pK_S \approx 6$) des N_{δ} um etwa 2. Die N–H-Funktion wird also saurer durch das Verschieben von Elektronendichte in die koordinierende Bindung und eine zweite Koordination des Imidazol-Rings wird durch die erste begünstigt. Die Seitenketten von Asparagin und Glutamin können an Metallzentren sowohl in ungeladener Form (Amido-Koordination) als auch in deprotonierter Form (Amidato-Koordination) binden. Prinzipiell ist auch eine Koordination über jedes der beiden Heteroatome, Stickstoff oder Sauerstoff, möglich. Die Seitenketten von Asparaginsäure und Glutaminsäure liegen in der Regel deprotoniert vor. Durch die Deprotonierung wird der Carboxylatgruppe Mesomerie ermöglicht (Abb. 5.3) und die beiden Sauerstoffatome werden gleichwertig, können also auch gleichermaßen gut koordinieren. Dies führt zu einer gewissen Flexibilität in den Strukturmotiven, die diese beiden Aminosäuren umfassen. Die Carboxylatfunktion kann einzähnig und zweizähnig binden und sie kann auch zwei Metalle verbrückend koordinieren. Die Koordinationsmodi werden mithilfe griechischer Buchstaben bezeichnet: μ (mü, werden mehr als zwei Metallionen verbrückt, deutet eine hochgestellte Ziffer deren Anzahl an) und κ (kappa) (Abb. 5.3 unten, siehe auch Abschn. 3.3). Eine jeweils einzähnige Bindung an zwei Metallzentren beispielsweise nennt sich demnach μ–κ^1–κ^1 (mü-kappa-eins-kappa-eins) Koordination. Tyrosin mit seiner aromatischen Alkoholfunktion bindet trotz des relativ hohen pK_S-Wertes in der Regel als Tyrosinat, also als Phenolatspezies. Eine Besonderheit dieser Aminosäure ist ihre Fähigkeit, nicht nur als Ligand, sondern dank ihrer Redoxaktivität gegebenenfalls auch als Cofaktor zu agieren, was z. B. in der Photosynthese von großer Bedeutung ist. Wird Tyrosin oxidiert, bildet sich das Tyrosyl-Radikal, welches durch das π-System stabilisiert wird. Auch die beiden Aminosäuren mit aliphatischen Alkohol-Seitenketten Threonin und Serin koordinieren meist in deprotonierter Form, wenngleich sie noch höhere pK_S-Werte aufweisen als Tyrosin. Sie wurden, damit einhergehend, nicht besonders häufig als Liganden in den Zentren von Metallproteinen gefunden. Anders sieht es bei der wesentlich saureren Seitenkette von Cystein aus. Cysteinat-Koordination findet sich ähnlich häufig wie Histidin-Koordination, womit auch dieser Aminosäure eine überragende Bedeutung für die Bioanorganische

Chemie zukommt. Selenocystein wurde deutlich später als die zwanzig ursprünglich berücksichtigten Aminosäuren entdeckt, was damit zusammenhängt, dass es in der Natur verhältnismäßig selten Verwendung findet. Da die Chalkogen-Wasserstoffbindung mit der Größe des Chalkogens an Stärke verliert, ist Selenocystein noch saurer als Cystein und koordiniert stets als Selenocysteinat. Methionin mit der Thioether-Seitenkette ist die Aminosäure, die die stabilsten Bindungen zu den – nach dem HSAB-Konzept (siehe auch Abschn. 1.2.3) – weichen Metallzentren ausbildet. Dies liegt zum einen natürlich an der Größe des Donor-Schwefelatoms und zum anderen daran, dass dieses stets ungeladen koordiniert.

5.3.2 Makrozyklische Liganden

Die Gruppe der sehr wichtigen makrozyklischen Liganden leitet sich vom Porphingrundgerüst ab, einem zyklischen Tetrapyrrolmolekül (Abb. 5.4). Porphin ist vollständig durcharomatisiert, und alle Kohlenstoff- und Stickstoffatome sind am konjugierten π-Elektronensystem beteiligt. Derartige Makrozyklen können aufgrund energetisch tiefliegender ungefüllter π^*-Molekülorbitale durch Absorption sichtbaren Lichts Elektronen aus dem Grundzustand in diese Orbitale anregen. Solche π–π^*- oder n–π^*-Übergänge sind, anders als die d–d-Übergänge von Metallkomplexen, erlaubt und die Makrozyklen damit intensiv farbig. Porphin ist von einer tiefroten Farbe. Verschiedene Substitutionen an den äußeren Kohlenstoffatomen führen zu den Porphyrinen, von denen das Protoporphyrin IX besonders bekannt ist. Es findet sich als exogener Ligand im Häm *b*, der prosthetischen Gruppe von Hämoglobin und Myoglobin im Blut und Muskelgewebe. Tiefgreifendere Derivatisierungen führen zu den makrozyklischen Liganden Chlorin (Verlust einer Doppelbindung; z. B. Chlorophyll *a*), Corrin (Verlust mehrerer Doppelbindungen und einer der vier CH-Brücken zwischen den Pyrrolen; z. B. Vitamin B_{12}/Cobalamin) und Tetrahydro-Corphin (Verlust aller C=C-Doppelbindungen ausgenommen einer verbleibenden; fragmentiertes π-Elektronensystem; z. B. Cofaktor F430). Mit dem variierten Grad der Aromatisierung geht auch eine Modulierung des Oxidationszustandes einher. Porphyrine sind die am stärksten oxidierten und gleichzeitig stabilsten zyklischen Tetrapyrrolbiomoleküle. Das, im Vergleich dazu, an nur zwei Kohlenstoffatomen reduzierte Chlorin ($-CH_2-CH_2-$) wird durch Luftsauerstoff unter der formalen Abstraktion von zwei H^0 und Bildung von Wasser spontan zu einem Porphinderivat ($-CH=CH-$) oxidiert. Diese Makrozyklen sind also durchaus auch selbst redoxaktiv und können somit an enzymatischen Redoxvorgängen aktiv beteiligt sein. Grundsätzlich gilt: Je weniger Doppelbindungen ein solcher Makrozyklus enthält, desto reduzierter ist die Spezies und desto leichter ist sie zu oxidieren. Die effektive Anzahl an Doppelbindungen und damit der Grad an Aromatizität wirken sich unmittelbar auf die Farben, Stabilitäten und Redoxpotentiale all dieser exogenen Liganden und der daraus resultierenden Komplexe mit Biometallen aus. Neben den in Abb. 5.4 gezeigten Beispielen gibt es noch eine Vielzahl weiterer Derivate mit unterschiedlichen

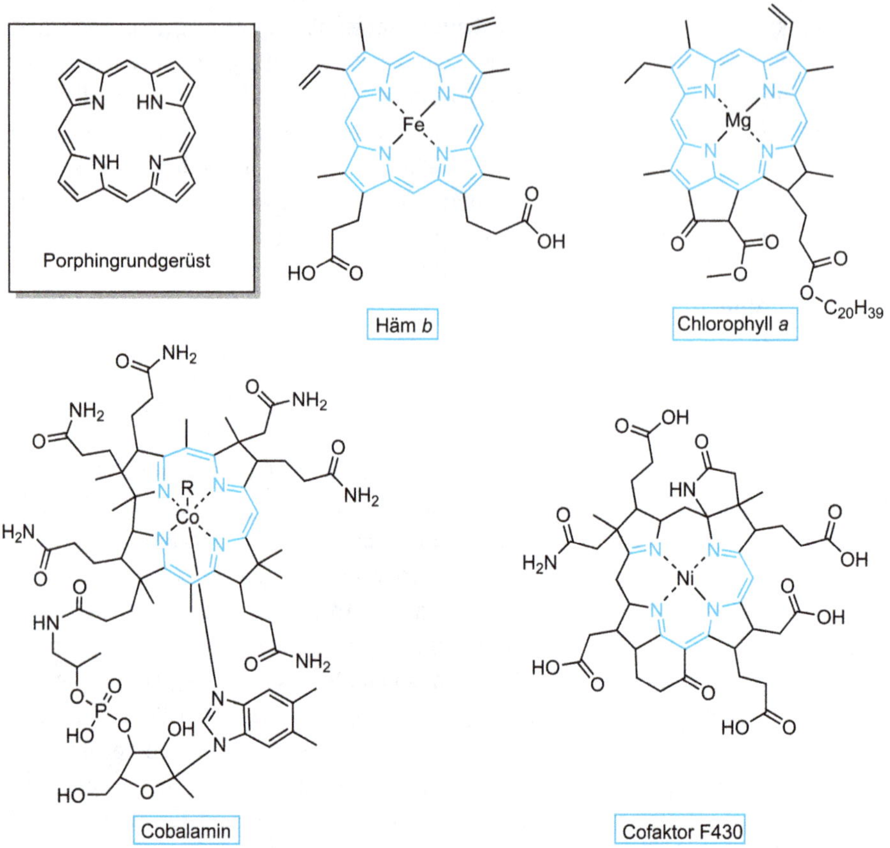

Abb. 5.4: Das Porphingrundgerüst, von dem sich die makrozyklischen exogenen Liganden ableiten lassen und Beispiele für prosthetische Gruppen mit diesen Liganden. Gestrichelte Bindungen vom Makrozyklus an das Metallion deuten an, dass der betreffende Stickstoff ungeladen ist und als Iminstickstoff koordiniert. Durchgehende Bindungen gehen von deprotonierten, negativ geladenen Aminstickstoffen an das Metallzentrum. Cyanfarbige Atome und Bindungen sind am, meist weitgehend delokalisierten, π-System beteiligt.

Graden der Aromatizität, sehr viel Variation in den Substitutionsmustern und mit verschiedenen Metallzentren, womit auch einhergeht, dass sie mit ganz unterschiedlichen biologischen Prozessen assoziiert sind. Dazu gehören Nichtredoxvorgänge (z. B. O_2-Transport), reiner Elektronentransfer (ohne Substrat) und Redoxtransformationen von Substraten. Die bemerkenswerte Variation dieser Makrozyklen hinsichtlich Struktur und Eigenschaften spiegelt wider, wie die Natur mittels eigentlich kleiner, dann aber auch vielfacher Änderungen die ihr zur Verfügung stehenden Moleküle so modifiziert, dass diese zu komplett veränderten Reaktivitäten befähigt sind und wie extrem die Biomoleküle im Laufe der Evolution optimiert wurden.

5.4 Aufnahme, Transport und Speicherung von Eisen

5.4.1 Der Begriff Homöostase

Homöostase bezeichnet den durch interne Rückkopplungen regulierten dynamischen Gleichgewichtszustand eines Systems, welches offen ist, also eine Zufuhr und Abfuhr von Bestandteilen erfährt. Es ist eine Form der Selbstregulation. Im Fall von Organismen ist damit die Aufrechterhaltung der Konzentration von Ionen und Molekülen aber auch von Druck und Potential in sehr engen Grenzen gemeint. Zum Teil sind die Homöostasen von Ionen oder Molekülen miteinander verzahnt. So bewirkt zum Beispiel eine Überkonzentration von Zink oder eine vermehrte Aufnahme von Molybdän eine Erniedrigung der Konzentration von Kupferionen im Menschen, was sich therapeutisch nutzen lässt, um die Kupferüberschusserkrankung Morbus Wilson mittels Tetrathiomolybdat zu behandeln. Dieser Zusammenhang wurde auch für Wiederkäuer beobachtet, welche molybdänreiche und schwefelhaltige Flächen beweideten und in der Konsequenz erkrankten. Im Folgenden sollen wesentliche Aspekte der Homöostase am Beispiel des Eisens besprochen werden nämlich Aufnahme, Transport und Speicherung. Diese sind für Biomoleküle oder -ionen in jedem Organismus in aller Regel sehr streng reguliert. In vielen Fällen kommt noch eine bedarfsgerechte Exkretion hinzu, für Kupferionen beispielsweise eine Ausscheidung über die Galle. Interessanterweise gibt es in höher entwickelten Organismen für Eisenionen keinen biologischen Mechanismus, der zu ihrem gezielten Ausscheiden, z. B. bei einem Eisenüberschuss, beiträgt. Im Gegenteil wird Eisen sogar höchst effizient recycelt, was seine herausragende Bedeutung unterstreicht. Abgeben können wir Eisenionen nur über den ungesteuerten kontinuierlichen Verlust von Zellen aus Haut und Schleimhäuten sowie durch natürliches (Menstruation) oder unnatürliches (Verletzung, Blutspende) Bluten. Für die Aufnahme von Eisenionen aus der Nahrung oder der Umgebung hingegen haben sich im Laufe der Evolution in Einzellern, Pflanzen und Tieren höchst effiziente Systeme entwickelt und etabliert.

5.4.2 Eisen als Bioelement – Grundlagen

Für alle Lebensformen ist Eisen ein essentielles Spurenelement, ohne das Leben nicht möglich ist. Lediglich einige Milchsäurebakterienarten sind als einzige bekannte Organismen in der Lage, auch ohne Eisenzufuhr zu überleben bzw. sich auch noch zu vermehren. Es gibt Hinweise dafür, dass Mangan in diesen Bakterien im Falle eines Eisennotstands die Aufgaben des Eisens übernehmen kann. Somit gibt es keinen einzigen Organismus, der Eisen nicht nutzen würde, und lediglich Laktobakterien können in Extremsituationen auch ohne Eisenzufuhr auskommen. Eisenionen sind Bestandteil einer Vielzahl an Proteinen und Enzymen. Eisen kommt sogar in mineralischer Form (also ohne jeden organischen Anteil) in einigen Organismen vor. Das bekannteste Beispiel ist sicherlich Magnetit (Fe_3O_4) welches der Orientierung von z. B. Brieftauben und

Honigbienen im Magnetfeld der Erde dient. Oftmals ist das biologisch genutzte Magnetitmineral von einer membranartigen Schicht umgeben. Solche Magnetosome wurden in einigen wenigen speziellen Bakterien, Algen, Insekten, Fischen, Vögeln und Säugetieren nachgewiesen.

Einerseits ist Eisen unverzichtbar, andererseits birgt es auch ein gewisses Gefährdungspotential. High-spin-Eisen(II) kann in Anwesenheit von molekularem Sauerstoff Radikale bilden, die zu den reaktiven Sauerstoffspezies (ROS) gehören und Biomoleküle schädigen. Demzufolge vermeiden Organismen mit maximaler Effizienz, dass Eisen als frei gelöstes Ion vorkommt.

Auch pathogene Mikroorganismen sind auf eine kontinuierliche Eisenzufuhr angewiesen. Eine Aktivierung aus dem Wirtshämoglobin ist ihnen dabei nicht möglich, da das Eisen dort zu stabil gebunden ist. Sie können nur auf leichter komplexiertes Eisen zugreifen. Dieses Zugreifen kann unterbunden werden, indem z. B. einem Patienten mit einer bakteriellen Infektion ein starker Komplexbildner verabreicht wird, der somit als Antibiotikum wirkt. Wegen des Eisenbedarfs von pathogenen Mikroorganismen ist ein Absinken des nachweisbaren Eisengehaltes im Blut ein Symptom für eine Infektion. Das ist der Hintergrund dafür, dass bakterielle Infektionen typischerweise mithilfe von Blutproben diagnostiziert werden. Sekrete wie Tränenflüssigkeit und Milch aber auch Blut, die mit Erregern in Kontakt kommen können, beinhalten besonders starke Komplexbildner für Eisen, damit sie für Bakterien (mit Ausnahme der Milchsäurebakterien) ein unattraktives Medium darstellen. Dennoch gelingt es Mikroorganismen durch Einsatz wiederum stärkerer Chelatliganden, vorhandenes Wirtseisen zu übernehmen. Der Kampf um Eisen ist ein wesentlicher Bestandteil des Lebens. Die Regulierung von Aufnahme, Transport, Speicherung oder Aktivierung von Eisen ist für jeden Organismus eine komplexe Aufgabe, die von einer Vielzahl an Biomolekülen bewerkstelligt wird.

Tatsächlich ist bereits die Aufnahme von Eisen nicht trivial. In wässrigen Systemen liegen Fe^{2+} und Fe^{3+} als saure high-spin-Hexaaqua-Komplexe vor (Gl. (5.1) für Fe^{3+}):

$$[Fe(H_2O)_6]^{3+} + H_2O \longrightarrow [Fe(H_2O)_5OH]^{2+} + H_3O^+ \quad pK_1 = 2{,}2\ (pK_2 = 3{,}3) \tag{5.1}$$

Die angegebenen pK-Werte unterstreichen, dass die Säure-Base-Gleichgewichte sowohl für die erste Deprotonierung als auch für die zweite denen mittelstarker Säuren entsprechen. Grundsätzlich gilt: Wasser, welches an ein Übergangsmetallion koordiniert, erhöht seine Säurestärke, wird also leichter deprotoniert als ein ungebundenes Wassermolekül.

Unter aeroben Bedingungen wird zudem Fe^{2+} zu Fe^{3+} oxidiert (Gl. (5.2)):

$$4\ Fe^{2+} \cdot aq + O_2 + 4\ H^+ \longrightarrow 4\ Fe^{3+} \cdot aq + 2\ H_2O \tag{5.2}$$

Die Kondensation der Aqua-Hydroxidoeisen(III)komplexe führt über Zweikernkomplexe zu polymeren, kolloid dispergierten Teilchen der Bruttozusammensetzung

FeO(OH) · aq und letztlich zur Ausfällung schwerstlöslichen Eisenhydroxids (eigentlich Eisenoxid-Hydrat; die Löslichkeit erhöht sich im sauren Medium stark). Freies Eisen ist zum einen somit sehr acide und zum anderen würde es zeitnah als Eisenhydroxid ausfallen. Beides muss mit der Aufnahme in einen Organismus unbedingt verhindert werden, sofern nicht tatsächlich die Eisenoxid-Hydrate FeO(OH) · aq benötigt werden wie z. B. α-FeO(OH) (Goethit) als Bestandteil der Raspelzähnchen von Napfschnecken.

Die Löslichkeit von $Fe(OH)_3$ beträgt bei einem pH-Wert von 7 und bei 25 °C nur etwa $5 \cdot 10^{-10}$ mol/l. Nun nutzt die Natur aus Effizienzgründen eigentlich nur solche Elemente, die leicht verfügbar und gut mobilisierbar sind. Mit einer so geringen Löslichkeit der in der Natur hauptsächlich vorkommenden chemischen Form trifft das für Eisen offenbar nicht zu. Dass es dennoch das am weitesten in Organismen verbreitete und auf vielfältigste Weise genutzte Bioübergangsmetall ist, liegt an der evolutionären Entwicklung der Erde. Vor der Entwicklung der Photosynthese herrschte eine reduzierende Atmosphäre vor und Eisen fand sich vorwiegend als Fe^{2+}. Die Löslichkeit von $Fe(OH)_2$ beträgt bei einem pH-Wert von 7 und bei 25 °C etwa 10^{-5} mol/l. Bis vor etwa drei Milliarden Jahren eine wirklich dramatische Veränderung der Erdatmosphäre begann, war Eisen also erheblich leichter verfügbar und mobilisierbar. Es gibt sogar die Hypothese, dass Eisen-Schwefel-Cluster (Abschn. 5.7) die Entwicklung des Lebens auf der jungen Erde überhaupt erst ermöglicht haben. In jedem Fall wurde Eisen bereits durch die frühen Lebewesen ausgiebig eingesetzt, und es war nicht möglich, sich von seiner Nutzung evolutionär abzuwenden, als die Mobilisierung von Eisenionen zunehmend schwieriger wurde. Stattdessen wurde es notwendig, die Schwerlöslichkeit der mineralischen Eisenquellen durch die Entwicklung von kompetenten Mobilisierungssystemen zu überwinden.

5.4.3 Siderophore für die Aufnahme von Eisen

Pflanzen- und Fleischfresser können sich das benötigte Eisen über die Nahrung zuführen. Pflanzen, Hefen und Pilze hingegen sind darauf angewiesen, eigenständig Eisenionen mobilisieren zu können, insbesondere dann, wenn sie auf basischen Medien/Böden wachsen bzw. auf solchen, die weitgehend frei von reduzierbaren Stoffen sind. Ebenso geht es Mikroorganismen, wenn sie mit einem Wirtsorganismus oder genereller in ihrem Habitat um das verfügbare Eisen ringen. Die Eisenionen, meist in Oxidationsstufe +3, müssen durch die Organismen in eine Transportform überführt werden. Es werden arteigene oder künstliche (z. B. Bodendüngung mit EDTA; EDTA = Ethylen-Diamin-Tetra-Acetat^{4-}) Komplexbildner eingesetzt, welche thermodynamisch stabile und lösliche Eisenkomplexe bilden. Besonders effiziente Chelatbildner diskriminieren zwischen Fe^{2+} (labiler Komplex) und Fe^{3+} (stabiler Komplex). Abweichende Ladungen und Größen der Ionen sind für eine Unterscheidung ausschlaggebend. Idealerweise wird also Fe^{3+} komplexiert, in den Organismus verbracht und dort reduziert,

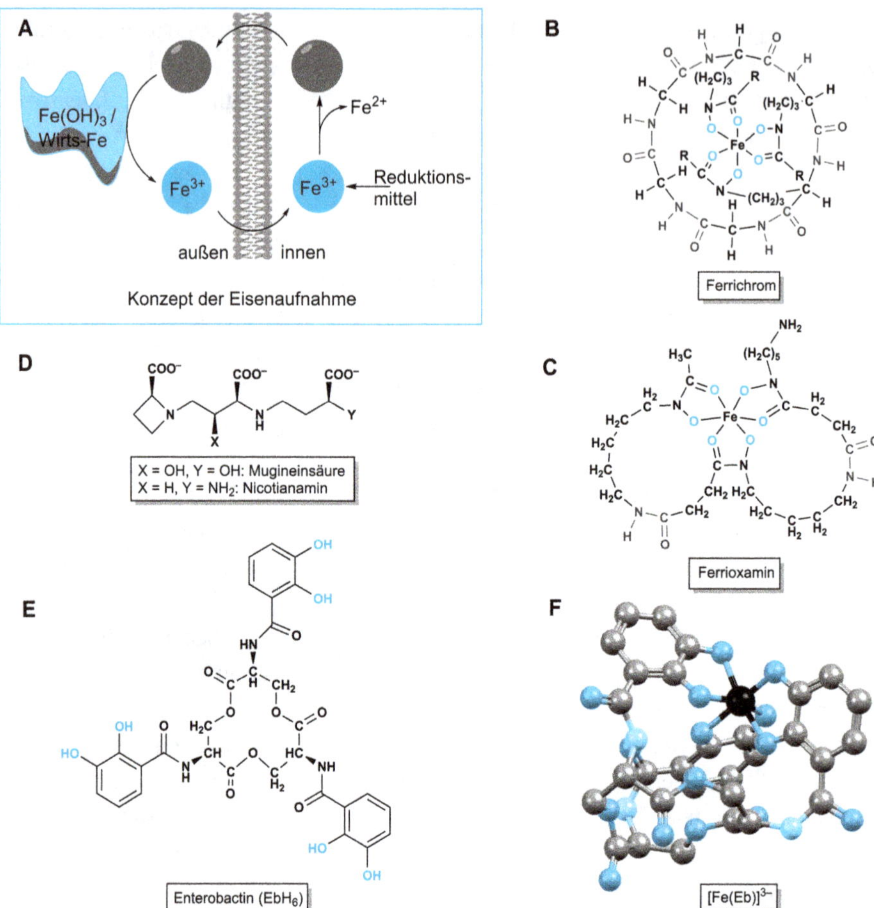

Abb. 5.5: A: Eine simplifizierte Darstellung des Konzepts der Mobilisierung und Aufnahme von Eisen unter Wiederverwendung des Siderophors (cyan: Fe-beladener Siderophor; grau: Fe-freier Siderophor). B: Fe-beladenes Ferrichrom (cyan: Sauerstoffdonoratome; grau: Peptipdbindungen). C: Fe-beladenes Ferrioxamin (cyan: Sauerstoffdonoratome; grau: Peptipdbindungen). D: Chemische Struktur zweier Phytosiderophore (Mugineinsäure und Nicotianamin). E: Fe-freies und vollständig protoniertes Enterobactin (cyan: zu deprotonierende Hydroxyfunktionen, die bei Komplexierung zu Donoratomen werden). F: Geometrieoptimierte (Chem3D) und gerenderte (POV-ray/Mercury) Struktur des Enterobactineisen(III)-Komplexes (dunkelcyan: Sauerstoffatome; hellcyan: Stickstoffatome; grau: Kohlenstoffatome; schwarz: Eisen(III); Wasserstoffatome sind nicht gezeigt).

woraufhin sich das Eisenion vom Chelatbildner löst und dieser erneut verwendet werden kann (Abb. 5.5 oben links). Eine Reduktion des Eisens ist nur dann möglich, wenn das Redoxpotential des Chelatkomplexes eine Reduktion durch ein physiologisches Reduktionsmittel wie z. B. NADH gestattet. Es gibt auch Aufnahmemechanismen, bei denen der beladene Siderophor die Membran nicht durchqueren muss. Stattdessen kooperieren extrazelluläre Chelatsysteme mit intrazellulären Systemen über membrangebundene Akzeptoren, die das Eisen von außen nach innen weiterreichen. Biogene Eisenkomplexbildner werden Siderophore genannt. Bei Pflanzen spricht man konkreter von Phytosiderophoren. Selbst aus schwerstlöslichen $Fe(OH)_3$-Depots lassen sich mit diesen organischen Verbindungen Eisenionen mobilisieren. Einige Beispiele sind in Abb. 5.5 gezeigt. Drei wesentliche Konzepte sollen hier kurz erörtert werden. Siderophore, die Hydroxamatfunktionen nutzen, haben entweder ein zyklisches (z. B. Ferrichrome aus Pilzen) oder ein offenkettiges Rückgrat (z. B. Ferrioxamine aus Bakterien) mit peptidischen hydrophilen Gruppen, welche die Biomobilität erhöhen. Es handelt sich um Trishydroxamate, die mit jeweils sechs Sauerstoffdonoren das Eisenion oktaedrisch komplexieren können und zudem mit ihrer dreifach negativen Ladung zusammen mit dem Eisen einen Neutralkomplex bilden. Bei den Ferrioxaminen spricht man spezifisch von Desferrioxaminen, wenn sie nicht an Eisen koordiniert sind, und eben diese Verbindungen werden routinemäßig als Chelattherapeutika bei Eisenüberschüssen im Menschen eingesetzt. Ein weiteres besonders bekanntes Siderophor ist das Enterobactin aus Bakterien wie *E. coli*, welches zu den Triscatecholaten gehört und ebenfalls oktaedrische Eisenkomplexe bildet, die jedoch dreifach negativ geladen sind, weil alle sechs Sauerstoffdonoren deprotoniert sind. Enterobactin ist ein für die Mikroorganismen metabolisch teures Siderophor, da seine Affinität zum Eisen auch in der niedrigeren Oxidationsstufe Fe^{2+} so groß ist, dass es zerstört werden muss, um das Eisen daraus zu extrahieren. Es ist das am stärksten bindende bekannte Siderophor überhaupt und die Ladung des Komplexes unterstützt seine Löslichkeit und Mobilität. Phytosiderophore wie die Mugineinsäure oder Nicotianamin werden über Wurzelhaare der Pflanzen in das umgebende Medium abgeschieden. Sie setzen vornehmlich auf Carboxylatfunktionen (dreimal jeweils einzähnig) in Kombination mit Amin- und ggf. Hydroxygruppen, die in der Summe wieder sechszähnig verzerrt oktaedrisch koordinieren. Manche Pflanzen können auch eine Vielzahl an Protonen in das Medium pumpen, es dadurch ansäuern und das Eisenhydroxid damit in Lösung bringen, was allerdings nur auf nicht-basischen Böden effizient ist. Eisen wird zumeist als high-spin-Fe^{3+} komplexiert. Mit der einfachen Besetzung aller fünf d-Orbitale ist die Ligandenfeldstabilisierung dann für diese Elektronenkonfiguration minimal, was eine Voraussetzung für eine schnelle Aufnahme und Abgabe ist. Im eisengebundenen Zustand sind die Siderophore globulär gebaut und umhüllen quasi die verzerrt-oktaedrischen Koordinationspolyeder. Hydrophile Gruppen, die nach außen zeigen, und/oder eine Ladung des resultierenden Komplexes ermöglichen den Transport durch wässriges Medium.

5.4.4 Transport von Eisenionen mittels Transferrin

Höherentwickelte Organismen verwenden etwas komplexere Transportsysteme im Vergleich zu den Siderophoren, jedoch sind auch diese in der Regel gute Komplexbildner und haben eine im Prinzip analoge Wirkungsweise. Auch sie zählen somit zu den besonders effizienten Eisenchelatorsystemen. Im durchschnittlichen menschlichen männlichen Organismus befinden sich etwa 4 g Eisen, im weiblichen um die 3 g. Die Angaben schwanken allerdings in der Literatur um bis zu 1 g und der Eisengehalt ist natürlich auch vom Ernährungszustand abhängig. Vom Gesamteisengehalt finden sich etwa 70–75 % in den Sauerstofftransportproteinen Hämoglobin und Myoglobin (siehe auch Abschn. 5.5), 20–25 % sind deponiert im Eisenspeicherprotein Ferritin (siehe Abschn. 5.4.5 direkt im Anschluss), etwa 4–5 % beteiligen sich an verschiedensten metabolischen Aufgaben in Form von Eisenenzymen und -proteinen (Abschn. 5.6 bis 5.8) und nur etwa 0,2 % sind mittels der Transportproteine (Transferrine) im Körper unterwegs. Mediumabhängig unterscheidet man verschiedene Transferrine. Lactoferrin findet sich in Milch und anderen Sekreten und macht diese durch seine eigene hohe Bindungsaffinität zu Eisenionen weniger attraktiv für die Besiedelung mit Mikroorganismen. Ovotransferrin (Conalbumin) besorgt den Eisentransport im Blut von Vögeln und im Eiweiß von Vogeleiern und hat ebenfalls auch eine antibakterielle Funktion. Das Transferrin im Blut von Wirbeltieren nennt sich Serumtransferrin. Seine Funktionen bestehen darin, (i) das Nahrungseisen aus den Epithelzellen der Darmschleimhaut, sowie (ii) jene Eisenionen, die beim Abbau von Hämoglobin in Leber und Milz freigesetzt werden, aufzunehmen. Diese werden dann in das Rückenmark transportiert, wo in unreifen Erythrozyten die Hämoglobinsynthese stattfindet. Zudem verbringt Serumtransferrin (iii) überschüssiges Eisen auf Eisenspeicherplätze (z. B. im Ferritin) bzw. mobilisiert sie hieraus bei Bedarf. Nach (i) werden etwa 1–2 mg, nach (ii) etwa 30 mg und nach (iii) etwa 3 mg pro Tag umgesetzt. Dies verdeutlicht, dass die Wiedergewinnung von Eisen aus Hämoglobin eine überaus große Bedeutung für die Eisenhomöostase hat. Transferrine sind echte Transportproteide, denn sie geben Eisen ab, ohne ihre Integrität zu verlieren, wenngleich es bindungsbedingt zu strukturellen Änderungen kommt. Die Lebensdauer des Eisen-Transferrin-Komplexes beträgt etwa 1–2 Stunden, die des Proteins etwa 7–8 Tage. Transferrine bestehen aus zwei identischen Untereinheiten. Jede Transferrin-Untereinheit hat zwei sehr ähnliche Bindungsstellen für Eisen(III)-Ionen am C- bzw. am N-terminalen Ende. Ein Transferrin kann somit vier Eisenionen transportieren. Das Eisen wird synergistisch zusammen mit Hydrogencarbonat gebunden und in der Bindungstasche zudem von zwei Tyrosinaten, einem Aspartat und einem Histidin koordiniert (siehe Abb. 5.6). Bei der synergistischen Aufnahme von Fe^{3+} und HCO_3^- durch Apotransferrin werden pro Eisen drei Protonen abgegeben. Zwei stammen aus den zwei Tyrosinresten und eines, zumindest formal, aus Hydrogencarbonat. Wenn Eisen und Hydrogencarbonat binden und die drei Protonen abgegeben werden, erfährt das Transferrin eine Konformationsänderung. Die Strukturen von Apotransferrin und beladenem Transferrin und damit ihre Eisenaffinitäten unterscheiden sich also, womit es möglich ist, die Aufnahme und Abgabe der Eisenionen über den pH-Wert zu steuern. Wenn Carbonat an Transferrin bindet, geht es Wasserstoffbrückenbindungen mit Aminosäureresten ein, welche nicht direkt an der Koordination von Eisen(III) beteiligt sind. Durch die Koordination an das Eisenzentrum zieht das Carbonat einen Teil des Peptids in Richtung Eisen. Dadurch wird nicht nur die Form

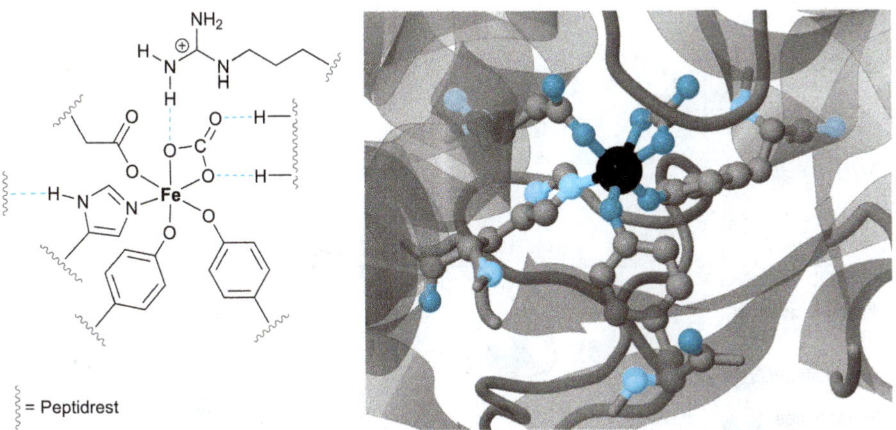

Abb. 5.6: Koordination des Eisen(III)-Ions in der Bindungstasche des Transferrins. Links: Die chemische Struktur ist gezeigt mit stabilisierenden Wasserstoffbrückenbindungen in cyan. Rechts: Eines der beiden aktiven Zentren beladenen Transferrins (schwarz: Fe^{3+}, hellcyan: N, dunkelcyan: O, grau: C und Peptid); PDB code: 1H76 (PDB = Protein Data Bank).

des Proteins verändert, sondern auch die Bindungstasche verkleinert und damit für Eisen(III) optimiert. Sobald Eisen(III) an die Aminosäureseitenketten bindet, sinken deren pK_S-Werte, weil sie die Elektronendichte in Richtung Eisen(III) schieben, wenn sie es koordinieren.

Der Weg des Eisens aus der Nahrung bis in die Zelle läuft folgenderweise ab (Abb. 5.7). Im Zwölffingerdarm wird Eisen resorbiert und in der Darmmukosa von z. B. Ceruloplasmin, einem kupferhaltigen Enzym, von Fe^{2+} zu Fe^{3+} oxidiert. In dieser Form wird es gemeinsam mit Hydrogencarbonat durch Apotransferrin aufgenommen, wobei drei Protonen abgegeben werden. Wenn sich beladenes Transferrin der Zellmembran einer Zelle nähert, kann es durch Transferrinrezeptoren auf der Oberfläche der Membran gebunden werden. Durch die Bindung von Transferrin wird eine Endozytose ausgelöst. Es bildet sich also ein Vesikel, das den Transport von Substanzen (hier Eisenionen) in die Zelle unterstützt. Die Freisetzung von Eisen wird ausgelöst durch eine Änderung des pH-Wertes, die aktiv mittels Protonenpumpen in der Membran des Vesikels herbeigeführt wird. Innerhalb des Endosoms sinkt er auf unter 5,5, während der pH-Wert des Blutes beispielsweise mit 7,4 viel höher liegt. Unter einer derart stark erhöhten Protonenkonzentration werden nun die eisenbindenden Liganden protoniert und damit deren Affinität zum Eisen verringert. Sogar das Histidin wird am N_ε zum Histidinium-Kation protoniert. Nach Abspaltung von Transferrin gelangt das Eisen entlang des Konzentrations- und Ladungsgradienten in das Cytosol der Zelle und kann von dort seiner Bestimmung zugeführt werden.

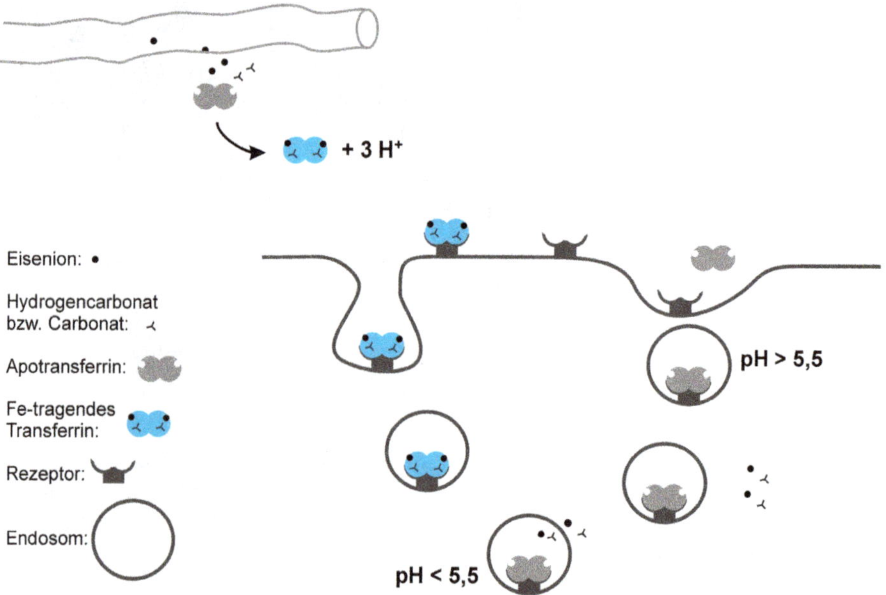

Abb. 5.7: Simplifizierte Darstellung der Aufnahme von Nahrungseisen aus dem Zwölffingerdarm, synergistische Bindung von Eisenionen und Carbonat durch Apotransferrin (nur eine von zwei Untereinheiten ist skizziert) bei gleichzeitiger Abgabe dreier Protonen pro Fe^{3+}, Bindung des beladenen Transferrins an den Transferrinrezeptor auf der Zelloberfläche, Endocytose, pH-abhängige Freisetzung von Eisenionen und Carbonat, Abgabe in die Zelle, pH-gesteuerte Exocytose und Freisetzung des Apotransferrins.

5.4.5 Ferritin als Eisenspeicherprotein

Ferritin ist das Speicherprotein schlechthin. Es ist ubiquitär (ubiquitär = kommt überall in der Natur vor, also in Bakterien, Pflanzen und Tieren) und unverzichtbar. Ferritine verschiedener Organismen unterscheiden sich nur geringfügig, und das gesamte Konzept der Eisenspeicherung ist hochkonserviert. Im Menschen findet sich Ferritin intrazellular im Zytoplasma aller Zellen, vor allem aber in Leber, Milz und Knochenmark, und extrazellulär im Serum. Obwohl nur ein geringer Anteil im Blutserum vorhanden ist, gibt die Ermittlung des Blut-Ferritingehalts Aufschluss über den Gesamtferritin- und damit den Eisenionen-Status des Patienten und wird routinemäßig für die Diagnostik eingesetzt. Das Ferritinprotein besteht aus 24 Untereinheiten, die hochsymmetrisch miteinander verzahnt sind (Abb. 5.8). Dadurch bildet sich eine Hohlkugel, deren äußerer Durchmesser etwa 12 nm beträgt und die einen Hohlraum-Innendurchmesser von etwa 8 nm aufweist. Ferritin kann somit durchaus als ein Nanopartikel charakterisiert werden. Es ist von drei Kanälen vierzähliger Symmetrie sowie vier Kanälen dreizähliger Symmetrie durchzogen, die jeweils von beiden Seiten zugänglich sind. Hinzu kommt noch eine Vielzahl von Drehachsen zweizähliger Symmetrie, die allerdings nicht mit Kanälen assoziiert sind. Der Innenraum kann etwa 4.500 Eisenionen aufnehmen und

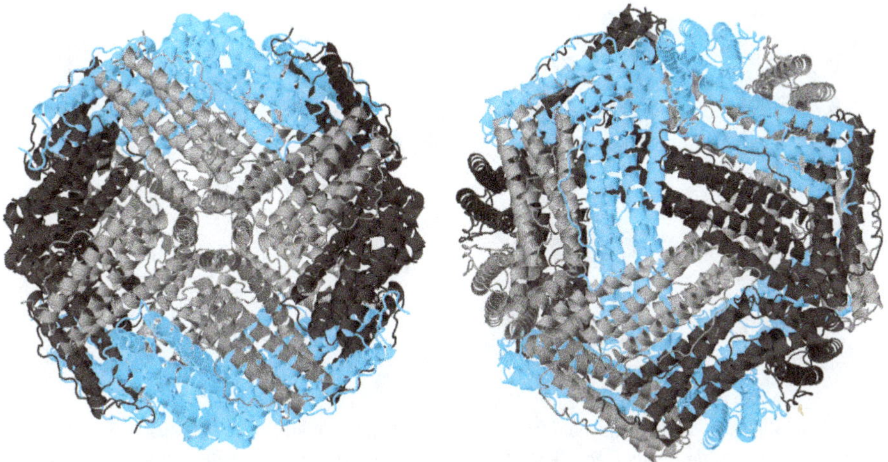

Abb. 5.8: Das aus 24 Untereinheiten bestehende Ferritinprotein; links mit Blickrichtung entlang einer vierzähligen Symmetrieachse rechts entlang einer dreizähligen Symmetrieachse. Es sind jeweils acht Untereinheiten in gleicher Farbe gezeigt (cyan, hell- und dunkelgrau), die zusammen jeweils eine der drei vierzähligen Achsen definieren. In der linken Abbildung beispielsweise läuft die Achse von vorn nach hinten durch die vier vorderen und die vier hinteren hellgrauen Untereinheiten. PDB code: 1IER.

als biomineralisches Eisenoxid-Hydroxid $(FeO(OH))_n$ speichern, das sich letztlich auch aus freien Eisenionen bilden würde. In dieser Form wäre das Biomineral ohne Ferritinhülle allerdings quasi unlöslich; die Kombination mit dem Ferritinprotein, trotz dessen enormer Größe sorgt für Löslichkeit und Biomobilität dieser potentiell erheblichen Menge an Eisen (selten ist Ferritin jedoch vollständig befüllt/ausgelastet). Angaben zur genauen chemischen Struktur des Ferritinkerns schwanken. Sie sind vermutlich von der Nuklearität des Biominerals abhängig. So überwiegt bei hoher Beladung die einfache $(FeO(OH))_n$-Formel; bei geringer Beladung ist eher eine Zusammensetzung $(FeO(OH))_8 \cdot FeO(H_2PO_4))_n$ anzunehmen. Ferritin hat nicht nur die Funktion, Eisen zu speichern, sondern es wirkt sowohl einem Eisenüberschuss wie auch einem Eisenmangel entgegen, indem es durch Aufnahme oder Abgabe von Eisenionen (so lange möglich) die allgemeine mobilisierte Eisenkonzentration des Organismus abpuffert. Damit übernimmt es auch eine Schutzfunktion, da die Bildung von reaktiven Sauerstoffspezies (reactive oxygen species = ROS) mittels Fe^{2+}-Ionen durch die Speicherung des nicht gebundenen/benötigten Eisens unterbunden wird.

Die exakten Strukturen der Ferritine unterscheiden sich in den verschiedenen Organismen, wenngleich die Gemeinsamkeiten überwiegen. So gibt es in Bakterien auch eine seltene dodekamere Version des Proteins (mit nur 12 Untereinheiten), worauf hier nicht weiter eingegangen werden soll. Die einzelnen Peptide des Ferritins zeichnen sich immer durch einen hohen α-Helixanteil aus, der die längliche Form der Untereinheiten stabilisiert. Im tierischen Ferritin kann man zwei Formen der Untereinheiten unterscheiden: die „heavy-chain“ (H) und die „light-chain“ (L) Peptide (Abb. 5.9). Das L-Peptid

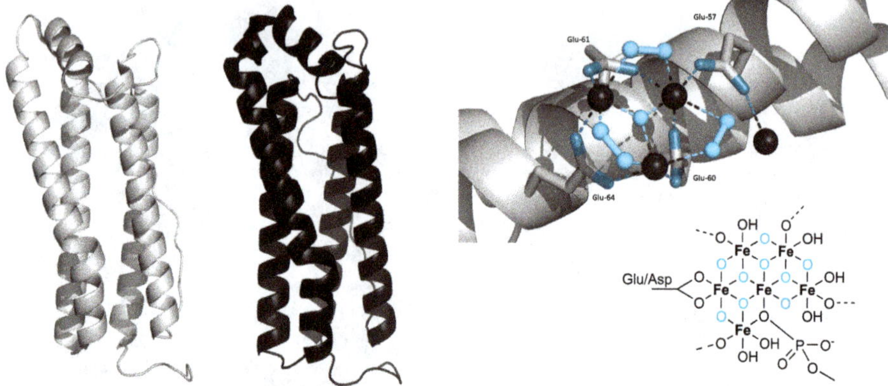

Abb. 5.9: Ganz links: L-Peptid (light chain, hellgrau) neben H-Peptid (heavy chain, schwarz). Oben rechts: beginnende Mineralisation am L-Peptid (Eisen: schwarz; Oxide und Peroxide: hellcyan; Carboxy-Sauerstoffe: dunkelcyan). Unten rechts: Skizzierung chemischer Strukturmotive des Ferritinkerns. PDB codes: 4YKH und 5GL8.

besteht aus ca. 170–175 Aminosäuren, das H-Peptid aus ca. 178–182 (Abweichungen je nach Organismus/Informationsquelle). Die gröberen strukturellen Unterschiede sind eher subtiler Natur und konzentrieren sich vor allem auf die kurzen Seiten/Enden der Tertiärstruktur (Tertiärstruktur = Faltung des Peptids und relative Anordnung von Sekundärstrukturelementen wie etwa der α-Helices).

Die Aminosäuresequenzen beider Peptidformen haben jedoch nur eine Übereinstimmung von etwa 53 %; ein bemerkenswert kleiner Prozentsatz berücksichtigt man die große Ähnlichkeit in der Tertiärstruktur und die nur geringfügige Abweichung in der Anzahl an Aminosäuren. Tatsächlich haben beide Peptide unterschiedliche Aufgaben. Das H-Peptid ermöglicht die effiziente Oxidation von eintretenden Fe^{2+}-Ionen (in dieser Form vom Transferrin angeliefert) zu Fe^{3+}. Das L-Peptid katalysiert die Biomineralisation des Eisens zum $(FeO(OH))_n$. Somit beginnt das Wachstum des FeO(OH)-Mikrokristalliten ausschließlich an den L-Untereinheiten, wie in einer Studie eindrucksvoll gezeigt wurde (Abb. 5.10). Ferritine in unterschiedlicher H/L-Zusammensetzung und mit begonnener Biomineralisierung wurden mittels Transmissionselektronenmikroskopie untersucht und zeigten nur unter den L-Peptidanteilen einen Kontrast, der auf einen signifikanten Eisengehalt zurückzuführen ist.

Das tatsächliche Verhältnis von L- zu H-Peptid ist organismus- und gewebetypisch. In Organen, in denen eine Eisenentgiftung (Schutz vor ROS) im Vordergrund steht, wie im Herzen und im Gehirn, ist der Anteil an H-Peptid höher. In Milz und Leber, in denen der Ferritingehalt hoch und die Eisenspeicherung die vornehmliche Aufgabe ist, steigt der Anteil an L-Peptid (z. B. auf 50 % in der Leber). H-Peptide sind auch hier wichtig, da zur Speicherung von Eisen zunächst eine Oxidation erfolgen muss, und je effizienter dies geschieht, desto effektiver erfolgt der Einbau. Der Prozess der Eisenspeicherung beginnt mit der Anlieferung von Fe^{2+} durch Transferrin. Die Eisenionen werden

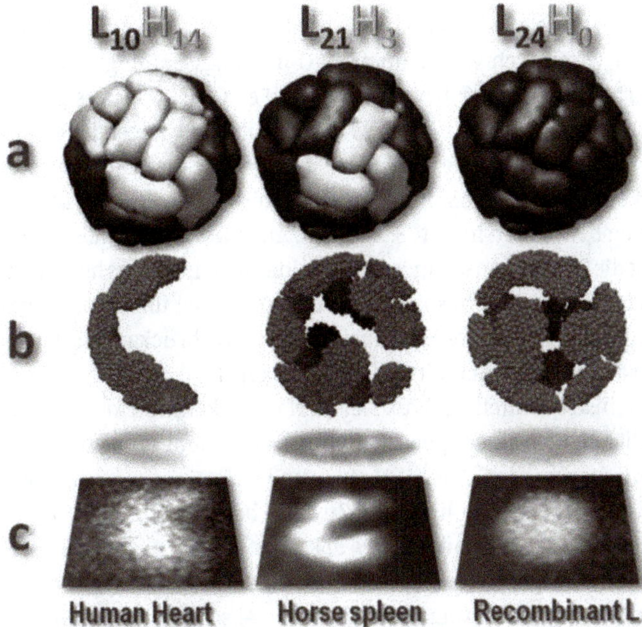

Abb. 5.10: (a) Strukturen von humanem Herz-Ferritin, Pferdemilz-Ferritin und rekombinantem L-Ferritin (L-Peptide in dunkel, H-Peptide in hell). (b) Computergenerierte Morphologie des Eisenkerns und seiner Projektion ohne Berücksichtigung der H-Peptide. (c) Ergebnis der experimentellen Transmissionselektronenmikroskopie. Mit freundlicher Genehmigung übernommen aus: F. Carmona, Ò. Palacios, N. Gálvez, R. Cuesta, S. Atrian, M. Capdevila, J. M. Domínguez-Vera, *Coord. Chem. Rev.* 2013, **257**, 2752–2764.

vermutlich über die Kanäle mit dreizähliger Symmetrie ins Innere des Ferritins geleitet (und auch wieder hinaus). Diese Kanäle sind im Gegensatz zu den Kanälen vierzähliger Symmetrie durch Seitenketten wie Aspartat und Glutamat hydrophil. Die leucinhaltigen hydrophoben vierzähligen Kanäle sind wahrscheinlich für den Transport von kleinen organischen Reduktionsmitteln sowie von Sauerstoff und Wasserstoffperoxid optimiert, die benötigt werden, um Eisen in die Speicherungsoxidationsstufe (Fe^{3+}) oder die Mobilisierungsoxidationsstufe (Fe^{2+}) zu überführen. Viele der Details der Eisenspeicherung sind noch nicht abschließend geklärt; daher die vorsichtige Wortwahl an dieser Stelle. Die eintretenden Eisen(II)-Ionen werden am H-Peptid mindestens paarweise regulär durch molekularen Sauerstoff (Gl. (5.3)) unter Ausbildung eines peroxidoverbrückten dimeren Intermediats (oder bei entsprechend hoher Konzentration durch Peroxid [Gl. (5.4)]) oxidiert, dann zum L-Peptid weitertransportiert und dort als FeO(OH) angereichert.

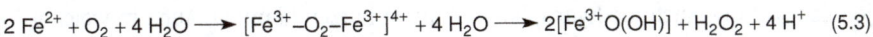

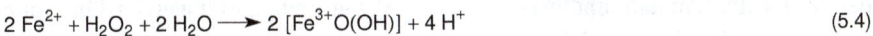

$$2\,Fe^{2+} + O_2 + 4\,H_2O \longrightarrow [Fe^{3+}{-}O_2{-}Fe^{3+}]^{4+} + 4\,H_2O \longrightarrow 2[Fe^{3+}O(OH)] + H_2O_2 + 4\,H^+ \quad (5.3)$$

$$2\,Fe^{2+} + H_2O_2 + 2\,H_2O \longrightarrow 2\,[Fe^{3+}O(OH)] + 4\,H^+ \quad (5.4)$$

Die [Fe^{3+}–O_2–Fe^{3+}]-Spezies wurde zweifelsfrei spektroskopisch charakterisiert (Mößbauer, EXAFS). Sie reagiert vermutlich weiter unter O–O-Bindungsspaltung zu einem oxido- und hydroxido-verbrückten Dimer bevor sich eine [$Fe^{3+}O(OH)$]-Spezies bildet, jedoch ist hierfür spektroskopische Evidenz rar bzw. uneindeutig. Der folgende Beginn der Kristallisation/Polymerisierung am L-Peptid unter Einbeziehung von Wasser, molekularem Sauerstoff bzw. Peroxid sowie die simplifizierte chemische Struktur des Mikrokristalliten sind rechts oben bzw. unten in Abb. 5.9 gezeigt. Auch wenn es grundsätzlich dem Ferrihydrit ähnelt, ist die Zusammensetzung des Biominerals keineswegs homogen, da beispielsweise eine Veresterung mit Phosphaten (in der Abbildung unten rechts gezeigt), Kondensation von OH-Einheiten oder Hydratisierung von verbrückenden Oxido-Funktionen möglich ist, was zur Heterogenität des Materials führt.

Mittels verschiedener instrumentell-analytischer Verfahren konnte ein recht gutes Bild der durchschnittlichen Charaktereigenschaften des eisen- und sauerstoffhaltigen Kerns im Ferritin gewonnen werden. Aus Mößbauer- und Elektronenspinresonanz-Messungen, weiß man, dass sich Eisen im high-spin-Zustand befindet (zu den analytischen Methoden siehe auch Abschn. 1.1.2 und 3.20). Da das magnetische Moment des Ferritins kleiner ist, als bei fünf ungepaarten Elektronen pro Metallzentrum zu erwarten wäre, müssen die Zentren anteilig antiferromagnetisch (siehe Abschn. 2.6) miteinander gekoppelt sein, was bei oxido-verbrückten Eisenzentren nicht ungewöhnlich ist. Mittels Röntgenabsorptionsspektroskopie hinter der Absorptionskante (extended X-ray absorption fine structure: EXAFS), die elementspezifische Informationen zu Bindungspartnern und Bindungslängen liefert, konnte ermittelt werden, dass das durchschnittliche Eisenatom im gut befüllten Ferritin von sechs Sauerstoffatomen umgeben ist, und diese innere FeO_6-Koordinationseinheit wiederum von sieben Eisenatomen mit einem Abstand von weniger als 3 Å zum zentralen Eisen. Dies entspräche zwar einer hexagonal dichtesten Kugelpackung der Sauerstoffatome mit je halber Besetzung der Tetraeder- und Oktaederlücken durch Eisen genau wie im Mineral Ferrihydrit, aber es ist mittlerweile Konsens, dass sich nicht immer ganz so exakte kristalline, sondern z. T. sogar amorphe Strukturelemente ausbilden. Bei sehr niedrigem Eisengehalt konnte in der zweiten Koordinationssphäre auch Kohlenstoff gefunden werden, also ein C–O–Fe-Motiv, sowie lediglich zwei Eisen, was noch einmal untermauert, dass das Kristallwachstum durch die Peptidoberfläche initiiert und mediiert wird.

Wenn der Organismus Eisen aus dem Ferritin mobilisieren muss, ist der Prozess der Mineralisation umzukehren. Wie genau das geschieht, ist unklar. Zweifelsfrei muss es zur Reduktion kommen durch geeignete Reduktionsäquivalente. Das legt zum Beispiel kleine organische Reduktionsmittel wie etwa Hydrochinone nahe. Zudem muss das reduzierte Eisenion hinaustransportiert werden, wozu unter anderem kleine Chelatliganden in der Lage wären oder auch kleine Chaperone (Transportproteide), die dafür, je nach Ladung, auch die hydrophoben Kanäle nutzen könnten. Auch in welcher Reihenfolge Reduktion und Bindung/Chelatisierung stattfinden, ist ungewiss. Eine andere Option wäre, dass freies und ferritingebundenes Eisen stets in einem Gleichgewicht im Zytosol vorlägen, und somit gar kein optimierter Prozess der Eisenabgabe nötig wäre, was jedoch nichts an der notwendigen Reduktion ändert. Obwohl Ferritine schon lange bekannt sind und intensiv untersucht wurden, ist noch viel Arbeit und sehr kluges Studiendesign in der Chemie und der Biologie erforderlich, um irgendwann alle Eisenspeicher- und Eisenabgabevorgänge vollständig aufgeklärt zu haben. Es ist somit noch immer ein ergiebiges bioanorganisches Arbeitsfeld.

Erwähnt werden soll abschließend noch, dass Apoferritin, dank seines enormen Hohlkörpers und natürlichen Vorkommens (weil es somit garantiert nicht toxisch ist) auch als Nanovehikel für Pharmazeutika erforscht wird, beispielsweise in der platinbasierten Krebstherapie.

5.5 Sauerstoffaufnahme, -transport und -speicherung

Wie die vorherigen Abschnitte bereits zeigten, sind die Elemente Eisen und Sauerstoff im biologischen Kontext vielfach und untrennbar miteinander verknüpft. So überrascht es nicht, dass auch beim Thema Sauerstoffaufnahme und -transport Eisen eine bedeutende Rolle spielt.

Die Nutzung molekularen Sauerstoffs als Energiequelle erfordert ein effizientes System von Aufnahme und Distribution in alle Zellen des Organismus. Wasser löst bei 20 °C nur 7,6 mg/l O_2. Bei höheren Temperaturen (Körpertemperatur) ist es noch weniger. Das ist für die Versorgung komplexer Organismen allein durch Sauerstoffdiffusion ungenügend. Die sich weiterentwickelnden aquatischen Lebewesen der Urerde sind dazu übergegangen, den molekularen Sauerstoff mithilfe von Transport- und Speicherproteinen in ihren Körperflüssigkeiten und Zellen anzureichern. Landlebewesen haben dies beibehalten und weiterentwickelt. Mit dem Sauerstofftransportprotein Hämoglobin können beispielsweise bei 37 °C 200 ml O_2 (ca. 290 mg) in einem Liter Blut gelöst werden. Die Natur hat zwei voneinander unabhängige Konzepte und insgesamt drei spezifische Systeme zum Transport von molekularem Sauerstoff zur Nutzung durch O_2-veratmende Organismen entwickelt. Höher entwickelte Lebewesen (Wirbeltiere und Insekten) sind zur Biosynthese des Häm-Kofaktors (Eisen(II) + Protoporphyrin IX) befähigt und nutzen diesen in den Enzymen Hämoglobin (Transport von O_2 im Blut) und Myoglobin (Transport und Speicherung von O_2 im Muskelgewebe). Wirbellose hingegen nutzen die Proteine Hämerythrin oder Hämocyanin.

5.5.1 Das Sauerstofftransportprotein Hämocyanin

Mollusken (Weichtiere: Muscheln, Schnecken, Tintenfische) und Arthropoden (Gliederfüßler: Krebse, Spinnentiere) nutzen für den Transport von Sauerstoff zweikernige Kupferzentren. Im Gegensatz zu den anderen Sauerstofftransportproteinen ist Hämocyanin nicht partikelgebunden, wie beispielsweise Hämoglobin an die roten Blutkörperchen, sondern frei im Serum suspendiert. Der Name leitet sich davon ab, dass das Protein im sauerstoffbeladenen Zustand blau (cyan) ist und somit auch das Blut der Tiere. Das Protein besteht aus mehreren identischen Untereinheiten, die hochassoziiert und mit je einem aktiven Zentrum ausgestattet sind. In der Regel liegt Hämocyanin als Hexamer vor. Die Anbindung von Sauerstoff erfolgt kooperativ. Das bedeutet, dass die Koordination von Sauerstoff an der ersten Untereinheit am schwierigsten ist, es durch die Anbindung zu einer Strukturänderung der Proteineinheit kommt, die sich auf die benachbarten Untereinheiten ausbreitet, und dass diese es dann leichter haben, weitere Sauerstoffmoleküle zu binden (Abb. 5.11). Da es sowohl vom Oxy- als auch vom Deoxy-Zustand gut aufgelöste Kristallstrukturen gibt, sind sogar feine Details der Anbindung von O_2 aufgeklärt. Im ungebundenen Deoxy-Zustand sind die Kupferzentren 4,6 Å voneinander entfernt. Weder gibt es eine direkte Wechselwirkung zwischen ihnen, noch sind sie in irgendeiner Weise verbrückt. Die Bindung von molekularem Sauerstoff bewirkt, dass sich durch die dann einstellende Verbrückung mittels der beiden Sauerstoffatome die beiden Kupferzentren auf 3,6 Å annähern. Dabei ziehen sie die koordinierten Histidinliganden mit sich und die Form der Untereinheit verändert sich (Abb. 5.11).

Im Deoxy-Zustand sind beide Kupferzentren reduziert, liegen also als Kupfer(I) vor. Für den O_2-Transport wird jedes Kupfer in die Oxidationsstufe Cu^{2+} oxidiert und Sauerstoff zum Peroxid reduziert. Bei der Abgabe des Sauerstoffs kehren sich die Redoxprozesse um. In der Transportform koordiniert das Peroxid *side-on*-verbrückend an beide Kupferzentren (μ–κ^2–κ^2 koordinierendes O_2^{2-}). Das ist ein ungewöhnliches Bindungsmotiv, und obwohl es gute funktionelle Modelle für das aktive Zentrum des Hämocyanins gibt, die molekularen Sauerstoff reversibel binden, weicht der Bindungsmodus oftmals ab (Abb. 5.12).

Ein wichtiger Aspekt der Bioanorganischen Chemie ist die Modellsynthese und -analyse. Mithilfe struktureller und/oder funktioneller Modelle für Metalloproteine und deren systematischer Untersuchung lassen sich Erkenntnisse gewinnen zu Bindungsmotiven, Struktur-Funktions-Beziehungen, enzymatischen Mechanismen und Kinetiken sowie Ergebnisse validieren, die aus Untersuchungen an Proteinen stammen.

Für Hämocyanin gibt es einige Modellverbindungen, die zumeist das strukturelle Motiv der Dinuklearität berücksichtigen, wofür Liganden mit zwei Bindungstaschen entwickelt wurden. Ein funktionelles Modell, welches molekularen Sauerstoff in Abhängigkeit vom Druck reversibel binden und abgeben kann, wurde bereits im Jahr 1987 vorgestellt. Jedoch bindet der Sauerstoff einzähnig *end-on* μ–κ^1–κ^1 (Abb. 5.12, links), was eine nicht unwichtige Abweichung darstellt. Ein späteres Modell konnte den genauen Bindungsmodus des Proteins sogar bei Raumtemperatur nachahmen und auch dabei erfolgt die Bindung gewissermaßen reversibel. Zudem ist Kupfer hier abgesehen vom Peroxid ausschließlich an Stickstoffdonoren gebunden. Allerdings gelingt die Abspaltung des O_2 nur durch Verdrängung in Anwesenheit eines Konkurrenzliganden (Kohlenstoffmonoxid) in hoher Konzentration, der dann die Koordinationsstellen der O_2-Einheit

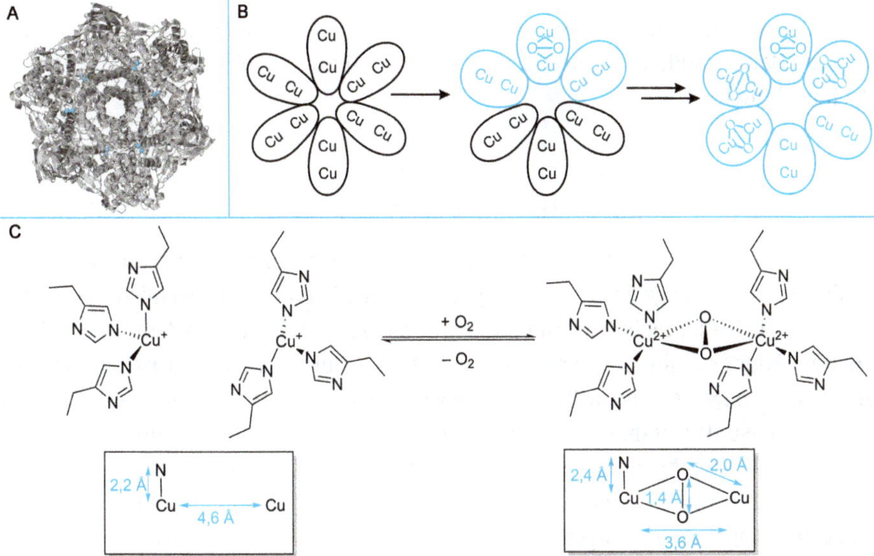

Abb. 5.11: A: Kristallstruktur von Hämocyanin aus *Limulus polyphemus* (Pfeilschwanzkrebs; in cyan die zwölf Kupferionen der sechs Untereinheiten; PDB code: 1LL1). B: Simplifizierte Skizzierung der kooperativen Bindung von O_2; Koordination als O_2^{2-} bewirkt eine Strukturänderung der Untereinheit, die sich auf benachbarte Untereinheiten überträgt, wodurch die Bindung dort nun erleichtert ist, was sich sukzessive durch das gesamte Protein fortsetzt. C: Strukturen des aktiven Zentrums in Deoxy-Form (links; verzerrt trigonale Geometrie; beide Koordinationseinheiten nahezu koplanar) und Oxy-Form (rechts; verzerrt quadratisch-pyramidale Geometrie). Wichtige Bindungsmotive und -abstände sind in der untersten Reihe in den Kästchen hervorgehoben.

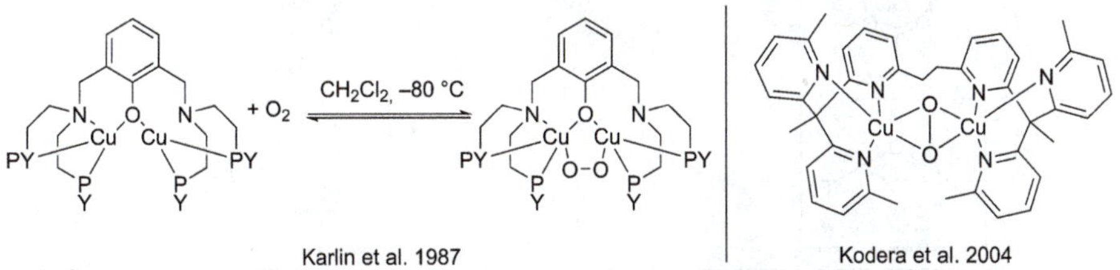

CH_2Cl_2, –80 °C

Karlin et al. 1987

Kodera et al. 2004

Abb. 5.12: Funktionelle Modelle für Hämocyanin. Links die druckabhängige reversible Bindung von O_2 an ein zweikerniges phenolat-verbrücktes frühes Modell mit PY = Pyridylrest, welcher über sein Stickstoffatom koordiniert (K. D. Karlin, R. W. Cruse, Y. Gultneh, A. Farooq, J. C. Hayes, J. Zubieta, *J. Am. Chem. Soc. 1987*, **109**, 2668–2679). Rechts ein Modell mit dem μ-κ^2-κ^2-Bindungsmotiv analog zum Protein (M. Kodera, Y. Kajita, Y. Tachi, K. Katayama, K. Kano, S. Hirota, S. Fujinami, M. Suzuki, *Angew. Chem. Int. Ed. 2004*, **43**, 334–337).

einnimmt. In beiden Modellen erfolgen die Redoxtransformationen genau wie im Protein (Kupferoxidation und Sauerstoffreduktion bei Anbindung und umgekehrt bei Abgabe). Mithilfe dieser Modelle konnten unter anderem strukturelle Änderungen durch die O_2-Anbindung nachvollzogen, kinetische Aspekte im Detail evaluiert und spektroskopische Daten validiert werden. Das perfekte Struktur- und Funktionsmodell gibt es jedoch noch nicht.

5.5.2 Das Sauerstofftransportprotein Hämerythrin

Die marinen Wirbellosen (Würmer, Schnecken, Muscheln) nutzen zum Sauerstofftransport das eisenabhängige Protein Hämerythrin. Dieses Protein ist tatsächlich streng marin und wurde bisher nicht bei Landlebewesen beobachtet. Das aktive Zentrum ist ebenso wie im Hämocyanin zweikernig; die Farbe im oxidierten Zustand ist pink-violett. Hämerythrin bewegt sich im Blut partikelgebunden oder im Inneren von Zellen. Es kommt zumeist als Oktamer vor, gleichwohl sind auch Hämerythrine mit weniger als acht Untereinheiten bekannt. In der Regel erfolgt die Anbindung von Sauerstoff nicht kooperativ, sodass O_2 weniger effizient als durch Hämoglobin gebunden wird. Auch vom Hämerythrin gibt es gut aufgelöste Röntgenstrukturanalysen sowohl von der Deoxy- als auch von der Oxy-Form und die Sauerstoffanbindung ist strukturell gut aufgeklärt (Abb. 5.13).

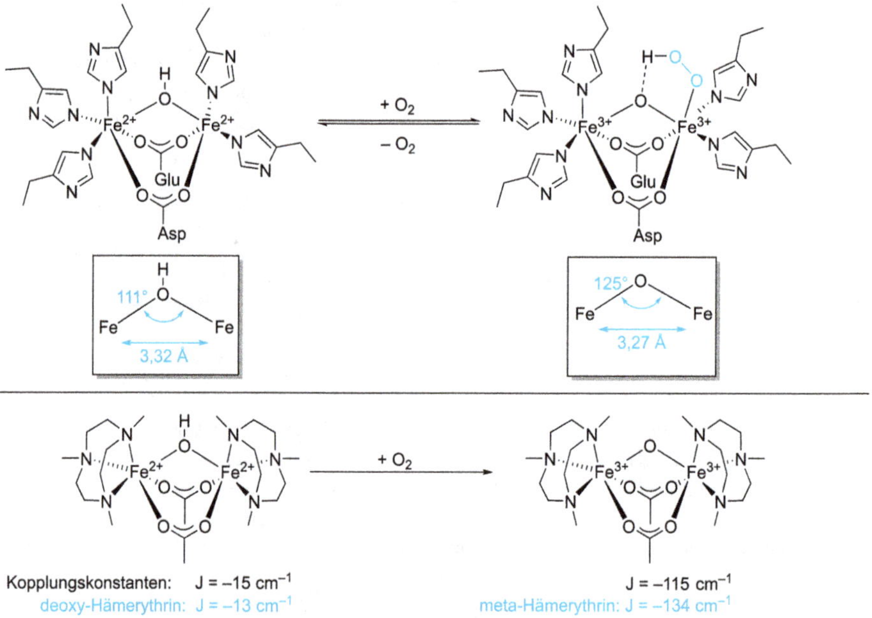

Abb. 5.13: Die Strukturen der aktiven Zentren von Deoxy- und Oxy-Hämerythrin (oben) und ein Modell mit dem 1,4,7-Trimethyl-1,4,7-triazacyclononan(mtcn)-Liganden (unten), welches in der Anwesenheit von O_2 ebenso wie Hämerythrin von der hydroxido-verbrückten in eine oxido-verbrückte Form übergeht und dabei die Kopplungskonstanten des Proteins recht gut nachbildet.

In der Oxy-Transportform ist O_2 als Hydroperoxidoligand gebunden, was ungewöhnlich ist. In der Deoxy-Form liegen ein sechsfach koordiniertes und ein fünffach koordiniertes Eisenzentrum vor. Beide Zentren sind high-spin Fe^{2+}-Ionen koordiniert an zwei bzw. drei Histidinreste, zwei verbrückende μ–κ^1–κ^1 Carboxylatreste (Aspartat, Glutamat) und ein verbrückendes Hydroxid. Sauerstoff bindet *end-on* einzähnig an das nur fünffach koordinierte Eisenzentrum und übernimmt das Wasserstoffatom des Hydroxids, welches dadurch zum Oxidoliganden wird. Die Transportform des Sauerstoffs ist somit ein Hydroperoxidoligand, der mit einer Wasserstoffbrückenbindung zum Oxidoliganden stabilisiert bzw. fixiert wird. Wie auch beim Hämocyanin werden die beiden Sauerstoffatome reduziert und beide Eisenzentren oxidiert. Die beiden Eisen(III)-Zentren sind durch μ-Oxido vermittelten Superaustausch antiferromagnetisch miteinander gekoppelt (siehe auch Abschn. 2.7.5). Dieses magnetische Verhalten sollten gute Modellverbindungen imitieren können. Ein verhältnismäßig einfaches Modell, welches in Gegenwart von und durch Oxidation mit O_2 von einem Hydroxido- zu einem Oxido-Komplex wird (jedoch ohne das im Protein stabilisierte Hydroperoxid zu binden), kommt bereits recht gut an die entsprechenden Werte heran. Seine Kopplungskonstanten gleichen im reduzierten Zustand denen des Deoxy-Hämerythrins und im oxidierten Zustand denen von Meta-Hämerythrin, einer oxidierten inaktiven μ-Oxido-Variante ohne den Hydroperoxidoliganden. Während die Eisen-Eisen-Abstände des reduzierten Hydroxido-Modells mit etwa 3,3 Å nahezu identisch mit denen im Protein sind, sind sie mit 3,06 Å für das oxidierte Oxido-Modell deutlich kürzer als im Protein. Hier zeigt sich die Bedeutung der Proteinumgebung, die offenbar die Struktur des Zentrums besser konservieren kann als das Modell, was der Reversibilität der beiden Zustände zugutekommt (nur wenig Reorganisationsenergie erforderlich).

5.5.3 Hämoglobin und Myoglobin

Hämoglobin (Hb) ist der rote Blutfarbstoff, welcher für den Transport von molekularem Sauerstoff von der Lunge mittels Blut ins Gewebe zuständig ist. Myoglobin (Mb) ist ein blassroter Farbstoff im Muskelgewebe von Wirbeltieren, der dort den Transport und in geringem Maße auch die Speicherung von O_2 ermöglicht. In beiden Fällen ist der O_2-tragende Kofaktor ein Komplex aus Eisen(II) und Protoporphyrin IX (Abb. 5.14), in dieser Kombination auch Häm genannt. In der sauerstofffreien Form (Deoxy-Hb; Deoxy-Mb) ist das Eisen fünffach koordiniert. Eisen liegt als high-spin Fe^{2+} vor und ragt dem proximalen (nahen) Histidin zugeneigt aus der Ebene des Porphyrinrings heraus. Beim Deoxy-Hb ist das Eisen etwa 36–40 pm aus der Ebene geschoben beim Deoxy-Mb sind es 42 pm. Vom Porphin abgeleitete makrozyklische Liganden (siehe auch Abschn. 5.3.2) können nicht nur Metallionen koordinieren, die perfekt in die Koordinationsebene hineinpassen, sondern auch solche, die zu groß sind und daher etwas nach oberhalb oder unterhalb der Ebene verschoben gebunden werden. Zudem kann auch durch eine Verzerrung des Makrozyklus (Wölbung, Sattelform, unregelmäßige Verdrillung) mehr Platz

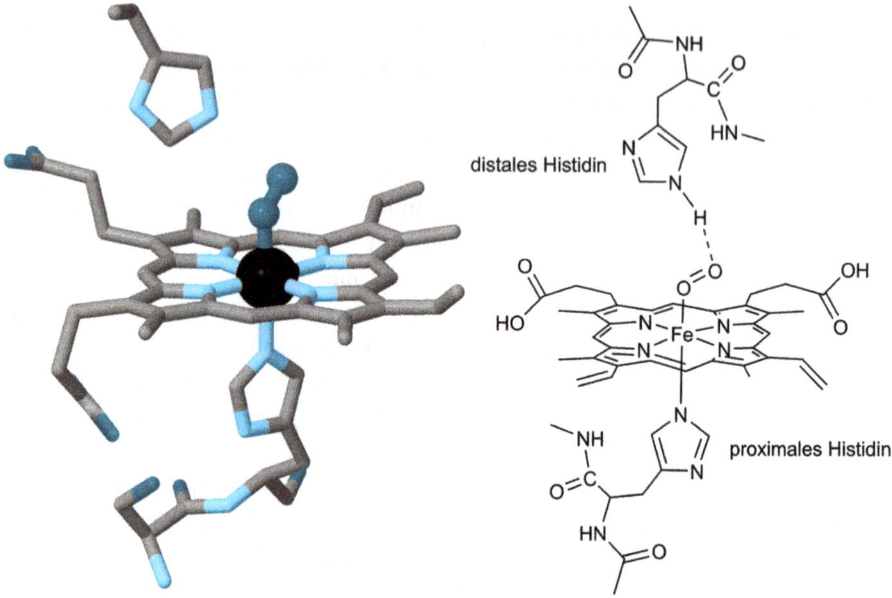

Abb. 5.14: Links: aktives Zentrum von Oxy-Myoglobin aus einer Kristallstruktur (schwarz: Eisen, hellcyan: Stickstoff, dunkelcyan: Sauerstoff, grau: Kohlenstoff; PDB code: 1A6M). Rechts: chemische Struktur der Oxy-Hämgruppe mit proximalem und distalem Histidin und Wasserstoffbrückenbindung mit gestrichelter Linie (im Vergleich zur Kristallstruktur um 90 ° im Uhrzeigersinn gedreht).

für das zu koordinierende Metallzentrum geschaffen werden, was allerdings im Fall von Hämoglobin und Myoglobin nicht nötig ist.

Die O_2-beladenen Formen der Transportproteine (Oxy-Hb; Oxy-Mb), in denen die sechste Koordinationsstelle durch das Sauerstoffmolekül besetzt ist, enthalten low-spin-Eisen. Eisenionen in ls-Konfiguration sind kleiner als hs-Ionen und passen besser in die Makrozyklusbindungstasche hinein. Die Sauerstoffanbindung bewirkt also einen Übergang hs⟶ls, womit ein Hineinrutschen in die Koordinationsebene des Protoporphyrin IX einhergeht. Das wirkt sich auch auf das proximale Histidin aus, welches der Bewegung des Eisenzentrums folgt. Das distale (ferne) Histidin stabilisiert die Koordination der O_2-Einheit durch eine Wasserstoffbrückenbindung (H-Brücke). Die Bewegung des proximalen Histidins ist wichtig für die kooperative Bindung von O_2 durch Hämoglobin und die H-Brücken-Stabilisierung durch das distale Histidin ist notwendig, um die Sauerstoffanbindung in Konkurrenz mit anderen kleinen Molekülen zu befördern sowie die Koordination größerer Moleküle zu verhindern. Beide Histidinreste sind somit absolut wesentlich für eine effektive Atmung und ihr Einbau an ihren spezifischen Proteinorten ist das Resultat evolutionärer Effizienzsteigerung.

Eigentlich ist Kohlenstoffmonoxid (CO) aufgrund seines sehr ausgeprägten π-Rückbindungscharakters für elektronenreiche oder zumindest -haltige Metallionen ein viel besserer Ligand als O_2 und sollte in direkter Konkurrenz fast ausschließlich gebunden werden. Wenn O_2 (oder CO) an das Eisenzentrum im Häm koordiniert, verdrängt es ein nicht kovalent gebundenes Wassermolekül aus der Tasche, welches bis dahin in einer Wasserstoffbrückenbindung durch das distale Histidin stabilisiert war. Isoliert betrachtet ist der Verlust der H-Brücke thermodynamisch ungünstig. Wenn nun O_2 in abgewinkelter Form an das Eisenzentrum koordiniert, wird dieser Verlust durch die neue H-Brücke kompensiert. CO bindet nicht als abgewinkelter Ligand, sondern bildet eine lineare Anordnung $Fe{-}C{\equiv}O$, bei der das endständige O nicht mehr genügend mit dem distalen Histidin wechselwirken kann. Die Gruppe ist außerdem auch viel weniger polar als eine mit koordinierter O_2-Einheit, was sich ebenfalls negativ auf eine Wechselwirkung zwischen der Imidazol-NH-Funktion und Carbonyl-Sauerstoff auswirkt. Somit kann der Verlust der H-Brücke zwischen Histidin und Wasser im Fall der CO-Koordination nicht kompensiert werden. Zwar bindet auch im Protein CO immer noch stärker als O_2, weswegen es ein starkes Atemgift ist, aber die Toleranz ist durch den Einfluss des Polypeptids erheblich angehoben geworden und natürliche CO-Konzentrationen in der Atemluft sind kein Problem. So ist die Bindungsaffinität von Deoxy-Mb für O_2 etwa 100-mal höher als es die eines Modellkomplexes ist und die Bindungsaffinität für CO ist 5–10-mal niedriger.

Die sauerstoffbeladenen Proteine Oxy-Hb und Oxy-Mb sind beide diamagnetisch, haben also entweder keine ungepaarten Elektronen oder vorhandene ungepaarte Elektronen sind antiferromagnetisch gekoppelt. Da molekularer Sauerstoff paramagnetisch ist (Abb. 5.15A), muss sich seine elektronische Struktur durch die Koordination signifikant ändern. Es gibt für den Diamagnetismus drei Erklärungsmöglichkeiten, die in direktem Zusammenhang mit dem Bindungsmodus stehen und die alle mit gewissen experimentellen Befunden in Einklang zu bringen sind. Pauling hat sich jahrzehntelang mit dieser Frage beschäftigt und postulierte 1949 ein Modell, das auch heute noch als relevant erachtet wird (Abb. 5.15B). Demzufolge bindet Eisen(II) den Sauerstoff als σ-Donor/π-Akzeptorliganden. Dabei werden beide halbgefüllten π^*-Orbitale für die Bindung herangezogen. Durch die Symmetrieerniedrigung beim Kontakt mit dem Eisen(II) wird die Entartung des π^*-Niveaus aufgehoben, die Elektronen befinden sich nur in einem dieser beiden Orbitale, und dieses Elektronenpaar wird für die σ-Hinbindung in das d_{z^2}-Orbital am Eisen eingesetzt. Das nunmehr leere π^*-Orbital kann dann Elektronen aus dem d_{xz}-Orbital des Eisens aufnehmen, mit dem die π-Rückbindung etabliert wird. Da O_2 genauso viel(e) Elektronen(-dichte) zurückbekommt, wie es abgibt, ändert sich an der Anzahl der ihm zugeordneten Elektronen formal nichts. Weiss stellte 1964 eine andere Betrachtungsweise in den Raum (Abb. 5.15C). Nach ihm kommt es für die Zeit des Transportes zu einer reversiblen Oxidation des Eisens und einer Reduktion des Sauerstoffs zum Superoxid. Das Superoxid hat drei Elektronen im π^*-Niveau. Das Elektronenpaar wird verwendet, um die σ-Bindung in das d_{z^2}-Orbital am Eisen herzustellen. Das ungepaarte Elektron ist am koordinierenden Sauerstoffatom lokalisiert und geht mit dem ungepaarten Elektron im d_{xz}-Orbital des Eisens eine antiferromagnetische Kopplung ein, sodass auch hier der Gesamtspin gleich null ist. Im Jahr 1975 folgte durch Goddard ein Modell, welches im Prinzip eine Mischung aus den beiden

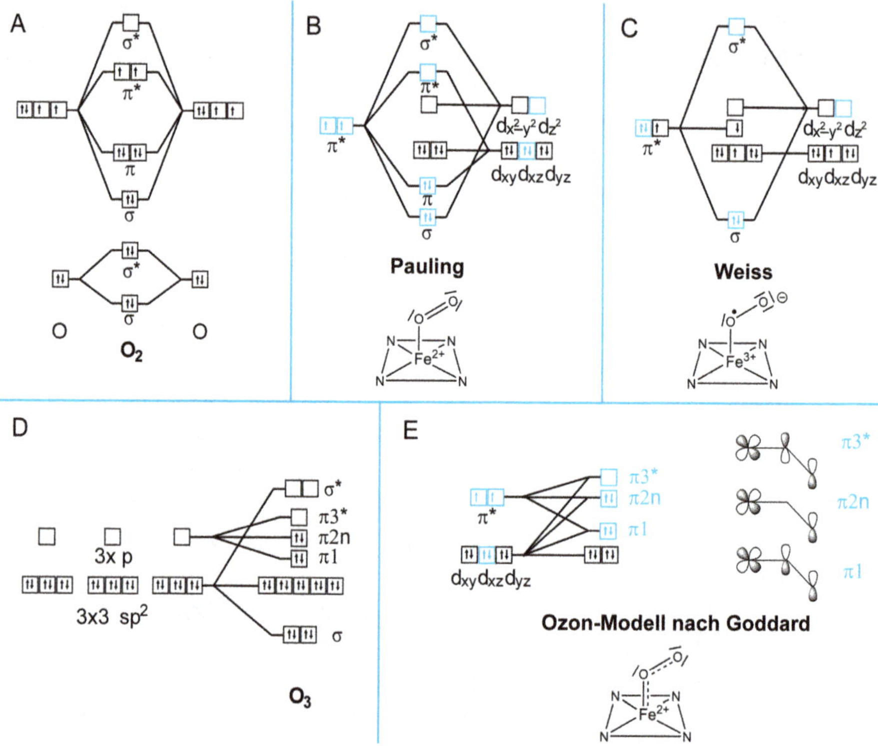

Abb. 5.15: A: Molekülorbitalschema des molekularen Sauerstoffs. B: Koordination von O_2 an Hämeisen nach Pauling. C: Koordination von O_2 an Hämeisen nach Weiss. D: Molekülorbitalschema für Ozon. E: Koordination von O_2 an Hämeisen nach Goddard; im Orbitalschema ist nur die π-Bindung berücksichtigt. Orbitale, die für die Fe–O-Bindung herangezogen werden, und resultierende Molekülorbitale mit gemischtem Metall-Ligand-Charakter sind in cyan gezeigt. n steht für nichtbindend, * für antibindend.

vorherigen ist. Er orientierte sich an dem Molekülorbitalschema von Ozon (Abb. 5.15D), in dem zu den beiden O–O σ-Bindungen eine Drei-Zentren-vier-Elektronen-Bindung im π-System hinzukommt. Die drei nicht-hybridisierten p-Orbitale der drei Sauerstoffatome bilden ein jeweils gemeinsam genutztes bindendes, ein nichtbindendes und ein antibindendes π-Orbital. Zwei Elektronen sind im nichtbindenden und zwei im bindenden Orbital, während das antibindende Orbital leer ist. Dementsprechend ist die π-Bindungsordnung für alle drei O-Atome 1, bzw. 0,5 für jeden der beiden O–O-Kontakte. In der Lewis-Schreibweise wird diese Ozon-Situation durch ein delokalisiertes Elektronenpaar bzw. mesomere Grenzformeln mit lokalisiertem Elektronenpaar ausgedrückt. Goddard hat dies auf das Fe–O–O-Fragment übertragen. Im Molekülorbitalschema in Abb. 5.15E ist nur die Drei-Zentren-vier-Elektronen-π-Bindung dargestellt. Hinzu kommt noch die σ-Bindung durch ein freies Elektronenpaar in das d_{z^2}-Orbital am Eisen. Alle drei Modelle sind mit experimentellen Befunden in Einklang zu bringen und mit anderen nicht. Für das Pauling-Modell spricht beispielsweise, dass CO, NO und andere gute

π-Akzeptoren O_2 verdrängen können. Strukturell gefundene O–O-Abstände von 122 pm liegen sehr nahe an dem im freien O_2 mit 121 pm. Für Weiss spricht eine für Superoxid charakteristische Schwingungsfrequenz von $1100\,cm^{-1}$, die bemerkenswerterweise nicht mit dem gefundenen Bindungsabstand von 122 pm in Einklang zu bringen ist. Mößbauerspektroskopie impliziert low-spin-Eisen(III). Chloridionen können gegen das Superoxidion ausgetauscht werden. Favorisiert wird zwar das Modell nach Weiss, aber auch die anderen Modelle sind nicht von der Hand zu weisen. Eine jüngere theoretische Arbeit versuchte, das Dilemma zu lösen. Es konnte gezeigt werden, dass sich (zumindest *in silico*) die Proteine je nach ihrer Umgebung eher nach Pauling oder eher nach Weiss verhielten, wenngleich eine Beimischung des jeweils anderen Bindungszustandes nicht vernachlässigt werden konnte. In Lösung spielte fast ausschließlich die Bindung als Superoxid eine Rolle, während im Oxy-Hb-Kristall die σ-Hin-π-Rückbindung stark dominierte. Dieser Befund unterstreicht, dass das Polypeptid die Bindungssituation substantiell beeinflusst.

Myoglobin ist ein Protein mit nur einer Untereinheit und einem hohen α-Helix-Anteil (Abb. 5.16). Hämoglobin ist ein Heterodimer und zusammengesetzt aus vier Untereinheiten (zweimal α, zweimal β), die der im Myoglobin sehr ähneln aber kürzer sind. Im Hämoglobin korrespondieren die Untereinheiten und die Bindung von Sauerstoff geschieht kooperativ (siehe auch Hämocyanin). Im Myoglobin gibt es nur eine Untereinheit und somit keine Kooperativität. Dies lässt sich sehr gut an den Sauerstoffsättigungskurven ablesen (Abb. 5.16). Bei jedem gegebenen Sauerstoffpartialdruck ist die Affinität des Myoglobins zu O_2 höher als die des Hämoglobins. Das muss auch so sein, denn der Sauerstoff soll ja von Hb auf Mb übertragen werden. Es gibt z. B. auch noch Fetalhämoglobin, dessen Affinität zwischen Mb und Hb liegt, damit das Blut der Mutter das Blut des Fötus versorgen kann. Zudem ist die Kurve von Mb hyperbolisch und die von Hb sigmoidal. Letzteres ist ein Ausdruck der Kooperativität, da mit zunehmender Bindung die weitere Bindung von O_2 immer leichter wird. In einer logarithmischen Auftragung des Verhältnisses besetzter Zentren zu unbesetzten Zentren gegen den Sauerstoffpartialdruck, dem sogenannten Hill-Diagramm, ergeben sich im Idealfall Geraden, deren Steigung ohne Kooperativität 1 ist. Beim Hämoglobin weist der Graph eine Steigung von 2,8 (Hill-Koeffizient) auf, was ein weiterer Beleg für die Kooperation zwischen den vier Untereinheiten ist.

Die Affinität von Hämoglobin zu O_2 ist pH-abhängig. Das nutzt die Natur, um über den pH-Wert die Sauerstoffaufnahme und -abgabe zu steuern. Diese Steuerung wird Bohr-Effekt genannt. Wenn wir einatmen, gelangt O_2 ins Lungengewebe, wo er auf Hämoglobin übertragen wird. Zudem wird ein mit dem Deoxy-Hämoglobin assoziiertes Proton genutzt, um aus Hydrogencarbonat, welches mit dem Blut in das Lungengewebe gelangt, Kohlensäure zu generieren. Zum Ladungsausgleich für das aufgenommene Hydrogencarbonat wird ein Chloridion ausgeschleust. Kohlensäure wird durch ein zinkhaltiges Enzym (Carboanhydrase) sehr schnell in Wasser und CO_2 gespalten, was dann ausgeatmet wird. Das beladene Oxy-Hb wird im Erythrozyten im Blut transportiert. Im Gewebe übergibt Hb den Sauerstoff an Myoglobin. Unterstützt wird das durch die

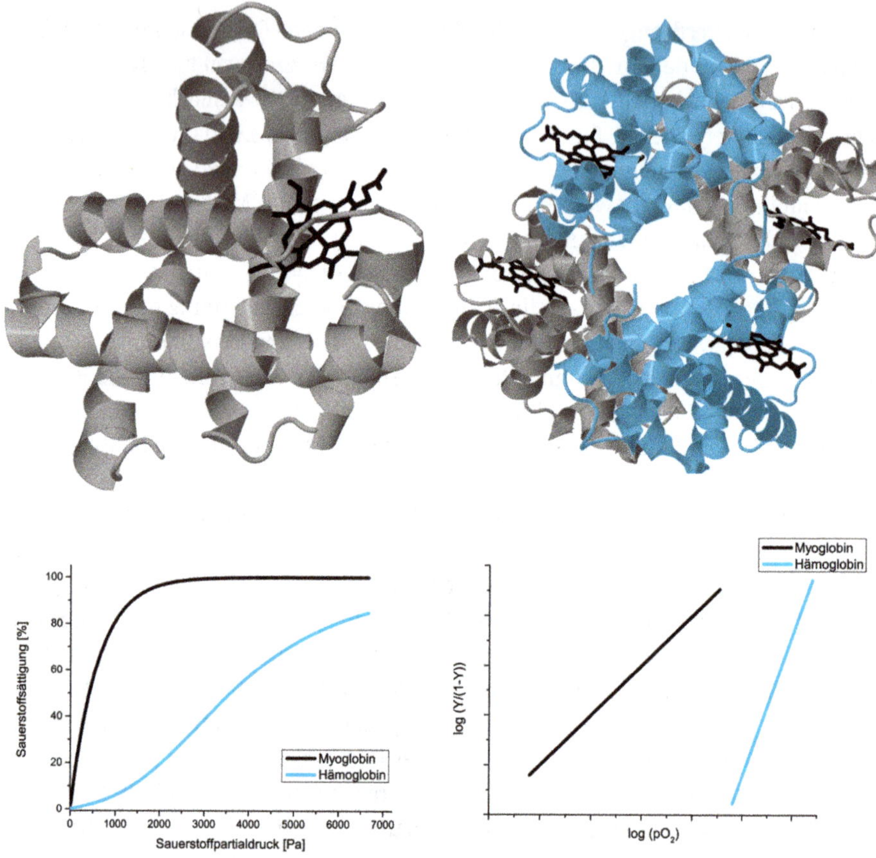

Abb. 5.16: Oben die Strukturen der Proteine Myoglobin (153 Aminosäuren (AS)) und Hämoglobin (zwei α, zwei β Untereinheiten, 141 bzw. 146 AS). Die Hämgruppen sind in schwarz gezeigt. Unten links die Sauerstoffsättigungskurven für Mb und Hb. Unten rechts das Hill-Diagramm für Mb und Hb mit Steigungen (= Hill-Koeffizienten) von 1 für Mb und 2,8 für Hb. Y steht für den Anteil an gesättigten Zentren mit Y=1 alle Zentren besetzt und Y=0 alle Zentren frei. Die Linearität der cyanen Hill-Kurve für Hämoglobin ist eine Vereinfachung; real ist sie lediglich annähernd linear und dies auch nur im Bereich der 50 %igen Sättigung.

Aufnahme von CO_2, was im Erythrozyten mit Wasser zu Kohlensäure kombiniert wird, wieder stark beschleunigt über die Carboanhydrase. Das Medium im Erythrozyten wird damit saurer. Dadurch verringert sich die Affinität von Hb für O_2, der nun noch leichter an Mb abgegeben werden kann. Das Proton bleibt solange im Erythrozyten mit dem Hb assoziiert, bis das Hb wieder in der Lunge ist. Zudem wird das Hydrogencarbonat aus dem Erythrozyten aus- und Cl^- hineingeschleust. Die Vorgänge sind in Lunge und Erythrozyt also jeweils genau umgekehrt bzw. spiegelbildlich (Abb. 5.17).

Die Sauerstoffbindung an Hb wird gestört durch Oxidation des Eisen(II) zum Eisen(III), ohne dass O_2 gebunden wäre (Met-Hämoglobin-Form). Met-Hämoglobin (Met-Hb) ist nicht mehr in der Lage O_2 aufzunehmen. Da auch O_2 (in geringem Maße), Su-

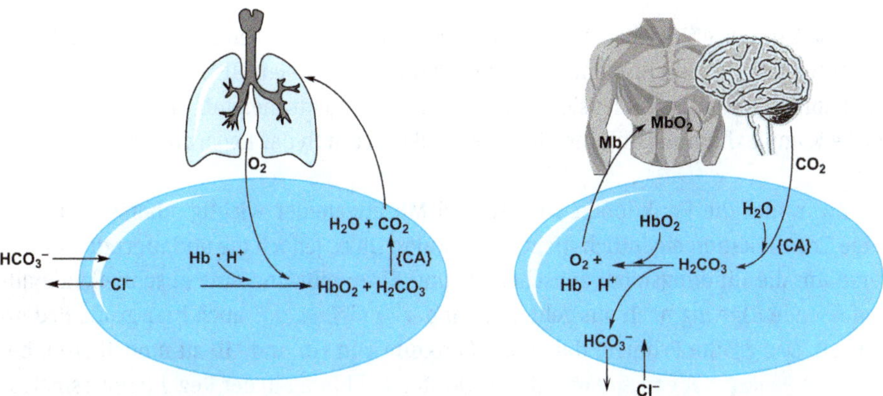

Abb. 5.17: Vorgänge im Erythrozyten (angedeutet als Ellipse in cyan) beim Einatmen im Austausch mit der Lunge (links) und bei der Abgabe an Myoglobin im Austausch mit dem Gewebe (Muskeln, Gehirn usw., rechts). {CA} steht für das zinkhaltige Enzym Carboanhydrase (andere Bezeichnung: Kohlensäureanhydrase).

peroxid oder Peroxid in der Lage sind, das Eisenzentrum zu oxidieren, liegt stets auch immer etwa 1 % des Hämoglobins als Met-Hb vor, was tolerierbar ist. Aber auch durch zugeführte Oxidationsmittel wie Nitrit beispielsweise kann Hb ungewollt oxidiert werden (Gl. (5.5)).

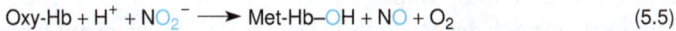

$$\text{Oxy-Hb} + H^+ + NO_2^- \longrightarrow \text{Met-Hb–OH} + NO + O_2 \tag{5.5}$$

Kleine Moleküle, die stärker an das Hämeisen koordinieren als O_2 wie CO und NO, stören ebenfalls die Sauerstoffaufnahme bis hin zu tödlicher Wirkung. Die Bindung von CO an Fe^{2+} ist um den Faktor 250 stärker als die von O_2; CO desorbiert deshalb auch langsamer. Bereits 0,25 % CO in der Atemluft blockieren 25 % allen Hämoglobins; schon bei 0,02 % setzten erste Symptome wie Kopfschmerzen und Unwohlsein ein. Da schon geringe Konzentrationen tödlich sein können, und weil das Gas geruchlos ist, kommt es immer wieder zu tragischen Unfällen, wenn im Winter mit Holz- oder Kohleöfen in Innenräumen geheizt wird, deren Abluft nicht ordnungsgemäß funktioniert.

Da Sauerstoffaufnahme und -transport so essentielle Aufgaben sind, hat die Evolution auch einige Reparatur- und Schutzmaßnahmen hervorgebracht. Anfallendes Peroxid wird durch das Enzym Katalase (siehe auch Abschn. 5.6.3) disproportioniert oder durch Glutathion reduziert. Dabei bilden die Cystein-Schwefel eine Disulfidbrücke; es werden also aus Peroxid und Thiol, Disulfid und Wasser. Die äußerst effizienten Superoxiddismutasen (siehe auch Abschn. 5.9.2) disproportionieren Superoxid zu Peroxid und O_2. Das Enzym Met-Hämoglobin-Reduktase schließlich reduziert entstandenes Met-Hb zurück in seine native Form, was die Ursache dafür ist, dass der natürlich Met-Hb-Anteil bei nur 1 % liegt. Durch einen genetischen Defekt kann dieses Enzym fehlen; die erhöhten Met-Hb-Werte führen dann zur sogenannten Cyanose (Blaufärbung der Haut).

Cyanose kann ihre Ursache auch in einer ebenfalls genetisch bedingten Defektstelle im Globinteil des Hb haben: Wenn dort die Position des distalen Histidins durch Tyrosin eingenommen wird, so bildet sich zwischen dem Phenolatsauerstoff und dem Fe^{3+} eine starke Komplexbindung aus, die die Rückreduktion durch das Reparaturenzym verhindert.

Zwar sind die Funktionen von Hb und Mb ungeheuer wichtig, aber sie sind als reine Translokation eigentlich nicht spektakulär. Da es jedoch die andauernde Kontroverse um die Bindungsmodi zwischen O_2 und Eisen gibt und eine abschließende allumfassende Klärung noch aussteht, kommt der Modellchemie auch hier große Bedeutung zu. Das größte Problem dabei, die Funktion von Hb und Mb zu modellieren, bereitet die Reaktivität von Sauerstoff. Das O_2-Molekül bindet in der Regel irreversibel an Übergangsmetallzentren und die Koordination ist begleitet von Redoxprozessen (ähnlich wie im Bindungsmodus nach Weiss), die sich nicht wieder umkehren lassen. Zudem können Moleküle bestehend aus zwei Sauerstoffatomen viele verschiedene Bindungsmodi realisieren: *end-on* oder *side-on*, terminal oder verbrückend (zwei bis vier Metallzentren). Die O–O-Bindung kann durch die Koordination so stark aktiviert werden, dass sie bricht. Die relativ wenig ausgeprägte Interaktion zwischen Zentrum und O_2 mit der abgewinkelten *end-on*-Bindung im Hämoglobin und Myoglobin, die reversibel ist, stellt somit eine Besonderheit dar. Das makrozyklische Protoporphyrin IX hingegen lässt sich sehr einfach, quasi im Sinne einer spontanen Selbstassoziation, modellieren. Die zugrunde liegende Reaktion ist bereits seit 1935 bekannt, als Rothemund symmetrische 5,10,15,20-Tetrapyrrolporphyrine durch Kondensation von Aldehyden (bilden die Meso-Kohlenstoffe der Methinbrücken im Makrozyklus) mit Pyrrolen (stickstoffhaltige Fünfringe) nach mehreren Tagen Rückflusskochen an Luft erhielt. Seither wurde die Methode ständig erweitert und optimiert und heute ist fast kein Substitutionsmuster mehr unvorstellbar. Die Biosynthese von Protoporphyrin IX ist demgegenüber erheblich aufwendiger und verläuft über ein lineares Tetrapyrrol als Zwischenprodukt. Die ersten Eisen-Porphyrin-Komplexe waren also schnell gemacht. Jedoch waren diese Modellverbindungen nicht in der Lage, Sauerstoff reversibel zu binden. Stattdessen passierte das Folgende (Gl. (5.6)–(5.10); TP = Tetrapyrrol):

$$(TP)Fe^{2+} + O_2 \longrightarrow (TP)Fe^{3+} \cdot O_2 \quad \text{Eisen(III)-Superoxid} \tag{5.6}$$

$$(TP)Fe^{3+} \cdot O_2 + (TP)Fe^{2+} \longrightarrow (TP)Fe^{3+}\text{–O–O–}Fe^{3+}(TP) \quad \text{Eisen(III)-Peroxid-Dimer} \tag{5.7}$$

$$(TP)Fe^{3+}\text{–O–O–}Fe^{3+}(TP) \longrightarrow 2\,(TP)Fe^{4+}O \quad \text{Ferrylspezies (Fe=O)} \tag{5.8}$$

$$2\,(TP)Fe^{4+}O + (TP)Fe^{2+} \longrightarrow (TP)Fe^{3+}\text{–O–}Fe^{3+}(TP) \quad \text{oxidoverbrücktes Dimer (Endprodukt)} \tag{5.9}$$

$$2\,(TP)Fe^{2+} + 12\,O_2 \longrightarrow (TP)Fe^{3+}\text{–O–}Fe^{3+}(TP) \quad \text{Gesamtreaktion} \tag{5.10}$$

Es handelt sich also um eine irreversible Redoxreaktion unter O_2-Bindungsbruch und mit der Beteiligung zweier Eisenzentren an der O-Bindung. Diese ersten Modelle hatten zwar durchaus Bedeutung für strukturelle Fragestellungen der Deoxy-Formen von Hb und Mb, aber nicht für deren Funktion. Um aus ihnen auch funktionelle Modelle zu generieren, wurden verschiedene Strategien verfolgt:

(1) Verhindere die Oxidation des Eisens durch
 ⇒ Senken der Reaktionsgeschwindigkeit und Abfangen monomerer Spezies bei Tieftemperatur (trapping)

(2) Verhindere Dimerisierung durch sterischen Anspruch durch
 ⇒ (a) Synthese eines 5-fach koordinierten Fe^{2+}-Prekursoren, mit einem räumlich anspruchsvollen 5. axialen Liganden, der das Eisen etwas unterhalb der Porphyrinebene festhält (z. B. Methylimidazol)
 (b) Verankern eines 5. Liganden am Porphyrin mit einem Linker, der die axiale Koordination ermöglicht
 (c) Einzäunen der Eisen–O_2-Gruppe (picket-fence-Porphyrine; Abb. 5.18)
 (d) Überkappen des Porphyrins (Abb. 5.18)
 (e) Befestigung der Komplexe an einem Festkörper (z. B. Polymer)
 (f) Kombination verschiedener Strategien

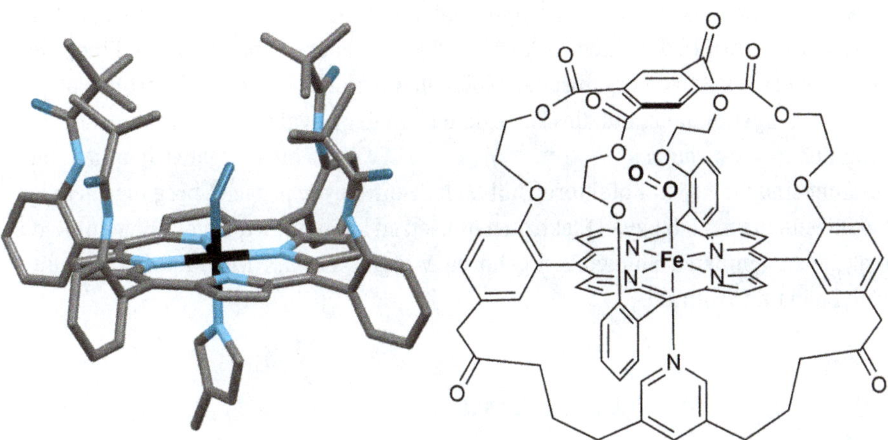

Abb. 5.18: Links ein Beispiel für einen strukturell charakterisierten picket-fence-Komplex (schwarz: Eisen, hellcyan: Stickstoff, dunkelcyan: Sauerstoff, grau: Kohlenstoff; CSD-code OPVPFE10) und rechts die chemische Struktur eines Modells mit fünfzähnigem Liganden und Überkappung der O_2-Bindungsstelle.

Mittlerweile gibt es eine große Zahl erfolgreicher funktioneller Modelle für die abgewinkelte *end-on* Bindung von O_2 an Hb und Mb. In einem typischen Modell liegt das Eisen(II) in Abwesenheit von Sauerstoff etwa 40 pm unter der Porphyrinebene (Mb: 42 pm). Bei einer O_2-Bindung bewegt es sich zur Ebene hin bzw. ganz hinein. Der O–O-Abstand von 125 pm, der Fe–O–O-Winkel von 129 °, die O–O-Streckschwingung von 1159 cm^{-1} (Mb: 1106 cm^{-1}) und der Diamagnetismus legen eine Eisen(III)-Superoxidospezies nahe, wie sie Weiss für Hb und Mb postulierte. Es ist somit gelungen, sich sukzessive an ein Modell heranzuarbeiten, welches die Struktur und die Funktion des natürlichen Sauerstofftransports hinreichend gut wiedergibt und damit auch besser zu verstehen, welche wichtige Rolle das Polypeptid in den beiden Proteinen spielt.

5.6 Redoxprozesse hämartiger Eisenproteine und -enzyme

Nachdem Sauerstoff mittels Hämoglobin und Myoglobin an das Gewebe abgegeben und in die Zellen transportiert wurde, wird er dort für die Energiegewinnung zu Wasser reduziert. Damit kommt es zu einer dauerhaften Veränderung dieses Substrats, was in den Bereich der enzymatischen Katalyse fällt, also über reine Transportfunktionen hinausgeht. Hier spielen Redoxprozesse eine besonders wichtige Rolle, an denen auch mit Hb und Mb eng verwandte hämartige Eisenproteine und -enzyme beteiligt sind. Es gibt eine Vielzahl redoxaktiver Biomoleküle. Dazu gehören rein organische Redox-Kofaktoren wie beispielsweise die Hydrochinon/Chinon-Paare, die Paare NAD^+/NADH bzw. $NADP^+$/NADPH, die Flavine (Piperazin/Pyrazin-Paare), Vitamin C und Liponsäure. Bei diesen redoxaktiven organischen Molekülen werden stets zwei Elektronen abgegeben bzw. aufgenommen und dies ist begleitet von der Abgabe bzw. Aufnahme von zwei Protonen (proton-coupled-electron-transfer = PCET). Aus bioanorganischer Sicht interessanter sind die Redox-Kofaktoren mit Metallzentren, die je nach Übergangsmetall pro Metallzentrum ein oder zwei Elektronen umsetzen können. Zu den vor allem für Redoxreaktionen genutzten Biometallen gehören Mangan, Eisen, Nickel, Kupfer, Vanadium, Molybdän und Wolfram.

5.6.1 Biologische Redoxprozesse

Alle biologischen Redoxreaktionen, ob mit oder ohne Metall, unterliegen natürlichen Grenzen. Redoxaktive Biomoleküle haben Potentialdifferenzen, die zwischen denen der Wasserstoff- und Sauerstoffelektrode liegen. Unter physiologischen Bedingungen (pH = 7) sind dies: −0,413 V und +0,82 V. Da in Proteinen auch andere als neutrale pH-Werte vorliegen können, verbreitet sich der Bereich noch etwas und so können beispielsweise allein die verschiedenen Eisen-Schwefel-Cluster (Abschn. 5.7) einen Bereich von −0,65 V bis +0,45 V abdecken und in der Photosynthese (Abschn. 5.11) treten kurzzeitig Verbindungen auf mit Potentialen über 0,82 V, die die Oxidation des H_2O-Sauerstoffs ermöglichen.

Tabellen mit Redoxpotentialen sind oftmals so angeordnet, dass die negativen Potentiale oben und die positiven Potentiale unten stehen. Damit wird ausgedrückt, dass die Elektronen bevorzugt von oben nach unten „fallen“, sich also freiwillig in Richtung positiverer Potentiale bewegen, während die Umkehrrichtung Energie erfordert.

In der Regel umfassen Redoxprozesse den Transport von Elektronen über eine Kette von Redoxvermittlern, bei denen e^- über reine Elektronentransportzentren vom katalytisch aktiven Zentrum zur Proteinoberfläche oder umgekehrt oder auch von Untereinheit zu Untereinheit, bzw. von Protein zu Protein geleitet werden. Die Potentialdifferenzen zwischen zwei redoxaktiven Biomolekülen in einer solchen Kette sind üblicherweise eher gering, um große Energieumsätze, die auch ein gewisses Gefährdungspotential innehaben, zu vermeiden. Insbesondere für solche Gelegenheiten, wenn gleichzeitig mehr als nur ein oder zwei Redoxäquivalente benötigt werden, müssen die Proteine Strategien entwickelt haben, um Redoxäquivalente anzusparen. Ein besonders wichtiges Beispiel für einen komplexen Redoxprozess in diesem Sinne ist die Atmungskette, an deren Ende die Vierelektronenreduktion von O_2 zu Wasser steht.

5.6.2 Die Atmungskette

Die Gesamtreaktion (Gl. (5.11)), die in der Atmungskette in den Mitochondrien der Zellen kontinuierlich abläuft, verläuft entlang eines Potentialgradienten von 1,14 V (Potentialdifferenz zwischen O_2 und NAD^+), der genutzt wird, um mit dieser Energie die universelle Energiewährung von Organismen, nämlich Adenosintriphosphat (ATP), zu generieren. In den Mitochondrien wird der von Myoglobin herangeführte Sauerstoff übernommen und zu Wasser reduziert (Gl. (5.11)). Die Reduktion erfolgt im Prinzip durch H_2 (stammt aus NADH + H^+ unter Bildung von NAD^+ oder aus einem Flavoprotein). In jedem Fall ist der erste Schritt formal die Wasserstoffabspaltung (2 e^-, 2 H^+) aus organischem Biomolekül (Redoxkofaktor oder Metabolit).

$$\frac{1}{2}O_2 + NADH + H^+ \longrightarrow H_2O + NAD^+ \qquad (5.11)$$

Die zugrunde liegenden Prozesse sind in Abb. 5.19 dargestellt. Je nachdem, welche der beiden Verbindungen (Succinat oder NADH) den Citrat-Zyklus verlässt, werden Elektronen (und gegebenenfalls Protonen) auf Komplex I oder II übertragen. Komplex I kanalisiert Protonen aus der Matrix in den Intermembranraum. Komplex II tut dies nicht. Über ein Chinon werden die Elektronen auf Komplex III übertragen. Komplex III reduziert (nicht mit der Membran assoziiertes) Cytochrom c, welches sich entlang der Membran bewegt und die Elektronen auf Komplex IV überträgt. Im Komplex IV wird molekularer Sauerstoff durch zwei Eisen- und zwei Kupferzentren zu Wasser reduziert. Die beteiligten eisen- und kupferbasierten Proteine können jeweils nur Einelektronenübergänge bewerkstelligen. Erst das Enzym Cytochrom c Oxidase mit vier Zentren ermöglicht einen Vierelektronenübergang. Komplex III und Komplex IV kanalisieren ebenso wie Komplex I Protonen in den Intermembranraum. Dies geschieht gegen den sich aufbauenden

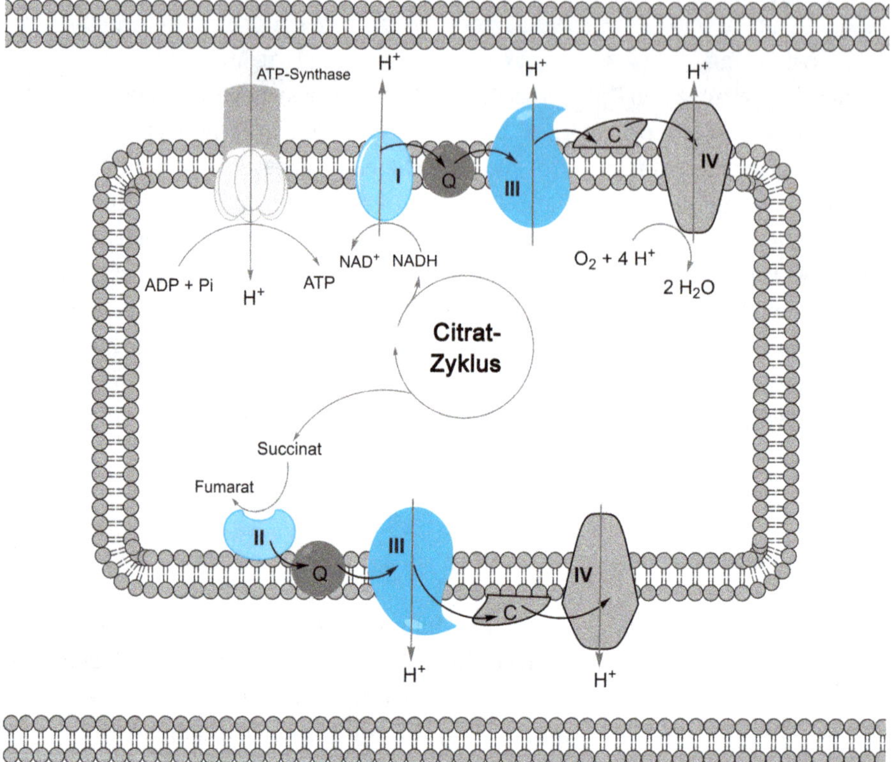

Abb. 5.19: Die Atmungskette, wie sie im Mitochondrion stattfindet. Komplex I = NADH Dehydrogenase (Redoxkofaktoren: zwei Eisen-Schwefel-Cluster und flavinhaltiges Nukleotid FMN); Komplex II = Succinat-Dehydrogenase (Redoxkofaktoren: Eisen-Schwefel-Cluster, Flavinadenindinukleotid FAD, Cytochrom b); Komplex III = Cytochrom-b/c1-Komplex (Redoxkofaktoren: Rieske-Eisen-Schwefel-Cluster, Cytochrome (c1, b562, b566)); Komplex IV = Cytochrom c Oxidase (Redoxkofaktoren: Cytochrome (a, a1), Kupfer (Cu_A, Cu_B)); Q = Ubichinon (Coenzym Q); C = Cytochrom c. Schwarze Pfeile zeigen den Elektronenfluss zwischen den Komplexen an.

Protonengradienten, ist also ein Prozess, der energetisch bergauf geht. Dies ist nur möglich, weil dieser energetisch ungünstige Vorgang an den energetisch günstigen Vorgang des Elektronentransfers in Richtung des Potentialgradienten gekoppelt ist. Dadurch baut sich ein genügend großer Protonengradient über die Innenmembran auf, also ein Membranpotential, das die ATP-Synthase nutzt, um aus ADP und anorganischem Phosphat ATP zu generieren, wenn die Protonen über sie aus dem Intermembranraum zurück in die Matrix fließen. Pro ATP müssen etwa vier Protonen die Membran passieren.

5.6.3 Die Cytochrome

Cytochrome sind eng mit Hämoglobin bzw. Myoglobin verwandt, jedoch ist die sechste Koordinationsstelle, an die in Hb und Mb der Sauerstoff bindet, durch einen proteinogenen Liganden (meistens Histidin) besetzt. Der sechste Proteinligand verhindert die Bindung von Molekülen und damit auch deren Umsetzung. Hämartige Eisenproteine ohne den sechsten Liganden sind, mit Ausnahme von Hb und Mb, enzymatisch aktiv und nicht nur reine Redoxkofaktoren (siehe Abschn. 5.6.4). Es sind über 50 Typen von Cytochromen bekannt, die insbesondere in der Atmungskette und in der Photosynthese eine Rolle spielen sowie auch in vielen anderen biologischen Prozessen mit Redoxreaktionen. Das zentrale Eisenion wechselt zwischen den Oxidationsstufen +2 und +3 und liegt oftmals in der low-spin-Form vor, die besser in die Porphyrinbindungsebene hineinpasst. Aber auch high-spin-Cytochrome sind bekannt, teilweise liegen die Zentren sogar nahe am Spin-Crossover (Wechsel zwischen ls- und hs-Formen möglich). Da das Redoxpotential durch viele Einflüsse bestimmt wird (axiale Liganden, elektrostatische Wechselwirkungen, Substitutionsmuster des Porphyrins, Wasserstoffbrückenbindungen), decken Cytochrome einen großen Potentialbereich ab (etwa −0,4 V bis +0,5 V), auch wenn jeder einzelne Cytochromtyp ein deutlich eingegrenztes Potential hat. Als axiale Liganden können Histidin (1 oder 2), Methionin (1 oder 2) oder der Stickstoff von N-terminalem Tyrosin dienen. Als Porphyrin dienen Protoporphyrin IX (Cytochrome b und f) oder Derivate mit längerem ungesättigtem Substituenten (Cytochrom a) oder solche mit zwei an den Makrozyklus als Thioether fusionierten Cysteinresten (Cytochrom c). Die Einteilung bzw. Nomenklatur der Cytochrome erfolgt nach den Strukturmotiven (a, b, c, f) sowie nach spektroskopischen Eigenschaften mit tiefgestellten Indizes für Absorptionsmaxima oder als simple Durchnummerierung (z. B. Cytochrom a_3 oder Cytochrom b_{562}). Vom Porphyrin abgeleitete Makrozyklen haben ein ausgedehntes π-System, dessen Elektronen durch blaues Licht (ca. 400 nm) in das unbesetzte π^*-Niveau angeregt werden können. Dies ist Grundlage ihrer oftmals intensiven Farben und charakteristischer Absorptionsbanden im UV/Vis-nahen Bereich des Spektrums. Diese intensiven Banden werden nach ihrem Entdecker auch Soret-Bande genannt und mit ihrer Hilfe kann unter anderem schnell überprüft werden, ob sich bei einer Präparation eine Denaturierung der Proteine eingestellt hat, oder ob es zu anderen Veränderungen der chemischen Struktur gekommen ist. Es gibt auch Cytochrome, die mehr als nur eine Hämgruppe enthalten (z. B. ganze acht im Cytochrom c_6). Besonders gut untersucht ist Cytochrom c (es gibt eine große Zahl entsprechender Kristallstrukturen in der PDB), welches lose an die Innenmembran der Mitochondrien assoziiert ist und eine wichtige Rolle in der Atmungskette spielt. Hier sind an die beiden C=C-Doppelbindungen in den Substituenten am Makrozyklus die SH-Gruppen zweier Cysteinreste addiert und die axialen Positionen werden von Histidin und Methionin eingenommen.

5.6.4 Die Cytochrom c Oxidase

In der Cytochrom c Oxidase (COx) werden die nacheinander von Cytochrom c herangeführten vier Elektronen genutzt, um molekularen Sauerstoff zu Wasser zu reduzieren. Da diese Reaktion thermodynamisch günstig ist, kann sie genutzt werden, um Energie in Form von ATP zu generieren. Gleichzeitig ist eine Vierelektronenreduktion insofern anspruchsvoll, als bei unvollständiger Ausführung reaktive Sauerstoffspezies (ROS) entstehen, die Schäden an der Zelle bewirken können. Die enzymatische Katalyse muss also höchst effizient sein. Der Aufbau der COx ist hochkomplex; in Säugetieren sind vierzehn Untereinheiten beteiligt und es ist ein membranintegriertes Enzym. Hinzu kommen vier Metallzentren, die an der Reaktion beteiligt sind. Vereinfacht betrachtet liegen zwei Hämeisen-Kupfer-Paare vor, von denen das eine Paar direkt mit dem Substrat interagiert und die O=O-Bindungspaltung ermöglicht, während das andere die zusätzlichen benötigten Reduktionsäquivalente beisteuert. Die COx ist somit ein Mehrzentrenenzym, in dem zwei Hämeisen- (Cytochrome a und a_3) und zwei Kupferzentren (Cu_A und Cu_B) die Hauptrolle spielen. Es wurden zudem noch ein Magnesium(II) und ein Zink(II) gefunden, deren Rolle nicht abschließend geklärt ist. Da keines dieser beiden Metalle redoxaktiv ist, kommen ihnen vermutlich hauptsächlich strukturelle Funktionen zu. Cyt-a_3 und Cu_B liegen in unmittelbarer Nähe zueinander und binden und reduzieren den herangeführten Sauerstoff gemeinsam. Cu_A und Cyt-a sind reine Elektronenüberträger, wobei Ersteres das Elektron von Cyt-c übernimmt und auf Letzteres überträgt. Cyt-a gibt das Elektron dann an das quasi dinukleare Eisen-Kupfer-Zentrum weiter. Der e^--Transportvorgang findet für jedes Molekül Sauerstoff viermal statt. Das Cu_A-Zentrum enthält zwei Kupferionen, die von je einem Histidin und zwei verbrückenden Cysteinen, sowie auf der einen Seite (Cu_{A1}) von einem Glutamat-Peptidcarbonylsauerstoff und auf der anderen (Cu_{A2}) von einem Methionin koordiniert sind. Zwar sind zweikernige Kupferproteine bzw. -enzyme nicht ungewöhnlich (siehe Hämocyanin), aber das Bindungsmotiv in Cu_A is einmalig, was für eine besondere evolutionäre Spezialisierung spricht. Das Eisen in Cyt-a ist axial an zwei Histidine koordiniert und hat somit keine Substratbindungsstelle. Cu_B ist an drei Histidine koordiniert, während sich am Eisen in Cyt-a_3 ein axialer Histidinligand befindet. Beide haben somit freie Koordinationsstellen für die Bindung von Substrat bzw. Intermediaten auf dem Weg zum Produkt. Cu_A und Cyt-a sind magnetisch isoliert, da ihr Abstand zu den anderen redoxaktiven Metallzentren zu groß für eine Kopplung ist. Der Abstand zwischen Cyt-a_3-Eisen und Cu_B beträgt nur etwa 4,5 Å und im oxidierten Zustand sind beide stark antiferromagnetisch gekoppelt. In unmittelbarer Nähe zu diesem gemischten Eisen-Kupfer-Zentrum befindet sich noch ein Tyrosin, das an der Umsetzung beteiligt ist. Der Vorgang der enzymatischen Reduktion von Sauerstoff zu zwei Wassermolekülen ist in Abb. 5.20 unter Berücksichtigung des aktuellen Wissensstandes skizziert. Es muss jedoch erwähnt werden, dass Feinheiten des katalytischen Zyklus durchaus noch immer erkenntnisgewinnbedingten Änderungen unterliegen können, und dass möglicherweise nicht alle Zwischenprodukte bzw. Übergangszustände zu diesem Zeitpunkt auch schon bekannt sind. Der schnellste Schritt ist die Anbindung von O_2 (Größenordnung: 10^8 M^{-1} s^{-1}), der langsamste die Abspaltung von Wasser (Größenordnung: 10^3 M^{-1} s^{-1}). Der langsamste Schritt ist der „ungefährlichste" im ganzen Zyklus, da erstens die Kanalisierung der Protonen über die Mitochondrien-Innenmembran schon stattgefunden hat, somit Energie gewonnen werden konnte, und weil zweitens der Sauerstoff bereits vollständig reduziert vorliegt und keine ROS in dem

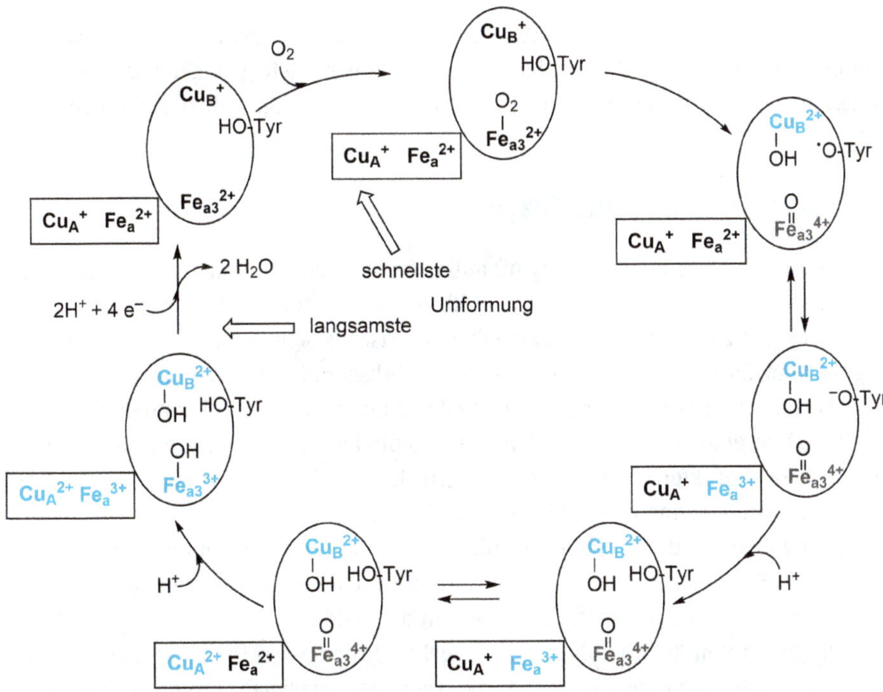

Abb. 5.20: Ein Schema der enzymatischen Reduktion von molekularem Sauerstoff durch die Cytochrom c Oxidase. Reduzierte Metallzentren (Fe^{2+}, Cu^{+}) sind in schwarz gezeigt, oxidierte (Fe^{3+}, Cu^{2+}) in cyan und ganz hoch oxidierte (Fe^{4+}) in grau. Das eigentlich zweikernige Cu_A-Zentrum ist als nur ein Cu-Ion dargestellt, weil auch nur ein Elektron pro Prozess weitergegeben wird und nur die Oxidationszustände Cu^{+}/Cu^{+} und Cu^{+}/Cu^{2+} möglich sind.

Prozess mehr freigesetzt werden können. Das Tyrosin liegt zwischenzeitlich als Radikal vor, nachdem es sein Wasserstoffatom mittels einer homolytischen Bindungsspaltung auf eine Cu–O-Spezies übertragen hat.

Als in Abschn. 5.5.3 Störungen des Sauerstofftransports durch Atemgifte behandelt wurden, hat der aufmerksame Leser an der Stelle vielleicht ein Molekül, welches ein notorisches Atemgift ist, vermisst: Cyanid. Tatsächlich ist dessen Auswirkung auf die COx erheblich dramatischer als auf Hämoglobin und die eigentliche Ursache eines üblicherweise sehr schnellen Todes. Cyanid bildet mit Fe^{3+} einen sehr starken Komplex und blockiert damit die Hämeisenzentren der COx und somit auch die Energiegewinnung durch Atmung. Es ist nicht möglich, durch Sauerstoffzugabe das gebundene Cyanid zu vertreiben oder auch nur ein Gleichgewicht herzustellen, dass es dem Betroffenen erlaubt, zu überleben. Eine schnelle erfolgversprechende Maßnahme wäre die intravenöse Gabe von Nitrit. Damit bezweckt man eine Erhöhung des Anteils an Met-Hb. Es wird also auf einen Teil Sauerstofftransportkapazität verzichtet, damit Met-Hb-Zentren Cyanidionen abfangen und so verhindern, dass sie bis zu den Cytochrom c Oxidasen vordringen. Mit Thiosulfat ($S_2O_3^{2-}$) kann Cyanid direkt reagieren zu Thiocyanat und Sulfit. In beiden Fällen muss unmittelbar nach Exposition gehandelt werden. Ansonsten kommt es zu einem schnellen Erstickungstod, nicht weil nicht genügend Sauerstoff ankäme, sondern weil dieser nicht mehr in ausreichender Menge reduziert werden kann.

5.6.5 Andere hämartige Enzyme

Eine besonders umfangreiche Enzymfamilie, die hämartige Eisenkofaktoren nutzt, ist die Gruppe der Cytochrome P450 (Cyt-P450; ~ 300.000 individuelle Vertreter). Die Bezeichnung geht zurück auf ein spektrophotometrisches Signatursignal bei der Wellenlänge 450 nm. Es ist hier wieder die Soret-Bande (Abschn. 5.6.1), die zur Bestimmung der Eisen-Porphyrin-Spezies herangezogen werden kann; in diesem Fall handelt es sich um das mit CO besetzte low-spin-Fe^{2+}-Zentrum (CO bindet wie auch im Hb in Konkurrenz zu O_2). Diese charakteristische Absorption wurde zum Namensgeber einer umfangreichen Klasse von Enzymen. Cyt-P450 kommen in allen Arten von Leben vor, jedoch nicht in allen Organismen, und sie sind auch nicht notwendigerweise essentiell, wenn sie vorkommen. In Säugetieren sind sie jedoch beteiligt am Metabolismus von Steroiden und Fettsäuren und damit unverzichtbar, sowie an der Oxidation von unnatürlichen Molekülen (sogenannten Xenobiotika) in der Regel anthropogenen Ursprungs. Zudem sind sie hier membrangebunden, während bakterielle Vertreter meist löslich sind. In Pflanzen dienen die Cyt-P450 vor allem der Gefahrenabwehr, beispielsweise indem Fungizide produziert werden. Sie haben in der Summe ein beeindruckend breites Substratspektrum, wenngleich manche spezifischen Cyt-P450 sehr viele verschiedene Substanzen transformieren können und andere nur ein einziges. Dies ist wiederum der jeweiligen Peptidstruktur geschuldet. Das Enzym fungiert einerseits als Templat, indem es beide Reaktanten idealerweise in räumlich definierter Orientierung zusammenführt (Stereospezifität) und andererseits als elektronischer Aktivator (eigentliche Katalyse). Eher unspezifische Enzyme bergen ein gewisses Gefahrenpotential, da sie wenig diskriminierend auch harmlose Stoffe zu Gefahrstoffen oxidieren können, z. B. zu solchen, die Krebs auslösen. Andererseits beschäftigt sich die Biotechnologie intensiv mit Cyt-P450, da mit ihnen und gezielten oder zufälligen Enzymmutationen Umsetzungen erzielt werden können, die mit der klassischen Nasschemie nicht realisierbar sind oder nicht ökonomisch realisierbar sind. Von ihrer Reaktivität her sind die Cytochrom-P450-Enzyme Monooxygenasen. Sie verwenden also molekularen Sauerstoff, der voll reduziert wird; eines der beiden Sauerstoffatome wird auf Substrat übertragen (daher „Mono"), während das zweite zu Wasser umgesetzt wird. Dabei kann der übertragene Sauerstoff beispielsweise in eine C–H-Bindung eingeschoben werden, was eine Hydroxylierung wäre, oder er kann an eine C=C-Doppelbindung addiert werden, was eine Epoxidierung darstellt. Zudem können auch C–C- oder C–Cl-Bindungen unter Bildung von Carbonylverbindungen oxidativ gespalten werden. Cyt-P450-Monooxygenasereaktivität erfordert die Bindung und Aktivierung von molekularem Sauerstoff mithilfe von energiereichen Elektronen, was zum O–O-Bindungsbruch führt. Dies wiederum ist notwendig, damit Substrat durch Übertragung von nur einem O oxidiert und das Nebenprodukt Wasser geformt werden kann. Andererseits eröffnet dies auch die Möglichkeit der Entstehung reaktiver Sauerstoffspezies, da Peroxide und Superoxide bei unvollständiger Reaktion abgegeben werden könnten. Die benötigten Reduktionsäquivalente werden je nach Cyt-P450-Typ herangeführt durch Flavine, Ferredoxine, Cytochrome der b-Gruppe oder NAD(P)H zum Teil auch über längere Elektronentransportketten, wie sie schon für die Atmungskette besprochen wurden. Die am längsten bekannte und am besten untersuchte und verstandene Reaktion ist die Hydroxylierung und dennoch gibt es auch hier noch offene Fragen, z. B. hinsichtlich einer möglichen Allosterie bzw. Kooperativität in Mehrdomänenformen, oder wie das aktive Zentrum mit dem höchsten Oxidationsvermögen genau aussieht, was beides noch nicht abschließend geklärt ist. Dennoch gibt es eine grundsätzlich überzeugende Vorstellung zu den Abläufen, die auch größtenteils experimentell-analytisch belegt sind (Abb. 5.21). Das bestuntersuchte Cytochrom P450 ist das aus *Pseudomonas putida*, wo es die Aufgabe hat, Campher zu hydroxylieren (⇒ P450CAM). Es war das Erste, welches rein isoliert und charakterisiert wurde, und die meisten folgenden Erkenntnisse gehen auf dieses Enzym zurück.

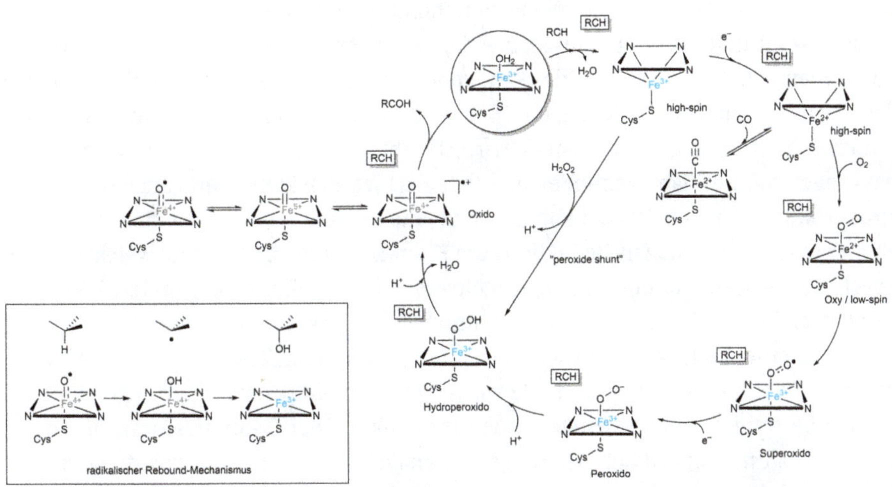

Abb. 5.21: Mechanismus der von Cytochrom P450 katalysierten Hydroxylierung (angelehnt an: I. G. Denisov, T. M. Makris, S. G. Sligar, I. Schlichting, *Chem. Rev. 2005*, **105**, 2253–2278) sowie der radikalische Rebound-Mechanismus (Kasten unten links). Im Zyklus ist nur der „peroxide shunt", also die Peroxid-Nebenstrecke, gezeigt, während andere mittlerweile bekannte Nebenreaktionen ausgelassen wurden (Selbstoxidation, Oxidase-Nebenstrecke); im Kreis der „resting state", also der Ruhezustand des aktiven Zentrums und der Beginn des Zyklus. Reduzierte Eisenzentren (Fe^{2+}) sind schwarz, oxidierte (Fe^{3+}) cyan und hoch oxidierte (Fe^{4+}/Fe^{5+}) grau. Der Porphyrinmakrozyklus ist nur in Form von vier Stickstoff-Donoratomen angedeutet.

Jeder einzelne Umformungsschritt wird durch ganz spezifische Merkmale der chemischen und elektronischen Struktur des aktiven Zentrums ermöglicht. Die Cyt-P450 stellen ein Paradebeispiel für Struktur-Funktionsbeziehungen im aktiven Zentrum dar und es lohnt sich, einen genauen Blick auf die Vorgänge zu werfen. Im Ruhezustand ist das Eisen(III)-Zentrum axial zusätzlich zum Steuerliganden Cysteinat ($-CH_2-S^-$) an der O_2-Bindungsstelle durch ein labiles Wassermolekül koordiniert. Thiolate sind im Gegensatz zu Thioethern (also Methionin wie in vielen Cytochromen ohne enzymatische Aktivität) sehr starke σ- und π- Elektronendonoren und können dadurch hohe Oxidationsstufen von Metallzentren und Koliganden stabilisieren. In der Summe ergibt sich eine eher große Ligandenfeldaufspaltung für diesen Zustand. Das Eisenzentrum liegt folglich als low-spin-Ion vor. Low-spin-Ionen sind kleiner als ihre high-spin-Analoga; hier führt das dazu, dass das Eisen(III) sehr gut in die Porphyrinkoordinationsebene hineinpasst. Das Wassermolekül blockiert zudem den Zugang zum redoxaktiven Metallion. Tritt Substrat in das aktive Zentrum ein, bindet es über H-Brücken in der Nähe des Eisens, wechselwirkt mit diesem jedoch nicht direkt. Die Veränderung in der Tasche bewirkt jedoch, dass das Wasser ausgeschleust wird. Eisen liegt nun nur noch fünffach koordiniert vor, sein Ligandenfeld ist kleiner geworden, und es kommt zu einem Übergang vom low-spin- in den high-spin-Zustand, also zu einer Vergrößerung des Ions. Damit rutscht das Eisenion nun in Richtung Cysteinat-Schwefeldonor unter die Porphyrinebene. All dies zusammengenommen (Veränderung von Spinzustand, Koordinationszahl und Koordinationsgeometrie, Verringerung der an das Eisen donierten Elektronendichte) bewirkt, dass das Redoxpotential um etwa 0,1 Volt positiver wird und das Eisenzentrum somit leichter und nun auch mittels biologischer Reduktionsmittel reduzierbar ist. Das ist eine bemerkenswerte Abfolge von Vorgängen, die erzwingen, dass Sauerstoff nur dann gebunden und reduziert werden kann, wenn auch schon Substrat gebunden ist. Dem Wasser kommt somit eine Gatekeeper-Funktion zu. Folgerichtig kommt es anschließend zur Reduktion zum Eisen(II) durch ein Elektron, welches in der Regel von NAD(P)H stammt und über mehrere Redoxkofaktoren angeliefert wird. Das resultierende Eisen(II)-hs-Zentrum kann nun leicht molekularen Sauerstoff binden, der die Ligandenfeldaufspaltung erhöht, den Übergang von hs-Eisen(II) zu ls-Eisen(II) bewirkt und das Eisen zurück in die Porphyrinebene zieht. Unmittelbar angeschlossen ist die Übertragung eines Eisenelektrons zur Reduktion der O_2-Spezies zum Superoxid. Die Übertragung eines weiteren herangeführten Elektrons führt zur Peroxido-Eisen(III)-Spezies und die Aufnahme eines Protons zur Hydroperoxido-Eisen(III)-Spezies. Die O–O-Bindungsordnung beträgt jetzt nur noch 1 und die Bindungspaltung kann durch Aufnahme eines Protons und Abgabe von Wasser vollzogen werden. Wie genau die Bindungspaltung vonstattengeht, ist ungeklärt, da die überaus kurzlebigen Übergangszustände und instabilen Zwischenverbindungen bisher nicht oder nicht zuverlässig genug charakterisiert werden konnten. Das Resultat ist eine Oxido-Eisen(IV)-$P^{\cdot+}$-Spezies (das + beim P für Porphyrin soll ausdrücken, dass sich dessen Ladung um einen positiven Beitrag verändert hat; eigentlich von −2 auf −1; · steht für ein ungepaartes Elektron). Beim Abgang des Wassers musste dieses ein Elektron aus dem verbleibenden Komplex mitnehmen ($O^{-1} \longrightarrow O^{-2}$). Zudem liegt nun auch der verbleibende Sauerstoff als Oxidoligand in Oxidationsstufe −2 vor, wofür ebenfalls ein Elektron aus dem verbleibenden Komplex benötigt wird. Dieses stammt aus dem π-System des Porphyrins, was zum Radikal wird. Ohne die Gesamtelektronenzahl zu verändern, sind zwei weitere mesomere Strukturen plausibel: Oxido–Eisen(V)–P und $O^{\cdot -1}$–Eisen(IV)–P. Vermutlich erfolgt die Reaktion mit dem Substrat aus einer dieser beiden Spezies heraus; naheliegend ist die Letztere. Jede dieser drei mesomeren Formen hat mindestens ein hochoxidiertes Element ($O^{\cdot -1}/Fe^{5+}/P^{\cdot +}$), mit einem sehr starken Oxidationsvermögen, wobei selbst Fe^{4+} schon ein gutes Oxidationsmittel darstellt. Es handelt sich somit um ein hochreaktives aktives Zentrum und es ist bemerkenswert, dass es sich nicht selbst zerlegt. In jedem Fall ist es in diesem Zustand in der Lage, auch sehr unreaktive aliphatische C–H-Bindungen zu spalten. Die sich anschließende Oxidation des Substrats erfolgt nach einem äußerst schnellen „radical-rebound"-Mechanismus, bei dem der radikalische Charakter zwischen den Beteiligten hin- und zurückgespielt wird (Abb. 5.21). Initiiert wird der Vorgang mit der homolytischen C–H-Bindungsspaltung durch das hochoxidierte aktive Zentrum. Die Geschwindigkeit der folgenden Radikalrekombination liegt geschätzt bei etwa 10^9 s^{-1}; die Reaktion ist ungeheuer schnell.

Verständlicherweise ist die Modellchemie für die Cyt-P450 zwar weit entwickelt aber in ihrem Erfolg durchaus beschränkt. Bereits die Modellierung der Struktur der hochoxidierten Spezies ist ausnehmend schwierig. Mit der picket-fence-Strategie, genauer: mit 5,10,15,20-Tetramesityl(porphyrinato)–Fe^{3+} sowie einem Oxidationsmittel zur Übertragung eines Sauerstoffatoms, konnte ein Modell für den Oxido–Eisen(IV)–$P^{\cdot}$-Zustand bei tiefen Temperaturen isoliert und mittels EXAFS und Mößbauer-Spektroskopie charakterisiert werden. Raumtemperaturstabile entsprechende Verbindungen gibt es (noch) nicht. Funktionelle Modelle basierend auf Porphyrinkomplexen können zwar unreaktive C–H-Bindungen oxidieren, aber nur wenn gleichzeitig ein starkes Oxidationsmittel zugegeben wird, wie beispielsweise Iodosobenzol und dann stellt sich die Frage, was das Substrat tatsächlich umsetzt. Bei den Cyt-P450 ist die ganze Architektur des aktiven Zentrums inklusive Polypeptidumgebung so enorm entscheidend für die Balance zwischen Reaktivität und Stabilität, dass es kaum möglich sein wird, ein strukturelles Modell zu entwickeln, welches auch noch eine vergleichbare Funktionalität hat.

Abschließend sollen noch kurz die verwandten hämartigen Enzyme Katalase und Peroxidase erwähnt werden. Die Peroxidase ist ein Enzym, das Wasserstoffperoxid als Oxidationsmittel benutzt, um ein Substrat (A) zu dehydrogenieren (Gl. (5.12)). Katalase ist ein Enzym, das die Disproportionierung von zwei Molekülen Wasserstoffperoxid (oder einem H_2O_2 plus einem weiteren Substrat) zu Wasser und Sauerstoff katalysiert (für Katalase in Gl. (5.12) A = O_2).

$$H_2O_2 + A^{(2-)}H_2 \longrightarrow 2\,H_2O + A \tag{5.12}$$

Hämartige Peroxidasen und Katalasen ähneln den Cyt-P450 in Struktur und Reaktivität. Steuerligand ist hier jedoch wasserstoffbrückenbildendes proximales Histidin. Der Reaktionsmechanismus wird noch nicht vollständig verstanden, ähnelt vermutlich aber dem von Cyt-P450, die $P^{\cdot+}$-Stufe eingeschlossen (für Katalase Gl. (5.13) und Gl. (5.14)).

$$H_2O_2 + Fe^{3+}\text{-}P \longrightarrow H_2O + O{=}Fe^{4+}\text{-}P^{\cdot+} \tag{5.13}$$

$$H_2O_2 + O{=}Fe^{4+}\text{-}P^{\cdot+} \longrightarrow H_2O + Fe^{3+}\text{-}P + O_2 \tag{5.14}$$

Da bei Sauerstoff veratmenden Organismen nur ca. 80 % der aufgenommenen O_2-Moleküle vollständig reduziert werden und demnach einiges an O_2^{2-} anfällt, spielen die Katalasen und Peroxidasen eine wichtige Rolle bei der Entgiftung. Substrate für Peroxidasen sind u. a. Fettsäuren, Amine, Phenole und Schadstoffe. Die Enzyme katalysieren zudem die Kopplung von Tyrosin zu den Schilddrüsenhormonen, die Oxidation von Chlorid zu bakterizidem Hypochlorit (ClO^-) sowie die explosiv verlaufende Reaktion von H_2O_2 und Hydrochinon zu O_2 und aggressivem und oxidierendem Chinon durch den Bombardierkäfer. Die Bombardierkäfer können bei Bedarf ganz gezielt heiße und unangenehm reaktive Chinonwolken gegen einen potentiellen Anreifer ausstoßen und sich damit aktiv zur Wehr setzen.[2]

Es gibt noch einige weitere hämartige Enzyme sowie auch manganhaltige Katalasen und Peroxidasen, deren strukturelle Konzepte und/oder Reaktivitäten ganz ähnlich sind.

5.7 Nichthäm-Eisenproteine und -enzyme

Auch in anderer Form als eingekleidet in einen Porphyrinliganden spielt Eisen mehrere wichtige Rollen für die Lebensfähigkeit von Organismen. Die Reaktivitäten sind größtenteils analog zu den hämartigen Proteinen und Enzymen: Elektronentransfer und Oxidationen (Oxygenaseaktivität). Jedoch sind die eingesetzten Strukturmotive ganz andere.

5.7.1 Eisen-Schwefel-Kofaktoren

Die ältesten metallhaltigen, biologisch aktiven Kofaktoren sind mit großer Sicherheit die Eisen-Schwefel-Cluster. Es gibt sogar die Hypothese, dass auf Eisen-Schwefel-Mineralien das Leben überhaupt erst entstand, indem an deren Oberfläche Reaktionen katalysiert wurden und immer komplexere organische Moleküle entstanden bis hin zu den ersten Zellen, die dann quasi „Bruchstücke" des Minerals als Katalysatoren internalisierten.

2 In dem Zusammenhang sei ein YouTube-Video empfohlen, in dem die Käfer reversibel mit Wachs auf ihrem Rücken fixiert werden und damit unverletzt bleiben (es gibt leider auch Videos, in denen Sekundenkleber benutzt wird): The Bombardier Beetle And Its Crazy Chemical Cannon | Deep Look.

Dass die Eisen-Schwefel-Cluster evolutionär sehr alt sein müssen, erkennt man an ihrer sehr breiten Verteilung in und über Organismen und an ihren diversen Strukturen (Abb. 5.22). Bis vor nicht allzu langer Zeit war es Konsens in der Wissenschaft, dass diese Kofaktoren ausschließlich für die Übertragung von Elektronen (eins pro Vorgang) zuständig sind. Aufgrund neuerer und durchaus überraschender Erkenntnisse ist die Erforschung ihrer biologischen Funktion derzeit ein Feld zunehmender wissenschaftlicher Aktivität. Mittlerweile konnte gezeigt werden, dass es auch Beispiele für katalytisch aktive FeS-Cluster gibt und für die FeS-vermittelte Erzeugung von Radikalen. Zudem liefern die Cluster Schwefel für die Biosynthese von beispielsweise Liponsäure und Biotin und sie können an der Regulierung der Genexpression beteiligt sein. Sie agieren als Eisenionensensoren und können einen entsprechenden Influx oder Efflux – je nach Bedarf – initiieren. Auch können sie als Di- oder Oligomerisierungsfaktoren Proteinuntereinheiten miteinander verknüpfen und die Bindung von Zinkfingerproteinen an DNA beeinflussen. Es ist nicht auszuschließen, dass uns heute viele Reaktivitäten der FeS-Cluster noch gar nicht bekannt sind. Im Folgenden wird der Fokus jedoch auf die gut untersuchten und gut verstanden Reaktivitäten Elektronentransfer und Aconitase-Aktivität gelegt sowie auf die entsprechenden chemischen und elektronischen Strukturen der Kofaktoren.

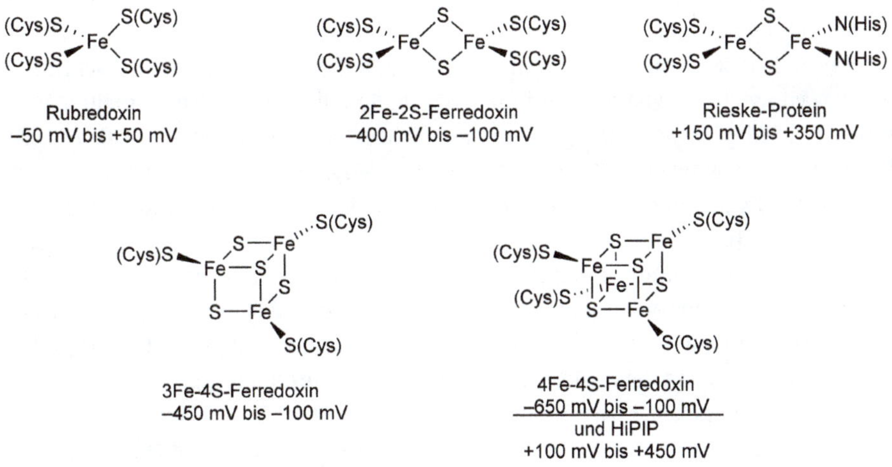

Rubredoxin
–50 mV bis +50 mV

2Fe-2S-Ferredoxin
–400 mV bis –100 mV

Rieske-Protein
+150 mV bis +350 mV

3Fe-4S-Ferredoxin
–450 mV bis –100 mV

4Fe-4S-Ferredoxin
–650 mV bis –100 mV
und HiPIP
+100 mV bis +450 mV

Abb. 5.22: Übersicht über die gängigsten Eisen-Schwefel-Cluster plus Rubredoxin mit den zugehörigen Redoxpotentialbereichen.

In fast allen Fällen sind die Eisenzentren verzerrt tetraedrisch koordiniert, was mit einer geringen Ligandenfeldaufspaltung und high-spin-Zuständen einhergeht. Die anorganischen Sulfidliganden sind säurelabil und können mit Salzsäure mobilisiert werden. Auch die Eisenzentren lassen sich herauslösen, z. B. durch Reaktion mit Stickstoffmonoxid. Die konventionellen FeS-Kofaktoren sind die ein-, zwei- und vierkernigen Ferredoxine. Es wurden aber auch 3Fe–4S-Cluster, 7Fe–8S-Cluster und 8Fe–8S-Cluster charakterisiert. Im Enzym Nitrogenase (Abschn. 5.8) bilden die mehrkernigen Cluster tatsächlich eine kovalent gebundene Einheit. Für alle anderen sind die oftmals verwendeten Bezeichnungen 7Fe–8S-Cluster und 8Fe–8S-Cluster nicht ganz korrekt, handelt es sich doch zumeist um zwar räumlich in unmittelbarer Nähe angeordnete aber nicht kovalent verbundene Paare von 3Fe–4S- und 4Fe–4S-Clustern. Die jeweils daran beteiligten 4Fe–4S-Cluster zeigen interessanterweise besonders negative Redoxpotentiale (bis zu −650 mV). Bei den 3Fe–4S-Clustern, insbesondere wenn sie isoliert vorliegen, ist unklar, ob das jeweils wirklich ihre native Form ist, oder ob im Zuge der Proteinaufarbeitung ein Eisen verloren gegangen ist, was in Abhängigkeit von den eingesetzten Chemikalien durchaus denkbar ist. In den Proteinen dieser Cluster ist kein Cystein eingebaut, welches die fehlende Eisenecke des 3Fe–4S-Würfels koordinieren könnte. Wenn es zum Wechsel zwischen 3Fe–4S-Form und 4Fe–4S-Form kommt, ist die labile Eisenecke meist durch Hydroxid/Wasser oder einen anderen Sauerstoffdonor gebunden. Mittlerweile gibt es Dutzende entsprechende Proteinstrukturen mit nur drei Eisen und die Potentiale liegen im Bereich der 4Fe–4S-Cluster, sodass beide Annahmen (native Form/artifizielle Form aufgrund von Labilität) plausibel sind. Alle bekannten FeS-Kofaktoren decken einen riesigen Potentialbereich von −650 mV bis +450 mV ab. Faktoren, die die Potentiale beeinflussen sind pH-Werte, die Umgebung des Clusters (beispielsweise die An- oder Abwesenheit von NH· · ·S-Brücken oder Wasser), Peptid-Dipol-Wechselwirkungen und die Gesamtladung auf dem Protein.

Die einkernigen Rubredoxine enthalten einen Kofaktor mit zentralem Eisen(II/III), welches von vier Cysteinaten koordiniert ist. Ein Sulfidligand ist nicht enthalten, weswegen Rubredoxine ganz streng genommen nicht zu den FeS-Kofaktoren gehören. Sie kommen nur in einigen Bakterienarten vor, ihre Aufgabe ist der Transfer von einem Elektron pro Zyklus, und ihr Name leitet sich von der intensiven Rotfärbung des oxidierten Zustands ab. Im Unterschied zu den meisten mehrkernigen Zentren, zu Modellen und zu mutierten Varianten ist ihr Redoxpotential pH-unabhängig, was ein Grund dafür sein mag, dass sie nur einen sehr kleinen Potentialbereich abdecken. Die tetraedrische Geometrie ändert sich kaum, wenn oxidiert oder reduziert wird. In Modellverbindungen ist das anders und deren stärkere Änderung der Koordinationsgeometrie geht mit einem verlangsamten Elektronentransfer einher. Näheres zu diesem Phänomen des entatischen Zustands findet sich in Abschn. 5.9.1. Synthetisch lassen sich Modelle sehr leicht herstellen durch Mischen von Fe^{2+}- oder Fe^{3+}-Salzen und Thiolaten. Auch die größeren FeS-Kofaktoren können ohne großen Aufwand synthetisiert werden, was mit der oben erwähnten Hypothese zur Entstehung des Lebens im Einklang steht (wären diese Strukturmotive schwierig herzustellen, könnten sie sich nicht spontan geformt haben). Man spricht in diesem Zusammenhang von einem „self-assembly“ also von der spontanen Ausbildung der sulfidoverbrückten zwei- oder vierkernige Clusterverbindungen.

Die zweikernigen 2Fe–2S-Ferredoxine kommen in blau-grünen Bakterien, grünen Algen, höheren Pflanzen (insbesondere Chloroplasten, z. B. im Spinat) und höheren Organismen vor. Die zugehörigen Peptide haben eine sehr hohe Homologie. Sie bestehen aus 96 bis 98 Aminosäuren und die vier Cysteine, die die Fe_2S_2-Einheit koordinieren, sind in allen bekannten 2Fe–2S-Ferredoxinen an den exakt gleichen Positionen lokalisiert. Die oxidierte Form enthält ein Fe^{3+}/Fe^{3+}-Paar und die reduzierte Form ein Fe^{3+}/Fe^{2+}-Paar. Die Ladungen sind lokalisiert und es gibt keine formalen mittleren Oxidationsstufen von $2\frac{1}{2}$. Da die verbrückenden Sulfidliganden eine antiferromagnetische Austauschkopplung vermitteln, sind die Gesamtspins trotz der high-spin-Zustände der beiden Ionen klein. Im oxidierten Zustand koppeln zwei d^5-Ionen zum Gesamtspin $S = 0$ und im reduzierten Zustand koppeln d^5- und d^6-Ionen zum Gesamtspin $S = \frac{1}{2}$. Die Aufgabe der 2Fe–2S-Ferredoxine ist der Elektronentransfer, und obwohl zwei grundsätzlich redoxaktive Zentren vorhanden sind, können unter physiologischen Bedingungen nur zwei Oxidationszustände eingenommen (also auch nur ein einziges Elektron pro Zyklus übertragen) werden, da die weiteren Redoxtransformationen nur bei unphysiologischen Potentialen stattfinden könnten. Diese Ferredoxine nehmen Schlüsselstellungen in einer Vielzahl von Elektronentransferketten ein, beispielsweise in der Atmungskette (Abschn. 5.6.1) sowie in der zyklischen und nicht-zyklischen Photosynthese (Abschn. 5.10). In beiden Fällen sind sie an den Prozessen beteiligt, die zur Bildung von ATP führen, also an der Speicherung direkt verfügbarer Energie. Strukturelle Modellverbindungen lassen sich aus den Tetrathiolatoeisen(II)komplexen herstellen, die als Modelle für die Rubredoxine synthetisiert wurden. Dies gelingt durch Zugabe elementaren Schwefels, der die Eisenionen in die Oxidationsstufe 3+ oxidiert und dabei die verbrückenden Sulfidoliganden generiert. Obwohl strukturell den aktiven Zentren sehr ähnlich, liegen wie bei eigentlich allen Modellen für die FeS-Kofaktoren die Redoxtransformationen bei viel niedrigeren Potentialen. Die Modelle sind also leichter zu oxidieren und schwerer zu reduzieren als die Proteine. Neben den „normalen" 2Fe–2S-Ferredoxinen gibt es noch die Rieske-Proteine, bei denen auf einer Seite des Clusters die beiden Cystein-Liganden gegen Histidin ausgetauscht sind. Es ist mittlerweile auch eine Mischform bekannt (1 His, 3 Cys; das mitoNEET-Protein), auf die hier aber nicht im Detail eingegangen werden soll. Besonders auffällig an der Struktur der Rieske-Zentren ist der wesentlich akutere N-Fe-N-Winkel, der mit etwa 90° auf eine deutliche Verzerrung der Tetraedergeometrie hinweist (Abb. 5.23). Zudem sind auch die Fe–N-Bindungsabstände wesentlich länger als die Summe der kovalenten Radien, was eher schwächere Bindungen impliziert. Im Vergleich mit 2Fe–2S-Ferredoxinen haben Rieske-Proteine erheblich höhere Potentiale. Dies lässt sich mithilfe des HSAB-Konzepts (siehe auch Abschn. 1.2.3) und der Ladungskompensation verstehen. Wenn die Cystein-Schwefel-Donoratome gegen Histidin-Stickstoff-Donoratome ausgetauscht werden, dann ist der wesentliche Unterschied die Ladung auf den koordinierenden Atomen. Zwei anionische Thiolatliganden werden durch die neutralen N_ε-Imin-Stickstoffe zweier Histine ersetzt. Die Histidinreste sind nicht deprotoniert. Ein anionischer Ligand kann eine höhere Ladung besser kompensieren als ein ungeladener. Zudem bevorzugt ein anionischer Ligand auch relativ höher geladene Metallzentren, da sie härter sind. Thiolate stabilisieren somit im Vergleich die Fe^{3+}-Ionen und die neutralen Histidine stabilisieren die Fe^{2+}-Ionen, also die reduzierten Spezies (obwohl Stickstoff

erstes Modell (1) für Rieske-Zentren bestes Modell (2) für Rieske-Zentren metrische Parameter von Rieske-Zentrum und 2 (in Klammern)

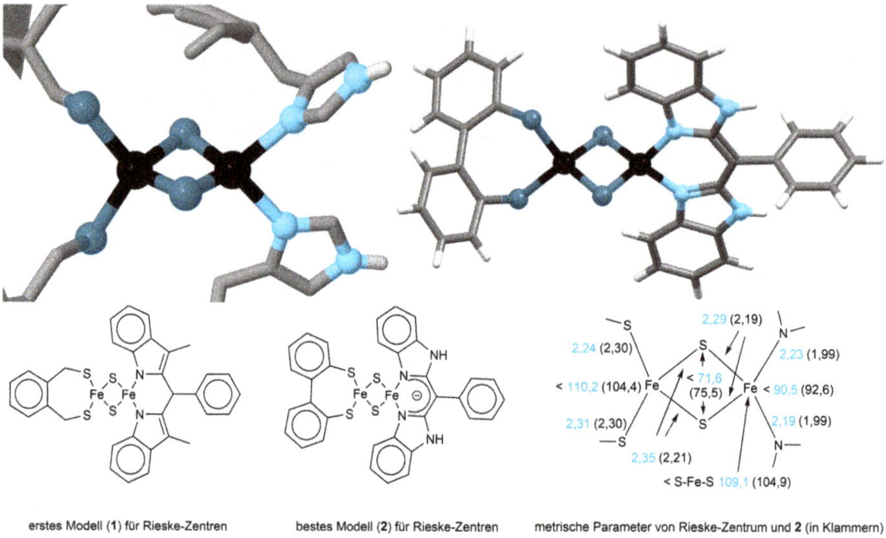

Abb. 5.23: Das Rieske-Zentrum aus der Röntgenstrukturanalyse des löslichen Spinat-Rieske-Proteins (links; nur die Wasserstoffatome an den N_δ-Stickstoffatomen der Histidine sind gezeigt; schwarz: Eisen, cyan: Stickstoff, dunkelcyan: Schwefel, grau: Kohlenstoff, weiß: Wasserstoff). Chemische Strukturen vom ersten strukturellen Modell für ein Rieske-Zentrum (unten links; bis-anionisch; Kationen sind nicht gezeigt) und vom aktuell besten strukturell charakterisierten Modell für ein Rieske-Zentrum (unten Mitte; mono-anionisch; Kation ist nicht gezeigt), dessen Kristallstruktur (oben rechts; Kation und Lösungsmittel sind nicht gezeigt) und ein Vergleich der metrischen Parameter zwischen diesem Modell (Werte in Klammern) und den Proteindaten (in cyan). Das <-Zeichen weist Winkel aus; Angaben sind in ° für Winkel und in Å für Atomabstände. PDB code: 1RFS; CSD code: BOHMOC. Modelle nach A. Albers, S. Demeshko, S. Dechert, C. T. Saouma, J. M. Mayer, F. Meyer, *J. Am. Chem. Soc.* 2014, **136**, 3946–3954 und J. Ballmann, A. Albers, S. Demeshko, S. Dechert, E. Bill, E. Bothe, U. Ryde, F. Meyer, *Angew. Chem. Int. Ed.* 2008, **47**, 9537–9541.

kleiner als Schwefel ist und damit härter bei gleicher Ladung wäre). So ist es auch das N-koordinierte Eisenion, welches zwischen den Oxidationszahlen +3 und +2 hin- und herwechselt, da hier der Zugang zur reduzierten und weicheren Form stark begünstigt ist. Wird in einem Redoxpaar die reduzierte Form stabilisiert, so erhöht sich das Redoxpotential. Da der Protonierungsgrad des Histidins von entscheidender Bedeutung ist, ist das Potential stark vom pH-Wert abhängig. Im Sauren wird das Potential der Rieske-Proteine noch positiver, während es im Basischen sinkt. Gleichzeitig beeinflusst umgekehrt auch der Redoxzustand den pK_S-Wert des Zentrums. Im oxidierten Zustand werden die Histidinliganden saurer. Im Hinblick darauf, dass die Rieske-Proteine in der Atmungskette und in der Photosynthese an Prozessen beteiligt sind, bei denen Protonen über die Membran gepumpt werden, wäre es naheliegend, dass dieser Verknüpfung von Redoxpotential und pH-Wert eine Steuerungsfunktion zukommt. Die Wahl der sekundären Liganden ermöglicht jedenfalls eine beeindruckende Kontrolle über die Redoxpotentiale dieser Eisen-Schwefel-Cluster. Während die Modellchemie für die 2Fe–2S-Ferredoxine besonders einfach ist, ist sie für die Rieske-Zentren ausgesprochen schwierig. Das erste Modell, welches auch strukturell belegt ist, wurde erst 2008 publiziert und das derzeit beste Modell 2015, beide von derselben Gruppe (F. Meyer/Göttingen). Die besondere Schwierigkeit liegt darin, dass die dinuklearen sulfidoverbrückten Eisenkomplexe homoleptische Sekundärliganden bevorzugen. Es bilden sich offenbar thermodynamisch stabilere Komplexe mit zweimal dem Schwefeldonorliganden und solche mit nur dem Stickstoffdonorliganden anstelle der gewünschten gemischt-leptischen Komplexe. Der Trick war letztlich, einen sterisch anspruchsvollen N-Liganden zu verwenden, der verhindert, dass zwei N-Liganden an einen Komplex binden können. Dieser wurde in einer 1:1 Stöchiometrie mit den dimeren Präkursoren (z. B. $[Fe_2Cl_4S_2]$) umgesetzt und erst dann der kleine, gerade noch an den Komplex passende S-Ligand zugegeben. Durch Wahl der Liganden mit spezifischer Architektur gelang es, strukturell sehr gute Modelle zu erzeugen (Abb. 5.23) inklusive des 90 °-Bisswinkels auf der Stickstoffseite. Auffällige Abweichungen sind die Fe–N-Bindungslängen, die im Modell kürzer sind, und der Thiolat-Fe-Thiolat-Winkel, der im Modell kleiner ist. Auch hier nimmt offenbar das Protein Einfluss auf die Koordinationsgeometrie. Im ersten Modell bindet der N-Ligand in zweifach deprotonierter bis-anionischer Form, im neueren Modell in einfach deprotonierter mono-anionischer Form. Auch wenn in Letzterem die Rückgrat-N protoniert sind, so ist dennoch ein Aminstickstoff in deprotonierter Form koordiniert. Wenig überraschend haben diese Modelle entsprechend auch deutlich niedrigere Redoxpotentiale als die Rieske-Zentren, obwohl die elektronischen Strukturen (Oxidations- und Spinzustände) durchaus sehr ähnlich sind, wie beispielsweise mittels Mößbauer und EPR-Spektroskopie gezeigt wurde. Bemerkenswerterweise ist es mit diesen Verbindungen gelungen, die pH-Abhängigkeit des Redoxpotentials zu simulieren und genauer zu untersuchen. Es sind also gute Modellverbindungen, denen doch noch ein allerletzter Schliff fehlt. Die positiven Redoxpotentiale der Rieske-Zentren zu modellieren, ist jedoch alles andere als trivial, denn man ist letztlich im Reaktionsgefäß mit einem feinen Balanceakt zwischen Reaktivität und Stabilität konfrontiert (genügend große Bindungsstärke neutraler Stickstoffdonoren bei gleichzeitiger Thiolat-Konkurrenz).

Die vierkernigen 4Fe–4S-Ferredoxine zeigen im Gegensatz zu den vorherigen Beispielen eine Elektronendelokalisation und die Eisenzentren wechseln zwischen den mittleren Oxidationsstufen $2\frac{1}{2}$ ($Fe_2^{3+}Fe_2^{2+}$) und $2\frac{1}{4}$ ($Fe_1^{3+}Fe_3^{2+}$) bzw. in den High-Potential-Iron-Proteins (HiPIPs) zwischen den mittleren Oxidationsstufen $2\frac{3}{4}$ ($Fe_3^{3+}Fe_1^{2+}$) und $2\frac{1}{2}$ ($Fe_2^{3+}Fe_2^{2+}$). Auch die 4Fe–4S-Ferredoxine und die HiPIPs können also nur jeweils zwei Oxidationszustände einnehmen, wobei es auch hier zu antiferromagnetischen Austauschkopplungen kommt. Der oxidierte Zustand des 4Fe–4S-Ferredoxins entspricht dem reduzierten Zustand des HiPIPs. Der Gesamtspin dieses von beiden zugänglichen Oxidationszustandes ($Fe_2^{3+}Fe_2^{2+}$) hat einen Wert von S = 0. Die Formen, die aus einer Oxidation bzw. Reduktion dieser Spezies hervorgehen, haben den Gesamtspin $S = \frac{1}{2}$. Für die 4Fe–4S-Ferredoxine im reduzierten Zustand wurde in einigen Fällen auch ein Gesamtspin von $S = 1\frac{1}{2}$ beobachtet, was von der Geometrie des kubischen Clusters abhängt. Je nachdem wie verzerrt er ist, kann es zu einer Behinderung der Kopplung kommen, sodass zwei Spins mehr ungekoppelt verbleiben. Das zusätzliche Elektron, um das ($Fe_1^{3+}Fe_3^{2+}$)-Zentrum zu formen, wird in einem antibindenden Orbital aufgenommen. Dadurch vergrößern sich die Eisen-Schwefel-Abstände. Die 4Fe–4S-Ferredoxine und HiPIPs haben erstaunlich unterschiedlichen Redoxpotentiale (–650 mV bis –100 mV gegenüber +150 mV bis +350 mV). Dies geht zurück darauf, dass die oxidierte Form der 4Fe–4S-Ferredoxine die reduzierte der HiPIPs ist und die HiPIPs nicht weiter reduziert werden können. Umgekehrt kann ein 4Fe–4S-Ferredoxin aus diesem Zustand auch nicht weiter oxidiert werden. Je höher oxidiert ein System ist, desto leichter ist, es zu reduzieren und desto positiver ist das Potential für diese Reduktion. Gleichwohl sind die prosthetischen Gruppen in beiden Proteinformen identisch und es stellt sich die Frage, was die Ursache dieses unterschiedlichen Verhaltens ist. Es muss offenkundig die Proteinumgebung verantwortlich sein. 4Fe–4S-Ferredoxine und HiPIPs haben proteinbedingt unterschiedlich ausgekleidete aktive Zentren. Während bei den 4Fe–4S-Ferredoxinen Wasser Zugang zum Zentrum hat, ist dies bei den HiPIPs, bei denen unpolare Aminosäurereste vorherrschen, ausgeschlossen. Die Abwesenheit von Wasser geht mit einer starken Verringerung von Wasserstoffbrückenbindungen einher. Das führt dazu, dass die Kovalenz der Fe-S-Bindungen steigt, da es für das Eisen keine H-Brücken-Konkurrenz um die S-Elektronendichte gibt. Die Schwefeldonoren können also mehr Elektronendichte auf die Eisenzentren schieben, weswegen der Cluster bei den HiPIPs nicht den reduzierten Zustand der 4Fe–4S-Ferredoxine erreichen, sondern nur in die $Fe_3^{3+}Fe_1^{2+}$-Form oxidiert werden kann. Die thermodynamisch stabilere Form ist die $Fe_2^{3+}Fe_2^{2+}$-Oxidationsstufe, für dieses Redoxpaar also die reduzierte Form (⟶ relativ positiveres Potential der physiologisch möglichen Redoxtransformation). Bei den 4Fe–4S-Ferredoxinen ist es umgekehrt: Durch die Wasserstoffbrückenbindungen ist die Donorfähigkeit der S-Liganden verringert und es ist möglich, ein zusätzliches Elektron im Cluster aufzunehmen und zu stabilisieren. Auch hier ist die $Fe_2^{3+}Fe_2^{2+}$-Oxidationsstufe die thermodynamisch stabilere, für dieses Redoxpaar also die oxidierte Form (⟶ relativ negativeres Potential der physiologisch möglichen Redoxtransformation). Denaturiert man die HiPIPS, sodass Wasser Zugang zum Cluster erhält, oder entwässert man die 4Fe–4S-Ferredoxine, so ergeben sich nahezu identische Redoxpotentiale, was diese entscheidende Rolle des Peptids belegt. Modellverbindungen für die 4Fe–4S-Cluster lassen sich aus den zweikernigen Modellen für die 2Fe–2S-Cluster durch Reduktion oder Aufnahme in Methanol synthetisieren. Auch hier ergeben sich verhältnismäßig niedrigere Redoxpotentiale der Modelle gegenüber den Proteinen.

Neben der geläufigen Redoxaktivität als Elektronenüberträger zeigen 4Fe–4S-Ferredoxine als Bestandteil der Aconitase auch katalytische Aktivität. In einer Netto-nicht-Redoxreaktion wird Citrat im Citrat- und im Glyoxylatzyklus katalytisch zum Isocitrat isomerisiert (Gl. (5.15)), was das Enzym absolut unentbehrlich macht. Aconitasen kommen in allen Eukaryoten und Bakterien und in verschiedenen Formen (zytosolisch, mitochondriell) vor. In ihrer aktivierten Form enthält die Aconitase einen 4Fe–4S-Cluster, der an einem seiner vier Eisenionen nicht von Cystein, sondern von

Wasser koordiniert wird. Dadurch ist dieses Eisenion einerseits labil (siehe auch 3Fe–4S-Cluster zu Beginn dieses Abschnitts), andererseits kann nur so das Citrat über seine Hydroxy- und eine terminale Säurefunktion koordinieren. Im ersten Schritt wird die Hydroxyfunktion durch einen Histidinrest protoniert und als Wasser abgespalten. Dann wird ein Proton des benachbarten Kohlenstoffatoms durch Serinat abstrahiert und es kommt zur Bildung der Doppelbindung. Nun muss das Substrat eine 180 °-Drehung vollziehen und es ist ungeklärt, wie das Enzym dies bewerkstelligt; es ist der geschwindigkeitsbestimmende Schritt. Anschließend werden die Aktionen von Serin und Histidin umgekehrt und die Doppelbindung des intermediären *cis*-Aconitats hydratisiert.

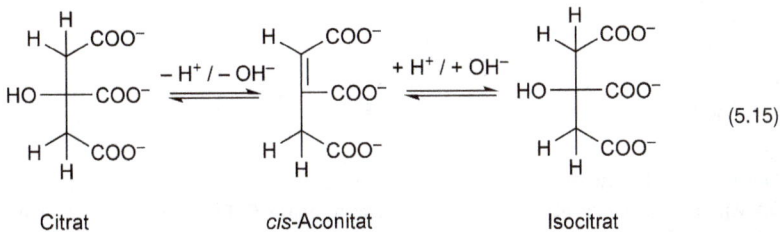

$$\text{Citrat} \underset{}{\overset{-H^+ / -OH^-}{\rightleftharpoons}} \textit{cis}\text{-Aconitat} \overset{+H^+ / +OH^-}{\rightleftharpoons} \text{Isocitrat} \qquad (5.15)$$

In ihrer inaktiven Form liegt das Zentrum der Aconitase als 3Fe–4S-Cluster vor. Der Verlust des labilen Eisens erfolgt möglicherweise aus einer oxidierten Form heraus, da die Sulfidoliganden im oxidierten und positiv geladenen Restcluster ($[Fe_3S_4]^+$) nicht mehr Lewis-basisch genug sind, um das vierte Eisen zu halten. Aktiviert wird die Aconitase dann durch (Rück-)Einbau des vierten Eisens in wahrscheinlich reduzierter Form. Sowohl von der inaktiven, aktiven als auch von substrat- bzw. -produktgebundener aktiver Form sind Röntgenstrukturenanalysen publiziert. Die inaktive Aconitase scheint eine regulär vorkommende native Form zu sein, was im Hinblick auf das eine nicht durch das Protein koordinierte Eisenion auch plausibel ist.

5.7.2 Einkernige Nichthäm-Eisenenzyme

Die einkernigen Nichthäm-Eisenenzyme sind in aller Regel Dioxygenasen. Sie aktivieren molekularen Sauerstoff und übertragen beide Sauerstoffatome auf ein Substrat (dimolekulare Dioxygenasen) oder auf ein Substrat und ein Kosubstrat (intermolekulare Dioxygenasen). Diese Enzyme sind recht verbreitet und übernehmen viele wichtige Aufgaben. So spalten dimolekulare Dioxygenasen beispielsweise Aromaten oxidativ, was essentiell für deren Abbau ist. Üblicherweise folgen diese Enzyme einem sequentiellen Mechanismus, bei dem die Substratbindung einer Aktivierung von O_2 vorausgeht, ähnlich wie bei den Cyt-P450 (Abschn. 5.6.3). Zwei interessante Vertreter dieser Reaktivität sind die Intradiol- und die Extradiol-Dioxygenase. In der Intradiol-Dioxygenase liegt das Eisen in trigonal-bipyramidaler Koordinationsgeometrie vor. Die äquatorialen Liganden sind Histidin, Tyrosinat und Hydroxid, die axialen Tyrosinat und Histidin (Abb. 5.24). Das Tyrosinat-Anion ist ein starker Donorligand, der Fe^{3+} stabilisiert, was

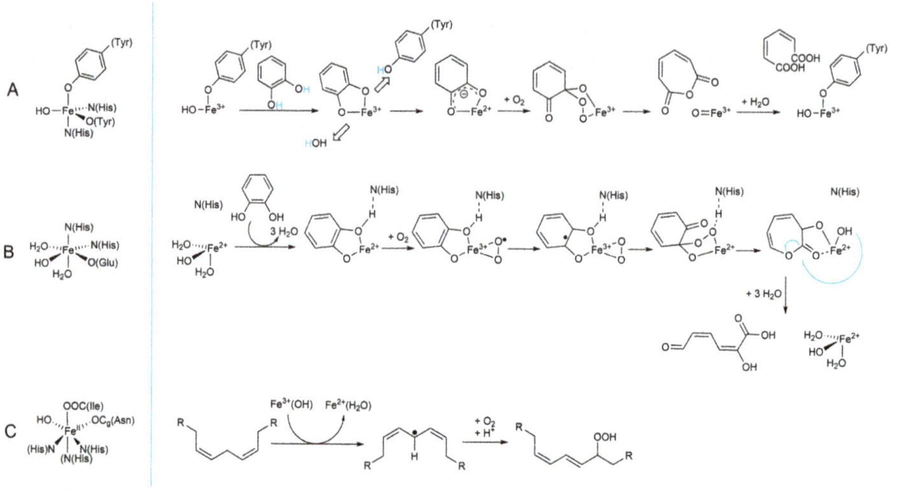

Abb. 5.24: Die chemischen Strukturen der aktiven Zentren und die katalysierten Reaktionen von Intradiol-Dioxygenase (A), Extradiol-Dioxygenase (B) und Lipoxygenase (C). Bei den Reaktivitäten sind die nicht an der Reaktion beteiligten Proteinliganden der Übersicht halber weggelassen. Die umgesetzten Aromaten können weitere Substituenten tragen, die ebenfalls weggelassen wurden.

wiederum die Basizität des koordinierten Hydroxids verringert bzw. die Acidität koordinierten Wassers erhöht und bei der Anbindung von Substrat hilft. Bindet das Diol, überträgt es ein Proton auf das axiale Tyrosinat und eines auf das Hydroxid. Das nun gebundene Diolat wird von Eisen oxidiert. Das Elektron stammt von einem der beiden O-gebundenen Kohlenstoffatome, das π-Elektronenpaar resoniert über die O–C–C–O-Einheit. Nun wird molekularer Sauerstoff reduktiv gebunden. Sowohl Eisen als auch Substrat geben je ein Elektron ab und das entstandene Peroxid verbrückt das Kohlenstoffatom, welches nicht die C=O-Doppelbindung eingeht, mit dem Eisenzentrum. Aus dieser Spezies heraus erfolgt die O–O-Bindungspaltung; es entstehen ein Anhydrid und eine Eisen(III)-Oxido-Spezies. Das Anhydrid wird nun hydrolysiert, das Tyrosinat deprotoniert und wieder ankoordiniert sowie der Sauerstoffligand zum Hydroxid protoniert, womit der Ausgangszustand wiederhergestellt ist. Diese Reaktion benötigt keine externen Redoxäquivalente, da in einem auch hinsichtlich der Elektronen stöchiometrisch ausgeglichenen Vorgang zwei Kohlenstoffe von +1 auf +3 oxidiert werden und die beiden Sauerstoffatome von 0 auf −2 reduziert werden.

Die Extradiol-Dioxygenase hat ein Eisen-Zentrum in oktaedrischer Koordinationsgeometrie oder in quadratisch-pyramidaler; der dritte H_2O/OH^--Ligand ist nicht in jeder Kristallstruktur sichtbar. Auch die Unterscheidung zwischen Hydroxid und Wasser ist nicht abschließend geklärt. Im Hinblick auf die Substratanbindung, bei der eine Alkoholfunktion deprotoniert wird, wäre ein Hydroxid plausibel. Die Koordination durch das Peptid erfolgt über zwei Histidin und ein einzähnig bindendes Glutamat. Bindet das Diol, wird es nur einfach deprotoniert und alle drei Wasserliganden verlassen das aktive

Zentrum. Die Hydroxyfunktion wird durch ein distales Histidin stabilisiert. Bindet nun O_2, wird es durch Eisen zum Superoxid reduziert und dann zum Peroxid durch das Substrat. Wie auch bei den Intradiol-Dioxygenasen schiebt sich nun das O_2-Fragment in eine Position, die Substrat und Eisen verbrückt. Dabei wird das Proton auf das Peroxid übertragen. Schließlich kommt es zum O–O-Bindungsbruch, und ein Sauerstoff schiebt sich in eine C–C-Bindung, die der Diol-Funktion benachbart ist. Es verbleibt ein Hydroxidligand am Eisen, der nun an das zukünftig terminale Kohlenstoffatom verschoben wird unter Mitnahme des bindenden Elektronenpaars. Wann genau das Eisenzentrum in den Oxidationszustand Fe^{2+} zurückkehrt, ist noch unklar. Es ist auch möglich, dass der OH-Transfer radikalisch verläuft und erst hier das Eisen rückreduziert wird. Das Substrat wird gegen drei eintretende Wassermoleküle ausgetauscht und der Ausgangszustand ist wiederhergestellt. Im Prinzip sind die Abläufe denen bei den Intradiol-Dioxygenasen sehr ähnlich inklusive der reaktiven Zwischenverbindungen. Eine wesentliche Rolle scheint das distale Histidin zu spielen und vermutlich sind auch weitere Reste dafür verantwortlich, dass eine sterisch andere Reaktion abläuft.

Lipoxygenasen sind weit verbreitet und katalysieren die Oxidation von mehrfach ungesättigten Fettsäuren zu den Fettsäure-Hydroperoxiden, welche dann weiter reagieren oder metabolisiert werden zu hormonähnlichen Substanzen, die als Signalmoleküle wirken. Diese Enzyme sind wichtig im Arachidonsäure-Metabolismus (Säugetiere, Zellmembranen) bzw. Linolsäure-Metabolismus (Pflanzen). Es sind zwei Strukturen bekannt: (i) pseudo-oktaedrisches Fe^{2+} koordiniert durch drei Histidin und das C-terminale Ende des Proteins ($^{-}$OOC(Ile)) mit zwei offenen *cis*-Positionen und (ii) mit zwei *cis*-Positionen besetzt durch H_2O und über den Sauerstoff koordinierendes Asparagin (OC$\gamma \cdot$ Asparagin). Die aktive Form ist die Fe^{3+}-Form, in der vermutlich Wasser durch Hydroxid ersetzt ist. Das aktive Zentrum abstrahiert H^0 vom Substrat, es kommt zu einer Isomerisierung und der Sauerstoff schiebt sich in eine C–H-Bindung, wodurch er zum Peroxid reduziert und das entsprechende Kohlenstoffatom zweifach oxidiert wird.

Erwähnt werden sollen noch kurz die intermolekularen Dioxygenasen, die eines der beiden Sauerstoffatome auf Substrat übertragen und das zweite auf ein Kosubstrat. Letzteres kann Tetrahydropterin sein oder α-Ketoglutarat, welches zum Succinat umgesetzt wird; die Aufteilung in dieser Gruppe von Enzymen erfolgt anhand des Kosubstrates. Zu den Pterin-abhängigen gehört beispielsweise die Phenylalanin-Hydroxylase (PAH); dies ist ein wichtiges Enzym für die Tyrosin-Synthese (eine Erbkrankheit bedingt eine Störung dieses Enzyms mit resultierender geistiger Unterentwicklung). Die α-Ketoglutarat-Abhängigen bilden eine große Gruppe mit unterschiedlichen Aufgaben in Biosynthese und Metabolismus; z. B. sind sie an Kollagenbiosynthese, Penicillin-Abbau und Nutzung von Taurin als Schwefelquelle (*E. coli*) beteiligt. Das aktive Zentrum ist bei allen gleich aufgebaut mit zwei Histidin einem zweizähnigen Carboxylatliganden und vermutlich zwei koordinierten Wassermolekülen, woraus sich eine oktaedrische Koordinationsumgebung ergibt. Die zwei labilen Wasserliganden können gegen Substrat ausgetauscht werden. Vom Mechanismus her bindet der molekulare Sauerstoff an Eisen(II) und Kosubstrat, wird reduziert und die O–O-Bindung wird gespalten. Das Resultat ist ein zweifach oxidiertes Kosubstrat mit einer neuen OH-Funktion und ein Fe^{4+}=O Zentrum. Der entsprechende Oxidoligand kann an ein Kohlenstoffatom binden, wofür ein Elektronenpaar des Substrats (Sub) verwendet wird (Gl. (5.16)). Dadurch wird das Eisenzentrum zurück reduziert und es ergibt sich eine Fe^{2+}–O–C(Sub^{+})-Spezies. Dann löst sich die Fe–O-Bindung zugunsten einer C=O-Doppelbindung, während ein Proton dieses Kohlenstoffatoms auf ein Nachbarkohlenstoffatom übertragen wird. Über eine Keto-Enol-Tautomerie ist schließlich die Produkt-Alkoholform zugänglich.

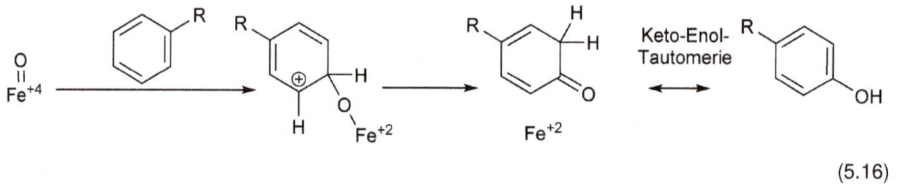

(5.16)

5.7.3 Zweikernige Nichthäm-Eisenenzyme

Zu den zweikernigen Nichthäm-Eisenproteinen, von denen Hämerythrin schon in Abschn. 5.5.2 behandelt wurde, gehören zwei weitere ausgesprochen wichtige Enzyme: Methan-Monooxygenase (MMO) und Ribonukleotid-Reduktase (RNR).

Die RNR enthalten Metallzentren und organische Radikale (Tyrosyl, Vitamin B_{12}, Glycylseitenkette). Neben den im Folgenden vorgestellten 2Fe-RNRs gibt es auch Mn-Fe- and 2Mn-RNRs. Deren Klassifizierung erfolgt erstens anhand des genutzten organischen Radikals und zweitens anhand der genutzten Metalle und/oder Aminosäuresequenz. So gehören Mn-Fe-RNRs zur Klasse 1c, da sie das Tyrosyl-Radikal nutzen (1) und ein heterodinukleares Zentrum (c). Von Klasse Ib wurde lange Zeit angenommen, dass sie eine strikte 2Fe-RNR-Gruppe sei, jedoch wurden mittlerweile auch 2Mn-Zentren kristallographisch gefunden bei ansonsten identischer Ausstattung des Proteins des gleichen Organismus. Offenbar kann Eisen in einigen Fällen durch Mangan ersetzt werden unter Erhalt der Funktionstüchtigkeit des Biomoleküls. Im Fokus hier steht die Klasse Ia der RNRs, zu denen auch die humanen gehören. Man findet sie in allen Eukaryoten, einigen Viren und wenigen Prokaryoten wie *E. coli*. Das aktive Zentrum enthält ein Eisen, welches durch Histidin, κ^2-OO-Aspartat und in manchen Strukturen noch durch H_2O koordiniert ist und eines, welches durch N-Histidin, ein oder zwei κ^1-O-Glutamat und H_2O koordiniert ist (Abb. 5.25). Verbrückt sind beide Eisen im inaktiven Ruhezustand durch μ–κ^1–κ^1-OO-Glutamat und im aktiven Zustand zusätzlich durch einen Oxidoliganden. Die beiden high-spin Fe^{3+}-Zentren sind antiferromagnetisch gekoppelt und haben zusätzlich eine magnetische Wechselwirkung mit dem Tyrosyl-Radikal. Die Aufgabe aller RNRs ist die Reduktion von Ribonukleotiden zu Desoxyribonukleotiden. Sie sind somit absolut essentiell für alles, was lebt. Das Substrat für die Klasse Ia RNRs ist Ribonukleotiddiphosphat. Bei den RNRs spielen viele Aminosäurereste, die das aktive

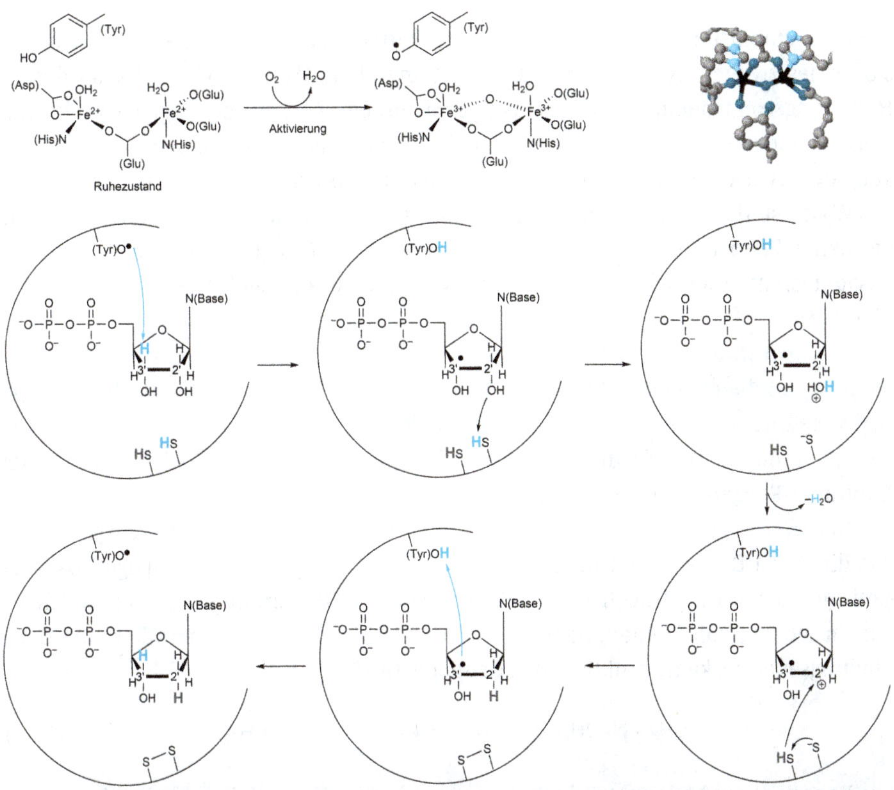

Abb. 5.25: Das aktive Zentrum der Klasse Ia Ribonukleotid-Reduktasen im Ruhezustand (oben links), dessen Aktivierung und aktivierter Zustand (oben Mitte) und eine Kristallstruktur, die die Nähe des Tyrosins zu beiden Eisenionen unterstreicht (oben rechts; schwarz: Eisen, dunkelcyan: Sauerstoff, hellcyan: Stickstoff, grau: Kohlenstoff). PDB code: 1BIQ. Darunter die Ribonukleotid-Reduktion durch die Aminosäurereste Tyrosin und Cystein. Pfeile in cyan deuten an, dass homolytische Bindungsspaltungen erfolgen unter Übertragung des radikalischen Charakters. Schwarze Pfeile im aktiven Zentrum deuten an, dass es sich um nukleophile Angriffe handelt, bei denen der Angreifer sein eigenes Elektronenpaar für die Bindungsbildung mitbringt. Der grau gezeichnete Wasserstoff wird als Hydrid übertragen, die cyanfarbigen Wasserstoffe als Proton oder H^0.

Zentrum auskleiden, eine aktive Rolle bei der Substratumsetzung, während der metallbasierte Kofaktor vor allem die Funktion hat, die Bildung des benötigten Radikals zu ermöglichen (Aktivierung, Abb. 5.25). Neben Tyrosin sind vor allem auch Cysteinreste an der Transformation beteiligt, die mittels Bildung von Disulfidbrücken redoxaktiv sein können. Nachdem das Zentrum aktiviert wurde und das Tyrosyl-Radikal vorliegt, kann es vom 3′-Kohlenstoffatom des Nukleotids ein Wasserstoffatom abstrahieren, wobei die C–H-Bindung homolytisch gespalten wird und das Radikal auf den Zucker übertragen wird (Abb. 5.25). Im nächsten Schritt wird von einem Cysteinrest ein Proton auf die Hydroxylfunktion am 2′-Kohlenstoffatom übertragen und als Wasser abgespalten. Die positive Ladung wird durch das benachbarte Radikal und Mesomerie zwischen

2′ und 3′ stabilisiert. C-2′ hat nun also Carbokation-Charakter und kann den Wasserstoff eines zweiten Cysteinrestes nukleophil angreifen. Wasserstoff wird samt des S–H-Bindungselektronenpaares, also als Hydrid, auf den Zucker übertragen. Gleichzeitig werden beide Cystein-Schwefel von −2 in die Oxidationsstufe −1 oxidiert. Die Übertragung des Hydrids ist somit der eigentliche Reduktionsschritt. Als Letztes gibt Tyrosin das Wasserstoffatom zurück an 3′ und die Reaktion ist abgeschlossen. Regeneriert wird das aktive Zentrum durch Reaktion mit zwei weiteren Cysteinresten, die die Oxidationsäquivalente übernehmen und ihre Wasserstoffe an die beiden zentralen Cysteine übergeben.

Ein Überschuss an einem Desoxyribonukleotid (d. h. mit einer einzigen bestimmten Base) inhibiert die Reduktion aller Ribonukleotide. Das bedeutet, dass durch überschüssige Zugabe irgendeines Desoxyribonukleotids die DNA-Synthese gestoppt werden kann. Aus diesem Grund wird dieses Enzym eingehend als Ziel bzw. Akteur für Antitumor-Reagenzien untersucht.

Die Methan-Monooxygenase (MMO) kommt in methanotrophen Mikroorganismen vor, die ihren Energie- und Kohlenstoffbedarf durch CH_4 decken; derartige Mikroorganismen leben hauptsächlich in heißen Quellen. MMO bewältigt den ersten Schritt der Umsetzung von Methan, dem unreaktivsten aller Kohlenwasserstoffe (hohe C–H-Bindungsenergie, keine funktionellen Gruppen, Gl. (5.17)).

$$CH_4 + NADH + H^+ + O_2 \longrightarrow CH_3OH + NAD^+ + H_2O \tag{5.17}$$

Das Enzym ist ein Multiproteinkomplex aus mehreren Untereinheiten; die als $\alpha_2\beta_2\gamma_2$-Dimer aufgebaute Hydroxylase-Komponente des Enzyms enthält zwei Dieisenzentren. Die zweikernigen Eisenzentren habe eine große Ähnlichkeit zu denen der RNRs, was die proteinogenen Liganden betrifft (Abb. 5.26). Die aktiven Zentren müssen ebenso wie bei den RNRs aus dem Ruhezustand aktiviert werden. Bei den MMOs erfolgt dies durch Reduktion. Dabei werden Hydroxidoliganden in Wasser umgewandelt, ein ehemals verbrückend bindendes Hydroxid wird abgespalten und ein Glutamatrest geht aus einem κ^1-Bindungsmodus in einen μ–κ^1–κ^2-Modus über. Der genaue Mechanismus der MMOs gab lange Zeit Rätsel auf. Mittlerweile gilt er als gut verstanden. Nach der Aktivierung wird Sauerstoff als μ–κ^1–κ^1-*end-on*-Peroxid gebunden und die beiden Eisenzentren je einfach oxidiert. Dann kommt es zu einer Umlagerung und weiteren Redoxtransformation, bei dem aus Peroxid zwei verbrückende Oxidoliganden werden. Im Prinzip trägt das Zentrum nun zwei Fe^{4+}=O-Kerne, die ein sehr hohes Oxidationsvermögen haben. Das Substrat, das auch ein anderer Kohlenwasserstoff als Methan sein kann, wird dann in einem radikalischen Rebound-Mechanismus (radical-rebound) analog zu dem der Cyt-P450-Ezyme hydroxyliert, der generierte Alkohol abgegeben und durch Anlagerung von Wasser (protoniert den Oxidoliganden und bindet dann ebenfalls als Hydroxid) der Ruhezustand regeneriert.

Die katalysierte Reaktion ist industriell von enormer Bedeutung. Es ist bisher jedoch nicht wirklich gelungen, durch bioinspirierte Verbindungen funktionale Modelle

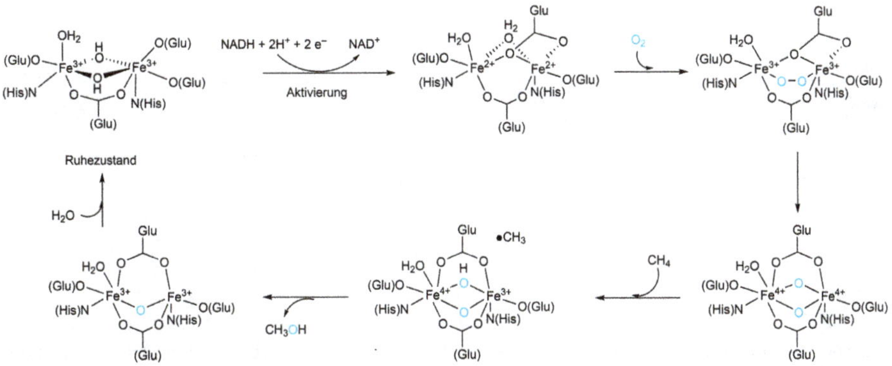

Abb. 5.26: Der Ruhezustand der MMO (oben links), dessen Aktivierung sowie der katalytische Zyklus zur Hydroxylierung von Methan.

zu entwickeln. Stattdessen wird vielmehr versucht, methanotrophe Mikroorganismen direkt in der organisch-petrochemischen Synthese und Energieträgerumwandlung einzusetzen sowie sie für Boden- und Trinkwasser-Dekontamination zu verwenden.

5.8 Nitrogenase

Ein letzter wichtiger Aspekt der bioanorganischen Eisenchemie, welcher nicht unerwähnt bleiben darf, ist das Enzym Nitrogenase. Stickstoff ist ein lebenswichtiges biologisches Massenelement, ohne das keine Proteine, keine DNA und keine RNA auskommen. Gleichzeitig befindet sich der größte Vorrat an Stickstoffatomen in der Luft in Form von ausgesprochen unreaktivem molekularem Stickstoff. Um die N≡N-Bindung vollständig zu spalten (und letztlich Ammoniak herstellen zu können), müssen 945,33 kJ mol^{-1} an Energie aufgebracht werden. Industriell wird das mit dem Haber-Bosch-Verfahren durchgeführt, was durch den erforderlichen hohen Druck und die hohen Temperaturen sehr viel Energie verschlingt. In der Natur wird Stickstoff durch Bakterien fixiert, die oftmals in Symbiose mit Pflanzen leben. Die Bakterien setzen vermutlich mindestens ebenso viel N_2 um, wie es der Mensch industriell tut – wahrscheinlich mehr – und leisten der Natur einen unschätzbaren Dienst. Das Enzym, mit dem sie dies bewerkstelligen, ist die Nitrogenase, deren wichtigste Zentren eine gewisse Ähnlichkeit mit den 4Fe–4S-Ferredoxinen haben, die jedoch eine einmalige katalytische Reaktivität aufweist. Das insgesamt sehr komplexe Enzym besteht aus zwei Untereinheiten mit gewöhnlichen 4Fe–4S-Clustern und Bindungsstellen für Mg^{2+} und ATP (um Energie zur Verfügung zu stellen) und einem $\alpha_2\beta_2$-Tetramer mit zwei P-Clustern und zwei M-Clustern (Abb. 5.27). Der P-Cluster liegt zwischen M-Cluster und dem 4Fe–4S-Cluster in der angrenzenden Untereinheit. Er dient ausschließlich der Weitergabe von Elektronen an den M-Cluster, wobei er seine Form verändert und über koordinierte Aminosäurereste somit auch dem Restenzym seinen

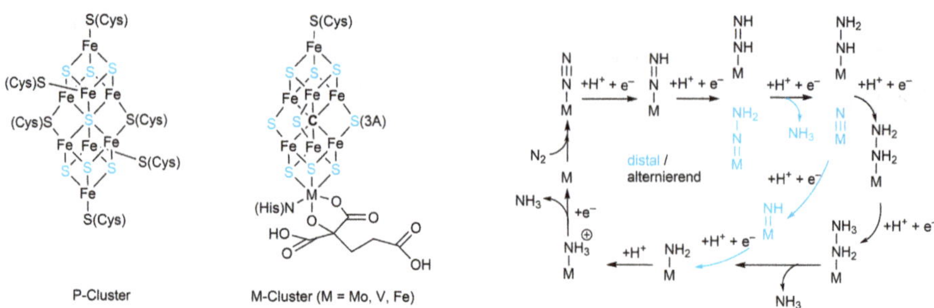

Abb. 5.27: Der P- und der M-Cluster der Nitrogenasen sowie der Ablauf der katalysierten N_2-Reduktion. Es ist sowohl der alternierende Mechanismus gezeigt als auch der distale (in cyan, wenn abweichend vom alternierenden). Der wahrscheinlich labile Sulfidoligand S3A ist im M-Cluster ausgewiesen.

Oxidationszustand signalisiert. Am M-Cluster, den es in drei Varianten gibt, wird Stickstoff reduziert. Die effizienteste Variante, was bedeutet, dass hierbei am wenigsten ATP verbraucht wird, ist der Eisen-Molybdän-Kofaktor (FeMoCo). P-Cluster und M-Cluster sind ungefähr 20 Å voneinander entfernt, die beiden M-Cluster um die 70 Å, was impliziert, dass beide P/M-Paare unabhängig voneinander arbeiten. Von der Struktur her ähnelt der P-Cluster zwei fusionierten 4Fe–4S-Clustern, die sich eine Schwefelecke teilen und bei dem zwei Cysteinate zusätzlich die beiden Würfel verbrückend binden. Wenn sich die Geometrie des P-Clusters durch Oxidation ändert, dann löst sich die Verbrückung und proteinogene O- und/oder N-Funktionen binden stattdessen. Die Bewegung, die dabei vollzogen wird, sieht aus als würde der P-Cluster atmen, weswegen der Vorgang auch als „breathing" bezeichnet wird. Der M-Cluster hat eine noch ungewöhnlichere Struktur. Statt über eine Sulfidofunktion, sind hier zwei Würfel über ein Carbid zentral verknüpft. Dieses zentrale Leichtatom wurde erst in diesem Jahrhundert entdeckt, obwohl es auch vorher schon einige Röntgenstrukturanalysen von Nitrogenasen gab. Aber erst mit einer genügend guten Auflösung wurde das Leichtatom sichtbar, da es immerhin von sechs Eisenionen umgeben ist, deren Elektronendichte seine Präsenz schlicht verdeckt hatte. Man nahm bis dahin an, das Zentrum des Clusters wäre leer und die sechs Eisen in der Nachbarschaft nur dreifach koordiniert. Es folgten einige wissenschaftliche Untersuchungen, um die Identität des Leichtatoms zu klären, welches auch Sauerstoff oder Stickstoff, was naheliegender gewesen wäre, hätte sein können. Zweifelsfrei klären konnten dies schließlich Hu und Ribbe, indem sie die Biosynthese der Cluster Schritt für Schritt belegten inklusive der Insertion des Carbids. Weiterhin ist ein terminales Metallion statt an Cystein an Histidin koordiniert und trägt zusätzlich einen Homocitratliganden. Dieses Metallion ist in der effizientesten Variante Molybdän in wahrscheinlich Oxidationsstufe +3, was für biologische Bedingungen ein erstaunlich reduzierter Zustand ist. Alternativ kann diesen Platz auch Vanadium (FeVCo) einnehmen oder Eisen (FeFeCo). Die letzten beiden Vertreter sind weitaus weniger gut untersucht als die Molybdän-Variante, sie rücken aber zunehmend in den Fokus der Nitrogenase-Forschungsgemeinschaft.

Wie bereits erwähnt, ist die Molybdän-Nitrogenase die effizienteste der drei Varianten. Sie generiert weniger H_2 als Nebenprodukt und verbraucht weniger ATP (Gl. (5.18) und Gl. (5.19)). Warum das so ist, ist Gegenstand aktueller Forschungsaktivitäten und noch nicht abschließend geklärt.

$$N_2 + 10\,H^+ + 8\,e^- \longrightarrow 2\,NH_4^+ + H_2 \quad \text{(FeMoCo verbraucht 16 ATP)} \tag{5.18}$$

$$N_2 + 14\,H^+ + 12\,e^- \longrightarrow 2\,NH_4^+ + 3\,H_2 \quad \text{(FeVCo verbraucht mind. 24 ATP)} \tag{5.19}$$

Es werden auch andere ungesättigte Verbindungen reduktiv protoniert wie beispielsweise Acetylen, Isonitril, Kohlenstoffmonoxid. Für die Reduktion von Stickstoff zu Ammoniak wird für das Molybdän-Protein achtmal ein Elektron vom 4Fe–4S-Cluster auf den P-Cluster übertragen, wobei für jedes Elektron zwei ATP verbraucht werden. Der P-Cluster gibt die Elektronen an den FeMoCo weiter, der wiederum den molekularen Stickstoff reduziert. Der M-Cluster akkumuliert zunächst vier Protonen und vier Elektronen und speichert diese in Form von zwei jeweils zwei Eisenionen verbrückenden Hydriden und zwei protonierten Sulfidfunktionen. Die Komproportionierung von H^+ und H^- ist thermodynamisch vorteilhaft und Stickstoff kann nur binden und reduziert werden, wenn dies auch mit der entsprechenden Abgabe von einem Molekül H_2 gekoppelt wird. Zwei weitere Elektronen und Protonen werden quasi sofort auf das Substrat übertragen. Interessanterweise ist der ganze Vorgang reversibel, weshalb H_2 auch als Inhibitor der Nitrogenase wirkt. Damit verknüpft das Enzym also einen thermodynamisch günstigen mit einem thermodynamisch ungünstigen Vorgang, nämlich der Bindungsaktivierung von N_2. Für mechanistische Aspekte der N_2-Reduktion gibt es zwei Hypothesen. Einen distalen Mechanismus, bei dem zuerst ein Stickstoffatom vollständig reduziert und als Ammoniak abgegeben wird, sowie den alternierenden Mechanismus, bei dem die Reduktion und Protonierung sukzessive mal das eine Stickstoffatom mal das andere betrifft. Der alternierende gilt als wahrscheinlicher. Abschließend geklärt ist dies noch nicht. Auch wo genau das Substrat bindet, wirft noch Fragen auf. Plausibel war die Annahme, es wäre das Heterometall (Mo oder V), an dem die Umsetzung stattfindet, weil damit am leichtesten die Effizienzunterschiede in Einklang gebracht werden konnten. Es gab aber immer auch Bioanorganiker, die sich vehement für Eisen als Bindungsort starkgemacht haben. Mittlerweile sieht es sehr danach aus, als hätten sie recht gehabt. Wahrscheinlich sind die Sulfidoliganden um die Mitte des M-Clusters zumindest teilweise labil und können durch N_2 ersetzt werden. Für Sulfid-3A gibt es strukturelle Belege, dass es den Cluster verlassen kann. Gleiches gilt vermutlich auch für die anderen beiden „Taillensulfide", insbesondere S2B. Es sind jedoch noch viele Fragen offen. Weil die katalysierte Reaktion enorm wichtig ist, und weil das Haber-Bosch-Verfahren ausgesprochen energieintensiv und mit der Generierung von CO_2 verknüpft ist, wird die Nitrogenase noch viele Jahre im Zentrum intensivster Forschungsaktivitäten stehen. Insbesondere auch die Modellchemie wird rege weiter verfolgt. An strukturellen Modellen für den M-Cluster gibt es derzeit kaum etwas vorzuzeigen. Bevor das Carbid im Zentrum bekannt war, konnte man relativ einfache größere Cluster, z. T.

auch heteronukleare Cluster ([$M_2Fe_6S_9$]) als Modellverbindungen ausgeben, die sich an die Synthese von 4Fe–4S-Modellen anlehnten. Mittlerweile ist die strukturelle Modellierung dank des Carbids extrem schwierig geworden. Der Gruppe um Tatsumi gelang es, einen homonuklearen Eisen-Cluster zu synthetisieren, der ein zentrales Atom enthält, welches von sechs Eisen umgeben ist. Jedoch handelt es sich um einen erheblich schwereren und größeren Sulfidoliganden (Abb. 5.28). Dementsprechend stimmen die metrischen Parameter in der Peripherie relativ gut mit denen des M-Clusters überein, im Zentrum sind die Abstände jedoch deutlich größer im Modell. Unter den funktionellen Modellen gibt es vor allem molybdänhaltige Komplexe, denn diese wurden am ausgiebigsten erforscht, dachte man doch lange Zeit, dass im M-Cluster der Stickstoff am Heterometall bindet (Abb. 5.28). Funktionelle Modelle können in der Tat auch im substöchiometrischen Einsatz N_2 zu Ammoniak umsetzen. Der Komplex aus der Gruppe von Nishibayashi ist der bisher erfolgreichste mit über 4000 produzierten Äquivalenten NH_3 pro Molybdän. Jedoch gelingt dies auch nur in Gegenwart des Reduktionsmittels Samariumiodid. Der Komplex von Schrock ist der früheste, der mehr als ein Äquivalent Ammoniak freisetzen konnte. Auch gibt es mittlerweile Beispiele mit Eisen, die jedoch mit Molybdän von der Effizienz her nicht konkurrieren können und mit Eisen$^{0/-1}$-Zentren operieren. Es lässt sich nun einmal nicht umgehen, dass hochreaktive energiereiche Spezies erzeugt werden müssen, um die stabile N≡N-Bindung aufzubrechen. Es gibt derzeit kein einziges unter ambienten Bedingungen aktives System, welches das Haber-Bosch-Verfahren ersetzen könnte, trotz einer großen Zahl entsprechender Initiativen.

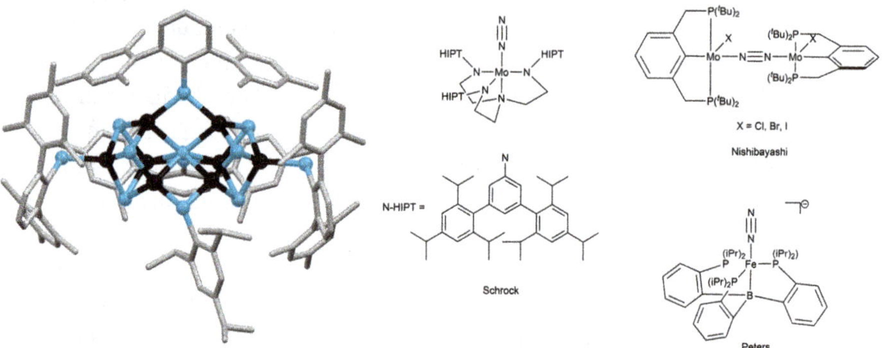

Abb. 5.28: Ein strukturelles (links; schwarz: Eisen, dunkelcyan: Schwefel, grau: Kohlenstoff; CSD code: CIPLAP) und drei funktionelle Modelle für die Nitrogenase. Gezeigt sind bei den funktionellen Modellen jeweils die N_2-gebundenen Spezies. Nach Y. Ohki, Y. Ikagawa, K. Tatsumi, *J. Am. Chem. Soc.* 2007, **129**, 10457–10465, nach D. V. Yandulov, R. R. Schrock, *Science* 2003, **301**, 76–78, nach Y. Ashida, K. Arashiba, K. Nakajima, Y. Nishibayashi, *Nature* 2019, **568**, 536–540 und nach J. S. Anderson, J. Rittle, J. C. Peters, *Nature* 2013, **501**, 84–87.

5.9 Kupfer

Ebenso wie Eisen ist Kupfer für eigentlich alle Organismen essentiell und aktiv in einer Vielzahl an Enzymen und Proteinen. Im Menschen findet sich ein Kupfergehalt von 1,4 bis 2,1 mg pro kg Körpergewicht, was bei einer 70 kg schweren Person bis zu knapp 150 mg entspricht. Dies ist erheblich viel weniger als beim Eisen. Die Aufgaben der meisten Kupferproteine entsprechen denen des Eisens wie z. B. Sauerstofftransport und -reduktion in Hämocyanin (Abschn. 5.5.1) bzw. der Cytochrom c Oxidase (Abschn. 5.6.3), jedoch sind die Metallzentren grundsätzlich anders koordiniert; die beiden Metalle sind also in den Proteinen nicht austauschbar, ohne die Funktion einzubüßen. Ihre Redoxpotentiale und Löslichkeiten weichen voneinander ab. Kupfer als Edelmetall war unter den reduktiven Bedingungen der Erde im Gegensatz zu Eisen nicht durch Organismen mobilisierbar. Entsprechend seiner späteren evolutionsgeschichtlichen Verfügbarkeit wird Kupfer häufiger extrazellulär gefunden, Eisen häufiger intrazellulär, da Zellen in komplexen Organismen aus den einzelligen Organismen der frühen Erde hervorgegangen sind. Obwohl sie in einigen Proteinen in Kombination vorliegen, werden Kupferproteine bezüglich ihrer spektroskopischen Eigenschaften systematisch in Typ 1, 2 und 3 klassifiziert (Abb. 5.29).

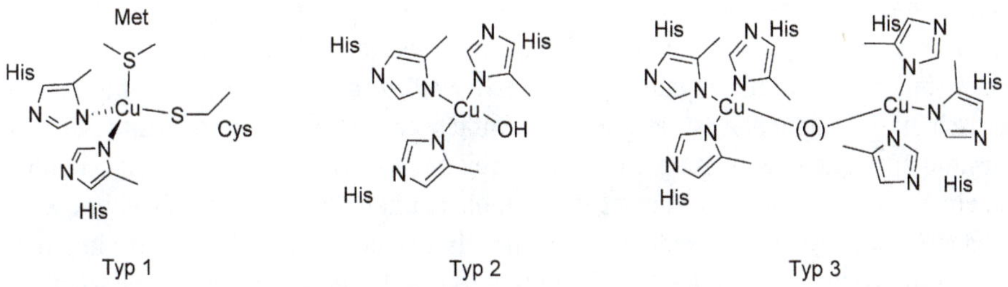

Typ 1 Typ 2 Typ 3

Abb. 5.29: Die chemischen Strukturen der Typ 1-, Typ 2- und Typ 3-Kupferproteine. Für Typ 1 ist stellvertretend für weitere Optionen Methionin als axialer Ligand gezeigt. Für Typ 2 findet sich in einigen Proteinstrukturen ein zusätzlicher axialer Wasserligand in größerem Abstand (ca. 2,7 Å), der allenfalls eine sehr schwache Wechselwirkung impliziert. Bei Typ 3 steht (O) für eine ein- oder zweiatomige Sauerstoffspezies.

5.9.1 Blaue (Typ 1) Kupferproteine

Die Funktion der Typ 1-Kupferproteine ist ausschließlich der Elektronentransfer, spezifisch die Übertragung eines Elektrons von einem e^--Donor zu einem e^--Akzeptor in Bakterien und Pflanzen. Sie haben Redoxpotentiale, die moduliert durch vor allem die axialen Liganden (Abb. 5.29) und Wasserstoffbrücken typischerweise zwischen 0,18 V und 0,37 V liegen, aber auch deutlich positiver sein können, wie beispielsweise mit 0,68 V im Ausnahmefall Rusticyanin. Es sind nur die beiden Oxidationszustände Cu^+ und Cu^{2+} zugänglich. Kupfer ist koordiniert durch zwei Histidin- und einen Cysteinliganden. Der vierte und axiale Ligand ist häufig Methionin (Plastocyanin, Rusticyanin, Laccase). Es kann aber auch Peptid-Carbonylsauerstoff koordinieren (Phytocyanin, Azurin; bei Letzterem geschieht dies zusätzlich zum Methionin, woraus eine trigonal-bipyramidale Geometrie resultiert) oder Wasser (Ceruloplasmin). Abgesehen vom Azurin ist die Koordinationsgeometrie stark verzerrt tetraedrisch. Die beiden Histidine und das Cystein bilden eine nahezu trigonal-planare Koordinationseinheit, zu der der vierte axiale Ligand in etwas abgewinkelter Form und mit einer tendenziell eher größeren Bindungslänge hinzukommt. Das bewirkt, dass die Typ 1-Kupferzentren in einem entatischen Zustand vorliegen. Dies ist ein wichtiges Konzept in der bioanorganischen Chemie. Die Proteinstruktur kann dem Metallzentrum eine ungewöhnliche Koordinationsgeometrie aufzwingen, die seine Reaktivität bei Elektronentransfer oder Katalyse steigert. Die Reaktivitätssteigerung beruht darauf, dass der energiereiche Übergangszustand der katalytischen Reaktion durch die Geometrie schon nahezu vorgebildet ist (Abb. 5.30). Ausgangs- und Übergangszustand des Enzym-Substrat-Komplexes unterscheiden sich also nur geringfügig. Dadurch wird die Aktivierungsenergie erniedrigt und die Reaktionsgeschwindigkeit erhöht. Die Instabilität des gespannten und energiereichen entatischen Zustands wird von der Vielzahl von Bindungen zum Protein, das diese Koordination erzwingt, aufgefangen. Die blauen Kupferproteine sind ein Paradebeispiel hierfür. Cu^{+} bevorzugt als d^{10}-Ion die tetraedrische Koordinationsgeometrie, da es keine Kristall- bzw. Ligandenfeldstabilisierung geben kann und somit ausschlaggebend ist, dass die Liganden einen möglichst großen Abstand voneinander einnehmen (Abb. 5.30). Cu^{2+} bevorzugt als d^9-Ion die quadratisch-planare Geometrie, weil in dieser das $d_{x^2-y^2}$-Orbital energetisch stark angehoben ist, es aber nur einfach besetzt wird. Diese Nichtbesetzung zusammen mit der Besetzung energetisch abgesenkter Orbitale führt in der Summe zu einer Ligandenfeldstabilisierung der Komplexeinheit. Ohne Proteinumgebung würde das Kupferzentrum bei Redoxvorgängen zwischen den beiden Geometrien hin- und herwechseln, was eine hohe Aktivierungsenergie erfordern und die Transformation verlangsamen würde. Dadurch, dass das Kupfer durch die Interaktion mit dem Protein in einer Zwischengeometrie gefangen ist, wird es thermodynamisch angehoben und der energetische Abstand zur Energie des Übergangszustandes verringert sich erheblich, folglich auch die aufzubringende Aktivierungsenergie, wodurch sich Oxidation und Reduktion beschleunigen. Zudem erzeugt die Koordinationsgeometrie im Protein bei Cu^{2+} ein relativ höheres Redoxpotential, womit dessen Reduzierbarkeit erleichtert ist, denn die tatsächliche, erzwungene Geometrie ähnelt mehr einer tetraedrischen als einer quadratisch-planaren. Die Ausbildung des reduzierten Zentrums wird somit durch das Protein mehr unterstützt als die Ausbildung des oxidierten. Das Ausmaß, in dem dies geschieht, ist demnach auch eine Steuerungsmöglichkeit für das Erreichen des benötigten Redoxpotentials (mehr Tetraeder höheres Potential, weniger Tetraeder niedrigeres Potential).

Blaue Kupferproteine zeichnen sich durch ein interessantes und ungewöhnliches spektroskopisches Verhalten aus, was ihnen u. a. zu ihrer Bezeichnung als „blau“ verhalf. Cu^{2+} in Form eines anorganischen Salzes ergibt zwar auch blaue wässrige

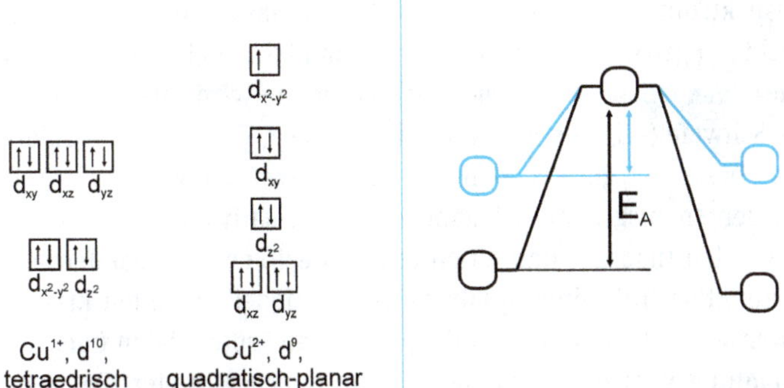

Abb. 5.30: Links die Ligandenfeldaufspaltung für tetraedrische und quadratisch-planare Koordinationsgeometrie im Zusammenhang mit der Oxidationsstufe des Kupfers. Rechts die relativen energetischen Lagen einer Redoxtransformation eines freien Kupferkomplexes (schwarz; höhere Aktivierungsenergie; langsamer) und eines Kupferzentrums im entatischen Zustand (cyan; niedrigere Aktivierungsenergie; schneller). Sämtliche relativen Energielagen sind zufällig gewählt und sollen nur grob die Verhältnisse zueinander illustrieren.

Lösungen, jedoch ist deren Farbintensität sehr gering. Dies liegt daran, dass die farbgebenden d–d-Anregungen eigentlich spin-verboten sind (siehe auch Abschn. 3.9.6). Die blaue Farbe der oxidierten Typ-1-Kupferproteine ist hingegen sehr intensiv, was darauf zurückgeht, dass hier sichtbares Licht mit einer Wellenlänge um die 600 nm die Zentren zu LMCT-Übergängen (ligand to metal charge transfer; siehe auch Abschn. 3.18) anregt, welche erlaubt sind und damit pro Zeiteinheit wesentlich häufiger vorkommen. Die intensive blaue Farbe der Proteine beruht auf der Übertragung eines Elektrons des Thiolatliganden (Cysteinat) in das einfach besetzte $d_{x^2-y^2}$-Orbital am Kupfer(II). Dies geschieht aus einem p-Orbital des Schwefels heraus, bzw. aus dem S(π)-Orbital unter Berücksichtigung dessen, dass Cysteinat auch ein π-Donor ist. Im Absorptionsspektrum werden molare Extinktionskoeffizienten zwischen 3000 und 6000 $l \cdot mol^{-1} \cdot cm^{-1}$ beobachtet. Die Extinktionskoeffizienten anorganischen Kupfers mit ausschließlich d–d-Übergängen liegen zum Vergleich unter 100 $l \cdot mol^{-1}\ cm^{-1}$. Bei den grünfarbigen „Blauen Kupferproteinen" ist die Absorption proteinbedingt zu 420 nm verschoben. Sie gehören trotz der Farbabweichung in diese Klasse von Kupferproteinen. Auch in den ESR-Spektren der blauen Kupferproteine finden sich Besonderheiten (siehe auch Abschn. 1.1.2). ^{63}Cu hat eine Häufigkeit von etwa 80 %, einen Kernspin von 3/2 und erzeugt somit vier Hyperfeinlinien. Das führt zu einer besonders gut zu messenden Spezies, wenn Kupfer in der Oxidationsstufe +2, nämlich mit genau einem ungepaarten Elektron vorliegt. Bei Typ-1-Kupferproteinen ist die beobachtete Hyperfeinaufspaltung ungewöhnlich klein, also der Abstand der Hyperfeinlinien zueinander für die parallel zum Feld ausgerichtete Anregung ($A_{\parallel}$ = 6 mT; für $A_{\perp}$ wird keine Hyperfeinaufspaltung beobachtet). Dies belegt eine signifikante Spindelokalisation hin zum Cystein-Schwefel und steht im Einklang mit der ausgeprägten Charge-Transfer-

Bande im Absorptionsspektrum, führt doch der LMCT dazu, dass sich das mit ESR-Spektroskopie untersuchte ungepaarte Elektron nach einem LMCT im S(π)-Orbital des Schwefels befindet. Die Modellchemie für Typ-1-Kupferproteine wird tatsächlich dadurch erschwert, dass Schwefel(–II) wie er im Thiolat vorliegt, durch Cu^{2+} oxidiert werden kann. Ein frühes, besonders gutes Modell enthält zwei zweizähnige mit sterisch anspruchsvollen Substituenten ausgestattete Liganden: einen relativ steifen, mesomeriestabilisierten N,N-Liganden (nacnac) und einen relativ flexiblen S,S-Liganden mit Thiolat- und Thioetherfunktion. Die Bindungsabstände des Modells konnten kristallographisch ermittelt werden und stimmten relativ gut mit den Proteindaten überein. Die ESR-Hyperfeinaufspaltung war zwar kleiner als bei gewöhnlichen Kupfer(II)verbindungen aber gleichzeitig auch deutlich größer als im Protein. Interessanterweise wurde auch ein Ether-Analogon synthetisiert und untersucht. Die Etherfunktion bindet im Gegensatz zur Thioetherfunktion im zweizähnigen Liganden nicht, sodass sich mit der Sauerstoffvariante ein nur dreifach koordinierter Komplex (N,N,S) ergab. Dessen Hyperfeinaufspaltung war wiederum größer als im Thioether-Komplex. Dies unterstreicht noch einmal, dass im Protein die axiale Methionin-Koordination Charge-Transfer und Spindelokalisation, wie sie spektroskopisch beobachtet wurden, unterstützt. Somit kommt dem axialen Liganden eine wichtige Steuerfunktion bezüglich der elektronischen Struktur des Kupferzentrums zu.

5.9.2 Typ-2-Kupferproteine

Die dem Typ 2 zugehörigen Kupferproteine sind in der Regel Enzyme, die aktiv an der Substrat- oder Kosubstrattransformation beteiligt sind. Sie kommen oftmals gemeinsam mit Typ-1-Kupferzentren in ihren Proteinen vor, welche die benötigten Redoxäquivalente bereitstellen. Es gibt im Übrigen auch Kombinationen aller drei Typen (siehe Abschn. 5.9.4). Im Gegensatz zu den blauen Kupferzentren verhalten sich die Typ-2-Zentren optisch wie gewöhnliche Cu^{2+}-Komplexe und auch die ESR-Hyperfeinaufspaltung ist normal groß (A_{ll} = 18 mT). Die minimale Koordinationssphäre bilden drei Histidine plus ein weiterer Stickstoff- oder Sauerstoffdonor (beispielsweise Wasser), was zu einer quadratisch-planaren Koordinationsgeometrie führt, die sich etwas in Richtung Tetraeder verzerren kann. Oftmals sind zusätzlich ein oder zwei axiale Liganden schwach gebunden (⟶ quadratisch-pyramidale bzw. oktaedrische Geometrie). In der Aminoxidase aus *Arthrobacter globiformis* findet sich in der Kristallstruktur z. B. ein axiales Wassermolekül in einem Abstand von 2,71 Å, was allenfalls eine sehr schwache Wechselwirkung nahelegt. Die nicht besonders ausgeprägte strukturelle Modellchemie verwendet meist dreizähnige Amindonorliganden wie mtcn oder tcn (Abb. 5.13) oder Imindonorliganden (auch aromatisch) und zusätzliche einzähnige Sauerstoffdonorliganden oder Lösungsmittelkoordination.

Katalytisch aktive Typ-2-Kupferenzyme sind Oxidasen, Reduktasen oder Dismutasen. Zu ihnen gehören beispielsweise die Galactose Oxidase, die Zucker und Alkohole in Pilzen oxidiert und die Aminoxidasen, welche Amine (z. B. Neurotransmitter, Histamine) zu Carbonylverbindungen abbauen, eine vernetzende Polykondensation von Aminen und Carbonylverbindungen bewirken, den Aufbau von Kollagen (Bindegewebe) ermöglichen und/oder zur Wundheilung beitragen. Die Nitritreduktase (CuNiR) ist ein wichtiges Enzym im Stickstoffkreislauf, welches Nitrit zu Stickstoffmonoxid reduziert. Neben den kupferbasierten sind auch eisenbasierte Nitritreduktasen bekannt, deren aktive Zentren jedoch ganz anders aussehen (z. B. hämartige). Wenn Kupferzentren verwendet werden, handelt es sich um Bakterien oder Pilze, die Nitrit reduzieren und dann ist diese Reaktion ein Schritt in der Denitrifizierung, mit der biologisches Nitrat letztlich zu molekularem Stickstoff abgebaut wird. Diese Reaktionen sind wichtig, um den organischen Stickstoff mit dem anorganischen Stickstoff im Gleichgewicht zu halten. Durch die Düngung in der Agrarwirtschaft ist das Gleichgewicht bereits ein gutes Stück in Richtung organischen Stickstoffs verschoben worden, was mit Umweltproblemen einhergeht bis hin zu punktuell toxischen Verhältnissen für gewisse Mikroorganismen. Dem könnte man möglicherweise biotechnologisch begegnen unter Ausnutzung der CuNiR-Aktivität. Für diese Enzyme gibt es sehr gut aufgelöste Röntgenstrukturanalysen mit, und das ist außergewöhnlich, sowohl gebundenem Substrat (Nitrit) als auch mit gebundenem Produkt (Stickstoffmonoxid) (Abb. 5.31). Dementsprechend ist das Bild, welches die Wissenschaft vom Mechanismus der CuNiR hat, besonders fundiert (Abb. 5.31). Neben dem eigentlichen katalytisch aktiven Typ-2-Kupferzentrum spielt ein Typ-1-Zentrum eine wichtige Rolle. Es ist als Elektronenlieferant über einen typischen Cys-His-Link, indem Cystein an Typ 1 koordiniert und das benachbarte Histidin an Typ 2, quasi direkt mit dem Typ-2-Zentrum verknüpft und der Elektronentransfer daher besonders effizient. Im ersten Schritt vertreibt das Substrat den Wasserliganden aus dem Ruhezustand und koordiniert über beide Sauerstoffatome an Cu^{2+}. Daraufhin wird Kupfer reduziert. Die an Wasser, Asparaginsäure und Histidin gebundenen Protonen inklusive aller betroffenen Wasserstoffbrückenbindungen lagern sich um. Das geht mit einer Rotation und dem Übergang in eine seitlich etwas verschobene Substratkoordination einher. Dies ist eine etwas vereinfachte Darstellung. Sowohl Histidin als auch Asparaginsäure spielen durch Wasserstoffbrückenbindungen eine sehr wichtige Rolle. Wo genau sich die Protonen befinden und welche dann auf das Substrat übertragen werden, ist nicht mit letzter Gewissheit geklärt. In dem gezeigten Schema geben sowohl Wasser als auch Asparaginsäure je ein Proton auf das gleiche Sauerstoffatom des Nitrits. Das entstandene Hydroxid wird durch Histidin re-protoniert. Es kommt zur Übertragung eines Elektrons von Kupfer auf Stickstoff, der in die Oxidationsstufe +2 reduziert wird. Gleichzeitig bricht die N–O-Bindung am protonierten Sauerstoff, der als Wasser abgeht. Stickstoffmonoxid verlässt das aktive Zentrum und Wasser koordiniert wieder an Cu^{2+}. Zuletzt werden zwei Protonen an die deprotonierten Aminosäurereste (Asp, His) gebunden und der Ruhezustand ist wiederhergestellt.

Die Umsetzung des sehr toxischen Radikals Superoxid ist eine besonders wichtige Aufgabe für alle Organismusformen. Die entsprechenden Superoxiddismutasen (SOD)

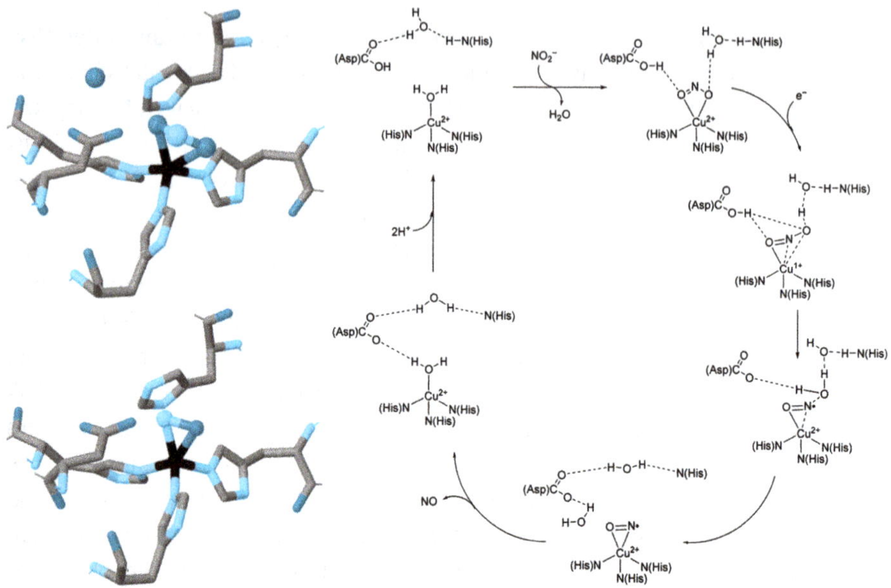

Abb. 5.31: Die substrat- und produktgebundenen aktiven Zentren der CuNiR (links oben und links unten; schwarz: Kupfer, dunkelcyan: Sauerstoff, hellcyan: Stickstoff, grau: Kohlenstoff) sowie der katalytische Zyklus der Nitritreduktion (rechts). In der nitritgebundenen Kristallstruktur ist auch noch der Sauerstoff eines Wassermoleküls gezeigt, das sich in der Nähe der wichtigen Aminosäurereste Asparaginsäure und Histidin befindet. PDB codes: 1SJM und 1SNR.

kommen in verschiedenen Klassen vor und haben sich unabhängig voneinander entwickelt. Alle zeichnet aus, dass sie ungeheuer effizient sind, wenn es um den Abbau von Superoxid geht. In eigentlich allen Lebewesen gibt es mangan- und eisenabhängige, die sich sehr ähneln und in denen zumindest in einigen Mangan und Eisen frei austauschbar sind. In Pflanzen finden sich manganabhängige Glycoproteine, die SOD-Aktivität haben. Die nickelabhängige SOD wird ausschließlich in Prokaryoten gefunden. Und im Zytoplasma der Eukaryoten, bzw. dort manchmal auch extrazellulär, in der Haut (wichtig nach UV-Exposition), in pflanzlichen Chloroplasten sowie im Intermembranraum von Prokaryoten gibt es noch die kupfer-/zinkabhängige SOD. Am Kupfer binden die drei Histidinliganden, die nur an Kupfer koordinieren, sowie das Histidin, welches Kupfer und Zink verbrückt und bilden eine stark verzerrt-tetraedrische Geometrie (Abb. 5.32). Wenn Superoxid gebunden ist, ähnelt die Geometrie eher einer quadratischen Pyramide mit einem Histidin als apikalem und dem Superoxid als basalem Liganden. Die Geometrie am Zink mit einzähniger Aspartatkoordination, zwei eigenen Histidin- und einem geteilten Histidinliganden ist tetraedrisch ohne signifikante Verzerrung. Über dem Kupfer ist ein Asparagin platziert. Mit ihrer Guanidingruppe ist es die am stärksten basische Aminosäure, die hier zwei Funktionen erfüllt. Erstens zieht sie durch die eigene positive Ladung negativ geladene Substrate in den polaren Substratkanal im Protein geradezu hinein und zweitens stabilisiert sie die Bindung des Superoxids im Verlauf der enzymatischen Katalyse. Letzteres ist in der gezeigten Kristallstruktur mit Chlorid anstelle des Superoxids illustriert. Die Rollen von Zink und (durch die Deprotonierung aromatischem) Imidazolring sind nicht endgültig geklärt. Im Vordergrund stehen aber höchstwahrscheinlich eher strukturelle Aufgaben. Wenn das Zink aus den Enzymen entfernt wird, ergibt sich keine signifikante Veränderung der Reaktivität. Bei Modellverbindungen hingegen machte es einen Unterschied, ob die Position des Zinks durch ein zweites Kupferzentrum eingenommen wurde (Abb. 5.32). Die heterodinuklearen Modelle zeigten tatsächlich eine effizientere Umsetzung des Superoxids und im Vergleich erhöhte Redoxpotentiale, was aber offenbar nicht auf die Verhältnisse im Enzym übertragbar ist. Die relativ unkomplexe Gesamtreaktion, welche die Superoxiddismutasen katalysieren, ist in Gleichung (5.20) gegeben. Superoxid wird also disproportioniert zu molekularem Sauerstoff und Wasserstoffperoxid, was dann wiederum von den Peroxidasen unschädlich gemacht wird.

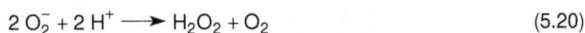

$$2\,O_2^- + 2\,H^+ \longrightarrow H_2O_2 + O_2 \tag{5.20}$$

Mechanistisch gesehen reicht sowohl für die Oxidation als auch für die Reduktion die Übertragung je eines Elektrons aus (Abb. 5.32). Aus diesem Grunde benötigt die SOD auch keine Redoxkofaktoren, da das Kupfer einfach zwischen seinen beiden natürlichen Oxidationsstufen hin- und herwechselt. In der Summe stellt das Superoxid sowohl das Reduktions- als auch das Oxidationsmittel. Unabhängig vom Oxidationszustand des Zentrums, stabilisiert das Arginin das *end-on* gebundene Superoxid durch elektrostatische und Wasserstoffbrückenwechselwirkungen mit dem nicht an Kupfer koordinierten Sauerstoffatom.

5.9.3 Typ-3-Kupferproteine

Dem Typ 3 zugehörige Kupferzentren sind zweikernig. Hämocyanin (Hc), welches in Abschn. 5.5.1 vorgestellt wurde, gehört somit zu dieser Klasse. In der reduzierten Cu^+-Form sind die Zentren weitgehend farblos. In der oxy-Cu^{2+}-Form, also nach Sauerstoffaufnahme, sind diese Zentren tiefblau, was auf einen LMCT des gebundenen Sauerstoffs bei 600 nm ($\varepsilon = 1000\,\mathrm{l\,mol^{-1}\,cm^{-1}}$) zurückgeht. Eine weitere Absorption ist noch bedeutend intensiver, liegt aber im UV-Bereich: 350 nm ($\varepsilon = 20000\,\mathrm{l\,mol^{-1}\,cm^{-1}}$). EPR-aktiv sind diese zweikernigen Zentren nicht, da die Kupferionen nativ immer im gleichen Oxidationszustand vorliegen und die d^9-Zentren über die verbrückenden Sauerstoffspezies antiferromagnetisch miteinander koppeln. Typischerweise sind beide Kupferionen durch je drei Histidine koordiniert plus gegebenenfalls eine Koordination durch eine ein- oder zweiatomige Sauerstoffspezies. Zweiatomige Sauerstoffspezies binden in der Regel *side-on* verbrückend (μ–κ^2–κ^2) zwischen beiden Kupferionen. Die Koordinationsgeometrie ist eher tetraedrisch im Oxy-Zustand und leicht pyramidal (also nicht perfekt trigonal-planar) im Deoxy-Zustand. Die Funktionen der Typ-3-Kupferproteine sind der

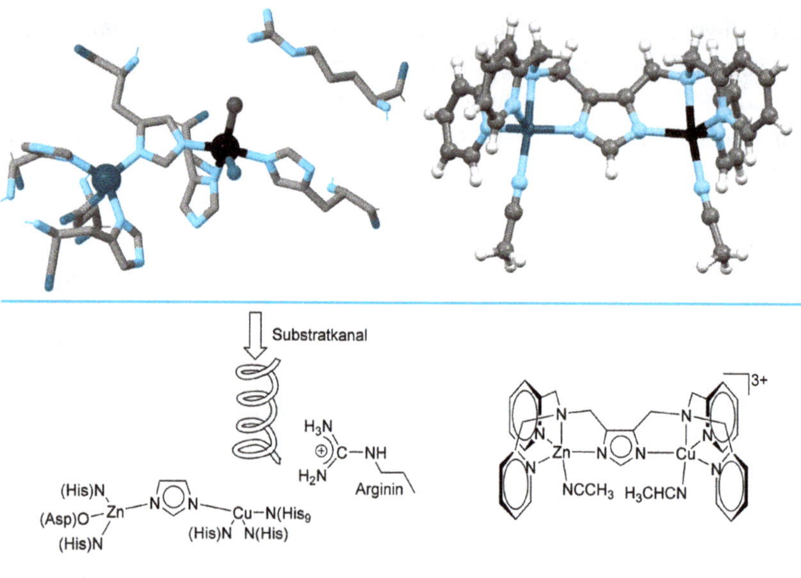

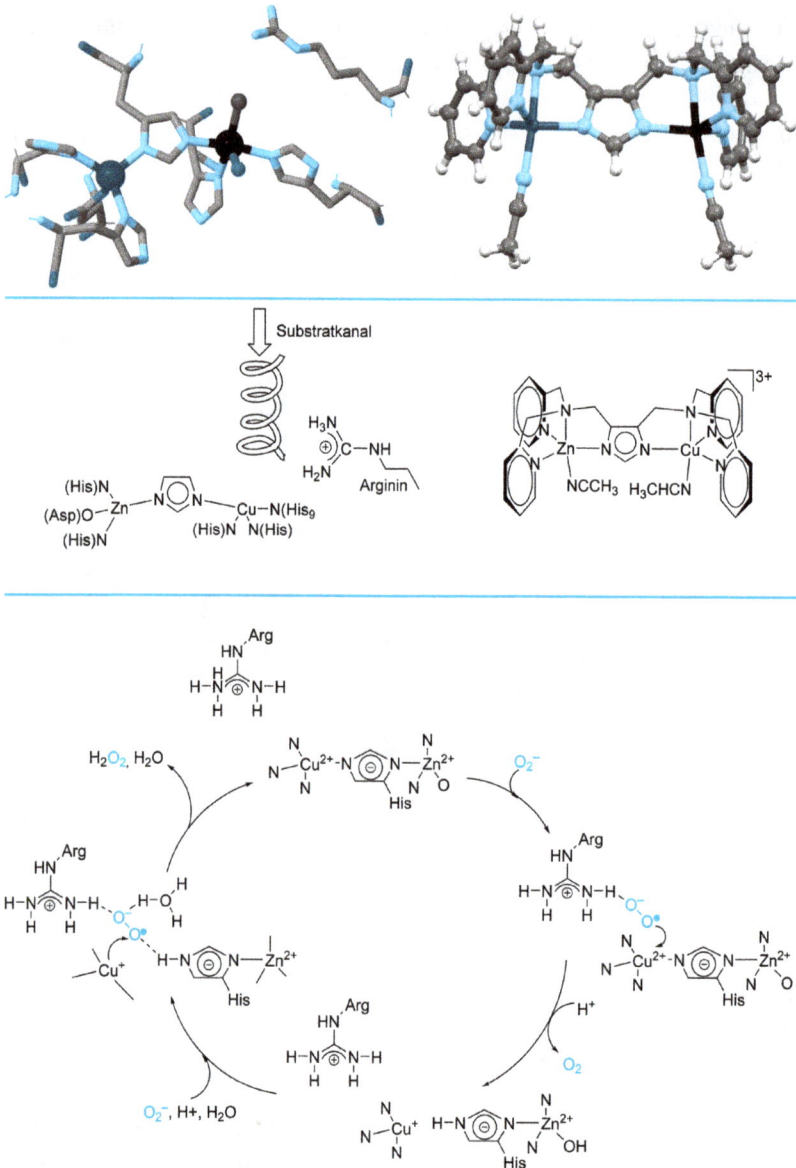

Abb. 5.32: Das aktive Zentrum der H48C-Mutante einer Hefe-Cu/Zn-SOD (oben links). Durch die Mutation fehlt ein Histidinligand am Kupfer. Dessen Platz nimmt ein Wassermolekül ein. Die Bindestelle für Superoxid ist durch ein Chlor belegt, was die Nähe zum wichtigen Argininrest hervorhebt. Schwarz: Kupfer, dunkelcyangrau: Zink, mittelgrau: Chlor, dunkelcyan: Sauerstoff, hellcyan: Stickstoff, grau: Kohlenstoff. PDB code: 1B4T. Die skizzierte chemische Struktur des aktiven Zentrums (Mitte links). Die Kristallstruktur eines strukturellen und funktionellen Modells (oben rechts). Schwarz: Kupfer, dunkelcyan: Zink, hellcyan: Stickstoff, grau: Kohlenstoff, weiß: Wasserstoff. CSD code: LICHOU. Die chemische Struktur des Modells (Mitte rechts). Unten ist der postulierte Mechanismus der Superoxiddismutation gezeigt. Substrat und Produkte sind in cyan hervorgehoben.

Sauerstofftransport, die Phenoloxidation und die Erzeugung freier Radikale an Phenolen. Zudem finden sich diese Zentren auch in mehrkernigen Proteinen wie Ceruloplasmin (siehe Abschn. 5.9.4). Der Sauerstofftransport mittels Hämocyanin wurde bereits erläutert inklusive Modellchemie. Zu den gut untersuchten und gut verstandenen Typ-3-Kupferenzymen gehören die Dopamin β-Hydroxylase, die an der Biosynthese von Adrenalin beteiligt ist und die Tyrosinase. Letztere soll hier etwas detaillierter vorgestellt werden. In der Tyrosinase sind beide Kupferzentren an je drei Histidinreste koordiniert. Sauerstoff bindet analog zu Hämocyanin (Hc) *side-on* verbrückend zwischen den beiden Kupferionen als Peroxid. Der Abstand zwischen den beiden Ionen beträgt zwischen 3,3 Å und 4,1 Å, je nach gebundenen Liganden, und ist damit etwas kürzer als im Hc. Ansonsten sind die beiden Vertreter der Typ-3-Kupferzentren strukturell und spektroskopisch nahezu identisch. Der wichtigste Unterschied zu Hämocyanin liegt im Peptid. Tyrosinase hat eine weitaus größere Zugänglichkeit für exogene Liganden, während im Hc die Bindungsstelle für O_2 möglichst geschützt liegen muss. Bei der Tyrosinase sollen hingegen auch größere Substrate Zugang zum aktiven Zentrum haben. Eine besondere Rolle spielt der koordinierte Histidinrest His54. Er nimmt in fünf gut aufgelösten Kristallstrukturen unterschiedliche Orientierungen ein und löst die Bindung zu dem von ihm gebundenen Cu verhältnismäßig leicht auf (Abb. 5.33). Im Vergleich zur verwandten Catecholoxidase fehlt auch ein sperriger Rest (Phe261) bei der Tyrosinase, der genau dieses Kupferion sterisch abschirmt. Dies impliziert, dass dieser Seite des aktiven Zentrums eine besondere Bedeutung für die Substratbindung, gegebenenfalls auch Substratbewegung und die von der Catecholoxidase abweichende Reaktivität zukommt. Die Modellchemie für die Tyrosinase lehnt sich an die für Hämocyanin an. Dazu gehören auch funktionelle Modelle, die oftmals offener sind, also weniger Donoratome des Liganden binden, als es für Hc in Abb. 5.12 gezeigt ist (Abb. 5.33). Tatsächlich beruht der postulierte Mechanismus für die Tyrosinase wesentlich auf Beobachtungen, die mit den funktionellen Modellen gemacht wurden.

Die Aufgabe der Tyrosinase ist die Umsetzung von Tyrosin zu DOPAchinon, welches wichtig ist, um nach weiteren Umformungen Melanin aufzubauen. Insbesondere höher entwickelte Lebewesen benötigen diese Funktion zum Schutz vor UV-Strahlung. Die Rolle der Tyrosinase erfordert sowohl eine Cresolase-Aktivität (also die Fähigkeit, ein Phenol in Orthoposition zur OH-Gruppe zum ortho-Diphenol zu hydroxylieren) als auch eine Catecholase-Aktivität, mit der dieses Diphenol dann zum Chinon oxidiert wird. Der postulierte katalytische Zyklus ist entsprechend komplex (Abb. 5.34). Im Ruhezustand liegt das Zentrum in der Deoxy-Form vor mit Cu^{+}-Ionen, also reduziert. Durch Bindung von Sauerstoff als Peroxid gelangt man zur Oxy-Form, die Cu^{2+} enthält. Im Monophenolase-Zyklus bindet das Monophenol an die axiale Position eines Kupfers des Oxy-Zentrums (1 M-oxy) und wird an der o-Position hydroxyliert. Sind viele Protonen vorhanden, wird das Produkt dieser Reaktion sofort abgespalten und es folgt ein Übergang aus dem Monophenolasezyklus in den Diphenolasezyklus, genauer die Bildung von Met. Im Normalfall erzeugt die Reaktion jedoch ein koordiniertes o-Diphenolat (1 D-met), das unter Rückbildung des Deoxy-Zentrums zum o-Chinon oxidiert wird. Die Oxy-Form

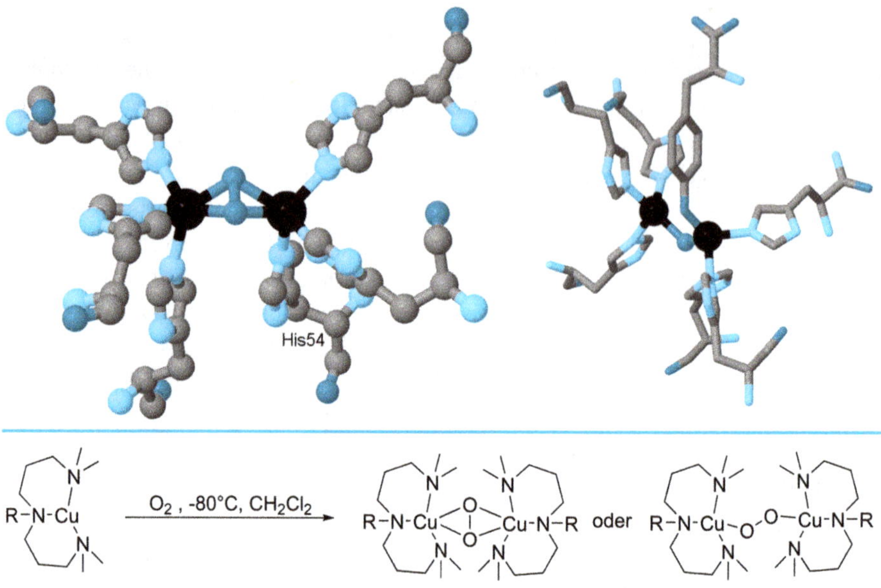

Abb. 5.33: Eine Kristallstruktur des aktiven Zentrums der Tyrosinase mit gebundenem Peroxid und dem ausgewiesenen Histidin His54 (oben links). Eine Kristallstruktur eines Tyrosinaseproteins, in dem die Kupferzentren durch Zink ersetzt wurden, und mit Koordination des Substrats Tyrosin (entspricht dem Inhibitorkomplex im katalytischen Mechanismus; oben rechts). Schwarz: Kupfer/Zink, dunkelcyan: Sauerstoff, cyan: Stickstoff, grau: Kohlenstoff. PDB codes: 1WX2 und 4P6R. Im Bild unten ein Paar synthetischer Modelle für die Tyrosinase, welche Sauerstoff binden können (R = H, CH_3 oder ein Linker zwischen zwei Bindetaschen zur Synthese ausschließlich zweikerniger Komplexe auch in Abwesenheit von O_2). Es können zwei Produkttypen beobachtet werden: mit H und CH_3 das linke Produkt und bessere Modell sowie mit Linker das rechte Produkt und schlechtere Modell.

wird durch Reaktion mit molekularem Sauerstoff regeneriert. Im Diphenolasezyklus koordiniert die Oxy-Form o-Diphenol als zweizähnigen Liganden (D-oxy). Durch Aufnahme von Protonen werden Wasser und o-Chinon freigesetzt. Dieser Teil des Zyklus dient auch dazu, aus dem ursprünglichen O_2 Wasser herzustellen, also zwei Elektronen abzuführen. Es entsteht die Met-Form, die Cu^{2+} aber kein Peroxid enthält. Die Met-Form ist wiederum in der Lage o-Diphenol zu koordinieren (D-met) und unter Rückbildung der Deoxy-Form zum o-Chinon zu oxidieren.

Die Tyrosinase zeigt durch ihre komplexe Reaktivität auch eine besondere Kinetik inklusive Inhibitionsmuster. Es gibt eine Lag-Phase, also eine Phase, in der keine Umsetzung erfolgt, für die Monophenolase-, aber nicht für die Diphenolase-Aktivität. Dies rührt daher, dass die Ruheform der Tyrosinase ca. 10–15 % Oxy-Zentren enthält, und Monophenole nur von Oxy-Zentren umgesetzt werden, Diphenole jedoch von Oxy und Met. Die nachfolgende Umsetzung von Diphenol bringt dann immer mehr Deoxy-Zentren, die leicht zu Oxy-Zentren oxidiert werden können, in die Reaktionsmischung, woraufhin nun auch der Umsatz von Monophenol schließlich ansteigt. Diphenol kann,

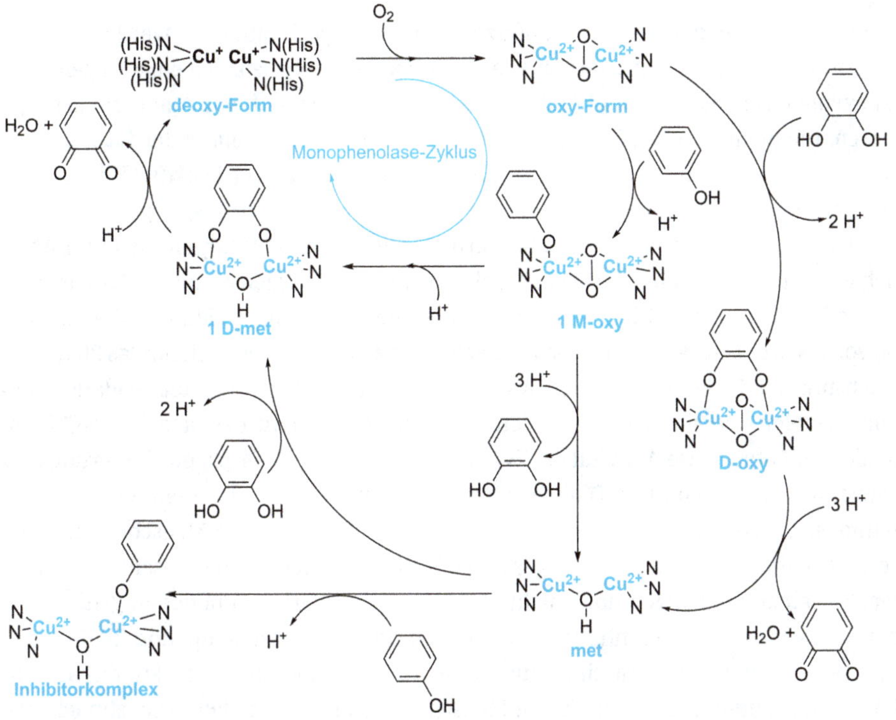

Abb. 5.34: Der postulierte Mechanismus für die Tyrosinase inklusive Mono- und Diphenolaseaktivität. Reduzierte Metallzentren (Cu^+) sind in schwarz gezeigt, oxidierte (Cu^{2+}) in cyan.

wie gesagt, sowohl mit Oxy als auch mit Met reagieren. Monophenol konkurriert jedoch mit Diphenol um Bindung an Met und kann dessen Oxidation verhindern, wenn es im Überschuss vorhanden ist. Es bildet sich der Inhibitorkomplex, dessen Besonderheit es ist, dass ein natives Substrat sein eigenes Enzym inhibiert. Dies wiederum bewirkt, dass der Anteil an Deoxy und damit auch an Oxy sowie gleichermaßen der Umsatz von Monophenol sinkt. Auch nicht-native Verbindungen können die Tyrosinase inhibieren. Benzoat ($PhCOO^-$) und Azid binden an Met und Deoxy und inhibieren sofort die Mono- und die Diphenolase-Aktivität. Cyanid bindet nur an Deoxy. Somit inhibiert es erst nur die Monophenolase-Aktivität, im Überschuss zugesetzt schließlich auch die Diphenolase-Aktivität. All diese Abhängigkeiten ermöglichten es, dass es von der Tyrosinase mittlerweile eine ganze Reihe von Kristallstrukturen auch in unterschiedlichen Zuständen gibt.

5.9.4 Mehrkernige Kupferproteine

Die mehrkernigen Kupferproteine enthalten in der Regel eine Kombination aus Typ-2- und Typ-3-Kupferzentren, oftmals mit zusätzlichen Typ-1-Zentren als Elektronenlieferant(en). Enzyme, die auch ein Kupferzentrum vom Typ 1 enthalten, werden „blaue“ Oxidasen genannt im Gegensatz zu den „nichtblauen“ Oxidasen, den einkernigen Typ-2-Enzymen wie Galactose- und Amin-Oxidase, welche Sauerstoff nur zum Peroxid reduzieren. Die mehrkernigen Kupferzentren kommen unter anderem in der Laccase, der L-Ascorbat-Oxidase und in Ceruloplasmin vor. Hinsichtlich ihrer Reaktivität katalysieren sie die Vierelektronenoxidation von Substraten gekoppelt an die Reduktion von molekularem Sauerstoff zu Wasser, wobei Ceruloplasmin noch einiges mehr tut (s. u.). Ähnlich wie bei der Tyrosinase werden mittels der L-Ascorbat-Oxidase und der Laccase aus En-*cis*-Diolen *cis*-Dione. Die physiologische Rolle der L-Ascorbat-Oxidase ist die Oxidation von Ascorbinsäure zu Dehydroascorbat in Pflanzen, was vermutlich für das Pflanzenwachstum von Bedeutung ist. Die physiologische Rolle der Laccase ist die Oxidation von Polyphenolen und -aminen in Pflanzen und Pilzen (z. B. o-Hydroxyphenol zu o-Chinon analog zur Catecholase-Aktivität der Tyrosinase) aber auch die Disproportionierung von Semichinon zu Chinon und Diol. Ceruloplasmin (andere Schreibweisen: Coeruloplasmin oder Caeruloplasmin) ist ein Multifunktions-Serumprotein in Menschen und Tieren. Es bindet mehr als 95 % des gesamten Kupfers im gesunden menschlichen Plasma. Zu seinen vielfältigen noch nicht abschließend geklärten Funktionen gehören (i) der Kupfertransport vom intrazellulären in den extrazellulären Raum und (ii) die Kupferspeicherung, womit ihm eine zentrale Rolle im Metabolismus von kupferhaltigen Enzymen zukommt, von denen es im Menschen beispielsweise etwa sechzehn lebenswichtige gibt. Zusätzlich zu seinen intrinsischen sechs Kupferzentren können noch zwei weitere Kupferionen gebunden und in der an Ceruloplasmin gebundenen Form aus der Leber heraustransportiert werden. (iii) Ceruloplasmin beteiligt sich auch an der Eisenmobilisierung und -oxidation, da es dem Transferrin überhaupt erst ermöglicht, Eisenionen aufzunehmen (Abb. 5.7); die Redoxpotentiale für Cu^{+}/Cu^{2+} liegen generell höher als für Fe^{2+}/Fe^{3+}, weswegen Ceruloplasmin eine Ferroxidase-Funktion hat. Damit ist Ceruloplasmin auch essentiell für die Hämoglobinsynthese bzw. dessen Recycling. (iv) Schließlich ist Ceruloplasmin involviert in die Redoxhomöostase über seine Oxidase- und Antioxidationsfunktionen, die unter anderem dem Schutz der Zellen dienen. Beispielsweise kann es überflüssigen molekularen Sauerstoff binden und für eine Oxidation von Substraten nutzen und kontrolliert über seine Aminoxidase-Aktivität den Gehalt an biogenen Aminen in Darmflüssigkeiten und Plasma. Ceruloplasmin wird entsprechend seiner Aufgaben vor allem in der Leber aber auch im Gehirn gebildet und ins Blutplasma sekretiert. Strukturell besteht das aktive Zentrum, an dem der molekulare Sauerstoff gebunden wird, aus einem Kupfer Trimer aus Typ-2- und Typ-3-Zentrum, wie er auch in der Aminoxidase und der Laccase vorkommt (Abb. 5.35). Hinzu kommen drei Typ-1-Kupferzentren, die nicht alle die übliche Standardkoordination aufweisen. In einem blauen Zentrum fehlt der Methioninligand ganz, in einem zweiten ist das eigentlich koordinierende Schwefelatom ungewöhnlich weit weg, sodass keine kovalente bzw. Komplexbindung vorhanden sein kann, obwohl es grundsätzlich als Ligand zur Verfügung stehen würde. In der besser aufgelösten bekannten Röntgenstrukturanalyse von

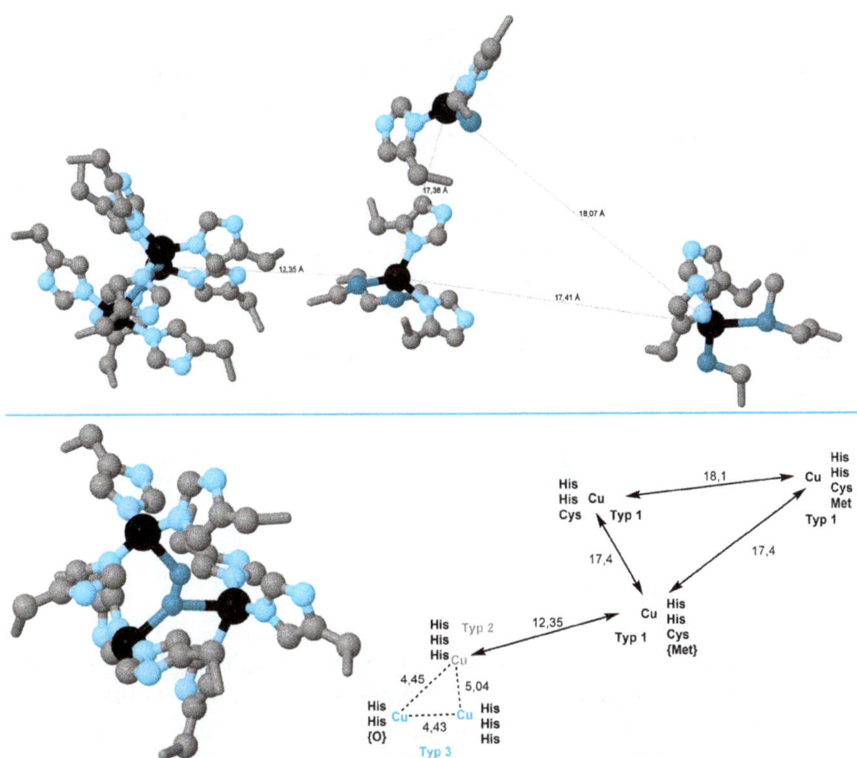

Abb. 5.35: Die Anordnung der Kupferzentren im Ceruloplasmin aus einer Röntgenstrukturanalyse mit angegebenen Werten für Cu–Cu-Abstände (oben; schwarz: Kupfer, dunkelcyan: Sauerstoff/Schwefel, hellcyan: Stickstoff, grau: Kohlenstoff). Der Übersicht halber sind nur die Aminosäurereste gezeigt, nicht die Aminosäureköpfe, die das Polypeptid bilden. Ein genauerer Blick auf das trimere Kupferzentrum zusammengesetzt aus Typ 2 und Typ 3 mit gebundener zweiatomiger Sauerstoffspezies (unten links; Farbcode wie oben). In der gezeigten molekularen Struktur bindet das Peroxid als *end-on* μ–κ^1,κ^2-Ligand an alle drei Kupferionen. PDB code: 4ENZ. Ein schematischer Überblick über die Anordnung der sechs Kupferionen inklusive einer Auflistung der jeweiligen Liganden (unten rechts). {O} weist darauf hin, dass zusätzlich Wasser oder Hydroxid gebunden sein kann, auch gegebenenfalls die beiden Typ-3-Kupferionen verbrückend. {Met} weist darauf hin, dass zwar ein Methionin in der Struktur an passender Stelle vorkommt, aber vom Kupferzentrum so weit entfernt gefunden wurde, dass eine Bindung gerade nicht mehr naheliegt.

Ceruloplasmin wurde am trimeren Zentrum eine Sauerstoffspezies beobachtet. Die Daten wurden dahingehend interpretiert, dass es zu einer Überbrückung aller drei Zentren durch die O_2-Spezies kommt und diese als *end-on* μ–κ^1,κ^2-Ligand auftritt. Jedoch ist die Qualität (Auflösung) der Strukturaufklärung noch nicht gut genug, als dass man diesen Bindungsmodus als zweifelsfrei erwiesen ansehen dürfte. In andere Strukturen wurden andere Bindungsmodi hineininterpretiert, beispielsweise eine Koordination, wie sie in den reinen Typ-3-Zentren vorkommt.

Der von Ceruloplasmin gebundene Sauerstoff wird höchstwahrscheinlich zunächst als Peroxid gespeichert und kann dann, wie auch in der L-Ascorbat-Oxidase und der Laccase, weiter zu Wasser reduziert werden. Die damit verbundenen auf den Kupferzentren gespeicherten Redoxäquivalente werden zur Oxidation von Substraten herangezogen. Defekte im Enzym führen zu Hämosiderose durch Störung des Eisenmetabolismus, da Eisen nicht mehr oxidiert wird. Zudem können sie mit der Wilson'schen Krankheit (Störung der Kupferspeicherung) und der Menke'schen Krankheit (Störung der Kupferresorbtion) assoziiert sein. Alle drei Krankheiten wirken sich auf das geistige Vermögen der Betroffenen nachteilig aus. So kommt es bei Nichtbehandlung der Hämosiderose zur Demenz, bei der Wilson'schen Krankheit zu ungenügender Sauerstoffverwertung, folglich einer Unterversorgung im Gehirn und bei der Menke'schen Krankheit zur Störung von geistiger und körperlicher Entwicklung aufgrund von Kupfermangel.

5.10 Photosynthese und der Oxygen-Evolving Complex (OEC)

5.10.1 Allgemeines

Bereits um 1780 zeigte der britische Chemiker und Pfarrer Joseph Priestley mittels einfacher Experimente, dass Pflanzen Sauerstoff produzieren, und folgerte später auch, dass dies überaus nützlich ist, weil es den „Schaden" ausgleicht, den O_2-veratmende Lebewesen der Atmosphäre beständig zufügen. Die Photosynthese ist im Prinzip die Umwandlung von Licht- in chemische Energie. Dabei wird die Lichtenergie zur Ladungstrennung also zur Generierung von Oxidations- und Reduktionsmitteln genutzt. Pro Jahr werden etwa 10^{12} kJ an freier Energie durch die Photosynthese gespeichert und für Folgereaktionen verwandt. In Pflanzen und grünen Algen wird damit Wasser oxidiert und Kohlenstoff reduziert (Gl. (5.21) und Gl. (5.22)). Pflanzen produzieren mit ihrer Blattfläche etwa 1 g Glucose/h · m^2.

$$6\,CO_2 + 6\,H_2O \longrightarrow C_6H_{12}O_6 + 6\,O_2 \quad \text{für Glucose} \tag{5.21}$$

$$n\,CO_2 + n\,H_2O \longrightarrow (CH_2O)_n + n\,O_2 \quad \text{generell} \tag{5.22}$$

Die Photosynthese von Bakterien und Pflanzen unterscheidet sich insofern, als die meisten Bakterien Wasser nicht oxidieren können, weil ihnen das zweite, evolutionär jüngere Photosystem fehlt.

5.10.2 Die Lichtabsorption

In Pflanzen und Algen findet die Lichtabsorption in den Chloroplasten statt (Abb. 5.36). Die für die Absorption benötigten Pigmente (Farbstoffe) sind bei Pflanzen in der Thylakoidmembran verankert. Pigmente, die an der Lichtabsorption beteiligt sind, sind Chlo-

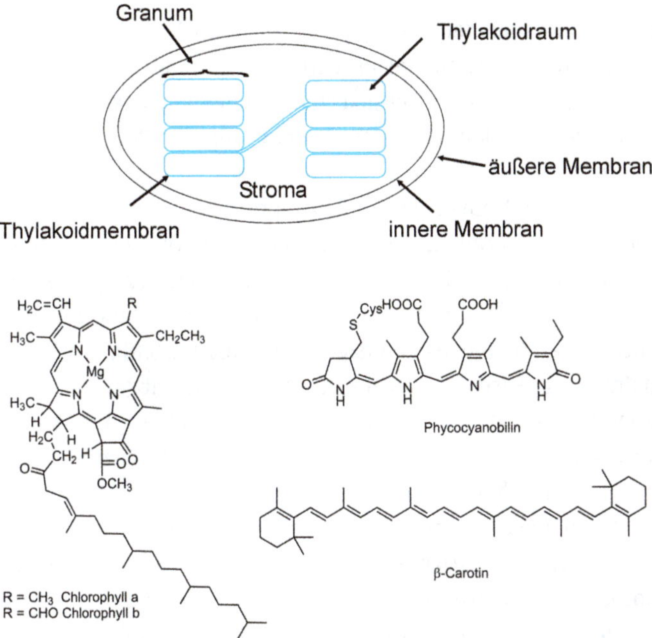

Abb. 5.36: Skizzierung eines Chloroplasten mit seiner Thylakoidmembran im Stroma, die sich so zusammenfaltet, dass mit der Thylakoidmembran abgegrenzte Hohlräume (Lumen/Thylakoidraum) entstehen, welche aufeinandergestapelt die Grani bilden (oben). Die chemischen Strukturen dreier Vertreter der an der Photosynthese beteiligten Pigmentklassen (unten).

rophylle, Carotinoide, und Phycobiline (z. B. Phycoerythrin und Phycocyanin). In Bakterien gibt es statt Chloroplasten Membraneinschnürungen aber keine Thylakoide. Jedes Pigment absorbiert Licht einer oder mehrerer ganz bestimmter Wellenlängen, sodass im Zusammenspiel annähernd das gesamte Spektrum des sichtbaren Lichts abgedeckt ist (400–700 nm/1,24–3,26 eV). Beispielsweise hat Chlorophyll a eine Blauabsorption bei etwa 425 nm (hohe Energie) und eine Rotabsorption bei etwa 675 nm (niedrige Energie; beide Absorptionen sind nicht ganz scharf und zeigen Schulterbereiche in ihren Spektren). Die Carotinoide sind eher im höherenergetischen Bereich aktiv und die Phycobiline decken den mittleren energetischen Bereich ab. Durch strukturelle Fehlordnungen (Flexibilität) sind die Absorptionsbanden oftmals verbreitet; somit kann im Idealfall durch die Summe der Pigmente Licht jeder Wellenlänge verwertet werden. Alle Photosynthese-Pigmente zeichnen sich durch hohe molare Extinktionskoeffizienten aus. Pflanzen, die hoch wachsen, und deren Blätter sich im Blätterdach eines Waldes befinden, können aus dem vollen Spektrum schöpfen. Anders sieht es bei Pflanzen aus, die sich am Boden und dauerhaft im Schatten größerer Bäume befinden. Bei denen kommt eigentlich nur rotes bzw. infrarotes Licht mit einer hohen Intensität an und trotz der sehr guten Extinktionskoeffizienten, kann das höherenergetische Licht nur in sehr geringem Maße verwertet werden. Daraus ergibt sich, dass verschiedene Pflanzen durchaus unterschiedlichen Pigmenten den Vorzug geben (müssen). Die Pigmente, wie auch die meisten an der Photosynthese beteiligten Proteine, sind Bestandteil von großen in der Thylakoid- oder bakteriellen Membran verankerten Proteinkomplexen. Dadurch stehen die Pigmente in einer räumlich kontrollierten Orientierung zueinander, was ihr Zusammenwirken unterstützt.

Was aus energetischer Sicht mit einem Pigment mit und nach Anregung durch sichtbares Licht passieren kann, ist in Abb. 5.37 gezeigt. Als Beispiel werden die beiden Absorptionen des Chlorophylls betrachtet. Die Absorption blauen Lichts bringt das System in den 2. angeregten Singulettzustand mit höherer Energie. Die Abgabe von einem Photon führt direkt zurück in den Grundzustand (siehe auch Abschn. 3.18). Wird eine genügend große Portion Energie in Form von Wärme durch Bewegung abgeleitet, kann auch der 1. angeregte Singulettzustand erreicht werden. In diesen gelangt das Chlorophyll auch durch die Absorption roten Lichts. Aus diesem Zustand ist ebenfalls eine Relaxation durch Fluoreszenz möglich. Die Lebensdauer des 1. angeregten Singulettzustands beträgt nur 10^{-9} s. Durch Wärmeabgabe inklusive einer Spinumkehr kann auch ein angeregter Triplettzustand etwas niedrigerer Energie erreicht werden. Aus diesem heraus findet keine Fluoreszenz, sondern nur Phosphoreszenz statt. Die Lebensdauer des Triplettzustands ist mit 10^{-3} s gegenüber der des angeregten Singulettzustands bedeutend erhöht, denn Phosphoreszenz ist grundsätzlich signifikant langsamer als Fluoreszenz, eben weil sie eine Spinumkehr beinhaltet. Die fluoreszierend emittierten Photonen, die die überschüssige Energie der Anregungszustände ableiten und das System in den Grundzustand relaxieren lassen, haben im Allgemeinen eine geringere Energie (folglich längere Wellenlänge) als die Anregungswellenlänge, da ein kleiner Teil der Anregungsenergie als Wärme (Vibrationen/Rotationen) verloren geht (siehe auch Abb. 5.38). Bei einer photochemischen Reaktion kann zudem ein angeregtes Pigment ein Elektron an ein Akzeptormolekül abgeben, wodurch eine Ladungstrennung ausgelöst wird, bei der das angeregte Pigment oxidiert wird, wenn es das Elektron doniert, und das Akzeptormolekül reduziert wird, sobald es das Elektron annimmt (Abb. 5.37). Dies ist der entscheidende Prozess in der Photosynthese, bei der Licht- in chemische Energie umgewandelt wird. Die hinterlassene Elektronenlücke wird dann durch Reduktion durch einen Elektronendonor wieder geschlossen. Damit werden also zwei Transferpfade betreten: Elektronenleitung und Elektronenlückenleitung. Aufgrund der inhärenten Instabilität der angeregten Singulettzustände der Chlorophylle muss jeder Prozess, der die Anregungsenergie einfängt, extrem schnell sein. Die Transformation mit der höchsten Geschwindigkeit wird gegenüber langsameren Umwandlungen statistisch häufiger stattfinden. Die photochemischen Reaktionen der Photosynthese gehören zu den schnellsten chemischen Reaktionen überhaupt. Diese enorme Geschwindigkeit ist notwendig, damit Ladungstrennung in signifikantem Maße stattfindet und gegenüber den anderen alternativen Wegen, in den Grundzustand zurückzugelangen (Fluoreszenz/Phosphoreszenz), konkurrenzfähig ist. So wird durch Fluoreszenz beispielsweise nur 3–6 % der Lichtenergie abgeleitet, die von lebenden Pflanzen absorbiert wird.

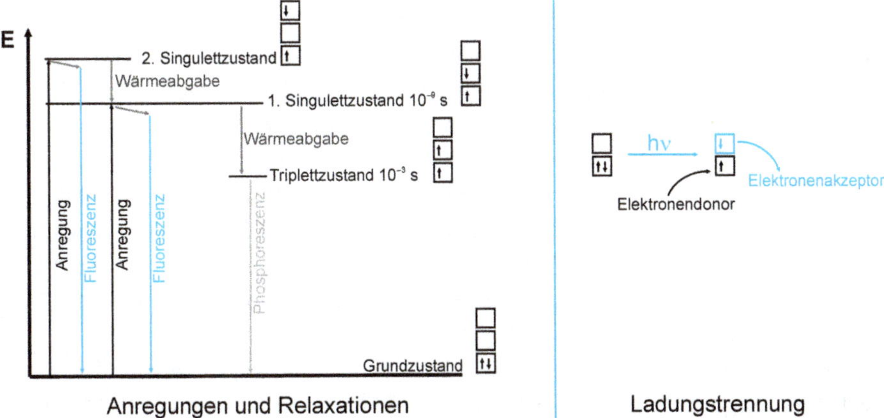

Abb. 5.37: Energieschemata für Anregungen durch sichtbares Licht und mögliche Relaxationen am Beispiel des Chlorophylls mit Absorptionen bei höherer Energie (blaue Absorption in den 2. Singulettzustand) und bei niedrigerer Energien (rote Absorption in den 1. Singulettzustand; links). Die Nutzung eines angeregten Singulettzustands eines Pigments zur Ladungstrennung (rechts). Das angeregte Elektron wird statt zu relaxieren auf einen Akzeptor übertragen und löst eine Elektronentransferkette aus, die vom Pigment wegführt (cyan). Die verbleibende Elektronenlücke wird durch einen Elektronendonor wieder aufgefüllt (schwarz), somit der Grundzustand des Pigments wiederhergestellt und eine Elektronentransferkette in Richtung Pigment ausgelöst (vom Pigment aus gesehen eigentlich die Weitergabe der Elektronenlücke). Alle relativen Energieniveaus sind zufällig gesetzt.

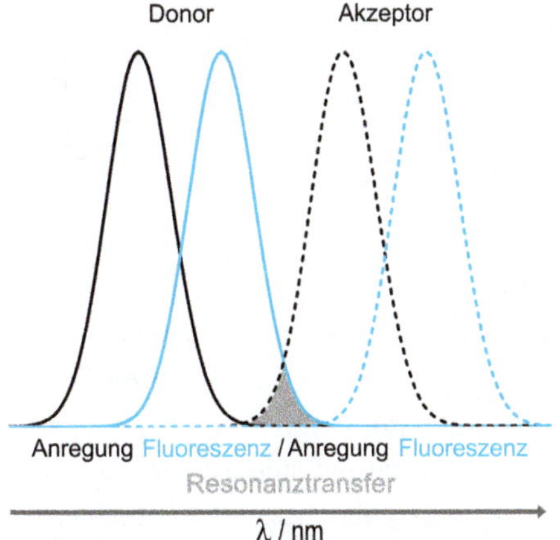

Abb. 5.38: Energetische Betrachtung des Resonanztransfers von Donor zu Akzeptor mit von links nach rechts zunehmender Wellenlänge und abnehmender Energie. Nur im grauen Überlappungsbereich ist der Transfer möglich. Die Energieunterschiede und Symmetrien der Kurven sind willkürlich gewählt/artifiziell.

Weil nicht jede Anregung zur Ladungstrennung führt und die Energie einer einzigen Anregung nicht ausreicht, um die Prozesse der Photosynthese effektiv ablaufen zu lassen, werden die Energien mehrerer Anregungen gesammelt. Bei Pflanzen beispielsweise geschieht dies in den zweihundert Antennen-Chlorophyllen des Lichtsammlerkomplexes und den fünfzig Carotinoiden im zentralen Bereich. Die Anregungen werden schließlich an das zentrale Chlorophyll-Pigment weitergegeben, wodurch der Photosyntheseprozess in Gang gesetzt wird. Man spricht in diesem Zusammenhang auch von light-harvesting. Jedes einzelne angeregte Pigment kann seine Anregungsenergie durch Resonanztransfer (Abb. 5.38) direkt auf nahe gelegene, nicht angeregte Moleküle mit ähnlichen elektronischen Eigenschaften übertragen. Dies ist nur in dem Überlappungsbereich (Resonanzbereich) der Energien von Fluoreszenz des Anregungsdonors und Absorption des Akzeptors möglich. Je größer der Bereich gemeinsamer Energie (Wellenlänge) desto effizienter findet der Resonanztransfer statt.

Damit der Resonanztransfer funktioniert, müssen die Pigmente ziemlich exakt zueinander ausgerichtet sein. Dies wird bei den Chlorophyllen u. a. durch Festknüpfung über das zentrale durch den Chlorin-Makrozyklus koordinierte Mg^{2+} erreicht (Dreipunktfixierung), und ist einer der Gründe, warum Magnesium für die Photosynthese eine wichtige Rolle spielt. Magnesium ist zudem redox-inert, nimmt also weder Elektronen auf, noch gibt es sie ab. Sein Redoxpotential liegt weit außerhalb des biologischen Fensters. Mg^{2+} hat auch die richtige Größe, um perfekt in den Chlorinring zu passen. Und vielleicht der wichtigste Grund: Magnesium(II) hat eine kleine Spin-Bahn-Kopplungskonstante. Dadurch wird der Übergang vom angeregten Singulett- in den energetisch niedriger liegenden Triplett-Zustand *nicht* beschleunigt. Da aus dem Triplettzustand keine Ladungstrennung resultiert, würde ein beschleunigter Übergang in den Triplettzustand in beträchtlichem Maße Phosphoreszenz produzieren aber eben wenig oder keine chemische Energie mehr.

5.10.3 Komponenten, Reaktionen und der Elektronentransport in der Photosynthese

Die Reaktionen der Photosynthese werden in die Lichtreaktion(en) und die Dunkelreaktion eingeteilt. Letztere entspricht üblicherweise dem Calvin-Zyklus, in dem es dann zur Bildung von Glucose kommt und der hier nicht genauer betrachtet werden wird. Für die Biosynthese der Glucose werden ATP und Reduktionsäquivalente benutzt, welche durch die Lichtreaktionen gewonnen werden. In Pflanzen sind an der Photosynthese zwei Photosysteme und weitere Redoxproteine beteiligt. Zusammen ergeben sie eine enorm lange Elektronentransportkette, an deren beiden Enden überaus wichtige Produkte erzeugt werden: NAD(P)H für den Eigenbedarf zur Glucosesynthese im Calvin-Zyklus und O_2 als Nebenprodukt für alle sauerstoffveratmenden Lebewesen. Die Prozesse der Photosynthese können in einem sogenannten Z-Schema dargestellt werden (Abb. 5.39), welches insbesondere die Redoxprozesse, also Elektronenübertragungen fokussiert. Das Redoxpotential als angelegte y-Achse verläuft dabei von oben nach unten von negativen Werten zu positiven Werten. Alle Pfeile, die für eine Elektronenweitergabe in Pfeilrichtung stehen, sind abwärts gerichtet (von niedrigerem zu höherem Potential); sie stehen für Reduktionen der nächsten Spezies, die freiwillig ablaufen, einen energetisch günstigeren Zustand erreichen und somit Energie freisetzen. Das ist vielfach daran gekoppelt, mit dieser freiwerdenden Energie Protonen über die Membran zu pumpen, welche dann schließlich über eine ATPase beim Zurückfließen mit dem Gradienten die Bildung von ATP ermöglichen (vgl. Atmungskette, Abschn. 5.6.1). Pfeile die senkrecht nach oben zeigen, verbrauchen Energie, die photochemisch bereitgestellt wird. Hier gehen Elektronen vom Grundzustand in den angeregten Zustand über entgegen der thermodynamischen Vorzugsrichtung. Dies muss also auch an die Relaxation einer angeregten Spezies gekoppelt sein. Diese Spezies sind die zentralen Pigmente der Photosysteme, an denen die Ladungstrennung, also die Generierung chemischer Energie stattfindet, P680 im Photosystem II (PS II) und P700 im Photosystem I (PS I).

Die Abläufe im Z-Schema stellen sich für die Anwesenheit beider Photosysteme wie folgt dar. Als Erstes kommt es zur Resonanzübertragung von Lichtenergie auf das zentrale Pigment P680, welches in den angeregten Singulettzustand (P680*) übergeht. Hieraus kommt es nun zur Ladungstrennung durch Übergabe eines Elektrons an Phaeophytin. Das resultierende oxidierte $P680^+$ hat ein so positives Potential, dass es zur Rückkehr in seinen Grundzustand Tyrosin oxidieren kann, welches wiederum Elektronen aus dem Calcium-Mangan-Cluster, dem OEC zieht. Nachdem auf diese Weise vier Elektronen aus dem Cluster entfernt wurden, wofür vier Lichtanregungen des P680 stattgefunden haben müssen, kann am OEC Wasser zu Sauerstoff oxidiert werden. Das dem Phaeophytin übertragene Elektron begibt sich auf eine weite Reise. Zunächst werden die Chinone Q_A, Q_B und Plastochinon (PQ) sukzessive reduziert. Bei Chinonen sind Reduktionen immer auch mit der Aufnahme von Protonen verbunden; typischerweise sind es zwei Elektronen plus zwei Protonen. Diese werden teilweise aus dem Stroma gezogen, wie in der Skizzierung der Organisation der Photosynthesekomponenten in und an der Thylakoidmembran gezeigt (Abb. 5.40). PQ bzw. PQH_2 gehört nicht mehr dem Photosystem II an, sondern ist ein in der Membran mobiler organischer Redoxkofaktor. Vom PQH_2 gehen die Elektronen sukzessive an ein Rieske-Zentrum, welches Teil eines weiteren membrangebundenen Proteinkomplexes ist. Wie auch in der Atmungskette, kann das Rieske-Zentrum Elektronen auf zwei unterschiedliche Akzeptoren übertragen, womit es eine Verzweigung des Elektronenflusses ermöglicht. Cytochrom b6 würde das Elektron quasi zurück zu PQ spielen und dadurch weitere Protonen aus dem Stroma ziehen. Wenn das Membranpotential durch eine Verringerung der Protonenkonzentration im Stroma erhöht werden muss, kann dieser Schritt dazu beitragen. Im Normalfall werden die Elektronen jedoch jeweils einzeln an Cytochrom f weitergereicht. Cyt_f reduziert das im Lumen mobile Plastocyanin, welches zum Photosystem I weiterreist. Das zentrale Pigment im PS I ist P700. P700 kann wie auch P680 durch einen Resonanztransfer von den Antennen- oder Lichtsammelpigmenten in den angeregten Singulettzustand versetzt werden und aus diesem Zustand heraus ein Elektron auf A_0 (ebenfalls ein Chlorophyll a) übertragen. Das dann oxidierte $P700^+$ nimmt dem Plastocyanin das Elektron ab und ist zurück in seinem Grundzustand. A_0 reduziert nun A_1 (ein Vitamin K). Es

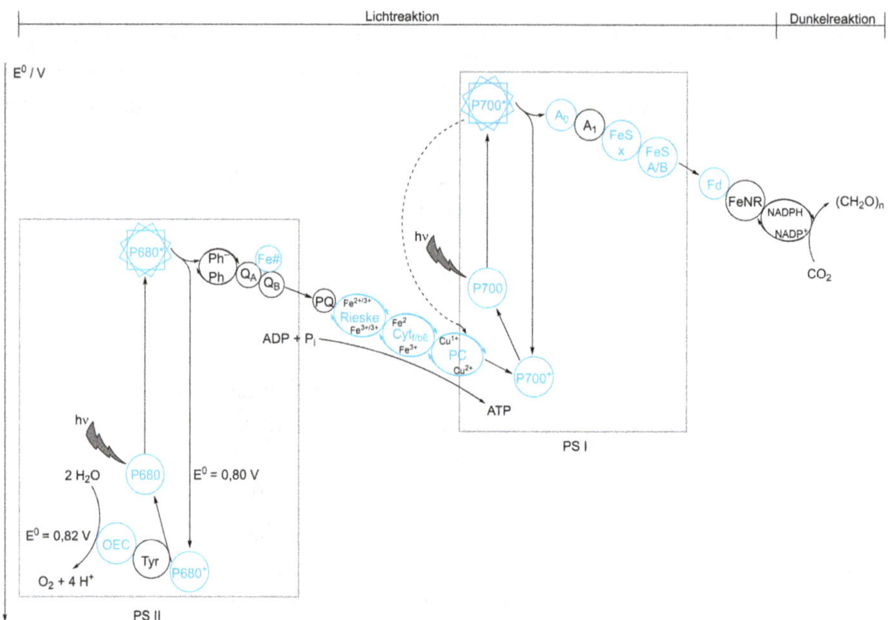

Abb. 5.39: Das Z-Schema der Photosynthese, in denen die Lage der Redoxkomponenten ihr Potential impliziert (unten positiver, oben negativer). Von links nach rechts: OEC = Calcium-Mangan-Cluster im Oxygen-Evolving Complex (OEC); Tyr = Tyrosin; P680 = Pigment 680 – ein Chlorophyll a; Ph = Phaeophytin, ein Chlorophyll a ohne Mg^{2+}; Q_A, Q_B = Chinone; Fe# = ein $[Fe(His)_4(Glu)]$ Zentrum – es hilft vermutlich bei der e^--Übertragung von Q_A auf Q_B; PQ = Plastochinon; Rieske = ein Rieske-2Fe–2S-Ferredoxin; $Cyt_{f/b6}$ = Cytochrome; PC = Plastocyanin; P700 = Pigment 700 – ein Chl_a; A_0 = ein Chl_a; A_1 = Phyllochinon = Vitamin K_1; $(FeS)_X$, $(FeS)_A$, $(FeS)_B$ = Eisen-Schwefel-Cluster; Fd = ein klassisches 2Fe–2S-Ferredoxin, FNR = Ferredoxin NADP Oxidoreduktase. Blaue Komponenten sind metallhaltige Protein- oder Enzym(unter)einheiten. Die Komponenten in den großen Kästen gehören jeweils zum großen Proteinkomplex der beiden Photosysteme. Alle Reaktionen bis inklusive FNR gehören zur Lichtreaktion; erst die Oxidation von NADPH gehört zur Dunkelreaktion (üblicherweise der Calvin-Zyklus). Der gestrichelte Pfeil steht für die zyklische Photosynthese. Auf dem Weg von PS II zu PS I werden Protonen über die Membran gepumpt. Das resultierende Potential liefert dann der ATPase Energie für die Kondensation von ADP und anorganischem Phosphat zu ATP.

folgt eine Übertragung über drei Eisen-Schwefel-Cluster bis hin zum Ferredoxin, welches nicht mehr in die Membran integriert ist, und damit auch nicht mehr zum PS I gehört. Die Ferredoxin-NADP-Oxidoreduktase (FNR) oxidiert Ferredoxin und reduziert $NADP^+$ zu NADPH. In dieser Form kann Letzteres im Calvin-Zyklus dafür eingesetzt werden, dass CO_2 zu Glucose oder anderen Kohlenhydraten reduziert wird.

In der Regel verfügen nur Pflanzen und Algen über zwei Photosysteme und die meisten Bakterien (mit Ausnahme der Cyanobakterien) nur über das Photosystem I. Letzteres ist evolutionär älter und das PS II hat sich mit großer Sicherheit aus dem PS I heraus entwickelt. Die meisten photosynthetischen Bakterien können Wasser also nicht oxidieren, weil die Potentialdifferenz zu groß ist, als dass das mit einem einzigen

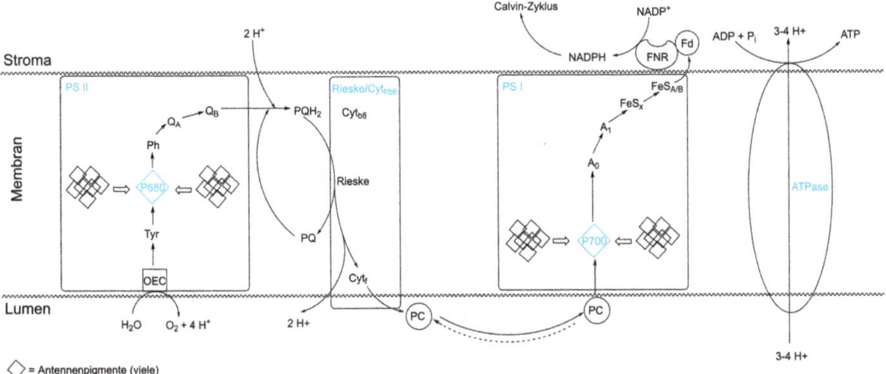

Abb. 5.40: Vereinfachte Skizzierung der Organisation der Photosynthesekomponenten in und an der Thylakoidmembran (basierend u. a. auf Röntgenstrukturdaten). Die Abkürzungen sind im Wesentlichen dieselben wie für Abb. 5.39.

Photosystem möglich wäre. Da nur vor dem PS I Protonen über die Membran gepumpt werden, kann auch nur mit Prozessen, die im Z-Schema vor der Anregung von P700 liegen, ein genügend großes Membranpotential aufgebaut werden, damit ATP generiert wird. Da ATP benötigt wird, um CO_2 zu reduzieren, müssen auch photosynthetische Bakterien in die Lage versetzt werden, über Lichtanregung ATP zu synthetisieren. Dies geschieht über die zyklische Photosynthese. Statt das Elektron auf A_0 zu übertragen, werden die Cytochrome durch P700* reduziert, woraufhin Protonen über die Membran gepumpt werden können, und das Elektron letztlich wieder durch Plastocyanin auf $P700^+$ übertragen wird. Es ist also buchstäblich im Kreis gelaufen, angestoßen durch eine Lichtanregung. Das PS I kann somit ganz gezielt auf die gerade vorliegende Situation reagieren. Wird NADPH als Redoxäquivalent benötigt, läuft die Photosynthese ganz normal in Richtung Stroma. Fehlt Energie, läuft die zyklische Photosynthese ab.

5.10.4 Die Wasseroxidation am Oxygen-Evolving Complex

Während die Organisation der Redoxkomponenten in den Photosystemen in der Membran relativ früh durch die ersten Röntgenstrukturanalysen der Proteinkomplexe hinreichend gut aufgeklärt werden konnte, war die molekulare Struktur des Oxygen-Evolving Complex (OEC) sehr lange Gegenstand intensiver Diskussionen. Membrangebundene Proteine sind grundsätzlich schwer zu kristallisieren. Das Photosystem II ist eigentlich ein Dimer (in Abb. 5.40 ist es als Monomer skizziert, was eine Vereinfachung ist) und wirklich enorm groß. Die benötigte Auflösung in den Strukturen zu erreichen, war eine Herausforderung. Hinzu kommt, dass der OEC viermal mit je einem Elektron oxidiert wird, bevor er Sauerstoff generieren kann. Er durchläuft demnach mindestens vier Zustände. Tatsächlich sind es noch mehr, wie im Kok-Zyklus bzw. im erweiterten Kok-Zyklus in Abb. 5.41 gezeigt. Die isolierten Komplexe sind, wenig überraschend,

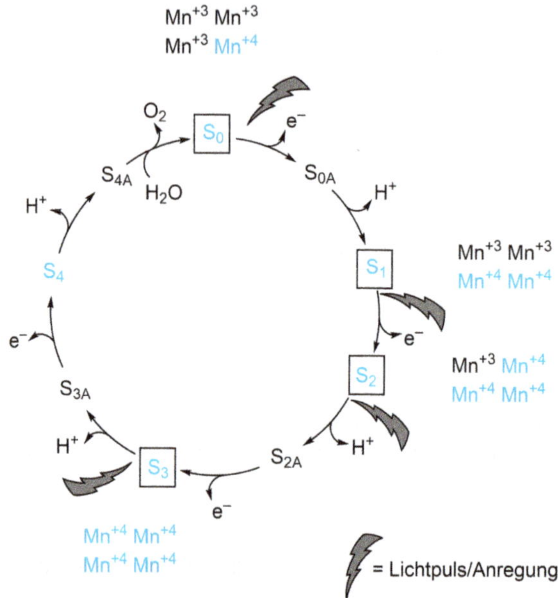

Abb. 5.41: Der Kok-Zyklus mit zusätzlichen postulierten, z. T. auch spektroskopisch beobachteten Zwischenverbindungen. Zustände, die in Kästen gezeigt sind, können isoliert werden, auch wenn sie teilweise nur metastabil sind. Die besonders interessante Spezies S_4, aus der heraus O_2 abgegeben wird, scheint nicht isolierbar zu sein. In cyan gezeigt sind die fünf S-Zustände des ursprünglichen Kok-Zyklus. Die Verteilung der Oxidationszahlen für S_0 bis S_3 über die vier Manganzentren ist simplifiziert dargestellt mit Oxidationsstufe +4 in cyan. Mittlerweile gilt es als erwiesen, dass Mangan in eher hohen Oxidationsstufen operiert. Die niedrig-valente Hypothese wird als überholt angesehen.

sehr lichtempfindlich und durch die Röntgenstrahlen kann es zudem zu Photoreduktionen kommen. Es ist also ungeheuer schwierig, Zentren in einem genau definierten Zustand zu beobachten und wenn sich die Spezies mischen, lässt sich auch nur ein unklares gemitteltes Bild daraus gewinnen. Mittlerweile gibt es dank verbesserter und neuer Methoden eine ganze Reihe gut aufgelöster Strukturen auch von verschiedenen Spezies des katalytischen Zyklus, und die Struktur des OEC gilt zumindest für den Grundzustand (S_0, vor Anregung) bis hin zu S_2 als prinzipiell geklärt. Dazu haben auch kombinierte spektroskopische und theoretische Studien maßgeblich beigetragen. Es ist jedoch gerade für den sehr komplexen und nicht einfach zugänglichen OEC nicht gänzlich auszuschließen, dass das, was heute als Gewissheit gilt, zukünftig doch wieder revidiert werden muss. Das PS II wird wohl noch für eine Weile eine interessante und herausfordernde Forschungsaufgabe bleiben.

Aus Röntgenstrukturanalysen und mittlerweile auch anderen strukturellen Methoden wie z. B. Cryo-Elektronenmikroskopie präsentiert sich der OEC als heterodimetallischer pentanuklearer asymmetrischer kubaner Oxo-Cluster, bei dem ein Mangan ein oxo-verbrücktes Anhängsel bildet (Abb. 5.42). Durchbrüche für die Struk-

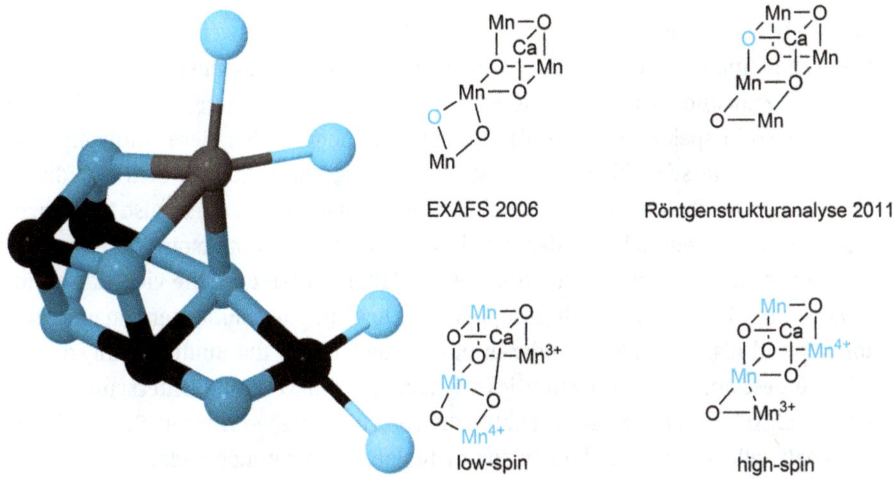

Abb. 5.42: Zentrale Strukturelemente des OEC ermittelt mit verschiedenen Methoden. Darstellung der molekularen Struktur nach Röntgenstrukturanalyse mit vier koordinierten Wassermolekülen, von denen eines vermutlich in dem O_2-Produkt aufgeht und ein anderes den durch die Produktion von O_2 verlorenen Oxidoliganden ersetzen wird (links; PDB code: 5H2F; schwarz: Mangan, grau: Calcium, hellcyan: Wasser-Sauerstoff, dunkelcyan: Oxidoliganden); chemische Strukturen nach EXAFS und Röntgenstrukturanalyse (oben Mitte und rechts; das unterschiedlich positionierte O ist in cyan gezeigt); die zwei nachgewiesenen magnetisch unterschiedlichen Strukturen der S_2-Spezies (unten Mitte und rechts; Oxidationsstufe +4 ist in cyan gezeigt).

turbestimmung des manganabhängigen Zentrums des PS II brachten zum einen die Einführung eines polarisierten EXAFS-Ansatzes im Jahr 2006 (EXAFS = extended X-ray absorption fine structure). Mit der EXAFS-Methode lassen sich nach Anregung eines Innerschalenelektrons durch Röntgenstrahlung bis zur Ionisation (Kante des Spektrums) Informationen über die Art (Schwere), Anzahl und den jeweiligen Abstand von Nachbaratomen zum ionisierten Element gewinnen. Normalerweise liefert die EXAFS-Methode keine relativen räumlichen Informationen (Winkel etc.). Wenn jedoch die Probe kristallin ist, kann sie entlang der drei kristallographischen Raumrichtungen untersucht werden (polarisiert), womit sich zusätzliche dreidimensionale Daten gewinnen lassen. Allerdings werden die gemessenen Daten gefittet und die Methode generiert keine direkten strukturellen Informationen. Stattdessen werden theoretische Modelle zugrunde gelegt und im Abgleich mit den experimentellen Daten mehr oder weniger genau validiert. Der zweite Durchbruch war eine Röntgenstrukturanalyse mit genügend großer Genauigkeit in 2011. Für beide Analysen wurden die Proben im S_1 Zustand präpariert. Die verfeinerten (hineininterpretierten) Strukturen unterscheiden sich in der Anzahl der Sauerstoffe im kubanen Cluster und entsprechend in der An- und Abwesenheit bestimmter Bindungen (Abb. 5.42). Die Lage der Manganionen war bei beiden nahezu identisch. Es folgten viele weitere auch spektroskopisch-theoretische Untersuchungen und auch solche an verschiedenen Spezies (S_0-S_3). Dadurch erhöhte sich einerseits die

Anzahl an beobachteten und/oder postulierten Spezies. Beispielsweise wurde gefolgert, dass Elektron und Proton nicht gleichzeitig abgegeben werden, sondern stets nur eines von beiden. Zum anderen wurde eine sehr interessante Beobachtung an der S_2-Spezies gemacht. Sowohl spektroskopisch als auch mittels theoretischer Berechnungen wurde S_2 in zwei unterschiedlichen Formen identifiziert, deren Energie sich nur durch $1\,kcal{\cdot}mol^{-1}$ unterscheidet. Die Umwandlung der einen in die andere ist also im Prinzip barrierefrei. Die wesentlichen Unterschiede sind einmal der Gesamtspingrundzustand, der auf einer abweichenden Verteilung der Oxidationsstufen über die vier Manganionen beruht (antiferromagnetisch gekoppelt und low-spin gegenüber ferromagnetisch gekoppelt und high-spin). Zum anderen unterscheiden sich die Bindungslängen bzw. die Stärke bestimmter Bindungen. Dies wiederum erinnert an die Unterschiede zwischen der EXAFS- und der Kristallstruktur, die oben beschrieben wurden. Somit scheint S_2 als Schaltstelle im katalytischen Zyklus zu dienen. Diese Befunde erklären aber auch, warum es in der Vergangenheit einige Diskrepanzen bezüglich der Interpretation analytischer Daten gegeben hat.

Für die Reaktion zur Generierung molekularen Sauerstoffs verwendet der OEC omnipräsentes Wasser als Substrat, wird also höchstwahrscheinlich niemals in die Verlegenheit eines Substratmangels kommen. Die Reaktion ist die Umkehrreaktion der Cytochrom c Oxidase aus der Atmungskette. Einfach ausgedrückt, spielen sich Pflanzen und Tiere kontinuierlich die Bälle gegenseitig zu. Alles Leben beruht auf eng miteinander verzahnten endlichen (!) Massen- und Energieflüssen, die synergistisch wirken. Dauerhafte und zunehmende Störungen in der Balance dieser Zyklen können nicht zu einem nachhaltigen Zustand führen. Anders ausgedrückt, permanentes Wachstum des einen Zyklus zulasten des anderen kann es nicht geben. Von der Reaktionsstrategie her werden im OEC vier Oxidationsäquivalente angespart, bevor dann in einem Schwung Sauerstoff oxidiert wird. Das dient der Vermeidung der Produktion reaktiver Sauerstoffspezies. Durch die aneinandergekoppelte Abgabe von Elektronen und Protonen, verbleibt der OEC in einem relativ ladungsneutralen Zustand, lädt sich also zu keinem Zeitpunkt stark auf. Die genaue Rolle des Ca^{2+} ist bisher unbekannt. Es könnte strukturell wichtig sein (Asymmetrie des Clusters) und/oder Substrat-Wassermoleküle heranführen/orientieren. Mangan unterscheidet sich von den meisten anderen Biometallen dadurch, dass es eine Vielzahl an stabilen Oxidationsstufen hat (II, III, IV, V, VI, VII). Seine Bindung an Liganden ist vergleichsweise labil. Zudem präferiert es den high-spin-Zustand, erzeugt also ein substantielles Magnetfeld, welches die rasche Freisetzung von Triplett-O_2 fördert und hilft, den sehr reaktiven Singulettzustand des Produkts zu vermeiden. Aus der Anorganik ist bekannt, dass frisch gefällter Braunstein die Zersetzung von H_2O_2 zu Wasser und O_2 katalysiert, was eine verwandte Reaktivität ist. Mangan scheint also alle Voraussetzungen zu erfüllen, um diese anspruchsvolle Reaktion der Photosynthese möglichst gefahrenarm und effizient ablaufen zu lassen. Für den letzten Schritt des katalytischen Zyklus, der Freisetzung von O_2, gibt es aktuell verschiedene Vorschläge, die sich aber nur in feinsten Details unterscheiden (Abb. 5.43). Es wird ein Hydroxid an einer

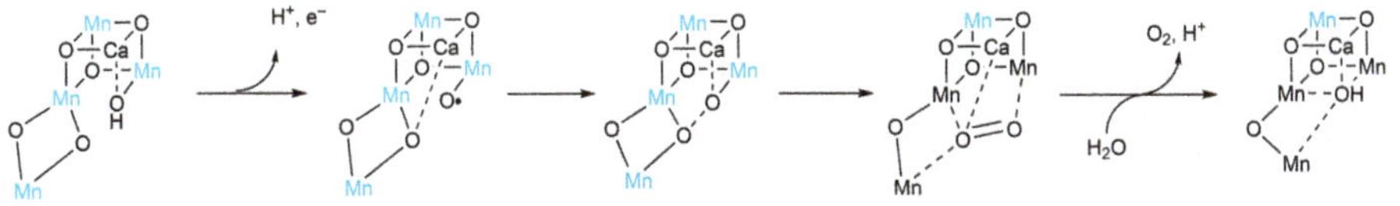

Abb. 5.43: Ein postulierter Mechanismus für die Freisetzung von molekularem Sauerstoff durch Wasseroxidation durch den OEC. Der in den Röntgenstrukturanalysen beobachtete Cluster ist zu Beginn der gezeigten Abfolge bereits durch ein weiteres aus Wasser abgeleitetes Sauerstoffatom als Hydroxid ergänzt worden.

Ecke des Clusters in die räumliche Nähe zu einer der beiden Oxidobrücken zum hängenden Mangan gebracht. Die O–H-Bindung wird homolytisch gepalten durch Abgabe eines Protons und eines Elektrons (die erste von vier Oxidationen von O). Das entstandene Oxylradikal greift die Oxidobrücke nun an und drei Mangan ziehen je ein Elektron aus der O_2-Spezies ab, sodass die Vierelektronenreduktion abgeschlossen wird. Molekularer Sauerstoff verlässt das Zentrum.

Modelle für die Reaktion des OEC gibt es einige. Der Fokus lag lange Zeit auf funktionellen Modellen. Diese sahen in der Regel strukturell deutlich anders aus als der OEC. Ein Modell kam allerdings bereits 2008 auch strukturell recht nah an das natürliche Zentrum heran (Abb. 5.44 links). Es kann elektrochemisch an einer Nafion-Membran (vom Teflon abgeleitetes Polymer mit ionischen Funktionen; ermöglicht die kontrollierte geringe Zufuhr von Wasser), wenn Licht angeboten wird, tatsächlich Wasser oxidieren und Sauerstoff freisetzen; im Dunkeln funktioniert es hingegen nicht, was bemerkenswerte Eigenschaften sind. Andere Modelle setzen als Photoaktivator beispielsweise Ruthenium ein. In dem in Abb. 5.44 gezeigten Beispiel ist sogar ein Tyrosin mit eingebaut, wie es im PS II die Elektronen an P680 weiterleitet, und steht in direktem Kontakt mit den Manganionen. In jüngster Zeit wurden viele strukturelle Modelle publiziert, in denen es sogar gelungen ist, die heteronukleare Natur des OEC unter Berücksichtigung einer durch Calcium besetzten Würfelecke zu imitieren und die Cluster zu kristallisieren. Mit diesen Modellen konnte unter anderem gezeigt werden, dass die beiden S_2-Spezies, deren Spinzustände unterschiedlich sind, pH-abhängig ineinander übergehen. Die Autoren schlussfolgern aus ihren Beobachtungen, dass die (De-)Protonierung von verbrückenden oder terminalen Sauerstoffatomen im OEC mit Änderungen der Spinzustände einhergehen könnte, was auch naheliegt.

Industriell wird für die Generierung von O_2 die Elektrolyse eingesetzt. Die Reaktion stellt keine mechanistische Herausforderung dar und O_2 wird nicht als attraktiver Energieträger betrachtet; dementsprechend spielen funktionelle Modelle des OEC im Hinblick auf eine biomimetische Nutzung eine weniger wichtige Rolle als beispielsweise solche für die Hydrogenasen oder die Nitrogenase.

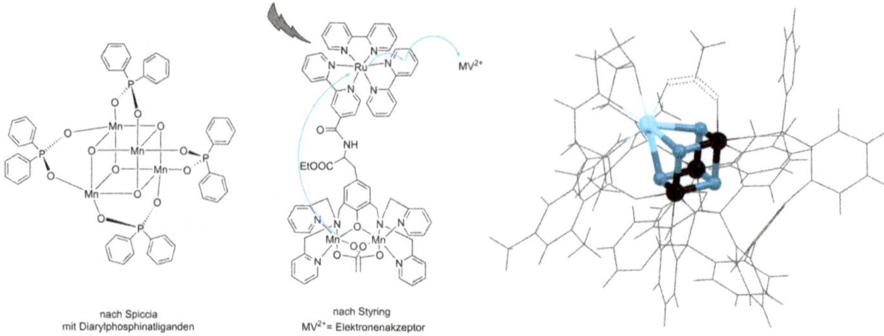

Abb. 5.44: Zwei Beispiele für funktionelle Modelle für den OEC (links und Mitte) und ein Beispiel für ein sehr gutes strukturelles Modell (rechts; schwarz: Mangan, dunkelcyan: Sauerstoff; hellcyan: Calcium). Nach R. Brimblecombe, G. F. Swiegers, G. C. Dismukes, L. Spiccia, *Angew. Chem. Int. Ed.* 2008, **47**, 7335–7338; nach L. Sun, M. K. Raymond, A. Magnuson, D. LeGourriérec, M. Tamm, M. Abrahamsson, P. Huang Kenéz, J. Mårtensson, G. Stenhagen, L. Hammarström, S. Styring, B. Åkermark, *J. Inorg. Biochem.* 2000, **78**, 15–22; und nach H. B. Lee, A. A. Shiau, D. A. Marchiori, P. H. Oyala, B.-K. Yoo, J. T. Kaiser, D. C. Rees, R. D. Britt, T. Agapie, *Angew. Chem. Int. Ed.* 2021, **60**, 17671–17679. CSD code: AZOBOD.

5.11 Beispiele für Proteine und Enzyme mit weiteren Übergangsmetallen

5.11.1 Zink

Zink ist nach Kupfer und Eisen das dritte Übergangsmetall, welches im menschlichen Organismus, und in allen anderen Lebensformen auch, eine Vielzahl von wichtigen Funktionen übernimmt und dem damit ebenfalls eine überragende Bedeutung zukommt. Es ist nach Eisen auch das Übergangsmetall mit der höchsten Konzentration im Menschen (2–2,5 g im Durchschnittskörper). Gleichwohl wurde Zink als Biometall erst relativ spät wahrgenommen. Zinkhaltige Proteine wurden erst ab den 40er Jahren des letzten Jahrhunderts entdeckt. Dass Zink ein für den Menschen essentielles Spurenelement ist, wissen wir seit 1961. Diese Diskrepanz zwischen Häufigkeit, Wichtigkeit und Detektion geht auf die chemischen Eigenschaften von Zink(II) zurück. Zink steht in der zwölften Gruppe des Periodensystems (Gruppe IIb in Abb. 5.1) und kommt nur elementar (Valenzelektronenkonfiguration: $3d^{10}$ $4s^2$) oder in der Oxidationsstufe +2 ($3d^{10}$) vor. Biologisch tritt es nur als Zink(II) auf und ist mit einer abgeschlossenen Schale und vollbesetzten d-Orbitalen redox-inaktiv und farblos. Dies machte seine Detektion substantiell schwieriger als die anderer Bio-Übergangsmetalle, da Methoden wie UV/Vis oder ESR-Spektroskopie keine Hinweise auf sein Vorhandensein liefern. Auch die Detektion mittels NMR-Spektroskopie ist schwierig, da der einzige NMR-aktive Kern ^{67}Zn nur eine natürliche Häufigkeit von 4,1 % hat, die Methode somit wenig sensitiv ist und bei größeren Molekülen zur massiven Signalverbreiterung führt. Die aktiven Zentren von Zinkproteinen wurden typischerweise charakterisiert, indem Zink(II) durch Cadmium(II) oder Cobalt(II) ersetzt wurde, die NMR-aktiver, farbig, redox- und/oder ESR-aktiv sind. Moderne Röntgenmethoden (Absorption/Strukturanalyse) beispielsweise sind heutzutage natürlich auch direkt auf die nativen zinkhaltigen Proteine anwendbar. Der tägliche Bedarf an Zink schwankt beim durchschnittlichen Menschen je nach Belastung und Geschlecht stark zwischen 7 und 20 mg; die tägliche Aufnahme liegt üblicherweise zwischen 10 und 15 mg. Bei einer ausgewogenen Ernährung mit hochwertigen Nahrungsmitteln (insbesondere Nüssen, Kernen, Hülsenfrüchten) und normalem Metabolismus kann es eigentlich nicht zu einem Zinkmangel kommen, der hingegen in Entwicklungsländern gerade auch bei Kindern nicht selten auftritt. Da neuronales Zink für die Gehirntätigkeit unverzichtbar ist, geht ein länger andauernder Zinkmangel mit irreversiblen Entwicklungsstörungen auch gerade im geistigen Vermögen der Betroffenen einher. Transportiert wird das Nahrungszink mittels Serumalbumin und Transferrin (siehe auch Abschn. 5.4.4) und gespeichert durch Metallothioneine. Letztere sind kleine cysteinreiche Proteine (um die 30 % Cys-Gehalt), die typischerweise bis zu sieben Metallionen (z. B. natürlich: Cu, Zn; artifiziell/toxisch: Cd, Hg etc.) aufnehmen und speichern können. Zink(II) kann sowohl mit weichen (S) als auch mit harten (O/N) Donoratomen sowie Koordinationszahlen von vier bis sechs stabile Komplexe bilden. Seine Koordinationsgeometrien sind flexibel und hauptsächlich vom sterischen Anspruch der Liganden und ihrer relativen Lage bestimmt, da bei d^{10} Metallionen Ligandenfeldstabilisierungsenergien nicht realisiert werden können. Einen Überblick über die vielfältigen und essentiellen Funktionen von biologischem Zink gibt Tab. 5.2.

Zu den wichtigsten und gut verstandenen katalytisch aktiven Zinkproteinen gehören neben der Carboanhydrase (siehe auch Abschn. 5.5.3) und der Alkoholdehydrogenase, die im Folgenden etwas detaillierter vorgestellt werden sollen, auch Peptidasen und Phosphatasen. Peptidasen hydrolysieren Peptidbindungen, was bei der Verdauung von Nahrungsproteinen wichtig ist. Carboxypeptidasen tun dies am oder in der Nähe vom C-terminalen Ende, Aminopeptidasen am oder in der Nähe vom N-terminalen Ende und Endopeptidasen hydrolysieren Peptide eher mittig. Koordiniert wird Zink beispielsweise in der Carboxypeptidase durch zwei Histidin und zweizähnig durch ein Glutamat sowie von Wasser (Koordinationszahl 5). Diese Peptidase spaltet bevorzugt Peptidbindungen am C-Ende großer Aminosäuren wie Phenylalanin. Für den Mechanismus gibt es verschiedene Modelle, die sich in Details und der Reihenfolge von Bindungsknüpfung und -trennung unterscheiden. Es ist zumindest sehr wahrscheinlich, dass die Carbonylfunktion über Sauerstoff an Zink koordiniert, was die C–O-Bindungsordnung herabsetzt. Dies ermöglicht die Anbindung eines Hydroxids an den ehemaligen Carbonylkohlenstoff. Die Abspaltung vom Zinkzentrum führt zur Regeneration der C=O-Doppelbindung und spätestens in diesem Moment zur C–N-Spaltung. Ein Glutamat im aktiven Zentrum spielt vermutlich eine aktive Rolle bei der Substrattransformation entweder durch transiente Bindung an den Kohlenstoff, wodurch die C–N-Bindung zu einem früheren Zeitpunkt gespalten würde, oder als OH-Reservoir. Aufgrund der Ähnlichkeit der funktionellen Gruppen können auch Esterbindungen durch diese Enzyme

Tab. 5.2: Funktionen von biologischem Zink, entsprechende Biospezies und Erläuterungen.

Funktion	Biospezies	Beschreibung
Katalyse	Hydrolasen, Synthetasen, Isomerasen, Ligasen	Zinkenzyme mit Redoxfunktion erfordern einen zusätzlichen redoxaktiven Kofaktor; typische Zink(II)-Koordination über Glu, Asp, His, Cys, H_2O/OH^-; das Zn^{2+}–OH Fragment ist ein Aktivator für Nukleophile *und* Elektrophile; zinkgebundenes Wasser hat einen pK_S-Wert von etwa 7
Struktur	Cu/Zn-Superoxiddismutase, Zinkfingerproteine	z. B. für die Stabilisierung der Tertiärstruktur eines Proteins; Zinkfinger bereiten die genetische Transkription vor; typische Zink(II)-Koordination über His und Cys (*keine* H_2O/OH^--Koordination)
Hormonale Regulation	Insulin (Speicherform), Human Growth Factor (HGF)	die Speicherform von Insulin in der Bauchspeicheldrüse wird durch $Zn^{2+}(His)_3$-Motive stabilisiert mit einem Zink zu Insulinverhältnis von 2:6; weitere Koordination durch drei $H_2O \longrightarrow$ Koordinationszahl 6; Hormon-Speicherung durch Dimerisierung des HGF mittels Zink(II)
DNA-Reparatur	DNA-Repair-Protein	Entmethyliert Methylphosphat im Rückgrat von DNA durch Übertragung des Methylrestes auf zinkkoordinierendes Cystein ($-CH_2-S^- \longrightarrow -CH_2-S-CH_3$); typische Zink(II)-Koordination durch vier Cys
Zinkspeicherung	Metallothioneine	typische Zink(II)-Koordination durch vier Cys, bis zu sieben Zink(II)-Ionen gebunden durch ein Protein mit einer Masse von nur etwa 6 kDa
Neurotransmitter	freies/labiles Zink(II)	wird aus synaptischen Vesikeln oder pre-synaptischen proteinogenen Speichern bei Bedarf (Kommunikation zweier Neuronen) freigesetzt; reguliert die Aktivität von präsynaptischen oder postsynaptischen Neuronen, Astrozyten und Mikrogliazellen; bindet an eine Vielzahl von ionotropen und metabotropen Rezeptoren auf den Zielzellen

hydrolysiert werden. Zinkhaltige saure violette Phosphatasen katalysieren die Hydrolyse von Phosphatesterbindungen in Pflanzen. Diese Phosphatasen werden als sauer bezeichnet, da ihr pH-Optimum im Sauren bei etwa 5 liegt. Zusätzlich zum Zink(II) ist in diesen Enzymen noch ein Eisenzentrum beteiligt; in Säugetieren wird die Reaktion statt durch ein Zn/Fe-Enzym durch ein Fe/Fe-Enzym katalysiert. Die katalysierten Reaktionen sind wichtig für den Phosphat- und Energiestoffwechsel. Mechanistisch koordinieren beide Übergangsmetallzentren an Sauerstoffdonoratome des zu spaltenden Phosphatestersubstrats. Das Zn^{2+}–OH-Fragment überträgt sein Hydroxid auf den Phosphor des Substrats. Aus diesem Übergangszustand, in dem Phosphor an fünf Sauerstoffe in trigonal-bipyramidaler Geometrie gebunden ist, wird der ehemals veresterte Alkohol abgespalten (letztlich ist dies ein Austausch –OH für –OR). Die Carboanhydrase (CA) oder auch

Kohlensäureanhydrase fand bereits Erwähnung im Kontext des Sauerstofftransports bzw. der Atmung (Absch. 5.5.3). Sie katalysiert die Einstellung des pH-abhängigen Gleichgewichts zwischen Kohlensäure (H_2CO_3) und Kohlendioxid (CO_2 + H_2O) in beide Richtungen und beschleunigt diese um den Faktor 10^7. Dies ermöglicht höher entwickelten Tieren den sicheren und effizienten Abtransport des Energiestoffwechsel-Endprodukts CO_2 im Blut und letztlich dessen Ausatmung aus der Lunge (Abb. 5.17). Carboanhydrasen kommen auch in Pflanzen, Bakterien und Grünalgen vor, in denen CO_2 mit anderen metabolischen Prozessen verknüpft ist, wie beispielsweise der Photosynthese. Von der CA mit und ohne gebundene Inhibitoren sind über zweihundert Strukturen in der Proteinstrukturdatenbank hinterlegt. Zink wird im aktiven Zentrum von drei Histidin und einem Wasser bzw. Hydroxid koordiniert. Ein über dem Metallzentrum hängendes nicht koordiniertes distales Histidin erfüllt mit hoher Wahrscheinlichkeit die Aufgabe eines Protonenparkplatzes, der dem Zentrum erlaubt, zwischen Aqua- und Hydroxidokoordination zu wechseln. In Abb. 5.45 wird einer der postulierten Mechanismen gezeigt, der laut theoretischen Untersuchungen energetisch der wahrscheinlichere ist. Die Reaktionsabfolge für den Übergang von CO_2 vom Gewebe in den Erythrozyten mittels Hydratisierung von Kohlendioxid beginnt mit der Deprotonierung des Wasserliganden durch das distale Histidin. Tritt nun Kohlendioxid in das aktive Zentrum ein, wird dessen Kohlenstoffatom durch ein freies Elektronenpaar des zinkgebundenen Hydroxids nukleophil angegriffen während eines der beiden CO_2-Sauerstoffatome Zink nukleophil angreift. Die Zink-Hydroxid-Bindung wird zum freien Elektronenpaar der OH-Funktion und eine C–O-Bindung wird zum freien Elektronenpaar des zinkkoordinierenden Sauerstoffs des entstandenen Hydrogencarbonats. Durch Eintritt von zwei Wassermolekülen wird unter Freigabe von Hydrogencarbonat und einem Hydroniumion die Ausgangssituation regeneriert. Die Rückreaktion läuft mechanistisch identisch ab, nur eben beim Übergang von CO_2 vom Erythrozyten in die Lunge und in umgekehrter Reihenfolge. Die relativ simplen Trispyrazolylboratkomplexe des Zinks geben gute strukturelle und sehr gute und reversible funktionelle Modelle für den Schritt des Einschiebens von Kohlendioxid in die Zink-Hydroxid-Bindung der Carboanhydrase ab (Abb. 5.45).

Die Alkoholdehydrogenasen katalysieren die Transformation von Akoholen zu Aldehyden, was ein wichtiger erster Schritt für deren Abbau in Magen und Leber ist. Die Bezeichnung Dehydrogenase unterstreicht, dass es sich bei der Gesamtreaktion formal um die Abspaltung von H^0 (Proton und Elektron) handelt. Dabei wird der OH-tragende Kohlenstoff oxidiert (bei Ethanol: $-1 \longrightarrow +1$), was die Zusammenarbeit des Zinkzentrums mit einem redoxaktiven Kofaktor erfordert. In diesem Falle ist das NAD^+, welches im Verlaufe des katalytischen Zyklus durch das Substrat zu NADH reduziert wird (Abb. 5.46). Die Alkoholdehydrogenasen sind zinkabhängige Enzyme mit zwei Untereinheiten, die je ein strukturelles Zink und ein katalytisch aktives Zink enthalten. Das strukturelle Zink ist an vier Cysteine koordiniert; an das funktionelle Zink binden im Ruhezustand ein Histidin, zwei Cysteine und ein Wasser bzw. Hydroxid. Ähnlich wie

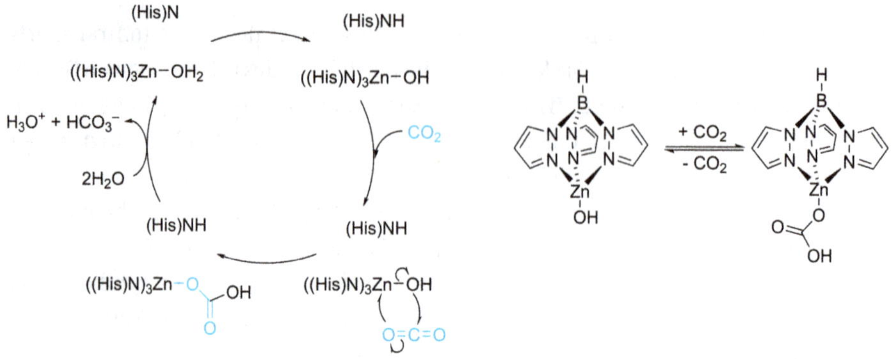

Abb. 5.45: Links die Einstellung des CO_2/Kohlensäuregleichgewichtes durch die Carboanhydrase in Richtung Kohlensäure bzw. Hydrogencarbonat nach dem Lindskog-Mechanismus; Pfeile mit halber Pfeilspitze implizieren die Richtung, in der die entsprechenden Elektronenpaare umklappen. Rechts ein strukturelles und sehr gutes funktionelles Modell für die Carboanhydrase mit Trispyrazolylboratliganden.

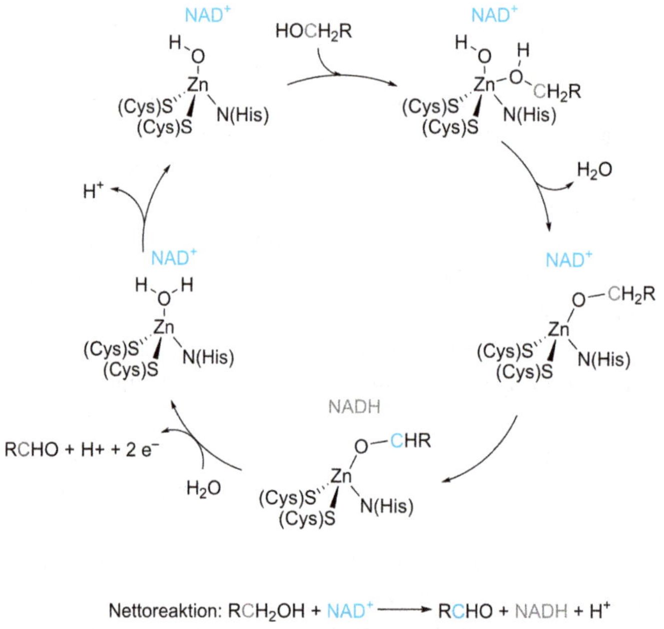

Nettoreaktion: $RCH_2OH + NAD^+ \longrightarrow RCHO + NADH + H^+$

Abb. 5.46: Der Mechanismus der Alkoholdehydrogenase (oben) und die katalysierte Gesamtnettoreaktion (unten). In cyan gezeigt sind jeweils der oxidierte NAD-Kofaktor und das oxidierte betroffene Kohlenstoffatom des Substrats, in grau die entsprechenden reduzierten Spezies.

bei der Carboanhydrase wird durch Deprotonierung des Wassers zum Hydroxidliganden der Katalysezyklus in Gang gesetzt. Das Substrat bindet über den Alkoholsauerstoff als fünfter Ligand an das katalytisch aktive Zink. Im nächsten Schritt wird der Alkohol deprotoniert, das Proton auf den Hydroxidliganden übertragen und dann als Wasser abgespalten. Zink ist nun wieder vierfach koordiniert und trägt einen Alkoholatoliganden. Letzterer wird nun durch NAD^+ oxidiert, indem zwei Elektronen und ein Proton abgezogen werden. Schließlich löst sich der Aldehyd vom Zinkzentrum, und durch einfließendes Wasser und die Abgabe von einem Proton und zwei Elektronen werden sowohl der redoxaktive (NAD^+) wie auch der redoxinaktive Kofaktor ($Zn\text{-}H_2O$) regeneriert.

Bei der Blutprobe auf Alkohol wird meist die Alkoholdehydrogenase gemeinsam mit NAD^+ eingesetzt und die Konzentration an NADH, die stöchiometrisch der umgesetzten Alkoholmenge entspricht, spektroskopisch ermittelt. Alternativ kann der Alkohol auch direkt mittels Gaschromatographie in Kombination mit Massenspektrometrie aus dem Blut nachgewiesen und quantifiziert werden. Beim „Pusten" werden IR-spektroskopisch bestimmte Wellenlängen detektiert und deren Intensität (Stärke der Absorption) als proportional zum Alkoholgehalt in der Atemluft ausgelegt, was natürlich weit weniger genau ist als die beiden zuvor erwähnten Methoden. Die Konzentration der ADH, insbesondere im Magen, korreliert positiv mit der Trinkfestigkeit von Menschen (und Tieren). Interessanterweise legen systematische Studien nahe, dass diese Konzentration bei Männern einem stetigen Abfall unterliegt, weshalb junge Männer üblicherweise mehr Alkohol „vertragen" als alte, es sei denn, durch andauernden Missbrauch hat sich der Körper auf eine unnatürlich hohe Konzentration eingepegelt. Bei Frauen verläuft die altersabhängige Entwicklung ganz anders. In jungen Jahren ist die ADH-Konzentration im Magen erheblich viel geringer als die bei Männern. In mittleren Jahren (40er und 50er) übersteigt die Konzentration bei Frauen die der Männer, um dann ab sechzig wieder stark bis unter das Niveau der gleichaltrigen Männer abzufallen. Auch die Abstammung kann mit einer eher niedrigen ADH-Konzentration assoziiert sein. So verfügen beispielsweise Ostasiaten typischerweise über weniger Alkoholhydrogenase als Kaukasier und sind somit anfälliger für einen alkoholbedingten Rausch.

Die Zinkfingerproteine sind Beispiele für Zink mit einer rein strukturellen Rolle in Biomolekülen. Es sind zinkstabilisierte DNA-Bindungsproteine, die die DNA durch Anbindung für die Transkription vorbereiten. Sie greifen dabei in die große Furche der DNA und vermitteln die Bindung der RNA-Polymerase an den Doppelstrang. Zinkfinger enthalten Bindungsdomänen sowohl für DNA als auch für RNA, die auch gern verwendete Ziele maßgeschneiderter artifizieller Veränderungen sind, mit denen Wissenschaftler versuchen, spezifische DNA-Abschnitte zu treffen und zu modifizieren. Es gibt andere auch metallunabhängige Proteine, die die gleichen Aufgaben erfüllen, aber die Zinkfinger sind kleine, extrem gut untersuchte und relativ leicht zu manipulierende Proteine und werden damit häufig für solche Experimente herangezogen. Zudem herrscht innerhalb der Familie der Zinkfingerproteine eine recht große Vielfalt, die sich unter anderem in einer variablen Anzahl der „Finger" ausdrückt. Oftmals sind diese Proteine dreifingrig, aber es gibt auch kleinere und wesentlich größere Formen sowie ganz unterschiedliche Faltungen und Tertiärstrukturen. Das klassische und am besten untersuchte und verstandene Bindungsmotiv besteht aus der Koordination des Zinkions durch zwei Histidine von der α-Helix-Seite eines Fingers und zwei Cysteine von der antiparallelen β-Faltblattseite (Abb. 5.47). Zwei hydrophobe Reste sind ebenfalls für

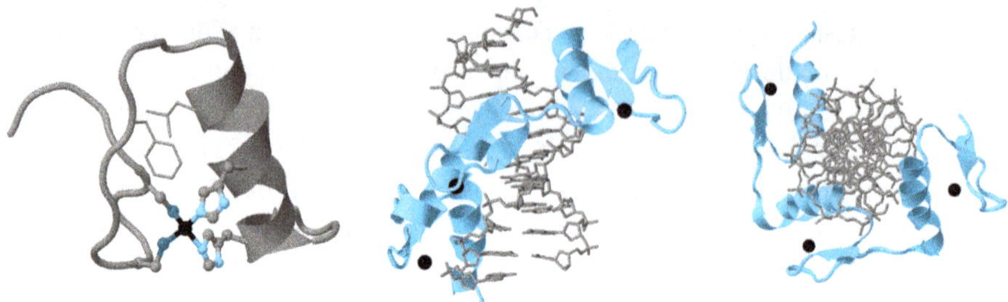

Abb. 5.47: Links die Struktur eines einzelnen Zinkfingers mit Koordinationsumgebung des Zinkions und den beiden hydrophoben Resten Leucin und Phenylalanin, die ebenfalls strukturbestimmend sind (schwarz: Zink, hellcyan: Stickstoff, dunkelcyan: Schwefel, grau: Kohlenstoff/Protein). Mitte und rechts die Interaktion eines Zinkfingerproteins mit der großen Furche eines DNA-Doppelstranges einmal mit Blick parallel zu den Basenpaarungsebenen und einmal mit Blick entlang der Länge des Doppelstranges (schwarz: Zink, cyan: Protein, grau: DNA). PDB codes: 1SP1 und 1A1L.

die dreidimensionale Struktur des Fingers wichtig. Diese sind Leucin auf der Helix-Seite und Phenylalanin auf der Faltblattseite. Bei der Anbindung an DNA können alle Finger gleichzeitig mit der großen Furche interagieren, wodurch die Stärke der Basenpaarbindung des Doppelstranges herabgesetzt wird, was der RNA-Polymerase erlaubt, die Einzelstränge letztlich abzulesen.

Schließlich spielt freies bzw. labiles Zink eine wichtige Rolle in der Signaltransduktion also in der Kommunikation von Zellen, und zwar interzellulär wie auch intrazellulär. Insbesondere im Gehirn ist dies eine überaus wichtige Funktion, die neben anderen Neurotransmittern wie Calcium und Glutamat durch neuronales Zink ausgeübt wird. Dies ist reflektiert in einer besonders hohen Zinkkonzentration im Gehirn (6–95 µg pro g Gehirnmasse). Wird Zink in einen synaptischen Spalt ausgeschüttet, erhöht sich dort seine Konzentration sehr stark und die Ionen können postsynaptisch am Zielneuron vielfältige Strukturmotive (Rezeptoren) binden. Die Präsenz der Zinkionen teilt sich der signalempfangenden Zelle also unmittelbar mit. Aufgrund seiner großen Ähnlichkeit zu Calcium kann Zink auch sogenannte voltage-gated Calcium Channels (VGCCs) regulieren sowie sogar auch solche Kanäle, die für Natrium und Kaliumionen zuständig sind und vieles mehr. Damit spielt Zink als Signalgeber und Regulator auch für die Elektrolythomöostase der Zellen eine wichtige Rolle und moduliert die ganz grundsätzliche Erregbarkeit von Zellen. Es werden durch die Zinksignale, wie bei anderen Neurotransmittern oder Signalgebern auch, Kaskaden in Gang gesetzt (z. B. über Phosphorylierungen), die letztlich in metabolischen und/oder energetischen Folgereaktionen resultieren. Damit ist es auch notwendig, dass die intra- und extrazellulären Zinkkonzentrationen extrem eng reguliert und abgepuffert werden, was durch eine Vielzahl an Proteinen gewährleistet wird, von denen sehr viele membrangebunden oder -integriert sind. So gibt es viele verschiedene Efflux-Zinktransporter (ZnTs) und Influx-Zinktransporter (ZIPs), die herauf- und herunterreguliert werden können – je nach Bedarf. Die Forschung an labilem bzw. freiem Zink ist durch dessen fehlende spektroskopische Sichtbarkeit erschwert. Um dieses Problem zu umgehen, wurden und werden fluorophore zinkspezifische Sensoren entwickelt, die z. B. nur im zinkgebundenen Zustand fluoreszieren oder quenchen und die auch in lebenden Zellen die Detektion von Zink und dessen Lokalisation erlauben. Oftmals stellen diese eine Kombination aus fluoreszierendem Protein, einem Linker und einer natürlichen oder synthetischen Koordinationstasche für Zink dar. Für Letztere werden in der Regel Schwefel- und/oder Stickstoffdonoratome in tetraedrischer Koordinationsgeometrie verwendet. Die Grundgerüste können dabei von den biologischen Histidin- oder Cysteinmotiven durchaus stark abweichen, insbesondere wenn diese kleineren Moleküle bereits intrinsisch fluorophor sind; beispielsweise chinolintragende Sulfonamide, Indol-Methylhydrazone oder Hydrazin-Carbothioamide. In mehrzelligen lebenden Organismen ist es bislang jedoch noch nicht gelungen, neuronales Zink direkt zu observieren, in genügender Auflösung zu lokalisieren und zu quantifizieren, sodass es hier durchaus noch einige offene Fragen gibt. Diesen widmen sich viele internationale Forschungsgruppen nach wie vor, was auch die Rolle von Zinkionen bei der Alzheimer-Erkrankung umfasst.

5.11.2 Nickel

Nickel ist wie sein rechter Nachbar (Cu) im Periodensystem ebenfalls ein redoxaktives Übergangsmetall mit biologischer Bedeutung. Für den Menschen ist Nickel im Gegensatz zu Kupfer aber höchstwahrscheinlich nicht essentiell; in Abwesenheit von Nickel treten jedenfalls keine Mangelerscheinungen auf. Im Gegenteil kann die Nickel-Exposition beim Menschen sogar zu Allergien oder gar zur Karzinogenese führen. Dies ist möglicherweise auch ein Grund, warum Nickel als Biometall erst sehr spät wahrgenommen wurde. Ähnlich wie beim Zink ist zudem auch die Sichtbarkeit von Nickel in biologischer Materie eingeschränkt. Der einzige NMR-aktive Kern ^{61}Ni hat nur eine natürliche Häufigkeit von 1,14 %. Mit einem Kernspin von 3/2 ist dies ein Quadrupolkern, was mit breiten, in der Regel wenig aussagekräftigen NMR-Signalen einhergeht. Dieser Kern ist für ESR-Experimente besonders wichtig. Die zu untersuchende Spezies muss dafür aber mit ^{61}Ni gezielt angereichert werden, um interpretierbare und zuverlässige Daten zu erhalten. Nickelkomplexe mit physiologischen Liganden haben keine besonders charakteristischen Absorptionen, die sich in Spektren herausheben würden, insbesondere dann nicht, wenn man nicht gezielt danach sucht. Vor allem kommt Nickel aber oftmals zusammen mit weiteren Metallionen in den Proteinen vor, wodurch es analytisch verdeckt wird. Während die Konzentration von Nickel in der Lithosphäre und der Ozeanosphäre relativ hoch ist, ist sie in Organismen grundsätzlich klein. Das führte auch dazu, dass man gelegentlich beobachtetes biologisches Nickel als Verunreinigung interpretierte. Die Entdeckung und der Nachweis des Nickels als biologisch wichtiges Metall in mehr als nur einem Enzym insbesondere in Bakterien erfolgten durch Zufall. Aus Klärschlamm isolierte Archaebakterien sollten im Labor gezogen werden. Die Kolonien wuchsen jedoch nicht wie gewünscht, bis unabsichtlich metallene Geräte benutzt wurden, aus denen die Bakterien das Nickel herauslösen konnten. Es erfolgte ein Wachstumsschub, dessen Ursache zu erklären, es eine ganze Weile brauchte. Zu den bekannten und gut untersuchten nickelabhängigen Enzymen gehören die Urease, die Nickel-Eisen-Hydrogenase und die Methylcoenzym-M-Reduktase, auf die unten etwas ausführlicher eingegangen werden soll. Hinzu kommen noch so wichtige Enzyme wie die Nickelsuperoxiddismutase, die nickelabhängige CO-Dehydrogenase sowie die Acetyl-CoA-Synthase. Diese sollen im Folgenden zunächst etwas knapper abgehandelt werden. Die Nickelsuperoxiddismutase (NiSOD) wurde zunächst in Streptomyces-Bakterien gefunden, später auch in Cyanobakterien sowie in weiteren aquatischen Mikroben. Diese Organismen verfügen oftmals auch über eine eisenabhängige Superoxiddismutase, die unter Normalbedingungen stärker exprimiert und auch effizienter ist. Unter hohen Nickelkonzentrationen übernimmt dann die NiSOD, während die Gesamtkonzentration an SODs in etwa konstant bleibt. Die NiSOD hat so gut wie keine strukturelle oder Sequenz-Ähnlichkeit mit anderen Superoxiddismutasen, während die eisen- und die manganabhängigen SODs beispielsweise eng miteinander verwandt sind. Das spricht für eine gänzlich unabhängige Evolution der NiSOD. Interessanterweise ist das Nickel vom N-terminalen Histidin zweifach koordiniert, einmal über Imidazol und einmal über den Amin-Terminus (Abb. 5.48). Hinzu kommen der Stickstoff der ersten Peptidbindung, der anschließende Cysteinrest und ein weiteres, durch drei Aminosäuren separiertes Cystein. Nickel ist im substratfreien Zustand fünffach in verzerrt quadratisch-pyramidaler Geometrie gebunden. Durch die Koordination bildet sich am N-Terminus eine hakenförmige Struktur („nickel hook“) und die Untereinheiten lagern sich zum funktionierenden Hexamer zusammen, wofür die Koordination eine Voraussetzung bildet. Jedoch ist das Nickelion ausschließlich an Aminosäuren der eigenen Untereinheit gebunden und bewirkt keine kovalente Verknüpfung zwischen den Untereinheiten. Die Transformation des Superoxid-Substrats zu molekularem Sauerstoff und Wasserstoffperoxid läuft wie bereits in Abschn. 5.9.2 für die Cu/Zn-SOD beschrieben auch bei der NiSOD als Ping-Pong-Mechanismus ab, wobei das Nickel zwischen den Oxidationsstufen +2 und +3 hin- und herwechselt. Woher genau die Protonen kommen, die für die Ausbildung von Wasserstoffperoxid stammen, ist jedoch noch nicht abschließend geklärt. Ein Tyrosin an neunter Position der Primärstruktur ist durch Faltung sehr nahe am koordinierenden N-Terminus lokalisiert und wird vermutlich durch Stabilisierung von Substrat und Übergangszuständen durch Wasserstoffbrückenbindungen und/oder auch als Protonenrelais eine aktive Rolle in der enzymatischen Katalyse spielen.

Die nickelabhängige Kohlenmonoxid-Dehydrogenase (CODH) kommt in anaeroben Archaeen und Bakterien vor. Sie tritt als Monomer, als Dimer mit identischen Untereinheiten sowie als Dimer in Kombination mit der Acetyl-CoA-Synthase auf (ACS; nicht zu verwechseln mit der Acetyl-CoA-Synthetase). Die CODH katalysiert die reversible Umwandlung von Kohlenmonoxid und Wasser in Kohlendioxid (Gl. (5.23)), die auch an die Acetyl-CoA-Synthese gekoppelt sein kann (Gl. (5.24)), also letztlich die Generierung von Actetyl, welches dann an CoA gebunden wird.

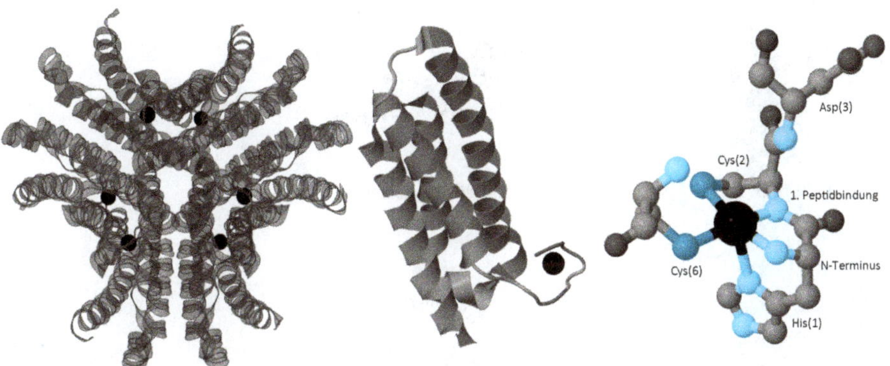

Abb. 5.48: Von links nach rechts: Strukturen vom Hexamer (grau: die sechs Proteinuntereinheiten, schwarz: Nickel), einer isolierten Untereinheit mit „nickel hook" (grau: Protein, schwarz: Nickel) und dem aktiven Zentrum der Nickelsuperoxiddismutase (schwarz: Nickel, hellcyan: Stickstoff, dunkelcyan: Schwefel, dunkelgrau: Sauerstoff, grau: Kohlenstoff). PDB codes: 1Q0D und 1T6U.

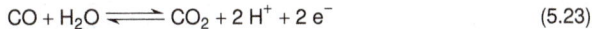

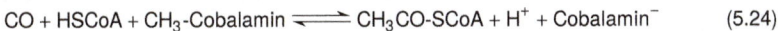

$$CO + H_2O \rightleftharpoons CO_2 + 2\,H^+ + 2\,e^- \qquad (5.23)$$

$$CO + HSCoA + CH_3\text{-Cobalamin} \rightleftharpoons CH_3CO\text{-SCoA} + H^+ + \text{Cobalamin}^- \qquad (5.24)$$

Durch die von der CODH katalysierte Reaktion kann also entweder Acetyl-CoA synthetisiert oder es kann Energie gewonnen werden – je nach Bedarf. Umgesetzt wird außerdem reversibel Acetat zu CO_2 und CH_4 oder zu zwei CO_2. In beiden aktiven Zentren (CODH und ACS) kommt Nickel vor. Das Ni-enthaltende Zentrum in der ACS wird A-Cluster genannt, das der CODH C-Cluster. Im Komplex aus zwei ACS- und zwei CODH-Untereinheiten, also der difunktionellen CO-methylierenden Acetyl-CoA-Synthase, bilden die beiden CODH das Zentrum und die beiden ACS die Enden (Abb. 5.49). Alle vier Zentren sind durch einen hydrophoben Kanal verbunden. Die CODH generiert CO aus CO_2, welches dann zu den A-Clustern wandert. Die beiden CODH-Untereinheiten sind über einen 4-Eisen-4-Schwefel-Cluster miteinander verknüpft, über den der Elektronenaustausch mit der Umgebung stattfindet. Je ein weiterer 4Fe–4S-Cluster vervollständigt den Elektronentransferpfad zu den jeweiligen C-Clustern. Der C-Cluster leitet sich aus einem 4Fe–4S-Cluster ab, in dem eine Eisenecke herausgedreht ist und dessen ursprüngliche Position durch ein Nickel eingenommen wird (Abb. 5.49). Die in der Abbildung gezeigten cyanfarbenen gestrichelten Linien stehen für Abstände größer als 3 Å, was nicht für koordinierende Wechselwirkungen spricht. Das Nickelion ist somit nur dreifach nahezu trigonal planar gebunden und koordinativ ungesättigt. In einer neueren Struktur ist die apikale Position über der trigonalen Fläche durch ein schwach koordinierendes Wasser besetzt, was leicht durch Substrat ersetzt werden könnte. Alle Eisenionen des C-Clusters sind verzerrt tetraedrisch koordiniert; das herausgedrehte Eisenion trägt einen Histidin-Liganden als Ersatz für die verloren gegangene Sulfidokoordination. Nickel ist die Bindungsstelle für CO; ebenfalls benötigtes Wasser bindet an Eisen und wird dort deprotoniert. Ändert Nickel seine Koordinationsgeometrie

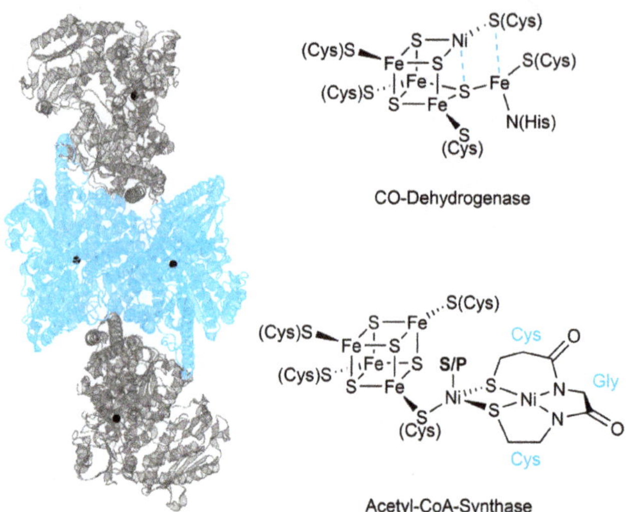

Abb. 5.49: Links der Komplex aus CO-Dehydrogenase-Dimer und zwei Acetyl-CoA-Synthase-Untereinheiten (schwarz: nickelhaltige aktive Zentren, cyan: CODH, grau: ACS). Rechts die chemischen Strukturen der aktiven Zentren von CODH und ACS. Die gestrichelten Linien stehen für Abstände größer als 3 Å, S/P steht für Substrat (CO) bzw. Produkt (Acetyl). PDB code: 1MJG.

durch bzw. nach Substratbindung, wird ein nukleophiler Angriff des Fe-gebundenen Hydroxidoliganden auf das Substrat möglich und Kohlenmonoxid kann oxidiert werden. Sind viel CO_2 und ein Energieüberschuss vorhanden, läuft die Reaktion umgekehrt ab, und ermöglicht dann die AcetylCoA-Synthese. Im A-Cluster wird das äußere Nickelzentrum ungewöhnlicherweise durch die beiden Peptidbindungsstickstoffe der Sequenz Cys-Gly-Cys koordiniert sowie von den beiden Cystein-Schwefeldonoren. Diese verbrücken auch das äußere Nickelion mit dem zentralen Nickelion, welches nur von insgesamt drei Cysteinen in nahezu trigonal-planarer Geometrie gebunden wird. In apikaler Position über der trigonalen Fläche koordiniert das Substrat CO, wie in einer neueren Struktur zweifelsfrei belegt wurde. Das zentrale Nickelion ist über ein Cystein mit einem 4Fe–4S-Cluster verknüpft, der das aktive Zentrum vervollständigt. Vermutlich koordiniert das äußere Nickel ein Methylfragment für die Reaktion (stammend von Methylcobalamin, siehe Abschn. 5.11.3), sodass beide für die Bildung von Acetyl benötigten Substrate jeweils von einem Nickel gebunden werden. Aus dieser Situation ergeben sich zwei Möglichkeiten. Entweder überträgt das äußere Nickel den Methylrest direkt auf den am zentralen Nickel koordinierenden Carbonylkohlenstoff, oder er wird zunächst an das zentrale Nickel weitergereicht und dann insertiert CO in die Nickel–Methyl-Bindung. Da es Kristallstrukturen mit Acetyl und solche mit CO am zentralen Nickel gibt, ist es unwahrscheinlich, dass die C–C-Bindungsknüpfung an einem anderen Zentrum stattfindet. Zudem konnte mit sehr einfachen Modellverbindungen gezeigt werden, dass es ohne Weiteres möglich ist, Kohlenstoffmonoxid in eine Ni–C-Bindung eines Alkylkomplexes zu insertieren.

Die Urease ist das erste in reiner Form isolierte Enzym überhaupt (1926), dessen Nickelgehalt erst sehr spät festgestellt wurde (1975). Die Kristallstruktur der Urease ist erst seit 1995 bekannt. Das biochemische Verständnis der Urease hat sich damit ungewöhnlich langsam entwickelt. Sie kommt in Bakterien, Pilzen, Algen, Pflanzen und einigen wirbellosen Tieren vor. Die Urease wird von in Böden vorkommenden Mikroben auch in den Boden sekretiert und in der Form als sogenanntes Bodenenzym (soil enzyme) eingeordnet. Das aktive Zentrum der Urease ist zweikernig mit einem Ni–Ni-Abstand von 3,5 Å. Die beiden Nickelzentren sind je zweifach von Histidin koordiniert, von je einem Wasser und miteinander über ein Hydroxid verbrückt, sowie durch einen ungewöhnlichen vom Lysin abgeleiteten Carbamatliganden (Abb. 5.50). Eines der beiden Nickelionen trägt zusätzlich noch eine Aspartatkoordination. Durch die unterschiedliche Anzahl an Liganden unterscheiden sich die Koordinationsgeometrien der beiden Nickelionen; sie sind verzerrt oktaedrisch sowie quadratisch-pyramidal. Von ihrer Funktion her ist die Urease eigentlich eine Harnstoff-Amidhydrolase, katalysiert also den Abbau von Harnstoff zu CO_2 und NH_3. Harnstoff würde auch von selbst zerfallen, allerdings ergibt die katalysierte Reaktion andere Produkte (CO_2 statt Isocyansäure) und erfährt eine Geschwindigkeitserhöhung um den Faktor 10^{14} (Gl. (5.25) und Gl. (5.26)).

$$\text{unkatalysiert:}\quad H_2N{-}CO{-}NH_2 + H_2O \longrightarrow NH_3 + H_2O + HN{=}C{=}O \tag{5.25}$$

$$\text{katalysiert:}\quad H_2N{-}CO{-}NH_2 + H_2O \longrightarrow 2\,NH_3 + CO_2 \tag{5.26}$$

Da Ammoniak als Produkt der Reaktion umwelt- und gesundheitsschädlich ist und die Produktion dort besonders hoch ist, wo viel Harnstoff erzeugt wird (Jauche, Mist), ist die Funktion der Urease für die Viehwirtschaft ein Problem. Wird mit Harnstoff gedüngt, so ist zudem der Verlust des Stickstoffs als gasförmiges Ammoniak nachteilig. Um diese Nachteile zu reduzieren oder zu umgehen wird nach effektiven Hemmern der Urease gesucht. Dazu gehören z. B. Diamidophosphate, welche dem Übergangszustand der Katalyse ähneln (im Mechanismus in Abb. 5.50 die unten stehende Spezies) oder Thioharnstoff als Substratanalogon.

Im postulierten katalytischen Mechanismus der Urease wird Harnstoff zunächst verbrückend an die beiden Nickel gebunden, wobei zwei Wasserliganden abgespalten werden. Dann greift das verbrückende Hydroxid den Kohlenstoff des Harnstoffs nukleophil an. Daraufhin wird ein Proton vom ehemaligen Hydroxidoliganden auf die koordinierte NH_2-Gruppe übertragen, diese daraufhin als NH_3 abgespalten. Schließlich wird die Carbamidsäure durch zwei Wasser verdrängt. Ein drittes Wassermolekül liefert ein Proton und die Carbamidsäure zersetzt sich zu NH_3 und CO_2. Das übrig bleibende Hydroxid bindet wieder verbrückend zwischen den beiden Nickelionen zur Regeneration des aktiven Zentrums. Diese Reaktion ist eine Säure-Base-Katalyse, welche eigentlich genauso gut von Zn^{2+} bewältigt werden sollte. Warum Nickel(II) statt Zink(II) benutzt wird, ist nicht bekannt. Allerdings konnten mit Nickel-Modellkomplexen für die Urease die gleichzeitige Bindung von Harnstoff und dem Nukleophil OH^-, sowie auch die NO-verbrückende Anbindung von Harnstoff und dessen Zersetzung zu Cyanat nachemp-

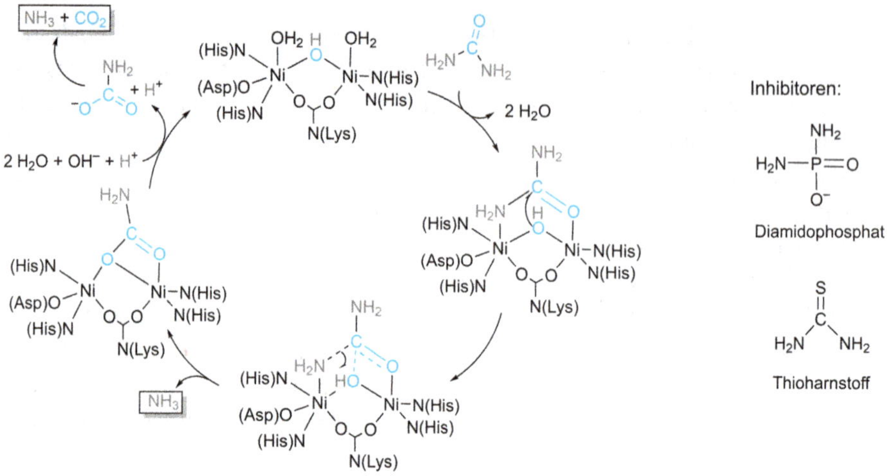

Abb. 5.50: Der postulierte Mechanismus für den Harnstoffabbau der Urease (links) und Beispiele für Inhibitoren für das Enzym.

funden und untersucht werden, womit dessen Einsatz aus chemischer Sicht durchaus plausibel erscheint (Abb. 5.51).

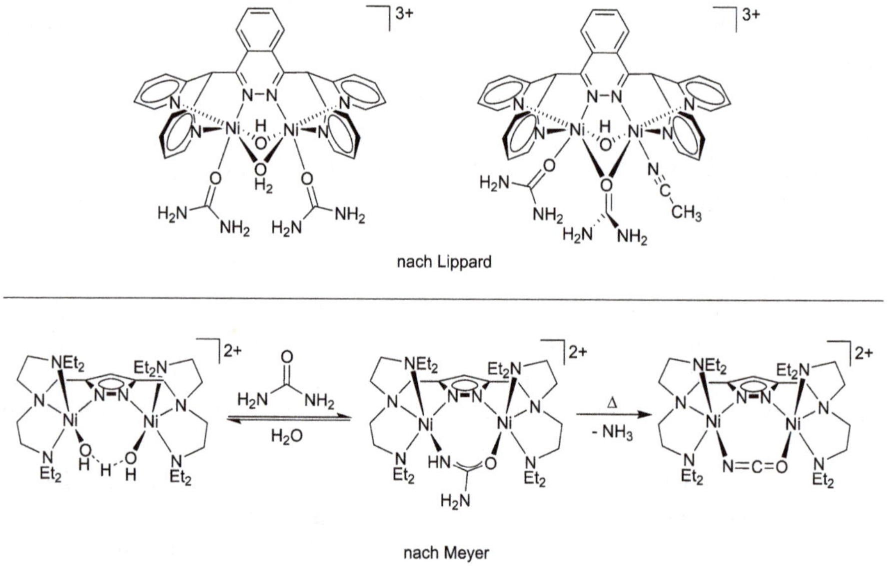

Abb. 5.51: Modellkomplexe für die Urease. Oben für die lösungsmittelabhängige gleichzeitige Bindung von Harnstoff und nukleophilem Hydroxid nach Lippard (A. M. Barrios, S. J. Lippard, *J. Am. Chem. Soc.* 2000, **122**, 9172–9177) und unten für die NO-verbrückende Anbindung von Harnstoff und Zersetzung zum Cyanat nach Meyer (F. Meyer, E. Kaifer, P. Kircher, K. Heinze, H. Pritzkow, *Chem. Eur. J.* 1999, **5**, 1617–1630).

Hydrogenasen katalysieren die reversible Oxidation von molekularem Wasserstoff. Sie produzieren also Protonen und Elektronen, wobei Letztere auf einen Akzeptor übertragen werden. Umgekehrt können sie auch aus Protonen mithilfe eines Elektronendonors molekularen Wasserstoff generieren. Diese Funktion geht mit einem besonderen wissenschaftlichen und industriellen Interesse an diesen Enzymen einher. Brennstoffzellen, die durch die Verbrennung von Wasserstoff Energie liefern und dies mit der Produktion unbedenklichen Wassers, stellen möglicherweise in Zukunft einen wichtigen Teil unserer Energieversorgung dar. Allerdings ist diese Technologie mit einigen Problemen behaftet, die auf den Transport und die Speicherung des Brennstoffs H_2 zurückgehen. Zum einen besitzt reiner Wasserstoff ein hohes Gefährdungspotential; erinnert sei an die Hindenburg-Katastrophe. Zum anderen sollten Gewicht und Volumen mobiler Brennstoffzellen-Tanks in einem ökonomischen Verhältnis zum Energieinhalt stehen; wenn die Bewegung eines aus Sicherheitsgründen sehr schweren Tanks viel zusätzliche Energie kostet, ist dies weder besonders ökologisch noch ökonomisch. Zu Bedenken gilt auch, wie viel Energie es kostet, den Wasserstoff in seine Speicherform zu bringen (z. B. durch Kondensieren), und wie viel Energie es kostet, ihn in die Brennstoffzelle zu mobilisieren (beispielsweise aus Metallhydriden heraus; zur Brennstoffzelle siehe auch Abschn. 1.8.2.3, 2.5.2 und 2.10.1.5). Hinzu kommt die am Anfang von allem stehende Gewinnung molekularen Wasserstoffs, die ebenfalls energieintensiv ist. Die Gesamtbilanz, zumindest wenn man das Produkt der Brennvorgänge (H_2O/harmlos versus CO_2/Treibhausgas) ausblendet, ist für klassische Energieträger erheblich viel günstiger. Es sollte auch ganz grundsätzlich beachtet werden, dass der erste Hauptsatz der Thermodynamik gilt. Würde Wasserstoff ausschließlich mittels regenerativer Energien (z. B. photochemisch) und dezentral produziert, wäre viel gewonnen. Grundsätzlich wichtig ist es, „Reibungsverluste“ bei Energieumformungen und Energiespeicherung zu minimieren. Im Gegensatz zu klassischen Brennstoffen gibt es in dieser Hinsicht bei Wasserstoff noch erhebliches Optimierungspotential bzw. Optimierungsbedarf. Aus diesem Grund wird in nicht wenigen Forschergruppen an den Hydrogenasen als potentiellen industriellen H_2-Produzenten gearbeitet. Es ist auch bereits gelungen, eine Brennstoffzelle im Labormaßstab zu bauen, die an einer mit Porphyrin sensibilisierten Titandioxid-Photoanode mittels Licht generierte Elektronen an eine mit Hydrogenase beschichtete Filzkohlenstoff-Kathode leitet. Die immobilisierten Hydrogenasen produzierten dann aus gelösten Protonen molekularen Wasserstoff. An beiden Elektroden war der Grad an Wirksamkeit bisher jedoch noch nicht so hoch, dass dieses Konzept (Licht enzymatisch zu Wasserstoff, also H_2-Photosynthese) in die tägliche Energieerzeugungspraxis hätte übertragen werden können. Ein grundsätzliches Problem bei der Forschung mit bzw. Verwendung von Hydrogenasen ist, dass die allermeisten sauerstoffempfindlich sind. Unter den Nickel-Eisen-Hydrogenasen jedoch kommen einige wenige Vertreter (z. B. im Bakterium *Ralstonia eutropha*) vor, die O_2-tolerant sind. Man spricht dann anschaulich von Knallgasbakterien. Die Entdeckung dieser Ni-Fe-Hydrogenasen gab dem Forschungsfeld neuen Schwung. Neben den Ni-Fe-Hydrogenasen gibt es auch Ni-Fe-Se-Hydrogenasen (eng verwandt; nur ein

Cys gegen Se-Cys ausgetauscht), Fe-Fe-Hydrogenasen und Fe-only-Hydrogenasen. Die Fe-Fe-Hydrogenasen sind die effizientesten im Sinne der H_2-Produktion aber sehr sauerstoffempfindlich. Die Ni-Fe-Hydrogenasen nutzen H_2 vornehmlich zur Energiegewinnung, katalysieren also eher die Umkehrreaktion. Entwicklungskonzepte für die H_2-Photosynthese mittels Hydrogenasen zielen darauf ab, die Fe-Fe-Enzyme sauerstofftolerant zu machen oder die Vorzugsrichtung der Katalyse der Ni-Fe-Enzyme umzukehren. Die Ni-Fe-Hydrogenasen sind besonders gut untersucht hinsichtlich Struktur und Wirkungsweise. Auf sie soll im Folgenden ein genauerer Blick geworfen werden. Ni-Fe-Hydrogenasen kommen in aeroben und in anaeroben Mikroorganismen vor – in Archaeen, Bakterien und Cyanobakterien. Ni-Fe-Hydrogenasen sind dimere Nickelenzyme mit jeweils zwei S (small) und zwei L (large) Untereinheiten. Die kleine Untereinheit enthält drei Eisen-Schwefel-Cluster, während die große Untereinheit das aktive Nickel-Eisen-Zentrum bindet, welches über einen Gaszufuhrkanal zugänglich ist. Links in Abb. 5.52 ist die relative Lage der Übergangsmetalle zueinander an je einer S- und L-Untereinheit, also dem halben Enzym, illustriert. Von den drei Eisen-Schwefel-Clustern ist der mittlere ein 3Fe–4S-Cluster und beim äußersten 4Fe–4S-Cluster liegt eine ungewöhnliche His-Koordination an einem Eisen vor. Der innerste 4Fe–4S-Cluster ist ohne besondere Auffälligkeit. Ihre Abstände zueinander betragen um die 8 bis 10 Å, was relativ kurz ist und schnellen Elektronentransfer garantiert. Das Enzym katalysiert die reversible Oxidation von molekularem H_2 (Gl. (5.27)).

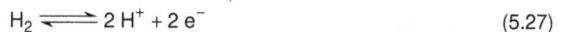

$$H_2 \rightleftharpoons 2\,H^+ + 2\,e^- \tag{5.27}$$

Die gewonnenen Elektronen werden von den Mikroorganismen zur Reduktion diverser Substrate genutzt (O_2, CO_2, Sulfate, Cytochrome, NAD^+ usw.).

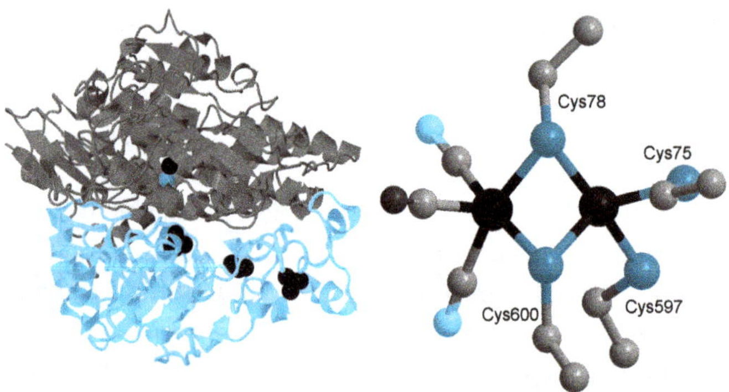

Abb. 5.52: Links: Die Organisation der redoxaktiven Kofaktoren im Monomer der Ni-Fe-Hydrogenase (schwarz: Eisen, dunkelcyan: Nickel, grau: die große L-Untereinheit, hellcyan: die kleine S-Untereinheit). Rechts das aktive Ni-Fe-Zentrum mit der ungewöhnlichen Koordination von zwei Cyaniden und einem Kohlenmonoxid an Eisen. Von den vier Cysteinen sind nur die Seitenketten gezeigt (schwarz: Eisen, dunkelgrau: Nickel, mittelgrau: Sauerstoff, grau: Kohlenstoff, hellcyan: Stickstoff, dunkelcyan: Schwefel). PDB codes: 1FRV und 7ODG.

In fast allen Strukturen findet sich in der Nähe des Ni-Fe-Zentrums ein Magnesiumion (nicht gezeigt), welches vermutlich eine strukturelle Funktion hat. Im aktiven Zentrum selbst liegt ein verzerrt tetraedrisches Nickelion vor, koordiniert von vier Cysteinen, davon zwei verbrückend zum Eisen. In früheren Strukturen wurde oftmals ein Atom gefunden, was als dritte Brücke fungierte (diese würde in Abb. 5.52 nach hinten wegzeigen). Am wahrscheinlichsten handelte es sich um Hydroxid oder einen Oxidoliganden, was mit einer Oxidation des Zentrums assoziiert wäre, aus der Letzteres dann erst wieder durch Reduktion aktiviert werden müsste. Mittlerweile konnte gezeigt werden, dass an genau dieser Position im sogenannten Ni-R-Zustand ein Hydrid verbrückend bindet, welches aus H_2 stammt oder zu H_2 umgesetzt wird. Für ein aktives Enzym muss diese Position also frei von anderen Liganden als H^- sein. Das Eisen ist verzerrt trigonal-pyramidal bzw. mit Hydrid im Ni-R-Zustand verzerrt oktaedrisch koordiniert. Interessanterweise trägt es auch zwei Cyanido- und einen Carbonylliganden, die normalerweise mit Toxizität und Enzyminaktivierung assoziiert werden. Es stellt sich die Frage, wie diese Liganden ins aktive Zentrum kommen, ohne andere Metallzentren anderer Proteine zu schädigen. Der Carbonylligand wird möglicherweise aus koordiniertem Kohlendioxid direkt am Eisenzentrum durch Reduktion generiert. Dies ist allerdings (noch) umstritten und Isotopenmarkierungsexperimente sprechen eher dagegen. Für die Cyanide gibt es Hinweise, dass sie *in situ* biosynthetisiert werden, wenn das aktive Zentrum nach und nach aufgebaut wird. An der Reifung des Kofaktors sind mehrere Proteine beteiligt, die über kooperierende Cystein-Seitenketten verfügen. Die Reaktionssequenz für die Cyanidgenese beginnt mit einem Carbamoylphosphat. Dieses wird zunächst zu Carbamat und dann in ein Carbamoyladenylat überführt. Die funktionelle Carbamoylgruppe wird dann zu einem Cystein am C-Terminus eines Reifungsproteins mobilisiert und dort schließlich in Thiocyanat umgewandelt. Vom Thiocyanat aus wird durch die Reifungsproteine der abschließende Transfer auf das Eisenzentrum bewerkstelligt. Die benötigten Reduktionsäquivalente werden vermutlich von Cysteinen unter Ausbildung von Disulfidbrücken geliefert. Das fertige Eisenfragment wird im Anschluss direkt an die große Untereinheit der Hydrogenase weitergereicht und dort zusammen mit dem Nickelfragment zum vollständigen aktiven Zentrum. Einige Schritte in dieser plausiblen Sequenz sind mit Daten unterlegt, aber sie enthält noch die eine oder andere Hypothese, die der Bestätigung bedarf. Viele Modellverbindungen für die Hydrogenasen enthalten Carbonylliganden (vergleichsweise selten auch Cyanide) und eher niedervalente Metallzentren, da solche Komplexe relativ leicht herzustellen sind. Es ist mittlerweile eine große Anzahl von biomimetischen Nickel-Eisen-Komplexen in bemerkenswerter Varianz publiziert. Typischerweise werden heterodinukleare zweifach oder dreifach thiolatoverbrückte Komplexe verwendet, in denen die Koordinationssphäre des Eisens durch CO-Liganden oder auch nichtnatürliche größere Liganden komplettiert wird. Die Nickelseite hat sich in diesen Verbindungen als stets flexibler herausgestellt; Ligandenaustausch findet bevorzugt am Nickel statt und auch seine Koordinationszahl und folglich Koordinationsgeometrie sind verhältnismäßig leicht zu variieren. Diese Beobachtung unterstrich, dass es vermutlich die Nickelseite ist, welche das Substrat H_2

bindet, bevor es umgesetzt bzw. freigesetzt wird. Hinzu kommt, dass im aktiven Zentrum für Nickel Oxidationszustände zwischen +1 und +3 nachgewiesen wurden für Eisen stets +2. Auch dies impliziert, dass Nickel das aktivere Metall ist. Im Ruhezustand Ni–SI liegt Nickel(II) vor ebenso wie im Ni–R-Zustand, in dem am Zentrum ein Hydrid und ein Proton gespeichert sind. In einem mittleren nur hydridgebundenen Zustand Ni–C liegt Nickel(III) vor. Ein sogenannter Ni-L-Zustand ist das Photoprodukt von Bestrahlung unterhalb einer Temperatur von 200 K. Hier liegt Nickel(I) vor, was vermutlich keine natürliche Rolle spielt. Aufgrund all dieser Informationen wurde ein Mechanismus postuliert, der verschiedene Optionen abdeckt (Abb. 5.53). So kann z. B. H_2 sowohl an die Nickelionen in Ni-SI als auch in Ni-R koordinieren. Letzteres wäre mit einem protonengekoppelten Elektronentransfer (PCET) verknüpft, Ersteres nicht. Alle Umformungen sind höchstwahrscheinlich voll reversibel. Abschließend erwähnt werden soll noch, dass es für die Fe-Fe-Hydrogenasen bemerkenswerterweise gelungen ist, synthetische Kofaktoren in die Apoenzyme einzubauen und so semiartifizielle Enzyme zu erzeugen – auch *in vivo*. Dies eröffnet zahllose Möglichkeiten der Enzymoptimierung und biotechnologischen Produktion – kann doch so die aufwendige Kofaktor-Reifung umgangen werden – und schwenkt den aktuellen Forschungs- und Entwicklungsfokus eher in Richtung Fe-Fe- denn in Richtung Ni-Fe-Hydrogenasen.

Das letzte nickelabhängige Enzym, dem hier eine genauere Beschreibung gewidmet werden soll, ist die Methylcoenzym-M-Reduktase. Sie katalysiert den letzten Schritt der Methanogenese, also die Bildung von Methan durch Reaktion von Methyl-Coenzym-M und Coenzym-B (Abb. 5.54). Durch Umformung wird gleichzeitig Energie in Form einer Disulfidbrücke gespeichert. Diese Enzyme wurden, wenig überraschend, bisher ausschließlich in methanogenen und methanotrophen Archaeen gefunden. Die Mikroorganismen nutzen die Methanogenese als Form anaerober Atmung, also mit dem Ziel der Energiegewinnung. In einer anoxischen Umgebung ist die Methanogenese der letzte Schritt im natürlichen Abbau von Biomasse. Auch unter diesen Bedingungen wird CO_2 generiert, welches dann im ersten Schritt der Methanogenese durch Formylmethanofuran-Dehydrogenasen auf Methanofuran übertragen wird, was einer reduktiven Fixierung von Kohlenstoffdioxid entspricht. Die beteiligten Enzyme enthalten Molybdän- oder Wolfram-Kofaktoren (siehe auch Abschn. 5.11.5) als aktive Zentren und Eisen-Schwefel-Cluster als Elektronenrelais und ihr Name leitet sich von der Umkehrreaktion ab zu der, welche in Abb. 5.54 gezeigt ist. Es kommen für die Methanogenese auch andere kleine Substrate infrage, wie Formiat, Methanol, Acetat, Tetramethylammoniumionen oder Dimethylsulfid. Diese durchlaufen dann aber eine andere Reaktionssequenz, da hier ja die Methylgruppe schon enthalten ist oder auf kürzerem Weg generiert werden kann. Wird das Standardsubstrat CO_2 eingesetzt, ist der zweite Schritt die Übertragung der Formylgruppe durch die Formylmethanofuran:Tetrahydromethanopterin Formyltransferase. Gebunden an den Pterin-Stickstoff wird die Formylfunktion z. B. durch Methylen-Reduktasen (oder verwandte Enzyme) sofort und sukzessive bis zur Methylgruppe reduziert. Die benötigten H^0 (Protonen und Elektronen) werden dabei vom organischen Coenzym $F_{420}H_2$ übertragen oder, wenn

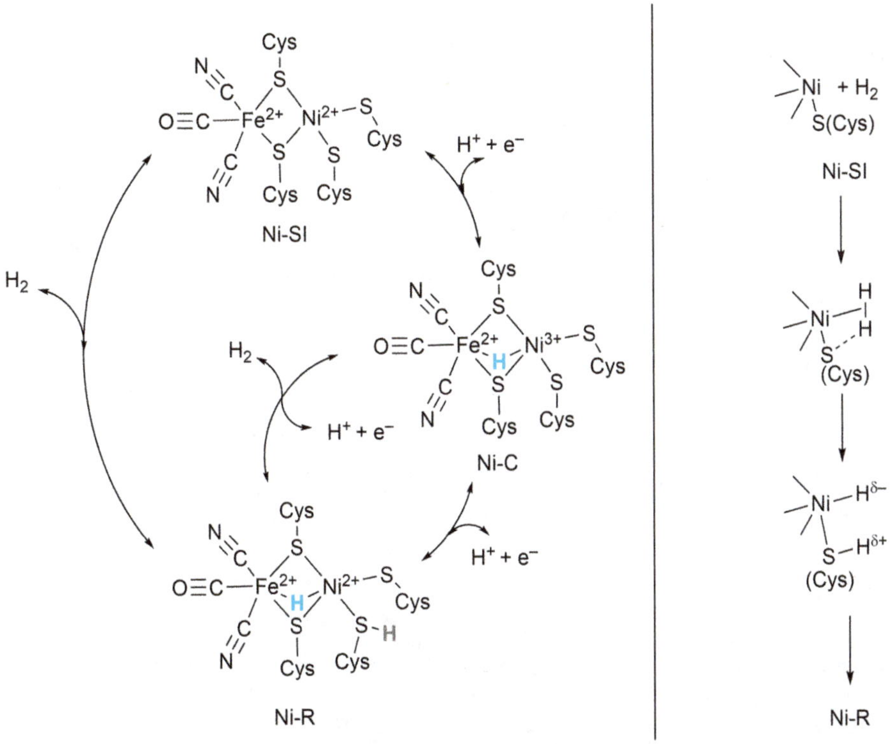

Abb. 5.53: Der Mechanismus der reversiblen Oxidation molekularen Wasserstoffs (links) und eine detaillierte Vorstellung der Abläufe der H_2-Koordination an das Nickel(II)-Zentrum des Ni–SI-Zustands (rechts). In cyan gezeigt ist hydridischer Wasserstoff, in grau das aus H_2 stammende Proton.

vorhanden, kann auch einfach molekularer Wasserstoff direkt als Reduktionsmittel wirken. Im dritten Schritt wird die Methylgruppe von Methyl-Tetrahydromethanopterin auf Coenzym-M übertragen (chemisch: 2-Sulfanylethansulfonat wird methyliert zu 2-(Methylthio)ethansulfonat). Dies geschieht durch Methyltransferasen beispielsweise mittels (Methyl-)Cobalamin als Vermittler (siehe Abschn. 5.11.3 im Folgenden).

Im letzten Schritt erfolgt die Freisetzung des Methans unter Ausbildung einer Disulfidbrücke zwischen Coenzym-M (CoM) und Coenzym-B (CoB). Die Methylcoenzym-M-Reduktase, die dies bewerkstelligt, ist ein heterodimeres Protein aus insgesamt sechs eng miteinander verzahnten Untereinheiten und enthält zweimal den Kofaktor F_{430}, eine nickelhaltige vom Porphin abgeleitete prosthetische Gruppe (siehe auch Abschn. 5.3.2). Nickel ist fünffach koordiniert durch die vier Stickstoffdonoren des stark reduzierten Corphin-Makrozyklus (nur fünf Doppelbindungen im π-System) sowie einzähnig durch einen Glutamin-Sauerstoff (Abb. 5.55). Die sechste Koordinationsstelle ist die Bindungsstelle für CoM, welches über den Thioetherschwefeldonor koordiniert. Es sind mehrere Strukturen in der Proteindatenbank hinterlegt, auch solche, in denen beide Substrate mitkristallisiert sind (Abb. 5.55).

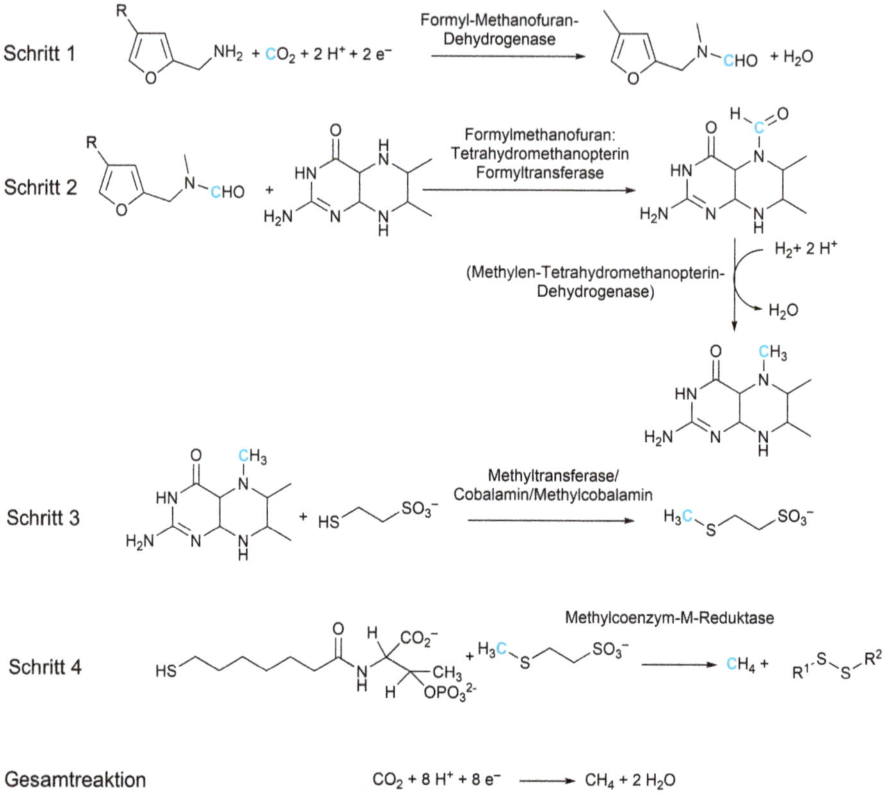

Schritt 1 — $NH_2 + CO_2 + 2\,H^+ + 2\,e^-$ — Formyl-Methanofuran-Dehydrogenase → $N\text{-}CHO + H_2O$

Schritt 2 — Formylmethanofuran: Tetrahydromethanopterin Formyltransferase

(Methylen-Tetrahydromethanopterin-Dehydrogenase) $H_2 + 2\,H^+$, H_2O

Schritt 3 — Methyltransferase/ Cobalamin/Methylcobalamin → $H_3C\text{-}S\text{-}CH_2CH_2\text{-}SO_3^-$

Schritt 4 — Methylcoenzym-M-Reduktase → $CH_4 + R^1\text{-}S\text{-}S\text{-}R^2$

Gesamtreaktion $$CO_2 + 8\,H^+ + 8\,e^- \longrightarrow CH_4 + 2\,H_2O$$

Abb. 5.54: Die Methanogenese mit CO_2 als Ur-Substrat. Der letzte Schritt wird durch ein nickelabhängiges Enzym, die Methylcoenzym-M-Reduktase, katalysiert.

Die Positionierung des zweiten Substrats Coenzym-B ist bemerkenswert. Es ragt über einen engen Kanal in das Enzym in Richtung aktives Zentrum hinein, kann es aber nicht ganz erreichen. Durch sein phosphattragendes Ende kann es nur schwer in den unteren Teil des Trichters eindringen und wird stattdessen durch Wasserstoffbrückenbindungen über Phosphat so fixiert, dass sich die Schwefelfunktion in inaktiven Zuständen fast 9 Å vom aktiven Zentrum entfernt befindet. Das viel kleinere methylierte CoM hingegen kann trotz seiner Sulfonatfunktion bis zum aktiven Zentrum vordringen, was geschehen muss, bevor CoB sich ins Protein bewegt und dort quasi als Deckel fungiert. Es wurde postuliert, dass CoB, sobald beide Substrate gebunden sind, eine Konformationsänderung herbeiführt, die das vorab gebundene Methyl-CoM näher an das Nickel heranbringt und so erst die nickelvermittelte homolytische Spaltung der C–S-Bindung ermöglicht (Abb. 5.56). Es wird weiterhin angenommen, dass durch eine dann folgende Drehung des CoM eine weitere signifikante Konformationsänderung im Protein, ein tieferes Hineinrutschen des CoB erlaubt, sodass die beiden relevanten Schwefelatome in eine räumliche Nähe zueinander geraten. Das bedeutet, dass das zweite Substrat auch ei-

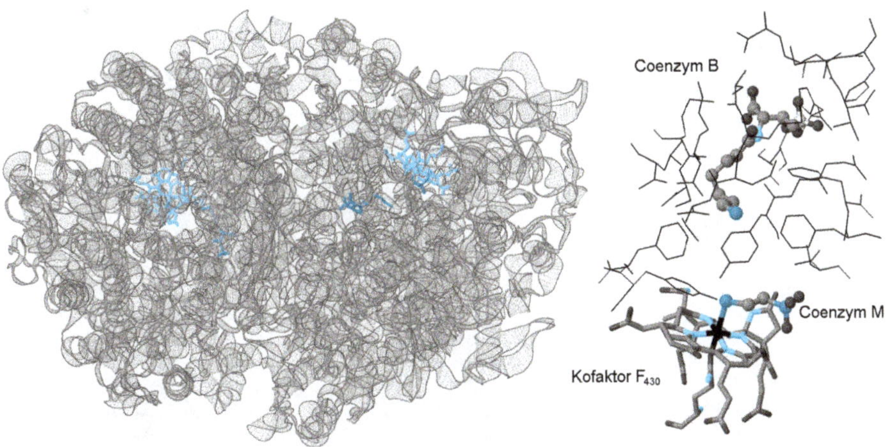

Abb. 5.55: Links die Struktur der Methyl-Coenzym-M-Reduktase im Ganzen. Die sechs Untereinheiten sind alle in grau gezeigt, die beiden Substrate Coenzym-M und Coenzym-B in dunkelcyan und der Kofaktor F_{430} in hellcyan. Rechts die Struktur des aktiven Zentrums mit beiden Substraten und dem angedeuteten Zugangskanal (schwarz/Wireframe: Aminosäuren des Substratkanals, schwarz/Kugel: Nickel, dunkelcyan: Schwefel, hellcyan: Stickstoff, dunkelgrau: Sauerstoff, hellgrau: Kohlenstoff, weiß: Phosphor). PBD code: 1E6V.

ne Schutzfunktion innehat, und dass Radikale nur dann überhaupt erst entstehen, wenn sie auch gleich wie beabsichtigt weiterreagieren können, jedenfalls nicht ungewollt aus dem aktiven Zentrum entweichen können. Aus den umfassenden Strukturdaten mit und ohne Substrat, wenngleich oftmals von inaktiven Zuständen, ergab sich also eine recht genaue Vorstellung über den Mechanismus der Katalyse, die mittlerweile auch mit experimentellen, kinetischen und theoretischen Daten unterfüttert ist (Abb. 5.56). Wichtig sind in dieser Vorstellung der Substratumsetzungen die beiden Konformationsänderungen, bevor durch homolytische Spaltung und Elektronentransfer vom Nickel das kurzlebige Methylradikal entsteht. Dieser folgt unmittelbar die homolytische Spaltung der S–H-Bindung, Generierung von Methan und dessen Abgabe. Schließlich bildet sich die Disulfidbindung und das Nickelzentrum wird zurück reduziert in die Oxidationsstufe Ni^{1+}. Thermodynamisch ist diese letzte Reaktion der Methanogenese mit $\Delta G^0 = -30\,kJ{\cdot}mol^{-1}$ sehr günstig. Die Energiemenge liegt im Bereich der freiwerdenden Energie, wenn ATP zu Adenosinmonophosphat und Diphosphat gespalten wird. Kinetisch ist die Hinreaktion hundertmal schneller als die ebenfalls mögliche Rückreaktion.

Es soll abschließend noch erwähnt werden, dass kürzlich ein alternativer Mechanismus vorgeschlagen wurde, in dem Methyl-CoM ausschließlich über sie Sulfonatfunktion an Nickel koordiniert. Nickel würde dann über einen Elektronentransfer über eine größere Distanz entlang des Substrats die Abspaltung des Methylradikals bewirken. Auf diese Weise wäre keine Energie verbrauchende Konformationsänderung nötig, aber der Mechanismus der Aktivierung durch CoB ist nicht ganz so schlüssig wie im oben

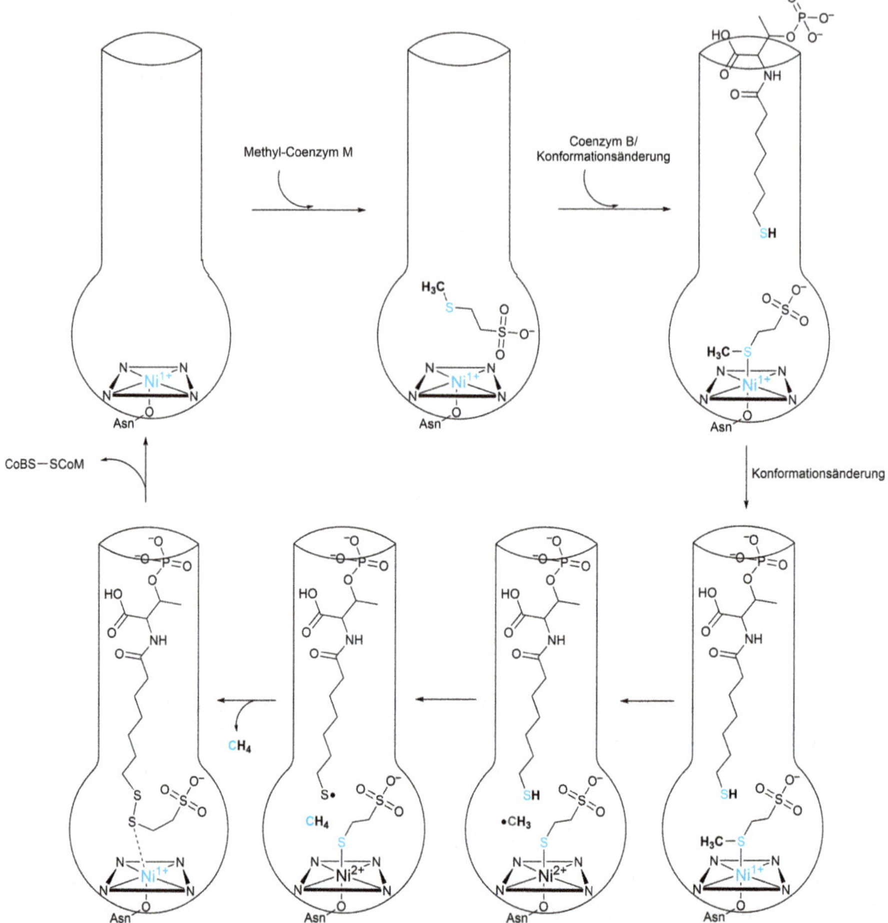

Abb. 5.56: Der postulierte Mechanismus für die Methylcoenzym-M-Reduktase unter Einbeziehung von substratinduzierten Konformationsänderungen. Ni = OS +1, Ni = OS +2, S = OS −2, S = OS −1, C = OS −2; C = OS −3, C = OS −4. In der Gesamtreaktion wird Kohlenstoff zweifach reduziert und je ein Schwefel einfach oxidiert.

beschriebenen Szenario. Hier bedarf es weiterer experimenteller Daten, um die Kontroverse letztlich zu entscheiden.

5.11.3 Cobalt

Cobalt ist sowohl in der Erdkruste als auch in den Ozeanen in viel geringerer Konzentration vorhanden als die bisher besprochenen Bio-Übergangsmetalle. Dass es dennoch ein absolut essentielles Spurenelement ist, spricht dafür, dass es eine einmalige Bioreaktivität mitbringt, die nicht von einem anderen Metall mit einer größeren natürlichen Häufigkeit übernommen werden kann. Bei Cobaltmangel sind beispielsweise Zellteilung, Blutbildung und die Funktion des Nervensystems beeinträchtigt. Es gibt verhältnismäßig wenige Enzyme, in denen Cobalt enthalten ist. Die aktiven Zentren sind ein- oder zweikernig und die Koordinationsmuster oftmals denen von Eisen nicht unähnlich. Die prominenteste Rolle spielt Cobalt sicherlich in Form von Vitamin B_{12} und dessen Derivaten. Hier ist Cobalt das zentrale Metall in den sogenannten Cobalaminen, in denen es vom Corrin-Makrozyklus (siehe auch Abschn. 5.3.2) äquatorial koordiniert ist (Abb. 5.57). Der nicht auszutauschende axiale Ligand ist ein Benzimidazol-Imin-Stickstoff. Die sechste Koordinationsstelle ihm gegenüber ist variabel; für den menschlichen Metabolismus von Bedeutung sind die Liganden Methyl (für den Transfer von Methylgruppen), Adenosyl (für die enzymatische Katalyse von Umlagerungen/Mutasen) und natürlich CN^- im Vitamin B_{12}, das auch als Nahrungsergänzungsmittel eingenommen werden kann und in einer cobalttypischen rosafarbenen Lösung erhältlich ist. Vitamin B_{12} wird im Organismus aktiviert und dabei in die enzymatisch aktiven benötigten Formen umgewandelt. Die einzigen Organismen, die Vitamin B_{12} auf natürliche Weise herstellen können, sind Bakterien und Archaeen, auch solche, die im Darm vorkommen. Alle anderen darauf angewiesenen Organismen müssen es mit der Nahrung aufnehmen. In Pflanzen kommt es nur in Spuren vor. Säugetiere speichern es in Leber und Niere, in denen es durchaus in höheren Konzentrationen vorkommen kann, weswegen man früher dachte, nur der Mensch wäre nicht imstande, die Cobalamine biosynthetisch zu generieren, Tiere aber schon. Insbesondere wiederkäuende Tiere sind wichtige Quellen von Vitamin B_{12}, indem sie den Bakterien eine ideale Umgebung liefern und eine Anreicherung von Weideböden mit Cobaltsalzen kann diesen Effekt noch verstärken. Jedoch kann die Aufnahme von Cobaltverbindungen, welche die Cobaltionen ohne viel Aufwand freisetzen, auch in einer Vergiftung münden. Wie stets in der Natur kommt es auf die Balance an.

Ist X in Abb. 5.57 ein Alkyl, so sind die Verbindungen metallorganischer Natur und damit die einzigen bekannten natürlich vorkommenden Alkyl-Übergangsmetall-Komplexe. Darüber hinaus sind sie auch noch hydrolysestabil. Aus diesen Verbindungen können kontrolliert Radikale gebildet werden, was ursächlich für die biologischen Reaktivitäten dieser Spezies ist (Abb. 5.58).

Mutasen bilden eine Familie von großen coenzym-B_{12}-abhängigen Enzymen, die in Organismen vom Bakterium bis zum Säuger vorkommen. Neben der Wanderung der in Abb. 5.57 gezeigten transferierbaren funktionellen Gruppen entlang einer C–C-Bindung, katalysieren sie auch die Umwandlung von Diolen zu Aldehyden unter Wasserabspaltung sowie die Umwandlung eines Amin-Alkohols in ein Aldehyd unter Ammoniakabspaltung. Mechanistisch abstrahiert ein aus Coenzym B_{12} hervorgehendes organisches Radikal (siehe Abb. 5.58 zu den möglichen Co–C-Bindungsspaltungen) ein H^0 aus dem Substrat gefolgt von einem thermodynamisch kontrollierten 1,2-Shift. Die Rückgabe des H^0 und Rückbildung vom Coenzym B_{12} schließen den Vorgang ab. Diese Reaktionen dienen sowohl der Biosynthese essentieller Moleküle wie Aminosäuren (Anabolismus;

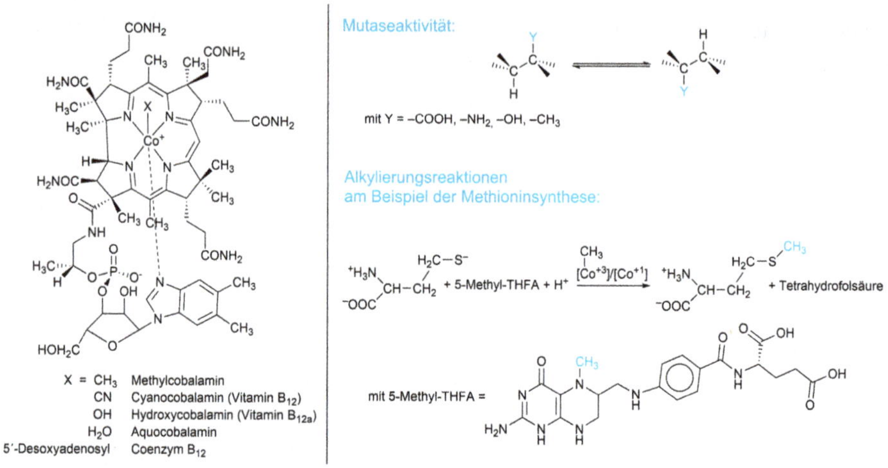

Abb. 5.57: Links biologisch wichtige Derivate von Cobalamin. Rechts für den Stoffwechsel benötigte Reaktivitäten von cobaltabhängigen Enzymen (Mutasen verschieben eine funktionelle Gruppe entlang einer C–C-Bindung und der Methyltransfer mittels Methylcobalamin am Beispiel der Methioninsynthese). Die verschobenen bzw. übertragenen Gruppen sind in cyan gezeigt. THFA = tetryhydrofolic acid, also Tetrahydrofolsäure.

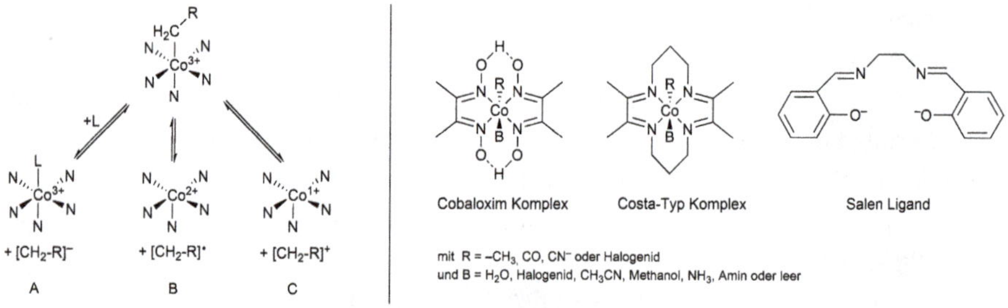

Abb. 5.58: Links die drei möglichen Typen der Co–C-Bindungsspaltung. A: heterolytisch, Eliminierung als Carbanion, Cobalt(III), d^6-low-spin, stabil/inert; B: homolytisch, Eliminierung als Alkylradikal; Cobalt(II), d^7-low-spin, ein ungepaartes Elektron im d_{z^2}-Orbital; C: heterolytisch, Eliminierung als Carbocation, Cobalt(I), d^8-low-spin, supernukleophil. Rechts Modellverbindungen bzw. -liganden für die Cobalamine. Die angegebenen Liganden R und B sind nur als Beispiele zu verstehen. Die tatsächliche Varianz der axialen Koordination ist noch größer.

kleine zu großen Molekülen) als auch dem Abbau nicht (mehr) benötigter Verbindungen (Katabolismus; große zu kleinen Molekülen). Methylcobalamin dient als Methylierungsmittel und ist mit einer ganzen Reihe anderer Enzyme als methyl-annehmendes und -abgebendes Coenzym assoziiert. Es ist besonders wichtig in der Biosynthese (beispielsweise von Methionin), dem (Energie-)Stoffwechsel acetogener und methanogener Bakterien sowie bedenkenswert im Rahmen toxikologischer Betrachtungen. Die Bakterien fixieren CO_2 unter Bildung von Acetyl-CoA bzw. Methyl-Coenzym-M (siehe auch

Abschn. 5.11.2) und produzieren dabei Essigsäure oder Methan. Durch seine Methylierungskraft auch gegenüber Selen oder Quecksilber kann Methylcobalamin in höherer Konzentration oder eben in Gegenwart von Quecksilber hingegen problematisch sein. Ganz gefährlich wird es, wenn beides zutrifft. Methylquecksilber ist höchst giftig, da es die Blut-Hirn-Schranke überwinden kann, weil es genügend lipo- und hydrophil ist. In den Zellen werden dann jedwede Schwefelverbindungen auch in Proteinen (Methionin, Cystein, Disulfide etc.) angegriffen bzw. besetzt und somit funktionslos.

Modellverbindungen für die Cobalamine lassen sich verhältnismäßig einfach synthetisieren (auch beispielsweise im Rahmen eines bioanorganischen Praktikums) und auch Methylierungen können mit den artifiziellen Systemen untersucht werden. Die Cobaloxime sind gute strukturelle und funktionelle Modelle inklusive ihrer Methylspezies. Die sogenannten Costa-Typ-Komplexe sind mit dem vierzähnigen makrozyklischen Liganden strukturell noch näher am Kofaktor dran. Cobalt-Komplexe mit dem sehr einfach zu handhabenden Salenliganden sind überraschend gute funktionelle Modelle. Cobalamine und deren Modellverbindungen wurden für alle möglichen industriellen Katalysen getestet, allerdings ohne nachhaltigen Erfolg. Dies verdeutlicht noch einmal die zum Teil überragenden Strategien zur Effizienzsteigerung durch die Natur und die oftmals unterschätzte Wichtigkeit der proteinogenen Umgebung. Erst die Kombination der prosthetischen Gruppe mit dem Apoenzym, welches die Substratspezifität und Reaktionsgeschwindigkeit moduliert, ergibt das funktionierende Holoenzym. Gerade auch für die cobalt- und corrinabhängigen Enzyme spielt das Protein eine bemerkenswerte Rolle. So bewirkt es nach der Substratbindung eine drastische Verringerung der Co–C-Bindungsenergie von 100 auf 65 $kJ \cdot mol^{-1}$; wie genau es dies tut, ist (noch) nicht abschließend geklärt. Im Holoprotein ist der Cobalt(II)–C-Bindungsabstand etwa so lang wie der in Cobalt(III)-Derivaten; es ist also keine umfangreiche Reorganisation nötig. Die Co–N(Benzimidazol)-Bindung ist hingegen kürzer als bei Cobalt(III). Es liegt somit eine verstärkte out-of-plane-Situation vor und die Bindung zum Kohlenstoff wird durch den trans-Einfluss geschwächt. Dies mag einen, aber vermutlich nicht den einzigen Beitrag zur Modulierung der Co–C-Bindungsstärke während der Katalyse leisten. Weitere Aufgaben des Proteins sind der Schutz des generierten Alkyl-Radikals vor unerwünschten Nebenreaktionen und die Steuerung der Stereoselektivität bei den Isomerisierungen der Mutasen.

5.11.4 Vanadium

Vanadium ist das früheste der 3d-Übergangsmetalle mit einer zumindest für einige Organismen essentiellen biologischen Funktion. Durch die Ähnlichkeit des Vanadats mit Phosphat ist es auch aus medizinischer (also nicht natürlicher) Sicht interessant für alle metabolischen Vorgänge, die phosphatgesteuert sind. Dazu gehört insbesondere die Regulation des Glukoseeintritts in die Zellen. Das Andocken von Insulin am Rezeptor auf der Zelloberfläche bewirkt eine Tyrosin-Phosphorylierung, die die Zelle für Glukose öffnet. Dephosphorylierung schließt die Zelle wieder. Vanadium kann nun einerseits die Enzyme direkt inhibieren, welche Phosphat umsetzen würden, da es in Vanadatform ein Phosphatantagonist ist, oder es bindet selbst an das Tyrosin, welches dann nicht mehr in seinen Ruhezustand überführt (devanadyliert) werden kann, sodass die Zelle für Glukose offen bleibt. Dadurch verringert sich der Blutzuckerspiegel. Vanadat bzw. andere Vanadiumverbindungen sind also streng genommen keine Insulinmimetika, haben aber letztlich den gleichen Effekt. Ein relativ simpler Vanadiumkomplex mit Maltolatoliganden als potentielles Diabetismittel hat es bis in Phase 2 der klinischen Studien geschafft, wurde dann aber aufgegeben. Bei Katzen wurden in der Behandlung der Katzendiabetis einige Erfolge berichtet, dies jedoch abseits von offiziellen medikamentösen Studien. Derzeit werden Vanadiumkomplexe auch im Hinblick auf Cytotoxizitäten oder antimikrobielle Wirkung untersucht. Alle Verbindungen sind jedoch von einer tatsächlichen medizinischen Anwendung noch sehr weit entfernt.

Obwohl Vanadium in allen relevanten Medien (Ozean, Erdkruste, menschlicher Körper o. Ä.) um etwa den Faktor 10 bis 50 häufiger vorkommt als Cobalt, hat es für den Menschen nach derzeitigem Stand im Gegensatz zu Letzterem keinen essentiellen Charakter. Es kann jedoch in höheren Konzentrationen toxisch wirken. Davon können beispielsweise Arbeiter betroffen sein, die vanadiumbasierte Werkstoffe produzieren. Für marine Aszidien und Mikroalgen, für manche Bakterien, Flechten oder Pilze wurde hingegen nachgewiesen, dass diese Vanadium für ein gesundes Wachstum benötigen. Bereits erwähnt wurde, dass Vanadium als Heterometall im stickstoffreduzierenden Kofaktor von Nitrogenasen auftreten kann (Abschn. 5.8). Eine überraschend hohe Konzentration an biologischem Vanadium wurde zuerst in einigen Fliegenpilzarten (Amanita) nachgewiesen, in denen das Vanadium in Form eines Amavadin genannten Komplexes vorkommt. Eine Fliegenpilzspezies kann mehr als 100 mg Vanadium pro kg Trockenmasse in allen Pilzteilen (Hut, Stiel) akkumulieren, was schon ein bemerkenswert hoher Wert ist. Im untersten Teil des Stiels, der Zwiebel, wurden sogar bis zu 1000 mg Vanadium pro kg Trockenmasse dokumentiert. Amavadin ist ein zweifach negativ geladener Komplex mit Vanadium in Oxidationsstufe +4 und mit Koordinationszahl 8, was für ein 3d-Metal ungewöhnlich hoch ist (Abb. 5.59). Somit liegt in den isolierten Formen keine freie oder leicht zugängliche Koordinationsstelle vor, die unmittelbar eine katalytische Rolle implizieren würde. Der Ligand im protonierten Zustand, N-Hydroxyimino-2,2′-Dipropionsäure, leitet sich von der Aminosäure Alanin ab, ist also unmittelbar natürlichen Ursprungs. Die bidentate Koordination der O–N-Gruppierung ist hierbei höchst ungewöhnlich. Bemerkenswert ist weiterhin, dass Vanadium(IV) nicht als sogenannte Vanadyl-Einheit (V=O) auftritt, also keinen Oxidoliganden trägt, was es sonst *in vivo* und *in vitro* oftmals tut. Die biologische Funktion des Amavadins konnte noch nicht aufgeklärt werden, obwohl die Verbindung seit den 70er Jahren des vergangenen Jahrhunderts bekannt ist. Es gibt einige nachvollziehbare oder naheliegende Vorschläge, für die jedoch die Evidenz fehlt. So könnte Amavadin Teil eines uralten Enzymes gewesen sein, welches evolutionär redundant wurde. Möglicherweise schützt es vor mikrobiellen Krankheitserregern oder dient der Selbstregeneration von

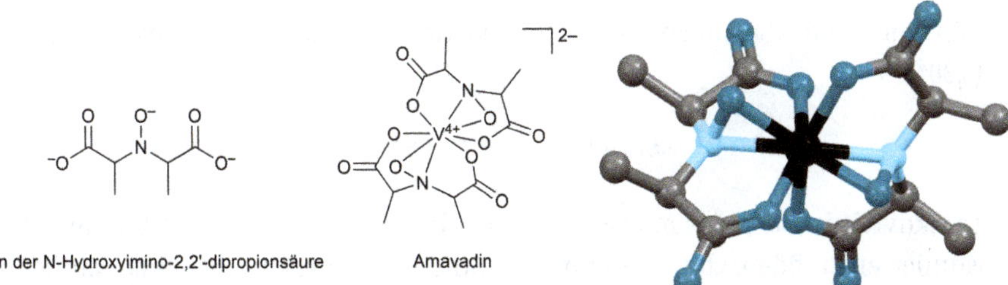

Abb. 5.59: Die chemische Struktur von Amavadin und seines deprotonierten Liganden, N-Hydroxyimino-2,2′-dipropionsäure (minus 3·H^+), abgeleitet von Alanin (Mitte und links). Eine Kristallstruktur eines synthetisierten Amavadinsalzes (rechts; schwarz: Vanadium, hellcyan: Stickstoff, dunkelcyan: Sauerstoff, grau: Kohlenstoff; Wasserstoff ist nicht gezeigt). CSD code: WIDTEJ.

schadhaftem Gewebe mittels Vernetzung von Cysteinresten bzw. anderen biologischen Thiolen. Da es in der Lage ist, Wasser zu oxidieren, könnte es auch an der Sauerstoffproduktion im Fruchtkörper beteiligt sein. Die hohe Stabilität des Komplexes über weite pH-Bereiche wurde herangezogen, um für eine katalytische Rolle zu plädieren, bei der die chiralen Eigenschaften von Ligand (R, S) und Vanadiumzentrum (Δ, Λ; siehe auch Abschn. 3.3, 3.7 und 3.8) eine Rolle spielen mögen. Vielleicht dient es aber auch zu etwas, was noch gar nicht angedacht wurde. Die Rolle des Amavadins zählt zu den vielen interessanten Fragen der Bioanorganischen Chemie, die der Entschlüsselung harren.

Weitere Organismen, die Vanadium in besonderem Maße akkumulieren, sind marinen Ursprungs wie Seescheiden (Aszidien) und Fächerwürmer. Es werden Vanadiumkonzentrationen erreicht, die die des Meerwassers um einen Faktor von bis zu 10^7 (!) überschreiten. In diesen Organismen wird das Vanadium in bestimmten Zellen gespeichert, den sogenannten Vanadozyten. Auch hier ist seine Funktion gänzlich ungeklärt.

Biologische Vanadiumspezies, deren Funktionen hingegen gut verstanden sind, sind neben der FeVCo-Nitrogenase (Abschn. 5.8) die vanadiumabhängigen Haloperoxidase-Enzyme oder spezifischer, die Chloro-, Bromo- und Iodoperoxidasen. Dabei steht die Spezifizierung jeweils für das am schwierigsten zu oxidierende Halogenid, das noch umgesetzt werden kann. Das heißt, die Chloroperoxidasen können auch Bromid und Iodid oxidieren, die Bromoperoxidasen auch Iodid, wenngleich mit geringerer Effizienz. In landlebenden Organismen (Pilzen/Mikroorganismen) finden sich hauptsächlich Chloro- und Iodoperoxidasen, im Meer (Algen) hauptsächlich Bromoperoxidasen. Die Reaktionen (Gl. (5.28) und Gl. (5.29)), also die Oxidation von Halogeniden mittels Wasserstoffperoxid, dienen der Halogenierung auch sehr unreaktiver organischer Substrate zur Generierung von fungiziden und bakteriziden Stoffen, also letztlich der Selbstverteidigung.

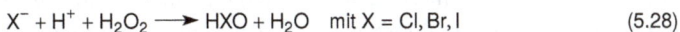

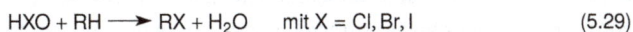

$$X^- + H^+ + H_2O_2 \longrightarrow HXO + H_2O \quad \text{mit } X = Cl, Br, I \qquad (5.28)$$

$$HXO + RH \longrightarrow RX + H_2O \quad \text{mit } X = Cl, Br, I \qquad (5.29)$$

Die Enzyme sind aber auch zur Sulfidoxidation befähigt (Sulfoperoxidaseaktivität; Gl. (5.30)).

$$RSR' + H_2O_2 \longrightarrow O{=}SRR' + H_2O \tag{5.30}$$

Diese Aktivität ist auch aus industrieller Sicht interessant, da sich aus unsymmetrisch substituierten Sulfiden, chirale Sulfoxide synthetisieren lassen, wenn man berücksichtigt, dass das freie Elektronenpaar am Schwefel eine der vier Positionen am tetraedrischen Schwefelzentrum einnimmt. Und diese chiralen Sulfoxide sind wichtige Synthons in der chemischen Industrie. Derartige Katalysen werden auch als Bolm-Reaktionen (Bolm's procedure) bezeichnet, nach Carsten Bolm, der sich intensiv mit ihnen beschäftigt hat.

Strukturell sind alle Haloperoxidasen zueinander sehr ähnlich hinsichtlich der aktiven Zentren und der Peptidsequenzen. Im Ruhezustand ist das Vanadium(V)zentrum trigonal-bipyramidal koordiniert und trägt mindestens einen echten Oxidoliganden (=O) (Abb. 5.60). Axial sind ein Histidin direkt koordiniert sowie ein Hydroxid oder Wasser, welches durch eine Wasserstoffbrücke zu einem weiteren, distalen Histidin stabilisiert ist. Die zwei verbleibenden äquatorialen Liganden sind Hydroxide, eines davon möglicherweise deprotoniert ($-O^-$). Im Prinzip handelt es sich um ein Vanadation (VO_4^{3-}) mit zusätzlicher (schwacher) Histidinkoordination. Vermutlich spielt auch ein Serin, welches in die aktive Tasche ragt, eine Rolle im katalytischen Zyklus, beispielsweise als Protonenshuttle oder zur Stabilisierung mittels Wasserstoffbrückenbindungen. Als gesichert gilt, dass im katalytischen Zyklus (Abb. 5.60) das Halogen im Gegensatz zum Peroxid nicht direkt an das Vanadiumzentrum bindet. Insbesondere mittels EXAFS-Untersuchungen konnte eine Bindung zwischen Vanadium und Halogen nicht beobachtet werden (siehe unten); vielmehr legen die Daten eine Bindung des Halogens an einen organischen Zyklus nahe, möglicherweise an das distale Histidin.

Im katalytischen Zyklus findet mit der Anbindung von Peroxid ein Übergang von trigonal-bipyramidaler zu quadratisch-pyramidaler Geometrie statt. Die Halogenierung des organischen Substrats erfolgt nicht enzymatisch, sondern allein durch das beträchtliche Oxidationsvermögen des Hypohalogenits (HOX). Befindet sich nur Peroxid im aktiven Zentrum, haben die Haloperoxidasen Peroxidaseaktivität, disproportionieren also Peroxid zu Wasser und molekularem Sauerstoff. Eine Vielzahl an Vanadiumoxidokomplexen in den beiden höheren Oxidationsstufen V^{+4} und V^{+5} sind in der Lage, Oxido- gegen Peroxidoliganden auszutauschen und damit Halogenide vor allem aber Sulfide im Sinne der Bolm-Reaktionen zu oxidieren. Gegenwärtige Forschungsaktivitäten zielen insbesondere auf eine Effizienzverstärkung der Systeme sowie auf die Realisierung von Enantioselektivitäten mittels chiraler und sterisch anspruchsvoller Liganden. Insbesondere relevant für das Verständnis des enzymatischen Mechanismus waren Modellverbindungen im Vergleich mit den enzymatischen Proben für die XAS/EXAFS-Experimente, in denen unterschiedliche Halogen-Vanadiumabstände realisiert werden konnten. So gibt es Verbindungen, in denen die beiden Atome über eine, zwei, drei, vier

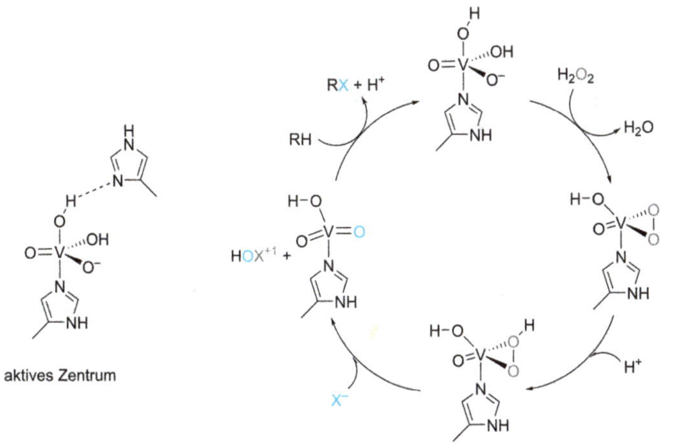

Abb. 5.60: Das aktive Zentrum (links) und der postulierte katalytische Zyklus (rechts) der vanadiumabhängigen Haloperoxidasen. Oxidierte Substrat/Produkt-Spezies sind in grau gezeigt, reduzierte Substrat/Produkt-Spezies in cyan.

oder fünf Bindungen voneinander separatiert sind. Mithilfe dieser Komplexe konnte eine direkte V–X-Bindung im Zyklus zweifelsfrei ausgeschlossen werden.

5.11.5 Molybdän und Wolfram

Molybdän und Wolfram sind die einzigen 4d- und 5d-Übergangsmetalle, denen erwiesenermaßen eine essentielle Rolle in nahezu allen bekannten Organismen zugeordnet werden kann. Sie sind somit auch ubiquitär, das heißt, sie kommen in allen Arten von Organismen vor, vom evolutionär uralten Archaeon bis hin zum modernen Menschen. In den verschiedenen Lebensformen wird üblicherweise nur Molybdän oder nur Wolfram verwendet, aber es gibt auch einige Einzeller, die beide Metallsorten nutzen. Die beiden Metalle zeichnet aus, dass sie im Gegensatz zu den redoxaktiven 3d-Übergangsmetallen in der Lage sind, in einem Schritt zwei Elektronen mit einem Substrat auszutauschen. Man könnte sagen, sie sind in dieser Hinsicht autarker als die leichteren Übergangsmetalle. Die Präsenz des Molybdäns in den Nitrogenasen wurde bereits erläutert (Abschn. 5.8). Alle anderen bisher charakterisierten molybdänabhängigen Enzyme sind sehr eng verwandt mit allen bekannten wolframabhängigen Enzymen und alle zusammen gehören zu den sogenannten Oxidoreduktasen. Die Strukturen der aktiven Zentren dieser Enzyme sind einander sehr ähnlich mit der Anwesenheit des Molybdopterin-Liganden (MPT) als dem prägnantesten Merkmal (Abb. 5.61). Dieser Ligand kommt ausschließlich in diesen Oxidoreduktasen vor. Eine Besonderheit in seiner chemischen Struktur ist die Dithiolen-Einheit, mit der er das Zentralion koordiniert. Eine solche funktionelle Gruppe ist potentiell redoxaktiv (*non-innocent*), da sie aus der C=C-Doppelbindung über die Schwefelatome Elektronendichte und sogar maximal zwei

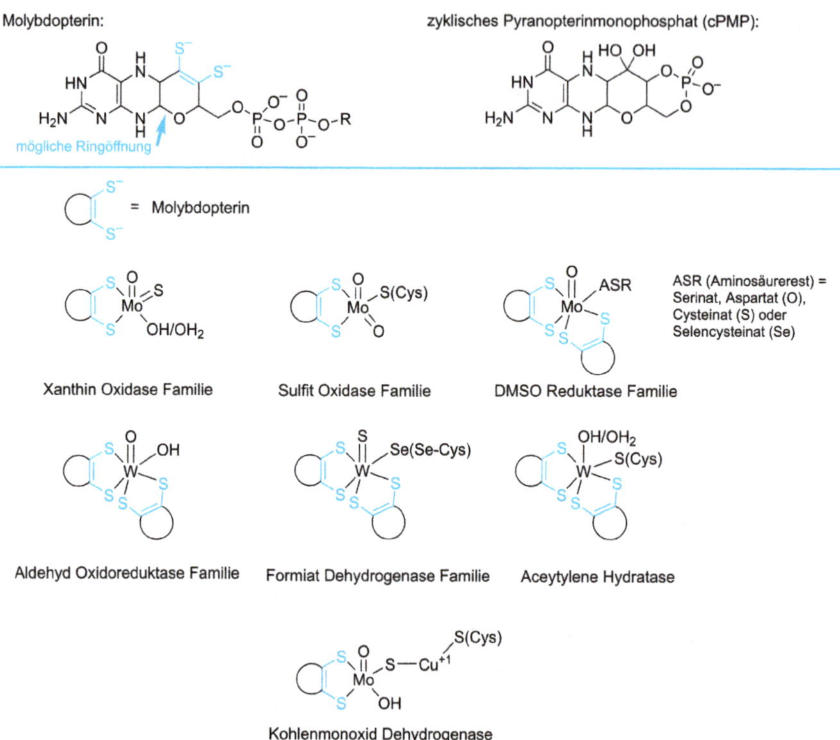

Abb. 5.61: Die chemische Struktur von Molybdopterin (die Stelle einer möglichen Bindungsspaltung/Ringöffnung ist mit einem Pfeil markiert), sowie seines frühesten Prekursoren (nach der ersten Umformung von der Ausgangssubstanz GTP (Guanosintriphosphat)) dem zyklischen Pyranopterinmonophosphat (oben; am Molybdopterin: R = ein zweites Nukleotid oder abwesend); die Strukturen der verschiedenen Familien von molybdän- und wolframabhängigen Oxidoreduktasen sowie die Strukturen einzigartiger Vertreter dieser Enzymgruppe (unten). Die Dithioleneinheit ist jeweils in cyan dargestellt; alle Metallzentren liegen in den gezeigten Strukturen in der höchstmöglichen Oxidationsstufe +6 vor.

vollständige Elektronen an das koordinierte Metall abgeben kann. Somit können auch die formal höchsten Oxidationsstufen am Metall ohne Weiteres stabilisiert werden.

Basierend auf den vorhandenen Unterschieden in Struktur und Zusammensetzung der aktiven Zentren wurden die molybdän- und wolframabhängigen Oxidoreduktasen in Familien eingeteilt, die nach ihrem jeweils bekanntesten (oder einzigen) Vertreter benannt wurden (Abb. 5.61). In höher entwickelten Organismen findet sich Molybdopterin nur einmal, in den einzelligen Organismen in der Regel zweimal an das zentrale Metall gebunden. Die wolframhaltigen Enzyme erscheinen als evolutionär älter mit einem Auftreten vor allem in den Archaeen, wobei auch molybdänhaltige Oxidoreduktasen nach dem phylogenetischen Baum zu urteilen, bereits im LUCA (LUCA = last uniform common ancestor) vorhanden gewesen sein dürften. Eine direkte Bindung an das umgebende Protein durch Koordination einer Aminosäureseitenkette kommt nur in einigen Vertretern der Oxidoreduktasen vor. Allerdings bietet Molybdopterin insbesondere am äußeren Pyrimidinring sowie an der gegenüberliegenden Phosphatfunktion eine Vielzahl an Möglichkeiten für Wasserstoffbrückenbindungen, die letztlich das entscheidende stabilisierende Element für die Verankerung der prosthetischen Gruppe im Protein darstellen.

Molybdopterin und schlussendlich der Kofaktor des individuellen Enzyms werden über eine mehrstufige Biosynthese ausgehend vom Nukleotid Guanosintriphosphat hergestellt. Auf diesem vergleichsweise langen Synthesepfad können verschiedene Transformationen durch genetische Mutationen und damit Ausfall der benötigten Syntheseproteine ausgeschaltet sein. Das führt dazu, dass keines der MPT-abhängigen Enzyme mehr funktioniert und der resultierende Organismus in der Regel nicht überlebensfähig ist. Beim Menschen spricht man dann von Molybdänkofaktordefizienz (MoCoD). Je nachdem, wo der Synthesepfad unterbrochen ist, wird die MoCoD in verschiedene Typen eingeteilt (Typ A, B, C). Es gibt noch eine sogenannte isolierte Sulfit-Oxidase-Defizienz (iSOD), die allerdings nicht auf den fehlenden Kofaktor zurückgeht, sondern auf eine Fehlfaltung des Proteins. Dennoch ergibt sich im Wesentlichen der gleiche Phänotyp wie bei den MoCo-Defizienzen. Das geht darauf zurück, dass die schwersten Symptome bei allen Formen dieser Defizienzen auf einer Nichtfunktion der Sulfitoxidase beruhen. Die Sulfitoxidase katalysiert mit der Oxidation von Sulfit zu Sulfat (Abb. 5.62) den letzten Schritt im Schwefelmetabolismus. Jedes dem Organismus (z. B. Menschen) zugeführte Schwefelatom wird letztlich als Sulfat wieder ausgeschieden. Funktioniert diese letzte Umformung, die Oxidation von Sulfit nicht, kommt es zur Anreicherung des redoxaktiven Sulfits, anteilig auch zur Generierung von Sulfocystein (ein Carbamatanalogon) und in der Folge unter anderem zur Hirnatrophie, also einem Rückgang des Gehirngewebes. Es gibt noch viele weitere Symptome wie Krampfanfälle und physische Deformierungen. Unmittelbar nach der Durchtrennung der Nabelschnur, beginnt die Sulfitakkumulation, da nun die Entgiftung nicht mehr durch den Metabolismus der Mutter bewerkstelligt werden kann. Betroffene Patienten sterben in der Regel im frühen Kindesalter, länger Überlebende leiden an neurologischen, kognitiven und starken Entwicklungsstörungen. Bis vor Kurzem war die MoCoD nicht behandelbar. Anfang des Jahres 2021 wurde das Medikament Fosdenopterin (Handelsname Nulibry) erstmals durch die FDA zugelassen. Dies entspricht einem synthetisch hergestellten cPMP, also dem ersten Intermediat auf dem Weg vom GTP zum Molbydopterin: zyklischem Pyranopterinmonophosphat (Abb. 5.61). Hiermit kann sehr erfolgreich die MoCoD Typ A behandelt werden. Für alle anderen Formen der Defizienz gibt es weder Behandlung noch Heilung. Da die Prävalenz der MoCoDs sehr gering ausfällt, war und ist die Pharmaindustrie nicht wirklich an einer Entwicklung von entsprechenden Medikamenten interessiert. Nulibry geht auf universitäre Anstrengungen zurück (Universitäten Köln und Braunschweig), ohne die es bis heute keine Hoffnung für Patienten mit MoCoD Typ A gäbe.

Die Reaktionen, die von diesen Enzymen katalysiert werden, sind sogenannte Oxygen-Atom-Transfer-Reaktionen (OAT) oder Hydroxylierungen, bei denen ein Sauerstoffatom in eine C–H-Bindung eingeschoben wird. Der Sauerstoff wird dabei formal als

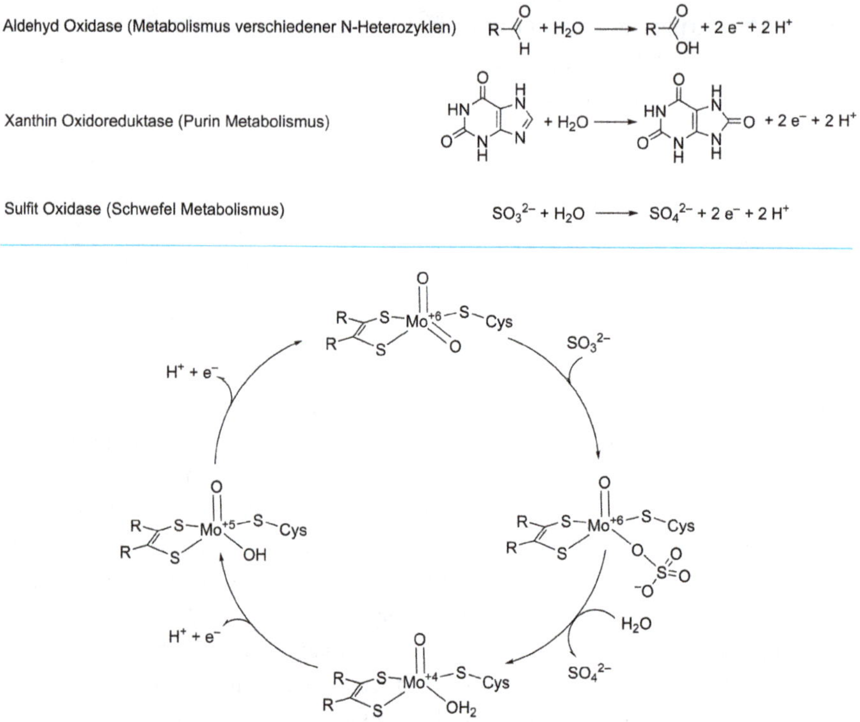

Abb. 5.62: Die für den menschlichen Organismus wichtigen Oxygen-Atom-Transfer-Reaktionen (oben) und der postulierte Mechanismus für die Sulfitoxidase (unten).

O^0 übertragen und das Metall im aktiven Zentrum je nach Reaktionsrichtung um zwei Elektronen reduziert order oxidiert, die vom Substrat kommen oder darauf übertragen werden (Gl. (5.31)). Die Regeneration des aktiven Zentrums erfolgt über zwei protonengekoppelte Elektronentransfers (PCET). Das Sauerstoffatom stammt dabei immer von Wasser (nicht von molekularem Sauerstoff) oder wird zu einem Wassermolekül. Man spricht auch von Wasser als „source or sink". Das Metallzentrum wechselt bei der katalytischen Transformation zwischen den Oxidationsstufen +4 und +6 und bei der Regeneration wird auch die OS +5 durchlaufen.

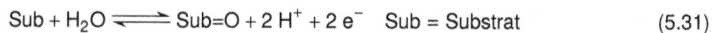

$$\mathrm{Sub} + H_2O \rightleftharpoons \mathrm{Sub{=}O} + 2\,H^+ + 2\,e^- \quad \mathrm{Sub} = \mathrm{Substrat} \tag{5.31}$$

Die Reaktionen sind wichtiger Bestandteil der globalen Schwefel-, Stickstoff- und Kohlenstoffkreisläufe und dienen im Stoffwechsel der Organismen der Energiegewinnung oder dem Abbau oder Aufbau von (wichtigen) Metaboliten. Diesen Enzymen kommt also eine wahrlich essentielle Rolle zu. Zu den umgesetzten Substraten gehören beispielsweise Aldehyd, Sulfit, Formiat, Kohlenmonoxid, Kohlendioxid, Nitrat, DMSO, Schwefel (elementar), Xanthin, was in zwei Schritten durch das gleiche Enzym zur Harnsäure umgesetzt wird, oder auch Formyl-Methanofuran (siehe Abb. 5.54) im ersten Schritt der

Methanogenese. Besonderes Augenmerk verdienen derzeit die Formiat Dehydrogenasen (FDH), die die reversible Oxidation von Formiat, dem Anion der Ameisensäure, zu Kohlenstoffdioxid katalysieren. Da die Reaktion reversibel ist, bemühen sich einige Wissenschaftler, die FDHs so zu modulieren, dass sie CO_2 in größeren Mengen zu Formiat reduzieren und damit der Atmosphäre entziehen und in ein chemisch wertvolles Synthon umwandeln. Auch an entsprechenden biomimetischen Systemen wird geforscht. Mechanistisch wird seit einem Vierteljahrhundert postuliert, dass es sich nicht um einen klassischen OAT handelt (das wäre die Sequenz: Formiat zu Bicarbonat zu Kohlensäure zu CO_2, wobei nur der erste Schritt katalysiert wäre), sondern um einen Hydrid-Transfer, dass also einfach dem Formiat H^- entzogen wird und direkt CO_2 entsteht, ohne dass das Metall dabei eine Rolle spielen würde. Neueste Forschungsergebnisse legen hingegen einen klassischen OAT nahe, was auch im Hinblick auf die allgemeine Kompetenz der Enzyme naheliegend ist. Diese Erkenntnis, sollte sie sich durchsetzen, würde natürlich einen großen Einfluss auf die Ausgestaltung der zukünftigen bio-inspierierten Systeme für die CO_2-Reduktion haben. Einen einzigartigen Mechanismus durchläuft die CODH (Kohlenmonoxid-Dehydrogenase), die CO zu CO_2 oxidiert. Die CODH ist das einzige bekannte MPT-abhängige Enzym, welches noch ein Kupferion im aktiven Zentrum enthält. Es wird angenommen, dass sich das Substrat CO der Länge nach in die Cu–S-Bindung einschiebt und dann durch Mo–O, S (beide am Substratkohlenstoff) und Cu^+ (am Substratsauerstoff) gebunden wird. Der Mo-gebundene Sauerstoff hervorgegangen aus dem ehemaligen Hydroxid des Ruhezustands wird dann ganz auf den Kohlenstoff übertragen und CO_2 verlässt das aktive Zentrum im Austausch gegen Wasser. Kupfer dient hier also nur der Sustratbindung, nicht der Redoxtransformation.

Eine genaue Betrachtung der aktiven Zentren der molybdän- und wolframabhängigen Oxidoreduktasen wirft zwei Fragen auf: (1) Warum verwenden manche Organismen Molybdän und andere Wolfram? Und (2) warum muss es ein so komplexer und langwierig herzustellender Ligand wie Molybdopterin sein?

Zu (1) gibt es verschiedenen Erklärungsmöglichkeiten. Zum einen herrschten auf der frühen Erde reduzierende und schwefelreiche Bedingungen. Molybdän ließ sich unter diesen Gegebenheiten kaum mobilisieren, da das ungeladene $Mo^{4+}S_2$ schwer löslich ist. Die vorhandenen leichter oxidierbaren Wolframspezies waren jedoch anionischer Natur (z. B. $(W^{6+}S_4)^{2-}$) und somit den Organismen und ihren Enzymen leicht zugänglich. Später, unter oxidierenden Bedingungen der Erdatmosphäre, brachte Molybdän dann Vorteile wie eine überlegene Häufigkeit und höhere Redoxpotentiale mit sich. Es konnte auch gezeigt werden, dass die Potentiale von Wolfram stärker durch Temperaturschwankungen beeinflusst werden als die von Molybdän, was auf den relativistischen Effekt (siehe auch Abschn. 1.4.1 und 1.5.2) zurückgeführt wurde. Wolfram findet man heute vor allem in thermophilen Archaeen, die in oder bei heißen Quellen leben, wo die Temperaturen relativ konstant sind. Molybdän wird vornehmlich in evolutionär jüngeren Organismen gefunden, die z. T. starken Temperaturschwankungen ausgesetzt sind. Die Stabilität des Potentials könnte für Molybdän ein evolutionärer Vorteil gewesen sein, weswegen es heute von der Mehrzahl an Organismen genutzt wird. Es soll noch erwähnt werden, dass es Archaeen gibt, die genetisch sowohl wolfram- als auch molybdänabhängige Enzyme kodieren, und jeweils das Enzym exprimieren, für das das Angebot an Metall gerade vorteilhaft ist. Auch lassen sich Mo und W in den aktiven Zentren künstlich über das Angebot austauschen, allerdings geht das mit einer Reduktion oder einem Verlust an Aktivität einher. Interessanterweise können Wolframtransporter zwischen Wolframat und Molybdat diskriminieren, obwohl die beiden Ionen von immenser Ähnlichkeit sind. Auch dies könnte auf dem relativistischen Effekt beruhen, nämlich einer stärkeren geometrischen Flexibilität des Wolframs aufgrund einer Destabilisierung seiner d-Valenzorbitale. Untersuchungen hierzu sind jedoch noch nicht abgeschlossen.

Zu (2) wurden ebenfalls verschiedene Vorschläge gemacht. Molybdopterin dient aller Wahrscheinlichkeit nach als sterischer und elektronischer Puffer und stabilisiert damit das aktive Zentrum in allen drei formalen Oxidationsstufen. MPT kann selbst auch in verschiedenen Oxidations- und Protonierungszuständen vorkommen. Der mittlere Ring von MPT kann als Pyrazin oder als Piperazin oder als Dihydropyrazin vorliegen. Da das notwendigerweise auch einen Einfluss auf das Potential des Metallzentrums hat, können so die Redoxpotentiale fein eingestellt aber auch die Basizität moduliert werden. Denkbar ist auch, dass über das π-System des MPT Elektronen hinein- und herausgeschleust werden, dass das MPT also an der Elektronentransportkette beteiligt ist. Schließlich wurde MPT in einer Kristallstruktur auch in einer offenen Form nachgewiesen, bei dem der Pyranring in eine Alkoholfunktion überführt worden war. Dabei war die Bindung zwischen Sauerstoff und dem mittleren Piperazinring gelöst worden (siehe Abb. 5.61 oben links). Eine solche starke Strukturänderung könnte eine Form von Schalter darstellen, die dem Rest des Proteins den derzeitigen Zustand des aktiven Zentrums im Verlauf der katalytischen Umsetzung signalisiert. Ein derartiger Bindungsbruch konnte sogar mit einer Modellverbindung nachvollzogen werden (Abb. 5.63). In Abhängigkeit vom Lösungsmittel (Dielektrizität) oder auch vom pH-Wert des Mediums liegen entweder der Pyranring oder die offene Form vor, die bei einem Wechsel des Lösungsmittels ineinander übergehen können. Es erscheint somit plausibel, dass Ringöffnung und Ringschluss auch im Enzym eine Rolle spielen. Strukturelle und auch strukturell-funktionelle Modelle für die Oxidoreduktasen gibt es viele. Die meisten sind von ihrer chemischen Struktur her eher einfach gehalten mit verschiedensten Substituenten an der Dithiolengruppe. Diese Monooxido-bisdithiolenkomplexe mit dem Metall in Oxidationsstufe +4 sind verhältnismäßig unaufwendig zu synthetisieren und zu handhaben und konnten auch erfolgreich als OAT-Katalysatoren eingesetzt werden. Insbesondere die enzymatische DMSO-Reduktion konnte vielfach modelliert werden; dies auch mit einer Reihe von funktionellen Modellkomplexen, welche eine geringere strukturelle Ähnlichkeit zu den aktiven Zentren haben und ohne Dithiolen auskommen. Je aliphatischer das ganze Dithiolenkomplexsystem ist, desto instabiler wird es allerdings. Synthetische Herausforderungen stellen insbesondere Bisoxido-M^{6+}-Komplexe (M = Mo, W) sowie Monodithiolenkomplexe dar, von denen es nur sehr wenige Beispiele gibt.

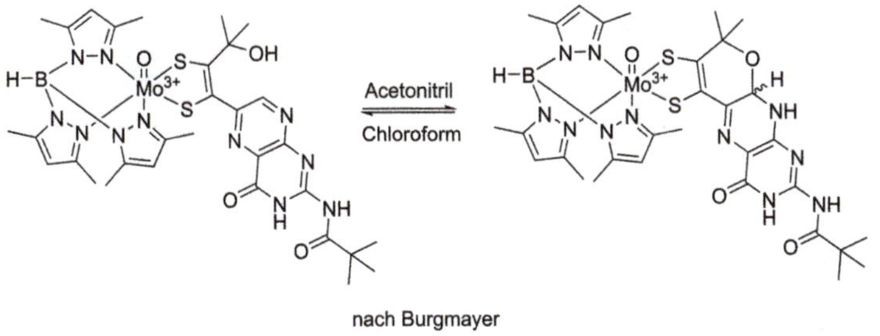

Acetonitril
Chloroform

nach Burgmayer

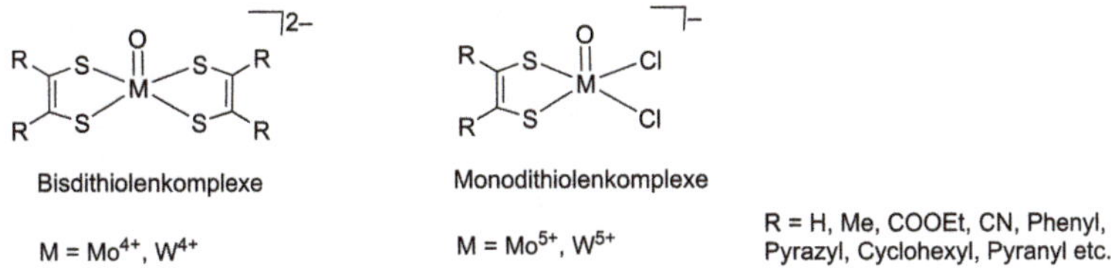

Bisdithiolenkomplexe

M = Mo^{4+}, W^{4+}

Monodithiolenkomplexe

M = Mo^{5+}, W^{5+}

R = H, Me, COOEt, CN, Phenyl, Pyrazyl, Cyclohexyl, Pyranyl etc.

Abb. 5.63: Modellkomplexe für die molybdän- und wolframabhängigen Oxidoreduktasen. Oben ausgefeilte Modelle nach B. R. Williams, Y. Fu, G. P. A. Yap, S. J. N. Burgmayer, *J. Am. Chem. Soc.* 2012, **134**, 19584–19587. Unten links einfachere Modelle, die in bemerkenswerter Varianz publiziert wurden; unten rechts ein Beispiel für Monodithiolenkomplexe. Statt der Chloridoliganden können auch andere Koliganden eingesetzt werden z. B. sterisch anspruchsvolle so wie Tp*, das im Burgmayer-Modell als Stabilisator dient.

Wir können konstatieren, dass es einerseits gelungen ist, Modellkomplexe mit sehr ausgefeilten MPT-artigen Liganden zu synthetisieren, die aber mit großen unnatürlichen Koliganden stabilisiert werden müssen. Andererseits gibt es sehr viele Modelle, die die unmittelbare Koordinationsumgebung der aktiven Zentren recht gut wiedergeben, deren Liganden aber eher simpler Natur sind. Was aussteht, ist ein Modell mit MPT oder einem MPT-Derivat in einer Koordinationsumgebung, die an die der natürlichen aktiven Zentren stärker angelehnt ist. Damit ließen sich noch intimere Details insbesondere der elektronischen Zustände dieser faszinierenden Enzyme erschließen. An dieser großen Herausforderung wird nach wie vor mit viel Enthusiasmus und der angezeigten Ausdauer gearbeitet.

Die in diesem Kapitel gezeigten Strukturen oder Strukturelemente, die aus Proteinröntgenstrukturanalysen stammen, wurden mittels Jmol oder Pymol erstellt. Die zugrunde liegenden Strukturdaten lassen sich aus der Protein Data Bank (PDB) unter Angabe der entsprechenden Codes herunterladen. Die Strukturen oder Strukturelemente, die aus Kleinmolekülstrukturanalysen stammen, wurden der Cambridge Structural Database (CSD) entnommen und mit dem Programm Mercury dargestellt. Sie sind ebenfalls über die Angabe des entsprechenden CSD Codes frei zugänglich.

Sachregister

Hinweis: Die griechischen Buchstaben sind entsprechend ihrer lateinischen Schreibweise eingeordnet, z. B. α unter alpha, π unter pi eingeordnet, σ unter sigma.

https://doi.org/10.1515/9783110790221-006

www.ingramcontent.com/pod-product-compliance
Lightning Source LLC
Chambersburg PA
CBHW061925190326
41458CB00009B/2658

* 9 7 8 3 1 1 0 7 9 0 0 7 8 *